# Betriebswirtschaftslehre
## Anwendungs- und prozessorientierte Grundlagen

Armin Töpfer

# Betriebswirtschaftslehre

## Anwendungs- und prozessorientierte Grundlagen

2., überarbeitete Auflage

Mit 203 Abbildungen

Springer

Professor Dr. Armin Töpfer
Technische Universität Dresden
Fakultät Wirtschaftswissenschaften
Lehrstuhl für Marktorientierte Unternehmensführung
Helmholtzstraße 10
01062 Dresden
armin.toepfer@tu-dresden.de

ISBN 978-3-540-49394-5 Springer Berlin Heidelberg New York
ISBN 978-3-540-22020-6 1. Auflage Springer Berlin Heidelberg New York

Bibliografische Information der Deutschen Nationalbibliothek
Die Deutsche Nationalbibliothek verzeichnet diese Publikation in der Deutschen Nationalbibliografie; detaillierte bibliografische Daten sind im Internet über http://dnb.d-nb.de abrufbar.



Springer ist ein Unternehmen von Springer Science+Business Media

springer.de



Herstellung: LE-TEX Jelonek, Schmidt & Vöckler GbR, Leipzig
Umschlaggestaltung: WMX Design GmbH, Heidelberg

SPIN 11932970 42/3100YL - 5 4 3 2 1 0 Gedruckt auf säurefreiem Papier

# Vorwort zur 2. Auflage

In der 2. Auflage haben wir eine Aktualisierung der Daten und gesetzlichen Grundlagen vorgenommen sowie eine Reihe von Kürzungen des Textes der 1. Auflage durchgeführt und einige Unschärfen beseitigt.

Zusätzlich haben wir zwei neue Kapitel am Ende des Buches aufgenommen:

Kapitel H befasst sich mit Kooperationen. Dabei wird zum einen auf unterschiedliche Formen der Zusammenarbeit zwischen selbstständigen Unternehmen eingegangen, auch unter dem Aspekt einer strategischen Standortwahl. Zum anderen werden die Anforderungen und Möglichkeiten der Bildung von Netzwerken zwischen Unternehmen ausgeführt und unterschiedliche Arten von Akquisitionen und Fusionen von Unternehmen dargestellt.

In Kapitel I gehen wir auf Erkenntnisse der Gründungsforschung ein. Hier werden zunächst die Anforderungen für eine erfolgreiche Unternehmensgründung angesprochen. Jede Gründung verläuft dabei inhaltlich in bestimmten Prozessphasen. Der Erfolg einer Unternehmensgründung hängt insbesondere auch von dem oder den Gründern ab. Ein empirisch abgesicherter Gründertest erlaubt die Bewertung der persönlichen Eignung. Die Umsetzung einer Geschäftidee in konkretes unternehmerisches Handeln erfolgt im Business-Plan. Entscheidend ist es hierbei, die inhaltliche Vernetzung der wesentlichen Bestandteile herauszuarbeiten. Auch in einem Start-up-Unternehmen ist es von Anfang an wichtig, die Prinzipien für erfolgreiches Management, nämlich Prozess-, Kunden- und Qualitätsorientierung, umzusetzen.

Wer sich anhand des vorliegenden Buches über betriebswirtschaftliche Anforderungen und relevante Konzepte für eine erfolgreiche Unternehmensführung informieren will, um dann ein eigenes Unternehmen zu gründen, sollte das Buch eigentlich „umdrehen" und zuerst mit dem abschließenden Kapitel zur Unternehmensgründung beginnen. Mit dieser speziellen Art des Einstiegs kann zunächst geprüft werden, ob die individuellen Anforderungen als Gründerperson erfüllt und ob die notwendigen Aktivitätsfelder und Teilprozesse inhaltlich gut beherrscht werden. Dies erlaubt es, das Unternehmen zielgerichtet aufzubauen, am Markt zu positionieren, effizient zu gestalten und zum Erfolg zu führen.

Bei der 2. Auflage haben mich vor allem wiederum Herr Ulrich Fehr, Herr Steffen Silbermann, Frau Ramona Ullrich, Herr René William und Frau Annette Etzold sowie Frau Martina Voß tatkräftig unterstützt. Hierfür möchte ich ihnen allen herzlich danken.

Dresden/Kassel, im Dezember 2006
Armin Töpfer

# Vorwort zur 1. Auflage

*Nichts ist spannender als Wirtschaft* – dieser von der Zeitschrift „Wirtschaftswoche“ als Werbeslogan geprägte Satz enthält sicher viel Wahrheit. Wahr ist aber allem Anschein nach auch, dass das Aneignen von Grundkenntnissen über volks- und betriebswirtschaftliche Zusammenhänge oft ein zeitraubendes und mühsames Unterfangen ist. Um Missverständnissen gleich vorzubeugen: Auch wir können mit dem vorliegenden Buch zur Betriebswirtschaftslehre dieses Problem nicht vollständig beseitigen. Lernen von Definitionen, Fakten und Basissachverhalten ist immer mit Aufwand und Einsatz verbunden.

Aber die Frage ist dennoch zusätzlich erlaubt, ob Lernen nicht einfacher, ansprechender und insgesamt leichter gestaltet werden kann. Wir haben dies im vorliegenden Buch unter zwei Aspekten versucht:

Zum einen haben wir das Buch am Anfang – aus einem grundsätzlichen Wissenschaftsverständnis heraus – mit relativ einfachen Inhalten und plastischen Beispielen aufgebaut. In den späteren Kapiteln wird im Laufe der vertiefenden Analyse der Inhalt anspruchsvoller und schwieriger. Der Leser kann also mit dem Buch und seiner Lektüre „wachsen“, also einen ständig weiter und tiefer gehenden Wissensstand erreichen. Unter diesem Blickwinkel ist das Buch gerade auch für Studienanfänger der Betriebswirtschaftslehre und anderer Fakultäten geeignet, die sich einen Überblick über das aktuelle betriebswirtschaftliche Basiswissen verschaffen wollen.

Zum anderen haben wir das Buch – entsprechend dem modernen Verständnis der Betriebswirtschaftslehre – an den betrieblichen Wertschöpfungsprozessen ausgerichtet und damit prozessorientiert aufgebaut. Zusätzlich geben wir in den einzelnen Kapiteln zahlreiche Anwendungsbeispiele, die den Zeitraum der letzten zehn Jahre bis in ganz aktuelle Entwicklungen und Ereignisse abdecken. Dadurch wird theoretisches Wissen leichter verständlich, nachvollziehbar und damit auch memorierbar. Unter diesem Blickwinkel wird das Buch auch für höhere Studiensemester mit Anwendungsinteresse zu einer Fundgrube an Praxisbeispielen für die Umsetzung theoretischer und konzeptioneller Sachverhalte.

Wenn das Lernen von betriebswirtschaftlichen Sachverhalten nicht immer mit Spaß verbunden ist, so kann es doch wenigstens mit einer einfacher gestalteten Anstrengung durchgeführt werden. Wir haben hierzu parallel zu diesem Buch eine auf grundlegende Inhalte und Zusammenhänge konzentrierte E-Learning-Einheit aufgebaut. Sie ist interaktiv, multimedial und mit konkreten Fallanwendungen sowie Leistungstests versehen. Nähere Informationen zu diesem Web-basierten Lernen (www.learnbridge.de) finden sich auf den folgenden Seiten.

Wie aus unserer Sicht dieses Buch mit über 1.300 Seiten am besten zu nutzen ist, haben wir in der folgenden Darstellung zum „Gebrauch des Buches“ erläutert.

Es steht außer Frage, dass sich ein derartiges Werk in einzelnen Teilen immer noch verbessern lässt. Unter dieser Maßgabe sind konstruktive Kritik sowie Anregungen zu Veränderungen oder Ergänzungen willkommen. Hierzu ist die Information über unsere Kontaktdaten bei der „Stimme des Lesers" gedacht.

Was zu den Grundlagen der Betriebswirtschaftslehre gehört und deshalb in einem derartigen Buch vermittelt werden soll, ist nicht immer leicht zu entscheiden. Aber diese Prioritätensetzung ist wichtig und unerlässlich, auch wenn dann die folgende Aussage zutrifft.

*Der Leser, traurig aber wahr,*
*ist häufig unberechenbar:*
*Hat er nicht Lust, hat er nicht Zeit*
*Dann gähnt er: „Alles viel zu breit!"*
*Doch wenn er selber etwas sucht,*
*was ich, aus Raumnot nicht verbucht,*
*wirft er voll Stolz sich in die Brust,*
*„Aha, das hat er nicht gewusst!"*
*Man weiß, die Hoffnung wär zum Lachen,*
*es allen Leuten recht zu machen.*
*Eugen Roth*

Ein Buch mit so breit gefächertem Inhalt kommt nicht in isolierter Einzelarbeit, sondern nur mit Unterstützung zustande. Meine Mitarbeiter haben an diesem Buch intensiv mitgewirkt. Herr Ulrich Fehr hat mir fast über die gesamte Entstehungszeit des Buches mit viel Akribie und Fleiß bei den inhaltlichen Texten zugearbeitet und wesentliche Manuskriptteile verfasst. Herr Steffen Silbermann hat mit viel Engagement im Teil über die flankierenden Wertschöpfungsprozesse Texteile gut erstellt und mich auch beim Literatur- und Stichwortverzeichnis umfassend unterstützt. Herr Swen Günther hat mit mir in intensiver Detailarbeit das Kapitel zu den Unternehmensträgern und Unternehmensformen überarbeitet sowie mit viel Sorgfalt Textteile zum Abschnitt Controlling verfasst.

Alle anderen Kapitel des Buches wurden von meinen weiteren Mitarbeitern, nämlich Frau Ramona Ullrich, Herrn Christian Duchmann, Frau Jana Ulber, Herrn Thomas Trache und Herrn Dr. Holm Krüger Korrektur gelesen und inhaltlich-textlich optimiert. Frau Annette Etzold hat mit großem Engagement und Einsatz das gesamte Buch im Endlayout mit allen Abbildungen angefertigt. Frau Martina Voß hat mit viel Umsicht und Ruhe die gesamte Projektsteuerung durchgeführt.

Ihnen allen möchte ich an dieser Stelle sehr herzlich für die tatkräftige Unterstützung danken, durch die das Buch in der vorliegenden Form erst zustande kommen konnte.

Dresden/Kassel, im September 2004
Armin Töpfer

# Zum Gebrauch des Buches

Um das Lesen, Durcharbeiten und im Bedarfsfalle auch das Rekapitulieren einzelner Inhaltsteile dieses Grundlagenbuches zu erleichtern, haben wir eine Reihe von Prinzipien und Standards umgesetzt. Auf sie wird im Folgenden kurz eingegangen.

An den Anfang der Unterkapitel haben wir jeweils eine Reihe von Leitfragen zu den folgenden Inhalten gestellt, um so bereits im Vorfeld den Gegenstand der jeweils nachstehenden Ausführungen umfassen zu können. Generell haben wir in allen Kapiteln Wert darauf gelegt, neben dem erforderlichen Basiswissen an Definitionen und Sachverhalten auch wesentliche Ursachen-Wirkungs-Beziehungen darzustellen. Hierdurch erhält der Leser ein tiefergehendes Verständnis betriebswirtschaftlicher Zusammenhänge. Zusätzlich haben wir in verschiedenen Kapiteln, insbesondere aber bei den Unternehmensformen, auch gesetzliche Grundlagen und damit juristische Sachverhalte angesprochen und zum Teil ausgeführt. Dies ist darin begründet, dass viele betriebswirtschaftliche Entscheidungen und Wirkungen nicht von juristischen Rahmenbedingungen und Konsequenzen zu trennen sind. Damit wird diesem interdisziplinären Wirkungsverbund in der Praxis als rechtlicher Seite des Wirtschaftens ausreichend Rechnung getragen.

In den einzelnen Textteilen haben wir neben Abbildungen zu detaillierten Sachverhalten und deren Beziehungen auch Darstellungen zu grundlegenden Inhalten und Zusammenhängen in eigenständigen, kompakten Abbildungen (Überblicksdarstellungen) aufgenommen. Sie dienen zum einen dazu, die Abfolge der inhaltlichen Ausführungen im Vorfeld besser verstehen zu können. Zum anderen können sie aber auch die Funktion erfüllen, die dargestellten allgemeinen Grundlagen an den Übersichten nachvollziehen und nacharbeiten zu können. Sie sind damit gut geeignet zum Lernen im Team und dienen dann zugleich auch einer Lernerfolgskontrolle über das erworbene Wissen.

Die parallel zum Buch entwickelte Lehrveranstaltung für Dozenten sowie die entsprechende Web-basierte Lerneinheit mit Fallbeispielen und Lerntests, die auf den folgenden Seiten angesprochen sind, können über www.bwl1.com und www.learnbridge.de eingesehen werden.

# Service für Dozenten

Dozenten stellen wir kostenlos bei Bedarf sowohl die Abbildungen in diesem Buch als auch ein fertiges Vorlesungsmanuskript – auch als Lückentext (für eine Lehrveranstaltung mit einem Umfang von beispielsweise 14 Doppelstunden) – mit den (gewünschten) wesentlichen Inhalten und Abbildungen des Buches (als Word-Datei mit integrierten ppt-Abbildungen) zur Verfügung. Hierdurch sind auf der Basis der Inhalte dieses Lehrbuchs individuelle Veränderungen und Ergänzungen möglich.

Bitte verwenden Sie unser Web-Portal www.bwl1.com und die dort angegebene E-Mail Adresse für die Kontaktaufnahme.

# Stimme des Lesers

Hier haben Sie die Möglichkeit, mir als Autor dieses Buches

- Anregungen für Verbesserungen und Ihre Kritik,
- sinnvolle Ergänzungen und andere für Sie wichtige Themenbereiche sowie
- Ihr Urteil und damit Ihre Zufriedenheit

mitzuteilen.

Sie geben mir damit die Möglichkeit,

- mehr über die Erwartungen meiner Leser als Kunden zu erfahren und damit
- in Zukunft noch besser auf Ihre Anforderungen und Informationsbedürfnisse eingehen zu können.

Bitte verwenden Sie dazu über das Web-Portal www.bwl1.com den dort vorhandenen Bewertungsbogen oder meine dort angegebene E-Mail Adresse.

## *Betriebswirtschaftslehre*

Le@rnbridge®
Know-ledge wissen können machen Busi-ness
...catch the spirit

- **Leicht gemacht durch spielerisches Lernen am PC:**
  - **Multimedial**
  - **Konzentriert**
  - **Interaktiv**

- **Beinhaltet unter anderem:**
  - **Fallbeispiele**
  - **Lernerfolgskontrollen**
  - **Forum**
  - **Pausenspiele zum Spaß, z.B. Elchtest**

„Hier lernt man, was für Studium und Praxis wichtig ist."

- **Mit selbst bestimmtem Lerntempo**

## *Web-basierte E-Learning-Einheiten parallel zum Buch*

- **Über 20 Lernerstunden/ Ca. 2.000 Bildschirmseiten**

- **Mit Zwischen-/ Abschlusstests pro Kapitel**

  **... zum günstigen Preis Aufgepasst! 25% Discount für Studierenden-Gruppen**

- **Bildergalerie direkt auf der Homepage:**

***www.learnbridge.de***

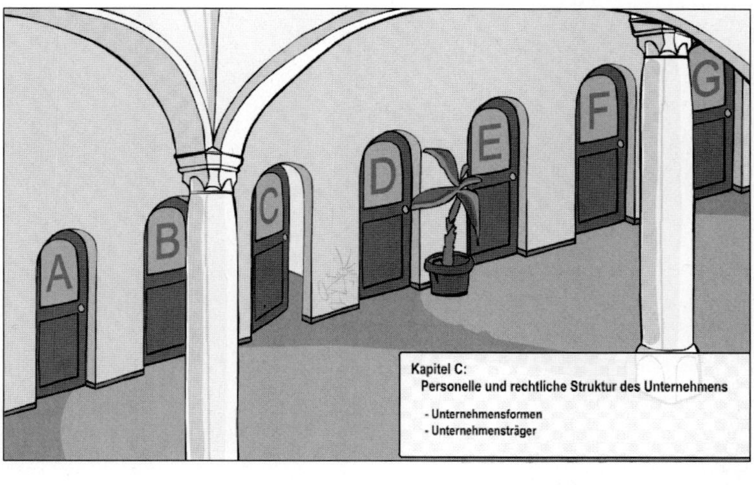

# Inhaltsverzeichnis

## Kapitel C
## Personelle und rechtliche Struktur des Unternehmens

**– Welche Anspruchs- und Interessengruppen steuern oder beeinflussen das Unternehmen? –**

**– Welche Rechtsformen sind für Unternehmen wichtig? –**

## Kapitel D
## Zielstruktur des Unternehmens

**– Wie laufen die Prozesse der Willensbildung und der Willensdurchsetzung im Unternehmen ab? –**

## Kapitel E
## Prozesse im Unternehmen

**– Wie sind die generellen Unternehmensprozesse strukturiert, und was läuft in ihnen ab? –**



## Kapitel F
## Entscheidungssituationen in unterschiedlichen Wertschöpfungsprozessen

**– Was sind wichtige Entscheidungen in den einzelnen Prozessen/ Phasen der Leistungserstellung und -verwertung, und welche Maßnahmen sind daraus abzuleiten? –**

## Kapitel G
## Strukturen von Unternehmen

**– Welche Alternativen der aufbauorganisatorischen Strukturierung gibt es, und wie stehen diese in Beziehung zu wesentlichen Unternehmensprozessen? –**



## Kapitel H
## Unternehmenskooperationen für Wertschöpfungsnetzwerke

**– Welche Kernkompetenzen bringt ein Unternehmen in Netzwerke mit Partnern für eine erfolgreiche Zusammenarbeit ein? –**

## Kapitel I
## Unternehmensgründung, Gründerpersönlichkeit und Business-Plan

**– Wie sind Chancen und Risiken beim Aufbau eines neuen Unternehmens verteilt? –**

**– Was sind wesentliche Anforderungen an eine Gründerpersönlichkeit (Gründertest)? –**

**– Welche Aktivitätsfelder im Business-Plan und welche Teilprozesse sind für eine Unternehmensgründung erfolgsentscheidend? –**

# Kapitel A
# Gegenstand der Betriebswirtschaftslehre

**– Womit befasst sich die Bwl? –**

**– Was will die Bwl erkennen und gestalten? –**

## I. Erfahrungs- und Erkenntnisgegenstand der Betriebswirtschaftslehre

> Mit was beschäftigt sich die Betriebswirtschaftslehre? Welches ist der Bereich, über den sie Aussagen anstrebt? Mit welchem Blickwinkel werden hier Analysen angestellt? Welches ist die grundsätzliche Herangehensweise, nach der praktische Phänomene untersucht und hierfür Lösungsmöglichkeiten entwickelt werden? Wie ist die Betriebswirtschaftslehre im System der Wissenschaften einzuordnen?

### 1. Erkenntnistheoretischer Ansatz

Bei jeder akademischen Disziplin ist es zunächst von großer Wichtigkeit, sich mit der jeweiligen Basis des wissenschaftlichen Arbeitens und Forschens zu beschäftigen. Auf diese Weise kann man sich gleich von Anfang an einen grundlegenden Zugang zu Denkweise, Problemsicht und Methode einer Wissenschaftsdisziplin verschaffen. Bei den vorangestellten Leitfragen geht es zunächst um die Ein- bzw. Abgrenzung des Erfahrungsobjektes und des Erkenntnisobjektes. Solche Einordnungen stellen ganz grundsätzliche Entscheidungen der wissenschaftlichen Gemeinschaft eines Fachgebietes dar. Diese Aussagen über einen Wissenschaftsbereich werden zwar letztlich innerhalb einer Disziplin getroffen. Dennoch ist hierbei eine übergeordnete Position einzunehmen, und zwar die der **Wissenschaftstheorie**. Aus der Perspektive dieser Meta-Ebene geht es dabei darum, Strategie und Konzeption der Forschung im jeweiligen Bereich theoretisch festzulegen bzw. zu verankern. Im Sinne einer Meta-Theorie, also damit einer „Theorie der Theorie“ oder einer „Theorie über die Theorie“, handelt es sich in unserem Fall dann um die grundlegende Einordnung innerhalb der Wissenschaft und Ausrichtung der Betriebswirtschaftslehre.

> Die **Wissenschaftstheorie** trifft Aussagen über die Wissenschaft. Diese betreffen die Beschreibung und Erklärung des **wissenschaftlichen Erkenntnisprozesses** bzw. der **Institution Wissenschaft**. Es geht speziell darum, wie **wissenschaftliche Aussagen** zu erlangen sind. Werden zusätzlich noch die Voraussetzungen zu deren Formulierung untersucht und dabei unterschiedliche **Forschungsmethoden** begründet, so geht es bei dieser methodologischen Wissenschaftstheorie um die generelle Ausrichtung der Forschung und damit um ihre **Strategie und Konzeption**.

Einer der namhaftesten Vertreter der Wissenschaftstheorie war der 1994 im Alter von 92 Jahren verstorbene und bis zu seinem Tode wissenschaftlich aktive KARL RAIMUND POPPER. Auf ihn geht die **wissenschaftstheoretische Methodenlehre des Kritischen Rationalismus** zurück, nach der Wissenschaft keine endgültigen wahren Aussagen hervorbringen kann. Sie macht vielmehr lediglich Vorschläge zur Problemlösung, die als vorläufig anzusehen sind. Nach dem Prinzip von Versuch und Irrtum steht dabei nicht deren Bestätigung, sondern deren Widerlegung und damit die Vorlage neuer und besserer Problemlösungsvorschläge im Vordergrund. Unter dieser Sichtweise – der auch hier gefolgt wird – stellt sich Wissenschaft als ein dynamischer Prozess dar, der immer wieder auch die aktuellen Veränderungen in seinem Gegenstandsbereich berücksichtigen kann und muss.

Warum wird Wissenschaft überhaupt betrieben? Das eigentliche Ziel hierbei ist es, **neue Erkenntnisse zu gewinnen** (hierzu Abb. A-I-1). Im Bereich der Real- oder Erfahrungswissenschaften, zu denen auch die Betriebswirtschaftslehre zu rechnen ist, geschieht dies i.d.R. aber nicht um ihrer selbst willen. Objekt der Forschung ist hier die gegenständliche, erfahrbare Natur- oder Sozialwelt, und so tritt neben das Erkenntnisziel das **Gestaltungs- oder Anwendungsinteresse**. Bei dieser anschließenden Umsetzung gewonnener Erkenntnisse wird es dann immer darum gehen, praktischen Nutzen für den Menschen zu stiften. Bevor auf der Basis einer Erklärung die Gestaltung erfolgen kann, ist Folgendes notwendig: Auf der ersten Stufe sind zunächst die **Begriffe** für Einzelphänomene **zu klären** und für gemeinsame, zusammengehörende Begrifflichkeiten dann Klassen zu bilden, also **Klassifikationen vorzunehmen**. Nur so können verschiedene Sachverhalte überhaupt angemessen beschrieben werden. Auch diese erste Stufe zählt zu den Zielsetzungen einer Wissenschaft.

Damit geht es im Bereich der **deskriptiven (beschreibenden) Zielsetzung** einer Wissenschaft also darum, passende Begrifflichkeiten zu entwickeln, um Phänomene in der Praxis nachvollziehen zu können. Im Rahmen der zentralen **theoretischen Zielsetzung** steht auf dieser Basis im Fokus, die grundlegenden Mechanismen zu erkennen, mittels derer beobachtete Ereignisse erklärt bzw. deren zukünftiges Eintreten vorhergesagt werden können. Das Bestreben geht hier vor allem dahin, die praktischen Erscheinungen oder Probleme durch das Herausarbeiten meist mehrstufiger Ursachen-Wirkungs-Beziehungen bzw. Grund-Folge-

Relationen aufzulösen. Aufgrund solcher bewährten Erkenntnisse über die Zusammenhänge von Einzelelementen können im Bereich der **pragmatischen Zielsetzung** anschließend Gestaltungsempfehlungen für konkrete Aufgabenstellungen gegeben werden.

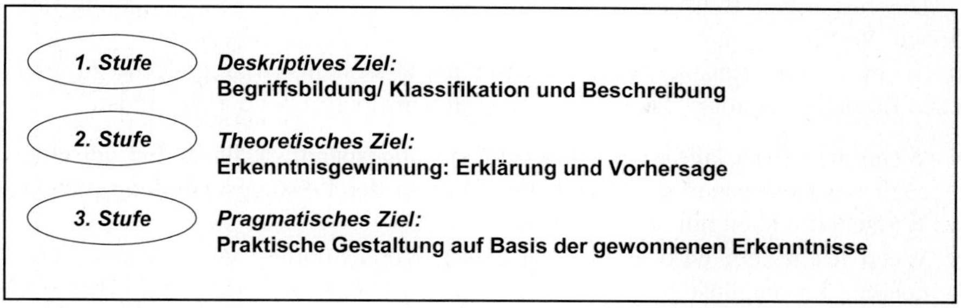


**Abb. A-I-1:** Ziele einer Wissenschaft

Um den Abstraktionsgrad der vorangegangenen Erläuterungen etwas aufzubrechen, folgen nun einige erste und einfache Beispiele für betriebswirtschaftliche Begrifflichkeiten und ihre Beziehungen. Diese sind bewusst als „Wenn – Dann – Aussagen" formuliert. Auf diese Weise wird bereits zu Anfang dieser „Anwendungs- und prozessorientierten Grundlagen der Betriebswirtschaftslehre" dazu angeregt, in der gerade angesprochenen Kategorie der **Ursachen-Wirkungs-Beziehungen** zu denken und zu formulieren.

Wenn die Wettbewerbsintensität in einer Branche steigt, dann ist dies nicht selten mit einem ausgeprägten „Preiskampf" unter den Konkurrenten verbunden, der aufgrund der Preissenkungen bei den angebotenen Marktleistungen eine Verschlechterung der Ertragslage für die einzelnen Unternehmen zur Folge hat.

- Wenn der Finanzierungsspielraum eines Betriebes groß genug ist und er einer solchen harten Wettbewerbssituation damit begegnet, dass im Bereich der Fertigung der Automatisierungsgrad steigt oder nach der Osterweiterung der Europäischen Union (EU) seit dem 1. Mai 2004 Produktionsstandorte in dortige Niedriglohnländer verlegt werden, dann sind bei der damit angestrebten Verringerung des Personalbestandes Proteste der Mitarbeiter und der Betriebsräte in den Stammwerken sowie nicht zuletzt der Gewerkschaft zu erwarten.
- Wenn solche Interessengegensätze aufbrechen, dann sind zur Wahrung des Betriebsfriedens oft besondere Vereinbarungen zu treffen (Sozialpläne, Kündigungsschutzregelungen), aufgrund derer für eine Übergangszeit wiederum weitere Kosten für den Betrieb entstehen.
- Wenn die Wettbewerbsintensität in einer Branche generell steigt, dann nehmen auch die Anforderungen an Moral und Ethik der mit Geschäften und Abschlüssen betrauten Unternehmensrepräsentanten zu.
- Denn wenn der preisliche Verhandlungsspielraum immer geringer wird, dann steigt der Anreiz und die Überlegung bei großen Aufträgen und Projekten, über eigentlich unzulässige „Dreingaben" für den Käufer – wie hochwertige Kon-

sumgüter, Reisen oder auch Geld – den Auftrag „der Konkurrenz abzujagen". Das liefernde Unternehmen kann an solchen Praktiken aber kein Interesse haben, denn wenn diese „ruchbar" werden, dann ist über rechtliche Konsequenzen hinaus der Imageschaden oft kaum wieder gutzumachen.

Die bisherigen Beispiele waren, ausgehend von der Branchensituation einer hohen Wettbewerbsintensität, unternehmens- und personenbezogen. Nun folgt noch ein weiteres Beispiel, dargestellt in einer Ursachen-Wirkungs-Kette zur gleichen Branchensituation, das jedoch unternehmensübergreifend angelegt ist:

- Wenn die Ertragslage eines Unternehmens angespannt ist, dann sind vor allem auch die Kostenseite und damit die Prozesse der Leistungserstellung auf ihre Wirtschaftlichkeit hin zu überprüfen.
- Wenn festgestellt wird, dass Teile dieser Wertschöpfung von anderen Unternehmen kostengünstiger fremdbezogen werden können, dann kann – bei Vorliegen weiterer Kriterien – die Entscheidung getroffen werden, diese Wertschöpfungsteile komplett auszulagern bzw. outzusourcen.
- Wenn – wie z.B. in der Automobilindustrie – solche Outsourcing-Maßnahmen in einer Branche in größerem Umfang vorgenommen werden, dann verändert sich die Branchenstruktur insgesamt. Die Fertigungstiefe der Hersteller nimmt ab, und die Leistung der Zulieferer besteht dann bereits oft in kompletten Produktteilen oder Subsystemen.
- Wenn solche Hauptzulieferer als Systemlieferanten ihrerseits Einzelteile oder Materialien von Unterlieferanten beziehen, dann kommt es im Ergebnis dieser von den Automobilherstellern angestoßenen Outsourcing-Prozesse zu einer Differenzierung und Hierarchisierung der gesamten Zulieferindustrie.
- Wenn nun die einzelnen Unternehmen bei dieser branchenweiten Wertschöpfung als Spezialisten für ihre Fertigungsstufe sehr wirtschaftlich produzieren und so auch Kostenvorteile an die Automobilhersteller weitergeben können, dann sind in diesem Fertigungsverbund auch exakte Verträge zwischen den jeweiligen Lieferanten und Abnehmern nötig, damit es an keiner Stelle zu Produktionsausfällen wegen fehlender Vorprodukte kommt.

Wenn die Wissenschaft insgesamt durch Erkenntnisgewinnung und deren praktisch nutzbringende Anwendung gekennzeichnet ist, so liegt hier eine Entsprechung zur Natur der Menschen in ihrem Alltagsleben vor. Zum einen sind diese von Natur aus neugierig und wissbegierig, zum anderen streben sie i.d.R. auch laufend nach einer Verbesserung ihrer momentanen Lage, indem sie Probleme für die aktuelle Lebensbewältigung lösen wollen. Damit ist es also ganz natürlich und weit verbreitet, bezogen auf bestimmte Sachverhalte nach dem **Warum** und **Wie** zu fragen und anschließend zu überlegen, **wozu** diese Erkenntnis nützlich ist und welche neuen Verhältnisse im Sinne von Verbesserungen damit erzeugt werden können. **Wissenschaft** hat diesen Dualismus lediglich aufgegriffen, wodurch sich ein eigenständiger Gesellschaftsbereich herausgebildet hat, der **über und für die Praxis** nachdenkt.

Der Zusammenhang zwischen Theorie und Praxis war früher zuweilen noch recht losgelöst voneinander, was in der geflügelten Redensart von der „Wissenschaft im Elfenbeinturm" seinen Ausdruck fand. Heutzutage ist dieses – gerade in der Betriebswirtschaftslehre – nicht mehr vorstellbar. Wissenschaft findet heute immer mehr in einer „Echtzeit" statt. Die Abstände werden immer kürzer, in denen sich zum Teil gänzlich neue oder zumindest deutlich modifizierte Phänomene und Konstellationen – z.B. durch neue Technologien oder veränderte soziale und wirtschaftliche Sachverhalte wie die EU-Osterweiterung oder eine zunehmende Globalisierung – herausbilden, die einen unmittelbaren Erklärungs- und Gestaltungsansatz erforderlich machen. So sind etwa Moden und Trends, aber auch neue Entwicklungen – und damit die entsprechenden Produkte – in allen Gesellschaftsbereichen immer kurzlebiger. Bei ihren Anpassungsversuchen an diese Gegebenheiten braucht die weltweit verflochtene Wirtschaft eine anwendungsbezogene Wissenschaft mit zeitnahen Erklärungen und Gestaltungsempfehlungen.

Welche Stellung nimmt die Betriebswirtschaftslehre im System der Wissenschaften ein? Wo ist sie im Kanon der Fachdisziplinen angesiedelt? Eine kurze Einordnung hierzu (siehe Abb. A-I-2) bietet den Anknüpfungspunkt für die eingangs dieses Abschnitts bereits angesprochene Frage nach dem Erfahrungsobjekt der Betriebswirtschaftslehre. Zunächst einmal kann man die Wissenschaft als Ganzes in metaphysische und nicht-metaphysische Disziplinen unterteilen. Von ersteren war oben bereits kurz die Rede. Hier geht es im Rahmen der Theologie sowie in Teilen der Philosophie um „letzte Gründe des Seienden" (Ontologie).

Bei den nicht-metaphysischen Wissenschaften wird dann weiter unterteilt in Formal- und Realwissenschaften. Den Unterschied macht hierbei aus, ob auf reale, erfahrbare und empirisch feststellbare Sachverhalte abgehoben wird. Bei den **Formalwissenschaften** Logik und Mathematik ist dies nicht der Fall. In diesen Disziplinen geht es um die gesamte Stimmigkeit der nach bestimmten Regeln verknüpften Zeichen oder Aussagen und damit um die Konstruktion von Zeichensystemen. Diese sind nur logisch prüfbar, aber nicht faktisch an der Wirklichkeit nachprüfbar.

Bei den **Real- oder Erfahrungswissenschaften** dreht es sich dagegen um Aussagen über tatsächlich in der Realität beobachtbare Sachverhalte, die damit auch empirisch überprüft werden können. Nach dem hauptsächlichen Ziel der Forschung kann hier zunächst in **„reine, theoretische" und „angewandte, praktische" Wissenschaften** untergliedert werden. Der Unterschied liegt hierbei darin, ob vor allem die Erklärung von Phänomenen der belebten wie unbelebten Natur im Vordergrund steht oder ob es zusätzlich auch um die Gestaltung sozio-ökonomisch-technisch-ökologischer Systeme geht. Für den ersten Bereich ist auch die Bezeichnung **Grundlagenwissenschaften** üblich, hier dominiert das Erkenntnisinteresse, und die Forschung wird dabei oft ohne konkrete Nutzungsabsichten betrieben. Beim zweiten Bereich wird auch von **Handlungswissenschaften** gesprochen. Bei dem Forschungsgegenstand sozialer, ökonomischer, technischer sowie ökologischer Systeme und den dabei zu analysierenden menschlichen Handlungsalternativen sind die Forschungsbemühungen zusätzlich von einem Gestaltungsinteresse geleitet.

Die **angewandten Wissenschaften** bauen häufig auf den – zum Teil mit einem großen zeitlichen Vorlauf – gewonnenen Erkenntnissen der reinen Wissenschaften auf. Für beide Bereiche stellen wiederum die **Formalwissenschaften** mit ihren

Zeichensystemen Sprachregelungen zur Verfügung, auf deren Grundlage dann Erklärung und Gestaltung häufig erst in einer sinnvollen Weise erfolgen können.

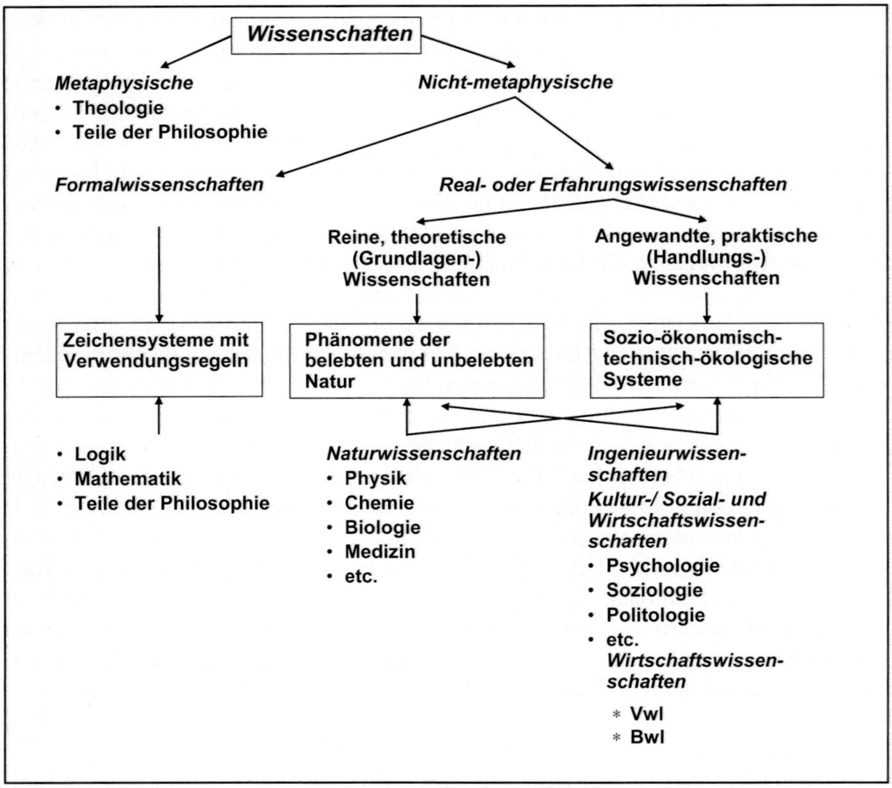


**Abb. A-I-2:** Die Betriebswirtschaftslehre im System der Wissenschaften

Nach dem vorwiegend anvisierten Inhaltsbereich einer Fachdisziplin ist als weitere Untergliederung bei den Real- oder Erfahrungswissenschaften die Abgrenzung der **Natur- gegenüber den Kultur- bzw. Sozial- und Wirtschaftswissenschaften** üblich. Während bei den Naturwissenschaften die systematische Erforschung der Natur und ihrer grundlegenden Gesetzmäßigkeiten im Vordergrund steht, bilden bei den Kulturwissenschaften die verschiedenen Aspekte menschlichen Verhaltens das Zentrum der Forschungsbemühungen. Zu ersteren werden etwa die Physik, Chemie, Biologie und auch die Medizin gezählt. In der zweiten Gruppe finden wir unter anderem die Betriebswirtschaftslehre (Bwl) wieder. Mit der Volkswirtschaftslehre (Vwl) bildet sie die Ökonomie bzw. Wirtschaftswissenschaft, und diese steht hier neben anderen Disziplinen, wie der Soziologie, Psychologie und Politologie, die ebenfalls Beziehungen zwischen Menschen sowie Beziehungen zwischen Menschen und Sachen in ihrem wechselwirkenden Zusammenhang zum Gegenstand haben.

Die beiden vorgestellten Gliederungskriterien – Wissenschaftsziel und Inhaltsbereich der Forschung – sind nicht völlig überschneidungsfrei. So sind etwa die ebenfalls in der Abbildung A-I-2 aufgeführten Ingenieurwissenschaften gegenüber den theoretischen Naturwissenschaften Physik oder Chemie als hierauf bezogene angewandte Disziplinen einzuordnen. Die Medizin als naturwissenschaftliche Disziplin steht in engem Zusammenhang mit der Psychologie, beispielsweise bei der Psychiatrie. Ferner gibt es Teile sozialwissenschaftlicher Disziplinen, wie beispielsweise die Individualpsychologie, die häufig zu den theoretischen Grundlagenwissenschaften gezählt werden. Aus heutiger Sicht kann die Untergliederung nach dem Wissenschaftsziel nur noch den **Hauptansatzpunkt der Forschung** kennzeichnen. Erkenntnis- und Gestaltungsinteresse lassen sich kaum noch sinnvoll trennen, zumindest sind die aus den jeweiligen Erkenntniszusammenhängen folgenden Gestaltungsmöglichkeiten immer mit zu bedenken. In dieser Weise wurden hier an früherer Stelle auch bereits die deskriptiven, theoretischen und pragmatischen Ziele einer Wissenschaft gleichrangig nebeneinander gestellt (siehe Abb. A-I-1 und die Erläuterungen hierzu).

Die Trennung von Natur- und Kultur- bzw. Wirtschafts- und Sozialwissenschaften ist ebenfalls nicht unproblematisch. Auch bei den erstgenannten sind Einflüsse des Menschen auf den Untersuchungsgegenstand gegeben, die bei der Erforschung der Natur dann nicht ohne Weiteres ausgeblendet werden können. Aus diesen Gründen für eine Einheits-Realwissenschaft zu plädieren, wird hier aber nicht für sinnvoll gehalten. Bei der historischen Entwicklung der heutigen Wissenschaftsgliederung haben sich unterschiedliche Problemsichten herausgebildet. Wirksame Problemlösungen sind dann gerade durch eine interdisziplinäre Zusammenarbeit verschiedener Fachvertreter zu erwarten, wenn sie ihre spezifischen Erkenntnisperspektiven in eine fruchtbare Kooperation einbringen.

## 2. Erfahrungsobjekt der Betriebswirtschaftslehre

Die genaue Verortung einer Einzelwissenschaft wird erleichtert, wenn man sich der Unterscheidung in Erfahrungs- und Erkenntnisobjekt bedient. Für die Volkswirtschaftslehre bzw. die Nationalökonomie wurden diese methodologischen Grundfragen von ALFRED AMONN (1883 – 1962) umfassend aufgearbeitet. Aufgrund der zunehmenden Überschneidungsbereiche einzelner Wissenschaftsdisziplinen wird diese Abgrenzung heutzutage nicht mehr so häufig thematisiert. Für einen ersten Zugang zu einem Fachgebiet wird sie aber als hilfreich eingeschätzt. Das **Erfahrungsobjekt einer Realwissenschaft** kennzeichnet das Gebiet, mit dem sie sich befasst. Hier geht es um den betrachteten Teil der Realität und damit um den **Gegenstandsbereich**, mit dem sich diese Erfahrungswissenschaft beschäftigt, also auf den sich ihre Aussagen und Gestaltungsempfehlungen beziehen. Mit dem Ziel einer gedanklichen Abstraktion bzw. Isolation leitet sich hieraus das **Erkenntnisobjekt** ab; darauf wird im nächsten Abschnitt A.I.3. näher eingegangen. Als Erkenntnisperspektive lässt sich dabei auch der spezielle Blickwinkel festlegen, aus dem heraus ein Wissenschaftler die Analysen in seinem Fachgebiet betreibt. Insgesamt werden so ganz generell die forschungsleitenden Fragestellungen und damit die **allgemeine Forschungsstrategie** einer wissenschaftlichen Disziplin eingegrenzt, wodurch diese gegen andere Erfahrungswissenschaften gleichzeitig abgegrenzt werden kann.

> Das **Erfahrungsobjekt** einer Realwissenschaft sind die **in der Realität vorkommenden Erscheinungen, mit denen sich diese Wissenschaftsdisziplin beschäftigt**. Durch gedankliche Abstraktion und Isolierung/ Selektion kann hieraus das jeweilige **Erkenntnisobjekt** (= Denkobjekt) gewonnen werden. Dies lässt Aussagen zur **speziellen Erkenntnisperspektive** der Fachvertreter zu. Auf diese Weise können die verschiedenen Erfahrungswissenschaften gegeneinander abgegrenzt werden.

Oben wurde die Betriebswirtschaftslehre bereits als angewandte Wissenschaft und hierbei als Teil der Kultur- bzw. Wirtschafts- und Sozialwissenschaften eingeordnet, die ganz allgemein die Interaktionen zwischen Menschen und zusätzlich auch menschengeschaffenen Sachverhalten und Sachen, also Gegenständen oder Produkten, untersuchen. Im Falle der Betriebswirtschaftslehre lässt sich deren Erfahrungsobjekt wie folgt präzisieren (hierzu Abb. A-I-3):

Die Betriebswirtschaftslehre beschäftigt sich mit **menschlichem Handeln und Verhalten** in der **ökonomischen, sozialen, technischen und ökologischen Welt** von Wirtschaftssubjekten, und damit von Individuen, Gruppen und Betrieben/ Unternehmen.

Das Schwergewicht der Untersuchung menschlicher Handlungs- und Verhaltenszusammenhänge liegt hier in dem mit ökonomischer Welt gekennzeichneten Realitätsausschnitt. Dabei wird aber nicht rein abstrakt vorgegangen, bei der wirtschaftsbezogenen Analyse von Individuen und ihrer Interaktion wird vielmehr die jeweilige Umfeldsituation einbezogen. So sind dann auch die jeweiligen Konstellationen in der sozialen, technischen und ökologischen Welt relevant für die betriebswirtschaftliche Forschung und Gestaltung. Dabei ist es hilfreich, die ebenfalls bereits in der Definition aufgeführten **drei Untersuchungsaggregate** der Betriebswirtschaftslehre voneinander abzugrenzen. So bilden zunächst **Individuen bzw. Einzelpersonen** einen Untersuchungsbereich. Hier geht es z.B. um Fragen der Arbeitsmotivation oder des Kaufverhaltens. Wodurch ist ein Mitarbeiter motiviert, und wie läuft dieser Prozess ab? Warum und wie kauft jemand ein Produkt? Welche Gründe oder Motive liegen dem Kauf zu Grunde, wie läuft der Kaufprozess ab? Was ist dabei für den Käufer besonders wichtig, so dass sich der Verkäufer auf diese Schlüsselfaktoren einstellen kann?

Das nächste Aggregat ist die **Gruppe**. Auch in diesem Bereich kann es um Fragen des Kaufverhaltens und dabei um Gruppenphänomene gehen. Einen wichtigen Unterbereich bildet das Gruppenverhalten von Wirtschaftssubjekten in ihrem Arbeits- oder Leitungszusammenhang. So stehen hier beispielsweise Arbeitsgruppen oder Abteilungen in unterschiedlichen Organisationen – Betrieben, Behörden, Instituten etc. – in ihrer Zusammenarbeit, ihren Austauschbeziehungen und ihrer Dynamik im Blickpunkt betriebswirtschaftlichen Interesses.

Damit zeichnet sich bereits die dritte Aggregation ab. Ging es zunächst um Einzelpersonen, zum Zweiten um Gruppenphänomene, so werden zum Dritten

**Organisationen als Ganzes** von der Betriebswirtschaftslehre untersucht. In erster Linie geht es hier um **Betriebe oder Unternehmen** (auf begriffliche Unterschiede wird in A.II.2. eingegangen), die im Gesamtzusammenhang ihres inneren Aufbaus und ihrer Führung untersucht werden. Von dieser Warte aus sind erneut Kooperationen, Austauschbeziehungen oder Verflechtungen mit anderen Unternehmen und Organisationen zu behandeln, die wiederum Gesellschaftsgruppen und Individuen als Akteure haben.

***Erfahrungsobjekt*** **der Betriebswirtschaftslehre ist der Kulturbereich:**

**Menschliches Handeln und Verhalten**

- **in der ökonomischen, sozialen, technischen und ökologischen Welt von Wirtschaftssubjekten, damit also**
- **von Individuen, Gruppen und Betrieben/ Unternehmen,**

**ist der Gegenstandsbereich, mit dem sich die Betriebswirtschaftslehre beschäftigt**

**Abb. A-I-3:** Erfahrungsobjekt der Betriebswirtschaftslehre

Zum Gegenstandsbereich der Betriebswirtschaftslehre und den zu untersuchenden Sachverhalten sind viele **Beispiele** möglich. Im Folgenden wird zunächst ein negativer Zusammenhang referiert, der zusätzlich bereits die Schnittlinien zu anderen Wissenschaftsdisziplinen verdeutlicht. Nehmen wir an, dass auf der Individual- oder Gruppenebene eines Betriebes schlechte Arbeitsbedingungen gegeben sind (hierzu Abb. A-I-4a). Dies kann direkt die Physis der Mitarbeiter beeinträchtigen, weil etwa Beleuchtung oder Belüftung unzureichend sind. Die vermuteten bzw. erwarteten Wirkungen derartiger Einflussfaktoren auf die Arbeitsleistung stellten bereits in den 20er Jahren den Ansatzpunkt der nach dem untersuchten amerikanischen Betrieb benannten HAWTHORNE-Experimente dar. Es kann aber auch die psychische Befindlichkeit der Arbeitnehmer beeinträchtigt werden, wenn ein schlechtes Abteilungsklima herrscht oder von einzelnen Mitgliedern der Belegschaft vielleicht ein ausgeprägter „Psychoterror" in Form von Mobbing betrieben wird. Wesentlich für das Erkenntnisziel der Betriebswirtschaftslehre ist vor allem die Wirkung dieser möglichen Ursachen-Konstellation. Sie wird nämlich zu einer ausgeprägten Unzufriedenheit der Mitarbeiter führen. Als weitere Folge kann hieraus aller Erfahrung nach ein hoher Krankenstand resultieren, der also psychosomatische Ursachen hat und auch die Medizin als Wissenschaftsdisziplin fordert. Dies schlägt sich für das Unternehmen häufig in einer großen Summe von Fehlzeiten nieder. Es kommt i.d.R. zusätzlich zu einer abnehmenden Identifikation der Arbeitnehmer mit ihrem Betrieb, also zu der umgangssprachlich genannten „inneren Kündigung". Nicht selten beenden Mitarbeiter dann ihr Arbeitsverhältnis, so dass direkt und tatsächlich Kündigungen zu verzeichnen sind. So steigt die Fluktuation (Abwanderung); immer wieder müssen neue Arbeitskräfte eingearbeitet werden, und das ist für ein reibungsloses Funktionieren der betrieblichen Abläufe i.d.R. alles andere als förderlich und außerdem mit Kosten verbunden.

Nun könnte man meinen, hier wäre eine ausschließliche Aufgabenstellung für Ingenieure, Arbeitswissenschaftler oder Psychologen gegeben; infolge von Zug oder schlechtem Licht sind die Mitarbeiter physisch krank, und/ oder sie sind derart deprimiert, dass psychische Störungen auftreten. Der Umstand schlechter Arbeitsbedingungen, die Wirkung unzufriedener Mitarbeiter und die offensichtliche Folge hoher Fehlzeiten und steigender Fluktuation sind nach unserer vorhergehenden Begriffsklärung des Erfahrungsobjektes aber auch von betriebswirtschaftlicher Relevanz. Auf der Individual- und der Gruppenebene geht es hierbei um menschliches Verhalten im wirtschaftlichen Zusammenhang, was für das betroffene Unternehmen als Ganzes von großer Bedeutung ist.

Bei dieser angenommenen Problemkonstellation haben wir es nach den Eingangsbeispielen in Abschnitt A.I.1. wiederum mit **mehrstufigen Ursachen-Wirkungs-Beziehungen** zu tun. Der erste Ableitungsschritt verläuft dabei von den unzureichenden Arbeitsbedingungen zu deren offensichtlicher Konsequenz einer unzufriedenen Mitarbeiterschaft. Aus Unternehmenssicht stellen diese Befindlichkeiten aber nur ein Zwischenergebnis oder eine so genannte „intervenierende Variable" dar, also eine Größe, die zwischen den Kernursachen und den Ergebniswirkungen liegt. Die Ableitungskette verläuft anschließend noch weiter: Hier werden – wie später gezeigt wird – negative Auswirkungen auf die Wirtschaftlichkeit des gesamten Leistungserstellungs- bzw. Wertschöpfungsprozesses und die Qualität der gefertigten Produkte und Leistungen auftreten.

So wird die Unzufriedenheit der Mitarbeiter – wenn diese selbst nicht unmittelbar die Konsequenz ziehen, das Arbeitsverhältnis zu beenden – immer wieder Frustrationserlebnisse und damit ein kontinuierliches Sinken ihrer Arbeitsleistung zur Folge haben – die bereits angesprochene „innere Kündigung" ist dabei vorprogrammiert. Dieses wird sich indirekt in den entsprechenden betriebswirtschaftlichen Kennziffern zur Leistungswirksamkeit des Betriebsprozesses niederschlagen, auf die wir im Abschnitt A.II.1. zu sprechen kommen. Über den Krankenstand und die Fluktuation sind dabei auch direkt Kosten mit dieser Problemlage verbunden.

In Abbildung A-I-4a, die das hier eingeführte Beispiel illustriert, ist bei den aufgezeigten Problemursachen „Beleuchtung" und „Mobbing" bereits vermerkt, dass zu deren Abhilfe ein **Beitrag anderer Wissenschaftsdisziplinen** notwendig ist, etwa der Ingenieurwissenschaften und der Psychologie. Aus betriebswirtschaftlicher Perspektive können wir die bisherige Ableitungsfolge in unserem Beispiel in der Weise kennzeichnen, dass Unzufriedenheit der Mitarbeiter das **zu beobachtende Phänomen (Wirkung)** darstellt, Fehlzeiten und Fluktuation die primär **betriebswirtschaftlich relevanten Folgen** sind, während es sich bei den **Ursachen**, den schlechten Arbeitsbedingungen, um aus Sicht der Betriebswirtschaftslehre **erklärende Gründe** handelt. Zur ganzheitlichen Lösung der dargestellten Probleme und zur Verbesserung der beispielhaft angenommenen Situation werden Kenntnisse aus verschiedenen Disziplinen vonnöten sein, also etwa aus den Ingenieurwissenschaften, der Arbeitsmedizin, der Psychologie und der Betriebswirtschaftslehre.

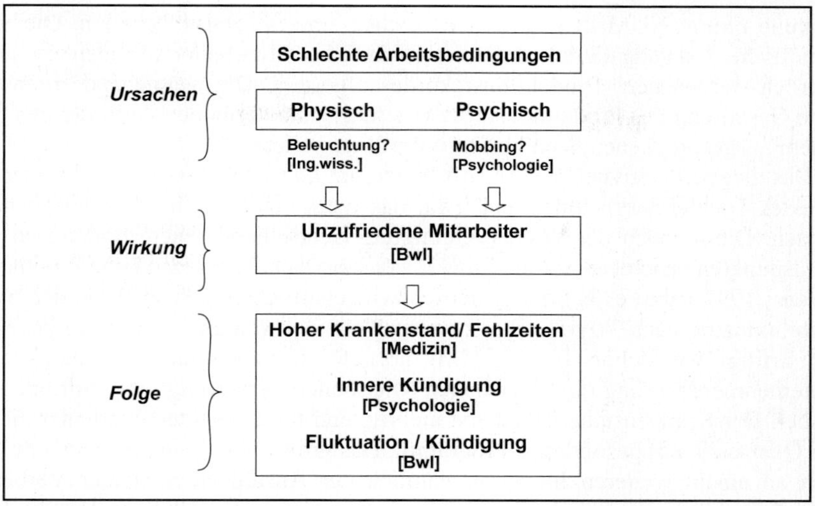


**Abb. A-I-4a:** Unzufriedene Mitarbeiter: Zusammenhänge im Überblick

Dass eine solche **interdisziplinäre Zusammenarbeit** positive Ergebnisse bei allen oben abgegrenzten Aggregatsbereichen – Individuen, Gruppen und Betrieben/ Unternehmen – bewirken kann, gehört mittlerweile zum gesicherten Erkenntnisstand in Forschung und Praxis. War es in den 70er Jahren in Deutschland offensichtlich noch notwendig, von Seiten staatlicher Stellen und der Tarifpartner besondere Programme zur Humanisierung der Arbeitswelt zu initiieren, so ist die Verbesserung von Produktions- und Arbeitsbedingungen inzwischen zu einem originär betriebswirtschaftlichen Thema geworden. Dabei stand die einfache Erkenntnis Pate, dass die Leistungsfähigkeit eines Betriebes nur weiter gesteigert werden kann, wenn sich die Mitarbeiter in den Produktions- und Leitungsprozessen wohl fühlen und auch ihre persönlichen Ziele verfolgen können. Um dieses Doppelziel zu erreichen, werden in Forschung und Praxis disziplinenübergreifende Fragestellungen aufgegriffen, und generell kommt es zu einer Nutzung von Erkenntnissen anderer Wissenschaften durch die Betriebswirtschaftslehre.

Diese Entwicklung kann anhand von **zwei Unternehmen beispielhaft** verdeutlicht werden. Zunächst wird hier NUMMI angeführt, ein 1984 im kalifornischen Fremont gegründetes Gemeinschaftsunternehmen von GENERAL MOTORS (GM) und TOYOTA – die Abkürzung steht für NEW UNITED MOTOR MANUFACTURING, INC. Für diese Kooperation wurde ein 1982 geschlossener Betrieb von GM im wahrsten Sinne des Wortes „wiederbelebt". Diese Produktionsstätte war völlig unwirtschaftlich, die Arbeitsbedingungen waren so schlecht, dass ca. 1.000 Arbeitnehmerklagen anhängig waren. Die dort produzierten Autos waren von absolut unzureichender Qualität, die Ertragslage des Betriebes war miserabel. In das Gemeinschaftsprojekt brachte die japanische Seite nun alle ihre Kenntnisse und Erfahrungen über fortschrittliche Arbeitsbedingungen und Unternehmensführungsmethoden im Automobilbereich ein. Als Arbeitnehmer wurden zunächst vorwiegend diejenigen angesprochen, die bereits im alten GM-Werk tätig waren. Mittlerweile nimmt NUMMI in vielen Bereichen eine Spitzenstellung ein. Die wirtschaftliche Leistungsfähigkeit ist hoch und die Mitarbeiterzufriedenheit groß. Jährlich werden neue Produktionsrekorde aufgestellt. Die weitgehend ergonomische Gestaltung des Produktionsprozesses führt trotz der hohen Anforderungen zu einem ausgesprochenen Wohlbefinden der Mitarbeiter.

Das zweite Positivbeispiel betrifft wiederum GENERAL MOTORS, nun aber ein direktes Tochterunternehmen, und zwar das Werk von OPEL im thüringischen Eisenach. Dieses nach der Wiedervereinigung Deutschlands nach modernsten Gesichtspunkten errichtete Automobilwerk zeichnet sich durch eine hohe Produktivität aus; 1997 nahm es bei dieser betriebswirtschaftlichen Kennziffer in der Automobilindustrie nach TOYOTA den zweiten Platz weltweit ein. Wiederum geht dieser Erfolg, wie schon bei NUMMI ausgeführt, neben einer wirkungsvollen Unternehmensführung mit einer hohen Mitarbeiterorientierung und -zufriedenheit einher. Der Krankenstand ist äußerst niedrig, und für erkrankte Mitarbeiter gibt es bei OPEL auch ein gesondertes Programm. Das große Mitarbeiterengagement lässt sich an einem weiteren Indikator, nämlich der Anzahl eingereichter Verbesserungsvorschläge, zusätzlich verdeutlichen. Lag diese Zahl 1998 im Durchschnitt aller deutschen Industriebetriebe bei 0,4 Vorschlägen pro Mitarbeiter, so hatte demgegenüber jeder OPEL EISENACH Mitarbeiter im Mittel 21 solcher Anregungen unterbreitet. Im Jahre 2002 waren es immerhin noch 17 Verbesserungsvorschläge pro Mitarbeiter.

Diese einfachen **Beispiele** aus der Unternehmenspraxis geben einen ersten Eindruck davon, wie die Zufriedenheit von Mitarbeitern oder Mitarbeitergruppen und die wirtschaftliche Leistungsfähigkeit von Unternehmen bzw. Unternehmensteilen zusammenhängen. Im Folgenden wollen wir unser Ausgangsproblem unzufriedener Mitarbeiter noch etwas weiterentwickeln, und zwar nun im Hinblick auf die betriebswirtschaftlich interessierenden und zu untersuchenden Bereiche (hierzu Abb. A-I-4b).

In Fortsetzung der vorangegangenen Ableitung analysieren wir hierbei weiter, dass aufgrund der schlechten Arbeitsbedingungen und der damit einhergehenden Unzufriedenheit der Mitarbeiter offensichtlich zusätzliche Probleme in Form einer schlechten Zusammenarbeit auftreten. Diese resultiert aus einer mangelnden Identifikation mit der eigenen Tätigkeit, die noch verstärkt werden dürfte durch die zusätzliche Arbeitsbelastung als objektiv gestiegene Arbeitsanforderung infolge krankheitsbedingter Abwesenheit anderer Mitarbeiter. Aufgrund einer fehlenden Motivation wird dann die Kooperation innerhalb und zwischen den Abteilungen alles andere als „Hand in Hand" verlaufen; hier sind vielmehr massive Störungen zu erwarten. Die Zusammenarbeit wird in aller Regel viel langsamer ablaufen, und wenn dazu eine hohe Bürokratisierung kommt, dann wird jeder Vorgang nur noch mit einem hohen Zeitverbrauch erledigt. Bürokratische Organisationen hat der britische Historiker und Journalist CYRIL NORTHCOTE PARKINSON (1909 – 1993) in seinem 1958 erschienenen Buch „Parkinsons Gesetz und andere Untersuchungen über die Verwaltung" auf der Grenze von Ironie und Ernst trefflich beschrieben. Er führte hier aus, dass jede Organisation eine Tendenz zur selbstständigen Vergrößerung hat und dass diese unabhängig von der Zahl und Bedeutung der zu erledigenden Aufgaben gegeben ist.

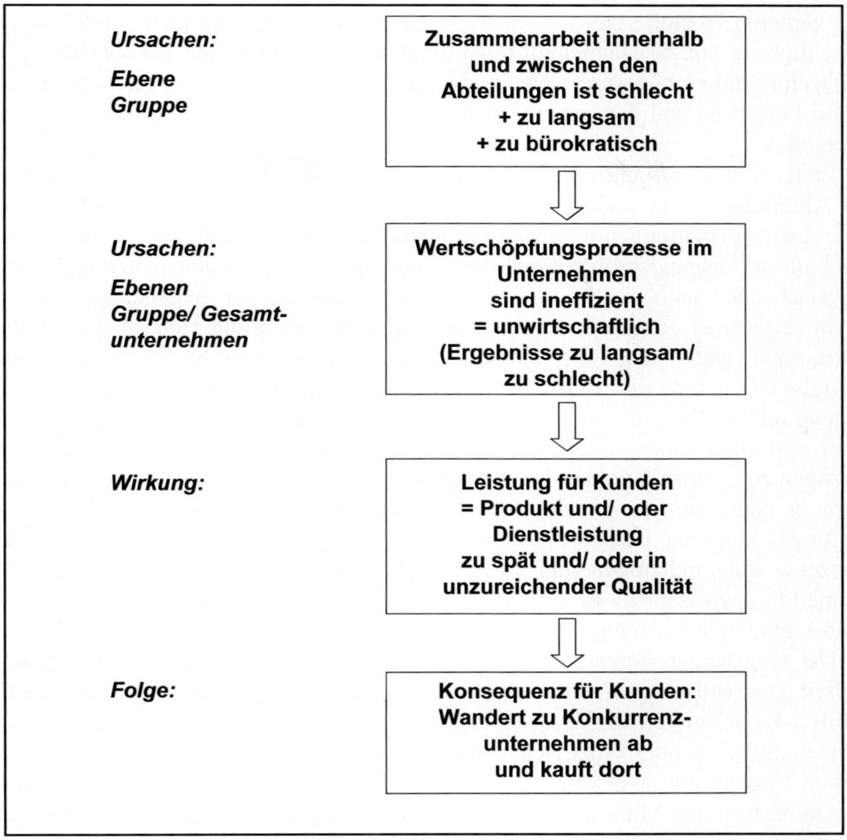


**Abb. A-I-4b:** Unzufriedene Mitarbeiter: Betriebswirtschaftlich interessierende und zu untersuchende Bereiche

Die vorstehend für unser Beispiel beschriebenen Phänomene auf der Gruppenebene ziehen weitere Negativeffekte für die Aggregatsebene des Gesamtunternehmens nach sich. Und zwar werden die **Wertschöpfungsprozesse** in solchen Unternehmen sehr schnell unwirtschaftlich und damit ineffizient. Es stellt sich also ein doppelt negativer Effekt ein: Arbeitsergebnisse sind qualitativ schlecht und werden zu langsam erarbeitet. Da kein Unternehmen in einem „luftleeren Raum" arbeitet, führt die aufgezeigte Problemverkettung zu der Wirkung, dass die Leistung für den Kunden – also das Produkt respektive die Dienstleistung – zu spät und/ oder in einer unzureichenden Qualität angeboten wird. Was ist in einer arbeitsteiligen Wirtschaft mit einem intensiven Wettbewerb die Folge? Der Kunde wandert zu Konkurrenzunternehmen ab und kauft dort.

An dieser Ableitung ist bereits zu erkennen, welche Konsequenzen aus der Problemlage einer hohen physischen und psychischen Belastung mit der Folge unzufriedener Mitarbeiter für ein Unternehmen als Ganzes erwachsen können. In einer weiteren Detaillierung wollen wir auf der Basis der bisherigen Ausführungen abschließend hierzu beispielhaft noch **direkte Fragestellungen für die Betriebswirtschaftslehre** herausarbeiten, und zwar getrennt nach den tangierten Gegenstandsbereichen und den jeweiligen Inhalten Abbildung A-I-4c illustriert dies im Überblick.

Erster und sehr wichtiger Gegenstandsbereich sind **Abläufe/ Prozesse**. Einzelne Abteilungen wie auch ganze Betriebe sind daraufhin zu untersuchen, ob die einzelnen Verrichtungen optimal aufeinander abgestimmt sind. Dies schließt dann auch unser Ausgangsproblem ein, dass an den jeweiligen Arbeitsplätzen eventuell physisch oder auch psychisch unzureichende Bedingungen gegeben sind. Diese Sichtweise einer ausgeprägten Prozessorientierung ist in der Betriebswirtschaftslehre noch relativ jung; über lange Zeit stand vielmehr die Strukturorientierung, also die Gliederung von Betrieben in nach den Hauptfunktionen gebildeten Abteilungen und Stellen, im Vordergrund der Betrachtung. Heute geht man demgegenüber von allen Einzeltätigkeiten aus und ist bestrebt, diese konsequent prozessbezogen zu ordnen, aufeinander abzustimmen und zu optimieren. Auf dieser Basis kann es dann auch zu grundlegenden Organisationsveränderungen als Restrukturierungen kommen. Dies bezweckt ein Lean Management, bei dem die optimierten Prozesse mit eindeutigen und kurzen Leitungswegen und Ausführungsschritten schnell und wirksam zu steuern sind und so auch der oben bereits angesprochenen Bürokratietendenz entgegengewirkt werden kann.

Der Gegenstandsbereich Abläufe/ Prozesse setzt sich im Bereich **Zusammenarbeit von Individuen/ Abteilungen** fort. Hier stehen **interne Kunden-Lieferanten-Beziehungen** im Vordergrund. Diese stellen das Bindeglied dar, über das Einzeltätigkeiten oder Prozesselemente zu durchgängigen Prozessketten mit einem hohen Nutzen und positiven Ergebnis verknüpft werden. Dabei wird jeweils von einem bestimmten Mitarbeiter oder einer Abteilung ausgegangen. Die Analyse erfolgt dann in der Weise, dass der im Prozess vorhergehende Schritt als Lieferant und der nachfolgende Schritt als Kunde betrachtet werden. Mit dieser Sichtweise ist es möglich, bislang auf ganze Unternehmen bezogene Erkenntnisse zur Gestaltung von Austauschbeziehungen – etwa aus dem Absatz- oder Marketingbereich – gleichsam zu „miniaturisieren" und auf einzelne Prozessschritte zu beziehen.

Das Ziel ist – bildhaft ausgedrückt, „Mauern" und „Gräben" zwischen den Stellen und Abteilungen zu überwinden. Als Beispiel für eine derart veränderte Perspektive kann der EDV-Bereich angeführt werden. Standen hier bis vor einiger Zeit die Systeme und ihre Leistungsfähigkeit als solche im Vordergrund, so werden heute maßgeschneiderte Lösungen verlangt, bei denen die EDV-Abteilung zuvor genau untersuchen muss, wie die Informationsverarbeitungsprozesse im Einzelnen ablaufen und welche Informationen die jeweiligen internen Kunden auf den einzelnen Prozessstufen brauchen und dann auch haben wollen.

Die nächstaufgeführten Gegenstandsbereiche unseres Beispielproblems „Unzufriedene Mitarbeiter" haben dann verschiedene Konsequenzen aus der ungenügenden Prozessorientierung und der schlechten Zusammenarbeit zum Inhalt. So schlägt sich das bereits im vorstehend thematisierten unwirtschaftlichen Ablaufen der Wertschöpfungsprozesse zunächst auf der **Kostenseite** eines Unternehmens nieder. Unmittelbar einsichtig ist, dass eine langsame und eventuell fehlerhafte

Produktion, die Nacharbeiten oder Garantieleistungen erfordert, die Herstellkosten in die Höhe treibt. In der heutigen Wettbewerbswirtschaft können solche Kostenerhöhungen i.d.R. aber nicht mehr über die Preise an die Kunden weitergegeben werden. Der Verkaufspreis lässt sich also nicht erhöhen. So bleiben als notwendige Konsequenz die oben angesprochenen organisatorischen Veränderungen, um die Kostenseite zu reduzieren.

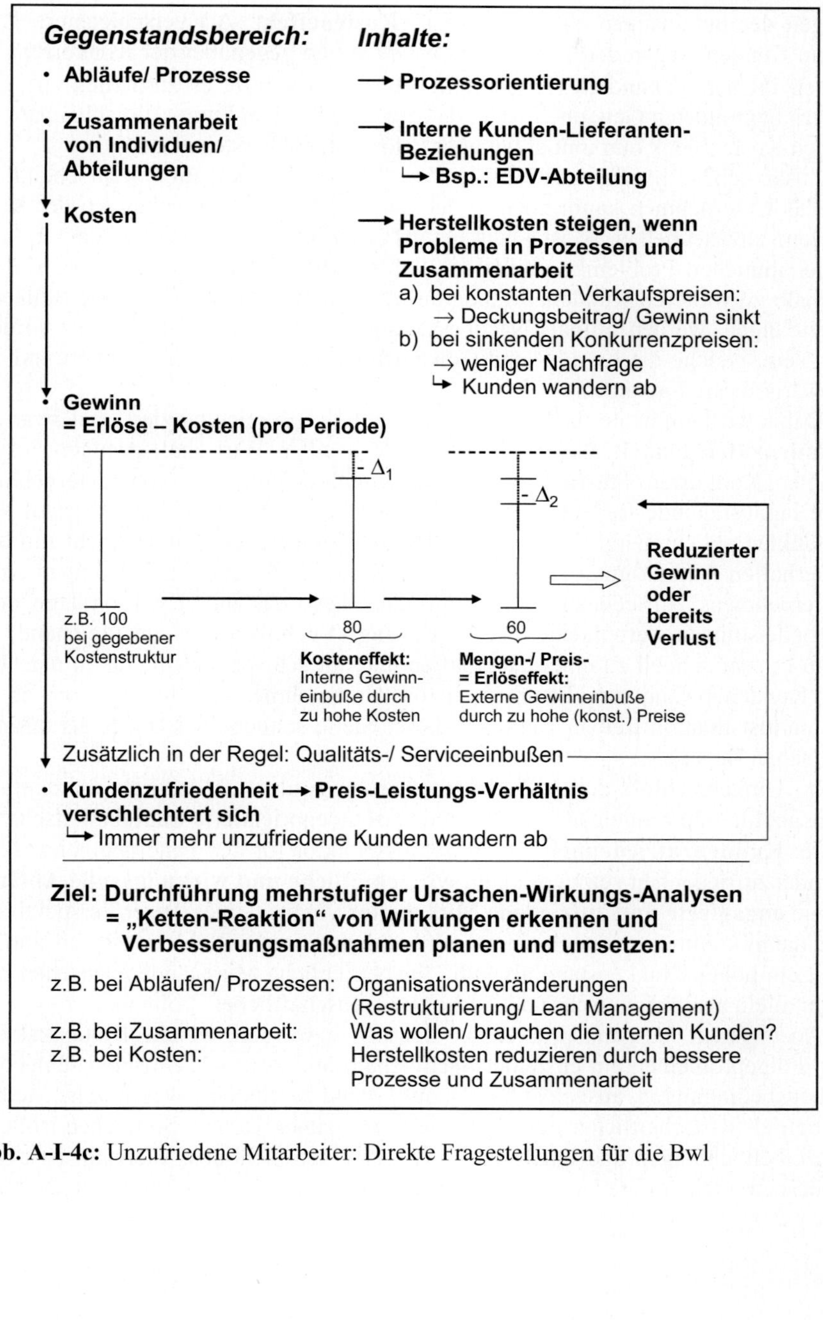


**Abb. A-I-4c:** Unzufriedene Mitarbeiter: Direkte Fragestellungen für die Bwl

Vielfach wird auf einem Markt die Situation gegeben sein, dass die Wettbewerber – aufgrund einer erfolgreich durchgeführten Prozessoptimierung – die Konkurrenzpreise sogar senken. Dieses führt zu einer Abwanderung der eigenen Kunden und damit zu Nachfrageausfällen, so dass sich im Hinblick auf die **Gewinnsituation** bei Problemunternehmen ein **doppelter negativer Effekt** einstellt. Zum einen ist ein vorrangig intern begründeter Effekt zu verzeichnen, durch den sich die Gewinnsituation (100) als Differenz aus Erlösen und Kosten pro Periode wegen der ungünstigen Kostensituation **(Kosteneffekt -$\Delta_1$)** verschlechtert. Und wenn Kunden wegen den weiterhin konstanten und gegenüber der Konkurrenz zu hohen Preisen abwandern **(Erlöseffekt -$\Delta_2$),** dann kommt es zusätzlich zu einer extern begründeten Gewinneinbuße, da dem – i.d.R. nicht kurzfristig abbaubaren – hohen Kostenblock nun immer weniger Erlöse gegenüberstehen.

Zusätzlich ist häufig eine weitere Verschärfung der Situation wahrscheinlich. Ist das Unternehmen kaum noch in der Lage, sich den Preissenkungen der Konkurrenz anzuschließen, so ist – wie bereits ausgeführt – zu erwarten, dass bei der angenommenen Problemkonstellation auch **Qualität und Service** sinken und es deshalb zu weiteren Kundenabwanderungen kommt. Um diese negative Situation aufzufangen, werden oftmals Nachbesserungen und Kulanzmaßnahmen erforderlich sein, welche die Kosten- und Gewinnsituation erneut verschlechtern und die Abwärtsspirale fortsetzen.

Dabei wird ein heute für Betriebe ganz zentraler Bereich tangiert, und zwar die **Kundenzufriedenheit**. Bei der mittlerweile in allen Wirtschaftszweigen ausgeprägten Konkurrenzsituation kommt der Kundenorientierung von Unternehmen eine herausragende Bedeutung zu. Es genügt also nicht mehr, den Verkauf von Produkten als einmalige Aktion zu betrachten, sondern es geht vielmehr um den dauerhaften Aufbau guter Beziehungen zu Kunden, die mit den Leistungen eines Unternehmens zufriedenen sind. Empfinden diese das mit den Produkten oder Dienstleistungen verbundene **Preis-Leistungs-Verhältnis** als unzureichend, so kann es sehr schnell zu einer dauerhaften und nur schwer rückgängig zu machenden Kundenabwanderung kommen, die das Unternehmen aus einer Gewinn- in eine Verlustsituation treiben kann. An dieser Stelle schließt sich der Kreis unseres einfachen Beispiels.

Im Umkehrschluss dieser Zusammenfassung ergibt sich dadurch ein zentraler Leitsatz für eine zeitgemäße, markt- und ressourcenorientierte Betriebswirtschaftslehre: **Kundenzufriedenheit** ist ein Schlüsselfaktor für den Unternehmenserfolg; Kundenzufriedenheit setzt vor allem **wirtschaftliche und wirkungsvolle Abläufe** sowie **engagierte und zufriedene Mitarbeiter** voraus. Unter dieser Perspektive – und damit kommen wir noch einmal zum Anfang unseres Problembeispiels zurück – ist ein hoher Krankenstand als Indiz für betriebliche Missstände anzusehen und nicht allein als medizinisches oder arbeitswissenschaftliches Problem.

An unserem Ausgangsproblem ist deutlich geworden, welche Kettenreaktion von Folgeproblemen ein einzelner Sachverhalt, und zwar der Umstand schlechter Arbeitsbedingungen, ausgelöst hat. Damit konnte bereits eine wesentliche Methode betriebswirtschaftlicher Forschung gekennzeichnet werden. So reichen isolierte Einzelbetrachtungen und -analysen im Allgemeinen nicht aus. Vielmehr ist es erforderlich, mehrstufige Ursachen-Wirkungs-Analysen durchzuführen, um auch die weitreichenden Wirkungen bei solchen Problemverkettungen abschätzen zu können. Dabei sind die grob skizzierten Zusammenhänge unabhängig von der Art der erstellten Leistung, sie gelten also für produzierende Unternehmen wie für Dienstleistungsbetriebe.

Für die Vernachlässigung solcher Gesamtzusammenhänge können zahlreiche **Negativbeispiele** aus der Unternehmenspraxis angeführt werden, die nicht selten ganze Branchen betrafen. So waren gegen Ende der 80er Jahre in der Triade die europäische und auch die amerikanische Automobilindustrie gegenüber der japanischen stark ins Hintertreffen geraten. Die Fertigungssysteme der Japaner, allen voran das von TOYOTA, waren zu dieser Zeit um vieles besser als die der übrigen Weltmarkt-Konkurrenten. Die gute Prozessbeherrschung und die dadurch günstige Kostensituation bei hoher Produktqualität und dennoch großer Modellvielfalt waren das Ergebnis etwa 10jähriger angestrengter kontinuierlicher Verbesserungsprozesse. Eine Studie des MASSACHUSETTS INSTITUTE OF TECHNOLOGY (MIT) brachte damals das Ergebnis, dass die japanischen Unternehmen im Triadevergleich deutlich besser abschnitten als ihre Wettbewerber in den USA und in Europa. Der Titel der in 1992 erschienen deutschsprachigen Ausgabe des Buches von JAMES P. WOMACK, DANIEL T. JONES und DANIEL ROOS „The Machine that Changed the World" aus dem Jahr 1990 avancierte schnell als schlagwortartige Bezeichnung für den daraufhin in der gesamten Branche einsetzenden Restrukturierungsprozess: „Die zweite Revolution in der Automobilindustrie". Weltweit wurde eine „schlanke Produktion" (Lean Production), die durch einfache und wirtschaftliche Prozesse die Fertigung kostengünstiger Produkte mit hohem Kundennutzen erlaubt, in der Automobilindustrie und auch darüber hinaus in anderen Branchen zum Maßstab einer erfolgreichen Unternehmensführung. Rückblickend lässt sich Folgendes festhalten: Der Erfolg dieser „Revolution" für die mittlerweile auch wieder wettbewerbsfähigen westlichen Automobilhersteller hatte vor allem darin seinen Grund, dass diese wegen der fernöstlichen Überlegenheit genötigt waren, ihre kompletten Strukturen und Abläufe zu verbessern. Bei diesem Innovationsschub wurde gleichzeitig auch konsequent aus dem Blickwinkel des Kunden vorgegangen, um die Kundenzufriedenheit und -bindung zu erhöhen.

Dieses gilt, wie bereits erwähnt, auch für den Dienstleistungssektor. Aufgrund der besonderen Merkmale von Dienstleistungen, auf die wir im Kapitel B. näher zu sprechen kommen, ist der Zusammenhang zwischen der Orientierung an den Bedürfnissen und Wünschen der Kunden und dem Unternehmenserfolg sogar noch direkter und unmittelbarer. Bei Dienstleistungen erwirbt der Käufer kein materielles Produkt, bei dessen Nutzung „schlechte Erlebnisse" im Zusammenhang mit der Kaufhandlung und dem dabei gebotenen Service durch die hohe Produktqualität vielleicht in den Hintergrund treten. Eine unzureichende Dienstleistungs- und Servicequalität kann unmittelbar zur Folge haben, dass der Kunde beim nächsten Anlass eher die Leistung eines anderen Anbieters in Anspruch nimmt. Infolgedessen sind hier die erzielbaren Erlöse und Gewinne in noch stärkerem Maße direkt von der Qualität jeder einzelnen Leistung abhängig.

Als Beispiel kann ein Unternehmen aus der Touristikbranche angeführt werden, und zwar der einst sehr erfolgreiche CLUB MÉDITERRANÉ. Mitte der 80er Jahre hatte er noch gute Gewinne erwirtschaftet, musste aber Mitte der 90er Jahre aufgrund von Qualitäts- und Servicemängeln Verluste von ca. 200 Mio. DM, also etwa 102 Mio. EUR, verkraften. Dabei hatte der CLUB MED vorher selbst in Beispielrechnungen ermittelt, welche Umsatzverluste eine nur geringfügig abnehmende Kundenzufriedenheit nach sich ziehen. Die Realität hatte diese Beispielrechnungen sogar noch überholt. Die Gründe lagen in einer unzureichenden Mitarbeiterorientierung. Schlechte Qualifizierung und Bezahlung waren die Ursachen für schlechte Dienstleistungen. Die Kunden waren unzufrieden und wechselten den Reiseveranstalter.

Wir haben mit unseren Beispielen bereits einige betriebswirtschaftlich relevante Sachverhalte, Gegenstandsbereiche und Inhalte exemplarisch entwickelt. Der Gegenstandsbereich der Betriebswirtschaftslehre ließ sich hieran anschaulich illustrieren. Im Folgenden soll das Erkenntnisobjekt dieser wirtschaftswissenschaftlichen Fachdisziplin allgemein herausgearbeitet werden.

## 3. Erkenntnisobjekt der Betriebswirtschaftslehre

Realwissenschaften haben, wie in A.I.1. bereits ausgeführt wurde, erfahrbare Wirklichkeiten zum Gegenstand. Das Erfahrungsobjekt ist jedoch noch so groß und wenig spezifiziert, dass aus sich aneinander reihenden Phänomenen nicht unmittelbar Regelmäßigkeiten „abgelesen" werden können.

Um solche **Regelmäßigkeiten** – in der Wissenschaftstheorie **Invarianzen** genannt – geht es aber dem Wissenschaftler. Sein Bestreben ist es, wiederkehrende und verallgemeinerbare Zusammenhänge herauszuarbeiten, um so möglichst allgemeingültige Erkenntnisse zu erhalten. Um neue Erkenntnisse zu erhalten und durch deren Umsetzung praktischen Nutzen zu stiften, geht der Wissenschaftler systematisch vor. Er betrachtet in einem logisch planvollen, bewussten und zweckgerichteten Prozess bestimmte Phänomene in seinem Erfahrungsbereich genauer, während er andere außerhalb seines Blickfeldes lässt.

Der Weg zur wissenschaftlichen Erkenntnis besteht darin, dass den auf den ersten Blick oft unzusammenhängenden Verläufen verschiedener Ereignisse im Erfahrungsbereich bereits mit einer gewissen Grundvorstellung gegenübergetreten wird. Durch diesen fundamentalen, eine ganze Wissenschaftsdisziplin kennzeichnenden forschungsleitenden Grundansatz bestimmt sich das Objekt der weiteren Erkenntnisbemühungen.

Auf diese Weise kommt es bereits zu einer ersten Reduktion realer Komplexität. Dem unmittelbar gegebenen Erfahrungsobjekt wird so ein hieraus **abstrahiertes Erkenntnisobjekt** gegenübergestellt. Hierauf richten sich die Forschungsbemühungen einer Wissenschaft. Dieses prägt das Denken der Wissenschaftler, deshalb war früher auch die Bezeichnung Denkobjekt üblich.

Mit der folgenden Abbildung A-I-5 „Das Erkenntnisobjekt einer Realwissenschaft" sind wesentliche Aussagen hierzu noch einmal kurz zusammengefasst.

Die Auffassungen über eine solche Programmatik sind im Zeitablauf Änderungen respektive Wandlungen unterworfen. Darüber hinaus ist festzustellen, dass auch in der Betriebswirtschaftslehre eine Differenzierung zu verzeichnen ist, nach der mehrere Grundauffassungen nebeneinander existieren.

***Das Erkenntnisobjekt***

- **ist nicht identisch mit dem Erfahrungsobjekt einer Wissenschaftsdisziplin,**
- **bildet sich dadurch heraus, dass aus der Vielzahl von Merkmalen, die das Erfahrungsobjekt kennzeichnen, einige prinzipielle Kriterien oder Aspekte herausgehoben und zu einem grundlegenden Analyseraster verdichtet werden und**
- **stellt damit die gedankliche Grundvorstellung oder den forschungsleitenden Grundansatz für die Erkenntnisbemühungen in einer Erfahrungswissenschaft dar**

**Abb. A-I-5:** Das Erkenntnisobjekt einer Realwissenschaft

Im Folgenden werden die hauptsächlichen **Alternativen einer Einordnung der Betriebswirtschaftslehre** kurz im Überblick vorgestellt, indem ein Bogen vom Erfahrungsobjekt über das Erkenntnisobjekt hin zur betriebswirtschaftlichen Theorie gespannt wird. Über die obigen Ausführungen hinausgehend, wird dabei eine insgesamt **dreifache Ableitung** gewählt, die zunächst im Überblick schematisch vorgestellt wird (hierzu Abb. A-I-6a). Um zu Erkenntnissen über die scheinbar regellos angeordnete große Zahl realer Erscheinungen im Erfahrungsobjekt zu gelangen, wird die **Metapher hintereinander geschalteter Filter** verwendet. Diese haben die Aufgabe, „Gemischtanteile auszusondern", und so stellt sich der betrachtete Realitätsausschnitt nach der 1. Filter-Stufe schon enger und überschaubarer dar.

Das vorstehend erläuterte Erkenntnisobjekt wird hier über die ersten beiden Ebenen – im Bild damit über zwei Filter – entwickelt. Zunächst geht es um das **traditionelle Disziplinenverständnis** bzw. um die herkömmliche Abgrenzung der Disziplinen. Alternativen der Forschungsausrichtung, die in Abbildung A-I-6b näher erläutert werden, sind dabei zum einen bezüglich der generellen Forschungsrichtung im Sinne eines wertenden oder eines wertfreien Wissenschaftsansatzes gegeben. Zum anderen umfasst diese erste Ebene zur Abgrenzung des betriebswirtschaftlichen Erkenntnisobjekts das Ausmaß einbezogener Aggregate und damit eine Festlegung über den Umfang des Analyse- und Gestaltungsbereichs der Betriebswirtschaftslehre.

Im Rahmen der zweiten Abgrenzungsebene – im Bild also der zweiten Filter-Stufe – steht mit dem so genannten **Auswahl- oder Identitätsprinzip** eine Entscheidung über die oberste Norm oder Zielsetzung an, auf deren Grundlage Probleme der Wirtschaftspraxis ausgewählt werden und für die Erkenntnisse und Lösungsmöglichkeiten entwickelt werden. Im Bild führt dies zum Herauslösen einiger Bereiche oder Gruppen von Phänomenen, womit eine weitere Komplexitätsreduktion stattfindet.

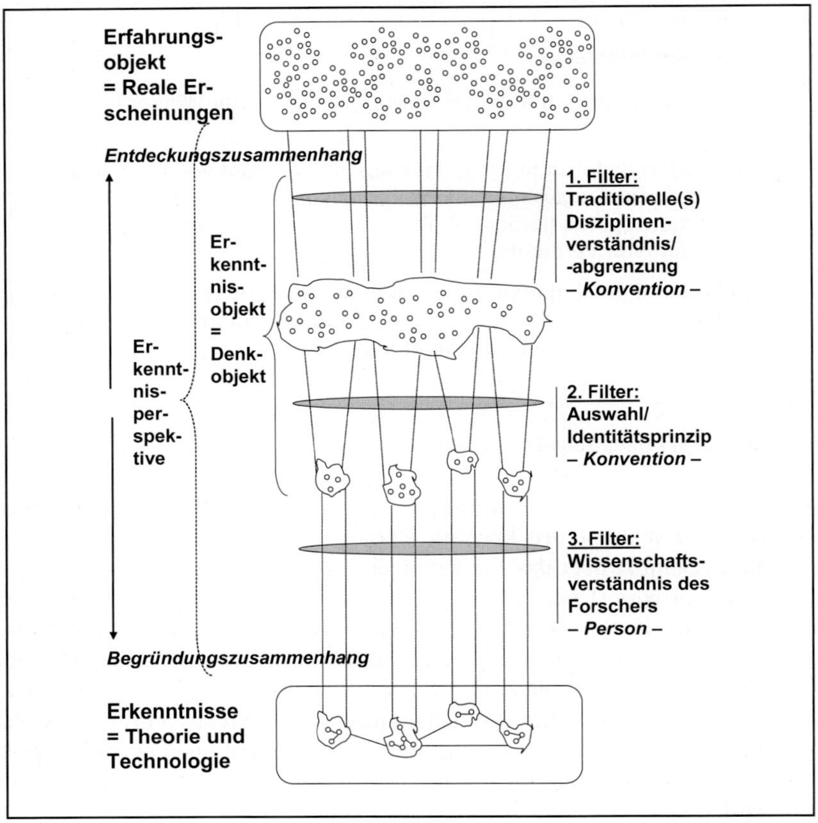


**Abb. A-I-6a:** Erfahrungsobjekt, Erkenntnisobjekt und betriebswirtschaftliche Theorie – Zusammenhänge im Überblick

Dieser Prozess der Erkenntnisgewinnung soll an einem einfachen Beispiel verdeutlicht werden: Über den ersten Filter werden dann beispielsweise Industrie- und/ oder Dienstleistungsunternehmen ausgewählt, über die Erkenntnisse von praktischem Nutzen gewonnen werden sollen. Der zweite Filter schränkt diesen Erkenntnisgewinnungsprozess z.B. so ein, dass die Faktoren untersucht werden, die diese Unternehmen ökonomisch erfolgreich machen, also Kosten senken und/ oder Erlöse steigern. Den dritten Filter setzt der Forscher individuell nach seinem Wissenschaftsverständnis. Ihn interessieren beispielsweise die direkten Wertschöpfungsprozesse und das Verhalten von Mitarbeitern im Unternehmen als mögliche – isolierte oder verknüpfte – Ursachen- und Gestaltungsbereiche hierfür, wobei etwa die Marketingkonzepte oder die Patente des Unternehmens in seine Analyse des Unternehmenserfolges allenfalls am Rande einbezogen sind.

Für die ersten beiden Ebenen liegen die Alternativen der Einordnung aus der Historie der Betriebswirtschaftslehre im großen und ganzen fest, hier gibt es in der wissenschaftlichen Gemeinschaft deshalb relativ festgefügte Konventionen. Um die Forschungsbemühungen eines Wissenschaftlers genauer beurteilen zu können, wird in dem vorgestellten Modell noch dessen **Wissenschaftsverständnis als personenbezogene Komponente** eingeführt. Einen wichtigen Unterschied macht hier die erkenntnistheoretische Grundeinstellung aus. Zusätzlich besteht eine generelle Wahlmöglichkeit im Hinblick auf das verfolgte Forschungsprogramm.

Bei dieser letzten Filter-Stufe geht es insbesondere um das Theorieverständnis eines Wissenschaftlers. Zusammen mit dem verfolgten forschungsprogrammatischen Ansatz bildet sich so die Basis dafür, ob und in welcher Weise ein betriebswirtschaftlicher Forscher die Elemente innerhalb und zwischen den einzelnen Phänomenkomplexen zu Ursachen-Wirkungs-Beziehungen kombiniert und wie er auf dieser Basis in der Lage ist, der Praxis Hilfestellungen bei ihren Gestaltungsaufgaben anzubieten.

Wird mit den ersten beiden Ebenen das allgemeine oder generelle Erkenntnisobjekt der Betriebswirtschaftslehre näher bestimmt, dann kennzeichnen alle drei Ebenen zusammen als **Erkenntnisperspektive** die spezielle Problemsicht eines betriebswirtschaftlichen Wissenschaftlers.

Schließlich enthält die vorgestellte Klassifikation noch die beiden Begriffe **Entdeckungs- und Begründungszusammenhang.** Beim Entdeckungszusammenhang geht es um den Fragenkomplex, welche Forschungsprobleme auszuwählen sind bzw. mit welchen Methoden neue Erkenntnisse gewonnen werden können. Beim Begründungszusammenhang steht die Frage im Vordergrund, wie neue Erkenntnisse zu belegen, abzusichern oder zu begründen sind. Hinsichtlich des Entdeckungszusammenhangs ist generell eine größere Freiheit für den Wissenschaftler gegeben, während für den Begründungszusammenhang – verständlicherweise – strengere Maßstäbe angelegt werden. Der große Doppelpfeil zwischen beiden Begriffen deutet an, dass hier ein Kontinuum vorliegt. In der Nähe des Erfahrungsobjektes sind größere Freiheitsgrade gegeben, die über die drei Filter-Stufen zur Theorie und deren Anwendung als Technologie dann deutlich abnehmen.

Nach dieser Prinzipdarstellung unseres Filter-Modells kommen wir nun dazu, ausgewählte Alternativen der Einordnung bei den drei unterschiedenen Ebenen kurz aufzuzeigen. Diese sind in Abbildung A-I-6b zusammengestellt, wobei die hier vertretenen Grundpositionen jeweils hervorgehoben sind.

### *Das traditionelle Disziplinenverständnis*

Bei der 1. Filter-Stufe, dem traditionellen Disziplinenverständnis, ist im Zusammenhang mit der generellen Forschungsrichtung kurz auf die **Geschichte der Betriebswirtschaftslehre** einzugehen. Sieht man von Vorläufern, wie etwa der Buchhaltungstechnik bereits im 13. Jahrhundert, der den Handel betreffenden Handlungswissenschaft im 17. Jahrhundert oder der im Dienste fürstlicher Wirtschaftsverwaltung stehenden Kameralwissenschaft des 18. Jahrhunderts ab, so ist die Betriebswirtschaftslehre mit ihrem **„Geburtsjahr" 1898** noch eine relativ junge Disziplin.

Im Jahr 1898 wurden die Handelshochschulen in Aachen, Leipzig, Wien und St. Gallen gegründet, denen rasch weitere folgten, so z.B. 1901 in Frankfurt und

Köln, 1906 in Berlin und 1907 in Mannheim. Diese Handelshochschulen kamen nach jahrzehntelangen Kämpfen auf Initiative der Industrie und ihrer Verbände zustande, die ihren Führungsnachwuchs in den neu auftauchenden Problemstellungen des Industriebetriebs systematisch ausbilden wollten. An den Universitäten wurde hierzu – etwa in den nationalökonomischen Fakultäten – keine Möglichkeit gesehen.

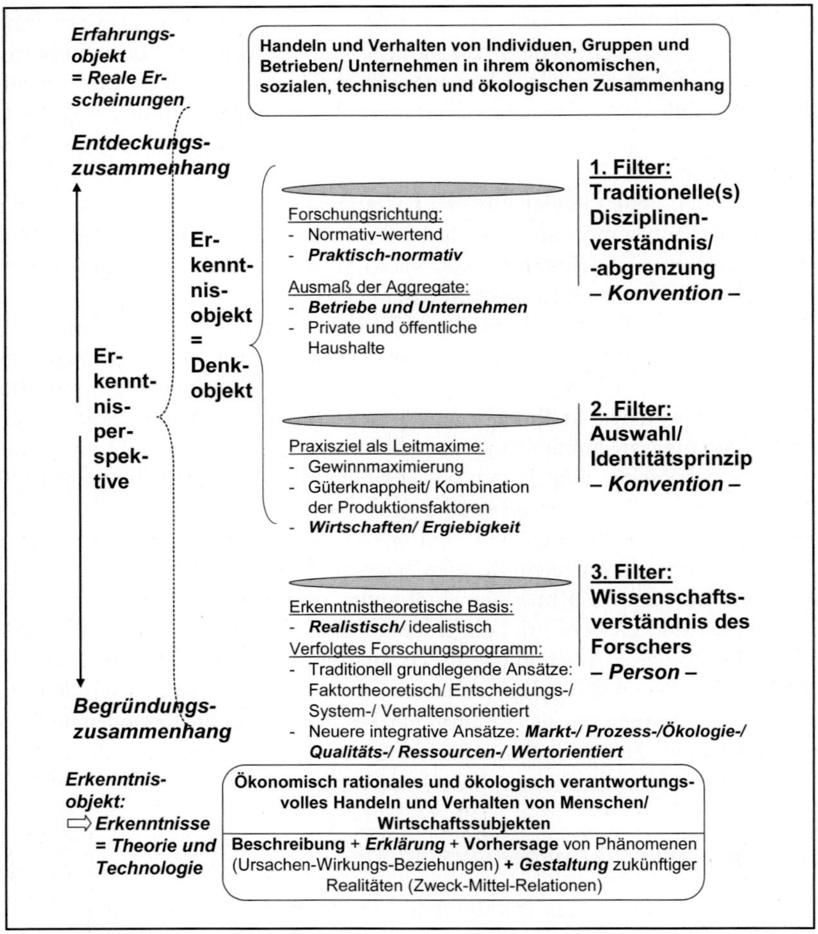


**Abb. A-I-6b:** Erfahrungsobjekt, Erkenntnisobjekt und betriebswirtschaftliche Theorie – Ausgewählte Alternativen der Einordnung

Die neue Disziplin wurde zunächst **Handelswissenschaft** genannt, in Abgrenzung zur Volkswirtschaftslehre war auch die Bezeichnung **Privatwirtschaftslehre** üblich. Die Bezeichnung **Betriebswirtschaftslehre**, von EUGEN SCHMALENBACH vorgeschlagen, setzte sich erst nach dem 1. Weltkrieg durch. Bis auf die Universität St. Gallen und die Wirtschaftsuniversität Wien sind die Handelshochschulen der Gründungsjahre heute zu Voll-Universitäten ausgebaut oder mit solchen zusammengeführt worden; das Fach Betriebswirtschaftslehre hat mittlerweile seinen festen Platz im Lehr- und Forschungsbetrieb deutschsprachiger Hochschulen.

Die **generelle Forschungsrichtung** betreffend, gab es gerade in den Gründerjahren der Betriebswirtschaftslehre zwei widerstreitende Auffassungen:

- Die **normativ-wertende Richtung** versuchte, ausgehend von übergeordneten Grundnormen speziellere Normen und damit Sollvorstellungen für die betrieblichen Abläufe zu entwickeln. Über eine Beschreibung und Untersuchung des Betriebsprozesses hinausgehend, wird hier eine Wertung der Forschungsergebnisse vorgenommen. Bei Abweichungen von dem zunächst herausgearbeiteten Idealzustand wird versucht, in dieser Richtung auf die Wirtschaftssubjekte Einfluss zu nehmen.
  Hauptvertreter dieser normativ-wertenden Betriebswirtschaftslehre waren seinerzeit JOHANN FRIEDRICH SCHÄR (1846 – 1924) und HEINRICH NICKLISCH (1876 – 1946). Als „Nachfahre" einer solchen heute kaum noch vorfindbaren Forschungsausrichtung kann aus der jüngeren Vergangenheit das Konzept einer **Arbeitsorientierten Einzelwirtschaftslehre** genannt werden. Der normativwertende Ansatz dieses von einer Projektgruppe im Wirtschafts- und Sozialwissenschaftlichen Institut (WSI) des Deutschen Gewerkschaftsbundes in den 70er Jahren entwickelten Konzepts kann schlagwortartig als „kapitalismuskritisch" bezeichnet werden.
- Bei der Betriebswirtschaftslehre **praktisch-normativer Richtung** wird auf primäre Werturteile im Begründungs- oder Aussagenzusammenhang verzichtet. Die Forschung entfaltet sich hier ausgehend von empirisch für Betriebe festzustellenden Zielsetzungen; damit bilden also praktische Normen den Ansatzpunkt. In der weiteren Analyse geht es dann um das Herausarbeiten der wesentlichen Ursachen-Wirkungs-Beziehungen sowie um deren Transformation in für die Zielerreichung geeignete Zweck-Mittel-Relationen. Die „Auszeichnung" einzelner Mittel erfolgt hierbei nur über diese Zweckbeziehungen, weiter gehende Bewertungen im Hinblick auf andere als der Analyse zu Grunde gelegte Zielsetzungen erfolgen nicht.
  EUGEN SCHMALENBACH (1873 – 1955), der Wegbereiter der modernen Betriebswirtschaftslehre, kann rückblickend als Vertreter der praktisch-normativen Richtung eingeordnet werden. Von ihm stammt zwar die Forderung nach einer „gemeinwirtschaftlichen Wirtschaftlichkeit", doch es wird in allen seinen Arbeiten deutlich, dass Unternehmer ihre Betriebe nur über die Marktdaten – und nicht über ihren Beitrag zur allgemeinen Bedarfsdeckung – steuern können. Für die heutige Zeit kann die praktisch-normative Forschungsrichtung als „Mainstream-Ansatz" der Betriebswirtschaftslehre bezeichnet werden.

Den beiden bisher kurz gegenübergestellten Ansätzen ist gemein, dass sie zur Gestaltung betrieblicher Realitäten beitragen wollten. Bei der dritten – nicht in die Klassifikation der Abbildung A-I-6b aufgenommenen – **theoretischen Richtung** aus der Anfangszeit der Betriebswirtschaftslehre war dieses nicht der Fall. Hier stand nur die Erkenntnis, nicht aber die Gestaltung im Vordergrund. So sollte sich nach WILHELM RIEGER (1878 – 1971), neben FRITZ SCHMIDT (1882 – 1950) der

Hauptvertreter dieser Richtung, die von ihm als Privatwirtschaftslehre bezeichnete Disziplin jeden Eingriffs in das Leben enthalten, ihre Aufgabe sei „das Forschen und Lehren an sich". Die theoretischen Überlegungen und Gedanken helfen nur insofern, die Wirtschaft zu gestalten, soweit sie „auf fruchtbaren Boden fallen und Wurzeln schlagen" (nach RIEGER 1928, S. 81).

Bei den Ableitungen zum Erkenntnisobjekt ist im Zusammenhang mit den Konventionen über das Disziplinenverständnis bzw. die Disziplinenabgrenzung in der 1. Filter-Stufe als weitere Kategorie das **Ausmaß der einbezogenen Aggregate** aufgenommen worden. Hier geht es um die Frage, für welche Aggregationen realer Erscheinungen die Betriebswirtschaftslehre Aussagen anstrebt und welche Zusammenfassung dabei den weitestreichenden Komplex darstellt. Dabei stehen sich im Wesentlichen zwei Ansichten gegenüber:

- Die eine Auffassung verbindet sich mit dem Namen der Disziplin und geht davon aus, dass die Betriebswirtschaftslehre eine Lehre vom Wirtschaften in Betrieben ist. Als Unternehmungen respektive Unternehmen werden Betriebe in marktwirtschaftlichen Wirtschaftssystemen bezeichnet, und so bilden in unserer Wirtschaftsordnung **privatwirtschaftliche und öffentliche Betriebe/ Unternehmen** nach dieser Auffassung den weitesten Aggregatsbereich für betriebswirtschaftliche Aussagen.
- Betriebe/ Unternehmen sind Produktionswirtschaften, in denen Sachgüter und Dienstleistungen erstellt und abgesetzt werden. Demgegenüber werden private und öffentliche Haushalte unter dem Begriff der Konsumtionswirtschaften zusammengefasst. Produktions- und Konsumtionswirtschaften bilden gemeinsam alle Einzelwirtschaften eines Wirtschaftsraumes. Die zweite Auffassung geht dahin, dass betriebswirtschaftliche Aussagen außer auf Betriebe/ Unternehmen auch auf **private und öffentliche Haushalte** zuzuschneiden sind.

Das Ausmaß der einbezogenen Aggregate wird in der Literatur oft bereits im Zusammenhang mit dem Erfahrungsobjekt diskutiert. Wenn gleich zu Beginn der Klärung grundlegender betriebswirtschaftlicher Problemstellungen alleine der Betrieb als Erfahrungsbereich der Betriebswirtschaftslehre herausgestellt wird, dann sind verkürzte Erklärungsansätze vorprogrammiert. Dadurch wird von Anfang an die Vielfalt realer Erscheinungen auf bestimmte, letztlich konstruierte Ausschnitte reduziert. Deshalb wird dieser Sichtweise nicht gefolgt.

Gemäß der hier vertretenen Auffassung zum Erfahrungsobjekt der Betriebswirtschaftslehre wird dagegen von einem bewusst weiten Gegenstandsbereich als Grundlage für die Betriebswirtschaftslehre ausgegangen. Damit kommt letztlich die ganze Mannigfaltigkeit menschlicher Existenz in Betracht. Für welche Einheiten bzw. von welchen Einheiten ausgehend hierbei dann Regelmäßigkeiten herauszuarbeiten und Gestaltungsempfehlungen zu geben sind, ist bereits eine Frage des Standpunktes und damit eine gedankliche Entscheidung darüber, wie ein Wissenschaftler „seiner" Realität gegenüber treten will. Von daher gehört diese Frage unseres Erachtens nach zur Klärung des Erkenntnisobjektes der Betriebswirtschaftslehre.

Wenn beim Erfahrungsobjekt der Betriebswirtschaftslehre drei Aggregatsbereiche – Individuen, Gruppen, Betriebe/ Unternehmen – unterschieden werden, dann wird damit zum Ausdruck gebracht, dass es hierbei um verschiedenartige Schichtungen der gleichen Problematik geht, nämlich menschliches Handeln und Verhalten in ökonomischem, sozialem, technischem und ökologischem Zusammenhang.

Wenn aus diesen unterschiedlichen Schichtungen, diesen alternativen Möglichkeiten der Problemsicht eine auszuwählen ist, dann wird hier der weiteste Aggregatsbereich Betriebe/ Unternehmen gewählt. Damit wird die Position für die weiteren Analysen festgelegt. Von diesem Bereich ausgehend, kann danach eine Rückwärtsintegration stattfinden, so dass die vorgelagerten Aggregatsbereiche Gruppen oder Individuen ebenfalls einbezogen sind.

Der zum Teil in der Literatur vorgesehenen Einbeziehung privater und öffentlicher Haushalte in betriebswirtschaftliche Aussagensysteme wird hier – zumindest in dieser expliziten Weise – nicht gefolgt. Dabei können private Haushalte über den Aggregatsbereich Gruppe durchaus Eingang in betriebswirtschaftliche Analysen finden, so z.B. als Zielgruppen und Kunden für Marktleistungen der Unternehmen. Den eigentlichen Ausgangspunkt bilden aber – wie erläutert – Betriebe und Unternehmen. Die hierbei aus einer sachlich-technischen gegenüber einer markt- und leitungsbezogenen Perspektive möglichen begrifflichen Unterscheidungen werden in Abschnitt A.II.2. erläutert. Der Grund für eine Fokussierung betriebswirtschaftlicher Betrachtungen auf Betriebe/ Unternehmen liegt vor allem in den Zielkonzeptionen dieser Wirtschaftseinheiten, die zwar das Handeln und Verhalten von privaten Haushalten als ein Marktsegment berücksichtigen, von den Zielen privater Haushalte aber üblicherweise erheblich abweichen. Zusätzlich sind in Betrieben/ Unternehmen allein aufgrund ihrer Größenordnung sowie aufgrund rechtlicher Rahmenbedingungen andere Lenkungs- und Steuerungsprobleme gegeben. Letzteres gilt auch mit Bezug auf die öffentlichen Haushalte; für deren wirtschaftliche Lenkung ist mit der Finanzwissenschaft eine eigenständige Disziplin zuständig. Bei den ganz oder teilweise von Kommunen, Ländern oder dem Bund getragenen öffentlichen Unternehmen macht deren i.d.R. gemeinwirtschaftliche Zielkonzeption wiederum den Hauptunterschied zu Betrieben/ Unternehmen aus. Dabei wird zur Organisation der eigentlichen Leistungserstellung aber durchaus das Fachwissen von Betriebswirten herangezogen. Im Übrigen ist hier eine verstärkte Tendenz zur Umwandlung in privatwirtschaftliche Unternehmensformen zu beobachten, womit solche Wirtschaftseinheiten dann wieder originäre und damit genuine Objekte betriebswirtschaftlicher Analyse und Gestaltung darstellen.

Bei der bislang erfolgten Abgrenzung von Betrieben/ Unternehmen als dem weitesten Aggregatsbereich der Betriebswirtschaftslehre wird davon ausgegangen, dass über alle einzelnen Wirtschaftszweige und Unternehmenstypen grundlegende, gemeinsame Phänomene für eine betriebswirtschaftliche Analyse und Gestaltung gegeben sind. Dies kennzeichnet die **Allgemeine Betriebswirtschaftslehre**.

Daneben gibt es **spezielle Betriebswirtschaftslehren**, die als Wirtschaftszweiglehren näher auf einzelne Unternehmensgruppen zugeschnitten sind (z.B. Industrie-, Handels-, Bankbetriebslehre). Bei den im Grunde doch ähnlichen Problemstellungen in den einzelnen Stufen der Leistungserstellung hat sich schließlich auch eine Gliederung der Betriebswirtschaftslehre nach Funktionen und damit nach Haupttätigkeitsgebieten in den Betrieben/ Unternehmen (z.B. Beschaffung,

Produktion, Absatz; Unternehmensführung, Marketing, Finanzierung) herausgebildet.

Das hier vorgelegte anwendungsorientierte Grundlagenbuch ist als Allgemeine Betriebswirtschaftslehre durch eine **funktionenspezifische** und – wie später noch gezeigt wird – **prozessorientierte Fokussierung** gekennzeichnet. Dabei wird i.d.R. von Industrieunternehmen ausgegangen, an verschiedenen Stellen werden aber auch Besonderheiten in anderen Wirtschaftszweigen, also insbesondere im Dienstleistungsbereich, thematisiert.

Abschließend kann noch zur Kategorie **Ausmaß der einbezogenen Aggregate** und ihrer Zuordnung zur Bestimmung des Erkenntnisobjektes der Betriebswirtschaftslehre eine Parallele zur mittelalterlichen Philosophie der Scholastik gezogen werden: Dort war es üblich, den Objekt-Begriff in zweifacher Weise zu gebrauchen, und zwar als Materialobjekt und als Formalobjekt. Das Materialobjekt war das konkrete Seiende, auf das sich das Subjekt richtet. In der hier vertretenen Auffassung über die Betriebswirtschaftslehre wären dies die Betriebe/ Unternehmen. Das Formalobjekt konstituiert sich dagegen über das besondere Merkmal, die besondere Form, aufgrund derer sich eine Wissenschaft ihrem Gegenstand zuwendet. Hierum geht es bei der 2. Filter-Stufe unseres Modells, dem ebenfalls qua Konvention bestimmten Auswahl- und Identitätsprinzip.

### *Das Auswahl- und Identitätsprinzip*

Die 2. Filter-Stufe leistet eine weitere Differenzierung des Erkenntnisgegenstandes der Betriebswirtschaftslehre. Die Begriffe Auswahlprinzip und Identitätsprinzip haben dabei folgende Bedeutung:

Das **Auswahlprinzip** steuert, auf welche Art und Weise grundlegende Fragestellungen oder Probleme Gegenstand der weiteren wissenschaftlichen Betrachtung werden.

- Bei einer Betriebswirtschaftslehre **normativ-wertender** Prägung wird von einem nicht wahrheitsfähigen und letztlich ideologischen Standpunkt ausgegangen. Auf der Grundlage eines bestimmten – grundwerteorientierten, christlichen oder wirtschaftssystembezogenen – Wertesystems werden Sollvorstellungen für Wirtschaftspraxis und -forschung entwickelt.
- Bei der **praktisch-normativen** Betriebswirtschaftslehre werden die behandelten Probleme dagegen aufgrund der Zielsetzungen ausgewählt, die empirisch in Betrieben/ Unternehmen feststellbar sind.

Über das **Identitätsprinzip** wird nun bei der **praktisch-normativen** Betriebswirtschaftslehre eine Konvention über die logischen oder zielorientierten Gemeinsamkeiten der auszuwählenden Problemkreise angestrebt. Indem auf diese Weise eine Übereinkunft über die strukturelle Identität betriebswirtschaftlicher Fragestellungen herbeigeführt wird, kann dann die Erfahrungswissenschaft Betriebswirtschaftslehre auch gegenüber anderen Disziplinen abgegrenzt werden. Dies begründet zugleich das Selbstverständnis der Disziplin. Zu dieser Frage, welche allgemeine Zielsetzung der Wirtschaftspraxis als Leitmaxime der Betriebswirtschaftslehre dienen kann, haben sich im Laufe der Zeit verschiedene, immer generellere Auffassungen entwickelt:

- Lange Zeit galt die **Gewinnmaximierung** als Identitätsprinzip der Betriebswirtschaftslehre. Die praktische Zielsetzung einer Maximierung des Gewinns war dabei zum einen beobachtbar, zum anderen ist sie aus dem Wirtschaftssystem der Marktwirtschaft auch ableitbar: Hier werden die Produktionsfaktoren über die durch Angebot und Nachfrage bestimmten Preise in die Verwendungen gelenkt, in denen die größtmögliche Differenz zwischen Faktoreinsatz und Faktorertrag zu erwarten ist. Damit beeinflusst der zu erwartende Gewinn die Entscheidung über die Art und Menge der zu produzierenden Güter- oder Dienstleistungen.
  Die Kritik an der Gewinnmaximierung als Identitätsprinzip setzte daran an, dass sich die Betriebswirtschaftslehre auf diese Weise einseitig den Interessen der Unternehmer zuwende. Damit waren derartige Vorwürfe letztlich gegen das marktwirtschaftliche System gerichtet und hatten dann jeweils auch die Herausbildung weiterer normativ-wertender Positionen zur Folge.
  Auch innerhalb der praktisch-normativen Betriebswirtschaftslehre war aber festzustellen, dass die Gewinnmaximierung in dieser Ausschließlichkeit nicht als praktische Zielsetzung vorherrschte. Die Zielkonzeption von Betrieben/ Unternehmen umfasst i.d.R. eine ganze Reihe von Einzelzielen (siehe hierzu D.), und dabei steht die Maximierung des Gewinns nicht immer an vorderster Stelle. Angestrebt werden vielmehr ein ausreichender Gewinn bzw. eine Steigerung der Gewinne und Werte in den Unternehmen unter jeweils speziell definierten Rahmenbedingungen.
- Wenn sich die Gewinnmaximierung also als zu einseitige Leitmaxime herausgestellt hatte, dann musste die Suche nach dem Identitätsprinzip der Betriebswirtschaftslehre in eine generellere Richtung gehen. Wirtschaftsgüter sind – per Definition – knapp. Freie Güter gibt es heute kaum noch (siehe hierzu B.). Als **Güterknappheit** bzw. **Kombination der Produktionsfaktoren** wurde diese – unabhängig von einem bestimmten Wirtschaftssystem gegebene – Herausforderung für Betriebe/ Unternehmen auch als Identitätsprinzip für die Betriebswirtschaftslehre in Erwägung gezogen. Hiergegen ist aber einzuwenden, dass damit eher ein Grundproblem und weniger eine generelle Zielsetzung herausgehoben wurde.
- Als dritte und gleichzeitig weiteste Fassung des Identitätsprinzips bietet sich schließlich „Wirtschaften" und „Ergiebigkeit" an.

> Unter **Wirtschaften** wird das Entscheiden über knappe Güter in Betrieben/ Unternehmen verstanden. **Ergiebigkeit** bedeutet dann, dass mit den knappen Mitteln oder deren Kombination die gesetzten Ziele optimal erreicht werden.

Auf diese Weise wird für den Vorgang des Wirtschaftens also eine grundlegende Ausrichtung angegeben. Ein Vorgehen nach diesem generellen Ober- oder Metaziel lässt sich in der Unternehmenspraxis auch feststellen. Betriebe, die dieser allgemeinen Maxime nicht folgen, sind bereits nach kurzer Zeit in ihrem Fortbestehen gefährdet.

Diese weite Vorstellung über „den" betriebswirtschaftlichen Grundzusammenhang folgt dem allgemeinen **Rationalprinzip**, das grundsätzlich ein vernünftiges, überlegtes Vorgehen bei der Ausgangslage knapper Mittel fordert, so dass gesetzte Ziele mit einem möglichst geringen Mitteleinsatz zu erreichen sind. Für wirtschaftliche Zusammenhänge wurde hieraus das **ökonomische Prinzip** formuliert, das eine Maximierung (bei definiertem Einsatz) bzw. eine Minimierung (bei definiertem Ertrag) der Output-Input-Relationen von Mengen oder Werten fordert (siehe hierzu A.II.1.). Mit diesem rein formalen ökonomischen Prinzip kann die Wirtschaftlichkeit von Prozessen zur Erstellung von Produkten oder Dienstleistungen beurteilt werden, die damit im Einzelnen verbundenen Zielsetzungen finden aber keinen Eingang.

Das Kriterium der Ergiebigkeit erlaubt gegenüber dem ökonomischen Prinzip zum einen eine weitergefasste Anwendung, hier kann es neben der ökonomischen auch um soziale, technische oder ökologische Ergiebigkeiten gehen. Zum anderen wird dabei die Notwendigkeit deutlich, die jeweiligen Ziele klar herauszuarbeiten und diese so zu formulieren, dass ihr Erreichen einerseits grundsätzlich möglich und andererseits auch nachprüfbar ist. Auf diese Weise können dann auch die Zielsetzungen selbst einer betriebswirtschaftlichen Analyse unterzogen werden, wobei nach wie vor von einem praktisch-normativen Standpunkt ausgegangen wird.

Wirtschaften/ Ergiebigkeit wird auch in diesem Grundlagen-Lehrbuch als „das" Identitätsprinzip der Betriebswirtschaftslehre angesehen. Für die abschließende Formulierung der hier vertretenen Ansicht zum Erkenntnisobjekt der Betriebswirtschaftslehre (entsprechend Abb. A-I-6b) wird aber eine attributive Fassung dieses Basisprinzips gewählt:

> **Ökonomisch rationales und zugleich ökologisch verantwortungsvolles Handeln und Verhalten von Menschen/ Wirtschaftssubjekten** bildet den Gegenstand des Erkennens, Denkens und Handelns für die betriebswirtschaftliche Forschung und für darauf beruhende Gestaltungsvorschläge für die Praxis.

Mit **ökonomisch-rational** ist dabei, wie oben verdeutlicht, eine Anwendung des Rationalprinzips auf Fragestellungen aus dem Bereich der Ökonomie in der weiten Fassung der Ergiebigkeit gemeint; mit **ökologisch-verantwortungsvoll** entsprechend wirtschaftliches Handeln unter Berücksichtigung des Nachhaltigkeitsprinzips. Ziel ist also, die natürliche Umwelt und damit die ökologischen Ressourcen bei ökonomischem Handeln möglichst zu schonen. Mit dieser Grundvorstellung und Grundeinstellung tritt der Betriebswirt seinem Erfahrungsbereich gegenüber. Auf diese Weise werden für die weitere Untersuchung bereits eine ganze Reihe realer Erscheinungen ausgesondert bzw. nach einer Grundidee analysiert.

Ausgehend von Betrieben und Unternehmen als weitestem Aggregatsbereich des Erfahrungsobjektes erfolgen diese Analysen auch mit Bezug auf Einzelpersonen bzw. Personengruppen sowie Institutionen. Damit richtet sich das betriebswirtschaftliche Erkenntnisinteresse eines ökonomisch rationalen und zugleich ökologisch verantwortungsvollen Handelns und Verhaltens letztlich auf ganz verschiedenartige Akteure im Wirtschaftskreislauf. Unter diesem Grundprinzip können so – einzeln oder gemeinsam – Mitarbeiter, Führungskräfte, Unternehmensleitung, Kunden, Lieferanten, Kreditgeber, Wettbewerber, öffentliche Verwaltungen und auch relevante Teile der Gesamtgesellschaft in betriebswirtschaftliche Untersuchungen einbezogen sein.

### *Das Wissenschaftsverständnis des Forschers*

Waren die im Rahmen der ersten beiden Stufen unseres Filter-Modells dargestellten Möglichkeiten der Einordnung bezüglich des Erkenntnisobjekts noch vergleichsweise überschaubar, so ergeben sich in der 3. Filter-Stufe mittlerweile eine ganze Reihe von Alternativen. Mit diesen kann das Wissenschaftsverständnis des Forschers und damit seine Vorgehensweise bei der Analyse und Erklärung von Phänomenen in der Wirtschaftspraxis näher gekennzeichnet werden. Während es sich bei Entscheidungen zum Erkenntnisobjekt – aus wissenschaftstheoretischer Sicht – letztlich um **metawissenschaftliche Werturteile** handelt, ist die Favorisierung verfolgter Forschungsprogramme „eine Ebene tiefer angesiedelt". Hiermit wird der eingangs dieser Ableitungen angesprochene Begründungszusammenhang offengelegt. Wenn, wie gerade ausgeführt, das Erkenntnisobjekt einer Wissenschaftsdisziplin als forschungsleitende Grundidee aufgefasst werden kann, dann stellt ein Forschungsprogramm deren Konkretisierung in einem Grundmuster dar.

Zur Beurteilung der sich über alle drei Filter-Stufen bildenden Erkenntnisperspektive eines betriebswirtschaftlichen Fachvertreters wurde als erste Ausrichtungsalternative auf dieser dritten, personenbezogenen Ebene das **erkenntnistheoretische Basisverständnis** aufgenommen. Hierbei geht es um die Grundfrage, ob überhaupt eine Erkenntnis als begründetes Wissen über Sachverhalte erzielt werden kann. Diese Frage macht sich am Wirklichkeitsverständnis fest, und hier gibt es die folgenden beiden, bereits die ganze Philosophiegeschichte durchziehenden entgegengesetzten Auffassungen:

- Bei der **realistischen Auffassung** wird vorausgesetzt, dass eine vom erkennenden Subjekt unabhängige Wirklichkeit gegeben ist. Diese Vorstellung liegt auch dem **Kritischen Rationalismus** nach KARL RAIMUND POPPER zu Grunde. Bei diesem Programm wird angenommen, dass es über den Ablauf von Vermutungen und Widerlegungen bezüglich neuer oder veränderter Hypothesen zu einer Abfolge von im Zeitablauf überholten Theorien kommt, die dadurch aber eine zunehmende Wahrheitsnähe aufweisen. Die realistische Grundauffassung liegt auch diesem Buch zu Grunde.
- Bei der **idealistischen Auffassung** wird dagegen davon ausgegangen, dass erst das Individuum die Wirklichkeit konstituiert. Der Mensch findet seine Welt nicht, sondern er erfindet sie. Vor allem auf neurobiologischer und kognitionstheoretischer Basis hat sich in jüngerer Zeit mit dem **radikalen Konstruktivismus** eine Methodologie entwickelt, die dieser Wirklichkeitsauffassung zuzurechnen ist. Indem hier nicht von einer unabhängigen Wirklichkeit ausgegan-

gen wird, kann dann hierüber auch keine raum- und zeitstabile Erkenntnis gewonnen werden. Die Konsequenzen dieser Methodologie, die auch in der Betriebswirtschaftslehre – hier insbesondere in der Unternehmensführungs- bzw. Managementlehre – allmählich Platz greift, liegen auf der Hand: Als theoretischer Ansatz zum individuellen Vorstellungs-/ Wissenserwerb bezieht sich seine Umsetzung vor allem auf die Kommunikation zwischen Individuen und innerhalb von Gruppen. Für ökonomisch-technische Relationen ist er weniger geeignet. Er ist dann sogar eher hinderlich, wenn auch darüber nachgedacht wird, wie die bei den Individuen erfolgende soziale Konstruktion „konstruiert" werden kann. In dieser Weise steht damit eher ein dialogischer Verständigungsprozess im Vordergrund; eine aktive Ideenkonkurrenz, wie sie vom Kritischen Rationalismus gefordert wird, dürfte hierbei deutlich abnehmen.

Der bei der weiteren Kategorie der 3. Filter-Stufe verwendete Begriff des **Forschungsprogramms** geht zurück auf den ungarischen Wissenschaftstheoretiker IMRE LAKATOS (1922 – 1974). Bei seiner Weiterentwicklung der Wissenschaftsmethodologie Poppers betrachtete er an Stelle von einzelnen Theorien vor allem Theorienreihen. Deren charakteristische Kontinuität entwickelt sich aus einem anfangs skizzierten Forschungsprogramm. Dieses besteht aus einem „harten Kern" von Leitideen als systemkonstituierenden Grundgedanken sowie einem „Schutzgürtel" von (Hilfs-)Hypothesen zu dessen Weiterentwicklung.

Als wichtige betriebswirtschaftliche Forschungsprogramme sind für die Zeit nach dem Zweiten Weltkrieg zunächst die folgenden **traditionell grundlegenden Ansätze** zu nennen:

- ERICH GUTENBERG (1897 – 1984) und seine 1951 mit dem ersten Band erschienenen „Grundlagen der Betriebswirtschaftslehre" gaben dem Fach eine neue Grundlegung. Sein **Faktortheoretischer Ansatz**, die Lehre von der Kombination der Produktionsfaktoren, stellte dem fragmentarischen Charakter früherer Ansätze ein System von hoher Geschlossenheit gegenüber, das etliche Jahre die Disziplin dominierte. Die betriebswirtschaftlichen Produktionsfaktoren bestehen aus den drei Elementarfaktoren Arbeit, Werkstoffe und Betriebsmittel, denen die Geschäfts- oder Betriebsleitung als dispositiver Faktor mit den Hauptaufgaben Planung und Organisation übergeordnet ist. Gutenberg baute die Produktionstheorie entscheidend aus und stellte deren Verbindung zur Kostentheorie her.
- Beim auf EDMUND HEINEN (1919 – 1996) zurückgehenden **Entscheidungsorientierten Ansatz** steht Wirtschaften als Wählen unter verschiedenen Alternativen im Zentrum. Dabei wird die Unterscheidung in Ziel- und Mittelentscheidungen getroffen, womit erstmals Ziele nicht mehr axiomatisch eingeführt, sondern selbst zum Gegenstand der wissenschaftlichen Betrachtungen werden. Diese entscheidungsorientierte Sichtweise wird zahlreichen Aussagen in den folgenden Kapiteln zu Grunde gelegt.
- Als Begründer des **Systemtheoretischen Ansatzes** gilt HANS ULRICH (1919 – 1997). Im Titel seines 1968 in 1. Auflage erschienen Werkes „Die Unternehmung als produktives soziales System" kommt bereits zum Ausdruck, dass sich hier die Betriebswirtschaftslehre als sozialkybernetische Version des Systeman-

satzes zu entwickeln beginnt. Mit diesem Ansatz können Steuerungs- und Führungsprobleme gut verdeutlicht werden. Dabei kann auch dargestellt werden, dass ein Unternehmen in eine größere Umwelt eingebunden ist, auf deren Einflüsse es reagieren muss bzw. auf die es beeinflussend einwirkt.

- Beim **Verhaltensorientierten Ansatz**, der im Wesentlichen von den beiden Fachvertretern GÜNTHER SCHANZ und WERNER KROEBER-RIEL (1934 – 1995) entwickelt wurde, wird die Betriebswirtschaftslehre als angewandte Sozialwissenschaft konzipiert, und zwar in dem hier in Abschnitt A.I.1. im Zusammenhang mit der Wissenschaftsgliederung erläuterten Sinn: Im Mittelpunkt eines integrativen sozialwissenschaftlichen Programms geht es um allgemeine Theorien über menschliches Verhalten, die dann bei der Erklärung und Gestaltung betriebswirtschaftlich relevanter Sachverhalte Anwendung finden können. Über die Rezipierung psychologischer Erkenntnisse wird dabei z.B. eine Auffüllung des „kognitiv-motivationalen Vakuums" früherer Ansätze möglich. Aufgrund der Leitideen dieses Forschungsprogramms ist auch eine große Nähe zum volkswirtschaftlichen Programm des Neuen Institutionalismus bzw. der Institutionenökonomie (Theorie der Verfügungsrechte, Transaktionskostentheorie, Agency-Theorie) gegeben. Durch eine betriebswirtschaftliche Berücksichtigung dieser Forschungsströmungen ist eine Schließung der institutionellen Lücke möglich, indem solche gesamtorganisatorisch rechtlichen Voraussetzungen und Folgen des Wirtschaftens explizit problematisiert werden. Unter dem verhaltensorientierten Ansatz lässt sich – als aktuelle Fortführung – auch die **Ausrichtung des Verhaltens an ethischen Werten und Grundsätzen** einordnen (Fachvertreter sind z.B. PETER ULRICH, JOSEF WIELAND, PETER KOSLOWSKI, KARL HOMANN UND HORST STEINMANN). Im Rahmen der Corporate Governance (siehe C.I.4.) verbietet dann an ethischen Normen ausgerichtetes Handeln opportunistisches Verhalten.

Die moderne Betriebswirtschaftslehre weist mittlerweile eine relativ große Vielfalt an forschungsprogrammatischen Entwürfen auf. Dies kennzeichnet den Anpassungsvorgang, mit dem die Disziplin den unternehmerischen Bemühungen zur Sicherung von Fortbestand und Wachstum unter gewandelten Bedingungen in Gesellschaft, Technologie und Märkten neue Fundamente zu geben suchte und sucht. Die einzelnen Konzeptionen betreffend, werden in grundlegenden Büchern oder Artikeln zur Betriebswirtschaftslehre teilweise unterschiedliche Zusammenstellungen vorgenommen. Hier werden folgende, in der Abbildung A-I-6b zur 3. Filter-Stufe aufgeführte **neuere integrative Ansätze** für wesentlich erachtet:

- Nachdem gegen Ende der 70er Jahre in den meisten Wirtschaftszweigen unserer Republik die Situation des Käufermarktes eingetreten war, bei dem das Angebot die Nachfrage übersteigt, bildeten die marktmäßigen Austauschprozesse und damit generell die **Marktorientierung** einen eigenständigen Erklärungs- und Gestaltungsansatz. Ausgehend von der betrieblichen Teilfunktion des Absatzbereiches hatte dieser Ansatz über den als Führungsfunktion aufgefassten Marketingbereich sowie eine insgesamt Marktorientierte Unternehmensführung hinaus einen prägenden Einfluss auf die Betriebswirtschaftslehre im Ganzen. An seiner weiten Verbreitung hatten ROBERT NIESCHLAG (1905 – 1990), ER-

WIN DICHTL (1935 – 1997) und HANS HÖRSCHGEN sowie HERIBERT MEFFERT mit ihren heute zu „Standardwerken" ausgebauten Lehrbüchern maßgeblichen Anteil.

- Bei einer weiter zunehmenden Wettbewerbsintensität ist es von Seiten der Betriebswirtschaftslehre notwendig, die Erklärungs- und Gestaltungsansätze im Hinblick auf mögliche Differenzierungspotenziale für eine erfolgreiche Führung von Betrieben/ Unternehmen weiterzuentwickeln bzw. zu detaillieren. Im Mittelpunkt des **Prozessorientierten Ansatzes** steht die Analyse und Optimierung der einzelnen Aktivitäten zur Leistungserstellung. Im Gegensatz zur früher vorherrschenden Auffassung wird mit dieser Sichtweise die betriebliche Ablaufstruktur logisch zusammengehöriger Einzeltätigkeiten als bestimmend für die Aufbaustruktur (Stellen, Abteilungen, Funktionsbereiche) angesehen. Als früher Vertreter dieser Richtung kann MICHAEL GAITANIDES genannt werden.
- In Zusammenhang mit Produktionsprozessen und der damit oftmals verbundenen Umweltbelastung erhielt die **Ökologieorientierung** betriebswirtschaftlichen Handelns einen stärkeren Fokus. Dabei geht es darum, durch nachhaltiges Wirtschaften natürliche Ressourcen zu schonen und regenerativen Energien/ Ressourcen den Vorzug zu geben. Das Ziel ist, auf diese Weise Ökonomie und Ökologie zu vereinen. Wesentliche Vertreter dieser seit Anfang der 90er Jahre intensiver betriebenen Forschungsrichtung sind z.B. HERIBERT MEFFERT, MANFRED KIRCHGEORG und WALDEMAR HOPFENBECK. Ökologisch ausgerichtetes Handeln wird dabei als Teil der Unternehmensqualität angesehen und ist wesentlicher Bestandteil eines gesamtwirtschaftlich und -ge-sellschaftlich verantwortungsvollen unternehmerischen Handelns.
- Ebenfalls mit Beginn der 90er Jahre bildete sich im deutschen Sprachraum der **Ansatz einer ganzheitlichen Qualitätsorientierung** heraus (z.B. GERD F. KAMISKE, TILO PFEIFER sowie auch der Autor dieses Buches als deutsche Fachvertreter). Einen wesentlichen Kristallisationspunkt hierzu lieferten die Erkenntnisse der bereits angeführten MIT-Studie „Die zweite Revolution in der Automobilindustrie" zur vorrangig qualitätsbegründeten Überlegenheit japanischer Automobilunternehmen. Auf dieser Grundlage setzte eine umfassende Reflexion und Weiterentwicklung der hierfür grundlegenden Konzepte amerikanischer Autoren ein (z.B. von W. EDWARDS DEMING, 1900 – 1993, oder von JOSEPH M. JURAN).

  Zur vorstehend erläuterten Prozessorientierung tritt mit der Qualitätsorientierung also eine stärker inhaltsbezogene Ausrichtung hinzu. Im Sinne einer fokussierten Niveauorientierung wird die betriebswirtschaftliche Erklärung und Gestaltung unter dieser Perspektive darauf ausgerichtet, wie über alle Prozessstufen hinweg die Qualitätsziele zum Erfüllen der Anforderungen der Kunden und des Unternehmens zu erreichen sind. Mit den dabei zentralen Ergebnissen einer hohen Kundenzufriedenheit und -bindung sowie dem Erzielen der definierten Wirtschaftlichkeit und Rentabilität wird eine zweifache Optimierung angestrebt; sie findet ihren Ausdruck in optimalen Preis-Leistungs-Verhältnissen. Um dies zu erreichen, ist eine anforderungs- und ergebnisbezogene Gestaltung und Steuerung aller Prozesse, Strukturen und Potenziale erforderlich.

- Wenn Betriebe/ Unternehmen sich vor allem am Markt und damit an den Bedürfnissen der (End-)Abnehmer sowie den Angeboten der Wettbewerber orientieren und ihre Leistungserstellung konsequent prozess- und qualitätsorientiert ausgerichtet haben, dann ist nicht automatisch sicher gestellt, dass bei diesem Gestaltungsansatz auch die eigenen Stärken und Fähigkeiten optimiert werden. Hier setzt der **Ressourcenorientierte Ansatz** an: In einer Inside-out-Betrachtung wird analysiert, was die **Kernkompetenzen** eines Unternehmens sind und wie die **internen Werttreiber** zu gestalten sind, damit eine günstige Wettbewerbsposition gehalten oder erreicht werden kann. Werttreiber sind dabei definiert als unternehmensinterne Ursachen- und Steuerungsgrößen für die Verbesserung der Wertschöpfung, die vom Kunden indirekt über den Produktpreis bezahlt wird. Dem Marktorientierten Ansatz liegt die Zielsetzung einer Verbesserung der Wettbewerbsposition ebenfalls zu Grunde. Bei ihm wird aber eine Outside-in-Betrachtung bezogen auf externe Erfolgsfaktoren und -potenziale am Markt vorgenommen. Der Ressourcenorientierte Ansatz wurde im deutschen Sprachraum in der ersten Hälfte der 90er Jahre in einigen Fachartikeln diskutiert, und gegen Ende dieser Dekade wurden auch Monografien und Sammelbände unter diesem Blickwinkel vorgelegt (z.B. von RUDI K. F. BRESSER, DODO ZU KNYPHAUSEN, CHRISTOPH RASCHE und BERND WOLFRUM).
- Über die **Wertorientierung** findet schließlich eine Integration der vorgenannten Programmatiken und eine nochmalige Weiterentwicklung statt. Dieser Ansatz knüpft an der unternehmerischen Zielsetzung einer langfristig erfolgreichen Positionierung von Betrieben/ Unternehmen im Wettbewerb an. Als wesentlich hierfür wird erachtet, dass den Ansprüchen von Kunden, Mitarbeitern sowie Anteilseignern und auch der gesellschaftlichen Verantwortung von Unternehmen Rechnung getragen wird. Im Zentrum dieses Forschungsprogramms steht die unternehmens- oder bereichsweise Ermittlung von **Wertgeneratoren** als ertrags- bzw. potenzialbeeinflussende Größen sowie die zielgerichtete Steuerung über diese Stellhebel (ALFRED RAPPAPORT als maßgeblicher Begründer im angloamerikanischen Sprachraum; europäische Adaptionen u.a. durch PETER GOMEZ und THOMAS G. LEWIS). Wertgeneratoren sind in diesem Sinne Überschuss erzeugende Ursachen- und Steuerungsgrößen, die damit eine ressourcen- und marktorientierte Sicht verbinden.

  Mit der umfassenden und ganzheitlichen Ausrichtung an den wertsteigernden Aktivitäten werden überlegene Produkte und Dienstleistungen, kontinuierliche Innovationen sowie ein optimaler Ressourceneinsatz und damit eine dauerhaft hohe Ertragskraft angestrebt. Auf diese Weise können dann eine hohe Attraktivität für Investoren, sichere Arbeitsplätze und damit auch erhebliche Beiträge für das Gemeinwohl an den Unternehmensstandorten erreicht werden. Der Ansatz weist Parallelen zu dem bei unserer 2. Filter-Stufe vorgestellten Identitätsprinzip der Gewinnmaximierung auf. Aufgrund der expliziten Berücksichtigung aller relevanten Interessenträger von Betrieben/ Unternehmen ist er demgegenüber aber sehr viel umfassender und differenzierter angelegt.

Die Anordnung wichtiger betriebswirtschaftlicher Forschungsprogramme in Abbildung A-I-6b und ihre kurze Charakterisierung erfolgte in chronologischer

Reihenfolge. Ergänzend hierzu kann noch eine Darstellung des Zusammenhangs der verschiedenen Ansätze vorgenommen werden (hierzu Abb. A-I-7).

Dabei wird deutlich, dass diese Forschungsprogramme in einem evolutionären Prozess zusammenwirken, bei dem nach **Ansatz- und Ausgangspunkten betriebswirtschaftlicher Erklärung und Gestaltung** unterschieden werden kann. Forschungsprogramme, die vornehmlich auf einzelne, aber umfassende Handlungsfelder ausgerichtet sind, wurden in der Abbildung links dem „Haus der Betriebswirtschaftslehre" zugeordnet. Hier finden sich der Faktortheoretische Ansatz als Fundament, die Markt- und Ressourcenorientierung als wichtige Säulen und die Wertorientierung als gemeinsames Dach. Sofern es eher um generelle Arten der Problemsicht und damit um unterschiedliche **Betrachtungsweisen** geht, erfolgte eine Einordnung innerhalb des großen Pfeils auf der rechten Seite der Abbildung. Hier sind die **Entscheidungs-, die System-, die Verhaltens- sowie die Prozess-, Ökologie- und Qualitätsorientierung** eingetragen.

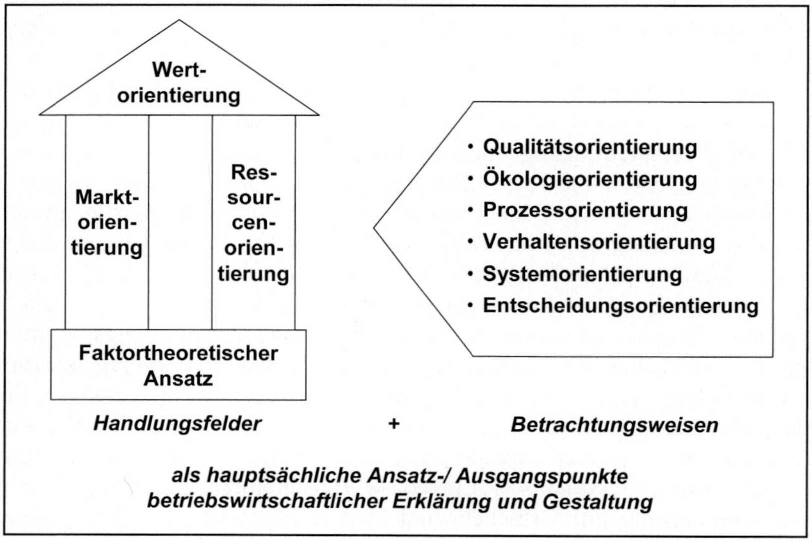


**Abb. A-I-7:** Zusammenwirken forschungsprogrammatischer Ansätze in der Betriebswirtschaftslehre

Die Erkenntnisperspektiven verschiedener Betriebswirte werden sich i.d.R. unterscheiden. Dies liegt allerdings weniger darin begründet, dass die forschungsprogrammatischen Ansätze zueinander nicht kompatibel wären und von daher nur eine Grundposition vertretbar erscheinen kann. Gründe dafür sind vielmehr persönliche Schwerpunktsetzungen und vor allem die Weiterentwicklung des Fachgebietes. Nachstehend soll kurz das eigene Profil der programmatischen Erkenntnisperspektiven skizziert werden: Die Perspektive, unter der die vorliegenden anwendungsorientierten Grundlagen der Betriebswirtschaftslehre verfasst wurden, ist praktisch-normativ mit dem obersten Praxisziel Wirtschaften/ Ergiebigkeit als Leitmaxime und Betrieben/ Unternehmen als zentralem Aggregatsbereich. Auf einer erkenntnistheoretisch realistischen Basis wird eine Forschungsprogrammatik verfolgt, die – von den Handlungsfeldern her gesehen – Elemente der Markt- und Ressourcenorientierung sowie vor allem der Wertorientierung integriert. Die Betrachtungsweise betreffend, wird hierbei in erster Linie prozess- und qualitätsorientiert vorgegangen; dabei erfolgt aber auch eine Berücksichtigung der vorgelagerten Orientierungen.

## 4. Grundlagen betriebswirtschaftlicher Theorienbildung

Nach den grundlegenden Betrachtungen zum Erfahrungs- und Erkenntnisobjekt der Betriebswirtschaftslehre können zunächst zwei Schlussfolgerungen gezogen werden (hierzu Abb. A-I-8): Und zwar ist zum Ersten festzuhalten, dass die Betriebswirtschaftslehre ihr **Erfahrungsobjekt** des menschlichen Handelns und Verhaltens mit anderen Erfahrungswissenschaften teilt. Zum Zweiten ist aber zu berücksichtigen, dass bei den verschiedenen Wissenschaftsdisziplinen jeweils **unterschiedliche Erkenntnisobjekte** verfolgt werden.

Aus dieser Arbeitsteilung im Wissenschaftsbetrieb folgt für die Forschung und Lehre in den verschiedenen Fachrichtungen eine wiederum zweifache Konsequenz: Bei der Weite des Erfahrungsobjektes ist es zunächst wichtig, dass die **Abgrenzungen** über das Erkenntnisobjekt eingehalten werden. Völlig unterschiedliche Erkenntnisperspektiven können kaum gleichzeitig eingenommen werden, und so besteht ein erhebliches „Dilettantismusrisiko“, wenn ein Wissenschaftler eine oder gleich mehrere Fachgrenzen überschreitet. Dagegen ist die **Verbindung** mit bewährten Erkenntnissen aus Nachbardisziplinen geradezu notwendig, um durch eine erweiterte Erkenntnisperspektive zu gehaltvollen Aussagen bei den betriebswirtschaftlichen Forschungsbemühungen zu gelangen. Bei gegebenen oder gewollten **Schnittmengen** sind diese sinnvollen Überschneidungsbereiche aus der jeweils anderen Disziplin aufzufüllen.

In diesem Zusammenhang soll zunächst kurz auf das Verhältnis der **Betriebswirtschaftslehre** zur **Volkswirtschaftslehre** eingegangen werden. Gegenüber der Betriebswirtschaftslehre weist die Volkswirtschaftslehre weiter reichende Aggregatsbereiche auf. Ihr geht es ebenfalls um die Herausarbeitung von Regelmäßigkeiten bei wirtschaftlichen Entscheidungen, dabei hat sie allerdings über Einzelpersonen, Personengruppen und Organisationen hinausgehend vor allem deren branchenbezogenen oder gesamtwirtschaftlichen Ergebnis- und Wirkungsverbund im Blickfeld.

Die grundsätzliche **Arbeitsteilung zwischen der Betriebs- und der Volkswirtschaftslehre** kann auf plastische Weise in der Art verdeutlicht werden, dass das wirtschaftliche Geschehen in einer Gesellschaft von der Betriebswirtschaftslehre eher aus einer „Froschperspektive“ analysiert wird, die von den Betrieben/ Unternehmen ausgeht, während der Blickwinkel der Volkswirtschaftslehre mehr einer „Vogelperspektive“ gleichkommt, aus der heraus eine Gesamtwirtschaft mit all ihren Innen- und Außenbeziehungen untersucht wird.

***1. Schlussfolgerung:***

**Die Betriebswirtschaftslehre und**

- **andere wirtschafts- und sozialwissenschaftliche Disziplinen sowie**
- **bestimmte Natur- und Ingenieurwissenschaften**

**haben das *gleiche Erfahrungsobjekt*, nämlich**

- **menschliches Handeln und Verhalten**

***2. Schlussfolgerung:***

**Die Betriebswirtschaftslehre hat im Vergleich zu den vorgenannten Wissenschaftsdisziplinen ein *unterschiedliches/ anderes Erkenntnisobjekt,* nämlich**

- **ökonomisch rationales und ökologisch verantwortungsvolles Handeln und Verhalten von Menschen/ Wirtschaftssubjekten (Akteuren im Wirtschaftskreislauf: Individuen, Gruppen und vor allem Betriebe/ Unternehmen)**

***Konsequenz:***

***Abgrenzung*** → ***Unterschiedliche Erkenntnisobjekte der Disziplinen***
***+ Verbindung*** → ***Übernahme von Erkenntnissen anderer Disziplinen***
↳ ***Sinnvolle Überschneidungen als gewollte Schnittmengen verschiedener Erfahrungswissenschaften***

***Beispiel:* Auto(ver)kauf/ Zusammenwirken von Bwl und Psychologie**

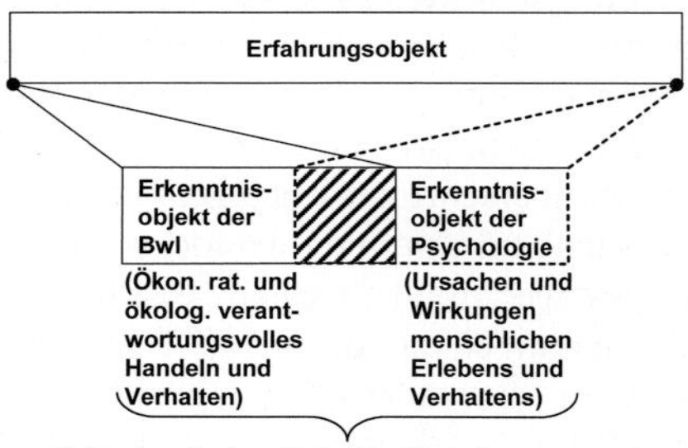


***Kriterien beim Auto(ver)kauf:***
***Kosten, Nutzen etc./ Emotion, Motiv, Image etc.***

**Abb. A-I-8:** Schlussfolgerungen zum Erfahrungs- und Erkenntnisobjekt der Betriebswirtschaftslehre

Größen, die sich im volkswirtschaftlichen Zusammenhang bilden, wie z.B. die Faktorpreise für Rohstoffe oder Arbeitskräfte, das Technologieniveau oder die Bevölkerungs- und Kaufkraftstruktur, stellen für Betriebe/ Unternehmen i.d.R. Vorgaben dar, auf die diese zumindest kurzfristig keinen Einfluss nehmen können. Von daher ist der Überschneidungsbereich zwischen Betriebs- und Volkswirtschaftslehre zunächst nicht sonderlich groß, beide Wissenschaften stehen eher in einem **aggregatsübergreifenden Wirkungsverbund**. Seit geraumer Zeit gibt es allerdings auch in der Volkswirtschaftslehre verstärkte Forschungsbemühungen zum individuellen und organisationalen Entscheidungsverhalten, als Beispiele sind hier die Mikroökonomie und dabei die Richtung des Neuen Institutionalismus bzw. der Neuen Institutionenökonomik zu nennen. Hierauf bezogen ist dann wiederum von einem größeren Schnittbereich mit der Betriebswirtschaftslehre auszugehen. Bei den kurzen Erläuterungen zum verhaltensorientierten Forschungsprogramm der Betriebswirtschaftslehre wurde hierauf bereits hingewiesen.

Betriebswirtschaftslehre und Volkswirtschaftslehre verwenden in großem Umfang formallogische Kalküle zur Abbildung realer Sachverhalte und ihrer Beziehungen. Wenn also **Mathematik, Statistik oder Ökonometrie** verwendet werden, handelt es sich dabei – wie bereits in Abschnitt A.I.1. bei der Abbildung zu den Wissenschaften deutlich wurde – um reine Hilfswissenschaften. Vom Vorliegen eines Schnittbereichs verschiedener Erkenntnisperspektiven kann hier nicht gesprochen werden. Auch die **Rechtswissenschaften** sind mit Bezug auf Betriebswirtschaftslehre und Volkswirtschaftslehre zunächst als Hilfsdisziplinen einzuordnen. Sie stecken den Rahmen zur Gestaltung und Beurteilung rechtlicher Beziehungen ab. Bei ausfüllungsfähigen Sachverhalten (z.B. Vertragsgestaltung, Rechtsformenwahl) ist gerade bei betriebswirtschaftlichen Entscheidungen ein deutlicher Schnittbereich zum Recht gegeben; im Hinblick auf die Rechtsfortbildung von Betriebswirtschaftsstudenten ist hier Qualifizierungsbedarf in juristischen Fragen mit direktem ökonomischen Bezug gegeben.

Wiederum etwas anders ist die Beziehung der Betriebswirtschaftslehre zu den **Ingenieurwissenschaften** zu beurteilen. Bei den heute in vielen Branchen weitgehend automatisierten Fertigungsprozessen ist es oft von entscheidender Bedeutung, dass diese dem aktuellen Stand der Technik entsprechen und damit eine hohe Leistungsfähigkeit aufweisen. Dabei ist von einer engen Wechselbeziehung beider Disziplinen auszugehen. So ist für Unternehmen beispielsweise die Technologie des Maschinenbaus Mittel zum Zweck der Erzielung guter Betriebsergebnisse. Und für die Ingenieure sind diese praktischen Anwendungen Gegenstandsbereich der Weiterentwicklung ihrer Maschinen. Je höher das Technologieniveau ist, desto größer sind i.d.R. die erforderlichen Investitionen. Diese hohen Kosten machen eine schnelle und gezielte Amortisation durch einen hohen Umsatz beim Verkauf der produzierten Produkte erforderlich. Damit kann bezogen auf bestimmte betriebswirtschaftliche Bereiche von einer **starken Überlagerung der Erkenntnisgegenstände** ausgegangen werden.

Wenn die Betriebswirtschaftslehre wirtschaftliches Handeln und Verhalten von und in Betrieben/ Unternehmen untersucht, das Individuen und Personengruppen (Mitarbeiter) umfasst und auf solche ausgerichtet ist (Kunden), dann sind naturgemäß relativ **große Überschneidungsbereiche** zu anderen **Kultur- und Sozialwissenschaften** gegeben. Hier ist zunächst die früher als Gesellschaftslehre bezeichnete **Soziologie** anzuführen, deren Erkenntnisziel die formalen und inhaltlichen Zusammenhänge von Gemeinschaften bzw. Gesellschaftsgruppen sind. Des Weiteren bestehen auch Beziehungen zur **Politologie** oder **Politik-wissenschaft**, bei der es um eine Analyse und Einordnung politischen Handelns und seiner Ergebnisse geht. Zusammen mit der **Verwaltungswissenschaft** gibt es für die Betriebswirtschaftslehre hier eine Mehrfachüberdeckung bei den Erkenntniszielen. Denn bei der Verwaltungswissenschaft steht eine ziel- und ergebnisorientierte Führung von Behörden/ Ämtern in den politischen Funktionsgliederungen bei Bund, Ländern und Gemeinden im Vordergrund.

Für das Zusammenwirken von Betriebswirtschaftslehre und **Psychologie** enthält Abbildung A-I-8 eine vereinfachte Darstellung, bei der die im vorangegangenen Abschnitt bereits verwendete Filter-Metapher wieder aufgegriffen wird. Hiermit wird jetzt die Verbindung dieser beiden Disziplinen anhand der beispielhaft angenommenen Problemstellung des Auto(ver)kaufs verdeutlicht. Die grundsätzlichen Fragen sind: „Warum kauft jemand ein Auto?“ und „Wie läuft der Kaufprozess ab?“ Daraus können dann wesentliche Faktoren für den Verkauf von Automobilen, nicht nur aus betriebswirtschaftlicher, sondern auch aus psychologischer Sicht abgeleitet werden.

Die Skizze geht aus von dem gemeinsamen Erfahrungsobjekt und zeigt dann zwei Filter, den betriebswirtschaftlichen und den psychologischen, sowie einen gemeinsamen Überschneidungsbereich. Der Betriebswirtschaftslehre geht es um ökonomisch rationales und auch ökologisch verantwortungsvolles Verhalten, was aber nur einen Teil des menschlichen Verhaltens ausmacht. Die Psychologie hat dagegen zum Ziel, generelle Aussagen über die Ursachen und Auswirkungen menschlichen Erlebens und Verhaltens zu treffen.

Eine originäre betriebswirtschaftliche Erklärung kaufbestimmender Faktoren würde vor allem **Kosten- und Nutzenaspekte** enthalten. Das Auto hat einen günstigen Benzinverbrauch, das Preis-Leistungs-Verhältnis ist gut, es hat einen hohen Wiederverkaufswert etc. Durch die Verwendung psychologischer Begrifflichkeiten und die Durchführung entsprechender Analysen kann die Untersuchung zum Auto(ver)kauf auf eine wesentlich breitere Grundlage gestellt werden, indem etwa folgenden Fragen nachgegangen wird: Welche Bedürfnisse und **Motive** haben die Käufer? Welche **Emotionen** werden durch die Fahrzeuge geweckt? Was für ein Image haben die verschiedenen Automarken?

Unser Filter-Bild in Abbildung A-I-8 kann auch so interpretiert werden, dass es weiter oben im Trichter um generelle Fragen bezogen auf Faktoren des Auto(ver)kaufs geht, während weiter unten dann aus Sicht der Betriebswirtschaftslehre beispielsweise analysiert werden kann, warum bestimmte Typen, bestimmte Modelle gekauft werden. Mittels betriebswirtschaftlicher Erkenntnisse sowie unter Zuhilfenahme psychologischer Kategorien können hier die Gründe, die Ursachen für spezielle Kaufhandlungen und damit Ergebnisse oder Wirkungen aufgedeckt werden. Wenn diese sich als tragfähig erweisen, dann ist auf dieser Basis ein Maßnahmeneinsatz möglich, bei dem es das Ziel ist, weiteren potenziellen Kunden auf der Grundlage und unter Einsatz dieser Erkenntnisse Autos zu verkaufen.

Die schematisierte Darstellung im unteren Teil der Abbildung A-I-8 symbolisiert die Scheinwerfertheorie von KARL POPPER. Sie lässt sich folgendermaßen beschreiben: Der Forscher entspricht einer Person, die in der Mitte eines dunklen Raumes steht und mit einer Taschenlampe den Raum vor ihm bis zur Wand ausleuchtet. Dieser Leuchtkegel der Lampe einschließlich der erhellten Wand kennzeichnet das Erkenntnisobjekt der betrachteten Wissenschaftsdisziplin. Wissenschaftsbereiche, die in einer inhaltlichen Verbindung zur erstgenannten Disziplin stehen, weisen mit ihrem Leuchtkegel eine teilweise Überschneidung mit dem ersten Leuchtkegel auf. Dies korrespondiert mit dem Sachverhalt, dass zur Erkenntniserweiterung gesichertes Wissen von Nachbardisziplinen einbezogen wird. In

Abbildung A-I-8 entspricht dies dem Überschneidungsbereich zwischen Betriebswirtschaftslehre und Psychologie.

Zentrales **Forschungsziel der Betriebswirtschaftslehre** ist die Aufdeckung von **Ursachen-Wirkungs-Beziehungen**, und zwar aus dem eigenen Erkenntnisobjekt heraus sowie ggf. unter Einbeziehung und Nutzung von Forschungsergebnissen anderer Wissenschaftsdisziplinen. Diese erweiterte Erkenntnisperspektive verbessert dann i.d.R. auch die Qualität und Wirksamkeit der hieraus abgeleiteten und umgesetzten Gestaltungsmaßnahmen.

In der folgenden Abbildung A-I-9 sind das Grundschema dieses Erkenntnis- und Ableitungsprozesses sowie die insgesamt drei alternativen Verfahren seines Gebrauchs dargestellt.

Der in diesem Text schon mehrfach verwendete Begriff der Ursachen-Wirkungs-Beziehung kennzeichnet das wissenschaftliche Verständnis der **Erklärung.** Es geht hier darum, einen speziellen Sachverhalt, der als Wirkung bezeichnet wird, auf seine Ursachen zurückzuführen. Nach der heute allgemein akzeptierten Auffassung kann dies sinnvoll nur auf dem **Wege der Deduktion** erfolgen. Dabei geht es darum, dass vom Allgemeinen, und zwar auf der Basis von Erfahrungen, auf das Spezielle, also den konkreten Einzelfall in der Praxis, geschlossen wird. In umgekehrter Weise bedeutet ein **induktives Vorgehen**, dass ausgehend von einem konkreten Einzelfall in der Realität versucht wird, durch eine zunehmende Abstraktion allgemeingültigere Erkenntnisse mit dem Ziel allgemeiner Gesetzmäßigkeiten zu gewinnen.

Angewandt auf die Erklärung von Phänomenen mit Hilfe von Ursachen-Wirkungs-Beziehungen läuft die Deduktion wie folgt ab:

Die Erklärung eines bestimmten Sachverhaltes (**das Explanandum = das zu Erklärende**), also der konkrete Einzelfall der Realität, soll aus einem zweiteiligen Erklärungsgrund (**das Explanans = das Erklärende**, bestehend aus Gesetzmäßigkeit und Antecedens-Bedingung) abgeleitet werden. Dies spiegelt zum einen die auf deduktive Weise ermittelten allgemeingültigeren Erkenntnisse wider, die im besten Fall bereits empirisch, also an der Realität geprüfte und (vorläufig) bestätigte Gesetzmäßigkeiten sind.

Bei diesem ersten Erklärungsteil handelt es sich also um mindestens eine generelle Aussage über bereits festgestellte allgemeingültige Zusammenhänge. Solche bisher nicht widerlegten Hypothesen (**Gesetzeshypothesen = nomologische Hypothesen** bzw. **Gesetzesaussagen** oder zumindest **statistische Hypothesen** mit einer bestimmten Wahrscheinlichkeit) sind meist als „Wenn – Dann – Aussagen" abgefasst. Nomologisch bedeutet, dass sie allgemein gelten, also ohne räumliche und zeitliche Beschränkung. Beispiele für derartige Formulierungen in „Wenn-Dann-Form" haben wir in Abschnitt A.I.1. bereits gegeben. In dieser Form nomologische und damit allgemeingültige Aussagen/ Gesetzmäßigkeiten gibt es in der Betriebswirtschaftslehre – im Gegensatz zu den Naturwissenschaften – erheblich seltener. Dies liegt daran, dass sich unsere Wissenschaft mit sozialen und ökonomischen Phänomenen sowie dem Menschen und seinem Handeln/ Verhalten befasst.

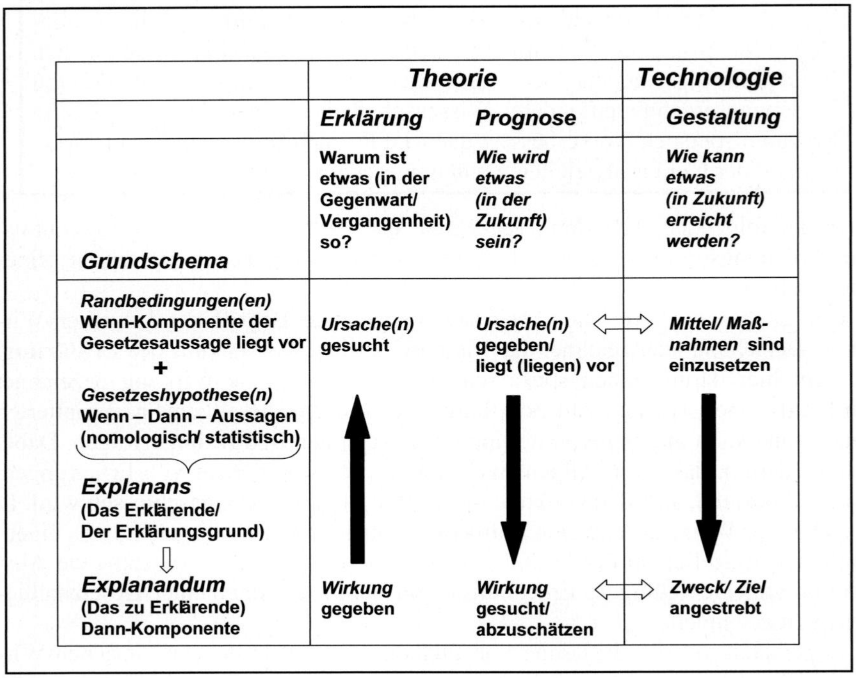


**Abb. A-I-9:** Theorie als Grundlage der Technologie

Nun zum anderen Erklärungsteil: Um einen speziellen Sachverhalt mittels einer allgemeinen Gesetzesaussage erklären zu können, ist zum anderen aus logischen Gründen mindestens eine weitere spezielle Aussage notwendig. Diese wird als **Anfangs- oder Randbedingung ( = Antecedens-Bedingung)** bezeichnet. Hier wird festgestellt, dass die in der Wenn-Komponente der Gesetzesaussage geforderten Bedingungen oder Umstände im speziellen Fall vorliegen. Nach dem in der Abbildung A-I-9 aufgeführten Grundschema kann dann die Erklärung erfolgen.

- Die **Erklärung** gegenwärtiger und/ oder vergangener Ereignisse ist nicht die einzige Anwendungsmöglichkeit des Grundschemas. Aufgrund der geforderten Allgemeingültigkeit der Gesetzeshypothesen ist es prinzipiell möglich, auch in der Ableitungsrichtung umgekehrte Schlussfolgerungen anzustellen. Wenn also Sachverhalte gegeben sind, welche die Wenn-Komponente von Hypothesen erfüllen, dann kann über deren „Wenn – Dann – Verknüpfung" das Eintreten der Wirkungen und damit zukünftiger Sachverhalte **prognostiziert** werden.
- Wenn bewährte Ursachen-Wirkungs-Beziehungen vorliegen, dann können diese darüber hinaus die Grundlage praktischer Gestaltung bilden. Wie bei der Anwendung von Erkenntnissen der theoretischen Naturwissenschaften in den

Ingenieurwissenschaften wird auch hier in diesem wissenschaftstheoretischen Zusammenhang von **Technologie** gesprochen: Dabei findet eine Anwendung der im Rahmen des theoretischen Wissenschaftsziels herausgearbeiteten Zusammenhänge auf praktische Probleme statt. Die Ursachen-Wirkungs-Relationen werden in dieser Betrachtung dann in **Mittel-Zweck-** bzw. **Maßnahmen-Ziel-Beziehungen** überführt. Wenn also in der Praxis bestimmte Ziele angestrebt werden und für derartige Wirkungen allgemeine Hypothesen vorliegen, so weisen diese auch den Weg zur Zielerreichung. Es gilt nun, die Ursachen – soweit sie gestaltbar sind – herbeizuführen, diese also als Mittel oder Maßnahmen zur Erreichung der Zwecke oder Ziele einzusetzen.

Zur Erläuterung der Zusammenhänge zwischen Erklärung und Prognose fügen wir hier ein kleines, fiktives **Beispiel** an, bei dem alle weiteren Konstellationen unberücksichtigt bleiben: Ein Autohändler stellt fest, dass er letzten Monat bezogen auf Neu- und Gebrauchtwagen doppelt so viele Fahrzeuge seines gut ausgestatteten und stark motorisierten Kompaktwagens vom Typ GTI verkauft hat als üblich. Er fragt seinen Bekannten, einen Betriebswirt, wie dieses Phänomen zu erklären sei. Der Betriebswirt denkt über Regelmäßigkeiten beim Kaufverhalten von Autos nach. Dabei fällt ihm ein, dass es eine bewährte Hypothese gibt, nach der akademische Berufseinsteiger bei gegebenen finanziellen Möglichkeiten aus Gründen der hierarchischen Einordnung Kompaktmodelle mit hoher Motorleistung und Vollausstattung bevorzugen. Bei ihren Überlegungen, ob diese Hypothese zutreffen könnte, fallen dem Autohändler und dem Betriebswirt ein, dass vor kurzer Zeit ein neu angesiedeltes Marktforschungszentrum eines großen Konsumgüterherstellers in ihrer Stadt seinen Betrieb aufgenommen hat. Damit sind eine ganze Reihe Jungakademiker in die Stadt gekommen, und so wäre die soeben abgekürzt formulierte Wenn-Komponente gegeben; die Erklärung des überdurchschnittlich hohen Absatzes erscheint tragfähig.

Wenn der Autohändler nun noch eine Filiale in einer anderen Stadt unterhält und auch dort ein neuer Betrieb mit einem hohen Anteil neu eingestellter Jungakademiker in Kürze eröffnet, dann könnte er aufgrund der angeführten Regelmäßigkeit eine Prognose für den zu erwartenden Absatz von Kompaktmodellen des Typs GTI aufstellen.

Die technologische Anwendung der unterstellten Gesetzmäßigkeit gestaltet sich im Allgemeinen in der Praxis etwas schwieriger. Dabei wird auch die oben getroffene Einschränkung, Ursachen als Mittel herbeizuführen, soweit sie gestaltbar sind, deutlich. So wird der Autohändler den Anteil von Jungakademikern in seinem Einzugsgebiet aller Wahrscheinlichkeit nach nicht beeinflussen können. Er kann aber versuchen, seine Werbung überregional gezielt an akademische Berufseinsteiger zu richten, um sie mit attraktiven Angeboten und besonderen Konditionen zum Kauf in seinem Autohaus zu bewegen.

Soviel zu dem einfachen Beispiel. Nun noch einige generelle Erläuterungen zur **strukturellen Identität von Erklärung und Prognose**. Diese ist insbesondere für die Entwicklung und Überprüfung theoretischer Aussagensysteme wichtig. Wenn auf dem Weg der Prognose Aussagen über das Eintreten bestimmter Wirkungen getroffen werden, dann bestimmt sich über die dann tatsächlich festzustellenden

Ereignisse die Qualität der zu Grunde liegenden generellen „Wenn – Dann – Aussagen“. Fehlprognosen bewirken dabei eine Aussonderung der entsprechenden Hypothesen. Um eine solche Selektion zu ermöglichen, sind die Aussagensysteme generell so auszulegen, dass die aus ihnen abgeleiteten Schlussfolgerungen auch an der Erfahrung scheitern können, also die beobachtbare Realität bei den Wirkungen anders verläuft, als sie vorhergesagt wurde.

Es ist generell wichtig, dass alle Ableitungen und damit auch die **allgemeinen Gesetzesaussagen** niemals endgültig bestätigt werden können; immer ist das Auftauchen neuer, vorher nicht bedachter **Regelmäßigkeiten** möglich. Unter dieser Prämisse kann das Herausbilden besserer Erklärungsansätze dadurch erreicht werden, dass man nicht die Bestätigung der ermittelten Gesetzmäßigkeiten im Sinne uneingeschränkter Gültigkeit (Verifizierung), sondern ihre **Verwerfung (Falsifizierung)** aufgrund von neuen und abweichenden Erkenntnissen als Erklärungsansätzen anstrebt.

Der Druck in Richtung passender, adäquater Erklärungsansätze ist dann um vieles höher, da durch modifizierte Wenn-Dann-Beziehungen bessere Erklärungsansätze und damit empirisch zutreffendere Gesetzmäßigkeiten – allerdings immer noch mit raum-zeitlicher Beschränkung – entwickelt werden. Hierauf wird nachstehend noch eingegangen.

Eine Wissenschaft wird unter dieser Heuristik, also einem permanenten Entdeckungszusammenhang, eine ungleich größere Dynamik entfalten. Die gegenteilige Auffassung mit dem Bestreben der Verifizierung führt viel eher zu fortwährenden Rettungsversuchen theoretischer Positionen, auch wenn die Realität schon längst über sie hinweggegangen ist. Allerdings birgt auch der Weg der Falsifizierung als „schöpferische Zerstörung“ die Gefahr in sich, dass Erklärungen durch Aussagensysteme bereits früh an der Realität scheitern und modifizierte sowie gleichzeitig gehaltvollere Wenn-Dann-Beziehungen nicht entwickelt bzw. durch – deutlich weniger aussagefähige – Ad-hoc-Hypothesen ersetzt werden.

An dieser Stelle kann kurz auf den Weg einer Wissenschaft zu **geschlossenen Theoriesystemen** eingegangen werden. Diese stehen keineswegs am Anfang der wissenschaftlichen Beschäftigung mit einem bestimmten Gegenstandsbereich, sie kennzeichnen eher eine ausgesprochene Entwicklungsreife. Der Weg hierzu beginnt bei der Aufstellung von Hypothesen als kontroll- und bestätigungsbedürftigen Spekulationen über Ursachen-Wirkungs-Beziehungen, die zunächst keinen direkten Bezug zu bisherigem Wissen aufzuweisen brauchen. Nach deren teilweiser Prüfung an der Praxis gibt es dann eine Reihe von empirisch bestätigten Hypothesen, die allerdings erst in einem lockeren Zusammenhang stehen. Auf dieser Basis können aber wiederum begründete Hypothesen entwickelt und geprüft werden. Wenn schließlich bewährte, also bislang durch empirische Sachverhalte der Realität nicht widerlegte Hypothesen vorhanden sind und diese in ein aufeinander bezogenes Aussagensystem gebracht worden sind, dann kann vom Vorliegen einer reifen Theorie gesprochen werden.

Die Betriebswirtschaftslehre hat dieses letzte Stadium noch nicht erreicht. Es gibt hier einige objektbedingte Schwierigkeiten, die zum Ende unserer theoretischen Betrachtungen noch anzusprechen sind. Gemeinsam mit anderen zusammenfassenden Einordnungen sind Lösungsansätze hierzu in Abbildung A-I-10 aufgeführt.

Dabei erfolgt zunächst noch einmal ein Rückbezug auf das Erklärungs- und Gestaltungsziel der Betriebswirtschaftslehre. Hiermit wird ein Bogen zu den allgemeinen Ausführungen am Anfang des Abschnitts A.I.1. geschlagen. Wenn es um das Herausarbeiten von Erklärungsmustern auf der Basis von Ursachen-Wirkungs-Zusammenhängen für praktische Zielsetzungen und hierauf bezogene Gestaltungshilfen geht, dann ist von Wichtigkeit, auf welches theoretische Instrumentarium hierbei zurückgegriffen wird.

**Erklärungs- und Gestaltungsziel der Betriebswirtschaftslehre**

Die **angestrebte Theoriebildung** betreffend, sind empirisch gehaltvolle Hypothesen zu entwickeln, auf deren Basis eine Erklärung und/ oder Prognose realer Phänomene möglich ist. So kommt für die Betriebswirtschaftslehre als Oberziel zunächst nur die Aufstellung/ Weiterentwicklung einer **Realtheorie** auf hypothetisch-deduktiver Basis in Frage.

Als **Vorstufe** hierzu können auch **Idealtheorien** oder **Modelle** Anwendung finden. Dabei werden auf dem Weg einer analytisch-deduktiven Ableitung gedankliche Sachverhalte in einen logisch konsistenten Zusammenhang gebracht. Solche Satzsysteme finden auch in der Betriebswirtschaftslehre vielfach Anwendung; so wird beispielsweise das Käuferverhalten i.d.R. in Modellen erfasst. Ferner sind auch die Produktions-, Kosten- und Investitionstheorie sehr modellgeprägt. Zur Prüfung ihrer empirischen Gültigkeit sind aus idealtheoretischen Aussagensystemen dann allerdings realtheoretische Aussagen abzuleiten.

Insbesondere aus Gründen der intersubjektiven, also zwischen unterschiedlichen Personen möglichen Nachprüfbarkeit verlangen – wie bereits angesprochen – hypothetisch-deduktive Erklärungen und Prognosen normalerweise nomologische Hypothesen und damit Aussagen über generelle Gesetzmäßigkeiten ohne räumliche oder zeitliche Beschränkungen. Für die Naturwissenschaften und ihre „Naturgesetze" kann dies als möglich angesehen werden, bei den Wirtschafts- und Sozialwissenschaften treten hier aber objektbedingte Schwierigkeiten auf. Die Komplexität und Dynamik der Beziehungen im Gegenstandsbereich sowie die „Schwankungsbreite" menschlichen Handelns und Verhaltens gestalten die Aufdeckung exakter Ursachen-Wirkungs-Beziehungen sehr schwierig. Hinzu kommt, dass – im Gegensatz zu Laborversuchen mit technischen Geräten in den Naturwissenschaften – Menschen lernfähig sind und damit nie wieder die gleichen Ausgangsbedingungen geschaffen werden können.

Bei dieser Grundproblematik bieten sich aber eine Reihe von Lösungsansätzen an. Ein erster Ausweg besteht darin, dass zunächst **Theorien mittlerer Reichweite** und damit raum- und zeitbezogene „Quasigesetze" aufgestellt werden. Hier wird die Gültigkeit des postulierten Zusammenhangs auf das Vorliegen bestimmter raum- oder zeitbezogener Situationsmerkmale eingegrenzt. Auf diese Weise wird die Ableitung von Hypothesen möglich, die sich beispielsweise nur auf marktwirtschaftliche Wirtschaftssysteme, auf bestimmte Markt- und Wettbewerbssituationen oder auf bestimmte Zielgruppen beziehen.

*Erkenntnisziel:* **Herausarbeiten von Erklärungsmustern auf der Basis von Ursachen-Wirkungs-Zusammenhängen für empirisch festgestellte Zielsetzungen in der Unternehmenspraxis (praktische Normen)**

*Gestaltungsziel:* **Hilfestellung geben zum zweckrationalen Gestalten und Einsetzen von Mitteln/ Maßnahmen, um angestrebte Ziele zu erreichen**

***Theoretisches Instrumentarium:***

- ***Angestrebte Theoriebildung:***
  - **Empirisch gehaltvolle Realtheorie auf hypothetisch-deduktiver Basis als Oberziel**
  - **Logisch konsistente idealtheoretische Ansätze (Modelle) auf analytisch-deduktiver Basis als Vorstufe**
- ***Objektbedingte Schwierigkeiten:***
  - **Komplexität und Dynamik der Beziehungen erschweren die Aufdeckung exakter Ursachen-Wirkungs-Beziehungen**
- ***Lösungsansätze:***
  - **Theorien mittlerer Reichweite als Vorstadium**
  - **Niedrigere Allgemeinheit und Präzision der Aussagensysteme**
  - **Formulierung statistischer Abhängigkeiten**
  - **Verbindung mit Erkenntnissen anderer Disziplinen**
  - **Vernetzungsanalysen zur Aufdeckung des Wirkungsverbundes von Ursachen**
  - **Verstärkung der empirischen Forschung zur Überprüfung und Generierung von Hypothesen**

***Nutzen für die Praxis in Betrieben/ Unternehmen:***

**Möglichkeit der Ableitung von zweckmäßigen Strategien (längerfristig) und Maßnahmen (operativ), ausgerichtet auf unterschiedliche Interessengruppen, um bestimmte Ziele zu erreichen – auf der Basis theoretischer Aussagensysteme, die auf ihre empirische Relevanz geprüft sind**

**Abb. A-I-10:** Die Betriebswirtschaftslehre als praktisch-normative Erfahrungswissenschaft

Generell wird die Forschung bestrebt sein, immer allgemeinere, also allgemeingültigere, und präzisere, also in den Sachverhalten möglichst genaue Ursachen-Wirkungs-Beziehungen herauszuarbeiten. Dabei hängt die Erklärungskraft nomologischer Hypothesen von den in ihren Wenn- und Dann-Komponenten formulierten Sachverhalten ab. Eine Anreicherung der Tatbestände in der Wenn-Komponente bewirkt eine sinkende **Allgemeinheit** der Hypothese; sie wird hierdurch auf immer speziellere Fälle zugeschnitten. Erweiterungen der Dann-Komponente haben eine höhere **Präzision** bzw. Bestimmtheit zur Folge; so wird die Wirkung detaillierter und umfänglicher beschrieben. Auf dem Weg zu generell gültigen Regelmäßigkeiten können allerdings zunächst Hypothesen mit einer niedrigeren Allgemeinheit und/ oder Bestimmtheit gesucht werden.

Für die Wirtschafts- und Sozialwissenschaften bietet sich im Grundschema der deduktiv-nomologischen Erklärung noch eine weitere Modifikation an: Die für das Stadium einer hohen Theoriereife geforderten nomologischen Hypothesen sind grundsätzlich deterministisch. Bei Vorliegen der Bestandteile der Wenn-Komponente wird über den Mechanismus der Wenn-Dann-Verknüpfung auf die in der Dann-Komponente beschriebenen Sachverhalte genau gefolgert. Hier ist es aber auch möglich, **statistische Hypothesen** einzusetzen, bei denen für die Sachverhalte oder Ereignisse der Dann-Komponente eine Eintrittswahrscheinlichkeit angegeben wird. Bei Vorliegen der Wenn-Bedingungen wäre die Aussage dann, dass mit einer Wahrscheinlichkeit von x % mit dem Eintreten der Wirkung gemäß der Dann-Komponente zu rechnen ist.

Des Weiteren ist gerade für die Betriebswirtschaftslehre noch einmal auf die Notwendigkeit hinzuweisen, bei ihren Erklärungsansätzen **Erkenntnisse anderer und insbesondere sozialwissenschaftlicher Disziplinen** einzubinden. Wenn dort bereits bewährte Erklärungsansätze für menschliches Handeln und Verhalten im allgemeinen Zusammenhang vorliegen, können hierauf aufbauend Regelmäßigkeiten für wirtschaftliche Sachverhalte gesucht werden.

Hierbei ist zu beachten, dass Ereignisse oft erst über mehrere verschiedene Gesetzmäßigkeiten adäquat erklärt werden können. Demgemäß gilt es, bereits bei der Suche nach tragfähigen Erklärungsansätzen den **Wirkungsverbund verschiedener Ursachen** zu berücksichtigen. Zur Abschätzung derartiger Beziehungen im Vorfeld der Hypothesenbildung bietet sich die Durchführung von Vernetzungsanalysen an.

Mit betriebswirtschaftlichen Aussagensystemen wird das Ziel der Erklärung und Prognose realer Phänomene verfolgt, somit ist ihre Prüfinstanz letztlich wieder alleine die Realität. Folglich kann ihr empirischer Gehalt auch nur gesteigert werden, wenn sie fortwährend empirischen Prüfungen unterzogen werden. Wichtig ist dabei, dass die **empirische Forschung zur Überprüfung und Generierung von Hypothesen** in einem Gesamtzusammenhang erfolgt, also hier wiederum eine enge Vernetzung vorliegt. Empirische Forschung ist nicht um ihrer selbst willen zu betreiben, etwa weil sie modern wäre. Es geht um den Ausbau des betriebswirtschaftlichen Theoriegebäudes als Ganzem, deshalb hat die empirische Forschung in jedem Fall „theoriegeleitet" zu erfolgen. Dies bedeutet, dass in jedem Teilbereich vor der Neuentwicklung von Hypothesen zunächst die bereits vorliegenden Hypothesen zu systematisieren sind. Auf der Basis dieses Forschungsstandes sind die neuentwickelten und ggf. auch bereits vorhandenen Ursachen-Wirkungs-Beziehungen dann nach dieser Konzeptionsphase an empirischen Daten zu prüfen. Eine Hypothesengenerierung „im Lichte der vorhandenen Daten" erfüllt diesen Anspruch nicht.

Wenn Betriebswirtschaftslehre als praktisch-normative Erfahrungswissenschaft im gerade noch einmal zusammengefassten Sinne betrieben wird, welchen **Nutzen** hat dies dann **für die Praxis in Betrieben/ Unternehmen**? Mit einer solchen realtheoretisch orientierten Wissenschaft werden der Praxis Möglichkeiten eröffnet, im Hinblick auf bestimmte Zielsetzungen und auf unterschiedliche Interessengruppen ausgerichtet längerfristige Strategien und kurzfristige, operative Maßnahmen abzuleiten. Damit kann praktisches Handeln auf bewährten theoretischen Zusammenhängen basieren. Auf diese Weise sind Entscheidungen in der Praxis durch Erkenntnisse aus der Theorie fundiert.

## 5. Verbindung von Theorie und Technologie: Das Beispiel Autokauf

Die Erläuterungen zur betriebswirtschaftlichen Theorie und ihre anwendungsbezogene Verbindung zur Technologie aus dem letzten Abschnitt wollen wir im Folgenden noch etwas plastischer illustrieren. Wegen seiner Einfachheit und allgemeinen Nachvollziehbarkeit knüpfen wir dabei wieder an dem bereits eingeführten Beispiel des Auto(ver)kaufs an.

Im letzten Abschnitt wurde die technologische Umformung der ursachen-wirkungs-bezogenen theoretischen Ansätze in Mittel oder Maßnahmen zur Erreichung gesetzter Ziele allgemein beschrieben. Bei dem angenommenen Fall des hohen GTI-Absatzes wurden die Mechanismen der Erklärung und Prognose sowie der Technologie auch bereits exemplarisch verdeutlicht.

Die Frage, warum und wie bestimmte Autotypen gekauft werden, greifen wir hier noch ein weiteres Mal auf. Und zwar steht nun im Vordergrund, auf welche Weise hierauf bezogen theoretisch fundierte Erkenntnisse gewonnen werden können. Auf dieser Basis ist es der Automobilindustrie und den Autohändlern möglich, Produkte und begleitende Dienstleistungen anzubieten, die den Kundenwünschen möglichst gut entsprechen. Als Resultat wird angestrebt, dass Nachfrager und Anbieter mit den Ergebnissen des Auto(ver)kaufs wesentlich zufriedener sind als bei einer Angebotsgestaltung, die nicht auf differenzierten Kenntnissen zum Kaufverhalten beruht. Nur wenn das auf der Basis betriebswirtschaftlicher Analysen erzielte Ergebnis – aus Sicht des Kunden und des Unternehmens – deutlich besser ist als ein zufälliges bzw. durch spontanes Handeln erreichtes Resultat, hat die Betriebswirtschaftslehre und hier speziell die Marktforschung ihre Aufgabe erfüllt und als Wissenschaftsdisziplin ihre Daseinsberechtigung bewiesen.

### Kriterien für den Autokauf

Zunächst ist der Frage nachzugehen, ob beim Autokauf von einheitlichen Gründen/ Motiven auszugehen ist oder ob diese sich im Hinblick auf verschiedene Autotypen unterscheiden. Wir haben hierzu einen **Vergleich kaufbestimmender Faktoren** beim Kleinwagen Fiat Seicento und der Oberklassemarke Jaguar angestellt (hierzu Abb. A-I-11).

Wie diese Gegenüberstellung zeigt, sind die **Kaufmotive** beim Fiat Seicento vor allem wirtschaftlicher Art. Gemäß den Ausführungen in Abschnitt A.I.3. zum Wirtschaften als dem Identitätsprinzip der Betriebswirtschaftslehre steht hier eine sparsame und kostengünstige Umsetzung des Ziels, mobil sein zu wollen, im Vordergrund. Ob des geringen Gewichtes und der dabei ausreichenden niedrigen Motorleistung ist dieser Kleinwagen auch relativ umweltverträglich.

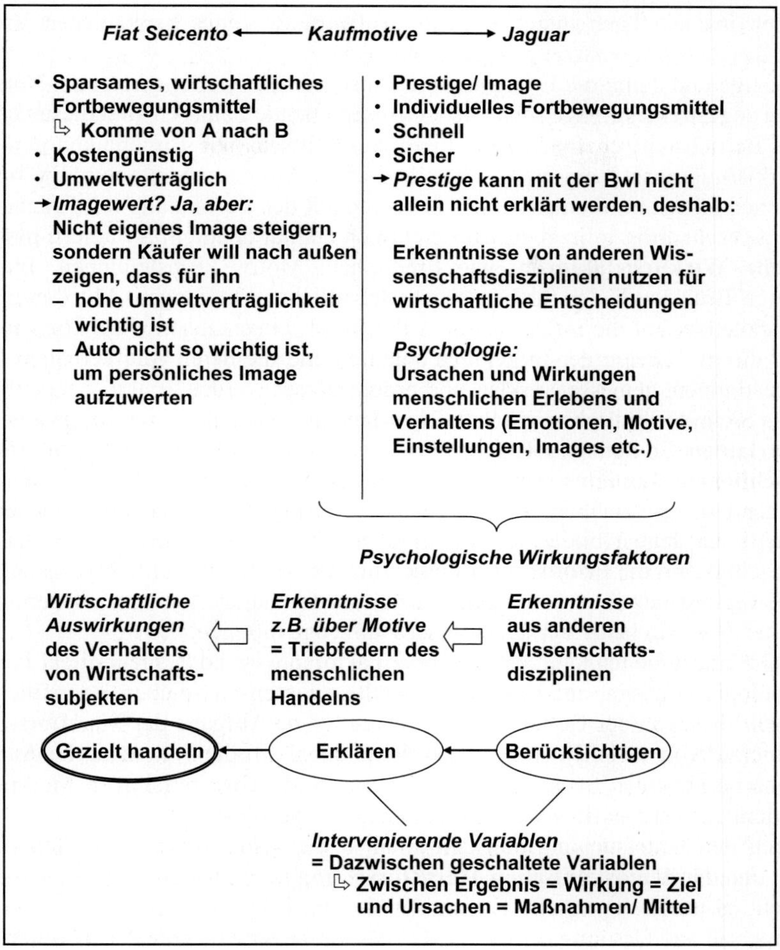


**Abb. A-I-11:** Das Beispiel Autokauf: Fiat Seicento versus Jaguar

Beim Oberklassefahrzeug Jaguar wird es dagegen nicht ausschließlich darum gehen, günstig von A nach B kommen zu können. Ein solches Fahrzeug wird insbesondere auch aus Prestige- und Imagegründen gekauft. Dies gilt vor allem deshalb, weil andere Luxusmodelle, etwa von Mercedes oder BMW, weit höhere Verkaufszahlen aufweisen. Mit einem Jaguar besitzt jemand also ein sehr individuelles Fahrzeug. Dieses ist im Vergleich zum Kleinwagen der Marke Fiat überdies schneller und sicherer.

Ein Image als wertende Vorstellung von jemandem oder von etwas in der öffentlichen Meinung wird auch mit dem Fiat Seicento verbunden sein. Dabei wird vor allem der praktische Nutzwert dieses sparsamen Kleinwagens im Vordergrund stehen. Der Imagewert für den Besitzer besteht also darin, dass er mit diesem Auto deutlich machen kann, nicht auf eine Aufwertung seines persönlichen Images durch das gewählte Fahrzeug angewiesen zu sein.

Prestige und damit die Erlangung von Ansehen oder Geltung kann die Vorstufe für ein angestrebtes Image sein. Als kaufbestimmende Faktoren sind diese Größen in der Betriebswirtschaftslehre mit ihrem auf Wirtschaften/ Ergiebigkeit gerichteten Erklärungsansatz zunächst nicht vorgesehen. An dieser Stelle wird die bereits im letzten Abschnitt thematisierte Notwendigkeit der Verbindung mit Erkenntnissen aus Nachbardisziplinen am Beispiel noch einmal deutlich. So liefern **psychologische Wirkungsfaktoren**, wie Emotionen, Motive, Einstellungen, Images, wichtige Brückenglieder für betriebswirtschaftliche Erklärungen. Mit diesen Begrifflichkeiten, auf die im Abschnitt A.II.1. näher eingegangen wird, können Prozesse, die im Inneren der Individuen ablaufen und die deren Kaufverhalten letztlich bestimmen, gemessen, erklärt und prognostiziert werden.

Aus Sicht der Betriebswirtschaftslehre handelt es sich dabei um **intervenierende Variablen**. So können z.B. Kenntnisse über **Motive als generelle Triebfedern menschlichen Handelns** die erklärende Brücke – und damit einen Teil der entsprechenden Gesetzmäßigkeit – bei unserem Beispiel des Kaufs eines Fiat Seicento oder eines Jaguar bilden. Diese Faktoren schalten sich zwischen den Kaufakt als Ergebnis und die Erfordernis als eigentlich betriebswirtschaftliche Ursache, ein Fortbewegungsmittel zu benötigen. Auf dieser Grundlage ist dann wiederum ein gezieltes Handeln beim Verkauf solcher Fahrzeuge möglich.

Das Herausarbeiten kaufbestimmender Faktoren wird i.d.R. nicht direkt von der Psychologie geleistet, auf Basis der verhaltenswissenschaftlichen Begrifflichkeiten stellt dieses in der Betriebswirtschaftslehre eine Aufgabe der Marktforschung dar (hierzu Abb. A-I-12). Insgesamt geht es dabei um die systematische Analyse von marktrelevanten Sachverhalten, und hier sind neben objektiven Merkmalen vor allem auch subjektiv bedingte Phänomene einbezogen.

Nach den Untersuchungsobjekten kann in die beiden Formen der **ökoskopischen** und der **demoskopischen Marktforschung** untergliedert werden. Bei ersterer geht es um ökonomische Ergebnisgrößen im betriebswirtschaftlichen Marktprozess, die auf Gesamt- respektive Teilmärkte bezogen werden. Auf unser Beispiel übertragen würde hier also der – ggf. für verschiedene Regionen ermittelte – Umsatz oder Marktanteil der Fahrzeuge Fiat Seicento oder Jaguar untersucht.

Im zweiten Fall, der demoskopischen Marktforschung, geht man von einzelnen bzw. zu Gruppen zusammengefassten Wirtschaftssubjekten aus und untersucht deren Kaufverhalten im Hinblick auf äußere, die Personen allgemein beschreibende oder innere, den Kaufprozess erklärende psychische Merkmale.

Mit einer fundierten Marktforschung begegnen Unternehmen der Herausforderung, dass betriebswirtschaftliches Entscheiden und Handeln detaillierte Informationen für eine zielgruppenbezogene Marktbearbeitung voraussetzt. Undifferenzierte Massenprodukte sind in der heutigen Zeit kaum noch erfolgreich abzusetzen. Dass z.B. wie beim seinerzeit ersten fließbandgefertigten Auto, dem FORD-Modell T – der „Tin Lizzy", ein Fahrzeug nur in der Farbe schwarz angeboten würde, ist heute nicht mehr gewinnbringend umzusetzen. Eine solche vom Produkt her einheitliche Vermarktung ist auch bei weltweit verfügbaren Marken, wie etwa COCA COLA oder MCDONALD'S, nicht mehr möglich. Auch hier gibt es eine Produktdifferenzierung, also unterschiedliche einzelne Produktvarianten.

***Aufgaben der Marktforschung***

**Systematische, empirische Untersuchung von objektiv oder subjektiv bedingten Marktsachverhalten/ -phänomenen als Grundlage für betriebswirtschaftliche Entscheidungen zum Absatz- oder Beschaffungsmarkt**

**Systematische *Beschaffung, Analyse und Aufbereitung von Daten/ Informationen*, die das Marktgeschehen betreffen**

***Formen der Marktforschung***

- ***Ökoskopische Marktforschung***
  **Erforschung ökonomischer Ergebnisgrößen in Gesamt- oder Teilmärkten, wie Umsätze, Marktanteile etc.**
- ***Demoskopische Marktforschung***
  **Erforschung einzelner beziehungsweise aggregierter Wirtschaftssubjekte im Hinblick auf**
  - **Äußere Merkmale (demographische, soziographische oder kaufverhaltensbezogene Merkmale)**
  - **Innere, psychische Merkmale (Wahrnehmungen, Motive, Einstellungen, Werthaltungen, Wünsche etc.)**

**Abb. A-I-12:** Marktforschung: Aufgaben und Formen

Eine erfolgreiche Unternehmensführung setzt generell voraus, dass man die Anforderungen und Prioritäten verschiedener Zielgruppen kennt und hierauf bezogen individuelle Produkte oder Dienstleistungen anbieten kann. Die Losgröße und damit die Produktionsmenge pro Fertigungsvorgang kann dabei – wie im Fall der Sonderanfertigung – sogar gegen 1 gehen. Um Teilmärkte insgesamt dennoch kostengünstig mit kundenspezifischen Varianten bedienen zu können, geht die Tendenz dahin, die Fertigung modular auszurichten. So liegen z.B. in der Automobilindustrie der großen Modellvielfalt des VW-Konzerns heute nur noch 4 anstatt früher 19 verschiedene Basis-Bodengruppen (Plattformen) zu Grunde.

## Zielgruppenspezifische Marktsegmentierung

Insgesamt gesehen kommt dem Konzept der Marktsegmentierung also eine hohe Bedeutung zu (hierzu Abb. A-I-13). Bei der Erfassung und Bearbeitung in sich homogener und untereinander heterogener Teilmärkte ist es die Absicht, ertragreiche Zielgruppen zu identifizieren, diese gezielt anzusprechen und ihnen mit einer auf ihre Bedürfnisse abgestimmten Leistung Vorteile zu verschaffen.

Bei der heute vielfach vorzufindenden Marktsituation des Käufermarktes geht es bei der Marktsegmentierung damit zugleich um eine wesentliche Grundlage für den Aufbau und die Umsetzung einer marktorientierten Unternehmensführung.

Bezogen auf die **Kriterien der Marktsegmentierung** kann eine direkte Parallele zu den mit der vorhergehenden Abbildung dargestellten Formen der demoskopischen Marktforschung gezogen werden. Hier finden sich die gleichen Kategorien; in Abbildung A-I-13 sind diese mit Beispielen für Unterkategorien oder

Einzelmerkmale untersetzt. Damit ist ein allgemeiner Überblick zur Marktforschung und ihrer speziellen Anwendung der Marktsegmentierung gegeben, auf weiter gehende Fragen zur Informationsgewinnung und -auswertung wird an dieser Stelle nicht näher eingegangen (siehe hierzu F.III.5.).

***Begriff der Marktsegmentierung***

- **Aufteilung eines Gesamtmarktes in Untergruppen (Marktsegmente), die hinsichtlich ihrer Marktreaktion intern homogen, untereinander dagegen heterogen sind *(Markterfassung)***
- **Erarbeitung und Umsetzung gezielter Maßnahmenprogramme für einzelne Marktsegmente *(Positionierung – Marktbearbeitung)***

⇨ ***Zielgruppen* identifizieren, diese gezielt ansprechen und ihnen mit einer speziell zugeschnittenen Leistung Vorteile verschaffen/ anbieten**

↳ ***Philosophie einer marktorientierten Unternehmensführung* im Betrieb/ Unternehmen aufbauen und umsetzen**

***Kriterien der Marktsegmentierung***

- ***Sozio-demographische Kriterien:***

| | |
|---|---|
| **Geographische Kriterien:** | **Ort der Wohnung (Land, Region, Stadt, Stadtteil etc.)** |
| **Demographische Kriterien:** | **Geschlecht, Alter, Familienstand etc.** |
| **Sozioökonomische Kriterien:** | **Beruf, Ausbildung, Einkommen etc.** |

- ***Kaufverhaltensbezogene Kriterien***

**Preisverhalten/ Mediennutzung/ Einkaufsstättenwahl/ Produktwahl (jeweils mit Unterkategorien und Einzelmerkmalen)**

- ***Psychographische Kriterien:***

| | |
|---|---|
| ***Allgemeine Persönlichkeitsmerkmale*:** | **Werte, Interessen, Meinungen etc. (Lebensstil)** |
| ***Produktspezifische Merkmale:*** | **Wahrnehmungen, Motive, Einstellungen, Präferenzen, Kaufabsichten etc.** |

**Abb. A-I-13:** Marktsegmentierung: Begriff und Kriterien

Zwei Anwendungsergebnisse zur Marktsegmentierung, die wiederum den Automobilbereich betreffen, können hier aber noch kurz vorgestellt werden: So war der Fiat Panda, ein Vorläufer der heutigen Fiat-Modelle Cinquecento und Seicento, bei seiner Markteinführung im Jahr 1979 das erste Auto, dem eine überwiegend psychographische Segmentierung zu Grunde lag. An Stelle der leichter analysierbaren sozio-demographischen Kriterien wird dabei das Gewicht darauf gelegt, die unterschiedlichen gültigen Einstellungen und Motive für das Kaufen und Fahren von Kleinwagen zu erkennen. Im Ergebnis können hierbei übergreifende Marktsegmente analysiert werden, die sich von traditionellen, nach sozio-demographischen Kriterien gebildeten Käufergruppen unterscheiden. Das mit dem Slogan „Die tolle Kiste" beworbene Fahrzeug hat eine Zielgruppe erreicht, die ein differenziertes Verhältnis zum Autofahren aufwies. Das Auto wurde nicht in erster Linie als Imagegegenstand gesehen, damit wird keine Steigerung des Individualprestiges angestrebt; es dient vielmehr als preiswertes und praktisches Fortbewegungs- und Transportmittel. Damit lag diese Zielgruppe „quer" zu sozio-demographischen Schichtungen: Der Panda wurde von Studierenden gefahren, er war Zweitwagen neben Fahrzeugen der Mittel- und Oberklasse, und auch bezogen auf Berufsgruppen gab es keine Schwerpunkte etwa bei niedrigeren Einkommen.

Als neueres Beispiel kann die Mercedes A-Klasse angeführt werden. Auch hier war es möglich, durch detaillierte Untersuchungen im Vorfeld der Produktentwicklung und durch eine entsprechende Positionierung des Fahrzeugs eine neue, nicht-mercedestypische Käuferschicht anzusprechen. Dabei sind die Käufer altersmäßig nicht fixiert. Anders als bei den anderen, früheren Mercedes-Modellen gibt es einen hohen Anteil weiblicher Käufer, und insgesamt ist es mit der A-Klasse gelungen, Konsumenten anzusprechen, die eine moderne Auffassung von Mobilität haben. Nach der „Elchtest-bedingten" Verzögerung bei der Modelleinführung (1998 ab wiederbegonnener Auslieferung Ende Februar Platz 16) entwickelte sich das Fahrzeug schnell zur Mercedes-Modellreihe mit den höchsten Verkaufszahlen. Mit dem Jahr 2003 konnten von der A-Klasse über eine Million Stück verkauft werden. 2003 entsprach dies dem elften Platz unter allen in Deutschland neu zugelassenen Fahrzeugen.

Abschließend zu unserem Beispiel Autokauf, mit dem in diesem Abschnitt die Verbindung betriebswirtschaftlicher Theorie und Technologie unter Heranziehung von Erkenntnissen aus anderen Disziplinen erläutert wurde, erfolgt mit der Abbildung A-I-14 noch eine beispielhafte **Analyse zum Kaufverhalten**. Dabei sind Ergebnisse für vier Gruppen von Wirtschaftssubjekten, also unterscheidbare Marktsegmente, im Hinblick auf ihre Bewertung unterschiedlicher Kriterien beim Autokauf zusammengestellt.

Die beispielhaft angenommenen Ergebnisse der Analyse sprechen für sich und brauchen deshalb nicht im Einzelnen referiert zu werden. Auf das Zustandekommen der Kommentare in den einzelnen Zellen der Tabelle ist aber noch einmal gesondert einzugehen. Diese dürfen nicht etwa Meinungen des mit der Untersuchung beauftragten Wissenschaftlers sein; für die Forschung und Praxis der Marktforschung ist es vielmehr wichtig, dass sie begründete Ergebnisse der Analyse darstellen. In diesem Zusammenhang ist darauf hinzuweisen, dass auch die Marktforschung nach einem hypothetisch-deduktiven Grundansatz, so wie er im letzten Abschnitt dargestellt wurde, anzulegen ist. Auf der Basis grundlegender Erkenntnisse zum Kaufverhalten sind speziellere, und zwar zielgruppenspezifische Hypothesen theoretisch zu entwickeln, und diese sind dann mit im Einzelnen festzulegenden Methoden systematisch zu überprüfen. Nur auf diese Weise ist es möglich, eindeutige und repräsentative Profile von klar unterscheidbaren Zielgruppen als so genannte Cluster herauszuarbeiten. Der theoriegeleitete Grundansatz der Untersuchungen wird so eine Dynamik hin zu besseren Erklärungen entfalten können, was eine mehr oder weniger unsystematische Datensammlung und -auswertung nicht leisten kann. Wie die Abbildung A-I-14 ersichtlich macht, lassen sich für die vier unterschiedlichen Käufergruppen durch die Prioritäten bei den einzelnen Kriterien mehr oder weniger klar unterscheidbare Anforderungsprofile erkennen.

| *Zielgruppen / Kriterien* | *Studierende* | *Führungskräfte* | *Familien* | *Mitarbeiter im Außendienst* |
|---|---|---|---|---|
| *Budget* | 1.500 EUR | 30.000 EUR | 15.000 EUR | 20.000 EUR Auto ist Arbeitsplatz |
| *Zusätzliche Sicherheitsausstattung (z.B. Seitenairbag)* | | x Kann es sich leisten | x Für Kinder | |
| *Image/ Prestige:* | | x Nicht zu auffallendes Auto | | z.B. ein Sportwagen wäre problematisch! (Kunde: "Den ‚Flitzer' habe ich finanziert") |
| *Anschaffungskosten* | x | Hat steuerliche Absetzungsmöglichkeiten | x | Hat steuerliche Absetzungsmöglichkeiten |
| *Unterhaltskosten, fixe (Steuer, Vers.)* | x | | x | (x) Fährt viel |
| *Verbrauchskosten: (Benzin, Öl)* | (x) | | x | x Fährt viel |
| *Wiederverkaufswert* | | (x) | (x) | |
| *Komfort* | (x) | x | (x) Für Kinder | Für AD wichtig, bekommt ihn aber nur begrenzt |
| *Wartung/ Service* | (x) Teuer | Nicht so preissensibel | (x) | x |
| *Umweltverträglichkeit* | (x) | (x) Fliegt mehr | x | (x) Eher sensibilisiert, weil er viel fährt |
| *Finanzierung* | x Über Eltern oder Jobs | x Günstige Finanzierung? | (x) Günstige Finanzierung? | |

x = wichtig, (x) = teilweise wichtig

**Abb. A-I-14:** Das Beispiel Autokauf: Analyse von vier Zielgruppen

Durch den starken Ölpreis-Anstieg im Frühjahr 2004 ist das Kriterium „Sparsamkeit im Benzinverbrauch“, das in Abbildung A-I-14 bei den Verbrauchskosten erfasst ist, noch wichtiger geworden. Nach einer POLIS-Umfrage nahm für 53% der befragten Frauen die Bedeutung eines geringen Benzinverbrauchs, und zwar von maximal fünf Litern, zu. Nur 27% der Frauen würden einen Benzinverbrauch von mehr als fünf Liter akzeptieren, im Gegensatz zu jedem zweiten Mann. Insgesamt plädierte die Hälfte der 1.013 Befragten für Autos mit einem Benzinverbrauch von unter fünf Litern.

Insgesamt gibt es bei derartigen Marktforschungsanalysen allerdings das **Problem von Unschärfebereichen**. Dies liegt zum einen daran, dass die Einstellungen und Motive von Personengruppen innerhalb eines nach sozio-demographischen Kriterien gebildeten Marktsegmentes unterschiedlich sind. Hieraus ist zu folgern, dass die im Rahmen der Strategie anvisierte Teilgruppe besondere Beachtung erfährt. Zum anderen sind entweder Präferenzen der Käufer nicht eindeutig zu ermitteln, oder es tritt die Schwierigkeit auf, dass zwar eindeutige Präferenzen vorliegen, die Konsumenten aber ein entsprechendes Produktangebot nicht dementsprechend nutzen. Fragt man z.B., ob der öffentliche Personennahverkehr (ÖPNV) generell stärker genutzt werden sollte, so ergibt dies i.d.R. eine Zustimmung von über 80%. Die Zusatzfrage, ob denn ein Verbraucher selbst den ÖPNV nutzt oder dazu bereit wäre, ergibt nur noch Zustimmungsquoten um die 25%. Aus Überzeugung geäußerte Einstellung kann in manchen Bereichen durchaus weitgehend anders sein als in der Realität nachvollziehbares Handeln/ Verhalten.

Bei Kenntnis derartiger Probleme kann dem allerdings mit differenzierten Analysekonzepten begegnet werden. In diesem Zusammenhang ist es dann auch von großer Wichtigkeit, entsprechend leistungsfähige Auswertungsmethoden zu verwenden. So können hier statistische **Verfahren der Gruppen- oder Cluster-Bildung** eingesetzt werden. Basierend auf einer Auflistung von aufeinander abgestimmten Fragen, also einer Itembatterie, die Erkenntnisse der Psychologie (Verhalten des Einzelnen) und der Soziologie (Gruppenverhalten) berücksichtigt, gibt es beispielsweise eine Untersuchung der Agentur MICHAEL CONRAD & LEO BURNETT, bei der die deutsche Bevölkerung im Ergebnis in 12 relativ eindeutige **Käufertypen** aufgeteilt werden konnte. Bei diesen regelmäßig überprüften **Lifestyle-Analysen** finden Erhebungen zu allgemeinen Persönlichkeitsmerkmalen statt, und mittels gruppenbildender statistischer Auswertungsmethoden werden im Antwortverhalten ähnliche Personen jeweils zu einem Typ respektive einer Gruppe zusammengefasst. Bei den Feldstudien werden darüber hinaus Fragen zu allen weiteren Kriterienbereichen der Marktsegmentierung (siehe hierzu die Abb. A-I-13) gestellt, so dass das Antwortverhalten hierzu nach der Typenbildung dann pro Lifestyle-Gruppe vorliegt. In dieser Weise sind also bei den verschiedenen Lifestyle-Profilen Schwerpunkte im Hinblick auf unterschiedliche sozio-demographische, kaufverhaltensbezogene und produktspezifische Merkmale erkennbar.

Dabei ist es für ein Unternehmen zusätzlich wichtig, das **Verhalten von Meinungsbildnern**, die kaufinduzierend wirken und weitere Käufer nachziehen, herauszuarbeiten. Weiß man andererseits um **Mitläufer-Effekte** im Kaufverhalten, dass also bestimmte Personen ihr Verhalten an Meinungsbildnern ausrichten, so kann auf dieser Grundlage eine gezielte Ausrichtung und Gestaltung von Maßnahmen zur Produktausstattung sowie zur werblichen Ansprache der Zielgruppe erfolgen.

Mit diesen Erläuterungen war die Absicht verbunden, noch einmal anhand einiger Beispiele herauszuarbeiten, dass die Betriebswirtschaftslehre bei ihrem eigenständigen Erkenntnisobjekt eines der Wirtschaftlichkeit und Ergiebigkeit folgenden Verhaltens auch gesicherte Erkenntnisse aus anderen Disziplinen übernimmt. Ziel hierbei ist es, einen insgesamt **interdisziplinären und damit multikausalen Erklärungsansatz** zu erreichen. Alleine auf wirtschaftliches Verhalten abzustellen und damit letztlich monokausale Erklärungen zu versuchen, würde der Vielfalt menschlicher Realität nicht gerecht werden bzw. auch zu direkt falschen Schlussfolgerungen führen. Die Gefahr von Nonsens-Korrelationen, wie etwa ein unterstellter Zusammenhang der seit 1900 abnehmenden Zahl von Störchen und der ebenfalls seit dieser Zeit zurückgehenden Geburtenzahl, ist bei einem solchen eindimensionalen Vorgehen sehr groß. In gleicher Weise ist die empirisch-statistisch nachweisbare Korrelation zwischen der Schuhgröße und der Höhe des Einkommens in der Realität wenig aussagefähig.

## II. Wesentliche Begriffe und Sachverhalte der Betriebswirtschaftslehre

> Was versteht man unter Wirtschaften und woraus resultiert die Notwendigkeit des Wirtschaftens? Welche grundlegenden Prinzipien wirtschaftlichen Verhaltens gibt es, und wie sind diese inhaltlich gefasst? Wie sind wesentliche verhaltenswissenschaftliche Konstrukte definiert? Welche Grundelemente sind im Prozess der Zielrealisierung zu unterscheiden, und wie kann dieser bewertet werden? Wie werden die Begriffe Betrieb und Unternehmen im betriebswirtschaftlichen Gebrauch verwendet? Welche Unterschiede bestehen zwischen privatwirtschaftlichen und öffentlichen Unternehmen?

Bei den bisherigen Darstellungen zum Gegenstandsbereich der Betriebswirtschaftslehre wurde zum einen Wert darauf gelegt, die Ausführungen zum Erfahrungs- und Erkenntnisgegenstand wissenschaftstheoretisch und theoriegeschichtlich abzurunden bzw. einzuordnen. Zum anderen war es die Intention, bereits diese elementaren Sachverhalte an disziplinspezifischen Fragestellungen und praxisnahen Beispielen zu verdeutlichen. In diesem Zusammenhang eingeführte Begriffe wurden dabei ebenfalls geklärt respektive abgeleitet. Insgesamt wurde damit das Ziel verfolgt, das Spektrum der Betriebswirtschaftslehre nachvollziehbar und dabei für den Leser auch „erfahrungsnah“ aufzuzeigen. Im vorliegenden zweiten Unterkapitel werden auf dieser Basis noch einmal wesentliche Begriffe und grundlegende Sachverhalte der Betriebswirtschaftslehre herausgearbeitet. Zum Teil stellen diese Ausführungen eine Erweiterung/ Ergänzung der vorhergehenden Abschnitte dar.

## 1. Zu den Grundlagen des Wirtschaftens

Vom Begriff des Wirtschaftens war bereits im Abschnitt A.I.3. bei den Ausführungen zum Filter-Modell „Erfahrungsobjekt, Erkenntnisobjekt und betriebswirtschaftliche Theorie" die Rede. Woraus resultiert aber Wirtschaften, worin liegt die **Notwendigkeit des Wirtschaftens** begründet? Hierzu wird nun die erste begriffliche Zusammenfassung (Abb. A-II-1) gegeben.

Für Individuen und Personengruppen wie für Betriebe/ Unternehmen ist zunächst festzuhalten, dass für alle diese Wirtschaftssubjekte die **Ausgangsbasis begrenzter Ressourcen** gegeben ist. An Rohstoffen für die Daseinsbewältigung bzw. die Erreichung gesetzter Lebens- oder Unternehmensziele stehen Sach- und Finanzmittel oder beispielsweise auch Informationen nicht unbegrenzt zur Verfügung. Diesem begrenzten Mittelvorrat stehen auf der anderen Seite **Bedürfnisse**, Wünsche und Ziele gegenüber, die **tendenziell unbegrenzt** sind. Zu diesem zuweilen umstrittenen, obgleich allgemeiner Erfahrung entsprechenden Phänomen wird hier als Erklärung angenommen, dass es letztlich in der Natur der Menschen begründet liegt. Laufen doch rein gedankliche oder empfindungsmäßige Prozesse fortwährend und schneller ab als daraus abgeleitete Handlungen oder Aktivitäten. Damit tauchen bereits vor Erfüllung gerade angestrebter Zustände neue und erstrebenswerte Qualitäten vor dem geistigen Auge von Einzelpersonen, Haushaltsmitgliedern oder Entscheidern in Unternehmen auf.

Dieses **Spannungsverhältnis** bedarf einer Kanalisierung, und diese wird durch den Prozess des Wirtschaftens geleistet. Der begrenzte Mittelvorrat stellt – am Bild eines Spielers dargestellt – in einer ersten Runde die Anfangsausstattung eines Wirtschaftssubjekts an Tauschobjekten dar. Bezogen auf die Bedürfnisvielfalt sind nun und jeweils auch in den Folgerunden im Wirtschaftskreislauf alternative Verwendungsmöglichkeiten so zu bewerten und anschließend zu realisieren, dass sie das Bedürfnisspektrum – oder einzelne Teile daraus – bestmöglich erfüllen. Als **Ergiebigkeit** ist diese Verwendungsmaßgabe ebenfalls bereits im Abschnitt A.I.3. eingeführt worden. Um in den nächsten Runden weiter mitspielen zu können, sollte dabei ein Wertzuwachs erzielt werden: Ein Mehr an Sach- oder Finanzmitteln, ein Zuwachs an nützlichen Informationen oder ganz allgemein an Wissen – ein betriebswirtschaftlicher Produktionsfaktor, dem in einer globalen Wirtschaft ein immer größeres Gewicht zukommt.

Auf einen kurzen Nenner gebracht, gilt demnach: **Wirtschaften ist Wählen**. Immer wieder sind Auswahlentscheidungen darüber zu treffen, wie die begrenzten Ressourcen, die knappen Mittel bzw. vorhandenen Güter in möglichst ertragreiche und z.B. auch umweltschonende Verwendungen gelenkt werden können. Unter Einbeziehung der Bedürfnisse als der zweiten Seite in diesem fortwährenden Reproduktionsprozess kann Wirtschaften nun allgemein definiert werden als **planvolles Verfügen über knappe Mittel, die direkt oder indirekt zur Befriedigung von Bedürfnissen dienen**. Bei dieser Definition wird ganz generell auf knappe Mittel abgehoben, um so zunächst wirtschaftliche Prozesse in ihrer gesamten Reichweite im menschlichen Zusammenleben zu kennzeichnen. Wirtschaften ist also ohne planvolles Entscheiden nicht möglich.

***Ausgangsbasis***

***Begrenzte Ressourcen***
↳ **Sachmittel/ Finanzmittel/ Informationen**

***Spannungsverhältnis***

***Tendenziell unbegrenzte Bedürfnisse*** ⟷ ***Knappheit wirtschaftlicher Güter***

⇨ **Bewertung alternativer Verwendungsmöglichkeiten**

⇨ **Treffen von *Auswahlentscheidungen* beim Einsatz der begrenzten Ressourcen/ knappen Mittel bzw. Güter**

***Wirtschaften:***
- ***Planvolles Verfügen über knappe Mittel, die direkt oder indirekt zur Befriedigung von Bedürfnissen dienen***
- ***Ökonomisch rationales und ökologisch verantwortungsvolles Disponieren mit knappen Gütern***

**Gilt für:** ***Alle Wirtschaftssubjekte*, also für Individuen, Gruppen (z.B. Haushalte) und Unternehmen;**
**beispielsweise im Hinblick auf Geld/ Kapital/ Zeit/ intakte Umwelt**

**Ziel:** ***Bedürfnisbefriedigung***
↳ **Tatsächlich vorhandener oder subjektiv empfundener Mangel**

**Abb. A-II-1:** Notwendigkeit des Wirtschaftens

Ob einem zur Verfügung stehenden Mittel der Charakter eines – vor allem marktfähigen – Wirtschaftsgutes zukommt, darauf wird in Kapitel B. eingegangen. Hier kann schon darauf hingewiesen werden, dass mit zunehmender Ökonomisierung aller Lebensbereiche zum einen die Verfügung über Wirtschaftsgüter immer wichtiger zur Bedürfnisbefriedigung oder Zielerreichung wird. Zum anderen ist festzustellen, dass zunehmend wirtschaftliche Erklärungsansätze tragfähig auch auf zwischenmenschliche Situationen und Konstellationen angewendet werden, bei denen kein direkter marktlicher Austausch vorliegt.

Unter Berücksichtigung der vorstehenden Ausführungen kann Wirtschaften dann auch etwas kompakter definiert werden als **ökonomisch rationales und ökologisch verantwortungsvolles Disponieren mit knappen Gütern**. Die bereits im Abschnitt A.I.3. angesprochene Kennzeichnung „ökonomisch rational" wird mit der Abbildung A-II-3 noch gesondert erläutert.

Die eingangs an der Metapher eines Spieles verdeutlichten Ursachen und Wirkungsbeziehungen des Wirtschaftens gelten für alle unterschiedenen Aggregatsbereiche und damit für **Individuen, Gruppen und Betriebe/ Unternehmen** gleichermaßen. So stehen etwa Einzelpersonen, Haushalte oder Entscheidungsträger in Firmen regelmäßig vor Entscheidungen, wie beispielsweise Geldmittel, Kapital oder auch Zeit sinnvoll einzusetzen sind, damit der jeweilige Mittelvorrat möglichst einen Wertzuwachs erfährt. Für Gesellschaftsgruppen und Gesellschaften als Ganzes gilt dies in mittel- und langfristiger Perspektive z.B. auch für die Bewahrung einer lebensfähigen, intakten Umwelt. Ohne eine Erhaltung oder qualitative Verbesserung dieser Ressource würden die Chancen zukünftiger Generationen auf eine ertragreiche wirtschaftliche Betätigung drastisch beschnitten.

Die Notwendigkeit des Wirtschaftens wurde in dieser ersten Zusammenfassung aus dem Spannungsverhältnis zwischen tendenziell unbegrenzten Bedürfnissen einerseits und der Knappheit an Mitteln bzw. wirtschaftlicher Güter andererseits entwickelt. Abschließend und als Verbindung zur nächsten Überblicksdarstellung ist noch zu klären, wie **Bedürfnisse** begrifflich zu fassen sind: Allgemein versteht man hierunter tatsächlich vorhandene oder subjektiv empfundene körperliche oder geistige Mangelgefühle. Nach dem Aggregatszusammenhang, in dem diese befriedigt werden können, kann man hier zunächst Individual- und Kollektivbedürfnisse unterscheiden. Erstere betreffen Individuen und können durch deren alleinige Entscheidungen und Handlungen eine Zufriedenstellung erfahren. Bei der zweiten Gruppe liegt deren Erfüllung im Interesse von Personengruppen, so dass auch über die Maßnahmen hierzu gemeinschaftlich (Familienverbände, Freundeskreise, Arbeitsgruppen etc.) oder über Repräsentanten (z.B. im Bund, den Länder und Gemeinden, Mitbestimmung in Unternehmen) entschieden werden muss.

Zu den beiden Fragen, wie Bedürfnisse gruppiert und zusätzlich auch in eine Rangordnung gebracht werden können, gibt es eine ganze Reihe unterschiedlicher Ansätze. Die 1943 von ABRAHAM H. MASLOW erstmals veröffentlichte **Bedürfnispyramide** aus sozialpsychologischer Sicht hat dabei die größte Bekanntheit erlangt. Folgende Bedürfnisklassen werden hier unterschieden: Physiologische Bedürfnisse (Hunger, Durst etc.)/ Sicherheitsbedürfnisse/ Soziale Bedürfnisse/ Wertschätzung, Ich-Bedürfnisse/ Selbstverwirklichung. In der schematischen Darstellung bilden die physiologischen Bedürfnisse die unterste und damit auch breiteste Ebene einer Pyramide, auf die mit abnehmendem Umfang die weiteren Bedürfnisklassen bis hin zur höchsten Stufe, der Selbstverwirklichung, folgen. Bei der damit bereits zum Ausdruck gebrachten Rangordnung geht die Vorstellung zusätzlich dahin, dass Bedürfnisse höherer Klassen jeweils erst nach Befriedigung vorhergehender Ebenen handlungsleitend werden. Im Hinblick auf diese Dominanzannahme und auch wegen der Abgrenzung und Hierarchisierung der höheren Bedürfnisebenen ist das Modell von MASLOW nicht ohne Kritik geblieben. Die Einfachheit des Modells und die Anschaulichkeit der verwendeten Pyramiden-Metapher haben aber dennoch zu einer breiten Verwendung in Wissenschaft und Praxis geführt, obwohl es keine Allgemeingültigkeit besitzt.

### Vom Bedürfnis zum Verhalten

Welche allgemeinen Vorstellungen gibt es bezüglich der Umsetzung von Bedürfnissen in konkretes Handeln und Verhalten? Und welche Ansatzpunkte liefert dieser Zusammenhang für die Betriebswirtschaftslehre? Diese Fragen hat die nachfolgende Zusammenfassung zum Gegenstand (Abb. A-II-2).

Der Weg von einem Bedürfnis zu dessen Befriedigung durch ein konkretes Verhalten läuft über einige Zwischenschritte. Bei dem einfachen Ablaufschema im oberen Teil der Abbildung A-II-2 ist zunächst die Unterscheidung von Bedürfnis und Motiv wichtig. Bedürfnisse stellen allgemeine und noch ungerichtete Mangelempfindungen dar (als physiologisches Beispiel: Hunger). Der Begriff des Motivs umschreibt dagegen die auf der Basis einer bewussten Wahrnehmung des Bedürfniszustandes entfaltete Verhaltensbereitschaft zum Ausgleich dieses Mangels. Motive sind also Bedürfnisse, die bereits um eine Zielvorstellung zu deren Befriedigung konkretisiert sind. Entwicklungs- und sozialisationsbedingt bilden Menschen eine ganze Reihe solcher angestrebter Zielzustände heraus, wobei situationsspezifisch dann ein oder auch mehrere spezielle Motive verhaltensrelevant werden. Beim Beispiel des Bedürfnisses Hunger könnten so je nach Tageszeit die Motive Einnahme eines Frühstücks, Mittag- oder Abendessens wirksam werden. In Abhängigkeit von bisherigen Vorlieben und finanziellen Möglichkeiten kann sich die Aktivität zum Bedürfnisausgleich im Weiteren z.B. auf die Einnahme eines spartanischen, selbst erstellten Essens richten, oder es wird ein Besuch in einem einfachen, guten oder exquisiten Restaurant vorgesehen.

Damit sind wir beim nächsten in dieser Ableitungsfolge wichtigen Konstrukt, der Aktivierung. Hierunter versteht man die Erregung oder Anspannung, die den Organismus mit Tatkraft versorgt und ihn so in einen Zustand der Handlungs- und Reaktionsbereitschaft versetzt. Die Verhaltensrelevanz von Motiven ergibt sich damit durch Aktivierungsprozesse. Hierzu sind Anreize nötig, die entweder in einer Person selbst begründet liegen oder die sich situationsbedingt ergeben.

Die bisher besprochenen Begriffe weisen eine große Nähe zueinander auf, der Umstand einer Mangelempfindung wird hier aus verschiedenen Perspektiven betrachtet. Bei den Motiven geht es letztlich um die Frage nach bereits herausgebildeten Verhaltensmustern zur Befriedigung von Bedürfnissen. Bei den Anreizen schließt sich zum Teil der Kreis zurück zu den Bedürfnissen. So könnte in unserem oben begonnen Beispiel als personeninterner Reiz zunächst das dem Gehirn weitergeleitete physiologische Ungleichgewicht eines „leeren Magens“ angesehen werden, das dann als Hunger empfunden wird. Als situationsbedingter Anreiz in unserem Beispiel könnte exemplarisch genannt werden, dass die Person in dem Moment über genügend Geld verfügt und so das Motiv Restaurantbesuch aktiviert werden kann.

Wenn das entsprechende Motiv verhaltensrelevant geworden ist, dann können die entsprechenden Maßnahmen eingeleitet werden, um das Ausgangsbedürfnis zu befriedigen. Die auf dieses Ziel gerichtete Anspannung geht zurück und das entsprechende Motiv tritt zugunsten anderer handlungsleitender Beweggründe wieder in den Hintergrund.

Zu dem bislang skizzierten einfachen Motivations- und Verhaltensmodell ist noch nachzutragen, dass die Wahrnehmungen, Entscheidungen und Handlungen von Personen insgesamt maßgeblich von ihren Werten und Einstellungen abhängen. Dabei fungiert das **individuelle Wertesystem** als grundlegender und situationsübergreifender Orientierungsmaßstab. Bei Werten geht es ganz allgemein um Auffassungen über wünschenswerte Zustände und Befindlichkeiten, wie etwa Freiheit, Gerechtigkeit oder auch Gesundheit. Demgegenüber meint der Begriff der **Einstellung** bereits eine konkrete Handlungsprädisposition, die sich auf bestimmte Objekte, Personen oder Situationen richtet. Hierzu kann eine Dreiteilung bzw. neuerdings eine Vierteilung vorgenommen werden in **kognitiv**-verstandesmäßige und **affektiv**-gefühlsmäßige Komponenten (siehe hierzu auch die Erläuterungen zur Abb. A-II-4) sowie als Resultanten hieraus in **konativ**-(kauf)handlungsgerichtete Komponenten sowie die abschließende, **aktive** Kaufhandlung. Wenn in der Wertskala einer Person z.B. Gesundheit relativ weit oben steht, wird sich dieses auch in deren Einstellung zu Ernährungsfragen niederschlagen. So wäre hier denkbar, dass für diese Person ausschließlich vegetarische Produkte in Frage kommen. Diese exemplarischen Annahmen machen deutlich, welcher Einfluss von Werten und Einstellungen als grundlegenden Determinanten menschlichen Verhaltens auf die oben am Beispiel Hunger aufgezeigte Kette zur Befriedigung von Bedürfnissen ausgehen kann.

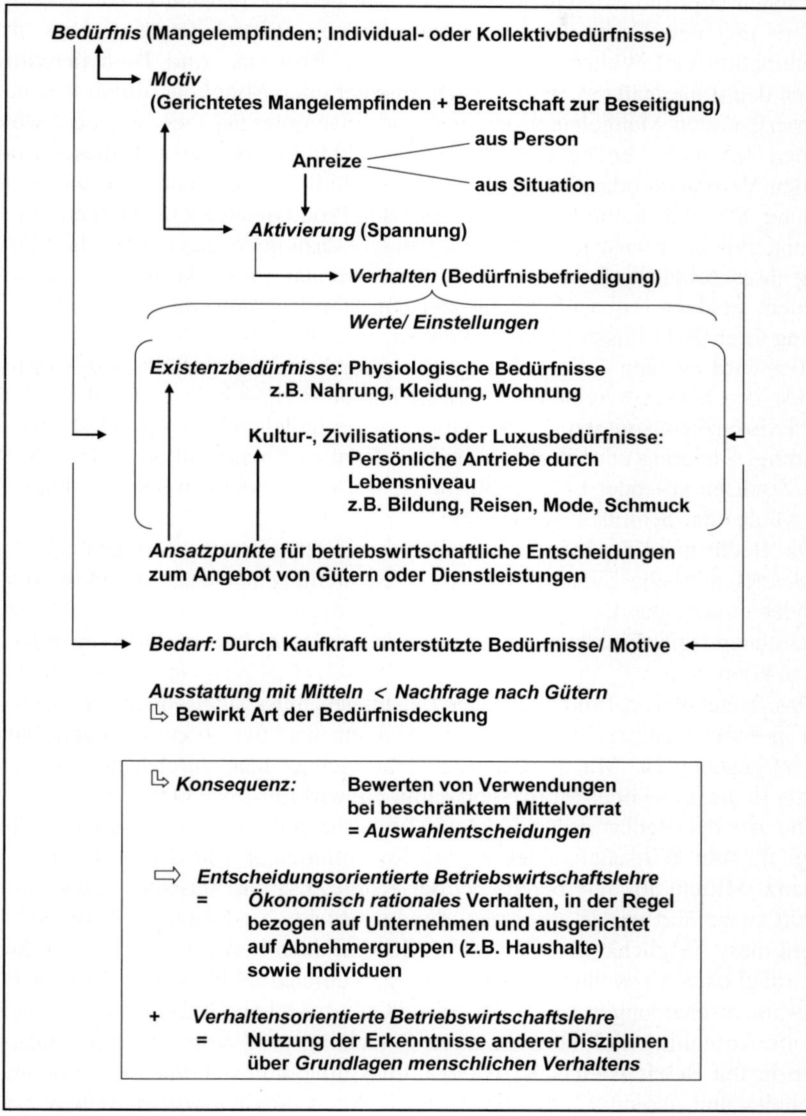


**Abb. A-II-2:** Vom Bedürfnis zum Verhalten

Welche Ansatzpunkte bieten diese allgemeinen Zusammenhänge menschlichen Handelns und Verhaltens für die Betriebswirtschaftslehre? Die Beantwortung dieser eingangs der Erläuterungen zur Abbildung A-II-2 aufgeworfenen Frage liegt nach den vorangegangenen Ausführungen auf der Hand.

Für alle Wirtschaftssubjekte, und damit für Einzelpersonen oder Personengruppen, wie z.B. Familien oder Lebensgemeinschaften, letztlich aber auch für Betriebe/ Unternehmen, gilt, dass die Befriedigung von Bedürfnissen, die Erfüllung von Wünschen oder die Erreichung von Zielen in den allermeisten Fällen über einen Erwerb und den Verbrauch oder Gebrauch von Wirtschaftsgütern bzw. deren Kombination und Weiterveräußerung verläuft. **Produkte und Dienstleistungen** stellen damit die materiellen oder auch immateriellen Mittel dar, durch welche die oben erläuterten Mangelempfindungen und Spannungszustände abgebaut werden können. In unserer hochgradig arbeitsteiligen Marktwirtschaft gilt dieses sowohl für den Verbrauch oder Gebrauch von Wirtschaftsgütern als auch für deren Herstellung. Da i.d.R. kaum noch ein Tausch von Produkten oder Leistungen in Frage kommt, sind die Menschen mehr oder weniger dazu gezwungen, über die Einbringung ihrer Arbeitskraft in Betrieben/ Unternehmen ein Einkommen zu erzielen, mit dem sie dann – quasi in einem zweiten Schritt – Wirtschaftsgüter zur Befriedigung ihrer Bedürfnisse erwerben können.

Hier wird es dann – in einer gegenüber der bereits dargestellten Bedürfnispyramide von MASLOW reduzierten Klassifikation – zunächst um die Befriedigung von Existenzbedürfnissen, also etwa um so grundlegende Notwendigkeiten wie Nahrung, Kleidung oder Wohnung gehen. Darüber hinaus gilt es zusätzlich, Kultur-, Zivilisations- oder Luxusbedürfnisse, wie z.B. Verlangen nach Bildung, Reisen, Mode oder Schmuck, zu erfüllen.

Die Bedürfnisse der Menschen stellen damit den zentralen Ansatzpunkt für betriebswirtschaftliche Entscheidungen zur Herstellung und zum Angebot entsprechender Güter oder Dienstleistungen dar. Und gleichzeitig erwerben Menschen dabei andererseits Einkünfte, mit denen sie wiederum ihre Bedürfnisse zufrieden stellen können.

Das Angebot von Produkten oder Leistungen muss sich jedoch für Unternehmen in erster Linie rechnen. Hier ist vor allem wichtig, ob ein genügend großer Bedarf gegeben ist. Mit diesem Begriff bezeichnet man durch Kaufkraft unterstützte Bedürfnisse oder Motive und damit die wirksame Nachfrage.

Die Art der Bedürfnisdeckung, der Wunscherfüllung oder der Zielrealisation hängt für alle Wirtschaftsubjekte zunächst unmittelbar von der Ausstattung mit (Finanz-)Mitteln ab. Wie bereits bei der ersten Zusammenfassung in diesem Abschnitt ausgeführt wurde, übersteigt die gewünschte Nachfrage nach Wirtschaftsgütern diese Möglichkeiten aber i.d.R.. So sind dann bezogen auf die verschiedenen, möglichen Verwendungen Bewertungen durchzuführen und auf dieser Basis Auswahlentscheidungen zu treffen. Diese Grundproblematik kennzeichnet das bereits im Abschnitt A.I.3. kurz skizzierte Forschungsprogramm der **entscheidungsorientierten Betriebswirtschaftslehre**. Im Mittelpunkt steht hier ein ökonomisch rationales und ökologisch verantwortungsvolles Verhalten von Betrieben/ Unternehmen, das auf Abnehmergruppen (andere Unternehmen oder Haushalte) sowie Individuen als Einzelabnehmer ausgerichtet ist.

Wie die vorangegangenen Erläuterungen zu den Bedürfnissen von Menschen und ihrer Umsetzung respektive Erfüllung durch Handeln und Verhalten gezeigt haben, werden Entscheidungen aber offensichtlich nicht nur aufgrund rationaler Abwägungen von Nutzen und Kosten oder Ergebnis und Einsatz möglicher Alternativen getroffen. Hier zeigt sich die Leistungsfähigkeit einer zusätzlich **verhaltensorientierten Perspektive** für die Betriebswirtschaftslehre: Wenn, wie im schon angesprochenen verhaltensorientierten Forschungsprogramm, Erkenntnisse anderer Disziplinen, etwa der Psychologie oder der Soziologie, zu den Grundlagen menschlichen Verhaltens zur Erklärung und Gestaltung betriebswirtschaftlicher Zusammenhänge herangezogen werden, dann kann hierbei außer auf **vernunftgeleitete** auch auf eher **gefühlsmäßige Prozesse** bei Abnehmern, Führungskräften und Mitarbeitern abgehoben werden.

**Rationalprinzip und ökonomisches Prinzip**

Bei wirtschaftlichen Entscheidungen in Betrieben/ Unternehmen geht die Forderung zunächst aber dahin, dass diese vor allem vernunftbegründet erfolgen. Zu diesem Anspruch eines rationalen Vorgehens sind im Anschluss an die Ausführungen zu Wirtschaften/ Ergiebigkeit als dem Identitätsprinzip der Betriebswirtschaftslehre in A.I.3. die Grundregeln wirtschaftlichen Verhaltens in der nächsten Zusammenfassung dargestellt (siehe hierzu Abb. A-II-3).

Bei dieser Übersicht geht es noch einmal um die fundamentale Richtschnur der Wirtschaftswissenschaften und damit um das ökonomische Prinzip mit seinen verschiedenen Formen und Konkretisierungen.

Üblicherweise wird das ökonomische Prinzip aus dem **Rationalprinzip** respektive dem **allgemeinen Vernunftprinzip** als grundlegender Handlungsanweisung abgeleitet. Damit wird die Grundannahme getroffen, dass der Mensch ein vor allem vernunftbegabtes Wesen sei und auch dementsprechend zu handeln in der Lage ist. Vernunft meint dabei zunächst, sinnliche Wahrnehmungen geistig verarbeiten und in ihrem Zusammenhang begreifen zu können. Vor allem ist hiermit aber die Vorstellung verbunden, dass Menschen ihr Handeln oder Unterlassen frei von Nötigungen ihrer Instinkte oder Triebe bestimmen können. Hier zeigt sich bereits wieder der oben angesprochene Dualismus zwischen rationalem und emotionalem Handeln und Verhalten.

Ausgehend von der Vorstellung, die menschliche Vernunft sei die hauptsächliche erkenntnis- und handlungsleitende Kraft, fordert das Rationalprinzip als übergeordnete Norm zunächst ein **generell zweckgerichtetes Vorgehen**. Dies impliziert das Vorhandensein einer Zwecksetzung und damit eines Handlungszieles sowie eine Mittelwahl, die eine vernünftige Zielrealisierung ermöglicht. Die Umschreibung des Prinzips mit der Aufforderung: „Handle vernünftig bei vorgegebenen oder selbst gesetzten Zielen!“ beinhaltet damit also bereits die Handlungsregel, ein günstiges Verhältnis zwischen Ergebnis und Einsatz anzustreben. Gemäß dieser Verdeutlichung des Rationalprinzips werden i.d.R. auch die eigenständigen Begriffe ökonomisches Prinzip bzw. Wirtschaftlichkeitsprinzip gefasst: Als Handlungsmaxime des Wirtschaftens wird ein rationales Handeln bei der Verfolgung angestrebter Ziele gefordert, bei dem die knappen Mittel zu ihrem wirkungsvollsten Einsatz gebracht werden. Ein Handeln und Verhalten, das dieser generellen Maßgabe folgt, wird kurzgefasst als ökonomisch rational bezeichnet.

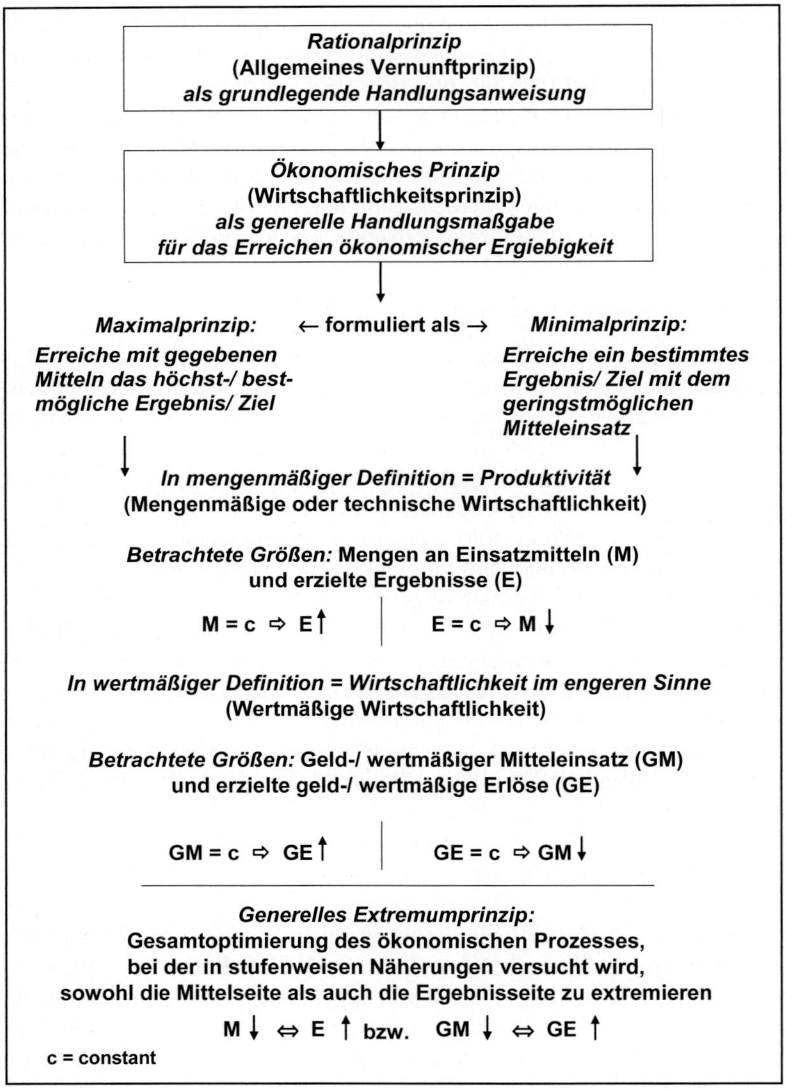


**Abb. A-II-3:** Prinzipien wirtschaftlichen Verhaltens

Wenn man die in den vorangegangenen Ausführungen dieses Abschnittes aufgezeigte elementare Notwendigkeit des Wirtschaftens für die Menschen bedenkt, dann wird die hohe allgemeine Reichweite auch des ökonomischen Prinzips deutlich. Hier handelt es sich nicht um einen speziellen Leitsatz, der ausschließlich in der Ökonomie oder der Betriebswirtschaftslehre anzuwenden wäre. Vielmehr folgt dieser direkt aus dem allgemeinen Rationalprinzip. Und somit wird letztlich mit allen drei Begriffen – Rationalprinzip, Ökonomisches Prinzip, Wirtschaftlichkeitsprinzip – ein allgemeiner Ergiebigkeitsgrundsatz formuliert, nach dem knappe Mittel zu einer optimalen Zielerreichung einzusetzen bzw. zu kombinieren sind.

In dieser Weise wurde Wirtschaften/ Ergiebigkeit in Abschnitt A.I.3. auch als die identitätsstiftende Grundproblematik der Betriebswirtschaftslehre herausgearbeitet. Mit der Herleitung zu den grundlegenden Prinzipien wirtschaftlichen Verhaltens konnte hier nun noch einmal aufgezeigt werden, dass es sich bei betriebswirtschaftlichen Fragestellungen um ganz generelle Handlungszusammenhänge handelt.

Die bislang behandelten Grundsätze sind noch recht allgemeiner Art und damit kaum direkt als konkrete Verfahrensanweisungen oder Beurteilungsrichtlinien zu verwenden. Mit den verschiedenen Konkretisierungen des Ökonomischen Prinzips kommt man einen Schritt weiter. Und zwar wird dieser allgemeine Grundsatz in dreierlei Formen respektive Richtungen und auf zwei generelle Kategorien bezogen angewendet.

- Beim **Ökonomischen Prinzip** wird immer auf ein **Ergebnis-Einsatz-Verhältnis** abgehoben. Bei den ersten beiden Formen, dem **Maximal-** und dem **Minimalprinzip**, wird jeweils eine dieser Größen als gegeben bzw. konstant angenommen, so dass damit der Weg der Optimierung vorgegeben wird. Beim Maximalprinzip geht es in dieser Weise um eine Ergebnisoptimierung bei einer gegebenen Mittelausstattung. Beim Minimalprinzip wird das Ergebnis als gegeben vorausgesetzt, und es wird im umgekehrten Weg versucht, den Mitteleinsatz zu minimieren.
  Die beiden Kategorien, auf welche die so bestimmten Relationen üblicherweise angewendet werden, sind einerseits die **Produktivität** als mengenmäßiges oder technisches Verhältnis von Einsatzmitteln und erzielten Ergebnissen sowie andererseits dessen geld- oder wertmäßiges Korrelat als **Wirtschaftlichkeit im engeren Sinne**.
  Damit werden bei der Produktivität technische Maßeinheiten, wie beispielsweise Stückzahlen, Gewichte oder Zeiteinheiten, in Beziehung gesetzt. So kann in einem Automobilwerk eine Fragestellung nach dem Maximalprinzip etwa lauten, wie man aus 10 Tonnen Karosserieblech möglichst viele Rohkarossen fertigt.
  Bei der Wirtschaftlichkeit im engeren Sinne werden der Input- und der Outputseite **Geld- oder Wertgrößen** zugeordnet, so dass die resultierenden Kennzahlen dann dimensionslos sind. Zur Beurteilung und Optimierung werden hier Relationen gebildet, wie z.B. Einnahmen zu Ausgaben, Ertrag zu Aufwand oder Leistung zu Kosten. Im gerade gebrauchten Beispiel des Automobilwerkes kann so beispielsweise den Erträgen einer Baureihe deren Gesamtaufwand gegenübergestellt werden, um festzustellen, ob hier überhaupt Überschüsse erzielt werden.

- Beim **Generellen Extremumprinzip** als dritter Ausprägung des Ökonomischen Prinzips wird von einer Vorgabe bzw. Konstanz der Ergebnisse oder des Mitteleinsatzes abgesehen. Als Handlungsmaßgabe für die Erreichung ökonomischer Ergiebigkeit wird hier postuliert, dass über die einzusetzenden Mittel und die jeweils angestrebten Ergebnisse der ökonomische Prozess insgesamt bestmöglich zu gestalten ist.
  Damit entspricht diese Fassung als zunächst ungerichtetes Optimierungsproblem zum einen in etwa der Ausgangsfassung des Ökonomischen Prinzips. Zum anderen ist festzuhalten, dass das Generelle Extremumprinzip den heute i.d.R. komplexen Optimierungsproblemen der betriebswirtschaftlichen Praxis eher Rechnung trägt als die alternativen Formen des Maximal- oder Minimalprinzips. Denn hiermit wird der gesamte Prozess der Erstellung und des Absatzes von Leistungen auf den Prüfstand einer größtmöglichen Wirtschaftlichkeit gestellt. Auf dieser Basis können dann einerseits Optimalitätskriterien (Maximierung oder Minimierung) für Teilprozesse problemabhängig festgelegt werden. Andererseits ist es auf diese Weise überhaupt erst möglich, auch komplizierte Ergebnis-Einsatz-Zusammenhänge begrifflich zu fassen, bei denen etwa der Mitteleinsatz bei verschiedenen Zielerfüllungsgraden jeweils unterschiedlichen Abhängigkeiten folgt.
  Die **weite Form des Generellen Extremumprinzips**, nämlich mit einem Minimum an Input ein Maximum an Output zu erreichen, wurde früher als falsche Lesart des Ökonomischen Prinzips missverstanden. Denn sie kann – nach mathematischen Optimierungsregeln – nur schwerlich realisiert werden. Diese Zielrichtung wurde deshalb für logisch falsch und praktisch nicht zu verwirklichen gehalten. Heute versuchen jedoch nicht wenige Unternehmen, hieraus einen Wettbewerbsvorteil zu entwickeln. Dies geschieht z.B. im Qualitätsmanagement in der Weise, dass höchste Qualität, also völlige Fehlerfreiheit, zu möglichst geringen Kosten erreicht werden soll. Wir gehen hierauf in Abschnitt F.IV.1. noch einmal ein.

Wenn mit dem Ökonomischen Prinzip als generellem Imperativ des Wirtschaftens ein rationales Handeln gefordert wird, bei dem knappe Mittel zu ihrem wirkungsvollsten Einsatz gebracht werden, dann greift das Generelle Extremumprinzip diese Maxime auf und fordert eine insgesamte Optimierung ökonomischer Prozesse. Die beiden Formen des Maximal- und Minimalprinzips einschließend, kann auf dieser Grundlage in stufenweisen Näherungen versucht werden, sowohl die Mittel- als auch die Ergebnisseite wirtschaftlicher Abläufe bestmöglich zu gestalten.

Als **Beispiel** für derartige Gesamtoptimierungen, bei denen in einem relativ kurzen Zeitraum betriebswirtschaftliche Prozesse deutlich wirtschaftlicher und wirkungsvoller gestaltet werden konnten, so dass es sogar zu einer branchen- und weltweiten Verschiebung der Wettbewerbskräfte kam, kann noch einmal die Restrukturierung in der japanischen Automobilwirtschaft während der 80er Jahre angeführt werden. Hierzu wurde bereits im Abschnitt A.I.2. dargelegt, dass die japanischen Automobilfirmen im Verlauf ihrer kontinuierlichen Verbesserungsprozesse in Forschung, Fertigung und Management eine derart große Anzahl von Parametern optimiert und aufeinander abgestimmt hatten, so dass sie gegenüber den Konkurrenten in den anderen Weltmarktregionen über erhebliche Wettbewerbsvorteile verfügten. Bei der Metapher für diesen Quantensprung – dem deutschsprachigen Titel der maßgeblichen Buchpublikation „Die zweite Revolution in der Automobilindustrie" – wird auf die Einführung der Fließbandfertigung durch HENRY FORD im Jahre 1913 als sozusagen erste Revolution angespielt. Der japanische Ansatz schlanker Fabriken (Lean Production) bei niedriger Kapitalbindung durch möglichst wenig Lagerhaltung und zeitnahe Belieferung (Just-in-Time), in denen aufgrund einer ganzen Reihe von qualitätsfördernden und -sichernden Managementinstrumenten (Total Quality Management) Produkte mit einer hohen Zuverlässigkeit hergestellt und vertrieben werden, setzte Maßstäbe: Ganze Heerscharen von Führungskräften aus der Automobil- und der Zulieferindustrie wie auch aus anderen Industriezweigen reisten in den fernen Osten, um die Quellen dieser Wirtschaftlichkeitsvorsprünge vor Ort in der Praxis kennen und umsetzen lernen zu können. Mittlerweile zählen diese seinerzeit als Ergebnisse ganzheitlicher und vernetzter Optimierungen entstandenen revolutionären Methoden mit ihren verschiedenen Einzelinstrumenten zum weltweiten Industriestandard.

Nachdem mit der Abbildung A-II-3 die wesentlichen Prinzipien eines rationalen wirtschaftlichen Verhaltens herausgearbeitet wurden, kommen wir bei der folgenden Zusammenfassung nochmals auf die Bedeutung verhaltenswissenschaftlicher Erkenntnisse für die Betriebswirtschaftslehre zurück (siehe Abb. A-II-4).

**Erweiterung des ökonomisch rationalen Verhaltens**

Hierauf wird im Folgenden aus der Perspektive eingegangen, dass ein ausschließlich **ökonomisch rationales Verhalten** bei Konsumenten und in Betrieben/ Unternehmen doch **eher selten** ist. Eine Erweiterung, nicht nur ökonomisch rational zu handeln, stellt beispielsweise ökologisch verantwortungsvolles Handeln dar. Es erfolgt aus zu Grunde liegenden Wertvorstellungen heraus, um die natürliche Umwelt zu schützen und nachfolgenden Generationen dieses Ressourcenpotenzial zu erhalten. Die Antriebsfedern sind also auch emotionale Motive, wobei die Ressourcenkombination – zumindest mittelfristig – nicht weniger wirtschaftlich sein muss.

Als allgemeine Begründung und Beleg für nicht ausschließlich rationales Verhalten werden nun exemplarisch zwei verhaltenswissenschaftliche Bereiche bzw. Ansätze vorgestellt, bevor dann eine abschließende Quintessenz gezogen wird.

- Der Umstand, dass Menschen offensichtlich nicht – wie von der frühen ökonomischen Theorie und Betriebswirtschaftslehre unterstellt – immer rational handeln, liegt in ihrer Natur begründet. Da sie keine ausschließlich verstandesmäßig geleiteten Wesen sind, sondern auch gefühlsmäßigen Handlungs- und Verhaltensantrieben folgen, kommt wissenschaftlichen Erkenntnissen über eine emotionale Verhaltenssteuerung eine große Bedeutung zu. Hierzu das erste Beispiel, in dem kurz dargelegt wird, dass diese Zweiteilung mit den **Erkenntnissen der Hirnforschung** belegt werden kann: Hinsichtlich der beiden, über einen „Balken" verbundenen Hirnhälften mit unterschiedlichen Funktionszentren und Assoziationsfeldern ist mittlerweile die allgemeine Lehrmeinung, dass

– mit einigen Einschränkungen und Überschneidungen – die **linke Hälfte als verbales Zentrum** und die **rechte Hälfte als non-verbales Zentrum** bezeichnet werden kann. Demnach ist die linke Hemisphäre mit ihren hauptsächlichen Arbeitsweisen der Logik und der Abstraktion vor allem zuständig für die Sprachfähigkeit, das verbale Gedächtnis und die verstandesorientierte/ kognitive Verarbeitung sequenzieller Informationen. Der Schwerpunkt liegt also eher auf rationalem und geplantem Handeln. Die rechte Hemisphäre steuert über ihre vorwiegend synthetische, ganzheitliche und visuelle Funktionsweise dagegen eher intuitiv das Erkennen komplexer geometrischer Muster als „globale" Informationen sowie die Aufnahme auditorischer Reize, also von Geräuschen und vor allem von Musik. Das Schwergewicht liegt demnach auf dem visuellen Gedächtnis und der ganzheitlichen (holistischen) Verarbeitung von Mustern. Beide Hirnhälften sind in die Aufnahme und Verarbeitung von Emotionen einbezogen und begründen damit affektives Verhalten. Linksseitig erfolgt primär die Analyse und Kontrolle von Emotionen, die auf das Annäherungsverhalten bezogen sind. Rechtsseitig findet hingegen vorwiegend die Analyse und Kontrolle von Emotionen statt, die auf Abwehrverhalten ausgerichtet sind.

Über den hier interessierenden generellen Zweiklang von kognitiv und affektiv begründeten Handlungs- und Verhaltensweisen hinaus hat diese Erkenntnis beispielsweise in der Werbung eine große Bedeutung und wird intensiv genutzt. So ist insbesondere die **Werbung für Konsumgüter** in den Massenmedien hauptsächlich so angelegt, dass sie die **Gefühle der Verbraucher** anspricht. Dies bedeutet konkret, dass zunächst die Hürde der Annäherung positiv überwunden werden muss (linke Hirnhälfte) und danach Abwehrverhalten als negative Reaktion des Adressaten vermieden werden muss (rechte Hirnhälfte).

Bei der Anlage von Werbekampagnen geht es – beispielsweise in der Automobilwerbung – insbesondere darum, dass ein Effekt der Verblüffung herbeigeführt wird, um das Annäherungsverhaltnen positiv zu gestalten und ein negatives Abwehrverhalten zu vermeiden. Dem Konsument soll insgesamt ein gutes Gefühl für das Produkt vermittelt werden. Andererseits stehen aber oft auch Sachinformationen im Zentrum der Werbebotschaften; damit soll vorrangig die linke Hirnhälfte und dadurch die verstandesmäßige Entscheidungsfindung und -umsetzung angesprochen werden. In dieser Weise stehen z.B. bei werblichen Aussagen der ALDI-GRUPPE für ihre Konsumenten/ Käufer fast ausschließlich die günstigen Produktpreise bei klar definierter Leistung im Vordergrund. Das emotionale Kauferlebnis ist dort gering.

- Das zweite Beispiel in Abbildung A-II-4 wurde gewählt, um zu verdeutlichen, dass auch bei der Annahme eines vorwiegend erkenntnisgeleiteten Verhaltens unter bestimmten Bedingungen von eher irrationalen Reaktionen auszugehen ist. Hierzu hat der amerikanische Psychologe LEON FESTINGER mit seiner 1957 erstmals formulierten **Theorie der kognitiven Dissonanz** einen Forschungsansatz vorgelegt, der aufgrund zahlreicher Anwendungen und Überprüfungen in verschiedenen Forschungsfeldern heute noch einen hohen Bewährungsgrad aufweist.

***Problem:*** ***Ausschließlich ökonomisch rationales Handeln ist selten***

***1. Beispiel:*** **Erkenntnisse über Verhaltensantriebe aus der Hirnforschung**

***Linke Hirnhemisphäre:***

**Verbales Zentrum**
- **Verbales Gedächtnis**
- **Verstandesorientiert**
- **Verarbeitung sequenzieller Informationen**
- **Analyse und Kontrolle von Emotionen, insbes. von Annäherungsverhalten**

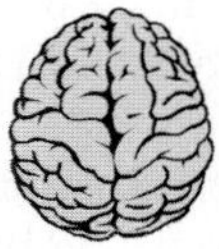

***Rechte Hirnhemisphäre:***

**Non-verbales Zentrum**
- **Visuelles Gedächtnis**
- **Ganzheitlich**
- **Verarbeitung von Mustern**
- **Analyse und Kontrolle von Emotionen, insbes. von Abwehrverhalten**

***2. Beispiel:*** **Theorie der *kognitiven Dissonanz* von Leon Festinger (1957) (Vereinfachte Darstellung)**

***Dissonanz/ Spannung zwischen***

**① Denken/ Einstellung** ≠ **Handeln/ Verhalten ②**

***Handeln anders als Einstellung/ Zweifel nach Entscheidung***

***Begründung + Rechtfertigung*** **③**

**Quintessenz:** **Bei der betriebswirtschaftlichen Analyse menschlichen (Entscheidungs-)Verhaltens sind „beide Seiten" zu berücksichtigen**

***Verhalten***

***Überlegt***
↳ **Auf der Basis von durchdachten Zielen/ Soll-Vorgaben**
⇨ ***Planung***

→ **Leichter erkennbar und nachvollziehbar**

***= Zielorientiertes Verhalten***

***Spontan***
↳ **Geleitet von akuten Bedürfnissen/ Motiven**
⇨ ***Improvisation***

→ **Schwieriger zu erkennen und einzuordnen**

***= Zielintendiertes Verhalten***

**+**

***Verbindung zwischen beidem***
***= Hauptanforderung für erfolgreiches Management***
***= „Emotionale Intelligenz" bei erfolgreichen Managern***

**Abb. A-II-4:** Bedeutung verhaltenswissenschaftlicher Erkenntnisse für die Betriebswirtschaftslehre

Die Theorie der kognitiven Dissonanz zählt zu den **homöostatischen Motivationstheorien**, nach deren Grundannahme die Menschen versuchen, über die

Erfüllung von Bedürfnissen, Wünschen und Zielen Spannungen abzubauen, um so einen Zustand der inneren Ruhe und Ausgeglichenheit zu erreichen. Die Theorie von Festinger verfolgt des Weiteren einen kognitiven Ansatz, indem davon ausgegangen wird, dass Motivation aus Erkenntnisvorgängen entsteht. Im Unterschied zu früheren wirtschaftswissenschaftlichen Erklärungsansätzen mit ihrer Annahme eines ausschließlich objektiven, rationalen Entscheidungsverhaltens steht hier aber das subjektive Erleben als Basis individueller Erkenntnis im Vordergrund.
Mit dem Dissonanz-Ansatz kann erklärt werden, warum Personen eine selektive Informationsbeschaffung und -nutzung betreiben. Gerade auch bezogen auf den Bereich der Betriebswirtschaftslehre liegen damit generelle und bewährte Ursachen-Wirkungs-Beziehungen für Fragestellungen vor, warum beispielsweise Käufer bestimmte Informationen suchen und nutzen, während andere nicht zur Kenntnis genommen werden. Der Ablauf ist in Abbildung A-II-4 anhand der Ziffern nachvollziehbar.

① **Kognitionen** sind zentrale Bestandteile des mentalen, also geistigen Systems der Menschen; hier geht es um gedankliche Prozesse und dabei beispielsweise um die handlungsleitenden Wirkungen von Werten, Einstellungen oder – allgemeiner ausgedrückt – auch von Meinungen. Der Begriff der **Dissonanz** hebt nun darauf ab, dass diese Kognitionen zueinander in eine Instabilität geraten und sich so ein Spannungszustand aufbaut. Dieses unangenehme Ungleichgewicht stellt nun seinerseits einen **Verhaltensantrieb** in Richtung einer Wiederherstellung gleichgewichtiger Empfindungen dar.

② Von den verschiedenen Dissonanz-Arten, die in FESTINGERS Theorie unterschieden werden, wird hier lediglich kurz auf den für die Betriebswirtschaftslehre wichtigen Spannungszustand eingegangen, der unmittelbar **nach (Kauf-) Entscheidungen** eintreten kann. Habe ich die richtige Entscheidung getroffen? War(en) die verworfene(n) Alternative(n) wirklich deutlich nachteiliger? Warum habe ich eine Wahl getroffen, die meiner bisherigen Überzeugung eigentlich nicht so ganz entspricht? Diese und ähnliche Fragen treten vor allem bei nicht routinemäßig getroffenen (Kauf-)Entscheidungen auf.

③ Gemäß der Theorie und ihren Anwendungen/ Überprüfungen gibt es vor allem folgende Strategien dafür, zu einem kognitiven **Gleichgewicht zurückzufinden:** Suche nach bestätigenden Informationen für die Entscheidung/ Abwertung gegenteiliger Informationen/ Umbewertung der Entscheidungsgrundlagen/ Herabsetzung der Entscheidungs-Bedeutsamkeit.

Als erfahrungsnahes Beispiel für das Auftreten von Dissonanzen kann der Gewissenskonflikt bei Studenten angeführt werden, wenn sie sich entschieden haben, einen schönen Tag im Schwimmbad anstatt im Hörsaal zu verbringen: „Ist eine gute Examensnote nicht wichtiger? Ich könnte ja auch hier im Freien in mein mitgenommenes Buch hineinsehen! Fitness ist auch wichtig! Ich werde schon nicht so viel versäumen! ...“

Ohne die unter ③ genannten einzelnen Alternativen der Dissonanzreduktion näher zu erläutern, ist unmittelbar einsichtig, dass Entscheidungen, die anschließend mit diesen Methoden begründet und gerechtfertigt werden, kaum der Kategorie eines rein ökonomisch rationalen Handelns und Verhaltens zuzurechnen sind. Diesbezüglich hatte die aus der volkswirtschaftlichen Preistheorie stammende und mit dem Faktortheoretischen Ansatz von ERICH GUTENBERG auch anfangs in der modernen Betriebswirtschaftslehre übernommene Fiktion von einem **homo oeconomicus** allerdings sehr hohe, idealtypische Vorstellungen gesetzt. So wurde für den Fall vollkommener Konkurrenz (viele Anbieter – viele Nachfrager) von folgenden **Verhaltensannahmen** ausgegangen: Alle Wirtschaftssubjekte handeln nach dem Ökonomischen Prinzip – Unternehmen betreiben Gewinnmaximierung, Haushalte Nutzenmaximierung – Die gehandelten Güter sind homogen – Bei den Wirtschaftssubjekten bestehen keine räumlichen, persönlichen und zeitlichen Präferenzen – Es besteht vollständige Markttransparenz; jeder Marktteilnehmer verfügt über vollkommene, umfassende Informationen – Die Marktprozesse laufen mit unendlicher Reaktionsgeschwindigkeit auf einem Punktmarkt ab.

Zur Ehrenrettung der Kunstfigur des homo oeconomicus ist zunächst anzuführen, dass es sich dabei um spezifizierte Modellannahmen bei der statischen **Preisbildung auf vollkommenen Märkten** handelte. Hier stand also nicht der Entwurf eines möglichst realitätsnahen Bildes zum allgemeinen Kauf- oder Entscheidungsverhalten von Wirtschaftssubjekten im Vordergrund. Vielmehr ging es darum, von der allgemeinen Tendenz in etwa plausible und vor allem in sich konsistente Annahmen zu treffen, um so ein Modell für die Preisbildung bei der Marktform vollkommener Konkurrenz entwickeln zu können. Nur mit der Verdeutlichung dieser Annahmen ist es dann auch möglich, die Prognosequalität des Modells zu beurteilen.

Eine Beurteilung der Verhaltensrelevanz dieser Annahmen sollte auch eher an der **Marktform** ansetzen und nicht am homo oeconomicus selbst. So kommt etwa die Börse vom Ansatz der Informationstransparenz her einem vollkommenen Markt sehr nahe, aber trotzdem zeichnet sie sich nicht durch ein vollständig rationales Verhalten der Akteure aus. Tendenziell ist davon auszugehen, dass die modernen Informations- und Kommunikationstechnologien mit ihren immer leistungsfähigeren und flächendeckenderen neuen Diensten (TV- und Radiovielfalt, mobiles Telefonieren mit Informations-Dienstleistungen, zunehmende Verbreitung von PCs, Internet, Intranetze usw.) dazu beitragen, dass Märkte generell vollkommener werden. Damit ist dann auch von einer steigenden Informations- und Preistransparenz sowie einer zunehmenden Reaktionsgeschwindigkeit – aber eben nicht unbedingt von einer höheren Rationalität der Marktteilnehmer – auszugehen.

Bei Verhaltensannahmen wie zur Preisbildung auf vollkommenen Märkten bleiben psychische, innerhalb der Wirtschaftssubjekte ablaufende Vorgänge zum Entscheidungs- oder Kaufverhalten ohne Berücksichtigung. Man beobachtet lediglich die äußere Konstellation von Individuen bzw. führt hier bestimmte Situationen oder Anreize (Stimuli) herbei. Dann werden die daraufhin getätigten Handlungen – quasi als Antwort (Response) – registriert oder prognostiziert. Da bei derartigen **S-R-Ansätzen** die Individuen mit ihren gesamten Entscheidungs- und Handlungsprozessen im Dunkeln bleiben, wird oft auch von **Black Box-Ansätzen** gesprochen.

Die Leistung einer Einbeziehung verhaltenswissenschaftlicher Erkenntnisse liegt nun darin, diese Black Box insoweit aufzubrechen, als zu den nicht beobachtbaren psychischen Vorgängen im Inneren der Individuen hypothetische Konstrukte (z.B. die bereits angesprochenen Begriffe Bedürfnis, Motiv, Wert, Einstellung) sowie darauf basierende Ursachen-Wirkungs-Beziehungen (z.B. die angeführte kognitive Dissonanz) herausgearbeitet worden sind. So erweitern sich solche Erklärungs- und Gestaltungsmuster zu **S-O-R-Ansätzen**: Das Vorliegen unterschiedlicher Reize löst innerhalb eines Organismus bestimmte Verhaltensketten und Handlungskonsequenzen aus, aufgrund derer dann wieder verschiedene Reaktionen zu beobachten respektive vorherzusagen sind.

In Zusammenfassung der bisherigen Ausführungen dieses Abschnittes A.II.1. zu den Grundlagen des Wirtschaftens sowie unter Berücksichtigung verschiedener Herleitungen im Unterkapitel A.I. zum Erfahrungs- und Erkenntnisgegenstand der Betriebswirtschaftslehre kann die Quintessenz gezogen werden, dass es bei der betriebswirtschaftlichen Analyse menschlichen (Entscheidungs-)Verhaltens notwendig ist, „beide Seiten dieser Medaille" und damit sowohl ein kognitiv als auch ein affektiv begründetes Handeln zu berücksichtigen.

- So ist auf der einen Seite von **rationalen, überlegten Handlungen** auf der Basis durchdachter Ziele oder Soll-Vorgaben auszugehen. Hierbei wird das Vorliegen einer differenzierten Planung vorausgesetzt. Da ein solches Vorgehen den gängigen Vorstellungen über wirtschaftliches Handeln und Verhalten entspricht, ist es relativ leicht erkennbar und nachvollziehbar. In diesem Bereich liegt das klassische Feld der Betriebswirtschaftslehre.
- Andererseits ist zu berücksichtigen, dass Menschen **emotional und insbesondere auch spontan** handeln. Sie sind dabei überwiegend von akuten Bedürfnissen/ Motiven geleitet. Planung kommt als Handlungsgrundlage dabei weniger in Betracht; hier ist eher von Improvisation auszugehen. Für die Erklärung und Berücksichtigung solcher Verhaltensweisen liegen zwar die entsprechenden, weitgehend auch gut bewährten Konstrukte und theoretischen Ansätze vor; aufgrund ihrer Vielschichtigkeit sind diese allerdings schwieriger zu erkennen und einzuordnen als Reaktionen, die dem ökonomisch rationalen Muster folgen.

Als einfaches Beispiel dafür, wie intuitive Entscheidungen durch die Betriebswirtschaftslehre zusätzlich berücksichtigt werden, kann eine Problemstellung aus dem Handel angeführt werden: Kann der Absatz von Produkten dadurch gesteigert werden, dass sie einen günstigen Regalplatz haben bzw. mit einem Sonderdisplay in den (Haupt-)Gängen oder an den Kleinregalen im Kassenbereich angeboten werden? In allen diesen Fällen – und hauptsächlich bei den Kassen-regalen – geht es darum, die Ware blickgünstig zu präsentieren und den Kunden so zu einem Spontankauf zu bewegen.

Alles in allem geht es der Betriebswirtschaftslehre heute darum, die mittlerweile sehr vielschichtigen Beziehungen zwischen Individuen, Gruppen und Betrieben/ Unternehmen bei den sozio-ökonomischen, technischen und ökologischen Aspekten des Wirtschaftens auf der Basis ganzheitlicher Ansätze zu erklären und so der Praxis tragfähige Gestaltungshilfen zu bieten. Dabei sind die Gewichtungen allerdings leicht unterschiedlich. So hat für Entscheidungsprozesse in Betrieben/ Unternehmen das Postulat eines ökonomisch rationalen Verhaltens nach wie vor einen hohen Stellenwert. Bei Individuen und Gruppen als den Adressaten betrieblichen oder unternehmerischen Handelns steht dagegen zusätzlich ein emotionales Verhalten im Vordergrund der Erklärungs- und Gestaltungsbemühungen.

Den oben angeführten Gegensatz zwischen Planung und Improvisation aufgreifend, kann hierzu als Kennzeichnung noch festgehalten werden, dass im ersten Fall von zielorientiertem Verhalten und im zweiten Fall von zielintendiertem Verhalten auszugehen ist. Damit wird für beide Fälle eine Zielgerichtetheit des Handelns unterstellt. Während sich diese im ersten Fall aus formalen Planungsprozessen ableitet (Orientierung auf ein Ziel), basiert das Verhalten im zweiten Fall stärker auf emotionalen Kategorien, wie beispielsweise der persönlichen Motivation (ein Ziel anstreben, darauf hinarbeiten). Wenn also – wie bereits ausgeführt – zielorientiertes Verhalten leichter erklärbar ist, dann ist bei zielintendiertem Verhalten allerdings ein größeres Antriebsmoment gegeben.

Zu den hier als zielorientiert und zielintendiert gekennzeichneten eher kognitiv bzw. eher affektiv begründeten Verhaltensweisen kann abschließend noch verdeutlicht werden, dass die Hauptanforderung für ein erfolgreiches Management dahin geht, diese beide Arten zu verbinden respektive auf beide gleichermaßen einzugehen. Einen Ansatz hierzu bietet das maßgeblich von DANIEL GOLEMAN entwickelte Konzept der **Emotionalen Intelligenz** (Erstveröffentlichung in den USA 1995, in deutscher Sprache 1997). Anders als beim klassischen Intelligenz-Quotienten (IQ), der vor allem auf kognitive Fähigkeiten abhebt, geht es hier um den Umgang mit sich selbst (Selbsterfahrung, Selbstmanagement) sowie vor allem um den Umgang mit Mitmenschen. Kann man gut zuhören? Ist man in der Lage, kreativ auf Rückschläge zu reagieren? Hat man ein gewandtes Auftreten? Besitzt man Selbstvertrauen? Welche Fähigkeiten zur Beilegung von Meinungsverschiedenheiten hat man? Auf der Basis dieser und weiterer Fragen gibt es mittlerweile bereits Tests zur Ermittlung eines EQ (z.B. GOLEMAN 1999: EQ 2. Der Erfolgsquotient). Der emotionalen Intelligenz wird vor allem deshalb eine hohe Bedeutung beigemessen, weil die üblichen Bildungs- und Ausbildungssysteme – auch an den Hochschulen – viel zu „linkslastig" seien, also sich auf die stärker rational-analytisch ausgerichtete linke Hirnhälfte konzentrieren, und die rechte Hirnhemisphäre mit ihren holistischen und eher affektiven Verhaltensantrieben beispielsweise durch Motivation und Begeisterung dabei schlichtweg zu kurz kommt.

### Effizienz und Effektivität

Nach dem Herausarbeiten des Stellenwertes verhaltenswissenschaftlicher Erkenntnisse für die Betriebswirtschaftslehre wird zum Ende dieses Abschnittes noch auf die Bedeutung zweier weiterer forschungsprogrammatischer Ansätze eingegangen. Mit der Abbildung A-II-5 wird ein einfaches Prozessschema zur Zielsetzung und -realisierung wiedergegeben, das als Rückkopplungselement auch eine Bewertung der Wirtschaftlichkeit/ Ergiebigkeit enthält. Hierbei können zum einen die Bewertungsmaßstäbe der Effizienz und Effektivität eingeführt und erläutert werden. Zum anderen können auf diese Weise die Grundlagen eines Denkens in Prozessen und deren Steuerung bzw. Regelung veranschaulicht werden. Insgesamt wird damit der Stellenwert einer system- und prozessorientierten Betrachtung in der Betriebswirtschaftslehre deutlich.

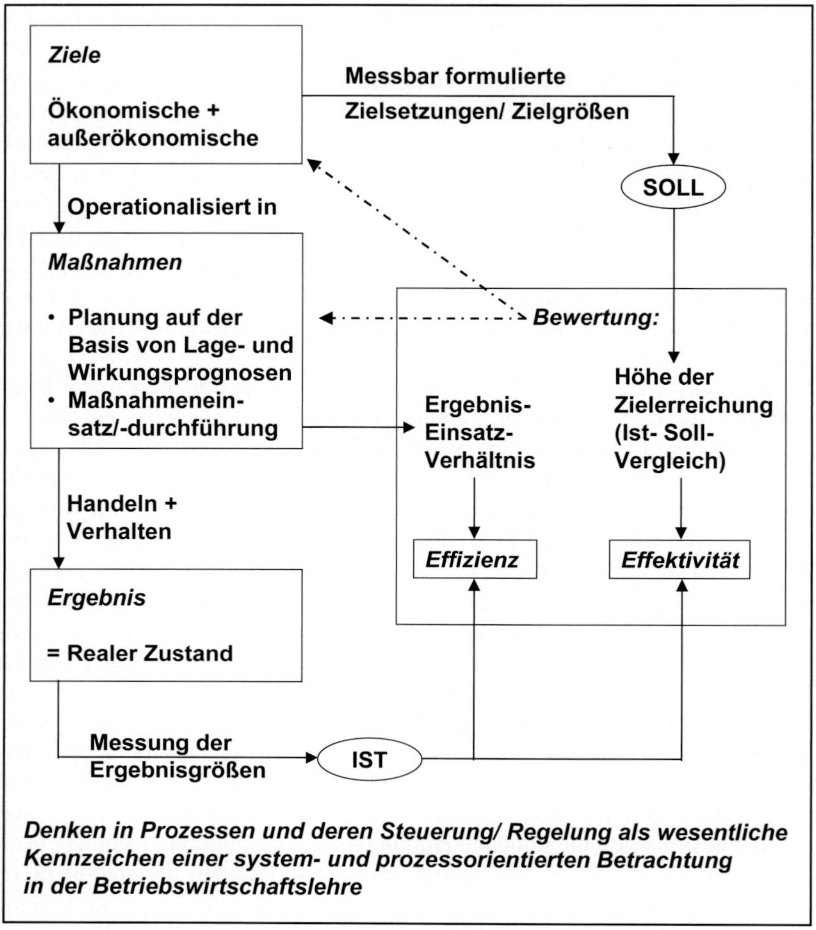


**Abb. A-II-5:** Einfaches Prozessschema zur Zielsetzung und -realisierung mit Bewertung der Wirtschaftlichkeit/ Ergiebigkeit

Unter einem **System** wird allgemein eine Gesamtheit von geordneten Elementen verstanden. Die Elemente haben Eigenschaften und sind durch Relationen verknüpft. Dieser als Struktur bezeichnete Zusammenhang lässt sich auch für Unter-, Teil- oder Insysteme herleiten, und er kann in das übergeordnete Umsystem fortgeführt werden. Soll über die bloße Darstellung von Gebilden und ihrer Beziehungen hinaus das Zusammenwirken der Elemente beschrieben werden, dann bieten sich hierzu die kybernetischen Konstrukte der Steuerung und Regelung an. Im Falle der Regelung erfolgt über einen Regelkreis ein Abgleich gestalteter Sachverhalte mit vorgegebenen Führungsgrößen, und bei Abweichungen werden auf diese

Weise Korrekturentscheidungen zur Leistungsgestaltung eingeleitet. Bei der Steuerung fehlt die Rückkopplung. Hier erfolgen zwar Vorgaben für die nachfolgenden Elemente, eventuelle Störungen bei deren Umsetzung lösen aber keine Korrekturprozesse in Richtung vorgegebener Ziele aus.

Der Begriff des **Prozesses** bezeichnet in allgemeiner Hinsicht einen Ablauf/ Verlauf, eine Geschehensfolge bzw. einen Hergang/ eine Entwicklung. Demnach sind Prozesse generell durch eine zeitliche Dynamik gekennzeichnet. Wenn diese mit betriebswirtschaftlichem Bezug nach GAITANIDES als inhaltlich abgeschlossene Vorgänge mit logischem inneren Zusammenhang definiert werden, dann wird die Verbindung zu den gerade erläuterten System-Begriffen deutlich. Während sich dort statische (Systemabgrenzung) und dynamische (Steuerung und Regelung) Aspekte finden und dabei der Struktur von Systemen eine insgesamt hohe Bedeutung zukommt, liegt bei einer Prozessbetrachtung der Schwerpunkt eindeutig auf der Abfolge des Zusammenwirkens einzelner Elemente bzw. Tätigkeiten.

Anhand der vorangegangenen Veranschaulichung grundlegender Kategorien ist nachvollziehbar, dass mit system- und prozessorientierten Betrachtungen die Beschreibung sowie die hierauf basierende Erklärung und Gestaltung gerade auch wirtschaftlicher Sachverhalte auf Basis eines plastischen und konsistenten Begriffsapparates erfolgen kann.

So wird mit der Abbildung A-II-5 der generelle Zusammenhang unternehmerischer Leistungserstellung und -verwertung von der Zielsetzung bis zu den erzielten Ergebnissen schematisch dargestellt. Die grafisch abgegrenzten Einzelbereiche entsprechen dabei Teilsystemen bzw. Vorgaben oder Ergebnissen. Mit den Pfeilen wird der Verlauf in diesem Prozess der Zielsetzung und -realisierung sowie Bewertung gekennzeichnet. Schließlich wird deutlich, dass der Bewertung oder Kontrolle hierbei eine Regelungsfunktion zukommt.

Der kurzgefasst meist als **Planungs- und Kontrollprozess** bezeichnete Verlauf beginnt mit der Zielsetzung, dass – ausgehend von generellen Vorgaben durch die Anteilseigner bzw. das obere Management – bereichs- und abteilungsweise mess- und damit nachprüfbare Zielgrößen formuliert werden. Neben ökonomischen Zielen (Gewinn, Kapitalrentabilität, Marktanteil usw.) geht es dabei auch um außerökonomische Vorgaben (Ansehen des Unternehmens, gesellschaftlicher Leistungsbeitrag usw.). Nähere Ausführungen zur Zielstruktur von Unternehmen erfolgen im Kapitel D.

**Ziele** geben gewünschte zukünftige Zustände an. Zu deren Erreichung sind Maßnahmen bzw. Strategien als Maßnahmen-Pakete (Ziel-Maßnahmen-Pfade) zu entwickeln. Die Planung dieser Aktivitäten sollte auf der Grundlage von Lage- und Wirkungsprognosen erfolgen. Dies bedeutet, dass für den entsprechenden Zeithorizont ihres Einsatzes auf Basis der jeweiligen Situationsbedingungen (Lage) und im Verbund mit anderen vorgesehenen Maßnahmen abzuschätzen respektive zu prognostizieren ist, inwieweit die geforderten Wirkungen eintreten.

Auf der Grundlage dieser zeitlich gestuften Planungen (strategisch: i.d.R. länger als ein Jahr/ operativ: i.d.R. für das Geschäfts-/ Rechnungsjahr) sind die einzelnen **Maßnahmen** durchzuführen und die Beschäftigten entsprechend anzuleiten. Dabei kann es im Vergleich zu den bisherigen Maßnahmen um mehr oder weniger starke Weiterentwicklungen bei der Erstellung und dem Absatz von Gütern und Dienstleistungen gehen, oft werden diesbezüglich aber auch einschneidende Veränderungen umzusetzen sein. Auf die Prozesse und Phasen der Wertschöpfungskette wird in Kapitel F. ausführlich eingegangen.

Wie bereits im Abschnitt A.I.2. verdeutlicht wurde, kommt bei der Maßnahmendurchführung dem Handeln und Verhalten der Mitarbeiter in den Betrieben/ Unternehmen als sozio-technischen Systemen eine entscheidende Bedeutung zu. Auf die Absatzbemühungen reagieren die aktuellen und potenziellen Kunden/ Abnehmer mit Kauf oder Nicht-Kauf. Deren Bewertungen und Entscheidungen sind dabei außer von wirtschaftlichen Möglichkeiten vor allem von ihren grundlegenden Verhaltenseinstellungen und damit ihren persönlichen Prädispositionen abhängig. Beispiele hierfür wurden unter anderem im Abschnitt A.I.5. angeführt. Wenn also der gesamte Wirtschaftsprozess letztlich von Menschen getragen wird und für diese erfolgt, so stellt die schon mehrfach angesprochene Einbeziehung verhaltenswissenschaftlicher Erkenntnisse im Grunde eine wesentliche und notwendige Voraussetzung für funktionierende, das heißt aussagefähige Betriebswirtschaften dar.

In Betrieben/ Unternehmen werden laufend Produktionsfaktoren kombiniert und transformiert, um so Leistungen für Absatzmärkte zu erzeugen und dabei eine Wertschöpfung als Überschuss von Absatz- zu Einsatzwerten zu erzielen. Insofern ist ein Betrieb mit seinem fortwährenden Strom der Leistungserstellung auch insgesamt als Prozess von strukturiert zusammenwirkenden Elementen zu kennzeichnen; er stellt dabei ein offenes und dynamisches System dar.

Die betrieblichen Abläufe bedürfen dabei einer Überwachung, um sicherzustellen, dass die Zielsetzungen erreicht werden. Bezogen auf technische Aspekte, also die Einsatzgüter und vor allem die Maschinen – auch unter ökologischen Gesichtspunkten, sollte diese Überwachung zeitnah, wenn möglich sogar laufend und damit in Echtzeit erfolgen. Aber auch hinsichtlich der **Ergebnisse** der sozialen Seite betrieblicher Systeme und damit der menschlichen Arbeitsleistung ist eine prozessbegleitende Überprüfung anzustreben, um Fehlentwicklungen erkennen und Fehlsteuerungen vermeiden zu können.

Zusätzlich zu diesen laufenden Maßnahmen zur Qualitätssicherung des Produktionsprozesses sind für festzulegende Zeitpunkte (wichtige Abschnitte/ Meilensteine bei Planungen/ Projekten; Viertel-/ Halbjahresentwicklung; Jahresabschluss) umfangreichere **Bewertungen und Analysen zu Wirtschaftlichkeit und Zielerreichung** vorzunehmen. Mit solchen tiefgreifenden Beurteilungen werden der zu einem Stichtag unternehmens- oder abteilungsweise erreichte reale Zustand sowie die Umfeldbedingungen erfasst. Auf dieser Basis kann entschieden werden, ob die weiteren Zielsetzungen erreichbar sind, ob und welche neuen Ziele angestrebt werden können oder ob grundlegende Modifikationen beim Zielsystem und seiner Umsetzung notwendig sind.

Mit diesen laufenden, periodischen und fallweisen Überprüfungen wird die Regelkreis-Struktur bei der Führung von Betrieben/ Unternehmen deutlich. Planung ist die eine Seite dieser Medaille, Kontrolle – vom französischen Wortstamm her „Gegenprobe“ bedeutend – die andere. Je nach Höhe der Abweichung sind hierbei zwei Fälle grundsätzlich zu unterscheiden. Bei kleineren Abweichungen ist es möglich, dass die bewertende Kontroll- oder Regelungsinstanz (rechter Kasten in

Abb. A-II-5) bereits Korrekturentscheidungen für den Maßnahmeneinsatz – ein so genannter Single Loop – trifft (horizontale gestrichelte Linie). Liegen aber gravierende Störungen oder Fehler vor, dann sind diese in den Planungskreis, der über das Zielsystem befindet, zurückzumelden – ein so genannter Double Loop – und in einer Anpassung der Ziele und/ oder Maßnahmen zu berücksichtigen (diagonale gestrichelte Linie). In der Regel wird hier die oberste Unternehmensführung aktiv.

Bei den Planungen werden problemspezifisch eine ganze Reihe unterschiedlicher Parameter und Kennzahlen definiert, welche die Grundlage für die Bewertungen im Rahmen der Kontrolle bilden. In einer grundlegenden Klassifikation lassen sich hierbei Maße zur Effizienz sowie zur Effektivität unterscheiden.

Mit **Effizienzmaßen** werden **Ergebnis-Einsatz-Relationen** abgebildet. Auf diese Weise können betriebswirtschaftliche Prozesse im Hinblick auf ihre Wirtschaftlichkeit bewertet werden. Dabei geht es um Messungen zu den mit der Abbildung A-II-3 erläuterten beiden generellen Kategorien der Produktivität und der wertmäßigen Wirtschaftlichkeit. Als allgemeine Bezugsgrößen der Effizienz lassen sich festhalten:

$$\textit{Effizienz} = \frac{\textit{Ergebnis}}{\textit{Einsatz}} = \frac{\textit{Leistung}}{\textit{Einsatz}} = \frac{\textit{Output}}{\textit{Input}} \overset{!}{>} 1$$

Die Effizienz von Prozessen sollte in jedem Fall über 1 liegen. Bei technischen bzw. mengenmäßigen Beziehungen zur Wirtschaftlichkeit, wie z.B. der Maschinen-, Flächen- oder Arbeitsproduktivität pro Zeiteinheit, weisen Zähler und Nenner der Quotienten i.d.R. unterschiedliche Maßeinheiten auf. Auf dem Weg einer Indexbildung können hier durch eine Verknüpfung von Werten mit gleicher Basis dimensionslose Effizienzkennzahlen ermittelt werden, anhand derer Veränderungen zu früheren Perioden oder der gegenüber den Vorgaben erreichte Stand eingeschätzt werden kann (z.B. Maschinenproduktivität gegenüber letzter Periode < 1 / = 1 / > 1 bzw. unter, gleich oder über 100%).

Eine gemäß dem Wirtschaftlichkeitspostulat erzielte positive Differenz von Output zu Input stellt nach der klassischen, in diesem Fall auf KARL MARX zurückgehenden Terminologie einen realisierten **Mehrwert** dar. Heute bezeichnet man diesen Überschuss unter Zugrundelegung einer dynamischen Perspektive als **Wertschöpfung** (englisch: Value Added). Im gegenteiligen Sachverhalt eines im Vergleich zum Input geringeren Outputs liegt Verschwendung vor (englisch: Waste / japanisch: Muda). Zur plastischen Kennzeichnung solch negativer und auf die Dauer substanzgefährdender Abläufe spricht man auch von Blindleistung.

Die Ergebnis-Einsatz-Relation der Effizienz bildet lediglich ab, ob bzw. welche Wertschöpfung erreicht werden konnte. Dies korrespondiert mit den früheren Erläuterungen, dass es sich beim **Wirtschaftlichkeitsprinzip** um eine generelle Handlungsmaßgabe zur Erreichung ökonomischer Ergiebigkeit handelt. Es wird zwar grundsätzlich wichtig sein, diese Richtlinie bei jedem einzelnen Schritt zu befolgen. Von entscheidender Bedeutung ist jedoch, am Ende auch die geforderte Zielsetzung zu erreichen. Hier setzt die **Effektivität als Ergebnis-Ziel-Relation** und damit als **Gradmesser der Zielerreichung** an. Der Zusammenhang beider

Messgrößen lässt sich kurz wie folgt zusammenfassen: Effizienz kennzeichnet den Weg, aber Effektivität ist das angestrebte Ergebnis betriebswirtschaftlicher Planungs- und Gestaltungsmaßnahmen. Hierbei wird auch deutlich, dass Effizienz immer die Voraussetzung für Effektivität bildet. Effektivitätsmaße lassen sich generell wie folgt bilden:

$$\textit{Effektivität} = \frac{\textit{Ergebnis}}{\textit{Ziel}} = \frac{\textit{Leistung}}{\textit{SOLL}} = \frac{\textit{Output/ Outcome}}{\textit{SOLL}} = \frac{\textit{IST}}{\textit{SOLL}} = 1$$

Hinsichtlich der Ergebnisgrößen werden bei der Effektivität heute auch in der Betriebswirtschaftslehre die Dimensionen Output und Outcome unterschieden. Bei dieser aus der Politikfeldanalyse übernommenen Abgrenzung werden Bedarfsziele und weitergehend angestrebte Größen im Hinblick auf die Zielgruppen sowie auch das weitere Umfeld festgelegt (Outcome), zu deren Erreichung dann einzelne Leistungsziele (Output) abgeleitet werden. Der Grund für die Unterscheidung beider Dimensionen liegt darin, dass gerade bei „weicheren Größen", wie Ansehen/ Image von Unternehmen oder auch Kundenzufriedenheit und -bindung, von den Verhaltensweisen der Kunden/ Verwender zusätzliche Impulse ausgehen und so von einer weiterlaufenden Wirkungskette auszugehen ist. Wenn auch eine Übereinstimmung von Output und Outcome angestrebt wird, so werden aber erst mit der abschließenden Rubrik Outcome auf die eigentliche Leistungserstellung (Output) erfolgende Reaktionen der Zielgruppe sowie deren Wirkungen auf das Gesamtsystem erfasst. Mit Bezug auf die in Abschnitt A.I.3. vorgestellten neueren, integrativen Ansätze zur Forschungsprogrammatik der Betriebswirtschaftslehre lässt sich festhalten, dass die von Outcome-Überlegungen ausgehende Vorgehensweise ein wesentliches Kennzeichen der Markt- und auch der Wertorientierung ist. Die eher intern begründete Sichtweise einer vorwiegenden Leistungs- bzw. Output-Ausrichtung bildet dagegen ein gewisses Schwergewicht der Ressourcenorientierung.

Im Abschnitt A.I.4. wurde ausgeführt, dass theoretische Ursachen-Wirkungs-Beziehungen die Grundlage technologischer Gestaltung bilden. Bei einer Bewertung zur Erreichung der angestrebten Mittel-Ziel-Relation kann dann in zweierlei Richtungen vorgegangen werden: Als Effektivität sind die erreichten und die geforderten Resultate aufeinander zu beziehen. Bei Abweichungen geben Effizienzmaße Aufschluss über den tatsächlich eingetretenen Mittel-Wirkungs-Zusammenhang.

Zwischen Ist- und Soll-Größen sollte im Ergebnis allerdings möglichst kein Unterschied bestehen, Effektivitätsmaße haben idealerweise den Wert 1. Aufgrund von Störeinflüssen oder auch von Unzulänglichkeiten respektive Abweichungen im Planungs- und Umsetzungsprozess sind in der Praxis allerdings kaum 100%ige Zielerreichungsgrade gegeben. Andererseits gibt es aber auch Fälle, in denen Effektivitäten > 1 festgestellt werden. Wenn dem bereits hohe Zielsetzungen zu Grunde liegen und diese noch übertroffen werden, dann lässt dies auf eine hocheffiziente Leistungserstellung schließen. Als Beispiele hierfür können die im Verlauf der guten Automobilkonjunktur 1998/99 mehrfach nach oben korrigierten Produktions-, Absatz- und Ergebniszahlen von beispielsweise DAIMLERCHRYSLER und VW angeführt werden. Nachteilig sind Effektivitäten > 1 dann, wenn sich diese auf der Basis relativ niedriger, anspruchsloser Zielsetzungen ergeben; hier ist davon auszugehen, dass bei höher formulierten Zielen noch bessere Ergebnisse erreichbar gewesen wären.

Wegen ihres gleichen Wortstammes werden die Begriffe Effizienz und Effektivität lexikalisch oft gleichbedeutend nachgewiesen. Für den betriebswirtschaftlichen Gebrauch sind allerdings die bereits herausgestellten Unterschiede zu berücksichtigen. Diese können anhand einiger Gegenüberstellungen noch plastischer verdeutlicht werden.

Analog zu technischen Anwendungen, wie etwa der Produktivität bei Maschinen (Leistung/ Ausstoß pro Stunde etc.), kann die **Effizienz** – auch im übertragenen Sinne auf Organisationseinheiten bezogen – als **Leistungsfähigkeit** verstanden werden. Die übergeordnete Rubrik der **Effektivität** gibt demgegenüber die **Leistungswirksamkeit** wieder. Die beiden Gruppen werden oft auch anhand einer von dem Management-Wissenschaftler PETER F. DRUCKER geprägten Formulierung illustriert, nach der es wichtig ist, „die richtigen Dinge zu tun“ (Effektivität), und nicht nur „die Dinge richtig zu tun“ (Effizienz). Bei dieser Gegenüberstellung wird zusätzlich deutlich, dass die Weichenstellungen für effektives betriebswirtschaftliches Handeln letztlich im Bereich der strategischen Planung erfolgen, während dessen Effizienz vor allem aus deren operativer Umsetzung in der laufenden Betriebspraxis resultiert. Ein Unternehmen ist dann am Markt erfolgreich, wenn es in der Lage ist, strategische Ziele gut operativ umzusetzen, also die richtigen Dinge richtig tut.

## 2. Abgrenzung von Betrieb und Unternehmen/ Unternehmung

Im letzten Abschnitt dieses grundlegenden Kapitels A. ist noch zu klären, welche terminologischen Unterschiede zwischen den Begriffen Betrieb und Unternehmen respektive Unternehmung bestehen. Sie werden einerseits häufig gleichbedeutend verwendet. Andererseits ist vorweg festzuhalten, dass in diesem Punkt nach wie vor eine **begriffliche Vielfalt** besteht, die vor allem auch die Beziehung dieser beiden wichtigen betriebswirtschaftlichen Bezeichnungen zueinander betrifft.

Im Kern geht es darum, welche Wirtschaftseinheiten aufgrund welcher Merkmale als Betriebe zu bezeichnen sind und ob bzw. welche zusätzlichen Merkmale dem Begriff des Unternehmens zukommen. Die Einordnung zu dieser Grundfrage setzt an einer Untergliederung der Einzelelemente eines Wirtschaftssystems an (hierzu Abb. A-II-6).

Ausgehend von den vielen verschiedenen Wirtschaftseinheiten oder Einzelwirtschaften eines Wirtschaftsraumes als ökonomisch-technische, soziale und umweltbezogene Einheiten/ Elementen mit einer einheitlichen Planung, Leitung oder Führung kann hier eine Aufteilung dahingehend vorgenommen werden, ob diese vorwiegend zur **Deckung eigenen oder fremden Bedarfs** tätig sind. Die erste Gruppe wird unter der Bezeichnung **Konsumtionswirtschaften** zusammengefasst, hier finden sich die privaten (individuelle Eigenbedarfsdeckung) und öffentlichen Haushalte (kollektive Eigenbedarfsdeckung).

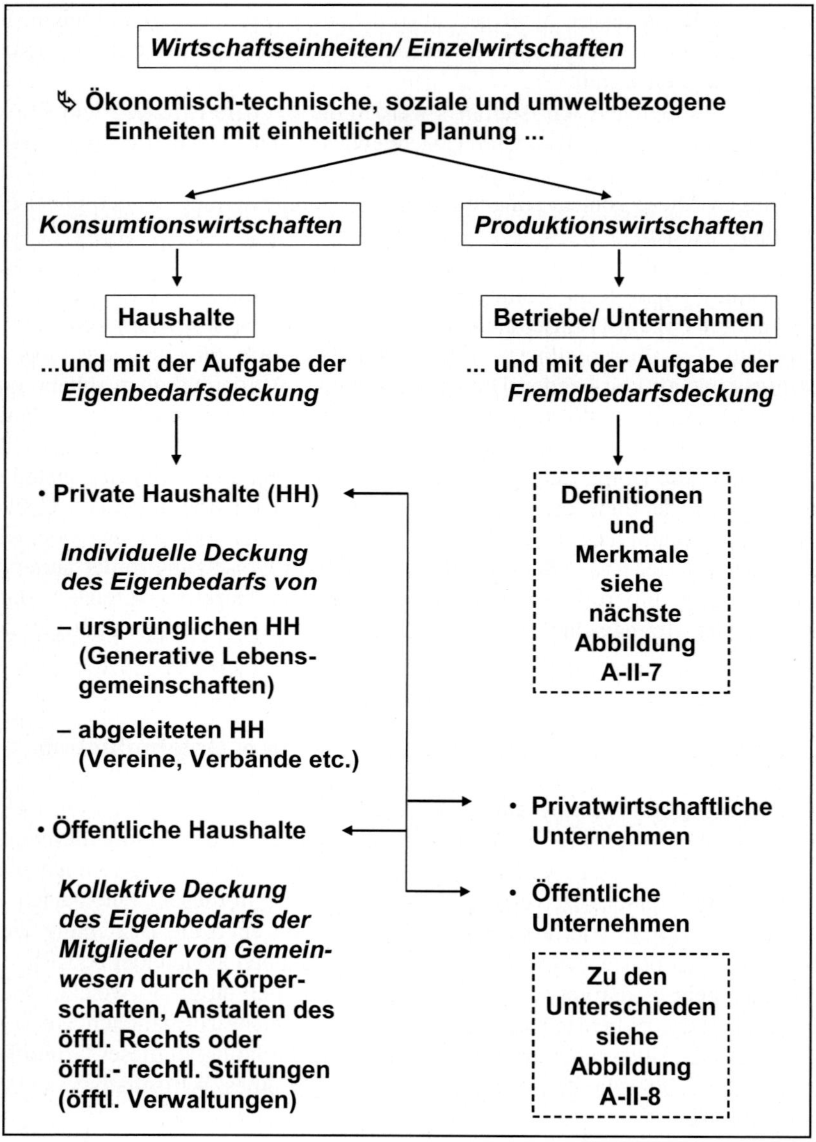


**Abb. A-II-6:** Haushalte und Betriebe/ Unternehmen: Begriffliche Abgrenzung

Die zweite Gruppe umfasst die **Produktionswirtschaften**, und dieses sind die Betriebe/ Unternehmen mit ihrer konstitutiven Aufgabe der Deckung fremden Bedarfs durch die Erzeugung von Gütern oder Dienstleistungen. Damit werden hier also die beiden Begriffe Betrieb und Unternehmen lediglich auf Produktionswirtschaften bezogen. In der Literatur finden sich dazu auch andere Einordnungen. So hatte ERICH KOSIOL (1899 – 1990) den Betrieb als gemeinsamen Oberbegriff im Sinne der hier gebrauchten Termini Wirtschaftseinheiten/ Einzelwirtschaften verwendet. Nach dieser Klassifikation, der sich später beispielsweise MARCELL SCHWEITZER anschloss, sind Haushalte Betriebe der Eigenbedarfsdeckung und Unternehmen solche der Fremdbedarfsdeckung.

Nach dem eigentlichen Wortverständnis und auch nach dem alltäglichen Sprachgebrauch wird mit „Betrieb“ vor allem gemeint, etwas zu betreiben, und hierbei gibt es normalerweise keine unmittelbare Assoziation zu „Haushalt“. Beim Wort „Unternehmen“ reicht das Sinnverständnis noch etwas weiter; dabei schwingt immer auch mit, etwas zu wagen. Diese begrifflichen Unterschiede werden hier auch für den wissenschaftlichen Sprachgebrauch vom Grundsatz her beibehalten und durch entsprechende Merkmale ergänzt (hierzu Abb. A-II-7).

Nach der bisherigen Herleitung sind **Betriebe** planvoll organisierte Wirtschaftseinheiten, in denen Sachgüter und/ oder Dienstleistungen erstellt und abgesetzt werden. Mit ERICH GUTENBERG kann dabei generell festgehalten werden, dass die **Kombination der Produktionsfaktoren** für die Leistungserstellung nach dem Wirtschaftlichkeitsprinzip und unter Wahrung des finanziellen Gleichgewichts (jederzeitige Zahlungsfähigkeit) zu erfolgen hat; andererseits würde ein Wertverzehr eintreten und diese Einheiten können nicht auf Dauer fortbestehen.

Zur Zeit GUTENBERGS spielte die Existenz unterschiedlicher Wirtschaftssysteme (Marktwirtschaft gegenüber Plan- oder Zentralverwaltungswirtschaft) im globalen Zusammenhang noch eine entscheidende Rolle, und somit ist die von ihm vorgelegte und in großem Umfang übernommene Klassifikation maßgeblich von diesem Gegensatz geprägt. Die gerade vorgestellten, unabhängig vom gesamtwirtschaftlichen System geltenden, systemindifferenten Merkmale hatte GUTENBERG zur Kennzeichnung des Betriebes verwendet. Wir schließen uns dem an und bezeichnen also produzierende Wirtschaftseinheiten, die den gerade genannten und in Abbildung A-II-7 oben aufgeführten Nebenbedingungen genügen, als Betriebe.

Hinsichtlich der Kennzeichnungen zum Begriff Unternehmen gehen wir dann allerdings auf den allgemeineren und weiter reichenden Ansatz von ERICH KOSIOL zurück. Die von GUTENBERG eingeführten systembezogenen Merkmale marktwirtschaftlicher Betriebe (= Unternehmungen) des Autonomieprinzips (Selbstbestimmung des Wirtschaftsplans), der Gewinnmaximierung (erwerbswirtschaftliches Prinzip) sowie des Prinzips des Privateigentums sind heute nicht mehr als so trennscharf anzusehen wie zur Zeit ihrer Entwicklung. Als charakteristisch für Betriebe in Planwirtschaften wurden die Existenz eines zentralen Volkswirtschaftsplans (Organprinzip) sowie die Prinzipien der Planerfüllung und des Gemeineigentums angesehen.

Beispielsweise hinsichtlich der Planungshoheit ist aber davon auszugehen, dass auch Betriebe in Zentralverwaltungswirtschaften in einer ganzen Reihe von Bereichen durchaus selbst disponieren können (interne Planung). Andererseits erscheint die für marktwirtschaftliche Unternehmen unterstellte Autonomie aus heutiger Sicht etwas überbewertet; bedeutet sie in der Realität doch nicht, dass diese unabhängig von den Entscheidungen der anderen Marktpartner wären. Und schließlich ist festzuhalten, dass der seinerzeitige bestehende Systemgegensatz heute in dieser Reinkultur nicht mehr besteht. Von daher kann eine Begriffsbildung, nach der Unternehmen historische Erscheinungsformen von Betrieben in marktwirtschaftlichen Wirtschaftssystemen seien, die realen Verhältnisse kaum noch adäquat abbilden.

***Betrieb: Sachlich-technische, eher innenorientierte Perspektive***

> ***Ein Betrieb ist eine planvoll organisierte Wirtschaftseinheit, in der Sachgüter und/ oder Dienstleistungen erstellt und abgesetzt werden.***

**Nähere Kennzeichnung über folgende Kriterien (systemindifferente Merkmale nach Gutenberg):**

- → ***Kombination von Produktionsfaktoren*** **(Arbeit, Betriebsmittel, Werkstoffe), um Leistungen zu erstellen**
- → **Unter Beachtung des *Wirtschaftlichkeitsprinzips***
- → **Unter Wahrung des *finanziellen Gleichgewichts***

***Unternehmen: Markt- und leitungsbezogene,*** **eher außenorientierte Sichtweise**

> ***Ein Unternehmen ist eine wirtschaftlich selbstständige Erzeugungseinheit für materielle und/ oder immaterielle Güter zur Fremdbedarfsdeckung, bei der das mit der gesamtgesellschaftlichen Arbeitsteilung verbundene Risiko freiwillig übernommen wird.***

**Folgende Kriterien sind konstitutiv (Merkmale nach Kosiol):**

- → **Gemeinsamkeit aller wertschaffenden Aktivitäten: *Fremdbedarfsdeckung* und damit abnehmerorientierter Standpunkt**
- → **Unternehmensprozess in *wirtschaftlicher Selbstständigkeit*; Unternehmen kann Wahlentscheidungen aufgrund eigener Interessen, Planungen und ökonomischer Überlegungen treffen**
- → **Unternehmen trägt das mit der ökonomischen Arbeitsteilung und dem Problem unvollkommener Information verbundene *Markt- und Kapitalrisiko***

> ⇨ ***Betrieb und Unternehmen:*** **Die *beiden begrifflichen Seiten* produktionswirtschaftlicher Einheiten**
> ⇨ ***Ableitungszusammenhang*****: Unternehmen bilden zur Realisierung ihrer Wertschöpfungsziele Betriebe als produzierende Einheiten**

**Abb. A-II-7:** Betrieb und Unternehmen: Begriffliche Nuancen

Letzteres ist mit den **Unternehmenskriterien nach KOSIOL** eher möglich. Hier wird zunächst einmal die **Fremdbedarfsdeckung** als konstitutives Merkmal herausgestellt; dieses ist insofern zeitgemäß, als damit deutlich ein abnehmerorientierter Standpunkt herausgestellt wird. Bei der **wirtschaftlichen Selbstständigkeit** geht es, wie gerade angesprochen, eher darum, ob eigenständige Planungen durchgeführt werden können und nicht in erster Linie um deren gesamte Reichweite. Dies kann dann auch auf unterschiedliche Wirtschaftsordnungen bezogen angewendet werden, die selbst aber nicht konstitutiv für die Begriffsbestimmung sind. Abzugrenzen von der wirtschaftlichen ist die Frage der rechtlichen Selbstständigkeit. In der heutigen Zeit zunehmender Verflechtungen verlieren mehrheitlich oder ganz übernommene Unternehmen oft erhebliche Teile ihrer wirtschaftlichen Selbstständigkeit und gehen – auch bei Beibehaltung ihrer rechtlichen Firmenidentität – als Gliedbetriebe in die neue Unternehmensstruktur ein. Mit der Übernahme des **Markt- und Kapitalrisikos** ist der wichtige Umstand gemeint, dass die mit der Gründung oder auch mit dem Betreiben eines Unternehmens verfolgte Art der Leistungserstellung zur Deckung fremder Bedarfe ganz oder teilweise misslingen kann und die dabei entstehenden Wert- oder Kapitalverluste allein von den Eigentümern zu tragen sind.

Die bisher in diesem Abschnitt erfolgten Klärungen zu den Begriffen Betrieb und Unternehmen können dahingehend zusammengefasst werden, dass hiermit die beiden Seiten produktionswirtschaftlicher Einheiten beschrieben werden. Während mit Betrieb die sachlich-technischen und innenorientierten Aspekte gekennzeichnet werden, wird mit Unternehmen der markt- und leitungsbezogene, außenorientierte Zusammenhang betont. Damit ist in etwa von einer Gleichordnung der Begriffe auszugehen, wie sie beispielsweise bereits von ERICH SCHÄFER (1900 – 1984) vertreten wurde. Eine Ableitungsbeziehung ergibt sich insofern, als der Außenzusammenhang des Unternehmens – seine Einbindung in die Beschaffungs- und Absatzmärkte – konstitutiv und überlebenswichtig ist. Aus dieser Perspektive besteht das Verhältnis beider Begrifflichkeiten darin, dass Unternehmen zur Realisierung ihrer Wertschöpfungsziele Betriebe als produzierende Einheiten bilden.

Früher wurde an Stelle von Unternehmen überwiegend der Begriff „Unternehmung" verwendet. Anders als beim substantivisch gebrauchten Verb „Unternehmen" konnte damit die Doppelbedeutung einer Tätigkeit und eines Gebildes/ einer Organisation besser zum Ausdruck gebracht werden. In sprachlich-semantischer Vereinfachung ist demgegenüber heute der Begriff Unternehmen gebräuchlicher; in jedem Fall stellt er aber ein Synonym zur „Unternehmung" dar.

Abschließend ist noch zu klären, inwieweit Unterschiede zwischen **privatwirtschaftlichen und öffentlichen Unternehmen** bestehen (hierzu Abb. A-II-8). Bei der Beantwortung dieser Frage ist an den Eigentumsverhältnissen anzusetzen. Im Hinblick auf dieses Merkmal der Beteiligungsfinanzierung sind privatwirtschaftliche Unternehmen durch Privatpersonen getragen. Diese halten das Eigenkapital entweder ganz, oder sie sind im Rahmen privatrechtlicher Gesellschaften mit Anteilen daran beteiligt. Öffentliche Unternehmen befinden sich dagegen ganz oder in Teilen (gemischtwirtschaftliche Unternehmen) im Eigentum der öffentlichen Hand (Bund, Länder, Gemeinden als öffentlich-rechtliche Gebietskörperschaften).

Die zuvor erläuterten allgemeinen Unternehmens- und Betriebsmerkmale gelten für diese beiden Unternehmensformen vom Grundsatz her gleichermaßen. So werden beispielsweise auch in kommunalen Ver- oder Entsorgungsunternehmen Produktionsfaktoren kombiniert, und dieses sollte möglichst effizient geschehen. Ferner ist die Wahrung des finanziellen Gleichgewichts – zumindest im Verbund mit der tragenden Körperschaft – notwendig. Auch die Merkmale zur Kennzeichnung eines Unternehmens haben eine prinzipielle Gültigkeit für öffentliche Unternehmen.

- **Aufgrund von Maßnahmen zur *Deregulierung* und *Liberalisierung* der Märkte werden die *Unterschiede* zwischen privatwirtschaftlichen und öffentlichen Unternehmen *eher geringer***
- ***Selbständigkeits-Kontinuum:***

- **Für öffentliche und privatwirtschaftliche Unternehmen gelten die Merkmale der *Fremdbedarfsdeckung* bei *wirtschaftlicher Selbstständigkeit* und der damit verbundenen *Risikoübernahme* prinzipiell gleichermaßen. Dabei sind die *letzten beiden Merkmale relativ weit gefasst.***
- **Für die *Unterscheidung* von Öffentlichen und Privatwirtschaftlichen Unternehmen sind als *weitere Merkmale* heranzuziehen:**

| **Öffentliche Unternehmen** | **Privatwirtschaftliche Unternehmen** |
|---|---|
| ***Beteiligungsfinanzierung*** | |
| • **Ganz oder überwiegend durch die *öffentliche Hand* getragen** | • **Durch *Privatpersonen* oder *privatrechtliche Gesellschaften* getragen** |
| ***Zielkonzeption*** | |
| • ***Gemeinwirtschaftlich*** | • ***Privatwirtschaftlich*** |
| - **Kostendeckung/ -senkung**<br>- **Verlustreduktion/ -minimierung**<br>- **Subventions- -minimierung** | - **Gewinnerzielung/ -steigerung**<br>- **Umsatzsteigerung**<br>- **Erhöhung des Marktanteils**<br>- **Steigerung des Unternehmenswertes** |

**Abb. A-II-8:** Privatwirtschaftliche und Öffentliche Unternehmen

Unterschiede zu privatwirtschaftlichen Unternehmen und damit auch teilweise Abstriche an den grundsätzlichen Merkmalen ergeben sich über eventuell abweichende Zielkonzeptionen und ein unterschiedliches Unternehmensrisiko. Wenn öffentliche Haushalte zur Deckung des Bedarfs ihrer Mitglieder öffentliche Unternehmen gebildet haben, so geht es hier um Aufgaben, die früher auch als „hoheitlich" bezeichnet wurden, wie z.B. die Energieversorgung oder das Verkehrswesen. Hierbei sollte kein Gewinn erzielt werden, die Leistungen sollten zu einem kostendeckenden Preis abgegeben werden. Nachdem sich auf diese Weise nahezu wettbewerbsfreie Bereiche (z.B. Telefon- und Strommarkt) gebildet hatten, wurde zu Recht thematisiert, ob dann noch eine Effizienz der Leistungserstellung gegeben ist und ob die Leistungen nicht durch private Unternehmen unter Wettbewerbsbedingungen preiswerter erstellt werden könnten. In der Konsequenz dieser Diskussion setzte in vielen Bereichen eine Deregulierung und Liberalisierung ein, so dass die Unterschiede zwischen öffentlichen und privatwirtschaftlichen Unternehmen abnahmen und auch noch weiter abnehmen werden.

Dabei verläuft das in Abbildung A-II-8 eingetragene „Selbstständigkeits-Kontinuum" von den Regiebetrieben auf der einen Seite bis hin zu den privatwirtschaftlichen Unternehmen auf der anderen Seite. Regiebetriebe sind dabei weder organisatorisch noch rechtlich selbstständig, sie stellen vielmehr Teile der sie tragenden öffentlichen Verwaltung dar. Öffentliche Unternehmen sind demgegenüber in privatrechtlichen Rechtsformen, wie der AG, der GmbH oder der Genossenschaft, verfasst. Je nach Höhe des am Eigenkapital gehaltenen Teiles liegen dabei rein öffentliche oder gemischtwirtschaftliche Unternehmen vor. An ausschließlich privatwirtschaftlichen Unternehmen hat die öffentliche Hand keine Anteile und demgemäß auch keine direkten Mitwirkungsmöglichkeiten. Hier liegen dann Zielkonzeptionen vor, welche die Art der Leistungserstellung über ein Umsatz- und Gewinnstreben, eine Erhöhung von Marktanteilen oder insgesamt eine Steigerung des Unternehmenswertes steuern. Unter Wettbewerbsbedingungen ist davon auszugehen, dass die Produktionsfaktoren auf diese Weise in die wirtschaftlichste Verwendung gelenkt werden können.

## III. Literaturhinweise zum Kapitel A

### *Zu A.I. Erfahrungs- und Erkenntnisgegenstand der Betriebswirtschaftslehre:*

Abel (1979); Amonn (1927); Badura/Münch/Ritter (1997); Bresser (1998); Brinkmann (1997); Busse von Colbe/Laßmann (1991); Chmielewicz (1994); Deming (1982); Deming (1986); Deutsches Institut für Betriebswirtschaft (DIB) (2003); (DIB) (2006); Gaitanides (1983); Gerum (1979); Glauber/Pfriem (1992); Gomez (1993); Grossekathöfer (1998); Gumin/Meier (2000); Gutenberg (1958); Gutenberg (1983/1984/1980); Hammann/Erichson (2000); Heinen (1992); Homann/Blome-Drees (1992); Hopfenbeck (1994); Hopfenbeck (2002); Juran

(1990); Kamiske (1994); Kirchgeorg (1990); Knyphausen (1993); Knyphausen-Aufseß (2000); Korndörfer (2003); Kosiol (1961); Koslowski (1988); Kreikebaum (1996); Kroeber-Riel/Weinberg (2003); Lakatos (1982); Lakatos/Musgrave (1974); Lattmann (1988); Lewis/Stelter (1995); Meadows/Meadows/Randers (1993); Meffert (1992); Meffert (2000); Meffert/Kirchgeorg (1998); Mehdorn/Töpfer (1996); Nicklisch (1932); Nieschlag/Dichtl/Hörschgen (2002); Parkinson (1958); Pfeifer (2001); Popper (1984); Popper (1994); Popper (1994/1997); Popper (1995); Projektgruppe im WSI (1974); Raffée (1979); Raffée (1984); Raffée (1995); Rappaport (1998/1999); Rasche (1994); Rasche/Wolfrum (1994); Rieger (1928); Schanz (1977); Schanz (1988a); Schanz (1988b); Schanz (2004); Schär (1923); Schierenbeck (2003); Schmalenbach (1911/12); Schmalenbach (1962); Schmidt (1929); Schmidt (2000); Schneider (1981); Schweitzer (1978); Schweitzer (2004a); Seidel/Menn (1988); Staehle (1999); Steger (1992); Steinmann/Braun (1979); Steinmann/Löhr (1991); Steinmann/Löhr (1994); Strasmann/Schüller (1996); Strebel (1980); Thommen/Achleitner (2006); Töpfer (1985a); Töpfer (1994); Töpfer (1998a); Töpfer (1999a); Töpfer/Mehdorn (1995); Ulrich (1970); Ulrich (1990); Ulrich (1993); Ulrich/Hill (1979); Vries, de (1992); Watzlawick (1995); Wieland (1993a); Wieland (1993b); Wild (1975); Wild (1976); Wöhe (1974); Wöhe/Döring (2005); Wolff (1998); Womack/Jones/Roos (1994)

### *Zu A.II. Wesentliche Begriffe und Sachverhalte der Betriebswirtschaftslehre:*

Bogaschewsky/Rollberg (1998); Brinkmann (1997); Drucker (1995); Festinger (1978); Gaitanides (1983); Goleman (2000); Goleman (2001); Grochla (1993); Jann (1994); Jäncke (2006); Kirckhoff (2004); Kosiol (1968); Kotler/Bliemel (2001); Kroeber-Riel/Weinberg (2003); Maslow (1954/1977); Meffert (2000); Nieschlag/Dichtl/ Hörschgen (2002); Raffée (1995); Raffée/Sauter/Silberer (1973); Schanz (2004); Schierenbeck (2003); Schneider (1981); Schweitzer (2004a); Seidel/Temmen (2003); Staehle (1999); Staehle/Grabatin (1979); Stüdemann (1993); Thommen/Achleitner (2006); Töpfer (1982); Töpfer (1996a) Ulrich (1970); Welge/Fessmann (1980); Wöhe/Döring (2005)

# Kapitel B
# Das Unternehmen im gesamtwirtschaftlichen Güterkreislauf

**– In welche Güterströme ist das Unternehmen eingebunden? –**

## I. Arten von Wirtschaftsgütern

| |
|---|
| Was ist ein Wirtschaftsgut? Welche Merkmale zeichnen Wirtschaftsgüter aus? Wie können Wirtschaftsgüter klassifiziert werden? |

Wirtschaften als planvolles Verfügen über knappe Mittel, die direkt oder indirekt zur Befriedigung von Bedürfnissen dienen, schließt sprachlich gesehen bereits das Bestehen von **Austauschverhältnissen** ein. Mit der Kennzeichnung des „planvollen Verfügens" sowie der Abstufung mittelbarer oder unmittelbarer Bedürfnisbefriedigung werden **gegenseitige Beziehungen mit anderen Wirtschaftsteilnehmern** vorausgesetzt. Der grundsätzliche Transformationszusammenhang ist dabei, durch die Hergabe oder den Einsatz von Mitteln als Ergebnis andere Mittel zu erlangen. Sie sind zur direkten oder indirekten Erfüllung von Bedürfnissen tauglich bzw. ermöglichen das Erreichen gesetzter Ziele. Wenn im hypothetisch gegenteiligen Fall lediglich ein großer Mittelvorrat nach und nach aufgebraucht würde, läge höchstens ein „Einteilen" vor; von einem planvollen Verfügen, einem Austausch mit anderen Wirtschaftssubjekten und damit von Wirtschaften könnte hier nicht gesprochen werden.

In einer arbeitsteiligen Wirtschaft kommt es darauf an, ob die Mittel, über die verfügt werden kann, grundsätzlich zum Tauschen oder Eintauschen geeignet sind. Ist dies der Fall, so kann man mit ihnen am **Wirtschaftskreislauf** teilnehmen. Fehlt diese Eigenschaft, so können zwei Möglichkeiten unterschieden werden: Zum einen kann das entsprechende Mittel zwar für das jeweilige Wirtschaftssubjekt von Nutzen sein, obwohl dies für andere offensichtlich nicht der Fall ist. Hier wäre beispielsweise an sehr persönliche Erinnerungsgegenstände zu denken, denen auch kein antiquarischer Wert zukommt. Zum anderen kann es sich um Mittel handeln, deren Markt auf einer außerwirtschaftlichen Ebene gegeben ist. Hiermit sind dann nicht-stoffliche, geistige Güter und damit Empfindungen gemeint, wie z.B. die zu Freiheit, Gerechtigkeit oder Menschenwürde als allgemeine Werthaltungen oder solche bezüglich grundlegender ideeller Bedürfnisse, wie Sicherheit, Geborgenheit oder Zuneigung. Diese können selbst nicht gehandelt werden, ohne gegenständliche Mittel kann ihnen andererseits aber kaum zur Ausprägung verholfen werden.

## 1. Merkmale von Wirtschaftsgütern

**Knappe und zum Tausch geeignete Mittel** bezeichnet man als Güter oder **wirtschaftliche Güter**. Auf dieser Grundlage kann dann auch die kompaktere Definition von Wirtschaften verwendet werden, nach der es hierbei um ökonomisch-rationales Disponieren mit knappen Gütern geht.

Neben dem wichtigsten Tatbestand der Tausch- oder Marktfähigkeit (ökonomische Eignung) lassen sich für Wirtschaftsgüter noch weitere Merkmale anführen respektive als Prüfkriterien verwenden (hierzu Abb. B-I-1).

Nach der diesem Buch zu Grunde liegenden betriebswirtschaftlichen Programmatik wird bei den nachfolgenden Erläuterungen zu den Wesensmerkmalen von Wirtschaftsgütern aus der Sicht von Betrieben/ Unternehmen argumentiert. Allgemein sind diese Sachverhalte aber auch für andere Wirtschaftssubjekte gültig. Und generell gilt im Übrigen, dass ein Mittel jeweils alle Kriterien erfüllen muss, um als Wirtschaftsgut gelten zu können. Wesentliche Inhalte der Klassifikation gehen auf ERICH KOSIOL zurück.

### *(1) Vorhandensein/ Verfügbarkeit*

Ausgehend von der Vorstellung, es gelte einen Prozess zur Herstellung eines Produktes zu planen, stellt sich zunächst die Frage, ob das oder die Mittel, die dabei einzusetzen sind, prinzipiell vorhanden sind und hierüber auch verfügt werden kann. Wichtig ist hier das Kriterium der Verfügbarkeit und damit die Frage, ob ein Betrieb/ Unternehmen tatsächlich über ein Mittel disponieren kann. Dabei kann eine Reihe von **Einschränkungen** wirksam werden:

- So kann es in **physischer Hinsicht** sein, dass man zwar um das Vorkommen reichhaltiger Bodenschätze weiß, diese aber geografisch-technisch (noch) nicht zugänglich sind. Dieser Sachverhalt ist beispielsweise bei Rohstoffvorkommen in arktischen oder Tiefsee-Regionen gegeben. In solchen Fällen ist bereits das Vorhandensein dieser Mittel für eine wirtschaftliche Verwendung nicht gegeben.
- An **technischen Gesichtspunkten** kann die Verfügung über bestimmte Mittel insoweit scheitern, als die entsprechenden Verfahren zur Verarbeitung eines Einsatzgutes nicht beherrscht werden. Solche Beschränkungen wären aber immer auf einen gesamten Wirtschaftsraum zu beziehen. Gibt es nämlich andere Unternehmen, die **Know-how-intensive Prozesse** beherrschen, können Unternehmen, die lediglich Grundstoffe hierfür besitzen, mit diesen Mitteln zumindest handeln. Voraussetzung dafür wäre dann, dass die Mittel für diesen Einsatzzweck alle Eigenschaften von Wirtschaftsgütern erfüllen. Als Beispiel für technische Beschränkungen der beschriebenen Art kann die Verwendung

von Rohstoffen für hochtechnologische Prozesse in Entwicklungs- oder Schwellenländern angeführt werden, wie beispielsweise die Herstellung von Aluminium aus Bauxit. Sofern diese Bodenschätze abgebaut, aber nicht weiterverarbeitet werden können, würden sie im Zuge der mittlerweile globalen und damit weltweit vernetzten Wirtschaft zumindest als Handelsobjekte für die entsprechende Volkswirtschaft zur Verfügung stehen. Fehlen auch die Kenntnisse zum Abbau der Rohstoffe, dann ist es immer noch möglich, die Rechte zur Ausbeutung der Lagerstätten an ausländische Unternehmen zu verkaufen. Von daher wäre ein grundsätzlicher Ausschluss der Verfügbarkeit über in einem Wirtschaftsraum vorhandene natürliche Ressourcen aufgrund technischer Aspekte kaum noch gegeben. Für die Verwendung von **Grund- und Einsatzstoffen in automatisierten Fertigungsprozessen** gelten mittlerweile aber generell hohe qualitative Anforderungen, bei deren Nichteinhaltung der Fall einer technologisch bedingten Verfügungseinschränkung sehr wohl für die weiteren Wirtschaftsstufen gegeben sein kann. Hierauf wird noch einmal beim nächsten Merkmal der Zweckeignung eingegangen.

- ***Wirtschaften* = Planvolles Verfügen über knappe Mittel, die direkt oder indirekt zur Befriedigung von Bedürfnissen dienen [siehe Abb. A-II-1]**

**Bei Verwendung der „kompakten Definition“ wird angenommen, dass die *knappen Mittel Wirtschaftsgüter* sind:**

- ***Wirtschaften* = ökonomisch-rationales Disponieren mit knappen Gütern**

***4 Wesensmerkmale von Wirtschaftsgütern:***

- ***(1) Vorhandensein/ Verfügbarkeit:***
  - **Mögliche Einschränkungen physischer/ technischer/ rechtlicher und sozialer Art?**
- **(2) *(Technische) Zweckeignung***
  - **Fähigkeit, unmittelbare oder abgeleitete Zwecke zu erfüllen bzw. hieran mitzuwirken?**
- ***(3) Ökonomische Eignung:***
  - **a) Bedürfnis/ Nachfrage vorhanden?**
  - **b) Preis unterhalb nachfragewirksamer Preisschwelle?**
  - **c) Relative Knappheit?**
    **In a) enthalten, Zusatzmerkmal für neue Güter**
- ***(4) Übertragbarkeit:***
  - **Überführung in Wirkungsbereich anderer Wirtschaftsubjekte möglich?**

**Abb. B-I-1:** Merkmale von Wirtschaftsgütern

- **Rechtlichen Einschränkungen** kommt dagegen bei der Verfügbarkeit über Einsatzmittel und damit ihrer Eignung als Wirtschaftsgüter ein größeres Gewicht zu. So kann beispielsweise **Grundbesitz** aufgrund von Flächennutzungs- oder Bebauungsplänen von vornherein von gewerblicher Nutzung – sowie auch von weiteren Verwendungen – ausgeschlossen sein. Damit wäre ein solcher Besitz also nicht für den Betrieb eines Unternehmens geeignet. Weiterhin ist zu bedenken, ob bei dem noch zu besprechenden Verwendungszweck für vorhandene und auch verfügte Mittel **patentrechtliche Schutzbestimmungen** zu beachten sind. Hiermit kann ein Erfinder sein Produkt oder Verfahren für maximal 20 Jahre davor schützen, dass es von Dritten hergestellt, angeboten oder verbreitet wird. Falls man nicht im Besitz einer vom Patentinhaber oder seinen Rechtsnachfolgern erteilten Lizenz ist, die erlaubt, diese erfinderische Leistung gewerblich nutzen zu dürfen, wäre die Mittelnutzung für solche Produkte oder in solchen Verfahren rechtswidrig. Darüber hinaus sind auch **Warenzeichen** und **Marken** unter Nachahmungsverbot gestellt. So darf z.B. kein anderes Unternehmen ein Getränk der Bezeichnung und mit den sonstigen Attributen der Marke COCA COLA oder ein Fahrzeug unter dem Namen und mit den Design- und Ausstattungsmerkmalen eines MERCEDES-BENZ anbieten. Hier läge dann Produktpiraterie als unerlaubte Nutzung von Schutzbestimmungen vor, deren Ahndung den beabsichtigten Verwendungszweck der Mittel mit Sicherheit zum Scheitern verurteilen würde.
- Schließlich können auch **soziale Sachverhalte** die Verfügbarkeit von Einsatzmitteln einschränken. Dabei geht es wieder um Restriktionen, die sich aus den Spezifika unterschiedlicher (Weltmarkt-)Regionen ergeben. Aufgrund der Sitten und Gebräuche in verschiedenen Kulturkreisen kann es beispielsweise sein, dass in einer Region selbstverständliche Wirtschaftsgüter in anderen Regionen gar nicht als solche möglich sind. Belege hierzu lassen sich vor allem aus dem Ernährungsbereich anführen: So sind Kühe nach der hinduistischen Religion heilig, und deshalb wird ihr Fleisch in Indien nicht zur Ernährung dieser Bevölkerung verwendet. Für Menschen moslemischen Glaubens ist Schweinefleisch unrein, und so dienen diese Tiere in solchen Regionen nicht als Nahrungsmittellieferanten. Die jüdische Religion verlangt beispielsweise nach einer besonderen Tötungsmethode, in anderen Fällen ist der Verzehr des Fleisches der Tiere ebenfalls abzulehnen. Über den hier angeführten Ernährungsbereich hinaus sind weitere Beispiele möglich, so etwa im Hinblick auf die Verwendung von hochtechnisierten Haushaltsgegenständen durch Naturvölker, die noch gar nicht über elektrische Energie zu deren Betreiben verfügen. Insgesamt wird deutlich, dass der Kreis möglicher Verwendungszwecke eines Wirtschaftsgutes, über das ein Wirtschaftssubjekt verfügt, auch mit den sozialen Gegebenheiten eines Wirtschaftsraumes variiert.

### *(2) (Technische) Zweckeignung*

Vorhandensein/ Verfügbarkeit und Einsatzzweck von Wirtschaftsgütern stehen in einem unmittelbaren Zusammenhang. Der Grund dafür, dass wir Vorhandensein/ Verfügbarkeit als erstes Merkmal behandelt haben, liegt darin, dass sowohl beim allgemeinen Verständnis von Wirtschaften als auch bei den hierzu im Abschnitt A.II.1. entwickelten wissenschaftlichen Definitionen regelmäßig von einem Mittelvorrat ausgegangen wird, über dessen ertragreiche Verwendung Überlegungen anzustellen sind.

Gerade bei Unternehmensneugründungen mögen allerdings zündende Ideen und kreative Konzepte gegenüber einem umfangreichen Bestand materieller Werte zunächst im Vordergrund stehen. Die Ideen alleine werden einem Jungunternehmer aber mit Sicherheit nicht zum Durchbruch verhelfen. Vielmehr gilt es, diese **Ideen** bereits in der Gründungsphase zu **materialisieren,** damit auf der Basis detaillierter Überlegungen eine tragfähige Konzeption dafür erarbeitet wird, wo das neue Unternehmen einen Platz im Markt finden kann und wann mit welchen Erträgen zu rechnen ist. Nur so wird es gelingen, über vorhandene Eigenmittel hinaus Kreditgeber oder Partner für das Vorhaben interessieren zu können. Hinsichtlich der benötigten Einsatzgüter und der anzubietenden Marktleistung sind bei diesem Prozess alle der hier aufgeführten Merkmale von Wirtschaftsgütern zu prüfen.

Beim Merkmal der Zweckeignung ist zunächst von der generellen Zweck-/ Zielsetzung und damit vom Zielsystem eines Wirtschaftssubjekts auszugehen. Dann geht es jeweils um die Frage, ob ein Gegenstand nach seiner Art und Beschaffenheit (Güte, Qualität) geeignet ist, diese oberste Zwecksetzung selbst oder auch hieraus abgeleitete Zwecke/ Ziele zu erfüllen bzw. an deren Erreichung mitzuwirken.

Diese Fragestellungen sind der Anwendung des Wirtschaftlichkeitsprinzips in der Formulierung des Minimalprinzips ähnlich; während dort aber eher von einem Vorrat an Mitteln ausgegangen wird, unter dem nur eine Auswahl getroffen zu werden braucht, lenkt das Merkmal der Zweckeignung wirtschaftlicher Güter die Aufmerksamkeit mehr auf den **Auswahlprozess** als solchen.

Fragen der technischen Zweckeignung kommt gerade in der industriellen Produktion eine hohe Bedeutung zu. Bei weitgehend automatisierten Prozessen mit geringen Fertigungstoleranzen einschließlich maschinellem innerbetrieblichen Transport einerseits und hohen Qualitätsansprüchen der Kunden/ Abnehmer andererseits müssen bereits bei den Einsatzgütern hohe Anforderungen erfüllt sein. Weiter gilt, dass wegen immer kleinerer Serien eine **hohe Flexibilität der Produktionsanlagen** gefordert ist. Eine Werkzeugmaschine mit langer Werkzeugwechselzeit wird so das Kriterium der Zweckeignung für ein Automobilunternehmen beispielsweise kaum noch erfüllen.

Als klassisches Beispiel für eine fehlende Zweckeignung können auch die Versuche von JOHANN FRIEDRICH BÖTTGER aus dem 18. Jahrhundert angeführt werden, am Hofe von AUGUST DEM STARKEN in Sachsen aus unedlen Metallen Gold herzustellen. Diese Bemühungen waren nicht von Erfolg gekrönt, immerhin fand der Alchimist BÖTTGER aber eine Rezeptur zur Herstellung des damals hochbegehrten, nur aus China und Japan bekannten Porzellans, das nach seiner Entstehungsgeschichte dann auch „weißes Gold“ genannt wurde. Er stand danach unter strenger Aufsicht, damit sein Wissen keine weitere Verbreitung fand.

### *(3) Ökonomische Eignung*

Bei den bisher besprochenen Kriterien und Ausprägungen nahmen die Betrachtungen ihren Ausgang beim einzusetzenden Mittel an sich, insoweit könnte man auch von inhärenten Merkmalen sprechen. Bei der wichtigen Frage nach der ökonomischen Eignung eines Wirtschaftsgutes geht es dagegen um seinen **Außenwert im Wirtschaftsverkehr**. Hier ist die zweite Bedingung des Wirtschaftens zu prüfen, ob durch ein rationales Disponieren mit den vorgesehenen Einsatzgütern tatsächlich Bedürfnisse unmittelbar oder mittelbar befriedigt werden können.

a) Als erstes Unterkriterium ist zu untersuchen, ob es bezogen auf das betreffende Gut selbst oder das Produkt/ die Leistung, die hiermit erstellt werden soll, ein korrespondierendes **Bedürfnis** bzw. eine entsprechende **Nachfrage** gibt. Nur in diesem Fall besteht die grundsätzliche Möglichkeit, bei der Verwertung des Einsatzgutes eine **ökonomische Wertschöpfung** und damit einen Mehrwert zu realisieren. Bei einem Fehlen von Bedürfnis und Nachfrage wäre andernfalls von vornherein von einem Wertverzehr auszugehen; die generelle Forderung der Wirtschaftlichkeit könnte nicht erfüllt werden und das entsprechende Einsatzgut wäre so nicht als Wirtschaftsgut anzusehen.

b) Sofern eine Nachfrage vorliegt und damit also Wirtschaftssubjekte bereit sind, für das Einsatzmittel oder das entsprechende Endprodukt **Gegenleistungen in Form von Preisen** zu zahlen, ist zusätzlich deren Höhe zu berücksichtigen. Die hierbei wirksamen Zusammenhänge können mit Hilfe einer Preis-Mengen-Kurve (hierzu Abb. B-I-2) verdeutlicht werden.
Die **Nachfrage** nach einem Gut stellt sich als **fallende Funktion des Preises** dar. Diese wird nur in speziellen Fällen die Form einer Geraden annehmen, und für bestimmte Güterarten, wie substitutive (austauschbare) und komplementäre (sich ergänzende) Güter, wird deren Verlauf auch vom Preis der jeweils anderen Ware abhängen. Wichtig an der prinzipiellen Darstellung für den Fall eines unabhängigen Gutes in der Abbildung B-I-2 ist allerdings, dass es offensichtlich eine **Preisobergrenze $p_0$(max)** gibt, bei der die Nachfrage völlig auf Null geht. Der gegenteilige Schnittpunkt mit der Abszisse ergibt mit einem Preis von Null die **gesamte Bedarfsmenge $x_n$(max)**. Der Funktionsverlauf zeigt ansonsten die Mengen, welche die Wirtschaftssubjekte (im aggregierten Fall) zu den verschiedenen Preisen abzunehmen bereit sind. Setzt man dem die i.d.R. mit dem Preis steigende Angebotsfunktion der Unternehmen gegenüber, kann man einfache Gleichgewichtsbetrachtungen anstellen.
Der Preis eines Gutes muss also in jedem Fall unterhalb der **nachfragewirksamen Preisschwelle $p_0$(max)** liegen, andernfalls ist es nicht absetzbar und ist dann auch nicht als wirtschaftliches Gut zu bezeichnen. Wenn mit dem Unterkriterium a) die generellen Möglichkeiten eines wirtschaftlichen Disponierens mit Einsatzmitteln zu prüfen sind, so geht es hier um die weiteren Bedingungen ihrer Veräußerbarkeit. Damit hat die Betrachtung bei a) die Feststellung eines Gesamtbedarfs und damit der **Mengenobergrenze $x_n$(max)** zum Gegenstand, während bei b) die **Preisobergrenze $p_0$(max)** im Vordergrund steht. Im Falle der Produktion von Gütern oder Leistungen aus mehreren Produktionsfaktoren rückt der Produktionsprozess selbst in den Blickpunkt der Analyse. Eine hohe

Effizienz und Effektivität (siehe hierzu A.II.1.) sind die Voraussetzung, um mit einem günstigen Preis einen hohen Anteil der wirksamen Nachfrage auf sich zu ziehen.

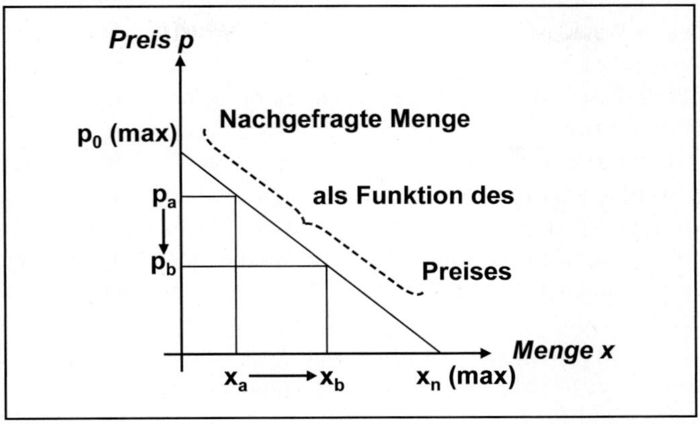


**Abb. B-I-2:** Preis-Mengen-Kurve (Nachfragekurve)

c) Die relative Knappheit wird häufig als ein sehr zentrales Merkmal von Wirtschaftsgütern herausgestellt. **Relative Knappheit** liegt vor, wenn ein Gut gegenüber den Bedürfnissen, zu deren Befriedigung es tauglich ist, nicht in ausreichendem Maße vorhanden ist. Demnach liegt dann die einsetzbare Menge an Mitteln unterhalb der Bedarfsmenge.
Dieser Sachverhalt hat aber i.d.R. zur Folge, dass Wirtschaftssubjekte, bei denen ein dem jeweiligen Gut entsprechendes Bedürfnis auftritt, bereit sind, hierfür eine **Gegenleistung in Form eines Entgelts** zu erbringen. So kommt es über die Manifestierung des Bedürfnisses zu einem Bedarf und damit zu einer **aktuellen** oder bei Rivalität mit anderen Gütern zumindest zu einer **potenziellen Nachfrage**.
Mit den grundlegenden Betrachtungen von KLAUS STÜDEMANN zu diesem Themenkomplex sehen wir in der Entgeltlichkeit des Mittelerwerbs zur Bedürfnisbefriedigung das Hauptunterscheidungsmerkmal von wirtschaftlichen gegenüber außerwirtschaftlichen Gütern. Wenn also zu einem Wirtschaftsgut gemäß der unter b) generell dargestellten Nachfragekurve eine **Preis-Mengen-Bereitschaft** vorliegt, dann handelt es sich gleichzeitig auch um ein knappes Gut. Damit ist dieses Merkmal also bereits in a) und damit auch in b) enthalten. Eine gesonderte oder intensivere Prüfung dieses Sachverhalts bräuchte also nur im Hinblick auf völlig neue Güter zu erfolgen. Es würde demzufolge darum gehen, genau zu überlegen, ob das entsprechende Gut auf Bedürfnisse und Bedarfe trifft, und welche hierauf bezogenen Preisbereitschaften welche wirksame Nachfrage ergeben werden.
Wenn die Frage der relativen Knappheit hier eher nachgeordnet behandelt wird, dann hat dies noch zwei weitere Gründe. Der erste liegt darin, dass dem gegenteiligen Fall **freier Güter** heute eigentlich kaum noch eine Bedeutung zu-

kommt. Es würde sich um Güter handeln, die im Überfluss vorhanden sind und von daher keiner Bewirtschaftung bedürften. Früher traf dies auf Luft und Wasser zu, im Zuge des Bevölkerungswachstums und der Industrialisierung ist aber eine deutliche Belastung dieser Medien eingetreten, deren Beseitigung bzw. Milderung hohe Kosten verursacht, die von den Mitgliedern der jeweiligen Gemeinwesen zu tragen sind. Zur grundsätzlichen Veranschaulichung eines freien Gutes lässt sich der Fall anführen, es bräuchte jemand zu Bauzwecken Sand in der Sahara.

Mit der Diskussion darüber, ob Beratungsleistungen im Bankensektor kostenpflichtig werden sollen, kann ein weiteres und aktuelles Beispiel für den Versuch angeführt werden, ein bislang relativ freies Gut kostenpflichtig zu machen und damit von der Angebotsseite her zu verknappen. Dabei käme nur ein abgestimmtes Verhalten der Kreditinstitute in Frage, denn Serviceleistungen, die andernorts kostenlos erbracht werden, können nicht ohne die Inkaufnahme weiterer Folgen, wie etwa der Abwanderung von Kunden, von einer Bank zum Gegenstand eines neuen kostenpflichtigen Gutes gemacht werden.

Der zweite Grund für die nachrangigere Behandlung der Knappheitsproblematik soll nur kurz angesprochen werden. Und zwar geht es hierbei darum, dass diese im Zusammenhang mit der **Entwicklung zu einer Überflussgesellschaft**, bei der das Angebot die Nachfrage prinzipiell – also nicht bezogen auf jedes einzelne Gut – übersteigt, einiges von ihrer Lenkungswirkung verloren hat. Oft sind es dann nämlich nicht mehr alleine die Bedürfnisse und Bedarfe, über deren Artikulation das wirtschaftliche Geschehen in ertragreiche Verwendungen gelenkt wird. Häufig sind es in diesem Falle Unternehmen mit ihren produktiven Kapazitäten sowie den hier beschäftigten Mitarbeitern, die nach Möglichkeiten suchen, Abnehmer für ihre Angebote zu finden und dabei auch neue Bedürfnisse kreieren. Diese Entwicklung kann an dieser Stelle nicht abschließend gewürdigt werden. Festzuhalten ist hierzu aber, dass bei einer hierauf bezogenen Bewertung immer der gesamte Reproduktionszusammenhang aller Wirtschaftssubjekte in ihrer Konsumtions- und Produktionsfunktion zu berücksichtigen ist.

### *(4) Übertragbarkeit*

Zum Schluss der Kriterien, deren Vorliegen für ein Wirtschaftsgut notwendig sind, haben wir das Merkmal der Übertragbarkeit aufgeführt. Auch dieses wird in der Literatur zuweilen an einer früheren Stelle eingeordnet. Hier geht es um die grundsätzliche Frage, ob ein Gegenstand überhaupt in den **Wirkungsbereich anderer Wirtschaftssubjekte** überführt werden kann. Nur auf diese Weise kann das entsprechende Gut als Tausch- oder Handelsobjekt bzw. als Einsatzmittel zur Verfügung stehen.

Als Beispiele für eine fehlende Übertragbarkeit können insbesondere **persönliche Fähigkeiten**, wie etwa die intellektuelle Begabung eines Wissenschaftlers, die stimmliche Leistung eines Sängers oder die manuelle Geschicklichkeit eines Handwerkers angeführt werden. Mit diesem Intellekt, dieser Stimme, diesem Geschick kann nicht gehandelt werden. Die jeweils erbrachten Leistungen, also ein

Gutachten oder eine Vorlesung, ein Konzert oder eine Reparatur können dagegen sehr wohl Objekte im Wirtschaftsverkehr sein.

Demnach können hier aggregatsbezogene Unterscheidungen getroffen werden. Darin liegt auch der systematische Grund für die Einordnung der Übertragbarkeit als letztes Merkmal von Wirtschaftsgütern. Fehlt es hieran, so ist das jeweilige Mittel dadurch nicht frei handelbar, für seinen Besitzer und dessen Zwecksetzung kann es dennoch von großer Bedeutung sein. Für die oben beispielhaft aufgeführten Personen stellen deren Fähigkeiten wichtige **ökonomische Potenzen** dar, von denen ihre persönliche wirtschaftliche Entwicklung ganz maßgeblich abhängen wird.

Wie die Beispiele persönlicher Fähigkeiten zeigen, können diesen trotz fehlender Übertragbarkeit auf der Ebene des Individuums durchaus die prinzipiellen Eigenschaften wirtschaftlicher Güter zukommen. Bezogen auf die anderen Aggregate Gruppe oder Betriebe/ Unternehmen gilt dieses für die Talente selbst dann allerdings nicht. Auf diesen Ebenen würden aber die Leistungen der Individuen den Charakter von Wirtschaftsgütern haben und diese könnten dann z.B. Gegenstand der wirtschaftlichen Betätigung von Konzertagenturen oder von Verlagen sein.

## 2. Klassifikation von Wirtschaftsgütern

Nach dem Herausarbeiten der generellen Merkmale von Wirtschaftsgütern stellt sich die Frage, in welchen **Arten/ Formen** diese im Wirtschaftsverkehr auftreten. Damit geht es nun darum, auf welche Weise solche Güter gegliedert bzw. klassifiziert werden können (hierzu Abb. B-I-3). Wir folgen hier im Wesentlichen einer Einteilung von ERICH KOSIOL, die sich durch die Weite ihrer Kategorien auszeichnet und so eine grundsätzliche Einordnung der Vielfalt wirtschaftlicher Erscheinungsformen ermöglicht.

Auf einer ersten Ebene wird in Realgüter und Nominalgüter unterschieden. Bei den **Realgütern** handelt es sich um die Objekte im wirtschaftlichen Transformationsprozess, also beispielsweise um Produktionsmittel oder -ergebnisse. Durch diesen konkreten Objektbezug sind sie als **individuelle Werte** zu bezeichnen. Den Realgütern stehen **Nominalgüter** als **generelle Werte** gegenüber. Nominalgüter sind grundsätzlich **Geldmittel**, und hiermit können im Gegenzug Realgüter erworben werden. Damit macht sich diese oberste Unterscheidung an der Existenz einer Geldwirtschaft fest. In einer Tauschwirtschaft würde die Rubrik der Nominalgüter fehlen.

Hinsichtlich der Real- und Nominalgüter wird weiterhin in **ursprüngliche** und **abgeleitete Güter** als Verfügungsrechte unterschieden. Wenn bei den Realgütern in körperliche und unkörperliche (immaterielle) Güter unterteilt wird, während Nominalgüter stets immateriell sind, dann können sich Ansprüche auf Güter nur in den beiden letztgenannten immateriellen Rubriken finden.

Bei den **körperlichen** und damit **materiellen Realgütern** handelt es sich um **Sachgüter**. Diese können als Immobilien und damit als unbewegliche Güter, wie z.B. Grundstücke und Gebäude, vorliegen. Die gegenteilige Klasse der Mobilien und damit der beweglichen Güter umfasst beispielsweise Maschinen oder Rohstoffe. Hier können dann auch weitere Untergliederungen angelegt werden. So kann man nach der Stellung im Wirtschaftsprozess **Produktions- oder Investitionsgüter** gegenüber **Konsumgütern** abgrenzen. Erstere finden ihren Einsatz auf den verschiedenen Gütererzeugungsstufen, während letztere unmittelbar dem Konsum dienende Endprodukte darstellen.

| | ***Realgüter***<br>**(Individuelle Werte)** | | ***Nominalgüter***<br>**(Generelle Werte)** |
|---|---|---|---|
| | ***Materielle Realgüter***<br>**(Körperliche)** | ***Immaterielle Realgüter***<br>**(Unkörperliche)** | ***Stets immaterielle Güter*** |
| ***Ursprüngliche Güter*** | ***Sachgüter***<br>***a) Immobilien***<br>= Unbewegliche Sachgüter z.B. Gebäude/ Grundstücke<br>***b) Mobilien***<br>= Bewegliche Sachgüter z.B. Maschinen/ Rohstoffe<br><br>**Weitere mögliche Gliederungen:**<br>Produktions-/ Investitions- ↔ Konsumgüter<br>Verbrauchs- ↔ Gebrauchsgüter | ***(1) Leistungswerte***<br>• Arbeitsleistungen<br>• Dienstleistungen<br>***(2) Informationen***<br>***(3) Wirtschaftliche Tatbestände*** (Ökonomische Potenzen)<br>• Wirtschaftsordnung<br>• Standort<br>• Marktstellung<br>• Qualifikation<br>• Know-how<br>***(4) Kapital*** (Abstrakte Vorrätigkeit) | ***Geld***<br>• Euro<br>• Dollar<br>• usw. |
| ***Abgeleitete Güter (= Verf.rechte)*** | | ***Ansprüche auf ursprüngliche Realgüter***<br><br>a) ***Rechte auf materielle Realgüter*** (z.B. Miete/ Pacht)<br>b) ***Rechte auf immaterielle Realgüter*** (z.B. aus Arbeits-/ Lizenzvertrag) | ***Ansprüche auf ursprüngliche Nominalgüter (auf Geld)***<br>a) ***Darlehenswerte*** (Anspr. auf Zins und Tilgung)<br>b) ***Beteiligungswerte*** (Bsp. Aktien; Anspr. auf Verzinsung in Form von Dividende) |

**Abb. B-I-3:** Klassifikation von Wirtschaftsgütern (nach ERICH KOSIOL)

Unterscheidet man in **Verbrauchs- oder Gebrauchsgüter**, dann geht es darum, ob Wirtschaftsgüter beim Prozess der Leistungserstellung verbraucht werden und damit in Produkte eingehen (z.B. Materialien) oder beim Produktionsprozess untergehen (z.B. Hilfsstoffe, Energie), oder aber ob diese zu einem dauerhaften Gebrauch zur Verfügung stehen (z.B. Kleidungsstücke, Kraftfahrzeuge, Personal Computer).

Bei den **immateriellen Realgütern** handelt es sich nicht um die ganz zu Anfang dieses Abschnittes genannten geistigen Güter oder Empfindungen, hier geht es weiterhin um Realgüter. Diese sind zwar **unkörperlich**, aber als durchaus wirtschaftsrelevante Sachverhalte können sie vor allem von ihren Ergebnissen oder Wirkungen her gesehen und begrifflich gefasst werden. Insoweit ergibt sich eine direkte Verbindung zum vorhin besprochenen Merkmal der Übertragbarkeit von Wirtschaftsgütern. Hier geht es jetzt noch einmal um bestimmte Fähigkeiten bzw. Potenziale – in dieser Klassifikation vornehmlich auf Unternehmen bezogen – oder in diesem Zusammenhang erbrachte Leistungen.

(1) Dabei können zunächst **Leistungswerte** aufgeführt werden. Hier können zum einen **Arbeitsleistungen** eingeordnet werden, beispielsweise also der übliche Fall einer abhängigen Beschäftigung.
Zum anderen sind dieser Rubrik **Dienstleistungen** als i.d.R. selbstständig erstellte, direkt nutzenstiftende und nicht lagerfähige Marktleistungen zuzuordnen, wie z.B. Friseurleistungen, EDV-Entwicklungen oder Finanzberatungen.
Schreibt ein Systemanalytiker im Auftrag eines Unternehmens ein anwendungsspezifisches **Software-Programm**, dann stellt dieses das Ergebnis seiner Programmierungsüberlegungen dar. Das für besondere Zwecke entwickelte Programm ist bilanziell als **immaterielles Wirtschaftsgut** des Anlagevermögens zu erfassen, dessen Entwicklungskosten über die voraussichtliche Nutzungsdauer abzuschreiben sind. Der materielle Wert der Datenträger oder der gedruckten Programmbeschreibung tritt hier gegenüber der Programmierleistung zurück. Wird eine spezielle Software im Unternehmen selbst entwickelt, sind solche Eigenentwicklungen allerdings nicht bilanzierungsfähig (keine Aktivierbarkeit selbsterstellter Software). Und bei Standardsoftware – z.B. also Betriebssystemen für Personal Computer auf Disketten oder CDs – fällt die Beurteilung hinsichtlich der Immaterialität anders aus: Hier ist – wie auch bei Tonträgern – von einer Materialisierung der Marktleistungen auszugehen. Diese haben damit den Charakter von Gebrauchsgütern für das Betreiben von PCs angenommen und können somit als materielle Realgüter angesehen werden.
Die vorstehenden Beispiele deuten bereits darauf hin, dass bei Dienstleistungen i.d.R. auch eine Mitwirkung materieller Komponenten gegeben ist und das Merkmal der Immaterialität vor allem aus einer ergebnisorientierten, das Resultat der Leistung würdigenden Perspektive zum Tragen kommt. Aus einer potenzialorientierten Sicht sind immer materielle Faktoren zur Leistungserbringung bereitzuhalten, und in einer prozessorientierten Betrachtung wird klar, dass i.d.R. wiederum materielle Komponenten als externe Faktoren vorhanden sein bzw. herbeigeführt werden müssen, an denen die Dienstleistung

erbracht werden kann. Die erbrachte Leistung bewirkt dann i.d.R. auch eine Veränderung an diesen Fremdfaktoren.

So ist es im Beispiel der Friseurleistungen erforderlich, dass Geschäftsräume und Arbeitsmaterialien vorhanden sind, und zur Erbringung respektive Inanspruchnahme der Leistung ist es notwendig, dass sich Kunden als externe Faktoren in dem Salon einfinden. Nach Inanspruchnahme der Dienste des Hairstylisten verlassen diese dessen Räumlichkeiten mit veränderten oder neuen Frisuren. Auch der Systemanalytiker muss als Potenzial über besondere Fähigkeiten sowie eine geeignete Computertechnik verfügen, und zur Erbringung seiner Leistung muss er sich eine detaillierte Kenntnis über die Abläufe und das bisherige EDV-System des Auftraggebers verschaffen. Wenn seine neue Anwendung fehlerfrei läuft und vom Kunden endgültig installiert wird, dann hat damit dessen Informationsverarbeitungssystem als externer Faktor eine Veränderung/ Weiterentwicklung erfahren.

(2) Aufgrund ihrer großen und noch weiter zunehmenden Bedeutung sind auch **Informationen** als wichtige Gruppe unkörperlicher Realgüter in die Systematik aufgenommen worden. Sie weisen eine gewisse Ähnlichkeit zu den Leistungswerten auf, ihre Einheiten und Phasenlängen sind demgegenüber aber sehr viel kleiner. Hierauf wird in Kapitel E. noch näher eingegangen.

(3) Mit der nächsten Gruppe **wirtschaftlicher Tatbestände** oder **ökonomischer Potenzen** wird eine Gruppe immaterieller Realgüter ausgewiesen, die auf Unternehmen bezogene wirtschaftliche Fähigkeiten darstellen, die selbst nicht marktfähig werden können, für den gesamten Marktauftritt aber von großer Bedeutung sind. Hier handelt es sich um das Pendant zu den erläuterten individuellen Potenzialen auf der Ebene der Betriebe/ Unternehmen.

Bei der beispielhaften Aufzählung relevanter Sachverhalte wird aus gesamtwirtschaftlicher Sicht zunächst die **Wirtschaftsordnung** genannt. Ein konsistenter Ordnungsrahmen, ein funktionierender Marktmechanismus und dabei möglichst freier Wettbewerb sind ohne Zweifel wichtige Grundlagen für die unternehmerische Entfaltung.

Hierzu müssen dann aber weitere Faktoren auf der betrieblichen Ebene treten. Dabei ist beispielsweise an die **Standortverhältnisse** zu denken. Für die Weiterentwicklung eines Unternehmens werden auch die bisher erreichte **Marktstellung** und das Unternehmensimage von großer Wichtigkeit sein. Eine ebenfalls entscheidende Bedeutung wird der **Qualifikation** der Mitarbeiter und dem insgesamt aufgebauten **Know-how** zukommen.

(4) Als letzte Gruppe immaterieller Realgüter wird **Kapital** aufgeführt. Als „abstrakte Vorrätigkeit" bestandsfähiger Wirtschaftsgüter wird diese Position hier und nicht bei den Nominalgütern aufgeführt. Das Kapital ergibt sich als Gegenposition zum bewerteten Vermögen eines Unternehmens, es stellt noch kein Geld an sich dar, deshalb erfolgt die Einordnung hier als immaterielles Realgut.

Die **abgeleiteten Güter** können – wie bereits angesprochen – als Verfügungsrechte **nur als immaterielle Güter** klassifiziert werden. Andernfalls läge ja eine tatsächliche Verfügung und damit der Fall eines ursprünglichen Gutes vor. Bei den abgeleiteten Gütern wird so in Ansprüche auf ursprüngliche Re-

algüter und auf ursprüngliche Nominalgüter – und damit also auf Geld – unterschieden. Hier liegen dann immer Gegenseitigkeitsverhältnisse vor, den Ansprüchen stehen Verpflichtungen anderer Wirtschaftssubjekte gegenüber.
Der Systematik der Einteilung folgend, kann im Hinblick auf die Realgüter weiter in **Rechte auf materielle und auf immaterielle Güter** unterteilt werden. Beispiele zur ersten Art wären Miet- oder Pachtverhältnisse, zur zweiten Untergruppe können exemplarisch Arbeits- oder Lizenzverträge angeführt werden.
Bei den **Nominalansprüchen** können ebenfalls zwei generelle Untergruppen unterschieden werden. Zum einen kann ein Wirtschaftssubjekt gegen den Anspruch auf Zins und Tilgung Geld verleihen und demgemäss ist von **Darlehenswerten** zu sprechen. Andererseits ist es mit der Hingabe von Geld aber auch möglich, Anteile (Aktien, Fondsanteile) an den Geschäften anderer Wirtschaftsteilnehmer zu erwerben. Bei diesen **Beteiligungswerten** ist dann ein genereller Anspruch auf Verzinsung in Form von Dividende gegeben, und darüber hinaus sind damit – je nach Gesellschaftsform und Höhe der Einlage – auch Mitwirkungsrechte verbunden. Hierauf wird im Einzelnen im Unterkapitel C.II. eingegangen.

## II. Güterbeziehungen als Wirtschaftsströme

Welche Wirtschaftssektoren können gesamtwirtschaftlich unterschieden werden? Welche Güterbeziehungen bestehen zwischen diesen? Wie verlaufen hier jeweils die Real- und Nominalgüterströme?

Wenn im Folgenden noch ein Überblick über die **gesamtwirtschaftlichen Verflechtungen auf der Güterebene** gegeben wird, dann kann dabei zunächst an der Einordnung von Betrieben/ Unternehmen im Abschnitt A.II.2. angeknüpft werden. Bei der in Abbildung A-II-6 erfolgten Aufteilung sämtlicher Wirtschaftseinheiten/ Einzelwirtschaften wurden bei den Hauptgruppen der Konsumtions- und der Produktionswirtschaften jeweils zwei Erscheinungsformen nachgewiesen. Hier wurden zum einen die privaten Haushalte den privatwirtschaftlichen Unternehmen gegenübergestellt. Zum anderen sind öffentliche Haushalte und öffentliche Unternehmen unterschieden worden. Wenn öffentliche Unternehmen sich dadurch auszeichnen, dass sie ganz oder in Teilen im Eigentum der öffentlichen Hand sind, dann tritt der öffentliche Bereich hier offensichtlich doppelt in Erscheinung. Der Staat, dem neben den öffentlich-rechtlichen Gebietskörperschaften des Bundes, der Länder und der Gemeinden auch die Sozialversicherungen zugerechnet werden, hat die Aufgabe der kollektiven Eigenbedarfsdeckung seiner Mitglieder. Hierzu bedient er sich neben seiner Verwaltung auch eingegliederten Regiebetrieben oder öffentlichen Unternehmen. Damit können die Wirtschaftseinheiten/ Einzelwirtschaften zunächst in **drei Sektoren** aufgeteilt werden, nämlich in private Haushalte, private Unternehmen und öffentliche Haushalte mit öffentlichen Unternehmen als staatlicher Bereich. Welche generellen Güterbeziehungen dabei gegeben sind, zeigt die folgende Abbildung B-II-1.

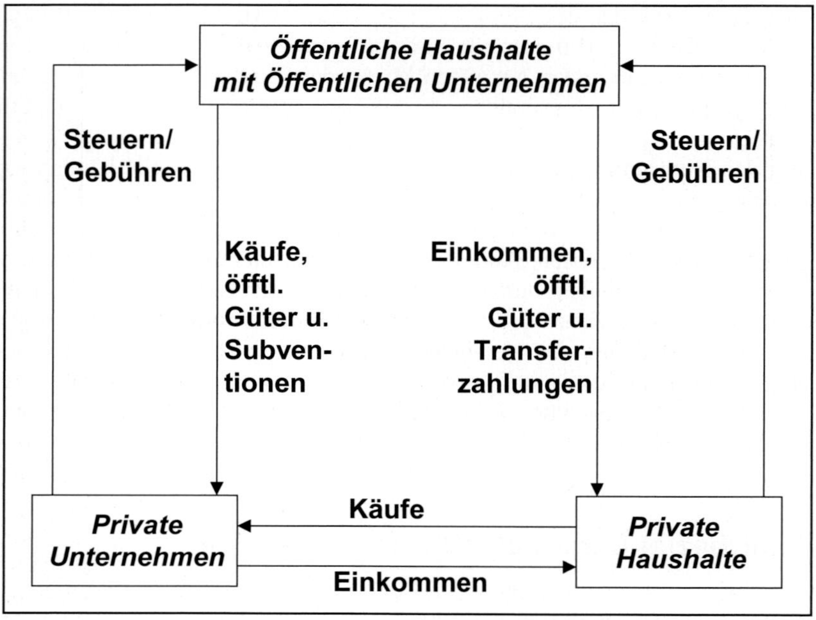


**Abb. B-II-1:** Prinzipdarstellung der Güterströme in einer Drei-Sektoren-Wirtschaft

Dieser Prinzipdarstellung ist zu entnehmen, dass die Haushalte bei den Unternehmen Käufe tätigen und von diesen als Arbeitgeber Einkommen, also Lohn oder Gehalt, beziehen. Haushalte und Unternehmen entrichten an den Staat vor allem Steuern (Haushalte direkte/ Unternehmen indirekte) und Gebühren. Von den öffentlichen Haushalten mit öffentlichen Unternehmen fließen Einkommen, öffentliche Güter (Bildungs-, Polizeiwesen etc.) und Transferzahlungen (z.B. Arbeitslosenunterstützung oder Bafög) zu den privaten Haushalten. Bei den privaten Unternehmen werden Käufe getätigt, diesen werden zugleich ebenfalls öffentliche Güter bereitgestellt und im Einzelfall Subventionen gezahlt.

Bei näherer Betrachtung dieser Verbindungen ist festzustellen, dass hier jeweils eine Reduktion auf die beziehungstypische Kennzeichnung vorgenommen wird. Mit jedem Pfeil werden Austauschverhältnisse benannt, deshalb ist korrekterweise immer eine Doppelverbindung einzutragen. Und wenn vom staatlichen Bereich zu den privaten Haushalten und Unternehmen jeweils eine Doppelnennung erfolgt, dann ist auch diese aufzugliedern. Auf der Basis dieses Grundrasters werden die gesamtwirtschaftlichen Güterbeziehungen in der nächsten Abbildung B-II-2 detaillierter wiedergegeben.

In dieser Abbildung wird der Staat zweimal aufgeführt, dies hat vor allem darstellungstechnische Gründe. Eine Aufteilung nach öffentlichen Haushalten mit öffentlichen Unternehmen ist dabei nicht ohne Weiteres durchzuführen, was auch durch das Wort „mit“ zum Ausdruck kommt. Es kann aber festgehalten werden, dass der rechte obere und der linke untere Bereich den Staat eher als Arbeitgeber und Abnehmer zeigen, während er in den übrigen Bereichen vor allem als Ersteller öffentlicher Leistungen und als Gewährer von Ausgleichszahlungen in Erscheinung tritt.

In der Abbildung werden die Güterströme für eine **stationäre Wirtschaft ohne Auslandsaktivitäten** aufgezeigt. Zur Verdeutlichung der grundsätzlichen Zusammenhänge wird dies für ausreichend erachtet. Auf die Darstellung von Kapitalsammelstellen (Banken, Sparkassen, Versicherungen) sowie des Auslandes wird deshalb verzichtet.

- Gegenüber der vorangegangenen Prinzipdarstellung werden jeweils beide Seiten der Wirtschaftsbeziehungen zwischen den Sektoren dargestellt. Beginnend mit den **privaten Haushalten** ist so als **(1a)**/ **(1b)** eingetragen, dass diese gegenüber den **privaten Unternehmen** das immaterielle Realgut ($R_i$) der Arbeits- oder Unternehmerleistung erbringen und hierfür das Nominalgut Geld in Form von Lohn/ Gehalt aus unselbstständiger Tätigkeit oder Einkommen aus selbstständiger Tätigkeit (Unternehmerlohn) erhalten. Die privaten Unternehmen bieten den privaten Haushalten mit dem Strom **(2a)**/ **(2b)** materielle (Konsumgüter) und immaterielle (Dienstleistungen) Realgüter ($R_{m+i}$) an und erhalten im Gegenzug dafür wieder Nominalgüter im Wert der bezahlten Preise.
- Zusätzlich zur einfachen Darstellung sind in B-II-2 auch die **Eigenumläufe bei den einzelnen Sektoren** enthalten. So werden im Bereich der **privaten Unternehmen** über die verschiedenen Wirtschaftsstufen hinweg Produktions- bzw. Investitionsgüter sowie industrielle Dienstleistungen (Gebäudeservice, Entwicklungs- und Beratungsleistungen usw.) gehandelt ($R_{m+i}$ **(3a)**/ **(3b)**), für die Preise (N) zu zahlen sind. Diese Transaktionen laufen über den Markt als offiziellen Ort des Austausches von Angebot und Nachfrage.
  Bei den **privaten Haushalten** ist dieses in der Beziehung **(4a)**/ **(4b)** nicht so. Arbeitsleistungen ($R_i$), vielleicht in Nachbarschaftshilfe zum Bau einer Garage erbracht, oder aber Schwarzarbeit von nebenberuflich tätigen Baukolonnen zum Bau ganzer Häuser, sowie Dienstleistungen (z.B. im „privaten Friseursalon“) oder auch einfache Konsumgüter ($R_m$) werden mit Entgelten oder Preisen (N) bezahlt, ohne dass diese Leistungen über den offiziellen Markt gehandelt werden. Diese Schattenwirtschaft ist damit nicht von der volkswirtschaftlichen Gesamtrechnung erfasst, aus ihr fließen keine Steuern und Gebühren, und so kann hierauf bezogen beispielsweise auch kein sozialversicherungsrechtlicher Schutz bestehen.
- Der **Staat** tritt mit **(5a)**/ **(5b)** zum einen als Arbeitgeber auf. Für ihre Arbeitsleistung ($R_i$) erhalten die **privaten Haushalte** wiederum Lohn oder Gehalt (N). Zum anderen kauft der Staat in **(6a)**/ **(6b)** Investitions-, Verbrauchs- und auch Konsumgüter (zur Ausrüstung und zur Verpflegung seiner Bediensteten) sowie Dienstleistungen von den **privaten Unternehmen** ($R_{m+i}$). Zum dritten und vierten erfüllt er in **(7a)**/ **(7b)** und **(8a)**/ **(8b)** seine Umverteilungsaufgabe zur Befriedigung von Kollektivbedürfnissen, indem er Steuern und Gebühren (N) erhebt und dafür **öffentliche Güter** ($R_{m+i}$), wie die Rechts- und Wirtschaftsord-

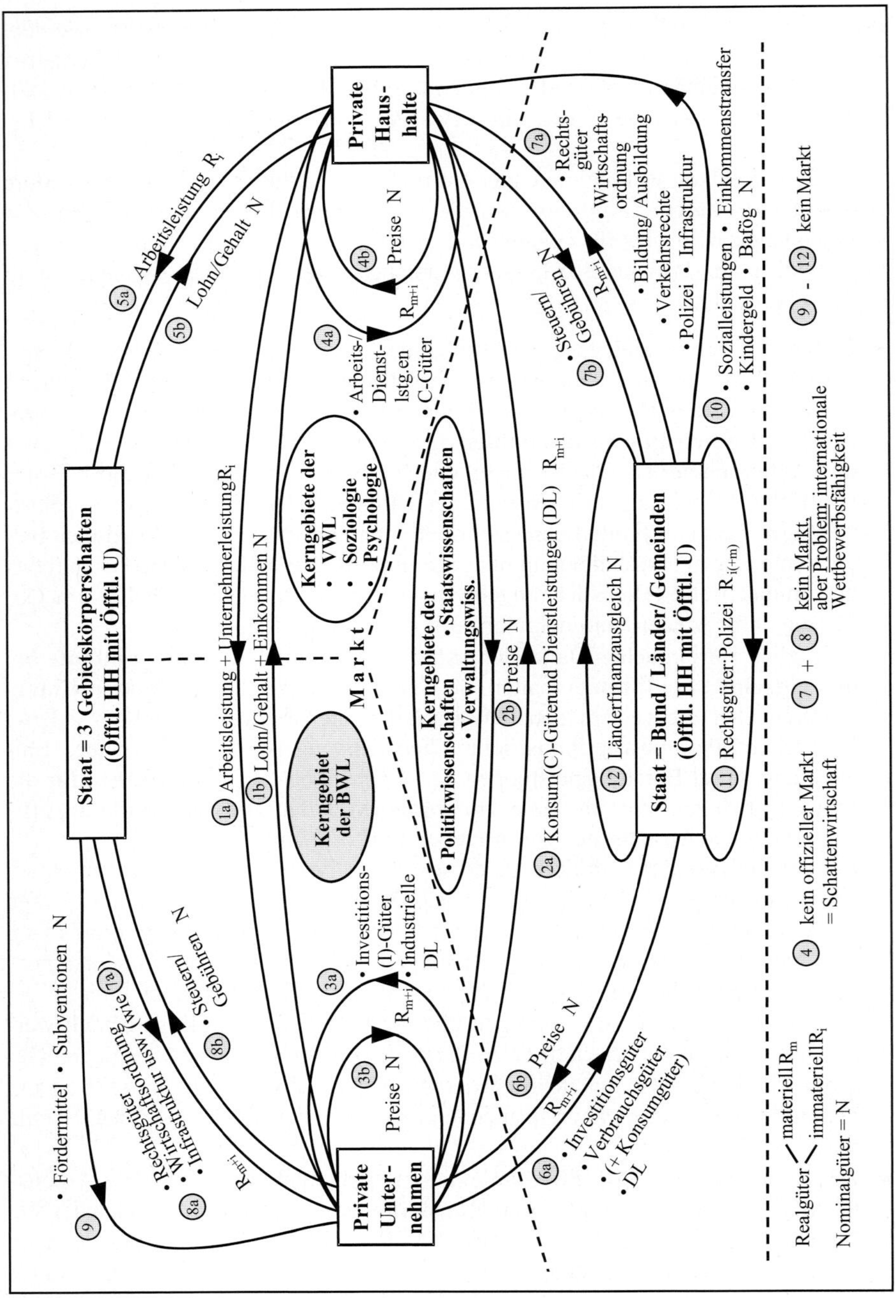


**Abb. B-II-2:** Gesamtwirtschaftliche Güterbeziehungen (ohne Vermögensänderung und Ausland)

nung, das Bildungs-/Ausbildungswesen, Verkehrsrechte, das Polizeiwesen und die Infrastruktur, bereitstellt. Hinzu kommen im Einzelfall mit **(9)** noch **Subventionen** oder **Fördermittel** (N) an die Unternehmen und mit **(10) Transferleistungen** an die Haushalte (N), wie z.B. Sozialleistungen, Kindergeld oder Bafög. Hinsichtlich des **Eigenumlaufes beim Staat** werden einerseits Realgüter unter den Gebietskörperschaften ausgetauscht, hier ist etwa an Polizeileistungen zu denken **(11)**. Andererseits ist hier beispielhaft auch der Länderfinanzausgleich zu nennen **(12)**.

Der Bereich **(4a)**/ **(4b)** wurde bereits als **Nicht-Markt-Bereich** gekennzeichnet. Für die Bereiche **(7)** bis **(10)** und auch für den Eigenumlauf des Staates gilt das Entsprechende. Mit anderen Worten werden die dort gelieferten Leistungen und die stattfindenden Austauschbeziehungen nicht immer und in vollem Maße nach ökonomischen Prinzipien durchgeführt. Im Hinblick auf die Bereiche **(7)** und **(8)** ist dabei noch gesondert zu bedenken, dass ein hoher öffentlicher Leistungsstandard über hohe Steuern und Abgaben **direkte Einwirkungen auf ein Land als Wirtschaftsstandort** hat. Sind diese Bedingungen unattraktiv, so werden kaum ausländische Unternehmen investieren und inländische Unternehmen werden vermehrt ihren Standort in das Ausland verlagern. Dies hat zur Folge, dass dann statt Produkten und Dienstleistungen vor allem Arbeitsplätze exportiert würden.

Als Rückbezug zu früheren Ausführungen über Nachbardisziplinen der Betriebswirtschaftslehre enthält die Abbildung B-II-2 noch einige abschließende Kennzeichnungen. Da der Markt den ökonomischen Ort des Austausches von Leistungen bildet, wurde er hier – in einer vereinfachten Darstellung – in der Mitte der Grafik eingetragen. Die Wirtschaftswissenschaften befassen sich mit ihm direkt und alle weiter eingetragenen Disziplinen zumindest indirekt mit seinen Phänomenen. Die Betriebswirtschaftslehre tut dies aus einer unternehmensbezogenen Perspektive, und deshalb ist sie auf der linken oberen Seite eingetragen. Die **Volkswirtschaftslehre** hat neben den Unternehmen und dem Staat zusätzlich die privaten Haushalte stärker im Blick als die Betriebswirtschaftslehre. Letzteres gilt auch für die **Soziologie** und die **Psychologie**, deshalb sind diese Wissenschaften auf der rechten oberen Seite eingeordnet. Öffentliche Haushalte sind in ihrer Funktion als kollektive Versorgungsinstitutionen traditionell Gegenstand von **Politik-, Staats- oder Verwaltungswissenschaft**. Von daher sind diese im unteren Feld der Abbildung und damit näher an einem der beiden abbildungsbedingt getrennten „Staatsblöcke“ notiert. Mit der Diskussion über eine Steigerung der Leistungsfähigkeit öffentlicher Verwaltungen und der zunehmenden Deregulierung von früher öffentlichen, also keinem Marktmechanismus unterworfenen Märkten ist allerdings festzuhalten, dass zwischen diesen Disziplinen und der Betriebswirtschaftslehre **immer größere Überschneidungsbereiche** gegeben sind.

## III. Literaturhinweise zum Kapitel B

### *Zu B.I. Arten von Wirtschaftsgütern:*

Bea/Friedl/Schweitzer (2006); Busse von Colbe/Laßmann (1991); Engelhardt/ Kleinaltenkamp/Reckenfelderbäumer (1993); Galbraith (1958/1959); Gleeson (1999); Korndörfer (2003); Kosiol (1968); Kosiol (1972); Meffert/Bruhn (2005); Schierenbeck (2003); Stüdemann (1993); Thommen/Achleitner (2006); Töpfer/Duchmann (2000); Woll (2003)

### *Zu B.II. Güterbeziehungen als Wirtschaftsströme:*

Hübl/Meyer/Rebeggiani (2003); Kosiol (1968); Kosiol (1972); Schierenbeck (2003); Seidel/Temmen (2003); Stobbe (1972); Wöhe/Döring (2005); Woll (2003)

# Kapitel C
# Personelle und rechtliche Struktur des Unternehmens

**– Welche Anspruchs- und Interessengruppen steuern oder beeinflussen das Unternehmen? –**

**– Welche Rechtsformen sind für Unternehmen wichtig? –**

## I. Unternehmensträger

Mit welchen Personengruppen stehen Unternehmen in Beziehung? Was sind Unternehmensträger? Was kennzeichnet Anspruchs-, was Interessengruppen? Welche theoretischen Hintergründe hat das Unternehmensträger-Konzept? Welche Beiträge leisten die verschiedenen Bezugsgruppen für das Unternehmen und welche Gegenleistungen erwarten sie dafür? Wie kann ein Unternehmen diese Beziehungen über die Zeit stabilisieren? Welche Anforderungen stellt die Corporate Governance an Unternehmen, und welche Auswirkungen hat sie auf die Organisation, Steuerung und Kontrolle von Unternehmen?

### 1. Unternehmensträger als Anspruchs- und Interessengruppen von Unternehmen – Einordnung und Überblick

Im Kapitel B standen die Wirtschaftsgüter als „gegenständliche Elemente" und damit als Objekte im Prozess der Leistungserstellung und -verwertung im Vordergrund der Ausführungen. Als Einsatz- und Produktionsfaktoren sowie als absatzreife Produkte und Leistungen stellen diese die „Bindeglieder" im fortwährenden wirtschaftlichen Kreislauf dar.

Im Mittelpunkt der folgenden Ausführungen stehen demgegenüber die das Wirtschaftsgeschehen tragenden Menschen. Damit geht es jetzt also um die **Akteure** als **Subjekte des Wirtschaftsprozesses**. Entsprechend unserer betriebswirtschaftlichen Programmatik, menschliches Handeln und Verhalten im ökonomischen, sozialen, technischen und ökologischen Zusammenhang von Betrieben/

Unternehmen mit Bezug auf Individuen und Gruppen zu untersuchen, gehen wir nun der Frage nach, mit welchen **Personengruppen** ein Unternehmen in Beziehung steht und wie deren Einfluss auf die Unternehmenstätigkeit jeweils zu bewerten ist.

Hierbei sind in einer ersten Abgrenzung Beziehungen innerhalb eines Unternehmens von denen mit seiner Umgebung zu unterscheiden. Bezogen auf das **Insystem**, das Innere eines Unternehmens, lassen sich in unserer markt- und damit privatwirtschaftlichen Wirtschaftsordnung **Eigentümer**, **Manager** und **Arbeitnehmer** als **interne Anspruchsgruppen** abgrenzen (hierzu Abb. C-I-1).

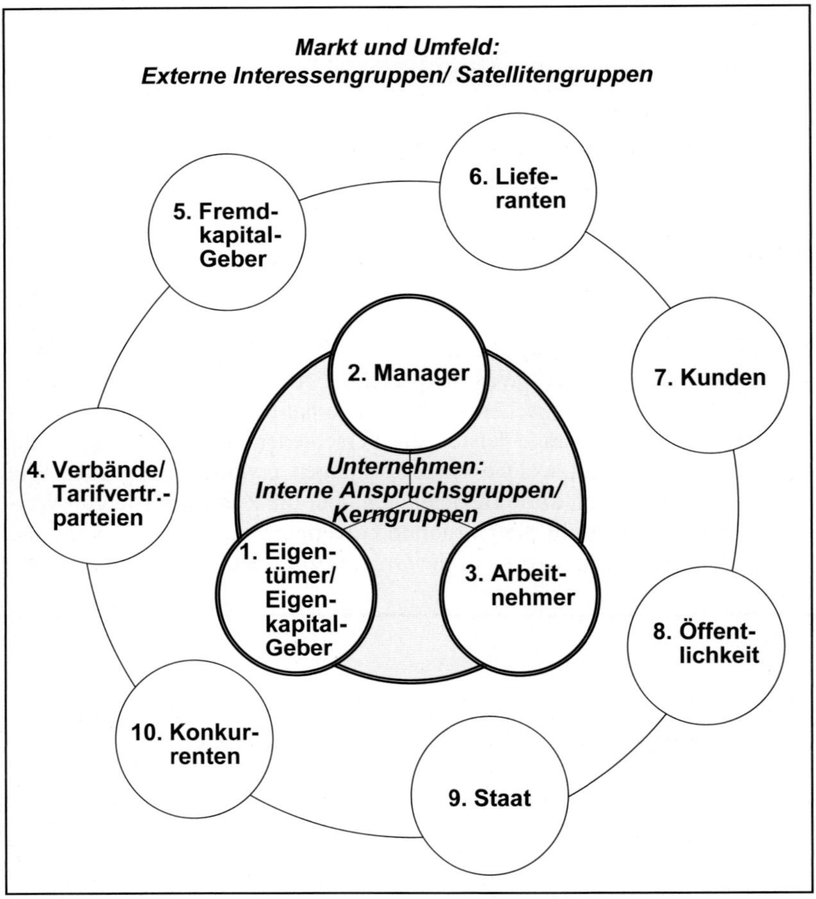


**Abb. C-I-1:** Anspruchs- und Interessengruppen von Unternehmen

Für das **Umsystem** eines Unternehmens, also dessen Beschaffungs- und Absatzmärkte sowie sein gesellschaftliches Umfeld, kann eine ganze Reihe von Gruppen identifiziert werden, von denen ein Einfluss auf das Unternehmen ausgeht. Wir unterscheiden hier **Verbände als Tarifvertragsparteien, Fremdkapi-**

**tal-Geber, Lieferanten, Kunden, Öffentlichkeit und Staat sowie Konkurrenten**. Die Beziehung dieser Gruppen zum Unternehmen sind allerdings nicht von einer so direkten Art wie bei den internen Anspruchsgruppen. Deshalb sprechen wir bei den externen Bezugsgruppen von **Interessengruppen**. Nach diesem Überblick zur Abgrenzung der drei Anspruchsgruppen und sieben Interessengruppen gehen wir zunächst kurz auf wesentliche hierauf bezogene theoretische Entwicklungen ein. Dabei wird auch die weitere Unterscheidungskennzeichnung von Kern- und Satellitengruppen erläutert.

Einen guten Zugang zum Thema unterschiedlicher Unternehmensträger bietet die von RALF-BODO SCHMIDT entwickelte These der **Instrumentalfunktion der Unternehmung,** nach der Unternehmen als Instrumente der an ihnen beteiligten oder auf sie einwirkenden Menschen zur Erreichung persönlicher Ziele angesehen werden. Dabei wird die Auffassung vertreten, die Ziele des Unternehmens lassen sich letztlich aus den Motiven und Überzeugungen der Unternehmensträger erklären. Die individuellen Motiv- und Bedürfnisklassen bilden den Hintergrund, vor dem zielsetzende und zielerreichende Entscheidungen in den Unternehmen durchgeführt werden.

Bei der großen Zahl von Personen oder Gruppen, die ein Unternehmen zur individuellen oder kollektiven Zielerreichung nutzen, wird es nur einem begrenzten und internen Kreis gelingen, bei der Verfolgung persönlicher Intentionen den Unternehmensprozess maßgeblich selbst zu lenken. Voraussetzung hierzu ist es, permanent oder auch nur fallweise auf unternehmenspolitische Entscheidungen einwirken zu können. Über das Vorliegen dieser Einwirkungsmöglichkeiten und deren tatsächliche Umsetzung begründet SCHMIDT die Trägerschaft an Unternehmen. Er sieht diese i.d.R. für Eigenkapitalgeber, Unternehmensleiter (Manager) und Arbeitnehmer – bei letzteren über die Mitwirkungs- und Mitbestimmungsregelungen – gegeben.

Der Begriff Unternehmensträger war bei SCHMIDT also auf die Gruppen beschränkt, bei denen durch unternehmensbezogene Verfügungs-, Lenkungs- oder Einwirkungsmöglichkeiten auch eine direkte Einflussnahme auf das Unternehmensgeschehen gegeben ist. Für weitere Interessengruppen bleibt die instrumentale Eigenschaft, individuelle Zielsetzungen durch den Bezug zu einem Unternehmen zu erreichen, bei dieser Abgrenzung prinzipiell bestehen. In dieser Weise werden bei SCHMIDT Fremdkapital-Geber, Lieferanten, Kunden, Konkurrenten, berufsständische und politische Organisationen, Gebietskörperschaften und öffentliche Institutionen behandelt, die mit jeweils spezifischen Interessenlagen einem Unternehmen gegenübertreten. Diese externen Gruppen haben – in teilweise geänderter Abgrenzung – Aufnahme in unsere mit der Abbildung C-I-1 wiedergegebene Klassifikation gefunden.

Es ist dabei möglich, dass solche externen Interessengruppen einen stärkeren Einfluss auf das Unternehmensgeschehen nehmen und so auch die Merkmale der Trägerschaft erfüllen. Beispielsweise können Lieferanten, aber auch Kunden oder Konkurrenten eine Kapitalbeteiligung zur Absatz- oder Beschaffungssicherung respektive zur Einflussnahme auf den Wettbewerber eingehen und würden so zusätzlich die Stellung von Eigenkapital-Gebern erlangen.

Die hier als Sammelbegriff für alle Interessengruppen verwendete Kennzeichnung **Unternehmensträger** deckt sich mit dem Anfang der 60er Jahre erstmals am STANFORD RESEARCH INSTITUTE, CALIFORNIA, formulierten Stakeholder-Konzept. Damals aus einem Wortspiel mit dem Begriff Stockholder (Aktionär) entstanden, wird Stakeholder heute als Oberbegriff für alle Bezugsgruppen von Unternehmen verwendet. Für die wichtige Gruppe der Eigenkapital-Geber respektive Anteilseigner hat sich dagegen mittlerweile der Begriff **Shareholder** durchgesetzt. Maßgeblichen Anteil an der Verbreitung des Stakeholder-Konzeptes hatte R. EDWARD FREEMAN mit seiner Publikation „Strategic Management: A Stakeholder Approach" aus dem Jahr 1984. Hieraus stammt auch die vielfach verwendete Kennzeichnung von **Stakeholdern** respektive Unternehmensträgern.

**Unternehmensträger** lassen sich unterscheiden nach **Shareholdern**, die Eigenkapital-Geber und damit Anteilseigner eines Unternehmens sind, sowie nach **Stakeholdern**, die mit einem Unternehmen in einer direkten oder indirekten (Austausch-)Beziehung stehen, Ansprüche oder Interessen geltend machen und als Individuen oder Gruppen die Ziele einer Organisation beeinflussen können oder von deren Zielerreichung betroffen sind.

Die Unterscheidung von **Kerngruppen** und **Satellitengruppen** geht auf EDMUND HEINEN zurück. Zur Erfassung betriebswirtschaftlicher Zielbildungsprozesse zieht er – ebenfalls in den 60er Jahren – eine Analogie zur Willensbildung in politischen Systemen. Diese bestehen aus verschiedenen Gruppierungen, deren Möglichkeiten zur Einflussnahme auf das System unterschiedlich stark ausgeprägt sind. Eine anerkannte **Befugnis zur Zielbildung** besitzen dabei so genannte Kerngruppen. Die übrigen Gruppierungen versuchen als Satellitengruppen, **Einfluss auf deren Entscheidungen** zu nehmen.

Die Überlegungen, welchen betriebswirtschaftlichen Fraktionen der Rang einer Kerngruppe zukommt, führen bei HEINEN naturgemäß zu ähnlichen Ergebnissen wie bei SCHMIDT: Eigentümern, geschäftsleitender Führungsgruppe und Belegschaft bzw. deren Vertretern wird der Kerngruppenstatus zuerkannt. Bei der Belegschaft gibt es gewisse Abstriche, da sie i.d.R. lediglich auf Mittelentscheidungen und damit auf die Ableitung von Maßnahmen, nicht aber auf oberste Zielentscheidungen einwirken kann. Zusätzlich nennt HEINEN noch Aufsichts- oder Verwaltungsräte, die im Auftrag der Eigentümer oder anderer Interessengruppen die Geschäftsführung überwachen und so ebenfalls Zentren der unternehmerischen Willensbildung sein können. Die letztgenannten, i.d.R. eigentümerdominierten Kontrollgremien grenzen wir in unserer Prinzipdarstellung interner Anspruchsgruppen nicht gesondert ab; auf Bestimmungen zu ihrer Bildung und ihre Funktion gehen wir im nächsten Unterkapitel C.II. im Zusammenhang mit den Darstellungen zu kapitalgesellschaftlichen Rechtsformen ein.

Wenn HEINEN – hinsichtlich der Zusammenarbeit in und der Ziele von Betrieben/ Unternehmen – das Koalitionsmodell der entscheidungsorientierten Betriebswirtschaftslehre anführt, dann ergeben sich Querverbindungen zu **koalitionstheoretischen Ansätzen** aus dem englischen Sprachraum. So findet sich die Vorstellung, Organisationen als Koalitionen aller an ihr partizipierenden Gruppen aufzufassen, bereits in einer Veröffentlichung von CHESTER I. BARNARD aus dem Jahr 1938.

Auf dieser Basis wurde von JAMES G. MARCH, HERBERT A. SIMON und RICHARD M. CYERT in den Jahren 1958 und 1963 eine erweiterte **Anreiz-Beitrags-Theorie** vorgelegt. Während BARNARD bereits die Teilnahmeentscheidung von Mitgliedern unterschiedlicher Interessengruppen analysiert hatte, geht es hier zusätzlich um Entscheidungen der Kerngruppen von Organisationen/ Unternehmen, wie sie Beiträge zur Unterstützung der Zielerreichung leisten, sowie außerdem um eventuelle Austrittsentscheidungen. Als Credo dieses häufig auch nur mit den beiden Autoren CYERT und MARCH belegten Ansatzes lässt sich festhalten, dass zwischen den von einer Organisation ausgehenden **Anreizen** zu Beitritts- und Beitragsentscheidungen und den geleisteten **Beiträgen** der Interessenten/ Teilnehmer ein **Gleichgewichtszustand** herzustellen und aufrechtzuerhalten ist. Bezogen auf die einzelnen Individuen als Mitglieder von Unternehmensträger-Gruppen ist dieser dann erreicht, wenn deren primäre Interessen durch die gebotenen materiellen oder immateriellen Anreize erfüllt werden können und eine hierauf bezogene individuelle Bewertung ihrer Beiträge für den Bestand und die Entwicklung eines Unternehmens positiv oder wenigstens gerade gleich ausfällt.

Die Möglichkeiten der **Einflussnahme von Satellitengruppen** auf die Kerngruppen beschreibt HEINEN mit den Alternativen der **Koalition** oder der **Kooptation**. Im ersten Fall findet eine Erweiterung der Kerngruppe um eine oder mehrere Satellitengruppen statt. Dies ist beispielsweise bei den bereits thematisierten Kapitalverflechtungen mit Lieferanten, Kunden oder Konkurrenten gegeben. Auch innerhalb der oben abgegrenzten Kerngruppen können solche Erweiterungen vorkommen. So kann es z.B. bei einer Unternehmenskrise geschehen, dass die Mitglieder des Aufsichtsrats an den Vorstandssitzungen teilnehmen. Damit hätte die Geschäftsleitung ihre Eigenständigkeit eingebüßt. Im zweiten Fall, der Kooptation, ordnen Satellitengruppen Mitglieder in die Kerngruppe ab. Hierzu kann genannt werden, dass beispielsweise Banken als Fremdkapital-Geber einen Aufsichtsratssitz erhalten.

Die bislang skizzierten organisationsbezogenen Konzepte stellen **Erklärungsansätze** dar, bei denen die Abgrenzung der verschiedenen Bezugsgruppen mit unterschiedlichen Interessenlagen sowie die Offenlegung dabei gegebener Konfliktkonstellationen im Mittelpunkt stehen. Teilnahme- bzw. Beitrittsüberlegungen oder Austrittsentscheidungen von Einzelpersonen werden dem ökonomischen Prinzip folgend als Beitrags-Anreiz-Abwägungen und damit als Ergebnisse individueller **Kosten-Nutzen-Schätzungen** abgebildet. Insgesamt werden Unternehmen auf diese Weise in erster Linie als Zweckverbände charakterisiert, mit denen die Mitglieder der verschiedenen Bezugsgruppen eigene Interessen zur Erreichung persönlicher Ziele verfolgen.

Spätestens ab etwa 1980 wurde in den meisten Wirtschaftszweigen entwickelter Gesellschaften eine **Käufermarktsituation** erreicht. Wie bereits in A.I.3. angesprochen, haben die Käufer als Nachfrager mehrere Wahlmöglichkeiten auf der Anbieterseite und dominieren so die Angebots- und Nachfragesituation. Bei der damit einhergehenden generell zunehmenden Wettbewerbsintensität sowie einem durch die Globalisierung steigenden Außendruck wurden die Spielräume für eine erfolgreiche Weiterentwicklung der Unternehmen deutlich enger. In dieser Situation bekommen verhaltenswissenschaftliche Konstrukte, wie individuelle Werthaltungen, soziale Normen und persönliche Einstellungen, im Zusammenhang mit einer **normativen Koordination** ein größeres Gewicht bei der wissenschaftlichen Analyse und praktischen Gestaltung der Innen- und Außenbeziehungen von Unternehmen.

Vor allem bezogen auf die internen Anspruchsgruppen sind die Ansätze der **Unternehmensphilosophie** und der **Unternehmenskultur** (siehe dazu D.I.1. und F.II.3.) zu nennen. Bei den Versuchen der Unternehmen, einen hohen Konkurrenzdruck zu reduzieren, wird in Einzelfällen die Grenze des für alle Beteiligten positiven Leistungswettbewerbes überschritten. So können bei hoher Wettbewerbsintensität zusätzliche Interessenkonflikte innerhalb der Kerngruppen und mit Auswirkungen auf die Satellitengruppen von Unternehmen auftreten. Dem Themenfeld einer ethischen Verantwortung von Unternehmen im gesamtgesellschaftlichen Kontext widmen sich ab etwa 1990 Ansätze der **Unternehmensethik**.

Mit der Sichtweise, Unternehmen als **Zweckverbände** von Mitgliedern aus verschiedenen Bezugsgruppen anzusehen, ist die Programmatik eines Ausgleichs der unterschiedlichen Interessenlagen verbunden. Wenn bei der Koordination der Unternehmensbeziehungen zusätzlich auf Werte, Normen und Einstellungen als vorgelagerte Interessen-Komponenten abgehoben wird, dann geht es jetzt über einen Interessenausgleich hinaus um eine **Interessenharmonisierung**. Neben die Auffassung von Unternehmen als Zweckverbänden tritt nun die Vorstellung von Unternehmen als **Sinngemeinschaften**.

Unter dem Blickwinkel der Entwicklung zu wettbewerbsintensiven Märkten ist die dargestellte Erweiterung in der betriebswirtschaftlichen Analyse und Gestaltung in Richtung einer „normativen Koordination" schlüssig. Eine erfolgreiche Nutzung der wettbewerbsinduziert kleineren Spielräume durch die Unternehmen wird nur mit Engagement und Überzeugung aller Kerngruppen sowie mit einem insgesamt geklärten und möglichst positiven Verhältnis zu den Satellitengruppen gelingen können.

Der **Ursachen-Wirkungs-Zusammenhang**, der verhaltenswissenschaftliche Konstrukte einbezieht und gemeinsame Überzeugungen, Werthaltungen sowie Verhaltensnormen aller Mitglieder von Unternehmen und eine klare umfeldbezogene Verhältnisbestimmung für eine positive Unternehmensentwicklung fördert, weist eine hohe Plausibilität auf. Bei dessen technologischer, also gestaltungsbezogener Anwendung zeigt sich allerdings, dass die angesprochenen weichen Faktoren des Verhaltens i.d.R. nicht einfach und schnell zu gestalten sind. Hier bedarf es einer grundsätzlich offenen Information und Kommunikation sowie vor allem partizipative Instrumente im Rahmen der Personalführung. Werthaltungen müssen von den maßgeblichen Personen in den Anspruchsgruppen vorgelebt werden.

Unter Berücksichtigung der vorstehend gegebenen Einordnungen erfolgen in den nächsten beiden Abschnitten **generalisierende Darstellungen** zu den **Kern- und Satellitengruppen** von Unternehmen. Dabei wird jeweils den Fragen nachgegangen „Wer? ... gibt was? ... und will was dafür bekommen bzw. damit erreichen?" Darüber hinaus wird die Frage thematisiert, „Was tut das Unternehmen dafür, um diese Beziehungskonstellation aufrechtzuerhalten?" Antworten zu diesen

Einzelkomplexen werden in Form von Unternehmensträger-Profilen zusammengestellt und kurz kommentiert (siehe als erste Darstellung hierzu Abb. C-I-2).

Bei diesen Profilen wird in der Position **„① Wer?“** zunächst eine nähere Charakterisierung der Mitglieder einer Unternehmensträger-Gruppe vorgenommen. Unter **„② ... gibt was?“** werden deren Beiträge als Leistungen für das Unternehmen und seine Entwicklung dargestellt. Hierauf bezogen wird bei **„③ ... will was dafür?“** aufgeführt, welche primären Interessen die Mitglieder einer Unternehmensträger-Gruppe haben respektive welche unternehmensseitig gegebenen Anreize diese für eine Beteiligung am oder ein Engagement im Unternehmen sehen.

Mit der Rubrik **„④ Was tut das Unternehmen dafür?“** enthalten die Profile zu den einzelnen Unternehmensträger-Gruppen zusätzlich ein dynamisches Moment, das durch das mehr oder weniger starke Erfüllen von Erwartungen gekennzeichnet ist. Die Stabilisierung der Beziehungen zu den Mitgliedern der Anspruchs- und Interessengruppen hat zunächst über den Ausgleich von Beiträgen sowie Interessen respektive Anreizen zu geschehen. Also: Personen leisten Beiträge für Unternehmen und erwarten die Erfüllung in Aussicht gestellter Anreize. Im Hinblick auf diese materiellen oder immateriellen Gegenleistungen der Unternehmen ist die **Übereinstimmung erwarteter und erfüllter Anreize** auf Dauer sicherzustellen. Hier setzen die in der vierten Profil-Rubrik verdeutlichten Verhaltenskonsequenzen und -parameter der Unternehmen an: Mit dem Ziel, langfristig stabile Beziehungen zu erreichen, wird aufgezeigt, wie das Verhältnis zur Bezugsgruppe von Seiten der Unternehmen weiter gestärkt und gefestigt werden kann, um auf diese Weise die Anreizsituation über die Zeit aufrechtzuerhalten. Dabei wird außerdem dargelegt, welche Ausrichtung des Gesamtunternehmens das Erreichen dauerhaft tragfähiger Beziehungen zu der jeweiligen Unternehmensträger-Gruppe fördert. Die Argumentationen zu dieser vierten Rubrik basieren naturgemäß auf einem gegenwärtigen Erfahrungs- sowie Kenntnis- und Gestaltungsstand betriebswirtschaftlicher Phänomene. Dabei ist nicht auszuschließen, dass in einer späteren Zeit eventuell andere, weiterreichende Ursachen-Wirkungs-Zusammenhänge die Grundlage für eine veränderte Verhältnisbestimmung gegenüber den Unternehmensträgern bilden.

Bei dem auf verschiedene „Reichweiten“ bezogenen Aufbau der Unternehmensträger-Profile war das generelle Ziel, der Vielschichtigkeit und Dynamik des gesamten Beziehungsgefüges zu internen Anspruchs- und externen Interessengruppen angemessen Rechnung zu tragen. Leistung und Gegenleistung werden dabei nicht exakt und alle Eventualitäten berücksichtigend einmalig festgelegt werden können. In einer Entsprechung zur Terminologie des maßgeblich von OLIVER E. WILLIAMSON begründeten **Transaktionskostenansatzes** kann bei den Einzelbeziehungen vielmehr von **relationalen Verträgen** als langfristigen und komplexen, in der Zukunft noch ausfüllungsbedürftigen Konstellationen ausgegangen werden, bei denen auch gemeinsame Überzeugungen eine wichtige Rolle spielen. Mit dem Transaktionskostenansatz erfolgt eine Unterscheidung von Märkten und Hierarchien als idealtypischen Koordinationsformen im Hinblick auf eine effiziente Leistungserstellung, und abhängig von unterschiedlichen Situationsmerkmalen werden auf dieser Basis eine Reihe von Zwischenformen herausgearbeitet. Im Rahmen dieses betriebswirtschaftlichen Grundlagenbuches wird hierauf nicht im Einzelnen eingegangen; in F.III.5. kommen wir noch einmal auf den Ansatz von WILLIAMSON zurück. Hinsichtlich der Beziehungen von Unternehmen zu ihren Anspruchs- und Interessengruppen kann über den Begriff des relationalen Vertrages aber die Querverbindung zum volkswirtschaftlichen Programm des Neuen Institutionalismus bzw. der Institutionenökonomie und seinem/ihrem wichtigen Zweig des Transaktionskostenansatzes aufgezeigt werden.

## 2. Interne Anspruchsgruppen als Kerngruppen von Unternehmensträgern

### *a. Eigentümer/ Eigenkapital-Geber*

In unserem wesentlich von der liberalen Rechtsidee der Privatautonomie geprägten Zivilrecht wird zwischen Besitz und Eigentum unterschieden. Nach den Vorschriften des **Bürgerlichen Gesetzbuches** (BGB) zum Sachenrecht ist unter **Besitz** die tatsächliche Sachherrschaft zu verstehen (§§ 854 ff. BGB), während **Eigentum** als dingliches Vollrecht die umfassende rechtliche Herrschaft über eine Sache bedeutet (§§ 903 ff. BGB).

Das Eigentum an Unternehmen, also die rechtliche Verfügungsgewalt über solche sozialen, technischen und ökonomischen Einheiten zur Leistungserstellung und –verwertung, dokumentiert sich in **Unternehmensbilanzen** über deren **(rechte) Kapital- respektive Passivseite**. Hier werden stichtagsbezogen – i.d.R. zum 31.12. eines Jahres – alle Mittel, die einer Wirtschaftseinheit zur Verfügung gestellt wurden, zusammengestellt und bewertet (Mittelherkunft). Dies erfolgt als Gegenposition zur in der Wertsumme gleich hohen **(linken) Vermögens- respektive Aktivseite**, welche die Bewertungen aller Bestände an Vermögensgütern umfasst (Mittelverwendung). Im Rahmen der laufenden Geschäftstätigkeit kommt es naturgemäß ständig zu Bewegungen bei den Wertpositionen, aus denen sich zum Bilanzstichtag dann die Realisation von Gewinnen oder Verlusten als Mehrwerten oder als Wertverzehr ergibt. Hiermit kommt es zu einer Anpassung der gesamten Bilanz gegenüber dem vorangegangenen Stichtag, die insbesondere auf der Passivseite für die Kapitaleigentümer bedeutend ist. Unter der Voraussetzung, dass sich die Fremdkapital-Positionen in ihrer Höhe nicht verändert haben, gilt: Bei **Gewinnen** wird die Bilanz „verlängert", da sich der Wert des Kapitals und damit auch die Bilanzsumme erhöht haben. Bei **Verlusten** „schrumpft" die Bilanz, und damit ist Kapital – in Teilen oder schlimmstenfalls ganz – vernichtet worden (siehe hierzu auch C.II.4.a.).

Zusätzlich können auch die Wertansätze selbst – insbesondere bei den Bestandsbewertungen auf der Aktivseite – im Zeitverlauf Änderungen unterliegen. Damit wird klar, dass mit der korrespondierenden Passivseite einer Bilanz letztlich **abstrakte Wertansprüche** ausgewiesen werden. In diesem Sinne erfolgte bereits in B.I. die generelle Definition von Kapital als **abstrakter Vorrätigkeit** bestandsfähiger Vermögenswerte bzw. dort Wirtschaftsgüter.

Für unsere Einordnung zum Eigentum an Unternehmen ist die Frage wichtig, von wem einem Unternehmen Kapital zur Verfügung gestellt worden ist. In dieser Hinsicht wird zwischen **Eigen- oder Inhaberkapital** und **Fremd- oder Gläubigerkapital** unterschieden. Gewinne und Verluste entfallen auf das Eigenkapital bzw. sind von ihm zu tragen. An diesen Wertveränderungen sind Fremdkapital-Geber (Gläubiger) nicht beteiligt. Diese stellen einem Unternehmen i.d.R. gegen Zahlung zuvor vereinbarter Zinsen zeitlich begrenzt Mittel zur Verfügung.

**(1) Arten von Eigentümern/ Eigenkapital-Gebern**

Nach diesen grundlegenden Begriffsklärungen können wir die Zusammensetzung unserer ersten internen Anspruchsgruppe und damit Rubrik ① des entsprechenden Unternehmensträger-Profils (hierzu Abb. C-I-2) wie folgt klären: Wenn wir **Eigentümer** von Unternehmen als wesentliche Kerngruppe abgrenzen und sich deren Verfügungsmacht maßgeblich daran knüpft, einem Unternehmen haftendes Eigenkapital zur Verfügung zu stellen, dann sind über den allgemeinen Sprachgebrauch hinausgehend auch die Geber von **Eigenkapital-Anteilen** dieser Gruppe zuzurechnen. Dazu gehört also nicht nur der Eigentümer-Unternehmer einer **Einzelfirma**, der sein gesamtes Eigenkapital alleine hält. Hier sind darüber hinaus auch die verschiedenen Kapitaleigentümer bei **Personengesellschaften** sowie die Anteilseigner respektive Shareholder bei **Kapitalgesellschaften** einzubeziehen. Mit zunehmender Anzahl von Eigenkapital-Gebern nehmen deren Möglichkeiten, den Geschäftsverlauf eines Unternehmens maßgeblich zu beeinflussen, ab. Aus einer generellen Perspektive wird hierauf im folgenden Unterabschnitt eingegangen, und in Unterkapitel C.II. erfolgen dazu bei den Darstellungen der jeweiligen Rechtsformen weitere Erläuterungen.

**(2) Beiträge der Eigentümer/ Eigenkapital-Geber**

Aus den einführenden Erläuterungen zur Kerngruppe Eigentümer/ Eigenkapital-Geber lassen sich bereits deren wesentliche Beiträge als Leistungen für das Unternehmen und seine Entwicklung erkennen, die in Rubrik ② der Abbildung C-I-2 eingetragen sind: Die Eigentümer und Eigenkapital-Geber überlassen einem Unternehmen für dessen Geschäftszwecke Kapital oder Kapital-Anteile und gehen dabei auch das Risiko eines Verlustes der zur Verfügung gestellten Mittel ein. Diese werden i.d.R. als Geldmittel zur Verfügung gestellt, die Einbringung von Sachmitteln und eine dementsprechende Kapital-Gutschrift ist aber bei Personen- und auch bei Kapitalgesellschaften prinzipiell möglich.

**(3) Primärinteressen der Eigentümer/ Eigenkapital-Geber**

Welche Erwartungshaltungen haben Eigentümer und Eigenkapital-Geber an Unternehmen, denen sie Eigenkapital überlassen haben? Welche Anreize müssen Unternehmen bieten, um für eine Beteiligung von Kapitalanlegern interessant zu sein? Wesentliche Punkte hierzu sind in Rubrik ③ der Abbildung C-I-2 zusammengestellt:

- Eigentümer und Eigenkapital-Geber werden vor allem einen zumindest mittel- und langfristig **erfolgreichen Unternehmensverlauf** und damit die **Erzielung guter Gewinne** erwarten. Zuweilen wird aus einer offensichtlich systemkritischen Position heraus gefragt, „Sind Gewinne überhaupt notwendig?" Hierzu ist bei diesem und dem nächsten Punkt aus zwei unterschiedlichen Perspektiven zu antworten:

| | |
|---|---|
| ① Wer? | *Interne Anspruchsgruppe/ Kerngruppe*: Eigentümer-Unternehmer, Kapitaleigentümer, Eigenkapital-Geber (Anteilseigner, Shareholder; z.B. Gesellschafter einer GmbH oder Aktionär einer AG) |
| ② ... gibt was? | *Beiträge* als *Leistungen* der Kerngruppe Eigentümer für das Unternehmen und seine Entwicklung:<br>– Kapitalüberlassung mit Risiko des Kapitalverlustes |
| ③ ... will was dafür? | *Primäre Interessen/ Anreize* der Kerngruppe Eigentümer für eine Beteiligung am oder ein Engagement im Unter-Unternehmen:<br>– Unternehmenserfolg/ Gewinn<br>– Verzinsung der Einlage<br>– Erhaltung und Wertsteigerung des investierten Kapitals<br>– Fortbestand des Unternehmens<br>– Publizität<br>– Einfluss/ Macht |
| ④ Was tut das Unternehmen dafür? | *Verhaltenskonsequenzen und -parameter* für das Unternehmen im Hinblick auf:<br>• *Individuum* als Anspruchsgruppenmitglied und *Anspruchsgruppe* insgesamt:<br>– Detaillierte Informationen zur Unternehmensentwicklung (Investor Relations)<br>– Ausschüttungs-/ Dividendenpolitik mit Berücksichtigung unterschiedlicher Anlegergruppen (Klein-, Großaktionäre)<br>• Ausrichtung des *Gesamtunternehmens*:<br>– Gewinnerzielung/ Gewinnsteigerung<br>– Steigerung des Unternehmenswertes |

**Abb. C-I-2:** Unternehmensträger-Profil: Eigentümer/ Eigenkapital-Geber

Gewinne bilden vor allem die Basis für neue Aktivitäten von Unternehmen und dienen damit deren Zukunftssicherung. In der heutigen Zeit dürfte es kaum noch eine Branche geben, in der Produkte und damit auch Märkte über längere Zeit stabil bleiben. Die Unternehmen stehen dadurch in einem ausgeprägten Innovationswettbewerb, bei dem die Lebenszyklen der Produkte und Dienstleistungen immer kürzer werden und damit auch die vom Markt zugebilligte Zeit zur Entwicklung neuer Angebote mehr und mehr abnimmt. Um in diesem Innovationswettlauf mithalten zu können oder die Geschäftstätigkeit ggf. auch auf andere, erfolgsträchtigere Produkt-Markt-Felder zu verlagern, sind i.d.R.

hohe Kapitalsummen erforderlich. Diese gilt es, möglichst aus dem laufenden Geschäft zu verdienen, um so die Geschäfte von morgen ohne zu hohe Fremdkapitalbelastung anschieben zu können. Unternehmen, deren Eigenkapitaldecke so dünn ist, dass alle neuen Aktivitäten überwiegend fremdfinanziert werden müssen, haben bei deren Vermarktung die Fremdkapitalkosten zusätzlich und zuerst zu tragen und laufen auf diese Weise schnell Gefahr, den ständigen Innovationswettbewerb nicht zu überstehen.

- Eigentümer als Anteilseigner sind vor allem deshalb am Erfolg und Gewinn ihres Unternehmens interessiert, um eine **gute Verzinsung** ihrer als Einlage zur Verfügung gestellten Kapitalsummen erreichen zu können. Hier können wir das zweite Argument zur oben aufgeworfenen Frage nach der Notwendigkeit von Gewinnen anschließen:
Eigentümer als Gesellschafter realisieren ihre persönlichen Kapitaleinkünfte über die Ertragsanteile aus den Gewinnen ihrer Unternehmen, und prinzipiell gilt dieser Zusammenhang – eventuell neben anderen Einkunftsarten – auch für Aktienbesitzer als Anteilseigner von Aktiengesellschaften. Wenn die Überlassung von Eigenkapital – wie dargestellt – im ungünstigsten Fall dessen Verlust zur Folge hat, dann ist nachvollziehbar, dass Kapitalanleger bei einem derart unternehmerischen Engagement eine deutlich höhere Verzinsung als beispielsweise bei einer langfristigen Geldanlage bei Banken erwarten. So wird eine Eigenkapital-Verzinsung in Unternehmen, die nur knapp über einem bei Kreditinstituten realisierbaren Langfristzins von z.B. 6% liegt, kaum interessierte Anleger anziehen. Wenn ein Unternehmen dagegen 10% oder 15% Verzinsung des eingesetzten Kapitals – zumindest einschließlich einer Wertsteigerung des investierten Anteils – in Aussicht stellen kann, dann werden Anleger viel eher bereit sein, in diese risikobehaftete Anlageform zu investieren. Damit wird klar, dass von Unternehmen für die Eigentümer und Anteilseigner deutlich **über alternativen Anlageformen liegende Erträge** zu erwirtschaften sind; andernfalls sind solche Engagements für Kapitalanleger nicht interessant, und bei fehlendem Kapital kann die Erbringung der in Marktwirtschaften von den Unternehmen geforderten Versorgungsleistung mit Gütern und Dienstleistungen insgesamt in Gefahr geraten.
- Das Interesse der Kapitaleigentümer an der Erzielung auskömmlicher Gewinne durch die Unternehmen und damit einer befriedigenden Verzinsung ihrer Einlage wird i.d.R. nicht nur für ein oder zwei Rechnungsperioden gelten. Im Hinblick auf eine Verringerung des finanziellen Gesamtrisikos wird dieses vielmehr langfristig angelegt sein. Als zukunftsgerichtetes Interesse ist also zusätzlich von der **Erhaltung und Wertsteigerung des investierten Kapitals** auszugehen.
Mit realisierten Gewinnen respektive Gewinnsteigerungen oder auch mit Umsatzsteigerungen und damit Wachstumsraten der Geschäftstätigkeit sowie deren Beziehung auf das eingesetzte Kapital als Return on Investment (ROI) werden vergangenheitsbezogene Erfolgszahlen ermittelt. Für den zukünftigen Geschäftsverlauf haben diese – auch im mehrjährigen Vergleich – kaum Aussagekraft. Von dem amerikanischen Wirtschaftswissenschaftler ALFRED RAPPAPORT wurde 1986 unter dem Titel „**Creating Shareholder Value**: The New

Standard for Business Performance" ein Analyse- und Gestaltungsansatz vorgelegt, der eine zukunftsorientierte Abschätzung und Steuerung unternehmerischer Erfolgspotenziale erlaubt und auf dieser Grundlage eine Attraktivitätssteigerung von Unternehmen für Investoren ermöglicht.
Eine Bewertung des Wertes und der Wertsteigerung muss immer unter zwei Blickwinkeln erfolgen: Zum einen aus Sicht des Anteilseigners respektive Aktionärs und zum anderen aus Sicht des Unternehmens. Zusätzlich ist zu differenzieren zwischen der internen Controlling-Sichtweise und der externen Markt-/ Börsensicht. Durch die zweite Differenzierung gibt es unterschiedliche Ansatzpunkte für Wertsteigerungen. Um es an einem einfachen Beispiel zu verdeutlichen: Wenn ein Unternehmen gut, also effizient und effektiv geführt wird, dann werden i.d.R. höhere Gewinne erwirtschaftet, die zugleich die Attraktivität des Unternehmens und seiner Aktien steigern und durch die erhöhte Nachfrage nach seinen Aktien den Kurswert ansteigen lassen. Für den Aktionär ergibt sich also ein positiver Effekt aus einer hohen Dividende durch einen gestiegenen Gewinn (interne Sicht) sowie – als einfacher, in der Praxis aber nicht immer nachvollziehbarer Mechanismus unterstellt – einen zusätzlichen Ertrag durch den höheren Kurs (externe Sicht), der beim Aktienverkauf realisiert werden kann. Vor diesem Hintergrund wird im Folgenden kurz auf die Effekte für Anteilseigner, aber auch für das Unternehmen selbst eingegangen.
Basierend auf der Annahme, die Überlassung von Eigenkapital-Anteilen als Finanzinvestition zu betrachten, deren Rückfluss höher, mindestens aber gleich dem alternativer Anlageformen sein soll, wird mit diesem Konzept – **aus Sicht des Unternehmens** – das Ziel verfolgt, den Wert des Eigenkapitals (Shareholder Value SV = Unternehmenswert - Fremdkapital) dauerhaft zu steigern. Für das Unternehmen resultiert hieraus die Aufgabe, den erwirtschaften Gewinn so zu steigern, dass nicht nur das eingesetzte Kapital marktüblich verzinst wird, sondern ein zusätzlicher Gewinnanteil (Übergewinn) übrig bleibt. Im Detail besteht also die Anforderung darin, eine Gewinnhöhe zu erreichen, die über die Verzinsung des Gesamtkapitals, also des Eigen- und Fremdkapitals, hinausgeht. Dieser zusätzliche Gewinn kann dann ebenfalls an die Anteilseigner ausgeschüttet oder in zukünftige Geschäftsfelder des Unternehmens investiert werden. Die höhere Performance des Unternehmens und die hohen ausgeschütteten Gewinne werden i.d.R. auch eine positive Auswirkung auf den Kurswert ihrer Aktien haben.

**Bezogen auf die Anteilseigner** einer Aktiengesellschaft ergibt sich deren **Shareholder Value als Summe aus Kursgewinnen, Dividenden und dem Wert von Wertpapier-Bezugsrechten**. Der Shareholder Value ist für sie also – im Vergleich zu anderen Möglichkeiten der Kapitalanlage – eine höhere Verzinsung ihres eingesetzten Kapitals. Hierdurch erwirtschaften sie für sich auch den so genannten „**Übergewinn**".

Diese Analyse ist nicht nur statisch für eine Periode, sondern dynamisch für mehrere Perioden durchzuführen, um so den Wertzuwachs über die Zeit abschätzen zu können. In Abhängigkeit von der Kurshöhe kann der Anteilseigner am Aktienmarkt einen Wertzugewinn oder auch einen Wertverlust erhalten. Im Vergleich zur Wertberechnung auf der Grundlage der Vermögenswerte hängt der Börsenwert einer Aktie nicht nur von begründeten Unternehmensfakten, sondern auch von psychologischen Faktoren an der Börse ab.

Für ein Unternehmen und seine einzelnen Geschäftsfelder respektive Sparten ist der zukünftig **frei verfügbare Zahlungsmittelzufluss aus dem Umsatzprozess** (Cash Flow = Mittelflusssaldo) also die maßgebliche Grundlage des Shareholder Value. Bei einer dynamischen Berechnung werden diese erwarteten Überschüsse mit einem durchschnittlichen Kapitalkostensatz auf die Gegenwart abgezinst und sämtliche bestehende Finanzschulden oder Verbindlichkeiten abgezogen. Auf diese Weise ergibt sich das für den Prognosezeitraum zur Verfügung stehenden **Innenfinanzierungsvolumen**. Bei Vorgabe eines Shareholder Value in bestimmter Höhe kann versucht werden, einzelne **Wertgeneratoren** als überschusserzeugende Ursachen- und Steuerungsgrößen in diesem Konzept so zu beeinflussen und zu verändern, dass die insgesamt angestrebte Zielgröße erreicht wird. Typische Wertgeneratoren sind z.B. Umsatzwachstum und Gewinnsteigerungen, aber auch Erweiterungsinvestitionen in das Anlagevermögen und das Working Capital (siehe auch F.IV.5.).

Die Orientierung am Shareholder Value als über die übliche Verzinsung des Eigenkapitals zusätzlich erwirtschaftete Rendite wurde von amerikanischen Konzernen rasch aufgenommen und ist als Steuerungsinstrumentarium dort heute häufig bis zur Geschäftsbereichs- bzw. Bereichsleiterebene umgesetzt. Als 1995 in Deutschland die Übersetzung des RAPPAPORT-Buches unter dem Titel „Shareholder Value: Wertsteigerung als Maßstab für die Unternehmensführung" erschien, war der Begriff eher ein **Reizwort**, das in Unkenntnis der Zusammenhänge mit einer kurzfristigen Gewinnmaximierung zu Lasten der Beschäftigten gleichgesetzt wurde.

Bei einer solchen Auffassung werden zwei Aspekte übersehen: Wenn es im Rahmen der neuen Steuerungsphilosophie zunächst zu Bereinigungen im Hinblick auf Geschäftsfelder von Unternehmen, die ihre geforderten Kapitalrenditen nicht erwirtschaften, und es damit zu Entlassungen kommt, dann dient dies – trotz aller Härten für die betroffenen Mitarbeiter – der **Wettbewerbsstärkung** des Gesamtunternehmens, bei der in der Zukunft auch wieder Einstellungen möglich werden. Dieser Zusammenhang ist mittlerweile durch empirische Untersuchungen gut bestätigt. Unternehmen, die stark am Shareholder Value orientiert sind, wie beispielsweise SAP, ALTANA, BMW und CONTINENTAL, schaffen neue Arbeitsplätze und sind international erfolgreich.

Mit dem Stichwort „international" ist der schwerwiegendere Aspekt bereits angesprochen: Die Kapitalmärkte haben sich mittlerweile vollständig internationalisiert. Alleine in Deutschland verwalten Fondsmanager Vermögen von weit über einer Billion US-Dollar. Damit deutsche Aktiengesellschaften hier überhaupt noch Anlagen auf sich ziehen konnten, war eine Verbesserung der Verzinsung des Eigenkapitals und eine hierauf bezogene Steuerung der Unternehmen dringend erforderlich. Andernfalls wäre die deutsche Wirtschaft insgesamt ins Hintertreffen geraten.

Die zuvor erläuterten Bemühungen und Möglichkeiten von Unternehmen, den Wert des Eigenkapitals zu steigern, zeigen mittlerweile erste Erfolge. So wurden Aktien als Form der Kapitalanlage auch in Deutschland für breitere Bevölkerungskreise interessant. Im Zeitraum von 1997 bis 2005 stieg die **Gesamtzahl deutscher Aktionäre** – bei Rückgängen nach dem nicht wieder erreichten Höchststand von 2001 – um rund 825.000 auf gut 4,7 Mio. (entspricht 7,3% der Bevölkerung über 14 Jahre). Berücksichtigt man **zusätzlich Aktienfondsanteile**, dann haben in diesem Zeitraum sogar fast 5,2 Mio. Personen neu in die Anlageform Aktie oder Fondsanteil und damit in unternehmerisches Eigenkapital investiert; deren Gesamtzahl lag für 2005 im Durchschnitt bei 10,8 Mio. (16,7% der Bevölkerung). Mit einem verwalteten Anlagevermögen in Höhe von 1.062 Mrd. EUR im Jahr 2005 ist Deutschland nach Frankreich der zweitgrößte Fondsmarkt in Europa. Davon entfallen 460 Mrd. EUR auf die für Privatanleger relevanten Publikumsfonds. Laut der DEUTSCHEN BUNDESBANK betrug am Ende des Jahres 2005 das Finanzvermögen deutscher Haushalte demgegenüber gut 4,26 Billionen EUR; die Publikumsfonds machten also nur weniger als 11% der Geldanlagen aus.
Dass Deutschland im Weltmaßstab aber noch kein Land der Aktionäre ist, zeigen folgende Zahlen aus dem Jahr 2005: Gegenüber der hier realisierten Quote direkter Aktienbesitzer von 7,3% der Bevölkerung liegen diese Werte z.B. in der Schweiz (20,4%), den USA (25,4%) oder in Schweden (35,3%) deutlich höher.

- Eigenkapital wird einem Unternehmen ohne zeitliche Begrenzung überlassen. Damit die zuvor behandelten Eigentümer-Interessen Gewinnerzielung, Einlageverzinsung und Kapitalwertsteigerung über die Zeit erfüllt werden können, darf andererseits das Unternehmen kein „Verfallsdatum" erkennen lassen. Als existenzielle Grundlage für eine Beteiligung an Unternehmen und deren Aufrechterhaltung ist also der weitere und erfolgreiche **Fortbestand des Unternehmens** als Basis-Interesse von Eigentümern und Gesellschaftern hinzuzufügen. Andernfalls sind die mit der Kapitalüberlassung verbundenen Ansprüche nicht realisierbar. Und wenn ein Unternehmen in seiner Existenz bedroht ist (drohende oder akute Zahlungsunfähigkeit, Überschuldung) und dies bekannt wird, dann setzt i.d.R. eine schnelle Abwärtsbewegung ein: Fremdmittel werden zur sofortigen Rückzahlung fällig gestellt, eigene Bestände müssen unter Zeitdruck und damit meist mit der Hinnahme von Abschlägen verkauft werden, um Geldmittel aufbringen zu können – und die Zuführung neuer Eigenkapitalmittel ist unter diesen Bedingungen meist aussichtslos.
  Vom Grundsatz her ist auch beim Erwerb von Aktien und damit der Zeichnung von Anteilen an Aktiengesellschaften von einer zeitlich nicht befristeten Mittelüberlassung auszugehen. Wenn diese Wertpapiere an der Börse frei gehandelt und damit leicht übertragen werden können, dann unterstreicht dies zusätzlich die Notwendigkeit einer Orientierung am Eigenkapitalwert für Aktiengesellschaften. Die Aktionäre sind als **„Kunden" für die Abnahme oder Haltung von Kapitalanteilen** immer wieder aufs Neue davon zu überzeugen, dass „ihr" Unternehmen gut am Markt aufgestellt ist und hohe Renditechancen bietet (siehe hierzu C.I.4. Corporate Governance). Deutlich zeigt sich hier die im

vorangegangenen Abschnitt thematisierte Notwendigkeit einer Entsprechung von Unternehmensträger-Interessen und darauf bezogener Anreize durch die Unternehmen: Eigenkapital-Geber sind am längerfristig erfolgreichen Fortbestand von Unternehmen interessiert, um eine gute Verzinsung ihrer Anlage zu erreichen. Kann ein Unternehmen die Chance einer Realisierung dieser Interessen nicht nachvollziehbar darstellen, wird es kein Eigenkapital akquirieren können bzw. es droht der Verkauf von Anteilen in größerer Zahl und so ein Sinken des Kurs- und damit Börsenwertes der Gesellschaft.

- Wenn insbesondere Anteilseigner Informationen über den Geschäftsverlauf von Unternehmen als Grundlage für eine Beteiligungsentscheidung erlangen möchten, dann ist ihr Interesse auf den Begriff der **Publizität** gerichtet. Dieser wird lexikalisch als „öffentliches Bekanntsein" nachgewiesen.

Unter **Publizität** im unternehmensbezogenen Zusammenhang werden **Informationen über die Geschäftsentwicklung und -ergebnisse** für Eigenkapitalgeber, Gläubiger und die weiteren Unternehmensträger-Gruppen verstanden.

Dazu werden beispielsweise die Bilanz, die Gewinn- und Verlustrechnung (GuV) samt erläuterndem Anhang sowie der Bericht über die wirtschaftliche Lage eines Unternehmens gezählt, zu deren Veröffentlichung große Unternehmen unabhängig von ihrer Rechtsform seit dem **Publizitätsgesetz** (PublG) von 1969 verpflichtet sind.

Für große Aktiengesellschaften bestehen diese Verpflichtungen schon seit langem. Einem nicht nur als reine „Privatangelegenheit" ihrer Eigentümer, sondern auch anderen Unternehmensträgern verpflichteten Unternehmensverständnis folgend, hat der Gesetzgeber mit dem **Bilanzrichtlinien-Gesetz** (BiRiLiG) von 1985 und den damit bewirkten Änderungen des **Handelsgesetzbuches** (HGB) die Publizitätspflicht auch für kleine (Bilanz und Anhang in gekürzter Form) und mittelgroße Kapitalgesellschaften (Bilanz und Anhang gekürzt, zusätzlich GuV und Lagebericht) festgeschrieben. Mit dem **Wertpapierhandelsgesetz** (WpHG) von 1995 wurde für alle börsennotierten Aktiengesellschaften eine zusätzliche Ad-hoc-Publizität eingeführt: Danach müssen zur Kursbeeinflussung geeignete Tatsachen, wie beispielsweise geplante Zusammenschlüsse, Großaufträge oder erwartete Veränderungen bei Ergebnis und/ oder Dividende unverzüglich einer breiten Öffentlichkeit bekannt gemacht werden. Mit dem im Februar 2000 verabschiedeten **Kapitalgesellschaften- und Co-Richtlinien-Gesetz** (KapCoRiLiG) wird schließlich im HGB die Publizitätspflicht grundsätzlich auch auf Personengesellschaften ohne natürliche Person als Vollhafter (z.B. GmbH & Co. KG) ausgedehnt.

Die geschilderte Entwicklung trägt den wachsenden Informationsbedürfnissen der Anleger und auch anderer unternehmerischer Interessengruppen in einer zunehmend differenzierten und globalen Wirtschaft Rechnung. Der Grund liegt darin, dass Unternehmensentwicklungen heute sehr diskontinuierlich und mit einer hohen Volatilität ablaufen. Mit anderen Worten kann nicht ausgeschlossen werden, dass ein Unternehmen nach einer positiven Entwicklung mit guten

Gewinnen relativ schnell, also bereits im folgenden Geschäftsjahr, erhebliche Verluste ausweist.
Für den hier interessierenden Zusammenhang gilt, dass Beteiligungsentscheidungen nur auf der Grundlage umfassender Kenntnisse zur Unternehmensentwicklung getroffen werden können. Für das Management von Unternehmen ist dadurch ein wachsender Druck in Richtung einer weiteren Effizienz- und Effektivitätssteigerung laufender wie künftiger Geschäfte gegeben. Fehlsteuerungen dürfen dabei kaum noch vorkommen, da diese vom Markt – hier vor allem von den Anlegern – unmittelbar sanktioniert werden.
- Bei dem als letzte Interessens-Kategorie in der Abbildung aufgenommenen Streben nach **Einfluss/ Macht** wird an die bei einer Tätigkeit als Unternehmer vorauszusetzende Leistungs- und aktive Handlungsorientierung angeknüpft. Unter Macht wird die Form eines Einflusses verstanden, bei dem eine Person, eine Personengruppe (z.B. ein Führungsgremium) oder eine Organisation (z.B. ein Unternehmen) Verhaltensänderungen innerhalb oder außerhalb ihres Systems notfalls auch gegen den Willen anderer Individuen durchsetzen kann. Wenn sich das Eigentum an Unternehmen an die Überlassung von haftendem Eigenkapital knüpft, dann wird mit dem abschließend hervorgehobenen Interesse von Eigentümern und Eigenkapital-Gebern nach Einfluss und Macht noch einmal aufgegriffen, dass mit höheren Kapitalanteilen naturgemäß auch ein größerer Einfluss auf die Entscheidungen in Unternehmen und deren Durchsetzung gegeben ist. Je nach Ausprägung dieses Interesses wird ein Kapitalbesitzer überlegen, ob er Aktien kauft oder bei ausreichenden finanziellen Möglichkeiten und einer tragfähigen Geschäftsidee vielleicht auch selbst unternehmerisch tätig wird. Für private Großanleger wie für Unternehmen ist die zusätzliche Frage von Bedeutung, in welcher Höhe Anteile an anderen Aktiengesellschaften erworben werden sollen, um maßgeblichen Einfluss auf deren Geschäftspolitik nehmen zu können (ab 25% Sperrminorität, ab über 50% Beherrschung, ab 75% völlige Beherrschung).

### (4) Verhaltenskonsequenzen für das Unternehmen

Nun zur umgekehrten und gegenläufigen Perspektive der gleichen Anforderungen: Was kann ein Unternehmen für die Erreichung langfristig stabiler Beziehungen zu seinen Kapitaleigentümern tun? Welche Verhaltenskonsequenzen und -parameter ergeben sich aus der vorgestellten Beitrags-Anreiz-Konstellation? Einige grundsätzliche Schlussfolgerungen hierzu sind in Rubrik ④ des Unternehmensträger-Profils C-I-2 aufgeführt.

- Die beiden auf die Anspruchsgruppe und einzelne Mitglieder bezogenen Verhaltenskonsequenzen betreffen vor allem die „Beziehungspflege“ bei Aktiengesellschaften. Anknüpfend an die vorstehenden Ausführungen zu einer kapitalwertorientierten Unternehmenssteuerung und der dabei notwendigen Unterrichtung der Anleger ist zunächst noch einmal die Wichtigkeit einer **detaillierten Informationspolitik** hervorzuheben. Dabei bietet es sich an, unter der Bezeichnung „Investor Relations“ (siehe C.I.4.) eine zentrale Einheit im Unternehmen zu etablieren, die als Informations- und Kommunikationsschnittstelle

zwischen Shareholdern, Investoren sowie Finanzanalysten von Investmentbanken und der Unternehmensführung fungiert.
Diese Schnittstelle folgt dem Shareholder Value-Gedanken und konzentriert sich – unabhängig vom Grundsatz der Gleichbehandlung aller Aktionäre – vor allem auf **Großanleger** bzw. **wichtige Meinungsbildner** der Finanzpresse und von Finanzagenturen. Sie erhalten unterjährig, das heißt quartalsweise und manchmal monatlich, zusätzlich detaillierte Informationen zur Geschäftstätigkeit des Gesamtunternehmens und einzelner Geschäftsbereiche.

- Mit dem zweiten Verhaltensparameter, der **Ausschüttungs-/ Dividendenpolitik mit Berücksichtigung unterschiedlicher Anlegergruppen**, wird darauf abgehoben, dass zwischen Klein- und Großaktionären ein allgemeiner Interessenunterschied bestehen kann. Tendenziell sind Großanleger zusätzlich auch bzw. mehr an der langfristigen Unternehmensentwicklung interessiert, während bei Kleinanlegern öfter von einem nur kurzfristigen Interesse ausgegangen werden kann. Dementsprechend würde von Kleinaktionären eher eine hohe Dividende gewünscht, während Großaktionäre hier mit kleineren Raten zufrieden wären, damit durch nicht ausgeschüttete Gewinnteile die Kapitalbasis des Unternehmens verbreitert werden kann. Hinzu kommt, dass es Unterschiede in der Besteuerungsart und -höhe bei Anteilseignern von Personen- und Kapitalgesellschaften gibt. Ferner existieren auch Unterschiede bei der steuerlichen Behandlung bzw. damit verbundenen Auswirkungen ausgeschütteter Gewinne aufgrund unterschiedlicher Ertrag-/ Einkommensteuersätze von Klein- und Großaktionären. Hierauf wird bei den rechtsformbezogenen Darstellungen zur Aktiengesellschaft in C.II.4.a. eingegangen.
  Die kurzen Ausführungen zu unterschiedlichen Anlegergruppen wurden sehr konjunktiv formuliert, da hierauf bezogene Unterschiede gerade in Verbindung mit dem Vordringen der Shareholder Value-Philosophie eher abnehmen. Dies gilt beispielsweise auch für das Streben nach Gewinnausschüttung bei Klein- und Großaktionären. Gleichwohl ist es von großer Wichtigkeit, dass ein Unternehmen die Struktur seiner Anteilseigner möglichst gut kennt. Auf dieser Grundlage kann dann eine zielgerichtete und damit differenzierte Kommunikation aufgebaut werden. Inzwischen stellen einige große Aktiengesellschaften ihre Anteilsscheine von Inhaber- auf Namensaktien um.

Welche Ausrichtung ist **bezogen auf ein gesamtes Unternehmen** einzuschlagen, um die Interessen von Eigentümern und Eigenkapital-Gebern langfristig erfüllen zu können? Die Antwort auf diese in Rubrik ④ der einzelnen Unternehmensträger-Profile jeweils abschließend thematisierte Frage liegt nach den vorangegangenen Ausführungen für die Kerngruppe der Kapitaleigentümer auf der Hand:

- Wenn Gewinne erwirtschaftete Mehrwerte des eingesetzten Kapitals und damit dessen Verzinsung darstellen, aus denen die Anteilseigner persönliche Einkünfte realisieren, dann ist die **Gewinnerzielung und Gewinnsteigerung** die maßgebliche Grundlage der Attraktivität eines Unternehmens für Eigentümer und Anteilseigner. Zu diesem in marktwirtschaftlichen Wirtschaftsordnungen systembedingten Grundprinzip tritt gewissermaßen als Ausführungsbestimmung

nun noch die **Steigerung des Unternehmenswertes** hinzu: Zum Unternehmenswert wurde bereits bei den Ausführungen zu Rubrik ③ ein Überblick gegeben.
Eine unternehmens-, bereichs- oder auch abteilungsweise Steuerung nach dem Unternehmenswert setzt detaillierte Informationen über die betrieblichen Prozesse und das Unternehmensumfeld sowie deren laufende Aktualisierung voraus. Wenn das Informations- und Rechnungswesen hierauf eingerichtet und alle Führungskräfte mit der Programmatik der Wertorientierten Unternehmensführung vertraut sind, dann bietet eine solche zukunftsgerichtete Steuerung gute Voraussetzungen für kontinuierliche Ergebnissteigerungen in den einzelnen Rechnungsjahren. Die **Gewinnerzielung** ist also nach wie vor das **Ziel** bei der Führung von Unternehmen; mit der **Wertorientierung** steht nun aber ein weiteres gutes und bereits vielfach bewährtes Steuerungskonzept zur Verfügung, das Mittel für die Gewinnerzielung und zugleich deren Ergebnis ist. Ein einfaches Beispiel soll dies verdeutlichen: Wenn ein Unternehmen in der Vergangenheit seine Vermögenswerte gesteigert hat und dabei eine erfolgreiche Marktposition aufbauen konnte, dann erhöht sich die Chance einer guten Verzinsung des investierten Eigen- und Fremdkapitals. Die Wertorientierung ist also die Grundlage und das Mittel für die Gewinnerzielung. Nach Abzug der zu zahlenden Fremdkapitalzinsen kann der relativ hohe Restbetrag in neue Geschäfte des Unternehmens investiert werden und zum Teil auch an die Anteilseigner ausgeschüttet werden. Durch diese Gewinne als Verzinsung des eingesetzten Kapitals und eines zusätzlichen Übergewinns erhält der Anteilseigner eine Wertsteigerung. Beim Unternehmen selbst haben die investierten Gewinne ebenfalls eine Wertsteigerung bewirkt.
Dabei zeigt sich zusätzlich folgender Zusammenhang: Wenn Unternehmen sich um eine langfristige Wertsteigerung bemühen, um über eine Vergrößerung des Shareholder Value für Kapitalanleger interessanter zu werden, dann werden sie über die notwendigen Effizienz- und Effektivitätsverbesserungen i.d.R. auch **attraktiver für weitere Unternehmensträger-Gruppen**. Beispielhaft kann hierzu angeführt werden: Die Steigerung der Unternehmens-Performance wird nur mit ausgezeichneten Produkten und Dienstleistungen möglich sein, von denen die Kunden profitieren. Die Arbeitsbedingungen müssen in erfolgreichen Unternehmen stimmen, und dies kommt den Arbeitnehmern zugute. Erwartete gute Geschäftsverläufe bieten Fremdkapital-Gebern ein hohes Maß an Sicherheit der Rückzahlung kurz- und mittelfristig überlassener Finanzmittel. Dem Staat fließen bei über die Zeit erfolgreichen Unternehmen kontinuierlich Steuern und Abgaben zu. Hinzu kommt: Prosperierende Unternehmen setzen keine Mitarbeiter frei. Dem Staat entstehen dadurch weniger Ausgaben durch Arbeitslosigkeit; stattdessen hat er eher höhere und beständigere Steuereinnahmen durch die Unternehmen.
Bei einer Wert- respektive Shareholderorientierung als langfristigem Konzept der Unternehmenssteuerung steht das von der anfänglichen Kritik unterstellte Downsizing als Rationalisierungsmaßnahmen zu Lasten der Mitarbeiter nicht im Vordergrund. Wenn ehedem große, eher schwerfällige Organisationen unter der Philosophie des Lean Management in mehrere kleinere, selbstständig am

Markt agierende Einheiten aufgespaltet werden, dann ist die weitere Entwicklung dieser Effizienzsteigerungen in die Betrachtung einzubeziehen. Hierbei kann angenommen werden, dass mit dem Vordringen der zukunftsgerichteten Wertorientierung insgesamt eine gesamtwirtschaftlich – und damit auch gesamtgesellschaftlich – steigende Leistungsfähigkeit erreichbar ist.

ALFRED RAPPAPORT hat sein Standardwerk mittlerweile grundlegend überarbeitet und dessen zweite Auflage als „Shareholder Value: Ein Handbuch für Manager und Investoren“ vorgelegt (1998 in den USA erschienen, deutsche Übersetzung 1999). Er stellt hiermit das seinerzeit maßgeblich von ihm initiierte Konzept in den Gesamtzusammenhang der Unternehmensführung und zeigt dessen Einbindung in die Unternehmensstrategie und -organisation.

### b. Manager

Nach der Klassifikation betriebswirtschaftlicher Produktionsfaktoren von ERICH GUTENBERG (siehe hierzu A.I.3.) wird die Kombination von menschlicher Arbeitskraft und Betriebsmitteln sowie Werkstoffen (Elementarfaktoren) zur Erstellung und zum Vertrieb absatzreifer Leistungen von der Betriebsführung als **dispositivem Faktor** geplant, organisiert und überwacht. „Echte Führungsentscheidungen“ sind nach GUTENBERG auf ein Unternehmen als Ganzes gerichtet, von hoher Bedeutung für dessen Vermögens- und Ertragslage und damit seinen Fortbestand, zudem sind sie nicht an untergeordnete Stellen übertragbar.

Nach dem Grundkonzept unserer Wirtschaftsordnung legitimiert das Eigentum die Verfügungsmacht in und über Unternehmen. Demnach kommt den Eigentümern respektive Eigenkapital-Gebern die Wahrnehmung des dispositiven Faktors und damit die Unternehmensführung zu. In der Unternehmenspraxis wird dieser Grundsatz einer **Einheit von Eigentum und Verfügungsgewalt** allerdings nicht immer eingehalten, und zwar aus qualifikations- wie aus rechtsformbedingten Gründen.

Die **qualifikationsbedingte Begründung** betrifft vor allem größere Unternehmen. Deren Führung oder auch die von einzelnen Unternehmensbereichen (z.B. Beschaffung, Produktion, Absatz) setzt heute tief greifende Kenntnisse voraus, für deren Erwerb eine qualifizierte (Hochschul-)Ausbildung und umfangreiche Praxiserfahrungen notwendig sind. Dass solche Führungsfähigkeiten mit dem Kapitalbesitz und damit dem Eigentum an Unternehmen einhergehen, ist nicht mehr der Regelfall. Vielmehr werden Eigentümer auf professionelle Führungskräfte als Unterstützung bei ihren dispositiven Leitungsaufgaben zurückgreifen.

Bei der **rechtsformbedingten Argumentation** wird auf Aktiengesellschaften abgehoben. Hier sind die Anteile oft breit gestreut, und dabei kann – wie im vorangegangenen Unterabschnitt erläutert – davon ausgegangen werden, dass die Aktien häufig als reine Finanzanlage gezeichnet werden, ohne dass damit eine Motivation zur Wahrnehmung von Eigentümerinteressen verbunden ist. Eine Aktiengesellschaft handelt als juristische Person durch ihre Organe, die Hauptversammlung, den Vorstand und den Aufsichtsrat (siehe hierzu C.II.4.a.). Die Generalversammlung der Aktionäre ist zwar das maßgebliche Entscheidungs- und Willensorgan, die Fach- und damit dispositive Kompetenz liegt aber beim Vorstand.

Von daher ist hier eine Trennung von Eigentum und Verfügungsmacht bereits in der Anlage dieser Rechtsform begründet.

**(1) Arten von Managern**

Mit dieser kurzen Herleitung wird deutlich, dass wir Führungskräfte, die die Eigentümer bei der Wahrnehmung dispositiver Leitungsaufgaben unterstützen oder die von den Eigenkapital-Gebern hierzu beauftragt sind, als zweite interne Anspruchsgruppe und damit als Kerngruppe abgrenzen können (hierzu Abb. C-I-3). Unter der allgemeinen Bezeichnung **Manager** fassen wir in Rubrik ① der Profil-Darstellung obere Führungskräfte als diese Unternehmensträger-Gruppe zusammen, die entweder von den Kapitaleigentümern zur Unternehmensführung angestellt werden, also **Manager-Unternehmer** sind, oder die als Anteilseigner gleichzeitig die Führung einer Gesellschaft übernommen haben.

Wir bezeichnen letztere als **Risiko-Unternehmer** und bringen durch diese Wortverbindung zum Ausdruck, dass bei der für andere Eigentümer mit übernommenen Managementfunktion die Kapitalinteressen bezogen auf den eigenen Anteil – und damit auch die Gesellschaft insgesamt – gewissermaßen in Personalunion wahrgenommen werden. Bei dem hiermit selbst zu tragenden Risiko des Kapitalverlustes kann gegenüber angestellten Managern prinzipiell nicht von einer höheren Bereitschaft ausgegangen werden, mit dem Ziel einer überdurchschnittlichen Rendite auch Vorhaben mit etwas höheren Risiken durchzuführen.

In dieser Hinsicht ist eine Identität zu dem mit der ersten internen Kerngruppe behandelten Eigentümer-Unternehmer gegeben, der seine Leitungsentscheidungen alleine trifft. Auf die originären Leitungsbefugnisse der Gesellschafter respektive Anteilseigner von Personen- und Kapitalgesellschaften wird im Verlauf von C.II. eingegangen. Als Beispiel für eine Verbindung von Eigentümerinteressen mit einer gesamtunternehmensbezogenen Managementtätigkeit durch einen Risiko-Unternehmer kann hier der geschäftsführende Gesellschafter einer GmbH genannt werden.

Zur Funktion oberer Führungskräfte und damit des zur Leitung eines Unternehmens eingesetzten Top-Managements lässt sich eine Analogie zur Unterscheidung von Besitz und Eigentum ziehen, wie sie eingangs der Darstellungen zur ersten Unternehmensträger-Gruppe verdeutlicht wurde: Wenn Besitz die tatsächliche Sachherrschaft und Eigentum die rechtliche Vollherrschaft bedeuten, dann haben die Eigentümer die obersten Führungskräfte gewissermaßen in einen Besitzstand zur Führung ihrer Unternehmen versetzt.

Mit der Herstellung dieses Zusammenhangs wird noch einmal deutlich, dass die mit der Leitung eines Unternehmens betraute Kerngruppe der Manager letztlich im Auftrag der Kapitaleigentümer handelt. Von diesen gewissermaßen als Stellvertreter eingesetzt, wird an die oberen Führungskräfte die eindeutige Erwartung gerichtet, die Interessen der Kapital- und damit der Eigentümerseite zu verfolgen sowie diese aktiv gegenüber denen anderer Unternehmensträger-Gruppen zu vertreten.

Die Kerngruppe Manager umfasst damit nicht „das Management" eines Unternehmens als Gesamtheit aller weisungsbefugten Stellen in einem Unternehmen. Der im 19. Jahrhundert im englischen Sprachraum aufgekommene und nach dem

2. Weltkrieg auch allmählich und ohne Übersetzung in das deutsche Vokabular übernommene Begriff Management weist eine hohe Bedeutungsbreite auf. Als allgemeiner Begriffsinhalt kann festgehalten werden, dass Management die sach- und personenbezogene Leitung sozio-ökonomisch-technisch-ökologischer Systeme umfasst. Hierbei kann als weitere Differenzierung eine funktionale oder eine institutionale Sichtweise eingenommen werden:

| | |
|---|---|
| ① **Wer?** | ***Interne Anspruchsgruppe/ Kerngruppe:*** **Manager-Unternehmer (Top-Management, Unternehmensleitung, obere Führungskräfte) als angestellte Manager – Kapitaleigner als Manager (Risiko-Unternehmer, z.B. in GmbH: Geschäftsführender Gesellschafter)** |
| ② **... gibt was?** | ***Beiträge*** **als** ***Leistungen*** **der Kerngruppe Manager für das Unternehmen und seine Entwicklung:**<br>**– Einsatz von Führungsfähigkeiten als dispositive Leistungen: Kompetenz, Engagement, Ergebniserzielung** |
| ③ **... will was dafür?** | ***Primäre Interessen/ Anreize*** **der Kerngruppe Manager für eine Beteiligung am oder ein Engagement im Unternehmen:**<br>**– Unternehmenserfolg/ Gewinn**<br>**– Wertsteigerung des Unternehmens**<br>**– Einkommen**<br>**– Fortbestand des Unternehmens**<br>**– Markterfolg/ Marktmacht**<br>**– Selbstständigkeit/ Entscheidungsautonomie**<br>**– Corporate Identity/ Betriebsklima**<br>**– Macht/ Einfluss/ Prestige** |
| ④ **Was tut das Unternehmen dafür?** | ***Verhaltenskonsequenzen und -parameter*** **für das Unternehmen im Hinblick auf:**<br>• ***Individuum*** **als Anspruchsgruppenmitglied und Anspruchsgruppe insgesamt:**<br>**– Erfolgsabhängige Einkommensbestandteile**<br>**– Beteiligung an Wertsteigerung des Unternehmens (z.B. Aktienoptionen, Wertsteigerungsanrechte)**<br>• **Ausrichtung des** ***Gesamtunternehmens*****:**<br>**– Effizienz und Effektivität der Leistungserstellung, Markterfolg, positive Unternehmenskultur und leistungsorientierte Vergütung als „Attraktoren" für die Gewinnung und Bindung hochkarätiger Top-Manager** |

**Abb. C-I-3:** Unternehmensträger-Profil: Manager

- Versteht man **Management als Funktion**, dann geht es um die Prozesse und Funktionen, die zur Steuerung arbeitsteiliger Organisationen notwendig sind, wie Planung, Organisation, Kontrolle und Mitarbeiterführung.

- Betrachtet man **Management als Institution**, dann stehen die Instanzen und Personengruppen, die Leitungsaufgaben wahrnehmen, im Vordergrund.

Mit Blick auf die Leitungsebenen von Unternehmen werden i.d.R. oberes, mittleres und unteres Management unterschieden. Bei dieser aus der Praxis entstandenen dreigliedrigen Abgrenzung gibt es keine eindeutigen Zuordnungskriterien und so können in Einzelfällen – gerade bezogen auf die mittlere Ebene – Schwierigkeiten bei der Einordnung bestehen. Als **generelle Merkmale der drei Ebenen** können aber festgehalten werden:

- Das **obere Management** hat die Aufgabe und die Befugnis, die unternehmenspolitischen Ziele und Grundsätze aufzustellen und damit die Richtung der Unternehmensentwicklung vorzugeben sowie deren weitere Verfolgung zu überwachen.
- Die Funktion des **mittleren Managements** besteht darin, die strategischen Vorgaben der Unternehmenspolitik in operative Programme und Maßnahmen zu „übersetzen" und die damit näher bestimmten Einzelvorhaben unternehmens-, bereichs- und/ oder marktbezogen „umzusetzen".
- Das **untere Management** bildet die Schnittstelle von den Managementebenen zu den ausschließlich ausführend tätigen Mitarbeitern. Als Mitglieder dieser Leitungsebene können beispielsweise Meister im Arbeiterbereich oder Gruppenleiter im Verwaltungs- respektive Angestelltenbereich angeführt werden. Diese sind für die weisungsgerechte Durchführung konkreter Einzelvorhaben in ihrem Kompetenzbereich verantwortlich.

Soviel als kurze Kennzeichnung zu den einzelnen Managementebenen; auf deren inhaltliches Zusammenwirken gehen wir in den Kapiteln D., F. und G. näher ein. Bezogen auf die als Manager abgegrenzte zweite unternehmerische Kerngruppe ist abschließend noch einmal festzuhalten, dass wir hierzu nur die Ebene des oberen Managements rechnen.

### (2) Beiträge der Manager

Was geben die oberen Führungskräfte einem Unternehmen? Welche Beiträge erbringt die interne Kerngruppe der Manager als Leistungen für das Unternehmen und seine Entwicklung? Vor dem Hintergrund der vorangegangenen Einordnungen nehmen wir die folgende, in Rubrik ② der Profil-Darstellung C-I-3 eingetragene begriffliche Zusammenfassung vor: Einsatz von Führungsfähigkeiten als dispositive Leistungen – Kompetenz, Engagement, Ergebniserzielung.

Damit erfolgt eine Rückbindung zu den Erläuterungen des dispositiven Faktors am Beginn dieses Unterabschnittes und den dabei angesprochenen „echten Führungsentscheidungen". **Kompetenz** weist auf die Einbringung der ebenfalls bereits thematisierten Qualifikationserfordernisse hin. **Engagement** betont die Fähigkeit, den Leistungsprozess aktiv zu gestalten und die Mitarbeiter überzeugend zu führen. Und Ergebniserzielung fasst die hierauf bezogene Verantwortlichkeit im Sinne der Eigentümer-Interessen zusammen. Obere Manager sind also nicht lediglich in Unternehmen „tätig"; der Beitrag, auf den Mitglieder dieser Kerngruppe auch verpflichtet werden, ist die **nachhaltige Erzielung positiver Unternehmensergebnisse**.

### (3) Primärinteressen der Manager

Was erwarten Top-Manager für den Einsatz ihrer Dispositionsleistung von einem Unternehmen? Worauf ist ihre primäre Interessenlage ausgerichtet? Welche Unternehmen sind für obere Führungskräfte attraktiv? Hierzu enthält Rubrik ③ der Abbildung C-I-3 wesentliche Punkte, auf die im Folgenden kurz eingegangen wird.

- Bezogen auf die Eigentümer und Eigenkapital-Geber nimmt das obere Management – wie bereits ausgeführt – eine Stellvertreterfunktion wahr. Von daher werden auch für die Top-Manager **Unternehmenserfolg/ Gewinn** und **Wertsteigerung des Unternehmens** an die Spitze der Skala primärer Interessen gesetzt.
  Bei dieser Prioritätensetzung wird berücksichtigt, dass bei der Kerngruppe des oberen Managements durchaus persönliche und gesellschaftliche Interessen vorliegen, die sich von denen der Eigentümer unterscheiden, so dass eventuell Interessenkonflikte auftreten können. Wie im Einzelnen noch gezeigt wird, stehen die Verfolgung gesamtunternehmensbezogener Ziele und die Erfüllung persönlicher Manager-Interessen aber letztlich in einem Ursachen-Wirkungs-Zusammenhang, bei dem auch die in C.I.1. erläuterte **Instrumentalfunktion des Unternehmens** für die Kerngruppe der Manager noch einmal verdeutlicht werden kann: Einerseits ist aufgrund der gegebenen Ergebnisverantwortung die Steigerung von Unternehmenswert und -erfolg die Voraussetzung für die Zufriedenstellung persönlicher Interessen. Wegen des großen Entscheidungsspielraums bestehen andererseits umfangreiche Gestaltungsmöglichkeiten im Hinblick auf die Konzipierung und Realisierung einer erfolgreichen Unternehmenssteuerung. Wenn Unternehmen als Instrumente und damit als Mittel zur Verfolgung persönlicher Ziele angesehen werden, dann haben die Top-Manager neben den Eigentümern mehr Möglichkeiten, diese **Mittel zur individuellen Zielerreichung** – also die Unternehmen – selbst aktiv zu gestalten.
- Die vorstehend erläuterten Zusammenhänge zeigen sich vor allem in Verbindung mit dem persönlichen Manager-Interesse der **Einkommenserzielung**. Wenn die generelle Zielsetzung einer Steigerung von Unternehmenserfolg und -wert mittelfristig nicht erreicht wird, dann laufen obere Führungskräfte gegenüber früheren Zeiten sehr viel schneller Gefahr, abberufen zu werden. Motivation, Engagement und ergebnisorientierte Leistungserbringung werden in den heute durchlässigeren Hierarchien von der obersten Führungsspitze über alle Ebenen in das Unternehmen hineingetragen. Wenn ein Top-Manager die von ihm erwartete Ergebniserzielung über einige Perioden nicht erreicht, dann droht die Lähmung einer gesamten Organisation, was es immer schwieriger macht, diese negative Entwicklung zu korrigieren. Mit der Neuberufung einer verantwortlichen Führungskraft wird dann versucht, aus der festgefahrenen Situation herauszukommen.

- Ähnlich den Ausführungen im letzten Unterabschnitt stellt sich auch für das obere Management der **Fortbestand von Unternehmen** als Basis-Voraussetzung für die Verfolgung der bislang besprochenen Primär-Interessen heraus. Dabei haben die Top-Manager – wie vorstehend erläutert – aber auch die Chance und die Verpflichtung, für diesen Fortbestand Sorge zu tragen.
- Bei den heute i.d.R. existierenden Käufermärkten bildet der **Markterfolg** die Grundlage für den Unternehmenserfolg. Ein Unternehmen kann dann über die Möglichkeit hinaus, als „Nischenanbieter" spezielle Bedürfnisse zu bedienen, größere Marktanteile erzielen bzw. diese weiter ausbauen. Hierbei werden zusätzliche Kostenvorteile in der Herstellung und der Marktkommunikation wirksam. Insgesamt kann so die Marktmacht eines Unternehmens vergrößert werden. Als Aggregate des Unternehmenserfolgs werden also auch Markterfolg und Marktmacht zu den Hauptinteressen der Top-Manager gerechnet.
- Der bei einer ergebnisverantwortlichen Tätigkeit in der Unternehmensleitung gegebene Gestaltungsspielraum bringt ein hohes Maß an **Selbstständigkeit** und **Entscheidungsautonomie** für die Mitglieder des Top-Managements mit sich. Diese sind „nur noch" den Eigentümern respektive Eigenkapital-Gebern Rechenschaft schuldig. Von letzteren geht zwar der hohe Verantwortungsdruck in Richtung einer Steigerung von Unternehmenserfolg und -wert aus, der hierauf bezogene Ausfüllungsspielraum ist allerdings groß. Hierin liegt ein wesentlicher Teil des Interesses oberer Führungskräfte an diesen Leitungspositionen begründet. Mit einer aktiven und positiv verlaufenden Gestaltung der Unternehmensentwicklung können diese Personen ein hohes Maß an **Selbstverwirklichung** erreichen.
- Bei der bislang aufgezeigten Verzahnung unternehmensbezogener und persönlicher Antriebskräfte von Top-Managern kommen wir jetzt wieder zu einem eher auf Unternehmen gerichteten Interesse. Markt- und Unternehmenserfolg kommen letztlich dadurch zustande, dass die von allen Mitarbeitern erstellten Absatzleistungen von den bisherigen und möglichst auch von neuen Kunden gekauft werden. Bei dieser über die Zeit stabil zu haltenden Beziehungskonstellation spielt das Erscheinungsbild eines Unternehmens eine große Rolle, und zwar nach innen wie nach außen.

  Mit dem Fachausdruck **Corporate Identity** belegt, geht es bei diesem Selbstverständnis eines Unternehmens um grundlegende Werte der Zusammenarbeit und des Marktauftritts. Diese können auch in Form eines Unternehmensleitbildes gefasst sein (siehe hierzu D.I.1.). Als Innenwirkung wird vor allem ein **positives Betriebsklima** angestrebt. Welche negativen Auswirkungen gegeben sind, wenn dieses nicht erreicht wird, hat unser Eingangsbeispiel „Unzufriedene Mitarbeiter" in A.I.2. deutlich gemacht. Der Außenwirkung kommt beim unternehmerischen Erscheinungsbild aber ebenfalls eine große Bedeutung zu. Unternehmen, die wegen außergewöhnlicher Ereignisse – z.B. Produktfehler, ökologische Belastungen oder auch Managementfehler – negative Schlagzeilen produzieren, erleiden schnell schwerwiegende Imageschäden, deren Ausbesserungen große und langwierige Anstrengungen erfordern. Wenn der Unternehmenserfolg insgesamt also immer an Individuen und Gruppen geknüpft ist – Mitarbeiter, Kunden, übrige Unternehmensträger-Gruppen, dann ist deren Einschätzung des Unternehmens außerordentlich wichtig, und hier darf es zu keinen großen Inkonsistenzen in der Art, dem Inhalt, der Kommunikation sowie der dabei gebotenen zeitnahen Transparenz kommen.

- Mit **Macht** und **Einfluss** wird abschließend zu den Manager-Interessen noch die bereits bei den Eigentümern und Eigenkapital-Gebern thematisierte Leistungs- und Handlungsorientierung gezählt. Hier wird damit vor allem auf die Persönlichkeit von Top-Managern abgehoben. Ziel- und ergebnisorientierte Gestaltung beinhaltet immer auch deren Durchsetzung. Gelingt es einem Top-Manager, über seine Kompetenz und seinen Einfluss eine nachhaltig positive Unternehmensentwicklung zu erreichen, dann wird er dabei auch ein hohes Maß an **Prestige** gewinnen.

**(4) Verhaltenskonsequenzen für das Unternehmen**

Nach den Erläuterungen zur Beitrags-Anreiz-Konstellation bei der Kerngruppe des oberen Managements gehen wir abschließend kurz darauf ein, wie deren Beziehung mit den Eigentümern und damit ihre Tätigkeit für das gesamte Unternehmen auf eine längerfristig stabile Grundlage gestellt werden kann. Rubrik ④ des Unternehmensträger-Profils C-I-3 zeigt hierzu einige grundlegende Möglichkeiten auf.

Bei den auf die Unternehmensträger-Gruppe der Top-Manager respektive einzelne Mitglieder hiervon bezogenen Parametern steht eine Synchronisation von deren handlungsleitenden Motiven mit denen der Eigentümer im Vordergrund. Nach der Terminologie des in A.I.3. kurz als Agency-Theorie angesprochenen **Principal-Agent-Ansatzes** (siehe dazu auch F.III.5.) geht es hierbei um die Frage, wie obere Führungskräfte – als Agenten – dazu motiviert werden können, im Interesse der Eigentümer – als Prinzipale – zu handeln, so dass die **Transaktionskosten** dieser Delegationsbeziehung – die Agency-Kosten – minimiert werden können. Diese Kosten setzen sich im Wesentlichen zusammen aus Überwachungs- und Kontrollkosten sowie den Residualverlusten durch abweichende Entscheidungen der Manager aufgrund einer gegenüber den Eigentümern anderen Risikoeinschätzung. Die entsprechende Theorie, aber auch die Praxis belegen, dass es aufgrund der Informationsasymmetrien und dem dabei gegebenen Vorsprung der oberen Führungskräfte auch zu opportunistischem Verhalten (Moral Hazard) kommen kann; es ist durch nicht weitergegebene Informationen (Hidden Information) und/ oder verdecktes Handeln (Hidden Action) der Top-Manager möglich.

- Hinter den beiden nachfolgend im Überblick aufgezeigten Anreizinstrumenten steht als Grundgedanke die Koppelung des Managergehalts mit dem Erfolg seiner Tätigkeit für das Unternehmen. Bei den grundsätzlich außertariflich vereinbarten Gehältern von oberen Führungskräften kann dies beispielsweise in Form von **erfolgsabhängigen Einkommensbestandteilen** vorgesehen werden. Solche Vereinbarungen sind für Top-Manager mit Verantwortung für das Gesamtunternehmen i.d.R. an den Erfolg einer Rechnungsperiode geknüpft. Auf der Ebene der Geschäftsbereichs- oder Spartenleiter kann als Bezugsgröße für variable Vergütungsbestandteile der spartenbezogene Beitrag zum Erfolg des Gesamtunternehmens (Operating Profit) herangezogen werden. Wenn die festgelegten Zielkriterien (z.B. Steigerung des Unternehmenserfolgs/ Geschäftsbereichsbeitrags um 5%) erreicht werden, kommt es zur Gewährung der vereinbarten Erfolgsprämie als prozentualem Zuschlag zur Grundvergütung. Als Durchschnittswert für die Zielhöhe solcher erfolgsabhängiger Einkommensteile konnte bei oberen Führungskräften deutscher Unternehmen – vor der Einführung wertorientierter Anreizinstrumente – von bis zu 30% der Grundvergütung ausgegangen werden.

- Im vorangegangenen Unterabschnitt wurde bei den Erläuterungen zu den Eigentümer-Interessen gezeigt, dass auf zurückliegenden Perioden beruhende Größen des Unternehmenserfolgs zur langfristigen Unternehmenssteuerung nicht ausreichend sind und hier zusätzlich eine zukunftsgerichtete Perspektive der Steigerung des Unternehmenswertes einzunehmen ist. Im Zuge der Entwicklung hin zu einer insgesamt wertorientierten Unternehmensführung sind auch die vergütungsbezogenen Anreize von Top-Managern dahingehend zu verändern, dass sie auf die **Wertentwicklung eines Unternehmens** bezogen werden. Bei der gegenüber den Vereinigten Staaten in Deutschland etwas verspätet aufgekommenen Shareholder Value-Philosophie hatte sich bei den Anreizsystemen für obere Führungskräfte auch bereits eine deutliche Schieflage herausgebildet. So ist bei Top-Managern von börsennotierten Gesellschaften in den USA lediglich etwa ein Drittel ihrer Gesamtvergütung als Grundgehalt fest vereinbart. Neben erfolgsabhängigen Bonuszahlungen der vorstehend erläuterten Art von etwa 15% werden die verbleibenden 50% ihrer Gesamteinkünfte **aktienorientiert** gewährt. Wenn die Gesellschaft eine sehr gute Entwicklung vorweisen kann und dies am Aktienmarkt zu überdurchschnittlich hohen Kursen führt, dann sind auf diese Weise – für deutsche Verhältnisse astronomisch hohe – Jahresvergütungen im Wert von 80, 100 oder mehr Mio. Dollar für amerikanische Vorstände im Einzelfall möglich.

  Die jüngste Diskussion in der Öffentlichkeit thematisiert das immer stärkere **Auseinanderdriften der Top-Managergehälter und der Arbeitnehmergehälter**. Die mehrere 100% höhere Vergütung oberer Führungskräfte ist durch eine entsprechend höhere Leistung nicht leicht zu begründen. Aussagefähiger wird eine Analyse dann, wenn sich belegen ließe, welche Fehlentscheidungen fähige Unternehmensführer vermieden haben und wie hoch der dann dem Unternehmen entstandene Schaden gekommen wäre. Dies schließt auch den Wegfall und damit die Entlassung von Mitarbeitern mit ein. Es liegt auf der Hand, dass eine derartige Beweisführung im Vorfeld kaum möglich ist. Sie lässt sich aber im Nachhinein bei in Schwierigkeiten gekommenen Unternehmen durchführen. Problematisch wird die Situation allerdings dann, wenn Unternehmen in dieser Situation, bei der dann auch der Shareholder Value als Unternehmenswert und als Kapitalverzinsung abnimmt, die Gehälter ihrer Top-Manager erhöhen. Rationale Argumente sind dafür kaum zu finden. Auch die Argumentation, dass mit einem zunehmenden globalen Wettbewerb die Top-Managergehälter ebenfalls internationales Niveau halten müssen, um die fähigsten Führungskräfte in die nationalen Unternehmen zu ziehen bzw. sie nicht an ausländische Unternehmen zu verlieren, greift dann nicht. Unabhängig von der zu rechtfertigenden Höhe der Top-Management-Gehälter ist die Frage der

Transparenz, wie sie durch die Corporate Governance Empfehlungen gefordert wird (siehe hierzu C.I.4.).

Ohne auf Details näher einzugehen, bieten sich im Wesentlichen zwei Möglichkeiten einer Beteiligung des Top-Managements an den Wertsteigerungen eines Unternehmens an: Die erste besteht in der Vergabe von **Aktienoptionen** (Stock Options). Hierbei wird den Begünstigten das Recht eingeräumt, innerhalb eines vorgegebenen Zeitraums eine bestimmte Anzahl Aktien zu einem festgelegten Basispreis – i.d.R. dem Börsenwert zum Zeitpunkt der Auflage des Optionsplans – zu erwerben. Die Früchte der vom oberen Management zu verantwortenden Unternehmenswertsteigerung können die Mitglieder dieser Kerngruppe über realisierte Kurssteigerungen dann selbst ernten: Die Begünstigten können durch eine Veräußerung der nach dem Optionsplan bezogenen Wertpapiere – unter Beachtung steuerrechtlicher Vorschriften – die Differenz zwischen Basispreis und aktuellem Kurswert als Gewinn realisieren, oder sie können in Erwartung weiterer Wertsteigerungen die günstig bezogenen Wertpapiere in ihrem persönlichen Aktien-Portefeuille belassen.

Im Hinblick auf die Ausgestaltung von Aktienoptions-Plänen bestehen vielfältige Alternativen. So können beispielsweise die Einhaltung einer Wartefrist vor erstmaliger Ausübung und/ oder die Ausübung in mehreren Tranchen festgelegt werden. Mit dem Ziel, das Top-Management zu substanziellen Anstrengungen zur Steigerung des Unternehmenswertes anzuregen, kann des Weiteren vorgesehen werden, dass die Bezugsrechte erst beim Erreichen eines festgelegten Kursanstiegs (z.B. + 20%) ausgeübt werden dürfen. Hier kann auch die Bedingung formuliert werden, dass die Entwicklung des Aktienkurses einem maßgeblichen Aktienindex oder einer vorher bestimmten Vergleichsgruppe von Konkurrenzunternehmen entspricht respektive diese übersteigt.

Die existierenden **rechtlichen Möglichkeiten zur Auflage von Anreizprogrammen** für obere Führungskräfte über Aktienprogramme haben sich durch das **Gesetz zur Kontrolle und Transparenz im Unternehmensbereich** (KonTraG) von 1998 und die hierdurch bewirkten Änderungen im **Aktiengesetz** (AktG) verbreitert. Damit sind jetzt Aktienoptionen beispielsweise auch über den Weg einer bedingten Kapitalerhöhung als so genannte isolierte Optionen möglich. Hierbei wird – anders als beim Rückkauf eigener Aktien – die Liquidität einer Gesellschaft nicht belastet. Nach der Ausübung des Optionsrechtes sind aber mehr Aktien im Umlauf, ohne dass die Eigenkapitalbasis in der Unternehmensbilanz eine tatsächliche Verbreiterung erfahren hat. Dieser **Verwässerungseffekt** schmälert die Rechte der Altaktionäre, der Gewinn pro Aktie und damit die Ausschüttung pro Anteilsschein werden tendenziell sinken.

Mit der zweiten generellen Möglichkeit performanceorientierter Vergütungsbestandteile wird der gerade geschilderte Nachteil vermieden. Hier werden **Wertsteigerungsanrechte** (Stock Appreciation Rights, SAR) vergeben, und dabei sind keine echten, sondern „virtuelle" Aktien (Phantom-Stocks) im Spiel. Mit den Wertsteigerungsanrechten werden die Begünstigten so gestellt, als wären sie im Besitz einer bestimmten Anzahl von Aktien ihres Unternehmens. Ab einem durch den SAR-Plan festgelegten Zeitpunkt können diese die Differenz zwischen dem Börsenkurs am Ausübungstag und dem vorher festgelegten Basispreis als Barzahlung erhalten. An die Ausübung des SAR-Rechtes können ähnliche Bedingungen wie bei Aktienoptionen geknüpft werden. Die Berechtigten werden hierbei aber nicht in den Kreis der Anteilseigner aufgenommen, sie tragen kein Kursrisiko, nach Ausübung ihres Rechtes können sie allerdings auch nicht an den weiteren Kurssteigerungen teilnehmen.

Für die Entfaltung der Anreizwirkung von Aktienoptionen oder Wertsteigerungsrechten ist die **generelle Kursentwicklung** am Aktienmarkt naturgemäß von besonderer Bedeutung. Die Inanspruchnahme der gewährten Anreize sollte sich vor allem nicht lediglich als Gewinnmitnahme eines allgemeinen Kurshöhenfluges (Hausse) darstellen. Dem kann mit den vorstehend angesprochenen Ausübungshürden entgegengesteuert werden. Andererseits fallen gerade bei SARs im Falle einer überdurchschnittlich guten Kursentwicklung hohe Kosten für die gewährende Gesellschaft an, und bei einem Anhalten der Wertsteigerung empfinden die Berechtigten ein solches Modell zudem nicht als angemessen. So hätte das von dem deutschen Software-Hersteller SAP im März 1998 aufgelegte SAR-Programm STAR aufgrund der guten Kursentwicklung das Unternehmen bis zur vorgesehenen Laufzeit Mitte 2001 viele hundert Mio. EUR gekostet, während gleichzeitig von Abwanderungen amerikanischer SAP-Manager wegen im Konkurrenzvergleich nicht ausreichender Anreize berichtet wurde. Im Zuge dieser Entwicklung hatte die SAP AG im Januar 2000 ihr STAR-Programm deutlich verringert und stattdessen wieder ein Aktienoptionsprogramm aufgelegt.

Ein **Sinken des Aktienkurses** trotz intensiver Anstrengungen zur Unternehmenswertsteigerung ist bei beiden dargestellten Alternativen nachteilig. Beispielsweise hatte die DAIMLERCHRYSLER AG – auch im Zusammenhang mit einem Rechtsstreit über frühere Stock-Options-Pläne – in 1999 ihr Anreizsystem auf SARs umgestellt. Dabei wurden als Neuauflage am 24. Februar 1999 auch eine bestimmte Menge SARs zum Ausübungspreis von 89,70 EUR gewährt. Die Börsenentwicklung ging jedoch dahin, dass vor allem Unternehmen der **New Economy**, wie Internet-, Computer- und Telekommunikationsfirmen, weltweit hoch bewertet wurden, während die Gesellschaften in **Traditionsbranchen** eher eine Unterbewertung erfuhren. Etwa ein Jahr nach Auflage des angesprochenen SAR-Programms lag der Aktienkurs von DAIMLERCHRYSLER bei etwa 60 EUR, so dass bei der Differenz zum Ausübungspreis eigentlich schon von einer Demotivationswirkung zu sprechen war.

Im April 2004 hat DAIMLERCHRYSLER sein Aktienoptionsprogramm insofern stark verändert, dass neben der Entwicklung des Aktienkurses über die SARs noch weitere Faktoren zur Bestimmung des variablen Anteils der Entlohnung hinzugezogen werden. Dies sind zum einen die realisierte Kapitalrendite, also die erwirtschaftete Verzinsung des eingesetzten Eigenkapitals, und zum anderen die Umsatzrendite im Vergleich zu ausgewählten Wettbewerbern. Durch diese Verbreiterung der Bewertungsbasis wird die Demotivationswirkung abgeschwächt und die Entlohnung objektiver an die Leistung der Manager angepasst.

Bei welcher **Gesamtausrichtung eines Unternehmens** kann von einer hohen Attraktivität für obere Führungskräfte ausgegangen werden? Abschließend zur Darstellung dieser wichtigen internen Anspruchsgruppe kann hierzu folgende zusammenfassende Bewertung vorgenommen werden:

Effizienz und Effektivität der Leistungserstellung, Markterfolg, positive Unternehmenskultur und leistungsorientierte Vergütung können als wesentliche Attraktoren für die Gewinnung und die längerfristige Bindung hochkarätiger Top-Manager gelten.

Obere Führungskräfte werden es i.d.R. als Herausforderung ansehen, die soeben erstgenannten Parameter weiter zu verbessern und zu steigern. Eine bestehende oder nicht bestehende Erfolgschance ist die Voraussetzung für den weiteren Verbleib in einem Unternehmen oder für einen baldigen Wechsel der Führungsposition. Bei einem Scheitern drohen einer oberen Führungskraft Reputationsverluste, welche die weitere Karriere einschränken. Aufgrund der hohen Vergütung und einer vom Unternehmen für diese Führungskräfte abgeschlossenen und bezahlten speziellen Versicherung (Directors & Officers Liability Insurance – D & O-Versicherung) zur Abdeckung der Folgen von persönlich verschuldeten Managementfehlern ist das Gesamtrisiko für Top-Manager bislang allerdings relativ begrenzt.

### *c. Arbeitnehmer*

Die jetzt zu besprechende dritte interne Anspruchsgruppe von Unternehmensträgern umfasst unter der Bezeichnung Arbeitnehmer die gesamte Mitarbeiterschaft außer dem oberen Management. Das Abgrenzungskriterium hierbei ist der Grad an Selbstständigkeit und Entscheidungsautonomie. Diese ist bei den Eigentümern oder den Top-Managern als Eigentümervertretern am größten, und alle nachfolgenden Management- und Ausführungsebenen werden letztlich über Vorgaben dieser beiden Kerngruppen gesteuert.

#### (1) Arten der Arbeitnehmer

Wie Rubrik ① des Unternehmensträger-Profils für die Mitarbeiter (Abb. C-I-4) auf der folgenden Seite zeigt, umfasst die Kerngruppe der Arbeitnehmer alle **ausführend tätigen Mitarbeiter** sowie das **untere und mittlere Management**. Bei der historisch gewachsenen Abgrenzung von **Arbeitern und Angestellten** wurden überwiegend körperliche Tätigkeiten (Arbeiter) kaufmännischen, büromäßigen oder sonstigen vorwiegend geistigen Arbeiten (Angestellte) gegenübergestellt.

Dieser Unterscheidung kommt heute keine große Trennschärfe mehr zu. Vor allem im Zusammenhang mit dem zunehmenden Technologieeinsatz in der Produktion und Verwaltung sowie bei der Erbringung von Dienstleistungen sind heute an immer mehr Arbeitsplätzen geistige und damit kognitive Fähigkeiten auf höherem Niveau erforderlich. Das in Deutschland übliche duale System der Berufsausbildung (theoretische und praktische Unterrichtung durch Berufsschule und Betrieb) berücksichtigt dies und vermittelt Facharbeitern in dieser Hinsicht im internationalen Vergleich gute Voraussetzungen. Hinzu kommt, dass auch in arbeitsrechtlicher Hinsicht eine fortschreitende Angleichung – z.B. der Kündigungsfristen – beider

Arbeitnehmergruppen zu verzeichnen ist, so dass deren Abgrenzung insgesamt weiter an Bedeutung verlieren wird.

| | |
|---|---|
| ① **Wer?** | ***Interne Anspruchsgruppe/ Kerngruppe:***<br>**Ausschließlich ausführend tätige Mitarbeiter und unteres/ mittleres Management – (Fach-)Arbeiter und Angestellte mit Betriebsrat als Interessenvertretung/ Leitende Angestellte mit Interessenvertretung über Sprecherausschuss** |
| ② **... gibt was?** | ***Beiträge*** **als** ***Leistungen*** **der Kerngruppe Arbeitnehmer für das Unternehmen und seine Entwicklung:**<br>– **Einsatz von Fähigkeiten und Fertigkeiten als Arbeitskraft: Kenntnisse, Engagement, Ergebnisbeitrag** |
| ③ **... will was dafür?** | ***Primäre Interessen/ Anreize*** **der Kerngruppe Arbeitnehmer für eine Beteiligung am oder ein Engagement im Unternehmen:**<br>– **Lohn/ Gehalt**<br>– **Sicherheit des Arbeitsplatzes/ soziale Sicherheit**<br>– **Fortbestand des Unternehmens**<br>– **Sinnvolle Tätigkeit/ Weiterentwicklung von Fähigkeiten**<br>– **Verbesserung der Arbeitsinhalte**<br>– **Arbeits- versus Freizeit**<br>– **Betriebsklima** |
| ④ **Was tut das Unternehmen dafür?** | ***Verhaltenskonsequenzen und -parameter*** **für das Unternehmen im Hinblick auf:**<br>• ***Individuum*** **als Anspruchsgruppenmitglied und** ***Anspruchsgruppe*** **insgesamt:**<br>  – **Stärkung von Motivation und Engagement über eine Erweiterung der Gestaltungs- und Entscheidungsspielräume (Empowerment)**<br>  – **Leistungsorientierte Bestandteile im Entlohnungssystem**<br>  – **Kooperatives Verhalten gegenüber dem Betriebsrat**<br>• **Ausrichtung des** ***Gesamtunternehmens*****:**<br>  – **Kommunikatives, ziel- und ergebnisorientiertes System der Mitarbeiterführung auf der Basis des Management by Objectives** |

**Abb. C-I-4:** Unternehmensträger-Profil: Arbeitnehmer

Die Differenzierung von Arbeitern und Angestellten war noch im Sozialversicherungsrecht relevant, dadurch dass Arbeiter der jeweiligen Landesversicherungsanstalt (LVA) und Angestellte der Bundesversicherungsanstalt für Angestellte (BfA) in Berlin zugeordnet wurden. Mit dem Gesetz zur Organisationsreform in der gesetzlichen Rentenversicherung (RVOrgG) ist diese Unterscheidung mit dem 01.01.2005 aufgehoben worden. Die Deutsche Rentenversicherung gliedert sich nun in eine Bundes- und eine Regionalebene.

**Leitende Angestellte** sind gewissermaßen in einer **Doppel- oder Zwitterfunktion** in den Unternehmen tätig. In ihrer Angestelltentätigkeit erfüllen sie einerseits ausführende Aufgaben in ihrem Verantwortungsbereich und andererseits vertreten sie in diesem und gegenüber ihren Mitarbeitern die Interessen der Eigentümer bzw. des oberen Managements.

Im Hinblick auf die Einordnung leitender Angestellter können wir die im letzten Unterabschnitt getroffene **Abgrenzung zum oberen Management** noch einmal verdeutlichen: Zum Top-Management zählen wir von den Eigentümern eingesetzte Manager-Unternehmer, die zur Leitung befugten Organe bei Gesellschaftsformen mit eigener Rechtspersönlichkeit (AG, GmbH, Genossenschaft) sowie die für einzelne Geschäftsbereiche oder Sparten als „Unternehmer im Unternehmen" verantwortlichen oberen Führungskräfte. Leitende Angestellte haben demgegenüber keine derart umfassenden und gesamtergebnisbezogenen Verantwortungsbereiche. Sie sind eher in einem Funktionsbezug tätig, also etwa als Einkaufs-, Produktions-, Vertriebs- oder Personalleiter.

Als gesetzliche Grundlage für die Einordnung von leitenden Angestellten kann das **Betriebsverfassungsgesetz** (BetrVG) herangezogen werden. Im § 5 III wird festgelegt, dass hierzu die Berechtigung gehört, selbstständig Personalfragen (Einstellungen oder Entlassungen) zu regeln, oder dass Generalvollmacht bzw. Prokura erteilt ist, oder dass regelmäßig sonstige, für die Unternehmensentwicklung bedeutsame Aufgaben im Wesentlichen frei von Weisungen oder mit deren maßgeblicher Beeinflussung wahrgenommen werden.

Wenn – wie in den vorangegangenen Unterabschnitten erläutert – die unternehmensbezogene Verfügungsmacht den Eigentümern oder dem von diesen eingesetzten oberen Management zukommt, dann stellt sich die Frage, auf welche Weise die Arbeitnehmer auf die Entscheidungen dieser beiden anderen Kerngruppen Einfluss nehmen können. In den letzten 50 Jahren sind hierzu eine Reihe gesetzlicher Vorschriften erlassen worden, die zum einen die über Arbeitnehmervertreter im Aufsichtsrat geregelte Mitbestimmung bei Kapitalgesellschaften betreffen (Montan-Mitbestimmungsgesetz von 1951, Betriebsverfassungsgesetz von 1952, Mitbestimmungsgesetz von 1976, Drittelbeteiligungsgesetz von 2004). Auf diese **Unternehmens- respektive Aufsichtsratsmitbestimmung** wird in Unterabschnitt C.II.4.a. eingegangen. Zum anderen kam es auch bezogen auf die Einwirkungs- und Einflussmöglichkeiten der Arbeitnehmer unterhalb dieser oberen Leitungsebene **(betriebliche Mitbestimmung)** zu einer umfassenden und in diesem Fall rechtsformunabhängigen Regelung, und zwar durch das 1972 neu gefasste Betriebsverfassungsgesetz und das Sprecherausschussgesetz von 1989.

Die Interessenvertretung der Arbeiter und Angestellten erfolgt nach dem BetrVG durch den **Betriebsrat**, der ab zusammengenommen 5 Beschäftigten oder Auszubildenden in beiden Personengruppen von diesen auf 4 Jahre gewählt wird. Hier liegt eine so genannte „Kann-Bestimmung" vor; wenn die Belegschaft zur Vertretung ihrer Interessen einen Betriebsrat errichten möchte, hat der Arbeitgeber allerdings keine rechtlichen Möglichkeiten, dies zu verhindern. Die Größenordnung des Betriebsrats verläuft entsprechend dem Reformgesetz zur Betriebsverfassung von 2001 von einer Person (bei 5 bis 20 Arbeitnehmern) in mehreren Stufen bis zu 35 Mitgliedern (in der Größenklasse von 7001 bis 9000 Arbeitnehmern). Je angefangene weitere 3000 Beschäftigte erhöht sich die Zahl der Mitglieder um 2. Ab 200 Arbeitnehmern ist – ebenfalls nach festgesetzten Größenklassen – ein Teil der Betriebsratsmitglieder zur Wahrnehmung ihrer Aufgaben von der beruflichen Tätigkeit im Betrieb freizustellen.

Als Gegenstandsbereiche der Vertretung von Arbeiter- und Angestellten-Interessen durch den Betriebsrat sind im BetrVG festgelegt: Soziale Angelegenheiten; Gestaltung von Arbeitsplatz, Arbeitsablauf und Arbeitsumgebung; personelle Angelegenheiten sowie wirtschaftliche Angelegenheiten.

Im Hinblick auf die Einflussmöglichkeiten des Betriebsrates in diesen Gegenstandsbereichen sind Mitwirkungs- und Mitbestimmungsrechte zu unterscheiden. Zu den **Mitwirkungsrechten** zählen **Rechte auf Information** (bspw. Personalmaßnahmen oder die wirtschaftlichen Angelegenheiten des Betriebes betreffend), das **Recht auf Anhörung** (bei Kündigungen), **Rechte auf Beratung und Verhandlung** (bezogen auf die Informationsrechte und bei Fragen der Berufsausbildung) sowie **Widerspruchsrechte** (bei bestimmten Personalmaßnahmen und insbesondere außerordentlichen Kündigungen).

Die **Mitbestimmungsrechte** lassen sich gliedern in Zustimmungsrechte bzw. Aufhebungsansprüche oder Vetorechte (bspw. bei Einstellungen und Umgruppierungen sowie der Ausgestaltung der einzelnen Arbeitsverhältnisse) sowie Initiativrechte (z.B. im Hinblick auf die Erstellung von Richtlinien zur Personalauswahl oder die Aufstellung eines Sozialplans bei Betriebsänderungen).

Auf leitende Angestellte findet das BetrVG keine Anwendung. Der schon angeführte § 5 III BetrVG stellt die hierauf bezogene Ausschlussklausel dar. Mit dem Gesetz über **Sprecherausschüsse der leitenden Angestellten** (Sprecherausschussgesetz – SprAuG) von 1988 hat die Interessenvertretung dieser Arbeitnehmergruppe eine eigenständige Regelung erfahren. Als Einstiegsgrößenordnung für die Bildung von Sprecherausschüssen gelten Unternehmen mit i.d.R. 10 leitenden Angestellten. Diese Gremien bestehen aus bis zu 7 Mitgliedern (10 - 20 ltd. Angest. 1 Person, über 300 ltd. Angest. 7 Mitglieder), die zeitgleich mit den Betriebsratswahlen für ebenfalls 4 Jahre gewählt werden.

Anders als der Betriebsrat besitzt der Sprecherausschuss keine Mitbestimmungsrechte, sondern lediglich einzelne, in wenige Paragraphen gefasste **Mitwirkungsrechte** im Hinblick auf Arbeitsbedingungen und Beurteilungsgrundsätze, personelle Maßnahmen und wirtschaftliche Angelegenheiten des Unternehmens. Als zentrale Regelung kann hierbei gelten, dass der Sprecherausschuss vor jeder Kündigung eines leitenden Angestellten zu hören ist.

Insgesamt ist festzuhalten, dass mit den gegenüber den Arbeitern und Angestellten sehr viel eingeschränkteren Möglichkeiten einer Interessenvertretung der leitenden Angestellten durch Sprecherausschüsse deren bereits verdeutlichter **Doppelfunktion** Rechnung getragen wird. Insoweit diese bei ihrer Tätigkeit auch Ziele der Eigentümer und damit der Kapitalseite verfolgen, können sie darauf bezogen keine gesonderte Schutzbedürftigkeit reklamieren.

### (2) Beiträge der Arbeitnehmer

Was geben die Arbeitnehmer einem Unternehmen? Wie können deren Beiträge als Leistungen für ein Unternehmen und seine Entwicklung zusammenfassend gekennzeichnet werden? Hierzu haben wir in Rubrik ② der Profildarstellung festgehalten: Einsatz von Fähigkeiten und Fertigkeiten als Arbeitskraft – Kenntnisse, Engagement, Ergebnisbeitrag.

Bei dem verwendeten Begriffspaar Fähigkeit und Fertigkeit ist das lerntheoretisch übergeordnete Konstrukt die **Fähigkeit**. Hier geht es um die psychische und physische Grundkonstellation einer Person, die ihr das Erbringen bestimmter Leistungen ermöglicht. Wichtig sind dabei vor allem kognitive, auf den Ablauf von Denkprozessen bezogene Fähigkeiten, wie das Wahrnehmungs-, Verarbeitungs-, Gedächtnis- und Artikulationsvermögen. Werden Tätigkeiten oder Arbeitsabläufe durch reichliche Übung sicher und fast mühelos beherrscht, dann spricht man vom Vorliegen einer **Fertigkeit**.

Fähigkeiten sind zum einen anlagebedingt, zum anderen können sie durch Lernprozesse erworben sein. Damit ergibt sich der direkte Bezug zu den in die Beitragskennzeichnung der Arbeitnehmer als Unterkategorie aufgenommenen **Kenntnissen**. Bei den mittlerweile schnell aufeinander folgenden und teilweise auch sehr tief greifenden Technologieschüben in den Grundlagen- und Ingenieurwissenschaften gilt im Gegensatz zu früheren Zeiten der Grundsatz eines **lebenslangen Lernens**. Nur durch den Erwerb immer weiteren und neuen Wissens wird es heute und in Zukunft den Menschen in ihrer Lebens- und Arbeitswelt gelingen, ihr Fähigkeitsprofil annähernd „auf der Höhe ihrer Zeit" zu halten. Weitere Einordnungen zum Begriff des Wissens werden im Unterkapitel E.I. gegeben.

Als weitere Unterkategorie des Leistungsbeitrages der Arbeitnehmer wurde – wie bei den Managern – **Engagement** aufgenommen. Generell ist davon auszugehen, dass Arbeitnehmer in einem Unternehmen mit einer stabil positiven Arbeits- und Unternehmenskultur dieses Engagement einbringen. **Aktives und selbstständiges Handeln** wird in immer stärkerem Maße von den Mitarbeitern gefordert sein. Durch Kennen, Können und Wollen wird die Kerngruppe der Arbeitnehmer ihren **Ergebnisbeitrag** leisten. Immer mehr Unternehmen gehen heute dazu über, zum Fixgehalt eine Erfolgsprämie auch an die Mitarbeiter zu bezahlen. In Unternehmen der Automobilzulieferindustrie werden beispielsweise Prämien für das Erreichen der Planziele an die Beschäftigten bereits monatlich ausgezahlt.

### (3) Primärinteressen der Arbeitnehmer

Was wollen die Arbeitnehmer von den Unternehmen erhalten? Mit welchen Punkten kann ihre originäre Interessenlage zusammengefasst werden? Wir kommen damit zu Rubrik ③ des Unternehmensträger-Profils C-I-4 für die Arbeitnehmer:

- Die Vergütung abhängig Beschäftigter erfolgt in Form von **Lohn** respektive **Gehalt**. Diese Zahlungen durch private oder öffentliche Unternehmen und Institutionen stellen die maßgebliche Einkommensquelle für die meisten Arbeitnehmer dar, wobei der Anteil anderer Einkunftsarten – beispielsweise aus Kapitalvermögen – allerdings tendenziell ansteigt.
  Die Unterscheidung von Lohn und Gehalt steht im Zusammenhang mit der bei Rubrik ① erläuterten, mittlerweile weitgehend überkommenen Abgrenzung von Arbeitern und Angestellten. Arbeiter empfangen demnach Lohn, und Angestellte beziehen Gehalt. Im Hinblick auf unterschiedliche Arten der Vergü-

tungsfestsetzung ist das Gehalt neben dem Zeitlohn als zeitbezogene Form der Grundvergütung einzuordnen. An diese sind jeweils konkrete Leistungserwartungen geknüpft. Dabei gibt es bezogen auf die Abgeltung eventueller Mehrarbeiten allerdings eine Verschiedenheit: Bei den eher ergebnisbezogen definierten kaufmännischen Angestelltentätigkeiten kann es – auch von den Stelleninhabern mit getragen – in gewissem Umfang zu längeren Anwesenheitszeiten ohne Vergütungs- oder Zeitausgleich kommen, und leitende Angestellte oder obere Führungskräfte haben keinerlei Ausgleichsansprüche dieser Art. **Gewerbliche Arbeitnehmer** können ihre Arbeitszeit in wesentlich geringerem Umfang frei einteilen, und wenn in ihrem Arbeitsbereich Überstunden angeordnet werden, dann erfolgt deren Abgeltung über eine gesonderte Bezahlung oder durch zusätzliche Freizeit.

Die zweite Form der Grundvergütung ist der **leistungsbezogene Stück- oder Akkordlohn**. Auf der Basis differenzierter Zeitstudien zur Ermittlung der Normalleistung erfolgt die Vergütung über die in einem Abrechnungszeitraum erbrachten Leistungseinheiten (Geldakkord) oder über die zu deren Erstellung benötigten Zeiteinheiten (Zeitakkord).

Als **Formen der Zusatzvergütung** können mengen-, qualitäts- oder terminbezogene **Prämien**, funktionsbezogene oder risikoausgleichende Zulagen und arbeitszeitbezogene **Zuschläge** (für Überstunden, Nachtarbeit, Sonn- und Feiertagsarbeit) unterschieden werden.

Das Interesse der Arbeitnehmer, angemessene Löhne oder Gehälter zu erhalten, die eine Beibehaltung (Preissteigerungsausgleich) oder Steigerung ihres Lebensstandards ermöglichen, ist vor allem auf den Nettoverdienst und damit auf den tatsächlich aus der Verdienstabrechnung resultierenden Geldeingang gerichtet. Vom Bruttoverdienst als Entgelt für die geleistete Arbeit sind hier durch die Unternehmen bereits Steuern vom Lohn und Arbeitnehmerpflichtbeiträge zur Sozialversicherung (Kranken-, Renten-, Arbeitslosen-, Pflegeversicherung) abgezogen und an die zuständigen Stellen weitergeleitet worden.

Für die Unternehmen ist also das Direktentgelt für die geleistete Arbeit in voller Höhe kostenwirksam, und hierzu kommen als **Personalnebenkosten** noch eine ganze Reihe weiterer Aufwendungen hinzu, wie

- Aufwendungen für Vorsorgeeinrichtungen (Arbeitgeberpflichtbeiträge zur Sozialversicherung, Aufwendungen für die betriebliche Altersversorgung),
- Vergütung arbeitsfreier Tage (Urlaubs- und Feiertagsvergütung, Lohnfortzahlung im Krankheitsfall),
- Sonderzahlungen (vermögensbildende Leistungen, Gratifikationen),
- Sonstige Personalnebenkosten (Aufwendungen für die berufliche Bildung, Entlassungsentschädigungen).

Diese Personalnebenkosten machen noch einmal **knapp 78% der Direktentgelte** aus. So summierten sich in der verarbeitenden Industrie Westdeutschlands für 2005 im Durchschnitt Direktentgelte von 15,67 EUR mit 12,20 EUR Personalnebenkosten zu Arbeitskosten von 27,87 EUR pro Arbeiterstunde (Werte für Ostdeutschland: 10,53 EUR + 6,83 EUR = 17,37 EUR).

- Die beiden nächstgenannten Komponenten im Interessen-Profil der Arbeitnehmer stehen in einem engen Zusammenhang und können von daher gemeinsam behandelt werden. Wenn Lohn oder Gehalt die maßgeblichen Einkommensquellen von Arbeitern und Angestellten bilden, werden diese an einem dauerhaften Bezug dieser Einkünfte und damit an der **Sicherheit ihres Arbeitsplatzes** interessiert sein, um so eine **soziale Sicherheit** zu erreichen. Bei diesem hauptsächlichen Aspekt, durch Arbeitsleistungen in Unternehmen persönliche Ziele zu erreichen, bildet für Arbeitnehmer – wie für Eigentümer und Manager – der **Fortbestand** ihres Betriebes die wesentliche Voraussetzung. Allerdings hat diese Grundbedingung keine ganz so existenzielle Wirkung wie bei den vorstehend angesprochenen Mitgliedern der beiden anderen Kerngruppen. Unternehmenszusammenbrüche werden i.d.R. – von den finanziellen Konsequenzen und der Reputation her gesehen – nicht den Arbeitnehmern angelastet, und so haben diese, eine nachgefragte Qualifikation und eine Bereitschaft zur Mobilität vorausgesetzt, bei guter Konjunkturlage eher die Möglichkeit, ihre Berufstätigkeit in einem anderen Betrieb fortzusetzen. Im Falle allgemein oder branchenbezogen hoher Arbeitslosigkeit nehmen die realen Chancen für einen solchen Tätigkeitswechsel allerdings i.d.R. deutlich ab.
  Bezogen auf die nachvollziehbaren Arbeitnehmer-Interessen in Richtung einerseits steigender Löhne und Gehälter sowie andererseits sicherer Arbeitsplätze ist aus der Sicht deutscher Unternehmen eine schwierige **Konfliktsituation** gegeben. Die vorstehend für 2005 angegebenen Arbeitskosten von 27,87 EUR pro Stunde für die westdeutsche verarbeitende Industrie stellen international den dritthöchsten Wert dar. Seit Anfang der 90er Jahre war **Westdeutschland der teuerste Industriestandort der Welt** und wurde erst 2002 von Norwegen und ab 2003 dann auch von Dänemark in dieser Rolle abgelöst. Die Arbeitskosten in Westdeutschland sind um 34% höher als beim Durchschnitt der internationalen Konkurrenz, dabei liegen das Direktentgelt 24% und die Personalnebenkosten 55% über den Mittelwerten anderer Länder.
  Nun wird im Kontext dieser Zahlen in der öffentlichen Diskussion oft eingewendet, deutsche Industrieunternehmen zeichneten sich durch eine hohe Produktivität aus, die diesen Standortnachteil ausgleichen.

  - Als Relation der Lohnkosten zur Bruttowertschöpfung respektive dem realen Bruttoinlandsprodukt können zeitraum- und arbeitnehmerbezogene, als **Lohnstückkosten** bezeichnete Kennziffern ermittelt werden. Diese geben an, welchen Anteil die Lohn- oder die Arbeitskosten an der „standardisierten", in Preisen des Bezugsjahres ausgedrückten Wirtschaftsleistung haben. Für 2005 wurden vom STATISTISCHEN BUNDESAMT im Gesamtdurchschnitt aller Wirtschaftszweige 24,17 EUR Lohnkosten und eine Produktivität von 35,2 EUR je Arbeitnehmerstunde (Angaben gerundet) sowie als daraus resultierender Wert für die Lohnstückkosten 68,7% angegeben.
  - Das INSTITUT DER DEUTSCHEN WIRTSCHAFT KÖLN (IW) erstellt jährlich eine allgemein beachtete und anerkannte Studie über **industrielle Arbeitskosten**, bei denen – anders als in der amtlichen Statistik – auch die Personalneben- respektive -zusatzkosten regelmäßig erfasst werden. Hierauf geht der

bereits referierte 2005er Durchschnittswert von 27,87 EUR pro Arbeiterstunde in der westdeutschen Industrie zurück.

Ohne im Einzelnen auf die Ergebnisse der 15 untersuchten Industrieländer (9 europäische Länder, USA, Kanada, Japan, Südkorea, Taiwan, Australien) einzugehen, sei hier als zentrales Ergebnis einer weiteren regelmäßigen Studie des IW (Produktivität und Lohnstückkosten im internationalen Vergleich) festgehalten: Die deutsche Industrie hat nach Dänemark, England, Italien und Frankreich das fünfthöchste Niveau bei den Lohnstückkosten zu verkraften. Es liegt 10% über dem Durchschnitt aller 15 Länder. Am besten schneiden Taiwan und Kanada ab, hier sind die Lohnstückkosten 18% unter dem Gesamtdurchschnitt, und damit um 28% günstiger als der westdeutsche Wert.

Das diese Ausführungen einleitende Argument, Deutschland könne wegen einer hohen Produktivität hohe Lohnkosten verkraften, stellt sich angesichts dieser Befunde und den vorstehenden Erläuterungen als Trugschluss heraus.

Bei der ungünstigen Arbeitskostenposition deutscher Unternehmen ist zu berücksichtigen, dass wegen des bereits in der Vergangenheit gegebenen hohen Lohnniveaus Produktionsprozesse in großem Umfang technisiert und automatisiert worden sind. In einer globalisierten Wirtschaft lassen sich niedrige Arbeitskosten und hohe Produktivität relativ einfach kombinieren, indem bei einer **Produktionsverlagerung oder Neuansiedlung im Ausland** technisches wie betriebswirtschaftliches Know-how mitgebracht und dort verfügbare Arbeitskräfte mit den maschinellen Produktionsmethoden vertraut gemacht werden. Für solche Produktivitätstransfers bieten sich insbesondere osteuropäische Länder, wie die Tschechei, die Slowakei, Polen oder Ungarn, mit Durchschnittswerten bei den Lohnkosten im Jahr 2005 von weniger als einem Fünftel des westdeutschen Betrages an. Vor allem zur Ausnutzung dieses Lohngefälles haben deutsche Unternehmen bisher über 40 Mrd. EUR in den im Mai 2004 der Europäischen Union beigetretenen acht osteuropäischen Länder investiert. Zur Jahresmitte 2006 gab es hier bereits etwa 10.000 Unternehmen mit deutscher Beteiligung. Die größten Bestandswerte der Direktinvestitionen weisen Tschechien (12,4 Mrd. EUR in 2004), Ungarn (12,2 Mrd. EUR) und Polen (10 Mrd. EUR) auf. Dabei engagieren sich neben einigen Großunternehmen – wie etwa bei der Eingliederung von SKODA in den VW-KONZERN – insbesondere mittelständische Unternehmen in diesen Ländern.

- Die **Motivation von Arbeitnehmern**, ein Beschäftigungsverhältnis in einem bestimmten Unternehmen einzugehen bzw. dort längerfristig zu arbeiten und die Erreichung seiner Zielsetzungen mit produktiven Leistungsbeiträgen aktiv zu unterstützen, wird nicht ausschließlich von dem als Gegenleistung empfangenen Entgelt ausgehen. Vielmehr werden von der Tätigkeit selbst große Einflüsse hierauf gegeben sein.

  Ausgehend von den bereits in A.II.1. angesprochenen grundlegenden **Motivklassen** nach ABRAHAM H. MASLOW werden Löhne und Gehälter den mitarbeiterbezogenen Grundbedürfnissen zugerechnet, und das Vertrauen in den weiteren Fortbestand des Unternehmens bildet ein wichtiges Element im Hinblick

auf die Sicherheitsbedürfnisse. Gute Kommunikationsmöglichkeiten mit Kollegen und Vorgesetzten gehören zur Ebene der sozialen Bedürfnisse. Durch den übertragenen Kompetenzbereich sowie erfahrene Anerkennungen und Aufstiegsmöglichkeiten werden Wertschätzungsbedürfnisse zufrieden gestellt. Über eine abwechslungsreiche Tätigkeit, die Mitwirkung bei der Arbeitsgestaltung sowie Fortbildungsmaßnahmen kann schließlich die oberste Gruppe der Selbstverwirklichungsbedürfnisse angesprochen werden. Das mit diesen Zuordnungen deutlich gewordene Streben nach inhaltsreichen Tätigkeiten wird abhängig sein von der individuellen Bedürfnislage und der gegenwärtigen Motivstruktur eines Mitarbeiters. Als generelle Kennzeichnung dieses Aspektes der Arbeitnehmer-Interessen haben wir die Formulierung **sinnvolle Tätigkeit/ Weiterentwicklung von Fähigkeiten** gewählt.
Die Einschätzung, dass dem Arbeitsentgelt im Hinblick auf die Arbeitszufriedenheit nicht die ausschlaggebende Bedeutung zukommt, kann auch mit Erkenntnissen der auf FREDERICK HERZBERG zurückgehenden, so genannten **Zwei-Faktoren-Theorie** (Erstveröffentlichung in 1959 durch HERZBERG/ MAUSNER/ SNYDERMAN) gestützt werden. Bei Interviews zur Erhebung angenehmer und unangenehmer Arbeitssituationen stellten HERZBERG und Mitarbeiter fest, dass in diesem Zusammenhang nur ganz selten gleiche Ursachen oder Faktoren für entweder negative oder positive Erlebnisse genannt wurden. So wurde die Vorstellung entwickelt, dass im Hinblick auf die Einstellungen zur Arbeit zwei Faktorenklassen zu unterscheiden sind:

- Die Reduktion oder Beseitigung von **„Unzufriedenmachern"** baut Unzufriedenheit ab oder verhindert diese für die Zukunft, bewirkt aber noch keine Zufriedenheit, also keine positive Steigerung. Von daher werden diese auch **Hygiene-Faktoren** genannt. Diese Wortwahl kann über eine Analogie zur Medizin veranschaulicht werden: Hygiene verhindert beispielsweise im Krankenhaus weitere Infektionen und damit eine Ausweitung von Erkrankungen, eine Gesundung wird damit aber nicht unmittelbar erreicht. Zu den Hygiene-Faktoren im Arbeitszusammenhang rechnen eine schlecht vermittelte Unternehmenspolitik, Störungen in der Personalführung, die Arbeitsbedingungen, und in diese Kategorie fällt auch die Entlohnung.
- Das Vorhandensein oder die Verstärkung von **„Zufriedenmachern"** führen als **Motivatoren** direkt zu Zufriedenheit. Zu dieser Gruppe gehören z.B. die Leistungsmöglichkeiten, Anerkennungen der Arbeit, interessante Arbeitsinhalte, Verantwortungsübernahme und Aufstiegschancen. Wenn diese Faktoren fehlen, dann bewirkt das jedoch nicht generell Unzufriedenheit.
- Auch die Theorie von HERZBERG blieb, wie die von MASLOW, nicht ohne Kritik. Sie konzentrierte sich vor allem auf zwei Bereiche: Zum einen, wie die Hygienefaktoren mit den Motivatoren zusammenhängen. Und zum anderen, ob beide Bereiche ggf. von einer dritten Gruppe von Faktoren als Ursachen oder intervenierende (dazwischenliegende) Variablen abhängen.

• Wenn mit der zuletzt erläuterten Komponente von Arbeitnehmer-Interessen allgemein auf die persönliche Entfaltung im Arbeitsleben abgehoben wurde, dann stellt sich situationsspezifisch für die Arbeitnehmer als hieraus abgeleitetes Interesse der Wunsch nach einer **Verbesserung der jeweiligen Arbeitsinhalte**. Hier geht es jetzt um konkrete Veränderungen in ihrem **Arbeitsfeld** und **Arbeitsumfeld**. Auf der Grundlage eines Systematisierungsansatzes von HUGO KOSSBIEL können hierfür als Ansatzpunkte gegeben sein:

- **Arbeitsfeld:**
  * Arbeitsinhalt als zentrale Kategorie zum Gegenstand der Arbeit im Rahmen der betrieblichen Arbeitsteilung und -verteilung
  * Arbeitsziele als Vorgaben für die Ergebnisse der Arbeit
  * Arbeitsverfahren als technisch-organisatorische Gestaltung der Arbeitsprozesse
- **Arbeitsumfeld:**
  * Lokale Bedingungen der Arbeitsplatzgestaltung
  * Temporale Bedingungen der Arbeitszeitgestaltung
  * Strukturale Bedingungen der Einordnung in die Unternehmensorganisation
  * Soziale Bedingungen der Kommunikation mit Kollegen und Vorgesetzten.

Auf zwei Bereiche dieses Überblicks zur Arbeitsgestaltung wird nachfolgend noch gesondert eingegangen.

• Bezogen auf die Arbeitszeitgestaltung wird das Interesse der Arbeitnehmer auf ein ihren persönlichen Bedürfnissen entsprechendes Verhältnis von **Arbeits- und Freizeit** gerichtet sein. Dies spiegelt sich in der aktuellen Diskussion der Work-Life-Balance wider. Dabei ist ein Ausgleich mit den Interessen der Unternehmen nach einer effizienten Gestaltung der Arbeitsprozesse und der Auslastung ihrer Produktionskapazitäten zu finden. Wenn zwischen den Tarifpartnern Vereinbarungen zu einer Reduktion der Regelarbeitszeit getroffen werden, dann ist aus Sicht der Arbeitnehmer und der Unternehmen die entscheidende Frage, ob dies ohne Lohneinbußen – also mit vollem Lohnausgleich für die wegfallenden Arbeitsstunden – erfolgt.
Im Hinblick auf die Ausgestaltung der Arbeitszeit sind damit Bemühungen zur generellen **Arbeitszeitverkürzung** (mit oder ohne Lohnausgleich) und solche, die auf eine **Arbeitszeitflexibilisierung** gerichtet sind, zu unterscheiden.
Als rechtliche Grundvorschrift für die Regelung von Arbeitszeiten gilt das 1994 neu geschaffene **Arbeitszeitgesetz** (ArbZG). Bei dessen Einführung durch das Gesetz zur Vereinheitlichung und Flexibilisierung des Arbeitszeitrechts (Arbeitszeitrechtsgesetz – ArbZRG) wurden eine ganze Reihe früherer Vorschriften außer Kraft gesetzt respektive im Arbeitszeitgesetz zusammengeführt.
§ 3 ArbZG definiert einen werktäglichen Arbeitszeitrahmen für Arbeitnehmer von 8 Stunden, der auf bis zu 10 Stunden verlängert werden kann, wenn innerhalb von 6 Kalendermonaten als Durchschnitt die 8 Stunden werktäglich nicht überschritten werden. Nach § 7 dieser Vorschrift sind hiervon abweichende Regelungen vor allem durch **Tarifverträge** oder durch **Betriebsvereinbarun-**

**gen**, die aufgrund eines Tarifvertrages zwischen Unternehmensleitung und Betriebsrat abgeschlossenen werden, möglich.
Seit 1995 gilt beispielsweise in der westdeutschen Metall- und Elektro-Industrie die **35-Stunden-Woche bei vollem Lohnausgleich**. Ausgehend von der 40-Stunden-Woche hatte die IG-Metall den Einstieg in diese Regelung 1985 erstreikt (38,5 Std.) und dann in mehreren Schritten ihr Ziel durchsetzen können (1988: 37,5 Std.; 1989: 37 Std.; 1993: 36 Std.; 1995: 35 Std.). Mitte April 1997 begann der damalige IG-Metall-Vorsitzende die Diskussion einer weiteren Absenkung der Arbeitszeit in Richtung der **32-Stunden-Woche** mit einem „gespaltenen" Lohnausgleich; je eine Stunde der neuerlichen Arbeitszeitverkürzung sollten die Arbeitnehmer, die Arbeitgeber und die Bundesagentur für Arbeit tragen.
Ab dem Jahr 2000 lief die Entwicklung aufgrund der konjunkturellen Abschwächung und der zunehmenden Globalisierung mit dem sich verschärfenden Wettbewerb in die umgekehrte Richtung: Die Arbeitgeber forderten wieder eine Verlängerung der Arbeitszeit. Auf betrieblicher Ebene wurden mit dem Betriebsrat und der Belegschaft Betriebsvereinbarungen geschlossen, eine Reihe von Stunden pro Jahr ohne Entlohnung zu arbeiten, um die Produktionsstätten in Deutschland zu halten und damit eine Verlegung in Niedriglohnländer zu vermeiden. Regelarbeitszeiten von ca. 38 Stunden pro Woche blieben bestehen oder wurden wieder eingeführt. Die Diskussion geht seit dem Jahre 2003 in Deutschland sogar **in Richtung einer Arbeitszeit von 40 Stunden pro Woche**. So wurden z.B. im Juni 2004 in zwei SIEMENS Werken auf Betriebsebene Vereinbarungen über eine 40-Stunden-Arbeitswoche ohne Lohnausgleich getroffen, um die Produktivität zu erhöhen und die Arbeitsplätze in Deutschland zu erhalten. In die gleiche Richtung geht die Vereinbarung zwischen Vorstand und Konzernbetriebsrat bei DAIMLERCHRYSLER im Sommer 2004, eine Reduzierung des Volumens der Arbeitskosten in Höhe von 500 Mio. EUR gegen eine mehrjährige Beschäftigungsgarantie zu erreichen.
Die Bewertung einer derartigen **Arbeitszeitverlängerung ohne Lohnausgleich** wird kontrovers diskutiert. Dabei ist die betriebswirtschaftliche Wirkung von der volkswirtschaftlichen Wirkung zu trennen. Betriebswirtschaftlich steht außer Frage, dass eine generelle Anhebung der durchschnittlichen Arbeitszeit in Deutschland auf eine Absenkung der durchschnittlichen Lohnkosten pro Stunde hinausläuft, wodurch Arbeit preiswerter gemacht wird. Das Ziel, den Wirtschaftsstandort Deutschland zu stärken, wird dadurch gefördert. Denn die kosten- und preisbezogene Wettbewerbsfähigkeit wird erhöht, und Arbeitsplätze werden in Deutschland sicherer vor Verlagerung in Niedriglohnländer. Volkswirtschaftlich steht den Menschen aber nicht mehr Einkommen zum Konsum und vor allem weniger Zeit zum Einkaufen zur Verfügung. Allerdings ist diese Betrachtung statisch. Denn ohne den Lohnverzicht würde durch eine Verlagerung der Arbeitsplätze und eine erhöhte Arbeitslosigkeit das Gesamtvolumen der Konsumausgaben längerfristig tendenziell deutlich sinken.
Wie kann diese gesamte Entwicklung im Rückblick beurteilt werden?

- Zur Erreichung des anfänglichen Ziels der Gewerkschaften, durch eine Arbeitszeitverkürzung **neue Jobs für bislang arbeitslose Arbeitnehmer** zu schaffen, gibt es keine eindeutigen Befunde. So geht das WIRTSCHAFTS- UND SOZIALWISSENSCHAFTLICHE INSTITUT (WSI) der gewerkschaftlichen HANS BÖCKLER STIFTUNG von gut einer Million geschaffener oder gesicherter Jobs für den Zeitraum von 1985 bis 1996 aus. Zahlen aus dem ARBEITGEBERVERBAND DER METALL- UND ELEKTRO-INDUSTRIE (GESAMTMETALL) sprechen dagegen für eine rein konjunkturbedingte Veränderung der Beschäftigtenzahlen. Diese stiegen von 1985 bis 1991 an, um anschließend wieder abzufallen und in 1996 einen unter dem Ausgangsniveau von 1985 liegenden Stand zu erreichen.
- Dabei ist zu beachten, dass das gesamte Arbeitsvolumen keine feste Größe darstellt. Wenn der Faktor Arbeit durch die Arbeitszeitverkürzung von 40 auf 35 Stunden pro Woche mit vollem Lohnausgleich beispielsweise in der Metall- und Elektro-Industrie um 14,3% verteuert wurde, dann hatte dies bei der ohnehin sehr ungünstigen Arbeitskostenposition von Deutschland eine direkte **Schwächung der preislichen Wettbewerbsfähigkeit** im internationalen Vergleich zur Folge. Diese konnte dann nur noch durch **verstärkte Rationalisierungsmaßnahmen** sowie eine **weitere Automatisierung** der Fertigung aufgefangen werden, und damit gingen wiederum **Arbeitsplätze verloren**. Auf einen kurzen Nenner gebracht gilt, dass der Produktionsfaktor Arbeit als Ausgangsgröße durch die Verkürzung der Arbeitszeit teurer wird und über eine Substitution hin zu einer noch kapitalintensiveren Fertigung dann insgesamt schrumpft. Der Grundansatz, neue Stellen über Arbeitszeitverkürzung mit vollem Lohnausgleich schaffen zu wollen, erweist sich damit – rein logisch betrachtet – als gleichermaßen unmöglich wie die „Quadratur des Kreises".
- Folgende Entwicklungen zeichnen sich im Hinblick auf die Arbeitszeitgestaltung ab. Hier sind vor allem gegenüber früheren Tarifverträgen größere **Möglichkeiten zur Anpassung der Arbeitszeit an betriebsindividuelle Erfordernisse** zu nennen:

  * Der **Samstag** entwickelt sich mehr und mehr zum **Regelarbeitstag**. Anders als früher fehlt in vielen Tarifverträgen die Klausel, dass samstags grundsätzlich nicht zu arbeiten ist (z.B. Einzelhandel, Baugewerbe).
  * Der durch die Flächentarifverträge (siehe hierzu C.I.3.a.) gesetzte Rahmen kann in vielen Punkten auf der betrieblichen Ebene durch Betriebsrat und Arbeitgeber in Form von **Betriebsvereinbarungen** betriebsspezifisch konkretisiert werden.
  * Durch tarifliche Öffnungsklauseln und Differenzierungsbestimmungen ist auch und gerade bezogen auf die Arbeitszeit jetzt ein Gestaltungsspielraum auf der Betriebsebene eröffnet worden, der bei den Tarifverträgen vor dem Einstieg in die Arbeitszeitverkürzung nicht gegeben war. Über diese Rahmenbedingungen sind nun **differenzierte Arbeitszeitmodelle**, wie beispielsweise Arbeitszeitkonten, möglich, die Arbeitszeit kann verlängert oder variiert werden (Arbeitszeitkorridor), und befristet

können auch **Reduktionen der Arbeitszeit** ohne Lohnausgleich vereinbart werden.

Durch die Vereinbarungen zur Arbeitszeitverkürzung hatte die Arbeitgeberseite eine hohe Kostenbelastung zu tragen. Auf diese Weise haben beide Tarifpartner allerdings auch die nachfolgend noch zu erläuternde Arbeitszeitflexibilisierung entscheidend voran gebracht.

Bei der **Arbeitszeitflexibilisierung** geht es dem Grundsatz nach weniger um eine Variation der Gesamtarbeitszeit nach unten oder oben; hier steht vielmehr eine phasenbezogene Variation der Lage der Arbeitszeit im Vordergrund. Gerade hiermit kann der eingangs dieser Erläuterungen zur Komponente Arbeits- versus Freizeit angesprochene Ausgleich der Arbeitnehmer- und Arbeitgeber-Interessen gelingen: Die Mitarbeiter erhalten mehr **Zeitsouveränität** bei einer zunehmenden Sicherheit ihrer Arbeitsverhältnisse, und die Unternehmen können ihre **Produktionskapazitäten besser auslasten** respektive den Arbeitseinsatz eher einer schwankenden Auftragslage anpassen.
Als Bezugszeitraum zu einer Variation des Arbeitseinsatzes bieten sich zunächst verschiedene Kalenderzeiträume, wie Tage, Wochen und Monate an, hierbei wird aber auch auf ganze Jahre bzw. die gesamte Lebensarbeitszeit abgehoben. Die vielfältigen Möglichkeiten der Arbeitszeitflexibilisierung lassen sich dann nach den folgenden beiden Richtungen unterscheiden:

- Veränderungen der **Arbeitszeit-Lage** als chronologische Variation (z.B. Schichtarbeit als klassisches Flexibilisierungsmodell, kapazitätsorientierte variable Arbeitszeit, periodischer Arbeitszeitwechsel, Gleitzeit, Arbeitszeitkonto)
- Veränderungen von **Arbeitslänge und -dauer** in längerfristiger Perspektive als chronometrische Variation (Jahresarbeitszeitvereinbarungen, Langfrist-Arbeitszeitkonten zum Aufbau von Zeitguthaben für Phasen der Kürzerarbeit oder längere Freizeitblöcke – „Sabbaticals", Lebensarbeitszeitmodelle mit flexibler Ruhestandsgestaltung, Altersteilzeitvereinbarungen unter Einschluss der gesetzlichen Regelungen, Teilzeitbeschäftigung, Job-Sharing als Partnerteilzeitarbeit).

- Mit dem **Betriebsklima** stellen wir zum Abschluss unserer Zusammenstellung originärer Interessen der Arbeitnehmer noch einmal gesondert auf die **sozialen Bedingungen der Arbeitsgestaltung** ab. Wie wir bereits im Kapitel A. herausgearbeitet haben, werden Betriebe/ Unternehmen von Individuen und Personengruppen getragen, und dem menschlichen Handeln und Verhalten kommt bei diesen sozio-ökonomisch-technisch-ökologischen Einheiten die entscheidende Bedeutung zu. Folglich bilden in den Unternehmen die Beziehungen der Menschen untereinander eine ganz wesentliche Grundlage für die Effizienz und Effektivität der Leistungserstellung.
Um dieses zwischenmenschliche Verhältnis geht es beim Begriff des Betriebsklimas; hier wird darauf abgehoben, wie die Mitarbeiter zueinander stehen und wie sie miteinander umgehen. Dabei sind zahlreiche Abstufungen möglich – von einer **konstruktiven Zusammenarbeit** bis hin zu einer ausgeprägt de-

struktiven Atmosphäre. Die subjektive Empfindung des Betriebsklimas drückt sich darin aus, ob sich ein Arbeitnehmer an seinem Arbeitsplatz respektive in seiner Abteilung wohl fühlt oder ob hierauf bezogen eher die Emotion eines „Unwohlseins“ aufkommt.
Bezogen auf die im Vorangegangenen erläuterte Zwei-Faktoren-Theorie zur Arbeitszufriedenheit nach HERZBERG ist ein angenehmes Betriebsklima als Hygiene-Faktor einzuordnen. Damit kommt ihm der Rang einer Grundbedingung zu; nur wenn diese erfüllt ist und darüber hinaus Motivatoren – wie beispielsweise eine sinnvolle, ausfüllende Tätigkeit – wirksam werden, kann sich eine Zufriedenheit am Arbeitsplatz auf längere Zeit einstellen.
Das Interesse der Arbeitnehmer an einem guten Klima spiegelt sich auch in Befragungsergebnissen zur Arbeitssituation wider. Nach der derzeit allgemein am häufigsten für „sehr wichtig“ erachteten Arbeitsplatzsicherheit folgen direkt anschließend bereits Aspekte, wie ein kollegiales Umfeld sowie Freude an der Arbeit. Demgegenüber hat sogar die Bezahlung eine nachrangigere Bedeutung.

**(4) Verhaltenskonsequenzen für das Unternehmen**

Was kann das Unternehmen dafür tun, die primäre Interessenlage der Mitarbeiter über die Zeit zufrieden zu stellen, indem die Anreize zur Beteiligung respektive aktiven Mitwirkung für diese Kerngruppe weiter verstärkt werden? Mit dieser Frage kommen wir zur Rubrik ④ des Unternehmensträger-Profils C-I-4 der Arbeitnehmer. Hierbei ist zunächst auf **Verhaltenskonsequenzen und -parameter eines Unternehmens** einzugehen, die gegenüber der Anspruchsgruppe bzw. deren Mitgliedern gegeben sind:

- Im Laufe unserer bisherigen Ausführungen – beispielsweise bereits bei unserem Eingangsbeispiel „Unzufriedene Mitarbeiter“ in A.I.2. – ist an vielen Stellen deutlich geworden, dass nur motivierte Mitarbeiter engagiert daran mitwirken werden, die Abteilungs-, Bereichs- und Unternehmensziele zu erreichen. Hier setzt der als Erstes herausgestellte Parameter an: Wenn eine weitere **Stärkung von Motivation und Engagement** angestrebt werden, dann kann dies vor allem über eine **Erweiterung der Gestaltungs- und Entscheidungsspielräume** der Arbeitnehmer erreicht werden.
  Als Hintergrund zu dieser aus heutiger Sicht „logisch“ erscheinenden Vorgehensweise ist zu bedenken, dass in früheren Zeiten eine noch immer von FREDERICK WINSLOW TAYLOR (1856 – 1915) und seinem Buch „Principles of Scientific Management“ (1911) geprägte Sichtweise vorherrschte. Hier wurde im Kern davon ausgegangen, ein rationeller Einsatz von Menschen und Maschinen ließe sich über eine weitgehende Zerlegung der Gesamtaufgaben in einfache Einzeltätigkeiten und deren dauerhafte Erledigung durch hierauf maximal trainierte Arbeiter erledigen. Dabei wurde zudem noch strikt getrennt zwischen ausführenden und vorgebenden Tätigkeiten (Funktionsmeistersystem).
  Als Reaktion auf diese mechanistische Management-Auffassung kam es etwa ab 1960 in den westlichen Industrieländern zu einer vor allem industriesoziologisch geführten Entfremdungsdebatte. In diesen Zusammenhang ist auch das

1974 von der seinerzeit sozial-liberalen Bundesregierung aufgelegte Programm „Humanisierung des Arbeitslebens (HdA)" einzuordnen. Hier ging es bereits darum, Maßnahmen zu fördern, die eine Erweiterung von Handlungs- und Dispositionsspielräumen sowie eine Höherqualifikation der Arbeitnehmer zum Gegenstand haben.

Bei dem heute aktuellen, motivationstheoretisch begründeten Verständnis, dass die Tätigkeit selbst ein wichtiger Faktor für arbeitsbezogene und damit auch persönliche Zufriedenheit ist, hat sich für das Bestreben, den Mitarbeitern eine Weiterentwicklung ihrer Fähigkeiten und Fertigkeiten zu ermöglichen, ein neuer Begriff herausgebildet: **Empowerment** als umfassender Ansatz der Befähigung, größere Aufgaben- und Verantwortungskomplexe zu bewältigen. Die Wurzeln dieses Konzepts liegen im soziologischen Bereich, der Begriff kam bei den Bürgerbewegungen in den USA der 60er Jahre auf. Als erste Übertragung in den Bereich der Wirtschaft gilt das Buch von PETER BLOCK „The Empowered Manager" von 1987.

Als Befähigungsleistung respektive -ergebnis des Konzepts kann allgemein gelten, Individuen zur Einsicht zu verhelfen, dass sie selbst maßgeblich für ihre individuelle Entwicklung verantwortlich sind und über eine Vermittlung von berufsbezogener Methodenkompetenz und allgemeiner Sozialkompetenz auch in die Lage versetzt werden, diese persönliche Gestaltungsleistung zu erbringen. Es handelt sich hier also um eine Hilfe zur Selbsthilfe, und damit wird klar, dass die Ziele eines Unternehmens im Hinblick auf eine effiziente und effektive Leistungserstellung erst an zweiter Stelle stehen. Zunächst gilt es, das Selbstwertgefühl der Mitarbeiter sowie deren Arbeits- und Lebenszufriedenheit zu erhöhen. Wenn das gelingt und die im Arbeitszusammenhang notwendigen **Freiräume für eine weitere Entfaltung** gewährt werden, dann können über ein kreatives Zusammenwirken am Arbeitsplatz mit hoher Wahrscheinlichkeit Ergebnisse erzielt werden, die bei einer direkten Vorgabe, Steuerung und Kontrolle nicht möglich sind.

Als grundsätzliche Ansatzpunkte für ein qualifikationsförderndes Empowerment sind folgende – bereits im Zusammenhang mit dem HdA-Programm unterschiedene – Modelle zu nennen:

**Job Enlargement** (Arbeitserweiterung in „horizontaler" Dimension) als Zusammenfassung gleichartiger oder ähnlicher Arbeiten zu einer neuen Aufgabe bei verringerter Arbeitsteilung.

**Job Enrichment** (Arbeitsanreicherung in „vertikaler" Dimension) als Zusammenführung unterschiedlich schwieriger Tätigkeiten zu einem Aufgabenkomplex mit Übernahme der hierauf bezogenen dispositiven Kompetenzen und Verantwortung.

**Job Rotation** als systematischer Tausch von Tätigkeitsfeldern oder wechselseitige Übertragung mehrerer Stellenaufgaben.

**Mit- bzw. selbstbestimmte Arbeitsgestaltung** als gemeinsame Durchführung ganzer Arbeitszusammenhänge, beispielsweise als so genannte teilautonome Arbeitsgruppe.

- Mit dem vorstehend behandelten Ansatz eines Empowerment mit dem Ziel zunehmend eigenverantwortlicher, interessanter und inhaltsreicher Tätigkeiten kann insbesondere die intrinsische – von innen kommende – Motivation der Mitarbeiter erhöht werden. Mit dem Parameter **leistungsorientierter Bestandteile im Entlohnungssystem** gehen wir jetzt noch einmal kurz auf extrinsische – also von außen hinzutretende – Antriebskräfte für ein hohes Engagement in Form von Prämienzahlungen oder geldwerten Anreizen ein.
  Bezogen auf die **Prämienzahlungen** ist festzustellen, dass immer mehr Unternehmen auf die anreizintensive Wirkung derartiger Zusatzvergütungen setzen. Das Problem des Einsatzes auf der Ebene der Mitarbeiter im Vergleich zu Führungskräften besteht darin, dass eine verursachungsgerechte Zurechnung erreichter Ergebnisse schwerer fällt, da das eigenständige Entscheidungs- und Delegationsfeld geringer ist. Auf der Grundlage von Ziel- bzw. Ergebnisvereinbarungen für Einzelmitarbeiter und vor allem für die Leistung von Arbeitsteams erfolgt beispielsweise eine über den tariflichen Grundlohn hinausgehende Leistungsentlohnung in Form von

  - Mengen-, Produktivitäts- oder Qualitätsprämien,
  - Persönlichen Leistungsprämien,
  - Zielorientierten Gruppenprämien oder
  - Qualifikations-/ Weiterbildungsprämien,

  die zusammengenommen durchaus 30% der Gesamtvergütung ausmachen können.
  Die **geldwerten Anreize** betreffend, können wir an die Ausführungen zu den erfolgsabhängigen Einkommensbestandteilen bei den oberen Führungskräften anknüpfen. So kann neben oder an Stelle der vorstehend angesprochenen Leistungsbeteiligung auch eine **Erfolgsbeteiligung der Arbeitnehmer** in der Unternehmenspraxis gewährt werden. Diese kann – wie bei den Managern – an vergangenheitsorientierte Erfolgskennzahlen geknüpft oder bei Aktiengesellschaften auch an den Wertpapierkurs gekoppelt sein. Die Erfolgsbeteiligung kann auf dem Weg der Barauszahlung oder als Mitarbeiter-Kapitalbeteiligung erfolgen. Im letzteren Fall erhält der Mitarbeiter Aktien (Belegschaftsaktien), oder er stellt seinen Anteil dem Unternehmen als Fremdkapitalgeber zur Verfügung (Arbeitnehmerdarlehen).
  **Mitarbeiter-Kapitalbeteiligungen** werden durch das Fünfte Vermögensbildungsgesetz (5. VermBG) von 1999 gefördert und durch das Einkommensteuergesetz (EStG, § 19a) begünstigt. Ihre Gewährung erbringt zum einen die motivierende Wirkung bei den Arbeitnehmern, dass sie an den Ergebnissen der Arbeit in ihrem Unternehmen teilhaben können. Und für die Betriebe ergibt sich der Vorteil, dass gewährte Anreize im Unternehmen verbleiben und auf diese Weise das Eigenkapital verbreitert wird. Für den weiteren Einsatz solcher Beteiligungen gibt es optimistische Prognosen.
- Als weiteren Parameter, mit dem die Leitungsebene eines Unternehmens eine perspektivische Stabilisierung der Beziehung zur Kerngruppe der Arbeitnehmer erreichen kann, stellen wir ein **kooperatives Verhalten gegenüber dem Betriebsrat** heraus. Wenn als Folge eines großen Wettbewerbsdrucks eine Ab-

kehr von traditionellen Verhaltensmustern, Einstellungen und Autoritätsbeziehungen notwendig wird und sich im Zuge einer konsequenten Markt-, Ressourcen- und Wertorientierung hohe Anforderungen bezogen auf Prozessbeherrschung, Flexibilität und Innovationsfähigkeit ergeben, dann kann diesen nur mit einer **umfassenden Mitarbeiterorientierung** entsprochen werden.
Die in diesem Zusammenhang entwickelte – und nicht nur als Schlagwort gebrauchte – Überzeugung, die Mitarbeiter seien das wichtigste Kapital eines Unternehmens, sollte ihre Konsequenz auch in der Zusammenarbeit mit dem Betriebsrat als der Interessenvertretung der Arbeitnehmer finden. In Verbindung mit Maßnahmen der Personalentwicklung (siehe hierzu F.IV.2.) zur Stärkung von Motivation und Engagement der Mitarbeiter wäre ein Ignorieren oder eine Isolation des Betriebsrats völlig fehl am Platz.
Zu dieser an grundlegenden Werten der Kooperation in Unternehmen anknüpfenden Argumentation kommt noch hinzu, dass – wie bei den Ausführungen zur Arbeitszeitverkürzung und -flexibilisierung geschildert – mittlerweile **tarifvertragliche Regelungskomponenten** in großem Umfang **auf die betriebliche Ebene** verlagert wurden. Hier haben Unternehmensleitungen und Betriebsräte oft entscheidende Vereinbarungen zur Ausgestaltung von Flächentarifverträgen zu treffen. Dass dieses am ehesten in einer kooperativen, die Standpunkte der Gegenseite vorurteilsfrei aufnehmenden Atmosphäre geschehen kann, sollte sich eigentlich von selbst verstehen.
Wenn hierauf bezogen häufig auch die Forderung erhoben wird, die Betriebsräte generell als **„Co-Manager“** einzubinden, dann wird dabei die interessenausgleichende Funktion der Zusammenarbeit von Eigentümern oder Managern auf der einen Seite und Vertretern der Arbeitnehmerschaft auf der anderen Seite überstrapaziert. Betriebsräte sind „Experten in Sachen Arbeitnehmerbelange“, sie kennen Detailprobleme der Mitarbeiter oft besser als die Führungskräfte, und sie können i.d.R. auch auf detaillierte betriebswirtschaftliche Kenntnisse aus den Grundsatzabteilungen ihrer Gewerkschaften zurückgreifen. Durch ein zusätzlich eingefordertes Engagement für die Belange der Kapitalseite würden dagegen letztlich nur **Identifikationsprobleme** gefördert werden. Gleichwohl ist eine Mitverantwortung der Betriebsräte im Hinblick auf die Unternehmensentwicklung gegeben, und zwar durch ihre aktive und zukunfts-orientierte Vertretung der Arbeitnehmerbelange unter gleichzeitiger Berücksichtigung der Unternehmensinteressen.

Welche gesamtunternehmensbezogene Ausrichtung kann die Erfüllung der Interessen der Arbeitnehmer über die Zeit im Ganzen fördern, so dass eine langfristig hohe Attraktivität für Mitglieder dieser Kerngruppe erreicht wird, ein Beschäftigungsverhältnis im Unternehmen einzugehen respektive dauerhaft aufrechtzuerhalten? Hier ist an der generellen Konzeption zur **Mitarbeiterführung** anzusetzen:

- Unter den verschiedenen Führungskonzepten als Grundansätze zur Ausgestaltung der Zusammenarbeit in Unternehmen (siehe hierzu F.IV.2.) gilt das Management by Objectives, das sich als **Führung durch Zielvereinbarung** kennzeichnen lässt, als die umfassendste Programmatik. Hier ist vorgesehen, dass

Vorgesetzte und Mitarbeiter gemeinsam für die nächste Zeit zu erreichende Ziele festlegen, hierfür einen Handlungs-, Entscheidungs- und Verantwortungsrahmen abstecken und das Erreichen von Zwischen- und Endergebnissen periodisch in weiteren Besprechungen überprüft wird. In Abhängigkeit von der Entwicklung des Mitarbeiters wird dabei auch über Maßnahmen zur **Weiter- oder Höherqualifizierung** entschieden. Das Konzept verläuft als zyklischer Regelkreis und umfasst als unternehmensweiter Ansatz idealerweise alle Hierarchieebenen.

Mit einem Führungskonzept auf der Grundlage des Management by Objectives wird eine integrative Sichtweise eingenommen, die Aufgaben- und Beziehungsorientierung gleichermaßen berücksichtigt und so eine parallele Ausrichtung auf betriebliche und individuelle Ziele möglich macht. Damit stellt sich ein solches kommunikatives, ziel- und ergebnisorientiertes System als in sich geschlossener, partizipativer Ansatz dar, mit dem über die Zeit ein hohes Motivationspotenzial aktivierbar ist.

## 3. Externe Interessengruppen als Satellitengruppen von Unternehmensträgern

### *a. Verbände/ Tarifvertragsparteien*

Die Erstellung und der Austausch von Gütern und Leistungen erfolgt im System der Marktwirtschaft aufgrund autonomer Entscheidungen der Individuen und Gruppen als Haushalte sowie der Betriebe/ Unternehmen. Im idealtypischen Fall können diese Wirtschaftseinheiten ihrer Einzelpläne – am ökonomischen Prinzip orientiert und über Marktchancen gesteuert – völlig frei entwickeln.

Bei dem nach dem Zweiten Weltkrieg in der Bundesrepublik Deutschland maßgeblich von ALFRED MÜLLER-ARMACK (1901 – 1978) und WALTER EUCKEN (1891 – 1950) entwickelten System der sozialen Marktwirtschaft wurden gegenüber diesem liberalen Grundmodell bewusst einige Einschränkungen vorgesehen, um das Prinzip der freien marktlichen Entfaltung mit dem des sozialen Ausgleichs zu verbinden. So stellt sich unsere Wirtschaftsordnung als Rahmen für die ökonomischen Entscheidungen und Beziehungen der Akteure im Wirtschaftsleben als Variante der Marktwirtschaft dar, bei der mit einem gesetzlichen Ordnungsrahmen die **Aufrechterhaltung des Wettbewerbs** sowie die **Sicherung des gesamtgesellschaftlichen Interessenausgleichs** verfolgt wird.

Mit einem solchen Rahmenwerk wird letztlich dem Vorliegen eines komplexen Beziehungsgefüges in einer arbeitsteiligen und pluralistischen Gesellschaft Rechnung getragen. Wenn hier keine Polarisierung des Faktors Kapital gegenüber dem der Arbeit mehr vorgenommen wird, sondern stattdessen von unterschiedlichen Anspruchs- und Interessengruppen in Unternehmen ausgegangen wird, dann ist es notwendig, dass deren Mitglieder auch über die entsprechenden Fähigkeiten und Kenntnisse zur Artikulation sowie geeignete Mittel zur Geltendmachung ihrer Standpunkte verfügen.

In Anerkennung dieses Zusammenhangs wird bereits durch das Grundgesetz (GG) als oberste Rechtsnorm in seinem ersten, die Grundrechte regelnden Abschnitt mit Artikel 9 die Vereinigungsfreiheit respektive Koalitionsfreiheit garantiert. Bei einem strikt wirtschaftsliberalen Grundmodell, das von einem „freien Kräftespiel" autonomer und souveräner Wirtschaftssubjekte ausgeht, wäre demgegenüber mit dem Ziel, jegliche Machtkonzentration zu verhindern, ein Koalitionsverbot vorzusehen.

Während Artikel 9 I GG allen Deutschen das Recht zur Bildung von Vereinen und Gesellschaften einräumt, werden im Absatz III Vereinigungen im Arbeits- und Wirtschaftsbereich besonders hervorgehoben: Im Satz 1 ist dort festgelegt, dass das Recht, zur Wahrung und Förderung der Arbeits- und Wirtschaftsbedingungen Vereinigungen zu bilden, für jedermann und für alle Berufe zu gewährleisten ist.

Im Folgenden stellen wir die Verbändegliederung auf der Unternehmens- und der Arbeitnehmerseite vor; **Verbraucherverbände** behandeln wir kurz im Unterabschnitt C.I.3.d., und auf **Initiativgruppen von Bürgern** kommen wir in C.I.3.e. zu sprechen. Auf weitere Vereinigungen, wie Berufsverbände, Verbände im Bildungs- und Wissenschaftsbereich sowie im Sozial-, Gesundheits-, Freizeit-, Sport-, Erholungs- und gesellschaftspolitischen Bereich, gehen wir nicht im Einzelnen ein.

### (1) Arten von Verbänden/ Tarifvertragsparteien

Zur internen Förderung und externen Vertretung gemeinschaftlicher Interessen der Unternehmen im regionalen, nationalen und internationalen Rahmen haben sich in Deutschland **drei unterschiedliche Kategorien von Unternehmensverbänden** herausgebildet:

- Insgesamt über 1000 selbständige, auf freiwilliger Mitgliedschaft beruhende **Arbeitgeberverbände** sind regional in 14 Landesvereinigungen gegliedert und branchenbezogen zu 53 sozial- und tarifpolitisch zuständigen Fachspitzenverbänden zusammengeschlossen. Diese Landesvereinigungen und die Branchenverbände bilden als Dachverband die Bundesvereinigung der Deutschen Arbeitgeberverbände (BDA). Als Tarifträgerverbände führen die Fachspitzenverbände die Tarifverhandlungen mit den Gewerkschaften.
- Neben den Arbeitgeberverbänden gibt es – ebenfalls als freiwillige Zusammenschlüsse – nach fachlichen Tätigkeitsfeldern abgegrenzte **Wirtschafts- respektive Unternehmensverbände**. Diese sind regional gegliedert und bilden gemeinsame Spitzenverbände. Als bedeutendster „Verband von Verbänden" umfasst der Bundesverband der Deutschen Industrie (BDI) 35 industrielle Verbände, wie beispielsweise den Verband der Automobilindustrie (VDA), den Zentralverband Elektrotechnik- und Elektronikindustrie (ZVEI) oder den Verband Deutscher Maschinen- und Anlagenbau (VDMA).
  Bei den im BDI zusammengeschlossenen Vereinigungen handelt es sich i.d.R. nicht um Tarifträgerverbände, Ausnahmen gibt es im Falle der Doppelmitgliedschaft. So ist z.B. der Gesamtverband der Textil- und Modeindustrie ein Branchenverband des BDA und gleichzeitig Mitglied im BDI. Der BDI sieht sein

vorrangiges Ziel in der Sicherung der internationalen Wettbewerbsfähigkeit deutscher Industrieunternehmen.

- Anders als bei den Arbeitgeber- und Unternehmensverbänden gibt es bei den **Kammern** als dritter Säule unternehmerischer Interessenvertretung eine Zwangsmitgliedschaft. Kammern sind Körperschaften des öffentlichen Rechts (siehe hierzu C.II.1.a.) mit gesetzlich festgelegten Aufgaben. Folgende Arten und Spitzenorganisationen sind hier zu unterscheiden:

  - Die **Industrie- und Handelskammern (IHKn)** repräsentieren die gewerbliche Wirtschaft; ihre Rechtsgrundlage bildet das Gesetz zur vorläufigen Regelung des Rechts der Industrie- und Handelskammern (IHK-G) von 1956. Spitzenorganisation der 81 IHKn ist der Deutsche Industrie- und Handelskammertag (DIHK).
  - Selbständige Handwerker und Inhaber handwerksähnlicher Betriebe werden durch die **Handwerkskammern** vertreten. Hier bilden die §§ 90 ff. des Gesetzes zur Ordnung des Handwerks (Handwerksordnung – HandwO) in der Fassung von 1998 die Rechtsgrundlage. Dachorganisation aller 54 Handwerkskammern ist der Deutsche Handwerkskammertag (DHKT). Dieser bildet mit dem 38 Zentralfachverbände umfassenden Unternehmerverband Deutsches Handwerk (UDH) den Zentralverband des Deutschen Handwerks (ZDH).
  - Insbesondere für freiberuflich tätige und nur bei einem Handelsregistereintrag einer IHK zugehörige Personen gibt es schließlich eine **Reihe berufsständischer Kammern**, wie beispielsweise die Architekten-, die Rechtsanwalts- oder die Wirtschaftsprüferkammer.

  Alle aufgeführten Spitzenvereinigungen haben ihren Hauptsitz in Berlin im „Haus der Deutschen Wirtschaft" und im „Haus des Deutschen Handwerks".

- Als Interessenorganisationen von abhängig Beschäftigten und damit der Arbeitnehmerseite sind die auf freiwilliger Mitgliedschaft beruhenden **Gewerkschaften** tätig. Deren Geschichte reicht – wie auf der Arbeitgeberseite – in die Mitte des 19. Jahrhunderts zurück. Mit der beginnenden Industrialisierung erodierten seinerzeit die handwerklichen und dabei meist familiär organisierten Produktionsstrukturen; es kam zur Bildung größerer Industriebetriebe, und dabei traten in dieser Anfangszeit industrieller Fertigung teilweise heftige Interessengegensätze zwischen den Eigentümern der Produktionsmittel, also der Kapitalseite, und den Arbeitern auf. Bei einer politisch wie wirtschaftlich instabilen und turbulenten Gesamtlage entstanden um 1860 aus der Arbeiterbewegung vielfältige politische und gewerkschaftliche Vereine und Verbände, die zunächst auch von staatlicher Seite erheblichen Restriktionen ausgesetzt waren (Bismarcks Gesetz gegen die gemeingefährlichen Bestrebungen der Sozialdemokratie von 1878 – „Sozialistengesetz"). Als „Keimzellen auf der Kapitalseite" können der 1869 gegründete Deutsche Buchdruckerverein und der 1876 entstandene Centralverband Deutscher Industrieller angesehen werden.

In der heutigen Bundesrepublik Deutschland stellen die Gewerkschaften auf der Basis des Grundrechtes der Koalitionsfreiheit rechtlich wie gesellschaftlich anerkannte und wirtschaftlich bedeutende Organisationen dar. Zusammen genommen bilden sie einen wesentlichen Eckpfeiler der Austauschbeziehungen zwischen Kapital und Arbeit. Die Vertretung der Interessen ihrer Mitglieder erstreckt sich auf folgende Bereiche:

- Aushandlung von Tarifverträgen mit den Arbeitgeberverbänden im Rahmen der Tarifautonomie
- Arbeitsrechtliche Unterstützung einzelner Mitglieder
- Förderung der betrieblichen und überbetrieblichen Mitbestimmung
- Wirtschaftspolitische Einflussnahme.

Die einzelnen Gewerkschaften sind in folgenden **Dachverbänden** organisiert:

- Der 1949 als Zusammenschluss von 16 Gewerkschaftsbünden gegründete **Deutsche Gewerkschaftsbund (DGB)** mit heutigem Sitz in Berlin repräsentiert nach einigen Gewerkschaftsfusionen derzeit noch 8 Einzelgewerkschaften. Für Ende 2005 gibt der DGB insgesamt knapp 6,8 Mio. Mitglieder bei folgender Verteilung an:

  - Industriegewerkschaft Metall (IG Metall) [Mitgliederanteil 35,1%]
  - Vereinte Dienstleistungsgewerkschaft (ver.di) [34,8%]
  - IG Bergbau, Chemie, Energie (IG BCE) [11,0%]
  - IG Bauen-Agrar-Umwelt (IG BAU) [5,8%]
  - Gewerkschaft TRANSNET [3,8%]
  - Gewerkschaft Erziehung und Wissenschaft (GEW) [3,7%]
  - Gewerkschaft Nahrung-Genuss-Gaststätten (NGG) [3,2%]
  - Gewerkschaft der Polizei (GdP) [2,6%].

  Der DGB und seine Mitgliedsgewerkschaften sind nach dem **Einheitsgewerkschaftsprinzip** als unabhängige, überparteiliche und überkonfessionelle Organisationen verfasst. Anders als beim früheren Allgemeinen Deutschen Gewerkschaftsbund, der nach dem Richtungsgewerkschaftsprinzip ein Bund sozialdemokratisch geprägter freier Gewerkschaften war, gibt es im DGB keine grundsätzliche Bindung an die Ziele einer politischen Partei. Die zu beobachtende Nähe eines Großteils seiner Mitglieder und Führungsorgane zur SPD steht dazu nicht im Widerspruch.

  Als wichtiger Grundsatz der Arbeitnehmer-Interessenvertretung gilt innerhalb des DGB das **Industrieverbandsprinzip**. Nach dem Motto „Ein Betrieb – eine Gewerkschaft“ werden alle Mitarbeiter eines Unternehmens durch die ihrer Branche entsprechender Gewerkschaft tarifrechtlich vertreten. Bei einem Automobilhersteller ist demgemäß für alle Arbeitnehmer – für Werkzeugmacher wie für Kantinenköche – beispielsweise die IG Metall zuständig. Mit dieser Art der Organisation soll die Konkurrenz kleinerer, auf Berufsgruppen bezogener Gewerkschaften innerhalb der einzelnen Betriebe, wie sie z.B. in Großbritannien üblich ist, vermieden werden. Für die Unternehmen resultiert hieraus das Problem, dass die Regelungen der Tarifabschlüsse nicht nur für die Fachkräfte gelten, sondern für alle durch die Gewerkschaft vertretenen Mitarbeiter, die teilweise geringer qualifizierte Tätigkeiten ausüben.

- Die Gewerkschaften haben in den vergangenen Jahren mit **sinkenden Mitgliederzahlen** und damit auch abnehmenden Beitragsvolumen bei allen Einzelgewerkschaften zu kämpfen. Der DGB hat von 1991 bis 2005 insgesamt über 5 Mio. Mitglieder verloren. Dabei ist dieser Mitgliederschwund weniger auf Austritte zurückzuführen, vielmehr fehlt es an Zulauf vor allem junger Mitglieder. Damit ist der andere, hauptsächliche Problemkreis der Gewerkschaften umrissen: Als klassische „Arbeiter"vertretungen mit Schwerpunkten bei der (Lebens)Arbeitszeitverkürzung sind sie bei unserer heute um vieles flexibleren Dienstleistungs-, Informations- und Wissensgesellschaft für viele Arbeitnehmer nicht mehr sonderlich attraktiv.
- Ein weiterer gewerkschaftlicher Dachverband ist der **Deutsche Beamtenbund (DBB)**. Der DBB vertritt heute 40 kleinere Fachgewerkschaften, in denen Beamte, Arbeiter und Angestellte im öffentlichen Dienst sowie in dessen privatisierten Dienstleistungsbereichen organisiert sind. Deren gesamte Mitgliederzahl liegt bei knapp 1,3 Mio.. Hierzu gehören beispielsweise die Deutsche Verwaltungs-Gewerkschaft, die Deutsche Justiz-Gewerkschaft, die Gewerkschaft der Sozialverwaltung oder der Deutsche Berufsverband für Soziale Arbeit.

Nach diesem Querschnitt zur Verbandslandschaft im Arbeits- und Wirtschaftsbereich fassen wir die Beziehungen eines Unternehmens mit Einzelgewerkschaften und Arbeitgeberverbänden als Tarifpartnern zur ersten Profil-Darstellung externer Interessengruppen Verbände/ Tarifvertragsparteien zusammen (hierzu Abb. C-I-5).

Mit diesem Unternehmensträger-Profil wird auf die im Rahmen der Tarifautonomie zur **Regelung der Arbeits- und Einkommensbedingungen der Arbeitnehmer** berechtigten Interessengruppierungen abgehoben. Diese Eingrenzung gegenüber dem vorstehenden Überblick wird mit Rubrik ① verdeutlicht.

Die **Tarifautonomie** stellt das unmittelbar aus der Koalitionsfreiheit abgeleitete Recht der **Tarifvertragsparteien** – Gewerkschaften als Arbeitnehmervereinigungen, einzelne Arbeitgeber sowie Vereinigungen von Arbeitgebern – dar, ohne staatliche oder sonstige Eingriffe in freien Verhandlungen kollektive Tarife festzulegen. Formale Regelungen hierzu wurden mit dem Tarifvertragsgesetz (TVG) von 1949 getroffen.

### (2) Beiträge der Tarifpartner

Welche unmittelbaren Beiträge leisten die Tarifpartner für ein Unternehmen und seine Entwicklung? In Rubrik ② der Abbildung C-I-5 wird hierzu die laufzeitbezogene Tarifsicherheit durch einheitliche Flächen- oder spezielle Haustarife herausgestellt.

**Tarifverträge** regeln die Rechte und Pflichten der Tarifvertragsparteien und können Rechtsnormen über Inhalt, Abschluss und Beendigung von Arbeitsverhältnissen sowie über betriebliche und betriebsverfassungsrechtliche Fragen enthalten (§ 1 I TVG). In der Tarifvertragspraxis haben sich folgende Arten herausgebildet:

- Vergütungstarifverträge, welche die Höhe der tariflichen Grundvergütung in Lohn-, Gehalts- bzw. Entgelttabellen festlegen

- Rahmentarifverträge, die Lohn- und Gehaltsgruppen festlegen, Gruppenmerkmale definieren und Regelungen zur Leistungsentlohnung treffen

| | |
|---|---|
| ① Wer? | ***Externe Interessengruppe/ Satellitengruppe:*** **Einzelgewerkschaften und Arbeitgeberverbände als Tarifpartner** |
| ② ... gibt was? | ***Beiträge*** **als** ***Leistungen*** **der Satellitengruppe Verbände für das Unternehmen und seine Entwicklung:**<br>– **Tarifsicherheit über die vereinbarte Laufzeit durch einheitliche Flächen- oder spezielle Haustarife** |
| ③ ... will was dafür? | ***Primäre Interessen/ Anreize*** **der Satellitengruppe Verbände für eine Unterstützung/ positive Begleitung des Unternehmens:**<br>***Einzelgewerkschaften:***<br>– **Tarif-/ Lohnpolitik**<br>– **Sicherheit der Arb.-plätze/ Fortbestand der Unternehmen**<br>– **Arbeitsbedingungen und Arbeitsinhalte**<br>– **Mitbestimmung**<br>– **Publizität**<br>***Arbeitgeberverbände:***<br>– **Tarif-/ Lohnpolitik**<br>– **Unternehmenserfolg/ Gewinne/ Rentabilität**<br>– **Wettbewerbsfähigkeit/ Markterfolg/ Fortbestand der Unternehmen** |
| ④ Was tut das Unternehmen dafür? | ***Verhaltenskonsequenzen und -parameter*** **für das Unternehmen im Hinblick auf:**<br>• ***Individuum*** **als Interessengruppenmitglied und** ***Interessengruppe*** **insgesamt:**<br>– **Verhältnisbestimmung: Kooperation mit beiden Parteien; evtl. Konfrontationskurs gegenüber Gewerkschaften bei unrealistischen Forderungen**<br>• **Ausrichtung des** ***Gesamtunternehmens*****:**<br>– **Mittragen der Flächentarifverträge oder Anstreben spezifischer Lösungen über Haustarife (oder Betriebsvereinbarungen)**<br>– **Austritt aus dem Arbeitgeberverband mit dem Ziel einer Aufhebung der Tarifbindung** |

**Abb. C-I-5:** Unternehmensträger-Profil: Verbände/ Tarifvertragsparteien

- Manteltarifverträge, mit denen die Arbeitsbedingungen geregelt werden, die also beispielsweise Einstellungs- und Kündigungsbestimmungen oder Festlegungen zu Arbeitszeit und Urlaub sowie zu den arbeitszeitbezogenen Zuschlägen enthalten
- Sonstige Tarifverträge, in denen normalerweise in Manteltarifverträgen enthaltene Bereiche gesondert festgelegt werden, wie z.B. Tarifverträge über Arbeitszeitregelungen, vermögenswirksame Leistungen, Qualifizierung oder Rationalisierungsschutzabkommen.

Die Bezeichnung **Flächentarifvertrag** bezieht sich auf das Kriterium der räumlichen Geltung. Wenn Tarifverträge typischerweise für die Beschäftigtengruppen einer Branche in einem regionalen Tarifbereich abgeschlossen werden, dann ist eine Tarifgebundenheit der Mitglieder der Tarifvertragsparteien (§§ 3 und 4 TVG) bezogen auf diese „Fläche" gegeben. Dies hat zur Konsequenz, dass der von einem Arbeitgeberverband mit der zuständigen Gewerkschaft in einem Tarifbereich ausgehandelte Tarifvertrag in allen diesem Verband angeschlossenen Unternehmen einheitlich anzuwenden ist. Auf der Arbeitnehmerseite ist dabei eine unmittelbare Geltung der ausgehandelten Rechtsnormen lediglich für die Gewerkschaftsmitglieder gegeben. Von einer Sonderbehandlung dieser respektive der nicht organisierten Mitarbeitergruppe wird in der Unternehmenspraxis allerdings abgesehen.

Bei den regelmäßigen **Tarifrunden** in den verschiedenen Geltungsbereichen (z.B. 21 regionale Tarifbereiche in der Metallindustrie) werden die zuerst ausgehandelten Vereinbarungen als Pilotabschlüsse i.d.R. für die restlichen Gebiete übernommen. Von daher ist – mit Ausnahme produktivitätsbedingter Sonderregelungen in den neuen Bundesländern – in den großen Industriebranchen von prinzipiell bundeseinheitlichen Tarifregelungen auszugehen. Auf hierbei mittlerweile gegebene tarifliche Öffnungsklauseln und Differenzierungsbestimmungen wurde im Zusammenhang mit den Ausführungen zur Arbeitszeitverkürzung und -flexibilisierung in C.I.2.c. bereits hingewiesen.

Als **Haus- oder Firmentarifverträge** werden Tarifverträge bezeichnet, die zwischen einer Gewerkschaft und einem einzelnen Unternehmen abgeschlossen werden. Wie in Branchentarifverträgen können hierbei alle Arbeits- und Einkommensbedingungen geregelt werden. Haustarifverträge werden üblicherweise auf der Basis von Flächentarifverträgen geschlossen, was bedeutet, dass hierbei über spezielle Anpassungen hinaus keine grundsätzlich anderen Regelungen als im übrigen Tarifgebiet vereinbart werden. Die Möglichkeit, gesonderte Haustarife abzuschließen, steht i.d.R. nur großen, wirtschaftlich bedeutenden Unternehmen offen. So gibt es solche Firmentarifverträge beispielsweise bei der VOLKSWAGEN AG (VW).

### (3) Primärinteressen der Verbände/ Tarifvertragsparteien

Welche primären Interessen verfolgen Einzelgewerkschaften und Arbeitgeberverbände bei der Vertretung ihrer Mitglieder, und welche Wirkungen sind hierbei bezogen auf einzelne Unternehmen gegeben? In Rubrik ③ des Unternehmensträger-Profils C-I-5 für die Verbände/ Tarifvertragsparteien haben wir hierzu für die beiden Interessenorganisationen eine getrennte Auflistung vorgenommen.

- Im Mittelpunkt der Interessenvertretung stehen bei beiden Verbandstypen die Tarifverhandlungen zur **Regelung der Arbeits- und Einkommensbedingungen**. Die Gewerkschaften betreiben diese aus der Perspektive der Arbeitnehmer, und die Arbeitgeberverbände sind Stellvertreter der Unternehmen bei diesen Verhandlungen zum wichtigen und kostenintensiven betriebswirtschaftlichen Produktionsfaktor Arbeit. Der zentrale Anreiz für beide Organisationen, als Tarifträger Lösungen für dessen „Preise" und Bedingungen zu finden, liegt darin, den Nachweis einer wirkungsvollen Vertretung der Mitgliederinteressen zu führen und damit die eigene Legitimationsbasis aufrechtzuerhalten respektive zu stärken. Von daher wird in unserer Auflistung der Primärinteressen bei den Einzelgewerkschaften wie bei den Arbeitgeberverbänden die **Tarif-/ Lohnpolitik** als gemeinsamer Gegenstands- bzw. Regelungsbereich an die erste Stelle gesetzt.

Das Verfahren, nach dem die Verhandlungen zu den Arbeits- und Einkommensbedingungen stattfinden, ist weitgehend festgelegt; dieser **Ablauf einer Tarifrunde** kann im Überblick wie folgt dargestellt werden:

- Für die Laufzeit eines Tarifvertrages – bei Vergütungstarifverträgen normalerweise ein Jahr, teilweise kann von den Arbeitgebern im Interesse einer höheren Tarifsicherheit auch ein längerer Zeitraum durchgesetzt werden – gilt über die Tarifgebundenheit nach § 3 TVG eine Friedenspflicht, nach der die Arbeitnehmerseite keine Kampfmaßnahmen zur Verbesserung der bestehenden Abkommen ergreifen darf. Diese Pflicht, den Arbeitsfrieden zu wahren, besteht i.d.R. bis vier Wochen nach Ablauf eines Tarifvertrags.
- Läuft ein Tarifvertrag aus, wird dieser meist von der Gewerkschaftsseite, seltener auch von den Arbeitgebern, gekündigt, und es werden neue Tarifverhandlungen verlangt. Die Kündigung des Vertrages ist notwendig, da seine Rechtsnormen nach § 4 TVG bis zur Ersetzung durch eine andere Abmachung weiter gelten.
- Kommt es zu keiner neuen Einigung, ist ein **Tarifkonflikt** gegeben. Wenn einer der beiden Tarifpartner die Verhandlungen für gescheitert erklärt, kann durch tarifliche Vereinbarungen (Schlichtungsabkommen) die Durchführung eines Schlichtungsverfahrens vorgesehen sein. Unter Vorsitz und auf Vorschlag einer unparteiischen Persönlichkeit erarbeitet nun eine aus Vertretern beider Parteien zusammengesetzte Schlichtungskommission eine Einigungsempfehlung für die aktuelle Tarifauseinandersetzung.

  Hinsichtlich dieser Empfehlung besteht bei den meisten Abkommen Einlassungszwang, auf dieser Basis müssen die Tarifparteien die Verhandlungen wieder aufnehmen. Ein Einigungszwang ist nach den Grundsätzen der Tarifautonomie dabei aber nicht gegeben, die erneuten Verhandlungen können wiederum mit einem Scheitern enden.

  Der zeitliche Ablauf von Schlichtungsverfahren ist durch die entsprechenden Abkommen genau geregelt. Während die Gewerkschaften nach Ablauf der Pflicht zur Wahrung des Arbeitsfriedens während einer Tarifverhandlung versuchen können, durch die Organisation von Warnstreiks als kurzzeitigen Arbeitsniederlegungen Druck auf die Arbeitgeberseite auszuüben, ist dies während des Schlichtungsverfahrens nicht möglich. In diesem Zeitraum herrscht wieder Friedenspflicht.
- Nach dem endgültigen Scheitern der Tarifverhandlungen kann die Gewerkschaftsseite eine **Urabstimmung** anberaumen, in der ihre Mitglieder darüber befinden, ob zur Durchsetzung ihrer Forderungen ein regulärer **Streik** als kollektive Arbeitsniederlegung durchgeführt werden soll. Die hierfür notwendige Zustimmungsquote beträgt bei den meisten Gewerkschaften min-

destens 75% der stimmberechtigten Mitglieder. Streikende Arbeitnehmer haben keinen Anspruch auf Lohnfortzahlung durch die Arbeitgeber. Durch die zuständige Gewerkschaft wird ihnen eine Streikunterstützung von durchschnittlich zwei Dritteln des Bruttoeinkommens gezahlt.

- Das Recht, bei Tarifauseinandersetzungen **Arbeitskämpfe** zu führen, ist als notwendige Ausdrucksform der Koalitionsfreiheit nach Art. 9 III GG in diesem Grundrecht mit einbezogen. So ist es letztlich ein Funktionserfordernis der durch die Tarifautonomie gewährleisteten kollektiven Aushandlung von Arbeits- und Wirtschaftsbedingungen, dass auf die Gegenseite Druck ausgeübt werden kann.
  Gemäß dem auf dieser verfassungsrechtlichen Grundlage durch oberste Bundesgerichte (Bundesverfassungsgericht in Karlsruhe, Bundesarbeitsgericht in Erfurt) entwickelten Arbeitskampfrecht sind Kampfmaßnahmen von Tarifvertragsparteien zulässig, mit denen tariflich regelbare Ziele angestrebt werden und die hierauf bezogen erforderlich, geeignet und verhältnismäßig sind (Übermaßverbot). Unzulässig sind dagegen insbesondere Arbeitskämpfe, die nicht von einer Tarifvertragspartei getragen werden, nicht auf in Tarifverträgen wirksam zu treffende Vereinbarungen gerichtet sind (keine politischen Ziele, keine Arbeitskämpfe von Beamten) oder die unter Verstoß gegen die tarifvertragliche Friedenspflicht geführt werden.
- Nach der Kampfparität als der wesentlichsten Rahmenbedingung bei Arbeitskämpfen steht dem Streik als maßgeblichem Kampfmittel der Arbeitnehmerseite auf der Arbeitgeberseite die Möglichkeit der **Aussperrung** gegenüber. In Reaktion auf einen gewerkschaftlich organisierten Streik der Arbeitnehmer kann ein Arbeitgeberverband als Abwehraussperrung die Nichtzulassung von Arbeitnehmern zur Arbeit unter Verweigerung der Lohnzahlung vornehmen. Diese Aussperrung in den Verbandsunternehmen wird außer den im Streik befindlichen Mitarbeitern einen erweiterten Teil der Belegschaft betreffen. Mit dieser Ausweitung des Arbeitskampfes wird das Ziel verfolgt, den Forderungen der Arbeitgeberseite Nachdruck zu verleihen. Zum möglichen Verhältnis von ausgesperrten und streikenden Arbeitnehmern haben sich dem **Grundsatz der Verhältnismäßigkeit** entsprechende Relationen herausgebildet.
  Aussperrungen durch einzelne Arbeitgeber sind nur zulässig, soweit es um Auseinandersetzungen über Firmentarifverträge geht. Zu Angriffsaussperrungen als von der Arbeitgeberseite ausgehenden Kampfmaßnahmen liegt noch keine höchstrichterliche Entscheidung vor, und hiermit wird deren geringe Bedeutung in der tarifrechtlichen Unternehmenspraxis deutlich. Nach einer älteren Entscheidung des Bundesarbeitsgerichts werden aber auch solche Maßnahmen für zulässig gehalten.
- Zur **Beendigung eines Streiks** ist auf der Gewerkschaftsseite eine weitere Basis-Abstimmung notwendig. Unter dem Druck von Arbeitskampfmaßnahmen kann in neuen Verhandlungen der Tarifvertragsparteien i.d.R. eine **Kompromisslösung** gefunden werden, und hierzu wird in einer Rückurabstimmung die Zustimmung der Gewerkschaftsmitglieder erhoben. Als notwendige Quote, bei der ein Streik beendet werden und der neue Tarifver-

trag in Kraft treten kann, gilt bei den meisten Gewerkschaften eine Zustimmung von mindestens 25% der stimmberechtigten Mitglieder.

Zu den Inhalten und Abschlüssen von Tarifverhandlungen kann, vor allem die Einkommensbedingungen betreffend, keine abschließende Bewertung vorgenommen werden. Der richtige Lohn oder die richtige Lohnentwicklung lässt sich allenfalls in volkswirtschaftlichen Theorieansätzen modellhaft ableiten, und dabei sind diese Größen abhängig von der jeweils vertretenen forschungsleitenden Programmatik. Hier stehen sich mindestens zwei Grundpositionen (Angebots- versus Nachfrageorientierung) gegenüber, und somit wird klar, dass es kaum eine allgemein geteilte Orientierungsgrundlage zur Lohnfindung wird geben können.
Bei der turnusmäßigen Aushandlung der Preise des betriebswirtschaftlichen Produktionsfaktors Arbeit werden beide Tarifparteien zwar die momentanen Rahmendaten berücksichtigen, sie interpretieren diese aber eventuell unterschiedlich, und sie werden eine Verschiebung der Bedingungen zu Gunsten der von ihr vertretenen Interessengruppe anstreben. Im Hinblick auf den für die Lohnpolitik zur Verfügung stehenden Spielraum zeigen sich grob umrissen derzeit folgende Unterschiede:

- Die **Arbeitgeberseite** sieht – gestützt durch Argumente des SACHVERSTÄNDIGENRATES ZUR BEGUTACHTUNG DER GESAMTWIRTSCHAFTLICHEN ENTWICKLUNG – allenfalls Lohnsteigerungen vertretbar, die **geringer als der Produktivitätsfortschritt** sind. Folgender angenommener Ursachen-Wirkungs-Zusammenhang steht hinter dieser eher **angebotsorientierten Position**: Die Lohnquote als Anteil der Arbeitnehmerentgelte am Volkseinkommen würde reduziert und hierdurch steige die Attraktivität einer unternehmerischen Betätigung. Wenn wieder Vollbeschäftigung erreicht wäre, könne zu einer verteilungsneutralen Lohnpolitik (Produktivitätssteigerung = Lohnsteigerung) übergegangen werden.
- Die **Gewerkschaften** betonen demgegenüber den Doppelcharakter der Löhne mit ihrer **Kostenwirkung** sowie ihrem **Konsumeffekt**. Aus einem eher **nachfrageorientierten Standpunkt** wird hier als lohnpolitischer Verteilungsspielraum die nach der so genannten „Meinhold-Formel" ermittelte Summe aus Preissteigerung (Inflation) und Produktivitätsfortschritt zu Grunde gelegt. Der Namensgeber dieser Formel, HELMUT MEINHOLD, hatte diese als Schlichter einer Metall-Tarifrunde in den 60er Jahren geprägt.

Vor allem aufgrund der zu Beginn der 90er Jahre erneut stark zunehmenden Massenarbeitslosigkeit – und auch wegen des DGB-weit zu verzeichnenden Mitgliederschwundes – konnten die Gewerkschaften ihren „Doppelanpassungs-Spielraum" bisher nicht durchsetzen und mussten teilweise sogar dem Abbau tariflicher Leistungen zustimmen. Die Arbeitsmarkt-Entwicklung seit dem Jahr 2000 hat hierfür ebenfalls keinen günstigeren Spielraum geschaffen. Damit verbunden war auch bereits ab 1993 ein **Sinken der Lohnquote** zu verzeichnen, von 74,5% in 1993 auf 67% in 2005.

Nun ist allerdings zu bedenken, dass der Lohnquote nur eine begrenzte Aussagekraft für die Lohnpolitik zukommt. Wenn die Lohnkosten oder die noch etwas weiter greifenden Arbeitskosten steigen, dann kann dies bei den Unternehmen – wie die Ausführungen zu den Lohnstückkosten im letzten Unterabschnitt deutlich gemacht haben – durch einen entsprechenden Produktivitätsfortschritt ausgeglichen werden. Auf diese Weise würde die bisherige Arbeitskostenposition – ohne weiter gehende Schlussfolgerungen zu deren Wettbewerbsfähigkeit – zumindest gehalten werden können. Der Produktivitätszuwachs kann durch technischen Fortschritt – also durch neue und leistungsfähigere Verfahren und Anlagen bei gleich bleibender Personalstärke – erzielt werden. Häufig wird er aber durch Rationalisierung und damit durch eine Ausweitung der maschinellen Fertigung – also eine höhere Kapitalintensität der Leistungserstellung – erreicht, die mit einem Beschäftigungsabbau verbunden ist. Wenn es den Unternehmen auf diese Weise gelingt, den Anstieg der gesamten Lohn- oder Arbeitskostenbelastung im Rahmen der Produktivitätssteigerung zu halten, dann kann dies eine **Konstanz der Lohnquote** zur Folge haben – aber es sind **Arbeitsplätze verloren gegangen.**

Nachdem in diesem und dem vorangegangenen Unterabschnitt wesentliche Grundlagen der Austauschbeziehungen zwischen der Arbeitnehmer- und der Arbeitgeberseite aufgezeigt wurden, können die weiteren Primärinteressen für beide Seiten kurz wie folgt zusammengefasst werden:

- Bei den **Einzelgewerkschaften** und deren Dachverbänden steht im Interesse ihrer Mitglieder – und auch mit dem Ziel einer wirtschaftlichen Fortführung ihrer Organisationen über stabile Beitragseinnahmen – die **Sicherheit der Arbeitsplätze** in den einzelnen Vertretungsbereichen mindestens gleichauf mit den bereits behandelten tarif- und lohnpolitischen Zielsetzungen. Über dieses Primärinteresse ist dann – mit ähnlicher Argumentation wie bei den vorangegangenen Unterabschnitten – auch der **Fortbestand der Unternehmen** eine wichtige Ziel- respektive Bedingungsgröße gewerkschaftlicher Interessenvertretungsarbeit. Zusätzlich treten die Einzelgewerkschaften zum Nutzen ihrer Mitglieder für erträgliche und nicht überfordernde **Arbeitsbedingungen** an sicheren Arbeitsplätzen ein, und sie wirken dabei auf die Unternehmen auch im Hinblick auf qualifikationsgerechte und motivierende **Arbeitsinhalte** ein.
- Bei den **Arbeitgeberverbänden** ergibt sich zu den weiteren Hauptinteressen der Vertretung angeschlossener Unternehmen ein gegenüber den Gewerkschaften anderer Ableitungszusammenhang: Für Unternehmen und ihre Verbände ist der betriebswirtschaftliche Produktionsfaktor Arbeit ebenfalls von elementarer Bedeutung, ohne ihn sind keine Einsatzgüter in marktreife Leistungen zu transformieren, aus deren Abnahme durch die Kunden dann eine Wertschöpfung realisiert werden kann. Wenn sich in diesen wirtschaftlichen Erfolgen letztlich aber die Existenzberechtigung von Unternehmen in einer Marktwirtschaft zeigt, dann nimmt die Argumentation bezogen auf die Arbeitsplätze einen anderen Ausgangspunkt: Diese zu erhalten oder zu schaffen ist aus Unternehmenssicht kein eigenständiges Oberziel; angestrebt werden vielmehr in erster Linie schlüssige und innovative Produkt-Markt-Konzepte, aus denen der für ein Be-

stehen im Markt oder für eine Erweiterung der Geschäftstätigkeit notwendige **Unternehmenserfolg** respektive **-gewinn** erwirtschaftet werden kann.
Wenn dieses entscheidende Kriterium der **Rentabilität** erfüllt wird, dann folgt aus der Umsetzung der zu Grunde liegenden strategischen Konzepte die Erhaltung oder Schaffung von Arbeitsplätzen. Dies geschieht insbesondere auch mit dem Ziel, für den marktwirtschaftlichen Konkurrenzkampf Mitarbeiter als Wissensträger im Unternehmen durch gezielte Qualifizierungsmaßnahmen aufzubauen bzw. zu entwickeln und zu halten.
Der **Fortbestand eines Unternehmens** – und damit auch dessen betriebswirtschaftlichen Produktionsfaktors Arbeit – hängt also wesentlich von seiner **Wettbewerbsfähigkeit** ab. Nur wenn die Produkte und Dienstleistungen nach Qualität (Art und Güte der Leistungen), Zeit (Entwicklungs-, Liefer-/ Erstellungsdauer) und Kosten (Herstellungskosten versus realisierbare Preise) konkurrenzfähig sind, werden **Markterfolge** als Grundlage auskömmlicher Unternehmensergebnisse erzielt werden können.

Für eine Beurteilung der vorstehend genannten Kenn- und Zielgrößen greift ein rein nationaler Rahmen heute zu kurz. Märkte enden i.d.R. nicht mehr an Ländergrenzen, Unternehmen setzen ihre Leistungen in verschiedenen Weltmarktregionen ab, und die einzelnen Staaten wetteifern darum, den Firmen gute Bedingungen als Produktionsstandorte zu bieten. Von daher haben deutsche Unternehmen immer damit zu rechnen, dass **ausländische Konkurrenten** in sicher geglaubte Marktreservate einbrechen, und sie stehen vor der Frage, ob sie wegen günstiger Kostensituationen ihre Produktion eventuell in Teilen oder auch komplett **an Auslandsstandorte verlagern** sollen.

Nimmt man die Bedrohung durch ausländische Wettbewerber und die Bedingungen für Unternehmen in Deutschland zusammen, so sind hierauf bezogene **Bewertungen in international vergleichenden Studien** gleichermaßen als Warnhinweise für die Wettbewerbsfähigkeit deutscher Unternehmen sowie für den Standort Deutschland als Investitionsregion einzuordnen. Schlaglichtartig können hierzu folgende drei Befunde genannt werden:

- Auf die ungünstige Arbeitskostenposition (west)deutscher Unternehmen wurde bereits in C.I.2.c. hingewiesen.
- Im WORLD COMPETITIVENESS YEARBOOK 2005 vom INTERNATIONAL INSTITUTE FOR MANAGEMENT DEVELOPMENT (IMD) in Lausanne nimmt Deutschland unter 60 untersuchten Ländern die 21. Position ein. Im Jahr 1997 war Deutschland an 14. Position von 46 einbezogenen Staaten, im Jahr 2000 an 8. Stelle von 47 untersuchten Ländern. Im Zeitverlauf hat sich die Position Deutschlands also wieder verschlechtert.
- Das zweite bedeutende Ranking eines in Europa ansässigen Institutes, der GLOBAL COMPETITIVENESS REPORT des WORLD ECONOMIC FORUM (WEF) in Genf, ist seit 2000 in zwei unterschiedliche Indices aufgeteilt. Bei dem makroökonomisch fundierten und zukunftsbezogenen Ranking des Wachstums für eine höhere nationale Wettbewerbsfähigkeit liegt Deutschland im Jahr 2005 auf dem 15. von 117 Plätzen und konnte sich damit seit 1997 um 12 Positionen verbessern. Beim neu eingeführten mikroökonomisch-unternehmensbezogenen

Ranking der gegenwärtigen Wettbewerbsfähigkeit belegt Deutschland in 2005 den 3. Platz. Bei einer bereits im 1999er Report enthaltenen vergleichbaren Rangordnung rangierte Deutschland auf der 6. Position.

Außer den bislang erörterten **Primärinteressen** enthält Rubrik ③ des Unternehmensträger-Profils C-I-5 der Verbände/ Tarifvertragsparteien für die **Gewerkschaften** noch zwei weitere Positionen:

- Die **Mitbestimmung** kann neben der Tarif-/ Lohnpolitik als die zweite Hauptsäule gewerkschaftlicher Interessenvertretungsarbeit angesehen werden. Dieser Bereich geht über die Aushandlung von Arbeits- und Einkommensbedingungen hinaus. Hier wird eine Beteiligung, eine Teilhabe an den unternehmerischen Entscheidungen eingefordert, und zwar mit folgenden Begründungen:
  - Die Würde des Menschen gebietet eine selbstbestimmte Entfaltungsfreiheit. Dem Arbeitnehmer gebührt kein Objektrang, sondern eine Subjektstellung.
  - Aus der erfolgsnotwendigen Zusammenarbeit der Kapital- und der Arbeitsseite im Leistungserstellungsprozess wird deren **Gleichberechtigung** abgeleitet und eine institutionalisierte Beteiligung der Arbeitnehmer an der Willensbildung und -durchsetzung in den Unternehmen gefordert.
  - Das **Demokratieprinzip** und damit die Legitimation des Leitungsgremiums eines gesellschaftlichen Gebildes aus gleichen Wahlen durch seine Mitglieder muss auch im Bereich der Wirtschaft Geltung haben.
  - **Wirtschaftliche Macht** kann die Grundlage für **politische Macht** und Einflussnahme bilden, und so gilt es, über eine Mitbestimmung der Arbeitnehmer hier kontrollierend zu wirken.

  Die bislang gegebenen Mitbestimmungsmöglichkeiten der Arbeitnehmerseite gliedern sich in die Unternehmens- respektive Aufsichtsratsmitbestimmung (siehe C.II.4.a.) sowie die betriebliche Mitbestimmung (siehe C.I.2.c.).
  Hier stellt sich allerdings die Frage, inwieweit die postulierten Gegensätze von Kapital und Arbeit noch Bestand haben, oder ob nicht von den Firmenleitungen durch neue Arbeitsformen bereits die Zusammenarbeit von engagierten Arbeitnehmern und Führungskräften mit einer großen Motivation sowie hohen Identifikation mit Tätigkeit und Unternehmen entscheidend vorangebracht werden konnte.
- Für die Gewerkschaften und ihre Mitarbeiter gilt, dass sie ihre Verbandsarbeit nur auf der Grundlage **umfassender Informationen** durchführen können. Die Entwicklung der Geschäftstätigkeit einzelner Unternehmen betreffend, bilden neben Berichten von Betriebsräten und Arbeitnehmervertretern im Aufsichtsrat sowie diesen Personen zugänglichen Materialien die unternehmensbezogenen Pflichtpublikationen hierfür eine wichtige Grundlage. Von daher wird die in C.I.2.a. erläuterte **Publizität** als letzte Position originärer Interessen der Einzelgewerkschaften aufgeführt.

### (4) Verhaltenskonsequenzen für das Unternehmen

Wie kann ein Unternehmen seine Beziehungen zur tarifvertraglich zuständigen Gewerkschaft und dem Arbeitgeberverband gestalten? Rubrik ④ der Abbildung C-I-5 enthält hierfür einige generelle Alternativen:

- Mit Bezug auf die beiden unterschiedlichen Interessengruppen respektive deren Funktionsträger ist zunächst eine **generelle Verhältnisbestimmung** vorzunehmen. Das Spektrum hierzu reicht von einer vertrauensgeprägten Zusammenarbeit bis hin zu einem harten Konfrontationskurs. Die erstgenannte Linie wird für den Umgang mit beiden Verbandstypen langfristig die erfolgversprechendere sein. Als Beispiel für das Funktionieren einer solchen Zusammenarbeit kann die Chemie-Industrie angeführt werden. Begleitet durch den Bundesarbeitgeberverband Chemie (BAVC) und die IG Bergbau, Chemie, Energie (IGBCE) hat sich in den Unternehmen dieser Branche eine Sozialpartnerschaft herausgebildet, bei der zu grundsätzlichen Fragen ähnliche Vorstellungen auf der Arbeitgeber- und der Arbeitnehmerseite bestehen. Auf dieser Basis können notwendige Modernisierungsmaßnahmen in beiderseitiger Abstimmung relativ zügig entschieden und umgesetzt werden, ohne dass eine Interessengruppe übervorteilt wird.
  Wenn Gewerkschaften unrealistisch erscheinende Forderungen erheben und durchsetzen wollen, dann werden sich neben den Arbeitgeberverbänden auch die Unternehmen des betreffenden Tarifgebietes auf einen solchen Konfrontationskurs einstellen. Dabei geht es oft nur vordergründig um die Aushandlung neuer Arbeits- und Einkommensbedingungen. Meist sind es gewerkschaftspolitische Gründe, aus denen heraus harte Auseinandersetzungen begonnen und durchgefochten werden sollen.
- Für ein Gesamtunternehmen können die **Arbeits- und Einkommensbedingungen** seiner Arbeitnehmer auf unterschiedliche Weise ausgehandelt werden: So gibt es zunächst die bereits erläuterten Möglichkeiten, die zwischen den Tarifpartnern im Rahmen der Tarifautonomie ausgehandelten **Flächentarifverträge** mitzutragen, spezifische Lösungen über **Haustarife** anzustreben, oder bei gegebenen Differenzierungsmöglichkeiten in Tarifverträgen zusätzliche, die spezielle Unternehmenssituation berücksichtigende **Betriebsvereinbarungen** zu schließen. Die erst- und letztgenannte Variante knüpft an allgemeine Tarifverträge an, und von daher ist hier eine Vertretung des Unternehmens durch den zuständigen Arbeitgeberverband erforderlich.
- Sind Unternehmen Mitglied eines Arbeitgeberverbandes, dann besteht nach § 3 TVG eine Tarifgebundenheit bezogen auf die in diesem Tarifgebiet von dem Verband mit der korrespondierenden Einzelgewerkschaft ausgehandelten Tarifverträge. Wenn deren Bedingungen als zu restriktiv oder zu kostenintensiv empfunden werden, kann erwogen werden, mit dem Ziel einer **Aufhebung der Tarifbindung** aus dem Arbeitgeberverband auszutreten. Dabei ist Folgendes zu bedenken:
  - Der Austritt aus einem tarifschließenden Verband ist i.d.R. mit einer Frist von sechs Monaten möglich. Nach deren Ablauf enden die Rechte und

Pflichten aus der Mitgliedschaft, nicht jedoch die aus den zum Zeitpunkt des Austritts geltenden Tarifverträgen. Nach § 3 III TVG bleibt die Tarifbindung bis zum Ende der Verträge bestehen. Bei Rahmen- oder Manteltarifverträgen kann sich dies auf einen Zeitraum von mehreren Jahren erstrecken.
- Enden die zum Zeitpunkt des Austritts gültigen Tarifverträge, dann schließt sich nach der Rechtsprechung des Bundesarbeitsgericht gemäß § 4 V TVG eine Nachwirkungsphase an. Deren Rechtsnormen gelten also weiter, bis sie durch andere Abmachungen ersetzt werden. Und da das Unternehmen nun nicht mehr verbandsmäßig vertreten wird, müssen derartige Änderungen für jedes einzelne Arbeitsverhältnis verbindlich neu geregelt werden.

### b. Fremdkapital-Geber

Bei den im Folgenden zu erläuternden Gruppen von Unternehmensträgern handelt es sich um Einflussgruppen, die von außen auf ein Unternehmen einwirken – und zwar im Rahmen geschäftlicher Beziehungen eines Unternehmens oder als zusätzlich zu berücksichtigende Interessengruppen. Die Wirkungen der Einflüsse dieser Gruppen schlagen sich intern in den Unternehmen nieder und werden intern wie extern gerichtete Reaktionen der Unternehmen zur Folge haben. Ihr Ausgangspunkt liegt allerdings **außerhalb der Unternehmenssphäre**, weswegen diese Gruppen in C.I.1. als Satellitengruppen bezeichnet wurden. Anders als bei den Verbänden/ Tarifvertragsparteien gibt es dabei jetzt keine zusätzliche interne Anbindung mehr.

Zur Erläuterung der mit der Abbildung C-I-6 zusammengefassten Fremdkapital-Geber können wir an die einleitenden Ausführungen zu den Eigentümern/ Eigenkapital-Gebern in C.I.2.a. anknüpfen. Dort wurde festgehalten, dass Unternehmensbilanzen auf ihrer Kapitalseite alle einer Wirtschaftseinheit zur Verfügung gestellten Mittel ausweisen. Dabei gilt, dass Gewinne und Verluste auf das Eigen- oder Inhaberkapital entfallen bzw. von diesem zu tragen sind. Für die Geber von **Fremd- oder Gläubigerkapital** ist eine solche direkte Beteiligung an den unternehmerischen Chancen und Risiken nicht zutreffend. Von Fremdkapital-Gebern zeitlich begrenzt zur Verfügung gestellte Mittel werden durch das Unternehmen mit **vertraglich vereinbarten Zins- und Tilgungszahlungen** zurückgezahlt.

Unter Einbeziehung der ebenfalls bereits in C.I.2.a. angesprochenen Vermögensseite einer Unternehmensbilanz lassen sich an dieser Stelle die Begriffe Finanzierung und Investition einführen. Mit **Finanzierung** ist allgemein die „Aufbringung von finanziellen Mitteln", die „Beschaffung von Kapital" gemeint. Diese Kapitalbeschaffung schlägt sich auf der (rechten) Passivseite einer Unternehmensbilanz nieder, indem dort dargestellt wird, welche Kapitalteile vom Unternehmer, von Mitunternehmern oder Anteilseignern als Eigenkapital zur Verfügung gestellt sind (Eigen- bzw. Beteiligungsfinanzierung) und welche Teile von Banken und anderen Kreditgebern als Fremdkapital überlassen wurden (Fremd- bzw. Kreditfinanzierung).

| | |
|---|---|
| ① Wer? | ***Externe Interessengruppe/ Satellitengruppe:*** **Gläubiger/ Darlehensgeber von kurz-, mittel- oder langfristigen Krediten (v.a. Banken/ Kreditanstalten/ Bankenkonsortien/ Kapitalsammelstellen sowie Lieferanten, Kunden und öffentliche Stellen)** |
| ② ... gibt was? | ***Beiträge*** **als** ***Leistungen*** **der Satellitengruppe Fremdkapital-Geber für das Unternehmen und seine Entwicklung:**<br>**– Zeitlich befristete, verzinsliche Überlassung von risikobehaftetem Kapital** |
| ③ ... will was dafür? | ***Primäre Interessen/ Anreize*** **der Satellitengruppe Fremdkapital-Geber für eine Unterstützung/ positive Begleitung des Unternehmens:**<br>**– Verzinsung und Rückzahlung des überlassenen Kapitals**<br>**– Sicherheit der ausgeliehenen Mittel**<br>**– Unternehmenserfolg/ Gewinn**<br>**– Wertsteigerung des Unternehmens**<br>**– Fortbestand des Unternehmens**<br>**– Publizität** |
| ④ Was tut das Unternehmen dafür? | ***Verhaltenskonsequenzen und -parameter*** **für das Unternehmen im Hinblick auf:**<br>• ***Individuum*** **als Interessengruppenmitglied und** ***Interessengruppe*** **insgesamt:**<br>**– Vorlage genauer Investititionspläne bei allen Finanzierungsvorhaben (Seriosität, Erfolgsträchtigkeit, Sicherheiten)**<br>**– Detaillierte Abschätzung der Rentabilitätsaussichten**<br>• **Ausrichtung des** ***Gesamtunternehmens*****:**<br>**– Sicherstellen einer tragfähigen Struktur von Kapital und Vermögen in der Bilanz**<br>**– Abwägen von Wachstumschancen und Risiken bei Investitionen für neue Produkte und Märkte** |

**Abb. C-I-6:** Unternehmensträger-Profil: Fremdkapital-Geber

Als **Investition** wird dagegen der Einsatz von Kapital zur Schaffung von Sachvermögen, immateriellem Vermögen oder Finanzvermögen bezeichnet. Der (linken) Aktivseite einer Bilanz ist also zu entnehmen, für welche Arten von Vermögen (z.B. Sachgüter, Wertpapiere, Zahlungsmittel) die von den Kapitalgebern zur Verfügung gestellten Mittel verwendet wurden.

### (1) Arten der Fremdkapital-Geber

Wie in Rubrik ① der Abbildung C-I-6 festgehalten, können Fremdkapital-Geber als externe Interessengruppe generell dadurch gekennzeichnet werden, dass es sich hier um **Gläubiger/ Darlehensgeber von kurz-, mittel- oder langfristigen Kre-**

**diten** handelt. Die Fristigkeit betreffend, sind Unterschiede im Hinblick auf die verschiedenen Finanzierungsinstrumente zu verzeichnen. Mit der Fristengliederung der DEUTSCHEN BUNDESBANK kann eine generelle Einteilung in kurzfristig = Laufzeit bis 1 Jahr, mittelfristig = über 1 Jahr bis 5 Jahre und langfristig = über 5 Jahre Laufzeit vorgenommen werden. In der Praxis werden häufig lediglich kurz- (bis 1 Jahr) und langfristige (über 1 Jahr) Laufzeiten unterschieden.

Wer tritt als Fremdkapital-Geber und damit als Gläubiger/ Darlehensgeber auf? Im Klammerzusatz zur Rubrik ① der Profildarstellung C-I-6 ist hierzu eingetragen, dass dies vor allem Banken, Kreditanstalten, Bankenkonsortien oder Kapitalsammelstellen sind. Hierzu folgende kurze, nicht auf alle einzelnen Finanzierungsalternativen abgestellte Erläuterung:

- Darlehen können einem Unternehmen von **Privatpersonen** oder **Betrieben** gewährt werden; als gewerbliche Marktpartner für Unternehmen kommen hierzu allerdings Institute der Kreditwirtschaft und damit **Banken sowie Kreditanstalten** in Betracht.
- Von **Bankenkonsortien** werden beispielsweise Emissionen von Industrieobligationen abgewickelt. Hier handelt es sich um in Teilschuldverschreibungen gestückelte (bspw. 50, 100 oder 500 EUR) und börsengängige Obligationen zur Deckung großer Fremdkapitalbedarfe bei langer Laufzeit, die von institutionellen und privaten Anlegern gezeichnet werden können.
- **Kapitalsammelstellen**, die nicht Banken sind, können bedeutenden Unternehmen mit hoher Bonität langfristige Schuldscheindarlehen gewähren. Als Anbieter solcher Darlehen treten Versicherungsunternehmen und dabei insbesondere Lebensversicherungen und Pensionskassen auf.
- Bei diesem Überblick zu verschiedenen Gruppen von Fremdkapital-Gebern sind zusätzlich noch **Lieferanten**, die den Kaufpreis stunden, **Kunden**, die Anzahlungen leisten, und **öffentliche Stellen**, die Förderkredite gewähren, aufzuführen.

### (2) Beiträge der Fremdkapital-Geber

Aus den vorstehenden Erläuterungen zur Satellitengruppe der Fremdkapital-Geber ergeben sich deren in Rubrik ② der Abbildung C-I-6 eingetragenen Beiträge als Leistungen für ein Unternehmen und seine Entwicklung: Diese bestehen in der **zeitlich befristeten, verzinslichen Überlassung von risikobehaftetem Kapital**. Die Formulierung „risikobehaftetes Kapital" wurde gewählt, um zu verdeutlichen, dass bei dessen Überlassung nicht immer eine vollständige Sicherheit im Hinblick auf den vollständigen Rückfluss vereinbarter Zins- und Tilgungszahlungen zu erzielen ist.

Die Geber von Fremd- oder Gläubigerkapital tragen zwar nicht das volle unternehmerische Risiko, das mit der Investition zur Verfügung gestellter Mittel verbunden ist; ein **finanzielles, auf ihr Engagement bezogenes Wagnis** bleibt ihnen vom Grundsatz her – trotz erhaltener Sicherheiten – allerdings bestehen. Ähnlich wie bei dem generell auf Delegationsbeziehungen abhebenden Principal-Agent-Ansatz (siehe hierzu C.I.2.b.) liegt der Grund hierfür im Vorhandensein einer **Informationsasymmetrie**. Der Kenntnisstand über die wirtschaftliche Lage eines

Unternehmens ist naturgemäß bei den internen Kerngruppen der Eigentümer und der Manager höher als bei den außen stehenden Gläubigern. Zudem haben letztere auch kaum substanzielle Einflussmöglichkeiten auf die Findung und Umsetzung von Investitions- und Finanzierungsentscheidungen; die hierauf bezogenen Entscheidungskompetenzen liegen ebenfalls bei der Geschäftsführung und damit innerhalb der Unternehmen. Zur Milderung dieser systematisch nachteiligeren Position der Gläubiger gibt es allerdings eine Reihe von Vorschriften zum Schutz der Gläubigerposition, zu denen auch umfängliche Möglichkeiten der Besicherung überlassenen Kapitals gehören.

**(3) Primärinteressen der Fremdkapital-Geber**

Damit kommen wir zu den in Rubrik ③ des Unternehmensträger-Profils der Fremdkapital-Geber C-I-6 aufgeführten Primärinteressen dieser Satellitengruppe:

- **Darlehensgeber** erbringen ihre Leistung der Kapitalüberlassung in der Gegenwart und werden damit zu **Gläubigern**, während sich die Darlehens- oder Fremdkapital-Nehmer als Schuldner verpflichten, die Gegenleistung erst in der Zukunft zu erfüllen. Damit wird auch die etymologische Bedeutung des Begriffs „Kredit" verständlich: Dieser geht auf das lateinische Wort „credere" zurück, was „glauben, Vertrauen schenken" bedeutet.

  Fremdkapital-Geber erlangen mit den ausgeliehenen Mitteln keine (Mit-)Eigentümerstellung an einem Unternehmen, sie sind mit diesem über einen schuldrechtlichen Vertrag verbunden. Ihr Hauptinteresse gilt dem Erhalt der vereinbarten **Zins- und Tilgungszahlungen**. Diese sind von den bisherigen oder neuen Eigentümern eines Unternehmens unbedingt und erstrangig zu bedienen. Die festgelegten Zinsen und Abträge sind unabhängig von der Ertragslage eines Unternehmens zu leisten. Dabei mindern die Zinsaufwendungen den ausgewiesenen und steuerpflichtigen Gewinn.

  Hieraus erklärt sich die Einordnung, dass Eigenkapital-Geber letztrangige, den Gläubigern nachgeordnete Ansprüche an die Unternehmensüberschüsse haben. Bei dem übernommenen unternehmerischen Risiko gebührt aber auch die Nutzung der Chancen dem Eigenkapital; der persönlichen oder auf die Einlage bezogenen Haftung stehen eine Teilhabe an den Gewinnen sowie ein Anspruch auf das Unternehmensvermögen im Falle seiner Auflösung gegenüber. Auf das Fremdkapital entfällt dagegen keine Haftung, hierauf bezogen werden statt Ertragsanteilen i.d.R. feste Zinszahlungen fällig und der Rückzahlungsanspruch erstreckt sich auf die Höhe der Gläubigerforderung.

  Bezeichnet man die Gesamtheit von Rechten und Pflichten, die mit der Kapitalüberlassung an ein Unternehmen verbunden sind, als **Finanzierungstitel**, dann kann nach den vorstehend kurz zusammengefassten Merkmalen in **Beteiligungstitel** (für Eigenkapitalanteile) und **Forderungstitel** (für Fremdkapitalteile) unterschieden werden. Unternehmen und Kapital-Geber stehen in einer Marktbeziehung. Hier sind zwei Sichtweisen möglich: Zum einen eine kapitalbezogene, bei der Anleger als Anbieter und Unternehmen als Nachfrager aufeinander treffen. Zum anderen kann der Marktvorgang so gesehen werden, dass die Unternehmen Finanzierungstitel anbieten und die Anleger diese nachfragen.

Dabei sind ein Primär- und ein Sekundärmarkt zu unterscheiden. Auf dem **Primärmarkt** stehen sich Unternehmen und Kapitalanleger direkt gegenüber, hier werden die Finanzierungstitel erstmalig ausgegeben. Auf dem **Sekundärmarkt** kommt es ohne Mitwirkung der ausgebenden Unternehmen zum Handel mit diesen Titeln zwischen verkaufswilligen Inhabern und anderen Kapitalanlegern. Diese grundsätzliche Unterscheidung trifft auch für Forderungstitel zu: So fungiert beispielsweise die Wertpapierbörse als Sekundärmarkt für die angesprochenen Industrieobligationen.
Gemäß der generellen Handlungsmaßgabe des ökonomischen Prinzips (siehe hierzu A.II.1.) wird in marktwirtschaftlichen Unternehmen eine hohe wertmäßige Wirtschaftlichkeit respektive Rentabilität angestrebt. Wegen der übernommenen Risiken werden für die Verzinsung des Eigenkapitals gegenüber den fest vereinbarten Zinssätzen für Fremdkapital höhere Raten gefordert. In Abhängigkeit von der Verwertung unternehmerischer Chancen wird der Abstand beider Renditen allerdings Schwankungen unterzogen sein. Letzteres gilt insgesamt auch bezogen auf den Bedarf an Kapital. Häufig kann keine kurzfristige Beteiligungsfinanzierung durchgeführt werden, und so können durch eine Aufnahme von Fremdkapital Finanzierungslücken gedeckt werden. Deren Beschaffungskosten sind i.d.R. auch niedriger als bei zusätzlich ausgegebenen Beteiligungstiteln. Insgesamt stellt sich damit die schwierige Frage nach der **Optimierung der Kapitalstruktur** eines Unternehmens. Hierauf wird in F.IV.4. eingegangen.

- Aufgrund der im Hinblick auf Informationen zur wirtschaftlichen Lage von Schuldnern nachteiligeren Position der Gläubiger betrifft ein weiteres Primärinteresse der Fremdkapital-Geber die **Sicherheit der ausgeliehenen Mittel**. Das bei der Erläuterung der Herkunft des Kreditbegriffes angesprochene Vertrauen wird für eine Mittelüberlassung alleine kaum ausreichen, deshalb werden hierzu regelmäßig Sicherheiten bestellt. Hier stehen folgende grundsätzliche Alternativen zur Verfügung:

  - **Schuldrechtliche Sicherung**
    Hier kommen Bürgschaften (akzessorisch an die bestehende Schuld geknüpft) oder Garantien (nicht akzessorisch) als Verpflichtungserklärungen Dritter sowie die Abtretung von Forderungen und Rechten (Zession) an den Darlehensgeber in Betracht.
  - **Sachenrechtliche Sicherung**
    Hierunter fallen die Pfandrechte, und zwar an beweglichen Sachen oder Rechten (z.B. Wertgegenstände, Waren oder Wertpapiere) sowie an Grund und Boden (Grundpfandrechte als akzessorische Hypothek oder als nicht akzessorische Grundschuld). Des Weiteren kann eine Sicherungsübereignung begründet werden. Im Gegensatz zum Pfandrecht an Mobilien verbleibt das Sicherungsgut hier im unmittelbaren Besitz des Darlehensnehmers. Schließlich ist dieser Kategorie noch der Eigentumsvorbehalt zuzuordnen. Damit wird regelmäßig vereinbart, dass das Eigentum an einer Sache erst nach vollständiger Erfüllung der Verbindlichkeiten aus dem zu Grunde liegenden Kaufvertrag erlangt wird.

- **Negativklausel**
  Zusätzlich zur Bestellung vorstehend erläuterter Sicherheiten kann vom Darlehensnehmer eine Verpflichtungserklärung dahingehend verlangt werden, dass er sein Vermögen während der Kreditlaufzeit nicht durch Veräußerung oder Belastung seines Grundbesitzes sowie durch Begebung anderer Sicherheiten zugunsten Dritter zum Nachteil des Darlehensgebers verändert.

Durch eine Besicherung seiner Forderungen kann ein Gläubiger bei mangelnder Zahlungsfähigkeit oder -willigkeit des Schuldners auf das Sicherungsgut zurückgreifen. Schätzt er dessen Verwertungsmöglichkeiten zum Zeitpunkt der Darlehensvergabe realistisch ein, kann er sein Ausfallrisiko erheblich mindern.

- Die im Unternehmensträger-Profil der Fremdkapital-Geber C-I-6 nächstaufgeführten Primärinteressen können zusammenfassend erläutert werden: Wenn sich Darlehensgeber mit der Überlassung von Kapital an Unternehmen engagieren, dann werden sie an einer insgesamt positiven Entwicklung ihrer Schuldnerfirmen interessiert sein. Erzielen diese auskömmliche **Unternehmenserfolge respektive -gewinne**, können sie durch eine zielführende Geschäftspolitik eine **Wertsteigerung** erzielen und insgesamt ihren **Fortbestand** über die Zeit sichern; dadurch ist eine gute Basis für die Bedienung ihrer Verbindlichkeiten gegeben. Bei Vorliegen dieser Voraussetzungen kann es auch zu **längerfristigen Beziehungen** zwischen Fremdkapital-Gebern und Unternehmen kommen, bei der beide Seiten ihre Geschäftsziele erreichen: Darlehensgeber realisieren – nicht durch außergewöhnliche Aufwendungen geschmälerte – Einkünfte durch die Überlassung von Kapital, welches erstklassige Schuldnerunternehmen im Zuge wechselnder Kapitalbedarfe benötigen und fristgerecht bedienen.
- Wenn Fremdkapital-Geber einen eingeschränkten Zugang zu detaillierten Informationen über die Geschäftsentwicklung und -ergebnisse der kreditnehmenden Firmen haben, dann gilt deren besonderes Interesse schließlich der **Publizität** und damit den Pflichtveröffentlichungen von Unternehmen. Bei Gläubigern kleinerer Beträge sind dies häufig die einzigen Quellen zur Beurteilung der Kreditwürdigkeit eines Schuldners. Demgegenüber werden Großgläubigern i.d.R. auch interne Informationen sowie detaillierte Investitionsrechnungen vorgelegt. Zur Gewinnung eines aussagekräftigen Gesamtbildes sind aber auch hier weiter gehende Informationen und damit beispielsweise die im Zeitablauf publizierten Berichte hinzuzuziehen.
  Sowohl die Publizität als auch die Sicherungsrechte lassen sich den bereits angesprochenen **Vorschriften zum Schutz der Gläubigerposition** zuordnen. Hierauf bezogen kann mit JOCHEN DRUKARCZYK von folgender Systematisierung ausgegangen werden:

- Allgemeine Regelungen, wie Buchführungs- und Dokumentationspflichten für Kaufleute, welche die Gläubiger indirekt schützen.
- Den Selbstschutz von Gläubigern fördernde Bestimmungen, wie
  * Informationen durch Handelsregistereintragungen und -einblick sowie durch Pflichtveröffentlichungen im Rahmen der Publizität,

  * Regelungen zu den Sicherungsrechten sowie das Antragsrecht auf Eröffnung eines Insolvenzverfahrens.
- Vorschriften zur Einengung des Entscheidungsspielraums von Eigentümern oder Managern, wie
  * Bilanzielle Bewertungsregeln, Bestimmungen zum Eigenkapital und zu den hierauf bezogenen Ausschüttungen,
  * Vorschriften zum Vorgang der Unternehmensgründung und der Eigenkapitalveränderung sowie zu Maßnahmen im Fall der (drohenden) Insolvenz.

**(4) Verhaltenskonsequenzen für das Unternehmen**

Die vorangegangenen Erläuterungen haben verdeutlicht, dass das **Verhältnis zwischen Fremdkapital-Geber und -Nehmer** nicht nur durch einfache Zahlungsrelationen gekennzeichnet ist. Im Kern geht es hier darum, wie in einer zweiseitigen Beziehung das zur Mittelvergabe des Kreditgebers notwendige Vertrauen in das Schuldnerunternehmen aufgebaut, gefestigt und erhalten werden kann. Hier setzen die Eintragungen zur Rubrik ④ des Profils der Fremdkapital-Geber C-I-6 an: Dort sind einige allgemeine Ansätze dafür aufgezeigt, wie ein Unternehmen den berechtigten Interessen dieser Satellitengruppe entgegenkommen kann, so dass insgesamt gute Aussichten dafür bestehen, notwendiges Fremdkapital auch aufnehmen zu können.

Durch eine **offene Informationspolitik** sollen die Beziehungen zu den einzelnen Fremdkapital-Gebern auf eine stabile Basis gestellt werden:

- Wenn vor allem bei langfristigen Finanzierungsvorhaben genaue **Investitionspläne** vorgelegt werden, mit welchen die Seriosität und Erfolgsträchtigkeit der Mittelverwendung belegt werden kann und die bereits Alternativen der Besicherung enthalten, dann wird dieser Aufwand bei der Nachfrage nach Fremdmitteln deren Bewilligung vereinfachen.
- Die **detaillierte Abschätzung der Rentabilitätsaussichten** spielt dabei eine entscheidende Rolle. Hier sind nachvollziehbare und ggf. als Alternativszenarien gestaltete Ausweise erforderlich. Solche Planungsrechnungen zu den Ein- und Auszahlungsströmen sind unabhängig von ihrer Finanzierung bei allen Investitionsvorhaben nötig, ihre Offenlegung zum Zweck des Kapitalerhalts zwingt als Nebeneffekt allerdings zu einer nochmals größeren Sorgfalt. Und wenn es gelingt, mit den Unterlagen zum Fremdmittelerhalt sowie mit weiteren, periodischen Informationen eine Einstufung als **erstklassiger Schuldner** zu erreichen, dann können überdies i.d.R. auch günstigere Konditionen für das benötigte Fremdkapital erreicht werden. Die in Unterabschnitt F.IV.4. näher ausgeführten Bestimmungen von Basel II definieren hierfür den Rahmen und damit auch den verbleibenden Gestaltungsspielraum.

Die auf ein Unternehmen als Ganzes bezogenen Verhaltensparameter setzen am grundsätzlichen Zusammenhang zwischen Investition und Finanzierung an:

- Hier wird zunächst das **Sicherstellen einer tragfähigen Struktur von Kapital und Vermögen in der Bilanz** herausgestellt. Dies ist Ausdruck der Tatsache, dass Fremdkapital nicht in unbegrenzter Höhe aufgenommen werden kann. Als Faustregeln für die vertikale, nur die Passivseite einer Bilanz einbeziehende Relation von Eigen- zu Fremdkapital gelten ein Verhältnis von 1 : 1 für erstrebenswert, eines von 1 : 2 als solide und ein solches von 1 : 3 als noch zulässig. Diese Quoten werden in der deutschen Unternehmenspraxis mit einem durchschnittlichen Eigenkapitalanteil von unter 20% – aufgrund des Wettbewerbsdrucks und relativ geringer Gewinne – zwar kaum eingehalten, als Richtlinien sind sie dennoch hilfreich. So werden Unternehmen mit höherem Eigenkapital Verluste über längere Zeit ohne Gefährdung der Gläubigeransprüche verkraften, weshalb mit einem höheren Eigenkapitalanteil eine größere Kreditwürdigkeit verbunden ist.
  In einer horizontalen Betrachtung werden einzelne Vermögens- und Kapitalteile aufeinander bezogen. Hier gilt der Grundsatz, dass die Dauer der Mittelbindung der der Mittelverfügbarkeit entsprechen sollte. Demnach dürfte kurzfristiges Fremdkapital lediglich in Höhe des kurzfristigen Umlaufvermögens aufgenommen werden. Auf die strukturelle Gestaltung von Kapital und Vermögen wird in den Kapiteln D. und F. noch näher eingegangen.
- Des Weiteren sind bei überwiegend durch Fremdkapital finanzierten Investitionen für neue Produkte und Märkte die hierauf bezogenen **Wachstumschancen** und **Risiken** besonders sorgfältig abzuwägen. Hierdurch soll vermieden werden, dass bei der Erschließung neuer Tätigkeitsfelder Risiken und der erforderliche Kapitalbedarf nicht unterschätzt werden. Die Fremdkapital-Geber werden hier besonders differenzierte und aussagefähige Chancen-Risiken-Analysen erwarten.

### *c. Lieferanten*

In diesem und dem folgenden Unterabschnitt bildet der in Kapitel E. näher zu erläuternde **güterwirtschaftliche Leistungsprozess** den Anknüpfungspunkt für die Zielverfolgung externer Gruppen von Unternehmensträgern. Aus der Sicht eines Unternehmens liegt der Schwerpunkt der Interessenverflechtung nun also vornehmlich in der Sphäre der materiellen Realgüter sowie der Dienstleistungen.

Die betriebswirtschaftliche Erstellung von Leistungen mit dem Ziel, diese durch die Realisierung von Mehrwerten gewinnbringend abzusetzen, ist durch die Kombination verschiedener **Produktionsfaktoren** gekennzeichnet. Angeleitet durch die Eigentümer respektive das obere Management (Geschäfts- oder Betriebsleitung als dispositiver Faktor in der Terminologie GUTENBERGS) vollziehen Arbeitskräfte diese Kombinationsleistung unter Einsatz von Betriebsmitteln (Gebäude, Maschinen, Anlagen etc.) und Werkstoffen.

Bei den letztgenannten betriebswirtschaftlichen **Elementarfaktoren** werden von EDMUND HEINEN Arbeitskräfte und Betriebsmittel als langfristig zur Verfügung stehende und durch eine kontinuierliche Leistungsabgabe gekennzeichnete **Potenzialfaktoren** zusammengefasst, während die zu verbrauchenden, in die Leistungen eingehenden oder zu deren Erstellung notwendigen Werkstoffe als

**Repetierfaktoren** bezeichnet werden. Abgesehen von der zusätzlichen Einbeziehung der Arbeitskraft entspricht diese Unterscheidung der in Unterkapitel B.I. angesprochenen Systematisierung nach Gebrauchs- und Verbrauchsgütern.

**(1) Arten von Lieferanten**

Die Werkstoffe lassen sich in einer weiteren Gruppierung nach **Roh-, Hilfs- und Betriebsstoffen** unterscheiden. Bei den Rohstoffen als wesentlichen Bestandteilen der späteren Fertigfabrikate ist noch eine zusätzliche Abgrenzung möglich: Von Rohstoffen wird vornehmlich zur Bezeichnung originärer Einsatzgüter mit geringer Veredelungsstufe gesprochen (z.B. Karosserieblech in der Autoindustrie), während komplett bezogene Teile gesondert als **Vorprodukte** oder **Halbfabrikate** bezeichnet werden (z.B. Lichtmaschine).

Die für die Leistungserstellung von einem Unternehmen als Einsatzfaktoren benötigten Betriebsmittel und Werkstoffe stellen Endfabrikate vorgelagerter Wirtschaftsstufen dar. Beschaffungsseitig stehen Unternehmen also i.d.R. mit einer ganzen Reihe von Lieferanten in marktmäßigen Beziehungen, welche die benötigten Einsatzgüter anbieten. Deren Interessen-Profil ist in Abbildung C-I-7 zusammengefasst.

Als Rückbindung zu den bereits behandelten Unternehmensträger-Gruppen und als Vorgriff auf die in Kapitel F. zu erläuternden betriebswirtschaftlichen Funktionsbereiche ist hier kurz festzuhalten, dass die Beschaffung von Eigen- und Fremdkapital Aufgabe des Bereichs Finanzierung ist, während die Einstellung und Betreuung leitender wie ausführender Arbeitskräfte der Funktion Personal obliegt. Die in diesem Unterabschnitt im Mittelpunkt stehenden Marktbeziehungen zu Anbietern von **Produktionsgütern und -materialien** werden vom Bereich Einkauf respektive Beschaffung koordiniert.

Außer Betriebsmitteln und Werkstoffen werden von Lieferanten auch **Handelswaren** bezogen. Mit diesem Begriff werden Güter gekennzeichnet, an denen keine oder nur eine sehr geringfügige Weiterverarbeitung (lediglich Umsortierung, zusätzliche Etikettierung, andere Abpackung etc.) vorgenommen wird. Sie bilden die geschäftliche Grundlage bei Handelsunternehmen, solche Güter können aber auch zusätzlich und zur Abrundung im Sortiment von Fertigungsunternehmen enthalten sein.

Schließlich ist noch der wichtige und in seiner Bedeutung weiter steigende Bereich **industrieller Dienstleistungen** als Lieferanten-Angebot im Rahmen der betrieblichen Leistungserstellung herauszustellen. Bei der zunehmenden Konzentration auf Kernkompetenzen, in denen Unternehmen über Know-how-Vorsprünge Kostenvorteile realisieren können, werden immer mehr Prozesse ausgelagert, die extern kostengünstiger erbracht werden können. Neben Sachleistungen betrifft dies vor allem auch Dienstleistungen, wie beispielsweise Marktforschungs- und Beratungsleistungen oder das Gebäude- und Fuhrparkmanagement.

Wie in Rubrik ① der Abbildung C-I-7 eingetragen, kann die externe Interessengruppe der Lieferanten folglich als Anbieter von Betriebsmitteln und Werkstoffen oder Handelswaren sowie von industriellen Dienstleistungen gekennzeichnet werden. Die Stellung eines Zulieferers kann dabei die eines **Einzellieferanten** unter vielen anderen sein, er kann als wichtiger **Hauptlieferant** für ein Unternehmen tätig sein, oder er bietet als **Systemlieferant** unter Einbindung weiterer Unterlieferanten einem Unternehmen komplette Systemlösungen an.

| | |
|---|---|
| ① **Wer?** | ***Externe Interessengruppe/ Satellitengruppe:*** **Lieferanten als Anbieter von Betriebsmitteln und Werkstoffen oder Handelswaren sowie von industriellen Dienstleistungen – Einzel-, Haupt- und Systemlieferanten** |
| ② **... gibt was?** | ***Beiträge*** **als** ***Leistungen*** **der Satellitengruppe Lieferanten für das Unternehmen und seine Entwicklung:**<br>**– Lieferung von Waren/ Erstellung von Dienstleistungen in vereinbarter Qualität zum festgesetzten Termin gegen Zahlung von Preisen** |
| ③ **... will was dafür?** | ***Primäre Interessen/ Anreize*** **der Satellitengruppe Lieferanten für eine Unterstützung/ positive Begleitung des Unternehmens:**<br>**– Gute Auftragslage/ Absatzsteigerung**<br>**– Zahlungsfähigkeit der Abnehmer**<br>**– Stabile Liefermöglichkeit/ gute Konditionen**<br>**– Ertragskraft/ Wertsteigerung/ Fortbestand der Abnehmerunternehmen**<br>**– Sicherheiten**<br>**– Publizität** |
| ④ **Was tut das Unternehmen dafür?** | ***Verhaltenskonsequenzen und -parameter*** **für das Unternehmen im Hinblick auf:**<br>**•** ***Individuum*** **als Interessengruppenmitglied und** ***Interessengruppe*** **insgesamt:**<br>**– Begrenzung des Lieferantenrisikos**<br>**– Einbinden der Lieferanten bereits bei der Produktentwicklung/ Komponentenspezifikation**<br>**• Ausrichtung des** ***Gesamtunternehmens*****:**<br>**– Sicherstellen der kurzfristigen Liquidität zur Ausnutzung von Skonto, Rabatt und Bonus**<br>**– Festlegen der Fertigungstiefe** |

**Abb. C-I-7:** Unternehmensträger-Profil: Lieferanten

## (2) Beiträge der Lieferanten

Die Einordnung der Lieferanten führt direkt zu deren Beiträgen/ Leistungen für ein Unternehmen und seine Entwicklung: Lieferanten überlassen Waren oder erstellen Dienstleistungen in vereinbarter Qualität zu festgesetzten Terminen gegen Zahlung von Preisen (Rubrik ② der Abbildung C-I-7).

### (3) Primärinteressen der Lieferanten

Was wollen die Lieferanten dafür bekommen respektive dabei erreichen? Worauf sind ihre primären Interessen bei den Marktbeziehungen zu Unternehmen als Abnehmern ihrer Leistungen gerichtet? Hierzu sind in Rubrik ③ des Lieferanten-Profils C-I-7 folgende Elemente zusammengestellt:

- Es wurde schon darauf hingewiesen, dass Erstellung und Absatz der als Vorleistungen von anderen Betrieben benötigten Güter und Dienstleistungen den Geschäftszweck von Zulieferunternehmen bilden. Als generell für eine unternehmerische Betätigung geltende Merkmale können unter der Zielsetzung eines längerfristig erfolgreichen Unternehmensverlaufs als Hauptinteressen der Lieferanten eine **gute Auftragslage** und das Erzielen von **Absatzsteigerungen** angenommen werden.
  Die zunehmende Differenzierung wirtschaftlicher Prozesse mit der Folge einer steigenden Anzahl einzelner Wirtschaftseinheiten, die als Spezialisten auf ihrem Gebiet mit einer hohen Effizienz und Effektivität Leistungen für andere Unternehmen erstellen, zwingt Zulieferunternehmen dazu, einen erfolgreichen Marktauftritt zu bewerkstelligen. Dabei wird es insbesondere darauf ankommen, für das eigene Unternehmen die zentralen Erfolgsfaktoren des Magischen Dreiecks, also Zeit, Qualität und Kosten sowie zusätzlich Innovation, dem Zielkunden überzeugend zu vermitteln. Die Abnehmer wird dabei vor allem ihre **Prozess- und Leistungsqualität** interessieren.
  In diesem Zusammenhang spielen **Normen zur Qualitätssicherung und zum Qualitätsmanagement**, wie die Reihe DIN EN ISO 9000 bis 9004, nach denen sich Unternehmen zertifizieren lassen können, eine wichtige Rolle. Auf diese Weise können Lieferanten ihren Abnehmern signalisieren, dass die Abläufe in verschiedenen Fertigungsstufen genau und im Einzelnen dokumentiert sind. Dabei ist davon auszugehen, zumindest jedoch wünschenswert, dass bei diesem umfangreichen und tief greifenden Vorgang der Zertifizierung auch Unzulänglichkeiten und Defizite entdeckt und beseitigt werden. Auf die Normenreihe DIN EN ISO 9000 ff. wird in Unterkapitel F.IV.1. näher eingegangen.
- Zur Finanzierung ihrer Betriebsprozesse und damit auch zur Erzielung zufrieden stellender Unternehmensergebnisse sind Lieferanten darauf angewiesen, dass von ihnen gelieferte Güter und erstellte Dienstleistungen vollständig und fristgerecht bezahlt werden. Ein wesentliches Interesse dieser Gruppe von Unternehmensträgern wird also der **Zahlungsfähigkeit ihrer Abnehmer** gelten. Wenn es hierauf bezogen bei einer größeren Anzahl von Kunden Probleme gibt, so dass ein Lieferant nur sehr schleppende Zahlungseingänge zu verzeichnen hat, und es auch zu **Forderungsausfällen** kommt, dann kann er selbst schnell in ernste Zahlungsschwierigkeiten kommen. Empirischen Befunden zufolge werden mehr als zwölf Prozent aller Insolvenzen in Deutschland der schlechten Zahlungsmoral von Geschäftspartnern zugeschrieben.
  Die Rechnungsstellung gelieferter Waren geschieht i.d.R. unter Einräumung eines **Zahlungsziels**. So bedeutet beispielsweise der Rechnungszusatz „Zahlbar innerhalb von **30 Tagen netto**", dass der Kunde für die Zahlung des ausgewiesenen Endbetrags bis zu 30 Tage Zeit hat. Für diesen Zeitraum stundet ihm der

Lieferant den Kaufpreis, und damit handelt es sich für den Abnehmer um einen **kurzfristigen Lieferantenkredit**. Als Anreiz für eine schnelle Bezahlung wird bei diesen aus Gründen der Absatzförderung eingeräumten Lieferantenkrediten i.d.R. die Möglichkeit eingeräumt, einen prozentualen Betrag als **Skonto** innerhalb einer kurzen Frist vom Rechnungsbetrag abzuziehen.

**Skonto** ist eine sofortige oder nachträgliche prozentuale Minderung des Rechnungsbetrages bei Barzahlung oder bei Zahlung innerhalb einer vom Lieferanten festgesetzten Frist.

Im Folgenden werden unterschiedliche Möglichkeiten der Ausgestaltung dargestellt. Als Ausgangsüberlegung wird zunächst der Fall angesprochen, dass der Skontoabzug lediglich **bei sofortiger Barzahlung** möglich ist. Bei 30 Tagen Zahlungsziel entsprechen 2% Skonto, also z.B. 20 EUR bei einem Rechnungsbetrag von 1.000 EUR, dem Zinsbetrag für den Lieferantenkredit; so ergibt sich dessen jährliche Verzinsung mit 12 mal 2% = 24% respektive 240 EUR.
Lautet z.B. der vorstehend angegebene Rechnungszusatz weiter „... oder innerhalb von **10 Tagen mit 2% Skonto**", dann können bei einer Zahlung während dieser 10 Tage nach Rechnungserhalt (Skontofrist) 2% vom Rechnungsbetrag (Skontosatz) abgezogen werden.
Der **Skontobetrag** ist als **Preis des Lieferantenkredits** anzusehen. Er wird bei der Angebotsermittlung einkalkuliert, so dass sich der Rechnungsbetrag formal aus dem Leistungspreis und dem Zins für die Kreditinanspruchnahme bei Zielzahlung zusammensetzt. Im angenommenen Beispiel würde also der Lieferantenkredit für 10 Tage zinslos gewährt, auf die restlichen 20 Tage (Zahlungsziel – Skontofrist) als Skontobezugsspanne entfällt der eingerechnete Skontobetrag als dessen Zinskosten.
Lohnt sich für den Abnehmer die frühe Zahlung unter Abzug des Skontobetrages? Oder anders gefragt: **Wie teuer ist der Lieferantenkredit?** Will man dessen Kosten beispielsweise mit einem kurzfristigen Bankkredit bei einer angenommenen Effektivverzinsung von zehn Prozent vergleichen, dann müssen beide Finanzierungen jeweils auf ein gesamtes Jahr bezogen werden. Dabei ist für die Aussagefähigkeit und Vergleichbarkeit der Berechnung folgende Annahme zu treffen: Es ist davon auszugehen, dass Waren zu einem bestimmten Liefervolumen (bspw. 1.000 EUR) fortlaufend unter den gleichen Bedingungen (30 Tage Ziel, 10 Tage Skontofrist $\Rightarrow$ 20 Tage Skontobezugsspanne, 2% Skontosatz) bezogen werden.
Die Wirkungen der Inanspruchnahme eines Skontos lassen sich – gut nachvollziehbar – anhand des Zeitschemas für ein Jahr darstellen (hierzu Abb. C-I-8).
Ein Unternehmen, welches das jeweils gewährte Zahlungsziel von 30 Tagen bei Skontierung der Rechnung nicht in Anspruch nimmt, sondern innerhalb von 10 Tagen die Rechnung unter Abzug von Skonto bezahlt, verzichtet also jeweils auf 20 Tage des Zahlungsziels von 30 Tagen. Für jeweils 20 Tage erhält es allerdings rechnerisch durch die Skontoausnutzung 2% Zinsen auf den Rechnungsbetrag von 1.000,- EUR. Addiert auf das ganze Jahr (365 Tage) nutzt es also über 18 mal (genau 18,25) diese Zeitspanne von 20 Tagen des Zahlungs-

ziels nicht aus. Es ergibt sich also eine Verzinsung von 18,25 (= 365 : 20) × 2% = 36,50%.

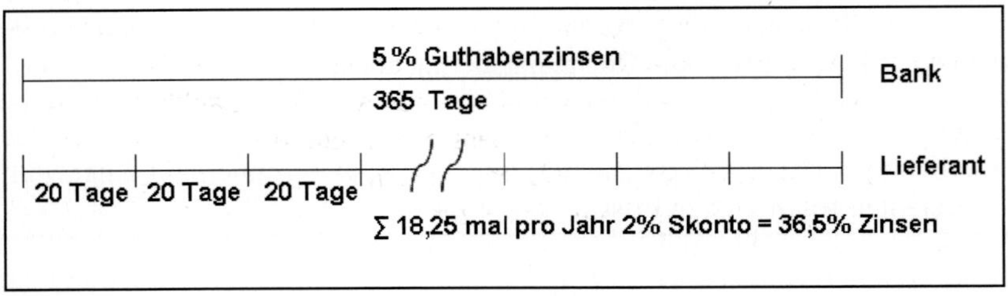


**Abb. C-I-8:** Rechnerische Skontonutzungsmöglichkeiten pro Jahr

Diese plausible grafische Verdeutlichung des beschriebenen Zusammenhangs lässt sich rechnerisch auch anhand von Formeln ermitteln. Wird wiederum eine Skontofrist von 10 Tagen berücksichtigt, dann lässt sich der Jahreszins bezogen auf 365 Tage und auf den **Preis inklusive Skonto** anhand des Skontosatzes (2%) und der Skontobezugsspanne (20 Tage) mit folgender Näherungsformel berechnen:

$$i^{n}_{eff} = \frac{Skontosatz}{Skontobezugsspanne} \times 365$$

Die Formel folgt genau der gleichen Logik wie die grafische Darstellung. Es ergibt sich eine effektive Jahresverzinsung von 36,5% als so genannte **nachschüssige Verzinsung (n)**.
Will man die Unterscheidung einbeziehen, dass der Skontobetrag (2%) als Preis des Lieferantenkredits auf den Warenwert (98%) aufgeschlagen wurde, kann man die effektive, auf den Nettopreis (= **Preis abzüglich Skonto**) entfallende Verzinsung als so genannte **vorschüssige Verzinsung (v)** nach folgender Formel ermitteln:

$$i^{v}_{eff} = \frac{Skontosatz}{1 - \frac{Skontosatz}{100}} \times \frac{365}{Skontobezugsspanne}$$

Da der Skontosatz auf den geringeren Nettobetrag der Rechnung bezogen wird, fällt der effektive Zinssatz für den Lieferantenkredit etwas höher aus; er beträgt jetzt auf ein Jahr gerechnet 37,245%.
Die Berechnungen zeigen, dass die volle Ausnutzung des Zahlungsziels und damit der **Verzicht auf Skontoabzug** bei Rechnungsbegleichung innerhalb der Skontofrist sehr teuer kommt. Bei laufender Finanzierung des Warenbezugs über die Inanspruchnahme des Lieferantenkredits sind bezogen auf den Ausgangswert des Liefervolumens effektiv **über 36% bzw. sogar über 37%**

**jährlich an Zinsen** zu zahlen. Der entsprechende Betrag wäre bei einer skontofristgerechten Zahlung frei für eine andere Verwendung.
Die Geldanlage des Betrages bei einer Bank bringt, wie in Abbildung C-I-8 angenommen, beispielsweise lediglich 5% Guthabenzinsen. Dies ist offensichtlich im Vergleich zur Ausnutzung des Skontos keine attraktive Verzinsung. Die Frage ist, ob für die Ausnutzung des Skontos auch ein Bankkredit eingesetzt werden sollte. Geht man davon aus, dass ein Kontokorrent-Kredit z.B. 16,5% Zinsen kostet, dann würde es sich bei diesem deutlich niedrigeren Zins für Bankmittel sogar noch rentieren, diese zur Skontoausnutzung in Anspruch zu nehmen.
Dem Unternehmen stehen also drei Alternativen zur Verfügung: Zum Ersten kann die Skontierungsmöglichkeit aus eigenen Mitteln finanziert und damit ausgenutzt werden. Zum Zweiten wird die Skontierungsmöglichkeit durch einen Bankkredit finanziert. Und zum Dritten werden die eigenen Mittel – statt das Skonto auszunutzen – als Guthaben bei der Bank angelegt. Der Bankkredit stellt also bei Zahlungsengpässen die Opportunität zum Lieferantenkredit (beste gegenüber zweitbeste Alternative) dar. Denn mit der Inanspruchnahme des Lieferantenkredits verzichtet das Unternehmen auf die Alternative einer Verzinsung von 2% des Rechnungsbetrages innerhalb von 20 Tagen. Auf das ganze Jahr gerechnet, resultiert aus dem Ausnutzen der Skontierungsmöglichkeit (beste Lösung, im Beispiel 36,5%) auch bei Bankzinsen für den aufgenommenen Bankkredit (zweitbeste Lösung, wie angenommen 16,5%) eine Netto-Verzinsung von 20%.
Wenn viele Unternehmen dennoch ihre Lieferantenkredite voll ausnutzen, dann liegt dies häufig daran, dass sie – abgesehen von der Unkenntnis dieser genauen Zahlen – bei Problemen der Zahlungsfähigkeit wegen einer bereits hohen Verschuldung und fehlender Sicherheiten keine zusätzlichen Bankkredite aufnehmen können. Verfügt das Unternehmen über Guthaben, dann betragen die Opportunitätskosten der Alternative Geldanlage bei der Bank (5% Guthabenzinsen) im Vergleich zum Ausnutzen der Skontierungsmöglichkeit (36,5%) also 31,5%.
Nicht berücksichtigt sind bei diesen Beispielrechnungen Zinses-Zins-Effekte der Skontofristen als im Grunde genommen unterjährig mehrfache Zinsperioden. Auf der Basis entsprechender geometrischer Berechnungsmodelle sind der Effektivzinssatz und damit der eingesparte Zinsbetrag noch höher. Der Zinssatz steigt dann auf fast 45%. Abnehmer ohne eine ausreichend hohe Kreditlinie durch ihre Bank sind darauf angewiesen, ihre Lagerbestände zumindest teilweise mit den teuren Lieferantenkrediten vorzufinanzieren, um diese dann erst nach Weiterverarbeitung und Verkauf der Waren und erfolgten Zahlungseingängen ihrer Kunden abzulösen. Dabei kommt es häufig auch zu Überschreitungen des ursprünglich vom Lieferanten gewährten Zahlungsziels. Wird dem Lieferant eine Rechnung anstatt in 30 erst in 60 oder 90 Tagen angewiesen, dann entsteht über den einkalkulierten Lieferantenkredit hinaus ein **erzwungener zinsloser Kredit**. Über derart vom Abnehmer eigenmächtig verlängerte Zahlungsziele kann es zu den angesprochenen Zahlungsschwierigkeiten beim Lieferanten kommen, so dass er seinerseits Rechnungen seiner Lieferanten

nicht mehr skontieren kann. Um dem vorzubeugen, sind vorab **Kreditzinsen bei verspäteter Zahlung** festzulegen, und generell sind solche **Forderungsstreckungen** über ein schnelles und wirkungsvolles **Mahnwesen** so gering wie möglich zu halten. In der Unternehmenspraxis lassen sich aber Kreditzinsen bei verspäteter Zahlung – gerade bei wichtigen Kunden – von den Lieferanten nicht ohne Weiteres durchsetzen.

- Über die vorstehende Argumentation kommen wir zu einem weiteren Primärinteresse von Lieferanten als externer Unternehmensträger-Gruppe: Diese werden an **stabilen Liefermöglichkeiten** zu für sie **guten Konditionen** interessiert sein. Wenn ein Unternehmen längerfristige Geschäftsbeziehungen mit größeren Lieferumfängen zu einer Reihe von termingerecht zahlenden Abnehmern unterhält, dann wird damit zum einen eine Grundauslastung der Kapazitäten zur Leistungserstellung erreicht. Zum anderen zeichnen sich solche stabilen Kontakte durch niedrigere Transaktionskosten aus. Die Erstellung von Angeboten, die Bearbeitung der Aufträge und auch allgemeine Besprechungen sind hier mit einem deutlich niedrigeren Aufwand verbunden als bei häufig wechselnden und unregelmäßigen oder neuen Kundenverhältnissen.

  Welche Möglichkeiten zum Aufbau tragfähiger Beziehungen zu Abnehmern haben Zulieferer? Über rein marktmäßige Kontakte (Anbieten einer Ware und „Warten" auf Kunden) hinaus bietet sich hier eine **partnerschaftliche Zusammenarbeit mit den Abnehmern** an. So kann ein Zulieferer durch die Aneignung zusätzlichen Wissens über die Fertigungsmethoden seiner Kunden ein auf diese zugeschnittenes Angebot als **Produktionsspezialist** bereithalten. Er kann seine Leistungen auch zusammen mit den Kunden und auf deren Ansprüche zugeschnitten weiterentwickeln und sich auf diese Weise als **Entwicklungspartner** positionieren. Schließlich kann er Kapazitäten für komplette Problemlösungen zu Neuerungen bei den Produkten oder Verfahren in den Abnehmerunternehmen aufbauen und so für diese zum **Wertschöpfungspartner** werden (siehe hierzu auch F.II.2.g.).

  Der Bereich der **Konditionen** umfasst die über den eigentlichen Warenpreis hinausgehenden Elemente, die im Rahmen einer Lieferbeziehung mit Abnehmern festzulegen sind:

  - Zu den **Zahlungsbedingungen** rechnen die bereits angesprochenen Zahlungsziele, die Skontogewährung und die Erhebung von Kreditzinsen bei verspäteter Zahlung. Hier sind ansonsten noch eventuell weiter gehende Zahlungsfristen (Anzahlungen vor oder während der Leistungserstellung), die Sicherung des Lieferantenkredits, der Rückkauf reklamierter Waren sowie die Modalitäten bei Kompensationsgeschäften (Verkauf „Ware gegen Ware") zu vereinbaren.
  - Mit den **Lieferungsbedingungen** werden Umfang und Zeitpunkt von Lieferverpflichtungen geregelt. Hierbei geht es um Festlegungen zu Mindestabnahmemengen, zum Lieferzeitpunkt respektive zur Lieferfrist sowie zum Ort der Warenübergabe und damit zum Gefahrenübergang auf den Käufer. Des Weiteren ist hier zu klären, wer die Transport- und Versicherungskos-

ten der Lieferung übernimmt und welche Umtauschrechte eingeräumt werden.

- Schließlich gehört zu den Konditionen der wichtige Bereich der **Rabattgestaltung**. Bei den kalkulierten und allgemein gültigen Bruttopreisen können bezogen auf den Abnehmer oder die Lieferung/ Leistung verschiedene Rabatte als Preisnachlässe gewährt werden, so dass eine differenzierte Nettopreisgestaltung durch den Lieferanten möglich ist. Im Bereich der gewerblichen Wirtschaft sind beispielsweise folgende **Wiederverkäuferrabatte** üblich:

  * **Funktionsrabatte** als Vergütung für die Übernahme von Leistungen durch den Abnehmer, die auf weitere Wirtschaftsstufen bezogen sind (z.B. Lagerhaltung, Vertrieb und Kundenbetreuung im Handel).
  * **Mengenrabatte** auf die Einzelbestellmenge (Ziel: weniger Bestellungen und damit niedrigere Transaktionskosten) oder auf die Periodenbestellmenge (Ziel: höhere Lieferantentreue der Kunden) sowie eventuell als jährliche Sonderrückerstattung (Bonus) bei Übertreffen einer festgelegten Umsatzhöhe.
  * **Zeitrabatte** als Einführungs-, Auslauf- oder saisonbedingte Nachlässe.

Bei kleineren Aufträgen wird ein Lieferant standardisierte Lieferungs- und Zahlungsbedingungen sowie Rabattstaffeln zu Grunde legen können. Ansonsten werden die Konditionen einer Lieferung oder Leistung aber häufig im Einzelnen ausgehandelt; hier gilt es dann, anstehende bedeutende Transaktionen gemeinsam mit den Kunden genau zu spezifizieren. Ob ein Lieferant sein Ziel, für sich alles in allem gute Bedingungen zu erreichen, verwirklichen kann, wird von seiner Marktposition sowie der des Abnehmers abhängen. Damit geht es wieder darum, ob ein Lieferant tragfähige und partnerschaftliche, für beide Seiten nutzbringende Beziehungen zu Abnehmern aufbauen konnte oder ob er deren Entwicklung in Aussicht stellen kann. Verfügt ein Lieferant nicht über solche Alleinstellungsmerkmale, die ihn für eine – weitere – Geschäftsbeziehung mit Abnehmern prädestinieren, dann wird seine Verhandlungsposition auch in Bezug auf die vom Abnehmer akzeptierten Konditionen eher nachteilig sein. Über die Kostenwirkung ungünstiger Bedingungen bei einem Lieferabkommen wird dann seine gesamte Angebotskalkulation negativ beeinflusst.

- Wie für die bislang behandelten internen und externen Gruppen von Unternehmensträgern gilt auch für Lieferanten, dass die Erfüllung ihrer eigenen Zielsetzungen bei geschäftlichen Beziehungen an die weitere Existenz der Abnehmer gekoppelt ist. Bei unrentabel arbeitenden Betrieben stellt sich immer die Frage, wann diese in der Lage sind, bezogene Leistungen zu bezahlen. Unter diesen Umständen kann auch schnell das Ende eines Abnehmerunternehmens drohen, und so würden sich weiter gehende Bemühungen zum Aufbau längerfristiger Geschäftsbeziehungen durch Zulieferer als eine sehr fragwürdige Investition darstellen. Unternehmen mit hoher **Ertragskraft**, die eine kontinuierliche **Wertsteigerung** erzielen und auf dieser Basis ihren **Fortbestand** sichern, bieten demgegenüber ungleich bessere Voraussetzungen als Erfolgspartner von

Lieferanten. Die genannten Punkte werden deshalb als Primärinteressen der Lieferanten in Abbildung C-I-7 aufgeführt.

- Bei neuen Geschäftsbeziehungen fällt eine Beurteilung der Zahlungsfähigkeit von Abnehmern nicht immer leicht, und auch bei bestehenden Kontakten mit solventen Partnern kann diese relativ schnell Änderungen unterworfen sein. Aus diesen Gründen ist es für Lieferanten wichtig, auf die überlassenen Waren bezogene **Sicherheiten** zu besitzen. Als Sicherung des Lieferantenkredits wurde diese Problematik schon als Bestandteil der Zahlungsbedingungen angesprochen, wegen ihrer Bedeutung behandeln wir sie hier als eigenständiges Primärinteresse von Zulieferunternehmen.
  Bei Warenlieferungen fallen Leistung und Gegenleistung meist auseinander. Das systematische Problem hierbei besteht darin, dass das Eigentum an beweglichen Sachen mit der Übergabe an den Abnehmer auf diesen übergeht (§ 929 BGB). Die Bezahlung erfolgt i.d.R. später, beispielsweise bis zu dem vereinbarten Zahlungsziel. Kommt der Abnehmer seinen Zahlungsverpflichtungen nicht nach, stellt sich für den Lieferanten das Problem, dass er die Waren nicht mehr zurückfordern kann. Der Abnehmer kann als deren Eigentümer beliebig mit diesen verfahren (§ 903 BGB), sie also bereits weiterverarbeitet und/ oder -veräußert haben.
  Hier setzt der bereits im letzten Unterabschnitt als **sachenrechtliche Sicherungsmöglichkeit** angesprochene **Eigentumsvorbehalt** an.

Im Sinne von § 449 I BGB kann als **Eigentumsvorbehalt** vereinbart werden, dass das Eigentum erst nach vollständiger Zahlung des Kaufpreises übergehen soll. So findet lediglich eine aufschiebend bedingte Übereignung der Waren statt; der Käufer erlangt deren unmittelbaren Besitz und ist bezogen auf das Eigentum Anwartschaftsberechtigter.

Zu dieser Grundkonstruktion des Eigentumsvorbehalts gibt es folgende wichtige **Sonderformen**:

- Beim **verlängerten Eigentumsvorbehalt** wird dem Käufer die Weiterveräußerung der Waren gestattet und gleichzeitig eine Erweiterung der Kreditsicherungsfunktion vorgenommen. Zusätzlich wird jetzt vorsorglich die Abtretung der aus dem Weiterverkauf erzielten Forderungen gegenüber den Kunden des Abnehmers an den ursprünglichen Lieferanten vereinbart. Zu dem sachenrechtlichen Eigentumsvorbehalt tritt nun als schuldrechtliche Sicherung also noch eine Vorausabtretung von Forderungen durch den Abnehmer hinzu.
- Wenn auch die Weiterverarbeitung von Waren durch den Abnehmer bei gleichzeitiger Besicherung der Lieferantenansprüche ermöglicht werden soll, dann kann dies über eine **Verarbeitungsklausel** erfolgen. Damit wird der Einsatz in Produktionsprozessen beim Abnehmer gestattet, wobei wegen § 950 BGB (Eigentumserwerb bei durch Verarbeitung/ Umbildung hergestellter neuer beweglicher Sachen) auf die Wahrung der Eigentumsinteressen des Verkäufers/ Lieferanten zu achten ist. Dieser muss also Vereinba-

rungen darüber treffen, dass ein Miteigentum an den neu erstellten Gütern im Verhältnis zur ursprünglichen Kaufpreisforderung entsteht.

- Wird vereinbart, dass ein Käufer erst dann Eigentümer bezogener Waren werden soll, wenn sämtliche Forderungen aus dem Geschäftsverhältnis zwischen Lieferant und Abnehmer beglichen sind, dann liegt ein auch als **Kontokorrentvorbehalt** bezeichneter **erweiterter Eigentumsvorbehalt** vor. Solche Vereinbarungen sind nur unter Kaufleuten möglich, nicht jedoch bei Verkäufen an Nichtunternehmer/ Privatpersonen.

Mit den vorstehenden Erläuterungen zum Eigentumsvorbehalt wurde ein knapper Überblick zu dessen rechtlicher Systematik gegeben. Die genauen Formulierungen hierzu können – je nach Regelungsweite – eine ganze Reihe von Passagen in den **Lieferungs- und Zahlungsbedingungen** eines Unternehmens umfassen. Zu ihrer Abfassung oder Änderung als Teil der **Allgemeinen Geschäftsbedingungen (AGB)** eines Unternehmens sind die mittlerweile im BGB „beheimateten" AGB-Vorschriften (§§ 305-310 BGB) zu beachten. Deren Integration in das Bürgerliche Gesetzbuch erfolgte – neben zahlreichen anderen Änderungen – mit Wirkung zum 01.01.2002 durch das **Gesetz zur Modernisierung des Schuldrechts** (Schuldrechtsmodernisierungsgesetz – SchuModG). Das früher eigenständige AGB-Gesetz wurde dadurch aufgehoben.
Häufig kommt es vor, dass Abnehmer bereits als äußerst schlechte Schuldner bekannt sind. In solchen Fällen ist bei der Besicherung von Warenlieferungen mit einer hohen Wahrscheinlichkeit davon auszugehen, dass die Forderungen Not leidend werden und die Überlassung von Gütern rückabgewickelt werden muss. Zur Vermeidung dieser Risiken empfiehlt es sich hier für Lieferanten, nur gegen **Vorkasse** zu liefern.

- Das im Lieferanten-Profil C-I-7 abschließend aufgeführte Primärinteresse steht im Zusammenhang mit deren Bestreben, überlassene Waren fristgerecht und vollständig bezahlt zu bekommen. Als externe Interessengruppe haben sie bezogen auf die wirtschaftliche Lage von Abnehmerunternehmen – ähnlich wie bei der Kapitalüberlassung durch Fremdkapital-Geber – eine **relativ schlechte Informationsposition**. Sind Unternehmen publizitätspflichtig, dann können die entsprechenden Pflichtveröffentlichungen zu einer allgemeinen Einschätzung ihrer Leistungs- und Zahlungsfähigkeit herangezogen werden. Damit ist die **Publizität** von Abnehmerunternehmen auch für Lieferanten von großem Interesse.

### (4) Verhaltenskonsequenzen für das Unternehmen

Können Abnehmerunternehmen den primären Interessen von Lieferanten weitgehend entsprechen bzw. deren Erfüllung in Aussicht stellen, dann bestehen für die Lieferunternehmen große Anreize, eine Geschäftsbeziehung aufzubauen oder aufrechtzuerhalten. Aus Sicht der Abnehmerunternehmen werden in Rubrik ④ der Abbildung C-I-7 einige weiter gehende Konsequenzen und Parameter dafür aufgezeigt, ein längerfristig stabiles Verhältnis zur externen Interessengruppe der Lieferanten zu erreichen.

Als auf **einzelne Lieferanten** und deren Primärinteressen bezogene Schlussfolgerungen sind festzuhalten:

- Tragfähige Beziehungen mit Zulieferern werden vor allem durch Maßnahmen der Abnehmer zur **Begrenzung des Lieferantenrisikos** aufgebaut. Wie im Verhältnis zu Fremdkapital-Gebern gehören hierzu in erster Linie eine gute Bonität und damit eine **hohe Kreditwürdigkeit**. Des Weiteren werden Unternehmen die Beschaffung notwendiger Einsatzgüter und industrieller Dienstleistungen aber auch durch einen **offenen Informationsaustausch** sowie eine vertrauensvolle Zusammenarbeit mit Zulieferern auf eine dauerhafte Grundlage stellen können.
- Der letztgenannte Punkt einer intensiven Kooperation mit Lieferanten gewinnt mit den zunehmenden Anforderungen an Qualität und Spezifikationsentsprechung von Einsatzgütern in industriellen Fertigungsprozessen weiter an Bedeutung. Häufig werden ganz spezielle Teile benötigt, was eine **Einbindung von Lieferanten** bereits bei der Produktentwicklung bzw. der Komponentenspezifikation notwendig macht. Die schon angesprochene Herausbildung von **Entwicklungspartnerschaften** ist damit eine wichtige Grundlage des Geschäftserfolges bei den Abnehmern und den Zulieferern.

Bei der Umsetzung dieser auf einzelne Lieferanten bezogenen Parameter ergeben sich folgende Konsequenzen im Hinblick auf die **gesamte Ausrichtung eines Abnehmerunternehmens**:

- Eine gute Bonität bedeutet eine hohe und vor allem kurzfristig gegebene Zahlungsfähigkeit. Mit deren Sicherstellung kann ein Unternehmen **Skontierungsmöglichkeiten** ausnutzen sowie über größere Bestellmengen **Rabatte und Boni** erzielen. Beim Lieferanten entfallen die Mahnkosten verspäteter Zahlung und die mit vielen Kleinbestellungen verbundenen zusätzlichen Kosten der Auftragsbearbeitung. Bei größeren Bestellungen und deren termingerechter Zahlung sind die gesamten Transaktionen zwischen Lieferant und Abnehmer für beide Seiten kostengünstiger.
- Der in Rubrik ④ des Lieferanten-Profils C-I-7 letztgenannte Punkt beinhaltet eine grundlegende und längerfristige Entscheidung bei den Abnehmerunternehmen. Unter der Fragestellung „Make-or-Buy" ist eine generelle Wahl im Hinblick auf **Eigenfertigung** oder **Fremdbezug** und damit eine Festlegung der Fertigungstiefe auf der Basis von Auslagerungs- bzw. Outsourcingentscheidungen zu treffen. Unter dem Blickwinkel der Prozessbeherrschung – und zwar einerseits der eigenen Wertschöpfung und andererseits der gesamten Lieferkette (Supply Chain) und der gesamten Logistik – geht es hier darum, eine Entscheidung darüber zu treffen, welche Leistungen selbst erstellt werden und welche kostengünstiger außerhalb des Unternehmens bezogen werden können. Eine Bestimmung der Fertigungstiefe über solche, auf die Kernkompetenzen eines Unternehmens bezogenen Überlegungen kennzeichnet moderne Konzepte der Führung von Industrie- und auch von Dienstleistungsbetrieben, die bereits als Lean Production oder Lean Management im Kapitel A. angespro-

chen wurden. Weitere Erläuterungen hierzu erfolgen in den Kapiteln F., G. und H.

### *d. Kunden*

Übersteigt im Käufermarkt insgesamt gesehen das Angebot die Nachfrage, dann wird es für Unternehmen zu einer existenziellen Notwendigkeit, die Bedürfnisse und Wünsche der Kunden genau zu erkennen und zu erfüllen. Andernfalls wechseln diese heutzutage relativ schnell zu besseren Wettbewerbern. Jetzt geht es also darum, **maßgeschneiderte Angebote** zu entwickeln und auch auf kleinere Kundengruppen – und nicht mehr ausschließlich auf undifferenzierte Massenmärkte – auszurichten. Hierfür notwendig ist eine **Outside-in-Betrachtung** im Sinne einer Rückwärtsintegration unter Berücksichtigung der Konkurrenzaktivitäten. Das Unternehmen ist jetzt also gegenüber seinen Kunden in einer Lieferantenfunktion, wie wir sie im vorangegangen Unterabschnitt behandelt haben.

Aus der Systematik unserer Darstellung der Gruppen von Unternehmensträgern wurden die Kunden aufgrund ihrer gegenüber dem Unternehmen externen Stellung als Satellitengruppe eingeordnet. Wie die vorstehenden Erläuterungen deutlich gemacht haben, kommt ihnen im Vergleich zu den anderen Interessengruppen allerdings eine insgesamt höhere Bedeutung und damit ein größerer Stellenwert zu. Ihr Einfluss auf ein Unternehmen ist insofern sehr unmittelbar, als die Kundenanforderungen die Ausgestaltung von Produkten und Dienstleistungen und vor allem deren Qualitätsniveau und Preis, also das **Preis-Leistungs-Verhältnis**, definieren. Ohne die Nachfrage und den Kauf der angebotenen Marktleistungen durch Kunden kann ein Unternehmen also nicht erfolgreich sein und überleben. Unter diesem Blickwinkel sind Kunden eine der **wichtigsten Stakeholder-Gruppen** für das Unternehmen. Die Orientierung am (End-)Kunden ist ein wesentlicher Ausgangspunkt der modernen Betriebswirtschaftslehre, sie bildet das primäre Element der in A.I.3. vorgestellten marktorientierten Forschungsprogrammatik.

#### (1) Arten von Kunden

Die Abbildung C-I-9 gibt das Unternehmensträger-Profil der Kunden als externer Interessengruppe wieder. Bei deren Systematisierung in Rubrik ① wird auf die Klassifikation von Wirtschaftsgütern in B.I. sowie die hierzu im vorangegangenen Unterabschnitt herausgearbeitete weitere Untergliederung zurückgegriffen. Bei den Abnehmern der Unternehmensleistungen kann es sich um industrielle Nachfrager von **Produktions- oder Investitionsgütern** handeln, welche diese wieder in ihren Leistungserstellungsprozessen einsetzen oder die sie hierfür als Werkstoffe und Vorprodukte zur weiteren Verwendung/ Verarbeitung benötigen. **(Industrielle) Dienstleistungen** können von gewerblichen oder von privaten Kunden nachgefragt werden. Abnehmer von **Konsumgütern** können Endkunden als Endverbraucher und/ oder die Betriebe verschiedener Handelsstufen sein.

Zur Unterstreichung der großen Wichtigkeit einer konsequent abnehmerorientierten Unternehmensausrichtung findet häufig die Metapher vom „König Kunde" Verwendung. Dieser wird bei den schwierigeren Marktverhältnissen von den Unternehmen heftig umworben, und dabei stellt sich die Frage nach dem Kräfteverhältnis in diesem Kampf um Kunden. Mit der großen Flut von Informationen, die für eine differenzierte Bewertung von Angeboten zu verarbeiten ist, dürfte für viele Konsumenten eine Überforderung verbunden sein. Wenn die vom Grundgesetz garantierte Koalitionsfreiheit jedermann das Recht garantiert, zur Wahrung und Förderung der Arbeits- und Wirtschaftsbedingungen Vereinigungen zu bilden, dann stellt sich die Frage, inwieweit von Seiten der Konsumenten bislang hiervon Gebrauch gemacht wurde.

| | |
|---|---|
| ① **Wer?** | ***Externe Interessengruppe/ Satellitengruppe:***<br>**Kunden als Abnehmer der Unternehmensleistungen – Wieder- und Weiterverwender von Investitionsgütern, Werkstoffen und Vorprodukten, Abnehmer von (industriellen) Dienstleistungen und Konsumgütern** |
| ② **... gibt was?** | ***Beiträge*** **als** ***Leistungen*** **der Satellitengruppe Kunden für das Unternehmen und seine Entwicklung:**<br>– **Abnahme erstellter Produkte und Dienstleistungen gegen Zahlung von Preisen – bei hoher Zufriedenheit evtl. Markentreue und Weiterempfehlung der bezogenen Leistungen** |
| ③ **... will was dafür?** | ***Primäre Interessen/ Anreize*** **der Satellitengruppe Kunden für eine Unterstützung/ positive Begleitung des Unternehmens:**<br>– **Gutes Preis-Leistungs-Verhältnis**<br>– **Service/ Benutzerfreundlichkeit/ Garantie/ Wartung**<br>– **Umweltverträglichkeit**<br>– **Image**<br>– **Fortbestand des Unternehmens** |
| ④ **Was tut das Unternehmen dafür?** | ***Verhaltenskonsequenzen und -parameter*** **für das Unternehmen im Hinblick auf:**<br>• ***Individuum*** **als Interessengruppenmitglied und** ***Interessengruppe*** **insgesamt:**<br>– **Kundengruppen-/ zielgruppenspezifische Ausrichtung und Gestaltung der absatzpolitischen Instrumentalbereiche, insbesondere der Kommunikationspolitik**<br>– **Kommunikationsmaßnahmen bei Wiederverwendern abgestimmt auf organisationales Kaufverhalten (Buying Center)**<br>• **Ausrichtung des** ***Gesamtunternehmens*****:**<br>– **Konsequente markt- und kundenorientierte Unternehmensausrichtung (Kundenzufriedenheit, -loyalität und -bindung als Haupterfolgsfaktoren)** |

**Abb. C-I-9:** Unternehmensträger-Profil: Kunden

Als Antwort hierzu ist festzuhalten, dass die wenigen existierenden allgemeinen Verbraucherverbände eine gegenüber den Vereinigungen von Arbeitnehmern und Arbeitgebern ungleich geringere Vielfalt und Interessenvertretungskraft aufweisen. Zudem gibt es hier noch eine wichtige Besonderheit: Die seit dem 01.11.2000 bestehende **Verbraucherzentrale Bundesverband e.V.** (VZBV) ist die Nachfolgeorganisation der Arbeitsgemeinschaft der Verbraucherverbände (AgV), die auf dem Weg der Fremdorganisation zu Stande kam; die AgV wurde Anfang der 50er Jahre von staatlicher Seite ins Leben gerufen – und nicht auf Betreiben ihrer Mitgliedsverbände. Deren Anzahl im VZBV beträgt derzeit 22 Verbraucher- und sozial orientierte Organisationen, darunter z.B. der Deutsche Hausfrauenbund, der Fahrgastverband Pro Bahn oder der Bund der Energieverbraucher. Neben solchen Einzelverbänden sind die Verbraucherzentralen aller 16 Bundesländer Mitglieder im VZBV. Deren Aufgabe ist es laut Satzung, die Interessen und Rechte der Verbraucher zu vertreten – in der Öffentlichkeit sowie gegenüber Gesetzgebung, Verwaltung und Rechtsprechung. Im letztgenannten Zusammenhang haben die Verbraucherverbände beispielsweise ein durch das Gesetz gegen den unlauteren Wettbewerb (UWG) eingeräumtes Verbandsklagerecht (§ 8 III UWG mit § 4 Unterlassungsklagengesetz – UklaG). Sie können danach bei Verstößen gegen das UWG klagen, ohne selbst direkt hierdurch geschädigt worden zu sein.

Die Hauptsäulen der Verbraucherselbsthilfe bilden Information, Beratung und Verbraucherbildung. Im Rahmen der Verbraucherinformation kommt der **Stiftung Warentest** mit Sitz in Berlin und den von ihr herausgegebenen Zeitschriften test und FINANZtest sowie weiteren Publikationen eine hohe Bedeutung zu. Auch die Stiftung Warentest wurde 1964 von der Bundesregierung gegründet mit dem Ziel, vergleichende Warentests und Dienstleistungsuntersuchungen durchzuführen.

Wenn die Initiativen zur Einbindung der Verbraucherinteressen in den gesamtgesellschaftlichen Interessenausgleich überwiegend von staatlicher Seite – und nicht von den Konsumenten selbst – ausgingen, dann sind hierfür wohl vor allem zwei Gründe anzuführen: Die getätigten Konsumausgaben verteilen sich zum einen auf viele Einzelkäufe mit i.d.R. niedrigen Kaufsummen. Wo, wie und gegenüber wem sollte man sich also organisieren? Hierzu kommt zum anderen, dass niemand das Geschäft des Verbrauchers als „Hauptberuf" betreibt. Von daher ist das Interesse an Erfolgen beim Konsumentenverhalten gegenüber solchen in der Stellung als Erwerbstätiger von vornherein geringer.

Mit den vorstehenden Erläuterungen wurde ein kurzer Überblick über die verbandsmäßige Vertretung von Konsumenteninteressen gegeben, bei der insbesondere auf deren Zustandekommen hingewiesen wurde. Dieses fiel in eine Zeit, in der den Kunden bei überwiegend verkäufermarktlichen Gegebenheiten noch keine sonderlich zentrale Stellung im Wirtschaftsgeschehen zukam. Mittlerweile ist davon auszugehen, dass die **Informiertheit** und **Mündigkeit der Abnehmer** – aufgrund der allgemein gestiegenen Medienvielfalt sowie durch Aktivitäten der staatlich initiierten Organisationen zum Verbraucherschutz – deutlich zugenommen hat. Andererseits sinkt die Fähigkeit, Informationen zu selektieren und zu verarbeiten mit zunehmender Informationsüberfrachtung; dadurch werden selbst mündige Verbraucher überfordert. So ergibt sich ein weiterhin ausreichend großes Betätigungsfeld für die VZBV und ihre angeschlossenen Verbände.

Neben der VZBV als allgemeinem Verbraucherdachverband kann noch auf spezielle Verbraucherverbände hingewiesen werden, die sich aktiv und erfolgreich für

Teilinteressen von Verbrauchern einsetzen. Hier sind beispielsweise der Deutsche Mieterbund (ebenfalls Mitglied in der VZBV), der Bund der Steuerzahler oder der sehr mitgliederstarke Allgemeine Deutsche Automobil-Club (ADAC) als „Verbraucherverband der Autofahrer" zu nennen.

### (2) Beiträge der Kunden

Nach diesem Exkurs zur verbandsmäßigen Vertretung von Konsumenten kommen wir zurück zu den Beiträgen und damit den Leistungen der Kunden für ein Unternehmen und seine Entwicklung. Die Eintragungen in Rubrik ② des Profils stellen eine spiegelbildliche Entsprechung zu den im letzten Unterabschnitt behandelten Beiträgen der Lieferanten dar: Die Kunden nehmen von Unternehmen erstellte Produkte und Dienstleistungen ab und zahlen dafür Preise. Mit diesen Einnahmen können die von Lieferanten überlassenen Vorleistungen bezahlt werden – hierauf wird in Kapitel E. ausführlich eingegangen.

Bei der heute großen Angebotsvielfalt und den damit für einzelne Unternehmen vielfach verbundenen schmalen Marktsegmenten ist es für diese von großer Bedeutung, über ein entsprechendes Beziehungsmanagement einen **hohen Anteil zufriedener Stammkunden** zu erreichen. Gelingt dies, kann von solchen loyalen Kunden ein weiterer und wichtiger Beitrag ausgehen: Sie werden eher eine hohe Wiederkaufrate aufweisen und so eine ausgeprägte Unternehmens- respektive Markentreue entwickeln. Darüber hinaus ist dann häufiger damit zu rechnen, dass die gekauften Leistungen auch anderen Abnehmern weiterempfohlen werden. So können Kunden als „Missionare" eines Unternehmens eine nicht zu unterschätzende Multiplikatorwirkung für dieses am Markt entfalten.

### (3) Primärinteressen der Kunden

Welche Interessen möchten Kunden bei ihrer Beziehung zu Unternehmen vorrangig erfüllt sehen? Eine Zusammenfassung hierzu bieten die Eintragungen in Rubrik ③ der Abbildung C-I-9:

- Als erstem und ausschlaggebendem Kundeninteresse kann von einem **guten Preis-Leistungs-Verhältnis** ausgegangen werden. Bei diesem zweidimensionalen Konstrukt wird der Tatsache Rechnung getragen, dass eine alleinige Preisbewertung und damit etwa ein „Streben nach niedrigen Preisen" nicht möglich ist. Es gibt keine „Preise an sich", sondern immer nur „Preise für etwas". Von daher kann hier auch nur eine Gesamtbewertung erfolgen, bei welcher der Preis (einschließlich der Konditionen) in eine Relation zur jeweiligen Leistung gesetzt und mit Konkurrenzangeboten verglichen wird.
  Diese Beurteilung erfolgt aus Sicht der Kunden über Nutzenerwägungen. Wenn aus den Wünschen und Bedürfnissen bei gegebener Zahlungsfähigkeit bestimmte Kaufabsichten entwickelt werden, dann kommt es hinsichtlich ausgewählter Produkte oder Dienstleistungen zur Einschätzung deren Problemlösungsfähigkeit. Kauf oder Wiederkauf werden dabei vom wahrgenommenen Nettonutzen abhängen. Hierunter ist die Differenz aus dem Nutzen durch Geoder Verbrauch eines Produktes unter Berücksichtigung des zu zahlenden Produktpreises im Vergleich zum entgangenen, durch den Kauf eines anderen Pro-

duktes erzielbaren Nutzen zu verstehen. Es liegt also wiederum eine Opportunitätsentscheidung auf der Basis von Kosten und Nutzen vor. Der Nettonutzen sollte positiv sein, und bei mehreren Kaufalternativen würde die mit dem höchsten Nettonutzen gewählt.
Der wahrgenommene Nutzen eines Produktes oder einer Dienstleistung lässt sich als Zusammensetzung einer ganzen Reihe von Urteilen zu einzelnen **Teilleistungen** oder **Leistungskomponenten** ansehen. Hierauf bezogen kann zunächst in Grund- und Zusatznutzen unterschieden werden:

- Beim **Grundnutzen** geht es um die aus den physikalisch-funktionellen Eigenschaften einer Leistung resultierende Bedürfnisbefriedigung.
- Darüber hinausgehend wird als **Zusatznutzen** die mit materiellen Sachleistungen oder immateriellen Dienstleistungen verbundene Befriedung von seelisch-geistigen und emotionalen oder auch weiteren sachlichen Bedürfnissen verstanden. Unterkategorien hierzu sind beispielsweise
  * ein aus ästhetischen Eigenschaften (z.B. Design, Farbgebung) erwachsender Erbauungsnutzen oder
  * ein Geltungsnutzen als Erfüllung sozialer Bedürfnisse (z.B. Prestigestreben).

Bei Märkten mit hohen Sättigungsgraden und vielen ähnlichen, teilweise austauschbaren Produkten liegt es auf der Hand, dass eine Verlagerung des Leistungswettbewerbs der Unternehmen in den Bereich der Zusatznutzen zu verzeichnen ist. Dabei führt die Vielfalt des Angebots auch dazu, dass einem insgesamt angenehmen Kauferlebnis sowie einer guten Kundenbetreuung eine steigende und mehr und mehr von den eigentlichen Leistungen losgelöste Bedeutung zukommt.
Vielfach bildet also der gebotene **Service** als Summe aller den Zusatznutzen erhöhenden Maßnahmen den Schlüssel zukünftiger Unternehmenserfolge. Er kann gemäß der vorstehenden Herleitung als Neben- oder Zusatzleistung auf eine Absatzsteigerung der Haupt- oder Kernleistungen (Produkte oder Dienstleistungen) gerichtet sein; als eigenständiges Problemlösungsangebot kann er diese aber auch integrieren.
Damit wird die Nähe des Servicebegriffs zu dem der **Dienstleistung** deutlich. Hierzu wird in der Literatur zum Teil von einer gleichen Bedeutung ausgegangen. Demgegenüber treffen wir die Unterscheidung, dass Service das Bestehen eines Hauptleistungsbezuges voraussetzt, sich also immer auf ein Produkt bzw. eine Dienstleistung bezieht. Wegen seiner vorwiegend immateriellen Leistungsergebnisse entspricht Service zwar regelmäßig einer Dienstleistung. Umgekehrt hat dann aber nicht jede Dienstleistung bereits Servicecharakter, sondern kann diesen zusätzlich noch erforderlich machen.
Heute kommt eine weitere Entwicklung hinzu, bei welcher die Abgrenzung von Service und Dienstleistung aus Kunden- und aus Unternehmenssicht unterschiedlich ausfällt: Serviceleistungen, die von Kunden gefordert und geschätzt werden, können von einem Herstellerunternehmen auch auf andere Partnerunternehmen ausgelagert werden, wie z.B. ein Wartungs- oder Reparaturservice.

Der Service für den Kunden wird dann für den Marktpartner zu einer eigenständigen Dienstleistung, deren Kosten zwischen den Unternehmen abgerechnet werden.

- Wenn der **Stellenwert von Serviceleistungen** in Käufermärkten steigt und diese von vielen Unternehmen zur Differenzierung von Wettbewerbern eingesetzt werden, dann steigen auch die hierauf bezogenen Erwartungen der Abnehmer. So ist ein Erwerb von Produkten oder Dienstleistungen ohne jegliche weitergehende Informations-, Beratungs-, Betreuungs- oder Ambienteleistungen aus Sicht der Kunden häufig nicht mehr denkbar. Es sei denn, das Unternehmen verzichtet bewusst auf zusätzlichen Service, um sich so mit einer herausragend günstigen Preis-Leistungs-Relation zu positionieren. Der Lebensmittel-Discounter ALDI ist hierfür ein Beispiel.

  Generell können wir aber das Verlangen nach einem **guten Service als primäres Kundeninteresse** aufführen. Wie in Rubrik ③ des Kunden-Profils C-I-9 vermerkt, drückt sich dieses auch in dem – insbesondere auf langlebige Gebrauchsgüter bezogenen – Anspruch einer umfassenden **Benutzerfreundlichkeit** aus. Dieser umfasst die Kundenerwartung einer einfachen Installation/ Inbetriebnahme sowie einer leichten Bedienung/ Handhabung erworbener Produkte. Hierbei sind die Bedürfnisse der Kunden vor allem auf nachvollziehbare und eindeutige Bedienungsanleitungen sowie eventuell auf persönliche Einweisungen durch Mitarbeiter der Herstellerfirma oder Verkäufer gerichtet. Auf die als Weiteres exemplarisch genannten Aspekte **Garantie** und **Wartung** gehen wir in F.II.2.f. näher ein.

  Serviceleistungen werden in aller Regel in direktem Kontakt mit dem Kunden erbracht; bei diesen produkt- oder dienstleistungsbezogenen Zusatzleistungen ist er entweder selbst der „externe Faktor“ oder er bringt diesen – wie beispielsweise bei einer Kfz-Inspektion in Form seines Autos – ein. Als wesentliche Voraussetzung eines guten Serviceempfindens werden die Kunden folglich eine hohe **Kommunikations- und Kontaktqualität** erwarten. Aus dieser Perspektive werden die schriftlichen, telefonischen und vor allem die persönlichen Kontakte mit Anbieterunternehmen, die rund um die eigentlich zu erwerbende Leistung stattfinden, sowie die daraus resultierenden Eindrücke zu „Momenten der Wahrheit“ für den insgesamt empfundenen Service und Kundennutzen.

- Mit dem nächstaufgeführten primären Kundeninteresse der **Umweltverträglichkeit** des Gebrauchs von Produkten und ihrer Herstellung wird auf eine weiterführende Nutzenkategorie abgehoben. Angesichts der in vielen Weltregionen und damit auch im weltweiten Zusammenhang starken Gefährdung unseres Ökosystems als Gesamtheit aller materiellen und energetischen Lebensgrundlagen sind mit einer zunehmenden Ökologieorientierung bei Leistungserstellung und -konsum über die Befriedigung individueller Bedürfnisse hinaus immer auch gesamtgesellschaftliche Wirkungen verbunden. Neben dem aus Sicht der Kunden eigentlichen Grund- und Zusatznutzen erwächst hier also ein zusätzlicher und überindividueller **Gemeinschaftsnutzen**. Dieser drückt sich beispielsweise in Rohstoff-/ Energieeinsparungen (auch durch verlängerte Gebrauchsdauer und durch Recycling) bzw. Substitutionen sowie Emissionsreduktionen

oder -vermeidungen aus, die zu einer Erhöhung der gesamtgesellschaftlichen Lebensqualität beitragen.
War Umweltschutz anfangs der 70er Jahre noch ein Randgruppenthema für Öko-Aktivisten, so ist er heute als fester und wichtiger Bestandteil in der öffentlichen Meinung verankert. Dies ist auch darauf zurückzuführen, dass Unternehmen ab dem Ende der 80er Jahre das Aufkommen einer aktiven und über gesetzliche Anforderungen hinausgehenden **Ökologieorientierung** mit dem Ziel nutzten, Wettbewerbsvorteile zu erlangen. Mit zunehmender Verbreitung einer derartigen Unternehmensausrichtung und korrespondierend zum steigenden öffentlichen Bewusstsein ist die Erfüllung umweltgerichteter Ansprüche mittlerweile zur Muss-Anforderung für Unternehmen geworden; direkt der Umwelt schadende – und als solche etwa durch Testberichte oder Presseveröffentlichungen nachgewiesene – Produkte oder Verfahren sind heute in Europa, Australien und Japan kaum noch tragbar. Allerdings ist dies noch nicht weltweit in allen Staaten der Fall.
So belegt die im Auftrag des BUNDESMINISTERIUMS FÜR UMWELT, NATURSCHUTZ UND REAKTORSICHERHEIT im zweijährigen Rhythmus erstellte Studie **„Umweltbewusstsein in Deutschland“** aus dem Jahr 2002, dass 45% der Bundesbürger „immer“ oder „häufig“ Produkte von Firmen boykottieren, die sich nachweislich umweltschädigend verhalten. Ähnliche Reaktionen sind heute auch in anderen oben aufgeführten Ländern zu beobachten.
Die Verankerung der Umweltproblematik in der öffentlichen Meinung lässt sich auch durch Umkehrschlüsse aus den jährlich von der GFK GRUPPE, Deutschlands führendem Marktforschungsunternehmen mit Sitz in Nürnberg, veröffentlichten Befragungsergebnissen der Studie „Challenges of Europe“ zu den „Sorgen der Nationen“ ableiten. Bei diesen ungestützt, also ohne Antwortvorgaben, erhobenen zehn dringlichsten Aufgaben, die in acht europäischen Staaten zu lösen seien, nahmen in der Bundesrepublik Deutschland die zu „Umweltschutz“ zusammengefassten Antworten 1990 mit 29% den dritten Platz aller Nennungen ein (nach der Einigungsproblematik mit 37% und der Arbeitslosigkeit mit 36%). Dieser Wert wurde in den folgenden Jahren nicht wieder erreicht. Er fiel nach einem „Zwischenhoch“ von 23% und einem insgesamt zweiten Platz in 1995 auf 4% in 2003. Bei der Untersuchung für 2004 rangiert der Umweltschutz gar nicht mehr unter den für Deutsche dringlichen Problemen. Andere tagespolitische Themen, allen voran die Arbeitslosigkeit mit 77%, nehmen einen deutlich höheren Stellenwert ein. Allerdings ist zu beobachten, dass die Bedeutsamkeit des Umweltschutzes um so höher eingeschätzt wird, je weiter der Zeithorizont der Frage in der Zukunft liegt (z.B. bei Befragungen über die erwartete Situation für 2020).
Mit Blick auf die vorstehenden Herleitungen erscheint der Schluss zulässig, dass die Bürger bezogen auf den **Schutz der Umwelt keine vorrangige Dringlichkeit** mehr empfinden. Die Frage nach den Gründen lässt zwei Interpretationen zu: Wahrscheinlich ist der Hauptgrund, dass andere Probleme, wie die Arbeitslosigkeit, als dringlicher eingestuft werden. Zum anderen könnte die Meinung vorherrschen, dass nicht zuletzt auch aufgrund gesetzlicher Vorschriften bereits ein ausreichend hohes Niveau an Umweltschutz erreicht wurde.

- Ein weiterer wichtiger Faktor für den Kunden ist das mit Produkten/ Dienstleistungen bzw. Anbieterunternehmen verbundene **Image**. Wenn es im Bereich des Zusatznutzens um eine über die Erfüllung reiner Funktionserfordernisse hinausgehende Befriedigung **mentaler Bedürfnisse** geht, oder wenn beispielsweise aus einer ökologieorientierten Einstellung Produkte nach ihrer Umweltverträglichkeit und damit auch nach ihrem Gemeinschaftsnutzen ausgewählt werden, dann hat dies ganz zentral mit den hierauf bezogenen Einschätzungen von Leistungen der Anbieter-Unternehmen zu tun. Bei der in Überflussgesellschaften lediglich relativen Knappheit wirtschaftlicher Güter hängen die Kaufentscheidungen der Konsumenten letztlich immer auch von ihrem **Lebensstil** ab, und damit findet dieser im Ge- und Verbrauch von Leistungen seinen Ausdruck.
  Dem Image als wertender Vorstellung von jemandem oder von etwas in der öffentlichen Meinung kommt in Kaufentscheidungsprozessen von Konsumenten also eine hohe Bedeutung zu. Vor dem Hintergrund eines Abgleichs öffentlicher respektive veröffentlichter Einschätzungen und persönlicher Erfahrungen der Konsumenten prägen sich ihre Anforderungen an eine Leistung, und damit werden gleichzeitig die Kriterien zu deren Beurteilung nach dem Kauf oder der Inanspruchnahme festgelegt. Da ein spezielles Angebot schwerlich verschiedene Werthaltungen, Einstellungen und in diesem Zusammenhang stehende Images bedienen kann, ergibt sich hieraus für die Unternehmen die **Notwendigkeit einer klaren und eindeutigen Positionierung**, und zwar bezogen auf ihre gesamte Firmenidentität (Corporate Identity – siehe hierzu F.II.3.) sowie auf ihr Leistungsangebot.
- Abschließend zu den Kundeninteressen kann auch bei dieser Gruppe von Unternehmensträgern das **Fortbestehen des Unternehmens** herausgestellt werden. Dabei wird dies insbesondere für gewerbliche Nachfrager von Produktions-/ Investitionsgütern sowie von Werkstoffen, Vorprodukten und industriellen Dienstleistungen gelten, für die stabile Beziehungen zu leistungsfähigen Lieferanten wichtig sind.
  Für private Endkunden wird der Untergang eines Unternehmens und damit der Verlust einer Einkaufsstätte oder Bezugsquelle eventuell „schmerzlich" sein; und substanziell können sie hierdurch im Hinblick auf die Möglichkeiten zur Verfolgung von Gewährungsleistungsrechten beeinträchtigt werden. Generell ist aber festzuhalten, dass zum Erwerb von Ge- oder Verbrauchsgütern zu Konsumzwecken oder von Dienstleistungen für den privaten Bereich alles in allem vielfältige Möglichkeiten gegeben sind und so Lücken durch den Wegfall von Anbietern relativ schnell geschlossen werden können.

### (4) Verhaltenskonsequenzen für das Unternehmen

In Rubrik ④ der Abbildung C-I-9 sind einige prinzipielle Ansätze dafür zusammengestellt, wie Unternehmen den Interessen der Kunden entgegenkommen können, so dass das Verhältnis zu dieser wichtigen externen Bezugsgruppe eine weitere Stärkung und Festigung erfährt. Hierzu können folgende Schlussfolgerungen gezogen werden:

- Wenn in der Situation des Käufermarktes eine große Vielfalt von Kundenbedürfnissen und -wünschen gegeben ist, dann ist die hierauf bezogene **Differenzierung des Leistungsangebotes** eine notwendige Erfolgsbedingung für Unternehmen. Es gilt, die Absatzpolitik und ihre Instrumentalbereiche (Produkt-, Preis-, Kommunikations-, Vertriebs-, Servicepolitik; siehe hierzu F.II.2.) konsequent auf einzelne Kunden-/ Zielgruppen auszurichten und auszugestalten. Die Grundlage hierfür bilden die bereits im Überblick behandelten Analyse- und Gestaltungsansätze der **Marktforschung** und der **Marktsegmentierung**. Wenn auf dieser Grundlage zielgruppenspezifische Leistungen konzipiert werden, dann stellt angesichts der großen Vielfalt konkurrierender Angebote die an bestehende und neue Kunden gerichtete **Kommunikation** die wesentliche Erfolgsbedingung für deren Absatz dar.
- Über die Art der nachgefragten Güter wurde bereits auf Unterschiede im Kauf-/ Entscheidungsverhalten von gewerblichen und privaten Abnehmern hingewiesen. Sie sind insbesondere bei der Gestaltung von Kommunikationsmaßnahmen durch die Unternehmen zu berücksichtigen. Im Vergleich zum klassischen **Konsumgütermarketing** gibt es beim **Investitionsgütermarketing** aufgrund der anders gearteten Nachfrager einige Unterschiede. Bei Investitionsgütern werden organisationale Kaufentscheidungen i.d.R. durch mehrere Personen aus unterschiedlichen Unternehmensabteilungen getroffen. Je nach der Tragweite anstehender Beschaffungsmaßnahmen werden hier professionelle Einkäufer, Vertreter des vorgesehenen Einsatzbereichs und Führungskräfte als Entscheider über die zu tätigende Investition in einem mehrstufigen Vergleich von Alternativen zusammenarbeiten, um eine von möglichst hoher Rationalität geprägte Entscheidung zu treffen. Alle hieran beteiligten Personen werden als **Buying Center** bezeichnet. Beginnend mit der Veröffentlichung von FREDERICK E. WEBSTER und YORAM WIND „Organizational Buying Behaviour“ aus dem Jahr 1972 gibt es mittlerweile eine Reihe von Modellen des Kaufverhaltens gewerblicher Abnehmer, auf welche die Kommunikation mit dieser Abnehmergruppe aufgebaut werden kann.

### e. *Öffentlichkeit*

Die Frage, wer zur Öffentlichkeit als einer der Satellitengruppen von Unternehmensträgern zählt (Rubrik ① der Abb. C-I-10), lässt sich zweckmäßigerweise über eine Negativabgrenzung beantworten: Jetzt geht es um Personen, die in keiner unmittelbaren Beziehung zu einem Unternehmen stehen und die mit diesem also weder finanzwirtschaftlich (als Eigen- oder Fremdkapital-Geber), güterwirtschaftlich (als Lieferant oder Kunde), arbeitsvertraglich (als Manager oder Arbeitnehmer) noch als Vertreter hierauf bezogener Interessen (Angehöriger eines Verbands im Arbeits- und Wirtschaftsbereich) verbunden sind.

#### (1) Arten von Öffentlichkeit

Über persönliche oder in Gesprächen weitervermittelte Erlebnisse zum Marktauftritt der Firmen sowie durch Nachrichten, Informationen und Berichte in den Medien werden naturgemäß auch in dieser **allgemeinen Öffentlichkeit** Vorstellungen und Einschätzungen zu den einzelnen Unternehmen gebildet; hiervon werden wiederum Rückwirkungen auf diese ausgehen. Ein allgemein nachteiliges Unternehmensimage dürfte die Vertiefung und Erweiterung der Beziehungen zu den bislang angesprochenen Gruppen von Unternehmensträgern bereits deutlich erschweren. Wenn es allerdings im Zusammenhang mit als bedrohlich empfundenen gesellschafts- oder umweltbezogenen Risiken aus der Tätigkeit eines Unternehmens zur Formierung von Protesten kommt, dann kann schnell eine schwierige Krisensituation gegeben sein.

| | |
|---|---|
| ① **Wer?** | ***Externe Interessengruppe/ Satellitengruppe:***<br>**Allgemeine Öffentlichkeit – „Interessierte"/ organisierte Bürger (Initiativgruppen, Vereine, Verbände, „Fundraising-Unternehmen")** |
| ② **... gibt was?** | ***Beiträge*** **als** ***Leistungen*** **der Satellitengruppe Öffentlichkeit für das Unternehmen und seine Entwicklung:**<br>**– Bewerten von Unternehmenstätigkeit, Interessenartikulation und -ausgleich bei sozialen oder Umweltrisiken** |
| ③ **... will was dafür?** | ***Primäre Interessen/ Anreize*** **der Satellitengruppe Öffentlichkeit für eine Unterstützung/ positive Begleitung des Unternehmens:**<br>**– Umweltverträglichkeit von Produktion und Produkten**<br>**– Sicherheit und Schaffung von Arbeitsplätzen**<br>**– Fortbestand von Unternehmen**<br>**– Niveau sozialer Leistungen**<br>**– Publizität** |
| ④ **Was tut das Unternehmen dafür?** | ***Verhaltenskonsequenzen und -parameter*** **für das Unternehmen im Hinblick auf:**<br>• ***Individuum*** **als Interessengruppenmitglied und** ***Interessengruppe*** **insgesamt:**<br>  **– Maßnahmen zum Aufbau einer positiven Corporate Identity; Public Relations- und Sponsoring-Aktivitäten**<br>• **Ausrichtung des** ***Gesamtunternehmens*****:**<br>  **– Proaktive Darstellung öffentlichkeitsrelevanter Elemente der Unternehmensentwicklung** |

**Abb. C-I-10:** Unternehmensträger-Profil: Öffentlichkeit

Auf Vereinigungen im Arbeits- und Wirtschaftsbereich waren wir in den Unterabschnitten C.I.3.a. und C.I.3.d. eingegangen. Bei den darüber hinaus zahlreich existierenden Zusammenschlüssen von Bürgern zum Erreichen ideeller, kultureller, freizeitorientierter, sozialer und politischer Ziele hat sich mit den **Initiativgruppen (Bürgerinitiativen)** eine relativ neue Form gemeinschaftlichen Engagements herausgebildet.

Während sich die Mitarbeit in einem Verein typischerweise an einer gleichgerichteten Einstellung festmacht (z.B. Sportverein, Theaterverein), entstanden seit dem Ende der 60er Jahre zusätzlich an speziellen Problemlagen und damit thematisch orientierte Initiativgruppen. Als kurzfristig ins Leben gerufene und wenig organisierte Zusammenschlüsse betroffener Bürger versuchen diese, auf dem Weg der Selbsthilfe bzw. durch direkte Einflussnahme die Lösung konkreter Probleme zu erreichen.

Bei solchen Bürgerinitiativen ging und geht es vielfach um lokale Themen, wie etwa die Kindergarten-, Schul-, Wohn- oder Freizeitsituation. Die wirtschaftsbezogene Tragweite der Aktivitäten von Bürgerinitiativen wird allerdings eher an anderen Beispielen deutlich, wie z.B. gegen Bau- und Verkehrsprojekte gerichtete Initiativen (Erweiterungen des Straßen- oder Schienennetzes, Flughafenausbau) oder den Massenprotesten gegen Kernkraftwerke und hierbei notwendige Lagerstätten für radioaktives Material.

Nach der anfangs spontanen und basisdemokratischen Verfassung war bei vielen Initiativgruppen ab Mitte der 70er Jahre die Tendenz zu einer weiter gehenden Institutionalisierung zu verzeichnen. Damals wandelten sich diese lockeren Bürgervereinigungen häufig zu Vereinen mit Vorständen und festen Regeln, die darüber hinaus auch eine überörtliche Vernetzung anstrebten.

Im Zuge dieser Entwicklung kam es auch zur **Herausbildung von Dachorganisationen** in diesem eigentlich zur Artikulation und Durchsetzung von Interessen bei aktuellen und abgegrenzten Bürgerproblemen entstandenen Bereich der Initiativgruppen. Zu nennen sind hier beispielsweise

- der 1972 gegründete Bundesverband Bürgerinitiativen Umweltschutz (BBU) mit Sitz in Bonn,
- der demgegenüber heute bedeutendere Bund für Umwelt und Naturschutz (BUND; Gründung 1975, Sitz in Berlin),
- die in Frankfurt seit 1963 ansässige deutsche Sektion der internationalen Stiftung World Wide Fund For Nature (WWF; Hauptsitz in Gland/ Schweiz, Gründung international 1961) oder
- die seit 1980 von Hamburg aus operierende Greenpeace Deutschland (Hauptsitz Greenpeace International in Amsterdam, Gründung 1971).

BBU und BUND sind demokratisch und föderativ verfasste Dachverbände. Der WWF ist eine der weltweit größten unabhängigen Naturschutzorganisationen, bei der sämtliche Verwaltungskosten durch Erträge aus dem Stiftungsvermögen sowie durch Lizenzeinnahmen aus der Verwertung des WWF-Logos „Großer Panda“ abgedeckt werden. Sämtliche von Mitgliedern und Spendern aufgebrachte Mittel kommen also den unterschiedlichen Aktionen und Projekten zu. Dagegen ist GREENPEACE letztlich ein dezentralisiertes „Fundraising-Unternehmen“, in dessen Länderabteilungen Experten professionell an nationalen wie internationalen – nicht selten spektakulären – Kampagnen arbeiten, für die lokale Gruppen ehrenamtlich Öffentlichkeitsarbeit leisten und Fördermittel einwerben.

### (2) Beiträge der Öffentlichkeit

Aus den vorstehenden Erläuterungen erschließen sich auch die Beiträge der Unternehmensträger-Gruppe Öffentlichkeit als Leistungen für ein Unternehmen und seine Entwicklung. Bei dieser und den folgenden Interessengruppen wird aus Gründen der Einheitlichkeit das Vier-Punkte-Raster beibehalten, obwohl die Beziehungen zwischen diesen Interessengruppen und dem Unternehmen etwas anders gelagert sind als bei den vorherigen Gruppen. In Rubrik ② des Öffentlichkeits-Profils C-I-10 haben wir hierzu eingetragen: Bewerten von Unternehmenstätigkeit, Interessenartikulation und -ausgleich bei sozialen oder Umweltrisiken.

Diese Formulierung wurde bewusst neutral gehalten. Im Hinblick auf Drittwirkungen bei den Aktivitäten von Unternehmen, welche die materiellen und gesamtgesellschaftlichen Grundlagen des Lebens und Wirtschaftens relevanter Öffentlichkeitsgruppen berühren, kann nicht davon ausgegangen werden, dass diese durch das betroffene Unternehmen vollständig antizipiert und damit bereits im Vorfeld ihrer Entstehung weitgehend abgemildert oder sogar völlig ausgeschlossen werden können. Hier wird es vielmehr immer darum gehen, Ausgleiche zu finden, und dies kann nur auf der Basis einer Artikulation berechtigter Interessen betroffener Teile der Öffentlichkeit geschehen.

Alles in allem zeigt sich in diesem Zusammenhang noch einmal der mit diesem gesamten Unterkapitel verdeutlichte generelle Wandel bei der Führung von Unternehmen: In früheren Zeiten standen Eigentümer und Eigenkapital-Geber allen anderen mit einem Unternehmen in Beziehungen stehenden Gruppen in einer rein kapitalorientierten Sichtweise relativ unversöhnlich gegenüber. Heute werden dagegen Leistungsangebot und Marktauftritt als Beitrag für die Gesamtgesellschaft in einer **interessenpluralistischen Orientierung** aus den Ansprüchen aller relevanten Gruppen von Unternehmensträgern entwickelt.

### (3) Primärinteressen der Öffentlichkeit

Mit welchen primären Interessen tritt die Öffentlichkeit Unternehmen gegenüber? Welche Problempunkte bieten betroffenen Bürgern Anlass zu organisierter Kritik bzw. – bei erfüllten Anforderungen – zu einer „wohlwollenden Begleitung" von Unternehmen? Rubrik ③ der Abbildung C-I-10 enthält die aus der bisherigen Darstellung bereits deutlich gewordenen hauptsächlichen Ansatzpunkte sowie einige weitere Aspekte:

- Unternehmensbezogen wird das Interesse der Öffentlichkeit – abgesehen vom grundsätzlichen Respektieren der Menschenrechte – vor allem der **Umweltverträglichkeit von Produktion und Produkten** gelten. Wenn in diesem Bereich regelmäßig widerstreitende Interessen auszugleichen sind, dann hat dies vor allem damit zu tun, dass im Bereich der Umweltgüter (Wasser, Boden, Luft, Landschaftsbild, Pflanzen- und Tierbestand, „Ruhe" etc.) meist kein Marktmechanismus greift, bei dem sich rechtzeitig die Knappheitsverhältnisse widerspiegelnde Preise bilden. So müssen hier an die Stelle von Regelungen über Angebot und Nachfrage mitunter schwierige Aushandlungsprozesse treten, bei denen im Sinne einer **nachhaltigen Entwicklung (Sustainable Development)** zusätzlich auch die Interessen künftiger Generationen zu berücksichtigen sind.

Für den großen Einfluss, der hierbei von organisierten Interessen betroffener Teile der Öffentlichkeit auf Unternehmen ausgehen kann, gibt es zahlreiche Beispiele. Neben den bereits angesprochenen Anti-Atomkraft-Kampagnen ab den 70er Jahren können hierzu beispielsweise der Tanker-Unfall der EXXON VALDEZ aus dem Jahr 1989 in Alaska und die im Jahr 1995 geplante Versenkung der SHELL-Ölverladeplattform BRENT SPAR angeführt werden. Aufgrund des hohen öffentlichen, maßgeblich von Greenpeace organisierten Meinungsdrucks entschied sich SHELL seinerzeit trotz Vorliegens aller juristischen Genehmigungen zur Demontage der Plattform. Ohne im Einzelnen auf die angeführten Vorkommnisse bei SHELL einzugehen, sei hier darauf hingewiesen, dass die Ölgesellschaft im Zusammenhang mit **Boykott-Aktionen** kurzfristig erhebliche Umsatzeinbußen an ihren Tankstellen hinnehmen musste.
Als aktuelle Auseinandersetzung, in der sich ein großes deutsches Dienstleistungsunternehmen befindet, können die geplanten Erweiterungsmaßnahmen der FLUGHAFEN FRANKFURT MAIN AG (FAG) genannt werden. Der Ausbau für die in Zukunft zu erwartende steigende Zahl von Flugbewegungen (Errichtung einer neuen Lande- und/ oder Startbahn) würde zusätzliche Arbeitsplätze schaffen, während der Nicht-Ausbau mit hoher Wahrscheinlichkeit einen Personalabbau zur Folge hätte. Andererseits sind mit einem Ausbau merkliche Landschaftsveränderungen mit hohem Waldverlust und eine steigende Lärmbelästigung für die Anwohner verbunden. Zum Ausgleich der Interessen betroffener Kommunen, Firmen und Gewerkschaften sowie unter Beteiligung der maßgeblichen Ministerien auf Landes- und Bundesebene wurde eine **Mediatorengruppe** eingesetzt, die als Ergebnis mittlerweile drei in eine engere Wahl genommene Bahnführungen vorgeschlagen hat. Allerdings konnten die Umweltverbände sowie der überwiegende Teil der Bürgerinitiativen von Ausbau-Gegnern nicht zu einer Teilnahme an diesem von der hessischen Landesregierung 1998 in Gang gesetzten Verfahren gewonnen werden. Die juristischen Auseinandersetzungen dauern auch in 2006 noch an, und so ist es zu erheblichen Verzögerungen beim Bau der neuen Rollbahn gekommen.
Die bislang gegebenen Beispiele betrafen Auswirkungen öffentlicher Proteste, welche gegen Unternehmen und deren Tätigkeit/ Vorhaben als Ganzes gerichtet waren. Als Anlässe für **Reaktionen auf produktbezogene Störfälle** seien hier beispielhaft mit dem Pestizid Bifenthrin im Jahr 2003 belastete Früh-Erdbeeren, die seit Jahren immer wieder gesundheitsbedrohlichen Auswirkungen von BSE durch den Verzehr von Rindfleisch sowie wegen der Verwendung bestimmter Weichmacher gesundheitsschädliches Plastik-Kinderspielzeug genannt.

- Mit einem der Umweltverträglichkeit mindestens gleich hohen Stellenwert ist als weiteres vorrangiges öffentliches Interesse die **Sicherheit und Schaffung von Arbeitsplätzen** zu nennen. Über die Perspektive einzelner Individuen hinaus, ihre Beschäftigungsverhältnisse erhalten oder solche wohnortnah finden zu wollen, geht es hier um die wirtschaftliche Balance von Lebensräumen.
  Der Erwerb und die Verwendung von Einkommen sind die beiden Seiten einer Medaille; so ist das Bestehen hinreichend guter Beschäftigungsmöglichkeiten die Voraussetzung für eine weitere **positive Entwicklung von Regionen**. Dann

werden sich Folgeeffekte dahingehend ergeben können, dass sich aufgrund einer guten Kaufkraft bei noch ausschöpfbarem Arbeitskräftepotenzial weitere Unternehmen – auch in vor- oder nachgelagerten Wirtschaftsstufen sowie im Handels- und Dienstleistungssektor – ansiedeln, so dass sich eine differenzierte und zukunftsfähige Wirtschaftsstruktur herausbildet.

Heute wird die Öffentlichkeit häufig durch folgende Entwicklungen mobilisiert: Fehlt es beim Arbeitsangebot an einem ausbaufähigen Grundstock oder gerät dieser durch **Unternehmensschließungen oder -verlagerungen** in Gefahr, dann kann die weitere Entwicklung schnell in eine Abwärtsentwicklung übergehen: Im Handels-, Dienstleistungs-, Gastronomie- und Freizeitbereich geht die Nachfrage dann ebenfalls zurück. Zu einem Ortswechsel bereite Fachkräfte wandern ab. Wegen ihres Weggangs und aufgrund der mittlerweile nachteiligen Infrastruktur des Standortes besteht keine hohe Attraktivität mehr zu Neuansiedlungen von Unternehmen. Hinzu kommt, dass bei einer insgesamt hohen Arbeitslosigkeit schließlich soziale Spannungen drohen, extreme politische Positionen am linken und rechten Rand des Meinungsspektrums bekommen verstärkten Zulauf.

Als Auslöser und **Beispiele** für derart verlaufende, ganze Regionen betreffende Niedergänge können das seinerzeitige Zechensterben im Ruhrgebiet oder der wesentlich durch das Wegbrechen früherer Ostmärkte verursachte Zerfall der Industrieregionen in den neuen Bundesländern angeführt werden.

Vom Gesamtangebot an Arbeitsplätzen gehen also wie von deren umweltbezogener Ausgestaltung erhebliche externe Effekte aus. Deshalb kommt es bei diesen Themen auch immer wieder zu Konflikten. Am Beispiel der Ausbaupläne zum Frankfurter Flughafen wurde dies bereits deutlich. Der Widerstreit von Ökonomie und Ökologie lässt sich mit der zum Bau des neuen Großraumjets AIRBUS A380 notwendigen Erweiterung des Flugzeugwerks in Hamburg-Finkenwerder als einem weiteren Fall aufzeigen: Hier geht es um über 1.500 neue Arbeitsplätze sowie um die langfristige Sicherung des Stellenwertes von Hamburg als drittwichtigstem Zentrum für den zivilen Flugzeugbau weltweit. Eine Reihe von Bürgerinitiativen und Anrainern kämpfte lange Zeit erbittert gegen die Ausweitung des Fabrikgeländes in das europäische Naturschutzgebiet „Elbe-Süßwasserwatt Mühlenberger Loch", welches verschiedenen Vogelarten als Brutstätte dient. Durch mehrere von ihnen vor dem Hamburger Oberverwaltungsgericht erwirkte Baustopps mussten die Arbeiten an den neuen Fertigungshallen mehrfach unterbrochen werden. Mit Beginn der Serienfertigung in 2006 hat Hamburg die Lieferung von Teilen des Rumpfes sowie der kompletten Innenausstattung und die Außenlackierung übernommen. Die Endmontage des neuen Großraumflugzeuges findet dann – mit den zwischenzeitlich eingetretenen Verzögerungen – im südfranzösischen Toulouse statt.

- Bei großen Neuansiedlungen oder Erweiterungen von Unternehmen wird es – wie die vorstehenden Beispiele gezeigt haben – zur Artikulation unterschiedlicher Interessen und zur Formierung hierauf bezogener Proteste kommen. Beim **Fortbestand von Unternehmen** stellt sich die Situation demgegenüber etwas anders dar: Wenn längerfristig gewachsenen Standorten das Aus droht, dann gerät die angesprochene wirtschaftliche Balance in Gefahr. Das Herausbrechen

wichtiger Teile aus dem gewohnten und akzeptierten Arbeits- und Lebenszusammenhang wird von den Bürgern als bedrohlich empfunden, und so erwächst meist ziemlich schnell eine breite und gegenüber den zuvor dargestellten Fällen recht **einheitliche Front gegen drohende Betriebsschließungen**. Bei solchen aus Erfahrung bekannten Kampagnen wird häufig auch eine Unterstützung durch kommunale oder staatliche Stellen zur Abwendung von Stilllegungsmaßnahmen eingefordert.
Als **Beispiel** für die hohe Empfindlichkeit von Bürgern gegenüber drohenden Schließungen von Betriebsteilen kann die Magnetschwebebahn TRANSRAPID genannt werden. Alle Vorhaben in Deutschland, über die Versuchsstrecke im Emsland hinaus den TRANSRAPID in einen kommerziellen Einsatz zu bringen, sind bisher gescheitert. Lediglich eine 31 Kilometer lange Referenzstrecke in Shanghai ist seit Ende 2003 in Betrieb. An den Produktionsstandorten insbesondere von THYSSENKRUPP kam es immer wieder zu Protestaktionen der Arbeitnehmer und Gewerkschaften aus Sorge um einen Verlust der Arbeitsplätze. Parallel hierzu wäre dies bei einer weiterhin fehlenden Nachfrage und der dadurch bedingten Schließung der Betriebe mit einem Verlust an Hochtechnologie-Wissen in Deutschland verbunden.

- Ein weiterer Anspruch richtet sich an bestehende Unternehmen in ihrer Funktion als wichtige Mitglieder öffentlicher Gemeinwesen. Unter der Bezeichnung Niveau sozialer Leistungen stehen hier vor allem Beiträge von Unternehmen für die Allgemeinheit im Mittelpunkt, die auch über unmittelbare Verbindungen zu deren eigentlicher Leistungserstellung hinausgehen.
  Damit sind also nicht nur den Arbeitnehmern freiwillig gewährte überdurchschnittlich gute Sozialleistungen gemeint (z.B. werkseigene Kinderhorte, Weiterbildungseinrichtungen oder Ferienheime). Zusätzlich dreht es sich hierbei um **weiter gehende gesellschaftliche Leistungsbeiträge**, die von finanzkräftigen Unternehmen erwartet oder erbeten werden. Die Möglichkeiten zu solchen, nicht allein auf originäre Bezugsgruppen abgestellten Engagements sind vielfältig: Unternehmen können beispielsweise **Projekte im Bildungs-, Kunst-, Gesundheits- oder Wohlfahrtsbereich** unterstützen, um ihrer Verantwortung für die Gemeinschaft im lokalen oder überregionalen Bereich Ausdruck zu verleihen (Corporate Citizenship).
- Die Zusammenstellung der Primärinteressen schließen wir auch für die Öffentlichkeit als externe Interessengruppe mit dem Merkmal der **Publizität** ab. Bei hierzu gesetzlich angehaltenen Unternehmen bilden deren Pflichtveröffentlichungen eine erste und i.d.R. schon recht fundierte Quelle für Informationen zur Geschäftstätigkeit und den hierauf bezogenen weiteren Entwicklungen/ Planungen. Über Unternehmen unterhalb der Publizitätsschwelle sind Basisinformationen dagegen sehr viel schwieriger erhältlich.

### (4) Verhaltenskonsequenzen für das Unternehmen

Wie können Unternehmen mit „ihrer“ Öffentlichkeit umgehen? Wie können sie sich in ihrem Verhalten auf deren Interessen einstellen? Der Systematik unserer Unternehmensträger-Profile folgend, werden hierzu in Rubrik ④ der Abbildung C-I-10 einige grundsätzliche Ansatzpunkte aufgezeigt.

- Als Überbau und als Rahmen für eine konsistente Kommunikation mit allen unternehmerischen Bezugsgruppen gilt es, eine positive und eindeutige Firmenpersönlichkeit aufzubauen sowie diese glaubhaft innerhalb und außerhalb eines Unternehmens zu vermitteln. Als vorgelagerte Basis der **Corporate Identity** (CI) ist die Unternehmensphilosophie anzusehen und ihre Umsetzung schlägt sich in der Unternehmenskultur nieder. Hierauf kommen wir in F.II.3. zurück.
  Die Kommunikation mit der Bevölkerung und ihren unterschiedlichen Gruppierungen fällt in den Bereich der **Public Relations** (PR), also der „öffentlichen Beziehungen" respektive der Öffentlichkeitsarbeit. Hier geht es um die Gestaltung der Kontakte mit den verschiedenen externen Anspruchsgruppen von Unternehmen und damit insbesondere auch um die Kommunikation mit der Öffentlichkeit. Wichtige Instrumente in diesem Zusammenhang sind vor allem Pressekonferenzen bzw. eine professionelle Medienarbeit (Anzeigen, Werbespots sowie Unternehmensdarstellungen in redaktionellen Berichten, Interviews etc.). Auch mit Werksführungen oder „Tagen der offenen Tür" können Eindrücke über die Unternehmenstätigkeit vermittelt werden. Und schließlich bieten sich hierzu Geschäftsberichte oder auch eigenständige Publikationen zu thematischen Schwerpunkten des unternehmerischen Leistungsspektrums an.
  Wenn, wie in Rubrik ③ angesprochen, weiter gehende gesellschaftliche Leistungsbeiträge erwartet und erbracht werden, dann geschieht dies häufig im Rahmen von **Sponsoring-Aktivitäten**. Allgemein versteht man hierunter die systematische Förderung von Individuen, Einrichtungen oder einzelnen Veranstaltungen im kulturellen, sportlichen, sozialen oder ökologischen Bereich durch Geld-, Sach- oder Dienstleistungen. Die Zielvorstellung ist dabei, dass sich die den geförderten Personen und Maßnahmen bzw. Veranstaltungen entgegengebrachte Sympathie auf den Sponsor überträgt. Insoweit wird es immer auch – beispielsweise über angestrebte Absatzsteigerungen – um wirtschaftliche Interessen gehen. Gerade bei Fördermaßnahmen im Sozial- und Ökologiebereich sollte demgegenüber der Ausdruck gesellschaftlicher Verantwortung aber regelmäßig im Vordergrund stehen. Insgesamt sollte es dem Unternehmen darum gehen, nachhaltig und überzeugend seine gesellschaftliche Verantwortung als „Good local citizen" wahrzunehmen.
- Ausgerichtet auf verschiedene Teilöffentlichkeiten lassen sich auf dieser inhaltlichen Basis **öffentlichkeitsrelevante Elemente** der Unternehmensentwicklung **in einer proaktiven Weise darstellen**. Bei der heutigen Vielfalt öffentlicher und veröffentlichter Meinungen ist eine selektive Informationspolitik kaum noch durchführbar und in jedem Fall mit großen Risiken verbunden. Wenn Unternehmen beispielsweise versuchen, über für die Allgemeinheit negative Auswirkungen ihrer Tätigkeit wider besseres Wissen nicht zu berichten, dann ist es i.d.R. nur eine Frage der Zeit, bis diese doch an das Licht der Öffentlichkeit gelangen. Der Versuch einer Geheimhaltung wiegt in einer derartigen Situation häufig schwerer als die tatsächlich eingetretenen umweltbezogenen Beeinträchtigungen – das Unternehmen hat dann seine Glaubwürdigkeit verspielt.

### *f. Staat*

In diesem Abschnitt gehen wir auf die Beziehungen zwischen einzelnen Unternehmen und dem Staat als externer Interessengruppe von Unternehmen ein (hierzu Abb. C-I-11).

Der Staat ist die gebietsbezogen definierte politische Organisation einer Gesellschaft, in dem als **verfasstes Gemeinwesen** die Willensbildung und -durchsetzung seiner Mitglieder auf einer rechtlich einheitlichen Basis stehen. Als Gesamtheit aller Personen seines Territoriums stellt der Staat in unserem Zusammenhang der Träger von Unternehmen den weitestreichenden Bezugsrahmen auf der nationalen Ebene dar – alle bislang diskutierten Anspruchs- und Interessengruppen sind Teile hiervon.

Unsere gesonderte Abgrenzung von Staat und Öffentlichkeit als eigenständige externe Bezugsgruppen hat folgende Gründe:

- Zwischen Unternehmen und dem Staat gibt es vielfältige und sehr direkte, auf unterschiedliche wirtschaftliche Güter gerichtete Beziehungen. Diese wurden bereits in B.II. im Überblick dargestellt.
- Die hierbei zu erbringenden Leistungen und Gegenleistungen werden durch Gesetzgebung, Verwaltung sowie Rechtsprechung begründet und stellen elementare Rahmenbedingungen für die Tätigkeit von Unternehmen dar.
- Das Zusammenwirken von Unternehmen und Staat verläuft sehr institutionalisiert und häufig bürokratisch; bei der Mittlerfunktion des Staates sind direkte Bezüge der Unternehmensleistungen für das Gemeinwesen vielfach nicht unmittelbar herstellbar respektive zu erkennen.
- Über die Regelungen „verfasster Gemeinwesen" hinaus kommt es deshalb zusätzlich zu den im letzten Unterabschnitt aufgezeigten Aushandlungsprozessen mit Teilen der allgemeinen Öffentlichkeit.
- Deren Abgrenzung kann damit als eher verhaltensorientiert begründet werden. Bei in zahlreichen Fällen zweifelsohne objektiven Auswirkungen der Tätigkeit von Unternehmen/ Organisationen auf betroffene Bürger geht es hier immer auch um diesen entgegengebrachte Einstellungen und hierauf bezogene Images.
- Im Hinblick auf den Staat steht dagegen eine Prozessorientierung der politischen Willensbildung im Vordergrund. Mit dieser Gesamtheit wird in unserem Zusammenhang auf den Normalfall gesellschaftlicher und wirtschafts- wie sozialbezogener Abläufe abgehoben.

#### (1) Arten staatlicher Institutionen

Die in Rubrik ① der Abbildung C-I-11 vermerkte Zusammensetzung des Staates als externe Interessengruppe von Unternehmen ergibt sich aus dem Aufbau der Bundesrepublik Deutschland: Geregelt durch das Grundgesetz (GG) als Verfassung unseres Staatswesens stellt sich dieses als parlamentarische Demokratie dar. Hierbei wird den Grundsätzen der Gewaltenteilung Rechnung getragen: Die gesetzgebende Gewalt (Legislative) obliegt dem Parlament, die vollziehende Gewalt (Exekutive) wird von Regierung und Verwaltung wahrgenommen, und die rechtsprechende Gewalt (Judikative) ist den Gerichten übertragen. Wegen des **födera-**

**len Staatsaufbaus** als Bundesstaat tritt zu dieser horizontalen noch eine vertikale Gewaltenteilung hinzu. Diese erstreckt sich über den Bund und seine 16 Länder (13 Flächenstaaten und 3 Stadtstaaten) sowie deren Untergliederung in einzelne Landkreise, Städte und Gemeinden.

| | |
|---|---|
| ① **Wer?** | ***Externe Interessengruppe/ Satellitengruppe:***<br>**Bund und Länder mit Landkreisen, Städten/ Gemeinden**<br>**– Gesetzgebung, Verwaltung, Rechtsprechung**<br>**– Politische Parteien** |
| ② **... gibt was?** | ***Beiträge*** **als** ***Leistungen*** **der Satellitengruppe Staat für das Unternehmen und seine Entwicklung:**<br>**– Infrastruktur, Rechtssystem, öffentliche Sicherheit und Ordnung** |
| ③ **... will was dafür?** | ***Primäre Interessen/ Anreize*** **der Satellitengruppe Staat für eine Unterstützung/ positive Begleitung des Unternehmens:**<br>**– Steuereinnahmen**<br>**– Unternehmenserfolg/ Rentabilität/ Wettbewerbsfähigkeit**<br>**– Fortbestand des Unternehmens**<br>**– Sicherheit und Schaffung von Arbeitsplätzen**<br>**– Umweltverträglichkeit**<br>**– Beiträge zu Wissenschaft und Kultur**<br>**– Publizität** |
| ④ **Was tut das Unternehmen dafür?** | ***Verhaltenskonsequenzen und -parameter*** **für das Unternehmen im Hinblick auf:**<br>• ***Individuum*** **als Interessengruppenmitglied und** ***Interessengruppe*** **insgesamt:**<br>  **– Direkte und indirekte (Verbände) Teilnahme an der politischen Willensbildung**<br>  **– Erbringen weiter gehender gesellschaftlicher Leistungsbeiträge**<br>• **Ausrichtung des** ***Gesamtunternehmens*****:**<br>  **– Ansiedlungs- oder Erweiterungsentscheidungen nach Infrastruktur, verfügbaren Arbeitskräften und Steuer- sowie Fördermittelkonditionen** |

**Abb. C-I-11:** Unternehmensträger-Profil: Staat

Im Artikel 21 GG wird zu den **Parteien** bestimmt, dass diese bei der politischen Willensbildung des Volkes mitwirken. Als Vereinigungen von Bürgern, die hierauf dauernd oder für längere Zeit Einfluss nehmen und an der parlamentarischen Volksvertretung teilnehmen wollen, rechnen wir auch die politischen Parteien zum Staat als externer Gruppe von Unternehmensträgern. Gerade Parteien und ihre Vertreter stehen nicht selten in engen Beziehungen zu Unternehmen.

### (2) Beiträge des Staates

Welche Beiträge erbringt der Staat für die Unternehmen und ihre Entwicklung? Nach der Darstellung der güterwirtschaftlichen Beziehungen dieser beiden Wirtschaftssektoren in B.II. kann hierzu eine kurz gefasste Antwort gegeben werden. Wie in Rubrik ② des Unternehmensträger-Profils für den Staat in Abbildung C-I-11 vermerkt, sind als dessen wesentlichste Leistungen für Unternehmen die Bereitstellung der verkehrs-, energie- und nachrichtenbezogenen **Infrastruktur** respektive deren Regulierung in öffentlichem Interesse, das **Rechtssystem** als solches sowie die Gewährleistung der **öffentlichen Sicherheit und Ordnung** anzusehen.

### (3) Primärinteressen des Staates

Die von Seiten des Staates an Unternehmen gerichteten primären Interessen lassen sich ebenfalls durch vorangegangene Ausführungen erschließen; wir haben hierzu in Rubrik ③ der Abbildung C-I-11 folgende Punkte zusammengestellt:

- Als vordringliches Interesse der öffentlichen Hand kann die **Erzielung von Steuereinnahmen** herausgestellt werden. Mit einem Anteil von über 80% stellen diese den wichtigsten Einnahmeposten von Bund, Ländern und Gemeinden zur Deckung ihrer Ausgaben dar. Steuern sind nach § 3 Abgabenordnung (AO) Geldleistungen, die nicht eine Gegenleistung für eine besondere Leistung darstellen und die von einem öffentlich-rechtlichen Gemeinwesen zur Einnahmenerzielung allen auferlegt werden, die unter den jeweils festgelegten gesetzlichen Leistungssachverhalt fallen.
  Für 2005 war in Deutschland ein **Gesamtsteueraufkommen** von 452,1 Mrd. EUR zu verzeichnen (incl. 3,4 Mrd. EUR Zölle). Die größten Einzelaufkommen entfielen dabei auf die Steuern vom Umsatz (Umsatzsteuer/ Einfuhrumsatzsteuer: 31%), die Lohnsteuer/ veranlagte Einkommensteuer (28,5%) und die Mineralölsteuer (8,9%).
  Nach den Regelungen in Art. 106 GG zur Steuerertragshoheit ist zwischen Bundes-, Länder-, Gemeinde- und Gemeinschaftssteuern zu unterscheiden:
  - Dem **Bund** stehen unter anderem eine Reihe von Verbrauchsteuern (z.B. Tabaksteuer), die Versicherungsteuer als Kapitalverkehrsteuer, die Ergänzungsabgabe zur Einkommen- und Körperschaftsteuer (Solidaritätszuschlag) ausschließlich zu. Das gesamte Bundes-Aufkommen 2005 betrug 83,5 Mrd. EUR.
  - Direkte **Ländersteuern** stellen beispielsweise die Kraftfahrzeug- und die Erbschaftsteuer sowie ebenfalls einige Verbrauchsteuern (z.B. Biersteuer) dar. Die Ländersteuern beliefen sich in 2005 auf 20,6 Mrd. EUR.
  - Als den **Gemeinden** zustehende Steuern sind vor allem die Grund- und die Gewerbesteuer zu nennen. 2005 kamen insgesamt 36,7 Mrd. EUR an Gemeindesteuern auf.
  - **Gemeinschaftlich** dem Bund, den Ländern und teilweise auch den Gemeinden stehen die Aufkommen der Lohn-/ Einkommensteuer, der Körperschaft-

und der Umsatzsteuer zu. Dieser „größte aller Steuertöpfe“ hatte 2005 ein Volumen von 307,9 Mrd. EUR.

Auf der Basis dieser Ausgangsdaten ist nach Art. 107 GG und dem Gesetz über den Finanzausgleich zwischen Bund und Ländern (FinanzausgleichsG – FAG) ein angemessener, die unterschiedliche Finanzkraft der Länder und den Finanzbedarf der Gemeinden berücksichtigender Ausgleich der Gemeinschaftssteuern vorzunehmen.
Nach dem Finanzausgleich ergibt sich folgende Verteilung der Steuereinnahmen für 2005: Der Bund erhielt 190,2 Mrd. EUR, die Länder bekamen 180,4 Mrd. EUR, die Gemeinden hatten Einnahmen von 59,8 Mrd. EUR, und an die Europäische Union wurden (hier nicht näher erläutert) 21,7 Mrd. EUR abgeführt.
Als Relation des gesamtwirtschaftlichen Steueraufkommens zum nominalen Bruttoinlandsprodukt (Wirtschaftsleistung in jeweiligen Preisen; für 2005: 2.244 Mrd. EUR) ergibt sich die **volkswirtschaftliche Steuerquote** (für 2005: 20,1%).
Die für eine Gesamtbeurteilung der Aktivitäten des staatlichen Bereichs maßgebliche Größe ist die **Staatsquote**. Hier werden die gesamten Staatsausgaben (Bund, Länder, Gemeinden, Sondervermögen und Sozialversicherung) in Beziehung zum nominalen Bruttoinlandsprodukt gesetzt (für 2005: 46,7%). Neben den Ausgaben des Staates für Güter und Dienste, die verwendungsseitig in die Berechnung des Bruttoinlandsprodukts eingehen, werden bei diesem Vergleich also auch alle Transferzahlungen und gewährten Subventionen sowie die Zinszahlungen der öffentlichen Hand auf das Bruttoinlandsprodukt bezogen, ohne dass diese Größen direkte Bestandteile desselben darstellen. Die hiervon ausgehenden Wirkungen schlagen sich allerdings über das verfügbare Einkommen in den Konsum- und Investitionsausgaben des privaten Sektors nieder. Die Staatsquote ist damit zwar eine „unechte Quote“; nicht alle Teilmengen des Zählers sind auch im Nenner enthalten. Ordnungspolitisch kann diese aber sinnvoll als Anteil der vom Staat kontrollierten gesamtwirtschaftlichen Finanzierungsströme interpretiert werden.

- Die in Rubrik ③ der Abbildung C-I-11 als nächstes aufgeführten Primärinteressen des Staates gegenüber Unternehmen stellen sich als Ableitungen aus der Eingangskategorie, Steuereinnahmen zu erzielen, dar: Erfolge der Unternehmen und damit die **Erzielung von Gewinnen** respektive eine gute Rentabilität sind wichtige Voraussetzungen hierzu und sichern zugleich die Wettbewerbsfähigkeit der Unternehmen. Ist dies gegeben, dann kommt als weitere Folgerung – auch unter der Zielsetzung einer stabilen Wirtschaftsstruktur – das staatliche Interesse am **Fortbestand der Unternehmen** hinzu. Und mit der Gesamtintention der **Sicherheit und Schaffung von Arbeitsplätzen** wird neben der rechtlich-organisatorischen Ebene der Unternehmen (Eigentümer/ Eigenkapital-Geber und leitende Manager als deren Stellvertreter) die dritte interne Anspruchsgruppe, die Arbeitnehmer, explizit in die Interessenlage der öffentlichen Hand einbezogen. Die Beschäftigung in Unternehmen stellt die wichtigste Einkommensquelle der privaten Haushalte dar. Kommt es durch Unternehmenszu-

sammenbrüche oder Produktionsstättenverlagerungen ins Ausland wegen unattraktiver Standortbedingungen bei gleichzeitig ausbleibenden Unternehmensneugründungen zu einer gesamtwirtschaftlichen Schieflage, dann hat dies für den Staat enorme Steuerausfälle bei gleichzeitig steigenden Transferzahlungen wegen zunehmender Arbeitslosigkeit zur Folge.
Dabei stellt sich zusätzlich das Problem von grundlegenden **Wandlungen in der Wirtschaftsstruktur**: Der Staat steht hier vor der Aufgabe, in „Sunrise-Industrien" (z.B. Informations- und Kommunikationstechnologie, Biotechnologie) über Fördermaßnahmen „Starthilfe" zu leisten und gleichzeitig den Niedergang von „Sunset-Industrien" (z.B. Bergbau, Schiffbau) über zeitlich befristete Subventionen auf ein sozialverträgliches Maß „abzufedern".
Eine neuere Entwicklung geht dahin, dass der Staat **Wachstumsindustrien und -technologien** gezielt dadurch unterstützt, dass regionale Ansiedlungsschwerpunkte gebildet werden. Dies erfolgt insbesondere durch die gezielte Vergabe von Fördermitteln und die Bereitstellung von Infrastruktur z.B. in den Bereichen Verkehr und Forschungsinstitutionen. Hierdurch werden Standortfaktoren für Unternehmen vom Staat direkt beeinflusst. Diese **regionalen Cluster** sollen sich wie Gravitationszentren als Magnete auswirken. Dies bedeutet, dass neben der gezielten Ansiedlung entsprechender Unternehmen vor allem auch Zulieferer und Dienstleister angezogen werden. Durch die dort beschäftigten Führungskräfte und Mitarbeiter und deren intensive Kommunikation entstehen Wissenscluster als regionale Technologie- und Kompetenzzentren. Beispiele sind die Ansiedlung der Chipindustrie in Dresden, der Biotechnologie in Martinsried bei München und der Automobilindustrie in Leipzig, die auf nationaler Ebene „Leuchttürme" bilden.

- Wegen der bereits im vorangegangenen Unterabschnitt angesprochenen Schwierigkeit einer Preisermittlung bei Umweltgütern sind hierzu gesetzliche Regelungen notwendig. Damit verfolgt der Staat als politische Organisation der Gesamtgesellschaft das Interesse einer hohen **Umweltverträglichkeit von Produktionsverfahren und Produkten**. Hierbei ist erneut ein schwieriger Ausgleich zu leisten: Im Sinne einer nachhaltigen Entwicklung geht es darum, Wirtschaftswachstum, soziale Sicherheit und den Schutz der natürlichen Lebensgrundlagen in Einklang zu bringen.
Ab dem Beginn einer verstärkten Thematisierung von umweltpolitischen Problemen in den 70er Jahren hat sich in dem seit dieser Zeit herausgebildeten **Umweltrecht** eine große Regelungsvielfalt ergeben. Die Anzahl von Rechts- und Verwaltungsvorschriften im Umweltbereich beträgt gegenwärtig ca. 1.300 auf der Bundesebene und jeweils etwa 500 in den einzelnen Bundesländern. Als Beispiele hierzu können folgende wichtige Gesetze angeführt werden:

  - Bundesnaturschutzgesetz (BNatSchG)
  - Bundes-Immissionsschutzgesetz (BImSchG)
  - Gesetz über die Umweltverträglichkeitsprüfung (UVPG)
  - Kreislaufwirtschafts- und Abfallgesetz (KrW-/AbfG).

Bislang stellt sich das Umweltrecht als relativ unsystematisches, historisch gewachsenes Nebeneinander verschiedener Vorschriften dar. Eine Vielzahl umzusetzender europäischer Richtlinien verstärkt diese Entwicklung. Zur Aufhebung dieser Zersplitterung sowie zur Beseitigung bestehender Wertungswidersprüche ist die Schaffung eines Umweltgesetzbuches beabsichtigt. Mit der damit bewirkten Vereinheitlichung und Vereinfachung des Umweltrechts soll ein **ökologischer Rechtsrahmen für die soziale Marktwirtschaft** geschaffen werden. An diesem Gesetzeswerk wird seit 1992 gearbeitet. Der von einer unabhängigen Sachverständigenkommission im September 1997 vorgelegte und durch das BUNDESMINISTERIUM FÜR UMWELT, NATURSCHUTZ UND REAKTORSICHERHEIT im Jahr 1999 überarbeitete Entwurf eines Allgemeinen Teils (Erstes Buch), der allgemeine Rechtsgrundsätze des Umweltrechts enthält, bedarf aber zur erfolgreichen Umsetzung einer Erweiterungen der konkurrierenden Gesetzgebungskompetenzen des Bundes. Dies ist Voraussetzung, um mit der integrierten Vorhabensgenehmigung – also der Bündelung der Entscheidungskompetenz für das Umweltrecht betreffende Vorhaben bei einer zentralen Stelle – die Zielsetzung einer Vereinheitlichung, Vereinfachung und Modernisierung des Umweltrechts zu erreichen. Bis diese verfassungsrechtliche Grundlage geschaffen ist, sind die inhaltlichen Arbeiten am Umweltgesetzbuch eingestellt. Auch der Besondere Teil (Zweites Buch) mit speziellen Regelungen zu einzelnen Umweltmedien und Umwelteinwirkungen wird somit nicht weiter entwickelt. Die auf europäischer Ebene beschlossenen Richtlinien werden so zunächst durch eine Artikelgesetzgebung in nationales Recht übertragen und verschärfen damit die Zersplitterung des deutschen Umweltrechts.

- Als weiteres, an Unternehmen von Seiten des Staatssektors gerichtetes Primärinteresse haben wir die Erbringung von **Beiträgen zu Wissenschaft und Kultur** aufgeführt. Hiermit erfolgt ein Rückbezug zu dem im vorangegangenen Unterabschnitt behandelten Interesse der Öffentlichkeit an **sozialen Leistungen von Unternehmen für die Allgemeinheit**. Dessen Ableitung geschieht jetzt allerdings aus einer anderen Perspektive: Bei dem Ziel, über eine Ausgabensenkung den staatlichen Einfluss auf die Wirtschaft zu reduzieren und auf diese Weise eine stärker privatwirtschaftlich getragene Beteiligung zu erreichen, sind für zahlreiche, früher als öffentliche Aufgaben angesehene Vorhaben **neue Finanzierungsformen** zu finden.

  Als **Public Private Partnership** (PPP) bietet sich hier die Zusammenarbeit zwischen öffentlicher Hand und Unternehmen an. Solche Kooperationen haben seit der zweiten Hälfte der 80er Jahre stark an Bedeutung gewonnen, beispielsweise im Wissenschafts- und Bildungsbereich, bei der Positionierung von Kommunen (Stadt-/ Citymarketing) und im Städtebau oder in der Kulturförderung.

  Um ein **Beispiel** für ein Public Private Partnership-Projekt zu geben, kann kurz die 1999 gestartete INITIATIVE D21 – AUFBRUCH INS INFORMATIONSZEITALTER angesprochen werden: Unter der Schirmherrschaft des damaligen Bundeskanzlers GERHARD SCHRÖDER arbeitete hier das BUNDESMINISTERIUM FÜR BILDUNG UND FORSCHUNG (BMBF) mit unterschiedlichen Verbänden, Vereinen und etwa 200 privatwirtschaftlichen Unternehmen aus verschiedenen Branchen an einer Reihe von Projekten zusammen. Diese Organisation stellt eines der größten Public Private Partnership-Projekte Deutschlands dar. Das Engagement der Ini-

tiative konzentriert sich auf die vier Schwerpunktthemen Wachstum und Wettbewerbsfähigkeit, IT im Gesundheitswesen sowie Bildung, Qualifikation und Chancengleichheit und E-Government, Sicherheit und Vertrauen im Internet. Nach einer Neuausrichtung zu Beginn des Jahres 2004 verlagert sich die Gewichtung der Arbeit weg von der reinen Verbesserung der informationstechnologischen Infrastruktur hin zu einer Betonung des sich ergebenden Nutzens für die Bevölkerung. Als ein Ergebnis des bisherigen Mitwirkens der Industrie in dieser Initiative kann die Übernahme von über 20.000 Schulpatenschaften in den letzten Jahren genannt werden. So wurden von dieser Seite unter anderem Pauschalrabatte für Bildungseinrichtungen, eine Gebrauchtgerätebörse, Einheiten zur Lehrerschulung und Unterrichtsmaterialien sowie ein Innovationspreis für Schulen mit Vorreiterfunktion in die Kooperation eingebracht.
- Das öffentliche Bekanntsein, also die **Publizität** wichtiger Komponenten der Rechnungslegung und Geschäftsentwicklung von Unternehmen dient auch dem Staat gerade bei Großkonzernen zumindest als zusätzliche und ergänzende Informationsquelle. Über vorgeschriebene Angaben zur amtlichen Statistik, eingereichte Bilanzen und die notwendigen Einzelheiten bei öffentlichen Anträgen hinaus kann über Pflichtveröffentlichungen von Unternehmen eine Abrundung der hierauf bezogenen behördlichen Einschätzungen erfolgen. Von daher ist also auch für die öffentliche Hand von einem Interesse an der Publizität von Unternehmen auszugehen.

**(4) Verhaltenskonsequenzen für das Unternehmen**

Die aus der beschriebenen staatlichen Interessenlage für Unternehmen folgenden Verhaltenskonsequenzen können – unter Einbeziehung der Ausführungen zu anderen Unternehmensträger-Gruppen – allgemein gehalten werden.

Mit Blick auf die einzelnen Gebietskörperschaften haben wir in Rubrik ④ der Abbildung C-I-11 folgende Schlussfolgerungen gezogen:

- Zur Vertretung der Interessen von Unternehmen ist in unserem parlamentarischen und föderativen Staatswesen eine aktive **Teilnahme an der politischen Willensbildung** notwendig. Diese kann direkt und persönlich von Eigentümern/ Eigenkapital-Gebern und leitenden Managern mit der zusätzlichen Übernahme von Funktionen im politischen Bereich oder indirekt über die verschiedenen Unternehmensverbände wahrgenommen werden. Unternehmer und obere Führungskräfte sind im Vergleich zu anderen Berufsgruppen aber relativ selten in Landtagen oder im Bundestag vertreten. Im Vergleich hierzu deutlich häufiger und stärker wird Lobbyarbeit auf Verbandsebene durchgeführt.
- Gesondert hiervon haben wir noch einmal das **Erbringen weiter gehender gesellschaftlicher Leistungsbeiträge** herausgestellt, und zwar nach dem Grundsatz: Eigentum verpflichtet. Sein Gebrauch soll zugleich dem Wohle der Allgemeinheit dienen. Diese beiden Sätze aus Art. 14 GG können als Hintergrund dieser Verhaltenskonsequenz angesehen werden. In einem marktwirtschaftlichen System kommt dem Sektor der Unternehmen als maßgeblichem Anbieter von Arbeit gegenüber den Haushalten und dem Staat zweifelsohne eine wichtige Rolle zu. Als Teil des gesamten Gemeinwesens sind hier bei den in erster

Linie ökonomisch zu fundierenden Entscheidungen aber auch deren außerökonomische Wirkungen mit zu berücksichtigen bzw. in dieser Richtung zusätzliche und ergänzende Aktivitäten zu entfalten.

Bezogen auf die gegenüber der öffentlichen Hand einzunehmende Gesamtausrichtung von Unternehmen steht die gerade angesprochene ökonomische Fundierung allerdings im Vordergrund:

- Mit seinem dreigeteilten System aus Gesetzgebung, Verwaltung und Rechtsprechung setzt der Staat die Rahmenbedingungen für die unternehmerische Leistungserstellung. Außer aufgrund von Marktgesichtspunkten (Nähe zum Beschaffungs- und/ oder Absatzmarkt) und dem Potenzial verfügbarer Arbeitskräfte sind **Ansiedlungs- oder Erweiterungsentscheidungen** von Unternehmen damit vor allem auch nach der verfügbaren Infrastruktur sowie den regionalen Steuer- und Fördermittelkonditionen zu treffen.
- Die im internationalen Vergleich in Deutschland höhere Unternehmensbesteuerung hat zusammen mit hohen Faktorkosten insbesondere durch die Lohnnebenkosten bzw. Personalzusatzkosten (2005: knapp 78% des Direktentgeltes in Westdeutschland) in den letzten Jahren dazu geführt, dass immer mehr Unternehmen **Standortverlagerungen** von Produktionsstätten in Niedriglohn- und -steuerländer in Osteuropa erwägen oder bereits durchgeführt haben. Beispiele für diese Entwicklung sind Firmen wie VW, BOSCH, AUDI und CONTINENTAL. Hier besteht Handlungsbedarf des Staates. Ein selektiver Ansatz ist die staatliche Förderung von Unternehmen im Bereich der Spitzentechnologie, z.B. der Mikroelektronik oder Nanotechnologie, um eine entsprechende nationale High-Tech-Kompetenz gekoppelt mit qualifizierten Arbeitsplätzen aufzubauen und somit eine Abwanderung in das Ausland zu verhindern. Der umfassendere Ansatz findet sich in Konzepten wie der AGENDA 2010 und seinen Fortentwicklungen wieder. Hier werden neben wirtschaftlichen Faktoren wie der Reduzierung von Steuer- und Abgabenlast auch sozial- und arbeitsmarktpolitische Aspekte betrachtet.

### g. Konkurrenten

Mit den beiden zuletzt dargestellten Gruppen von Unternehmensträgern konnte aus einer übergeordneten Perspektive eine Integration der zuvor besprochenen Anspruchs- und Interessengruppen geleistet werden. Dabei ist eine mit Unternehmen in direkten Beziehungen stehende Gruppe bislang allerdings noch nicht explizit behandelt worden: Die Konkurrenten als **andere Unternehmen der gleichen Branche**.

Von dieser Gruppe gehen ganz wesentliche Einflüsse auf die Führung von Unternehmen aus. Immer gilt es, im Marktdreieck mit seinen Segmenten Kunden, Konkurrenten und eigenes Unternehmen ein wettbewerbsfähiges Angebot von Produkten oder Dienstleistungen zu positionieren. Mit unseren anwendungs- und prozessorientierten Grundlagen der Betriebswirtschaftslehre wollen wir insgesamt Ansätze zur Lösung dieser Grundaufgabe vermitteln. Konkurrenten sind dabei Wettbewerber respektive Mitbewerber um die gleichen Kunden.

In diesem Unterabschnitt gehen wir kurz auf das Interesse von Konkurrenten an anderen Unternehmen und damit an ihren Wettbewerbern ein. Dabei wird deutlich, dass auch dieser Satellitengruppe eine Unternehmensträger-Funktion zukommt. Die Abbildung C-I-12 enthält abschließend zu den vorgestellten Unternehmensträgern das Profil für die Gruppe der Konkurrenten. In Konkurrenz stehen Unternehmen, die auf ihrem Markt als dem ökonomischen Ort des Austauschs von Gütern aufeinander treffen.

| | |
|---|---|
| ① **Wer?** | ***Externe Interessengruppe/ Satellitengruppe:***<br>**Andere Unternehmen der gleichen Branche** |
| ② **... gibt was?** | ***Beiträge* als *Leistungen* der Satellitengruppe Konkurrenten für das Unternehmen und seine Entwicklung:**<br>– **Wettbewerb als innovative Triebkraft für die Weiterentwicklung der Unternehmen** |
| ③ **... will was dafür?** | ***Primäre Interessen/ Anreize* der Satellitengruppe Konkurrenten für eine Stabilisierung der Marktstruktur des Unternehmens:**<br>– **Abgrenzung von Wettbewerbern**<br>– **Relative Marktmacht**<br>– **Fairer Wettbewerb**<br>– **Unter Umständen Fortbestand des Konkurrenzunternehmens**<br>– **Häufig Kooperation auf branchenpolitischer Ebene** |
| ④ **Was tut das Unternehmen dafür?** | ***Verhaltenskonsequenzen und -parameter* für das Unternehmen im Hinblick auf:**<br>• ***Individuum* als Interessengruppenmitglied und *Interessengruppe* insgesamt:**<br>  – **Verhaltensbestimmung: Stärkere Konfrontation oder Kooperation in Abhängigkeit von Marktsituation und Unternehmensperspektiven**<br>• **Ausrichtung des *Gesamtunternehmens*:**<br>  – **Abheben von Konkurrenten durch Herausbilden von Alleinstellungsmerkmalen**<br>  – **Eingehen strategischer Allianzen oder Joint Ventures** |

**Abb. C-I-12:** Unternehmensträger-Profil: Konkurrenten

### (1) Arten von Konkurrenten

Aus diesem Blickwinkel erschließt sich weiter, dass zur Beurteilung der Konkurrenzsituation eines Unternehmens zunächst die gesamte **Anzahl der Marktteilnehmer** auf der Anbieter- wie auch auf der Nachfragerseite von Bedeutung ist. Nach der **volkswirtschaftlichen Marktformenlehre** werden hier jeweils drei Klassen abgegrenzt: ein großer Akteur – wenige mittelgroße Wirtschaftssubjekte –

viele kleine Marktteilnehmer. Bezieht man diese Ausprägungen aufeinander, ergeben sich neun grundlegende Marktformen, und bei einer tieferen Klassifikation lässt sich diese Matrix-Darstellung auf 20 verschiedene Marktformen erweitern.

Für den Fall, dass die Nachfrageseite generell mit vielen Marktteilnehmern besetzt ist, ergeben sich aus der Variation der Anbieterzahl die drei grundlegenden Marktformen des **Monopols** (ein großer Anbieter), des **Oligopols** (wenige mittelgroße Anbieter) und des **Polypols** (viele kleine Anbieter). Diese Begriffe gehen als Zusammensetzungen auf die griechischen Worte für „allein, wenige, viele" und „verkaufen" zurück.

In den entgegengesetzten Fällen einer Variation der Nachfrageranzahl bei generell vielen Anbietern kommt es aus dem griechischen Wortbestandteil für „kaufen" zu anderen Begriffsendungen: Das Monopson (ein großer Nachfrager) wird vom Oligopson (wenige mittelgroße Nachfrager) abgegrenzt. Teilweise finden hier auch die zuerst genannten Begriffe mit einem die Fokussierung der Nachfrageseite kennzeichnenden Zusatz Verwendung: Es wird von Nachfragemonopol und -oligopol gesprochen. Die dritte Möglichkeit, dass viele Nachfrager vielen Anbietern gegenüberstehen, ergibt wieder die Marktform des Polypols; wegen der gleichen Anzahl von Marktteilnehmern auf beiden Seiten wird auch vom bilateralen Polypol gesprochen.

In gleicher Weise resultiert für die Konstellation jeweils eines großen Akteurs auf beiden Seiten die Bezeichnung bilaterales Monopol; wenn wenige mittelgroße Anbieter einer ebensolchen Anzahl von Nachfragern gegenüberstehen, dann spricht man von einem bilateralen Oligopol.

Bei den beiden noch fehlenden Feldern des neunteiligen Marktformenschemas richten sich die gewählten Begriffsendungen nach der Ursprungsform, die eine Einschränkung erfährt: Trifft ein großer Anbieter nicht auf viele kleine Nachfrager (Monopol), sondern auf wenige mittelgroße, liegt ein beschränktes Monopol vor. Und wenn sich ein großer Nachfrager nicht vielen kleinen Anbietern (Monopson), sondern wenigen mittelgroßen gegenübersieht, dann wird dies als beschränktes Monopson (z.T. auch als beschränktes Nachfragemonopol) bezeichnet.

Neben der Anzahl der Marktteilnehmer ist der **Grad der Marktvollkommenheit** der zweite wichtige Parameter für eine Abschätzung der Konkurrenzintensität. Bei Erfüllung der schon in A.II.1. angesprochenen Bedingungen (Ökonomisches Prinzip als Handlungsgrundlage beider Marktparteien/ Homogenität der Güter/ Fehlen von Präferenzen/ Vollständige Markttransparenz/ Unendliche Reaktionsgeschwindigkeit) liegt ein vollkommener Markt vor. Damit gelten die neoklassischen Preisbildungsmechanismen der Nationalökonomie.

Im Fall des auch als **vollkommene Konkurrenz** bezeichneten **Polypols** unterliegen die Anbieter dem Preisbildungsmechanismus auf dem Markt, ohne dass sie hierauf einen direkten Einfluss nehmen können; bei Variationen des Preises verlieren sie ihre Nachfrage komplett (Preissteigerung), oder sie ziehen die gesamte Nachfrage auf sich (Preissenkung) und können diese dann nicht befriedigen. So verhält sich der einzelne Anbieter bei vollkommener Konkurrenz als **Mengenanpasser**; zum vorgegebenen Marktpreis setzt er die zu produzierende und zu verkaufende Menge an Gütern fest. Ähnliches gilt auch bei **oligopolistischen Struk-**

**turen** auf vollkommenen Märkten. Und in einem **Monopol** kann der große Anbieter **den Preis autonom bestimmen**.

Die Vollkommenheit der Märkte scheitert in der Realität vor allem bereits an der Homogenitätsbedingung für die gehandelten Güter und Dienstleistungen. Diese sind i.d.R. nicht gleichartig und damit nicht völlig substituierbar. Vielmehr wird es der – auch und gerade von den Anbietern angestrebte – Normalfall sein, dass bei einer auf die Grundfunktionen bezogenen Ähnlichkeit zusätzlich differenzierende Merkmale vorliegen, so dass die Güter heterogen und allenfalls begrenzt substituierbar sind.

**(2) Beiträge der Konkurrenten**

Mit dieser Hinführung können wir zu den generellen Beiträgen/ Leistungen der Satellitengruppe Konkurrenten für ein Unternehmen übergehen. In Rubrik ② der Abbildung C-I-12 haben wir hierzu herausgestellt: Wettbewerb als innovative Triebkraft für die Weiterentwicklung der Unternehmen.

Im Polypol bei heterogenen Gütern respektive unvollkommenen Märkten spricht man von monopolistischem Wettbewerb. Mit dieser Begriffsfassung wird darauf abgehoben, dass die Anbieter über Neuerungen und Weiterentwicklungen bei Produkten und Verfahren sowie durch präferenzpolitische Maßnahmen (Werbung, Service etc.) bestrebt sind, ihre Marktleistungen von denen der Konkurrenz abzuheben, um so zumindest vorübergehend mit einem **monopolistischen Spielraum** agieren zu können. Dieser wird allerdings durch in die gleiche Richtung zielende Anstrengungen der Wettbewerber über die Zeit wieder reduziert, und so sind die Unternehmen zu immer neuen Produkt- und Verfahrensinnovationen gezwungen, wollen sie sich nicht der Situation vollkommener Konkurrenz aussetzen.

Diese Wettbewerbsdynamik wurde zuerst von JOSEPH ALOIS SCHUMPETER (1883 – 1950) umfassend herausgearbeitet. Dem von der neoklassischen Modelltheorie unterstellten Streben nach einem stabilen Gleichgewichtszustand stellte er die im Grundsatz bereits durch ADAM SMITH (1723 – 1790) vertretene Auffassung des Marktes als einem **Prozess der schöpferischen Zerstörung** gegenüber. Dabei war SCHUMPETER zudem davon überzeugt, dass der Konkurrenz unterschiedlicher Leistungsqualitäten und Produktionsverfahren eine gegenüber der Preiskonkurrenz größere Bedeutung zukommt. **Dynamische Unternehmer** setzen mit intensiven Forschungs- und Entwicklungsbemühungen als Innovationen neue Kombinationen – beispielsweise neue Produkte und Dienstleistungen, Herstellungs-, Transport- und Kommunikationsmethoden oder auch neue Beschaffungs- und Vertriebswege, Organisationsformen und Marktstrukturen – gegen den bisherigen Standard durch. Deren Erfolge ziehen Nachahmer an, und so kommt es in der Folge doch wieder zu einem stärkeren Preiswettbewerb; der innovative „Trendsetter“ verliert seine monopolähnliche Stellung und bei einem günstiger werdenden Preis-Leistungs-Verhältnis kann sich das neue Angebot auf breiter Front durchsetzen.

Die Bedeutung von Innovationen im nationalen und globalen Wettbewerb macht letztlich auch einen veränderten Unternehmer- und Führungskrafttypus erforderlich. Bisher dominierte die Vorstellung des vollkommen rational kalkulierenden und agierenden **„homo oeconomicus“**, der das mit jeder Neuerung verbundene Risiko eher scheute. In einem erweiterten Managerprofil wird in stärkerem Maße ein **„homo creativus“** benötigt, der Chancen und Risiken von Innovationen abwägt und investiert. Diese Philosophie entspricht heute der nationalen Gründerwelle.

In der Unternehmenspraxis kommt es allerdings häufig zu Bestrebungen, sich dem als unangenehm empfundenen Konkurrenzdruck zu entziehen. Über ein auch durch Kooperationen oder Fusionen erreichtes Größenwachstum wird beispielsweise eine bedeutende Marktstellung angestrebt, so dass die Erfolgsaussichten für Angriffe durch Konkurrenten tendenziell abnehmen (siehe hierzu H.). Richten sich solche Tendenzen auf eine Marktbeherrschung, bei der es langfristig zu einer Ausschaltung des Leistungswettbewerbs käme, dann ist dem durch Recht und Gesetz entgegenzuwirken. Diesem Zweck dienen in Deutschland die Regelungen des **Gesetzes gegen Wettbewerbsbeschränkungen** (GWB), die ein Kartellverbot und eine differenzierte Missbrauchsaufsicht vorsieht. Lediglich in den Bereichen Mittelstand und Landwirtschaft besteht die Möglichkeit zu Kartellen (§ 3, § 28 GWB).

**(3) Primärinteressen der Konkurrenten**

Welche Primärinteressen haben Konkurrenten gegenüber einem Unternehmen, also gegenüber einem Mitbewerber? Vor dem Hintergrund der bisherigen Ausführungen treffen wir hierzu in Rubrik ③ des Konkurrenten-Profils C-I-12 folgende Feststellungen:

- In erster Linie werden konkurrierende Unternehmen um eine **Abgrenzung von ihren Wettbewerbern** bemüht sein. Im Ringen um die Gunst der Käufer werden Problemlösungsangebote gemacht, die auf deren Bedürfnisse und Wünsche im Konkurrenzvergleich besser zugeschnitten sind, um so Nachfrage auf sich zu ziehen bzw. diese zu vergrößern. Die **Analyse grundlegender Wettbewerbskräfte** lässt sich nach MICHAEL E. PORTER systematisieren in

  - Anzahl und Verhalten bestehender, direkter Wettbewerber,
  - Möglicher Markteintritt neuer Konkurrenten,
  - Bedrohung durch Substitutionsprodukte,
  - Anzahl und Verhalten der Abnehmer,
  - Marktbesetzung und Verhandlungsmacht auf der Lieferantenseite.

  Es gilt, ein Leistungsangebot zu konzipieren, das gegenüber den Offerten der Konkurrenz mit Vorteilen für die Kunden verbunden ist. Gelingt dies, dann liegen in Entsprechung zu diesen Kundenvorteilen für die Anbieterunternehmen Wettbewerbsvorteile vor.

  Sie basieren zum einen auf **überlegenen Problemlösungen**, bei denen die **Leistungs-Komponente** des Preis-Leistungs-Verhältnisses durch eine auf Produktqualität, -technologie und Service bezogene **Differenzierung** deutlich besser ausfällt als bei Konkurrenzangeboten. Zum anderen besteht die grundsätzliche – mit hohen Anforderungen und beträchtlichen Risiken verbundene – Möglichkeit, an der **Preis-Komponente** anzusetzen, indem über eine Steigerung von Effizienz und Effektivität das branchenweit niedrigste Kostenniveau, also **Kostenführerschaft**, angestrebt wird, um so über „konkurrenzlos niedrige

Preise“ Nachfrage zu binden und hohe Marktanteile zu erzielen. Auf diese Grundstrategien zur Abgrenzung von Wettbewerbern und auf weitere Ansätze kommen wir in F.II.1. zurück.

- Wenn es im Wettbewerb generell darum geht, Vorsprünge gegenüber Konkurrenten zu erzielen, dann ist es ebenso wichtig, diese zu halten, und – in Erwartung weiterer Aktionen von Mitbewerbern – gleichzeitig zu versuchen, diese weiter auszubauen. Auf ihrem jeweils relevanten Markt werden Unternehmen also immer bemüht sein, an Bedeutung und Einfluss zu gewinnen, um bei eventuellen Attacken aufgrund von Verschiebungen innerhalb der grundlegenden Wettbewerbskräfte nicht sofort existenzbedrohende Rückschläge zu erleiden. Als weiteres Primärinteresse für Unternehmen im Wettbewerb ist also von einem **Streben nach relativer Marktmacht** auszugehen. Zu dieser Interessenskategorie hatten wir bereits bei der Kerngruppe der Manager einige Erläuterungen gegeben.
- Für einen funktionierenden Wettbewerb droht einerseits die schon angesprochene Gefahr, dass dieser über **Konzentrationsprozesse** beeinträchtigt wird oder schlimmstenfalls völlig zum Erliegen kommt. Andererseits kann dessen freie Entfaltung aber auch dadurch gehemmt werden, dass sich einzelne Anbieter unseriöser Praktiken im Kampf um die Nachfrager bedienen und es auf diese Weise zu einer Übervorteilung der Mitbewerber kommt. Damit können wir als weiteres Anliegen von Unternehmen in einer Wettbewerbswirtschaft das Interesse an einem **fairen Wettbewerb** herausstellen.

  Dem Schutz vor unredlichen Verhaltensweisen dient der neben dem Recht gegen Wettbewerbsbeschränkungen zweite maßgebliche Bereich des deutschen Wettbewerbsrechts, das **Gesetz gegen den unlauteren Wettbewerb** (UWG). Nach dessen zentraler Vorschrift sind unlautere Wettbewerbshandlungen verboten, welche dazu geeignet sind, den Wettbewerb zum Nachteil von Mitbewerbern, Verbrauchern oder sonstigen Marktteilnehmern zu beeinträchtigen (§ 3 UWG). Dabei sind explizit auch irreführende Angaben, beispielsweise über die Beschaffenheit von Produkten, unzulässig (§ 5 UWG). Die in Deutschland früher generell als unlauter eingestufte **vergleichende Werbung** ist mittlerweile grundsätzlich zulässig, Ausnahmen hierzu regelt der § 6 UWG. Für belästigende Werbung (Briefkasten-/ Telefon-/ E-Mail-Werbung) gibt es den Sondertatbestand des § 7 UWG. Bei der an den unbestimmten Rechtsbegriff der Unlauterkeit geknüpften Generalklausel des § 3 UWG wird deren weitere Konkretisierung im Übrigen durch den § 4 UWG (Beispiele unlauteren Wettbewerbs) geleistet. Hier sind elf Positionen genereller Wettbewerbsverstöße zusammengestellt, welche einen Unterlassungs- und Schadensersatzanspruch, eine Gewinnabschöpfung (§ 8 ff. UWG) sowie ggf. strafrechtliche Sanktionen (§§ 16 ff. UWG) nach sich ziehen können.

  Als **Beispiel** für unlautere Wettbewerbsmethoden mit einer zugleich wettbewerbsbeschränkenden Wirkung kann der **Preiskampf im Lebensmitteleinzelhandel** während des Sommers 2000 angeführt werden. Bei seinem Versuch, auf dem deutschen Markt Fuß zu fassen, hatte der US-Konzern WAL MART damit begonnen, einige Grundnahrungsmittel unter Einstandspreis zu verkaufen. ALDI NORD und später auch LIDL zogen nach, und dabei kam es zu mehreren „Unterbietungsrunden". Im Herbst 2000 hat das BUNDESKARTELLAMT den beteiligten Unternehmen die Festsetzung solcher „Kampfpreise" mit sofortiger Wirkung und unter Androhung eines Bußgeldes von bis zu einer halben Million EUR untersagt: Bei derart unbilligen Behinderungen durch Anbieter mit einer so großen Marktmacht werde der Wettbewerb für mittelständische Konkurrenten dauerhaft und spürbar beeinträchtigt. Im Jahr 2004 ist vom BUNDESGERICHTSHOF zusätzlich festgelegt worden, dass „Dauertiefpreise" für Produkte mindestens vier Wochen Gültigkeit besitzen müssen.

- Zur Aufrechterhaltung von Marktstrukturen sind Wettbewerber **unter Umständen** auch **am Fortbestand direkter Konkurrenzunternehmen** interessiert, wenn diese Wettbewerber nicht bedrohlich für das Unternehmen werden. Dies gilt insbesondere bei bereits oligopolistischen Märkten, in denen aus dem Wegfall von Konkurrenten für die verbleibenden Anbieter eine überragende Marktstellung resultiert und die dann ins Visier der Kartellbehörde geraten.
  So wurde zum **Beispiel** dem zu Anfang der 80er Jahre kurz vor dem Konkurs stehenden Autoproduzenten CHRYSLER neben einer Schuldentilgung durch die US-Regierung auch eine begrenzte Unterstützung durch den Branchenführer GENERAL MOTORS zuteil. Ziel hierbei war es, drastische Veränderungen der Wettbewerbsstruktur unter den drei mit Abstand größten amerikanischen Automobilkonzernen (GENERAL MOTORS – FORD – CHRYSLER) zu vermeiden.
  Aus einem ähnlichen Motiv engagierte sich MICROSOFT 1997 bei APPLE. Auf dem Höhepunkt einer Krise bei APPLE zeichnete MICROSOFT Anteile am Konkurrenten über 150 Mio. Dollar und startete eine Weiterentwicklung seines OFFICE-Anwendungspakets für das APPLE-Betriebssystem MACINTOSH. Durch diesen „Beistand" sollte verhindert werden, dass sich noch mehr Anwender von dieser damals bedrohten Plattform abwenden. Seinen seit 1990 schwelenden Konflikt mit der amerikanischen Kartellbehörde wegen einer Monopolisierung des Marktes für PC-Betriebssysteme konnte MICROSOFT damit allerdings nicht entschärfen. Durch die Verquickung des Internet-Browsers INTERNET EXPLORER mit dem Betriebssystem WINDOWS95 gewinnt diese Auseinandersetzung – ebenfalls ab 1997 – zusätzliche Brisanz. Nach hartem Rechtsstreit wurde MICROSOFT am 3. April 2000 schuldig gesprochen, seine marktbeherrschende Stellung beim PC-Betriebssystem WINDOWS zur Verdrängung von Konkurrenten missbraucht zu haben. Das verhängte Strafmaß – eine Zerschlagung des Unternehmens in zwei Teile – wurde 2001 von einem Berufungsgericht als überzogen bewertet, so dass das Verfahren durch eine außergerichtlich vereinbarte Schadensersatzzahlung von 1,1 Mrd. US-Dollar zu Beginn des Jahres 2003 eingestellt werden konnte. Im Gegensatz dazu steht der Prozess um die von der EU-WETTBEWERBSKOMMISSION aus ähnlichen Gründen zu Beginn des Jahres 2004 verhängte Rekordstrafe von 497 Mio. EUR erst am Anfang, da der US-Konzern vor dem EUROPÄISCHEN GERICHT ERSTER INSTANZ in Luxemburg Klage eingereicht hat.
  Wiederum auf die Automobilindustrie bezogen, kann als aktuelles Beispiel noch die Sorge japanischer Firmen um ihre US-Konkurrenz angeführt werden. Angesichts der drastischen Quartalsverluste bei GENERAL MOTORS und FORD im Frühjahr 2005 plädierte der damalige TOYOTA-Chef HIROSHI OKUDA – in

seiner Eigenschaft als Vorsitzender des gewichtigen Unternehmerverbandes NIPPON KEIDANREN – für Preiserhöhungen japanischer Fahrzeuge in den USA sowie für verstärkte technische Kooperationen mit amerikanischen Wettbewerbern. Den Hintergrund dieser Empfehlungen bildet die nach dem Beginn der 80er Jahre abermals drohende Gefahr, dass die amerikanische Regierung protektionistische Maßnahmen zum Schutz der heimischen Automobilunternehmen ergreifen könnte.

Das Interesse am Fortbestand von Konkurrenzunternehmen ist im Übrigen auch von der **Wirtschaftsstufe eines Unternehmens** abhängig. Beispielsweise gilt die Erkenntnis „Konkurrenz belebt das Geschäft" in keinem Bereich unmittelbarer als im Handel. So ist z.B. bei Fachgeschäften hochwertiger und langlebiger Konsumgüter, deren Beschaffung eine umfassende Informationssuche erfordert, eine große räumliche Nähe zu Konkurrenzbetrieben typisch. Bei der durch diese Konkurrenznähe zu erwartenden Frequentierung durch Kunden werden die Chancen, auf das eigene Angebot aufmerksam zu machen, besser eingeschätzt als bei einer isolierten Randlage. Kommt es zu einer Erosion gewachsener Einkaufsquartiere – beispielsweise durch neue Einkaufs-Galerien innerhalb der Städte oder auch durch stadtnahe Shopping-Center – dann ist oft zu beobachten, dass auch konservative Fachgeschäfte diesen Trends folgen. Die exklusive Stellung beim Wegfall von Konkurrenten am alten Standort nützt nichts mehr, wenn dort der Kundenzustrom merklich nachlässt oder gänzlich versiegt.

- Abschließend zu den primären Interessen von konkurrierenden Unternehmen ist noch festzuhalten, dass neben dem i.d.R. harten Leistungswettbewerb im angestammten Tätigkeitsfeld aber **häufig Kooperationen auf branchenpolitischer Ebene** eingegangen werden. Bei der freiwilligen Mitgliedschaft in einem Arbeitgeberverband oder einem Unternehmensfachverband sowie auch bei der Pflichtmitgliedschaft in der zuständigen Kammer geht es um eine Vertretung gemeinsamer, branchenbezogener Interessen gegenüber den Gewerkschaften als Arbeitnehmerverbänden, dem staatlich-politischen System und der allgemeinen Öffentlichkeit.

#### (4) Verhaltenskonsequenzen für das Unternehmen

Welche generellen Verhaltensalternativen gibt es für ein Unternehmen im Hinblick auf die Interessen seiner Wettbewerber und damit bezogen auf seine Konkurrenzsituation? Mit dieser Frage kommen wir zur Rubrik ④ der Abbildung C-I-12; und bezogen auf einzelne Konkurrenzunternehmen stellen wir hierbei zunächst die Notwendigkeit einer Verhaltensbestimmung heraus:

- Es wird von den vorstehend im Überblick aufgezeigten Wettbewerbskräften, der dabei erreichten eigenen Position und damit insgesamt von der **Marktsituation** sowie von den weiteren **Unternehmensperspektiven** abhängen, ob ein harter Konfrontationskurs gegenüber Wettbewerbern eingeschlagen werden kann, oder ob – ähnlich der geschilderten Situation im Polypol – eher eine Anpassung an gegebene Marktverhältnisse und somit als Kursbestimmung lediglich ein „Mitschwimmen in der Marktströmung" in Betracht kommt. Der bis-

lang als „Abstand zur vollkommenen Konkurrenz" erreichte **strategische Spielraum** sowie die Kraft, diesen zu halten oder kurzfristig – weiter – auszubauen, sind maßgebliche Voraussetzungen dafür, wesentliche Impulse zu geben und dabei eventuell auch mit neuen Kombinationen Veränderungen der Standards im Wettbewerb durchzusetzen.
Im Hinblick auf die letztgenannte Perspektive der Entwicklung von innovativen Problemlösungen kann es bei einer anschließend vorgesehenen völlig getrennten Vermarktung auch zur **Zusammenarbeit von Wettbewerbern** kommen. Dies geschieht etwa bei außerordentlich forschungs- und kostenintensiven Entwicklungen neuer Produkte oder Verfahren im Hochtechnologie-Bereich. So hatte beispielsweise SIEMENS Mitte der 90er Jahre den 256-Megabit-Speicher in Kooperation mit IBM und TOSHIBA entwickelt. Und auf der Basis ihrer Zusammenarbeit beim 64-MB-Chip starteten SIEMENS und MOTOROLA 1998 ein Forschungsprojekt zur Chip-Herstellung aus 300-Millimeter-Waferscheiben (vorher 200-mm und damit jetzt zweieinhalbfache Menge an Chips pro Wafer herstellbar). Durch diese gemeinsame Grundlagenforschung konnte die mittlerweile aus dem SIEMENS-Konzern ausgegliederte INFINEON TECHNOLOGIES AG in Dresden Ende Mai 2000 den Grundstein für ein neues Werk zur weltweit ersten 300-mm-Volumenfertigung legen. Ab der Jahresmitte 2001 wurden hier 256-MB-Speicherbausteine mit der neuen 300-mm-Technologie gefertigt, und in 2003 begann die Produktion von 512-MB-Chips.

Welche Verhaltensparameter stehen einem Unternehmen bezogen auf seine Gesamtausrichtung und im Hinblick auf seine Konkurrenzsituation zur Verfügung? Zum Ende unserer Ausführungen zu den Konkurrenten als externer Interessengruppe von Unternehmen können wir hierzu die folgenden allgemeinen Schlussfolgerungen ziehen:

- Als erfolgversprechendste Grundausrichtung eines Unternehmens gegenüber Wettbewerbern kann ein Abheben von Konkurrenten durch die Herausbildung von **Alleinstellungsmerkmalen** festgehalten werden. Wenn es gelingt, alle Wertschöpfungsaktivitäten derart optimal zu gestalten, dass ein im Konkurrenzvergleich besserer Nutzen für den Kunden und damit ein Vorteil für den Kunden angeboten und realisiert werden kann, dann bietet dies gute Voraussetzungen für einen weiterhin erfolgreichen Fortbestand des Unternehmens. Damit geht die Zielsetzung generell dahin, dem Kunden ein **einzigartiges kundenwertorientiertes Leistungsversprechen** (Unique Customer Value Proposition = UCVP) zu unterbreiten. Über die Abnahme dieser aus Sicht der Nachfrager durch Alleinstellungsmerkmale gekennzeichneten Produkte oder Dienstleistungen können in zeitlicher Perspektive dauerhafte Vorteile gegenüber Wettbewerbern aufgebaut werden.
- Bezogen auf über das „Know-how-kritische" Kerngeschäft eines Unternehmens hinausgehende Wertschöpfungsaktivitäten ist hierbei immer zu prüfen, ob diese am Markt eventuell kostengünstiger zu beziehen sind. Und wenn auch Teile der Kernwertschöpfung – so wie im vorstehenden SIEMENS-Beispiel – die finanzielle Leistungsfähigkeit eines Unternehmens übersteigen, dann ist zu überlegen, ob hierzu eine **strategische Allianz** eingegangen wird. Dabei arbeiten

Wettbewerber in einem definierten Gebiet zusammen, während sie in allen anderen weiterhin in Konkurrenz stehen. In diesem Zusammenhang wäre auch zu überlegen, ein Joint Venture zu bilden. Zur gemeinsamen Durchführung von Projekten gründen in einem solchen Fall zwei oder mehr Wettbewerber unter Fortbestand ihrer jeweiligen Unternehmensstruktur eine neue Gesellschaft.

## 4. Corporate Governance als Rahmen der Unternehmensverfassung

Die Zusammenarbeit der Unternehmensträger und die Ausgestaltung der Unternehmensformen, auf die im folgenden Unterkapitel detailliert eingegangen wird, haben bestimmten Richtlinien der Unternehmenssteuerung zu folgen. Zunächst werden in diesem Abschnitt eine Definition von Corporate Governance gegeben und deren Hauptziele aufgezeigt. Danach folgen Ausführungen zu zentralen inhaltlichen Regelungen und Bausteinen, die sich an wesentliche Unternehmensträger-Gruppen richten. Dabei kann es zu Interessenskonflikten bei einzelnen Unternehmensträger-Gruppen kommen. Um die Anforderungen an und die Tragweite von Corporate Governance Regelungen zu verdeutlichen, werden drei Beispiele internationaler Unternehmen kurz dargestellt, die gegen gültige Richtlinien der Corporate Governance verstoßen haben. Hieran schließen sich Ausführungen zu den wesentlichen Gestaltungsbereichen und daraus abgeleiteten Instrumenten der Corporate Governance an. Abschließend wird der Corporate Governance Kodex als Leitfaden für anforderungskonformes Verhalten angesprochen.

Als **Definition** der Corporate Governance lässt sich festhalten.

> Die **Corporate Governance** kennzeichnet die grundsätzliche Ausgestaltung sowie die speziellen Rahmenbedingungen für die Strukturen und Prozesse der Führung, Verwaltung und Überwachung von Unternehmen. Gegenstand ist also die **Organisation der Leitung und Kontrolle eines Unternehmens** mit dem Ziel, Interessenskonflikte der Stakeholder abzumildern und vor allem Informationsasymmetrien abzubauen.

Folgende **drei Hauptziele** der Corporate Governance gilt es in jedem Falle zu erreichen:

- Erstens ist eine aussagefähige Aufbereitung und zeitnahe Weitergabe der **Informationen** zu allen wichtigen Geschäftsvorgängen im Unternehmen an das Management über alle Entscheidungsebenen sicherzustellen.
- Zweitens muss die **Transparenz** aller wesentlichen Prozesse, Entscheidungen und Ergebnisse gewährleistet sein, damit insbesondere die Anteilseigner, aber auch andere Unternehmensträger, wie die Fremdkapital-Geber und der Staat, nachvollziehen können, welche Beschlüsse von der Unternehmensleitung und dem Management gefasst wurden und welche Auswirkungen davon auf das Unternehmen ausgehen.
- Drittens stellt die **Kontrolle**, insbesondere auch aus Sicht des Aufsichtsrates, sicher, dass das Unternehmen nicht gegen kodifiziertes Recht verstößt, also alle

gesetzlichen und dabei insbesondere unternehmens- sowie bilanzrechtlichen Bestimmungen eingehalten werden, und dass alle von den Kapitaleignern gefassten Beschlüsse entsprechend ausgeführt wurden.

Bei der Umsetzung aller drei Ziele liegt ein typisches Problem entsprechend der **Principal-Agent-Theorie** vor, und zwar in der Weise, dass die höherrangige Person als Principal Informationsdefizite hat im Vergleich zur nachgeordneten Person als Agent. Beim ersten Ziel hängt so die Unternehmensleitung von den Informationen nachgeordneter Abteilungen und Mitarbeiter ab. Im zweiten Fall werden die Eigenkapital-Geber von der Unternehmensleitung mit Informationen versorgt, und im dritten Fall benötigt der Aufsichtsrat Informationen und Bewertungen vom Top-Management.

Der Prozess, Regelungen im Rahmen der Corporate Governance festzulegen, findet gegenwärtig in allen entwickelten Industrienationen auf nationaler Ebene statt. Die Anforderungen und Ausgestaltungen zum Teil der gesetzlichen Vorgaben, auf jeden Fall aber der auferlegten Verhaltensvorschriften sind dabei oft unterschiedlich. Insofern herrscht im Rahmen der Globalisierung der Wirtschaft gegenwärtig ein **Systemwettbewerb von Corporate Governance Regeln** vor.

Die öffentliche Diskussion, die aufgrund der Verfehlungen einiger Unternehmen entstanden ist, hat den Erwartungsdruck der Stakeholder an die Unternehmen erhöht. Zugleich ist damit auch das Risiko für die Unternehmen angestiegen, wenn sie wesentliche Corporate Governance Regelungen nicht einhalten. Dies wird dadurch noch verstärkt, dass auf der Anlegerseite, und zwar insbesondere bei Börsenanalysten und Investmentbankern, eine Professionalisierung in Sachen Corporate Governance Anforderungen stattgefunden hat. In einer globalisierten Wirtschaft, wie wir sie immer mehr haben, gehen hiervon Auswirkungen auf das Kapitalangebot für Unternehmen und zugleich auch auf deren Situation im Wettbewerb aus.

Die **Regelungen** der Corporate Governance beziehen sich auf drei Bereiche:

- Der erste Bereich sind die **Marktmechanismen**, die sich insbesondere auf den Kapitalmarkt, und damit z.B. auf die Kapitalkosten bei der Emission neuer Aktien, beziehen. Betroffen sind davon außerdem der Markt für Unternehmenskontrolle, beispielsweise ob Unternehmensbeteiligungen als Mehrheitsgesellschafter erlaubt sind, und die Ausgestaltung des Belohnungssystems für Manager z.B. bei einer erfolgreichen Akquisition eines anderen Unternehmens oder bei herausragenden Unternehmensergebnissen.
- Gegenstand des zweiten Bereichs sind die **direkten Beziehungen betroffener Unternehmensträger**, und zwar in der Weise, dass diese über die Mehrheitsverhältnisse die Satzung und dann auch die Organisation des Unternehmens verändern können.
- Den dritten Bereich bilden **rechtliche Regelungen**, die sich auf das Gesellschaftsrecht, die Rechnungslegung und Systeme der Führung und Überwachung erstrecken. Hier ist beispielsweise das Gesetz zur Kontrolle und Transparenz im Unternehmensbereich (KonTraG) aus dem Jahr1998 zu nennen.

Die Ziele der Corporate Governance, nämlich ein hohes Maß an Information, Transparenz und Kontrolle sowie die Vermeidung und damit der Ausschluss von Anreizen für Betrug, werden von den einzelnen **Unternehmensträger-Gruppen** aus unterschiedlichen Motiven heraus verfolgt.

Die **Eigenkapital-Geber** honorieren eine gute Corporate Governance eines Unternehmens durch eine höhere Bereitschaft zur Investition bzw. zum Aktienkauf. In der Konsequenz führt dies dazu, dass bei diesen Unternehmen der Aktienkurs aufgrund der Nachfrage eher steigt. Das Unternehmen erhält hierdurch also einen Aufschlag hinsichtlich der Marktkapitalisierung. Die Gefahr von Wertverlusten durch notwendige Bilanzkorrekturen und von Vertrauensverlusten durch Skandale wird als deutlich geringer eingeschätzt. Neue Kapitalemissionen werden deshalb i.d.R. auch mehr Interessenten und Käufer finden sowie damit einen höheren Kurs erreichen.

Bei den **Fremdkapital-Gebern** steht an erster Stelle die Bonität des Unternehmens, und zwar im Hinblick auf eine Kreditvergabe sowie vor allem auch im Hinblick auf die Kreditrückzahlung. Im Rahmen der Kriterien von Basel II führt die Einhaltung von Corporate Governance Regelungen dazu, dass solche Unternehmen Kredite zu günstigeren Konditionen erhalten. Basel II verlangt von Banken, ihre Risiken offen zu legen und zu bewerten. Dies ist nur möglich, wenn die Bank ihrerseits das Ausmaß der Risiken ihrer eigenen Kunden als Kreditnehmer kennt (siehe hierzu detaillierter F.IV.4.).

Für **Kunden und Lieferanten** steht das Vertrauen in das Unternehmen im Vordergrund. Die Einhaltung von Corporate Governance Regeln bestärkt den Kunden – soweit er sich als institutioneller Kunde dafür interessiert – darin, beim Unternehmen zu kaufen, da auch in Zukunft Garantien und Gewährleistungen bei Produkten gesichert erscheinen. Lieferanten gehen davon aus, dass ihre Lieferantenkredite bedient werden und das Kundenunternehmen auch in Zukunft ein interessanter Abnehmer ist.

Die **Unternehmensleitung und die nachgeordneten Führungskräfte** erhalten durch eingehaltene Corporate Governance Regelungen für eigene Entscheidungen eine bessere Informationsbasis. Zugleich können sie diese im Rahmen der mit ihrer Position verbundenen Aufgaben nutzen, z.B. bei der durch das KonTraG geforderten Unterrichtung des Aufsichtsrats über das Ausmaß von Risiken im Unternehmen. Darüber hinaus schaffen entsprechende Regelungen zum Umgang mit Informationen insbesondere für die Vorstände Sicherheit vor der zunehmenden Ausdehnung ihrer persönlichen Haftung bezogen auf falsche Kapitalmarktinformationen.

Bei den **Mitarbeitern** steht die Sicherheit des Arbeitsplatzes im Vordergrund, da gravierende Verletzungen von rechtlichen Corporate Governance Regeln die Marktposition und den Markterfolg des Unternehmens schwächen und damit häufig Restrukturierungsmaßnahmen zu Lasten der Mitarbeiter und ihrer Arbeitsplätze erforderlich machen.

In der Unternehmenspraxis werden von einzelnen Unternehmen aus verschiedenen Gründen diese Anforderungen nicht immer beachtet und damit die Ziele der Corporate Governance nicht erfüllt. Dies trifft, wie die folgenden drei **Beispiele** illustrieren, in unterschiedlichen nationalen Volkswirtschaften zu. Corporate Governance ist damit ein internationales und globales Thema, und zwar sowohl im positiven als auch im negativen Sinne. Das **Fehlverhalten** der Unternehmen ENRON, WORLDCOM und PARMALAT belegen dies.

- Das amerikanische Unternehmen **ENRON** ist im Energiehandel tätig und wurde in den 90er Jahren der größte Erdgashändler in den USA und Großbritannien. 1998 baute das Unternehmen eine Rohstoff-Handelsplattform im Internet auf. Die erfolgreichen Geschäfte führten zu einem Anstieg des Aktienkurses bis auf 100 Dollar, und ENRON wurde zu einem „Börsenliebling" und Vorzeigeunternehmen. Aufgrund der externen Erwartungen an einen hohen Shareholder Value wurde die gesamte Unternehmenskultur auf Performance, also eine hohe Leistung bzw. Leistungssteigerung, ausgerichtet. Diese Philosophie wurde auf die einzelnen Mitarbeiter übertragen, so dass ein hoher Leistungsdruck herrschte. Im Zeitablauf akzeptierten die Mitarbeiter – bei nicht so erfolg- und ertragreichen Geschäften – eine „aggressive Buchhaltung" und damit Finanzmanipulationen als „normales" Mittel, um Verluste zu verschleiern und Profite zu steigern. Der Glaube an die Vertretbarkeit, vielleicht sogar Richtigkeit dieses Verhaltens wurde durch das regelmäßige Testat der Wirtschaftsprüfer von ARTHUR ANDERSEN bestätigt. Vom Board of Directors, der die Funktionen von Aufsichtsrat und Vorstand vereint, kamen keine Beanstandungen. Hohe Parteispenden von Enron führten zu Verflechtungen mit der Politik und zusätzlichen Interessenskonflikten.
  Riskante und schlecht laufende Geschäfte wurden aus dem Unternehmen in Special Purpose Entities ausgegliedert, die nicht wertkonsolidiert werden mussten und deren gesonderten Investoren eine hohe Rendite zugesichert wurde. Damit „verschwanden" sie aus der ENRON-Konzernbilanz. Die Investition in diese Geschäfte wurde durch ENRON-Aktien abgesichert. Da ab 2001 der Kurs der ENRON-Aktie fiel, war der Wert der Absicherung der Geschäfte erheblich gefallen, so dass vereinbarungsgemäß Kapital in die Beteiligungen nachgeschossen werden musste. Hierdurch wurde der Wert der ENRON-Aktien verwässert, ohne dass die Aktionäre hierüber informiert wurden.
  Im Oktober 2001 wurde ein Verlust von 618 Mio. Dollar für das dritte Quartal bekannt gegeben, das Eigenkapital wurde um 1,2 Mrd. Dollar nach unten berichtigt. Im November 2001 wurden daraufhin die Bilanzen seit 1997 korrigiert und die Betriebsergebnisse um über 500 Mio. Dollar reduziert. ENRON ist im Kreditrating drastisch zurückgestuft worden auf das Niveau „Junk-Bond", also „Ramsch-Aktie"; der Wert der Aktie fiel unter einen Dollar. Im Dezember 2001 stellte ENRON Antrag auf Gläubigerschutz nach Chapter 11; dies entspricht einer Insolvenz nach deutschem Recht.
  Gegen die Wirtschaftsprüfungsgesellschaft ARTHUR ANDERSEN, welche die Bilanzen von ENRON geprüft und die Finanzkonstruktionen „abgesegnet" hatte, eröffnete die US-Börsenaufsicht Securities and Exchange Commission (SEC) ein Ermittlungsverfahren. Da die meisten belastenden Dokumente vorab vernichtet wurden, ist ANDERSEN wegen Justizbehinderung angeklagt worden. Das Unternehmen begann daraufhin, Teile des Unternehmens bzw. Tochtergesellschaften zu verkaufen, um Schadensersatzforderungen von ihnen abzuwenden.

ARTHUR ANDERSEN wurde im Juni 2002 verurteilt und von der Prüfung amerikanischer börsennotierter Unternehmen ausgeschlossen. Mandanten wanderten daraufhin ab, und es kam zum Konkurs und zur Aufteilung des Unternehmens. Banken und andere Kapitalanleger mussten ihre Forderungen an ENRON abschreiben, zahlreiche Mitarbeiter verloren ihre Arbeitsplätze und Pensionsansprüche. Die verantwortlichen Manager von ENRON wurden angeklagt und verurteilt. Neben diesen direkten Folgen bewirkte der Fall in den USA einen immensen Verlust in das Vertrauen in die Wirtschaft, das Top-Management von Unternehmen und die Branche der Wirtschaftsprüfer. Dadurch verstärkte sich zugleich die Forderung nach einer leistungsfähigen Corporate Governance.

- Das Unternehmen **WORLDCOM,** ein amerikanischer Telekommunikationsanbieter, hatte in wenigen Jahren 75 Firmen gekauft. Dabei wurde so vorgegangen, dass der oftmals hohe Kaufpreis im Folgejahr sofort abgeschrieben wurde, was den Aktionären leicht erklärt werden konnte. Die anschließenden höher ausgewiesenen Gewinne – im Rahmen der rechtlich zulässigen Bandbreite – führten zu Kurssteigerungen. Der gestiegene Aktienkurs war im „System WORLDCOM" die neue „Währung" für die nächste Akquisition. Dieses Vorgehen konnte bis Mitte 2000 praktiziert werden, als die US-Kartellbehörde die Übernahme des Konkurrenten SPRINT untersagte. Zugleich kam es zum Niedergang der gesamten Internet-Branche. Dies führte dazu, dass der Aktienkurs des Unternehmens erheblich fiel und der WORLDCOM-Chef im April 2002 entlassen wurde.
  Der neue Chief Executive Officer (CEO) ordnete interne Überprüfungen an. Sie ergaben, dass Kosten als Investitionen verbucht wurden. Statt Gewinne zu reduzieren, wurde also Vermögen in der Bilanz „aktiviert". Das Unternehmen wäre anderenfalls bereits seit Anfang 2001 in der Verlustzone gewesen. Die Analysen erbrachten das Ergebnis, dass seit 1999 11 Mrd. Dollar falsch verbucht wurden. Die Aktie wurde im Rating auf „Junk", also weitgehend wertlos, abgesenkt. Der Mangel an Kapital führte dazu, dass im Juli 2002 Insolvenz nach Chapter 11 angemeldet werden musste.
  Nach diesen massiven Bilanzfälschungen konnte das Unternehmen im Jahr 2004 das Insolvenzverfahren beenden. Es firmiert seitdem als MCI. Die meisten Forderungen der Gläubiger mussten abgeschrieben werden. Sie erhielten dafür neue Aktien von MCI. Die Verbindlichkeiten konnten so von 41 Mrd. Dollar auf 5,8 Mrd. Dollar reduziert werden. Dies entspricht im Vergleich zu verschuldeten Wettbewerbern einem guten Ausgangsniveau.
- Der jüngste Fall **PARMALAT** stellt sich wiederum anders dar. Der italienische Milchprodukt- und Lebensmittelanbieter hat durch Misswirtschaft Verluste aufgehäuft und dann Scheck- und Bilanzfälschungen begangen. Im Herbst 2003 kündigte die Rating-Agentur STANDARD & POOR'S eine Überprüfung der Bonitätseinstufung an, nachdem die Ausgabe einer Serie von Anleihen des Unternehmens in Höhe von 300 Mio. EUR die Vermutung von Finanznöten nahe legte. Ende 2003 trat der PARMALAT-Gründer zurück und das Unternehmen ging mit seinen operativen Teilen in die Insolvenz. Ende März 2004 wurden die Nettoschulden auf 14,8 Mrd. EUR geschätzt. Der Grund für diese hohen Defi-

zite sind langjährige unwirtschaftliche Geschäfte und eine vermutete Bereicherung der Unternehmer-Familie. 26 Personen wurden angeklagt.

Wie die drei Beispiele verdeutlichen, liegt im Falle eines Betruges das Problem nicht in der Informationsversorgung des Managements, sondern in der bewusst vermiedenen Transparenz und Kontrolle. Unzureichende Unternehmensführung kann aber auch dazu führen, dass bereits die Informationsversorgung des Managements und damit das Managementinformationssystem nicht ausreichend sind. Fehlende Transparenz und eine nicht wirkungsvolle Kontrolle sind dann die logische Folge. Abbildung C-I-13 verdeutlicht diese Zusammenhänge.

Vor dem Hintergrund der drei Hauptziele der Corporate Governance wird im Folgenden auf einige wesentliche inhaltliche Anforderungen sowie darauf bezogene **Gestaltungsbereiche** und hieraus resultierende **Instrumente** eingegangen.

### *Informationsversorgung*

Um eine inhaltlich umfangreiche, aktuelle und aussagefähige **Informationsversorgung des Managements** sicherzustellen, ist ein leistungsfähiges, i.d.R. IT-gestütztes Managementinformationssystem erforderlich (siehe hierzu detailliert F.IV.6.). Seine Funktion ist es, auf allen Führungs- und Mitarbeiterebenen die benötigten Informationen bereitzustellen. Diese sind aufgabenspezifisch für nachgeordnete Ebenen stärker zu detaillieren und zu präzisieren sowie für übergeordnete Ebenen aussagefähig zu aggregieren.

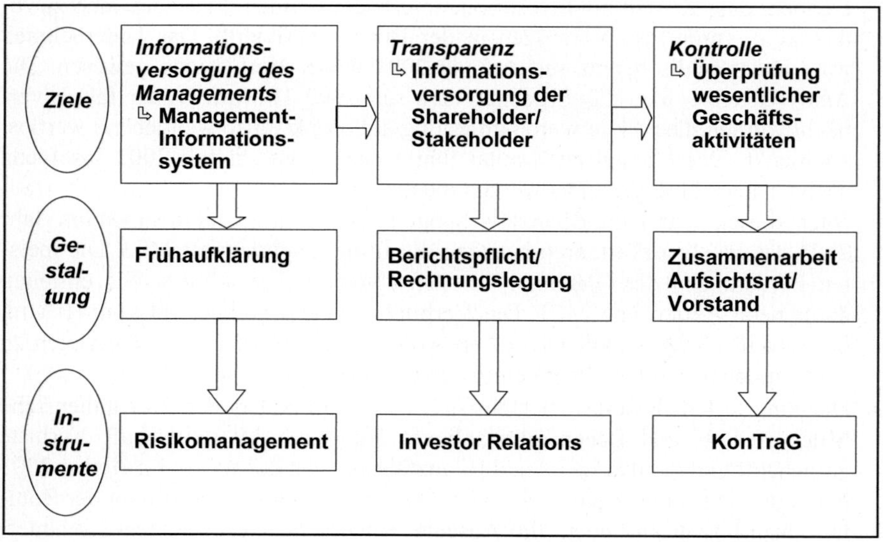


**Abb. C-I-13:** Kernbereiche der Corporate Governance

Eine **Frühaufklärung** hat die Aufgabe, mit einem hohen Grad an Sensitivität, also strategischem Gespür, Änderungen in zukünftigen Entwicklungen frühzeitig anzuzeigen. Sie benötigt Kennzahlensysteme für vorwiegend quantitative und eher vergangenheitsorientierte Ergebnisanalysen. Zusätzlich sind jedoch auch Indikatoren erforderlich, da sie – aufgrund der indirekten Messung – oftmals stärker qualitative und zukunftsgerichtete Entwicklungen zum Ausdruck bringen. Eine Frühaufklärung wird dann umso eher möglich sein, wenn es gelingt, schwache Signale zu erkennen, die veränderte Trendentwicklungen oder sogar Trendbrüche anzeigen.

Da hieraus nachvollziehbar oder im besten Falle ableitbar ist, in welchem Ausmaß angestrebte Entwicklungen und damit getroffene Entscheidungen scheitern können, lässt sich das Risiko des unternehmerischen Handelns bestimmen. Risiko beschreibt also die Gefahr der Zielabweichung des realisierten Ergebnisses vom eigentlich angestrebten Sollzustand. Risiko ist damit immer der „negative Partner" von Chancen. Im Unternehmen wird deshalb stets eine Chancen- und Risiken-Analyse durchgeführt. Mit einem **Risikomanagement** als Instrument soll die Summe aller als wesentlich erachteten Risiken nach der Höhe des möglichen Schadensausmaßes und der Wahrscheinlichkeit des Ereigniseintritts bewertet und strukturiert werden. Konkret bedeutet dies, dass bei allen zukünftigen Aktivitäten – wie z.B. der Einführung eines neuen Produktes – zum einen immer analysiert wird, welche negativen Ergebnisse und damit Probleme – z.B. eine geringe Akzeptanz durch die Zielgruppe und damit kaum Umsätze – auftreten können. Zum anderen wird bei jedem möglichen Risiko auch ermittelt, mit welcher Wahrscheinlichkeit es in der Zukunft auftreten wird. Aus der Kombination dieser beiden Ergebnisse, nämlich der möglichen Schadenshöhe und ihrer Eintrittswahrscheinlichkeit, lässt sich ein Ranking aller Risiken festlegen. Ergänzt durch Beschreibungen und Bewertungen sowie vor allem durch Maßnahmen zur Vermeidung oder zumindest Reduzierung erkannter Risiken wird hieraus ein Risikomanagementsystem entwickelt.

Die rechtlichen Grundlagen für die Notwendigkeit und Ausgestaltung des Risikomanagements liefern in Deutschland das Handelsgesetzbuch (HGB), das Aktiengesetz (AktG) und neuerdings der Corporate Governance Kodex, auf den abschließend noch eingegangen wird. Die in das HGB und das AktG eingeflossenen Regelungen des KonTraG, ein Risikomanagementsystem zu implementieren und dem Aufsichtsrat regelmäßig über ein Risikomanagementhandbuch Bericht zu erstatten, gelten grundsätzlich für Aktiengesellschaften. Die Anforderungen durch Basel II, nämlich die Risiken der Kreditinstitute über das Risikoniveau der Kreditnehmer zu bestimmen, betreffen alle Unternehmen. Die Forderung der Corporate Governance, die Informationsqualität durch ein aussagefähiges Risikomanagement zu erhöhen, richtet sich in Zukunft deshalb nicht nur an börsennotierte Unternehmen. Generell gibt es im Rahmen des Risikomanagements vier unterschiedliche Ansatzpunkte: Zum ersten ist es die beste Strategie, identifizierte Risiken mit einem Gefährdungspotenzial für das Unternehmen möglichst zu vermeiden. Ist dies nicht möglich, dann sind sie andernfalls zum zweiten durch geeignete Maßnahmen zu vermindern. Als dritter strategischer Ansatz bietet sich an, vorhandene Risiken auf Partner, beispielsweise ein Versicherungsunternehmen, zu überwälzen. Das Ziel besteht darin, als vierte strategische Option nur einen möglichst kleinen restlichen Risikoteil selbst zu tragen.

### *Transparenz*

Wie die drei Fallbeispiele unzureichender Corporate Governance gezeigt haben, sind die Informationsdefizite der Aktionäre das entscheidende nach außen gerichtete Problem. Um die geforderte Transparenz durch eine ausreichende **Informationsversorgung der Shareholder**, aber auch aller wichtigen **Stakeholder-Gruppen** sicherzustellen, sind in den einzelnen Ländern zum Teil unterschiedliche gesetzliche Anforderungen zu erfüllen. Die Informationsdefizite sollen durch zusätzliche **Berichts- und Rechnungslegungsvorschriften** reduziert, im besten Fall vermieden werden. Auf die Berichtspflicht wird im Folgenden im Rahmen der Investor Relations eingegangen. Die Rechnungslegung ist in vielen Ländern gesetzlich geregelt oder zumindest von Börsen gefordert. Die Abschlüsse können in Deutschland auf der Grundlage des Handelsgesetzbuches (HGB), der International Accounting Standards (IAS) bzw. seit 2001 der International Financial Reporting Standards (IFRS) als hierauf aufbauenden Nachfolgestandards oder nach US-GAAP, den „Generally Accepted Accounting Principles" als amerikanischen Standards, durchgeführt werden. Hierauf wird in F.IV.5. bei den Ausführungen zum Rechnungswesen/ Controlling näher eingegangen.

Mit dem Instrument der **Investor Relations** kommt das Unternehmen seiner Berichtspflicht nach und informiert alle seine gegenwärtigen Aktionäre und ggf. auch zukünftige größere Investoren auf der Basis eigener Daten und Informationen sowie zusätzlich unter Verwendung von Informationen und Bewertungen Dritter. Diese Institutionen außerhalb des Unternehmens sind insbesondere die Einstufungen durch Rating-Agenturen, die Bewertungen von Banken im Rahmen von Basel II sowie die Testate der Wirtschaftsprüfer. Aufsichtsbehörden, wie die BUNDESANSTALT FÜR FINANZDIENSTLEISTUNGSAUFSICHT (BAFIN) oder die Kartellbehörde, prüfen die Ordnungsmäßigkeit aller relevanten Aktivitäten und Entscheidungen des Unternehmens und geben ausschließlich Informationen über Verstöße gegen kodifiziertes Recht.

Zielgruppen der Investor Relations sind nach dem Grundsatz der Gleichbehandlung aller Aktionäre große und kleine Kapitaleigner, also institutionelle Anleger, wie z.B. Großbanken und Investmentfonds, und private Investoren, von denen i.d.R. nur wenige Großaktionäre und die Mehrzahl heterogene Kleinaktionäre sind. Die zweite Gruppe sind alle großen Gläubiger, also insbesondere Banken als Fremdkapital-Geber. Die dritte Gruppe sind Multiplikatoren, wie z.B. Fondsmanager von großen Unternehmen oder Finanzanalysten an der Börse und Wirtschaftsjournalisten. Insbesondere letztere beeinflussen durch ihre Publikationen die Financial Community.

Elemente der Investor Relations sind – als **Pflichtmaßnahmen** – die regelmäßige Unternehmenspublizität, z.B. in Form von Quartalsberichten, die jährliche Rechnungslegung (Bilanz und ergänzender Geschäftsbericht) sowie die Hauptversammlung, Ad-hoc Meldungen über wesentliche – positive oder auch negative – Unternehmensentwicklungen und Pflichtanzeigen insbesondere entsprechend dem Aktiengesetz. Alle Maßnahmen dienen generell dem Anleger- und Gläubigerschutz. So ist durch ein Urteil des BUNDESGERICHTSHOFS (BGH) im Juli 2004 festgelegt worden, dass Unternehmensvorstände persönlich für falsche Kapitalmarktinformationen in Form von Pflichtmitteilungen haften. Im vorliegenden Fall hatte ein Unternehmen eine übertrieben positive Ad-hoc Mitteilung herausgegeben, obwohl das Unternehmen kurze Zeit später herbe Verluste erlitt. Die Position der Aktionäre wird durch dieses Urteil gestärkt; im genannten Fall erhielt der Aktionär Schadensersatz zugesprochen.

Die **freiwilligen Maßnahmen** lassen sich in unpersönliche und persönliche Maßnahmen unterteilen. Die unpersönlichen Maßnahmen richten sich an die hohe Zahl von Kleinanlegern mit jeweils geringem Anlagekapital. Instrumente sind Finanzanzeigen, über die vom jeweiligen Kapitalmarkt geforderte Berichterstattung hinausgehende Informationen beispielsweise durch Pressemitteilungen oder Online-Dienste. Wichtiger sind die persönlichen Maßnahmen. Sie richten sich als spezielle Informationsforen an die Hauptaktionäre des Unternehmens und institutionelle Anleger, wie Investmentgesellschaften und Banken, die auf diese Weise zusätzliche vertiefende Informationen bekommen, die aufgrund ihrer fachlichen Spezifität Kleinanleger i.d.R. weniger interessieren.

In Einzel- oder Roundtablegesprächen bzw. auf so genannten Roadshows werden an unterschiedlichen Finanzplätzen einer Volkswirtschaft oder sogar in unterschiedlichen Weltmarktregionen Details über die jüngsten Ergebnisse des Unternehmens und vor allem über zeitnahe zukünftige Entwicklungen dargelegt. Vergangenheitsbezogen werden Bilanz- und Steuerungskennzahlen z.B. in einem Investorenhandbuch dargestellt; zukunftsbezogen sind es vorgesehene Produkte und Prognosen der Weiterentwicklung des Unternehmens. Das Ziel ist generell, mit den Pflichtmaßnahmen und vor allem mit den freiwilligen Maßnahmen der Investor Relations alle Entscheidungen und Ergebnisse, die den Wert der Unternehmensanteile beeinflussen, möglichst objektiv und neutral darzustellen. Dies liefert einen inhaltlichen Beitrag zur Corporate Governance.

Ein gegenwärtig unter der Überschrift Transparenz stark diskutiertes Thema ist die **Veröffentlichung der Höhe der Vorstandsgehälter** bei börsennotierten Aktiengesellschaften. Dies ist auch generell eine Empfehlung der Cromme-Kommission als Corporate Governance Expertenkommission in Deutschland. Viele Unternehmen waren hierzu noch nicht bereit. Eine Reihe von Unternehmen veröffentlichte zumindest die Gesamtsumme der an alle Vorstände gezahlten Gehälter, meistens jedoch ohne finanzielle Nebenleistungen, wie z.B. Aktienoptionen. Nur eine geringe Zahl von Unternehmen hat bislang die Bezüge einzelner Vorstandsmitglieder offen gelegt. Durch das Gesetz über die Offenlegung von Vorstandsvergütungen (VorstOG) vom August 2005 wurde dies Pflicht ab dem 01.01.2006, einschließlich der Aufschlüsselung in erfolgsunabhängige/ -abhängige und Anreizkomponenten (z.B. Aktienoptionen). Für die ersten, maximal fünf Jahre kann hiervon allerdings durch einen Hauptversammlungsbeschluss abgewichen werden (Opting Out-Klausel).

### *Kontrolle*

Der rechte Teil der Kernbereiche der Corporate Governance in Abbildung C-I-13 bezieht sich auf die interne Kontrolle als **Überprüfung wesentlicher Geschäftsaktivitäten**, insbesondere auch im Rahmen der Abschlussprüfung. Sie ist Anforderung und Gegenstand der **Zusammenarbeit zwischen Aufsichtsrat und Vorstand** einer Kapitalgesellschaft. Geregelt wird sie insbesondere durch das bereits angesprochene Gesetz zur Kontrolle und Transparenz im Unternehmensbereich (KonTraG).

Folgende Bestimmungen sind in dem hier interessierenden Zusammenhang relevant: Der Vorstand hat ein **Überwachungssystem** bezogen auf den Fortbestand der Gesellschaft gefährdende Risiken einzurichten (§ 91 I AktG). Auf diese Risiken der künftigen Entwicklung ist im Lagebericht einzugehen (§ 289 I HGB). Hierüber sind regelmäßig Informationen und Berichte an den Aufsichtsrat zu liefern. Den Aktionären börsennotierter Kapitalgesellschaften sind die wirtschaftlichen Ergebnisse in Form einer Kapitalflussrechnung und Segmentberichterstattung zu unterbreiten. Zusätzlich sind Angaben über Beteiligungen von mehr als fünf Prozent an Kapitalgesellschaften zu machen. Der Prüfungsumfang durch die Abschlussprüfer ist erweitert auf die zukünftigen Risiken (§§ 315 I, 317 HGB). Der Bestätigungsvermerk durch die Prüfer ist um eine Risikoabschätzung und ein Individual-Testat zu erweitern (§ 322 HGB). Der Prüfungsbericht bezogen auf Abschluss und Lagebericht ist dem Aufsichtsrat vorzulegen; die Berichterstattung bezieht sich auch auf das Risikofrüherkennungssystem (§ 321 HGB). Die Ergebnisse sind in einem Risikomanagementsystem bzw. -handbuch zusammenzufassen, mit dem der Vorstand den Aufsichtsrat unterrichtet. Der Aufsichtsrat nimmt dabei den Jahresabschluss und den Lagebericht einschließlich dem Prüfbericht und dem Risikofrüherkennungssystem nicht nur entgegen, sondern er hat die Pflicht zur Informationsauswertung und ggf. zum Handeln (§ 171 I AktG).

Besondere Bedeutung erhält die **Zusammenarbeit zwischen Aufsichtsrat und Vorstand** durch den Umstand, dass – zumindest bisher – ehemalige Vorstandsvorsitzende üblicherweise nach ihrem Ausscheiden an die Spitze des Aufsichtsrates traten. Grundsätzlich macht ein derartiger Wechsel Sinn, da hierdurch ein hohes Niveau an Fachwissen und Managementkompetenz für das Unternehmen nicht verloren geht. Allerdings führt dies in der Konsequenz dazu, dass bei dieser Konstellation in jedem zweiten DAX-Unternehmen der ehemalige Vorstandsvorsitzende seine eigene Strategie kontrolliert. Fehlsteuerungen werden dadurch eher nicht aufgedeckt und korrigiert, was zu einer Wertvernichtung und damit zum Schaden der Aktionäre führen kann. Als Aufsichtsratsvorsitzender wird er in noch stärkerem Maße zur „Grauen Eminenz" des Unternehmens, denn er kennt die „weichen Faktoren" als ungeschriebene Regeln der Zusammenarbeit im Unternehmen und kann seine früheren Arbeitskontakte zum Management als unmittelbare Informationsquellen in seiner neuen Position nutzen.

Es gibt aber noch weitere Konstellationen, bei denen die Kontrollfunktion des Aufsichtsrats eingeschränkt werden kann. So wird bei mitbestimmten Unternehmen manchmal der Vorwurf artikuliert, dass durch die Arbeitnehmervertreter im Aufsichtsrat ein Mangel an Vertraulichkeit der Informationen des Vorstandes an den Aufsichtsrat gegeben ist. Dies gilt insbesondere dann, wenn **Interessenskonflikte zwischen Unternehmensinteressen und Mitarbeiterinteressen** bei den Arbeitnehmervertretern bestehen. Durch eine vorzeitige öffentliche Diskussion von Entscheidungsalternativen für den Aufsichtsrat werden die anschließenden Entscheidungen nicht selten bereits so determiniert, dass der Gestaltungsspielraum des Aufsichtsrates stark eingeschränkt wird. Dies lässt sich an dem Beispiel leicht nachvollziehen, wenn im Zuge einer aus Effizienz- und Wettbewerbsgründen gebotenen Verlagerung eines Produktionsstandortes in ein osteuropäisches Land Arbeitsplätze in Deutschland wegfallen würden.

So rief im Januar 2003 der Vorsitzende der Gewerkschaft VER.DI und Aufsichtsrat der LUFTHANSA im Rahmen der Tarifverhandlungen für das Boden- und Kabinenpersonal des Unternehmens zum Streik an verschiedenen deutschen Flughäfen auf und handelte auf diese Weise gegen die Interessen der Fluggesellschaft.

Das Problem von Interessenkollisionen besteht aber auch auf der Seite der Kapitaleigner. So kann der Vertreter einer Bank als Aufsichtsratsmitglied an Neutralität in der Entscheidungsfindung verlieren, wenn er zugleich in einem Wettbewerbsunternehmen der gleichen Branche in einer entsprechenden Funktion als Aufsichtsratsmitglied tätig ist. In diesem Interessenkonflikt befand sich im Jahre 2001 ein Aufsichtsratsmitglied der DEUTSCHEN BANK und ALLIANZ, als er über den Verkauf der bei der DEUTSCHEN BANK liegenden Anteile der DRESDNER BANK an die ALLIANZ mitentscheiden musste.

Eine weitere Verquickung von Interessen kann dann auftreten, wenn ein Vorstandsmitglied eines Unternehmens im Aufsichtsrat eines anderen Unternehmens sitzt und gleichzeitig dessen Vorstand wiederum im Aufsichtsrat des ersten Unternehmens tätig ist. Zur Kennzeichnung solcher Verflechtungen hatte sich das Bild der so genannten „Deutschland AG" entwickelt. Durch diese Bildung von Netzwerken und alle anderen oben angesprochenen Situationen wird die Wirkung der Unternehmensaufsicht und damit der Corporate Governance begrenzt.

Verbesserungsvorschläge zur Vermeidung von Interessenskollisionen gehen in mehrere Richtungen. Neben einer Beschränkung der maximalen Anzahl von Aufsichtsratmandaten, einer Anzeigepflicht bei Interessenkonflikten oder einem Board Review als individuelle Beurteilung der Aufsichtsratstätigkeit ggf. mit externer Hilfe ist eine Hauptforderung die Ausweitung der Haftung von Aufsichtsratsmitgliedern.

Dies ist beispielsweise ein wesentlicher Bestandteil des 2002 geschaffenen **Sarbanes-Oxley Act**. Er gilt für in den USA börsennotierte Unternehmen und damit grundsätzlich ebenfalls für eine Reihe deutscher Unternehmen. Aufgrund der Vorkommnisse um ENRON enthält das Gesetz auch verschärfte Strafvorschriften. Vom Chief Executive Officer (CEO) und Chief Finance Officer (CFO) wird eine ausdrückliche Bestätigung der Richtigkeit und Vollständigkeit der Rechnungslegung gefordert. In den Unternehmen führt dieses Gesetz zu einem erhöhten Aufwand in den Bereichen Analyse, Optimierung und Dokumentation von Wertschöpfungsprozessen sowie zusätzlich im Bereich der Dokumentation und des Managements von Risiken. Im Falle unzutreffender Jahresabschlüsse muss eine Rückzahlung ergebnisabhängiger Vergütungen erfolgen. In dem Gesetz ist beispielsweise ebenfalls festgelegt, dass Abschlussprüfer mit ihrem Unternehmen nicht gleichzeitig auch Beratungsleistungen für den Mandanten erbringen dürfen. Die amerikanische Börsenaufsicht SEC unterzieht veröffentlichte Abschlüsse inzwischen einer erweiterten Prüfung.

### *Corporate Governance in Deutschland*

Auch in Deutschland hat der Gesetzgeber Anstrengungen unternommen, um die Qualität der Corporate Governance zu verbessern. Im Jahre 2000 wurde die **Baums-Kommission** eingerichtet. Sie hat als GRUNDSATZKOMMISSION CORPORATE GOVERNANCE den „Code of Best Practice" ausgearbeitet mit Empfehlungen, wie andere Länder Corporate Governance praktizieren. In entsprechender Weise hat das DEUTSCHE RECHNUNGSLEGUNGS STANDARDS COMMITTEE (DRSC) ebenfalls Vorschläge vorgelegt. Im Jahre 2001 wurde die REGIERUNGSKOMMISSION CORPORATE GOVERNANCE ins Leben gerufen. Sie hat, benannt nach ihrem Vorsitzenden als **Cromme-Kommission**, den **Corporate Governance Kodex** im Jahre 2002 als Leitfaden für ein anforderungskonformes Verhalten entwickelt. Er enthält gesetzliche Vorschriften, Empfehlungen sowie Anregungen. Unternehmen sind nach dem Prinzip „comply or explain" verpflichtet, jährlich über Abweichungen von den ausgesprochenen Empfehlungen zu berichten. Der Kodex soll die Grundzüge der deutschen Unternehmensverfassung insbesondere auch für ausländische Investoren darstellen. Er regelt vor allem die Aufgaben und das Zusammenwirken von Vorstand und Aufsichtsrat. Der Kodex wird jährlich aktualisiert. Zugleich wird erwartet, dass von ihm auch eine Ausstrahlung auf nicht-börsennotierte Unternehmen ausgeht.

Im Corporate Governance Kodex der Cromme-Kommission wird z.B. die Empfehlung ausgesprochen, dass die maximale Zahl von bisher zehn gleichzeitigen Aufsichtsratsmandaten auf fünf reduziert wird. Der Aufsichtsrat soll den Vorstand bei der Leitung des Unternehmens beraten und überwachen, er ist deshalb in Entscheidungen grundlegender Bedeutung einzubinden. Die Unternehmensstrategie des Vorstandes ist mit dem Aufsichtsrat abzustimmen. Sicherzustellen sind umfassende, zeitnahe und regelmäßige Informationen für alle relevanten Fragen der Planung, Geschäftsentwicklung und Risikolage, ggf. ergänzt um Abweichungsanalysen. Schließlich sind hier – aufgrund einer Erweiterung aus dem Jahr 2005 – Empfehlungen enthalten, welche den zuvor erläuterten, bislang eher automatischen Wechsel vom Vorstands- in den Aufsichtsratsvorsitz stoppen sollen. Da dies künftig nicht mehr als der Regelfall anzusehen ist, werden in Zukunft ausführliche Begründungen gegenüber den Aktionären auf der Hauptversammlung einer Aktiengesellschaft verlangt.

Ebenfalls 2002 sind rechtliche Vorgaben im **Transparenz- und Publizitätsgesetz (TransPuG)** erlassen worden, die das KonTraG erweitern und teilweise Bestandteil des Corporate Governance Kodex sind. In ihm werden die Rechte und Pflichten eines Aufsichtsrates erweitert, das Konzernbilanzrecht modernisiert, die Abschlussprüfung konkretisiert und verschärft, eine problemorientierte Berichterstattung gefordert sowie eine erweiterte Publizität z.B. durch Internetnutzung bei der Hauptversammlung ermöglicht.

Insgesamt werden also auch in Deutschland Anstrengungen unternommen, um die Strukturen und Prozesse der Führung, Verwaltung und Überwachung von Unternehmen zu verbessern.

## II. Unternehmensformen

Was ist unter der Unternehmensform respektive der Rechtsform eines Unternehmens zu verstehen? Wie ist der Begriff der Unternehmensverfassung inhaltlich zu kennzeichnen? Welche generellen Möglichkeiten der rechtlichen Gestaltung gibt es für privatwirtschaftliche Unternehmen, welche für öffentliche Unternehmen? Worin bestehen die grundsätzlichen Unterschiede zwischen Personen- und Kapitalgesellschaften? Nach welchen ökonomischen Kriterien mit „idealen“ Ausprägungen können alternative Rechtsformen bewertet werden? Welche in der Unternehmenspraxis vorzufindenden rechtlichen Gestaltungsformen waren ursprünglich vom Gesetzgeber nicht vorgesehen?

### 1. Wahl/ Wechsel der Rechtsform als Rahmenentscheidung

#### *a. Alternative Rechtsformen im Überblick*

Für das hier beginnende Unterkapitel C.II. kehren wir das bisherige Vorgehen einer wirtschaftlichen Betrachtung unter Berücksichtigung gesetzlich geregelter Zusammenhänge um: Nun geht es in einer zuerst **juristischen Perspektive** um grundlegende rechtliche Bestimmungen für die Gründung und Führung von Unternehmen sowie um hierbei gegebene Alternativen. Mit deren Darstellung und Bewertung nach verschiedenen ökonomischen Kategorien wird in der zweiten Betrachtungsebene dabei allerdings wiederum **wirtschaftsbezogen argumentiert**.

Im Folgenden geht es um die **Summe rechtlicher Regelungen**, die einen Betrieb respektive ein Unternehmen hinausgehend über seine wirtschaftliche Leistungserstellung und -verwertung juristisch konstituieren. Erst damit werden die zahlreichen Anspruchs- und Austauschbeziehungen im Innen- und Außenverhältnis eines Unternehmens auf eine rechtsverbindliche Grundlage gestellt. Die Rechtsordnung gibt hierfür mit einer Reihe verschiedener Rechtsformen Alternativen vor. Die gewählte Rechtsform kann dann als rechtlicher Rahmen, „juristisches Kleid“ oder „Rechtsmantel“ eines Unternehmens bezeichnet werden. Der gleiche Sachverhalt kann auch als Unternehmensform gekennzeichnet werden; in Abhängigkeit von der gewählten Definition des Begriffs Unternehmen wird in der Literatur hierbei teilweise eine Beschränkung auf privatwirtschaftliche Unternehmen vorgenommen. Bei unserer weiten, öffentliche Unternehmen im Wesentlichen einschließenden Unternehmensdefinition (siehe hierzu A.II.2.) können wir beide Begriffe – Rechtsform und Unternehmensform – im Zusammenhang mit privaten und öffentlichen Unternehmen gleichbedeutend verwenden.

Die Basis unserer Analysen bilden vor allem das **Handelsrecht** und dabei insbesondere das **Gesellschaftsrecht** als maßgebliche Teile des **Wirtschaftsprivatrechts**, zu dem als weiterer großer Bereich noch das Wettbewerbsrecht zählt. Bezogen auf die Existenz eines eigenständigen Handelsrechts kann zunächst ein systematischer Unterschied zwischen dem Privatrecht für Unternehmen und dem für Haushalte bzw. Einzelpersonen herausgestellt werden:

Beim Handelsrecht als dem „Sonderprivatrecht" der Kaufleute wird von eigenverantwortlichen und informierten Entscheidern ausgegangen, die laufend Chancen und Risiken ihrer Geschäftsbetriebe abwägen müssen. Von daher ist das **Handelsgesetzbuch** (HGB) als grundlegendes Regelwerk für den kaufmännischen Verkehr generell um einiges freier – in Einzelfällen aber dennoch strenger – ausgelegt als das die Rechtsbeziehungen allgemein regelnde **Bürgerliche Gesetzbuch** (BGB). So sind beispielsweise Bürgschaftserklärungen unter Kaufleuten mündlich rechtswirksam (§ 350 HGB), während bei Privatleuten eine schriftliche Erklärung notwendig ist (§ 766 BGB). Auch müssen Waren von Kaufleuten sofort nach Lieferung auf quantitative oder qualitative Mängel überprüft werden, und hierauf bezogene Rügen sind unverzüglich gegenüber dem Verkäufer zu erklären (§ 377 HGB). Unterbleibt dies, gilt die Ware als genehmigt, und es können i.d.R. keine Gewährleistungsansprüche geltend gemacht werden. Demgegenüber steht beim Warenkauf durch Privatpersonen hierfür nach dem BGB ein Zeitraum von regelmäßig zwei Jahren (§ 438 I Nr. 3 BGB) zur Verfügung. Und generell gilt, dass sich Kaufleute im Geschäftsverkehr nicht auf verbraucherschützende Normen berufen können.

Wird ein Unternehmen, das nach Art und Umfang einen in kaufmännischer Weise eingerichteten Geschäftsbetrieb erfordert (z.B. doppelte Buchführung mit Erstellung eines Jahresabschlusses), von einem Kaufmann alleine geführt, dann bildet im Wesentlichen das HGB den rechtlichen Rahmen eines solchen als **Einzelunternehmen** bezeichneten Gewerbebetriebs.

Wenn Unternehmen von einer oder mehreren Personen gegründet und betrieben werden, dann bestimmen sich die Rechtsverhältnisse solcher Gesellschaften nach den relevanten Teilen des BGB und vor allem des HGB sowie einer Reihe von Einzelgesetzen, wie das **Gesetz betreffend die Gesellschaften mit beschränkter Haftung** (GmbHG), das **Aktiengesetz** (AktG) und das **Gesetz betreffend die Erwerbs- und Wirtschaftsgenossenschaften** (GenG). Folgende vier Themenkomplexe stehen dabei im Vordergrund:

- Welche Gesellschaftsformen gibt es?
- Wie sind Gesellschaften zu gründen und aufzulösen?
- Welche Ausgestaltungen gibt es zur inneren Struktur von Gesellschaften?
- Wie ist das Auftreten der Gesellschaften im Außenverhältnis geregelt?

Bezogen auf den ersten Themenkomplex ist festzuhalten, dass hier keine Gestaltungsfreiheit gegeben ist. Vielmehr besteht Typenzwang, und das bedeutet, dass sich die Wahl der Rechtsform auf die per Gesetz geregelten oder in der Rechtspraxis anerkannten Typen beschränken muss.

Im Folgenden geben wir einen Überblick zu den wesentlichen Rechtsformen für Unternehmen (hierzu Abb. C-II-1). Dabei werden auch die verschiedenen Gestaltungsalternativen für öffentliche Unternehmen aufgezeigt. Hierzu zunächst einige Erläuterungen, da im Verlauf von C.II. nicht mehr näher auf Unternehmen in öffentlicher Trägerschaft eingegangen wird:

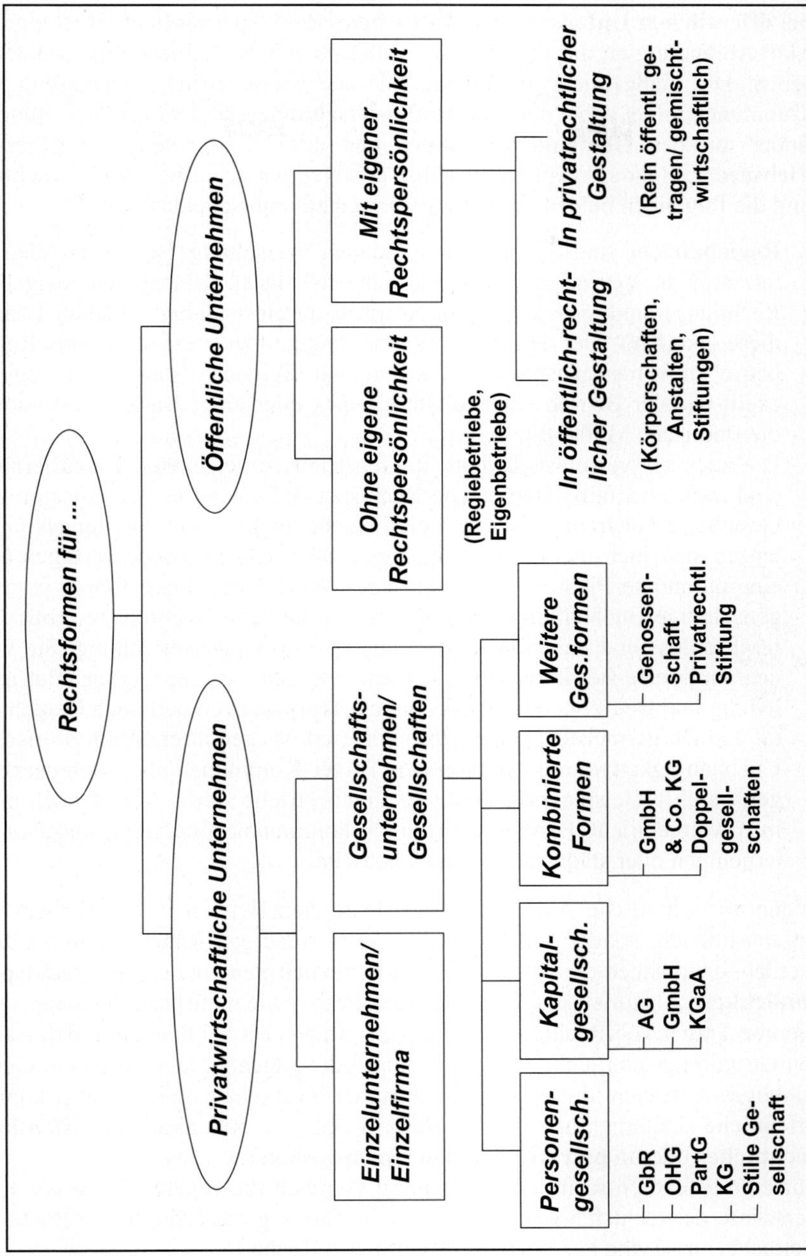


**Abb. C-II-1:** Wesentliche Rechtsformen für Unternehmen im Überblick

- Bei **öffentlichen Unternehmen ohne eigene Rechtspersönlichkeit** ist eine direkte Anbindung an die jeweilige öffentlich-rechtliche Gebietskörperschaft gegeben. Die maßgebliche Grundlage für eine wirtschaftliche Betätigung von Kommunen bildet dabei das **Gemeindewirtschaftsrecht** der einzelnen Bundesländer mit den **Gemeindeordnungen** und den Vorschriften zum **Eigenbetriebsrecht**. Bei den rechtlich unselbstständigen wirtschaftlichen Unternehmen sind die folgenden beiden Gestaltungsformen zu unterscheiden:
  - **Regiebetriebe** sind Teile der sie tragenden Verwaltung. Bei einer vollen Integration in Verwaltung und Haushalt (fiskalische Einnahmen-Ausgaben-Rechnung) sind sie auch organisatorisch unselbstständig; letztlich können diese als „Amt" der Träger-Kommune eingeordnet werden. Mittels Regiebetrieben werden beispielsweise kommunale Wirtschaftstätigkeiten abgewickelt, wie der Betrieb einer Stadtbibliothek oder eines Bürgerhauses sowie die städtische Müllabfuhr.
  - Die auch als verselbstständigte Regiebetriebe bezeichneten **Eigenbetriebe** sind zwar ebenfalls ohne eigene Rechtspersönlichkeit, der organisatorische Gestaltungsspielraum und damit die Entscheidungs- und Gestaltungskompetenzen sind hier allerdings um einiges größer. Eigenbetriebe verfügen über eine autonome Planung (Erstellen eines Wirtschaftsplans), führen eine eigenständige Buchhaltung (kaufmännische, doppelte Buchführung) mit Jahresabschluss und haben eine unabhängige Vermögensverwaltung. Sie werden durch eine Betriebssatzung konstituiert, haben eigene Organe (Betriebsleitung und Betriebs- oder Werksausschuss sowie eventuell noch Gemeinderat und Bürgermeister) und eigenes Personal. Wegen ihrer organisatorischen Unabhängigkeit werden sie von den Träger-Kommunen als **Sondervermögen** geführt. Beispiele für derartige Eigenbetriebe sind – soweit noch nicht in privatrechtliche Formen überführt – kommunale Energieversorgungsunternehmen oder städtische Verkehrsbetriebe.

- Wenn wirtschaftliche Aktivitäten im öffentlichen Bereich in einem nicht nur organisatorisch, sondern auch rechtlich selbstständigen Rahmen durchgeführt werden, dann haben die entsprechenden **Unternehmen** eine **eigene Rechtspersönlichkeit**. Als juristische Personen sind diese – wie natürliche Personen – autonome Träger von Rechten und Pflichten. Anders als bei den zuvor dargestellten Gestaltungsmöglichkeiten über Regie- oder Eigenbetriebe ist so ein eigenständiges Auftreten im Rechts- und Wirtschaftsverkehr möglich. Dabei können öffentliche Unternehmen mit eigener Rechtspersönlichkeit in **öffentlich-rechtlicher** oder in **privatrechtlicher Form** gestaltet werden.
  Für eine öffentlich-rechtliche Gestaltung kommen die Rechtsformen der Körperschaft, der rechtsfähigen Anstalt und der Stiftung des öffentlichen Rechts in Betracht (juristische Personen des öffentlichen Rechts):
  - **Körperschaften des öffentlichen Rechts** sind hoheitlich geschaffene, mitgliedschaftlich verfasste und rechtsfähige Organisationen zur Wahrnehmung öffentlicher Aufgaben unter staatlicher Aufsicht. Dabei sind Gebiets-, Personal- und Verbandskörperschaften zu unterscheiden:

* Gemeinden oder Gemeindeverbände und Landkreise sowie die Länder und der Bund bilden – wie in den vorangegangenen Kapiteln bereits angesprochen – **öffentlich-rechtliche Gebietskörperschaften**. Für ihre Bürger nehmen diese Verwaltungs- und Versorgungsfunktionen in einem geografischen Bezug wahr. Dabei ist die kommunale Ebene im Auftrag der Länder und des Bundes auch als Träger mittelbarer Staatsverwaltung tätig.
* **Personalkörperschaften** haben die Aufgabe, die Belange und Interessen eines bestimmten Mitgliederkreises im Einklang mit dem Allgemeinwohl zu vertreten. In dieser Form sind auf Landesebene beispielsweise die Hochschulen verfasst. Bei „verkammerten" Personalkörperschaften ist bezogen auf eine Bevölkerungs- oder Berufsgruppe eine zwangsweise Mitgliedschaft gegeben. Mit den Industrie- und Handelskammern, den Handwerkskammern sowie den berufsständischen Kammern wurden solche Körperschaften bereits in C.I.3.a. vorgestellt.
* Wenn Gebietskörperschaften wirtschaftlichen Betätigungen einen organisatorisch und rechtlich eigenständigen Rahmen verleihen wollen, dann bietet sich hierfür unter den öffentlich-rechtlichen Körperschaftsformen die **Verbandskörperschaft** an. So ist beispielsweise die Bildung gemeindlicher Zweckverbände zur Wahrnehmung einzelner, gemeinschaftlich zu erfüllender Aufgaben möglich. Exemplarisch können hierzu ein durch mehrere Kommunen gemeinsam betriebener öffentlicher Personen-Nahverkehr oder das gemeinsame Bauen und Unterhalten einer Abwasserentsorgung angeführt werden.

- **Öffentliche Anstalten** stellen für einen besonderen, andauernden Zweck zusammengefasste personelle und sachliche Mittel in der Hand eines öffentlichen Trägers dar. Anders als bei den öffentlich-rechtlichen Körperschaften liegt hier keine mitgliedschaftliche Verfassung vor; zu den Abnehmern der Leistungen besteht bei öffentlichen Anstalten ein reines Anbieter-Benutzer-Verhältnis. Es können rechtsfähige und nichtrechtsfähige Anstalten unterschieden werden:

  * Entsprechend den Eingangserläuterungen zur Kategorie öffentlicher Unternehmen mit eigener Rechtspersönlichkeit sind **rechtsfähige Anstalten** juristische Personen des öffentlichen Rechts und damit verselbstständigte Einheiten der öffentlichen Verwaltung. Als Beispiele hierfür können die öffentlich-rechtlichen Rundfunkanstalten oder die öffentlichen Sparkassen (Stadt- und Kreissparkassen) genannt werden. Gerade bei den letztgenannten öffentlichen Unternehmen im Bankensektor wird die **Überlagerung zweier Rechtskreise** deutlich; zu ihren Anstaltsträgern stehen diese in einem öffentlich-rechtlichen Verhältnis, während die Geschäftsbeziehungen mit den Kunden auf privatrechtlicher Basis abgewickelt werden. In Form von Anstalten des öffentlichen Rechts können auf kommunaler Ebene auch Krankenhäuser organisiert sein.

* Wenn die Bezeichnung der **nichtrechtsfähigen Anstalt** Verwendung findet, dann sind damit die bereits erläuterten, allenfalls organisatorisch, nicht aber rechtlich selbstständigen Regie- bzw. Eigenbetriebe von Gebietskörperschaften gemeint.

- Bei den **öffentlich-rechtlichen Stiftungen** steht die zweckentsprechende Verwaltung eines öffentlichen Vermögensbestandes im Vordergrund. Hier gibt es weder Mitglieder noch Benutzer, sondern **Nutznießer**. Diesen Destinatären dient der Stiftungszweck, an den die gesamten Stiftungstätigkeiten streng gebunden sind.
  Auch bei Stiftungen des öffentlichen Rechts können eine nichtselbstständige und eine selbstständige Variante unterschieden werden. So war beispielsweise die STIFTUNG HAUS DER GESCHICHTE DER BUNDESREPUBLIK DEUTSCHLAND in der Aufbauphase ab 1986 zunächst als nichtselbstständige Stiftung verfasst, bevor sie durch das Stiftungsgesetz 1990 in die Form einer selbstständigen und damit rechtsfähigen Stiftung öffentlichen Rechts überführt wurde. Sie verfolgt den Zweck, Kenntnisse über die jüngere Geschichte Deutschlands und deren weiterer Entwicklung zu vermitteln, um so das Geschichtsbewusstsein der Bürger zu fördern und zu festigen.
  Bei von staatlicher Seite gegründeten Stiftungen wird zum Teil auch die privatrechtliche Form gewählt. Dies gilt beispielsweise für die in C.I.3.d. vorgestellte Stiftung Warentest. Mit deren Verfassung als Stiftung bürgerlichen Rechts (siehe hierzu C.II.6.b.) wird gegenüber der öffentlich-rechtlichen Gestaltungsmöglichkeit eine unabhängige, von staatlichen Weisungen freie Verfolgung des Stiftungszwecks angestrebt.

Über das vorstehend angeführte Beispiel können wir in unserem Überblick zu wesentlichen Rechtsformen für Unternehmen (Abb. C-II-1) zur Kategorie **öffentlicher Unternehmen mit eigener Rechtspersönlichkeit in privatrechtlicher Gestaltung** übergehen. Aus rechtssystematischen Gründen kommen hierzu nicht alle Rechtsformen für privatwirtschaftliche Unternehmen (linker Teil der Abb. C-II-1) in Frage. Da öffentlich-rechtliche Körperschaften als juristische Personen konstituiert sind, müssen potenzielle private Rechtsformen einen alleinigen Besitz (rein öffentlich getragene Unternehmen) oder eine Beteiligung durch öffentliche Träger (gemischtwirtschaftliche Unternehmen) zulassen. Damit stehen als Gestaltungsalternativen vor allem die **Kapitalgesellschaften** (GmbH und AG) als juristische Personen und Körperschaften des Privatrechts zur Verfügung – die auf natürliche Personen zugeschnittenen Personengesellschaften kommen für öffentliche Unternehmen nicht in Frage.
Eine Verfassung öffentlicher Unternehmen in Privatrechtsform hat – wie auch die Ausgliederung wirtschaftlicher Aktivitäten von Gebietskörperschaften in Eigenbetriebe – das Ziel, durch eine stärkere betriebswirtschaftliche Ausrichtung eine höhere Effizienz und Effektivität zu erreichen. Den Hintergrund bildet der bereits in A.II.2. angeführte Tatbestand, dass in den klassischen Bereichen der kommunalen Daseinsvorsorge für die Bevölkerung (leitungsgebunde Versorgung mit Wasser, Strom, Gas, Fernwärme; Verkehrswesen sowie Ent-

sorgung) mittlerweile eine tief greifende Deregulierung und Liberalisierung stattgefunden hat.
Als deren Folge ergibt sich einerseits für viele Städte und Gemeinden eine **Entmonopolisierung** bisheriger Zuständigkeiten und damit eine Wettbewerbssituation bei ihren wirtschaftlichen Betätigungen. Anderseits haben sich aber öffentliche Unternehmen auch neue Geschäfts- und Tätigkeitsfelder erschließen können, wie beispielsweise das Angebot von Telekommunikationsdienstleistungen im lokalen Rahmen, die Errichtung von Gewerbe-, Technologie- und Existenzgründerparks, die Führung von Gesellschaften zur Beschäftigungsförderung oder die Erbringung von Werkstatt- und anderen Serviceleistungen (z.B. im Grünpflege- und Reinigungsbereich). Hier sind es dann die privaten Unternehmen und ihre Verbände, die vom Gesetzgeber Maßnahmen zur Eindämmung der neuen kommunalen Konkurrenz fordern.
Dabei können öffentliche Unternehmen nicht jede beliebige wirtschaftliche Betätigung aufnehmen. Eine solche muss vielmehr unmittelbar aus **Gründen des Gemeinwohls** erfolgen, wofür insbesondere mittelbare Motive, wie eine Stärkung der Finanzkraft oder eine Gewinnerzielungsabsicht, nicht ausreichend sind. Wie schon in A.II.2. angesprochen, wird für öffentliche Unternehmen vom Grundsatz her weiterhin eine gemeinwirtschaftliche Zielkonzeption gefordert, für die allenfalls eine Ergänzung um privatwirtschaftliche Elemente in Betracht kommt.
Wenn über entsprechende Änderungen in den Gemeindeordnungen/ der Kommunalverfassung der Länder mittlerweile eine wirtschaftliche Betätigung von Kommunen auch in Privatrechtsform möglich ist, so sind hierbei allerdings eine Reihe genereller und spezieller Grenzen gesetzt:

- Die **generellen Grenzen** einer wirtschaftlichen Betätigung von kommunalen Gebietskörperschaften werden durch drei zentrale und zunächst rechtsformunabhängige **Zulässigkeitsvoraussetzungen** abgesteckt, die sich über alle Länder hinweg wie folgt zusammenfassen lassen:

  * Ein öffentlicher Zweck muss die wirtschaftliche Betätigung rechtfertigen.
  * Hierbei muss es sich um die Erledigung von Angelegenheiten der örtlichen Gemeinschaft handeln.
  * Die wirtschaftliche Betätigung muss nach Art und Umfang in einem angemessenen Verhältnis zur Leistungsfähigkeit der Kommune stehen.

- In den Gemeindeordnungen einiger Bundesländer ist als zusätzliche Voraussetzung eine **Subsidiaritätsklausel** verankert. Damit wird vor der Aufnahme wirtschaftlicher Betätigungen von Kommunen ein Wettbewerbsvergleich mit anderen – auch potenziellen – Anbietern verlangt. Hierauf bezogen gibt es zwei verschiedene Formen dieser Klausel:

  * Eine kommunale wirtschaftliche Betätigung ist nur gestattet, wenn der Unternehmenszweck nicht besser und wirtschaftlicher durch andere Anbieter erfüllt wird oder werden kann (unechte Subsidiaritätsklausel).

* Städte und Gemeinden dürfen nur wirtschaftlich tätig werden, wenn der Unternehmenszweck nachweislich besser durch kommunale Unternehmen erfüllt werden kann (echte Subsidiaritätsklausel).

Die praktische Anwendung dieser Klausel gestaltet sich allerdings bei beiden Formulierungen als schwierig. Aufgrund ihrer nicht ausreichenden Bestimmtheit (Wie soll der geforderte Vergleich praktisch durchgeführt werden?) stellt sie sich als letztlich vollzugsuntauglich dar.

- Hinausgehend über die vorstehend skizzierten grundlegenden Anforderungen werden für öffentliche Unternehmen in privater Rechtsform in den länderspezifischen Gemeindeordnungen eine Reihe **spezieller Grenzen** gezogen bzw. Bedingungen formuliert. Insgesamt geht es dabei zum einen darum, an das Eigenbetriebsrecht angelehnte Grundstandards für eine wirtschaftliche Unternehmensführung festzulegen. Zum anderen wird mit besonderen Bestimmungen das Ziel verfolgt, die personelle Vertretung sowie die Weisungsbefugnisse und Kontrollrechte der Kommune in privatrechtlichen Gesellschaften im Einzelnen zu regeln.
  Derartige Regelungen können allerdings lediglich bezogen auf das Innenverhältnis eines öffentlichen Unternehmens in Privatrechtsform erfolgen – und dies auch nur dann, wenn die einschlägigen Vorschriften des Gesellschaftsrechts einen entsprechenden Gestaltungsspielraum offen lassen. Der Grund hierfür liegt darin, dass dem Gesellschaftsrecht ein höherer Stellenwert zukommt. Als Bundesrecht bricht es Landes- und Kommunalrecht. Wenn mit gemeindewirtschaftlichen Bestimmungen der Versuch unternommen wird, die gesellschaftsrechtlichen Spielräume bei der Führung öffentlicher Unternehmen in privater Rechtsform zu dehnen, dann sind hiermit häufig rechtliche Konflikte vorprogrammiert. Einer effizienten und effektiven Aufgabenerfüllung werden solche Auseinandersetzungen ebenfalls nicht dienlich sein.
  Als kurzes Fazit zu öffentlichen Unternehmen in privater Rechtsform lässt sich festhalten: Wird bei Vorliegen der gemeindewirtschaftsrechtlichen Zulässigkeitsvoraussetzungen eine solche Konstruktion gewählt, beispielsweise also in Form einer GmbH oder AG, dann hat das Gesellschaftsrecht Vorrang, und Kommunalrecht kommt lediglich ausfüllend zum Zuge. Dabei zeigt sich in der Praxis zusätzlich, dass auch die öffentlich-rechtliche Bindung als solche gerne abgestreift wird. Insgesamt gilt, dass die Verfolgung kommunalpolitischer Zielsetzungen mit der „Entlassung" öffentlicher Unternehmen in private Rechtsformen schwieriger wird.

Die **Rechtsformen für privatwirtschaftliche Unternehmen** werden in diesem Unterkapitel noch ausführlich vorgestellt; von daher geben wir hier zum Überblick (linker Teil der Abb. C-II-1) lediglich einige grundlegende Erläuterungen:

- In einer ersten Differenzierung werden von den Inhabern alleine getragene **Einzelunternehmen/ Einzelfirmen** und **Gesellschaftsunternehmen/ Gesellschaften** unterschieden. In Einzelunternehmen ist eine natürliche Person als Inhaber alleiniger Träger aller Rechte und Pflichten. Die rechtlichen Grundlagen hierzu sind im HGB niedergelegt. Gesellschaftsunternehmen bzw. Gesellschaften stellen dagegen privatrechtliche Zusammenschlüsse mehrerer Wirtschaftssubjekte zur Verfolgung eines gemeinsamen Zwecks dar. Die Rechtsgrundlagen hierfür finden sich im BGB, im HGB und in einer Reihe rechtsformbezogener Einzelgesetze.

- Innerhalb der Gesellschaftsunternehmen bestehen wesentliche und systematische Unterschiede zwischen Personen- und Kapitalgesellschaften. Bei hierauf bezogenen kurzen Kennzeichnungen können folgende Rechtsformalternativen unterschieden werden:
  - **Personengesellschaften** stellen sich als gemeinsam von mehreren natürlichen oder juristischen Personen geführte Unternehmen dar. Im Vordergrund steht hier deren aktive Mitwirkung im Unternehmen als **Mitunternehmerschaft**.
    Die einfachste Variante hierfür ist die Gesellschaft bürgerlichen Rechts (GbR, geregelt im BGB und dort lediglich als Gesellschaft bezeichnet). Für gewerbliche Unternehmen von Kaufleuten stehen die Rechtsformen der Offenen Handelsgesellschaft und der Kommanditgesellschaft (OHG und KG, beide geregelt im HGB) zur Verfügung. Für Freiberufler gibt es die Möglichkeit der Errichtung einer Partnerschaftsgesellschaft (PartG, geregelt im Gesetz über Partnerschaftsgesellschaften Angehöriger Freier Berufe – Partnerschaftsgesellschaftsgesetz PartGG). Die bisher aufgezeigten Rechtsformalternativen für Personengesellschaften enthalten Regelungen zum Innenverhältnis der Gesellschafter sowie zu deren Außenverhältnis, also den Beziehungen der Gesellschaft zu Dritten. Mit der Stillen Gesellschaft (keine Abkürzung üblich, geregelt im HGB) als reiner Innengesellschaft gibt es schließlich noch Vorgaben dafür, wie Beteiligungen an Unternehmen ausgestaltet werden können. Sie haben zum Gegenstand, wie sich Wirtschaftssubjekte an einem Handelsgewerbe eines Dritten beteiligen können, ohne selbst als Gesellschafter in Erscheinung zu treten.
  - Anders als bei den Personengesellschaften steht bei den **Kapitalgesellschaften** nicht die Mitunternehmerschaft der Gesellschafter im Mittelpunkt, sondern deren **Kapitalbeteiligung**. Kapitalgesellschaften werden also nicht als Zusammenschluss von Personen, sondern über die eingebrachten Kapitalanteile gebildet. Ihre Rechtsstellung entspricht demnach auch nicht der natürlicher Personen. Das selbstständige Auftreten im Rechts- und Wirtschaftsverkehr wird den Kapitalgesellschaften durch ihre Stellung als **juristische Personen des Privatrechts** ermöglicht.
    Unter den Kapitalgesellschaften ist die Aktiengesellschaft (AG, AktG als maßgebliche Rechtsgrundlage) – insbesondere als börsennotierte Publikums-Aktiengesellschaft oder kurz Publikumsgesellschaft – eine vor allem von Großunternehmen gewählte Rechtsform; hierbei lassen sich große Kapitalbedarfe über die Ausgabe vieler einzelner und frei handelbarer Aktien decken. Als demgegenüber „kleine Lösung“ und insgesamt einfache, wenig aufwändige Form der Kapitalgesellschaft stellt sich die Gesellschaft mit beschränkter Haftung (GmbH, GmbHG als maßgebliche Rechtsgrundlage)

dar. Mit dieser Rechtsform lässt sich die Errichtung eines Unternehmens über die kapitalmäßige Beteiligung von einer (Einpersonen-GmbH) oder mehreren Personen vornehmen. Bei der Kommanditgesellschaft auf Aktien (KGaA, AktG und HGB als maßgebliche Rechtsgrundlagen) kommt es zu einer Mischung rechtsformbezogener Elemente der KG (Personengesellschaft) und der AG (Kapitalgesellschaft). Diese Rechtsform hat insgesamt aber eine große Nähe zur AG, ihre rechtliche Grundlage ist im AktG niedergelegt, und so kann eine Zurechnung der KGaA zu den Kapitalgesellschaften erfolgen.

- Bei der Kategorie kombinierter Formen von Gesellschaftsunternehmen geht es um **Typkombinationen von Personen- und Kapitalgesellschaften**. Für die hierunter fallenden Varianten gilt, dass sie nur teilweise eigenständige gesetzliche Regelungen erhalten haben. Unter der Nutzung gesellschaftsrechtlicher Spielräume und in Anerkennung durch die Rechtspraxis haben sie sich als rechtliche Gestaltungsalternativen in der Unternehmenspraxis herausgebildet. In dieser Kategorie stellen wir folgende Rechtsformen vor:
  - Die **GmbH & Co. KG** ist eine Kommanditgesellschaft (Personengesellschaft) mit der Besonderheit, dass mindestens eine GmbH (Kapitalgesellschaft) als Komplementär fungiert und die Kommanditisten i.d.R. natürliche Personen sind. Modifikationen dieser Gesellschaft sind die AG & Co. KG oder die Stiftung & Co. KG. Hierauf gehen wir nicht gesondert ein, wir beschränken unsere Darstellungen auf die GmbH & Co. KG als Prototyp solcher Unternehmensformen.
  - Von **Doppelgesellschaften** wird dann gesprochen, wenn der gesamte Wertschöpfungsprozess eines Unternehmens aus betriebswirtschaftlicher Sicht in zwei – oder auch mehr – rechtlich selbstständige Personen- und Kapitalgesellschaften aufgeteilt wird. Dies kann einerseits das Vermögen und andererseits die Leistungserstellung betreffen, und es können auch für verschiedene Phasen der Wertschöpfung unterschiedliche Rechtsformen gewählt werden. Derartige Konstruktionen zur Unternehmensform können bereits im Gründungsvorgang vorgesehen werden oder stellen sich als Ergebnis einer rechtlichen Betriebsaufspaltung dar.

- Mit der abschließenden Rubrik **Weitere Gesellschaftsformen** werden in Abbildung C-II-1 noch zwei gesetzlich geregelte Rechtsformen für privatwirtschaftliche Unternehmen zusammengefasst, die wiederum als juristische Personen des Privatrechts tätig werden:
  - Die Tätigkeit von **eingetragenen Genossenschaften** (eG, GenG als maßgebliche Rechtsgrundlage) ist darauf gerichtet, den Erwerb oder die Wirtschaft ihrer nicht geschlossenen Mitgliederzahl durch gemeinschaftlichen Geschäftsbetrieb zu fördern. Durch diesen, im GenG festgelegten Grundauftrag lassen sich Genossenschaften auch als gemeinwirtschaftliche Variante im Privatrechtsbereich kennzeichnen.
  - Bei der **privatrechtlichen Stiftung** (keine Abkürzung üblich, geregelt in einem lediglich als Stiftungen bezeichneten Untertitel des BGB sowie in

entsprechenden Vorschriften der Bundesländer) geht es – wie bei den öffentlich-rechtlichen Stiftungen – um die Verfolgung eines bestimmten Stiftungszwecks. Hierzu überträgt der Stifter das in dem Stiftungsgeschäft zugesicherte Vermögen auf die Stiftung.

Bei dem Überblick zu wesentlichen Rechtsformen haben wir uns im Bereich der privatwirtschaftlichen Unternehmen auf die wichtigsten Grundtypen beschränkt, und hierzu erfolgen in den kommenden Abschnitten nähere Erläuterungen. Auf den für die Unternehmenspraxis kaum bedeutenden wirtschaftlichen Verein (w. V., im Rahmen des Vereinsrechts geregelt im BGB) gehen wir dagegen nicht gesondert ein. Erwähnung finden soll hier allerdings, dass die rechtlichen Grundlagen zu den Kapitalgesellschaften letztlich auf dem Vereinsrecht aufbauen. Bei unseren weiteren Darstellungen bleiben auch besondere, wirtschaftszweigbezogene Rechtsformen, wie die Reederei (keine Abkürzung üblich, geregelt im HGB) und der Versicherungsverein auf Gegenseitigkeit (VVaG, geregelt im Gesetz über die Beaufsichtigung der Versicherungsunternehmen – Versicherungsaufsichtsgesetz VAG) ohne Berücksichtigung. Und schließlich erübrigen sich Erläuterungen zur Bergrechtlichen Gewerkschaft als einer früher im Bergbau gebräuchlichen Rechtsform. Nach den Bestimmungen des Bundesbergbaugesetzes (BBergG) kann ein Unternehmen seit 1986 in dieser Form nicht mehr gegründet werden.

Welche Rechtsform ist in der Unternehmenspraxis am häufigsten vorzufinden? Gibt es eine Beziehung zwischen der gewählten Rechtsform und der Unternehmensgröße? In Abbildung C-II-2 sind mit der **Unternehmensverteilung nach Rechtsform und Umsatz für 2004** hierzu Ergebnisse aus der amtlichen Statistik zusammengestellt. Diese basieren auf der jährlich vom Statistischen Bundesamt für das vorletzte Jahr zusammengestellten Umsatzsteuerstatistik, deren Datengrundlage die Umsatzsteuer-Voranmeldungen der Unternehmen bilden. Wenn hierbei als untere Grenze auch ein Jahresumsatz von mehr als 17.500 EUR gilt, so lassen sich mit den Ergebnissen der Umsatzsteuerstatistik nach Rechtsformen deren Relationen insgesamt aber gut erkennen:

- Die am häufigsten vorzufindende Rechtsform ist mit knapp 70% die des Einzelunternehmens. Bei deren Umsatzanteil von 11% sind diese überwiegend kleinbetrieblich strukturiert.
- Die Personengesellschaften (Zeilen 2 und 3) stellen zusammengenommen annähernd 13% aller umsatzsteuerlich erfassten Unternehmen, ihr Anteil an den Umsätzen aller Unternehmen liegt aber bereits bei fast 29%.
- Auf die Kapitalgesellschaften (Zeilen 4 und 5) entfallen bei einem Rechtsformanteil von über 15% etwas mehr als 53% aller zu versteuernden Umsätze.
- Bemerkenswert sind insbesondere die Relationen bei den Aktiengesellschaften: Bei einem Anteil von 0,24% dieser Rechtsform werden 19,62% aller Umsätze getätigt. In dieser Form sind also vornehmlich sehr große Unternehmen tätig.

Zum Abschluss unserer einführenden Erläuterungen zum Kapitel Unternehmensformen ist noch kurz auf das Verhältnis der Begriffe Rechtsform und Unternehmensverfassung einzugehen. Der Begriff Unternehmensverfassung ist weiter gefasst und wird inhaltlich durch die gewählte Rechtsform mit bestimmt. Bei der Unternehmensverfassung geht es darum, das Zusammenwirken aller Unternehmensträger auf eine geordnete Grundlage zu stellen. Hierzu gehören die zu der gewählten Rechtsform bestehenden Vorschriften. Die verbleibenden Spielräume kann ein Unternehmen zusätzlich durch eigene Regelungen ausfüllen. Dies ist beispielsweise inhaltlich auf den Ausgleich der Interessen von Kapital und Arbeit durch freiwillig gewählte Erfolgsbeteiligungen für Arbeitnehmer möglich oder auch im Hinblick auf den Umgang mit externen Interessengruppen durch freiwillige Fördermaßnahmen von Kunst und Kultur zur Wahrnehmung der gesellschaftlichen Verantwortung des Unternehmens.

| *Rechtsform* | *Anzahl* | *Anteil* | *Umsatz in Mio. EUR* | *Anteil* |
|---|---|---|---|---|
| *(1) Einzelunternehmen* | 2.064.135 | 69,80% | 479.164 | 11,02% |
| *(2) OHG einschl. BGB-Ges.* | 259.277 | 8,77% | 227.213 | 5,23% |
| *(3) KG einschl. GmbH & Co. KG* | 116.632 | 3,94% | 1.026.922 | 23,62% |
| *(4) AG einschl. KGaA* | 7.189 | 0,24% | 852.784 | 19,62% |
| *(5) GmbH* | 452.957 | 15,32% | 1.465.747 | 33,71% |
| *(6) Genossenschaften* | 5.469 | 0,19% | 51.341 | 1,18% |
| *(7) Betriebe gewerbl. Art im öfftl. Bereich* | 6.023 | 0,20% | 29.025 | 0,67% |
| *(8) Sonstige Rechtsformen* | 45.491 | 1,54% | 215.310 | 4,95% |
| *Summen* | 2.957.173 | 100% | 4.347.506 | 100% |

**Abb. C-II-2:** Unternehmensverteilung nach Rechtsform und Umsatz für 2004 (nach der Umsatzsteuerstatistik 2004)

### b. Grundsätzliche Unterschiede zwischen Personen- und Kapitalgesellschaften

Vor den Einzeldarstellungen privatrechtlicher Unternehmensformen gehen wir zunächst näher auf die beiden wesentlichen Grundtypen von Gesellschaftsunternehmen ein. Mit einer Übersicht zu den grundsätzlichen Unterschieden zwischen Personen- und Kapitalgesellschaften wollen wir ein Basisverständnis zu diesen wichtigen Rechtsformkategorien vermitteln.

Unsere vergleichende Analyse (hierzu Abb. C-II-3a und -3b) bezieht sich bei den Personengesellschaften vor allem auf die OHG und die KG. Prinzipielle Gültigkeit haben die getroffenen Aussagen auch für die GbR und die PartG – nicht aber für die Stille Gesellschaft als reine Innengesellschaft. Bei den Kapitalgesellschaften wird insbesondere auf deren beide Hauptformen, die AG und die GmbH, abgehoben.

Die Merkmale der beiden folgenden Übersichten sind zum einen aus den im vorangegangenen Unterabschnitt aufgeführten Themenkomplexen des Gesellschaftsrechts (Gesellschaftsgründung und -fortbestand / innere Struktur / Außenverhältnis) abgeleitet. Zum anderen haben wir zusätzlich noch solche aufgenommen, bei denen sich im Hinblick auf die gegenübergestellten Rechtsform-Grundtypen finanzwirksame bzw. finanzierungsbezogene Unterschiede ergeben können. Die außer den gesetzlichen Grundlagen insgesamt 6 Merkmalsbereiche bilden im Folgenden in C.II.1.c. die Basis zur Ableitung von 9 Kriterien, nach denen dann – beginnend mit C.II.2. – alle Einzeldarstellungen von Rechtsformen für privatwirtschaftliche Unternehmen erfolgen.

Im Teil 1 der generellen Unterschiede (Abb. C-II-3a) sind zu den verglichenen Hauptformen von Personen- und Kapitalgesellschaften zunächst die bereits im vorangegangenen Unterabschnitt benannten wesentlichen gesetzlichen Grundlagen aufgeführt. Mit der Aufzählung der **Rechtsquellen** kann verdeutlicht werden, dass die entsprechenden Vorschriften i.d.R. kumulativ wirken:

- So nehmen bei den **Personengesellschaften** die rechtlichen Grundlagen der KG Bezug auf die der OHG (beide im HGB), und letztere knüpfen wiederum an die Regelungen der GbR im BGB an.
- Ähnliches gilt für die in Einzelgesetzen niedergelegten Vorschriften zu den **Kapitalgesellschaften** AG und GmbH; auch hier erfolgen Verweise zum HGB und teilweise auch zum BGB.

Mit dem Merkmal **Eigentum am und Führung des Unternehmens** lassen sich zentrale Unterschiede zwischen Personen- und Kapitalgesellschaften kennzeichnen; hierauf gehen letztlich alle weiteren dargestellten Unterschiede zurück:

- **Personengesellschaften** sind von mehreren Personen gemeinsam getragene und geführte Unternehmen. Ähnlich wie bei einem Einzelunternehmen sind die maßgeblichen Eigenkapital-Geber (Gesellschafter einer OHG und Komplementäre einer KG – zur Stellung der Kommanditisten einer KG siehe C.II.3.d.) in einer Unternehmer- respektive Mitunternehmerfunktion tätig.
  Als maßgebliches Kennzeichen von Personengesellschaften ist also die Mitunternehmerschaft der Gesellschafter festzuhalten; bei der steuerlichen Behandlung der Vergütung für die Geschäftsführung stellt diese als Unternehmerlohn einen Vorabgewinn dar (siehe Teil 2 in Abb. C-II-3b). Und in der Praxis zeigt sich, dass diese Rechtsformen häufig bei in Familieneigentum befindlichen Unternehmen gewählt werden.

| *Merkmal* | *Personengesellschaften* (z.B. OHG/ KG) | *Kapitalgesellschaften* (z.B. AG/ GmbH) |
|---|---|---|
| *Wesentl. gesetzliche Grundlagen* | HGB | HGB, AktG, GmbHG |
| *Eigentum am und Führung des Unternehmens* | *Eigenkapital-Geber* = *In der Regel Unternehmer/ Mitunternehmer* (außer Kommanditisten)<br>⇨ In der Regel *Mitunternehmerschaft* der Gesellschafter | *Eigenkapital-Geber nur zum Teil Mitglied der Geschäftsleitung*<br>↳ Organe: z.B. Vorstand/ Geschäftsführer<br>⇨ Insbesondere bei börsennotierten Aktiengesellschaften nur *Kapitalbeteiligung* von Anlegern |
| *Rechtliche Stellung* | *Zusammenschluss natürlicher Personen*<br>↳ Relative Rechtsfähigkeit der Gesellschaft<br>↳ In der Regel starke Personenbezogenheit<br>⇨ *Fortbestand* bei Ausscheiden von Gesellschaftern bei entsprechender gesellschaftsvertraglicher Regelung | *Gesellschaft ist juristische Person*<br>↳ Rechtsfähigkeit der Gesellschaft<br>↳ Unabhängig vom Wechsel ihrer Mitglieder<br>⇨ Ausscheiden von Gesellschaftern ohne Einfluss auf *Fortbestand* |
| *Risiko* | *Persönliche, unbeschränkte* und *solidarische Haftung* der Gesellschafter, außer für Kommanditisten | *Finanzielles Risiko* der Anteilseigner *auf die Kapitaleinlage begrenzt* |

**Abb. C-II-3a:** Personen- und Kapitalgesellschaften: Generelle Unterschiede (Teil 1)

- Bei **Kapitalgesellschaften** ist die Aufbringung einer bestimmten Kapitalsumme gründungsnotwendig (50.000 EUR Grundkapital bei der AG und 25.000 EUR Stammkapital bei der GmbH). Dies erfolgt durch die Übernahme von Aktien durch Aktionäre (AG) bzw. von Stammeinlagen durch Gesellschafter (GmbH). Sowohl Aktiengesellschaften als auch Gesellschaften mit beschränkter Haftung können durch eine oder mehrere Personen errichtet werden (§ 2 AktG und § 1 GmbHG).

Die bei den Personengesellschaften i.d.R. gegebene grundsätzliche Identität von Eigenkapital-Gebern und Geschäftsleitung gilt bei den Kapitalgesellschaften nicht. Eine solche liegt allenfalls teilweise vor, beispielsweise im Hinblick auf den geschäftsführenden Gesellschafter einer GmbH. Mit dieser Bezeichnung kommt zum Ausdruck, dass hier zwei Funktionen in Personalunion wahrgenommen werden.
Die Führung von Kapitalgesellschaften und deren Einsetzung respektive Kontrolle erfolgen durch besondere **Gesellschaftsorgane**. Bei der AG sind dies der Vorstand und der Aufsichtsrat sowie die Hauptversammlung als jährliche Versammlung der Aktionäre. Und bei der GmbH werden diese Funktionen von einem oder mehreren Geschäftsführern und der Gesellschafterversammlung wahrgenommen. Eine Teilhabe an der Unternehmensführung leitet sich bei Kapitalgesellschaften in jedem Fall nicht automatisch aus der Überlassung von Eigenkapital ab.
Die Geschäftsführervergütung ist in angemessener Höhe eine steuerlich abzugsfähige Betriebsausgabe (siehe Teil 2 der Abb. C-II-3b).
Insbesondere bei börsennotierten Aktiengesellschaften steht die Kapitalbeteiligung als Anleger im Vordergrund.

Die Personen- bzw. Kapitalbezogenheit der beiden Grundformen von Gesellschaftsunternehmen setzt sich in deren **rechtlicher Stellung** fort:

- **Personengesellschaften** sind **Zusammenschlüsse von Personen**. Diese Personen, die Gesellschafter einer OHG oder die Komplementäre einer KG, sind damit auch die unmittelbaren und persönlichen Träger aller unternehmensbezogenen Rechte und Pflichten. Dabei sind Personengesellschaften zusätzlich **Gesamthandsgesellschaften**. Dies bedeutet, dass einerseits – in Abhängigkeit von den gesellschaftsvertraglichen Regelungen – wesentliche Entscheidungen nur von allen Gesellschaftern gemeinsam getroffen werden können, was allerdings i.d.R. gesellschaftsvertraglich abbedungen wird, während andererseits jeder einzelne unbeschränkt und gesamtschuldnerisch gegenüber Gläubigern haftet.
  Den Gesellschaften selbst (OHG und KG) kommt eine **relative Rechtsfähigkeit** zu, weil nach § 124 HGB in ihrem Namen Rechte und Eigentum erworben sowie Verbindlichkeiten eingegangen werden dürfen und vor Gericht geklagt und verklagt werden kann. An der Stellung der Gesellschafter als maßgebliche, für ihre Unternehmen stehende Rechtssubjekte ändert dies nichts.
  Diese starke Gebundenheit der Rechtsform an die Gesellschafter macht es insbesondere im Hinblick auf die **Unternehmenskontinuität** und damit auf den Fortbestand und die Fortführung des Unternehmens erforderlich, bestimmte gesellschaftsvertragliche Regelungen vorzunehmen. Anders als bei der BGB-Gesellschaft führen beispielsweise der Tod oder die Kündigung eines OHG-Gesellschafters wie auch eines KG-Komplementärs von Gesetzes wegen – also in Ermangelung besonderer gesellschaftsvertraglicher Regelungen – zwar nicht unmittelbar zur Auflösung einer OHG oder einer KG: Diese Gesellschaften werden in solchen Fällen – abgesehen von einer nur zweigliedrigen OHG oder einem einzigen KG-Komplementär – unter den verbleibenden Gesellschaftern

fortgesetzt. Hierbei sind dann allerdings neue „Verhältnisbestimmungen“ notwendig.

- **Kapitalgesellschaften** sind **juristische Personen des Privatrechts**. Dies bedeutet, dass eine AG, eine KGaA oder eine GmbH selbstständiger Träger von Rechten und Pflichten ist; hierauf bezogen erfolgt also eine Gleichstellung mit den natürlichen Personen. Auch Vereine und privatrechtliche Stiftungen sowie Genossenschaften stellen juristische Personen des Privatrechts dar. Zu den juristischen Personen des öffentlichen Rechts zählen die im letzten Unterabschnitt behandelten öffentlich-rechtlichen Körperschaften sowie die rechtsfähigen Anstalten und Stiftungen des öffentlichen Bereichs.
  Als juristische Personen besitzen Kapitalgesellschaften eine **eigene Rechtsfähigkeit**. Von daher stehen sich die Gesellschaft und ihre Gesellschafter (GmbH) respektive Aktionäre (AG) als unterschiedliche Rechtspersonen gegenüber. Hieraus wird die Notwendigkeit ersichtlich, die bereits angesprochenen Organe einzusetzen (z.B. Vorstand und Aufsichtsrat oder Geschäftsführer). Damit werden für die Handlungsfähigkeit der Gesellschaft als juristische Person notwendige, gesetzlich vorgesehene Leitungs- und Kontrolleinheiten gebildet und hierfür natürliche Personen berufen, deren Handlungen der Gesellschaft zugerechnet werden können.
  Über die Bedeutung von Organen im anatomischen Sprachgebrauch lässt sich ferner der weitere, schon im Zusammenhang mit den öffentlichen Rechtsformen verwendete Begriff der Körperschaft erschließen. Insbesondere für die Kapitalgesellschaften und die Genossenschaften ist auch die Bezeichnung als Körperschaften des Privatrechts üblich.
  Wegen ihrer eigenen Rechtspersönlichkeit und der körperschaftlichen Verfassung sind Kapitalgesellschaften **unabhängig vom Wechsel ihrer Mitglieder**. Dies wird besonders bei den großen börsennotierten Aktiengesellschaften deutlich. Die Aktionärsstruktur verändert sich hier laufend, womit aber keine direkten Auswirkungen auf die Aktiengesellschaft verbunden sind. Auch eine GmbH bleibt beim Wechsel von Gesellschaftern bestehen. Bei Kapitalgesellschaften hat das Ausscheiden von Anteilseignern keinen unmittelbaren Einfluss auf den Fortbestand der Gesellschaft.

Die rechtssystematische Verschiedenheit von Personen- und Kapitalgesellschaften findet ihre Konsequenz in dem von den Gesellschaftern übernommenen **Risiko**:

- Aus der Konstituierung von **Personengesellschaften** über den Zusammenschluss einzelner Personen als Gesellschafter und deren Mitunternehmerstellung folgt, dass diese persönlich und damit unbeschränkt sowie als Gesamtschuldner für Verbindlichkeiten des Unternehmens haften.
  Die Kennzeichnung der persönlichen **Haftung als unbeschränkt** zeigt an, dass sich diese auf das gesamte Vermögen der Gesellschafter erstreckt, also auf deren Anteil am Betriebsvermögen und auf ihr Privatvermögen. Allerdings ist der Begriff unbeschränkt insofern unscharf und dadurch missverständlich, als auch diese Art der Haftung sich konkret auf den monetären Wert des zu Grunde liegenden Sachverhalts begrenzt.

**Gesamtschuldnerische** oder **solidarische Haftung** bedeutet nach § 421 BGB, dass Gläubiger ihre Forderungen in voller Höhe gegenüber jedem Gesellschafter geltend machen können, wenn die Gesellschaft als Schuldnerin ihren Verpflichtungen nicht nachkommt.
Vom Grundsatz der unbeschränkt persönlichen Haftung sind die Kommanditisten einer KG ausgenommen.

- An **Kapitalgesellschaften** sind die Anteilseigner über die Einbringung von Teilen des Eigenkapitals beteiligt. Die Gesellschaften besitzen eine eigene Rechtsfähigkeit, und deren Leitung wird von einer eigens eingesetzten Unternehmensführung wahrgenommen. An Stelle der Mitunternehmerschaft als dem Hauptkennzeichen der Personengesellschaften bildet bei Kapitalgesellschaften die Beteiligung am Kapital des Unternehmens das primäre Charakteristikum.
Als logische Schlussfolgerung aus dieser rechtlichen Konstruktion von Kapitalgesellschaften ergibt sich, dass deren **Haftung** für Verbindlichkeiten **auf das Gesellschaftsvermögen beschränkt** ist. Das Risiko der Anteilseigner ist somit grundsätzlich auf ihre Kapitaleinlage begrenzt. Eine Ausdehnung dieses Grundsatzes kann allenfalls gegeben sein, wenn im Gesellschaftsvertrag eine Nachschusspflicht vereinbart ist.

Teil 2 der generellen Unterschiede zwischen Personen- und Kapitalgesellschaften (Abb. C-II-3b) umfasst finanzwirksame bzw. finanzierungsbezogene Merkmale.

**Besteuerung**

Als Erstes gehen wir dabei auf die **steuerliche Behandlung** ein. Auch hier setzt sich die rechtssystematische Verschiedenheit der beiden Grundtypen von Gesellschaftsunternehmen fort. So wird – wie bereits angesprochen – bei Personen- bzw. Kapitalgesellschaften das steuerliche Ergebnis unterschiedlich ermittelt und besteuert. Insgesamt sind als **Ertragsteuern** die Einkommensteuer und die Körperschaftsteuer (Gemeinschaftssteuern; siehe hierzu C.I.3.f.) und die Gewerbesteuer (Gemeindesteuer) gegeneinander abzugrenzen. Im Folgenden wird daher unterschieden zwischen der laufenden Steuerbelastung auf Gesellschafts- und Gesellschafterebene.

**Steuersubjekt** respektive Steuerschuldner ist bei der Einkommensteuer die natürliche Person, bei der Körperschaftsteuer – dem Namen entsprechend – eine Körperschaft als juristische Person, und bei der Gewerbesteuer bildet der Gewerbetrieb als solcher den Gegenstand der Besteuerung. Zur Steuerbelastung von Personen- und Kapitalgesellschaften kann folgender Überblick gegeben werden:

- Die Besteuerung der Gewinnanteile an **Personengesellschaften** erfolgt im Rahmen der individuellen **Einkommenbesteuerung der Gesellschafter**. 5,5% der Einkommensteuerschuld werden darüber hinaus zusätzlich als Solidaritätszuschlag (§ 4 Solidaritätszuschlaggesetz 1995 – SolZG) fällig. Mit dem Steueränderungsgesetz 2007 ist ab dem 01.01.2007 ein Spitzensteuersatz von 45% für jährliche Privateinkommen ab 250.000 EUR (Ledige) respektive 500.000 EUR (Verheiratete) festgelegt (so genannte „Reichensteuer"). Ausschließlich unternehmerische Gewinneinkünfte sind davon ausgenommen; hierfür gelten also die in Abbildung C-II-3b genannten Sätze weiterhin.

- Ausgehend vom steuerlichen Ergebnis eines Gewerbebetriebs wird vorab mit Hinzurechnungen und Kürzungen gemäß dem **Gewerbesteuergesetz** (GewStG, §§ 8 und 9) der **Gewerbeertrag als Bemessungsgrundlage** der Gewerbesteuer ermittelt. Durch den Abzug von Freibeträgen (Einzelunternehmen und Personengesellschaften 24.500 EUR, Kapitalgesellschaften 0 EUR, sonstige juristische Personen des privaten Rechts 3.900 EUR) und die Multiplikation mit der Messzahl (Einzelunternehmen und Personengesellschaften mit dem Gewerbeertrag gestaffelt von 1% bis 5%, Kapitalgesellschaften einheitlich 5%) ergibt sich laut § 11 GewStG der **Gewerbesteuermessbetrag**. Die festzusetzende Gewerbesteuer bestimmt sich schließlich als Produkt aus dem Gewerbesteuermessbetrag und dem von der jeweiligen Gemeinde zu bestimmenden **Hebesatz** (§ 16 GewStG – mindestens 200%, bei kleineren Städten meist etwa 300% bis hin zu knapp 500% bei Großstädten in wirtschaftlichen Ballungszentren).
- Die Gewerbesteuer stellt eine **abzugsfähige Betriebsausgabe** dar, mindert also den steuerlichen Gewinn eines Unternehmens. Damit kürzt sie ihre eigene Bemessungsgrundlage, und so fällt die auf den Gewinn vor Festsetzung der Steuer bezogene Belastung niedriger aus. Bei positivem Gewerbeertrag führt die steuerliche Abzugsfähigkeit der Gewerbesteuer auf Gesellschaftsebene zu einem verringerten steuerlichen Gewinnanteil. Dem steht parallel aber auch ein verringerter handelsrechtlicher Gewinnanteil gegenüber. Die eingeführte teilweise Anrechnung der auf Gesellschaftsebene bezahlten Gewerbesteuer auf die persönliche Einkommensteuer des Gesellschafters stellt sich wie folgt dar:
  Bei natürlichen Personen als Steuerpflichtige mit Einkünften aus Gewerbebetrieb wird die **individuelle Einkommensteuerschuld** um das **1,8-fache des Gewerbesteuermessbetrags** pauschal – also ohne Berücksichtigung des Hebesatzes – gemindert (§ 35 des Einkommensteuergesetzes – EStG). Bei mehreren Gesellschaftern wird diese pauschalierte Anrechnung der Gewerbesteuer (genauer: des anteiligen Gewerbesteuermessbetrags) anteilig durchgeführt.
- Bei **Kapitalgesellschaften** erfolgt eine eigenständige Besteuerung über die **Körperschaftsteuer**. Seit 2001 gilt – nach dem Systemwechsel zu einer einheitlichen Körperschaftsteuer – ein Körperschaftsteuersatz von einheitlich 25% (§ 23 I Körperschaftsteuergesetz – KStG). Nur für das Jahr 2003 wurde er befristet auf 26,5% erhöht. Hiermit sollte ein Finanzierungsbeitrag für die Schäden der Hochwasserkatastrophe geleistet werden.
  Mit der Körperschaftsteuerschuld wird zusätzlich der **Solidaritätszuschlag** fällig, so dass auch für Kapitalgesellschaften hieraus eine weitere Steuerbelastung in Höhe von 5,5% der festgesetzten Körperschaftsteuer gegeben ist.
  Bei Annahme eines Gewerbesteuerhebesatzes von 400% und unter Berücksichtigung der Gewinnminderung durch die Gewerbesteuerzahlung ergibt sich aus den vorstehend genannten Sätzen von Körperschaftsteuer, Solidaritätszuschlag und Gewerbesteuer für Kapitalgesellschaften **insgesamt eine Belastung durch Ertragsteuern in Höhe von 38,7%.**

| *Merkmal* | *Personengesellschaften* (z.B. OHG/ KG) | *Kapitalgesellschaften* (z.B. AG/ GmbH) |
|---|---|---|
| *Steuerliche Behandlung*<br>• *Ergebnisermittlung* | *Keine* steuerliche Berücksichtigung von *Gesellschaftervergütungen* (z.B. Tätigkeiten als Geschäftsführer, Darlehenszinsen, Mieteinkünfte) | Steuerliche Berücksichtigung von *Gesellschaftervergütungen* (z.B. Tätigkeiten als Geschäftsführer, Darlehenszinsen, Mieteinkünfte) als abzugsfähige Betriebsausgabe |
| • *Laufende Steuerbelastung*<br>- *auf Gesellschaftsebene* | Gewerbesteuer (mit Stufen) | Gewerbesteuer<br>+ Körperschaftssteuer (25% ab 2004)<br>+ Solidaritätszuschlag (5,5% auf Körperschaftssteuer)<br>↳ Gesamte *Steuerbelastung im Unternehmen ≈ 38,7%* |
| - *auf Gesellschafterebene* | *Laufender steuerlicher Gewinnanteil*<br>Individueller Einkommensteuersatz der Gesellschafter: Seit 2005: 15,0% - 42,0%<br>+ Solidaritätszuschlag (5,5%)<br>- Gewerbesteueranrechnung auf gewerbliche Einkünfte | Besteuerung von Ausschüttungen nach dem *Halbeinkünfteverfahren* |
| *Finanzierungsmöglichkeiten*<br>• *Eigenkapital-Beschaffung* | Wegen *starker Personenbezogenheit* Aufnahme neuer Gesellschafter erschwert | Erleichterte Aufnahme *neuer Gesellschafter*<br>Erleichterte *Kapitalerhöhung*, insb. bei börsennotierten Gesellschaften |
| • *Fremdkapital-Beschaffung* | *Abhängig von Ertragslage, Eigenkapitalbasis, ausreichend hohen Vermögenswerten* | |
| | *Privatvermögen* der Vollhafter<br>*Patronate* (persönliche Bürgschaften) durch Kommanditisten | *Patronate* (persönliche Bürgschaften) durch Gesellschafter |
| *Kosten der Rechtsform* | *Relativ gering* (Verträge privatrechtlich, behördliche Anmeldung) | *Relativ hoch* (Verträge notariell, behördliche Anmeldung, Aktienemissionen etc.) |

**Abb. C-II-3b:** Personen- und Kapitalgesellschaften: Generelle Unterschiede (Teil 2)

Sind an Kapitalgesellschaften natürliche Personen beteiligt, so rechnen auf der Ebene der Aktionäre oder Gesellschafter Dividenden respektive Ausschüttungen zu den Einkünften aus Kapitalvermögen (§ 20 EStG). Wegen deren Vorbelastung mit Körperschaftsteuer kommt – hierauf bezogen – das so genannte **Halbeinkünfteverfahren** zur Anwendung; dabei wird die Hälfte der zuvor einer Körperschaftsteuerbelastung unterliegenden Einkommenszuflüsse steuerfrei gestellt (§ 3 EStG, neu eingefügte Nr. 40).

Bei dieser im Ergebnis zweifachen Besteuerung – auf der Unternehmensebene ein fester Körperschaftsteuersatz von 25% und auf der Anteilseignerebene variable, den individuellen wirtschaftlichen Verhältnissen entsprechende Einkommensteuersätze – ist klar, dass die Vorziehenswürdigkeit des Rechtsform-Grundtyps (Kapital- oder Personengesellschaft/ Einzelunternehmen) vom persönlichen Einkommensteuersatz der Anteilseigner abhängt. Zur Kennzeichnung des individuellen Einkommensteuersatzes wird aus Vergleichsgründen generell der Grenzsteuersatz herangezogen; in unserem progressiven Steuertarif ist das der für die letzte Einkommenseinheit geltende Steuersatz.

Ein weiterer Unterschied besteht darin, dass bei Personengesellschaften die Ergebnisse beim Gesellschafter zwangsläufig erfasst werden (Zurechnungsprinzip). Dies gilt auch, wenn im Gesellschaftsvertrag eine Rücklagendotierung zu Lasten der Ergebnisse vorgesehen ist. Bei Kapitalgesellschaften besteht hingegen i.d.R. die Möglichkeit, die Besteuerung beim Gesellschafter über entsprechende Ausschüttungsbeschlüsse gezielt zu steuern (Zuflussprinzip).

Ausgehend vom Gewinn nach Gewerbesteuer und unter vereinfachender Weglassung des Solidaritätszuschlags vergleichen wir zunächst die **Besteuerung der Erträge** eines **Einzelunternehmers** mit der einer **Einpersonen-GmbH**. Unter der Annahme jeweils gleicher Grenzsteuersätze und in einer vereinfachten Modellrechnung (z.B. ohne Berücksichtigung von § 35 EStG für den Gewerbesteuerabzug bei Personengesellschaften) lassen sich die Befunde hierzu auch auf mehrere Anteilseigner von Personen- oder Kapitalgesellschaften übertragen:

- Für die Ausgangskonstellation – Einzelunternehmer versus alleiniger GmbH-Gesellschafter – kann man in einer einfachen Beispielrechnung ermitteln, dass beide Alternativen bei persönlichen **Grenzsteuersätzen der Einkommensteuer von 40%** zur gleichen Gesamtsteuer führen. Hier stehen den 40% ESt des Einzelunternehmers 25% KSt + 15% ESt (40% auf die Hälfte der 75%igen GmbH-Ausschüttung und damit bezogen auf 37,5% = 15%) bei der Einpersonen-GmbH gegenüber. Den Teil der Einkommensteuer, der als Abzug vom Kapitalertrag direkt von der Kapitalgesellschaft abzuführen und anzurechnen ist (Kapitalertragsteuer gemäß neu gefasstem § 43a EStG von 25% auf 20% gesenkt), weisen wir hier und im Folgenden nicht gesondert aus.
- Darüber hinaus ergibt sich aus dem Rechenbeispiel, dass die Gesamtsteuer des GmbH-Gesellschafters bei höheren persönlichen Einkommensteuersätzen gegenüber dem Einzelunternehmer niedriger ausfällt; hier drückt der feste Körperschaftsteueranteil die totale Steuerbelastung. Für **Grenzsteuer-**

**sätze von unter 40%** ergibt sich der umgekehrte Befund: Bei solchen Konstellationen ist die **Besteuerung des gesamten Ertrags als Einzelunternehmer günstiger**, die GmbH-Lösung führt demgegenüber zu einer höheren Gesamtsteuer. Jetzt wirkt der Körperschaftsteueranteil praktisch wie eine „untere Proportionalzone", und so fällt die Gesamtbelastung durch KSt und ESt im GmbH-Fall höher aus als die individuelle Besteuerung des vollen Ertrags. Dabei wird allerdings die Tatsache vernachlässigt, dass z.B. Tätigkeitsvergütungen als Geschäftsführer bei der GmbH steuerlich abzugsfähig sind; hierdurch ändert sich die Bemessungsgrundlage für die Steuerermittlung.

Zur Abschätzung der Steuerbelastung bei **Kapitalgesellschaften** auf der Unternehmens- und Anteilseignerebene sind zum einen Gewerbesteuer und Solidaritätszuschlag mit zu berücksichtigen, und zum anderen ist die Frage von Bedeutung, ob erzielte Gewinne auch voll ausgeschüttet werden. Sofern letzteres nicht oder nicht in vollem Umfang erfolgt, spricht man von **Thesaurierung**. Angelehnt an das griechische Wort „thesauros" mit der Bedeutung „Schatz" sind hiermit Möglichkeiten der Selbstfinanzierung gemeint, nach denen Gewinne nicht ausgeschüttet, sondern den Kapitalkonten (bei Einzelunternehmen oder Personengesellschaften) oder den Gewinnrücklagen (bei Kapitalgesellschaften) zugeführt bzw. sofort reinvestiert werden.
Für die beiden Fälle einer Thesaurierung oder Ausschüttung von Gewinnen bei Kapitalgesellschaften ergibt sich folgende steuerliche Beurteilung:

- Bei **voller Einbehaltung von Gewinnen** ist unter Berücksichtigung von Solidaritätszuschlag und Gewerbesteuer (Hebesatz 400%) die bereits referierte Steuerbelastung von 38,7% gegeben.
- Werden die **Gewinne ausgeschüttet**, dann fallen bei den Anteilseignern – unter Annahme des seit 2005 gültigen Höchststeuersatzes von 42% – darauf 13,58% ESt inklusive SolZ an (100% – 38,7% = 61,3% : 2 = 30,65% * 42% = 12,87% ESt + [12,87% * 5,5% SolZ = 0,71%] = 13,58%). Als gesamte Steuerbelastung beim Unternehmen und den Anteilseignern ergeben sich damit 52,28% (38,7% + 13,58%).

Im Hinblick auf das steuerliche Ergebnis liegt **die Steuerbelastung von Personengesellschaften** – insbesondere wegen der pauschalierten Gewerbesteueranrechnung – **unter der von Kapitalgesellschaften**. Gleichermaßen mit einem Gewerbesteuerhebesatz von 400% (vereinfachend aber ohne Freibetrag und Staffelung) gerechnet sowie ebenfalls auf den Höchststeuersatz seit 2005 bezogen, weisen Personengesellschaften eine Gesamtbelastung mit Ertragsteuern in Höhe von 45,68% auf (Steueraufwand von Personengesellschaft und Gesellschafter).

**Finanzierungsmöglichkeiten**

Mit dem nächsten in der Abbildung C-II-3b aufgeführten Merkmal wird auf die unterschiedlichen Beschaffungsmöglichkeiten von Eigen- und Fremdkapital abgehoben:

- Die starke Personenbezogenheit bei **Personengesellschaften** hat eine **Einschränkung der Finanzierungsmöglichkeiten** bei diesen Rechtsformen zur Folge.
  Bei Personengesellschaften gibt es keine Vorschriften für die Mindesthöhe des Eigenkapitals, da – mit Ausnahme der Kommanditisten einer KG – eine unbeschränkte Haftung ihrer Gesellschafter gegeben ist. Im Gesellschaftsvertrag können dabei unbeschadet dessen Festkapitalien vorgesehen werden. Ansonsten kann die Summe des im Unternehmen eingesetzten Eigenkapitals durch Einlagen oder Entnahmen bei deren Eigenkapitalkonten variabel gestaltet werden. Eine **Verbreiterung der Eigenkapitalbasis** von Personengesellschaften findet ihre Begrenzung in der **Höhe des Privatvermögens** der Gesellschafter.
  Schließlich ist noch die **Aufnahme neuer Gesellschafter** grundsätzlich möglich. Wenn ein neuer Gesellschafter eintritt und stille Reserven vergüten muss, dann geht das Aufgeld in die Rücklagen. Ferner ist zu bedenken, dass neu aufgenommene Gesellschafter ebenfalls **Mitunternehmer** werden und sich hieraus Änderungen in der Geschäftsführung und in den Stimmrechtsverhältnissen ergeben können.
- **Kapitalgesellschaften** haben gegenüber Personengesellschaften eher **Vorteile** bei der **Eigenkapitalbeschaffung**.
  So können **Aktiengesellschaften** – und hier insbesondere die großen börsennotierten Aktiengesellschaften – ihren Kapitalbedarf durch die **Ausgabe neuer Aktien** an der Börse decken, ggf. mit Aufgeld (Agio). Zusätzlich kann durch eine zurückhaltende Ausschüttungspolitik die Eigenkapitalbasis sukzessive verstärkt werden.
  Die Möglichkeit der **Gewinnthesaurierung** besteht bei AGs ebenfalls; hiermit werden Rücklagen gebildet, und über deren Umwandlung kann ggf. eine Aufstockung des Grundkapitals erfolgen (Kapitalerhöhung aus Gesellschaftsmitteln).
  Für die **GmbH** stellen sich die Finanzierungsmöglichkeiten nicht ganz so günstig dar wie bei der AG. Die Eigenkapitalbasis teilt sich bei der GmbH i.d.R. lediglich in **Anteile einiger Gesellschafter** auf. Zu deren Verbreiterung können Nachschusszahlungen vertraglich vereinbart sein, oder es wird eine Kapitalerhöhung beschlossen oder neue Gesellschafter sind aufzunehmen. Zum Ausgleich offener und stiller Rücklagen ist hierbei von den neuen Gesellschaftern ein Aufgeld (Agio) auf ihre Stammeinlage zu fordern.
- Die Möglichkeiten der **Fremdkapitalbeschaffung** sind bei Personen- wie auch Kapitalgesellschaften in erster Linie abhängig von der Ertragslage, der Eigenkapitalbasis und dem Vorhandensein ausreichend hoher **Vermögenswerte** möglichst **mit stillen Reserven**. Bei Personengesellschaften mit natürlichen Personen als Vollhafter ergeben sich dann erleichterte Fremdkapitalbeschaffungsmöglichkeiten, wenn über ausreichendes **Privatvermögen** verfügt wird. Bei Kommanditisten wie auch den Gesellschaftern von Kapitalgesellschaften ist Fremdkapital dann leichter zu beschaffen, wenn sich diese zugunsten der Gesellschaft durch persönliche Bürgschaften verpflichten.
  Wenn vor allem kleinere GmbHs nur ein relativ geringes Eigenkapital aufweisen, dann besteht im Hinblick auf die Fremdkapitalaufnahme eine Möglichkeit

der Verbesserung ihrer Kreditwürdigkeit darin, dass eine Besicherung von Krediten über Gesellschafter (Patronate) vorgenommen wird.

**Kosten der Rechtsform**

Abschließend zur Darstellung genereller Unterschiede zwischen Personen- und Kapitalgesellschaften gehen wir noch kurz auf **rechtsformbezogene Kosten** bei der Gründung ein, die von ihrer Höhe her allerdings in beiden Fällen von untergeordneter Bedeutung sind:

- Aus der Wahl der Rechtsform einer **Personengesellschaft** resultiert eine relativ geringe und vor allem überwiegend einmalige Kostenbelastung. Diese erwächst aus den behördlichen Anmeldungen (z.B. Handelsregistereintrag) sowie aus einer eventuellen Rechtsberatung beim Abschluss des Gesellschaftsvertrages. Abgesehen von den Fällen, in denen Immobilien bei Gründung in die Gesellschaft eingebracht werden, ist eine **notarielle Beurkundung** der Gesellschaftsverträge bei Personengesellschaften **nicht notwendig**.
- Die rechtsformbezogenen Kosten von **Kapitalgesellschaften** liegen gegenüber denen von Personengesellschaften relativ hoch. Neben den behördlichen Anmeldungen fallen hier beispielsweise die generell **notariell zu schließenden Gesellschaftsverträge** ins Gewicht.

### c. *Kriterien zur ökonomischen Beurteilung der Rechtsformen*

Zum Ende des einführenden Abschnitts zu unterschiedlichen Unternehmensformen kommen wir zurück zur **ökonomischen Beurteilung von Rechtsformen** als betriebswirtschaftliches Entscheidungsproblem. Das Ziel bei der Wahl oder dem Wechsel der Rechtsform besteht in der Unternehmenspraxis letztlich darin, über diese Rahmenentscheidung die elementaren Grundlagen für Maßnahmen und Verhalten im Leistungserstellungsprozess und damit am Markt zu legen. Die Bedeutung hierauf bezogener Entscheidungen ist in ihrer **langfristigen Wirksamkeit** begründet. Mit der Wahl der Rechtsform konstituiert sich ein Unternehmen wirtschaftlich und rechtlich im Hinblick auf seine Teilnahme an den gesamtwirtschaftlichen Austauschprozessen. Kurzfristig ist diese Rahmenentscheidung kaum zu ändern, und wenn hierbei eine Modifikation notwendig wird, dann können damit hohe Kosten verbunden sein.

Ausgehend von dem **Ziel** einer generellen Rahmenentscheidung für den wirtschaftlich-rechtlichen Marktauftritt gehen wir zunächst auf das **Vorgehen** bei der Beurteilung alternativer Rechtsformen und anschließend auf die hierbei zu berücksichtigenden **Kriterien** ein (hierzu Abb. C-II-4).

- Bei der **Gründung** eines Unternehmens oder bei einer Umwandlung sind in einem ersten Schritt die **Ziele des Unternehmens** (siehe hierzu D.) und **der Eigenkapital-Geber** als maßgeblichen Stakeholdern festzulegen. Zur Vermeidung gravierender Zielkonflikte sind dabei auch die Interessen der übrigen Kern- und der Satellitengruppen des neuen oder umzuwandelnden Unternehmens abzuschätzen. Bezogen auf die Ziele des Unternehmens und der Eigenkapital-Geber ist eine **Win-win-Situation** anzustreben; diese Ziele sollten sich in ihrer Erreichung also gegenseitig verstärken.

***Ziel:***

- ***Rahmenentscheidung*** **zur Wahl der Rechtsform als** ***Grundlage für Maßnahmen und Verhalten am Markt***

***Vorgehen:***

- **Feststellung/ Erhebung der** ***Ziele des Unternehmens*** **und der** ***Eigenkapital-Geber*** **(angestrebt: Win-win-Situation)**
- **Benennung** ***limitierender Faktoren*** **zur Eingrenzung des** ***Entscheidungsfeldes*** **(z.B. verfübgares Eigenkapital)**
- **Klärung von** ***Prioritäten*** **bei den Kriterien (1) bis (9)**
- **Abwägen von** ***Vor- und Nachteilen*** **der Rechtsformalternativen im Rahmen eines** ***einfachen Bewertungsmodells*** **als Vorstufe für eine differenzierte** ***Nutzwertanalyse*** **(Scoring-Modell)**

***Ableitung der Kriterien:***

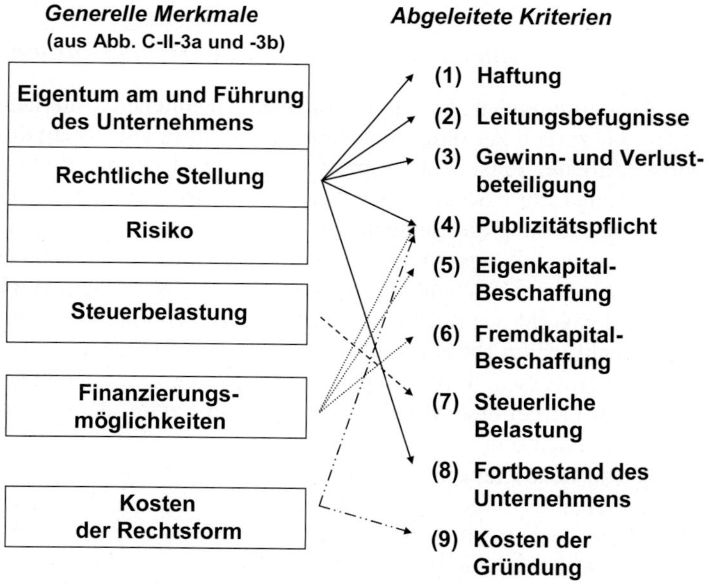


**Abb. C-II-4:** Ökonomische Beurteilung von Rechtsformen: Ziel, Vorgehen und Ableitung der Kriterien

- Als Nächstes kann über die Benennung **limitierender Faktoren** eine Eingrenzung des Entscheidungsfeldes vorgenommen werden. Ist beispielsweise absehbar, dass lediglich 20.000 EUR Eigenkapital auf Dauer verfügbar sein werden, dann scheidet eine Gründung als GmbH aus (Stammeinlage mindestens 25.000 EUR). Und wenn eine persönliche und unbeschränkte Haftung in jedem Fall vermieden werden soll, dann würden Einzelunternehmen und meist auch Personengesellschaften als Rechtsformalternativen entfallen. Mit derartigen K.o.-Kriterien wird somit eine Vorauswahl in Frage kommender Rechtsformen vorgenommen.

- Im Hinblick auf die Einzelkriterien der Rechtsformentscheidung sind in einem dritten Schritt dann deren **Prioritäten** zu klären. Jetzt geht es also darum, die Merkmale nach ihrer Entscheidungsbedeutsamkeit zu ordnen. Welchem Kriterium kommt die größte Wichtigkeit in Bezug auf die Rechtsform des neuen Unternehmens zu? Welche nehmen hierbei eine eher nachgelagerte Bedeutung ein?
- In einem abschließenden vierten Schritt kann das Abwägen der Vor- und Nachteile einzelner Rechtsformalternativen im Rahmen eines **einfachen Bewertungsmodells** erfolgen. Rechtsformbezogen kann hier von kurzen verbalen Charakterisierungen zu den Einzelkriterien ausgegangen werden, und diese sind dann in der festgelegten Prioritäten-Reihenfolge zu vergleichen und zu beurteilen. Über ordinale Kennzeichnungen (beispielsweise nach dem Schulnoten-Schema) erhält man damit als Entscheidungsgrundlage eine auf die Anforderungen abgestellte Bewertung jeder in die engere Auswahl gezogenen Rechtsform.

  Das einfache Bewertungsmodell kann auch in eine differenzierte **Nutzwertanalyse** als auszurechnendes Scoring-Modell überführt werden. Hierzu sind die im dritten Schritt festzulegenden Prioritäten in Zielgewichte (mit einer Summe über alle Einzelkriterien von 1, was dann 100% entspricht) zu überführen. Die verbalen Charakterisierungen der Kriterien sind für jede Rechtsform in Zielwerte zu transformieren (Wertebereich 0 bis 10, höhere Werte stehen für bessere Ausprägungen). Die Aufsummierung der Produkte aus Zielgewichten und Zielwerten über alle Einzelkriterien liefert dann pro Rechtsform als Nutzwert eine Einschätzung seiner Vorteilhaftigkeit im Hinblick auf die formulierten Entscheidungsgrundlagen. Liegen die auf diese Weise ermittelten Werte für die Rechtsformentscheidung dicht zusammen, so kann mit einer Variation besonders bedeutender Zielgewichte oder relativ unsicherer Zielwerte zusätzlich die Stabilität der Lösung im Rahmen einer Sensitivitätsanalyse untersucht werden.

Der Vorteil des geschilderten Vorgehens zur Rechtsformentscheidung liegt – unabhängig von seinem Abschluss mit dem einfachen Bewertungsverfahren oder der Nutzwertanalyse – in seiner **Strukturierung** in einzelne Teilschritte und der **Nachvollziehbarkeit** getroffener Annahmen und durchgeführter Beurteilungen über deren schriftliche Fixierung. Und wenn gerade bei Unternehmensgründungen noch keine umfänglichen Kenntnisse zu Problemlösungsmethoden vorhanden sind, dann bietet es sich zusätzlich an, zur Entscheidung einen betriebswirtschaftlich-juristischen Experten hinzuziehen. Durch den Diskussionsverlauf kann die **Transparenz des Entscheidungsprozesses** noch weiter gesteigert werden.

In der unteren Hälfte von Abbildung C-II-4 sind im rechten Teil die wesentlichen, für eine Rechtsformentscheidung heranzuziehenden Kriterien aufgelistet. Diese neun Kriterien legen wir den mit dem nächsten Abschnitt beginnenden Einzeldarstellungen privatwirtschaftlicher Rechtsformen zu Grunde. In Abbildung C-II-5 ist das gesamte **Kriterienspektrum** aufgeführt, dort sind die Einzelkriterien mit **Erläuterungen** versehen, und als **ideale Ausprägung** ist jeweils eine kurze Kennzeichnung enthalten.

Aus Abbildung C-II-4 wird zusätzlich ersichtlich, wie die neun Einzelkriterien mit den in Unterabschnitt C.II.1.b. verwendeten generellen Merkmalsbereichen korrespondieren, nach welchen die Abbildungen C-II-3a und -3b aufgebaut waren:

| *Kriterien mit Erläuterungen:* | *Ideale Ausprägung:* |
|---|---|
| (1) *Haftung*<br>↳ Risikoübernahme im Fall des Scheiterns der Unternehmenstätigkeit | Wenig/ geringe Haftung |
| (2) *Leitungsbefugnisse*<br>↳ nach innen = Geschäftsführungsbefugnis<br>↳ nach außen = Vertretungsbefugnis | Umfassende Leitungsbefugnisse |
| (3) *Gewinn- und Verlustbeteiligung*<br>↳ Beteiligung am Erfolg<br>↳ Übernahme von Verlusten | Anrecht auf Gewinn/ Begrenzung bei Verlust |
| (4) *Publizitätspflicht*<br>↳ Rechnungslegungs- und Informationsvorschriften | Geringer Vorschriftenumfang |
| (5) *Eigenkapital-Beschaffung*<br>↳ Notwendige Höhe bei Gründung<br>↳ Zuführung von neuem Eigenkapital | Gute Basis für Eigenfinanzierung |
| (6) *Fremdkapital-Beschaffung*<br>↳ Kreditwürdigkeit der Rechtsform | Gute Basis für Fremdfinanzierung |
| (7) *Steuerliche Belastung*<br>↳ Ertragsteuerliche Unterschiede | Minimierung der Steuerbelastung |
| (8) *Fortbestand des Unternehmens*<br>↳ Unternehmenskontinuität bei Gesellschafteraustritt/ -wechsel | Gesicherter Fortbestand |
| (9) *Kosten der Gründung*<br>↳ Rechtsformabhängige Aufwendungen | Niedrige Kosten |

**Abb. C-II-5:** Ökonomische Beurteilung von Rechtsformen: Kriterien, Erläuterungen und ideale Ausprägungen

- Demnach erfassen wir in den folgenden Abschnitten die Merkmalsbereiche „Eigentum am und Führung des Unternehmens“, „rechtliche Stellung“ und „Risiko“ mit den Einzelkriterien (1) Haftung, (2) Leitungsbefugnisse, (3) Gewinn- und Verlustbeteiligung, (4) Publizitätspflicht sowie (8) Fortbestand des Unternehmens.
- Der wichtige Merkmalsbereich „Steuerbelastung“ bildet weiterhin ein Einzelkriterium, welches allerdings an die 7. Position rückt.
- Vom Merkmalsbereich „Finanzierungsmöglichkeiten“ gibt es ebenfalls eine „Abzweigung“ zum Kriterium (4) Publizitätspflicht, und darüber hinaus resultieren hieraus wiederum die Einzelkriterien (5) Eigenkapital-Beschaffung und (6) Fremdkapital-Beschaffung.
- Zu dem Kriterium (4) Publizitätspflicht findet ferner noch eine Ableitung aus den Darstellungen zum Merkmalsbereich „Kosten der Rechtsform“ statt. Und schließlich ergibt sich aus diesem Bereich das Kriterium (9) Kosten der Gründung.

Mit der Ordnung der Einzelkriterien von (1) bis (9) wird eine **Rangfolge ihrer allgemeinen Bedeutsamkeit** gegeben: So wird der Haftungsfrage generell die höchste Bedeutung beigemessen. Annähernd von gleicher Wichtigkeit wird sein, welche Geschäftsführungs- und Vertretungsbefugnisse ein Unternehmer/ Teilinhaber hat und wie dessen Beteiligung an Gewinnen und Verlusten ausgestaltet ist. In der Rangordnung folgt dann die Publizitätspflicht, denn zusammen mit den vorherigen Kriterien wird hiervon – gerade bei Kapitalgesellschaften – die Beschaffung von Eigen- und Fremdkapital maßgeblich abhängen. Steuern auf Gewinne werden nur fällig, wenn die Kapitalausstattung eines Unternehmens geordnet ist und ein erfolgsträchtiges Unternehmenskonzept verfolgt wird. Von daher wird die steuerliche Belastung auf dem nächsten Platz eingeordnet. Und schließlich folgen noch die Beurteilung der Nachfolgeregelung und die mit der Gründung verbundenen Kosten.

Die idealen Ausprägungen in Abbildung C-II-5 sind als **Referenzbasis** für die Bewertungen in den nun folgenden Einzeldarstellungen der unterschiedlichen Rechtsformen für privatwirtschaftliche Unternehmen aufgenommen worden. In **Rechtsform-Profilen** werden dann zu den Einzelkriterien die wesentlichen Ausprägungen zusammengestellt, dabei erfolgt rechtsform- und kriterienbezogen eine **ordinale Bewertung ( - | -/o | ±o | o/+ | + )** im Vergleich zur Idealausprägung. So wird bezogen auf die einzelnen Kriterien für die jeweils dargestellte Rechtsform deren **Nähe ( + )** bzw. **Entfernung ( - ) zum Ideal** ersichtlich. Dabei ist klar, dass es keine Rechtsform gibt, die alle idealen Ausprägungen gemeinsam repräsentiert. Bei den real existierenden Rechtsformen kommt es immer zu einer Kombination von Vor- und Nachteilen, aus dem in der Praxis das Entscheidungsproblem bei der Rechtsformwahl letztlich resultiert. Die kriterienbezogene Bewertung zum Ideal liefert dafür eine Ausgangsgrundlage.

## 2. Einzelunternehmen/ Einzelfirma

Dem zu Anfang dieses Unterkapitels gegebenen Überblick folgend, beginnen wir bei den näheren Darstellungen privatwirtschaftlicher Rechtsformen mit dem Einzelunternehmen. Das hierzu erstellte Rechtsform-Profil (Abb. C-II-6) enthält zunächst eine Kurzkennzeichnung mit Angabe der gesetzlichen Grundlagen. Den Schwerpunkt der Darstellung bilden die Charakterisierungen zu den im letzten Unterabschnitt herausgearbeiteten Beurteilungskriterien. Für das Einzelunternehmen sind jeweils wesentliche Ausprägungen sowie deren auf das Ideal bezogene Bewertungen zusammengestellt. Schließlich wird ein kurzes Fazit gezogen. Nach diesem einheitlichen Muster sind auch die Profildarstellungen zu den Grundformen von Personen- und Kapitalgesellschaften in den nächsten beiden Abschnitten aufgebaut.

Der Bezeichnung entsprechend ist unter einem Einzelunternehmen die **Führung eines Betriebes/ Unternehmens als alleiniger Inhaber** zu verstehen. Auf die weiteren in der Kurzkennzeichnung enthaltenen Begriffe kommen wir bei den Erläuterungen zur Publizitätspflicht zurück.

### Haftung

Bei der gewerblichen Betätigung in Form eines Einzelunternehmens kommt es nicht zum Entstehen einer gesonderten und eigenständigen Rechtspersönlichkeit für diese Rechtsform. Das Unternehmen ist Bestandteil des Gesamtvermögens ihres einzigen Inhabers, und dieser ist als natürliche Person unteilbarer Träger aller – unternehmensbezogenen wie privaten – Rechte und Pflichten. Hieraus ergibt sich dessen **unbeschränkte Haftung** für Verbindlichkeiten seines Einzelunternehmens. Diese endet also nicht bei aufgebrauchtem betrieblichen Kapital; als Haftungsgrundlage – und damit auch als Finanzierungsrahmen – ist immer vom gesamten Vermögen des Inhabers auszugehen. Bei der weiten Entfernung von der idealen Vorstellung einer möglichst geringen Haftung ist in der Bewertungsspalte ein ( - ) eingetragen.

### Leitungsbefugnisse / Gewinn- und Verlustbeteiligung

Wenn der Alleininhaber eines Einzelunternehmens also einerseits das volle unternehmerische und finanzielle Risiko zu tragen hat, dann stehen ihm andererseits aber auch alle Entscheidungs- und Leitungsbefugnisse sowie die Unternehmenserträge ungeteilt zu. Der Einzelunternehmer leitet seinen Betrieb nach innen und nimmt ebenfalls die Vertretung nach außen wahr. Auf ihn entfallen sämtliche realisierten Gewinne, entstehende Verluste treffen dann aber ebenfalls ihn allein. Bei dieser **umfassenden Geschäftsführung, Vertretung und Ergebnisverwertung** durch den Inhaber eines Einzelunternehmens ist eine sehr große Nähe zu den entsprechenden Leitvorstellungen (siehe hierzu Abb. C-II-5) gegeben, deshalb ist jeweils eine Bewertung mit ( + ) erfolgt.

### Publizitätspflicht

Auf die Publizitätspflicht als dem vierten Kriterium in unseren Rechtsform-Profilen wurde bereits in C.I.2.a. und C.I.3.b. eingegangen. Zu den Rechnungslegungs- und Informationsvorschriften, mit denen ein öffentliches Bekanntsein unternehmensbezogener Sachverhalte hergestellt werden soll, gehört bei den meisten Rechtsformen als Basisanforderung die **Eintragung in das Handelsregister**. Zu diesem amtlichen Firmenverzeichnis folgen nun einige zusätzliche Erläuterungen, mit denen auch die bei der Kurzkennzeichnung des Einzelunternehmens offen gebliebenen Punkte geklärt werden:

***Kurzkennzeichnung:*** **Gewerbebetrieb (oder Kleingewerbebetrieb) als Handelsgewerbe eines alleinigen Inhabers**

***Gesetzliche Grundlagen:*** **§§ 1-104 HGB**

| ***Kriterien und Ausprägungen:*** | ***Bewertung:*)*** |
|---|---|
| **(1) *Haftung***<br>• **Unbeschränkte Haftung des Inhabers** | **-** |
| **(2) *Leitungsbefugnisse***<br>• **Leitungsbefugnisse nach innen und außen in einer Hand** | **+** |
| **(3) *Gewinn- und Verlustbeteiligung***<br>• **Inhaber ist alleiniger Träger aller Risiken; ihm stehen alle Gewinne zu, er trägt aber auch alle Verluste** | **+** |
| **(4) *Publizitätspflicht***<br>• **Niedrig – Handelsregistereintragung (evtl. freiwillig); nur bei großen Firmen Pflichtveröffentlichungen gemäß PublG** | **o/+** |
| **(5) *Eigenkapital-Beschaffung***<br>• **Höhe des betrieblichen Mindest-Eigenkapitals (MEK) wegen unbeschränkter Haftung nicht vorgeschrieben – Zuführung von Eigenkapital v.a. durch Einlagen oder über Umschichtung aus Privatvermögen (= Beschränkung)** | **-** |
| **(6) *Fremdkapital-Beschaffung***<br>• **Begrenzt durch Privatvermögen als „weitestem" Rahmen zur Besicherung von Krediten** | **±o** |
| **(7) *Steuerliche Belastung***<br>• **Ertragbesteuerung (ESt, GewSt) allein beim Inhaber** | **-** |
| **(8) *Fortbestand des Unternehmens***<br>• **Nicht gesichert – Bei plötzlichem Ausscheiden des Inhabers (z.B. durch Tod) ist die Existenz des Unternehmens wegen der starken Inhaberbindung gefährdet** | **-** |
| **(9) *Kosten der Gründung***<br>• **Gering – Gewerbeanmeldung/ Handelsregistereintrag** | **o/+** |

***) Kriterienbezogene Nähe ( - | -/o | ±o | o/+ | + ) zum Ideal**

***Fazit: Geeignet zur alleinverantwortlichen Führung kleinerer Unternehmen mit geringem Kapitalbedarf und geringem Risiko***

**Abb. C-II-6:** Rechtsform-Profil: Einzelunternehmen/ Einzelfirma

- Das bei den Amtsgerichten geführte öffentliche Handelsregister dient der Rechtssicherheit im Geschäftsverkehr, indem dort **alle rechtserheblichen Tatsachen** über die eingetragenen Unternehmen enthalten und einzusehen sind. Es wird in zwei Abteilungen geführt, die eine umfasst eingetragene Kaufleute und Personengesellschaften (Abteilung A), in der anderen sind Kapitalgesellschaften verzeichnet (Abteilung B).
- Durch das Handelsrechtsreformgesetz (HRefG) vom 22.06.1998 sind im HGB – unter anderem – mit Wirkung zum 1. Juli 1998 neue Regelungen zum Kaufmannsbegriff erfolgt. In diesem Zusammenhang haben auch die Vorschriften zum Eintrag in das Handelsregister und die damit verbundene Anwendung des Handelsrechts eine erhebliche Vereinfachung erfahren:

  - Nach § 1 HGB (Istkaufmann) ist **Kaufmann**, wer ein **Handelsgewerbe** betreibt (Abs. I). Handelsgewerbe ist jeder **Gewerbebetrieb**, es sei denn, das Unternehmen erfordert keinen in kaufmännischer Weise eingerichteten Geschäftsbetrieb (Abs. II). Hierdurch erfolgt eine Abgrenzung zu den so genannten **Kleingewerbebetrieben** (z.B. kleine Blumenläden, Druckereibetriebe oder Reparaturwerkstätten) mit vergleichsweise niedrigen Jahresumsätzen und einfach strukturierten Geschäftsbeziehungen.
    Die Beurteilung der Notwendigkeit eines in kaufmännischer Weise eingerichteten Geschäftsbetriebs hängt außer vom Jahresumsatz noch von weiteren Kriterien ab (z.B. Mitarbeiter-, Kunden- und Lieferantenanzahl, Betriebsvermögen, Zahl der Standorte), und hierbei erfolgen zusätzlich branchenbezogene Differenzierungen. Allein bezogen auf das Merkmal Jahresumsatz kann als Faustregel gelten, dass mit 400.000 EUR der kleingewerbliche Rahmen in jedem Fall überschritten wird.

Zu den im HGB verwendeten Bezeichnungen Kaufmann und Handelsgewerbe ist festzuhalten, dass diese nicht auf eine bestimmte Branche festgelegt sind. Der Gewerbebetrieb kann außer im Handel auch im Bereich des Handwerks, der Industrie oder im Dienstleistungssektor angesiedelt sein und damit jede gewerbliche Tätigkeit umfassen.

- Die Firma eines Kaufmanns ist nach § 17 I HGB der Name, unter dem er seine Geschäfte betreibt. Unter dieser Firma kann er klagen und verklagt werden (Abs. II). Insoweit ist zwar von einer relativen Rechtsfähigkeit eines Einzelunternehmens auszugehen; letztendliches Rechtssubjekt bleibt aber dennoch der Firmeninhaber als natürliche Person.
- Nach § 29 HGB ist jeder Kaufmann verpflichtet, seine Firma bei dem örtlich zuständigen Gericht zur Eintragung in das Handelsregister anzumelden.
- § 2 HGB (Kannkaufmann) räumt den Kleingewerbebetrieben das Recht ein, sich entsprechend der Vorschriften für kaufmännische Firmen freiwillig in das Handelsregister einzutragen. Die unmittelbare Rechtsfolge dieser fakultativen Eintragung besteht darin, dass auch der Kleinunternehmer damit Kaufmannseigenschaft besitzt. Durch den Handelsregistereintrag wird aus einem Kannkaufmann ein Istkaufmann, und so unterliegt dieser dem Handelsrecht.

- Die mit der Eintragung in das Handelsregister bewirkte **Anwendung des Handelsrechts** bringt für Einzelunternehmen folgende Konsequenzen mit sich:

  * Als generelle Rechtsgrundlagen gelten die Eingangsvorschriften des HGB (Erstes Buch – Handelsstand, §§ 1-104).
  * Hierunter fällt beispielsweise auch die Kaufleuten vorbehaltene Möglichkeit, leitenden Mitarbeitern umfassende Geschäftsführungs- und Vertretungsbefugnisse als Prokura zu erteilen (§§ 48-53 HGB). Hierbei werden Einzelprokura (der Prokurist darf alle Geschäfte allein ausführen) und Gesamtprokura (gemeinsame Handlung mehrerer Prokuristen erforderlich) unterschieden. Die Erteilung der Prokura ist zur Eintragung in das Handelsregister anzumelden. Prokuristen müssen im Geschäftsverkehr mit der Firma, ihrem Namen und einem die Prokura andeutenden Zusatz unterschreiben (z.B. „ppa" für per procura).
  * Die Rechnungslegungs- und Dokumentationsvorschriften des HGB sind zu beachten (Drittes Buch – Handelsbücher, hier v.a. der erste Abschnitt – Vorschriften für alle Kaufleute, §§ 238-263). Nach diesen Bestimmungen sind Kaufleute zu einer ordnungsmäßigen Buchführung einschließlich Jahresabschluss- und Bilanzerstellung verpflichtet – eine einfache Einnahmen-Überschussrechnung genügt diesen Anforderungen nicht. Für Unterlagen des Rechnungswesens gilt eine Aufbewahrungs-/Speicherfrist von zehn Jahren, und auch der geschäftliche Briefwechsel muss sechs Jahre aufbewahrt werden.
  * Bei den wirtschaftlichen Beziehungen ist auf die entsprechenden, im HGB verankerten handelsrechtlichen Grundsätze zu achten (Viertes Buch – Handelsgeschäfte, §§ 343-475h). Beispiele für die hierbei vorfindlichen Abweichungen vom Privatrecht haben wir bereits zu Beginn des Unterabschnitts C.II.1.a. gegeben.

- Die durch das HRefG eingeführten und für alle handelsrechtlich relevanten Rechtsformen gültigen **Regeln zur Firmierung** können wie folgt zusammengefasst werden:

  * Jede Firma muss einen **Rechtsformzusatz** enthalten, über den die Haftungsverhältnisse des Unternehmens erkennbar sind. Für Einzelunternehmen ist nach § 19 I Nr. 1 HGB die Bezeichnung „eingetragener Kaufmann", „eingetragene Kauffrau" bzw. eine allgemein verständliche Abkürzung hierzu, wie „e. K.", „e. Kfm." oder „e. Kfr." zu wählen. Neben diesen gesetzlich festgelegten Abkürzungen wird auch „eK" anerkannt.
    Für Offene Handelsgesellschaften und für Kommanditgesellschaften (Kaufmannseigenschaft nach § 6 HGB als Formkaufleute) sowie für Aktiengesellschaften und für Gesellschaften mit beschränkter Haftung (Formkaufleute über die entsprechenden Einzelgesetze i.V. mit § 6 HGB) können als Rechtsformzusätze die gebräuchlichen Abkürzungen

verwendet werden, also „oHG“ oder „OHG“, „KG“, „AG“ und „GmbH“.
Wenn eine Personengesellschaft ohne persönliche Haftung mindestens einer natürlichen Person gebildet wird, dann muss nach § 19 II HGB auch diese Haftungsbeschränkung im Rechtsformzusatz erkennbar sein. Ein Beispiel hierfür ist „GmbH & Co. KG“ – diese Möglichkeit der Rechtsformgestaltung wird in C.II.5.a. behandelt.

* Der eigentliche **Firmenname** muss zur Kennzeichnung des Kaufmanns geeignet sein, Unterscheidungskraft besitzen, und er darf keine irreführenden Angaben erhalten (§ 18 HGB). Letzteres wäre beispielsweise gegeben, wenn bei einem Handelsunternehmen ein nicht zutreffender Produktbezug gewählt würde, eine „Dresdner Baustoffhandel GmbH“ also etwa in Wahrheit Werkzeuge vertreiben würde.
Mit dem in § 30 HGB noch einmal näher ausgeführten Merkmal der Unterscheidbarkeit wird eine **individuelle und ortsbezogen einmalige Bezeichnung** gefordert.
Der Kennzeichnungsfähigkeit können seit Inkrafttreten der Handelsrechtsreform generell Namens-, Sach- und Fantasiefirmen genügen, soweit das Individualisierungsgebot beachtet wird. Letzteres lässt sich beispielsweise auch durch die Hinzufügung beliebiger Buchstabenkombinationen realisieren. So wären etwa folgende Firmen möglich:

„Fritz Meier eK“ oder „Müller & Schulze OHG“
als Namensfirmen

„ABC Heizungsbau KG“ oder „TOP Media GmbH“
als Sachfirmen

„GIGATRON e. Kfr.“ oder „TRISTAR AG“
als Fantasiefirmen.

Kombinationen aus Namen, Sach- und/ oder Fantasiebezeichnungen sind ebenfalls zulässig.

* Insbesondere für Einzelunternehmen sowie für Personengesellschaften (OHG und KG) haben sich die Möglichkeiten zur Firmenbildung durch das HRefG stark erweitert – früher waren bei diesen Rechtsformen im Prinzip nur Namensfirmen möglich. Bei dem mittlerweile breiten Spektrum zulässiger Firmenbezeichnungen sind nun aber auch Unternehmen aller Rechtsformen zu näheren **Angaben auf Geschäftsbriefen** verpflichtet. Nach § 37a HGB müssen die zur individuellen Korrespondenz bei einem Einzelunternehmen verwendeten geschäftlichen Briefbögen die Firma samt Rechtsformzusatz, den Sitz des Unternehmens, das Registergericht und die Nummer der Handelsregistereintragung enthalten. Entsprechende Regelungen für die OHG und die KG finden sich in den durch das HRefG neu gefassten HGB-Paragrafen 125a und 177a.

Im Hinblick auf die über die Handelsregistereintragung hinausgehenden Verpflichtungen von Unternehmen, **Angaben über ihre wirtschaftlichen Verhält-**

**nisse zu veröffentlichen**, können wir an den vorstehenden Erläuterungen handelsrechtlicher Grundlagen anknüpfen:

- Das in diesem Zusammenhang angesprochene Dritte Buch des HGB (Handelsbücher, §§ 238 ff.) hatte durch das **Bilanzrichtlinien-Gesetz** (BiRiLiG) vom 19.12.1985 eine erhebliche Erweiterung erfahren, und damit erhielten die **Rechnungslegungsvorschriften** für alle Kaufleute und Handelsgesellschaften einen gemeinsamen Rahmen innerhalb des HGB. Den gegenüber dem ersten Abschnitt (Vorschriften für alle Kaufleute, §§ 238-263 HGB) weitaus größeren Regelungsumfang weist hierbei der zweite Abschnitt (§§ 264-335 HGB) auf, welcher ergänzende Regelungen für Kapitalgesellschaften sowie bestimmte Personengesellschaften enthält.
- Die in der Abschnitts-Überschrift im HGB gewählte Formulierung „bestimmte Personengesellschaften" bezieht sich auf solche ohne persönlich haftende Gesellschafter; diese mit den §§ 264a-264c vorgenommene Erweiterung des Geltungsbereichs wurde mit dem **Kapitalgesellschaften- und Co-Richtlinien-Gesetz** (KapCoRiLiG) vom 24.02.2000 bewirkt. Durch den zweiten Abschnitt des dritten HGB-Buches werden auch Art und Umfang der im Rahmen der Publizitätspflicht zu veröffentlichenden Unterlagen für die entsprechenden Rechtsformen in einer größenabhängigen Differenzierung umfassend geregelt. Wir kommen hierauf bei den Erläuterungen zu diesen Unternehmensformen zurück.
- Für die von den §§ 264-335 HGB nicht erfassten Einzelunternehmen und normalen Personengesellschaften ist im Regelfall keine Verpflichtung zur Offenlegung ihrer wirtschaftlichen Verhältnisse gegeben. Für **große Unternehmen** in diesen Rechtsformen greift allerdings das **Publizitätsgesetz** (PublG) von 1969. Dann ist auch zu deren wirtschaftlicher Lage und den Entwicklungsperspektiven von einem öffentlichen Interesse verschiedener Unternehmensträger-Gruppen auszugehen. So müssen solche Unternehmen ihren Jahresabschluss durch einen Abschlussprüfer prüfen lassen und veröffentlichen (§§ 5, 6 und 9 PublG mit Verweisen zum HGB).
- Wenn eine Offenlegungspflicht nach dem PublG besteht, dann ist aufgrund der hierzu erforderlichen Größenmerkmale in Analogie zur größten im HGB unterschiedenen Unternehmensklasse eine Bundesanzeigerpublizität gegeben. Die zu veröffentlichenden Unterlagen sind zunächst im **Bundesanzeiger** bekannt zu machen und dann zum **Handelsregister** am Sitz des Unternehmens einzureichen.
- Eine **Publizitätspflicht** nach dem PublG tritt ein, wenn an drei aufeinander folgenden Bilanzstichtagen **zwei der nachstehenden drei Merkmale** erfüllt sind (§ 1 I PublG):

  - Bilanzsumme: > 65 Mio. EUR
  - Umsatzerlöse: > 130 Mio. EUR
  - Arbeitnehmeranzahl: > 5.000 (im Jahresdurchschnitt)

- Angesichts der relativ hohen Schwellenwerte ist noch darauf hinzuweisen, dass es durchaus auch Einzelunternehmen gibt, welche diese überschreiten. So sind in der vorgestellten Unternehmensverteilung nach der Umsatzsteuerstatistik für

2004 (Abb. C-II-2) bei der großen Gruppe der Einzelunternehmen immerhin 34 Firmen dieser Rechtsform mit einem Umsatz von mehr als 100 Mio. EUR enthalten. So besitzt z.B. die im schwäbischen Ehingen ansässige europaweit führende Drogeriemarkt-Kette SCHLECKER (über 6,6 Mrd. EUR Umsatz in 2004, über 52.000 Mitarbeiter) die Rechtsform eines Einzelunternehmens.

Bei der Basisanforderung einer – für Kleingewerbetreibende freiwilligen – Handelsregistereintragung und den lediglich von sehr großen Unternehmen nach dem PublG vorzunehmenden Pflichtveröffentlichungen ist bei dem Kriterium der Publizitätspflicht für Einzelunternehmen insgesamt eine relativ große Nähe zur Idealausprägung eines geringen Vorschriftenumfangs gegeben. Von daher kann im Rechtsform-Profil eine Bewertung mit ( o/+ ) erfolgen.

Nach zweimal ( + ) für Leitungsbefugnisse sowie Gewinn- und Verlustberechtigung und diesem ( o/+ ) für Publizitätspflicht können allerdings kaum noch Kriterienbereiche für das Einzelunternehmen als idealnah gekennzeichnet werden. So weisen die nächsten vier Kriterien eine jeweils weite Entfernung von den rechtsformbezogenen Idealvorstellungen auf.

**Eigenkapital-Beschaffung**

Ein **betriebliches Mindest-Eigenkapital** (MEK) ist wegen der unmittelbaren Bindung an den Alleininhaber und sein persönliches Gesamtvermögen für Einzelunternehmen – und für Personengesellschaften – nicht vorgesehen. Dadurch ist es einerseits möglich, bereits mit einer relativ schmalen Kapitalbasis gewerblich tätig zu werden. Andererseits sind allerdings auch die im Zuge der Unternehmensentwicklung wichtigen Möglichkeiten der **Zuführung weiteren Eigenkapitals** sehr begrenzt, was zu einer Bewertung mit ( - ) führt.

Eine Alternative ist hier die in C.II.1.b. angesprochene Nicht-Entnahme realisierter Gewinne. Diese schrittweise erfolgende Kapitalstärkung wird allerdings bei einem schnell wachsenden Geschäftsumfang mit der Notwendigkeit hoher Erweiterungsinvestitionen und einem steigenden Vorfinanzierungsvolumen kaum ausreichen. Die anschließende Frage ist, ob der Einzelunternehmer noch über **zusätzliche Vermögenswerte** verfügt, die er aus seinem restlichen und damit privaten Bestand in seinen betrieblichen Bereich umschichten kann. Letzteres wäre möglich als Aktivierung von Sachwerten oder über deren Liquidierung und Zuführung der hieraus erzielten Barmittel. Die Summe, mit der er haftet, ändert sich hierdurch jedoch nicht.

Abgesehen von der – generell bei allen Rechtsformen gegebenen – Möglichkeit, einen stillen Gesellschafter aufzunehmen, ist also die Möglichkeit der Eigenkapital-Beschaffung durch das Gesamtvermögen des Alleininhabers beschränkt. Geht der Kapitalbedarf über diesen Rahmen hinaus, dann stellt sich damit automatisch die Frage nach einer anderen Rechtsform. Wenn an dem Geschäftskonzept und seinen Perspektiven interessierte Kapitalgeber als Miteigentümer die Unternehmensentwicklung mitgestalten wollen, dann kommt die Umwandlung in eine Personengesellschaft in Frage. Wenn potenzielle Kapitalgeber keine unbeschränkte Haftung eingehen möchten bzw. ein großer Kapitalbedarf über die Börse gedeckt werden soll, dann sind Umwandlungsüberlegungen in Richtung einer Kapitalgesellschaft anzustellen.

**Fremdkapital-Beschaffung**

Die gleiche Vermögensbeschränkung des alleinigen Inhabers eines Einzelunternehmens entfaltet ihre Wirkung bei der Fremdkapital-Beschaffung. Für zeitlich begrenzt zur Verfügung gestellte und durch Zins- und Tilgungszahlungen zurückzuzahlende Mittel sind Sicherheiten erforderlich. Hierfür steht über das Betriebsvermögen hinaus naturgemäß wieder nur das Privatvermögen des Einzelunternehmers zur Verfügung, und so kann allenfalls ein ( ±o ) erreicht werden.

Generell gilt bei allen Rechtsformen hinsichtlich der Möglichkeiten einer Fremdkapital-Beschaffung für ein Unternehmen die **Eigenkapitalverordnung der Banken** (Basel II). Sie besagt, dass eine Bank bei jeder Kreditvergabe an ein Unternehmen die damit einhergehenden Kreditrisiken analysieren und bewerten muss. Bei einem Schuldner mit einem unternehmensspezifisch höheren und in einem Rating ausgedrückten Kreditrisiko muss die Bank ein gewährtes Darlehen mit höherem Prozentsatz an Eigenkapital bei der Bundesbank hinterlegen. Deshalb verlangt sie von diesem Schuldner höhere Kreditzinsen. Wir gehen hierauf in Abschnitt F.IV.4. im Rahmen des Finanzierungsprozesses noch einmal näher ein.

**Steuerliche Belastung**

Die Kennzeichnung ( - ) der **steuerlichen Belastung** des Einzelunternehmens ergibt sich aus der **vollen Gewinn- und Verlustberechtigung** des Alleininhabers. Denn dabei entfällt die ertragsteuerliche Belastung naturgemäß ebenfalls allein auf diesen. Ein Vorteil wäre nur die sofortige unbeschränkte Verlustverrechnung. In C.II.1.b. haben wir die Grundzüge der Besteuerung durch Einkommen- und Gewerbesteuer erläutert. Dabei wurden auch Unterschiede zwischen den Rechtsform-Grundtypen (Einzelunternehmen und Personengesellschaften / Kapitalgesellschaften) für ausgeschüttete bzw. thesaurierte Gewinne sowie im Hinblick auf die Gewerbesteuerbelastung angesprochen.

**Fortbestand des Unternehmens**

Für die Rechtsform Einzelunternehmen/ Einzelfirma ist schließlich noch ein deutliches ( - ) beim Kriterium Fortbestand des Unternehmens zu notieren. Wiederum als Folge der starken Personengebundenheit ist die **Unternehmenskontinuität nicht gesichert**. Bei plötzlichem Ausscheiden des Inhabers, also beispielsweise durch Tod, ist die Existenz eines Einzelunternehmens stark gefährdet.

Zwar kann dieses von einer anderen Person erworben und unter gleicher Firma fortgeführt werden (§ 22 HGB), der Eintritt des Erwerbers in die vollen Haftungsverbindlichkeiten des früheren Inhabers (§ 25 I HGB) dürfte dies aber in vielen Fällen sehr erschweren. Der gleiche Haftungseintritt gilt bei **Fortführung des Handelsgewerbes durch den Erben** (§ 27 I HGB), und so wird dieser häufig das Erbe ausschlagen, um nicht der unbeschränkten Haftung bei weitergeführten Geschäften zu unterliegen (§ 27 II HGB). Wenn beim Geschäftserwerb ohne Firmenfortführung – also unter einem anderen Firmennamen – zwar keine unbeschränkte Haftungsübernahme gegeben ist, so gehen aber selbst hier bei besonderen Verpflichtungsgründen Verbindlichkeiten des Altinhabers auf den Erwerber über (§ 25 III HGB). Wegen der nicht erfolgten Firmenfortführung ist die Existenz des früheren Einzelunternehmens in diesem Fall aber auch beendet.

**Kosten der Gründung**

Bei dem letzten Beurteilungskriterium, den Kosten der Gründung, schneidet das Einzelunternehmen noch einmal relativ gut ab. Zum Start in dieser Rechtsform sind lediglich die **Gewerbeanmeldung** und die – für Kleingewerbetreibende freiwillige – **Eintragung in das Handelsregister** notwendig. In diesem Zusammenhang fallen relativ geringe Kosten an, und so erfolgt eine Bewertung mit ( o/+ ).

Die Pflicht zur Anmeldung eines Gewerbebetriebs ergibt sich aus der Gewerbeordnung (§ 14 GewO. Hiervon – und damit auch von der Gewerbesteuer – ausgenommen sind Freiberufler (Personen in einer selbstständigen Tätigkeit wissenschaftlicher, technischer, beratender, unterrichtender o.ä. Art gemäß § 18 I EStG) sowie Betätigungen im Bereich der Urproduktion (Land- und Forstwirtschaft, Garten- und Weinbau, Fischerei, Bergbau). Bei grundsätzlich bestehender Gewerbefreiheit (§ 1 GewO) ist zu beachten, dass zum Betreiben einiger Gewerbe besondere Zulassungsvoraussetzungen (§§ 29 ff. GewO) zu erfüllen sind (z.B. Fachkenntnisse, persönliche Zuverlässigkeit). Über die Weiterleitung von Kopien der Gewerbeanmeldung durch das Gewerbeamt wird gleichzeitig eine Anmeldung bei der Industrie- und Handelskammer, ggf. der Handwerkskammer, dem Finanzamt und der zuständigen Berufsgenossenschaft bewirkt.

Zur Handelsregistereintragung hat ein Einzelkaufmann folgende Angaben einzureichen: Firmenname mit Rechtsformzusatz; Ort seines Betriebes; Name, Vorname, Geburtsdatum und Wohnort; Geschäftszweig; ggf. erteilte Handlungsvollmacht. Diese Anmeldungen sind zusammen mit einer beim Registergericht aufzubewahrenden Namensunterschrift in notariell beglaubigter Form einzureichen (§ 12 HGB).

Nach den kriterienbezogenen Erläuterungen und Bewertungen zum Einzelunternehmen lässt sich das in Abbildung C-II-6 abschließend notierte Fazit ziehen.

**Die Rechtsform des Einzelunternehmens ist vor allem geeignet zur alleinverantwortlichen Führung kleinerer Unternehmen mit eher geringem Kapitalbedarf und geringem Risiko**. Eine Einzelfirma wird nicht selten bei der Unternehmensgründung gewählt. Die Situation eines geringen Risikos und auch Kapitalbedarfs ist jedoch häufig im Stadium der Gründung einer gewerblichen Existenz nicht gegeben. Bereits in diesem Stadium empfiehlt sich deshalb oft schon eine andere Unternehmensform.

## 3. Personengesellschaften

### a. Gesellschaft bürgerlichen Rechts (GbR)

Der Begriff „Gesellschaft bürgerlichen Rechts" (abgekürzt als GbR oder BGB-Gesellschaft) nimmt Bezug auf die Rechtsgrundlage dieser Gesellschaft und damit erfolgt eine Abgrenzung zu den anderen Formen von Personengesellschaften. Die Bestimmungen zur GbR finden sich im **Bürgerlichen Gesetzbuch**; der entsprechende sechzehnte Titel (§§ 705-740 BGB) des Zweiten Buches (Recht der Schuldverhältnisse), achter Abschnitt (Einzelne Schuldverhältnisse) ist mit „Gesellschaft" überschrieben.

Das BGB kennt nur diese eine Gesellschaftsform, und so hat die Gesetzesgrundlage als Unterscheidungsmerkmal Aufnahme in ihre allgemein übliche Bezeichnung gefunden. Im Hinblick auf die übrigen Personengesellschaften (OHG, PartG, KG, Stille Gesellschaft) kann die GbR als Prototyp angesehen werden; soweit dort keine speziellen Regelungen getroffen sind, gelten kraft Verweisung immer auch die allgemeinen Vorschriften für die BGB-Gesellschaft.

Das Wesen einer Gesellschaft bürgerlichen Rechts (hierzu Abb. C-II-7) besteht in einem **vertraglich geregelten Zusammenschluss mehrerer Gesellschafter zur Erreichung eines gemeinsamen Zwecks** (§ 705 BGB). Gesellschafter können natürliche und/ oder juristische Personen sein. Die GbR besitzt von Gesetzes wegen keine eigene Rechtsfähigkeit. Mit einem BGH-Urteil vom 29.01.2001 ist den am Wirtschafts- und Rechtsverkehr teilnehmenden BGB-(Außen-)Gesellschaften allerdings eine der Offenen Handelsgesellschaft (OHG) entsprechende **relative Rechtsfähigkeit** zuerkannt worden. Die ein Handelsgewerbe betreibende GbR ist (auch ohne Handelsregistereintrag) eine OHG.

BGB-Gesellschaften können für die verschiedensten Zwecke gegründet werden. Als **Beispiele im Privatbereich** können Grundstücks- und Bauherrengemeinschaften zur gemeinschaftlichen Errichtung, Sanierung, Nutzung oder Vermietung von Immobilien genannt werden. Auch Wohngemeinschaften oder die gemeinsame Energiebeschaffung durch mehrere Hausbesitzer können als GbR organisiert sein.

Im **gewerblichen Bereich** werden GbRs häufig genutzt, wenn es um die gemeinsame Abwicklung von großen Aufträgen/ Großprojekten geht, mit denen ein Gesellschafter alleine finanziell, kapazitätsmäßig oder gerätetechnisch überfordert wäre. Beispielsweise in der Bauindustrie werden in solchen Fällen Arbeitsgemeinschaften (ARGE) als BGB-Gesellschaften auf Zeit gebildet. Im Bankensektor sind GbRs als befristete Gelegenheitsgesellschaften ebenfalls üblich, etwa bei der Vorbereitung und Durchführung umfangreicher Wertpapieremissionen für große Aktiengesellschaften.

In Abhängigkeit von der Berufszugehörigkeit der Gesellschafter und dem Geschäftsumfang war darüber hinaus in früherer Zeit die GbR oft die einzig mögliche Gesellschaftsform. So konnten Freiberufler (z.B. Rechtsanwälte oder Ärzte) wegen ihrer fehlenden Kaufmannseigenschaft ein Gemeinschaftsunternehmen (z.B. also eine Anwaltssozietät oder eine ärztliche Gemeinschaftspraxis) i.d.R.

***Kurzkennzeichnung:*** **Zusammenschluss von Gesellschaftern zur Erreichung eines gemeinsamen Zweckes (i.d.R. zeitlich befristet)**

***Gesetzliche Grundlagen:*** **§§ 705-740 BGB**

| ***Kriterien und Ausprägungen:*** | ***Bewertung:**** |
|---|---|
| **(1) *Haftung*** <br> • **Unbeschränkte u. solidarische Haftung der Gesellschafter** | **-** |
| **(2) *Leitungsbefugnisse*** <br> • **Gemeinschaftliche (Vertretung und Geschäftsführung durch alle) oder übertragene Geschäftsführung mit Vertretung der anderen Gesellschafter nach außen** | **o/+** |
| **(3) *Gewinn- und Verlustbeteiligung*** <br> • **Gleichmäßige Beteiligung aller Gesellschafter „nach Köpfen" (abw. Regelung durch Ges.vertrag möglich)** | **o/+** |
| **(4) *Publizitätspflicht*** <br> • **Keine – Handelsregistereintrag nicht vorgesehen; nicht nötig, wenn kein kaufm. Gewerbe betrieben wird** | **+** |
| **(5) *Eigenkapital-Beschaffung*** <br> • **MEK nicht vorgeschrieben – Die Einlagen („Beiträge") der Gesellschafter bilden das Gesellschaftsvermögen; wegen gemeinsamer Errichtung breitere EK-Basis, Eintritt weiterer Gesellschafter möglich, wegen (1) - (3) aber schwierig** | **-/o** |
| **(6) Fremdkapital-Beschaffung** <br> • **Begrenzt durch die Kreditwürdigkeit der Gesellschafter (Vermögenslage/ Haftungskapital bei nat./ jur. Personen)** | **±o** |
| **(7) *Steuerliche Belastung*** <br> • **Keine direkte Besteuerung der GbR; anteilige Besteuerung der Gesellschafter** | **±o** |
| **(8) *Fortbestand des Unternehmens*** <br> • **Ende mit Erreichung des vereinb. Zwecks; Auflösung bei Tod eines Gesellschafters (abw. Regelung möglich)** | **-/o** |
| **(9) *Kosten der Gründung*** <br> • **Sehr gering – Evtl. Gewerbeanmeldung (dann OHG)/ Gesellschaftsvertrag formfrei möglich** | **+** |

***) Kriterienbezogene Nähe ( - | -/o | ±o | o/+ | + ) zum Ideal**

***Fazit: Geeignet zur gemeinsamen Abwicklung zeitlich und inhaltlich begrenzter Nichthandels-Geschäfte sowie als eine ein Handelsgewerbe treibende GbR (= OHG)***

**Abb. C-II-7:** Rechtsform-Profil: Gesellschaft bürgerlichen Rechts (GbR)

nicht als handelsrechtliche Personengesellschaft gründen und waren deshalb weitgehend auf die bürgerlichrechtlichen Grundsätzen folgende BGB-Gesellschaft angewiesen. Das Gleiche galt für Zusammenschlüsse von Kleingewerbetreibenden.

Für die Gruppe der **Freiberufler** wurde mit Wirkung vom 1. Juli 1995 (PartGG vom 25.07.1994) bereits die stark an die OHG angelehnte Möglichkeit der Errichtung einer **Partnerschaftsgesellschaft** geschaffen. Und seit dem 1. Juli 1998 (HRefG vom 22.06.1998) steht **kleingewerblichen BGB-Gesellschaften** generell auch der direkte Weg offen, kraft Eintragung in das Handelsregister über § 105 II HGB die **Rechtsform einer OHG** anzunehmen. Damit ist dann auch der weitere Schritt zur KG möglich.

Eine BGB-Gesellschaft konstituiert sich nach § 705 BGB über den formfreien – also nicht zwingend schriftlichen – **Abschluss des Gesellschaftsvertrags** zur Erreichung des gemeinsamen Zwecks. Hierzu sind von den Gesellschaftern insbesondere die **vereinbarten Beiträge** zu leisten. Diese können in **Geld- oder Sachmitteln** bestehen, sie können die Übertragung bzw. Nutzung von Rechten (z.B. Forderungen oder Patente/ Lizenzen) umfassen, ihr Gegenstand kann auch die Leistung von Diensten (§ 706 III BGB) sein (z.B. Einbringung persönlichen Know-hows). Die mit dem Gesellschaftsvertrag zu Stande kommende GbR hat eine relative Rechtsfähigkeit, bei der rechtsgeschäftliche Verpflichtungen grundsätzlich auch gegenüber jedem Gesellschafter wirken.

**Haftung**

Für Verbindlichkeiten ihrer Gesellschaft haften diese also **unbeschränkt und solidarisch**. Hierzu bedarf es keiner eigenständigen Rechtsbestimmung bei den GbR-Vorschriften, diese gemeinsame Haftungsverpflichtung der Gesellschafter ergibt sich über die allgemeinen BGB-Vorschriften zur Mehrheit von Schuldnern und Gläubigern (zweites Buch, siebter Abschnitt, §§ 420-432 BGB). Bei der BGB-Gesellschaft findet sich also – wie bei einem Einzelunternehmen, nun allerdings den gesamten Gesellschafterkreis betreffend – die **Gesamthaftung mit betrieblichem und privatem Vermögen** wieder; als Bewertung ist deswegen im Rechtsform-Profil C-II-7 ein ( - ) eingetragen.

Zur Haftungsfrage ist noch auf die gesonderte Konstellation hinzuweisen, die sich bei einem **Zusammenschluss unterschiedlicher Gesellschafter** ergeben kann: Sowohl natürliche als auch juristische Personen haften unbeschränkt. Während natürliche Personen aber unbeschränkt mit ihrem Privatvermögen haften, ist bei juristischen Personen die Haftung auf das Gesellschaftsvermögen beschränkt. Bei durch die Kombination solcher Rechtssubjekte gebildeten GbRs kann dann eine gewisse „Schieflage“ entstehen. Sie ist generell immer dann gegeben, wenn die Summen, mit denen die natürlichen und/ oder juristischen Personen haften, in starkem Maße unterschiedlich hoch sind. Solche **rechtsformbezogenen Haftungskonsequenzen im Innenverhältnis** sind vor dem Vertragschluss zur Bildung einer BGB-Gesellschaft zu berücksichtigen.

Mit dem erklärten Ziel einer Haftungsbeschränkung im Außenverhältnis ist es in der Unternehmenspraxis auch zur Errichtung von „Gesellschaften Bürgerlichen Rechts mit beschränkter Haftung“ gekommen (GbR mbH), bei denen die Haftung für Verbindlichkeiten – wie bei der GmbH – auf das Gesellschaftsvermögen beschränkt sein sollte. Mit einem Revisionsurteil des Bundesgerichtshofs (BGH) vom 27.09.1999 wurde unter Hervorhebung der persönlichen Gesellschafterhaftung klargestellt, dass die Haftung gegenüber Dritten bei BGB-Gesellschaften durch einen Namenszusatz oder andere Hinweise nicht generell beschränkt werden kann. Allenfalls individualvertraglich, also bezogen auf einzelne Geschäftsabschlüsse, können derartige Vereinbarungen getroffen werden. Als Folge dieses BGH-Urteils wird für die „GbR mbH“ auch steuerrechtlich mittlerweile kein eigenständiges Betriebsvermögen mehr anerkannt. Hierfür wurde den Betrieben, die sich zu dieser gesellschaftsrechtlich nicht geregelten Form entschlossen hatten, aufgegeben, sich bis zum 31.12.2000 in eine GmbH & Co. KG umzuwandeln.

**Leitungsbefugnisse**

Die vorstehend erläuterte Verpflichtung aller Gesellschafter, für Verbindlichkeiten einer BGB-Gesellschaft aufzukommen, findet ihre Fortsetzung bei den Regelungen der Leitungsbefugnisse. Die **Geschäftsführung** steht grundsätzlich allen Gesellschaftern gemeinschaftlich zu (§ 709 BGB); sie kann aber durch den Gesellschaftsvertrag auch einem oder mehreren Gesellschaftern übertragen werden, und dann sind die übrigen von der Führung der Geschäfte ausgeschlossen (§ 710 BGB).

An das Recht zur Geschäftsführung ist die Befugnis zur **Vertretung nach außen** gekoppelt (§ 714 BGB). Wegen der individualrechtlichen Konstruktion der GbR erfolgt diese Vertretung **im Namen der anderen Gesellschafter** – und nicht im Namen der Gesellschaft. Den Gesellschaftern einer BGB-Gesellschaft stehen – auch soweit sie von der Geschäftsführung ausgeschlossen sind – **umfassende Kontrollrechte** zu, und zwar persönliche Unterrichtung zu den Gesellschaftsangelegenheiten, Einsichtnahme in Geschäftsbücher und Unterlagen zur Anfertigung einer Übersicht zum Gesellschaftsvermögen (§ 716 BGB).

Wenn die Idealausprägung zum vorstehend für die GbR erläuterten Kriterienbereich als „umfassende Leitungsbefugnisse“ gekennzeichnet war, so sind diese bei der Rechtsgestaltung als Mehrpersonengesellschaft nun notwendigerweise zu teilen – die Idealposition kann von daher nicht ganz erreicht werden, als Bewertung ist im Rechtsform-Profil C-II-7 ein ( o/+ ) eingetragen.

**Gewinn- und Verlustbeteiligung**

Mit gleicher Begründung wird auch die Gewinn- und Verlustbeteiligung bei der BGB-Gesellschaft mit einem ( o/+ ) bewertet. Nach den rechtlichen Grundlagen im BGB entfallen auf jeden Gesellschafter **gleiche Anteile am Gewinn und Verlust** (§ 722 BGB). Damit wird also eine Verteilung nach Köpfen bestimmt. Im Gesellschaftsvertrag können hierzu aber auch abweichende Regelungen getroffen werden, bei denen die Beiträge der Gesellschafter und/ oder deren jeweiliges Gesamtvermögen als Haftungsgrundlage den Verteilungsschlüssel bilden. Dies ist heute der Regelfall.

**Publizitätspflicht**

Publizitätspflichten gibt es bei Gesellschaften bürgerlichen Rechts nicht. Von daher kann zu diesem Kriterium in der Bewertungsspalte ein ( + ) gesetzt werden. BGB-Gesellschaften sind **nicht zur Eintragung in das Handelsregister vorgesehen**. Damit können sie aber auch nicht unter einer eigenen Firma am Wirtschafts- und Rechtsverkehr teilnehmen. Bei geschäftlicher Korrespondenz und zum Abschluss von Verträgen ist vielmehr immer die Nennung der Namen aller Gesellschafter (Nachname und mindestens ein ausgeschriebener Vorname) notwendig.

Zur Kennzeichnung der Gesellschaft können eine Branchenbezeichnung sowie als Verweis auf die Rechtsform „GbR" hinzugesetzt werden, also beispielsweise „Vermögensverwaltung Hans Müller und Rolf Schulze GbR". Das „GbR" ist lediglich als Hinweis und nicht als nach dem HGB notwendiger Rechtsformzusatz zu verstehen. Neben der im Rechtsverkehr zu verwendenden Bezeichnung der BGB-Gesellschaft mit den Namen aller Gesellschafter kann deren Geschäft noch mit einer Etablissementbezeichnung versehen sein, soweit dadurch nicht der Eindruck einer im Handelsregister eingetragenen Firma erweckt wird. Als Beispiele für solche Bezeichnungen kann auf die vielfältigen Namen von Gastronomie- oder Handelsbetrieben (z.B. „Goldener Anker" oder „Trend Fashion 3000") hingewiesen werden. Mit den offiziellen und rechtsformbezogenen Bezeichnungen stimmen diese aber vielfach nicht überein.

Sofern eine Gesellschaft bürgerlichen Rechts noch über keinen in kaufmännischer Weise eingerichteten Geschäftsbetrieb verfügt, aber dennoch als Handelsgewerbe im Sinne des HGB auftreten und sich der Anwendung des Handelsrechts stellen möchte, kann sie eine **Eintragung in das Handelsregister** herbeiführen. Mit dieser vom HRefG geschaffenen Möglichkeit wird allerdings gleichzeitig ein **Rechtsformwechsel** bewirkt. Will eine GbR in das Handelsregister eingetragen werden, dann wird sie nach § 105 II HGB zur OHG.

**Eigenkapital-Beschaffung**

Für die **Kapitalbasis** einer Gesellschaft bürgerlichen Rechts gibt es – wiederum wegen des Prinzips der persönlichen Haftung – **keine vorgeschriebene Mindesthöhe**. Die Beiträge der Gesellschafter bilden den Grundstock für deren Gesellschaftsvermögen (§ 718 BGB). Gegenüber den Privatvermögen der Gesellschafter stellt dieses ein abgegrenztes Sondervermögen dar, das aber weiterhin diesen Personen zugerechnet wird; ein eigenständiges betriebliches Vermögen entsteht bei der GbR nicht. Als Mehrpersonengesellschaft weist eine GbR i.d.R. eine breitere Kapitalbasis als ein allein geführter (Klein-)Gewerbebetrieb auf.

Zur **Zuführung weiteren Haftungskapitals** ist es möglich, **neue Gesellschafter** aufzunehmen. Dazu müssen die bisherigen Gesellschafter den Gesellschaftsvertrag auf den beitretenden Gesellschafter erweitern. Für diesen besteht generell keine Haftungsverpflichtung für vor seinem Eintritt begründete Verbindlichkeiten, eine solche kann aber vereinbart werden. BGB-Gesellschaften sind grundsätzlich für die am Gesellschaftsvertrag beteiligten Gesellschafter geschlossen. Wenn auch deren Erweiterung – wie geschildert – prinzipiell zu realisieren ist, so könnte es im Einzelfall schwer fallen, beitrittswillige Gesellschafter zu finden. Wegen der stark personalisierten Konstruktion dieser Rechtsform sind bei den Merkmalsbereichen Haftung, Leitungsbefugnisse sowie Gewinn- und Verlustbeteiligung „Freistellen" zu finden, die zum beiderseitigen Nutzen der bisherigen Gesellschafter und des Neugesellschafters durch dessen Beitritt besetzt werden können.

Wegen der bei einer zwar relativ breiten Eigenkapital-Grundlage bestehenden Schwierigkeiten, diese weiter zu vergrößern, ist die GbR ziemlich weit entfernt vom angestrebten Ideal einer guten Eigenfinanzierungs-Basis. Als Bewertung hierzu wird ein ( -/o ) vergeben.

### Fremdkapital-Beschaffung

Durch die Beteiligung mehrerer Gesellschafter kann in einer BGB-Gesellschaft gegenüber einem allein geführten Unternehmen eventuell auch ein **weiterer Rahmen zur Fremdkapital-Beschaffung** gegeben sein. Wegen des nicht selbstständigen Auftretens der GbR im Rechtsverkehr kommen als befristete Fremdmittel den Gesellschaftern gewährte **Personalkredite** in Frage. Diese sind von deren Kreditwürdigkeit abhängig, also von der Vermögenslage oder dem Haftungskapital bei natürlichen bzw. juristischen Personen.

Während der Sicherungsrahmen natürlicher Personen aufgrund deren unbeschränkter Haftung häufig kaum weitere Fremdfinanzierungen zulässt, weisen juristische Personen – also Kapitalgesellschaften – als Gesellschafter oft noch Potenziale für eine zusätzliche Kreditaufnahme auf. Eine große Nähe zur Idealvorstellung einer guten Fremdfinanzierungs-Basis ist bei der GbR noch nicht gegeben, von einer weiten Entfernung kann aus den geschilderten Gründen aber ebenfalls nicht gesprochen werden. Die Bewertung erfolgt mit ( ±o ).

### Steuerliche Belastung

Die GbR als solche ist i.d.R. nicht Steuersubjekt, vielmehr die beteiligten Gesellschafter. Wenn diese natürliche Personen sind und der mit der BGB-Gesellschaft verfolgte Zweck nicht gewerbesteuerpflichtig ist, dann erstreckt sich die Ertragbesteuerung lediglich auf die **Einkommensteuer** ihrer Gesellschafter. Bei Kapitalgesellschaften als Gesellschafter erhöhen Gewinnanteile aus einer GbR deren Jahresüberschuss, und hierauf wird **Körperschaftsteuer** fällig. Wegen der Verteilung der Steuerlast wird die GbR bezogen auf die Steuerbelastung mit ( ±o ) bewertet.

### Fortbestand des Unternehmens

Eine BGB-Gesellschaft endet, wenn der vereinbarte **Zweck erreicht** oder unmöglich geworden ist (§ 726 BGB). Dies entspricht der Praxis, dass solche Gesellschaften häufig zur Abwicklung inhaltlich und zeitlich befristeter Vorhaben gebildet werden. Gesetzlich ist aber auch bestimmt, dass eine GbR beim **Tod** eines Gesellschafters aufgelöst wird (§ 727 BGB). Und schließlich bewirkt auch die **Kündigung** eines Gesellschafters die **Auflösung** einer BGB-Gesellschaft (§§ 723, 724 BGB). Hierzu können allerdings abweichende Vereinbarungen im Gesellschaftsvertrag getroffen werden (z.B. Fortsetzung mit Erben oder durch die verbliebenen Gesellschafter). Von der gesetzlichen Ausgangslage her gesehen, steht der Fortbestand eines Unternehmens, das als GbR betrieben wird, aber auf ziemlich tönernen Füßen. Als Bewertung hierzu wird ( -/o ) vergeben.

### Kosten der Gründung

Die Kosten der Gründung sind für eine Gesellschaft bürgerlichen Rechts sehr gering. Für den **Gesellschaftsvertrag** gibt es **keinerlei Formvorschriften**. Dabei ist es natürlich anzuraten, diesen schriftlich abzuschließen und sich hierzu eventuell auch juristischen Rat einzuholen. Sofern eine Gewerbeanmeldung notwendig ist (für Kleingewerbetreibende bzw. für die projektbezogene Zusammenarbeit von Gewerbebetrieben), hat diese als gemeinsame Anmeldung jedes einzelnen Gesellschafters zu geschehen. Bei diesen insgesamt niedrigen rechtsformbezogenen Aufwendungen können wir in die Bewertungsspalte des Rechtsform-Profils C-II-7 der GbR ein ( + ) eintragen.

Das dort abschließend eingetragene Fazit fasst die vorstehenden Erläuterungen zusammen.

**Die Gesellschaft bürgerlichen Rechts ist gut geeignet zur gemeinsamen Abwicklung zeitlich und inhaltlich begrenzter Nichthandels-Geschäfte sowie als eine ein Handelsgewerbe betreibende GbR (=OHG).** Mit ihr kann man die gemeinschaftliche Führung eines Unternehmens im kleingewerblichen Stadium testen, bevor man sich entschließt, einen auf Dauer angelegten und in vollem Umfang dem Handelsrecht unterliegenden Gewerbebetrieb zu führen.

### *b. Offene Handelsgesellschaft (OHG)*

Die Verknüpfung der rechtlichen Bestimmungen von BGB-Gesellschaft und Offener Handelsgesellschaft (OHG) erfolgt über den Gesellschaftszweck. Während dieser bei den Vorschriften zur GbR im BGB offen bleibt, wird für die OHG im HGB als Zweck der **Betrieb eines Handelsgewerbes unter gemeinschaftlicher Firma** festgelegt. Weiteres Wesensmerkmal ist, dass die Haftung gegenüber den Gesellschaftsgläubigern bei keinem der Gesellschafter beschränkt sein darf (§ 105 I HGB). Als Kurzkennzeichnung lässt sich damit festhalten, dass unter einer Offenen Handelsgesellschaft (hierzu Abb. C-II-8) der Betrieb eines **Handelsgewerbes durch mehrere unbeschränkt haftende Gesellschafter** zu verstehen ist. Gesellschafter einer OHG können – wie bei der GbR – natürliche oder juristische Personen sein.

Die **gesetzlichen Grundlagen** zur OHG bilden die §§ 105-160 HGB, und ergänzend finden die §§ 705-740 BGB als Vorschriften zur GbR Anwendung.

Offene Handelsgesellschaften werden durch den **Abschluss eines Gesellschaftsvertrags** gebildet (§ 109 HGB). Dabei sind keinerlei formelle Erfordernisse zu beachten, die Schriftform ist aber anzuraten. Vor allem im Hinblick auf die Rechtsverhältnisse der Gesellschafter untereinander (§§ 110-122 HGB) ist ein **großer Regelungsspielraum** gegeben, von hierauf bezogenen gesetzlichen Bestimmungen zur OHG kann im Gesellschaftsvertrag i.d.R. auch abgewichen werden.

Offene Handelsgesellschaften sind als Handelsgewerbe – also bei Erfordernis eines kaufmännisch eingerichteten Gewerbebetriebs – nach den §§ 106-108 HGB zur **Eintragung in das Handelsregister** verpflichtet. Zusammenschlüsse von Kleingewerbetreibenden oder auf die Verwaltung eigenen Vermögens gerichtete BGB-Gesellschaften (z.B. Immobilienverwaltungsgesellschaften oder Besitzgesellschaften bei Betriebsaufspaltungen; siehe hierzu C.II.5.b.) können nach § 105 II HGB durch ihre Eintragung in das Handelsregister Offene Handelsgesellschaften sein. Auf die bei der Handelsregistereintragung zu beachtenden Regeln der Firmenbildung sind wir in Abschnitt C.II.2. eingegangen. Wird eine Offene Handelsgesellschaft ausschließlich durch juristische Personen gebildet, dann ist an Stelle des Rechtsformzusatzes „OHG“ eine darauf hinweisende Kennzeichnung zu wählen, beispielsweise also „GmbH & Co. OHG“.

Der **relativen Rechtsfähigkeit** von Offenen Handelsgesellschaften wird unter der Bezeichnung „rechtliche Selbstständigkeit“ mit § 124 HGB ein weit reichender Rahmen verliehen. Diese können unter ihrer Firma Rechte und Eigentum erwerben, Verbindlichkeiten eingehen sowie vor Gericht klagen und verklagt werden. Dadurch ist es nicht mehr – wie noch bei der GbR – erforderlich, dass bei Handlungen für Offene Handelsgesellschaften immer alle Gesellschafternamen genannt werden müssen.

**Haftung**

Wie aus den vorstehenden Eingangserläuterungen bereits deutlich wurde, ist bei der Haftung als dem ersten Kriterium in unseren Rechtsform-Profilen einzutragen, dass **alle Gesellschafter für die Verbindlichkeiten einer OHG persönlich und gesamtschuldnerisch** – also unbeschränkt und solidarisch – einstehen müssen. Anders als bei der gleichartigen Verpflichtung in einer GbR erfolgt die Festlegung dieser persönlichen Gesellschafterhaftung für die OHG mit § 128 HGB in einer eigenständigen und rechtsformspezifischen Bestimmung. Bei der deutlichen Entfernung vom Ideal einer geringen Haftung wird dieses Kriterium auch für die OHG mit einem ( - ) bewertet.

**Leitungsbefugnisse**

Zur Führung der Geschäfte einer Offenen Handelsgesellschaft sind alle Gesellschafter berechtigt und verpflichtet. Durch Gesellschaftsvertrag kann die Geschäftsführung einem oder mehreren Gesellschaftern – bei Ausschluss der übrigen – übertragen werden (§ 114 HGB). Die zur Geschäftsführung befugten Gesellschafter sind grundsätzlich berechtigt, allein zu handeln, sie besitzen also **Einzelgeschäftsführungsbefugnis**; bei Widerspruch eines anderen geschäftsführenden Gesellschafters muss eine Handlung jedoch unterbleiben. Hierzu kann mit dem Gesellschaftsvertrag auch eine **Gesamtgeschäftsführungsbefugnis** vereinbart sein, bei der alle geschäftsführungsberechtigten Gesellschafter jeder Handlung zustimmen müssen (§ 115 HGB).

Anders als bei der GbR gibt es zum Umfang der Geschäftsführungsbefugnis für die OHG eine Regelungsgrundlage. Nach § 116 HGB erstreckt sich diese auf alle Handlungen, die der gewöhnliche Betrieb des Handelsgewerbes der Gesellschaft mit sich bringt – damit also auf Routineentscheidungen. Zur Vornahme darüber hinausgehender Handlungen – somit bei außergewöhnlichen Entscheidungen – ist ein Beschluss sämtlicher, also auch der eventuell von der Geschäftsführung ausgeschlossenen Gesellschafter erforderlich. Aus Praktikabilitätsgründen bieten sich hierzu Abweichungen im Gesellschaftsvertrag beispielsweise in der Art an, dass eine Eingrenzung außergewöhnlicher Geschäfte vorgenommen wird oder dass die hierbei notwendige Zustimmung lediglich durch zur Geschäftsführung berufene Gesellschafter zu erfolgen hat.

*Kurzkennzeichnung:* **Betrieb eines Handelsgewerbes durch mehrere unbeschränkt haftende Gesellschafter**

*Gesetzliche Grundlagen:* **§§ 105-160 HGB + §§ 705 ff. BGB**

| *Kriterien und Ausprägungen:* | *Bewertung:*)* |
|---|---|
| (1) *Haftung*<br>• Unbeschränkte u. solidarische Haftung der Gesellschafter | - |
| (2) *Leitungsbefugnisse*<br>• Geschäftsführung und Vertretung durch jeden Gesellschafter (abw. Regelung durch Ges.vertrag möglich) | o/+ |
| (3) *Gewinn- und Verlustbeteiligung*<br>• Gewinn: 4% auf Kapitalanteil, Rest (und Verlust): „nach Köpfen" (abw. Regelung durch Ges.vertrag möglich) | o/+ |
| (4) *Publizitätspflicht*<br>• Niedrig – Handelsregistereintragung; nur bei großen Firmen Pflichtveröffentlichungen gemäß PublG | o/+ |
| (5) *Eigenkapital-Beschaffung*<br>• MEK nicht vorgeschrieben – EK-Basis durch Einlagen der Gesellschafter; EK-Zuführung durch Rücklagendotierung o. Nichtentnahmen/ Einlagen der Gesellschafter; Eintritt weiterer Ges.schafter mögl., wegen (1) - (3) aber schwierig | -/o |
| (6) *Fremdkapital-Beschaffung*<br>• Kreditwürdigkeit relativ hoch – im Einzelfall auch abhängig von Bonität der Gesellschafter | ±o |
| (7) *Steuerliche Belastung*<br>• Gewerbesteuer bei Gesellschaft; sonstige Ertragbesteuerung anteilig bei den Gesellschaftern | ±o |
| (8) *Fortbestand des Unternehmens*<br>• Sicher – Ausscheiden (z.B. Tod/ Kündigung) führt nicht zur Auflösung (abw. Regelung durch Ges.vertrag möglich) | o/+ |
| (9) *Kosten der Gründung*<br>• Mittel – Gewerbeanmeldung/ Handelsregistereintrag/ Gesellschaftsvertrag | ±o |

*) Kriterienbezogene Nähe ( - \| -/o \| ±o \| o/+ \| + ) zum Ideal

***Fazit:* *Geeignet zum gemeinschaftlichen Betreiben eines Unternehmens mit überschaubarem Risiko***

**Abb. C-II-8:** Rechtsform-Profil: Offene Handelsgesellschaft (OHG)

Den Gesellschaftern einer OHG stehen – unabhängig von einer geschäftsführenden Funktion – umfangreiche **Kontrollrechte** zu (persönliche Unterrichtung zu den Gesellschaftsangelegenheiten, Einsichtnahme in Handelsbücher und Unterlagen zur Anfertigung von Bilanz und Jahresabschluss; § 118 HGB).

Analog der generell gegebenen Einzelgeschäftsführungsbefugnis steht jedem OHG-Gesellschafter auch eine im Rechtsverkehr nach außen wirkende **Einzelvertretungsbefugnis** zu, sofern er hiervon nicht durch den Gesellschaftsvertrag ausgeschlossen ist (§ 125 I HGB). Im Gegensatz zur GbR erfolgt für die OHG auch zum Umfang der Vertretungsmacht eine gesetzliche Festlegung: Diese erstreckt sich auf alle gerichtlichen und außergerichtlichen Geschäfte und Rechtshandlungen einschließlich der Veräußerung und Belastung von Grundstücken sowie der Erteilung und des Widerrufs einer Prokura (§ 126 I HGB). Hiervon abweichende Regelungen sind Dritten gegenüber unwirksam (§ 126 II HGB).

Zur personenbezogenen Ausgestaltung der Gesellschaftsvertretung enthält § 125 HGB im nicht mehr grundsätzlich dispositiven Bereich der OHG-Vorschriften einige weitere gesellschaftsvertragliche Regelungsmöglichkeiten: So kann für mehrere oder alle Gesellschafter eine **Gesamtvertretung** vereinbart werden, wobei einzelne Gesellschafter zur Vornahme bestimmter Geschäfte gesondert ermächtigt sein können (§ 125 II HGB). Auch kann bestimmt werden, dass einzelvertretungsberechtigte Gesellschafter nur in Gemeinschaft mit einem Prokuristen zur Vertretung der Gesellschaft ermächtigt sein sollen (§ 125 III HGB). Diese „unechte Gesamtvertretung" kann allerdings nicht als einzige Vertretungsform vorgesehen werden. Die Möglichkeit der Gesellschaftsvertretung nur durch einen oder mehrere Gesellschafter muss immer auch gegeben sein.

Der **Handelsregistereintrag** für eine OHG enthält neben Firma, Ort und Zeitpunkt ihres Beginns die Namen, Vornamen, Geburtsdaten und Wohnorte ihrer Gesellschafter (§ 106 HGB). Wenn nach § 125 I HGB für alle Gesellschafter von einer Einzelvertretungsbefugnis auszugehen ist, dann sind auch alle hierauf bezogenen Veränderungen (Ausschluss von der Vertretung, Gesamtvertretung und deren unechte Form) von sämtlichen Gesellschaftern zur Eintragung in das Handelsregister anzumelden (§§ 107 und 108 HGB).

Die Leitungsbefugnisse können bei der OHG zwar eine differenzierte Regelung erfahren, dabei sind diese aber naturgemäß unter den Gesellschaftern aufzuteilen. Damit ergibt sich – wie bereits bei der GbR – ein leichter Abstand zur Idealausprägung umfassender Leitungsbefugnisse, als Bewertung wird im Rechtsform-Profil C-II-8 ein ( o/+ ) eingetragen.

**Gewinn- und Verlustbeteiligung**

Die Notwendigkeit des Teilens gilt bei einer Offenen Handelsgesellschaft selbstverständlich auch im Hinblick auf die Unternehmenserträge. Hierzu ist nach § 121 HGB eine Kombination aus Kapitalverzinsung und gleichmäßiger Verteilung vorgesehen. Danach steht jedem Gesellschafter aus dem **Jahresgewinn** zunächst eine **Verzinsung seines Kapitalanteils** in Höhe von vier Prozent zu; bei dafür nicht ausreichenden Gewinnen sind entsprechend niedrigere Prozentsätze zu bestimmen. Übersteigt der Jahresgewinn die Kapitalverzinsung, dann ist der verbleibende **Rest** – wie auch ein eventueller **Jahresverlust** – unter den Gesellschaftern **nach Köpfen** zu verteilen.

Von diesen gesetzlichen Bestimmungen zur Gewinn- und Verlustbeteiligung bei der OHG wird in der Unternehmenspraxis meist durch **andere Regelungen im Gesellschaftsvertrag** abgewichen. So wird beispielsweise vereinbart, dass Jahresgewinn und -verlust insgesamt **entsprechend der Kapitalanteile** zu verteilen bzw. zu tragen sind. Oder es wird bestimmt, dass der die Kapitalverzinsung übersteigende Gewinn nicht über alle Gesellschafter gleich, sondern unter Berücksichtigung des durch die Höhe des jeweiligen Privatvermögens ausgedrückten **Haftungsrisikos** verteilt wird. Damit nimmt der Anteil am Restgewinn die Gestalt einer „Haftungsprovision" an.

Zusätzlich kann auch festgelegt werden, dass den Geschäftsführern vorweg gutzuschreibende Gewinnanteile zustehen. Das Prinzip, nach dem Vergütungen für die Geschäftsführung bei Personengesellschaften – in steuerlicher Sicht – Vorabgewinne darstellen, wird hierbei nicht durchbrochen. Auf diese Weise wird den geschäftsführenden Gesellschaftern lediglich eine höhere Gewinnberechtigung zugesprochen, und diese kann auch nur realisiert werden, soweit der erwirtschaftete Gewinn hierzu ausreicht.

Die Gewinnberechtigung und die unbeschränkte Haftung entfallen gemeinsam auf die Gesellschafter einer OHG. Bei den hierauf bezogenen vielfältigen Möglichkeiten, differenzierte Regelungen im Gesellschaftsvertrag zu treffen, wird mit einer leichten Abweichung vom Ideal eine Bewertung mit ( o/+ ) vorgenommen.

#### Publizitätspflicht

Der Umfang von Publizitätspflichten ist bei Offenen Handelsgesellschaften als Folge der unbeschränkten Haftung aller Gesellschafter insgesamt niedrig, so dass hier ebenfalls eine Bewertung mit ( o/+ ) erfolgen kann. Neben dem obligatorischen **Handelsregistereintrag** und der damit verbundenen Anwendung des Handelsrechts ist allenfalls bei sehr großen Firmen die Notwendigkeit von Pflichtveröffentlichungen gemäß dem PublG gegeben.

#### Eigenkapital-Beschaffung

Eine Mindesthöhe des Eigenkapitals ist für Offene Handelsgesellschaften – wie für die anderen Personengesellschaften und auch das Einzelunternehmen – wegen der unbeschränkten und solidarischen Haftung ihrer Gesellschafter nicht vorgeschrieben. Die **Eigenkapital-Basis** bildet sich durch die **Einlagen der Gesellschafter**. Während für die Zweckförderungspflicht der OHG-Gesellschafter wie bei der GbR Beiträge in Form von Geld, Sachen, Rechten oder Diensten vereinbart sein können, kommen hiervon als Einlagen wegen der für eine OHG notwendigen vollkaufmännischen Buchführung nur bilanzierungsfähige Positionen in Betracht. Die Erbringung persönlicher Dienstleistungen durch Gesellschafter (kaufmännische oder technische Geschäftsführung) ist generell nicht aktivierungsfähig. Damit umfasst der Begriff der Einlagen i.d.R. bewertbare Bar- und Sachmittel, welche die Gesellschafter in das Gesellschaftsvermögen einbringen und für die eine Gegenbuchung auf deren Kapitalkonten erfolgen kann.

Die Möglichkeiten zur Zuführung weiteren Eigenkapitals sind auch bei der OHG relativ eng begrenzt. Neben dem generell gegebenen Weg, die aus einer erfolgreichen Geschäftstätigkeit erzielten **Gewinne einzubehalten** (Rücklagendotierung oder Nichtentnahme), sind auch **weitere Einlagen** durch die Gesellschafter möglich. Bei solchen Umschichtungen aus deren Privatvermögen ist zu beachten, dass die gesamte gesellschaftsbezogene Summe aus Betriebs- und Privatvermögen aufgrund der ohnehin gegebenen persönlichen Haftung keine Veränderung erfährt.

**Neue Teilhaber** können auf der Basis des Gesellschaftsvertrags in eine OHG aufgenommen werden, anders als bei der GbR haften eintretende Gesellschafter aber ebenfalls für vor ihrem Eintritt begründete Verpflichtungen der Gesellschaft (§ 130 HGB), wenn dies vertraglich nicht anders festgelegt wird. Darüber hinaus ist wieder auf den auch bei der OHG gegebenen starken Personenbezug hinzuweisen, infolgedessen der Beitritt neuer Gesellschafter die bisherige Konstellation nicht nur bezogen auf die Gesamthaftung, sondern auch auf die Leitungsbefugnis sowie die Gewinn- und Verlustbeteiligung verändert. Der prinzipiell realisierbare Eintritt neuer Gesellschafter kann sich im Einzelfall also schwierig gestalten.

Wegen der relativ weiten Entfernung von der Idealausprägung einer guten Eigenfinanzierungs-Basis kann bei diesem Kriterium für die OHG lediglich ein ( -/o ) vergeben werden.

### Fremdkapital-Beschaffung

Die Voraussetzungen zur Beschaffung zeitlich befristeten Fremdkapitals sind bei der Offenen Handelsgesellschaft aufgrund der unbeschränkten Haftung mehrerer Gesellschafter naturgemäß besser als bei einem allein geführten Einzelunternehmen. Und gegenüber der GbR besteht der weitere Vorteil für die OHG darin, dass diese einen Zusammenschluss von Ist- bzw. Kannkaufleuten darstellt, ihre Wirtschafts- und Rechtsbeziehungen also dem Handelsrecht unterliegen.

Wenn insoweit von einer relativ hohen Kreditwürdigkeit der Rechtsform gesprochen werden kann, dann ist in jedem Einzelfall allerdings die **Bonität der Gesellschafter** eine Grundvoraussetzung zur Aufnahme von neuen bzw. weiteren Krediten. Dabei kann – wie zur GbR dargestellt – der zur Verfügung stehende Sicherungsrahmen bei Kapitalgesellschaften als Gesellschaftern eventuell größer sein als bei ausschließlich natürlichen Personen als Teilhabern.

Bezogen auf die Leitvorstellung einer guten Fremdfinanzierungs-Basis liegt damit eine mittlere Entfernung (keine große Nähe, aber auch kein großer Abstand) vor; als Bewertung dieses Kriteriums ist im Rechtsform-Profil C-II-8 der OHG ein ( ±o ) eingetragen.

### Steuerliche Belastung

Offene Handelsgesellschaften sind – abgesehen von der Gewerbesteuer – **nicht selbstständig ertragsteuerpflichtig**; die Besteuerung erwirtschafteter Erträge erfolgt **anteilig bei den Gesellschaftern** (ESt oder KSt bei natürlichen oder juristischen Personen und SolZ). Der Idealvorstellung einer Minimierung der Steuerbelastung kommt das gemeinsame Tragen der Steuerlast entgegen, und das Fehlen einer selbstständigen Unternehmensbesteuerung für Personengesellschaften kann für natürliche Personen als Anteilseigner bis zu recht großen Erträgen als leichter Vorteil gewertet werden. Mit der gleichen Erläuterung wie beim vorangehenden Kriterium kann als Bewertung für die steuerliche Belastung der OHG ebenfalls ein ( ±o ) notiert werden.

### Fortbestand des Unternehmens

Der Fortbestand einer Offenen Handelsgesellschaft kann als relativ gesichert angesehen werden. Auch zu diesem Kriterium wurden Neuregelungen durch das bereits angesprochene Handelsrechtsreformgesetz (HRefG vom 22.06.1998) bewirkt. Vor diesem galt wegen des starken Personenbezugs in der Konstruktion der OHG-Rechtsform als Grundsatz die Auflösung der Gesellschaft bei Austritt eines Gesellschafters. Bei dessen Ausscheiden (z.B. durch Tod oder Kündigung) trat – soweit anderweitige Vereinbarungen im Gesellschaftsvertrag nicht getroffen waren – als Rechtsfolge die Auflösung der Gesellschaft ein.

Dieses frühere Grundprinzip wurde durch das HRefG in das **Fortbestehen der Gesellschaft unter den verbleibenden Gesellschaftern** umgewandelt (Neufassung des § 131 HGB). Hiermit wird der Tendenz in der Rechtsprechung gefolgt, das Erhaltungsinteresse der Gesellschaft anzuerkennen. Anders als bei der früheren Gesetzeslage steht jetzt die Unternehmenskontinuität gegenüber der Personenkontinuität im Vordergrund.

Die Regelung, eine OHG beim Ausscheiden von Gesellschaftern unter den übrigen fortzuführen, findet ihre Begrenzung bei einer zweigliedrigen Gesellschaft. Scheidet hier einer der beiden Gesellschafter aus, dann vereinigt sich das Gesellschaftsvermögen auf die verbleibende Person als Einzelfirma.

Bei den weiterhin möglichen Regelungen zum Fortbestand einer OHG durch gesellschaftsvertragliche Vereinbarungen kann für den Todesfall eines Gesellschafters auch die **Fortführung der Gesellschaft mit den Erben** (§ 139 HGB) vorgesehen sein. Hierzu steht jedem Erben ein Wahlrecht dahingehend zu, ob er als persönlich haftender Gesellschafter eintreten will, oder ob er die Stellung eines Kommanditisten annehmen möchte. Das Ausscheiden und die Aufnahme von Gesellschaftern einer OHG sind wie auch deren eventuelle Auflösung durch sämtliche Gesellschafter zur **Eintragung in das Handelsregister** anzumelden (§ 143 HGB).

Bei dem bis auf die Fälle zweigliedriger Gesellschaften relativ gesicherten Fortbestand Offener Handelsgesellschaften ist ein insgesamt nur geringer Abstand zum Ideal gegeben, als Bewertung wird ein ( o/+ ) verzeichnet.

### Kosten der Gründung

Kosten der Gründung einer OHG fallen für die **Gewerbeanmeldung**, die **Eintragung zum Handelsregister** sowie den Gesellschaftsvertrag an. Letzterer bedarf – außer bei der Einbringung von Grundstücken – keiner notariellen Mitwirkung, und so erstrecken sich in diesem Zusammenhang anfallende Kosten allenfalls auf eine juristische Beratung. Insgesamt kann für die OHG also eine mittlere Höhe der Gründungskosten festgehalten werden, so dass eine Bewertung mit ( ±o ) erfolgen kann.

In Zusammenfassung der Eintragungen im Rechtsform-Profil C-II-8 und der hierzu erfolgten Erläuterungen kann folgendes Fazit zur OHG gezogen werden.

**Die Offene Handelsgesellschaft ist gut geeignet zum gemeinschaftlichen Betreiben eines Unternehmens mit überschaubarem Risiko.**

### c. Partnerschaftsgesellschaft (PartG)

Mit dem Inkrafttreten des **Gesetzes über Partnerschaftsgesellschaften Angehöriger Freier Berufe** (Partnerschaftsgesellschaftsgesetz PartGG) am 1. Juli 1995 sind die personengesellschaftlichen Rechtsformen um eine neue Variante erweitert worden. Wie dem vollen Namen des Gesetzes zu entnehmen ist, steht diese Gesellschaftsform **ausschließlich für Freiberufler** zur Verfügung.

Mit dem PartGG wurde eine der Offenen Handelsgesellschaft ähnliche Rechtsformalternative geschaffen, mit der sich Angehörige Freier Berufe auf einer gegenüber der BGB-Gesellschaft verfestigteren und gleichzeitig flexibleren Grundlage zusammenschließen können. Die Rechtsform der Partnerschaftsgesellschaft (PartG, häufig – auch im Gesetz – lediglich als Partnerschaft bezeichnet) stellt damit die „freiberufliche Schwester der OHG" dar.

Vor der Schaffung der Partnerschaftsgesellschaft blieben Freiberuflern die handelsrechtlichen Personengesellschaften der OHG und der KG wegen fehlender Kaufmannseigenschaft (keine gewerbliche Tätigkeit) i.d.R. verschlossen; Ausnahmen hiervon – z.B. für Wirtschaftsprüfer oder Steuerberater – wurden standesrechtlich geregelt.

Zwar ist bei den kapitalgesellschaftlichen Rechtsformen (AG, GmbH, KGaA) das Betreiben eines Gewerbes nicht gründungsnotwendig, für Zusammenschlüsse von Freiberuflern standen aber auch diese Alternativen bei einigen „verkammerten Berufen" wiederum aus standesrechtlichen Gründen nicht zur Verfügung. So bildete beispielsweise für Rechtsanwälte die Gesellschaft bürgerlichen Rechts bis Mitte der 90er Jahre die einzig mögliche gesellschaftsrechtliche Organisationsform für Sozietäten.

Nachdem dann aber Anwalts-GmbHs beginnend mit einer Grundsatzentscheidung des bayerischen Oberlandesgerichtes vom 24.11.1994 für zulässig befunden wurden, ist mittlerweile auch eine gesetzliche Regelung zur Rechtsanwalts-GmbH erfolgt. Mit dem Gesetz zur Änderung der Bundesrechtsanwaltsordnung, der Patentanwaltsordnung und anderen Gesetzen vom 31.08.1999 wurden Bestimmungen zur Rechtsanwalts-GmbH in die Bundesrechtsanwaltsordnung (BRAO) eingefügt, die am 01.03.1999 in Kraft traten.

Vor der damit für Rechtsanwälte eröffneten Zulässigkeit von Gesellschaften mit beschränkter Haftung war diese bereits für andere Freie Berufe erfolgt – beispielsweise für Architekten, Wirtschaftsprüfer und Steuerberater (für letztere sind AG und KGaA ebenfalls möglich). Auch für Anwälte ist bereits eine neue Erweiterung der gebräuchlichen Rechtsformen abzusehen: Hinausgehend über die Regelungen zur Anwalts-GmbH konnte unter Rückgriff auf die Entscheidungen zu deren grundsätzlicher Zulässigkeit (allgemeine Berufsfreiheit nach Art. 12 GG / Zweckneutralität von Kapitalgesellschaften) im April 2000 die erste Anwalts-AG beim Handelsregister des Amtsgerichts Nürnberg eingetragen werden.

Die vorstehenden Ausführungen zeigen, dass sich das zur Zeit der Einführung der Partnerschaftsgesellschaft bestehende Rechtsformvakuum für Zusammenschlüsse von Freiberuflern im Hinblick auf die kapitalgesellschaftlichen Organisationsformen zwischenzeitlich weiter gelöst hat. Dabei gilt aber auch künftig, dass die Partnerschaft für Freiberufler eine ihrer Tätigkeit angemessene Verfassung im Bereich der personengesellschaftlichen Rechtsformen ermöglicht.

Im Rechtsform-Profil zur Partnerschaftsgesellschaft (hierzu Abb. C-II-9) ist zunächst deren Kurzkennzeichnung eingetragen als **Zusammenschluss von Angehörigen Freier Berufe** zur gemeinschaftlichen Berufsausübung. Diese Charakterisierung begründet sich in der Eingangsvorschrift des Partnerschaftsgesellschaftsgesetzes (§ 1 I PartGG, Voraussetzungen der Partnerschaft), in der zusätzlich bestimmt wird, dass die Partnerschaft **kein Handelsgewerbe** ausübt und dass ihr **nur natürliche Personen** angehören dürfen.

Mit § 1 II Satz 1 PartGG wurde eine Legaldefinition des berufssoziologischen Begriffs der Freien Berufe geschaffen. Diese „haben im allgemeinen auf der Grundlage besonderer beruflicher Qualifikation oder schöpferischer Begabung die persönliche, eigenverantwortliche und fachlich unabhängige Erbringung von Dienstleistungen höherer Art im Interesse der Auftraggeber und der Allgemeinheit zum Inhalt.“

Damit liegt eine qualifizierende begriffliche Grundlage vor, die über die Eingangsbestimmung im Steuerrecht zu den Einkünften aus selbstständiger Arbeit hinausgeht: Nach dieser gehören zu der freiberuflichen Tätigkeit „die selbstständig ausgeübte wissenschaftliche, künstlerische, schriftstellerische, unterrichtende oder erzieherische Tätigkeit“ sowie die selbstständige Berufstätigkeit in einer Reihe namentlich aufgeführter (sog. Katalogberufe) und ähnlicher Berufe (§ 18 I Nr. 1 EStG). Eine gegenüber dem EStG teilweise weiter gefasste Liste explizit aufgeführter Berufe enthält auch das PartGG zur Umschreibung seines berufsbezogenen Anwendungsbereichs (§ 1 II Satz 2 PartGG).

Die im Einzelfall dennoch oft **schwierige Abgrenzung** von gewerblichen und freiberuflichen Tätigkeiten ist in mehrfacher Hinsicht von Bedeutung:

- Zunächst entscheidet sich hierbei, ob eine Gewerbeanmeldung notwendig ist und dabei in Abhängigkeit von der Art des Gewerbes auch eine Gewerbesteuerpflicht entsteht (für Gewerbebetriebe) oder ob dieses nicht der Fall ist (für Freiberufler).
- In diesem Zusammenhang haben Freiberufler zusätzlich zu prüfen, welche standesrechtlichen Zulassungs- und Rechtsformvorschriften zu beachten sind.

Im Partnerschaftsgesellschaftsgesetz werden die Vorschriften zur Gesellschaft bürgerlichen Rechts (§§ 705-740 BGB) „soweit in diesem Gesetz nichts anderes bestimmt ist“ als weitere gesetzliche Grundlagen der Partnerschaftsgesellschaft festgelegt (§ 1 IV PartGG). Dabei erfolgen in dem mit insgesamt elf Paragrafen sehr „schlanken“ PartGG allerdings zahlreiche Einzelverweise zum OHG-Recht und sonstigen Vorschriften im HGB. Die BGB-Bestimmungen zur GbR haben für die Partnerschaftsgesellschaft also eine eher nachrangige Bedeutung.

Bei der Aufzählung der unter das Partnerschaftsgesellschaftsgesetz fallenden freien Berufe (§ 1 II PartGG) werden keinerlei Einschränkungen hinsichtlich möglicher Kombinationen vorgenommen. Damit ist die Bildung einer Partnerschaft – vorbehaltlich berufsrechtlicher Regelungen (§ 1 III PartGG) – auch für interprofessionelle Zusammenschlüsse zum Angebot komplexer Dienstleistungen möglich.

***Kurzkennzeichnung:*** **Zusammenschluss von Angehörigen Freier Berufe zur gemeinschaftlichen Berufsausübung**

***Gesetzliche Grundlagen:*** **PartGG + §§ 705 ff. BGB + Verweise auf OHG**

| ***Kriterien und Ausprägungen:*** | ***Bewertung:**)* |
|---|---|
| **(1) *Haftung*** <br>• **Unbeschränkte und solidarische Haftung der Partner; bei der Auftragsbearbeitung durch einzelne Partner haften nur diese für berufliche Fehler neben der Partnerschaft** | **±o** |
| **(2) *Leitungsbefugnisse*** <br>• **Geschäftsführung und Vertretung durch jeden Partner (abw. Regelung durch Partnerschaftsvertrag möglich)** | **o/+** |
| **(3) *Gewinn- und Verlustbeteiligung*** <br>• **Gleichmäßige Beteiligung aller Gesellschafter „nach Köpfen" (abw. Regelung durch Part.vertrag möglich)** | **o/+** |
| **(4) *Publizitätspflicht*** <br>• **Niedrig – Partnerschaftsregistereintrag** | **o/+** |
| **(5) *Eigenkapital-Beschaffung*** <br>• **MEK nicht vorgeschrieben – Gesellschaftsvermögen als Summe der Einlagen („Beiträge"); wegen gemeinsamen Betreibens breitere EK-Basis, Eintritt weiterer Partner (nur Freiberufler!) möglich, wegen (1)-(3) aber schwierig** | **-/o** |
| **(6) *Fremdkapital-Beschaffung*** <br>• **Begrenzt durch Kreditwürdigkeit d. Partner (nur nat. Pers.)** | **-/o** |
| **(7) *Steuerliche Belastung*** <br>• **Besteuerung anteilig bei den Partnern (nur ESt)** | **+** |
| **(8) *Fortbestand des Unternehmens*** <br>• **Sicher – Fortbestand beim Ausscheiden von Partnern** | **o/+** |
| **(9) *Kosten der Gründung*** <br>• **Gering – Partnerschaftsregistereintrag und schriftlicher Partnerschaftsvertrag** | **o/+** |

***) Kriterienbezogene Nähe ( - | -/o | ±o | o/+ | + ) zum Ideal**

***Fazit: Geeignet als gemeinsamer Unternehmensrahmen für eigenverantwortlich tätige Freiberufler***

**Abb. C-II-9:** Rechtsform-Profil: Partnerschaftsgesellschaft (PartG)

Zur Bildung einer Partnerschaftsgesellschaft ist die Abfassung eines **Partnerschaftsvertrags** notwendig. Dieser muss **schriftlich** geschlossen werden. Seine Mindestinhalte sind: Name und Sitz der Partnerschaft; Name und Vorname, Beruf und Wohnort jedes Partners; Gegenstand der Partnerschaft (§ 3 PartGG).

Die Partnerschaftsgesellschaft wird durch Verweis auf § 124 HGB (in § 7 II PartGG) in den der Offenen Handelsgesellschaft entsprechenden Stand „rechtlicher Selbstständigkeit" versetzt. Durch diese **relative Rechtsfähigkeit** besteht für die Partnerschaft wie für die OHG Grundbuchfähigkeit sowie Partei- und Prozessfähigkeit bei gerichtlichen Auseinandersetzungen. Ferner sind auch Namens- und Registerfähigkeit gegeben; hierauf kommen wir bei der Behandlung der Publizität von Partnerschaften zurück.

**Haftung**

Für Verbindlichkeiten einer Partnerschaft können neben dem Partnerschaftsvermögen die **Partner** als natürliche Personen **unbeschränkt und solidarisch** in Anspruch genommen werden. Insoweit entspricht diese Grundsatzbestimmung des § 8 I PartGG der Haftungsregelung bei der OHG.

Wegen der bei einem Zusammenschluss von Angehörigen Freier Berufe typischen **persönlichen Auftragsbearbeitung durch einzelne Partner** (z.B. die anwaltliche Vertretung als Mandatsübernahme oder die Betreuung einzelner Klienten durch Steuerberater) ist mit dem PartGG eine besondere Haftungskanalisierung bei Partnerschaftsgesellschaften eingeführt worden. Mit dem nach einer Novellierung am 22.07.1998 neu gefassten § 8 II PartGG liegt hierzu eine einfache und praktikable Regelung vor: Wenn lediglich einzelne Partner mit der Bearbeitung von Aufträgen befasst sind, dann haften nur diese für berufliche Fehler persönlich neben der Partnerschaft.

Ausgenommen von dieser Haftungs-Personalisierung sind Bearbeitungsbeiträge von untergeordneter Bedeutung. Hierbei wird dann aber auch nicht von einer persönlichen Kunden-Dienstleister-Beziehung auszugehen sein. Schließlich ist noch zu beachten, dass sich die Bestimmung ausschließlich auf durch Berufsfehler entstehende Verbindlichkeiten erstreckt. Andere Verpflichtungen, wie beispielsweise aus Miet- oder Arbeitsverträgen, sind darin nicht einbezogen.

Mit der weitgehenden Haftungsfreistellung für diejenigen Partner, die an der Erbringung einzelner Leistungen nicht oder nicht verantwortlich beteiligt sind, ist für diese eine deutliche **Gesamtrisiko-Minderung** verbunden. Damit ist zwar noch keine große Nähe zur Idealkonstellation einer geringen Haftung gegeben, eine weite Entfernung liegt aber auch nicht vor. Die Haftungssituation kann deshalb im Rechtsform-Profil der Partnerschaftsgesellschaft C-II-9 mit ( ±o ) bewertet werden.

**Leitungsbefugnisse**

Über entsprechende Verweise wird in den §§ 6 und 7 PartGG bestimmt, dass sich die Leitungsbefugnisse in Partnerschaftsgesellschaften bei einem Fehlen hierauf bezogener **Regelungen nach dem OHG-Recht** richten. Als gesetzlich vorgesehene Standardlösung ist demnach von einer **Geschäftsführungsberechtigung** und **Vertretungsbefugnis** für **jeden Partner** auszugehen. In einer Partnerschaftsgesellschaft erbringen die einzelnen Partner ihre beruflichen Leistungen unter Beachtung des für sie geltenden Berufsrechts. Dabei können sie von der auf ihre originäre Leistungserbringung bezogenen Geschäftsführung durch den Partnerschaftsvertrag nicht ausgeschlossen werden; dies kann allenfalls hinsichtlich der sonstigen Geschäfte erfolgen (§ 6 I und II PartGG).

Zur Vertretung der Partnerschaft nach außen gibt es keine der vorstehend erläuterten Regelung ähnliche Einschränkung. Hier können also neben der **Einzel-** auch eine **Gesamtvertretungsbefugnis** verabredet werden, und es können einzelne Partner von der Vertretung ausgeschlossen werden. Ausdrücklich ausgenommen sind dagegen die OHG-Bestimmungen zu den Leitungsbefugnissen, die in einer Verbindung mit der Bestellung von Prokuristen oder der gemeinschaftlichen Vertretung mit diesen stehen (§ 6 III und § 7 III PartGG). Diese Regelungen setzen das Betreiben eines Handelsgewerbes durch Kaufleute voraus; wegen der fehlenden Kaufmannseigenschaft von Freiberuflern war deren Anwendung für Partnerschaftsgesellschaften auszuschließen.

Die zur Klärung der Geschäftsführungs- und Vertretungsbefugnisse im Partnerschaftsvertrag geschilderten Besonderheiten können bei den speziellen Kennzeichen freiberuflicher Tätigkeitsausübung kaum als Restriktionen empfunden werden. Bei dem verbleibenden, noch immer **großen Regelungsspielraum** führt allenfalls der unter den Partnern notwendige Abstimmungsbedarf zu einer leichten Abweichung vom Idealzustand umfassender Leitungsbefugnisse. Von daher erfolgt die Bewertung dieses Kriteriums für die Partnerschaftsgesellschaft mit (o/+).

**Gewinn- und Verlustbeteiligung**

Ebenfalls ein ( o/+ ) kann für die Gestaltungsmöglichkeiten der Gewinn- und Verlustbeteiligung bei Partnerschaften vergeben werden. Hierzu enthält das PartGG weder eine gesonderte Bestimmung noch einen speziellen Gesetzesverweis. Im Hinblick auf die Rechtsverhältnisse der Partner untereinander reicht die entsprechende Anwendung von OHG-Vorschriften gemäß § 6 III PartGG nur bis zum § 119 HGB; die §§ 120 und 121 HGB zu Gewinn und Verlust sowie zu deren Verteilung bei OHGs (Kombination aus Kapitalverzinsung und gleichmäßiger Verteilung) sind folglich für Partnerschaftsgesellschaften nicht anzuwenden.

Damit ist hier ein Merkmalsbereich gegeben, in dem der **Generalverweis** des § 1 IV PartGG **auf die Verfügungen zur GbR** eintritt. Gemäß § 722 BGB besteht die gesetzlich vorgesehene Lösung zur Gewinn- und Verlustbeteiligung bei Partnerschaften also in einer Verteilung nach Köpfen, bei der **auf jeden Partner gleiche Anteile** entfallen. Hierzu gilt allerdings eine weitgehende Dispositionsfreiheit, so dass im Partnerschaftsvertrag auch andere Verteilungsschlüssel vereinbart werden können (z.B. eingebrachter Kundenstamm oder Abrechnungsvolumen der einzelnen Partner).

Die Heranziehung der allgemeinen GbR-Vorschriften zur Ergebnisberechtigung in Partnerschaftsgesellschaften trägt wiederum der besonderen Charakteristik Freier Berufe Rechnung: Das Betreiben eines Handelsgewerbes durch Kaufleute kann in den unterschiedlichsten Branchen und mit den verschiedensten Größenordnungen erfolgen; hierbei steht der Anspruch auf Verzinsung des eingesetzten Kapitals (Einkünfte aus Gewerbebetrieb) im Vordergrund. Angehörige Freier Berufe sind dagegen in diesen Arbeitsfeldern selbstständig tätig und auf die durch ihre Berufsausübung zu erzielenden Einkünfte ausgerichtet.

Hieraus ergibt sich auch die bereits angesprochene Abgrenzung, dass die als Partnerschaftsgesellschaften organisierten Gemeinschaften von Freiberuflern kein Handelsgewerbe ausüben. Dabei gilt für die Angehörigen Freier Berufe noch die weitere Besonderheit, dass sie – wie Kleingewerbetreibende – keiner detaillierten Buchführungspflicht unterliegen. Demnach ist eine Einnahmen-Überschussrechnung für Partnerschaften zumindest vom Grundsatz her ausreichend. Auch aus diesem Zusammenhang kann zur Gewinn- und Verlustverteilung im PartGG kein Verweis zu den handelsrechtlichen OHG-Vorschriften erfolgen.

**Publizitätspflicht**

Dem öffentlichen Interesse, Kenntnisse zu den rechtserheblichen Sachverhalten bei Partnerschaftsgesellschaften erlangen zu können, ist durch die Eintragung in ein besonderes, eigens für diese Rechtsform eingerichtetes **Partnerschaftsregister** Rechnung zu tragen (§ 4 PartGG). In entsprechender Anwendung von Handelsregister-Bestimmungen gemäß § 5 II PartGG wird dieses eigenständige Register für Partnerschaften ebenfalls bei den Amtsgerichten geführt.

Die Registerverpflichtung der Partnerschaftsgesellschaft setzt deren Namensfähigkeit voraus. Diese wird mit § 2 PartGG geregelt. Danach muss der Name der Partnerschaft den **Namen mindestens eines Partners** (Namen anderer Personen als der Partner sind nicht erlaubt, Vornamen sind nicht erforderlich), den Zusatz **„und Partner"** oder **„Partnerschaft"** sowie die **Berufsbezeichnungen** aller in der Partnerschaft vertretenen Berufe enthalten. Als Name einer Partnerschaft wäre demnach möglich: „Dr. Schulze und Partner, Rechtsanwälte und Steuerberater".

Über entsprechende Verweise auf das Firmenrecht im HGB gilt nach § 2 II PartGG zusätzlich, dass der Name von Partnerschaftsgesellschaften keine irreführenden Angaben enthalten darf und sich von bereits ortsansässigen Partnerschaften unterscheiden muss. Als wichtige Übertragung aus dem Firmenrecht ist noch die Fortführungsregelung bei Gesellschafterwechsel entsprechend § 24 HGB zu nennen: Bei einer Neuaufnahme oder dem Ausscheiden von Partnern bedarf es keiner Änderung des eingetragenen Namens der Partnerschaft.

Die zum Partnerschaftsregister vorzunehmenden Eintragungen entsprechen den aufgeführten Mindestinhalten des Partnerschaftsvertrags. Treten hierzu Änderungen ein, dann sind diese ebenfalls zur Eintragung anzumelden. Für die Angaben auf Geschäftsbriefen ist bei einer Partnerschaft die hierauf bezogene Vorschrift zur OHG (§ 125a HGB) entsprechend anzuwenden (§ 7 V PartGG).

Mit der Eintragung zum Partnerschaftsregister liegt für die Partnerschaftsgesellschaft alles in allem eine relativ niedrige Publizitätsverpflichtung vor; von daher kann auch zu diesem Kriterium als rechtsformbezogene Bewertung ein ( o/+ ) vergeben werden.

**Eigenkapital-Beschaffung**

Wie bei allen Personengesellschaften ist auch zur Gründung von Partnerschaften **keine Mindesthöhe des Eigenkapitals** vorgeschrieben. Das Vermögen einer Partnerschaftsgesellschaft konstituiert sich in Entsprechung zur GbR als Summe der von den einzelnen Partnern eingebrachten Beiträge (Bar- oder Sacheinlagen, Rechte). Wie bei allen Mehrpersonengesellschaften gelten also auch für Partnerschaften die **Vorteile einer breiteren Kapitalbasis** gegenüber allein geführten Betrieben/ Unternehmen. Die Möglichkeiten zur Beschaffung zusätzlichen Haftungskapitals sind bei Partnerschaften allerdings sehr begrenzt. Durch Aufnahme in den Partnerschaftsvertrag ist zwar der **Beitritt neuer Partner** grundsätzlich möglich, gemäß den Erläuterungen zur GbR und OHG sind dabei aber zunächst die Verschiebungen in der bisherigen Partnerschaftskonstellation zu berücksichtigen.

Darüber hinaus haben neue Partner zu beachten, dass sie entsprechend der OHG-Regelung für eintretende Gesellschafter auch für Altverbindlichkeiten der Partnerschaft haften (§ 8 I PartGG mit Verweis auf § 130 HGB). Und schließlich können – im Gegensatz zu den anderen Personengesellschaften – lediglich natürliche Personen als Angehörige Freier Berufe Partnerschaften bilden bzw. in diese aufgenommen werden. Für die Zuführung neuen Eigenkapitals ist damit ein relativ enger Rahmen gesteckt; die Eigenfinanzierungs-Basis von Partnerschaftsgesellschaften kann deshalb im Rechtsform-Profil C-II-9 lediglich mit ( -/o) bewertet werden.

**Fremdkapital-Beschaffung**

Bei der Begrenzung von Partnerschaftsgesellschaften auf freiberuflich tätige natürliche Personen und den hiermit verbundenen Schwierigkeiten der Eigenkapital-Zuführung kommt es naturgemäß auch zu **Einschränkungen bei** den Möglichkeiten **der Fremdkapital-Beschaffung**. Bei der Grundverpflichtung einer persönlichen Haftung für die Partnerschaftsverbindlichkeiten hängt die Erhältlichkeit von zeitlich befristetem Gläubigerkapital vom Gesamtvermögen der einzelnen Partner und den hierbei möglicherweise noch freien Sicherheiten ab. Die bei einer gesellschaftlichen Beteiligung von juristischen Personen eventuell bessere Sicherungsbasis kann bei der Partnerschaft nicht zum Tragen kommen. So ist auch für die Fremdfinanzierungs-Basis der Partnerschaftsgesellschaft als Bewertung ein ( -/o ) zu notieren.

**Steuerliche Belastung**

Partnerschaften unterliegen – wie die anderen Personengesellschaften – **keiner eigenständigen Steuerpflicht**. Die auf die Partner entfallenden Ertragsanteile sind durch diese als Einkünfte aus selbstständiger Tätigkeit zu versteuern. Freiberufler unterliegen nicht der Gewerbesteuer, und so stellt die anteilig bei den Partnern fällige **Einkommensteuer** zuzüglich Solidaritätszuschlag die alleinige Besteuerung des Ertrags von Partnerschaftsgesellschaften dar.

Wenn sich die Einkommensteuerbelastung bei Partnerschaftsgesellschaften unter den Partnern nach der Höhe bezogener Gewinnanteile aufteilt und daneben keine weitere Besteuerung des Partnerschaftsertrags eintritt, dann ist dabei eine große Nähe zum Ideal einer Minimierung der Steuerbelastung gegeben. Hierzu wird in die Bewertungsspalte des Rechtsform-Profils C-II-9 ein ( + ) gesetzt.

**Fortbestand des Unternehmens**

Durch ein Ausscheiden von Partnern (z.B. durch Tod oder Kündigung) wird der Fortbestand von Partnerschaftsgesellschaften nicht unmittelbar gefährdet. Die in diesem Punkt für die Handelsgesellschaften durch das Handelsrechtsreformgesetz bewirkte Änderung der gesetzlich vorgesehenen Rechtsfolge von der Auflösung auf das Fortbestehen einer Gesellschaft war für Partnerschaftsgesellschaften bereits vorgesehen (früherer § 9 II PartGG, aufgehoben durch das HRefG vom 22.06.1998).

Mittlerweile ist der Verweis auf die Regelungen zur Auflösung einer OHG in § 9 I PartGG ausreichend: Analog zu § 131 III HGB ergibt sich im Fall des Ausscheidens eines Partners die **Fortführung der Partnerschaftsgesellschaft durch die verbleibenden Partner**, wobei hierzu im Partnerschaftsvertrag auch anderweitige Regelungen verabredet werden können.

Die Regelung, nach der ein Partner bei Verlust der Zulassung zu seinem in der Partnerschaft ausgeübten Beruf aus dieser ausscheidet, kann dagegen nicht durch andere Abreden ersetzt werden (§ 9 II PartGG). Von dem Grundsatz der **Unvererblichkeit einer Partnerschaftsbeteiligung** kann im Partnerschaftsvertrag im Einzelfall abgewichen werden. Dabei können als Erben aber nur Personen in Frage kommen, welche die Voraussetzungen zu einem Eintritt in die Partnerschaft gemäß den §§ 1 und 2 PartGG erfüllen (§ 9 III PartGG); das heißt konkret, sie müssen die in der Partnerschaft geforderte Qualifikation, z.B. Rechtsanwalt, besitzen.

Bei der Regel, die Partnerschaft fortzuführen, wenn einzelne Partner ausscheiden, ist deren Fortsetzung bis auf die untere Grenze einer Zweierpartnerschaft relativ ungefährdet. Da also keine großen Abstriche gegenüber dem Leitbild eines gesicherten Fortbestands vorliegen, wird zu diesem Merkmal ein ( o/+ ) vergeben.

**Kosten der Gründung**

Eine Bewertung mit ( o/+ ) kann für die Partnerschaft auch zu den in unseren Rechtsform-Profilen abschließend angesprochenen Kosten der Gründung erfolgen. Eine Gewerbeanmeldung ist für die Partnerschaftsgesellschaft als Zusammenschluss von Freiberuflern nicht erforderlich. Der **Partnerschaftsvertrag** ist zwar schriftlich zu schließen, nicht aber notariell zu beurkunden (außer bei grundbuchrelevanten Einbringungen). So besteht als amtliche und mit relativ niedrigen Gebühren verbundene Gründungsaktivität lediglich der obligatorische **Partnerschaftsregistereintrag**.

Die Erläuterungen zur Partnerschaft können mit folgendem, in der Profil-Darstellung C-II-9 wiedergegebenen Fazit abgeschlossen werden.

**Die Partnerschaftsgesellschaft ist geeignet als gemeinsamer Unternehmensrahmen für eigenverantwortlich tätige Freiberufler.**

### *d. Kommanditgesellschaft (KG)*

Bei der Rechtsform der Kommanditgesellschaft (KG) tritt erstmals ein kennzeichnendes Element auf, welches ansonsten typischerweise bei den Kapitalgesellschaften zu finden ist. Dieses betrifft die Haftung gegenüber den Gläubigern einer Gesellschaft und die hiermit verbundene Stellung der Teilhaber innerhalb eines Unternehmens. Wenn bei den bisher erläuterten Unternehmensformen die persönliche und damit unbeschränkte Haftung der (Mit-)Inhaber die rechtssystematische Grundlage bildete, dann sind bei der Kommanditgesellschaft jetzt **zwei Gesellschafterarten** zu unterscheiden: Bei einem Teil der Gesellschafter ist die Haftung auf die Vermögenseinlage beschränkt, dies sind eine oder mehrere **Kommanditis-**

**ten**. Der andere Teil haftet unbeschränkt, dies sind einer oder mehrere als **Komplementäre** bezeichnete persönlich haftende Gesellschafter.

Wie die Offene Handelsgesellschaft ist eine Kommanditgesellschaft auf den Betrieb eines Handelsgewerbes unter gemeinschaftlicher Firma gerichtet. Unter Hervorhebung der zwei zu unterscheidenden Gruppen von Gesellschaftern kann als Kurzkennzeichnung im Rechtsform-Profil (hierzu Abb. C-II-10) festgehalten werden, dass die KG ein Handelsgewerbe unbeschränkt und beschränkt haftender Gesellschafter darstellt. Diese beiden „Funktionen" können sowohl von natürlichen als auch von juristischen Personen wahrgenommen werden.

Die **gesetzlichen Grundlagen** der Kommanditgesellschaft finden sich in den §§ 161-177a des HGB. Dabei wird auch auf die **Regelungen zur OHG** (§§ 105-160 HGB) verwiesen, und diese Vorschriften sind vor allem bezogen auf die Rechtsstellung der Komplementäre heranzuziehen. Von der OHG unterscheidet sich die KG im Wesentlichen durch das Hinzutreten der zweiten, beschränkt haftenden Gesellschaftergruppe der Kommanditisten. Deren rechtliche Stellung steht bei den eigenständigen KG-Paragrafen im Vordergrund. Über den eingangs zur OHG im § 105 III HGB erfolgten Verweis auf das **Recht zur BGB-Gesellschaft** (§§ 705-740 BGB) findet dieses auch ergänzend zur Kommanditgesellschaft Anwendung.

Wie für eine OHG (§ 109 HGB) ist auch für die KG der – formfrei mögliche – Abschluss eines **Gesellschaftsvertrags** notwendig. Der ebenfalls vorgeschriebene **Handelsregistereintrag** hat für die KG neben Firma, Ort und Zeitpunkt des Beginns zum einen die Namen, Vornamen, Geburtsdaten und Wohnorte ihrer Komplementäre zu enthalten. Zum anderen sind hierzu die Bezeichnungen der Kommanditisten und deren jeweilige Einlagenhöhe anzugeben (§ 162 I und 106 II HGB). Soweit es keine natürliche(n) Person(en) als Vollhafter gibt (z.B. bei einer GmbH in der Funktion des Komplementärs), ist dies im Rechtsformzusatz (normalerweise „KG") kenntlich zu machen, etwa also durch „GmbH & Co. KG".

Dem **Zeitpunkt der Handelsregistereintragung** kommt eine gegenüber der OHG höhere Bedeutung für die Gesellschafter einer KG zu. In beiden Fällen tritt die firmenbezogene Rechtswirksamkeit im Außenverhältnis grundsätzlich erst mit diesem Registereintrag und seiner Veröffentlichung ein. Wenn aber davor bereits Geschäfte getätigt werden, dann kommt es bei vollkaufmännischen Unternehmen – also nicht bei kleingewerblichen Einzel- oder Mehrpersonenbetrieben – zu einer dementsprechenden Vorverlegung des rechtlichen Geschäftsbeginns. Stimmen Kommanditisten einer solchen vorfristigen Geschäftsaufnahme zu, bei der ihre Haftungsbeschränkung noch nicht allgemein bekannt sein kann, dann gilt für die Überbrückungszeit bis zum Handelsregistereintrag i.d.R. eine volle persönliche Kommanditisten-Haftung (§ 176 I und § 123 HGB).

Mit der durch § 124 HGB bestimmten **rechtlichen Selbstständigkeit** der OHG gilt diese auch für die Kommanditgesellschaft. Wenn die KG Trägerin von Rechten und Pflichten sein kann, unter ihrer Firma klagen und verklagt werden kann, dann kennzeichnet dies wiederum deren **relative Rechtsfähigkeit**.

*Kurzkennzeichnung:* Handelsgewerbe unbeschränkt und beschränkt haftender Gesellschafter (jeweils mind. einer)

*Gesetzliche Grundlagen:* §§ 161-177a + 105-160 HGB + §§ 705 ff. BGB

| *Kriterien und Ausprägungen:* | *Bewertung:*)* |
|---|---|
| (1) *Haftung*<br>• Komplementär(e): Unbeschränkt (und solidarisch)<br>• Kommanditist(en): Beschränkt auf Vermögenseinlage oder höhere Haftsumme (HR-Eintrag) | -<br>+ |
| (2) *Leitungsbefugnisse*<br>• Komplementär(e): Geschäftsführung und Vertretung<br>• Kommanditist(en): Zu GF nur Kontroll- und Widerspruchsrechte, abw. Regelung mögl.; zur Vertr. nicht ermächtigt | o/+<br>±o |
| (3) *Gewinn- und Verlustbeteiligung*<br>• Gewinn: 4% auf Kapitalanteil; Rest (und Verlust): „angemessenes Verhältnis" (abweichende Regelung durch Gesellschaftsvertrag möglich) | o/+ |
| (4) *Publizitätspflicht*<br>• Niedrig – Handelsregistereintragung; nur bei großen Firmen Pflichtveröffentlichungen gemäß PublG | o/+ |
| (5) *Eigenkapital-Beschaffung*<br>• MEK nicht vorgeschrieben – EK-Basis durch Einlagen der Gesellschafter; EK-Zuführung durch Rücklagendotierung oder Nicht-Entnahmen/ Einlagen der Gesellschafter und v.a. durch Aufnahme neuer/ weiterer Kommanditisten | o/+ |
| (6) *Fremdkapital-Beschaffung*<br>• Abhängig von EK-Basis und Bonität des/ der Vollhafter | o/+ |
| (7) *Steuerliche Belastung*<br>• Gewerbesteuer; ansonsten anteilige Ertragbesteuerung bei den Gesellschaftern | ±o |
| (8) *Fortbestand des Unternehmens*<br>• Relativ sicher – Bei Ausscheiden Fortsetzung mit übrigen Gesellschaftern bzw. Erben; Problem, wenn nur 1 Komplementär vorhanden und ausscheidet | ±o |
| (9) *Kosten der Gründung*<br>• Mittel – Gew.anmeldung/ Handelsreg.eintrag/ Ges.vertrag | ±o |

*) Kriterienbezogene Nähe ( - \| -/o \| ±o \| o/+ \| + ) zum Ideal

***Fazit:** Geeignet für Unternehmer, die bei alleiniger oder gemeinsamer Leitung relativ viel zusätzliches Kapital benötigen*

**Abb. C-II-10:** Rechtsform-Profil: Kommanditgesellschaft (KG)

### Haftung

Zum Rechtsform-Kriterium Haftung sind die Grundzüge der Ausprägungen für die KG bei den vorstehenden Eingangserläuterungen bereits deutlich geworden. Der oder die **Komplementäre** einer KG haften den Gläubigern **unbeschränkt und solidarisch** auch mit ihrem Privatvermögen für Verbindlichkeiten ihres Unternehmens. Sind mehrere Komplementäre beteiligt, so kann jeder einzelne als **Gesamtschuldner** für alle berechtigten Forderungen durch die Gläubiger in Anspruch genommen werden (§§ 128 f. HGB).

Bei den **Kommanditisten** liegt ebenfalls eine **unmittelbare und persönliche Haftung** für Gesellschaftsverbindlichkeiten vor, hierbei tritt allerdings eine Deckelung durch die Höhe ihrer Einlage ein. Die Haftungsverpflichtung des Kommanditisten erstreckt sich als Teilhafter auf den – ganz oder teilweise – ausstehenden Betrag seiner Einlage. Soweit er diese geleistet hat, ist seine unmittelbare Haftung ausgeschlossen; bei vollständiger Erbringung der Einlage entfällt dann jede weitere Haftung für Verbindlichkeiten der KG (§ 171 I HGB).

Die bis zum Erreichen der vereinbarten Einlagenhöhe bestehende persönliche Haftung von Kommanditisten begründet sich letztlich in der Rechtsnatur der KG. Wie bei den anderen Personengesellschaften ist hier ein Gesamthandsvermögen gegeben, dessen Träger die einzelnen Gesellschafter sind. Im Gegensatz zu den Kapitalgesellschaften als selbstständigen Trägern ihrer Unternehmensvermögen liegt bei den Personengesellschaften keine volle Rechtsfähigkeit vor. Aus diesem Grund können die Kommanditisten einer KG bis zur vollen Leistung ihrer Einlage von den Gläubigern direkt in Anspruch genommen werden, allerdings nur subsidiär, wenn die KG nicht zahlungsfähig ist.

Zu den Einlagen der Kommanditisten ist noch darauf hinzuweisen, dass hierbei eine Unterscheidung in Pflichteinlage und Hafteinlage (bzw. Haftsumme) getroffen werden kann. Während mit der **Hafteinlage** die im Handelsregister eingetragene Einlage bezeichnet und damit die Haftungshöhe definiert wird, kann im Gesellschaftsvertrag eine hiervon abweichende Einlageverpflichtung als so genannte **Pflichteinlage** vereinbart werden.

Diese Differenzierungsmöglichkeit ergibt sich aus dem § 161 I HGB als Eingangsvorschrift zur Kommanditgesellschaft. Hier wird zu den Kommanditisten ausgeführt, dass deren Haftung „auf den Betrag einer bestimmten Vermögenseinlage beschränkt ist". Die Relevanz einer unterschiedlichen Höhe von Pflicht- und Hafteinlage kann darin begründet liegen, dass mit einer höheren Hafteinlage ein größerer Haftungsrahmen abgesteckt bzw. mit einer höheren Pflichteinlage eine breitere Eigenkapitalbasis erreicht werden soll.

Zu den Haftungsregelungen bei der Kommanditgesellschaft erfolgt im Rechtsform-Profil C-II-10 eine getrennte Bewertung. Ausgehend vom angestrebten Idealzustand einer geringen Haftung ist für die Komplementäre eine weite Entfernung gegeben, diese erhalten ein ( - ). Die Kommanditisten kommen dem Ideal sehr nahe, für sie wird ein ( + ) eingetragen.

## Leitungsbefugnisse

Zur Leitung einer Kommanditgesellschaft sind nach den gesetzlichen Vorschriften allein die **Komplementäre** als persönlich haftende Gesellschafter berechtigt; deren Geschäftsführungs- und Vertretungsbefugnisse richten sich nach den Bestimmungen zur OHG (§§ 114 ff. und 125 ff. HGB). Die **Kommanditisten** sind nach § 164 I HGB **von der Geschäftsführung ausgeschlossen**, ihnen steht lediglich ein auf außergewöhnliche Entscheidungen begrenztes **Widerspruchsrecht** zu. Die darüber hinaus gegebenen **Kontrollrechte** bleiben hinter denen der Komplementäre zurück (§ 166 gegenüber § 118 HGB): Kommanditisten können eine Abschrift des Jahresabschlusses verlangen und dessen Richtigkeit durch Einsicht in Unterlagen prüfen; eine persönliche Unterrichtung zu allen Gesellschaftsangelegenheiten ist ausgeschlossen.

Die Rechtsvorschriften zur Geschäftsführung der OHG sind dispositiver Art; somit können hierauf bezogen auch bei der KG im Gesellschaftsvertrag andere Regelungen getroffen werden. Denkbar ist, dass Kommanditisten im Innenverhältnis in der Geschäftsleitung mitwirken.

Im Hinblick auf die **gesellschaftsrechtliche Vertretung** können im Gesellschaftsvertrag nur Alternativen gewählt werden, die in den Vorschriften des entsprechenden HGB-Titels zur OHG (§§ 123 ff. HGB) eröffnet werden (z.B. Einzel- oder Gesamtvertretung). Von daher ist die Bestimmung zur Kommanditgesellschaft, dass die Kommanditisten nicht zur Vertretung der Gesellschaft ermächtigt sind (§ 170 HGB), ebenfalls zwingend – hiervon kann nicht abgewichen werden. An Stelle der damit für die Gruppe der Kommanditisten ausgeschlossenen gesellschaftsrechtlichen Vertretungsmacht ist die Begründung rechtsgeschäftlicher Vollmachten allerdings möglich; ein Kommanditist könnte somit zum Prokuristen bestellt werden.

Wegen der unterschiedlichen Leitungsbefugnisse von Komplementären und Kommanditisten erfolgt auch zu diesem Kriterium eine getrennte Wertung. Der oder die Komplementäre haben im Regelfall umfassende Befugnisse zur Geschäftsführung und Vertretung einer Kommanditgesellschaft. Diese sind unter den persönlich haftenden Gesellschaftern aufzuteilen, und daraus wird als Bewertung im Rechtsform-Profil C-II-10 ein ( o/+ ) abgeleitet. Bei nur einem Komplementär ist hierzu ein ( + ) zu vergeben. Die Kommanditisten sind nach den rechtlichen Bestimmungen regelmäßig nicht an der Geschäftsführung beteiligt. Vielfach haben diese hieran aber auch kein gesteigertes Interesse; häufig wird das Engagement in einer Kommanditgesellschaft als reine Kapitalanlage betrachtet. Als Bewertung wird vor diesem Hintergrund ein ( ±o ) notiert.

## Gewinn- und Verlustbeteiligung

Zur Gewinnbeteiligung bei einer Kommanditgesellschaft wird mit § 168 I HGB unter Verweis auf die Regelung bei der OHG bestimmt, dass den Gesellschaftern – also den Komplementären und den Kommanditisten – aus dem Jahresgewinn zunächst **eine Quote in Höhe von 4%** ihres Kapitalanteils zusteht. An den diese Aufteilung **übersteigenden Gewinnbeträgen** sowie an **Verlusten** sind die Gesellschafter „in einem den Umständen nach **angemessenen Verhältnis**“ zu beteiligen (§ 168 II HGB). Wegen den unterschiedlichen Haftungsumfängen von Komplementären und Kommanditisten wurde hier von der für die OHG gegebenen Regel einer Verteilung nach Köpfen abgewichen.

Im **Gesellschaftsvertrag** werden die Gewinn- und Verlustbeteiligung der Gesellschafter regelmäßig in Abweichung von der Gesetzeslage – bzw. in deren Ergänzung – geregelt. Wie bei der OHG wird dabei häufig eine auf den Gewinn bezogene Vorwegberechtigung für den oder die geschäftsführenden Gesellschafter vereinbart, und zur endgültigen Quotierung der Gewinnanteile kann bei den Komplementären eine Einbeziehung ihrer Gesamthaftungsvermögen erfolgen.

Bei der großen Dispositionsfreiheit zur Ausgestaltung der gewinn- und verlustbezogenen Rechte und Pflichten der Gesellschafter sorgt alleine die hierbei notwendige gemeinsame Wahrnehmung/ Abstimmung für einen leichten Abstand zur Leitvorstellung einer adäquaten Gewinn- und Verlustbeteiligung. Von daher erfolgt zu diesem Punkt eine Kennzeichnung mit ( o/+ ).

**Publizitätspflicht**

Bei der Normalkonstellation einer KG mit mindestens einer natürlichen Person als persönlich haftendem Gesellschafter ist lediglich die **größenabhängige Offenlegungsverpflichtung** nach dem **Publizitätsgesetz** gegeben. Danach müssen also nur große Kommanditgesellschaften ihren – geprüften – Jahresabschluss veröffentlichen. Soweit es in einer KG – direkt oder indirekt über die Beteiligung einer Personengesellschaft – keine persönlichen Vollhafter gibt, unterliegt diese den besonderen Rechnungslegungs- und Publizitätsbestimmungen der §§ 264 ff. HGB. Hierauf kommen wir im Unterabschnitt C.II.5.a. zurück.

Neben der Berücksichtigung des Publizitätsgesetzes durch sehr große Kommanditgesellschaften haben alle Unternehmen dieser Rechtsform unter Beachtung der firmenrechtlichen Vorschriften einen **Handelsregistereintrag** vorzunehmen. Der Umfang an Publizitätspflichten kann insgesamt als niedrig eingestuft werden; als Bewertung hierzu wird ein ( o/+ ) vergeben.

**Eigenkapital-Beschaffung**

Bei einer Kommanditgesellschaft bestehen vergleichsweise gute Möglichkeiten der Eigenkapital-Beschaffung. Diese begründen sich vor allem in ihren beiden unterschiedlichen Gesellschafterarten. Neben dem oder den in einer (Mit-)Unternehmerfunktion stehenden persönlich haftenden Gesellschafter(n) können sich hier weitere Gesellschafter als Kommanditisten beteiligen, deren Interesse vor allem auf eine gute Verzinsung ihrer Einlage gerichtet ist. Deren Stellung weist damit bereits Ähnlichkeiten zu der von Anteilseignern bei Kapitalgesellschaften auf. Als Unterschied ist aber festzuhalten, dass unter Kommanditisten und Komplementären regelmäßig sehr viel direktere Beziehungen als beispielsweise zwischen den Aktionären und dem Vorstand einer AG bestehen. Die persönlichen Bindungen bei der KG sind auch die Folge davon, dass für deren Anteile kein organisierter Markt besteht. Einem kapitalmäßigen Engagement in einer Kommanditgesellschaft gehen von daher häufig individuelle Kontakte voraus.

Die Beschaffung des in seiner Höhe nicht vorgeschriebenen Gründungskapitals kann bei der KG also auf einer breiten Grundlage erfolgen. Die Anfangsausstattung des Eigenkapitals bildet sich über die von den Gesellschaftern eingebrachten Einlagen (bewertete Bar-/ Sacheinlagen).

Eine allmähliche **Zuführung von Eigenkapital** kann auch bei der Kommanditgesellschaft durch die Nicht-Entnahme realisierter Gewinne erfolgen. Dabei ist allerdings zu beachten, dass Kommanditisten von dieser Möglichkeit nur bis zum Erreichen der vereinbarten Höhe ihrer Hafteinlage Gebrauch machen können (§ 167 II HGB). Damit soll eine – auch für eventuelle Auseinandersetzungen im Fall der Liquidation wichtige – Konstanz ihres Eigenkapitalteils beibehalten werden. Den Komplementären ist es dagegen ohne eine solche Begrenzung gestattet, Gewinnanteile im Unternehmen stehen zu lassen. Auf diese Weise können sich deren Anteile am Gesellschaftsvermögen über die Zeit erhöhen.

Bei Kommanditgesellschaften bietet sich eine Erweiterung vor allem im Hinblick auf den Kreis der Kommanditisten an. Werden hierzu neue Kapitalgeber gewonnen, dann können bei deren vorrangig kapitalorientierter Beteiligung insbesondere Verschiebungen in der Leitungskonstellation vermieden werden.

**Kommanditisten**, die einer bestehenden KG neu beitreten, haften bis zur vollen Leistung ihrer Einlage persönlich bis zur Höhe des ausstehenden Restbetrages der Haftsumme. Diese Haftungsverpflichtung erstreckt sich nach § 173 HGB auch auf Altverbindlichkeiten der KG, in die ein Kommanditist eintritt. Weiter ist zu bedenken, dass dieser wie im Gründungsvorgang der KG einer vollen persönlichen Haftung unterliegt, bis seine Stellung als Kommanditist im Handelsregister eingetragen ist (§ 176 II HGB). Durch einen im Gesellschaftsvertrag aufschiebend bedingt erklärten Beitritt, der seine Wirkung erst mit dem Handelsregistereintrag entfaltet, kann diese Haftung ausgeschlossen werden.

Mit den verschiedenen Varianten zur Beschaffung von Eigenkapital liegt für die Kommanditgesellschaft eine relativ große Nähe zum Ideal einer guten Eigenfinanzierungs-Basis vor, und so wird im Rechtsform-Profil C-II-10 ein ( o/+ ) vermerkt.

**Fremdkapital-Beschaffung**

Im Hinblick auf die Fremdkapital-Beschaffung sind bei der Kommanditgesellschaft zwei getrennte Effekte zu berücksichtigen: Während sich mit der Höhe des insgesamt verfügbaren Eigenkapitals auch die generelle Kreditwürdigkeit der KG verbessert, wirkt sich die beschränkte Haftung der Kommanditisten eher nachteilig darauf aus. Nach der Leistung ihrer Einlage können diese nicht mehr zum Begleichen von Verbindlichkeiten der Gesellschaft herangezogen werden. Diesem Einfluss kann allerdings die relativ einfache Erweiterung des Haftungskapitals über die Aufnahme neuer Kommanditisten entgegengesetzt werden. Von entscheidender Bedeutung für die Gewährung von Kreditmitteln wird in jedem Fall aber die **Bonität des oder der Vollhafter** sein.

Aus den kurz geschilderten Gründen kann die Basis zur Fremdfinanzierung bei der Kommanditgesellschaft als relativ gut bezeichnet werden, so dass auch zu diesem Kriterium eine Bewertung mit ( o/+ ) vorgenommen wird.

### Steuerliche Belastung

Als Gewerbebetriebe unterliegen Kommanditgesellschaften als solche der **Gewerbesteuer**. Die weitere Ertragbesteuerung ist dagegen an die Gesellschafter geknüpft. Bei den Komplementären und Kommanditisten sind deren Anteile an den Unternehmenserträgen als **Einkünfte aus Gewerbebetrieb** zu versteuern. Auf ihre gesamte Einkommensteuerschuld wird zusätzlich noch der Solidaritätszuschlag als Ergänzungsabgabe fällig.

Bei der Verteilung des Gewinns und der daraus resultierenden Steuerschuld der Gesellschafter einer Kommanditgesellschaft ist deren jeweiliges Gesamteinkommen für die Bestimmung der persönlichen Steuerschuld maßgeblich. Insgesamt gesehen wird mit der anteiligen Besteuerung der KG-Erträge durch Gewerbe- und Einkommensteuer eine mittlere Position in unserem Idealkontinuum erreicht (Bewertung mit ±o ).

### Fortbestand des Unternehmens

Der Fortbestand einer Kommanditgesellschaft ist von der Zusammensetzung des Gesellschafterkreises relativ unabhängig. Die im OHG-Recht für ausscheidende Gesellschafter bewirkte Grundsatzänderung auf die Fortführung einer Gesellschaft an Stelle ihrer Auflösung (durch das HRefG vom 22.06.1998 neu gefasster § 131 HGB) gilt auch für die KG. Diese geänderte Gesetzeslage hat die **Kontinuität von Personenhandelsgesellschaften** entscheidend **verbessert**.

Für den Fortbestand einer KG kann sich dann ein Problem ergeben, wenn nur ein einziger Komplementär vorhanden ist und dieser verstirbt. Wenn für ihn gemäß § 139 HGB kein Erbe nachrücken kann oder will bzw. dieser von den Kommanditisten nicht akzeptiert wird, dann ist eine KG beim Fehlen anderweitiger gesellschaftsvertraglicher Regelungen aufzulösen. Für den Fall des Todes eines Kommanditisten ist im § 177 HGB als gesetzliche – und ebenfalls abdingbare – Lösung eine Fortsetzung der Gesellschaft mit dessen Erben vorgesehen.

Zum Ausscheiden von Kommanditisten durch Kündigung ist zu beachten, dass deren persönliche Haftung in Höhe der Haftsumme bei Rückzahlung der Einlage durch die Gesellschaft wieder auflebt (§ 172 IV HGB) und erst fünf Jahre nach seinem Ausscheiden erlischt (§ 160 HGB). Um dies zu vermeiden, bietet sich die Übertragung des Gesellschaftsanteils an eine andere Person als Rechtsnachfolger an, und zwar gegen Zahlung eines dem Kapitalanteil entsprechenden Betrags sowie i.d.R. eines Aufgelds zur Vergütung stiller Reserven. Hierzu ist ein Nachfolgevermerk im Handelsregister einzutragen.

Regelungen zur Nachfolge in Kommanditgesellschaften sind zwar in verschiedener Weise möglich, sie sind aber – auch wegen des zwingenden Handelsregistereintrags für jeden Kommanditisten – in ihrer Handhabung nicht gerade einfach. Deshalb wurde hierzu wieder ein ( ±o ) im Rechtsform-Profil C-II-10 eingetragen.

### Kosten der Gründung

Eine Bewertung mit ( ±o ) erfolgt ebenfalls bei den Kosten der Gründung. Für die **Gewerbeanmeldung**, den **Handelsregistereintrag** und den frei zu schließenden **Gesellschaftsvertrag** (notarielle Beurkundung nur erforderlich, wenn in Zusammenhang mit der Gründung auch Grundstücke mit eingebracht werden) fallen Kosten in einer mittleren Höhe an. Gegenüber den rechtsformbezogenen Aufwendungen bei der Gründung von Kapitalgesellschaften liegen diese jedenfalls deutlich niedriger.

Das in der Profil-Darstellung C-II-10 zur Kommanditgesellschaft eingetragene Fazit fasst die hierzu erfolgten Erläuterungen kurz zusammen.

**Die KG ist geeignet für Unternehmer, die bei alleiniger oder gemeinsamer Leitung relativ viel zusätzliches Kapital benötigen.**

### *e. Stille Gesellschaft*

Die Bezeichnung „Stille" Gesellschaft erklärt sich dadurch, dass diese im Wirtschafts- und Rechtsverkehr für außenstehende Personen nicht ohne Weiteres ersichtlich ist, da sie als solche nicht auftritt. Ein Stiller Gesellschafter beteiligt sich an einem Handelsgewerbe und leistet seine Einlage so, dass diese in das Vermögen des Inhabers des Handelsgeschäfts (Geschäftsherr) übergeht. Aus den Geschäften des Handelsgewerbes wird ausschließlich dessen Inhaber berechtigt und verpflichtet (§ 230 HGB). Als Kurzkennzeichnung haben wir diesen Grundsachverhalt zur Stillen Gesellschaft im Rechtsform-Profil (hierzu Abb. C-II-11) eingetragen mit: **Beteiligung eines Stillen Gesellschafters an einem Handelsgewerbe mit Einlage in dessen Vermögen**.

Stiller Gesellschafter kann eine natürliche oder eine juristische Person sein. Gleiches gilt für das Handelsgewerbe, an dem die Beteiligung erfolgt; hierfür kommen ebenfalls **natürliche Personen** (Einzelunternehmen), eine Mehrzahl natürlicher Personen (Personengesellschaften) oder auch Kapitalgesellschaften als **juristische Personen** in Frage.

Soweit bei einer Stillen Beteiligung das Handelsrecht Anwendung findet (Einzelkaufleute, OHG, KG, AG, GmbH und KGaA als Geschäftsherren), bestimmen sich die **Rechtsgrundlagen** der Stillen Gesellschaft nach dem gleich lautenden dritten Abschnitt des Zweiten HGB-Buches (§§ 230-236 HGB). Ergänzend hierzu – vor allem bei nicht dem Handelsrecht unterliegenden Stillen Beteiligungen – sind die Vorschriften zur BGB-Gesellschaft (§§ 705-740 BGB) hinzuzuziehen.

Die Stille Gesellschaft wird zu den Personengesellschaften gezählt, nicht aber zu den Handelsgesellschaften. Die Stille Gesellschaft begründet kein Handelsgewerbe, sondern nur der beteiligende Geschäftsherr ist der Inhaber des Handelsgeschäfts. Als **reine Innengesellschaft** ist die Stille Gesellschaft immer eine Zwei-Personen-Gesellschaft. Die Stille Gesellschaft hat **kein eigenes Gesellschaftsvermögen**. Aus der Vermögenseinlage resultieren für den Stillen Gesellschafter allein **schuldrechtliche Ansprüche** gegenüber dem Inhaber des Handelsgewerbes.

Eine Stille Gesellschaft entsteht durch den formfreien Abschluss eines Gesellschaftsvertrags. Der in diesem Vertrag entsprechend der Konstituierung einer BGB-Gesellschaft zu vereinbarende gemeinsame Zweck (§ 705 BGB) besteht bei einer Stillen Gesellschaft im Betreiben des Handelsgewerbes durch den Inhaber für gemeinschaftliche Rechnung mit dem Stillen Gesellschafter. Der Geschäftsinhaber hat dabei die Aufgabe der Führung des Handelsgewerbes, während der stille Gesellschafter zur **Erbringung seiner Einlage** verpflichtet ist. Die als Einlage zu übertragenden Geld- oder Sachmittel sind im Gesellschaftsvertrag nach Art und Höhe genau zu bestimmen. Als zweckfördernder Beitrag kann dabei – wie bei der BGB-Gesellschaft – grundsätzlich aber auch eine Gebrauchsüberlassung von Sachen oder Rechten vereinbart werden.

***Kurzkennzeichnung:*** **Beteiligung eines Stillen Gesellschafters an einem Handelsgewerbe mit Einlage in dessen Vermögen**

***Gesetzliche Grundlagen:*** **§§ 230-236 HGB + §§ 705 ff. BGB**

| *Kriterien und Ausprägungen:* | *Bewertung:*)* |
|---|---|
| (1) *Haftung* | |
| • Handelsgewerbe: Keine Veränderung der Haftungslage | ±o |
| • Stiller Gesellschafter: Verpflichtung gegenüber dem Handelsgewerbe auf Leistung der Einlage (reine Innengesellschaft) | + |
| (2) *Leitungsbefugnisse* | |
| • Handelsgewerbe: Geschäftsführung und Vertretung | ±o |
| • Stiller Gesellschafter: Buchführungsbezogenes Kontrollrecht | ±o |
| (3) *Gewinn- und Verlustbeteiligung* | |
| • Gewinn: „Angemessener Anteil" des Stillen Gesellschafters | + |
| • Verlust: Beteiligung kann ausgeschlossen werden (dann Ähnlichkeit mit „partiarischem Darlehen") | |
| (4) *Publizitätspflicht* | |
| • Keine – Beteiligung wird nach außen nicht publik gemacht | + |
| (5) *Eigenkapital-Beschaffung* | |
| • Einlagenhöhe nicht vorgeschrieben – Beteiligung mehrerer Stiller Gesellschafter möglich (= mehrere St. Gesellschaften) | o/+ |
| (6) *Fremdkapital-Beschaffung* | |
| • Einlage geht in Vermögen des Handelsgewerbes über und verbessert so dessen Kreditwürdigkeit | o/+ |
| (7) *Steuerliche Belastung* | |
| • Anteilige Ertragbesteuerung bei Handelsgewerbe und Stillem Gesellschafter | ±o |
| (8) *Fortbestand des Unternehmens* | |
| • Sicher – Bei Auflösung der Stillen Gesellschaft Fortführung des Handelsgewerbes ohne Stille Beteiligung | o/+ |
| (9) *Kosten der Gründung* | |
| • Sehr gering – Keine Formvorschriften für Gesellschaftsvertrag | + |

*) Kriterienbezogene Nähe ( - | -/o | ±o | o/+ | + ) zum Ideal

***Fazit: Geeignet als Möglichkeit zusätzlicher Fremdkapitalaufnahme, insbesondere für stark wachsende Unternehmen***

**Abb. C-II-11:** Rechtsform-Profil: Stille Gesellschaft

Bei den Eintragungen im Rechtsform-Profil C-II-11 ist zu berücksichtigen, dass die Stille Gesellschaft als reine Innengesellschaft keine Außenbeziehungen aufweist. Bei den ersten zwei Kriterien wird die Bewertung getrennt für den Inhaber des Handelsgewerbes und den Stillen Gesellschafter durchgeführt.

**Haftung**

Die Beziehungen und Verbindlichkeiten des Inhabers des Handelsgewerbes gegenüber Dritten werden durch die Aufnahme eines Stillen Gesellschafters nicht verändert. Dies ergibt sich bereits durch die gesetzliche Eingangsvorschrift zur Stillen Gesellschaft, nach der nur der Inhaber des Handelsgewerbes an seinem Vermögen berechtigt ist und durch dieses zur Haftung verpflichtet wird (§ 230 II HGB). Wenn also durch die Gewährung einer Stillen Beteiligung bei der von seiner **jeweiligen Rechtsform geprägten Haftungslage** des Handelsgewerbes **keine Veränderung** eintritt, dann kann bezogen auf die eingegangene Stille Gesellschaft eine Bewertung mit ( ±o ) als „Unentschieden“ erfolgen.

Die Einlage des Stillen Gesellschafters muss bei dieser Beteiligungsform in das Vermögen des Handelsgeschäfts-Inhabers übergehen (§ 230 I HGB). Für den Stillen Gesellschafter liegt eine rein schuldrechtliche Verpflichtung gegenüber dem Handelsgewerbe auf Leistung der Einlage vor. Er wird nicht zum Miteigentümer, und damit können gegen ihn auch keine Ansprüche gegeben sein, die auf den Ausgleich von Verbindlichkeiten des Unternehmens gerichtet sind. Bei diesem **generellen Haftungsausschluss** wird die Idealvorstellung einer geringen Haftung erfüllt, und so kann für den Stillen Gesellschafter zu diesem Kriterium ein ( + ) in die Bewertungsspalte gesetzt werden.

**Leitungsbefugnisse**

Die bereits fremdkapitalähnliche Beteiligung des Stillen Gesellschafters ohne gesamthänderische Vermögensbindung führt auch bei den Leitungsbefugnissen zu asymmetrischen Regelungen. **Geschäftsführung und Vertretung** liegen **allein beim Geschäftsherrn** bzw. Inhaber des Handelsgewerbes. Die Stille Gesellschaft führt hierauf bezogen zu keinerlei Veränderungen, so dass als Bewertung hier wiederum ein ( ±o ) vermerkt werden kann.

Bei einem völligen Fehlen von Befugnissen zur Führung der Geschäfte oder zur Vertretung des Handelsgewerbes steht dem Stillen Gesellschafter nach § 233 I HGB lediglich ein **buchführungsbezogenes Kontrollrecht** zu. Er kann – wie der Kommanditist einer KG – eine **Jahresabschluss-Abschrift** verlangen und eine hierauf bezogene Prüfung durch Einsicht in Unterlagen vornehmen. Die darüber hinausgehenden Kontrollrechte von BGB-Gesellschaftern (z.B. die persönliche Unterrichtung zu den Gesellschaftsangelegenheiten nach § 716 I BGB) werden für den Stillen Gesellschafter mit § 233 II HGB ausgeschlossen. Bei wichtigen Gründen kann auf Antrag des Stillen Gesellschafter allerdings eine richterliche Anordnung zur Mitteilung von Bilanz und Jahresabschluss sowie zur Vorlage von Büchern und Papieren ergehen (§ 233 III HGB).

Das auf die Leitung des Handelsgewerbes bezogene und vorwiegend auf die erzielten Ergebnisse gerichtete Kontrollrecht des Stillen Gesellschafters wird im Rechtsform-Profil C-II-11 mit einem ( ±o ) bewertet. Die Begründung hierzu ist, dass zwar keine umfassenden Befugnisse vorliegen, von deren völligem Fehlen aber ebenfalls nicht gesprochen werden kann.

Die den Bestimmungen zur Stillen Gesellschaft in den §§ 230-236 HGB vorausgehenden Rechtsgrundlagen zur BGB-Gesellschaft sowie zu den Personengesellschaften sind in weiten Teilen dispositiver Natur. Zu vielen Regelungsbereichen können deshalb individuelle Vereinbarungen im Gesellschaftsvertrag getroffen werden.

Wird der Stille Gesellschafter auch an den stillen Reserven beteiligt und bekommt er diese bei Beendigung des Vertrages zusätzlich vergütet, ist er steuerlich atypisch beteiligt und deshalb Mitunternehmer. Man nennt diese Form die atypische Stille Gesellschaft.

**Gewinn- und Verlustbeteiligung**

Mit den gesetzlichen Regelungen zur Ergebnisaufteilung in einer Stillen Gesellschaft wird – ohne Vorwegansatz einer Kapitalverzinsung wie bei der OHG und KG – lediglich festgelegt, dass dem Stillen Gesellschafter ein „den Umständen nach **angemessener Anteil**“ am Gewinn und Verlust zusteht, soweit dieser nicht gesellschaftsvertraglich bestimmt ist (§ 231 I HGB). Letzteres sollte in jedem Fall erfolgen, um gerichtliche Auseinandersetzungen über den Begriff der „Angemessenheit“ zu vermeiden.

Im Gesellschaftsvertrag kann vereinbart sein, dass der Stille Gesellschafter nicht am Verlust beteiligt wird; seine Beteiligung am Gewinn kann dagegen nicht ausgeschlossen werden (§ 231 II HGB). Eine feste Verzinsung seiner Einlage erfüllt den Sachverhalt der Gewinnbeteiligung nicht. Dann läge ein Darlehensvertrag vor, eine Stille Gesellschaft könnte auf dieser Grundlage nicht zu Stande kommen. Die **Koppelung** einer auf die Einlage bezogenen **festen Mindestverzinsung** mit einem **variablen, ertragsabhängigen Anteil** ist dagegen als Regelung zur Beteiligung des Stillen Gesellschafters am Gewinn und Verlust des Handelsgewerbes möglich.

Bei den vielfältigen Möglichkeiten, die Gewinn- und Verlustbeteiligung zwischen dem Stillen Gesellschafter und dem Inhaber des Handelsgewerbes zu regeln, kann auf die Interessen beider Seiten eingegangen werden. Als Bewertung hierzu wird deshalb im Rechtsform-Profil C-II-11 ein ( + ) eingetragen.

Im Zusammenhang mit den vorstehenden Ausführungen können wir eine weitere begriffliche Abgrenzung vornehmen. Diese betrifft die Unterscheidung der Stillen Gesellschaft von dem so genannten **partiarischen Darlehen**:

- Wenn ein Fremdkapital-Geber einem Unternehmen finanzielle Mittel gegen eine Beteiligung am Gewinn oder Umsatz zur Verfügung stellt, dann liegt ein partiarisches Darlehen vor. Bei solchen auch als Beteiligungsdarlehen bezeichneten Rechtsgeschäften wird für den Darlehensgeber an Stelle fester Zinszahlungen – oder zusätzlich zu diesen – eine erfolgsabhängige Gegenleistung für die Kapitalüberlassung vereinbart. Die Übernahme von Verlustanteilen durch den Fremdkapital-Geber wird dabei vertraglich ausgeschlossen. Anders als bei der üblichen Kreditfinanzierung werden beim partiarischen Darlehen meist keine regelmäßigen Tilgungszahlungen geleistet, das Beteiligungsdarlehen steht dem Kreditnehmer bis zum Ende der vereinbarten Laufzeit in voller Höhe zur Verfügung.

- Die erläuterte Ausgestaltung des partiarischen Darlehens weist eine große Ähnlichkeit zu einer **Stillen Gesellschaft mit ausgeschlossener Verlustbeteiligung** auf. Der Stille Gesellschafter und der Inhaber eines Handelsgewerbes konstituieren in ihren Beziehungen eine voll ausgeprägte (Innen-)Gesellschaft. Mit dem Betreiben des Handelsgewerbes für gemeinschaftliche Rechnung gibt es einen festgelegten Gesellschaftszweck. Auf dessen Erreichung ist das Engagement der beiden Beteiligten dieser Zwei-Personen-Gesellschaft ausgerichtet. Der Inhaber des Handelsgewerbes hat hieran zwar den größeren Anteil, allein die Kontrollrechte des Stillen Gesellschafters sprechen allerdings dafür, dass auch dieser eine „unternehmerische Initiative" entfaltet.

**Publizitätspflicht**

Die Beurteilung zur Publizitätspflicht der Stillen Gesellschaft fällt einfach: Ihrem Charakter als „Stillem" Beteiligungsverhältnis entsprechend, wird diese nach außen nicht publik gemacht, und so sind hierzu auch **keine Offenlegungsvorschriften** gegeben. Die Ausnahme von dieser Regel bildet die Stille Beteiligung an einer Aktiengesellschaft oder einer Kommanditgesellschaft auf Aktien. Nach § 292 I Nr. 2 AktG ist damit regelmäßig ein Teilgewinnabführungsvertrag gegeben, und dieser bedarf zu seiner Wirksamkeit der Zustimmung der Hauptversammlung sowie der Eintragung in das Handelsregister (§§ 293 und 294 AktG). Bei den für alle anderen Rechtsformen nicht gegeben Publizitätspflichten einer Stillen Gesellschaft wird insgesamt eine sehr große Nähe zum Ideal eines geringen Vorschriftenumfangs erreicht, die Bewertung fällt von daher mit ( + ) aus.

**Eigenkapital-Beschaffung**

Die Stille Einlage ist formal zwar **nie Eigenkapital**, sie kann aber bei wirtschaftlicher Betrachtung wegen der Verlustbeteiligung des Still Beteiligten als eigenkapitalähnliche Mittel ausgewiesen werden. Sie ist für den Inhaber des Handelsgewerbes im Falle einer Erhöhung des erforderlichen Eigenkapitals durch Aufnahme weiterer Gesellschafter insbesondere dann nachteilig, wenn der Stille Gesellschafter einen relativ hohen Ergebnisanteil zu beanspruchen hat.

Da eine Stille Gesellschaft kein eigenständiges Gesellschaftsvermögen bildet, beziehen sich die Eintragungen zur Kapital-Beschaffung in erster Linie auf das beteiligende Handelsgewerbe. Zur Einlage des Stillen Gesellschafters gibt es keine vorgeschriebene Mindesthöhe, die Beteiligung kann individuell auf den Finanzbedarf des Handelsgewerbes und die finanziellen Möglichkeiten des Stillen Gesellschafters abgestimmt werden.

Von der Nicht-Entnahme kann ein Stiller Gesellschafter – wie der Kommanditist einer KG – nur zur Auffüllung einer noch nicht voll einbezahlten oder durch Verlustanteile reduzierten Einlage Gebrauch machen (§ 232 II HGB); darüber hinaus nicht entnommene Gewinne führen ohne eine entsprechende Vereinbarung zu keiner Erhöhung seiner Beteiligung (§ 232 III HGB).

Wenn dem Handelsgewerbe im Rahmen einer Stillen Gesellschaft weiteres Eigenkapital zugeführt werden soll, dann ist es möglich, über eine Neufassung des

Gesellschaftsvertrags mit dem Stillen Gesellschafter eine **Erhöhung seiner Einlage** zu vereinbaren. Eine Verpflichtung zur Aufstockung der Einlage des vorliegenden Vertragsverhältnisses besteht für den Stillen Gesellschafter – wie für den Inhaber des Handelsgewerbes – nicht (§ 707 BGB).

Zur Verbreiterung seiner Eigenkapital-Basis steht es einem Handelsgewerbe darüber hinaus frei, **Beteiligungen mit mehreren Stillen Gesellschaftern** einzugehen. Da es sich hierbei immer um zweiseitige Vertragsverhältnisse handelt, werden dann entsprechend viele Stille Gesellschaften gebildet. Bei wirtschaftlich erfolgreichen Unternehmen können die Stillen Gesellschafter gute Beteiligungserträge erwarten, während der oder die Inhaber des Handelsgewerbes in ihren Leitungsbefugnissen nicht eingeschränkt werden.

Bei den ansonsten nicht veränderten und von der Rechtsform des Handelsgewerbes abhängigen Möglichkeiten der Eigenkapital-Beschaffung steht mit dem Abschluss Stiller Beteiligungen ein in der Handhabung relativ einfacher und vertraglich entsprechend den Bedürfnissen weitgehend frei gestaltbarer zusätzlicher Weg offen. Wegen der dazu notwendigen individuellen Vertragsverhältnisse wird die Idealvorstellung einer guten Eigenfinanzierungs-Basis zwar nicht ganz erreicht, ein ( o/+ ) kann aber als Bewertung vergeben werden.

#### Fremdkapital-Beschaffung

Aus Sicht des Inhabers des Handelsgewerbes ist die Stille Einlage **immer Fremdkapital**. Sie kann dann Eigenkapital ähnlichen Charakter haben, wenn der Stille Gesellschafter auch an den Verlusten beteiligt ist. Aus Sicht des Inhabers des Handelsgewerbes verbessern sich im letzteren Falle tendenziell die Möglichkeiten, zusätzliches Fremdkapital aufzunehmen.

Die Fremdkapital-Beschaffung eines Unternehmens nach Eingehen einer Stillen Beteiligung erfährt durch diese aber **keine direkten Veränderungen**, hierzu gelten damit zunächst die Ausprägungen für die jeweilige Rechtsform des Handelsgewerbes.

Da die Einlage des Stillen Gesellschafters in das Vermögen des Handelsgeschäfts-Inhabers übergeht, sind für die Beurteilung seiner Kreditwürdigkeit allein dessen Haftungsgrundlagen maßgebend. Hier ist es dann von Bedeutung, in welcher Rechtsform das Handelsgewerbe geführt wird (Einzelunternehmen bzw. welche Art einer Personen- oder Kapitalgesellschaft).

Die nach außen nicht publik gemachte Stille Beteiligung kann also lediglich tendenziell – sofern nicht wegen drohender Zahlungsunfähigkeit oder Überschuldung umfassende Auskünfte von Kreditgebern gefordert werden – zu einer Erhöhung der Kreditwürdigkeit des beteiligenden Handelsgewerbes führen. Insoweit geht von einer Stillen Gesellschaft ein Fremdfinanzierungs-Effekt aus, der zu einer Bewertung mit ( o/+ ) führt.

#### Steuerliche Belastung

Steuerlich, aber nicht handelsrechtlich, wird – wie bereits oben angesprochen – zwischen typischer und atypischer Stiller Gesellschaft unterschieden. Die **typische Stille Gesellschaft** ist steuerlich insbesondere dann gegeben, wenn bei Beendigung der Stillen Beteiligung/ des Stillen Gesellschaftsverhältnisses der Still Beteiligte keinen Anspruch auf zusätzliche Vergütung angewachsener stiller Reserven hat, sondern nur auf Rückzahlung seiner Einlage. Irrelevant ist dabei, ob der Still Beteiligte an Verlusten teilnimmt oder nicht.

Bei der **atypischen Stillen Beteiligung** nimmt der Still Beteiligte i.d.R. an Verlusten teil, vor allem erhält er aber bei Beendigung des Beteiligungsverhältnisses zusätzlich zu seiner Einlagenrückzahlung zwischenzeitlich angewachsene stille Reserven anteilig vergütet.

Die beiden Ausprägungen der Stillen Gesellschaft unterscheiden sich in der steuerlichen Behandlung. Bei Bestehen einer **typischen Stillen Gesellschaft** bezieht der Still Beteiligte **Einkünfte aus Kapitalvermögen**. Bei einer **atypischen Stillen Gesellschaft** bezieht er dagegen **Einkünfte aus Gewerbebetrieb**.

In Entsprechung zu dem bei einer Stillen Gesellschaft vereinbarten Modus zur Gewinn- und Verlustbeteiligung kommt es auch bei den Ertragsteuern zu einer **Verteilung der Steuerlast** unter den beteiligten natürlichen oder juristischen Personen. Der i.d.R. mit **Gewerbesteuer** vorbelastete Gewinn wird in der dem Handelsgewerbe und dem Stillen Gesellschafter jeweils zustehenden Höhe bei diesen **einkommen-** oder **körperschaftsteuerpflichtig**. Auf deren gesamte Steuerschuld wird schließlich noch der **Solidaritätszuschlag** fällig. Im Hinblick auf die idealerweise angestrebte Minimierung der Steuerbelastung kann die anteilige Verteilung der steuerlichen Belastung mit ( ±o ) bewertet werden.

**Fortbestand des Unternehmens**

Beim Kriterium des Fortbestandes fallen die gesetzlichen Regelungen zu Gunsten des Inhabers des Handelsgewerbes aus. Bei Beendigung der Stillen Gesellschaft hat der Stille Gesellschafter Anspruch auf eine geldmäßige Abfindung seines Guthabens (§ 235 I HGB).

Für die **Kündigung eines Stillen Gesellschafters** wird in § 234 I HGB auf Vorschriften für OHG-Gesellschafter verwiesen. Danach kann die Beteiligung unbeschadet anderweitiger Vereinbarungen mit einer Frist von sechs Monaten zum Ende eines Geschäftsjahrs gekündigt werden. Bei Vorliegen wichtiger Gründe kommt auch eine außerordentliche Kündigung ohne Fristeinhaltung nach § 723 BGB in Betracht.

Der Tod des Stillen Gesellschafters führt nach der Gesetzeslage nicht zur Auflösung des Gesellschaftsverhältnisses (§ 234 II HGB). In Ermangelung anderer Regelungen im Gesellschaftsvertrag treten dessen Erben an seine Stelle. Zusammen mit dem Inhaber des Handelsgewerbes kann dann auch eine **Übertragung der Stillen Beteiligung** an eine bislang außenstehende Person verabredet werden. Hierzu hat der Erbe des Stillen Gesellschafters seinen Anteil zuerst abzutreten.

Ist der Inhaber des Handelsgewerbes ein Einzelunternehmer, dann folgt als Umkehrschluss aus dem § 234 II HGB allerdings die Auflösung einer eingegangenen Stillen Gesellschaft bei dessen Ableben.

Wenn das Handelsgewerbe beim Ausscheiden eines Stillen Gesellschafters weiter betrieben werden kann, dann führt dies dennoch nicht zu einer ausnahmslos positiven Bewertung im Rechtsform-Profil C-II-11. Unter Berücksichtigung eventueller privatrechtlicher Auseinandersetzungen wird ein ( o/+ ) vergeben.

**Kosten der Gründung**

Rechtsformbezogene Aufwendungen fallen im Zusammenhang mit der Errichtung einer Stillen Gesellschaft nur in einem sehr geringen Umfang an. Hierzu besteht **keine Registerverpflichtung**, der Inhaber des Handelsgeschäftes hat seine Meldeauflagen (Gewerbeanmeldung, Handelsregistereintrag) i.d.R. bereits erfüllt, und so sind allenfalls mit dem – keinen Formvorschriften unterliegenden – **Gesellschaftsvertrag** Kosten für eine rechtliche Beratung verbunden. Das letzte Kriterium im Rechtsform-Profil der Stillen Gesellschaft C-II-11 kann also mit einem uneingeschränkten ( + ) bewertet werden.

Als Resümee der vorangegangenen Erläuterungen lässt sich folgendes Fazit ziehen.

> Für **stark wachsende Unternehmen** jeder privatwirtschaftlichen Rechtsform mit hohem Finanzierungsbedarf ist die Stille Gesellschaft zeitlich begrenzt zur **Aufnahme von zusätzlichem Fremdkapital** geeignet, und zwar um so mehr wenn der Stille Gesellschafter an Verlusten beteiligt ist und die Stille Gesellschaft eine typische Ausprägung hat. Aus Sicht des Stillen Gesellschafters ist die steuerlich atypische Stille Gesellschaft vorteilhafter.

## 4. Kapitalgesellschaften

### a. *Aktiengesellschaft (AG)*

Die im Rechtsform-Profil zur Aktiengesellschaft (AG) als Erstes eingetragene Kurzkennzeichnung (hierzu Abb. C-II-12) basiert auf der Eingangsbestimmung des **Aktiengesetzes**. Nach der mit „Wesen der Aktiengesellschaft“ überschriebenen Vorschrift (§ 1 AktG) ist die Aktiengesellschaft

- eine Gesellschaft mit **eigener Rechtspersönlichkeit**,
- für deren **Verbindlichkeiten** den Gläubigern **nur das Gesellschaftsvermögen haftet**, und die
- ein in **Aktien** zerlegtes **Grundkapital** hat.

Die ersten beiden Punkte dieser Legaldefinition enthalten allgemeine kapitalgesellschaftliche Kennzeichnungen, welche auch für die GmbH gelten. Hierauf sind wir bereits im Rahmen der Darstellung grundsätzlicher Unterschiede zwischen Personen- und Kapitalgesellschaften in Unterabschnitt C.II.1.b. eingegangen. Die **eigene Rechtspersönlichkeit** von Kapitalgesellschaften findet ihren gesellschaftsrechtlichen Niederschlag in deren Verfassung als **juristischen Personen des Privatrechts**. Hiermit wird Unternehmen dieser Rechtsformen eine voll ausgestattete, eigenständige Rechtsfähigkeit verliehen. Eine AG oder eine GmbH ist infolgedessen selbstständige Trägerin ihrer Rechte und Pflichten – juristisch gesehen existieren solche Firmen nach abgeschlossenem Gründungsvorgang also unabhängig von ihren Gesellschaftern. Die hieraus wiederum resultierende alleinige Verbindlichkeitshaftung des Gesellschaftsvermögens – und nicht seiner Anteilseigner – hatten wir ebenfalls schon im Unterabschnitt C.II.1.b. angesprochen. Bezogen auf den dritten Punkt der wiedergegebenen Begriffsbestimmung zur Aktiengesellschaft kann zunächst als **allgemeine Einordnung zur Aktie** festgehalten werden:

- Nach seinem Wortgehalt wird mit dem Begriff „Aktie“ (ursprünglich niederländisch als „actie“) ein „klagbarer Anspruch“ bezeichnet. Seine etymologische Wurzel bildet das lateinische „actio“ – zu übersetzen mit „Handlung“ oder „Tätigkeit“.
- Die ökonomisch-juristische Bedeutung von Aktien liegt darin, dass mit diesen das Mitgliedschaftsrecht an einer Aktiengesellschaft urkundlich sichergestellt („verbrieft“) wird.
- Aktien rechnen zu den **Wertpapieren**. Mit diesem Oberbegriff werden verbriefte private Rechte gekennzeichnet, zu deren Ausübung der Besitz der entsprechenden Urkunde erforderlich ist. Im Hinblick auf die ihren Inhabern gewährte Ertrags- und Beteiligungsart können folgende Gruppen unterschieden werden:
  - Wertpapiere mit **variablem Ertrag** – diese auch als „Dividendenpapiere“ bezeichnete Gruppe wird heute alleine von den Aktien gebildet. Mit Aktien als „Beteiligungstiteln“ ist ein anteiliger Anspruch auf den Ertrag einer Kapitalgesellschaft verbunden – ihre Inhaber sind Eigenkapital-Geber und damit Anteilseigner der ausgebenden privatrechtlichen Körperschaft.
  - **Festverzinsliche Wertpapiere** als Instrumente zur Fremdfinanzierung insbesondere von öffentlich-rechtlichen Gebietskörperschaften oder kapitalmarktfähigen Aktiengesellschaften (z.B. Anleihen/ Obligationen); Inhaber solcher „Forderungstitel“ stehen der ausgebenden Körperschaft als Gläubiger gegenüber.
  - **Wertpapiermischformen**, die beide vorstehend erläuterten Ausstattungselemente vereinen: Hierzu rechnen beispielsweise zuerst als Fremdfinanzierungsinstrumente kapitalmarktfähiger Aktiengesellschaften aufgelegte Papiere, mit welchen den Gläubigern das Recht eingeräumt wird, innerhalb einer bestimmten Frist „in den Anteilseignerstatus zu wechseln“. Dies kann durch einen zusätzlich stattfindenden Erwerb von Aktien (bei Optionsanleihen) oder durch den Umtausch der Anleihen in Aktien (bei Wandelschuldverschreibungen) geschehen.

Mit dem **Begriff des Grundkapitals** einer Aktiengesellschaft sind folgende Inhalte verbunden:

- Das Grundkapital (auch Gezeichnetes Kapital oder Nominalkapital genannt) stellt die vor allem bei der Gründung einer Aktiengesellschaft maßgebliche Eigenkapitalposition dar. Es bildet die Summe aller ausgegebenen Aktien und damit die Kapitalbasis einer Aktiengesellschaft. Zu deren Einbringung haben sich ihre Gründer in der Satzung als dem Gesellschaftsvertrag einer AG verpflichtet – die Anzahl übernommener Aktien kann dabei individuell verschieden sein. Auf die Gründung einer AG gehen wir bei den Erläuterungen zum Rechtsform-Kriterium Haftung ein.

- Die Bezeichnung des die Beteiligungsverhältnisse widerspiegelnden „Anfangskapitals“ als Grundkapital ist eine begriffliche Festlegung im Aktienrecht. Bei der Gesellschaft mit beschränkter Haftung wird stattdessen der Ausdruck Stammkapital verwendet.
- Anders als das Eigenkapital bei Einzelunternehmen oder Personengesellschaften erfährt das Grundkapital einer Aktiengesellschaft im Laufe der normalen Unternehmenstätigkeit keine Veränderung. Eine solche wird sich erst einstellen, wenn eine Kapitalerhöhung oder -herabsetzung durchgeführt wird.
  Die zur Bildung des Grundkapitals einer Aktiengesellschaft von den Aktionären **gezeichneten Anteile** können durch diese nicht gekündigt werden; die Rückgewährung der Einlagen durch eine AG ist nach § 57 AktG ausgeschlossen. Der einzelne Anteilseigner kann seine Beteiligung zwar – am einfachsten bei börsenzugelassenen Gesellschaften – durch Verkauf der Aktien beenden. An seine Stelle tritt dann ein neuer Aktionär, wobei aber die Grundkapitalausstattung einer Aktiengesellschaft konstant bleibt.
  An **variablen Eigenkapitalpositionen** – hierauf kommen wir bei den Darstellungen zur Kategorie Gewinn- und Verlustbeteiligung zurück – sind bei der Aktiengesellschaft zu unterscheiden (§§ 266 III und 272 HGB):
  - Die **Kapitalrücklage**, in welche vor allem bei der Ausgabe von Aktien zu einem über ihrem Nennwert liegenden „Preis“ (Ausgabekurs) die Summen der entsprechenden Differenzen (Aktienagio) einzustellen sind.
  - Die **Gewinnrücklagen**, in denen nach den bilanziellen Vorschriften des AktG (Fünfter Teil – Rechnungslegung, Gewinnverwendung; §§ 150-176 AktG) und des HGB (Drittes Buch – Zweiter Abschnitt: Ergänzende Vorschriften für Kapitalgesellschaften sowie bestimmte Personenhandelsgesellschaften; §§ 264-335 HGB) Rücklagen aus der Thesaurierung von Gewinnen gebildet werden müssen bzw. können.
  - Der in die nächste Rechnungsperiode zu übertragende **Gewinn-/ Verlustvortrag**.
  - **Gewinn (oder Verlust)** des laufenden Geschäftsjahres; der ausgewiesene Bilanzgewinn ist die Quelle von Ausschüttungen bzw. Thesaurierungen.
- Die **Höhe des Grundkapitals** ist in der Satzung einer AG festzulegen (§ 23 II AktG), sie muss mindestens 50.000 EUR betragen (§ 7 AktG).

Als maßgebliche gesetzliche Grundlagen der Aktiengesellschaft sind im oberen Teil des Rechtsform-Profils C-II-12 das **Aktiengesetz** (AktG) sowie das **Handelsgesetzbuch** (HGB) eingetragen. Hierzu einige kurze Erläuterungen:

- Im Jahr 1937 kommt es zur Herauslösung des Aktienrechts aus dem HGB – das Aktiengesetz entsteht. Dieses wird nach der Gründung der Bundesrepublik Deutschland in 1949 einer gründlichen Überarbeitung unterzogen und am 06.09.1965 in einer neuen Fassung verkündet. Mit den üblichen, durch andere Gesetze bewirkten Änderungen ist dieses AktG von 1965 bis heute die maßgebliche Grundlage des Aktienrechts.

- Wichtige Modifikationen im AktG haben sich insbesondere durch folgende Gesetze ergeben:

***Kurzkennzeichnung:*** **Gesellschaft mit eigener Rechtspersönlichkeit, alleiniger Verbindlichkeitshaftung des Gesellschaftsvermögens und einem in Aktien zerlegten Grundkapital**
***Gesetzliche Grundlagen:*** **AktG (mit Verweisen auf HGB)**

| ***Kriterien und Ausprägungen:*** | ***Bewertung:*)*** |
|---|---|
| **(1) *Haftung*<br>• Den Gläubigern haftet nur die AG mit ihrem Gesellschaftsvermögen – Risiko der Aktionäre beschränkt auf Einlage (Ausgabebetrag der Aktien bzw. in Aktien „umgerechnete" Sacheinlagen); Errichtung als kleine AG möglich** | **+** |
| **(2) *Leitungsbefugnisse*<br>• Geschäftsführung und Vertretung durch Vorstand (Bestellung/ Überwachung durch Aufsichtsrat, dessen Zusammensetzung bestimmen Hauptversammlung und Arbeitnehmer)** | **+** |
| **(3) *Gewinn- und Verlustbeteiligung*<br>• Gewinnverteilung (nach Einstellung in Gewinnrücklagen) an die Aktionäre als Dividende pro Aktie** | **+** |
| **(4) *Publizitätspflicht*<br>• Hoch – Strenge Vorschriften zur Rechnungslegung, Prüfung u. Publizität; seit BiRiLiG größenabhängig im HGB geregelt** | **-** |
| **(5) *Eigenkapital-Beschaffung*<br>• 50.000 Euro MEK – Viele Wege der EK-Zuführung** | **+** |
| **(6) *Fremdkapital-Beschaffung*<br>• Wegen Gläubigerschutz hohe Bonität – Börsenfähigen AGs steht der Kapitalmarkt auch zur Aufnahme von FK offen** | **+** |
| **(7) *Steuerliche Belastung*<br>• AG: KSt-Satz und GewSt – Aktionäre: Est-Satz auf Ausschüttung** | **-/o** |
| **(8) *Fortbestand des Unternehmens*<br>• Gesichert, da juristische Person – Aktien problemlos übertragbar** | **+** |
| **(9) *Kosten der Gründung*<br>• Sehr hoch – Gewerbeanmeldung/ Handelsregistereintrag/ Notariell beurkundete Satzung/ Emission v. Aktien, Börsengang** | **-** |

***) Kriterienbezogene Nähe ( - | -/o | ±o | o/+ | + ) zum Ideal**

***Fazit: Geeignet insbesondere für größere Unternehmen mit hohem Kapitalbedarf***

**Abb. C-II-12:** Rechtsform-Profil: Aktiengesellschaft (AG)

- Das **Bilanzrichtlinien-Gesetz** (BiRiLiG) vom 19.12.1995; hierdurch wurde eine teilweise „Rückverlagerung aktienrechtlicher Vorschriften" in das

HGB bewirkt, indem dort ein gemeinsamer Rahmen für unternehmensbezogene Rechnungslegungsvorschriften geschaffen wurde.

- Das **Gesetz für kleine Aktiengesellschaften und zur Deregulierung des Aktienrechts** (keine amtliche Abkürzung) vom 02.08.1994; hiermit wurden vor allem bislang für Mittelständler bestehende „rechtsformbezogene Hürden der AG" niedriger gesetzt.
- Das **Gesetz über die Zulassung von Stückaktien (Stückaktiengesetz** – StückAG) vom 25.03.1998; dadurch wurde die zuvor nicht gestattete Ausgabe von Stückaktien möglich.
- Das **Gesetz zur Kontrolle und Transparenz im Unternehmensbereich** (KonTraG) vom 27.04.1998; damit wurde der zunehmenden Internationalisierung Rechnung getragen.
- Das **Gesetz zur Namensaktie und zur Erleichterung der Stimmrechtsausübung** (NaStraG) vom 18.01.2001; hier stand die Anpassung des Aktienrechts an die neuen Möglichkeiten der Informationstechnologie im Vordergrund (elektronische Aktienregister, Nutzung elektronischer Medien etc.).
- Das **Transparenz- und Publizitätsgesetz** (TransPuG) vom 19.07.2002; hiermit sind Empfehlungen der Regierungskommission Corporate Governance (siehe hierzu C.I.4.) umgesetzt worden mit dem Ziel, die Kontrolle börsennotierter Unternehmen internationalen Standards entsprechend zu verbessern.
- Das Gesetz zur Einführung internationaler Rechnungslegungsstandards und zur Sicherung der Qualität der Abschlussprüfung (**Bilanzrechtsreformgesetz** – BilReG) vom 04.12.2004; damit wurden die Unabhängigkeit der Abschlussprüfer gestärkt und die Internationalisierung des deutschen Bilanzrechts fortentwickelt.
- Eine aktuelle Entwicklung ist die **Europäische Aktiengesellschaft bzw. Societas Europaea** (SE), die als neue Gesellschaftsform für Unternehmen mit grenzüberschreitenden Aktivitäten geschaffen wurde und auf europäischem Gemeinschaftsrecht beruht. Die Verordnung zum Statut der Europäischen Gesellschaft (SE-VO) trat nach langwierigen Verhandlungen am 08.10.2004 in Kraft. Die SE als supranationale Rechtsform erfordert ein Grundkapital von mindestens 120.000 Euro. Relevant sind ausdrücklich nicht die Regelungen des Sitzstaates, sondern des Gründungsstaates. Der neuen Gesellschaftsform kommt auch im Hinblick auf die intensiv geführte Diskussion zur Corporate Governance zum Schutz der Interessengruppen der Unternehmen eine wichtige Rolle zu.

- Die nicht nur bei direkten Gesetzesverweisen aus dem AktG auf das HGB gegebene **Anwendung des Handelsrechts auf Aktiengesellschaften** leitet sich daraus ab, dass diese als Formkaufleute und somit generell als Handelsgesellschaften gelten (§ 3 I AktG). Die hierauf bezogene Wirksamkeit der HGB-Vorschriften für Kaufleute ist in § 6 I HGB festgelegt.
- Zu den gesetzlichen Grundlagen der Aktiengesellschaft ist abschließend darauf hinzuweisen, dass hier sehr viel **kleinere Dispositionsspielräume** als bei den

Personengesellschaften oder der nachfolgend dargestellten GmbH gegeben sind. So wird zur Satzung einer AG bestimmt, dass Abweichungen vom AktG nur möglich sind, wenn dies im Gesetz ausdrücklich zugelassen ist (§ 23 V AktG). Diese Satzungsstrenge liegt in den bereits herausgestellten rechtssystematischen Unterschieden begründet:

- An Stelle der Mitunternehmerschaft bei Personengesellschaften steht bei der Aktiengesellschaft die **Kapitalbeteiligung mehrerer oder vieler einzelner Anleger** im Vordergrund. Diese haben i.d.R. keine leitenden Funktionen inne.
- Als Konsequenz aus der eigenen Rechtspersönlichkeit von Aktiengesellschaften folgt, dass deren **Vertretung, Führung und Kontrolle** nach dem Prinzip der Fremdorganschaft grundsätzlich den **Gesellschaftsorganen** obliegt (Vorstand und Aufsichtsrat sowie Hauptversammlung, siehe hierzu die Ausführungen zum Kriterium Leitungsbefugnisse). Die Leitungs- und Kontrollfunktionen werden damit also von den Eigenkapital-Gebern auf die Organe einer AG übertragen. Auf die Besetzung dieser beiden systematisch von den Eigentumsrechten getrennten Funktionen kann bei einem entsprechend hohen Einfluss einzelner Aktionäre – z.B. als Beteiligte an kleinen AGs oder als Inhaber großer Aktienpakete von Publikumsgesellschaften (Großaktionäre) – allerdings eingewirkt werden. Dabei ist auch die Wahrnehmung jeweils einer der beiden Funktionen – also entweder Leitung oder Kontrolle – durch Anteilseigner grundsätzlich möglich.
- Wenn also in Aktiengesellschaften eine Kapitalsammlung vieler kleiner Anteile von – oft wenig oder nicht unternehmerisch denkenden und handelnden – Aktionären erfolgt, wobei die Unternehmensentwicklung dem Vorstand und Aufsichtsrat anvertraut wird, dann werden die besonderen Gründe für die Strenge des Rechts der Aktiengesellschaft deutlich: Aus Gründen des **Anlegerschutzes** – und auch des **Gläubigerschutzes** – sind detaillierte Vorschriften notwendig, mit denen ein exakter Rahmen für die Gründung sowie die Kapitalaufbringung und -erhaltung einer AG abgesteckt wird.

### Haftung

Diese juristisch-ökonomischen Zusammenhänge bilden den Hintergrund der Darstellungen zu den verschiedenen Kriterienbereichen im Rechtsform-Profil C-II-12 der Aktiengesellschaft. Zum ersten Kriterium, den Haftungsregelungen in einer AG, können als generelle Grundsätze kurz zusammengefasst werden:

- Für **Verbindlichkeiten der Gesellschaft** den Gläubigern gegenüber – die also nach § 241 BGB aus einem Schuldverhältnis zur Forderung einer Leistung berechtigt sind – **haftet nur die AG** mit ihrem **Gesellschaftsvermögen** (§ 1 I AktG); die Möglichkeit eines direkten Durchgriffs auf die Aktionäre als deren Anteilseigner ist nicht gegeben.
- Gegenüber der AG besteht die **Hauptverpflichtung der Aktionäre** nach § 54 AktG in der **Leistung ihre Einlage**. Insoweit liegen schuldrechtliche Verhältnisse zwischen den Anteilseignern und einer AG vor. Bezogen auf die Leistung der Einlage haften die Aktionäre einer AG also im Innenverhältnis. Die selbst-

ständig handelnde AG steht Gläubigern für eingegangene Verbindlichkeiten im Außenverhältnis dann mit ihrem Gesellschaftsvermögen ein.

- Der vollen persönlichen Haftung bei einer allein oder gemeinsam selbstständigen Unternehmerschaft in einem Einzelunternehmen oder einer Personengesellschaft kommt eine ungleich größere Tragweite zu. Das **Risiko der Aktionäre** ist im Falle des Scheiterns der unternehmerischen Tätigkeit einer AG auf die volle **Leistung ihrer Einlage** begrenzt. Wenn sie diese erbracht haben, dann sind sie ihrer Hauptverpflichtung gegenüber einer AG nachgekommen – und können dann für die Dauer ihrer Mitgliedschaft ihre Aktionärsrechte (siehe hierzu die Erläuterungen zum Kriterium der Leitungsbefugnisse) uneingeschränkt wahrnehmen.
- Wie schon bei den vorangegangenen Ausführungen zum Grundkapital einer AG deutlich wurde, kann bei so genannten **Über-Pari-Emissionen** auf den Nennwert einer Aktie ein Aufschlag (Agio) verlangt werden.

Die herausgestellten Zusammenhänge gelten für in das Handelsregister eingetragene AGs. Der zuvor angesprochene Anleger- und Gläubigerschutz findet einen ersten und entscheidenden Niederschlag in den **restriktiven Vorschriften** zur **Gründung von Aktiengesellschaften**. Die hieran beteiligten Personen haben sehr viel strengere Regelungen zur Haftung zu beachten. Hierauf gehen wir am Ende des folgenden knappen Überblicks zum **Gründungsprozess einer Aktiengesellschaft** ein:

- Zur Gründung einer Aktiengesellschaft ist die Feststellung einer **notariell zu beurkundenden Satzung** mit den in § 23 AktG aufgeführten Inhalten notwendig. Als Gründer gelten nach § 28 AktG die an der Satzungsfeststellung beteiligten Aktionäre; deren Zahl kann eine oder mehrere Personen betragen (§ 2 AktG). Die Einpersonen-Gründung wurde mit dem Gesetz für kleine Aktiengesellschaften und zur Deregulierung des Aktienrechts vom 02.08.1994 möglich; bis dahin waren mindestens fünf Gründungsaktionäre erforderlich.
- Mit den Erklärungen zur **Übernahme aller in der Satzung bestimmten Aktien** durch die Gründer gilt eine Aktiengesellschaft als errichtet (§ 29 i.V. mit § 23 II AktG). Ihre wirtschaftliche und rechtliche Handlungsfähigkeit gewinnt eine AG allerdings erst über die notwendige **Eintragung in das Handelsregister** (Abteilung B); hiermit erlangt sie ihre eigenständige Rechtspersönlichkeit – und damit ist dies der eigentliche Zeitpunkt ihrer Entstehung. Bis dahin wird von einer Vorgründungs- bzw. – ab der Errichtung – von einer Voraktiengesellschaft gesprochen.
- Die Anmeldung zur Eintragung in das Handelsregister setzt die Herausbildung der Leitungs- und Kontrollorgane einer AG voraus. Die **Gründer** bestellen – wiederum unter notarieller Beurkundung – den **ersten Aufsichtsrat**, und dieser beruft den **ersten Vorstand** (§ 30 AktG). Des Weiteren haben die Gründer einen schriftlichen Bericht über die Gründung zu erstatten (§ 32 AktG), und durch die ersten Vorstands- und Aufsichtsratsmitglieder – bei Vorliegen besonderer Voraussetzungen auch durch externe Gründungsprüfer – hat auf der Grundlage des Gründungsberichts eine **Gründungsprüfung** zu erfolgen (§§ 33-35 AktG). Vor allem aber müssen die vom Vorstand **pro Aktie eingefor-**

**derten Beträge** eingezahlt und zu dessen freier Verfügung stehen (§ 36 II AktG). Als hierzu mindestens notwendige Höhe ist für Bareinlagen ein Viertel des Nennbetrags sowie bei Über-Pari-Emissionen der gesamte geforderte Mehrbetrag festgelegt (§ 36a I AktG).

- Die **Anmeldung einer AG zum Handelsregister** hat mit den durch § 37 AktG bestimmten Inhalten durch alle Gründer sowie die Mitglieder des Vorstands und des Aufsichtsrats zu geschehen (§ 36 I AktG), nach § 12 HGB ist sie in öffentlich beglaubigter Form einzureichen. Das Gericht prüft, ob die Aktiengesellschaft ordnungsmäßig errichtet und angemeldet wurde (§ 38 AktG). Ist dieses gegeben, dann wird die Gesellschaft in das Handelsregister eingetragen, und zwar mit folgenden Angaben (§ 39 I AktG):

  - Firma und Sitz der Gesellschaft
  - Gegenstand des Unternehmens
  - Höhe des Grundkapitals
  - Tag der Feststellung der Satzung
  - Mitglieder des Vorstandes und ihre Vertretungsbefugnisse.

  In die **Bekanntmachung der Eintragung** durch das Registergericht sind insbesondere noch zusätzlich aufzunehmen (§ 40 AktG):

  - Art, Anzahl und Ausgabebetrag der Aktien
  - Name und Wohnort der Gründer
  - Name, Beruf und Wohnort der Mitglieder des ersten Aufsichtsrates.

  Zur Firma einer AG kann auf die in C.II.2. dargestellten, durch das Handelsrechtsreformgesetz (HRefG) vom 22.06.1998 neu gefassten Regelungen der **Bildung von Firmennamen** verwiesen werden. Aus § 4 AktG wurde in diesem Zusammenhang das früher enthaltene, auf den Unternehmensgegenstand bezogene Entlehnungsgebot herausgenommen und der – ggf. abgekürzte – Rechtsformzusatz „Aktiengesellschaft“ verbindlich vorgeschrieben. Die Bestimmungen zu den Angaben auf Geschäftsbriefen finden sich im AktG in § 80. Diese erfuhren durch das HRefG keine Veränderung, die auf Kapitalgesellschaften bezogenen Vorschriften (für die GmbH in § 35a GmbHG) bildeten hier vielmehr die Vorlagen, nach denen diese Anforderungen im Zuge der Handelsrechtsreform auf Einzelunternehmen und Personengesellschaften erweitert wurden.

- Neben der Begleichung des Ausgabebetrags der Aktien mit Geldmitteln (Bargründung) können zur Erfüllung der Einlageverpflichtung von Aktionären **Sacheinlagen** verabredet sein (Sachgründung); beide Einlagearten können damit bei einer AG-Gründung auch kombiniert vorgesehen werden. Bei der Vereinbarung von Sacheinlagen sind allerdings **besondere Vorschriften** zu beachten:

  - Zu leistende Sacheinlagen (nur Vermögensgegenstände mit feststellbarem wirtschaftlichen Wert, keine Dienstleistungsverpflichtungen) und die hierfür gewährten Aktien müssen in der Satzung festgesetzt sein (§ 27 AktG).

- Die Angemessenheit dieser Abmachungen ist im Gründungsbericht im Einzelnen darzulegen (§ 32 II AktG). Diese bildet auch einen gesonderten Punkt bei der Gründungsprüfung – und hierbei müssen dann grundsätzlich ein oder mehrere externe Prüfer mitwirken (§ 33 II und § 34 I AktG).
- Sacheinlagen sind vor der Anmeldung einer AG zum Handelsregister vollständig zu leisten. Bei Vorliegen einer Übertragungsverpflichtung ist die Leistung innerhalb von fünf Jahren nach der Handelsregistereintragung zu bewirken (§ 36a II AktG).
- Auf der Basis der Ergebnisse der Gründungsprüfer wird auch vom Registergericht das Verhältnis der Werthaltigkeit von Sacheinlagen und den gewährten Aktienbeteiligungen einer Prüfung unterzogen; werden hier Missverhältnisse festgestellt, kann die Eintragung einer Aktiengesellschaft in das Handelsregister abgelehnt werden (§ 38 II AktG).

- Die alleinige Verbindlichkeitshaftung einer AG setzt erst mit ihrer Entstehung durch die Handelsregistereintragung und die damit erlangte eigene Rechtsfähigkeit ein. Davor besteht die Aktiengesellschaft als solche nicht. Bezogen auf die **Außenbeziehungen der Voraktiengesellschaft** gilt bis zum Eintragungszeitpunkt für die im Namen der Gesellschaft handelnden Personen eine persönliche und gesamtschuldnerische Haftung (§ 41 I AktG). Hierzu kommen noch besondere **Haftungsbestimmungen im Innenverhältnis** einer vor ihrer Errichtung oder Entstehung stehenden AG:

  - Die Gründer einer AG sind dieser für alle durch Missachtung der Gründungsvorschriften entstandenen Schäden gesamtschuldnerisch verantwortlich (§ 46 AktG).
  - Eine ebenfalls gesamtschuldnerische Verantwortung bei gründungsbezogenen Pflichtverletzungen trifft auch die Mitglieder von Vorstand und Aufsichtsrat (§ 48 AktG), die Gründungsprüfer (§ 49 AktG) sowie sonstige Personen, wie beispielsweise Aktien-Emittenten (§ 47 AktG).
  - Neben den haftungsbegründenden Tatbeständen der vorgenannten Paragrafen sind falsche oder verschwiegene Angaben im Gründungsprozess als Straftatbestände nach § 399 AktG mit Freiheitsstrafe bis zu drei Jahren oder mit Geldstrafe zu ahnden.

Zusammenfassend ist noch einmal festzuhalten, dass den Gläubigern im laufenden Geschäftsbetrieb einer Aktiengesellschaft – also nach ihrer Errichtung und Eintragung in das Handelsregister – nur das Vermögen der Gesellschaft haftet. Die **Risikoübernahme** im Fall des Scheiterns der Unternehmenstätigkeit erstreckt sich damit für die **Aktionäre** – wie eingangs erläutert – maximal auf die **Höhe ihrer Einlagen**. Wegen dieser großen Nähe zur Idealausprägung einer insgesamt geringen Haftung wird als Bewertung für dieses Kriterium im Rechtsform-Profil C-II-12 der Aktiengesellschaft ein ( + ) vergeben. Als Einschränkung hierzu haben an der Gründung und Errichtung einer AG beteiligte Personen die bis zur Handelsregistereintragung bestehende volle persönliche Haftung zu beachten.

**Leitungsbefugnisse**

Bei den Regelungen der Leitungsbefugnisse, dem zweiten Rechtsform-Kriterium im Profil C-II-12 der Aktiengesellschaft, sind der Aufbau, die Funktionen und das Zusammenwirken der Organe einer AG zu erläutern. Die Übertragung von Leitungs- und Kontrollfunktionen an **Vorstand** und **Aufsichtsrat** einer Aktiengesellschaft durch die **Hauptversammlung** hatten wir aus einer jeweils grundsätzlichen Perspektive bereits an mehreren Stellen thematisiert (siehe hierzu C.I.2.b. und C.II.1.b. sowie die Eingangserläuterungen hier in C.II.4.a.):

- Bei den Anteilseignern einer AG steht eine kapitalbezogene Beteiligung – und keine Mitunternehmerschaft – im Vordergrund.
- Die Gesellschaft erhält bei erfüllten Gründungsanforderungen von staatlicher Seite den Status einer juristischen Person des Privatrechts. Sie verfügt damit über eine eigenständige Rechtsfähigkeit, welche von der ihrer Anteilseigner – als natürlichen oder ebenfalls als juristischen Personen – unabhängig ist.
- Das zunächst real nicht existierende Gebilde benötigt Organe als „Werkzeuge", mit denen eine personalisierte Zuweisung und Zurechnung der Funktionen Geschäftsführung/ Vertretung und Kontrolle erfolgen kann. Damit gewinnt eine AG als Körperschaft ihre praktische Handlungsfähigkeit im Rechts- und Wirtschaftsverkehr.
- Hierzu wählt die Hauptversammlung, die selbst ein Organ darstellt, den Aufsichtsrat. Dieser bestellt den Vorstand. Ihre Billigung der Tätigkeit von Vorstand und Aufsichtsrat drückt die Hauptversammlung gegenüber diesen beiden Organen durch Entlastungsbeschlüsse aus.

In der Abbildung C-II-13 wird der generelle Zusammenhang der Organe einer Aktiengesellschaft veranschaulicht; und dabei sind auch kurze Kennzeichnungen zu deren Funktionen und den Verfahren der Einsetzung von Vorstand und Aufsichtsrat enthalten:

- Der **Vorstand einer Aktiengesellschaft** hat diese unter eigener Verantwortung zu leiten (§ 76 I AktG), ihm obliegt die Geschäftsführung (§ 77 I AktG), und er ist zur gerichtlichen wie außergerichtlichen Vertretung der Gesellschaft ermächtigt (§ 78 I AktG).
  - Der Vorstand einer AG kann aus einer oder mehreren Personen bestehen. Wegen des Grundsatzes der Fremdorganschaft müssen diese nicht zugleich Aktionäre der Gesellschaft sein. Ab einem Grundkapital von über drei Mio. EUR sieht das AktG mindestens zwei Vorstandsmitglieder vor; in der Satzung einer AG kann hierzu allerdings auch die Besetzung des Vorstands mit lediglich einer Person bestimmt werden (§ 76 II AktG).
  - Unterliegt eine Aktiengesellschaft der **Montan-Mitbestimmung** oder dem Mitbestimmungsgesetz von 1976 (siehe hierzu die nachfolgenden Erläuterungen zum Aufsichtsrat), dann ist ein **Arbeitsdirektor** in den Vorstand zu berufen, und so ist in diesen Fällen von mindestens zwei Vorstandsmitgliedern auszugehen. Der gleichberechtigte Arbeitsdirektor ist für die Personal- und Sozialangelegenheiten der Gesellschaft verantwortlich.

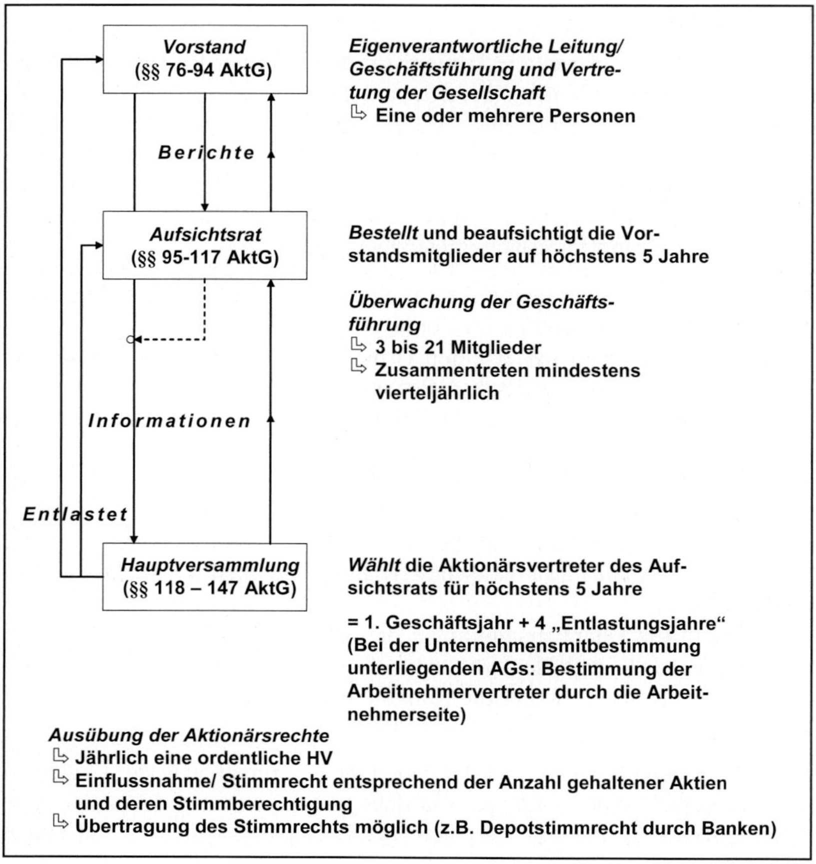


**Abb. C-II-13:** Zusammenhang der Organe einer Aktiengesellschaft

Mit dem Ziel einer zeitnahen und reaktionsschnellen markt-, ergebnis- sowie mitarbeiterorientierten Führung werden die Vorstandspositionen der großen und i.d.R. konzernierten Aktiengesellschaften als Verantwortungsbereiche für Sparten/ Divisionen und/ oder betriebliche Funktionen abgegrenzt. So umfasst beispielsweise der Vorstand der DAIMLERCHRYSLER AG (Gezeichnetes Kapital zum 31.12.2005 ca. 2,65 Mrd. EUR) einschließlich des Vorstandsvorsitzenden DIETER ZETSCHE 9 Mitglieder mit fest definierten Zuständigkeiten.

Für die bei mehreren Vorstandsmitgliedern gemeinschaftlich wahrzunehmende Geschäftsführung (§ 77 I AktG) einer AG können durch die Satzung, den Aufsichtsrat oder die Hauptversammlung Beschränkungen auferlegt sein (§ 82 II AktG). Ein Beispiel hierfür ist, dass die Satzung oder der Aufsichtsrat dessen Zustimmung zu bestimmten Geschäftsarten fordern (§ 111 IV AktG). Spezielle Verantwortlichkeiten einzelner Vorstandsmitglieder – wie im vorstehenden Beispiel aus der Unternehmenspraxis – können durch die Satzung oder im Rahmen einer Geschäftsordnung des Vorstands festgelegt werden. Zu letzterer sind einstimmige Vorstandsbeschlüsse notwendig (§ 77 II AktG).

- Die Befugnis des Vorstands zur Vertretung der Aktiengesellschaft gegenüber Dritten kann nicht beschränkt werden (§ 82 I AktG). Gesetzlich vorgesehen ist hierbei eine **Gesamtvertretung** durch alle Vorstandsmitglieder. Satzungsmäßig können allerdings andere Regelungen getroffen werden; z.B. die Vereinbarung von **Einzelvertretungsbefugnissen** – ggf. zusammen mit einem Prokuristen – oder die Ermächtigung einzelner Mitglieder zur alleinverantwortlichen Vornahme bestimmter Geschäfte/ Geschäftsarten (§ 78 AktG). Änderungen in der Zusammensetzung des Vorstands einer AG und der Vertretungsbefugnisse seiner Mitglieder sind zur Eintragung in das Handelsregister anzumelden (§ 81 AktG).
- Zu den **besonderen Pflichten des Vorstands einer AG** zählen:
  - Vorbereitung und Ausführung von Hauptversammlungsbeschlüssen (§ 83 AktG).
  - Einberufung und Durchführung der jährlichen (§ 120 I AktG) Hauptversammlung (§§ 121 ff. AktG).
  - Umfassende **Berichterstattung an den Aufsichtsrat** über die Geschäftspolitik, die Rentabilität, die operative Unternehmensentwicklung sowie über „rentabilitäts- oder liquiditätskritische" Geschäfte (§ 90 AktG). Auf die betriebswirtschaftlichen Inhalte dieser Begriffe gehen wir in Kapitel D. ausführlich ein.
  - Ordnungsgemäße Führung der Handelsbücher, Einrichtung eines Überwachungssystems zur frühen Erkennung gefährdender Entwicklungen (§ 91 AktG). Das letztgenannte Element wurde durch das **Gesetz zur Kontrolle und Transparenz im Unternehmensbereich** (KonTraG) vom 27.04.1998 in das AktG aufgenommen.
  - Einberufung der Hauptversammlung bei Verlusten von mehr als der Hälfte des Grundkapitals, unverzügliche Beantragung des Insolvenzverfahrens bei Zahlungsunfähigkeit und/ oder Überschuldung (§ 92 AktG).
- Bestellung und Abberufung des Vorstands einer Aktiengesellschaft erfolgen durch deren Aufsichtsrat (§ 84 AktG):
  - Der Aufsichtsrat bestellt **Vorstandsmitglieder auf höchstens fünf Jahre**; eine wiederholte Bestellung oder Verlängerung – für wiederum fünf Jahre – ist durch einen frühestens ein Jahr vor Ablauf der bisherigen Amtszeit gefassten Aufsichtsratsbeschluss möglich.
  - Bei mehreren Vorstandsmitgliedern kann der Aufsichtsrat einen Vorstandsvorsitzenden ernennen.
  - Bei Vorliegen eines wichtigen Grundes kann der Aufsichtsrat die Bestellung zum Vorstandsmitglied/ -vorsitzenden widerrufen (grobe Pflichtverletzung, Unfähigkeit zur ordnungsmäßigen Geschäftsführung, Vertrauensentzug durch die Hauptversammlung).

- **Vorstandsmitglieder** und deren Stellvertreter unterliegen nach den §§ 93 und 94 AktG einer **besonderen Sorgfaltspflicht**. Sie haben die Geschäfte einer AG mit der „Sorgfalt eines ordentlichen und gewissenhaften Geschäftsleiters" zu führen und tragen die Beweislast bei hierauf bezogenen Streitfällen. Bei Verletzung dieser Sorgfaltspflicht tritt eine persönliche und ggf. gesamtschuldnerische Haftung zum Ersatz der entstandenen Schäden gegenüber der Gesellschaft ein.
  Zu diesen Ersatzansprüchen wegen Verletzung von im AktG festgelegten Pflichten haben Vorstände – und Aufsichtsräte – einer AG gegenüber Dritten die allgemeinen Haftungsregelungen bei unerlaubten Handlungen (deliktische Schadensersatzansprüche nach §§ 823 ff. BGB) zu beachten. Nach den Grundsätzen der Organhaftung (§ 31 BGB) haftet bei solchen Personen-, Sach- oder Vermögensschäden eine Aktiengesellschaft für ihre Repräsentanten, dabei können diese aber immer auch unmittelbar in Anspruch genommen werden.

• **Aufgabe des Aufsichtsrats** einer Aktiengesellschaft ist es, die Geschäftsführung durch den Vorstand zu überwachen (§ 111 AktG):

- Zu dieser im AktG nicht näher definierten Gesamtaufgabe gibt es lediglich zu einigen – teilweise bereits im Zusammenhang mit dem Vorstand erläuterten – Einzelaufgaben gesonderte gesetzliche Festlegungen:

  * Bestellung und Abberufung des Vorstands (§ 84 AktG)
  * Entscheidung über zustimmungsbedürftige Geschäfte (§ 111 IV AktG)
  * Einberufung einer außerplanmäßigen Hauptversammlung, wenn das Wohl der Gesellschaft dies erfordert (§ 111 III AktG)
  * Prüfung des Jahresabschlusses (§ 171 AktG).

- Zur sachgemäßen Ausfüllung seiner Kontrollfunktion ist der Aufsichtsrat mit folgenden Rechten ausgestattet:

  * Vertretung der Aktiengesellschaft gegenüber den Vorstandsmitgliedern (§ 112 AktG).
  * Bezogen auf die Geschäftsbücher und -unterlagen hat er ein umfassendes Einsichts- und Prüfungsrecht (§ 111 II AktG).
  * Hinausgehend über die regelmäßigen Berichtsverpflichtungen des Vorstands kann der Aufsichtsrat von diesem jederzeit gesonderte Berichte fordern (§ 90 III AktG).

- Als Vorschriften zur Sicherstellung einer wechselseitigen **Unabhängigkeit von Vorstand und Aufsichtsrat** einer AG sind zu nennen:

  * Unvereinbarkeit der gleichzeitigen Zugehörigkeit zu Vorstand und Aufsichtsrat (§ 105 AktG)
  * Keine Geschäftsführung durch den Aufsichtsrat (§ 111 IV Satz 1 AktG)
  * Keine Delegation von Aufsichtsratsaufgaben (§ 111 V AktG).

- Zur **Größenordnung des Aufsichtsrats** einer Aktiengesellschaft ist in § 95 I AktG eine **Mindestanzahl von drei Mitgliedern** bestimmt. Durch die Satzung kann eine höhere, durch drei teilbare Anzahl festgesetzt werden. Dabei sind in Abhängigkeit vom Grundkapital einer AG folgende Höchstgrenzen zu beachten:

| | | | |
|---|---|---|---|
| bis | 1,5 Mio. EUR Grundkapital | 9 | Mitglieder |
| über | 1,5 Mio. EUR Grundkapital | 15 | Mitglieder |
| über | 10,0 Mio. EUR Grundkapital | 21 | Mitglieder. |

- Die **Amtszeit von Aufsichtsratsmitgliedern** dauert längstens bis zur Beendigung der Hauptversammlung, die über die Entlastung für das vierte Geschäftsjahr nach Amtsbeginn beschließt. Dabei wird das Geschäftsjahr, in dem die Amtszeit beginnt, nicht mitgerechnet (§ 102 I AktG), so dass sich – wie für Vorstände – eine **Amtsperiode von maximal fünf Jahren** ergibt.
- Zur inneren Ordnung des Aufsichtsrats ist im AktG festgelegt, dass dieser aus seiner Mitte einen Vorsitzenden und mindestens einen Stellvertreter zu wählen hat. Zur Vorbereitung von Beschlussfassungen sowie zur Überwachung ihrer Ausführung können innerhalb des Aufsichtsrats Ausschüsse gebildet werden (§ 107 AktG). Als **Tagungsrhythmus** gibt das AktG vor, dass der Aufsichtsrat zwei Sitzungen im Kalenderhalbjahr abhalten muss. Bei nicht börsennotierten Gesellschaften kann der Aufsichtsrat beschließen, pro Kalenderhalbjahr nur eine Sitzung abzuhalten (§ 110 III AktG).
- Für die **Bestellung und Abberufung** der Mitglieder des Aufsichtsrats einer AG ist zunächst die **Hauptversammlung**, zu der die Aktionäre einmal jährlich eingeladen werden, zuständig (§ 101 und § 103 i.V. mit § 119 AktG).
  Für bestimmte Aktionäre oder die Inhaber bestimmter Aktien kann unter Beachtung besonderer Vorschriften eine Festlegung in der Satzung erfolgen, mit welcher für diese das Recht begründet wird, Mitglieder in den Aufsichtsrat zu entsenden (§ 101 II AktG).
  Wenn in einer Aktiengesellschaft bei erfüllten größenmäßigen oder branchenbezogenen Kriterien die Unternehmens- respektive Aufsichtsratsmitbestimmung greift (als Abgrenzung zur betrieblichen Mitbestimmung siehe C.I.2.c.), dann wird ein Teil der Aufsichtsratsmitglieder von der Arbeitnehmerseite (Arbeitnehmerschaft mit Betriebsräten, Gewerkschaften) bestimmt. Die hierzu wesentlichen gesetzlichen Grundlagen und die dadurch jeweils verfügte Besetzung des Aufsichtsrats sind in Abbildung C-II-14 zusammengestellt:

  * Bei der Montan-Mitbestimmung ist das Recht der Arbeitnehmerseite, über die Entsendung von Aufsichtsratsmitgliedern Einfluss auf wichtige unternehmerische Planungen und Entscheidungen zu nehmen, am weitesten ausgeprägt. Ihr unterliegen Kapitalgesellschaften (ohne KGaA) des Bergbaus sowie der Eisen und Stahl erzeugenden Industrie mit mehr als 1.000 Arbeitnehmern; Ende 2004 gehörten diesem Geltungsbereich noch etwa 40 Unternehmen an. Deshalb wird auf diese Bestimmungen nur kursorisch in Abbildung C-II-14 eingegangen, und auch das für

Montan-Obergesellschaften geltende Mitbestimmungsergänzungsgesetz (MitbestErgG) aus 1956 erläutern wir nicht gesondert.
Nach dem **Montan-Mitbestimmungsgesetz von 1951** gilt für die Aufsichtsräte folgende Zusammensetzung:

# **Gesamtgröße des Aufsichtsrats** 11 Mitglieder; ab einem Grundkapital von über 10 Mio. EUR bzw. von mehr als 25 Mio. EUR kann in der Satzung eine Aufsichtsratsgröße von 15 respektive 21 Mitgliedern bestimmt werden.
Der Aufsichtsrat besteht zu gleichen Teilen aus Anteilseigner- und Arbeitnehmervertretern. Dabei sind für jede Seite noch ein oder zwei weitere Mitglieder vorgeschrieben, die weder verbandsmäßig (Unternehmensverband oder Gewerkschaft, siehe hierzu C.I.3.a.) organisiert sein noch im Unternehmen tätig sein oder wirtschaftlich wesentlich an diesem interessiert sein dürfen.
Die Mitbestimmung der Arbeitnehmerseite reicht bei Aktiengesellschaften im Montanbereich bis in den Vorstand: Die nach dem Montan-Mitbestimmungsgesetz notwendige Vorstandsposition des **Arbeitsdirektors** kann nicht gegen den Willen der „Arbeitnehmerbank“ im Aufsichtsrat besetzt werden. Damit ist sichergestellt, dass der Arbeitsdirektor in jedem Fall das Vertrauen der Arbeitnehmerseite genießt und deren Interessen bei der Führung der Gesellschaft einbringt.

Das Zustandekommen der als **paritätisch** bezeichneten Unternehmensmitbestimmung im Montanbereich ist im Zusammenhang mit der anfangs der Nachkriegszeit gegebenen Wirtschaftskontrolle durch die Besatzungsmächte zu sehen. Im Interesse der Vermeidung einer dauerhaften ausländischen Aufsicht war die Arbeitgeberseite zu weitreichenden Zugeständnissen im Hinblick auf eine wirtschaftsdemokratische und die Arbeitnehmerschaft einbeziehende Unternehmensführung bereit.

* Die anfangs eingenommene gewerkschaftliche Position, nach welcher der Mitbestimmung im Montanbereich Modellcharakter für die gesamte deutsche Wirtschaft zukomme, ließ sich nicht in die Realität umsetzen. Mit den die Unternehmensmitbestimmung im Aufsichtsrat betreffenden Paragrafen des **1952** verabschiedeten **Betriebsverfassungsgesetzes** (BetrVG) wurde der Arbeitnehmerseite außerhalb der Montanindustrie lediglich eine **Drittel-Beteiligung** zugestanden.
Nach diesen Vorschriften musste der Aufsichtsrat bei allen gewerblichen AGs und KGaAs zunächst größenunabhängig gebildet werden; lediglich auf Familienaktiengesellschaften bezogen (alle Aktien in der Hand einer natürlichen Person bzw. im Besitz untereinander verwandter oder verschwägerter Aktionäre) war eine **Arbeitnehmeranzahl von mindestens 500** notwendig. Ab dieser Größenordnung griffen die Bestimmungen des ersten BetrVG auch für GmbHs sowie für Erwerbs- und Wirtschaftsgenossenschaften.

| *Wesentliche gesetzliche Grundlagen/ Geltungsbereich:* | *AR-Besetzung:* |
|---|---|
| Gesetz über die Mitbestimmung der Arbeitnehmer in den Aufsichtsräten und Vorständen der Unternehmen des Bergbaus und der Eisen und Stahl erzeugenden Industrie vom 21.05.1951 *(Montan-Mitbestimmungsgesetz):*<br>Kapitalgesellschaften der Montanindustrie mit mehr als 1.000 Arbeitnehmern | *paritätisch*<br>(11, 15 o. 21 Mitglieder)<br>½ Anteilseignervertreter<br>½ Arbeitnehmervertreter<br>mit jeweils 1-2 „weiteren" Mitgliedern<br>+ *„neutrales" Mitglied,* von beiden Seiten gewählt; bei *Patt-Situation* entscheidet *dessen Stimme*<br>*Vetorecht* der Arbeitnehmervertreter bei der Bestellung des Arbeitsdirektors |
| Gesetz über die Drittelbeteiligung der Arbeitnehmer im Aufsichtsrat vom 18.05.2004 – Neufassung in Kraft gebliebener Teile zur Aufsichtsratsmitbestimmung aus dem BetrVG 1952 *(Drittelbeteiligungsgesetz – DrittelbG):*<br>Kapitalgesellschaften mit 500 bis 2.000 Arbeitnehmern | *Drittel-Beteiligung*<br>(AR mit 3 bis 21 Mitgl.)<br>Der Aufsichtsrat muss zu einem Drittel aus Vertretern der Arbeitnehmer bestehen |
| Gesetz über die Mitbestimmung der Arbeitnehmer vom 04.05.1976 *(Mitbestimmungsgesetz – MitbestG):*<br>Kapitalgesellschaften mit mehr als 2.000 Arbeitnehmern | *„paritätisch"*<br>(12, 16 o. 20 Mitglieder)<br>½ Anteilseignervertreter<br>½ Arbeitnehmervertreter<br>*Vorsitzender* (= Anteilseignervertr.) hat bei Stimmengleichheit *2. Stimme* |

**Abb. C-II-14:** Zusammensetzung des Aufsichtsrats bei mitbestimmten Unternehmen

Die Vorstandsposition eines Arbeitsdirektors wird durch das BetrVG 1952 nicht vorgesehen.

Mit dem Mitbestimmungsgesetz von 1976 (MitbestG) kam es nach langen (verbands-)politischen Diskussionen zu einer Neuregelung der Mitbestimmung im Aufsichtsrat bei Kapitalgesellschaften außerhalb des Montanbereichs mit über 2.000 Beschäftigten. Der Geltungsbereich des BetrVG 1952 wurde damit auf Kapitalgesellschaften zwischen 500 und 2.000 Arbeitnehmern beschränkt. Das BetrVG 1952 ist mit seinen in Kraft gebliebenen Teilen **2004** in das neue **Drittelbeteiligungsgesetz** (DrittelbG) überführt worden. Aktuellen Schätzungen zufolge fallen rund 3.500 Unternehmen unter dessen drittel-paritätische Mitbestimmung. Für die **Zusammensetzung des Aufsichtsrats nach dem DrittelbG** gelten folgende Regeln:

# Die Größenordnung des Aufsichtsrats bestimmt sich durch das Aktienrecht, also **3 bis maximal 21 Mitglieder**.

# Hiervon muss ein Drittel der Vertreter auf die Arbeitnehmer entfallen.
# Bis zu einer Anzahl von zwei Arbeitnehmervertretern gilt, dass diese im Unternehmen beschäftigt sein müssen.
# Unter den Arbeitnehmervertretern sollen Frauen und Männer entsprechend ihren Anteilen in der Belegschaft vorhanden sein.
# Ab drei Arbeitnehmervertretern können der Arbeitnehmerseite im Aufsichtsrat auch Gewerkschaftsvertreter angehören.

* Die Unternehmensmitbestimmung im Aufsichtsrat nach dem **Mitbestimmungsgesetz von 1976** (siehe Abb. C-II-14) kann aus Sicht der Arbeitnehmerseite nur mit Anführungszeichen versehen als **„paritätisch"** bezeichnet werden. Nach diesem Gesetz steht zwar der „Arbeitnehmerbank"– wie bei der Montan-Mitbestimmung – die Hälfte der Aufsichtsratsmandate zu. Darüber hinaus ist aber ein von beiden Lagern unterstütztes **neutrales Mitglied nicht vorgesehen**, und zur auch nach dem MitbestG erforderlichen Vorstandsposition des Arbeitsdirektors gibt es keinen besonderen Bestellungsmodus, durch welchen die Arbeitnehmerseite bevorrechtigt wäre.
Nach dem 1976er Mitbestimmungsgesetz sind vielmehr ein Aufsichtsratsvorsitzender und sein Stellvertreter zu wählen. Hierzu sind zunächst Mehrheiten von jeweils zwei Dritteln aller Mitglieder des Aufsichtsrats erforderlich. Wenn diese nicht zu Stande kommen, dann erfolgt die Wahl des **Aufsichtsratsvorsitzenden** durch die **Anteilseignervertreter**, und der **stellvertretende Vorsitzende** wird durch die **Arbeitnehmervertreter** gewählt. Diese gesetzliche Festlegung hat dazu geführt, dass der Vorsitzende des Aufsichtsrats bei dem MitbestG unterliegenden Unternehmen auch regelmäßig von der Seite der Anteilseigner bestimmt wird.
Zu dieser Praxis kommt hinzu, dass der **Aufsichtsratsvorsitzende** bei stimmengleichen Entscheidungen in einer erneuten Abstimmung über zwei Stimmen verfügt. Damit sichert der auch als „Stichentscheid" bezeichnete Gebrauch dieses **Doppelstimmrechts** durch den Vorsitzenden des Aufsichtsrats in einer nach dem 76er Gesetz mitbestimmten Kapitalgesellschaft bei strittigen Abstimmungen in jedem Fall eine Mehrheit der Anteilseignerseite. Die Möglichkeit, einen „Stichentscheid" herbeizuführen, ist zudem an die Person des Aufsichtsratsvorsitzenden geknüpft; seinem Stellvertreter – und damit i.d.R. einem Vertreter der Arbeitnehmerseite – steht dieses Doppelstimmrecht nicht zu.
Anders als bei der betrieblichen Mitbestimmung nach dem Betriebsverfassungsgesetz – respektive dem Drittelbeteiligungsgesetz – wird schließlich beim MitbestG der Arbeitnehmerseite neben den Arbeitern und den Angestellten auch die Gruppe der leitenden Angestellten zugerechnet, und diese kann mindestens einen Vertreter in den Aufsichtsrat entsenden. Hierauf bezogen kann von einer relativ großen Nähe zu den Interessen der Anteilseigner ausgegangen werden, und so ist auch von

daher die „paritätische" Machtverteilung im Aufsichtsrat etwas in Richtung der Kapitaleigentümer verschoben.
Zum Jahresende 2004 gab es 746 Kapitalgesellschaften, in denen sich die Bildung der Aufsichtsräte nach dem MitbestG richtete. Für deren **Zusammensetzung** gilt in Abhängigkeit von der Unternehmensgröße:

# Bis 10.000/ 20.000 /über 20.000 Arbeitnehmern 12/ 16/ 20 Aufsichtsratsmitglieder insgesamt mit jeweils der Hälfte (also 6/ 8/ 10) an Vertretern der Anteilseigner- und der Arbeitnehmerseite.
# Bezogen auf die vorgenannten Größenklassen sind 4/ 6/ 7 Aufsichtsratsmandate im Unternehmen beschäftigten Arbeitnehmern vorbehalten, für die hier tätigen Gewerkschaften sind 2/ 2/ 3 Sitze vorgesehen.
# Arbeitern, Angestellten und leitenden Angestellten ist dabei jeweils ein Mandat garantiert. Die dann zur Gesamtstärke von 4/ 6/ 7 betrieblichen Aufsichtsratsmitgliedern übrigen Sitze verteilen sich nach dem Anteil der Arbeitnehmergruppen an der Belegschaft.

- In der **Hauptversammlung** treten die Aktionäre einer Aktiengesellschaft zusammen und üben die ihnen in den Angelegenheiten der Gesellschaft zustehenden Rechte aus (§ 118 I AktG). Zu diesen auch als Mitverwaltungsrechte bezeichneten Aktionärsrechten kommen noch deren in der Hauptsache aus der Gewinnbeteiligung (Dividende) bestehende Vermögensrechte hinzu. Hierauf gehen wir beim nächsten Rechtsform-Kriterium der Gewinn- und Verlustbeteiligung ein.

  - **Als Rechte der Hauptversammlung** sind folgende nach Gesetz und durch die Satzung einer AG bestimmte Beschlüsse im § 119 AktG aufgeführt:

    * **Bestellung der Mitglieder des Aufsichtsrats**, soweit diese nicht aufgrund eines Entsendungsrechts von Aktionären oder als Arbeitnehmervertreter zu bestimmen sind;
    * **Verwendung des Bilanzgewinns**; dies betrifft jedoch nicht den Gewinnanteil (max. 50%), zu dessen Einstellung in Gewinnrücklagen Vorstand und Aufsichtsrat eventuell satzungsmäßig ermächtigt sind (§ 58 II Satz 2 AktG);
    * Entlastung der Vorstands- und Aufsichtsratsmitglieder;
    * Satzungsänderungen;
    * Bestellung des Abschlussprüfers;
    * Maßnahmen der Kapitalbeschaffung und -herabsetzung;
    * Bestellung von Sonderprüfern;
    * Auflösung der Gesellschaft.

  Zum wichtigen Hauptversammlungsrecht der **Entlastung von Vorstand und Aufsichtsrat** ist darauf hinzuweisen, dass Vorstandsmitglieder bei einer Missbilligung ihrer Leitungs- bzw. Überwachungstätigkeit nicht direkt durch die Hauptversammlung zur Rechenschaft gezogen werden können. Nach einer verweigerten Entlastung ist es Aufgabe des Aufsichtsrats, die

Bestellung eines Vorstandsmitglieds zu widerrufen, und hierbei besteht noch ein Ermessensspielraum (Vertrauensentzug aus „offenbar unsachlichen Gründen", § 84 III AktG). Die Nicht-Entlastung führt also nicht automatisch zur Abberufung.
Wird einem Aufsichtsratsmitglied die Entlastung versagt, müssen zu dessen Abberufung die für seine Bestellung zuständigen Gremien tätig werden. Bei durch die Hauptversammlung gewählten Anteilseignervertretern – also nicht beispielsweise von Großaktionären entsandten oder von der Arbeitnehmerseite bestimmten Vertretern – kann die Abberufung durch einen der verweigerten Entlastung nachgeschalteten, zweiten Hauptversammlungsbeschluss mit einer Mehrheit von drei Vierteln der abgegebenen Stimmen erfolgen. Hierzu können in der Satzung auch andere Modalitäten bestimmt sein (§ 103 I AktG).

- Für **die Beschlüsse der Hauptversammlung** gilt zunächst als Grundsatz die Erfordernis einer einfachen Stimmenmehrheit. Für Entschließungen mit großer Tragweite können durch Gesetz oder Satzung auch größere Mehrheiten notwendig sein. Außer bei der vorstehend geschilderten Abberufung eines Mitglieds des Aufsichtsrats ist beispielsweise durch das Aktienrecht eine Dreiviertelmehrheit vorgesehen bei Satzungsänderungen (§ 179 II AktG), bei bestimmten Arten der Kapitalerhöhung und -herabsetzung (§§ 182 ff. und §§ 222 ff. AktG) sowie bei Auflösung einer AG durch Beschluss der Hauptversammlung (§ 262 I Nr. 2 AktG).
- Beim **Stimmrecht der Aktionäre** einer AG gibt es zwei wesentliche Prinzipien:

  * Grundsätzlich setzt die Ausübung des Stimmrechts durch einen Aktionär die vollständige Leistung der Einlage und damit die Erfüllung seiner Hauptverpflichtung gegenüber der Aktiengesellschaft voraus. Neben dieser Grundnorm enthält § 134 II AktG weitere Bestimmungen, nach denen satzungsmäßige Festlegungen zum Stimmrecht bei noch nicht erfüllter Einlageverpflichtung erfolgen können.
  * Die Bemessung des Stimmrechts ist an die Anzahl der Aktien gekoppelt, die von einem Aktionär gehalten werden (§ 134 I AktG). Dabei ist im Regelfall mit einer Aktie ein Stimmrecht verbunden. Eine Ausnahme hiervon kann sich zum einen durch die Art gehaltener Aktien ergeben. So ist mit stimmrechtslosen Vorzugsaktien – der Bezeichnung entsprechend – kein Stimmrecht verbunden; als „Vorzug" wird hier meist eine höhere Dividende gewährt. Zum anderen ist aber auch eine satzungsmäßig vereinbarte Stimmrechtsbeschränkung möglich. Beispielsweise können bei nicht börsennotierten Gesellschaften die Stimmrechte von mehrere Aktien besitzenden Aktionären – ggf. in Abstufungen – auf bestimmte, unter ihren Grundkapitalanteilen liegende Höchstbeträge begrenzt werden.

- Die prinzipielle **Koppelung der Stimmrechte an die Anzahl gehaltener Aktien** sichert den Inhabern größerer Aktienpakete einen entsprechend höheren Einfluss auf eine Aktiengesellschaft. Wenn – wie erläutert – eine

Dreiviertelmehrheit bei wichtigen Hauptversammlungsbeschlüssen notwendig ist, dann gilt im Umkehrschluss, dass diese **ab einem Aktienanteil von 25,1%** (genauer: 25% + eine Aktie) auch verhindert werden können. Eine solche Minderheitsbeteiligung, mit der dennoch ein derart maßgeblicher Einfluss in der Hauptversammlung einer AG verbunden ist, wird als **Sperrminorität** bezeichnet.
Für die Anteilsspanne von 25,1% bis 50% ist die Kennzeichnung als Sperrminderheitsbeteiligung oder als qualifizierte Minderheitsbeteiligung üblich. Werden zwischen 50,1% und 74,9% der Anteile an einer AG gehalten, dann liegt eine einfache Mehrheitsbeteiligung vor. Ab einem Aktienanteil von 75% ist eine Dreiviertelmehrheitsbeteiligung bzw. eine qualifizierte Mehrheitsbeteiligung gegeben. Ab einer Mehrheitsbeteiligung von über 50% kann unter bestimmten Voraussetzungen eine körperschaftsteuerliche Organschaft bestehen, die dann mit einem Gewinnabführungsvertrag des nachgeordneten Unternehmens (Organgesellschaft) an das übergeordnete Unternehmen (Organträger) auf mindestens fünf Jahre verbunden ist.
Die vorgenannten Beteiligungsverhältnisse sind insbesondere dann von Bedeutung, wenn es sich bei den Anteilseignern von Aktiengesellschaften um Unternehmen handelt und somit der Tatbestand **verbundener Unternehmen** vorliegt. Hierzu werden im § 15 AktG insgesamt fünf verschiedene Erscheinungsformen voneinander abgegrenzt:

* Im Mehrheitsbesitz stehende Unternehmen und mit Mehrheit beteiligte Unternehmen (§ 16 AktG)
* Abhängige und herrschende Unternehmen (§ 17 AktG)
* Konzern und Konzernunternehmen (§ 18 AktG)
* Wechselseitig beteiligte Unternehmen (§ 19 AktG)
* Vertragsteile eines Unternehmensvertrags (§§ 291, 292 AktG).

Neben eventuell speziellen Regelungen zur Höhe der ausübbaren Stimmrechte ist für Unternehmen als Anteilseigner von Aktiengesellschaften insbesondere zu beachten, dass sie diesen ab dem Erreichen einer Anteilshöhe von mehr als einem Viertel der Aktien zu einer schriftlichen Mitteilung verpflichtet sind (§§ 20, 21 AktG). Gegenüber börsennotierten AGs besteht nach § 21 Wertpapierhandelsgesetz (WpHG) eine auf den Stimmrechtsanteil bezogene generelle Meldepflicht für alle Anteilseigner (natürliche und juristische Personen) bereits bei 5% und 10% sowie bei 25%, 50% und 75%. Werden diese Anteilsgrenzen an einer börsennotierten AG erreicht, überschritten oder unterschritten, dann ist hierzu jeweils eine Mitteilung an die betroffene Aktiengesellschaft sowie das Bundesaufsichtsamt für den Wertpapierhandel abzugeben.
Im Hinblick auf das Erlangen eines maßgeblichen Einflusses auf eine Aktiengesellschaft kann noch eine weitere Mitteilungspflicht greifen: Wird der Fall der so genannten Einpersonen-Aktiengesellschaft dadurch erreicht, dass der Besitz aller Aktien allein oder neben der Gesellschaft von einem Aktionär (natürliche oder juristische Person) erlangt wird, so ist unverzüglich eine

entsprechende Mitteilung zur Eintragung in das Handelsregister einzureichen (§ 42 AktG).

- Zur **Ausübung des** in der Satzung einer AG näher bestimmten **Stimmrechts** ist im Normalfall die Teilnahme an der Hauptversammlung erforderlich. Die für Beschlüsse dieses Organs notwendigen Mehrheiten beziehen sich auf die „abgegebenen Stimmen“ (so z.B. nach § 133 I AktG) bzw. auf das „bei der Beschlussfassung vertretene Grundkapital“ (so z.B. nach § 179 AktG). Bei börsennotierten Publikums-Aktiengesellschaften kommt häufig eine größere Anzahl von (Klein-)Aktionären nicht zur Hauptversammlung. Soweit damit das Entfallen von deren Stimmrechten bewirkt wird, kann dies dazu führen, dass teilnehmende (Groß-)Aktionäre bereits mit niedrigeren als den vorstehend aufgeführten Aktienanteilen (bspw. 25,1% für eine Sperrminorität) die entsprechenden Einflüsse ausüben können.
  An Stelle einer persönlichen Ausübung ihres Stimmrechts können Aktionäre hierzu auch dritte Personen bevollmächtigen. Hierbei sind drei Fälle zu unterscheiden:

  * Die Stimmrechtsausübung durch einen mit schriftlicher Vollmacht des Aktionärs legitimierten Bevollmächtigten (§ 134 III AktG)
  * Die Übertragung des Stimmrechts durch einen Aktionär an einen Dritten, der dieses im eigenen Namen ausüben kann (§ 129 III AktG)
  * Ausübung des Stimmrechts durch Kreditinstitute und gewerbsmäßig Handelnde (§ 135 AktG).
    Unter dieser Überschrift regelt der nach mehrfachen Änderungen mittlerweile zwölf Abschnitte umfassende § 135 AktG die Übertragung des Stimmrechts durch Aktionäre an Kreditinstitute, Aktionärsvereinigungen und geschäftsmäßig tätige Aktionärsvertreter.
    Bei diesen Stimmrechtsübertragungen handelt es sich grundsätzlich um ein Auftragsstimmrecht respektive ein Vollmachtsstimmrecht. Soweit von Aktionären die Banken mit der Wahrnehmung ihrer Stimmrechte beauftragt werden, bei welchen sie ihre Wertpapierdepots führen lassen, hat sich hierfür die Bezeichnung des **Depotstimmrechts** eingebürgert. Für diese Art der Stimmrechtsausübung sind mit den §§ 135 und 128 AktG eine ganze Reihe von Formvorschriften geschaffen worden. Damit soll sichergestellt werden, dass das Aktionärsinteresse bei der stellvertretenden Ausübung von Depotstimmrechten durch Kreditinstitute im Vordergrund steht und eine „Einflusskonzentration“ von den Großbanken auf Aktiengesellschaften durch die gebündelte Wahrnehmung solcher Stimmrechte möglichst vermieden wird. Als inhaltlich wichtige Vorschriften sind zum Depotstimmrecht insbesondere zu beachten:

    # Der Aktionär muss ein bestimmtes Kreditinstitut zur Stimmrechtsausübung bevollmächtigen. Dieses hat den Aktionär jährlich in deutlich hervorgehobener Form auf die jederzeitige Möglichkeit des Widerrufs der Vollmacht sowie auf andere Vertretungsmöglichkeiten hinzuweisen (§ 135 I und II AktG).

# Zur Stimmrechtsausübung im Namen von Aktionären einer Aktiengesellschaft hat ein Kreditinstitut diesen Abstimmungsvorschläge zu den einzelnen Tagesordnungspunkten der Hauptversammlung mitzuteilen. Bei deren Entwicklung ist von den Interessen der Aktionäre auszugehen.

# Spezielle und ausdrückliche Weisungen sind in jedem Fall erforderlich, wenn Depotstimmrechte durch Aktiengesellschaften im Bankenbereich in deren eigener Hauptversammlung ausgeübt werden sollen. Gleiches gilt, wenn es sich um die Hauptversammlung eines mit einem Kreditinstitut verbundenen Unternehmens (mehr als 5% unmittelbar oder über eine andere Mehrheitsbeteiligung mittelbar beteiligt) handelt und die Depotbank hier auch die eigenen Stimmrechte ausübt (§ 135 I AktG).

- Bei der gegenüber den beiden anderen Organen einer Aktiengesellschaft – Vorstand und Aufsichtsrat – insgesamt großen Regelungsbreite des AktG zur **Hauptversammlung** wird deren **Einberufung** (§§ 121-128 AktG) und **Durchführung** (§§ 129-132 AktG) durch zwei eigenständige Unterabschnitte geregelt. Als wesentliche Punkte lassen sich hierzu festhalten:

* Die Einberufung der Hauptversammlung erfolgt durch den Vorstand einer Aktiengesellschaft (§ 121 II AktG). Bei „kritischen Unternehmenssituationen" kann dies auch durch den Aufsichtsrat geschehen (§ 111 III AktG). Und schließlich können Aktionäre mit einem zusammengenommenen Grundkapitalanteil von 5% die Einberufung der Hauptversammlung verlangen und ggf. gerichtlich durchsetzen (§ 122 AktG).
* Die alljährlich in den ersten acht Monaten des Geschäftsjahrs (§ 120 I AktG) durchzuführende Hauptversammlung ist mindestens einen Monat vor dem Versammlungstag einzuberufen. Dies hat durch eine Bekanntmachung in den Gesellschaftsblättern (elektronischer Bundesanzeiger, ggf. auch andere Presse- oder elektronische Informationsmedien; § 25 AktG) einer AG zu geschehen. Dabei müssen auch die Tagesordnung sowie Beschlussempfehlungen des Vorstands und des Aufsichtsrats zu vorgesehenen Abstimmungen enthalten sein (§§ 123 und 124 AktG).
* Außer über diesen Einladungsweg sind sämtliche Mitteilungen zur Hauptversammlung auch über diejenigen Organisationen an die Aktionäre zu richten, die in der letzten Hauptversammlung Depotstimmrechte wahrgenommen haben (§ 125 i.V. mit § 128 I AktG).
* Über die Teilnahme an der Hauptversammlung ist ein Verzeichnis der erschienenen oder vertretenen Aktionäre und deren Bevollmächtigte (Name, Wohnort, Aktienhöhe und -gattung) aufzustellen (§129 AktG).
* Zum Verlauf der Hauptversammlung gilt eine strenge Protokollierungserfordernis: Alle Beschlüsse sind durch eine notariell aufgenommene Niederschrift der Verhandlung zu beurkunden (§ 130 AktG).

* Für kleinere Aktiengesellschaften mit überschaubarem Gesellschafterkreis sind folgende Erleichterungen zur Einberufung und Durchführung der Hauptversammlung möglich:

  # Sind alle Aktionäre einer Gesellschaft namentlich bekannt, dann kann die Einberufung der Hauptversammlung anstatt durch eine Bekanntmachung im Bundesanzeiger und ggf. weiteren Publikationsorganen mit eingeschriebenem Brief erfolgen (§ 121 IV und § 124 I AktG).
  # Bei Teilnahme aller Aktionäre einer AG an deren Hauptversammlung (persönlich oder durch Vertreter) können in einer solchen „Vollversammlung" Beschlüsse auch bei Nichteinhaltung der üblichen Erfordernisse zur Einberufung und zur Festlegung der Tagesordnung gefasst werden (§ 121 VI AktG).
  # Für nicht börsennotierte Gesellschaften braucht keine notariell beurkundete Niederschrift der Hauptversammlung zu erfolgen. Bei diesen AGs reicht ein vom Vorsitzenden des Aufsichtsrats unterzeichnetes Protokoll aus, soweit für die Beschlüsse keine Dreiviertel- oder größere Mehrheiten notwendig sind (§ 130 I AktG).

* Im Rahmen der Vorschriften zur Durchführung der Hauptversammlung regelt das AktG mit dem **Auskunftsrecht** eine neben dem Stimmrecht weitere wichtige Befugnis der Anteilseigner einer Aktiengesellschaft. Unabhängig von der Höhe seiner Anteile kann danach jeder Aktionär in der Hauptversammlung vom Vorstand nähere Auskünfte über Angelegenheiten der Gesellschaft fordern, soweit diese zu einer sachgemäßen Beurteilung der einzelnen Tagesordnungspunkte notwendig sind (§ 131 AktG).
  Damit ist ein sehr weiter Auskunftsrahmen abgesteckt; gerade zu den wichtigen Beschlüssen über die Entlastung von Vorstand und Aufsichtsrat sind so auch detaillierte Fragen zur Führung und Überwachung der Gesellschaft gerechtfertigt.
  In einigen, namentlich im Gesetz aufgeführten Fällen darf der Vorstand eine Auskunft verweigern (§ 131 III AktG). Dies ist etwa der Fall bei zu erwartenden Nachteilen für die Gesellschaft, wenn es also beispielsweise um so genannte „Betriebsgeheimnisse" geht. Greift kein solcher Ausnahmetatbestand, dann hat die Auskunft umfangreich und begründet nach den Grundsätzen einer „gewissenhaften und getreuen Rechenschaft" zu erfolgen (§ 131 II AktG).
  Wird eine Auskunft abgelehnt, so kann über deren Zulässigkeit gerichtlich entschieden werden (§ 132 AktG). Gegen Hauptversammlungsbeschlüsse, die im Zusammenhang mit unrechtmäßig verweigerten Auskünften stehen, kann eine Anfechtungsklage auf Feststellung der Nichtigkeit erhoben werden (§ 243 IV AktG).

Die vorangegangenen – mit der schematischen Darstellung in Abbildung C-II-13 eingeleiteten – Erläuterungen zu den Organen einer Aktiengesellschaft zeigen eine insgesamt **ausgewogene Verteilung der Leitungsbefugnisse**: Der Vorstand einer AG kann die Gesellschaft unter der Kontrolle des Aufsichtsrats eigenverantwortlich führen, während diese beiden Organe die Mitverwaltungsrechte der Hauptversammlung zu beachten haben. Die als juristische Person mitgliederunabhängig verfasste AG kann so zum Ersten ihre Funktion als **„Sammelstelle für Kapitalbeteiligungen von Anlegern"** wahrnehmen. Zum Zweiten ist durch die im Überblick geschilderte körperschaftliche Verfassung eine **effiziente und effektive Führung** ihrer Geschäfte möglich. Und zum Dritten sorgen der Grundsatz der „Satzungsstrenge" sowie die im Zeitablauf differenzierter gefassten aktienrechtlichen Vorschriften für einen weitgehenden **Anleger- und Gläubigerschutz**. Als Gesamtbewertung des Rechtsform-Kriteriums der Leitungsbefugnisse bei einer Aktiengesellschaft haben wir im Rechtsform-Profil C-II-12 ein ( + ) eingetragen.

**Gewinn- und Verlustbeteiligung**

Bei dem zuletzt behandelten Rechtsform-Kriterium der Leitungsbefugnisse bildeten die in der Hauptversammlung einer Aktiengesellschaft auszuübenden Mitwirkungsrechte der Aktionäre einen Teil der Darstellungen. Aus den Vermögensrechten als der zweiten Hauptkategorie von Aktionärsrechten können jetzt die Ausprägungen zum Rechtsform-Kriterium der Gewinn- und Verlustbeteiligung bei der AG entwickelt werden.

- Die **Vermögensrechte der Aktionäre** bestehen im Wesentlichen aus folgenden Ansprüchen:
  - Anspruch auf einen Anteil am Bilanzgewinn (§§ 58 IV und 60 AktG). Hierfür hat sich der – im AktG nicht verwendete – Begriff der Dividende (vom lateinischen „dividenda" für „die zu teilende [Summe]) eingebürgert.
  - Anspruch auf einen Anteil des im Falle der Auflösung erzielten Liquidationserlöses (§ 271 AktG).
  - Bezugsrecht für neue Aktien bei Vornahme einer Kapitalerhöhung (§ 186 AktG). Hierauf kommen wir beim Rechtsform-Kriterium der Eigenkapital-Beschaffung zurück.

  Demnach erhalten die Aktionäre einer AG auf der Basis des **Ausschüttungsbeschlusses der Hauptversammlung** entsprechend ihrer Kapitalbeteiligung Anteile an der in der Rechnungsperiode insgesamt ausgeschütteten Dividende. Bei der Gesellschaftsauflösung steht ihnen das verbleibende Vermögen zu, und sie haben Ansprüche auf den Bezug neu ausgegebener Aktien. Eine Beteiligung der Aktionäre an den Verlusten einzelner Abrechnungsperioden ist nicht vorgesehen. Aktionäre können also nicht für den Ausgleich erlittener Verluste der Aktiengesellschaft als eigenständiger Rechtspersönlichkeit in Anspruch genommen werden. Gleichwohl tragen sie allerdings das **finanzielle Risiko**, dass im Verlustfall keine Dividende gezahlt wird. In entsprechender Weise ist es möglich, dass bei der Gesellschaftsauflösung oder einem – sanierungsbedingten – Unternehmensverkauf der Wert des Unternehmens praktisch Null ist. Damit würde ihr Kapitalanteil nicht die erhoffte Rendite bringen bzw. gänzlich wertlos geworden sein.

- Das Verhältnis des **Dividendenanspruchs** zu den beiden anderen Vermögensrechten, dem Recht am Liquidationserlös und dem Aktienbezugsrecht, lässt sich vom Grundsatz her als Wirkungskonkurrenz aufzeigen:

  - Wenn – wie häufig von Seiten der **Kleinaktionäre** – regelmäßig hohe Dividenden und damit eine weitgehende **Ausschüttung erzielter Gewinne** gefordert werden, dann verkleinert dies den Spielraum einer Kapitalgesellschaft, über einbehaltene Gewinne ihr weiteres Unternehmenswachstum selbst zu finanzieren. In Abhängigkeit von wachsenden Markt- und starken Konkurrenzsituationen können zu hohe Ausschüttungen den Fortbestand einer Kapitalgesellschaft insgesamt in Frage stellen.
  - Die auf den Dividendenanspruch der Aktionäre bezogene – und vom Prinzip her eher von **Großaktionären** und **institutionellen Anlegern** eingenommene – Gegenposition, einen großen Teil der realisierten Gewinne dem betrieblichen Eigenkapital zuzuführen und die **Ausschüttungen möglichst gering zu halten**, ist in dieser einseitigen Form ebenfalls überwiegend kontraproduktiv.
  - Hieraus ist als Schlussfolgerung die **Verfolgung einer ausgewogenen Dividendenpolitik** abzuleiten. Hierbei sind erzielte Gewinne zu einem Teil auszuschütten, während der andere Teil zur Stärkung der Eigenkapital-Basis verwendet wird. Die damit über die Zeit verfolgte Beziehung ist leicht nachzuvollziehen: Eine solide finanzielle Basis ist die wesentliche Voraussetzung für einen erfolgreichen Marktauftritt, und mit deren Sicherstellung ist eine nachhaltige Erfüllung der Ansprüche der Anteilseigner – wie auch der Interessen der weiteren Unternehmensträger-Gruppen – am ehesten möglich.

    Die in C.I.2.a. kurz vorgestellte Steuerungsphilosophie des Shareholder Value (SV) ist auf das Entstehen einer über der Verzinsung des Gesamtkapitals liegenden Rendite, den Übergewinn, ausgerichtet. Mit dem perspektivischen Grundansatz dieses Konzepts ist es möglich, die widerstreitenden Grundorientierungen einer kurzfristigen Ausschüttungs- und einer längerfristigen Thesaurierungspolitik gegeneinander auszubalancieren. Dabei ermittelt sich die Steigerung des Shareholder Value – über mehrere Abrechnungsperioden gesehen – aus Sicht der Aktionäre als Summe aus Kursgewinnen, Dividenden und Bezugsrechten.

- Im Hinblick auf die zur Gewinnbeteiligung der Aktionäre im AktG und im HGB niedergelegten Rahmenvorschriften und die dabei bestehenden Gestaltungsspielräume ist auf **drei Problemkreise** einzugehen: Auf Bewertungsspielräume bei der Ermittlung des Bilanzgewinns, auf die Feststellung des Jahresabschlusses durch Vorstand und Aufsichtsrat und schließlich auf den Gewinnverwendungsbeschluss der Hauptversammlung.

  - Die Feststellung des Jahresabschlusses steht der Hauptversammlung nur ausnahmsweise zu, und zwar wenn Vorstand und Aufsichtsrat dies beschließen oder der Aufsichtsrat den Jahresabschluss nicht gebilligt hat (§§ 172 und 173 AktG). **Hauptversammlungsbeschlüsse zur Gewinnverwen-**

**dung** einer AG sind an den von Vorstand und Aufsichtsrat festgestellten Jahresabschluss gebunden (§ 119 I Nr. 2 i.V. mit § 174 AktG) und erfolgen auf der Basis eines Verwendungsvorschlages des Vorstandes. Dabei werden folgende Positionen unterschieden (§ 170 II AktG):

* Verteilung an die Aktionäre
* Einstellung in Gewinnrücklagen
* Gewinnvortrag
* Bilanzgewinn
  = Jahresüberschuss (nach Unternehmenssteuern) mit Veränderungen durch Ergebnisvortrag und Rücklageentnahmen [= Summe der vorhergehenden Posten].

Soweit der Vorstand im Hinblick auf die Gewinnrücklagen den gesetzlichen oder satzungsmäßigen Bestimmungen folgt und dabei innerhalb seiner Entscheidungsspanne bleibt, hat die Hauptversammlung außerdem die Möglichkeit, aus der „Verfügungsmasse" noch weitergehende Einstellungen in die Gewinnrücklagen oder den Gewinnvortrag vorzunehmen (§ 58 III AktG).

- Bei dem Gewinnverwendungsvorschlag sind insbesondere zu den Gewinnrücklagen eine Reihe aktienrechtlicher Vorschriften zu beachten. Dabei ist zunächst die Aufteilung dieser Eigenkapitalposition von Bedeutung. Nach dem Bilanzgliederungsschema des § 266 HGB sind bei großen und mittelgroßen Kapitalgesellschaften als **Gewinnrücklagen** gesondert auszuweisen:

* Gesetzliche Rücklage
* Rücklage für eigene Anteile
* Satzungsmäßige Rücklagen sowie
* Andere, so genannte „freie" Gewinnrücklagen.

Mit der in § 150 AktG festgelegten Verpflichtung zur Bildung der **gesetzlichen Rücklage** werden Aktiengesellschaften von Gesetzes wegen zur Vorsorge im Hinblick auf kommende Verlustrisiken angehalten. Zusammen mit der Kapitalrücklage (§ 272 II HGB) soll dieses mit einer Ausschüttungssperre belegte „Verlustauffangreservoir" eine Höhe von 10% des Grundkapitals annehmen. Bis zum Erreichen dieser Größenordnung müssen jährlich 5% des Jahresüberschusses – ggf. vermindert um den gesondert ausgewiesenen Verlustvortrag aus der Vorperiode – in die gesetzliche Rücklage eingestellt werden.
Die aus dem Jahresüberschuss oder den freien Rücklagen vorzunehmende Bildung einer **Rücklage für eigene Anteile** ist dann notwendig, wenn eine Gesellschaft eigene Aktien erwirbt. In diesem, nach § 71 AktG nur in engen Grenzen zulässigen Fall ist aufgrund § 272 IV HGB zu dem Vermögensansatz der eigenen Anteile auf der Aktivseite der Bilanz ein wertmäßig gleicher Ausgleichsposten auf der Passivseite zu bilden. Die mit einem unter Umständen hohen Kursrisiko behafteten aktivierten eigenen Anteile werden auf diese Weise direkt mit einer entsprechenden Kapitalposition verknüpft;

die eingestellten Beträge stehen damit aber ebenfalls für Ausschüttungen nicht mehr zur Verfügung.
In der Satzung einer AG kann zum einen für die Summe aus Kapitalrücklage und gesetzlicher Rücklage ein über 10% liegender Grundkapitalanteil verordnet werden (§ 150 II AktG). Zum anderen kann hier auch die Festlegung weiterer Vorschriften zur – ggf. an bestimmte Zwecke gebundenen – Bildung und Auflösung von **satzungsmäßigen Rücklagen** erfolgen. Hiermit liegt dann für weitere Jahresgewinn-Anteile eine beschlossene Gewinnverwendung vor.
Die Frage nach einer Ausschüttung stellt sich also erst nach der Dotierung der gesetzlich oder satzungsmäßig erforderlichen Rücklagen aus dem Jahresüberschuss. Die Regelungen zur Bildung **freier/ anderer Gewinnrücklagen** finden sich im § 58 AktG. Dort ist bestimmt, dass bei der Feststellung des Jahresabschlusses – durch Vorstand und Aufsichtsrat – maximal 50% des noch verfügbaren Jahresüberschusses (also z.B. nach Einstellung in die gesetzliche Rücklage) den anderen Gewinnrücklagen zugeführt werden dürfen. Satzungsmäßig kann ein hiervon abweichender Höchstanteil festgelegt sein.
Geht man von der Einstellungsnotwendigkeit in die gesetzliche Rücklage sowie einer vollen Ausnutzung des gegebenen Spielraums für die freien Rücklagen aus, so stehen damit bereits in diesem Standardfall zur Ausschüttung lediglich noch 47,5% des Jahresüberschusses (50% von [100% Jahresüberschuss - 5% gesetzliche Rücklage]) zur Verfügung. Ein solcher, den aktienrechtlichen Bestimmungen folgender Gewinnverwendungsvorschlag kann durch die Aktionäre nicht zu ihren Gunsten verändert werden. Der Hauptversammlung steht lediglich die schon erläuterte Möglichkeit zu, bezogen auf die andere Hälfte (47,5%) noch weitergehende Thesaurierungen vorzunehmen, statt diesen gesamten Betrag auszuschütten.
Der an die Aktionäre auszuschüttende Gesamtbetrag wird auf die Gesamtsumme an Aktien bezogen, so dass sich die Dividende in Geldeinheiten pro Aktie ergibt. 1,50 EUR betrug beispielsweise der Gewinnanteil, den die DAIMLERCHRYSLER AG ihren Aktionären für das Geschäftsjahr 2005 – wie bereits im vorausgehenden Jahr – als Dividende je Aktie gezahlt hat. Der Kurs betrug in 2005 zwischen 29,78 und 45,92 EUR.
Die für das abgelaufene Geschäftsjahr gezahlte Dividende ist die beim Rechtsform-Kriterium der Gewinn(- und Verlust)beteiligung bei Aktiengesellschaften berücksichtigte absolut gemessene Bezugsgröße. Als Kennzahlen – und damit auch als branchenbezogen zu verwendende Vergleichsgrößen – zur **Rentabilität einer Aktienbeteiligung** sind prinzipiell gebräuchlich (alle Beziehungsgrößen als Prozentwerte mit 100 zu multiplizieren):

* Wird die ausgezahlte Dividende pro Aktie auf den aktuellen Börsenkurs bezogen, dann ergibt sich die so genannte **Dividendenrendite** (Dividende / Aktienkurs). Über dieses Verhältnis von Dividende für das Vorjahr und aktuellen Börsenkurs ermittelt sich die am Tageswert einer Aktie gemessene Verzinsung.

  * Wenn – wie dargestellt – Teile des Gewinns im Unternehmen verbleiben, dann lässt sich über die Relation von Dividende zu Gewinn die **Ausschüttungsquote** (Dividende / Gewinn; insgesamt oder pro Aktie) ermitteln. Diese gibt den Anteil der Ausschüttungen am Jahresüberschuss an.
  * Die Kombination der vorstehend enthaltenen Bezugsgrößen liefert als Verhältnis von Aktienkurs und Jahresgewinn das **Kurs/ Gewinn-Verhältnis** (Aktienkurs / Gewinn pro Aktie). Über diesen abgekürzt als KGV bezeichneten Kennwert drückt sich aus, mit welchem Vielfachen ihres Ergebnisses eine Aktie derzeit am Markt bewertet wird.

- Bei dem hier behandelten Rechtsform-Kriterium „Gewinn- und Verlustbeteiligung“ steht die Gewinnverwendung/ -verteilung im Vordergrund. Dabei ist nicht nur die Frage von Bedeutung, ob eine Thesaurierung oder Ausschüttung vorgenommen wird. Vielmehr ist ebenfalls relevant, wie die **Gewinnermittlung** als Grundlage für Verteilungsentscheidungen erfolgt. Damit sind die Gestaltungsspielräume anzusprechen, welche bereits bei der Aufstellung des Jahresabschlusses im Rahmen des betrieblichen Rechnungswesens und damit vor dessen Feststellung durch den Vorstand/ Aufsichtsrat oder die Hauptversammlung gegeben sind.
  Die Finanzbuchhaltung eines Unternehmens ist – vereinfacht ausgedrückt – kein Rechenwerk, das automatisch zu einem einzigen Ergebnis kommt. Hier bestehen Bewertungsspielräume im gesetzlich fixierten Rahmen, die ein Unternehmen nutzen kann. Wichtig ist nur, dass das Ergebnis auf der Basis von Fakten und Argumenten im Erfolgsausweis und in der Bilanz intersubjektiv nachprüfbar ist. In der Bilanz eines Unternehmens werden – entsprechend dem lateinischen Wortstamm „bilanx“ mit der Bedeutung von „zwei (Waag-)schalen“ – Vermögen und Kapital gegenübergestellt. Die Ausnutzung der zulässigen Bewertungsspielräume, vorwiegend auf der Vermögensseite, hat dann Einfluss auf die Höhe des ausgewiesenen Jahresergebnisses, also eines Überschusses oder eines Verlustes.
  Dieser Gestaltungsspielraum kann am **Beispiel unterschiedlicher Wertansätze** des Anlagevermögens näher verdeutlicht werden (hierzu Abb. C-II-15). Dabei ist hier nicht das Ziel, das Gesamtspektrum aller allgemeinen und rechtsformbezogenen Vorschriften zur handelsrechtlichen Bewertung von Anlagegütern oder Vermögensgegenständen aufzuzeigen. Die vereinfachte Darstellung der folgenden Übersicht soll vielmehr den Grundzusammenhang zwischen Wertansatz und Bilanzauswirkung verdeutlichen.
  Das **Anlagevermögen** stellt eine der beiden Vermögensarten einer Bilanz dar. Hierzu gehören nach § 247 II HGB alle Anlagegüter oder Vermögensgegenstände, die dazu bestimmt sind, dem Geschäftsbetrieb eines Unternehmens auf Dauer zu dienen (also bspw. Grundstücke, Gebäude oder Maschinen). Wir erläutern die prinzipiellen Auswirkungen differierender Wertansätze in erster Linie für das Anlagevermögen, obwohl auch beim **Umlaufvermögen** (im Geschäftsbetrieb „umlaufende“ Vermögenswerte ohne dauerhafte Zweckbestimmung für den Leistungserstellungsprozess; also

bspw. Rohstoffe, Vor-/ Fertigprodukte oder Geldmittel), trotz strengerer Bewertungsvorschriften ein Bewertungsspielraum besteht.
Die zentrale Vorschrift zu den Wertansätzen der Vermögensgegenstände – wie auch der Schulden und damit dem Fremdkapital – ist der § 253 HGB:

* Für die einzelnen Vermögensgegenstände sind hier zunächst die Anschaffungs- oder Herstellkosten als Bewertungsobergrenze festgelegt.
* Weiter wird für Güter des Anlagevermögens mit zeitlich begrenzter Nutzung bestimmt, dass die „ursprünglichen" Wertansätze um planmäßige Abschreibungen zu vermindern sind (zu den verschiedenen Abschreibungsverfahren siehe F.IV.5.).
* Hiermit kommt es im Ergebnis zu einer Verteilung der Anschaffungs-/ Herstellkosten auf die voraussichtliche Nutzungsdauer, also zu einer Aufwandsverteilung.
* Nach Abzug der jeweiligen Abschreibungsbeträge ergibt sich dann jährlich als Grundlage für den Bilanzansatz ein Wert „fortgeführter" Anschaffungs- oder Herstellkosten.

Als Vergleichsgröße für die einzelnen Positionen des Anlagevermögens ist dabei zusätzlich deren **Wert zum Bilanzstichtag** heranzuziehen:

* Dieser im HGB „beizulegende Wert" genannte Ansatz wird im Gesetz nicht näher konkretisiert.
* Er hat sich von daher an den Marktverhältnissen für ein bestimmtes Wirtschaftsgut zu orientieren. Die Spanne für diesen „Zeit- bzw. Tageswert" wird damit von einem – „fortgeführten" – Wiederbeschaffungswert (obere Grenze) bis zum Einzelveräußerungspreis (untere Grenze) reichen. Bei der Ermittlung des „beizulegenden Wertes" geht es also um die Feststellung des Verkehrswertes als aktuell gültigem Wert eines Gutes.
* Das Anschaffungskostenprinzip darf hierbei allerdings nicht verletzt werden. Aus zwischenzeitlich höheren Wiederbeschaffungswerten können Bilanzansätze nicht direkt abgeleitet werden, diese sind lediglich zur Überprüfung der bisherigen Abschreibungspläne heranzuziehen.

Bei einem Unterschied zwischen dem Wert der „fortgeführten" Anschaffungs- oder Herstellkosten und dem „beizulegenden" Stichtagswert ergeben sich für die **Bewertung des Anlagevermögens** folgende Konsequenzen:

* Liegt der **Stichtagswert unter** dem einschließlich der geplanten Abschreibungen erreichten **Buchwert**, dann ist für dessen weitere Korrektur die erwartete Dauer der festgestellten Wertminderung maßgebend (§ 253 II HGB):

  # Ist von einer vorübergehenden Wertminderung auszugehen, dann kann der Bilanzansatz eines Anlagegutes über die Vornahme einer außerplanmäßigen Abschreibung auf den geringeren Stichtagswert

gebracht werden. Damit ist dann auch der Abschreibungsplan für die Folgejahre zu verändern.

# Ist dagegen die Wertminderung voraussichtlich von Dauer, dann muss der Bilanzansatz mit dem niedrigeren „beizulegenden Wert“ erfolgen und die damit verbundene Sonderabschreibung (einschließlich der Änderung des Abschreibungsplans in der Folgezeit) vorgenommen werden.

# Mit den beiden Alternativen wird ein grundlegendes Bewertungsprinzip umschrieben; bezogen auf das bei vorübergehenden Wertminderungen gegebene Wahlrecht wird dieses für das **Anlagevermögen** als **gemildertes Niederstwertprinzip** bezeichnet.
Beim **Umlaufvermögen** ist der dargestellte Ermessensspielraum nicht gegeben. Wegen der größeren „Geldnähe“ (siehe hierzu D.I.3. und F.IV.5.) dieser Gütergruppe hat bei einem niedrigeren Vergleichswert der Bilanzansatz immer auf dessen Grundlage zu erfolgen (§ 253 III HGB). Damit gilt hier das **strenge Niederstwertprinzip**. Als Vergleichswerte sind bei Gütern des Umlaufvermögens deren Börsen- oder Marktpreise am Abschlussstichtag heranzuziehen. Wenn solche Tageswerte nicht festzustellen sind, dann ist für die betreffenden Güter – wie beim Anlagevermögen – ein „beizulegender Wert“ zu ermitteln.

# In der vereinfachten schematischen Skizzierung beider Bilanzseiten in Abbildung C-II-15 werden die Auswirkungen unterschiedlich hoher Vermögensansätze deutlich. Wird bei der Bewertung des Anlagevermögens der (fakultativ) mögliche niedrigere Wertausweis gewählt, dann führt dies zu der unter a) dargestellten **Bilanzverkürzung**: Durch geringere Wertansätze **(2)** vermindert sich das Anlagevermögen und damit „schrumpft“ die gesamte Aktivseite **(3)** einer Bilanz um diesen, zur Verdeutlichung an deren Ende gerückten Betrag. Wegen der grundsätzlichen Bilanzsummengleichheit (Vermögen = Kapital) kommt es damit in gleicher Höhe zu einer Reduktion der Passivseite **(3)**; der „Ausgangsgewinn“ **(1)** verringert sich durch die Bewertungsanpassungen **(4)**.
In direktem Zusammenhang mit den Wertansätzen von Vermögenspositionen – und auch von Verbindlichkeiten – steht die **Problematik stiller Reserven**. Neben der einleitend bei der Gewinnermittlung angesprochenen Schwierigkeit einer „exakten“ Rechnungslegung führen gegebene Bewertungsspielräume zu einer zusätzlichen Erhöhung der Schwankungsbreite bei den Wertansätzen. Wenn beispielsweise als Bilanzansatz eines Anlagegutes der niedrigere Stichtagswert gewählt wurde, die Wertminderung aber tatsächlich nur vorübergehend war, so ist dessen Wert in der Folge also höher als sein Bilanzausweis. Die durch eine außerplanmäßige Abschreibung bewirkte Herabsetzung des Wertansatzes hat im Ergebnis dann zur Bildung einer stillen Reserve geführt. „Still“ heißen diese Reserven, da sie – anders als die

bei Kapitalgesellschaften vorgeschriebenen Kapital- und Gewinnrücklagen – nicht aus der Bilanz ersichtlich sind.

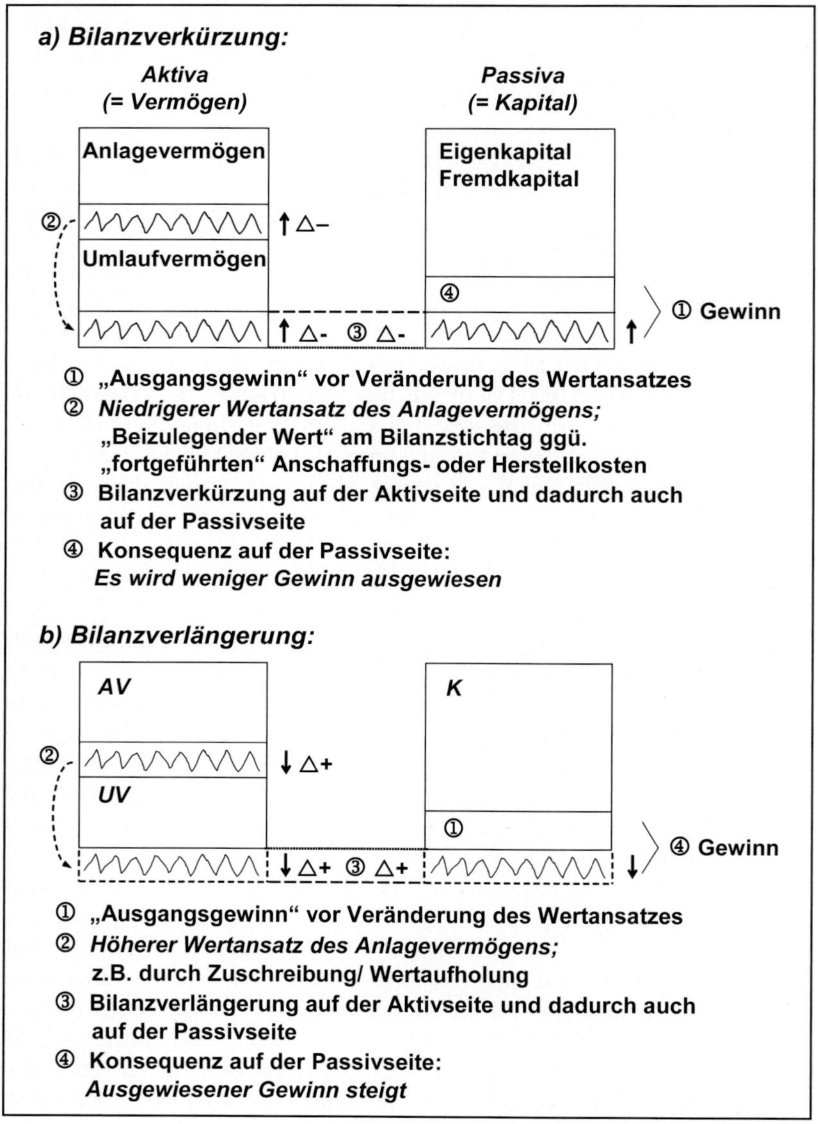


**Abb. C-II-15:** Bilanzielle Auswirkungen unterschiedlicher Wertansätze des Anlagevermögens

* Ist der **„beizulegende Wert" höher als der Bilanzansatz**, der aus dem aktuellen Abschreibungsplan als Wertansatz resultiert, dann kann eine Zuschreibung, also eine Wertaufholung auf den Stichtagswert, vorgenommen werden:

  # Voraussetzung hierzu ist, dass in vorhergehenden Perioden außerplanmäßige Abschreibungen vorgenommen wurden und die hierfür maßgeblichen Gründe nicht mehr vorliegen.

  # Damit können Wertaufholungen lediglich der Korrektur zuvor erfolgter außerplanmäßiger Abschreibungen dienen. Die ursprünglichen Anschaffungs-/ Herstellkosten, vermindert um planmäßige Abschreibungen, bilden auch hier wieder die Bewertungsobergrenze.

  # Vom Grundsatz her besteht bei steigenden Stichtagswerten ein Wahlrecht, die niedrigeren Wertansätze beizubehalten – und damit stille Reserven zu bilden – oder Wertaufholungen vorzunehmen (§ 253 V HGB). Auf die speziellen Vorschriften für Kapitalgesellschaften gehen wir noch gesondert ein.

  # Wie im unteren Teil der Abbildung C-II-15 verdeutlicht, führen Zuschreibungen bei den Wertansätzen des Anlagevermögens zu einer **Bilanzverlängerung**: Die höheren Bilanzausweise **(3)** lassen die gesamte Vermögensseite **(2)** wachsen. Dies führt zu einer Ausweitung der Kapitalseite in gleicher Höhe **(3)**, und an Stelle des „Ausgangsgewinns" **(1)** wird der höhere Gewinn **(4)** ausgewiesen.

* Nach den bislang zur Vornahme von außerplanmäßigen Ab- oder Zuschreibungen dargestellten wesentlichen Referenzwerten („beizulegender Wert" oder Börsen- bzw. Marktpreis) sind noch zwei weitere mögliche Vergleichswerte zu erwähnen: So kann im Umlaufvermögen auch auf einen „nahen Zukunftswert" abgeschrieben werden (§ 253 III Satz 3 HGB). Und für das Anlage- und Umlaufvermögen wird mit der Zulässigkeit von Abschreibungen auf einen im Rahmen einer vernünftigen kaufmännischen Beurteilung ermittelten Wertansatz schließlich noch eine zusätzliche Vergleichsgröße eingeführt (§ 253 IV HGB). Außerplanmäßige Abschreibungen auf dieser Basis werden in aller Regel zur Korrektur überhöhter Bilanzansätze vorgenommen.

Die bisherigen Ausführungen zu unterschiedlichen Wertansätzen und ihrer Auswirkung auf den Gewinnausweis waren auf den handelsrechtlichen Jahresabschluss und die dabei zu erstellende **Handelsbilanz** bezogen. Diese bildet nach § 5 I EStG die maßgebliche Grundlage für die **Steuerbilanz**. Stille Reserven insbesondere im Anlagevermögen können entstehen, wenn beispielsweise aufgrund steuerlicher Vorgaben erhöht abgeschrieben werden kann und diese Werte sodann auch in die Handelsbilanz übernommen werden dürfen (so genannte „umgekehrte Maßgeblichkeit", § 254 HGB).

Das Ziel dieser differenzierten Regelungen zur Bewertung des Anlage- und Umlaufvermögens als Grundlage für die Gewinnermittlung und der Regelungen zur Rücklagenbildung als Basis für die Gewinnverwendung/ -ausschüttung ist ein ausreichender Anleger- und Gläubigerschutz. Damit ist für das Rechtsform-Kriterium der Gewinn(- und Verlust)beteiligung bei der Aktiengesellschaft eine große Nähe zu der in C.II.1.d. mit „Anrecht auf Gewinn/ Begrenzung bei Verlust" formulierten „Idealausprägung" gegeben; und so ist als Bewertung hierzu im Rechtsform-Profil C-II-12 ein ( + ) eingetragen.

**Publizitätspflicht**

Der beim vorstehenden Resümee erneut deutlich gewordene Grundgedanke des Anleger- und Gläubigerschutzes schlägt sich für Aktiengesellschaften auch beim Rechtsform-Kriterium der Publizitätspflicht deutlich nieder. Diese hat gegenüber Einzelunternehmen und Personengesellschaften einen generell größeren Umfang, wobei innerhalb der Kapitalgesellschaften noch **größenabhängige Differenzierungen** zu beachten sind:

- Die Basisanforderung, die an alle Handelsgesellschaften und Einzelfirmen gestellt wird, nämlich rechtserhebliche Tatsachen zur **Eintragung in das Handelsregister** anzumelden, gilt auch für alle Aktiengesellschaften. Wegen des für die Entstehung einer AG wichtigen Zeitpunktes der Handelsregistereintragung sind wir hierauf schon im Rahmen des Überblicks zum Gründungsprozess von Aktiengesellschaften eingegangen.
- Die eigentliche Publizitätsverpflichtung von Aktiengesellschaften erstreckt sich auf die **Offenlegung des Jahresabschlusses** (siehe hierzu bereits C.I.2.a.). Dabei ist in diesem Zusammenhang zunächst kurz auf „vorgelagerte" **Rechnungslegungs- und Prüfungsvorschriften** einzugehen. Den gesetzlichen Rahmen für die hiermit zum Publizitätskriterium insgesamt unterschiedenen drei Regelungsbereiche (Rechnungslegung, Prüfung, Offenlegung) bildet seit dem Bilanzrichtlinien-Gesetz (BiRiLiG) von 1985 das **Dritte HGB-Buch** (Handelsbücher; §§ 238-342e HGB). Soweit hier für Kapitalgesellschaften – sowie für Personenhandelsgesellschaften ohne persönlich haftende Gesellschafter – größenabhängige Unterscheidungen getroffen werden, sind diese in § 267 HGB geregelt. Nach den hierzu durch das Bilanzrechtsreformgesetz (BilReG) von 2004 bewirkten Änderungen gilt die nachfolgend wiedergegebene Einteilung:

  - Kleine Kapitalgesellschaften:

    | | | |
    |---|---|---|
    | Bilanzsumme: | bis | 4,015 Mio. EUR |
    | Umsatzerlöse: | bis | 8,030 Mio. EUR |
    | Arbeitnehmer: | im ∅ | 50 |

  - Mittelgroße Kapitalgesellschaften:

    | | | |
    |---|---|---|
    | Bilanzsumme: | bis | 16,06 Mio. EUR |
    | Umsatzerlöse: | bis | 32,12 Mio. EUR |
    | Arbeitnehmer: | im ∅ | 250 |

  - Große Kapitalgesellschaften:

    | | | |
    |---|---|---|
    | Bilanzsumme: | über | 16,06 Mio. EUR |
    | Umsatzerlöse: | über | 32,12 Mio. EUR |
    | Arbeitnehmer: | über | 250 (im ∅) |

Die Zuordnung zu einer Größenklasse setzt die **Erfüllung von mindestens zwei der genannten drei Merkmale** voraus. Bei neu gegründeten oder umgewandelten Gesellschaften ist hierzu der erste Abschlussstichtag maßgeblich. Eine Veränderung der Einordnung setzt die Über- oder Unterschreitung mindestens zweier Gruppenmerkmale während zwei aufeinander folgenden Geschäftsjahren voraus.
In Abweichung von der vorgestellten Einteilung in Größenklassen gelten Gesellschaften, deren Wertpapiere an der Börse organisiert gehandelt werden oder die hierzu eine Börsenzulassung beantragt haben (Amtlicher Markt, Geregelter Markt – nicht Freiverkehr oder außerbörslicher „Telefonverkehr"), stets als große Kapitalgesellschaften.

- Im Bereich der Rechnungslegung geht es zum einen um formale Vorschriften zur Aufstellung des Jahresabschlusses und zu dessen Bestandteilen. Zum anderen gehören hierzu die beim vorhergehenden Rechtsform-Kriterium behandelten Bewertungsvorschriften. Zu den **formalen Bestimmungen zum Jahresabschluss** lässt sich folgender Überblick geben:

  - In den für alle Kaufleute geltenden Vorschriften zu den Handelsbüchern (Erster Abschnitt des dritten HGB-Buches; §§ 238-263 HGB) ist im § 242 HGB bestimmt, dass für das Ende jeden Geschäftsjahres eine **Bilanz** (Gegenüberstellung von Vermögen und Schulden) sowie eine **Gewinn- und Verlustrechnung** (GuV; Gegenüberstellung von Aufwendungen und Erträgen) aufzustellen sind. Diese beiden Elemente werden zusammen mit dem Anhang als Jahresabschluss bezeichnet.
    Im Rahmen der ergänzenden Vorschriften für Kapitalgesellschaften sowie für bestimmte Personenhandelsgesellschaften (Zweiter Abschnitt des dritten HGB-Buches; §§ 264-335 HGB) werden Unternehmen dieser Rechtsformen sowohl für die Bilanz (§ 266 HGB) als auch für die Gewinn- und Verlustrechnung (§ 275 HGB) detaillierte Gliederungsschemata vorgegeben:

    * Diese gelten ohne Veränderungen für große Kapitalgesellschaften.
    * Bei kleinen und mittelgroßen Kapitalgesellschaften darf die Gewinn- und Verlustrechnung in einer verkürzten Fassung erfolgen (§ 276 HGB).
    * Kleine Kapitalgesellschaften dürfen darüber hinaus auch eine verkürzte Form der Bilanzgliederung verwenden (§ 266 I HGB).

  - Zu den Bestandteilen der Rechnungslegung ist – wie bereits angesprochen – für Kapitalgesellschaften verfügt, dass Bilanz und GuV um einen Anhang zu erweitern sind und dass ein Lagebericht erstellt werden muss (§ 264 I HGB).
    Im **Anhang** sind erläuternde und ergänzende Angaben zur Bilanz, zur Gewinn- und Verlustrechnung und sonstige Angaben zu machen. Ergänzend sind diese, soweit von einem Ausweiswahlrecht zu auch anderweitig darstellbaren Positionen Gebrauch gemacht wird. So kann beispielsweise die Entwicklung der einzelnen Posten des Anlagevermögens (so genanntes Anlagengitter) in der Bilanz oder im Anhang erfolgen (§ 268 II HGB). Zu den Erläuterungen werden mit den §§ 284 und 285 HGB eine ganze Reihe von

Rubriken vorgegeben; so sind z.B. Angaben zu den Bilanzierungs- und Bewertungsmethoden sowie zu eventuell hierbei erfolgten Abweichungen gegenüber dem Vorjahr zu machen.
Mit dem in § 289 HGB geregelten **Lagebericht** sind der Geschäftsverlauf und die Lage einer Kapitalgesellschaft unter Berücksichtigung von Risiken für die zukünftige Entwicklung darzustellen. Mit diesen Informationen wird das Ziel verfolgt, die zahlenmäßigen Darstellungen im Jahresabschluss für die verschiedenen Unternehmensträger-Gruppen zu erläutern. Dabei ist auch auf Vorgänge von besonderer Bedeutung einzugehen, die nach dem Abschluss des Geschäftsjahres eingetreten sind.
Bezogen auf die unterschiedenen Größenklassen gilt für die Aufstellung des Anhangs zum Jahresabschluss und des Lageberichts:

* Große Kapitalgesellschaften unterliegen den HGB-Vorschriften zu Anhang und Lagebericht in vollem Umfang. Bei Konzernabschlüssen sind zudem nach § 297 I HGB eine Kapitalflussrechnung und ein Eigenkapitalspiegel zu erstellen, eine Segmentberichterstattung ist fakultativ.
* Mittelgroßen Kapitalgesellschaften ist die Angabe zu einer Rubrik des Anhangs (Segmentumsätze) freigestellt (§ 288 HGB), die Lageberichtspflicht greift uneingeschränkt.
* Kleine Kapitalgesellschaften können zum Anhang des Jahresabschlusses zahlreiche Freistellungen in Anspruch nehmen (§ 288 HGB), einen Lagebericht brauchen sie nicht anzufertigen (§ 264 I HGB).

- Ein weiterer größenbezogener Unterschied im Bereich der Rechnungslegung betrifft die **Frist zur Aufstellung** von Jahresabschluss (mit Anhang) und Lagebericht:

* Jahresabschluss und Lagebericht des vergangenen Geschäftsjahrs sind bei großen und mittelgroßen Kapitalgesellschaften innerhalb der ersten drei Monate des laufenden Geschäftsjahrs aufzustellen.
* Kleinen Kapitalgesellschaften stehen für den von ihnen zu erstellenden Jahresabschluss die ersten sechs Monate des laufenden Geschäftsjahrs zur Verfügung.

• Der mit den vorstehenden Erläuterungen sowie den Darstellungen zum letzten Rechtsform-Kriterium in Teilen ersichtliche **Umfang der Bestimmungen zur Rechnungslegung** von Aktiengesellschaften liegt in deren Rechtssystematik begründet. Wegen der vollen Rechtsfähigkeit der Gesellschaften und der weitgehenden Trennung der Eigentümerrechte von den Leitungs-/ Kontrollrechten (Prinzip der „Fremdorganschaft“) können die Anteilseigner i.d.R. keinen unmittelbaren Einfluss auf die Führung der Geschäfte nehmen; und so war die Herausbildung des gegenüber Einzelunternehmen und Personengesellschaften sehr viel größeren Rahmens gesetzlicher Vorschriften notwendig.
Bei dem mit der Zeit immer weiter gespannten und restriktiver gestalteten **Vorschriftenrahmen** zur Rechnungslegung von Kapitalgesellschaften (vgl. die Änderungen des HGB durch das BiRiLiG, das KonTraG oder das KapCoRi-

LiG) kommt der **Kontrolle seiner Einhaltung** eine hohe Bedeutung zu. Wäre diese beispielsweise alleine den Vorständen einer AG überlassen, würden Eigen- und Fremdkapital-Geber wie auch andere Stakeholder bzw. Unternehmensträger-Gruppen dem vorgelegten Jahresabschluss möglicherweise kein allzu großes Vertrauen entgegenbringen. Mit einem eigenständigen Unterabschnitt wird deshalb bei den HGB-Sonderbestimmungen für Kapitalgesellschaften und Personenhandelsgesellschaften ohne persönliche Vollhafter eine **unabhängige Prüfung von Jahresabschluss und Lagebericht** verfügt (Dritter Unterabschnitt; §§ 316-324 HGB).

- Dieser Prüfungspflicht unterliegen nach § 316 I HGB mittelgroße und große Kapitalgesellschaften gemäß der Größenklasseneinteilung des § 267 HGB; kleine Kapitalgesellschaften sind hiervon also ausgenommen.
- Als Abschlussprüfer einer AG ist durch deren Hauptversammlung während des zu prüfenden Rechnungsjahres ein Wirtschaftsprüfer bzw. eine Wirtschaftsprüfungsgesellschaft zu bestimmen; bei den mittelgroßen GmbHs oder mittelgroßen prüfungspflichtigen Personenhandelsgesellschaften können auch vereidigte Buchprüfer/ Buchprüfungsgesellschaften als Prüfer bestellt werden (§§ 319 I und 318 I HGB).
- Die Unabhängigkeit des Abschlussprüfers oder der Prüfungsgesellschaft ist durch die Beachtung der in § 319 II und III HGB aufgelisteten „Ausschlusstatbestände" sicherzustellen (z.B. kein Anteilsbesitz an, keine Tätigkeit in der zu prüfenden Gesellschaft, keine Mitwirkung an deren Jahresabschluss).
- Bei prüfungspflichtigen Kapitalgesellschaften kann der Jahresabschluss ohne vorausgegangene Prüfung rechtswirksam nicht festgestellt werden (§ 316 I HGB).
- Zu **Gegenstand und Umfang der Prüfung** gilt nach § 317 HGB:

  * Im Rahmen der Jahresabschluss-Prüfung ist zunächst das System der Buchführung einer Kontrolle zu unterziehen (Organisation, Belegwesen, Kontenführung).
  * Die Prüfung des Jahresabschlusses ist auf die Einhaltung der gesetzlichen Vorschriften sowie ggf. ergänzender Bestimmungen aus dem Gesellschaftsvertrag/ der Satzung gerichtet. Diese ist so anzulegen, dass Fehler bei der Darstellung der Vermögens-, Finanz- und Ertragslage einer Kapitalgesellschaft erkannt werden können.
  * Die Darlegungen im Lagebericht sind auf Übereinstimmung mit dem Jahresabschluss sowie auf das Zutreffen der Beschreibungen zur Lage und den Zukunftsrisiken einer Gesellschaft zu prüfen.
  * Mit dem Gesetz zur Kontrolle und Transparenz im Unternehmensbereich (KonTraG) vom 27.04.1998 wurden die Vorstände von Aktiengesellschaften verpflichtet, ein Überwachungssystem zur Früherkennung von gesellschaftsgefährdenden (Markt-)Entwicklungen einzurichten (§ 91 II AktG – siehe hierzu auch C.I.4.). Dessen Aufbau und Funktionsfähigkeit sind bei börsennotierten AGs ebenfalls Gegenstand der Prüfung.

- Über Art, Umfang sowie Ergebnisse der Prüfung ist abschließend ein **schriftlicher Prüfungsbericht** zu erstellen (§ 321 HGB). Dieses vom Abschlussprüfer zu unterzeichnende Prüfungsresultat ist den gesetzlichen Vertretern der geprüften Gesellschaft vorzulegen. Bei Auftragserteilung durch den Aufsichtsrat ist vor der Übergabe dem Vorstand die Gelegenheit zur Stellungnahme zu geben.
- Das Ergebnis seiner Prüfung von Jahresabschluss und Lagebericht hat der Abschlussprüfer in einem **Vermerk** zusammenzufassen (§ 322 HGB). Hier werden unterschieden:

  * Uneingeschränkter Bestätigungsvermerk
  * Eingeschränkter Bestätigungsvermerk
  * Versagungsvermerk (kein bestätigendes Testat möglich).

  Der Abschlussvermerk wird Bestandteil der Bilanz und ist so für interne wie externe Anspruchsgruppen ersichtlich. Der Prüfungsbericht verbleibt im Verantwortungsbereich der gesetzlichen Vertreter einer Kapitalgesellschaft, er ist nicht zur Publizierung vorgesehen.

• Entsprechend dem Ziel einer anleger- wie gläubigerorientierten Rechnungslegung sind auch **Vorschriften zu deren Offenlegung** notwendig. Ohne entsprechende Regelungen zu Art, Umfang und Ort der zu veröffentlichenden Unterlagen wäre die im Interesse der verschiedenen Anspruchsgruppen erforderliche Transparenz und Zugänglichkeit von Informationen zur Rechnungslegung von Kapitalgesellschaften nicht zu gewährleisten.
Die Vorschriften zur so genannten **Regelpublizität** finden sich in den §§ 325-329 HGB. Zu den unterschiedlichen Rechnungsverpflichtungen von kleinen, mittelgroßen und großen Kapitalgesellschaften (§ 267 HGB; wie vorstehend erläutert) wird hier die jeweilige Offenlegungsverpflichtung im Einzelnen festgelegt. Der größenabhängig notwendige Umfang des Jahresabschlusses bildet dabei die Basis, bei der Offenlegung kann aber eventuell auf die Darstellung von Teilen hiervon verzichtet werden. Die zur Veröffentlichung vorgeschriebene(n) Stelle(n) drücken sich in den nachfolgenden Kennzeichnungen aus:

- Große Kapitalgesellschaften:
  Bundesanzeigerpublizität (§ 325 I und II HGB):
  Bekanntmachung von Jahresabschluss mit Anhang, Lagebericht, Abschlussvermerk des Prüfers, Bericht des Aufsichtsrats, Ergebnisverwendungsvorschlag/ -beschluss im Bundesanzeiger.
  Diese Bekanntmachung ist sodann mit den bezeichneten Unterlagen zum Handelsregister am Sitz der Gesellschaft einzureichen.

- Mittelgroße Kapitalgesellschaften:
  Registerpublizität (§ 325 I und § 327 HGB):
  Die bekannt zu machenden Unterlagen entsprechen denen bei großen Gesellschaften; beim Bilanzausweis und dem Anhang können Erleichterungen in Anspruch genommen werden (§ 327 HGB).

Die Unterlagen sind zum Handelsregister am Sitz der Gesellschaft einzureichen.
Unverzüglich nach dieser Einreichung ist im Bundesanzeiger das Handelsregister mit der Nummer der Unterlagen bekannt zu machen.

- Kleine Kapitalgesellschaften:
  Eingeschränkte Registerpublizität (§ 325 I und § 326 HGB):
  Die Offenlegungsverpflichtung betrifft nur die Bilanz (nicht also die Gewinn- und Verlustrechnung) und den Anhang. Bei den ohnehin zahlreich möglichen Freistellungen zum Anhang brauchen bei der Offenlegung auch die Angaben zur GuV nicht enthalten zu sein.
  Der „Weg der Publizität" entspricht dem bei mittelgroßen Kapitalgesellschaften.

Die Einreichung der bezeichneten Unterlagen hat seit dem Kapitalgesellschaften- und Co-Richtlinien-Gesetz (KapCoRiLiG) vom 24.02.2000 bei allen Größenklassen unverzüglich nach ihrer Vorlage an die Gesellschafter, spätestens aber bis zum Ablauf des zwölften Monats nach dem Abschlussstichtag zu erfolgen (§ 325 I HGB).
Den bislang zur Regelpublizität vorgestellten Offenlegungsverpflichtungen ist im Zusammenhang mit der Erstellung des Jahresabschlusses und damit jährlich nachzukommen. Bei börsennotierten Aktiengesellschaften greift zusätzlich noch eine periodische Ergebnispublizität. So besteht für solche Gesellschaften nach § 40 Börsengesetz (BörsG) die Verpflichtung, innerhalb des Geschäftsjahres mindestens einen Zwischenbericht zu Finanzlage und Geschäftsgang zu veröffentlichen. Und für bestimmte Segmente des deutschen Aktienhandels (Prime Standard) oder zur Aufnahme der Notierung in einen Aktienindex (DAX, MDAX, TecDAX und SDAX) wird durch die Regelwerke der DEUTSCHE BÖRSE AG eine vierteljährliche Berichterstattung gefordert.
Zu diesen in kürzeren Zeitabständen fälligen Offenlegungen im Rahmen der Regelpublizität kommt schließlich bei börsennotierten AGs noch eine situationsbezogene Publizität. Nach § 15 Wertpapierhandelsgesetz (WpHG) sind neue Tatsachen, welche wegen ihrer Vermögens- oder Finanzwirksamkeit bzw. einer Beeinflussung des allgemeinen Geschäftsverlaufs geeignet sind, den Börsenpreis erheblich zu beeinflussen, unverzüglich zu veröffentlichen. Hierzu gehört z.B. eine Gewinnwarnung aufgrund gravierender Absatzeinbrüche.
Die mit der Erwartung einer deutlichen Kursbeeinflussung verbundenen Tatsachen sind bei dieser **Ad-hoc-Publizität** also sofort und nicht erst zum Zeitpunkt der nächsten „Regelpublizität" bekannt zu machen. Die Veröffentlichung hat in mindestens einem überregionalen Börsenpflichtblatt oder einem unter den zugelassenen Marktteilnehmern verbreiteten elektronischen Informationsverbreitungssystem zu erfolgen.

Wie die vorstehenden Erläuterungen gezeigt haben, liegt die große Regelungsbreite zum Rechtsform-Kriterium der Publizitätspflicht bei Aktien- bzw. Kapitalgesellschaften letztlich in der Interessenwahrung von Eigenkapital- und Fremdkapital-Gebern wie auch anderer Anspruchsgruppen begründet. Für die zur Offenlegung verpflichtete Gesellschaft ist damit – insbesondere bei großen Kapitalgesellschaften – allerdings ein erheblicher personeller und finanzieller Aufwand verbunden. Wegen der sehr großen Entfernung vom „Ideal" eines „geringen Vorschriftenumfangs" erfolgt die Bewertung der Publizitätspflicht im Rechtsform-Profil C-II-12 der Aktiengesellschaft mit einem ( - ).

**Eigenkapital-Beschaffung**

Zur Veranschaulichung der auf Aktiengesellschaften bezogenen Ausprägungen dieses Rechtsform-Kriteriums kommen wir zunächst auf die bereits bei den Eingangsdarstellungen zur AG behandelten **Eigenkapitalpositionen von Kapitalgesellschaften** (§ 266 III HGB) zurück. Im Hinblick auf die Herkunft und den Anlass der Eigenkapitalzuführung lässt sich dabei folgende Zuordnung treffen:

- Bewegungen bei den Positionen des **Gezeichneten Kapitals** respektive des Grundkapitals sowie der Kapitalrücklage werden durch Mittelzuflüsse ausgelöst, deren Ursprünge außerhalb der Gesellschaft liegen. Solche Kapitalzuführungen werden als Außenfinanzierung bezeichnet.
  Die bei Aktiengesellschaften durch die Ausgabe von Aktien erfolgende Kapitalsammlung ist als Eigen-/ Beteiligungsfinanzierung zu charakterisieren; nach der Rechtsstellung der Kapitalgeber ist hiervon die Fremd-/ Kreditfinanzierung zu unterscheiden.
  Die angesprochenen Eigenkapitalpositionen des Gezeichneten Kapitals und der Kapitalrücklage werden mit der Gründung einer AG „initialisiert" (Errichtungsfinanzierung); Veränderungen hierbei ergeben sich über die – eventuell mit einem Börsengang verbundene – Vornahme von Kapitalerhöhungen durch die Ausgabe weiterer Aktien.
- Die bei Kapitalgesellschaften als Nächstes abzugrenzende Eigenkapitalposition der **Gewinnrücklagen** wurde im Prozess der Leistungserstellung und -verwertung erwirtschaftet. Bezogen auf die Mittelherkunft ist hier also von Innenfinanzierung zu sprechen.
  Für die Einbehaltung respektive Thesaurierung von Gewinnen ist dabei die eigenständige Bezeichnung als Selbstfinanzierung üblich. Sie kann „offen" über die entsprechenden Gewinnverwendungsbeschlüsse sowie die damit verbundenen Bilanzausweise oder „still" durch die Bildung stiller Reserven geschehen.
  Die Gewinnverwendung und die dadurch gegebenen Möglichkeiten der Eigenkapital-Beschaffung durch Gewinnrücklagen als Form der Selbstfinanzierung regelt der § 174 AktG:
  - Bezogen auf den Jahresüberschuss ist – wie zum Kriterium der Gewinn- und Verlustbeteiligung erläutert – zu entscheiden, welche Beträge auszuschütten bzw. zu thesaurieren sind.
  - Als Gewinn- oder Verlustvortrag können dabei auch Teile des Jahresüberschusses bzw. des entstandenen Jahresfehlbetrages in die nachfolgende(n) Rechnungsperiode(n) verlagert werden. In Höhe dieser Beträge ist dann beim nächsten Jahresergebnis vor den zu treffenden Ergebnisverwendungsbeschlüssen eine entsprechende Veränderung nach oben oder nach unten zu verzeichnen.

- Eine Verbindung zwischen den **ergebnisbezogenen Eigenkapitalpositionen** (Jahresergebnis, Ergebnisvortrag und Gewinnrücklagen) und dem **Wert des Kapitals der Anteilseigner** einer AG (Gezeichnetes Kapital und Kapitalrücklage) ist dann gegeben, wenn Ausschüttungen aus Gewinnen mit dem Ziel einer sofortigen Wiedereinlage vorgenommen werden. Bei einem solchen **Schütt-aus-hol-zurück-Verfahren** wird die Ausschüttung mit einer Kapitalerhöhung bzw. Dotierung der Kapitalrücklage gleichen Volumens kombiniert.
  Bei dem seit 2001 respektive 2004 geltenden neuen Körperschaftsteuersystem (einheitlicher Körperschaftsteuertarif von 25% und Halbeinkünfteverfahren auf der Anteilseignerseite) kommt dem Schütt-aus-hol-zurück-Verfahren unter steuerlichen Gesichtspunkten bei natürlichen Personen als Anteilseignern kaum noch eine Bedeutung zu. Anders als im vorherigen System kann danach bei der Ausschüttung thesaurierter Gewinne kein Steuervorteil mehr realisiert und an die Aktionäre weitergegeben werden. Bei juristischen Personen als Anteilseigner ist der Sachverhalt anders gelagert. Wenn die Muttergesellschaft eine Kapitalgesellschaft ist, bleibt die Dividende der Tochtergesellschaft steuerfrei. Der Rückfluss erhöht sodann den Beteiligungsansatz.

Auf die Zerlegung des Grundkapitals in Aktien sind wir als einem der zentralen Wesensmerkmale von Aktiengesellschaften schon zu Beginn dieses Unterabschnittes (sowie in C.II.1.b.) eingegangen. Nach der dabei bereits herausgestellten Mindesthöhe des Grundkapitals von 50.000 EUR (§ 7 AktG) sowie den erfolgten Einordnungen zum Begriff der Aktie sind im Rahmen der Eigen-/ Beteiligungsfinanzierung von Aktiengesellschaften jetzt die möglichen Ausgestaltungsformen dieser Anteilsscheine zu erläutern. Danach wird ein Überblick zu den verschiedenen aktienrechtlichen Möglichkeiten der Beschaffung zusätzlichen Eigenkapitals sowie der Kapitalherabsetzung gegeben.

- Die Unterscheidung verschiedener **Aktiengattungen/ -arten** beruht auf folgenden Kriterien:
  - Bezogen auf die **Methode der Zerlegung** kann das Grundkapitel in Stück- oder Nennbetragsaktien eingeteilt werden (§ 8 AktG):
    * **Nennbetragsaktien** sind auf einen Geldbetrag (Nennbetrag/ -wert) ausgestellt, der sich nach § 8 II AktG auf mindestens 1 EUR beziffern muss. Bei der Zerlegung in Nennbetragsaktien stellt sich das Grundkapital als Summe aller Nennbeträge dar. Auf eine Aktie bezogen kann der Anteil am Grundkapital über die Relation von Nennbetrag und Grundkapital ermittelt werden.
    * Die nicht auf einen Nennbetrag lautenden **Stückaktien** sind am Grundkapital einer Aktiengesellschaft in gleichem Umfang beteiligt. Wird diese Kapitalzerlegungsmethode gewählt, dann darf auch hierbei der rechnerische Anteil einer Aktie 1 EUR nicht unterschreiten (§ 8 III AktG).
      Die zuvor in Deutschland nicht zulässige Grundkapitalaufteilung in Stück- oder Quotenaktien wurde mit dem Stückaktiengesetz (StückAG) vom 25.03.1998 möglich. Den Hintergrund hierfür bildete die vorgesehene Einführung des Euro als gemeinsamer europäischer Währung. Das

bei der Umstellung von Nennbetragsaktien resultierende Problem „krummer" Euro-Beträge stellt sich bei den nennwertlosen Stückaktien nicht.
Von der neuen Möglichkeit der Ausgabe von Stückaktien haben zwischenzeitlich schon viele Aktiengesellschaften Gebrauch gemacht. Als Beispiel hierfür kann die Aktie der DAIMLERCHRYSLER AG angeführt werden: Aus einer Anzahl von 1.018,2 Mio. Stückaktien und einem Gezeichneten Kapital von 2.647 Mio. EUR (jeweils zum 31.12.2005) ergibt sich ein rechnerischer Wert pro Aktie von 2,60 EUR.

* Eine Unter-Pari-Ausgabe ist generell nicht zulässig; Nennbetragsaktien dürfen nicht unter ihrem Nennbetrag und Stückaktien nicht unter ihrem rechnerisch anteiligen Grundkapitalbetrag ausgegeben werden (§ 9 I AktG).
  Bei der demgegenüber zulässigen und als Regelfall anzusehenden Über-Pari-Ausgabe zu einem höheren Betrag (§ 9 II AktG) sind die vereinnahmten Aufgelder in der Kapitalrücklage zu einzustellen.
* Zu **börsengehandelten Aktien** ist hier noch darauf hinzuweisen, dass ein Zusammenhang zwischen dem (rechnerischen) Nennbetrag einer Aktie und deren Börsenkurs nicht hergestellt werden kann. Dieser bildet sich im Verlauf eines Börsentages allein über Angebot und Nachfrage; das hierbei gegebene Bindeglied ist in den **zukünftigen Erwartungen** zum Unternehmenswert der jeweiligen Gesellschaft und zur allgemeinen Wirtschaftsentwicklung zu sehen.

- Nach der Basis-Entscheidung zur Zerlegung des Grundkapitals in Nennbetrags- oder Stückaktien sind bezogen auf das **Kriterium der Übertragbarkeit** die folgenden Ausgestaltungsmöglichkeiten gegeben:

  * Bei **Inhaberaktien** erfolgt die Legitimation als Anteilseigner ausschließlich über den Besitz des Wertpapiers. Eine solche Aktie trägt den Text „Der Inhaber dieser Aktie ist bei der ... AG nach Maßgabe ihrer Satzung als Aktionär beteiligt". Als bewegliche Sachen können solche Aktien durch Einigung und Übergabe übertragen werden (§ 929 BGB). Die Ausgabe von Inhaberaktien darf nur bei voller Zahlung des Nennbetrags erfolgen (§ 10 II AktG).
    Anzumerken ist an dieser Stelle, dass Aktien heute i.d.R. nicht mehr als Originalzertifikate (Mantel als Anteilsverbriefung mit Bogen aus Gewinnanteilsscheinen) ausgegeben werden und hierauf auch meist kein Anspruch mehr besteht. Stattdessen werden Sammel- oder Globalurkunden ausgestellt und bei einer Wertpapiersammelbank zentral deponiert. Die Abwicklung von Aktienkäufen und -verkäufen erfolgt im Rahmen dieser Girosammelverwahrung über den Wertpapiergiroverkehr ohne die Bewegung physischer Urkunden. Diese Depotführung ist für die Anleger zugleich kostengünstiger als die individuelle Tresorverwahrung effektiver Stücke (Streifbandverwahrung) durch ihre Hausbank.
  * Außer auf den Inhaber können Aktien auf Namen ausgestellt sein (§ 10 I AktG). Originalzertifikate solcher **Namensaktien** sind also auf den Na-

men des Anteilseigners ausgefertigt, beispielsweise mit dem Text „Herr/ Frau Vorname Nachname, Ort, ist mit dieser Namensaktie bei der ... AG nach Maßgabe ihrer Satzung als Aktionär beteiligt".

Namentlich ausgestellte effektive Aktien rechnen zu den Orderpapieren; für deren Übertragung sind ein Indossament sowie die Übergabe des Wertpapiers erforderlich. Auf der Rückseite der Aktie wird mit dem Indossament (italienisch „in dossa" = „auf dem Rücken") der zukünftige Eigentümer vermerkt und vom bisherigen Aktionär durch Unterschrift bestätigt. Ein Blankoindossament weist lediglich die Unterschrift des Verkäufers auf. Die Übertragungen von Namensaktien ist gleichzeitig der jeweiligen Aktiengesellschaft anzuzeigen.

Die geschilderte Praxis, auf die Ausgabe von Aktien als Originalzertifikate zu verzichten, war auch bei den Namensaktien zu verzeichnen. Mittlerweile sind diese ebenfalls in das System der Girosammelverwahrung einbezogen, und die Übermittlung der Daten von Veräußerer und Erwerber an die Aktiengesellschaften erfolgt auf dem Weg des Datenaustauschs.

Bei diesem modernen und überwiegend elektronischen Aktienhandel zeigten sich Regelungsdefizite der aktienrechtlichen Vorschriften zur Namensaktie (§§ 67 und 68 AktG); durch das Gesetz zur Namensaktie und zur Erleichterung der Stimmrechtsausübung (NaStraG), erlassen am 18.01.2001, erfolgte eine Neufassung/ Anpassung dieser Bestimmungen.

Bei der Führung der Anteilsscheine als Namensaktien stehen einer Aktiengesellschaft mit den hierzu notwendigen personenbezogenen Daten genauere Kenntnisse über die Zusammensetzung ihrer Anteilseigner zur Verfügung, und sie können eine direkte und zielgruppenorientierte Kommunikation mit ihren Aktionären aufbauen. Die damit im Bereich der „Investor Relations" mögliche Effektivitätssteigerung stellt allerdings nicht den einzigen Grund für die zunehmende Umstellung von Inhaber- auf Namensaktien bei großen Aktiengesellschaften dar:

# Die in Deutschland traditionell üblichen Inhaberaktien sind in anderen Ländern eher wenig verbreitet, weshalb diese an US-amerikanischen Börsen nur mittelbar über so genannte „American Depositary Receipts" (ADRs) gehandelt werden können.

# Namensaktien entsprechen als „registered shares" dagegen den Börsenzulassungsvorschriften in den Vereinigten Staaten und können deshalb dort unmittelbar in den Handel eingeführt werden.

* In der Satzung einer Aktiengesellschaft kann bestimmt sein, dass die Übertragung von Namensaktien an die Zustimmung der Gesellschaft gebunden ist (§ 68 II AktG). In diesem Fall spricht man von **vinkulierten Namensaktien**.

Mit einer derartigen Beschränkung der Übertragungsfähigkeit von Namensaktien können unkontrollierte Eigentümerwechsel verhindert werden. Der Vinkulierungsmöglichkeit bedienen sich vornehmlich Familienaktiengesellschaften. Insgesamt hat die praktische Bedeutung vinkulierter Namensaktien bei Aktienemissionen und beim Aktienhandel wegen ihrer eingeschränkten Fungibilität (Einsetzbarkeit) abgenommen.

- Im Hinblick auf die weitere Möglichkeit der Ausgestaltung von Aktien wird im Aktiengesetz von verschiedenen Aktiengattungen gesprochen (§ 11 AktG). Nach diesem Aspekt kann in Stammaktien und Vorzugsaktien untergliedert werden:

  * Mit **Stammaktien** werden den Anteilseignern einer Aktiengesellschaft alle durch das AktG oder die Satzung gewährten Rechte in gleichem Umfang verbrieft. Damit stehen den Aktionären also die gesamten, bei den vorhergehenden Rechtsform-Kriterien erläuterten Vermögens- und Mitwirkungsrechte zu (Dividendenberechtigung, Teilhabe am Liquidationserlös, Bezugsrecht, Stimmrecht, Auskunftsrecht).
  * **Vorzugsaktien** sind bei einem oder mehreren der vorgenannten Rechte mit einem Vorteil ausgestattet. Wird dieser zusätzlich gewährt, spricht man von absoluten Vorzugsaktien. Bestehen dagegen Einschränkungen bei anderen Rechten, dann handelt es sich um relative Vorzugsaktien.
    Ein Beispiel für die letztgenannte Kategorie ist die nach § 12 I AktG zulässige stimmrechtslose Vorzugsaktie. Nach § 139 AktG muss diese mit einem Vorzug bei der Gewinnverteilung ausgestattet sein, und Aktien dieser Gattung dürfen höchstens bis zur Hälfte des Grundkapitals ausgegeben werden.
    Die in früheren Zeiten mögliche Ausgabe von Aktien, mit denen mehrere Stimmrechte verbunden sind, wurde mit dem Gesetz zur Kontrolle und Transparenz im Unternehmensbereich (KonTraG) vom 27.04.1998 aufgehoben. Seit der damit bewirkten Änderung des AktG gilt eine grundsätzliche Unzulässigkeit von Mehrstimmrechtsaktien (§ 12 II AktG).
    Auch Vorzugsaktien sind im internationalen Vergleich eher als deutsche Besonderheit anzusehen. Im Interesse einer uneingeschränkt weltweiten Handelsfähigkeit haben große AGs bereits ihre Stamm- und Vorzugsaktien zusammengelegt.
  * Abschließend soll noch kurz auf die Möglichkeit der Ausgabe von **Genussscheinen** hingewiesen werden. Heute ist die Ausgabe von Genussscheinen als reines, mit einem tatsächlichen Kapitalfluss verbundenes Finanzierungsinstrument üblich.
    Mit den auf einen Nominalwert lautenden Genussscheinen wird regelmäßig eine Teilhabe am Unternehmensgewinn gewährt. Genussrechte enthalten Gläubigerrechte schuldrechtlicher Art. Wegen fehlender gesetzlicher Regelungen bietet sich für deren spezielle Ausgestaltung ein breiter Gestaltungsspielraum. Die bei erfüllten Zulassungsvoraussetzungen der ausgebenden Gesellschaft grundsätzlich börsenhandelsfähigen Wertpapiere stellen einen Mischtyp aus Aktie und Anleihe dar.
    Die Zwitterstellung der Genussscheine resultiert daraus, dass sie zwar bestimmte aktionärsbezogene Vermögensrechte einräumen, die entsprechenden Mitwirkungsrechte (Teilnahme an der Hauptversammlung einer

AG, Stimm- und Auskunftsrecht) aber grundsätzlich ausgeschlossen sind.

Wenn neben der laufenden Ergebnisbeteiligung ein Recht am Liquidationserlös sowie eine unbegrenzte Laufzeit und das Fehlen einer Kündigungsmöglichkeit durch den Inhaber vereinbart sind, dann haben Genussscheine Eigenkapital-Charakter und können als Sonderposten im Eigenkapital (wie bspw. bei der BERTELSMANN AG) ausgewiesen werden. Die Vergütung der Genussschein-Inhaber stellt jedoch Aufwand dar, der ggf. in einer Sonderposition gezeigt werden kann. Auch steuerlich rechnet das Genussrechtkapital in diesen besonderen Fällen zum Eigenkapital.

Bei Genussscheinen dominiert hingegen der Fremdkapital-Charakter, wenn eine begrenzte Laufzeit, ein beiderseitiges Kündigungsrecht und ein Ausschluss der Teilhabe an den stillen Reserven im Falle der Beendigung oder Liquidation der Gesellschaft vereinbart sind. Dann sind Vergütungen an Genussschein-Inhaber Aufwand der Gesellschaft. Dem Genussschein-Inhaber kommt in diesen Fällen eine Stellung als Gläubiger zu, wobei die Abgrenzung zum Stillen Gesellschafter oder partiarischen Darlehen im Einzelfall schwierig sein kann.

Die Ausgabe von Genussscheinen durch Aktiengesellschaften bedarf eines zustimmenden Hauptversammlungsbeschlusses. Hierfür ist eine Mehrheit von drei Vierteln des anwesenden Grundkapitals erforderlich (§ 221 III AktG). Wegen des mit Genussrechten verbundenen Gewinnanspruchs haben die Aktionäre außerdem ein auf solche zusätzliche Wertpapiere gerichtetes Bezugsrecht (§ 221 IV AktG).

- Mit den vorangegangenen Darstellungen wurde aufgezeigt, in welchen grundlegenden Formen die Anteilsscheine bei Aktiengesellschaften ausgestaltet werden können. Nachdem der Gründungsvorgang einer AG bereits im Zusammenhang mit dem Rechtsform-Kriterium der Haftung erläutert wurde, wird im Folgenden ein Überblick zu den aktienrechtlichen Maßnahmen der Zuführung weiteren Eigenkapitals gegeben.

  Bei den im Aktiengesetz detailliert geregelten möglichen **Formen der Eigenkapitalbeschaffung** (§§ 182-220 AktG) lassen sich zwei Gruppen unterscheiden:

  In den Fällen der Kapitalerhöhung gegen Einlage, der Bedingten Kapitalerhöhung und des Genehmigten Kapitals kommt es über einen Zufluss neuer finanzieller Mittel zur Erhöhung des Grundkapitals (Gezeichnetes Kapital).

  Bei dem dagegen anders gelagerten Fall der Kapitalerhöhung aus Gesellschaftsmitteln fließen einer AG keine neuen Finanzmittel zu. Hier wird eine Umwandlung von Kapital- oder Gewinnrücklagen in Grundkapital vorgenommen. Damit ist also lediglich eine Veränderung innerhalb der Eigenkapitalpositionen verbunden; ihre Gesamthöhe ändert sich nicht.

  Die angesprochenen **aktienrechtlichen Formen der Grundkapitalerhöhung** lassen sich wie folgt kennzeichnen:

- Die **Kapitalerhöhung gegen Einlagen** (§§ 182-191 AktG) wird über die **Ausgabe neuer Aktien** bewirkt. Der auf eine solche „ordentliche Kapitalerhöhung“ gerichtete Beschluss hat satzungsändernden Charakter und ist von daher durch die Hauptversammlung zu fassen. Gesetzlich ist dazu eine Dreiviertelmehrheit erforderlich (§ 182 I AktG). In der Satzung einer AG kann hierfür eine andere Mehrheit bestimmt sein, bezogen auf die Ausgabe von stimmrechtslosen Vorzugsaktien aber nur eine größere. Sind bislang mehrere stimmberechtigte Aktiengattungen (also Stamm- und Vorzugsaktien) vorhanden, so bedarf der Kapitalerhöhungsbeschluss der gesonderten Zustimmung jeder Aktionärsgruppe (§ 182 II AktG). Dieser Beschluss und seine Durchführung sind im Übrigen zum Handelsregister anzumelden (§§ 184 und 188 AktG); für die Wirksamkeit der Erhöhung des Grundkapitals gilt deren erfolgte Eintragung (§ 189 AktG).

  Mit der ungeregelten Zeichnung neuer respektive junger Aktien durch bislang nicht an einer AG beteiligte Aktionäre wäre über die Verschiebungen in der Anteilseignerstruktur eine Veränderung, ggf. auch eine Verwässerung von Vermögens- und Mitwirkungsansprüchen (z.B. anteilige Dividende und Stimmrechtsgewicht) der Inhaber alter Aktionäre verbunden. Zur Verwässerung kommt es allerdings nur bei einem unter dem Marktwert liegenden Bezugspreis.

  Mit der Einräumung des unentziehbaren Rechtes, eine ihrem bisherigen Grundkapitalanteil entsprechenden Quote neuer Aktien zu erwerben, werden die Besitzverhältnisse der Altaktionäre einem grundsätzlichen Bestandsschutz unterstellt. Mit diesem Bezugsrecht (§186 I AktG) ist das Volumen der Kapitalerhöhung einer Aktiengesellschaft also zunächst den derzeitigen Aktionären anzubieten; bei einer Erhöhung des Gezeichneten Kapitals um beispielsweise 50% könnte für zwei gehaltene alte Aktien eine junge bezogen werden.

  Bei börsengehandelten Aktien wird der von verschiedenen Faktoren abhängige und eventuell im Rahmen eines Bookbuilding-Verfahrens ermittelte Bezugs-/ Emissionskurs der jungen Aktien (Nennwert bzw. rechnerischer Grundkapitalanteil und Agio) regelmäßig unter dem aktuellen Kurs der alten Aktien liegen. Wäre dem nicht so, bestünde kein Anreiz, in die neu ausgegebenen Papiere einzusteigen. Der Abstand des Bezugskurses zum gegenwärtigen Altaktienkurs wird vor allem von der Aufnahmebereitschaft des Aktienmarktes abhängen.

  Der niedriger angesetzte Bezugskurs junger Aktien schafft darüber hinaus die Voraussetzung für den Handel mit Bezugsrechten. Dieser erfolgt für eine kurze Zeit (ca. zwei Wochen) vor der Einführung der neuen Papiere parallel zur alten Aktie an den Börsen. Für die Zeichnung junger Aktien zu den günstigen Ausgabekonditionen kann ein Neuinteressent jetzt die dazu notwendigen Bezugsrechte erwerben. Die dafür von Altaktionären erzielten Preise dienen diesen zum Ausgleich ihrer durch die Nichtausübung der Bezugsrechte erlittenen Werteinbußen. Nach der Platzierung der jungen Aktien bildet sich für das nun vorhandene Gesamtvolumen von gattungsgleichen

Aktien einer AG ein neuer und einheitlicher Börsenkurs, der zwischen dem Altaktienkurs und dem Emissionskurs der Jungaktien angesiedelt sein wird. Zu einer rechnerischen Bestimmung des **Wertes eines Bezugsrechts** kann die folgende Formel verwendet werden:

$$W(B_a) = \frac{K_a - K_j}{\frac{a}{j} + 1}$$

mit $W(B_a)$ = Bezugsrechtswert einer alten Aktie
$K_a$ = Börsenkurs der alten Aktie
$K_j$ = Bezugs-/ Emissionskurs der jungen Aktie
$a/j$ = Bezugsverhältnis alter zu junger Aktien

Der hier nicht dargestellten Ableitung dieser Formel liegt die Annahme zu Grunde, dass sich der neue Aktienkurs genau auf das Gesamtverhältnis von Börsenwert (Aktienanzahl * Kurs) und Grundkapital nach erfolgter Emission einstellt. Damit bildet sich der neue Börsenkurs als mit den Anteilen alten und jungen Kapitals gewogener Mittelwert aus dem Altkurs und dem Emissionskurs. Folgendes **Beispiel** zur Verdeutlichung:

* Die Aktien einer AG mit 4 Mio. EUR Grundkapital (800.000 Aktien à 5 EUR) notieren derzeit mit 15 EUR (300%), woraus ein Börsenwert von 12 Mio. EUR resultiert.
* Es soll eine Kapitalerhöhung um 2 Mio. EUR (400.000 Aktien) durchgeführt werden. Mit der Aufstockung des Grundkapitals auf 150% der Ursprungssumme beträgt das Verhältnis des bisherigen zum neuen Kapital 2 zu 1; damit berechtigen zwei gehaltene alte Aktien zum Bezug einer jungen. Als Ausgabekurs hierfür werden 11,25 EUR (225%) festgesetzt, woraus sich ein Zuwachs des Börsenwertes von 4,5 Mio. EUR ergibt.
* Dem Gesamtbörsenwert von 16,5 Mio. EUR nach der Neuplatzierung stehen dann 6 Mio. EUR Gezeichneten Kapitals gegenüber, woraus sich für den neuen Börsenkurs eine Relation von 275% (= 13,75 EUR) ergibt. Mit diesen Größen kann das Ergebnis der obigen Bezugsrechtsformel überprüft werden:

  # Der Wert des Bezugsrechts einer alten Aktie ergibt sich bei Einsetzung der Kursbeträge mit 1,25 EUR. Bezogen auf den bisherigen Kurs, den Ausgabekurs der jungen Aktien sowie die Kursveränderung nach der Neuemission stellt sich bei diesem Bezugsrechtswert keine Verschlechterung der Vermögensposition eines Altaktionärs ein.

  # Bei den jeweils zwei Altaktien, die zum Bezug einer jungen gehalten werden müssen, stellt sich zum neuen Mittelkurs ein Verlust von zweimal 1,25 EUR (= 2,5 EUR) ein, während die junge Aktie gleich nach ihrer Ausgabe einen Kursgewinn von 2,5 EUR realisiert. Will der Altaktionär auf den Bezug junger Aktien verzichten, so kann er

den eintretenden Kursverlust durch den Verkauf seiner Bezugsrechte auffangen.

Die dargestellte Berechnung von Bezugswerten hängt wesentlich von der Hypothese zur Bildung des neuen Mittelkurses ab. In der Börsenpraxis werden hierfür die aktuelle Angebots- und Nachfragesituation und dabei auch eine Reihe psychologischer Faktoren (Börsenstimmung, Zins-/ Renditeerwartungen, Konjunkturaussichten etc.) ausschlaggebend sein. In diesem Zusammenhang werden dann auch die Bezugsrechte häufig mit deutlich von der Formelberechnung abweichenden Werten gehandelt.
Der völlige oder teilweise Ausschluss des Bezugsrechts bei Kapitalerhöhungen gegen Einlagen ist möglich; dazu sind im Aktiengesetz allerdings hohe Hürden zu überwinden (§ 186 III und IV AktG): Solche Bezugsrechtsbeschränkungen können nur gemeinsam mit der vorgesehenen Kapitalerhöhung beschlossen werden, die vorgesehene Beschlussfassung muss bereits mit der Tagesordnung zur entsprechenden Hauptversammlung ordnungsgemäß bekannt gemacht worden sein, und der Vorstand einer AG hat der Hauptversammlung hierzu eine ausführliche und schriftliche Begründung vorzulegen. Zu dem Beschluss über eine Bezugsrechtsbeschränkung ist dann – neben der Abstimmung zur eigentlichen Kapitalerhöhung – eine Mehrheit von mindestens drei Vierteln des anwesenden Grundkapitals erforderlich. Satzungsmäßig können hierzu allenfalls größere Mehrheiten und weitere Erfordernisse bestimmt werden.
Die Platzierung junger Aktien und die Organisation der Bezugsrechte wird – gerade bei börsennotierten Papieren – kaum noch von den Aktiengesellschaften selbst durchgeführt. Die Neuemissionen und der Bezugsrechtshandel werden vielmehr Kreditinstituten oder Wertpapierhandelsunternehmen übergeben. Die im Zusammenhang solcher Fremdemissionen als mittelbar bezeichneten Bezugsrechte erfüllen den Sachverhalt eines Bezugsrechtsausschlusses aber nicht (§ 186 V AktG). Hierbei wird lediglich ein Finanzdienstleistungsunternehmen im Auftrag einer Aktiengesellschaft tätig.

- An die Durchführung der **Bedingten Kapitalerhöhung** (§§ 192-201 AktG) als zweiter aktienrechtlicher Form einer Grundkapitalerhöhung sind besondere Zweckbindungen geknüpft. Mit einem solchen Vorhaben kann die Ausgabe neuer Aktien definitiv nur im Zusammenhang mit den folgenden **drei Maßnahmen** beschlossen werden (§ 192 II AktG):

  * Gewähren von Umtausch- oder Bezugsrechten auf Aktien bei der Ausgabe von Wandelschuldverschreibungen (siehe hierzu die Erläuterungen zur Fremdkapital-Beschaffung)
  * Vorbereiten des Zusammenschlusses von Unternehmen (Entschädigung der aufgenommenen Aktionäre mit Aktien der aufnehmenden Gesellschaft)
  * Gewähren von Bezugsrechten auf Aktien im Rahmen von aktienorientierten Vergütungsplänen für das Management oder Programmen der Mitarbeiter-Kapitalbeteiligung.

Mit einer Bedingten Kapitalerhöhung wird also die Wahrnehmung der aufgeführten Aktienbezugsrechte durch deren jeweilige Inhaber abgesichert. Derart notwendige Erhöhungen des Grundkapitals werden in Form von Rahmenbeschlüssen festgelegt, bei denen bezogen auf die jeweils zu Grunde liegenden Maßnahmen von einer maximalen Inanspruchnahme der Aktienrechte ausgegangen wird. Ihre Ausschöpfung und damit die Ausgabe von neuen Aktien muss sich aber auf die tatsächliche Geltendmachung der Umtausch- oder Bezugsrechte beschränken (§ 192 I AktG); zu anderen als den festgelegten Zwecken darf das bedingt erhöhte Kapital also nicht verwendet werden.
Damit unterscheidet sich die Bedingte Kapitalerhöhung deutlich von der **Kapitalerhöhung gegen Einlagen**:

* Bei der ordentlichen Kapitalerhöhung handelt es sich um die direkt mit den Altaktien verbundenen Bezugsrechte, mit welchen den bisherigen Aktionären ein verhältnisgleicher Bezug junger Aktien zu ermöglichen ist.
* Bei der Bedingten Kapitalerhöhung geht es dagegen um Bezugsrechte, die an andere Finanzierungs- oder Kapitalbeteiligungsmaßnahmen geknüpft sind, und bei deren Wahrnehmung dann neue Aktien (Bezugsaktien) auszugeben sind.
* Im Hinblick auf die Gewährung von Wandelschuldverschreibungen ist für die bisherigen Aktionäre insofern ein Verwässerungsschutz gegeben, als ihnen bereits hierzu ein Bezugsrecht zusteht (§ 221 IV AktG). Mit dessen Wahrnehmung können sie einer Aktiengesellschaft also zunächst auch Fremdkapital überlassen, um über die damit verbundenen Rechte schließlich wieder ihren Eigenkapitalanteil zu erhöhen.
* Mit neuen Kapitalbeteiligungsprogrammen für das Management und die Arbeitnehmer ist dagegen in jedem Fall eine Verbreiterung der Aktionärsbasis verbunden. Die damit einhergehende Schmälerung von Vermögensansprüchen der Altaktionäre kann aber mit dem Eintritt einer generellen Motivationserhöhung und damit einer Leistungssteigerung der Führungskräfte/ Mitarbeiter sowie einem im Ergebnis steigenden Unternehmenserfolg durchaus überkompensiert werden.

Der Hauptversammlungsbeschluss zu einer Bedingten Kapitalerhöhung bedarf einer Dreiviertelmehrheit des anwesenden Grundkapitals. Satzungsmäßig können hierzu nur eine größere Mehrheit und weitere Erfordernisse bestimmt sein (§ 193 I AktG). Mit dem Erhöhungsbeschluss müssen der Zweck der Bedingten Kapitalerhöhung, der Kreis der Bezugsberechtigten sowie der Ausgabebetrag für die Bezugsaktien und seine Berechnungsmodalitäten festgestellt werden. Für Management-/ Mitarbeiter-Kapitalbeteiligungsprogramme sind ferner die gruppenbezogenen Aufteilungen, zu Grunde gelegte Erfolgsziele, die Bezugs- und Ausübungszeiträume sowie die zunächst geltende Wartezeit (mindestens zwei Jahre) aufzuführen (§ 193 II AktG).

Das Bedingte Kapital einer Aktiengesellschaft darf zum Zeitpunkt einer hierauf bezogenen Beschlussfassung die Hälfte des Gezeichneten Kapitals nicht übersteigen; der für Programme der Management-/ Mitarbeiter-Kapitalbeteiligung reservierte Teil darf nur 10% des Grundkapitals umfassen (§ 192 III AktG).
Der Beschluss zu einer Bedingten Kapitalerhöhung ist zur Eintragung in das Handelsregister anzumelden (§ 195 AktG). Die eigentliche Erhöhung des Grundkapitals tritt sukzessiv mit der Ausgabe der Bezugsaktien ein (§ 200 AktG); nach Ablauf eines Geschäftsjahrs sind die jeweils ausgegebenen Aktien zur Handelsregistereintragung anzumelden (§ 201 AktG).

- Mit dem **Genehmigten Kapital** (§§ 202-206 AktG) als dritter im Aktiengesetz vorgesehenen Kapitalerhöhungsvariante findet wie bei der ordentlichen Kapitalerhöhung eine **Ausgabe neuer Aktien gegen Einlagen** statt. Diese unterliegt keiner besonderen Zweckbindung.
Die als Erstes dargestellte Form der Kapitalerhöhung gegen Einlagen erfordert eine – ggf. außerordentliche – Hauptversammlung und ist im Anschluss an den hierzu gefassten Beschluss auch durchzuführen. Beim Genehmigten Kapital wird der Vorstand einer AG im Rahmen eines Vorratsbeschlusses für einen Zeitraum von bis zu fünf Jahren zur Kapitalerhöhung um einen bestimmten Betrag ermächtigt (§ 202 I AktG). Die Festlegung hierzu kann bereits in der Satzung enthalten sein oder durch einen satzungsändernden Beschluss herbeigeführt werden (Dreiviertelmehrheit, die Satzung kann größere Mehrheiten und weitere Erfordernisse bestimmen; § 202 I und II AktG).
Das Genehmigte Kapital unterliegt einer Höchstgrenze, es darf die Hälfte des bei seiner Beschlussfassung vorhandenen Grundkapitals nicht übersteigen (§ 202 III AktG).
Die Ausgabe neuer Aktien kann über das Genehmigte Kapital sehr viel flexibler gehandhabt werden als bei der ordentlichen Kapitalerhöhung. So kann beispielsweise die Börseneinführung der neuen Papiere zu einem hierfür günstigen Zeitpunkt erfolgen. Und auch mit eigenen Aktien zu finanzierende Unternehmenskäufe können um einiges „geräuschloser" abgewickelt werden.
Mit dem Verweis auf die Gültigkeit von Vorschriften zur ordentlichen Kapitalerhöhung in § 203 I AktG ist bei der Ausgabe neuer Aktien aus Genehmigtem Kapital eine analoge Regelung des Bezugsrechts der Altaktionäre verbunden. Bei dem Ermächtigungsbeschluss zur Vornahme von Kapitalerhöhungen kann allerdings auch vorgesehen werden, dass der Vorstand über den Ausschluss des Bezugsrechts entscheidet (§ 203 II AktG).
Die Notwendigkeit eines Bezugsrechtsausschlusses ist beispielsweise bei der Ausgabe neuer Aktien aus dem Genehmigten Kapital an die Arbeitnehmer einer Aktiengesellschaft gegeben, die mit einer entsprechenden Satzungsbestimmung vorgesehen werden kann (§ 202 IV AktG). Zur Ausgabe solcher Belegschaftsaktien ist weiter bestimmt, dass die Einlagen hierzu auch aus dem Teil des Jahresüberschusses gedeckt werden können, welcher zu einer Einstellung in die anderen (freien) Gewinnrücklagen zur Verfügung steht (§ 204 III AktG).

Die Wahrnehmung von Kapitalerhöhungsoptionen aus dem Genehmigten Kapital durch den Vorstand einer AG hat unter Mitwirkung des Aufsichtsrats zu geschehen. Zu den Vorstandsentscheidungen über die Emissionsbedingungen, eventuelle Bezugsrechtsauschlüsse und zur Ausgabe der neuen Aktien ist die Zustimmung des Aufsichtsrats einzuholen (§§ 204 I und 202 III AktG).

- Die erläuterten Formen der Kapitalerhöhung gegen Einlagen, der Bedingten Kapitalerhöhung und des Genehmigten Kapitals sind wegen des hierbei gegebenen Finanzmittelzuflusses als effektive Kapitalerhöhungen zu qualifizieren. Mit der vierten und letzten aktienrechtlichen Variante der **Kapitalerhöhung aus Gesellschaftsmitteln** (§§ 207-220 AktG) ist dagegen kein Zufluss von Finanzmitteln verbunden, so dass diese als nominelle Kapitalerhöhung zu kennzeichnen ist.

  Nach § 207 AktG kann die Hauptversammlung beschließen, dass bisher in der Kapitalrücklage sowie in den Gewinnrücklagen ausgewiesenes Eigenkapital zu einer Erhöhung des Grundkapitals verwendet wird. Die hierzu erforderliche Mehrheit entspricht der bei einer ordentlichen Kapitalerhöhung (Dreiviertelmehrheit, ggf. andere Satzungsfestlegungen – § 182 I AktG).

  Der Umwandlungsbeschluss kann aufgrund der letzten Jahresbilanz erfolgen (§ 209 AktG). Bezogen auf die Umwandlungsfähigkeit der heranzuziehenden Eigenkapitalpositionen sind deren gesetzlich oder satzungsmäßig festgelegte Mindesthöhen zu beachten (z.B. Kapitalrücklage + gesetzliche Rücklage = 10% des Grundkapitals; vor Erreichen dieses Anteils kann hieraus nicht umgewandelt werden). Ferner kann bei Ausweis eines Verlustes in der zu Grunde gelegten Bilanz keine Kapitalerhöhung aus Gesellschaftsmitteln erfolgen (§ 208 AktG).

  Aus der durch die Umwandlung von Rücklagen bewirkten Erhöhung des Nominalkapitals stehen den Aktionären neue gattungsgleiche Aktien im Verhältnis ihrer Anteile am bisherigen Grundkapital zu (§ 212 AktG). Für solche Zusatz- oder Berichtigungsaktien ist teilweise auch der Begriff **Gratisaktien** gebräuchlich. Mit dieser Bezeichnung wird allerdings der irreführende Eindruck erweckt, der Aktionär hätte etwas umsonst bekommen. Dies ist insofern nicht der Fall, als sich der Gesamtwert eines Unternehmens durch den Tausch innerhalb der Eigenkapitalpositionen nicht ändert und der Kurs der einzelnen Aktie nach erfolgter Transaktion deshalb zumindest rein rechnerisch sinken wird. Mit den zusätzlich erhaltenen Anteilspapieren wird sich die Vermögensposition eines Anteilseigners bei dem gesunkenen Kurs dann gegenüber seiner Ausgangssituation als unverändert darstellen.

  Der aufgezeigte Kursrückgang kann bei einer Kapitalerhöhung aus Gesellschaftsmitteln durchaus erwünscht sein, da Aktien mit einem niedrigeren Kurswert i.d.R. für einen größeren Anlegerkreis in Frage kommen. Die Verbreiterung der Bemessungsgrundlage kann ferner im Dienste einer gewünschten Dividendenkontinuität stehen: Die Aktionäre erhalten bei ihrer gestiegenen Aktienanzahl insgesamt größere Dividendenbeträge, ohne dass die Dividende pro Aktie angehoben werden muss.

Auch die Kapitalerhöhung aus Gesellschaftsmitteln ist zum Handelsregister anzumelden, mit ihrer Eintragung gilt das Grundkapital als erhöht (§§ 210 und 211 AktG).

- Zum Merkmal der Eigenkapital-Beschaffung hatten wir bisher die rechtsformspezifischen Möglichkeiten der Zuführung weiteren Eigenkapitals aufgezeigt. Bei der Aktiengesellschaft als erster behandelter Kapitalgesellschaft ist darauf hinzuweisen, dass hier auch die Reduzierung der Eigenkapitalbasis besondere gesetzliche Vorschriften erfordert. Bei juristischen Personen bestehen also deutlich höhere Anforderungen als bei natürlichen Personen und damit bei den Inhabern von Einzelunternehmen oder Personengesellschaften; dort kann durch eine Privatentnahme der Anteilseigner die Kapitalbasis unmittelbar verringert werden.
  Die **Notwendigkeit einer Kapitalherabsetzung** kann sich zum einen dann ergeben, wenn ein Unternehmen verkleinert werden soll und das vorhandene Grundkapital nicht mehr in vollem Umfang benötigt wird. Zum anderen kann ein Kapitalschnitt notwendig werden, wenn größere Verluste das Eigenkapital erheblich aufzehren. Die Kapitalherabsetzung dient in diesem Fall einer buchungstechnischen Verlustbeseitigung. Zur Gewährleistung einer erfolgreichen Krisenbewältigung ist in einer solchen Situation oftmals eine anschließende Kapitalerhöhung erforderlich.
  Das Aktiengesetz sieht die folgenden drei Wege einer Kapitalherabsetzung vor, zu denen jeweils ein qualifizierter Hauptversammlungsbeschluss (Dreiviertelmehrheit, satzungsmäßig größere Mehrheiten und weitere Erfordernisse bestimmbar) notwendig ist:

  - Ordentliche Kapitalherabsetzung (§§ 222-228 AktG)
  - Vereinfachte Kapitalherabsetzung (§§ 229-236 AktG)
  - Kapitalherabsetzung durch Einziehung von Aktien (§§ 237-239 AktG).

Zusammen mit den Ausführungen beim Rechtsform-Kriterium Haftung zur Gründung einer Aktiengesellschaft ist die Breite der Möglichkeiten zur Eigenkapital-Beschaffung deutlich geworden. Bei diesem Merkmal wird eine große Nähe zur Idealposition einer guten Eigenfinanzierungsbasis erreicht, und so ist im Rechtsform-Profil C-II-12 zur AG als Bewertung ein ( + ) vermerkt.

**Fremdkapital-Beschaffung**

Im Hinblick auf die Kapitalbeschaffungsmöglichkeiten von Aktiengesellschaften im Rahmen der Fremd-/ Kreditfinanzierung als dem zweiten Bereich der Außenfinanzierung ist zunächst eine Verknüpfung mit vorangegangenen Erläuterungen vorzunehmen:

- Dabei geht es um eines der beiden aktienrechtlichen Grundprinzipien, und zwar – neben dem **Anlegerschutz** – im jetzt gegebenen Zusammenhang um den **Gläubigerschutz**. Dieser ist in den Rechtsvorschriften für Aktiengesellschaften konsequent verankert; deshalb kann für diese Unternehmensform von einer relativ hohen Kreditwürdigkeit respektive Bonität ausgegangen werden. Als wichtige Ausdrucksformen des Gläubigerschutzprinzips können für die AG noch einmal kurz zusammengefasst werden:

- Eigene Rechtspersönlichkeit der Gesellschaft mit Vorgaben bei der Satzungsabfassung;
- Strenge Gründungsvorschriften;
- Vorgeschriebenes Mindest-Eigenkapital, keine Rückgewährung der Einlagen, gesetzlicher Zwang zur Rücklagenbildung;
- Strenge Rechnungslegungs-, Prüfungs- und Offenlegungs- respektive Publizitätspflichten;
- Erfordernis qualifizierter Mehrheiten (i.d.R. 75% des anwesenden Grundkapitals) bei wichtigen Hauptversammlungsbeschlüssen.

Gegenüber Einzelunternehmen und Personengesellschaften ist damit für die Kapitalaufbringung und -erhaltung bei Aktiengesellschaften eine sehr viel größere Anzahl von einzuhaltenden Vorschriften gegeben; daraus erklärt sich deren tendenziell höhere Kreditwürdigkeit.

Neben diesem Bonitätsvorteil bei der Fremdkapital-Beschaffung steht Aktiengesellschaften zur Beschaffung langfristiger Fremdmittel zusätzlich ein generell größerer Rahmen alternativer Finanzierungsformen zur Verfügung. Während Nicht-Kapitalgesellschaften vielfach auch in diesem Fristenbereich auf den Erhalt von Bankkrediten angewiesen sind, können insbesondere große Aktiengesellschaften auf **zusätzliche Finanzierungsinstrumente** zurückgreifen:

- Aktiengesellschaften können **Schuldscheindarlehen als langfristige Großkredite** (ab 50.000 EUR, Laufzeit bis zu 15 Jahren) von bestimmten Kapitalsammelstellen erhalten. Als Kreditgeber für private Unternehmen treten hierbei vor allem Versicherungsunternehmen auf, welche Kapital aus ihrem Sicherungsvermögen („Deckungsstock" zur jederzeitigen Erfüllung der Ansprüche aus dem Versicherungsgeschäft) langfristig anlegen wollen.
  Solche Ausleihungen unterliegen dem Gesetz über die Beaufsichtigung der Versicherungsunternehmen (Versicherungsaufsichtsgesetz – VAG), und so kommen als Kreditnehmer nur Gesellschaften mit erstklassiger Bonität in Frage (§ 54 I VAG). Das Schuldscheindarlehen bedarf im Übrigen einer pfandrechtlichen Absicherung (siehe hierzu C.I.3.b.).
  Schuldscheindarlehen unterliegen keiner Rechtsformbeschränkung; wegen der hohen Bonitäts- und Sicherungsanforderungen kann diese Finanzierungsmöglichkeit außer von Aktiengesellschaften aber nur von einem kleinen Kreis bedeutender Einzel- oder Personengesellschaftsfirmen genutzt werden.
  Der jeweilige Zinssatz für Schuldscheindarlehen liegt um etwa 0,25% bis 0,5% höher als bei den im Folgenden vorzustellenden Anleihen, für welche der aktuelle Kapitalmarktzins (Zinsniveau für langfristige Kapitalausleihungen an erstklassige Schuldner; Ende Juli 2005 im Euro-Raum durchschnittlich 4,08%) im Ausgabezeitpunkt maßgeblich ist. Hierzu kommen noch Nebenkosten bei der Mittelaufnahme von 1% bis 2% des Nominalwertes. Gegenüber den relativ hohen einmaligen und laufenden Kosten von Anleihen fallen die Finanzierungs-

kosten bei Schuldscheindarlehen bis zu einer sehr großen Höhe aufgenommener Mittel insgesamt aber niedriger aus.

- Börsenfähige Unternehmen können den Wertpapiermarkt nicht nur zur Platzierung von Beteiligungstiteln (Eigenkapitalanteilen) nutzen; sie können auf diese Weise auch Forderungstitel auf Fremdkapitalteile ausgeben.
  Für die Emission der entsprechenden Wertpapiere gibt es keine grundsätzliche Rechtsformbeschränkung. Wegen den hierbei zu erfüllenden Zulassungs-, Bonitäts- und Publizitätsanforderungen (insbes. Börsenprospekterstellung und Zwischenberichtsverpflichtung – §§ 30 ff. Börsengesetz, §§ 13 ff. und 53 ff. Bösenzulassungs-Verordnung) sowie den zusätzlichen laufenden Abwicklungskosten rentieren sich **kapitalmarktfähige Forderungstitel** erst ab einem hohen Ausgabevolumen. Von daher erfolgt die Nutzung solcher Finanzierungsinstrumente insbesondere durch große und bedeutende Aktiengesellschaften.
  Die Grundform für eine über den Kapitalmarkt getätigte Darlehensaufnahme ist die Schuldverschreibung. Nach § 793 BGB (Schuldverschreibung auf den Inhaber) besteht deren allgemeiner Inhalt in einem verbrieften Leistungsversprechen, mit welchem sich ein Schuldner gegenüber dem Inhaber dieser Urkunde verpflichtet. In einer solchen **Inhaberschuldverschreibung** sind bei einer Fremdmittelaufnahme durch Unternehmen die Darlehensschuld sowie die Rückzahlungs- und Verzinsungsmodalitäten niederzulegen. Bei den meist hohen Summen, die als Fremdkapital zu einem bestimmten Zeitpunkt aufgenommen werden sollen, erfolgt eine Stückelung in kleinere Teilschuldverschreibungen (bspw. 50, 250 oder 500 EUR), und diese werden i.d.R. durch ein Bankenkonsortium am Kapitalmarkt platziert.
  An Stelle des Begriffs der Schuldverschreibung (englisch „bond“) sind auch die Bezeichnungen **Anleihe** und **Obligation** (vom lateinischen „obligatio“ = „das Binden, Verbindlichkeit, Verpflichtung“) üblich. Von privatwirtschaftlichen Unternehmen ausgegebene Anleihen werden zusätzlich generell – und damit vom jeweiligen Wirtschaftszweig unabhängig – als Industrieschuldverschreibungen respektive Industrieobligationen bezeichnet. Hiermit erfolgt eine Abgrenzung von Anleihen, welche durch die öffentliche Hand aufgelegt werden.
  In ihrer klassischen Form weisen **Industrieobligationen** einen festen Nominalzins auf (Straight Bonds). Unter zusätzlicher Berücksichtigung des Emissionskurses (bei Anleihen ist eine Unter-Pari-Ausgabe möglich) und des Rückzahlungskurses (evtl. Über-Pari) ergibt sich ihre Effektivverzinsung. Auf diese kann sich der Gläubiger bei einem Halten der Obligation über die gesamte Laufzeit einstellen. Veränderungen des Kapitalmarktzinses, welche aus der gesamten Kapitalnachfrage und dem hierauf bezogenen Angebot resultieren, finden ihren Niederschlag in Schwankungen des Anleihekurses; bei deren Einbeziehung in die Effektivzinsbetrachtung kann für die Anleger auch der Verkauf/ Kauf von Anleihen während ihrer Laufzeit attraktiv sein.
  Industrieobligationen werden – nicht zuletzt wegen der mit ihrer Ausgabe verbundenen Emissionskosten – typischerweise als Langläufer aufgelegt. Früher übliche Laufzeiten von über 10 bis zu 25 Jahren lassen sich heute am Wertpapiermarkt aber vielfach nicht mehr realisieren; der Trend geht zu kürzeren Anleihen, welche auch Zeiträume von unter 10 Jahren umfassen.

Die Tilgung/ Rückzahlung von Industrieschuldverschreibungen erfolgt entweder in ihrer gesamten Höhe am Ende der Laufzeit (endfällige Anleihen), oder es werden ab einem bestimmten Zeitpunkt nach einem festgelegten Tilgungsplan einzelne Teilschuldverschreibungen abgelöst. Letzteres kann durch Auslosung und Rückzahlung oder durch Rückkauf der zu tilgenden Stücke an der Börse geschehen.
Die Ausgabe von Obligationen erfordert i.d.R. eine pfandrechtliche Absicherung. Zusätzlich wird vom Schuldner häufig eine Negativerklärung zur Wahrung des Sicherheitsstatus der Gläubiger verlangt.
In Abwandlung von Grundmerkmalen der klassischen Industrieobligation sind zwischenzeitlich eine Reihe **moderner Anleiheformen** entstanden. Hierzu rechnen beispielsweise die folgenden beiden Typen:

- **Nullkupon-Anleihen** (Zero Bonds):
  Hiermit sind keine laufenden Zinszahlungen verbunden. Echte Nullkupon-Anleihen werden mit einem Disagio (Unter-Pari) ausgegeben und bei Fälligkeit zum Nennwert getilgt. Bei den so genannten Zuwachsanleihen erfolgt die Ausgabe zum Nennwert und die Rückzahlung mit einem entsprechend hohen, die Rendite des Anlegers ergebenden Aufschlag.
  Die Bezeichnung Nullkupon rührt daher, dass auch Schuldverschreibungen als effektive Stücke aus Mantel (verbriefte Forderung des Gläubigers) und Bogen (mit Zinsscheinen bzw. -kupons) bestehen. Nullkupon umschreibt hingegen das Nicht-Vorhandensein von Zinsscheinen (bzw. 0% laufende Zinsen) bei dieser Anleiheform.
- **Anleihen mit variabler Verzinsung** (Floating Rate Notes):
  Anders als festverzinsliche Industrieschuldverschreibungen sind solche Anleihen mit veränderlichen Zinssätzen ausgestattet. Hierbei erfolgt in regelmäßigen Abständen (drei oder sechs Monate) eine Zinsanpassung unter Rückgriff auf einen Referenzzinssatz. Als solcher findet insbesondere der zum 30.12.1998 eingeführte EURIBOR (Euro Interbank Offered Rate) Verwendung. Neben diesem turnusmäßig zu Grunde gelegten aktuellen Geldmarktzins umfasst die Verzinsung eines Floaters noch einen festen, bonitätsabhängigen Aufschlag (Spread – 0,0625% bis 0,5%); diese beiden Größen ergeben zusammen den bis zum nächsten Anpassungstermin gültigen Zinssatz.
  Zinsvariable Anleihen sind für die emittierenden Unternehmen als Schuldner vor allem in Zeiten sinkender Geld-/ Kapitalmarktzinsen eine kostengünstige Variante der Fremdmittelbeschaffung. Wegen der auftretenden Zinsschwankungen können Anleger die Rendite einer Zeichnung von Floating Rate Notes (FRNs) im Voraus nicht exakt beziffern. Die zeitnah an die aktuellen Marktverhältnisse gekoppelte Verzinsung führt insgesamt allerdings zu einem relativ niedrigen Anlegerrisiko. Zur Wagnisbegrenzung im Fall starker Zinsschwankungen können Floating Rate Notes in strukturierten Sonderformen aufgelegt werden (z.B. Floor, Cap, Collared, Reverse FRNs).

Industrieschuldverschreibungen sind als Darlehensaufnahmen der langfristigen Fremd-/ Kreditfinanzierung zuzuordnen. Durch eine Kombination ihrer Merkmale mit solchen der Eigen-/ Beteiligungsfinanzierung sind folgende **Mischformen** entstanden:

- **Gewinnschuldverschreibungen** (Participating Bonds):
  Im Aktiengesetz ist diese Anleiheform als Schuldverschreibung bezeichnet, bei denen die Gläubigerrechte mit den Gewinnanteilen von Aktionären in Verbindung gebracht werden (§ 221 I AktG). Gewinnschuldverschreibungen zeichnen sich dementsprechend dadurch aus, dass den Gläubigern neben oder an Stelle fester Verzinsungsansprüche Rechte am Unternehmensgewinn zustehen. Ihre Ausgestaltung kann einen festen Basiszins und einen dividendenabhängigen Zusatzanspruch oder einen reinen Gewinnanspruch umfassen, der in seiner Höhe begrenzt ist. Die von den Anlegern erzielbare Rendite ist also gewinnabhängig; sie kann – je nach Ausstattung – damit auch völlig entfallen.
  Wegen des Eingriffs in ihre Gewinnansprüche müssen die Anteilseigner einer Aktiengesellschaft der Ausgabe von Gewinnschuldverschreibungen zustimmen (Dreiviertelmehrheit, andere Mehrheit und weitere Erfordernisse satzungsmäßig bestimmbar – § 221 I AktG), und sie haben ein Recht zum Bezug solcher Papiere (§ 221 IV AktG).
- **Wandelschuldverschreibungen:**
  In dem soeben angesprochenen § 221 AktG (der einzigen Bestimmung im Aktiengesetz zur Fremdkapital-Beschaffung) werden Schuldverschreibungen, bei denen den Gläubigern Umtausch- oder Bezugsrechte auf Aktien eingeräumt werden, begrifflich als Wandelschuldverschreibungen gefasst.
  Bezogen auf die Rechte der bisherigen Gesellschafter einer AG unterliegt die Ausgabe von Wandelschuldverschreibungen den gleichen Bedingungen, wie sie zuvor für Gewinnschuldverschreibungen herausgestellt wurden (qualifizierte Hauptversammlungsmehrheit, Bezugsrecht der Altaktionäre – § 221 I und IV AktG).
  Für die Inanspruchnahme der Umtausch- oder Bezugsrechte auf Aktien ist bei Wandelschuldverschreibungen ferner als Rahmenbeschluss die Vornahme einer Bedingten Kapitalerhöhung notwendig (siehe hierzu die Ausführungen zum Rechtsform-Kriterium der Eigenkapital-Beschaffung).
  Wandelschuldverschreibungen können Umtausch- oder Bezugsrechte auf Aktien enthalten. Demnach sind hier zwei Typen zu unterscheiden:

  * **Wandelanleihen** (Convertible Bonds):
    Dieser Typ der Wandelschuldverschreibung ist auf das Umtauschrecht abgestellt. Dem Anleger stehen hierbei als Gläubiger zunächst Zins- und Tilgungszahlungen zu. In gesonderten Wandelbedingungen ist darüber hinaus festgelegt, ab welchem Zeitpunkt (Sperrfrist) und in welchem Zeitraum (Umtauschfrist) einzelne Wandelschuldverschreibungsstücke gegen Aktien (in einem bestimmten Umtauschverhältnis) umgetauscht werden können und welche Zuzahlung dabei ggf. zu leisten ist.
  * **Optionsanleihen** (Warrant Bonds):
    Mit diesem Anleihetyp ist ein Bezugsrecht auf Aktien verbunden. Neben den Zins- und Tilgungsansprüchen wird dem Obligationär das Recht

eingeräumt, innerhalb einer bestimmten Zeit Aktien zu vertraglich festgelegten Bezugsbedingungen zu erwerben. Die Anleihe selbst wird dabei nicht eingetauscht oder in Zahlung gegeben. Der Aktienerwerb findet vielmehr zusätzlich statt, die Anleihe bleibt weiter bestehen.
Ihren rechtsgeschäftlichen Niederschlag findet diese bei Optionsanleihen übliche Praxis darin, dass hierbei zwei verschiedene Papiere ausgegeben werden: Zum einen die Teilschuldverschreibung als Gläubigerpapier und zum anderen der Optionsschein (Warrant).
Diese beiden Papiere können getrennt am Wertpapiermarkt gehandelt werden, so dass sich insgesamt drei Börsennotierungen ergeben:

# Anleihekurs mit Optionsschein (cum)
# Anleihekurs ohne Optionsschein (ex)
# Kurs des Optionsscheins.

Wegen der gebotenen Umtausch- oder Bezugsmöglichkeit liegt die Verzinsung von Wandelschuldverschreibungen i.d.R. unter der von anderen Industrieobligationen, die solche Rechte nicht enthalten. Dem steht für die Anleger der Vorteil entgegen, angesichts der festgelegten Umtausch- oder Bezugsbedingungen auf steigende Aktienkurse hoffen zu können, ohne bereits den auch mit dem Verlustrisiko verbundenen Aktionärsstatus innezuhaben. Wird die Kurssteigerungshoffnung enttäuscht, bleibt die Möglichkeit, die Umtausch-/ Bezugsrechte nicht wahrzunehmen. Der Kurs von Wandelschuldverschreibungen wird sich in einem die notwendige Zuzahlung umfassenden Abstand von den entsprechenden Aktien bewegen.
Die bereits angesprochene Mischung von Elementen der Fremd-/ Kreditfinanzierung und der Eigen-/ Beteiligungsfinanzierung drückt sich bei den Wandelschuldverschreibungen im Ergebnis durch Veränderungen bei den entsprechenden Kapitalpositionen aus; hierbei kann es zu einer Transformation von Fremd- in Eigenkapital kommen (Wandelanleihen), oder es können neue Eigenkapitalzuflüsse zu verzeichnen sein (Optionsanleihen). Machen die Obligationäre von ihren Rechten Gebrauch, so wechseln sie vom Gläubiger- in den Anteilseignerstatus (Wandelanleihen), oder sie haben dann beide Stellungen inne (Optionsanleihen).

Der Referenzausprägung einer guten Fremdfinanzierungsbasis kommt die Aktiengesellschaft sehr nahe. Über den das gesamte Aktienrecht durchziehenden roten Faden des (Anleger- und) Gläubigerschutzes genießen Unternehmen dieser Rechtsform einen gewissen Bonitätsvorsprung, und den börsenfähigen Gesellschaften stehen gegenüber anderen Unternehmensformen zusätzliche Wege der Fremdkapital-Beschaffung offen. So ist als Bewertung dieses Rechtsform-Kriteriums in der Profildarstellung C-II-12 ein ( + ) eingetragen.

**Steuerliche Belastung**

Bei Kapitalgesellschaften kommt es – wie in C.II.1.b. erläutert – zu einer eigenständigen laufenden **Ertragbesteuerung in Form der Gewerbe- und Körperschaftsteuer** einschließlich des Solidaritätszuschlags. Ausgeschüttete Gewinne unterliegen auf der Ebene privater Anteilseigner zusätzlich der Einkommensteuer im Rahmen des Halbeinkünfteverfahrens. Von Kapitalgesellschaften als Anteilseignern an anderen Kapitalgesellschaften vereinnahmte Ausschüttungen bleiben bei diesen frei von einer zusätzlichen Besteuerung.

- Die systematischen Grundlagen und die Tarife dieser Ertragsteuern haben wir an früherer Stelle bereits dargestellt. Hiervon ist zum Rechtsform-Kriterium der steuerlichen Belastung von Aktiengesellschaften ein Sachverhalt noch einmal aufzugreifen:
    - Eines der wesentlichsten Elemente der (Unternehmens)**Steuerreform 2000** besteht darin, dass ausgeschüttete wie einbehaltene Gewinne von Kapitalgesellschaften zunächst mit einem einheitlichen Körperschaftsteuersatz von 25% belegt werden. Der ausgeschüttete Betrag ist dann zusätzlich nach dem **Halbeinkünfteverfahren** zur Hälfte mit dem individuellen Einkommensteuersatz des Anteilseigners zu versteuern, wenn dieser eine natürliche Person ist. Bei ausgeschütteten Gewinnen erfolgt also eine **zweifache Besteuerung**, und zwar einmal beim Unternehmen und einmal bei den Anteilseignern. Dadurch dass nur die Hälfte des Ausschüttungsbetrages mit dem individuellen Einkommensteuersatz belegt wird – die andere Hälfte also theoretisch steuerfrei ist, soll die steuerliche Mehrbelastung für die Anteilseigner begrenzt werden.
- Die mit der Steuerreform 2000 verbundenen **Wirkungen** lassen sich folgendermaßen bewerten:
    - Bei dem jetzigen Körperschaftsteuersystem einer Definitivbelastung von 25% und der hälftigen Ausschüttungsbesteuerung bei den privaten Anteilseignern ist die **Gewinneinbehaltung generell steuerlich besser gestellt**:
        * Bei voller Gewinnthesaurierung liegt mit der Gewerbe- und der Körperschaftsteuer sowie dem Solidaritätszuschlag eine ertragsteuerliche Belastung bei Kapitalgesellschaften von 38,7% vor (Gewerbesteuerhebesatz 400%; siehe hierzu C.II.1.b.).
        * In der Gesamtbetrachtung tritt die von den Anteilseignern auf die Ausschüttungen zu zahlende Einkommensteuer (persönlicher Grenzsteuersatz bezogen auf die halbe Dividende) grundsätzlich zu den von einem Unternehmen entrichteten Ertragsteuern hinzu.
        * Damit ist im Fall der Thesaurierung immer die niedrigste steuerliche Gesamtbelastung gegeben.
    - Zum besseren Verständnis der Besteuerungssystematik bei Aktiengesellschaften ist in Abbildung C-II-16 die Besteuerung von Dividendenzahlungen stark vereinfacht in ihren wesentlichen Grundzügen anhand eines fiktiven **Beispiels** dargestellt. Die Vereinfachung liegt hier insbesondere darin, dass die zu zahlende Gewerbesteuer, geltende (Sparer-)Freibeträge sowie der Solidaritätszuschlag von 5,5% auf die jeweils zu zahlenden Steuern unberücksichtigt bleiben. Dem didaktischen Ziel, Basiszusammenhänge in

diesem Grundlagenbuch zu vermitteln, wird an dieser Stelle also ein deutlicher Vorrang vor der detailgenauen Wiedergabe aller Einzelsteuern eingeräumt.

* Auf der Basis einer Beschlussempfehlung über die Verwendung des Bilanzgewinns durch den Vorstand und den Aufsichtsrat hat die Hauptversammlung beschlossen, für das Geschäftsjahr 2004 eine Dividende in Höhe von 75 EUR je dividendenberechtigter Stückaktie auszuzahlen. Dies entspricht der so genannten **Bardividende**, die das Unternehmen über die depotführende Bank zur Auszahlung an die Aktionäre weitergibt. Wie in der Abbildung ersichtlich, handelt es sich hierbei um einen (Netto-)Betrag nach Steuern auf Gesellschaftsebene, der sich als Differenzbetrag aus der so genannten **Bruttodividende** (Gewinn vor Steuern) in Höhe von 100 EUR und der darauf bezogenen Körperschaftsteuer (KSt) von 25% ergibt. Die Körperschaftsteuer ist – wie bereits ausgeführt – eine Ertragsteuer von Kapitalgesellschaften, die als juristische Personen ihre Gewinne in dieser Weise versteuern müssen. Zusätzlich zahlt die Aktiengesellschaft bezogen auf ihr steuerliches Ergebnis insbesondere auch Gewerbesteuer und Solidaritätszuschlag, die jedoch, aus den angesprochenen Vereinfachungsgründen, im Folgenden unberücksichtigt bleiben.
* Die AG überweist nach Abzug der Kapitalertragsteuer (KapErtSt) die verbleibende Nettodividende an die depotführenden Banken der Aktionäre. Unter Berücksichtigung des KapErtSt-Satzes von 20% (§ 43a EStG) ergibt sich eine Steuerbelastung von 15 EUR. Wenn der depotführenden Bank ein Freistellungsantrag des Aktionärs vorliegt, dann hat das Kreditinstitut die Möglichkeit, einen Antrag auf Erstattung der KapErtSt an das Finanzamt zu stellen. Bei Erstattung der KapErtSt vom Finanzamt kann das Kreditinstitut dann die Bardividende an den Aktionär weiterleiten.
* Die Kapitalertragsteuer ist also – wie beispielsweise auch die Lohnsteuer – eine Vorauszahlung auf die persönliche Einkommensteuer (ESt); sie stellt eine Art Vorsichtsmaßnahme von Seiten des Staates dar, der damit vermeiden möchte, dass der Aktionär bei seiner Einkommensteuer-Erklärung die Angabe von erhaltenen Dividendenausschüttungen einfach „vergisst". Die so genannte **Nettodividende**, die dem Aktionär in unserem Beispiel dann unmittelbar auf seinem Konto gutgeschrieben wird, beläuft sich auf 60 EUR. Dieser Betrag spielt für die Besteuerung auf der Gesellschafterebene, also beim Aktionär, keine unmittelbare Rolle. Denn entsprechend dem Halbeinkünfteverfahren unterliegt nicht die Nettodividende, sondern die Hälfte der Bardividende dem individuellen Einkommensteuer-Satz. Damit betragen die zu versteuernden Einkünfte (§ 20 I EStG) beim Aktionär 37,50 EUR, der in unserem Beispiel mit einem (durchschnittlichen) ESt-Satz von 40% belegt wird.

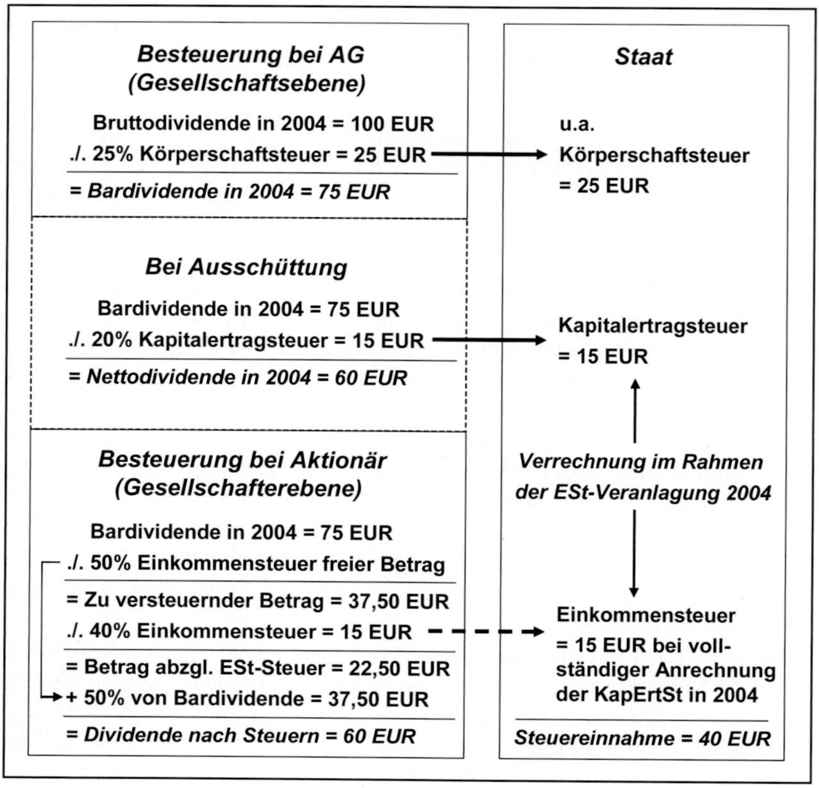


**Abb. C-II-16:** Beispiel für die Besteuerung von Aktiendividenden nach dem Halbeinkünfteverfahren (stark vereinfacht, nur begrenzt auf Körperschaft-, Kapitalertrag- und Einkommensteuern)

* Für den Aktionär ergibt sich eine Steuerschuld von 15 EUR je Aktie, die aber im Rahmen der Einkommensteuer-Veranlagung für das Jahr 2004 mit der bereits gezahlten Kapitalertragsteuer verrechnet wird. Im vorliegenden Fall gleichen sich Einkommen- und Kapitalertragsteuer aus, so dass der Aktionär keine weitere Steuerbelastung hat. Dies ist in Abbildung C-II-16 mit dem gestrichelten Pfeil verdeutlicht. Im Ergebnis bleibt dem Aktionär damit eine **Dividende nach Steuern** in Höhe von 60 EUR je Aktie; dem Staat fallen – auf der anderen Seite – in unserer reduzierten Betrachtung Steuereinnahmen in Höhe von insgesamt 40 EUR je Aktie zu. Unter der Annahme, dass der durchschnittliche Einkommensteuer-Satz über alle Aktionäre 40% beträgt, bedeutet dies für den Bund 15 EUR Mehreinnahmen je Aktie gegenüber einer Gewinnthesaurierung der AG.
* Es sei noch darauf hingewiesen, dass im Beispiel aufgrund der gewählten Beträge und des Einkommensteuer-Satzes die Dividende nach Steu-

ern mit der Nettodividende übereinstimmt. Bei einem höheren ESt-Satz ergibt sich für den Aktionär eine entsprechend höhere tarifliche Einkommensteuer; der sich ergebende Differenzbetrag muss beim Finanzamt nachgezahlt werden. Im anderen Fall, also bei einem niedrigeren ESt-Satz, erhält der Aktionär eine Rückerstattung in Höhe der Differenz aus höherer Kapitalertragsteuer und geringerer Einkommensteuer.

* Das geschilderte Anrechnungsverfahren wird im Zuge der geplanten neuen Unternehmenssteuerreform ab 2008 eventuell ganz aufgegeben. Die derzeitige Kapitalertragssteuer soll dann durch eine definitive Abgeltungssteuer ersetzt werden.

- Bei der steuerlichen Besserstellung thesaurierter Gewinne kann sich ein Konflikt mit dem bereits mehrfach herausgestellten **Ziel einer ausgewogenen Dividendenpolitik** ergeben:

  * Vom bestehenden Körperschaftsteuersystem geht heute ein stärkerer Anreiz aus, Gewinne im Unternehmen zu thesaurieren. Damit kann eine Aufwertung der überwiegend von **Großaktionären** verfolgten langfristigen Orientierung einhergehen, die zu einem Reinvestieren erwirtschafteter Gewinne in Kapitalgesellschaften führt. Wenn die Vorstände und Aufsichtsräte von AGs dies weiter bevorzugen würden, dann wäre damit notwendigerweise eine Benachteiligung der eher kurzfristig und einkommensorientierten Ausschüttungsinteressen von **Kleinaktionären** verbunden.
  * Allerdings sprechen andere Gründe für eine stärkere Thesaurierung von Gewinnen in deutschen Unternehmen. Im internationalen Vergleich weisen sie eine eher geringe Eigenkapitalbasis auf. Die Einbehaltung eines größeren Teils der erwirtschafteten Gewinne würde in dieser Hinsicht also die internationale Wettbewerbsfähigkeit deutscher Unternehmen erhöhen.

Bezogen auf die durch eine Aktiengesellschaft zu entrichtenden Ertragsteuern kann von einer relativ großen Nähe zum Idealziel einer Minimierung der Steuerbelastung gesprochen werden. Allerdings können diese nicht für sich alleine gewertet werden; eine Gesamtbeurteilung der steuerlichen Belastung dieser Rechtsform kann nicht ohne die Einbeziehung der Besteuerung ausgeschütteter Gewinne auf der Anteilseignerseite erfolgen. Wegen der in diesem Bereich durch das gegenwärtige Besteuerungssystem gegebenen Doppelbesteuerung (Körperschaftsteuer und Einkommensteuer) sowie den damit verbundenen systembedingten Verwerfungen ist im Rechtsform-Profil C-II-12 für die AG beim Rechtsform-Kriterium der steuerlichen Belastung ein ( -/o ) verzeichnet.

**Fortbestand des Unternehmens**

Zur Beurteilung der Ausprägungen dieses Rechtsform-Kriteriums bei der Aktiengesellschaft können wir an den in C.II.1.b. herausgestellten grundsätzlichen Unterschieden zwischen Personen- und Kapitalgesellschaften anknüpfen. Dort hatten wir zum Merkmal der rechtlichen Stellung herausgearbeitet, dass es für Kapitalgesellschaften als juristische Personen des Privatrechts keine Probleme im Hinblick auf die Unternehmenskontinuität gibt.

- Dieser für Kapitalgesellschaften generell geltende Befund manifestiert sich bei der Aktiengesellschaft in besonderer Deutlichkeit:
  - Infolge der **eigenen Rechtsfähigkeit** existiert eine AG unabhängig von ihren Mitgliedern, und diese haben nur einen mittelbaren Einfluss auf die unternehmerische Leitung und Kontrolle der Gesellschaft. Durch die Hauptversammlung wird der Aufsichtsrat gewählt, der wiederum den Vorstand bestellt. An die Stelle der – bei den Personengesellschaften gegebenen – Geschäftsleitung durch die Anteilseigner tritt hier also das Prinzip der „Fremdorganschaft“.
  - Vor allem aber können die in den **Aktien** verkörperten Mitgliedschaftsrechte der Aktionäre jederzeit **formlos übertragen** werden, ohne dass hierzu die Zustimmung der anderen Anteilseigner notwendig ist. Eine gewisse Durchbrechung erfährt dieser Grundsatz lediglich im Fall der vinkulierten Namensaktien, bei denen die Übertragung an ein Plazet der Gesellschaft gebunden ist (i.d.R. durch den Vorstand, satzungsmäßig auch durch Aufsichtsrat oder Hauptversammlung möglich – § 68 II AktG).
  - Ein bei Einzelunternehmen und Personengesellschaften regelmäßig mit Nachfolgeproblemen verbundenes todesbedingtes Ausscheiden eines Gesellschafters existiert für eine Aktiengesellschaft als rechtliches Problem nicht. An die Stelle eines verstorbenen Aktionärs treten dessen Erben; diese können die Rechte aus den Aktien wahrnehmen oder deren Verkauf betreiben.

- Wenn Aktiengesellschaften von staatlicher Seite die eigenständige Rechtspersönlichkeit verliehen wird, dann ist der **Schutz von Anlegern und Gläubigern** durch hierauf bezogene Rechtsvorschriften zu gewährleisten. Das Aktienrecht weist deshalb eine hohe Regelungsdichte auf. Hierbei sind auch die Gründe festgelegt, durch welche eine AG aufgelöst werden kann. Als solche sind in § 262 I AktG bestimmt:
  - Ablauf der in der Satzung bestimmten Zeit
  - Beschluss der Hauptversammlung (Dreiviertelmehrheit, satzungsmäßig größere Mehrheit und weitere Erfordernisse bestimmbar)
  - Eröffnung des Insolvenzverfahrens
  - Ablehnung des Insolvenzverfahrens mangels Masse
  - Registergerichtliche Verfügung wegen Satzungsmangel
  - Löschung der Gesellschaft wegen Vermögenslosigkeit.

  An die zur Eintragung in das Handelsregister anzumeldende Auflösung (§ 263 AktG) einer Aktiengesellschaft schließt sich deren Abwicklung an. Hierfür sind von Gesetzes wegen die Vorstandsmitglieder zuständig (§ 265 AktG). Vermögensverteilungen unter den Aktionären (§ 271 AktG) können erst nach dreimaligem Gläubigeraufruf in den Gesellschaftsblättern erfolgen (§ 267 AktG). Die erfolgte Abwicklung einer AG ist wiederum zur Eintragung in das Handelsregister anzumelden. Danach kann deren Löschung erfolgen. Die Bücher und Schriften der Gesellschaft sind an einem gerichtlich festgelegten Ort auf zehn Jahre sicher zu verwahren (§ 273 AktG). Bis zur Vermögensverteilung kann die Hauptversammlung einer in Abwicklung befindlichen Aktiengesellschaft noch deren Fortsetzung beschließen.

Bei dieser hohen Idealentsprechung kann das Merkmal des Unternehmensfortbestandes bei der AG mit einem uneingeschränkten ( + ) bewertet werden.

**Kosten der Gründung**

Der beim vorstehend behandelten Rechtsform-Kriterium noch einmal herausgestellte große aktienrechtliche Vorschriftenumfang findet seinen Niederschlag in dem Prinzip der Satzungsstrenge. Danach können Aktiengesellschaften bei der Satzungsabfassung nur in engen, jeweils ausdrücklich vom Aktiengesetz bestimmten Grenzen von dieser Rechtsgrundlage abweichen. Hierauf sind wir im Rahmen der Erläuterungen zu den gesetzlichen Grundlagen von AGs bereits zu Beginn der Darstellung dieser Rechtsform eingegangen.

Mit dieser allgemeinen, alle bisherigen Ausführungen zur Aktiengesellschaft umgreifenden Rückbeziehung wird deutlich, dass die hohe aktienrechtliche Regelungsdichte auch hohe rechtsformbezogene Kosten mit sich bringt:

- Als **Kosten der Gründung** einer Aktiengesellschaft sind – der Darstellungssystematik bei den bisher vorgestellten Rechtsformen folgend – aufzuführen:
  - Gewerbeanmeldung
  - Notariell zu beurkundende Satzung
  - Handelsregistereintragung (mit Gründungsbericht/ -prüfung nach erfolgter Aktienübernahme durch die Aktionäre, öffentlich beglaubigtem Antrag und Bekanntmachung nach vollzogener Eintragung).
- Ist eine Aktiengesellschaft errichtet und im Handelsregister eingetragen, dann sind **zusätzlich folgende Rechtsformkosten** zu beachten:
  - Kosten der organschaftlichen Verfassung (Vorstand, Aufsichtsrat, Hauptversammlung)
  - Kosten der besonderen und größenklassenabhängigen Rechnungslegungs-, Prüfungs- und Offenlegungsvorschriften.
- Wenn eine Aktiengesellschaft eine **Kapitalaufnahme über den Wertpapiermarkt** erwägt und ihre Anteile an der Börse gehandelt werden sollen, dann sind hiermit weitere Kosten verbunden. Wegen deren Höhe ist ein solcher Schritt i.d.R. nur für große Unternehmen kostenmäßig vertretbar:
  - Börsenzulassung
  - Provision der Emissionsbanken (3-5% des Emissionserlöses)
  - Börsengang – Initial Public Offering/ IPO mit Prospekterstellung und Kommunikationsmaßnahmen zur Börseneinführung (z.B. Roadshows)
  - Emission der Aktien, Regelung der Übertragung (Aktienregister bei Namensaktien)

- Investor Relations zum Aufbau/ der Pflege guter Aktionärsbeziehungen.

Mit den im Überblick aufgelisteten Kosten der Gründung einer Aktiengesellschaft sowie den daraus folgenden weiteren rechtsformbezogenen Belastungen kann die Idealposition bei diesem Rechtsform-Kriterium („niedrige Kosten") nicht erreicht werden. Hier ist im Gegenteil – auch ohne exakte Größenangaben – von insgesamt sehr hohen Kosten auszugehen, und so ist als letzte Bewertung im Rechtsform-Profil C-II-12 zu den Kosten der Gründung ein ( - ) eingetragen.

In der bei Aktiengesellschaften gegebenen hohen Regelungsdichte lag schließlich auch der bei dieser Rechtsform erreichte Darstellungsumfang begründet. Als knappes Fazit hierzu kann in der Profil-Darstellung C-II-12 festgehalten werden.

**Die Rechtsform der Aktiengesellschaft ist geeignet für größere Unternehmen mit hohem Kapitalbedarf.**

### *b. Gesellschaft mit beschränkter Haftung (GmbH)*

Bezogen auf die Gesamtzahl der Unternehmen in Deutschland liegt die Gesellschaft mit beschränkter Haftung (GmbH – hierzu Abbildung C-II-17) nach dem Einzelunternehmen auf dem zweiten Platz, und auf der Umsatzrangliste nimmt diese Rechtsform die Spitzenposition ein (siehe hierzu Abb. C-II-2 in C.II.1.a.).

- Als Kapitalgesellschaft hat die GmbH eine **eigenständige Rechtspersönlichkeit**, und die Beteiligung an einer solchen Gesellschaft bestimmt sich über die hieran gehaltenen Eigenkapitalanteile. Die Beiträge der Gesellschafter zur vermögensmäßigen Ausstattung werden als Stammeinlagen bezeichnet, und als deren Summe ergibt sich das **Stammkapital** einer Gesellschaft mit beschränkter Haftung. Vom Begriffsinhalt her gesehen, entspricht dies dem Grundkapital bei der AG. Ausgehend von den übernommenen Stammeinlagen wird die Beteiligung an einer GmbH mit allen ihren Mitgliedsrechten und -pflichten generell als **Geschäftsanteil** gekennzeichnet. Zusammengenommen ergibt sich damit die im Rechtsform-Profil (Abb. C-II-17) eingetragene Kurzkennzeichnung: **Die GmbH ist eine Gesellschaft mit eigener Rechtspersönlichkeit, an der Gesellschafter mit Stammeinlagen beteiligt sind.**
- Die **Mindesthöhe des Stammkapitals** einer Gesellschaft mit beschränkter Haftung ist auf **25.000 EUR** festgesetzt (§ 5 I GmbHG). Auf der gleichen gesetzlichen Grundlage basiert, dass die **Stammeinlagen eines Gesellschafters mindestens 100 EUR** betragen müssen. Die einzelnen Gesellschafter können Stammeinlagen in unterschiedlicher Höhe einbringen, diese müssen aber jeweils in Euro durch 50 teilbar sein (§ 5 III GmbHG).
  Aus dem zur Erhaltung des Stammkapitals einer GmbH erforderlichen Vermögen dürfen keine Auszahlungen an die Gesellschafter vorgenommen werden (§ 30 I GmbHG). Gegenüber der hiermit vergleichbaren Vorschrift für AGs (§ 57 AktG) ist dieses grundlegende – der Kapitalerhaltung und damit dem Schutz der Gläubiger dienende – Rückzahlungsverbot für GmbHs etwas allgemeiner gefasst. Anders als bei Aktiengesellschaften sind bei Gesellschaften mit be-

schränkter Haftung über die Gewinnausschüttungen hinausgehende Auszahlungen an die Gesellschafter möglich. Dadurch darf aber das Stammkapital auf keinen Fall angegriffen werden.

***Kurzkennzeichnung:*** **Gesellschaft mit eigener Rechtspersönlichkeit, an der Gesellschafter mit Stammeinlagen beteiligt sind**

***Gesetzliche Grundlagen:*** **GmbHG (mit Verweisen auf HGB)**

| *Kriterien und Ausprägungen:* | *Bewertung:*)* |
|---|---|
| (1) *Haftung*<br>• GmbH haftet nur mit Gesellschaftsvermögen – Risiko der Gesellschafter beschränkt auf Einlage (Bar- oder Sacheinlage mit evtl. Nachschusspflicht); Einmann-GmbH möglich | o/+ |
| (2) *Leitungsbefugnisse*<br>• Nach innen und außen durch Geschäftsführer, bestellt und überwacht durch Gesellschafterversammlung mit hoher Weisungsabhängigkeit; Aufsichtsrat abhängig von Größe/ Branche oder freiwillig (auch Beirat) | + |
| (3) *Gewinn- und Verlustbeteiligung*<br>• Gewinnverteilung (bei evtl. Einstellung in Gewinnrücklagen) an die Gesellschafter i.d.R. im Verhältnis der Geschäftsanteile (abweichende Regelung durch Gesellschaftsvertrag möglich) | + |
| (4) *Publizitätspflicht*<br>• Annäherung an AG bei großen GmbHs; aber: Erleichterungen für kleine und mittlere GmbHs | -/o |
| (5) *Eigenkapital-Beschaffung*<br>• 25.000 Euro MEK – EK-Zuführung durch Thesaurierung, evtl. durch Nachschüsse; Aufnahme neuer Gesellschafter möglich, wegen Formbindung und Vermögensausgleich aber schwierig | ±o |
| (6) *Fremdkapital-Beschaffung*<br>• Bonität der GmbH eher niedrig – Für Kredite evtl. zusätzliche Besicherung aus Privatvermögen der Gesellschafter nötig | ±o |
| (7) *Steuerliche Belastung*<br>• Wie AG; GmbH: KSt/ GewSt – Ges.schafter: ESt auf Ausschüttung | ±o |
| (8) *Fortbestand des Unternehmens*<br>• Gesichert, da jur. Person – Anteile nur notariell übertragbar | o/+ |
| (9) *Kosten der Gründung*<br>• Hoch – Gewerbeanmeldung/ Handelsregistereintrag/ notarieller Gesellschaftsvertrag | -/o |

*) Kriterienbezogene Nähe ( - \| -/o \| ±o \| o/+ \| + ) zum Ideal

***Fazit: Geeignet als Kapitalgesellschaft für jede Unternehmensgröße/ Branche***

**Abb. C-II-17:** Rechtsform-Profil: Gesellschaft mit beschränkter Haftung (GmbH)

- Als eigenständige Rechtsgrundlage gilt für GmbHs das **Gesetz betreffend die Gesellschaften mit beschränkter Haftung** (GmbHG) vom 20.04.1892. Im Rechtsform-Profil C-II-17 ist als gesetzliche Grundlage der GmbH auch das **Handelsgesetzbuch (HGB)** aufgeführt. Außer durch direkte Verweise begründet sich die generelle Anwendung des HGB auf GmbHs durch § 13 III GmbHG; nach dieser Bestimmung gelten Firmen dieser Rechtsform grundsätzlich als Handelsgesellschaften. Zur Anwendung des Handelsrechts kann damit die entsprechende Korrespondenzvorschrift des § 6 I HGB greifen.
- Mit dem GmbHG wird den Gesellschaften mit beschränkter Haftung ein alles in allem schlanker Rechtsrahmen vorgegeben. Im Vergleich mit dem AktG wird dies bereits am Gesetzesumfang deutlich; den 87 §§ des GmbHG stehen 410 §§ beim AktG (plus 46 §§ des Einführungsgesetzes zum Aktiengesetz – EGAktG) gegenüber. Die materielle Begründung der geringeren Regelungstiefe des GmbHG liegt darin, dass hier ein sehr viel größeres Maß an Gestaltungsfreiheit eingeräumt wird. Wenn bei der AG das Prinzip der „Satzungsstrenge" Anwendung findet, dann ist für die GmbH mit ihrer **weitgehenden Satzungsautonomie** im Grundsatz von der gegensätzlichen Leitidee auszugehen: Bei der Abfassung des **Gesellschaftsvertrags** – dem Pendant zur Satzung bei der AG – sind die Gesellschafter einer GmbH deutlich weniger Beschränkungen unterworfen. Bildlich gesprochen, ist bei der Ausgestaltung eines GmbH-Vertrages Maßkonfektion möglich; ein AG-Vertrag ist eher Konfektion.

  Bei dem weitgehend dispositiven GmbH-Recht ist allerdings darauf hinzuweisen, dass zum einen durch die Rechtsprechung eine Rechtsfortbildung bewirkt wurde und damit bei dieser Rechtsform relativ viel Richterrecht zu beachten ist. Zum anderen ist festzuhalten, dass mit der Zeit eine Einengung des GmbH-Spielraumes durch rechtsformübergreifende Gesetze erfolgte; hier sind beispielsweise die Gesetze zur Unternehmensmitbestimmung, das Publizitätsgesetz (PublG) von 1969, das Bilanzrichtlinien-Gesetz (BiRiLiG) von 1985 oder das Gesetz zur Kontrolle und Transparenz im Unternehmensbereich (KonTraG) von 1998 zu nennen.
- Die nach den Beträgen der Stammeinlagen bestimmten **Geschäftsanteile** (§ 14 GmbHG) sind – anders als bei der AG – **nicht in einem Wertpapier verbrieft**. Ihre Veräußerung und Übertragung bedarf deshalb eines in **notarieller Form geschlossenen Vertrages** (§ 15 IV und III GmbHG). Wir werden auf Einzelheiten des Gesellschafterwechsels beim Rechtsform-Kriterium des Unternehmensfortbestands zurückkommen; einführend zur GmbH ist Folgendes herauszustellen:

  Der Schutzzweck der notariellen Formerfordernisse beim Kauf/ Verkauf von GmbH-Anteilen ist im Zusammenhang mit dem erläuterten großen Gestaltungsfreiraum und dem dabei notwendigerweise geringeren Anlegerschutz bei der Gesellschaft mit beschränkter Haftung zu sehen. Bei der Hürde des notwendigen Vertragsschlusses und seiner notariellen Beurkundung wird davon ausgegangen, dass ein potenzieller Anleger vor einem finanziellen Engagement in einer GmbH eingehend die damit verbundenen Chancen und Risiken abwägt.

**Haftung**

Die Darstellung der GmbH-bezogenen Ausprägungen dieses Rechtsform-Kriteriums wird in drei Teilschritten vorgenommen: Zuerst wird auf den Prozess der GmbH-Gründung und die in diesem Stadium zu beachtenden Haftungsverhältnisse eingegangen, danach werden die generellen Haftungsgrundlagen für bestehende GmbHs zusammengefasst und schließlich sind hierbei gegebene Besonderheiten zu erläutern.

- Gesellschaften mit beschränkter Haftung erhalten ihren Status als juristische Personen des Privatrechts – wie Aktiengesellschaften – erst mit der Eintragung in das Handelsregister (Abteilung B). Ab diesem Zeitpunkt greift dann auch der Grundsatz der alleinigen Verbindlichkeitshaftung des GmbH-Vermögens. Hieraus ergibt sich, dass im Stadium der Gesellschaftsgründung noch andere Haftungsgrundlagen gelten. Zu deren Erläuterung wird im Folgenden vorab auf den **Gründungsprozess von GmbHs** eingegangen:

  - Die Errichtung einer GmbH kann durch **eine oder mehrere Personen** vorgenommen werden (§ 1 GmbHG). Die Möglichkeit der Einpersonen-Gründung ist über die GmbH-Novelle vom 04.07.1980 in das GmbHG aufgenommen worden; zuvor waren mindestens zwei Personen zu einer GmbH-Errichtung erforderlich.
    Der in dem Eingangsparagrafen des GmbHG verwendete Personenbegriff ist in seiner juristischen, weiten Bedeutung anzuwenden: Als Gründer und damit auch als Gesellschafter von GmbHs kommen **natürliche Personen**, **Personengesellschaften** und **juristische Personen** in Frage.
  - Mit der **notariellen Beurkundung** des von allen Anteilseignern unterzeichneten **Gesellschaftsvertrags** (§ 2 I GmbHG) ist eine GmbH errichtet.
    Der notwendige Inhalt des Gesellschaftsvertrags ist in § 3 I GmbHG festgelegt (Firma und Sitz der Gesellschaft, Unternehmensgegenstand, Höhe des Stammkapitals und der Stammeinlagen jedes Gesellschafters). Wenn eine GmbH auf eine gewisse Zeit beschränkt sein soll, oder wenn den Gesellschaftern über die Leistung der Stammeinlagen hinausgehende Verpflichtungen auferlegt werden sollen, dann gilt für solche Bestimmungen ebenfalls die Erfordernis der Aufnahme in den Gesellschaftsvertrag (§ 3 II GmbHG).
  - Die Handlungsfähigkeit einer juristischen Person setzt die Herausbildung ihrer **Organe** voraus. Bei einer GmbH sind dies neben der Gesamtheit aller Gesellschafter **(Gesellschafterversammlung)** der oder die **Geschäftsführer**, denen die Verantwortung zur inneren Leitung und äußeren Vertretung der Gesellschaft zukommt. Die Bildung eines **Aufsichtrats** ist nur dann obligatorisch, wenn bei einer GmbH die Kriterien zur Unternehmens- respektive Aufsichtsratsmitbestimmung greifen.
  - Als weitere **Vorbedingungen der Anmeldung** einer GmbH zur Eintragung in das Handelsregister sind nach § 7 II GmbHG zu beachten:

    * Jede als Bareinlage vereinbarte Stammeinlage muss zu einem Viertel eingezahlt sein.

  * Die Summe aller Einzahlungen muss mindestens die Hälfte des Mindeststammkapitals (also 12.500 EUR) betragen.
  * Auch bei einer Einpersonen-Gründung muss der Gesellschafter 50% des Stammkapitals einzahlen, und zusätzlich hat er für den noch ausstehenden Teil seiner Einlage eine Sicherheit zu bestellen.

- Neben der Versicherung, dass diese mindestens notwendigen Leistungen auf die Stammeinlagen erbracht wurden und zur freien Verfügung der Gesellschaft stehen, haben die Geschäftsführer bei der Anmeldung einer GmbH zur Handelsregistereintragung noch weitere Erklärungen abzugeben (§ 8 II bis IV GmbHG) und die in § 8 I GmbHG bezeichneten Unterlagen einzureichen (v.a. den beurkundeten Gesellschaftsvertrag und die von den Anmeldenden unterzeichnete Liste der Gesellschafter).
  Nach der registergerichtlichen Prüfung (Versagungsgründe gemäß § 9c GmbHG) wird mit den folgenden Angaben die **Eintragung in das Handelsregister** vorgenommen (§ 10 I und II GmbHG):

  * Firma und Sitz der Gesellschaft
  * Gegenstand des Unternehmens
  * Höhe des Stammkapitals
  * Tag des Abschlusses des Gesellschaftsvertrags
  * Geschäftsführer und ihre Vertretungsbefugnisse
  * ggf. die vorgesehene Zeitdauer der Gesellschaft.

  In die **Bekanntmachung der Eintragung** durch das Registergericht im Bundesanzeiger und mindestens einem weiteren Blatt (§ 10 HGB) sind zusätzlich eventuelle Vereinbarungen zur Leistung von Sacheinlagen aufzunehmen. Enthält der Gesellschaftsvertrag besondere Bestimmungen zur Form öffentlicher Mitteilungen („Gesellschaftsblätter"), so sind auch diese mit der Handelsregistereintragung publik zu machen (§ 10 III GmbHG). Als Basis-Gesellschaftsblatt der GmbH ist mit § 12 GmbHG der elektronische Bundesanzeiger gesetzlich festgelegt.
  Zur Firma als dem Geschäftsnamen einer GmbH gelten die durch das Handelsrechtsreformgesetz (HRefG) vom 22.06.1998 vereinheitlichten Regeln. Wie für alle anderen Rechtsformen sind auch für GmbHs Firmennamen mit einer Personen-, Sach- oder Fantasiekennzeichnung sowie Kombinationen daraus möglich. Mit § 4 GmbHG wird als Rechtsformzusatz die Bezeichnung „Gesellschaft mit beschränkter Haftung" oder eine allgemein verständliche Abkürzung hierzu zwingend vorgeschrieben. Damit wäre also neben „TOP Media GmbH" (Beispiel aus C.II.2.) auch „TOP Media Gesellschaft m.b.H." zulässig. Welche Angaben auf den an bestimmte Empfänger gerichteten Geschäftsbriefen und Bestellscheinen einer GmbH enthalten sein müssen, ist in § 35a GmbHG festgelegt.
  Im Hinblick auf den Sitz einer Gesellschaft mit beschränkter Haftung wurde durch das HRefG eine präzisere Bestimmung in das GmbHG aufgenommen. Nach § 4a GmbHG ist im Gesellschaftsvertrag als Sitz der Gesellschaft jetzt der Ort zu wählen, an dem die betriebliche Leistungserstellung erfolgt oder

an dem die Geschäftsleitung respektive die Verwaltung angesiedelt ist. Der Wortlaut des Paragrafen verlangt, dass dies „i.d.R." der Fall sein soll; die Bestimmung des Gesellschaftssitzes kann also in Grenzen flexibel gehandhabt werden. Die Vorschrift bietet dennoch eine Grundlage dazu, das Vorgehen unseriöser GmbHs zu unterbinden, sich durch häufige Sitzverlegungen ihren Gläubigern zu entziehen.

- Wenn bei einer GmbH-Errichtung festgelegt wird, dass einzelne Gesellschafter ihre Stammeinlage ganz oder teilweise durch die Einbringung von **Sacheinlagen** bewirken (Sachgründung), dann greifen – wie bei einer entsprechenden AG-Errichtung – **besondere Vorschriften**:

  * Die Festsetzung der Sacheinlagen und des hierfür gewerteten Stammeinlagebetrags hat im Gesellschaftsvertrag zu erfolgen. Die Angemessenheit dieser Vertragsregelungen haben die Gesellschafter in einem Sachgründungsbericht darzulegen (§ 5 IV GmbHG).
  * Für Sacheinlagen gilt, dass sie vor der Anmeldung einer GmbH zur Handelsregistereintragung vollständig zu leisten sind (§ 7 III GmbHG).
  * Gesellschafter, die Sacheinlagen leisten, unterliegen nach § 9 GmbHG einer Differenzhaftung:

    # Bleibt der Wert der eingelegten Sache zum Anmeldungszeitpunkt der Handelsregistereintragung hinter dem Betrag der dafür übernommenen Stammeinlage zurück, so hat der Gesellschafter die Differenz in Geld zu leisten.
    # Für die hierauf bezogenen Ansprüche der Gesellschaft gilt ab der Handelsregistereintragung eine Verjährungsfrist von fünf Jahren.

  * Das Registergericht kann die Eintragung einer GmbH im Fall überbewerteter Sacheinlagen ablehnen (§ 9c I GmbHG).

- Die **Haftungsverhältnisse** im Gründungsprozess von GmbHs stellen sich wie folgt dar:
  Vor der Eintragung in das Handelsregister besteht eine Gesellschaft mit beschränkter Haftung als solche nicht (§ 11 I GmbHG). Die Zeit bis zu ihrer Entstehung durch die Handelsregistereintragung kann in zwei Abschnitte eingeteilt werden, die Vorgründungsgesellschaft und die Vor-GmbH.
  Im **Vorgründungsstadium** ist als gesellschaftsrechtlicher Status entweder der einer **GbR** oder – wenn bereits ein Handelsgewerbe aufgenommen wurde – einer **OHG** gegeben. Dementsprechend unterliegen die Gesellschafter in dieser Phase einer unmittelbaren, unbeschränkten und solidarischen Verbindlichkeitshaftung.
  Die **Vor-GmbH** umfasst den Zeitraum von der Gesellschaftserrichtung (notariell beurkundete Schließung des Gesellschaftsvertrags) bis zur Handelsregistereintragung. Ihre Verfassung entspricht noch nicht der einer juristischen Person, dennoch kommt das GmbH-Recht hier bereits zur Anwendung, soweit dazu nicht die Eintragung vorausgesetzt wird.

Während der Vor-GmbH greift im Außenverhältnis die so genannte **Handelndenhaftung** (§ 11 II GmbHG). Personen, die in diesem Stadium Geschäfte im Namen der künftigen Gesellschaft tätigen, unterliegen danach für die Dauer der Vor-GmbH einer persönlichen und solidarischen Haftung. Der Begriff der Handelnden kann hier bestellte Geschäftsführer wie auch als Geschäftsführer auftretende Gesellschafter umfassen.
Im Hinblick auf die Tätigkeitsaufnahme einer GmbH vor ihrer Eintragung gilt zur Verbindlichkeitshaftung der Gesellschafter seit einem BGH-Urteil von 1997 (27.01.1997 – II ZR 123/94) der Grundsatz der unbeschränkten Innenhaftung. Demnach greift für diese Zeit eine persönliche Gesellschafterhaftung, bei der die Gläubiger allerdings ihre Ansprüche gegenüber der Vor-GmbH geltend machen müssen. In einem zweiten Schritt kann die Vorgesellschaft ihre Forderungen dann den Gesellschaftern präsentieren.
Als Voraussetzung dieser Vorbelastungshaftung ist mittlerweile anerkannt, dass die Gesellschafter den oder die Geschäftsführer zur Vornahme der jeweiligen Geschäfte ermächtigt haben. Ist dieses in Einzelfällen nicht der Fall, dann müssen letztere im Rahmen ihrer Handelndenhaftung alleine geradestehen.
Im Zusammenhang mit der Handelsregistereintragung und der damit bewirkten Entstehung einer GmbH sind noch folgende **Haftungsregelungen** zu beachten:

* Die geschilderte Vorbelastungshaftung während der Vor-GmbH setzt sich in einer auf das Stammkapital bezogenen Differenzhaftung zum Zeitpunkt der Handelsregistereintragung fort. Um sicherzustellen, dass die Finanzausstattung einer GmbH bei ihrer Entstehung in vollem Umfang zur Verfügung steht, haften die Gesellschafter analog § 24 GmbHG untereinander für eventuell entstandene Anlaufverluste (Verjährung fünf Jahre nach Eintragung, analog § 9 II GmbHG).
* Mit § 9a GmbHG wird festgelegt, welche Ersatzansprüche eine Gesellschaft mit beschränkter Haftung gegenüber Gesellschaftern und Geschäftsführern im Hinblick auf Schädigungen in der Gründungsphase erheben kann.
* Neben der schon angeführten Differenzhaftung bei Sacheinlagen sind schließlich als potenzielle Haftungspositionen die noch anzusprechende kollektive Deckungspflicht zur Erbringung der Stammeinlagen, die Ausfallhaftung bei verbotenen Rückzahlungen, eventuelle Nachschussregelungen sowie eigenkapitalersetzende Gesellschafterleistungen zu berücksichtigen.

• Wie schon in C.II.1.a. und C.II.1.b. erläutert wurde, sind Kapitalgesellschaften immer als juristische Personen des Privatrechts verfasst. Für die GmbH wird hierzu im GmbHG eine ausführliche Umschreibung gegeben. Bei dem unter die Teilüberschrift „Juristische Person" gestellten § 13 GmbHG lautet der erste Absatz wie folgt: „Die Gesellschaft mit beschränkter Haftung als solche hat selbstständig ihre Rechte und Pflichten; sie kann Eigentum und andere dingliche Rechte an Grundstücken erwerben, vor Gericht klagen und verklagt wer-

den". Für die Aktiengesellschaft wird demgegenüber im AktG lediglich die kurze – aber gleichbedeutende – Kennzeichnung vorgenommen: „Die Aktiengesellschaft ist eine Gesellschaft mit eigener Rechtspersönlichkeit" (§ 1 I Satz 1 AktG).
Neben der Einordnung der GmbH als juristische Person enthält der § 13 GmbHG auch die hieraus folgende Konsequenz zur Verbindlichkeitshaftung: „Für die Verbindlichkeiten der Gesellschaft haftet den Gläubigern derselben nur das Gesellschaftsvermögen" (§ 13 II GmbHG).
Wie bei der AG bedeutet dies, dass eine ordnungsgemäß errichtete und über die Handelsregistereintragung mit eigenständiger Rechtsfähigkeit ausgestattete GmbH die Erfüllung von Verbindlichkeiten als Gesellschaft schuldet; die an ihr als **Gesellschafter** beteiligten natürlichen Personen können hierauf nicht in Anspruch genommen werden. Durch den Gesellschaftsvertrag sind diese nur gegenüber ihrer GmbH verpflichtet, und zwar vor allem zur **Leistung der vereinbarten Stammeinlage.** Bei einem schlechten Geschäftsverlauf kann es zwar zu einer Abwertung oder zu einer völligen Entwertung der Geschäftsanteile kommen; grundsätzlich müssen aber die Gesellschafter einer GmbH für deren Verbindlichkeiten nicht unmittelbar aufkommen.

- Eine Beschränkung der Haftung greift also aus Sicht der Gesellschafter. Die GmbH kann aber von ihnen die Auffüllung noch nicht voll eingezahlter Anteile verlangen. Gegenüber einer GmbH haften die Anteilseigner also auf die Einbringung der Stammeinlagen. Ein Erfüllen der Forderungen von Gläubigern durch die Gesellschafter ist grundsätzlich ausgeschlossen. Der Haftungsbegriff für die Gesellschafter bezieht sich also in erster Linie auf die Einlageverpflichtungen im Innenverhältnis einer GmbH. Wir kennzeichnen die damit verbundene Gefahr eventueller Vermögensverluste der Gesellschafter – wie bei der AG eingeführt – als deren Risiko.
- In § 13 II GmbHG wird bestimmt, den Gläubigern haftet „nur" das Gesellschaftsvermögen. Die auf die einzelnen Gläubiger bezogene Außenhaftung der GmbH unterliegt dabei aber keinerlei Begrenzungen. Mit ihrem Gesellschaftsvermögen muss sie also für alle ihre Verbindlichkeiten unbeschränkt einstehen.
- Mit dem ersten Eintrag im Rechtsform-Profil C-II-17 zum Haftungskriterium werden die vorstehenden Charakterisierungen der Außen- und Innenverhältnisse zusammengefasst: **Die GmbH haftet unbeschränkt mit ihrem gesamten Gesellschaftsvermögen. Das Risiko der Gesellschafter ist beschränkt auf ihre übernommene Einlage.**

• Im Rahmen der angesprochenen Leistung der Stammeinlage können auf die Anteilseigner von Gesellschaften mit beschränkter Haftung ggf. weitere kapitalbezogene Verpflichtungen zukommen. Zu diesen **GmbH-typischen Besonderheiten** kann folgender Überblick gegeben werden:

- Neben ihrer individuellen Einlagepflicht (§ 19 GmbHG) unterliegen die GmbH-Gesellschafter einer **kollektiven Deckungspflicht**. Diese im § 24

GmbHG geregelte Ausfallhaftung kann im Fall der Uneinbringlichkeit vereinbarter Stammeinlagen zum Tragen kommen.
Leistet ein säumiger Gesellschafter die (restliche) Einzahlung auf seinen Geschäftsanteil nicht innerhalb einer gesetzten Nachfrist von mindestens einem Monat, dann ist ihm gegenüber der Verfall seiner Beteiligung zu erklären. Bei dieser „Kaduzierung" (§ 21 GmbHG) können eventuelle Rechtsvorgänger des ausgeschlossenen Gesellschafters auf die ausstehenden Einlagezahlungen in Anspruch genommen werden.
Ist der rückständige Betrag eines verlorenen GmbH-Anteils nicht von Rechtsvorgängern zu erlangen, dann kann dieser im Rahmen einer öffentlichen Versteigerung verkauft werden (§23 GmbHG). Gelingt auch dieses nicht, dann haben die übrigen Gesellschafter den Fehlbetrag im Verhältnis ihrer Geschäftsanteile aufzubringen. Können die jeweiligen Ausgleichsanteile von einzelnen Anteilseignern nicht erlangt werden, haben die restlichen Gesellschafter entsprechend höhere Beträge zu tragen (§ 24 GmbHG).
Die erläuterten Vorschriften dienen dem Ziel, die Kapitalaufbringung einer GmbH sicherzustellen; mit ihnen soll der tatsächliche Zufluss aller vereinbarten Einlagen an die Gesellschaft gewährleistet werden. Dabei geht die mit dem § 24 GmbHG begründete Solidarhaftung der Gesellschafter deutlich über die Behandlung säumiger Aktionäre bei der AG hinaus (§§ 64-66 AktG). Dort ist der Verkauf von Aktien vorzunehmen (Börse oder öffentliche Versteigerung), wenn teilweise oder vollständig ausstehende Einzahlungen uneinbringlich sind. Der Rückgriff auf die übrigen Aktionäre ist hierbei nicht vorgesehen.
Die im Hinblick auf die Leistung der einzelnen Stammeinlagen gegebene kollektive Deckungsverpflichtung von GmbH-Gesellschaftern kann weitreichende Folgen mit sich bringen. So kann es beispielsweise dazu kommen, dass einem einzigen Gesellschafter – bei Ausfall aller anderen – die Aufbringung des restlichen Stammkapitals einer GmbH abverlangt wird. Damit die GmbH eingetragen wird, müssen – wie bereits angesprochen – 50% des Mindeststammkapitals gemäß § 5 (1) GmbHG (also die Hälfte von 25.000 EUR) als Mindesteinlagen eingezahlt worden sein. Jeder Gesellschafter muss ein Viertel seiner Bareinlage geleistet haben; Sacheinlagen müssen voll geleistet werden.
Das bei der Uneinbringlichkeit von Stammeinlagen anzuwendende Verfahren ist zwingendes GmbH-Recht; hiervon kann im Gesellschaftsvertrag nicht abgewichen werden (§ 25 GmbHG). Damit ist es für jeden Gesellschafter angeraten, sich um eine fundierte Einschätzung seiner GmbH-Partner zu bemühen. Ein gewisser Schutz vor bösen Überraschungen lässt sich darüber hinaus durch die Vereinbarung treffen, alle Stammeinlagen sofort und vollständig einzuzahlen.

- Eine Ausfallhaftung der Mitgesellschafter kann auch dann gegeben sein, wenn entgegen der Vorschrift des § 30 I GmbHG Zahlungen zu Lasten des Stammkapitals an Gesellschafter erfolgt sind.

Bei solchen **verbotenen Rückzahlungen** steht der GmbH gegenüber dem Leistungsempfänger ein Erstattungsanspruch zu (§ 31 I GmbHG). Erweist sich dieser als uneinbringlich, dann haften zunächst die übrigen Gesellschafter hierfür im Verhältnis ihrer Stammeinlagen und ihrer „Zahlungsfähigkeit" – bei ausfallenden Einzelbeträgen kommt es also auch hier zu einer Weiterverteilung auf die restlichen GmbH-Gesellschafter (§ 31 III GmbHG).

- Im Gesellschaftsvertrag einer GmbH kann geregelt werden, dass aufgrund von Gesellschafterbeschlüssen zusätzliche, über den Betrag der Stammeinlagen hinausgehende Einzahlungen von den Anteilseignern zu leisten sind (§§ 26-28 GmbHG). Damit bildet sich ein als Kapitalrücklage zu verbuchendes (§ 42 II GmbHG) variables Zusatzkapital, welches – im Gegensatz zu den Stammeinlagen – grundsätzlich rückzahlbar ist (§ 30 II GmbHG).
  Eine derartige **Nachschusspflicht** muss zwingend im Gesellschaftsvertrag begründet sein. Auf der Grundlage der Bestimmungen im Gesellschaftsvertrag zu Anlass und Ausmaß können die jeweiligen Nachschusszahlungen durch die Gesellschafter beschlossen werden; die im Einzelnen zu entrichtenden Zahlungen bemessen sich nach dem Verhältnis der Geschäftsanteile (§ 26 GmbHG). Werden hierzu auf die Höhe der Geschäftsanteile bezogene Begrenzungen vorgesehen, dann ist eine betragsmäßig begrenzte Nachschusspflicht gegeben; laut Gesetz kann sie auf einen „festzusetzenden Betrag beschränkt werden". § 27 GmbHG sieht zusätzlich auch eine „unbeschränkte Nachschusspflicht" vor.
  Während zur Etablierung einer Nachschusspflicht im Gesellschaftsvertrag die Zustimmung aller Gesellschafter notwendig ist (nach § 2 I GmbHG; bei Abänderung des Gesellschaftsvertrags nach § 53 III GmbHG), ist für die Gesellschafterbeschlüsse zur Einforderung von Nachschüssen die einfache Mehrheit ausreichend (§ 47 GmbHG, andere Mehrheit gesellschaftsvertraglich bestimmbar).
  Werden Nachschusszahlungen im Rahmen einer unbeschränkten Nachschusspflicht gefordert, dann steht einem Gesellschafter – bei vollständig eingezahlter Stammeinlage – das Recht zu, seinen GmbH-Anteil preiszugeben (Abandonrecht). Die Gesellschaft hat solche Anteile durch öffentliche Versteigerung zu verkaufen. Hierbei erzielte Überschüsse stehen dem ausscheidenden Gesellschafter zu (§ 27 GmbHG). Im Hinblick auf die eventuell nicht zu erlangende Nachschusszahlung besteht keine Ausfallhaftung der übrigen Mitgesellschafter.
  Die gesellschaftsvertragliche Begründung einer Nachschusspflicht bei GmbHs stellt ein Finanzierungsinstrument dar. Hierauf kann bei Liquiditätsproblemen oder vorgesehenen Geschäftserweiterungen zurückgegriffen werden. Wir handeln diese GmbH-typische Besonderheit bereits beim Rechtsform-Kriterium Haftung ab, obwohl sie Auswirkungen auf die Beschaffung von Eigenkapital hat.
  Insbesondere bei der Übernahme eines GmbH-Geschäftsanteils ist auf die Existenz derartiger Klauseln im Gesellschaftsvertrag sowie deren mögliche finanzielle Folgen zu achten.
  Wegen der weitreichenden Bindungswirkung der Nachschussverpflichtung kommt der Mittelzuführung bei Kapitalengpässen von GmbHs der situationsbezogenen Darlehensvergabe durch Gesellschafter an die GmbH die

weitaus größere Bedeutung in der Unternehmenspraxis zu. Auch in diesen Fällen sind allerdings Risiken zu beachten, die im Folgenden kurz dargestellt werden.

- Wenn ein **Gesellschafter** der GmbH ein **Darlehen** (§ 32a I GmbHG) oder eine vergleichbare Leistung (§ 32a III GmbHG, z.B. Stundung von Forderungen, Stehen lassen von Bezügen oder Gewinnanteilen, Einräumung unentgeltlicher Gebrauchsüberlassungen) gewährt, dann hängt die rechtliche Beurteilung von der Finanzsituation der Gesellschaft im Zeitpunkt der Vorteilsgewährung ab.
  Befindet sich eine GmbH zu diesem Zeitpunkt in einer Krisensituation (z.B. drohende bzw. akute Zahlungsunfähigkeit oder Überschuldung als Eröffnungsgründe eines Insolvenzverfahrens), so wird die Vorteilsgewährung durch den Gesellschafter als **eigenkapitalersetzend** gewertet. Die zuvor von der Rechtsprechung entwickelten Grundsätze zu eigenkapitalersetzenden Gesellschafterleistungen haben mit der so genannten kleinen GmbH-Novelle vom 04.07.1980 Eingang in das GmbHG gefunden (Einfügung der §§ 32a und 32b GmbHG). Als Eigenkapitalersatz zu qualifizierende Leistungen konnten die Gesellschafter nach dem seinerzeitigen Gesetzesstand im Vergleichs- oder Konkursfall nicht als Gläubiger geltend machen.
  Diese im § 32a I GmbHG enthaltene Rechtsfolge wurde mit dem Einführungsgesetz zur neuen, am 01.01.1999 in Kraft getretenen Insolvenzordnung (InsO und EGInsO vom 05.10.1994) daraufhin geändert, dass den Gebern eigenkapitalersetzender Gesellschafterdarlehen die Stellung als nachrangige Insolvenzgläubiger zukommt. Damit liegt jetzt zwar eine begriffliche Anerkennung als Fremdkapital-Geber vor. Nach § 39 I Nr. 5 InsO wird hierzu aber eine Einordnung auf dem letzten von insgesamt fünf unterschiedenen Rängen vorgenommen, und so unterscheidet sich diese denkbar schlechteste Gläubigerposition materiell kaum von dem zuvor explizit anzunehmenden Status als – im Insolvenzverfahren nicht forderungsberechtigter – Eigenkapital-Geber.

Bei Gesellschaften mit beschränkter Haftung gilt ab der Handelsregistereintragung – wie bei Aktiengesellschaften – der Grundsatz einer alleinigen Verbindlichkeitshaftung des Gesellschaftsvermögens. Wegen der insgesamt detaillierteren Haftungsregelungen sowie den geschilderten zusätzlichen Besonderheiten stellt sich bei der GmbH allerdings ein gewisser Abstand zur Idealausprägung „wenig/ geringe Haftung" ein. Als Bewertung des Rechtsform-Kriteriums der Haftung ist deshalb im Rechtsform-Profil C-II-17 ein ( o/+ ) eingetragen.

**Leitungsbefugnisse**

Als juristische Personen werden GmbHs im Wirtschafts- und Rechtsverkehr durch die natürlichen Personen vertreten, die zur Leitung der Geschäfte berechtigt sind. Dies sind der oder die **Geschäftsführer**, und hiermit ist zugleich das bei Gesellschaften mit beschränkter Haftung gesetzlich vorgeschriebene Leitungsorgan (§§ 6 und 35 ff. GmbHG) benannt.

Die **Gesellschafterversammlung** stellt das zweite notwendige GmbH-Organ dar; sie wird durch die Gesamtheit aller Gesellschafter gebildet (§ 45 ff. GmbHG). Die Bildung eines Aufsichtsrats als eigenständigem Kontrollorgan wird vom GmbHG nicht vorgeschrieben. Die freiwillige Einrichtung eines solchen Gremiums können die Gesellschafter einer GmbH allerdings gesellschaftsvertraglich beschließen (§ 52 GmbHG). Wenn allerdings eine GmbH den Bestimmungen zur Unternehmens- bzw. Aufsichtsratsmitbestimmung unterliegt, dann ist die Bildung eines Aufsichtsrats aufgrund der hierzu maßgeblichen Gesetze (Montan-Mitbestimmung, MitbestG, DrittelbG) obligatorisch.

Bei einer Gesellschaft mit beschränkter Haftung müssen regelmäßig also nur zwei Organe ausgebildet sein (Gesellschafterversammlung und Geschäftsführer). Dementsprechend ergibt sich hierbei ein etwas anderer Aufgabenzuschnitt als bei dem dreigliedrigen Organaufbau von Aktiengesellschaften (siehe hierzu C.II.4.a.):

- Die **Zuständigkeiten des oder der Geschäftsführer** liegen in der wirtschaftlichen Unternehmensführung sowie in der gerichtlichen und außergerichtlichen Vertretung der Gesellschaft.
  - Die Vertretung der Gesellschaft nach außen wird als Verantwortungsbereich der Geschäftsführer durch die Eingangsvorschrift des dritten GmbHG-Abschnittes (Vertretung und Geschäftsführung) explizit festgelegt (§ 35 I GmbHG).
    Bezogen auf den zweiten Aufgabenbereich, die innere Leitung der Gesellschaft, gibt es dagegen – anders als für den Vorstand einer AG (§ 76 I AktG) – keine Generalbestimmung im GmbHG. Dies liegt darin begründet, dass die Gesellschafter einer GmbH den Umfang der Befugnisse ihrer Geschäftsführer variabel gestalten können. Letzterer ergibt sich damit über eine Negativ-Abgrenzung: Der oder die Geschäftsführer sind für alle Leitungsaufgaben zuständig, die nicht durch den Gesellschaftsvertrag – oder die §§ 46 ff. GmbHG – der Gesellschafterversammlung bzw. einem eventuell vorhandenen Aufsichtsrat vorbehalten sind.
  - Als Geschäftsführer einer GmbH sind eine oder mehrere natürliche Personen zu bestellen (§ 6 I GmbHG, persönliche Voraussetzungen gemäß § 6 II GmbHG). Diese dürfen **zugleich Gesellschafter** sein; in diesen Fällen ist die Bezeichnung „geschäftsführende Gesellschafter“ (oder „Gesellschafter-Geschäftsführer“) üblich. Die Übernahme einer Managementfunktion, bei der eine gleichzeitige Verbindung mit den Eigeninteressen als Anteilseigner gegeben ist, hatten wir in C.I.2.b. als **Risiko-Unternehmer** gekennzeichnet. Mit der Geschäftsführung in einer GmbH können aber auch **dritte Personen** betraut werden, eine Fremdorganschaft ist also zulässig und üblich. Nach der in C.I.2.b. eingeführten Terminologie ist dann von **Manager-Unternehmern** zu sprechen.
    Die Geschäftsführer-Bestellung erfolgt entweder direkt mit dem Gesellschaftsvertrag oder gesondert hiervon durch die Gesellschafterversammlung (§ 6 III GmbHG). Geschäftsführer können durch die Gesellschafter zu jeder Zeit abberufen werden. Gesellschaftsvertraglich kann als Voraussetzung

hierzu das Vorliegen wichtiger Gründe (z.B. Pflichtverletzung, Unfähigkeit) vereinbart werden (§ 38 GmbHG).

- Die im **Innenverhältnis** einer GmbH gegebenen Leitungsbefugnisse der Geschäftsführer können durch Gesellschaftsvertrag oder durch gesonderte Gesellschafterbeschlüsse eingegrenzt werden – beispielsweise auf einzelne Funktions- oder Geschäftsbereiche. Dies ergibt sich aus § 37 I GmbHG. Beschränkungen der Vertretungsbefugnisse von Geschäftsführern im **Außenverhältnis** sind dagegen nicht möglich; entsprechende Vereinbarungen haben gegenüber dritten Personen keine rechtliche Wirkung (§ 37 II GmbHG). Bei mehreren Geschäftsführern gilt von Gesetzes wegen der Grundsatz der Gesamtvertretung (§ 35 I und II GmbHG). Hierzu können andere Regelungen vorgesehen werden (Einzelvertretungsbefugnis, ggf. Prokura-Erteilung an leitende Mitarbeiter – siehe dazu C.II.2.). Personelle Veränderungen bei den Geschäftsführern sowie ihrer Zeichnungsbefugnisse sind zur Eintragung in das Handelsregister anzumelden (§ 39 GmbHG).
- Insbesondere bei kleineren GmbHs kann es häufig dazu kommen, dass eine Person in unterschiedlichen Funktionen handelt und damit an den beiden Seiten eines Rechtsgeschäfts beteiligt ist. So handelt beispielsweise ein **geschäftsführender Gesellschafter**, der einer GmbH ein privates Darlehen gewährt, gleichzeitig als Kreditnehmer (in Vertretung der GmbH) und als Kreditgeber (für sich als Privatperson).
  Nach den BGB-Bestimmungen zur Vertretung sind solche **Insichgeschäfte** nicht zulässig. Bei einer Personenidentität von Vertreter und Vertragspartner – wie im vorstehenden Kreditbeispiel – setzt der Vertragsschluss eine **Selbstkontrahierung** voraus, welche nach § 181 BGB prinzipiell verboten ist.
  Mit § 35 IV Satz 1 GmbHG wird für die Einpersonen-GmbH ausdrücklich festgelegt, dass der § 181 BGB auf die Rechtsgeschäfte eines alleine geschäftsführenden Einpersonen-Gesellschafters mit seiner GmbH anzuwenden ist.
  Rechtsgeschäfte, die unter Verstoß gegen das Selbstkontrahierungsverbot vorgenommen werden, sind schwebend unwirksam. Vom Vertretenen – im GmbH-Beispiel also durch einen weiteren vertretungsberechtigten Geschäftsführer – können sie gemäß § 177 BGB nachträglich genehmigt werden.
  Die ebenfalls mögliche generelle Befreiung von den Beschränkungen des § 181 BGB ist bei den Angaben zur Vertretungsbefugnis im Handelsregister aufzunehmen, ein solcher Eintrag lautet beispielsweise: „Der Geschäftsführer X Y vertritt die Gesellschaft stets allein, er ist befugt, die Gesellschaft bei Rechtsgeschäften mit sich selbst im eigenen Namen oder als Vertreter eines Dritten uneingeschränkt zu vertreten (Befreiung vom Verbot des Selbstkontrahierens gemäß § 181 BGB).“
  Auch bei der Einpersonen-GmbH hat der alleine geschäftsführende Gesellschafter die Möglichkeit, die Voraussetzungen für einen wirksamen Abschluss von Insichgeschäften zu schaffen. Er kann sich selbst – in seiner Funktion als Gesellschafterversammlung – vom Selbstkontrahierungsverbot

befreien und auf diese Weise den § 35 IV Satz 1 GmbHG umgehen. Nach der Vornahme eines Insichgeschäfts muss er allerdings, auch wenn noch weitere Geschäftsführer vorhanden sind, unverzüglich eine Niederschrift hierzu anfertigen (§ 35 IV Satz 2 GmbHG). Bei Einpersonen-GmbHs ist die Befreiung vom Verbot der Selbstkontrahierung ebenfalls zur Eintragung in das Handelsregister anzumelden.

- Zu den besonderen, im GmbHG festgelegten **Pflichten der Geschäftsführer** einer Gesellschaft mit beschränkter Haftung gehören:

  * Einreichung einer aktualisierten Gesellschafterliste zum Handelsregister nach jeder hierbei eingetretenen Veränderung (§ 40 GmbHG). Die Gesellschafterlisten sind Teil der einsehbaren Registerakten (§ 9 HGB).
  * Verantwortung für ordnungsgemäße Buchführung der Gesellschaft (§ 41 GmbHG).
  * Einberufung der Gesellschafterversammlung (in den satzungsmäßig bestimmten Fällen sowie insbesondere beim Eintreten eines 50%igen Stammkapitalverlustes; § 49 GmbHG).
  * Unverzügliche Gewährung des Auskunfts- (Angelegenheiten der Gesellschaft) und Einsichtsrechts (Bücher, Schriften) gegenüber jedem Gesellschafter (§ 51a GmbHG, mit Ausnahmen nach Absatz II).
  * Antragstellung auf Eröffnung des Insolvenzverfahrens bei Zahlungsunfähigkeit oder Überschuldung (§ 64 GmbHG).
  * Vornahme der Anmeldungen zum Handelsregister (§ 78 GmbHG).

- Die Geschäftsführer einer GmbH haben bei ihrer Tätigkeit – wie die Vorstände einer AG (§ 93 AktG) – die Sorgfalt eines „ordentlichen Geschäftsmannes" anzuwenden (§ 43 I GmbHG). Bei **Verletzungen dieser besonderen Sorgfaltspflicht** tritt eine **persönliche Haftung der Geschäftsführer** für den entstandenen Schaden ein. Mehrere Geschäftsführer müssen dabei solidarisch für das Fehlverhalten eines Geschäftsführers einstehen, wenn hierauf bezogen von einer Mitverantwortung auszugehen ist (§ 43 II GmbHG). Die Schadensersatzansprüche einer GmbH gegen ihre Geschäftsführer verjähren in fünf Jahren (§ 43 IV GmbHG).
  Das Überschreiten einer durch die Gesellschafter festgelegten, auf das Innenverhältnis einer GmbH bezogenen Geschäftsführungsbefugnis (§ 37 I GmbHG) stellt ebenfalls eine Pflichtverletzung dar. Hierbei geschlossene Rechtsgeschäfte sind wegen der im Außenverhältnis grundsätzlich nicht zu beschränkenden Vertretungsbefugnis (§ 37 II GmbHG) wirksam, von der GmbH kann ein Geschäftsführer wegen solcher Kompetenzüberschreitungen aber nach § 43 II GmbHG auf Schadensersatz in Anspruch genommen werden.
  Die Verletzung wesentlicher Geschäftsführerpflichten ist zusätzlich mit gesonderten Sanktionen verbunden. Besonders hervorzuheben ist die persönliche Haftung im Fall einer Verletzung der Insolvenzantragspflicht. Setzen Geschäftsführer einer GmbH die Geschäfte der Gesellschaft zu einem Zeitpunkt fort, an dem der Insolvenzantrag hätte gestellt werden müssen, so sind

sie persönlich zum Ersatz aller danach noch geleisteten Zahlungen verpflichtet (§ 64 II GmbHG).

Nach § 84 GmbHG sind das Unterlassen der Verlustanzeige oder der Insolvenzbeantragung darüber hinaus unter Strafe gestellt (dreijährige Freiheitsstrafe oder Geldstrafe, gleiche Strafen auch bei verschiedenen Falschangaben nach § 82 GmbHG). Als Straftatbestand ist in den Schlussbestimmungen des GmbHG schließlich die Verletzung der Geheimhaltungspflicht enthalten (einjährige Freiheitsstrafe oder Geldstrafe, § 85 GmbHG).

Die bisher behandelten Haftungstatbestände betrafen die Verletzung von Pflichten durch Geschäftsführer gegenüber ihrer GmbH und damit das Innenverhältnis einer Gesellschaft. Bezogen auf eine eventuelle **Haftung gegenüber Dritten** (Außenverhältnis) ist zunächst zu beachten, dass sich Geschäftsführer einer GmbH in keinen direkten Vertragsverhältnissen mit Außenstehenden befinden; durch die von ihnen vorgenommenen Rechtsgeschäfte wird die Gesellschaft berechtigt und verpflichtet (§ 36 GmbHG). Wenn im Hinblick auf die Vertragsverhandlungen eines Geschäftsführers besondere Umstände vorliegen, dann führen diese allerdings nach von der Rechtsprechung entwickelten Grundsätzen zu einer **persönlichen Geschäftsführerhaftung**.

Unterscheidbar sind drei Sachverhalte für eine Geschäftsführerhaftung: Zum Ersten, wenn ein Geschäftsführer verschweigt, für eine GmbH aufzutreten (Außenhaftung kraft Rechtsscheins), und zum Zweiten, wenn ein Geschäftsführer in Vertragsverhandlungen in starkem Maße auf seinen persönlichen Vorteil bedacht ist (Außenhaftung durch Verschulden bei Vertragsverhandlungen). In der Praxis bedeutender ist die Deliktische Haftung als die dritte Art der persönlichen Haftung eines Geschäftsführers. Neben der Organhaftung einer GmbH nach § 31 BGB besteht bei unerlaubten Handlungen auch eine persönliche Haftung der unmittelbar schadenverursachenden Geschäftsführer.

- Das bei einer GmbH regelmäßig notwendige **zweite Organ** wird von den Gesellschaftern gebildet. Mit dem Eingangsabsatz des § 48 GmbHG wird begrifflich festgelegt, dass die Gesellschafterbeschlüsse in Versammlungen gefasst werden. Diese Bestimmung ist mit **Gesellschafterversammlung** überschrieben, und mit diesem Ausdruck wird das aus allen Anteilseignern bestehende Organ der Gesellschafter auch allgemein gekennzeichnet.

  Als oberstes Organ einer GmbH bestimmt die Gesellschafterversammlung i.d.R. die Grundlinien der Geschäftstätigkeit. Sofern kein – obligatorischer oder fakultativer – Aufsichtsrat als drittes GmbH-Organ eingesetzt ist, wird von der Gesellschafterversammlung gleichzeitig auch die Kontrollfunktion wahrgenommen. Sie hat dann den oder die Geschäftsführer sowie den Verlauf der Unternehmenstätigkeit und die Ergebnisse auf Einhaltung der zuvor definierten Zielsetzungen zu überwachen.

  Die **Zuständigkeiten der Gesellschafter** in den Angelegenheiten einer GmbH richten sich – soweit dem nicht gesetzliche Vorschriften entgegenstehen – grundsätzlich nach dem Gesellschaftsvertrag. Wenn keine besonderen gesellschaftsvertraglichen Bestimmungen getroffen wurden, dann greifen die im GmbHG vorgesehenen Regelungen (§ 45 GmbHG). Hierzu lässt sich folgende Übersicht geben:

- Der **Aufgabenkreis der Gesellschafter** wird in § 46 GmbHG abgesteckt; als wichtige Befugnisse sind daraus hervorzuheben:

  * Feststellung des Jahresabschlusses und Verwendung des Ergebnisses (Nr. 1);
  * Bestellung und Abberufung von Geschäftsführern (soweit kein Aufsichtsrat eingesetzt ist) – Entlastung von Geschäftsführern (Nr. 5);
  * Prüfung und Überwachung der Geschäftsführung (Nr. 6);
  * Bestellung von Prokuristen und Handlungsbevollmächtigten (Nr. 7).

  Am Beispiel der Gewinnverwendung zeigt sich die umfassende Kompetenz der Gesellschafterversammlung. Die GmbH-Gesellschafter sind zugleich für die Feststellung des Jahresabschlusses und für die Ergebnisverwendung zuständig.
  Die Gesellschafter einer GmbH haben die Möglichkeit, über einzelne Geschäftsführungsmaßnahmen zu beschließen (§§ 37 I i.V. mit § 46 Nr. 6 GmbHG). Diese Vorgaben sind von den Geschäftsführern umzusetzen; ein eigenes Tätigwerden der Gesellschafterversammlung hierzu ist nicht möglich (fehlende Vertretungsmacht).
- Für die **Beschlussfassungen** zu den vorstehend benannten Angelegenheiten einer GmbH ist gesetzlich eine **einfache Stimmenmehrheit** verfügt (§ 47 I GmbHG). Wie die Gesellschafteraufgaben können auch die dabei jeweils notwendigen Mehrheiten im Gesellschaftsvertrag eine andere Gestaltung erfahren.
  Bei weiteren Zuständigkeiten der Gesellschafterversammlung, zu denen kein gesellschaftsvertraglicher Dispositionsspielraum besteht, sind größere Mehrheiten erforderlich. So ist vor allem zur Satzungsänderung (§ 53 II GmbHG) oder zur Auflösung einer GmbH durch Gesellschafterbeschluss eine Dreiviertelmehrheit nötig (§ 60 I Nr. 2 GmbHG).
- Zur **Stimmrechtsrelation** sieht das GmbHG vor, dass jeweils **50 EUR** eines Geschäftsanteils **eine Stimme** gewähren (§ 47 II GmbHG).
  In Angelegenheiten, bei denen ein Gesellschafter gleichzeitig Betroffener ist, kann dieser sein Stimmrecht nicht ausüben (Entlastung, Verbindlichkeitsbefreiung, Rechtsgeschäft, Rechtsstreit; § 47 IV GmbHG).
- Anders als bei der Hauptversammlung von Aktiengesellschaften ist es bei Gesellschaften mit beschränkter Haftung nicht in jedem Fall erforderlich, dass die Gesellschafter zur Abhaltung der Gesellschafterversammlung persönlich zusammenkommen.
  Wenn sich sämtliche Gesellschafter damit einverstanden erklären, können **Beschlüsse im Umlaufverfahren**, also auf schriftlichem Wege, erfolgen (§ 48 II GmbHG).

Der alleinige Gesellschafter einer Einpersonen-GmbH hat unverzüglich nach der Beschlussfassung ein Protokoll der Gesellschafterversammlung anzufertigen und dieses zu unterschreiben (§ 48 III GmbHG).

- Die **Einberufung der Gesellschafterversammlung** unterliegt – wie ihre Durchführung – relativ einfachen Formvorschriften. Unter Bekanntgabe der Tagesordnung wird sie mit einer einwöchigen Ladungsfrist durch eingeschriebenen Brief (§ 51 GmbHG) von den Geschäftsführern anberaumt (§ 49 I GmbHG).
  Außer zu den gesellschaftsvertraglich festgelegten, turnusmäßigen Zwecken ist die Einberufung notwendig, wenn dies das Wohl der Gesellschaft erfordert sowie insbesondere bei einem 50%igen Stammkapitalverlust (§ 49 II und III GmbHG).
  Halten Gesellschafter mindestens 10% des Stammkapitals, so können sie unter Angabe einer Begründung die Einberufung einer Gesellschafterversammlung verlangen (§ 50 I GmbHG) bzw. in besonderen Fällen auch selbst vornehmen (§ 50 III GmbHG).
- Neben der Teilnahme an der Gesellschafterversammlung und der Stimmrechtsausübung haben die Gesellschafter einer GmbH noch weitere Mitwirkungsrechte. Im Rahmen ihrer Informationsrechte können sie von der Geschäftsführung Auskünfte über die Angelegenheiten der Gesellschaft fordern und eine Einsichtnahme in die Geschäftsunterlagen verlangen (§§ 51a und 51b GmbHG).

- Den Gesellschaftern einer GmbH steht es frei, im Gesellschaftsvertrag die Bestellung eines Aufsichtsrates und damit die Bildung eines dritten GmbH-Organs festzulegen.
  Ein **obligatorischer Aufsichtsrat** – und damit die Pflicht zu dessen Installierung – ist demgegenüber dann gegeben, wenn eine Gesellschaft mit beschränkter Haftung den gesetzlichen Bestimmungen zur Unternehmens- respektive Aufsichtsratsmitbestimmung unterliegt.
  - Zur obligatorischen Aufsichtsratsbildung bei GmbHs können wir Bezug nehmen auf die Darstellungen in C.II.4.a. Die anhand der Übersicht C-II-14 erläuterten Zusammensetzungen der Aufsichtsräte bei mitbestimmten Unternehmen gelten auch für Firmen in der Rechtsform einer GmbH (§ 1 II Montan-Mitbestimmungsgesetz, § 1 MitbestErgG, § 1 I MitbestG, § 1 DrittelbG).
    Die genannten Gesetze bestimmen in erster Linie den Aufbau des Aufsichtsrates, während zu dessen Aufgaben Verweise zum Aktiengesetz erfolgen (so in § 3 Montan-Mitbestimmungsgesetz, § 25 MitbestG und § 1 I Nr. 3 DrittelbG).
    Im Hinblick auf die **Geschäftsführerbestellung** bei Gesellschaften mit beschränkter Haftung ist folgender Unterschied zu beachten:
    * Für die Bestellung der Mitglieder des zur Vertretung einer Gesellschaft eingesetzten Organs wird im Montan-Mitbestimmungsgesetz (§ 12), dem MitbestErgG (§ 13) und dem MitbestG (§ 31) auf die aktienrechtli-

chen Bestimmungen verwiesen (insbesondere auf § 84 AktG – Vorstandsbestellung durch den Aufsichtsrat). Wenn eine GmbH in den Geltungsbereich eines dieser Gesetze fällt, dann liegt die Kompetenz zur Geschäftsführerbestellung also beim Aufsichtsrat.

* Beim DrittelbG fehlen entsprechende Verweise auf das AktG, so dass die GmbH-Geschäftsführer bei einer Aufsichtsratsbildung nach diesem Gesetz weiterhin durch die Gesellschafter bestellt werden (Gesellschaftsvertrag oder Gesellschafterbeschluss).

- Die **freiwillige Errichtung eines Aufsichtsrats oder Beirats** ist nicht nur bei größeren GmbHs durchaus üblich. Hierbei geht es zum einen darum, eine zusätzliche Kontrollfunktion zu etablieren. Zum anderen wird ein solcher Entschluss häufig gefasst, um den Geschäftsführern einer GmbH ein beratendes Gremium erfahrener und kompetenter Manager zur Seite zu stellen. Bei der Bildung fakultativer Aufsichtsräte in GmbHs ist eine umfassende Gestaltungsfreiheit gegeben. Zwar wird mit § 52 I GmbHG die Anwendung namentlich aufgeführter Vorschriften des AktG verfügt; diese Verweise gelten aber nur, „soweit nicht im Gesellschaftsvertrag ein anderes bestimmt ist".

  * Damit unterliegt bereits die Benennung eines freiwillig eingerichteten dritten GmbH-Organs der Wahlfreiheit seiner Gesellschafter. So sind in der Praxis die Bezeichnungen „Aufsichtsrat", „Beirat" oder „Verwaltungsrat" (letztere vor allem bei GmbHs in öffentlich-rechtlicher Trägerschaft) üblich.
  * Auf die Größe und Zusammensetzung, die Kompetenzen und die innere Ordnung des fakultativen dritten Gremiums sowie auch auf dessen Haftungsregelungen können sich die GmbH-Gesellschafter ebenfalls frei verständigen. Die Vereinbarungen hierzu müssen dann aber im Gesellschaftsvertrag niedergelegt sein. Das Spektrum der Aufgaben und Befugnisse reicht von reinen Beratungsfunktionen bis zu Entscheidungskompetenzen.
    Obwohl über die Verweise in § 52 I GmbHG nicht vorgesehen, ist es dabei beispielsweise auch möglich, einem Aufsichtsrat die Kompetenz zur Bestellung und Abberufung der Geschäftsführer zu übertragen (analog zu § 84 AktG).
  * Der freien Ausgestaltung eines fakultativen Aufsichtsrates/ Beirates sind dann Grenzen gesetzt, wenn in das nach dem GmbHG vorgesehene Kompetenzgefüge zwischen der Gesellschafterversammlung und den Geschäftsführern eingegriffen wird. So können die Gesellschafter als oberstes GmbH-Organ zwar Zuständigkeiten an einen Aufsichtsrat/ Beirat abgeben, eine Verschiebung von Geschäftsführertätigkeiten auf das freiwillig errichtete dritte Organ ist dagegen nicht möglich. Analog § 105 AktG ist auch eine gleichzeitige Tätigkeit als Geschäftsführer und als Mitglied eines Aufsichtsrates/ Beirates ausgeschlossen.

Wie vorstehend schon angesprochen wurde, gibt es für ein fakultativ eingerichtetes drittes GmbH-Organ keine zwingend zu verwendende Bezeichnung. Ein Rückschluss auf die mit seiner Schaffung verfolgte Zielsetzung sollte bei dessen Benennung allerdings hergestellt werden. Unter diesem Aspekt kann bezogen auf die „Dritt-Organe“ von GmbHs folgende Differenzierung getroffen werden:

* Wenn bei einer großen Analogie zu den aktienrechtlichen Bestimmungen die Überwachung der Geschäftsführung im Vordergrund steht und die Vertretung der Gesellschaft gegenüber den Geschäftsführern wahrgenommen wird, dann ist „Aufsichtsrat“ die naheliegende Bezeichnung.
* Geht es dagegen vorrangig um eine Unterstützung/ Beratung der Geschäftsführer durch ein Gremium von Experten, welche auf den Tätigkeitsfeldern der Gesellschaft oder im Bereich des Managements (bspw. als Banker, Jurist, Betriebswirt, Steuerberater/ Wirtschaftsprüfer) ihr besonderes Know-how einbringen, dann stellt „Beirat“ eine zutreffende Bezeichnung dar.

Mit den vorstehend aufgeführten Detailbestimmungen zur Leitungsbefugnis ist eine große Nähe zur Idealausprägung gegeben. Die Ausprägungen dieses Rechtsform-Kriteriums können für die GmbH also – wie im Rechtsform-Profil C-II-17 eingetragen – mit einem ( + ) bewertet werden.

**Gewinn- und Verlustbeteiligung**

Innerhalb des Rechtsform-Kriteriums der Leitungsbefugnisse wurden die Mitwirkungsrechte der Gesellschafter bei den Erläuterungen zur Gesellschafterversammlung als dem maßgeblichen Organ einer GmbH behandelt. Im Rahmen der Kategorie der Gewinn- und Verlustbeteiligung bei GmbHs geht es jetzt um die Anspruchsrechte der Gesellschafter bei der Gewinn- und Vermögensverteilung.

- Den Gesellschaftern von GmbHs stehen als **Vermögensrechte** im Wesentlichen die folgenden zwei Ansprüche zu:
  - Anspruch auf einen Anteil am Jahresüberschuss (evtl. erhöht um Gewinnvortrag oder vermindert um Verlustvortrag) nach § 29 GmbHG;
  - Anspruch auf Beteiligung am Liquidationserlös nach § 72 GmbHG.

  Wegen ihrer kapitalgesellschaftlichen Verfassung gibt es bei Gesellschaften mit beschränkter Haftung – wie bei Aktiengesellschaften – keine direkte, auf die einzelne Rechnungsperiode bezogene Verlustbeteiligung der Anteilseigner. Im Vergleich zu den Aktionären einer AG stehen diese allerdings in einer wirtschaftlich wie rechtlich engeren Verbindung zu ihrer Gesellschaft, und so tragen GmbH-Gesellschafter trotz des Fehlens einer unmittelbaren Pflicht zum Ausgleich erlittener Verluste ein höheres unternehmerisches und damit finanzielles Risiko:

  - Zum einen wird das Risiko von GmbH-Gesellschaftern durch ihre besondere Finanzierungsverantwortung im Krisenfall weiter erhöht. Hier greifen die beim Haftungskriterium dargestellten Regelungen zu eigenkapitalersetzenden Darlehen oder vergleichbaren (Sicherheits-) Leistungen.

- Angesichts der eingeschränkten Fungibilität von Geschäftsanteilen einer GmbH haben die Gesellschafter zum anderen auch die weiteren potenziellen Finanzrisiken zu beachten, welche im Zusammenhang mit der Kapitalaufbringung und -erhaltung zum Tragen kommen können. Wir sind beim Haftungskriterium hierauf bereits eingegangen.

- Im Hinblick auf die **Gewinnbeteiligung bei GmbHs** sind drei Phasen zu unterscheiden: die Erstellung des Jahresabschlusses, seine Feststellung und die Entscheidung über die Gewinnverwendung. Soweit die Erläuterungen zur AG allgemein auf Kapitalgesellschaften bezogen sind und damit auch für GmbHs gelten, kann auf die früheren entsprechenden Ausführungen verwiesen werden.

  - Wie bereits zur Gesellschafterversammlung ausgeführt wurde, fallen bei GmbHs das Recht zur **Feststellung des Jahresabschlusses und der Ergebnisverwendung** in die Zuständigkeit der Gesellschafter (§ 46 Nr. 1 GmbHG).
    Für den bei Gesellschaften mit beschränkter Haftung nach § 29 GmbHG zu treffenden Ergebnisverwendungsbeschluss ist keine detaillierte Inhaltsgliederung vorgegeben. Bei diesem formellen Unterschied gegenüber der Aktiengesellschaft (§ 174 AktG) ist materiell über teilweise gleiche Positionen zu befinden:

    * Die Gesellschafter haben Anspruch auf den Jahresüberschuss zuzüglich eines Gewinnvortrags und abzüglich eines Verlustvortrags, soweit dem nicht gesetzliche oder gesellschaftsvertragliche Bestimmungen entgegenstehen. Letzteres kann beispielsweise dann gegeben sein, wenn Ansprüche einer GmbH aus Vorbelastungs-/ Differenzhaftung gegenüber den Gesellschaftern bestehen.
    * Sofern gesellschaftsvertraglich nichts anderes vereinbart ist, können die GmbH-Gesellschafter Einstellungen in Gewinnrücklagen vornehmen. Bei der Gültigkeit des Bilanzgliederungsschemas von § 266 HGB handelt es sich hierbei um „andere“ bzw. „freie“ Gewinnrücklagen.
    * Weiterhin können Teile des Jahresüberschusses als Gewinn vorgetragen werden. Diese gesetzliche Regelung kann ebenfalls per Gesellschaftsvertrag abgeändert werden.
    * Schließlich kann bei der Ermittlung des verfügbaren Jahresüberschusses ein eventuell zusätzlicher Aufwand zur Beschlussfassung über seine Verwendung abgesetzt werden (bspw. für eine gesondert notwendige Gesellschafterversammlung).

  - Die **Anteile der Gesellschafter** an der zu verteilenden Ergebnissumme bestimmen sich nach dem **Verhältnis der Geschäftsanteile**. An Stelle dieser verhältnisgleichen Gewinnverteilung kann im Gesellschaftsvertrag auch eine andere Aufteilung festgesetzt werden (§ 29 III GmbHG).

- Der Vorteil kapitalgesellschaftlicher Rechtsformen liegt darin, dass der mit dem Leitungsorgan verbundene Aufwand den Gewinn mindert und so – anders als bei Personengesellschaften – zu einer Senkung der Ertragsteuerlast führt. In diesem Zusammenhang sind bei den **Geschäftsführervergütungen** in GmbHs allerdings steuerlich zwei wichtige Punkte zu beachten:

  * Die festen Bezüge von GmbH-Geschäftsführern müssen ihrer Höhe nach **marktüblich** und **angemessen** sein. Diese sind vorab eindeutig und schriftlich festzulegen. Wenn bei Gesellschafter-Geschäftsführern Leistungen vereinbart werden, die nicht auch einer mit der Geschäftsführung betrauten dritten Person gewährt würden, dann kann ihnen ggf. die steuerliche Anerkennung versagt werden.

  * Erfolgsabhängige Vergütungen müssen aus Sicht der Finanzverwaltung bei Gesellschafter-Geschäftsführern ebenfalls einem Drittvergleich standhalten. Soweit dies nicht beachtet wird, kommt es zu einer Umqualifizierung von Einkünften, und zwar als **verdeckte Gewinnausschüttung**. Wenn eine Zahlung als verdeckte Gewinnausschüttung gewertet wird, dann führt dies dazu, dass es sich um eine Ergebnisverwendung handelt. Die entsprechende Zahlung ist dann nicht als Betriebsausgabe abzugsfähig, was zu einer Gewerbe- und Körperschaftsteuerzahlung hierfür führt.

Bei Beachtung der vorstehenden Regelungen ist von einem idealnahen Anrecht auf Gewinn bzw. einer Begrenzung bei Verlust auszugehen. Hierfür ist zusätzlich auch die bei Kapitalgesellschaften gegebene grundsätzliche Trennung von geschäftlichem und privatem Vermögen maßgeblich. Wie im Rechtsform-Profil C-II-17 eingetragen, wird deshalb zum Merkmal der Gewinn- und Verlustbeteiligung bei GmbHs eine Bewertung mit ( + ) vorgenommen.

**Publizitätspflicht**

Wegen der Beschränkung der Verbindlichkeitshaftung auf das Gesellschaftsvermögen kommt insbesondere dem **Gläubigerschutz** auch bei der GmbH eine hohe Bedeutung zu. Durch entsprechende Bestimmungen ist dafür Sorge zu tragen, dass Gesellschaften mit beschränkter Haftung zutreffend über ihre Geschäftslage und -entwicklung informieren, so dass Lieferanten, Kreditgeber und Mitglieder anderer Unternehmensträger-Gruppen die Risiken ihrer Verbindung zu dem jeweiligen Unternehmen adäquat einschätzen können. Prinzipiell ist dieser Zusammenhang auch für die Eigenkapital-Geber wichtig; wegen des i.d.R. kleineren Kreises von Gesellschaftern und deren unternehmerähnlicher Stellung ist für den **Anlegerschutz** bei der GmbH – anders als bei den großen Publikums-Aktiengesellschaften – von einer zweitrangigen Bedeutung auszugehen.

Die vorstehend noch einmal allgemein begründete Notwendigkeit eines öffentlichen Bekanntseins der ergebnis- und marktbezogenen Entwicklungen von Unternehmen ist vor allem bei Kapitalgesellschaften gegeben. Für deren maßgebliche Erscheinungsformen als AG oder GmbH sind dabei nur graduelle Unterschiede zu konstatieren, und so sind die Publizitätsregelungen im HGB (Drittes Buch, zweiter

Abschnitt) generell auf Kapitalgesellschaften bezogen – und nicht speziell auf AGs oder GmbHs. Diese Bestimmungen haben wir in der Unterteilung nach Rechnungslegungs-, Prüfungs- und Offenlegungsvorschriften im Rahmen der Darstellungen zur Publizitätspflicht bei der AG behandelt.

Auf dieser Basis kann zu den **Publizitätspflichten** von Gesellschaften mit beschränkter Haftung die folgende Zusammenfassung gegeben werden. Dabei sind die Größenklasseneinteilung nach § 267 HGB sowie die weiteren Rechtsgrundlagen aus dem HGB in C.II.4.a. nachzulesen:

- **Rechnungslegungsvorschriften**
  - Die Verzahnung des GmbH-Rechts mit den Bestimmungen des HGB zur Rechnungslegung erfolgt über die §§ 42 und 42a GmbHG. Dabei wird beispielsweise in § 42 I GmbHG verfügt, dass bei dem entsprechend der §§ 242 und 264 HGB aufzustellenden Jahresabschluss das Stammkapital als Gezeichnetes Kapital auszuweisen ist.
  - Für kleine GmbHs gelten nach den handelsrechtlichen Vorschriften Erleichterungen bei der Bilanzgliederung, der Gewinn- und Verlustrechnung sowie bei den Angabepflichten im Anhang des Jahresabschlusses. Bei den beiden letztgenannten Positionen können auch mittlere GmbHs Vereinfachungen vornehmen. Große GmbHs haben die HGB-Bestimmungen zum Jahresabschluss in vollem Umfang zu erfüllen und müssen zusätzlich einen Lagebericht erstellen. Letzteres gilt auch für mittlere, nicht aber für kleine GmbHs.
  - Kleine GmbHs haben sechs Monate Zeit zur Erstellung des Jahresabschlusses für das zurückliegende Geschäftsjahr; bei mittleren und großen GmbHs muss dies innerhalb von drei Monaten geschehen. In der Koppelungsvorschrift des 42a II GmbHG wird bestimmt, dass bei großen und mittelgroßen GmbHs innerhalb von acht Monaten der Jahresabschluss festzustellen und über die Ergebnisverwendung zu beschließen ist (elf Monate bei kleinen GmbHs).

- **Prüfungsvorschriften**
  - Bei großen und mittelgroßen GmbHs besteht Prüfungspflicht. Der Jahresabschluss kann bei diesen Gesellschaften erst nach erfolgter Prüfung festgestellt werden.
  - Kleine GmbHs unterliegen keiner Pflichtprüfung.

- **Offenlegungsvorschriften**
  - Bei großen GmbHs reicht die Pflicht zur Offenlegung am weitesten. Im Rahmen der Bundesanzeigerpublizität ist der Jahresabschluss (Bilanz mit Gewinn- und Verlustrechnung und Anhang, Lagebericht, Prüfvermerk, Aufsichtsratsbericht, Ergebnisverwendung) bekannt zu machen sowie zum Handelsregister einzureichen.
  - Bei mittleren GmbHs greift die Registerpublizität. Damit wird ausgedrückt, dass die Unterlagen nur beim Handelsregister einzubringen sind. Gegenüber großen GmbHs kann auch deren Umfang etwas reduziert werden (beim Bi-

lanzausweis und dem Anhang). Im Bundesanzeiger ist lediglich anzuzeigen, dass die Einreichung beim Handelsregister erfolgt ist.

- Von dieser Art der Publizität können kleine GmbHs noch einmal Abstriche vornehmen. Bei deren eingeschränkter Registerpublizität braucht nur die Bilanz zur Einsicht beim Handelsregister hinterlegt zu werden.

Gesellschaften mit beschränkter Haftung fallen gegenüber Aktiengesellschaften häufiger in die Größenklassen der kleinen und mittleren Kapitalgesellschaften. An Stelle der ( - )-Bewertung des Publizitätskriteriums bei der AG kann von daher für dieses Rechtsform-Kriterium bei der GmbH ein ( -/o ) vergeben werden (siehe hierzu das Rechtsform-Profil C-II-17). Auf alle Unternehmen in dieser Rechtsform bezogen, wird damit berücksichtigt, dass nicht grundsätzlich von dem sehr hohen Publizitätsaufwand großer Kapitalgesellschaften auszugehen ist.

**Eigenkapital-Beschaffung**

Die Erläuterungen dieses Kriteriums bei den zuvor dargestellten Rechtsformen haben gezeigt, dass zur Eigenkapital-Beschaffung die beiden Bereiche der Eigen-/ Beteiligungsfinanzierung (im Rahmen der Außenfinanzierung) und der Selbstfinanzierung/ Gewinnthesaurierung (im Rahmen der Innenfinanzierung) unterschieden werden können.

Zum Bereich der **Eigen-/ Beteiligungsfinanzierung** ist dabei noch die Aufgliederung in die bei der Gründung eines Unternehmens notwendige Errichtungsfinanzierung und die Wachstumsfinanzierung als Zuführung weiteren Eigenkapitals vorzunehmen.

- Die Bestimmungen der **Errichtungsfinanzierung** wurden zu Beginn dieser Rechtsform bei dem Kriterium Haftung ausgeführt.
- Bei der **Wachstumsfinanzierung** ist es zum einen möglich, dass die bisherigen Eigentümer oder Anteilseigner zusätzliches Kapital in Form von Bar- oder Sachwerten einlegen (Eigenfinanzierung). Zum anderen kann eine Mittelzuführung durch neue Eigenkapital-Geber erfolgen (Beteiligungsfinanzierung). Für Gesellschafter einer GmbH steht nicht so stark das Mitunternehmertum wie bei Personengesellschaften, sondern eine ertragreiche Kapitalanlage im Vordergrund.

  - **Die Geschäftsanteile von GmbHs sind nicht börsenhandelsfähig**. Damit unterliegen diese kapitalgesellschaftlichen Unternehmen dem Nachteil, die Aufnahme neuer Gesellschafter selbst organisieren zu müssen. Die GmbH stellt in dieser Hinsicht eine Zwischenstufe zwischen Personen- und Aktiengesellschaften dar, da für GmbH-Anteile kein Markt wie die Börse für den Handel von Kapitalanteilen einer AG besteht. Deshalb verlaufen die Marktprozesse der Beteiligungsfinanzierung entsprechend informations-, zeit- und damit kostenintensiver. Man nennt diesen informellen Markt für Anteile an nicht börsennotierten Unternehmen Private Equity Markt.
  - Einschränkend wirken allerdings die **Formvorschriften** bei der Zeichnung von GmbH-Anteilen. Werden neue Gesellschafter aufgenommen, so bedarf dies einer notariell beurkundeten Änderung des Gesellschaftsvertrags (§ 53

GmbHG). Der geänderte Vertrag ist mit der neuen Gesellschafterliste zur Eintragung bzw. Einsichtnahme zum Handelsregister einzureichen (§§ 54 und 40 GmbHG). Die Gesellschafter einer GmbH unterliegen also einer ständigen Registerpublizität.

- Ähnliche Formerfordernisse sind auch bei der Übernahme bestehender Geschäftsanteile von GmbHs zu beachten. Hierauf gehen wir beim Rechtsform-Kriterium des Unternehmensfortbestands ein.
- Sowohl bei der Aufnahme neuer Gesellschafter als auch bei der Übernahme von Geschäftsanteilen ist eine besondere **Bewertungsproblematik** zu beachten: Mit der Zeichnung eines nominellen Kapitalanteils wird der Neugesellschafter am gesamten Unternehmenswert beteiligt. Ihm wächst damit also regelmäßig ein anteiliger Anspruch an den offenen und stillen Rücklagen der GmbH zu. Deshalb wird von ihm häufig ein Aufgeld (Agio) auf seine Stammeinlage eingefordert.

• Als GmbH-typische Möglichkeit der **Aufbringung zusätzlichen Eigenkapitals durch die bisherigen Gesellschafter** (Eigenfinanzierung) ist im GmbHG die Vereinbarung von (beschränkten oder unbeschränkten) Nachschusszahlungen vorgesehen. Hierauf sind wir im Rahmen der Erläuterungen zum Haftungskriterium eingegangen.
Neben der selteneren Bildung variablen Zusatzkapitals (Kapitalrücklage) durch Nachschusszahlungen ist bei Gesellschaften mit beschränkter Haftung die Durchführung einer ordentlichen Kapitalerhöhung häufiger anzutreffen. Eine solche Kapitalerhöhung gegen Stammeinlagen ist nach den §§ 55 bis 57b GmbHG vorzunehmen. Hierfür ist immer eine Änderung des Gesellschaftsvertrags notwendig.
Soll vorhandenes Rücklagenkapital in Stammkapital umgewandelt werden, dann hat sich eine derartige Kapitalerhöhung aus Gesellschaftsmitteln nach den §§ 57c bis 57o GmbHG zu richten.

Die Ausführungen zur Eigenkapital-Beschaffung von GmbHs haben gezeigt, dass wegen dem fehlenden Zugang zum Kapitalmarkt und der dadurch nicht möglichen Emissionsfähigkeit von Kapitalanteilen ein klarer Nachteil zu börsennotierten AGs besteht. Die Möglichkeiten der Eigenkapital-Beschaffung entsprechen eher denen von Personengesellschaften. Diesen gegenüber ist bei der GmbH dennoch ein leichter Vorteil zu verzeichnen, da neue Anteilseigner nicht notwendigerweise eine Mitunternehmerfunktion einnehmen müssen. Die Bewertung des Rechtsform-Kriteriums im Profil C-II-17 erfolgt mit einem ( ±o ). Diese mittlere Einordnung sagt aus, dass die Eigenfinanzierungsbasis der GmbH zwar nicht sonderlich gut ist, von einer eindeutig schlechten Ausprägung kann dabei aber nicht gesprochen werden.

**Fremdkapital-Beschaffung**

Die Möglichkeiten von Gesellschaften mit beschränkter Haftung, zeitlich befristetes Fremdkapital gegen Zahlung von Zinsen zu beschaffen, werden mit ( ±o ) ebenfalls durchschnittlich bewertet. Folgende Begründungen können hierzu angeführt werden:

- Wegen des Grundmerkmals der Kapitalbeteiligung kann bei der Bildung und Verbreiterung der Eigenkapital-Basis von Kapitalgesellschaften i.d.R. eine Mehr-/Vielzahl natürlicher Personen mitwirken. Infolge der auf das Gesellschaftsvermögen beschränkten Verbindlichkeitshaftung ist die generelle **Kreditwürdigkeit** von Unternehmen dieser Rechtsformen gegenüber der bei Einzelfirmen oder Personengesellschaften geltenden unbeschränkten, persönlichen Haftung **tendenziell gemindert**.
- Bezogen auf die Anfälligkeit von GmbHs für eine finanzielle Instabilität stellt sich die Frage, inwieweit hier eine Verbindung zu den **Ausprägungen des Gläubigerschutzes** bei dieser Rechtsform besteht:

  - Zunächst ist hierzu festzuhalten, dass die Rechnungslegungs- und Bewertungsvorschriften sowie die Prüfungs- und Offenlegungsbestimmungen für alle Kapitalgesellschaften mit dem Bilanzrichtlinien-Gesetz (BiRiLiG) vom 19.12.1985 im HGB zusammengefasst worden sind.
  - Die im Vergleich zur AG graduell bessere Beurteilung der Publizitätspflicht für die GmbH erfolgte unter der Maßgabe, dass Unternehmen dieser Rechtsform häufiger der unteren Größenklasse von Kapitalgesellschaften angehören. Hier sind die Bestimmungen in den drei Regelungsbereichen etwas weniger restriktiv, und dies ist gleichbedeutend mit einer entsprechend niedrigeren Ausprägung des Gläubigerschutzprinzips. Davon geht allerdings ein negativer Effekt auf die generelle Kreditwürdigkeit von Gesellschaften mit beschränkter Haftung aus. Bei der Aufnahme von Fremdkapital müssen GmbHs gegenüber AGs also damit rechnen, dass ihnen eine etwas größere Skepsis entgegengebracht wird.

- Mit der soeben vorgenommenen Argumentation kann auch auf die Möglichkeiten der **Fremdkapital-Aufnahme über den Kapitalmarkt** eingegangen werden. Wie hierzu bei den Ausführungen zur AG erläutert wurde, ist die Ausgabe entsprechender Forderungstitel (Industrieobligationen verschiedener Formen) nicht unmittelbar an das Vorliegen einer bestimmten Rechtsform gebunden.
  Aufgrund hoher Zulassungsanforderungen und gesonderter Publizitätsverpflichtungen sind es dann aber wiederum vor allem die großen Aktiengesellschaften, welche den Kapitalmarkt zur Aufnahme von Fremdkapital nutzen können. Die meisten GmbHs werden hierzu nicht in der Lage sein. Bei großen GmbHs wie BOSCH mit einem weltweiten Jahresumsatz in 2005 von 41,5 Mrd. EUR ist dies jedoch möglich. Dabei ist zusätzlich zu beachten, dass die Ausgabe von börsengehandelten Forderungstiteln erst ab einem hohen Gesamtvolumen für ein Unternehmen möglich bzw. wirtschaftlich sinnvoll ist. Fremdkapitalbedarfe dieser Größenordnung liegen bei GmbHs nicht häufig vor.
- Die bisherigen Erläuterungen haben gezeigt, dass GmbHs bei der Fremdkapital-Beschaffung keinen prinzipiellen Bonus gegenüber den Personengesellschaften in Anspruch nehmen können. Bezogen auf dieses Rechtsform-Kriterium kann zur Situation von GmbHs die folgende, kurze Zusammenfassung vorgenommen werden:

- Die Möglichkeiten der Aufnahme von Fremdkapital hängen bei GmbHs – wie bei Unternehmen aller Rechtsformen – zunächst von der Ausstattung mit Eigenkapital ab. Die hierbei einzuhaltenden Relationen werden in F.IV.4.b. vorgestellt.
- Zur befristeten Kapitalüberlassung gegen Zahlung von Zinsen erwarten die Fremdkapital-Geber die Bestellung von Sicherheiten. Sofern das betriebliche Vermögen einer GmbH hierzu nicht ausreicht, können deren Gesellschafter zusätzliches Fremdkapital für ihre Gesellschaft nur dann erhalten, wenn sie Sicherheiten aus ihrem Privatvermögen zur Verfügung stellen.
- Zusätzlich ist zu beachten, dass Darlehen oder Sicherheitsleistungen hierzu, welche von den Gesellschaftern ihrer GmbH im Krisenfall gewährt werden, als eigenkapitalersetzend qualifiziert werden können. Die darlehensgebenden Gesellschafter haben im Fall einer Insolvenz nur letztrangige Ansprüche an die GmbH.

**Steuerliche Belastung**

Aufgrund ihrer kapitalgesellschaftlichen Verfassung mit eigenständiger Rechtspersönlichkeit besteht bei Gesellschaften mit beschränkter Haftung eine selbstständige Ertragsteuerpflicht (Gewerbesteuer, Körperschaftsteuer plus Solidaritätszuschlag). An Privatpersonen als Anteilseigner ausgeschüttete Gewinne unterliegen bei diesen der Einkommensteuer. Werden GmbH-Anteile von anderen Kapitalgesellschaften gehalten, so erfolgt bei diesen keine gesonderte Besteuerung der Ausschüttungen.

Die seit der Steuerreform 2000 geltende Systematik der Ertragbesteuerung von Unternehmen und ihren Teilhabern/ Gesellschaftern wurde bereits bei den Besteuerungsgrundlagen bei Kapitalgesellschaften (C.II.1.b.) sowie der AG (C.II.4.a.) dargestellt. Für die steuerliche Belastung der GmbH gelten die gleichen Aussagen, deshalb wird hier nicht näher darauf eingegangen.

- Das gültige Steuersystem führt bei der Körperschaftsteuer, wie ausgeführt wurde, zu einer steuerlichen Bevorzugung der Gewinneinbehaltung. Hiervon geht ein **stärkerer Thesaurierungsanreiz** aus, und dabei könnten die Ausschüttungsinteressen der (kleinen) Gesellschafter eventuell zurückgedrängt werden.
- Bei diesem Sachverhalt ist allerdings die organschaftliche Verfassung von GmbHs gesondert zu berücksichtigen. Die Gesellschafterversammlung hat hier sehr viel weiter reichende Befugnisse als die Hauptversammlung einer AG. Die Gesellschafter einer GmbH bestimmen die Grundlinien der Unternehmenspolitik, sie stellen den Jahresabschluss fest und beschließen über die Gewinnverwendung. Letzteres entspricht der Aufgabe der Hauptversammlung der AG. Die **Entscheidung über eine Ausschüttung oder Einbehaltung von Gewinnen** kann in einer GmbH **durch die Gesellschafter** jedoch ohne gesetzliche Reglementierungen wie bei der AG getroffen werden.

Unter Berücksichtigung der zuletzt angeführten Argumente kann die steuerliche Belastung bei GmbHs ebenfalls mit dem Durchschnittswert von ( ±o ) eingeordnet werden. Gegenüber der AG ( -/o ) wird damit eine leicht bessere Bewertung vorgenommen.

### Fortbestand des Unternehmens

Bezogen auf die Übertragung von GmbH-Anteilen besteht zunächst die Einschränkung, dass hierzu kein organisierter Markt besteht. Die Geschäftsanteile sind nicht börsenfähig, so dass diese nicht frei gehandelt werden können.

Neben der Börse als offiziellem Kapitalmarkt für den Handel mit Aktien hat sich auch für den Handel mit Kapitalanteilen anderer Rechtsformen – insbesondere GmbHs, aber auch Kommanditanteile – ein informeller Markt herausgebildet. Als primäre Vermittler von GmbH-Anteilen und anderen Unternehmensbeteiligungen im Rahmen des bereits angesprochenen **Private Equity Marktes** sind vor allem Banken und Venture Capital-Gesellschaften tätig. Ebenfalls eingebunden in dieses Vermittlungsgeschäft sind Steuerberater, Wirtschaftsprüfer und Rechtsanwälte, welche die Unternehmen betreuen und beraten. Hierbei werden sowohl Privatpersonen als auch Unternehmen, welche an einer Kapitalanlage im Bereich ihrer technologischen Kernkompetenzen oder – in deren Verlängerung – im Dienstleistungs-/ Servicebereich interessiert sind, mit geeigneten Anbietern von Beteiligungstiteln (Start-ups oder etablierte Firmen) zusammengebracht.

Wie oben erwähnt, liegt eine besondere Erschwernis des Gesellschafterwechsels bei GmbHs in der Notwendigkeit der notariellen Beurkundung. Die Übertragung von Geschäftsanteilen hat sich nach § 15 GmbHG zu richten. Danach sind GmbH-Geschäftsanteile grundsätzlich veräußerlich und vererblich.

Darüber hinaus ist zu beachten, dass die Veräußerung von Teilen eines Geschäftsanteils grundsätzlich der Genehmigung durch die Gesellschaft bedarf (§ 17 GmbHG). Bei erfolgten Wechseln innerhalb der Gesellschafter einer GmbH greift die Geschäftsführerpflicht, eine aktualisierte Gesellschafterliste zum Handelsregister einzureichen.

Zum Kriterienbereich des Unternehmensfortbestands sind bei den rechtlich eigenständigen Kapitalgesellschaften auch die Regelungen zur Auflösung und Beendigung anzusprechen. Für die GmbH sind diese in den §§ 60 ff. GmbHG niedergelegt.

Aufgrund ihrer Kapitalbezogenheit ist bei der GmbH von einer grundsätzlich gesicherten Unternehmenskontinuität auszugehen. Bei der Bewertung dieses Rechtsform-Kriteriums führen die Formerfordernisse beim Gesellschafterwechsel zu einem leichten Abschlag gegenüber der Idealbewertung. Im GmbH-Profil C-II-17 ist zum Fortbestand des Unternehmens also ein ( o/+ ) vermerkt.

### Kosten der Gründung

Für eine GmbH-Gründung sind vor allem die folgenden Positionen relevant:

- Gesellschaften mit beschränkter Haftung sind Handelsgesellschaften (§ 13 III GmbHG) und damit Formkaufleute (§ 6 I HGB). Im Rahmen einer GmbH-Gründung ist deswegen immer eine **Gewerbeanmeldung** vorzunehmen. Dies hat durch den oder die Geschäftsführer einer GmbH zu geschehen. Soweit die Handelsregister-Eintragung noch nicht vorliegt, wird die Anzeige von den Gewerbeämtern für die Gründungsgesellschafter entgegengenommen; für die Gesellschaft als juristische Person gilt sie erst nach Vorliegen des Registerauszugs.

Für eine Gewerbeanmeldung erheben die Gewerbeämter der Kommunen zum Teil unterschiedlich hohe Gebühren. Für GmbHs beträgt sie maximal 50 EUR.

- Bei der Errichtung einer GmbH (siehe hierzu die Ausführungen innerhalb des Haftungskriteriums) ist die Mitwirkung eines Notars zwingend vorgeschrieben. Dadurch fallen **Notar- und Gerichtskosten** für die Verträge und Registereinträge an. Hierbei ist von dem Wert des Geschäftsgegenstands zur Zeit der Fälligkeit (Geschäftswert) auszugehen. Im Fall einer GmbH-Gründung bildet die Höhe ihres Stammkapitals die Basis der Kostenermittlung. Für die mindestens notwendige Höhe des Stammkapitals von 25.000 EUR entstehen Gebühren in Höhe von einigen Hundert Euro, und zwar für die Beurkundung des Gesellschaftsvertrags und der Geschäftsführerbestellung sowie für die Anmeldung zur Eintragung in das Handelsregister und die Beglaubigung der Unterschriften.
- Nach § 10 HGB ist jeder **Eintrag im Handelsregister** im Bundesanzeiger sowie in einem weiteren, vom Registergericht festgelegten (§ 11 HGB) regionalen oder überregionalen Presseorgan (Amtsblätter) bekannt zu machen.

Die bei den vorstehenden Erläuterungen zu den Kosten der Gründung einer GmbH für den Einstiegsfall eines Stammkapitals von 25.000 EUR wiedergegebenen Gebührenangaben zeigen, dass bereits hierzu mindestens etwa 700 EUR zu veranschlagen sind. Je nach dem Umfang des zusätzlich notwendigen Beratungsbedarfs durch Rechtsanwälte, eventuell auch durch Wirtschaftsprüfer oder Betriebswirte, wird schnell ein Mehrfaches dieses Basisbetrags erreicht.

Absolut gesehen stellt sich damit für dieses Rechtsform-Kriterium ein weiter Abstand zur formulierten Idealausprägung niedriger Kosten ein. Beim notwendigen Gründungskapital von 25.000 EUR fallen niedrigere Gründungskosten als bei einem höheren Betrag für das Stammkapital an. Wegen dieser Verhältnismäßigkeit ist zu den Kosten der Gründung in der Profildarstellung C-II-17 als Bewertung ein ( -/o ) eingetragen.

Als Fazit bleibt für die GmbH im Rechtsform-Profil C-II-17 festzuhalten.

**Die Gesellschaft mit beschränkter Haftung ist geeignet als Kapitalgesellschaft für jede Unternehmensgröße bzw. Branche**. Sie ist dadurch eine sehr flexible Rechtsform.

### *c. Kommanditgesellschaft auf Aktien (KGaA)*

Mit der Bezeichnung dieser Rechtsform wird deren konzeptioneller Aufbau deutlich: Die Kommanditgesellschaft auf Aktien (KGaA) stellt eine **Mischform** dar, bei der sowohl Elemente der personengesellschaftlichen KG als auch solche der kapitalgesellschaftlichen AG enthalten sind. Die gesamte **Einordnung der KGaA als Kapitalgesellschaft** macht sich – wie bei der AG – daran fest, dass ihr Grundkapital in Aktien zerlegt ist und sie eine eigenständige Rechtsfähigkeit besitzt. Dementsprechend erfolgen die formalen Regelungen im Aktiengesetz (Zweites Buch des AktG, §§ 278-290), wobei hier auf die KG-Bestimmungen im Handelsgesetzbuch (§§ 161-177a HGB) sowie die AG-Vorschriften des ersten AktG-Buches (§§ 1-277 AktG) verwiesen wird (§ 278 AktG).

Der Eingangsparagraf zur KGaA umschreibt das **Wesen dieser Rechtsform** in seinem ersten Absatz wie folgt (§ 278 I AktG): „Die Kommanditgesellschaft auf Aktien ist eine Gesellschaft mit eigener Rechtspersönlichkeit, bei der mindestens ein Gesellschafter den Gesellschaftsgläubigern unbeschränkt haftet (persönlich haftender Gesellschafter) und die übrigen an dem in Aktien zerlegten Grundkapital beteiligt sind, ohne persönlich für die Verbindlichkeiten der Gesellschaft zu haften (Kommanditaktionäre)."

Die Nähe zur Kommanditgesellschaft ist damit unmittelbar ersichtlich. Im Unterschied zur KG werden bei der KGaA die **Anteile der Kommanditisten** allerdings in grundsätzlich **börsenhandelsfähigen Aktien** verbrieft; dadurch kommen hierauf bezogen aktienrechtliche Grundregelungen zum Tragen. In Zusammenfassung der vorstehenden Gesetzespassage ist im Rechtsform-Profil zur KGaA (hierzu Abb. C-II-18) als Kurzkennzeichnung eingetragen, dass es sich hierbei um eine eigenständig rechtsfähige Gesellschaft mit mindestens einem Vollhafter (Komplementär) und beschränkt haftenden Kommanditaktionären handelt.

Die Rechtsform der Kommanditgesellschaft auf Aktien wird in der Unternehmenspraxis **relativ selten** gewählt. Angaben hierzu sind den zugänglichen Quellen der amtlichen Statistik kaum zu entnehmen, da KGaAs dort – beispielsweise in der Umsatzsteuerstatistik – den AGs zugeschlagen werden. Mit in der Wirtschaftspresse veröffentlichten Rankings lässt sich aber eine annähernde Relation zum Vorkommen von KGaAs gegenüber anderen Kapitalgesellschaften ableiten.

Wegen der vollständigen Angabe der Firmenbezeichnungen bietet sich hierzu das Ranking an, welches jährlich von der Tageszeitung DIE WELT als TOP500 veröffentlicht wird. Für das **Jahr 2005** ist ersichtlich, dass **nur 3 Nennungen auf KGaAs** entfallen. Dem stehen 135 Firmierungen als GmbH und 207 als AG gegenüber. Mischformen, wie AG & Co. KgaA sowie GmbH & Co. KG oder AG & Co. KG (siehe hierzu C.II.5.a.), haben wir bei dieser Auszählung der TOP500 nicht berücksichtigt. Bei den 345 Kapitalgesellschaften „in Reinform" weisen also KGaAs einen Anteil von unter 1% auf, während GmbHs mit 39,1% und AGs mit 60% vertreten sind.

Als Kommanditgesellschaften auf Aktien sind im angeführten Ranking als TOP500-Unternehmen beispielsweise die HENKEL KGAA, Düsseldorf, sowie die MERCK KGAA, Darmstadt, vertreten. Wie bei diesen beiden Firmen kann die KGaA dann die passende Rechtsformalternative darstellen, wenn ein **relativ eng begrenzter Eigentümerkreis** zusätzlichen Kapitalbedarf über die **aktienbasierte Beteiligung zahlreicher Kommanditisten** decken möchte.

Bei den folgenden Erläuterungen zu den Rechtsform-Kriterien der KGaA steht im Vordergrund, die diese Unternehmensform speziell kennzeichnenden Ausprägungen herauszuarbeiten. Zu deren allgemeiner Gestaltung sind die Unterabschnitte zur KG (C.II.3.d.) und zur AG (C.II.4.a.) heranzuziehen.

**Haftung**

Wie bereits deutlich wurde, liegt der wesentliche Unterschied zur KG bei der KGaA in der speziellen, aktienbezogenen Form der Kapitalbeteiligung ihrer Kommanditisten. Im Hinblick auf diese beiden Rechtsformalternativen fallen die Regelungen zum Haftungskriterium prinzipiell gleich aus:

- Mit einem oder mehreren Komplementären und den Kommanditaktionären sind auch bei der KGaA zwei Gesellschafterarten zu unterscheiden.
- Der oder die **Komplementäre** haften den Gesellschaftsgläubigern neben dem Gesellschaftsvermögen als Vollhafter **unbeschränkt und solidarisch** (persönlich haftende Gesellschafter).

***Kurzkennzeichnung:*** **Gesellschaft mit eigener Rechtspersönlichkeit, mindestens einem Vollhafter als Komplementär und beschränkt haftenden Kommanditaktionären**

***Gesetzliche Grundlagen:*** **§§ 278-290 AktG + Vorschriften zur KG**

| ***Kriterien und Ausprägungen:*** | ***Bewertung:*)*** |
|---|---|
| **(1) *Haftung*** | |
| • **Komplementär(e): Unbeschränkt (und solidarisch)** | **-** |
| • **Kommanditaktionäre: Beschränkt auf Kapitaleinlage (Aktien) Einpersonen-KGaA möglich** | **+** |
| **(2) *Leitungsbefugnisse*** | |
| • **Komplementär(e): Geschäftsführung und Vertretung (≈ Vorstand bei AG)** | **+** |
| • **Kommanditaktionäre: Hauptversammlung wählt Aufsichtsrat (ggü. AG weniger Rechte); Zu HV-Beschluss meist Zustimmung der Komplementäre notwendig** | **±o** |
| **(3) *Gewinn- und Verlustbeteiligung*** | |
| • **Komplementär(e): Gewinn und Verlust (Kapitalminderung)** | **o/+** |
| • **Kommanditaktionäre: Gewinnanteile als Dividende; HV beschließt den Jahresabschluss, Komplementäre müssen zustimmen** | **o/+** |
| **(4) *Publizitätspflicht*** | |
| • **Hoch – wie AG; evtl. größenabhängige Erleichterungen** | **-/o** |
| **(5) *Eigenkapital-Beschaffung*** | |
| • **50.000 Euro MEK – Möglichkeiten der EK-Zuführung wie AG** | **+** |
| **(6) *Fremdkapital-Beschaffung*** | |
| • **Potenziale zur Fremdfinanzierung wie AG – unbeschränkte Komplementär-Haftung als zusätzlicher Vorteil** | **+** |
| **(7) *Steuerliche Belastung*** | |
| • **KGaA: KSt und GewSt – Komplementär(e)/ Komm.aktionäre: ESt** | **-/o** |
| **(8) *Fortbestand des Unternehmens*** | |
| • **Relativ sicher, KGaA ist juristische Person – Komm.aktien können börsenhandelsfähig sein; evtl. Probleme bei Ausscheiden eines einzigen Komplementärs (Regelungsbedarf in Satzung)** | **o/+** |
| **(9) *Kosten der Gründung*** | |
| • **Sehr hoch – Gewerbeanmeldung/ Handelsregistereintrag/ Notarielle Satzung/ Aktien** | **-** |

***) Kriterienbezogene Nähe ( - | -/o | ±o | o/+ | + ) zum Ideal**

***Fazit: Geeignet für Familienunternehmen mit weiterem Kapitalbedarf***

**Abb. C-II-18:** Rechtsform-Profil: Kommanditgesellschaft auf Aktien (KGaA)

- Die Grundlage des Gesellschaftsvermögens einer KGaA bildet sich als deren Grundkapital respektive Gezeichnetes Kapital über die **Aktienbeteiligungen der Kommanditaktionäre**.
  - Dabei gilt der kapitalgesellschaftliche Grundsatz der alleinigen Verbindlichkeitshaftung des Gesellschaftsvermögens. Wie bei der AG sind die Kommanditaktionäre gegenüber der KGaA zur vollständigen Leistung ihrer Einlage verpflichtet; dagegen ist eine persönliche Inanspruchnahme durch Gläubiger der Gesellschaft ausgeschlossen.
  - Eine solche, auf ihre Einlage bezogene Stellung als Teilhafter haben bereits die Kommanditisten einer KG inne. Dadurch, dass deren Beteiligung bei der KGaA „auf Aktien" begründet wird, kommt es also zu keiner substanziellen Änderung bei der Haftungssituation.

Aus den vorstehend erläuterten Zusammenhängen des § 278 I AktG ergibt sich, dass das **Grundkapital einer KGaA** allein durch die Beteiligungen der Kommanditaktionäre gebildet wird. Einlagen der persönlich haftenden Gesellschafter rechnen nicht hierzu. Nach § 286 II Satz 1 AktG sind Kapitalanteile der Komplementäre nach dem Posten Gezeichnetes Kapital bilanziell gesondert auszuweisen.

Entsprechend der personengesellschaftlichen Charakteristik der vollhaftenden Gesellschafter ist es für diese damit einerseits möglich, in ihrer **Komplementär-Funktion keine Einlage zu leisten**, sondern nur ihr persönliches Haftungspotenzial einzubringen. Andererseits steht es ihnen frei, durch die Übernahme von Aktien gleichzeitig die Stellung von Kommanditaktionären innezuhaben.

Zu den **persönlich haftenden Gesellschaftern** von KGaAs ist darauf hinzuweisen, dass der rechtssystematische Grundsatz, hierbei müsse es sich immer um natürliche Personen handeln, mittlerweile auch anders gehandhabt wird. So hat der Bundesgerichtshof (BGH) im Jahre 1997 entschieden, dass eine GmbH Komplementärin einer Kommanditgesellschaft auf Aktien sein kann. Als kombinierte Rechtsform ist damit neben der GmbH & Co. KG auch die GmbH & Co. KGaA generell zulässig. Dies fand seinen Niederschlag in einer durch das Handelsrechtsreformgesetz (HRefG vom 22.06.1998) bewirkten Änderung des § 279 AktG zur Firma der KGaA.

Als Folge dieser Entwicklung ist festzustellen, dass solchen KGaA-Konstruktionen in der Wirtschaftspraxis – insbesondere auch von mittelständischen Unternehmen – vermehrtes Interesse entgegengebracht wird. Ein markantes **Beispiel** hierzu bildet der im Oktober 2000 als GmbH & Co. KGaA – und nicht als AG – vollzogene Börsengang des Profifußballclubs BORUSSIA DORTMUND.

Der **Gründungsprozess einer KGaA** entspricht weitgehend dem einer AG mit folgenden Besonderheiten:

- Wie bei einer AG oder GmbH ist auch bei einer KGaA die **Gründung durch eine Person möglich**. Im für die KGaA maßgeblichen § 280 I AktG ist die früher geltende Erfordernis von fünf Gründerpersonen mit dem Gesetz zur Unternehmensintegrität und Modernisierung des Anfechtungsrechts (UMAG vom 22.09.2005) weggefallen. Es kann also KGaAs geben, bei denen ein persönlich haftender Gesellschafter zugleich alle Kommanditaktien der Gesellschaft übernimmt.

- Generell gilt, dass die Satzungsfeststellung einer KGaA **notariell zu beurkunden** ist. Hierbei müssen alle persönlich haftenden Gesellschafter sowie alle Kommanditaktionäre, die bei der Gesellschaftserrichtung Aktien gegen Einlagen übernehmen, beteiligt sein (§ 280 AktG).
- Name, Vorname und Wohnort der persönlich haftenden Gesellschafter sowie deren nicht auf das Grundkapital geleistete Einlagen sind in die Satzung aufzunehmen (§ 281 AktG).

Die Kommanditgesellschaft auf Aktien hat wie die AG einen Aufsichtsrat und eine Hauptversammlung, die KGaA hat dagegen **keinen Vorstand**. Dessen Funktion wird bei der KGaA von den persönlich haftenden Gesellschaftern wahrgenommen. Bevor wir hierauf beim nächsten Rechtsform-Kriterium der Leitungsbefugnisse zurückkommen, sind noch die Bewertungen zum Haftungskriterium vorzunehmen.

Wegen des systematisch verschiedenen Umfangs der übernommenen Risiken erfolgt – wie bereits zur KG – für die beiden Gesellschafterarten von KGaAs eine eigenständige Beurteilung der Haftungssituation: Zur Idealausprägung eines geringen Haftungsumfangs ist bei den persönlich haftenden Gesellschaftern mit ihrer persönlichen und deshalb unbeschränkten Verbindlichkeitshaftung ein deutlich höheres Risiko zu verzeichnen. Für die KGaA-Komplementäre ist deshalb im Rechtsform-Profil C-II-18 ein ( - ) vermerkt. Die Kommanditaktionäre tragen lediglich das Risiko eines Wertverlustes ihres Aktienanteils, für Verbindlichkeiten der KGaA können sie nicht persönlich in Anspruch genommen werden. Bei diesen sehr idealnahen Ausprägungen zum Haftungskriterium kann für die Kommanditaktionäre ein ( + ) vergeben werden.

**Leitungsbefugnisse**

Kapitalgesellschaften als juristische Personen handeln über die natürlichen Personen, die zu ihrer Vertretung berechtigt bzw. verpflichtet sind. Für die KGaA sind hierbei der oder die persönlich haftenden Gesellschafter, der Aufsichtsrat und die Hauptversammlung der Kommanditaktionäre gegeneinander abzugrenzen:

- Den **persönlich haftenden Gesellschaftern** einer Kommanditgesellschaft auf Aktien obliegen die **Geschäftsführung** sowie die **Vertretung** der Gesellschaft. Hierauf bezogen kommen zum einen nach § 278 II AktG die Bestimmungen zur KG im HGB zur Anwendung. Zum anderen wird mit § 283 AktG für eine ganze Reihe von Verantwortlichkeiten die Geltung der entsprechenden AG-Vorschriften verfügt.

  Die **Funktion der Komplementäre von KGaAs** weist damit zwar eine hohe Entsprechung zu der von AG-Vorständen auf, bezogen auf die anderen KGaA-Organe haben die persönlich haftenden Gesellschafter aber eine stärkere Stellung inne. Die Geschäftsführungs- und Vertretungsbefugnis steht den persönlich haftenden Gesellschaftern kraft Gesetzes zu. Über ihre Position als vollhaftende Gesellschafter werden die Mitglieder dieses Leitungsgremiums und ihre jeweiligen Einzelzuständigkeiten mit der Abfassung der Satzung einer KGaA bestimmt. Anders als bei der AG erfolgt damit also keine Bestellung durch den Aufsichtsrat; die persönlich haftenden Gesellschafter einer KGaA nehmen ihre Leitungsfunktion vielmehr im Sinne „geborener Vorstände" wahr.

- Die eher personengesellschaftlich organisierte Geschäftsführung und Vertretung einer KGaA durch die persönlich haftenden Gesellschafter bringt für den **Aufsichtsrat** als zweitem Gesellschaftsorgan ebenfalls eine Schwerpunktverlagerung mit sich:
  - Den aktienrechtlichen Bestimmungen folgend, hat der Aufsichtsrat zunächst auch bei der KGaA die Überwachung der Geschäftsleitung zur Aufgabe.
  - In § 287 I und II AktG ist darüber hinaus festgelegt, dass der Aufsichtsrat einer KGaA die Beschlüsse der Kommanditaktionäre ausführt und deren Vertretung bei Rechtsstreitigkeiten mit den Komplementären wahrnimmt.
  - Persönlich haftende Gesellschafter dürfen dem Aufsichtsrat einer KGaA nicht angehören (§ 287 III AktG).

- Die bislang geschilderten Besonderheiten der organschaftlichen Verfassung von KGaAs finden ihre Fortsetzung bei dem dritten Gesellschaftsorgan, der **Hauptversammlung** der Kommanditaktionäre:
  - Entsprechend der §§ 118 und 119 AktG nehmen die Kommanditaktionäre einer KGaA in deren Hauptversammlung ihre Mitverwaltungsrechte wahr.
  - Nach der gesonderten KGaA-Bestimmung des § 285 I AktG haben persönlich haftende Gesellschafter hierbei nur dann ein Stimmrecht, wenn sie zugleich Kommanditaktionäre sind.
  - Hinsichtlich der Beschlüsse von KGaA-Hauptversammlungen ist darauf hinzuweisen, dass diese in allen wichtigen Fällen (so genannte Grundlagenbeschlüsse) der Zustimmung durch die persönlich haftenden Gesellschafter bedürfen (§ 285 II AktG).

Bei dem vorstehend erläuterten grundsätzlichen Organaufbau von Kommanditgesellschaften auf Aktien sind graduelle Veränderungen der Zuständigkeiten durchaus möglich. Wegen der Mischung personen- und kapitalgesellschaftlicher Elemente unterliegt die KGaA nicht wie die AG einer generellen Satzungsstrenge. Bei den stattdessen gegebenen Freiheitsgraden können die Satzungen von KGaAs so abgefasst werden, dass beispielsweise dem Aufsichtsrat oder der Hauptversammlung auch weiter gehende Befugnisse eingeräumt werden.

Bei der Beurteilung des Rechtsform-Kriteriums der Leitungsbefugnisse in KGaAs gehen wir von dem geschilderten Grundzusammenhang der Gesellschaftsorgane aus. Dabei erhalten die Komplementäre wegen ihrer umfassenden Geschäftsführungs- und Vertretungsbefugnis ein uneingeschränktes ( + ). Die Kommanditaktionäre können über den Aufsichtsrat und in der Hauptversammlung eine gewisse Mitsprache ausüben; hierfür erfolgt im Rechtsform-Profil C-II-18 eine mittlere Bewertung mit ( ±o ).

**Gewinn- und Verlustbeteiligung**

Die dualistische Verfassung der KGaA bringt auch beim Rechtsform-Kriterium der Gewinn- und Verlustbeteiligung unterschiedliche Regelungen für die beiden Gesellschafterarten mit sich:

- Die **persönlich haftenden Gesellschafter** werden an den Gewinnen und Verlusten einer Kommanditgesellschaft auf Aktien nach den **Bestimmungen zur KG im HGB** beteiligt. Darüber hinaus sind insbesondere folgende Sonderregelungen aus den KGaA-Bestimmungen im AktG zu beachten:
  - Den Komplementären einer KGaA steht – mit der Möglichkeit abweichender Satzungsvereinbarungen – als Gewinnbeteiligung eine 4%ige Verzinsung ihrer nicht auf das Grundkapital geleisteten Einlage zu (§ 168 HGB).
  - Eine nicht-gewinnabhängige Tätigkeitsvergütung fällt nicht unter die Entnahmebeschränkung (§ 288 III AktG).
  - Werden in einer KGaA Verluste ausgewiesen, so sind die auf die persönlich haftenden Gesellschafter entfallenden Anteile von deren Kapitalanteilen abzuschreiben (§ 286 II AktG).
  - Sobald der auf einen persönlich haftenden Gesellschafter entfallende Verlustanteil seinen Kapitalanteil übersteigt, tritt eine Entnahmesperre ein; solange diese Situation besteht, darf kein auf den Kapitalanteil entfallender Gewinn entnommen werden (§ 288 I Satz 1 AktG).
  - In diesem Zusammenhang kann auch ein für alle Komplementäre geltendes kollektives Entnahmeverbot von Gewinnanteilen greifen, und zwar „solange die Summe aus Bilanzverlust, Einzahlungsverpflichtungen, Verlustanteilen persönlich haftender Gesellschafter und Forderungen aus Krediten an persönlich haftende Gesellschafter und deren Angehörige die Summe aus Gewinnvortrag, Kapital- und Gewinnrücklagen sowie Kapitalanteilen der persönlich haftenden Gesellschafter übersteigt“ (§ 288 I Satz 2 AktG). Im Gesetz werden also sehr genaue Vorgaben gemacht, um einen das Unternehmen gefährdenden Kapitalentzug zu vermeiden.

- Die **Ergebnisbeteiligung der Kommanditaktionäre** richtet sich nach den **aktienrechtlichen Bestimmungen**. Demnach steht ihnen als Anteil am KGaA-Gewinn die **Zahlung einer Dividende** zu. Zum Ausgleich erlittener Verluste werden sie wegen der kapitalgesellschaftlichen Natur ihrer Beteiligung nicht direkt herangezogen. Wie die Aktionäre einer AG tragen sie das Risiko, bei ausbleibenden Dividendenzahlungen keine Verzinsung ihres Anteils realisieren zu können und hierauf bezogen bei längerfristig sinkendem Unternehmenswert eventuell drastische Wertverluste oder eine gänzliche Entwertung hinnehmen zu müssen.

  Im Hinblick auf die Feststellung des Jahresabschlusses und die Gewinnverwendung sind im Vergleich zu Aktiengesellschaften teilweise andere Zuständigkeiten zu beachten:

- Die **Komplementäre einer KGaA** sind – wie die Vorstände einer AG – zur **Aufstellung und Vorlage des Jahresabschlusses** (mit Lagebericht und Gewinnverwendungsvorschlag) verpflichtet (§ 283 Nr. 9 AktG).
- Anders als bei der AG erfolgt die **Feststellung des Jahresabschlusses** einer KGaA nicht durch Billigung des Aufsichtsrats, sondern **durch die Hauptversammlung der Kommanditaktionäre**. Der hierzu gefasste Beschluss bedarf allerdings wiederum einer Zustimmung durch die persönlich haftenden Gesellschafter (§ 286 I AktG).
- Diese Regelung zeigt erneut die **starke Stellung der Komplementäre** einer KGaA. Deren zweifache Einflussmöglichkeit (Aufstellung und Zustimmung zur Feststellung des Jahresabschlusses) ist allerdings nur in dem eher seltenen Fall relevant, dass Differenzen zum aufgestellten Jahresabschluss unter den persönlich haftenden Gesellschaftern vorliegen. Hinzuweisen ist noch darauf, dass die Hauptversammlung einen verweigerten Jahresabschluss nicht selbst ändern und dann abschließend feststellen kann.
- Außer der vorstehend angesprochenen Feststellung des Jahresabschlusses beschließt die **Hauptversammlung der Kommanditaktionäre** gemäß den aktienrechtlichen Bestimmungen über die **Gewinnverwendung**. Die Grundlage hierfür bildet der zugleich mit dem Jahresabschluss von den persönlich haftenden Gesellschaftern vorgelegte Gewinnverwendungsvorschlag.

Beim Rechtsform-Kriterium der Gewinn- und Verlustbeteiligung erfolgt für beide Gesellschaftergruppen im Rechtsform-Profil C-II-18 eine Bewertung mit ( o/+ ). Mit dem Abstand von einer Position zur Idealausprägung wird bei den Komplementären deren eventueller Verlustbeteiligung Rechnung getragen. Und bezogen auf die Kommanditaktionäre wird auf diese Weise die etwas nachrangigere Stellung gegenüber den persönlich haftenden Gesellschaftern berücksichtigt.

**Publizitätspflicht**

Die Kommanditgesellschaft auf Aktien unterliegt als Kapitalgesellschaft ggf. den vorstehend in C.II.2. bereits angesprochenen Bestimmungen des Publizitätsgesetzes (PublG) sowie den handelsrechtlichen Regelungen zur Publizität im dritten HGB-Buch.

Unterteilt in die Bereiche der **Rechnungslegung, Prüfung und Offenlegung** sind diese umfassend zur Aktiengesellschaft erläutert worden. Auch bei der KGaA richten sich die im Einzelnen zu erfüllenden handelsrechtlichen Standards also zuerst nach den in § 267 HGB umschriebenen Größenklassen.

Werden die Anteilsscheine einer Kommanditgesellschaft „auf Aktien“ in einem organisierten Börsenmarkt (Amtlicher Markt, Geregelter Markt) gehandelt, dann hat sie Rechnungslegung, Prüfung und Offenlegung grundsätzlich nach den **Vorschriften für große Kapitalgesellschaften** auszurichten (§ 267 III HGB).

Die komplette Breite handels- und börsenrechtlicher Publizitätsverpflichtungen greift also lediglich dann nicht, wenn die Kommanditaktien einer KGaA auf keinem organisierten Börsenmarkt gehandelt werden (Freiverkehr der Börse oder außerhalb im so genannten Telefonverkehr). In diesem Fall können auch die im HGB festgelegten **größenabhängigen Erleichterungen** bei Rechnungslegung,

Prüfung und Offenlegung in Anspruch genommen werden. Als Beispiel einer KGaA ohne börsengehandelte Anteile kann die im Landmaschinensektor tätige CLAAS KGAA MBH genannt werden. Auch bei als KGaAs verfassten Venture-Capital-Gesellschaften ist es üblich, die Anteile der Kommanditaktionäre nicht an die Börse zu bringen.

Wegen der – zumindest theoretisch gegebenen – Möglichkeiten reduzierter Publizitätspflichten wird bei der Bewertung dieses Rechtsform-Kriteriums von der weitesten Idealentfernung abgesehen. Stattdessen ist im Profil C-II-18 ein ( -/o ) eingetragen.

**Eigenkapital-Beschaffung / Fremdkapital-Beschaffung**

Das Gezeichnete Kapital einer KGaA wird allein über die Beteiligungen der Kommanditaktionäre gebildet, während die – nicht grundsätzlich notwendigen – Einlagen der persönlich haftenden Gesellschafter gesondert hiervon auszuweisen sind. Für die Beurteilung der Kapitalbeschaffungsmöglichkeiten dieser Rechtsform bedeutet der **getrennte Ausweis der Eigenkapitalanteile beider Gesellschafterarten**, dass auf das Kommanditkapital bezogen in vollem Umfang von den aktienrechtlichen Regelungen ausgegangen werden kann. Zusätzlich ist dabei zu klären, ob die haftungsbezogen und organschaftlich gesonderte Stellung der persönlich haftenden Gesellschafter eventuell zu anderen Einschätzungen führt.

Wegen der grundlegenden Geltung der in C.II.4.a. für die Aktiengesellschaft dargestellten Bestimmungen zur Eigenkapital- und Fremdkapital-Beschaffung können diese beiden Rechtsform-Kriterien für die Kommanditgesellschaft auf Aktien zusammengefasst werden. Folgende Punkte sind dabei zur KGaA noch gesondert hervorzuheben.

- Bezogen auf das **Grundkapital/ Gezeichnete Kapital** einer KGaA gilt:
  - Die **Mindesthöhe** des Kapitals der Kommanditaktionäre beträgt – wie bei der AG – **50.000 EUR**.
  - Durch die Beteiligung der Kommanditisten über die Zeichnung von Kommanditaktien kann die **Errichtungs-** und die **Wachstumsfinanzierung** auf einer jeweils breiten Grundlage nach den Bestimmungen des Aktiengesetzes erfolgen.
  - Bei den **Besonderheiten der organschaftlichen Verfassung** von KGaAs (starke Stellung der persönlich haftenden Gesellschafter, eingeschränkte Mitspracherechte der Kommanditaktionäre, geringere Transparenz der Entscheidungsabläufe gegenüber der AG) ist bezogen auf die Notierungen börsengehandelter Kommanditaktien mit Abschlägen gegenüber den Anteilsscheinen vergleichbarer Aktiengesellschaften zu rechnen. Börsenfachleute setzen hier eine Differenz von bis zu 20% an.
  - Wenn die Einlagen persönlich haftender Gesellschafter gesondert vom Gezeichneten Kapital geführt werden, dann kann die Eigenkapital-Basis einer KGaA auch dadurch verbreitert werden, dass die **Komplementäre neue Mittel zuführen**. Wegen deren ohnehin persönlicher Haftung (mit dem Privatvermögen) kommt es dadurch aber zu **keiner Verbreiterung der Haftungssumme** einer KGaA.

- Zur **Fremdfinanzierung** einer KGaA ist festzuhalten:
  - Die KGaA verfügt über die **gleichen Möglichkeiten** zur Aufnahme von Fremdkapital **wie die AG**. Damit steht ihr hierzu insbesondere auch der Kapitalmarkt offen.
  - Über den kapital- und haftungsmäßig gesonderten Rang der **persönlich haftenden Gesellschafter** können KGaAs ein – bei AGs nicht gegebenes – **weiteres Kreditpotenzial** erschließen. Bei einer hohen Bonität der Vollhafter – und der KGaA – können damit also gewissermaßen zusätzliche Fremdmittel aufgenommen werden.

Der angeführte Kapitalmarktabschlag wird insbesondere bei familiendominierten KGaAs als Preis der Einflusserhaltung hingenommen. Und die grundsätzliche Breite der Möglichkeiten zur Eigenkapital-Zuführung (Ausgestaltung der Aktien, Thesaurierungs- und Kapitalerhöhungsmöglichkeiten) erfährt dadurch keine Einschränkung. So kann die Eigenkapital-Beschaffung für die KGaA im Rechtsform-Profil C-II-18 mit einem ( + ) bewertet werden. Auch für deren Möglichkeiten zur Fremdkapital-Beschaffung wird ein uneingeschränktes ( + ) vergeben. Die unbeschränkte Komplementär-Haftung ist hierbei eher noch förderlich.

**Steuerliche Belastung**

Die systematischen Unterschiede zwischen den beiden Gesellschafterarten einer Kommanditgesellschaft auf Aktien bringen für deren steuerliche Belastung die nachfolgend dargestellten Auswirkungen mit sich:

- Die KGaA ist als Kapitalgesellschaft **unbeschränkt körperschaftsteuerpflichtig** (§ 1 Nr. 1 KStG).
  - Dabei stellen bestimmte **Gewinnanteile der persönlich haftenden Gesellschafter** (Gewinnanteil für nicht in das Grundkapital gemachte Einlagen) sowie Tantiemen und realisierte Zins- oder Miet-/ Pachteinnahmen bei der Gewinnermittlung der KGaA **abziehbare Aufwendungen** dar (§ 9 I KStG).
  - Bei der Feststellung des Gewerbeertrags sind die vorstehend genannten Gewinnanteile und Tantiemen der Komplementäre wieder hinzuzurechnen (§ 8 Nr. 4 GewStG). Die Gewerbesteuer bemisst sich damit – vorbehaltlich weiterer Hinzurechnungen oder Kürzungen nach den §§ 8 und 9 GewStG – nach dem Jahresüberschuss einer KGaA vor Berücksichtigung der Vergütungen persönlich haftender Gesellschafter.
  - Auf die Körperschaftsteuerschuld einer KGaA wird zusätzlich der Solidaritätszuschlag fällig.

- Die **persönlich haftenden Gesellschafter** einer KGaA werden steuerlich als **Mitunternehmer** behandelt.
  - Die bezogenen Gewinnanteile sind von diesen nach § 15 I Nr. 3 EStG als **Einkünfte aus Gewerbebetrieb** zu versteuern.
  - Dabei können die KGaA-Komplementäre auch von der durch die Steuerreform 2000 eingeführten pauschalierten Gewerbesteueranrechnung Gebrauch machen (§ 35 I Nr. 2 EStG).

- Die Besteuerung der an **Kommanditaktionäre** ausgeschütteten Dividenden entspricht den steuerlichen Regelungen der AG.
  - Dividenden sind bei den Kommanditaktionären als **Einkünfte aus Kapitalvermögen** zu versteuern (§ 20 I Nr. 1 EStG).
  - Hierauf bezogen kommt seit 2001 das Halbeinkünfteverfahren zur Anwendung.

- Hält ein Komplementär auch Kommanditaktien, dann realisiert er beide vorgenannten Einkunftsarten, also Einkünfte aus Gewerbebetrieb und aus Kapitalvermögen.

Für die KGaA als Körperschaft ist darüber hinaus auch ein bereits bei der AG angesprochener **Anreiz zur Thesaurierung** von Gewinnen zu beachten.

In der Gesamtbeurteilung zum Rechtsform-Kriterium der steuerlichen Belastung wird für die KGaA – wie für die AG – von einem relativ weiten Idealabstand ausgegangen; im Rechtsform-Profil C-II-18 ist hierzu ein ( -/o ) vermerkt.

**Fortbestand des Unternehmens**

Die bei der Kommanditgesellschaft auf Aktien gegebene Mischung personen- und kapitalgesellschaftlicher Elemente hat für den Fortbestand eines in dieser Rechtsform verfassten Unternehmens folgende Konsequenzen:

- Die KGaA besitzt eine eigenständige Rechtsfähigkeit und hat damit den Status einer juristischen Person des Privatrechts. Aufgrund ihrer organschaftlichen Verfassung ist sie **unabhängig vom Wechsel ihrer Mitglieder**.
  - Uneingeschränkt gilt dieser Kontext nur im Hinblick auf die Kommanditaktionäre.
  - Wechsel in deren Zusammensetzung oder das Ausscheiden einzelner Anteilseigner haben – wie bei der AG – keine unmittelbaren Konsequenzen für die Fortdauer einer KGaA.

- Bezogen auf die **persönlich haftenden Gesellschafter** einer KGaA ist eine gesonderte Beurteilung zum Fortbestand des Unternehmens erforderlich:
  - Wechsel sind auch in dieser Gesellschaftergruppe möglich, hierauf sind wir bereits beim Rechtsform-Kriterium der Leitungsbefugnisse eingegangen.
  - Mit entsprechenden **Regelungen in der Satzung** ist dabei festzulegen, ob und auf welche Weise Komplementäre aus einer KGaA ausscheiden können (§ 289 V und VI AktG).
  - Mit dem Vorhandensein lediglich eines persönlich haftenden Gesellschafters wird allerdings – wie bei der KG – eine kritische Grenze erreicht:
    - KGaAs können wie KGs nicht ohne persönlich haftende Gesellschafter existieren. Damit führt das z.B. todesbedingte Ausscheiden des einzigen Komplementärs grundsätzlich zur Auflösung der Gesellschaft.

* Diese Konsequenz lässt sich allerdings durch entsprechende gesellschaftsvertragliche Vorsorgen vermeiden; und hiervon wird regelmäßig wie bei der KG Gebrauch gemacht:

  # So kann festgelegt werden, dass die Fortsetzung der Gesellschaft mit einem oder mehreren Erben – bei Zustimmung durch die Kommanditaktionäre – erfolgen soll.
  # Statt einer Nachfolgeklausel kann in der Satzung auch eine Eintrittsklausel vorgesehen werden. Bei solchen nichterblichen Nachfolgeregelungen kann ein Komplementär auch Dritte als Nachfolger bestimmen.

Bezogen auf die Kommanditaktionäre stellen sich keine solchen Probleme, und so kann insgesamt zum Rechtsform-Kriterium des Unternehmensfortbestands für die KGaA ein ( o/+ ) vergeben werden (siehe das Rechtsform-Profil C-II-18).

**Kosten der Gründung**

Mit der Errichtung einer Kommanditgesellschaft auf Aktien sind hohe rechtsformbezogene Kosten verbunden. Wie bei der AG können hierzu drei Kategorien unterschieden werden:

- **Unmittelbare Gründungskosten** fallen bei der KGaA im Zusammenhang mit der Gewerbeanmeldung, der notariell zu beurkundenden Satzungserstellung sowie der Anmeldung zum Handelsregistereintrag an.
- Bei der Entscheidung, die Unternehmensform der KGaA zu wählen, sind **weitere laufende rechtsformspezifische Kosten** zu berücksichtigen (aus der organschaftlichen Verfassung sowie infolge des Rechnungslegungs-, Prüfungs- und Offenlegungsaufwands).
- Die Möglichkeit der **Eigenkapitalaufnahme über den Aktienmarkt** wird einer der wichtigsten Gründe dafür sein, die KGaA als Rechtsform zu wählen. Im Zusammenhang mit dem dabei notwendigen Börsengang ist allerdings auch von einem hohen bis sehr hohen Kostenvolumen auszugehen.

Dem Ideal niedriger Kosten kann also auch die KGaA nicht annähernd nahe kommen. Als Bewertung ist in der Profildarstellung C-II-18 zu den Kosten der Gründung ein ( - ) eingetragen.

Die abschließend eingetragene Wertung zu dieser Rechtsform knüpft an die Eingangserläuterungen zur KGaA an. Wenn eng begrenzte Eigentümerkreise – beispielsweise also Unternehmerfamilien – bei weitgehendem Erhalt ihrer Leitungsverantwortung zusätzlichen Kapitalbedarf über die Börse decken wollen, dann ist die KGaA eine interessante Alternative. Dies gilt umso mehr, als mittlerweile auch die Konstruktion als GmbH & Co. KGaA rechtlich anerkannt ist. In Zusammenfassung der vorstehenden Argumentation ist im Rechtsform-Profil C-II-18 als Fazit eingetragen.

**Die KGaA ist geeignet für Familienunternehmen mit weiterem Kapitalbedarf.**

### *d. Exkurs: Die britische Limited (Ltd.)*

Abschließend gehen wir in einem Exkurs noch kurz auf eine neuere Entwicklung in Deutschland ein, und zwar auf die britische **Private Company Limited by Shares (Limited bzw. Ltd.)**. Es handelt sich dabei nicht um eine in Deutschland auf der Basis existierender Gesetze vorgesehene Gesellschaftsform. Dennoch kann sie aufgrund der europäischen Integration auch in anderen Ländern der Europäischen Union genutzt werden, wie dies gleichermaßen für andere ausländische, europäische Kapitalgesellschaften der Fall ist, z.B. auch für die niederländische BV.

Der Europäische Gerichtshof ermöglicht es Unternehmen seit 2002, in Deutschland eine derartige Firma nach britischem Recht zu betreiben. In Deutschland existieren bereits über 30.000 Limiteds (Stand Mai 2006). Mindestens jede vierte Gründung einer Gesellschaft mit beschränkter Haftung erfolgt inzwischen als Limited. Die Ltd. entspricht auf den ersten Blick in vieler Hinsicht der GmbH nach deutschem Recht. Sie hat vordergründig eine Reihe von Vorteilen, weil sie manche Anforderungen auf deutlich geringerem Niveau stellt. Aber bei genauerem Hinsehen weist sie eine ganze Reihe erheblicher Anforderungen und damit nicht zu unterschätzende Nachteile auf. Hierauf wird im Folgenden näher eingegangen.

Die besonderen Anforderungen sind primär darin begründet, dass die britische Ltd. nicht in Deutschland, sondern nur in Großbritannien gegründet werden kann. Damit geht es allgemein um die Frage, wie ausländische Körperschaften im (deutschen) Inland einen Geschäftsbetrieb gestalten können. Für den Geschäftsbetrieb einer britischen Ltd. in Deutschland gilt grundsätzlich deutsches Recht. In der Konsequenz sind also die Regelungen und Anforderungen von zwei unterschiedlichen nationalen Rechts- und vor allem auch Steuersystemen zu erfüllen. Erschwerend kommt für viele Betreiber neben der ihnen weitgehend unbekannten britischen Rechtsordnung hinzu, dass sie allen Anforderungen in englischer Sprache nachkommen müssen. Wie immer in solchen Situationen gibt es Berater in Deutschland und/ oder Großbritannien, die bei der Errichtung einer derartigen Gesellschaft unterstützen. Allein dadurch entsteht von Anfang an eine Abhängigkeit, die nach der Gründung der Gesellschaft vor allem aus der laufenden/ periodischen Erfüllung der Anforderungen nach britischem Recht resultiert.

- Zunächst soll auf die **Vorteile** einer Limited vor allem für deutsche Kleinbetriebe eingegangen werden. Seit 2003 gilt, dass eine im Ausland gegründete Ltd. in Deutschland rechtsfähig ist. Vorteilhaft ist für kleine Unternehmen insbesondere, dass die Gründungskosten nur etwa ein Drittel der Kosten einer GmbH betragen und dass die Gründungsdauer deutlich kürzer ist, nämlich zwischen 24 Stunden und maximal zwei Wochen statt der sechs Wochen bei einer deutschen GmbH. Hinzu kommt, dass praktisch kein Stammkapital erforderlich ist (Gründung mit Stammkapital von 1 britischen Pfund und damit weniger als 2 EUR).

  Da der Zweck einer Ltd. weit gefasst ist, sind im Zeitablauf Änderungen der Gesellschaftsverträge meist nicht erforderlich. Durch diese flexible Ausgestaltung können im Vergleich zur GmbH Notar- und Registerkosten gespart werden. Ergänzend sei darauf hingewiesen, dass bei großen Ltds. die unternehme-

rische Mitbestimmung umgangen werden kann, die andernfalls nach den deutschen Vorschriften greift (siehe hierzu C.II.4.a.). Da die meisten Ltds. jedoch kleine Gesellschaften sind, spielt der Aspekt der Mitbestimmung eine untergeordnete Rolle.
Abschließend ist noch ein Vorteil für Unternehmen zu erwähnen: Gerade Unternehmen der Biotech-Branche, die in der Genforschung tätig sind, bevorzugen die Gründung einer Limited, wenn sie in Deutschland aktiv sind. Sie versprechen sich dadurch, dass der enge Ethik-Kodex und gesetzliche Rahmen in Deutschland für sie als britisches Unternehmen keine Gültigkeit besitzt.

- **Nachteile** der Ltd. sind zahlreich und werden aufgrund der augenfälligen Vorteile häufig völlig übersehen oder zumindest in ihrer Tragweite stark unterschätzt. Sie sind dadurch gegeben, dass laufende Verwaltungskosten im Gegensatz zur GmbH anfallen, nämlich etwa 250 EUR pro Jahr. Zusätzlich muss die Ltd. vor Ort, das heißt in Großbritannien, einen Company Secretary und ein Registered Office benennen. Neben der Pflicht zur Erstellung eines Jahresabschlusses entsteht ein höherer Aufwand durch den ergänzend geforderten englischen Jahresabschluss.
  Im Rahmen der Gesellschaftsorganisation muss die Ltd. also neben dem Organ des Geschäftsführers/ Directors zwingend über einen so genannten Schriftführer/ Secretary verfügen. Dieser vertritt die Ltd. in administrativen Belangen gegenüber dem englischen Handelsregister und ist verantwortlich für die obligatorisch zu führende Korrespondenz (z.B. termingerechte Einreichung des Jahresabschlusses und der Steuererklärung, Mitteilung über Veränderungen in den Gesellschaftsverhältnissen). Bereits in dieser Hinsicht sind die meisten kleineren Unternehmen in Deutschland, z.B. im Handwerks- oder Dienstleistungsbereich, völlig überfordert und auf professionelle externe Hilfe angewiesen, für die zusätzliche Kosten entstehen. Wer gegen diese Pflichten in Großbritannien verstößt, dem drohen Strafen und Löschung der Gesellschaft; das Ltd.-Vermögen fällt dann an die britische Krone. Es ist davon auszugehen, dass ausschließlich in Deutschland mit einem Geschäftsbetrieb aktive britische Limiteds in Großbritannien eher unter eine besondere Beobachtung geraten werden, um Missbrauch möglichst schnell zu verhindern.
  Die einschlägigen Dienstleister bieten deshalb „Rundum-Sorglos-Limited-Pakete" – meist über das Internet – an, deren Kosten für das erste Jahr i.d.R. bei 500 bis 1.500 EUR liegen. Die Kosten für die vorstehend angesprochenen Aktivitäten fallen also regelmäßig zusätzlich jedes Jahr an. Die Gefahr von unseriösen Angeboten ist nicht von der Hand zu weisen.
  Auch auf deutscher Seite führt diese Sachlage dazu, dass eine britische Limited mit ausschließlichem Geschäftsbetrieb in Deutschland eher höhere Kosten verursacht. So kann die Veröffentlichung des möglichen Eintrags in das deutsche Handelsregister deutlich teurer werden als bei einer GmbH, da der Gegenstand des Geschäfts nach britischem Recht sehr viel ausführlicher beschrieben werden muss. Diese Angaben können vier Seiten und mehr umfassen. Für eine Ltd. können sich die Kosten für die Eintragung und die Veröffentlichung im Bundesanzeiger oder in der Tageszeitung auf bis zu 3.000 EUR belaufen statt im Durchschnitt 150 EUR bei einer GmbH.

Ein weiterer Nachteil ist nicht zu übersehen: Mit zunehmendem Bekanntheitsgrad der Ltd. in Deutschland wird aufgrund der minimal notwendigen Eigenkapitalbasis das Image dieser Rechtsform als „Billig-GmbH“ eher sinken, zumal ihre Kreditwürdigkeit ohne persönliche Sicherheiten der Gesellschafter sehr begrenzt ist.

- **Kein Unterschied** zur GmbH besteht naturgemäß bei der auf das Gesellschaftsvermögen beschränkten Haftung. Eine persönliche Haftung des Geschäftführers/ Directors ist nach britischem Recht – wie bei der deutschen GmbH – bei folgenden Sachverhalten gegeben: Für Geschäfte vor der Eintragung der Ltd. in das englische Gesellschaftsregister, für Steuern und Sozialversicherungsbeiträge, bei Verstoß gegen persönliche Pflichten und in Missbrauchsfällen. Darüber hinaus gilt bei schwerwiegendem Fehlverhalten im Zusammenhang mit der Insolvenz englisches Insolvenzrecht.
  Die britische Ltd. mit Aktivitäten nur in Deutschland begründet hier eine Betriebsstätte und ist damit im Inland wie eine deutsche GmbH steuerpflichtig. Bezogen auf die anfallenden Steuern, wie Umsatz-, Gewerbe- und 25%iger Körperschaftsteuer zuzüglich Solidaritätszuschlag, besteht also kein Unterschied zur GmbH, wenn die Ltd. in Deutschland tätig ist. Zusätzlich ist dann aber in Großbritannien jedes Jahr eine so genannte Null-Steuer-Erklärung abzugeben.
  Im Hinblick auf eine Zwangsmitgliedschaft bei der IHK oder die Eintragung in die Handwerksrolle bestehen keine Unterschiede, so dass jeweils alle einschlägigen Vorschriften zu beachten sind.

Insgesamt lässt sich als **Fazit** Folgendes festhalten: Eine Limited nach britischem Recht ist zwar kostengünstiger, schneller und unbürokratischer zu gründen als die deutsche GmbH. Die Präsenz in zwei Rechtsordnungen erfordert entweder hohe fachliche Kompetenz oder zu bezahlende externe Unterstützung. Hinzu kommen weitere laufende/ periodische Kosten für die Erfüllung der Anforderungen des britischen Rechtssystems. Alle Anforderungen des deutschen Rechtssystems, vor allem auch des Steuerrechts, sind gleichermaßen verbindlich. Offensichtlich liegt ein klarer Vorteil in der schnelleren Gründung. Die deutlich geringere Mindest-Kapitalausstattung ist nur in der Hinsicht vorteilhaft, dass ein definierter Kapitalbetrag wie bei der deutschen GmbH nicht von vornherein einzubringen und damit gebunden ist. Da dies bei wirtschaftlichen Beziehungen mit anderen Unternehmen bekannt ist, werden von Partnern im Lieferungs- und Leistungsprozess von einer Ltd. aufgrund des nicht sehr positiven Images Sicherheiten gefordert werden, die in der Summe sogar höher liegen können als das Mindest-Stammkapital von 25.000 EUR einer GmbH, das zur Hälfte bei der Eintragung ins Handelsregister eingezahlt sein muss.

Aufgrund dieser Sachlage ist davon auszugehen, dass **für viele Gründer einer Limited diese Konsequenzen und Probleme am Anfang nicht abzusehen** waren. Der Gründerboom wird deshalb aller Voraussicht nach im Zeitablauf eher wieder nachlassen.

## 5. Kombinationen aus Personen- und Kapitalgesellschaften

Die in diesem Abschnitt dargestellten Rechtsformen weisen eine Besonderheit in der Weise auf, dass sie Kombinationen aus Personen- und Kapitalgesellschaften sind. Dabei kann es wie bei der GmbH & Co. KG so sein, dass die Rechtsform durch eine Gesellschaftsform (KG) gebildet wird und in der Konstruktion eine zweite Rechtsform (GmbH) hinzukommt. Oder es werden zwei bzw. mehrere unterschiedliche Rechtsformen aus betrieblichen Haftungsgründen aneinander gereiht, so dass so genannte Doppel- oder Mehrfachgesellschaften entstehen. Im Folgenden wird jeweils die grundsätzliche Konstruktion aufgezeigt, ohne alle Auswirkungen einer Kombination in einem Rechtsform-Profil detailliert zu verdeutlichen.

### *a. GmbH & Co. KG*

Von den **Kapitalgesellschaft & Co.-Formen** ist die GmbH & Co. KG (hierzu Abb. C-II-19) in der Wirtschaftspraxis am Weitesten verbreitet. Wir stellen sie deshalb ausführlicher vor. Hieraus kann der prinzipielle Aufbau anderer Konstruktionen (z.B. AG & Co. KG, GmbH & Co. OHG, AG & Co. OHG, GmbH & Co. KGaA) erschlossen werden.

**Eine GmbH & Co. KG ist immer eine KG**; die Besonderheit liegt darin, dass eine GmbH in dieser KG eine spezielle unternehmerische Funktion übernimmt, für die diese Gesellschaftsform besonders geeignet ist. Der Gestaltungsansatz bei der GmbH & Co. KG besteht dementsprechend darin, dass in einer KG die Funktion des persönlich haftenden Gesellschafters von einer GmbH übernommen wird.

Die Gründe für ihr Entstehen in der Unternehmens- und Rechtspraxis liegen in den grundsätzlichen Unterschieden zwischen Personen- und Kapitalgesellschaften. Hierbei ging und geht es insbesondere darum, Vorteile einer Kapitalgesellschaft bei den Rechtsform-Kriterien der Haftung und der steuerlichen Belastung mit den Vorteilen einer Personengesellschaft insbesondere bezogen auf die Leitungsbefugnis zu kombinieren. Durch veränderte gesetzliche und dabei vor allem auch steuerliche Regelungen besteht heute ein Teil der früher gültigen Vorteile nicht mehr.

**Die GmbH als juristische Person ersetzt also natürliche Personen als Vollhafter**. Dadurch ist die Haftung des Komplementärs automatisch auf das Vermögen der GmbH beschränkt. Hierbei gilt: Die GmbH **als Komplementärin der KG haftet persönlich und unbeschränkt mit ihrem gesamten Vermögen**. Da sie eine Kapitalgesellschaft ist, ist diese unbeschränkte Haftung begrenzt auf das in der GmbH zur Verfügung stehende Vermögen. Dadurch wird das finanzielle Risiko der GmbH-Gesellschafter in der Höhe ihrer Einlagen limitiert.

Die Konstruktion der KG sieht also so aus, dass an Stelle eines oder mehrerer persönlich und damit unbeschränkt haftender Komplementäre als Privatpersonen eine GmbH eingesetzt wird, die zwar unbeschränkt haftet, aber je nach Kapitalausstattung und Vermögen nur begrenzt auf diesen Betrag. Zusätzlich sind in der KG Kommanditisten in Form von natürlichen oder juristischen Personen. Sie haften grundsätzlich immer nur in Höhe ihrer Einlagen und damit beschränkt. Auch wenn sie über weiteres Vermögen verfügen, ist ihre Haftung in dieser KG auf ihre Einlage begrenzt.

Auf die Besonderheit, dass der Komplementär keine natürliche Person, sondern eine GmbH ist, muss in der Firmenbezeichnung bzw. im **Rechtsformzusatz** eines Unternehmens hingewiesen werden (§19 II HGB). Wird die Komplementärfunktion in einer KG also lediglich von einer oder mehreren GmbHs übernommen, dann ist die teilweise ausgeschriebene oder abgekürzte Bezeichnung GmbH & Co. KG notwendig.

Für die beiden Bestandteile dieser kombinierten Rechtsform sind insbesondere die jeweiligen **Vorschriften für die KG und die GmbH** anzuwenden. Zusätzlich ist hierbei die **Rechtsprechung** zu dieser bereits in der Zeit des Reichsgerichts anerkannten rechtlichen Gestaltungsvariante zu beachten. An den bisherigen Erläuterungen wird nachvollziehbar, dass die GmbH & Co. KG ursprünglich nicht vom Gesetzgeber vorgesehen war. Die einschlägigen Bestimmungen des HGB sind auf sie jedoch in vollem Maße anwendbar, wie § 264 a HGB für OHGs und KGs ohne natürliche Person als persönlich haftender Gesellschafter festlegt.

Bei der Prinzipdarstellung der GmbH & Co. KG in Abbildung C-II-19 wird deren Aufbau mit einer schematischen Darstellung verdeutlicht: Dabei wird zunächst auf den notwendigen **Abschluss zweier Gesellschaftsverträge** hingewiesen. Hierbei handelt es sich zum einen um den KG-Vertrag, mit dem diese Personengesellschaft etabliert wird. Zum anderen ist, wenn nicht bereits schon vorhanden, mit einem gesonderten Vertrag die GmbH als Kapitalgesellschaft zu errichten, welche die Komplementärfunktion übernimmt.

Mit der Skizze zur GmbH & Co. KG werden auch deren **zwei Varianten** illustriert: Eine **GmbH & Co. KG im engeren Sinne (i.e.S.)** zeichnet sich dadurch aus, dass sämtliche Kommanditisten der KG zugleich Gesellschafter der GmbH sind. Bei dieser Konstruktion haben die Kommanditisten der KG über die GmbH Einfluss auf die Geschäftsführung der GmbH & Co. KG. Vergleichbar hierzu ist die so genannte Einheitsgesellschaft, bei der die Anteile an der Komplementär-GmbH ausschließlich von den KG-Kommanditisten und nicht von anderen natürlichen und/ oder juristischen Personen gehalten werden.

Im Gegensatz hierzu sind an einer **GmbH & Co. KG im weiteren Sinne (i.w.S.)** Personen als Kommanditisten beteiligt, die der GmbH nicht als Gesellschafter angehören. Diese weiteren, zusätzlichen Kommanditisten können also keinen Einfluss auf die Leitung der GmbH und damit der gesamten GmbH & Co. KG nehmen (Geschäftsführung und Vertretung der KG durch deren Komplementäre).

Als weitere mögliche Form kann die Gestaltung so sein, dass keiner der Kommanditisten der KG zugleich Gesellschafter der GmbH ist. Dadurch hat die GmbH eine von den Kommanditisten unabhängige Führungsfunktion als Komplementärin der KG. Dies ist bei allen Geschäften bzw. Projekten der Fall, bei denen über die Kommanditisten der KG Kapital angesammelt werden soll, ohne dass diese – über die sich gemäß § 166 HGB ergebenden Kontrollrechte sowie die Einflussnamemöglichkeit bei ungewöhnlichen Geschäften gemäß § 164 HGB hinaus – Mitwirkungs- und Entscheidungsbefugnisse bei dem eigentlichen Vorhaben besitzen. Die KG dient also in dieser Form dann ausschließlich als „Kapitalsammelstelle“.

Im Folgenden wird noch kurz auf die Ausprägungen einzelner **Rechtsform-Kriterien** eingegangen.

- Von grundsätzlichem Interesse ist bei der Gesellschaftsform der GmbH & Co. KG, dass die **Haftung** generell auf das Gesellschaftsvermögen der Komplementär-GmbH bzw. deren Anteile beschränkt werden kann.
- Da in dieser Rechtsform immer eine KG als Personengesellschaft vorhanden ist, können **Verluste** von den Gesellschaftern bis zur Höhe ihrer Einlage bzw. der höheren Haftsumme persönlich steuerlich verwertet werden.
- Bei einer KG erfolgen die Geschäftsführung und die Vertretung der Gesellschaft durch den oder die Komplementäre. Dem entsprechend liegen die **Leitungsbefugnisse** in einer GmbH & Co. KG **bei der Komplementär-GmbH**. Wenn nur wenige Kommanditisten der KG zugleich Gesellschafter der GmbH sind, dann kann dadurch im Bedarfsfall – wie oben angesprochen – der Einfluss auf die Komplementär-GmbH und ihre Geschäftsführer auf einen eng begrenzten Personenkreis beschränkt werden.
  Die Rechtsform der GmbH & Co. KG hat im Hinblick auf die zur Leitung berechtigten Personen auch den Vorteil, dass bei dem **Fremdorganschaftsprinzip der GmbH** geeignete Führungskräfte akquiriert werden können. Für eine KG als reine Personengesellschaft gilt dagegen der Grundsatz der Selbstorganschaft. Die Bereitschaft zur Übernahme des finanziellen Risikos und der Führungsverantwortung müssen bei deren persönlich haftenden Gesellschaftern also immer mit den entsprechenden Qualifikationen zusammenpassen.
- Für die **Gewinn- und Verlustbeteiligung** der KG-Gesellschafter gelten die **Bestimmungen zur KG**. Auf die steuerliche Abzugs- bzw. Verrechnungsmöglichkeit entstandener Verluste wurde oben bereits hingewiesen. In Abhängigkeit von der Höhe der Anteile an der KG werden also Gewinne zugewiesen oder Verluste abzugsfähig gemacht. Da die GmbH als Komplementär der KG in der Unternehmenspraxis i.d.R. keine Kommandit-Einlage geleistet hat, ist die GmbH nicht am KG-Ergebnis beteiligt und erhält insoweit nur eine fixe Haftungsvergütung.
- Die in der Rechtsform-Kombination einer GmbH & Co. KG verfassten Unternehmen haben **umfangreiche Publizitätsverpflichtungen** zu erfüllen. Die mit dem Bilanzrichtlinien-Gesetz (BiRiLiG) von 1985 im HGB zusammengefassten Rechtsnormen zur Rechnungslegung, Prüfung und Offenlegung von Kapitalgesellschaften sind mit dem Kapitalgesellschaften- und Co-Richtlinien-Gesetz (KapCoRiLiG) aus dem Jahre 2000 auf Personengesellschaften ohne natürliche Personen als vollhaftende Gesellschafter ausgedehnt worden (§ 264a HGB).
  Damit unterliegt eine GmbH & Co. KG den kapitalgesellschaftlichen Publizitätsbestimmungen. Hierbei kommen die mit dem § 267 HGB definierten **größenklassenbezogenen Abstufungen** zur Anwendung (siehe dazu C.II.4.a.). Für die Rechnungslegung von KGs mit einer Komplementär-GmbH ist der auch durch das KapCoRiLiG eingefügte § 264c HGB zu beachten. Nach Schätzungen des Gesetzgebers waren von den – erstmals bei den 2000er-Jahresabschlüssen zu berücksichtigenden – erhöhten Transparenzauflagen etwa

100.000 Unternehmen betroffen, von denen allerdings zirka zwei Drittel wie kleine Kapitalgesellschaften vorgehen können.

| | |
|---|---|
| ***Entstehungsgründe:*** | **Nutzung der Vorteile einer Kapitalgesellschaft im Rahmen/ innerhalb einer Personengesellschaft, v.a. bei den Kriterien Haftung und steuerliche Belastung** |
| ***Ausgestaltung:*** | **In einer Kommanditgesellschaft wird die Funktion des persönlich haftenden Gesellschafters von einer Gesellschaft mit beschränkter Haftung übernommen**<br>**↳ Rechtsform-Kombination, gebildet aus einer Personen- und einer Kapitalgesellschaft**<br>**↳ Spezialform der KG (auch weitere Konstr. möglich, z.B. AG & Co. KG )** |
| ***Gesetzliche Basis:*** | **Keine eigenständige gesetzliche Grundlage, aber Paragrafen-Verweise, z.B. §§ 19 II, 125a, 172a, 264a HGB; aus der Praxis entstanden, rechtlich seit langem anerkannt**<br>**↳ Geltung der Vorschriften für KG und GmbH**<br>**↳ Rechtliche Änderungen haben Vorteile im Zeitablauf geschmälert** |

***Schematischer Aufbau:***

**Zwei Gesellschaftsverträge sind notwendig!**

***1. KG-Vertrag:*** **Personengesellschaft**

***2. GmbH-Vertrag:*** **Kapitalgesellschaft**

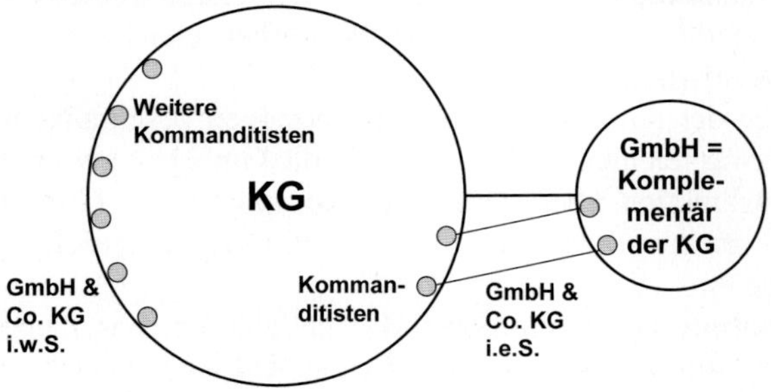


***Zwei Varianten:***

| | |
|---|---|
| ***GmbH & Co. KG i.e.S.:*** | **Alle Kommanditisten der KG sind zugleich Gesellschafter der GmbH** |
| ***GmbH & Co. KG i.w.S.:*** | **Es gibt weitere Kommanditisten, die nicht Gesellschafter der GmbH sind**<br>**↳ Kein Einfluss auf Leitung der GmbH und damit der GmbH & Co. KG insgesamt** |

***Die GmbH als persönlich und unbeschränkt haftender Komplementär der KG haftet (nur begrenzt) mit ihrem gesamten Vermögen***

**Abb. C-II-19:** Prinzipdarstellung der GmbH & Co. KG

Auf einen kurzen Nenner gebracht, können die mit dem KapCoRiLiG beispielsweise für die GmbH & Co. KG deutlich **erweiterten Publizitätspflichten** als Preis für die bei dieser kombinierten Rechtsform gegebene beschränkte Haftung angesehen werden. Dem entsprechend ist eine Umgehung der Rechtsfolgen dieses Gesetzes nur dadurch möglich, dass neben oder anstatt der Komplementär-GmbH eine oder mehrere natürliche Personen als persönlich haftende Gesellschafter aufgenommen werden. Dabei sind allerdings die gerade in der kleinsten kapitalgesellschaftlichen Größenklasse insgesamt noch tragbaren Rechnungslegungs-, Prüfungs- und Offenlegungsbestimmungen gegen die dann wieder eintretende volle persönliche – und ggf. solidarische – Komplementärhaftung abzuwägen.

Die gesellschaftsrechtliche Kombination muss bei einer GmbH & Co. KG auch durch die **Angaben auf den Geschäftsbriefen** ersichtlich sein. Neben den notwendigen Handelsregisterdaten einer solchen speziellen KG (als fiktives Beispiel: „TOP Consult GmbH & Co. KG“) müssen nach den §§ 177a und 125a HGB auch die Firmen der persönlich haftenden Gesellschafter (im Beispiel also die „TOP Consult GmbH“) genannt werden. Hierzu sind ferner die gesamten erforderlichen Angaben zu dieser Komplementär-GmbH aufzunehmen (nach § 35a GmbHG). Mit den zweifachen Informationen zur Gesellschaftsstruktur ist sichergestellt, dass der Empfänger individueller Geschäftskorrespondenz Kenntnis von den rechtserheblichen Tatsachen einer GmbH & Co. KG erhält.

- Bei den Rechtsform-Kriterien der **Eigenkapital-** und der **Fremdkapital-Beschaffung** kann die GmbH & Co. KG auf den kapitalgesellschaftlichen Teil bezogene Vorteile ausspielen, während hierbei gleichzeitig entsprechende Nachteile in Kauf zu nehmen sind.

  So sind wegen der auf das Gesellschaftsvermögen beschränkten Verbindlichkeitshaftung zwar leichter Anteilseigner für die GmbH zu gewinnen, welche die Komplementärfunktion übernimmt. Die **Komplementär-GmbH** muss – wie jede GmbH – zu ihrer Errichtung über ein **Mindest-Eigenkapital** von **25.000 EUR** verfügen.

  Bei der **Aufnahme von Fremdkapital** kann sich die Einsetzung einer GmbH als persönlich haftender Gesellschafter einer KG aber wieder als „Pferdefuß“ erweisen, indem von Darlehensgebern doch eine **zusätzliche Besicherung aus dem Privatvermögen** der GmbH- oder der KG-Gesellschafter gefordert wird.

  Mit den vorstehend erläuterten Folgen des KapCoRiLiG sind im Zusammenhang mit der Kapitalbeschaffung durchaus positive Effekte verbunden. Sowohl die Effizienz als auch die Effektivität von „Kap. & Co.-Personengesellschaften“ sind bei dem erweiterten Vorschriftenrahmen durch Außenstehende besser einzuschätzen, und damit kann für florierende und ertragskräftige Unternehmen in solchen Rechtsformen insbesondere eine Verbesserung der Fremdkapital-Beschaffungsaussichten einhergehen. Mit den bezogen auf die Rechnungslegung, Prüfung und Offenlegung höheren Anforderungen dürften zudem auch gute Voraussetzungen dafür gegeben sein, neue Eigenkapital-Geber zu gewinnen – als GmbH-Gesellschafter und als Kommanditisten der KG (GmbH & Co.

KG i.e.S.) oder lediglich als zusätzliche Kommanditisten der KG (GmbH & Co. KG i.w.S.).

- Nun einige Ausführungen zum Rechtsform-Kriterium der **Steuerlichen Belastung**:

  - Im Hinblick auf die **Besteuerung des Unternehmensertrags** bildet die GmbH & Co. KG **kein eigenständiges Steuersubjekt**. Da die GmbH & Co. KG eine KG ist, gelten für die Besteuerung die dort gemachten Aussagen. Zunächst wird deshalb an der KG (mit Ausnahme der Gewerbesteuer) und damit – wie bei Personengesellschaften üblich – direkt bei den Gesellschaftern und deren individuellen Einkünften aus Gewerbebetrieb angesetzt.
  - Die Komplementär-GmbH ist in diese Rechnung wie alle weiteren Gesellschafter (Kommanditisten, ggf. auch weitere Komplementäre) einbezogen. Auch für die als persönlich haftender Gesellschafter eingesetzte GmbH werden also Einkünfte aus Gewerbebetrieb festgestellt. Die Komplementär-GmbH ist qua Rechtsform grundsätzlich gewerbesteuerpflichtig.
  - Die Haftungsvergütung geht in das Jahresergebnis der Komplementär-GmbH ein. Hierauf ist Körperschaftsteuer zu entrichten. Die GmbH-Gesellschafter sind erst bei Ausschüttungen der GmbH an diesem Ergebnis beteiligt.

Einige steuerliche Vorteile, welche die GmbH & Co. KG früher hatte, sind seit der Steuerreform 2000 z.B. durch den heute einheitlichen Körperschaftsteuer-Satz für ausgeschüttete und nicht ausgeschüttete Gewinne nicht mehr gegeben. Durch die Steuerreform erreichen Kapitalgesellschaften heute bei der Thesaurierung von Gewinnen eine konkurrenzlos günstige Position bei der Besteuerung des Unternehmensertrags gegenüber Personengesellschaften. Wie in C.II.1.b. ausführlich dargestellt, fällt bei einer GmbH die Körperschaftsteuer von 25% an, die zusammen mit der Gewerbesteuer und dem Solidaritätszuschlag eine Gesamtbelastung von 38,7% ergibt. Dem steht bei hohen Einkommen ab 2005 ein individueller Einkommensteuer-Satz bei unternehmerischen Gewinneinkünften von 42% gegenüber. Nur wenn die Steuersätze der Kommanditisten einer KG sehr niedrig sind, liegt die gesamte Steuerbelastung aus ihrer Mitunternehmerschaft unter Berücksichtigung der Gewerbesteueranrechung und des Solidaritätszuschlags unter den 38,7% bei der GmbH.
Die bereits angesprochene Variante einer GmbH & Co. KG, als Kapitalsammelstelle zur Aufnahme möglichst vieler zusätzlicher Kommanditisten zu dienen (GmbH & Co. KG i.w.S.), ist z.B. der Ansatz so genannter **Fondsgesellschaften**. Von der Zielsetzung her sollen diese bei mehr oder weniger risikoreichen Investitionsprojekten vor allem auch eine möglichst zeitnahe Verlustverrechnung für die Kommanditisten als Kleinanleger ermöglichen.
Dabei wird die Realisierung und Vermarktung großer Investitionsobjekte, wie etwa Immobilien, Schiffe oder Windkraftanlagen sowie auch Projekte im Medienbereich, von einer **kapitalgesellschaftlich verfassten Betriebsgesellschaft** (i.d.R. GmbH) getragen. Bei dem hierzu erforderlichen großen Finanzvolumen wird zur Sicherstellung einer tragfähigen Eigenkapital-Basis die eigentliche Fondsgesellschaft in Form einer KG errichtet. Die Betriebsgesellschaft über-

nimmt die Funktion des Komplementärs und versucht in der auf diese Weise entstandenen GmbH & Co. KG, möglichst viele Kommanditisten als Kapital-Geber zu gewinnen.
Bei dem i.d.R. längerfristigen Unternehmenszweck und dem damit verbundenen hohen Vorfinanzierungsaufwand entstehen zumindest in der Anfangsphase Verluste. Die **Anteilseigner** erhalten entsprechend eine **Verlustzuweisung**, die nach den zuletzt geltenden Bestimmungen in der Defizitphase kumuliert höchstens 50% des eingesetzten Kapitals erreichen darf. Die Fondsgesellschaft muss ferner ein individuelles Geschäftskonzept – also keine modellhafte Gestaltung – vorliegen haben und beim Eingehen der Beteiligung darf die Erzielung von Steuervorteilen nicht im Vordergrund stehen. Soweit dann eine Verrechnung mit anderen positiven Einkünften stattfinden kann, resultiert hieraus für den Gesellschafter ein **steuerentlastender Effekt**.
Wie ersichtlich, setzt die Realisierung einer Steuerersparnis die „Querverrechnung" von negativen und positiven Einkünften voraus. Nach dem Gesetz zur Beschränkung der Verlustverrechnung im Zusammenhang mit Steuerstundungsmodellen vom 22.12.2005 ist dies allerdings nur noch für Beteiligungen möglich, die vor dem 11.11.2005 eingegangen worden sind. Spätere Engagements bei Fondsgesellschaften erlauben nach § 15 b EStG nur eine **Verrechnung** von Verlusten mit Gewinnen **innerhalb der jeweiligen Beteiligung**.
Unabhängig davon ist immer zu bewerten, wie risikoreich die Kapitalanlage ist. Einer eventuell möglichen Steuerersparnis ist damit die Gefahr eines Verlustes des gesamten Vermögenswertes gegenüberzustellen, so dass in diesem Fall kein positiver Effekt für den Anleger zu verzeichnen ist.

- Im Hinblick auf den **Fortbestand des Unternehmens** ist die GmbH & Co. KG gegenüber einer normalen KG vorteilhafter:

  - In einer KG sind die mit den Geschäftsführungs- und Vertretungsbefugnissen ausgestatteten persönlich haftenden Gesellschafter normalerweise natürliche Personen. Vor allem wenn nur ein Komplementär vorhanden ist, dann wird bei dessen Ausscheiden der Fortbestand der KG schwieriger zu regeln sein.
  - Werden die Komplementär-Funktionen auf eine GmbH übertragen, dann stellen sich derartige Probleme wegen ihrer eigenständigen Rechtspersönlichkeit nicht. Das Ausscheiden von GmbH-Gesellschaftern hat also keinen unmittelbaren Einfluss auf die weitere Existenz einer Komplementär-GmbH. Hinzu kommt noch, dass als Geschäftsführer wegen des kapitalgesellschaftlichen Prinzips der Fremdorganschaft auch gesellschaftsfremde Personen eingesetzt werden können.

- Durch die Erfordernis der Gründung von zwei Gesellschaften ist für die Konstruktion einer GmbH & Co. KG von **relativ hohen Kosten der Gründung** auszugehen:

  - Zu den Kosten mittlerer Größenordnung der **KG-Gründung** (Gewerbeanmeldung, Handelsregistereintrag, Abschluss des Gesellschaftsvertrags – evtl. mit notarieller Beurkundung) tritt die wegen der höheren kapitalgesell-

schaftlichen Errichtungserfordernisse deutlich teurere **GmbH-Gründung**. Mit dem Anfallen dieser beiden gründungsbezogenen Kostenblöcke ist die GmbH & Co. KG als Personengesellschaft generell teurer als die Errichtung einer GmbH.
- Außerdem ist bei dieser Rechtsformen-Kombination i.d.R. auch ein höherer fachanwaltlicher und betriebswirtschaftlicher Beratungsbedarf erforderlich.

Auf der Basis der vorangegangenen Erläuterungen lässt sich das folgende **Resümee** ziehen:

> Durch die Rechtsform-Kombination der GmbH & Co. KG kann die **volle persönliche Haftung** von natürlichen Personen als Komplementären in einer KG **umgangen** werden.
>
> **Investitionsprojekte mit erheblichem Kapitalbedarf**, einer anfänglich zu erwartenden **Verlustphase** und einem oftmals nur schwer kalkulierbaren **Risiko** können mit dieser Rechtsform besser finanziert werden.
>
> Die früher ausschlaggebenden erheblichen steuerlichen Vorteile sind heute eher etwas in den Hintergrund getreten.

### *b. Doppelgesellschaften zur Betriebsaufspaltung*

Im Vergleich zur GmbH & Co. KG liegt den jetzt vorzustellenden Kombinationen von einzelnen, häufig unterschiedlichen Rechtsformen ein anderer Ansatz zu Grunde: Durch die Gründung von mindestens zwei unterschiedlichen und selbstständigen Gesellschaften werden bestimmte **Teile der wirtschaftlichen Aktivitäten** eines wirtschaftlich einheitlichen Unternehmens **in rechtlich getrennten Gesellschaften** erbracht.

Auf diese Weise kommt es zur Aufspaltung einer wirtschaftlichen Einheit (Betriebsaufspaltung) in zwei – oder auch mehrere – Gesellschaften mit eventuell unterschiedlichen Rechtsformen. Dies wird als Doppelgesellschaft bzw. als Mehrfachgesellschaft bezeichnet (siehe hierzu Abb. C-II-20).

Auf ein konkretes Unternehmen bezogen, wird der **Begriff der Doppelgesellschaft** in der Literatur überwiegend im Singular gebraucht. Zur Darstellung der bei ihrer Konstruktion gegebenen unterschiedlichen Möglichkeiten verwenden wir die Plural-Kennzeichnung Doppelgesellschaften, welche im Rahmen des Wertschöpfungsprozesses wechselseitig miteinander verbunden sind.

Zur Terminologie ist noch darauf hinzuweisen, dass die **Bezeichnung der Betriebsaufspaltung** bei deren steuerrechtlicher Beurteilung im Vordergrund steht. Wird ein solcher Teilungsvorgang dagegen in einer vorrangig betriebswirtschaftlichen Perspektive analysiert, dann geschieht dies i.d.R. unter Verwendung des Begriffs der Doppelgesellschaft(en).

Ausgangslage, Ziel und genereller Ansatz sehen folgendermaßen aus:

- Als **Ausgangssituation** für die Bildung von Doppelgesellschaften respektive für eine Betriebsaufspaltung soll, wie in Abbildung C-II-20 vermerkt, ein Unternehmen – als wirtschaftliche und rechtliche Einheit mit allen Wertschöpfungsaktivitäten in einer einheitlichen Rechtsform – verändert bzw. – bildlich gesprochen – in mehrere selbstständige Teile „aufgebrochen“ werden.

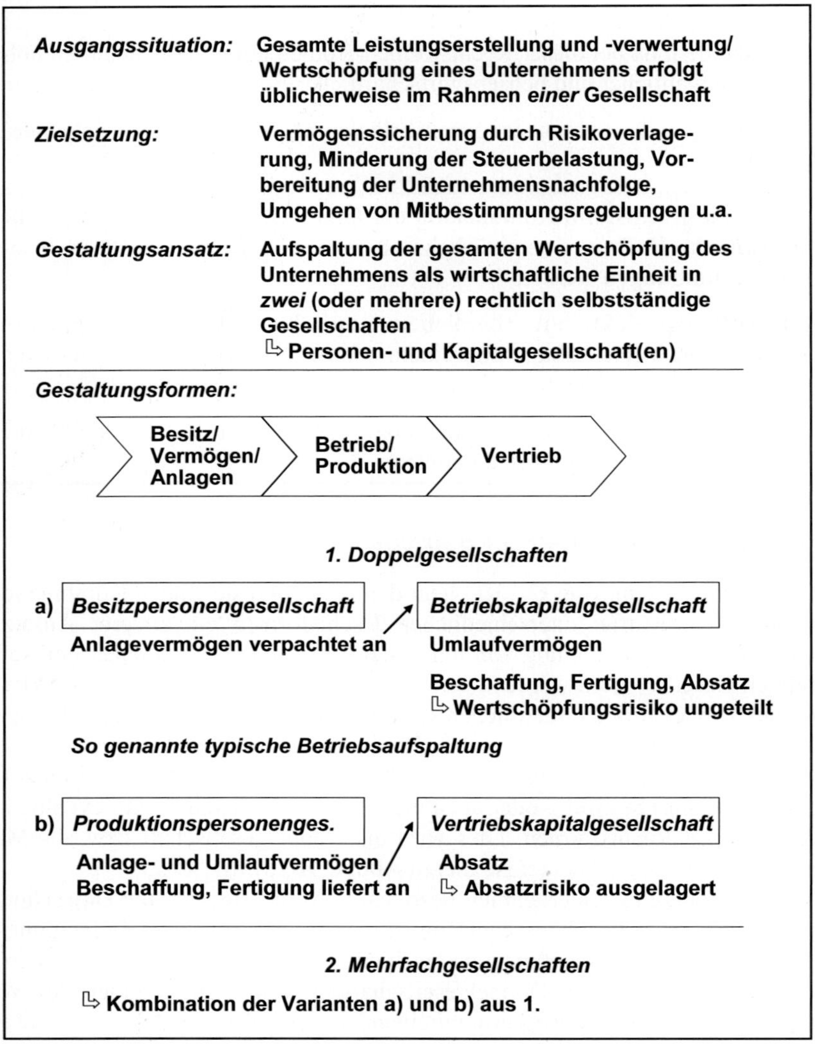


**Abb. C-II-20:** Doppelgesellschaften = Betriebsaufspaltung

- Der **maßgebliche Grund** hierfür ist, dass aus Sicht der Kapitaleigner die Vorteile verschiedener Rechtsformen genutzt werden, also insbesondere Haftungsrisiken verlagert und ggf. auch steuerliche Vorteile ausgeschöpft werden sollen. Zusätzlich lassen sich so Leitungsbefugnisse und Risiken bei der Unternehmensnachfolge bzw. der Aufteilung der Kapitalanteile auf mehrere Erben besser steuern. Ferner können die Bestimmungen zur Publizitätspflicht und zur

Mitbestimmung durch eine Betriebsaufspaltung abgemildert oder sogar umgangen werden.

- Generell erfolgt eine **wertschöpfungsbezogene Aufspaltung** eines Unternehmens in zwei – oder mehr – rechtlich selbstständige Gesellschaften. Über den gleichen Eigentümerkreis und die leistungsbezogene Verflechtung bildet das Unternehmen weiterhin eine Einheit aus wirtschaftlicher Sicht, während rechtlich gesehen dann aber eigenständige Gesellschaften existieren. Die als Ergebnis errichteten Doppelgesellschaften bestehen parallel nebeneinander.
- **Betriebsaufspaltungen** können nach ihrer Entstehung unterschieden werden:
  - Ein bestehendes Unternehmen wird durch die Ausgliederung bestimmter Funktionen in zwei eigenständige Gesellschaften aufgeteilt. Dies ist als echte Betriebsaufspaltung zu kennzeichnen.
  - Wird diese Funktionenteilung mit der Gründung der Einzelgesellschaften vorgenommen, ohne dass zuvor ein Unternehmen in einheitlicher Rechtsform existiert, dann spricht man von einer unechten Betriebsaufspaltung.
- Betriebsaufspaltungen können ferner nach der unterschiedlichen Kombination von Personen- und Kapitalgesellschaften differenziert werden. Die **horizontale Aufspaltung der Wertschöpfungskette** in mehrere aufeinander folgende Teile mit einer unterschiedlich starken Nähe zum Markt und damit zu den Abnehmern basiert auf der Überlegung, die mit zunehmender Marktnähe höheren Haftungsrisiken in der Wahl der Rechtsformen zu berücksichtigen:
  - Das Eigentum an den Vermögensgegenständen und damit die Grundlagen für die betriebliche Leistungserstellung sowie eventuell auch die mit einem relativ niedrigen Haftungsrisiko verbundenen Phasen der Wertschöpfung werden von einer Personengesellschaft (OHG oder KG) getragen.
  - Die eigentliche Wertschöpfung für die Marktleistungen (Beschaffung, Produktion, Absatz) ist mit einem deutlich höheren Haftungsrisiko verbunden und wird ganz oder zumindest in der marktnahen Phase durch eine GmbH als Kapitalgesellschaft erbracht.
  - Über den Wertschöpfungsverlauf gesehen, ist die Kapitalgesellschaft bei der typischen Betriebsaufspaltung also nach der Personengesellschaft angesiedelt. Durch die GmbH und deren auf das Gesellschaftsvermögen beschränkte Verbindlichkeitshaftung soll eine risikobezogene Abschirmung der Personengesellschaft erfolgen. Allerdings ist auf der Basis der geltenden Gesetzeslage, insbesondere durch das Produkthaftungsgesetz, in immer stärkerem Maße eine Durchgriffshaftung auf vorgelagerte Wertschöpfungsstufen gegeben. Die aktuelle Rechtsprechung zur Haftung in faktischen Konzernen trägt dem Rechnung.

Als Ergebnis einer typischen Betriebsaufspaltung sind in der Unternehmenspraxis vor allem die folgenden **zwei Gestaltungskombinationen von Doppelgesellschaften** üblich:

- Eine **typische Betriebsaufspaltung** liegt bei einer Besitzpersonengesellschaft und einer Betriebskapitalgesellschaft vor. Bei einer Separierung in

**Besitzpersonengesellschaft** und **Betriebskapitalgesellschaft** (Variante 1a) in Abb. C-II-20) hält die Personengesellschaft lediglich das Anlagevermögen (Grundstücke, Gebäude, Maschinen), welches an die Kapitalgesellschaft verpachtet wird. In deren Eigentum befindet sich das Umlaufvermögen (Vorräte, Roh-, Hilfs- und Betriebsstoffe), und hier erfolgen sowohl die Leistungserstellung als auch die Leistungsverwertung.
Die Betriebskapitalgesellschaft trägt also das ungeteilte Wertschöpfungsrisiko. Fehleinschätzungen der Marktlage und daraus abgeleitete Produktplanungen führen zu Verlusten in der GmbH. Die Personengesellschaft weist dagegen über die vereinbarten Pachtzahlungen eine relativ sichere Ertragslage auf, solange die Betriebsgesellschaft diese bezahlen kann. Die Pachtvereinbarungen eröffnen einen begrenzten Spielraum zur Ergebnissteuerung. Diese müssen allerdings einem Drittvergleich standhalten; völlig außergewöhnliche, marktunüblich hohe Pachtzahlungen werden von den Steuerbehörden nicht anerkannt.
- Als „Spiegelbild" zur Variante 1a) wird bei 1b) der größte Teil aller unternehmerischen Aktivitäten durch eine **Produktionspersonengesellschaft** erbracht. Diese hält sowohl das Anlage- als auch das Umlaufvermögen, und hier werden die Einsatzgüter beschafft sowie die Endprodukte gefertigt.
Zu Verrechnungspreisen werden die Erzeugnisse an die **Vertriebskapitalgesellschaft** geliefert, so dass hiermit eine Auslagerung des Absatzrisikos (Preispolitik, Beibringung/ Ausfall von Forderungen, Kundendienstpolitik) erfolgt. Als Stellschraube zur Gewinnverteilung fungieren hier die Verrechnungspreise; auch diese können allerdings nicht völlig marktfremd festgelegt werden.

Aus **steuerrechtlicher Sicht** ist die grundsätzliche Anerkennung einer derartigen Separierung der Unternehmensaktivitäten als Betriebsaufspaltung an das Vorliegen einer sowohl sachlichen als auch personellen Verflechtung geknüpft (Einkommensteuerhinweise EStH 137, 4-6):

- Die sachliche Verflechtung ist insbesondere im Hinblick auf die Besitzpersonengesellschaft in der Variante 1a) von Bedeutung. Das oder die zur Nutzung überlassenen Anlagegüter müssen für die Betriebskapitalgesellschaft eine wesentliche Betriebsgrundlage darstellen.
- Die personelle Verflechtung ist anzunehmen, wenn beide Gesellschaften von einem einheitlichen geschäftlichen Betätigungswillen getragen werden. Hiervon ist auszugehen, wenn eine Personengruppe mehrheitlich an der Personengesellschaft und an der Kapitalgesellschaft beteiligt ist.

Die Erfüllung dieser, in unserer bisherigen Darstellung bereits implizit enthaltenen Bedingungen führt zu folgenden **Konsequenzen**:

- Die im Grunde rein vermögensverwaltende Tätigkeit einer Besitzpersonengesellschaft wird wegen der sachlichen und personellen Verflechtung mit der Betriebskapitalgesellschaft als gewerbliche Tätigkeit qualifiziert. Sämtliche Personengesellschafter erzielen also Einkünfte aus Gewerbebetrieb nach § 15 EStG.

- Gewinne, die aus der Veräußerung von Vermögen von einer vermögensverwaltenden Gesellschaft resultieren, werden normalerweise nicht besteuert. Durch die Qualifikation der Tätigkeit der Besitzpersonengesellschaft als gewerbliche Tätigkeit verändert sich dies. Im Falle der steuerlichen Betriebsaufspaltung werden Veräußerungsgewinne dann ebenfalls einer Ertragbesteuerung unterworfen.
- Neben der Besitzgesellschaft unterliegt auch das Betriebsunternehmen der Gewerbesteuer. Hierauf bezogen können die Anteilseigner der Personengesellschaft die pauschalierte Gewerbesteueranrechnung in Anspruch nehmen (siehe hierzu C.II.1.b.).

- Bei der Grundkonzeption, ein wirtschaftlich zusammengehöriges Unternehmen in rechtlich eigenständige Einheiten zu unterteilen, kann auch eine **Aufspaltung in mehr als zwei Einzelgesellschaften** in Betracht kommen:
  - Die Bildung der dabei entstehenden Mehrfachgesellschaften kann – wie in Abbildung C-II-20 eingetragen – in Kombination der zu den Doppelgesellschaften vorgestellten Varianten erfolgen. So ist es beispielsweise möglich, neben eine Besitzgesellschaft (hält Vermögen) zunächst eine Produktionsgesellschaft (fertigt Produkte) und dann schließlich noch eine Vertriebsgesellschaft (vertreibt Produkte) zu stellen.
  - Bezogen auf solche Mehrfachgesellschaften ist allerdings ein Wechsel der betriebswirtschaftlichen Thematik auf das Gebiet der Unternehmensverbindungen zu verzeichnen: Gegenüber der Führung von Doppelgesellschaften mit einem einheitlichen Betätigungswillen stellt sich die wirtschaftliche Koordination mehrerer Einzelrechtsformen bereits ungleich schwieriger dar. Damit kann schon bei insgesamt drei selbstständigen Firmen der Übergang zu einer Holdingstruktur angeraten sein, in welcher eine Gesellschaft die Beteiligung an den beiden anderen steuert. Für die vorstehend angeführte Mehrfachgesellschaft könnte dies z.B. auf die Weise erfolgen, dass die Besitzgesellschaft als reine Verwaltungsgesellschaft in Form einer GmbH verfasst ist und diese bei den Produktions- und Vertriebs-KGs jeweils die Komplementär-Funktion übernimmt (letztere also damit beide als GmbH & Co. KG). Ein weiterer Bereich veränderter Anforderungen bei Mehrfachgesellschaften ist steuerrechtlicher Art. Hierauf wird nicht näher eingegangen. Schließlich können Anforderungen und Regelungen der Produkthaftung, der Publizitätspflicht und des Fortbestandes des Unternehmens zum Teil Besonderheiten aufweisen; generell gelten aber die bereits an anderer Stelle bzw. zu den jeweiligen Einzelrechtsformen getroffenen Ausführungen.

Zusammenfassend bleibt festzuhalten.

**Doppelgesellschaften zur Betriebsaufspaltung** erlauben es, unterschiedliche Rechtsformen in Bezug auf **einzelne Teile der Wertschöpfungskette** und dem damit verbundenen **Haftungsrisiko** sowie unter **steuerlichen Gesichtspunkten** zu gestalten und zu kombinieren.

## 6. Weitere privatrechtliche Gesellschaftsformen

In den folgenden beiden Unterabschnitten werden noch zwei Rechtsformen für privatwirtschaftliche Unternehmen vorgestellt, die außerhalb der bisher verwendeten Systematik angesiedelt sind. Genossenschaften und Stiftungen rechnen weder zu den Personengesellschaften noch zu den Kapitalgesellschaften, und deshalb können sie auch keine hierauf bezogene Typkombination darstellen. Von daher waren diese beiden Unternehmensformen in der Übersichtsabbildung C-II-1 in einer eigenständigen Rubrik zusammengefasst.

### *a. Eingetragene Genossenschaften*

Die Rechtsform der eingetragenen Genossenschaft (eG) hat ihren **Ursprung in Selbsthilfeeinrichtungen**, welche in Deutschland ab der zweiten Hälfte des 19. Jahrhunderts zur Unterstützung der Erwerbstätigkeit von landwirtschaftlichen und handwerklichen (Familien-)Betrieben gegründet wurden.

- Die Herausbildung des Genossenschaftswesens in Deutschland geht im Wesentlichen auf zwei Personen zurück:
  - FRIEDRICH WILHELM RAIFFEISEN (1818 – 1888) errichtete 1847 in Weyerbusch (Westerwald) einen ersten, noch karitativ orientierten Hilfsverein zur Unterstützung der Not leidenden ländlichen Bevölkerung. Nach einem Prototyp (1862 in Anhausen) kann der 1864 von ihm gegründete „Heddesdorfer Darlehenskassenverein" (Heddesdorf bei Neuwied) als erste Raiffeisengenossenschaft gelten. Das bei diesen Genossenschaften häufig betriebene Warengeschäft wurde in Heddesdorf 1869 aufgenommen.
  - Auch HERMANN SCHULZE-DELITZSCH (eigentlich HERMANN SCHULZE aus Delitzsch; Ort später zum Namen hinzugesetzt) initiierte – wie RAIFFEISEN – zunächst wohltätige Organisationen. Seine weiteren Bemühungen galten in erster Linie gewerblichen (Klein-)Betrieben. 1847 rief er eine „Rohstoffassoziation für Tischler" und kurz darauf eine solche für Schuhmacher ins Leben. Mit dem 1850 von Schulze-Delitzsch gegründeten „Vorschussverein" war die erste gewerbliche Kreditgenossenschaft entstanden.

- Sowohl bei RAIFFEISEN als auch bei SCHULZE-DELITZSCH bildeten die Grundprinzipien Selbsthilfe und Solidarität sowie Selbstverwaltung und Selbstverantwortung die tragenden Säulen der Entwicklung von Hilfseinrichtungen für die landwirtschaftliche respektive gewerbliche Bevölkerung.
  Die Genossenschaftsidee fand rasche Verbreitung und Umsetzung. Bereits in 1889 lag dann mit dem **Gesetz betreffend die Erwerbs- und Wirtschaftsgenossenschaften (GenG)** eine Grundlage vor, mit der die rechtlichen Rahmenbedingungen der Genossenschaften umfassend geregelt wurden. Dieses Gesetz erwies sich als sehr stabil; erst in 1973 waren größere Änderungen hieran erforderlich, und die derzeit gültige Version geht auf eine Neufassung in 1994 zurück.

Nach der in § 1 I GenG enthaltenen **Legaldefinition** sind Genossenschaften „Gesellschaften von nicht geschlossener Mitgliederzahl, welche die Förderung des Erwerbs oder der Wirtschaft ihrer Mitglieder mittels gemeinschaftlichen Geschäftsbetriebes bezwecken". In rechtssystematischer Hinsicht bilden Genossenschaften eine **Spezialform des wirtschaftlichen Vereins** (§ 22 BGB). Dies wird – außer an den wiedergegebenen Bezeichnungen der ersten Genossenschaften – an der in § 1 I GenG enthaltenen Auflistung deutlich: Dort sind insgesamt sieben unterschiedliche Vereinsarten aufgeführt, die nach den Bestimmungen des GenG die Rechte einer eingetragenen Genossenschaft erwerben können. Damit zeigt sich: Es handelt sich im Grunde um wirtschaftliche Vereine, die nach Maßgabe des GenG die Rechtsform der eingetragenen Genossenschaft (eG) einnehmen können.
Nach ihrem **Geschäftszweck** lassen sich die in § 1 I GenG aufgelisteten Genossenschaften aus der Perspektive ihrer Mitglieder unter Verwendung der Bezüge zur Güterart (Nominalgüter versus Realgüter) und zum Wertschöpfungszusammenhang in **vier Arten** unterteilen:

- Kreditgenossenschaften
- Förder- bzw. Hilfsgenossenschaften zur Unterstützung landwirtschaftlicher oder gewerblicher Leistungserstellung (Bezugs- und/ oder Absatzgenossenschaften) respektive zur gemeinschaftlichen Deckung von Konsumbedürfnissen („Konsumvereine")
- Nutzungsgenossenschaften zum Gebrauch gemeinschaftlich angeschaffter/ errichteter Produktionsgüter (z.B. „Maschinengenossenschaften")
- Vollgenossenschaften zur Erbringung der gesamten Wertschöpfung auf gemeinschaftliche Rechnung (Produktivgenossenschaften im gewerblichen Bereich, auch „Bauvereine" in der Wohnungswirtschaft).

• Zur Aufrechterhaltung und zum weiteren Ausbau ihres Förderauftrags wurden bereits in der Zeit der ersten Genossenschaftsgründungen von diesen **regionale und nationale Zentralgenossenschaften** zur geschäftszweckbezogenen Unterstützung der angeschlossenen Genossenschaften errichtet (so z.B. Zentralkassen der Kreditgenossenschaften – die heutigen Zentralbanken – oder Warenzentralen).
Daneben wurden zur allgemeinen Managementberatung, zur Revision und Prüfung sowie zur weiteren Verbreitung des genossenschaftlichen Ansatzes **Verbände** gegründet. Die lokal, regional und national gegliederte heutige „Genossenschaftslandschaft" ist auf diese Weise entstanden. Auf den beiden letztgenannten Ebenen sind hierbei die Sekundärgenossenschaften sowie gesonderte Spezialinstitute (z.B. Datenverarbeitungs-/ Rechenzentralen) und die Regional- bzw. Dachverbände angesiedelt.
Mit dem Ziele einer Erhöhung von Effizienz und Effektivität ist es im Laufe der Zeit unter den oberen Genossenschaftsgliederungen mehrfach zu **Zusammenschlüssen** gekommen, mit denen sich auch die Tätigkeitsbedingungen für Genossenschaften auf den unteren Ebenen veränderten. So haben beispielsweise die auf die beiden Genossenschaftspioniere zurückgehenden Spitzenverbände Deutscher Raiffeisenverband e.V. (DRV) und Deutscher Genossenschafts-

verband (Schulze-Delitzsch) e.V. in 1972 ihre Organisationen zusammengelegt. Der hieraus entstandene und heute in Berlin ansässige Bundesverband trägt den Namen Deutscher Genossenschafts- und Raiffeisenverband e.V. (DGRV).

Als Beispiel aus dem **Bereich kreditgenossenschaftlicher Dacheinrichtungen** kann die im September 2001 erfolgte Fusion von zwei der bisher drei genossenschaftlichen Zentralbanken angeführt werden. Aus der GZ-BANK AG (Genossenschaftliche Zentralbank Frankfurt/ Stuttgart) und der DG BANK (Deutsche Genossenschaftsbank AG) entstand die DZ BANK AG (Deutsche Zentral-Genossenschaftsbank) mit Sitz in Frankfurt. Neben diesem Institut hat jetzt außerdem noch die WGZ-BANK (Westdeutsche Genossenschafts-Zentralbank eG) in Düsseldorf Zentralbankfunktion für die angeschlossenen Raiffeisen- und Volksbanken. Auch bei diesen beiden Instituten ist ein Zusammenschluss zu erwarten. Ende 2004 zunächst ausgesetzte Sondierungsgespräche zu einer Fusion von DZ BANK und WGZ-BANK wurden im Herbst 2006 noch einmal aufgenommen, ohne zum Erfolg zu führen.

Von Darlehenskassen- oder Vorschussvereinen haben sich die genossenschaftlichen Kreditinstitute mittlerweile zu Universalbanken entwickelt, die meist alle vorkommenden Bankgeschäfte durchführen. Diese Entwicklung wurde durch die Novellierung des GenG in 1973 begünstigt, welche die Aufhebung des Verbotes der Kreditgewährung an Nichtmitglieder enthielt.

- **Genossenschaften** rechnen zu den **Körperschaften**; ähnlich wie bei den Aktiengesellschaften erfolgen Willensbildung und -umsetzung über **drei Organe**: Vorstand, Aufsichtsrat und General- respektive Vertreterversammlung.

  Genossenschaften weisen **kein festes Grund- oder Stammkapital** auf; dieses kann wegen des variablen Mitgliederbestandes schwanken, und das GenG sieht hierfür auch keine Mindesthöhe vor. Von daher wird die Rechtsform der eingetragenen Genossenschaft nicht zu den Kapitalgesellschaften gezählt.

  Mit der Eintragung in das bei den Amtsgerichten eigenständig geführte **Genossenschaftsregister** (§ 10 II GenG) erlangen Genossenschaften eine **eigenständige Rechtsfähigkeit als juristische Person**. Sie gelten als Kaufleute im Sinne des HGB, so dass auch die handelsrechtlichen Bestimmungen grundsätzlich Anwendung finden (§ 17 GenG).

- Nach diesen generellen Einordnungen zur Rechtsform der eingetragenen Genossenschaft (eG) geben wir im Folgenden noch einen **Überblick zu den Ausprägungen bei verschiedenen Rechtsform-Kriterien**. Ohne in die Details des Genossenschaftsrechtes zu gehen, ist diese kurze Darstellung vor allem auf das Aufzeigen wesentlicher Unterschiede zu anderen körperschaftlich verfassten Unternehmensformen ausgerichtet:

  - Die **Haftung für Verbindlichkeiten** ist bei Genossenschaften **auf das Gesellschaftsvermögen beschränkt** (§ 2 GenG). Wie bei den Kapitalgesellschaften können die Mitglieder einer Genossenschaft also nicht persönlich in Anspruch genommen werden.

    Für deren Einlagenbeteiligung wird der Begriff des Geschäftsanteils gebraucht (§ 7 I GenG). In dem bei Genossenschaften als Statut (§ 5 GenG) bezeichneten Gesellschaftsvertrag ist dessen betragsmäßige Gesamthöhe

sowie die hiervon unmittelbar fällige Pflicht- oder Mindesteinlage (mindestens 10%) zu bestimmen. Diese entrichtete Einlage kann mit Gewinngutschriften bis zum Betrag des Geschäftsanteils wachsen, durch Verlustanteile aber auch wieder geschmälert werden. Die sich auf diesem Weg ergebende tatsächliche Beteiligung eines Genossen wird Geschäftsguthaben genannt (§ 19 I GenG).
Ein Genossenschaftsstatut kann Vorschriften darüber enthalten, ob sich Mitglieder mit mehreren Geschäftsanteilen beteiligen können oder müssen (§ 7a GenG).
Als haftungsbezogene Besonderheit ist bei eingetragenen Genossenschaften die Möglichkeit gegeben, die Genossen zur Befriedigung der Gläubiger im Insolvenzfall auf Nachschusszahlungen zu verpflichten. Im Statut muss hierzu niedergelegt sein, ob eine unbeschränkte, eine beschränkte oder keine Nachschusspflicht besteht (§ 6 Nr. 3 GenG). Für beschränkte Nachschusspflichten ist ein bestimmter Betrag als Höchstgrenze festzulegen.
Die **Errichtung einer Genossenschaft** ist im Vergleich zu den Kapitalgesellschaften weniger formschwer. So bedarf das von mindestens sieben Gründungsgenossen (§ 4 GenG) aufzustellende Statut (Mussvorschriften nach §§ 6 und 7 GenG, Kannvorschriften nach §§ 7a und 8 GenG) lediglich der Schriftform, es muss also nicht notariell beurkundet werden. Im Ausgleich hierzu ist nach der Einsetzung von Vorstand und Aufsichtsrat (§ 9 GenG) eine Gründungsprüfung durch einen genossenschaftlichen Prüfungsverband vorzunehmen. Dessen Gutachten ist Bestandteil der Anmeldung zur Eintragung in das Genossenschaftsregister (§ 11 GenG).
Nach einer registergerichtlichen Prüfung (§ 11a GenG) erfolgt die Eintragung der Genossenschaft. Damit wird sie also zur „eingetragenen Genossenschaft (eG)", jetzt hat sie den Status der juristischen Person erlangt. Mit dem Handelsrechtsreformgesetz (HRefG) vom 22.06.1998 ist das „eG" verbindlich als Abkürzung für die Rechtsformbezeichnung eingetragene Genossenschaft festgelegt worden (§ 3 GenG).

- Wie bei Aktiengesellschaften sind auch bei Genossenschaften **drei Organe** zu unterscheiden: Der **Vorstand** (mindestens 2 Personen, § 24 GenG) führt die Geschäfte einer Genossenschaft und vertritt diese gegenüber Dritten, der **Aufsichtsrat** (mindestens 3 Personen, § 36 GenG) überwacht die Tätigkeit des Vorstands, und die Genossen üben ihre Rechte in der **Generalversammlung** (§ 43 GenG) aus.
Zu den im Normalfall mit einfacher Stimmenmehrheit zu treffenden Generalversammlungsbeschlüssen hat jeder Genosse grundsätzlich eine Stimme. Die Mehrheiten errechnen sich damit also nicht nach der Anzahl gehaltener Geschäftsanteile, sondern nach Köpfen. Mehrstimmrechte sind nur für Genossen möglich, die den Geschäftsbetrieb einer Genossenschaft in besonderer Weise fördern. In solchen Fällen gilt aber eine Beschränkung auf maximal drei Stimmen für einen Genossen (§ 43 GenG).
Ab einer Größenordnung von mehr als 1.500 Mitgliedern kann statuarisch vorgesehen werden, dass die Generalversammlung aus Vertretern der Genossen (Vertreterversammlung) besteht (§ 43a GenG). Die Vertreter (min-

destens 50) werden in einem festzulegenden Verhältnis für eine bestimmte Amtszeit von allen Genossen gewählt und bekommen damit deren Mitverwaltungsrechte übertragen.

- Die bei Genossenschaften vorgesehene **Verteilung von Gewinnen und Verlusten** ist an die Geschäftsguthaben der Genossen gekoppelt (§ 19 I GenG). Ausgehend von deren anfänglicher Einzahlung auf einen Geschäftsanteil (Pflicht- oder Mindesteinlage) erfolgt eine hierauf bezogene Zuschreibung eines Anteils am Gewinn bzw. eine anteilige Verlustabschreibung. Die damit erreichte Höhe des Geschäftsguthabens bildet den individuellen Verteilungsschlüssel für die jeweils folgende Rechnungsperiode.
- Auch bei einem der zur **Publizitätspflicht** von Unternehmen unterschiedenen Bereiche (siehe hierzu C.II.4.a.) haben sich für Genossenschaften besondere Regelungen herausgebildet. Während im Hinblick auf deren Rechnungslegung und Offenlegung über die §§ 336-339 HGB (Ergänzende Vorschriften für eingetragene Genossenschaften) weitgehend die HGB-Bestimmungen für Kapitalgesellschaften zur Anwendung kommen, sind die Vorschriften zu deren Prüfung im GenG niedergelegt (§§ 53-64c GenG – Prüfung und Prüfungsverbände).

  Genossenschaften müssen einem Verband angehören, dem von staatlicher Seite das Prüfungsrecht verliehen worden ist (§§ 54 und 63, 63a GenG). Durch diesen Prüfungsverband (§ 55 GenG) hat mindestens alle zwei Jahre eine umfassende Prüfung bei jeder angeschlossenen Genossenschaft zu erfolgen. Bei einer Bilanzsumme über zwei Mio. EUR ist die Prüfung jährlich durchzuführen (§ 53 I GenG).

  Die genossenschaftliche Pflichtprüfung ist gegenüber der von Kapitalgesellschaften breiter und tiefgehender angelegt: Hierbei stehen nicht nur die wirtschaftlichen Verhältnisse einer Genossenschaft, sondern auch die Ordnungsmäßigkeit ihrer Geschäftsführung auf dem Prüfstand. Außer dem Jahresabschluss, der Buchführung (§ 53 II GenG) und der Vermögenslage werden dabei der gesamte Geschäftsbetrieb (§ 53 I GenG) in organisatorischer und führungsbezogener Hinsicht kritisch durchleuchtet. Ein besonderes Interesse der Verbandsprüfer gilt damit vor allem auch den Vorständen und ihrer Geschäftsführungstätigkeit.
- Das **gezeichnete Kapital** setzt sich bei Genossenschaften aus den Geschäftsguthaben seiner Genossen zusammen (§ 337 I HGB). Wie schon im Rahmen der Verbindlichkeitshaftung erläutert, umfasst es damit die Pflicht- oder Mindesteinlagen auf Geschäftsanteile sowie deren Modifikation durch anteilige Gewinnzuschreibungen oder Verlustabschreibungen.

  Bei der Errichtung von Genossenschaften müssen diese kein Mindest-Eigenkapital (MEK) aufbringen. Bei der Grundkonzeption einer offenen Mitgliederzahl sind Genossenschaften allerdings dazu verpflichtet, Reserven zur Vorsorge gegen zukünftige Verlustrisiken zu bilden. Nach § 7 II GenG muss das Statut einer Genossenschaft nähere Bestimmungen zur Ausgestaltung dieser gesetzlichen Rücklage enthalten. Hierbei ist eine weitgehende Dispositionsfreiheit gegeben, anders als bei Aktiengesellschaften

sind beispielsweise die Größenordnungen der einzustellenden Anteile des Jahresüberschusses nicht gesetzlich festgelegt.
Zur **Eigenkapital-Beschaffung** ist für die genossenschaftliche Rechtsform auf zwei beschränkende Faktoren hinzuweisen:

* Durch das tradierte Konzept „Ein Mitglied – Eine Stimme" ist die Genossenschaft für kapitalintensive Unternehmensgründungen wenig attraktiv. Die Einbringung größerer Kapitalteile führt nicht zu einem entsprechenden Einfluss auf die Unternehmensentwicklung.
* Die Mitglieder einer Genossenschaft partizipieren nicht am inneren Wert ihres Unternehmens. Ausscheidende Mitglieder bekommen lediglich ihr Geschäftsguthaben ausgezahlt, auf die Rücklagen und das sonstige Vermögen einer Genossenschaft haben sie keinen Anspruch (§ 73 II GenG). Hatte also jemand z.B. in 1970 einen Geschäftsanteil in Höhe von 150 EUR gezeichnet und direkt voll eingezahlt, dann bekam er bei einem angenommenen Austritt in 2005 genau diese 150 EUR wieder zurück. Während bei Aktiengesellschaften der Firmenwert über den Aktienkurs Berücksichtigung findet, gibt es bei Genossenschaften keinen hiermit vergleichbaren Mechanismus.

- Die Möglichkeiten der **Fremdkapital-Beschaffung** von Genossenschaften hängen – wie bei Unternehmen anderer Rechtsformen – wesentlich von ihrer Eigenkapital-Ausstattung ab. So wirken sich insbesondere hohe, über die Zeit angesammelte gesetzliche Rücklagen positiv auf die Erhältlichkeit von Fremdmitteln aus, und auch die satzungsmäßige Vereinbarung von Nachschusspflichten verbreitert die Kreditbasis.
  Im Zusammenhang mit der Fremdkapital-Beschaffung ist noch einmal kurz auf den genossenschaftlichen Leistungsverbund zu verweisen. Das in eine Dachverbandsstruktur mündende vertikale und horizontale Netzwerk von Sekundärgenossenschaften und Spezialinstituten hat zur Folge, dass auch die Aufnahme von Fremdmitteln bei der jeweils übergeordneten (für Kreditgenossenschaften) respektive parallelen Verbundorganisation (für andere Genossenschaften durch eine Raiffeisen- oder Volksbank) erfolgen kann.
- Die **steuerliche Belastung** von Genossenschaften ist mit der von Kapitalgesellschaften vergleichbar. Als Körperschaften unterliegen die Erwerbs- und Wirtschaftsgenossenschaften der Körperschaftsteuer (§ 1 I Nr. 2 KStG), hierauf wird der Solidaritätszuschlag als Ergänzungsabgabe erhoben (§ 2 Nr. 3 SolZG), und über die Einordnung als Gewerbebetrieb ist die Gewerbesteuer als Gemeindesteuer zu entrichten (§ 2 II GewStG). An die Mitglieder ausgeschüttete Gewinnanteile sind von diesen nach dem Halbeinkünfteverfahren als Einkünfte aus Kapitalvermögen (§ 20 I Nr. 1 EStG) zu versteuern. Von dieser generellen ertragsteuerlichen Einordnung gibt es Ausnahmen für einige Genossenschaften.
- Der **Fortbestand einer Genossenschaft** ist wegen ihrer körperschaftlichen Verfassung gesichert. Das Ausscheiden eines Genossen durch Kündigung (§§ 65 ff. GenG), durch Ausschließung (§ 68 GenG) oder Tod (§ 77 GenG) hat keinen unmittelbaren Einfluss auf die Existenz einer Genossenschaft. Im

Todesfall ist vorgesehen, dass die Mitgliedschaft auf den Erben übergeht. Hierzu können statuarisch besondere Bedingungen festgelegt werden (§ 77 II GenG).

- Für eine **Rechtsformentscheidung** sind im Fall der eingetragenen Genossenschaft schließlich relativ **hohe Kosten** zu berücksichtigen. Zwar fällt bei ihrer Errichtung keine notarielle Beurkundung des Statuts an, dafür ist allerdings die Gründungsprüfung Pflicht. Darüber hinaus sind die Organe auszubilden, und auch für den laufenden Geschäftsbetrieb sind hierauf bezogene Koordinationskosten einzukalkulieren. Solche Kosten verursacht auch die Einbindung in den genossenschaftlichen Leistungsverbund. Abhängig von der Bilanzsumme können jährliche Verbandsgebühren in beträchtlicher Höhe fällig werden, während einzelne Leistungen – wie beispielsweise die Pflichtprüfungen – zusätzlich gesondert zu honorieren sind.

Vor dem Hintergrund der Notwendigkeit, dass sich auch die Genossenschaften dem wirtschaftlichen Wettbewerb der Gegenwart stellen müssen, kann ein **zweigeteiltes Fazit** zu dieser Rechtsform gezogen werden:

- Der Grundansatz eines gemeinschaftlichen Geschäftsbetriebs weist im Hinblick auf die Erfordernis kleiner und leistungsfähiger, auf ihre Kernkompetenzen bezogene Wirtschaftseinheiten eine hohe Aktualität auf. Wenn weiterhin selbstständige Mitgliedsbetriebe Funktionen an den Schnittstellen zum Markt oder zur Unterstützung ihrer Wertschöpfung (z.B. Rechnungswesen, Datenverarbeitung, Beratung) zum gegenseitigen Vorteil auslagern können, dann bietet die Errichtung einer Genossenschaft hierzu nach wie vor eine praktikable Rechtsform.
- Innerhalb des etablierten genossenschaftlichen Systems sind dagegen umfassende Strukturoptimierungen zu beobachten. Der gewachsene Leistungs- und Wertschöpfungsverbund, in den Erwerbs- und Wirtschaftsgenossenschaften eingepasst sind, ist aus der Sicht einzelner Genossenschaften unter Effizienz- und Effektivitätsgesichtspunkten deutlich zu verbessern.

**Der gemeinschaftliche Geschäftsbetrieb einer Genossenschaft hat das Ziel, der Förderung der Aktivitäten ihrer Mitglieder zu dienen.**

### *b. Privatrechtliche Stiftungen*

Privatrechtliche Stiftungen (Stiftungen bürgerlichen Rechts) stellen das **Pendant zu den öffentlich-rechtlichen Stiftungen** dar, auf die wir bereits zu Beginn dieses Unterkapitels eingegangen sind.

Durch die **Überlassung von Vermögen**, das bei der damit verknüpften Zwecksetzung grundsätzlich nicht angegriffen werden darf, wird von Jungunternehmern sicher kaum eine Existenzgründung dieser Art stattfinden. Etwas im rechtlichen Sinne zu stiften, setzt im Regelfall bereits ein wirtschaftlich erfolgreiches Engagement in der Vergangenheit voraus, durch welches Vermögen aufgebaut oder vermehrt werden konnte. Die Errichtung einer Stiftung ist damit vor allem im Zusammenhang mit der Vermögensnachfolgeplanung zu prüfen.

Eine Stiftung ist als Zusammenfassung von Vermögen zu charakterisieren. Sie wird von staatlicher Seite in den Stand einer **juristischen Person** erhoben, verfügt aber über **keine Gesellschafter oder Mitglieder**.

Als generelle Rechtsgrundlage für privatrechtliche Stiftungen fungieren die §§ 80-88 BGB. Darüber hinaus sind die – zum Teil stark voneinander abweichenden – **Stiftungsgesetze der einzelnen Bundesländer** zu beachten.

Zu den Stiftungen bürgerlichen Rechts lässt sich folgende, nicht ganz überschneidungsfreie **Einteilung** vornehmen:

- Bei **Unternehmensstiftungen** ist ein direkter Bezug zum Bereich privater Unternehmen gegeben. Das Stiftungsvermögen stammt i.d.R. aus einer unternehmerischen Tätigkeit, oder seine Anlage dient einem solchen Zweck.
  Von Unternehmensträgerstiftungen wird gesprochen, wenn die Stiftung selbst Inhaber oder Gesellschafter eines Unternehmens ist (z.B. als Einzelkaufmann, OHG-Gesellschafter, KG-Komplementär in einer „Stiftung & Co. KG").
  Die Bezeichnung Beteiligungsträgerstiftung wird verwendet, wenn die Unternehmensstiftung einen mittelbar beherrschenden Einfluss auf ein kapitalgesellschaftlich verfasstes Unternehmen (z.B. GmbH, AG) hat.
- Unter **Familienstiftungen** werden solche verstanden, deren ausschließliche Zwecksetzung dem Nutzen einer oder mehrerer Familien und deren Abkömmlingen zu dienen bestimmt ist. Hierdurch kann ein großes Vermögen vor Zersplitterung durch Erbteilung bewahrt werden, und anstatt jeweiliger Erbschaftssteuerzahlungen fällt lediglich alle 30 Jahre die so genannte Erbersatzsteuer an. Je nach der näheren Ausgestaltung ihrer Zweckbestimmung kann eine Familienstiftung zugleich Unternehmensstiftung sein.
- Als **gemeinnützig** kann eine **Stiftung** dann bezeichnet werden, wenn sie dem Gemeinwohl verpflichtet ist und ihre Zwecke damit steuerbegünstigt im Sinne der Abgabenordnung sind (§§ 51 ff. AO). Hierbei kann in gemeinnützige (§ 52 AO), mildtätige (§ 53 AO) und kirchliche Zwecksetzungen (§ 54 AO) differenziert werden. Bei deren Vorliegen kann auch eine Unternehmensstiftung den Status der Gemeinnützigkeit haben.

Außer der landesbehördlichen Anerkennung (§ 80 BGB) stellt die als Stiftungsgeschäft bezeichnete schriftliche und i.d.R. **notariell beurkundete Willenserklärung des Stifters** die maßgebliche Grundlage zur Errichtung einer rechtsfähigen Stiftung des bürgerlichen Rechts dar. Hiermit wird förmlich bekundet, eine zweckgebundene Stiftung zu errichten und diese mit dem dazu notwendigen Vermögen sowie einer zweckentsprechenden Organisation auszustatten. Eine Stiftung kann zu Lebzeiten eingerichtet (§ 81 BGB) oder testamentarisch verfügt werden (§ 83 BGB). Stiftungen benötigen eine meist als **Satzung** bezeichnete Verfassung (§ 85 BGB). Als organisatorische Mindestanforderung ist bei Stiftungen mindestens eine Person zu bestellen, welche diese als **Vorstand** führt und nach außen vertritt (§ 86 i.V. mit § 26 BGB).

Entgegen einer weit verbreiteten Meinung sind privatrechtliche Stiftungen keine Steueroasen. Soweit sie nicht als gemeinnützig anerkannt sind, unterliegen die Erträge der Körperschafts- und ggf. auch der Gewerbesteuer.

Stiftungen zu Lebzeiten mit einer **gemeinnützigen Zwecksetzung** sind für den Stifter zusätzlich mit Einkommensteuervorteilen verbunden. So können zu deren Errichtung hohe Beträge als Sonderausgaben geltend gemacht werden, und auch jährliche Zuwendungen sind hierbei als Spenden absetzbar. Von daher lohnt sich in diesen Fällen eine sukzessive Ausstattung der Stiftung mit finanziellen Mitteln.

Auch im Hinblick auf die Verpflichtungen zur Rechnungslegung, Prüfung und Offenlegung erfahren bürgerlich-rechtliche Stiftungen keineswegs eine völlige Befreiung. Soweit sie als direkte Unternehmensträgerstiftungen selbst kaufmännisch tätig werden, unterliegen sie in der dabei gewählten Rechtsform den **Publizitätsbestimmungen** nach dem HGB und/ oder dem PublG.

Schließlich ist auf das hohe Gewicht des Stifterwillens hinzuweisen. Dieser konkretisiert sich in dem durch ihn verfügten **Stiftungszweck**, und hierauf bezogene Änderungen sind nur in sehr engen Grenzen möglich (§ 87 BGB). Von daher wird es immer auf den konkreten Einzelfall ankommen, ob mit einem Stiftungsgeschäft eine sinnvolle Regelung der Vermögensnachfolge vorgenommen werden kann. Dass dabei die Vorstellungen eines Stifters und seiner Nachkommen auch deutlich differieren können, steht außer Frage.

Privatrechtliche Stiftungen lassen sich also folgendermaßen charakterisieren.

**Privatrechtliche Stiftungen widmen Vermögenswerte einem vorab definierten Zweck.**

## III. Literaturhinweise zum Kapitel C

### *Zu C.I. Unternehmensträger:*

#### C.I.1. Unternehmensträger als Anspruchs- und Interessengruppen von Unternehmen – Einordnung und Überblick

Barnard (1938/1970); Becker (2006); Cyert/March (1963); Fischer (1994); Freeman (1984); Heinen (1976); Heinen (1992); Heinen/Fank (1997); March/Simon (1958/1976); Nieschlag/Dichtl/Hörschgen (2002); Schierenbeck (2003); Schmid (1997); Schmidt (1967); Schmidt (1977); Schmidt (1985); Staehle (1999); Steinmann/Löhr (1991); Thiele (1994); Thommen/Achleitner (2006); Ulrich/Fluri (1995); Williamson (1985/1990)

## C.I.2. Interne Anspruchsgruppen als Kerngruppen von Unternehmensträgern

Badura/Deutsch/Roxin (1987); Bährle (1997); Bea (2004b); Beyer/Fehr/Nutzinger (1995); Block (1987/1992); Bröckermann (2003); Brück/Uhlendorff/Woweries (2004); DaimlerChrysler AG (2000); Deutsche Bundesbank (2006b); Deutsche Rentenversicherung Bund (2005); Deutsches Aktieninstitut (DAI) (2004a); (2005); DAI (2006a); Domsch (1984); DWS-Gruppe (2004); Eisele (2005a); Eyer (2002a); Eyer/Haussmann (2003); Gerum (2004); Günther (1997); Hagen (2006); Hans-Böckler-Stiftung (1997); Herzberg (1968/2003); Herzberg (1982); Herzberg/Maussner/Snyderman (1959); Jähnig (2002); Janov (1994); Klitzke/Betz/Möreke (2000); Korndörfer (2003); Kossbiel (2006); Kürten (2000); Maslow (1954/1977); Nölting (1998); o.V. (2004a); o.V. (2006); Ost-Ausschuss der Deutschen Wirtschaft (2006); Parker (1994); Pellens/Crasselt/ Rockholtz (1998); Picot/Edelkötter (1999); Pöhler (1979); Rappaport (1986/1995-1998/1999); Schanz (2004); Schierenbeck (2003); Schröder (2006a); Schröder, C. (2006b); Schulz (1982); Schweickart/Töpfer (2006); Spiller (2004); Staehle (1999); Statistisches Bundesamt (1998); Statistisches Bundesamt (2003); Statistisches Bundesamt (2006a); Taylor (1911/ 1913/2004); Thommen/Achleitner (2006); Töpfer (1990a); Töpfer (1994); Töpfer (1999b); Töpfer (1999c); Töpfer (1999d); Töpfer (2000a); Ulrich/Fluri (1995); Westermann (2005); Wöhe/Döring (2005)

## C.I.3. Externe Interessengruppen als Satellitengruppen von Unternehmensträgern

Adrian/Heidorn (2000); Alemann, von (1989); Atteslander (1981); Badura (2003); Badura/Deutsch/Roxin (1987); Bea (2004a); Bea (2004b); Becker (2006); Beyer/Fehr (1995); Bispinck/Schulten (1999); Bispinck/WSI-Tarifarchiv (2000); Budäus (2003); Bundesministerium der Finanzen (BMF) (2000a); BMF (2000b); BMF (2003a); BMF (2004a); BMF (2006a); BMF (2006b); BMF (2006c); Bundesministerium der Justiz (BMJ) (2004); Bundesministerium für Umwelt, Naturschutz und Reaktorsicherheit (BMU)/Umweltbundesamt (UBA) (2002); BMU (2004a); BMU (2004b); BMU (2004c); Bundesministerium für Wirtschaft und Arbeit (BMWA) (2004); Bundesministerium für Wirtschaft und Technologie (BMW) (2000); Bundeszentrale für politische Bildung (BpB) (1996); DBB Beamtenbund und Tarifunion (2006): Deutsche Bundesbank (2004a); Deutscher Bundestag (2004a); Deutscher Bundestag (2004b); Deutscher Gewerkschaftsbund (DGB) (2006); Drukarczyk (2006); DWS Investments (2006); Dyllick (1986); Eucken (2004); Geisenberger (1999); Gerum (2004); Gfk Gruppe (2003); Gfk Gruppe (2005); Götting (2005); Hans-Böckler-Stiftung (2004a); Hax (1984); Heinen (1992); Helm (2006); Industrie- und Handelskammer Frankfurt am Main (2004a); Industrie- und Handelskammer zu Düsseldorf (2004); Infineon Technologies AG (2003): Initiative D21 (2000); Initiative D21 (2006); International Institute for Management Development (IMD) (2005); Kaestner/Biermann (2002); Koesters (1984); Konitzer u.a. (2000); Lettl (2004); Mai (2004); Meffert (2000); Meffert/Bruhn (2005); Müller-Armack (1976); Nieschlag/Dichtl/Hörschgen (2002); Nutzinger (1995); o.V. (1996); o.V. (2000a); o.V. (2000b); o.V. (2004b); o.V.

(2005c); Oebbeke (2000); Ott (1991); Porter (1980/2003); Porter (1985/2000); Preuß (2004); Reeves (1961/1963); Reinicke/Tiedtke (2000); Richter (1995); Schierenbeck (2003); Schumpeter (1997); Schweitzer (2004b); Seidel/Temmen (2003); Smith (1993); Statistisches Bundesamt (2004); Statistisches Bundesamt (2006a); Stebut, von (1995); Tagesschau (2004a); Thommen/Achleitner (2006); Töpfer (1985a); Töpfer (1990a); Töpfer (1992a); Töpfer (1993); Töpfer (1999e); Töpfer (2002a); Töpfer/Knierim (1993); Töpfer/Mann (1994); Töpfer/Mann (1999); Töpfer/Mehdorn (1995); Töpfer/Mehdorn (1996a); Töpfer/Mehdorn (1999); Triesch/Ockenfels (1995); Troßmann (2006); Ulrich/Fluri (1995); Versho-fen (1959); Vesper (2000); Webster/Wind (1972); Wiedemann (2004a); Wiede-mann (2004a); Wildemann (1993); Wilkhahn Wilkening + Hahne GmbH + Co (1995); Wöhe/Döring (2005); Woll (2003); World Economic Forum (WEF) (2004a); WEF (2004b)

### C.I.4. Corporate Governance als Rahmen der Unternehmensverfassung

Achleitner/Bassen/Pietzsch (2001); Baums (2004); Brune (2003); Dörner (2003); Frentz, von (2003); Hahn/Krystek (2000); Kern (2003); Kirchhoff/Piwinger (2001); Regierungskommission Deutscher Corporate Governance Kodex (2004); Schweickart/Töpfer (2006); Seidlitz/Zschäpitz (2003); Sosalla/Liebert/Bögler (2002); Strenger (2002); Strunk (2003); Tagesschau (2004b); Töpfer (2003); Witt (2000); Witt, P. (2003)

## *Zu C.II. Unternehmensformen:*

Alpmann (2005); Bea (2004b); Edeling u.a. (2001); Eisenmenger (2004); Henn (2002); Jacobs/Scheffler (2002); Katz (2004); Klunzinger (2004); Klunzinger (2006a); Klunzinger (2006b); Korndörfer (2003); Kübler (1999); Lang/Tipke (2005); Roth (2001); Schierenbeck (2003); Schmidt (2002); Schünemann (2006); Stehle/Stehle (2001); Thommen/Achleitner (2006); Töpfer (2000b); Ullrich (2006); Wöhe/Döring (2005)

### C.II.1. Wahl/ Wechsel der Rechtsform als Rahmenentscheidung

Bleicher (2004); Deutscher Industrie- und Handelskammertag (DIHK) (2006); Ge-rum (2004); Maurer (2002); Menzel (2000); Schmidt (2006); Staehle (1999); Sta-tistisches Bundesamt (2006b); Stiftung Haus der Geschichte der Bundesrepublik Deutschland (2004); Stiftung Warentest (2004); Ulrich/Fluri (1995); Weiblen (2000); Zangemeister (1976)

### C.II.2. Einzelunternehmen/ Einzelfirma

Fa. Anton Schlecker (2004); Fries (1998); Industrie- und Handelskammer Frank-furt am Main (2004b); Industrie- und Handelskammer Frankfurt am Main (2004c); Industrie- und Handelskammer Frankfurt am Main (2004d)

### C.II.3. Personengesellschaften

Bayerischer Notarverein (2000); Blaurock (2003); Bundesgerichtshof (1999); Bundesgerichtshof (2001); Gail (1995); Groh (2004); Kohl (1998); Martens/ Zimmer (2003); Oberlander (1995); Passarge (2003); Seibert (1995); Strauch (2001); Zacharias/Hebig/Rinnewitz (2000)

### C.II.4. Kapitalgesellschaften

Albin (2004); Arnold (2001); Bertelsmann Stiftung/Hans-Böckler-Stiftung (1998); Borowsky (1998); Bundesgerichtshof (1997); Bundesministerium der Finanzen (BMF) (2000c); BMF (2003b); BMF (2004b); BMF (2004c); BMF (2004d); BMF (2004e); BMF (2004f); Bundesministerium für Wirtschaft und Arbeit (BMWA) (2005); Bundesnotarkammer (BNotK) (2004); Bundesverfassungsgericht (1999); DaimlerChrysler AG (1999); DaimlerChrysler AG (2006); Deutsche Börse AG/ Bundesaufsichtsamt für den Wertpapierhandel (1998); Deutsche Bundesbank (2006c); Deutscher Gewerkschaftsbund (DGB) (2005); Deutsches Aktieninstitut (DAI) (2004b); DAI (2004c); Drukarczyk (2006); Eckardt/ Zwoll, van (2004); Eisele (2005a); Frick (1999); Gerum (2004); Grass (2004); Habel/Strieder (1998); Hamel (2000); Hans-Böckler-Stiftung (2004b); Heinz (2006); Hoffbauer (2004); Hommelhoff/Goette/Kleindieck (2003); Höpner (2004); Impulson Media (2004); Industrie- und Handelskammer Frankfurt am Main (2004c); Jacobs u.a. (2003); Krafka (2005); Krumnow u.a. (2002); Kupsch (2004); Lutter (1994); manager-magazin.de (2001); Meyke (2004); Münster (1997); Murphy/Kleinort (2001); o.V. (1998a); o.V. (2004c); o.V. (2005a); o.V. (2005b); Pfitzer (2006); Pohl (1992); Rappaport (1986/1995-1998/1999); Rosen, von (1999); Rosen, von/Seifert (2000); Spahlinger (1999); Stadler (1997); Steiner (1984); Streeck (1999); Strunk (2003); Wöhe/Bilstein (2002)

### C.II.5. Kombinationen aus Personen- und Kapitalgesellschaften

Binz/Sorg (2005); Bundesministerium der Finanzen (BMF) (2001); Claas KGaA mbH (2005); o.V. (1999); Pottschmidt/Rohr (2003); Söffing (2001)

### C.II.6. Weitere privatrechtliche Gesellschaftsformen

Bertelsmann Stiftung (2003); Deutscher Genossenschafts- und Raiffeisenverband (DGRV) (2004); o.V. (2000c)

# Kapitel D
# Zielstruktur des Unternehmens

**– Wie laufen die Prozesse der Willensbildung und der Willensdurchsetzung im Unternehmen ab? –**

## I. Arten von Unternehmenszielen

Wie entstehen Unternehmensziele, und wie konkretisiert sich dieser Prozess der Zielfindung über die Zielsetzung und -ableitung auf den verschiedenen Unternehmensebenen? In welchen unterschiedlichen Dimensionen sind Ziele zu formulieren, um ihre Umsetzung nachvollziehbar zu machen? Was für generelle Kategorien von Unternehmenszielen lassen sich unterscheiden? Welche Wirkungsbeziehungen können bei der Zielverfolgung auftreten?

### 1. Zielfindung und Zielableitung im Überblick

Legt man den Fall zu Grunde, dass ein Unternehmen neu gegründet wird, dann stehen bei den konstitutiven Entscheidungen zwei Fragen im Vordergrund. Die erste betrifft die **Wahl der Rechtsform**. Die Alternativen hierzu wurden in C.II. vorgestellt. In Verbindung mit dieser Rahmensetzung umfasst der zweite Fragenkomplex die Prozesse der **Willensbildung und -durchsetzung**. Dabei sind zwei Teilfragen zu klären:

- Wer ist in welcher Weise am Unternehmen beteiligt bzw. mit diesem verbunden, und wie kommen auf dieser Grundlage Unternehmensziele zustande?
- Wie ist sicherzustellen, dass sich das Unternehmen in Richtung dieser Zielsetzungen entwickelt?

**Ziele** kennzeichnen erwünschte, zu erreichende Zustände und damit Handlungsergebnisse zukünftiger Aktivitäten. Mit der Formulierung der angestrebten Resultate ist dabei also immer auch die **Handlungsaufforderung** verbunden, in Richtung dieser Soll-Zustände tätig zu werden.

In A.II.1. erfolgte eine prinzipielle Darstellung des Prozesses der Zielrealisierung, wobei auch das Regelkreis-Prinzip von Planung und Kontrolle bereits verdeutlicht wurde. Hier wird dieser Prozess nun weiter aufgegliedert, indem zum einen der Frage nachgegangen wird, wie Ziele entstehen. Zum anderen wird gezeigt, wie diese im Unternehmen zu klaren Vorgaben für alle Managementebenen und die Mitarbeiter „heruntergebrochen" werden. Insgesamt kann so das System der Unternehmenspolitik und der Unternehmensplanung/ -kontrolle im Überblick vorgestellt werden (hierzu Abb. D-I-1).

Eine explizite Thematisierung der Zielbildung in Unternehmen setzte in der deutschsprachigen Betriebswirtschaftslehre erst mit dem Aufkommen des Entscheidungsorientierten Ansatzes Mitte der 60er Jahre ein. Die systemtheoretische Betrachtungsweise lieferte dazu auch einen begrifflichen Rahmen für die Auseinandersetzung mit Einflüssen aus dem Unternehmensumfeld. Über das verhaltenswissenschaftliche Programm wurden auch psychologische und soziologische Hintergrundfaktoren der Zielbildung und -verfolgung bei Individuen und Gruppen zum betriebswirtschaftlichen Themen- und Problembereich. Mitte der 70er Jahre hatte sich die **Zielforschung als empirische Richtung** der Betriebswirtschaftslehre etabliert, maßgeblich war an dieser Entwicklung JÜRGEN HAUSCHILDT beteiligt.

Zum Prozess der Zielbildung können wir an die Ausführungen zu den Unternehmensträgern in C.I. anknüpfen. Dort wurde bereits die auf RALF-BODO SCHMIDT zurückgehende Instrumentalthese angesprochen, nach der Unternehmen als Instrumente angesehen werden, mit denen Einzelpersonen und Personengruppen die Verfolgung persönlicher Ziele betreiben. Die **individuellen Antriebskräfte** können – wie schon in A.II.1. erläutert – sowohl direkt ökonomischer Art (bspw. Streben nach Einkommen als Mittelerwerb) als auch meta-ökonomischer Natur (bspw. Streben nach Einfluss, Prestige, Anerkennung) sein.

Für die Einbindung der Interessen verschiedener Anspruchsgruppen wurde in der Abbildung D-I-1 die Darstellungsform eines **Trichtermodells** gewählt. Damit wird verdeutlicht, dass die Mitglieder der Kern- und Satellitengruppen mit ihren individuellen Vorstellungen sowie auch kollektiven Positionen auf ein Unternehmen einwirken und sich über diese Aushandlungsprozesse und Berücksichtigung die generelle Zielrichtung einer Organisation ergibt.

Die Satellitengruppe Konkurrenten haben wir dabei als Markt und Konkurrenz an eine zentrale Stelle gesetzt. Diese Hervorhebung hat ihre Begründung darin, dass erstrangig immer zu klären ist, wie das Leistungsangebot eines Unternehmens im marktlichen Umfeld positioniert werden kann, so dass eine Differenzierung vom Wettbewerb und eine wirtschaftliche und mehrwertschaffende Betätigung überhaupt möglich wird.

Die Einflussmöglichkeiten der beiden Hauptgruppen von Unternehmensträgern unterscheiden sich. Wir tragen dem Rechnung, indem wir die Ableitungsrichtung aus den Kerngruppen als den eigentlichen Prozess der **Zielfindung** kennzeichnen. Die Erwartungen und Forderungen der Satellitengruppen fassen wir als Prozess der **Zielbeeinflussung** zusammen.

Die unternehmerische Zielbildung stellt keine „Einbahnstraße" dar. Vielmehr gilt, dass die Ansprüche der Unternehmensträger den Hintergrund für alle weiteren Planungen und Entscheidungen sowie den laufenden Geschäftsbetrieb bilden.

Sollten sich hierbei größere Abweichungen von der anfänglichen Bestimmung der Beziehungen zu den Anspruchsgruppen ergeben, würde dies letztlich einem Verlassen der Geschäftsgrundlage gleichkommen. Und dann könnten einzelne – im schlimmsten Fall mehrere oder alle – Unternehmensträger auch keine Anreize mehr sehen, Beiträge für das Unternehmen zu leisten bzw. die vereinbarten Leistungen zu erbringen.

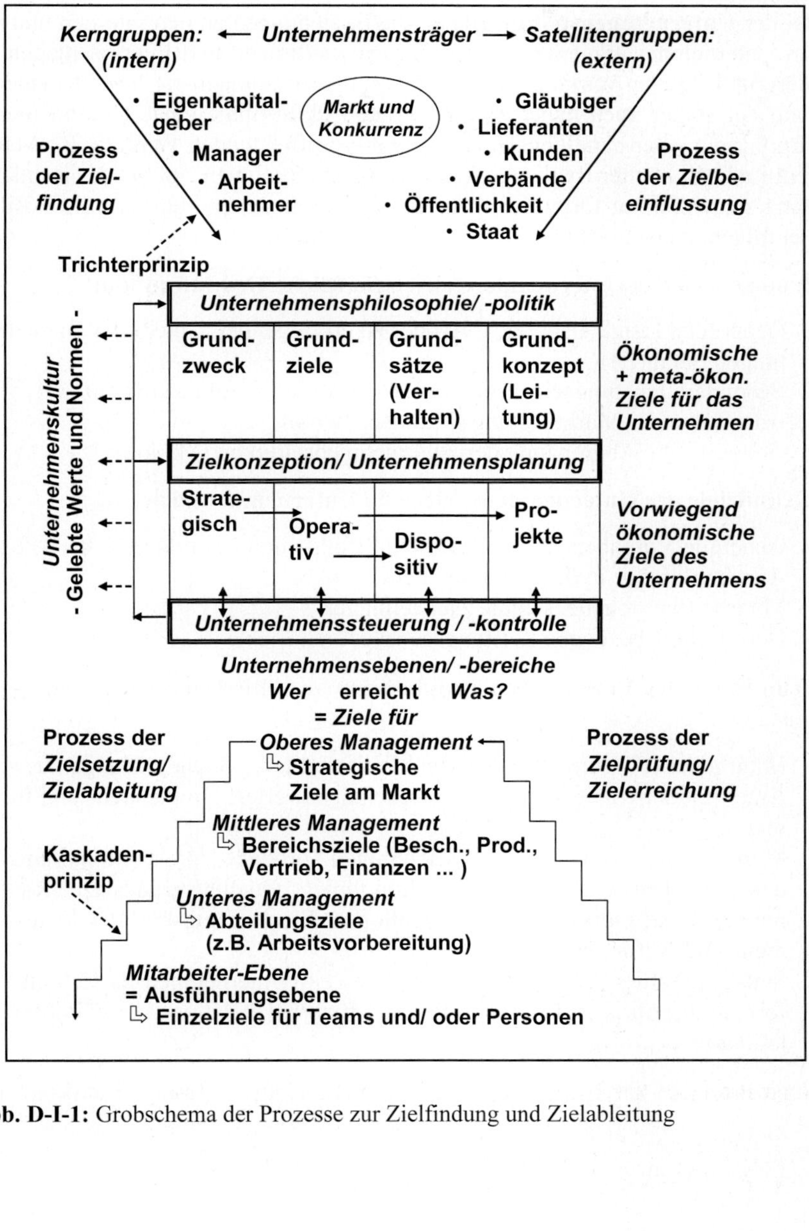


**Abb. D-I-1:** Grobschema der Prozesse zur Zielfindung und Zielableitung

Bei den mehrstufigen, von außen nach innen vonstatten gehenden Abläufen der Zielfindung und der Setzung bzw. Ableitung expliziter Ziele sind zwei Hauptbereiche zu unterscheiden: Über die Unternehmensphilosophie und ihre Konkretisierung in der Unternehmenspolitik werden zunächst generelle Vorgaben für die Unternehmensentwicklung erstellt. Im Rahmen der Unternehmensplanung und -kontrolle erfolgt dann eine Detaillierung und Operationalisierung dieser globalen Zielsetzungen.

Bei der **Unternehmenspolitik** stehen die Beziehungen zu den internen und externen Unternehmensträgern mit ihren Wertvorstellungen und Interessenlagen im Vordergrund. Dieser Wirkungs- und Gestaltungszusammenhang basiert maßgeblich auf der später noch näher zu erläuternden Philosophie eines Unternehmens. Zur Entfaltung einer handlungsleitenden und -verpflichtenden Wirkung für Management und Mitarbeiter ist es zweckmäßig, die unternehmenspolitische Grundausrichtung schriftlich zu formulieren. In der Unternehmenspolitik sind die Positionen zu folgenden Gebieten und Kategorien festzulegen:

- **Grundzweck des Unternehmens (wirtschaftliche Grundfunktion)**
  - Genereller Tätigkeitsbereich, Art der zu erbringenden Güter oder Dienstleistungen (Branche)
  - Besondere Leistungseigenschaften (Angestrebte Wettbewerbsvorteile)
  - Adressaten der Marktleistung (Marktsegmente)
  - Geografische Abgrenzung der Unternehmenstätigkeit (Märkte)
- **Grundziele des Unternehmens (Oberste Unternehmensziele)**
  - Generelle Vorgaben zu den Produkt-, Erfolgs- und Liquiditätszielen
  - Ansehen/ Image in der Öffentlichkeit
  - Mitarbeiterbezogene, soziale Zielstellungen
  - Gesellschaftsbezogene Leistungsbeiträge
- **Grundsätze des Verhaltens gegenüber den verschiedenen Anspruchsgruppen**
  - Mitarbeiter (Führungsstil, Aus- und Weiterbildung, Sozialleistungen usw.)
  - Anteilseigner (Steigerung des Unternehmenswertes, Dividenden- und Informationspolitik – „Investor Relations“)
  - Marktpartner, Abnehmer und Lieferanten (produkt-, preis-, kommunikations- und distributionspolitische Grundlinien, Qualitätsgrundsätze, Richtlinien zu Kundendienst und Reklamationen, Erscheinungsbild des Unternehmens und Auftreten der Mitarbeiter)
  - Staat, Öffentlichkeit und „restliche“ Umwelt (Unternehmensdarstellung, Informationspolitik und Kontaktpflege – „External Relations“ bzw. Public Relations)
- **Grundkonzept der Unternehmensleitung (Leitungs-/ Managementkonzept)**
  - Organisationskonzept
  - Führungskonzept (Führungsgrundsätze und -techniken)

- Planungs- und Kontrollsystem
- Management-Development-Konzept.

Wie die vorstehende Inhaltsgliederung einer Unternehmenspolitik zeigt, werden hiermit ökonomische und meta-ökonomische Zielvorstellungen für die Unternehmensentwicklung niedergelegt. Bei den **meta-ökonomischen Bestandteilen** handelt es sich um **formulierte Werthaltungen** als Grundlage für das Handeln und Verhalten gegenüber den internen und externen Anspruchsgruppen. Diesen Grundsätzen kommt eine zentrale Rolle für das gesamte Unternehmensgeschehen zu. Dem handlungsleitenden Charakter von Werten entsprechend, wird hiermit der Zweck verfolgt, ein unternehmensspezifisches System von Verhaltensprädispositionen zu etablieren, also die Art und Weise festgelegt, wie Entscheidungen durch Mitglieder des Unternehmens zu treffen und umzusetzen sind. Auf dieser Grundlage soll sich dann die ökonomische Wertschöpfung durch das Unternehmen im Wirtschaftskreislauf vollziehen.

Vor dem Hintergrund einer zunehmend pluralistischen Gesellschaft einerseits, aber auch enger werdender Märkte andererseits, kam dieser gerade erläuterte Themenbereich einer generellen Zukunftsausrichtung und Verhaltensbestimmung etwa seit der Mitte der 70er Jahre als Unternehmensphilosophie in den Blickwinkel der deutschsprachigen Betriebswirtschaftslehre und Unternehmenspraxis.

Gegenüber den unternehmenspolitischen Grundlinien umfasst die **Unternehmensphilosophie** in noch allgemeinerer und grundsätzlicherer Art das Wertesystem der Kerngruppen eines Unternehmens. Wenn dieses gesondert konkretisiert und niedergelegt wird, dann spricht man von einem **Unternehmensleitbild**. Wichtig in diesem Zusammenhang ist, dass die Diskussion und Verabschiedung grundlegender Werthaltungen unter einer möglichst breiten Beteiligung aus allen Unternehmensebenen stattfindet und dann auch eine umfassende Kommunikation der erarbeiteten Inhalte erfolgt. Nur auf diese Weise wird es möglich sein, einem solchen „Grundgesetz“ eines Unternehmens bzw. dem so definierten „Korridor für das Verhalten“ der Kerngruppen zueinander und gegenüber den Satellitengruppen zur gewünschten handlungsleitenden Wirkung zu verhelfen.

Als **Beispiel** für eine schriftliche Fixierung der gemeinsamen Werthaltung in einem Unternehmen wird auf der folgenden Seite das Leitbild der SIEMENS AG wiedergegeben (hierzu Abb. D-I-2), wie es seit dem Jahr 2006 Gültigkeit besitzt. Dessen Entwicklung basierte auf einer weltweiten Mitarbeiterbefragung. Aus den hierbei festgestellten Werten, Motivationen und persönlichen Zielen wurden die fünf Leitsätze entwickelt und mit Kernaussagen sowie knappen Erläuterungen untersetzt. Letztere sind in der Abbildung D-I-2 weggelassen worden. Die frühere Fassung aus dem Jahre 1999 umfasste noch sieben Leitsätze und war nicht so pointiert formuliert wie die jetzigen fünf Leitsätze. Dabei gilt generell für alle Unternehmen, dass ein derartiges Leitbild leichter formuliert als in allen konkreten Aktivitäten und Projekten eines Unternehmens umgesetzt und realisiert ist.

Zwischen den in Unternehmensphilosophie und Unternehmenspolitik niedergelegten längerfristigen Leitlinien über die generelle Ausrichtung und die zukünftigen Schwerpunkte der Unternehmenstätigkeit und den laufenden Wertschöpfungsaktivitäten wird in aller Regel noch eine Gestaltungslücke bestehen. Allein auf der Basis der Langfristperspektive wird eine effiziente und effektive Steuerung der täglichen Leistungserstellung in den einzelnen Unternehmensebenen und -bereichen kaum realisierbar sein.

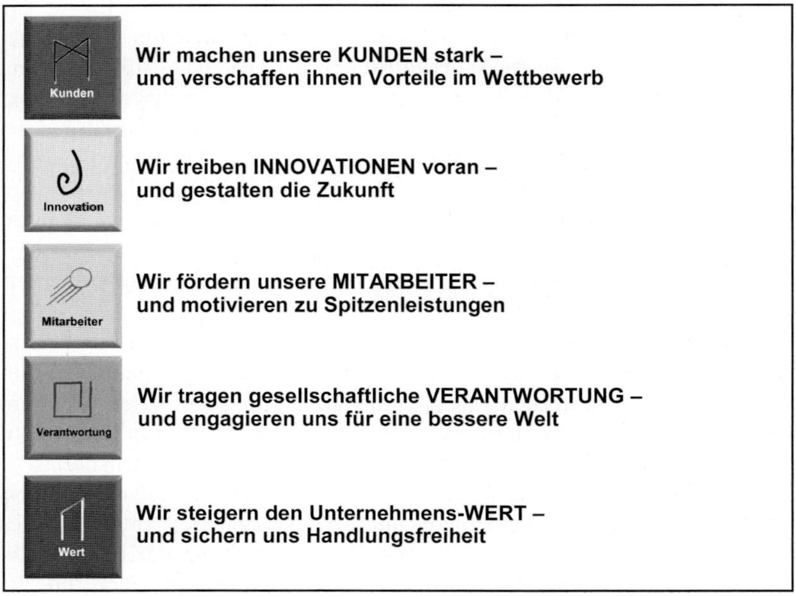


**Abb. D-I-2:** Das Leitbild der Siemens AG (© Siemens)

Deshalb sind die globalen Zielvorstellungen genauer zu differenzieren und in eine **Zielkonzeption** als konsistentes System inhaltlich und zeitlich aufeinander abgestimmter Einzelziele zu überführen. Außer einer näheren Zielanalyse sind dabei vor allem Überlegungen zu den Maßnahmen und Ressourcen zur Zielerreichung sowie hinsichtlich des Verhaltens bei eventuell möglichen Zielabweichungen anzustellen. Damit ist die **Unternehmensplanung** als der Kernprozess ökonomischer Disposition in ihren Grundfunktionen beschrieben.

Die zweite Seite dieses Prozesses bildet die Unternehmenskontrolle als Überprüfung aller Maßnahmen auf ihre Wirtschaftlichkeit und Zielerreichung. Erst auf der Basis eines funktionierenden Planungs- und Kontroll- bzw. insgesamt Steuerungssystems wird es möglich sein, die Unternehmensentwicklung umfassend und konsistent vorgedachten Ziel-Maßnahmen-Pfaden folgen zu lassen. Als plastischer Vergleich kann hier angeführt werden, dass sich Unternehmen bei der heute erreichten Umfeldkomplexität und -dynamik nicht mehr steuern lassen, wie es seinerzeit „die tollkühnen Männer in ihren fliegenden Kisten“ auf Sicht taten. Heute ist demgegenüber ein „Flug nach Instrumenten“ notwendig, der auch bei widrigen Bedingungen eine sichere Landung erwarten lässt.

Als Grundlage für eine zielorientierte Unternehmensführung ist dafür Sorge zu tragen, dass das **Informationssystem** eines Unternehmens die Wirkungen von

Ziel- und Mittelentscheidungen zuverlässig und zeitnah abbildet und an die zuständigen Entscheidungsträger weiterleitet. Für diese führungsunterstützende Aufgabe hat sich heute die Bezeichnung **Controlling** durchgesetzt.

Im Planungs- und Kontrollsystem eines Unternehmens werden die Vorgaben von Unternehmensphilosophie und -politik unter Heranziehung weiterer und detaillierterer Informationen konkretisiert. Dabei ist im Einzelnen zu untersuchen, welche Chancen und Risiken im marktlichen und gesellschaftlichen Umfeld gegeben sind (Umweltanalyse) und welche Stärken – und auch Schwächen – das Unternehmen aufweist, um diesen Herausforderungen zu begegnen (Unternehmensanalyse). Damit liefern diese differenzierten Analysen die wesentlichen Fakten für die Unternehmensplanung, während Unternehmensphilosophie und -politik die grundlegenden Normen hierfür beisteuern.

In Abbildung D-I-1 sind verschiedene **Ebenen der Unternehmensplanung** und -kontrolle aufgeführt. Diese lassen sich kurz wie folgt charakterisieren:

- Die **strategische Planung** ist vor allem potenzial-, markt- und konkurrenzorientiert. Hier sind die längerfristigen Weichenstellungen für eine erfolgreiche Unternehmensentwicklung vorzunehmen, indem Leistungsangebote für ertragreiche Marktsegmente (Produkt-Markt-Kombinationen) auf der Basis vorhandener oder auszubauender bzw. zu entwickelnder Unternehmenskompetenzen entworfen werden.
- Im Rahmen der **operativen Planung** wird für die einzelnen Unternehmensbereiche auf der Basis dieser Konzeptionen zum zukünftigen Leistungs- und Innovationsvermögen über kürzerfristige Ziele, Maßnahmenpläne und entsprechende Budgets eine aktuelle Leistungsfähigkeit und -ausrichtung sichergestellt und vorgegeben. Die Durchführung der einzelnen Maßnahmen betreffend kann hier nach dem Aufgabencharakter noch eine weitere Differenzierung vorgenommen werden:
  - Im Mittelpunkt der **dispositiven Planung** stehen die regelmäßigen Abläufe in der betrieblichen Wertschöpfungskette. Hier geht es z.B. um die Steuerung der Beschaffungs-, Produktions- oder Vertriebsprozesse im täglichen Betriebsablauf.
  - Die **Projektplanung** hat dagegen die problemgerechte Bewältigung und Abwicklung von zeitlich begrenzten Vorhaben oder Sonderaufgaben zum Gegenstand. Beispiele hierfür sind die Umstellung auf eine neue Hard- und/ oder Software im Informationssystem, die Errichtung einer neuen Fertigungslinie oder die Erschließung neuer Vertriebswege.

Planung und Kontrolle haben – wie angesprochen – die Steuerung der Unternehmensaktivitäten bezogen auf unterschiedliche Zeitprojektionen zum Inhalt. Sie basieren auf den eher normativen Vorgaben von Unternehmensphilosophie und -politik. Inwieweit die hier skizzierten Leitlinien für das Verhalten eines Unternehmens im Markt sowie das seiner Kerngruppen innerhalb der Organisation und in den Außenbeziehungen zur Geltung gebracht werden konnten, zeigt sich in der **Unternehmenskultur**. Hierunter werden die gelebten Werte, Normen und die daraus resultierenden Einstellungen und typischen Verhaltensweisen der Unternehmensmitglieder verstanden.

Gegenüber der Unternehmensphilosophie handelt es sich dabei um die aktuell wirksamen Grundlagen des Handelns und Verhaltens in einem Unternehmen. Die Unternehmenskultur stellt sich als vielschichtiges verhaltenswissenschaftliches Konstrukt dar. Mit den Methoden der empirischen Sozialforschung (z.B. Beobachtung, Befragung) kann ihre spezifische Ausprägung für ein Unternehmen aber durchaus erhoben und begrifflich gefasst werden. Bei „starken" Unternehmenskulturen (z.B. HEWLETT-PACKARD, IBM, MERCEDES-BENZ) ist eine große Homogenität der Interpretations- und Verhaltensmuster über alle Unternehmensebenen zu beobachten, während bei „schwach" ausgeprägten Kulturen eine Fraktionierung in zahlreiche Untergruppen vorliegt. Dabei kann hier die Aufgeschlossenheit gegenüber Neuerungen oder Änderungen in der Zusammenarbeit größer sein, während die „starken" Kulturen oft ein deutliches Beharrungsvermögen auszeichnet.

Mit den vorangegangenen Ausführungen wurde ein Überblick zur inhaltlichen Verschränkung der verschiedenen Komponenten und Ebenen von Unternehmenspolitik und Unternehmensplanung gegeben. Im Folgenden wird unter einem organisatorischen Blickwinkel auf den Gesamtprozess der stufenweisen Setzung bzw. Ableitung von Zielen und Maßnahmen der einzelnen Unternehmensebenen und -bereiche eingegangen. Unter Verwendung eines von JÜRGEN WILD geprägten Begriffes betrifft dies die Hierarchiedynamik der Ziel- und Maßnahmenplanung. Die schematische Darstellung hierzu findet sich im unteren Teil der Abbildung D-I-1.

Auf den verschiedenen Leitungsebenen der Unternehmenspyramide ist jeweils die Frage zu klären: **Wer erreicht was?** Im Mittelpunkt stehen damit also nicht die Tätigkeiten (Wer macht was?), sondern eine klare Orientierung auf ebenenspezifische und personenbezogene Ziele. Der Gesamtprozess der Zielvereinbarung verläuft im Idealfall in zwei gegenläufigen, aber direkt aufeinander bezogenen Richtungen.

Im ersten, **von oben nach unten (top-down)** verlaufenden Strang werden auf der obersten Managementebene bzw. durch die Unternehmensführung zunächst strategische Marktziele formuliert und hieraus Ziele für die einzelnen Unternehmensbereiche abgeleitet. Hierzu werden auf der nachfolgenden mittleren Managementebene Realisierbarkeitsüberlegungen angestellt, aus denen für die nächsttiefere Ebene dann wieder Zielsetzungen resultieren. Gleich einer Kaskade – einem stufenförmigen Wasserfall – verläuft dieser **Teilprozess der Zielsetzung und Zielableitung** also von der Unternehmensleitung bis hin zum einzelnen Mitarbeiter. Weil alle weiteren Ableitungen auf die anfänglichen Zielüberlegungen der Unternehmensspitze rückführbar sind, bezeichnet man dieses Verfahren auch als **retrograd** (= rückläufig, rückgebildet).

Oberziele sind i.d.R. noch weitgehend allgemein gehalten; sie geben wohl eine Richtung zur Unternehmensentwicklung vor, noch nicht aber den genauen Weg zu ihrer Erreichung. Als Ziele „vor" der detaillierten Ableitung von Unterzielen und Maßnahmen können sie zunächst auch als „Wunschziele" bezeichnet werden. Von daher ist der zweite, **von unten nach oben (bottom-up)** führende **Teilprozess der Zielprüfung/ Zielerreichung** wichtig. Im Rahmen dieser **progressiven** Zusammenführung werden der nächsthöheren Ebene nach Prüfung der Realisierbarkeit Zielbestätigungen gegeben, oder es wird auf Veränderungen bei Umsetzungsengpässen hingewirkt.

Das kombinierte Vorgehen nach diesen beiden retrograden und progressiven Teilprozessen wird als **Gegenstromprinzip** bezeichnet; es hat den Vorteil, dass alle an der Zielerreichung und Plandurchführung beteiligten Führungskräfte und Mitarbeiter in diesen Zielvereinbarungsprozess einbezogen werden können. Wenn auch ebenenweise und personenbezogen über Zielveränderungen verhandelt wird, dann stehen am Ende der Vorgänge als Ergebnis auf ihre Realisierbarkeit geprüfte und akzeptierte Planziele. Über individuelle Zielvorgaben und -vereinbarungen können alle Beteiligten auf die Ergebnisse der Zielableitung verpflichtet werden. Damit ist die direkte Verbindung dieses auf Englisch kurz als „Bargaining and Commitment", also Aushandlung und Verpflichtung, bezeichneten Prozesses zum Führungssystem des **Management by Objectives** (Führung durch Zielvereinbarung) gegeben.

Das Vorgehen nach dem Gegenstromprinzip stellt die kooperative Variante der ebenen- und mitarbeiterbezogenen Zielbildung dar. Als autoritäre Variante wäre denkbar, dass ausschließlich direkte Zielvorgaben durch die Unternehmensleitung erfolgen und über die einzelnen Ebenen in Unterziele und Maßnahmen umgesetzt werden. Damit würde nur top-down vorgegangen, die progressive Abstimmung und Integration würde weitgehend entfallen. Ein solcher Ansatz birgt große Risiken. Zum einen müssten bereits an der Unternehmensspitze erhebliche Planungskapazitäten vorgehalten werden, um die **Interdependenzen von Ziel- und Mittelentscheidungen** über alle Unternehmensebenen überblicken zu können. Zum anderen werden – und das wird noch schwerer wiegen – bei dem definitiven Vorgabecharakter der Einzelziele negative Auswirkungen auf die Motivation aller Führungskräfte und Mitarbeiter gegeben sein.

## 2. Zieldimensionen

Nach dem Überblick des vorangegangenen Abschnittes zur Zielfindung in Unternehmen und zur Zielableitung über die einzelnen Unternehmensebenen werden im Folgenden Einzelaspekte der Zielbildung behandelt.

Wenn mit Zielen zukünftig angestrebte Ergebnisse und Situationen markiert werden, dann ist eine möglichst genaue Bestimmung der Zielzustände notwendig, um diese über die Ableitung von Unterzielen und Maßnahmen auch erreichen zu können. Zur Zielsetzung und -realisierung und damit generell zur Unternehmensentwicklung kann hier ein plastischer Vergleich zur Navigation gezogen werden. Auf der Grundlage einer genauen Positionsbestimmung (Abfahrtsort, gegenwärtige Situation) ist eine exakte Zielbestimmung (Zielort, zukünftige Situation) vorzunehmen, so dass über Wege und Mittel (Strategien und Maßnahmen) entschieden werden kann, wie diese Distanz überwunden und der Zielort nach Lage und Zeit genau erreicht werden kann.

Im Navigationsbeispiel kann eine eindeutige Bestimmung der Zielorte über das Koordinatennetz der Erdkugel nach den Dimensionen geografischer Länge und

Breite erfolgen. In ähnlicher Weise geht es auch bei **betriebswirtschaftlichen Zieldimensionen** um eine Reihe von Bestimmungselementen, nach denen Ziele mit Blick auf ihre Steuerungseignung und Kontrollierbarkeit klar und eindeutig zu formulieren sind.

Die Richtungen, nach denen Zielsetzungen in Unternehmen näher zu bestimmen sind, werden in der betriebswirtschaftlichen Grundlagenliteratur nach Anzahl und Inhalten unterschiedlich dargestellt. Wir gehen von sechs verschiedenen Zieldimensionen aus und haben diese zur besseren Merkfähigkeit als **die 6 Ws der Zielformulierung** in Frageform gekleidet (hierzu Abb. D-I-3).

① Mit der Frage **Was wollen wir erreichen?** wird ein Ziel zunächst nach **Art und Inhalt** sachlich umrissen. Die Zielart betreffend kann in mehrere, im nächsten Abschnitt näher erläuterte Kategorien unterschieden werden, denen jeweils bereits typische Ausprägungen und Inhalte zukommen. Hierzu sind dann die angestrebten Zielgrößen im Einzelnen festzulegen.
Bereits auf dieser Stufe der Zielformulierung ist dafür Sorge zu tragen, dass eine grundsätzlich messbare (operationale) und quantifizierbare Zielangabe erfolgt. Der Vorsatz „Wir wollen der beste Automobilhersteller Europas werden“ kann als Vision in der Unternehmensphilosophie stehen, er ist als Ziel aber in dieser Hinsicht viel zu unbestimmt; zu dem Merkmal „bester Automobilhersteller“ müsste erst eine geeignete und sicherlich mehrstufige Operationalisierung vorgenommen werden (Erfolg, Ansehen, Qualität usw.). Die Zielstellung „Wir wollen den Erfolg unseres Unternehmens im nächsten Rechnungsjahr steigern“ weist demgegenüber eine größere Bestimmtheit auf. Kann doch hier bereits in einem nächsten Schritt unter Rückgriff auf Größen des Rechnungswesens, wie Gewinn oder Rentabilität, eine exakte Definition von Zielgrößen erfolgen. Das letzte Beispiel zeigt auch, dass Zielinhalte **einzelne Merkmale** (z.B. Gewinn als Differenz von Erlösen und Kosten) oder **Merkmalsquotienten** (z.B. Rentabilität als Verhältnis von Gewinn zu Kapital) bzw. deren **Veränderung** (z.B. Gewinn- und Rentabilitätssteigerung) umfassen können.

② Die Frage **Wie viel?** ... wollen wir erreichen? – die jeweils vorhergegangenen Merkmale werden ab jetzt immer mitgedacht – zielt darauf ab, welche **Höhe** der Zielinhalt annehmen soll bzw. welches **Ausmaß seiner Veränderung** angestrebt wird. Dementsprechend ist hierbei denkbar, dass ein fester Wert zu erreichen ist, also beispielsweise die Fixierung auf eine Verzinsung des eingesetzten Kapitals vor Steuern von 15%. Wenn Veränderungen angestrebt werden, dann kann dieses ohne oder mit einer Begrenzung geschehen.
Als Beispiel für den unbegrenzten Fall und damit für eine Extremierung kann die betriebswirtschaftliche Leitmaxime des Wirtschaftlichkeitsprinzips in ihrer Minimierungs- oder Maximierungsfassung (siehe hierzu A.II.1.) angeführt werden. In dieser Richtung können etwa die aufeinander bezogenen Zielvorschriften entwickelt werden, den Gewinn zu maximieren und dies auch zusätzlich über eine Kostenminimierung zu erreichen. Gibt man zur angestrebten Veränderung einen mindestens geforderten Wert vor, dann wird bei Erreichung dieses Zielausmaßes von Satisfizierung gesprochen. Ein Beispiel für diese in

der Unternehmenspraxis weit verbreitete – weil sehr operationale – Zielformulierung wäre: + 12% Gewinn im Vergleich zum Vorjahr.

① ***Was* wollen wir erreichen?**
↳ ***Sachlicher Bezug***
***Inhalt/ Art des Zieles***
⇨ **Einzelnes Merkmal oder Quotient**
**z.B. Gewinn = Erlös – Kosten**
**Rentabilität = Gewinn / Kapital**

② ***Wie viel?***
↳ ***Ausmaß/ Höhe***
**z.B. + 12 % Gewinn gegenüber Vorjahr oder 17 % Rendite**

③ ***Wo?***
↳ ***Räumlicher Bezug/ Geltungsbereich***
**z.B. Gesamtunternehmen/ Sparte bzw. Markt/ Teilmarkt**

④ ***Bis wann?***
↳ ***Zeitlicher Bezug/ Gültigkeit***
**z.B. für 2005**

⑤ ***Wie wichtig?***
↳ ***Priorität* = Immer bei mehreren Zielen notwendig**
⇨ **Zielhierarchie/ -dominanz klären**
**z.B. Marktanteil vor Rendite, Gewinn vor Liquidität**

⑥ ***Von wem zu erreichen?***
↳ ***Zuständigkeit/ Verantwortlichkeit***
**z.B. Vorstandsressort/ Bereichsleiter**
↳ **Ableitung von Teilzielen für Führungskräfte + Mitarbeiter**

**Abb. D-I-3:** Zieldimensionen: Die 6 Ws der Zielformulierung

③ Neben der sachlich-inhaltlichen Zielbestimmung und der Festlegung der Zielniveaus ist als weitere Zieleingrenzung eine Bestimmung des räumlichen Bezugs oder des **Geltungsbereichs** vorzunehmen. So beziehen sich nur hoch aggregierte Ziele auf ein Gesamtunternehmen, und diese sind i.d.R. für einzelne Funktionen oder Geschäftsbereiche weiter aufzugliedern. Die räumliche Geltung – hier mit der Frage **Wo?** gekennzeichnet – ist damit ebenfalls eine wichtige Zieldimension. Zum Beispiel ist also anzugeben, ob ein Ziel für das gesamte Unternehmen oder für einen Geschäftsbereich, eine Sparte angestrebt wird. Häufig kann die räumliche Differenzierung auch den Absatzmarkt betreffen, indem beispielsweise für verschiedene Märkte, Teilmärkte oder Marktregionen unterschiedliche Absatz- oder Marktanteilsziele definiert werden.

④ **Bis wann** ist ein Ziel zu erreichen? Dieser Zieldimension kommt eine besondere Bedeutung zu, denn nur über die Festlegung, zu welchem **Zeitpunkt** – oder in welchem **Zeitraum** – der angestrebte Zielzustand erreicht sein soll, kann eine sinnvolle Ableitung und Durchführung von Maßnahmen erfolgen. Ohne eine Begrenzung bzw. Präzisierung auf der Zeitschiene wären alle Pläne Makulatur.
Der Zeitbezug von Zielen kann nach den Ebenen der Unternehmensplanung und ihren Reichweiten kurz-, mittel- und langfristiger Natur sein. Bei diesen Zeithorizonten sind für einzelne Ziele jeweils konkrete Zeitspannen oder Zeitpunkte zur Zielerreichung festzulegen (z.B. Steigerung des Marktanteils auf 20% bis 2008 oder 10% Eigenkapitalrendite im Geschäftsjahr 2007).
Weiterhin kann die schon beim Zielausmaß angeklungene Unterscheidung getroffen werden, ob Ziele statisch oder dynamisch formuliert werden. Den Unterschied macht hierbei aus, ob ein Bezug auf andere Zeitgrößen oder -perioden erfolgt. Bei der statischen Variante geschieht dies nicht, die gerade gegebenen Beispiele entsprechen diesem Fall. Bei dynamischen Veränderungszielen wird jeweils auf Vorperioden abgehoben; ein Beispiel hierfür wäre, den Marktanteil vom Wert für 2006 ausgehend in den Jahren 2007 bis 2009 jeweils um 3% zu steigern.

⑤ Bisher wurden Dimensionen erläutert, nach denen einzelne Ziele zu kennzeichnen sind. Bei der Frage nach deren Wichtigkeit werden nun ihre Relationen zu anderen Zielen betrachtet. Hiermit ist eine Verbindung zu den unter D.II. noch zu behandelnden Zielkonzeptionen/ Zielsystemen gegeben. Da in der Unternehmenspraxis immer eine ganze Reihe von Zielen parallel bzw. aufeinander bezogen verfolgt wird, behandelt die Frage **Wie wichtig?** eine weitere Dimension der Zielformulierung. Ziele werden operationaler sein, wenn ihre Beziehungen und Abhängigkeiten bereits bei ihrer Aufstellung zumindest aus einer generellen Perspektive durchdacht werden. Auf diese Weise lassen sich Fragen der Zielhierarchie und -dominanz schon bei der Zielbildung berücksichtigen, unrealistische Ziele und vor allem eine nicht zielführende Maßnahmenableitung können so eher vermieden werden.
Bei der Zielformulierung ist in diesem Zusammenhang insbesondere die **Setzung von Prioritäten** wichtig. Wenn auf den einzelnen Ebenen des Prozesses der Zielableitung mehrerer Ziele verfolgt werden sollen, dann sind diese durch die Entscheidungsträger nach ihrer Dringlichkeit und/ oder Wichtigkeit zu ordnen. In diesem Sinne wäre beispielsweise eine Führungsentscheidung dafür erforderlich, dass eine Ausweitung des Marktanteils für eine bestimmte Zeit Vorrang vor der Renditeerzielung hat. Als weiteres Beispiel kann angeführt werden, dass der Gewinnerzielung eine Priorität gegenüber der Haltung größerer Bestände an liquiden Mittel eingeräumt wird.
Außer der Entscheidung über Zielprioritäten sind noch eine Reihe weiterer Zielbeziehungen zu beachten. Auf Wirkungsbeziehungen bei der Verfolgung einzelner Ziele wird in D.I.4. eingegangen; zur Ordnung von Zielen in Zielkonzeptionen/ -systemen folgen Erläuterungen in D.II.

⑥ Als letzte, aber nicht minder bedeutende Zieldimension kommt nun noch eine organisatorisch-personelle Komponente hinzu: **Von wem ist das Ziel zu erreichen?** Hier geht es bereits im Stadium der Zielformulierung darum, eine **verantwortliche Stelle** für die Zielverwirklichung festzulegen. Noch konkreter kann die Zuständigkeit verankert werden, wenn eine direkte persönliche Zuordnung erfolgt. Dann gibt es außer der hierarchischen Anbindung einen zuständigen **Prozesseigner**, der federführend für die Zielrealisierung verantwortlich ist.
An Stelle einer Zuständigkeitsformulierung „Vorstandsressort Finanzen" oder „Bereichsleitung Nahrungsmittel" wird es also immer besser sein, persönliche Verantwortlichkeiten festzulegen. Ansonsten besteht die generelle Gefahr, dass bei Unzulänglichkeiten in der Zielerreichung keine Stelle oder Person unmittelbar dafür verantwortlich ist, der „schwarze Peter" also beliebig hin und her geschoben wird. Werden Ziele fest mit leitenden Personen in der Unternehmenshierarchie verbunden, dann wird dies im weiteren Prozess der Zielableitung auch für Teil- oder Unterziele von Führungskräften und Mitarbeitern gelten. Damit ist eine weitere und direkte Verbindung zum Führungskonzept des Management by Objectives gezogen.

## 3. Generelle Zielkategorien

Die folgende Klassifikation knüpft an den Inhalten von Unternehmenszielen an und zeigt, welche grundsätzlichen Kategorien hier gegeneinander abgegrenzt werden können (hierzu Abb. D-I-4).

Nach ihrem Handlungsbezug kann zunächst eine Aufteilung in Sach- und Formalziele erfolgen. Während sich **Sachziele** direkt auf konkrete Objekte und Handlungen im Rahmen der Leistungserstellung beziehen, werden mit **Formalzielen** Vorgaben oder Beschränkungen für diesen betriebswirtschaftlichen Prozess der Kombination von Produktionsfaktoren und seine Ergebnisse definiert. Bei der letzteren Kategorie handelt es sich also um formale und abstrakte Zielsetzungen, mit denen der Rahmen für die sachliche Betriebstätigkeit abgesteckt wird.

Unter Berücksichtigung dieser prinzipiellen Gruppierung wird hier nach RALF-BODO SCHMIDT in **Produkt-, Erfolgs- und Liquiditätsziele** unterschieden. In dieser inhaltlichen Klassifikation von Zielarten spiegeln sich die elementaren Merkmale und Bedingungen einer unternehmerischen Betätigung in der Marktwirtschaft wider: So sind Zielentscheidungen darüber notwendig, für welche Bedürfnisse welche Produktionsfaktoren zu welchen Leistungen kombiniert werden sollen. Um eine wirtschaftliche, mehrwertschaffende Leistungserstellung sicherzustellen, sind nähere Vorgaben zu den dabei angestrebten Ergebnisgrößen zu machen, und bei der gesamten wirtschaftlichen Betätigung ist für eine jederzeitige Zahlungsfähigkeit Sorge zu tragen.

**(1)** Unternehmen werden immer unter der Maßgabe betrieben, wirtschaftliche Erfolge zu erzielen. Bei der Auflistung genereller Zielkategorien stellen wir dennoch die **Marktleistungen** und damit das **Produktziel** von Unternehmen an die erste Stelle. Wie bereits an anderer Stelle deutlich gemacht wurde (vgl. z.B. A.II.1.), kommt damit zum Ausdruck, dass Bedürfnisse die zentralen Ansatzpunkte zum Angebot von Gütern oder Dienstleistungen bilden. Diese sachliche Zielsetzung der Deckung fremder Bedarfe hat für Unternehmen in entwickelten Industrie- und Konsumgesellschaften (Überflussgesellschaften) insoweit eine Vorrangstellung, als hier i.d.R. der Nachfragebereich den Engpasssektor bildet.

**(1)** ***Produktziel:***
**↳ Sachziel = Marktleistungen des Unternehmens (Produkte und Dienstleistungen)**
**⇨ *Was stellen wir für welche Bedürfnisse her und wie vertreiben wir es?***

**1a)** ***Produktartenziel:***
- **= Produktprogramm (Hersteller)**
- **= Produktsortiment (Handel)**
- **⇨ Beschränkungen bei Produktion (abhängige Produkte oder Kuppelprodukte) oder Absatz (Verbundabsatz) möglich**
- **⇨ Hier auch Festlegungen über: Qualität – Benutzerfreundlichkeit – Umweltverträglichkeit**

**1b)** ***Produktmengenziel:***
- **= Stückzahlen – Auflagen – Losgrößen – Chargen**
- **⇨ Limitiert durch Herstellungsvorgang und Absatzchancen**
- **⇨ Prinzipieller Ansatz: Hohe Stückzahlen gleicher Produkte**

**(2)** ***Erfolgsziel:***
**↳ *Formalziel* = Ergebnis des Wirtschaftens**
**⇨ *Mit welchem wirtschaftlichen Ergebnis?***

**2a)** ***Erfolgsentstehungsziel:***
- **= Festlegung von/ Steuerung mit verschiedenen Ergebnisgrößen, als einfaches Beispiel für ein Kennzahlensystem:**

| | |
|---|---|
| **Kapitalrentabilität (Return on Investment)** | **= Gewinn/Kapital** |
| **Umsatzrentabilität** | **= Gewinn/Umsatz** |
| **Kapitalumschlag** | **= Umsatz/Kapital** |
| **⇨ Kapitalrentabilität = Umsatzrentabilität × Kapitalumschlag** | |

**2b)** ***Erfolgsverwendungsziel:***
- **= Ausschüttung o. Einbehaltung (Thesaurierung) von Gewinnen**
- **⇨ Abhängig von Anteilseignerstruktur (Shareholder Value) und steuerlichen Bestimmungen**

**(3)** ***Liquiditätsziel:*** **[Abb. D-I-5]**
**↳ *Formalziel* + Entscheidungsbegrenzung**
**⇨ *Wie bleibe/ werde ich liquide?***
**= Jederzeitige Fähigkeit, alle Zahlungsverpflichtungen fristgerecht begleichen zu können**

**3a)** ***Klassifikatorisches Liquiditätsziel***
**3b)** ***Quantitatives Liquiditätsziel***

**Abb. D-I-4:** Drei Kategorien von Unternehmenszielen

Standen sich früher Sach- und Formalziele als zwei Seiten einer Medaille noch weitgehend gleichberechtigt gegenüber, so kommt deren Verhältnis heu-

te eher dem Dualismus von notwendiger (Finden, Verteidigen, Ausbauen einer Marktlücke) und hinreichender (Erfolg, Zahlungsfähigkeit) Bedingung gleich.
Bei der Frage „Was stellen wir her/ vertreiben wir für welche Bedürfnisse?" wird einer ausgeprägten **Kunden- und Abnehmerorientierung** die entscheidende Bedeutung zukommen. Der Erklärungs- und Wirkungsmechanismus hierbei ist, dass nur über zufriedene Kunden der Fortbestand eines Unternehmens zu sichern ist. Damit kann dann auch die Sichtweise und Einstellung verbunden werden, dass letztlich die Kunden die Gehälter und Löhne aller Unternehmensmitglieder bezahlen.

**1a)** Als Untergruppe des Produktziels ist zunächst das **Produktartenziel** zu bestimmen. Hier ist festzulegen, welche Erzeugnisse (Produkte oder Dienstleistungen) erstellt und vertrieben werden oder welche Güter ein Handelssortiment umfasst. Zumindest in kurz- und mittelfristiger Sicht sind hier produktionstechnische Beschränkungen (z.B. abhängige Produkte bei limitationalen Prozessen mit festen Ausbringungsverhältnissen, zwangsläufig entstehende Kuppelprodukte) und absatzseitige Restriktionen (z.B. Verbundbeziehungen im Vertrieb) zu beachten.
Zur Klärung des Produktartenziels gehören auch bereits Festlegungen zu einzelnen **Leistungsmerkmalen**, wie z.B. der Produkt- oder Dienstleistungsqualität und der Benutzerfreundlichkeit oder der Umweltverträglichkeit. In diesem Zusammenhang kann kurz auf die Tragweite der verwendeten Kategorisierung von Unternehmenszielen hingewiesen werden: Geht es beispielsweise bei den im Rahmen der Unternehmenspolitik formulierten obersten Zielen um Ansehen/ Image in der Öffentlichkeit, dann entsteht dies zunächst und wesentlich über die Produkte und ihre Qualität; hier im Produktartenziel werden also die Grundlagen für dessen Erreichen gelegt.

**1b)** Auf der Grundlage des Produktartenziels ist dann das **Produktmengenziel** zu bestimmen. Hier geht es um die Festlegung der **Quantitäten** zu den einzelnen Produktarten. Auch dabei können wieder Beschränkungen durch den Herstellungsvorgang und vor allem aufgrund der Absatzmöglichkeiten wirksam werden.
Als ein prinzipieller Ansatz kann herausgestellt werden, hohe Stückzahlen gleicher Produkte zu fertigen und abzusetzen, um so bei kostengünstiger Fertigung (niedrige Umrüstkosten) große Umsätze und hohe Marktanteile zu erzielen. Diesem Vorgehen kommt allerdings nur eine relative Gültigkeit zu, da ihm eine Tendenz der Nachfrage nach immer individuelleren Produkten gegenübersteht. In dieser Hinsicht ist es häufig unumgänglich, für eine weitere Flexibilisierung (z.B. automatischer Werkzeugwechsel) und Modularisierung (z.B. hohe Gleichteileanteile bei unterschiedlichen Endprodukten) der Fertigung zu sorgen.

**(2)** Mit dem **Erfolgsziel** werden Standards dafür gesetzt, welche **wertmäßigen Ergebnisse** aus dem Prozess der Leistungserstellung und -verwertung erwachsen sollen und wie diese zur Befriedigung der Ansprüche von Kerngruppen des Unternehmens sowie zu seiner weiteren Entwicklung zu verwenden sind.

**2a)** Wenn mit dem **Erfolgsentstehungsziel** Festlegungen zu dem in Geldeinheiten bewerteten Resultat des Wirtschaftsprozesses erfolgen, dann stehen hier zwei Teilfragen im Vordergrund:

- Welche **generelle Vorgabe** wird hinsichtlich der Erfolgsentstehung getroffen?
  Das ökonomische Prinzip verlangt vom Grundsatz her eine Maximierung des Gewinns als Differenz zwischen Erträgen und Aufwendungen (siehe hierzu A.II.1.). Hiervon sind allerdings auch Abweichungen möglich. So kann, wie in A.II.2. dargelegt wurde, beispielsweise bei öffentlichen Unternehmen mit gemeinwirtschaftlichen Zielkonzeptionen auch von einer Kostendeckung ausgegangen werden. Sofern eine Realisierung von Mehrwerten und damit die Erzielung von Gewinnen angestrebt wird, ist zusätzlich festzulegen, ob die Realisierung des maximalen, höchstmöglichen Erfolgs anvisiert wird oder ob hierfür eine bestimmte, als zufrieden stellend angesehene Zielgröße festgelegt wird.
- Welche **Erfolgsbegriffe** werden als Vorgabe- und Steuerungsgrößen verwendet?
  Bereits bei absoluten Erfolgsgrößen, wie dem Gewinn, ist es wichtig, die Zielgröße (Betriebsergebnis, Unternehmensgewinn vor/ nach Steuern etc.) und ihre Ermittlung genau zu definieren, wobei die einschlägigen Vorschriften für die Finanzbuchhaltung und Bilanzierung zu berücksichtigen sind. Insoweit hier auch Wahlmöglichkeiten gegeben sind (z.B. bei Abschreibungen), hat eine Festlegung der Gewinnermittlung als solche zu erfolgen. Erst auf dieser Basis können dann sinnvolle und nachprüfbare Vorgaben zu einzelnen Zielgrößen getroffen werden.
  Verwendet man Rentabilitäten als **relative Erfolgsgrößen**, so ist durch die Verhältniszahl von jeweils zwei Größen und damit ihren Bezug zueinander zusätzlich zur Zielvorgabe auch eine größere Möglichkeit der Ergebnissteuerung auf eine Basisgröße bezogen gegeben. Dabei sind mittlerweile sehr differenzierte Systeme aufeinander aufbauender Kennzahlen gebräuchlich. Solche Kennzahlensysteme stellen aufgrund ihrer hierarchischen Struktur definitionslogische Zielsysteme dar.
  Als einfaches Beispiel hierfür ist in Abbildung D-I-4 die Grundstruktur des seinerzeit erstmals vom amerikanischen Chemiekonzern angewendeten und nach diesem benannten DuPont-Systems wiedergegeben (siehe hierzu detailliert F.IV.5.f.). Wenn sich demnach die Kapitalrentabilität als Produkt aus Umsatzrentabilität und Kapitalumschlag ergibt, dann kann eine Steuerung der Zielgröße auf der ersten Ebene definitionsgemäß über eine Beeinflussung der Größen zweiter Ordnung erfolgen. Neben anderen Maßnahmen könnte die Umsatzren-

tabilität beispielsweise durch Rationalisierungsprogramme gesteigert werden, während eine Möglichkeit zur Verbesserung des Kapitalumschlags die Straffung des Produktprogramms sein könnte.

**2b)** Beim **Erfolgsverwendungsziel** sind Vorgaben dafür zu entwickeln, auf welche Weise das Ergebnis der Unternehmenstätigkeit verwertet werden soll. Im Falle der üblicherweise angestrebten Gewinnerzielung geht es um deren Verwendung, bei der Realisierung von Verlusten stellt sich die Frage nach deren Deckung.
Zur Gewinnverwendung können die bereits im Kapitel C. erläuterten beiden grundsätzlichen Möglichkeiten der **Ausschüttung** an die Eigenkapitalgeber oder der **Einbehaltung** (Thesaurierung) im Unternehmen unterschieden werden. Hinsichtlich der Thesaurierung sind als Alternativen die Verbreiterung der Eigenkapitalbasis oder die Rücklagenbildung und die Reinvestition von Gewinnen gegeben. Bei diesen generellen Verwendungsmöglichkeiten besteht allerdings keine völlige Wahlfreiheit, auch hier sind die rechtsformabhängigen bilanzrechtlichen Vorschriften zu beachten. Je nach der Anteilseignerstruktur und damit der Rechtsform eines Unternehmens werden allerdings Präferenzen in Richtung einer möglichst hohen Ausschüttung zufrieden zu stellen sein. Dies dürfte vor allem bei Aktiengesellschaften der Fall sein; auch hierauf wurde in C.II. bereits eingegangen.
Im Hinblick auf bessere Steuerungsmöglichkeiten bei der Erfolgsentstehung und transparentere Darlegungen für die Erfolgsverwendung kann sich für global tätige Aktiengesellschaften die Notwendigkeit ergeben, die Rechnungslegung – ganz oder zusätzlich – nach internationalen Standards (z.B. US-GAAP = US-Generally Accepted Accounting Principles oder IFRS = International Financial Reporting Standards, welche die bis 2001 erlassenen, aber noch gültigen IAS = International Accounting Standards beinhalten) auszurichten. Zu berücksichtigen ist dabei, dass europäische kapitalmarktorientierte und konsolidierungspflichtige Unternehmen ab 2005 (unter Ausnutzung einer Fristverlängerung ab 2007) verpflichtet sind, ihren Konzernabschluss nach IFRS/IAS aufzustellen. Demgegenüber ist eine Bilanzierung nach US-GAAP gegenwärtig Zulassungsvoraussetzung für den Handel der Unternehmenswertpapiere an der New Yorker Börse (NYSE = New York Stock Exchange). So sehen sich viele Unternehmen mit der Situation konfrontiert, ihre Rechnungslegung auf Basis verschiedener Standards vornehmen zu müssen.

**(3)** Mit dem **Liquiditätsziel** ist schließlich dem systemindifferenten Merkmal der **Wahrung des finanziellen Gleichgewichts** Rechnung zu tragen. Diese existenzielle Nebenbedingung unternehmerischer Betätigung, jederzeit alle Zahlungsverpflichtungen fristgerecht begleichen zu können, stellt eine Entscheidungsbegrenzung, aber auch eine formale Zielsetzung dar. Die Zahlungsfähigkeit begrenzt Entscheidungen im Bereich der Produkt- und Erfolgsziele insofern, da mit diesen immer finanzielle Wirkungen verbunden sind und sie nicht zur Zahlungsunfähigkeit führen dürfen. Liquidität als Zielsetzung hebt darauf ab, dass hinsichtlich deren Art, Höhe und Herbeiführung durchaus Entscheidungsmöglichkeiten bestehen. So kann nach KLAUS CHMIELEWICZ zunächst die Unterscheidung in die beiden Formen klassifikatorischer und quantitativer Liquiditätszielsetzung getroffen werden (hierzu Abb. D-I-5).

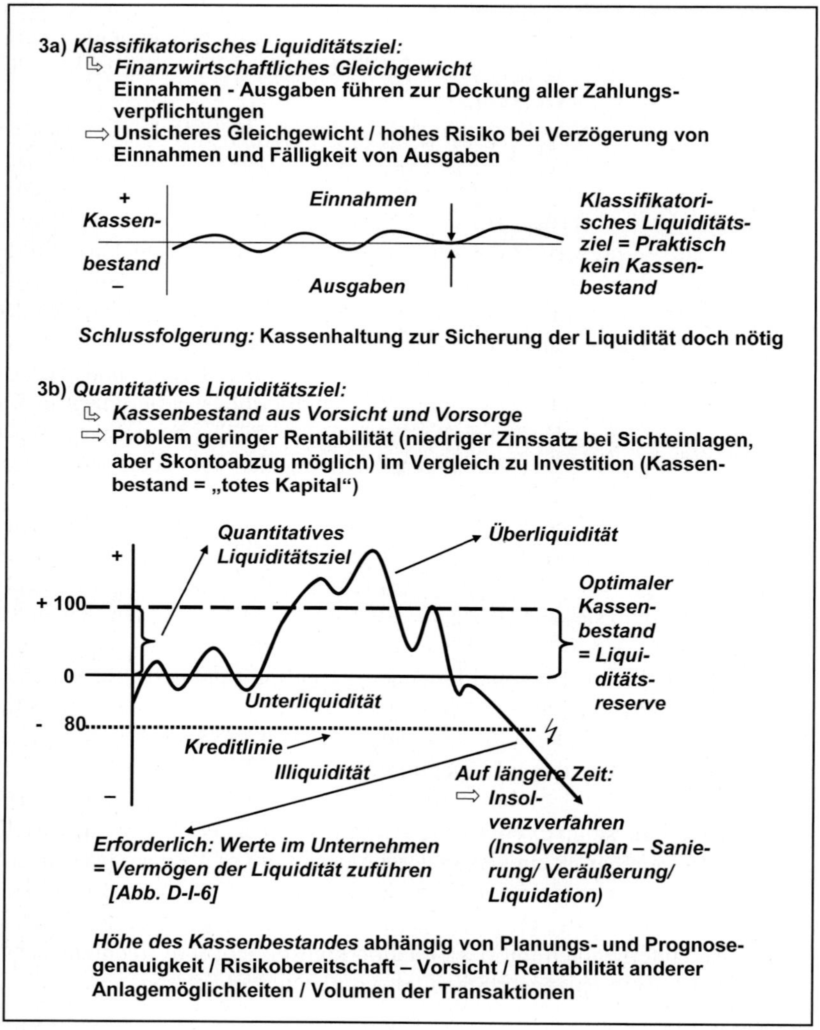


**Abb. D-I-5:** Zwei Formen des Liquiditätszieles

**3a)** Mit der **klassifikatorischen Form der Liquiditätszielsetzung** wird die jederzeitige Zahlungsfähigkeit in der Weise angestrebt, dass mit den jeweiligen Einnahmen die fälligen Ausgaben zu jedem Zeitpunkt gerade gedeckt werden können. Ein Kassenbestand als „eiserne Reserve" ist dabei nicht vorgesehen, so dass das Liquiditätsziel in einer **Ja/Nein-Fragestellung** nur in den beiden Klassen „liquide“ oder „illiquide“ erreicht werden kann. Das finanzwirtschaftliche Gleichgewicht in dieser Art über die Zeit zu halten, ist für ein Unternehmen schon rechnungstechnisch kaum praktikabel. Hierzu kommt noch das **hohe Risiko** der Verzögerung von Einnahmen bei gleichzeitiger Fälligkeit von Ausgaben. Als Konsequenz hieraus bietet es sich an, auf eine zeitraumbezogene Betrachtung zu wechseln und dabei auch eine Kassenhaltung zur Sicherung der Liquidität vorzusehen.

**3b)** Bei der **quantitativen Liquiditätszielsetzung** wird ein bestimmter **Kassenbestand aus Vorsicht und Vorsorge** gehalten. Dabei stellt sich dann aber das Problem einer geringen bzw. gar keiner Rentabilität von jederzeit disponiblen Bankguthaben (Sichteinlagen/ Kontokorrentguthaben) oder Barmitteln (Kassenbestand = „totes Kapital“). Von daher muss im Hinblick auf die Höhe der Liquiditätsreserve eine Abwägung gegenüber dem Erfolgsziel – und damit auch mit Blick auf das Produktziel – erfolgen.

Die **Höhe des Kassenbestandes** wird zunächst von den Einnahmen und den Ausgaben (einschließlich Schuldentilgung) einer Periode abhängen. Dabei ist die gegebene Planungs- und Prognosegenauigkeit wichtig. Ferner ist in diesem Zusammenhang von Bedeutung, von welcher Vorsicht oder Risikobereitschaft im Hinblick auf unvorhergesehene Finanzbewegungen ausgegangen wird. Schließlich ist das Volumen der Transaktionen zu beachten; es wird einen Unterschied machen, ob sich die Eingangs- oder Ausgangsrechnungen im 500 EUR-Bereich bewegen oder ob es sich hier durchschnittlich um wesentlich größere Beträge handelt. Auf die i.d.R. höhere Rentabilität anderer Anlagemöglichkeiten wurde bereits hingewiesen.

Die Grafik zum quantitativen Liquiditätsziel in Abbildung D-I-5 zeigt dieses als durchschnittlichen, optimalen Kassenbestand und damit als **Liquiditätsreserve** in Höhe von 100 Einheiten (z.B. 50.000 EUR). Als zusätzlicher finanzieller Spielraum ist dabei auch eine durch die Bank eingeräumte **Überziehungsmöglichkeit** in Höhe von 80 Einheiten als Kreditlinie eingetragen. Der Kurvenverlauf gibt den Bestand liquider Mittel über die Zeit wieder. Dabei nehmen diese in der Mitte des dargestellten Zeitraumes eine deutlich über der Zielsetzung liegende Höhe an, hier spricht man von **Überliquidität**. Wenn, wie auf der rechten Seite der Grafik dargestellt, die Zone der **Illiquidität** erreicht wird, dann ist es dringend erforderlich, Werte im Unternehmen der Liquidität zuzuführen und damit Vermögen in liquide Mittel zu transformieren. Sollten sich hierbei Schwierigkeiten zeigen, dann kann im Rahmen des Insolvenzverfahrens (Insolvenzordnung – InsO – in Kraft seit dem 01.01.1999) über einen Insolvenzplan versucht werden, das Unternehmen finanziell und marktwirtschaftlich zu sanieren. Schlägt dieses fehl, bleiben nur noch die Veräußerung oder die Liquidation; die Existenz des Unternehmens ist im letzteren Fall beendet.

Zur Frage der Liquidität als Vermögenseigenschaft respektive als Zahlungsfähigkeit eines Unternehmens wird nachfolgend noch eine weitere Abbildung D-I-6 mit dem Titel „Liquiditätsstufen und Liquiditätsgrade" gegeben (siehe hierzu ergänzend auch F.IV.5.a. und f.).

***Liquiditätsstufen:*** ***Vermögenseigenschaft***
↳ **Wie schnell lassen sich die Vermögenswerte eines Unternehmens in flüssige Mittel umwandeln?**
⇨ ***Liquidierbarkeit (Absolute Liquidität)***

***Liquiditätsgrade:*** ***Zahlungsvermögen eines Unternehmens***
↳ **Inwieweit sind fällige Verbindlichkeiten durch flüssige Mittel oder fristgerecht in solche transformierbare Vermögensteile gedeckt?**
⇨ ***Deckungsverhältnis (Relative Liquidität)***

⇨ **Die beiden Merkmale können anhand des *Formalaufbaus einer Bilanz* verdeutlicht werden:**

| **Aktivseite** — **Bilanz zum ...** | **Passivseite** |
|---|---|
| ***Anlagevermögen*** | ***Eigenkapital*** |
| **Immaterielles Vermögen** | |
| **Sachanlagen** | ***Rückstellungen*** |
| **Finanzanlagen** | |
| ***Umlaufvermögen*** | ***Fremdkapital*** |
| **Vorräte** | **Langfristige** |
| **Forderungen** | **Verbindlichkeiten** |
| **Wertpapiere** | **Kurzfristige** |
| **(als kurzfr. Liqu.reserve)** | **Verbindlichkeiten** |
| **Zahlungsmittel** | |
| **(Kasse, Bank, Postscheck)** | |
| ***Rechnungsabgrenzungs-posten*** | ***Rechnungsabgrenzungs-posten*** |
| ***(Bilanzverlust)*** | ***(Bilanzgewinn)*** |

**Im Hinblick auf die *Liquidierbarkeit* kann von unterschiedlichen *Liquiditätsstufen* ausgegangen werden, die durch die *Hauptpositionen der Vermögensgliederung* in der Bilanz zum Ausdruck gebracht werden.**

**Als *kurzfristige Deckungsverhältnisse* von Vermögensteilen zu Verbindlichkeiten werden üblicherweise folgende *Liquiditätsgrade* ermittelt:**

**Liquidität 1. Grades = Zahlungsmittel / kurzfristige Verbindlichkeiten (kV)**
**Liquidität 2. Grades = Zahlungsmittel + kurzfr. (Geld-)Forderungen / kV**
**Liquidität 3. Grades = Umlaufvermögen / kV**

**Abb. D-I-6:** Liquiditätsstufen und Liquiditätsgrade

Mit der Abgrenzung von **Liquiditätsstufen** erfolgt eine Beurteilung von Vermögenswerten im Hinblick darauf, wie schnell sich diese in flüssige Mittel umwandeln lassen. Damit handelt es sich hier um eine Vermögenseigenschaft, mit der die Geldnähe von Vermögenspositionen gekennzeichnet wird. Diese stellt ein Maß der absoluten Liquidität dar, das auch als Liquidierbarkeit bezeichnet wird.

Mit der Unterscheidung von **Liquiditätsgraden** werden relative Liquiditätsmaße ermittelt. Über die Bildung von Relationen wird hier die Kapitalseite eines Unternehmens mit einbezogen, so dass Deckungsverhältnisse dafür festgestellt werden können, inwieweit fällige Verbindlichkeiten durch flüssige Mittel oder fristgerecht in solche transformierbare Vermögensteile gedeckt sind.

Zur Verdeutlichung der beiden Liquiditätsmaße kann der in Abbildung D-I-6 wiedergegebene Formalaufbau einer Bilanz herangezogen werden. Bei den Liquiditätsstufen geht es um die auf der Aktivseite ausgewiesenen Vermögenspositionen. Diese sind insgesamt nach einer abnehmenden Liquidierbarkeit von unten nach oben geordnet. Beginnend mit dem Vorrat an Zahlungsmitteln (Kassenbestand, Schecks, Bank- und Postscheckguthaben) als 1. Stufe kann auf diese Weise auch zwischen den Bilanzstichtagen eine Abgrenzung der weiteren Liquiditätsstufen erfolgen. Diese wird normalerweise nur für das Umlaufvermögen vorgenommen. Besteht die Absicht einer Zerschlagung oder Liquidation, dann kann dabei aber auch das Anlagevermögen einbezogen werden.

Als Kennziffern zur bilanziellen Beurteilung des Zahlungsvermögens werden vor allem kurzfristige Deckungsverhältnisse ermittelt. Hier werden die absolut liquiden Mittel einer oder mehrerer Stufen der Aktivseite auf die kurzfristigen Verbindlichkeiten aus der Passivseite bezogen. Für die Aussage- und Steuerungsfähigkeit solcher **Deckungsgrade** ist vor allem wichtig, wie zeitnah und perspektivisch diese vom Rechnungswesen zur Verfügung gestellt werden können; einmal jährlich zum Bilanzstichtag wäre sicherlich nicht ausreichend.

## 4. Zielbeziehungen

Im letzten Abschnitt dieses Unterkapitels zu Arten von Unternehmenszielen erfolgt noch einmal eine Thematisierung von Zielbeziehungen. Nachdem im Vorangegangenen bereits Zielhierarchien und damit Zweck-Mittel-Relationen mit teilweise definitionslogischen Zusammenhängen sowie Zielprioritäten nach der Dringlichkeit und Wichtigkeit der Zielerreichung angesprochen worden sind, ist jetzt auf **Beziehungen der Zielwirksamkeit** einzugehen (hierzu Abb. D-I-7).

Bei diesen Beziehungen geht es um die Auswirkungen der zur Zielerreichung eingesetzten Maßnahmen auf andere Ziele und damit um mögliche **Zielkonflikte**. Hier können die folgenden fünf Fälle unterschieden werden:

① Kann ein Ziel das andere ersetzen, dann werden i.d.R. nur **definitorische Unterschiede** vorliegen. Die Wirksamkeitsbeziehung bei der Zielverfolgung wird in diesem Fall mit **Identität** bezeichnet. So steigern beispielsweise Maßnahmen zur Verbesserung der Wirtschaftlichkeit auch die – inhaltsgleiche – wertmäßige Effizienz.

② Von **Komplementarität** spricht man, wenn Maßnahmen zur Erreichung eines Zieles eine **gleichgerichtete Wirkung** auf ein anderes Ziel ausüben. Beispielsweise können bei konstanten Preisen und angestrebten abnehmenden

Stückkosten Maßnahmen zur Umsatzerhöhung auch zu einer Steigerung des Deckungsbeitrags sowie insgesamt des Unternehmensgewinns führen. Dabei ist als Querverbindung zu berücksichtigen, dass diese Größen auch in einem hierarchischen und definitionslogischen Zusammenhang stehen.

**Bei der *Verfolgung von Zielen* können folgende *Wirkungsbeziehungen zu anderen Zielen* auftreten:**

① ***Identität:***
↳ ***Unterschiede lediglich definitorisch***
**z.B. Wirtschaftlichkeit = Wertmäßige Effizienz**
**Produktivität = Mengenmäßige Effizienz**

② ***Komplementarität:***
↳ ***Gleichgerichtet miteinander verbunden***
**z.B. Umsatz ↑ Deckungsbeitrag ↑ Gewinn ↑**
**(bei konstanten Preisen und Stückkosten)**

③ ***Neutralität:***
↳ ***Ohne Auswirkung auf anderes Ziel***
**z.B. Produktqualität ↔ Betriebliche Altersversorgung**

① - ③: ***Kompatibilität***

④ ***Konkurrenz:***
↳ ***Gegenseitige Beeinträchtigung***
**z.B. Investition ↔ Liquidität**
**Liquidität ↔ Rentabilität**

⑤ ***Antinomie:***
↳ ***Ausschluss anderer Ziele***
**z.B. Anschaffung Maschine A *oder* Maschine B**
**(bei festem Budget)**
**⇨ Auswahlentscheidung treffen**

**Abb. D-I-7:** Beziehungen der Zielwirksamkeit

③ Bestehen **keine direkten Zusammenhänge** in der Zielverfolgung, wird von **Neutralität** gesprochen. Solche Fälle sind **eher selten** gegeben, als Beispiel könnten hier Zielsetzungen im Bereich der Produktqualität gegenüber solchen der betrieblichen Altersversorgung genannt werden. Allerdings ist auch hier über eine hohe Kundenzufriedenheit und -bindung sowie erwirtschaftete Deckungsbeiträge und Gewinne, die einen Spielraum für die betriebswirtschaftliche Altersversorgung eröffnen, eine zumindest indirekte Beziehung zu sehen.

Die Zielbeziehungen ① bis ③ fasst man unter dem Begriff der **Kompatibilität** zusammen. Damit wird zum Ausdruck gebracht, dass hier eine **grundsätzliche Vereinbarkeit** der betrachteten Ziele besteht. Bei den nachfolgenden beiden Möglichkeiten ist dagegen von Zielkonflikten auszugehen.

④ Liegen **gegenseitige Beeinträchtigungen** bei der Verfolgung von Zielen vor, so wird dieses mit **Konkurrenz** gekennzeichnet. Die Maßnahmen zur Erreichung eines Zieles wirken negativ auf ein anderes Ziel. Dieses stellt den **Regelfall** von Zielbeziehungen in der Unternehmenspraxis dar. Als Disponieren mit knappen Ressourcen ist diese Relation auch kennzeichnend für den Gegenstand des Wirtschaftens. Als allgemeines Beispiel hierfür kann die bereits angesprochene Wechselwirkung im Streben nach Rentabilität oder Liquidität angeführt werden.

⑤ Wird durch ein Ziel die Verfolgung eines anderen ausgeschlossen, dann wird diese **Unvereinbarkeit** als **Antinomie** bezeichnet. Eine solche kann beispielsweise bei größeren Investitionsvorhaben mit vorgegebenen Budgets bestehen. Bei Anschaffung einer Maschine vom Typ A kann keine Maschine des Typs B gekauft werden und umgekehrt. Hier ist dann also eine Auswahlentscheidung zu treffen.

Um die Wirkungsbeziehungen zwischen Zielen beurteilen zu können, ist zunächst deren möglichst exakte Festlegung nach den einzelnen, in D.I.2. dargestellten Zieldimensionen notwendig. Zum anderen ist es erforderlich, dass die hier in D.I.1. im Gesamtzusammenhang dargestellte Zielableitung über die einzelnen Unternehmensebenen so weit fortgeschritten ist, dass die jeweiligen Wirkungsbezüge bei der Zielverfolgung erkennbar sind.

## II. Zielkonzeptionen

| |
|---|
| Was ist ein Zielsystem, was eine Zielkonzeption, und worin liegt hier der begriffliche Unterschied? Welche Anforderungen sind bei Zielsystemen zu beachten und zu erfüllen? Welche Prioritäten sind hinsichtlich der generellen Zielkategorien (Produkt-, Erfolgs-, Liquiditätsziel) in unterschiedlichen Zielkonzeptionen gegeben? |

### 1. Anforderungen an Zielsysteme

Wenn in der Unternehmenspraxis parallel und konsekutiv mehrere Ziele und Pläne zu deren Umsetzung verfolgt werden, dann ist an Stelle von einem Ziel vom Vorliegen eines Zielsystems bzw. einer Zielkonzeption auszugehen. Alle enthaltenen Einzelziele und Maßnahmen sind bei diesem pluralistischen Ansatz so aufeinander abzustimmen, dass es weder innerhalb der verschiedenen Planungsbereiche und -ebenen noch zwischen diesen zu eventuellen Inkompatibilitäten kommt.

Verwendet man den Begriff des **Zielsystems**, dann wird damit die Schwerpunktsetzung und Notwendigkeit angesprochen, ein geordnetes Ganzes zu schaffen. Eine Konzeption bedeutet Leitidee oder Leitprogramm; mit dem Begriff **Zielkonzeption** ist der dynamische, in mehreren Stufen ausfüllungs- und abstimmungsbedürftige Charakter der gesamten Zielfindung und -ableitung verbunden. Als gradueller Unterschied beider Begriffe kann festgehalten werden, dass die Zielkonzeption eher eine zeitraumbezogene Prozesskennzeichnung darstellt, während das Zielsystem deren zeitpunktbezogene Gesamtausprägung im Unternehmen über alle Ebenen ist.

Wenn am Ende dieser Prozesse zur Zielbildung also ein widerspruchsfreies und umsetzungsfähiges Zielsystem angestrebt wird, dann ist eine Reihe von Kriterien zu beachten. Als **Anforderungen an Zielsysteme** können nach einer Zusammenstellung von JÜRGEN WILD folgende Punkte kurz festgehalten werden (siehe hierzu Abb. D-II-1):

① In Zielsystemen enthaltene Ziele haben den in D.I.1. im Überblick skizzierten bereichs- und ebenenbezogenen Planungszyklus bereits durchlaufen, es handelt sich hier um Ziele nach Planung. Dabei geht die Forderung der **Realistik** dahin, dass diese grundsätzlich erreichbar und durch die bereits erfolgten Planungen geprüft und abgesichert sind.

② Hiermit im Zusammenhang steht das Postulat der **Operationalität**, das auf eine möglichst genaue Bestimmung der Ziele abhebt. Je präziser die verschiedenen, in D.I.2. erläuterten Zieldimensionen festgelegt werden, umso reibungsloser werden Umsetzung und Kontrolle erfolgen können.

③ **Ordnung** bedeutet die Klärung der Relationen zwischen den einzelnen Zielen. Hier sind vor allem Zielhierarchien aufgrund gesetzter Prioritäten oder definitionslogischer Zusammenhänge herauszuarbeiten sowie Wirkungsrelationen bei der Zielverfolgung offen zu legen.

④ Mit der Anforderung nach Ordnung hängt die **Konsistenz** eng zusammen. Hiermit wird der Blick bei der Koordination der Einzelziele darauf gerichtet, dass diese möglichst widerspruchsfrei sein sollen. Die Kennzeichnung „möglichst" findet hier bewusst Verwendung, da Zielkonflikte kaum gänzlich zu vermeiden sind. Von daher geht es bei diesem Prüfungsschritt vor allem um gravierende umsetzungsbezogene und logische Inkonsistenzen, bei deren Aufdeckung dann in aller Regel Prioritäten neu zu setzen sind.

⑤ Mit **Aktualität** wird im Interesse einer hohen Steuerungsfähigkeit darauf abgezielt, dass ein Zielsystem die tatsächlich aktuell verfolgten Ziele und nicht etwa „Restposten" aus früheren Perioden enthält. Solche aufgegebenen oder überholten Ziele sind aus einem Zielsystem herauszunehmen. Hier wird deutlich, dass auch und gerade Zielsysteme im Zeitablauf gemäß den Planungshorizonten zu überarbeiten sind, so dass sie immer in einer aktuellen und zeitnahen Formulierung eine Leitlinie für das Handeln und Verhalten von Führungskräften und Mitarbeitern in Unternehmen bilden können.

⑥ Damit letzteres gegeben sein kann, kommt als weitere Forderung die nach **Vollständigkeit** hinzu. Wenn hier nicht alle generellen Zielkategorien, alle Planungsbereiche und -ebenen – bis hin zur einzelnen Abteilung und zum einzelnen Team, im Extremfall sogar bis zum einzelnen Mitarbeiter und seiner Zielvereinbarung – Berücksichtigung finden, dann sind mit solchen „Leerstellen" Planungsmängel verbunden, die zu Konflikten und Fehlern in der Zielerreichung führen können.

**Für *Einzelziele* und ihre Verknüpfung zu/ in *Zielsystemen/ Zielkonzeptionen* sind folgende *Anforderungen* zu beachten:**

① ***Realistik:***
↳ **Sicherstellen der Erreichbarkeit durch Planung, keine „Phantasieziele“**

② ***Operationalität:***
↳ **Präzise Bestimmung aller Zieldimensionen [siehe Abb. D-I-3]**

③ ***Ordnung:***
↳ **Zielhierarchie (Über-, Unter-, Gleichordnung) und Zielbeziehungen [siehe Abb. D-I-7] klären**

④ ***Konsistenz:***
↳ **Abstimmung der Einzelziele zu möglichst widerspruchsfreiem Zielsystem**

⑤ ***Aktualität:***
↳ **Zeitnahe Formulierung, Eliminierung aufgegebener oder überholter Ziele**

⑥ ***Vollständigkeit:***
↳ **Berücksichtigung aller Zielkategorien, -bereiche und -ebenen, keine „Leerstellen“**

⑦ ***Durchsetzbarkeit:***
↳ **Sicherstellung der Akzeptanz der Akteure bei der Aufstellung und Erreichung der Zieldimensionen**

⑧ ***Organisationskongruenz:***
↳ **Entsprechung von Zielen und Aufgaben (Zuständigkeiten) klären**

⑨ ***Transparenz und Überprüfbarkeit:***
↳ **Identifikation durch Messbarkeit des Zielerreichungsgrades ermöglichen**

**Abb. D-II-1:** Anforderungen an Zielsysteme (nach JÜRGEN WILD)

⑦ Mit dem Merkmal **Durchsetzbarkeit** erfolgt eine Rückkopplung zu den anfänglichen Kriterien der Realistik und der Operationalität. Hier geht es um den Gesichtspunkt, die Ziele so zu dimensionieren, dass sie von den für ihre Erreichung zuständigen Personen auch akzeptiert werden. Hiermit kommt das Moment der Motivationskraft von Zielen zum Tragen. Dabei darf es weder zu einer Überforderung, aber auch nicht zu einer Unterforderung kommen. Die Mitwirkung an der Zielfestlegung soll dies garantieren.

⑧ Die Forderung nach **Organisationskongruenz** soll sicherstellen, dass Aufgaben und Zuständigkeiten letztlich aus Zielen abgeleitet werden, so dass der Prozess, der das Ziel erreichen soll, die Struktur bestimmt. Veränderungen in der Aufbaustruktur von Unternehmen (siehe hierzu G.) können die Folge sein.

⑨ Beim letzten Kriterium der **Transparenz und Überprüfbarkeit** geht es um die Frage, ob ein Zielsystem übersichtlich und verständlich, einheitlich gegliedert und durch die Messbarkeit der einzelnen Ziele im Hinblick auf die erreichten Ergebnisse überprüfbar ist. Ein Zielsystem muss also insgesamt geeignet sein, Motivation und Identifikation zur Umsetzung und Erreichung zu erzeugen.

Zielsysteme sind in der Unternehmenspraxis – wie auch unternehmenspolitische Leitlinien oder deren Zusammenfassung als Unternehmensphilosophie – nicht immer explizit und schriftlich formuliert. Dies beeinträchtigt dann die anzustrebende Motivations- und Bindungswirkung der Ziele. Hinzu kommt, dass sich viele Fragen und Probleme erst bei der schriftlichen Formulierung der Ziele stellen.

## 2. Zielprioritäten in unterschiedlichen Zielkonzeptionen

Bei der inhaltlichen Abstimmung aller Ziele kann für **verschiedene Zeithorizonte** von **wechselnden Schwerpunktsetzungen** bezogen auf die generellen Zielkategorien ausgegangen werden. Diese generellen Zielprioritäten bei unterschiedlichen Zielkonzeptionen resultieren aus deren jeweiliger Reichweite und der dabei im Vordergrund stehenden strategischen oder operativen Bedeutung für die Unternehmensentwicklung. Hierbei sind folgende allgemeine Ordnungsbeziehungen gegeben (hierzu Abb. D-II-2):

### *Langfristige Zielkonzeption*

- Bei der langfristigen Zielkonzeption geht es um die **Bedeutung und Stellung der Ziele in der Unternehmensstrategie**. Für eine anhaltend erfolgreiche Unternehmensentwicklung nimmt das **Erfolgsziel** die **erste Stelle** bei den Zielprioritäten ein.
  Dabei geht es vorrangig um das **Erfolgsentstehungsziel**. Zur Erzielung eines für die weitere Entwicklung des Unternehmens notwendigen Gewinns ist der angestrebte Wertzuwachs und damit die Vermögenssteigerung festzulegen. Hier besteht eine direkte Verbindung zur grundlegenden Philosophie und zum modernen betriebswirtschaftlichen Steuerungsansatz einer **Wertorientierten Unternehmensführung** (siehe hierzu A.I.3.).
  Wenn als generelles Oberziel für ein Unternehmen angestrebt wird, den Fortbestand und das weitere Wachstum zu sichern, dann ist der Unternehmenserfolg respektive Gewinn die Basis und die Voraussetzung für den Einstieg in neue oder weiterentwickelte Technologien sowie in neue Produkte und/ oder neue Märkte.
- Zu diesen einzelnen Leistungen als Produkt-Markt-Kombinationen sind im Rahmen des an **zweiter Stelle** stehenden **Produktziels** Festlegungen zu treffen. „Welche (neuen) Produkte oder Dienstleistungen bieten wir für welche Bedürfnisse an?“ Basierend auf den Vorgaben zum Erfolgsziel ist hier zunächst das Produktartenziel näher zu bestimmen, aus dem für das Produktmengenziel in

dieser langfristigen Zielkonzeption dann die jeweiligen Richtwerte festzulegen sind.

- Die grundsätzliche Nebenbedingung unternehmerischer Betätigung, jederzeit zahlungsfähig zu sein, stellt keinen Selbstzweck dar. Aus ihrer Befolgung resultieren keine Unternehmenserfolge, ihre Nichtbeachtung kann aber zu gravierenden Misserfolgen bzw. zur Existenzvernichtung führen. Das **Liquiditätsziel** nimmt in langfristiger Sicht den **dritten Platz** ein, hier sind Ziele und Maßnahmen für eine perspektivische Sicherung der Liquidität abzuleiten.
- Diese Zielprioritäten und -dominanzen stehen – im Umkehrschluss – in unmittelbarem Zusammenhang zu den Erkenntnissen über die Ursachen von **Unternehmenskrisen**: An erster und frühester Stelle steht immer die strategische Krise, also das Versäumnis, das Unternehmen längerfristig und grundsätzlich am Markt (neu) auszurichten. Sie wird gefolgt von der Ertragskrise. Das Unternehmen erwirtschaftet aufgrund der strategischen Defizite keine ausreichenden Gewinne mehr. Den ersten beiden Krisenarten folgt dann die Liquiditätskrise. Das Unternehmen verzeichnet aufgrund der fehlenden Neuausrichtung und des fehlenden Wertzuwachses eine chronische Unterdeckung der Kosten. Dies kann nicht nur zu einem Aufzehren des vorhandenen Kapitals/ Vermögens des Unternehmens führen, sondern auch eine Illiquidität und dann häufig eine Insolvenz zur Folge haben. Alle drei Krisen sind Stufen einer Erfolgskrise mit zunehmendem Handlungsdruck.

### *Mittelfristige Zielkonzeption*

- Wenn man zwischen strategischer und operativer Planung noch einen mittelfristigen Bereich mit einem Zeithorizont von etwa **zwei bis fünf Jahren** abgrenzt, dann hat in der entsprechenden Zielkonzeption das **Produktziel den Vorrang**. Diese Priorität entfällt nicht, wenn eine mittelfristige Planung nicht gesondert betrieben wird. In diesem Fall werden mittel- und langfristige Planung aus inhaltlichen und organisatorischen Gründen im Rahmen der strategischen Unternehmensplanung zusammengefasst.
  Nach den Erfolgsvorgaben und dem hierzu entwickelten Leistungsprogramm aus der langfristigen Zielkonzeption tauschen die beiden Zielbereiche in der mittelfristigen Konzeption also die Plätze. Nun stehen die Leistungen des Unternehmens und damit die **unternehmerischen Sachziele** an der **ersten Stelle**. Dabei nehmen innerhalb des Produktziels das Produktartenziel und das Produktmengenziel eine etwa gleiche Bedeutung ein.
  Als generelle und häufig in der Praxis vorfindbare Zielsetzung kommt es hierbei darauf an, Marktanteile zu sichern und nach Möglichkeit zu vergrößern. Im Hintergrund steht hierbei die Absicht, über deren Größe und die damit verbundenen höheren Stückzahlen Kostensenkungspotenziale auszunutzen.
- Beim an **zweiter Stelle stehenden Erfolgsziel** wird die Bezeichnung auskömmliche Gewinne verwendet. Hiermit ist gemeint, dass diese in dem durch das Produktziel gesteckten Rahmen ausfallen, um die strategisch definierte Unternehmensentwicklung finanzieren und die Ansprüche im Hinblick auf Erfolgsentstehung und -verwendung befriedigen zu können.

- Das **Liquiditätsziel** steht in der mittleren Perspektive mit gleicher Begründung wie in der langfristigen Betrachtung an **dritter Stelle**.

***Langfristige Zielkonzeption***
**↳ *Dominanz von Zielen in der Strategie***

| 1. *Erfolgsziel* → | 2. *Produktziel* → | 3. *Liquiditätsziel* |
|---|---|---|
| ↳ Gewinn<br>⇨ Wertzuwachs<br>= Vermögenssteigerung<br>⇨ Wertorientierte Untern. führung<br>Oberziel:<br>Fortbestand und Wachstum sichern<br>Gewinn = Basis + Voraussetzung für Einstieg in neue Technologien/ Produkte/ Märkte | ↳ Produktartenziel vor Produktmengenziel | ↳ Liquidität langfristig sichern |

***Mittelfristige Zielkonzeption***
**↳ *Dominanz für 2 bis 5 Jahre***

| 1. *Produktziel* → | 2. *Erfolgsziel* → | 3. *Liquiditätsziel* |
|---|---|---|
| Produktartenziel + Produktmengenziel<br>↳ Marktanteile sichern + vergrößern<br>↳ Kostensenkungspotenziale nutzen | ↳ Auskömmliche Gewinne auf der Basis von 1. | ↳ Zahlungsfähigkeit sicherstellen |

***Kurzfristige Zielkonzeption***
**↳ *Dominanz im laufenden Geschäftsjahr***

| 1. *Liquiditätsziel* → | 2. *Produktziel* → | 3. *Erfolgsziel* |
|---|---|---|
| = Begrenzender Faktor<br>↳ Risiko minimieren + Sicherung des Überlebens | ↳ Produktmengenziel im Vordergrund<br>↳ Abverkauf, keine „Ladenhüter“ | ↳ Erzielung geplanter Ergebnisse<br>↳ Preisniveau halten |

**Abb. D-II-2:** Zielprioritäten bei unterschiedlichen Zielkonzeptionen

### *Kurzfristige Zielkonzeption*

- Bei der kurzfristigen Zielkonzeption geht es um die Dominanz der einzelnen Zielkategorien im **laufenden Geschäftsjahr**. Unter diesem Blickwinkel rückt das **Liquiditätsziel an die erste Stelle**. Es kann – z.B. über einen ausreichend hohen Cash Flow als positiven Finanzmittelfluss-Saldo – jedoch nur über das Produkt- und Erfolgsziel erreicht werden. Während in mittlerer und langfristiger Sicht über eine vorausschauende Steuerung einnahmen- und ausgabenwirksamer Vorgänge Vorsorge für eine Einhaltung dieses Ziels getroffen werden kann, stellt die Liquidität im laufenden Geschäftsbetrieb i.d.R. den limitierenden Faktor dar.
  Jetzt kommt es insbesondere darauf an, **Risiken zu begrenzen**. Steht in der langfristigen und auch der mittelfristigen Zielkonzeption die Sicherstellung der **Überlebensfähigkeit** des Unternehmens im Vordergrund, so geht es kurzfristig um das Überleben als solches.
- Bei dem an **zweiter Stelle** stehenden **Produktziel** ergibt sich in der kurzfristigen Konzeption insofern eine Verschiebung, als nun das Produktmengenziel im Vordergrund steht. Auf das laufende Geschäftsjahr gesehen, ist es oft schwierig, Veränderungen im Produktprogramm umzusetzen.
  Von daher geht es hier eher darum, die für den Rechnungszeitraum geplanten Verkäufe zu realisieren. Zeigen sich dabei Schwierigkeiten, so ist – auch zur Steigerung der Liquidität – an Abverkaufsaktionen zu denken, um so bei den Leistungsprogrammen zukünftiger Perioden keine „Ladenhüter" als schwer verkäufliche Produkte zu haben. Mögliche negative Auswirkungen auf die Produktpositionierung und die Marke sowie auf das Image des Unternehmens sind hierbei zu beachten.
- Hier kann es allerdings zu einem **Konflikt** mit dem nun an **dritter Stelle stehenden Erfolgsziel** kommen. Denn wenn das dominierende Liquiditätsziel erreicht werden soll, dann gilt es auch, die geplanten Ergebnisse zu erzielen. Dies bedeutet, die Produkte zu möglichst konstanten Preisen zu verkaufen. Mit einem Sinken des Preisniveaus nehmen die Einnahmen und damit die Erträge ab, wodurch von dieser Seite eine Gefahr für die Liquidität und damit die Existenz des Unternehmens drohen kann.

Mit diesen Ausführungen wurden die generellen Zielkategorien für Zielkonzeptionen mit unterschiedlichem Zeitbezug in einer allgemeinen Anordnung dargestellt. In der Unternehmenspraxis sind hierzu dann jeweils eine ganze Reihe detaillierter und spezifischer Zielgrößen und Maßnahmen zu deren Umsetzung festzulegen.

## III. Literaturhinweise zum Kapitel D

### *Zu D.I. Arten von Unternehmenszielen:*

Bea (2004b); Chmielewicz (1973); Deal/Kennedy (1982/1987); Drukarczyk (2006); Gabele/Kretschmer (1983); Hauschildt (1977); Hauschildt (1981); Heinen (1992); Kirsch (1983); Korndörfer (2003); Kosiol (1967); Kosiol (1968); Odiorne (1965/1967); Odiorne (1979/1980); Raffée (1995); Schein (1985/1995); Schierenbeck (2003); Schmidt (1977); Schmidt (1985); Schweitzer (2005); Siemens AG (2004a); Thommen/Achleitner (2006); Töpfer (1976a); Töpfer/Afheldt (1987a); Töpfer/Afheldt (1987b); Ulrich/Fluri (1995); Wild (1982); Wöhe/Döring (2005)

### *Zu D.II. Zielkonzeptionen:*

Böckenförde (1996); Brunke/Derks (2003); Grube/Töpfer (2002); Schierenbeck (2003); Schmidt (1977); Ulrich (1977); Ulrich/Fluri (1995); Wild (1982); Wöhe/Döring (2005)

# Kapitel E
# Prozesse im Unternehmen

**– Wie sind die generellen Unternehmensprozesse strukturiert, und was läuft in ihnen ab? –**

## I. Kennzeichnung grundlegender Güterströme als generelle Unternehmensprozesse

| |
|---|
| Welche Güterströme können als generelle Unternehmensprozesse unterschieden werden? Wie greifen diese Prozesse ineinander? |

Einer konsequent ablaufbezogenen Analyse und Gestaltung zur Herstellung und zum Absatz von Marktleistungen kommt aus heutiger Sicht eine herausragende Bedeutung zu. Dies gilt vor allem deshalb, weil die Unternehmen in vielen Industrie-, Konsumgüter- und auch Dienstleistungsbranchen mittlerweile in einem weltweiten Wettbewerb stehen. Dadurch ist es erforderlich, die Anforderungen der Zielgruppen an die **Qualität** der Produkte zu erfüllen, diese Marktleistungen frühzeitig zu positionieren bzw. auf Anforderungsveränderungen im Wettbewerb schnell zu reagieren und vor allem aufgrund günstiger Kostenstrukturen die Produkte zu attraktiven Preisen anbieten zu können.

Eine Optimierung der Unternehmensprozesse kann diese drei Ziele maßgeblich unterstützen. Vor allem der Faktor **Zeit** wird durch eine Prozessorientierung im Unternehmen über deutlich kürzere Durchlaufzeiten in schlanken Prozessen zu einem wesentlichen Erfolgsfaktor bzw. im wahrsten Sinne des Wortes zum „Erfolgstreiber". Heute ist es nicht mehr ausreichend, Qualitätsprodukte und -leistungen anzubieten; sondern es kommt darauf an, mit neuen und innovativen Angeboten möglichst frühzeitig am Markt zu sein. Nur auf diese Weise wird es gelingen, bei neuen Technologie-, Markt- und damit auch Produktlebenszyklen eine genügend große Nachfrage zur Deckung der Entwicklungskosten und zur Erzielung auskömmlicher Gewinne auf das Unternehmen zu binden. Durch die Prozessoptimierung wird also nicht nur die Höhe der **Kosten** über effiziente Abläufe und Wertschöpfungsprozesse positiv beeinflusst; die Schnelligkeit in den Prozessen vergrößert zugleich den zeitlichen Handlungsspielraum zur Amortisation von Kosten.

In der Unternehmenspraxis sind heute also Qualität, Zeit und Kosten in ihrem Wirkungsverbund sowie in ihren konkreten Wechselwirkungen mit **Innovationen** die erfolgsbestimmenden Faktoren. Das Erreichen der geforderten Geschwindigkeit und Flexibilität in allen betrieblichen Abläufen stellt für etablierte Unternehmen oft einen schwierigen Anpassungsvorgang dar. Hierin liegt die Konzentration auf die **Prozessorientierung** als neueren integrativen Ansatz zur **Forschungsprogrammatik** der Betriebswirtschaftslehre (siehe hierzu A.I.3.) begründet.

**Qualität, Zeit und Kosten sind in ihrem Wirkungsverbund sowie in ihrem Bezug auf Innovationen die erfolgsbestimmenden Faktoren im nationalen und globalen Wettbewerb.**

Der Ansatz, die Erstellung und den Absatz betrieblicher Produkte und Leistungen vor allem verlaufsbezogen zu analysieren und dabei eine Dekomposition in unterschiedliche Prozesse und deren Teilschritte vorzunehmen, weist eine hohe Plausibilität und Nachvollziehbarkeit auf. Das dem griechischen Philosophen HERAKLIT zugeschriebene geflügelte Wort „alles fließt" (panta rei) vor Augen, stellt sich die Frage, warum die Prozessorientierung nach frühen Arbeiten von beispielsweise FRITZ NORDSIECK oder ERICH KOSIOL von der Betriebswirtschaftslehre in der jüngeren Vergangenheit „neu erfunden" werden musste. Der Grund hierfür liegt in der eingangs angesprochenen zunehmenden Marktdynamik.

Bis in die 90er Jahre war auf vielen nationalen Märkten häufig noch Wachstum zu verzeichnen, so dass Unternehmen noch deutlich größere Erfolgschancen hatten. In dem Maße, wie der **globale Wettbewerb** vor allem auch mit Ländern zunahm, die deutlich günstigere Faktorkosten aufweisen, sind die Anforderungen an eine erfolgreiche Unternehmensführung erheblich gestiegen. Hinzu kommt, dass die informationstechnischen Vernetzungen und infrastrukturellen Verbindungen mittlerweile weltweit auf einem so hohen Stand sind, dass im globalen Handel kaum noch Hindernisse bestehen. Gefördert wird diese Entwicklung durch eine zunehmende Liberalisierung des Welthandels mit großen gemeinsamen Wirtschaftsräumen.

Stand früher bei Analysen zur Strategie von Unternehmen der Gestaltungszusammenhang mit der Organisationsstruktur im Vordergrund, dann hat sich dies heute eindeutig in Richtung einer Fokussierung auf die **Prozesse der Leistungserstellung und -verwertung** als den maßgeblichen Quellen der Wertschöpfung verändert. In dieser Weise sind vor allem Großunternehmen schon seit geraumer Zeit aktiv. So hatte etwa ABB (ASEA BROWN BOVERI LTD.) Anfang der 90er Jahre ein umfangreiches Management-Qualifizierungsprogramm mit der Bezeichnung und Programmatik TBM (Time Based Management) gestartet. Bei ABB hatte dies temporäre, aber aufgrund von Strategie- und Umsetzungsdefiziten keine längerfristigen Wettbewerbsvorteile bewirkt. Die SIEMENS AG hatte 1993 eine unternehmensweite Strategie zur Verbesserung aller Unternehmensabläufe unter dem Kürzel top-Programm (time optimized processes) aufgelegt. Hiermit konnten nachweisbare Erfolge bei Produktivität, Innovation und Wachstum erzielt werden, und seit 1998 läuft das Nachfolgeprogramm top$^{+}$ mit einer stärker wertorientierten Ausrichtung.

Prozesse sind inhaltlich abgeschlossene Vorgänge mit logischem inneren Zusammenhang. Dies wurde bereits in A.II.1. bei der Behandlung des einfachen Prozessschemas zur Zielsetzung und -realisierung mit Bewertung der Wirtschaftlichkeit/ Ergiebigkeit dargelegt. Im Folgenden geht es nun darum, aus einer grundsätzlichen Perspektive die **generellen Unternehmensprozesse** aufzuzeigen und in ihrem Zusammenwirken darzustellen. Damit wird einmal mehr die Absicht verbunden, zu einem Denken in zusammenhängenden Abläufen und damit auch in Ursachen-Wirkungs-Ketten anzuregen.

Bei der Abgrenzung genereller Unternehmensprozesse können wir an die in B.I. vorgestellte Klassifikation von Wirtschaftsgütern anknüpfen. Dort wurden Real- und Nominalgüter unterschieden; und wie die Ausführungen in B.II. gezeigt haben, lassen sich nach diesen Kategorien die grundlegenden gesamtwirtschaftlichen Wirtschaftsbeziehungen in Güterströmen abbilden. Die entsprechende Abbildung B-II-2 enthielt für den Sektor der privaten Unternehmen auch die Eigenumläufe von einerseits materiellen und immateriellen Realgütern sowie von andererseits hierfür als Preise gezahlten Nominalgütern. Wir gehen nun von dieser makroskopischen, einen gesamten Wirtschaftsraum umgreifenden Betrachtung auf eine betriebswirtschaftliche Analyse der Stellung eines Unternehmens im Gefüge von **Beschaffungs- und Absatzmarkt** über. Hierbei treten dann die Real- und Nominalgüterströme – neben dem Informationsgüterprozess – plastisch als zwei der drei generellen Unternehmensprozesse hervor (hierzu Abb. E-I-1).

Vom Beschaffungsmarkt zum Unternehmen sowie von dort zum Absatzmarkt verläuft der **Strom materieller (m) und immaterieller (i) realer Güte(R)**. Den Gütereinsatz betreffend, handelt es sich hier beispielsweise um Maschinen, Roh-, Hilfs- und Betriebsstoffe, Arbeitsleistungen oder auch um in Lizenz genutzte Produktionsverfahren. Für den Absatzmarkt werden physische Produkte zu Konsum- oder Produktionszwecken oder Dienstleistungen zur Verfügung gestellt. Parallel zu diesem Realgüterprozess, aber in entgegengesetzter Richtung, verläuft dessen **geldmäßige Entsprechung als Nominalgüterprozess (N)**. Die Unternehmen erzielen Einnahmen durch den Verkauf ihrer Leistungen und müssen ihrerseits damit die Einsatzgüter bezahlen respektive erwirtschaften.

Die Ströme realer und nominaler Güter setzen sich innerhalb der Unternehmen mit der Kombination betrieblicher Produktionsfaktoren fort. Auf deren Phasengliederungen wird im Folgenden in E.II. eingegangen. Hier ist vorab noch darauf hinzuweisen, dass es bei den Unternehmen auch zu Güterbewegungen kommen kann, die den jeweils anderen Güterstrom unberührt lassen. Damit sind Vorgänge des Naturaltausches oder reine Finanzbewegungen gemeint.

Der **Naturaltausch** und damit der Tausch Ware gegen Ware, also nicht gegen Geld, ist auch heute teilweise noch üblich. Insbesondere mit Ländern, deren politische Verhältnisse sehr instabil sind oder die wirtschaftlich beispielsweise nach kriegerischen Auseinandersetzungen zusammengebrochen sind, ist oft nur ein Handel über solche Kompensations- oder Bartergeschäfte möglich. Bei letzteren tritt meist eine Bartergesellschaft als Vermittlerin zwischen anbietenden und nachfragenden Firmen oder Organisationen auf. Dabei werden die Gegenwerte der gelieferten Waren oder Dienstleistungen allenfalls zu einem Teil (der Barter-Quote) direkt vom Empfänger mit Geldwerten beglichen. Der andere Teil oder auch das

Gesamtvolumen wird „verbartert“, was bedeutet, dass die Bartergesellschaft Einsatz- oder Handelsgüter erhält und hierfür wiederum Abnehmer sucht. Der einzelne Anbieter kann dann entweder erst in einer zweiten Runde einen Ausgleich seiner Forderungen erhalten oder selbst von ihm benötigte und vorher angefragte Waren aus diesem Bartersystem beziehen.

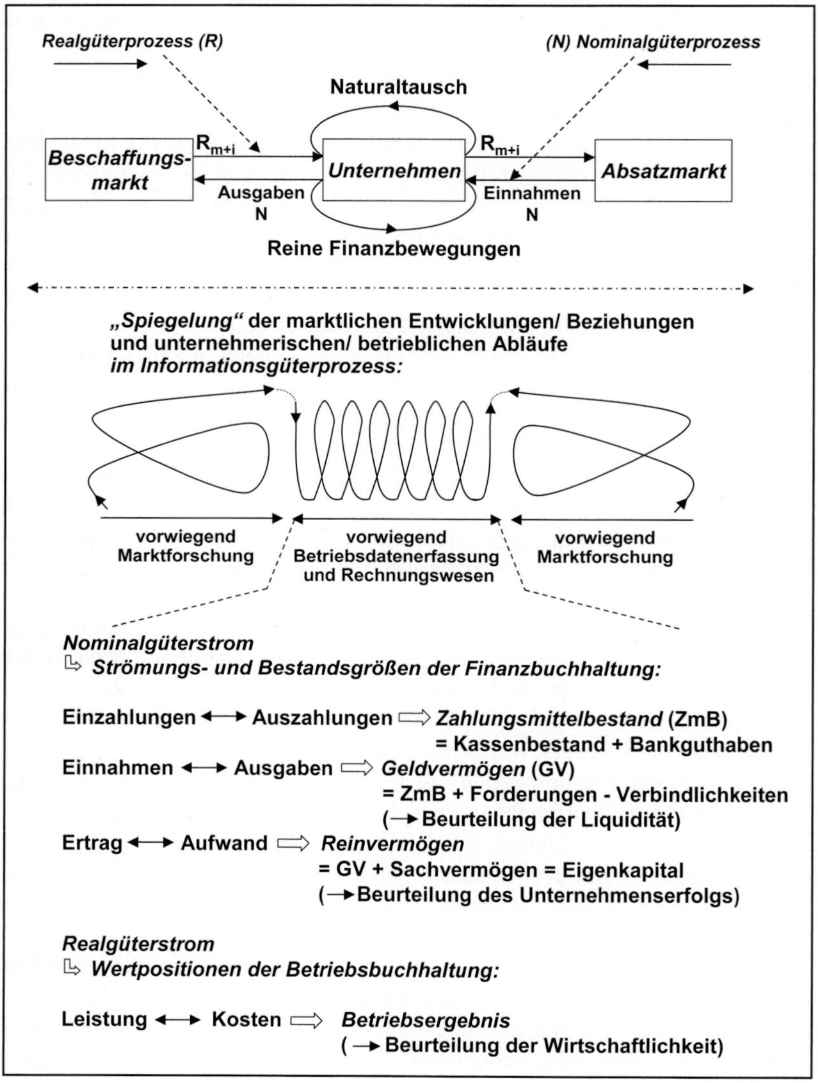


**Abb. E-I-1:** Drei generelle Unternehmensprozesse/ Güterströme

Bei **reinen Finanzbewegungen** ohne zu Grunde liegendem Realgüterfluss ist beispielsweise an Umschichtungen von Geldmitteln zu denken, wie die Übertragung von Barmitteln auf ein Bankkonto. In der Hauptsache geht es hier aber um Zahlungsbewegungen aufgrund selbstständiger Nominalkredite, die nicht unmittelbar mit Absatz- oder Beschaffungsvorgängen zusammenhängen. Solche Darlehens- oder Beteiligungskredite (Kapitalbeteiligungen), die entweder an Dritte gewährt oder von Dritten aufgenommen werden, sind – von den Zins- oder Dividendenzahlungen abgesehen – zunächst ausschließlich finanzielle Transaktionen. Bei der Kreditgewährung findet ein Tausch zwischen den Aktivpositionen einer Unternehmensbilanz statt (Zahlungsmittelabgang gegenüber Forderungs- oder Finanzanlagenzugang), während die Kreditaufnahme beide Bilanzseiten berührt und damit zu einer Bilanzverlängerung führt (Zahlungsmittelzugang und Fremd- oder Eigenkapitalerhöhung). Eine negative Beeinflussung des Unternehmensergebnisses ist allerdings im Hinblick auf die Beschaffungsaufwendungen für Kapital (Zinsen, Dividenden) gegeben. Diese sind finanz- und erfolgswirksam und müssen im weiteren Geschäftsverlauf erwirtschaftet werden.

Zusätzlich ist sicherzustellen, dass die wiederum nur finanzwirksamen fälligen Tilgungen (Bilanzverkürzung) geleistet werden können. Entsprechendes gilt für den Fall, dass aus Liquiditätsüberschüssen Kredite gewährt oder Beteiligungen an anderen Unternehmen eingegangen werden: Die Zahlungsrückflüsse sind nur finanzwirksam (Aktivtausch), während mit den darüber hinaus erfolgswirksamen Ausleiherträgen das Unternehmensergebnis verbessert wird und so die weitere Entwicklung des Stammgeschäftes zusätzlich gestützt und gefördert werden kann. Mit der Abgrenzung dieser reinen Finanzbewegungen wird klar, dass der Erfolg eines Unternehmens aber letztlich nur aus seiner wirtschaftlichen Grundfunktion und damit seinem spezifischen Realgüterstrom erwächst.

Die gerade erläuterten rein real- oder nominalgüterbezogenen Teilströme sind in der Prinzipdarstellung im oberen Teil der Abbildung E-I-1 gesondert als elliptische Umläufe eingezeichnet. Damit zeigt die schematische Darstellung den Verlauf des generellen Realgüterprozesses sowie des hiermit korrespondierenden Nominalgüterprozesses einschließlich dieser Sondervorgänge.

Zur Kennzeichnung des dritten generellen Unternehmensprozesses kommen wir zunächst wieder auf die Klassifikation von Wirtschaftsgütern in B.I. zurück. Als immaterielle Realgüter und damit als Teil des Realgüterstromes wurden dort **Informationen** eingeordnet. Diese können nach WALDEMAR WITTMANN als **zweckorientiertes Wissen** oder nach BERND ERICHSON und PETER HAMMANN als **Zuwachs an entscheidungsrelevantem Wissen** definiert werden. Unter Wissen wird die Gesamtheit theoretisch und praktisch vermittelter oder erfahrungsmäßig erworbener Kenntnisse und Fähigkeiten zur individuellen Problemlösung verstanden. Wissen und Informationen stehen folglich in einer Zweck-Mittel-Beziehung. Ausgehend von einem bestimmten Empfänger hat eine Nachricht (eine Übermittlung sprachlicher, schriftlicher oder bildlich dargestellter „Daten"), die sein Wissen erhöht, für ihn Informationscharakter; andernfalls ist sie für ihn ohne – bewusste – Bedeutung.

Bei der funktionalen Beziehung von Information und Wissen kann es zum einen um **vergangenheitsorientierte Kenntnisse über Phänomene der Realität** gehen. So können beispielsweise auf der Basis von Kundenbefragungen Bewertungen der erworbenen Produkte und der Kundenkontakte beim Kaufakt erfolgen

(Einzelinformationen) und zum bislang erreichten Grad an Kundenzufriedenheit verdichtet werden (aggregiertes, vergangenheitsbezogenes Wissen). Zum anderen kann durch die Informationen über das Kundenverhalten auch **zukunftsbezogenes Wissen** generiert werden, das dann als Grundlage für die künftige Gestaltung der Kundenbeziehungen dient. Dies gilt im Beispielfall der Kundenbefragung vor allem dann, wenn neben den konkreten Bewertungen zu gekauften Produkten und zum Unternehmen als IST-Werten auch das generelle Anspruchsniveau des Kunden bezogen auf das Verhalten des Unternehmens und seiner Mitglieder in Form von SOLL-Werten, also zukünftigen Anforderungen, erhoben wird.

Informationen erweitern den Kenntnisstand über Zusammenhänge in der Realität, und dies betrifft häufig die Vergangenheit. Je tief greifender hier das Verständnis sozialer und wirtschaftlicher Phänomene ausgeprägt ist, umso eher können Informationen zusätzlich auch die wichtige Funktion als „Rohstoffe für zukunftsbezogenes Wissen“ entfalten. Gerade hierin liegt deren große Bedeutung für die Wissenserweiterung von Individuen, Gruppen, Betrieben/ Unternehmen und ganzen Volkswirtschaften.

Außer der kurz skizzierten Beziehung von Information und Wissen können in einer **semiotischen Perspektive** (Semiotik: allgemeine Sprach- und Zeichentheorie) mit Zeichen und Daten weitere Aggregatsebenen „unterhalb“ des Informationsbegriffs abgegrenzt werden. In einer grundsätzlichen Sicht lassen sich folgende Ebenen und Elemente unterscheiden:

- **Zeichen** sind als kleinste logische Einheiten die Basiselemente für Informationen. In einer **syntaktischen Betrachtung** stehen deren Ordnungsbeziehungen und Verwendungsregeln in Zeichensystemen im Vordergrund. Mit dem Zeichenvorrat (Buchstaben, Ziffern, Sonderzeichen, Bildzeichen) eines Zeichensystems (z.B. lateinisches Alphabet, dekadisches Zahlensystem, binäres Zahlensystem für die interne Maschinensprache bei Computern, technische Zeichnung, Flussdiagramm, Landkarte) lassen sich Aussagen über Phänomene in der Realität bilden sowie formal-logische Relationen kennzeichnen.
- Solche Zeichenfolgen mit Aussagen über reale Sachverhalte werden als **Daten** bezeichnet. Damit ist die **semantische Ebene** erreicht, und hier geht es um den **Bedeutungsgehalt** von Zeichen und Zeichenmengen sowie daraus ableitbarer Aussagen. Spricht man von Zeichenträgern oder – was heute gebräuchlicher ist – von Datenträgern, dann sind hiermit Speichermedien zur Aufbewahrung von Daten (z.B. Ordner, Diskette, CD/ DVD, Magnetband) gemeint.
- Erst auf der **pragmatischen Ebene** der **Information** tritt der empfängerorientierte Handlungs- oder Verwendungsbezug hinzu. Hier entscheidet sich dann die **Wissensrelevanz** von Nachrichten und damit deren abschließende Einordnung als Informationen oder als Daten.

Aus betriebswirtschaftlicher Sicht sind zusätzlich vor allem folgende **Eigenschaften von Informationen** relevant:

- Informationen erfüllen einerseits alle vier Wesensmerkmale von Wirtschaftsgütern (also Vorhandensein, Zweckeignung, Ökonomische Eignung, Übertragbarkeit; siehe hierzu B.I.), so dass diese selbst den **Gegenstand wirtschaftlicher**

**Betätigung** bilden können. Hierzu ist beispielsweise an die Erstellung von Marktforschungsstudien oder Unternehmensanalysen durch Beratungsunternehmen zu denken. Der hohe Stellenwert dieser Güterkategorie als Wirtschaftsfaktor zeigt sich vor allem an der rasanten Entwicklung der Informations- und Kommunikationstechnologie in den zurückliegenden Jahrzehnten. Als Gesamtkennzeichnung entwickelter Volkswirtschaften kann dabei festgehalten werden, dass die nationalen Wirtschaftssysteme nach Stadien mit Schwerpunkten im Produktions- und dann im Dienstleistungsbereich nun auf dem Weg zu Informations- oder Wissensgesellschaften sind.

- Informationen sind andererseits aber auch unabdingbar **zur Steuerung und Regelung aller Abläufe** innerhalb einer wirtschaftlichen Betätigung. Der Leistungsprozess ist ständig in Informationen abzubilden und zu verdichten, um auf dieser Basis seinen weiteren Fortgang zielgerichtet lenken zu können. Und über die Entwicklungen im marktlichen sowie gesamtgesellschaftlichen Umfeld ist ebenfalls laufend ein genauer Kenntnisstand zu gewährleisten. Nur so können hierauf bezogen passende Zielentscheidungen zum Angebot von Produkten und Leistungen getroffen werden.

Aufgrund der in diesem kurzen Überblick dargestellten besonderen Relevanz von Informationen für die betriebswirtschaftliche Leistungserstellung kann der **Informationsgüterprozess** aus dem Realgüterstrom ausgegliedert und **als dritter genereller Unternehmensprozess** gekennzeichnet werden. Hiermit erfolgt, wie in Abbildung E-I-1 mit der Eintragung einer „Spiegelungsebene" angedeutet, eine Abbildung der marktbezogenen Entwicklungen und Beziehungen sowie der Abläufe innerhalb der Betriebe/ Unternehmen.

Anders als beim Realgüter- und Nominalgüterprozess kann beim Informationsgüterprozess nicht von einem linearen Prozessablauf ausgegangen werden. Der Informationsgüterprozess hat die Aufgabe, die Inhalte des Real- und Nominalgüterprozesses inhaltlich in allen und über alle Phasen zu steuern. Von daher findet hier vor allem ein In-Beziehung-Setzen der Real- und Nominalgüterbewegungen statt. Dies ist der Grund dafür, dass der Informationsgüterprozess parallel zum Real- und Nominalgüterprozess in allen seinen Phasen mehrfach durchlaufen wird, um seine Steuerungsfunktion im gesamten Wertschöpfungsprozess erfüllen zu können. Vielfach sind mit der Abgabe erhobener und verarbeiteter Informationen Entscheidungen und damit neue Impulse für die Real- und Nominalgüterebenen verbunden. Beim Informationsgüterprozess ist also von einem **mehrfach zyklischen Verlauf** auszugehen.

In Abbildung E-I-1 wird dies beim Informationsgüterprozess deshalb mit dem Bild einer fortlaufenden Spirale ausgedrückt, sofern er sich auf die Steuerung von Prozessphasen des Real- und Nominalgüterstromes im eigenen Unternehmen bezieht. An den Schnittstellen zum Beschaffungs- und Absatzmarkt ist bildlich eine andere Darstellungsform gewählt worden. Die Informationslieferung und -abgabe zum Beschaffungs- und Absatzmarkt durch Marktforschungsaktivitäten wird nur periodisch in einfachen Schleifen durchlaufen.

Die Bereitstellung von Marktinformationen ist Aufgabe der **Marktforschung**. Diese hat das Marktgeschehen auf der Beschaffungs- und Absatzseite mit seinen maßgeblichen Bedingungsfaktoren und Entwicklungstendenzen zu analysieren. Dabei sind unter anderem die jeweilige Marktbesetzung, die anvisierten Zielgruppen, das Leistungsspektrum (Produktpalette, Systemangebot) und das Preis-Leistungs-Verhältnis von möglichen Lieferanten oder aktuellen/ potenziellen Konkurrenten im Vergleich zur eigenen Position zu untersuchen und zu bewerten.

Zur Abbildung und Steuerung der Wertschöpfung eines Unternehmens werden die wesentlichen Grundlagen durch die Betriebsdatenerfassung und das betriebliche Rechnungswesen gelegt. Bei der **Betriebsdatenerfassung** geht es um die Erhebung von quantitativen Kenngrößen für die Prozesssteuerung, wie beispielsweise die Zeitmessung und -lenkung oder die Überwachung von Qualitätsmerkmalen/ Fertigungstoleranzen bei Produktionsvorgängen. Im **Rechnungswesen** werden die Vorgänge innerhalb von Betrieben/ Unternehmen sowie deren Lieferungs-, Leistungs- oder Kapitalbeziehungen am Markt geld- und wertmäßig erfasst, dokumentiert, ausgewertet und als Grundlage für weitere Entscheidungen aufbereitet.

Innerhalb der Unternehmen erfolgt im Informationsgüterprozess also eine teilweise doppelte Abbildung des Realgüterprozesses. Zum einen wird der Nominalgüterprozess als dessen finanzielles Pendant genau erfasst, und zum anderen werden zur Leistungserstellung im Realgüterstrom auch direkte Steuerungs- und Regelungsinformationen erhoben. Bei der mittlerweile hohen Auswertungsgeschwindigkeit im Rechnungswesen und in flexiblen Systemen der Fertigungssteuerung ist heute in den Unternehmen eine prinzipiell **marktmäßige Lenkung der Güter und Dienstleistungen** zwischen einzelnen Bereichen und Abteilungen möglich. Ausgestattet mit Budgets wetteifern diese dann um einen kostengünstigen Bezug bzw. eine wirtschaftliche Erstellung und einen ertragreichen Absatz von Leistungen an andere Unternehmensteile oder Organisationseinheiten. Die Grundlagen für eine solche **Pretiale Lenkung** (vom Preis her; lat. Pretium = Preis) hatte bereits EUGEN SCHMALENBACH (1873 – 1955) in zwei seiner letzten Veröffentlichungen (1947, 1948) gelegt. Seinerzeit war es aber noch nicht möglich, den Informationsgüterprozess dahingehend auszugestalten und zu nutzen, da die informationstechnischen Voraussetzungen zu jener Zeit fehlten, wie sie heute durch computergestützte Informationssysteme gegeben sind.

Zum betrieblichen Rechnungswesen erfolgen im unteren Teil der Abbildung E-I-1 noch einige Einordnungen, auf die in F.IV.5. zurückgekommen wird. Im hier interessierenden Zusammenhang ist auf die generelle Zweiteilung in **Finanzbuchhaltung** (Buchführung mit Jahresabschluss – Gewinn- und Verlustrechnung, Bilanz) und **Betriebsbuchhaltung** (Kostenrechnung und Kalkulation) hinzuweisen. Für beide Bereiche sind die wesentlichen Strömungs- und die zugehörigen Bestandsgrößen ausgewiesen.

Beim pagatorischen Rechnungswesen, also der an Zahlungsbewegungen ansetzenden und damit eher außenorientierten Finanzbuchhaltung, umgreifen die ausgewiesenen Bestandsgrößen unterschiedlich große Teile einer Bilanz bis hin zum Netto- oder Reinvermögen. Dieses entspricht wegen des vorherigen Abzuges der Verbindlichkeiten beim Geldvermögen dem Eigenkapital (einschließlich der Rückstellungen). Im Rahmen des kalkulatorischen Rechnungswesens, also der primär innenorientierten Betriebsbuchhaltung, wird mit den Wertpositionen Leistung und Kosten am Realgüterstrom und damit am Prozess der Wertschöpfung angesetzt. Mit den Klammerzusätzen wird in der Aufstellung verdeutlicht, mit welchen Ergebnisgrößen bzw. ihrer Veränderung eine Beurteilung des Unternehmenserfolges respektive der Rentabilität sowie der Liquidität und der Wirtschaftlichkeit erfolgt.

Hinsichtlich der Ausgestaltung des Informationsgüterprozesses wird heute in der Betriebswirtschaftslehre und der Unternehmenspraxis das Ziel **„gläserner Unternehmen"** verfolgt. Über eine hohe Transparenz aller innerbetrieblichen Vorgänge und auch der Entwicklungen im Unternehmensumfeld werden eine gute Steuerbarkeit der Unternehmen und eine schnelle Reaktion selbst bei kleinen und insbesondere bei plötzlichen Veränderungen angestrebt. Insgesamt geht es darum, den Realgüterprozess zielgenau in Echtzeit ohne größere Abweichungen gemäß den Vorgaben für die Produkt-, Erfolgs- und Liquiditätsziele zu steuern und bei einer Veränderung der Bedingungslage unverzüglich reagieren zu können.

Maßgeblichen Anteil daran, dass eine solche prozessorientierte Unternehmensführung heute keine Vision mehr für eine ferne Zukunft ist, hat die deutsche „Softwareschmiede" SAP. 1972 von fünf ehemaligen IBM-Mitarbeitern gegründet, ist SAP inzwischen mit über 35.000 Mitarbeitern Weltmarktführer bei Workflow-Management-Systemen, also bei Softwaresystemen für eine integrierte Geschäftsprozesssteuerung. Wir kommen in F.IV.6.c. hierauf zurück.

## II. Phasengliederungen der generellen Güterströme

| Welche Phasengliederungen weisen die generellen Güterströme auf? Wie sind die Zusammenhänge bei den unterschiedlichen Phasengliederungen? |
|---|

Zur **Untergliederung des Realgüterstroms** kann zunächst von den drei originären Aktionsbereichen oder Teilprozessen einer unternehmerischen Betätigung ausgegangen werden. Als erster Teilprozess ist hier die **Beschaffung** zu nennen. In dieser grundsätzlichen Betrachtung umfasst sie alle Einsatzfaktoren, und so betrifft sie nicht nur Materialien, sondern beispielsweise auch Grundstücke, Gebäude, Maschinen, Arbeitsleistungen, relevantes Know-how oder das ebenfalls als Realgut eingeordnete Kapital (siehe hierzu B.I.). In dem zentralen Teilprozess der **Produktion** erfolgt die Kombination der betriebswirtschaftlichen Produktionsfaktoren zu bedarfsgerechten Produkten respektive Leistungen. Dem **Absatz** kommt dann die Aufgabe zu, diese zu vermarkten. Bei diesem wichtigen Teilprozess geht es darum, bezogen auf die Leistungen eines Unternehmens aktuellen und potenziellen Abnehmern/ Käufern Angebote zu unterbreiten, die deren Bedürfnisse und Preisvorstellungen erfüllen können. Die Bewertung des Nutzens durch den Kunden und der Preishöhe müssen dabei in einem akzeptablen Verhältnis stehen.

Eine Abbildung betriebswirtschaftlicher Leistungsprozesse alleine durch die bislang angesprochenen drei grundsätzlichen Realgüterphasen Beschaffung, Produktion und Absatz würde einen kontinuierlichen Prozessverlauf voraussetzen, bei dem Abfluss und Zufluss aufeinander folgender Aktionsbereiche inhaltlich und zeitlich genau identisch sind. Eine solche nahtlose Gestaltung der betrieblichen

Leistungserstellung gelingt nicht immer, so dass zur besseren Synchronisation der Prozessphasen Lagerbestände gebildet werden. Die **Absatzgüterlagerung** hat dabei eine insofern größere Bedeutung für den Ausgleich güterwirtschaftlicher Schwankungen, als der Absatz nach Menge und Zeit i.d.R. nicht völlig exakt prognostiziert werden kann. Wenn hierauf bezogen mit größeren oder abrupten Veränderungen zu rechnen ist, die sich über den Puffer des Ausgangslagers auf die Produktion stark auswirken, dann kann zusätzlich mit einem über „eiserne Bestände" hinausgehenden **Einsatzgüterlager** die Gefahr von Produktionsausfällen wegen fehlender Rohstoffe oder Vorprodukte abgemildert werden.

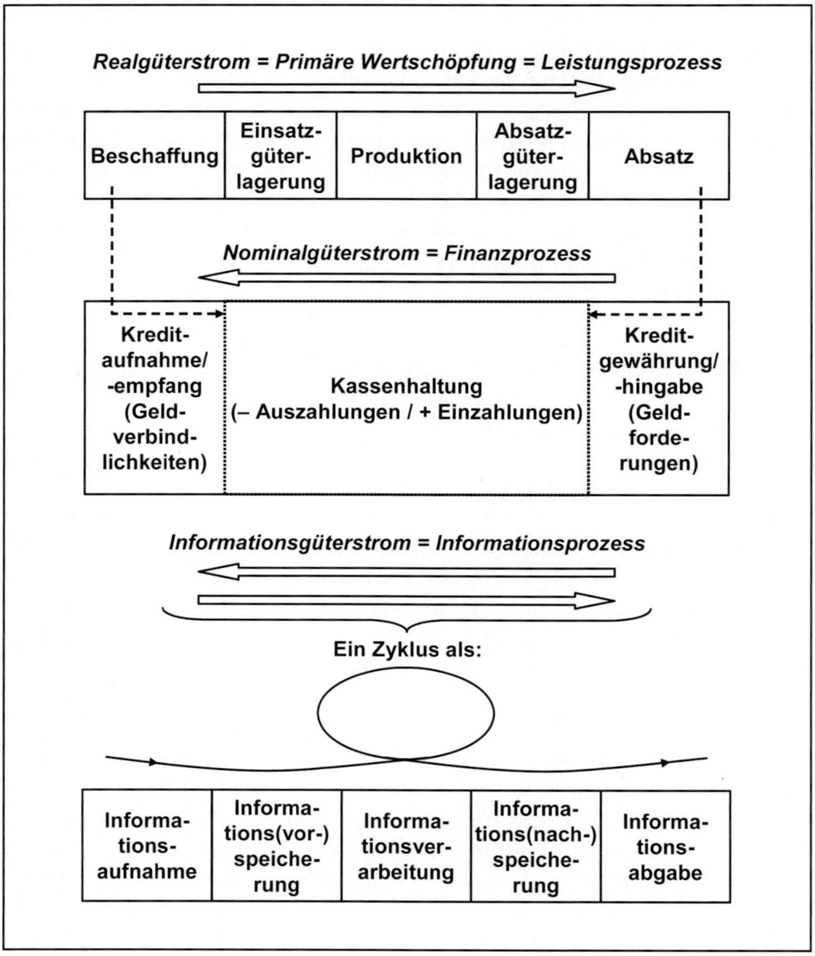


**Abb. E-II-1:** Phasengliederung der generellen Güterströme

Lagerphasen kommen prinzipiell nur für bestands- und damit lagerfähige Realgüter in Betracht. Bei den direkt nutzenstiftenden und **nicht lagerfähigen Dienst-**

**leistungen** (siehe hierzu B.I.) kann also vor allem keine Absatzgüterlagerung erfolgen. Die externen Faktoren, an denen immaterielle Leistungen zu erbringen sind, unterliegen nicht der Verfügungsgewalt eines Dienstleistungsanbieters, und so kann deren Herbeiführung und die Dienstleistungserbringung nicht auf Vorrat geschehen. Die Möglichkeiten einer Leistungssynchronisation sind hier nur sehr begrenzt; sie bestehen allenfalls in einer zeitlichen Einordnung – beispielsweise über eine Anmeldung mit Terminvergabe bei Friseuren oder Autowerkstätten. Die Leistungen können also nur in ihrer zeitlichen Abfolge geplant und geordnet werden.

Auch von einer Einsatzgüterlagerung kann bei der Erstellung von Dienstleistungen kaum gesprochen werden. Die notwendigen Potenzialfaktoren müssen nach ihrer Beschaffung in ständiger Bereitschaft stehen, um die angebotenen Dienste im Fall ihrer Nachfrage unmittelbar zu erbringen. Der Friseur wartet mit seinen Mitarbeitern und der auf deren Anzahl abgestimmten Ausrüstung in seinem Salon auf Kunden. An eine plötzlich hohe Nachfrage kann er sich nur schwer anpassen. Hierzu wären jedenfalls komplette Potenzialfaktoreinheiten zusätzlich notwendig, also Arbeitskräfte und mit Arbeitsmitteln ausgerüstete Arbeitsplätze – die Variation lediglich einer dieser Faktoren würde alleine nicht ausreichen. Eine Möglichkeit wäre hier allenfalls, dass Fachkräfte auf Abruf in den Salon kämen, um an noch nicht mit Mitarbeitern besetzten Arbeitsplätzen Kunden zu bedienen. Derartige „Springer" als zusätzliche, je nach Bedarf und Nachfrage eingesetzte Fachkräfte sind im Interesse einer flexiblen Reaktion in der Wirtschaft nicht unüblich. Bei Banken werden sie als so genannte „Ultimo-Kräfte" bezeichnet, da sie den vermehrten Buchungsanfall am Monatsende mit abarbeiten.

Insoweit hat die anfangs getroffene Unterscheidung von lediglich drei originären Aktionsbereichen – Beschaffung, Produktion und Absatz – für Dienstleistungen durchaus Geltung. Hier ist Absatz vor allem als Absatzvorbereitung und somit als auf die Abnehmer gerichtete werbliche Kommunikation zu verstehen. Bringen diese sich oder materielle Objekte ihrer Verfügung als externe Faktoren in den Prozess der Leistungserstellung ein, dann wird an diesen die nutzenstiftende Wirkung direkt herbeigeführt. Damit die Erstellung der jeweiligen Dienstleistungen möglich ist, hat der Anbieter zuvor die notwendigen Potenzialfaktoren zu beschaffen und zur Leistungsabgabe bereitzuhalten.

Bezogen auf die **Lagerphasen** bei bestandsfähigen Wirtschaftsgütern ist noch darauf hinzuweisen, dass die Bemühungen in der betriebswirtschaftlichen Forschung und Praxis heute dahin gehen, deren Umfang **so gering wie möglich** zu halten. Hohe Lagerbestände verursachen eine große Kapitalbindung, und damit wird die Effizienz der betrieblichen Leistungserstellung und -verwertung beeinträchtigt. Dabei ist zur **Einsatzgüterlagerung** zunächst festzuhalten, dass in diesem Bereich generell größere Lenkungsmöglichkeiten als bei der Lagerung von Absatzgütern gegeben sind. Mit differenzierten Produktionsplanungs- und -steuerungssystemen (PPS) und bei einer hohen Leistungsfähigkeit der Transport- und Logistikpartner ist in industriellen Fertigungsprozessen heute die Anlieferung von Teilen und Komponenten zur sofortigen Verarbeitung möglich und üblich. Auf diese Just-in-Time-Belieferung wurde bei den Ausführungen zum – zunächst von japanischen Automobilunternehmen durchgeführten – Ansatz schlanker Fabriken bereits hingewiesen (siehe hierzu A.I.2. und A.II.1. sowie ferner F.IV.1.a.).

Auch zur Begrenzung der **Absatzgüterlagerung** sind neuere Entwicklungen und Ansätze in Theorie und Praxis zu verzeichnen. Eine Synchronisation zwischen Nachfrage und Produktion kann bei großer Produktvielfalt zum einen über die schon in A.I.5. angesprochene Möglichkeit einer **modularen Fertigung** erfolgen. Darüber hinaus gibt es den Ansatz, auch Güter des Massenbedarfs als völlig individualisierte Lösungen in kurzer Zeit und erst nach Angabe der Kundenwünsche herzustellen (Mass Customization). Hier werden auf Seiten der Hersteller keine Lagerbestände vorgehalten, die Losgröße beträgt 1, also ein spezifisches Produkt für einen individuellen Käufer, und trotzdem handelt es sich beispielsweise um Gebrauchsgüter als Konsumgüter, die normalerweise in Serien- oder Massenfertigung produziert werden. Als Beispiele für einen solchen „lagerlosen Absatz“ kann generell der Vertrieb von Büchern mit Druck von einzelnen Exemplaren erst nach Bestellung (Print on Demand – PoD) angeführt werden. Eine Individualisierung von Produktion und Absatz ist ferner bei der industriellen Herstellung von Bekleidungsstücken, wie Jeans oder Sportschuhen, nach individuellen Maßangaben oder bei der Konfiguration von PCs – wie beispielsweise bei DELL – speziell nach Käuferwünschen gegeben.

Die vorstehend erläuterte Gliederung des Realgüterstroms hat die wesentlichen Teilprozessen und Prozessphasen bei der Erstellung und dem Vertrieb von Produkten oder Dienstleistungen charakterisiert. Diese ursprünglichen Aktionsbereiche des güterwirtschaftlichen Leistungsprozesses kennzeichnen die **primäre Wertschöpfung** in einem Unternehmen. Hierauf aufbauend wird in F.I. eine Wertschöpfungskette vorgestellt, die zusätzlich auch übergeordnete und flankierende Phasen berücksichtigt. Auf dieser Basis kann eine umfassende Darstellung, Analyse und Gestaltung der Wertschöpfung in Unternehmen erfolgen. Dabei finden die nachfolgend noch zu behandelnden Phasengliederungen des Nominal- und des Informationsgüterstroms bzw. die hiermit korrespondierenden Tätigkeitsfelder ebenfalls Berücksichtigung.

Mit dem **Nominalgüterstrom** wird der **Finanzprozess** in einem Unternehmen erfasst. In der Abbildung E-II-1 wird dieser in seiner Beziehung zum Realgüterstrom dargestellt. Dabei geht es um die mit dem originären Leistungsprozess verbundenen Geldbewegungen; hierzu kommen noch die bereits erläuterten reinen Finanzbewegungen hinzu. Der betriebliche Nominalgüterstrom stellt die geldmäßige, also finanzielle Entsprechung zum Realgüterstrom dar und verläuft gegenüber diesem in gegensätzlicher Richtung.

**Beide Ströme** sind an den Nahtstellen zum Markt **zeitpunktbezogen verknüpft**. Bei Beschaffungsvorgängen in Unternehmen entstehen Realforderungen auf Lieferung der Einsatzgüter und Nominalverbindlichkeiten zur Zahlung der hierfür vereinbarten Preise. Bei Absatzvorgängen gehen Unternehmen Realverbindlichkeiten zur Lieferung der Waren ein und im Gegenzug erwachsen ihnen Nominalforderungen auf Zahlung der Kaufpreise.

Wenn Waren auf dem Weg des Barverkaufs gegen sofortige Zahlung ihrer Preise verkauft werden, dann fallen die Erfüllung der Realverbindlichkeit durch ein Unternehmen und der Ausgleich der Nominalforderung durch den Abnehmer zeitlich zusammen. Wird dem Käufer eine Zahlungsfrist (ein Zahlungsziel von z.B. 4 Wochen) eingeräumt, dann wird diesem durch das Unternehmen für die vereinbarte Zeitspanne ein Kredit in Höhe der Kaufpreisforderung gewährt. Und wenn ein Unternehmen im gegenteiligen Fall Einsatzgüter bezieht, deren Zahlung „auf Ziel" erfolgen kann, dann liegt nach Höhe und Zeit der Rechnungsverbindlichkeit eine Kreditaufnahme respektive ein Kreditempfang vor. Diese als Lieferantenkredit in der Wirtschaftspraxis weit verbreitete Zahlungsmodalität ist bereits in C.I.3.c. angesprochen worden.

Im Ergebnis haben Absatzvorgänge immer **Einzahlungen** zur Folge, und die Beschaffung von Einsatzgütern führt immer zu **Auszahlungen**. Die zu- oder abfließenden Zahlungsmittel erhöhen oder vermindern den Bestand gehaltener Geldmittel in einem Unternehmen. Abweichungen von dieser „Grundgleichung" sind lediglich in den Sonderfällen einer Zahlungsunfähigkeit von Unternehmen oder Abnehmern gegeben; im ersten Fall können beschaffte Produktionsfaktoren nicht bezahlt werden und im zweiten Fall kommt es zu einer Uneinbringlichkeit von Forderungen und damit zu Forderungsausfällen.

Die in der Abbildung E-II-1 als **Kassenhaltung** bezeichnete Phase entspricht dem in Abbildung E-I-1 aufgeführten Zahlungsmittelbestand, sie umfasst also bare Kassenbestände sowie Bankkontostände. Geldforderungen und -verbindlichkeiten ergänzen den Nominalgüterstrom als noch ausstehende Zu- oder Abflüsse von Zahlungsmitteln. Über solche schwebenden Geschäfte findet die oben angesprochene Verknüpfung von Leistungs- und Finanzprozess statt. Wegen der im Einzelfall unterschiedlichen Zeitpunkte der Ein- oder Ausgänge von Zahlungsmitteln im Zusammenhang mit Güterbewegungen sind die Begrenzungen der Kassenhaltung und die Verknüpfungspfeile mit dem Realgüterstrom in Abbildung E-II-1 gestrichelt eingezeichnet.

Mit der gesamten Breite des Nominalgüterstroms, also einschließlich der offenen Geldforderungen und -verbindlichkeiten, wird das aus der gewöhnlichen Geschäftstätigkeit resultierende **Geldvermögen** (siehe Abb. E-I-1) abgebildet, und auf dieser Basis kann eine Beurteilung der Liquiditätssituation erfolgen (siehe hierzu D.I.3.).

Im Gegensatz zum Realgüterstrom weist der Nominalgüterstrom neben den marktverbindenden Phasen der Kreditgewährung bzw. -aufnahme lediglich die bereits erläuterte Phase der Kassenhaltung auf. Hier finden letztlich alle aus dem Leistungsprozess resultierenden Finanzbewegungen ihren Niederschlag. Eine Transformation wie im Fall der Produktion auf der Realgüterebene sowie eine damit verbundene Einsatz- oder Absatzlagerung finden hier nicht statt.

Das Nominalgut Geld wird als genereller Wert nicht von den Unternehmen „produziert"; hierfür liegt die Hoheit bei der Notenbank, welche die im Umlauf befindliche Geldmenge als Pendant zur Summe aller erstellten Güter und Leistungen in einer Volkswirtschaft steuert. Unternehmen stellen – ihrem wirtschaftlichen Grundzweck entsprechend – aus Einsatzgütern absatzreife Produkte oder Dienstleistungen her; der Erfolg aus dieser Tätigkeit wird im Finanzprozess als Gewinn und damit als geldmäßiger Mehrwert – also einer Verzinsung des eingesetzten Kapitals – oder auch als Wertvernichtung in Form eines Verlustes ausgewiesen.

Dieser Grundzusammenhang gilt auch für Unternehmen, deren Betätigungsfeld im Finanzsektor liegt, wie beispielsweise Banken oder Finanzdienstleister; auch diese „produzieren" nicht etwa Geld – gegen „Zinsen als Preise des Geldes" handeln sie vielmehr mit unterschiedlichen geldmäßigen Verfügungsrechten (Geldanlage, Geldleihe).

Als letzte generelle Phasengliederung eines Teilprozesses ist noch auf die des **Informationsgüterstroms** einzugehen. Bei seiner Kennzeichnung als dritter genereller Unternehmensprozess in Abbildung E-I-1 erfolgten bereits Klärungen zum Informationsbegriff. Auf dieser Basis wird jetzt eine allgemeine Untergliederung zum Prozess der Informationsgenerierung respektive -verarbeitung vorgenommen. Als dessen Ergebnisse sollten sich Informationen als wissenserweiternde Aussagen/ Nachrichten für die verschiedenen Entscheidungs- und Ausführungsebenen in Unternehmen ergeben. Damit wird als Nachtrag zu den bereits erfolgten Begriffsklärungen deutlich, dass **Information** zum einen als **Tätigkeit** und zum anderen als deren **Resultat** gemeint sein kann.

Bei der Verarbeitung von Informationen oder Daten ist eine Aufnahme- und eine Abgabephase notwendig, und im Zusammenhang mit der Bearbeitung bzw. Kombination von Input-Faktoren als der eigentlichen „Informationsproduktion" ergeben sich Lagerungs- bzw. Speicherphasen. Beim immateriellen Realgut Information kann also die Phasengliederung des Realgüterstroms eine analoge Verwendung finden.

Im Hinblick auf die Beziehungen zwischen den drei generellen Unternehmensprozessen gibt es beim Informationsprozess aber die bereits angesprochene Besonderheit, die auch durch die Darstellungen in Abbildung E-II-1 veranschaulicht wird: Mit dem Realgüterstrom wird der gesamte Leistungsprozess eines Unternehmens umfasst, und der Nominalgüterstrom bildet diesen – ebenfalls in ganzer Breite – geldmäßig ab. Im Informationsprozess werden beide Ströme aufeinander bezogen und hieraus Steuerungs- und Regelungsinformationen erarbeitet. Bei dem bereits in Abbildung E-I-1 erläuterten mehrfach zyklischen Verlauf und dem hierfür verwendeten Bild der fortlaufenden Spirale findet ein Durchlauf aller Phasen des Informationsgüterstroms bei jedem Zeitpunkt und Anlass der Informationserhebung und -verarbeitung statt. Hieraus resultiert jeweils eines der „Spiralglieder" des Informationsgüterstromes.

Wie die Klammer und die Erläuterung „ein Zyklus als:" im unteren Teil von Abbildung E-II-1 verdeutlichen, sind die dargestellten Phasen des Informationsgüterstroms also nicht als zeitliche und inhaltliche Entsprechung zum gesamten Prozess der betrieblichen Leistungserstellung und -verwertung zu verstehen. Es gibt hier lediglich eine strukturelle Identität. Zum betrieblichen Leistungs- und Finanzprozess wird eine Vielzahl von Informationen erhoben, verarbeitet und als Grundlage für den weiteren Entscheidungsprozess wieder abgegeben. Deren einzelne Phasenlängen sind – gerade beim Einsatz computergestützter Systeme – oft sehr kurz, so dass es bei einem hoch entwickelten Informationssystem prinzipiell möglich ist, eine hohe Reaktions- und Anpassungsgeschwindigkeit bei der Steuerung der primären Wertschöpfung zu erreichen. Informationen haben als immaterielle Wirtschaftsgüter Preise bzw. verursachen Kosten, und so sind bei einer Verbreiterung der informatorischen Basis immer auch Kosten-Nutzen-Überlegungen anzustellen.

Zu den **Einzelphasen im Informationsprozess** erfolgen nun einige generelle Anmerkungen:

- Bei der **Informationsaufnahme** kann eine Gruppierung nach den Merkmalen Objekt und Herkunft der Information vorgenommen werden. Nach dem Objekt sind Informationen zu unterscheiden, die entweder ein Unternehmen und seine Leistungserstellung betreffen oder die mit externen Sachverhalten wie Kunden und Märkten zusammenhängen. Diese Klassifizierung von Informationen, die sich einerseits auf Abläufe innerhalb von Betrieben/ Unternehmen erstrecken, oder die andererseits marktmäßige Entwicklungen und Beziehungen zum Gegenstand haben, lag bereits den einführenden Darstellungen zum Informationsgüterprozess in E.I. zu Grunde.
  Im Zusammenhang mit der Herkunft respektive der Quelle aufgenommener Informationen wird in interne und externe Informationsaufnahme untergliedert. Analog zum gerade vorgestellten Objektbereich von Informationen geht es nun um die Unterscheidung, ob eine Information im Unternehmen selbst erhoben und aufgenommen wird (z.B. Wareneingangsmeldungen oder Ergebnisse technischer Qualitätsprüfungen an Einsatzgütern, im Fertigungsprozess, an Endprodukten), oder ob diese aus dem Unternehmensumfeld in dessen Informationsprozess gelangt (z.B. Kundenanforderungen, Lieferanten- und Konkurrentenverhalten, Entwicklungen in Branche und Gesamtwirtschaft).
  Die Informationsmerkmale Objekt und Herkunft können bezogen auf ihre Ausprägungen in den verschiedenen Kombinationsmöglichkeiten gegeben sein: So kann eine intern aufgenommene Information einen externen Sachverhalt betreffen, wenn beispielsweise ein Mitarbeiter in einem Call-Center Kundenanregungen oder -reklamationen entgegennimmt. Externe Informationsaufnahmen betreffen i.d.R. den Außenbereich von Unternehmen. Aber auch hier kann ein Unternehmen selbst Objekt der Information sein, wenn z.B. ein beauftragtes Beratungsunternehmen die Ergebnisse durchgeführter Analysen der Geschäftsleitung übermittelt.
- Die **Speicherung von Informationen** hat – ähnlich der Lagerung von materiellen Realgütern – die Funktion einer zeitlichen Synchronisation zwischen Informationsbeschaffung, -verarbeitung und -verwendung. Dabei ist die Vorspeicherung von der Art der Zeichen- oder Datenträger abhängig. So können Druckwerke, Einzelschriftstücke und elektronische Daten in speziellen Archivierungssystemen für das Dokumentenmanagement eingestellt werden.
  Häufig entspricht die Form, in der Informationen ursprünglich aufgenommen werden, nicht der angestrebten und zweckmäßigen Speicherform. Dann werden spezielle Verarbeitungsprozesse durchgeführt, mit denen ein Wechsel der Speicherung und damit der Datenträger vorgenommen wird. Mit der neuen Speicherform resultiert daraus eine Nachspeicherung. In dieser Weise ist es heute in großen Unternehmen beispielsweise üblich, den gesamten eingehenden Schriftverkehr per Mikroverfilmung oder über Scanner in die EDV zu übernehmen und in dieser „papierlosen“ Form den jeweiligen Sachbearbeitern an deren

Bildschirme zu leiten. Die einzelnen Seiten werden hier zwar digitalisiert, das Zeichensystem der Informationen bleibt aber unverändert. An Stelle der Originalseiten lesen die Empfänger nun deren Inhalte lediglich am Bildschirm

- Bei der **Informationsverarbeitung** können außer solchen speicherformbedingten Vorgängen auch solche vorkommen, bei denen ein Wechsel des Zeichensystems unerlässlich ist. Hierzu kann als Beispiel wieder die elektronische Datenverarbeitung herangezogen werden: Bei manuell oder über Belegleser durchgeführten Buchungsvorgängen werden die Informationen aus den Originalbelegen in die intern binäre Codierung des Rechners überführt, damit diese dann für weitere elektronische Bearbeitungen zur Verfügung stehen.
  Hauptsächlich geht es bei der Verarbeitung von Informationen um inhaltliche Veränderungen respektive Verknüpfungen. Durch die Kombination verschiedener Informationen werden neue Aussagen generiert und damit neue Informationen erzeugt. So erfolgt beispielsweise im betrieblichen Rechnungswesen die kontenmäßige oder tabellarische Verbuchung einer Vielzahl von Einzelsachverhalten, und diese werden dann periodisch in mehreren Verarbeitungsschritten zu den bereits angesprochenen Ergebnisgrößen Unternehmenserfolg oder Betriebsergebnis aggregiert. Weitere Beispiele für Prozesse der Informationsverarbeitung mit inhaltlichen Veränderungsschritten sind die Erstellung von Beschaffungsmarktanalysen mit Erarbeitung von Angebotsübersichten oder die Durchführung von Wettbewerbsanalysen mit grafischer Verdichtung in einer Portfolio-Darstellung.
  Im Rahmen der inhaltlichen Verarbeitung von Information können auch Schritte gegeben sein, die der Komprimierung bzw. der Reduktion auf wesentliche Kernaussagen dienen. So werden z.B. für erste Analysen nicht alle Führungskräfte der unterschiedlichen Unternehmensebenen und -bereiche den kompletten Periodenabschluss eines Unternehmens erhalten; hier werden vielmehr Zusammenstellungen der verantwortungsspezifisch relevanten Kennzahlen vorgenommen.
- Die **Abgabe von Informationen** hat deren räumliche und zeitliche Übermittlung an die jeweiligen Empfänger zum Gegenstand. Wie bei der Informationsaufnahme können hier mit Bezug auf den Adressatenkreis die beiden Möglichkeiten einer internen und einer externen Abgabe von Informationen unterschieden werden. Wenn im externen Fall die Informationsabgabe an Personen oder Institutionen außerhalb des Unternehmens erfolgt, dann werden damit beispielsweise auf der Realgüterebene laufende Vorgänge abgeschlossen (Rechnungsstellung) oder neue angestoßen (Bestellung), es erfolgt auf der Nominalgüterebene eine Kommunikation mit Schuldnern oder Gläubigern, oder das Unternehmen kommt bestimmten Informationspflichten (z.B. gegenüber dem Finanzamt, Wirtschaftsverbänden, der amtlichen Statistik) nach.
  Im Fall der internen Abgabe von Informationen folgen auf diese i.d.R. Entscheidungen zur weiteren Steuerung und Regelung des Real- und Nominalgüterprozesses. Und mit diesen Führungsentscheidungen werden dann weitere Zyklen im betrieblichen Informationsprozess eingeleitet.
  Damit kann der wichtige Unterschied zwischen den generellen Güterströmen noch aus einer anderen Perspektive verdeutlicht werden: Ähnlich wie Real- und

Nominalgüter sind Informationen zum einen Objekte, die zu lenken – also aufzunehmen, zu speichern, zu verarbeiten und abzugeben – sind. Informationen als Resultate dieses Prozesses dienen zum anderen aber zur Lenkung und Steuerung der beiden anderen generellen Unternehmensprozesse. Die herausragende Stellung des Informationsgüterstroms für die unternehmerische Leistungserstellung und -verwertung kann also damit gekennzeichnet werden, dass Real- und Nominalgüter Lenkungsobjekte sind, während **Informationsgüter Lenkungsobjekte und -instrumente** darstellen.

| | ***Realgüterprozess*** | ***Nominalgüterprozess*** | ***Informationsgüterprozess*** |
|---|---|---|---|
| ***1. Gegenstand der Faktorkombination u. Leistungserstellung*** | **Materielle und immaterielle Realgüter** | **Generelle Werte als Pendant zu individuellen Werten (Realgüter)** | **Wissenserweiternde Informationen – vergangenheits- und vor allem zukunftsbezogen** |
| ***2. Gütererzeugung*** | **Produktion von Produkten und Dienstleistungen** | **Auf Nominalgüter bezogene realisierte Mehrwerte als Verzinsung des eingesetzten Kapitals** | **Informationsverarbeitung** |
| ***3. Bestandsprobleme*** | **Lagerhaltung** | **Kassenhaltung** | **Speicherung** |
| ***4. Parameterart*** | **Lenkungsobjekte** | **Lenkungsobjekte** | **Lenkungsobjekte *und* -instrumente** |
| ***5. Steuerungsinstrumente*** | **Prozesssteuerung/ Produktionslenkung** | **Finanzrechnung/ Finanzplanung** | **Informations- und Kommunikationsplanung/ -steuerung** |
| ***6. Systeme*** | **Beschaffungs-/ Produktions- und Absatzsystem** | **Finanzsystem**<br>**Rechnungswesen:** **Finanzbuchhaltung mit Bilanz** | **Informationssystem**<br>**Rechnungswesen:** **Betriebsbuchhaltung** |
| ***7. Zielkategorien*** | **Produktziel (-arten und -mengenziel)** | **Liquiditätsziel** | **Steuerung der Zielerreichung** |
| | **Erfolgsziel** | **Erfolgsziel** | |

**Abb. E-II-2:** Zentrale Aspekte der generellen Unternehmensprozesse im Überblick

Mit der abschließend zur Behandlung der grundlegenden Güterströme und ihren Phasengliederungen wiedergegebenen Abbildung E-II-2 werden die **zentralen Aspekte der generellen Unternehmensprozesse** noch einmal im Überblick zusammengefasst und dargestellt. Dabei erfolgt zunächst eine Charakterisierung des Gegenstandes der Faktorkombination und der Gütererzeugung (Zeile 1 und 2) sowie der dadurch gegebenen Bestandsproblematik (Zeile 3).

In Zeile 4 geht es mit dem Aspekt „Parameterart" dann um die gerade thematisierte Einordnung als Lenkungsobjekt bzw. Lenkungsinstrument. Wenn Informationsgüter zusätzlich auch Lenkungsinstrumente sind, dann wird mit den Verzweigungen in der Abbildung verdeutlicht, dass die Steuerungsinstrumente (Zeile 5) für das Erreichen der Zielkategorien (Zeile 7) in den verschiedenen Systemen (Zeile 6) letztlich alle informationsbasiert sind. Diese generelle und grundlegende Funktion von Informationen ist als Steuerung der Zielerreichung in die letzte Tabellenzelle rechts unten eingetragen.

Mit den in Zeile 7 aufgeführten real- und nominalgüterbezogenen Zielkategorien wird die Querverbindung zur Zielstruktur eines Unternehmens noch einmal deutlich: Bei der bedarfsbezogenen Erstellung und dem Absatz von realen Marktleistungen als Produkten oder Dienstleistungen, also dem wirtschaftlichen Grundzweck (Produktziel) eines Unternehmens, ist im hiermit korrespondierenden Nominalgüterprozess für eine jederzeitige Zahlungsfähigkeit Sorge zu tragen (Liquiditätsziel). Gelingt dieser „Zweiklang", dann können mit den Leistungen für Absatzmärkte Gewinne als geldmäßige Mehrwerte des eingesetzten Kapitals und damit als Basis für Fortbestand und Wachstum des Unternehmens realisiert werden (Erfolgsziel).

## III. Phasenverläufe am Beispiel der Auftragsfertigung

Wie kann der gesamte Verlauf der generellen Güterströme an einem Beispiel grafisch veranschaulicht werden?

Die Darstellungen zu den generellen Unternehmensprozessen und ihren Phasengliederungen wollen wir nun noch mit einem **praktischen Beispiel** illustrieren. Dabei gehen wir von dem Fall der **Auftragsfertigung** aus. Im Unterschied zur Lagerfertigung zeichnet sich diese Form der Leistungserstellung dadurch aus, dass die wesentlichen Produktmerkmale über die Anforderungen und Wünsche eines Kunden festgelegt werden. Den Anstoß zur Leistungserstellung bildet hier in jedem Fall der Kundenauftrag mit seinen näheren Produktspezifikationen, und so kann man auch von einer **Sonderanfertigung** – oder auf englisch von „Built-to-order" – sprechen. Dies entspricht der modernen Sichtweise des Marketing, nämlich Produkte kundenspezifisch gestaltet zu verkaufen. Man nennt dies „One-to-one-Marketing".

Bei dieser auftragsspezifischen Erstellung von einzelnen Gütern handelt es sich aus produktionstechnischer Sicht i.d.R. um eine Einzelfertigung (im Gegensatz zur Serien-, Sorten- oder Massenfertigung; siehe hierzu F.III.4.). Beispielsweise in der

Automobilindustrie ist es auch möglich, über eine differenzierte Fertigungssteuerung Pkws in Serienfertigung zu erstellen, deren einzelne Ausstattungsmerkmale von den Kunden individuell zusammengestellt worden sind. Die undifferenzierte Massenfertigung wird dadurch überwunden und auf der Basis von bestimmten Grundmodellen nach Kundenanforderungen differenziert. Unter dem Aspekt eines lagerlosen Absatzes erfolgten zu dieser **Mass Customization** bereits Erläuterungen im vorangegangenen Unterkapitel.

Bei unserem Beispiel gehen wir von einem Automobilbauunternehmen aus, das serienmäßige Geländewagen zu individuell gestalteten Sonderfahrzeugen veredelt. Ein Kunde wünscht ein offenes Fahrzeug, das mit einem modifizierten Fahrwerk, extrabreiten Reifen auf Leichtmetallfelgen und einem Überroll- sowie einem Frontbügel ausgestattet ist und das eine ganz spezielle Metalliclackierung erhalten soll. Der vereinbarte Preis betrage 23.000 EUR.

Abbildung E-III-1 zeigt den Phasenverlauf der generellen Güterströme bei einer derartigen Auftragsfertigung. Dabei werden die wesentlichen Sachverhalte auf den einzelnen Ebenen in ihrem Grundzusammenhang visualisiert. Das Schema hat eine prinzipielle Gültigkeit, deshalb wurde hier darauf verzichtet, nähere Angaben zu unserem Beispielfall einzutragen.

Am Beginn der Geschäftsbeziehung zwischen dem Jeep-Interessenten und dem Automobilbauunternehmen werden Gespräche über die Realisierbarkeit der speziellen Wünsche des Kunden stehen. Gehen diese positiv aus, werden beide Parteien einen Vertrag schließen, der die Produktspezifikationen enthält und Rechte und Pflichten der Partner festlegt. Für das Unternehmen ist dieser Vertrag der Auftrag zur Erstellung der Leistung, und mit dem **Auftragseingang (AE)** beginnt dessen Abwicklung im **Realgüterstrom**.

Mit der Entgegennahme des Auftrags geht der Autobauer eine Realverpflichtung als **Realverbindlichkeit (RV)** ein, und zwar auf die Erstellung und Übereignung des Sonder-Jeeps. Der Kaufpreis wird nach Abnahme des fertigen Fahrzeuges fällig, und so ist auf der Nominalgüterebene bis dahin von einer **Kredithingabe (KH)** respektive einer Kreditgewährung durch das Unternehmen auszugehen. In der Praxis wird für eine derartige Sonderanfertigung i.d.R. eine Anzahlung bei Vertragsabschluss, manchmal auch der gesamte Betrag als so genannte „Vorkasse" verlangt. Hierauf wird am Ende des Beispiels noch einmal zurückgekommen.

Der Kredithingabe bezogen auf den Wert des modifizierten Fahrzeuges steht in gleicher Höhe eine **Nominalforderung (NF)** auf Zahlung des Kaufpreises gegenüber. Real- und Nominalgüterstrom werden hier also in ihrer direkten und zeitpunktbezogenen Verknüpfung dargestellt. In der Finanzbuchhaltung wird hiervon teilweise abgewichen, indem z.B. Forderungen erst nach Rechnungsausgang verbucht werden. Zur Erlangung eines Grundverständnisses der Zusammenhänge ist allerdings von diesen originären Beziehungen auszugehen.

Der Auftrag löst auch im **Informationsgüterstrom** einen ersten Zyklus aus: Im Rahmen der Fertigungsvorbereitung geht eine Anfrage an das Lager, ob neben dem Grundfahrzeug alle Fahrwerks- und Anbauteile sowie der Sonderlack vorrätig sind. Wir nehmen an, das sei nicht der Fall, und so erfolgt ein **Bestellausgang (BA)** über diese Einsatzgüter. Dies entspricht einer **Realforderung (RF)** des Unternehmens über diese Teile gegenüber dem Zulieferer – vereinfachend gehen wir von nur einem Lieferanten aus. Bezogen auf die bestellten Güter liegt auf der Nominalgüterebene damit eine **Nominalverbindlichkeit (NV)** der Automobilfirma gegenüber dem Lieferanten vor, und da ein Warenbezug gegen Rechnung möglich ist, bedeutet dies gleichzeitig einen **Kreditempfang (KE)** respektive eine Kreditaufnahme in Höhe des Warenwertes.

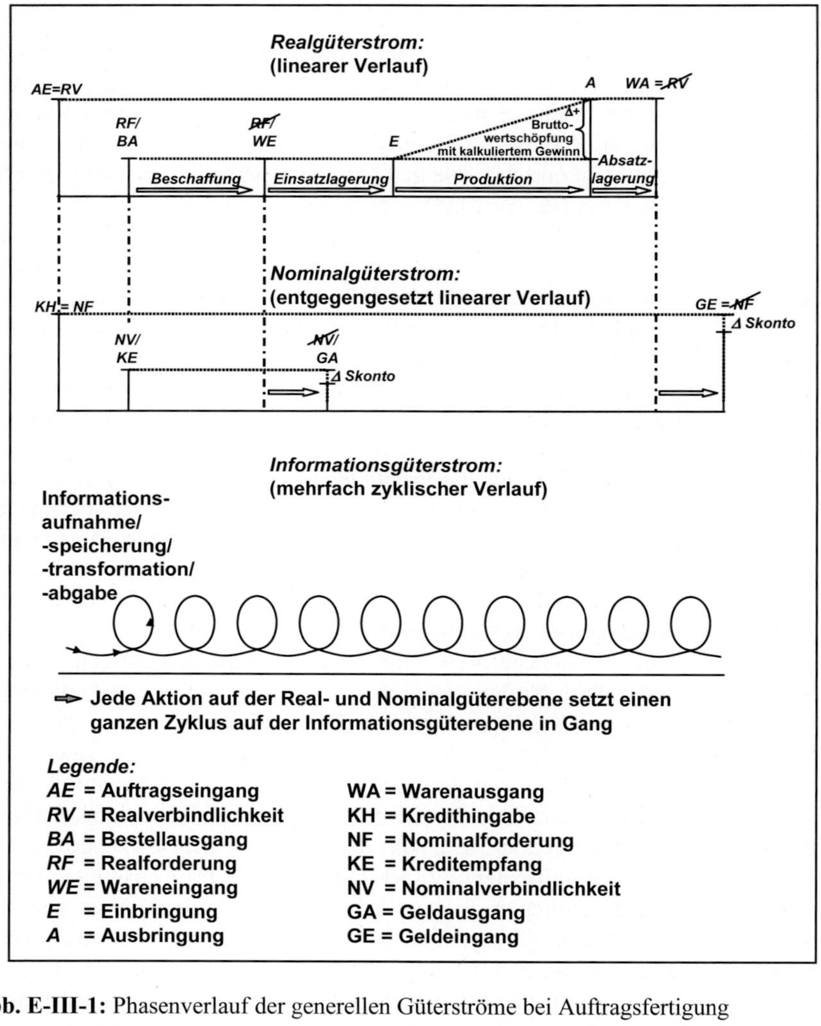


**Abb. E-III-1:** Phasenverlauf der generellen Güterströme bei Auftragsfertigung

Wenn das Automobilbauunternehmen die bestellten Einheiten erhält, dann erlischt – mängelfreie Lieferung vorausgesetzt – die hierauf bezogene Realforderung. Der **Wareneingang (WE)** ist im Lagerbestandssystem zu vermerken, und an die Finanzbuchhaltung erfolgt eine hierauf bezogene Meldung zur Anweisung des Warenpreises. Damit sind mit dem Eintreffen der beschafften Güter wiederum zyklische Aktivitäten auf der Informationsgüterebene verbunden.

Im **Nominalgüterstrom** kommt es mit der Rechnungsbegleichung zu einem **Geldausgang (GA)**. Dieser wird, abhängig vom gesetzten Zahlungsziel, etwas zeitversetzt nach dem Wareneingang erfolgen können. Wenn die Möglichkeit eines Skontoabzuges (siehe hierzu C.I.3.c.) vom Lieferanten gewährt wird, dann kann der Rechnungsbetrag bei einer Zahlung innerhalb der Skontofrist um den Skontoabzug vermindert werden (in E-III-1 als Δ Skonto vermerkt).

In Abhängigkeit von anderen Aufträgen unseres Sonderfahrzeugherstellers kann es sein, dass nicht sofort nach der Anlieferung aller Teile und Komponenten mit den Arbeiten zur Herstellung des vom Kunden bestellten, individuellen Jeeps begonnen wird. Auf der Realgüterebene ist in diesem Fall eine **Einsatzlagerung** zwischengeschaltet. Mit der **Einbringung (E)** beginnt die Produktion, und damit werden auch wieder Zyklen im Informationsprozess angestoßen. Diese werden insbesondere Zwecken der Produktionssteuerung und der Kostenrechnung dienen, hierauf gehen wir an dieser Stelle nicht näher ein.

Die Produktion endet mit der **Ausbringung (A)**. Jetzt weist das Fahrzeug alle zu Beginn dieses Auftrages zwischen dem Unternehmen und dem Kunden vereinbarten Merkmale auf, und so entspricht es nun auch dem in unserem Beispiel anfangs vereinbarten Wert von 23.000 EUR. In der schematischen Skizze kann die Säule zum Prozesszeitpunkt der Ausbringung damit bis zur Höhe von Auftragseingang und Realverbindlichkeit gezogen werden. Als Δ+ ist dort auch die Differenz zwischen dem geldmäßigen Wert des Produktes und dem der beschafften Einsatzgüter eingetragen. Dieser güterbezogene Mehrwert wird als **Bruttowertschöpfung** oder auch als **Rohergebnis** bezeichnet und enthält dabei auch den kalkulierten Gewinn für diesen Auftrag. Die Bezeichnung „Roh"ergebnis weist darauf hin, dass bei dieser Differenz lediglich die Werte der Einsatzmaterialien und des Endproduktes gegenübergestellt werden. Die direkten Lohnkosten (Lohneinzelkosten) und anteilige Kosten beteiligter Abteilungen (z.B. Beschaffung, Fertigungssteuerung, Absatz) als so genannte Gemeinkosten sind hier noch gesondert in Anrechnung zu bringen. Auf dem Weg einer Nachkalkulation kann dann festgestellt werden, ob der kalkulierte Gewinn pro Auftrag – oder bezogen auf einen Abrechnungszeitraum – als Umsatzrentabilität (= Gewinn/Umsatz; siehe hierzu D.I.3. und F.IV.5.) realisiert werden konnte.

Möglicherweise tritt auch in unserem Beispielfall noch eine **Absatzlagerung** ein, beispielsweise dadurch, dass die Produktion vorgezogen werden konnte und die Übergabe des Fahrzeugs aber erst am vorher festgelegten Termin stattfinden soll. Der Fall, dass eventuell der Sonderlack des Fahrzeuges eine gewisse Zeit zur Aushärtung braucht, wäre zur Produktionsphase zu rechnen. Die Absatzlagerung betrifft nur absatzreife Produkte, und bei Auftragsfertigungen dürfte diese generell nur sehr kurz sein.

Die Auslieferung oder die Übergabe des Sonder-Jeeps ist als **Warenausgang (WA)** festzuhalten, und nun geht dieser Zyklus der konkreten Geschäftsbeziehung seinem Ende entgegen. Hat der Automobilbauer das Fahrzeug mängelfrei erstellt, dann wird er mit dessen Übergang in den Verfügungsbereich des Kunden von seiner Realverbindlichkeit befreit. Und wenn der Kunde – je nach Zahlungsziel etwas zeitversetzt zur Rechnung – den vereinbarten Preis bezahlt, dann hat das Unternehmen einen **Geldeingang (GE)** zu verzeichnen. In der Regel wird auch vom

Hersteller dem Kunden ein Skonto von beispielsweise zwei Prozent des Rechnungsbetrages gewährt, um den Geldeingang zu beschleunigen. Mit dem Begleichen der Rechnung durch den Kunden erlischt dann auch die Nominalforderung des Unternehmens, und dieses Beispielgeschäft ist damit abgeschlossen.

Wenn wir zum Ende unserer Beispieldarstellung noch einmal auf die mögliche Leistung von **Anzahlungen** oder die komplette Kaufpreiszahlung bei Vertragsabschluss als **Vorkasse** durch den Abnehmer zurückkommen, dann betrifft dies Veränderungen der **Überbrückungsdauer der Finanzierung** des Automobilbauunternehmens gegenüber der bisher angenommenen Zahlungsmodalität. Wir waren zunächst davon ausgegangen, dass der Kaufpreis in voller Höhe erst bei Auslieferung des veredelten Jeeps fällig wird. Hierbei muss das Unternehmen die Beschaffungsgüter vorfinanzieren, deshalb ist hierauf bezogen der Zeitraum vom Geldausgang für diese Waren bis zum Geldeingang vom Kunden für das Fahrzeug zu überbrücken.

Mit einer Anzahlung fließt dem Unternehmen dagegen bereits zu einem früheren Zeitpunkt Liquidität zu. In Wirtschaftszweigen mit wertmäßig hohen Einzelaufträgen und langer Dauer der Leistungserstellung, wie beispielsweise dem Maschinen-, Anlagen- oder Wohnungsbau, ist die Vereinbarung solcher Vorauszahlungen branchenüblich. Wenn wir von einer Anzahlung auch bei unserem Beispiel zur Auftragsfertigung des Geländewagens ausgehen, so **reduzieren sich** in deren Höhe die verbleibende **Kredithingabe** und die entsprechende **Nominalforderung** des Unternehmens gegenüber dem Kunden. Im Falle der vollen Vorauszahlung als Vorkasse kommt es zu keiner Kredithingabe und die Nominalforderung wird in voller Höhe bereits bei der Auftragserteilung beglichen. Die **Realverbindlichkeit** des Herstellers auf Lieferung des Jeeps mit den vereinbarten Ausstattungsmerkmalen bleibt bei derartigen Veränderungen der Zahlungsmodalitäten selbstverständlich **unberührt**. Sie erlischt erst mit der Übergabe des Fahrzeugs.

Das Automobilbauunternehmen hat bei Kundenanzahlungen eine größere Sicherheit bezogen auf die Abnahme des Geländewagens durch den Kunden. Bei dem **vorgezogenen Liquiditätszufluss** kann das Unternehmen ferner „mit dem Geld des Kunden arbeiten“ – es werden geringere Beträge bei den Einsatzgütern zu überbrücken sein. Bei voller Vorkasse (Auftragseingang = Geldeingang) kann dieser Betrag bis zur Begleichung der Materialrechnung für beschaffte Güter sogar in voller Höhe frei verwendet werden. Damit wird deutlich, dass Anzahlungen und Vorauszahlungen für das auftragnehmende Unternehmen ein Finanzierungsinstrument darstellen. Es handelt sich hierbei um **Kundenkredite**, und diese stehen den von Lieferanten über die Vereinbarung von Zahlungszielen gewährten Lieferantenkrediten gegenüber. Anders als beim Lieferantenkredit und dessen Verzinsung über die Nicht-Ausnutzung des Skontosatzes bei voller Inanspruchnahme des Zahlungsziels werden Kundenanzahlungen i.d.R. aber dem Unternehmen zinslos zur Verfügung gestellt.

Bei derartigen Vorteilen für das auftragnehmende Unternehmen stellt sich damit die Frage nach der **Gegenleistung für den Kunden**: Diese kann dahingehend vereinbart werden, dass das Unternehmen dem Kunden bei Anzahlungen bzw. der kompletten Vorkasse erhöhte Skontosätze gewährt. Wenn z.B. normalerweise 2% üblich sind, dann können im Fall von Anzahlungen 3% oder für die volle Vorauszahlung 5% bei Rechnungsbegleichung innerhalb der Skontofrist als Zinsabschlag für die vorfristige Überlassung der Geldmittel verabredet werden. Als Sicherheit dafür, dass der Auftragnehmer seine Leistung auch erstellt respektive die vorausgezahlten Beträge bei einer Nichterfüllung nicht verloren sind, kann der Kunde vom Unternehmen auch eine hierauf bezogene Bankbürgschaft fordern. Die Gebühren für deren Beibringung würden indirekte Kosten des Unternehmens für den Kundenkredit darstellen.

# IV. Phasen und Informationsarten im Führungsprozess

Welche Phasen und Phaseninhalte weist der Führungsprozess auf? Welche Steuerungsparameter und Informationsarten kennzeichnen die fortwährende Verarbeitung von Informationen in diesem Prozess?

Mit der Abbildung E-III-1 zu den Phasenverläufen bei Auftragsfertigung wurden ausgewählte Einzelaktivitäten innerhalb der generellen Güterströme und deren Konsequenzen auf den anderen Ebenen in ihrer direkten Entsprechung dargestellt. Insbesondere wurde dabei am Beispiel nachvollziehbar, dass Aktionen im Realgüterstrom (linearer Verlauf) und auf der Nominalgüterebene (entgegengesetzt linearer Verlauf) im Informationsprozess jeweils einen kompletten Informationszyklus in Gang setzen.

Damit wird die große Bedeutung von Informationen als Wirtschaftsgüter noch einmal deutlich. ARNOLD PICOT und EGON FRANCK bezeichnen diese als die unternehmerische Ressource schlechthin. In einer zunehmend vernetzten und globalisierten Wirtschaft, bei der die Entwicklungsprozesse für neue Leistungen und deren Vermarktung mit steigender Geschwindigkeit ablaufen, werden die Bandbreiten für einen erfolgreichen Marktauftritt immer schmaler. Hierbei werden dann **Informationen zum wichtigsten und entscheidenden Wirtschaftsgut**.

In diesem Zusammenhang steigen allerdings auch die **Anforderungen an die Unternehmens- sowie die Personalführung**. Wenn auch zahlreiche Prozesse bei der Erstellung und dem Absatz von Leistungen (voll-)automatisiert ablaufen, so sind doch eher mehr als weniger Steuerungs- und Regelungsentscheidungen notwendig, um die Unternehmen in den engeren „Erfolgskorridoren" zu halten.

Deshalb gehen wir hier im letzten Unterkapitel zu den generellen Prozessen im Unternehmen noch gesondert auf den Führungsprozess ein. In der Terminologie von ERICH GUTENBERG wird hiermit der dispositive Faktor (Geschäfts- oder Betriebsleitung) mit seinen Hauptaufgaben Planung und Organisation angesprochen, die beide auf Informationsgüter konzentriert sind. Er ist den betriebswirtschaftlichen Elementarfaktoren Arbeit, Werkstoffe und Betriebsmittel übergeordnet. Durch letztere vollzieht sich die primäre Wertschöpfung, und diese wird durch den Führungsprozess geleitet. In F.I. werden zu diesen sekundären Aktivitäten verschiedene übergeordnete und flankierende Phasen unterschieden.

Aus einer generellen Perspektive kann der **Führungsprozess als Informationsprozess** gekennzeichnet werden, um Personen sowie Maschinen im Unternehmen **zielgerichtet und ergebnisorientiert** einzusetzen und zu steuern.

Aussagen zum Führungsprozess erfolgten bereits an früherer Stelle in diesem Buch, so z.B. in A.II.1. bei der Vorstellung des einfachen Prozessschemas zur Zielsetzung und -realisierung (Abb. A-II-5). Dort stand die Bewertung der Wirtschaftlichkeit/ Ergiebigkeit im Vordergrund der Ausführungen. Und in D.I.1.wurde ein Überblick zur Zielfindung und Zielableitung gegeben (Abb. D-I-1). Nun stellen wir den Führungsprozess noch einmal in seinem gesamten Ablauf unter dem Aspekt der Verarbeitung von Informationen dar (hierzu Abb. E-IV-1):

- Im Rahmen der **Zielplanung** als 1. Phase werden Vorgaben erarbeitet und dadurch SOLL-Zustände festgelegt. Damit dreht es sich hier um normative Informationen, welche die Ziele bestimmen. Dabei fließen Normen und Wertanschauungen mit ein.
- Bei der Abgleichung der Ziele mit dem **Istzustand** in der 2. Phase sind unterschiedliche Informationen zu verarbeiten bzw. als Resultate zu erarbeiten. So geht es bei der Kennzeichnung der Lage um den IST-Zustand, und damit handelt es sich hier um faktische Informationen. Die Frage, wie sich ein Unternehmen oder ein Bereich ohne neue Maßnahmen entwickeln wird, führt zur Lageprognose und diese beinhaltet WIRD-Aussagen. Hiermit liegen prognostische Informationen vor. Aus den Zielen, der Lage und der Lageprognose lässt sich der Handlungsbedarf ableiten. Hierzu werden Informationen zur SOLL–IST- und zur SOLL–WIRD-Beziehung benötigt, welche die Größe der Lücke und damit des Problems kennzeichnen.
- Auch die **Maßnahmenplanung** als 3. Phase beinhaltet wiederum andere Informationsarten. So geht es zur Deckung der am Ende der 2. Phase erkannten „strategischen Lücken" in der Unternehmensentwicklung bei der Alternativensuche um konjunktive Informationen, die in KANN*-Aussagen gefasst werden. Der hinzugesetzte Stern * weist darauf hin, dass nun neue Maßnahmen bewertet werden. Für solche neuen Alternativen ist die Wirkung über die Zeit zu prognostizieren, und damit entstehen WIRD*-Aussagen. Abschließend sind Bewertungen erforderlich, inwieweit neue Maßnahmen zum Erreichen der unter 1. gesetzten Ziele beitragen. Hierfür sind Informationen notwendig, die SOLL–WIRD*-Beziehungen abbilden.
- Bei der **Entscheidung** in der 4. Phase tritt kein neuer Steuerungsparameter und damit keine neue Informationsart auf. Eine oder mehrere der in der 3. Phase entwickelten Alternativen werden nun aufgrund ihrer Wirkungsprognosen und Bewertungen zur Durchführung ausgewählt.
- Im Rahmen der **Durchführung** als 5. Phase werden laufend eine ganze Reihe von Steuerungs- und Regelungsvorgängen mit entsprechenden Informationsverarbeitungen notwendig sein. Der insgesamt mit der Abbildung E-IV-1 vorgestellte Prozess läuft hier gewissermaßen „im Kleinen" wiederholt und mehrfach ab. Bezogen auf die Ebene der Gesamtunternehmensentwicklung sind die realisierten Ergebnisse nach der Durchführung einzelner Maßnahmen wichtig;

hierzu werden faktische Informationen erhoben und in IST*-Aussagen formuliert.

| *Phasen:* *Fragen:* | *Phasen-inhalte:* | *Steuerungsparameter/ Info.art: (* = neue Aktion)* |
|---|---|---|
| *1. Zielplanung* | | |
| ↳ Was ist zu erreichen? | Vorgabe | SOLL |
| *2. Istzustand* | | |
| ↳ Wo stehen wir? | Lage | IST |
| ↳ Wie ist die Entwicklung ohne neue Maßnahmen? | Lageprognose | WIRD |
| ↳ Wie groß sind die Abweichungen zwischen Zielen, Lage und Lageprognose? | Problemerkenntnis/ Handlungsbedarf | SOLL–IST<br>SOLL–WIRD |
| *3. Maßnahmenplanung* | | |
| ↳ Was sind zweckmäßige Maßnahmen? | Alternativensuche | KANN* |
| ↳ Was sind die Wirkungen der geplanten Maßnahmen? | Wirkungsprognosen | WIRD* |
| ↳ Wie groß sind die Zielerreichungsgrade der geplanten Maßnahmen? | Bewertungen | SOLL–WIRD* |
| *4. Entscheidung* | | |
| ↳ Wie viel von was ist wie einzusetzen/ durchzuführen? | Auswahl unter verschiedenen Alternativen | |
| *5. Durchführung* | | |
| ↳ Gegenstand der Führung | | |
| ↳ Anleitung/ Motivation/ Organisation | | |
| ↳ Umsetzung der Maßnahmen | Realisierte Ergebnisse | IST* |
| *6. Kontrolle* | | |
| ↳ Was ist wie gut erreicht worden? | | |
| ↳ Wie klein oder groß sind die Abweichungen von den formulierten Zielen? | Zielerreichungsgrade | (SOLL≙WIRD*)–IST* |

**Abb. E-IV-1:** Phasen und Informationsarten im Führungsprozess

- Auf dieser Basis kann dann in der 6. Phase eine **Kontrolle** der Zielerreichung erfolgen. Dabei kann die eingangs formulierte SOLL-Vorgabe mit der aufgestellten Wirkungsprognose der neuen Maßnahmen WIRD* gleichgesetzt werden, da diese Maßnahmen aufgrund dieser Entsprechung ausgewählt wurden (SOLL≙WIRD*). Die Frage ist nur, ob die Wirkungen in der Realität erreicht wurden. Hierzu wird die Beziehung SOLL–IST* gebildet. Diese Differenz kennzeichnet, inwieweit das formulierte Ziel erreicht wurde. Der Zielerreichungsgrad lässt sich auch entsprechend der Definition von Effektivität in A.II.1. als Verhältniszahl aus IST* und SOLL ausdrücken. Er wird dann in Prozent gemessen. In dieser Phase auftretende Abweichungen sind genau zu analysieren und in weiteren Zyklen dieses Führungsprozesses zu berücksichtigen.

Mit der Abbildung E-IV-1 wurde über die Phasennennungen, die charakterisierenden Fragen/ Aktivitäten und die Kennzeichnungen der Phaseninhalte sowie insbesondere über die unterschiedlichen Steuerungsparameter und Informationsarten das Ziel verfolgt, eine knapp gefasste Abbildung zum Führungsprozess zu bieten, die dessen Vielschichtigkeit vor allem aus der Perspektive einer fortwährenden Informationsverarbeitung verdeutlicht.

## V. Literaturhinweise zum Kapitel E

### *Zu E.I. Kennzeichnung grundlegender Güterströme als generelle Unternehmensprozesse:*

Bode (1997); Chandler (1962); Chmielewicz (1973); Eisele (2005b); Erichson/Hammann (2005); Koerber, von (1996); Kosiol (1962/1976); Kosiol (1968); McLuhan/Powers (1989/1995); Nordsieck (1932/1962); Nordsieck (1961/1972); Pieper (2002); Probst/Raub/Romhardt (2003); SAP AG (2004); Schmalenbach (1947); Schmalenbach (1948); Schobeß (1996); Siemens AG (2000); Siemens AG (2004b); Thommen/Achleitner (2006); Töpfer (1994); Töpfer (1996a); Töpfer (1996b); Töpfer/Frost (2002); Töpfer/Mehdorn (1996b); Wild (1982); Wittmann (1959); Wöhe/Döring (2005); Zahn (2005)

### *Zu E.II. Phasengliederungen der generellen Güterströme:*

Gräßler (2004); Gutowski (1999); Kosiol (1968); Piller/Stotko (2003); Schierenbeck (2003); Troßmann (2006); Wöhe/Döring (2005)

### *Zu E.III. Phasenverläufe am Beispiel der Auftragsfertigung:*

Eisele (2005a); Hildebrand (1997); Kosiol (1968); Scherrer (2005); Schierenbeck (2003); Thaler (2003); Thommen/Achleitner (2006); Wöhe/Döring (2005)

### *Zu E.IV. Phasen und Informationsarten im Führungsprozess:*

Picot/Franck (1988); Gutenberg (1983); Töpfer (1976a); Wild (1982)

# Kapitel F
# Entscheidungssituationen in unterschiedlichen Wertschöpfungsprozessen

**– Was sind wichtige Entscheidungen in den einzelnen Prozessen/ Phasen der Leistungserstellung und -verwertung, und welche Maßnahmen sind daraus abzuleiten? –**

## I. Die Prozesse und Phasen der Wertschöpfungskette

Was ist Wertschöpfung? Nach welchen generellen Prozessen lassen sich die Phasen der Wertschöpfung untergliedern? Auf welche Weise kann die Wertschöpfung von Unternehmen verschiedener Wirtschaftsstufen im Wertsystem abgebildet werden? Was sind Kernkompetenzen? In welchen Bereichen ist Outsourcing strategisch zweckmäßig? Wie lassen sich mit Hilfe des Analyse- und Gestaltungsinstruments der Wertschöpfungskette Wettbewerbsvorteile erreichen? Wie ist die Beziehung zwischen Wertschöpfungskette und Unternehmensorganisation?

Für Unternehmen in einer Wettbewerbswirtschaft ist die Gestaltung von Einzelprozessen der Erstellung und des Absatzes von Produkten oder Dienstleistungen grundsätzlich nicht losgelöst von deren jeweiligem Nutzen bzw. der Vorteilhaftigkeit des Endprodukts/ Gesamtangebots für die Kunden/ Abnehmer. Zur Verdeutlichung dieses Gesamtzusammenhangs bietet sich das sowohl analytisch als auch gestaltungsbezogen einzusetzende Instrument der Wertschöpfungskette an, was vorab einige generelle Anmerkungen zur Wertschöpfung erforderlich macht:

- Der Fachausdruck der **Wertschöpfung** entstammt der volkswirtschaftlichen Gesamtrechnung. Als Gesamtheit aller in einem Jahr produzierten Güter und Dienstleistungen wird hiermit das Sozialprodukt einer Volkswirtschaft über seine Entstehungsseite gekennzeichnet.
- Bezogen auf die einzelnen, insgesamt zu großen Wirtschaftsbereichen aggregierten Unternehmen (Land- und Forstwirtschaft, warenproduzierendes Gewerbe, Handel und Verkehr, Dienstleistungsunternehmen) ist dabei von den Überschüssen der Bruttoproduktionswerte (Verkaufserlöse + Bestandsveränderungen an Erzeugnissen + selbsterstellte Anlagen) über die Vorleistungen (Roh-,

Hilfs-, und Betriebsstoffe; Vorprodukte/ Halbfabrikate, Handelswaren) auszugehen.

- Diese Nettoproduktionswerte geben damit an, welche „Mehr-Werte“ die Unternehmen eines Wirtschaftsbereichs in einer Periode realisiert haben. Ihre Aufsummierung über alle Wirtschaftsbereiche liefert dann die im gesamten Unternehmenssektor realisierte Wertschöpfung.
  Zum Verständnis des Konstrukts der Wertschöpfung ist der folgende Zusammenhang noch einmal hervorzuheben:
  - Die in einer Periode erstellten und mit Preisen bewerteten Güter und Dienstleistungen stellen den Wertmaßstab für die Entstehung des Sozialprodukts einer Volkswirtschaft dar.
  - Über mehrere Wirtschaftsbereiche gesehen, sind jeweils Nettorechnungen vorzunehmen, um Doppelzählungen in der volkswirtschaftlichen Gesamtrechnung zu vermeiden. Die Wertschöpfung eines Wirtschaftsbereiches ergibt sich hierbei in einfacher Weise dadurch, dass von den bei der Marktleistungserstellung realisierten Bruttoproduktionswerten die fremdbezogenen Einsatzgüter oder -dienstleistungen als Vorleistungen abgezogen werden.

- Korrespondierend zur gesamtwirtschaftlichen Sichtweise wird mit der auf einzelne Unternehmen bezogenen betriebswirtschaftlichen Verwendung des Wertschöpfungsbegriffs herausgestellt, dass in jeder dieser Wirtschaftseinheiten eine Schöpfung von Werten stattfindet:
  - Wie bereits in A.I.3. gezeigt wurde, steht die volkswirtschaftlich respektive industrieökonomisch „inspirierte“ Wertorientierung der Betriebswirtschaftslehre in engem Zusammenhang mit den Betrachtungsweisen der Prozess- und der Qualitätsorientierung. Aufgrund wettbewerbsintensiver sowie turbulenter Markt- und Umfeldbedingungen sind diese Programme auf die Analyse und Optimierung sämtlicher zur Leistungserstellung und –verwertung notwendigen Einzelaktivitäten ausgerichtet. Gegenüber der traditionellen – sowie mehr oder weniger gleichberechtigten – Abgrenzung verschiedener Unternehmensfunktionen war hierzu ein anderer und stärker ergebnisorientierter Analyse- und Gestaltungsansatz erforderlich. Deshalb wurden die Kategorien der Wertschöpfung auf die betriebliche Ebene übertragen.
  - So wird auch in der Betriebswirtschaftslehre unter Wertschöpfung das **Ergebnis eines wertschaffenden Prozesses** verstanden: Unternehmen fügen zu den Werten, die sie als Vorleistungen von anderen Unternehmen übernommen hat, Werte hinzu, die vom Markt über die verlangten Preise honoriert werden. Anders formuliert, resultiert die Wertschöpfung eines Unternehmens aus der Differenz zwischen Verkaufspreisen der hergestellten bzw. weiterverarbeiteten Produkte und den Einkaufspreisen für die Vorprodukte.
  - Wie in der volkswirtschaftlichen Konzeption werden hierbei nur die Werte der Absatz- und der Einsatzgüter in eine Relation gebracht. Im unternehmensbezogenen Zusammenhang ist hierfür auch die Bezeichnung als Brut-

towertschöpfung gebräuchlich; zu einer Effizienzbeurteilung betrieblicher Prozesse sind dazu noch die Arbeitskosten, Miet-/ Pachtzahlungen sowie die Zinskosten in Ansatz zu bringen. Hierauf hatten wir in E.III. schon hingewiesen.

**Wertschöpfungsprozess und Wertschöpfungskette**

Festzuhalten bleibt, dass bei der Verwendung des Wertschöpfungsbegriffs im Bereich der Unternehmensführung die Einführung einer neuen Erfolgsgröße zunächst nicht im Vordergrund steht. Vielmehr geht es darum, den über mehrere Wirtschaftsstufen gegebenen „Veredelungsaspekt" für die betriebswirtschaftliche Analyse und Gestaltung nutzbar zu machen. Dies geschieht dann in der Art, dass innerhalb eines Unternehmens verschiedene Bereiche bzw. Bearbeitungsstufen unterschieden werden, die jeweils identifizierbare Beiträge zur Gesamtwertschöpfung liefern. Dies wird als Wertschöpfungskette eines Unternehmens bezeichnet.

**Ein Wertschöpfungsprozess ist die in einem sachlogischen Zusammenhang stehende, zeitliche Aneinanderreihung von inhaltlich unterschiedlichen Aktivitäten zur Schaffung eines Mehrwertes.**

In der modernen Betriebswirtschaftslehre konzentriert sich die Analyse wirtschaftlichen Handelns deshalb auf die Untersuchung der Wertbeiträge einzelner Akteure und auf ihre inhaltliche und zeitliche Abfolge. Die **Wertschöpfungskette** und die hierbei erarbeitete Wertschöpfung ist damit einerseits Gegenstand der **Methodik** solcher Analysen, andererseits zugleich aber auch das angestrebte Ergebnis.

Zum Konzept der Wertschöpfungskette sind zwei unterschiedlich weit reichende Modelle zu betrachten (Abb. F-I-1). Im oberen Teil wird als „Prototyp" solcher Anordnungen die **Wertkette** (Value Chain) **von PORTER** wiedergegeben. Bei der von uns entwickelten Erweiterten Wertschöpfungskette, die im unteren Teil abgebildet ist, findet zusätzlich das SOS-Konzept (siehe hierzu G.I.2.) Anwendung.

- Das Analyse- und Gestaltungsinstrument der Wertschöpfungskette wurde im Wesentlichen von MICHAEL E. PORTER entworfen. Er hat es in seinem 1985 erstmalig erschienenen Buch „Competitive Advantage" dargestellt.
    - PORTER bezeichnet seine Wertkette als den Verbund von Tätigkeiten in einem Unternehmen, durch die ein Produkt entworfen, hergestellt, vertrieben, ausgeliefert und unterstützt wird. Die hierzu in der Abbildung F-I-1 enthaltene Darstellung ist an die englischsprachige Originalausgabe angelehnt. In der unter dem Titel „Wettbewerbsvorteile" 1986 veröffentlichten deutschsprachigen Übersetzung gibt es neben einigen Eindeutschungen bei der Wertkette eine Vertauschung in der Anordnung (Ausgangslogistik rechts neben Marketing), die sich im Text und auch bei späteren Abbildungen allerdings nicht niederschlägt. Wir sprechen diese in verschiedenen Buchausgaben vorzufindende Abweichung deshalb an, da in der Literatur vielfach die PORTER-Wertkette in ihrer deutschsprachig vertauschten Form wiedergegeben wird.

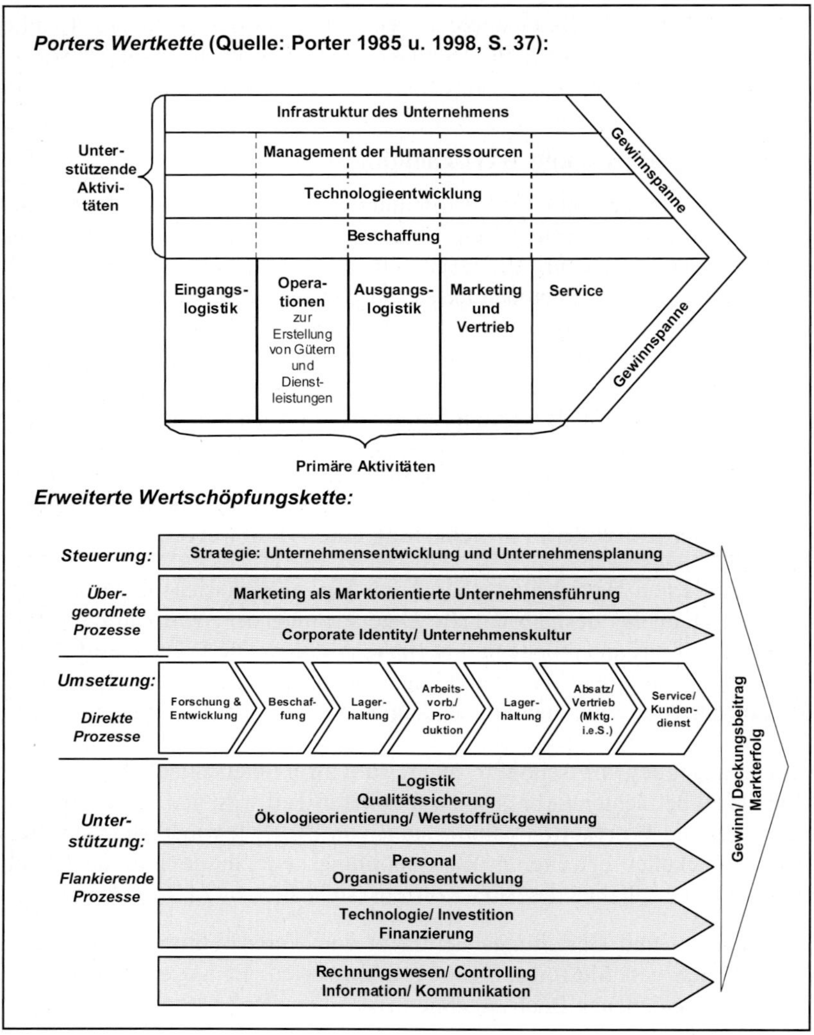


**Abb. F-I-1:** „Einfache" und Erweiterte Wertschöpfungskette

- Wie die Abbildung zeigt, geht PORTER bei seiner Wertkette von insgesamt neun für jedes Unternehmen abgrenzbaren Wertaktivitäten aus, wobei unmittelbar mit der Leistungserstellung und -verwertung befasste sowie unterstützende Bereiche unterschieden werden (fünf primäre Aktivitäten und vier unterstützende Aktivitäten). Neben diesen Wertaktivitäten besteht die Wertkette aus der rechts in der Pfeilspitze eingetragenen Gewinnspanne als dem Unterschiedsbetrag der insgesamt realisierten Werte (Umsätze) und der hierbei entstandenen Kosten.

- Über die damit festgelegte Zielrichtung der Wertkettenanalyse und -optimierung wird die **Grundidee des Wertkettenkonzepts** deutlich: Durch die Unterscheidung verschiedener wertschaffender Aktivitätsbereiche wird im Hinblick auf das Erreichen der Erfolgszielsetzung eines Unternehmens (siehe hierzu D.I.3.) ein Grundraster für eine abgestufte, markt- und wettbewerbsbezogene Steuerung gebildet. In dieser Differenzierung des gesamten Unternehmensprozesses liegt der hauptsächliche Bezug zum volkswirtschaftlichen Wertschöpfungskonzept. Seine betriebswirtschaftliche Anwendung zeigt sich insbesondere durch die Verwendung der Gewinnspanne (= Erlöse - Kosten) anstatt der Bruttowertschöpfung (= Absatzwerte - Vorleistungen) als Zielgröße.
- Bei den fünf von PORTER gegeneinander abgegrenzten **primären Wertaktivitäten** der „physischen" Herstellung und des Vertriebs von Marktleistungen handelt es sich um die folgenden, vor allem für Konsum- und Investitionsgüter – und in entsprechender Anpassung auch für Dienstleistungen – geltenden Kategorien:

  * **Eingangslogistik:**
    Empfang, Lagerung und innerbetriebliche Distribution von Produktbestandteilen (Roh-, Hilfs- und Betriebsstoffe, Vorprodukte/ Halbfabrikate), Reklamationen gegenüber Lieferanten
  * **Operationen:**
    Prozess der Leistungserstellung; Transformation der Inputs in das Endprodukt (ggf. mehrstufige Bearbeitung, Montage/ Qualitätssicherung/ Verpackung/ Instandhaltung der Anlagen)
  * **Ausgangslogistik:**
    Zusammenstellung, Lagerung und Auslieferung von Fertigprodukten an die Abnehmer/ Kunden; Auftragsabwicklung
  * **Marketing und Vertrieb:**
    Schaffung von Präferenzen bei den Abnehmern zum Kauf der Produkte (Außendienst, Verkaufsförderung, Werbung), Auswahl und Pflege der Vertriebswege, Preisfestsetzung
  * **Service:**
    Werterhaltung der Produkte/ Unterstützung des Absatzes (Installation, Reparatur, Ersatzteile, Schulung/ Ausbildung)

- Zu den **unterstützenden Aktivitäten** gehören diejenigen Tätigkeiten, die zur Ausübung respektive Aufrechterhaltung der Primäraktivitäten notwendig sind und in diesem Sinne auch Wert schaffen. PORTER teilt sie in vier Gruppen ein:

  * **Beschaffung:**
    Dieser Bereich umfasst die Funktion des Einkaufs sämtlicher innerhalb der Wertschöpfungskette benötigter Inputs. Deren Spektrum reicht von Materialien und Komponenten über Maschinen/ Anlagen bis hin zu strategischen Beratungsleistungen, der Verpflegung und den Übernachtungen bei Dienstreisen.

* **Technologieentwicklung:**
  Diese Kategorie hat sämtliche technologischen Aspekte der Wertaktivitäten zum Gegenstand. Hinausgehend über die Aufgaben eines F&E-Bereichs wird hierdurch sowohl eine generelle Unterstützung aller eingesetzten Produkt- und Verfahrenstechnologien als auch deren Verbesserung/ Weiterentwicklung und Erneuerung geleistet.
* **Management der Humanressourcen:**
  Hier stehen die Mitarbeiter eines Unternehmens und damit sein Humankapital im Mittelpunkt. Die Unterstützungsaktivitäten beziehen sich beispielsweise auf die Personalbeschaffung und -freisetzung, das Lohn-/ Gehaltssystem sowie insbesondere auf die Personalentwicklung (Aus- und Fortbildung/ Training/ ggf. auch durch Corporate Universities als Firmenuniversitäten).
* **Unternehmensinfrastruktur:**
  Diese Unterstützungsfunktion trägt alle übrigen Wertaktivitäten und damit die gesamte Wertkette. Hierzu rechnen nach Porter die Gesamtgeschäftsführung, die strategische Unternehmensplanung, die Finanzierung, das Rechnungswesen sowie auch die generelle Qualitätskontrolle, die Rechtsabteilung und die Beziehungspflege gegenüber der Öffentlichkeit und den Investoren.

- Mit der unternehmensbezogenen Wertkette von PORTER liegt ein Analyse- und Gestaltungsrahmen vor, der im spezifischen Anwendungsfall weiter zu differenzieren und mit konkreten Inhalten/ Benennungen zu füllen ist. Nach PORTER ist hierbei die Unterscheidung in folgende **drei Aktivitätstypen** vorzunehmen, und dies betrifft sowohl die primären als auch die unterstützenden Wertaktivitäten:

  * **Direkte Aktivitäten:**
    Solche sind direkt an der Wertbildung für Kunden beteiligt (z.B. Produktgestaltung und -erstellung oder auch die Werbung und der Verkauf).
  * **Indirekte Aktivitäten:**
    Diese ermöglichen die kontinuierliche Ausführung direkter Aktivitäten (z.B. Instandhaltung, Verwaltungstätigkeiten). Derartige Tätigkeiten sind ebenfalls bei den unterstützenden Aktivitäten abzugrenzen (z.B. die Forschungsverwaltung bei der Technologieentwicklung).
  * **Qualitätssicherung:**
    Einen gesonderten Typ von Aktivitäten bilden nach PORTER diejenigen Tätigkeiten, mit denen die Qualität anderer Vorgänge gesichert wird (also Überwachung und Kontrolle, Güteprüfung, Testen, Anpassung und Überarbeitung).

- Ausgehend von seiner Branchensituation kann ein spezielles Unternehmen den Rahmen der Wertkette von PORTER also seiner Position und Lage entsprechend ausfüllen. Die einzelnen Aktivitätsfelder sind dann mit den spezifischen Tätigkeiten dieses Unternehmens belegt. Mit einer solchen Wertkettenanalyse liegt eine Abbildung vor, auf welche Weise der Prozess der

Wertschöpfung für die Abnehmer/ Kunden abläuft. Als Bestandsaufnahme ist damit zugleich der Ausgangspunkt für das wettbewerbsbezogene Einleiten von Verbesserungen/ Veränderungen gegeben.

- Gegenüber dem Ansatz von PORTER haben wir das **Modell der Erweiterten Wertschöpfungskette** entwickelt, welches im unteren Teil der Abbildung F-I-1 wiedergegeben ist. Dabei sind einige Aktivitäten abweichend eingeordnet, und es wird einer grundsätzlich anderen Systematik gefolgt, bei der die enge Verbindung dieses Konzepts insbesondere zur prozessorientierten Forschungsprogrammatik deutlich wird. Hiermit haben wir insgesamt das Ziel verfolgt, ein differenzierteres und zugleich anwendungsnäheres Raster für die Steuerung der Wertschöpfung in Unternehmen zu entwerfen.

  - Unsere Erweiterte Wertschöpfungskette folgt dem in G.I.2. näher vorgestellten SOS-Konzept zur Aufgaben- und Prozessgliederung. In Entsprechung hierzu sind die Wertschöpfungsprozesse in drei Kategorien eingeteilt: Die Aktivitäten der <u>S</u>teuerung werden in den übergeordneten Prozessen zusammengefasst, deren <u>o</u>perative Umsetzung findet in den direkten Prozessen statt, und insgesamt erfolgt eine Unterstützung der Wertschöpfung durch die flankierenden <u>S</u>upport- bzw. <u>S</u>ervice-Prozesse. In der grafischen Darstellung ergibt sich dabei das Bild eines durch steuernde und unterstützende Aktivitäten „beidseitig geführten" Verlaufs der primären Leistungserstellung.
  - Die **übergeordneten Steuerungsprozesse** (siehe dazu F.II.) sind bei PORTER in dieser Weise nicht vorzufinden; die Aktivitäten hierfür sind dort anders eingeordnet, nicht explizit benannt bzw. zum Teil in der Unternehmensinfrastruktur enthalten:

    * Die innerhalb eines Unternehmens angestrebte Wertschöpfung ist auf der Grundlage einer differenzierten, markt- und potenzialorientierten Planung zu erbringen. Als generelle Ziel-Maßnahmen-Pfade sind **Strategien** für eine erfolgreiche **Unternehmensentwicklung** abzuleiten, die im Rahmen der **Unternehmensplanung** umzusetzen, zu kontrollieren und anzupassen sind. Hiermit ist der zentrale Steuerungsprozess benannt, von dem alle weiteren Wertschöpfungsaktivitäten in der SOS-Gliederung ausgehen.
    * Marketing steht bei PORTER in enger Beziehung zu Absatz und Vertrieb. In neuerer Sichtweise kennzeichnet Marketing dagegen eine über Absatz und Vertrieb hinausgehende grundsätzliche Philosophie und Art der Unternehmensführung aus der Sicht der Kunden- und Wettbewerbsanforderungen mit dem Ziel, Kundennutzen und damit eine Wertsteigerung für den Kunden und zugleich für das Unternehmen zu schaffen. Von daher bildet **Marketing als Marktorientierte Unternehmensführung** in unserem Modell einen der übergeordneten Prozesse, welcher die gesamte primäre Wertschöpfung steuert. Mit den hier zu entfaltenden Aktivitäten ist für die Wertschöpfung eines Unternehmens insbesondere die außengerichtete Kundenorientierung sicherzustellen.

  * Entsprechend der hohen Bedeutung, die heute allgemeinen Werthaltungen, Normen und Verhaltensweisen im Hinblick auf eine effektive Leistungserstellung sowie auf eine zielgruppenorientierte Unternehmenspositionierung zukommt, stellen **Corporate Identity** und **Unternehmenskultur** bei uns einen weiteren und eigenständigen übergeordneten Steuerungsprozess dar. Dessen Aktivitätsspektrum besteht in der Herausarbeitung und Weiterentwicklung einer außen- wie innengerichteten „ideellen Wertebasis“ zum Leistungsangebot und zu seinen Erstellungsprozessen. Als definitorische Abgrenzung ist hierbei festzuhalten: **Werte** sind die ideelle Basis der Leistungserstellung. **Wert** ist hingegen das betriebswirtschaftliche Ergebnis dieses Prozesses respektive dieser Prozesse.

- Im Vergleich zur Wertkette von PORTER ist auch die **primäre Wertschöpfung** (siehe dazu F.III.) in unserem Modell anders untergliedert:

  * Wir haben hierbei den in E.II. vorgestellten Realgüterstrom zu Grunde gelegt, so dass auch die **Beschaffung** in unserem Modell einen direkten Wertschöpfungsprozess darstellt. Ebenfalls ist der Bereich **Forschung und Entwicklung** nach unserer Auffassung ein „Kettenglied“ der primären Wertschöpfung. Vor und nach der **Produktion** – also der Marktleistungserstellung – können nach unserem Modell der Erweiterten Wertschöpfungskette Prozesse der **Lagerhaltung** vorgesehen sein.
  * Mit der Zusatzkennzeichnung des Absatz-/ Vertriebsprozesses als **Marketing im engeren Sinne** wird auf die Historie dieser unternehmerischen Führungskonzeption abgehoben. Zunehmende Absatzwiderstände in vielen Branchen machten auf Seiten der Unternehmen zunächst deutlich erhöhte Verkaufsanstrengungen notwendig, und dies wurde – und wird in einer reduzierten Sichtweise auch heute noch – bereits als operatives Marketing bezeichnet. Bei insgesamt gestiegenen Kunden-, Markt- und Wettbewerbsanforderungen ist allerdings die gesamte Unternehmensführung marktorientiert und damit stärker strategisch auszurichten. Der Bereich **Absatz und Vertrieb** ist als „Keimzelle“ des Marketing anzusehen; seine Entwicklung zur Marktorientierten Unternehmensführung stellen wir ausführlich in F.II.2.a. dar.
  * In Übereinstimmung mit PORTER wird auch in unserer Erweiterten Wertschöpfungskette **Service/ Kundendienst** als eigenständiger direkter Wertschöpfungsprozess ausgewiesen. Hiermit wird dem großen Bedeutungszuwachs dieses Aktivitätsfeldes Rechnung getragen; darauf gehen wir in F.II.2.f. näher ein. Service-/ Kundendienstangebote zielen auf das Aufrechterhalten der Betriebsbereitschaft von Produkten ab. Sie können selbstständige oder hauptleistungsergänzende Dienstleistungen darstellen, und sie stellen ein gutes Medium für das längerfristige Pflegen von Kontakten mit den Kunden eines Unternehmens dar.

- Bei den **flankierenden Prozessen** (siehe dazu F.IV.) wird folgende Abstufung vorgenommen:

* Der erste, der physischen Leistungserstellung am nächsten befindliche flankierende Prozess der **Logistik** unterstützt diese – auch an ihren Schnittstellen zum Beschaffungs- und Absatzmarkt – in allen Bewegungs- und Transportabläufen.
  Parallel zu dieser produktionsnahen Unterstützung ist auch die **Qualitätssicherung** der gesamten Leistungserstellung zu sehen. Sie ist im Hinblick auf das eigentliche Ziel der Wertschöpfung von großer Bedeutung. Denn die Produktion unter kunden- und unternehmensbezogenen Qualitätsanforderungen sichert erst die Realisierung eines Mehrwerts. Andernfalls würden durch Fehler Qualitätseinbußen zu verzeichnen sein, deren Behebung mit neuerlichen Kosten verbunden ist. Diese Art der Kosten als einseitigen Wertverzehr ohne positive Gegenleistung nennen wir Blindleistung (siehe hierzu A.II.1.). Hiermit kommt zum Ausdruck, dass zwar Aktivitäten durchgeführt wurden und Kosten entstanden sind, damit aber kein Mehrwert erwirtschaftet wurde. Eine solche Leistung hat also nicht zum angestrebten Ergebnis geführt. Aus dieser Perspektive wird deutlich, dass die Qualitätssicherung zwischen einzelnen Teilprozessen der Leistungserstellung auch als nach innen gerichtete Kundenorientierung aufzufassen ist. Der Anspruch geht hierbei dahin, in jeder Bearbeitungsstufe fehlerfreie (Vor-)Leistungen zu übernehmen respektive an den nachgelagerten internen Kunden weiterzugeben (zu internen Kunden-Lieferanten-Beziehungen siehe A.I.2. sowie G.III.4.).
  Bei dem unmittelbaren Unterstützungsprozess zur Marktleistungserstellung ist schließlich auch die **Ökologieorientierung/ Wertstoffrückgewinnung** ein wichtiger Aspekt. Hiermit wird als umweltorientierte Qualität der ökologisch wie wirtschaftlich bedeutenden Anforderung einer Kreislaufwirtschaft Rechnung getragen.
* Der als Nächstes abgegrenzte flankierende Prozess **Personal und Organisationsentwicklung** hat die Strukturen eines Unternehmens (siehe hierzu auch G.) und die hierin mit der unternehmerischen Wertschöpfung befassten Personen zum Gegenstand. Bezogen auf den Personalbereich ist dabei eine Entsprechung zu PORTERS Humanressourcen-Management gegeben.
* Am Beispiel der flankierenden Prozesse **Technologie/ Investition/ Finanzierung** kann die gegenüber PORTER zusätzliche Einordnung des F&E- und des Beschaffungsbereichs als direkte Prozesse erläutert werden. Deren Aktivitäten stehen in einem unmittelbaren Bezug zur Leistungserstellung. Soweit es allerdings um allgemeine Technologie- oder Beschaffungsrichtlinien bzw. -entwicklungen geht, werden diese durch den flankierenden Prozess unterstützt. An diesem Beispiel – sowie auch an der in unserem Modell vorgenommenen Einordnung der Qualitätssicherung – wird deutlich, dass die bei PORTER zur Wertkettenanalyse und -gestaltung zusätzlich getroffene Unterscheidung von Aktivitätstypen in unserem dreigliedrigen System von Wertschöpfungsprozessen weitgehend entbehrlich ist.

* Bei dem als Letztes unterschiedenen Unterstützungsprozess geht es um die Spiegelung der primären Wertschöpfung und damit des Realgüterstroms auf den Nominalgüterstrom **(Rechnungswesen/ Controlling)** sowie den Informationsgüterstrom **(Information/ Kommunikation)**. Die grundsätzlichen Beziehungen dieser generellen Güterströme/ Unternehmensprozesse haben wir im Kapitel E. erläutert.

- Mit dem Dreieck am rechten Rand der Erweiterten Wertschöpfungskette in Abbildung F-I-1 wird das **generelle Ziel** der unternehmerischen Wertschöpfung verdeutlicht:

  * Hierbei wird angestrebt, dass praktisch alle Einzelprozesse mit ihren Einzelphasen einen positiven **Deckungsbeitrag** zum Unternehmensergebnis erwirtschaften. Alles in allem gesehen, sind über die variablen Kosten im Wertschöpfungsprozess hinaus alle fixen Kosten abzudecken, und zusätzlich soll noch ein Überschuss als **Gewinn** realisiert werden. Insoweit ist – in Abgrenzung von der nur werteverzehrenden Blindleistung – eine effiziente Leistungserstellung mit Output-Input-Verhältnissen von über 100% gefordert.
  * Von einer tatsächlichen Wertschöpfung ist erst dann zu sprechen, wenn das Merkmal der Effektivität über erfüllte Ergebnis-Ziel-Relationen hinzutritt. Der erstellte Output als Ergebnis muss also zu einem Outcome als möglichst hohem Erreichungsgrad gesetzter Ziele führen. Die damit verbundene marktwirtschaftliche Zielsetzung eines Unternehmens im Wettbewerb ist der **Markterfolg**. Nicht immer wird es möglich sein, allein durch eine effiziente Wertschöpfung bzw. durch einen effizienten Wertschöpfungsprozess diese generelle Erfolgsgröße durch eine Vergrößerung des Marktanteils gegenüber Wettbewerbern zu steigern. Je schwieriger und damit härter der Wettbewerb ist, desto eher besteht das Ziel darin, den Marktanteil zu halten und so am Markt weiter fortzubestehen. In beiden Fällen sind jedoch zufriedene Kunden notwendig. Denn nur sie werden die Produkte wiederkaufen und weiterempfehlen sowie damit den geschaffenen (technischen) Wert ökonomisch über den Preis honorieren. Die entscheidende Voraussetzung für den Markterfolg als dem letztlich zentralen Effektivitätsmaßstab ist also dadurch zu schaffen, dass in allen Wertschöpfungsprozessen und -phasen die Maxime einer kundenorientierten Qualität verfolgt wird.

- Zu unserem Modell der Erweiterten Wertschöpfungskette ist noch die folgende **allgemeine Differenzierung** zu erläutern:

  * Mit der dreigeteilten Systematik von übergeordneten, direkten und flankierenden Prozessen der unternehmerischen Wertschöpfung nehmen wir jeweils eine ergebnis-bezogene bzw. ergebnisbeitrags-bezogene Abgrenzung von unterschiedlichen Aktivitäten/ Abläufen der Leistungserstellung und -verwertung vor.

* Im Hinblick auf die Aufgabenerfüllung respektive das Erbringen eines Wertschöpfungsbeitrags ist in aller Regel eine weitergehende Aufteilung von Prozessen in Phasen vorzunehmen.
* Diese wird sich zum einen auf die allgemeinen Managementfunktionen der Zielsetzung, Planung, Entscheidung, Umsetzung und Kontrolle beziehen, und zum anderen wird sie auf inhaltlich respektiv objektbezogen abgrenzbare Teilprozesse/ -aktivitäten gerichtet sein.
* Anhand der gesamten primären Wertschöpfung ist die zunächst erfolgte Unterteilung in einzelne Prozesse anschaulich nachvollziehbar. Auch hierbei ist jeder Einzelprozess dann wieder in verschiedene Phasen zu untergliedern.
* Wie schon in der Überschrift dieses Unterkapitels enthalten, ist also generell von Prozessen und Phasen der Wertschöpfungskette zu sprechen.
* Bei dieser Sprachregelung bleibt die organisatorische Umsetzung zunächst noch offen. Zur Abstimmung der ergebnisbezogenen Prozesse und der zeit- sowie tätigkeitsbezogenen Phasen sind auf die einzelne Unternehmenssituation bezogene Entscheidungen zur Aufbau- und Ablauforganisation zu treffen (siehe hierzu G.). Dabei gilt, dass eine sehr weitgehende Verzahnung der beiden Gestaltungsrichtungen durch das Konzept der Prozessorientierten Organisation erreicht werden kann.

- Die vorangegangenen Ausführungen haben gezeigt, dass mit dem Modell der Erweiterten Wertschöpfungskette ein **Instrument zur Differenzierung der Prozesse und der Phasen der Leistungserstellung/ -verwertung** vorliegt. Zugleich erlaubt die Wertschöpfungsanalyse nach einem derartigen Schema den direkten Vergleich mit anderen Unternehmen. In der Regel werden Unternehmen der gleichen Branche ausgewählt, um eine unmittelbare Gegenüberstellung analoger Leistungsarten zu ermöglichen.
  Außerdem erlaubt diese Prozessbetrachtung, die jeweiligen Wertschöpfungsaktivitäten und die Kontaktpunkte von Lieferanten als vorgelagerten Wertschöpfungspartnern sowie von Kunden als Abnehmern der eigenen Wertschöpfung zu unterscheiden. In einer Gesamtbetrachtung wird hierbei der – von PORTER als Wertsystem bezeichnete – Leistungsverbund mehrerer Unternehmen in einer mehrstufigen Wertschöpfungskette (vorgelagerte, eigenes, nachgelagerte Unternehmen) analysiert. Aus der Perspektive des eigenen Unternehmens ist dabei die Unterscheidungsfrage zu klären, welche Wertschöpfungsteile selbst durchgeführt und welche Teile an andere Unternehmen und somit an Lieferanten ausgelagert respektive outgesourct werden sollen. In der anderen Richtung des Absatzmarktes ist insbesondere durch die Anbieter von Investitionsgütern zu prüfen, auf welche Weise sie ihre Attraktivität als „Wertschöpfungspartner" gegenüber den Abnehmerunternehmen erhöhen können.
  Das damit angesprochene **Outsourcing** oder **Insourcing** thematisieren wir noch näher in G.III.4. und H.I.4.. Hier ist zunächst festzuhalten, dass die wesentlichen Kerne einer unternehmerischen Tätigkeit nicht den Gegenstand von Auslagerungsentscheidungen bilden können. In diesen Prozessen und Aktivitäten liegen die **Kernkompetenzen** eines Unternehmens, die es zu erhalten und –

eventuell auch durch die Hinzunahme zusätzlicher Aktivitäten – weiter auszubauen gilt. Durch die Kernkompetenzen wird der Markterfolg eines Unternehmens ganz wesentlich „gespeist"; sie bilden damit auch die Hauptansatzpunkte für das Herausarbeiten, Erhalten und Verstärken von Wettbewerbsvorteilen.

- Das **Schaffen von Wettbewerbsvorteilen** durch ein Unternehmen ist daran gekoppelt, dass seine Abnehmer/ Kunden ihrerseits Vorteile aus dem Erwerb/ der Inanspruchnahme der angebotenen Leistungen erzielen können. In einer Abwägung der aus ihrer Sicht mit einem Produkt oder einer Dienstleistung verbundenen Wert- und Kostensumme definiert sich deren Zahlungsbereitschaft. Damit ist der durch die Unternehmen „geschöpfte Wert" immer an diese „Wertschätzung" auf der Seite der Abnehmer und der Endkunden gebunden. Zusätzlich besteht die unternehmensseitige Bedingung darin, dass auch für das Unternehmen ein Wertbeitrag zum Erreichen seiner – vor allem finanziellen – Zielsetzungen realisiert wird.
  Die Wertschöpfung eines Unternehmens setzt also einen „Abnehmerwert" voraus, bei dem die Kosten der Leistungserstellung überstiegen werden, so dass ein die weitere Unternehmensexistenz sichernder Gewinn erzielt werden kann.
  Wettbewerbsvorteile können zum einen dann aufgebaut werden, wenn gleichwertige Leistungen gegenüber Wettbewerbern preiswerter angeboten werden können. Zum anderen können besondere, in ihrer Art exzellente Leistungen angeboten werden, bei denen die Kunden gegenüber anderen Angeboten einen gewissen Preisaufschlag tolerieren. In beiden Fällen resultiert der Wettbewerbsvorteil aus einem damit verbundenen **Kundenvorteil**.
  Die angesprochenen grundsätzlichen beiden Arten von Wettbewerbsvorteilen bilden die Grundlage entsprechender **Wettbewerbsstrategien**, und zwar der Kostenführerschaft bzw. der Differenzierung (siehe hierzu F.II.1.e.). Dabei liegt die Verbindung zu dem heuristischen Instrument der Erweiterten Wertschöpfungskette auf der Hand: Diese stellt das wesentliche Werkzeug dar, um im Wettbewerbsvergleich Ansatzpunkte dafür zu finden, wie das eigene Angebot kostengünstiger oder qualitativ hochwertiger gestaltet werden kann.
- Die Wertschöpfungskette als Prozessbetrachtung und die Organisation eines Unternehmens als Strukturbetrachtung stehen in einem direkten Zusammenhang. Eigentlich sollte der Prozess der Leistungserstellung und damit die Ablauforganisation die Aufbauorganisation eines Unternehmens bestimmen. Da ein Unternehmen meistens bereits besteht, bevor eine derart systematische und prozessbezogene Analyse durchgeführt wird, ist in der Praxis nicht immer eine Übereinstimmung beider Konzepte gegeben. Der Anteil von Unternehmen, die ihre Aufbauorganisation stärker an den Prozessphasen der Wertschöpfungskette ausgerichtet haben und also über eine **prozessorientierte Organisation** (siehe hierzu G.III.4.) verfügen, steigt allerdings stetig an. In einer Metapher ausgedrückt, ist die Wertschöpfungskette der Film, also das dynamische Element, und die Organisation das einzelne Bild, also das statische Element eines Unternehmens. Die Organisation ist damit die Momentaufnahme kontinuierlicher Abläufe im Sinne einer strukturgebenden Unterstützung der wertschaffenden Prozesse.

Dabei ist herauszustellen, dass das Instrument der Wertschöpfungskette die zentrale Basis der prozessorientierten Organisation ist, welche jedoch für die Prozesssteuerung noch stärker differenziert wird. Dies gilt insbesondere im Hinblick auf die **Kernprozesse** und die **Prozessketten** als die zentralen Ansätze der Prozessorganisation. Hierzu liefert die Wertschöpfungskette lediglich das Grobraster bzw. benennt die möglichen „Kettenglieder". Diese sind unternehmensspezifisch zu modellieren, so dass man dann in einem zweiten Schritt zur prozessorientierten Ausgestaltung der Unternehmensorganisation gelangt.

- Der zuletzt angesprochene Punkt wird häufig als **Kritik an der Wertschöpfungskettenanalyse** und ihrer Unterteilung vorgebracht. Demnach sei die Darstellung der Wertschöpfungskette zu stark an den klassischen betrieblichen Funktionen ausgerichtet, was allerdings auf die Erweiterte Wertschöpfungskette weniger zutrifft. Weiterhin wird argumentiert, dass die Wertaktivitäten des Unternehmens nicht deckungsgleich mit der Organisationsstruktur und den Kostenstellen seien und deshalb bereits ein grundsätzliches Definitionsproblem bei der Wertschöpfungskette bestehe. Die vorgebrachten Kritikpunkte sind aber – gerade gegenüber der Erweiterten Wertschöpfungskette – sachlich kaum gerechtfertigt, mit ihnen wird eher die Länge des Weges aufgezeigt, den ein traditionell gegliedertes Unternehmen bis zu einer umfassenden Prozessorientierung zu durchlaufen hat.

  Positiv zu werten ist in jedem Fall das strukturanalytische Vorgehen der Wertschöpfungskette und damit die Möglichkeit der systematischen Bestimmung und Verbesserung der Prozesse, um dadurch im Branchenvergleich Wettbewerbsvorteile zu generieren. Weiterhin ist mit der Wertschöpfungskette aber auch ein branchenunabhängiges Raster gegeben, das eine umfassende Analyse des Innenbereichs eines Unternehmens erlaubt. Hiermit lassen sich auch die Verflechtungen zwischen den Geschäftsfeldern eines Unternehmens analysieren.

## II. Übergeordnete Wertschöpfungsprozesse

Für die konkrete Steuerung von Marktauftritt und Leistungserstellung eines Unternehmens sind zum generellen Raster der Erweiterten Wertschöpfungskette (Abb. F-I-1) in allen unterschiedenen Prozessen mit ihren einzelnen Phasen differenzierte Planungs- und Umsetzungsentscheidungen zu treffen. Generell gilt es dabei, auf der Grundlage detaillierter und wechselseitig verbundener Analysen zu jedem Wertschöpfungsprozess und seinen Phasen die Ausprägungen kennzeichnender Merkmale – in den gegenwärtigen IST- bzw. den zukünftigen SOLL-Konstellationen – herauszuarbeiten. Als anwendungsorientierte Gestaltungshilfe hierzu werden im Folgenden die Entscheidungsspektren in den drei Wertschöpfungskategorien vorgestellt. Dem grundlegenden Ableitungs- und Gestaltungszusammenhang folgend, beginnen wir hier in F.II. mit den **übergeordneten Steuerungsprozessen**. Hierdurch ist der „Kurs" für ein Unternehmen als Ganzes vorzugeben, und damit werden die „Koordinaten" für seine Positionierung im Wettbewerb abgesteckt.

## 1. Strategie: Unternehmensentwicklung und Unternehmensplanung

> Was sind die Gründe dafür, dass Unternehmensplanung und -steuerung strategisch auszurichten sind? Welche zentralen strategischen Parameter sind im Hinblick auf die Unternehmensentwicklung zu unterscheiden? Wie lassen sich die grundsätzlichen Anforderungen für deren Analyse- und Gestaltungsrahmen bildlich darstellen? Was ist begrifflich unter einer Strategie zu verstehen? Welche Stufen umfasst generell die Strategieableitung und -umsetzung, und wie stehen diese in Verbindung zur Unternehmensphilosophie/ -politik? Was sind wichtige Aktivitäten im Prozess der Strategieentwicklung, welche Analyseverfahren kommen hierbei zum Einsatz, und worauf sind unterschiedliche Strategiebereiche/ -arten bezogen?

Durch den **ersten Steuerungsprozess** Strategie: Unternehmensentwicklung und -planung ist – wie schon im Unterkapitel F.I. herausgestellt – eine strategische Konzeptionierung sämtlicher Wertschöpfungsaktivitäten in einem Unternehmen vorzunehmen und den Veränderungen externer und interner Bedingungen im Zeitablauf anzupassen.

### *a. Einflussgrößen auf die Unternehmensstrategie*

Mit den Grundzusammenhängen zu diesem übergeordneten Wertschöpfungsprozess (hierzu Abb. F-II-1) wird zunächst darauf eingegangen, worin die **Notwendigkeit einer strategischen Ausrichtung** der Führung von Unternehmen begründet liegt. Hierzu ist einmal mehr an der konkreten Marktsituation, in welcher sich ein Unternehmen befindet, anzusetzen. Wenn diese durch eine hohe Wettbewerbsintensität gekennzeichnet ist, dann bedeutet dies für die Unternehmen, dass sie einem starken Differenzierungsdruck ausgesetzt sind.

- Das Konstrukt der **Wettbewerbsintensität** kann im betriebswirtschaftlich-industrieökonomischen Sinne als Grad der Rivalität unter den in einer Branche um eine gegebene Nachfrage ringenden Anbietern ausgedrückt werden. Sie unterliegt dynamischen Veränderungen (z.B. Marktwachstum/ -schrumpfung, Technologieniveau, unterschiedlichen Kostenstrukturen in der Wertschöpfung, Konzentrationsprozesse) und ist darüber hinaus abhängig von weiteren Bestimmungsfaktoren. Diese können nach dem in C.I.3.g. bereits angesprochenen Modell der fünf Branchen-Wettbewerbskräfte von MICHAEL E. PORTER in folgende vier Gruppen klassifiziert werden; deren Wirkungen werden in diesem Ansatz auf die Wettbewerbsintensität unter den aktuellen Anbietern als der fünften und zentralen Wettbewerbskraft bezogen:

- Einflüsse aus vorgelagerten Wertschöpfungsphasen/ von der Lieferantenseiten

***Grundzusammenhänge:***

**Bei zunehmender *Wettbewerbsintensität* sind die Unternehmen einer Branche einem steigenden *Differenzierungsdruck* ausgesetzt:**
**⇨ Höhere Veränderungsgeschwindigkeit zunächst in den Produktmärkten, später auch in den Faktormärkten**
**⇨ Wachsende *Dynamik* und *Turbulenz* der Märkte**
**⇨ Abnehmende *Vorhersehbarkeit/ Prognostizierbarkeit* der zukünftigen Branchen-/ Unternehmensentwicklung**

**Langfristplanung als reine „Vorwärtsbuchhaltung" ist nicht mehr ausreichend. Die Unternehmensplanung und -steuerung ist *strategisch* auszurichten. Dies bedeutet:**
**⇨ Analyse wesentlicher *Einflussgrößen im Markt und Umfeld* sowie deren Entwicklung/ Veränderung**
**⇨ Vergleich mit der *Unternehmenssituation***
**⇨ Entscheidung über *Positionierung* und *Kernkompetenzen***
**⇨ *Unternehmerische Handlungsfelder* gestalten und weiterentwickeln**

***Einzelne Entscheidungs- und Gestaltungsfelder:***

- **Erfolgspotenziale/ Werttreiber, Erfolgsfaktoren und Wettbewerbsvorteile als *zentrale Parameter der Unternehmensentwicklung* [Abb. F-II-2]**
- **Das *Strategische Dreieck* als grundsätzliche Anforderungen für den Analyse- und Gestaltungsrahmen [Abb. F-II-3]**
- **Strategien als *Ziel-Maßnahmen-Pfade* [Abb. F-II-4]**
- ***4 Stufen der Strategieableitung und -realisierung:***
  - ***Mission – Vision – Values* als generelle Richtungsvorgabe**
  - ***Analysen* von Markt/ Umfeld und eigenem Unternehmen**
  - ***Zielbestimmung* und *Strategieableitung* für wichtige Handlungsfelder**
  - ***Strategieumsetzung/ -steuerung* mit -kontrolle und -anpassung**

***Ausgewählte Entscheidungssituationen:***

- **Wichtige Aktivitäten im *Strategieentwicklungsprozess* [Abb. F-II-5]**
- **Fundierung durch geeignete *Analyseverfahren* [Abb. F-II-6/ 7/ 8]**
- **Zentrale *Strategiebereiche/ -arten* [Abb. F-II-9]**

**Abb. F-II-1:** Überblick zu Strategie: Unternehmensentwicklung und Unternehmensplanung (Übergeordneter Prozess)

- Einflüsse aus der Abnehmer-/ Kundenseite (insbes. gefordertes/ akzeptiertes Preis-Leistungs-Verhältnis)
- Veränderungen durch Ersatz-/ Substitutionsprodukte
- Verschärfung durch den Markteintritt neuer – auch internationaler – Anbieter.

Die kurze Übersicht zeigt, dass Wettbewerbsintensität keine statische und allein von der Marktbesetzung abhängige Größe ist. Vielmehr hängt sie zum einen von letztlich allen Veränderungen im Umfeld eines Unternehmens – also von den Bewegungen im Feld seiner externen Interessengruppen (siehe hierzu C.I.3.) – ab. Zum anderen sind hierfür ebenfalls Wandlungsprozesse im Bereich der internen Kerngruppen (C.I.2.) von Bedeutung, und insbesondere ist es von großer Tragweite, wie sich diese den externen Herausforderungen stellen, um mit ihrem Unternehmen weiterhin persönliche Ziele erreichen zu können (Instrumentalfunktion des Unternehmens – C.I.1.). Die Wettbewerbsintensität eines Unternehmens kann demnach als „Destillat" aller Markt-/ und Umfeldveränderungen sowie der daraufhin getroffenen Reaktionen/ Anpassungsentscheidungen angesehen werden.
Der **wettbewerbsinduzierte Differenzierungsdruck** stellt die Unternehmen vor die Herausforderung, sich mit ihren Produkten und Dienstleistungen respektive deren Erstellung von der Konkurrenz abzuheben, um über eine bessere und/ oder preiswertere (weil kostengünstiger erstellte) Erfüllung von Kundenbedürfnissen mehr Nachfrage auf sich zu ziehen bzw. das bisherige Absatzniveau zumindest halten zu können. Außer der Modifikation bisheriger Leistungen kommen hierbei vor allem Innovationen bei den Produkten und/ oder den Fertigungsverfahren (siehe hierzu F.III.1.) in Betracht. Im Ergebnis werden Vorteile gegenüber den Mitbewerbern um die Gunst der Kunden angestrebt, und damit ist – bezogen auf die eigene Ausgangssituation – eine Verringerung der Wettbewerbsintensität beabsichtigt; für die Mitbewerber wird/ soll sie sich eher verschärfen.

- Wegen der in einer Marktwirtschaft gegebenen Reaktionsverbundenheit von Anbietern und Nachfragern nimmt bei einem solchen Vorgehen durch Unternehmen einer Branche die Veränderungsgeschwindigkeit des Marktes zu. Zunächst für die hier jeweils angebotenen Produkte und Dienstleistungen geltend, wirkt dieser Effekt später auch in den vorgelagerten Produktionsfaktormärkten, da dort dann ebenfalls nach Differenzierungspotenzialen für das eigene Unternehmen gesucht wird.
- Im Zuge dieser Entwicklung kommt es zu einer wachsenden Dynamik und Turbulenz der Märkte. Dabei wird mit dem Moment der **Dynamik** auf die Schnelligkeit des Durchlaufens der verschiedenen Phasen eines Marktzyklus (analog zum Produktlebenszyklus Einführung, Wachstum, Reife, Sättigung und Niedergang) abgestellt. Als turbulent werden hingegen Märkte charakterisiert, in denen es zu abrupten Änderungen eines oder mehrerer wichtiger Bestimmungsfaktoren kommt (vorstehend aufgeführte Wettbewerbskräfte sowie politisch-gesetzliche und gesamtgesellschaftlich-kulturelle Rahmenbedingungen im Marktumfeld).
- Die perspektivische Folge besteht bei dynamischen und turbulenten Märkten in einer Abnahme der **Vorhersehbarkeit** und damit der Prognostizierbarkeit ihrer weiteren Entwicklung. Hierdurch ist zugleich die zukünftige Unternehmensentwicklung als Firmenkonjunktur mit einer ganzen Reihe

von Fragezeichen versehen, so dass hier differenzierte Analysen und eine insgesamt proaktive Gestaltung erforderlich werden.

- Sind die Markt- und Wettbewerbsverhältnisse über lange Zeiträume stabil – was insbesondere für Mangelwirtschaften mit einem großen Nachfrageüberhang gilt, dann kann die Entwicklung eines Unternehmens durchaus über eine als reine „Vorwärtsbuchhaltung“ angelegte **Langfristplanung** gesteuert werden. Für die aktuelle Planungsperiode ist lediglich eine einfache Prämissenkontrolle notwendig, und bei festgestellten – i.d.R. nur leichten – Abweichungen gegenüber der Fortschreibung der Leistungserstellung und -verwertung aus der Vergangenheit werden kleinere Korrekturen ausreichend sein.
  Bei den skizzierten wettbewerbsintensiven Marktsituationen kann ein solches Vorgehen nicht mehr zielführend sein. Zur Sicherung von Fortbestand und Wachstum ist jetzt die **Unternehmensplanung und -steuerung strategisch auszurichten**. Hierzu haben die verantwortlichen Eigentümer und Manager nach eingehender Klärung der Ausgangslage die Richtung für den Marktauftritt und die Leistungserstellung in den künftigen Perioden festzulegen und alle Anstrengungen für das Erreichen der hiermit vorausgedachten Unternehmensentwicklung zu unternehmen. Im Einzelnen sind damit folgende Inhalte verbunden:
  - Zunächst sind die wesentlichen Einflussgrößen im Markt sowie im Umfeld eines Unternehmens zu untersuchen, und dies hat vor allem im Hinblick auf deren Entwicklung und Veränderung zu geschehen. Wegen der bei hohen Wettbewerbsintensitäten häufigen Bewegungen von Markt- und Umfeldfaktoren sind lediglich punktuelle Erhebungen zu Beginn einzelner Planungszyklen nicht ausreichend; deshalb ist eine prinzipiell permanente, periodisch revolvierende Durchführung der entsprechenden Analysen notwendig. Auf ein solches Monitoring gehen wir noch einmal gesondert im Unterkapitel G.V. ein.
  - Nach dem Herausfiltern der markt- und umfeldbezogenen wichtigen Zukunftsdeterminanten sind diese mit der derzeitigen Situation eines Unternehmens und seinen generellen Entwicklungsmöglichkeiten zu vergleichen. Vor dem Hintergrund der Markt- und Umfeldanforderungen geht es nun also darum, alternativ mögliche Spielräume für eine positive Unternehmensentwicklung auszuloten.
  - Auf dieser Grundlage sind im nächsten Schritt Auswahlentscheidungen mit konkreten Festlegungen zur künftigen „Marschrichtung“ eines Unternehmens zu treffen. Dabei ist vor allem die kundenorientierte und wettbewerbsbezogene Positionierung im Markt festzulegen, und korrespondierend hierzu sind die im Unternehmen notwendigen – weiterzuentwickelnden oder aufzubauenden – Kernkompetenzen zu bestimmen.
  - Nach der so herausgearbeiteten „General-Linie“ sind schließlich die unternehmerischen Handlungsfelder zu gestalten und weiterzuentwickeln. Dies betrifft zum einen die unterschiedenen Produkt-Markt-Kombinationen, welche auch als Strategische Geschäftsfelder (SGF) oder organisatorisch eigenständige Business Units (BU)/ Sparten gegeneinander abgegrenzt sein kön-

nen. Zum anderen sind die Planungen hierzu bezogen auf die einzelnen Prozesse und Phasen der Wertschöpfungskette zusammenzuführen.

Insgesamt ist eine strategisch ausgerichtete Unternehmenssteuerung und -entwicklung also dadurch gekennzeichnet, dass bei wechselnden Bedingungskonstellationen Spielräume im Markt zu diagnostizieren und nach einer entsprechenden Richtungsentscheidung auch tatsächlich auszufüllen sind, so dass den Wettbewerbern die Chance zur Besetzung der gleichen Lücke letztlich genommen wird. Außer Frage steht, dass mit einem derartigen Vorgehen auch die Absicht verbunden ist, Einfluss auf die weitere Marktentwicklung zu nehmen, indem versucht wird, über den zukünftigen Marktauftritt und die Gestaltung der Wertschöpfung – insbesondere durch Produkt- oder Verfahrensinnovationen – Spielräume für die Unternehmensentwicklung selbst zu eröffnen. Die anvisierte Marktposition soll einen möglichst großen Konkurrenzvorsprung realisieren; dabei ist es von besonderer Wichtigkeit, dass eventuelle Reaktionen der Wettbewerber von Beginn an mit ins Kalkül gezogen werden.

### *b. Von Erfolgspotenzialen zu Wettbewerbsvorteilen*

Der vorstehende Überblick zur strategischen Unternehmensentwicklung und -planung wird mit den Erläuterungen zur Rubrik einzelne Entscheidungs- und Gestaltungsfelder der Abbildung F-II-1 fortgesetzt. Nach der Vorstellung von zwei wesentlichen klassifikatorischen Ansätzen werden die Inhalte des Strategiebegriffs herausgearbeitet, und im Anschluss hieran erfolgt eine kurze Darstellung zu den Hauptstufen der Strategieableitung und -umsetzung.

Mit der Abbildung F-II-2 wird als Erstes eine Klassifikation wiedergegeben, die sich auf zentrale Parameter der Unternehmensentwicklung bezieht:

Den im Zusammenhang aufgezeigten Kategorien kann sowohl eine erfolgs- als auch eine misserfolgsbegründende Wirkung zukommen. Erst wenn die einzelnen Konstrukte nach dem im Bild vereinfacht wiedergegeben Ableitungszusammenhang möglichst umfassend gestaltet werden, ist auf dessen rechter Seite beim abschließenden Wettbewerbsvergleich die Realisierung eines Vorteils und damit einer positiven Unternehmensentwicklung möglich.

Der „Dreisprung" von den **Erfolgspotenzialen** (ALOYS GÄLWEILER) über die **Erfolgsfaktoren** (CHARLES W. HOFER und DAN E. SCHENDEL/ THOMAS J. PETERS und ROBERT H. WATERMAN) zu den **Wettbewerbsvorteilen** (MICHAEL E. PORTER) steht bereits seit geraumer Zeit im Fokus von Theorie und Praxis der Strategischen Unternehmensplanung – mit den Klammerzusätzen werden die Autoren benannt, auf welche das jeweilige Konzept maßgeblich zurückgeführt werden kann.

Seinerzeit überwiegend mit dem Ziel einer entscheidungs- oder systemtheoretischen Betrachtungsweise (siehe hierzu A.I.3.) respektive in Verfolgung eines konsistenztheoretischen Ansatzes (G.I.1.) entstanden, können die Ursachen-Wirkungs-Beziehungen zwischen diesen Parametern durch die weiterentwickelten handlungsfeldbezogenen Forschungsprogrammatiken der Markt-, Ressourcen- und

Wertorientierung (A.I.3.) um zusätzliche Erklärungs- und Gestaltungskategorien erweitert werden:

**Erfolgspotenziale** sind ressourcenorientiertes und damit unternehmensinternes Wissen und Können, das durch Fähigkeiten als **Kernkompetenzen Werttreiber** bewirkt. Wenn diese dazu dienen können, **Kundenanforderungen** besser zu erfüllen, als dies Wettbewerber tun, dann resultieren hieraus marktbezogene **Erfolgsfaktoren**, die sich in **Wettbewerbsvorteile** umsetzen lassen. Das Ergebnis ist eine **Wertsteigerung** für das Unternehmen, aber auch für seine Kunden.

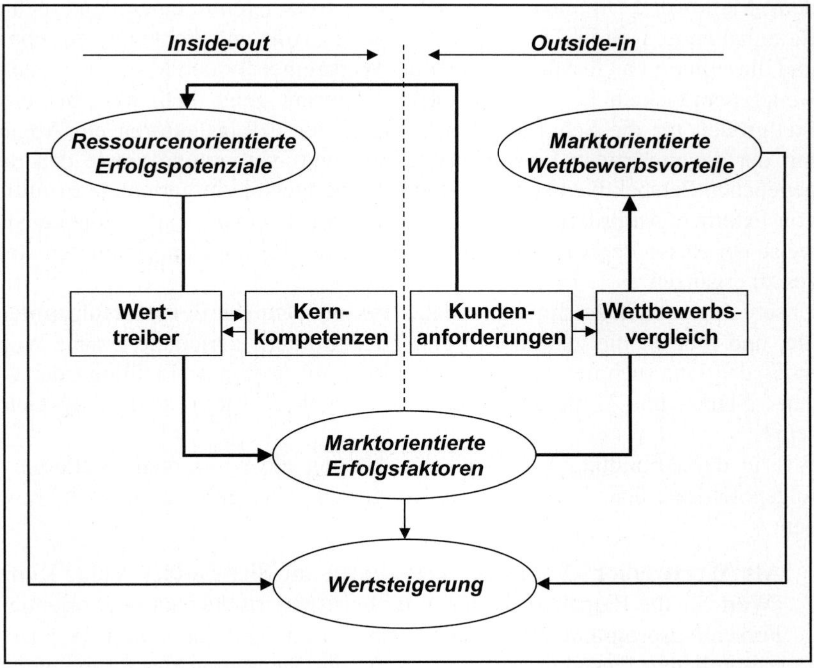


**Abb. F-II-2:** Zentrale Parameter der Unternehmensentwicklung

- In einer allgemeinen Charakterisierung sind **Erfolgsfaktoren** die maßgeblichen Quellen, Komponenten oder Bausteine im Wertschöpfungsprozess, aus denen schließlich Wettbewerbsvorteile resultieren. Als Beurteilungsmaßstab zu ihrer Definition und Bewertung kommen bei den heute i.d.R. engen Märkten nur die Anforderungen der Kunden in Betracht. Wir sprechen deshalb ausdrücklich von **marktorientierten Erfolgsfaktoren**, und wir beginnen die Ableitungsfolge der zentralen Unternehmensentwicklungsparameter bei den Kundenanforderungen. Dieser Startpunkt kennzeichnet damit zugleich die Outside-in-Perspektive der Marktorientierung respektive des Marktorientierten Ansatzes. Zusätzlich sind hierbei die relevanten Ausprägungen und Anforderungen von Seiten des Wettbewerbs sowie auch des – in der Übersicht nicht gesondert dargestellten – Marktumfeldes zu untersuchen. Die zentrale und extern gerichtete Frage zur Gestaltung marktorientierter Erfolgsfaktoren lautet also: Was fordern die Kunden und der Wettbewerb mit anderen Unternehmen, um mit dem eigenen Geschäft auf Dauer erfolgreich zu sein?

- **Erfolgspotenziale** sind generell als vorgedachte Schwerpunkte der zukünftigen Unternehmenstätigkeit und damit als Vorsteuerungsgrößen für den Unternehmenserfolg späterer Rechnungsperioden zu verstehen. Diese Kategorie steht zu den Erfolgsfaktoren in einer vorgelagerten Beziehung. Bei dem Aufbau und der Nutzung von Erfolgspotenzialen geht es darum, korrespondierend zu den Kunden-, Markt- und Umfeldanalysen die Voraussetzungen in einem Unternehmen für anhaltende, weit in die Zukunft reichende Erfolgsmöglichkeiten zu schaffen und diese internen Gestaltungsfelder als Werttreiber für den Markterfolg gezielt weiterzuentwickeln bzw. zu verstärken. Hiermit zeigt sich, dass bei diesen Stellgrößen für die Schaffung Marktorientierter Erfolgsfaktoren ein Abgleich mit der gegenwärtigen Leistungserstellung und -verwertung sowie den dabei gegebenen Perspektiven stattzufinden hat. Die Outside-in-gerichtete Ermittlung von externen Anforderungen ist also jetzt um die Inside-out-bezogene Sichtweise der Ressourcenorientierung respektive des Ressourcenorientierten Ansatzes zu ergänzen.
  Unsere explizite Bezeichnung ist daher **ressourcenorientierte Erfolgspotenziale**, und hier ist die zentrale, in erster Linie intern gerichtete Frage: Worauf muss das Unternehmen sich konzentrieren, um über eine Erfüllung der Kunden-, Markt- und Umfeldanforderungen dauerhaft erfolg- und ertragreich zu sein?
  Wie in der Abbildung F-II-2 gezeigt, können die ressourcenorientierten Erfolgspotenziale über folgende Unterkategorien näher gefasst und gestaltet werden:

  - Als **Werttreiber** (Value Driver) werden im Shareholder Value-Konzept (Wert für die Eigenkapitalgeber) der betriebswirtschaftlich-wertorientierten Forschungsprogrammatik (siehe hierzu A.I.3., C.I.2.a. und F.IV.5.f.) die wesentlichen Gestaltungsparameter für die Steigerung des Unternehmenswerts während einer Prognoseperiode bezeichnet. Im Modell von ALFRED RAPPAPORT werden hierzu sieben finanzwirksame Größen als allgemeine Makro-Werttreiber herausgestellt (z.B. das Umsatzwachstum oder Veränderungen im Betriebsergebnis), welche für die Zwecke der operativen Steuerung in speziellere Mikro-Werttreiber aufzugliedern sind.
    Als solche können bezogen auf das Umsatzwachstum zunächst das Marktvolumen als Rahmengröße und der eigene Marktanteil gelten, wobei diese Ausgangs- und Ergebnisgrößen wiederum durch den gezielten Einsatz von Marketing-Mix-Maßnahmen (siehe hierzu F.II.2.) beeinflussbar sind. Im Hinblick auf die zweite Beispielkategorie des Betriebsergebnisses sind es die Personalausstattung und -kosten sowie die Material-/ Produktionskosten, von denen entscheidende Aufwands- und Ertragswirkungen ausgehen.

Als **Werttreiberanalyse** bezeichnet, geht es beim Aufspalten der Makro- in Mikro-Werttreiber zusätzlich darum, jene Schlüsselwerttreiber zu identifizieren, von welchen in der operativen Prozessgestaltung der jeweils größte Einfluss auf die zukünftige Unternehmenswertentwicklung ausgeht und die zugleich relativ einfach im eigenen Unternehmen zu steuern bzw. zu verändern sind.

Eine nur an finanziellen respektive finanzwirksamen Größen orientierte Vorsteuerung von Unternehmen führt in vielen Fällen nicht zu den angepeilten Ergebnissen. Den Hintergrund hierzu bildet die Erkenntnis, dass der Zusammenhang zwischen Geschäftserfolg und investiertem Finanzkapital in vielen Branchen nicht so eindeutig ist, wie zunächst angenommen. Mit dem Ende der 90er Jahre mehrten sich auch wissenschaftliche Untersuchungen, in welchen eine hohe Bedeutung beispielsweise des unternehmerischen Humankapitals und Wissens, des Aufbaus tragfähiger Beziehungen zu Geschäftspartnern und einer generell ausgeprägten Innovationsfähigkeit für den Unternehmenserfolg nachgewiesen wurde. Der Anteil solcher „Intangible Assets" am Marktwert eines Unternehmens wird heute bei ca. 80% gegenüber noch 40% zu Beginn der 80er Jahre gesehen.

Die hieraus für die klassischen und direkt finanzwirksamen Werttreiber zu ziehende Schlussfolgerung besteht darin, die Analyse von Mikro- und Schlüsselwerttreibern auf zusätzliche, noch eine Ebene weiter vorgelagerte Größen auszudehnen. Diese sind in aller Regel qualitativer Natur – als Beispiel kann der Grad des Mitarbeiterengagements genannt werden. Mit geeigneten Erhebungsmethoden (Befragung, Beobachtung, Silent Shopper als Testkäufer/ -kunde) ist deren zuverlässige Ermittlung aber durchaus möglich.

Im Ergebnis bleibt als erweiterte Sicht zur Kategorie der Werttreiber festzuhalten, dass hiermit alle diejenigen Bereiche und Aktivitäten zu identifizieren sind, von denen ein ausschlaggebender Beitrag zum Erreichen der prozessbezogenen Wertschöpfungsziele ausgeht. Als Werttreiber sind also sämtliche Größen anzusehen, welche intern das Unternehmensergebnis deutlich voranbringen. Sie bilden damit die Grundlage in der prozessbezogenen Wertschöpfung, um am Markt erfolgreich zu sein. In Verbindung mit dem Analyse- und Gestaltungsrahmen der Erweiterten Wertschöpfungskette (Abb. F-I-1) wird so der anfänglich relativ undifferenzierte Begriff der Vorsteuerungsgrößen einer weiter greifenden Operationalisierung unterzogen.

Die Makro-Werttreiber nach RAPPAPORT erhalten dann die Funktion von **Wertgeneratoren**, also von Größen, die durch die eigentlichen Werttreiber induziert und gesteigert werden. Dies sei an einem Beispiel verdeutlicht: Der Werttreiber im engeren Sinn neue Technologie verbessert durch niedrigere Personal- und Materialkosten über einen attraktiven Preis den Wertgenerator Betriebsergebnis, wenn das erreichte Verkaufsvolumen die Preisreduzierung in der Summe deutlich übersteigt.

- Dieser Ansatz zu einer detaillierteren Steuerung der Unternehmensentwicklung setzt sich über die Kategorie der **Kernkompetenzen** fort: Der betriebswirtschaftlichen Forschungsprogrammatik der Ressourcenorientierung entstammend, wird hiermit auf die zentralen Fähigkeiten eines Unternehmens im Wertschöpfungsprozess abgehoben. Sie bilden die maßgebliche Grundlage, um in den definierten Kerngeschäften und den hieraus abgeleiteten Kernprozessen die Anforderungen der Kunden so gut erfüllen zu können, dass daraus die wettbewerbs- und ergebnisbezogenen Zielsetzungen eines Unternehmens erreicht werden. Die Begriffsbestimmung zeigt, dass diese Programmatik zwar vorrangig intern ansetzt, die externen Kunden- und Wettbewerbsanforderungen aber notwendigerweise wieder den abschließenden Beurteilungsmaßstab bilden. Wie in der Abbildung F-II-2 dargestellt, ist schließlich noch einmal festzuhalten, dass die beiden Konzepte der Werttreiber und der Kernkompetenzen Teilgruppen der ressourcenorientierten Erfolgspotenziale bilden. Mit anderen Worten gilt also, dass die Aktivierung von Erfolgspotenzialen über den Ansatzpunkt der Werttreiber hin zum Aufbau von Kernkompetenzen verläuft.

- Zurückkommend zu den **marktorientierten Erfolgsfaktoren** kann der Ableitungs- und Gestaltungszusammenhang von den Kundenanforderungen über die ressourcenorientierten Erfolgspotenziale mit ihren Unterkategorien der Werttreiber und der Kernkompetenzen zu den Inside-out-begründeten sowie Outside-in-bewerteten Erfolgsfaktoren an folgendem **Beispiel** erläutert werden:
  - Insbesondere bei Technologieprodukten wird eine der Kundenanforderungen dahin gehen, dass das Anbieterunternehmen über ein leistungsfähiges **Beschwerde-/ Reklamationsmanagement** verfügt. Die hierauf bezogenen Erwartungen der Kunden sind unter anderem auf eine einfache und schnelle Erreichbarkeit der Reklamationsannahme des Unternehmens, auf eine freundliche Problementgegennahme/ Beratung sowie auf eine kurzfristige, möglichst kulante Lösung der aufgetretenen Schwierigkeiten gerichtet.
  - Wegen seiner Wichtigkeit für den Unternehmenserfolg wird das Beschwerdemanagement bei Anbietern technischer Produkte i.d.R. als Kernprozess definiert (siehe hierzu auch G.III.4.); dieser reicht von der Reklamationsannahme bis zu einer für den Kunden zufriedenstellenden Lösung.
  - Für eine – weitere – Verbesserung dieses Prozesses ist zunächst an den ressourcenorientierten Erfolgspotenzialen anzusetzen. In der erweiterten Werttreiber-Sicht stellt das bereits angesprochene Mitarbeiterengagement einen der vorgelagerten Ansatzpunkte dar. Und als kosten- und damit betriebsergebniswirksame Größe kann die Installation einer modernen, leistungsfähigen IuK-Technologie beispielhaft genannt werden.
  - Eine Kernkompetenz stellt das Beschwerdemanagement dann dar, wenn ein Unternehmen auf diesem Gebiet seiner Gesamtwertschöpfung über besonders ausgeprägte Fähigkeiten verfügt, Beschwerden von Kunden schnell zu behandeln und zufriedenstellend zu lösen.
  - Mit der Frage, ob hiermit zugleich ein marktorientierter Erfolgsfaktor vorliegt, ist erneut zu den Kundenanforderungen zurückzukoppeln. Jetzt geht es – auch im Wettbewerbsvergleich – darum, auf welchem Niveau die **Kundenanforderungen durch das Unternehmen erfüllt** werden. Die zweiseitige – durch die Anordnung der Erfolgsfaktoren auch in der Abbildung F-II-

2 zum Ausdruck kommende – Sichtweise besteht in Folgendem: Durch die Steuerung von Werttreibern aufgebaute Kernkompetenzen sind nur dann als Erfolgsfaktor zu werten, wenn das in den Einzelaktivitäten erreichte Ausmaß die Kundenanforderungen erfüllt. Im Vergleich mit den relevanten Wettbewerbern ist darüber hinaus nach Möglichkeit eine vorteilsbegründende Übererfüllung anzustreben.
Die geschilderten Zusammenhänge können an unserem Beispiel wie folgt aufgezeigt werden: Wenn ein Unternehmen z.B. in der Beschwerde-/ Reklamationsannahme mittlerweile den Stand erreicht hat, dass jeder Kunde im Durchschnitt nach drei Anrufversuchen zur Telefon-Hotline durchkommt, dann ist diese verbesserte Kompetenz als Standard wertlos, wenn bei den Wettbewerbern inzwischen als Standard gilt „Anrufentgegennahme nach dem fünften Klingeln" (also beim ersten Anruf). Gleiches gilt beispielsweise für den Zeitraum der Unterbreitung eines Lösungsangebotes: Wenn bei den Konkurrenten hierfür 24 Stunden die Regel sind, dann kann bei drei Tagen im eigenen Geschäft nicht mehr von einer Kernkompetenz und erst recht nicht von einem Erfolgsfaktor in Richtung Wettbewerbsvorteil gesprochen werden.
Über die Beispiele kann eine Schlussfolgerung aus den bislang erläuterten zentralen Parametern der Unternehmensentwicklung gezogen werden: Das Konzept der Erfolgspotenziale und seiner Unterkategorien, der Werttreiber und der Kernkompetenzen, steht und fällt mit den Kunden- und den Markt- sowie den Umfeldanforderungen. Kommt es hierbei zu Änderungen, dann kann die Inside-out-gerichtete Perspektive der Ressourcenorientierung einer „plötzlichen Entwertung" ausgesetzt sein. Der mit der Abbildung F-II-2 gezeigte Kreislauf ist dementsprechend periodisch zu durchlaufen, und von dessen Ausgangs- und Endpunkt her gesehen kommt dabei der Marktorientierung gegenüber der Ressourcenorientierung das ausschlaggebende Gewicht zu.

- Die Fortsetzung der bisherigen Argumentation hin zu den im Verlauf der Unternehmensentwicklung immer wieder angestrebten **marktorientierten Wettbewerbsvorteilen** liegt auf der Hand:
  - Das Erringen von Wettbewerbsvorteilen gegenüber Konkurrenzunternehmen kann als das zentrale Moment für eine positive Unternehmensentwicklung angesehen werden. Sie entstehen als bessere Ausgestaltung in den wichtigen Bereichen Qualität, Zeit, Kosten und/ oder Innovation bei der kundenorientierten Wertschöpfung unter Wettbewerbsbedingungen.
  - Wettbewerbsvorteile beruhen also auf einer im Wettbewerbsvergleich überdurchschnittlichen Erfüllung von Kundenanforderungen. Die wettbewerbsüberlegene Leistung muss für die Kunden wichtig sein und – logischerweise – von diesen auch wahrgenommen werden. Die Bedeutung/ Wirkung von Wettbewerbsvorteilen steigt prinzipiell mit der – ggf. über Leistungsmodifikationen bewirkten – Dauer ihrer Aufrechterhaltung.
  - Wettbewerbsvorteile entstehen demnach über das Zusammenspiel der Wertschöpfung in einem Unternehmen und den bei dessen Angeboten auf Seiten

der Nachfrager entstandenen Werten. Diese können als Abbilder des Kundennutzens in Wertkategorien angesehen werden, sie finden ihren Ausdruck in den Preisen, welche die Abnehmer für die Leistungen zu zahlen bereit sind.

- Die Schaffung eines Wettbewerbsvorteils auf Seiten eines Unternehmens ist also an die Herausbildung eines Kundenvorteils auf Seiten seiner Nachfrager geknüpft. Der Kundenvorteil resultiert dabei entweder aus dem Angebot gleichwertiger Leistungen mit einem Preis unter dem Konkurrenzpreis, besserer Leistungen zum gleichen Preis oder dem Angebot außergewöhnlicher Leistungen, für die auch höhere Preise gezahlt werden. Wettbewerbsvorteile lassen sich damit in die beiden generellen Grundtypen der Kostenführerschaft und der Differenzierung aufgliedern (siehe hierzu bereits C.I.3.g. sowie F.I.). Mit dieser grundlegenden Aufteilung sind zugleich die wesentlichen Ansatzpunkte einer wettbewerbsbezogenen Strategieableitung angesprochen, auf die wir bei den Erläuterungen zur Abbildung F-II-5 zurückkommen.
- Abschließend bleibt festzuhalten, dass der Aufbau und Einsatz ressourcenorientierter Erfolgspotenziale über hieraus generierbare marktorientierte Erfolgsfaktoren zusammen mit dem Erzielen marktorientierter Wettbewerbsvorteile zu der angestrebten Wertsteigerung des Unternehmens führt.

### c. Das Strategische Dreieck als Gestaltungsrahmen

Auf der Basis der vorangegangenen Erläuterungen zu Parametern mit einem zentralen Stellenwert für die Unternehmensentwicklung stellen wir mit der nächsten Klassifikation das auf KENICHI OHMAE zurückgehende Strategische Dreieck vor (Abb. F-II-3):

- Hiermit werden die generellen Aggregatsbereiche der Unternehmensentwicklung aufeinander bezogen, und so können die grundsätzlichen Anforderungen für deren Analyse- und Gestaltungsrahmen abgeleitet werden:
  - Die äußeren Felder der Dreiecks-Darstellung werden von den Marktaggregaten **Kunden, eigenes Unternehmen** und **Wettbewerber** gebildet. Im Englischen spricht man – wegen des jeweils gleichen Anfangsbuchstabens – von den „Three C's“, und die Bezeichnung für die Gesamtdarstellung ist „Strategic Triangle“.
  - Die Angebote eines Unternehmens wie auch die seiner Wettbewerber sind bezogen auf ihre Qualität darauf gerichtet, dass die Kunden in den jeweils angesprochenen Marktsegmenten hieraus Nutzen ziehen und somit – wie bereits ausgeführt – einen Wert für sich realisieren.
  - Dabei konkurrieren ein Unternehmen und seine Wettbewerber vor allem über die Herstellungskosten der Marktleistungen darum, möglichst das preiswerteste Angebot unterbreiten zu können. Die Herstellungskosten sind aber auch für die zweite Zielrichtung, den Kunden über eine **Differenzierung von Produkten und Dienstleistungen** verbesserte oder neue Angebote mit einem höheren Nutzen zu unterbreiten, von zentraler Bedeutung. Des-

halb setzt dieses Vorgehen eines Abhebens vom Wettbewerb im Bild bei dem Kostenaspekt an und verläuft von dort zur Kundenwert- und -nutzenschiene. Entscheidend ist also das vom Kunden bewertete Preis-Leistungs-Verhältnis.

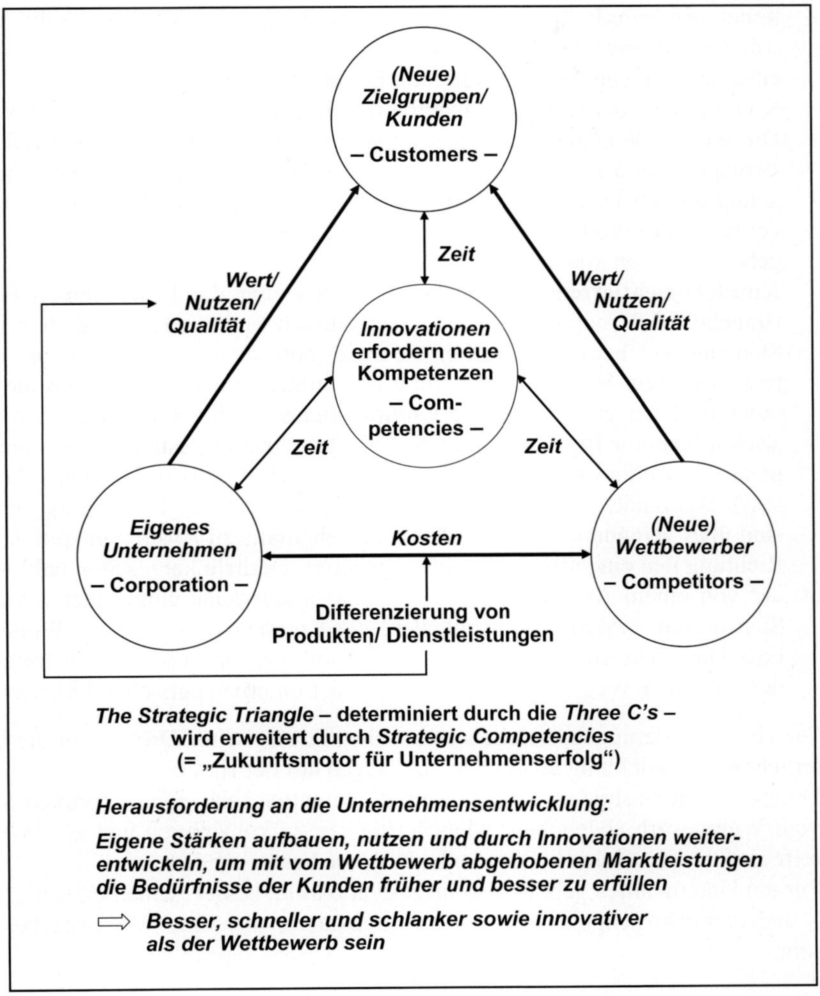


**Abb. F-II-3:** Das Strategische Dreieck als grundsätzliche Anforderungen für den Analyse- und Gestaltungsrahmen der Unternehmensentwicklung (Grundstruktur nach KENICHI OHMAE)

- Mit den in der Mitte der Grafik eingetragenen **Innovationen** erfolgt eine – über die Ausgangsdarstellung von OHMAE hinausgehende – Dynamisierung des Strategischen Dreiecks. Der Wettbewerb beschränkt sich meist nicht auf einfache Veränderungen eingeführter Marktleistungen; über neue Produkte und Dienstleistungen wird er vielmehr regelmäßig „auf eine neue Stufe gehoben" (siehe hierzu F.III.1.). Diese Anhebung im Niveau bezieht sich vor allem darauf, dass für das Beherrschen neuer Produkttechnologien in aller Regel auch eine Weiterentwicklung der (Kern-)Kompetenzen in einem Unternehmen erforderlich ist. Die zentrale Stellung in der Mitte der Abbildung soll dementsprechend zum Ausdruck bringen, dass durch das Herausbringen einer innovativen Marktleistung als Differenzierungschance gegenüber den Konkurrenten der Kompetenzwettbewerb in eine neue Runde gebracht wird.

- Diese neuen Kompetenzen müssen vom eigenen Unternehmen unter Zeitgesichtspunkten also im Vergleich zum Wettbewerb früh genug und schnell genug aufgebaut werden. Dies eröffnet die Chance, dass Innovationen als vermarktbare Produkte den (neuen) Kunden früher als vom Wettbewerb angeboten werden können.
- **Kundenorientierten Innovationen** können sich die Unternehmen einer Branche i.d.R. nicht entziehen – sie müssen versuchen, mit dem neuen Standard gleichzuziehen, wollen sie nicht mittelfristig ihre Nachfrage komplett verlieren. Mit der Erweiterung des Strategischen Dreiecks um die innovationsbezogenen **Strategic Competencies** ist damit also zugleich der „Zukunftsmotor für den Unternehmenserfolg" herausgestellt. Zwar können gerade in wettbewerbsintensiven Märkten durch Produktinnovationen keine lange währenden „Marktreservate" geschaffen werden. Die Wettbewerber sind über veränderte Kundenpräferenzen ebenfalls zu Anstrengungen in der Richtung neu eingeführter Produkte genötigt. Deshalb kann schon bald wieder von einem Anbieter die nächste Innovationsrunde eingeläutet werden. Sich diesen Zyklen zu verschließen, die Kompetenzen für neue Produkte oder Dienstleistungen nicht aufzubauen und weiterzuentwickeln wäre aber der schnellste Weg zu einer Vernichtung der unternehmerischen Existenz.

• Die Herausforderungen, welche sich aus dem Strategischen Dreieck für die Unternehmensentwicklung ableiten lassen, liegen auf der Hand:
Durch das Herausbilden, Nutzen und Weiterentwickeln eigener Stärken sind vom Wettbewerb abgehobene Marktleistungen zu konzipieren und zur Marktreife zu führen, welche die Kundenbedürfnisse besser erfüllen.
Für ein Unternehmen geht es also insgesamt darum, besser, schneller, schlanker – und damit kostengünstiger – sowie innovativer als seine Wettbewerber zu sein.

### d. Der Prozess der Strategieentwicklung und -realisierung

Nach den Veranschaulichungen zu den zentralen Parametern der Unternehmensentwicklung und deren maßgeblichen Aggregatsbereichen ist jetzt näher auf die generellen **Inhalte des Strategiebegriffs** einzugehen. Abgeleitet vom griechischen „strategós" für Heerführer, Feldherr entstammt dieser dem militärischen Bereich. Eingang in die Betriebswirtschaftslehre fand er in den 70er Jahren, als es über zunehmend dynamisch-turbulente Marktbedingungen zu den aufgezeigten

Anforderungsänderungen für eine erfolgreiche Unternehmensentwicklung kam. Wenn die Konstellationen zwischen dem eigenen Unternehmen, seinen Lieferanten, Kunden und Wettbewerbern sowie dem politisch-gesellschaftlichen Umfeld durch häufige und zum Teil auch plötzliche Wandlungen gekennzeichnet sind, dann gewinnen ein genaues Sondieren der Lage und das Festlegen und Umsetzen einer hierauf abgestimmten, die eigenen Kräfte konzentrierenden Entwicklungsrichtung stark an Bedeutung. Mit dem Strategiebegriff konnte hierfür ein eingängiges Sprachbild übernommen werden. Im betriebswirtschaftlichen Zusammenhang sind Strategien als **Ziel-Maßnahmen-Pfade** zu kennzeichnen, und dies wird mit der Abbildung F-II-4 illustriert.

Wie in dieser Abbildung wiedergegeben, beinhaltet der allgemeine Strategiebegriff die Bestimmung der grundlegenden zukünftigen Ziele für wichtige Handlungsfelder eines Unternehmens, der zu ihrem Erreichen einzuschlagenden sowie fortzuentwickelnden Handlungsrichtung und des Budgetrahmens für den erforderlichen Ressourceneinsatz.

In einer **engeren Fassung** wird der Strategiebegriff vereinzelt auch auf den Maßnahmen- und Ressourcenbereich begrenzt, womit folglich die Zielbildung nicht einbezogen ist. Dabei stellt sich eine Strategie dann lediglich als grundlegender **Zielerreichungspfad** dar. Strategien implizieren aber grundsätzlich Zweck-Mittel-Hierarchien, wobei in mehrstufiger Betrachtung eine Maßnahme zum Erreichen eines übergeordneten Zieles gleichzeitig auch Zielcharakter für die nachgeordneten Aktivitäten besitzt. Die Beschränkung auf das bloße Erarbeiten der Handlungsrichtung zum Erreichen vorgegebener Ziele und damit deren alleinige Operationalisierung bzw. operative Umsetzung ist deshalb als ein reduziertes Strategieverständnis zu kennzeichnen. Aufgrund der funktionalen, organisatorischen und/ oder personellen Trennung von Zieldefinition und Handlungsentwicklung besteht hierbei in hohem Maße die Gefahr eines inkremental-schrittweisen und suboptimalen Vorgehens. Die für die zukünftige Konzeptionierung eines Unternehmens notwendige Gesamtschau kann auf diese Weise nicht erreicht werden. Wir gehen deshalb von der weiten Begriffsfassung aus, nach der Strategien das globale Ergebnis der Festlegung angestrebter Sollzustände sowie des zu ihrer Erreichung zweckmäßigen Handlungsspektrums umfassen.

Im Hinblick auf die einzelnen **Bestandteile der Strategiedefinition** sind folgende Anmerkungen zu treffen:

- **Ziele** stellen die aufgrund externer und interner Analysen definierten und angestrebten Handlungsergebnisse zukünftiger Perioden dar, welche durch einen entsprechenden Maßnahmeneinsatz zu erreichen sind. Aus einer die Ansprüche der verschiedenen Gruppen von Unternehmensträgern einbeziehenden Perspektive sind wir hierauf im Kapitel D. ausführlich eingegangen. Mit der vorstehenden Kurzdefinition wird deutlich, dass sich sowohl der duale als auch der zeitüberbrückende Charakter von Strategien bereits über deren zentrale Zielelemente erschließt: Aus einer gleichermaßen Outside-in wie Inside-out durchzuführenden Lagebeurteilung sind Soll-Zustände für künftige Entwicklungsabschnitte festzulegen, auf deren Erreichen dann alle Handlungen im Unternehmen auszurichten sind. Mit der Kennzeichnung von Phasen und Informationsarten im generellen Führungsprozess haben wir hierzu in E.IV. bereits einen Überblick gegeben.

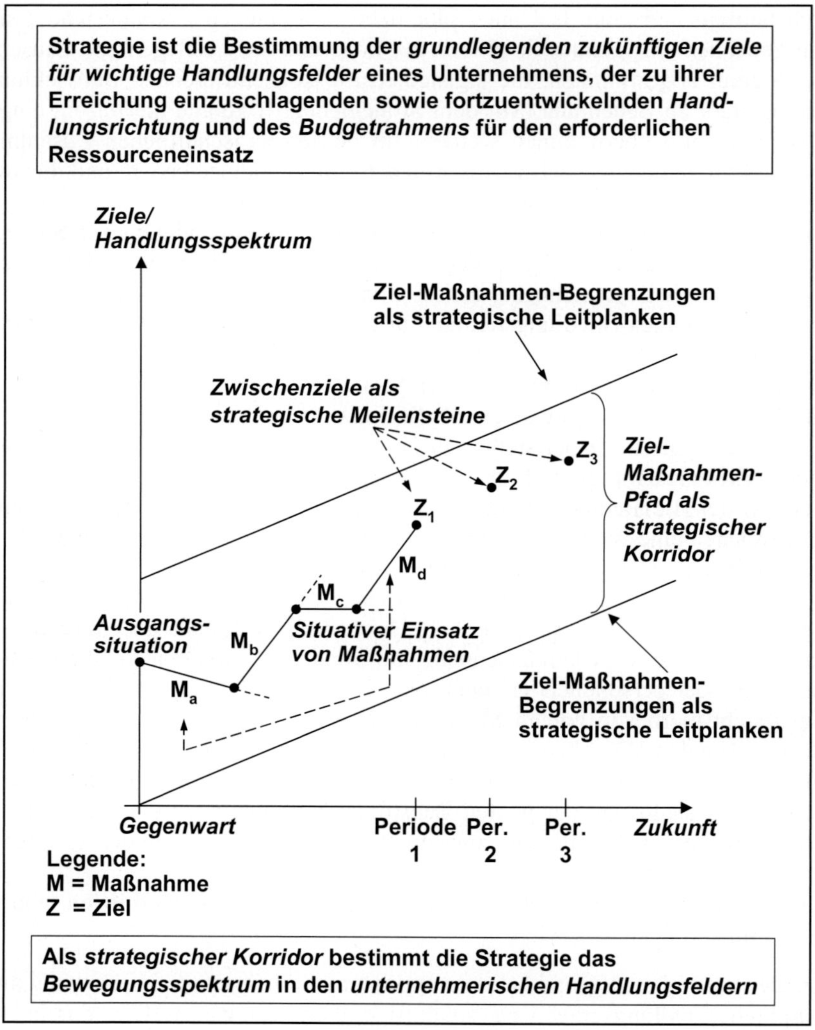


**Abb. F-II-4:** Die Lenkungsfunktion von Strategien als Ziel-Maßnahmen-Pfad

- Die **Handlungsfelder** der Strategieentwicklung und -umsetzung sind als Cluster für erforderliche Veränderungs-/ Verbesserungsmaßnahmen aufzufassen. Mit der Übernahme des vorrangig in der Statistik gebräuchlichen Begriffs (Clusteranalyse) kommt plastisch zum Ausdruck, dass sich diese Handlungsfelder durch inhaltlich gemeinsame Problemlagen bestimmen. Von anderen in einem Unternehmen definierten Strategiebereichen und damit von weiteren Handlungsclustern unterscheiden sie sich dagegen deutlich.

Mit der weiten Bezeichnung als Handlungsfelder von Strategien kann im Übrigen die gesamte Bandbreite markt- wie ressourcenorientierter Stoßrichtungen der Unternehmensentwicklung umfasst werden. Spricht man, wie auch in diesem Abschnitt bei den Grundzusammenhängen einer strategisch ausgerichteten Unternehmensplanung und -steuerung, von Produkt-Markt-Kombinationen (welche Leistungsangebote werden an welche Zielgruppen gerichtet?), dann liegt bei einer solchen Abgrenzung strategischer Aktivitätsräume eine gleichgewichtige Kombination von Innen- (Produkt) und Außenorientierung (Markt) vor. Für Strategien zur Weiterentwicklung ganzer Unternehmen oder Unternehmensbereiche ist ein solcher Ansatz zwingend notwendig. Unterhalb dieser Ebene kann – beispielsweise bei funktions- oder wertschöpfungsbezogenen Vorhaben – allerdings durchaus ein vorrangiger Innenbezug angestrebter Veränderungen gegeben sein. Hier stehen dann regelmäßig der Aufbau und die Steuerung wichtiger Aktivitäten innerhalb der (Kern-)Prozesse betrieblicher Wertschöpfung im Vordergrund. Um die Vielfalt von Outside-in- und/ oder Inside-out-wirkenden Strategieansätzen umgreifen zu können, kennzeichnen wir deren generelle Basis für Aktivitäten und Verbesserungen also allgemein mit dem Begriff des Handlungsfeldes.

Nach dem vorrangigen Ableitungszusammenhang lässt sich eine allgemeine Aufteilung der Handlungsfelder von Strategien gemäß der Aggregatsbereiche des Strategischen Dreiecks (Abb. F-II-3) vornehmen:

- Erstens kann sich das Handlungsfeld einer Strategie aus den Abnehmer-/ Kunden- respektive **Zielgruppenanforderungen** eines Unternehmens ergeben. Beispiele hierfür sind veränderte Endkundenbedürfnisse in Konsumgütermärkten sowie auch die Einführung neuer Wertschöpfungsstandards in einer mehrstufigen branchenbezogenen Wertschöpfungskette von Zulieferern und Weiterverarbeitern. Wenn beispielsweise in der Automobilindustrie Entwicklung, Fertigung und auch die Einbauverantwortung am Fließband für ganze Baugruppen eines Fahrzeugs – wie etwa der Sitz(bänk)e von PKWs – auf Systemlieferanten übertragen wird (siehe hierzu auch F.III.2.), dann ist hiermit eine enorme strategische Herausforderung für Zulieferer gegeben, deren Leistungsangebot sich bislang durch einen wesentlich geringeren Funktionsumfang auszeichnet. Diese stehen damit vor der Entscheidung, ob sie sich durch einen zügigen Aus-/ Aufbau der notwendigen Kompetenzen als Systemanbieter positionieren können respektive sich mit ihren Absatzbeziehungen als Teile-, Komponenten-, oder Modullieferant auf das Niveau Komplettanbieter ausrichten sollen.
- Die Handlungsfelder von Strategien können zum Zweiten über **Wettbewerbsaktivitäten** respektive deren Niveau/ Intensität abgeleitet sein. Wenn sich z.B. wichtige Konkurrenzfirmen zusammenschließen und damit über eine größere Macht auf den Absatz- und Beschaffungsmärkten verfügen, so sind im eigenen Unternehmen Ausgleichsmaßnahmen zu den auf diese Weise extern induzierten (Kosten-)Nachteilen zwingend erforderlich.
  Wenn beispielsweise – wieder bezogen auf die Automobilindustrie – von wichtigen Wettbewerbern alle PKW-Modelle serienmäßig mit Elektroni-

schem Stabilitäts-Programm (ESP) angeboten wurden, dann hatte sich ein bislang noch nicht über Kompetenzen in dieser Fahrzeugtechnologie verfügender Hersteller intensiv um deren raschen Aufbau zu kümmern. Als Fahrsicherheitstechnik ist ESP zum branchenweiten Produktstandard geworden, und so sind ohne es kaum noch Autos zu verkaufen. Dies liegt in der hierdurch gleichzeitig bewirkten **Veränderung der Kundenbedürfnisse** begründet, womit sich an diesem Exempel noch einmal die niveauverschiebende Wirkung von Innovationen im Marktdreieck zeigt: Über Kommunikationsmaßnahmen der Automobilfirmen und Testberichte von der neuen Technik und ihrem Nutzen in kritischen Fahrsituationen informiert, fragten die Käufer vermehrt nach dem Vorhandensein von ESP. Mit dessen zunehmender Verbreitung nahm ESP dann mehr und mehr den Rang eines „K.o.-Kriteriums" ein: Wenn ein Autoverkäufer die Frage nach dem ESP verneinen musste, verließ der Kunde mit hoher Wahrscheinlichkeit den Schauraum und ging zu einem Händler, dessen Fahrzeuge die gewünschte technische Ausstattung aufwiesen.

- Zum Dritten kann der **eigene strategische Ansatz eines Unternehmens** die Handlungsfelder einer Strategie begründen. Hierbei geht es dann entweder darum, das Kräfteverhältnis im angestammten Strategischen Dreieck zu Gunsten des eigenen Geschäfts zu verschieben, oder es werden Entscheidungen umgesetzt, das Tätigkeitsgebiet eines Unternehmens ganz oder teilweise in neue Märkte zu verlagern. In diesem Fall ist also eine möglichst ertragreiche Position in einem anderen Marktdreieck zu erobern.

  Als eindrucksvolles, wenn auch nicht sehr erfolgreiches Beispiel für einen kompletten „Shift" der Kerngeschäfte kann die frühere PREUSSAG AG angeführt werden. 1923 als Preußische Bergwerks- und Hütten-Aktiengesellschaft gegründet, entstand Mitte der 90er Jahre die Vision, das grundstofforientierte Unternehmen mit seinen Haupttätigkeitsfeldern Kohle, Stahl, Schiff- und Anlagenbau zu einem integrierten Tourismuskonzern umzubauen. Dieser Wechsel wurde mit hohem Tempo vorangebracht und über das Abstoßen früherer Geschäfte finanziert. Unter dem Motto „Urlaub aus einer Hand" werden durch zugekaufte Unternehmen (u.a. HAPAG-LLOYD AG, TUI DEUTSCHLAND, THOMSON TRAVEL GROUP, FIRST Reisebüros) und Kooperationen mit Partnern heute bereits über 90% des europäischen Tourismusmarktes abgedeckt. Im Jahre 2002 hat die Gesellschaft schließlich auch den Namen PREUSSAG AG abgelegt. Korrespondierend zur Dachmarke „World of TUI" heißt der Konzern seitdem TUI AG.

- Den phasen- und prozessbezogenen Bezugsrahmen für die Handlungsfelder von Strategien bildet aus inhaltlicher Sicht das **Analyse- und Gestaltungsinstrument der Wertschöpfungskette**. Bei dem hierzu vorgelegten erweiterten Ansatz (Abb. F-I-1) wird von einer Steuerung der direkten Wertschöpfung durch übergeordnete Prozesse sowie von einer Unterstützung durch flankierende Prozesse ausgegangen. Damit liegt ein komplettes Abbild des gesamten Spektrums der Unternehmensführung und -entwicklung vor, das insgesamt dem SOS-Konzept zur Aufgaben- und Prozessgliederung (siehe hierzu G.I.2.) folgt.

Über diesen erweiterten Ansatz sind die vom ersten Steuerungsprozess Strategie: Unternehmensentwicklung und -planung entwickelten Konzepte zur Sicherung von Fortbestand und Wachstum eines Unternehmens unter wechselnden Markt- und Umfeldbedingungen zu realisieren.
Im Hinblick auf die organisatorische Entsprechung respektive einen darauf gerichteten Zuschnitt von strategiebezogenen Handlungsfeldern kann generell von folgender Abstufung ausgegangen werden:

- Die Abgrenzung von **Strategischen Geschäftsfeldern** (SGFs) setzt bei der vorstehend angesprochenen Segmentierung der Geschäftstätigkeit in unterschiedliche Produkt-Markt-Kombinationen an. Diese können als Unternehmenseinheiten mit einer eigenständigen Marktaufgabe für definierte Zielgruppen in der Form Strategischer Geschäftsfelder geführt werden. Damit ist allerdings lediglich eine Planungsverantwortung verbunden. Nur mit dieser Aufteilung kommt es zu einer Überlagerung der Organisationsstruktur eines Unternehmens. Bei der strategisch begründeten Aufgliederung in verschiedene Produkt-Markt-Bereiche beschränkt sich die Zuständigkeit der SGFs also auf die Erarbeitung mittel- und längerfristiger Planungskonzepte. Die Abstimmungen hierzu sowie die Umsetzung und Kontrolle kurzfristig-operativer Entscheidungen sind in Zusammenarbeit mit den im Rahmen der bestehenden Aufbauorganisation als Primärgliederung eines Unternehmens verantwortlichen Personen durchzuführen.
- Eine weitgehende Deckungsgleichheit von strategischer Ausrichtung und organisatorischer Gliederung kann über die Etablierung von **Business Units** (BUs) erreicht werden. Früher auch als Strategische Geschäftseinheiten (SGE) bezeichnet, kommt es hierbei zur Schaffung von Unternehmensbereichen mit definiertem Selbstständigkeitsgrad. Damit ist im Vergleich zu den SGFs eine umfassendere Fokussierung auf die jeweiligen Markt- und Kundenanforderungen möglich. Im Hinblick auf ihre organisatorische Ein- oder Anbindung können zwei Arten von Business Units unterschieden werden:
    * Wenn sie als Unternehmensteile in rechtlich unselbstständiger Form geführt werden, kann die organisatorische Einbindung von Business Units im engeren Sinne (i.e.S.) über eine divisionale Organisation erfolgen, bei welcher die BUs eine Stellung als Sparten innehaben. Damit liegen strategisch und operativ agierende Unternehmenseinheiten vor, welche am Markt und innerhalb des Unternehmens mit einer festgelegten Autonomie tätig werden können. Da sie häufig als Profit Center ausgestaltet sind, ist deren Selbstständigkeitsgrad also durch eine Gewinnentstehungsverantwortung gekennzeichnet (siehe hierzu auch G.II.2.).
    * Bei der rechtlich selbstständigen Variante werden die jetzt als Business Units im weiteren Sinne (i.w.S.) zu bezeichnenden Einheiten als eigenständige Kapitalgesellschaften (z.B. GmbHs) geführt. Zusätzlich zu den vorher genannten Merkmalen von SGFs und BUs i.e.S. sind dann auch ein eigenständiger Marktauftritt sowie umfassende Möglichkeiten der

Wertschöpfungs- und Kostensteuerung gegeben. Die Autonomie nimmt dadurch die weitest mögliche Form der Bilanzverantwortung an. Bildlich gesprochen lassen sich die in einem Konzernverbund befindlichen BUs im weiteren Sinne als „Schnellboote mit eigenem Kapitän" einordnen.

- Als nächstes Definitionselement des allgemeinen Strategiebegriffs ist auf den **Maßnahmen-/ Ressourceneinsatz** einzugehen. Die innerhalb eines Handlungsfeldes zunächst einzuschlagende und dann fortzuentwickelnde Handlungsrichtung wird mit der Darstellung in Abbildung F-II-4 verdeutlicht, und dabei kommt die Lenkungsfunktion von Strategien als Ziel-Maßnahmen-Pfade plastisch zum Ausdruck:
  - Abgetragen über die beiden Dimensionen Ziele/ Handlungsspektrum und Zeit ist dort der Ziel-Maßnahmen-Pfad einer Strategie als **strategischer Korridor** dargestellt. Ziel-Maßnahmen-Begrenzungen, und damit vor allem auch Budgetbegrenzungen, bilden als strategische Leitplanken die Wände des strategischen Korridors. Mit den aus Markt und Umwelt abgeleiteten sowie auf den Ressourceneinsatz des Unternehmens bezogenen respektive selbst gesetzten Ziel-Maßnahmen-Begrenzungen erfahren die Aktivitäten zur Strategieumsetzung also eine Kanalisierung.
  - In der Grafik wird angenommen, dass in der Ausgangssituation ein **Ziel ($Z_3$)** mit den Zwischenzielen **$Z_2$** und **$Z_1$** als strategischen Meilensteinen definiert sowie geeignete Alternativen zur konkreten Ausfüllung des strategischen Korridors bestimmt wurden. In Abhängigkeit von situativen Einflussgrößen, von dem prognostizierten Wirkungsausmaß sowie von den verfügbaren Budget- und Ressourcenpotenzialen erfolgen Auswahl und Einsatz einer oder mehrerer und dann i.d.R. sequenzieller Maßnahmen (**$M_a$ - $M_d$**). Hierfür gilt, dass im Zeitablauf wegen veränderter oder zusätzlich wirkender Einflussgrößen eine Anpassung der Maßnahmen nach Art oder Intensität notwendig werden kann, um die definierten Ziele bzw. Zwischenziele zu erreichen. Solche Korrekturen im Maßnahmeneinsatz sind in der Grafik jeweils an den Knotenpunkten ergriffen worden; die gestrichelt fortgeführten Linien verdeutlichen deren weiteren Wirkungsverlauf ohne vorgenommene Anpassung.
  - An der Positionierung der Zwischenziele sowie der Umsetzungsergebnisse ergriffener Maßnahmen und ihrer korrigierenden Neuausrichtung auf die (Zwischen-)Zielerreichung wird deutlich, wie die Ziel-Maßnahmen-Begrenzungen als strategische Leitplanken den insgesamt zur Verfügung stehenden Anpassungsspielraum determinieren. Somit kann in der Abbildung F-II-4 nach der Eingangsdefinition und der grafischen Visualisierung abschließend festgehalten werden: Als strategischer Korridor bestimmt die Strategie den Bewegungsspielraum in den unternehmerischen Handlungsfeldern.

Die Auflistung einzelner Entscheidungs- und Gestaltungsfelder in der Eingangsabbildung F-II-1 zur Unternehmensentwicklung und -planung schließt mit der Wiedergabe von **vier grundsätzlichen Stufen der Strategieableitung und**

**-umsetzung**. Hierzu können wir vorab die Verbindung zur einführenden Darstellung von Unternehmenspolitik und Unternehmensplanung/ -kontrolle im Abschnitt D.I.1. ziehen: An dieser Stelle ging es aus einer generellen Perspektive um die Teilhabe interner und auch externer Interessengruppen an der Zielfindung und -beeinflussung sowie um die unternehmensintern ablaufenden Prozesse der Zielableitung und -erreichung (siehe hierzu die Abb. D-I-1). Der dort bereits angesprochene Bereich der Strategischen Planung ist unter dem zentralen Aspekt der Wertschöpfungssteuerung jetzt noch einmal gesondert herauszublenden und mit einigen weiteren Ausführungen zu konkretisieren.

- Als generelle Richtungsvorgabe und damit als erste Stufe im Prozess der strategischen Unternehmensentwicklung ist die Aufstellung und Kommunikation von **Mission, Vision und Values** abzugrenzen. Kurz und prägnant gefasst sowie außer auf die Gegenwart insbesondere auf die Zukunft bezogen, kann hiermit eine erste Fokussierung der weiteren Geschäftstätigkeit vorgenommen werden. Dies ist beispielsweise über Vereinbarungen zu folgenden Fragen möglich:

  - **Mission:**
    - Welchen Auftrag haben wir unserem Unternehmen am Markt gegeben? Warum existieren wir?
    - Wie erfüllen wir diesen Zweck?
  - **Vision:**
    - Wo wollen wir in 5 bis 10 Jahren am Markt im Bewusstsein unserer Kunden im Vergleich zu unseren Wettbewerbern mit unseren Kernkompetenzen stehen?
  - **Values:**
    - Was ist uns wichtig?
    - Wie wollen wir miteinander und mit unseren Marktpartnern umgehen?
    - Welchen Beitrag leisten wir für die Gesellschaft?

  Diese Basisfestlegungen stellen wesentliche Bestandteile der **Unternehmensphilosophie** bzw. – im Fall ihrer daraus abgeleiteten Fixierung – eines **Unternehmensleitbildes** dar. Insoweit kommt ihnen eine „Scharnierfunktion" gegenüber der Unternehmenspolitik zu (Grundzweck, Grundziele, Verhaltensgrundsätze, Führungs- und Leitungsgrundsätze; siehe hierzu D.I.1.).

  Aus Sicht der Strategieentwicklung bilden Mission, Vision und Values allerdings einen Dreiklang, der über die oft rein normativ gehaltenen traditionellen Unternehmensleitbilder hinausgeht. Die Bereiche Mission und Vision enthalten eine inhaltliche Skizzierung von Leistungserstellung und Marktauftritt in Gegenwart und Zukunft, und hierauf beziehen sich die formulierten Werthaltungen. Insoweit kann man davon sprechen, dass hiermit Substrate aus Unternehmensphilosophie/ -politik niedergelegt sind, die in ihrer Anordnung dem generellen Ableitungszusammenhang des strategischen Steuerungsprozesses der Unternehmensentwicklung und -planung Rechnung tragen: Was haben wir bis-

her gemacht, wo stehen wir? In welche Richtung wollen wir uns weiterentwickeln? Wie müssen wir uns dazu verhalten?
Bezogen auf die Strategiedarstellung als strategischer Korridor in Abbildung F-II-4 lässt sich Folgendes – bildlich – festhalten:

- Die **Mission** definiert als Ausgangsbasis die Verankerung in bestimmten Produkt-Markt-Kombinationen und damit den daraus abgeleiteten gegenwärtigen Marktauftrag des Unternehmens.
- Die **Vision** bestimmt den Steigungswinkel des strategischen Korridors im Hinblick auf den Anspruch herausfordernder Ziele oder sogar den Shift in eine völlig andere Produkt-Markt-Kombination wie im Beispiel PREUSSAG - TUI.
- Die **Values** (Werte) definieren – neben dem Budgetrahmen als ressourcenbezogene Begrenzung – die strategischen Leitplanken für moralisch-inhaltlich zulässiges Handeln und Verhalten.

• Über die Fixierung von Mission, Vision und Values werden die nächsten Etappen der Unternehmensentwicklung erst einmal grob umrissen. Hierbei ist auch von der Initialzündung für einen neuen oder veränderten Marktauftritt zu sprechen. Auf dieser Grundlage sind in der zweiten Stufe der Strategieableitung und -umsetzung jetzt **differenzierte Analysen** anzustellen, welche sowohl die im Einzelnen möglichen Ziele als auch die potenziellen Maßnahmen zu deren Erreichung kalkulierbar machen.
Bezogen auf die Entwicklungen in Markt und Umfeld sowie die Ressourcen im eigenen Unternehmen gilt es jetzt also, die formulierte Vision über eingehende Untersuchungen zu Erfolgsfaktoren, -potenzialen und zukünftig realisierbaren Wettbewerbsvorteilen auf ihre grundsätzliche Realisierbarkeit abzuklopfen. Auf die Anlage dieser Analysen und hierbei einzusetzende Instrumente gehen wir bei den Erläuterungen zur Abbildung F-II-5 ein.

• Die strategischen Analysen stellen einen wichtigen Zwischenschritt im Zyklus der Strategieentwicklung und -realisierung dar. Erst auf deren Grundlage können in der dritten Stufe die **Ziele** (siehe hierzu D.) der Unternehmens- respektive Bereichsentwicklung bestimmt und die **Strategien** mit einer hinreichend großen Prognosewahrscheinlichkeit festgelegt werden.
Ein direkter Sprung von der generellen Richtungsvorgabe zur Zielbestimmung und Strategieableitung käme einer „Navigation ohne Landkarte“ gleich. Auch wäre bei einem solchen Vorgehen kaum zu erkennen, wie viele Wettbewerber sich auf dem gleichen Weg befinden, ob also „Stau droht“. So kommt der Analysephase zusätzlich die Funktion einer Prämissenkontrolle der Vision zu. Hier kann sich demnach durchaus das Resultat ergeben, dass die zunächst allgemein ausgegebene Zielvorstellung nicht oder nur unter einer sehr geringen Erfolgswahrscheinlichkeit zu erreichen ist. Der Strategiezyklus kann in einem solchen Fall neu begonnen werden, ohne dass bereits Maßnahmen in die kaum zu realisierende Richtung ergriffen worden sind.

• Die **Strategieumsetzung/ -steuerung einschließlich -kontrolle und -anpassung** als vierte Stufe im strategischen Prozess betrifft einerseits die in D.I.1. angesprochene Operative Planung. Die mit einer Strategie verbundenen Maß-

nahmen sind hier funktions-, wertschöpfungsprozess- oder -phasenbezogen herunterzubrechen und umzusetzen.
Den mit der Strategieentwicklung betrauten Organisationseinheiten (siehe hierzu G.) in einem Unternehmen verbleibt andererseits die Aufgabe, diese Kaskadierung im Prozess der Unternehmensentwicklung zu steuern und zu kontrollieren. Schließlich haben sie bei veränderten Bedingungslagen auch für Strategieanpassungen zu sorgen sowie ggf. einen neuen Strategieprozess anzustoßen.
Als leistungsfähiges und ganzheitliches, alle Stufen der Strategieableitung und -umsetzung verbindendes Instrument kann das 1992 erstmals von ROBERT S. KAPLAN und DAVID P. NORTON formulierte und publizierte Konzept der **Balanced Score Card (BSC)** angewendet werden (siehe hierzu auch F.IV.5.f.). Die aus den Richtungsvorgaben zu Mission, Vision und Values sowie den externen und internen Analysen entwickelte Unternehmensstrategie wird dadurch mit konkreten, operationalen Zielgrößen für alle Geschäftsbereiche und -ebenen unterlegt, zu welchen gleichzeitig entsprechend aussagefähige Kennzahlen und Messgrößen für die Ermittlung der Zielerreichungsgrade festzulegen sind.
Differenziert nach den vier grundsätzlichen Bereichen Lernen und Entwicklung, interne Geschäftsprozesse, Kunden und finanzielle Ergebnisse ist auf diese Weise ein ausgewogenes Gleichgewicht zwischen strategischen Zielen und operativen Ergebnissen erreichbar. Dieses bezieht sich außer auf kurzfristig orientierte finanzielle Steuerungsgrößen insbesondere auch auf längerfristig ausgerichtete nicht-finanzielle und damit eher qualitative Parameter (z.B. Kunden- oder Mitarbeiterzufriedenheit), welche über geeignete Verfahren (beispielsweise Reklamationsauswertung, Befragungen oder Beobachtungen) und Maßnahmen (Schulung des Verkaufspersonals oder Veränderung der Arbeitsorganisation als Beispiele) einer Erhebung und Steuerung zugänglich sind.
Die Verzahnung dieses Konzepts mit den anhand der Abbildung F-II-2 erläuterten zentralen Parametern der Unternehmensentwicklung ist offensichtlich: Korrespondierend zu den abgeleiteten und mit dem Leistungsangebot eines Unternehmens zu erreichenden marktorientierten Erfolgsfaktoren wurden dort zu Aufbau und Nutzung ressourcenorientierter Erfolgspotenziale insbesondere die Werttreiber als Aktivitäten mit jeweils entscheidender Hebelwirkung zur Zielerreichung in den verschiedenen Wertschöpfungsprozessen herausgestellt. Genau diese Werttreiber bilden die Basis zur Ableitung der Steuerungskriterien für die im Rahmen des BSC-Konzepts unterschiedenen inhaltlichen Gestaltungsbereiche. Beispielsweise können für den Bereich Kunden – genauer als „Kundenzufriedenheit/ Marktausschöpfung“ zu bezeichnen – die Steuerungskriterien flexibles Eingehen auf Kundenwünsche, Zufriedenheit mit Beschwerdebehandlung, Kundenbindung, Marktaktivitäten/ Cross-Selling (also Zusatz- bzw. Verbund-Verkäufe) und Marktanteil/ Wettbewerbsposition definiert sein.
Bei der Aufstellung eines „ausgewogenen Berichtsbogens“ – so die wörtliche Übersetzung von BSC – kommt letztlich der betriebswirtschaftlich theoretischen Zielsetzung (siehe hierzu A.I.3.) eine hohe Bedeutung zu, nämlich dadurch dass für die spezielle Situation eines Unternehmens mehrstufige und zunächst von einer höheren Aggregationsebene ausgehende **zielbezogene Ursachen-Wirkungs-Zusammenhänge** zu entwickeln sind (Ziele/ Standards →

Steuerungskriterien → Kennzahlen/ Messgrößen → Maßnahmen). Diese werden zudem über die grundsätzlich unterschiedenen Inhalts-/ Gestaltungsbereiche vernetzt, und es erfolgt eine Aufgliederung für alle ergebnisverantwortlichen Unternehmenseinheiten. Als Ergebnis der hierbei notwendigen, top-down- wie bottom-up-verlaufenden Prozesse der Detaillierung und Verdichtung entsteht ein konsistentes, aufeinander abgestimmtes System, welches aus der gesamtunternehmensbezogenen „Master Card" und einem Set zugehöriger Balanced Score Cards für die einzelnen Geschäftsbereiche und Managementebenen besteht. Aus den ebenenspezifischen BSCs können sodann Ziel-Ergebnis-Karten für ausführende Teams und ggf. auch für die einzelnen Mitarbeiter als Bestandteile für deren Aufgaben- und Funktionenprofil abgeleitet und vereinbart werden (siehe hierzu G.IV.).

Mit Bezug auf den bereits eingeführten Vergleich von Unternehmenssteuerung und Flugzeug-Navigation ermöglicht die Balanced Score Card den unter komplexen Markt- und Umfeldbedingungen notwendigen „Instrumentenflug". Die laufende Erhebung und Visualisierung von messgrößenbasierten Kennzahlen, des damit bei den Steuerungskriterien erreichten Niveaus und der hiermit verbundenen Zielerreichung bei den Zielgrößen/ Standards erlaubt – so auch die allgemein gebräuchliche Bezeichnung in der Management- und Beratungspraxis – eine umfassende **Cockpit-Steuerung**. Zusätzlich ist diese vereinfacht als **Ampel-Steuerung** realisiert, bei der die Erreichung von Zielen oder vorgelagerten Steuerungskriterien/ Kennzahlen/ Messgrößen in Entsprechung zum jeweiligen Handlungsbedarf als „grün" (alles o.k.), „gelb" (nachsehen, nicht im Plan) oder „rot" (sofortiges Eingreifen erforderlich, Gefahr für die Gesamtzielerreichung) dargestellt wird.

Wie aus den kurzen Erläuterungen ersichtlich, kann das Konzept der Balanced Score Card zur Steuerung einer wirkungsvollen Strategieumsetzung und -kontrolle eingesetzt werden. Hierbei sind auch die Abstimmung und Durchführung von Strategieanpassungen möglich, und insgesamt bietet eine ausgereifte BSC-basierte Unternehmenssteuerung eine gute Grundlage für den Gesamtablauf neuer Strategiezyklen. Als Voraussetzung für eine effiziente und effektive Nutzung der Balanced Score Card ist allerdings ein hohes Analyse- und Gestaltungsniveau auf den unterschiedlichen Managementebenen im eigenen Unternehmen einzufordern. Ist dies erreicht und konsequent weiterentwickelt, dann bestehen aufgrund der Schaffung vernetzter Reaktionsfähigkeiten große Chancen für die nachhaltige Sicherung des Unternehmenserfolgs.

### e. Basisinstrumente der strategischen Analyse und Prognose sowie Strategiegrundtypen

Mit dem Stichwort des Analyseniveaus können wir auf den letzten Abschnitt der Eingangsabbildung F-II-1 zum zentralen Steuerungsprozess Strategie: Unternehmensentwicklung und -planung überleiten. Die dort zur Rubrik ausgewählter Entscheidungssituationen aufgeführten Positionen wichtiger Aktivitäten im Strategieentwicklungsprozess, deren Fundierung durch geeignete Analyseverfahren sowie der Unterscheidung zentraler Strategiebereiche/ -arten werden mit der zusammenfassenden Abbildung F-II-5 im Folgenden näher verdeutlicht.

Damit kann noch einmal im Überblick aufgezeigt werden, in welcher grundsätzlichen Art und Weise der Prozess zur Strategieentwicklung in Unternehmen idealtypisch abläuft; hierbei sind auch Verbindungen zu den bisher dargestellten Sachverhalten respektive strategischen Perspektiven zu ziehen.

Im Prozess der Strategieentwicklung bilden die **Sammlung, Beschreibung und Bewertung von Informationen** die erste wichtige Gruppe von Aktivitäten. Deren Darstellung im oberen Teil der Abbildung F-II-5 ist um folgende Anmerkungen zu ergänzen:

- Wie die Erläuterungen zu den Grundzusammenhängen und den einzelnen Entscheidungs- und Gestaltungsfeldern erkennen ließen, sind strategische Problemstellungen immer durch einen externen und einen internen Aspekt gekennzeichnet. Die Konzentration auf Stärken und Schwächen bei der bisherigen Art der Leistungserstellung im **eigenen Unternehmen** birgt selbst unter relativ stabilen Marktverhältnissen hohe Risiken. Auch hierbei finden i.d.R. – zwar langsamer verlaufende – Änderungen bei der Zusammensetzung der Marktteilnehmer und bei den Kundenpräferenzen statt, so dass mit einer vorrangig nach innen gerichteten „Nabelschau" über die daraus folgende „Marktblindheit" die Unternehmensexistenz mittel- und längerfristig verspielt wird. Der in externer Sicht auf Chancen und Risiken aus **Markt und Umfeld** gerichtete Aspekt muss also zwingend hinzutreten, wenn ein Unternehmen seine Grundaufgabe der Lösung von Kundenbedürfnissen auch bei sich ändernden Bedingungen gewinnbringend und damit existenzsichernd lösen will.
- In gleicher Anordnung wie bei den zentralen Parametern der Unternehmensentwicklung (Abb. F-II-2) wird in der Abbildung F-II-5 gezeigt, dass die Informationssammlung, -beschreibung und -bewertung zum einen also auf das eigene Unternehmen und zum anderen auf den Markt und das Umfeld zu beziehen ist. Die weiteren, bereits eingeführten Kennzeichnungen machen die informationellen Relationen noch besser deutlich: Der eine Informationsstrang verläuft Inside-out, der andere Outside-in, und damit wird jeweils eine Reflexion vom hauptsächlichen Gegenstandsbereich zum Bezugsaspekt ausgedrückt.
  - Den Rahmen für die Informationserhebung bilden die Erweiterte Wertschöpfungskette in ihrer unternehmensbezogenen Analysefunktion sowie deren vor- und nachgelagerte Weiterführung zum mehrstufigen, branchenbezogenen Wertschöpfungsverbund. Diese Wertsystem-Analyse dient insbesondere auch der Abschätzung des Eintritts potenziell neuer Wettbewerber, welche über eine Vorwärts- (Lieferanten) oder Rückwärtsintegration (Abnehmer) auf das eigene Betätigungsfeld drängen.
  - Darüber hinaus sind in der externen Richtung zusätzlich vor allem die technologische sowie auch die gesellschaftliche und politische Entwicklung zu beobachten, so dass regelmäßig ein zeitbezogener Status zu Veränderungen bei den Interessenlagen der externen Satellitengruppen eines Unternehmens gezogen werden kann.

***Informationssammlung/ -beschreibung und -bewertung zum eigenen Unternehmen:***

- **Erzeugnis-/ Leistungsprogramm**
- **Position/ Stand in den einzelnen Feldern der Wertschöpfungskette**
- **Management- und Mitarbeiterposition**
- **Wettbewerbs-/ Geschäftsposition**

***Informationssammlung/ -beschreibung und -bewertung zum Markt und Umfeld:***

- **Marktvolumen/ -potenzial -qualität/ -risiko**
- **Abnehmer/ Kunden**
- **Konkurrenten**
- **Lieferanten**
- **Rahmendaten aus benachbarten Märkten und zur technologischen, gesellschaftl., politischen Entw.**

↓

***Informationsverdichtung / Analysen und Prognosen ...***

- **Zum Status quo im relevanten Markt und im eigenen Unternehmen *(Markt-/ Branchen-/ Konkurrenz- und Unternehmensanalyse)***
  - ⇨ **Auf das Strategische Marktdreieck bezogene branchenweite *Wertsystemanalyse* sowie *Wertschöpfungsketten-* und *Werttreiberanalysen* im eigenen Unternehmen**
- **Zur Entwicklung in den Produktmärkten *(Mehrstufige Lebenszyklus-Analysen*; Abb. F-II-6)**
- **Zu Stärken/ Schwächen und Chancen/ Risiken im/ aus Markt und Umfeld (Strengths/ Weaknesses/ Opportunities/ Threats = *SWOT-Analyse*)**
- **Zur grafischen Visualisierung des im relevanten Markt erreichten/ angestrebten Standes (verschiedene *Portfolio-Analysen*; Abb. G-II-7)**
- **Zu alternativ möglichen Entwicklungsszenarien (*Szenario-Technik*)**
- **Zu Ziellücken bei unveränderter Strategie (*Gap-Analyse*; Abb. F-II-8)**

↓

***Strategieplanung und -abstimmung:***

***Zielbestimmung:***

⇨ **Strategieziele**

– **Unternehmensziele** – **Bereichsziele**

***Strategieableitung:***

– ***Unternehmensstrategien* (für das Gesamtunternehmen)/ *Bereichsstrategien* (z.B. für strategische Geschäftsfelder)/ *Funktionalstrategien* (für die Aktivitäten in einzelnen Wertschöpfungsprozessen)**

– ***Produkt-Markt-bezogene Basisstrategien*/ wettbewerbsbezogene *Positionierungsstrategien* und insbesondere auf den Zeitpunkt der Markteinführung fokussierte *Timing-Strategien* als wesentliche Inhaltsdimensionen der Strategieentwicklung/ -umsetzung und -kontrolle [Abb. F-II-9]**

**Abb. F-II-5:** Wichtige Aktivitäten im Prozess der Strategieentwicklung

- Zum eigenen Unternehmen ist als Management- und Mitarbeiterposition eine Kategorie vorzusehen, mit welcher der von den Eigentümer(unternehmer)n, Managern und Arbeitnehmern – also den internen Kerngruppen – erreichte Qualifikations- und Professionalitätsstand abgeschätzt werden kann. Hierbei geht es auch um die – von den in einem Unternehmen gelebten Werthaltungen geprägte – Qualität in der Führung und Zusammenarbeit, so dass damit Basisinformationen für die Vereinbarung von Mission, Vision und Values als generelle Richtungsvorgabe einer neuen Strategierunde erhoben werden.

- Die interne Kategorie der Wettbewerbs-/ Geschäftsposition des eigenen Unternehmens ist mit der externen Kategorie Marktvolumen (-segmente, -größe), Marktpotenzial (-wachstum, -sättigung), Marktqualität (-rentabilität, Preiswettbewerb) und Marktrisiko (neue Wettbewerber, Technologieniveau) auf der Markt- und Umfeldseite verbunden. Als Wettbewerbs- oder Geschäftsposition sind hier die von einem Unternehmen erreichten Stände (Marktanteil, Erlössituation etc.) zusammenzutragen. Angereichert um zusammenfassende und wettbewerbsbezogene Bewertungen aus den übrigen internen Informationskategorien lässt sich dieser Bereich zu einem **Gesamtstatus des eigenen Unternehmens im Wettbewerb** erweitern.
- Mit den Eintragungen zur Informationssammlung, -beschreibung und -bewertung in der Abbildung F-II-5 werden lediglich die wichtigen Hauptkategorien benannt:

  * Hierzu sind jeweils mehrere Kriteriengruppen und dazu wiederum eine Reihe von Einzelkriterien/ -merkmalen festzulegen. Dabei ist zusätzlich über deren mögliche Ausprägungen und damit über die Form ihrer Messung/ Erhebung zu entscheiden.
  * Der generelle Unterschied besteht darin, dass entweder ein quantitatives Kriterium vorliegt, zu dem harte, metrisch skalierte Daten (z.B. in Geld-, Zeit- oder Mengeneinheiten) verfügbar sind, oder es sich um ein eher weiches qualitatives Kriterium handelt, dessen Ausprägungen sich als Einstufung in eine topologische Rang- oder Ratingskala ergibt (z.B. im Hinblick auf die befragungsgestützte Erhebung der Qualitätsanforderungen von Kunden mit einer Skala von „völlig unwichtig“ bis „sehr wichtig“).
  * Im Gegensatz zur Erhebung quantitativer Daten ist demnach bei ratingskalierten Kriterien bereits die Messung mit einem Bewertungsvorgang verbunden. Auf die Festlegung und Abgrenzung der entsprechenden Merkmale und ihrer vorzugebenden Ausprägungen ist deshalb besondere Sorgfalt zu verwenden.
  * Der Anspruch einer überschneidungsfreien Messung ist für beide Kriterienarten zu erfüllen. Dies bedeutet, dass die verschiedenen Kriterienbereiche durch genau darauf zugeschnittene Merkmale zu untersetzen sind. Insbesondere im Hinblick auf den nächsten Schritt der Informationsverdichtung ist damit Verzerrungen in der strategischen Analyse und Prognose vorzubeugen, die sich im Fall einer nur graduell verschiedenen Mehrfacherfassung gleicher Ursachen oder Wirkungen ergeben können.
  * Zur Informationserhebung ist abschließend darauf hinzuweisen, dass mit einem sorgfältig zusammengestellten Set von sowohl Outside-in- als auch Inside-out-gerichteten Hauptkategorien und zugehörigen Kriteriengruppen mit Einzelkriterien/ -merkmalen sowie Ausprägungen eine fundierte und einheitliche Basis für die strategischen Zukunftsentscheidun-

gen eines Unternehmens zu schaffen ist. Hierauf können die verschiedenen Analyse- und Prognoseinstrumente aufgesetzt werden, bei denen es – wie in Abbildung F-II-5 durch den zusammenlaufenden Pfeil verdeutlicht – jeweils zu Verbindungen aus den externen und den internen Informationssträngen kommt. Kurzgefasst lautet das Prinzip also: Einmalige und gründliche Erhebung von Informationen, die im Prozess der Strategieentwicklung dann eine mehrfache Verwendung auf verschiedenen Ebenen und für unterschiedliche Zwecke finden können.

**Instrumente zur Analyse und Bewertung**

Die vorstehenden Ausführungen haben den Übergang zur nächsten Gruppe von Aktivitäten im Strategieentwicklungsprozess bereits deutlich gemacht. In der Mitte der Abbildung F-II-5 folgen jetzt Tätigkeiten der **Informationsverdichtung**, hierzu kann eine Reihe von standardisierten Planungsinstrumenten eingesetzt werden. Sie sind im Hinblick auf ihren Steuerungsansatz teilweise noch einmal in F.IV.5.e. erörtert:

- Die als Erstes unter den Bezeichnungen als **Markt-** bzw. **Branchen-** oder **Konkurrenzanalyse** sowie als **Unternehmensanalyse** aufgeführten Ansätze sind als die Basisinstrumente im Prozess der strategischen Analyse zu bezeichnen.
  - Genau genommen handelt es sich hierbei eher um eine Zusammenstellung als um eine Verdichtung von Informationen. In der Markt-/ Branchenanalyse und in der Unternehmensanalyse werden die auf den jeweiligen Aggregatsbereich bezogenen Kriteriengruppen mit ihren Einzelkriterien/ -merkmalen und den bewerteten Ausprägungen sowie wichtigen Annahmen/ Quellen zur Messung aus der gesamten Informationsbasis herausgezogen und zu einem gesonderten Überblick zusammengestellt.
  - Im Rahmen der Konkurrenzanalyse wird dagegen bereits eine vergleichende Auswertung vorgenommen. Dabei finden i.d.R. die Kriterien der Unternehmensanalyse Anwendung; das hier jeweils erreichte Niveau wird als Gesamtunternehmensleistung an Hand der Performance der wichtigen Wettbewerber bewertet.
  - Wie aus Abbildung F-II-5 ersichtlich, dienen die Markt-/ Branchen-/ Konkurrenz- und die Unternehmensanalyse dazu, den Status quo im relevanten Markt und im eigenen Unternehmen zu veranschaulichen.
  - Diese Analysen und ihre Bezeichnungen gehen auf die Anfangszeit einer strategisch ausgerichteten Unternehmensentwicklung und -planung um 1970 zurück. Deren Entsprechung zum heutigen Analyse- und Gestaltungsstand ist ebenfalls in Abbildung F-II-5 vermerkt. Durch ein entsprechend differenziertes Erhebungsdesign sind die Markt-/ Branchen-/ Konkurrenz- und die Unternehmensanalyse heute so auszugestalten, dass damit für die Aggregate des **Strategische Dreiecks** sowohl eine – Umfeldfaktoren einschließende – branchenbezogene Wertsystemanalyse als auch eine unternehmens- und wettbewerbsbezogene Wertschöpfungsketten- und Werttreiberanalyse vorliegen.

- Mit der Markt-/ Branchen-/ Konkurrenz- und der Unternehmensanalyse wird ein erster Gesamteindruck zur Stellung des eigenen Unternehmens im Wettbewerb gewonnen. Diesen Basisinstrumenten sind noch speziellere Analysen nachzuschalten, um eine differenzierte Entscheidungsgrundlage für die Strategieplanung und -abstimmung zu erhalten. Als eine solche Detailauswertung bietet sich zur Entwicklung in den Produktmärkten eines Unternehmens die Durchführung von **mehrstufigen Lebenszyklus-Analysen** an (Abb. F-II-6):

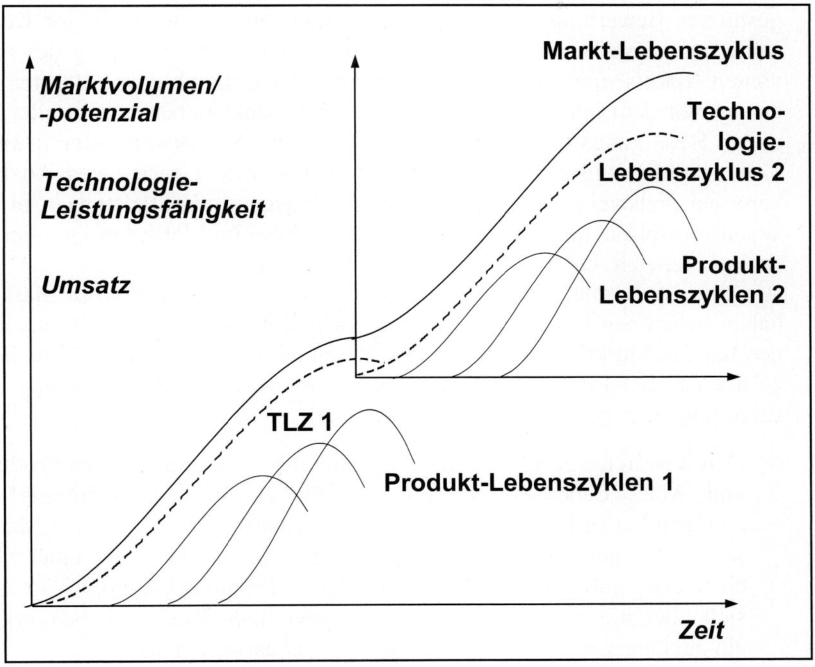


**Abb. F-II-6:** Mehrstufige Lebenszyklus-Analyse

- Wegen der mit dem Wettbewerb verbundenen Dynamik verläuft der Absatz von Produkten und Dienstleistungen im Allgemeinen nicht konstant. Der auf alle Anbieter gleichermaßen wirkende ständige Innovationsdruck, über das Angebot verbesserter oder gänzlich neuer Marktleistungen im Wettbewerb zu bestehen bzw. zu wachsen, geht mit Bedürfnis- respektive Anforderungsverschiebungen auf Seiten der Abnehmer/ Kunden einher, und damit unterliegen die Marktleistungen einem letztlich natürlichen Alterungsprozess.
- Gestützt durch empirische Beobachtungen, können Umsatzkurvenverläufe dritten Grades als Standard-Regelmäßigkeit für den **Produkt-Lebenszyklus** angesehen werden, wie sie exemplarisch in der Abbildung F-II-6 eingezeichnet sind. Hierbei können fünf einzelne Phasen unterschieden werden, und zwar Einführung (Vermarktungsbeginn, allmählich steigender Umsatz),

Wachstum (stark steigende Umsätze), Reife (verlangsamtes Umsatzwachstum), Sättigung (Umsatzwachstum erreicht Stillstand und wird dann negativ) und Degeneration (deutlicher Umsatzrückgang).

- Die Analyse der im eigenen Unternehmen jeweils erreichten Stadien in verschiedenen Produkt-Lebenszyklen ist um eine Einschätzung des zukünftigen Marktvolumens/ -potenzials zu ergänzen. Als Bezugsaggregat ist immer von den entsprechenden Produkt-Markt-Kombinationen auszugehen, so dass auch hier wieder das zweiseitige Prinzip einer Inside-out- wie Outside-in-gestützten Bewertung gilt. Dazu sind die mengen- und wertmäßigen Kennzahlen aus dem Unternehmen den Schätzungen zur Entwicklung des relevanten Marktsegments gegenüberzustellen. Diese kombinierte Beurteilung erfolgt vor dem Hintergrund, dass sich die Produkt-Lebenszyklen aller auf einem Betätigungsfeld aktiven Anbieter zu dem **Nachfrage- oder Markt-Lebenszyklus** aggregieren. Mit der intern und extern gerichteten Analyse kann beispielsweise abgeschätzt werden, ob eigene Marktleistungen in der Wachstumsphase noch auf eine ebensolche Phase im Markt treffen, oder ob es dort vielleicht bereits Anzeichen für eine Marktsättigung gibt.
- Als generelle strategische Ansatzpunkte in wettbewerbsintensiven Märkten haben neben den Bereichen Qualität, Zeit und Kosten vor allem Innovationen bei den Marktleistungen und den Verfahren ihrer Erstellung (siehe hierzu auch F.III.1.) eine ausschlaggebende Bedeutung für die Schaffung und Erhaltung einer positiven Firmenkonjunktur.

  * Damit ist in der Analyse eine Ergänzung der bislang erläuterten Produkt- und Markt-Lebenszyklen um spezielle **Technologie-Lebenszyklen** zwingend erforderlich. Die von den einzelnen Anbietern für ein Marktsegment angebotenen Problemlösungen beruhen häufig auf einer gleichen oder nur geringfügig verschiedenen Produkttechnologie, so dass sich über die Zusammenfassung der jeweiligen Produkt-Lebenszyklen ein zugehöriger Technologie-Lebenszyklus darstellen lässt.
  * Über das Herauslösen der technologiebezogenen Merkmale aus der Informationssammlung, -beschreibung und -bewertung ist also die Leistungsfähigkeit einer Technologie in ihrem Verlauf detaillierten Einschätzungen zu unterziehen. Dies hat deshalb zu geschehen, um das Einläuten einer neuen Innovationsrunde möglichst genau abschätzen zu können und davon nicht etwa völlig überrascht zu werden.
  * Die im Zusammenhang mit den Ausführungen zum Strategischen Dreieck (Abb. F-II-3) angesprochene Niveauanhebung im Wettbewerb durch Innovationen wird mit der Prinzipdarstellung zur mehrstufigen Lebenszyklus-Analyse deutlich. Am Ende des Technologie-Lebenszyklus 1 werden erste Produkte auf den Markt gebracht, welche auf einer neuen Technologie beruhen. Wenn sich diese mit dem zugehörigen Technologie-Lebenszyklus 2 durchsetzen, dann geraten die Produkt-Lebenszyklen der „alten“ Technologie i.d.R. ziemlich abrupt in die Degenerationsphase. Als in der Praxis nachvollziehbares Beispiel kann der Übergang von Langspielplatten (LPs) auf Compact Discs (CDs) angeführt werden.

* Die innovationsbegründete Niveauanhebung ist – wie im Bild dargestellt – auch als Verschiebung des Koordinatensystems zu kennzeichnen. Unter neuen Vorzeichen geht es im gleichen Marktsegment weiter, während das alte Schema so gut wie keine Chancen mehr zu einer ertragreichen Unternehmensentwicklung bietet. Mit anderen Worten setzt sich der Markt-Lebenszyklus fort, allerdings mit neuen Produkten auf einem anderen – höheren – Technologieniveau.

- Bei dem nächsten in der Abbildung F-II-5 aufgeführten Instrument steht die Verdichtung zuvor erhobener Informationen im Vordergrund. Die **Stärken-/ Schwächen- und Chancen-/ Risiken-Analyse** beinhaltet zudem eine gegenwarts- und zukunftsbezogene Gruppierung, so dass als Ergebnis eine knapp gefasste Einschätzung zur momentanen Lage und den Entwicklungsperspektiven eines Unternehmens respektive einer marktbezogenen strategischen Steuerungseinheit (Produkt-Markt-Kombination, SGF oder BU) entsteht. Das in Abkürzung der englischen Begriffe **S**trengths, **W**eaknesses, **O**pportunities und **T**hreats als **SWOT-Analyse** bezeichnete Verfahren ist folgendermaßen strukturiert:

  - Die vorstehend genannten Begriffe bilden die Überschriften einer Vier-Felder-Tabelle. In diese werden aus der Markt-/ Branchen-/ Konkurrenz- und der Unternehmensanalyse herausdestillierte qualitative Aussagen eingetragen. Als Anordnung ist dabei zu wählen:
  - In den beiden oberen Feldern werden die gegenwarts- und vorrangig ressourcenbezogenen Aussagen zu Stärken/ Strengths (z.B. hohes F&E-Potenzial in der UMTS-Mobiltelefon-Technologie) und Schwächen/ Weaknesses (z.B. zu hohe Kosten des Fachhändler-Vertriebssystems) angeordnet.
  - In den beiden unteren Feldern folgen die zukunfts- und eher marktbezogenen Feststellungen zu Chancen/ Opportunities (z.B. hohe Wachstumsprognosen für den UMTS-Handy-Markt) und Risiken/ Threats (z.B. steigende Bedeutung des Direktvertriebs bei Mobiltelefonen).
  - Indem die gegenwärtigen Stärken und Schwächen direkt den zukünftigen Chancen und Risiken gegenübergestellt werden, ist abzuschätzen, inwieweit sich eine strategische Planungs- und Steuerungseinheit noch in etwa auf einem markt- und umfeldkonformen Kurs befindet. Eine weitgehend realistische Informationserhebung und -aggregation vorausgesetzt, zeigt sich durch die Ergebniszusammenstellung der SWOT-Analyse, ob den ressourcenorientierten Kernkompetenzen und Erfolgspotenzialen in Zukunft noch ein Marktwert im Hinblick auf die von den Kunden formulierten Anforderungen als Erfolgsfaktoren zukommt. Hierbei ermittelte Defizite – insbesondere im Vergleich zum Wettbewerb – sind über die nachfolgende Strategieableitung und deren Umsetzung auszugleichen.
  - Die Beurteilung der verdichteten Befunde kann auf relativ einfache Weise erfolgen: Zukünftige Chancen lassen sich insbesondere dann realisieren, wenn sie – wie bei den getroffenen Beispielaussagen – mit für die Gegenwart herausgearbeiteten Stärken zusammentreffen. In Entsprechung hierzu

wiegen sich abzeichnende, marktbezogene Risiken besonders schwer, wenn ihnen bereits Schwachstellen im Unternehmen gegenüberstehen. Damit ergibt sich die abschließende Bewertung in einer SWOT-Analyse über das Verhältnis von Stärken und Chancen bzw. von Schwächen und Risiken.

- Wegen dieser maßgeblichen Bewertungsrelationen ist als weitere Bezeichnung auch SOFT-Analyse gebräuchlich. Bei gleicher Durchführung steht diese Abkürzung für die Begriffsreihenfolge Strengths, Opportunities, Failures (an Stelle von Weaknesses) und Threats.

- Im Prozess der Strategieentwicklung stellen **Portfolio-Analysen** eine weitere Möglichkeit der verdichtenden Informationsaufbereitung dar (vierte Position im Mittelteil der Abb. F-II-5). Bei diesen Instrumenten geht es insbesondere um eine grafische Visualisierung des im relevanten Markt erreichten Standes. Daraus können ebenfalls Vorgehensweisen für die zukünftige Entwicklung einer strategischen Planungs- und Steuerungseinheit (Produkt-Markt-Kombination, SGF oder BU) abgeleitet werden. Portfolio-Analysen bildeten in den 70er und 80er Jahren einen Schwerpunkt in der von Wissenschaftlern, Unternehmensberatern und Praktikern vorangetriebenen Entwicklung einer strategischen Unternehmensführung. Bei dem heutigen Entwicklungsstand einer differenzierten und insgesamt stark messgrößen-/ kennzahlenbasierten Unternehmenssteuerung, wie sie beispielsweise durch die im Überblick vorgestellte Balanced Score Card möglich ist, haben diese Analyse- und Planungsinstrumente an Bedeutung verloren. Als **Darstellungs- und Entscheidungshilfe** können Portfolio-Analysen aber durchaus weiterhin Verwendung finden, weshalb mit der nachfolgenden Abbildung F-II-7 zwei grundlegende Klassifikationsansätze kurz vorgestellt werden.

  Der Begriff Portfolio geht auf das Französische „Portefeuille" für Brieftasche zurück; in Übertragung dieser ursprünglichen Wortbedeutung wird im Kapitalanlage-/ Investmentbereich damit traditionell der von einem Anleger gehaltene Gesamtbestand unterschiedlicher Wertpapiere bezeichnet. Seit den grundlegenden Arbeiten von HARRY M. MARKOWITZ zur Risikostreuung (Portfolio Selection, Artikel in 1952, Buch in 1959 – Nobelpreis für Wirtschaftswissenschaften in 1990) hat der Portfolio-Begriff den des Portefeuilles auch in diesem kapitalmarktbezogenen Herkunftsgebiet mehr und mehr abgelöst.

  Bei der Anwendung des Portfolio-Gedankens auf die Unternehmenssteuerung findet eine direkte Übertragung der finanzwirtschaftlichen Grundkonzeption statt: Analog zur risikoeffizienten Zusammenstellung verschiedener Beteiligungstitel geht es hierbei darum, die marktbezogenen strategischen Steuerungseinheiten eines Unternehmens mit Planungs-, Gewinn- und Bilanzverantwortung im Hinblick auf die Chancen und Risiken der zukünftigen Ertragsentwicklung zu analysieren und unter der Prämisse des Risikoausgleichs zu gestalten. Der Analyse- und Gestaltungsansatz besteht demnach darin, ein Unternehmen als Portfolio von Strategischen Geschäftsfeldern oder von Business Units aufzufassen. Unterhalb dieser Ebene des Gesamtunternehmens kann eine solche Klassifikation ebenfalls angewendet werden; ein SGF-Portfolio wäre dann beispielsweise nach Produktgruppen sowie nach umsatzstarken Einzelprodukten einzuteilen.

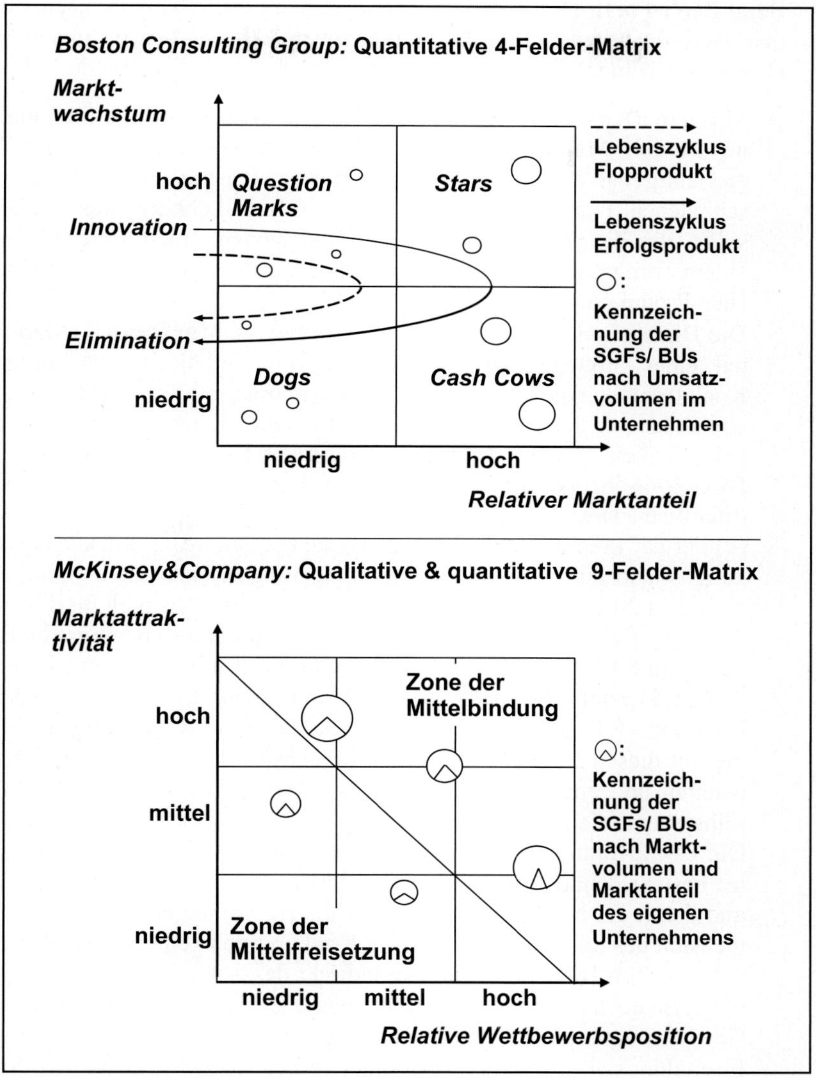


**Abb. F-II-7:** Grundlegende Klassifikationsansätze zur Portfolio-Analyse

Die erste Anwendung des Portfolio-Konzepts zur strategischen Unternehmensführung wurde 1968 von der Beratungsgesellschaft BOSTON CONSULTING GROUP (BCG) vorgelegt. Dieses im oberen Teil der Abbildung F-II-7 in den Grundzügen skizzierte Instrument weist einen relativ puristischen Ansatz auf, erreichte aber dennoch – oder gerade deswegen – eine hohe Verbreitung in der Unternehmenspraxis:

- Beim **BCG-Portfolio** werden die Strategischen Geschäftsfelder nach lediglich zwei quantitativen Merkmalen in einer 4-Felder-Matrix angeordnet. Den beiden Dimensionen liegen folgende Überlegungen zu Grunde:

  * Mit dem als **y-Achse** gewählten **Marktwachstum** wird die Stellung einer Produkt-Markt-Kombination im Lebenszyklus erfasst. Unmittelbar einsichtig ist, dass ein Unternehmen über Leistungsangebote in verschiedenen Phasen des Produkt- bzw. Markt-Lebenszyklus verfügen sollte, um die jeweils notwendigen Quersubventionierungen, z.B. von einem ertragreichen Produkt zu einem in der Markteinführung befindlichen Produkt, leisten zu können.
  * Die Dimensionierung der **x-Achse** als **relativer Marktanteil** (Marktanteil eines Strategischen Geschäftsfelds im Verhältnis zum stärksten Konkurrenten, dargestellt auf einer logarithmischen Skala) geht auf eine ebenfalls von der BOSTON CONSULTING GROUP herausgearbeitete Regelmäßigkeit zurück: Aufgrund empirischer Untersuchungen hatte die BCG 1966 ihr Konzept zur **Erfahrungskurve** (Experience Curve) veröffentlicht. Dessen Grundaussage besteht darin, dass mit jeder Verdoppelung der kumulierten Ausbringungsmenge eine reale Stückkostensenkung – also unter Abzug der Preissteigerungseffekte durch Inflation – zwischen 20 und 30% erreicht werden kann. Als ursächlich hierfür werden Lerneffekte bei den Beschäftigten und die Fixkostendegression (siehe hierzu F.III.4.) sowie der technische Fortschritt bei Modernisierungen in den Herstellungsverfahren und Maßnahmen der Organisationsentwicklung (F.IV.2.c.) herausgestellt. Durch aktive Gestaltungsmaßnahmen in diesen Bereichen kann das Kostensenkungspotenzial in der genannten und empirisch ermittelten Bandbreite aktiviert werden; völlig selbsttätig entfaltet es sich nicht.
    Die Grundvoraussetzung zum Erreichen dieses Erfahrungskurveneffektes besteht dennoch darin, dass ein entsprechendes Größenwachstum – und damit ein hoher Marktanteil – realisiert werden kann. Über die Dimension des relativen, am stärksten Konkurrenten gemessenen Marktanteils wird im BCG-Portfolio also indirekt das – bereits umgesetzte oder teilweise noch offene – Kostensenkungspotenzial und damit zugleich die Gewinnsituation bzw. das Finanzierungsvolumen (Cash Flow als Mittelflusssaldo; siehe hierzu F.IV.4.) einer strategischen Planungs- und Steuerungseinheit erfasst.

- Stellt man die beiden Merkmale Marktwachstum und relativer Marktanteil – anders als bei der Ursprungsversion der BCG – mit aufsteigenden Ausprägungen einander gegenüber, dann ergeben sich die in der Abbildung F-II-7 aufgezeigten vier Quadranten. Neben den durch die BCG geprägten Bezeichnungen sind dort auch die typischen Lebenszykluspassagen einer erfolgreichen Markt-Innovation oder eines „Flopproduktes“ (gestrichelte Kurve) eingetragen:

* Einzelne SGFs respektive BUs eines Unternehmens sind in der Abbildung zum BCG-Portfolio beispielhaft mit Kreisen eingetragen. Deren Größe steht für ihr Umsatzvolumen im Unternehmen.
* Bei hohem Marktwachstum, aber – noch – niedrigem relativen Marktanteil ist die weitere Entwicklung einer Planungs- und Steuerungseinheit schwer abzuschätzen. In diesen linken oberen Quadranten einzuordnende SGFs oder BUs werden deshalb als **Question Marks** (Fragezeichen) bezeichnet. Sie kennzeichnen Nachwuchsprodukte.
* Rechts oben – bei hohem Marktwachstum und hohem relativen Marktanteil – stehen die **Stars** (Sterne). Sie haben noch eine „glänzende“ Zukunft vor sich, wegen des stark wachsenden Marktes sind zum weiteren Ausbau der Marktposition aber gleichzeitig hohe Investitionen in diese Geschäftsfelder notwendig, beispielsweise für die Erweiterung der Produktions- und Vertriebskapazitäten.
* Die rechts unten befindlichen **Cash Cows** (Milchkühe) haben die Reifephase ihres Lebenszyklus (niedriges Marktwachstum) erreicht. Durch die gleichzeitig errungenen hohen Marktanteile konnten hierbei i.d.R. aber die entsprechenden Kostensenkungspotenziale ausgeschöpft werden, und damit zeichnen sich diese durch eine gute Gewinnsituation/ hohe Finanzmittelüberschüsse aus.
* In das linke untere Portfolio-Feld der **Dogs** (Arme Hunde) sind strategische Planungs- und Steuerungseinheiten einzuordnen, bei denen ein niedriges Marktwachstum mit einem niedrigen relativen Marktanteil zusammentrifft. Solche SGFs oder BUs erzielen kaum noch positive Cash Flows; sie können sich allenfalls aus eigener Kraft am Leben erhalten. Ist selbst dies nicht mehr der Fall, sind sie – unter Beachtung eventueller Verbundeffekte mit anderen Planungs- und Steuerungseinheiten – aus dem „Portefeuille“ eines Unternehmens auszusondern.
* Die Interpretation eines nach dem BCG-Konzept angefertigten IST-Portfolios – also dem Ergebnis der Portfolio-Analyse auf Basis der gegenwärtigen Daten zu Marktwachstum und -anteil – stellt darauf ab, ob mit den über die Cash Cows gewonnenen Finanzmitteln insbesondere die Stars – aber auch die Question Marks – soweit aufgebaut werden können, dass sie als nachwachsende Geschäftsfelder später ebenfalls in eine Cash Cow-Position gebracht werden können.
* Wenn diese erste Prüfung negativ ausgeht, dann ist zu überlegen, welche Question Marks wegen eines schwachen Marktstarts und welche Dogs als zwischenzeitlich bereits zu Zuschussaktivitäten gewordene Geschäftsfelder aufgegeben/ abgestoßen werden sollen, um freie Finanzmittel für die verbleibenden SGFs oder BUs zu erhalten. Darüber hinaus sind in diesem Zusammenhang gleichfalls Entscheidungen zur zukünftigen Positionierung der Stars und der Cash Cows zu treffen. Aus allen im Verlauf der Planungsperiode angestrebten oder abzusehenden Lagever-

änderungen kann dann – in Abbildung F-II-7 nicht dargestellt – ein ZIEL-Portfolio für die verbleibenden SGFs/ BUs entwickelt werden. Bei der grafischen Visualisierung wird eine hohe Anschaulichkeit erreicht, wenn man das ZIEL-Portfolio in Überlagerung des zu Grunde liegenden IST-Portfolios erstellt, so dass also die vorgesehenen Entwicklungs- und Wanderungsbewegungen der Planungs-/ Steuerungseinheiten auf einen Blick nachvollzogen werden können.

* Die zuletzt erfolgte Argumentation war auf die anzustrebende Ausgewogenheit von BCG-Portfolios gerichtet. Hierüber erschließen sich zugleich die in der Abbildung eingetragenen Passagen für die Lebenszyklusverläufe von Produkt-Markt-Kombinationen, die abschließend noch einmal zusammengefasst werden: Eine Innovation startet im Normalfall immer als Fragezeichen, kann sich daraufhin aber zum Star und später zu einer Milchkuh entwickeln, bevor das entsprechende **Erfolgsprodukt** einmal das Stadium des armen Hundes erreicht. Wegen des Risikos einer falschen Markt- oder Unternehmenseinschätzung kann sich allerdings auch ein stark verkürzter Verlauf ergeben: Hoffnungsvoll gestartet, aber ohne die notwendige Anerkennung/ Aufnahme am Markt kann sich ein innovatives Fragezeichen-SGF als **Flop** erweisen und über die arme Hunde-Position direkt wieder auszusortieren sein.

Gewissermaßen als Gegenentwurf zum BCG-Konzept stellte die zweite große amerikanische Beratungsgesellschaft McKinsey&Company Anfang der 70er Jahre ihre gemeinsam mit General Electric entwickelte Portfolio-Konzeption vor. Anders als beim BCG-Konzept wurde hier eine 9-Felder-Matrix eingeführt, die auf der Aggregation quantitativer und qualitativer Komponenten beruht. Ihr Grundkonzept ist im unteren Teil der Abbildung F-II-7 wiedergegeben:

- Das **McKinsey-Portfolio** will dem Umstand Rechnung tragen, dass eine Vielfalt von Merkmalen – also nicht nur das Marktwachstum und der relative Marktanteil – maßgeblich für den Erfolg strategischer Planungs- und Steuerungseinheiten ist. Dem entsprechend werden seine beiden Dimensionen durch die Zusammenführung einer ganzen Reihe von Einzelvariablen gebildet.
- Hierbei besteht eine direkte Verbindung zu den im Vorangegangenen erläuterten Basisinstrumenten im Prozess der strategischen Analyse:

  * Für die **y-Dimension** als Werte zur **Marktattraktivität** werden die auf die einzelnen SGFs/ BUs bezogenen Ausprägungen zu den Kriterien der Markt- und Branchenanalysen herangezogen.

  * Die auf der **x-Achse** abgetragene **relative Wettbewerbsposition** ist jeweils über den Vergleich der Strategischen Geschäftsfelder mit ihren stärksten Wettbewerbern und damit durch die entsprechenden Konkurrenzanalysen ebenfalls anhand mehrerer Merkmale zu ermitteln.

- Wichtige Klärungen sind bei der Erstellung eines McKinsey-Portfolios insbesondere in folgenden Punkten vorzunehmen:

* Zum einen ist zu entscheiden, welche Merkmale bzw. Kriterien aus der vorliegenden Informationsbasis in diese Analyse zur Positionsbeurteilung einbezogen werden sollen. Dabei ist von den in der Abbildung F-II-5 zur Informationssammlung, -beschreibung und -bewertung aufgeführten Hauptkategorien auszugehen (Bereiche zum Markt und Umfeld für die Marktattraktivität, zum eigenen Unternehmen im Konkurrenzvergleich für die relative Wettbewerbsposition).
* Zum anderen gilt es, die Gewichtungen der Einzelkriterien festzulegen und somit eine Normierung der beiden Einzelskalen auf jeweils 100% vorzunehmen. Nach dieser Konstruktion eines MCKINSEY-Portfolios als unternehmensspezifisches **Scoring-Modell** sind dann die entsprechenden Ausprägungen der Einzelmerkmale – zusammen mit den zugehörigen Quellen/ Annahmen – in Bewertungstabellen zu vermerken. Mittels der zugehörigen Gewichte weiter verrechnet zu den jeweiligen Dimensionswerten eines Geschäftsfelds bei Marktattraktivität und relativer Wettbewerbsposition, ergeben sich daraus die Koordinaten der verschiedenen Planungs- und Steuerungseinheiten in dem 9-Felder-Portfolio. Für die grafische Wiedergabe teilen sich dessen beide Achsen in drei lineare Sektoren auf, und zwar eine niedrige, mittlere und hohe Marktattraktivität bzw. Wettbewerbsposition.

- Die Darstellung der SGFs/ BUs im MCKINSEY-Portfolio ist wie beim BCG-Ansatz über das jeweilige Umsatzvolumen möglich. Wie in Abbildung F-II-7 bietet es sich als zusätzliche Information allerdings an, die Größe der einzelnen Kreise zu den **Positionswerten** nach dem Marktvolumen zu zeichnen und als Teilsegment davon den Marktanteil – als auf das Marktvolumen bezogene Umsatzvolumen – der Planungs- und Steuerungseinheit einzutragen. In der Übersicht aus Darstellungsgründen nicht umgesetzt, ist es ferner auch möglich, die einzelnen Teilsegmente mit dem Prozentsatz zu versehen, der den relativen Marktanteil (Marktanteil im Verhältnis zum stärksten Konkurrenten) der SGFs/ BUs kennzeichnet. Auf diese Weise kann erreicht werden, dass ein aggregiert-qualitatives MCKINSEY-Portfolio zusätzlich quantitative Merkmale der BCG-Matrix enthält.
- Die **Beurteilung des MCKINSEY-IST-Portfolios** ist vergleichsweise einfach: Soweit eine hohe Marktattraktivität mit einer hohen relativen Wettbewerbsposition zusammentrifft, sind die Geschäftsfelder in diesem rechts neben der Diagonalen befindlichen Bereich (Zone der Mittelbindung) „zukunftsfähig“ und damit weiter verfolgenswert. Der unterhalb dieser Verbindungslinie liegende Bereich ist dagegen als Zone der Mittelfreisetzung gekennzeichnet; zu den hier eingeordneten SGFs oder BUs bieten sich Überlegungen zu einer mittelfristigen Aufgabe/ Desinvestition an. Für die (grafische) Konstruktion eines MCKINSEY-ZIEL-Portfolios kann entsprechend den Ausführungen zum BCG-Ansatz vorgegangen werden.

Die **Visualisierungsleistung von Portfolio-Ansätzen** besteht letztlich in der gemeinsamen Abbildung der gegenwärtigen Situationen verschiedener unternehmensstrategischer Planungs- und Steuerungseinheiten in einem zweidimensionalen Koordinatensystem, welches die beiden grundsätzlichen Analyse- und Gestaltungsrichtungen der Unternehmensentwicklung repräsentiert:

- So wird einerseits die jeweils Outside-in-gegebene Entwicklungstendenz der Marktposition (y-Achse) erfasst, und andererseits bezieht sich die Bewertung/ Einordnung auf die Inside-out-erreichte Performance der Ressourcenposition (x-Achse) in den einzelnen SGFs/ BUs.
- Im Hinblick auf die Dimensionierung dieser Achsen und damit die „Reichweite" solcher Analysen sind dabei außer den grundlegenden Ansätzen von BCG und MCKINSEY noch andere Modelle entstanden: Zum Beispiel hatte die Beratungsgesellschaft ARTHUR D. LITTLE ein Portfolio nach Technologie- und Wettbewerbsattraktivität versus Lebenszyklusphase (20-Felder-Matrix) eingeführt. Ein weiteres Technologie-Portfolio geht auf WERNER PFEIFFER zurück; über die Technologieattraktivität und die Ressourcenstärke entsteht hier eine 16-Felder-Matrix. Mittlerweile findet die Portfolio-Technik auch auf über die SGF-/BU-Steuerung hinausgehenden Gebieten Anwendung; beispielsweise werden für eine Beurteilung der Beziehungen zu Marktpartnern Lieferanten- und Kunden-Portfolios eingesetzt.

Obwohl mit unterschiedlichen Klassifikationsansätzen der Portfolio-Analyse i.d.R. zugleich Empfehlungen verbunden sind, welche von einem IST-Portfolio ausgehenden Veränderungen einzelner SGFs/ BUs vorgenommen werden sollten, ist der hierfür häufig verwendete Begriff von **Portfolio-Normstrategien** im Grunde genommen nicht zutreffend. Die unternehmens-, bereichs- oder funktionsbezogenen Strategien zur Koordinatenverschiebung einer strategischen Planungs- und Steuerungseinheit werden damit nicht geliefert. In Abhängigkeit vom jeweiligen Modellansatz werden lediglich Vorgaben dafür aufgestellt, wie ein ausgewogenes Portfolio zu kennzeichnen ist. Aus den Empfehlungen für Ziel-Portfolios lassen sich also lediglich die Zielkoordinaten ableiten. Zu ihrem Erreichen sind individuell auf die Situation eines Unternehmens abgestellte Strategien als Ziel-Maßnahmen-Pfade erforderlich.

- Entwickelte Marktwirtschaften weisen differenzierte Bedürfnis-/ Nachfrage- und Angebotsstrukturen auf. Wie zu Beginn dieses Abschnitts verdeutlicht wurde, sind die Märkte durch eine hohe Dynamik und Turbulenz gekennzeichnet, woraus eine abnehmende Vorhersehbarkeit ihrer weiteren Entwicklung resultiert. Hier setzt das als Nächstes anzusprechende strategische Planungsinstrument, die **Szenario-Technik** (vorletzte Position im Mittelteil der Abb. F-II-5), an: Durch die Anwendung eines heuristischen Schemas lassen sich damit alternative Zukunftsbilder entwerfen. So können die bei einem einfach-linearen Prognoserahmen zur Abschätzung von Markt- und Umfeldentwicklungen gegebenen generellen Beschränkungen erweitert und gelockert werden.

  Der Begriff des Szenarios entstammt dem Theater. So bezeichnete „Szenarium" zunächst die Szenenfolge eines Dramas, und ab dem 18. Jahrhundert wurde hierunter auch der Regie-Übersichtsplan eines Theaterstückes gefasst. Etwa ab 1950 wird bei militärstrategischen Planspielen für einen Kriegsschauplatz (Theatre of War) von „Scenarios" als verschiedenen Gefechtsfeldsituationen gesprochen. Die zur gleichen Zeit aufkommende generelle Verwendung des

Szenario-Begriffs für Planungsprozesse geht auf den damals noch für die amerikanische Forschungsgesellschaft RAND (Akronym aus Research and Development) tätigen Zukunftsforscher HERMAN KAHN zurück. In den Folgejahren erlebten Szenario-basierte Methoden einen regelrechten Boom, was zur Vorlage einer ganzen Reihe verschiedener, teilweise aber nur graduell unterschiedlicher Verfahren auf diesem Gebiet führte.

Das mit einem Denken in Szenarien erreichbare qualitative Niveau in der Zukunftsschau ist mit einem Vergleich zur Vorgehensweise der Prognose zu veranschaulichen: Einem kritisch-rationalen Wissenschaftsverständnis folgend, stellt diese – wie in A.I.4. erläutert – das Gegenstück zur Erklärung dar. Wenn Bedingungskonstellationen vorliegen, zu denen bewährte (nicht widerlegte) Gesetzeshypothesen existieren, dann kann darüber auf die zu erwartenden, in der Zukunft eintretenden Wirkungen geschlossen werden. Dabei finden naturgemäß nur die im Rahmen der Erklärung erfassten Ursachen-Wirkungs-Zusammenhänge Berücksichtigung. Dies wird bei der prognostischen Anwendung über den Gebrauch der so genannten ceteris paribus-Klausel (alles andere bleibt unverändert) zum Ausdruck gebracht. Weil letzteres, also die Konstanz aller anderen Größen, aber in dynamischen Gesellschaften kaum zu erwarten ist, sind aus dem gegenwärtigen Wissensstand erstellte Zukunftsprognosen häufig von Vornherein zum Scheitern verurteilt. Die Szenario-Methode setzt demgegenüber gerade an der cp-Klausel traditioneller Prognosen an und versucht zu ermitteln, welche voneinander **verschiedenen Zukunftsentwürfe** sich durch die Variation als konstant gesetzter Parameter ergeben können.

Als Bild für die Zukunft, welches von einer bestimmten und in ihren Zusammenhängen durchaus definierten Gegenwart ausgeht, kann verwendet werden, dass sich der **Zeitpfeil zu einem Trichter** öffnet: Sind die kurz- und mittelfristigen Entwicklungen zunächst noch einigermaßen absehbar – weil durch die Situation zum Zeitpunkt der Projektion bestimmt, gilt dies in der längerfristigen Perspektive nicht mehr. Vor einem solchen Horizont – beispielsweise von drei und mehr Jahren – können sich aus heutiger Sicht also mehrere mögliche Zukunftsentwicklungen eröffnen. Diese sind darauf zurückzuführen, dass es auf dem Zukunftsweg zu Trend- oder Strukturbrüchen bzw. zu sonstigen Störereignissen kommen kann, aufgrund derer die weitere Entwicklung eine deutlich geänderte Richtung einnehmen kann. Dies zu erfassen und in alternativen Szenarien darzustellen, ist das Hauptanliegen der verschiedenen Szenario-Techniken.

Auf dem Gebiet der Unternehmensentwicklung und -planung waren es im deutschen Sprachraum insbesondere UTE VON REIBNITZ und HORST GESCHKA, welche die Einführung und Verbreitung dieser Analysetechnik maßgeblich voranbrachten. Deren Ansatz umfasst die Durchführung folgender **Teilschritte:**

① Strukturierung und Definition des Untersuchungsfeldes (Problem-/ Aufgabenanalyse)

② Identifizierung und Strukturierung der wichtigsten Einflussbereiche und -faktoren in ihren Wirkungsbeziehungen auf das Untersuchungsfeld (Umfeld-/ Einflussanalyse)

③ Ermittlung von kritischen Deskriptoren (wesentliche Kenngrößen/ Einflussfaktoren mit „weichenstellender Funktion") aus den Entwicklungstendenzen in den relevanten Umfeldsegmenten (Deskriptorenanalyse/ Trendprojektionen)
④ Bildung und Auswahl alternativer und konsistenter Annahmenbündel als „kompatible Ausprägungssets" bei den kritischen Deskriptoren (Annahmen-/ Alternativenbündelung)
⑤ Interpretation der Szenarien für die ausgewählten Annahmenbündel (Szenario-Interpretation)
⑥ Einführung signifikanter Störereignisse und Analyse von deren Auswirkungen auf die Szenario-Stabilität (Störfallanalyse)
⑦ Ausarbeiten der Szenarien und Ableiten von Konsequenzen für das Untersuchungsfeld (Auswirkungsanalyse)
⑧ Konzipieren von Strategien und Maßnahmen (Maßnahmenplanung).

Die Auflistung zeigt, dass bei Anwendung der Szenario-Technik keine lineare Fortschreibung gegenwärtiger Entwicklungen erfolgt. Vielmehr findet eine „Kristallisation" wesentlicher Einflussfaktoren statt, und über Annahmen zu deren zukünftig möglichen Alternativkombinationen leiten sich die unterschiedlichen Zukunftsbilder ab. Ein oder mehrere Einzeltrends werden also über die **kritischen Deskriptoren** entflochten, und in Abhängigkeit von deren Ausprägungen zu einem späteren Zeitpunkt wird der bis dahin mögliche Trendverlauf konstruiert. Die Schätzungen zum Set wesentlicher Einflussfaktoren – und auch zu den gesondert einzuführenden Störereignissen – bilden also die wichtigen Annahmenkränze zu verschiedenen Zeitpunkten (heute, in drei, sechs und neun Jahren usw.), über welche die zwischenzeitlichen Entwicklungsverläufe – und zwar auch unter Berücksichtigung der normalen und somit unkritischen Merkmale – abgeleitet werden können.
Mit dem Einsatz der Szenario-Technik werden die Analysen zu Veränderungen im unternehmerischen Umsystem – und damit auch die Strategieableitung und Maßnahmenplanung – auf eine breitere respektive qualifiziertere Basis gestellt. Dieser Effekt kann am Beispiel der bereits dargestellten Analyseverfahren erläutert werden: Die mit dem McKinsey-Ansatz exemplarisch aufgezeigte Erstellung qualitativ aggregierter Portfolios beruht auf der Verdichtung erhobener und bewerteter Informationen zum Markt und Umfeld sowie zum eigenen Unternehmen. Über die Aufstellung alternativ denkbarer Szenarien ist zum einen die Fundierung der externen Aspekte von Portfolio-Analysen – wie auch von SWOT- und Lebenszyklus-Analysen – erreichbar, und zum anderen können die genannten Analysen durch den zusätzlichen Einsatz der Szenario-Technik einer **Stabilitätsprüfung** unterzogen werden, ob also alle wesentlichen Einflussfaktoren so ausgeprägt bleiben, dass das prognostizierte Bewertungsergebnis zutrifft.

- Die Zusammenstellung von ausgewählten Instrumenten der Informationsverdichtung im Mittelteil der Abbildung F-II-5 schließt mit der **Gap-Analyse**. Die nachrangige Einordnung dieses klassischen Verfahrens der Strategischen Unternehmensplanung ist darin begründet, dass die Lücken-Analyse (Gap = Lücke) schon erste Vorstellungen über die künftigen Ziele einer strategischen Planungs-/ Steuerungseinheit sowie eventuell auch über alternative Strategien zu deren Erreichung voraussetzt. Bezogen auf die informatorische Fundierung einerseits und die Planung/ Abstimmung von Strategien andererseits steht die Gap-Analyse sozusagen an der „Nahtstelle". Diese Bezeichnung wird gewählt, weil mit dem Grundkonzept der Gap-Analyse Ziellücken bei zunächst unveränderter Geschäftsstrategie aufgezeigt werden können. Dies bildet die Basis zur Entwicklung alternativer Strategieentwürfe. Deren Bewertung kann daraufhin mit dem gleichen Schema erfolgen, und dabei kann es auch zu einer Revision der ursprünglichen Zielvorstellungen kommen. Hieraus wird bereits deutlich, wie durch eine Gap-Analyse zum Teil wiederholte Wechsel zwischen den Aktivitäten der Informationserhebung/ -verdichtung und der Zielbestimmung/ Strategieableitung vorzunehmen sind.

Die mit der folgenden Abbildung F-II-8 veranschaulichte Gap-Analyse ist ein relativ einfaches, in ihrer Darstellungswirkung aber durchaus plastisches Instrument:

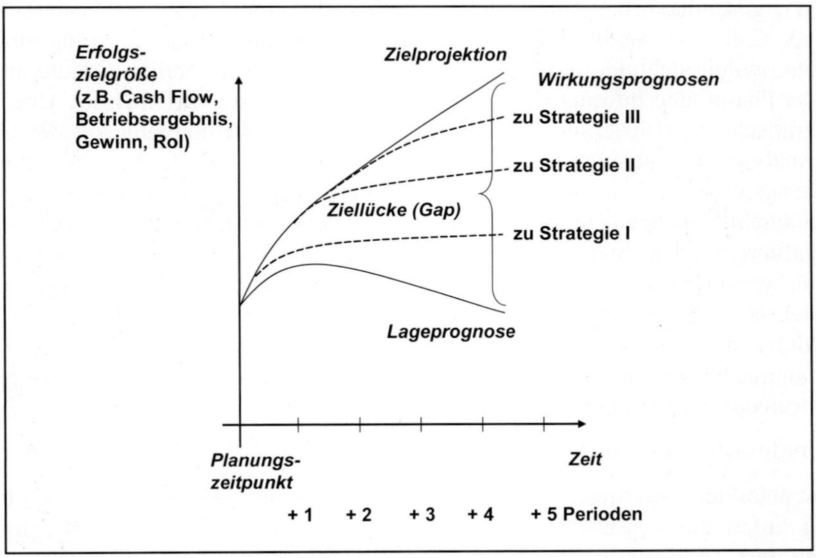


**Abb. F-II-8:** Grundmuster der Gap-Analyse

- Über die in Planungszeitpunkte/ -perioden unterteilte x-Achse werden die angestrebten Zielwerte quantitativer Erfolgsgrößen abgetragen. Dieser Zielprojektion ist sodann die **Lageprognose** mit den bei unveränderter Geschäftsstrategie tatsächlich zu erwartenden Ergebnisgrößen gegenüberzustellen. Dabei wird von einer Fortschreibung der gegenwärtigen Leistungserstellung ausgegangen; die im Markt und Umfeld zu erwartenden Änderungen fließen hierbei allerdings notwendigerweise bereits ein. Die Erwartungswerte für den zukünftigen Unternehmenserfolg beruhen bei der auch als Status-quo-Prognose bezeichneten Lageprognose also auf den Outside-in-gegebenen Anforderungen, ohne dass hierzu schon über die Inside-out-gerichteten Strategien und Maßnahmen entschieden ist.

- In dieser Art konzipiert, werden die beiden aufzuzeigenden Entwicklungen i.d.R. auseinander fallen. Bei normalerweise aufsteigenden Zielsetzungen ergeben sich für die noch keine strategischen Aktionen enthaltende Unternehmensentwicklung meist sehr bald abfallende Verläufe. Dieses Auseinanderklaffen von Zielprojektion und Lageprognose zeigt die bestehende Ziellücke (das Gap) auf. Um diese zu schließen, sind Strategien als Ziel-Maßnahmen-Pfade zu entwickeln. Hierzu können **Wirkungsprognosen** in das Schema der Gap-Analyse aufgenommen werden. Im Hinblick auf die schon mit der Lageprognose erfassten Umfeldentwicklungen enthalten diese jetzt zusätzlich darauf abgestimmte Maßnahmen des eigenen Unternehmens, deren **Wirkung** (Ergebnisse) es jetzt zu erfassen gilt. Damit kann abgeschätzt werden, welche der in Betracht gezogenen Strategiealternativen einzeln oder kombiniert die Ziellücke am ehesten schließen können.

Wie geschildert, dient die Gap-Analyse zum Erkennen des Auseinanderfallens von Soll- und Wird-Zustand in strategischen Planungs- und Steuerungseinheiten, womit sich eine direkte Verbindung zu unseren generellen Erläuterungen der Phasen und Informationsarten im Führungsprozess in E.IV. ergibt. Über die grafische Visualisierung wird der abgeschätzte Problemumfang mit der Gap-Analyse gut nachvollziehbar verdeutlicht. Gleiches gilt für die durch Wirkungsprognosen ermittelten Zielerreichungswerte alternativer Strategien. Schließlich können Gap-Analysen auch parallel zum Maßnahmeneinsatz durchgeführt werden, und damit ermöglichen sie im Fall von Planabweichungen rechtzeitige Maßnahmenkorrekturen. Dieses Instrument gibt allerdings lediglich hoch aggregierte Informationen beschreibend wieder. Die Erklärung der hinter den Projektionen und Prognosen stehenden Ursachen-Wirkungs-Zusammenhänge hat vorab mit anderen mathematisch-statistischen Planungsinstrumenten zu erfolgen.

**Grundmuster von Strategietypen**

Eine detaillierte Informationssammlung, -beschreibung, -bewertung und -verdichtung liefert die wesentlichen Voraussetzungen für eine fundierte **Strategieplanung und -abstimmung**. Wir kommen damit zum abschließend aufgeführten Aktivitätsbereich in Abbildung F-II-5:

- Zum wichtigen Schritt der **Zielbestimmung** können wir wiederum auf unsere grundlegenden Ausführungen im Kapitel D. verweisen. Hierzu ist lediglich noch nachzutragen, dass bei auf Produkt-Markt-Kombinationen bezogenen Strategien die Komponente des Produktziels einer näheren Bestimmung aus marktorientierter Sicht bedarf (Marktanteil, Marken-/ Produktpositionierung/ -image, Bekanntheitsgrad, Kundenzufriedenheit mit dem Leistungsangebot und dem Service etc.).

  Der Zielbildungsprozess folgt der in D.I.1. angesprochenen Hierarchiedynamik. Aus den Zielen für ein Gesamtunternehmen sind solche für einzelne Bereiche respektive die abgegrenzten Planungs-/ Steuerungseinheiten abzuleiten, und damit ergeben sich als Strategieziele die Eingangsgrößen für die Strategieableitung.

- Zum Ende der Abbildung F-II-5 wird eine grobe – nicht erschöpfende – Klassifikation von **Strategiebereichen und -arten** wiedergegeben. Die erste Einteilung zur organisatorischen Reichweite der Strategieentwicklung lässt sich über folgende Fragen erläutern:
  - **(Gesamt)Unternehmensstrategie:**
    In welchem Geschäft/ welchen Geschäften wollen wir zukünftig tätig sein?
  - **Bereichsstrategien:**
    Wie soll jedes Geschäft/ jede strategische Planungs-/ Steuerungseinheit im Wettbewerb bzw. gegen die Wettbewerber aufgestellt sein?
  - **Funktionalstrategien:**
    Wie sollen die einzelnen Funktionsbereiche/ Wertschöpfungsprozesse die Bereichsstrategien und die Unternehmensstrategie unterstützen?

Die zweite Einteilung hebt auf inhaltlich zu unterscheidende Strategiearten ab. Diese sind anhand der Abbildung F-II-9 zu wesentlichen Inhaltsdimensionen der Strategieentwicklung wie folgt im Überblick zu erläutern:

- Der Basisansatz zu einer **produkt- und marktbezogenen Strategieklassifikation** geht auf IGOR ANSOFF zurück. Bereits 1957 veröffentlichte er das in Abbildung F-II-9 oben wiedergegebene Schema in einem Artikel für die HARVARD BUSINESS REVIEW. Die später oft als **ANSOFF-Matrix** bezeichnete Zusammenstellung teilt strategische Optionen auf einfache Weise nach ihrem Markt- und Produktbezug auf. Dabei ergeben sich als zu unterscheidende Strategieansätze:
  - **Marktdurchdringung:**
    Bisherige Produkte in bereits bearbeiteten Märkten durch intensivierte Maßnahmen besser positionieren
  - **Markterschließung:**
    Gewinnung neuer Zielgruppen/ Kunden durch die Verbreitung bisheriger Produkte in neue Marktsegmente oder geografisch andere Märkte
  - **Produktentwicklung:**
    Einführung von innovativen Neuprodukten oder von Produktvarianten in bestehende Märkte
  - **Diversifikation:**
    Wechsel der Geschäftsgrundlage bzw. des Geschäftsmodells – Einführung neuer Produkte in neue Märkte, und zwar in parallele Produkt-Markt-Segmente (horizontal), in vor- oder nachgelagerte Wertschöpfungsbereiche (vertikal) oder in völlig andersartige Betätigungsfelder (lateral).
- Werden Strategiealternativen vorrangig nach ihrer Ausrichtung/ Aufstellung gegenüber den Wettbewerbern im relevanten Markt eingeteilt, dann führt dies zu den unterschiedlichen wettbewerbsbezogenen Positionierungsstrate-

gien. Als Weiterentwicklung der von Michael Porter mit seinem Buch „Competitive Strategy“ 1980 vorgelegten drei wettbewerbstrategischen Grundtypen (Kostenführerschaft und Differenzierung sowie Konzentration auf Schwerpunkte) enthält Abbildung F-II-9 hierzu folgende grafisch wiedergegebene Klassifikation:

***Produkt-Markt-bezogene Basisstrategien* (Ansoff-Matrix aus 1957):**

| ***Märkte*** / ***Produkte*** | **Bestehende** | **Neue** |
|---|---|---|
| **Bestehende** | ***Markt-durchdringung*** | ***Markt-erschließung*** |
| **Neue** | ***Produkt-entwicklung*** | ***Diversifikation*** |

***Wettbewerbsbezogene Positionierungsstrategien:***

***Timing-Strategien zur Neuprodukteinführung:***

***Pionier:*** **Eröffnung eines neuen Marktes; monopolistischer Spielraum**

***Früher Folger:*** **Bei Vermeidung beobachteter Fehler des Pioniers noch gute Aussichten auf eine starke und eigenständige Marktstellung**

***Später Folger:*** **Partizipation am noch vorhandenen Marktwachstum durch identische Angebote (Me-Too) oder Nischenprodukte**

**Abb. F-II-9:** Wesentliche Inhaltsdimensionen der Strategieentwicklung

* Die mit den liegenden Ellipsen gekennzeichneten Strategiearten stellen die beiden Grundansätze für einen branchenweiten Wettbewerb dar. Die

untere Strategie der **Kosten- und Preisführerschaft** setzt als strategischen Ansatzpunkt das Bestehen/ Ausbauen von Kostenvorsprüngen voraus, die in attraktiven Preisen an die Abnehmer zum Teil weitergegeben werden. Die **Technologie- und Qualitätsführerschaft** erfordert es als Premium-Ansatz dagegen, dass aus Sicht der Kunden überdurchschnittliche Leistungsvorteile angeboten/ erbracht werden.

* Im Mittelbereich der **Produktvariantenstrategie** kann ein teilweiser Mix der beiden vorgenannten Ansätze gefahren werden. Hier ist insbesondere eine (partielle) Modifikation/ Weiterentwicklung von Produkten und Dienstleistungen für klar abgrenzbare Zielgruppen und unter Beachtung der am Markt durchsetzbaren Preise denkbar.
* Die **Outpacing-Strategie** kombiniert demgegenüber das überdurchschnittliche und innovative Angebot direkt und unmittelbar mit günstigen Preisen. Dazu ist eine hohe strategische Reife in der Unternehmensentwicklung und -planung unabdingbar; diese vorausgesetzt, bestehen damit allerdings gute Aussichten, den Wettbewerb gleichzeitig über zwei Flanken zu attackieren.
* Die **Konzentrations- oder Nischenstrategie** ist dann zu wählen, wenn ein branchenweiter Marktauftritt nicht in Frage kommt. Beschränkt auf ein nach der Zielgruppe oder nach dem geografischen Bezug ausgewähltes Segment, kann ein Unternehmen durch dessen intensive Bearbeitung Vorteile gegenüber Konkurrenten aufbauen und zu halten versuchen.

- Wenn dynamische Märkte hohen Veränderungsgeschwindigkeiten unterliegen, die ihren Ausdruck in relativ kurzlebigen Produkt-, Technologie- und Markt-Lebenszyklen finden, dann steigt die **Bedeutung des Zeitfaktors** beim Marktauftritt eines Unternehmens in zweifacher Hinsicht:

  * Zum einen erfordern beschleunigte – und damit wettbewerbsintensive – Marktsituationen bereits eine im Konkurrenzvergleich bessere, schnellere und schlankere (kostengünstigere) Ausgestaltung der laufenden Wertschöpfung, also der gegenwärtigen Leistungserstellung und -verwertung.
  * Im Hinblick auf die zusätzliche und entscheidende Anforderung zum Erreichen einer positiven Unternehmensentwicklung, innovativer als der Wettbewerb zu sein, kommt es zum anderen maßgeblich darauf an, in welchem Marktstadium eine Neuprodukteinführung erfolgt.

**Timing-Strategien** können als zeitbezogene Klammer einer strategisch ausgerichteten Unternehmensführung angesehen werden. Dabei sind die im unteren Teil der Abbildung F-II-9 aufgeführten drei Verhaltensweisen gegeneinander abzugrenzen:

* Als **Pionier** gelingt es einem Unternehmen, ein innovatives Neuprodukt erstmalig anzubieten. Der entsprechende Markt wird also durch das Pionierunternehmen eröffnet. Wegen der neuen, vom – bisherigen – Wettbewerb deutlich abgehobenen Marktleistung kann es der Pionier erreichen, zumindest für bestimmte Zeit in einem monopolistischen Spiel-

raum (siehe hierzu C.I.3.g. und F.II.2.c.) zu agieren. Damit bestehen für den Pionier Freiheitsgrade in der Preisfestsetzung, es können technologie-, qualifikations- und vertriebswegebezogene Markteintrittsbarrieren aufgebaut werden, und schließlich ist die Realisierung von Erfahrungskurven- und Lerneffekten zunächst außer Konkurrenz möglich. Voraussetzung für die Pionier-Strategie sind allerdings sowohl hohe Innovationskompetenzen als auch ausgeprägte Marketing- und Vertriebsfähigkeiten. Des Weiteren hat der Pionier als Marktbegründer das volle und alleinige Risiko zu tragen, dass das neue Leistungsangebot von den Nachfragern nicht im angestrebten Maße angenommen wird.

* Nach den Erschließungsarbeiten des Pioniers betreten der oder die wenigen **frühen Folger** ein Produkt-Markt-Feld, das sich nicht mehr als völliges Neuland darstellt. Dabei besteht vor allem die Chance, beobachtete Fehler des Pioniers beim eigenen Marktauftritt von Vornherein zu vermeiden. Wegen der insgesamt noch wenigen Anbieter haben frühe Folger generell gute Aussichten, in dem wachsenden Markt eine starke und eigenständige Marktstellung aufzubauen. Auf die Realisierung von Pioniergewinnen müssen diese aber bereits weitgehend verzichten (Absinken des Preisniveaus mit steigender Anbieterzahl); ferner stehen sie vor der Herausforderung, die vom Pionier errichteten Markteintrittsbarrieren zu überwinden oder zu umgehen.
* Für **späte Folger** stellt sich die Situation in jungen Märkten wiederum etwas anders dar; nach einer ersten Marktfestigung haben bereits Strukturanpassungen stattgefunden, und die jetzt auf dem Markt engagierten Anbieter haben ihre Claims weitgehend abgesteckt. Gleiches gilt auch für die mittlerweile in den Bedarfskomplexen der Nachfrager etablierten neuen Produkte oder Dienstleistungen. Der Markt befindet sich allerdings noch in der Wachstumsphase, der Übergang zur Reifephase ist noch nicht erreicht. So besteht auch für späte Folger noch eine Chance, über weitgehend gleiche Angebote (Me-Too-Ansatz) branchenweit oder segmentspezifisch durch die Konzipierung spezieller Nischenprodukte an dem neu entstandenen Markt zu partizipieren.

Aus den vorstehenden Erläuterungen lässt sich eine Verbindung zu den Positionierungsstrategien ziehen: Der Pionier startet regelmäßig mit einer Strategie der Technologie- und Qualitätsführerschaft, eventuell sogar gleich mit dem Outpacing-Ansatz. Wenn der Pionier zu hochpreisig beginnt, können ihn bereits die frühen Folger mit einer Kosten- und Preisführerschaftsstrategie attackieren. In der anfänglichen Entwicklung des neuen Marktes kommen für diese ansonsten Produktvariantenstrategien in Frage; und auch der Kampf um die Spitze als Technologie-/ Qualitätsführer ist noch nicht endgültig entschieden. Späte Folger müssen sich dagegen eher unterordnen. Ihnen bleibt die Verfolgung einer Konzentrations- und Nischenstrategie; branchenweit können sie sich bei dem noch gegebenen Marktwachstum allenfalls als Nachahmer versuchen, nach Möglichkeit mit einem besseren Preis-

Leistungs-Verhältnis. Allerdings muss kein Unternehmen eine solche Position gezwungenermaßen einnehmen:
Grundsätzlich steht die Möglichkeit immer offen, über eine fundierte Analyse und zielgerichtete Gestaltung von marktorientierten Erfolgsfaktoren und ressourcenorientierten Erfolgspotenzialen selbst mit einer innovativen Marktleistung als Pionier der Erste in einem neuen Markt zu sein.
Wenn diese Positionierung dem späten Folger nicht gelingt oder nicht von ihm angestrebt wird, dann ist der verbleibende Erfolgspfad nur eine Volumenstrategie. Diese macht es erforderlich, relativ einfach konfigurierte Produkte mit einem definierten guten Qualitätsniveau zu einem wettbewerbsfähig niedrigen Preis anzubieten. Hat das Unternehmen eine günstige Kostenposition erreicht, dann lassen sich bei einer hohen Nachfrage ansehnliche Deckungsbeiträge und Gewinne einfahren. Es ist unmittelbar nachvollziehbar, dass ein Unternehmen diese Wettbewerbsposition der Kosten- und Preisführerschaft umso leichter erreichen und festigen kann, wenn es sie bereits als früher Folger bei einer noch geringen Marktbesetzung anstrebt.

## 2. Marketing als Marktorientierte Unternehmensführung

In welcher direkten Beziehung stehen das Marketing und die Strategie als übergeordnete Steuerungsprozesse der Wertschöpfung? Welche sechs Entwicklungsstufen des Marketing können unterschieden werden? Was sind die wesentlichen Ansatzpunkte der Marktorientierten Unternehmensführung zum Aufbau und zur Pflege tragfähiger und beidseitig vorteilhafter Beziehungen eines Unternehmens mit seinen Kunden/ Marktpartnern? Wie ist das Marketing-Grundprinzip der differenzierten Marktbearbeitung zu kennzeichnen? Was ist unter dem absatzpolitischen Instrumentarium/ Marketing-Mix zu verstehen, und welche Einteilung wird hierzu beim Marketing-Pentagon vorgenommen? Worin besteht die generelle Erweiterung beim Ansatz des Value Marketing?

### *a. Marketing als umfassendes Relationshipmanagement*

Der zweite übergeordnete Steuerungsprozess Marketing als Marktorientierte Unternehmensführung steht mit dem Zentralprozess der Lenkung sämtlicher Wertschöpfungsaktivitäten Strategie: Unternehmensentwicklung und -planung in einer engen und unmittelbaren Beziehung (zur Einordnung siehe Abb. F-I-1). Diese erschließt sich über die zu Beginn des vorangegangenen Abschnitts herausgestellten Veränderungen in den Markt- und Umfeldsituationen, welche die Führung von Unternehmen im Zeitverlauf vor neue und insgesamt erhöhte Anforderungen gestellt haben. Unter besonderer Berücksichtigung der Absatzmarktsituation lassen sich diese wie folgt zusammenfassen:

- In entwickelten Marktwirtschaften zeichnet sich die unternehmerische Leistungserbringung in aller Regel durch eine hohe Dynamik aus. Gegenüber den früheren, vergleichsweise beschaulichen Verhältnissen in der Situation von Nachfrageüberhängen (Verkäufermärkte) unterliegen die Unternehmen in den heutigen, durch generelle Angebotsüberhänge gekennzeichneten **Käufermärkten** einem hohen Differenzierungsdruck. An dem bei Gleichartigkeit der gehandelten Güter und Dienstleistungen möglichen Erreichen einer im volkswirtschaftlichen Sinne vollkommenen Konkurrenz können die einzelwirtschaftlichen Anbieter nicht interessiert sein: Mit dem in dieser Marktform des Polypols einzig verbleibenden Verhalten als Mengenanpasser (siehe hierzu C.I.3.g. und F.II.2.c.) kann der Fortbestand und die Weiterentwicklung von Unternehmen nicht auf Dauer gesichert werden.
- Damit stehen die Unternehmen in den heute meist gegebenen Käufermarktverhältnissen immer wieder vor der Herausforderung, sich mit neuen Leistungen von der Konkurrenz abzuheben. Die hohe Intensität im Wettbewerb um die Kunden macht also fortlaufend neue Problemlösungsangebote notwendig, mit denen sich die Anbieter über einen gewissen Zeitraum monopolähnliche Freiheitsgrade verschaffen können (Monopolistischer Wettbewerb). Mit herausragenden und möglichst unverwechselbaren, exakt auf die Bedürfnisse ihrer Kunden zugeschnittenen Leistungsangeboten versuchen die Unternehmen, Alleinstellungsmerkmale gegenüber ihren unmittelbaren Konkurrenten herauszuarbeiten. Ziel hierbei ist der Aufbau von Wettbewerbsvorteilen, mit welchen sie ihre Marktstellung vorübergehend aus der Situation vollkommener Konkurrenz heraushalten können.

Als Ergebnis dieser Entwicklung war zum einen die mit dem vorherigen Abschnitt geschilderte Ablösung der traditionellen Langfristplanung durch die Strategische Unternehmensplanung zu verzeichnen. Zum anderen entwickelte sich aus der eindimensional-funktionsbezogenen, mit absatzpolitischen Maßnahmen betriebenen Leistungsverwertung die unternehmensweite Führungskonzeption des Marketing. Der damit bei der Unternehmensführung erforderliche Perspektivenwechsel war derart grundlegend, dass sich hierzu innerhalb der Betriebswirtschaftslehre mit eigenständigen Erklärungs- und Gestaltungsansätzen die Forschungsprogrammatik der Marktorientierung (siehe dazu einleitend A.I.3.) und in der Folge der Ansatz verstärkter Kundenorientierung herausbildete.

### Begriffsbestimmung

Bei den Grundzusammenhängen im Überblick zum Steuerungsprozess Marketing als Marktorientierte Unternehmensführung (Abb. F-II-10) wird der vorstehend wiedergegebene Zusammenhang noch aus einem weiteren und generellen Blickwinkel erläutert:

- Mit dem Wechsel vom Verkäufer- zum Käufermarkt ist eine – güterwirtschaftliche – Verlagerung des **Minimum- oder Engpasssektors** vom Produktions- zum **Absatzbereich** verbunden. Damit wird auf die Interdependenz betrieblicher/ unternehmerischer Teilpläne abgehoben. Wie in Kapitel E. ausgeführt, sind hierbei in einer groben Unterteilung die Planungen zu den Real- und den

Nominalgüterprozessen (Beschaffungs-, Produktions- und Absatzplanung versus Ausgaben- und Einnahmenplanung) in einem Unternehmen voneinander abzugrenzen. Alle diese Teilplanungsbereiche müssen so aufeinander abgestimmt sein, dass sich über mehrere Planungsperioden gesehen aus dem direk-

***Grundzusammenhänge:***

***Absatzbereich als Minimum- oder Engpasssektor*** **durch Wechsel vom *Verkäufer-* (Angebot < Nachfrage) zum *Käufermarkt (AT > NE):***

⇨ **Das *Ausgleichsgesetz der Planung* verlangt kurzfristig ein Herunterregeln der anderen unternehmerischen Planungsbereiche. Langfristig gilt es, den aktuellen Engpass zu überwinden *Marketing als Marktorientierte Unternehmensführung:***

⇨ **Ausrichtung aller Unternehmensaktivitäten auf die Kunden-/ Abnehmerbedürfnisse und die Markt-/ Wettbewerbserfordernisse zur Sicherung von Unternehmensfortbestand und -wachstum**

***Einzelne Entscheidungs- und Gestaltungsfelder:***

- ***Verschiedene Entwicklungsstufen*** **des Marketing/ der Marktorientierten Unternehmensführung [Abb. F-II-11]**
- **Aktuelle 6. Entw.stufe: *Umfassendes Relationshipmanagement* – Absichern der angestrebten/ erreichten Marktposition durch Realisieren eines *Business Excellence-Niveaus* im eigenen Unternehmen:**

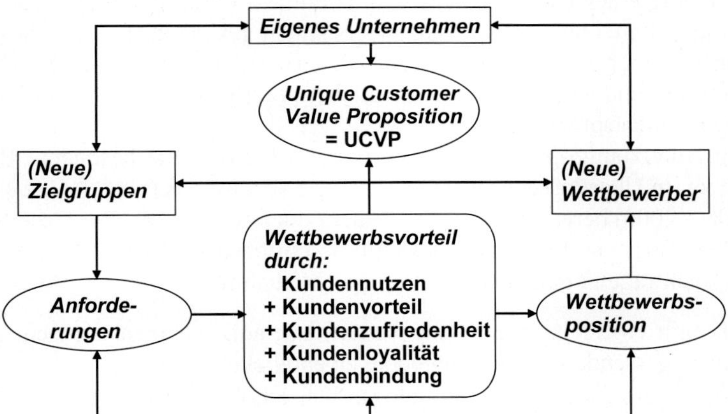


***Ausgewählte Entsch.situationen*** **(→ Lösungsansätze/ Instrumente):**

- ***Differenzierte, ziel- und strategiegeleitete Marktbearbeitung*** **→ Absatzpol. Instrumentarium/ Marketing-Pentagon [Abb. F-II-12]**
- **Anstreben von *Erfolgspartnerschaften* → Value Marketing**

**Abb. F-II-10:** Überblick zu Marketing als Marktorientierte Unternehmensführung (Übergeordneter Prozess)

ten Wertschöpfungsprozess – abgebildet durch den Informationsgüterprozess – nominelle, wertmäßige Überschüsse ergeben. Diese sind letztlich Ausdruck einer von den Kunden und anderen Satellitengruppen (siehe hierzu C.I.3.) honorierten Leistungserstellung; damit können die Ansprüche der internen Unternehmensträger-Kerngruppen (C.I.2.) zufrieden gestellt werden. Das „schwächste Glied" in der Kette von Teilplänen eines Unternehmens stellt deren Minimum- oder Engpasssektor dar.

- Von ERICH GUTENBERG (1897 – 1984) als **Ausgleichsgesetz der Planung** bezeichnet, müssen die verschiedenen Einzelplanungen in einem Unternehmen – zumindest in kurzfristiger Sicht – logischerweise auf den schwächsten Teil bezogen werden. Wenn sich beim Übergang zu einer Käufermarktsituation in der Realgütersphäre Widerstände auf der Absatzseite der Leistungserstellung, also der Leistungsverwertung von Unternehmen zeigten, dann hätte das nach dieser Vorgabe ein Herunterregeln der anderen unternehmerischen Planungsbereiche zur Folge. Das Ausgleichsgesetz der Planung beinhaltet allerdings auch die – ebenso logische – weitergehende Forderung einer Überwindung des aktuellen Minimum- oder Engpasssektor in längerfristiger Sicht.
- Genau in dieser engpassüberwindenden Perspektive ist die Forschungsprogrammatik der Marktorientierung, das Marketing und in dessen Weiterentwicklung generell die **Marktorientierte Unternehmensführung** einzuordnen:
  - Der Erfolg eines Unternehmens und damit sein Fortbestand und Wachstum sind in mit zunehmenden Absatzwiderständen gekennzeichneten Marktsituationen immer enger daran geknüpft, den aktuellen und latenten Kundenbedürfnissen und -anforderungen möglichst präzise bzw. intuitiv oder trendsetzend zu entsprechen.
  - Dem zuletzt angesprochenen Punkt kommt hierbei eine besondere Bedeutung zu. In Überflussgesellschaften, wie sie von JOHN KENNETH GALBRAITH (1908 – 2006) bereits 1958 (The Affluent Society, Deutsch als „Gesellschaft im Überfluss" in 1959) eindrucksvoll beschrieben wurden, stehen Angebot und Nachfrage in einem wechselseitigen Verhältnis:
    * Es gilt einerseits, die Kundenbedürfnisse aufzunehmen, um sehr genau dazu passende Leistungsangebote zu entwickeln.
    * In diesem Zusammenhang gelegentlich erhobene Vorwürfe, die Marketingbemühungen der Firmen würden den Kunden dabei mitunter auch unnötige, nicht benötigte Leistungen anbieten, sind nicht grundsätzlich von der Hand zu weisen, aber insofern zu entkräften, als der Markt immer über deren letztendliche Aufnahme entscheidet.
    * Andererseits ist zu bedenken, dass in einer Marktwirtschaft gerade die neuen, innovativen und „mutigen" Angebote die Grundvoraussetzung für die Aufrechterhaltung des gesamten Wirtschaftskreislaufs und damit die Schaffung – oder im gegenteiligen Fall die Vernichtung – von weiteren Beschäftigungsmöglichkeiten/ Arbeitsplätzen bilden.
  - Als Begriff hat **Marketing** eine bereits lange Tradition. Vom Wortstamm her auf das englische „Market" (für Markt) zurückzuführen, wurde Marke-

ting zu Beginn des 20. Jahrhunderts erstmals in den Vorlesungen/ Vorlesungstiteln amerikanischer Universitäten verwendet, und einige Jahre später gab es in den USA erste Marketing-Abteilungen in den Unternehmen. Eingang in die deutschsprachige Betriebswirtschaftslehre und -praxis fand der Marketing-Begriff vor dem Hintergrund erster zu verzeichnender Wechsel von Verkäufermärkten zu Käufermärkten in den 60er Jahren. Der Absatz konnte dann nicht mehr lediglich als relativ problemlos zu steuerndes Endglied der betrieblichen Leistungserstellung angesehen werden; jetzt war vielmehr die gesamte Führung eines Unternehmens ausgehend von den Anforderungen der Absatzseite (Abnehmer/ Kunden und Wettbewerber) vorzunehmen. Dieser Bedeutungswandel wäre unter der bisherigen Bezeichnung als Absatzpolitik (Inside-out-Betrachtung) nicht zu vermitteln gewesen, weshalb sich die Übernahme des Marketing-Begriffs (Outside-in-Betrachtung) insbesondere auch aus definitorischen Gründen anbot.

- Die abschließend zu den Grundzusammenhängen in Abbildung F-II-10 wiedergegebene allgemeine Begriffsbestimmung ist relativ knapp gehalten, bringt aber dennoch die umfassenden Bezüge des Marketing/ der Marktorientierten Unternehmensführung zum Ausdruck:

  * Mit der Passage „Ausrichtung aller Unternehmensaktivitäten auf ... “ wird bei den innerhalb der Betriebe/ Unternehmen ablaufenden Wertschöpfungsprozessen angesetzt, und es erfolgt eine Überleitung zu deren **Ziel- respektive Zwecksetzung**. Hierdurch wird bereits deutlich, dass die Verwendung oder der Aufbau unternehmensseitiger Potenziale in der Absicht geschieht, an ein Unternehmen gerichtete Anforderungen zu erfüllen.
  * Die **Kunden- und Abnehmerbedürfnisse** sind der eine Aspekt dieser Ziel-/ Zwecksetzung; deren Bedürfnisse und Anforderungen bilden die oberste Richtschnur des unternehmerischen Handelns.
  * Die **Markt- und Wettbewerbserfordernisse** markieren gewissermaßen die Beschränkung des verfügbaren Handlungsspielraumes. Die Situation auf der Lieferanten- und auf der Absatzmittlerseite, die Zielgruppenparameter (z.B. Kaufkraft oder produkt-/ unternehmensbezogene Einstellung) sowie auch die politischen und gesellschaftlichen Rahmenbedingungen sind also bei der Konzipierung/ Weiterentwicklung von Marktleistungen durch ein Unternehmen zu berücksichtigen. Im „engeren Datenkranz“ hat schließlich eine genaue Prüfung des eigenen Angebots und seiner Innovationsmöglichkeiten gegenüber den wichtigen Konkurrenten zu erfolgen.

- Die vorstehende Begriffserläuterung zeigt, dass sich mit dem Marketing als Marktorientierter Unternehmensführung eine umfassende Sichtweise zur Steuerung von Unternehmen unter Wettbewerbsbedingungen herausgebildet hatte. Deren Tragweite lässt sich in drei unterschiedlichen Fassetten formulieren, wobei damit nicht in Anspruch genommen werden kann, dass Marketing die gesamte Betriebswirtschaftslehre abdeckt.

Als **Maxime** prägt Marketing die **Grundhaltung, alle Entscheidungen und Handlungen am Markt und im Unternehmen an den Kundenbedürfnissen auszurichten**. Marketing ist damit marktorientierte Unternehmensphilosophie und als Denkhaltung zugleich marktorientierte Führungskonzeption des Unternehmens.
Als **Methode** kennzeichnet Marketing eine **systematische Entscheidungsfindung**. Über einen vernetzten Ablauf **inhaltlich, zeitlich und organisatorisch aufeinander abgestimmter Ziele, Mittel und Maßnahmen** werden **Kundenbedürfnisse, -anforderungen und -zufriedenheit in den Mittelpunkt der Unternehmensentwicklung gestellt**.
Als **Mittel** zur Sicherung von Fortbestand und Wachstum eines Unternehmens ist Marketing die **ziel- und strategiegeleitete differenzierte Marktbearbeitung** (Marktforschung und Marktsegmentierung) **unter Einsatz des absatzpolitischen Instrumentariums** (siehe hierzu die Erläuterungen der dritten Rubrik von Abb. F-II-10) **zur Schaffung von Kundenpräferenzen und damit von Wettbewerbsvorteilen**.

- Entstanden als Reaktion auf absatzseitige Probleme, stellt Marketing also heute eine gesamtunternehmensbezogene Konzeption zur Führung von Unternehmen dar, bei der die erfolgsnotwendige Kundenorientierung nach außen im Vordergrund steht. Dem entsprechend bildet Marketing als Marktorientierte Unternehmensführung in unserer Erweiterten Wertschöpfungskette (Abb. F-I-1) einen übergeordneten Steuerungsprozess. In enger Abstimmung mit der strategischen Unternehmensentwicklung und -planung sind alle direkten Wertschöpfungsprozesse und -phasen und auch die flankierend unterstützenden Prozesse so auszurichten und zu steuern, dass die marktbezogenen Produktziele sowie die unternehmensbezogenen Erfolgs- und Liquiditätsziele erreicht werden.
  Vor dem Hintergrund heutiger Markt-/ Umfeld- und Unternehmensbedingungen kann eine Marktorientierte Unternehmensführung damit insgesamt über die Fähigkeit definiert werden, den Marktorientierten Ansatz (Outside-in) mit dem Ressourcenorientierten Ansatz (Inside-out) in Einklang zu bringen. Dies schließt eine gleichzeitig qualitäts- und prozessorientierte Ausrichtung ein, und perspektivisch ist das Erzielen längerfristiger Unternehmenserfolge über die Wertorientierung und mit dem Ziel der Wertsteigerung zu steuern.
- Zur Arbeitsteilung zwischen den **übergeordneten Steuerungsprozessen Strategie** und **Marketing** ist noch folgende Anmerkung zu machen:
  * Diese beiden Prozesse stehen in einer engen Verbindung, sind von ihrer Reichweite her gesehen aber dennoch voneinander zu unterscheiden.
  * Der Strategieprozess ist – wie in F.II.1. erläutert – unternehmensweit respektive bereichsbezogen angelegt und hat die (Vor-)Steuerung aller marktbezogenen strategischen Einheiten (Produkt-Markt-Kombinationen, SGFs oder BUs) sowie funktions- oder wertschöpfungsbezogenen Vorhaben zum Gegenstand.

* Das Marketing liefert zur Erarbeitung von Unternehmens- oder Bereichsstrategien zum einen markt- und wettbewerbsrelevante Basisinformationen. Zum anderen ist dieser Steuerungsprozess dann im Hinblick auf die von der strategischen Unternehmensentwicklung und -planung ausgewählten marktbezogenen Handlungsfelder bzw. deren Zielgruppen/ Marktsegmente für die konkrete Umsetzung der Marktstrategien in den direkten Wertschöpfungsprozessen und -phasen verantwortlich.
* In den 80er Jahren wurde in der Marketingwissenschaft verstärkt zum Thema **Strategisches Marketing** publiziert; als eine der nachfolgend erläuterten Entwicklungsstufen des Marketing ist das aber nicht einzuordnen. Diese Veröffentlichungsphase lag eher darin begründet, dass der Strategie- und Unternehmensplanungsbereich in der betriebswirtschaftlichen Literatur zu dieser Zeit etwas unterrepräsentiert war. So hatte das Marketing gewissermaßen eine Vorreiterrolle eingenommen und neuere strategische Ansätze forschungsprogrammatisch eingebaut. Mit der weiteren Differenzierung der Betriebswirtschaftslehre hat sich die seinerzeitige Positionierung der Marketingwissenschaft und -praxis wieder deutlich nivelliert; aus heutiger Sicht ist von dem erläuterten Zusammenwirken der übergeordneten Steuerungsprozesse einer strategischen Unternehmensentwicklung/ -planung und dem Marketing als Marktorientierte Unternehmensführung auszugehen. Wenn in Marketing-Lehrbüchern regelmäßig das gesamte Instrumentarium der Strategieentwicklung behandelt wird und sich umgekehrt in Veröffentlichungen zur Unternehmensplanung marktorientierte Inhalte finden, dann kommt darin allerdings die Größe der gemeinsamen Schnittmenge beider Entscheidungs- und Gestaltungsbereiche zum Ausdruck.

**Entwicklungsstufen**

Bezogen auf einzelne Entscheidungs- und Gestaltungsfelder des übergeordneten Marketingprozesses (zweite Rubrik der Abb. F-II-10) wird zunächst herausgestellt, dass im Marketing/ der Marktorientierten Unternehmensführung über verschiedene Entwicklungsstufen (hierzu Abb. F-II-11) eine Erweiterung/ Veränderung des Analyse- und Gestaltungszusammenhangs zu verzeichnen war. Ein kurzes Aufzeigen der verschiedenen Stadien trägt dazu bei, das im Anschluss näher zu behandelnde aktuelle Marketingverständnis besser nachvollziehen zu können. Die zu den **6 Marketing-Entwicklungsstufen** angegebenen zeitlichen Einordnungen beziehen sich auf die Herausbildung und Umsetzung der jeweiligen Marketing-Grundhaltung als hauptsächliche Strömung (mainstream) in Wissenschaft und Praxis im angegebenen Zeitraum. Dies schließt nicht aus, dass der spezifische Entwicklungs- und Gestaltungsstand in den Unternehmen hiervon abweicht; er kann sowohl weiter ausgereift sein – also bereits eine kommende Entwicklungsstufe vorwegnehmen – als auch – was häufiger der Fall ist – noch einem inzwischen überalterten Niveau entsprechen:

- Bei einer das Angebot übersteigenden Nachfrage stellte sich im Verkäufermarkt der Absatz erstellter Güter oder Dienstleistungen noch weitgehend unproblematisch dar. Im Mittelpunkt des unternehmerischen Interesses standen bei einer allgemeinen Produktions- bzw. Produktorientierung Fragen der Kapazitätsausweitung sowie Kosten- und vor allem Fertigungsaspekte. In dieser, für deutsche Unternehmen bis in die 60er Jahre reichenden Vorphase des Marketing wurde überwiegend noch Absatzpolitik betrieben. Damit war eine Schwerpunktsetzung auf einzelne, ausgewählte **Teilfunktionen im Absatzbereich** verbunden, wie vor allem auf den Vertrieb und/ oder die Werbung. Die Analyse- und Gestaltungsrichtung bei der Leistungserstellung und -verwertung vollzog sich ganz überwiegend noch von innen nach außen.

| ***Stufe*** | ***Bezeichnung*** | ***Zeitraum*** |
|---|---|---|
| **Vorphase** | ***Schwerpunktsetzung auf Teilfunktionen im Absatzbereich*** | **bis in 60er Jahre** |
| **1. Entwicklungsstufe** | ***Marktbezogene Organisation des gesamten Absatzbereichs*** | **frühe 70er Jahre** |
| **2. Entwicklungs - stufe** | ***Stärkere Ausrichtung einzelner Unternehmensbereiche bzw. -sparten auf die Marktanforderungen*** | **späte 70er Jahre** |
| **3. Entwicklungsstufe** | ***Ausrichtung aller Unternehmensaktivitäten auf die Absatz-, Markt- und Abnehmererfordernisse und -bedürfnisse*** | **80er Jahre** |
| **4. Entwicklungsstufe** | ***Zusätzliche Berücksichtigung ökologischer und gesellschaftlicher Anforderungen*** | **späte 80er/ frühe 90er Jahre** |
| **5. Entwicklungsstufe** | ***Qualitative Optimierung aller externen und internen Wertschöpfungsbeziehungen und -prozesse*** | **Mitte 90er Jahre** |
| **6. Entwicklungsstufe** | ***Umfassendes Relationshipmanagement und Business Excellence*** | **ab circa 2000** |

**Abb. F-II-11:** Sechs Entwicklungsstufen des Marketing/ der Marktorientierten Unternehmensführung

- Als die Märkte mit zunehmender Nachfragedeckung nicht mehr alle Angebote gewissermaßen automatisch aufnahmen, gewann eine aktive Gestaltung der Absatzprozesse in den Unternehmen deutlich an Bedeutung. Durch erhöhte Verkaufsanstrengungen wurde versucht, den zu verzeichnenden Marktwiderständen zu begegnen. Im Sinne einer ausgeprägten Vertriebs- und Verkaufsorientierung war diese erste Entwicklungsstufe des Marketing in den frühen 70er

Jahren dadurch gekennzeichnet, dass in den Unternehmen eine **marktbezogene Organisation des gesamten Absatzbereichs** vorgenommen wurde. Hierzu gehörten z.B. bereits auch Marktforschung und Verkaufsförderung, also wichtige markt- und vertriebsorientierte Marketing-Service-Aktivitäten. Im Marketing dieser noch frühen Phase begann sich der Ansatz einer ziel- und strategiegeleiteten Marktbeeinflussung auszuformen.

- Nach diesem rein funktionalen respektive auf den Absatz/ Vertrieb als einzelnen direkten Wertschöpfungsprozess gerichteten Verständnis des Marketing vollzog sich zunehmend der Übergang zu einer gesamtorganisatorischen Schwerpunktsetzung. Als zweite Entwicklungsstufe lässt sich für die späten 70er Jahre festhalten, dass – je nach Wettbewerbsintensität – **einzelne Unternehmensbereiche** bzw. -sparten als eigenständige strategische Planungs- und Steuerungseinheiten insgesamt in stärkerem Maße **auf die Marktanforderungen ausgerichtet** wurden. Den Hintergrund für dieses sich langsam durchsetzende Primat des Marketing bildeten die sich weiter verbreitenden Käufermarktsituationen. Die Analyse- und Gestaltungsrichtung der unternehmerischen Wertschöpfung verlagerte sich damit kontinuierlich von der Innen- zur Außenorientierung.
- Mit dem Ende der 70er Jahre waren die meisten deutschen Wirtschaftszweige in das Käufermarktstadium übergegangen, das Angebot überstieg die Nachfrage, so dass in der Mehrzahl aller Unternehmen der Engpasssektor-Wechsel vom Produktions- zum Absatzbereich erfolgte. Im Mittelpunkt der Unternehmensführung mussten deshalb jetzt notwendigerweise absatzmarktbezogene Erwägungen stehen. Insbesondere galt es, den Abnehmern/ Kunden eine sehr viel größere Aufmerksamkeit zuteil werden zu lassen, also deren Bedürfnisse und Wünsche zu analysieren, um maßgeschneiderte Problemlösungen anbieten zu können. Die Unternehmen waren damit gefordert, eine ausgeprägte Kunden- und Wettbewerbsorientierung zu entwickeln. Für die 80er Jahre lässt sich von daher eine dritte Entwicklungsstufe des Marketing einordnen, die als **Ausrichtung aller Unternehmensaktivitäten auf die Absatz-, Markt- und Abnehmererfordernisse und -bedürfnisse** charakterisiert werden kann. Bei dieser Sichtweise bildete sich Marketing zunehmend als grundlegende Denkhaltung heraus, bei der im Sinne einer marktorientierten Unternehmensphilosophie und Führungskonzeption alle Aktivitäten am Markt und im Unternehmen an den Kundenbedürfnissen ausgerichtet werden. Korrespondierend hierzu zeichnete sich eine – neuerlich über den Definitionsumfang begründete – Begriffsverschiebung ab. An Stelle von Marketing fand jetzt mehr und mehr die umfassende Kennzeichnung als Marktorientierte Unternehmensführung Verwendung.
- Standen bei der bisherigen Argumentation vor allem Verschiebungen in der direkten Marktsituation von Unternehmen im Vordergrund, so geht es jetzt – in einer Weiterentwicklung der erreichten Käufermarktsituation – um eine zusätzlich notwendige Berücksichtigung der natürlichen und gesellschaftlichen Umwelt. Für das Ansehen eines Unternehmens – und damit seine Attraktivität als Bezugsquelle von Gütern und Dienstleistungen – sind nun nicht mehr allein die aktuellen Kunden als relevant zu erachten. Vielmehr ist ein positives Verhältnis gegenüber allen externen Satellitengruppen als Stakeholder (siehe hierzu C.I.3.)

die Voraussetzung dafür, eine breite Basis potenzieller Kunden ansprechen zu können. Als begriffliche Fassung für diese weitere Ausdehnung des Bedingungsrahmens für eine unternehmerische Betätigung kann von Megamärkten gesprochen werden. In diesem Kontext wird im Marketing der vierten Entwicklungsstufe in den späten 80er/ frühen 90er Jahren der Schwerpunkt auf eine **zusätzliche Berücksichtigung ökologischer und gesellschaftlicher Anforderungen** gelegt. Dies findet beispielsweise darin seinen Ausdruck, dass der – etwa durch die Ökologiediskussion – gewandelten Werthaltung der Konsumenten über den produkttechnologischen Grundnutzen hinaus durch die Vermittlung weiterer Zusatznutzen entsprochen wird. Ein Produkt transportiert dann für den Kunden nicht mehr nur den Nutzen der direkten Problemlösung. Vielmehr kann die Kommunikation herausragender Eigenschaften, wie z.B. einer besseren Umweltverträglichkeit, eines Recycling oder einer Energieeinsparung bei Produktion und/ oder Konsum, einen zusätzlichen Kundennutzen bewirken, der sich gleichzeitig als Gemeinschaftsnutzen und damit als Gesellschaftsvorteil darstellt. Dabei handelt es sich nicht um einen rein immateriellen Nutzen. Im Rahmen der Erarbeitung und Umsetzung kreativer, ökologisch und gesellschaftlich verträglicher Konzepte der Leistungsgestaltung nimmt dieser Nutzen als reale Hilfestellung/ Problemlösung in der Versorgungs-, Nutzungs- und Entsorgungsphase für den einzelnen Kunden eine konkrete Form an. Dadurch wird er zugleich ein wichtiges Verkaufs- und Kaufargument.

- Die marktorientierte Führungsphilosophie hatte sich mit den einzelnen Marketing-Epochen in der Unternehmenspraxis zunehmend durchgesetzt; die Entwicklung in den Märkten konnte damit aber dennoch nicht eingeholt werden. Hierbei besteht eine doppelte Problematik darin, dass es zu einer allmählichen Angleichung des Marketingniveaus konkurrierender Unternehmen und damit zu einer Ähnlichkeit ihrer kundenorientierten Wertschöpfung kommt, während der Markt schon wieder neue Herausforderungen bereithält. Als Stichworte hierzu sind turbulente Marktsituationen wegen veränderter Bevölkerungszusammensetzungen, rückläufiger Konjunkturlagen, kürzerer Technologiezyklen und vor allem der zunehmenden Marktglobalisierung zu nennen.

  - Von dem zuletzt angeführten Punkt der Globalisierung geht auch eine innerhalb der Unternehmen wirkende Gefahr aus. Diese besteht darin, dass es bei dem Intensivieren des Auslandsgeschäfts durch inländische Unternehmen zu einer Verwässerung ihrer spezifischen Marktorientierung kommen kann. Wird beispielsweise eine Internationalisierung vorrangig unter dem Gesichtspunkt betrieben, über große Stückzahlen allenfalls länderspezifisch geringfügig abgewandelter Produkte hohe Erfahrungskurveneffekte (siehe hierzu F.III.4.) zu erzielen, dann erfolgt mit einer solchen Standardisierung ein Abrücken vom Grundkonzept des Marketing. Ein derartiges Vorgehen beschädigt damit die Marketingfähigkeiten und -erfolge eines Unternehmens; insgesamt und auch in den einzelnen Weltmarktregionen wird es so keine umfassende Markt- und Kundenorientierung umsetzen können.
  - Dabei ist mittlerweile klar, dass sich eine solche Strategie wegen des Ignorierens regional unterschiedlicher Kundenbedürfnisse auch finanziell nicht

rechnet. Ein eindrucksvolles Beispiel lieferte hierzu der US-Automulti FORD mit seinem 1993 eingeführten Weltauto MONDEO (abgeleitet aus dem französischen „mondial" für weltweit). FORD hatte seinerzeit sogar die nach Weltregionen gegliederte Organisation zusammengestrichen und wollte fortan seinen weltweiten Marktauftritt zentral aus dem Hauptquartier im amerikanischen Dearborn steuern. Das Konzept ging gründlich schief; der MONDEO verkaufte sich in Europa nur mäßig, in den USA und Australien kaum. Daraufhin wurde das Weltauto-Konzept wieder aufgegeben; das durch die FORD-WERKE AG in Köln eigenständig für Europa entwickelte und im November 2000 vorgestellte Nachfolgemodell wurde von den Käufern deutlich stärker nachgefragt.

- Nachzutragen bleibt, dass selbst bei bedeutenden Weltmarken, wie z.B. COCA COLA oder MCDONALD'S, die Produkte und vor allem die werbliche Kommunikation regionenspezifisch differenziert werden. Vor allem zum Ausnutzen der Economies of Scale angelegte internationale Volumenstrategien stellen aus der Sicht der Marktorientierten Unternehmensführung also einen Anachronismus dar. Ein Unternehmen kann damit zwar in vielen Absatzmarktregionen vertreten sein, wegen einer zu undifferenzierten Ausrichtung auf die Kundenanforderungen wird es dabei aber nirgendwo eine bedeutende Marktposition erreichen. Die damit fehlende Marktnähe bewirkt dann zusätzlich eine Nivellierung des Marketing-Gestaltungsstandes, was das zuvor angesprochene Problem einer hohen Affinität zum Marktauftritt anderer Unternehmen noch einmal zusätzlich verschärft.

Einer vermehrten Austauschbarkeit ihrer Leistungsangebote können die Unternehmen folglich nur dadurch entgehen, dass sie sich über das Anbieten von werthaltigen Kundenvorteilen Wettbewerbsvorteile verschaffen, um sich auf diese Weise über die Realisation von Alleinstellungsmerkmalen einen Vorsprung gegenüber der Konkurrenz zu sichern.
Der Ansatzpunkt für eine erfolgreiche Positionierung bei den geschilderten Marktverhältnissen ist der einer ganzheitlichen Orientierung und Vernetzung. Bei der Analyse und Gestaltung der Wertschöpfungsprozesse ist jetzt eine enge Verzahnung der außenorientierten, also der primär markt- und kundenbezogenen Sichtweise mit deren innenorientierter Umsetzung sowie ihrer perspektivischen und damit potenzialorientierten Sicherstellung zu gewährleisten. Durch die Verbindung von Outside-in-gerichteter Marktorientierung und Inside-out-wirkender Ressourcenorientierung sind die in engeren Märkten von den Abnehmern im Hinblick auf die zentralen Wettbewerbsparameter Qualität, Zeit, Kosten und Innovation geforderten Spitzenleistungen zu konzipieren und zu erarbeiten. Über die damit notwendige beidseitige Konzentration auf Außen- und Innenorientierung lässt sich für die Mitte der 90er Jahre eine fünfte Entwicklungsstufe des Marketing/ der Marktorientierten Unternehmensführung unter die Bezeichnung der **qualitativen Optimierung aller externen und internen Wertschöpfungsbeziehungen und -prozesse** fassen. Gemäß den komplex-dynamischen Entwicklungen im Markt und Umfeld sind also die Bereiche mit ausgeprägten Kernkompetenzen eines Unternehmens als Handlungsfelder zu

wählen, und diese sind mit einer schlagkräftigen und komplexitätsreduzierenden Organisation mit hoher Effizienz und Effektivität zu bearbeiten. Mit Bezug auf die in A.I.3. herausgestellten neueren forschungsprogrammatischen Ansätze der Betriebswirtschaftslehre zeichnet es sich in dieser fünften Marketing-Entwicklungsstufe ab, dass eine erfolgreiche Unternehmensführung unter turbulenten Marktverhältnissen die Einnahme einer markt- und ressourcen- sowie qualitäts-, prozess-, und wertorientierten Perspektive verlangt.

- Bildlich gesprochen führt das Schaffen einer ganzheitlich-vernetzten Wertschöpfung dazu, dass alle übergeordneten, direkten und flankierenden Prozesse der Erweiterten Wertschöpfungskette (Abb. F-I-1) „ganz eng zusammenrücken". Gegenüber früher langen Entscheidungswegen sind diese jetzt annähernd in Echtzeit (Real-Time in der DV/ IuK-Sprache) verbunden. Die Kommunikation im Unternehmen verläuft konsequent in beide Richtungen, damit können die Planungs-, Durchführungs- und Kontrollentscheidungen über alle Einzelprozesse in kurzer Zeit aufeinander abgestimmt werden.
  Diese ressourcenorientierte Konzentration und Verdichtung in der unternehmerischen Wertschöpfung macht es zusammen mit der Weiterentwicklung der Produktions- und insbesondere der DV/ IuK-Technologie möglich, die marktorientierte Fokussierung auf die Kundenbedürfnisse und -anforderungen noch weiter zu vertiefen. Hierbei kann entlang von zwei Pfaden vorgegangen werden:

  - **Produktionsseitig** kann die Kundenorientierung eines Unternehmens dadurch noch einmal deutlich erhöht werden, dass über flexible Fertigungsmethoden (siehe hierzu F.III.4.) individuell den Anforderungen des Kunden entsprechende Produkte erstellt werden. Über diese Mass Customization (siehe hierzu schon E.II./ E.III.) kann also eine weitere Individualisierung der Marktleistung erreicht werden.
  - **Marketingseitig** liegt der Schlüssel zum Erfolg bei den nach wie vor schwierigen Marktsituationen darin, tragfähige und langfristige Beziehungen zu den Kunden aufzubauen. Durch eine individuelle und interaktive Kundenansprache, eine umfassende Beratung sowie eine konzentrierte Nachkauf-Betreuung kann mit einem Relationshipmarketing die Intensität der Kundenbeziehung entscheidend gesteigert werden.

Im Ansatz des **One-to-One-Marketing** werden die beiden vorgenannten Richtungen zusammengefasst. Zurückgehend auf ein 1993 erschienenes Werk der amerikanischen Autoren DON PEPPERS und MARTHA ROGERS (The One to One Future: Building Customer Relationships One Customer at a Time), wurde diese Thematik in Büchern deutscher Autoren erst in letzter Zeit aufgegriffen (z.B. durch ROLAND CONRADY, THOMAS JASPERSEN und WERNER PEPELS in 2001 und 2002):

- Der zentrale Ansatz des One-to-One-Marketing liegt – wie die Bezeichnung zum Ausdruck bringt – darin, dass hier nicht mehr in aggregierten Produkt-Markt-Einheiten gedacht wird. Stattdessen steht der Einzelkunde – gewissermaßen als Ein-Personen-Segment – im Fokus der Marketingbemühungen eines Unternehmens.

- Die Erfüllung aller kritischen und damit in jedem Fall leistungsnotwendigen, vom Kunden geforderten Nutzenkomponenten wird durch die kundenorientierte, flexible Konfiguration der Produktion ermöglicht.
- Wenn die vor allem durch moderne Instrumente der Informations- und Kommunikationstechnologie (IuK) unterstützte Fähigkeit, einen Kundendialog über alle Phasen des Kunden-Lebenszyklus zu führen, damit zusammengebracht wird, die jeweils speziellen Kundenanforderungen mit maßgeschneiderten Produkten und entsprechendem Service zu erfüllen, dann hat dies weit reichende Konsequenzen für ein Unternehmen:

  * Mittels eines ausgereiften daten- und kommunikationsbasierten Marketing sind Kundenbedürfnisse und -anforderungen sowie deren Veränderungen über die Zeit prinzipiell in den kleinen Ein-Personen-Segmenten analysierbar.
  * Die Flexibilisierung in den Prozessen und Phasen der unternehmerischen Wertschöpfung macht es andererseits möglich, diese mit vertretbaren und damit wettbewerbsfähigen Kosten im One-to-One-Verhältnis bedienen zu können. Die Fertigungsprozesse laufen weiterhin standardisiert ab, allerdings in einer sehr differenzierten, eine große Zahl ganz spezieller Varianten zulassenden Art und Weise. Das Erzielen von Skaleneffekten über insgesamt hohe Stückzahlen ist damit weiterhin möglich.

Bei der geschilderten Entwicklung, über einen noch gezielteren und intensiveren Kundendialog nachfragespezifische Marktleistungen in Produkten und Service zu erstellen, kann der übliche Begriff des Angebots kaum noch sinnvoll verwendet werden. Als **umfassendes Relationshipmanagement** lässt sich von daher ab dem Ende der 90er Jahre eine sechste Entwicklungsstufe des Marketing/ der Marktorientierten Unternehmensführung konstatieren. Hierbei ist – wie die vorstehenden Erläuterungen deutlich gemacht haben – ein hoher Gestaltungsstand in der gesamten Wertschöpfung von Unternehmen die Grundvoraussetzung. Die vom Kunden definierte Leistungsqualität ist in allen kritischen Einzelfeldern, wie beispielsweise der Produktzuverlässigkeit oder dem Service, auf einem hohen und fehlerfreien Niveau zu erfüllen. In dieser aktuellen Entwicklungsstufe ist also mehr als ein intensives **Customer Relationship Management (CRM)** gefordert. Auf dessen Grundlage hat eine alle Wertschöpfungsprozesse umgreifende Optimierung zu erfolgen, und deswegen verwenden wir die gesamthafte Kennzeichnung als umfassendes Relationshipmanagement. Zum Anstreben respektive zum Absichern einer bestimmten Marktposition ist es hierbei erforderlich, dass ein Unternehmen alles in allem das Niveau der **Business Excellence** erreicht hat.

In Abbildung F-II-10 wird das zuvor aufgezeigte Verständnis von Marketing als Marktorientierter Unternehmensführung der aktuellen sechsten Entwicklungsstufe näher veranschaulicht. Dabei können zusätzlich die Unterschiede zwischen dem Transaktionsmarketing als der früheren, eher klassischen Sichtweise der

Entwicklungsstufen eins bis fünf und der heutigen erweiterten Auffassung des umfassenden Relationshipmanagement verdeutlicht werden.

Im oberen Teil der Abbildung ist ein aus Darstellungsgründen verändert wiedergegebenes strategisches Marktdreieck enthalten. Die unteren Teile zunächst weggedacht, müsste in die Ellipse in dessen Mitte **Unique Selling Proposition = USP** eingetragen sein. Hierauf war der Marketingansatz in früherer Zeit bezogen.

> Unter einer **Unique Selling Proposition (USP)** ist dabei eine an die Kunden gerichtete Aussage zu einem einzigartigen Verkaufsvorschlag zu verstehen. Das kennzeichnet dann ein **einzigartiges verkaufsbezogenes Leistungsangebot/ -versprechen**, welches sich positiv von Konkurrenzangeboten abhebt.

Hierin finden also letztlich die Bemühungen der Unternehmen, sich von ihren Wettbewerbern zu differenzieren, ihren marktleistungsbezogenen Niederschlag. Dennoch stehen bei dieser Sichtweise die derzeitigen Fähigkeiten von Unternehmen noch stark im Vordergrund, so dass von einem Überwiegen der Inside-out-Orientierung zu sprechen ist. Vor allem aber sind die Marketingbemühungen vornehmlich auf **einzelne Verkaufsabschlüsse** gerichtet.

Über illustrierende Fragen/ Aussagen lässt sich der Unterschied zum erweiterten Marketingverständnis veranschaulichen: Wird klassischerweise häufig gefragt „Was können wir?", so ist dem entgegenzustellen „Was verlangt der Markt?" Auf einzelne Transaktionen gerichtet, folgte Marketing – vereinfacht ausgedrückt – nur zu schnell der Devise „Take the money and run". Die langfristig erfolgversprechendere Perspektive lautet aber „Make the customer happy – and make profit with customized and excellent products". Diese qualitative Optimierung aller Wertschöpfungsprozesse/ -phasen und -beziehungen erfordert die Vernetzung der Markt- und Ressourcenorientierung.

Das **erweiterte Marketingverständnis** ist vor allem **interaktionsbezogen, ganzheitlich und prozessbezogen** angelegt. Wie mit der Darstellung in Abbildung F-II-10 aufgezeigt, sind bei einem solchen Relationshipmanagement zum einen fundiertere Analysen notwendig, und zum anderen sind hierbei deutlich mehr Parameter einzubeziehen als bei dem Transaktionsmarketing klassischer Prägung. Als Resultat der integrierten Gestaltung aus gleichermaßen Outside-in- wie Inside-out-orientierter Perspektive hat dann auch das gegenüber den Kunden zu formulierende Leistungsversprechen im Relationshipmanagement einen deutlich größeren Umfang.

> Das Ergebnis ist eine **Unique Customer Value Proposition = UCVP** und damit eine Aussage zu einem **einzigartigen Wertvorteil für den Kunden**. Dies bedeutet ein **einzigartiges kundenwertorientiertes Leistungsversprechen,** das zugleich auch **für das Unternehmen wertsteigernd** ist.

UCVPs sind somit Ausdruck einer umfassend kunden- und beziehungsorientierten Marktleistungsgestaltung. Dabei ist der Marketingprozess auf verschiedene Analyse- und Steuerungskriterien auszurichten, zu denen mit dem unteren Teil der Grafik in Abbildung F-II-10 ein Überblick gegeben wird:

- Unter Berücksichtigung der Wettbewerbssituation beginnt die marktorientierte Gestaltung der Angebote eines Unternehmens mit der Ermittlung der Anforderungen auf Seiten der Kunden (Ellipse unter dem Zielgruppen-Kasten). Insoweit ist dieser Marketing-Startpunkt – entsprechend unseren Erläuterungen zentraler Parameter der Unternehmensentwicklung und des Strategischen Dreiecks in F.II.1.b. und c. – nun noch etwas weiter zu differenzieren:
  - Zunächst stehen die **Kundenbedürfnisse** im Mittelpunkt der Marketing-Anstrengungen eines Unternehmens. Bedürfnisse sind grundsätzliche und noch weitgehend ungerichtete, also noch nicht auf bestimmte Produkte oder Marken bezogene Mangelempfindungen (siehe hierzu A.II.1.). Bei deren Erhebung mit Mitteln der empirischen Sozialforschung (z.B. durch unterschiedliche Formen der Befragung) geht es um die ganz allgemeine Feststellung dessen, was der Kunde braucht.
  - Auf dieser Grundlage folgt im zweiten Schritt die Ermittlung der schon um einiges näher bestimmten **Kundenanforderungen**. Als Bedürfnisse, welche bereits mit Vorstellungen zur Art und Weise der Mangelbeseitigung und damit zu ihrer Befriedigung verbunden sind, ist hier eine hohe Entsprechung zu dem in A.II.1. vorgestellten Konstrukt des Motivs gegeben. Der Unterschied besteht darin, dass die mit einer allgemeinen Zielvorstellung verknüpften Bedürfnisse – die Motive – als definierte Kundenanforderungen nicht mehr weitgehend vorbewusst bleiben. Als artikulierte Motive ist für die geäußerten Kundenerwartungen von einer höheren Konkretisierung auszugehen. Die Beantwortung der Frage nach den Kundenerwartungen führt zur – schon relativ spezifizierten – Kenntnis dessen, was der Kunde haben will.
  - Der dritte Teilaspekt bei der Untersuchung der Anforderungen von Kunden an ein Unternehmen korrespondiert mit den in A.II.1. besprochenen Werten (grundlegende Verhaltensdeterminanten) und Einstellungen. Wenn es sich jetzt darum dreht, die Erwartungen der Kunden festzustellen, dann sind insbesondere deren Einstellungen als (kauf-)verhaltensrelevante Prädispositionen von Bedeutung. Hiermit wird die Brücke zwischen den Kundenanforderungen und bereits gemachten direkten oder indirekten Marktleistungs- respektive Anbietererfahrungen geschlagen. Dabei fließen i.d.R. auch solche Eindrücke ein, die ein Kunde mit/ bei anderen Anbietern gewonnen hat. Die **Kundenerwartungen** bestimmen demnach letztlich das marktorientierte Differenzierungspotenzial eines Unternehmens. Kurz ausgedrückt, liefert die Analyse der Kundenerwartungen also – noch einmal detailliertere – Informationen darüber, was der Kunde auch von anderen Unternehmen bekommen kann.

- Basierend auf den vorstehend angesprochenen Anforderungsanalysen sind unter Federführung des übergeordneten Marketingprozesses die Marktleistungen eines Unternehmens zu gestalten. Bei dieser Umsetzung erhobener Bedürfnisse, Anforderungen und Erwartungen in konkrete Produkte und Dienstleistungen entscheidet es sich, ob ein Unternehmen seinen Kunden das angestrebte einzigartige kundenwertorientierte Leistungsversprechen/ -angebot als UCVP auch tatsächlich unterbreiten kann. Die hierzu wesentlichen – und jetzt direkt auf die **Marktleistung** oder den **Marktauftritt** eines Anbieters bezogenen – Analyse- und Gestaltungsparameter sind im unteren Mittelteil in Abbildung F-II-10 zusammengestellt. Mit deren Anordnung kann nochmals aufgezeigt werden, in welcher Weise das erweiterte Marketingverständnis über die klassische Sichtweise hinausgeht.

- Die grundlegenden Parameter des Kundennutzens und des Kundenvorteils sind als originäre abnehmergerichtete Zielgrößen bereits in den Marketingkonzepten klassischer Prägung enthalten:

    * Wie schon in C.I.3.d. ausgeführt wurde, ist der aus einem Produkt oder einer Dienstleistung durch den Kunden zu ziehende Nutzen als Maßstab für die hiermit verbundene Bedürfnisbefriedigung anzusehen. Dabei hebt der Grundnutzen auf die physikalisch-funktionellen Problemlösungskapazitäten ab, während der Zusatznutzen durch weiter gehende ideell-emotionale Komponenten vermittelt wird. Der empfundene – und in aller Regel von verschiedenen Konsumenten unterschiedlich eingeschätzte – **Kundennutzen** stellt das wesentliche Element bei der Beurteilung einer Marktleistung über deren Preis-Leistungs-Verhältnis dar. Werden die Angebote mehrerer Unternehmen vor einer Kaufentscheidung miteinander verglichen, dann sind die einzelnen Nettonutzen (jeweilige Nutzenbewertungen „abzüglich" der zu zahlenden Preise) für den endgültigen Kaufentschluss relevant. Wird der von einem Unternehmen vermittelte Kundennutzen analysiert, dann führt dies zu Einschätzungen darüber, wie das eigene Marktleistungsangebot die Kundenbedürfnisse abdeckt.
    * Der **Kundenvorteil** ist eine Vergleichskategorie, bei der das Angebot eines Unternehmens aus Kundensicht gegenüber dem von Wettbewerbern beurteilt wird. Wie in C.I.3.g. angesprochen und in F.II.1.b. näher ausgeführt, geht es hierbei darum, den Kunden mit dem eigenen Produkt-/ Dienstleistungsangebot Vorteile im Vergleich zu Konkurrenzunternehmen zu verschaffen, welche sich über eines oder auch beide Elemente des Preis-Leistungs-Verhältnisses ausdrücken. Das kann folglich durch Angebote geschehen, welche eine Preis- und/ oder Leistungsüberlegenheit zu denen von Konkurrenten aufweisen. Aus dieser Grundüberlegung heraus sind die in F.II.1.e. vorgestellten Ansätze von Positionierungsstrategien abgeleitet. Die grundsätzlich wettbewerbsbezogene Ermittlung oder Herausstellung von Kundenvorteilen ist also darauf gerichtet, wie vorziehenswürdig ein Marktleistungsangebot aus der Sicht des Kunden ist.

- Die erläuterten Kategorien des Kundennutzens und des Kundenvorteils können als die zentralen Analyse- und Gestaltungsparameter einer vornehmlich transaktionsbezogenen Marketingauffassung angesehen werden. Hiermit ist es bereits möglich, über die erwähnte USP als wettbewerbsüberlegenes ein-

zigartiges verkaufsbezogenes Leistungsangebot/ -versprechen den Verkauf in einem Unternehmen deutlich anzukurbeln.
Wenn in den heutigen Marktsituationen ein vornehmlich transaktionsorientiertes Verhalten aber längerfristig kaum noch den Unternehmenserfolg sichern kann, dann ist im erweiterten Ansatz des Relationshipmanagement eine Analyse und Steuerung zusätzlicher marktleistungs- und kundenbezogener Parameter vorzunehmen:

* Der Aufbau tragfähiger Beziehungen eines Unternehmens zu seinen Kunden setzt zunächst voraus, Kenntnisse über deren Zufriedenheit mit dem erworbenen Produkt bzw. der in Anspruch genommenen Dienstleistung zu gewinnen. Mit dem Konstrukt der **Kundenzufriedenheit** sind die Relationen zwischen den Kundenanforderungen/ -erwartungen und dem tatsächlich zu einer erworbenen Marktleistung wahrgenommenen Leistungs-/ Nutzenniveau zu erfassen. Eine in der Wissenschaft und Praxis weit verbreitete Auffassung vom Zufriedenheitsbegriff basiert auf dem so genannten **Confirmation/ Disconfirmation-Paradigma**. Danach ist Zufriedenheit das Ergebnis eines Vergleichsprozesses zwischen den Kundenerwartungen (Soll) und dem vom Kunden tatsächlich wahrgenommenen Leistungsniveau bzw. empfundenen Nutzen (Ist). Werden die Erwartungen aus subjektiver Sicht des Kunden erfüllt, dann entsteht Zufriedenheit (Confirmation), während eine Nichterfüllung/ Nichtbestätigung der Erwartungen (Disconfirmation) zu Unzufriedenheit führt. Diese Parameterkombination war im bisherigen Ableitungszusammenhang noch nicht enthalten.
  Das Erreichen einer hohen Kundenzufriedenheit setzt eine sehr gründliche und punktgenaue Umsetzung und Erfüllung des zuvor skizzierten Analysekomplexes der Kundenanforderungen voraus. Darüber hinaus ist bereits hierfür das Aufbauen eines die Kaufakte überdauernden **Kundendialogs** vorzusehen. Dies zum einen deshalb, um an verlässliche Beurteilungen der Marktleistung und des Kauf-/ Leistungserlebnisses zu gelangen. Zum anderen gilt es, gerade in der Nachkaufphase auftretende kognitive Dissonanzen zu erkennen (siehe hierzu A.II.1.) und nach Möglichkeit – z.B. durch Nachkauf-Betreuung – abzufangen.
  Alles in allem kommt der Analyse und dem Erreichen von Kundenzufriedenheit eine entscheidende Bedeutung für ein zeitgemäßes und auf zeitüberdauernde Kundenbeziehungen setzendes Marketing zu. Die knappen Ausführungen zu dieser Kategorie zeigen, dass hiermit gewissermaßen der „Transmissionsriemen“ gegeben ist, um von einem klassischen Transaktionsmarketing zum modernen Relationshipmanagement zu gelangen. In der Praxis ist es deshalb für jedes Unternehmen von zentraler Bedeutung, mit Untersuchungen zur Kundenzufriedenheit aussagefähig zu analysieren, wie der Kunde die gekaufte/ in Anspruch genommene Leistung bewertet.
* Mit der nächsten Kategorie der **Kundenloyalität** wird auf die normativen Grundlagen von Kaufentscheidungen – die Werte und Einstellungen

– zurückgekommen. Bezogen auf das eigene Unternehmen steht jetzt im Mittelpunkt, welche – nach Möglichkeit grundsätzlich positive – Denkweise die Kunden über die Produkte/ Dienstleistungen bzw. das Anbieterunternehmen insgesamt haben. Zum Erreichen guter Ausprägungen sind die Gestaltungsanforderungen hierbei noch einmal deutlich höher gesetzt. Zum Erzeugen von Kundenloyalität sind außer einer überzeugenden Marktleistung auch ein ebenso überzeugender Marktauftritt des Unternehmens sowie ein in allen Punkten ehrlicher Kundendialog notwendig. Entscheidend ist hierfür jedoch, dass der Kunde nicht nur zufrieden, sondern sehr zufrieden, im besten Fall sogar begeistert von den Unternehmensleistungen ist. Nur der hieraus beim Kunden entstehende Gesamteindruck wird in der Lage sein, eine eventuelle produkt- oder unternehmensbezogene Wechselwilligkeit zu bremsen. Analysen zur Kundenloyalität zeigen also insgesamt, wie der Kunde gegenüber den Marktleistungen/ einem Unternehmen eingestellt ist.

∗ Noch um einen Schritt weiter geht es bei der Analyse/ Gestaltung der **Kundenbindung**. Wenn sich die im letzten Ableitungsschritt thematisierte Loyalität als so stabil erweist, dass ein Kunde auch in der Zukunft wieder beim favorisierten Anbieter kauft, dann kann von erreichter Kundenbindung gesprochen werden. Es liegt auf der Hand, dass hiermit wiederum eine gesteigerte Marketing-Gestaltungsleistung auf Seiten des Anbieterunternehmens verbunden sein muss. Die von der Loyalität zur Bindung gefestigte Beziehung eines Kunden zu seinem Unternehmen ist laufend neu zu pflegen und zu erhalten. Dabei ist davon auszugehen, dass auch der Anforderungskomplex bei dem Kunden einer Veränderung – durch den werblichen Auftritt anderer Unternehmen, durch Mund-zu-Mund-Kommunikation etc. – unterliegt. Mit Erhebungen zur Kundenbindung kann eine Einschätzung dazu gewonnen werden, wie sich die Kunden in Zukunft gegenüber einem Unternehmen verhalten wollen.

- Die in ihrem Zusammenhang vorgetragenen wesentlichen Parameter zum Herausarbeiten einer UCVP lassen erkennen, welche umfangreichen Analyse- und insbesondere Gestaltungsleistungen hierfür durch ein Unternehmen zu erbringen sind.
  Das erforderliche direkte Matching von Markt- und Ressourcenorientierung bildet den wesentlichen Kern des integrativen Unternehmensführungskonzepts der **Business Excellence**. Aufbauend auf dem forschungsprogrammatischen Ansatz der Qualitätsorientierung, durch welchen bereits eine Integration der Prozess- und der Marktorientierung erfolgt war, werden mit dieser ganzheitlichen Ausrichtung der Betriebswirtschaftslehre/ Unternehmensführung jetzt zusätzlich auch die Ressourcen- sowie die Wertorientierung – und damit das Anstreben eines hohen Ergebnisniveaus – einbezogen (grundlegend zu den Einzelansätzen siehe A.I.3.).
  Die Leitidee der Business Excellence liegt in einer Fokussierung auf die Werttreiber/ Kernkompetenzen für Erfolgsfaktoren/ Alleinstellungsmerkmale und

daraus resultierende Wettbewerbsvorteile. Umgesetzt über verschiedene – hier nicht näher erläuterte – Gestaltungsfelder, wird dabei eine mehrfache Wertorientierung verfolgt: Als ein zentraler Maßstab für die Unternehmensentwicklung fungiert einerseits der **Customer Benefit** als direkt leistungsbezogener Nutzen für den Kunden und damit als Wert der Beziehung für den Kunden. Dies ist andererseits die Basis für den **Customer Value** als aus dem Leistungsversprechen erwachsender Beziehungswert des Kunden für das Unternehmen. Dies stellt jedoch bis dahin lediglich das Wertpotenzial des Kunden für ein Unternehmen im Sinne möglicher Kaufaktivitäten des Kunden innerhalb des erwarteten Kundenbindungszeitraums dar. Erst wenn die Kaufakte über die Zeit tatsächlich durch den Kunden getätigt werden, wird die zweite Art des Kundenwertes realisiert, die dem Unternehmen Umsätze und Deckungsbeiträge einbringt. Man nennt dies **Customer Equity** als den tatsächlich durch das Unternehmen realisierten Kapitalwert des Kunden, also den Teil des Kundenwertpotenzials, den das Unternehmen auf sich ziehen konnte. Kurzgefasst lässt sich damit festhalten, dass Business Excellence die Fähigkeit ausmacht, **eine Unique Customer Value Proposition zu erreichen** und dabei **gleichzeitig den Unternehmenswert zu steigern.**

### Absatzpolitisches Instrumentarium

Mit der Abschlussrubrik von Abbildung F-II-10 gehen wir nun noch kurz auf ausgewählte Entscheidungssituationen im Marketingprozess ein.

- Das zunächst aufgeführte Entscheidungsfeld einer differenzierten, ziel- und strategiegeleiteten Marktbearbeitung beinhaltet drei verschiedene Handlungsansätze:
  Die **differenzierte Marktbearbeitung** stellt das Grundprinzip des Marketing dar und ist direkt aus seiner Entwicklungsgeschichte ableitbar. Wenn die Märkte Aufnahmewiderstände zeigen, dann sind sie kaum noch im Ganzen zu behandeln. Zunächst als einheitlich angesehene Abnehmer-/ Kundengruppen sind also – wie ausgeführt, bis hin zu Ein-Personen-Segmenten – weiter aufzugliedern, um den jeweiligen Teilmengen möglichst maßgeschneiderte Angebote unterbreiten zu können. Hierdurch ist das Konzept der Marktsegmentierung gekennzeichnet, und als dessen Voraussetzung ist eine leistungsfähige Marktforschung aufzubauen. Zu diesen beiden Aspekten können wir auf unsere Ausführungen in A.I.5. und F.III.5. verweisen.
  Als **ziel- und strategiegeleitet** ist die Marktbearbeitung in Abgrenzung gegenüber einem eher intuitiven und bei den heutigen Wettbewerbssituationen nicht mehr erfolgversprechenden Vorgehen zu kennzeichnen. Hiermit wird die Verbindung zu den grundlegenden Erläuterungen in diesem und dem vorangegangenen Abschnitt hergestellt.
  Damit bleibt noch offen, auf welche Weise die Marktbearbeitung aus Sicht des übergeordneten Marketingprozesses geschehen kann respektive welche Steuerungsbeziehungen hierbei zu den direkten und flankierenden Wertschöpfungsprozessen gegeben sind:

- In einer eher traditionellen, vom Grundsatz aber durchaus weiterhin gültigen Klassifikation kommen wir damit zum so genannten **absatzpolitischen Instrumentarium** eines Unternehmens. Begrifflich von ERICH GUTENBERG 1955 geprägt, geht es hierbei um Instrumentalbereiche, innerhalb derer mit einzelnen Maßnahmen auf die Absatzmärkte und damit auf den Absatz eines Unternehmens eingewirkt werden kann. Nach der GUTENBERG-Einteilung besteht das absatzpolitische Instrumentarium aus den vier Hauptinstrumenten Absatzmethode, Preispolitik, Werbung und Produktgestaltung.
- Im englischen Sprachraum wird von Marketing-Entscheidungsvariablen gesprochen. Hier war es E. JEROME MCCARTHY, der 1960 mit seiner Aufgliederung in **Product, Place, Promotion** und **Price** eine sehr eingängige Unterscheidung traf. Wegen der gleichen Anfangsbuchstaben konnte diese als **Four P's** abgekürzt werden, was sich schnell zur geflügelten Bezeichnung für die absatzpolitischen Instrumentalbereiche entwickelte. Hierfür bildete sich bald noch eine prägnante Gesamtcharakterisierung heraus: NEIL H. BORDEN bezeichnete in einem 1964 erschienen Artikel den Marketing-Manager als „Mixer of Ingredients", woraufhin dann allgemein vom **Marketing-Mix** bzw. von dessen einzelnen (Sub-)Mix-Bereichen gesprochen wurde.

  Diesem Entstehungszusammenhang entsprechend, wird in Wissenschaft und Praxis bis heute vielfach eine viergliedrige Einteilung der Aktionsparameter des Marketing verwendet. Eine zur zielgruppen-/ kundenbezogenen Leistungs- und Beziehungsgestaltung in wettbewerbsintensiven Märkten wesentliche Variablengruppe hat dabei allerdings keine ausreichende Berücksichtigung gefunden. Hiermit ist der als Mittel zum Herausarbeiten von Kundenvorteilen und damit zum Erzielen von Wettbewerbsvorteilen immer wichtiger werdende Service-Bereich gemeint. Als Kundendienst war er meist dem produktbezogenen Instrumentalbereich untergeordnet. Um das Service-Mix erweitert, gehen wir von einem fünfteiligen absatzpolitischen Instrumentarium aus; in Abbildung F-II-12 ist es als **Marketing-Pentagon** wiedergegeben. Die Bezeichnung steht hierbei in erster Linie für das Fünfeck als geometrische Figur.
- Unter den nachstehend aufgeführten Mix-Bereichen sind – in der Literatur teilweise auch als absatzpolitische Teilgebiete mit Produktpolitik usw. bezeichnet – jeweils eine ganze Reihe markt- und kundenbezogener Entscheidungssachverhalte gegeben, die aus der Anbieterperspektive mit folgenden charakteristischen Fragestellungen zusammengefasst werden können. Die Reihenfolge entspricht dabei den Phasen und damit der Logik der Marktbearbeitung.

**Produkt-Mix**:
Was für **Produktgruppen/ Produkte oder Dienstleistungen** bieten wir mit welchem Qualitätsniveau unseren Zielgruppen/ Kunden als Problemlösungen für ihre Bedürfnisse/ Anforderungen an?

**Kontrahierungs-Mix**:
Wie können wir die **Preise und Konditionen** der Marktleistungen gestalten, so dass sich aus Sicht der Kunden – auch im Wettbewerbsvergleich – ein günstiges Preis-Leistungs-Verhältnis ergibt, welches für unser Unternehmen zugleich rentierlich ist?

**Kommunikations-Mix**:
Welche Maßnahmen sind zu ergreifen, um die Abnehmer/ Kunden über unser Leistungsangebot und unser Unternehmen zu **informieren** bzw. mit ihnen in einen **direkten Dialog über gewünschte Problemlösungen** zu treten, damit gegenüber Konkurrenzunternehmen Vorsprünge in der Käuferpräferenz aufgebaut werden können?

**Distributions-Mix**:
Über welche **Distributions-/ Vertriebskanäle** bieten wir den Zielgruppen/ Kunden unsere Marktleistungen an, und wie ist dabei der **physische Transport** der Güter/ die Erstellung der Dienstleistungen zu organisieren?

**Service-Mix**:
Welche **Serviceleistungen** wünscht der Kunde vor, während und nach dem Erwerb/ der Nutzung unserer Marktleistungen oder als Ergänzung hierzu, und wie ist dadurch Kundenzufriedenheit und -bindung aufzubauen bzw. zu vertiefen?

Die fünf Marketing-Mix-Bereiche kennzeichnen in ihrem Zusammenspiel das Leistungsversprechen, das wir unseren Zielkunden anbieten.
Alle fünf Mix-Bereiche erfordern **strategische Ausrichtungen** und Entscheidungen, die für die Marktorientierung und den Erfolg eines Unternehmens von wesentlicher Bedeutung sind. Unter diesem Blickwinkel sind die Bereiche des Marketing-Mix wichtige Bestandteile von Marketing als Marktorientierte Unternehmensführung. Zusätzlich müssen sie jedoch auch in einer **operativen Umsetzung** präzisiert und ausgestaltet werden, um im Absatz und Vertrieb die Marktleistungen des Unternehmens erfolgreich absetzen zu können. Dies entspricht bei allen fünf Instrumentalbereichen des Marketing-Pentagon dem – operativen – Marketing im engeren Sinne.

Aufbauend auf den vorstehenden Einordnungen geben wir in den folgenden Unterabschnitten eine Übersicht zu den marktorientierten Entscheidungssachverhalten in den einzelnen Mix-Bereichen. Bei der wertschöpfungsprozessbezogenen Grundlegung dieses Hauptkapitels werden damit die Bezüge zu den weiteren Prozessen der unternehmerischen Wertschöpfung aufgezeigt; so ergibt sich das Gesamtbild zusammen mit den – eher ressourcenorientierten – Ausführungen zu den im Verlauf von F.III. und F.IV. erläuterten direkten und flankierenden Prozessen.

- Zur nachhaltigen Sicherung von Unternehmenserfolg, -fortbestand und -wachstum kommt noch ein weiter gehender Ansatz hinzu. Auf der Basis eines umfassenden Relationshipmanagement und eines Business Excellence-Niveaus sind mit den jeweiligen Kunden dauerhaft tragfähige Erfolgspartnerschaften einzugehen. Dies wird als **Value Marketing** bezeichnet, und darauf kommen wir am Ende der Ausführungen in F.II.2.f. zurück.

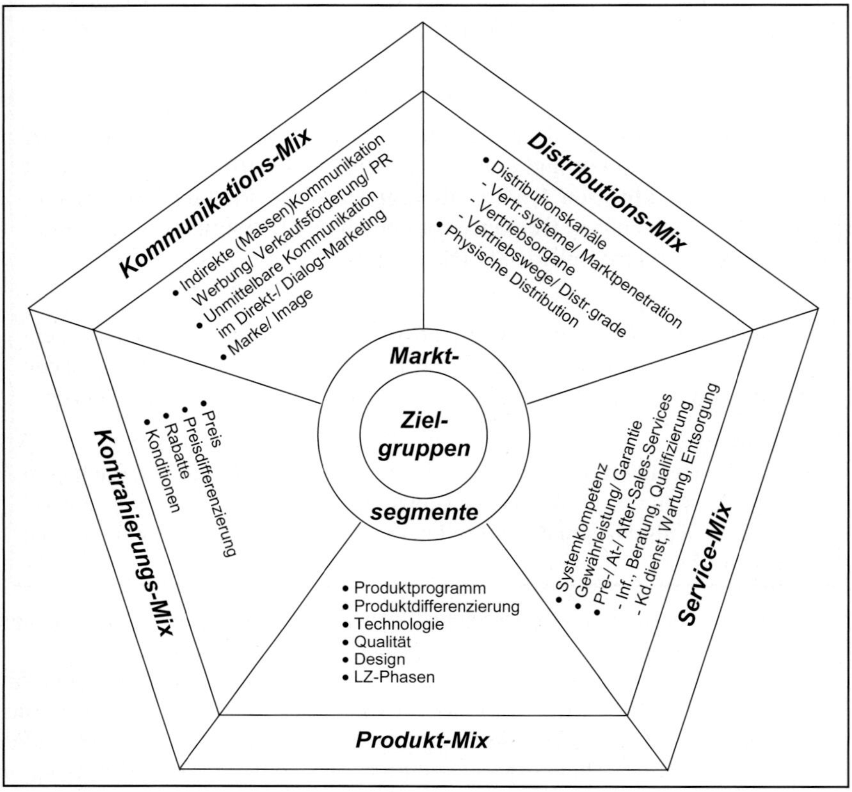


**Abb. F-II-12:** Das absatzpolitische Instrumentarium in der Form des Marketing-Pentagon

## *b. Produkt-Mix*

Der Bereich des Produkt-Mix umfasst die elementaren Entscheidungen zu den Marktleistungen eines Unternehmen; hier ist – in Verbindung mit dem übergeordneten Steuerungsprozess der strategischen Unternehmensentwicklung und -planung – festzulegen, mit welchen Produkten oder Dienstleistungen den aktuellen und potenziellen Kunden **Problemlösungsangebote** unterbreitet werden sollen. Als Ausgangs- und Bezugspunkt der anderen Instrumentalbereiche nimmt der Produkt-Mix eine zentrale Stellung ein; im Marketing-Pentagon (Abb. F-II-12) ist er deshalb als Basis-Bereich auf die Grundlinie der geometrischen Figur des Pentagon gesetzt.

- Die zunächst zum Produkt-Mix wiedergegebenen Entscheidungsfelder Produktprogramm und Produktdifferenzierung beziehen sich auf die Stellung einer Marktleistung im Angebots-/ Sortimentsverbund eines Unternehmens.
  - So ist die **Produktdifferenzierung** eine Konsequenz aus dem Marketing-Grundprinzip der Marktsegmentierung. Hierzu ist jetzt festzulegen, inwieweit auf homogenen Teilmärkten – eventuell auch nur graduell – voneinander verschiedene Produkte angeboten werden. Über diese Alternativen ist in Verbindung mit den produkt-markt-bezogenen Basisstrategien (ANSOFF-Matrix in Abb. F-II-9) zu entscheiden, und zwar insbesondere im Hinblick auf die dort als Produktentwicklung bezeichnete Strategie. Der hierzu korrespondierende Ansatz bei den Positionierungsstrategien ist die Produktvariantenstrategie. Als Ansatzpunkte für variierte Produkte können beispielsweise Änderungen im Produktkern (Materialart), in der Produktfunktion (Verwendungszweck), der Produktqualität, der Produktform (Design), im Namen und der Marke sowie in der Verpackung vorgenommen werden.
  - Wenn von einer Produktdifferenzierung Gebrauch gemacht wird oder wenn innovative Neuprodukte eingeführt werden, dann sind Wechselwirkungen mit anderen Produkten im Leistungsprogramm eines Unternehmens zu berücksichtigen. Ein **Produktprogramm** erlangt seine Nachfragewirkung i.d.R. über die Gesamtheit der angebotenen Marktleistungen. Hierbei können zum einen Verbund-Beziehungen gegeben sein (komplementäre Güter), während zum anderen Wahl-Beziehungen (substitutive Güter) vorliegen werden. Die Funktion eines speziellen Gutes im Sortimentsverbund ist insbesondere dann von Wichtigkeit, wenn Überlegungen zu seiner Elimination angestellt werden. Darüber besteht bei der Produkt-Mix-Thematik des Produktprogramms eine enge Beziehung zur Fragestellung des Outsourcing (siehe hierzu auch G.III.4. und H.I.4.). So kann es sich gerade aus Gründen des Absatzverbundes anbieten, kernkompetenzschwache Produkte nicht aus dem Angebot zu streichen, sondern deren Fertigung fremd zu vergeben.
- In direktem Zusammenhang mit den Grundbausteinen des Produkt-Mix steht der wichtige Themenkomplex des **Technologieniveaus** der Marktleistungen. Auf der Grundlage der Entscheidungen zur Positionierungs- und zur Timing-Strategie sind die Produkttechnologien der einzelnen Angebote und deren Innovationsgrad zu bestimmen, wobei eine Wechselbeziehung zur vorhandenen oder aufzubauenden Verfahrenstechnologie bei der Herstellung der Produkte und Dienstleistungen besteht.
- Der nächste Schritt bei der auf die Kundenanforderungen ausgerichteten Leistungsgestaltung bezieht sich dann auf die **Qualität** respektive das Qualitätsniveau der Angebote. Hierbei geht es in erster Linie um die technische Produktqualität als Qualität 1. Grades. Das Sicherstellen der weiter gehenden Qualität aller Kontaktphasen mit dem Abnehmer/ Kunden, der Qualität 2. Grades, ist auf dieser Basis dann Gegenstand anderer Mix-Bereiche; dies sind insbesondere die Kommunikation und der Service. Ferner sind hierin die Wertschöpfungsprozesse mit Außenbeziehungen, also Absatz/ Vertrieb und Service/ Kunden-

dienst sowie Corporate Identity und indirekt auch Personal/ Organisationsentwicklung einzubeziehen.

- Neben den technischen Leistungsfähigkeiten sind in „Überflussgesellschaften" und ihren durch zahlreiche Auswahlmöglichkeiten der Kunden gekennzeichneten Käufermärkten auch ästhetische Produkteigenschaften wichtig. Über ein attraktives **Design** oder eine ansprechende, eventuell auch ausgefallene Farbgebung kann ein für die Kaufentscheidung unter Umständen ausschlaggebender Zusatznutzen (siehe hierzu C.I.3.d.) vermittelt werden.
- Den Rahmen für die vorstehend aufgeführten Festlegungen bilden die Analysen zu den jeweiligen **Produkt-Lebenszyklen** (eigene Produkte gegenüber Konkurrenzprodukten), zu den – bei Mehrproduktunternehmen eventuell verschiedenen – **Technologie-Lebenszyklen** (technologische Entwicklung) und zu den – bei diversifizierten Unternehmen ebenfalls unterschiedlichen – **Markt-Lebenszyklen** (Intensität des Wettbewerbs).

Alle zuvor angesprochenen Punkte wurden bereits in F.II.1. behandelt, und damit zeigt sich folgende Verbindung: Im zentralen Strategieprozess werden – unter Einbringung der außenorientierten und abnehmer-/ kundenbezogenen Perspektive des Marketingprozesses – über fundierte Analysen der Markt-/ Umfeldbedingungen und der Unternehmenspotenziale die generellen Ziel-Maßnahmen-Pfade der Unternehmensentwicklung herausgearbeitet. Im Marketing-Mix – und damit auf einer instrumentellen Ebene – wird dieser strategische Rahmen (Wohin soll sich ein Unternehmen entwickeln?) dann in einer ersten Ableitung mit spezifischen und auf einzelne Marktleistungen bezogenen Maßnahmen unterlegt (Wie ist das Ziel der Unternehmensentwicklung zu erreichen?).

Die Verbindungen des Produkt-Mix zu den übergeordneten Steuerungsprozessen sind schon hinreichend hervorgehoben worden. Mit den direkten Wertschöpfungsprozessen steht es als Kernbereich der Marketing-Instrumente ebenfalls in einer engen Beziehung. Für die Entwicklung neuer Problemlösungsangebote ist eine intensive Vernetzung mit dem F&E-Prozess erforderlich und – neben ihrer Aufgabe der direkten Marktbearbeitung – sind Anregungen hierzu aus den direkt kundenbezogenen Prozessen Absatz/ Vertrieb und Service/ Kundendienst unentbehrlich. Die direkte Wertschöpfung wird durch alle flankierenden Prozesse unterstützt; für das notwendige markt- und kundenorientierte Denken und Handeln im gesamten Unternehmen ist hierbei der Bereich Personal/ Personalführung und Organisationsentwicklung besonders wichtig. Hierauf wird an späterer Stelle jeweils eingegangen.

### c. *Kontrahierungs-Mix*

Das Kontrahierungs-Mix kann im Anschluss an die Darstellungen in den Kapiteln B. und E. zur Klassifikation von Wirtschaftsgütern und zu den generellen Unternehmensprozessen/ Güterströmen in Unternehmen zunächst allgemein als nominalgüterbezogenes Korrelat zum Produkt-Mix charakterisiert werden. Abgeleitet vom lateinischen „contrahere" für zusammenziehen, umfasst das Kontrahierungs-Mix alle Elemente, die Gegenstand des Vertragsschlusses zwischen einem Unternehmen und dem Abnehmer/ Kunden zur Übereignung von Produkten oder zur Erstellung von Dienstleistungen sind respektive sein können.

Während über das Produkt-Mix die Marktleistungen als Angebote eines Unternehmens definiert werden, steht beim Kontrahierungs-Mix das Vereinbaren der hierfür von den Nachfragern zu erbringenden Gegenleistungen im Vordergrund. Dabei können – wie in Abbildung F-II-12 vermerkt – vier Teilbereiche unterschieden werden, die in Abbildung F-II-13 als Einführung zu den nachfolgenden Erläuterungen näher aufgegliedert sind: Das Entscheiden über den **Preis** sowie über die Möglichkeiten einer abnehmerbezogenen Preisdifferenzierung, das Festlegen eventueller Rabatte und das Beschließen über die **Konditionen** (Lieferungs-, Zahlungs- und Kreditierungs-/ Finanzierungsbedingungen). Aus den im Einzelfall hierzu spezifizierten Inhalten und der Leistungsbeschreibung resultiert dann der Kauf-, Werk-/ Werklieferungs- oder Dienst(leistungs)vertrag zu einer bestimmten Marktleistung eines Unternehmens. Dies ist grundsätzlich immer der Fall; auch beim Einkauf von Konsumgütern im Lebensmittelmarkt kommt ohne Einhaltung der Schriftform ein Kaufvertrag durch schlüssiges Handeln (Regalentnahme, Bezahlung an der Kasse) zu Stande.

Der vom Nachfrager in Geldeinheiten zu entrichtende Preis fungiert als zentrales Element im Kontrahierungs-Mix eines Anbieters. Aus Unternehmenssicht ist dazu eine grundsätzlich marktorientierte Bestimmung des Angebotspreises vorzunehmen; die verschiedenen, voll-, teil- oder prozesskostenbasierten Verfahren der Kostenrechnung (siehe hierzu F.IV.5.) sind hierbei als ressourcenorientierte Kalkulationsgrundlage heranzuziehen.

Anzumerken ist, dass die Kostensteuerung in einem Unternehmen auch retrograd erfolgen kann. Am Markt erzielbare Preise (Target Prices) werden in höchstens erlaubte Kosten als Zielkosten (Target Costs) bei den einzelnen Prozessen und Phasen der unternehmerischen Wertschöpfung heruntergebrochen. Damit liegt ein marktpreisfundiertes Zielkostenmanagement vor; deshalb wird dieses Instrument insgesamt als **Target Costing** bezeichnet.

Bei dem Abgleich vom Markt zugebilligter Preise und der Kostensituation eines Unternehmens ist der einfache Grundsatz zu beachten, dass eine über der Preisobergrenze der Abnehmer/ Kunden liegende Preisforderung keine Nachfrage finden wird. In dieser Weise angebotene Wirtschaftsgüter verfehlen das im Unterkapitel B.I. dargestellte grundlegende Merkmal der ökonomischen Eignung. Der dort als Preis-Mengen-Kurve erläuterte Marktzusammenhang zwischen der aggregierten Preisbereitschaft von Nachfragern und den dabei durch die Anbieter absetzbaren Mengen ist in der unternehmensspezifischen Form als **Preis-Absatz-Funktion** den kontrahierungspolitischen Entscheidungen im Marketing zu Grunde zu legen.

### Preis-Absatz-Funktionen und Preiselastizitäten

Im Folgenden wird auf einige grundlegende Sachverhalte und Zusammenhänge der Preis-Absatz-Funktion und der Preiselastizitäten eingegangen. Diese auf der Mikroökonomie basierenden Erkenntnisse haben nur in begrenztem Umfang Eingang in die Unternehmenspraxis gefunden. Sie sind aber für ein besseres und theoretisch fundiertes Verständnis wichtig.

Der Referenzrahmen preispolitischer Marketing-Maßnahmen besteht – wie eingangs in F.II.2.a. und in C.I.3.g. schon herausgestellt – darin, über zielgruppenspezifische und vom Wettbewerb abgehobene Angebote monopolistische Spielräume in der Preisgestaltung wahrnehmen zu können. Wenn dafür beim Produkt-Mix über eine UCVP als einzigartigem kundenwertorientierten Leistungsversprechen (siehe hierzu die Erläuterungen zu Abb. F-II-10) das Fundament gelegt wird, dann kann ein Unternehmen entlang einer eigenen Preis-Absatz-Funktion agieren. Anderenfalls wird es von den Nachfragern nur zusammen mit vielen weiteren Anbietern einer gleichen Leistungsklasse wahrgenommen; in diesem Falle droht ihm eine Reduktion auf die Verhaltensweise als ausschließlicher Mengenanpasser.

- ***Preis***
  - ↳ **Preisbildung ⇔ Preisvariation**
  - ↳ **Preis-Absatz-Funktion (mit monopolistischem Spielraum?)**
  - ↳ **Elastizitätskonzepte**
    - **Direkte Preiselastizität der Nachfrage**
    - **Kreuzpreiselastizität**
    - **Einkommenselastizität**
  - ↳ **Psychologische Nachfragezusammenhänge**
  - ↳ **Strategische Preispositionierung**
- ***Preisdifferenzierung***
  - ↳ **Horizontal – vertikal – weitere Formen**
- ***Rabatte***
  - ↳ **Wiederverkäuferrabatte**
  - ↳ **Verbraucherrabatte**
- ***Konditionen***
  - ↳ **Lieferungs-/ Zahlungs-/ Kreditierungs- und Finanzierungsbedingungen**

***Kontrahierungs-Mix***

**Abb. F-II-13:** Wichtige Parameter der Entscheidungsfelder des Kontrahierungs-Mix

Damit besteht die Gefahr, dass der bei vollkommener Konkurrenz (siehe hierzu A.II.1. und C.I.3.g.) im Polypol (viele Anbieter und viele Nachfrager) gegebene Mechanismus zum Tragen kommt: Das Wechselspiel von Nachfrage – als fallender Funktion des Preises – und Angebot – als steigender Funktion des Preises – bewirkt das Erreichen eines Gleichgewichtszustands; der dabei im Schnittpunkt entstehende Referenzpreis stellt für jeden Anbieter eine fixe Größe – ein Datum – dar.

Der hier nur in seinen Grundzügen geschilderte modellmäßige Zusammenhang beruht darauf, dass bei einer hohen Anzahl kleiner Anbieter gleichartiger Güter deren Preisaktivitäten ohne Auswirkung auf das Marktergebnis bleiben. Bietet ein Unternehmen unter dem Gleichgewichtspreis an, würde es zwar die gesamte Nachfrage auf sich ziehen, könnte diese aber wegen fehlender Kapazitäten nicht befriedigen. Der umgekehrte Fall eines Angebots über dem Marktpreis hätte zur Folge, dass der Anbieter sämtliche Kunden verliert. Die Unbeeinflussbarkeit des Preises durch ein einzelnes Unternehmen in vollkommenen Märkten findet seinen Ausdruck darin, dass es sich an Stelle einer fallenden Preis-Absatz-Funktion einer konstanten Preisgeraden gegenübersieht. Mit der sofortigen Zu- oder Abwanderung der Kunden von respektive zu anderen Anbietern beim Verlassen dieses Gleichgewichtspreises liegt zugleich eine unendliche **Preiselastizität** vor.

Die für ein bestimmtes Gut und dessen Preis-Absatz-Funktion zu ermittelnde **direkte Preiselastizität der Nachfrage** stellt den wesentlichen Aufhänger für die aktive Preisbildung im Monopol und auf unvollkommenen Märkten dar. Vor dem gedanklichen Hintergrund, dass eine Marktleistung alleine von einem Unternehmen angeboten wird, kann über den Verlauf einer speziellen Preis-Absatz-Funktion auf die Veränderung des mengenmäßigen Nachfrageverhaltens bei Preisvariationen geschlossen werden.

Das Abschätzen der hiermit verbundenen Wirkung ist deshalb wichtig, da Preissenkungen nicht durchgängig zu Umsatzsteigerungen führen. Es hängt vielmehr von der jeweiligen Preis-Absatz-Funktion und dem Startpunkt der Preisvariation ab, ob danach mehr oder weniger Umsatz erzielt wird. Als Hinführung zur Preiselastizität wird dieser Sachverhalt in der Abbildung F-II-14 anhand zweier diskreter Preissenkungen um eine Einheit erläutert. Wenn dabei von der linearen und proportional fallenden Preis-Absatz-Funktion $p = 15 - x$ ausgegangen wird, dann ergibt sich durch deren Steigung von -1 bei einer Preissenkung um eine Einheit eine Ausweitung der Nachfragemenge um ebenfalls eine Einheit. Bevor wir zu den beispielhaft aufgezeigten Umsatzwirkungen kommen, ist ein genereller Hinweis zu **Preis-Absatz-Funktionen** anzubringen:

- Bei ökonomischen Analysen und deren Darstellung in einem Marktdiagramm hat es sich eingebürgert, den Preis auf der y-Achse (Ordinate) und die Menge auf der x-Achse (Abszisse) abzutragen.
  Bezogen auf die hier und in B.I. bereits eingeführten Ursachen-Wirkungs-Zusammenhänge der Nachfrage als fallender Funktion und des Angebots als steigender Funktion des Preises wäre eine gegenteilige Veranschaulichung zu erwarten: Die nachgefragten und angebotenen Mengen sind in einem x/y-Koordinatenraum die abhängigen Variablen (y-Werte als Mengeneinheiten), und der Preis bildet in beiden Relationen die unabhängige Variable (x-Werte als Preiseinheiten). Mit den entsprechenden Funktionen der Form $y = f(x)$ würden hierbei also die Mengenplanungen von Nachfragern und Anbietern bei unterschiedlichen Preisen abzubilden sein.

- Wenn es sich historisch ergeben hat, die grafische Darstellung spiegelbildlich vorzunehmen, dann hat dies zwei wesentliche Konsequenzen:
  Für eine optische Beurteilung der Zusammenhänge in Nachfrage- oder Angebotsfunktionen mit Mengen-/ Preiskoordinaten (x für Mengen auf der Abszisse, p als y für Preise auf der Ordinate) kommt es zu einer Umkehrung der üblichen Leserichtung von Diagrammen. Wird der Preis p als unabhängige Variable auf der Senkrechten abgetragen, dann sind ausgehend von dieser Achse und dem Funktionsverlauf die hiermit korrespondierenden Werte für die Menge x – anders als beim gewohnten Koordinatensystem – auf der waagerechten Abszisse nachzusehen.
- Für das Bestimmen der exakten Mengenwerte zu verschiedenen Preisen ist es erforderlich, zu der in einem solchen x/p-System angegebenen Funktion die Umkehrfunktion zu ermitteln. Damit wird die spiegelbildliche Darstellung – zumindest für die Wertberechnung – wieder rückgängig gemacht. Bei Gleichungen ersten Grades ist dies durch einfaches Umstellen der Funktion nach x möglich.
- Die Umkehrung einer im x/p-System gegebenen Preis-Absatz-Funktion der allgemeinen Form $p = a - b \cdot x$ liefert also mit $x = a/b - 1/b \cdot p$ die eigentlich zugehörige Nachfragefunktion. Diese kann dann korrekterweise auch im gewohnten Koordinatensystem (Preis auf der Abszisse, Menge auf der Ordinate) dargestellt werden.
- Wenn wir von eigentlich zugehörig sprechen, dann bezieht sich dies folglich auf die in grafischen Wiedergaben gewählten Achsenbezeichnungen. Solange das x/p-System Verwendung findet, wird die – auch geometrisch einer Spiegelung an der 45°-Linie ($y = x$) entsprechende – Umkehrung der Preis-Absatz-Funktion hilfsweise aufgestellt, um die Mengenwerte zu berechnen.
- Ihre Umsetzung in einem Diagramm finden derartige Umkehrfunktionen erst dann, wenn von der Achsenvertauschung abgewichen wird, wenn also das normale Koordinatensystem mit der unabhängigen Variablen auf der Abszisse zu Grunde gelegt wird. Hiervon wird allerdings nur relativ selten Gebrauch gemacht; solche originäre Darstellungen werden i.d.R. lediglich zur Verdeutlichung der Aggregation von Einzelnachfragen oder -angeboten zu Gesamtnachfrage- oder Angebotsfunktionen verwendet.
- Um Missverständnissen vorzubeugen: Die Preis-Absatz-Funktion und ihre Umkehrfunktion beschreiben denselben Zusammenhang. Mit den vorstehenden Erläuterungen war aufzuzeigen, wie die Aussage, die Nachfrage ist eine fallende Funktion des Preises, mit der im x/p-System vorliegenden allgemeinen Form $p = a - b \cdot x$ einer linearen Preis-Absatz-Funktion zusammenpasst.

Welche Umsatzveränderungen treten bei **Preisvariationen** entlang einer bestimmten Preis-Absatz-Funktion ein? In der Abbildung F-II-14 werden zur Funktion $p = 15 - x$ zwei Preissenkungen veranschaulicht, und dabei können jeweils die Preis- und Mengeneffekte aufgezeigt werden:

- Beim Preis von 10 werden 5 Mengeneinheiten (Umkehrung von $p = 15 - x$ zu $x = 15 - p \Rightarrow x$ mit 5 für $p = 10$) nachgefragt. Als Umsatz (Preis • Menge) ergeben sich hierfür 50 Geldeinheiten (U = [15 - x] • x ⇒ U = 15 • x - x2 ⇒ U mit 50 für x = 5).

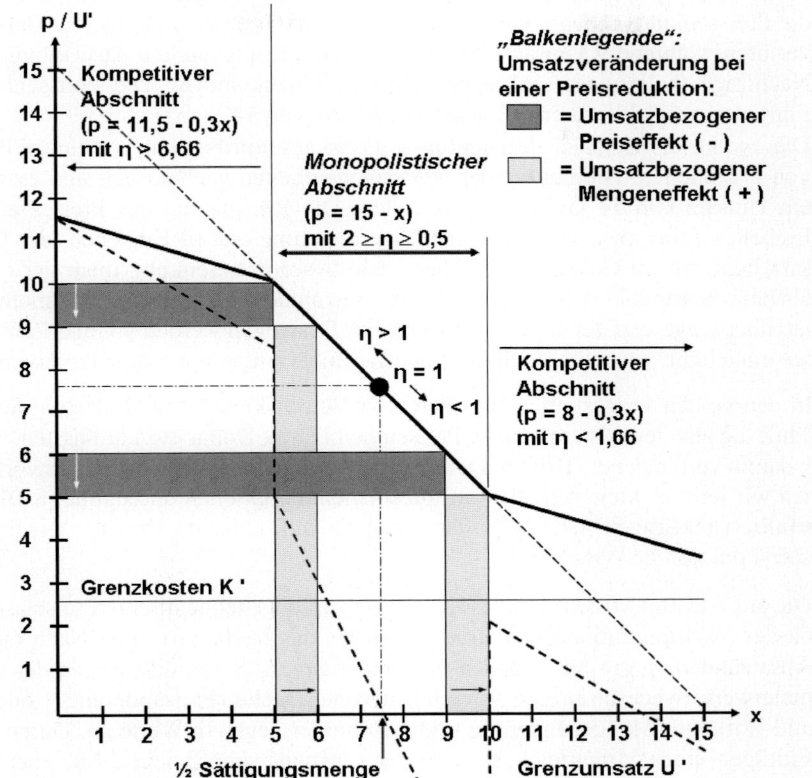


$$\eta = -\frac{\frac{dx}{x}}{\frac{dp}{p}} = -\frac{dx}{dp} \cdot \frac{p}{x}$$

definitorisch eingefügt (⇒im letzten Schritt positive Werte)

*Umkehrung von* $p = a - b \cdot x$ *zu* $x = \frac{a}{b} - \frac{1}{b} \cdot p \Rightarrow \frac{dx}{dp} = -\frac{1}{b}$

$\Rightarrow \eta = \frac{1}{b} \cdot \frac{p}{x}$ *und zur Beispielfunktion für* $p_{10} = 2$ / für $p_5 = 0,5$

**– Die (konstanten) Grenzkosten K ' sind zur Verdeutlichung der Monopolpreisbildung (Grenzumsatz-Grenzkosten-Regel) eingefügt –**

**Abb. F-II-14:** Doppelt geknickte Preis-Absatz-Funktion – mit Erläuterungen zur direkten Preiselastizität der Nachfrage η –

- Wird der Preis von 10 auf 9 Einheiten gesenkt, dann beträgt die Nachfrage 6 Einheiten, und der Umsatz steigt auf 54. Wegen der für die Beispielfunktion gewählten Steigung von -1 kann die Umsatzveränderung – als Summe aus Preis- und Mengeneffekt – an der Grafik auch direkt abgelesen werden: Durch die Preissenkung gehen 5 Umsatzeinheiten (dunkelgrauer, waagrechter Balken) verloren, während 9 Umsatzeinheiten über die mengenmäßige Ausweitung der Nachfrage (hellgrauer, senkrechter Balken) hinzukommen. Die Preissenkung führt also per Saldo zu einer Umsatzsteigerung von +4.
- Die zweite als Beispiel durchgeführte Preisvariation beginnt bei einem Preis von 6 Einheiten. Hierbei werden 9 Mengeneinheiten nachgefragt, und es wird ein Umsatz von 54 Geldeinheiten erzielt. Die Rücknahme des Preises auf 5 Einheiten führt zwar zu einer Nachfragesteigerung auf 10 Einheiten, der Umsatz liegt mit 50 Geldeinheiten aber nach dieser Preissenkung niedriger ( -4 ) als beim Startpunkt dieser Veränderung. Wie an den Balkengrößen zu erkennen ist, überwiegt jetzt der negative Preiseffekt: Deswegen werden 9 Umsatzeinheiten eingebüßt, während durch die Nachfrageausweitung nur 5 hinzukommen.

In den beiden vorgestellten Beispielen wurden diskrete Veränderungen durchgeführt, die also jeweils eine ganze Preiseinheit (Euro, Dollar etc.) umfassten. Von den damit verbundenen **Differenzenbetrachtungen** (nachher gegenüber vorher) gehen wir jetzt zu kleinsten, also infinitesimalen Variationen und damit zu **Differentialbetrachtungen** über, die dann jeweils auf einzelne Punkte der Preis-Absatz-Funktion bezogen sind:

- Die auf Alfred Marshall (1842 – 1924) zurückgehende direkte Preiselastizität der Nachfrage gibt als relative Maßgröße das Verhältnis einer Nachfrage-/ Absatzänderung zur auslösenden Preisänderung an. Sie nimmt wegen der normalerweise wechselseitigen Vorzeichen von Ursache (Preisänderung + oder -) und Wirkung (Mengenänderung - oder +) immer negative Werte an. Durch das Einfügen eines Minuszeichens wird der Elastizitätskoeffizient i.d.R. aber auf einen positiven Wert umdefiniert.
- Wird die in Abbildung F-II-14 – mit dem definitorisch eingefügten Minuszeichen – enthaltene Ausgangsgleichung für die Preiselastizität $\eta$ (griechisches Eta) umgestellt, dann entsteht als ein Gleichungsteil die Ableitung „dx nach dp“. Um diese bilden zu können, ist es – wie zuvor erläutert – notwendig, die allgemein in der Form $p = a - b \cdot x$ vorliegende lineare Preis-Absatz-Funktion nach $x = a/b - 1/b \cdot p$ umzukehren. Deren Ableitung „dx nach dp“ ergibt sich dann mit $- 1/b$. Mit dem Hinzufügen des in dieser Nebenrechnung nicht berücksichtigten Minuszeichens erhält man die direkte Preiselastizität der Nachfrage für eine lineare Preis-Absatz-Funktion als $\eta = 1/b \cdot p/x$.
- Die Preiselastizität der Nachfrage nimmt im Verlauf einer Preis-Absatz-Funktion verschiedene Werte an. Für unsere Beispielfunktion $p = 15 - x$ ergibt sich $\eta = 1 \cdot p/x$. Demnach beträgt der Elastizitätswert für den Preispunkt p10 genau 2, für p6 weist $\eta$ den Wert 2/3 auf, und beim Preis p5 ist die direkte Preiselastizität 0,5.

- An welcher Stelle einer Preis-Absatz-Funktion hat η genau den Wert von 1, und welche Bedeutung kommt diesem Elastizitätswert zu?
- Diese Fragen sind mit dem **Grenzumsatz U'** als der bei einer Preis- respektive Mengenvariation eintretenden Umsatzveränderung zu beantworten. Die Umsatzfunktion (Preis • Menge) erhält man in der allgemeinen Form mit U = (a - b • x) • x, und daraus folgt U = a • x - b • x2. Bei dieser – in der Abbildung F-II-14 nicht eingezeichneten – Funktion handelt es sich also um eine nach unten geöffnete Parabel. Der Grenzumsatz U' („dU nach dx“) ist dann U' = a - 2b • x.

  Wenn der Grenzumsatz die Auswirkungen einer Preis- respektive Mengenveränderung abbildet, dann schlägt sich hierin die zunächst am Beispiel aufgezeigte Zu- oder Abnahme des Gesamtumsatzes bei einer Preisvariation nieder. Der Grenzumsatz ist bei überwiegendem Mengeneffekt positiv, und er nimmt im gegenteiligen Fall negative Werte an. Genau 0 ist der Grenzumsatz dort, wo sich Preis- und Mengeneffekt die Waage halten und damit die zu Grunde liegende Umsatzfunktion ihr Maximum erreicht. Dieser Sachverhalt kommt in der Elastizität durch einen Wert von genau 1 zum Ausdruck.

  Wird die Grenzumsatzfunktion U' = a - 2b • x gleich 0 gesetzt, dann resultiert daraus ein Mengenwert von x = 1/2 • a/b. Für unsere Beispielfunktion – und in der Abbildung F-II-14 auch abzulesen – ergibt sich dieser mit x = 7,5. Bei der Steigung von -1 wird der entsprechende Wert für den Preis ebenfalls mit p = 7,5 erreicht.

  Die bisherigen Betrachtungen zur direkten Preiselastizität sind auf die Beispielfunktion p = 15 - x in ihrem gesamten Verlauf – also einschließlich der gestrichelt fortgesetzten Abschnitte – gerichtet. Dabei kennzeichnet der Preis 15 mit der zugehörigen Menge 0 die Preisobergrenze der Nachfrager, und die Menge 15 stellt den gesamten Bedarf dar (Sättigungsmenge 15 beim Preis 0; siehe hierzu bereits B.I.). Über die mit x = 1/2 • a/b soeben vorgenommene Nullstellen-Bestimmung der Umsatzfunktion wird deutlich, dass der Grenzumsatz einer linearen Preis-Absatz-Funktion immer bei der halben Sättigungsmenge (Null-Setzen von p = a - b • x ⇒ x = a/b) den Wert 0 erreicht.

  Der formale Zusammenhang zwischen der direkten Preiselastizität und dem Grenzumsatz kann mit der **Amoroso-Robinson-Relation** (nach Luigi Amoroso, 1886 – 1965, und JOAN VIOLET ROBINSON, 1903 – 1983) dargestellt werden:

$$U' = p \bullet \left(1 - \frac{1}{\eta}\right)$$

- Für unsere Zwecke ist die Erkenntnis wichtig, dass die Elastizität einer linearen Preis-Absatz-Funktion bei der halben Sättigungsmenge genau 1 beträgt. In diesem Preis-Mengen-Punkt entsprechen sich die Preis- und Mengeneffekte, und so wird von einer indifferenten Nachfrage gesprochen.

  Preiselastizitäten größer 1 werden im Geradenabschnitt vor der halben Sättigungsmenge erreicht und kennzeichnen eine elastische Nachfrage. Wie zuvor in der Abbildung F-II-14 mit den Balkengrößen visualisiert, folgen hier aus Preisvariationen verhältnismäßig größere Änderungen der Nachfragemenge. Damit sind beim Umsatz in diesem Elastizitätsbereich gegenläufige Resultate verbunden: Bei einer Preissenkung (Preiserhöhung) wird ein höherer (niedrigerer) Umsatz erzielt, da die Kunden im Vergleich zum Ausgangspreis jetzt überproportional mehr (weniger) kaufen.

Der Fall gleichlaufender Umsatzeffekte tritt schließlich bei unter 1 liegenden Preiselastizitäten und damit einer unelastischen Nachfrage ein (Abschnitt nach der Sättigungshälfte): Eine Preissenkung führt wegen eines nur minimalen Mengeneffekts zu Umsatzsenkungen, während mit einer Preis- auch eine Umsatzsteigerung verbunden ist. In beiden Fällen liegt die Mengenänderung niedriger als die ursächliche Preisänderung; hier überwiegt also der Preiseffekt.

Mit dieser geometrischen Einordnung zeigt es sich, dass die Preiselastizität bei linear fallenden Funktionen auch auf grafischem Weg als Streckenverhältnis ermittelt werden kann. Zum Ausgangspunkt der Preisvariation (z.B. also $p = 10$ und $x = 5$) ist der Geradenabschnitt bis zur Sättigungsmenge (Schnittpunkt mit der x-Achse) auf die restliche, entgegengesetzte Strecke bis zur Preisobergrenze (Schnittpunkt mit der p-Achse) zu beziehen.

Die direkte Preiselastizität strebt folglich bei der Preisobergrenze gegen unendlich, und bei der Sättigungsmenge nimmt sie den Wert 0 an. Das Erreichen dieser Extremwerte bedeutet, dass mit einer infinitesimalen Preisvariation extrem starke ($\eta$ gegen unendlich) bzw. keinerlei Nachfrageänderungen ($\eta = 0$) verbunden sind. Wenn die Nachfrage insgesamt durch derartige Bedingungen gekennzeichnet ist, dann ergeben sich die Sonderfälle linearer Preis-Absatz-Funktionen als Preisgerade (unendlich elastische Nachfrage im Polypol bei vollkommener Konkurrenz; Parallele zur x-Achse) oder als Mengensenkrechte (vollständig unelastische Nachfrage, Menge x wird zu jedem Preis nachgefragt; Parallele zur p-Achse). Eine Annäherung an den zuletzt aufgeführten Fall ist möglich, wenn so gut wie keine Substitute für ein nachgefragtes Produkt zur Verfügung stehen. Als Beispiel für eine Nachfrage mit einer relativ geringen Elastizität kann man die – gelegentlich auch als „Suchtnachfrage" gekennzeichnete – nach Zigaretten anführen.

Mit der umfassenden Marktorientierung von Unternehmen, über einzigartige Leistungsangebote einerseits zufriedene und loyale (Stamm-)Kunden zu gewinnen und andererseits dadurch Vorsprünge im Wettbewerb zu realisieren, wird letztlich das Ziel verfolgt, die erstellten Produkte und Dienstleistungen im Markt als Güter eigener Art zu etablieren, bei welchen eine monopolähnliche Verhaltensweise des Anbieters möglich ist. Als alleine den Markt versorgendes Unternehmen kann ein Monopolist entlang der Preis-Absatz-Funktion anbieten; die Auswirkungen von Preis- oder Mengenveränderungen sind dieser zu entnehmen bzw. können – im regelmäßigen Fall ihres nicht kompletten Bekanntseins – auch mit statistischen Mitteln (Befragungen, Beobachtungen etc.) abgeschätzt werden.

Zur **Gewinnmaximierung im Monopolfall** kann das auf ANTOINE AUGUSTIN COURNOT (1801 – 1877) zurückgehende Verfahren angewendet werden. Dabei ist nach der – hier nicht näher hergeleiteten – Grenzumsatz-Grenzkosten-Regel zu verfahren. Die Bestimmung des Schnittpunkts dieser beiden Funktionen führt zur Angebotsmenge, und über den nach der Preis-Absatz-Funktion zugehörigen Preis wird das Gewinnmaximum des Monopolisten erreicht. Um dies im Ansatz zu veranschaulichen, enthält die Abbildung F-II-14 konstante Grenzkosten K' von 2,5 Kosteneinheiten.

**Gutenbergs doppelt geknickte Preis-Absatz-Funktion**

Abweichend vom echten Monopol ist beim **monopolistischen Wettbewerb** – wie bereits durch die Wortschöpfung zum Ausdruck kommt – der Verhaltensspielraum der hierbei vorhandenen mehreren Anbieter begrenzt. Bei allem akquisitorischen Potenzial, welches sich ein Unternehmen aufgebaut hat, wird es insbesondere eine obere Preisgrenze geben, bei deren Überschreiten die Kunden – ähnlich wie beim vollkommenen Markt – relativ schnell doch auf Konkurrenzangebote ausweichen. In gleicher Weise wird auch ein unterer Grenzpreis existieren, ab dem vermehrt bisherige Kunden von Wettbewerbern das Angebot eines Unternehmens präferieren werden. Diese empirisch bestätigten Sachverhalte führen zu der von ERICH GUTENBERG (1897 – 1984) in preispolitische Betrachtungen eingeführten **doppelt geknickten Preis-Absatz-Funktion**: Nach einem ersten relativ elastischen und annähernd Vollkommenheitsbedingungen genügenden Abschnitt im oberen Preisbereich folgt das unternehmensspezifische Mittelteil als monopolistisches Teilstück eines Anbieters, und daran schließt sich im unteren Preisbereich wieder eine flachere und auf den Gesamtmarkt bezogene Zone an. Durch die Breite und Höhe des Mittelteils und damit durch den Verlauf der Preis-Absatz-Funktion im zugehörigen Preisintervall definiert sich der **monopolistische Spielraum** eines Anbieters:

- Insgesamt wird also eine Preis-Absatz-Funktion unterstellt, bei der das von einem Unternehmen durch Marketing-Maßnahmen aufgebaute akquisitorische Potenzial im mittleren Abschnitt so groß ist, dass dadurch in diesem Bereich eine Kundenfluktuation ausgeschlossen werden kann. Hierauf bezogen hat ein Unternehmen also das Ziel einer hohen Kundenloyalität und -bindung (siehe hierzu Abb. F-II-10) erreicht, und dementsprechend kann es sich innerhalb dieses Teilstücks der Preis-Absatz-Funktion wie ein Monopolist verhalten.
- In Abbildung F-II-14 gilt als monopolistischer Abschnitt die bereits besprochene Funktion $p = 15 - x$, und zwar von p10 bis p5. Hierbei ist vom oberen und vom unteren Grenzpreis zu sprechen. Für die kompetitiven – in der Literatur teilweise auch, aber weniger zutreffend als atomistisch bezeichneten – Abschnitte wurden die Funktionen $p = 11{,}5 - 0{,}3x$ (oberhalb von p10) und $p = 8 - 0{,}3x$ (unterhalb von p5) eingesetzt.
- Im Wettbewerb auf unvollkommenen Märkten kann ein Unternehmen darauf hinwirken, dass die Kunden ihm gegenüber sachliche, regionale, zeitliche oder persönliche Präferenzen herausbilden. Insgesamt gesehen kommt es hierbei dazu, dass das homogene Gut des vollkommenen Marktes in vielfach differenzierte Angebote aufgegliedert wird. Die Grundlage hierfür liefert aus Marketing-Sicht die Produktdifferenzierung, und so bildet diese auch die wesentliche Basis für das Verfolgen einer aktiven Preispolitik im monopolistischen Spielraum der Preis-Absatz-Funktion.

- GUTENBERG entwickelt die doppelt geknickte Preis-Absatz-Funktion über den **Begriff der Preislage**. Bezogen auf eine Güterart werden hiermit Angebote umfasst, an die – ausgehend von einer mittleren Produktbeschaffenheit – eine bestimmte Bandbreite zur Preis- und Qualitätserwartung geknüpft wird (z.B. Herrenanzüge zum täglichen Tragen im Büro). Zu dieser konkreten Preis-Leistungs-Erwartung treten dann aber noch weitere Faktoren des Kundennutzens/ -vorteils und der Kundenzufriedenheit hinzu, welche einem Kunden die Beziehung zu seinem Anbieterunternehmen als angenehm und nutzbringend erscheinen lassen. Mit dem Ziel, diese Priorisierung insgesamt über den Einsatz aller Marketing-Mix-Elemente aufzubauen, wurde hierzu seinerzeit von Gutenberg der Begriff des akquisitorischen Potenzials geprägt. Wegen seiner größeren Reichweite ist dieser dem der Preislage gewissermaßen vorgelagert; die Kundenurteile sind dabei nicht mehr rein produkt- oder dienstleistungsbezogen – vielmehr schwingen die Gesamterfahrungen mit einem Unternehmen und/ oder seiner kommunikativen Präsenz in der Medienlandschaft, also damit auch die Stärke bzw. Kraft einer Marke, immer mit.
  Allenfalls beim oberen Grenzpreis werden Toleranzschwellen bei den Kunden erreicht. Sie werden sich ab hier vermehrt Konkurrenzangeboten zuwenden, und deshalb verläuft die Preis-Absatz-Funktion im ersten kompetitiven Abschnitt deutlich flacher mit einer erkennbar höheren Preiselastizität der Nachfrage. Da insgesamt kein vollkommener Wettbewerb vorliegt, wird ein gerader Verlauf nicht erreicht.
  Umgekehrt verhält es sich bei Unterschreiten des unteren Grenzpreises: Dann werden vermehrt Kunden von Wettbewerbern angezogen, die gewissermaßen im benachbarten Akquisitionssegment tätig sind. Eine solche Preisofferte ist von **Kosten-, Kapazitäts- und Wettbewerbsüberlegungen** abhängig zu machen:

  - Ist für die Grenzumsatz- und die Grenzkostenkurve – wie in Abbildung F-II-14 angenommen – nur ein Schnittpunkt innerhalb des monopolistischen Bereichs gegeben, dann kommt eine Preissetzung im unteren kompetitiven Bereich nicht in Frage. Wenn dort ein weiterer Schnittpunkt vorliegt, dann ist eine separate Betrachtung der Grenzgewinne vorzunehmen.
  - Die Kapazitätsbetrachtung ist darauf abzustellen, ob die im unteren Kompetitätsbereich stark zunehmende Nachfrage überhaupt erfüllt werden kann.
  - Bei der Wettbewerbsargumentation ist schließlich die Gegenmacht der Konkurrenten abzuschätzen. Bei monopolistischem Wettbewerb wird weiterhin von vielen Anbietern und vielen Nachfragern ausgegangen, so dass von einem einzelnen Anbieter ausgehende Effekte kaum auf den Gesamtmarkt durchschlagen. Wenn aber bei oligopolistischen Strukturen (siehe hierzu C.I.3.g.) nur wenige mittelgroße Anbieter vorhanden sind, dann ist mit deren Reaktion bei einer Preissenkung durch das eigene Unternehmen zu rechnen. Es kann zu einem **Preiskampf** kommen, und als dessen Resultat würden die mittleren Preisniveaus – die Referenzpreise der Preisklassen – bei allen Oligopolisten sinken. Aus diesen Gründen wird bei einer oligopo-

listischen Anbieterstruktur meist von einem Unterschreiten des unteren Grenzpreises abgesehen.

Welche Aussagen sind zum monopolistischen Spielraum eines Unternehmens möglich? Was lässt sich aus der Breite und Höhe des monopolistischen Abschnitts einer Preis-Absatz-Funktion folgern?

- Bei einem großen Abstand der Grenzpreise im monopolistischen Bereich (= große Höhe) ist von einer hohen Kundenbindung zu sprechen. Der Anbieter kann über ein relativ weites Preisband ziemlich frei agieren.
- Die Möglichkeit einer preisbedingt großen Mengenvariation (= große Breite) lässt auf fehlende Substitutionsmöglichkeiten der Nachfrager schließen. Sie folgen einem Anbieter in seinem monopolistischen Spielraum sehr lange, bis sie nach oben ausweichen oder bis weitere Nachfrager von unten hinzukommen.
- Ähnliche Aussagen können für das übergeordnete Konstrukt des akquisitorischen Potenzials getroffen werden: Ist es bei allen Anbietern einer Branche nur schwach ausgebildet, dann weisen deren einzelne Preis-Absatz-Funktionen jeweils ein Mittelstück auf, das nur unwesentlich steiler abfällt als die Randbereiche. Bei starkem Akquisitionspontenzial fällt eine Preis-Absatz-Funktion dagegen im monopolistischen Spielraum sehr viel deutlicher, die negative Steigung der Geraden ist also erheblich größer. Hierzu kann folgender Vergleich angestellt werden: Das akquisitorische Potenzial bricht – ähnlich einem Prisma – die Nachfrage in den monopolistischen Bereich einer Preis-Absatz-Funktion.
- Die Gefälle in den Randbereichen einer doppelt geknickten Preis-Absatz-Funktion sind davon abhängig, wie nahe der monopolistische Wettbewerb den Vollkommenheitsbedingungen kommt. Insbesondere bei hohen Reaktionsgeschwindigkeiten der Nachfrager werden sich hier sehr flache Verläufe ergeben.

**Preiselastizitäten**

Zu den **Elastizitätsbetrachtungen bei mehrteiligen Preis-Absatz-Funktionen** sind noch einige generelle Bemerkungen anzubringen:

- Wie bereits bei den Erläuterungen zur direkten Preiselastizität der Nachfrage ausgeführt wurde, beziehen sich die hierzu ermittelten Werte immer auf den Gesamtverlauf der zu Grunde liegenden Preis-Absatz-Funktion innerhalb des jeweiligen Quadrantenabschnitts im Koordinatensystem. Für ein Abschätzen der jeweiligen Elastizitätswerte sind also die einzelnen Abschnitte einer doppelt geknickten Preis-Absatz-Funktion – zumindest gedanklich – bis zu den Achsenschnittpunkten zu verlängern.
- Damit werden die unterschiedlichen Wertebereiche der Preiselastizität im dreigeteilten Nachfrageverlauf der Abbildung F-II-14 nachvollziehbar:
  - Beim oberen Grenzpreis $p_{10}$ und damit dem Intervallbeginn des monopolistischen Abschnitts wird eine hierauf bezogene Elastizität von $\eta = 2$ erreicht. Jede weitere Preissteigerung führt in den dort nach links anschließenden ersten kompetitiven Abschnitt, und dabei kommt es zu einem deutlichen

Sprung in der Preiselastizität; diese liegt jetzt oberhalb eines Wertes von $\eta = 6{,}66$ (Parallelergebnis für $p_{10}$). Eine höhere Preisforderung hätte also – wie beschrieben – überproportionale Einbrüche der Mengennachfrage und somit drastische Umsatzrückgänge zur Folge. Umgekehrt gilt allerdings auch, zumindest in der strategischen Perspektive, dass sich ein Unternehmen bei einer gelingenden Ausdehnung des akquisitorischen Potenzials den bei hohen Elastizitäten überwiegenden Mengeneffekt zu Nutze machen kann. Wenn es über zielgruppen- und qualitätsgerechte Angebote und eine ansprechende Imagekommunikation Käufer der übergeordneten Preislage ansprechen kann, dann sind – eine gewisse Nachhaltigkeit im Markt- und eventuell dem Markenauftritt vorausgesetzt – durchaus größere Wanderungsbewegungen der Kunden hin zum eigenen Problemlösungsangebot möglich.

- Der nach dem unteren Grenzpreis $p_5$ beginnende zweite kompetitive Abschnitt hat – im Beispiel der Abbildung F-II-14 – dasselbe Gefälle wie der soeben besprochene erste Randbereich der doppelt geknickten Preis-Absatz-Funktion. Im monopolistischen Teil für $p_5$ mit einer Preiselastizität von $\eta = 0{,}5$ endend, liegt der Parallelwert zu Beginn des unteren Wettbewerbsabschnitts allerdings lediglich bei $\eta = 1{,}66$, und bei einer Nachfragemenge von $x = 13{,}33$ wird hier – in der Abbildung F-II-14 durch den Grenzumsatz $U' = 0$ noch abzulesen – mit einem Wert von $\eta = 1$ die Grenze zu einer unelastischen Nachfrage bereits überschritten. Sollte ein Unternehmen also mit einem Preis von unter $p = 5$ in diesen zweiten Wettbewerbsbereich eindringen wollen und dies auch kapazitätsmäßig sowie in Anbetracht etwaiger Reaktionen von Konkurrenten durchstehen können, dann ist zu beachten, dass der Mengeneffekt relativ bald aufgezehrt sein wird. Mit dem Auftreten einer **Preiselastizität** von unter 1 jenseits eines Preises von $p = 4$ ($x = 13{,}33$ in $p = 8 - 0{,}3x$ eingesetzt) kann wegen des jetzt überwiegenden Preiseffekts – ohne jede Betrachtung der Kostensituation des Beispielunternehmens – über eine Preissenkung kein Umsatzwachstum mehr induziert werden.
- Die vorstehenden Argumentationen sind auch für das als monopolistisch abgrenzbare Teilstück einer doppelt geknickten Preis-Absatz-Funktion von Bedeutung. Die Möglichkeiten, Preisvariationen vorzunehmen, hängen von den empirisch zu ermittelnden Preisbereitschaften der Nachfrager ab. Dabei ergeben sich ggf. die verschiedenen Äste einer mehrstufigen Preis-Absatz-Funktion. Der einem akquisitorischen Potenzial individueller Stärke zuzurechnende Monopolbereich ist sodann an den Leistungserstellungs- und Absatz-/ Marktbearbeitungskosten zu spiegeln. Die Möglichkeiten respektive die Notwendigkeiten, an den Stellschrauben der Kosten und/ oder des akquisitorischen Potenzials drehen zu können, zeigen sich dann vor dem Hintergrund der direkten Preiselastizitäten im eigenen Nachfragebereich. Liegen diese – wenigstens teilweise – über 1, dann kann ggf. mehr Nachfrage gewinnbringend über eine Kostenreduzierung und damit eröffnete Preissenkungsspielräume mobilisiert werden. Trifft das eigene Angebot auf Elastizitäten unter 1, dann muss an einer Erhöhung des akquisitorischen Potenzials

gearbeitet werden, um auf diese Weise eine Verschiebung der bisher geltenden Preis-Absatz-Funktion zu erreichen.

Nachdem wir bislang mit der direkten Preiselastizität der Nachfrage argumentiert haben, ist im Folgenden kurz auf weitere Elastizitätskonzepte einzugehen:

- Die **Kreuzpreiselastizität** setzt als indirekte Maßgröße die Änderung der Nachfragemenge bei einem Gut B in das Verhältnis zur auslösenden Preisänderung eines Gutes A und ist damit auf zwei unterschiedliche Marktleistungen bezogen. Der Formelaufbau entspricht dem der direkten Preiselastizität, wobei jetzt aber zusätzliche Indices anzubringen sind:

$$\eta_{xB,pA} = \frac{\frac{dx_B}{x_B}}{\frac{dp_A}{p_A}} = \frac{dx_B}{dp_A} \bullet \frac{p_A}{x_B}$$

Wenn mit der Kreuzpreiselastizität die Nachfrageänderung beim Gut B als Wirkung der Preisvariation von Gut A dargestellt wird, dann hängen Höhe und Richtung des Mengeneffekts bei B von den jeweils betrachteten Güterarten ab. Deshalb ist bei der Kreuzpreiselastizität vom definitorischen Einfügen eines Minuszeichens abzusehen:
Wegen gleichlaufenden bzw. Ausweicheffekten ergibt sich für **substitutive Güter** ein positives Vorzeichen der Kreuzpreiselastizität: Werden beispielsweise verschiedene Standardgetränke in Preis-Mengen-Relationen gebracht, dann wird sich nachweisen lassen, dass mit einer – spürbaren – Preiserhöhung bei Kaffee (Preis A) eine erhöhte Nachfrage nach Tee (Menge B) einhergeht – unter der Annahme, dass für „echte" Kaffeetrinker Tee als Substitut in Frage kommt.
Bei **komplementären Gütern** kommt es durch die Verwendungsverbundenheit zu gegenläufigen respektive Ergänzungsreaktionen bei der mengenmäßigen Nachfrage des Gutes B und somit zu einem negativen Vorzeichen der Kreuzpreiselastizität: Wenn z.B. der Heizölpreis (Preis A) über einen gewissen Zeitraum sinkt, dann werden die Haushalte vermehrt auf diesen Energieträger umstellen, und damit steigt die Nachfrage nach Ölheizungen bzw. -brennern ebenfalls (Menge B).
Für **preispolitische Entscheidungen** ist die wenigstens näherungsweise Kenntnis der Kreuzpreiselastizitäten zum einen deshalb wichtig, um die Preis- und Mengenabhängigkeiten innerhalb des eigenen Angebots-/ Sortimentsverbunds (siehe hierzu die Ausführungen zum Produkt-Mix) abschätzen zu können.
Zum anderen kann die Kreuzpreiselastizität als **Triffinscher Koeffizient** (nach ROBERT TRIFFIN, 1911 – 1993) auch Anwendung finden, um die Intensität der Konkurrenzbeziehung zwischen Wettbewerbsunternehmen abzubilden. Dabei werden die Nachfragemengen der Marktleistungen (Mengen B) eines Anbieters – als reagierendem Unternehmen – jeweils mit den Preisvariationen konkurrie-

render Produkte oder Dienstleistungen (Preise A) bei dem oder den wichtigsten Wettbewerbern – als agierenden Unternehmen – ins Verhältnis gesetzt. Solche „firm to firm-elasticities" bilden also das Vorliegen von Substitutionsbeziehungen zu Wettbewerbsangeboten ab. Ergibt sich hierbei ein Wert von 0, dann ist von einer Substitutionslücke zu sprechen, da eine Konkurrenzbeziehung nicht vorliegt (Preisänderung A ohne Einfluss auf Menge B im reagierenden Unternehmen). Werte gegen unendlich zeigen eine äußerst intensive Beziehung an, die als homogene Konkurrenz bezeichnet wird (bereits kleine Preisaktionen führen zu drastischen Veränderungen bei der Konkurrenzmenge). Der Mittelbereich zwischen diesen Extremwerten wird als heterogene Konkurrenz bezeichnet.

Über die Ermittlung konkurrenzorientierter Kreuzpreiselastizitäten lassen sich schließlich auch unterschiedliche Marktformen empirisch gegeneinander abgrenzen.

- Die Nachfrageänderung eines Gutes kann außer auf die Variation seines Preises oder dem eines Konkurrenzproduktes auch auf eine Einkommensänderung beim Kunden bezogen werden. Damit ergibt sich – nach dem ersten Umstellungsschritt – die **Einkommenselastizität** als $\eta x,E = dx/dE \cdot E/x$.

  Jetzt wird auf Änderungen der Mengennachfrage einer Marktleistung abgestellt, die sich – bei Konstanz des Produktpreises – aus einer Einkommensvariation ergeben. Auch bei der Einkommenselastizität kann eine Unterscheidung nach der betrachteten Güterart getroffen werden:

  Im Normalfall haben einkommensinduzierte Nachfrageänderungen ein positives Vorzeichen. Mit steigendem Einkommen nimmt die Nachfrage nach einem Produkt beständig zu (Nichtsättigungsgut) bzw. wird bei einer gewissen Höchstmenge stagnieren (Sättigungsgut, z.B. Tafelsalz oder Zigaretten), und bei einer Einkommensminderung werden proportionale Einschränkungen vorgenommen. Für diese normalerweise festzustellende Reaktion auf Einkommensänderungen ist von **superioren Gütern** zu sprechen; hiermit wird die Abgrenzung zu der nachstehend anzusprechenden Gütergruppe gezogen.

  Der Ausnahmefall ist bei **inferioren Gütern** gegeben. Mit „minderwertig" zu übersetzen, sind solche einfachen Produkte gemeint, die mit zunehmendem Einkommen – ab einer bestimmten Höhe zur Verfügung stehender Mittel – absolut weniger nachgefragt werden. Als Beispiele sind existenznotwendige Grundnahrungsmittel – wie Standardbrote, Margarine oder Kartoffeln – zu nennen, welche bei steigendem Lebensstandard durch andere Nahrungsmittel (verschiedene Sorten von Brot, Brötchen und Gebäck, Butter und anderen Brotaufstrichen, Beilagen auf Kartoffel- oder Nudelbasis etc.) ersetzt werden. Bei diesen inferioren Gütern ergibt sich deshalb ab einer bestimmten, kritischen Einkommenshöhe eine Einkommenselastizität mit negativem Vorzeichen.

  Einkommensminderungen können bei inferioren Gütern folglich zu einem Wiederaufleben bzw. Wiedererstarken der Nachfrage führen. Ein in wirtschaftliche Schwierigkeiten geratener Haushalt wird seine anspruchsvolleren Ernährungsgewohnheiten stark einschränken und vermehrt zu den einfacheren Nahrungsmitteln zurückkehren. Hierbei kann es auch zu dem so genannten **GIFFEN-Paradoxon** (nach ROBERT GIFFEN, 1837 – 1910) kommen: Wenn ein

hoher Teil des verfügbaren Einkommens für ein nicht substituierbares inferiores Gut (z.B. für Brot) benötigt wird, dann kann eine Steigerung dessen Preises – anders als beim üblichen Verlauf einer Nachfragefunktion – eine Erhöhung der Nachfrage zur Folge haben. Dies ist darauf zurückzuführen, dass bei dem niedrigen Einkommen immer größere Teile durch das inferiore Gut gebunden werden. Zur Existenzsicherung ist also unter Auflösung letzter Reserven dem steigenden Brotpreis zu folgen, Ausweichmöglichkeiten auf andere Nahrungsmittel sind nicht mehr gegeben.
Die anormale Reaktion der Konsumenten auf Preissteigerungen im Giffen-Paradoxon entspricht gleichwohl dem Regelfall einer funktionalen, von den jeweiligen Gütereigenschaften abhängigen Nachfrage. Die Nachfragesteigerung tritt bei inferioren Gütern dann ein, wenn bei negativen Einkommenseffekten keine Substitutionseffekte mehr wirksam werden können.

Wird die Nachfrage nicht mehr allein als abhängig von den betreffenden Gütereigenschaften aufgefasst, dann lassen sich – wie beim GIFFEN-Fall, aber mit anderen Begründungen – ebenfalls Nachfrage- und somit auch Preis-Absatz-Funktionen mit einer positiven Steigung feststellen. Als so genannte nichtfunktionale oder **psychologische Nachfragezusammenhänge** werden über die dem Produkt unmittelbar anhaftenden (inhärenten) Gütermerkmale hinaus weitere Einflüsse aus der sozialen Umwelt der Konsumenten berücksichtigt, und dabei kann eine mit dem Preis zunehmende Nachfrage folgendermaßen begründet werden:

- Wenn sich der Konsum eines Haushalts an dem anderer, ggf. als Meinungsführer fungierender Personen orientiert, dann ist von einem **Mitläufer-Effekt** (Bandwagon-Effect) zu sprechen. Die Mehrnachfrage eines Gutes wird nicht durch dessen Eigenschaften ausgelöst; sie ist maßgeblich dadurch bedingt, dass die Referenzperson oder -gruppe mehr davon konsumiert.
- Der gegenteilige Fall wird als **Snob-Effekt** bezeichnet. Im Bestreben, sich durch den exklusiven Besitz von Gütern gegenüber der Konsumentenmehrheit abzugrenzen, werden gerade die Produkte oder Dienstleistungen nachgefragt, welche andere Wirtschaftssubjekte weniger oder nicht erwerben. Marktleistungen werden also wiederum nicht vorrangig wegen ihres funktionalen Ge- oder Verbrauchswertes eingekauft; bei einer relativ geringen Nachfrage durch andere Personen(-gruppen) ist das Erreichen einer herausgehobenen Konsumstellung der hauptsächliche Kaufgrund.
- Zur Begründung eines Geltungskonsums kann auch der **VEBLEN-Effekt** (nach THORSTEIN VEBLEN, 1857 – 1929) herangezogen werden. Die Nachfrage hängt dabei aber nicht von den Kaufentscheidungen einer Referenzgruppe ab. Vielmehr wird angenommen, dass die Käufer einen aufwändigen, Wohlhabenheit demonstrierenden Konsum direkt mit der Höhe der Güterpreise in Verbindung bringen. Hohe Preise vermitteln dem Konsumenten einen eigenständigen Prestigenutzen; die Nachfrage ist also unmittelbar an steigende – und nicht an fallende – Preise gekoppelt.

- Die mit den vorstehend skizzierten Effekten verbundene Aufgabe respektive Erweiterung rein güterbezogener Preis-Mengen-Zusammenhänge der Nachfrage hat sich in jüngerer Zeit auf verschiedenen Wegen weiterentwickelt:
  So ist – insbesondere durch HERMANN DILLER begründet – zunächst der **Preis als Qualitätsindikator** eingehender untersucht worden. Allgemein hat diese Forschungsrichtung den Zusammenhang zwischen dem Preisinteresse und der Preiskenntnis von Verbrauchern und ihren Kaufentscheidungen zum Gegenstand. Als einfache Ursachen-Wirkungs-Beziehung kann hierbei formuliert werden, dass insbesondere beim Fehlen – oder Nicht-Einholen – zusätzlicher Produktinformationen von den Verbrauchern häufig aus höheren Preisen auf eine höhere Qualität geschlossen wird. Damit ist also – wie beim VEBLEN-Effekt, aber über die zwischengeschaltete Qualitätserwartung – eine mit dem Preis steigende Nachfrage möglich.
  Hinausgehend über den Preis werden gerade bei Technologieprodukten heute zahlreiche für eine Kaufentscheidung wichtige Leistungsmerkmale heranzuziehen sein. Damit bietet es sich an, die Preisbildung einer Marktleistung über die individuellen Zahlungsbereitschaften für einzelne Nutzenkomponenten vorzunehmen. Hierfür können unter dem Einsatz multivariater statistischer Verfahren – in erster Linie des Conjoint Measurement – einzelnen Produkteigenschaften aus Sicht der Konsumenten monetäre Gegenwerte zugeordnet und daraus Präferenzpreise für bestimmte Produkte als Leistungs- oder Eigenschaftsbündel ermittelt werden. Vor diesem Hintergrund ist das im Wesentlichen auf KELVIN J. LANCASTER zurückgehende Konzept der **hedonischen Preisbildungsmethode** (Hedonic Pricing Method = HPM) einzuordnen. In diesem Kontext wird das Adjektiv hedonisch verwendet, um die Individualität unterschiedlicher, nach dem Gefallen der Nachfrager zusammengestellter Leistungsbündel zu betonen. Die vor allem in deutschsprachigen Publikationen häufig vorgenommene Kennzeichnung als hedonistisch (den Grundzügen der antiken Philosophie des Hedonismus als dem Streben nach Genuss und Sinneslust folgend) hat nur über den Wortstamm etwas mit hedonisch ermittelten Preisbereitschaften gemein.
  Anders verhält es sich mit einem neuen und aktuell vorzufindenden Kaufverhalten: Heute entsteht ein im Wortsinn **hedonistisches Kauferlebnis** nicht nur durch den Bezug des Produktes zum eigenen Lebensstil, sondern zunehmend auch durch das Kaufen von Markenprodukten zu äußerst günstigen Preisen. Diese, der klassisch-utilitaristischen Position entgegengesetzte Einstellung eskaliert bei den mittlerweile annähernd gleich großen Konsumentengruppen der typischen „Schnäppchenjäger“ sowie insbesondere bei den ausgeprägt preisleistungs-orientierten „Smart-Shoppern“ (jeweils etwa ein Drittel) als Gegenpole zu den weniger preissensiblen „Qualitätskäufern“.
  Der „Lustkauf“ zu Tiefstpreisen ist keineswegs auf Käuferschichten mit geringem Budget begrenzt. Auch und gerade einkommensstarke Nachfrager praktizieren diesen mit einer hohen Leidenschaft. In diesem Zusammenhang kann durchaus von einer Umkehrung des VEBLEN-Effekts gesprochen werden: Jetzt ist nicht mehr der hohe Preis trendy; die Nachfrage wird vielmehr erst durch extrem niedrige Preise für hochwertige Produkte und das damit verbundene Kauferlebnis angekurbelt.

- Die neu aufgekommene Mentalität wird bereits von den Anbietern mit speziellen Werbeslogans bedient, wie beispielsweise durch die im Oktober 2002 gestartete Kampagne „Geiz ist geil" von SATURN (Werbeagentur: JUNG VON MATT/ Hamburg)
- Bei dem „Reizwort-Claim" von SATURN sind allerdings auch negative Attributdominanz-Effekte (siehe hierzu F.III.5.) zu berücksichtigen. In Zeiten starker Kaufzurückhaltung wegen hoher Verunsicherung der Bürger über die politische Auflösung des anstehenden Reformstaus (soziale Sicherungssysteme, Steuerbelastung) kann „Geiz ist geil" – ungeachtet der gewonnenen Kreativ-Auszeichnungen für besonders gute bzw. wirkungsvolle Werbekampagnen (Euro-Effie in Silber, deutscher Effie in Gold) – auch die Einstellung von Konsumenten hervorrufen, kaum noch etwas auszugeben/ zu kaufen. Dem zunächst bei SATURN aufgrund der Kampagne zu verzeichnenden hohen Umsatzwachstum (+ 12%) würde damit der „Bärendienst" entgegenstehen, in der rezessiven Konjunkturentwicklung falsche Signale gesetzt zu haben.
- JUNG VON MATT und SATURN haben den Werbeauftritt im Oktober 2003 modifiziert: Jetzt stand die Aussage „Schluss mit dem Falschgeiz" im Vordergrund; „Geiz ist geil" rückte etwas nach hinten in den Werbeclips (Erwachsene Personen müssen schlecht sitzende Kleidung von Geschwistern tragen/ Kinder schieben zum Benzinsparen die in einem Wohnmobil sitzenden Eltern). Offensichtlich wollte SATURN damit wieder das eingangs dieser Beispieldarstellung herausgestellte Kauferlebnis bei/ durch niedrige(n) Preise(n) verstärken. Die Konsumenten sollen also dazu angeregt werden, sich zu dem günstigen Preis-Leistungs-Niveau des Handelsunternehmens – wieder – in den Kaufprozess einzuklinken.

Die knappe Darstellung erweiterter Ansätze zur Bestimmung preis- und mengenmäßiger Nachfragerelationen ist mit dem Hinweis abzuschließen, dass auch die zukünftige Preiserwartung hierbei einbezogen werden kann. Als dynamische respektive **spekulative Nachfrage** ergibt sich dann eine Abhängigkeit nicht nur vom gegenwärtigen Preis und weiteren einbezogenen Faktoren; die Kaufentscheidung der Konsumenten wird darüber hinaus auch damit zusammenhängen, mit welchem Preis in der (nahen) Zukunft gerechnet wird. Anormale Nachfragereaktionen sind hierbei ebenfalls möglich: So wird eine Preissenkung kaum eine Steigerung der Nachfrage zur Folge haben, wenn die Käufer weitere Preisreduktionen erwarten. Andererseits kann es, wie z.B. bei Benzin oder Heizöl, trotz steigender Preise zu einer Ausweitung der Mengennachfrage kommen, wenn von weiteren Preiserhöhungsrunden ausgegangen wird.

**Formen der strategischen Preisdifferenzierung**

Zu dem soeben angesprochenen Aspekt einer dynamischen Nachfrage von Marktleistungen ist aus Sicht eines Unternehmens die generelle Frage zu klären, wie ein vorhandener Preisbildungsspielraum – also ein existenter monopolistischer Abschnitt auf der Preis-Absatz-Funktion eines angebotenen Gutes – über mehrere Planungsperioden hinweg möglichst effektiv genutzt werden kann. Wegen ihres

Zeitbezugs sind solche Entscheidungen immer im Zusammenhang mit der – in F.III.1. thematisierten – Einführung neuer Produkte oder Dienstleistungen zu treffen. Hierbei können folgende grundlegende **Formen der strategischen Preispositionierung** Anwendung finden:

- Im Hinblick auf die prinzipiell mit einer Marktleistung angepeilte Preislage ist zunächst zwischen einer **Hoch-** und einer **Niedrigpreisstrategie** auszuwählen. Dabei wird auch von so genannten Prämien- respektive Promotionspreisen gesprochen. Mit den hohen Prämienpreisen kann ein Anbieter qualitativ sehr hochwertiger Güter gewissermaßen eine Prämie für die vermittelte Exklusivität – also den Prestigenutzen aus dem VEBLEN-Fall – einfordern. Die niedrigen Promotionspreise, welche heute von den Anbietern i.d.R. als Dauerniedrigpreise umgesetzt werden, sind dagegen darauf angelegt, bei den Kunden einer Leistung von vornherein das Image eines äußerst günstigen Preis-Leistungs-Verhältnisses zu promoten. Als erfolgreiche Beispiele hierfür können aus dem Lebensmittelbereich ALDI oder aus der Einrichtungsbranche IKEA genannt werden.
- Die zeitliche Gestaltung von Preisforderungen und deren eventuelle Variation betreffend, ist zwischen der Abschöpfungspreis- und Penetrationspreisstrategie zu unterscheiden:
  Bei der **Abschöpfungspreisstrategie** (Skimming Pricing) wird in der Einführungsphase zunächst ein relativ hoher Preis gefordert, der dann mit zunehmender Markterschließung und dem Eintreten weiterer Wettbewerber, die durch die hohen Preise „angelockt" werden, nach und nach gesenkt werden kann. Diese Strategie ist insbesondere bei technologieintensiven Gebrauchsgütern sinnvoll, denn so können hohe Entwicklungskosten schnell amortisiert werden. Dabei werden zunächst innovationsfreudige Konsumenten angesprochen, deren Preisbereitschaft entsprechend hoch liegt. Für den Fall noch nicht ausreichend aufgebauter Produktions- oder Vertriebskapazitäten kann durch eine zeitlich derart abgestufte Preisstrategie auch einer zu plötzlichen Nachfrageausweitung vorgebeugt werden.
  Die **Penetrationspreisstrategie** (Penetration Pricing) zielt darauf ab, den Gesamtmarkt bzw. das bearbeitete Marktsegment mit von Beginn an niedrigen Preisen in möglichst kurzer Zeit „zu erobern". Dabei werden eventuell auch Verluste für einen definierten Zeitraum einkalkuliert und hingenommen. Durch die erzielbaren Skaleneffekte soll über Kostensenkungen die Ertragssituation möglichst schnell verbessert werden. Damit ist auch die Absicht verbunden, durch den konkurrenzlos niedrigen Preis potenzielle Wettbewerber davon abzuschrecken, in dasselbe Betätigungsfeld einzutreten. Gelingt es, auf diese Weise eine (annähernde) Alleinstellung in einem Marktgebiet zu erreichen, dann kann auch der Weg offen stehen, allmähliche Preissteigerungen durchzusetzen.

Über die Thematik der strategischen Preispositionierung kommen wir zur **Preisdifferenzierung** als dem nächsten in Abbildung F-II-13 eingetragenen Entscheidungsfeld des Kontrahierungs-Mix. Wenn vorstehend mit Bezug auf die Einführung eines Neuproduktes – also zu Beginn seines Lebenszyklus – unterschiedliche Formen der Preisgestaltung angesprochen wurden, dann stehen jetzt weiter gehende Möglichkeiten der Variation von Preisforderungen durch die Anbieter von Marktleistungen im Vordergrund.

Der direkten Wortbedeutung entsprechend, ist unter dem Begriff der Preisdifferenzierung formal-inhaltlich das Fordern unterschiedlich hoher Preise für gleiche Produkte oder Dienstleistungen durch ein Unternehmen zu verstehen. Zu diesem Vorgehen ist aus volkswirtschaftlicher Sicht an der Monopolpreisbildung anzuknüpfen, indem die Voraussetzungen dafür aufgezeigt werden, auf welche Weise ein Monopolist seine Gewinnsituation weiter verbessern kann.

Da sich die Preisdifferenzierung als Referenzbedingung auf das Vorliegen gleicher Marktleistungen bezieht, ist sie vom preispolitischen Standardfall zu unterscheiden. Dieser besteht darin, dass für verschiedenartige Produkte unterschiedliche Preise gefordert werden. Dem gegenüber ist Gegenstand der Preisdifferenzierung, für weitgehend identische Leistungen abweichende Preisforderungen zu rechtfertigen und durchzusetzen. Dies kann auf zwei theoretisch gegensätzlichen Wegen geschehen:

- Bei der **horizontalen Preisdifferenzierung** besteht der Ansatz für ein Unternehmen darin, die eigene Nachfrage – also den monopolistischen Teil der Preis-Absatz-Funktion einer Marktleistung – in nach ihrer Preisbereitschaft voneinander verschiedene Käuferschichten zu zerlegen:
  - Dieses Verfahren beruht unmittelbar auf dem normalerweise gegebenen Nachfrageverlauf als fallender Funktion des Preises. Wenn ein Unternehmen in Anbetracht seiner Kostensituation hierzu einen bestimmten und insgesamt gewinnoptimalen Preis festsetzt, zu dem es die betreffende Marktleistung anbietet, dann profitieren hiervon offensichtlich diejenigen Nachfrager, die einen höheren Preis zu zahlen bereit gewesen wären.
  - Der aus dem niedrigeren (Markt-)Preis resultierende Nettonutzen von Nachfragern (Zahlungsbereitschaft minus tatsächliche Zahlung) wird seit ALFRED MARSHALL (1842 – 1924) als Consumer's Surplus bezeichnet. Der im deutschen Sprachraum hierfür übliche Terminus der Konsumentenrente ist insbesondere für turbulente Marktverhältnisse etwas unglücklich gewählt, da mit dem Begriffsbestandteil der Rente ein zeitüberdauernder Vorteil zum Ausdruck gebracht wird, welcher in der Realität bald überholt sein kann. Darüber hinaus kommen – was auch die englischsprachige Fassung betrifft und bereits von ERICH GUTENBERG (1897 – 1984) angemerkt wurde – nicht nur Konsumenten als Letztverbraucher in den Genuss solcher Überschüsse, so dass insgesamt eher von einem preisbedingten kundenbezogenen Nutzenüberschuss zu sprechen ist. Als eingeführtem Begriff bleiben wir dennoch bei dem der Konsumentenrente, den wir aber gemäß der vorstehenden Erläuterung verwenden.
  - Das Ziel der horizontalen Preisdifferenzierung liegt nach den einführenden Argumentationen auf der Hand: Es geht – so die Fachbezeichnung – darum, die angesprochene Konsumentenrente abzuschöpfen und in Erträge für das eigene Unternehmen umzuwandeln. Durch die damit vorgesehene Zerlegung der Preis-Absatz-Funktion in einzelne Nachfragergruppen mit absteigenden Preisbereitschaften wird auch die weitere Begriffsform der **deglo-**

**merativen Preisdifferenzierung** nachvollziehbar. Und über das letztlich von den Entscheidungen eines Anbieters abhängige Festlegen der Anzahl unterschiedlicher Nachfrage-/ Preissegmente erschließt sich die Qualifizierung als willkürliche Preisdifferenzierung. Für die erste theoretische Variante ist also zusammengenommen von einer horizontalen, deglomerativen und willkürlichen Preisdifferenzierung zu sprechen.

- Als erste Voraussetzung dafür, die Nachfrage einer Marktleistung in verschiedene Segmente mit unterschiedlichen Preisbereitschaften aufteilen zu können, muss sich ein Unternehmen zunächst einen hierauf bezogenen Firmenmarkt geschaffen haben. Wie die Erläuterungen zur doppelt geknickten Preis-Absatz-Funktion gezeigt haben, bedeutet dies, dass ein – zumindest bereichsweise geltender – individueller Nachfragebereich vorliegt, innerhalb dessen der Preis als Aktionsparameter eingesetzt werden kann. Mit zunehmender Annäherung an die Verhältnisse vollkommener Konkurrenz (lineare Preis-Absatz-Funktionen als Preisgerade) steht der Preis dagegen kaum noch als Freiheitsgrad des Marketing zur Verfügung und kann schließlich zu einem marktseitig vorgegebenen Datum werden.
- Ist diese Grundbedingung erfüllt, dann besteht die zweite Prämisse für eine horizontal-deglomerative Preisdifferenzierung darin, dass einzelne Abschnitte der Preis-Absatz-Funktion als eigenständige Marktsegmente mit vertretbaren Kosten gegeneinander abgegrenzt und bearbeitet werden können.

  Hierbei zeigt es sich, dass die Referenzbedingung einer alleinigen Differenzierung der Preise von ansonsten gleichen Marktleistungen in der Praxis auf erhebliche Durchsetzungsschwierigkeiten stößt. Deshalb gehen Preisdifferenzierungen in aller Regel mit Maßnahmen aus den anderen Marketing-Mix-Bereichen einher. So liegt der preisbezogenen Segmentierung häufig eine Produktvariantenstrategie (siehe hierzu F.II.1.e.) zu Grunde, bei welcher die vorgesehene Spreizung in mehrere Preisklassen über das – mehr oder weniger – geringfügige Modifizieren von Standardprodukten bzw. deren Komponenten/ Bauteilen erreicht wird. Darüber hinaus können auch der Markenauftritt eines Produktes (Name, Verpackung, Vertriebsweg) und/ oder die werbliche Ansprache der Kunden verändert werden, um die Nachfrage einer Grundleistung in mehrere Segmente mit unterschiedlicher Zahlungsfähigkeit und -bereitschaft aufzugliedern. Ein weiter gehender Ansatz besteht z.B. auch darin, neben Markenprodukten des eigenen Unternehmens zusätzlich für andere Käufergruppen Produkte für Handelsunternehmen als so genannte Handelsmarken bzw. Private Labels mit einem deutlich günstigeren Preisniveau zu produzieren und zu verkaufen. Angestrebt ist hiermit vor allem ein Kapazitätsauslastungseffekt, der über erzielbare Skaleneffekte die gesamte Kostenstruktur des Unternehmens verbessert.

  Die Beispiele machen deutlich, dass sich die Vorgehensweise der Preisdifferenzierung nicht aus der Kundensicht, sondern aus der Sicht der Anbieterunternehmen definiert: Dem Zweck der Marktaufteilung dienend, sind hierunter solche Aktivitäten zu fassen, mit denen bei relativ geringen Unterschieden in den Produkten/ Dienstleistungen und damit auch in deren Erstel-

lungskosten vergleichsweise überproportionale Preisvariationen angestrebt werden. Dennoch ist eine hieraus folgende Erfolgsvoraussetzung, dass die unterschiedlichen Preis-Leistungs-Klassen von den Zielgruppen akzeptiert werden. Wenn sich der Marketing-Mix-Einsatz auf Marktleistungen mit klar differierendem Grundnutzen bezieht, wird das preispolitische Entscheidungsfeld der Preisdifferenzierung verlassen.
Der zur zweiten Voraussetzung der Marktaufteilung nach der Zahlungsbereitschaft von Nachfragern genannte vertretbare Kostenaufwand stellt den begrenzenden Faktor der horizontalen Preisdifferenzierung dar. Die Eingangsüberlegung bestand darin, zu einem einheitlichen Gut die oberen Preisbereitschaften gesondert abzuschöpfen, womit sich der Gewinn eines (Quasi-)Monopolisten gegenüber dem aus der Grenzumsatz-Grenzkosten-Regel folgenden Einheitspreis unzweifelhaft erhöhen lässt. Wenn aber spezifische Kosten mit der Abgrenzung und Bearbeitung der Teilmärkte/ Marktsegmente – beispielsweise der Produktdifferenzierung und des Einsatzes weiterer Marketing-Mix-Instrumente – verbunden sind, dann sind diese den (angestrebten) Segmentierungserträgen gegenüberzustellen. Zur preisbezogenen Deglomeration von Kundenschichten hat ein Unternehmen also eine alle hiermit verbundenen Maßnahmen einschließende Kosten-Nutzen-Analyse durchzuführen. Stellt sich auf dieser Basis heraus, dass sich ein Differenzierungskonzept nicht rechnet, kann noch versucht werden, die vorgesehene Anzahl von Teilsegmenten zu reduzieren.

- Wird die eine Form als horizontal, deglomerativ und willkürlich bezeichnet, dann stellt deren Pendant die **vertikale und agglomerative Preisdifferenzierung** dar:
  - Diese bezieht sich auf die Fälle, in denen Unternehmen bereits auf mehreren, räumlich voneinander getrennten Märkten tätig sind. Deshalb wird hier auch von Preisdifferenzierung bei gegebener Marktaufteilung gesprochen. Die vorhandenen Teilmärkte (bspw. Inlands- und Auslandsmarkt, ggf. auch in weiter gehenden Untergliederungen) werden jetzt also gedanklich zusammengefasst (agglomeriert), um für alle Teilregionen den respektive die gewinnmaximalen Absatzpreise festzulegen.
  - Dabei ergibt sich das mit der allgemeinen Monopolpreisbildung übereinstimmende Ergebnis, dass in allen betrachteten Nachfrageregionen jeweils nach der Grenzumsatz-Grenzkosten-Regel zu verfahren ist. Hierüber ermitteln sich – wie in Abbildung F-II-14 zu ersehen – die Angebotsmengen, und über die Senkrechte zur jeweiligen Preis-Absatz-Funktion ist der zugehörige Preis für das partielle Gewinnmaximum zu bestimmen.
  - Im Beispiel vom Inlandsmarkt abgegrenzter unterschiedlicher Weltmarktregionen waren es in der Vergangenheit i.d.R. Zollbestimmungen, die als tarifäre Handelshemmnisse eine weitgehend isolierte Bearbeitung der einzelnen Teilmärkte mit ihren voneinander verschiedenen Preis-Absatz-Funktionen ermöglichten. Wenn im Zuge der **Liberalisierung des Weltmarktes** oder zumindest von Weltmarkt-Regionen, wie z.B. der Europäischen Union, diese Zollschranken nach und nach abgebaut werden, dann kommt es zu einem

allmählichen Annähern der weltweiten Marktbedingungen. Damit werden sich zum einen die Unterschiede in den preis- und mengenbezogenen Nachfragegegebenheiten nivellieren, und zum anderen können die regionalen Differenzierungsmaßnahmen der Anbieter zunehmend über „graue Märkte" (z.B. Re-Import von im Ausland preiswerter angebotenen Kraftfahrzeugen) unterlaufen werden.

- Ein in der vertikal-agglomerativen Weise abgegrenzter Teilmarkt umfasst sämtliche Käuferschichten dieser Absatzregion. Zu deren weiterer Aufgliederung (Deglomeration) kann folglich das Verfahren der horizontalen Preisdifferenzierung angewendet werden.

Nach den Erörterungen der beiden Theorieansätze zur Preisdifferenzierung wird nachfolgend noch ein Überblick gegeben, wie hierzu in der **Unternehmenspraxis** vorgegangen werden kann. Damit sind die Hauptkriterien zu benennen, mit welchen – einzeln oder in Kombination – das Ziel erreicht werden kann, Leistungen nach ihren Preisen unterschiedlich zu gestalten:

- Die **räumliche Preisdifferenzierung** beruht auf der soeben skizzierten Form der vertikalen Marktaufteilung. Wie beschrieben, werden hierbei regionale Unterschiede in den Preis-Mengen-Präferenzen der Käufer ausgenutzt. Neben dem Inlands-Auslands-Beispiel findet diese etwa auch in der Ernährungs- bzw. Getränkebranche Anwendung. So wird beispielsweise Bier von Herstellern, die mittlerweile einem Konzernverbund angehören, selbst bei zusammengefassten Produktionsabläufen weiterhin unter der regionenspezifischen Marke vertrieben.
- Als **sachliche oder leistungsbezogene Preisdifferenzierung** sind zum einen die Fälle einzuordnen, in denen es durch Maßnahmen der Produktdifferenzierung zugleich zu einer geringfügigen Leistungsmodifikation kommt. Zum anderen geht es hierbei darum, dass gleiche Produkte, die für verschiedene Verwendungszwecke genutzt werden können, zu unterschiedlichen Preisen vermarktet werden. Dabei ist in besonderer Weise darauf zu achten, dass die Nachfrager sich nicht im jeweils anderen Marktsegment bevorraten können (z.B. Heiz- und Dieselöl sowie auch Vieh- und Kochsalz mit unterschiedlichen Einfärbungen; Kraft- und Haushaltsstrom durch verschiedene Zähler/ Absicherungen).
- Bei der **zeitlichen Preisdifferenzierung** wird an den Konsumgewohnheiten der Abnehmer angeknüpft. Durch eine gezielte Preisverbilligung in Schwachlastzeiten (z.B. tageszeitabhängige Strom- oder Telefonkosten, saisonabhängige Angebote im Hotelgewerbe) wird hiermit meist eine produktionsseitige Zielsetzung verfolgt. Mit den niedrigeren Preisen sollen Nachfragespitzen geglättet werden, um die Erstellung der Marktleistungen insgesamt kontinuierlicher ablaufen zu lassen.
- Die **personelle Preisdifferenzierung** knüpft an spezifischen Merkmalen der Käufer an, weswegen auch von einer Preisdifferenzierung nach Kundengruppen gesprochen wird. Hier können zum einen Unterscheidungen nach dem Alter (z.B. für Kinder und Jugendliche oder Senioren), nach dem Geschlecht oder dem Einkommen (z.B. für Studenten) getroffen werden. Soweit diese nur für bestimmte Zeiten Gültigkeiten haben, steht wieder der Effekt einer Nachfrage-

verteilung im Vordergrund. Gerade mit jungen Menschen eingeräumten Vergünstigungen wird aber häufig angestrebt, eine frühzeitige Kundenbindung zu erzielen. So räumen beispielsweise Banken Schülern und Studenten die kostenlose Kontoführung ein, um in späteren Jahren mit diesen Kunden ertragreichere Geschäfte zu machen.

- Im Rahmen der **quantitativen Preisdifferenzierung** wird der vom Abnehmer/ Kunden zu fordernde Preis von Mengen- respektive von Volumengrößen abhängig gemacht. Je nach der Höhe der insgesamt nachgefragten Menge oder eines einzelnen Auftrags werden Nachlässe gewährt, oder es kommt zur Anwendung einer anderen Preisstaffel. Wenn mit dem Ziel höherer Umsätze in den Geschäftsbeziehungen jedem Einzelkunden mengenabhängige Abschläge auf die Summe der Einzelpreise eingeräumt werden, dann wird dies auch unter die Bezeichnung einer nicht-linearen Preispolitik gefasst. In der Regel wird dies über einen umsatzabhängigen Bonus für eine Periode, also z.B. ein Jahr, geregelt. Damit wird die in diesen Fällen als retrograd einzustufende – da nicht am Einzelpreis ansetzende – quantitative Preisdifferenzierung gekennzeichnet.

**Rabatte und Konditionen**

Mit der differenzierten Ermittlung mengenabhängiger Nettopreise ist die Verbindung zu den weiteren Teilbereichen des Kontrahierungs-Mix hergestellt. Oft auch unter den gemeinsamen Begriff **Konditionen-Mix** bzw. -politik gefasst – und in dieser Form auch bereits in C.I.3.c. angesprochen, stehen hierbei aber dennoch unterschiedliche Sachverhalte zur Entscheidung an. Der Gegenstand der Rabattgewährung besteht darin, welche abnehmer-/ kunden(gruppen)- und/ oder mengenbezogenen Abschläge ein Unternehmen auf die Grundpreise ihrer Marktleistungen einräumen will respektive kann. Insbesondere bei Verkäufen an Endkunden handelt es sich hierbei um eine preispolitische Feinsteuerung, deren erlösschmälernde Wirkung gegenüber der Basis der Referenzpreise zu berücksichtigen ist. Dem gegenüber stellen die als Konditionen näher zu spezifizierenden Bedingungen, unter denen die Abnehmer/ Kunden eine Marktleistung erwerben und ver- oder gebrauchen können, Äquivalente in den Preis-Leistungs-Verhältnissen dar, welche von den Nachfragern/ Käufern zu tragen sind. Diese näheren Umstände des Kaufs von Produkten oder der Inanspruchnahme von Dienstleistungen sind als gesonderte Vertragsbestandteile Gegenstand der Lieferungs-, Zahlungs- sowie ggf. der Kreditierungs-/ Finanzierungsbedingungen.

Als **Preisnachlässe** sind **Rabatte** in aller Regel an die Existenz so genannter Listenpreise als Bezugsgrößen für die einzuräumenden Abschläge gekoppelt. Bei wenig standardisierten, stark auf die individuellen Erfordernisse der Abnehmer ausgerichteten Vereinbarungen zur Erstellung eines Produktes (z.B. Auftragsfertigung; siehe hierzu E.III.) fehlt es meistens an dieser Grundvoraussetzung. Hier findet ein Aushandlungsprozess zwischen Nachfrager und Anbieter statt, und deshalb wird von freier Preisfestsetzung gesprochen.

Mit Bezug auf den mehrstufigen Wertschöpfungsverbund von Unternehmen verschiedener Wirtschaftsstufen kann zwischen dem Netto- und dem Bruttosystem der Preisbildung unterschieden werden. Im ersten Fall ausschließlich auf die unmittelbar nachgelagerte Abnehmer-/ Kunden- oder Weiterverarbeiter-/ Wiederverkäuferebene ausgerichtet, wird bei der zweiten Methode durch eine gedankliche Einbeziehung der eventuell zwischengelagerten Märkte eine endkundenbezogene Preisbildung beim Herstellerunternehmen vorgenommen. Hieraus können Händler- oder Verbraucherpreisempfehlungen abgeleitet und ausgesprochen werden; regelrechte Preisbindungen nachgelagerter Vertriebsebenen (sog. Preisbindung der zweiten Hand) sind in Deutschland seit 1974 – bei einer Ausnahme für den Buchhandel – grundsätzlich verboten.

Die im gewerblichen Bereich üblichen Formen von **Wiederverkäuferrabatten** sind in C.I.3.c. schon angesprochen worden (Funktionsrabatte, Mengenrabatte auf die Einzel-/ Periodenbestellmenge, Zeitrabatte).

- Zu den insbesondere im Hersteller-Händler-Verhältnis Anwendung findenden **Funktionsrabatten** ist hier noch nachzutragen, dass sie bei der mittlerweile starken Marktmacht großer Handelsunternehmen/ -ketten alleine kaum noch dazu ausreichen, diese zur Aufnahme eines (Marken)Produktsortiments zu bewegen. Waren mit den Funktionsrabatten als dem Groß- oder Einzelhandel gewährten Nachlässen in früheren Zeiten deren typische Handelsfunktionen (Lagerhaltung, Platzierung, Präsentation, Beratung sowie generell das Verkaufs- und Preisrisiko) abgegolten, so muss ein Hersteller heute eine ganze Reihe zusätzlicher (Neben)Leistungen gegenüber Handelsunternehmen erbringen, wenn er dessen Filialnetz zum Absatz seiner Produkte nutzen möchte. Hierzu rechnet zum einen die zusätzliche Gewährung von Werbekostenzuschüssen (WKZ) an den Handelspartner sowie zum anderen die intensive Regalpflege am Verkaufsort (Point of Sales = POS). Diese umfasst i.d.R. das Aufbauen und Betreuen, das regelmäßige Sortieren des Regalplatzes/ Displays durch Mitarbeiter des Herstellers einschließlich der Rücknahme/ des Austauschs von älteren Artikeln und des sofortigen Ersatzes beschädigter oder defekter Ware. Als Beispiel dafür, wie große Handelsketten mit ihrer Nachfragemacht auf die Hersteller einwirken können, kann die „Bitte" von ALDI angeführt werden, die EAN-Strichcodes (EAN = Europäische Artikelnummer – international abgestimmt, weltweit überschneidungsfrei) zwecks leichterer Handhabung an Scannerkassen auf den Verpackungen dreiseitig – also nicht nur an einer Stelle, wie bisher – anzubringen. Die Lebensmittelhersteller sind dem umgehend nachgekommen, worauf ALDI SÜD die Scannerkassen eingeführt hat, und auch bei ALDI NORD wird dies seit 2003 praktiziert.
- Als weitere Querverbindung zu den auf die externe Interessengruppe der Lieferanten bezogenen Ausführungen in C.I.3.c. ist darauf hinzuweisen, dass die Gewährung eines **Barzahlungsnachlasses** einen **Finanzierungsfunktionsrabatt** darstellt. Die in diesem Unterabschnitt ausführlich erläuterte **Einräumung eines Skontoabzugs** stellt einen aus Liquiditätsgesichtspunkten angebotenen Rabatt für die vorfristige Zahlung des Kaufpreises einer Marktleistung dar; damit gewährt der Verkäufer einen geldmäßigen Ausgleich für die Nicht-Inanspruchnahme des von ihm angebotenen Lieferantenkredits. Als weitere Formen solcher Finanzierungsfunktionsrabatte sind die Delkredere- und Inkassorabatte zu nennen, welche den zentralen Finanzabteilungen filialisierter Einzelhandelsunternehmen für die Übernahme des Ausfallrisikos und die gemein-

same Zahlungsverkehrsabwicklung (Zentralregulierung) von den Herstellern gewährt werden.

Im Bereich der **Verbraucherrabatte** als den gegenüber Endverbrauchern/ -konsumenten beim Warenkauf gewährten Vergünstigungen ist es durch die im Jahr 2001 erfolgte Abschaffung des Rabattgesetzes (von 1933) und der Zugabeverordnung (von 1932) zu einer Verbreiterung des Handlungsspielraums für die Hersteller- und Händlerunternehmen sowie auch für die Nachfrager gekommen:

- Mit dem Ziel, eine hohe Preissetzung vor Abzug eines etwaigen Rabatts zu verhindern, durften nach dem Rabattgesetz Preisnachlässe im Einzelverkauf an den letzten Verbraucher grundsätzlich drei Prozent nicht überschreiten. Die Zugabeverordnung begrenzte kostenlose Beigaben/ Geschenke beim Kauf auf Kleinigkeiten von geringem Wert. Hiermit sollte einer Ausuferung der Verkaufspraktiken auf der Anbieterseite durch ein gegenseitiges Überbieten bei den Zugaben vorgebeugt werden.
- Die Abschaffung beider Gesetze mit Wirkung vom 25. Juli 2001 stand im Zusammenhang mit der bis 2002 notwendigen Umsetzung einer EU-Richtlinie zum elektronischen Geschäftsverkehr (E-Commerce). Diese Vorgabe hat unter anderem zum Gegenstand, dass jeder Internet-Anbieter – unabhängig vom Standort der technischen Infrastruktur (Server) – den Vorschriften seines Herkunftslandes bzw. seines Niederlassungssitzes unterliegt. Der Fortbestand des EU-weit nur in Deutschland geltenden Rabattgesetzes und der Zugabeverordnung hätte demnach einen Wettbewerbsnachteil für hier ansässige Unternehmen begründet: Anbieter aus anderen europäischen Ländern könnten höhere Rabatte und großzügige Zugaben gewähren, während dies Unternehmen aus Deutschland wegen der überkommenen Vorschriften untersagt sein würde.
- Vom ersatzlosen Streichen beider Gesetze sind sämtliche Verkäufe an Endverbraucher betroffen.
  - Im Einzelhandel hat dies – insbesondere bei Waren des täglichen Bedarfs – allerdings nicht dazu geführt, dass jetzt über jeden geforderten Kaufpreis zwischen Kunde und Unternehmen frei verhandelt würde; zum anfangs vorhergesagten „Basar Deutschland“ ist es nicht gekommen. Gleichwohl ist der Spielraum für die Nachfrager zum Feilschen größer geworden, und bei höherwertigen, langlebigen Konsumgütern wird hiervon auch Gebrauch gemacht.
  - Auf der Anbieterseite hat die Liberalisierung der Rabatt- und Zugabengewährung zu einer Flexibilisierung hierauf gerichteter preispolitischer Instrumente geführt. So hat das Prinzip der Rabattmarke eine Renaissance erlebt, und dieses wird heute überwiegend durch **Kundenbonuskarten** (z.B. PAYBACK und HAPPYDIGITS) als Bonussysteme für verschiedene Handelsunternehmen/ Marken oder solche von einzelnen Anbietern, wie die bereits vor einigen Jahren eingeführte ADLER-MODEMÄRKTE-Kundenkarte mit der in Punkten umgerechneten Ansammlung von 3%-Barzahlungsrabatt, und durch **Kundenclubs** umgesetzt. Damit kann neben einer Nachlassgewährung in Geld- oder Sach-/ Prämienform vor allem auch eine aktive Kunden-

bindungspolitik durch spezifische Informations- und Produktangebote betrieben werden.

- Hinzuweisen ist noch darauf, dass von den Anbietern nach dem Wegfall des Rabattgesetzes die Preisforderungen nicht in beliebige Höhen geschraubt werden können (so genannte Mondpreise), um dadurch eine große Bandbreite zur Rabattgewährung zu schaffen. Dem steht – ggf. auch mit einer Strafandrohung – das Gesetz gegen den unlauteren Wettbewerb (§ 5 IV UWG) entgegen.
- Als Beispiel einer – zeitlich befristeten – „eleganten Rabattgewährung" kann die Aktion „Steuererstattung" der Bekleidungs-Fachgeschäftskette SINNLEFFERS vom Herbst 2003 angeführt werden: Im Rahmen einer **Couponing-Aktion** (siehe hierzu F.II.2.d.) wurden den Fashion Card-Kunden (Kundenbonuskarte dieses Handelsunternehmens) je vier Gutscheine zum Einkauf zu „Netto-Preisen" zugesendet, einzulösen bis zum 1. November 2003. Gegen deren Vorlage bekamen die Kunden beim Kauf jedes regulär ausgezeichneten Kleidungsstücks – Aktionsware also ausgenommen – an speziell ausgewiesenen Kassen die Mehrwertsteuer zurückerstattet. Derartige Aktionen wurden inzwischen auch von anderen Handels- und Industrieunternehmen (z.B. von RENAULT oder OPEL) durchgeführt.
- Die im Anschreiben von SINNLEFFERS mit der Frage „Das Warten auf die große Steuerreform dauert Ihnen zu lange?" eingeleitete Aktion zeichnet sich durch folgende Effekte/ Vorteile für das Unternehmen und seine Kunden aus:

  * SINNLEFFERS hat sich bei der im Herbst 2003 zu verzeichnenden allgemeinen Kaufzurückhaltung nicht dem Trend zu großzügigen, generellen Rabattgewährungen angeschlossen, die immer mit dem Problem einer Erosion des Preisniveaus verbunden sind (siehe hierzu auch die vorangegangenen Erläuterungen zur Preiselastizität/ zu Preiskämpfen in oligopolistischen Märkten). Seine Kunden kommen dennoch bei der Couponeinlösung in den Genuss einer jeweils 16%igen Reduzierung ihrer Kaufsumme; sie können also viermal zum „Netto-Preis" einkaufen.
  * Die Produkte werden folglich zum regulären Preis erworben; die Erstattung der Mehrwertsteuer erfolgt nachträglich gesondert. Damit kommt es zu keiner nachhaltigen Beeinträchtigung des Preisniveaus respektive des von den Kunden wahrgenommenen Preis-Leistungs-Verhältnisses von SINNLEFFERS. Der eingeräumte Rabatt ist als „Steuererstattung" kaschiert; die nach der gesetzten Einlösefrist einfach ausläuft. Die übliche Problematik, nach einer Rabattaktion wieder zum ursprünglichen Preisniveau zurückzukehren, besteht damit – zumindest vordergründig – nicht.
  * Das Handelsunternehmen wird zudem von den Kunden als clever und fortschrittlich empfunden, weil es in einer konjunkturell schwierigen Zeit politisches Handeln einfordert. Dabei verschafft es seinen Fashion Card-Kunden zugleich direkte persönliche Einkaufsvorteile.

- Anfang 2007 sind derartige zeitlich befristete „Steuer-Rabattaktionen" von verschiedenen Handelsunternehmen nach der Erhöhung der Mehrwertsteuer auf 19% erneut durchgeführt worden. Die starke Sensitivität der Verbraucher für die Steuererhöhung sicherte eine hohe Wahrnehmungsbereitschaft der Werbeaktion.

**Liefer- und Zahlungsbedingungen**

Die weiteren, also nicht direkt preisbezogenen **Bedingungen beim Kauf-, Werk-/ Werklieferungs- oder Dienst(leistungs)vertrag** sind abschließend zum Kontrahierungs-Mix mit den folgenden Anmerkungen zu erläutern:

Die **Lieferungsbedingungen** enthalten – unter Bezugnahme auf Sachgüter – Regelungen zu Ort und Zeit der Lieferungsverpflichtung durch den Hersteller oder Händler eines Gutes. Bei Dienstleistungen ist von Leistungsbedingungen zu sprechen, in denen Art und Umfang der angebotenen Leistung näher beschrieben werden.

Maßgeblich ist in den Lieferungsbedingungen festzulegen, auf welche Weise/ welchem Weg eine Ware in den Verfügungsbereich des Abnehmers/ Kunden gelangt und wie sich die dafür anfallenden Kosten unter den Vertragsparteien aufteilen.

Bei Einkäufen durch Endkonsumenten sind die direkte Mitnahme der Produkte (z.B. Lebensmittel), die Abholung im Auslieferungsbereich/ -lager (z.B. Elektrogroßgeräte, Möbel) sowie ggf. die – teilweise kostenpflichtige – Hauszustellung die regelmäßigen Formen des Warenübergangs (rechtlich des „Gefahrenübergangs") an den Kunden.

Im gewerblichen Bereich ist es üblich, differenziertere Regelungen zu treffen:

- Abhängig von der Güterart und -menge sowie dem vorgesehenen Transportmittel werden relativ fein abgestufte Transportklauseln vereinbart. Diese reichen beispielsweise von „ab Lager/ Fabrik/ Werk" (sämtliche Transportkosten trägt der Abnehmer) über „frei/ franko/ frachtfrei Bestimmungsort" (Entladen und Weitertransportieren ab vereinbartem Ort durch den Abnehmer) bis hin zu „frei Haus / Fabrik/ Werk" (Lieferant trägt sämtliche Transportkosten).
- Im internationalen Geschäftsverkehr sind außer der Kombination verschiedener Verkehrsträger (Bahn-, LKW-, Schiffstransporte) auch Zölle und Versicherungen zu berücksichtigen. Mit den INCOTERMS (International Commercial Terms) steht hierfür ein weltweit anerkannter Katalog zur Verfügung, mit dem der Umfang einer Lieferverpflichtung exakt definiert werden kann. Beispiele dazu sind „EXW = Ex Works" (ab Werk, wie oben), „FOB = Free on Board" (Versender liefert frei an Bord im Verschiffungshafen), „CIF = Cost, Insurance and Freight" (Versender trägt Kosten, Versicherung, Fracht bis zum Bestimmungshafen) oder „DDP = Delivered Duty Paid" (verzollt geliefert bis Bestimmungsort).

In den Lieferungsbedingungen eines Unternehmens können auch **Mindestabnahmemengen/ -werte** (vor allem im gewerblichen Warenverkehr sowie im Versandhandel) oder **Höchstabgabemengen** (im Einzelhandel; Abgabe nur in haushaltsüblichen Mengen) verankert sein. Mit der Vorgabe mindestens notwendiger

Abnahmemengen sollen wenig rentable Kleinaufträge möglichst ausgeschlossen werden. Alternativ zur definitiven Mindestmengenfestsetzung können auch – höhere Distributionskosten bei kleinen Aufträgen ausgleichende – **Mindermengenzuschläge** vorgesehen werden. Bei der heute erreichten Käufermarktsituation und dem intensiven Wettbewerb im Handel sind Höchstmengenbegrenzungen kaum noch von Bedeutung. Die Angebotsprospekte werden allenfalls mit dem Hinweis „solange der Vorrat reicht" versehen, und damit gilt das Prinzip „Wer zuerst kommt, mahlt zuerst".

Einen weiteren wichtigen Gegenstandsbereich der Lieferungsbedingungen stellen schließlich die **Umtausch- und Garantieregelungen** dar. Mit den durch das **Schuldrechtsmodernisierungsgesetz** (SchuModG) bewirkten umfangreichen Änderungen des Bürgerlichen Gesetzbuchs liegt hierzu mittlerweile eine umfassende gesetzliche Grundlage vor, auf die wir in F.II.2.e. näher eingehen. Anders als beim vorhergehenden Rechtsstand, bietet sich deren Überschreiten durch zusätzliche, einseitig von (Handels)Unternehmen eingegangene Verpflichtungen gegenüber den Käufern ihrer Leistungen kaum noch an. In betriebswirtschaftlicher Hinsicht bedeutet dies, dass die Einsatzmöglichkeiten von Umtausch- oder Garantieregelungen als Differenzierungsinstrumenten im Wettbewerb bei der großen gesetzlichen Regelungsbreite deutlich abgenommen haben.

Das Gegenstück der Lieferungs-/ Leistungsbedingungen stellen die **Zahlungsbedingungen** dar. Korrespondierend zu den näheren Regelungen des Erbringens einer Leistung durch den Anbieter/ Verkäufer sind hiermit die Modalitäten zu formulieren, nach denen der Kunde/ Käufer seine Gegenleistung zu erfüllen hat.

- Hierbei ist zunächst eine Festlegung der akzeptierten Zahlungsmittel zu treffen (Bargeld, Geldkarte, Electronic Cash sowie Scheck, Überweisung, Lastschrifteinzug – ggf. mit Bestimmung der Währung). Weiterhin hat eine Darlegung der möglichen Zahlungsweisen zu erfolgen (Anzahlung, komplette Vorauszahlung, Gesamtzahlung bei Warenerhalt/ mit Zahlungsfrist, Teilzahlung ab Warenerhalt). Außerdem sind gewährte Abschläge/ geforderte Zuschläge zu spezifizieren (Barzahlungsrabatt, Skonto bei vorfristiger Zahlung, Mahngebühren/ Kreditzinsen bei verspäteter Zahlung).
- Im gewerblichen Bereich ist darüber hinaus festzulegen, wie ein dem Abnehmer laufend gewährter **Lieferantenkredit** abgesichert werden soll (Bonitätsnachweis, Vereinbaren einer maximalen Kreditlinie, eventueller Abschluss einer Kreditrahmenversicherung). Gegenüber neuen – und vor allem im internationalen Warenverkehr schwer einschätzbaren – Geschäftspartnern ist auch das generelle Risiko des Ausfalls einer Forderung zu bedenken. Außer dem oft nicht durchzusetzenden Verlangen nach Vorkasse kann dem durch die Vereinbarung eines Dokumenten-Inkassos (Warenpapiere werden erst nach Zahlung an den Abnehmer ausgehändigt) oder eines Dokumenten-Akkreditivs (Bank des Abnehmers reguliert nach Erhalt der Warenpapiere) vorgebeugt werden.
- Soll die **Inzahlungnahme von Gütern** (wie z.B. von PKWs/ LKWs in der Kraftfahrzeugbranche) möglich sein, dann sind deren nähere Umstände ebenfalls in die Zahlungsbedingungen aufzunehmen. Gleiches gilt, wenn es sich bei

einem Vertragsabschluss letztlich um eine in der Form des **Bartergeschäfts** (siehe hierzu E.I.) abgewickelte Warenkompensation handelt.

Zusammen mit weiteren Regelungen – beispielsweise zum Gerichtsort – bilden Lieferungs-/ Leistungs- und Zahlungsbedingungen die Geschäftsbedingungen eines Unternehmens. Als standardisierte Grundlage für Vertragsabschlüsse fungieren diese als **Allgemeine Geschäftsbedingungen**, welche i.d.R. auf der Rückseite von Vertragsangeboten/ Lieferscheinen und Rechnungen – zumindest auszugsweise – wiedergegeben sind. Bei deren Abfassung sind die §§ 305-310 BGB (Gestaltung rechtsgeschäftlicher Schuldverhältnisse durch Allgemeine Geschäftsbedingungen) zu beachten. Vor allem im Dienstleistungsbereich haben die Allgemeinen Geschäftsbedingungen häufig eine branchen- oder verbandsweit verbindliche Gültigkeit – so z.B. im Touristik-, Bank- und Versicherungsgewerbe. Die oft umfangreichen und in Broschürenform gefassten Regelungswerke werden hier den Kunden bei Aufnahme einer Geschäftsbeziehung übergeben. Von Allgemeinen Geschäftsbedingungen ist dann nicht zu sprechen, wenn sämtliche Bedingungen zwischen den Vertragsparteien frei ausgehandelt werden.

Die gesonderte Abfassung von **Kreditierungs-/ Finanzierungsbedingungen** ist notwendig, wenn den aktuellen oder potenziellen Nachfragern mit dem Ziel einer „Kauferleichterung" oder einer längerfristigen Kundenbindung Kredite eingeräumt oder vermittelt werden sollen. Dies kann als Absatzgüter- oder als Absatzgeldkredit geschehen:

- **Absatzgüterkredite** stehen in direkter Verbindung mit der Abnahme von Waren oder Dienstleistungen durch den Nachfrager. Bei den Zahlungsbedingungen bereits über die Teilzahlungsmöglichkeit angesprochen, liegt hier eine Kreditierung des Kaufpreises vor. Diese kann auch in der Art vorgenommen werden, dass bei sofortiger Mitnahme/ Lieferung der Ware deren Bezahlung erst zu/ ab einem zukünftigen Termin von beispielsweise drei oder auch sechs Monaten später fällig wird. Man spricht dann von so genannten Valutageschäften, da die Wertstellung des Kaufpreises erst zu dem vereinbarten späteren Termin erfolgt (valutieren = Festsetzen eines Zeitpunkts für das Bewirken einer Leistung).
  Beim heute auch im Privatbereich – z.B. bei PKWs – oft üblichen **Leasing** leistet der Kunde (ggf. durch Inzahlunggabe seines bisherigen Fahrzeugs) eine Anzahlung, und danach werden über einen festgelegten Zeitraum monatliche Raten als Nutzungs- respektive Wertminderungsentgelte fällig. Wenn der Kunde nach deren Ablauf das Fahrzeug zum kalkulierten Restwert kauft – und nicht lediglich zurückgibt, was dann einem Vermietungsgeschäft entspräche, so stellt auch dieses eine Form der Absatzkreditierung dar. Als rein finanzierungsbedingte Kosten werden hierbei häufig sehr niedrige Zinsen angesetzt, welche unter den banküblichen Sätzen liegen. So kann diese Kaufpreisstreckung für den Käufer eine durchaus rentierliche Alternative zum sofortigen Kauf eines neuen PKWs darstellen. Als eventuelle Risiken verbleiben allerdings die Restwertkalkulation, die dabei einzuhaltende jährliche Höchstfahrleistung, die notwendige Vollversicherung des Fahrzeugs und der Eigentumsübergang erst bei der abschließenden Restzahlung.

- **Absatzgeldkredite** sind weitgehend losgelöst von einem Warenbezug oder einer Dienstleistungsnahme; ihre Grundlage bildet die – meist längerfristige – Geschäftsbeziehung zwischen Unternehmen und Kunde.
  Mit dem Ziel einer Stabilisierung von Lieferbeziehungen kommt es insbesondere im gewerblichen Bereich vor, dass den Abnehmerunternehmen finanzielle Mittel gewährt werden, welche die bloße Kreditierung von Waren überschreiten. Exemplarisch hierzu sind zum einen zweckgebundene Kredite zu nennen, wie sie etwa von Brauereien/ Getränkegroßhändlern ihren Kunden regelmäßig zur Einrichtung/ Ausstattung von Gaststätten gewährt werden. Zum anderen sind zweckfreie Überbrückungskredite an Abnehmer mit kurzfristigen Finanzengpässen in der gewerblichen Wirtschaft nicht ungewöhnlich. Auch im Privatbereich ist beispielsweise mit Kreditkarten, welche von herstellereigenen Bankinstituten ausgegeben werden (z.B. VW Card, DAIMLERCHRYSLER Card), die Einräumung von Absatzgeldkrediten verbunden.

Die vorstehenden Ausführungen lassen erkennen, dass auch über eine zielgruppengerechte Gestaltung der Lieferungs-, Zahlungs- und der Kreditierungs-/ Finanzierungsbedingungen **akquisitorisches Potenzial** eines Unternehmens aufgebaut werden kann. Über die juristischen Aspekte eines Vertragsverhältnisses hinaus ist es hiermit möglich, die Begleitumstände eines Waren- oder Dienstleistungserwerbs so abnehmer-/ kundenfreundlich wie im Wettbewerb erforderlich zu gestalten. Dies gilt vor allem bei einer freien Aushandlung aller Einzelkonditionen, aber auch im Zusammenhang mit dem Erlassen Allgemeiner Geschäftsbedingungen ist es möglich, hierbei Alleinstellungsmerkmale gegenüber Konkurrenten „einzubauen“. Das Differenzierungspotenzial Allgemeiner Geschäftsbedingungen schwindet allerdings dann gegen Null, wenn diese – wie erwähnt – eine branchen- oder verbandsweite Gültigkeit besitzen oder wenn bereits ein umfassender gesetzlicher Regelungsumfang gegeben ist.

### d. Kommunikations-Mix

Mit den vorausgegangenen Erläuterungen zu den übergeordneten Wertschöpfungsprozessen Unternehmensentwicklung/ -planung und Marketing ist der strategische Grundansatz für ein nachhaltiges Sichern von Erfolg, Fortbestand und Wachstum des eigenen Unternehmens in wettbewerbsintensiven Märkten deutlich geworden: Er besteht darin, über ein laufendes Ausbalancieren von Markt- und Ressourcenorientierung den Abnehmern/ Kunden ständig bedürfnisaktuelle Unique Customer Value Propositions (UCVPs) als einzigartige Leistungsversprechen/ -angebote mit einem hohen Kundenwert zu unterbreiten, die sich für die jeweilige Zielgruppe erkennbar/ wahrnehmbar von Konkurrenzangeboten unterscheiden.

Bei intensivem Wettbewerb ringen immer mehrere Unternehmen um die Gunst der Kunden, und damit ergibt sich für die Anbieter die zwingende Notwendigkeit, die Nachfrager über das eigene Marktleistungsangebot sowie auch über das Unternehmen im Ganzen zu informieren. Von alleine wird in Käufermärkten der Absatz von Produkten oder Dienstleistungen nicht funktionieren. Dies gilt auch für die zum Kontrahierungs-Mix erläuterte Sonderform des monopolistischen Wettbewerbs. Das akquisitorische Potenzial, welches einen bereichsweise geltenden Preissetzungsspielraum eröffnet, muss zuerst aufgebaut und dann fortwährend gegen die Mitbewerber verteidigt werden. Das Erreichen und Absichern von Markterfolgen setzt bei den heute i.d.R. kurzen Produkt-, Technologie- und Marktlebenszyklen also voraus, dass sich ein Unternehmen den aktuellen und potenziellen Abnehmern/ Kunden sowie auch den weiteren externen Interessen- und internen Kerngruppen (siehe hierzu C.I.) im Hinblick auf seine Marktleistungen und -aktivitäten fortwährend mitteilt. Hiermit ist die **Grundbedeutung von Kommunikation** angesprochen; der Begriff stammt vom lateinischen „communicatio", was Mitteilung bedeutet.

Dabei ist auch noch einmal nachzuvollziehen, dass für ein Zustandekommen von Markttransaktionen (im Regelfall Realgüter der Anbieter gegen Nominalgüter der Nachfrager) Informationen zu/ von beiden Marktseiten erforderlich sind. Aus einer generellen Perspektive sind wir hierauf in B.I. und E.I. eingegangen. Und für die Anbieter-Nachfrager-Beziehung ist mit der Eingangsabbildung F-II-10 zum Marketing zusammengefasst, dass die wettbewerbsrelevanten Parameter des Kundennutzens/ -vorteils sowie die darauf aufbauenden Kategorien der Kundenzufriedenheit, -loyalität und -bindung nur auf der Grundlage einer fundierten Kenntnis der Kundenbedürfnisse und -anforderungen gestaltet werden können. Das Erfassen und Abbilden der hiermit angesprochenen abnehmer-/ kunden- und interessengruppenbezogenen Informationsstränge der unternehmerischen Leistungserstellung ist durch die Unternehmensplanung und das Marketing zu steuern und insbesondere durch die Marktforschung (siehe hierzu bereits A.I.5. sowie F.III.5.) umzusetzen.

Das Gegenstück hierzu und somit die Gestaltung und Koordination aller abnehmer-/ kunden- und interessengruppengerichteten Informationsströme bildet den generellen Gegenstandsbereich der Kommunikationspolitik eines Unternehmens. Unter der in Käufermarktsituationen notwendigen Marktorientierten Unternehmensführung werden diese Aufgaben im Marketing als übergeordnetem Steuerungsprozess gebündelt. Der hiermit befasste absatzpolitische Instrumentalbereich ist das Kommunikations-Mix. Dieses kann bildhaft als „Sprachrohr des Marketing" respektive generell der Markt- und Ressourcenorientierten Unternehmensführung bezeichnet werden.

Im Rahmen des Kommunikations-Mix ist eine **integrierte Unternehmenskommunikation** zu konzipieren und umzusetzen, welche das bewusste Gestalten und Abstimmen aller Informationen zum Inhalt hat, die von einem Unternehmen mit dem Zweck der (Kauf-)Verhaltens- und Meinungsbeeinflussung/ -steuerung an Abnehmer/ Kunden und weitere Interessengruppen gerichtet werden. Dies umfasst zum einen Informationen zu den Marktleistungen eines Unternehmens, und zum anderen sind hierbei auch weiter gehende Inhalte zu deren Erstellung und zum Unternehmen als Ganzem zu vermitteln. Mit beiden Schwerpunkten wird das Ziel verfolgt, den externen Unternehmensträger-Gruppen ein abgerundetes, insgesamt positives und Präferenzen schaffendes Bild vom eigenen Unternehmen zu vermitteln.

Schon an dieser Stelle ist darauf hinzuweisen, dass hierbei keine gravierenden Überzeichnungen vorgenommen werden dürfen. Wenn mit dem Kommunikations-

Mix Erwartungen im Unternehmensumfeld geweckt werden, die im direkten Kunden- oder Produktkontakt nicht erfüllt werden können, dann ist von einem Weitervermitteln solcher Negativerlebnisse durch die Käufer auszugehen. Es liegt auf der Hand, dass das Kommunikationskonzept eines Unternehmens – abgesehen von den gesetzlichen Sanktionen – im Fall einer derart dissonanten Umsetzung sehr schnell komplett konterkariert werden kann.

Die Stellung des Kommunikations-Mix innerhalb der absatzpolitischen Instrumentalbereiche (siehe hierzu die Abb. F-II-12) ist ähnlich zentral wie die des Produkt-Mix. Letzteres hat als Basis-Bereich sämtliche Marktleistungen eines Unternehmens zu definieren und näher zu spezifizieren; dafür sind im Kontrahierungs-, Distributions- und Service-Mix zusätzliche Gestaltungsentscheidungen zu treffen. Das **Kommunikations-Mix** bezieht sich dann auf die Gesamtheit aller leistungsbezogenen Festlegungen, welche in geeigneter Form den aktuellen und potenziellen Abnehmern/ Kunden mitzuteilen bzw. nahe zu bringen sind. Kommuniziert werden also Informationen über die Produkte bzw. Dienstleistungen des Unternehmens, die damit verbundenen Preise, Konditionen und Lieferbedingungen, die Arten und Formen des Vertriebs – wie die Produkte also erworben/ gekauft werden können – sowie nicht zuletzt auch die Bestandteile des dabei gebotenen Service. Darüber hinaus umfasst die Kommunikationspolitik auch das Aufbereiten und Übermitteln marktleistungsübergreifender und damit gesamtunternehmensbezogener Informationen. Hierzu zählen z.B. Informationen über umweltschonende Herstellungsverfahren und damit insgesamt die ökologieorientierte Philosophie des Unternehmens sowie über Maßnahmen zur Wahrnehmung seiner sozialen und gesellschaftlichen Verantwortung, wie das Schaffen zusätzlicher Ausbildungsplätze oder die Stärkung der regionalen Wirtschaftskraft.

Das umfangreiche Entscheidungs- und Gestaltungsspektrum einer integrierten Unternehmenskommunikation lässt sich darstellen, indem verschiedene Klassifikationsmerkmale herangezogen und deren unterschiedliche Ausprägungsebenen aufgezeigt werden. Hierbei sind zunächst zwei grundsätzliche Arten der Unternehmenskommunikation zu unterscheiden. Diese werden nachfolgend allgemein gekennzeichnet, und auf dieser Einteilung basierend können zu den generellen Kommunikationsformen dann weitere Erläuterungen folgen. Auf der Basis unserer Abbildung zum Marketing-Pentagon (Abb. F-II-12) sind die wichtigen Parameter der Entscheidungsfelder des Kommunikations-Mix vorab in Abbildung F-II-15 zusammengefasst.

- Die **indirekte Kommunikation** zeichnet sich – der Wortbedeutung entsprechend – dadurch aus, dass es bei der Übermittlung von Informationen zu keinem unmittelbaren Kontakt zwischen dem Absender und dem Empfänger kommt:
  - Dies bedeutet, dass zu verbreitende Sachverhalte zuerst in eine eigenständige Form gebracht werden müssen, womit die sprachliche/ textliche sowie ggf. grafische/ bildhafte Gestaltung des Kommunikationsmittels angesprochen ist. Damit die so umgesetzten Inhalte die Zielperson(en) erreichen können, ist weiterhin ein geeigneter Kommunikationsträger als Übertragungsmedium zu wählen. Bei den Adressaten angekommen, findet vor de-

ren speziellen Verhaltens-, Handlungs- oder Verwendungsbezügen schließlich die Interpretation der erhaltenen/ wahrgenommenen Mitteilung statt.

- ***Indirekte (Massen)Kommunikation***
  - ↳ **Informationstheoretischer Kommunikationsprozess**
  - ↳ **Kommunikationsmittel und –träger**
    - ↳ **(Media)Werbung**
      **Außenwerbung – Printwerbung – Rundfunkwerbung – Werbeclips**
  - ↳ **Verkaufsförderung/ Sales Promotions (SP)**
    **Staff-/ Channel-/ Consumer-Promotions**
  - ↳ **Öffentlichkeitsarbeit/ Public Relations (PR)**
  - ↳ **Sponsoring**
- ***Unmittelbare Kommunikation im Direkt-/ Dialog-Marketing***
  - ↳ **Persönliche Kommunikation**
  - ↳ **Traditionelle Direktwerbeformen**
    - ↳ **Direct Mailings – Kataloge – Coupon-Anzeigen**
  - ↳ **Moderne Kommunikationsformen des Direkt-/ Dialog-Marketings**
    - ↳ **Telefon-Marketing**
    - ↳ **Multimedia-Anwendungen**
      **Videotelefonie – Videokonferenzen – Internet – Home Shoppimg – UMTS – Offline-Maßnahmen**
  - ↳ **Messen und Ausstellungen**
  - ↳ **Event-Marketing**
- ***Marke/ Image***
  - ↳ **Markenstrategien und Markenführung**
  - ↳ **Image einer Marke/ eines Unternehmens**

***Kommunikations-Mix***

**Abb. F-II-15:** Wichtige Parameter der Entscheidungsfelder des Kommunikations-Mix

- Hiermit ist der im Jahr 1949 zuerst von CLAUDE E. SHANNON (1916 – 2001) und WARREN WEAVER (1898 – 1978) dargestellte allgemeine **informationstheoretische Kommunikationsprozess** umschrieben:
  * Der Sender einer Nachricht muss dieser im ersten Schritt eine eigene Gestalt geben (verschlüsseln, codieren).
  * Der zweite Schritt besteht darin, diese Botschaft über den Kommunikationskanal in die Sphäre des oder der Empfänger zu bringen (übertragen).

* Unabhängig von den Zielen und Intentionen des Absenders einer Nachricht wird der gewählten Form dann im dritten Schritt vom Empfänger ein aus seiner Sicht maßgeblicher Bedeutungsgehalt zugewiesen (entschlüsseln, decodieren).

Erst vor dem jeweils spezifischen Empfängerhorizont entscheidet sich also die Qualität einer Nachricht als Information bzw. entwickelt sich die Nachricht zur Information. Hiervon ist dann zu sprechen, wenn beim Empfänger ein entscheidungsrelevanter – und bewusster – Wissenszuwachs eintritt (siehe hierzu E.I.).
Unmittelbar einsichtig ist, dass bei der zweifach notwendigen Übersetzung zu vermittelnder Inhalte in das respektive aus dem Kommunikationsmittel und dessen Übertragung in der Transmissionsphase eine ganze Reihe von Kommunikationsstörungen auftreten können. In F.III.5. kommen wir hierauf zurück.

- Das Gegenstück zur vorstehend charakterisierten Art bildet die **direkte Kommunikation**; diese liegt vor, wenn der Austausch von Mitteilungen in einem unmittelbaren Kontakt der beteiligten Personen geschieht:
  - Der Hauptvorteil der direkten Kommunikation liegt darin, dass im gewählten Kommunikationskanal ein zweiseitiger (bidirektionaler) Nachrichten-/ Informationsaustausch möglich ist.
  - Dies kann außer über **persönliche Kontakte** (Face-to-Face-Kommunikation) auch dadurch erreicht, zumindest aber angestrebt werden, dass für Meinungsäußerungen der Mitteilungsempfänger die Benutzung eines Rückkanals so einfach wie möglich gestaltet wird.
  - Hierdurch ist das seit den 80er Jahren verstärkt eingesetzte **Konzept des Direktmarketing** gekennzeichnet. Mit einer immer häufigeren unmittelbaren Ansprache der aktuellen und potenziellen Abnehmer wird das Ziel einer Effektivitätssteigerung in der Kundenbetreuung und Neukundengewinnung verfolgt. Das zentrale Mittel besteht darin, in einen echten Dialog mit den Kunden zu treten, bei welchem direkte Reaktionen als Response vorgenommen werden können. Dabei kommt zum einen die sofortige Auslösung einer Bestellung und Auslieferung durch/ an den Kunden in Betracht, und zum anderen kann diesem die Möglichkeit gegeben werden, gezielt erfragte – oder auch frei geäußerte – Erfahrungen/ Meinungen zum Unternehmen, seinen Marktleistungen und den bisherigen Kauferlebnissen wiederzugeben. Auf diese Weise sind wertvolle und ursprüngliche Informationen für den zukünftigen Marktauftritt eines Unternehmens und die Gestaltung seiner Produkte/ Dienstleistungen zu gewinnen.
  - Zur Zeit der **Entstehung des Direktmarketing-Konzepts** war die Marktbearbeitung in den Unternehmen noch überwiegend auf anonyme Massenmärkte respektive Marktsegmente gerichtet, und somit kam ihm bezogen auf die Kontakte mit den einzelnen Zielgruppen eine ergänzende und vertiefende Funktion zu. Die aktuelle sechste Entwicklungsstufe des Marketing/ der Marktorientierten Unternehmensführung ist durch ein **umfassendes Re-**

**lationshipmanagement** gekennzeichnet, und dabei hat das Direktmarketing als Basiskonzept einen ganz zentralen Stellenwert. Bei dem heute konstitutiven Ansatz des **One-to-One-Marketing** der einzelkundenorientierten Ausrichtung aller Marktaktivitäten und seiner Fokussierung auf spezielle Problemlösungen in Ein-Personen-Segmenten (Customizing) ist das Führen individueller Kundendialoge zur unabdingbaren Voraussetzung geworden. Hinausgehend über die Kontakte zwischen Unternehmen im mehrstufigen Wertschöpfungsverbund (Business-to-Business) beziehen sich diese jetzt insbesondere auch auf die privaten Endkonsumenten (Business-to-Customer).

In welchen generellen Formen kann die Kommunikation eines Unternehmens mit seinen Abnehmern/ Kunden/ Interessengruppen geführt werden? Mit dieser Frage kommen wir zu den realen Alternativen bei dem Gestalten und der Auswahl von **Kommunikationsmitteln und -trägern**. In einer schwerpunktbezogenen Zuordnung unterscheiden wir hierbei

- (Media)Werbung – Verkaufsförderung/ Sales Promotion –Öffentlichkeitsarbeit/ Public Relations – Sponsoring als Formen der indirekten (Massen)Kommunikation von
- persönlicher Kommunikation – traditionellen und modernen Formen einer direkten Kundenansprache – Messen und Ausstellungen – Event-Marketing als Formen der unmittelbaren Kommunikation im Direkt-/ Dialog-Marketing.

**Formen der indirekten Kommunikation**

Die **indirekten (Massen)Kommunikationsformen** sind wie folgt zu erläutern:

Bei der **Werbung** als dem klassischerweise wichtigsten Instrument zur Beeinflussung oder Steuerung des (Kauf-)Verhaltens von Abnehmern/ Kunden steht die Übermittlung von Informationen zu den Marktleistungen und deren Marketing-Mix-Gestaltung – also Eigenschaften, Preise, Erhältlichkeiten und Serviceausstattungen von Produkten und Dienstleistungen – im Vordergrund. Mit der alternativ gebräuchlichen Bezeichnung als Mediawerbung wird deren indirekter, ein Übertragungsmedium erfordernder Charakter im Begriff herausgestellt.

Zu den **Werbemitteln** kann eine Eingangsunterscheidung nach ihrer Grundform getroffen werden: Dabei wird darauf abgehoben, ob die Werbebotschaft ausschließlich textlich, ggf. grafisch/ bildhaft visualisiert oder zusätzlich audio-visuell (hörbar/ hör- und sehbar) umgesetzt wird. Diesen Grundformen können folgende Werbemittel zugeordnet werden, und damit ergibt sich zugleich die Art des **Werbeträgers** als dem Vehikel der Werbebotschaft:

- Eine vorwiegend textliche, durch Bildelemente (bspw. Logos) unterstützte Gestaltung findet sich im Bereich der so genannten **Außenwerbung**. Dazu zählen unter anderem (Leucht)Schriften an Gebäuden, Plakate an dafür vorgesehenen Wänden/ Säulen/ Schaukästen (z.B. ÖPNV-Haltestellen), die Nutzung von Fahrzeugflächen zu Werbezwecken (PKW, LKW, Bus, Straßenbahn, aber auch

eigens eingesetzte Fessel- oder Heißluftballons, Zeppeline sowie Flugzeuge mit Werbeschleppe) oder die Bandenwerbung in Sportstadien.
Wir sprechen diese Werbeformen zuerst an, weil hier Werbemittel und Werbeträger gewissermaßen zusammenfallen. Zwar werden insbesondere Plakate und Bandenaufschriften vorproduziert und nach den Anforderungen der Auftraggeber zeitbegrenzt platziert. Dabei bilden dann aber Werbemittel und Werbeträger komplette Einheiten, welche in einer stationären Anbringung darauf warten, von den Zielpersonen wahrgenommen zu werden. Bei beweglichen Werbeflächen ist das nur graduell anders: Der Ort der Darbietung einer Werbebotschaft wechselt zwar regelmäßig, diese wird dann aber ebenfalls weitgehend undifferenziert an alle im jeweiligen Moment anwesenden/ erreichbaren Individuen gerichtet. Das grundlegende Marketing-Prinzip einer differenzierten Marktbearbeitung kann mit dieser Werbeform also nicht ausreichend umgesetzt werden, in integrierten Kommunikationskonzepten kommt ihr von daher lediglich eine Unterstützungsfunktion zu.

- Als kombinierte Form für textlich sowie grafisch/ bildhaft gestaltete Werbebotschaften finden vor allem **Anzeigen** (oder Anzeigenbeilagen) in Printmedien Einsatz. Damit ist zugleich die Palette möglicher Werbeträger angesprochen; sie reicht von Tageszeitungen über periodisch (wöchentlich, vierzehntägig, monatlich, vierteljährlich) erscheinende Publikums-/ Fachzeitschriften bis hin zu fallweise mit speziellem Themenbezug herausgegebenen Schriften sowie halbjährlich oder jährlich aufgelegten Informationsmedien (z.B. Telefon-/ Adress-/ Kursbücher). Wegen der Möglichkeit, darin eine Anzeige/ Beilage schalten zu können, werden diese zusammengenommen als Insertionsmedien bezeichnet. Unter diesen Begriff fallen auch die Agenturen, welche die angesprochenen Werbeflächen im öffentlichen Raum vermarkten.
  Mit dem weiter reichenden, jetzt das Werbemittel betreffenden Begriff der **Printwerbung** werden zusätzlich noch andere Drucksachen, wie Kataloge, Prospekte und Handzettel umgriffen, welche von den Adressaten mitgenommen werden oder die diesen per Verteiler/ auf dem Postweg (ggf. auch als Beilage zum Schriftverkehr mit Kunden) zugestellt werden können.
  Zur Nutzung von Printmedien liegen detaillierte Informationen vor, welche außer von einzelnen Zeitungs-/ Zeitschriftenverlagen auch von übergeordneten Branchenverbänden oder unabhängigen Forschungsinstituten regelmäßig erhoben werden. Damit kann für die mit einer Werbeanzeige anzusprechende Zielgruppe relativ genau der passende Werbeträger ermittelt werden (Mediaselektion). Das Risiko von Streuverlusten bei der Verbreitung einer Anzeige als spezifischem Werbemittel kann dadurch erheblich gemildert werden. Einen Überblick zu den allgemeinen Anforderungen bei der Gestaltung von Werbemitteln geben wir bei der Behandlung des direkten Wertschöpfungsprozesses Absatz/ Vertrieb in F.III.5.
- Gesprochene, ggf. vertonte Werbetexte (Hörfunkspots) und audio-visuell produzierte Werbeclips (Fernsehspots) sind zu einer Verbreitung in der elektronischen Medienwerbung vorgesehen.
  Bei der **Rundfunkwerbung** ist i.d.R. eine mehrfach tägliche Ausstrahlung des Werbetrailers zweckmäßig. Durch diese Wiederholungen kann angesichts der

häufig üblichen Gewohnheit von Konsumenten, ein Radio zur Hintergrundunterhaltung – zuhause oder im Auto – eingeschaltet zu haben, das Erreichen der gewünschten Werbewirkung unterstützt werden. Andererseits werden aber nur wenige Personen – vor allem auch tätigkeits-/ berufsbedingt – den ganzen Tag über Radio hören, und so sind mit der wiederholten Ausstrahlung teilweise unterschiedliche Zielgruppen zu erreichen.

Wenn bereits eine in Bild und Text aufwändig gestaltete Werbekampagne in Printmedien – und hier insbesondere in den Hochglanzformaten von Zeitschriften – ein hohes Potenzial zu einer auch emotionalen Ansprache der Zielpersonen bietet, so ist dieses bei den bewegten Bildern der **Werbeclips** noch einmal höher zu werten. Im Vergleich zu den vorgenannten Werbemitteln sind hier vielschichtige Gestaltungsmöglichkeiten gegeben. Damit verbunden sind die Anforderungen zu deren Aufmachung aber auch am höchsten. Bei dem heute grafisch, filmisch und textlich hohen Niveau wird ein unprofessionell gemachter Fernsehspot bei den Zuschauern „gnadenlos durchfallen". Im noch günstigsten Fall wird er nicht beachtet werden. Eher ist aber damit zu rechnen, dass das beworbene Produkt und seine Herstellerfirma schnell eine „sehr schlechte Propaganda" bekommen.

Wie bereits für die Printmedien angesprochen, erfolgt auch die Schaltung von Hörfunk- und Fernsehspots auf der Grundlage gesicherter Daten zum Mediennutzungsverhalten der Zuhörer und Zuschauer. Während die Fernsehwerbung – trotz des Aufkommens von Lokalprogrammen – vor allem überregional eingesetzt wird, bieten die in den letzten Jahren zahlreich entstandenen und vom Publikum gut angenommenen regionalen Rundfunksender eine vergleichsweise kostengünstige Möglichkeit zur Durchführung geografisch begrenzter Funkwerbekampagnen.

Eine Kommunikationspolitik, welche sich auf die vorstehend beschriebenen Formen der Mediawerbung beschränkt, ist speziell in wettbewerbsintensiven Konsumgütermärkten häufig nicht ausreichend dazu, bei den Konsumenten definitive Kaufentschlüsse und -handlungen auszulösen. Die hohe Werbekonkurrenz von Herstellern und Händlern hat oft ein teilweises Verpuffen des Aktivierungspotenzials der Werbebotschaften bereits in den endkundenbezogenen Kommunikationskanälen zur Folge, und mittelmäßig gestaltete Werbemittel können sich nicht selten sogar vollständig gegenseitig neutralisieren. Wenn also mit der Werbung heute vielfach lediglich eine generelle Aufmerksamkeit gegenüber Marktleistungen und deren Hersteller- oder Händlerunternehmen geweckt bzw. aufrechterhalten werden kann, dann sind für eine erfolgreiche Vermarktung von Produkten oder Dienstleistungen den Konsumenten weitere Kaufanreize kurz vor der Kaufentscheidung zu bieten und zu kommunizieren.

In einer Ergänzung respektive Verlängerung des werblichen Medienauftritts von Unternehmen können zum Erreichen der Zielsetzung, latenten Kaufentscheidungen finale Impulse zu geben sowie hierbei eventuell bestehende Dissonanzen (siehe dazu A.II.1.) zu reduzieren, eine ganze Reihe von Maßnahmen eingesetzt werden, und dafür hat sich der Begriff der **Verkaufsförderung (Sales Promotion)** eingebürgert.

Mit den einzelnen Verkaufsförderungsaktivitäten sind i.d.R. produkt-, preis-, distributions- und servicepolitische Durchführungsentscheidungen verbunden. Wie eingangs zum Kommunikations-Mix allgemein herausgestellt wurde, sind jetzt auch solche, auf eine unmittelbare Förderung des Unternehmensabsatzes gerichteten Aktionen zusammenzufassen und in geeigneter Form den – in diesem Fall mehreren – beteiligten Personenkreisen darzustellen. Wenn unter der Bezeichnung Verkaufsförderung also Maßnahmen aus anderen Mix-Bereichen gemeinsam innerhalb des Kommunikations-Mix behandelt werden, dann folgt dies letztlich dem vermittelnden Charakter der Kommunikationspolitik. In der praktischen Gestaltung besteht damit zusätzlich die Möglichkeit, geschlossene und aufeinander abgestimmte Gesamtkonzepte zu entwickeln und umzusetzen.

Das im Vergleich zur Werbung eher kurzfristige Bemühen, Absatzwiderstände in den Vertriebskanälen eines Unternehmens zu überwinden, erfordert ein mehrstufiges Vorgehen. Dem entsprechend lassen sich drei Gruppen von Aktivitäten der Verkaufsförderung unterscheiden, und damit werden die absatzstimulierenden Maßnahmen – wie vorstehend erwähnt – nach ihrem Ansetzen bei unterschiedlichen Adressatenkreisen eingeteilt:

- Ein erster Ansatzpunkt zur Förderung des Abverkaufs der Marktleistungen eines Unternehmens besteht darin, dass die Effizienz der eigenen Absatzorgane erhöht respektive auf einem erreichten hohen Niveau gehalten wird. Maßnahmen in dieser Richtung werden als **verkaufspersonalorientierte Verkaufsförderung (Staff Promotions)** bezeichnet.
  Hierzu rechnen beispielsweise Schulungs-, Informations- und Weiterbildungsveranstaltungen für den Außendienst/ die Mitarbeiter mit direktem Kundenkontakt sowie deren Ausstattung mit Verkaufshilfen (Verkaufshandbücher sowie Kundenflyer zu Produkten und zum Unternehmen; kleinere Werbegeschenke als Give-Aways, wie Schreibgeräte oder Feuerzeuge). Auch motivationssteigernde Außendienst-/ Verkaufswettbewerbe sind dieser Gruppe zuzuordnen. Dabei werden meistens attraktive Prämien, wie z.B. Reisen, höherwertige Konsumgüter oder Einkaufsgutscheine, ab einem bestimmten Umsatz oder für den höchsten Umsatz aller Mitarbeiter zusätzlich zur provisionsbasierten Leistungsentlohnung gewährt.
- Wenn beim Absatz der Marktleistungen an die Endabnehmer Handelsunternehmen zwischengeschaltet sind (indirekter Absatz; siehe hierzu F.II.2.e.), dann stellen diese in den Vertriebskanälen eines Unternehmens nachgelagerten Stufen die Anknüpfungspunkte für eine weitere Gruppe von Verkaufsförderungsmaßnahmen dar. Damit ist die **handelsorientierte Verkaufsförderung (Channel Promotions)** angesprochen, innerhalb derer zwei generelle Vorgehensweisen zu kombinieren sind:
  Zunächst kommt es darauf an, für die eigenen Marktleistungen die wichtigen Handelsunternehmen als Absatzmittler überhaupt gewinnen zu können. Hierzu sind i.d.R. finanzielle Anreize, wie Listungsprämien, Einführungsrabatte oder die bereits beim Kontrahierungs-Mix angeführten Werbekostenzuschüsse (WKZ) einzusetzen. Ihrer türöffnenden Funktion entsprechend werden solche

Herstelleraktivitäten unter den Begriff der „Hineinverkaufsmaßnahmen" (Sell In) gefasst.

Bei den in Käufermärkten grundsätzlich hohen Absatzwiderständen reichen diese klassischen Dealer Promotions den Absatzmittlern allerdings meistens nicht aus, so dass von den Herstellerunternehmen zusätzliche „Hinausverkaufsmaßnahmen" (Sell Out) zu ergreifen sind. Der Handel ist jetzt also direkt beim Abverkauf der Produkte des eigenen Unternehmens zu unterstützen, was auch als **Merchandising** bezeichnet wird. Hierzu ist mittlerweile der Einsatz einer breiten Palette von Maßnahmen üblich: So können Produkt- und Verkaufsschulungen für Handelsmitarbeiter veranstaltet sowie für diese auch Preisausschreiben oder verkaufserfolgsabhängige Wettbewerbe ausgelobt werden. Weiterhin sind das Bereitstellen speziellen Display-Materials für die Produktpräsentation auf Regal- oder Sonderplätzen sowie die Durchführung von Verkostungsaktionen respektive Produktpräsentationen durch Herstellermitarbeiter zu nennen. Und schließlich reicht diese Form der handelsorientierten Verkaufsförderung bis hin zur – ebenfalls schon im Zusammenhang mit Händler-Rabatten beim Kontrahierungs-Mix behandelten – kompletten Übernahme der Regalpflege.

- Die dritte Maßnahmengruppe der **konsumentenorientierten Verkaufsförderung (Consumer Promotions)** richtet sich unter der Zielsetzung des Vermittelns von Marktleistungsinformationen, des Auslösens spontaner Käufe sowie einer dabei angestrebten weiter reichenden Bindungswirkung direkt an die Abnehmer/ Kunden der eigenen Produkte oder Dienstleistungen. Auch hier ist eine prinzipielle Unterscheidung zu treffen.

  Mit **preisorientierten Consumer Promotions** (Price Deals) werden den Käufern einer Leistung geldmäßige Vorteile geboten:

  - Dazu rechnet zum einen die Gewährung von Nachlässen, wie bei der preisreduzierten Abgabe von Sonderangeboten oder dem Einräumen von Einführungs- bzw. Treuerabatten (siehe dazu auch F.II.2.c.).
  - Zum anderen kommen vielfach kombinierte Preis-Mengen-Aktionen zum Einsatz. So werden die Packungen von Schüttgütern, wie etwa Waschmitteln, vorübergehend mit einem Mehrinhalt (von 10%, 20%, 25% etc.) zum Preis der Standardpackungsgröße abgegeben oder der Käufer erhält bei Abnahme einer bestimmten Produktmenge kostenlose Zusatzeinheiten (z.B. zwei Gratisflaschen pro Kiste Bier). Eine weitere Variante besteht darin, dass die Preissetzung auf eine niedrigere Menge bezogen wird, wie bei Aktionen der Art „Buy One – Get One Free" (BOGOF) respektive „Two for One" (241). Mit solchen Maßnahmen kann ein zweifacher Effekt erzielt werden: Zum einen ergeben sich für die Kunden niedrigere Preise pro Stück oder pro Mengeneinheit, und zum anderen kann sich bei der höheren Kaufmenge durchaus ein Produktgewöhnungseffekt einstellen, aus dem heraus beim nächsten Bedarfszeitpunkt wieder auf dieselbe Marktleistung zurückgegriffen wird.
  - Bei den vorgenannten Verkaufsförderungsmaßnahmen kann eine Feinsteuerung dadurch erfolgen, dass sie an die Einreichung vom (Handels)Unter-

nehmen ausgegebener Gutscheine gekoppelt werden. Damit ist das in seiner Bedeutung mehr und mehr zunehmende Kommunikationsinstrument des **Couponing** angesprochen. Dem Bereich des Direktmarketing entstammend, findet dieses inzwischen auch vermehrt im Rahmen der indirekten Unternehmenskommunikation Anwendung. So ist es häufig üblich, produkt-/ sortimentsgebundene Rabatt Coupons (Cash Coupons) oder Warengutscheine des erwähnten „Buy One – Get One Free"-Charakters (Free Offer Coupons) in Printmedien-Anzeigen einzubauen; die damit versprochenen preisgeminderten Leistungen bekommt der Kunde dann gegen Vorlage des ausgeschnittenen Coupons (pro Gutschein also einmalig). Die weiteren Formen der Einkaufsgutscheine (Shopping Coupons; produktunabhängig bei einem künftigen Einkauf von der Gesamtkaufsumme abzusetzen) sowie der (Sammel-)Treuecoupons (abhängig von der Kaufsumme oder -menge) werden dagegen nachkaufbezogen ausgereicht.

- Als **Self Liquidating Offers (SLOs)** werden attraktive Angebote bezeichnet, welche den Kunden zu sehr günstigen, oft nur kostendeckenden Preisen außerhalb des regulären Produktsortiments unterbreitet werden. Die hiermit verfolgte Absicht besteht in einem Anlocken von Kunden, welche dann aber auch möglichst die Primärleistungen eines (Handels)Unternehmens erwerben sollen. In dieser Weise sind in den 70er Jahren vor allem die Kaffeefilialgeschäfte (z.B. die heute im TCHIBO-Konzern vereinten Marken TCHIBO und EDUSCHO) vorgegangen. Aus dem damaligen Zusatzangebot von wenigen ausgewählten Gebrauchsartikeln ist bei TCHIBO mittlerweile eine umsatzstarke eigenständige Sparte entstanden. Deren Angebote werden außer über die TCHIBO-Shops und die Verkaufsflächen in Lebensmittelmärkten durch derzeit fünf virtuelle Filialen im Internet (Deutschland, Österreich, Schweiz, Großbritannien, Niederlande) vermarktet. Unter dem Slogan „Jede Woche eine neue Welt" offeriert TCHIBO seinen Kunden im wöchentlichen Wechsel ein thematisch aufeinander abgestimmtes Angebot von ca. 15 Artikeln. Deren Bandbreite reicht von den Bereichen Essen und Trinken über Wäsche- und Elektronikprodukte (Markenname TCM) bis hin zu Reisevermittlungen, Mobilfunkangeboten und Finanzdienstleistungen (Versicherungen und Kredite). Als Ergebnis einer Diversifikationsstrategie kann sich TCHIBO heute als einer der europaweit führenden Anbieter von Kaffee und Non-Food-Produkten bezeichnen. Letztere tragen – auch auf den Internet-Auftritt gerechnet – erheblich zum Unternehmensgewinn bei, und zwar mehr als der Verkauf von Kaffee. Bei dieser Sachlage ist dann nicht mehr von Self Liquidating Offers zu sprechen.

Wenn die konsumentenorientierte Verkaufsförderung ausschließlich an den Endverbraucherpreisen ansetzt, dann ist damit die Gefahr verbunden, dass es zu einer mittelfristigen Preiserosion kommt: Die Kunden warten regelmäßig auf die nächste preisbezogene Aktion, so dass zum regulären Preis nur noch vergleichsweise niedrige Mengen abgesetzt werden können. Darüber hinaus sind preisorientierte Verkaufsförderungsmaßnahmen auch teilweise inkompatibel mit dem gewählten Ansatz der strategischen Preispositionierung (siehe dazu

F.II.2.c.). Der massive Einsatz preislicher Verkaufsförderungsaktionen führt letztlich zur Verwässerung sowohl einer Hoch- als auch einer Niedrigpreisstrategie. In beiden Fällen wird die Verankerung eines vor allem über die Preise in den Käufervorstellungen aufzubauenden Bildes über die Marktleistung – also des Produkt-/ Marken- und Unternehmensimage – durch häufige Preisreduktionen erheblich behindert: Bei einer Hochpreisstrategie werden so Zweifel an der – grund- oder zusatznutzenbezogenen – Werthaltigkeit der Produkte geweckt, während eine Strategie dauerhaft niedrigpreisiger Güter kaum glaubhaft zu proklamieren ist, wenn das Unternehmen diese des Öfteren nochmals unterbietet. Zum Vermeiden solcher Dissonanzen, bzw. wenn aus Wettbewerbsgründen nicht genügend große Spielräume für kurzfristige Preisvariationen bestehen, ist auf den Einsatz **nicht-preisorientierter Consumer Promotions** (Non-Price Deals) zurückzugreifen:

- Mit dem Angebot einer problemlosen Warenrücknahme bei Nicht-Gefallen gehört zu dieser Untergruppe zunächst insgesamt das schnelle und kulante Management der von Kunden geäußerten Probleme, Beschwerden und Reklamationen (siehe hierzu auch F.II.1.b. sowie F.II.2.e.). Die den Kunden gewährte aktive Hilfestellung bei jeglichen Schwierigkeiten mit vom eigenen Unternehmen erworbenen Leistungen stellt ein starkes Verkaufsförderungsargument dar. Kundenerfahrungen in diesem Bereich werden i.d.R. weitervermittelt, und so ist es durchaus möglich, dass Konsumenten ein bestimmtes (Handels)Unternehmen als Einkaufsquelle gerade wegen dessen unkomplizierten Umgangs mit Nachkaufproblemen wählen. Hierdurch kann die Sorge der Nachfrager um eventuelle Kaufrisiken deutlich gemindert werden.
- Als nicht direkt an die Marktleistungspreise gekoppelte Maßnahmen der Verkaufsförderung bietet sich insbesondere im Konsumentenbereich die Durchführung von Gewinnspielen/ Preisausschreiben an. Attraktive Hauptgewinne, eine nicht völlig unrealistische Gewinnchance sowie einen transparenten Ziehungs-/ Veröffentlichungsmodus vorausgesetzt, lässt sich eine große Zahl von aktuellen oder potenziellen Kunden zu einer Teilnahme bewegen. Damit können dann sowohl Produkt- und Unternehmensinformationen transportiert als auch Kaufanreize ausgelöst werden. Mit der Gewinnspielteilnahme darf der Verkauf von Gütern zwar rechtlich (noch) nicht verbunden werden, dennoch resultieren hieraus aber nicht selten Spontankäufe: Die Konsumenten denken bei einem Mitmachen am ausgelobten Spiel, es sei ein Gebot der Fairness, dann das betreffende Produkt auch zu erwerben, oder sie sehen trotz der gegenteiligen Hinweise in der Spielerläuterung ihre Gewinnchance irgendwie erhöht. Im Übrigen sind Gewinnspiele in ganz unterschiedlichen Größenordnungen und damit sehr flexibel einsetzbar: Die Spanne reicht hier von regional begrenzten Aktionen kleinerer Unternehmen oder Einzelhändler über produktnah in Verbrauchermärkten oder Gertränkeshops platzierte Hersteller-Preisausschreiben (Einwurfbox am Regal oder beim Kistenstandplatz) bis hin zu den mit einer Printkampagne unterstützten breitflächigen Aktionen großer Markenartikelhersteller.

- Ein wichtiges Segment nicht-preisorientierter Consumer Promotions stellen ferner das Gewähren von **Zugaben** sowie das Verteilen von Waren-/ Produktproben (-mustern) oder von Werbeabgaben (Werbegeschenken) dar: Zugaben stehen definitionsgemäß in unmittelbarer Verbindung mit dem Erwerb einer Hauptware respektive -dienstleistung. Als unentgeltliche Zuwendungen werden sie – mit oder ohne Hauptleistungsbezug – zusätzlich angeboten, angekündigt sowie auch ohne ein vorheriges Bewerben nach dem Kaufabschluss gewährt. Als Beispiele können der Erhalt von Papiertaschentüchern beim Einkauf in Apotheken, eines Pflegesets beim Schuhkauf oder produktunabhängig ausgereichte Kalender, Notizblöcke und Schreibgeräte genannt werden. Mit dem Wegfall der Zugabeverordnung (siehe dazu F.II.2.c.) sind nicht mehr nur geringwertige Zugaben zulässig. Ein wertmäßig deutlicher Abstand zur Hauptware ist allerdings dennoch einzuhalten. So dürfte beispielsweise – zumindest in der werblichen Herausstellung – ein Bildschirm nicht als kostenlose Zugabe beim Kauf eines PCs angeboten werden. In derartigen Fällen ist nach dem Gesetz gegen den unlauteren Wettbewerb der auch als „Kundenbestechung" zu bezeichnende Tatbestand eines unlauteren Wettbewerbsverstoßes durch übertriebenes Anlocken gegeben (so genannte Wertreklame als Unterkategorie zu § 4 Nr. 1 UWG).

  **Waren-/ Produktproben** werden zu Erprobungszwecken einkaufsunabhängig – beispielsweise bei der Neuprodukteinführung – unentgeltlich an Kunden abgegeben. Dies kann durch die Inhaber/ Beschäftigten in kleinen Handelsbetrieben, im Rahmen von Produktpräsentationen durch Herstellermitarbeiter in Verbrauchermärkten oder – als Sampling bezeichnet – durch Promotor-Einsätze im öffentlichen Raum (Einkaufsstraßen/ -passagen, Kino-Center, Gaststätten, Bahnhöfe, Flughäfen) geschehen. Weiterhin möglich ist eine geografisch begrenzte Briefkastenverteilung oder eine Versendung durch Hersteller/ Händler nach Anforderung durch Verbraucher. Zur deren Aufgabe kann auch das Internet genutzt werden, und über dieses Medium können ebenfalls Warenproben abgegeben werden (Demoversionen von Softwareprodukten zum kostenlosen Download). Ohne jede Gegenleistungsverpflichtung können die Konsumenten dann die erhaltene Probeware testen, sich über deren Eigenschaften informieren – und auf dieser Grundlage eventuelle Kaufentscheidungen treffen. Für die Aufmachung von Warenproben ist wieder das Gesetz gegen den unlauteren Wettbewerb (UWG) zu beachten. Danach muss die Produkterprobung im Vordergrund stehen, und darüber verbietet sich i.d.R. die Abgabe von handelsüblichen Originalgrößen. Stattdessen sind also spezielle Probepackungen vorzusehen. Darüber hinaus darf die Abgabe von Warenproben nicht in übergroßen Mengen erfolgen. Hier steht – unter Berücksichtigung möglicher Nachahmungsaktivitäten durch Wettbewerber – zu befürchten, dass der Markt mit den unentgeltlich abgegebenen Waren überschwemmt wird. Das Herbeiführen einer solchen „Marktverstopfung" ist nicht zulässig (Marktverstopfung als Tatbestand zu § 4 Nr. 10 UWG).

  Bei dem Begriff der **Werbeabgabe** handelt es sich um die Fachbezeichnung für die schon bei der verkaufspersonalorientierten Verkaufsförderung erwähnten Werbegeschenke. Diese werden ohne Verbindung zu einem Kaufabschluss gewährt, und dadurch unterscheiden sie sich von den Zugaben. Hersteller/ Händler können ihre Werbeabgaben frei gestalten, dementsprechend vielfältige Formen finden hierbei Einsatz (verschiedenste Verbrauchs- oder Gebrauchsartikel mit oder auch ohne Werbeaufdruck). Ihre rechtliche Zulässigkeit richtet sich wiederum nach dem UWG. Auch bei den Werbeabgaben muss ein wertmäßig deutlicher Abstand zur beworbenen Leistung gewahrt werden, um nicht dem „Anfangsverdacht" eines in Dankbarkeit oder Pflichtgefühl begründeten psychologischen Kaufzwangs und damit eines übertriebenen Anlockens ausgesetzt zu sein (angesprochene Unterkategorie der so genannten Wertreklame zu § 4 Nr. 1 UWG).

- Das Gebiet der **Verbraucherinformation** stellt einen weiteren Bereich nicht allein preisbezogener konsumentenorientierter Verkaufsförderungsmaßnahmen dar. So sind mit den erläuterten klassischen Printwerbemitteln (Anzeigen, Kataloge, Prospekte und Handzettel) außer Preisangaben auch weiter gehende Produkt- und Unternehmensinformationen zu transportieren, welche der Kunde – ggf. zusammen mit einer Warenprobe bei einer Produktpräsentation oder auf einer Verbraucherausstellung ausgereicht – für seine Kaufentscheidung heranziehen kann. Ist diese erfolgt und das Produkt erworben, dann dienen solche Verbraucherinformationen dem wichtigen Zweck einer Reduktion von Nachkauf-Dissonanzen (siehe hierzu A.II.1.). Dieser Funktion ist ebenfalls bei der Gestaltung von Bedienungsanleitungen Rechnung zu tragen. Auf Kundenzufriedenheit/ -bindung und damit auf Wiederkäufe ist ferner die Herausgabe einer Haus- oder Kundenzeitschrift abgestellt. Als Zugabe einzuordnen, ist hierbei abermals auf die nach dem UWG gebotene Verhältnismäßigkeit von Inhalt und Aufmachung zu achten. In Konkurrenz zum Illustriertenmarkt tretende Hochglanzmagazine sind – wiederum als übertriebenes Anlocken – nicht zulässig.

Die dargestellten drei adressatenbezogenen Gruppen von Verkaufsförderungsaktivitäten können nach ihrer im Absatzkanal angestrebten/ entfalteten Wirkung zwei grundlegenden Strategietypen zugeordnet werden:

- Bei der **Push-Strategie** wird die Förderung des Unternehmensabsatzes durch einen **Verkaufsschub** ausgelöst, mit welchem die Marktleistungen gewissermaßen in die Absatzkanäle „hineingedrückt werden". Der nachfolgende Schritt des Weiterverkaufs durch die Absatzmittler an die Konsumenten wird hierbei zwar teilweise mitbedacht, er steht aber nicht im Zentrum der Maßnahmengestaltung. Diese Grundintention ist insbesondere mit der verkaufspersonalorientierten Verkaufsförderung (Staff Promotions) sowie den „Hineinverkaufsmaßnahmen" der handelsorientierten Verkaufsförderung (Channel Promotions) umzusetzen.
- Die **Pull-Strategie** setzt dagegen direkt am „rechten Rand" an, also dem kundenbezogenen Ende der Wertschöpfungskette respektive der generellen Unternehmensprozesse. Über ein Ansprechen der Endkonsumenten werden – unterstützt von der durchgeführten Mediawerbung – Kaufanreize gesetzt, mit welchen ein **Nachfragesog** erzeugt werden soll. Das Ziel besteht demnach darin,

bei den aktuellen und potenziellen Kunden (zusätzliche) Präferenzen für die Marktleistungen des eigenen Unternehmens aufzubauen, so dass diese durch eine gesteigerte Nachfrage von den Abnehmern gleichsam aus den Absatzkanälen „herausgezogen werden". Hierfür kommen vor allem die „Hinausverkaufsmaßnahmen" der handelsorientierten Verkaufsförderung (Channel Promotions) sowie die konsumentenorientierte Verkaufsförderung (Consumer Promotions) in Betracht.

- Ein alternativer Einsatz dieser beiden Strategietypen (entweder – oder) kann speziell in wettbewerbsintensiven Märkten kaum erfolgreich sein. Vielmehr ist in Abhängigkeit von der Situation eines Unternehmens und der seiner Absatzmittler in aller Regel eine Elemente beider Ansätze beinhaltende Mischstrategie zu fahren. Als praktischer Nutzen der vorgestellten Klassifikation ist aber das plastische Visualisieren der Ansatzpunkte und Wirkungsweisen unterschiedlicher Maßnahmen festzuhalten. Dies trägt zur Ableitung und Umsetzung einer wirkungsvollen Verkaufsförderungsstrategie bei.

Zu der als Nächstes den indirekten Formen der Unternehmenskommunikation zugerechneten **Öffentlichkeitsarbeit (Public Relations – PR)** ist hier bei den Erläuterungen der Bestandteile des Kommunikations-Mix eine kurze Einordnung ausreichend. Der Bezeichnung entsprechend sind durch diesen Bereich die eingangs angesprochenen marktleistungsübergreifenden und damit gesamtunternehmensbezogenen Informationen zur Tätigkeit eines Unternehmens zu vermitteln. Während sich die Mediawerbung und die Verkaufsförderung in ihren Botschaften (Messages) und Anreizen (Incentives) überwiegend auf die Marktleistungen konzentrieren, steht bei der Öffentlichkeitsarbeit die ganzheitliche Kommunikation des Unternehmens als Teil eines sozio-ökonomischen Gesamtsystems im Vordergrund. Bei dieser Werbung für das Unternehmen ist es von besonderer Wichtigkeit, das Pflegen eines offenen und vertrauensvollen Verhältnisses zu allen relevanten Unternehmensträger-Gruppen herausstellen zu können.

Die Bedeutung einer aktiven Pflege der Public Relations ergibt sich unmittelbar aus der Grundauffassung, dass ein Unternehmen als Zweckverband interner Anspruchs- und externer Interessengruppen anzusehen ist. Es liegt damit also auf der Hand, dass Unternehmen als Quasi-öffentliche-Institutionen im Verfolgen dauerhaft tragfähiger Beziehungen mit ihren Share- und Stakeholdern außer über ihr Produktangebot auch zu weiter gehenden gesellschaftlichen Leistungsbeiträgen sowie grundsätzlich zur Legitimität und Verantwortbarkeit ihres Handelns informieren. Insoweit liefern unsere Darstellungen in C.I. den Gesamtrahmen für die Konzeption einer umfassenden Öffentlichkeitsarbeit, und eine Einführung hierzu enthält bereits C.I.3.e. Weiterhin ist mit der vorstehenden Einordnung noch einmal deutlich geworden, dass es bei der PR-Gestaltung generell immer auch um eine Kommunikation moralisch-inhaltlicher Handlungsgrundlagen der Geschäftstätigkeit geht. Dieser Aspekt wird bei den Erläuterungen zum übergeordneten Steuerungsprozess Corporate Identity/ Unternehmenskultur wieder aufgegriffen (F.II.3.), und dabei wird dann auch aufgezeigt, wie die Öffentlichkeitsarbeit in einer integrierten Unternehmenskommunikation umgesetzt werden kann.

Wegen der überwiegend durch zwischengeschaltete Kommunikationsträger erfolgenden sowie allenfalls segmentspezifischen Ansprache von Zielpersonen zählen wir auch das **Sponsoring** zu den indirekten (Massen)Kommunikationsformen. Bei diesen Maßnahmen unterstützt der Sponsor als Förderer/ Geldgeber eine i.d.R. sportliche, kulturelle oder soziale Organisation (den Gesponsorten) mit Finanz- respektive Sachmitteln, wobei eine den Sponsorinteressen entsprechende kommunikative Gegenleistung vereinbart ist. Diese besteht meist im Nennen bzw. Zeigen des Produkt- oder Firmennamens. Als Beispiele aus dem Sportbereich können die Trikotwerbung bei Fußballvereinen oder die Platzierung von Sponsornamen/ -logos auf Bekleidungsstücken von Spitzensportlern genannt werden. Wegen des die klassische Mediawerbung unterstützenden Charakters kommen wir auch auf das Sponsoring noch einmal in F.II.3. zurück (Corporate Communications als Teilbereich der Corporate Identity).

**Direktmarketing als Dialog-Marketing**

Bei der **unmittelbaren Kommunikation im Direkt-/ Dialog-Marketing** besteht das zentrale Merkmal darin, dass diese in einem direkten Kontakt zwischen Unternehmen (Anbieter) und Kunde (Nachfrager) erfolgt. Anders als bei der indirekten (Massen)Kommunikation wird hierbei eine individuelle Ansprache der Zielpersonen vorgenommen. Das zeitgleiche Zusammentreffen von Sender und Empfänger – und damit der Verzicht auf einen technischen Kommunikationsträger – stellt dagegen keine konstitutive Voraussetzung dar. Außer persönlichen Kontakten sind zum einen also durch elektronische Übertragungsmedien gestützte Dialoge (Telefon, Videokonferenz sowie als Internetanwendungen Chat, Instant Messaging und WebCam-Einsatz) dieser Kommunikationskategorie zuzurechnen. Zum anderen gehören hierzu auch die durch den Einsatz versendeter Printmedien zu Stande kommenden zeitversetzten Interaktionen der Aussender und Empfänger von Mitteilungen. Über diese beiden Varianten kann zusätzlich die Unterscheidung von traditionellen und modernen Formen einer individuellen Kundenansprache gelegt werden.

Die mit dem Direkt-/ Dialog-Marketing angestrebte Individualisierung der Kundenkontakte setzt eine hohe Transparenz im bearbeiteten Markt voraus. Über das Erheben zusätzlicher Informationen ist dabei ein weiteres Aufgliedern bislang lediglich relativ grob abgegrenzter Marktsegmente erforderlich. Neben den klassischen sozio-demographischen Merkmalen betrifft dies vor allem die kaufverhaltensbezogenen und psychographischen Kategorien (siehe hierzu A.I.5. sowie F.III.5.). Von zusätzlicher Wichtigkeit ist es, für eine Einschätzung des bisherigen Kundenbeziehungswertes auch die „Geschichte“ jedes Einzelkunden nachzuhalten. Hierzu sind sämtliche bisherigen Kontakte (Ansprachen des Kunden/ Fragen vom Kunden) sowie Art und Umfang der jeweiligen Kundenreaktionen (Informationsanforderung, Kaufabschluss – Klärung spezifischer Nachfragen, Probleme) zu einem individuellen Kundenlebenszyklus zusammenzuführen. Das Ziel, in Ein-Personen-Segmenten wirkliche One-to-One-Dialoge zu führen, ist bei diesen hohen informationsbezogenen Anforderungen nur mit einem leistungsfähigen, IT-gestützten Datenbankmanagement zu erreichen. Für einen flexiblen Einsatz in der Kundenbetreuung, Neukundengewinnung sowie auch der Produktentwicklung sind eine relationale, vernetzte Datenarchitektur sowie insbesondere eine laufende Aktualisierung und Pflege des Datenbestandes unabdingbar.

Die **persönliche Kommunikation** (Face-to-Face in Echtzeit) ist nach wie vor als eine sehr wirksame – dabei aber auch sehr kostenintensive – Form der Kommunikation zwischen Unternehmensmitarbeitern und Abnehmern/ Kunden einzustufen. Hierbei werden ebenfalls Kommunikationsträger eingesetzt; diese sind allerdings nicht technischer Natur. Der Austausch von Fakten und Meinungen erfolgt über das Medium Sprache, und dabei sind zusätzlich die eingenommene Gestik und Mimik als Körpersprache von Bedeutung. Eine erfolgreiche Gesprächsführung (Anbahnen oder Abschließen von Geschäften, Eingehen auf/ Lösen von Kundenproblemen) stellt damit hohe Anforderungen an die Mitarbeiter mit Kundenkontakt; deshalb kommt deren (Weiter)Qualifikation eine ausschlaggebende Bedeutung zu. Ist diese sichergestellt, dann hat eine persönliche Kommunikation den entscheidenden Vorteil, dass im unmittelbaren Dialog bei einer gesamthaften Wahrnehmung (Sprache, Bild und Gefühl) das sofortige Eingehen auf Nachfragen oder das Ausräumen von Missverständnissen möglich ist.

In der deutschsprachigen Marketingliteratur wird die persönliche Kommunikation häufig als persönlicher Verkauf im Zusammenhang mit dem Distributions-Mix behandelt. Diese Einordnung greift insoweit zu kurz, als bei einem umfassenden Marketingverständnis das Tätigen von Geschäftsabschlüssen nicht mehr nur alleine im Mittelpunkt stehen kann. Beim Aufbau einer Unique Customer Value Proposition (UCVP) und dem dabei notwendigen umfassenden Relationshipmanagement sind – wie in F.II.2.a. herausgearbeitet – vielfältige und beständige Kontakte zu den Abnehmern/ Kunden erforderlich. Deshalb sind persönlich geführte Dialoge mit den Zielpersonen vor allem auch als wesentliche Instrumente einer integrierten Unternehmenskommunikation – und nicht nur des Distributionsbereichs – zu gestalten und umzusetzen.

Mit den im Weiteren aufzuführenden unmittelbaren Kommunikationsformen wird der Bereich persönlicher Begegnungen von Anbieter(mitarbeiter)n und Nachfragern zunächst verlassen. Sie entstanden vor allem durch die mit einer Face-to-Face-Kommunikation verbundenen hohen Kosten. Dabei können traditionelle und moderne Formen des Direkt-/ Dialog-Marketing unterschieden werden.

- Vor dem Hintergrund der Technikentwicklung sind als **traditionelle Kommunikationsformen** Mailings, Katalog-Response und Coupon-Anzeigen abzugrenzen, die vorwiegend im **Direktmarketing** für eine zeitversetzte Interaktion eingesetzt werden. Mit der Sammelbezeichnung Direktwerbung erfolgt hierbei die Abgrenzung von der üblicherweise breiter gestreuten Mediawerbung.
  - Die bedeutendste traditionelle Direktwerbeform wird von den so genannten **(Direct) Mailings** gebildet. Teilweise auch als Direktwerbung per Post bzw. genauer als Direktwerbung per Brief und Antwortkarte bezeichnet, werden hierbei speziell gestaltete Printwerbemittel an einen ausgewählten Empfängerkreis in direkter Adressierung versendet. Als klassisches Direct-Mailing-Package umfasst eine solche Sendung i.d.R. ein Anschreiben, weiter gehendes Informations-/ Prospektmaterial sowie eine vorbereitete Responsemöglichkeit (Antwortkarte oder -brief mit Rückumschlag, Faxblatt).

Wesentliche Erfolgsvoraussetzungen des mittlerweile vielfältigen und häufigen Mailing-Einsatzes liegen in der Zielpersonenselektion sowie in der hochprofessionellen Gestaltung der eingesetzten Direktwerbemittel. So sollte die individuelle Ansprache von aktuellen oder potenziellen Käufern einer Marktleistung so exakt wie möglich auf deren zuvor geäußerte oder mit geeigneten Mitteln erhobene Bedürfnislage abgestimmt sein. Ist dies gewährleistet, dann sind bei den übersendeten Materialien Aufmachung und Inhalt entscheidend dafür, dass sich der latent interessierte Empfänger mit dem Mailing beschäftigt und das Unternehmen ihm auf diese Weise seine Marktleistung näher bringen kann. Darauf, wie die maßgebliche „Kontakt-Klippe" spontan-emotionaler Entschlüsse der Adressaten zum sofortigen Wegwerfen oder nur kurzen Überfliegen „umschifft" werden kann, so dass es schließlich doch zu einem genaueren Durchsehen/ -lesen kommt, gehen wir bei den Ausführungen zur Werbemittelgestaltung in F.III.5. ein.

- Wegen Unterschieden zum Mailing bei den Anlässen und Empfängerkreisen sowie auch dem eingesetzten Werbemittel bildet der Versand von Katalogen eine im Hinblick auf die Folgeaktivitäten als Katalogresponse bezeichnete eigenständige Form der Direktwerbung.

  **Kataloge** sind dem Empfänger direkt zugestellte Printwerbemittel, mit welchen ein breites (Universalkataloge), tiefes (Spezialkataloge) oder ausgewähltes (Aktionskataloge, wie etwa beim angesprochenen TCHIBO-Versandgeschäft) Angebot von Waren und – i.d.R. begleitenden – Dienstleistungen unterbreitet wird. Herkömmlicherweise von den großen Versandhandelsunternehmen (QUELLE, NECKERMANN, OTTO etc.) eingesetzt, findet hierbei gewissermaßen ein Ersatz des Verkäufers durch den Katalog statt, woraus sich besondere Anforderungen an eine übersichtliche und informative sowie gleichwohl emotional ansprechende Gestaltung ergeben.

  Bei einer bestehenden Kundenbeziehung erfolgt eine automatische Zusendung turnusmäßig aufgelegter Kataloge (z.B. Frühjahr/ Sommer – Herbst/ Winter), und Neukunden werden zu einer Kataloganforderung über Aktivitäten im Bereich der indirekten Kommunikation angeregt. Diese Schiene der Mediawerbung dient dabei insbesondere auch der Positionierung gegenüber anderen Versandunternehmen sowie den weiteren Handelsbetriebsformen.

Eine erstklassige Durchführung der Follow-up-Aktivitäten bei einem ausgelösten Response stellt bei allen Direktwerbeformen den letztlich erfolgsentscheidenden Faktor dar. Hat sich ein Verbraucher beispielsweise dazu entschieden, auf ein Mailing zu antworten oder nach erstmaliger Kataloganforderung eine Bestellung aufzugeben, dann wartet er gespannt – also mit einer erhöhten Aufmerksamkeit – darauf, ob und wie weit seine Anforderungen erfüllt werden. Bei Kundenkontakten, welche aus den traditionellen Kommunikationsformen des Direktmarketing resultieren, tritt die Notwendigkeit, ein Unternehmensniveau der Business Excellence zu erreichen und dauerhaft sicherzustellen, auf eine ganz besondere Weise hervor: Ist der Empfänger von einer pauschalen und/ oder womöglich verschleppten Antwort auf sein Anliegen oder von einer Ware, welche die versprochene Qualität nicht hält und dann mit einigem Aufwand zurückgesendet werden muss, nachhaltig enttäuscht, oder hat er das Gefühl, überhaupt nicht ernst genommen zu werden (Nachlieferungen, willkürliche Ersatzlieferung, komplizierte Liefer- und Rechnungspapiere), dann wendet er sich nach Beendigung dieses Vorgangs für immer vom Unternehmen ab. Für weitere Direktwerbeaktivitäten dieses Unternehmens ist er – so die Bezeichnung aus Unternehmenssicht – „verbrannt".

- Die vorstehend aufgezeigte negativ wirkende Ursachen-Wirkungs-Kette ist bei **Coupon-Anzeigen** gleichfalls zu vermeiden. Wie bereits aus dem Begriff abgeleitet werden kann, liegt hierbei eine Kombinationsform von unmittelbarer und indirekter Kommunikation vor. Es erfolgt eine direkte Kundenansprache, mit der eine Reaktion des Konsumenten angestrebt wird, und hierbei fungiert ein Printwerbemittel als Trägermedium.
  Ausgestaltet als Rabatt-, Waren-, Einkaufs- oder Treuegutscheine und als Couponing bezeichnet, wurde hierauf schon bei den preisorientierten Consumer Promotions eingegangen. Unter den Oberbegriff der Coupon-Anzeige fällt dann auch, wenn zusätzlich Anreize für andere Interaktionen mit dem Absender kommunikativer Botschaften gesetzt werden, wie das Anfordern von Informationsmaterial oder von Waren-/ Produktproben bzw. eine Gewinnspielteilnahme. Solche Coupons sind zum Ausschneiden oder als Beikleber in/ zu Anzeigen üblich. Im erstgenannten Fall ist für ein Unternehmen ebenfalls die Teilnahme an einer Sammelanzeige möglich (Beispiel: Gemeinschaftsanzeige der Hotelleriebetriebe eines Tourismusgebiets). Außerdem gibt es im Zeitschriftenmarkt spezielle Coupon-Magazine, die allerdings in Relation zu den dabei entstehenden Kosten nicht immer den gewünschten Erfolg einbringen; und darüber hinaus können Coupons als Bestandteile von Handzetteln oder als Postkartenanzeigen auch im öffentlichen Raum verteilt werden.
  Coupon-Anzeigen lassen sich speziell zum Schließen der Schnittstelle zwischen dem Transaktionsmarketing klassischer Prägung und dem heute erforderlichen umfassenden Relationshipmanagement einsetzen. Mit diesem Werbemittel ist es möglich, in zunächst anonymer Ansprache einen qualifizierten Adressdatenbestand aufzubauen, der dann nach erfolgter Interaktion in die Kundendatenbank übernommen wird. Auf diese Weise wird die Basis für weitere Aktivitäten des Direkt-/ Dialog-Marketing gebildet.

• Im Rahmen der **modernen Kommunikationsformen des Direkt-/ Dialog-Marketing** kommen elektronische Übertragungs- oder Trägermedien zum Einsatz. Unser kurzer Überblick hierzu umfasst die Online-Formen Telefonmarketing, Videotelefonie/ -konferenz, Internet-Nutzung, Home-/ Tele-Shopping, UMTS-Anwendungen sowie den Offline-Einsatz von Videobändern, CDs und DVDs.

  - Bei dem eindeutig dialogorientierten Instrument der telefonischen Kommunikation besteht der einzig gravierende Unterschied zur persönlichen Kommunikation darin, dass das physische Zusammentreffen von Gesprächspartnern entfällt. Der Nachrichten- oder Meinungsaustausch wird stattdessen über eine Telefonverbindung vorgenommen; anstatt von Face-to-Face- ist also von Ear-to-Ear-Kommunikation zu sprechen.

**Telefonmarketing** umfasst als Sammelbegriff sämtliche Aktivitäten der (end)kundenbezogenen Kommunikation eines Unternehmens, die über einen Telefonkontakt vorgenommen werden. Die Einsatzschwerpunkte liegen in den Bereichen des Telefonverkaufs, der Neukundengewinnung, der Kundenbetreuung und -bindung, der Kundeninformation sowie der Marktforschung. Heute werden diese Aufgaben in den Unternehmen von speziell geschaffenen Einheiten mit gezielt geschultem Personal und mit guter Technikausrüstung durchgeführt; dies sind so genannte **Call-Center**.

Bezogen auf den Ausgangspunkt einer telefonischen Kommunikation und damit auf die Person des Anrufers kann folgende prinzipielle Differenzierung getroffen werden:

Wenn Kunden wegen einem Informationswunsch, einer Kaufabsicht, einer Nachfrage oder einem Produktproblem – beispielsweise unter einem eingerichteten Hotline-Anschluss – bei einem Unternehmen anrufen, dann stellt dies für dessen Telefonmarketing eine **Inbound-Aktivität** dar. Die hierfür teilweise ebenfalls gebräuchliche Bezeichnung des passiven Telefonmarketing weckt insofern falsche Assoziationen, als gerade hierbei ein professionelles Verhalten und engagiertes Eingehen der Call-Center- bzw. Telefonmitarbeiter auf die Kundenwünsche und -bedürfnisse gefordert ist.

Werden Kunden vom Unternehmen angerufen, dann handelt es sich um **Outbound-Maßnahmen** (bzw. um aktives Telefonmarketing). In diesem Bereich ist eine weitere Unterscheidung vorzunehmen:

Aus der Sicht des Angerufenen unerwartete, von ihm nicht verlangte Kontaktierungen sind als so genannte „Cold Calls“ nach dem deutschen Gesetz gegen den unlauteren Wettbewerb (UWG) – im Gegensatz zur Situation in den meisten europäischen Ländern – nicht zulässig. Bei diesem „Opt-in-Prinzip“ ist es auch bei der Neufassung des Gesetzes im Jahr 2004 geblieben (§ 7 UWG).

Festzuhalten bleibt damit, dass Outbound-Aktivitäten nach der derzeitigen deutschen Rechtslage nur als so genannte „Warm Calls“ durchgeführt werden dürfen. Dies bedeutet, dass sich Unternehmensanrufe bei Kunden auf bestehende Geschäftsbeziehungen gründen müssen oder dass der Angerufene vorher seine unmissverständliche – nicht versteckt in unterschriebenen AGBs – Zustimmung zu derartigen Telefonkontakten gegeben haben muss.

In Abhängigkeit von der Größe des Kunden-/ Interessentenkreises und der werblichen Herausstellung der möglichen Kontaktaufnahme per Telefon kann Telefonmarketing mit einem hohen technischen Aufwand verbunden sein. Grundsätzlich sind spezielle computerunterstützte Telefonanlagen erforderlich, mit welchen ein hohes Gesprächsvolumen gleichzeitig von den Mitarbeitern in einem Call-Center an den einzelnen Arbeitsplätzen bewältigt werden kann. Im Inbound-Bereich kommen hierbei besondere Verteilsteuerungen zum Einsatz (ACD = Automatic Call Distribution), und Outbound-bezogen wird mit automatischen Anwahlsteuerungen (Predictive Dialing oder Power Dialing) für eine Auslastungsverbesserung gesorgt. Auf beiden

Ebenen kann mit modernen CATI-Techniken (Computer Assisted Telephon Integration) dafür gesorgt werden, dass der Unternehmensmitarbeiter beim Telefongespräch sämtliche vorhandenen – und auch die noch offenen – Marktforschungsdaten zur Führung seines Kundengesprächs auf dem Bildschirm hat und diese auch parallel aktualisieren kann.

- Mit den vorstehenden Hinweisen zur technischen Umsetzung von Telefonmarketingaktivitäten ist zugleich der Weg für die Überwindung der fehlenden visuellen Komponente bei telefonischer Kommunikation aufgezeigt: Über die Digitalisierung als dem Verwenden einer einheitlich-digitalen internen Zeichendarstellung (binäre „0-1-Codierung") kommt es zu einem Verschmelzen der elektronischen Medien Telefon, Computer, Radio/ Fernsehen und letztlich auch des Print-/ Fotografie-/ Filmbereichs.

  Im Zuge dieser umfassenden Integration wachsen die Märkte für Telekommunikation, Informationstechnik, Medien, Entertainment und elektronische Sicherheit zusammen; mit deren Anfangsbuchstaben wird der entstehende gemeinsame Megamarkt unter die Bezeichnung TIMES gefasst.

  Für **Multimedia-Anwendungen** als wahrnehmungsgerechte Übermittlungen von Ton und Bild ist auf der Plattform einer gemeinsamen Datenrepräsentation lediglich noch für die Kompatibilität der Aufnahme-, Bearbeitungs-, Übertragungs- und Wiedergabegeräte zu sorgen. Sie kann bis zum Erreichen durchgängig digitaler elektronischer Kommunikationsketten übergangsweise durch die wechselseitige Konvertierung von analogen (A) und digitalen (D) Signalen durch AD- und DA-Wandler in den Modems und Controllern der Computer hergestellt werden. Deren Funktion wird allerdings zügig in die Kommunikationsendpunkte und damit in die Aufnahmegeräte (Mikrofone, Digicams, Camcorder etc.) und die Wiedergabegeräte (Bildschirme und Lautsprecher von PCs, digitalem Hörfunk und Fernsehen etc.) verlagert.

  Im Hinblick auf eine bewegtbildgestützte Sprachkommunikation ist festzustellen, dass sich zwischenzeitlich schon zur Marktreife geführte Stand-Alone-Lösungen nicht durchsetzen konnten. So hatte die Deutsche Telekom auf der Funkausstellung 1997 in Berlin ihr ISDN-basiertes – also bereits digitalisiert übertragendes (ISDN = Integrated Services Digital Network) – Bildtelefon T-View 100 eingeführt, welches als Tischgerät mit einer integrierten Digitalkamera und einem kleinen LCD-Display (LCD = Liquid Cristal Display, Flüssigkristallanzeige) ausgestattet war. Ende des Jahres 2000 wurde dieses wieder aus dem Programm genommen und zum halben Preis – von immerhin noch umgerechnet ca. 250 EUR – ausverkauft.

  **Videotelefonie** – so die heute gängige Bezeichnung – funktioniert mittlerweile problemlos und preiswert per ISDN über den PC: In der Regel bereits mit Soundkarte und Lautsprechern ausgestattet, braucht hieran nur noch ein Mikrofon (oder ein Headset als Köpfhörer/ Mikro-Kombination) und eine einfache PC-Kamera angeschlossen sowie ein Anwendungsprogramm zu deren Verwaltung aufgespielt zu werden (z.B. Alice von AVM). Die gleiche Software muss auch beim Gesprächspartner installiert sein, hierüber werden also der wechselseitige Kommunikationsfluss sowie die auf beiden Seiten eingesetzten Standardkomponenten zur Aufnahme und Wiedergabe gesteuert. Bei dem Beachten gesetzter Mindestanforderungen zur Leistungsfähigkeit des Rechners ist die geschilderte Videotelefonie-Aufrüstung eines PCs heute bereits preisgünstig möglich.

Dem gleichen Prinzip folgend, stellt die Durchführung von **Videokonferenzen** heute ebenfalls kein technisches Problem mehr dar. Hierbei kommen umfangreiche und qualitativ hochwertige Studio-Ausstattungen zur Anwendung, mit welchen innerhalb multinationaler Großunternehmen (Besprechungen von Führungskräften/ Mitarbeitern verschiedener, weit entfernter Standorte) oder im Business-to-Business-Bereich annähernd das Niveau einer persönlichen Kommunikation zu erreichen ist. Ähnliches ist ebenfalls bei der einfacheren ISDN-Videotelefonie machbar: Die Teilnehmer wählen sich bei einem Videokonferenz-Serviceunternehmen ein, das die technische Regie solcher Zusammenkünfte mehrerer an unterschiedlichen Standorten beteiligter Personen übernimmt. Diese Form der Kommunikation ist für Marketing-Aktivitäten vor allem im Business-to-Business-Kontakt von Bedeutung.

Der unmittelbare, eher informelle und damit oft vertrauliche Umgang von Gesprächspartnern in persönlichen Begegnungen wird durch den Einsatz von Videokonferenzen nicht gänzlich überflüssig. Der entscheidende und zusätzliche Vorteil von Tele-Kooperationen in digitalen Systemwelten besteht aber darin, dass sämtliche besprechungsrelevanten Daten und Dokumente ebenfalls zeitgleich über die aufgebauten Direktverbindungen in die Konferenz eingebracht und ausgetauscht werden können. Die Kameras sind – anders als beim früheren Bildtelefon – flexibel, und so braucht sich die visuelle Kommunikation nicht mehr nur auf die Übertragung der den Stimmen (Voices) zugehörigen Faces zu beschränken. Mit geeigneter Darstellungstechnik ist das Erzeugen einer regelrechten Konferenzatmosphäre möglich, und dabei können gleichfalls Produktdemonstrationen eingebaut und hierauf bezogene Handhabungsfragen geklärt werden. Der zuletzt angesprochene Punkt hält auch Einzug in die Call-Center-Praxis. Bereits heute sind hier Erläuterungen in Ton und Bild keine Seltenheit mehr, und diesen Anwendungen wird mit zunehmender Verbreitung des Videotelefonie-Prinzips eine steigende Bedeutung zukommen.

- Als treibende Kraft bei der angesprochenen Konvergenz elektronischer Medien wirkte das Herausbilden **weltweiter Datennetze**. Deren zunächst militärische Entwicklung geht auf die Zeit des Kalten Krieges zwischen den West- und Ostmächten in den 60er Jahren zurück.

  Wenn wir heute von dem **Internet** sprechen, dann umfasst dieser Sammelbegriff mehrere zentrale Netzverbindungen, -programmanwendungen und -dienste. Hiermit können ungezählte Millionen von Benutzern über Millionen von Hosts, Servern und Computern in hunderten regionalen Netzen sowie tausenden kleineren Netzwerken (LANs = Local Area Networks) untereinander kommunizieren. Die herausragende Infrastruktur-Leistung besteht darin, dass sämtliche Anwender mit ihrer spezifischen Hard- und Software-

sowie Netzwerkausstattung unterschiedlichster Typen/ Anbieter im Internet als dem „Netz der Netze" verbunden sind.
Das vom britischen Informatiker Tim Berners-Lee Anfang der 90er Jahre entwickelte **World Wide Web** (WWW) hat als heute wichtigster Internet-Teildienst die größte Bedeutung für eine elektronische Kommunikation von Unternehmen mit ihren (End)Kunden. Hierfür bietet es auch unterhalb der Anwendungen zum Führen zeitgleicher ton- und bildgestützter Dialoge zahlreiche weitere Gestaltungsansätze:
So sind beispielsweise ebenfalls rein textliche Unterhaltungen zwischen zwei oder mehreren Teilnehmern (Instant Messaging bzw. Chat) möglich. Vor allem die erste Variante ist für die Kommunikation im Service-Bereich von Bedeutung: Der Kunde gibt eine Frage ein und erhält die geschriebene Antwort vom zuständigen Ansprechpartner direkt auf seinen Bildschirm. In Rede und Gegenrede wird auf diese Weise ein dokumentiertes Gespräch geführt.
Wird ein solcher Informationsaustausch angeboten, dann ist er i.d.R. über einen Link auf der Internet-Seite (Homepage) des Unternehmens zu erreichen. Diese kann die an alle Kern- und Interessengruppen gerichtete Gesamtdarstellung seiner Geschäftstätigkeit und seiner Marktleistungen enthalten, und sie fungiert als Portal für sämtliche weiter gehenden Informations- und Interaktionsmöglichkeiten, welche den aktuellen oder potenziellen Kunden/ Interessenten zur Verfügung gestellt werden. Die heute bereits auch von kleineren Unternehmen erwartete Internetpräsenz bietet gegenüber Printwerbemitteln den großen Vorteil, dass die verbreiteten Inhalte laufend auf einem tages-aktuellen Stand gehalten werden können. In Kenntnis dieser technischen Machbarkeit wird dies von den Webnutzern aber auch erwartet – eine veraltete Homepage ist damit letzten Endes schlechter als gar keine.
Hinausgehend über die Homepage-Präsentation im Internet bietet das WWW den Unternehmen vielfältige Wege zur indirekten werblichen Ansprache von (End)Abnehmern: Hierzu gehören das Einsetzen von Bannern (Werbegrafiken in kleinanzeigenähnlicher Abmessung), Tickern (über den Bildschirm wandernde Banner), Pop-Ups (von der Nutzernavigation abhängiges Auftauchen kleiner Werbefenster) oder von Roadblocks (Einblenden bildschirmgroßer Werbung vor dem Erreichen angeklickter Seiten). Diese Internet-Werbemittel können bei kommerziellen Onlinediensten, Suchmaschinen oder bei den Seiten leistungsergänzender Kooperationspartner geschaltet/ platziert werden.

- Die vorstehend erläuterten multimedialen Kommunikationsformen der Videotelefonie/ -konferenz und des Internet-Einsatzes spiegeln die mittlerweile – durch leistungsfähige, bidirektional arbeitende Datennetze – inzwischen erreichte Integration digitaler Telefon- und Computeranwendungen wider. Bei diesem Zusammenwachsen von Technologien sind die klassischen Medien Rundfunk und Fernsehen bislang nur etwa zur Hälfte einbezogen. Während deren Produktionsbereiche inzwischen zwar voll digitalisiert sind, bieten ihre Übertragungskanäle – einschließlich der Kabelnetze – den Empfängern bislang noch kaum die in der Computerwelt gängigen Möglichkeiten zu einer direkten Reaktion auf das jeweilige Informations-/ Unterhaltungsangebot.

Das seit den Anfängen der Konvergenz elektronischer Medien propagierte **interaktive Home-Shopping** hat damit seine Zukunft noch vor sich. Die heutigen Tele-Shopping-Sender oder Tele-Shopping-Programmangebote, wie QVC (der Firmenname steht für Quality, Value and Convenience), HSE (Home Shopping Europe) und beispielsweise der vormittäglich ausgestrahlte RTL-SHOP, sind als Dauerwerbesendungen mit angeschlossenem, leistungsfähigem Telefonmarketing zu qualifizieren. Zum Bestellen, zum Klären von Nachfragen, oder für einen Spontanbeitrag zu den gerade im Programm vorgestellten/ beworbenen Marktleistungen muss der Zuschauer sein Telefon – oder seinen Internet-PC – verwenden. Die anfangs verfolgte Idee eines Response direkt über den Fernsehapparat ist wegen fehlender breitbandiger und rückkanalfähiger Kabelnetze noch nicht Wirklichkeit geworden.

- Im Hinblick auf solche Ausbaupotenziale im Bereich der TV- und Radioverkabelung von Haushalten/ Endkonsumenten ist festzustellen, dass sich die angestrebte umfassende Netzintegration auch auf einem anderen Weg vollziehen kann:

  Die **dritte Mobilfunkgeneration UMTS** (Universal Mobile Telecommunications System) wird multimediale Anwendungen in vielfältiger Weise zusammenführen. Über die Funkschnittstelle sind je nach Endgerätetyp uni- oder bidirektionale Verbindungen zum Internet und damit zu weiteren digitalen Informations-/ Kommunikationsangeboten möglich.

  Parallel zu dieser Entwicklung vollzieht sich das Schließen der Digitallücke im Rundfunk- und Fernseh-Bereich. Mit der auch terrestrischen – also nicht nur über Satelliten oder einen Kabelanschluss erfolgenden – Abstrahlung digitaler Programme (DxB-Technik = Digital Audio/ Video Broadcast) können gegenüber der bisherigen UKW-Wellentechnik wesentlich mehr zusätzliche Informationsangebote (bspw. für Telematik-/ Navigationsanwendungen und prinzipiell alle digitalisierten Inhalte) mit einer besseren Qualität übertragen werden. Binär codierte Ton- und Bildinformationen sind mit der neuen Übertragungsart und den entsprechenden Endgeräten in der Schiene „One-to-Many" also überall zu empfangen. Dies ist vor allem für den mobilen Einsatz, z.B. im Auto, wichtig.

  Wegen des breitbandigen, zweiseitige Übertragungen parallel zulassenden Charakters von UMTS kann die multimediale Zukunft dann folgendermaßen aussehen: Mit den künftigen Mobilfunkgeräten sind sämtliche digital verteilten Inhalte ebenfalls empfangbar, und damit ist auch die für eine direkte Kommunikation notwendige Rückkanalfunktion über diese zu realisieren. Für den Fall, dass eine Nachricht/ Mitteilung/ (Werbe)Botschaft den Empfänger nicht ohnehin bereits über eine bestehende Internetverbindung erreicht, kann er – günstigstenfalls zu jeder Zeit und an jedem Ort – über sein UMTS-Gerät unmittelbar darauf reagieren und eine One-to-One-Verbindung zum Aussender der Information aufnehmen. Hiermit wird deutlich, dass es nicht mehr unbedingt erforderlich sein wird, als Einzelapparate eingesetzte TV-Empfänger über die Kabelverbindung aufzurüsten. In diesem Fall noch nicht komplett zusammengeführter Kommunikationsgeräte ist der fernsehvermittelten Anregung zum Abrufen weiterer Informationen oder zu einem Wort-/ Bild-Dialog (Nachrichtensendung, Werbeclip, Verkaufs-/ Gameshow etc.) bei Bedarf sogleich über das Mobilfunkgerät – oder den Computer – nachzukommen. Es ist also zu erwarten, dass sich der derzeitige Rückkanal-Engpass im TV-Kabelnetz durch die neuen UMTS-Anwendungen als nicht mehr so gravierend darstellt.

Der damit bevorstehende Technologiesprung (siehe hierzu F.III.1.) bringt auch das **Bildtelefon** in seiner ursprünglich vorgesehenen Form zum Einsatz: Hinausgehend über den derzeit aktuellen Handy-Standard, mit der eingebauten QuickPic-Kamera per MMS (Multimedia Messaging Service) Bilder zu versenden, wird die hohe Übertragungsrate im UMTS wahrnehmungsgerechte Videoübertragungen möglich machen. Über eine Videokamera können sich die Teilnehmer sehen und hören, oder sie können zur Erläuterung Aufnahmen aus ihrer Umgebung, von Produkten, von Dokumenten und so weiter in ihre Unterhaltung einfließen lassen. Anders als beim früheren T-View 100 setzt diese bewegtbildgestützte Sprachkommunikation keinen leitungsgebundenen Netzanschluss mehr voraus, und zusätzlich kann über die Gateways beim Mobilfunknetzbetreiber auch der heimische PC zum Austausch weiterer Dokumente angesteuert werden. So kann beispielsweise ein Außendienstmitarbeiter spezielle Kundennachfragen sofort mit ergänzenden multimedialen Vorführungen beantworten, oder ein Konsument kann sich zur Klärung eines besonderen Produktproblems aus jeder Situation heraus in Ton und Bild an das Service-Call-Center des Herstellerunternehmens wenden.

- Bei den bislang vorgestellten Multimedia-Anwendungen erfolgen die Einbindung oder der Zugriff von Kommunikationspartnern über das Aufbauen einer Online-Verbindung zum Unternehmen bzw. über einen Internet-Provider/ Funknetzbetreiber. Hiervon abgesehen, können elektronisch aufbereitete Ton- und Bildinformationen in der Unternehmenskommunikation auch als Offline-Maßnahmen zum Einsatz kommen. Als Trägermedien hierzu finden heute neben dem Videoband vor allem die CD (Compact Disc) und die DVD (Digital Versatile Disc) Anwendung. Hiermit lassen sich am Point of Sales (POS) im Handel filmische Produktdemonstrationen an entsprechenden (Aktions)Terminals durchführen, wobei je nach Ausstattung zusätzlich eine interaktive Steuerung durch den Betrachter vorgesehen sein kann. Darüber hinaus ist es möglich, diese Speichermedien an Interessenten/ Zielpersonen zu versenden (bzw. zum Herunterladen aus dem Internet vorzusehen), so dass diese sich die Animationen zur Marktleistung zu Hause auf ihren Wiedergabegeräten ansehen können. Wegen der hohen Kapazität und einfachen Navigation bieten sich CDs und DVDs ferner vor allem im gewerblichen Bereich zur Weitergabe umfangreicher text- und datenmäßiger Produktinformationen/ -spezifikationen an.

Nach den Ausführungen zu traditionellen und modernen technikunterstützten Instrumenten der Unternehmenskommunikation sind noch zwei weitere Formen der unmittelbaren Kommunikation im Direkt-/ Dialog-Marketing anzusprechen, bei denen die persönliche Begegnung von Unternehmensmitarbeitern und Abnehmern/ Kunden wieder im Vordergrund steht:

**Messen und Ausstellungen** sind an einem bestimmten Ort zeitlich begrenzt stattfindende Veranstaltungen mit Marktcharakter, bei denen die Unternehmen einer oder mehrerer Wirtschaftsbranchen ihre Angebotspalette i.d.R. turnusmäßig den aktuellen und potenziellen Abnehmern/ Kunden vorstellen.

Im Hinblick auf die Angebotsbreite (Universal-/ Spezialmessen), die Bedeutung (z.B. große Automobilausstellungen als Leitmessen dieser Branche) sowie auf die Funktion (Order-/ Informationsmessen für die Industrie und/ oder die Verbraucher) sind hierbei zahlreiche Abstufungen gegeben. Damit beginnen deren Größenordnungen bereits bei den Hausausstellungen von nur einem Anbieter-/ Händlerunternehmen oder den kleineren Gewerbe-/ Regionalmessen.

Messen und Ausstellungen bieten den bei einer rein elektronisch geführten Kommunikation nicht realisierbaren Vorteil, dass die Marktleistungen physisch begutachtet werden können, was insbesondere für neue, innovative Technologieprodukte von großer Bedeutung ist. Auf branchenbezogenen und -übergreifenden Veranstaltungen ist dabei zugleich ein Eindruck vom Stand der Technik zu gewinnen, und damit besteht auch für die einzelnen Anbieterunternehmen eine gute Gelegenheit zur Einschätzung/ Validierung ihrer Position im Wettbewerb.

Wenn auf Messen und Ausstellungen in gewissen zeitlichen Abständen Anbieter, Marktleistungen und Nachfrager zusammenkommen, dann stellt dies insgesamt eine sinnvolle und notwendige Ergänzung zu den übrigen technikgestützten Kontakten dar: Hierbei können neue und bestehende Geschäftsbeziehungen angebahnt und gepflegt werden, und in den Begegnungen können auch vorbereitete Geschäfte zu einem persönlichen Vertragsabschluss gebracht werden. Alles in allem gewinnen die auf beiden Seiten einer Geschäfts- oder Einkaufsbeziehung beteiligten Personen authentische Eindrücke; die so aufgebauten Vorstellungen können dann auch die elektronisch vermittelte Kommunikation prägen respektive in dieser mitschwingen.

Die vorstehend beschriebenen Effekte werden in ähnlicher Weise auch mit dem noch relativ jungen Kommunikationsinstrument des **Event-Marketing** angestrebt. Hierbei werden besondere Ereignisse (Events) für bestimmte Zielgruppen inszeniert, die direkt auf deren Interessen/ Bedürfnisse und die hierfür vom Unternehmen angebotenen Marktleistungen ausgerichtet sind.

Als (end)abnehmerbezogene Events kommen in Betracht: Firmenpräsentationen (zu Eröffnung, Erweiterung, Jubiläum – mit künstlerisch, kulturellem Rahmenprogramm), das Vorstellen von Produktneuheiten (mit Ausprobieren durch die Teilnehmer – ggf. als sportlicher Wettbewerb), Aktionen auf Messen oder im Handel (Vorstellen der Erlebniswelt zur Marktleistung – z.B. Vorfahrt der Coca-Cola-Trucks zur Weihnachtszeit, vom Sponsor ausgerichtete Motorsportshow) oder die anwendungsbezogene Informationsvermittlung zu Marktleistungen (Demonstrationen/ Seminare in angenehmer, aufgelockerter Atmosphäre).

Events können sich ebenfalls an die Führungskräfte und Mitarbeiter des eigenen Unternehmens richten. Hierbei geht es vor allem darum, über eine aktionsvermittelte Motivationssteigerung die Effizienz und Effektivität der Leistungserstellung und des Marktauftritts zu fördern.

Mit dem Durchführen firmen- und produktbezogener Veranstaltungen für Abnehmer/ Kunden erreicht die Kommunikation eines Unternehmens mit den teilnehmenden – i.d.R. eingeladenen – Personen einen über die bislang erläuterten Formen des Direkt-/ Dialog-Marketing hinausgehenden Charakter: Wie bei allen Kommunikationsmaßnahmen sollen die Gäste kognitiv (verstandesmäßig) und affektiv (gefühlsmäßig) angesprochen werden, nach dem Motto „Attention + Attraction" steht hierbei aber eine hohe Erlebnisorientierung im Vordergrund. Über das Event und die in diesem Rahmen zahlreich möglichen persönlichen Kontakte kann der Teilnehmer ein Unternehmen und seine Produkte/ Dienstleistungen ganzheitlich und authentisch erfahren. Durch die Bereitschaft zur Teilnahme bereits auf die Firmenaktionen und -präsentationen eingestimmt, können damit im Bedürfnis-Verhaltens-Kontinuum der Abnehmer (siehe hierzu A.II.1.) Anreize gesetzt werden, durch welche bei diesen die Aktivierungsprozesse zu einem Intensivieren der Einkaufs-/ Geschäftsbeziehung verstärkt werden. Das eigentliche – ggf. auch zeitlich nachgelagerte – Ziel ist es also, eine konative Verhaltensbereitschaft zu erzeugen/ zu fördern, um dann schließlich aktiv den (nächsten, weiteren) Kaufakt des Kunden zu initiieren. Neben dem Gewinnen von Neukunden besteht die Zielrichtung dieses Kommunikationsinstruments vor allem im Erreichen/ Verfestigen einer hohen Kundenloyalität und -bindung.

Die Ausrichtung von Marketing-Events unterscheidet sich vom Sponsoring dadurch, dass ein Unternehmen die vorgesehenen Veranstaltungen in vollständiger Eigenregie plant und durchführt. Dadurch können diese unmittelbar auf die zu den einzelnen Marktsegmenten verfolgten strategischen Marktziele abgestimmt werden, und die Unternehmensmitarbeiter können mit den Teilnehmern unmittelbare und persönliche Kontakte aufnehmen.

### Aufbau einer Markenstrategie

Bisher haben wir zum Kommunikations-Mix aufgezeigt, wie ein Unternehmen die Gesamtheit von Informationen zu den Marktleistungen und deren Erstellung durch den Einsatz unterschiedlicher Kommunikationsarten/ -formen an die verschiedenen Unternehmensträger-Gruppen vermitteln kann bzw. wie vor allem mit den externen Interessengruppen Kontakte aufgebaut und Dialoge geführt werden können. Diese Ausführungen sind im Folgenden noch einmal mit dem eingangs dieses Unterabschnitts angesprochenen Ziel einer integrierten Unternehmenskommunikation zurückzubinden.

Wie erwähnt, dreht sich die Kommunikationspolitik insgesamt darum, bei den Zielgruppen sowie den weiteren mit der Unternehmenstätigkeit in Verbindung stehenden Personenkreisen ein abgerundetes und Präferenzen schaffendes Bild vom eigenen Unternehmen aufzubauen und damit ein positives Firmenimage zu erzeugen. Diesem Zweck dienen **der Aufbau und die Pflege einer Marke**.

Unter einer **Marke** versteht man ein in der **Psyche des Konsumenten** verankertes, unverwechselbares **Vorstellungsbild**, das nicht nur **rational nachvollziehbare Qualität**, sondern auch **emotionale Bindung** beinhaltet.

Hierzu sind einige Begriffe voneinander abzugrenzen:

- **Markenwaren** sind Erzeugnisse, deren Lieferung in gleichbleibender oder verbesserter Güte gewährleistet wird und die selbst oder an ihrer Verpackung (bzw. an den Verkaufsbehältnissen) mit einem ihre Herkunft kennzeichnenden Merkmal – einem Formen-, Wort- oder Bildzeichen – versehen sind.
- Liegen diese Kennzeichen vor, dann kann in rechtlicher Hinsicht von einer Marke gesprochen werden, und zwar entsprechend § 3 MarkenG als **schutzfähiges Zeichen**. Durch eine Eintragung in das beim Deutschen Patent- und Markenamt (DPMA mit Sitz in München; siehe hierzu auch F.III.1.) geführte Markenregister kann ein effektiver Rechtsschutz gegen die missbräuchliche Verwendung der eigenen Kennzeichnung durch Dritte im geschäftlichen Verkehr erlangt werden (§§ 14 ff. MarkenG). Damit wird also ein Ausschließlichkeitsrecht zur Benutzung der eingetragenen Marke erwirkt.
- Als Marken schutzfähig sind **Formen-, Wort- und Bildzeichen**. Daneben sind auch Buchstaben(gruppen), Zahlen, Hörzeichen sowie dreidimensionale Gestaltungen (Waren, Verpackungen einschließlich ihrer Form- und Farbgebung) markenfähig, soweit sie zur Unterscheidung der Waren oder Dienstleistungen eines Unternehmens von denjenigen anderer Unternehmen geeignet sind (§ 3 I MarkenG).
- Als **Unternehmenskennzeichen** sind gleichfalls schutz- und eintragungsfähig die besonderen wort- und bildhaften Aufmachungen geschäftlicher Bezeichnungen (§ 5 MarkenG), welche im Bereich der (Außen)Werbung sowie beispielsweise auf den Geschäftspapieren Verwendung finden.

Somit bestehen insgesamt gute rechtliche Grundlagen dafür, den Marktauftritt eines Unternehmens und seine Leistungen in einer prägnanten und unverwechselbaren Weise zu gestalten, die den Nachfragern eine schnelle Orientierung/ Unterscheidung im Wettbewerb ermöglicht. Die jeweils besondere Ausstattung respektive Aufmachung von Produkten und auch die Herausstellung/ Kennzeichnung von Dienstleistungen wird **Markierung** genannt. Hierzu haben sich mittlerweile zahlreiche verschiedene Strategieansätze entwickelt, die sich in den folgenden Erscheinungsformen von Markenangeboten niederschlagen:

Im **horizontalen Wettbewerb** gegenüber Konkurrenten der gleichen Branche finden sich

- **Einzelmarkenstrategien** (Ein Produkt ist als eine Marke ausgestaltet, bei der das Herstellerunternehmen nicht in den Vordergrund gerückt wird; z.B. MON CHÉRIE, RAFFAELO, GIOTTO von FERRERO)
- **Mehrmarkenstrategien** (Ein Unternehmen führt mehrere Marken in einem Produktbereich; z.B. diverse Zigarettensorten MARLBORO von PHILIP MORRIS)

- **Familienmarkenstrategien** (Verwandte Produktmarken ohne Bezug zum Unternehmensnamen; z.B. die „Bild-Familie" vom Verlagshaus AXEL SPRINGER – BILD, BILD AM SONNTAG, BILD DER FRAU u.a.)
- **Dachmarkenstrategien** (Gemeinsame Markenführung eines Unternehmens unter einer Marke; z.B. bei PORSCHE oder IBM) sowie
- **Markentransferstrategien** (Ausdehnen der Geschäftstätigkeit unter eingeführtem Markennamen; z.B. im Tabakbereich von Zigaretten zu Herren-/ Freizeitbekleidung und -accessoires durch CAMEL oder MARLBORO).

Im vertikalen Wettbewerb und damit in der Auseinandersetzung der Anbieter um eine direkte Präsenz im Handel treffen die vorstehend klassifizierten Herstellermarken immer häufiger auf Handelsmarken, welche von den Wiederverkäuferunternehmen aufgebaut und zur Produktion vergeben werden. Hierbei können folgende Formen unterschieden werden:

- **Handels-Gattungsmarken** (schlichte Gestaltung von Waren, die beim Einhalten qualitativer Mindestanforderungen im Preis deutlich unter den Herstellermarken liegen; wenn auch pauschal als „No Names" oder „Generics" bezeichnet, findet hier dennoch eine Markierung statt, z.B. JA von REWE oder A & P von KAISER'S TENGELMANN)
- **Handels-Eigenmarken** (den Herstellern äquivalente Marken mit Preisvorteil; z.B. die Kaffeeserie MARKUS von ALDI)
- **Handels-Premiummarken** (eigenständiger Marktauftritt in echter Leistungskonkurrenz zu den etablierten Herstellerunternehmen; z.B. BIO WERTKOST als hochwertige Nahrungsmittel aus ökologischem Anbau bei EDEKA).

Im internationalen Herstellerwettbewerb vorzufinden sind:

- **Multinationale Markenstrategien** (Individuelle Markenkonzepte in den einzelnen Auslandsmärkten)
- **Globale Markenstrategien** (Durchsetzen eines international einheitlichen Markenkonzepts; zu den hiermit verbundenen Risiken siehe F.II.2.a.) sowie weiterhin
- **Gemischte Markenstrategien** (Modulare Konzepte in länderspezifischer Differenzierung).

Das von einem Unternehmen verfolgte Markenkonzept stellt einen integralen Bestandteil in dessen Prozess der Strategieentwicklung und -realisierung dar:

Auf der Grundlage einer differenzierten Informationssammlung, -beschreibung und -bewertung sowie verdichtender Analysen und Prognosen sind bei der primär marktorientierten Ableitung von Ziel-Maßnahmen-Pfaden für eine positive Unternehmensentwicklung im Gestaltungsrahmen des strategischen Dreiecks (Kunden, eigenes Unternehmen und Wettbewerber) wettbewerbsdifferenzierende und bedürfnisaktuelle Marktleistungsangebote (UCVPs als einzigartige kundenwertorientierte Leistungsversprechen) zu entwickeln.

Im unmittelbaren Zusammenhang hiermit stellt sich die Frage, wie die weiterentwickelten oder neuen Produkte/ Dienstleistungen mit dem bisherigen Marktauftritt eines Unternehmens zu verknüpfen sind bzw. was für ein eigenständiges und die Zielgruppe(n) ansprechendes „Gesicht“ diesen zu geben ist. Die Markengestaltung als Kreation von Markenname und -zeichen einschließlich hierauf abgestimmter Positionierungsentscheidungen in allen Marketing-Mix-Bereichen setzt im Prozess der Entwicklung von Marktstrategien gewissermaßen den „Schlussstein“, durch welchen die angestrebte Stellung des Unternehmens im jeweiligen Marktsegment und seinem Umfeld in jede einzelne Marktleistung transferiert wird. Dieses leistungsbezogene Verkörpern des marktstrategischen Ansatzes kommt treffend im englischen Begriff des **Branding** zum Ausdruck: Brand steht für Marke, und als ursprüngliche Bedeutung liegt hierbei das „Brandzeichen“ zur Eigentumskennzeichnung bei Tieren zu Grunde. Hierüber wird die Analogie deutlich, dass bei dem Branding/ der Markengestaltung die Marktleistungen eines Unternehmens mit dessen ganz besonderem und möglichst unverwechselbarem Stempel versehen werden.

Wie bereits die zuvor aufgelisteten Strategieansätze veranschaulicht haben, stellt die Markengestaltung innerhalb des marktstrategischen Grundansatzes einen eigenständigen Prozess der Strategieentwicklung und -umsetzung dar.

> Auf der Basis der wettbewerbsbezogenen Marktleistungspositionierung wird in der **Markenstrategie** der generelle Rahmen für den Markt-/ Markenauftritt der ggf. mehreren Produkt- und oder Dienstleistungslinien abgesteckt.
>
> Die operative Umsetzung der Markenstrategie über präzisierte Ziele wird als **Markenführung** bezeichnet. Diese Realisation der strategischen Vorgaben hat den Aufbau, die Weiterentwicklung und damit den gesamten Lebenszyklus einer Marke zum Gegenstand. Jeweils hierauf fokussiert gilt es, sämtliche Marketing-Mix-Bereiche aufeinander abgestimmt zu gestalten.
>
> Das angestrebte Ergebnis bei der strategischen Planung und operativen Umsetzung von Markenkonzepten besteht darin, unverwechselbare **Markenpersönlichkeiten** mit hohem Attraktivitäts- respektive Identifikationspotenzial für die gegenwärtigen und zukünftigen Kunden eines Unternehmens zu kreieren.

**Imagewirkung von Marken**

Das abschließend zum Kommunikations-Mix erläuterte Entscheidungsfeld ist in den vorangegangenen Darstellungen (Abb. F-II-12 und F-II-15) als **Marke/ Image** vermerkt. Nachfolgend wird die Verbindung dieser beiden Begriffe aufgezeigt. Auch hierbei können wir an den vorausgegangenen Erläuterungen zum übergeordneten Steuerungsprozess der Unternehmensentwicklung und -planung (F.II.1.b.) anknüpfen:

- Im Hinblick auf das generell zweiseitige Grundprinzip einer strategisch-marktorientierten Unternehmensführung, für Outside-in-ermittelte Markt- und Umfeldanforderungen den aktuellen und potenziellen Kunden passgenaue Leistungsangebote zu unterbreiten, liegt das Schwergewicht beim Positionieren,

Profilieren und Pflegen einer Marke zunächst im Komplex der vom Unternehmen ausgehenden, also Inside-out-gerichteten Maßnahmen.

- Zwar findet die Entwicklung von Produktverbesserungen und -innovationen mit intensiver Unterstützung durch die Marktforschung statt; bezogen auf die Gestaltung einer neuen Marke können hierdurch allerdings nur grobe (Test)Kundeneinschätzungen gewonnen werden.
- Vor allem das Finden von Markennamen und das Entwerfen von Markenzeichen stellen hochkreative Prozesse dar, bei denen mit dem Ziel einer einzigartigen Konfigurierung und hohem Wiedererkennungswert nur selten auf der Basis vorhandener Konzepte zu ähnlichen Marktleistungen vorgegangen werden kann.
- Hier gilt es also, das entsprechende Know-how im Unternehmen aufzubauen oder von spezialisierten Beratungs-/ Dienstleistungsunternehmen zuzukaufen, um mit der Produkteinführung sogleich einen adäquaten Markenauftritt sicherstellen zu können. Für die marktorientiert konzipierten Angebote zur Lösung von Kundenbedürfnissen überwiegt in dieser Phase demnach die Ressourcenorientierung.

Für den Erfolg eines Markenkonzepts ist es – wie grundsätzlich bei allen marktgerichteten Unternehmensaktivitäten – damit von ausschlaggebender Bedeutung, wie dieses von den Zielgruppen/ -personen eingeschätzt und bewertet wird. Ob sich eine Marke für das Unternehmen zu einem marktorientierten Erfolgsfaktor entwickelt, der über das Verkörpern/ Versinnbildlichen aller wettbewerbsrelevanten Kernkompetenzen auch zu dauerhaften Wettbewerbsvorteilen führt – und somit perspektivisch sein ressourcenorientiertes Erfolgspotenzial aktivieren kann (zum Ableitungszusammenhang der Begriffe siehe F.II.1.b.), entscheidet sich also wiederum über die Outside-in-verlaufende Benotung durch die aktuellen und potenziellen Abnehmer/ Kunden.

Der hiermit nochmals kurz zusammengefasste grundlegende marktwirtschaftliche Dualismus im Verhältnis von Anbieteraktionen und Nachfragerreaktionen ist bei den bisherigen Erläuterungen zur Markengestaltung bereits dadurch zum Ausdruck gekommen, dass hier wiederholt auf die Wahrnehmung der Abnehmer/ Konsumenten Bezug genommen wurde. Diese konstitutive Reflexion auf die Wahrnehmungswelt der Nachfrager zeigt den kommunikationspolitischen Kern der Markengestaltung:

- Die Unternehmen agieren bei der Aufmachung/ Gestaltung ihrer Marktleistungen und Geschäftsbeziehungen als die Absender kommunikativer Botschaften.
- Dass die mit einem Markenkonzept durch einen Anbieter verfolgten Vorstellungen nicht „1 : 1“ als Sinneseindrücke auf der Empfängerseite hervorgerufen werden können, ist dabei unmittelbar einsichtig.
- Was über die gewählten Kommunikationskanäle bei den Zielpersonen respektive in deren Köpfen ankommt, wird gegenüber der vom Unternehmen intendierten Konzeption in aller Regel mehr oder weniger große Unterschiede aufweisen.

- Zur Erfassung dieser Wahrnehmungsverschiedenheiten ist es notwendig, auf der Nachfragerseite mit einem anderen Begriff als dem der Marke zu operieren, und hierfür findet der Terminus/ das Konstrukt des Image Verwendung.

Den **Image-Begriff** haben wir bereits in A.I.5. und C.I.3.d. als wertende Vorstellung von jemandem oder von etwas in der öffentlichen Meinung angesprochen. Für den vom lateinischen Wort „imago" abstammenden englischen Ausdruck gibt es in der deutschen Sprache keine direkte Entsprechung. Der des Öfteren verwendete Begriff „Bild" wird der Image-Bedeutung nicht in vollem Maße gerecht. Gemeint ist vielmehr – aus dem Blickwinkel des Betrachters – wie eine Sache gesehen und eingeschätzt wird, also welches „Abbild" eine Person von dem Gegenstand im Kopf hat.

Beim Image einer Marke geht es um die Meinungen, Gefühle und Einstellungen, welche die Mitglieder der verschiedenen – vorrangig externen, aber ebenfalls der internen – Unternehmensträger-Gruppen dem Marktleistungsangebot eines Unternehmens und seiner spezifischen Aufmachung/ Ausstattung entgegenbringen. Insofern kann von einem psychologischen Markenbild gesprochen wird, wobei wichtig ist, dass sich dieses „vor den geistigen Augen" der Zielpersonen aufbaut.

Für die Markengestaltung als vorrangig kommunikationsbezogener Aktivität in den Anbieterunternehmen ist es damit von großer Wichtigkeit, dass das Image ihrer Produkte und Dienstleistungen im Markt (das Ist-Image) eine weitgehende Deckungsgleichheit mit den konzeptionellen Sollvorstellungen (dem verfolgten Soll-Image) aufweist. Vereinfacht ausgedrückt, wird auf diese Weise die Marke und das damit verbundene Image zur „emotionalen Heimat" des Kunden. In dem weiter greifenden Zusammenhang der Identität des Unternehmens als Ganzem gehen wir hierauf näher in F.II.3. ein.

### e. *Distributions-Mix*

Nach den bisherigen Darstellungen zum Marketing-Pentagon (Abb. F-II-12) sind die Entscheidungssituationen des Distributions-Mix im Rahmen einer Markt- und Ressourcenorientierten Unternehmensführung wie folgt einzuordnen:

- Beim Produkt- und Kontrahierungs-Mix steht das bedürfnis-/ bedarfsgerechte sowie wettbewerbsdifferenzierende Definieren des Produkt-/ Dienstleistungsangebotes als Unique Customer Value Proposition (UCVP) eines Unternehmens einschließlich der hierzu vom Unternehmen geforderten Gegenleistungen im Zentrum der Instrumentalentscheidungen.
- Hierauf basierend geht es im Kommunikations-Mix darum, welche integrierten Aktivitäten entfaltet werden können, um den Abnehmern/ Kunden umfassende Informationen zum markt- und gesellschaftsbezogenen Leistungsspektrum des Unternehmens zu ermöglichen respektive diese zum Erwerb der angebotenen Waren und Dienstleistungen anzuregen.
- Mit diesen Gestaltungsbereichen eng verbunden, ist dann beim **Distributions-Mix** zu entscheiden, auf welchen **Vertriebswegen** welche einzelnen Marktleistungen zu welchen Käufer(gruppe)n gelangen sollen. Hier muss im Einzelnen

festgelegt werden, wo bzw. wie die aktuellen und potenziellen Kunden die von einem Unternehmen angebotenen Produkte und Dienstleistungen erwerben können.

Mit JOCHEN BECKER kann dazu folgende schlagwortartige Kennzeichnung vorgenommen werden: Neben dem Herausarbeiten der eigentlichen Produkt- oder Marktleistung hat das Unternehmen zusätzlich eine Profilleistung (Werbung, Public Relations, Bekanntheit/ Image) zu erbringen; die Organisation des Übergangs der Waren/ Leistungen an die Erwerber ist begrifflich als Präsenzleistung zu fassen. Während das Kommunikations-Mix vereinfacht als „Sprachrohr" des Marketing bezeichnet werden kann, bietet sich für das Distributions-Mix das Bild der „Pipeline" an. Mit solchen „Rohrleitung(ssystem)en" ist sicherzustellen, dass die produzierten Güter und Dienstleistungen an den Nachfrageorten präsent sind.

Den Gegenstand des Distributions-Mix bilden damit jene Entscheidungen und Handlungen, welche sich auf das **Übermitteln respektive Erbringen materieller und/ oder immaterieller Leistungen im Anbieter-Nachfrager-Verhältnis** beziehen. Diese sind – bildlich argumentiert – „am rechten Rand" der Realgüterprozesse bzw. der direkten Wertschöpfungsprozesse eines Unternehmens angesiedelt. Dabei eingeschlossen ist die Transformation der originären Produktions-/ Erstellungsleistung nach Ort, Zeit, Quantität und Qualität in von den Abnehmern gewünschte Größeneinheiten und Angebotskombinationen.

In den heute hochgradig arbeitsteiligen Marktwirtschaften fallen die Produktion von Gütern und deren Konsum/ Verwendung respektive eine Weiterverarbeitung regelmäßig auseinander. Zusätzlich herrschen häufig die durch generelle Angebotsüberhänge gekennzeichneten wettbewerbsintensiven Käufermarktverhältnisse (siehe hierzu C.I.3.d. und F.II.2.a.). So lassen Sportschuh-Hersteller ihre Produkte fast ausschließlich in Asien produzieren, sie werden aber auf allen Kontinenten verkauft. Von daher stellt sich den Anbietern in der Beziehung zu ihren Nachfragern die grundsätzliche Herausforderung der Distanzüberbrückung. Eine der wesentlichen Erfolgsvoraussetzungen für Unternehmen besteht also darin, eine möglichst große räumliche Nähe zu ihren Abnehmern/ Kunden aufzubauen, und das hierbei gegebene Entscheidungsspektrum im Distributions-Mix lässt sich in die – in der Übersichtsabbildung zum Marketing-Pentagon F-II-12 eingetragenen – zwei Aspekte aufgliedern:

- Nach der angesprochenen Pipeline-Analogie sind zum einen Festlegungen über die „Leitungsbahnen" zu treffen, in welchen einerseits die Kundenkontakte verlaufen und andererseits der Austausch von Leistungen und Gegenleistungen stattfindet. Als **Distributionskänale** (bzw. als Absatzkanäle oder als Distribution Channels/ Marketing Channels) bezeichnet, sind sämtliche unternehmenseigenen und -fremden Stationen in den Prozessen zu konfigurieren, über welche die Produkte oder Dienstleistungen eines Unternehmens den Nachfragern verfügbar gemacht werden. Das so errichtete und im Zeitablauf ggf. anzupassende/ zu verändernde „Rohrleistungssystem" dient zur Abwicklung der ökonomischen Transaktionen eines Unternehmens mit seinen Abnehmern. In erster Linie wird hierdurch der wirtschaftlich-rechtliche Rahmen für den – ggf. mehrstufigen – Übergang von Marktleistungen in die Verfügungsmacht der Endkunden abgesteckt.

- Zum anderen hat das Distributions-Mix die konkrete und realgüterbezogene Ausfüllung dieser absatzseitigen Rahmenordnung eines Unternehmens zum Inhalt. Unter dem Begriff der **physischen Distribution** (bzw. der logistischen Distribution/ Distributionslogistik oder der Marketing Logistics) steht jetzt das tatsächliche Übermitteln der Marktleistungen an die Abnehmer/ Kunden im Vordergrund der distributionspolitischen Gestaltung. Innerhalb der definierten Distributionskänale sind die Organisations- und Durchführungsentscheidungen damit direkt auf den körperlichen Transfer der einzelnen Leistungseinheiten/ -pakete vom Anbieter zum (End)Abnehmer gerichtet.

Welche Wahlmöglichkeiten sind innerhalb der aufgezeigten Bandbreite des Distributions-Mix gegeben? Entsprechend den Einordnungen zum Marketing als übergeordnetem, die Wertschöpfung eines Unternehmens steuernden Prozess in F.II.2. geben wir nachfolgend einen Überblick der wesentlichen vertriebspolitischen Steuerungsparameter. Damit werden – wie auch zu den anderen Marketing-Mix-Bereichen – die grundlegenden strategischen Entscheidungsalternativen sowie die hieraus für die Aufstellung eines Unternehmens im Wettbewerb folgenden operativen Implikationen aufgezeigt. Auf die faktische Ausgestaltung einzelner Distributionsschienen kommen wir bei der Behandlung der korrespondierenden direkten Wertschöpfungsphase Absatz/ Vertrieb in F.III.5. noch einmal zurück.

**Distributionskanäle**

Das zuerst aufgezeigte, den oder die **Distributionskanäle** eines Unternehmens betreffende Entscheidungs- und Gestaltungsfeld lässt sich analytisch in die **drei Ebenen** der **Vertriebssysteme, Vertriebsorgane und Vertriebswege** aufspalten. Die mit der Abbildung F-II-16 vorgelegte Klassifikation basiert auf der durch ERICH GUTENBERG vorgenommenen Einteilung zu dem von ihm als Absatzmethode bezeichneten Instrumentalbereich. Die hiermit mögliche hohe Stringenz in der Darstellung von Alternativen bei der Auswahl und/ oder der Anpassung von Distributionskanälen kann mit den in der Literatur häufig vorzufindenden zweiteiligen Systematisierungen i.d.R. nicht erreicht werden. Die drei nachfolgend kurz erläuterten Ebenen stehen in einem engen Zusammenhang, so dass hierüber ggf. in einem rekursiv vernetzten Prozess zu entscheiden ist. Die in Abbildung F-II-16 eingetragenen Ordnungsnummern finden sich bei den zugehörigen Textpassagen wieder und ermöglichen so besser die Nachvollziehbarkeit der Inhalte.

**Als Vertriebssystem**

Auf der ein **Vertriebssystem (VS)** allgemein kennzeichnenden Ebene sind zunächst zwei generelle Fragen zu klären (oberer Teil der Abbildung F-II-16).

- Die erste bezieht sich darauf, ob die **Absatz-/ Vertriebsfunktion von einem Unternehmen selbst wahrgenommen (1)** wird. Dies braucht nicht notwendigerweise der Fall zu sein; das System zum Vertrieb hergestellter Produkte kann auch **komplett ausgegliedert (2)** sein, indem die Absatzfunktion im Ganzen einer eigenständigen Organisation übertragen wird.

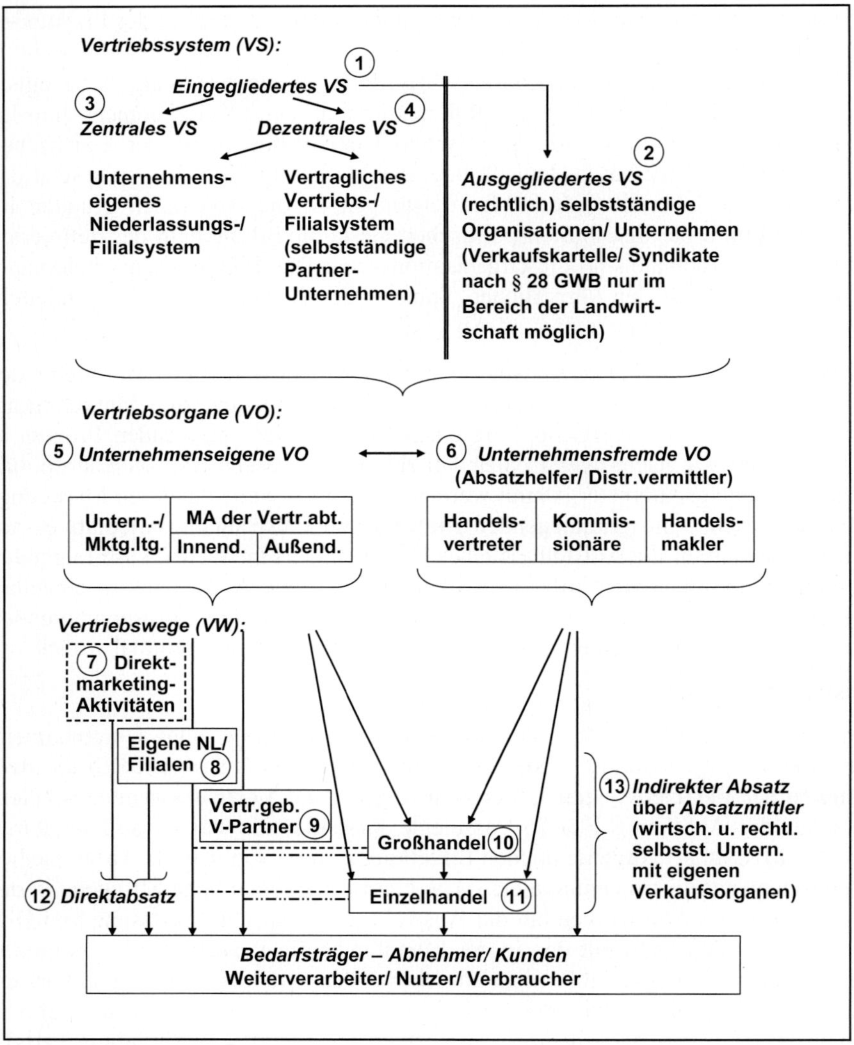


**Abb. F-II-16:** Distributionskanäle – Entscheidungs- und Gestaltungsebenen

- Soweit es sich bei gleichem Eigentümerkreis um die gesonderte Errichtung einer rechtlich selbstständigen Vertriebsgesellschaft handelt, liegt die in C.II.5.b. erläuterte Konstruktion einer Doppelgesellschaft vor.
- Wird mit dem Zweck einer gemeinsamen Leistungsvermarktung die Verlagerung der Vertriebsfunktion von zwei oder mehreren, miteinander im Wettbewerb stehenden Unternehmen getragen – die am Markt also als Konkurrenten auftreten, dann sind hierauf gerichtete Vereinbarungen oder Un-

ternehmensverbindungen den engen Grenzen des Gesetzes gegen Wettbewerbsbeschränkungen (GWB) unterworfen:

* Dies lässt von dem generellen Verbot wettbewerbseinschränkender oder -verfälschender Vereinbarungen sowie abgestimmter Verhaltensweisen (Kartellverbot des § 1 GWB) nur wenige Abweichungen zu. Eine Stellung als Ausnahmebereich wird lediglich dem Wirtschaftssektor der Landwirtschaft zuerkannt (§ 28 GWB). Nur hier besteht neben dem Verabreden einer räumlichen Aufteilung des gemeinsamen Absatzgebietes (Verkaufs-/ Gebietskartell) die grundsätzliche Möglichkeit zur Bildung einer zentralen, für den gesamten Absatz der angeschlossenen Unternehmen zuständigen Einrichtung (Syndikat).
  Hiervon darf allerdings keine Preisbindung nachgelagerter Absatzstufen ausgehen (vertikale Preisbindung bzw. Preisbindung der zweiten Hand; seit 1973 unzulässig, Verlagserzeugnisse ausgenommen – § 30 GWB und Gesetz über die Preisbindung für Bücher BuchPrG), und es darf kein völliger Ausschluss des Wettbewerbs bewirkt werden.
* Wenn konkurrierende Unternehmen ihre Vertriebsaktivitäten im Rahmen eines rechtlich selbstständigen Gemeinschaftsunternehmens (Joint Venture) abwickeln wollen, an dem die Gesellschaftsanteile von den beteiligten Partnern gehalten werden, dann greifen die wettbewerbsrechtlichen Prüfungen über die im GWB verankerte Zusammenschlusskontrolle (§§ 35 ff. GWB, als wesentliche Vorschrift für Gemeinschaftsunternehmen § 37 I Nr. 3 Satz 3 GWB). Im Grundsatz gilt, dass Kartellverabredungen nicht auf dem Weg einer Fusion umgangen werden dürfen, und so wird das Errichten eines Gemeinschaftsunternehmens wettbewerbsrechtlich als marktlicher Zusammenschluss der Mutterunternehmen gewertet. Hierauf bezogen ist wegen des entstehenden Gruppeneffekts von keinem echten Wettbewerb mehr auszugehen, und deshalb kann die eingegangene Unternehmensverbindung als missbräuchliches Ausnutzen einer marktbeherrschenden Stellung gewertet und untersagt werden (§ 36 i.V. mit den §§ 19 ff. GWB).

- Wird von einem **eingegliederten Vertriebssystem** ausgegangen, dann schließt sich die zweite Frage an, ob der **Absatz zentral (3)** vom Stammsitz des Unternehmens **oder dezentral (4)** über Niederlassungen/ Filialen vonstatten gehen soll.
  Bei der zuletzt genannten Alternative sind wiederum zwei prinzipielle Möglichkeiten gegeben: Ein Unternehmen kann regional ausgegliederte **eigene Niederlassungen/ Filialen** unterhalten und/ oder ein **vertragliches Vertriebssystem** aufbauen (als (8) und (9) auch auf der Ebene der Vertriebswege enthalten).
  In vertraglichen Vertriebssystemen werden die Distributionspartner über entsprechende Verträge relativ eng eingebunden. Diese sind rechtlich selbstständig, und wegen der normalerweise vom Herstellerunternehmen verschiedenen Eigentümerstruktur ist auch von einer wirtschaftlichen Eigenständigkeit zu sprechen. Dieses Merkmal wird allerdings durch die eingegangenen Vertrags-

bindungen stark verwässert, so dass wir als allgemeine Kennzeichnung **selbstständige Partnerunternehmen** verwenden.
Als Beispiele für derartige Vereinbarungen zum Marktauftritt von im Distributionskanal nachgelagerten Unternehmen sind die im KFZ-Bereich (noch) üblichen **Vertragshändlersysteme** sowie das **Franchising** anzuführen. Dabei wird dem Franchise-Nehmer (Franchisee) gegen einmalige oder periodische Entgelte vom Franchise-Geber (Franchisor) das Recht eingeräumt, dessen Markt- respektive Markenleistungen nach genau bestimmten Vorgaben zu vertreiben (z.B. COCA COLA oder MCDONALD'S).

Diese Anfangsentscheidungen zum grundsätzlichen Aufbau des Vertriebssystems eines Unternehmens sind in Abhängigkeit von seinen marktstrategischen Zielsetzungen zu treffen. Auf marktorientierter Grundlage ist also darüber zu beschließen, ob diese Vorgaben mit einem zentralen und/ oder dezentralen Vertrieb durch das eigene Unternehmen zu realisieren sind, oder ob „von vornherein" nach vertraglich näher geregelten Partnerschaften beim Erfüllen dieser Aufgabe zu suchen ist.

Das bei der Vertriebswegegestaltung mögliche **Einschalten von Handelsunternehmen (10)/ (11)** als wirtschaftlich und rechtlich selbstständigen Absatzmittlern bleibt bei diesen Vorfestlegungen noch offen. Hierüber kann bei jedem der skizzierten Vertriebstypen gesondert respektive zusätzlich entschieden werden.

Verglichen mit den elementaren Festlegungen zum Vertriebssystem ist auf den weiteren Auswahlebenen zu den Distributionskanälen ein eher ressourcenorientierter Maßstab anzulegen. Dabei sind Entscheidungen über die für eine effiziente und effektive Zielerreichung notwendigen Organen zu treffen, und diese weisen eine enge Verbindung zu den verschiedenen Wegen auf, auf welchen die Marktleistungen den Abnehmern/ Kunden angeboten werden können. Solche Folgeentscheidungen sind also bei jedem Vertriebssystem bzw. für alle seine Teile zu klären, und deshalb kann die erste Ebene in Abbildung F-II-16 mit einer überleitenden Klammer abgeschlossen werden.

**Als Vertriebsorgane**

Die Ebene der **Vertriebsorgane (VO)** (mittlerer Teil der Abbildung F-II-16) umfasst die personelle Ausgestaltung der Absatz-/ Vertriebsfunktion in einem Herstellerunternehmen. Hierbei ist festzulegen, welche Gruppen von Akteuren/ Aufgabenträgern die Distributionsprozesse operativ steuern bzw. ausführen. Dazu sind die grundsätzlichen Alternativen anzusprechen; auf die Einbindung der direkten Wertschöpfungsphase Absatz/ Vertrieb in die Organisationsstruktur eines Unternehmens gehen wir im Kapitel G. ein.

Eine generelle Differenzierung zu den Vertriebsorganen eines Unternehmens kann unternehmensträgerbezogen vorgenommen werden: Diese macht sich daran fest, ob Mitarbeiter des Unternehmens die Vertriebsaufgaben ausführen (unternehmenseigene VO), oder ob bei der Verkaufsanbahnung/ -abwicklung Personen mitwirken, die nicht zu seinen Kerngruppen gehören (unternehmensfremde VO).

**Unternehmenseigene Vertriebsorgane (5)** lassen sich allgemein wie folgt einteilen:

- Distributionspolitische Aufgaben mit entscheidender Bedeutung für den Erfolg und die Entwicklung eines Unternehmens werden häufig direkt von den Eigentümern/ dem Top-Management wahrgenommen. So laufen großvolumige Verkaufsverhandlungen oder die Kontakte zu den wichtigsten Schlüsselkunden vielfach unmittelbar über die **Unternehmensleitung** respektive über die Marketingleitung. Dieser Personenkreis pflegt bei kleinen Firmen oft sämtliche Kundenbeziehungen, und auch in mittelständischen Unternehmen wird die oberste Führungsebene regelmäßige, zumindest einmal im Jahr stattfindende Gespräche mit den einzelnen Abnehmern/ Kunden führen. Ansonsten ist der Einsatz dieser Vertriebsorgane in leitender Stellung branchenabhängig und vor allem bei Großprojekten in der Investitionsgüterindustrie üblich.
- Zur Koordination sämtlicher Aufgaben/ Prozesse des Gewinnens und Abwickelns von Aufträgen wird eine **Vertriebsabteilung** – bzw. in kleinen Unternehmen eine Vertriebsstelle – eingerichtet. Mit Bezug auf den räumlichen Tätigkeitsbereich sind hierbei zwei Funktionen/ Mitarbeitergruppen gegeneinander abzugrenzen:

  - Beim **Innendienst** werden Abnehmer-/ Kundenkontakte durch die Mitarbeiter von ihren Arbeitsplätzen im Unternehmen geführt. Sie stehen den Erwerbern angebotener Marktleistungen in allen Fragen vor, während und nach einem Vertragsabschluss zur Verfügung und sind für dessen vereinbarungsgemäße – also zeit-, qualitäts- und kosten-/ preisgerechte – Erfüllung/ Abwicklung zuständig.
    Die zuletzt genannten Aufgaben sind auch bezogen auf im Außendienst erzielte Abschlüsse wahrzunehmen, und zusätzlich werden die dort eingesetzten Mitarbeiter vom Innendienst geführt bzw. organisatorisch unterstützt (z.B. Terminvereinbarung, Nachfassen bei noch schwebenden Aufträgen, Auftragsbestätigung).
  - Durch den **Außendienst** eines Unternehmens werden Kontakte zu Abnehmern/ Kunden auf einer unmittelbar persönlichen Basis – also im Rahmen einer Face-to-Face-Kommunikation – gepflegt. Fest angestellte und an die Weisungen der Vertriebsleitung gebundene Reisende besuchen in regelmäßigem Turnus oder aus gegebenem Anlass (z.B. Neuprodukteinführung) die Kunden ihres Verkaufsgebietes. Bildlich gesehen kommt auf diese Weise ein Unternehmen direkt zu seinen Bedarfsträgern. Als Weiterverarbeiter, Wiederverkäufer (Händler) oder als Konsumenten werden den Kunden in deren Unternehmens- oder Privatbereich die Leistungen des Anbieterunternehmens vorgestellt respektive präsentiert. Bei dem Ziel, Verkaufsabschlüsse zu tätigen, kann direkt auf spezielle Wünsche und Bedürfnisse der Abnehmer eingegangen werden. Wenn sich zusätzlich über die Zeit persönliche Vertrauensverhältnisse zwischen den Außendienstmitarbeitern und ihren Kunden entwickeln, dann bestehen gute Voraussetzungen für das Erreichen einer hohen Kundenbindung.
    Juristisch sind Reisende als Handlungsgehilfen (§§ 59 ff. HGB) einzuordnen. Ihr Gehalt kann – und wird in aller Regel – umsatzabhängige Provisionsbestandteile enthalten. Bei großen Unternehmen findet eine bezirksmä-

ßige Aufteilung des gesamten Verkaufsgebiets statt, wobei den jeweils zuständigen Außendienstmitarbeitern auch Gebiets- oder Regionalverkaufsleiter übergeordnet sein können.

Werden **unternehmensfremde Vertriebsorgane (6)** eingeschaltet, dann kommen damit – der Bezeichnung entsprechend – **selbstständige Personen/ Institutionen** zum Einsatz. Die nachfolgend im Überblick erläuterten, vorwiegend mit dem Anbahnen, Abschließen und Vermitteln betrauten Aufgabenträger rechnen zu den Absatzhelfern. Mit einem spezielleren Begriff sprechen wir hierbei von Distributionsvermittlern. Dadurch kann eine weitere Gruppe von Absatzhelfern abgegrenzt werden, welche vorwiegend logistische Tätigkeiten im Distributionskanal übernehmen (z.B. Speditions- und Auslieferungsunternehmen). Diese sind als Distributionshelfer zu bezeichnen.

Anders als in der Literatur teilweise üblich, rechnen wir die wirtschaftlich und rechtlich selbstständigen Handelsunternehmen nicht zu den Vertriebsorganen eines Unternehmens. Der Einteilung von GUTENBERG folgend, ist über deren Einschaltung als Absatzmittler auf der Ebene der Vertriebswege/ Absatzstufen zu entscheiden. Auch in einem rechtlich übertragenen Sprachgebrauch wird der Sachverhalt eines organschaftlichen Verhältnisses zwischen Hersteller- und Handelsunternehmen nicht erfüllt.

Als Distributionsvermittler kommen in Frage:

- **Handelsvertreter** sind selbstständige Gewerbetreibende, die ständig damit betraut sind, für ein oder mehrere andere Unternehmen Geschäfte zu vermitteln bzw. in deren Namen abzuschließen. Sie sind Kaufleute im Sinne des Handelsgesetzbuchs und damit auch zur Handelsregistereintragung verpflichtet, sofern ihre Tätigkeit einen in kaufmännischer Weise eingerichteten Geschäftsbetrieb erfordert. Auch beim Nichterfüllen dieses Merkmals sind die speziellen Regelungen für Handelsvertreter im HGB gleichwohl maßgebend (§§ 84 ff. i.V. mit den §§ 1 ff. HGB; zum Kaufmannsbegriff siehe auch C.II.2.).
  Handelsvertreter sind in fremdem Namen und auf fremde Rechnung tätig; sie tragen damit keine eigenen Risiken aus den abgeschlossen Geschäften. Ihre Funktion ist der von Reisenden sehr ähnlich, wobei – wegen ihrer rechtlichen Selbstständigkeit – aber kein Direktionsrecht besteht, nach welchem das vertretene Unternehmen Zeit, Ort und Art ihrer Arbeitsleistung näher bestimmen könnte. Handelsvertreter gestalten ihre Tätigkeit also weitgehend frei und bestimmen ihre Arbeitszeit selbst. Zur Wahrnehmung der Interessen des vertretenen Unternehmens sind sie allerdings gesetzlich verpflichtet. Dies schließt ein Wettbewerbsverbot ein (kein Tätigwerden für ein Konkurrenzunternehmen), das vertraglich auch auf Substitutionsprodukte sowie für die Zeit nach Beendigung des Vertretungsverhältnisses (maximal zwei Jahre bei Zahlung einer angemessenen Entschädigung durch das Unternehmen) ausgeweitet werden kann. Anders als bei den Reisenden erfolgt die Vergütung von Handelsvertretern grundsätzlich über umsatzabhängige Provisionen.
- **Kommissionäre** sind wie Handelsvertreter wirtschaftlich für Rechnung eines anderen Unternehmens – hier des Kommittenten – tätig; der Verkauf (oder auch der Ankauf) von Waren wird von diesen allerdings im eigenen Namen vorge-

nommen (§§ 383 ff. HGB; Kaufmannseigenschaft und Geltung dieser Vorschriften analog dem Handelsvertreter). Vertragspartner gegenüber dem Kunden ist also der Kommissionär, welcher nicht dazu verpflichtet ist, seinen Kommittenten zu benennen. An diesen wird der erzielte Kaufpreis abzüglich einer Provision sowie eventuell entstandener Aufwendungen weitergeleitet, und dabei erfährt in jedem Fall aber der Kommittent, dass und ggf. an wen seine Marktleistung verkauft wurde.
Wenn einem Kommissionär zu verkaufende Waren in dessen Verwahrung (auf sein Lager) übergeben werden, dann bezeichnet man eine solche „Vorratskommission" als Konsignation (und das entsprechende Lager als Konsignationslager). An die Stelle der Bezeichnungen Kommissionär und Kommittent treten jetzt die Begriffe Konsignatar und Konsignant.
Der Kommissionär ist bei seinen Geschäften zur Sorgfalt eines ordentlichen Kaufmanns verpflichtet, er muss im Interesse des Kommittenten handeln und hat dessen – insbesondere auf Preisunter- und -obergrenzen beim Verkauf oder Kauf bezogene – Weisungen zu befolgen. Hiermit ist nach dem durch die Kartellrechtsnovelle von 1973 bewirkten Wegfall vertikaler Preisbindungsmöglichkeiten bei Kommissionsgeschäften noch eine gewisse Umgehungsmöglichkeit gegeben. Durch die typische Anonymität des Kommittenten sind diese allerdings im Rahmen der Positionierungsstrategien von (Marken)Herstellern kaum sinnvoll zu nutzen. Der Einsatz von Kommissionären ist heute vor allem im Wertpapiergeschäft sowie im Agrar- und Außenhandelsbereich üblich. Darüber hinaus können Kommissionsgeschäfte eine praktikable Basis für die Veräußerung von Gebrauchtwaren – auch durch Privatleute – bilden (von Händlern in Kommission genommene Gebrauchtwagen, Second Hand-Kleider etc.).

- **Handelsmakler** sind anders als Handelsvertreter oder Kommissionäre ausschließlich vermittelnd tätig. Makler sind gewerbsmäßig damit beschäftigt, die verkaufs- und kaufwilligen Parteien von Geschäftsabschlüssen zusammenzuführen. Ohne mit diesen in ständigen Vertragsverhältnissen zu stehen, verhelfen Handelsmakler also fallweise unterschiedlichen Partnern zu Verträgen über den Austausch von Marktleistungen (§§ 93 ff. HGB; Kaufmannseigenschaft und Geltung dieser Vorschriften analog dem Handelsvertreter). Diese werden mit so genannten Schlussnoten fixiert; der eigentliche Abschluss bleibt den Vertragsparteien überlassen.
  Makler sind zur Interessenwahrnehmung der auf beiden Seiten einer Vertragsanbahnung beteiligten Personen verpflichtet und diesen gegenüber bei schuldhaftem Handeln zu Schadenersatz verpflichtet. In Entsprechung hierzu beziehen sie ihren Maklerlohn (Courtage) i.d.R. auch hälftig von beiden Vertragsparteien.
  Das Einschalten von Maklern ist insbesondere in informationsintensiven, eine ausgezeichnete Marktkenntnis und -übersicht erfordernden Wirtschaftszweigen üblich. So ist beispielsweise der Börsenhandel nicht ohne Wertpapiermakler denkbar. Effektenmakler vermitteln Käufe und Verkäufe von Wertpapieren, und die amtlichen Börsennotierungen werden von vereidigten Kursmaklern festgestellt. Aus weiteren speziellen Einsatzbereichen sind die auf (internatio-

nalen) Warenbörsen tätigen Warenmakler oder die Versicherungs-, Frachten- und Schiffsmakler zu nennen.

**Als Vertriebswege**

Die Entscheidungen zum Einsatz unternehmenseigener und/ oder -fremder Vertriebsorgane lassen sich mit jenen zu den nachfolgend skizzierten Vertriebswegealternativen verbinden. Dies wird durch die beiden Klammern im Mittelteil der Abbildung F-II-16 und die jeweils darunter beginnenden Möglichkeiten der Vertriebswegegestaltung visualisiert.

Auf der Entscheidungs- und Gestaltungsebene der **Vertriebswege (VW)** wird eine funktions- und institutionenorientierte Perspektive angelegt. Jetzt ist darüber zu beschließen, in welcher Weise ein Unternehmen bei der Veräußerung seiner Marktleistungen mit seinen (End)Abnehmern in Kontakt tritt. Damit richtet sich die Betrachtung nun in erster Linie auf die in einem Distributionskanal insgesamt vorgesehenen **Absatzstufen**. Als solche werden alle einbezogenen Zwischenstellen bezeichnet, die eine Marktleistung auf ihrer Route zum Bedarfsträger nimmt.

In enger Verbindung mit den Basisfestlegungen zum Vertriebssystem ist jetzt die Grundsatzentscheidung zu treffen, ob das Unternehmen sämtliche Verkaufs-/ Vertriebsaktivitäten in unmittelbaren Kontakten mit seinen Kunden abwickeln will und kann, oder ob hierbei selbstständige Unternehmen zwischengeschaltet werden sollen, welche ihrerseits als Verkäufer gegenüber den nachgelagerten Abnehmern auftreten. Ein solches Vorgehen kann sich insbesondere für Konsumgüterhersteller anbieten, welche eine große Zahl unterschiedlicher Erzeugnisse für verschiedene Käufergruppen produzieren.

Auf jeden Einzelfall/ Verkaufsakt bezogene Anbieter-Abnehmer-Verhältnisse setzen die generellen Realgüter-, Nominalgüter- und Informationsgüterprozesse (siehe hierzu E.I.) eines Unternehmens großen Spannungen räumlicher, zeitlicher, quantitativer und qualitativer Art aus. Im Hinblick auf die Realgüterströme resultieren diese aus der örtlichen Trennung von Produktion und Nachfrage, der A-synchronität von Herstellung und Bedarf sowie den hiermit verbundenen unterschiedlichen Größenordnungen und den programm-/ sortimentsbezogenen Abweichungen beim Erzeugen und dem Ver- oder Gebrauch von Marktleistungen. Ähnliches gilt für die Nominalgüterströme; hier sind Zahlungsmittel zu transportieren, Waren vorzufinanzieren oder zu kreditieren, Finanzmittelströme zu bündeln und anlassgerecht aufzuteilen/ zu verbuchen sowie auch Währungstransformationen vorzunehmen. In den Informationsgüterströmen muss schließlich auf die gesamte Wertschöpfung bezogen eine Verknüpfung von Anforderungen, Bedürfnissen und Wünschen der Abnehmer/ Kunden mit der strategischen und operativen Marktbearbeitung des Unternehmens geleistet werden.

Unmittelbar einsichtig ist, dass die möglichen Diskrepanzen im Anbieter-Abnehmer-Verhältnis durch das **Einziehen einer oder mehrerer Absatzstufen** zu verringern sind, auf welchen die hiermit angesprochenen Umgruppierungsfunktionen in die von den Endabnehmern und den Anbietern gewünschten Richtungen gewerbsmäßig von anderen Unternehmen übernommen werden. Als wirtschaftlich und rechtlich selbstständige Distributionspartner sind damit die aus der Herstellersicht **als Absatzmittler/ Wiederverkäufer tätigen Handelsunternehmen (10)/**

**(11)** angesprochen. Hierbei ist noch einmal darauf hinzuweisen, dass die aktuelle sechste Entwicklungsstufe des Marketing/ der Marktorientierten Unternehmensführung eines umfassenden Relationshipmanagement dadurch gekennzeichnet ist, die angesprochenen Spannungen in den generellen Unternehmensprozessen/ Güterströmen durch die einzelkundenorientierte Ausrichtung des One-to-One-Marketing deutlich zu verringern (siehe hierzu F.II.2.a.). Dabei ist die Bearbeitung von Ein-Personen-Segmenten (Customizing) hinausgehend über B2B-Verhältnisse (für Business-to-Business) mittlerweile auch im auf private Endkonsumenten bezogenen B2C-Bereich (für Business-to-Customer) weit verbreitet.

Diese Entwicklung wird das Einschalten von Absatzmittlern nicht auf Dauer überflüssig machen; sie stellt allerdings einen aktuell wirksamen Einflussfaktor auf die **Dynamik der Betriebsformen im Handel** dar. Unter dieser Bezeichnung wird seit dem gleichnamigen Beitrag von ROBERT NIESCHLAG aus dem Jahr 1954 der sich vor dem Hintergrund wirtschaftlicher Veränderungen vollziehende „Wandel im Handel" erfasst und analysiert.

Den Hypothesen von NIESCHLAG zu Folge liegt der Ansatzpunkt für das Herausbilden neuer unternehmerischer Konzeptionen bei Handelsunternehmen regelmäßig im Verfolgen einer **aggressiven Preispolitik**, wodurch sie ihr Warensortiment den Kunden günstiger als die derzeit etablierten Betriebsformen anbieten können. Hat diese Entstehungsphase neuer Handelskonzeptionen zum Erringen nennenswerter Marktanteile bei deren Pionierunternehmen geführt, dann treten sie in die durch zunehmenden Nicht-Preiswettbewerb gekennzeichnete Phase der Reife und Assimilation über.

Jetzt bauen die Trendsetter zum Erhalten ihrer gegenüber den Abnehmern aufgebauten Anziehungskraft sowie zur Abwehr eines reinen Preiswettbewerbs in dem neu geschaffenen und Imitatoren anziehenden Handelssegment auf einen **umfassenden Leistungswettbewerb**. Bei diesem als **Trading up** bezeichneten Prozess kommt es beispielsweise zu Sortimentsausweitungen, zu generellen, mit dem Ziel einer Imageveränderung durchgeführten Ambienteverbesserungen, zu aufwändigen Werbekampagnen sowie insbesondere auch zu einer Ausweitung der den Kunden gebotenen Serviceleistungen. Wenn also die zu Anfang als Hebel zum Aufbrechen der bisherigen Handelsstrukturen eingesetzte Preispolitik nun zu Gunsten einer gleichgewichtigen Gestaltung aller Marketing-Mix-Bereiche in ihrer Bedeutung für innovative Handelsunternehmen zurücktritt, dann werden damit zugleich wieder neue Preislücken im gesamtwirtschaftlichen Distributionssystem eröffnet, welche sich die Innovatoren der nächsten Runde im Handelswettbewerb zu Nutze machen können. Die Dynamik der Betriebsformen im Handel kann also mit ROBERT NIESCHLAG über das ständige Wechselspiel von Preis- und Nicht-Preiswettbewerb gekennzeichnet werden.

Die Ergebnisse solcher Prozesse aus „Innovation und Saturation" lassen sich in das bereits im Jahr 1931 von MALCOM P. MCNAIR entwickelte Bild des **Wheel of Retailing** fassen. Als „Handelsrad" enthält dieses, beginnend bei einer zurückliegenden Dekade, die zwischenzeitlich aufgekommenen Handelsbetriebsformen einschließlich einer Prognose für zukünftige Perioden.

Die Unternehmen der gegenwärtigen Handelslandschaft sind wie folgt zu klassifizieren:

- **Großhandelsunternehmen (10)** kaufen unter eigenem Namen sowie auf eigene Rechnung Waren ein und setzen diese ohne wesentliche Be- oder Verarbeitung im makroökonomischen Wertschöpfungsverbund (dem Wertsystem nach MICHAEL PORTER; siehe hierzu F.I.) an Unternehmen nachgelagerter Wirtschaftsstufen ab.
  Die Abnehmer von Großhandelsunternehmen können ebenfalls Wiederverkäufer und damit andere Groß- oder Einzelhändler sein. Das Angebot der Großhändler kann sich darüber hinaus auf den Bedarf an Roh-, Hilfs- und Betriebsstoffen sowie Vorprodukten/ Halbfabrikaten von Produktions- und Dienstleistungsunternehmen richten. Große Bedarfsmengen vorausgesetzt, kommen Verkäufe auch an Letztverbraucher, wie z.B. Behörden oder Freiberufler, in Betracht.
  Als Grundsatzmerkmal für den Großhandel kann damit der Handel unter – privatwirtschaftlichen sowie öffentlichen – Unternehmen bzw. Gewerbetreibenden festgehalten werden. Die zunehmende Tendenz einer Vermischung von Groß- und Einzelhandelsfunktionen steht dem nicht prinzipiell entgegen. Wenn ein Handelsunternehmen seine Betriebsform bis zur Einzelhändlerebene ausdehnt, dann hat es beide Funktionen vereint und wird folglich im Markt und Wettbewerb primär als Einzelhandelsunternehmen wahrgenommen.
  Die **Betriebsformen von Großhandelsunternehmen** können zunächst nach ihrer Angebotsbreite unterschieden werden:

  - Das Programm von **Sortimentsgroßhändlern** umfasst eine relativ breite Palette verschiedener, untereinander verwandter Produktgruppen. Der Sanitärgroßhandel führt beispielsweise Marktleistungen rund um das Bad/ die Toilette: Waschbecken, Bade-/ Duschwannen, Klosetts, Spiegel(schränke) und sonstige Kleinmöbel.
  - **Spezialgroßhändler** vertreten i.d.R. das Sortiment einer Produktgruppe/ Branche in ihrer gesamten Tiefe. So haben etwa Papiergroßhändler sämtliche Arten und Sorten für alle Verwender im Angebot und bei Fruchtgroßhändlern können sämtliche in- und ausländische Obstsorten bezogen werden.

  Eine weitere Differenzierung betrifft die **Art des Warenübergangs:**

  - **Zustellgroßhändler** beliefern ihre Abnehmer nach dem individuellen Auslösen eines Bestellvorgangs. Auf diese Weise werden beispielsweise Reparaturwerkstätten mit Ersatzteilen oder Buchhändler mit Verlagserzeugnissen versorgt.
  - Demgegenüber bieten **Cash and Carry-Großhändler** ihre Absatzleistungen zur sofortigen Mitnahme durch ihre Abnehmer/ Kunden an. In verkehrsgünstiger Lage arbeiten diese Unternehmen nach dem Selbstbedienungsprinzip; die Weiterverarbeiter, Wiederverkäufer oder „einkaufsberechtigte" Großverbraucher suchen ihre Waren aus und transportieren diese nach der unmittelbaren Bezahlung selbst ab.
    Ein erster Abholgroßhandel dieser Art wurde in Deutschland im Jahr 1964 durch OTTO BEISHEIM als METRO-Markt in Mülheim an der Ruhr eröffnet.

Die heutige METRO GROUP ist einer der weltweit größten Handelskonzerne. Neben den METRO Cash & Carry-Märkten gehören hierzu die Warenhäuser KAUFHOF und REAL, die Elektronikmärkte MEDIA MARKT und SATURN sowie die Verbrauchermärkte EXTRA.

- Durch die so genannten **Rack Jobber (Regalgroßhändler)** werden im Großhandel sowie insbesondere auch im nachgelagerten Einzelhandel Regalplätze/ Verkaufsstände angemietet und dort bestimmte Sortimentsbereiche eigenständig betreut und verwaltet. Durch lokal tätige Mitarbeiter überwacht, schließt dies deren gesamte Auswahl und Präsentation ein. Die vereinnahmten Kaufpreiszahlungen werden bei einem solchen System von den Händlern an den Rack Jobber weitergeleitet, wofür i.d.R. ein festes Entgelt (Regalplatzmiete) sowie eine Umsatzbeteiligung vereinbart sind.

Zu den Rechtsformen von Großhandelsunternehmen ist anzumerken:

- Zur Übernahme der Großhandelsfunktion können sich zum einen Unternehmerpersönlichkeiten entschlossen haben, welche zu diesem Zweck – wie im METRO-Beispiel – ein privatwirtschaftliches Einzel- oder Gesellschaftsunternehmen gründeten.
- Zum anderen ist festzustellen, dass dies häufig auch auf dem Weg einer Kooperation von Handels- oder Herstellerbetrieben erfolgte, um bessere Einkaufs- oder Verkaufsmöglichkeiten zu realisieren. Hierbei kam vor allem die Gründung eingetragener Genossenschaften (siehe C.II.6.a.) in Betracht:

  * Die heutige EDEKA geht auf den Zusammenschluss von 23 Einkaufsvereinen zum „Verband deutscher kaufmännischer Genossenschaften" in 1907 zurück. Die Bezeichnung EDEKA wurde aus der anfangs von ihrer Zentralorganisation verwendeten Firmierung **E**inkaufszentrale **d**er **K**olonialwarenhändler, Berlin (EdK) entwickelt.
  * Die REWE Handelsgruppe hat ihre Wurzeln in der 1927 in Köln von 17 Mitgliedsgenossenschaften gegründeten Rewe, Vereinigung der Lebensmittel-Großhandels-Genossenschaften von Rheinland und Westfalen e.G.m.b.H. Hier leitet sich der Name aus dem **Re**visionsverband der **W**estkauf-Genossenschaften e.V. als der Vorgängerorganisation dieses Zusammenschlusses ab.
  * In beiden Handelsketten sind die angeschlossenen Einzelhändler nach wie vor auf genossenschaftlicher Basis organisiert, wobei die mittlerweile jeweils zahlreichen Filialunternehmenstypen/ -marken und Großhandelsbetriebe warenwirtschaftlich über zentrale Aktiengesellschaften geführt werden. Die Groß- und Einzelhandelsstufe liegt bei diesen Handelsriesen in einer Hand. Im deutschen Lebensmitteleinzelhandel erreichen sie auf der Umsatzrangliste 2005 die Plätze eins (EDEKA 35,7 Mrd. EUR) und drei (REWE 30,9 Mrd. EUR). Den zweiten Platz hält die METRO Group (32,1 Mrd. EUR), auf vier und fünf liegen die SCHWARZ-GRUPPE (LIDL und KAUFLAND 22,7 Mrd. EUR) und die ALDI-GRUPPE (ALDI SÜD und NORD 21,7 Mrd. EUR).

- **Einzelhandelsunternehmen (11)** kaufen unter eigenem Namen sowie auf eigene Rechnung Waren ein und setzen diese ohne wesentliche Be- oder Verarbeitung hauptsächlich an private Endverbraucher oder -verwender ab. Aus der Herstellersicht bilden sie damit die dem Endkunden unmittelbar vorgelagerte Absatzstufe.
  Zu den inzwischen sehr vielfältigen Betriebsformen im Einzelhandel lässt sich wie bei den Großhändlern eine erste und allgemeine Einteilung nach der Sortimentsbreite des Angebots treffen. Dabei wird auf die fachliche Gliederung der Handelsunternehmen abgehoben, die sich vor dem Hintergrund des umfangreichen Warenangebots in entwickelten Industriegesellschaften herausgebildet hat:

  - Der **Fachhandel** ist i.d.R. auf eine Branche beschränkt und bietet bei fachmännischer Beratung deren Produkte/ Produktgruppen in ihrer gesamten Breite an (z.B. Damenoberbekleidung oder Unterhaltungselektronik).
  - Den **Spezialhandel** kennzeichnet ein in einem bestimmten Branchensegment vertieftes Angebot (z.B. Autoradio- und CD-Anlagen) oder die Zusammenfassung verschiedener Warenangebote für einen speziellen Bedarfsbereich (z.B. Sanitätshandel).

  Solchen branchenbezogenen Fachgeschäften stehen eine ganze Reihe von Einzelhändlern mit einem mehr oder weniger breiten Handelsprogramm gegenüber. Für diesen „Gemischtwarenhandel" wird nachfolgend eine Auflistung nach der Verkaufsfläche vorgenommen:

  - **Kioske** bieten in Lauflagen oder in Wohngebieten Waren des Spontanbedarfs an (Getränke, Zeitungen und Zeitschriften, Tabakwaren, Süßigkeiten etc.).
  - Ein gemischtes Warenangebot kennzeichnet heute auch die **Tankstellen**. Außer Kraft- und Schmierstoffen oder KFZ-typischem Zubehör können die Kunden hier ihren – als Ausnahmeregelung vom Ladenschlussgesetz als Reisebedarf deklarierten – Bedarf an Getränken, Lebensmitteln, Hygieneartikeln und weiteren Produkten häufig rund um die Uhr decken.
  - Als so genannte Nachbarschaftsgeschäfte finden sich vorwiegend in ländlichen Gebieten noch **Gemischtwarenläden**, die – teilweise auch neben einem Lebensmittelangebot – verschiedene Non-Food-Artikel in begrenzter Sortierung führen.
  - In **Kaufhäusern** ist ein umfangreiches Warenangebot aus verschiedenen Branchen zusammengefasst, getreu einem früheren Werbeslogan: „KARSTADT bietet tausendfach – alles unter einem Dach."
  - Wenn solche Handelsbetriebe ebenfalls über ein Vollsortiment im Lebensmittelbereich verfügen, dann wird zur Abgrenzung häufig von **Warenhäusern** gesprochen.
  - In **Supermärkten** werden auf mindestens 400 $m^2$ Verkaufsfläche neben Nahrungs- und Genussmitteln (NuG) auch andere Waren des täglichen Bedarfs (Zeitungen/ Zeitschriften/ „gängige" Bücher, Schreib-/ Haushaltswaren etc.) zur Selbstbedienung angeboten.

- Auch bei **Verbrauchermärkten** (ab 800 $m^2$ Verkaufsfläche) und **SB-Warenhäusern** (ab 2.500 $m^2$) bildet das NuG-Sortiment noch den Kern des Handelsprogramms, bei ihrer sonstigen Angebotsbreite haben diese Betriebsformen aber die Warenhäuser ungefähr eingeholt.
- **Fachmärkte** stellen eine Betriebsform dar, bei welcher Elemente des Supermarkt-/ Verbrauchermarktkonzepts auf den Fachhandel übertragen werden. Hier wird die komplette Angebotsbreite beispielsweise aus dem Elektronikbereich (Elektrofachmärkte), dem Gartenbereich (Gartenfachmärkte) oder dem Do it Yourself-Bereich (Bau- und Heimwerkermärkte) geführt.
- **Einkaufszentren** respektive **Shopping-Centers oder -Malls** werden von einer Betreibergesellschaft getragen, welche die errichteten oder umgebauten Gebäudeflächen nach einem bestimmten Gesamtkonzept an Einzelhändler vermietet. Dadurch kann der Kunde in einem entsprechend gestalteten Ambiente die Angebote unterschiedlicher, Tür an Tür liegender Handelskonzeptionen wahrnehmen.

Aufgrund ihrer (Niedrig)Preispolitik können die so genannten **Diskontgeschäfte (Discounter)** abgegrenzt werden:

- Hier werden unter dem weitgehenden Verzicht auf jegliche Serviceleistungen Waren mit hoher Umschlaggeschwindigkeit zu niedrigen Preisen verkauft.
- Am Paradebeispiel ALDI (1948 von den Brüdern Theo und Karl Albrecht als **Al**brecht **Di**scount gegründet – seit 1961 unter diesen in ALDI NORD und ALDI SÜD aufgeteilt) ist vor allem interessant, dass sich einzig dieser Handelsgigant (5. Platz beim deutschen Handelsumsatz) der Nieschlag'schen Trading up-Tendenz bisher weitgehend entziehen konnte. Nach wie vor herrscht die einfache Warenpräsentation der frühen Discountzeiten in „Umkartons" vor, die Angebote werden unter „ALDI informiert" lediglich in der örtlichen Tagespresse veröffentlicht und von repräsentativen – und vor allem überbesetzten – Zentralen kann keine Rede sein. In den letzten Jahren hat die SCHWARZ-GRUPPE (LIDL und KAUFLAND; Gruppenumsatz 2005 – wie zuvor bereits genannt – 22,7 Mrd. EUR) mit einem vor allem bei LIDL (13,0 Mrd.) nahezu gleichen Konzept gegenüber ALDI (21,7 Mrd.) deutlich aufgeholt.

Bei den bislang skizzierten Einzelhandelsformen verläuft der Einkauf meist so, dass der Verbraucher ein Geschäft aufsucht, die gewünschte Ware erhält, bezahlt und mitnimmt. Sollte diese gerade nicht – oder nur als Ausstellungsstück – vorrätig sein, kann auch ein Lieferservice vereinbart werden. Von diesem Regelfall sind folgende Verkaufsformen zu unterscheiden:

- Im **Automatenverkauf** (z.B. Zigaretten, Süßigkeiten, Blumen) verläuft die Warenentnahme durch die Kunden gegen Zahlung des Kaufpreises auf mechanisiertem Weg. Der Vorteil für die Händler (die Automatenaufsteller) und Kunden besteht darin, dass die Kaufhandlungen nicht an Ladenschlussregelungen gebunden sind.

- Einzelhändler räumen heute oft die zusätzliche Möglichkeit der **Bestellaufgabe per Telefon/ Fax oder Internet/ E-Mail** mit anschließend erfolgender Warenauslieferung durch Boten zur Wohnung des Kunden ein. Damit können ebenfalls solche Kunden an ein Handelsunternehmen gebunden werden, denen der persönliche Weg in das Geschäft – krankheits-, alters- oder auch nur bequemlichkeitsbedingt – zu beschwerlich wäre.
- Bei **Versandhändlern** stellt die schriftliche oder telefonische Bestellung nach Katalogauswahl bzw. die Warenpräsentation und/ oder -anforderung über das Internet mit der Auslieferung auf dem Post-/ Speditionsweg den Normalfall dar. Zusätzlich hierzu sind von Großversendern (z.B. OTTO oder QUELLE) aber auch offene Verkaufsstellen (Showrooms) errichtet worden, in denen die Abnehmer Teile des Warenangebots persönlich in Augenschein sowie auch gleich mitnehmen können.

Im Hinblick auf die Rechtsform von Einzelhandelsunternehmen ist die folgende Differenzierung von Bedeutung:

- Einzelhändler können – ihrem Definitionsmerkmal entsprechend – in völliger wirtschaftlicher und rechtlicher Selbstständigkeit agieren. Ihre Einkaufs- und Verkaufskontakte müssen diese dann eigenständig aufbauen, was allerdings heute – auch bei Fachgeschäften – eher die Ausnahme darstellt.
- Stattdessen sind zumindest freiwillige Ketten oder Einkaufsringe vorzufinden, über die selbstständige Einzelhändler ihren Einkauf organisieren. Ein Beispiel hierzu aus dem Lebensmittelbereich stellte die SPAR HANDELS-AKTIENGESELLSCHAFT dar; sie wurde im Herbst 2005 von der EDEKA übernommen. Als eine europaweit tätige Verbundgruppe für mittelständische Fachhändler ist die ELECTRONICPARTNER GMBH mit Sitz in Düsseldorf zu nennen.
- Weiterhin ist auf die genossenschaftliche Struktur bedeutender Verbundunternehmen im Handel hinzuweisen. Hierzu gehören die bereits angesprochen Gruppen EDEKA und REWE.
- Den Gegenpol zu diesen Zusammenschlussformen bilden die Filialunternehmen. Als solche werden Handelsunternehmen mit mindestens fünf standörtlich getrennten Verkaufsstellen gezählt. Diese werden von angestellten Filialleitern geführt, die gegenüber ihrer Zentrale unmittelbar weisungsgebunden sind. In solchen Handelskonzernen besteht also ein unmittelbares Direktionsrecht von der Konzernspitze bis zu jedem einzelnen Laden. Dies trifft beispielsweise für die schon erwähnten Handelsunternehmen MEDIA MARKT und SATURN der METRO GROUP oder den Discounter ALDI zu.

### Die Zukunft des Handels

Die **Zukunft des Handels** lässt sich in aller Kürze mit folgenden Trendaussagen beschreiben:

- Die gegenwärtig schon **hohe Bedeutung des Preises als maßgeblichem Wettbewerbsparameter** im Handel nimmt noch zu. Das in F.II.2.c. angesprochene **Smart-Shopper-Pänomen**, nach dem quer durch alle sozialen Schichten bei einer intelligenten Einkaufsplanung äußerst günstige Preis-Leistungs-Verhältnisse gerade auch bei höherwertigen Gütern angestrebt werden, setzt sich weiter durch. Bei einer solchen Basismentalität ihrer Kunden werden letztlich die Unternehmen aller Handelssegmente in einem scharfen Effizienz- und Prozesswettbewerb versuchen, Kosten-/ Preisführer zu werden bzw. sich wenigstens in deren Nähe zu positionieren.

- Die **Übernahme des Discountprinzips** – eines totalen Kostenmanagements in allen Wertschöpfungsphasen sowie hochgradig routinierter Arbeitsabläufe – **durch andere Handelsbetriebsformen** wird sich daher fortsetzen.
- Als Folge dieser Entwicklung verstärken sich die **nationalen und internationalen Konzentrationsprozesse** im Handel. Neben den Filialunternehmen, den Verbundunternehmen und den freiwilligen Ketten wird der ungebundene und völlig systemfreie Handel praktisch bedeutungslos. Dabei sind selbst die Kleinbetriebsformen eingeschlossen; Einzelhändler, die ihren Wareneinsatz eigenständig über verschiedene Großhändler oder Hersteller/ Erzeuger organisieren, wird es kaum noch geben.
- Gibt es auch Wachstumspotenziale für den Handel? Für diese Frage ist von Bedeutung, ob **neue oder veränderte Lebenshaltungen/ -gewohnheiten** bei den Konsumenten auszumachen sind, welche über entsprechende Einkaufsmotive die geschilderte Preisdominanz partiell relativieren können. Als positive Antworten darauf zeichnen sich die folgenden zwei Bereiche ab:

  - Der Begriff **Convenience** (englisch für Einfachheit im Gebrauch, Annehmlichkeit, Bequemlichkeit) umschreibt allgemein die bereits in unserer heutigen Gesellschaft weit verbreitete Tendenz des Strebens nach einer möglichst **praktischen, bequemen und damit insgesamt stressreduzierten Lebensgestaltung**. Dies vollzieht sich vor dem Hintergrund geänderter Gewohnheiten wie beispielsweise der Abkehr von traditionellen Arbeits-, Freizeit- und Ernährungsrhythmen. So wird etwa das Einnehmen gemeinsamer Mahlzeiten im Kreis der Familie zunehmend von einer zeitverteilten und alles in allem „mobilen Ernährung" abgelöst.
    Als Konsequenz dieses Einstellungswandels der Konsumenten ändert sich deren Einkaufsverhalten insoweit, als sie bei zeitlich verteilten respektive stärker situationsbezogenen Einkäufen für aktuell verspürte Bedürfnisse gleichwohl eine ausreichende Angebotsbreite sowie auch dahingehende Service- und Beratungsleistungen fordern. Auf einen Nenner gebracht, gehen wegen der hohen Wertschätzung einer Bequemlichkeit in allen Lebenslagen die Erwartungen also dahin, dass spontane Konsumideen unverzüglich und damit möglichst in einem **One-Stop-Shopping** umgesetzt werden können.
    Der Unterschied zu früher besteht darin, dass sich der Handel jetzt nicht mehr alleine auf einzelne problemlos „im Vorbeigehen" und ohne großes Nachdenken gekaufte Güter (Convenience-Goods, als Beispiele Zigaretten, Zeitungen, Kaugummi oder Schokoriegel) einzustellen hat. Vielmehr liegt die Herausforderung und so auch die Chance in einem Eingehen auf zu-

sammenhängende Bedarfskomplexe. Neben der griffgünstigen Platzierung von Convenience Goods nahe dem Kassenplatz ist damit die Grundlage für die neuen Handelskonzeptionen des **Convenience-Shopping** eröffnet.

Hiervon können vor allem Betriebsformen profitieren, die sich ohnehin durch eine gute Erreichbarkeit (direkte Anfahrmöglichkeit, ausreichende Kurzzeitparkplätze) und einen weitgehend frei gestaltbaren – oder keinen – Ladenschluss auszeichnen. Damit sind allen voran **Tankstellen**, aber auch **Bahnhofs- oder Flughafengeschäfte** sowie **Kioske** angesprochen. Mit weniger tiefen und dafür eher breiten, um die eine oder andere Sonderaktion angereicherten kleinen Einzelhandelssortimenten, welche außer Mitnahmeprodukten auch laufend frisch hergestellte oder zubereitete Ernährungsangebote (Brötchen/ Sandwiches/ Salate etc.) umfassen, kommen vor allem diese Verkaufsstätten dem allgemeinen Bequemlichkeitstrend der Konsumenten entgegen. Des Weiteren bietet dies Wachstumschancen im Dienstleistungsbereich der Food-Services (Tiefkühl- und Getränke-Heimdienst, Essenbringdienste für Pizza-, Pasta-, Sushi-, China- und klassische Gerichte, Party-Service).

Mit der seit längerer Zeit geführten Diskussion, ob das Convenience-Shopping **Bedrohung oder Chance für den herkömmlichen Lebensmitteleinzelhandel** sei, werden bei dem zu Grunde liegenden Gesellschaftstrend keine echten Alternativen einander gegenübergestellt. Convenience ist ein allgemeines Lebensstil-Phänomen, und somit ist es von allen Handelssegmenten zu berücksichtigen.

Als direkte Reaktion hierauf auf der Produktseite – und damit zugleich auf der Herstellerseite – ist beispielsweise das starke Vordringen von (Tiefkühl)Fertigmahlzeiten einzuordnen. Dem steigenden Annehmlichkeitsbedürfnis der Konsumenten beim Einkauf kann in vielfältiger Weise entsprochen werden: Als entscheidende Gestaltungsbereiche sind hier ein übersichtlicher Marktaufbau, eine bedarfs-/ produktgattungsorientierte Warenpräsentation, freundliches und fachkundiges Personal, Zusatznutzen vermittelnde, eventuell thematisch wechselnde Informations- und Beratungsangebote sowie insbesondere die Vermeidung frequenzbedingt langer Wartezeiten an den Kassen und Bedienungstheken/ Rücknahmestationen zu nennen. Hierdurch kann auch der Super-/ Verbrauchermarkt zu einem Publikumsmagnet entwickelt werden. Dies gilt insbesondere dann, wenn über ein frühzeitiges Erkennen der Notwendigkeit zur umfassenden Convenience-Orientierung Maßstäbe gesetzt und nicht lediglich Maßnahmen der Konkurrenz halbherzig nachgeahmt werden.

- Bislang wurden die Trends skizziert, welche sich für reine Einkaufshandlungen aus der Convenience als aktuellem und noch weiter zunehmendem Trend ergeben. Dabei ist leicht nachvollziehbar, dass hiervon weitere Wirkungen ausgehen, an denen der Handel ebenfalls partizipieren kann. Das grundlegende Verlangen nach einer hohen Bequemlichkeit und einer weitgehenden Stressvermeidung in der Lebensführung ist generell für die Gestaltung verbleibender „Frei-Zeiten“ anzunehmen. Hieraus ergibt sich ein

großes Potenzial dafür, die Bereiche Freizeitgestaltung/ Unterhaltung und Handel insgesamt enger miteinander zu verbinden.
Auf diese Grundkonzeption setzen die neuen **Urban Entertainment Center (UECs)**. Als Grundkomponenten enthalten diese „Shopping-Center mit erweitertem Nutzungsmix“ Betriebsstätten aus den Segmenten Entertainment (Kino, Musical, Discothek etc.), Gastronomie (Erlebnis- und Themengastronomie, Fast Food etc.) und Handel (normale Läden/ Fachgeschäfte, Concept Stores etc.). Darüber hinaus sind oft auch Sport- oder Kulturanbieter (Kegel-, Bowling-, Fitness-Center, Ausstellungen etc.) sowie Hotel- und Tagungsbetriebe eingegliedert. Als bereits realisierte Projekte eines solchen Entertainment und Events einschließenden, lifestyle-orientierten Erlebnishandels können der POTSDAMER PLATZ in Berlin sowie in Oberhausen das CENTRO genannt werden. Auch die STILWERK Themencenter für Einrichtung und Design in Hamburg, Berlin und Düsseldorf sind dieser Richtung zuzuordnen. Unter den verschiedenen Zukunftsprojekten ist das AIRRAIL CENTER FRANKFURT hervorzuheben (130.000 $m^2$ Fläche, Baubeginn im Herbst 2006, Baufertigstellung Ende 2009). Die betriebswirtschaftliche Bewährungsprobe und die dauerhafte Akzeptanz der Kunden stehen bei diesen Projekten zum Teil noch aus.

- Für die beiden vorgestellten Strömungen eines Einkaufs sowie auch dessen Verknüpfung mit anderen Freizeit-/ Erlebnisaktivitäten in einer möglichst bequemen und annehmlichen Art und Weise kann angenommen werden, dass hierbei die Preissensibilität der Konsumenten etwas in den Hintergrund rückt. Anders als bei den i.d.R. vor allem von deutschen Kunden gut geplanten Versorgungseinkäufen besteht damit die Hoffnung, dass diese ihre fast schon notorische Kaufzurückhaltung zumindest situationsbedingt ein wenig lockern. Eine Würdigung ihrer Kaufkraftmöglichkeiten ist mit dieser Aussage nicht verbunden. Es geht vielmehr darum, dass die Handelsunternehmen in der Vergangenheit eventuell dem Zusammenhang „Wer einkauft, will etwas erleben“ zu wenig Beachtung geschenkt haben.
- Aus den geschilderten Tendenzen kann noch eine weitere Schlussfolgerung geradezu abgelesen werden: Im Handel wird es immer stärker zu einer Polarisierung kommen. Zum einen werden Unternehmen mit Dauerniedrigpreisen und relativ eng begrenztem Service erfolgreich sein – wie ALDI und LIDL im Lebensmitteleinzelhandel, aber auch SATURN oder MEDIA MARKT im Handel mit Elektronik-Produkten.

  Zum anderen haben Unternehmen gute Marktchancen, die kundenspezifische Systemleistungen anbieten als Kombination von physischem Produkt und darauf abgestimmter Dienstleistung. Für den Handel wie auch für die Industrie gilt, dass die Erstellung und der Absatz von materiellen Realgütern als handelbaren Produkten immer weniger deutlich von Dienstleistungen als immateriellen Services getrennt werden können. Heute und in Zukunft stehen weniger die Güter selbst – auch in technologisch wegweisender oder revolutionärer Art oder Form – im Vordergrund; vielmehr sind es mehrschichtige Bedürfniskomplexe, für die es integrierte Problemlösungen mit dem Ziel kombinierter Nutzenbündel zu entwickeln und zu vermarkten gilt.

- Den aus neuen Informations- und Kommunikationstechnologien erwachsenden **Multimediabereich** mit seinen auch handelsrelevanten Feldern des **Electronic- und Mobile-Commerce** (E-/ M-Commerce) werten wir nicht (mehr) als eigenständigen Handelstrend. In den zurückliegenden Jahren sind dessen Möglichkeiten intensiv von den klassischen Versandhändlern genutzt worden, wobei es auch zur Neuentstehung einiger Spezialversender im Buch- oder Tonträgerbreich (z.B. AMAZON oder JPC) gekommen ist.
  Mittlerweile gilt, dass die IuK-Technologie zur Grundvoraussetzung einer erfolgreichen Unternehmensführung in allen Wirtschaftszweigen geworden ist. Damit ist zugleich eine generelle Steigerung der Markttransparenz verbunden. Sowohl Industrie- als auch Dienstleistungsunternehmen werden sie in Zukunft noch stärker nutzen.
  Nicht jedes Handelsunternehmen wird sein Angebot zugleich komplett über das Internet oder andere Online-Dienste vermarkten. Ein ansprechend gestalteter und informativer Web-Auftritt, mit dem Öffnungszeiten/ Kontaktmöglichkeiten (Telefon, Fax, E-Mail), das Leistungsspektrum sowie zusätzliche Serviceleistungen (evtl. auch Waren-Bringdienst) vermittelt werden, wird immer mehr zum Standard für Einzelhandelsunternehmen.
  An technologischen Neuerungen speziell für den Handel sind elektronische Regalpreisauszeichnungen, Einkaufswagen mit Tablett-PCs zur Information und Navigation, bilderkennungsgestützte vollautomatische Waagen sowie die automatisierte Rechnungserstellung auf Basis der **RFID-Technik** (Radio Frequency Identification) anzusprechen. Bei dieser Zukunftstechnologie bestehen die Etiketten aus mit kleinen Antennen versehenen Computerchips, und damit können die Produkte auch über den gesamten Logistikfluss geortet und gesteuert werden. Alle vorgenannten Elemente sind seit April 2003 erstmals in einem umgebauten Verbrauchermarkt der METRO-Vertriebslinie EXTRA in Rheinberg bei Duisburg realisiert. Getragen wird dieses Anwendungsexperiment von der METRO GROUP FUTURE STORE INITIATIVE, einer Kooperation der METRO GROUP mit INTEL, SAP und mehr als fünfzig weiteren IuK- sowie Konsumgüterunternehmen.

**Gestaltung von Distributionskanälen**

Nach dem Überblick zu den grundsätzlichen Funktionen und Formen von Handelsunternehmen als Absatzmittler für Herstellerfirmen kommen wir auf das bei der konkreten Vertriebswegegestaltung insgesamt zur Verfügung stehende Alternativenspektrum zurück. Hierzu enthält die Abbildung F-II-16 im unteren Teil eine Prinzipdarstellung, welche die verschiedenen Möglichkeiten zur Gestaltung von Distributionskanälen zusammenfasst. Die Ordnungsziffern erleichtern auch hier die Nachvollziehbarkeit.

Anhand dieses Schemas kann auch die üblicherweise vorgenommene Abgrenzung von direktem und indirektem Absatz als den beiden Prototypen unternehmerischer Vertriebswege nachvollzogen werden. Sie beziehen sich auf die eingangs der Erläuterungen zu dieser Ebene thematisierte Grundsatzentscheidung des Führens unmittelbarer und/ oder mittelbarer Vertriebs-/ Verkaufskontakte mit den Bedarfsträgern respektive den (End)Abnehmern/ Kunden eines Unternehmens:

- Wendet sich ein Anbieter als Verkäufer unmittelbar an die Nachfrager seiner Waren und Dienstleistungen, dann wird dies als **direkter Absatz** bezeichnet **(12)**.
- **Indirekter Absatz** liegt demgegenüber dann vor, wenn Erzeugnisse zunächst an Absatzmittler als Abnehmer verkauft werden, welche diese anstatt für eigene konsumtive oder produktive Zwecke in der Absicht einer Weiterveräußerung an ihre Kunden erwerben **(13)**.

Diese wiederum auf ERICH GUTENBERG zurückgehende Unterscheidung begrenzt den **indirekten Absatz** auf das Einschalten der wirtschaftlich und rechtlich selbstständigen **Handelsunternehmen (10)** und **(11)**. Auf den von uns als Vertriebssysteme, -organe und -wege bezeichneten Ebenen liegen damit separate Entscheidungssachverhalte vor, die allerdings in direktem Zusammenhang stehen.

- Sind beim Vertrieb der Marktleistungen eines Unternehmens **Distributionsvermittler** (Handelsvertreter, Kommissionäre, Makler) **(6)** tätig, dann wird zwar – auch im Fall der Konsignation als „Vorratskommission" – der Sachverhalt eines Verkaufs der Güter an diese nicht erfüllt.
- Als unternehmensfremde Vertriebsorgane tragen sie bei ihrer Tätigkeit als Absatzhelfer insbesondere kein direktes Preisrisiko. Da aber deren wirtschaftliche Existenz als Gewerbetreibende in starkem Maße von der „Vermittelbarkeit" der vertretenen Produkte/ Produktprogramme abhängt, ist dennoch auch hierbei von Distributionspartnern mit einer eigenen Interessenlage zu sprechen.
- Das kennzeichnende Merkmal zum indirekten Vertrieb ist damit von der vollen wirtschaftlichen und rechtlichen Selbstständigkeit der Handelsunternehmen auf die weiter gefasste Konstellation des Einschaltens in erster Linie rechtlich selbstständiger Partner im Vertrieb auszudehnen.
- Wenn beispielsweise ERWIN DICHTL (1935 – 1997) den direkten Absatz als unmittelbare Kontaktaufnahme mit den Bedarfsträgern „ohne Mittelsmänner" kennzeichnet, dann geht der Umkehrschluss für den indirekten Absatz dahin, dass hier – außer dem Handel – Distributionsvermittler eingeschaltet sein können. Beim Tätigwerden unternehmensfremder Vertriebsorgane liegt nach unserer Auffassung deshalb immer **indirekter Absatz (13)** vor.
- Das Charakteristikum einer Beteiligung von **Handelsunternehmen (10)/ (11)** bzw. von **selbstständigen Partnerunternehmen in vertraglichen Vertriebssystemen (9)** ist demnach zusätzlich zu verwenden. Unter dieser Sichtweise ist indirekter Absatz dann gegeben, wenn solche **Absatzmittler als eigenständige Absatzstufen** in Vertriebswege integriert sind. Dabei können die Absatzwege sowohl über die unternehmenseigenen Vertriebsorgane (5) als auch über die unternehmensfremden Vertriebsorgane – die Absatzhelfer (6) – verlaufen. Ein direkter Absatz (12) findet also nur durch Direktmarketing-Aktivitäten (7) und/ oder eigene Niederlassungen/ Filialen (8) statt.

Eine tiefer gehende Differenzierung nehmen wir ebenfalls bei der Basisvariante des direkten Absatzes vor. Diese betrifft das **Kriterium der Absatzstufe**, und damit kann jetzt die anfangs erläuterte Ebene der Vertriebssysteme in der Gesamtübersicht zur Gestaltung der Distributionskanäle berücksichtigt werden:

- Der **Direktabsatz** bezieht sich nach der zuvor gegebenen Definition zunächst immer darauf, dass ein Unternehmen seine Marktleistungen unmittelbar an die (End)Abnehmer/ Kunden verkauft. Hierzu entfalten die unternehmenseigenen Vertriebsorgane **Aktivitäten des Direkt-/ Dialog-Marketing (7)**. Der gestrichelte Kasten in der Abbildung F-II-16 weist darauf hin, dass es sich hierbei nicht um eine Absatzstufe handelt. Hierbei besteht eine Verbindung zu den Ausführungen zum Kommunikations-Mix in F.II.2.d.. Die dort vorgestellten Maßnahmen persönlicher Kommunikation und Verkaufens, traditioneller und moderner Formen einer direkten Kundenansprache (Mailings, Katalog-Response und Coupon-Anzeigen gegenüber Telefonmarketing und internetgestützten Verkaufsaktivitäten) sowie eine Messe- oder Ausstellungsteilnahme sind von einem Unternehmen zu entfalten, wenn es die Aufträge zu seinen Produkten und Dienstleistungen in direkten Kundenkontakten erhalten möchte. Als weitere und eigenständige Aufgabe der Vertriebs-/ Verkaufsabteilung kommt hierzu dann die Auftragsabwicklung.
- Gleiches gilt, wenn Unternehmen **eigene Niederlassungen oder Filialen (8)** unterhalten, von denen die Kundenkontakte in räumlicher oder abnehmerspezifischer Abgrenzung bearbeitet und gepflegt werden. Die Direkt-/ Dialog-Marketing-Aktivitäten können auch hier vorgelagert oder parallel durchgeführt werden. Dies gilt entsprechend auch bei jeder anderen Absatzstufe.
- Mit dem Stichwort der Absatzstufe kommen wir zu der beim Direktabsatz vorgenommenen Differenzierung. Anders als in Teilen der Literatur sehen wir in der **Errichtung eines unternehmenseigenen Niederlassungs-/ Filialsystems (8)** – wie bei einem vertraglichen Vertriebssystem **(9)** – bereits eine weitere **Absatzstufe**. Zwischen das Unternehmen und die Abnehmer sind also unternehmenseigne Absatzmittler geschaltet, zu denen dann i.d.R. auch physische Transporte der Marktleistungen/ Produkte stattfinden.
- Zu den unterschiedlichen **Varianten des Direktabsatzes** können die deutschen Vertriebswege zweier international tätiger Unternehmen aus der Datenverarbeitungsbranche als Beispiele angeführt werden:

  - Die 1984 von MICHAEL DELL gegründete DELL COMPUTER CORPORATION (Hauptsitz in Round Rock, Texas – USA) vertreibt ihre Marktleistungen weltweit ausschließlich durch Aktivitäten des **Direkt-/ Dialog-Marketing**, welche in den drei Weltmarktregionen Amerika, Asien-Pazifik und Europa – Naher Osten – Afrika von 50 Regionalbüros entfaltet werden. Für Deutschland laufen die unmittelbaren Kundenkontakte – telefonisch, persönlich oder via Internet – sämtlich über den Firmensitz im südhessischen Langen. Die konsequente **absolute oder nullstufige Direktvermarktung** hat Dell zum weltgrößten PC-Hersteller aufsteigen lassen, und auch branchenübergreifend ist das Unternehmen heute der größte und erfolgreichste Direktanbieter der Welt.
  - IBM (INTERNATIONAL BUSINESS MACHINES CORPORATION mit Hauptsitz in Armonk, New York – USA) ist im Gesamtbereich der Informationstechnologie (Hardware, Software, Services – E-Business-Lösungen) der weltweit größte Anbieter. Seine direkte Vermarktungsschiene ist als **relativer oder**

**einstufiger Direktabsatz** zu kennzeichnen. In mehr als 160 Ländern aktiv, erfolgen die Vertriebsaktivitäten der einzelnen Ländergesellschaften über unternehmenseigene Niederlassungen. Mit einer Anzahl von über 30 Filialen ist die IBM DEUTSCHLAND GMBH mit Sitz in Stuttgart-Vaihingen die größte Ländergesellschaft in Europa. Neben dem seit Ende 2000 zusätzlich eingerichteten Internetverkauf mit der Möglichkeit einer telefonischen Beratung verläuft ein weiterer Vertriebsweg der IBM über die IBM Business Partner als autorisierte Fachhändler/ Dienstleister (weltweit rund 45.000, in Deutschland, Österreich und der Schweiz mehr als 1.500). Damit ist mit der Vertriebsorganisation von IBM zugleich ein Exempel für die nachfolgend thematisierten Multikanal-Strukturen im Vertrieb gegeben.

Das universell anwendbare Schema der Abbildung F-II-16 verdeutlicht auch die Möglichkeiten, **mehrstufige Vertriebswege als Kombinationen** der bisher angesprochenen Varianten zu realisieren. Hierauf bezogen ist zunächst noch nachzutragen, dass beim indirekten Absatz speziell im Groß- und Einzelhandel (10)/ (11) mehrere Betriebsformen eingeschaltet sein können. An folgenden Beispielen kann eine kombinierte Vertriebswegegestaltung (Multi-Channel Vertrieb) illustriert werden:

- Parallele Vertriebswege sind insbesondere im **Automobilvertrieb** üblich. So unterhalten Automobilhersteller beispielsweise zum einen **werkseigene Niederlassungen** (z.B. DAIMLERCHRYSLER für ihre Marke MERCEDES-BENZ) und zum anderen sind **Haupt-/ sowie Untervertragshändler** eingeschaltet. Die Unterhändler sind hierbei (bei einem Zustimmungsvorbehalt der Hersteller) vertraglich an die rechtlich selbstständigen Hauptvertragshändler gebunden, in deren Namen sie auch den Neuwagenverkauf abwickeln.
  Die Sonderstellung des Automobilvertriebs mit exklusiven und i.d.R. markenbezogenen Händlernetzen ist durch die Gruppenfreistellungsverordnung 1400/ 2002 der Europäischen Kommission (GVO-Laufzeit vom 01.10.2002 bis 31.05.2010 mit Übergangsregelungen zur Vorgängerverordnung 1475/ 95) weiterhin anerkannt. Mit dieser Verordnung wird der Kraftfahrzeugvertrieb und -kundendienst beim Einhalten der erlassenen Vorschriften von den EG-Regeln zum vertikalen Wettbewerb freigestellt. Wegen der aktuellen Bestimmung, dass sich ein KFZ-Hersteller pro geografisch abgegrenztem Absatzmarkt jetzt zwischen ausschließlichem Vertrieb (Händler mit festen Absatzgebieten) und selektivem Vertrieb (Erfüllen qualitativer und/ oder quantitativer Merkmale durch die Händler) entscheiden muss, findet derzeit eine Neuordnung ihrer Vertriebssysteme statt.
- Auch bei den **Herstellern hochwertiger Konsumgüter** liegen parallel verfolgte Vertriebswege vor. Während diese ihre Produkte normalerweise über den **Handel** absetzen, gibt es auch hier eine Form des einstufigen Direktabsatzes über die so genannten **Factory Outlets**. Als Beispiel hierzu kann die Fabrikverkaufsstelle der in Metzingen ansässigen HUGO BOSS AG angeführt werden. Diese zog sehr viele Konsumenten an, so dass mittlerweile eine ganze Reihe anderer Premiumwarenhersteller ebenfalls Outlets in dieser schwäbischen Stadt

eröffnet haben (ESCADA, JOOP!, BALLY, MELCHINGER, BOGNER, NIKE, PUMA, WOLFORD etc; insgesamt über 70 Factory Stores).
Wenn sich – in der Fortführung des eben angesprochenen Direktvertriebsweges – Hersteller über eine Betreiberorganisation zusammenschließen, um mit baulich in der Art eines Shopping-Centers verkehrsgünstig konzentrierten Läden ihre Markenartikel den Verbrauchern direkt anzubieten, dann nennt man dies **Factory Outlet Center (FOCs)**. Anders als in den USA („VANITY FAIR Factory Outlet" in Reading, Pennsylvania, als erstes FOC 1971 gegründet; 1996 landesweit bereits 325 FOCs), hat sich diese herstellergeführte Handelsbetriebsform in Deutschland bisher – auch aufgrund des Widerstands des Facheinzelhandels – nicht entscheidend durchsetzen können. Von den vielen Planungen hierzu aus den letzten Jahren sind erst fünf solcher Center realisiert (in Wustermark, Nähe Berlin, in Zweibrücken, Wertheim und in Ingolstadt sowie in Ochtrup, Münsterland; zahlreiche Planungsvorhaben gelten mittlerweile als gescheitert).

- Ein Mehrkanal-Vertrieb führt immer dann zu Konflikten, wenn die Kosten- und Leistungsstrukturen der additiven Vertriebskanäle stark verschieden sind und über alle Vertriebswege die gleichen Produkte verkauft werden. Die Unterschiede in den Kostenstrukturen wirken sich in der jeweiligen Preishöhe für die Produkte aus. Hierauf reagiert die Nachfrage entsprechend (siehe hierzu F.III.5.d.).

Zusammenfassend lässt sich also Folgendes festhalten. Die Grundsatzentscheidungen zur Gestaltung der Vertriebswege können in eine vertikale und eine horizontale Dimension aufgegliedert werden:

Bei den Festlegungen zur **vertikalen Absatzkanalstruktur** liegt das Schwergewicht auf der Bestimmung der Art und Anzahl vorgesehener Absatzstufen im Verhältnis eines Anbieters zu seinen Abnehmer(gruppe)n. Hierbei steht die Länge der jeweiligen Absatzkanäle im Vordergrund.

Über die Art der zwischengeschalteten Absatzstufen ist dabei zu entscheiden, ob ein Produkt bei klassischen Fachhandelsunternehmen und/ oder Warenhäusern sowie Verbrauchermärkten erhältlich sein soll und ob bzw. welche Großhandelsstufen bei seinem Weg zum Kunden einbezogen werden sollen. Die Entscheidung liegt demnach zwischen einem Einkanal- und einem Multikanal-Vertrieb.

Soweit in diesem Zusammenhang ein indirekter Absatz über die rechtlich und wirtschaftlich selbstständigen Handelsunternehmen (10) und (11) vorgesehen wird, hat für diese Absatzmittler in den Distributionskanälen eines Anbieterunternehmens eine gesonderte Auswahl zu erfolgen:

- Diese Entscheidungen zur horizontalen Absatzkanalstruktur betreffen die vorgesehenen Distributionsgrade der Marktleistungen in den einzelnen Handelsbetriebsformen, und damit kommt es zu einer handelsbezogenen Umsetzung des Strategie-Inputs der für einzelne Produkt-Markt-Segmente eines Unternehmens insgesamt angestrebten Marktpenetrationsgrade.
- Mit der jeweiligen Anzahl pro Absatzstufe einbezogener Handelsunternehmen definiert sich die Absatzkanalstruktur in ihrer Breite. Bezogen auf das vorstehende Beispiel ist also festzulegen, ob der Vertrieb über alle im Verkaufsgebiet

tätigen Unternehmen der vorgesehenen Einzelhandelsformen laufen soll oder ob hierbei eine Auswahl zu treffen ist. Die damit auf einer Handelsbetriebsstufe zu realisierende horizontale Erhältlichkeit kann als Distributionsquote angegeben werden. Diese spiegelt die marktmäßige Verbreitung eines (Marken)Erzeugnisses als Prozentzahl wider. Eine Quote von 80% für den Einzelhandel bedeutet dementsprechend, dass ein Produkt in acht von zehn Letztverkaufsstellen im Absatzgebiet erhältlich ist.

Für die Entscheidungen zur **horizontalen Absatzkanalstruktur** können auf jeder Handelsstufe drei unterschiedliche Prinzipien herangezogen werden:

- Sollen Produkte nach Möglichkeit bei jedem Betrieb einer Handelsstufe erhältlich sein, dann werden die in Frage kommenden Handelsunternehmen keinen nennenswerten quantitativen oder qualitativen Beschränkungen durch die Herstellerunternehmen ausgesetzt. Mit dem Ziel einer Ubiquität (Überallerhältlichkeit) ist vor allem für problemlose Güter des täglichen Bedarfs eine derartige **intensive Distribution** (Universalvertrieb) typisch.
- Als **selektiv** wird ein Distributionskonzept bezeichnet, bei dem eine Händlerselektion über das Erfüllen **qualitativer Merkmale** bzw. Mindeststandards vorgenommen wird. Hierbei legt der Hersteller objektive Eigenschaften (z.B. Geschäftslage und -größe, Kundendienst- und Serviceorganisation) und subjektive Verhaltensweisen (z.B. eine generelle Kooperationsbereitschaft und das Serviceniveau) als Maßstäbe fest, mit denen er die Übertragung von Kernelementen seiner Marketingkonzeption in die Handelsunternehmen gewährleistet sehen möchte. Aus Herstellersicht ist hiermit eine insgesamt gute Marktpräsenz möglich, ohne dass die entsprechenden Güter im Handel überrepräsentiert sind.
- Bei noch ausgeprägteren qualitativen Standards und einer zusätzlichen quantitativen Beschränkung der Handelspartner im Vertrieb ist von einer **exklusiven Distribution** zu sprechen. Die Händleranzahl pro Absatzstufe wird bewusst niedrig gehalten, wobei hiermit häufig das Alleinvertriebsrecht für ein geografisch abgegrenztes Gebiet verbunden ist. Damit will das Herstellerunternehmen Rivalitäten unter mehreren Wiederverkäufern mit negativen Auswirkungen auf das Preis- und Ertragsniveau ausschalten und in eine möglichst gute Position für ein händlereinbezogenes Verfolgen seiner eigenen Vermarktungsstrategie kommen. Solche Konzepte werden häufig bei der Markenführung von Premium-Produkten (z.B. bei Kosmetika oder hochwertiger Bekleidung) verfolgt.

**Physische Distribution**

Der **Physischen Distribution** und damit dem zweiten Hauptbereich des Distributions-Mix wurde in der Praxis über längere Zeit nur eine **untergeordnete Bedeutung** beigemessen. Gegenüber der Auftragsgewinnung sah man in der Auftragsausführung eine eher zweitrangige Aufgabenstellung. Dies zeigte sich auch darin, dass für die Entscheidungen zu den Distributionskanälen ebenfalls die Bezeichnung als akquisitorische Distribution üblich war. Dies impliziert, dass man der Physischen Distribution keine solchen Wirkungen der Kundengewinnung und -pflege zugemessen hat.

Heute stellt sich die Einschätzung zur Auftragsausführung grundlegend anders dar: Ein schnelles und für die Kunden problemloses Abwickeln jeglicher Anfragen und Aufträge wird von diesen als selbstverständlich vorausgesetzt. Werden die hierzu im Wettbewerb geltenden Standards nicht nur erfüllt, sondern in wesentlichen Teilen noch besser als durch Konkurrenzunternehmen umgesetzt, dann wird das hohe Kundenzufriedenheits- und -bindungspotenzial der Physischen Distribution deutlich.

Mit der Bezeichnung Physische Distribution erfolgt eine Abgrenzung innerhalb des logistischen Leistungsvollzugs in einem Unternehmen. Sie ist auf die Endphase im Prozess der Güter- und Dienstleistungsproduktion beschränkt, wobei allerdings Überschneidungen zum direkten Wertschöpfungsprozess der Lagerhaltung (siehe hierzu F.III.3.) und insbesondere zum flankierenden Prozess der Logistik und Qualitätssicherung (F.IV.1.) gegeben sind. Diese beziehen sich auf Ähnlichkeiten in den jeweils innerbetrieblichen oder auf den Endkunden gerichteten Aufgabenstellungen. Zusammen mit der Physischen Distribution sind sie Bestandteile eines Supply Chain Management. Für den Übergang der Waren zum Bedarfsträger sind Entscheidungen in den folgenden Bereichen zu treffen:

- **Lagerhaltung:**
  Bestimmen von Zahl, Ort, Größe und Ausstattung der Auslieferungspunkte (Zentrallager oder räumlich verteilte Auslieferungsläger).
- **Transport:**
  Welche Transportmittel sollen für welche Transporte in Eigen- oder Fremdleistung (Einsatz von Distributionshelfern) herangezogen werden?
- **Verpackung:**
  Einflussnahme auf eine distributionsgerechte Verpackungsgestaltung im Produktionsbereich (siehe hierzu F.III.4.); Bilden „logistischer Einheiten" zur reibungslosen Gestaltung des Warenübergangs an die eingeschalteten Absatzstufen/ Zwischenhändler und Endkunden.
- **Auftragsabwicklung:**
  Betriebswirtschaftliche und technische Gesamtsteuerung der Physischen Distribution auf der Real-, Nominal- und vor allem auch der Informationsgüterebene (siehe hierzu grundlegend E.).

Insbesondere der zuletzt angesprochene Aspekt eines zeitaktuellen Informationsaustauschs über alle Glieder eines Distributionssystems stellt heute den Schlüssel für eine insgesamt erfolgreiche Wertschöpfung dar. Wegen des engen Zusammenhangs aller hierbei einzusetzenden Systeme stellen wir auch die unmittelbar distributionsrelevanten Teile des Efficient Consumer Response (ECR) und des Sypply Chain Management (SCM) in F.IV.1. dar.

### *f. Service-Mix*

Nach den Erläuterungen zu den klassischen Marketing-Mix-Bereichen beginnen wir die Ausführungen zu dem von uns als **eigenständiges fünftes Feld des Marketing-Pentagon** (siehe hierzu die Abb. F-II-12) geführten Service-Mix mit einer Begründung für diese Erweiterung:

In enger werdenden Märkten nimmt die Bedeutung von Serviceleistungen als Ansatz zur Differenzierung gegenüber dem Wettbewerb und somit als ein Weg zur Profilierung im Markt deutlich zu. Damit ist ihre Einordnung als **Nebenleistung** in der Produktpolitik heute nicht mehr unbedingt zutreffend bzw. ausreichend, und selbst bei deren Gültigkeit macht der Service häufig völlig andere und von der **Hauptleistung** unterschiedliche Gestaltungen notwendig.

**Arten von Serviceleistungen**

Hiermit wird auf die bereits in C.I.3.d. herausgestellte Qualifizierung und Positionierung des Service als **haupt-/ kernleistungsbegleitende Sekundärleistung** abgehoben. Deren Formen haben sich korrespondierend mit dem marktseitigen Wandel vom Verkäufermarkt (Nachfrageüberhang) zum Käufermarkt (Angebotsüberhang) und den dabei abgrenzbaren Entwicklungsstufen des Marketing stetig verändert respektive ausgeweitet:

- Als **Kundendienst** stand zunächst ein Sicherstellen des Gebrauchs und des Einsatzes von langlebigen Konsum- sowie Investitionsgütern im Vordergrund. In einer eher technischen und direkt produktbezogenen Ausrichtung wurden hierbei vor allem Montage-, Wartungs-, Inspektions-, Reparatur- und Ersatzteildienste als Nebenleistungen zum verkauften Sachgut angeboten. Solche Hilfestellungen zum Produkthandling sind für den Zeitraum nach dem Erwerb durch den Kunden und damit After-Sales konzipiert.
- Das Vordringen des Marketing als einer Philosophie der markt- und kundenorientierten Unternehmensführung erforderte bei den Anbietern die Ablösung einer ausschließlichen Produktorientierung durch ein umfassendes Denken in Lösungen für Kundenprobleme. Mit dieser Perspektivenerweiterung bei der unternehmerischen Wertschöpfung ist eine nachhaltige Gestaltung der Kommunikation und des Kontakts mit aktuellen und potenziellen Kunden verbunden. Dabei stellen die ausschließlich produkt- und nachkaufbezogenen Kundendienstleistungen lediglich noch einen Teil der Dienste an/ gegenüber den Kunden dar. Jetzt ist zusätzlich großer Wert auf eine umfassende, technische und kaufmännische Beratung vor dem Erwerb (Pre-Sales), eine angenehme und erlebnisorientierte Kaufatmosphäre sowie eine weit reichende Qualifizierung der Kunden im Umgang mit den erworbenen Leistungen (At-/ After-Sales) zu legen.
- Bei hohem Konkurrenzdruck sind die Anbieter also gefordert, ihren Kunden eine **intensive Betreuung/ Begleitung über den gesamten Kaufentscheidungs- und Nutzungsprozess** von Marktleistungen anzubieten. Auch diese Entwicklung lässt sich in illustrierende Aussagen kleiden: „Selling is out – consulting is in“. Und die zuvor geschilderte Konsequenz ergibt sich dann als: „Don’t sell – help the customer buy“. Hiermit ist wiederum die **Notwendigkeit eines umfassenden Relationshipmanagement** in der heute aktuellen sechsten Entwicklungsstufe des Marketing gekennzeichnet.
- Unter dieser erweiterten Sichtweise sind **Servicemaßnahmen** generell als (zusatz-)nutzenerhöhende Angebote einzuordnen, mit denen die Kundenbedürfnisse – bezogen auf die eigenen Produkte und im Vergleich mit den Leistungen von Wettbewerbern – besser erfüllt werden können. Die generell mit Service-

leistungen verbundene Frage ist die, ob der Kunde diesen Zusatznutzen unentgeltlich erwartet oder bereit ist, dafür gesondert zu zahlen. Dies hängt von zwei Sachverhalten ab: Erstens vom dadurch zusätzlich gebotenen Niveau an Kundennutzen und zweitens vom angebotenen Servicelevel der direkten Wettbewerber.

- **Serviceangebote** können – hinausgehend über die beim Regelfall der funktionellen Serviceleistungen gegebene direkte Verbindung zu Hauptleistungen – **auch eigenständige Vermarktungsobjekte** darstellen. In der Computerindustrie ist das z.B. häufig vorzufinden: Die zu einem Teil als Kuppelprodukte aus dem Rechnerabsatz, zum anderen Teil aber auch unabhängig hiervon entstehenden Schulungs- und Wartungsaufträge machen dort bereits häufig mehr als die Hälfte der Wertschöpfung aus. In diesem Fall sind sie üblicherweise nicht unentgeltlich, sondern haben einen Marktpreis.

Insgesamt lässt sich festhalten, dass sich die Angebote im Service-Bereich von produktunterstützenden Nebenleistungen zu kauf- und verwendungsbegleitenden Zusatzleistungen verändert haben. Das Entwerfen und Vermarkten von Serviceleistungen ist – wie bei den Kernleistungen – auf das Schaffen von Kundennutzen, -zufriedenheit und -bindung ausgerichtet. Zur hierbei möglichen Bandbreite sind unterschiedliche, zielgruppen- und anforderungsspezifische Angebote zu entwickeln, und damit steht der Service im Rang einer eigenständig zu konzipierenden Marktleistung. Hierdurch wird er nicht selten zum kaufentscheidenden Merkmal für den Kunden.

Der eingangs dieser Begründung des Service-Mix als selbstständigem Marketing-Instrumentalbereich angesprochene weitere Punkt hebt auf grundsätzliche Unterschiede ab, die im Hinblick auf die Güterarten konstitutiver Kern-/ Primärleistungen und den diese als Serviceangebote begleitenden Zusatz-/ Sekundärleistungen gegeben sind. Hierbei ist daran anzusetzen, dass dem Service regelmäßig der Charakter einer Dienstleistung zukommt (Erbringung einer spezifischen, im Hinblick auf ihre fehlende Übertragbarkeit als immateriell einzustufenden Leistung an einem extern eingebrachten Faktor; siehe hierzu B.I.). In Abhängigkeit von der zu Grunde liegenden Primärleistung kann bei Serviceleistungen also eine güterartbezogene Diskrepanz auftreten:

- **Sachleistungsbegleitende Serviceleistungen** stehen als komplementäre Dienstleistungen mit dem Verkauf von Sachgütern in Verbindung. So können die Kunden beispielsweise eine **Nutzensteigerung aus dem erworbenen Produkt** dadurch erzielen, dass sie einen vom Hersteller langlebiger Konsumgüter (Autos, Heizungsanlagen, Haushaltsgeräte etc.) eingerichteten Wartungs- oder Inspektionsservice in Anspruch nehmen. Andere Serviceleistungen sind dagegen darauf gerichtet, den Kunden die zweckentsprechende Nutzung von Sachgütern möglich zu machen. Exemplarisch für diesen Fall ist – wie oben bereits angesprochen – die Anwenderschulung bei technisch komplexen Gütern, wie beispielsweise (Personal-)Computersystemen oder Fertigungsanlagen, zu nennen.

- Bei derartigen Leistungsbündeln ist es unmittelbar einsichtig, dass der Wertschöpfungsanteil des Service im Vergleich zur Erstellung der Sachgüter als Basisleistungen bei den Anbieterunternehmen markt- und ressourcenorientiert andere Analysen, Entscheidungen und Umsetzungen erfordert.
- Serviceangebote sind wie alle Dienstleistungen durch eine simultane Gestaltung der Leistungspotenziale, -prozesse und -ergebnisse (siehe hierzu B.I.) zu entwickeln und zu steuern: Wegen der an einem Fremdfaktor zu bewirkenden Leistung und ihrem nicht vorratsfähigen Ergebnis ist die direkte Mitwirkung des Abnehmers/ Kunden erforderlich; er fungiert entweder selbst als externer Faktor – wie bei Anwenderschulungen – oder er bringt diesen zur Vornahme einer Handlung ein – wie bei Inspektionen an PKWs. Aufgrund der zeitlich unmittelbaren Verknüpfung von Leistungserbringung und Kundennutzen ist für den Erstellungsprozess von Serviceleistungen großer Wert auf die Bereithaltung/ Disposition der zu ihrer Ausführung (Endkombination) vorzuhaltenden Potenzialfaktoren (Vorkombination) zu legen – in den obigen Beispielen also auf das Vorhalten von Schulungs- oder Wartungsräumlichkeiten und die jeweils benötigte Infrastruktur.
- Und schließlich ist es bei Serviceangeboten – wiederum wegen der fehlenden Übertragbarkeit und der hohen Gleichzeitigkeit von Inanspruchnahme und erwachsendem Nutzen – noch wichtiger als bei Sachgütern, dass ein Vertrauensverhältnis zum Kunden besteht respektive aufgebaut wird. Dieser muss umfassend davon überzeugt sein, dass das Anbieterunternehmen über die Potenziale und die Fähigkeiten verfügt, die gewünschte Serviceleistung qualitäts-, zeit-, kosten-/ preisgerecht und auf einem aktuellen Kenntnis-/ Innovationsstand zu erfüllen. Andernfalls wird er dem gebotenen Service gegenüber negativ eingestellt sein und diesen dadurch womöglich gar nicht in Anspruch nehmen. Hieraus kann eine eingeschränkte Gebrauchstüchtigkeit der Primärleistung – also z.B. des PKWs bei unterlassenen Inspektions-/ Wartungsarbeiten – resultieren, aufgrund derer sich der Kunde beim nächsten Fahrzeugwechsel dann einem anderen Anbieter zuwendet.

• Bei **dienstleistungsbegleitenden Serviceleistungen** tritt das geschilderte Problem unterschiedlicher Sphären der materiellen Primärleistung und der immateriellen Sekundärleistung nicht auf. Kern- und Zusatzleistungen stellen hier Dienstleistungen dar, und damit können beide in einer grundsätzlich gleichen Weise gestaltet werden. Dabei ergibt sich dann regelmäßig eher ein Abgrenzungsproblem zwischen der Haupt- und der Nebenleistung. Vom Grundsatz her gesehen, ist die allgemeine Servicedefinition als haupt-/ kernleistungsbegleitende Sekundärleistung aber auch in diesem Bereich anwendbar. So können auch für Dienstleistungen vor, während oder nach ihrer Inanspruchnahme Zusatzleistungen als Service definiert und angeboten werden, und dabei lässt sich nach der Potenzial-, Prozess- und der Ergebnisdimension als den zentralen Parametern der Dienstleistungsproduktion unterscheiden. Eine prozessbezogene Serviceleistung bei einem laufenden Vermögensberatungsvertrag ist beispielsweise die mehrmals tägliche Übermittlung der Kurse des Kunden-Aktienbestandes an dessen Internet-Adresse oder sein Handy mit Empfehlungen zur weiteren Anlagestrategie.

### Vernetzung des Service im Marketing-Mix

Als **eigenständiges Feld des Marketing-Mix** ist der **Service-Bereich** folglich deshalb einzuordnen, weil ihm ein gestiegener Stellenwert zukommt, der sich in einer zunehmenden Emanzipation von konstituierenden Kernleistungen ausdrückt, und weil Serviceangebote als Dienstleistungen generell besonderen Produktionsbedingungen unterliegen. Dieser hohen Bedeutung des Service-Bereichs kann mit seiner – in der Literatur noch vielfach vorgenommenen – Unterordnung im Produkt-Mix nicht ausreichend Rechnung getragen werden. Bei weiterhin engen Beziehungen zu diesem Teil des absatzpolitischen Instrumentariums besteht der wesentliche Effekt einer selbstständigen Gestaltung des Service-Mix in einer erhöhten Aufmerksamkeit und gleichberechtigten Steuerung dieses kundennutzensteigernden und wettbewerbsdifferenzierenden Maßnahmenbereichs.

Die **Verbindungen zu den anderen vier Mix-Bereichen** betreffend, sind demnach zwei Fallgruppen zu unterscheiden:

- Bei **funktionellen, kernleistungsbegleitenden Services** ist eine enge Abstimmung mit den die Primärleistung konstituierenden Produkt-Mix-Entscheidungen notwendig. Die weiteren Bereiche des Kontrahierungs-, Kommunikations- und Distributions-Mix sind dann jeweils mit diesen produkt- und servicebezogenen Festlegungen abzugleichen.
- Wenn **Serviceleistungen als eigenständige** – bzw. die Produktpalette eines Unternehmens insgesamt ergänzende – **Problemlösungsangebote** offeriert werden, dann sind ausgehend vom Service-Mix die übrigen Mix-Bereiche im Uhrzeigersinn zu durchlaufen: Im Produkt-Mix sind die angedachten Serviceleistungen näher zu konkretisieren, und darauf bezogen sind dann die Entscheidungen zu Preisen und Konditionen sowie zur werblichen Kommunikation und zum Vertrieb herbeizuführen.

Die erfolgsentscheidende Bedeutung eines umfassenden Gestaltungsstandes im absatzpolitischen Bereich des Service-Mix lässt sich mit empirischen Erfahrungswerten zur Kunden(un)zufriedenheit anschaulich belegen:

- Für die durch eine Mund-zu-Mund-Kommunikation bewirkten **Multiplikatoreffekte bei Kauferlebnissen** gilt, dass
  - zufriedene Kunden von ihrem positiven Kauferlebnis 4- bis 8-mal gegenüber Dritten berichten, während
  - unzufriedene Kunden ihre Geschichte 9- bis 16-mal weitererzählen.
- Alleine wegen dieser Relation kann es sich ein Unternehmen kaum leisten, Unzufriedenheit bei seinen Kunden aufkommen zu lassen. Dabei kommt eine weitere Problematik erschwerend hinzu:
  - Unzufriedene Kunden wenden sich eher selten mit einer Beschwerde unmittelbar an das auslösende (Handels)Unternehmen, um ihr Negativerlebnis zu klären. Über alle Branchen gesehen, wird lediglich eine Quote von 6% er-

reicht, und selbst bei hochwertigen Gebrauchsgütern ist nur von einer Beschwerdebereitschaft unzufriedener Kunden von etwa 10% auszugehen.
- Im Umkehrschluss bedeutet dies – auf einer 100%-Basis, dass hinter jeder direkt geäußerten Kundenbeschwerde die hohe Dunkelziffer von bis zu 9 (bei einer 10%igen Beschwerdequote) bzw. mindestens 16 (bei 6%) weiteren unzufriedenen Kunden steht. Diese praktizieren das vorstehend angesprochene Weitererzählen aber ebenfalls, ohne dass vom Unternehmen direkt Maßnahmen zur Beseitigung und Lösung des Beschwerdegrundes ergriffen werden können. Dementsprechend kann davon ausgegangen werden, dass sich die Anbieter oder Händler einer nachteiligen Situation gegenübersehen, weil zahlreiche andere (Neu)Kunden durch solche negative Einstellungen und Erfahrungen infiziert werden.

Hieraus wird deutlich, welche unkalkulierbaren Risiken damit verbunden sind, wenn ein Unternehmen das Entstehen von Unzufriedenheit bei seinen Abnehmern/ Kunden ohne konsequente Reaktion und Verbesserung hinnimmt.

- Dabei gehen die heutigen Herausforderungen an eine markt- und kundenorientierte Unternehmensführung über die Grundbedingung des Erreichens einer normalen respektive durchschnittlichen Kundenzufriedenheit hinaus. Das weiter greifende Ziel besteht darin, sehr zufriedene Kunden zu erreichen. Auf diese bezogen ist von folgenden Wirkungen auszugehen:
  - Diese werden dann aus Überzeugung für das Unternehmen und seine Marktleistungen „werben" und zählen von daher zu seinen besten Werbeträgern.
  - Sie werden mit einer dreifach höheren Wahrscheinlichkeit weitere Güter oder Dienstleistungen beim Unternehmen kaufen als nur zufriedene Kunden.
- Das schnelle und nachhaltige Lösen von vorgetragenen Kundenbeschwerden kann eine Zufriedenheit der Kunden erzeugen, die sie vom Wechsel zu anderen Anbietern abhält. Bei einer umfassenden Problembehebung innerhalb von fünf Tagen ist im Durchschnitt damit zu rechnen, dass 95% der Beschwerdeführer ihrem Unternehmen treu bleiben. Zusammen mit den zuvor referierten Befunden zeigen sich damit die erreichbaren kundenbindenden und akquisitionsfördernden Effekte eines **aktiven Beschwerdemanagements**, das in F.III.6. näher erläutert wird.

In welcher unmittelbaren Verbindung stehen die vorgetragenen Erfahrungswerte mit dem Service-Niveau eines Unternehmens?

- Bei dem längerfristigen Sichern des Unternehmenserfolgs über ein einzigartiges kundenwertorientiertes Leistungsversprechen/ -angebot als UCVP (Unique Customer Value Proposition) stellt das Erreichen einer hohen Kundenzufriedenheit den letztlich erfolgskritischen Parameter dar. Aufbauend auf den Grundvoraussetzungen des Schaffens von Kundennutzen und von Kundenvorteilen entscheidet es sich hierüber, ob auch die nächsthöheren Stufen einer ausgeprägten Kundenloyalität und einer hohen Kundenbindung gemeistert werden können.

- Wie erläutert, erfordert es dieser Ableitungszusammenhang eines umfassenden Relationshipmanagement als aktueller sechster Entwicklungsstufe des Marketing/ der Marktorientierten Unternehmensführung, bei der Marktleistungserstellung in allen Wertschöpfungsprozessen und -phasen den Maßstab der Business Excellence anzulegen. Hierdurch lässt sich ein auf die Kundenanforderungen sowie die Konkurrenzbedingungen abgestimmtes **hohes Qualitätsniveau bei der gesamten Leistungserstellung und -verwertung** erreichen.
- In diesem Kontext steht die beim ersten dargestellten Entscheidungsfeld zum Marketing-Mix (Produkt-Mix, F.II.2.b.) getroffene Unterscheidung von Qualität 1. Grades (technische Produkt-/ Leistungsqualität) und Qualität 2. Grades (Qualität sämtlicher Kontakte und Kommunikationen mit Abnehmern/ Kunden).
- Hierzu ist jetzt die **Servicequalität als Bindeglied** zwischen diesen beiden grundlegenden Qualitätsarten herauszustellen. Sie werden durch die sach- oder dienstleistungsbegleitenden sowie generell (zusatz-)nutzenerhöhenden Dienste gegenüber dem Kunden miteinander verkoppelt. Wegen dieser „Scharnierfunktion" geht von einer umfassend ausgeprägten Servicequalität der entscheidende Input zum Erreichen einer hohen Kundenzufriedenheit und Kundenbindung aus. Vom Gestaltungsstand im Service-Mix eines Unternehmens wird es ganz wesentlich abhängen, welche Einstellungen ihm die Nachfrager seiner Leistungen entgegenbringen. Das Ziel hierbei sollte sein, dass diese nicht einfach nur „Klienten", sondern (zufriedene) Kunden oder sogar „Missionare" des Unternehmens am Markt sind.
- Der vorstehend hergeleitete Zusammenhang kann mit weiteren Erfahrungswerten hinterlegt werden:
  - Wenn Abnehmer zu Konkurrenzunternehmen wechseln, dann liegt das in fast 70% aller Fälle an einer mangelnden Servicequalität.
  - Lediglich bei den restlichen ca. 30% liegt der Anbieterwechsel vorwiegend in einer als unzureichend empfundenen Produktgüte oder einem zu hohen Preis begründet.

  Dabei ist noch der wichtige Hinweis anzubringen, dass das Abwandern von Kunden ein Unternehmen – über den Umsatz-/ Ertragsausfall hinaus – teuer zu stehen kommt. So sind im Vergleich zu einer guten Betreuung/ Pflege von Bestandskunden für das Gewinnen eines Neukunden bis zu sechsmal höhere Kosten zu veranschlagen.

Auf die einzelne Dimensionen der Servicequalität sowie den Prozess zum Umsetzen/ Erreichen des hierzu insgesamt definierten Niveaus gehen wir im Abschnitt F.III.6. ein.

Anhand der Eintragungen in der Pentagon-Darstellung F-II-12 wird nachfolgend ein grundsätzlicher Überblick zu den Entscheidungs- und Gestaltungsfeldern im Service-Mix gegeben. Dabei nehmen wir folgende Dreiteilung vor: Bei dem als Systemkompetenz bezeichneten ersten Punkt steht die betriebswirtschaftliche und technische Grundfähigkeit eines Unternehmens im Vordergrund, unterschiedliche Kundenanforderungen mit einem integrierten Problemlösungsangebot als maßgeschneidertem Produkt- und Service-/ Dienstleistungspaket bedienen zu können. Die nächste Rubrik Gewährleistung/ Garantie enthält eine Darstellung von Mindestanforderungen, welche für die Servicegestaltung bereits von Gesetzes wegen zu beachten sind. Auf dieser Grundlage ist von den Unternehmen im Wettbewerbsvergleich zu klären, inwieweit sie über die gesetzlich verankerten Standards hinausgehen können respektive wollen. Mit dem dritten Punkt werden dann einzelne Serviceleistungen nach ihrem zeitlichen Bezug zur Inanspruchnahme der Hauptleistung als Pre-/ At-/ After-Sales-Services vorgestellt. Die Abbildung F-II-17 gibt eine Übersicht zu den relevanten Parametern in diesen Entscheidungsfeldern.

**Systemkompetenz des Unternehmens**

Die Analyse und Gestaltung der **Systemkompetenz** eines Unternehmens erfordert als Basisaktivität Festlegungen zum Service-Mix:

- Auf dem Weg zu einer umfassenden Servicequalität sind die direkten Wertschöpfungsprozesse daraufhin zu durchleuchten, in welchem Umfang die Nachfrage nach individuell bedürfnisgerechten Problemlösungen über modular kombinierbare Produktkomponenten sowie über entsprechend variierbare Dienstleistungspotenziale zufrieden gestellt werden kann.
- Hierbei geht es also – wie bereits erwähnt – darum, wie die physisch-technischen Grundnutzen einer Marktleistung – als Hardware – jeweils mit zusatznutzenstiftenden Dienstleistungs-/ Servicekomponenten – als Software – kombiniert werden können, so dass dem Kunden eine umfassende Systemleistung – als **Solutionware** – zu seinem spezifischen Bedürfniskomplex angeboten werden kann. Die Leistung des Unternehmens besteht dabei insbesondere in der Fähigkeit, die einzelnen Komponenten aus Produkten und Dienstleistungen so kombinieren, koordinieren und integrieren zu können, dass eine **in sich stimmige Gesamtleistung ohne Schnittstellenprobleme** entsteht. Als anschauliches Beispiel hierzu kann das Zusammenspiel von PC-Hardware-Komponenten und speziellen Software-Programmen bei einer Serverarchitektur im Datenverarbeitungs-/ Informations- und Kommunikationsbereich angeführt werden.
- Für diese Integration von Produkten und zugehörigen Dienstleistungen zu mehrschichtigen Nutzen- respektive Eigenschaftsbündeln bildet die Erkenntnis den Hintergrund, dass keine Produkte an sich nachfragt werden, sondern dies immer zum Zweck der Lösung/ Befriedigung von bestimmten Problemen/ Bedürfnissen geschieht. Ein Käufer hat beispielsweise kein unmittelbares Verlangen nach einem Computer, er will vielmehr etwas schreiben, rechnen, die Kommunikationsmöglichkeiten des Internet nutzen oder sich mittels Spielprogrammen Kurzweil verschaffen und braucht dazu einen PC. Je nach seinem Kenntnisstand benötigt er zum Umsetzen dieses Vorhabens eine Kaufberatung, Hilfestellung beim Inbetriebnehmen, eventuell eine Schulung zur Gerätenutzung sowie die Reparaturmöglichkeit bei Defekten.

- ***Systemkompetenz***
  - ↳ **Kombination von Primär- und Sekundärleistungen**
    **Integration von Produkten und Dienstleistungs-/ Servicekomponenten**
- ***Gewährleistung/ Garantie***
  - ↳ **Rechte des Käufers bei Mängeln**
    - ↳ **Nachbesserung/ Reparatur – Ersatzlieferung**
    - ↳ **Rücktritt vom Kaufvertrag – Minderung des Kaufpreises**
    - ↳ **Ansprüche auf Schadensersatz**
  - ↳ **Gesonderte Regelungen zum Verbrauchsgüterkauf**
  - ↳ **Beschaffenheits- und Haltbarkeitsgarantie**
    **Gesetzliche Regelungen – kulante Reklamationsabwicklung**
  - ↳ **Umtausch bei Nichtgefallen**
- ***Pre-/ At-/ After-Sales-Services***
  - ↳ **Schwerpunkt (Neu)Produkteinführung**
    **Information, Beratung, Qualifizierung**
  - ↳ **Schwerpunkt (Neu)Produktanwendung**
    **Kundendienst, Wartung, Entsorgung**
  - ↳ **Muss-/ Soll-/ Kann-Service**

***Service-Mix***

**Abb. F-II-17:** Wichtige Parameter der Entscheidungsfelder des Service-Mix

- Damit wird es für die Unternehmen unumgänglich, **integrierte Problemlösungsangebote bereits als Standardpakete** – also sozusagen aus dem Baukasten ihrer Grundfähigkeiten – unterbreiten zu können. Hiermit wird deutlich, dass ein nicht geringer Anteil von Servicekomponenten gegenwärtig zu jeder angebotenen Marktleistung gehört. Dadurch stellt sich für die Gestaltung des Service-Mix die weiter gehende Frage, wie diese im Wettbewerbsvergleich besonders gut erfüllt werden können bzw. welche zusätzlichen Maßnahmen zum Erreichen einer höheren Kundenzufriedenheit und -bindung bei gleichzeitiger Wirtschaftlichkeit für das Unternehmen ergriffen werden können. Die bereits bei den Eingangsableitungen zu diesem Unterabschnitt deutlich gewordene Entwicklung wird hiermit noch einmal anschaulich: Verglichen mit früheren Zeiten ist das Erbringen umfassender Servicequalität – ausgehend von einem einfachen „Add-on" – zu einem wesentlichen unternehmerischen Erfolgsfaktor geworden.

**Gewährleistung**

Von welchen Rechtsgrundlagen gehen Vorfestlegungen für die Gestaltung des Service-Mix in den Unternehmen aus? In diesem Zusammenhang sind in allererster Linie die **Gewährleistungsregelungen aus dem Kaufrecht** zu beachten:

- Bei den hierzu im Bürgerlichen Gesetzbuch niedergelegten Rechtsgrundlagen ist es mit dem Schuldrechtsmodernisierungsgesetz (SchuModG) vom 26.11.2001 zu weit reichenden Änderungen gekommen. Wegen der insgesamt zahlreichen Neuerungen im Allgemeinen Teil und im Recht der Schuldverhältnisse (Bücher 1 und 2) sowie der ebenfalls erfolgten Integration bislang eigenständiger Vorschriften in das BGB hat das Bürgerliche Gesetzbuch zum 02.01.2002 eine Neufassung erhalten. Als jetzt in das BGB **eingegliederte Rechtsnormen** sind insbesondere zu nennen:
    - Gesetz zur Regelung des Rechts der Allgemeinen Geschäftsbedingungen (AGB-Gesetz – AGBG; jetzt §§ 305-310 BGB)
    - Gesetz über den Widerruf von Haustürgeschäften und ähnlichen Geschäften (HaustürWG; jetzt §§ 312 und 312a BGB)
    - Fernabsatzgesetz (FernAbsG; jetzt §§ 312b-312d BGB)
    - Verbraucherkreditgesetz (VerbrKrG; jetzt §§ 488-507 BGB)
    - Gesetz über die Veräußerung von Teilnutzungsrechten an Wohngebäuden (Teilzeit-Wohnrechtegesetz – TzWrG; jetzt §§ 481-487 BGB).
- Den gesetzlichen Regelungen generell und den gesetzlichen Neuerungen kommt in betriebswirtschaftlicher Sicht aus zwei Gründen eine hohe Bedeutung zu: Zum einen vollziehen sich alle betriebswirtschaftlichen Prozesse, Aktivitäten und Übereignungen von Leistungen, Produkten zwischen Partnern (Lieferanten – Hersteller – Handel – Wiederverwender/ Endverbraucher) auf der Basis vertraglicher Regelungen. Zum anderen sind durch die **Neue Institutionenökonomik** und dabei insbesondere durch die **Transaktionskostentheorie** (siehe hierzu F.III.5.d.) diese Prozesse der Vertragsanbahnung und -abschlüsse nicht nur stärker ins Blickfeld der Betriebswirtschaftslehre gekommen, sondern sie stellen inzwischen auch ein Paradigma im Sinne eines Erkenntnismusters dar. Hieraus lassen sich also auch in betriebswirtschaftlicher Sicht Erkenntnisse im Sinne von Erklärungen, Prognosen und Gestaltungsempfehlungen über Aufwendungen und Erträge sowie Erfolge und Probleme bei Verträgen mit Partnern ableiten.
- Mit der Schuldrechtsmodernisierung konnte die bislang bei Leistungsstörungen gegebene Zweispurigkeit überwunden werden. So stand die Gewährleistung für Sachmängel relativ unverbunden neben dem allgemeinen und vor allem für Rechtsmängel geltenden Leistungsstörungsrecht. Darüber hinaus ist es gelungen, von der Rechtsprechung entwickelte Anspruchsgrundsätze, wie die positive Vertrags-/ Forderungsverletzung, die culpa in contrahendo (Verschulden bei

Vertragsschluss) oder den Wegfall der Geschäftsgrundlage, jetzt gesetzlich zu verankern.

Ohne im Einzelnen auf die neue Systematik des Schuldrechts einzugehen, kann folgender **Überblick zum Kaufrecht** bzw. zu den hierbei geltenden **Gewährleistungsregelungen** gegeben werden:

- Die **Lieferung einer von Sach- und Rechtsmängeln freien Sache** – also eines einwandfreien Produkts – ist jetzt in § 433 I BGB als eine Hauptpflicht des Verkäufers festgelegt.
- **Sachmängel** definieren sich nach § 434 BGB. Die Grundlage bildet hierbei der so genannte subjektive Fehlerbegriff, nach dem es auf ein **Abweichen von der vereinbarten Beschaffenheit** ankommt (§ 434 I Satz 1 BGB). Wenn eine solche Vereinbarung nicht explizit getroffen wurde, dann ist zur Beurteilung eines Mangels

  - von der nach dem Vertrag vorausgesetzten Verwendungseignung (§ 434 I Satz 2 Nr. 1 BGB) oder, wenn es auch dazu keine Abrede gibt,
  - von einer üblichen und vom Käufer erwartbaren Beschaffenheit für eine gewöhnliche Verwendung des Gutes (§ 434 I Satz 2 Nr. 2 BGB) auszugehen.

  Bei ihrer Hauptpflicht, eine mängelfreie Sache zu liefern, haben die Verkäufer insbesondere den § 434 I Satz 3 BGB zu beachten. Danach rechnen deren **öffentliche Äußerungen** – sowie auch solche des Herstellers – in der Werbung oder bei der Kennzeichnung über bestimmte Eigenschaften zu den Beschaffenheitsmerkmalen einer Sache. Deren Fehlen in der Realität kann also einen Sachmangel begründen und damit für den Verkäufer zum Haftungstatbestand werden. Bezogen auf Herstellerangaben ist dies nur ausgeschlossen, wenn das Nicht-Kennen solcher Äußerungen vom Verkäufer definitiv nicht zu vertreten ist.
  Hiermit werden die Hürden für den **Wahrheitswert werblicher Aussagen** merklich angehoben. So müssen beispielsweise als „Drei-Liter-Autos" beworbene PKWs diese Verbrauchswerte – zumindest unter festgelegten Bedingungen – auch tatsächlich erreichen. Andernfalls kann ein Käufer diesen Mangel direkt beim Autohändler geltend machen, ohne dass es – wie beim früheren Rechtsstand – auf das ausdrückliche Erklären einer zugesicherten Eigenschaft ankommt.
  Ein **Sachmangel** liegt außerdem dann vor, wenn

  - die vereinbarte Montage durch den Verkäufer unsachgemäß durchgeführt wurde (§ 434 II Satz 1 BGB), oder
  - eine zur Montage vorgesehene Sache wegen einer mangelhaften Montageanleitung nicht fehlerfrei montiert werden kann (§ 434 II Satz 2 BGB, so genannte IKEA-Klausel).

  Schließlich gilt es ebenfalls als Sachmangel, wenn der Käufer

  - eine andere Sache (Aliudlieferung) oder

- eine zu geringe Menge (Mankolieferung) erhält (§ 434 III BGB).

- Der mit **Rechte des Käufers bei Mängeln** überschriebene § 437 BGB ist als „Fahrplan" zu den verschiedenen Mängelansprüchen (Rechtsgrundverweisung – Verteilernorm) ausgestaltet; im Rang einer eigenständigen Anspruchsgrundlage steht diese Vorschrift also nicht. Über die Auflistung des § 437 BGB lassen sich die Gewährleistungsansprüche im Kaufrecht wie folgt systematisieren:

  - Liegt ein Sachmangel vor, dann hat der Käufer mit § 439 I BGB das nach § 437 Nr. 1 BGB vorrangige Recht, vom Verkäufer die **Nacherfüllung des Kaufvertrags** zu verlangen. Dabei besteht ein Wahlrecht zwischen der **Mangelbeseitigung** (Nachbesserung, Reparatur) oder der – erneuten – **Lieferung einer mangelfreien Sache** (Ersatzlieferung). Im zweiten Fall kann der Verkäufer die Rückgewähr der mangelhaften Sache fordern (§ 439 IV BGB).

    * Das Nacherfüllungsrecht des Käufers war beim vorhergehenden Gesetzesstand nicht gegeben. Früher wurde die Nachbesserung als erster Weg der Mangelbeseitigung häufig vom Verkäufer über seine Allgemeinen Geschäftsbedingungen festgelegt, und auch ein Umtauschrecht des Käufers musste auf diesem Weg begründet werden.
    * Nach § 439 II BGB sind die im Zusammenhang mit einer Nacherfüllung entstehenden Aufwendungen (für Transport, Arbeit und Material etc., nicht aber für die vom Käufer persönlich aufgewendete Zeit) vom Verkäufer zu tragen.
    * Wenn die vom Käufer verlangte Nacherfüllungsart dem Verkäufer nur mit unverhältnismäßig hohen Kosten möglich ist, dann kann er diese verweigern. Dadurch wird der Anspruch des Käufers auf die alternative Nacherfüllung – also Nachbesserung statt Ersatzlieferung oder umgekehrt – reduziert. Hierzu kann dann allerdings der Verkäufer eventuell erneut die Einrede der Unverhältnismäßigkeit gegenüber dem Käufer vorbringen, so dass dieser auf seine anderen Gewährleistungsansprüche verwiesen wird (§ 439 III BGB).

  - Als zweite Gruppe von Sachmängel-Ansprüchen ist in § 437 Nr. 2 BGB zusammengestellt, dass der Käufer nach § 440 BGB **vom Kaufvertrag zurücktreten** oder nach § 441 BGB **den Kaufpreis mindern** kann.

  - Zusätzlich kann der Verkauf einer mangelhaften Sache – als Pflichtverletzung des Verkäufers – über § 440 BGB **Ansprüche des Käufers auf Schadensersatz** bzw. auf den **Ersatz vergeblicher Aufwendungen** begründen (§ 437 Nr. 3 BGB).

Das Geltendmachen der Mängelansprüche des Rücktritts oder der Minderung sowie des Schadens-/ Aufwendungsersatzes ist an folgende Voraussetzungen gebunden:

- Nach den generellen Grundsätzen des Leistungsstörungsrechts muss eine dem Verkäufer nach § 323 I oder § 281 I BGB gesetzte **angemessene Frist**

**zur Nacherfüllung** ohne Ergebnis verstrichen sein. Hinausgehend über die allgemeinen Fälle des § 323 II oder des § 281 II BGB (zeitpunkt- oder -raumbestimmte „relative Fixgeschäfte", andere besondere Umstände) wird in § 440 Satz 1 BGB bestimmt, dass es einer solchen Nachfristsetzung nicht bedarf,

* wenn der Verkäufer gemäß § 439 III BGB beide Nacherfüllungsarten verweigert oder
* wenn die dem Käufer zustehende Nacherfüllung fehlgeschlagen oder ihm nicht zumutbar ist.
* Das Fehlschlagen einer Nacherfüllung wird über die „Standardvermutung" des § 440 Satz 2 BGB nach dem erfolglosen zweiten Versuch angenommen.

- Hiermit ist im neuen Kaufrecht ein Recht des Verkäufers „zur zweiten Andienung" verankert – und darüber verdeutlicht sich auch nochmals der Vorrang der Nacherfüllung. Die allgemeinen Sondertatbestände ausgenommen (§§ 323 II oder 281 II BGB), ist nach § 440 BGB der Weg zum Rücktritt und Schadensersatz sowie zur Minderung (Eingangsformulierung des § 441 BGB; „Statt zurückzutreten, ... ") für den Käufer also erst nach einer fehlgeschlagenen zweiten Nacherfüllung frei.

Im Hinblick auf die damit „sekundären Rechtsbehelfe" des Rücktritts und der Minderung sind folgende Unterschiede zu beachten:

- Wie mit den vorstehenden Ausführungen bereits ersichtlich wurde, sind infolge der Integration des Kaufrechtes in das allgemeine Schuldrecht bei Gewährleistungsansprüchen immer auch die generellen Vorschriften des Leistungsstörungsrechts mit heranzuziehen. Hieraus ergibt es sich nach § 323 V Satz 2 BGB beispielsweise, dass der **Rücktritt** von einem Kaufvertrag bei lediglich unerheblichen Pflichtverletzungen des Verkäufers ausgeschlossen ist. Damit soll – bei ansonsten enger Auslegung dieses Merkmals – eine rechtsmissbräuchliche Ausübung des Rücktrittsrechts durch die Käufer/ Gläubiger in Bagatellfällen verhindert werden.
- Bezogen auf die **Minderung** ist diese Erheblichkeitsschwelle dagegen durch § 441 I Satz 2 BGB explizit ausgeschaltet. Anders als vor der Schuldrechtsreform kommt die Minderung des Kaufpreises also jetzt auch bei als unerheblich zu wertenden Mängeln in Betracht.
- **Rücktritt** und **Minderung** stellen so genannte Gestaltungsrechte dar. Dies bedeutet zum einen, dass zu deren Bewirken eine das bisherige Rechtsverhältnis umgestaltende Rücktrittserklärung (nach § 349 BGB) oder eine Minderungserklärung (nach § 441 I Satz 1 BGB „ ... durch Erklärung ... ") notwendig ist. Zum anderen hat die wirksame Vornahme einer solchen einseitigen rechtsgeschäftlichen Handlung durch den Käufer zur Folge, dass er anschließend nicht mehr von dem ausgewählten auf den anderen Rechtsbehelf übergehen kann (also einmalig entweder Rücktritt oder Minderung).

- Die **Wahrnehmung des Minderungsrechtes** kommt für den Käufer insbesondere dann in Betracht, wenn er trotz Vorliegen eines Sachmangels daran interessiert ist, das erworbene Produkt zu behalten.

  * Zur **Berechnung des Minderungspreises** ist nach § 441 III Satz 1 BGB der Kaufpreis in dem – ggf. durch sachverständige Schätzungen ermittelten (§ 4441 III Satz 2 BGB) – Wertverhältnis von mangelhafter und mangelfreier Sache zur Zeit des Vertragsschlusses herabzusetzen. Dies lässt sich in die nachstehende Formel fassen:

$$\textbf{Minderungspreis} = \frac{\text{Wert des mangelhaften Produkts}}{\text{Wert des mangelfreien Produkts}} \bullet \text{Kaufpreis}$$

  * Mit der am vereinbarten Kaufpreis anknüpfenden relativen Berechnungsweise ist der Vorteil verbunden, dass sich eventuell von den Parteien willentlich vereinbarte **Abweichungen von Wert und Preis** bei der Minderungsberechnung fortsetzen.
    Hierzu ein Beispiel: Über einen Gebrauchtwagen im Zeit-/ Listenwert von 20.000 EUR wird kaufvertraglich ein Preis von 16.000 EUR vereinbart. Bei dem PKW zeigt sich dann allerdings ein Mangel, durch welchen sein tatsächlicher Wert auf 16.000 EUR sinkt. Der Verkäufer kann in einem solchen Fall eine Minderung nicht mit dem Argument anfechten, der Wagen sei trotz des Mangels die gezahlten 16.000 EUR wert. Gemäß der Formel ergibt sich vielmehr ein Minderungspreis von 12.800 EUR. Dahinter steht das Prinzip, dass dem Käufer sein „4/5tel-Vorteil" beim Vertragsschluss auch bezogen auf den Wert nach der Mangelfeststellung erhalten bleibt.
  * Mit der jetzt neuen Fassung als Gestaltungsrecht kann der Käufer die **Minderung des Kaufpreises** nach Abgabe seiner beim Verkäufer empfangsbedürftigen Erklärung unmittelbar vornehmen (§ 441 I Satz 1 BGB). Der ursprüngliche Kaufvertrag bleibt dabei – anders als beim Rücktritt – erhalten, durch das Ausüben der Minderung wird der vereinbarte Kaufpreis herabgesetzt. Sind darüber dann gerichtliche Auseinandersetzungen zu erwarten, ist es ratsam, dass der Käufer seine Berechnungen zum Minderungspreis auf geeignete Unterlagen respektive gutachterliche Stellungnahmen stützen kann. Soweit es hierbei Schwierigkeiten gibt, einen Markt-/ Verkehrswert für die mangelbehaftete Sache zu ermitteln, können deren Reparaturkosten als Anhaltspunkte ihrer Wertbestimmung herangezogen werden. Hat der Käufer bereits über den Minderungspreis hinausgehende Zahlungen an den Verkäufer geleistet, dann ist der entsprechende Mehrbetrag vom Verkäufer zu erstatten (§ 441 IV BGB).

Die im Zusammenhang mit einer mangelhaften Sache möglichen Ansprüche auf **Schadens-/ Aufwendungsersatz** folgen seit der Schuldrechtsreform sämtlich dem allgemeinen Leistungsstörungsrecht. Das Kaufrecht enthält hierzu die einschlägigen Verweise in § 437 Nr. 3 BGB sowie die schon angesprochene Modifikation der Nachfristsetzung in § 440 BGB. Zu den mehrschichtigen Schadensersatzregelungen wird nachfolgend lediglich eine prinzipielle Übersicht gegeben:

- Ist die mangelhaft verkaufte/ gelieferte Sache vom Verkäufer zu vertreten (Kenntnis bzw. Erklärung als mangelfrei) oder von ihm verschuldet (Vorsatz und Fahrlässigkeit nach § 276 BGB), dann kann nach der Art des dadurch eingetretenen Schadens in **zwei Schadensersatzformen** unterschieden werden:
- Der so genannte **einfache Schadensersatz** kommt bei Schäden in Betracht, die durch die Mangelhaftigkeit eines Produkts an anderen Rechtsgütern des Käufers (Körper- oder Vermögensschäden) entstanden sind. Der eigentliche Sachmangel ist bei solchen **Mangelfolgeschäden** also ursächlich für weitere Rechtsgutverletzungen beim Käufer (Beispiel: Mangelhaftes Futter führt zum Tod eines Tieres). Als einfach wird der dem Käufer daraufhin zustehende Schadensersatz wegen einer schuldhaften Pflichtverletzung durch den Verkäufer deshalb bezeichnet, weil hierfür die zentrale Schadensersatznorm des § 280 I BGB in Verbindung mit dem § 276 BGB alleine ausreichend ist.
- Die mit **Schadensersatz statt der Leistung** wegen nicht oder nicht wie geschuldet erbrachter Leistung überschriebene Form (§§ 281 ff. BGB) bezieht sich direkt auf die jeweilige Nicht-, Schlecht- oder Spätleistung. Bei grundsätzlich behebbaren Mängeln ist hierzu – mit den bereits angesprochenen Ausnahmen – eine an den Verkäufer gerichtete Nachfristsetzung erforderlich. Der Käufer kann den Schadensersatz in zwei unterschiedlichen Versionen anstreben:

  * Als **kleiner Schadensersatz** (oder Schadensersatz neben der Leistung) wird bezeichnet, wenn der Käufer die mangelhafte Sache akzeptiert und behält. Sein Anspruch gegenüber dem Verkäufer bezieht sich dann auf die zur Mangelbeseitigung notwendigen Kosten sowie eventuelle Vermögensfolgeschäden (z.B. mangelbedingter Nutzungsausfall/ entgangener Gewinn).
  * Beim **großen Schadensersatz** – im Gesetz wird von Schadensersatz statt der ganzen Leistung gesprochen – tritt der Schadensersatzanspruch an die Stelle der ursprünglichen Primärleistung. Der Käufer gibt die Ware zurück und verlangt vom Verkäufer den Ausgleich des Gesamtschadens, der ihm bei der als insgesamt ausgeblieben angenommenen mangelfreien Lieferung entstanden ist. Diese Variante kann vom Käufer bei einer lediglich unerheblichen Pflichtverletzung durch den Verkäufer nicht ergriffen werden (§ 281 I Satz 3 BGB).
  * Nach § 325 BGB wird das **Recht auf Schadensersatz** durch den **Rücktritt** nicht ausgeschlossen; ein Schadensersatzanspruch kann also mit dem Gestaltungsrecht des Rücktritts **kumuliert** werden. Wegen der ohnehin erfolgenden Rückgewähr der Kaufsache kann der Käufer aber nur bei einem unzweifelhaft großen Schadensersatz ohne Gefährdung seiner Rechtsposition so vorgehen. Würde im Rahmen eines kleinen Schadens-

ersatzes zugleich der Rücktritt erklärt, wäre kein Rechtsgrund mehr zum Behaltendürfen des Kaufgegenstands gegeben. Damit stellt der gleichzeitige Rücktritt auch beim großen Schadensersatz insbesondere dann ein Risiko dar, wenn mit dem Verkäufereinwand einer nur unerheblichen Pflichtverletzung zu rechnen ist. Die damit verbundene Reduzierung auf den kleinen Schadensersatz könnte wegen des voreiligen Rücktritts nicht mehr verfolgt werden.

- Den **Ersatz vergeblicher Aufwendungen** (§ 284 BGB) kann der Käufer nur unter Verzicht auf einen Schadensersatz statt der Leistung betreiben (Formulierung im Gesetz: „Anstelle ... "). Hiermit werden freiwillige Vermögensopfer des Käufers erfasst, die er im Zusammenhang mit einer erwarteten mangelfreien Warenlieferung erbracht hat. Diese Regelung zielt vor allem auf solche Fälle, in denen wegen einer Leistungsstörung kein direkter Schaden entstanden ist respektive nachgewiesen werden kann. Entsprechend ist hier auch nicht die Rede von Schäden, sondern von Aufwendungen des Gläubigers im Vertrauen auf den Erhalt der Leistung. Wird die vereinbarte Sache nicht oder mangelhaft geliefert, dann sind diese „verloren", so dass auch von „frustrierten Aufwendungen" gesprochen wird. Als Beispiel kann hierzu angeführt werden, dass sich jemand für ein gekauftes Gemälde vor dessen Erhalt einen Rahmen anfertigen lässt und dieses vom Maler aber schuldhaft schließlich doch nicht übereignet bekommt. Im Übrigen fallen aber auch Vertragskosten, Kosten der Schadensvorbeugung bei nicht funktionierenden Kaufsachen oder erneut anfallende Untersuchungskosten wegen Sachmängeln bei Ersatzlieferungen unter diese Rubrik vergeblicher Aufwendungen. Ihr Ersatz ist insoweit ausgeschlossen, wenn sie auch ohne die Pflichtverletzung des Verkäufers ihren Zweck nicht erreicht und sie sich also sowieso nicht gelohnt hätten.

Die Gewährleistungsansprüche der Nacherfüllung, des Rücktritts oder der Minderung sowie des Schadensersatzes sind bei Kenntnis durch den Käufer zum Vertragszeitpunkt ausgeschlossen. Ist ihm wegen eigener grober Fahrlässigkeit ein Mangel unbekannt geblieben, dann kann er seine Ansprüche nur bei arglistigem Verschweigen des Verkäufers oder im Fall einer von diesem übernommenen Beschaffenheitsgarantie geltend machen (§ 442 BGB).

- Im Hinblick auf die **Verjährung der Mängelansprüche** (§ 438 BGB) hat die Schuldrechtsmodernisierung zu gravierenden – für die Käufer günstigen und für die Verkäufer eher nachteiligen – Veränderungen geführt. Ohne im Einzelnen auf die mit dem SchuModG bewirkte Gesamtharmonisierung des Verjährungsrechtes einzugehen, sind hierzu als zentrale Punkte hervorzuheben:

  - Bei neuen und gebrauchten Produkten wurde die gesetzliche Gewährleistung von bisher sechs Monaten auf zwei Jahre angehoben (§ 438 I Nr. 3 BGB).
  - Bei Bauwerken oder Sachen, die entsprechend ihrem üblichen Einsatzzweck für ein Bauwerk verwendet wurden und dessen Mangelhaftigkeit verursacht

haben, also Baustoffe bzw. Baumaterialien, besteht eine gesetzliche Gewährleistungspflicht von fünf Jahren (§ 438 I Nr. 2 BGB).

Hierbei ist darauf hinzuweisen, dass diese gesetzlichen Fristen unter Umständen individualvertraglich modifiziert werden können. Ein Abweichen hiervon kann also durch die vertragliche Absprache beider Parteien herbeigeführt werden. Während das beim Kauf unter Kaufleuten in jedem Einzelfall – über Allgemeine Geschäftsbedingungen allerdings nur eingeschränkt – möglich ist, sind dem bei Kaufverträgen zwischen Unternehmen und Verbrauchern weitere rechtliche Grenzen gesetzt.

- Diese ergeben sich aus den neuen und **gesonderten Regelungen des Verbrauchsgüterkaufs**. Nach deren Eingangsbestimmung des § 474 BGB sind diese ausdrücklich auf den Kauf einer – grundsätzlich auch gebrauchten – beweglichen Sache eines Verbrauchers (§ 13 BGB) von einem Unternehmer (§ 14 BGB) bezogen. Die Rechtsposition der (Handels)Unternehmen wird dadurch wie folgt beeinflusst:

  - Die Haftungsbegrenzung des § 445 BGB bei öffentlichen Versteigerungen auf arglistiges Verschweigen oder auf die Abgabe einer Beschaffenheitsgarantie durch den Verkäufer greift beim Verbrauchsgüterkauf nicht. Weiterhin ist abweichend von dem üblichen Vorgehen nach den §§ 446 und 447 BGB bestimmt, dass die **Gefahrtragung beim Versendungskauf** erst ab dem Eintreffen der Sache auf den Käufer übergeht. Im Fall eines Verbrauchsgüterkaufs „reisen“ die Waren also stets auf Gefahr des Verkäufers. Diese beiden Sonderregelungen folgen aus § 474 II BGB.
  - Die im vorangegangenen Text erläuterten Rechte und Pflichten von Käufer und Verkäufer gelten – mit Ausnahmen bei Schadensersatzansprüchen – zwingend; auf anderweitig getroffene Vereinbarungen oder auf AGBs zum Nachteil des Verbrauchers kann sich ein Unternehmen nicht berufen (§ 475 I und III BGB).
  - Auch individualvertraglich kann die Verjährung bei neuen Produkten nicht unter zwei Jahren und bei gebrauchten Sachen nicht unter einem Jahr festgelegt werden (§ 475 II BGB).
  - Innerhalb der ersten sechs Monate der Gewährleistungsfrist kommt es zu einer **Beweislastumkehr** (§ 476 BGB). Anders als bei der früheren Rechtslage – und in dem darauf folgenden Zeitabschnitt der Gewährleistung – braucht der Käufer während dieses ersten halben Jahres nicht den Beweis zu erbringen, dass der Sachmangel zum Zeitpunkt des Gefahrenübergangs schon vorlag. Zu Gunsten des Käufers wird dies gesetzlich vermutet; der Beweis des Gegenteils ist vom Verkäufer zu führen.
  - Gewissermaßen als Ausgleich für die Beweislastumkehr enthalten die §§ 478 und 479 BGB jetzt eine gesetzliche Regelung für den **Unternehmerrückgriff**. Damit soll bezweckt werden, dass in einer bis zum Hersteller reichenden Lieferkette letztlich derjenige für Mangelansprüche „gerade zu stehen hat“, in dessen Einfluss- und Wirkungsbereich der Mangel entstanden ist. Zu den hiermit möglichen **mehrstufigen Regressansprüchen** ist Folgendes zu beachten:

* Die Ursache solcher weiter greifender Ersatzvornahmen muss immer ein Verbrauchsgüterkauf sein. Ein Letztverkäufer muss also Mängelansprüche eines Verbrauchers befriedigt haben. Damit können dann Unternehmerrückgriffe vornehmlich auf den verschiedenen Handelsstufen gegenüber **vorgelagerten Lieferanten sowie dem Hersteller** erhoben werden (§ 478 V BGB). Auf Vertragsverhältnisse zwischen Herstellern und ihren gewerblichen (Unter)Zulieferern sind sie folglich nicht anwendbar. Eine Einschränkung, wonach der Rückgriff nur bezogen auf Güter erhoben werden kann, die typischerweise an Verbraucher verkauft werden, wird im Gesetz nicht getroffen. Alle Hersteller- und Handelsunternehmen haben deshalb die Besonderheiten der Rückgriffsregelungen im BGB zu beachten, in deren Absatzkette es an irgendeiner Stelle zu einem Verkauf an Verbraucher kommen kann.
* Der Unternehmerrückgriff ist **nur bei neu hergestellten Sachen** (Formulierung in § 478 I BGB) vorzunehmen, bezogen auf gebrauchte Güter scheidet er folglich aus.
* Den **Ersatz der Rücknahme- oder Minderungsaufwendungen** kann der (Letzt)Verkäufer von seinem Lieferanten respektive – am Ende der Lieferkette – vom Hersteller ohne besondere Fristsetzung verlangen (§ 478 I BGB), soweit der vom Verbraucher geltend gemachte Mangel bereits beim Gefahrenübergang auf den (Letzt)Verkäufer vorhanden war (§ 478 II BGB).
* Die **Beweislastumkehr** des § 476 BGB gilt – gerechnet ab dem Gefahrenübergang auf den Verbraucher – auch im Verhältnis des (Letzt)Verkäufers zu seinem Lieferanten.
* **Aufwendungsersatzansprüche verjähren** – entsprechend der gesetzlichen Gewährleistungsfrist bei Neuprodukten – im Grundsatz in zwei Jahren mit Beginn der Ablieferung einer Sache (§ 479 I BGB). Um beispielsweise Unbilligkeiten durch späte Kundenreklamationen oder auch durch längere Lagerphasen zu vermeiden, ist hierfür – sowie generell für die Mängelansprüche des (Letzt)Verkäufers gegenüber seinem Lieferanten nach § 437 BGB – die so genannte Ablaufhemmung vorgesehen. Damit setzt die Verjährung der Ansprüche eines (Letzt)Verkäufers gegen seinen Lieferanten/ den Hersteller frühestens zwei Monate nach dem Erfüllen von Mängelansprüchen ein, welche ein Unternehmen der nachgelagerten Absatzstufe respektive – an deren Ende – dem Verbraucher geleistet hat.

  Zum Beispiel hätte ein Elektrohändler eine von seinem Großhändler bezogene Waschmaschine zunächst eingelagert, acht Monate später verkauft und erst knapp zwei Jahre danach meldet sich der Kunde kurz vor Ablauf seiner Gewährleistungsfrist mit einem Sachmangel. Um seine deswegen geleisteten Aufwendungen vom Großhändler ersetzt zu bekommen, hat der Einzelhändler jetzt die angesprochenen zwei Monate Zeit. Gleiches gilt dann im Verhältnis des Großhändlers zu einer eventuellen weiteren Großhandelsstufe und schließlich zum Hersteller.

Als Gesamtzeitraum für solche verjährungsaufschiebenden Ablaufhemmungen sind fünf Jahre bestimmt (§ 479 II und III BGB). Bei mehrstufigen Absatzketten ergibt sich für die Unternehmen damit ein langfristiges Haftungsrisiko. Bis zu fünf Jahren nach der Ablieferung an die erste Absatzstufe müssen sie damit rechnen, dass ihnen gegenüber Ansprüche auf dem Weg des Unternehmerrückgriffs geltend gemacht werden.

Der Überblick zum aktuellen Gewährleistungsrecht hat die hohen Anforderungen gezeigt, welche heute von Gesetzes wegen an fehlerfreie Produkte sowie auch an deren mangelfreie Lieferung gestellt werden. Hiervon gehen direkte Auswirkungen an eine **sach- und leistungsgerechte Servicequalität** aus: Der Kunde kann nicht mehr mit unwahren Werbeaussagen geködert werden. Er ist dementsprechend grundsätzlich umfassend zu informieren sowie insgesamt mit einwandfreien Leistungen zuvorkommend zu behandeln, können seine Mängelansprüche doch durch die ganze Lieferkette an das jeweils vorgelagerte (Handels)Unternehmen durchgereicht werden. Bei dieser letztlich **qualitätsfördernden Wirkung des Rechts** ergibt sich noch eine weitere Konsequenz: Vor allem von den Verbrauchsgüterkaufregelungen der Beweislastumkehr und des Unternehmerrückgriffs geht für die Hersteller- und Handelsunternehmen die unmittelbare Notwendigkeit aus, geeignete Systeme zur Qualitätssicherung zu implementieren. Stichhaltige Beweise dafür, dass Mängel an Produkten nicht innerhalb ihrer Einflusssphäre entstanden sind, werden ohne ein umfassendes Qualitätsmanagement kaum vorzulegen sein. Auf dieses gehen wir näher in F.IV.1. ein.

**Garantie**

Zu den Möglichkeiten, mit einer **zusätzlichen Garantie** über die gesetzlichen Gewährleistungsrechte der Käufer einseitig hinauszugehen, sind noch folgende Bemerkungen anzubringen:

- Auch zur Garantie sind jetzt Vorschriften im BGB zu beachten. In § 443 BGB sind die **Beschaffenheits- und die Haltbarkeitsgarantie** definiert, wobei klargestellt wird, dass dem Käufer neben einer solchen Garantie grundsätzlich auch die Rechte aus der gesetzlichen Sachmängelhaftung zustehen. Eine Garantie kann also nicht lediglich auf die kostenlose Reparatur bei Sachmängeln gerichtet sein. Der Käufer kann immer sein gesetzliches Rücktritts- oder Minderungsrecht alternativ beanspruchen. Wichtig am § 443 BGB ist im Übrigen, dass hierbei die Garantieaussagen des Verkäufers außer auf seine Garantieerklärung auch noch einmal ausdrücklich auf die in seiner einschlägigen Werbung angegebenen Bedingungen bezogen werden.
- Zu **Form und Inhalt einer Garantieerklärung** ist für den Verbrauchsgüterkauf § 477 BGB zu beachten. Bei einer einfachen und verständlichen Abfassung müssen außer allen wesentlichen Angaben zum Geltendmachen der Garantie die gesetzlichen Mängelrechte benannt sein mit dem Hinweis, dass diese durch die Garantie nicht eingeschränkt werden. Auch ist die Garantieerklärung dem Verbraucher auf Verlangen in Textform mitzuteilen (Ausdruck oder Übergabe auf Datenträger).

- Bei den insgesamt stark ausgeweiteten Verbraucherrechten bei Sachmängeln ist jeweils genau zu prüfen, ob noch darüber hinausgehende Garantien von einem Hersteller- oder Handelsunternehmen erklärt werden. Hierbei ist zusätzlich zu beachten, dass bereits gesetzlich gegebene Ansprüche nicht Gegenstand einer Garantie sein dürfen. So wäre das früher durchaus wettbewerbsrelevante Herausstellen einer Zweijahresgarantie heute als Werben mit einer Selbstverständlichkeit unzulässig.
- Ein **beispiellos einfaches und weit reichendes Garantieversprechen** gibt das Versandhandelsunternehmen **LANDS' END** seinen Kunden:
  - Der 1963 in Chicago gegründete „Direct Merchant“ ist zum weltweit größten Direktanbieter (Katalog-/ Telefon- und Internetvertrieb) von klassischer, Freizeit- und Business-Mode sowie von Heim-Accessoires aufgestiegen. Die deutsche Niederlassung hat ihren Sitz im saarländischen Mettlach, wo auch ein Ladengeschäft unterhalten wird.
  - Unter dem Verzicht auf differenzierte – i.d.R. zahlreiche Einzelfälle ausschließende – einseitige Vertragsformulierungen erklärt LANDS' END den Käufern seiner Produkte ohne Wenn und Aber: „Falls Sie nicht zu 100% mit einem unserer Artikel zufrieden sind, können Sie ihn jederzeit an uns zurücksenden und wir erstatten Ihnen den vollen Kaufpreis.“ LANDS' END fasst seine lebenslange Garantie in der geschützten Bezeichnung „GUARANTEED. PERIOD.®“ zusammen.
  - Die von den Kunden kaum missbräuchlich in Anspruch genommene Garantieabwicklung ist Teil der auf eine hohe Kundenzufriedenheit gerichteten Servicepolitik von LANDS' END: Hierzu gehören auch die für den Kunden kostenfreie telefonische Bestellannahme durch eine 0800er-Nummer sowie das gebührenfrei mögliche Auswählen und Bestellen der Produkte über die Internetseiten des Unternehmens.

Die neue Systematik des Schuldrechts hat zu einer höheren Stringenz des Gewährleistungsrechts geführt. Die Nacherfüllung bildet jetzt den Eingangsanspruch der Käufer bei Sachmängeln, den Verkäufern werden dazu zwei Versuche zugestanden, und mit der bei einem Scheitern eröffneten Rücktrittsmöglichkeit für den Kunden wird das frühere „Sonderkonstrukt“ der Wandelung entbehrlich.

Dabei weist dieser **Mechanismus in den Mängelansprüchen** eine durchaus für beide Vertragsparteien günstige Flexibilität auf. So werden die Ansprüche der Kunden insbesondere bei gängigen Verbrauchs- oder Gebrauchsgütern i.d.R. auf die Ersatzlieferung eines einwandfreien Produkts gerichtet sein.

Ein gewisses Differenzierungspotenzial besteht für das Unternehmen/ den Händler dann darin, dass er den Kundenwünschen nach einer problemlosen Ersatzlieferung vorbehaltlos entgegenkommt. Dies gilt selbst dann, wenn im einen oder anderen Fall damit Aufwendungen verbunden sind, die eventuell zu einer Verweigerung dieser Nacherfüllungsart berechtigen würden. Derart **kulante Reklamationsabwicklungen** tragen über die erlebte Servicequalität mit einer hohen Wahrscheinlichkeit zum Erhalten der Zufriedenheit des Kunden bei, und vielleicht stellt diese Behandlung seines Sachmangel-Problems für ihn sogar ein besonderes Erlebnis dar, aus dem heraus er den Anbieter im Freundes- und Bekanntenkreis weiterempfiehlt. Die zweite Möglichkeit, den Kunden zunächst auf eine Nachbesserung zu drängen, ist dagegen mit einem ungleich höheren „Kunden-Frustrationspotenzial“ verbunden. Hier läuft das Unternehmen sehr rasch Gefahr, als kleinlich angesehen zu werden; beim Aufkommen eines solchen Images ist von einem schnellen Wechsel ihrer enttäuschten Nachfrager zu Konkurrenzunternehmen auszugehen.

Eine **Differenzierungslücke** ist den Unternehmen beim aktuellen Gewährleistungsrecht noch komplett offen geblieben: Der weiterhin gesetzlich nicht geregelte **Umtausch bei Nichtgefallen**. Alle vorhergehenden Ausführungen sind auf die Existenz eines Sachmangels bezogen. Ein gekauftes Produkt, das zuhause dann doch nicht gefällt, erfüllt diese Anforderung nicht und deshalb bräuchte es auch nicht umgetauscht zu werden. Das Potenzial dieser gesetzlichen Lücke ist dennoch nur vergleichsweise klein: Werden doch mittlerweile fast von allen Handels- und auch von vielen Herstellerunternehmen Produkte auch aus solchen Gründen problemlos zurückgenommen – häufig sogar gegen Rückerstattung des Kaufpreises an Stelle eines unmittelbaren Umtauschs oder einer Gutschrift. Innerhalb mehrstufiger Lieferketten müssen die beteiligten Unternehmen dann allerdings darauf achten, mit ihren Lieferanten/ Herstellern das entsprechende Vorgehen ebenfalls zu vereinbaren. Andernfalls droht zumindest die Gefahr, dass sie mittelfristig auf nachweislichen Ladenhütern sitzen bleiben.

**Zeitliche und inhaltliche Abstufung von Serviceleistungen**

Welche **Systematisierungen** lassen sich bezogen auf **Serviceleistungen** vornehmen? Hiermit kommen wir zu den abschließenden Eintragungen im Service-Mix-Bereich der Pentagon-Darstellung F-II-12. Nach der zeitlichen Beziehung zur Inanspruchnahme der Hauptleistung können Serviceleistungen generell unterteilt werden in:

- **Pre-Sales-Services**, wie
  - Überlassen von aussagefähigem Informationsmaterial
  - Fachlich fundierte technisch-wirtschaftliche Beratung
  - Problemadäquates Erarbeiten von Konfigurationen, Projekt- und Systemlösungen auf dem Gebiet des Technischen Service
  - Vollständige und einfach nachvollziehbare Angebotserstellung
  - Unkompliziertes Abwickeln von Test-/ Musterlieferungen.
- **At-Sales-Services**, wie
  - Kompetente und freundliche Kundenansprache
  - Gute Atmosphäre/ besonderes Ambiente im Verkaufsgeschäft, -raum
  - Anforderungsgerechte Kundenqualifizierung durch Gebrauchs-, Bedienungsanleitung/ Instruktion/ Schulung/ Einarbeitung, Unterstützung bei Inbetriebnahme
  - Kurzfristiger und kostengünstiger/ -freier Liefer- oder Bringdienst.
- **After-Sales-Services**, wie

- Einfaches und kundenfreundliches Abwickeln von Gewährleistungs- und Garantieansprüchen
- Fachmännischer Technischer Kundendienst mit Wartung, Inspektion, Reparatur (ggf. Hotline/ 24 Sunden-Service/ Notdienst)/ Ersatzteiledienst
- Effizientes und effektives Management der Reklamationen und Beschwerden von Kunden
- Umfassende Rücknahme und Entsorgung von Altprodukten/ -materialien
- Gehaltvolle und auf die Interessenlage der Kunden ausgerichtete Informationen zu neu- oder weiterentwickelten Marktleistungen.

In der Abbildung F-II-17 sind diese Serviceleistungen auf die üblicherweise vorgenommene Unterscheidung von Serviceleistungen bei der Einführung respektive der Anwendung von Neuprodukten bezogen. Bei einem solchen Schnitt ergibt sich als grobe Aufteilung:

- **Informationen, Beratungen und Qualifizierungen** der Abnehmer/ Kunden als Schwerpunkte von Serviceleistungen bei der Neuprodukteinführung. Hierauf bezogen ist eine Überschneidung zum direkten Wertschöpfungsprozess der Forschung und Entwicklung gegeben (siehe dazu F.III.1.).
- **Kundendienst, Wartung und Entsorgung** als maßgebliche Serviceinhalte bei der (Neu)Produktanwendung. In diesen Feldern können von einer überdurchschnittlich ausgeprägten Servicequalität ebenfalls hohe Zufriedenheits- und Bindungswirkungen ausgehen. Je weniger Unannehmlichkeiten hiermit für die Kunden verbunden sind (z.B. Stellung eines Ersatzfahrzeugs durch Automobil-Vertragswerkstätten oder schnelle Reparatur von Konsumgütern ohne Notwendigkeit, diese originalverpackt abzugeben), umso eher wird sich bei solchen, eigentlich lästigen Konsum-Begleiterscheinungen auch ein Zufriedenheitsgefühl bei den Kunden einstellen.

Die Gruppierung von Serviceleistungen in die drei generellen Kategorien **Muss-, Soll- und Kann-Service** dient der wichtigen Beurteilung ihrer Positionierungsrelevanz im Wettbewerb. In Verbindung mit der eingangs zum Service-Mix unter der Bezeichnung als Systemkompetenz erläuterten Anforderung einer Gestaltung in sich stimmiger Gesamtleistungen/ Leistungspakete sind hierbei die im Einzelnen unterbreiteten Serviceangebote daraufhin zu bewerten, inwieweit sie zu Alleinstellungsmerkmalen und damit zu Vorteilen des eigenen Marktleistungsangebots im Wettbewerb führen.

- Alle aus betriebswirtschaftlichen und gesetzlichen Gründen unbedingt notwendigen Serviceaktivitäten sind dem **Muss-Service** eines Anbieters zuzurechnen. Dazu gehören zunächst also sämtliche Sekundärleistungen, durch welche eine Haupt-/ Kernleistung überhaupt erst zweckentsprechend zu nutzen ist.
  - Bezogen auf Produkte als Hauptleistungen ist exemplarisch die Installation einer Maschine zur sachgerechten Inbetriebnahme anzuführen.
  - Für Dienstleistungen kann als Beispiel aus dem Bankenbereich das bei dem heutigen Technologiestand obligatorische Vorhalten von Geldautomaten und Kontoauszugsdruckern sowie das Angebot einer internetgestützten On-

line-Kontoführung zur öffnungszeitunabhängigen Bargeldversorgung/ Kontostandsinformation/ Geldmitteldisposition der Kunden genannt werden.

Des Weiteren werden die Aktivitäten des Muss-Service durch den einzuhaltenden Rahmen gesetzlicher Vorschriften determiniert. Außer den im Vorangegangenen aufgezeigten Gewährleistungsregelungen im Kaufrecht ist hierbei auch die „mittelbare Drittwirkung" weiterer, speziellen Zwecken des Verbraucher- oder Umweltschutzes dienender Gesetze, wie des Produkthaftungsgesetzes (ProdHaftG), des Geräte- und Produktsicherheitsgesetzes (GPSG) oder des Umwelthaftungsgesetzes (UmweltHG) zu beachten. Diese sind zwar speziell auf die Gefährdungshaftung bei Produkten/ Produktbestandteilen respektive Anlagen ausgerichtet, die deswegen erforderliche besondere Sorgfalt ist dann aber naturgemäß auch bei dem Erstellen sachleistungsbegleitender Serviceaktivitäten sicherzustellen. Im obigen Beispiel der Maschineninstallation sind also auch für diese Sekundärleistung wiederum nur gefährdungsfreie Materialien zu verwenden, und das Gesamtwerk ist in einer einwandfreien, dem anerkannten Stand der Technik entsprechenden Qualität zu errichten.
Insgesamt zeigt sich, dass Hersteller und Händler einen Verkaufsakt heute nicht mehr mit der Übergabe des Produkts oder dem Erstellen der Dienstleistung „als erledigt" betrachten können. Treten Mängel an der Marktleistung auf oder ist in deren Zusammenhang jemand zu Schaden gekommen, dann können sie über verschiedene Rechtsbehelfe ihrer Abnehmer/ Kunden für die Versäumnisse in ihren Wertschöpfungsprozessen in die Pflicht genommen werden. Mit dem von vornherein notwendigen hohen Qualitätsniveau, das es allein deshalb zu erreichen gilt und welches ohne Ausnahme alle primären wie sekundären Komponenten der Leistungserstellung und -verwertung umfasst, wird die schon angesprochene Qualitätsförderung durch das Recht noch einmal deutlich.

- Der **Soll-Service** umfasst Sekundärleistungen, welche für die Verwendung oder den Gebrauch der Hauptleistung zwar nicht unbedingt nötig sind, die jedoch von den Abnehmern/ Kunden i.d.R. erwartet werden.

  - Als generelles Beispiel hierzu kann das nachkaufbezogene Anbieten von Reparaturleistungen gelten, welche grundsätzlich ebenfalls von darauf spezialisierten Werkstattbetrieben durchzuführen sind. Den Kunden ist dabei sehr daran gelegen, dass im Fall eines Defektes ein Produkt auch an seinem Kaufort repariert – bzw. wenigstens zum Instandsetzen dort abgegeben – werden kann.
  - Für den Hersteller oder Händler stellt die entsprechende Serviceaktivität der fachmännischen Reparatur im eigenen Unternehmen oder der Reparaturannahme beim Ausführen durch ein Partnerunternehmen eine gute Möglichkeit der Kundenbindung dar.

Soll-Service-Leistungen werden demnach von vielen Wettbewerbern erbracht und stellen deshalb meist keine spezifischen Angebote dar, mit denen sich ein Unternehmen von seinen Konkurrenten abheben kann. Derartige Differenzierungsmöglichkeiten bieten erst die Aktivitäten der dritten Service-Kategorie, also des Kann-Service.

- Zum **Kann-Service** zählen alle diejenigen Aktivitäten, die aufgrund gesetzlicher Bestimmungen oder von den Kunden nicht zwingend gefordert werden und die im Wettbewerbsvergleich eindeutige Vorteile für den Kunden beim Marktleistungsangebot des eigenen Unternehmens bieten. Sie sind von der jeweiligen Bedürfnislage in den Kundensegmenten eines Herstellers respektive Händlers abhängig und tragen wesentlich zu einem spezifisch zugeschnittenen einzigartigen kundenwertorientierten Leistungsversprechen/ -angebot bei (UCVP als Unique Customer Value Proposition). In dieser Kategorie kann ein Unternehmen seine ressourcenorientierten Erfolgspotenziale voll ausspielen, um insbesondere auch über die gebotene Servicequalität marktorientierte Wettbewerbsvorteile zu realisieren. Dabei ist auf zwei Aspekte zu achten:
  - Zum Ersten sind dem kreativen Definieren wettbewerbsdifferenzierender Kann-Serviceleistungen prinzipiell keine Grenzen gesetzt; allerdings sollte der damit für den Kunden verbundene (Zusatz)Nutzen immer wesentlich sowie erkennbar sein und in der Kommunikation dann auch entsprechend deutlich herausgestellt werden können. Dies ist vor allem im Hinblick auf die Zahlungsbereitschaft der Kunden für aufpreispflichtige sachleistungsbezogene Sekundärleistungen bzw. für gesondert abzugeltende Dienstleistungsservices wichtig. Sämtliche Haupt- und Sekundärleistungen – also auch unentgeltlich angebotene Services – müssen aus der Sicht des Kunden letztlich immer als Problemlösungen für relevante Bedürfnisse verstanden werden. Damit macht es keinen Sinn, den Kunden irgendwelche „Gimmicks“ anzubieten. Dies wird mit der englischsprachigen Marketing-Devise „No Frills“ (für keine unnötigen Extras; abgeleitet von „Frill“ mit der Bedeutung von Bordüre oder Rüsche) anschaulich zum Ausdruck gebracht. Ist hingegen der Nutzen einer kreativen Serviceaktivität des Unternehmens für den Kunden klar erkennbar, dann wird er diese gerne annehmen und – je nach dem Ausmaß des damit für ihn zusätzlichen Mehrwertes – auch zu einer gesonderten Bezahlung bereit sein. Hierauf bezogen können einzelne Kundengruppen allerdings zu unterschiedlichen Bewertungen kommen.
  - Der zweite bei der Gestaltung und dem Einsatz der wichtigen Kann-Service-Leistungen bedeutende Aspekt bezieht sich auf die Dynamik des Wettbewerbs (siehe hierzu F.II.1.a. und F.II.2.a.). So ist immer damit zu rechnen, dass Konkurrenten hinsichtlich der Breite und Qualität des eigenen Serviceangebotes nachziehen. Das zuvor eine Alleinstellung begründende Aktivitätsniveau im Servicebereich wird auf diese Weise vom Zusatz- in den Grundnutzensektor verwiesen. Damit wird eine doppelte Problematik offenkundig:
    * Investitionen in die Servicequalität eines Unternehmens rechnen sich i.d.R. nicht kurzfristig. Hier ist vielmehr ein langer Atem nötig, um erst nach einer geraumen Zeit kontinuierlicher Anstrengungen schließlich zurücklaufende Erfolgswellen verzeichnen zu können. Die Wettbewerber werden sich allerdings ebenfalls aktiv um die Gunst ihrer Kunden bemühen, und dabei ist – ähnliche Grundfähigkeiten vorausgesetzt – auch eine schnelle Imitation oder Adaption der Serviceaktivitäten eines

Unternehmens wahrscheinlich. Dies kann zur Folge haben, dass die gerade einsetzenden Erfolgswellen ziemlich schnell wieder im Sande verlaufen.

* Hieraus wird ersichtlich, dass die Kreativität im primären und sekundären Marktleistungsangebot bei allen Herstellern oder Händlern immer wieder aufs Neue gefordert wird. Und wegen des unmittelbaren und direkten Kundenkontakts gilt es ganz besonders an der „Servicefront", dass die Basis einer hohen Kundenzufriedenheit und damit schließlich auskömmlicher Gewinne Tag für Tag erneut erarbeitet und gesichert werden muss. Nicht auszuschließen ist, dass Serviceleistungen andernfalls zu einer Kostenfalle für das Unternehmen werden.

Wie kann ein Unternehmen herausfinden, welche Serviceangebote bzw. **welche Kombinationen von Primär- und Sekundärleistungen** in seinen unterschiedlichen Produkt-Markt-Segmenten von den Kunden gewünscht werden? Diese Informationen können bei dem heute erreichten Datenverarbeitungsstand durch multivariate Marktforschungsstudien gewonnen werden. Hierbei bietet insbesondere das Verfahren des Conjoint Measurement (Verbundmessung) die Möglichkeit, über das Erheben der Nutzenbeiträge einzelner Angebotskomponenten die jeweils vorrangig präferierten Leistungen und Serviceaktivitäten zu zielgruppenspezifisch abgestimmten Leistungspaketen/ Systemleistungsangeboten zu kombinieren. Hierzu finden sich weitere Erläuterungen in F.III.5. bei unserem Überblick zu den statistischen Marktforschungsmethoden.

Die Ausführungen zum Service-Mix sowie zu seinen Verbindungen mit den anderen Instrumentalbereichen lassen sich zu verschiedenen Funktionen dieses wichtigen Gestaltungsbereiches der Markt- und Ressourcenorientierten Unternehmensführung zusammenfassen:

- Die von einem Unternehmen seinen Abnehmern/ Kunden gebotenen Serviceaktivitäten erfüllen in erster Linie eine **Differenzierungs- und Akquisitionsfunktion**. Wird die Attraktivität der eigenen Kernleistungen durch das Angebot von zusatznutzenvermittelnden Sekundärleistungen nachhaltig erhöht, dann kann dies häufig die entscheidende Differenzierung gegenüber dem Leistungsangebot von Wettbewerbern begründen und somit zu marktorientierten Wettbewerbsvorteilen des eigenen Unternehmens führen. Wenn die hierzu notwendigen ressourcenorientierten Erfolgspotenziale (siehe hierzu F.II.1.b.) so auf- oder ausgebaut werden, dass im täglichen Geschäft eine hohe Servicequalität resultiert, und wenn das gesamte unternehmerische Leistungsvermögen in der Kommunikation mit den jeweiligen Ziel-/ Interessengruppen entsprechend herausgestellt wird, dann hat dies in aller Regel ein Erhöhen respektive Ausweiten des akquisitorischen Potenzials und damit erweiterte Möglichkeiten der Preis-Leistungs-Gestaltung zur Folge (F.II.2.c.).
- Hieraus direkt ableitbar ist die **Kundenbindungsfunktion** des Service. Wenn ein Unternehmen seine Dienste am Kunden zum Abrunden umfassender Lösungsangebote für Kundenprobleme einsetzt und sich dadurch auch erkennbar vom Wettbewerb abhebt, dann wird die damit bewirkte Veränderung seines Akquisitionspotenzials zu einer Steigerung seines Nachfrageaufkommens füh-

ren. Hat das als UCVP vom Unternehmen unterbreitete einzigartige kundenwertorientierte Leistungsversprechen/ -angebot vor dem Hintergrund der Kundenerwartungen, -einschätzungen und -erfahrungen Bestand, dann steigen damit zugleich die getätigten Geschäftsabschlüsse. Entsprechend dem Marketingverständnis als umfassendes Relationshipmanagement bestehen damit gute Voraussetzungen, in den Kundenbeziehungen eine dauerhaft hohe Kundenzufriedenheit und damit eine ausgeprägte Kundenbindung zu erreichen.

- Dem Service-Mix ist schließlich noch eine wichtige **Marktforschungsfunktion** zuzuschreiben. Hierüber können die beiden zuvor erläuterten Ursachen-Wirkungs-Komplexe über die Zeit stabilisiert respektive verstärkt werden. Diese Funktion ergibt sich aus den bei Serviceleistungen üblicherweise gegebenen engen Dialog- und Interaktionsprozessen. Über die unmittelbare Kommunikation zwischen dem Unternehmen und seinen Abnehmern/ Kunden können wertvolle Informationen zum Weiterentwickeln der verschiedenen Serviceaktivitäten des Unternehmens im „Original-Kunden-Ton" gewonnen werden. Wegen des Sekundärleistungscharakters der Services sind die aus Unternehmenssicht von den Verkaufs- und Kundendienstmitarbeitern erhobenen bzw. an diese herangetragen Ergebnisse zur Kundenzufriedenheit generell immer auch auf die Primärleistung und damit das Kernprodukt oder die Kerndienstleistung zu beziehen. Die Serviceschiene eines Unternehmens bietet folglich einen sehr unvermittelten Ansatzpunkt im unternehmerischen Prozess der Strategie- und Marktleistungsentwicklung. Hierüber sind die Auswirkungen veränderter Anforderungen der Zielkunden oder auch besserer Angebote von Wettbewerbern auf die eigene Marktstellung bereits im Anfangsstadium zu erkennen und einzuordnen, wodurch dem Unternehmen noch eine gewisse Zeit zum Anpassen der Angebote in den verschiedenen Produkt-Markt-Segmenten verbleibt. Über seine Serviceaktivitäten werden also die gesamte Leistungsgestaltung betreffende Kundeninformationen transportiert, und damit steht diese Marktforschungsfunktion mit dem weiteren Erhalt und Ausbau der Differenzierungs- und Akquisitionsfunktion sowie der Kundenbindungsfunktion des Service in einem Grund-Folge-Verhältnis.

### g. Value Marketing: Erfolgspartnerschaft mit dem Kunden

Unsere Darstellungen zum Marketing und damit zum zweiten übergeordneten Steuerungsprozess der Wertschöpfung schließen wir mit einem Resümee ab, bei dem zusätzlich die maßgebliche Verbindung zum ersten und zentralen Steuerungsprozess der strategischen Unternehmensentwicklung und -planung herausgestellt wird (zur Einordnung der Wertschöpfungsprozesse siehe die Abb. F-I-1).

Der Zweck mehrstufiger Analysen und darauf basierender differenzierter Angebote in den Produkt-Markt-Segmenten eines Unternehmens ist darauf gerichtet, mit den jeweiligen Nachfragern der eigenen Produkte und/ oder Dienstleistungen eine Erfolgspartnerschaft einzugehen. In Übereinstimmung mit dem dazu notwendigen **einzigartigen kundenwertorientierten Leistungsversprechen** versehen wir diese weiter greifende Vorgehensweise mit der Bezeichnung Value Marketing (hierzu Abb. F-II-18).

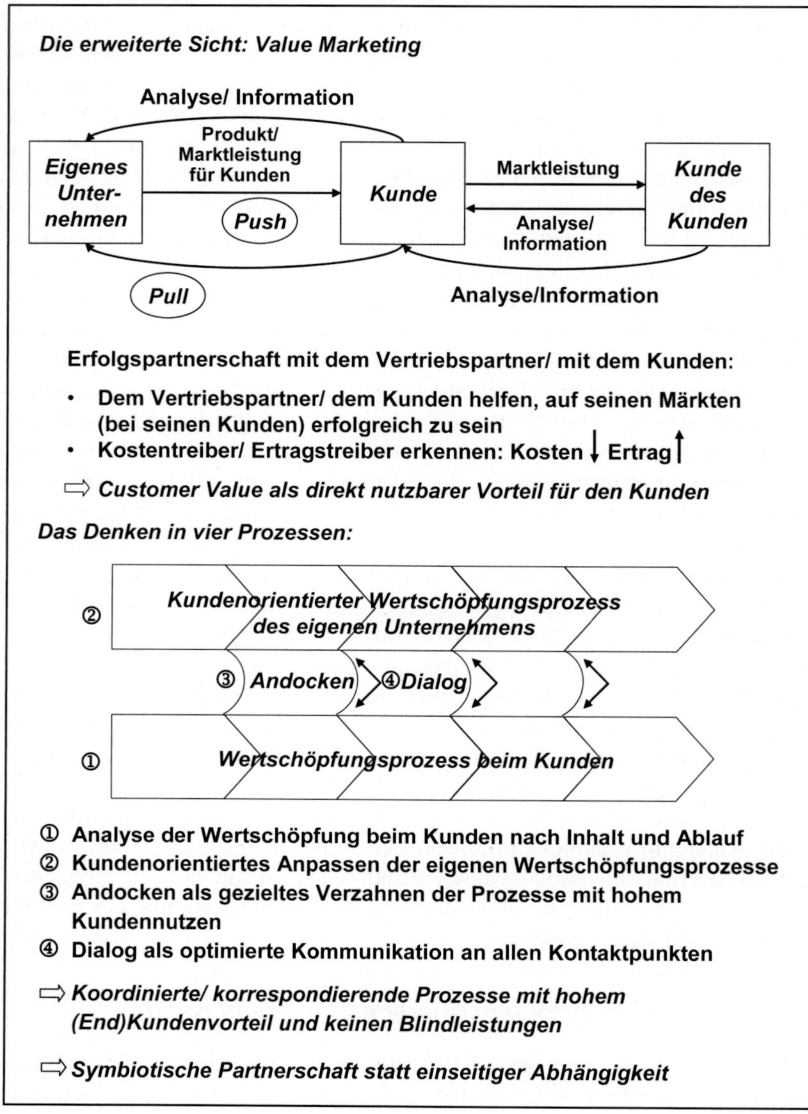


**Abb. F-II-18:** Value Marketing: Erfolgspartnerschaft mit dem Kunden

Dieser Begriff und seine maßgeblichen Inhalte wurden insbesondere von WIGAND F. GROßE-OETRINGHAUS Mitte der 90er Jahre in die Marketingwissenschaft und -praxis eingeführt. Wie der obere Teil der Abbildung F-II-18 zeigt, besteht die als erweitert gekennzeichnete Sicht darin, dem direkten Nachfrager der eigenen Produkte/ Marktleistungen zu helfen, auf dessen Märkten – also im Verhältnis zu seinen Kunden – erfolgreich zu sein.

Die doppelte Perspektive ist damit auf die Hersteller-Abnehmer-Beziehungen im Business-to-Business-Bereich (B2B) anzulegen. Bei zu Konsumzwecken bestimmten Verbrauchs- und Gebrauchsgütern wird sie auf die als Wiederverkäufer tätigen Handels- oder Vertriebspartner ausgerichtet, während andernfalls eine Fokussierung auf die Hersteller von Konsum- oder Investitionsgütern als Weiterverarbeiter der Marktleistungen des eigenen Unternehmens vorzunehmen ist.

Will sich ein Anbieterunternehmen innerhalb seines Strategischen Dreiecks – eigenes Unternehmen, (neue) Zielgruppen, (neue) Wettbewerber – über das Herausarbeiten von UCVPs positionieren, dann gilt in F.II.2.a. mit der Abbildung F-II-10 dargestellte Dynamik zentraler Analyse- und Gestaltungsparameter sowohl für den Absatz an Endverbraucher als auch für den an Wiederverkäufer/ Weiterverwender.

Im B2B-Bereich kann allerdings der für das Erreichen von Wettbewerbsvorteilen grundlegende Eingangsparameter des Kundennutzens einer näheren Operationalisierung unterzogen werden. Diese Größe ist bei Anbieter-Endkonsumenten-Beziehungen nur indirekt als Maßstab für die mit einer Marktleistung verbundene Bedürfnisbefriedigung ermittelbar. Werden Produkte oder Dienstleistungen dagegen an andere Unternehmen abgesetzt, dann kann anstelle der allgemeinen Kategorie des Kundennutzens über den auch quantifizierbaren „Kundengewinn“ argumentiert werden.

Hierzu sind also nicht wie generell beim klassischen Transaktionsmarketing die Leistungsmerkmale des eigenen Angebots in den Vordergrund zu stellen. Vielmehr gilt es, den Vertriebspartnern bzw. den industriellen Abnehmern aufzuzeigen, welche positiven und gerechneten Auswirkungen mit einem Geschäftsabschluss für deren gesamte Wertschöpfung und die Marktstellung auf ihren Abnehmermärkten verbunden sind.

Dies setzt eine fundierte Kenntnis der Wettbewerbsbedingungen sowie der Leistungserstellung beim gewerblichen Abnehmer voraus. Wenn es einem Anbieter gelingt, die Aktivitäten in seinen eigenen Strategieentwicklungsprozessen zumindest der Grundstruktur nach parallel auch aus den Blickwinkeln seiner Abnehmer durchzuführen, dann können hieraus anstatt eines reinen Abverkaufens von Marktleistungen die angestrebten langfristig tragfähigen Erfolgspartnerschaften entstehen. Mit einer **differenzierten Kenntnis der Werttreiber und Wertgeneratoren beim Vertriebspartner/ Kunden** kann diesem detaillierte Unterstützung gegeben werden, wie er mit dem Produkt- oder Dienstleistungsangebot seine eigenen Erträge steigern respektive seine Kosten senken kann. Der damit verbundene **Customer Value** stellt dann also in dem Sinne für den Abnehmer einen direkt nutzbaren Vorteil dar, dass er ihm unmittelbar dabei hilft, seinen eigenen Unternehmenswert zu steigern.

Festzuhalten ist an dieser Stelle noch einmal, dass die dargestellten Zusammenhänge sämtlich bereits in unseren vorangegangenen Ausführungen enthalten sind. Sie beruhen auf der im Wesentlichen von MICHAEL E. PORTER entwickelten Kategorie der marktorientierten Wettbewerbsvorteile (siehe hierzu C.I.3.g. sowie F.II.1.b. und F.II.2.a.). Hierbei wird explizit davon ausgegangen, dass ihre Umsetzung für ein Unternehmen an das Herausbilden eines Kundenvorteils für seine Nachfrager geknüpft ist, woraus sich dann die wettbewerbsstrategischen Grundtypen der Kostenführerschaft und der Differenzierung ableiten lassen. Mit den jetzt abschließend zu den übergeordneten Wertschöpfungsprozessen der Strategie und des Marketing unter der Bezeichnung als Value Marketing vorgenommenen Veranschaulichungen für den B2B-Bereich wird deutlich, welche Tragweite mit dieser für eine Ressourcen-, Markt- und Wertorientierte Unternehmensführung grundlegenden Konzeption verbunden ist.

Der Unterschied des heute geforderten **umfassenden Relationshipmanagement**, das gleichzeitig eine **ganzheitliche Business Excellence** voraussetzt, zum klassischen Transaktionsmarketing lässt sich dabei schlagwortartig und plakativ wie folgt fassen. Waren die Unternehmen früher bemüht, als Unique Selling Proposition (USP) ihren Kunden einzigartige Verkaufsvorschläge zu unterbreiten, dann hatte dies überspitzt formuliert letztlich die Bedeutung: „Wir sind die Größten". Wenn demgegenüber heute eine umfassend kunden- und beziehungsorientierte Marktleistungsgestaltung ihren Ausdruck in einer Unique Customer Value Proposition (UCVPs) als einzigartigem kundenwertorientierten Leistungsversprechen findet, dann kommt dem ein ganz anderer Gehalt zu. Auf den Abnehmer/ Kunden bezogen kann dies ausgedrückt werden als: „Mit uns wirst Du der Größte".

Wie kann eine solche Erfolgspartnerschaft mit dem Vertriebspartner/ dem industriellen Kunden in der Umsetzung funktionieren? Hierzu ist – wie im unteren Teil der Abbildung F-II-18 vermerkt – ein **Denken in vier Prozessen** notwendig:

Den in der stilisierten Darstellung zweier aufeinander bezogener Wertschöpfungsketten mit ① gekennzeichneten Ausgangspunkt bildet die eingehende **Analyse der Wertschöpfung beim Kunden**. Es gilt, ein Verständnis dafür zu entwickeln, wo und wie dieser nach den Kriterien Zeit, Qualität, Kosten und Innovation seine Leistung erbringt, um so auf seinen Märkten bestehen zu können. Auf dieser Grundlage geht es in ② darum, die **Wertschöpfung im eigenen Unternehmen** kundenorientiert anzupassen. Dies bedeutet beispielsweise, dass die Vertriebsorganisation des eigenen Unternehmens sich unmittelbar an der Segmentierung ausrichtet, die das Kundenunternehmen bezogen auf seine Abnehmer vorgenommen hat. In diesem Sinne liegt im Ergebnis dann eine durchgängige zielgruppenorientierte Organisation in beiden Unternehmen vor. Über ein **Andocken** ③ ist dafür Sorge zu tragen, dass anschließend die Wertschöpfungsprozesse mit hohem Kundennutzen zwischen den Partnerunternehmen möglichst eng und gezielt verzahnt werden. Dies schafft die Voraussetzungen dafür, dass an allen Kontaktpunkten ein **enger Dialog über die gesamte Leistungserstellung und -verwertung** geführt wird ④.

Als aktuelles Beispiel für ein derartiges gegenseitiges Anpassen der Wertschöpfungsprozesse kann das Vorgehen eines Versicherungsunternehmens angeführt werden, für das ein wichtiger Vertriebsweg über Partnerunternehmen im Bankenbereich führt. Hier war das Schnittstellenproblem aufgetreten, dass die historisch in einer Inside-out-Perspektive gewachsene Vertriebsstruktur des Versicherers große Unterschiede gegenüber den Vertriebsorganisationen in der Banken-Vertriebsschiene aufwies. In einem Projekt der Organisationsentwicklung oder des geplanten Wandels (siehe hierzu F.IV.2.c. und G.V.) wurde daraufhin – also nach den vorstehend geschilderten Schritten ① und ② – die Stimmigkeit der Leistungsverwertung in der Weise hergestellt, dass der Versicherer die Zielgruppensegmentierung der Vertriebspartner im Bankenbereich für seine eigene Vertriebsorganisation übernommen hat (durchschnittliche und vermögende Privatkunden/ mittelständische und industrielle Firmenkunden). Durch diese Form des „Andockens" ③ und die damit ermöglichte optimierte Kommunikation ④ der jeweiligen Vertriebseinheiten konnte die Synergie erreicht werden, dass über ein jetzt unmittelbar zielgruppenspezifisches Angebot das Versicherungsunternehmen seine eigenen Marktleistungen besser absetzen und dadurch zugleich die Partner im Bankenbereich bei ihren originären Marktaktivitäten aktiv unterstützen kann.

Im Ergebnis stellen sich **Erfolgsallianzen** zwischen Vertriebspartnern respektive maßgeblichen Schlüsselkunden folglich so dar, dass in beiden Unternehmen koordinierte und korrespondierende Prozesse mit jeweils hohen (End)Kundenvorteilen ohne Blindleistungen ablaufen. An Stelle einseitiger Abhängigkeiten eines schwächeren von einem stärkeren Unternehmen ist damit jetzt von einer **symbiotischen Partnerschaft zum beiderseitigen Vorteil** auszugehen.

## 3. Corporate Identity/ Unternehmenskultur

| |
|---|
| Was ist unter einer normativen Koordination zu verstehen, und welchen Stellenwert hat diese bei dynamisch-turbulenten Markt-/ und Umfeldsituationen zur Sicherung des Unternehmenserfolgs? Welches sind die ideellen Basiselemente der Unternehmenstätigkeit? Welche Teilbereiche umfasst das Konzept der Corporate Identity (CI)? In welche Ebenen kann die Unternehmenskultur unterteilt werden? Wie sind die spezifischen Ausprägungen dieser beiden Ansätze zu analysieren und zu gestalten? |

### *a. Inhalte und Bedeutung einer normativen Koordination*

Der dritte, für die Führung der Wertschöpfung eines Unternehmens abgegrenzte Steuerungsprozess der Corporate Identity/ Unternehmenskultur ist mit der Wertorientierung als grundlegendem Prinzip bei der Erstellung und dem Absatz von Marktleistungen in einer unmittelbaren Weise verbunden. Die Frage ist hier also, welche **moralisch-ethischen Kategorien als Werte** bei der **ökonomischen Wertschöpfung** zu Grunde gelegt werden. Jetzt dreht es sich jedoch nicht in erster Linie um Realgüter als materielle oder immaterielle Wertgrößen (Sachgüter oder Dienstleistungen) beziehungsweise um Nominalgüter als deren geldmäßige Korrelate. Von dieser betriebswirtschaftlichen Ebene wird die Analyse und Gestaltung um einige Schritte zurückverlegt, indem nun verhaltenswissenschaftlich grundlegende Antriebskräfte der Kunden und Mitarbeiter beleuchtet werden, welche beim Kauf/ der Inanspruchnahme einer Leistung oder ihrer Erstellung jeweils individuell handlungsleitend wirken. Damit sind es in diesem dritten übergeordneten Steuerungsprozess der unternehmerischen Wertschöpfung **Werte als persön-**

**liche Handlungsgrundlagen**, die vor allem für die Psychologie das maßgebliche Erkenntnisobjekt bilden.

Die Notwendigkeit einer wissenschaftlichen und praktischen Durchdringung dieses Bereichs sowie die darauf bezogenen Möglichkeiten einer Einflussnahme sind in den Grundzusammenhängen formuliert, die eingangs der Abbildung F-II-19 wiedergegeben sind. Dabei wird wegen einer besseren Nachvollziehbarkeit zunächst über die **Leistungserstellung in einem Unternehmen** (Schwerpunkt des Unternehmenskultur-Ansatzes) und damit aus einer eher ressourcenorientierten Perspektive argumentiert. Dieser Zusammenhang wird dann auf die **Umfeldbeziehungen von Unternehmen** (Schwerpunkt des Corporate Identity-Ansatzes) erweitert, womit die – primär maßgebliche – Sichtweise der Marktorientierung zum Tragen kommt. Hiermit sind wiederum die zwei Seiten einer Medaille angesprochen, so dass die Darstellung in der nächsten Rubrik von Abbildung F-II-19 (Einzelne Entscheidungs- und Gestaltungsfelder) je nach Blickwinkel in der Reihenfolge unterschiedlich nachvollzogen werden kann.

- Mit den vorangegangenen Kapiteln dieses Buches wurde für das Sichern und Ausweiten des Unternehmenserfolgs – also für den Dreisprung von ressourcenorientierten Erfolgspotenzialen und Kernkompetenzen über marktorientierte Erfolgsfaktoren hin zu marktorientierten Wettbewerbsvorteilen (siehe dazu F.II.1.b.) – in der heutigen Situation dynamisch-turbulenter Käufer-/ Megamärkte eine wesentliche Voraussetzung herausgearbeitet: Diese besteht in einem insgesamt schlanken, reaktionsschnellen Aufbau von/ Ablauf in Unternehmen beziehungsweise seinen einzelnen Strategischen Geschäftsfeldern/ Business Units, und damit bietet sich i.d.R. eine prozessorientierte Organisation an (siehe hierzu G.III.4.).
- Die erforderliche Flexibilität – und auch die unmittelbar notwendige Markt- und Kundenorientierung aller Unternehmenseinheiten – sind durch eine zahlreiche Ebenen umfassende Unternehmensgliederung und ein überwiegend auf „Befehl und Gehorsam" gründendes autoritäres Führungssystem nicht zu erreichen. Wie ebenfalls mit den sechs wesentlichen Organisationsprinzipien zur Regelung von Verteilungs- und Arbeitsbeziehungen in G.I.3. gezeigt wird, sind vielmehr allen Mitarbeitern auf den möglichst wenigen Unternehmensebenen generell größere Handlungs- und Entscheidungsspielräume einzuräumen. Insoweit hat also an die Stelle einer streng hierarchischen Abstimmung auch innerhalb des Unternehmens eine spezifische Form der marktmäßigen Steuerung zu treten. Analog der Funktionsweise nicht regulierter Märkte kann diese als das Ausfüllen einer Rahmenordnung durch weitgehend freie Vereinbarungen aller Beteiligten bei einer engen Verknüpfung/ Zurechnung von Entscheidungen und Handlungen mit deren Folgen charakterisiert werden.
- Wenn über das Grundprinzip der **Delegation** den Mitarbeitern größere Freiräume gewährt werden, dann stellt sich – hinausgehend über die üblichen und meist ergebnisorientierten Kontrollformen – die Frage, wie das Einhalten des zum einen unternehmensweit gültigen und zum anderen jeweils personenbezogen definierten Handlungsrahmens sicherzustellen ist. Im Zusammenspiel aller entfalteten Einzelaktivitäten in einem Unternehmen sind dessen strategisch-

marktorientierte Ziele zu erreichen. Dabei wäre ein Ausdehnen/ Überschreiten der vereinbarten Bandbreite individuellen Handelns und Verhaltens durch einzelne Organisationsmitglieder sehr schnell kontraproduktiv. Wenn nun auf den verschiedenen Führungsebenen eines Unternehmens (siehe hierzu D.I.1.) aufgrund des praktizierten kooperativen Führungsstils im Unternehmen nicht mehr

***Grundzusammenhänge:***

**Das Aufbauen, Gestalten und Nutzen strategischer *Erfolgsfaktoren, -potenziale und Wettbewerbsvorteile* erfordert in dynamischen und turbulenten Markt-/ Umfeldsituationen *schlanke, reaktionsschnelle Unternehmen*(seinheiten):**

- ⇨ **Einräumen größerer *Handlungs- und Entscheidungsspielräume* der Mitarbeiter auf allen unternehmerischen Ebenen**
- ⇨ **Zunehmende Bedeutung einer *normativen Koordination* zum Erfüllen der strategisch-marktorientierten Unternehmensziele**
- ⇨ ***Werte, Normen, Einstellungen, Verhaltensweisen* aller Mitarbeiter – und auch der Abnehmer/ Kunden – als *ideelle Basis* der Marktaufgabe eines Unternehmens und ihrer Umsetzung**

***Einzelne Entscheidungs- und Gestaltungsfelder:***

**Zum Erreichen einer hohen Entsprechung/ eines guten Fit:**

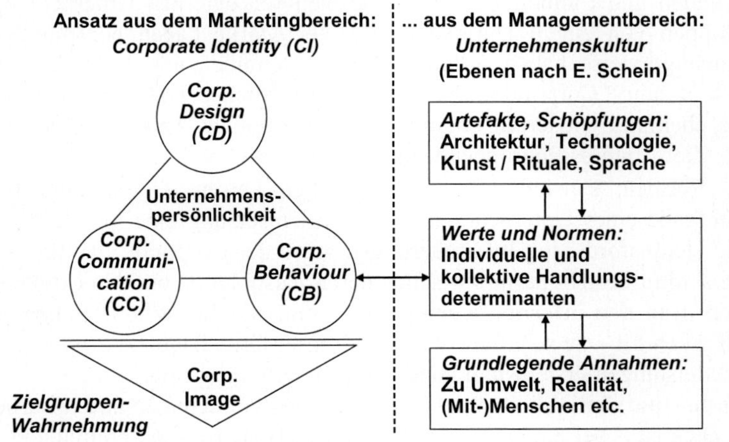


***Ausgewählte Entscheidungssituationen* (→ Lösungsansätze/ Instrumente):**

- ***Analysen* zur bestehenden CI/ Unternehmenskultur**
  **→ Empirische Sozialforschung**
- ***Gestaltung* von CI/ Unternehmenskultur**
  **→ Organisationsentwicklung**

**Abb. F-II-19:** Überblick zu Corporate Identity/ Unternehmenskultur (Übergeordneter Prozess)

ausschließlich über spezifisch geforderte Handlungsergebnisse als detailliert formulierte Einzelzielsetzungen vorgegangen werden soll respektive kann, dann ist mehr und mehr auf eine **normative Koordination** überzugehen, mit welcher ein alles in allem unternehmensdienliches Verhalten seiner Mitarbeiter geregelt werden kann. Mit dem Dreiklang aus der Mission, der Vision und den Values als den grundsätzlichen Richtungsvorgaben im Prozess der strategischen Unternehmensentwicklung haben wir diesen Zusammenhang schon in F.II.1.d. angesprochen.

- Jetzt ist also auf den motivationalen Hintergrund abzuheben, vor dem das Erledigen der jeweiligen Aufgabenstellungen durch die Mitarbeiter eines Unternehmens erfolgt. Damit sind es deren persönliche, gruppen- und organisationsbezogene **Werte, Normen, Einstellungen und Verhaltensweisen** (siehe hierzu bereits A.II.1.), welche mit den aktuellen oder erwünschten Handlungen in eine Ursachen-Wirkungs-Beziehung bei der Analyse und in eine Mittel-Zweck-Beziehung bei der Gestaltung zu bringen sind. Auf diese Weise rückt die **Unternehmenskultur** als umfassender Gesamtzusammenhang der Ideensysteme ihrer Mitglieder in den Vordergrund der betrieblichen Wertschöpfungsanalyse und -gestaltung.
- Der hiermit herausgestellte kulturell-normative Aspekt kennzeichnet generell alle Sozialsysteme und ist somit auch im Markt und dem Umfeld eines Unternehmens zu beachten. In einer vorwiegend außengerichteten Perspektive steht dann der Eindruck im Fokus des Erkenntnisinteresses, welchen die Marktpartner (Kunden und Lieferanten) sowie die weiteren externen Unternehmensträger-Gruppen von einem Unternehmen/ einer Marke haben beziehungsweise zweckmäßigerweise haben sollen. Bei dem Bemühen um das Schaffen und Vermitteln einer Corporate Identity als einheitlicher Unternehmensidentität sind es ebenfalls wiederum kognitive und emotionale Antriebskräfte, welche jetzt im Ziel-/ Interessengruppenbezug anzusprechen sind.
- Werte, Normen, Einstellungen und Verhaltensweisen bilden damit für die Marktaufgabe eines Unternehmens und ihre Umsetzung eine ideelle Wertebasis: Die Herausforderung im Steuerungsprozess der Corporate Identity/ Unternehmenskultur besteht darin, zwischen deren Ausprägung bei den **externen Interessen- und den internen Kerngruppen** eine möglichst hohe Entsprechung – einen guten Fit – zu schaffen. Wenn auf dieser Grundlage zielgruppengerechte Marktleistungen erstellt und angeboten werden, dann spiegeln die so kreierten **Produktpersönlichkeiten** die Werthaltungen von Kunden und Mitarbeitern wider. Dies ist – bei einem Nachvollziehen zwischenzeitlich eintretender Veränderungen – als eine wesentliche Grundlage für die längerfristige Sicherung des Unternehmenserfolgs anzusehen.

Nach diesen einführenden Erläuterungen zu den Zielrichtungen und Verbindungen von Corporate Identity und Unternehmenskultur wird mit der zweiten Rubrik in Abbildung F-II-19 auf deren einzelne Entscheidungs- und Gestaltungsfelder eingegangen. Hierzu ist als Erstes der jeweilige Entstehungs- respektive Entdeckungszusammenhang (siehe dazu A.I.3.) beider Konzepte anzusprechen, und dann folgen kurze Darstellungen zu deren einzelnen Elementen/ Ebenen. Dabei wird auch aufgezeigt, über welche Schnittstellen die beiden Erklärungs- und Gestaltungsansätze miteinander verknüpft sind.

### b. Elemente der Corporate Identity (CI)

Als maßgebliche Begründer des Konzepts der Corporate Identity (CI) gelten J. GORDON LIPPINCOTT und WALTER P. MARGULIES. Deren 1943 gegründete Agentur LIPPINCOTT & MARGULIES mit Hauptsitz in New York ist auf dem Gebiet der strategischen CI- und Markenberatung heute weltweit führend. Zuerst ausschließlich auf das Verpackungsdesign und die Identität von Markenprodukten ausgerichtet (z.B. CHAMPION Zündkerzen, CAMPBELL'S Suppen, COCA COLA, NESCAFÉ), wurde von dieser Beratungsfirma in den 60er Jahren der Übergang zu einer ganzheitlichen Persönlichkeitsgestaltung von Unternehmen vollzogen und hierfür die Bezeichnung Corporate Identity kreiert. Die wissenschaftliche Diskussion und praktische Anwendung dieses Konzepts im deutschen Sprachraum wurde insbesondere durch das von KLAUS BIRKIGT und MARINUS M. STADLER 1980 in erster Auflage herausgegebene Buch „Corporate Identity – Grundlagen, Funktionen, Fallbeispiele" eröffnet. 1993 mit der 6. Auflage um die Mitherausgeberschaft von HANS JOACHIM FUNCK erweitert, hat dieses Standardwerk 2002 seine 11. Auflage erreicht.

- Corporate Identity greift weiter als die in F.II.2.d. zum Kommunikations-Mix im Überblick geschilderte Positionierung und Darstellung/ Vermittlung einer Produkt- oder Dienstleistungsmarke:
    - Dem **CI-Ansatz** liegt die Erkenntnis zu Grunde, dass es beim Vertrauen der Kunden in eine Marktleistung Faktoren gibt, welche über den technologischen Grundnutzen, die Zuverlässigkeit und den design- oder stilbezogenen Zusatznutzen eines (Marken)Produkts hinausgehen. Hiermit sind **qualitativ-emotionale Komponenten im Käuferverhalten** angesprochen, die mit dem Wissen, der Erfahrung und dem Gefühl über eine Marktleistung zusammenhängen. Dabei ist es neben der eigentlichen Marktleistung immer auch das Anbieter- oder Handelsunternehmen insgesamt, welches die Konsumenten bei ihrer Kaufentscheidung im Kopf haben.
    - Als Folge dieser assoziativen Verknüpfungen wird das Schaffen einer eigenen und in sich geschlossenen Identität nicht nur für einzelne Markenprodukte oder -dienstleistungen, sondern auch für die Anbieterunternehmen notwendig, welche diese Leistungen herstellen, erstellen oder vertreiben. Vor diesem Hintergrund vollzog sich die Erweiterung von Markenidentitäten zu Unternehmensidentitäten.
    - Hierbei sind alle visuellen Designelemente einer einheitlichen Linie folgend zu gestalten **(Corporate Design CD)**. Die verfolgte Werthaltung hat als Richtlinie für das Verhalten sämtlicher Mitarbeiter nach innen und außen zu fungieren und bestimmt damit den Bereich **Corporate Behaviour (CB)**. Über die Unternehmenskommunikation, die **Corporate Communication (CC)**, sind beide vorgenannten Elemente prägnant und nachvollziehbar darzustellen/ zu vermitteln. Oder in umgekehrter Sichtweise formuliert: Die wesentlichen inhaltlichen Aussagen der Unternehmenskommunikation müssen anschließend auch ihre Entsprechung im Verhalten aller Unternehmensmitglieder gegenüber Kunden und anderen externen Stakeholder-

Gruppen finden. Dabei ist Verhalten immer auch bereits Kommunikation. Das Ziel bei diesem Erarbeiten und Umsetzen eines unternehmensspezifischen Selbstverständnisses respektive Selbstbildes besteht darin, ein möglichst identisches Fremdbild als **Corporate Image** (siehe hierzu schon F.II.2.d.) vom eigenen Unternehmen bei den Ziel-/ Interessengruppen zu erzeugen.

- An der vorstehend formulierten Zielsetzung des CI-Konzeptes ist insbesondere die **Unterscheidung zwischen der Identität und dem Image eines Unternehmens** wichtig, und deshalb werden hierzu noch einige generelle Zusammenhänge herausgestellt:
  - Analog zur individualpsychologischen Sichtweise wird beim CI-Ansatz davon ausgegangen, dass auch Unternehmen als Kollektive – also als Personenmehrheiten – eine Persönlichkeit haben. Die einzelnen Mitglieder ihrer internen Kerngruppen stehen untereinander sowie mit den Angehörigen der externen Satellitengruppen in ständigen Interaktionsbeziehungen. Wenn es – wie im Rahmen einer zielorientierten und strategiegeleiteten Unternehmensführung grundsätzlich angestrebt – gelingt, dass sich hierfür bei den Unternehmensmitgliedern **weitgehend einheitliche Handlungs- und Verhaltensmuster** herausbilden, dann kommt es dadurch zum Aufbau der Unternehmenspersönlichkeit als dem kollektiven Selbstverständnis eines Unternehmens. In den Außen- und Innenkontakten eines Unternehmens zeigt es sich – wie bei einem Individuum – dann, nach welchen Grundsätzen welche Aufgaben und Ziele verfolgt werden und auf was für eine besondere Art und Weise hierbei in Abgrenzung von anderen Wirtschaftseinheiten vorgegangen wird.
  - Von der Persönlichkeit zur **Identität** besteht die allgemeine Verbindung in einer Reflexion des „Selbst". Unter der im Unternehmenszusammenhang generellen Frage „Wer sind wir?" wird somit unter Berücksichtigung der jeweiligen Außenbeziehungen über das Persönlichkeitsprofil nachgedacht. Von den in dieser Hinsicht für Individuen unterschiedenen drei Aspekten ist neben dem Selbstwertgefühl und dem Selbstvertrauen insbesondere das Konstrukt des Selbstbildes ebenfalls unmittelbar auf Unternehmen übertragbar.
  - Mit dem Einbeziehen des **Corporate Image** wird eine zweite und weiter greifende Reflexion Bestandteil der Corporate Identity-Konzeption:
    * Das alleinige Ausrichten der **Identitätsvermittlung** eines Unternehmens an seinem **Selbstbild** birgt in differenzierten Märkten hohe Risiken: Dessen Entwicklung wird zwar insbesondere vor dem Hintergrund seiner aktuellen und zukünftig angestrebten Markt- und Umfeldbezüge vorgenommen. Dabei ist es aber eine gesonderte Frage, ob die Summe der verschiedenen Aktivitäten zur Darstellung und zum Verhalten eines Unternehmens auch zu – seinem Selbstbild entsprechenden – Sinneseindrücken bei den Zielpersonen/ -gruppen führt.

* Mit anderen Worten muss grundsätzlich mit einem **Abweichen** des aus der Sicht externer Interessengruppenmitglieder aufgebauten **Fremdbildes** über ein Unternehmen von dessen entwickeltem Selbstbild gerechnet werden. Wie bereits im Kontext der Produkt- oder Dienstleistungsmarke(nfamilien) in F.II.2.d. erläutert, ist es damit notwendig, beim identitätsorientierten Aufbau und dem Fortbilden der Persönlichkeit eines Unternehmens dessen Image als Zielgruppenwahrnehmung einzubeziehen.
* Die angesprochene zusätzliche Reflexion kommt hierbei im eigentlichen Wortsinn zum Tragen:

  # Im hier interessierenden Zusammenhang sind als **Vorgangsräume** zum einen das Unternehmen und zum anderen seine markt- und gesellschaftsbezogene Umwelt anzusehen. In diese werden mit dem eigenen Handeln und Verhalten fortwährend Impulse hineingegeben, und als ein hochaggregiertes Ergebnis hieraus formt sich das Image des Unternehmens bei den Angehörigen der verschiedenen Interessengruppen. Je nach deren Interessenlage ist hierbei von mehr oder weniger unterschiedlichen Einschätzungen und damit von differierenden Fremdbildern zum Unternehmen auszugehen.

  # Alles in allem bleibt aber festzuhalten, dass das – ggf. zusammengefasste – **Image** eines Unternehmens als Resultat des Prozesses aufzufassen ist, in dem seine Aktivitäten vom Umfeld wahrgenommen werden. Diese Betrachtung macht sich an der Existenz einer Systemabgrenzung zwischen Unternehmen und Umwelt/ Umfeld fest, und deshalb enthält die Skizze zur Corporate Identity in Abbildung F-II-19 eine „Spiegelungslinie". Damit wird die Grenze zwischen dem In- und Umsystem eines Unternehmens markiert. Insgesamt wird aus der Schemaskizze zur CI deutlich, dass das Bemühen um eine geschlossene Unternehmensidentität immer mit dem Unternehmensimage als deren unmittelbarer Drittwirkung abzugleichen ist.

  # Auch hierauf kann wieder das Bild der zwei Seiten einer Medaille angewendet werden: Die Identität eines Unternehmens stellt den Ausdruck seiner Persönlichkeit in einer vorrangig **Inside-out-gerichteten** Perspektive dar, während mit dessen Image diese Unternehmenspersönlichkeit aus der Gegenrichtung und damit **Outside-in-gesehen** bewertet wird.

Nach unseren Grundsatzerläuterungen können wir – in Anlehnung an BIRKIGT/ STADLER/ FUNCK – den **CI-Begriff** wie folgt näher fassen.

**Strategisch geplant und operativ umgesetzt ist Corporate Identity die Selbstdarstellung und das Verhalten des Unternehmens nach innen und außen in Richtung auf ein angestrebtes Image sowie mit dem Ziel, alle Instrumente in einem einheitlichen Rahmen einzusetzen.**

Als Basis für den Prozess der CI-Gestaltung und -Entwicklung fungieren die Unternehmensphilosophie (siehe hierzu D.I.1.) respektive deren Kurzfassung als Mission, Vision und Values (F.II.1.d.) sowie die hieraus als Ziel-Maßnahmen-Pfade abgeleiteten markt- und ressourcenorientierten Unternehmensstrategien (F.II.1. und F.II.2.). Mit ROMAN ANTONOFF ist damit Corporate Identity auch kurz und plakativ als Methode zu bezeichnen, den Geist des Unternehmens in die Köpfe der Mitarbeiter zu transportieren, um ihn von dort in den Markt zu übertragen.

**Instrumente der Corporate Identity**

Zu welchen Bereichen lassen sich die zur Identitätsvermittlung und Imagebildung **einsetzbaren Instrumente** gruppieren, so dass eine Unternehmenspersönlichkeit in ganzheitlichen Ursachen-Wirkungs-Zusammenhängen gestaltet werden kann?

- Die bereits angesprochenen Felder Corporate Design, Behaviour und Communication sind als die wesentlichen Gestaltungskomponenten des Prozesses zum Herausbilden einer Unternehmenspersönlichkeit und damit zum Bestimmen, Aufbauen und Weiterentwickeln der Identität des Unternehmens anzusehen. Für den **Identitäts-Mix eines Unternehmens** werden hiermit – ähnlich wie bei den Mix-Bereichen des Marketing/ der Marktorientierten Unternehmensführung – unterschiedliche Maßnahmenräume gegeneinander abgegrenzt. Im Hinblick auf die Ausformung der Unternehmenspersönlichkeit und das Erzeugen des Unternehmensimage stehen diese also jeweils in einer technologischen Mittel-Ziel-Beziehung (siehe hierzu A.I.4.). In der schematischen Skizze zur Corporate Identity in Abbildung F-II-19 sind Corporate Design, Behaviour und Communication deshalb um die Unternehmenspersönlichkeit herumgruppiert.
- Beim Instrumentalbereich des **Corporate Design** steht die ästhetische und symbolische Identitätsvermittlung durch den abgestimmten Einsatz visueller Elemente der Unternehmenspersönlichkeit im Vordergrund (Logo, Signet, Graphik Design, Architektur, Kleidung, Fuhrpark). Hier geht es also in erster Linie um die Gestaltung des **optischen Erscheinungsbildes** eines Unternehmens. Dazu ist das ganzheitliche CI-Konzept in eine unverwechselbare visuelle Identität zu übersetzen:
    - Dieses umfasst insbesondere die grafische Gestaltung von Firmen- und Produktnamen in **Logos** und **Signets** einschließlich der Typografie sowie der farblichen Gestaltung. Hierzu empfiehlt es sich, die grundlegenden Design-Richtlinien und -Komponenten in einem Manual (Design-Bibel) zusammenzufassen, welches beispielsweise Firmen- und Produktzeichen in allen Größen, die Hausschriften und -farben, Musterbriefbögen sowie auch die daraus abgeleiteten Designgrundsätze zur Produkt- und Verpackungsgestaltung enthält.
    - Die formalen Gestaltungskonstanten sind darüber hinaus auch bei der **architektonischen Gestaltung** der Fabrikations- und Verwaltungsgebäude eines Unternehmens und seiner Niederlassungen/ Filialen zu beachten (Außen- und Innenarchitektur).

- Des Weiteren richten sich nach diesen Maßgaben die Lackierung und Beschriftung der **Firmenfahrzeuge** sowie die weiteren Aktivitäten eines Unternehmens in der Außenwerbung.
- Die Design-Richtlinien fungieren darüber hinaus als generelle und formale Vorgabe für die Gestaltung sämtlicher **Werbemittel** im Kommunikations-Mix eines Unternehmens (siehe hierzu F.II.2.d.).
- Und schließlich gehört zum geschlossen Erscheinungsbild eines Unternehmens auch ein Harmonisieren der **Kleiderordnung** ihrer Mitarbeiter. Hier sind die einheitliche Gestaltung der Arbeitsanzüge in der Produktion und im technischen Service sowie die Festlegung von Standards in der Verwaltung und bei Mitarbeitern mit Kundenkontakt (z.B. mit/ ohne Anzug/ Kostüm oder Krawatte) anzuführen.

In der Unternehmenspraxis ist nicht selten eine ausgeprägte **Schwerpunktsetzung im Bereich des Corporate Design** festzustellen. Indem dabei also das Hauptgewicht auf den grafischen Komponenten des visuellen Erscheinungsbildes liegt, wird eine umfassende CI-Gestaltung mit den angestrebten Ursachen-Wirkungs-Beziehungen deutlich reduziert. Diese besteht darin, dass die Aktionen eines Unternehmens und aller seiner Mitglieder einem gemeinsamen Stil folgen und damit gewissermaßen von den Marktpartnern als „aus einem Guss" wahrzunehmen sind. Die Grundsätze des Handelns und Verhaltens sind dabei dem Corporate Design vorgelagert. Mit diesem Instrumentalbereich der Corporate Identity wird lediglich der visuelle Rahmen für ein organisches Ausfüllen und Entfalten der Unternehmenspersönlichkeit abgesteckt. In Abbildung F-II-19 wird dies dadurch zum Ausdruck gebracht, dass Corporate Design im dreieckigen Identitäts-Mix die Spitze bildet. Dem gegenüber sind die Maßnahmenräume Corporate Communication und Corporate Behaviour an dessen Grundlinie angeordnet und bilden so die Basis für ein ganzheitliches und gelebtes CI-Konzept.

- Der Bereich **Corporate Communication** umfasst das Entwickeln und Umsetzen der unternehmensweit einheitlichen sowie identitätsfundierten Kommunikationsstrategie und damit den aufeinander abgestimmten Einsatz sämtlicher Instrumente der **indirekten (Massen)Kommunikation** (Werbung – Verkaufsförderung/ Sales Promotion – Öffentlichkeitsarbeit/ Public Relations – Sponsoring) sowie der **unmittelbaren Kommunikation im Direkt-/ Dialog-Marketing** (persönliche Kommunikation – traditionelle und moderne Formen einer direkten Kundenansprache – Messen und Ausstellungen – Event-Marketing; siehe hierzu F.II.2.d.).

  - Die Unternehmensidentität wird also mit der Corporate Communication in allen Kommunikationsaktivitäten inhaltlich umgesetzt, und zwar in externer wie in interner Richtung. Hierdurch ist der Transport der zentralen Identitätsbotschaften sicherzustellen, und dabei erfolgt ebenfalls eine Vorsteuerung des Corporate Design-Bereichs.
  - Bei der an weitgehend einheitlichen Grundinhalten und einer homogenen Formen- und Bildsprache orientierten integrierten Kommunikation als Selbstdarstellung eines Unternehmens wird insgesamt das – mittelbare –

Ziel verfolgt, ein klar konturiertes und vom Wettbewerb unterscheidbares Vorstellungsbild zum eigenen Unternehmen als Image bei seinen externen Interessengruppen und auch bei den internen Kerngruppen zu erzeugen. Das Gestaltungsspektrum umfasst dabei sämtliche in den verschiedenen Werbeträgern eingesetzte Werbemittel. Corporate Communication geht damit weit über die Aufmachung von Prospekten, Visitenkarten oder Briefbögen hinaus; sie umfasst vielmehr alle textlichen Inhalte (hier insbesondere die Slogans) und die kreative Umsetzung sämtlicher Werbebotschaften sowie deren gegenseitige Abstimmung in Richtung auf die verfolgte CI-Gesamtkonzeption. Dazu gehören z.B. auch die inhaltlichen Aussagen in Antwortbriefen des Unternehmens auf Kundenbeschwerden.

- Gewissermaßen als Vorläufer des hier dargestellten umfassenden Konzepts der Corporate Identity ist das Bemühen um die systematische Pflege der Beziehungen eines Unternehmens zu seinen Unternehmensträger-Gruppen anzusehen. Den hiermit angesprochenen indirekten Kommunikationsbereich der **Öffentlichkeitsarbeit (Public Relations – PR)** haben wir bereits in F.II.2.d. behandelt, wobei deren **Umsetzungsformen** wegen ihrer Bedeutung innerhalb einer integrierten Corporate Communication jetzt nachzutragen sind:

  * Das klassische PR-Instrument ist die **Presse- respektive Medienarbeit** (Presse, Rundfunk, Fernsehen als Massenmedien). Mit dem Ziel eines Verbreitens positiver und identitätskongruenter Nachrichten oder Botschaften werden Pressemitteilungen herausgegeben, Pressekonferenzen veranstaltet oder einzelne redaktionelle Beiträge beziehungsweise komplette Reportagen produziert und zum Abdruck/ zur Ausstrahlung freigegeben. Voraussetzung für das Unterbringen solcher Meldungen oder Programmteile ist ein intensiver, fairer und offener Kontakt mit den zuständigen Redakteuren. Diese sind zugleich frühzeitig in entsprechende PR-Aktivitäten einzubinden, so dass freie Kapazitäten im jeweiligen Medium mit einem genügend großen Vorlauf abgeklärt werden können. Gelingt es einem Unternehmen, kommunikative Botschaften in den redaktionellen Teilen von Zeitungen, Hörfunk- oder Fernsehsendungen übermittelt zu bekommen, dann wird diesen gegenüber Anzeigen oder Werbespots von den Adressaten (Lesern, Zuhörern, Zuschauern) i.d.R. ein höheres Vertrauen entgegengebracht. Diesem Zugewinn an Glaubwürdigkeit stehen allerdings häufig eingeschränkte Gestaltungsmöglichkeiten gegenüber; die vorproduzierten Inhalte werden nur in Ausnahmefällen eins zu eins von den Medienmitarbeitern übernommen.
  * Neben dieser Presse- oder Medienarbeit kann sich PR-Arbeit in speziellen **PR-Veranstaltungen** entfalten. Hierzu zählen beispielsweise thematische Ausstellungen, Präsentationen, Vorträge, Seminare, Hearings, Talk-Shows, Wettbewerbe, Preisverleihungen sowie auch Tage der offenen Tür. Dabei kann sich ein Unternehmen mit solchen Veranstaltungen relativ undifferenziert an interessierte Teilnehmer wenden, oder es kann diese speziell für bestimmte Zielgruppen ausrichten. Im Hinblick auf die

Zielgruppe ist die weitere Unterscheidung zu treffen, ob mit einer PR-Aktion externe Interessengruppen oder interne Kerngruppen angesprochen werden.

* Im Falle einer unerwarteten und für das Unternehmen schwierigen Situation kann es notwendig sein, eine **gesonderte Krisen-PR** zu betreiben. Als Beispiele hierfür können die bei der geplanten Versenkung der Ölverladeplattform „Brent Spar“ des SHELL-Konzerns von einer breiten Öffentlichkeit überraschend thematisierten ökologischen Probleme oder das kurz nach der Auslieferung der ersten Fahrzeuge der MERCEDES-BENZ A-Klasse festgestellte „Umkippen“ im so genannten „Elchtest“ genannt werden. Derartige **Vorgänge mit einem außergewöhnlichen Risikopotenzial** für das betroffene Unternehmen erfordern ein spezielles Krisenmanagement (Bewältigen der aktuellen Krise sowie Vorsorge für eine zukünftig bessere Krisenbewältigung und Krisenvermeidung). Dabei reichen die vorstehend geschilderten PR-Instrumente i.d.R. nicht aus. Zusätzlich hierzu sind von den im Mittelpunkt einer plötzlichen und heftigen öffentlichen Diskussion stehenden Unternehmen dann häufig Anzeigen oder Werbespots in Massenmedien zu schalten, in welchen diese zu der Sonderproblematik Stellung nehmen. Dies wurde auch bei den genannten Beispielfällen durch die betroffenen Unternehmen so gehandhabt. Im Unterschied zur normalen PR werden hierbei also neben den – angesichts der Krise oft nicht oder nicht schnell genug erreichbaren – redaktionellen Teilen der Massenmedien zusätzliche Werbemittel gegen Bezahlung platziert.

- Zur Imagepflege eines Unternehmens sowie zur Erhöhung seines Bekanntheitsgrades kommt als Bestandteil eines integrierten Kommunikationskonzeptes **Sponsoringaktivitäten** ebenfalls eine hohe Bedeutung zu. Mit dem Nennen respektive dem Zeigen von Produkt- oder Firmennamen als Gegenleistung der mit Finanz- oder Sachmitteln geförderten Empfänger kann eine hohe öffentliche Präsenz der Logos und Slogans eines Unternehmens erreicht werden. Im Hinblick auf die notwendige Imageaffinität zwischen einem Unternehmen als Sponsor und sportlichen, kulturellen, sozialen oder auch (umwelt)politischen beziehungsweise wissenschaftlichen Organisationen als Gesponsorten ist auf folgende Aspekte zu achten:

* Zunächst sollte das grundsätzliche **Zusammenpassen der Imagepositionierung von Sponsor und Gesponsortem** sichergestellt sein. Es geht also darum, dass die von deren jeweiligen Zielgruppen aufgebauten Fremdbilder als Imagewahrnehmung des Unternehmens und der gesponsorten Organisation zumindest einen gemeinsamen und großen Schnittmengenbereich aufweisen, über den die assoziative Verknüpfung mit der Partnerorganisation (vom Gesponsorten zum Sponsor und umgekehrt) erfolgen kann. Beispiele hierzu sind die Förderung von Golfturnieren durch die dynamische PKW-Marke BMW oder die Unterstützung russischer Kunstausstellungen in Deutschland durch die WINTERS-

HALL AG als Sponsoringaktivität parallel zu ihrem Bezug und Vertrieb von Erdgas aus Russland.

* Ein gewisser **Unsicherheitsfaktor** liegt hierbei darin, dass der Sponsor i.d.R. keinen direkten Einfluss auf die Verfolgung der Organisationszwecke des Gesponsorten und die hiervon ausgehenden Zielgruppenwirkungen hat. So kann es sich insbesondere im Sportsponsoring häufig zeigen, dass der geförderte Verein oder Spitzensportler die – anfänglich begründeten – Leistungserwartungen nicht erfüllt und stattdessen in Richtung des Tabellenendes seiner Leistungsklasse abrutscht. Aus Sicht des Unternehmens kann es an Stelle der beabsichtigten positiven Imageverknüpfung dann leicht zu einem **negativen Imagetransfer** kommen. Ähnliches gilt für Schlagzeilen, welche – beispielsweise bei einem Rock-Konzert – von randalierenden Zuschauern ausgelöst werden. In solchen Fällen ist ebenfalls eine kontraproduktive Ausstrahlung auf das Image des Sponsors möglich.

Eine Abwandlung des ursprünglichen Sponsoring-Ansatzes stellt das so genannte **Product Placement** dar. Für ausgewählte Medienproduktionen (Kino- und Fernsehfilme, Videoclips) werden zusätzlich oder anstatt allgemeiner Zuwendungen Markenprodukte zur Verfügung gestellt, welche dann in die Handlung eingebaut werden. Damit handelt es sich hierbei um das gezielte In-Szene-Setzen von Marktleistungen im audio-visuellen Bereich. Dies kann zugleich Produkt- oder Firmenslogans umfassen; somit ist auch ein Unterbringen in reinen Hörfunkproduktionen möglich. Product Placement bietet sich insbesondere für hochwertige (Luxus)Güter an, wie beispielsweise für Autos (als herausragendes Beispiel der Sportwagen von James Bond) oder für Schmuck/ Uhren. Auch ansonsten werbebeschränkte Produkte, wie etwa Zigaretten, werden gerne in diesem Rahmen promotet. Die zuvor verdeutlichten Aspekte zur Imageaffinität sind beim Product Placement im Verhältnis von Produkt/ Unternehmen und jeweiliger Medienproduktion in gleicher Weise zu beachten.

- Die bislang behandelten CI-Bereiche Corporate Communication und Design sind noch nicht ausreichend für die Vermittlung der Identität eines Unternehmens. Diese kann nur dann glaubwürdig kommuniziert werden, wenn sie sich vorab im Unternehmen konsequent im Handeln aller Unternehmensmitglieder niederschlägt. Dies gilt für deren Verhalten nach innen und außen sowie für ihre Zusammenarbeit untereinander. Damit erfordern Corporate Communication und Design letztlich eine Verankerung im dritten Identitätsbereich, dem **Corporate Behaviour**, als der schlüssigen und widerspruchsfreien Ausrichtung der Verhaltensweisen aller Unternehmensmitglieder.
  Dieser Bereich weist den ausgeprägtesten **Bezug zu den internen Kerngruppen eines Unternehmens** auf; hier geht es um deren Umgang untereinander, und dieser prägt ihr Verhalten gegenüber außenstehenden Kontakt- oder Kommunikationspartnern. Dabei ist es notwendig, den Mitarbeitern ein zusätzliches Verständnis für Marktzusammenhänge als Grundlage für mehr Kundenorientie-

rung und Kundennähe sowie insgesamt für die aufzubauende Unternehmensidentität zu vermitteln.
Wenn diese normativen Grundlagen in sich stimmig weitergegeben und gelebt werden, dann bestehen gute Voraussetzungen dafür, dass sich die entwickelte Unternehmensidentität relativ verzerrungsfrei im Unternehmensimage als der Zielgruppenwahrnehmung widerspiegelt. Zur Festigung der Unternehmensidentität ist es dabei wichtig, Markterfolge und ein erreichtes positives Image bei den Kunden auch an die Mitarbeiter rückzukoppeln. Dieses Feedback kann als besonderer Verstärker wirken: Die Corporate Identity schafft so ein **„Wir-Gefühl“ nach innen**, und gleichzeitig wird damit die Vertrauensbasis nach außen sukzessiv verbreitert.

Mit dem Konzept der Corporate Identity liegt ein Ansatz vor, bei dem die ideelle Wertebasis eines Unternehmens vorrangig aus der Sicht des Marketing/ der Marktorientierten Unternehmensführung analysiert und gestaltet wird. Dem kann aus dem Managementbereich das Konzept der Unternehmenskultur gegenübergestellt werden. Dabei geht die Verbindung von Corporate Identity und der nachfolgend vorgestellten Unternehmenskultur – wie in Abbildung F-II-19 eingetragen – von dem soeben behandelten CI-Bereich Corporate Behaviour aus.

### *c. Ebenen der Unternehmenskultur*

Der **Kulturbegriff** erhielt eine weiterentwickelte kulturanthropologisch-soziologische Sichtweise durch EDWARD B. TYLOR (1832 – 1917): Als Kultur oder Zivilisation im weitesten ethnografischen Sinn sieht er jenen Inbegriff von Wissen, Glauben, Kunst, Moral, Gesetz, Sitte und allen übrigen Fähigkeiten und Gewohnheiten, welche sich der Mensch als Glied der Gesellschaft angeeignet hat. Von CLYDE KLUCKHOHN (1905 – 1960) stammt die allgemeine, nicht direkt disziplinenspezifische Begriffsfassung, nach der Kultur als umfassender Zusammenhang des menschlichen Verhaltens anzusehen ist. Eine nähere Präzisierung wird hierbei durch die Benennung mehrerer Merkmale vorgenommenen, nach denen Kultur – unter anderem – gelernt, strukturiert, biologisch/ psychologisch/ historisch und umweltbezogen bedingt, dynamisch und variabel ist.

#### Analyse- und Messansätze

Die Verwendung des Kulturbegriffs im Zusammenhang mit der Führung von Unternehmen und damit die Eröffnung der Diskussion um die **Unternehmenskultur (Corporate Culture)** geht im Wesentlichen auf WILLIAM G. OUCHI zurück. Seine Arbeiten vom Ende der 70er/ Beginn der 80er Jahre sind dem Gebiet der vergleichenden Managementforschung (Comparative Management) zuzurechnen:

- In dieser Zeit hatten sich die weltweiten Erfolge japanischer Unternehmen für die US-amerikanische Wirtschaft zu einer großen Herausforderung entwickelt (siehe hierzu bereits A.I.2.), und so wurden jetzt vermehrt Zweiländervergleiche zur Unternehmensführung in den USA und Japan durchgeführt. In seinen Studien arbeitete der in den USA lebende Japaner OUCHI zunächst signifikante Unterschiede in sechs Merkmalsbereichen heraus zwischen amerikanischen

Unternehmen (A-Firms: kurzfristige Beschäftigung – schnelle Beförderung – spezialisierte Karrierewege – explizite Kontrolle – individuelle Entscheidungsfindung und Verantwortung – segmentierte Mitarbeiterorientierung) und japanischen Unternehmen (J-Firms: lebenslange Beschäftigung – langsame Beförderung – breite Karrierewege – implizite Kontrolle – kollektive Entscheidungsfindung und Verantwortung – ganzheitliche Mitarbeiterorientierung).

- Diese Forschungsarbeiten folgten der Grundannahme, dass Unternehmen in die Kultur ihres Heimat- beziehungsweise Stammsitzlandes eingebettet sind und von dieser Warte aus als „Miniaturgesellschaften" betrachtet werden können. Die **Ethnokultur** steht damit im Rang einer externen Variable, der für den Erfolg eines Unternehmens eine nicht zu unterschätzende Bedeutung zukommt. Mit anderen Worten werden demnach landesspezifische Unterschiede in den Gesellschaften (also bspw. USA: heterogen, mobil und individualistisch gegenüber Japan: homogen, stabil und kollektivistisch) zweier Länder in einen direkten Zusammenhang mit den Erfolgen ihrer Unternehmen auf dem Weltmarkt gebracht.
- Weitere Untersuchungen führten OUCHI zu seiner unter diesem Titel 1981 als Buch veröffentlichten **Theorie Z**. Die Bezeichnung ist als Weiterführung der beiden unterschiedlichen Menschenbilder-Theorien X und Y (siehe hierzu F.IV.2.a.) von DOUGLAS M. MCGREGOR (1906 – 1964) anzusehen. Mit deutlichen Unterschieden zu den anfangs abgegrenzten A-Firms kann OUCHI für die Z-Organisationen auf empirischem Weg die besonderen Charakteristika erfolgreicher US-amerikanischer Unternehmen herausarbeiten. Diese sind als Hybridform aus den A- und J-Firms anzusehen, und sie zeichnen sich durch eine stark ausgeprägte, homogene Unternehmenskultur aus. Ähnlich wie japanische Unternehmen, aber im anderen Ethnokulturraum, sind die Organisationsmitglieder in Z-Organisationen weitgehend über unternehmensspezifische Handlungs- und Verhaltensweisen sozialisiert, so dass formalen Strukturregelungen (siehe hierzu G.) ein deutlich nachrangigeres Gewicht zukommt.

**Interkulturelle Mehrländerstudien** sind bereits seit den 60er Jahren zahlreich durchgeführt worden. Die Kulturen von Unternehmen – geschweige denn ihre zielgerichtete Veränderung – standen dabei allerdings noch nicht im Mittelpunkt des Erkenntnisinteresses:

- In **kulturellen Makro-Betrachtungen** ging es – ähnlich dem referierten Vorgehen beim Zweiländervergleich von WILLIAM G. OUCHI – um die generelle Frage, ob von unterschiedlichen nationalen Kulturen entscheidende Einflüsse auf das Managementverhalten und die unternehmerische Effektivität in den jeweiligen Ländern ausgeht. Als gegensätzliche Positionen standen sich seinerzeit eine universalistische Auffassung („Culture-Free-These" – zentrale Managementprinzipien gelten immer und überall) und eine kulturalistische Sichtweise („Culture-Bound-These" – Kulturgebundenheit des Managementverhaltens) gegenüber.
- Die **umfassendste kulturvergleichende Managementstudie** wurde 1980 von GEERT H. HOFSTEDE vorgelegt (Culture's Consequences – International Differences in Work-Related Values). Als Datenbasis dienten 116.000 Fragebogen

des multinationalen Computerunternehmens IBM. In zwei Befragungsrunden zwischen 1968 und 1972 waren hiermit in weltweit allen Niederlassungen Befunde zu arbeitsbezogenen Einstellungen sowie zur Arbeitszufriedenheit erhoben worden. HOFSTEDE leitete damals das Personalforschungszentrum von IBM-Europa und war mitverantwortlich für die Durchführung dieser Befragungsaktionen. Das Bemerken offensichtlich kulturell begründeter Unterschiede im Antwortverhalten nahm er zum Anlass, die gesamten Datensätze kulturvergleichend zu untersuchen. Nach der Definition personen- und berufsgruppenbezogener Mindestfallzahlen gingen ca. 72.000 Fragebogen (erste Erhebungsrunde ca. 31.000 Fragebogen, zweite ca. 41.000) aus 40 Ländern in diese Analyse ein.

- Als deren Ergebnis konnte HOFSTEDE fünf theoretisch fundierte und statistisch überprüfte **Dimensionen** herausarbeiten, auf die Gemeinsamkeiten und Unterschiede von Nationalkulturen zurückgeführt werden können:

  - **Machtdistanz** (Power Distance) als Ausmaß des Tolerierens ungleicher Machtverteilungen in einer Gesellschaft
  - **Unsicherheitsvermeidung** (Uncertainty Avoidance) als Art des Umgehens mit unklaren, nicht eindeutigen Bedingungskonstellationen sowie des damit verbundenen Strebens, solchen Situationen durch formale Regeln und Programme vorzubeugen
  - **Individualismus versus Kollektivismus** (Individualism – Collectivism) als Kontinuumswert einer Gesellschaft zwischen den Polen einer ausgeprägten Eigeninitiative/ Selbstversorgung (Ich-Bezogenheit) und einer starken Eingebundenheit in soziale Gruppen beziehungsweise den Gesamtstaat und seine Fürsorge (Wir-Gefühl)
  - **Männlichkeit versus Weiblichkeit** (Masculinity – Femininity) als Maß für die gesellschaftliche Anerkennung materieller und aufstiegsbezogener, eher als maskulin bezeichneter Werte und/ oder mehr femininer Handlungsmuster, wie Zuneigung, Sicherheit, guter Umgang miteinander
  - **Langzeit- versus Kurzzeit-Orientierung** (Long-term – Short-term Orientation; von GEERT H. HOFSTEDE und MICHAEL H. BOND 1988 den ursprünglichen Dimensionen hinzugefügt, zunächst als Konfuzianische Dynamik – Confucian Dynamism – bezeichnet) als vor allem in asiatischen Ländern ausgeprägte Tugend eines Erwartens zukünftiger Belohnungen und damit einem beharrlichen sowie sparsamen Verhalten gegenüber einem vergangenheits- oder gegenwartsbezogenen Handeln, bei dem insbesondere das Ansehen der eigenen Person und die Erfüllung sozialer Erwartungen zählen.

- Mit den von HOFSTEDE herausgearbeiteten Dimensionswerten lagen spezifische Schätzungen für die kulturelle Situation jeder einbezogenen Nation vor. Nach einem Revidieren der anfänglichen Überlegungen zu den Mindestfallzahlen konnten solche Werte für 53 Länder und drei zusätzliche Regionen (Arabische Welt, West- und Ostafrika) ermittelt werden. Mit den zu jeder Dimension herausgearbeiteten Polaritätenprofilen zu den Konsequenzen niedriger oder hoher Werte im Hinblick auf die Gesellschaft und die Religion, Philosophie/ Ideologie sowie managementrelevante Aspekte (Organisation, Führung, Motivation) konnte HOFSTEDE damit eine allgemein anerkannte – und in weiteren Studien von anderen Autoren auch bestätigte – **ethnokulturelle Landkarte** vorlegen. Dabei war es zusätzlich möglich, in den Dimensionsausprägungen untereinander ähnliche Länder auf dem Weg einer Clusteranalyse zusammenzufassen.

- Zur Illustration hier die **für Deutschland ermittelten Dimensionswerte**: Relativ hohen Werten für Unsicherheitsvermeidung (65), Individualismus (66) und Maskulinität (67) stehen eine vergleichsweise niedrige Machtdistanz (35) und Langzeit-Orientierung (31) gegenüber. Dies ist als verbreiteter Glauben an die Gleichheit und grundsätzliche Entwicklungsmöglichkeiten für alle Bürger zu werten. Beispielsweise **Japan** weist demgegenüber bei noch höherer Unsicherheitsvermeidung (92) und Maskulinität (95) eine nur mittlere Individualität (46) und Machtdistanz (54), aber eine hohe Langzeit-Orientierung (80) auf. Damit kann die japanische Kultur – im Einklang mit den gängigen Vorstellungen – als eher kollektivistisch und risikoaversiv sowie nicht so sehr dem Wert persönlicher Freiheiten verbunden qualifiziert werden.

Wie dargestellt, fanden kulturelle Faktoren in der vergleichenden Managementforschung vor allem als externe Variablen Berücksichtigung. Damit wurde aber zugleich die Grundlage dafür gelegt, die **Unternehmenskultur als interne Variable** in erfolgsgerichtete Ursachen-Wirkungs-Zusammenhänge einzubeziehen. Als auf der Schnittstelle dieser beiden Perspektiven befindlich kann die gemeinsame Arbeit der Organisationswissenschaftler RICHARD T. PASCALE und ANTHONY G. ATHOS und der damaligen MCKINSEY-Berater THOMAS J. PETERS und ROBERT H. WATERMAN eingeordnet werden:

- Anfang der 80er Jahre entwickelten diese Autoren im Rahmen ihrer „Business-Effectiveness-Study" das nach den Anfangsbuchstaben der einzelnen Elemente benannte **7-S-Modell**. In einer vernetzten Molekül-Darstellung („Managerial Molecul") sind dabei drei harte Faktoren (Structure, Strategy und Systems als Organisationsstruktur, Unternehmensstrategie und Umsetzungssysteme/ -prozesse) und drei weiche Faktoren (Staff, Skills und Style als Personal, Unternehmens- und Mitarbeiterfähigkeiten sowie Führungsstil/ Unternehmenskultur) auf den inneren Kern der Superordinate Goals beziehungsweise der Shared Values (grundlegende Ideen, Ziele und Werte = Mission, Vision und Values; siehe dazu schon F.II.1.d.) bezogen.
- Die Programmatik dieses Ansatzes bringen PETERS und WATERMAN bereits im Titel des ersten hierzu veröffentlichten Artikels zum Ausdruck: „Structure Is Not Organization" (WATERMAN/ PETERS/ PHILLIPS 1980). Damit wird verdeutlicht, dass ein Unternehmen nicht nur über seine formale Struktur zu beschreiben und zu gestalten ist. In Verfolgung eines konsistenztheoretischen Ansatzes (siehe hierzu G.I.1.) geht es den Autoren vielmehr darum, das Zusammenwirken der unterschiedenen Gestaltungsbereiche herauszustellen. Demnach ist es zu einer effizienten und effektiven Unternehmensführung notwendig, sämtliche Faktorgruppen in sich optimal auszuformen und zusätzlich eine gegenseitige synergetische Abstimmung zu erreichen.
- Die Autoren konnten nachweisen, dass die **besten US-Unternehmen eine gute Balance** – einen guten Fit – **aller sieben S-Bereiche** herstellen können, wäh-

rend sich bei weniger erfolgreichen Firmen eine eher einseitige Konzentration auf die harten Faktoren findet. Dafür, dass hiermit ein generelles Problem der seinerzeitigen Praxis der Unternehmensführung zutreffend herausgearbeitet wurde, spricht nicht zuletzt der Verkaufserfolg ihrer Bücher: „The Art of Japanese Management“ (PASCALE/ ATHOS 1981) und insbesondere „In Search of Excellence: Lessons from America's Best-Run Companies“ (PETERS/ WATERMAN 1982) wurden – in viele Sprachen übersetzt – Beststeller der Managementliteratur. Letztlich ist hiermit auch der Boden bereitet worden für die noch weiter ausdifferenzierten Modellansätze, wie beispielsweise unsere Erweiterte Wertschöpfungskette (siehe hierzu F.I.), welche heute der Analyse und Gestaltung von Unternehmen zu Grunde gelegt werden.

**Grundtypen von Unternehmenskulturen**

Ebenfalls zum Verkaufsschlager avancierte das 1982 von TERRENCE DEAL (Prof. an der Harvard Graduate School of Education) und ALLAN A. KENNEDY (MCKINSEY-Berater) vorgelegte Buch „Corporate Culture - The Rites and Rituals of Corporate Life“. Eindeutig steht hier die **Unternehmenskultur im Rang eines internen Erfolgsfaktors**, was bei der 1987 erschienen deutschen Übersetzung explizit im Titel „Unternehmenserfolg durch Unternehmenskultur“ zum Ausdruck gebracht wird.

Als **wesentliche Elemente von Unternehmenskulturen** arbeiten DEAL/ KENNEDY – gestützt auf eine 80 Unternehmen umfassende Feldstudie – **Werte** (grundlegende Glaubenssätze als „Herz“ einer Corporate Culture), **Helden** (Verkörperung der Werte durch visionäre Persönlichkeiten mit Vorbildcharakter), **Riten und Rituale** (symbolische, zeremoniale Handlungen als Ausdruck und Vermittlung der Kultur) sowie das **kulturelle Netzwerk** (informelle Kommunikation als Trägersystem der gemeinsamen Werte) heraus. Deren Ausprägungen werden wesentlich durch die jeweilige Geschäftsumwelt (z.B. Betätigungsfeld, Technologien, Wettbewerbssituation, Gesetzeslage) bestimmt.

Auf der Basis des letztgenannten Merkmals der relativen Umweltsituation nehmen DEAL/ KENNEDY schließlich eine **Einteilung in vier generelle Grundtypen von Unternehmenskulturen** vor. In einer jeweils dichotomen – also zweigliedrigen – Unterteilung basiert diese zum einen (y-Achse) auf dem mit den unternehmerischen Aktivitäten verbundenen Risiko (niedrig – hoch), und zum anderen (x-Achse) wird die Schnelligkeit eines marktlichen Feedbacks über den Erfolg der Umsetzung von Unternehmensstrategien (langsam – schnell) herangezogen. Die daraus resultierende Vier-Felder-Tafel wird nachfolgend mit den Originalbezeichnungen von DEAL/ KENNEDY und den im deutschen Sprachraum eingebürgerten Übersetzungen kurz vorgestellt (siehe hierzu Abb. F-II-20):

- **Tough Guy, Macho Culture** (hohes Risiko, schnelles Feedback):
  Hiermit ist eine Welt voller Individualisten zu kennzeichnen, die nach dem Motto „Alles oder Nichts“ schnell entscheiden und dabei ständig hohe Risiken eingehen. Vorzufinden ist eine solche Kultur in temporeichen, jugendlichen Unternehmen, in denen einzig der kurzfristige Erfolg zählt – und Misserfolge schonungslos offen gelegt werden. Sie kann auch als **Spieler- oder Star-Kul-**

**tur** bezeichnet werden, und als Beispielunternehmen sind solche des Entertainment-, Management Consulting- oder Werbe-Bereichs zu nennen.

- **Bet Your Company Culture** (hohes Risiko, langsames Feedback):
Bei der zeitlich sehr viel späteren Erfolgsrückmeldung gilt es, auf das eigene Unternehmen zu setzen. Damit verbunden ist eine Konzentration auf richtige Entscheidungen, und so ist das Management durch häufige Konferenzen und Sitzungen mit hoher wissenschaftlich-technischer Rationalität geprägt. Die Helden sind hier zähe Personen, welche ihre Ideen konsequent weiterverfolgen. Insgesamt ist diese Form als eine **von Technikern/ Tüftlern dominierte analytische Projektkultur** zu qualifizieren. Sie findet sich beispielsweise im Anlagenbau oder bereichsbezogen in Forschungs- und Entwicklungsabteilungen von Unternehmen.
- **Work Hard, Play Hard Culture** (niedriges Risiko, schnelles Feedback):
Bei dem niedrigen Risiko kommt dem Gelingen jeder Einzelaktion keine so große Bedeutung zu. Es zählen vielmehr permanente Aktivitäten, die bei großem Teamgeist in unkomplizierter Zusammenarbeit auf das gemeinsame Ziel (bspw. ausgeprägte Kundenorientierung) ausgerichtet sind. Die Helden sind dementsprechend charmante Verkaufstalente, und als Rituale werden gern dem Sportbereich entlehnte Wettbewerbe veranstaltet (bester Verkäufer usw.). Solche **teamorientierten Brot-und-Spiele-Kulturen** sind um den Aufbau von Schutzmechanismen bemüht, und dabei kann sich ein Konflikt zwischen der Schnelligkeit und der Qualität von Leistungen ergeben. Als Beispielbranchen und -bereiche können Computer-/ Softwarehersteller und große Verkaufsabteilungen von Unternehmen angeführt werden.
- **Process Culture** (niedriges Risiko, langsames Feedback):
Die Kombination aus niedrigem Risiko und langsamer Rückkoppelung von Ergebnissen führt zu einem Verselbstständigen von Prozessen/ Abläufen. Ohne den Gesamtüberblick zum Erstellen einer Leistung wird die Perfektionierung der eigenen Teilaufgabe zum alleinigen Tätigkeitsinhalt für die Mitarbeiter. Als Helden werden besonders pünktlich, gründlich und fehlerfrei arbeitende Kollegen verehrt, und zur Ritualisierung des ausgeprägten Hierarchiesystems tragen fein abgestimmte Statussymbole bei, wie die positionsabhängige Büroausstattung und -besetzung, Kantine(nbereich), Parkplatzvergabe, Kleiderordnung, Umgangsform und -sprache. Den Anlass besonderer Zeremonien bieten vor allem Dienstjubiläen, spontane Feiern sind eher unerwünscht. Diese **bürokratischen Verfahrenskulturen** sind auf Kontinuität ausgerichtet, sie finden sich – mit einer wettbewerbsbedingt abnehmenden Tendenz – teilweise noch in Bank- und Versicherungsunternehmen oder beispielsweise im Universitätsbereich.

Diese Einteilung bildet einen Ansatz zur unternehmenskulturellen Einordnung ganzer Unternehmen. In Anerkennung der Existenz von – durchaus gegensätzlichen – Subkulturen ist sie nach DEAL/ KENNEDY aber auch bereichs- oder abteilungsspezifisch zu verwenden. Wenn damit insgesamt ein Beitrag zum Vergegenständlichen des Phänomens der Unternehmenskultur geleistet wird, so kann durch die noch zu erläuternde Forschungsprogrammatik von EDGAR H. SCHEIN hierzu ein tiefer gehendes Verständnis erreicht werden.

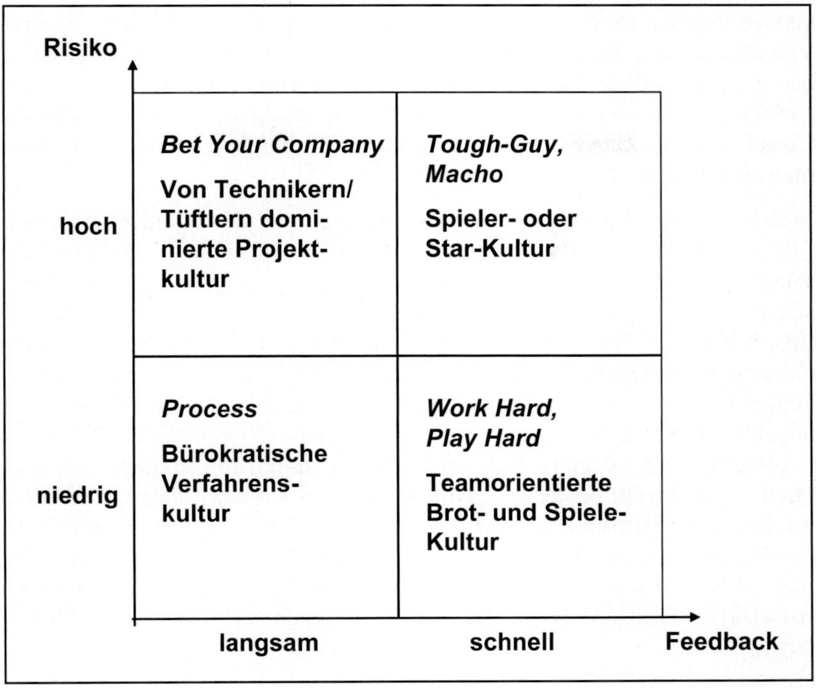


**Abb. F-II-20:** Typen von Unternehmenskulturen nach DEAL/ KENNEDY

Nach der Entdeckung der Unternehmenskultur als einer für den Erfolg von Firmen relevanten Kategorie setzte eine regelrechte Flut von Publikationen auf diesem Gebiet ein. Einer 1983 von LINDA SMIRCICH getroffenen Einteilung folgend, kann hierzu folgende **Klassifikation** vorgenommen werden:

- Als **objektivistisch** respektive **funktionalistisch** werden solche Ansätze bezeichnet, in denen die Unternehmenskultur als eine gestalterische Variable neben anderen eingestuft wird, um eine insgesamt hohe Leistungsfähigkeit im unternehmerischen Prozess der Leistungserstellung und -verwertung zu erreichen. Eine sinnorientierte Koordination wird hierbei gewissermaßen den betriebswirtschaftlich-rationalen Entscheidungsabläufen zur Seite gestellt. Als Subsysteme von Unternehmen aufgefasst, lautet die paradigmatische Aussage zu dieser Richtung: **Unternehmen haben Kulturen**.
- Die Gegenposition wird als **subjektivistisch** respektive **interpretativ** gekennzeichnet. Hierbei steht der Kulturbegriff im Range einer erkenntnisleitenden Grundmetapher (Root Metaphor). Mehr oder weniger losgelöst von ihrem ökonomischen Grundzweck werden Unternehmen insgesamt als Sinnsysteme verstanden, innerhalb derer es zu einer individuellen und gemeinsamen Wirklichkeitskonstruktion ihrer Mitglieder kommt. An Stelle physikalisch-technischer Beschreibungsdimensionen sind damit expressiv-symbolische Kategorien zu verwenden, um von der Oberfläche beobachtbarer Phänomene zu der tiefer lie-

genden ideellen Essenz von Organisationen vordringen zu können. Wegen der Vielschichtigkeit dieser Zusammenhänge und wegen der völlig anderen, nicht betriebswirtschaftlichen Erkenntnisperspektive entziehen sich solche Ansätze allerdings weitgehend einer (kurz- und mittelfristigen) gestaltungsorientierten Umsetzung. Als Basis-Leitsatz ist zu dieser Richtung festzuhalten: **Unternehmen sind Kulturen**.

In den Arbeiten des Organisationspsychologen und Managementwissenschaftlers EDGAR H. SCHEIN (Massachusetts Institute of Technology – MIT) wird eine Verbindung der beiden vorgenannten Positionen vorgenommen. Sein 1985 erschienenes Buch „Organizational Culture and Leadership“ ist noch heute als das Standardwerk zur Unternehmenskultur anzusehen. Der von Schein geleistete „Brückenschlag“ besteht darin, dass er Ansätze zur Organisationsentwicklung beziehungsweise zum organisationalen Lernen mit solchen der interpretativen Kulturforschung verknüpfte. Als eingängiges und nachvollziehbares Modell zur Kulturanalyse legt er ein **dreigliedriges Schema** vor, und damit ist auch ein zweckgerichteter – gleichwohl dosierter – Mitteleinsatz zur Kulturgestaltung in Unternehmen möglich. In Fortführung der zuvor angesprochenen Bezeichnungen wird eine solche Position als erweitert oder reflektiert funktionalistisch bezeichnet. Die im rechten Abbildungsteil der Abbildung F-II-19 enthaltenen **Ebenen der Unternehmenskultur** nach EDGAR H. SCHEIN sind – von unten nach oben – wie folgt zu erläutern:

- Mit dem Begriff der (Unternehmens)Kultur sind nach SCHEIN zunächst die **tiefer liegenden Grundanschauungen und Überzeugungen** (Basic Assumptions and Beliefs) zu belegen. Diese werden – unterbewusst wirkend – von den Mitgliedern einer Organisation allgemein vertreten, und in einer grundlegenden, als sicher angenommenen Weise definieren sie damit das Bild eines Unternehmens von sich und seiner Umwelt. Dieser Orientierungs- und Vorstellungsrahmen entwickelt sich über konkrete Gruppenerfahrungen und kann in einzelne Dimensionen unterteilt werden. Nach SCHEIN sind dies die Beziehungen zur Umwelt, die Vorstellungen zu Realität und Wahrheit, die Annahmen zur Natur des Menschen sowie zum menschlichen Handeln und diejenigen zu zwischenmenschlichen Beziehungen. Diese Einzeldimensionen stehen nicht unverbunden nebeneinander; aus ihnen bildet sich vielmehr für jedes Unternehmen ein – mehr oder weniger stimmiges – Verhaltensmuster. Dieses gilt es, als das spezifische Weltbild einer Organisation herauszuarbeiten, wenn man deren Kultur zu ergründen versucht.
- Die grundlegenden Annahmen spiegeln sich in den **Werten und Normen** (Values) eines Unternehmens wider. Auf dieser mittleren Bewusstseins-Ebene (teils sichtbar, teils unbewusst) werden individuelle und kollektive Handlungsdeterminanten verankert, welche durchaus schon realen Überprüfungen und Vergleichen zugänglich sind. Dies gilt insbesondere für die Fälle, in denen Verhaltensmaximen nicht lediglich als ungeschriebene Gesetze weitervermittelt werden, sondern hierzu bereits schriftliche Ge- und Verbote beziehungsweise Verhaltenskodices (als Unternehmensphilosophie oder -leitbild; siehe hierzu D.I.1. und F.II.1.d.) vorliegen.

- Über die Werte und Normen findet eine mit den Basisannahmen in einem Unternehmen kompatible Kanalisierung des Handelns und Verhaltens seiner Mitglieder statt. Dies wiederum manifestiert sich auf der als **Artefakte und Schöpfungen** (Artefacts and Creations) bezeichneten oberen Kulturebene. Damit ist das Symbolsystem (Architektur, Technologie, Kunst, sicht- und hörbare Verhaltensmuster) gemeint, über das eine spezifische Unternehmenskultur ihren Ausdruck findet und über die sie folglich auch weitervermittelt und -entwickelt werden kann. Diese Artefakte und Schöpfungen sind einer direkten Wahrnehmung unmittelbar zugänglich, allein auf diesem Weg sind sie aber i.d.R. nicht entschlüsselbar. Nach der von WENDELL L. FRENCH und CECIL H. BELL bereits 1973 entwickelten Metapher des „organisatorischen Eisbergs" bilden sie dessen Spitze, die von den darunter liegenden und größtenteils unsichtbaren Teilen getragen wird. Die Analyse und vor allem auch die Veränderung der Unternehmenskultur setzt also notwendigerweise ein ganzheitliches, alle drei Ebenen umgreifendes Vorgehen voraus. Einen Überblick dazu, wie hierbei vorgegangen werden kann, geben wir im nachfolgenden Unterabschnitt.

Wenn in **starke und schwache Unternehmenskulturen** differenziert wird (siehe hierzu schon D.I.1.), dann kann diese Unterscheidung entlang der folgenden, auf EDMUND HEINEN (1919 – 1996) sowie auf HORST STEINMANN und GEORG SCHREYÖGG zurückgehenden Dimensionen vorgenommen werden:

- Unter den generellen Aspekt der **Prägnanz** einer Unternehmenskultur werden die Deutlichkeit und Nachvollziehbarkeit gefasst, mit der sich das oder die wenigen, in sich kompatiblen Handlungs- und Verhaltensmuster einer Organisation zeigen. Für starke Unternehmenskulturen ist damit ein relativ einfacher, klarer und konsistenter Orientierungsrahmen gefordert, der zudem eine große Regelungsbreite abdeckt. Den Werten und Standards sowie dem Symbolsystem sollte also eine Richtlinienfunktion für möglichst alle betrieblichen Entscheidungssituationen zukommen.
- Bei dem **Verankerungsgrad** respektive der **Verankerungstiefe** einer Unternehmenskultur wird darauf abgestellt, inwieweit die definierte oder festgestellte ideelle Wertebasis eines Unternehmens in das individuelle Werte- und Normengefüge ihrer Mitglieder Aufnahme gefunden hat. Das Kontinuum reicht hier von einer umfassenden Internalisierung bei starken Unternehmenskulturen bis hin zu einer – zumindest theoretisch für „ganz schwache" Unternehmenskulturen möglichen – vollständigen Ablehnung.
- Das **Übereinstimmungsausmaß** einer Unternehmenskultur bezieht sich auf deren **Verbreitungsgrad**. Hierbei sind eventuelle Unterschiede in den Orientierungsmustern innerhalb eines Unternehmens von Bedeutung. Es geht demnach darum, ob von unternehmensweit relativ einheitlichen Wertvorstellungen, Normen und Denkhaltungen ausgegangen werden kann (Einheitskultur), oder ob sich leitungs- respektive wertschöpfungsbezogen gruppenspezifische Handelns- und Verhaltensausrichtungen ergeben haben (Subkulturen). Nach dem Prinzip, dass Stärke entsteht, wenn „alle an einem Strang ziehen", ist für starke Unternehmenskulturen eher eine einheitliche Kultur und so ein hohes Übereinstimmungsausmaß gegeben.

- Mit der **Systemvereinbarkeit** einer Unternehmenskultur ist gesondert zu betrachten, welche Kongruenz der ideellen Wertebasis mit den formalen Instrumenten der – strategischen und operativen – Unternehmens- sowie der Mitarbeiterführung besteht. Um ein Beispiel zu geben, passt etwa das Propagieren einer hohen Eigenverantwortung der Mitarbeiter im Rahmen unternehmenskultureller Leitlinien – also der Unternehmensphilosophie oder dem -leitbild – nicht mit einer streng autoritär-hierarchischen Führung der Mitarbeiter zusammen. Die Spannweite reicht bei dem Aspekt der Systemvereinbarkeit von – der eher theoretischen Position – einer völligen Inkompatibilität – bis hin zu dem für starke Unternehmenskulturen anzunehmenden völligen Einklang.
- Unternehmen können generell nicht ohne oder losgelöst von ihren Umsystemen agieren. Die Dimension der **Umweltvereinbarkeit** einer Unternehmenskultur umfasst schließlich die wichtige Einschätzung dazu, in welchem Ausmaß die grundlegenden Antriebskräfte für das Handeln und Verhalten in einem Unternehmen mit denen seiner externen Unternehmensträger auf der Beschaffungs- und Absatzseite respektive den weiteren Interessengruppen (siehe hierzu C.I.3.) harmonieren. Analog zur vorgenannten Dimension ist auch hierbei für starke Unternehmenskulturen eine möglichst weitreichende Übereinstimmung vorauszusetzen.

Im von uns zu Grunde gelegten Modell der Erweiterten Wertschöpfungskette bilden Corporate Identity und Unternehmenskultur einen übergeordneten Gesamtzusammenhang, welcher zusammen mit den Prozessen der Strategie und des Marketing die Leistungserstellung und -verwertung in einem Unternehmen steuert. Wie ausgeführt, werden über die Kultur eines Unternehmens bei dem Setzen und Erreichen unternehmerischer Ziele normativ-koordinierende Wirkungen angestrebt. Im Verhältnis zu den beiden anderen, eher formal-inhaltlich ausgerichteten Steuerungsprozessen sowie deren Realisierung in den direkten Wertschöpfungsphasen sind auch bei starken Unternehmenskulturen nicht ausschließlich positive Effekte zu erwarten.

- Aufgrund der gemeinsamen und weitgehend einheitlichen ideellen Wertebasis sind als **vorteilhafte Konsequenzen starker Unternehmenskulturen** zunächst festzuhalten:
    - Komplexitätsreduzierende Handlungs- und Verhaltensorientierung
    - Reibungslose, weitgehend informelle Kommunikation
    - Zügiges Treffen und Umsetzen von Entscheidungen
    - Niedriger Kontrollaufwand
    - Hohe Motivation, guter Teamgeist
    - Stabilität und Zuverlässigkeit im Handeln und Verhalten aller Unternehmensmitglieder.
- Insbesondere beim unvermittelten Auftreten ausgeprägt dynamisch-turbulenter Markt- und Umfeldsituationen können von dem Orientierungsmuster einer starken Unternehmenskultur aber auch **kontraproduktive Reflexe** ausgehen, die wie folgt zusammenzufassen sind:

- Tendenz zur Abkapselung, Überhören wichtiger Signale zur Änderung der Unternehmensausrichtung
- Blockieren neuer Orientierungen im Vertrauen auf die bekannten Erfolgsmuster
- Schwierige Implementation als notwendig erachteter Strategiewechsel durch eine – offene oder versteckte – kollektive Vermeidungshaltung
- Insgesamt mangelnde Flexibilität, ausgeprägtes Beharrungsvermögen.

### d. Analyse und Gestaltung von CI/ Unternehmenskultur

Zum übergeordneten Wertschöpfungsprozess Corporate Identity/ Unternehmenskultur ist jetzt noch kurz auf die prinzipiellen Möglichkeiten der Analyse und Gestaltung einzugehen (dritte Rubrik der Abb. F-II-19). Dabei können die in den vorangegangenen Unterabschnitten getrennt dargestellten Konzepte jetzt wieder gemeinsam behandelt werden. Dem liegt die folgende, bereits am Ende von F.II.3.b. angesprochene **Verbindung dieser beiden Teilansätze** einer wertebasierten Unternehmenssteuerung und deren ziel-/ interessengruppenbezogenen Vermittlung zu Grunde:

- Wie für Individuen gilt, dass sich eine **konsistente, gefestigte Unternehmenspersönlichkeit** nur über das tägliche Handeln und Verhalten herausbilden kann. Bei Unternehmen als Personenmehrheiten hat damit der Bereich **Corporate Behaviour** die letztlich **entscheidende Bedeutung** für den Aufbau oder die Weiterentwicklung der Identität eines Unternehmens. Als in diesem Sinne kritischer Erfolgsfaktor ist er erst nach den beiden anderen Elementen Corporate Design und Communication in CI-Konzeptionen aufgenommen worden, und deshalb wird Corporate Behaviour in der Literatur regelmäßig nur relativ knapp abgehandelt. Wenn demgegenüber aber die Werte, Normen, Einstellungen und Verhaltensweisen der gesamten Belegschaft als grundlegende Handlungsdeterminanten in Unternehmen den Hauptinhalt der Forschungsansätze zur Unternehmenskultur bilden, dann bietet es sich an, die beiden Richtungen an dieser Stelle zu verknüpfen: Mit anderen Worten kann also der Bereich Corporate Behaviour über die Unternehmenskultur aufgefächert und so einer näheren Untersuchung sowie ggf. einer perspektivischen Veränderung zugänglich gemacht werden.
- Neben dieser generellen und in Abbildung F-II-19 mit einem doppelten Beziehungspfeil kenntlich gemachten Verknüpfung ist noch auf weitere **Parallelitäten von Corporate Identity und Unternehmenskultur** hinzuweisen:
  - Durch den Bereich des Corporate Design wird die propagierte Unternehmensidentität visuell vermittelt, und somit besteht hierbei eine enge Beziehung zu den sichtbaren Kulturniederschlägen der Artefakte und Schöpfungen im Unternehmenskultur-Schema von EDGAR H. SCHEIN.
  - Eine weitere Verbindung zu dieser Oberflächenebene der Unternehmenskultur geht vom CI-Element der Corporate Communication aus. Im offiziellen, von der Unternehmensleitung beabsichtigten Wirkungszusammenhang basieren Corporate Identity und Unternehmenskultur auf der Unternehmens-

philosophie und -politik. Wenn hierzu schriftliche Festlegungen erfolgt sind, etwa als Unternehmensleitbild oder im Dreiklang der Mission, Vision und Values, dann bilden diese wesentliche Grundlagen für die Identitätsvermittlung eines Unternehmens. Aus der Unternehmenskulturperspektive liegen damit zugleich Kulturmanifestationen vor, die es im Hinblick auf die tatsächliche Ist-Kultur mit den gelebten Werten und Normen sowie den grundlegenden Annahmen abzugleichen gilt.

- Mit einer allgemeinen Erweiterung des Ansatzes der Unternehmenskultur auf das Verhalten von beliebigen Personenmehrheiten lassen sich schließlich auch Relationen zur Zielgruppenwahrnehmung herstellen, die beim CI-Konzept als Image angestrebt wird. Dessen Ausprägung als Fremdbild zu einem Unternehmen hängt wiederum wesentlich vom Werte- und Normengefüge der Mitglieder einer Kunden-, Käufer- oder Interessengruppe ab. Als Niederschläge hierzu sind deren persönliche Lebensstile anzusehen, und diese finden ihren Ausdruck in den erwünschten/ nachgefragten und erworbenen Marktleistungen.

Wie anhand dieser Systematisierung nachvollzogen werden kann, erfordert die **Analyse der Corporate Identity und Unternehmenskultur** Erhebungen, Einordnungen und Erklärungen/ Interpretationen zu menschlichem Verhalten, sprachlich geäußerten Erfahrungen, Meinungen, Beweggründen et cetera sowie auch zu menschengeschaffenen Gegenständen. Die zuletzt genannten Positionen werden als soziale Sachverhalte bezeichnet, und für deren systematische Erfassung und Deutung stehen die Methoden der **empirischen Sozialforschung** zur Verfügung. Hierauf wird im Folgenden kurz eingegangen, da die Messung und Ermittlung von Corporate Identity und Unternehmenskultur im Vergleich zu anderen Bereichen/ Phänomenen eines Unternehmens eine Reihe von Besonderheiten und Schwierigkeiten enthält. Mit einer jeweils spezifischen Ausrichtung auf bestimmte Ausschnitte sozialer Wirklichkeit kann die folgende Grundeinteilung vorgenommen werden; detailliertere Ausführungen hierzu folgen in F.III.5.:

- **Inhaltsanalysen** sind auf menschengeschaffene Gegenstände – also auf die Resultate menschlicher Tätigkeit – gerichtet. Hiermit können beispielsweise das Design von Produkten wie auch deren Verpackungsgestaltung, Bauten oder Kleidung, insbesondere aber Texte, Ton- und Bildaufzeichnungen formal-inhaltlich sowie im Hinblick auf ihre Entstehung und die mit ihrem Einsatz beabsichtigte Wirkung untersucht werden.
- **Beobachtungen, Befragungen und Experimente** beziehen sich demgegenüber explizit auf aktuelles menschliches Handeln und Verhalten. Deren Gegenstandsbereiche unterscheiden sich wie folgt:
  - Beobachtungen und Befragungen finden in originären, natürlichen (Feld)Situationen Einsatz.
    - Dabei sind Beobachtungen unmittelbar auf offenes Verhalten bezogen und müssen deshalb zeitgleich hiermit stattfinden.

* Für Befragungen ist dieser direkte Zeit- und Raumbezug nicht erforderlich, diese können allgemein als Gespräche über das Verhalten in bestimmten Situationen bezeichnet werden.

- Bei Experimenten liegt der Unterschied zu den soeben benannten beiden Methoden in einer anderen Umfeldsituation. Diese wird hier vom Forscher arrangiert; deshalb findet mit Experimenten ein Untersuchen menschlichen Verhaltens unter Laborbedingungen statt.

Das hiermit generell aufgezeigte Methodenspektrum kann als quantitative oder als qualitative Sozialforschung in **zwei unterschiedlichen Forschungs-/ Erkenntnisstrategien** zur Anwendung kommen:

- Der **quantitativen Sozialforschung** liegt die von einem realistischen Wirklichkeitsverständnis (siehe hierzu A.I.3.) ausgehende und den Naturwissenschaften entlehnte hypothetisch-deduktive Methode der Erklärung, Prognose und darauf basierender Gestaltung von Ursachen-Wirkungs-Zusammenhängen zu Grunde.

  - Hier steht das Messen sowie dabei insbesondere das umfängliche Quantifizieren sozialer Sachverhalte mittels standardisierter Erhebungsinstrumente im Vordergrund.
  - Zum Gewinnen repräsentativer Aussagen wird mit großen Fallzahlen/ Stichproben gearbeitet.
  - Deren hypothesengeleitete Auswertung erfolgt rechnergestützt mit den Verfahren der deskriptiven und analytischen Statistik.

  Ein solches, kurzgefasst als großzahlige Statistik bezeichnetes Vorgehen ist mit den dazugehörigen, im Voraus aufzustellenden detaillierten Forschungsplänen in einer **theorietestenden** Weise einzusetzen. Damit liegt der Schwerpunkt quantitativer Sozialforschung in dem **Begründungszusammenhang** empirischer Forschungsprojekte zur Untersuchung menschlichen Handelns, Verhaltens und Erlebens.
- Die **qualitative Sozialforschung** basiert hingegen auf dem erkenntnisleitenden Ausgangspunkt der individuell-sinnhaften Konstruktion sozialer Wirklichkeiten (idealistisches Wirklichkeitsverständnis). Zumindest als Ergänzung des etablierten quantitativen Zweiges propagiert, wird darin aber teilweise auch eine eigenständige und alternative Sozialforschungsrichtung gesehen.

  - Als wissenschaftlicher Grundansatz kommt hierbei anstatt des deduktiven Erklärens (vom Allgemeinen auf das Besondere/ den Einzelfall) vorrangig das induktive Verstehen (vom Besonderen zum Allgemeinen) und damit eine genuin kulturwissenschaftliche Methode zum Einsatz.
  - An die Stelle der bei quantitativen Sozialforschungsprojekten notwendigen Vorabfestlegung jedes einzelnen Forschungsschrittes tritt das so genannte Prinzip der Offenheit. Dies bedeutet, dass im Hinblick auf die anvisierten Erkenntniszusammenhänge und damit auch die einzubeziehenden Personen(kreise) sowie die zu verwendenden Instrumente über weite Strecken der empirischen Forschung eine hohe Variabilität zugelassen ist, aus der sich

erst allmählich die schließlich eingenommene Erkenntnisperspektive herauskristallisiert.

Korrespondierend zur zuvor für die quantitative Sozialforschung getroffenen Einschätzung kann deren qualitative Variante als eher **theorieentwickelnd** eingeordnet werden, und von daher ist sie insbesondere im Rahmen des **Entdeckungszusammenhangs** empirischer Sozialforschungsprojekte einzusetzen.

In einer analytischen Trennung haben wir bisher einen Überblick dazu gegeben, wie die Corporate Identity und die Unternehmenskultur im spezifischen Einzelfall untersucht werden können. Dabei können deren **Analyse und eine zielgerichtete Gestaltung/ Veränderung** kaum sinnvoll auseinander gehalten werden:

- Die getroffene Aussage gilt im Übrigen für beide in F.II.3.c. vorgestellten Richtungen der Unternehmenskulturforschung. So müssten sich die Anhänger einer **subjektivistisch/ interpretativen Position** vorhalten lassen, dass jede Analyse mit Einwirkungen auf den Untersuchungsgegenstand einhergeht und von daher mit deren Grundauffassung eigentlich bereits nicht vereinbar ist. Für die realitätsnähere Fraktion der **objektivistisch/ funktionalistisch ausgerichteten Wissenschaftler** erwächst aus dem gleichen Grund die Notwendigkeit, schon zu Beginn eines CI- oder Kulturprojektes Vorstellungen über einzuschlagende Gestaltungs-/ Veränderungsrichtungen zu entwickeln. Geschieht dies nicht und finden über die reine Erhebung des Status Quo keine weitergehenden Aktivitäten statt, dann wird die mit der Analyse bei den Mitarbeitern aufgebaute Erwartungshaltung enttäuscht. Das kann zu einer Beschädigung der gerade erst festgestellten Identität oder Kultur eines Unternehmens führen. Festzuhalten bleibt damit, dass eine Analyse ohne Folgeaktivitäten letztlich sogar schlechter ist als gar keine Untersuchung der CI und/ oder Unternehmenskultur.
- Mit der in diesem Abschnitt herausgearbeiteten hohen Bedeutung einer normativen Koordination durch den **übergeordneten Steuerungsprozess Corporate Identity/ Unternehmenskultur** wird nach den verschiedenen, insbesondere schon zu Anfang unseres Buches vorgenommenen Illustrationen noch einmal klar, dass die Effizienz und Effektivität der unternehmerischen Wertschöpfung nicht allein von formal-rationalen Regelungen abhängt respektive durch solche gesteigert werden kann. Die sozial-emotionalen Ursachen und Wirkungen des Verhaltens aller Unternehmensmitglieder sind hierbei stets gleichgewichtig zu berücksichtigen. Diese Dualität wichtiger Einflussfaktorgruppen der Zielerreichung von Unternehmen als produktiven sozialen Systemen zur Deckung fremden Bedarfs stellt den konstitutiven Grundansatz der **Organisationsentwicklung** als ein Methodenspektrum für die zielgerichtete Einleitung und Durchführung von Veränderungen in Unternehmen dar. Hierauf gehen wir bei den weiteren Ausführungen zum flankierenden Wertschöpfungsprozess Personal, Personalführung, Organisationsentwicklung (F.IV.2.) sowie zur Organisationsplanung (G.V.) noch einmal ausführlicher ein.

# III. Direkte Wertschöpfungsprozesse

## 1. Forschung und Entwicklung

In welchen Grundzusammenhängen stehen die F&E-Aktivitäten von Unternehmen? Welche Ziele verfolgt die Forschung und Entwicklung in Unternehmen? Was ist Gegenstand von Innovationen, und was bildet deren Grundlage? Welche Forschungsarten sind zu unterscheiden? Wie können F&E-Prozesse effektiv gesteuert werden?

Seit JOSEPH ALOIS SCHUMPETER (1883 – 1950) gehört es zur wirtschaftswissenschaftlichen Erkenntnis, dass Industrieländer als dynamische Wirtschaftssysteme aufzufassen sind, in denen durch schöpferische unternehmerische Tätigkeiten **technische und organisatorische Neuerungen als Innovationen** durchgesetzt werden und es dadurch immer wieder zu neuen Kombinationen der Produktionsmittel kommt. Bei diesen „schöpferischen Zerstörungen" werden alte Produktions- und Marktstrukturen durch neue ersetzt, und zugleich wird auf diese Weise eine Zunahme des industriellen Output-Niveaus und somit eine allgemeine Sozialprodukt-/ Wohlfahrtssteigerung ermöglicht (siehe hierzu C.I.3.g.).

Solange es noch genügend Produktions- und Absatzmöglichkeiten gab (Verkäufermärkte), hing der technische Fortschritt im Wesentlichen von dem Einfallsreichtum und der Kreativität einzelner Erfinder- und/ oder dynamischer Unternehmerpersönlichkeiten ab. In unseren heutigen Überflussgesellschaften (Käufermärkte) fällt dieser allerdings kaum noch mehr oder weniger zufällig an; wegen des hohen Differenzierungsdrucks, dem prinzipiell alle Unternehmen auf gesättigten Märkten gleichermaßen ausgesetzt sind, wird jetzt systematisch nach dem Fortschritt gesucht. Mit den vorstehenden Erläuterungen wird deutlich, dass sich die **Bedeutung von Neuerungen und Verbesserungen** bei den Marktleistungen und ihrer Erstellung mit der Veränderung in den Marktsituationen grundlegend gewandelt hat.

Festzuhalten bleibt, dass die Angebote der Unternehmen in ausgeprägten Konkurrenzsituationen vergleichsweise „kurze Verfallsdaten" aufweisen. Nach dem Motto „Das Bessere ist des Guten Feind" versucht jeder Anbieter, die Spitze des „Wettbewerbsgipfels" in seinem Marktbereich zu erklimmen – oder diesem zumindest nahe zu kommen – und seine erreichte Position nach Möglichkeit auch zu verteidigen.

In dem zur Forschung und Entwicklung erstellten Überblick (hierzu Abb. F-III-1) sind damit die Grundzusammenhänge dieses Eingangsbereichs der primären Leistungserstellung angesprochen:

- Bei starkem Wettbewerb unter zunehmend international auftretenden Anbietern hängt der Erfolg einzelner Unternehmen immer stärker davon ab, dass **neue oder veränderte Marktleistungen zum genau richtigen Zeitpunkt** eingeführt werden, um dadurch den Nachfragern im Vergleich zu Konkurrenzunternehmen leistungsfähigere Produkte oder Dienstleistungen anbieten zu können. Insbesondere von der Kosten- und Preisschiene her gesehen, geht die weiter gehende Anforderung dahin, ebenso rechtzeitig auf **neue oder veränderte Verfahren bei der Leistungserstellung** zu wechseln. Andernfalls sind innovative Problemlösungsangebote wegen deutlich höheren Preisvorstellungen nicht am Markt durchzusetzen, oder es kann die weitere Möglichkeit, Wettbewerbsvorteile über die Realisierung einer günstigen Kostenstruktur und somit einer guten Preisposition zu erreichen, nicht genutzt werden.

- Ein eklatantes **Beispiel** für die schnelle und nachhaltige Wirkung dieses Technologie-Markterfolg-Mechanismus lieferte der weltgrößte Handyhersteller NOKIA. In der Jahresmitte 2004 war erkennbar, dass das Unternehmen seinen hohen Marktanteil (2002: 35,8% – 2004: 30,7%) nicht halten konnte. Der Grund waren Versäumnisse der Produktentwicklung in der jüngsten Vergangenheit; Wettbewerber wie MOTOROLA, SAMSUNG und SHARP boten in Europa bereits stark nachgefragte aufklappbare Handys in großem Maße an. Nokia hatte den Trend zu solchen Mobiltelefonen und zu Kamerahandys „verschlafen". Trotz stark reduzierter Preise um bis zu 25%, um den Absatz anzukurbeln, ging die Nachfrage erheblich zurück. Die Konsequenz waren – aufgrund des deutlichen Umsatzdefizits – ein drastischer Gewinnrückgang und ein Einbruch des Aktienkurses um ca. 12%.
- Damit sind Forschungs- und Entwicklungsaktivitäten das prinzipiell wichtigste strategische Mittel in der Auseinandersetzung eines Unternehmens mit den Konkurrenten seiner Branche. Dies trifft vor allem zu für direkt technologieabhängige Unternehmen, wie etwa die Hersteller von Investitionsgütern und hochwertigen, längerlebigen Konsumgütern, also beispielsweise Automobilen oder unterhaltungselektronischen Produkten. Bei der zunehmenden Technologisierung aller Lebenswelten gilt dieser Befund – mit graduellen Abstufungen – letztlich für alle Unternehmen auf wettbewerbsintensiven Märkten.
- Die direkte Konsequenz von immer rascher erfolgenden Wechseln in den Angebotspaletten der Unternehmen sind **branchenweit reduzierte Vermarktungszeiten**. Bezogen auf die gesamte Phasenlänge vom Entwicklungsstart neuer Marktleistungen über deren Vermarktungsbeginn bis hin zur Streichung aus dem Angebotsprogramm (Produktlebenszyklus; siehe Abb. F-II-6) kommt es zu kräftigen Stauchungen. Damit verkürzt sich insbesondere auch das Zeitfenster zur Gewinnerzielung (Amortisationszeitpunkt bis Produktablösung) erheblich.

  Für die **Entwicklung der nächsten Generation** von Produkten oder Dienstleistungen steht dabei logischerweise **ein jeweils kürzerer Zeitraum** zur Verfügung. Dies kann, wie im Bereich der Konsumelektronik am Beginn der 90er Jahre zum Teil bereits geschehen, so weit gehen, dass die Entwicklungszeit eines Produktes seine Vermarktungsdauer übersteigt. Beim Aufbrauchen in Gang gesetzter Produktentwicklungen sind damit Marktanteilsverluste sowie Gewinn- und Beschäftigungseinbrüche vorprogrammiert. Die Lösung in solchen Fällen kann nur in einer Verkürzung und Optimierung des Prozesses der Produktentwicklung bestehen. Im Leistungswettbewerb um die Gunst der Kunden emanzipiert sich auf diese Weise neben dem Qualitäts- und Kostenkriterium der Zeitfaktor zu einer eigenständigen und kritischen, also erfolgsbestimmenden Größe.

***Grundzusammenhänge:***

**Der Unternehmenserfolg ist in wettbewerbsintensiven und zunehmend internationalen bzw. globalen Märkten immer stärker davon abhängig, rechtzeitig *neue/ veränderte Marktleistungen* anzubieten und *neue/ veränderte Verfahren* bei deren Erstellung einzusetzen**

⇨ **Forschungs- und Entwicklungsaktivitäten sind, vor allem für technologieabhängige Unternehmen, das *wichtigste strategische Mittel* in der Auseinandersetzung mit dem Wettbewerb**

⇨ **Bei sinkender Vermarktungsdauer verkürzt sich die zur Verfügung stehende FuE-Spanne; der *Zeitfaktor* wird – neben dem Qualitäts- und Kosten-/ Preiskriterium – zur *kritischen Erfolgsgröße***

***Einzelne Entscheidungs- und Gestaltungsfelder:***

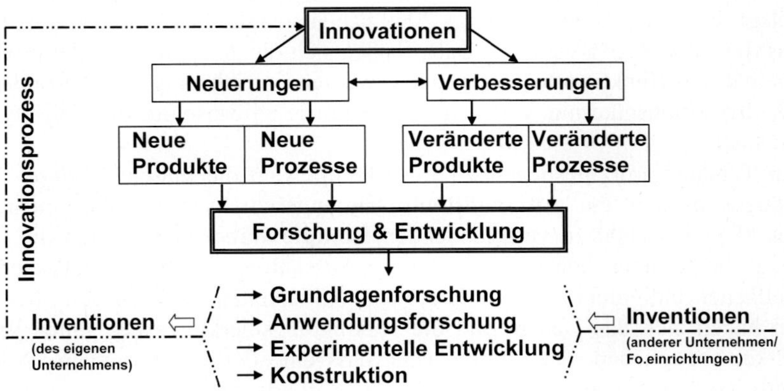


***Ausgewählte Entsch.situationen*** **(→ Lösungsansätze/ Instrumente):**

- ***Gestaltung des Innovationsprozesses***
  **→ Phasenmodell als Grundlage [Abb. F-III-2]**
- ***Senkung von Entwicklungszeiten u. -kosten*** **(bei Qualitäts-, Zeit- und Kostenoptimierung des gesamten Wertschöpfungsprozesses)**
  **→ Reverse und Simultaneous Engineering/ QFD, Target Costing**
- ***Organisatorische Umsetzung***
  **→ F&E-Abteilung und/ oder Projektmanagement**
- ***Make or Buy?***
  **→ Eigene FuE/ Lizenznahme/ Kooperationen/ Auftragsforschung**

**Abb. F-III-1:** Überblick zur Forschung & Entwicklung (Direkter Prozess)

Eine zusätzliche Erschwernis geht dabei davon aus, dass in Käufermarktsituationen die Ansprüche der Abnehmer/ Kunden auch im Hinblick auf die beiden anderen soeben angesprochen Parameter, das Qualitäts- und das Kosten- respektive Preiskriterium, im Zeitablauf kontinuierlich zunehmen:

- So werden immer individuellere Problemlösungen verlangt, wobei gleichzeitig eine **hohe Funktionalität/ Qualität bei möglichst niedrigem Preis** gefordert wird. Die mit der vorhergehenden Argumentation begründete Verkürzung von Entwicklungszeiten kann sich damit nicht auf eine Referenzbasis von Standardprodukten beziehen. Vielmehr ist der Spagat zu schaffen, die Reduktion der Entwicklungs- und Markteinführungszeiten bei einer gleichzeitig deutlich gestiegenen Komplexität der Marktleistungen zu bewirken. Damit sind i.d.R. höhere Forschungs- und Entwicklungsausgaben verbunden, der Amortisationszeitpunkt (Ausgleich von anfänglichem Entwicklungsaufwand durch Vermarktungserträge) wird tendenziell später erreicht, und wegen der ohnehin verkürzten Produktlebenszyklen führt dies zu einer beidseitigen Reduzierung der Gewinnerzielungszeit.
- Die geschilderten Herausforderungen sind für die deutsche Industrie empirisch belegt. Im Zeitraum von 1990 bis 2000 haben sich die Produktlebenszyklen industrieweit um 25% verkürzt. Dabei haben sich die Ansprüche an die Produktqualität und -funktionalität verdoppelt, während gleichzeitig – insbesondere in der Investitionsgüterindustrie – die Marktpreise teilweise auf die Hälfte gefallen sind.
- Zur Tendenz, trotz gestiegener Produktkomplexität die Entwicklungszeiten zu reduzieren, kann die **Automobilindustrie** angeführt werden. Nach mehreren, von 1980 bis 2000 zu verzeichnenden **Komplexitätswellen** weisen die Fahrzeuge heute einen hohen Technologie-, Ausstattungs- und Qualitätsstand bei vielfachen individuellen Kombinierungsmöglichkeiten auf. Seit den 80er Jahren haben sich das Design und die Ausstattungsmerkmale der Autos immer stärker angeglichen. Dies führte dazu, dass eine Differenzierung im Wettbewerb hierüber immer schwieriger wurde. Vorherrschende Werttreiber und Erfolgsfaktoren waren eher die Kosten aufgrund reduzierter Komplexität und die Zeit im Sinne schnellerer Prozessdurchläufe. Im gleichen Zeitraum konnte so die Entwicklungszeit für neue Modelle von ca. 8 Jahren auf 2 bis 3 Jahre (z.B. HONDA, FORD, CITROEN, VW, BMW) gesenkt werden. Dabei sind die weiteren Etappenziele schon abgesteckt: Als nächster Schritt werden 18 bis 24 Monate angestrebt, um dann auch 12-monatige Entwicklungszeiten zu erreichen.
- Bei einer hohen Preis- und damit Kostenkonkurrenz unterliegen die Unternehmen einer Branche dem generell **doppelten Differenzierungsdruck**, mit der Einführung neuer oder verbesserter Marktleistungen gleichzeitig die Herstellungsprozesse leistungsfähiger zu gestalten. Das Musterbeispiel hierzu ist die **Halbleiterindustrie**:
  - Der Weltmarkt für diese in den 50er Jahren aufgekommene Technologieanwendung hat sich Jahr für Jahr im Durchschnitt um rund 14% auf ein Volumen von rund 213 Mrd. US-Dollar im Jahr 2004 vergrößert. Dabei waren allerdings immer wieder starke zyklische Schwankungen zu verzeichnen. So

folgte beispielsweise auf das Boom-Jahr 2000 (+ 37%) ein bis dahin nicht bekannter Abschwung (- 32% in 2001). Mit einem Wachstum in 2002 von nur 1,3% und erneuten Steigerungen von 18,3% und 28% für 2003 und 2004 konnte der Einbruch von 2001 wieder ausgeglichen werden. In 2005 wurden gut 227 Mrd. US-Dollar erreicht (+ 6,8%), und für 2006 werden knapp 250 Mrd. (+ 9,8%) erwartet. Der Wachstumsprozess in der Halbleiterindustrie vollzog sich vor dem Hintergrund einer stark steigenden Leistungsfähigkeit der Bauelemente und deren gleichzeitig rapidem Preisverfall. 1975 konnten 10.000 Transistoren (elektrische „0-1-Schalter“) auf einem Mikroprozessor untergebracht werden; heute sind bis zu 10 Mrd. möglich. Der Marktpreis für 1 Megabyte Speicherplatz sank in diesem Zeitraum von 5.000 auf weit unter 1 US-Dollar.

- Mit der Miniaturisierung der Chips konnten diese von den industriellen Abnehmern in immer neuen Anwendungsfeldern eingesetzt werden, und die steigenden Absatzzahlen führten zu niedrigeren Stückkosten bei den Herstellern der Speicherbausteine (z.B. INTEL, AMD, INFINEON). Hierbei sind wegen der stark fallenden Marktpreise allerdings regelmäßig große Anstrengungen zur weiteren Optimierung der Herstellungsprozesse notwendig; die geschilderte Entwicklung des Halbleitermarktes verlangt jährliche Produktivitätssteigerungen von jeweils 20 bis 30%. Diese sind parallel zu den direkten – und ebenfalls generationsweise stark steigenden – Kosten der Entwicklung neuer Prozessoren zu realisieren, womit sich für diese Branche ein sehr hohes Forschungs- und Entwicklungsniveau ergibt.

## *a. Ziele und Arten der Forschung und Entwicklung*

Aus dem vorangegangenen Problemaufriss kann die mit den Forschungs- und Entwicklungsaktivitäten von Unternehmen verfolgte generelle Zielsetzung abgeleitet werden:
Das Ziel der Forschung und Entwicklung in Unternehmen besteht darin, den zukünftigen Marktauftritt und -erfolg durch einen **kontinuierlichen Strom von Innovationen in den Produkten und Verfahren** vorzubereiten beziehungsweise abzusichern. Von der Vielzahl existierender Begriffsfassungen zur Innovation sind heute insbesondere zwei von der OECD (ORGANISATION FOR ECONOMIC CO-OPERATION AND DEVELOPMENT mit Sitz in Paris) stammende Definitionen allgemein anerkannt:

- Nach dem so genannten OECD „Frascati Manual“ (5. Ausg. 1993) sind Innovationen anzusehen als die **Umsetzung einer Idee**
  - in ein neues oder verbessertes Produkt und dessen Markteinführung,
  - in einen neuen oder verbesserten operativen Prozess in der Industrie respektive dem Handel,
  - oder in eine neue Form von Dienstleistungen.
- Hieraus wurde die im OECD „Oslo Manual“ (2. Aufl. 1997) enthaltene Kurzfassung abgeleitet, die auf **technologische Produkt- und Prozessinnovationen**

(Technological product and process innovations – TPP innovations) ausgerichtet ist. Danach haben „TPP Innovationen"

- eingeführte technologisch neue Produkte/ Dienstleistungen und Prozesse sowie
- signifikante technologische Verbesserungen in Produkten/ Dienstleistungen und Prozessen

zum Gegenstand.

Mit diesen Begriffsklärungen ergibt sich zugleich das Spektrum einzelner Entscheidungs- und Gestaltungsfelder für den F&E-Bereich eines Unternehmens. Es ist im mittleren Teil der Abbildung F-III-1 eingetragen und mündet in die Unterscheidung der verschiedenen Forschungs- und Entwicklungsarten/ -aktivitäten:

- **Innovationen** bilden den generellen Ausgangs- und Zielpunkt aller F&E-Bemühungen.
  - Wie die vorstehenden Erläuterungen gezeigt haben, sind darunter **nicht nur absolute Neuheiten** zu verstehen, **auch Verbesserungen** in Produkten und Verfahren sind hierbei eingeschlossen. Letztere müssen allerdings einen signifikant und damit deutlich höheren Gebrauchs- oder Verwendungsnutzen aufweisen; lediglich umbenannte oder neu verpackte Produkte erfüllen diese Anforderung beispielsweise nicht.
  - Von Innovationen zu sprechen, setzt des Weiteren voraus, dass die entsprechenden Marktleistungen **bereits am Markt eingeführt sind** bzw. die neuen oder verbesserten Verfahren in den Leistungserstellungsprozessen eingesetzt werden. Die bloße Idee, erste Forschungsarbeiten und auch ein Prototyp sind also noch nicht als Innovation zu bezeichnen. Diese Schritte rechnen zu den einzelnen F&E-Aktivitäten, auf die wir noch zu sprechen kommen.
  - Bezogen auf die grundsätzliche Zielrichtung, neuartige Produkte oder Dienstleistungen zu entwickeln, Verbesserungen bei bestehenden Marktleistungen zu erreichen, oder neue/ verbesserte Prozesse einzusetzen, sind noch weitere Abgrenzungen vorzunehmen:
    - Die Begriffe der Neuerung und der Verbesserung werden in unterschiedlichen Relationen verwendet. Dabei können Marktinnovationen und Unternehmensinnovationen unterschieden werden. **Marktinnovationen** liegen dann vor, wenn das neue oder verbesserte Produkt/ Verfahren nicht nur für das Unternehmen, sondern auch für den Markt neu ist. Das heißt, dass noch kein anderes Unternehmen ein vergleichbares Produkt anbietet oder vergleichbare Verfahren einsetzt. Deswegen wird in diesem Fall auch von worldwide innovations gesprochen. **Unternehmensinnovationen** (firm-only innovations) sind demgegenüber dann gegeben, wenn Produkte oder Verfahren lediglich für ein Unternehmen neu sind. Von anderen Unternehmen werden diese in vergleichbarer Form und Qualität also bereits am Markt angeboten respektive eingesetzt.

* Zu den produkt- und prozessbezogenen Unterkategorien ist noch einmal herauszustellen, dass **Produktinnovationen** die Umsetzung neuer/ verbesserter Lösungsprinzipien in den Marktleistungen zum Gegenstand haben, während sich **Prozessinnovationen** auf die Anwendung neuer Produktionsverfahren oder die Neugestaltung/ Optimierung eingeführter Produktionsprozesse konzentrieren.
* Die Wechselwirkung besteht hierbei darin, dass durch Prozess- und damit Verfahrensinnovationen positive Auswirkungen auf Produktinnovationen ausgehen können. Dies ist in der Weise der Fall, dass durch neue Herstellungstechniken zugleich Produkte in der Qualität oder der technischen Leistungsfähigkeit verbessert werden können. Umgekehrt kann es möglich sein, dass neue technische Lösungsprinzipien bei den Produkten respektive Marktleistungen zugleich die Notwendigkeit von Verfahrensverbesserungen oder auch Verfahrensinnovationen erforderlich machen.

Wie das Bild in der Abbildung F-III-1 verdeutlicht, definiert sich die Bandbreite der F&E-Aufgaben in einem Unternehmen über alle bislang unterschiedenen Innovationskategorien. Dabei umfasst die Forschung und Entwicklung den technologisch grundlegenden Teil des gesamten Innovationsprozesses. Nach dem OECD Frascati Manual wird Forschung und Entwicklung als systematisch-kreative Arbeit qualifiziert, die als Ziel eine Ausweitung des Erkenntnisstandes beziehungsweise seine Nutzung zu neuen Anwendungen hat.

Nach der Wissens- und Technologieintensität – und dementsprechend einer relativen Marktferne – werden **drei Phasen der Forschung und Entwicklung** unterschieden. Wiederum in Anlehnung an das OECD „Frascati Manual“ können diese wie folgt charakterisiert werden:

- **Grundlagenforschung** umfasst experimentelle und theoretische Forschungsarbeiten, welche vorrangig darauf ausgerichtet sind, **neue Basiserkenntnisse** zu wissenschaftlichen Phänomenen oder beobachtbaren Fakten zu gewinnen, ohne dass hiermit bereits spezielle Anwendungen oder Verwertungen im Blickfeld stehen. Losgelöst von konkret formulierten Zielsetzungen der Vermarktbarkeit geht es hierbei darum, neue physikalisch-technische, chemische oder biologische Lösungsprinzipien zu finden. Die Möglichkeit der industriellen und wirtschaftlichen Anwendung wird erst in späteren F&E-Phasen geprüft und bewertet.
- **Angewandte Forschung** beinhaltet ebenfalls originäre wissenschaftliche Arbeiten mit dem Ziel der Gewinnung neuen Wissens und neuer Erkenntnisse. Im Unterschied zur Grundlagenforschung ist die Anwendungsforschung allerdings explizit **auf einen speziellen Gegenstand oder auf ein spezifisches praktisches Umsetzungsziel** gerichtet. Im betriebswirtschaftlichen Zusammenhang verfolgt die angewandte Forschung unmittelbar das Ziel, Wissen und Erkenntnisse direkt durch die nachfolgenden Phasen der Entwicklung und Konstruktion in vermarktbare Produkte umzusetzen.
- **Experimentelle Entwicklung** wird ebenfalls mit einem unmittelbaren, auf neue oder verbesserte Materialien, Produkte, Komponenten, Verfahren, Systeme oder Dienstleistungen gerichteten Zweckbezug betrieben. Anders als die

vorstehend erläuterten Forschungsarten basiert diese F&E-Aktivität allerdings auf der **Auswertung vorhandener wissenschaftlicher Erkenntnisse und praktischer Erfahrungen**.
Der Unterschied besteht also darin, dass mit der Grundlagen- und auch der angewandten Forschung jeweils originäre Erkenntniszugewinne angestrebt werden, während mit der experimentellen Entwicklung ein gegebener Wissensstand in neue Marktleistungen und Verfahren umgesetzt werden soll.

- In dem hiermit angesprochenen Prozess von ersten Forschungs- oder Entwicklungsarbeiten bis hin zu einer neuen Problemlösung stellt die **Konstruktion** im ingenieurwissenschaftlichen Sprachgebrauch den nächsten Abschnitt dar. Dieser zählt **nur noch in Teilen zu den F&E-Aktivitäten** und ist deshalb in der Abbildung F-III-1 mit einer Klammer versehen. So wird der Bau von Prototypen, Pilot-, Demonstrations- oder Referenzanlagen noch zur Entwicklung gezählt, während beispielsweise die Konstruktion neuer, zur industriellen Herstellung notwendiger Werkzeuge bereits in die Produktions-/ Arbeitsvorbereitung fällt.

In welcher begrifflichen Beziehung stehen die unmittelbaren Ergebnisse der Forschungs- und Entwicklungsarbeiten von Unternehmen – oder auch von Forschungseinrichtungen – mit den angestrebten Innovationen?

Wenn Letztere bereits die Markteinführung respektive den praktischen Einsatz von neuen/ verbesserten Angeboten beziehungsweise Prozessen voraussetzen, dann ist hierzu noch eine weitere Differenzierung vorzunehmen. Damit wird eine – vorwiegend gedankliche – Trennlinie zwischen der technologischen Basis von Innovationen und ihrer marktmäßigen Realisierung gezogen:

- Grundlage für Innovationen sind Erfindungen als neuartige Lösungen spezifischer Problemstellungen mit technischen Mitteln. Diese auch **Inventionen** genannten zweckgerichteten und wiederholbaren Problemlösungskonzepte basieren auf der **erstmaligen Anwendung neuer technischer Prinzipien**. Als bedeutende Beispiele hierfür können der Fernseher (1929), das Transistorradio (1954), der Silizium-Mikroprozessor (1969) oder die laserbasierte Compact Disc für Computerdaten (CD-Rom – 1985) sowie die Digital Versatile Disc (DVD – 1995) genannt werden.
- Aufbauend auf den theoretischen Erkenntnissen der Grundlagenforschung sind Erfindungen/ Inventionen vor allem das Ergebnis angewandter Forschung, sie können aber auch noch der experimentellen Entwicklung erwachsen. Erfindungen/ Inventionen sind damit generell als technische Resultate der Forschung und Entwicklung zu bezeichnen. Ihre wirtschaftliche Anwendung steht noch in Frage, hierzu müssen weitere produkt- und marktbezogene Testphasen, die Produktionsaufnahme und schließlich die Markteinführung durchlaufen werden.
- Wie die schematische Darstellung in der Abbildung F-III-1 zeigt, stehen Inventionen durch unternehmerische F&E-Aktivitäten im Allgemeinen in einem mehrstufigen Zusammenhang. Als Grundlage werden i.d.R. vorgelagerte respektive frühere Inventionen von anderen Unternehmen oder von Forschungseinrichtungen herangezogen. Bei genügend großen Forschungskapazitäten sind Unternehmen im Ausnahmefall auch dazu in der Lage, bedeutende Erfindungen

praktisch im Alleingang zu bewältigen. Mit diesen beiden aufgezeigten Fällen – der kontinuierlichen Weiterentwicklung einer Technologie respektive dem Herbeiführen revolutionärer Technologiesprünge – kann noch einmal herausgestellt werden, dass Inventionen immer die Grundlage von Innovationen bilden.

- Wenn Erfindungen also neuartige Lösungen für spezielle Probleme mit technischen Mitteln darstellen, dann sind hiervon die **Entdeckungen** zu unterscheiden. Diese können als das Auffinden von bisher unbekannten, aber naturgegebenen Phänomenen, Gesetzmäßigkeiten oder Ursachen-Wirkungs-Zusammenhängen gekennzeichnet werden. Am Beispiel der elektrischen Ströme im menschlichen Gehirn kann die Abgrenzung verdeutlicht werden: Hierauf bezogen war keine Erfindung, sondern lediglich eine Entdeckung möglich. Der Elektro-Enzephalograph (EEG – 1929) als technisches Gerät zu deren Messung und Aufzeichnung stellte dann allerdings wieder eine Erfindung dar.

Für technische Erfindungen, die neu sind, auf einer erfinderischen Tätigkeit beruhen und die gewerblich anwendbar sind (§ 1 Patentgesetz – PatG), besteht die Möglichkeit der **Erteilung eines Patentes als zeitbegrenztem** – maximal zwanzig Jahre währenden (§ 16 PatG) – **Verwertungsschutzrecht**. Bei den angesprochenen Voraussetzungen müssen nach dem deutschen Patentrecht folgende Bedingungen erfüllt sein:

- Die **Neuheit einer Erfindung** macht sich daran fest, dass sie nicht zum Stand der Technik zu rechnen ist (§ 3 PatG). Dieser definiert sich über alle der Öffentlichkeit bis zum Tag ihrer Anmeldung – schriftlich, mündlich, durch Benutzung oder in sonstiger Weise – zugänglich gemachten Kenntnisse. Bei der Beantragung eines deutschen Patents ist diese Frage vom DEUTSCHEN PATENT- UND MARKENAMT (DPMA mit Sitz in München) eingehend zu prüfen. Hierbei werden insbesondere auch alle zugänglichen internationalen Patentdokumente einbezogen, also beispielsweise solche des EUROPÄISCHEN PATENTAMTS (EPA, München) und der Patentämter der USA (U.S. PATENT AND TRADEMARK OFFICE – USPTO, Washington) oder von Japan (JAPANESE PATENT OFFICE – JPO, Tokyo).
- Mit dem Kriterium der **erfinderischen Tätigkeit** (§ 4 PatG) wird eine ausreichende Erfindungshöhe gefordert. Demnach ist es außer der Neuheit einer Erfindung erforderlich, dass sich diese hinreichend vom Stand der Technik abhebt. Wenn also ein auf dem betreffenden technischen Gebiet tätiger Fachmann ohne weiteres auf die entsprechende Problemlösung kommen kann, dann ist eine Erfindung nicht patentierbar.
- Die **gewerbliche Anwendbarkeit** einer Erfindung setzt voraus, dass ihr Gegenstand auf einem gewerblichen Gebiet hergestellt oder benutzt werden kann (§ 5 I PatG). Bei technischen Erfindungen ist dies in aller Regel gegeben. Als Ausnahme hiervon werden – wegen der fehlenden Gewerbeeigenschaft ärztlicher Berufe – Behandlungs- und Diagnoseverfahren auf den human- oder veterinärmedizinischen Gebieten als nicht gewerblich anwendbar eingestuft. Während diese Verfahren demnach nicht patentierbar sind, können für darin angewendete Erzeugnisse – beispielsweise also für das angesprochene EEG-Gerät – aber durchaus Patente erteilt werden (§ 5 II PatG).

Mit dem Patentwesen sind wichtige **einzel- und gesamtwirtschaftliche Wirkungen** verbunden:

- Über die Prüfung der entsprechenden Anmeldungen können Unternehmen – und Einzelerfinder – die Patenterteilung für ihre Inventionen erreichen. Der damit verbundene Verwertungsschutz ermöglicht es den Unternehmen, gegenüber ihren Wettbewerbern **technologiebezogene Marktzugangsbarrieren** zu errichten. Auf diese Weise können sie sich temporäre Vorsprünge in der Anwendungsentwicklung sichern, und bei bedeutenden Erfindungen sind so auch eindeutige Verfügungsmonopole zu schaffen.
- Zu erteilten Patenten wird vom DPMA eine Patentschrift veröffentlicht, welche neben den Anspruchsberechtigten am Patent auch dessen wesentliche Grundlagen (Beschreibungen, Zeichnungen) sowie die im Prüfverfahren herangezogenen Quellen enthält (§ 32 PatG). Diese Unterlagen sind frei zugänglich, und damit erfüllen die Patentveröffentlichungen die wichtige Funktion, über den **aktuellen Stand der Technik** zu informieren.
- Schließlich kommt bereits den Patentanmeldungen, also nicht erst den zeitlich später erfolgenden Patenterteilungen, die Funktion eines im Zeitverlauf relativ zuverlässigen **Output-Indikators** für die F&E-Aktivitäten einer Branche oder einer Volkswirtschaft zu. In der Annahme, dass der überwiegende Teil technischer Erfindungen auch zum Patent angemeldet wird, kann über diesen im Patentverfahren frühesten Zeitpunkt auf das jeweilige Aktivitätsniveau der Herausbildung neuer technologischer Lösungsprinzipien geschlossen werden:
  - Der Verwertungsschutz bezieht sich auf das nationale Territorium der Behörde, die ein Patent erteilt beziehungsweise die Anmeldung entgegengenommen hat (z.B. also Deutschland, USA oder Japan). Bei den zunehmend internationalen Wirtschaftsverflechtungen wurde es also häufig notwendig, eine technische Erfindung in mehreren Ländern zum Patent anzumelden. 1978 trat der von der Weltorganisation für den Schutz geistigen Eigentums (World Intellectual Property Organization – WIPO, Genf) initiierte **Patentzusammenarbeitsvertrag** (Patent Cooperation Treaty – PCT, 124 Vertragsstaaten Ende 2004) in Kraft; seitdem kann mit einer einzigen Anmeldung Verwertungsschutz in mehreren Ländern erlangt werden. Dementsprechend werden in den Patentstatistiken der einzelnen nationalen Ämter die Direktanmeldungen und die PCT-Anmeldungen getrennt ausgewiesen. So hatte das Deutsche Patent- und Markenamt in 2004 57.784 Direktanmeldungen (+ 1,5% ggü. 2003) und 1.450 internationale PCT-Anmeldungen für Deutschland (wegen der PCT-Reform 2004 nicht direkt mit 2003 vergleichbar) zu verzeichnen.
  - Zur Beurteilung der technologischen Leistungsfähigkeit eines Landes werden insbesondere die so genannten **Triadepatente** herangezogen. Hierbei handelt es sich um Patente, die wegen ihrer hohen technischen und wirtschaftlichen Bedeutung in allen drei Regionen der Triade – also in Europa, USA und Japan – angemeldet werden. So wurden in 2002 von US-amerikanischen Erstanmeldern 35.491 Patente für eine triadeweite Geltung angemeldet, während aus Japan 23.625 und aus Deutschland 10.703 solcher

Anmeldungen kamen. Anfang der 80er Jahre lag Deutschland hierbei noch auf dem zweiten Platz hinter den USA. Bezogen auf die absolute Zahl von neu angemeldeten Triadepatenten hatte sich Japan nach einer regelrechten Aufholjagd dann Mitte der 80er Jahre vor Deutschland auf diesen zweiten Platz geschoben. Nach rückläufigen Triadepatentaktivitäten zu Beginn der 90er Jahre in allen großen Industrieländern außer den USA setzte ab 1994 wieder eine starke Dynamik ein. Von 1991 bis 2002 konnte beispielsweise Deutschland seine Anmeldungen annähernd verdoppeln, womit eine etwas stärkere Zunahme als beim Durchschnitt der EU- oder OECD-Länder erreicht wurde. Setzt man das Aufkommen von Triadepatentanmeldungen in Beziehung zur Anzahl der Einwohner oder der Erwerbspersonen, dann hat Deutschland bei diesen Patentintensitäten in 2002 einen Platz in der Spitzengruppe der großen Industrienationen. 277 Triadepatente entfallen auf eine Million Erwerbstätige, in Japan sind es 361, während in den USA die 250er-Marke noch nicht erreicht ist (239).

- Aus den Triadepatentanmeldungen kann auch auf die internationale Arbeitsteilung im F&E-Bereich geschlossen werden. Hierbei zeigt sich, dass die Spitzentechnik weiterhin eine Domäne der USA und Japans ist. In Deutschland findet sich dagegen eine Spezialisierung auf die höherwertige Technik (z.B. Maschinen und Anlagen, Automobile). Damit liegt der Schwerpunkt der Forschungs- und Entwicklungsanstrengungen in deutschen Unternehmen also eher in der Kombination der Resultate aus den überdurchschnittlich forschungsintensiven Spitzentechnologien zu neuen Anwendungen in traditionellen Technikfeldern.

### b. Phasen und Instrumente des Innovationsprozesses

Wie die bisherigen Ausführungen gezeigt haben, sind Aktivitäten der Forschung und/ oder Entwicklung in den Unternehmen erforderlich, um über die Einführung von Produkt- beziehungsweise Prozessinnovationen die Grundvoraussetzungen für den Fortbestand und ein weiteres Wachstum zu schaffen. Wenn dabei im Hinblick auf die Technologieintensität auch branchenbezogene Unterschiede gegeben sind, so gilt diese Notwendigkeit doch prinzipiell für alle Unternehmen. Über die Durchführung von F&E-Vorhaben ist in der gesamten Wirtschaft dafür Sorge zu tragen, dass heute die Basis für den Marktauftritt und die Leistungserstellung von morgen respektive übermorgen geschaffen wird. Vor diesem zeitlichen Hintergrund wird unsere Einordnung der Forschung und Entwicklung als Eingangsphase der primären Wertschöpfung noch einmal deutlich.

Den Überblick zu diesem elementaren Bereich der Wertschöpfungskette schließen wir mit der Behandlung **ausgewählter Entscheidungssituationen** und hierzu geeigneter **Lösungsansätze/ Instrumente** ab (unterer Teil der Abb. F-III-1). Diese haben die Durchführung der unmittelbaren F&E-Aktivitäten und ihre Einordnung in den Gesamtablauf von Innovationsprozessen zum Inhalt, und es wird aufgezeigt, welche Festlegungen hiervon für die nachfolgenden Phasen und Prozesse der primären Wertschöpfung ausgehen.

### Prozessphasen einer Innovation

Die Umsetzung von unkonventionellen Ideen in neuartige technische Problemlösungskonzepte und schließlich in marktleistungs- oder verfahrensbezogene Innovationen stellt für jedes Unternehmen ein sehr komplexes Vorhaben dar. Korrespondierend zur unternehmensweiten Tragweite der Einführung von Neuerungen und/ oder Verbesserungen handelt es sich hierbei um eine Querschnittsaufgabe, bei welcher der F&E-Bereich insbesondere für die grundlegenden Technologieaspekte zuständig ist. Die Federführung liegt – vor allem bei der Entwicklung neuer Produkte oder Dienstleistungen – häufig beim Marketingbereich, um Kundenanforderungen unmittelbar einzubeziehen und umzusetzen. Auch die Produktion wird von Beginn an bei Innovationsprozessen beteiligt sein. Zur Klärung respektive Abschätzung der marktseitigen Voraussetzungen und Wirkungen sind darüber hinaus frühzeitig wichtige Lieferanten und Kunden einzubeziehen, so dass auch die Beschaffungs-, die Vertriebs- und die Serviceabteilung an der Innovationsaufgabe mitwirken werden.

Aus inhaltlicher Perspektive ist mit Blick auf die Effizienz und Effektivität des gesamten Innovationsprozesses ein strukturiertes Vorgehen notwendig. Damit werden einzelne Aktivitätsbereiche beziehungsweise -schritte in ihrer logischen Abfolge gegeneinander abgegrenzt. So kann bei der Entwicklung innovativer Technologieprodukte das nachfolgend wiedergegebene – und im konkreten Anwendungsfall noch tiefer zu gliedernde – **allgemeine Phasenschema** (Abbildung F-III-2) zu Grunde gelegt werden:

① Zur Generierung von Neuproduktideen stellen **Markt- und Umfeldbeobachtungen** als strategische Analysen unabdingbare Voraussetzungen dar. Nach dem **Konzept der schwachen Signale** (weak signals) von H. IGOR ANSOFF kommt es hierbei insbesondere darauf an, wesentliche sowie eventuell sprunghaft einsetzende Veränderungen in den unternehmerischen Rahmenbedingungen (Diskontinuitäten) bereits aus vorauslaufenden Einzelereignissen zu erkennen. Wenn ein als „Trendradar" ausgestaltetes Informations-Scanning derartige Hinweise ergibt (z.B. aus Erhebungen zu Marktbesetzung, -anteil, -volumen und -potenzial, aus Kundenbefragungen, -beschwerden oder -anregungen, aus Stellungnahmen von Experten in Wirtschaft, Wissenschaft oder Politik, aus der Patentliteratur), dann sind diese über ein Monitoring als vertiefendes Nachforschen zunächst zu evaluieren beziehungsweise zu verdichten (siehe hierzu auch G.V.). Bestätigen sich die ersten Hinweise auf diesem Weg, dann besteht die Chance, die erkannte Veränderung in den Markt- und/ oder Umfeldbedingungen als Innovationslücke zu nutzen.
Bezogen auf den Auslöser oder den Ursprung von Innovationsprozessen kann generell zwischen der Markt- und der Technologieinduzierung unterschieden werden. Im ersten Fall wird die Entwicklung von Neuerungen und Verbesserungen direkt durch formulierte Kundenbedürfnisse hervorgerufen. Solche Innovationsprozesse werden dementsprechend als **market-driven** bezeichnet. Von diesem Marktbezug her gesehen, ist auch der Begriff der (Market-)Pull-Innovation gebräuchlich. Wegen des Bekanntseins der Zwecke einer neuartigen Kombination von Produktionsmitteln wird schließlich auch von zweckinduzier-

ten Innovationen gesprochen. Der Anteil dieser markt- und damit abnehmer- respektive kundengetriebenen Innovationen liegt erfahrungsgemäß bei ca. 80%.

① ***Markt- und Umfeldbeobachtung***
**Erkennen schwacher Signale**

② ***Problem-/ Chancenidentifikation***
**Analyse kritischer Technologiefaktoren**

③ ***Inventionsorientierte Forschung und Entwicklung (evtl. Technologietransfer)***
**Suche, Prüfung, Bewertung und Auswahl erfolgversprechender technischer Lösungen**

④ ***Produktentwicklung***
**Technischer Entwurf und Konstruktion**

⑤ ***Herstellung der Marktreife***
**Produkttest, Akzeptanztest, Produkterprobung und Markttest**

⑥ ***Produktionsprozess***
**Anfahren der Produktion und Kapazitätsbereitstellung**

⑦ ***Markteinführung***
**Auf die Abnehmer-/ Verwenderstruktur ausgerichteter, von allen Aktionsparametern des Marketing begleiteter/ unterstützter Beginn der Vermarktung (einschließlich des Abbaus evtl. Markteintritts-barrieren sowie deren Aufbaus gegenüber Wettbewerbern)**

**Abb. F-III-2:** Allgemeines Phasenschema zum Innovationsprozess bei Technologieprodukten

Spiegelbildlich zur erstgenannten Gruppe können Innovationen aufgrund neuer Technologien und deren Umsetzung in marktreife Produkte entstehen. Dies nennt man dann **technology-driven**. Jetzt sind neue Lösungsprinzipien als technische Mittel vorhanden, während die entsprechenden Anwendungsfelder noch zu erschließen sind. Von daher handelt es sich um mittelinduzierte Innovationen, und bezogen auf den Absatzmarkt ist von (Technology-)Push-Innovationen zu sprechen.

② In der ersten Phase erkannte Innovationsmöglichkeiten sind sodann einer näheren **Problem- respektive Chancenidentifikation** zu unterziehen. Das Problemkriterium ist hierbei gewissermaßen doppelt besetzt: Bezogen auf marktinduzierte Innovationen geht es hier einerseits um die Identifikation von zu lösenden Kundenproblemen. Andererseits ist dabei zu untersuchen, auf welcher technologischen Basis neuartige Marktleistungen entwickelt werden können, und ob auf dieser Grundlage im Wettbewerb reelle Vermarktungs- und Gewinnchancen bestehen.

Die zweite Innovationsphase hat damit die gesonderte **Analyse kritischer Technologiefaktoren** zum Gegenstand. Hierzu ist es erforderlich, eine Unterscheidung und Bewertung der im Unternehmen eingesetzten respektive im Wettbewerb geforderten Technologien vorzunehmen. Dies ist deshalb wichtig, da die **Lebenszyklusentwicklungen** einzelner Produkte in einer engen Verbindung mit den zu Grunde liegenden Herstellungs- und Anwendungstechnologien stehen. Damit bilden Technologielebenszyklen den entscheidenden Kontext für die Produktlebenszyklen. Aus dem Aufeinanderfolgen solcher Technologie-Produkt-Zyklen resultieren schließlich die noch weiter gefassten Markt- respektive Nachfragelebenszyklen für unterschiedliche Bedarfskomplexe.

Bildlich stellt sich dies so dar, dass die jeweiligen Kurvenverläufe ineinander verschachtelt sind: Über längere Zeiträume gesehen, ergibt sich der Marktlebenszyklus als äußere Hüllkurve, welche mehrere, jeweils niveauverschobene Technologiekurven mitsamt den darin enthaltenen S-förmigen Produktlebenszyklen einschließt (siehe hierzu Abb. F-II-6).

Wenn wir als eines der vielen möglichen Beispiele den Bedarfskomplex Reinigen von Kleidungsstücken herausgreifen, dann sind in einer groben Einteilung folgende Anwendungslösungen/ -technologien zu unterscheiden: Kochen der Wäsche im Waschkessel mit anschließender manueller Bearbeitung der einzelnen Stücke beziehungsweise mit einfachen Hilfsgeräten („Wringapparatur", muskelkraftbetriebene Schleuder) – elektrische Wasch- und Schleudermaschinen (getrennte Geräte) – Waschvollautomaten mit integrierten Schleuderprogrammen – Trockenautomaten (Kondens- oder Abluftprinzip) – Wasch-Trocken-Kombinationen – elektronische Waschautomaten mit selbststeuernden, beladungserkennenden Programmabläufen – Waschmaschinen ohne Waschmittel/ Schmutzentfernung und Keimtötung durch Ionisierung des Wassers; als ASW-ZR von SANYO seit Herbst 2001 in Japan erhältlich, eine Markteinführung in Europa ist vorerst nicht geplant.

Zu den vorstehend aufgeführten Lösungsprinzipien haben die jeweils auf diesem Markt tätigen Anbieter entsprechende Produktangebote unterbreitet, und dabei bildeten sich eine ganze Reihe firmen- oder markenbezogener Produktlebenszyklen heraus. Deren Aggregation führt dann – unter Einrechnung der verfahrensgleich hergestellten Lösungen für andere Kundenbedürfnisse – zu einem speziellen Technologielebenszyklus, und als dessen Asymptote ergibt sich ein zeitraumbezogener Abschnitt des gesamten, langjährigen Markt- beziehungsweise Nachfragezyklus (siehe dazu Abb. F-II-6).

Unser Beispiel war über die Produkt- respektive Anwendungstechnologie aufgebaut. Dabei ist aber bereits klar geworden, dass hinter den einzelnen Problemlösungskonzepten stets bestimmte technische Prinzipien und damit altersmäßig zu unterscheidende Inventionen stehen. Entsprechend der zuvor eingeführten Unterscheidung in markt- und technologieinduzierte Innovationen kann demnach die Argumentation auch umgekehrt und auf die bekannten sowie die eingesetzten technischen Mittel bezogen werden: In diesem Fall richtet sich die Analyse also direkt auf einen **Technologiepfad**. Wie über die mögliche Herleitung als Aufsummierung von Produktlebenszyklen deutlich geworden ist, kann dieser ebenfalls als s-förmig angenommen werden. Damit lassen sich im Hinblick auf die **Leistungsfähigkeit** und das **Marktpotenzial von Technologien** analog der Produktbetrachtung ebenfalls die Phasen Einführung, Wachstum, Reife, Sättigung und Rückgang unterscheiden. Nach diesem Zeitbezug sowie dem zu erwartenden Veränderungspotenzial ist folgende Einteilung üblich (siehe hierzu auch F.IV.3. mit Abb. F-IV-14):

- Als **Schrittmachertechnologien** werden technische Lösungen bezeichnet, welche sich noch in einem Experimentierstadium befinden und für die bislang nur einige, erste Marktanwendungen bestehen. In diesem Einführungsstadium sind die Schätzungen zum weiteren Entwicklungs- und Anwendungspotenzial noch relativ unsicher. Bezogen auf das Waschmaschinenbeispiel stellte zu einem früheren Zeitpunkt die Elektronik, später die Mikroelektronik und heute die angesprochene Ultraschalltechnik der waschmittelfreien Maschine eine solche Schrittmachertechnologie dar.
- **Schlüsseltechnologien** sind vorhandene und eingeführte Verfahren, welche aber noch über ein erhebliches Wachstums- und Einsatzpotenzial verfügen. Hierüber bestimmt sich in hohem Umfang die Leistungs- und Kostendifferenzierung der Wettbewerber in einem Markt. Denkt man – ausgehend von unserem Beispiel – an die derzeit aktuellen selbsttätig programmsteuernden Waschautomaten, dann ist die Mikroelektronik als eine derartige Technik zu bewerten. Mit deren bereits zur vorhergehenden Gruppe erfolgten Nennung wird im Übrigen der Lebenszyklusverlauf ersichtlich, dem auch die einzelnen Technologien folgen. Die verschiedenen, hier im Überblick vorgestellten Technologiearten respektive -stadien werden also sukzessiv durchlaufen.
- **Basistechnologien** werden in breitem Umfang zur Erstellung von Produkten oder Dienstleistungen eingesetzt, ohne dass hierbei noch gravierende Veränderungen oder Weiterentwicklungen zu erwarten sind. Als Standard im Wettbewerb bieten sie den einzelnen Unternehmen nur geringes Differenzierungspotenzial. Deswegen sind Basistechnologien den Lebenszyklusphasen der Reife und der Sättigung zuzurechnen. Auf unser Beispiel bezogen kann dazu die Umformtechik zur Herstellung der Metallgehäuse für die Waschmaschine genannt werden.
- Noch weitgehend außerhalb des beschriebenen Technologiezyklus stehen die so genannten **Zukunftstechnologien**. Diese zeichnen sich gegenwärtig nur in Umrissen ab, hierzu wird ganz überwiegend erst Grundlagenforschung betrieben, und deshalb existieren noch so gut wie keine marktfähigen Produkte. Dennoch wird von solchen „revolutionären" technischen Konzepten ein erhebliches Entwicklungspotenzial erwartet. Als Beispiel hierfür können aus heutiger Sicht die Brennstoffzellentechnologie oder die Nanotechnologie und die Mikrosystemtechnik genannt werden.

Ohne an dieser Stelle auf spezielle Planungs- und Darstellungstechniken – wie beispielsweise die Erweiterung produkt- und marktbezogener Portfolio-Analysen (siehe hierzu F.II.1.e.) um ein Technologie-Portfolio – einzugehen, wird aus den vorangegangen allgemeinen Erläuterungen die hohe Bedeutung des Technologiefaktors unmittelbar ersichtlich. Zwischen der Nachfrage nach einzelnen Marktleistungen als den Mitteln zur Befriedigung/ Lösung von Kundenbedürfnissen/ -problemen und den Technologien zu ihrer Erstellung respektive Verwendung bestehen folgende verlaufsbezogene Zusammenhänge:

Wenn die Bereiche der Basistechnologie überwiegend ausgereizt sind, dann setzen Innovationen in Produkten oder Verfahren i.d.R. die Nutzung von Schlüssel- und Schrittmachertechnologien voraus.

Dabei ist bei der zuletzt genannten Technologieart wegen des noch unsicheren Entwicklungspotenzials das **generelle Risiko eines Sich-Nicht-Durchsetzens** zu berücksichtigen. Anstatt in die Wachstumsphase einzutreten, ist hier also auch ein direkter Übergang in das Stadium des Rückgangs möglich. Ein Beispielfall dazu ist das im Jahr 1980 von GRUNDIG eingeführte System Video 2000. Technisch leistungsfähiger als das zwei Jahre früher von JVC herausgebrachte VHS (Video Home System), konnte sich Video 2000 dennoch nicht am Markt behaupten. VHS wurde zum Standardsystem bei Video-Heimanlagen, und das GRUNDIG-System verschwand in die Bedeutungslosigkeit.

Die größten Marktveränderungen treten dann ein, wenn es gelingt, die theoretischen Ansätze einer Zukunftstechnologie in praktische Anwendungen umzusetzen. Über einen solchen Technologiesprung kann der **Wechsel auf eine höhere Technologiekurve** eingeleitet werden, und der damit bewirkte Technologieschub eröffnet den Anbietern durch echte Marktinnovationen zum Teil völlig neue Marktchancen. Gleichzeitig werden dadurch die Lebenszyklen der technologisch konventionellen Produkte und Verfahren schnell in die Rückgangsphase gedrängt. Diese Folgen einer Technologieablösung sind z.B. für die schon erwähnte Brennstoffzellentechnologie zu erwarten: Hier stehen die ersten praxistauglichen Anwendungen bereits zur Verfügung. Mit diesen Energiegewinnungs- und Antriebssystemen könnte eine weitgehende Unabhängigkeit von bisher genutzten Primärenergieträgern (Kohle, Öl, Gas) erreicht werden. Wenn die dazu von den Pionierunternehmen angebotenen Problemlösungen (brennstoffzellenbetriebene Fahrzeuge, Wärme- und Stromerzeuger für Haushalte und Unternehmen) Aufnahme in den Märkten finden, dann wird dies in absehbarer Zeit zu gravierenden Veränderungen der Marktsituation auf dem gesamten Gebiet der Energie- und Antriebstechnik führen.

Für den Gesamtablauf der Innovationsprozesse in Unternehmen sind die ersten beiden Phasen der Abbildung F-III-2 von ausschlaggebender Bedeutung. Innerhalb des Strategischen Dreiecks, welches ein Unternehmen mit seinen Kunden und seinen Konkurrenten bildet, gilt es, in der Markt- und Umfeldbeobachtung mit guten Erfolgsaussichten ausfüllbare Innovationslücken zu erkennen. Durch die Problem- und Chancenidentifikation ist hierzu noch eine gesonderte Analyse der kritischen Technologiefaktoren nachzuschalten. Zusammen genommen, sind diese beiden Innovationsprozessphasen damit auf die **Bedürfnisse der Kunden und Abnehmer**, die **technologischen Möglichkeiten** sowie die darauf bezogenen **Aktivitäten der Konkurrenzunternehmen** gerichtet. Bei einem entdeckten und für realisierbar erachteten Innovationspotenzial wird unter Führung der Marketingabteilung die strategische Konzeption für ein Neuprodukt erstellt, und damit ist der

Rahmen für weitere Tätigkeiten der Forschungs- und Entwicklungsabteilung abgesteckt.

③ Auf dieser Basis hat die dritte und gemäß den Einordnungen zum F&E-Überblick (Abb. F-III-1) als **inventionsorientiert** bezeichnete Phase originärer Forschungs- und Entwicklungsaktivitäten die Suche, Prüfung, Bewertung und Auswahl erfolgversprechender technischer Lösungen für das verfolgte Innovationsvorhaben zum Gegenstand:

- Für die **Ideensuche** kommt dem gezielten Einsatz von Kreativitätstechniken eine hohe Bedeutung zu. Mit solchen Methoden (z.B. Brainstorming, Methode 635 oder Synektik) kann der Ideenfindungsprozess systematisiert und in seiner Ausbeute gesteigert werden.
- Dabei sind auch weitere unternehmensinterne **Ideenquellen**, wie beispielsweise das betriebliche Vorschlagswesen, einzubeziehen. Aus dem Unternehmensumfeld können Anregungen von Kunden oder auch von Lieferanten aufgegriffen werden, um hieraus neue Lösungsprinzipien in der Technik oder Anwendung abzuleiten.
- Bei der **Prüfung und Bewertung** sowie damit auch bei der Auswahl zu realisierender Ansätze im Rahmen einer Innovationskonzeption besteht das grundsätzliche Problem der relativen Unsicherheit prognostischer – also zukunftsbezogener – Informationen. Als praktikable Lösung zur Ermittlung der mit verschiedenen Innovationsmöglichkeiten verbundenen markt- und ergebnisbezogenen Effekte bietet sich der Einsatz von Nutzwertanalysen beziehungsweise Scoring-Modellen an (siehe hierzu auch C.II.1.d.). Bei der Rangzahlenbeurteilung nach wichtigen (Teil-)Zielen respektive Beurteilungskriterien können insbesondere unterschiedliche Alternativeinwirkungen in einer Cross-Impact-Analyse auf ihre Ergebnissensitivität beurteilt werden. Dabei sind Analyse- und Beurteilungsinstrumente einzusetzen, mit welchen die überwiegend weiche Daten umfassende Informationsbasis berücksichtigt werden kann.
- Die technologisch grundlegenden Forschungs- und Entwicklungsaktivitäten dieser dritten sowie der nächsten, vierten Phase des Innovationsprozesses brauchen nicht notwendigerweise komplett in Eigenregie eines Unternehmens durchgeführt zu werden. Als an späterer Stelle noch gesondert thematisierte Alternative hierzu kommt ebenfalls die Übernahme fremden Knowhows und damit ein **Technologietransfer** in Frage.

④ Mit der Entscheidung für ein technisches Lösungsprinzip wird ein Innovationsvorhaben näher konkretisiert. Über die technische Spezifikation kommt es daraufhin zur Detailfestlegung der Technologieparameter für ein oder ggf. auch mehrere neu zu entwickelnde Produkte. Auf dieser Grundlage sind in der **Produktentwicklung** als der vierten Innovationsprozessphase zunächst der technische Entwurf und dann die Konstruktion zu leisten. Hierbei geht es also um den Abschluss eventuell aufgenommener Arbeiten der Anwendungsforschung und experimentellen Entwicklung sowie um deren konstruktive Umsetzung in funktionsfähige Produkte einschließlich der dabei notwendigen Anpassungen in den Herstellungsverfahren.

⑤ Wenn so zuerst Prototypen oder Null-Serien-Exemplare von Neuprodukten entstehen, dann sind diese im nächsten Schritt bis zur **Marktreife** weiterzuentwickeln. Hierzu kann eine Reihe von Tests zu den innovativen Marktleistungen mit jeweils anschließenden Anpassungsmöglichkeiten durchgeführt werden:

- Mit **Produkttests** wird die grundsätzliche Absatzfähigkeit verschiedener Neuproduktalternativen des eigenen Unternehmens im Vergleich zu wichtigen sowie leistungsähnlichen Konkurrenzprodukten geprüft. Über mit Produktdemonstrationen gekoppelte Befragungen zu den wesentlichen Leistungskomponenten können die Erfolgsaussichten einzelner Varianten am Markt ermittelt werden.
- Dem gegenüber werden **Akzeptanztests** bereits mit dem weitgehend fertigen Produkt durchgeführt. Hierbei soll festgestellt werden, ob es hinsichtlich seiner Funktions- und Ausstattungsmerkmale bei den Verwendern Aufnahme findet.
- Die **Produkterprobung** ist ebenfalls auf den stark eingegrenzten Teil der neu entwickelten Produkte bezogen, die für die nachfolgende Markteinführung vorgesehen sind. In umfangreichen Testprogrammen wird – beispielsweise vor dem Herausbringen eines neuen Modells in der Automobilindustrie – geprüft, ob ein Neuprodukt alle zuvor aufgestellten Spezifikationen voll erfüllt.
- Die vorerst letzte „Nagelprobe" vor der eigentlichen Markteinführung stellt der **Markttest** dar. Auf einem räumlich abgegrenzten und mit dem späteren Gesamtmarkt strukturidentischen Testmarkt wird die Markteinführung mit allen produkt- und marktbezogenen Parametern gewissermaßen durchprobiert. Aufgrund der hieraus zu gewinnenden Erkenntnisse können noch Änderungen am Gesamtvermarktungskonzept vorgenommen werden, und über die ersten echten Verkäufe werden die Schätzungen zu den Marktchancen auf eine realistischere Grundlage gestellt.

⑥ Parallel zur Herstellung der Marktreife sind die produktionsseitigen Voraussetzungen zur Markteinführung des beziehungsweise der Neuprodukte zu schaffen. Dabei ist also zum einen der **Produktionsprozess** (siehe hierzu F.III.4.) zur Erstellung der neuen Marktleistungen langsam anzufahren. Zum anderen sind vor allem die Kapazitäten dafür einzuplanen beziehungsweise bereitzustellen, dass es nach der Markteinführung zu einem schnellen Nachfrageanstieg kommt.

⑦ Der Prozess einer Entwicklung innovativer Marktleistungen findet seinen Abschluss in deren **Markteinführung**. Die hierauf bezogene, am Ende der zweiten Phase erstellte strategische Marketingkonzeption muss jetzt in allen Facetten operativ umgesetzt sein. Damit ist der Vermarktungsbeginn bereits auf unterschiedliche Abnehmer-/ Verwenderstrukturen ausgerichtet und wird von den aufeinander abgestimmten Maßnahmen aus allen absatzpolitischen Instrumentalbereichen (Produkt-, Kontrahierungs-, Kommunikations-, Distributions-, und Service-Mix; siehe hierzu F.II.2.) des Marketing unterstützt.

Bei der Entwicklung technologisch innovativer Produkte sind i.d.R. eine ganze Reihe von Widerständen zu überwinden. Im Konkurrenzbezug werden diese als **Markteintrittsbarrieren** bezeichnet. Dadurch erfolgt eine allgemeine Charakterisierung der für eine effiziente Marktbearbeitung notwendigen Merkmale, bei welchen einzelne Unternehmen auf Realisierungsschwierigkeiten stoßen respektive stoßen können, so dass hiermit eine hemmende Wirkung für deren Markteintritt verbunden ist.
Im Rahmen von marktleistungsbezogenen Innovationsvorhaben ist die Herausforderung zu meistern, über die verschiedenen externen (z.B. Einhaltung gesetzlicher Bestimmungen, Gewinnung von Lieferanten, Zugang zu Vertriebskanälen) und internen Markteintrittsbarrieren (z.B. technisches und marktbezogenes Know-how, Kostenstruktur, Finanzierungspotenzial) hinwegzukommen. Gelingt der Innovationsprozess mit einer erfolgreichen Markteinführung des Neuprodukts, dann besteht allerdings die Möglichkeit, ebensolche Barrieren gegenüber den Konkurrenten aufzubauen. Dies gilt insbesondere dann, wenn ein Anbieter zu einer erkannten Innovationslücke als Pionierunternehmen die erste neu- und einzigartige Problemlösung auf den Markt bringen kann. Unter dem Aspekt des Timings von Unternehmensstrategien sind wir hierauf schon in F.II.2.e. eingegangen.

**Instrumente des Innovationsprozesses**

Mit der als Nächstes in Abbildung F-III-1 aufgeführten Entscheidungssituation wird die eingangs dieses Abschnittes herausgearbeitete Grundproblematik des zunehmenden Zeit- und Kostendrucks bei F&E-Vorhaben aufgegriffen. Wenn es die heutigen Markt- und Unternehmenssituationen im Allgemeinen verlangen, in der Tendenz kostenintensivere Innovationsleistungen in kürzeren Zeiträumen zur Marktreife zu führen, dann ist die **Senkung der Entwicklungszeiten und -kosten** von ausschlaggebender Bedeutung für den Erfolg der Innovationsaktivitäten eines Unternehmens.

Darüber hinaus gilt, dass eine solche Zeit- und Kostenreduktion bei den Forschungs- und Entwicklungsaktivitäten nicht isoliert betrachtet werden kann. Wenn die Arbeiten in dieser grundlegenden Phase der primären Wertschöpfung die technische Entwicklung neuer Produkte oder Verfahren zum Gegenstand haben, dann gehen hiervon zugleich wesentliche Festlegungen für die nachgeordneten Prozessphasen der Wertschöpfung aus. Nach Erfahrungen respektive Ergebnissen aus Praxis und Wissenschaft können mit Abschluss des Konzeptstadiums zum technischen Entwurf in der Produktentwicklung

- 90% der Funktions- und Ausstattungsmerkmale,
- 80% der Termine,
- 70% der Qualität und
- 60% der gesamten Produktkosten

im weiteren Leistungserstellungsprozess nicht mehr – oder nur mit außerordentlich hohem Aufwand – nachhaltig verändert werden.

Bei diesen unmittelbaren Abhängigkeiten kann die Verringerung von F&E-Zeiten und -Kosten also keinen Selbstzweck darstellen. Über die entsprechenden

Stellgrößen bei den Forschungs- und Entwicklungsarbeiten ist vielmehr gleichzeitig dafür Sorge zu tragen, dass eine konzeptionelle qualitäts-, zeit- und kostenbezogene **Optimierung für die nachgelagerten Phasen** in der Wertschöpfungskette erreicht wird. Eine Umsetzung dieses Gesamtzusammenhangs ist beispielsweise durch folgende **Instrumente** möglich:

- Das **Reverse Engineering** kehrt die traditionelle, eher technikdominierte Analyse- und Gestaltungsrichtung um. Insbesondere bei der großen Gruppe marktinduzierter Innovationen kann hiermit eine logische Synchronisation der Wertschöpfung erreicht werden. Beginnend vom Absatzmarkt wird der gesamte Wertschöpfungsprozess bereits in der neuproduktbezogenen Analyse rückwärts durchlaufen. Dies hat zum einen differenzierte F&E-Vorgaben zur Folge, und zum anderen kann die Innovationsentwicklung wegen dieser markt- und kunden- sowie wertschöpfungsbezogenen Ableitung zielgerichteter und schneller erfolgen.
- Der zuletzt bezeichnete Aspekt bildet den Inhalt des **Simultaneous Engineering**. Während eine dem Leistungsprozess „von links nach rechts" folgende Neuproduktentwicklung und -einführung jeweils stufenweise Rückabstimmungen mit sich bringt, können die Leistungen aller Wertschöpfungsprozessphasen nach dem Analysedurchgang des Reverse Engineering („von rechts nach links") in hohem Maß simultan beziehungsweise parallel ablaufen. Hier setzt das Simultaneous Engineering an. Ziel dieses Steuerungsinstrumentes ist es, die retrograd entstandenen Ideen für neue Marktleistungen auf eine effiziente und effektive Weise – und damit in den geforderten Qualitäten, Zeiten und Kosten – umzusetzen. Die dazu notwendigen Abstimmungen haben vor allem unbürokratisch zu erfolgen; als Bild ist hierfür das des „runden Tisches" gebräuchlich, an dem alle beteiligten Entscheidungsträger zu kurzen, aber produktiven Besprechungen zusammenkommen.
- Mit dem Instrument des **Quality Function Deployment** (QFD) steht ein Lösungsansatz für die differenzierte Ermittlung produktbezogener Kundenanforderungen und deren Umsetzung in Entwicklungsaufträge beziehungsweise technische Spezifikationen zur Verfügung. Außer diesen wesentlichen Konstruktionsmerkmalen können hiermit auch die weiteren Festlegungen zu Teilemerkmalen, der Prozess- und Produktionsplanung bis hin zur fertigen Produkt-/ Marktleistung getroffen werden. Ausgehend vom geforderten Kundennutzen werden die geschilderten Stufen als „Houses of Quality" in einem iterativen – ggf. mehrfach zu durchlaufenden – Prozess aufeinander aufgebaut und miteinander abgeglichen. Das Ziel ist, die Unique Customer Value Proposition als Leistungs- und Wertversprechen für den Kunden optimal für beide Seiten – also den Kunden und das Unternehmen – zu erfüllen.
- Über ein **Target Costing** ist es erreichbar, die Kosten markt- und kundengetriebener Innovationen in den Griff zu bekommen. Ansatzpunkt dieser japanischen Zielkostenmethode ist die bereits referierte hohe Kostendeterminierung durch die Produktentwicklung. Analog der Ableitung von Innovationen aus den Bedürfnissen der Kunden/ Abnehmer werden deshalb auch für die interne Erstellung solcher neuen Marktleistungen kundendefinierte Preis-Leistungs-

Verhältnisse als Target Prices zu Grunde gelegt. Für die einzelnen Stufen der Leistungserstellung werden daraus Target Costs ermittelt. Aufgespaltet in Funktions-, Komponenten- und Teilekosten können die Einzelprozesse dann im Rahmen eines Value Engineering – im Abgleich mit dem QFD – aufeinander abgestimmt und in ihrer Kostenstruktur verbessert werden, bis die Produktinnovationen einschließlich der festzulegenden Stückgewinne zu den am Markt realisierbaren Preisen angeboten werden können. Auf der Basis derartiger Zielkosten und -preise sind von PORSCHE beispielsweise der BOXSTER und der CAYENNE entwickelt und eingeführt worden.

**Organisatorische Umsetzung**

Mit den vorstehend exemplarisch aufgezeigten Instrumenten wird teilweise bereits die **organisatorische Umsetzung** (vorletzter Punkt in Abb. F-III-1) der Querschnittsaufgabe angesprochen, über Innovationen beim Produkt-/ Leistungsprogramm sowie den Herstellungsverfahren die wesentlichen Grundlagen für den Erfolg und das Wachstum von Unternehmen zu legen. Hierbei geht es insbesondere darum, Schnittstellen zwischen verschiedenen Abteilungen zu beseitigen, die am Finden von Ideen und am Umsetzen von Innovationen beteiligt sind.

Zur **aufbauorganisatorischen Anbindung** von Innovations- respektive F&E-Aktivitäten ist es zum einen sinnvoll, in der Primärgliederung eines Unternehmens einen Forschungs- und Entwicklungsbereich zu schaffen (siehe hierzu G.II.). Mit einer solchen Institutionalisierung sind die Verantwortungen und Kompetenzen dafür festgelegt, Innovationen in Abstimmung mit den übergeordneten Steuerungseinheiten und den übrigen operativen Funktionsbereichen voranzubringen.

Wegen ihres Charakters als parallel zur regulären Leistungserstellung durchzuführende Sondervorhaben sowie des gleichzeitig hohen Abstimmungsbedarfs über alle Organisationseinheiten bietet es sich zusätzlich an, einzelne Innovationsvorhaben in der Sekundärorganisationsform des **Projekt-Managements** (siehe hierzu G.III.3.) zu führen. Eine derartige gesonderte Koordinationsebene kann beispielsweise ab der Auswahlentscheidung zur technischen Lösung eines neuen Produkts oder Verfahrens (dritte Innovationsprozessphase, siehe dazu Abb. F-III-2) geschaffen werden.

Die Entscheidung für eine zusätzliche – oder ggf. auch alleinige – Projekt-Koordination ist von der Innovations- und damit der F&E-Intensität in einem Unternehmen abhängig. So wäre es bei unregelmäßigen Neuerungs- oder Veränderungszyklen denkbar, diese ausschließlich projektorientiert zu managen. Dem steht allerdings die hohe Relevanz von Innovationen für den Unternehmenserfolg entgegen. Die zu Beginn der Erläuterungen zum Innovationsprozess beschriebenen Aktivitäten des Scannings und des Monitorings sind regelmäßig zu entfalten, und damit ist die dauerhafte Schaffung eines Forschungs- und Entwicklungsbereichs bei den heutigen Markt- und Umfeldbedingungen die zweckmäßigere Vorgehensweise. Bei ausgeprägt innovationsintensiven Unternehmen können – von dieser primärorganisatorischen Einordnung ausgehend – auch bereits in den frühen Innovationsphasen noch weitere Projekt-Definitionen vorgenommen werden.

Als letzte ausgewählte Entscheidungssituation im F&E-Bereich gehen wir kurz auf die Frage des **Make or Buy** ein (Abb. F-III-1). Entsprechend den aufgezeigten

Zusammenhängen ist zwar jedes Unternehmen gefordert, Innovationsvorhaben zur Erneuerung/ Veränderung seiner Produkte und Prozesse zu realisieren, dabei braucht die technologische Forschungs- und Entwicklungsarbeit aber nicht unbedingt selbst durchgeführt zu werden. Hierzu stehen folgende Alternativen zur Verfügung:

- Auf dem Weg der **Lizenznahme** ist es möglich, patentgeschützte Erfindungen anderer Personen, Forschungseinrichtungen oder Firmen für die Innovationsentwicklung im eigenen Unternehmen zu nutzen. Mit der Lizenzierung werden Rechte aus einem Patent ganz oder teilweise vertraglich übertragen (§ 15 PatG). Die Bedingungen dafür – Art, Umfang, Dauer und Konditionen beziehungsweise Lizenzgebühren – können die Vertragsparteien frei aushandeln. Eine Lizenznahme bietet sich insbesondere bei patentgeschützten Erfindungen an, deren Inhaber diese nicht selbst ausbeuten wollen. Für diese Personen- oder Unternehmenskreise stellt die Lizenzvergabe die wichtigste wirtschaftliche Verwertung ihre F&E-Ergebnisse dar.
- Eine weitere Möglichkeit der Durchführung von Forschungs- und Entwicklungsarbeiten ist in der **Kooperation mit anderen Unternehmen** respektive Forschungseinrichtungen gegeben. Hierfür sprechen vor allem drei Gründe:
  - Die Aufteilung von F&E-Aktivitäten bewirkt, dass die von dem einzelnen Unternehmen zu tragenden Kosten deutlich geringer sind als im Fall eines Alleingangs.
  - Wenn alle Kooperationspartner über ein hohes Know-how verfügen, dann lassen sich bei gemeinsam und vor allem gleichzeitig verfolgten F&E-Vorhaben zusätzlich auch Zeitvorteile erreichen.
  - Und wenn sich das technologische Wissen als jeweilige Kernkompetenz der Partner gut ergänzt, dann sind außerdem noch Synergieeffekte zu erwarten. Allgemein mit der Formel „2 + 2 = 5“ belegt, ist also damit zu rechnen, dass die gemeinsame Forschung und Entwicklung gegenüber isolierten Einzeltätigkeiten zu inhaltlich besseren Resultaten führt.

  Als Beispiele aus den 90er Jahren für eine kooperative Forschung und Entwicklung bei anschließend getrennter Vermarktung können die Gemeinschaftsprojekte von SIEMENS mit IBM und TOSHIBA sowie mit MOTOROLA bei der Mikroprozessoren-Entwicklung und -Herstellung angeführt werden. Diese hatten wir in C.I.3.g. vorgestellt. Als weitere, auf neue Technikfelder gerichtete F&E-Kooperation kann die seit 1998 bestehende und von DAIMLERCHRYSLER, BALLARD POWER SYSTEMS und der FORD MOTOR COMPANY getragene „Brennstoffzellen-Allianz“ genannt werden.
- Zur Erledigung von F&E-Aktivitäten ist schließlich auch die direkte **Auftragsvergabe** an andere (Forschungs-)Unternehmen ein gangbarer Weg. So hatte beispielsweise die BAYER AG in 1998 mit dem US-Forschungsunternehmen MILLENNIUM PHARMACEUTICALS einen 5-Jahres-Vertrag mit einem Volumen von knapp 500 Mio. EUR zur Identifizierung krankheitsbeeinflussender Gene abgeschlossen. Dabei sind die Zahlungen an die Lieferung konkreter For-

schungsergebnisse gekoppelt, und hierzu sind vom Partner durch die BAYER AG definierte Qualitätsstandards einzuhalten.

- Über eine solche Auftragsforschung hinaus sind weitere Formen des F&E-Einkaufs denkbar. Diese beginnen im Prinzip bei den zuvor dargestellten Kooperationen, und sie gehen über **Beteiligungen** und **Joint Ventures** bis zum **Aufkauf von Unternehmen** mit hohem F&E-Potenzial.
- Die Auslagerung von F&E-Aktivitäten bedeutet nicht, dass die eigenen Forschungs- und Entwicklungsbemühungen eines Unternehmens drastisch reduziert werden können. Ein solches Vorgehen würde bewirken, dass nach einiger Zeit kaum noch eine forschungsbezogen-konzeptionelle Beurteilungskompetenz im Hinblick auf die einzukaufenden Leistungen vorhanden wäre. Über Auslagerungsentscheidungen im F&E-Bereich ist insgesamt vielmehr das Ziel zu verfolgen, schlagkräftige **Netzwerke** von Unternehmen aufzubauen, innerhalb derer durch Technologie- und Know-how-Austausch eine Optimierung der Innovationsprozesse aller Beteiligten möglich wird.

## 2. Beschaffung

Was sind die Aufgaben des Beschaffungsprozesses innerhalb der Wertschöpfungskette? Welchen zusammengehörigen Aufgabenkomplex bilden die Teilprozesse Beschaffung, Lagerhaltung und Logistik? Worin liegt die strategische Bedeutung des Beschaffungsprozesses? Welche Teilplanungen sind innerhalb der Beschaffung zu unterscheiden? Wie kann der betriebliche Beschaffungsprozess optimiert werden?

Die Beschaffung respektive der Einkauf steht in einer engen Beziehung mit anderen Prozessphasen der Wertschöpfung. Hierdurch werden die zur Leistungserstellung und -verwertung benötigten Einsatzfaktoren erworben. Deren Bevorratung ist durch die Lagerhaltung zu regeln, und sämtliche innerbetrieblichen Güterbewegungen sind über den flankierenden Prozess der Logistik zu steuern. Dieser Zusammenhang im Aufgabenkomplex der betrieblichen Materialwirtschaft ist mit den Verweisen auf die hierzu nachfolgenden Abbildungen in der Überblicksabbildung F-III-3 eingetragen.

### *a. Aufgaben des Beschaffungsprozesses*

Im System der Marktwirtschaft stehen die Unternehmen als Anbieter von Gütern und Dienstleistungen in jeweils branchen- und firmenspezifischen Beziehungen zu vorgelagerten Beschaffungs- und nachgelagerten Absatzmärkten (siehe hierzu B.II. und E.I.). Durch die Kombination der originären Produktionsfaktoren Arbeit, Betriebsmittel und Werkstoffe (A.I.3.) werden in den Unternehmen absatzreife Marktleistungen erstellt. Wenn diese gewinnbringend an die Nachfrager/ Kunden abzusetzen sind, wird in diesem Transformationsprozess eine Wertschöpfung realisiert (F.I.).

- Letztlich sind alle in einem Unternehmen eingesetzten Produktionsfaktoren zunächst auf den entsprechenden Märkten (Güter-, Kapital- und Arbeitsmarkt) zu erwerben. In einer **weiten Sichtweise** wären – wie bei dem Aufzeigen grundsätzlicher Zusammenhänge in E.II. erfolgt – demnach **sämtliche Aktivitäten der Faktorbereitstellung** der Beschaffung zuzuordnen.
  Da es in den verschiedenen Verwendungszusammenhängen jedoch güter- und prozessbezogene Unterschiede gibt, die jeweils unterschiedliche Detailkenntnisse zur unternehmerischen Leistungserstellung und -verwertung erfordern, ist die Bildung eines einzigen, allumfassend zuständigen Beschaffungsbereichs nicht zweckmäßig. Als **besondere Einzelzuständigkeiten** haben sich beispielsweise herausgebildet:

  - Größere Investitionsgüter des Anlagevermögens, wie z.B. Produktionsmaschinen, werden i.d.R. von einem Bereich Investition beschafft, da solchen Beschaffungsvorgängen detaillierte Analysen und Wirtschaftlichkeitsberechnungen zu Grunde liegen.
  - Die Rekrutierung der Arbeitskräfte fällt in die Zuständigkeit des Personalbereichs.
  - Die Beschaffung von Eigen- und Fremdkapital wird von dem Bereich Finanzierung durchgeführt, da hierbei spezielle Anforderungen zu berücksichtigen sind und somit ein spezifisches Wissen und Verhalten notwendig ist.
  - Dienstleistungen sowie Nutzungs- (Miete, Pacht) und Verwertungsrechte (Lizenzen) als immaterielle Realgüter werden häufig direkt von den Bereichen – unter Mitwirkung der Rechtsabteilung – eingekauft, welche diese Leistungsvereinbarungen tatsächlich in Anspruch nehmen.

- Außer über diese Negativabgrenzung kann der Inhalt des Beschaffungsprozesses durch die weitere Aufteilung von Produktionsfaktoren in **Potenzial- und Repetierfaktoren** erschlossen werden (siehe hierzu C.I.3.c.). Während die Faktoren der erste Gruppe für eine längere Nutzungsabgabe zur Verfügung stehen, was für die Betriebsmittel und auch für die Arbeitskräfte angenommen werden kann, gehen die Repetierfaktoren in die erstellten Leistungen ein. Auf diese, in verhältnismäßig kurzen Zeitabständen immer wieder neu zu beschaffenden **Einsatzfaktoren** (repetieren = wiederholen) ist der primäre Wertschöpfungsprozess der Beschaffung bzw. des Einkaufs ausgerichtet. Dessen Gegenstand bilden damit vor allem die Werkstoffe, und diese sind in die folgenden Untergruppen aufzuteilen:

  - **Rohstoffe** bilden die mengen- oder wertmäßig bedeutenden Bestandteile von Fertigfabrikaten. Die Verwendung dieses Begriffes wird üblicherweise auf Einsatzgüter geringer Veredelungsstufe – wie beispielsweise Garne für die Textil- oder Bleche für die Autoindustrie – beschränkt.
  - **Hilfsstoffe** werden ebenfalls zu Produkt-Bestandteilen, deren wertmäßiger Anteil liegt gegenüber den Rohstoffen aber deutlich niedriger. Die funktionelle Bedeutung kann bei diesen Hilfsstoffen trotzdem hoch sein, wie beispielsweise der Einsatz von Nähgarn in der Bekleidungsindustrie oder von Schrauben jeder Art in der Automobilbranche zeigt. Wegen ihres unmittel-

baren Herstellungsbezugs sind auch die in den Fertigungsprozessen notwendigen Ersatz- oder Verschleißteile dieser Gruppe zuzurechnen.
- **Betriebsstoffe** werden zur Durchführung von Produktionsprozessen benötigt, gehen aber selbst nicht in die erstellten Produkte ein. Hierzu gehören zum einen die verschiedenen Formen primärer und sekundärer Energie (z.B. Kohle, Heizöl, Erdgas, Kraftstoffe oder Elektrizität) und zum anderen die Produktion aufrechterhaltende Stoffe, wie z.B. Schmier-, Schleif-, Putz- oder Reinigungsmittel bei Werkzeugmaschinen.
- **Vorprodukte** oder **Halbfabrikate** sind Bestandteile von Fertigfabrikaten, die als eigenständige Komponenten selbst kaum noch weiterverarbeitet, sondern lediglich eingebaut werden. Diese können beispielsweise zugekaufte elektronische Bauteile in Maschinen oder Autos sein. Kosten- und wertmäßig entfällt hierauf nicht selten ein hoher Anteil im Beschaffungs-/ Produktionsprozess.

Hinausgehend über Roh-, Hilfs- und Betriebsstoffe sowie Vorprodukte oder Halbfabrikate ist der Beschaffungsbereich auch für den Zukauf von **Handelsware** verantwortlich. Schließlich wird zumeist auch dessen Zuständigkeit für den Einkauf kleinerer technischer Geräte, wie z.B. Bürogeräte oder -möbel, definiert. Bei auf der Basis beschaffter Einsatzgüter selbst hergestellten Produkten ist die Wertschöpfung des Unternehmens deutlich größer als beim Vertrieb zugekaufter Handelswaren.

- In früheren Zeiten mit weniger turbulenten Marktsituationen wurde der Beschaffungs- respektive Einkaufsfunktion häufig keine herausragende Bedeutung zuerkannt. Durch eine zudem oft ausgeprägt bürokratische Mentalität standen diese Abteilungen i.d.R. auch nicht an der Spitze der Interessenskala von Führungskräften.

Wenn unter den heutigen Wettbewerbsbedingungen regelmäßig eine simultane Gestaltung der zentralen Erfolgsparameter **Qualität, Zeit, Kosten und auch Innovation** gefordert ist, dann sind diese naturgemäß zu einem erheblichen Teil **über die eingekauften Materialien vorbestimmt**. Bei der aus Ertragsgesichtspunkten notwendigen Verfolgung eines durchgängigen Wertschöpfungskonzepts gewinnt der Beschaffungsbereich also auch in strategischer Hinsicht erheblich an Bedeutung.

Aufgrund der zu beobachtenden Tendenz einer weiteren Zunahme des Anteils beschaffter Einsatzgüter wird dieser hohe Stellenwert eines leistungsfähigen Beschaffungsmanagements noch weiter ansteigen. Bis vor einigen Jahren wurden im industriellen Durchschnitt noch etwa 60 bis 70% der Wertschöpfung innerhalb der Unternehmen erbracht. Dieser Wert für die **Fertigungstiefe** ist bereits gesunken, und immer häufiger sind unternehmensbezogene Wertschöpfungsanteile von lediglich 20 bis 40% zu erwarten. Von einem solchen Umfang der Maßnahmen des Outsourcing sind dann zugleich immer mehr zuvor selbst produzierte Teile betroffen, und bei derart hohen Fremdbezugs-Anteilen ist die strategisch wie operativ große und damit auch **erfolgskritische Bedeutung der Beschaffung/ des Einkaufs** offensichtlich.

***Grundzusammenhänge:***

**Die *Beschaffung/* der *Einkauf* von Produktionsfaktoren, aus welchen ein Unternehmen seine Marktleistungen erstellt (Repetierfaktoren), bildet neben der *Lagerhaltung* [Abb. F-III-4] und der *Logistik* [Abb. F-IV-1] einen Teilkomplex der betrieblichen *Materialwirtschaft***

⇨ **Über die beschafften Einsatzgüter werden die zentralen unternehmerischen Erfolgsparameter *Qualität, Zeit, Kosten* und *Innovation* in erheblichem Anteil *vorbestimmt***
**Die Beschaffung ist damit auch in strategischer Hinsicht von großer Bedeutung**

⇨ **Bei *abnehmender Fertigungstiefe* steigt dieser hohe Stellenwert der Beschaffung noch weiter an**

***Einzelne Entscheidungs- und Gestaltungsfelder :***

**Lösen der *Optimierungsaufgabe,* benötigte *Einsatzgüter***

**in geforderter Güte = *Qualität***

**in erforderlicher Menge = *Quantität***

**zum notwendigen Termin = *Zeit***

**zur vorgesehenen Stelle = *Ort***

**zu günstigen Preisen/ Konditionen = *Kosten***

**zu *beschaffen***

***Ausgewählte Entsch.situationen*** **(→ Lösungsansätze/ Instrumente):**

- ***Materialbedarfsplanung***
  **→ Programm-/ verbrauchsgebundene Bedarfsermittlung**
  **→ ABC- und XYZ-Analysen**
- ***Materialbeschaffungsplanung***
  **→ Bestellmengenoptimierung [Abb. F-III-6/ 7/ 8]**
  **→ Rahmenrichtlinien zur Durchführung von Beschaffungsvorhaben**
- ***Wertschöpfungsbezogene Beschaffungs-Optimierung***
  **→ (Weitere) Outsourcing-Maßnahmen**
  **→ Strategisches und transaktionales Beschaffungsmarketing**
  **→ Beschaffungs-/ Einkaufskooperationen**

**Abb. F-III-3:** Überblick zur Beschaffung (Direkter Prozess)

Mit den vorangegangenen Erläuterungen sind die generellen Entscheidungs- und Gestaltungsfelder im Beschaffungsprozess schon umrissen. Wie im mittleren Teil der Abbildung F-III-3 zusammengestellt, ist hierbei eine aus mehreren Parametern bestehende Optimierungsaufgabe zu lösen: Die benötigten Einsatzfaktoren sind nach Güte, Menge, Termin, Einsatzstelle und Preisen/ Konditionen den jeweiligen Anforderungen entsprechend zu beschaffen. Außer den oben bereits angesprochenen zentralen Erfolgskriterien hat die Beschaffung also zusätzlich die aus materialwirtschaftlicher Sicht wichtigen quantitäts- und ortsbezogenen Merkmale zu beachten respektive zu erfüllen.

### *b. Teilplanungen der Beschaffung*

Als **ausgewählte Entscheidungssituationen** im Beschaffungsbereich mit hierzu geeigneten Lösungsansätzen (unterer Teil der Abb. F-III-3) stellen wir nachfolgend die beiden Teilgebiete der Materialplanung vor, und abschließend gehen wir darauf ein, wie die Beschaffung im Gesamtzusammenhang der Wertschöpfung optimiert werden kann.

- Die Beschaffung von Einsatzgütern setzt zunächst die Ermittlung der jeweiligen Bedarfe voraus. Soweit es sich um Materialien für regelmäßig hergestellte Marktleistungen handelt, sind diese – auch über die produktionsseitigen Anforderungen – i.d.R. nach Art und Güte genau spezifiziert. Die **Materialbedarfsplanung** ist in diesem Regelfall also in erster Linie auf die Feststellung der benötigten Mengen an Roh-, Hilfs- und Betriebsstoffen sowie Halbfabrikaten ausgerichtet. Hierzu können folgende **Verfahren/ Instrumente** eingesetzt werden:

  - Die **programmgebundene Materialbedarfsermittlung** ist bei Einsatzgütern möglich, die in jeweils festen Relationen in die Zwischen- und Endprodukte eingehen. Aufgrund des voraussichtlichen Absatzes und damit der geplanten Produktionsmenge können bei bekannten In- und Outputverhältnissen auf den einzelnen Fertigungsstufen die hierzu insgesamt erforderlichen Teile und Komponenten ermittelt werden. Bei dieser Rückrechnung kommen folgende Arten von Stücklisten zum Einsatz:

    * Mit produktbezogenen **Strukturstücklisten** wird ein Endprodukt über seine verschiedenen Fertigungsstufen in die jeweils benötigte Menge an Einzelteilen/ Komponenten respektive Rohstoffen aufgegliedert.
    * Wenn für verschiedene Endprodukte teilweise gleiche Zwischenprodukte als Bauteile verwendet werden, dann können die spezifischen Strukturstücklisten in die einfachere Form der **Baukastenstücklisten** gebracht werden. Produktbezogen ist hier festgehalten, aus welchen Baugruppen sich ein Produkt zusammensetzt, und dann wird der weitere Einsatzgüterbedarf bezogen auf diese unterschiedlichen Komponenten angegeben.
    * Strukturstücklisten und Baukastenstücklisten können schließlich in **Mengenübersichtsstücklisten** transformiert werden. Über den gesamten Fertigungsprozess gesehen, wird mit solchen Aufstellungen angegeben, welche Einsatzstoffe in welchen Mengen für ein Endprodukt benötigt werden. Multipliziert mit der geplanten Absatz- respektive Produktionsmenge und in Zusammenführung mit den Stücklisten anderer Produkte ergibt sich dann der in einer Periode zu beschaffende Materialgesamtbedarf.

  - Der **verbrauchsgebundenen Bedarfsermittlung** liegen die Daten zum Materialeinsatz vergangener Planungsperioden zu Grunde. Der Rückgriff auf

solche Vergangenheitswerte ist insbesondere dann notwendig, wenn bei einem Fehlen bauplangebundener Stücklisten keine technisch-analytische Berechnung des Materialbedarfs durchgeführt werden kann. Nach der eingangs dieses Abschnittes vorgestellten Einteilung von Repetierfaktoren kann hierbei eine pauschale Unterscheidung nach der Einsatzgüterart getroffen werden: Bei den höherwertigen Rohstoffen und Halbfabrikaten wird eher die exakte programmgebundene Bedarfsermittlung möglich sein und durchgeführt werden, während die verbrauchsgebundene Ermittlung der Bedarfe vor allem für die Hilfs- und Betriebsstoffe in Frage kommt.
Der Materialbedarf eines Unternehmens ist in aller Regel absatz- und produktions-/ verfahrensbedingten Schwankungen unterworfen. Diese schlagen sich in den Verbrauchsstatistiken der zurückliegenden Planungszeiträume nieder. Für die verbrauchsgebundene Bedarfsermittlung stellt sich damit die Methodenfrage, wie der Bedarf für die nächste Periode auf einer vergangenheitsbezogenen Grundlage in etwa zutreffend ermittelt werden kann:

* Der **einfache arithmetische Mittelwert** aus sämtlichen Vorperioden bietet sich nur in den seltenen Fällen nahezu gleich bleibender und damit kaum schwankender Materialverbräuche an.
* Wenn bei vorkommenden Veränderungen im Faktorverbrauch die Mittelwertbildung nur über eine bestimmte Anzahl zurückliegender Zeitabschnitte erfolgen soll, dann sind für die Materialbedarfsplanung jeweils die hierauf bezogenen **gleitenden Mittelwerte** zu ermitteln. Über eine entsprechende Gewichtung ist es dabei zusätzlich möglich, einzelne Vorperioden - beispielsweise die erst kurz zurückliegenden – mit einem höheren Anteil in diese Durchschnittsberechnung eingehen zu lassen (gewogener Mittelwert).
* Bei leicht schwankendem, aber einem positiven oder negativen Trend folgenden Vergangenheitsverbrauch von Einsatzgütern kann der künftige Bedarf über eine **einfache Regressionsrechnung** ermittelt werden.
* In den Fällen zyklischer Schwankungen bietet sich die Durchführung von **Zeitreihenanalysen** an. Die Materialbedarfe der Planperiode können hierbei auf dem Weg der exponentiellen Glättung hergeleitet werden.

Festzuhalten bleibt, dass bei der verbrauchsgebundenen Bedarfsermittlung die Planansätze auf einem ausschließlich statistischen Weg ermittelt werden. So liegen den Extrapolationen aus Richtung oder Verlauf der Materialverbräuche in der Vergangenheit **keine detaillierten Ursachen-Wirkungs-Zusammenhänge** zu Grunde. Damit ist ein solches Vorgehen letztlich nur für den Zeitraum praktikabel, während dessen ein weitgehend konstantes Absatz-/ Produktionsprogramm mit gleich bleibenden Fertigungsverfahren hergestellt wird. Ändern sich diese Parameter, dann sind Überlegungen zu den hiervon ausgehenden Wirkungen auf den Materialbedarf anzustellen. Soweit dies nicht programmgebunden erfolgen kann, sind bei der Einführung neuer Produkte oder Verfahren zunächst Schätzungen mit einem entsprechend hohen Sicherheitsaufschlag vorzunehmen. Mit dessen sukzessiver Zurücknahme im nachfolgenden Zeitraum einer neuerlichen Programm- und Prozesskonstanz kann dann wieder eine Rückkehr zur verbrauchsgebundenen Bedarfsermittlung erfolgen.

- Durch den Einsatz gesonderter **Verfahren der Materialklassifizierung** lassen sich die verwendeten Einsatzgüter nach unterschiedlichen Merkmalen gruppieren, und hieraus können dann Schlussfolgerungen für den Beschaffungsprozess gezogen werden:

  - Im Rahmen einer **ABC-Analyse** werden alle in einem Unternehmen eingesetzten Materialien nach Wert und Menge klassifiziert. Zweck dieses Verfahrens ist es, die erfahrungsgemäß bestehenden Unterschiede bei den Gesamtverbrauchswerten und -mengen in einer unternehmensspezifischen Klassifikation von A-, B- und C-Gütern abzubilden.
    Hierzu sind die absteigend geordneten Gesamtverbrauchswerte aller Materialien (Mengen × Preise) ihren jeweiligen Verbrauchsmengen gegenüberzustellen. Eine auf die kumulierten Verbrauchswerte bezogene Klassenbildung ergibt in aller Regel eine gegenläufige Wert- und Mengenrelation: Die A-Güter werden zusammengenommen einen hohen Wert- und einen niedrigen Mengenanteil aufweisen, während es sich bei den C-Gütern umgekehrt verhält.
    Über die Festlegung der Klassengrenzen und damit die Einteilung in A-, B- und C-Güter ist letztlich unternehmensindividuell zu entscheiden. Als Anhaltspunkte hierzu sind insbesondere „charakteristische Knickstellen" in der Konzentrationskurve als grafischer Darstellung der aufaddierten Wert- und Mengenverteilung heranzuziehen.

    * Darüber hinaus kann auch der Einteilungskonvention gefolgt werden, die Grenzen für A-Güter bei ca. 80%, für B-Güter bei ca. 15% und für C-Güter bei ca. 5% des Anteils am Gesamtwert der Materialien zu ziehen.
    * Mit den hierzu korrespondierenden Mengenanteilen können im Industriedurchschnitt erfahrungsgemäß folgende Wert- und Mengenproportionen für die verschiedenen Einsatzgüterarten erwartet werden:

      | | | | | |
      |---|---|---|---|---|
      | A-Güter: ca. | 80% | Wert- bei rund | 10% | Mengenanteil |
      | B-Güter: ca. | 15% | Wert- bei rund | 20% | Mengenanteil |
      | C-Güter: ca. | 5% | Wert- bei rund | 70% | Mengenanteil. |

    Bei einer stark reduzierten Fertigungstiefe können sich die Mengenquoten in die Richtung der A-Güter verschieben, und mit zunehmender Konsumnähe von Unternehmen – also etwa bei Veredelungsbetrieben wie dem Karosseriebauunternehmen im Beispiel in E.III. oder bei Handelsunternehmen – ist ein genereller Rückgang der ABC-typischen Ungleichmäßigkeit von Werten und Mengen zu verzeichnen.
    Die Konsequenzen, welche im Hinblick auf die unterschiedenen Einsatzgütergruppen aus einer ABC-Analyse für den Beschaffungsprozess zu ziehen sind, liegen in einer **abgestuften Differenzierung und Detaillierung**. We-

gen ihrer hohen Einsatzwerte gehen von den **A-Gütern** die größten Liquiditäts- und somit auch Erfolgseffekte aus, weshalb hierauf bezogene Optimierungsbemühungen die vergleichsweise stärksten Wirkungen entfalten. Entsprechend ist der Bedarf an A-Gütern so genau wie möglich – am besten also programmgebunden – zu ermitteln. Bei den **B-Gütern** sind für die laufende Produktion i.d.R. verbrauchsgebundene Verfahren ausreichend, und zu den meist kleinteiligen **C-Gütern** kann auf fundierte Schätzungen zurückgegriffen werden.
Bei den vorangegangenen Erläuterungen der beiden Grundverfahren einer programm- oder verbrauchsgebundenen Bedarfsermittlung wurden diese pauschal den einzelnen Materialarten, also den Rohstoffen und Halbfabrikaten bzw. den Hilfs- und Betriebsstoffen, zugeordnet. Bei branchen- und firmenbezogenen Unterschieden in den Herstellungsprozessen ist eine solche Einteilung der Einsatzgüter nicht immer eindeutig. Mit der Durchführung einer ABC-Analyse kann dagegen eine **unternehmensspezifische Materialklassifizierung** nach unterschiedlichen Verbrauchswert- und -mengenanteilen vorgenommen werden.
Im Flugzeugbau sind die (zwei oder vier) Turbinen z.B. A-Güter und werden aufgrund ihres hohen Wertanteils am Gesamtflugzeug (25-35%) erst ziemlich am Ende des Fertigungsprozesses pro Flugzeug beschafft und gleich eingebaut. Dadurch bleibt der Liquiditätsentzug für das Unternehmen der Flugzeugindustrie bis zur Auslieferung und Bezahlung des Flugzeugs durch die Airline möglichst kurz. Die Platten für die Wand- und Deckenverkleidung der Passagierkabine sind B- oder C-Güter und werden in größeren Mengen regelmäßig für mehrere Flugzeuge beschafft, um Skaleneffekte im Einkaufspreis auszunutzen.

- Bei der so genannten **XYZ-Analyse** erfolgt die Bildung der Materialgruppen über den Verbrauchsverlauf während einer Planungsperiode. Bei dieser Klassifikation wird auf die Genauigkeit der Prognosen abgestellt, die zum zukünftigen Bedarf eines Einsatzgutes möglich sind:

  * Der Verbrauchsverlauf bei **X-Gütern** weist eine hohe Regelmäßigkeit auf. Bei direkten Abhängigkeiten zur Produktionsmenge sind zusätzliche Schwankungen kaum zu erwarten. Die Prognosegenauigkeit ist bei diesen Gütern hoch; unter weitgehendem Verzicht auf eine Lagerbildung können diese Materialien prinzipiell fertigungssynchron beschafft werden. Als Beispiele hierzu können reguläre Bauteile für Standardprodukte oder turnusmäßig auszutauschende Verschleißteile von Fertigungsanlagen genannt werden.
  * Die Verbräuche von **Y-Gütern** unterliegen positiven oder negativen Trends bzw. zyklischen Schwankungen. Bei allenfalls mittlerer Prognosegenauigkeit ist der Bedarf über eine Lagerhaltung abzupuffern (siehe hierzu F.III.3.) und damit ist hierzu eine Vorratsbeschaffung durchzuführen. Beispiele hierfür wären spezielle Komponenten für die Sonderausstattung von Produkten oder besondere, bei hoher Inanspruchnahme von Maschinen benötigte Ersatzteile.

* **Z-Güter** werden bei eher zufällig eintretenden Anlässen äußerst unregelmäßig verbraucht. Darauf bezogene Prognosen sind kaum möglich, und so kommen hier jeweils einzelfallbezogene Beschaffungsmaßnahmen in Frage. Beispielhaft hierzu sind Bauteile für auftragsbezogene Spezialanfertigungen oder die Ersatzteilbeschaffung im Fall eines unvorhergesehenen Maschinenausfalls zu nennen.

- Der Verbrauchsverlauf von Einsatzgütern wurde bereits durch die Abgrenzung von verbrauchs- und programmgebundener Bedarfsermittlung thematisiert. Über eine XYZ-Gruppierung der Materialien können die spezifischen Beschaffungsmaßnahmen – ähnlich wie beim Einsatz der ABC-Analyse – auf einer empirisch fundierten Basis abgewickelt werden. Dabei ist auch eine Kombination der beiden Analysen möglich: Mit einer **Kreuztabelle**, in welcher die Materialien nach ihren Kombinationen aus X-, Y- oder Z-Gut (Prognosegenauigkeit) und A-, B- oder C-Gut (Wert-/ Mengenverteilung) klassifiziert sind, liefert eine noch abgestuftere Grundlage für die Beschaffungsplanung.

• Auf der Datenbasis der vorgeschalteten Bedarfsplanung ist die **Materialbeschaffungsplanung** darauf ausgerichtet, die entsprechenden Bestellvorgänge näher zu spezifizieren und durchzuführen. Jetzt geht es also um die endgültige Festlegung von Art, Qualität, Menge, Zeitpunkt, Weg und Preis der zu beschaffenden Güter sowie um die Auswahl des oder der Lieferanten.
Die Güterarten und -mengen bilden die wesentliche Grundlage für die erzielbaren Einkaufspreise. Zusätzlich ist hierbei das geforderte Qualitätsniveau relevant. Die aus den notwendigen Warenverbrauchszeitpunkten abzuleitenden Bestelltermine werden vor allem über die zeitlichen Anforderungen des Produktionsbereichs determiniert. In Abhängigkeit von und in Abstimmung mit der Produktionsstrategie ist in der Materialbeschaffungsplanung zusätzlich zu berücksichtigen, ob eine Lagerhaltung für gelieferte Produkte vorgesehen ist oder ob eine weitgehend fertigungssynchrone Anlieferung im Sinne des Just-in-Time angestrebt wird. Auf diese Aspekte wird in den Abschnitten zur Lagerhaltung (F.III.3.) und zur Logistik (F.IV.1.) noch einmal näher eingegangen.

- Bezogen auf die Bestellmengen, -qualitäten und -termine sind bei der **Abstimmung zwischen Bedarfs- und Beschaffungsplanung** i.d.R. folgende Beziehungen gegeben respektive zu beachten:

  * Der durch die Materialbedarfsplanung für die verschiedenen Einsatzgüterarten festgestellte Bedarf entspricht entweder genau der von der Produktion benötigten Menge (programmgebundene Ermittlung), oder er ist aus den Verbräuchen zurückliegender Planungsperioden abgeleitet worden (verbrauchsgebundene Ermittlung).
  * Damit handelt es sich hierbei um Bruttobedarfswerte, die ggf. noch um einen vorsorglichen Mehrverbrauchszuschlag zu erhöhen sind.
  * Von den so ermittelten Werten sind im Falle einer Vorratshaltung eventuell noch vorhandene Lagerbestände der Einsatzgüter abzuziehen, was

zum jeweiligen Nettobedarf führt. Bei den Lagermaterialien ist in aller Regel das Einhalten von **Sicherheitsbeständen** zu berücksichtigen. Als Vorsorge gegen mögliche Fehler bei der Bedarfsermittlung und -prognose sollten diese „eisernen Bestände" nicht unterschritten werden, und so darf bei der Nettobedarfsberechnung nur die darüber hinausgehende Lagermenge in Ansatz gebracht werden.

* Der für eine Planungsperiode ermittelte Nettobedarf einer Materialart ist durch das Auslösen entsprechender Beschaffungsvorgänge zu decken. Bei einzelfallbezogenen Beschaffungen entspricht der Nettobedarf der Bestellmenge. Bei kontinuierlich verbrauchten und zwischengelagerten Materialien ist eine lager-, zins- und bestellkostenabhängige **Bestellmengenoptimierung** vorzunehmen. Diese stellen wir zusammen mit dem Lagerhaltungsprozess in F.III.3. vor.

- Zur **zeitlichen Komponente des Beschaffungsprozesses** sind eine Reihe unterschiedlicher Zeiträume zu berücksichtigen, aus denen sich die gesamte Beschaffungszeit zusammensetzt:

  * Die Bedarfsermittlungszeit erstreckt sich von der Feststellung des Bedarfs bis zur konkreten Bestellentscheidung.
  * Die Bestellzeit umfasst die nachfolgende Zeitspanne bis zur Auslösung der Bestellung.
  * Der als Nächstes einzukalkulierende Zeitraum bis zum Warenausgang beim Lieferanten ist die Lieferzeit.
  * Hierauf folgt die Transportzeit zur physischen Distribution (per Schiff, Bahn, LKW etc.) der Einsatzgüter vom Lieferanten zum Bestellunternehmen.
  * Als Warenannahmezeit ist schließlich noch die Spanne vom Eintreffen der Materialien bis zu ihrer Verwendbarkeit durch den Produktionsbereich zu berücksichtigen (Mengen- und Qualitätskontrollen; ggf. Aufnahme im Eingangslager).

  Die am Ende der Bestellzeit liegenden Bestelltermine sind also so zu wählen, dass der Produktionsbedarf unter Beachtung aller nachfolgenden Einzelzeiträume des Beschaffungsprozesses termingerecht bereitgestellt werden kann. Bei den Bestellmengen sind darüber hinaus schon bei der Bedarfsermittlung und der Bestellung/ Auftragserteilung die Materialverbräuche während der gesamten Beschaffungszeit einzubeziehen.

- Im Hinblick auf die **Qualität zu beschaffender Einsatzgüter** wird im – industriellen – Regelfall angenommen, dass die **Bedarfsqualität** der **Bestellqualität** entspricht. Dies bedeutet, dass es keine Effekte der Reifung oder des Schwundes während des Liefer- und damit auch des Lagervorganges gibt.

  Wenn allerdings solche Wirkungen vorliegen, dann gehen hiervon zusätzliche Restriktionen für den Beschaffungs- und den Lagerprozess aus. So ist beispielsweise im Lebensmittelbereich etwa bei Südfrüchten der Versandzeitpunkt sehr früh zu wählen, damit die Produkte im Fall eines längeren

Schiffstransports erst während der Transportzeit voll ausreifen und auf diese Weise in der gewünschten Reifequalität beim bestellenden Großhandelsunternehmen ankommen. Generell leidet hierunter jedoch die Geschmacksqualität. Dies lässt sich durch einen Transport naturgereifter Früchte per Luftfracht vermeiden.

- Die **Lieferantenauswahl** stellt eine strategische Entscheidung von hoher Tragweite für den gesamten Wertschöpfungsprozess eines Unternehmens dar. Über die auf einen gegebenen Materialbedarf bezogene Minimierung der Beschaffungskosten sind hierbei einerseits wichtige Beiträge zur Erfüllung der Rentabilitäts- und Liquiditätszielsetzungen (siehe hierzu D.) zu realisieren. Andererseits ist bei der Wahl vorgelagerter Wertschöpfungspartner auch nicht direkt monetären Kriterien Rechnung zu tragen, wie z.B. der Termintreue, der längerfristigen Versorgungssicherheit oder ökologischen Aspekten.

  Zur (Angebots)Analyse verschiedener Lieferanten bietet sich die Erstellung eines **Lieferantenspiegels** an. Dabei sind die einzelnen Lieferanten nach quantitativen (z.B. Produktpreis, Rabatt, Lieferzeit, Transportkosten, Zahlungsbedingungen) und qualitativen Kriterien (z.B. Termintreue, wirtschaftliche Solidität, technische Standards, Innovationsfähigkeit) in einer Punktbewertung einander gegenüberzustellen. Durch die zusätzliche Verwendung kriterienbezogener Gewichte kann eine solche Übersicht auch in der Form eines Scoring-Modells erstellt werden. Erläuterungen hierzu finden sich – in anderem Zusammenhang – in C.II.1.d.

  Zur Materialbeschaffungsplanung – also zur Auswahl der Lieferanten sowie zum generellen Ablauf der Beschaffungsmaßnahmen – ist in der Unternehmenspraxis die Erstellung von Rahmenrichtlinien üblich, die als Checklisten bei den einzelnen Einkaufsaktivitäten herangezogen werden können.

- Der **Beschaffungsprozess** ist ein wesentliches Glied in der primären Wertschöpfungskette eines Unternehmens. Dementsprechend sind Bemühungen, diesen Teilbereich weiter zu **optimieren** in erster Linie über seinen generellen Wertschöpfungsbezug vorzunehmen. Beispielhaft lassen sich hierzu drei Maßnahmenbereiche anführen (letzter Punkt in Abb. F-III-3):

  - Zunächst ist aus einer grundsätzlichen und strategischen Perspektive darüber zu entscheiden, ob erstmals oder zusätzlich **Outsourcing-Maßnahmen** ergriffen werden sollen. Das Entscheidungskriterium hierzu ist der Sachverhalt, ob ein bisher selbst produzierter Wertschöpfungsteil von strategischer Bedeutung für die Wettbewerbsposition und damit den Unternehmenserfolg ist. Alle Wertschöpfungsteile, die sich nicht auf Kernkompetenzen beziehen, können ausgelagert und damit grundsätzlich an Lieferanten vergeben werden (siehe dazu F.I. sowie H.I.4.). In der Konsequenz weist ein Unternehmen durch das Outsourcing schlankere Strukturen auf und kann durch die Konzentration auf Kernkompetenzen und Kernaktivitäten eine höhere Effizienz und Effektivität erreichen. Eine günstigere Kostensituation und ein höherer Zielerreichungsgrad ermöglichen nicht nur zunehmende Gewinne, sondern schaffen gleichzeitig die Voraussetzung, dem Kunden günstigere Preise für die erstellten Marktleistungen anzubieten. Dies verbessert zugleich die Wettbewerbsposition des Unternehmens. Bei der Outsourcing-Alternative kommt es, wie gezeigt, zu einer Verstärkung der Beschaffungsaktivitäten, und die hiermit mögliche Optimierung betrifft also den gesamten Wertschöpfungsprozess eines Unternehmens.

- Das als Nächstes anzusprechende Vorgehen zur Optimierung von Beschaffungsabläufen beinhaltet eine Übertragung der Gestaltungsprinzipien, welche für die absatzmarktbezogenen Austauschprozesse entwickelt wurden. Die vor dem Hintergrund zunehmend gesättigter Märkte herausgebildete Sichtweise einer konsequenten Ausrichtung der Unternehmensführung auf die Abnehmer-/ Kundenbedürfnisse und die Wettbewerbsbedingungen findet damit eine analoge Anwendung auf der Beschaffungsseite. Erkenntnisse der Marktorientierung werden also auf die Ressourcenorientierung übertragen. Diese Projektion trägt der steigenden Bedeutung des Beschaffungsbereichs als Eingangsprozess der regulären unternehmerischen Leistungserstellung Rechnung.

  Die inhaltliche und organisatorische Konsequenz besteht darin, dass zu der ursprünglich nur auf die Absatzseite bezogenen Marketingfunktion als eigenständiges Teilgebiet ein **Beschaffungsmarketing** herausgebildet wird. Hierüber erfolgt die Koordination der Marktbeziehungen zu Lieferanten sowie das Treffen und Umsetzen aller Beschaffungsentscheidungen. Wie bereits in A.I.5. sowie in E.I. erwähnt, ist deren informatorische Basis durch eine leistungsfähige Beschaffungsmarktforschung sicherzustellen. Korrespondierend zum Absatzmarketing können als Entscheidungs- und Handlungsfelder des Beschaffungsmarketing die folgenden beschaffungspolitischen Instrumentalbereiche unterschieden werden:

  * Das **Beschaffungs-Produkt-Mix** ist auf die materiell inhaltlichen Anforderungen zu erwerbender Werkstoffe/ Vorprodukte gerichtet (Funktion, Form, Qualität). Dabei geht es um die benötigten Produktausführungen einzelner Materialien, um Fragen der gemeinsamen Beschaffung mehrerer Einsatzgüter bei einem Lieferanten (Sortimentsverbund; Multiple-Sourcing versus Dual- oder Single-Sourcing) sowie um die Beurteilung der Innovations-/ F&E-Kompetenz der Partner am Beschaffungsmarkt.
  * Vergleichbar mit dem absatzmarktgerichteten Distributions-Mix haben die Entscheidungen im Bereich des **Beschaffungs-Methoden-Mix** zum Inhalt, auf welchem Weg und von welchen Lieferanten die Einsatzgüter durch welche Organe zu beschaffen sind. Den Beschaffungsweg betreffend, können Werkstoffe direkt beim jeweiligen Hersteller oder auch über den (Groß-)Handel bezogen werden. Im Hinblick auf die Lieferantenstruktur ist in Abhängigkeit von der Produktionsstruktur/ Fertigungstiefe eines Unternehmens zu klären, in welchem jeweiligen Umfang die Beschaffung über Teile-, Komponenten-, Modul- oder Systemlieferanten erfolgen soll. Auf diese Lieferantenklassifikation kommen wir noch zurück. Das Stichwort der Beschaffungsorgane betrifft schließlich die Fra-

gestellung, ob neben der für die Beschaffung zuständigen Unternehmensabteilung eventuell auch Kommissionäre (auf eigenen Namen, aber auf Rechnung des einkaufenden Unternehmens tätig) oder selbstständige Makler in den Beschaffungsprozess einzubinden sind.

* Zum **Beschaffungs-Konditionen-Mix** zählen die Sondierungen und Entscheidungen zu allen vertraglichen Abmachungen über die – bestellmengen- und ausführungs-/ qualitätsabhängigen – Einkaufspreise der Einsatzgüter, die dafür vereinbarten Lieferzeiten sowie die zu Grunde liegenden Zahlungs-, Transport- und Garantiebedingungen.

* Wiederum spiegelbildlich zum Absatzmarketing hat das **Beschaffungs-Kommunikations-Mix** den Aufbau und die Pflege der Beziehungen zu potenziellen und aktuellen Partnern auf dem Beschaffungsmarkt zum Inhalt. Hier können eine direkte Beschaffungswerbung, eine interessengruppenorientierte Öffentlichkeitsarbeit und eine aktive Förderung bestehender Lieferanten zur Vertiefung des gegenseitigen Vertrauensverhältnisses zum Einsatz kommen.

Die generelle und auf die Vorsteuerung des Unternehmenserfolgs bezogene **Unterscheidung verschieden weit reichender Planungs- und Umsetzungskomplexe** kann auch für das vorstehend aufgezeigte Spektrum beschaffungsmarktbezogener Aufgaben vorgenommen werden:

* Das **strategische Beschaffungsmarketing** ist vor allem potenzial- und effektivitätsorientiert („die richtigen Dinge tun"; siehe A.II.1.). Hierdurch sind die Grundlagen für eine längerfristig anforderungsgerechte Versorgung mit Einsatzgütern bei gleichzeitiger Kostenreduzierung/-optimierung zu legen. Über fundierte Marktanalysen gilt es, den einzelvorgangsübergreifenden Rahmen für die Versorgung mit Einsatzgütern abzustecken. Hierzu rechnet die Entwicklung eines leistungsfähigen Lieferanten- und Contract-Management sowie vor allem der Aufbau und die Pflege längerfristiger Wertschöpfungspartnerschaften.

* Das **operative** respektive **transaktionale Beschaffungsmarketing** ist – wie in der Bezeichnung zum Ausdruck kommt – stärker auf die Abwicklung der einzelnen Beschaffungsvorgänge ausgerichtet. In Umsetzung bzw. Ausfüllung der Vorgaben von der strategischen Ebene ist hierdurch insbesondere die Effizienz der Beschaffungsprozesse sicherzustellen („die Dinge richtig tun"; siehe A.II.1.). Jeweils auf den Einzelfall bezogen gehört dazu die Steuerung und Überwachung aller Beschaffungsparameter (Qualität, Quantität, Zeit, Ort, Kosten) einschließlich der administrativen Auftragsabwicklung.

- Mit dem vorstehend im Überblick beschriebenen Einrichten eines zielorientierten Beschaffungsmarketing kann eine hohe Systematisierung der unterschiedlichen Aktivitäten im Beschaffungsprozess eines Unternehmens erreicht werden. Hierzu sind unter der Zielsetzung einer wertschöpfungsbezogenen Beschaffungs-Optimierung zwei Lösungsansätze noch einmal gesondert herauszustellen. Dabei geht es um eine Verstärkung der Zusammenarbeit; diese kann bilateral mit Lieferanten (Beschaffungskooperation) oder multilateral gemeinsam mit anderen Unternehmen und mehreren Zulieferern (Einkaufskooperation) erfolgen:

* **Beschaffungskooperationen** stehen in einem engen Zusammenhang mit den bereits thematisierten Outsourcing-Maßnahmen. Bei der damit verbundenen Reduzierung der Wertschöpfungs-/ Fertigungstiefe im eigenen Unternehmen kann der Bedarf an jetzt zusätzlich benötigten Vorprodukten/ Komponenten in aller Regel nicht über einfache Auftragsvergaben am Beschaffungsmarkt gedeckt werden. Die notwendigen Teile-Spezifikationen und die produktionsseitigen Abstimmungen erfordern eine Kooperation mit Lieferanten, und deren Intensität steigt mit zunehmender Komplexität der fremd zu beschaffenden Einsatzgüter. Hierzu kann folgende Klassifikation vorgenommen werden:

  # Wie eingangs dieses Abschnittes erläutert, werden von **Rohstofflieferanten** die Grundsubstanzen für den Herstellungsprozess eines Unternehmens bezogen. Aus der Weiterverarbeitung dieser Materialien (z.B. Stahl, Kunststoff, Glas) im eigenen Produktionsprozess entstehen zuerst kleinere Einzelteile, und aus diesen wird über mehrere Fertigungsstufen schließlich ein Endprodukt erstellt. Die im Weiteren getroffenen Unterscheidungen beziehen sich darauf, welche Lieferantenkooperation und -integration ab der Teile-Stufe durchgeführt werden kann.

  # Von einem **Teilelieferant** sind kleinere, bereits montierte Einheiten zu beziehen. Als Beispiel aus dem Automobilbereich kann hierzu der Bezug von Tachometern oder Drehzahlmessern für Armaturenbretter genannt werden.

  # Durch **Komponentenlieferanten** werden bereits einige Einzelteile zu Einheiten mit einer größeren Funktionalität zusammengefasst. Zum eben begonnenen Beispiel könnte sich dies auf die Lieferung der hinter dem Armaturenglas befindlichen Anzeigeeinheit beziehen.

  # Die Vorleistung von **Modullieferanten** erreicht einen wiederum höheren Funktions- und Wertschöpfungsumfang. Hierzu ist bereits eine umfangreiche Entwicklungskooperation zwischen Unternehmen und Lieferant erforderlich. Auf unser Beispiel bezogen besteht die Möglichkeit, den kompletten Armaturenträger mit allen Anzeige- und Steuerungsinstrumenten als Paketleistung des Modulzulieferers zu definieren.

  # Die höchste Integrationsstufe zwischen Zulieferer und Endproduzent wird im Fall des Systembezugs erreicht. Hierbei ist eine sehr enge Wertschöpfungspartnerschaft erforderlich. Im Automobilbeispiel kann als Leistung des **Systemlieferanten** vereinbart werden, das vollständige Cockpit und damit den gesamten vorderen Innenraum eines Fahrzeugs zum Einschwenken am Fließband anzuliefern.

Wenn die bis hin zu ganzen Endprodukteilen reichende **Komplexität definierter Vorleistungen** zu einer zunehmenden Einbindung der Lieferanten in die Fertigung der Endproduzenten führt, dann erfordert dies also einen hohen Integrationsgrad der Wertschöpfungsprozesse von Endproduzent und Zulieferer. Die notwendigen Abstimmungen bringen Transaktionskosten mit sich, dafür bezieht sich die Beschaffung dann allerdings auf die vereinbarte komplexe Leistung eines Lieferanten.

Die Teilefertigung und damit auch der Bezug dafür benötigter Einzelmaterialien wird insgesamt an den Partner auf der vorgelagerten Wertschöpfungsstufe abgegeben. Dabei sind mit der vorgestellten Lieferantenklassifikation jeweils unterschiedliche Wertschöpfungsumfänge auf Seiten der Zulieferer verbunden; folglich stehen diese wiederum mit Lieferanten weniger komplexer (Vor-)Leistungen in Verbindung. So wird ein Systemlieferant seinerseits Beschaffungsbeziehungen zu Modul- und Komponenten- sowie auch zu Teile- und Rohstofflieferanten unterhalten. Mit der Erstellung eines Teilsystems für den Endproduzenten ist er einerseits in dessen Leistungserstellungsprozess integriert; andererseits hat er dabei die Integrationsleistung zu erbringen, alle hierfür notwendigen Produktionsfaktoren zu beschaffen und zur vertraglich festgelegten Leistung zu kombinieren.

* Während Beschaffungskooperationen auf die direkte Zusammenarbeit zwischen Unternehmen und Zulieferern gerichtet sind, beziehen sich **Einkaufskooperationen** auf einen größeren Beteiligtenkreis.

  Hierbei kann es sich zum einen um Zusammenschlüsse von – i.d.R. kleineren – Gewerbe- oder Handelsunternehmen zur gemeinschaftlichen Organisation der Beschaffung handeln. Dazu ist auch die Gründung einer rechtlich eigenständigen Gemeinschaftseinrichtung möglich, wofür sich beispielsweise die Rechtsform der Genossenschaft anbietet (siehe hierzu C.II.6.a.).

  Eine moderne Form der Einkaufskooperation besteht darin, dass Unternehmen – die mit ihren Endprodukten durchaus in Konkurrenz stehen können – gemeinsam eine **branchenbezogene und Internet-/ IuK-gestützte Beschaffungsplattform** (IuK = Informations- und Kommunikationstechnologie) gründen. Als Beispiel aus der Automobilindustrie kann die im Dezember 2000 erfolgte Gründung der COVISINT LLC (Limited Liability Company) mit Sitz in Southfield, Michigan/ USA, zwei Europazentralen in Schiphol (Holland) und Frankfurt/ Main sowie einem Büro in Tokyo angeführt werden.

  In diesem Gemeinschaftsunternehmen haben sich als OEM-Partner (Original Equipment Manufacturer) die Autohersteller DAIMLERCHRYSLER, FORD, GENERAL MOTORS, NISSAN und RENAULT sowie als Technologiepartner die Firmen COMMERCE ONE und ORACLE zur Etablierung einer weltweit agierenden Beschaffungsbörse zusammengeschlossen. Der Name COVISINT ist eine Wortschöpfung, deren Silben „Co“ für Connectivity/ Collaboration/ Communication, „Vis“ für Visibility und „Int“ für Integrated Solutions stehen.

Mit einer solchen Plattform werden die Einkäufe der einzelnen OEM-Partner nicht unmittelbar gebündelt. Dies ist aus wettbewerbspolitischen Gründen i.d.R. nicht erwünscht und unterliegt ansonsten auch wettbewerbsrechtlichen Beschränkungen. Die Beschaffungs-Optimierung besteht vor allem darin, dass für den Informationsaustausch und die Auftragsabwicklung zwischen den OEM-Partnern und allen interessierten/registrierten Zulieferern eine einheitliche Systemumgebung geschaffen wird. Für beide Seiten entfallen damit die bei jeweils firmenspezifischen IuK-Systemen auftretenden Anpassungs-/ Einstellungsprobleme, und daraus sollen hohe Effizienz- und Effektivitätsfortschritte für alle Beteiligten resultieren.
Die vorgesehenen, durch Analysen belegten Vorteile einer derartigen Einkaufskooperation von generell auf der Absatzseite im Wettbewerb befindlichen Unternehmen sind bestechend. Die Automobilhersteller haben sich nach dem Start der globalen Einkaufsplattform COVISINT im Jahr 2000 große Vorteile versprochen. Bereits im ersten Jahr konnte DAIMLERCHRYSLER ein Beschaffungsvolumen von 220 Mio. EUR internetbasiert und damit elektronisch abwickeln. Im folgenden Jahr belief sich das Volumen dieses als E-Procurement bezeichneten Einkaufsprozesses für das Unternehmen bei 510 durchgeführten Online-Bieterverfahren auf etwa 10 Mrd. EUR. Insgesamt betrug das über COVISINT im Jahr 2001 abgewickelte Transaktionsvolumen etwa 45 Mrd. US-Dollar. Über 60% entfielen davon auf Produktionsmaterialien. Die Kooperation ist jedoch vier Jahre nach ihrem Start gescheitert. Die Gründe hierfür sind vielschichtig. Ganz maßgeblich dabei war aber, dass sich die Erwartungen bezogen auf die Informationsqualität bei den Online-Auktionen und bezogen auf den Einkauf über elektronische Kataloge nicht erfüllt haben. Die Anschub-Investition von 500 Mio. US-Dollar hat nicht den erwarteten Erfolg gebracht. Vielmehr wurde der größte elektronische Marktplatz der Automobilindustrie Anfang 2004 an COMPUWARE und FREEMARKETS verkauft.

## 3. Lagerhaltung

Aus welchen Gründen sind Prozesse der Lagerhaltung bei der industriellen Herstellung und dem Absatz von Gütern notwendig? Was sind die generellen Funktionen bei der Lagerplanung und -steuerung? Welche mengenmäßigen und zeitbezogenen Wechselwirkungen bestehen zwischen den Lagerhaltungs- und den Beschaffungs-/ Bestellungsprozessen, und welche Kostenwirkungen gehen davon aus? Was sind wesentliche Mengen- und Zeitgrößen bei der Lagerbestandsüberwachung? Wie setzen sich die Lagerkosten zusammen? Wie wird die Optimale Bestellmenge formelmäßig berechnet und grafisch dargestellt? Welche Veränderungen ergeben sich hierbei durch die Berücksichtigung von Rabatten?

Mit der Ausnahme chemischer Prozesse, die – so die Fachbezeichnung – „in einer Wärme“ ablaufen, kann die Leistungserstellung im Realgüterstrom eines Unternehmens in aller Regel nicht „in einem Guss“ erfolgen. Damit gehört auch die Lagerhaltung zu den direkten Prozessen der Wertschöpfung (siehe hierzu Abb. F-I-1); sie bezieht sich zum einen auf die zur Produktion benötigten Materialien/ Komponenten sowie zum anderen auf die fertigen Endprodukte.

Generell kann Lagerhaltung definiert werden als das **bewusste Bilden und Steuern von Güterbeständen**, die in einer mittelbaren oder unmittelbaren Beziehung zu den originären Wertschöpfungsprozessen Beschaffung, Produktion und Absatz stehen. In einer Mittlerfunktion stehen die beiden grundsätzlichen Arten der **Einsatzgüterlagerung** und der **Absatzgüterlagerung** respektive die Eingangs- und Ausgangsläger. Ein unmittelbarer Phasenbezug liegt bei parallel zum Fertigungsprozess gebildeten Zwischenlägern vor.

Die Vorratshaltung von Beständen verursacht direkt aus diesen Lagerhaltungsprozessen resultierende Kosten (siehe hierzu Abb. F-III-4). Sie entstehen zum einen durch das physische Handling der Menge gelagerter Güter, und zum anderen wird im Umfang ihrer Eingangswerte Kapital gebunden, das damit nicht zu einer anderweitigen Verwendung im Leistungserstellungsprozess zur Verfügung steht.

Wegen dieser **Kostenwirkungen der Lagerhaltung** sind Wertschöpfungsprozesse immer daraufhin zu prüfen, wo, wann und in welchem Umfang eine bewusste Bestandsbildung zweckmäßig ist, um optimale Prozessabläufe sicherzustellen. Im Zuge eines generell steigenden Wettbewerbs- und damit Kosten- sowie Zeitdrucks geht die Herausforderung für die Unternehmen heute dahin, die **Lagerhaltung** auf das gerade noch notwendige Mindestmaß **zu reduzieren**, so dass auf diese Weise ein Beitrag zur Realisierung einer schlanken Produktion (Lean Production) bzw. insgesamt einer schlanken Wertschöpfung geleistet wird. Auf hierbei einzusetzende Logistikkonzepte gehen wir in F.IV.1. ein.

### a. Gründe und Funktionen der Lagerhaltung

Entscheidungen zur Lagerhaltung sind nicht allein aus Kostengesichtspunkten zu treffen. Die Vorratshaltung von Einsatzgütern, Zwischen- oder Endprodukten kann in einer Reihe unterschiedlicher Notwendigkeiten begründet sein, die sich auf verschiedene Aspekte der gesamten direkten Wertschöpfung eines Unternehmens beziehen. Sie sind im oberen Teil der Abbildung F-III-4 aufgelistet und umfassen **vier Grundfunktionen der Lagerhaltung im Wertschöpfungsprozess** (siehe hierzu Abb. F-III-5):

- Die zuerst genannten Lagergründe zur Sicherung einer kontinuierlichen Produktion, zur Vorsorge gegenüber Belieferungsschwierigkeiten und zur Pufferung von diskontinuierlichen Absatzverläufen stellen die zentralen Lagerhaltungsmotive dar. Damit soll bezweckt werden, dass immer genügend Einsatzgüter und Vorprodukte vorrätig sind, um **keine Engpässe in der Produktion** auftreten zu lassen.
  Zusätzlich sind hierbei beschaffungs- und absatzbezogene Schwankungen beim Bezug von Materialien und dem Verkauf von Fertigprodukten auszugleichen.

So sind etwa bei saisonabhängigen Marktleistungen die über einen bestimmten Zeitraum kontinuierlich hergestellten Produkte im Ausgangslager bis zum Verkaufsstart anzusammeln (z.B. Modekollektionen, Schokoladen-Weihnachtsmänner oder -Osterhasen als saisonale Süßwaren). Während das Auffangen solcher tätigkeitsbedingter Schwankungen die Unternehmen bestimmter Branchen betrifft, sind generelle Vorkehrungen gegenüber auftretenden **Versorgungs- oder Absatzengpässen** bei allen realgüterbezogenen Leistungserstellungsprozessen notwendig.

***Grundzusammenhänge:***
**Die *Lagerhaltung* von Einsatz- oder Absatzgütern verursacht *Kosten*.**
**Ihre *generelle Notwendigkeit* leitet sich aus folgenden *Gründen* ab:**

1. **Sicherung einer kontinuierlichen Produktion**
2. **Vorsorge gegenüber Belieferungsschwierigkeiten**
3. **Puffer für diskontinuierlichen Absatz**
4. **Ausnutzen einer Optimalen Bestellmenge**
5. **Ausnutzen einer Optimalen Losgröße**
6. **Ausnutzen des Distributionsoptimums**
7. **Preisspekulationsmöglichkeiten**
8. **Reifefunktion**
9. **Qualitätssicherung**

***Einzelne Entscheidungs- und Gestaltungsfelder :***

- **Auf die spezifischen Wertschöpfungsanforderungen abgestimmte Planung und Steuerung von *Lagerart, -standort und -kapazität***
- ***Grunddaten-Ermittlung* für eine *kostenminimale Beschaffung***

***Ausgewählte Entscheidungssituationen:***

**– Zwei Darstellungen zu kontinuierlichem Lagerabgang –**

***Überwachung des Lagerbestandes:***

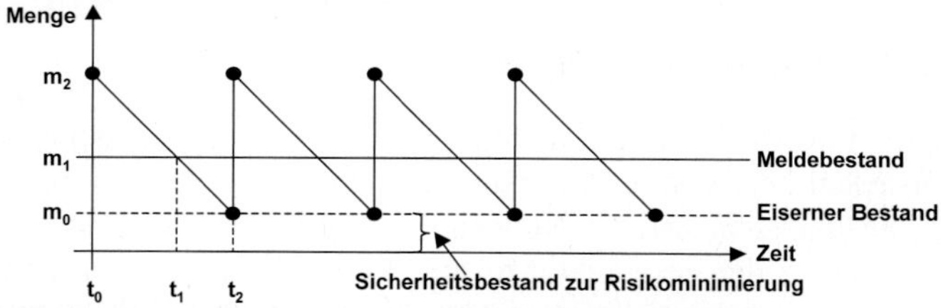


***Ermittlung der Optimalen Bestellmenge (ohne Rabatt):***

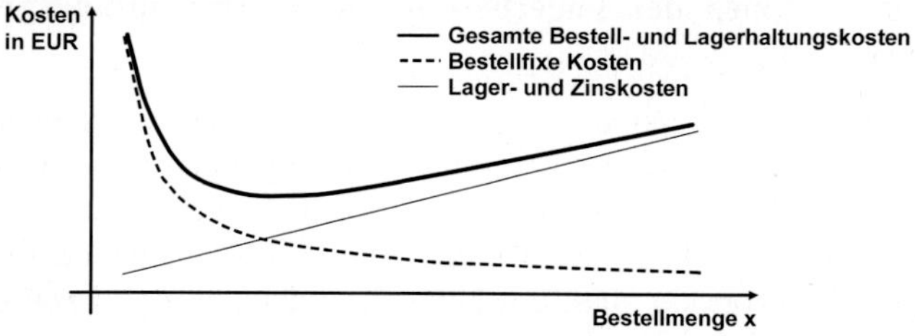


**Abb. F-III-4:** Überblick zur Lagerhaltung (Direkter Prozess)

① ***Ausgleichs- und Sicherungsfunktion***
**(Lagergründe 1. - 3. aus Abb. F-III-4):**

***a) Vermeiden von Diskontinuitäten im Leistungsprozess:***
**Sicherung der Kontinuität zwischen den *originären Phasen der Leistungserstellung***

⇨ ***Auswirkungen*** **von Bestandsveränderungen in Beschaffung, Produktion und Absatz *auf die Lagerhaltung:***

| *Beschaffung* | Einsatz-güter-lagerung | *Produktion* | Absatz-güter-lagerung | *Absatz* |
|---|---|---|---|---|
| zu viel beschafft → | + | ← zu wenig hergestellt → | - | ← zu viel abgesetzt |
| zu wenig beschafft → | - | ← zu viel hergestellt → | + | ← zu wenig abgesetzt |

***b) Zusätzliche Risikovorsorge:***
**Über die reine Phasensynchronisation hinausgehender Aufbau von Pufferbeständen zur Abfederung eventueller *Versorgungs- oder Absatzengpässe***

② ***Betriebswirtschaftliche Optimierungsfunktion***
**(Lagergründe 4. - 6. aus Abb. F-III-4):**
**Ausnutzen *optimaler Faktorrelationen* in und zwischen den originären Leistungserstellungsphasen**

③ ***Zeitliche Spekulativfunktion*** **(Lagergrund 7. aus Abb. F-III-4):**
**Einstellen auf/ Ausnutzen von *Preisentwicklungen* an den Beschaffungs- und Absatzmärkten**

④ ***Technische Produktivfunktion*** **(Lagergründe 8. und 9. aus Abb. F-III-4):**
**Lagerphasen als *Teil von Fertigungsprozessen* (z.B. Reife, Gärung)**

↳ ***Zuordnung der Lagergründe aus Abb. F-III-4:***

| *Einsatz-güter-lagerung* | *Zwi-schen-läger* | *Absatz-güter-lagerung* |
|---|---|---|
| 1 + 2 / 4 - 6 / 7 / 8 + 9 | 1 + 2 / 5 / 8 + 9 | 3 / 5 + 6 / 7 / 8 + 9 |

**Abb. F-III-5:** Grundfunktionen der Lagerhaltung im Wertschöpfungsprozess

- Mit dieser kurzen Einordnung zu den erstrangigen Lagergründen kann zugleich der **güterbezogene Gegenstandsbereich der Lagerhaltung** noch einmal abgegrenzt werden; er bezieht sich auf materielle und bewegliche Realgüter, die als Repetierfaktoren für die Produktion benötigt oder als Fertigwaren zum Verkauf bereitgehalten werden. Bei Dienstleistungen als immateriellen und nicht lagerfähigen Realgütern kann sich eine Lagerhaltung nur auf die zur Leistungs-

erstellung benötigten – und wiederum realen – Potenzialfaktoren beziehen, nicht aber auf die erstellte Absatzleistung selbst.
Aus den bisher erläuterten Lagergründen 1. bis 3. in Abbildung F-III-4 ist als Grundfunktion ① der Lagerhaltung die **Ausgleichs- und Sicherungsfunktion** abzuleiten. Wie in Abbildung F-III-5 dargestellt, kann diese in zwei Teilfunktionen aufgespaltet werden:

- Im Vordergrund steht hierbei das **Vermeiden von Diskontinuitäten** im Leistungserstellungsprozess. Lagerhaltung schafft **Bestandsgleichgewichte**, wenn sich Produktionsprozesse in einzelnen Phasen nicht vollständig harmonisieren lassen. Hieraus abgeleitet dient das Halten von Lägern dazu, die Gefahr einer fehlenden Lieferfähigkeit durch die externen Lieferanten oder bezogen auf die verschiedenen internen Kunden-Lieferanten-Beziehungen zu reduzieren. Aus dieser Perspektive hat Lagerhaltung daher immer ein Harmonisieren respektive Abpuffern nicht synchron ablaufender Prozesse zum Inhalt.
  Mit der im oberen Teil der Abbildung F-III-5 erfolgten Veranschaulichung zum Realgüterstrom lässt sich diese Lagerfunktion auf einfache Weise deutlich machen:

  * In diesem Abbildungsteil sind die Auswirkungen eingetragen, welche sich durch Bestandsveränderungen in den originären Wertschöpfungsprozessphasen Beschaffung, Produktion oder Absatz auf die Einsatzbzw. Absatzgüterlagerung ergeben. Demnach führen einerseits ein „Zuviel“ in der Beschaffung und/ oder ein „Zuwenig“ in der Produktion zu einer Mengensteigerung im Eingangslager. Ein „Zuwenig“ in der Produktion und/ oder ein „Zuviel“ im Absatz haben andererseits ein Sinken im Ausgangslager zur Folge.
  * Als auf die Läger bezogene Wirkungszusammenhänge lassen sich also festhalten: Das Eingangslager steigt (plus), wenn entweder die beschaffte Menge zugenommen hat und/ oder die Produktion und damit die Anzahl der gefertigten Produkte gesunken ist. Wie leicht erkennbar ist, führt dieser Zusammenhang in der umgekehrten Richtung zu einem Sinken (minus) des Eingangslagers. Für das Ausgangslager ergeben sich „zeilenweise“ entgegengesetzte Bestandsveränderungen: Dessen Abnahme (minus) ist in einer Produktionssenkung und/ oder einer Absatzsteigerung begründet, während die umgekehrten Veränderungen in Produktion (zu viel) und/ oder Absatz (zu wenig) ein Steigen (plus) bewirken.

- Die beschriebene Ausgleichsfunktion ist noch um den Sicherheitsaspekt zu ergänzen. Die reine **Phasensynchronisation** kann sich immer nur auf eine bestimmte Bandbreite im betrieblichen Aktivitätsniveau beziehen. Darüber hinaus ist Lagerhaltung unter dem Gesichtspunkt einer **zusätzlichen Risikovorsorge** zu betreiben, um auch unvermittelt auftretende Diskontinuitäten im Beschaffungs- oder Absatzbereich bis zu einer gewissen Größenordnung abfedern zu können.

Hierbei ist zu berücksichtigen, dass die Beschaffung und damit auch das Eingangslager einem Wechsel in der Auftragslage relativ elastisch folgen kann. Plötzlich wegbrechende Absätze sind demgegenüber sehr viel schwieriger durch die vorgelagerten Wertschöpfungsphasen aufzufangen. Absatzengpässe werden demnach eine risikobegründete Lagerhaltung von Fertigprodukten, zumindest in einer kurzfristigen Betrachtung, eher zwangsläufig auslösen, während bei möglichen Versorgungsengpässen – auf der Basis definierter Sicherheitsbestände – oft eine rascher Wechsel der Bezugsquelle möglich ist. Bei mehrstufigen Vernetzungen in der Wertschöpfung kann sich dies als etwas problematischer erweisen; die im Grundsatz höhere Elastizität von beschaffungsseitigen Anpassungsmaßnahmen bleibt hiervon aber unberührt.

- Als weitere generelle Notwendigkeiten für eine Lagerhaltung von Materialien, Vorprodukten oder Ersatz-/ Verschleißteilen sind in Abbildung F-III-4 das Ausnutzen einer Optimalen Bestellmenge im Beschaffungsbereich, einer Optimalen Losgröße in der Produktion oder des Distributionsoptimums im Vertrieb aufgeführt. Diese Lagergründe können zur **Betriebswirtschaftlichen Optimierungsfunktion** der Lagerhaltung zusammengefasst werden ( ② in Abb. F-III-5).
  In Ergänzung der ersten Grundfunktion einer phasenübergreifenden Harmonisierung der Wertschöpfungsprozesse ist damit dem Bestehen **unterschiedlicher Effizienzrelationen** innerhalb einzelner Prozessabschnitte Rechnung zu tragen:

  - So führt bei einer Vorratsbeschaffung das Ausnutzen der im Hinblick auf die Bestell- und Lagerhaltungskosten – später noch näher zu erläuternden – **Optimalen Bestellmenge** dazu, dass die in bestimmten Zeitintervallen beschaffte Menge größer ist als die von der Produktion jeweils laufend benötigte Menge. Dies wirkt sich direkt auf die Höhe des Eingangslagers aus.
  - Bezogen auf die Nutzung **Optimaler Losgrößen** in der diskontinuierlichen Serien- oder Sortenfertigung von Produkten (siehe hierzu F.III.4.) können zwei unterschiedliche Effekte auftreten: Einerseits ist die entsprechende Anzahl der für einen Produktionsvorgang benötigten Materialien zuerst über das Einsatzlager verfügbar zu machen. Andererseits kann der mengenoptimierte Produktionsgang auch ein höheres Ausgangslager als bei kontinuierlicher, nicht durch Produktwechsel unterbrochener Fertigung erfordern.
  - Beim **Distributionsoptimum** werden Mengenbedingungen durch die Prozesssynchronisation beim physischen Vertrieb von Gütern gesetzt. Diese beziehen sich überwiegend auf die Größe der für ein (Vor-)Produkt benötigten respektive üblichen Umverpackungen oder Transporteinheiten. Wenn beispielsweise Güter in Containern oder in Eisenbahnwaggons versendet werden, dann ist es aus Gründen der Wirtschaftlichkeit sinnvoll, die zur Verfügung stehende Kapazität bei jedem Transport voll auszunutzen. Hierdurch können sich wiederum Auswirkungen auf die Höhen der Ein- und Ausgangsläger in einem Unternehmen ergeben.

An den Beispielen zu dieser Grundfunktion der Lagerhaltung ist deutlich geworden, dass es hierbei um ein Ausnutzen optimaler Faktorrelationen in und zwischen den originären Prozessphasen der Leistungserstellung geht. Bei den dazu notwendigen wechselseitigen Abstimmungen über die gesamte Wertschöpfungskette können sich zusätzliche, über eine einfache Phasenharmonisierung hinausgehende Lagerhaltungserfordernisse ergeben.

- Auch der als Nächstes anzusprechende Lagergrund beruht auf betriebswirtschaftlichen Optimierungsüberlegungen. In dessen Mittelpunkt stehen jetzt aber nicht Mengen-, sondern Preisrelationen. Im Hinblick auf Einsatz- oder Absatzgüter können die **Möglichkeiten einer Preisspekulation** (Lagergrund 7. aus Abb. F-III-4) damit ebenfalls als eigenständige Grundfunktion der Lagerhaltung ( ③ Zeitliche Spekulativfunktion in Abb. F-III-5) eingeordnet werden:

  - Der hierzu üblicherweise verwendete Begriff der Spekulation ist grundsätzlich auf die **Preisentwicklungen** von betriebsnotwendig benötigten Materialien oder gefertigten Endprodukten bezogen. Soweit hier Schwankungen abzusehen bzw. einzuschätzen sind, was insbesondere **auf Rohstoffmärkten** häufig gegeben sein kann (z.B. Nahrungsmittelgrundsubstanzen, Primärenergieträger), ist durch eine kostengünstige Bevorratung ein wesentlicher Beitrag zum Erreichen eines positiven Unternehmensergebnisses zu leisten. Ferner kann bei häufig wechselnden Preisen am Absatzmarkt eventuell für einen kurzen Zeitraum auf Lager produziert werden, bis die Nachfrage und damit zugleich der Preis wieder anziehen. Das Horten von Gütern, um über Preissteigerungen Gewinne mitnehmen zu können, kann der zeitlichen Spekulativfunktion der Lagerhaltung also auch zu Grunde liegen.
  - Gegenstand der Preisspekulationsfunktion kann auf der Beschaffungsseite auch die **Gewährung eines zeitbezogenen Bonus** durch den Lieferanten sein. Beispielsweise kann vereinbart sein, dass ein Unternehmen beim Erreichen einer Beschaffungsmenge von 1.000 Stück pro Jahr einen Bonus von zusätzlich 10% des Materialpreises in Form einer nachträglichen Gutschrift bekommt. Wenn bis zum November erst 800 Stück eingekauft worden sind, dann kann es zweckmäßig sein, die zusätzlichen 200 Stück bis zum Jahresende zu kaufen und zum großen Teil auf das Eingangslager zu nehmen, um die mögliche Gutschrift für die Bonusmenge von 1.000 Stück zu erhalten. Für eine Entscheidung hierzu ist der reduzierte Einstandspreis pro Produkt den zusätzlichen Lagerhaltungskosten gegenüberzustellen.
  - Auf der Absatzseite können die den Abnehmern/ Kunden von einem Unternehmen gewährten Rabatte ebenfalls in enger Beziehung mit seiner Lagerhaltung stehen. Dies ist insbesondere beim Handel und den dort möglichen **zeitbezogenen Rabatten** der Fall. Obwohl der Schlussverkauf (Sommer-/ Winterschlussverkauf) seit Mitte 2004 mit der UWG-Reform offiziell abgeschafft wurde, wird er von vielen Unternehmen weiter praktiziert. Der oft deutliche Preisabschlag wird vor allem deshalb gewährt, um die Läger für die neuen Sortimente und Kollektionen zu räumen (Motto: „Alles muss raus!“). Ähnliches gilt für Ausverkaufsaktionen bei Umbau oder Schließung eines Handelsunternehmens.

- Die Lagerbildung kann schließlich darin begründet sein (Lagergründe 8. u. 9. in Abb. F-III-4), dass während des Herstellungsprozesses Zeiträume der Reifung einzuhalten sind oder dass Maßnahmen der Qualitätssicherung durchgeführt werden müssen, die nicht parallel zur Fertigung ablaufen können. Die hiermit angesprochene **Technische Produktivfunktion** ( ④ in Abb. F-III-5) steht insoweit am Rande der bislang behandelten Grundfunktionen der Lagerhaltung, als hierbei eine Überschneidung zum Wertschöpfungsprozess der Produktion gegeben ist:

- Die **Reifefunktion** kann sich auf verschiedene Verarbeitungsstufen beziehen. Beispiele hierfür sind Fermentations- und Gärungsprozesse bei der Herstellung von Arzneimitteln, Milchprodukten oder alkoholischen Getränken. Wie hieran deutlich wird, erfolgt die Lagerung nicht aus Gründen der Harmonisierung von Beschaffung, Produktion und Absatz; das reifungsbedingte Lagern stellt vielmehr einen oder mehrere Teilabschnitte des Produktionsprozesses dar.
- Ähnlich verhält es sich bei den **qualitätssichernden Lagerphasen**. Durch Eingangs-, Zwischen oder Endprüfungen können diese ebenfalls über den gesamten Verlauf der unternehmerischen Leistungserstellung notwendig werden. Wenn beispielsweise alle Bauteile einer Fertigungsstufe auf die Einhaltung bestimmter Toleranzen zu überprüfen sind, dann ist zum Entdecken und Aussondern fehlerhafter Teile eine solche Phase zwischenzuschalten, die wiederum in unmittelbarer Verbindung mit dem Gesamtherstellungsprozess steht. Die Qualitätssicherung kann darüber hinaus in einer engen Beziehung mit der Ausreifung stehen. Dies ist dann gegeben, wenn am Ende der Reifephase – von z.B. Käse oder Wein – zuerst die Produkte mit unvollständiger Qualität vor der Verkaufsfreigabe auszusortieren sind.

• Am Ende der Abbildung F-III-5 werden die erläuterten Lagergründe und – über die Trennung durch Schrägstriche – die daraus abgeleiteten Lagergrundfunktionen noch einmal auf die **unterschiedlichen Lagerarten** bezogen:

- Neben der Einsatz- und Absatzgüterlagerung sind in diese Prinzipdarstellung auch die parallel zum Produktionsprozess angelegten **Zwischenläger** aufgenommen. Diese sind in der bereits erwähnten Weise darauf ausgerichtet, asynchron verlaufende Prozesse innerhalb der Produktion auszugleichen. Damit können für diese Zwischenläger die Lagergründe in den Vordergrund treten, die keinen unmittelbaren Marktbezug aufweisen. Wegzulassen ist also die Absatzpufferung (3.) sowie die Preisspekulationsfunktion (7.). Unter 2. ist in diesem Zusammenhang das Bemühen um einen internen Belieferungsausgleich zu verstehen, und als betriebswirtschaftlicher Optimierungsanlass kommt bei Zwischenlägern vor allem die Losgrößenproblematik in Frage.
- Für die **Einsatzgüterlagerung** von Roh-, Hilfs-, Betriebsstoffen und Vorprodukten sowie Ersatz-/ Verschleißteilen kommen mit der Ausnahme der Ausgleichsfunktion gegenüber dem Absatzbereich (3.) prinzipiell alle dargestellten Lagerhaltungsgründe in Betracht.
- In **Ausgangs-** oder **Fertigwarenlägern** werden die produzierten Halbfabrikate oder Endprodukte für den Verkauf an andere Unternehmen oder an

Endabnehmer/ -kunden gelagert. Dem entsprechend entfallen hierbei die auf den Anfang der unternehmerischen Wertschöpfung bezogenen Lagerhaltungsgründe einer Kontinuitätssicherung in der Produktion (1.) oder Beschaffung (2.) sowie der betriebswirtschaftlichen Optimierung über das Ausnutzen Optimaler Bestellmengen (4.).

An die Ausführungen zu den Grundzusammenhängen kann ein kurzer Überblick zu einzelnen **Entscheidungs- und Gestaltungsfeldern** der betrieblichen Lagerhaltung angeschlossen werden:

- Wie in der Überblicksabbildung F-III-4 eingetragen, geht es auf der Basis im Einzelfall vorliegender Lagergründe und damit zu erfüllender Lagerfunktionen hierbei zunächst um die Planung und Steuerung von **Lagerart, -standort** und **-kapazität**.
  Diese hat vor dem Hintergrund der Einbindung von Lagerhaltungsprozessen in die gesamte Wertschöpfung eines Unternehmens zu geschehen. Damit sind die spezifischen Anforderungen aus der Art zu erstellender Leistungen zu berücksichtigen, und es ist eine enge Abstimmung mit den originären sowie den flankierenden Wertschöpfungsprozessen notwendig. Gleichzeitig sind dabei eventuelle Rahmensetzungen aus den übergeordneten Steuerungsprozessen der Wertschöpfung zu beachten. Bezogen auf die angesprochenen Gestaltungsfelder lässt sich das Entscheidungsspektrum wie folgt kennzeichnen:
  - Hinausgehend über die Funktionen als Eingangs-, Zwischen- oder Ausgangsläger stehen im Hinblick auf die Lagerart Entscheidungen zur Lagerausstattung und damit zur konkreten baulichen Beschaffenheit von Lägern an. Diese sind primär von den stofflichen Eigenschaften der zu lagernden Güter abhängig. Als prinzipielle Alternativen zur **Ausstattung/ Einrichtung von Lägern** können genannt werden:
    - Außer Gebäudelägern sind auch Freiläger (bspw. für Kohle oder Eisenerz) sowie weitere spezielle Lagerformen (z.B. Tanks für Heizöl, Silos für Getreide oder Bunker für die Schüttgutentladung von Eisenbahnwaggons und LKWs) möglich.
    - Bezogen auf eine Lagerhaltung in Gebäuden ist weiterhin zu entscheiden, ob diese bei größeren Rohstoffmengen in Bodenlagerung erfolgen kann oder ob im Fall kleinerer Einzelteile bzw. Komponenten eine Fachregallagerung angebracht ist.
    - Mit zunehmender Größe der einzulagernden Komponenten kann eine Einfahrregallagerung erforderlich werden, bei der Läger mit Gabelstaplern befahrbar sind.
    - Unter Einsatz einer computergesteuerten Regalplatzbelegung bietet sich bei einer Vielzahl von Lagerpositionen schließlich das grundflächensparende System einer Hochregallagerung an, bei dem die Ein- und Auslagerung über das Passieren entsprechender Portale weitgehend automatisch erfolgt.

- Die Wahl des oder der **Lagerstandorte** ist vorrangig unter der Zielsetzung einer Minimierung der innerbetrieblichen Transportwege und -kosten zu treffen. Dies spricht grundsätzlich für die Einrichtung mehrerer dezentraler und fertigungsnaher Läger. Hierbei sind allerdings ebenfalls die prinzipiellen Vorteile zu bedenken, die mit der Wahl eines zentralen Lagers verbunden sein können. Wenn sich bei diesem Vergleich für das **Zentrallager** ein insgesamt einfacheres und durch weniger Lagerpersonal zu leistendes Bestandscontrolling bei in der Summe niedrigeren Sicherheitsbeständen ergibt, dann ist diesen Kostenvorteilen der Mehraufwand für die innerbetrieblichen Güterbewegungen entgegenzustellen, welcher aus dem Verzicht auf eine **dezentrale Lagerhaltung** entsteht. Für solche Alternativ-Entscheidungen können computergestützte Anwendungsverfahren eingesetzt werden.
- Im Rahmen der Lagerplanung und -steuerung sind die Festlegungen zur **Lagerkapazität** – wie auch die Entscheidungen zur Lagerart/ -ausstattung und zum innerbetrieblichen Lagerstandort – in erster Linie mittel- bis langfristiger Natur. Damit besteht hierbei ein enger Zusammenhang mit der Produktions- und Absatzplanung eines Unternehmens. Von derem mengenmäßigen Niveau hängt es logischerweise ab, welche Lagerkapazitäten an welchen Stellen im Wertschöpfungsprozess vorzuhalten sind. Im Zuge der Unternehmensentwicklung kann sich beim Überschreiten von Wachstumsstufen dann die Notwendigkeit ergeben, dass wegen steigender Absatzmöglichkeiten zusammen mit den Produktions- auch die Lagerkapazitäten ausgeweitet werden müssen.
- Innerhalb der vorstehend geschilderten Bandbreite sind konkrete Entscheidungen im Bereich der Lagerhaltungsprozesse in Abhängigkeit von der in einem Unternehmen verfolgten **Logistik-Konzeption** zu treffen. Für das Zusammenwirken der originären Wertschöpfungsprozesse werden hierdurch Rahmenvorgaben zur güterbezogenen Raum- und Zeitüberbrückung gesetzt. In F.IV.1. kommen wir auf dabei zu verwendende Konzepte zurück, die das Zusammenwirken von Lagerhaltung und Logistik verdeutlichen.

- Mit der zweiten Eintragung zu Entscheidungs- und Gestaltungsfeldern der Lagerhaltung in Abbildung F-III-4 wird die Verbindung zum vorgelagerten Wertschöpfungsprozess der Beschaffung gezogen. Soweit eine Vorratsbeschaffung durchgeführt wird, obliegt die Verwaltung der Einsatzgüter dem Lagerbereich, und hierauf bezogen hat dieser die Grunddaten für weitere kostenminimale Beschaffungsvorhaben zu ermitteln.

### *b. Optimale Bestellmenge zur Abstimmung von Lagerhaltung und Beschaffung*

Diese direkte Beziehung zwischen Beschaffungs- und Lagerhaltungsprozessen bildet zugleich den Hintergrund für die Darstellung **ausgewählter Entscheidungssituationen in der Lagerhaltung**. Hierzu geben wir einen Überblick zu zwei zusammengehörigen Ansätzen, die sich auf den gleichbleibenden Verbrauch von Materialien beziehen. In solchen Fällen ist also von einem kontinuierlichen Lagerabgang auszugehen, und dafür lassen sich die beiden Entscheidungskonstellationen gut nachvollziehbar darstellen. Die Beschaffungs- respektive Lagerplanung und -steuerung bei schwankenden Materialverbräuchen ist in Abwandlung der aufgezeigten Standardmodelle durchzuführen.

- Die **Überwachung des Lagerbestandes** bei konstantem Materialabgang ist anhand einer Reihe unterschiedlicher Mengen- und Zeitgrößen vorzunehmen. Diese sind in die entsprechende Grafik im unteren Teil der Abbildung F-III-4 eingetragen und werden im Folgenden kurz erläutert:
  - Die Annahme des kontinuierlichen Lagerabgangs führt zu dem **„sägeblattähnlichen" Verlauf des Lagerbestandes**. Wie die Grafik zeigt, kennzeichnet die Menge $\mathbf{m_2}$ den größten Lagerbestand. Bei Erreichen des Meldebestands $\mathbf{m_1}$ wird eine neue Bestellung ausgelöst. Bis zum Eintreffen der neuen Lieferung sinkt der Lagerbestand weiter bis auf die Menge $\mathbf{m_0}$. Diese Menge $\mathbf{m_0}$ stellt gleichzeitig den definierten **Sicherheitsbestand** dar. Als „Eiserner Bestand" darf dieser nicht unterschritten werden, um hierüber das Risiko von Lieferengpässen auf Seiten der Lieferanten minimieren zu können.
  - Als Relationen auf der Mengenachse gelten folglich: Der Verbrauch und damit die zum Ende eines Planungsabschnitts zu beschaffende Materialmenge entsprechen der Differenz $\mathbf{m_2 - m_0}$. Von diesem Verbrauch fällt die Menge $\mathbf{m_2 - m_1}$ bis zur neuen Bestellauslösung an, und bis zum Wiederauffüllen des Lagers werden noch $\mathbf{m_1 - m_0}$ Einheiten im Produktionsprozess verwendet.
  - In Entsprechung hierzu ergeben sich die markanten Punkte auf der Zeitachse: $\mathbf{t_0}$ markiert den Eingang einer Lieferung, womit ein neuer Verbrauchszyklus beginnt. In $\mathbf{t_1}$ wird die nächste Bestellung ausgelöst, deren Eintreffen zum Zeitpunkt $\mathbf{t_2}$ erfolgt.
  - Die Zeitrelationen sind daher: $\mathbf{t_2 - t_0}$ für die gesamte Verbrauchszeit, und $\mathbf{t_2 - t_1}$ für die Beschaffungs-/ Lieferzeit.

  An diesen Einordnungen wird deutlich, dass sowohl mengen- als auch zeitbezogen mit dem Bereich aus $\mathbf{m_1 - m_0}$ und $\mathbf{t_2 - t_1}$ offensichtlich ein **kritischer Sektor** definiert ist. Dadurch werden der Verbrauch und der Zeitraum während der Lieferung nach einem ausgelösten Bestellvorgang gekennzeichnet. Treten hier Verzögerungen der Belieferung oder auch nicht richtig kalkulierte Mehrverbräuche im Unternehmen auf, dann führt dies dazu, dass der „Eiserne Bestand" angebraucht oder sogar aufgebraucht werden muss. Werden derartige Probleme rechtzeitig festgestellt, dann kann versucht werden, die drohenden Lagerengpässe über eine Beschleunigung in der verbleibenden Restlieferzeit oder einen kurzfristigen Lieferantenwechsel abzufangen.

  Gelingt dies nicht, dann bleibt nur die Möglichkeit, die Produktion herunterzufahren, also im Hinblick auf ihre Taktzeit und Stückzahl auf ein niedrigeres Niveau abzusenken. Eine solche Verzögerungstaktik ist in vielen Fällen besser, als einen totalen **Produktionsstillstand wegen fehlender Materialien** zu riskieren. Genau dieses Problem war 1998 bei FORD in Köln eingetreten, als der

Zulieferer für Türschlösser, die Firma KIEKERT, nicht lieferfähig war. Da ein Auto ohne Türschlösser nicht ausgeliefert werden kann, musste FORD die Produktion und Auslieferung unterbrechen – die Umsatzeinbuße bezifferte sich auf fast 100 Mio. EUR.

- Im Anschluss an die Darstellung des Lagerbestandsverlaufs bei kontinuierlichem Materialabgang gehen wir auf die **Ermittlung der Optimalen Bestellmenge** ein. Unter diesen Begriff wird die Lösung des Optimierungsproblems gefasst, die jeweilige Bestellmenge so zu bestimmen, dass sich für den Beschaffungs- und den Lagerhaltungsbereich insgesamt ein Kostenminimum ergibt.

  - Die hierdurch gekennzeichnete Entscheidungssituation besteht darin, einen **Ausgleich gegenläufiger Kostenentwicklungen** vorzunehmen. Das Spektrum der Entscheidungsalternativen wird dadurch gebildet, selten – ggf. auch nur einmalig pro Planungsperiode – eine große Menge zu beschaffen oder häufig kleinere Materialmengen zu beziehen.
  - Unter der Annahme konstanter Bezugspreise der zu beschaffenden Güter und feststehender Gesamtbedarfe für eine Planungsperiode sind bei diesem Entscheidungsproblem als maßgebliche Einflussgröße im Beschaffungsbereich die festen und deshalb **bestellfix genannten Kosten** anzusetzen, welche für jeden einzelnen Bestellvorgang unabhängig von der Bestellmengengröße anfallen. Den Lagerbereich betreffend, wird die Entscheidung von den **Lagerhaltungskosten** beeinflusst; diese lassen sich in die Kosten der Lagerung (Lagerkosten) und die Kosten der Kapitalbindung (Zinskosten) aufteilen.
  - Die angesprochene gegenläufige Kostenentwicklung besteht darin, dass die während einer Planungsperiode für alle Bestellungen entstehenden bestellfixen Kosten mit zunehmender Größe der Bestellmenge abnehmen (weniger Bestellungen), während dabei die Lagerhaltungskosten steigen (jeweils größere Lagerbestände). Die als optimal bezeichnete und nach ihrer inhaltlichen Bedeutung beschaffungskostenminimale Bestellmenge kann über die mathematischen Gleichungen dieser beiden Kostenverläufe bestimmt werden: Sie ergibt sich beim **Minimum der gesamten Bestell- und Lagerhaltungskosten**, welches im Schnittpunkt der jeweiligen Einzelfunktionen erreicht wird. Die Übersichtsgrafik am Ende der Abbildung F-III-4 verdeutlicht diesen Zusammenhang.
  - Die Herleitung der **Formel zur Optimalen Bestellmenge** wird mit der Abbildung F-III-6 gezeigt. Im Grundmodell geht es zunächst um die bereits gekennzeichnete Ausgangssituation definierter Periodenbedarfe, gleichbleibender Lagerabgänge und konstanter Einstandspreise. Damit ist folglich die rhythmisch **zu beschaffende Menge x** zu suchen, bei welcher die gesamten Beschaffungskosten – also einschließlich der Lagerhaltungskosten – innerhalb einer Planungsperiode von beispielsweise einem Jahr ihr Minimum erreichen.
  - Als verbale Grundgleichung formuliert, setzen sich diese Beschaffungs-Gesamtkosten einer Periode aus den unmittelbaren Beschaffungskosten und

den mittelbaren Beschaffungs- sowie den Lagerhaltungskosten zusammen, welche sich bei der gesuchten Bestellmenge x ergeben.

***Optimale Bestellmenge:***
**In rhythmischen Abständen wiederholt zu beschaffende *konstante Menge x*, bei der die *Beschaffungskosten* pro Periode ihr *Minimum* erreichen**

***Grundansatz:***
***Ausgleich* von zwei gegenläufigen *Kostenentwicklungen:***
**→ Mit wachsender Bestellmenge x fallen pro Periode weniger *bestellfixe Kosten* an (weniger Bestellungen)**
**→ Mit wachsender Bestellmenge x steigen pro Periode die *Lager- und Zinskosten* (höherer durchschnittlicher Lagerbestand)**

***Grundgleichung:***

| | | | | | | |
|---|---|---|---|---|---|---|
| **Beschaffungs-Gesamtkosten pro Periode** | **=** | ***Unmittelbare Besch.kosten*** **(Einstandspreis × Per.bedarf)** | **+** | ***Mittelbare Besch.kosten*** **(Bestellfixe K. × Bestellungen)** | **+** | ***Lagerhaltungskosten*** **(Lager- und Zinskosten pro ½ Bestellmenge)** |

***Modellparameter, -symbole und -annahmen:***

| | | |
|---|---|---|
| **M** | **=** | **Gesamtbedarf einer Periode (bei kontinuierlichem Lagerabgang)** |
| **p** | **=** | **Fester Einstandspreis pro Mengeneinheit** |
| $k_f$ | **=** | **Bestellfixe Kosten pro Bestellung** |
| **l** | **=** | **Lagerkosten pro Periode in % des Materialwerts** |
| **z** | **=** | **Zinskosten pro Periode in % des Materialwerts** |
| **K** | **=** | **Beschaffungs-Gesamtkosten pro Periode** |
| **x** | **=** | **Bestellmenge als Beschaffungsmenge pro Bestellung** |
| $x_{opt}$ | **=** | **Optimale Bestellmenge (M / $x_{opt}$ × zu beschaffen)** |

***Grundformel:***

$$K(x) = M \bullet p + \frac{M}{x} \bullet k_f + \frac{x}{2} \bullet p \bullet \frac{l+z}{100}$$

***Bestellfixe Kosten*** ↑ ↑ ***Lagerhaltungskosten***

***Differenzieren und 0-Setzen:***

$$\frac{dK}{dx} = -\frac{M}{x^2} \bullet k_f + p \bullet \frac{l+z}{200} \underset{\Rightarrow}{=} \; x_{opt} = \sqrt{\frac{200 \bullet M \bullet k_f}{p \bullet (l+z)}}$$

***Interpretation:***

**→ Wegen des *festen Einstandspreises* beschränkt sich die Optimierung auf den *Ausgleich der bestellfixen und der Lagerhaltungskosten***
**→ In deren Schnittpunkt hat die Gesamtkostenkurve ihr Minimum**

**Abb. F-III-6:** Ermittlung der Optimalen Bestellmenge (Grundmodell)

- Die unmittelbaren Beschaffungskosten umfassen sämtliche direkt auf eine Mengeneinheit bezogenen Kosten der Beschaffung. Der **Einstandspreis ei-**

**nes Einsatzgutes p** enthält damit außer dem Nettokaufpreis auch die anteiligen Verpackungs-, Transport- sowie sonstigen Bezugskosten (Zölle, Versicherungen etc.). Deren Multiplikation mit dem im Voraus bekannten **Bedarf einer Planungsperiode M** führt zu der Teilsumme der unmittelbaren Beschaffungskosten.

- In den Posten der mittelbaren Beschaffungskosten gehen die bei jeder Bestellung anfallenden **bestellfixen Kosten $k_f$** ein. Die dabei anzusetzenden Festbeträge setzen sich aus den bestellmengenunabhängigen Kosten für folgende Einzeltätigkeiten zusammen: Feststellen des Bestellbedarfs, Angebotseinholung, Vorbereitung und Durchführung der Bestellung, Terminüberwachung, Wareneingangs-/ Rechnungsprüfung und -verbuchung.
  Nach den Modellannahmen hängen die insgesamt pro Periode entstehenden mittelbaren Beschaffungskosten von der zu findenden **Optimalen Bestellmenge x** ab. Hierüber definiert sich die bei dem gesamten Periodenbedarf notwendige Anzahl von Bestellungen. Mit dem Faktor M / x ist demnach der feste Betrag bestellfixer Kosten $k_f$ malzunehmen, um die mittelbaren Beschaffungskosten einer Periode zu erhalten. Die grafische Darstellung dieser Teilfunktion ergibt eine mit steigender Bestellmenge x abfallende Kurve.
- Zu den **Lagerkosten l** gehören alle Kosten, die mit der Vorratshaltung von Materialien verbunden sind. Hier kann eine grobe Unterteilung in Raumkosten, in Kosten der Güterbehandlung und solche der Lagerverwaltung vorgenommen werden:

  * Zu den **Lagerraumkosten** rechnen neben der Raummiete bzw. -abschreibung auch die Kosten erforderlicher Lagertechnik, wie beispielsweise Kühlaggregate oder Belüftungsanlagen, sowie auch die Beiträge für die Versicherung der gelagerten Materialien. Durch das Anmieten eines weiteren Lagerraums können hierbei sprungfixe Kosten auftreten, auch wenn nicht sofort die gesamte Fläche für die Lagerung benötigt wird.
  * **Kosten der Güterbehandlung** durch Pflege-, Bewegungs- oder Transportmaßnahmen entstehen in Abhängigkeit von den gelagerten Produkten sowie bedingt durch die Lagerbelegung/ -organisation. So können beispielsweise Nahrungsmittelgrundsubstanzen, wie Getreide oder Kaffee, auf Dauer nicht in einer einfachen Bodenlagerung aufbewahrt werden. Hier ist in regelmäßigen Abständen durch Umlagerung bzw. Durchmischung für ausreichende Belüftung der Vorratsbestände zu sorgen.
  * Als **Kosten der Lagerverwaltung** gehen vor allem die Personalkosten für die Lagermitarbeiter ein.

Die Lagerkosten l werden üblicherweise prozentual auf den Einstandspreis der Lagergüter bezogen. Der entsprechende Prozentsatz kann analog einer einfachen Divisionskalkulation (siehe hierzu F.IV.5.) dadurch ermittelt werden, dass die gesamten Lagerkosten einer Periode dem Gesamtwert der durchschnittlich eingelagerten Güter gegenübergestellt werden. Alternativ ist auch eine genauere Berechnung der Lagerkosten über die **Ermittlung spezifischer Lagerkostensätze** in Geldeinheiten pro einzulagernder Mengeneinheit möglich. Dies ist allerdings arbeits- und damit kostenintensiver als die zuvor angesprochene Pauschalmethode.

- Über die **Zinskosten z** ist zusätzlich dem Effekt Rechnung zu tragen, dass mit der Vorratshaltung von Gütern Kapital gebunden wird. Die in einem Unternehmen geforderte Kapitalverzinsung ist kalkulatorisch auch bezogen auf die Kapitalbindung durch Lagerbestände anzusetzen. Die Art der Lagerbestandsfinanzierung (Eigen- oder Fremdkapital) steht hierbei nicht im Vordergrund; es geht vielmehr um die Erfüllung des generell mit einer unternehmerischen Tätigkeit verbundenen Rentabilitätsanspruchs. Bestehende Unterschiede in der Finanzierung können allenfalls zusätzlich berücksichtigt werden, indem beispielsweise bei einer angestrebten Eigenkapital-Verzinsung von 14% und Fremdkapital-Kosten von 8% ein kalkulatorischer Misch-Zinssatz von 12% – bei zwei Drittel Eigen- und einem Drittel Fremdkapital – bestimmt wird. Unabhängig von diesem Beispiel sind die Kosten für die Lagerkapitalbindung also über einen wertbezogenen Aufschlag zum Einstandspreis der Lagergüter zu berücksichtigen.
  Für die Modellrechnung zur Optimalen Bestellmenge folgt aus der Annahme eines kontinuierlichen Lagerabgangs, dass die **Lager- und Zinskosten l + z** auf die Hälfte der gesuchten Optimalen Bestellmenge x zu beziehen sind. Damit gehen diese auf der Basis des durchschnittlichen Lagerbestandes ein, welcher sich bei der wiederholten Beschaffung der **Menge x** ergibt. Aus dem bereits erläuterten „sägeblattähnlichen" Lagerbestandsverlauf bei gleichbleibendem Materialabgang (siehe hierzu Abb. F-III-4) ist zu folgern, dass der Durchschnitt während eines Bestellzyklus gelagerter Güter der Hälfte der Bestell-/ Einlagerungsmenge entspricht. Der Lagerhaltungsterm der Beschaffungs-Gesamtkosten-Gleichung ergibt sich folglich dadurch, dass $x / 2$ mit dem **Einstandspreis p** multipliziert wird und darauf die Lagerhaltungskosten $l + z$ bezogen werden. Grafisch dargestellt, resultiert hieraus eine Gerade mit positivem Steigungsmaß, welches die Lager- und Zinskosten einer zusätzlichen Einheit der Bestellmenge x wiedergibt.
- Aus den vorstehend erläuterten Modellparametern, -symbolen und -annahmen ist die in Abbildung F-III-6 wiedergegebene Grundformel für das beschriebene Optimierungsproblem zur Bestellmengenableitung aufgestellt worden. Wegen der Verwendung des Divisors von 100 können die Lager- und Zinskosten hierbei als ganzzahlige Prozentsätze eingesetzt werden.
- Die zu minimierende **Zielfunktion** der Beschaffungs-Gesamtkosten besteht – wie erläutert – aus drei Teilbereichen; den unmittelbaren Beschaffungskosten, den mittelbaren/ bestellfixen Kosten und den Lagerhaltungskosten. Die **gesuchte Bestellmenge x** ist wegen der Annahme des konstanten Einstandspreises als unabhängige Variable nur bei den letztgenannten Formelteilen enthalten. Dementsprechend ist der erste, die unmittelbaren Beschaffungskosten enthaltende Formelteil für die Bestimmung des Minimums der Zielfunktion nicht von Bedeutung. Beim Differenzieren der Funk-

tion nach x fällt er heraus, als Ergebnis dieses Schrittes ergibt sich die in Abbildung F-III-6 eingetragene **Differentialgleichung „dK nach dx"**.

- Mit dieser ersten Ableitung der Beschaffungs-Gesamtkosten-Funktion können deren Steigungsmaße zu jeder Bestellmenge x bestimmt werden. Das gesuchte Minimum liegt bei einer Steigung von Null (sowie einem positiven Wert für die hier nicht explizit aufgeführte zweite Ableitung); damit ist die **Optimale Bestellmenge $x_{opt}$** durch ein 0-Setzen der ersten Ableitung zu ermitteln. Als Ergebnis dieser Umformung ergibt sich mit dem Wurzel-Ausdruck die allgemeine Formel, nach der bei einem Einsetzen der entsprechenden Parameterwerte die Optimale Bestellmenge $x_{opt}$ unmittelbar berechnet werden kann.
- Abbildung F-III-6 schließt mit einer zusammenfassenden **Interpretation der dargestellten Optimierung**: Wegen des festen Einstandspreises hängt die Optimale Bestellmenge im Grundmodell einzig vom Verlauf der bestellfixen und der Lagerhaltungskosten ab. Die Beschaffungs-Gesamtkosten stellen sich zwar als Summenkurve aller drei einzelnen Formelteile dar, die konstante Größe $M \times p$ hat aber keine Auswirkung auf die Lage ihres Minimums. Dieses hängt von den gegenläufigen Entwicklungen der bestellfixen und der Lagerhaltungskosten ab, und damit stellt sich das Gesamtkosten-Minimum – mit gleichem Ergebnis wie bei der Lösung des Optimierungsproblems über die Differentialrechnung – logischerweise im Schnittpunkt dieser beiden Bestimmungsgrößen der Beschaffungs-Gesamtkosten ein. Vor und nach der dadurch bestimmten Bestellmenge $x_{opt}$ ergibt deren Addition jeweils höhere Gesamtkosten der Beschaffung.
  Das Optimierungsproblem verschiebt sich allerdings dann, wenn man im Rahmen einer komparativ-statischen Analyse unterschiedliche Einstandspreise – beispielsweise verschiedener Lieferanten oder beim Erhalt mengenabhängiger Rabatte – zu Grunde legt. Außer den unmittelbaren Beschaffungskosten ändern sich dadurch auch die Lagerhaltungskosten, und dies wirkt sich – wie im Folgenden gezeigt wird – auf die jeweilige Optimale Bestellmenge aus.

• Im Folgenden ist ein **Beispiel** zur Berechnung der Optimalen Bestellmenge mit der hergeleiteten Formel wiedergegeben. Dabei gehen wir auch auf die **Auswirkungen einer Rabatt-Gewährung** ein:

- Zu Beginn der Abbildung F-III-7 sind die **Ausgangsdaten** des Beispiels aufgeführt. Wie ersichtlich, werden in der betrachteten Periode 120 Mengeneinheiten eines Gutes benötigt, welches einen Einstandspreis in Höhe von 200 EUR hat. Pro Bestellung fallen 300 EUR bestellfixe Kosten an, und die Lager- und Zinskosten sind mit 15% und 10% des Materialwertes/Einstandspreises angesetzt.
  Unter Verwendung der Bestellmengen-Formel ergibt sich gerundet eine Optimale Bestellmenge von 38 Einheiten. Während der Planungsperiode sind damit also 3,16 Bestellungen (120 / 38) notwendig. Setzt man die Optimale Bestellmenge in die Grundformel der Abbildung F-III-6 ein, ergeben sich die damit verbundenen minimalen Beschaffungs-Gesamtkosten in Höhe von

25.898 EUR. Dabei bestätigt sich auch die im Optimum gegebene Gleichheitsbedingung von bestellfixen und Lagerhaltungskosten: Diese betragen – mit leichten Rundungsdifferenzen – jeweils 949 EUR.

- In der zweiten Hälfte der Abbildung F-III-7 ist die Beschaffungs-Gesamtkosten-Funktion mit allen zugehörigen Teilfunktionen grafisch abgebildet. Hieran werden insbesondere auch die Proportionen der einzelnen Kostenbestandteile deutlich. Der größte Anteil entfällt hierbei auf die mit dem konstanten Einstandspreis im Voraus feststehenden 24.000 EUR der unmittelbaren Beschaffungskosten. Demgegenüber haben die Verläufe der bestellfixen und der Lagerhaltungskosten ein sehr viel niedrigeres Niveau. In deren Schnittpunkt wird die **Optimale Bestellmenge** erreicht; das kann über ein vom Minimum der gesamten Beschaffungskosten-Kurve auf die Bestellmengen-Achse gefälltes Lot an der Zeichnung überprüft werden.

- Mit der Modellannahme konstanter, im Voraus für eine ganze Planungsperiode feststehender Einsatzgüterpreise können die in der Unternehmenspraxis gegebenen Entscheidungssituationen bei der Ermittlung Optimaler Bestellmengen häufig nur unvollständig abgebildet werden. So ist die Gewährung **mengenabhängiger Rabatte** ein zentrales Instrument der Absatzpolitik auf Seiten der Zulieferer. Die industriellen Abnehmer können durch deren Inanspruchnahme ihre Beschaffungskosten zum Teil deutlich senken. Nachfolgend wird gezeigt, wie ein solcher Fall bei der Optimalen Bestellmengenermittlung einbezogen werden kann:

  - Werden beispielsweise 30% Rabatt ab einer Abnahmemenge von 30 Einheiten gewährt, dann ist zunächst der damit auf 140 EUR reduzierte Einstandspreis in die Bestellmengen-Formel einzusetzen: Hieraus ergibt sich für unseren Beispielfall eine neue Optimale Bestellmenge bei Rabatt $x_{optR}$ von gerundet 45 Einheiten. Als Auswirkungen der Rabatt-Gewährung sind festzustellen:

    * Über die deutlich niedrigeren unmittelbaren Beschaffungskosten (16.800 anstatt vorher 24.000 EUR) wird auch der Verlauf der Gesamtkosten-Kurve bei Rabatt stark abgesenkt. Insbesondere zur Veranschaulichung dieses Effekts sind die beiden Funktionen der Beschaffungs-Gesamtkosten in die grafischen Darstellungen der Abbildung F-III-7 aufgenommen worden.
    * Am Verlauf der mittelbaren, bestellfixen Kosten der Beschaffung tritt durch die Rabattgewährung keine Änderung ein. Diese Kurve ist nicht preisabhängig.
    * Die Lagerhaltungskostengerade wird wegen ihrer Abhängigkeit vom Einstandspreis etwas zur Bestellmengen-Achse hin gedreht; sie weist im Rabattfall also eine etwas flachere Steigung auf.

  - Die zuvor errechnete **Lösung einer neuen Optimalmenge bei Rabatt** von gerundet 45 Einheiten muss noch auf ihre Zulässigkeit geprüft werden. Hierzu ist diese der zur Rabattgewährung notwendigen **Mindestabnahmemenge** gegenüberzustellen:

***Ausgangsdaten:***

**M = 120 Mengeneinheiten Gesamtbedarf pro Periode**
**p = 200 EUR pro Einheit (10 Einheiten Mindestabnahme)**
**$k_f$ = 300 EUR pro Bestellung**
**l = Lagerkosten pro Periode 15 % des Materialwerts**
**z = Zinskosten pro Periode 10 % des Materialwerts**

$$\Rightarrow x_{opt} = \sqrt{\frac{200 \cdot M \cdot k_f}{p \cdot (l+z)}} = \sqrt{\frac{200 \cdot 120 \cdot 300}{200 \cdot (15+10)}} = \textit{38 Einheiten} \text{ (ger.)}$$

***Veränderung durch Rabatt-Gewährung:***

*p = 30% Rabatt ab einer Abnahmemenge von 30 Einheiten, damit 140 EUR pro Einheit (bei generell 10 Einheiten Mindestabnahme)*

$$\Rightarrow x_{optR} = \sqrt{\frac{200 \cdot 120 \cdot 300}{140 \cdot (15+10)}} = \textit{45 Einheiten} \text{ (ger.)}$$

***Kurvenverläufe:***

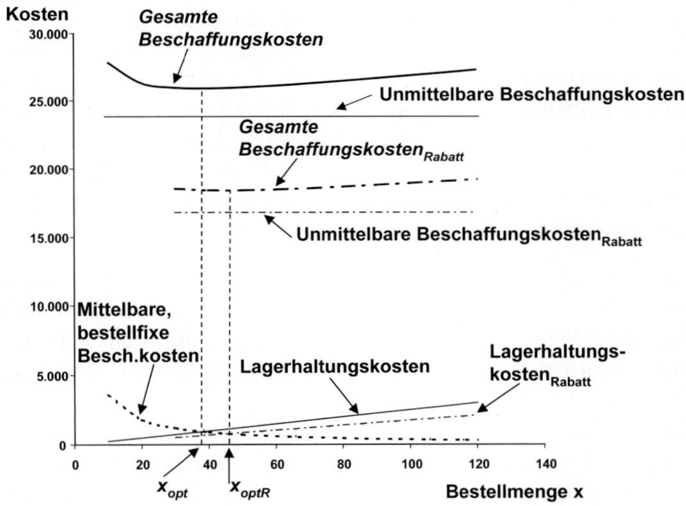


**Abb. F-III-7:** Beispiel zur Optimalen Bestellmenge (mit Rabatt-Betrachtung)

* Wenn mindestens 30 Einheiten abzunehmen sind, um den Rabatt von 30% zu erhalten, dann muss die errechnete Optimale Bestellmenge offensichtlich über diesem kritischen Wert liegen. Bei der zu $x_{optR}$ ermittelten Menge von gerundet 45 Einheiten ist dies gegeben.
* Optisch kann diese Prüfung auch dadurch geschehen, dass die Gesamtkosten-Kurve und ihre Teilfunktionen – wie in Abbildung F-III-7 geschehen – erst ab der Mindestmenge von 30 Einheiten in das Diagramm aufgenommen werden. Das Gesamtkosten-Minimum und der darunterliegende Schnittpunkt der bestellfixen und der Lagerhaltungskosten müssen rechts neben dem Beginn der Rabattgewährung liegen.

* Diese Nachprüfung muss nicht immer positiv ausgehen: Bei einer hohen – und ja nicht direkt in die Rechnung eingehenden – Mindestabnahmemenge ist es möglich, dass dabei kein Minimum der Beschaffungs-Gesamtkosten mehr erreicht werden kann. Den niedrigeren bestellfixen Kosten stehen dann sehr hohe durchschnittliche Lagerhaltungskosten gegenüber. In solchen Fällen sind Überlegungen zu einer weiteren Modellbegrenzung anzustellen, und zwar zum feststehenden Gesamtperiodenbedarf: Die Abwägung zum Erreichen einer höheren Rabattstufe kann dann dahin gehen, ob eventuell Möglichkeiten einer Steigerung von Produktion und Absatz im eigenen Unternehmen gegeben sind, um dadurch die günstigeren Einstandspreise auf der Beschaffungsseite zu realisieren.

• Im Zusammenhang mit den Überlegungen zu einer Rabatt-Einbindung ist abschließend zur Thematik der Optimalen Bestellmenge noch einmal auf den formelmäßigen **Ansatz der Lagerkosten** zurückzukommen:
Wie bei der Einführung zum Grundmodell erläutert, werden diese üblicherweise über einen prozentualen Aufschlag auf die Einstandspreise der Materialien erfasst. Diese einfache und über alle Materialarten durchaus praktikable Methode kann bei der auf ein bestimmtes Einsatzgut bezogenen Abschätzung der Auswirkungen einer Rabatt-Gewährung allerdings Ungenauigkeiten mit sich bringen. Für solche Fälle haben wir in Abbildung F-III-8 eine Abwandlung zur Ermittlung der Optimalen Bestellmenge dargestellt.

- Die Ausgangsüberlegung hierzu besteht darin, dass die Lagerkosten eines Gutes von einer darauf bezogenen Rabattgewährung prinzipiell nicht verändert werden. Demnach hat der wertbezogene Lagerkostenansatz in der Bestellmengenformel eine zu starke Abflachung der Lagerhaltungskostengerade zur Folge.
- Der Korrekturansatz besteht darin, mit einem mengenbezogenen Lagerkostensatz (EUR pro Mengeneinheit) zu rechnen. Hierfür enthält die Abbildung F-III-8 eine geänderte Grundformel für die Bestellmengenoptimierung. Für deren Minimum ergibt sich nach Differenzieren und 0-Setzen eine neue Wurzel-Formel für die Bestimmung der Optimalen Bestellmenge.
- In unserem **Beispielfall** führt dieser neue Ansatz zu **folgenden Veränderungen**:

* Wenn die Lagerkosten im Ausgangsbeispiel (Abb. F-III-7) mit einem 15%igen Aufschlag auf den Einstandspreis von 200 EUR ermittelt wurden, dann entspricht dies einem mengenbezogenen Lagerkostensatz von 30 EUR pro Einheit.
* Eingesetzt in die geänderte Bestellmengenformel, ergibt sich logischerweise wieder die gleiche Optimale Bestellmenge wie mit der Ausgangsformel von gerundet 38 Einheiten.
* Der rabattierte Einstandspreis von 140 EUR wird im zweiten Schritt dann aber lediglich auf die Zinskosten bezogen. An Lagerkosten für die gleichen Materialien werden wie in der Ausgangssituation 30 EUR pro

Einheit angesetzt. Die auf diese Weise ermittelte Optimale Bestellmenge fällt jetzt deutlich niedriger aus. Mit gerundet 40 Einheiten liegt sie nur noch 2 Einheiten über der Optimalmenge ohne Rabatt. Dies hat seine Begründung darin, dass der Preiseffekt einer wertabhängigen Lagerkostenermittlung mit der geänderten Bestellmengenformel herausgehalten werden kann.

***Ausgangsüberlegung:***

→ **Über die *Abhängigkeit* der *Lagerkosten* vom *Materialwert* wird die Lagerhaltungskostengerade bei *Rabatt-Betrachtungen* zu stark abgeflacht**

→ **Der *rabattbedingt niedrigere Preis* führt – bezogen auf dieselbe Mengeneinheit – zu *niedrigeren Lagerkosten***

***Korrekturansatz:***

⇨ **Ermittlung der Optimalen Bestellmenge mit einem *mengenbezogenen Lagerkostensatz* LKS (EUR pro Mengeneinheit)**

$$K(x) = M \bullet p + \frac{M}{x} \bullet k_f + \frac{x}{2} \bullet LKS + \frac{x}{2} \bullet p \bullet \frac{z}{100}$$

***Differenzieren und 0-Setzen:***

$$\frac{dK}{dx} = -\frac{M}{x^2} \bullet k_f + \frac{LKS}{2} + p \bullet \frac{z}{200} \underset{\Rightarrow}{=} \quad x_{opt} = \sqrt{\frac{200 \bullet M \bullet k_f}{100 \bullet LKS + p \bullet z}}$$

***Auswirkung im Beispiel Abb. F-III-7:***

→ ***15%ige Lagerkosten* entsprechen für den Einstandspreis von 200 EUR einem *Lagerkostensatz von 30 EUR***

→ **Eingesetzt in obige Formel ergibt sich die gleiche Optimale Bestellmenge für die *Ausgangssituation***

$$x_{opt} = \sqrt{\frac{200 \bullet 120 \bullet 300}{100 \bullet 30 + 200 \bullet 10}} = 38 \textit{ Einheiten} \text{ (ger.)}$$

→ **Wird bei dem *rabattierten Einstandspreis* (140 EUR) mit diesem Lagerkostensatz von 30 EUR gerechnet, dann *sinkt* die hierzu berechnete *Optimale Bestellmenge*; jetzt findet preisbezogen nur der Rückgang bei den Zinskosten Berücksichtigung:**

$$\Rightarrow \quad x_{optR} = \sqrt{\frac{200 \bullet 120 \bullet 300}{100 \bullet 30 + 140 \bullet 10}} = 40 \textit{ Einheiten} \text{ (ger.)}$$

**Abb. F-III-8:** Abwandlung zur Ermittlung der Optimalen Bestellmenge

- Wie gezeigt, können mit Änderungen des Grundansatzes zur Optimierung der Beschaffungs-Gesamtkosten einige Effekte erfasst bzw. detaillierter dargestellt werden. Die im Einzelfall notwendige **Genauigkeit** hängt von der **jeweiligen Materialart** ab. So wird es beispielsweise wenig sinnvoll sein, zu jedem kleinteiligen C-Gut den mengenbezogenen Lagerkostensatz Cent-genau zu ermitteln. Die zuletzt vorgestellte Alternativrechnung bietet sich also vor allem für größere Einzelteile oder Komponenten und damit für B-Güter an. Bei A- respektive X-Gütern (siehe zu diesen Klassifikationen F.III.2.) wird der Bedarf i.d.R. programmgebunden ermittelt, so dass hierbei eine weitgehend fertigungssynchrone Beschaffung nahe liegt.

## 4. Produktion

Welche unterschiedlich weit reichenden Auffassungen gibt es zum Begriff der Produktion? Was ist der Grundansatz der Produktions- und Kostentheorie, und welche zwei Arten von Ursachen-Wirkungs-Zusammenhängen können hierbei generell unterschieden werden? Wie leiten sich die Produktionsziele aus dem Zielsystem eines Unternehmens ab? In welche Entscheidungs- und Gestaltungsfelder ist die Produktion als direkter Wertschöpfungsprozess zu unterteilen; was sind deren wesentliche Planungsinhalte/ -alternativen? Wie können Fertigungsverfahren klassifiziert werden? Welche generellen Modelle zur zeitlichen Abstimmung von Produktion und Absatz gibt es, und wie sind diese zu bewerten? Auf welche Weise und unter welchen Annahmen lassen sich Optimale Losgrößen ähnlich wie Optimale Bestellmengen ermitteln?

Definitorisch werden mit dem Begriff Produktion unterschiedlich weit reichende Inhalte verbunden. Es können eine engere und eine weitere Auffassung unterschieden werden, zu deren Erläuterung sich ein Rückgriff auf den Analyse- und Gestaltungsrahmen der Erweiterten Wertschöpfungskette (siehe hierzu F.I.) anbietet. Die Gesamtfunktion eines Unternehmens, Marktleistungen zu erstellen und abzusetzen, erfährt mit dem Drei-Ebenen-Raster eine sach- und zeitbezogene Aufteilung in steuernde, direkt wertschöpfende und unterstützende Prozesse. In dieses klassifikatorische Raster zur Analyse und Steuerung von Unternehmen ist die Produktion als **wichtiger direkt wertschöpfender Bereich** respektive Teilprozess eingeordnet. Wie eingangs des Überblickskastens F-III-9 zur Produktion festgehalten, erschließt sich auf diese Weise die engere Fassung des Produktionsbegriffs:

- **Produktion im engeren Sinne** (oder Fertigung, Fabrikation) bezeichnet die Herstellung von Marktleistungen, also alle Phasen der Rohstoffgewinnung bzw. der Be- und Verarbeitung von Rohstoffen/ Materialien zu Halb- und Fertigfabrikaten. Damit werden in erster Linie die **industriell-technischen Transformationsprozesse** gekennzeichnet. Der technische Aspekt ist aber auch auf die Erstellung von – nicht lagerfähigen und deshalb nicht auf Vorrat produzierbaren – Dienstleistungen übertragbar.

- In der **weiteren Begriffsfassung** kommt es zu einer generellen Gleichsetzung der Produktion mit der Kombination von Produktionsfaktoren als dem grundsätzlichen Merkmal einer unternehmerischen Betätigung.

***Grundzusammenhänge:***

⇨ **Als direkte Phase umfasst die Produktion (oder Fertigung, Fabrikation) die *industriell-technischen Prozesse* der Rohstoff-/ Materialgewinnung, -be- oder -verarbeitung zur Erstellung von Halb- und Fertigfabrikaten sowie von Dienstleistungen *(Produktion i.e.S.)***

⇨ **Wird unter *Produktion (i.w.S.)* jede Kombination von Produktionsfaktoren verstanden, dann kennzeichnet dies den *Leistungserstellungsprozess im Ganzen*; damit wird also oberhalb des Analyse- und Gestaltungsrahmens der Wertschöpfungskette argumentiert**

**Ursachen-Wirkungs-Zusammenhänge der *Produktions- und Kostentheorie* [Abb. F-III-10] bilden die Basis der *Produktionsplanung und -steuerung***

***Einzelne Entscheidungs- und Gestaltungsfelder:***

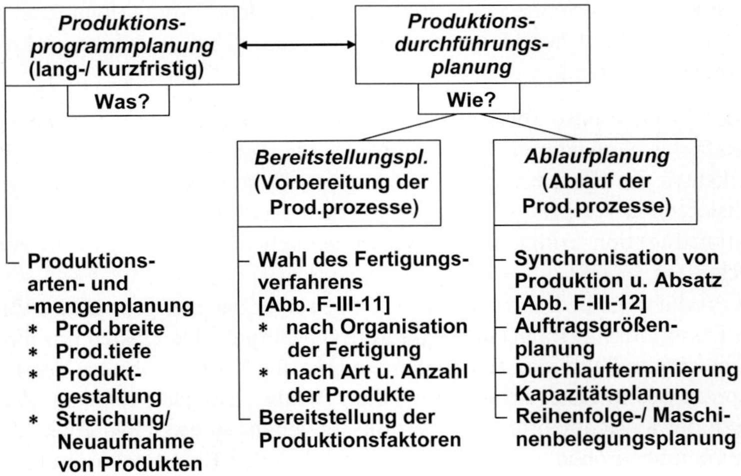


***Ausgewählte Entsch.situationen*** **(→Lösungsansätze/ Instrumente):**

- **Best. des *Opt. Prod.programms*** **(→Lineare Programmierung)**
- **Best. der *Optimalen Losgröße*** **[Abb. F-III-13]**
- **Strategien zur Kostensenkung** **(→Skalen- und Verbundeffekte)**

**Abb. F-III-9:** Überblick zur Produktion (Direkter Prozess)

Dabei wird allerdings der **Leistungserstellungsprozess im Ganzen** umgriffen, welcher unter Beachtung des Wirtschaftlichkeitsprinzips sowie unter Wahrung des finanziellen Gleichgewichts (siehe hierzu A.II.2.) in allen Betrieben/ Unternehmen durchzuführen ist. Die einzelnen unternehmerischen Teilfunktionen und -prozesse stehen hier also in einem Unterordnungsverhältnis zu diesem weiten Produktionsbegriff; damit wird oberhalb bzw. ohne den klassifikatorischen Ansatz der Wertschöpfungskette argumentiert. Auf einer hohen und folglich eher volkswirtschaftlichen Aggregationsebene (Produktions- gegenüber Konsumtionswirtschaften bzw. Betriebe/ Unternehmen gegenüber Haushalten) kann es durchaus sinnvoll sein, in dieser umfassenden Form von „der Produktion“ zu sprechen. Für betriebs- und damit einzelwirtschaftliche Zwecke der Steuerung von Unternehmen ist allerdings – wie über die Erweiterte Wertschöpfungskette gezeigt – die engere Begriffsverwendung aussagefähiger.

### a. Grundlagen der Produktion

Als Grundzusammenhang zum direkten Wertschöpfungsprozess der Produktion ist darauf hinzuweisen, dass hierfür mit der **Produktions- und Kostentheorie** ein breites Fundament theoretischer Ursachen-Wirkungs-Zusammenhänge vorhanden ist. Dieses bildet letztlich die – vor allem begriffliche und modellmäßige – Basis für die praktische Gestaltung der Produktionsplanung und -steuerung. Ohne in unserem anwendungsorientierten Lehrbuch verschiedene Produktions- und Kostenfunktionen detailliert herzuleiten und aufzuzeigen, geben wir dazu im Folgenden einen kurzen Überblick.

- In der Produktions- oder Ertragstheorie werden Beziehungen zwischen dem Einsatz der elementaren Produktionsfaktoren (Arbeitskraft, Betriebsmittel und Werkstoffe im System GUTENBERGS – siehe hierzu A.I.3.) und der hiermit zu realisierenden Ausbringungsmenge als dem Faktorertrag formuliert. Eine Produktionsfunktion bringt diesen Zusammenhang in Gleichungsform zum Ausdruck.
- Die Produktionstheorie trifft also Aussagen über das mengenmäßige Verhältnis von Faktoreinsatz (Input) und Faktorertrag (Output). Da Kosten mit ihren Preisen bewertete Faktoreinsatzmengen sind, ist für Kostenprobleme des Produktionsprozesses in erster Linie bereits die Produktionstheorie relevant. Zwar werden in der Kostentheorie gesondert die Beziehungen zwischen einer Reihe von Bestimmungsgrößen und den zu Grunde liegenden Einsatzfaktormengen untersucht, das Grundgerüst der Faktorverbräuche wird aber in jedem Fall durch die entsprechende Produktionstheorie respektive -funktion gelegt.

**Produktion und Kostentheorie**

In der Produktions- und Kostentheorie können generell **zwei Arten von Ursachen-Wirkungs-Zusammenhängen** zwischen Einsatzfaktoren und Ausbringungsmengen unterschieden werden:

- Das auf ANNE ROBERT JACQUES TURGOT (1727 – 1781), Finanzminister des französischen Königs Ludwig XVI (1754 – 1793), zurückgehende und von JOHANN HEINRICH VON THÜNEN (1783 – 1850) für die Landwirtschaft nachgewiesene Ertragsgesetz fand anfangs auch Eingang in die Betriebswirtschaftslehre. Dessen genauere Bezeichnung als **Gesetz vom abnehmenden Ertragszu-**

**wachs** stammt von THEODOR BRINKMANN (1877 – 1951). Die hierbei grundlegende Beziehung ist folgende (siehe hierzu Abb. F-III-10):

- Die sukzessive Vergrößerung des **Einsatzes eines Produktionsfaktors** führt bei Konstanz der übrigen Produktionsfaktormengen zuerst zu einem überproportionalen (progressiven), dann zu einem unterproportionalen (degressiven) Anstieg der Ausbringungsmenge und schließlich kann diese trotz weiterer Einsatzsteigerung des variierten Faktors sogar abnehmen. Die graphische Darstellung des Gesamtertrages in Abhängigkeit der Veränderung eines Einsatzfaktors ergibt – bildlich gesehen – eine „rechts abgeschnittene Glocke" respektive etwas mehr als die linke Hälfte einer Glocke. Dies ist im oberen Teil der Abbildung F-III-10 bei der **Gesamtertragsfunktion** nachzuvollziehen.

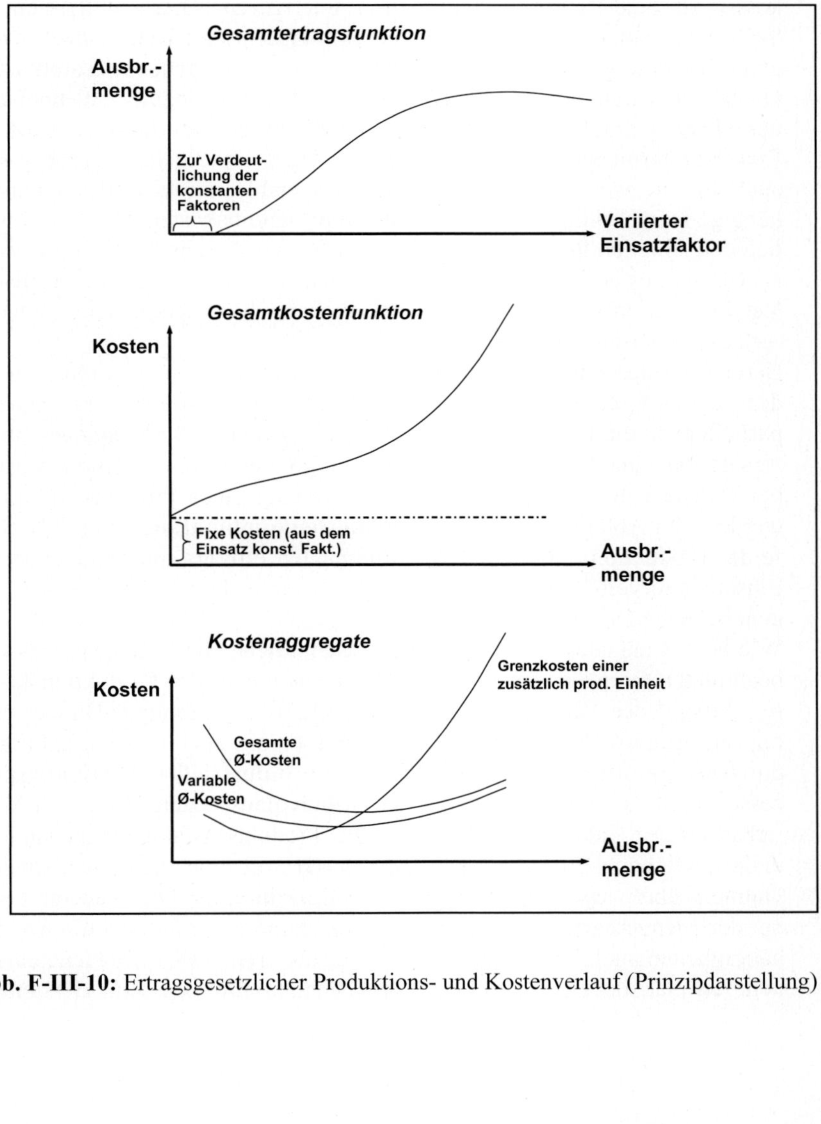


**Abb. F-III-10:** Ertragsgesetzlicher Produktions- und Kostenverlauf (Prinzipdarstellung)

- Als produktionsseitige Voraussetzung muss demnach gegeben sein, dass ein bestimmter Ertrag mit **verschiedenen Kombinationen von Einsatzfaktoren** hergestellt werden kann, diese untereinander also substituierbar sind. Dabei hat – zumindest innerhalb gewisser Grenzen – deren freie Variierbarkeit zu gelten. Die zusätzliche Anforderung besteht schließlich darin, einen Faktor oder eine Faktorgruppe konstant halten zu können, so dass die Ertragsveränderung der variierten Einsatzmenge zurechenbar ist. Der mittlere Teil der Abbildung F-III-10 zeigt dies als Gesamtkostenfunktion mit den fixen Kosten aus dem Einsatz konstanter Faktoren. Die Funktionen der ebenfalls wiedergegebenen Kostenaggregate wurden für die **Gesamtkostenfunktion** $K(x) = 0{,}01x^3 - x^2 + 50x + 500$ berechnet.
- Jede bestimmte – die Auswirkungen der Variation eines Einsatzfaktors darstellende – Gesamtertragsfunktion lässt sich also unter Ansatz der Faktorkosten in eine Gesamtkostenfunktion überführen. Diese stellt sich als S-förmiges Spiegelbild der Gesamtertragsfunktion dar: Dem zunächst progressiven Ertragszuwachs entsprechen degressiv steigende Gesamtkosten, und ab dem unterproportionalen Wachsen der Ausbringung (Wendepunkt der Gesamtertragsfunktion) steigen die Gesamtkosten für alle weiteren Einsatzfaktormengen überproportional an. Hiervon ausgehend ergeben sich auch für die weiteren Kostenaggregate (Variable, direkt ausbringungsabhängige Durchschnittskosten; gesamte Durchschnittskosten, also einschließlich den Anteilen für die fixen Kosten der Betriebsbereitschaft; Grenzkosten als Gesamtkostenzuwachs der jeweils letzten Ausbringungseinheit) **typische Verläufe** mit insgesamt vier unterschiedlichen – hier nicht näher erläuterten – charakteristischen Phasen.
- Bereits auf der Basis der ertragsgesetzlichen Produktionsfunktion kann zu den alternativ realisierbaren Faktorkombinationen – also den verschiedenen partiellen Produktionsfunktionen mit jeweils gleicher Ausbringung – unter Ansatz der einzelnen Faktorkosten dasjenige Verfahren bestimmt werden, bei welchem die Gesamtkosten der Herstellung eines Produkts minimiert werden. Zur Ableitung dieser **Minimalkostenkombination** sind die Verläufe der Produktions- und der Kostenisoquanten (ertrags- und budgetgleiche Einsatzfaktorverhältnisse; in Abb. F-III-10 nicht dargestellt) einander gegenüberzustellen.
- Wie bereits angedeutet, können landwirtschaftliche Herstellungsprozesse in bestimmten Grenzen (Variationen bei jeweils einem der Produktionsfaktoren Arbeit oder Maschineneinsatz und Ackerfläche, Saatgut, Dünger etc.) mit ertragsgesetzlichen Produktions- und damit auch Kostenfunktionen durchaus zutreffend abgebildet werden. Bei **industriellen Fertigungsprozessen** fehlt es dagegen i.d.R. an der Grundvoraussetzung der freien Variierbarkeit der Faktoreinsatzmengen. Die Produktionsfaktoren stehen hier nicht – wie beim Ertragsgesetz vorausgesetzt – in substitutionalen, sondern vielmehr überwiegend in **limitationalen Beziehungen**. Dies bedeutet, dass bei der Mengenveränderung eines Einsatzfaktors aufgrund technischer Abhängigkeiten auch bei anderen Produktionsfaktoren Mehrverbräuche entstehen. Als plakatives Beispiel hierzu lässt sich anführen, dass zur Herstellung

eines Automobils regelmäßig eine Karosserie und vier Räder sowie ein Ersatz(not-)rad benötigt werden. Damit wird deutlich, dass insbesondere für die Werkstoffe bei Industrieprodukten i.d.R. feste Faktoreinsatzverhältnisse gelten.

- Die Grundlagen einer modernen, insbesondere auch die Herstellungsprozesse in Industriebetrieben einschließenden Produktions- und Kostentheorie wurden von ERICH GUTENBERG gelegt. Unter der Bezeichnung „Produktionsfunktion vom Typ A" analysierte er zuerst das Ertragsgesetz gründlich auf seine Anwendungs- und Leistungsfähigkeit für industrielle Betriebe. Aus den vorstehend geschilderten Gründen ging diese Prüfung negativ aus; GUTENBERG entwickelte deshalb als **Produktionsfunktion vom Typ B** einen grundlegend neuen Ansatz, der sich als ein **System von Verbrauchsfunktionen** kennzeichnen lässt.
    - Der Kern dieser Konzeption besteht darin, bei den Beziehungen zwischen Einsatzfaktor- und Produktmengen die **technischen Eigenschaften von Fertigungsanlagen explizit zu berücksichtigen**. Anders als beim ertragsgesetzlichen Grundmuster sind die Einsatzgüterverbräuche jetzt nicht mehr unmittelbar mit der Ausbringungsmenge verknüpft. Die Begründung hierfür liegt darin, dass die Leistungsabgabe der längerfristig verfügbaren Betriebsmittel (Maschinen, Aggregate, technische Infrastruktur als Potenzialfaktoren) häufig von ihrer Inanspruchnahme abhängt und dass hierbei dann auch wechselnde Verbräuche der Repetierfaktoren (Werkstoffe und davon hauptsächlich der Hilfs- und Betriebsstoffe; siehe hierzu F.III.2.) zu verzeichnen sind. So gibt es über die gesamte Leistungs- oder Intensitätsbreite einer Anlage meist keine linear-direkte Beziehung zwischen der gefertigten Produktmenge und dem Energie-, Kühl- oder Schmiermittelverbrauch, fehlerhaft produzierten Teilen, dem Werkzeugverschleiß oder den notwendigen Instandhaltungsarbeiten.
    - Dieser indirekte sowie der direkte **Repetierfaktorverbrauch** (Rohstoffe, Vorprodukte oder Halbfabrikate) und die notwendigen Einheiten des Elementarfaktors Arbeit können in Kenntnis der technischen Eigenschaften eines Potenzialfaktors in Abhängigkeit von der verlangten Leistungsabgabe angegeben werden. Dies führt zu Verbrauchsfunktionen für jedes einzelne in einer Fertigungsstätte eingesetzte Aggregat, welche in Abhängigkeit von der geforderten Intensität formuliert sind. Die gegebene technische Situation einer Anlage wird als deren **z-Situation** zusammengefasst; damit kann dann die Beziehung von der verlangten Ausbringung über die notwendige Intensität zu den erforderlichen Einsatzfaktormengen aufgestellt werden.
    - Eine Produktionsfunktion vom Typ B besteht damit aus einem System von Verbrauchsfunktionen. Diese sind empirisch für die jeweiligen Produktionsbedingungen zu ermitteln; also gibt es hierfür im Gegensatz zum Ertragsgesetz keinen idealtypischen Verlauf. Entsprechend der Vielfalt möglicher Systeme von Verbrauchsfunktionen ergeben sich in deren Umsetzung **mehrere denkbare Gesamtkostenverläufe**. Auf die Ausbringungsmenge bezogen, können hierbei generell lineare, progressive, degressive und – bei Vorliegen der Bedingungen – auch ertragsgesetzliche Beziehungen beste-

hen; dazu nehmen dann die übrigen Kostenaggregate (variable und gesamte Durchschnittskosten, Grenzkosten) ebenfalls unterschiedliche Verläufe an.

Im Rahmen seiner Neufassung der Produktions- und Kostentheorie hat GUTENBERG eingehend die Möglichkeiten untersucht, wie ein Betrieb auf Auslastungs- bzw. Beschäftigungsschwankungen reagieren kann. Dies wird in der Literatur gesondert als **Theorie der betrieblichen Anpassungsprozesse** bezeichnet; aufgrund deren Realitätsnähe war damit zusammen mit den produktions- und kostentheoretischen Grundüberlegungen die kostenrechnerische Basis für moderne **Entscheidungs- und Steuerungssysteme zur Leistungserstellung** geschaffen.

Die grundsätzlichen Varianten, einen Produktionsapparat an unterschiedliche Beschäftigungslagen anzupassen, und deren wichtigste kostenmäßigen Aspekte sind:

- Zur Vermeidung einer Überbeanspruchung von Betriebsmitteln werden Betriebe i.d.R. bemüht sein, Anlagen mit der günstigsten Arbeitsgeschwindigkeit laufen zu lassen. Unter dieser Vorgabe besteht ein Weg der Einstellung auf eine veränderte Auftragslage darin, die Betriebszeit zu variieren. Bei dieser **zeitlichen Anpassung** wird also unter konstanter Intensität einer Maschine deren Einsatzzeit verändert, und das kann im Hinblick auf die benötigte Arbeitszeit des Bedienungspersonals beispielsweise durch Kurzarbeit, Feierschichten, Entlassungen oder – im umgekehrten Fall – durch Überstunden, zusätzliche Schichten oder Neueinstellungen geschehen.
  Auf diese Weise wird eine proportionale Anpassung der variablen Betriebskosten einer Maschine erreicht; die Material- und auch die Personalkosten folgen wegen der gleichbleibenden Intensität der geänderten Einsatzzeit. Soweit beim Elementarfaktor Arbeit Zuschläge wegen Mehrarbeit notwendig werden, ist eine entsprechende Erhöhung der Gesamtkosten zu berücksichtigen. Bezogen auf die Fixkosten der Anlagen (Abschreibungen für eigene, Miet- oder Leasingraten für zur Verfügung gestellte fremde Maschinen) ist allerdings in jedem Fall eine Änderung bei den Leerkosten zu berücksichtigen: Wenn die technisch maximale Nutzungsdauer (die Normalleistung) bei z.B. 16 Stunden pro Tag liegt, dann fallen bei einer Betriebszeit von nur 8 Stunden 50% der Fixkosten als Leerkosten an. In den zur Normalleistung verbleibenden 8 Stunden werden keine Halb- oder Fertigfabrikate produziert, so dass der Fixkostenanteil pro erzeugter Einheit doppelt so hoch wie technisch möglich ausfällt.
- Die zweite, ebenfalls von konstanten Intensitäten ausgehende Variationsmöglichkeit besteht darin, die Produktionskapazität um technische Anlagen gleichen Typs zu vermindern oder zu erhöhen. Zu einer solchen **quantitativen Anpassung** ist die grundsätzlich ähnliche – und auch kombiniert zu betreibende – zeitliche Anpassung als Vorstufe anzusehen. Jetzt geht es allerdings darum, den Maschinenpark eines Unternehmens jeweils um ganze Einheiten zu verändern.
  In diesem Zusammenhang stellt sich auch bei der quantitativen Anpassung das zuvor beschriebene Leerkostenproblem. Dies gilt vor allem dann, wenn Aggregate lediglich abgeschaltet, aber für eine spätere Wieder-Inbetriebnahme in Bereitschaft gehalten werden. Die Kosten hierfür sind als remanente und damit

zurückbleibende Fixkosten bei der zukünftigen Produktion einzukalkulieren. Diese eigentlich abbaufähigen Leerkosten können bei einer sicher notwendigen Beschäftigungsanpassung nach unten durch die endgültige Stilllegung einer Anlage vermieden werden, und im Fall ihres Verkaufes ist zudem noch ein einmaliger Erlös zu erzielen.

- Die **selektive Anpassung** bietet sich für eine Betriebsmittelvariation bei einem qualitativ unterschiedlichen Bestand an Potenzialfaktoren an. Wenn sich Anlagen in ihrer Leistungsfähigkeit und damit auch in ihren Verbrauchsfunktionen unterscheiden, dann ist für den Fall eines Beschäftigungsrückgangs davon auszugehen, dass als Erstes die abgenutztesten, unmodernsten Anlagen stillgelegt werden. Die Abschaltung von Aggregaten richtet sich dann also nach dem qualitativen Effizienzgefälle im Maschinenpark eines Unternehmens. Die zuvor dargestellte Remanenzproblematik ist hierbei in gleicher Weise zu beachten.
- Die **intensitätsmäßige Anpassung** kommt dem GUTENBERG'schen System einer aus Verbrauchsfunktionen abgeleiteten Produktionsfunktion am nächsten, sie ist dennoch eher nachrangig einzuordnen. Wie GUTENBERG bei seinen Untersuchungen der Unternehmenspraxis selbst festgestellt hat, stellt diese Anpassungsvariante eher den Ausnahmefall dar. Insbesondere für die Steigerung der Ausbringungsleistung einer Maschine gilt, dass sich deren technischer Wirkungsgrad jenseits der Normalleistung i.d.R. verschlechtert. Dies bedeutet, dass zunächst proportional verlaufende Gesamtkosten bei einer Überbeanspruchung von Betriebsmitteln – wie auch ihres Bedienungspersonals – progressiv ansteigen. Die intensitätsmäßige Anpassung bleibt deshalb in der Praxis zumeist auf starr verbundene Anlagen oder die durchlaufenden Prozesse in der chemischen Industrie beschränkt. In allen anderen Fällen ist davon auszugehen, dass der Fertigungsapparat eher im optimalen Wirkungsgrad gehalten und zunächst eine der anderen Anpassungsarten ergriffen wird.

**Entscheidungs- und Gestaltungsfelder**

Als Nächstes sind einzelne **Entscheidungs- und Gestaltungsfelder** der Produktion in Bezug zu den übergeordneten Unternehmenszielen zu behandeln (mittlerer Teil der Abb. F-III-9):

Die im Produktionsbereich verfolgten Ziele stehen in einem unmittelbaren Zusammenhang mit dem obersten Zielsystem eines Unternehmens. Als generelle Zielkategorien hatten wir in D.I.3. Sach- und Formalziele respektive Produkt- und Erfolgs-/ Liquiditätsziele gegeneinander abgegrenzt. Deren Verbindung zum Produktionsprozess liegt auf der Hand: In direkter Umsetzung des Produktziels werden hierdurch die in physisch-technischer Hinsicht wesentlichen Transformationen von Einsatzfaktoren zu absatzreifen Leistungen erbracht. Ohne das Herzstück der Produktion ist also die Sach- bzw. Produktzielerfüllung und damit die Führung eines Unternehmens nicht möglich.

Das Produktziel – in marktorientierter Sicht – wurde in D.I.3. mit der Frage illustriert „Was stellen wir für welche Bedürfnisse her und vertreiben es?“. Hierzu sind bezogen auf den gesamten Wertschöpfungsprozess und insbesondere auf den Produktionsbereich – in einer ressourcenorientierten Sicht – nähere Differenzierungen vorzunehmen, mit denen das Produktionsprogramm genau spezifiziert wird. Diese erste Ableitung aus dem Produktziel bildet den Gegenstand der Produktionsarten- und -mengenplanung. Damit ist die Erstellung des gesamten Leistungsangebotes detailliert zu klassifizieren (Welche End- respektive Zwischenprodukte werden produziert?); dies geschieht aus einer primär betriebswirtschaftlichen bzw. marktorientierten Sichtweise. Auf dieser Basis kann dann die Produktionsdurchführung als zweiter wichtiger und eher technologisch orientierter Teilkomplex im Produktionsprozess geplant und gesteuert werden (Wie wird produziert?).

- Wie teilweise bereits in D.I.3. ausgeführt, werden mit der **Planung des Produktionsprogramms** folgende Einzelfestlegungen getroffen:
  - Mit der **Produktionsartenplanung** wird die Frage beantwortet, was und damit welche Produkte produziert werden.
  - Die **Produktionsmengenplanung** hat zum Inhalt, wie viel insgesamt und von jedem einzelnen Erzeugnis hergestellt wird.
  - Eine nähere Differenzierung beinhaltet die Festlegung der **Produktionsbreite**. Hierbei ist zu entscheiden, ob und welche Anzahl unterschiedlicher Typen oder Varianten von einem Produkt gefertigt werden sollen. Hiervon gehen unmittelbare Auswirkungen auf die Organisation der Produktion aus. Im Ergebnis wird über diesen Planungspunkt in produzierenden Unternehmen das Produktprogramm bestimmt. In Handelsunternehmen resultiert aus diesem Schritt einer analog durchgeführten Programmplanung das Produktsortiment.
  - Entscheidend für die vorstehend genannten Festlegungen ist in Industriebetrieben das Ausmaß der eigenen Wertschöpfung. Wie an früherer Stelle bereits angesprochen wurde, gehen immer mehr Unternehmen dazu über, sich auf ihre Kernkompetenzen zu beschränken und einen Teil der Wertschöpfung outzusourcen (siehe hierzu bereits A.I.1. und F.I. sowie H.I.4.). Dies kennzeichnet die **Produktionstiefe**, also die Anzahl der Fertigungsstufen im Rahmen der eigenen Wertschöpfung.
  - Neben der Produktionsbreite und -tiefe hat das Produktionsprogramm auch sämtliche näheren Angaben zur **Produktgestaltung** zu enthalten. Als Vorgaben für die Fertigung sind die äußerlichen Unterschiede der erstellten Marktleistungen zu kennzeichnen, beispielsweise nach Form, Farbe, Design und dem Qualitätsniveau in Abhängigkeit von den Abnehmerwünschen.
  - Schließlich sind wegen der damit verbundenen Produktionsumstellungen größere **Veränderungen im bisherigen Produktionsprogramm** gesondert herauszustellen. Welche Innovationen stehen vor dem Serienanlauf? Welche bisherigen Erzeugnisse werden aus dem Fertigungsprogramm herausgenommen? Zu diesen, für die Produktionsdurchführung besonders wichtigen Fragen empfiehlt sich eine spezielle Zusammenfassung.

- Nach dem **Planungszeitraum** sind bei der Produktionsprogrammplanung eine lang- und eine kurzfristige Variante zu unterscheiden. Erstere hat die perspektivische, von den Absatzerwartungen ausgehende Planung der Produktion nach Art und Menge für einen weiteren Zeithorizont – von beispielsweise fünf Jahren – zum Inhalt. Dieses längerfristige Produktionsprogramm bildet die Grundlage für die Beschaffung respektive Bereitstellung/ Disposition von Betriebsmitteln und Arbeitskräften. Mit den hieraus abgeleiteten Maßnahmen ist dann auch der Rahmen für die kurzfristige Programmplanung abgesteckt. Diese hat die Aufgabe, die gegebenen Produktionsfaktorkapazitäten innerhalb einer Planungsperiode optimal auszunutzen. Hierbei geht es also darum, eventuell gegenüber der Langfristplanung auftretende Abweichungen über periodenbezogene Anpassungsmaßnahmen aufzufangen bzw. auszugleichen, so dass es zu keinen gravierenden Effizienz- und Effektivitätseinbrüchen kommt. Gerade dafür ist eine solide Kenntnis der zuvor im Überblick geschilderten produktions- und kostentheoretischen Zusammenhänge in ihren Auswirkungen auf die Wirtschaftlichkeit und damit den Erfolg eines Unternehmens unerlässlich.

- Eine Idealausprägung zur Produktionsprogrammplanung und ihren Unterkategorien würde darin bestehen, **möglichst viele Produkte von der gleichen Art in der gleichen Weise möglichst lange auf den gleichen Anlagen** zu produzieren. In technischer Hinsicht bedeutet dies, dass nicht mehrere parallele Produktionsprozesse unterschiedlich ausgerichtet und gestaltet werden müssen. Der betriebswirtschaftliche Effekt besteht darin, dass die Kosten pro Stück über die mit hohen produzierten Stückzahlen verbundene Fixkostendegression geringer werden. Diese Zielsetzung und diese Ausrichtung spielen seit dem Übergang auf eine automatisierte Fließfertigung eine große Rolle. So wird HENRY FORD mit dem Satz zitiert, der sich auf das FORD-Modell T – die „Tin Lizzy", das im Jahre 1913 weltweit erste fließbandgefertigte Automobil, bezieht: „Sie können das Auto in jeder Farbe von uns haben, Hauptsache es ist schwarz." Eine Variation des Produktes und damit der Fertigungsprozesse sollte also möglichst vermieden werden.

  - In den heutigen Käufermärkten stellt sich die Situation grundlegend anders dar. Die marktorientierte Sicht dominiert die ressourcenorientierte Sicht. Die Konsumenten sind vor allem an möglichst **individuell auf ihre Bedürfnisse zugeschnittenen Produkten** interessiert. Um zu vermeiden, dass eine große Anzahl völlig unterschiedlicher Baureihen einer Produktgruppe bei jeweils kleinen Stückzahlen und damit hohen Kosten pro Stück hergestellt wird, gehen viele Unternehmen dazu über, die Zusammensetzung ihrer Produkte variabel zu gestalten. Hiermit wird das Ziel verfolgt, möglichst viele gleiche Bauteile in unterschiedliche Endprodukte einzubauen, die dann also aus möglichst vielen gleichen Komponenten bestehen. Bei einer hohen Variation der Endprodukte und damit unterschiedlichen Produktarten und -gestaltungen erlaubt dieses modulare Konzept als **Baukastenprinzip**, wegen der hohen Anzahl identischer Bauteile die Produktion weiterhin nach der Grundkonzeption der Fließfertigung zu realisieren. Dies bedeutet also, dass das kundenorientierte Primat durch ressourcenorientierte Anpassungen betriebswirtschaftlich effizient gestaltet wird.
  - Dieses Prinzip wurde beispielsweise in der **Automobilindustrie** vom VW-Konzern dadurch realisiert, dass die Anzahl der Basis-Bodengruppen für PKWs von früher 19 auf heute vier reduziert wurde. Diese Plattformen kön-

nen als technische Grundmuster eines Automobils in der weiteren Ausgestaltung zu unterschiedlichen Modellen und Typen endgefertigt werden. So basieren beim VW-Konzern über 40 Volumenmodelle der einzelnen Marken VW, AUDI, SEAT und SKODA auf diesen Grundplattformen. Variantenvielfalt bleibt so wirtschaftlich beherrschbar. Auch andere Automobilkonzerne haben den Weg einer weit reichenden Vereinheitlichung der Basis ihrer Modelle eingeschlagen. Beispielsweise will der FIAT-Konzern seine Bodengruppen drastisch reduzieren, und die Allianz RENAULT-NISSAN will bis 2010 eine Verringerung auf 10 vornehmen.

- Als Nachteile einer konzernweiten **Plattformstrategie** sind mit der Zeit zunehmende Positionierungsprobleme zwischen den Einzelmarken zu beachten. Im Wissen der Kunden über die weitgehende Baugleichheit der verschiedenen Modelle, welche durch Auto-Testberichte dokumentiert wird, fällt es zusehends schwerer, ein gehobenes und auch mit einem Preisaufschlag verbundenes Markenimage aufrechtzuerhalten. Im Fall von VW betrifft dies insbesondere das Verhältnis der Stammmarke zu SEAT und SKODA. Hier lassen sich dann regelrechte Wanderungsbewegungen der Käufer hin zu den preiswerteren Konzernmarken und -modellen feststellen. Als Konsequenz aus dieser Entwicklung steht die Plattformstrategie heute nicht mehr so deutlich im Vordergrund der Strategiekommunikation als zu Beginn ihrer Einführung im Jahr 1993. Die neue Zwei-Gruppen-Markenstrategie zielt zudem auf eine Schärfung der jeweiligen Markenprofile (VW, SKODA und BENTLEY sowie BUGATTI als klassische Gruppe gegenüber AUDI, SEAT und LAMBORGHINI als sportliche Gruppe), wobei auch Überlappungen im Produktprogramm beseitigt werden sollen.
- Wegen der dargestellten Probleme wird von anderen Unternehmen, wie beispielsweise von DAIMLERCHRYSLER, bewusst keine umfassende Plattformstrategie realisiert. Hier werden unterschiedliche Modellreihen eigenständig konzipiert und positioniert, um die beschriebenen **Kannibalisierungseffekte** zwischen Modellreihen und Konzernmarken nicht aufkommen zu lassen. Zum Erreichen großer Stückzahlen kann dabei jedoch ebenfalls eine **Gleichteilestrategie** gefahren werden, die sich allerdings auf weniger identitätsrelevante Einzelkomponenten, wie beispielsweise Antriebs-Nebenaggregate oder Teile für die Fahrwerkskonstruktion, bezieht. Systembezogene Gleichteile in Richtung Plattformstrategie werden nur bei gleich bzw. ähnlich im Niveau positionierten Marken im Konzern zugelassen.
- Das kostensparende Prinzip, gleiche Bauteile in unterschiedlichen Endprodukten zu verwenden, ist auch in anderen Branchen von großer Bedeutung. So werden beispielsweise von den Flugzeugherstellern AIRBUS und BOEING so genannte **Flugzeugfamilien** konstruiert. Dies bedeutet, dass im Hinblick auf ihre Länge und damit die mögliche Zuladung sowie bezogen auf die triebwerksabhängige Reichweite unterschiedliche Flugzeugtypen nach einem einheitlichen Grundmuster gefertigt werden. Der Unterschied liegt dabei in der Größe des Rumpfes und somit in der möglichen Anzahl von Passagieren in einer Reihe. So lässt sich das derzeitige AIRBUS-Programm zu zwei Flugzeugfamilien zusammenfassen: Flugzeuge mit einem Mittelgang

oder mit zwei Gängen im Passagierraum. Bei den zahlreichen Variationsmöglichkeiten innerhalb jeder Familie ist eine hohe Kommunalität, also ein hoher Gleichheits- respektive Gleichteilefaktor, gegeben. Die Verwendung gleicher Bauteile ist auch bei kleineren Präzisionsmodulen, beispielsweise in der Uhrenindustrie, zu verzeichnen. So werden in unterschiedliche Marken und Modelle des SMH-Konzerns (Schweizerische Gesellschaft für Mikroelektronik und Uhrenindustrie AG; als Marken u.a. SWATCH, TISSOT, RADO oder LONGINES) zum Teil gleiche Komponenten eingebaut, die in einem zentralen Teilewerk produziert werden.

- Den vorstehend angesprochenen Beispielen zur Bauteile-Standardisierung über ein **Varianten-Management** ist gemeinsam, dass die mit der größeren Anzahl gleicher Einheiten erreichte Stückkostendegression von einer Kostenersparnis aufgrund weniger parallel nebeneinander zu produzierenden Einzeltypen ergänzt wird. Dabei kann die kundenspezifische Ausgestaltung innerhalb eines Produkt-Grundmusters dennoch stark differenziert werden. Die nach den Kundenanforderungen erfolgende unterschiedliche technische und optische Konfektionierung der Produkte wird als **Customizing** bezeichnet. Dies ist beispielsweise auch in der **PC-Industrie** eine sehr wichtige Strategie, um möglichst viele bzw. alle wesentlichen Anforderungen der Kunden individuell zu erfüllen. Der Kunde legt im Vorhinein seine spezielle Rechner-Konfiguration fest, beispielsweise im Hinblick auf die Art des Gerätes (DeskTop, Tower oder LapTop), die Größe des Speichers und die benötigte Ausstattung (Netzwerkkarte, eingebautes Modem, Infrarotschnittstelle etc.), und erst daraufhin wird das Endprodukt auf der Basis einer von wenigen Grundlinien zusammengestellt. Wie bereits in E.II. ausgeführt, kann dies soweit gehen, dass letztlich jede gefertigte Marktleistung ein Unikat mit der Losgröße 1 darstellt. Eine derart große Produktvielfalt wird mit standardmäßig im Produktionsprogramm vorgesehenen unterschiedlichen Produkttypen kaum abzudecken sein; das modulare Konzept eines viele individuelle Lösungen erlaubenden Varianten-Management bietet hierfür in jedem Fall die bessere Grundlage.

- Auf dem Weg einer **Modularisierung ihres Produktionsprogramms** können Unternehmen also große Teile der Entscheidungen zu den gewünschten Endprodukten auf die Abnehmer/ Kunden übertragen, und mit dieser Individualisierung ist gleichzeitig die Möglichkeit einer Absatz- und Umsatzsteigerung verbunden. Gerade wegen der hohen geforderten Anzahl von Freiheitsgraden stellen die Basisfestlegungen zu den im Produktionsprogramm vorgesehenen Grundvarianten sowie der entsprechende Aufbau der Produktionskapazitäten dabei eine betriebswirtschaftliche Entscheidungssituation mit starker und weit reichender technischer Auswirkung dar.

  - Hierauf bezogen kann es in der Unternehmenspraxis zu einem **Aufeinandertreffen unterschiedlicher Interessenlagen** kommen, die sich grundsätzlich als die Sichtweisen von Ingenieuren und von Betriebswirten im Unternehmen kennzeichnen lassen. Dies entspricht der funktionsbezogenen Fokussierung einerseits auf die Produktions- und Ressourcenorientierung und andererseits auf die Markt- und Kundenorientierung. Dabei gilt es, die stärker innenorientierte Betrachtung aus dem Standpunkt der Technik und die stärker außenorientierte Perspektive aus dem Blickwinkel der Kunden in Einklang zu bringen. Die beiden Anschauungen können im Hinblick auf das Denken in Kosten und/ oder Preisen differieren; deshalb sind bezogen auf die herzustellenden Produktarten und -mengen unterschiedliche Zielvorstellungen möglich.

- Vom **technischen Standpunkt** her und damit eher aus der Einstellung eines Leiters der Produktion sind wenige Produktarten in einer hohen Stückzahl angestrebt, um die Kosten der Produktion und pro Produkt möglichst gering zu halten. Aus der **betriebswirtschaftlich marktorientierten Perspektive** gesehen, und damit mehr der Einstellung des Leiters der Abteilung Vertrieb/ Marketing entsprechend, werden i.d.R. zahlreiche unterschiedliche Produktarten gefordert, um möglichst viele unterschiedliche Kundenwünsche befriedigen zu können. Die dann in kleinen Stückzahlen zu fertigenden Typen sollen dennoch zu möglichst niedrigen Preisen angeboten werden können. Hierbei ist davon auszugehen, dass die Auswirkungen auf die Kosten der Produktion bei der absatzorientierten Sichtweise nicht im Mittelpunkt stehen.
- Mit den skizzierten unterschiedlichen Interessenlagen wird die Breite des auf die Produktion bezogenen Entscheidungsrahmens und damit zugleich die Notwendigkeit eines optimalen Ausgleichs zwischen den beiden Polen deutlich. Die spezifische Entscheidungssituation ist dabei abhängig von der Strategie, die ein Unternehmen verfolgt, von dem Markt, auf dem es sich im Wettbewerb mit anderen Unternehmen bewegt und insbesondere von den Kunden mit ihren speziellen Präferenzen. Jede Produktionsentscheidung des eigenen Unternehmens ist also kundenorientiert, wettbewerbsorientiert sowie nicht zuletzt ergebnisorientiert zu durchdenken und zu fällen.
- In der Konsequenz ist hierdurch die produktbezogene Basis für die beiden zentralen betriebswirtschaftlichen Fragestellungen der Effektivität und der Effizienz (siehe hierzu A.II.1.) zu legen. Einerseits ist das Produktionsprogramm so zu gestalten, dass hiermit die Kundenanforderungen erfüllt sowie genügend zufriedene (Stamm-)Kunden gewonnen und gehalten werden können. Diese materiell-inhaltliche Basis, die richtigen Produkte anzubieten, ist andererseits im Hinblick auf die Wirtschaftlichkeits-Komponente als der formalen Grundlage einer Gewinnerzielung abzuklopfen. Dabei steht die richtige Produktion im Vordergrund, mit der es möglich ist, über ein kosten- und preisgünstiges Angebot der Marktleistungen eine genügend große Nachfrage auf das eigene Unternehmen ziehen zu können.
- Ausgehend von diesem Ziel und Ergebnis können die Anforderungen an die **Entscheidungen über die Produktionsprogrammplanung** – und damit deren Spielraum – wie folgt zusammengefasst werden:

  * Im Interesse einer ausgeprägten Kundenorientierung ist die Fähigkeit gefordert, möglichst viele Produktvarianten fertigen zu können.

* Als auf den eigenen Betrieb bezogene Unternehmensorientierung tritt hierzu die Nebenbedingung einer ertragreichen Leistungserstellung (Gewinne = Erlöse - Kosten).

Wenn man dabei den Absatzanforderungen die Priorität einräumt, dann kann der Entscheidungsraum folgendermaßen eingegrenzt werden:

* Für die Anzahl der Produkte und Produktvarianten, die entsprechend der bearbeiteten Markt- und Kundensegmente nötig sind, hat die Produktion entsprechend ihrer Technologie und des Know-how einen Produktionsprogrammplan aufzustellen, welcher über so viel gleiche Bauteile wie möglich die Voraussetzungen zur kostengünstigen und damit konkurrenzfähigen Herstellung aller Marktleistungen schafft.

### b. Produktionskonzepte

Mit den Überlegungen und Entscheidungen zum Produktionsprogramm ist der Produktionsprozess erst zur Hälfte vorausgeplant. Hieran hat sich die **Produktionsdurchführungsplanung** als konkrete Vollzugsplanung im Leistungserstellungsprozess anzuschließen. Wie die Systematisierung in der Abbildung F-III-9 verdeutlicht, können hierbei zwei Teilbereiche unterschieden werden: Die Bereitstellungsplanung umfasst die Vorbereitung der Produktionsprozesse, während im Rahmen der Ablaufplanung alle einzelnen Prozessabläufe in der Produktion detailliert zu planen und zu steuern sind.

Die Bezeichnung als **Bereitstellungsplanung** bezieht sich auf die zur Leistungserstellung erforderlichen Produktionsfaktoren. Hierdurch ist also sicherzustellen, dass die prozessnotwendigen Elementarfaktoren der Betriebsmittel, der Werkstoffe sowie auch der Arbeitskräfte zur Verfügung stehen. Diese vorbereitenden Planungen sind in enger Abstimmung mit anderen Wertschöpfungsprozessen, beispielsweise also dem Investitions-, dem Beschaffungs- oder dem Personalbereich, vorzunehmen.

#### Fertigungsverfahren

Ein wesentliches und vor allem längerfristige Festlegungen beinhaltendes Teilgebiet der Bereitstellungsplanung ist auf die Betriebsmittel bezogen; hierbei geht es um die vor einer Produktionsaufnahme zunächst erforderliche Wahl des oder der **einzusetzenden Fertigungsverfahren**. Diese können aus zwei unterschiedlichen, in Abbildung F-III-11 dargestellten Perspektiven klassifiziert werden. Eine der Unterscheidungsrichtungen bezieht sich auf die organisatorische Gestaltung des Fertigungsablaufs, während mit der anderen auf die Art und Anzahl gleichförmig hergestellter Produkte abgestellt wird. In Entsprechung hierzu haben sich die Bezeichnungen als Organisationstyp bzw. als Fertigungstyp der Produktion herausgebildet.

Bei der Einteilung von Fertigungsverfahren nach dem **Merkmal des organisatorischen Produktionsablaufs** können die gleichen Grundausrichtungen wie bei der Unternehmensorganisation unterschieden werden. Jetzt auf die Anordnung der Betriebsmittel bezogen, sind innerhalb der Fertigung die Verrichtungs- und die

Objektorientierung (siehe hierzu G.I.2.) gegeneinander abzugrenzen. Dies führt zu folgenden Grundmustern diskontinuierlicher Fertigungsprozesse:

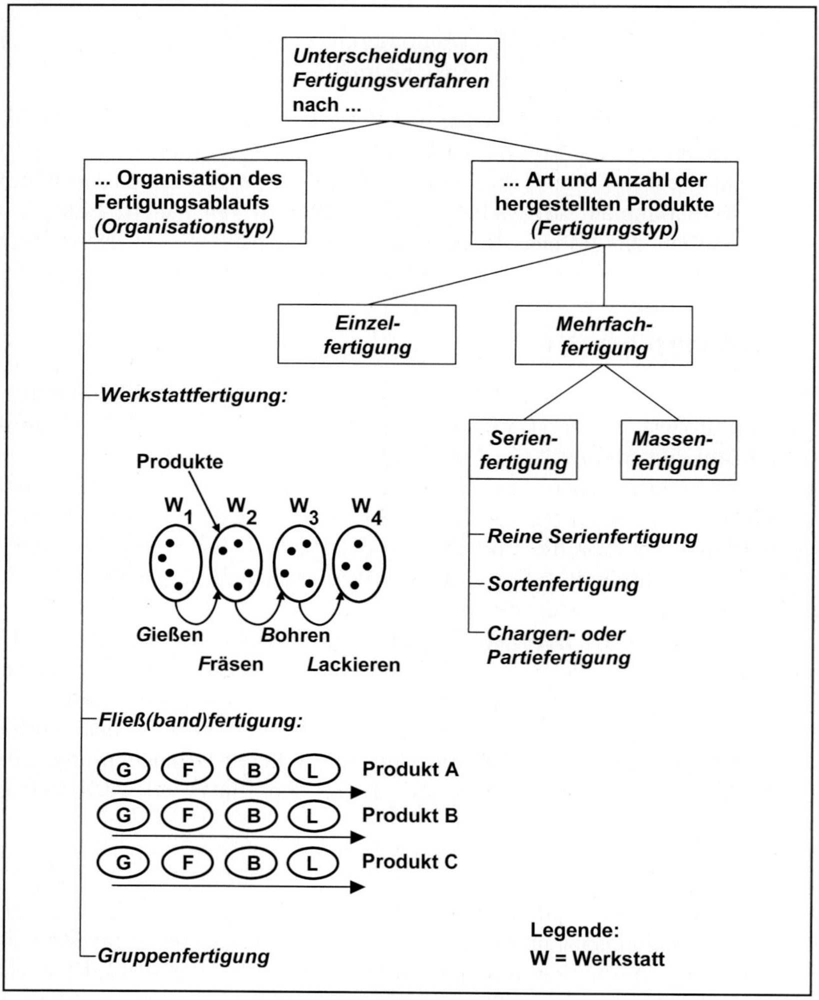


**Abb. F-III-11:** Klassifikation von Fertigungsverfahren

- Eine Zentralisierung nach Verrichtungen charakterisiert die so genannte **Werkstattfertigung**. Mit dem Begriff der Werkstatt werden hierbei die Fertigungseinheiten gekennzeichnet, in welchen gleiche Bearbeitungsaufgaben räumlich zusammengefasst sind. Die dazu in der Abbildung F-III-11 enthaltene Prinzipdarstellung zeigt für das Beispiel einer Bauteilefertigung vier solche Bearbeitungsstufen: Gießen, Fräsen, Bohren und Lackieren. Wie die Schemaskizze verdeutlicht, werden die Produkte bei diesem verrichtungszentralisierten Fertigungsablauf von Werkstatt zu Werkstatt transportiert. In den einzelnen Produktionsphasen werden dann alle Werkstücke einem prinzipiell gleichen Bearbeitungsvorgang unterzogen, wobei auch variantenspezifische Abwandlungen möglich sind. Bei einer größeren Anzahl von einzelnen Bearbeitungsgängen können auch Unterschiede im Durchlauf gegeben sein (reihenfolgeverschiedene Werkstattfertigung). Und wenn die Standorte der einzelnen Werkstätten variabel sind, die verschiedenen Betriebsmittel also zu den herzustellenden Produkten gebracht werden müssen, dann liegt der vor allem für die Bauindustrie und den Großanlagenbau typische Sonderfall der Baustellenfertigung vor.

- Wenn im Rahmen einer verrichtungsorientierten Gestaltung der Fertigung die Betriebsmittel im Vordergrund stehen, dann wird bei der Verfolgung einer Objektorientierung das hierzu gegenteilige Prinzip angewendet: Jetzt stehen die herzustellenden Produkte im Mittelpunkt; entsprechend der hieran im Ablauf des Produktionsprozesses durchzuführenden Tätigkeiten werden die Betriebsmittel und die Arbeitsplätze angeordnet. Wegen des vorrangigen Bezugs zur herstellungsnotwendigen Prozessfolge einzelner Produkte wird ein solcher Organisationstyp als **Fließfertigung** bezeichnet. Wie die Skizze in Abbildung F-III-11 zeigt, könnten für das Beispiel der Bauteilefertigung drei Fertigungslinien für die Produkte A bis C eingerichtet sein, welche die aufeinander folgenden Bearbeitungsstellen (Gießen bis Lackieren) jeweils gesondert enthalten.

  Als konsequenteste Umsetzung der Orientierung auf einzelne Fertigungsobjekte stellt sich die **Fließbandfertigung** dar. Mittels des Fließbandes als automatischem Transportsystem werden die zu bearbeitenden Produkteinheiten kontinuierlich oder intervallartig über die unterschiedlichen Fertigungsstufen eines Produktionsablaufs geführt. Dabei braucht dies nicht den gesamten Herstellungsprozess zu umfassen. Bei einer produktbezogen aufgeteilten Fließbandproduktion können aufwändige Produktionsphasen wiederum nach dem Werkstattprinzip zentralisiert werden. Bezogen auf unser Beispiel wäre es etwa denkbar, für alle Fertigungslinien eine gemeinsame Lackierstation vorzusehen. Die Entscheidung hierzu ist auslastungs- und damit kostenabhängig zu fällen, wobei die zusätzlich nötige Detaillierung in der Ablaufsynchronisation aufgrund der Zusammenführung verschiedener Fertigungslinien zu berücksichtigen ist. Die angestrebten Kostenvorteile dürfen also nicht durch Warteschlangenprobleme und damit ungewollte Zwischenläger aufgezehrt werden.

  Bei fließbandgeführten Produktionsabläufen ist im Übrigen eine weitere Problematik zu beachten, von der eine indirekte Kostenwirkung ausgehen kann: Dieses Fertigungsverfahren birgt die Gefahr einer starken Zergliederung von Bearbeitungsaufgaben, so dass die Mitarbeiter an den einzelnen Produktionsstellen nur noch wenige Handgriffe zu erledigen haben. Dabei ermöglicht respektive erfordert die starke Dekomposition der Arbeitsgänge kurze Taktzeiten. Somit kommt zu der Monotonie der Aufgabe noch ein hoher Zeitdruck für die Beschäftigten hinzu. Als Folge hiervon ist bei diesen das Aufkommen erheblicher Motivationsprobleme nicht ausgeschlossen; damit kann das gesamte in unserem Einführungsbeispiel von Kapitel A. aufgezeigte Spektrum negativer Wirkungen auf die Effizienz und die Effektivität eines Leistungserstellungsprozesses zum Tragen kommen. Unter der Zielsetzung einer höheren Ganzheitlichkeit der Bearbeitungsaufgaben bietet das als nächstes darzustellende Fertigungsverfahren die Möglichkeit einer Zerlegung ausschließlich fließbandorganisierter langer Fertigungslinien.

- Mit dem Begriff der **Gruppenfertigung** sind Organisationstypen der Produktion gemeint, bei denen eine Gruppe von Mitarbeitern eine Kombination des Verrichtungs- und des Objektprinzips vornimmt. Auch als **Inselfertigung** bezeichnet, werden hierbei einzelne insgesamt aufgaben- bzw. ergebnisgleiche Fertigungsschritte zusammengefasst, innerhalb derer aber das produktbezogene und an der Bearbeitungsreihenfolge orientierte Fließprinzip angewendet wird. Wenn sich in unserem Beispiel die Bauteilefertigung auf einen von mehreren Arbeitsgängen für verschiedene Endprodukte bezieht, dann könnte dieser Schritt auch gesondert als Gruppenfertigung organisiert werden. Die hierfür zuständige Arbeitsgruppe wird dann die Fertigung nach den produktnotwendigen Verrichtungen gestalten (Gießen, Fräsen, Bohren, Lackieren je nach den Erzeugnisanforderungen), um schließlich die erstellten Zwischenprodukte an die weiteren Stationen im Herstellungsablauf zu übergeben.
  Die mit der Fließbandproduktion eventuell verbundenen Probleme einer unzureichenden Mitarbeiter-Motivation können mit den kombinierten Verfahren der Gruppenfertigung insbesondere dann in aller Regel vermieden werden, wenn diese in der **Führungsform teilautonomer Arbeitsgruppen** (siehe hierzu auch C.I.2.c., F.IV.2. und G.I.2.) organisiert werden. Entscheidungen zur Gestaltung sowie zum Ablauf der Bearbeitungsaufgaben werden hierbei weitgehend von den Gruppenmitgliedern getroffen und dann auch in der täglichen Arbeitspraxis mitgetragen. Damit sind gute Voraussetzungen dafür gegeben, dass die gemeinsam zu lösende Aufgabe in sinnvolle und identitätsstiftende Arbeitseinheiten aufgegliedert wird. Als Quintessenz zu dieser in den 80er Jahren von VOLVO eingeführten und mittlerweile von zahlreichen Industriebetrieben, beispielsweise auch von PORSCHE in Zuffenhausen, umgesetzten Fertigungs- und Führungsform kann festgehalten werden: Je eigenständiger die Mitarbeiter ihre Arbeitsabläufe gestalten können, desto bessere Ergebnisse sind – bei entsprechender vorheriger Qualifizierung und prozessorientierter Steuerung – von einer Fertigungseinheit zu erwarten.

Der zweite übliche Klassifikationsansatz von Fertigungsverfahren kann ebenfalls als objektorientiert gekennzeichnet werden. Er bezieht sich auf die herzustellenden Produkte, wobei aber die dafür notwendigen Betriebsmittel weitgehend außerhalb der Betrachtung bleiben. Im Rahmen der **Unterscheidung nach Art und Anzahl der hergestellten Produkte** (rechter Teil der Abb. F-III-11) stellt der Wiederholungsgrad von Fertigungsprozessen und damit die Auflagenhöhe der (Teil-)Produkte das wesentliche Gliederungskriterium dar.

- Das hierzu gegebene Kontinuum beginnt bei der **Einzelfertigung**. Bei diesem Fertigungstyp wird jedes Produkt individuell nach den Anforderungen des Abnehmers/ Kunden hergestellt. Die Stückzahl beträgt demnach 1, zu einer Wiederholung des gleichen Produktionsprozesses kommt es i.d.R. nicht; dementsprechend liegt der Einzelfertigung auch kein standardisiertes Produktionsprogramm zu Grunde.

Eine einzelgefertigte Marktleistung setzt also einen konkreten Kundenauftrag voraus; deshalb ist auch die Bezeichnung **Auftragsfertigung** üblich. Sie ist häufig im handwerklichen Bereich anzutreffen (maßgefertigte Kleidung und Schuhe oder unser Sonder-Jeep-Beispiel in E.III.). Im Industriebereich ist die Einzelfertigung vor allem für die Baubranche (Hoch-, Tief- und Brückenbau) sowie für spezielle Investitionsgüter (z.B. Schiffe, Spezialmaschinen) und den Großanlagenbau typisch. Dass es in diesen Fällen zu einem Customizing in Reinform kommt, ist in den ganz speziellen Anwendungszwecken sowie der damit verbundenen großen Investitionshöhe begründet.

- Das definitorische Gegenstück zur Einzelfertigung ist die **Mehrfachfertigung**. Damit werden alle Fertigungsverfahren bezeichnet, bei denen eine größere Anzahl identischer Produkte entsteht. In einer näheren Unterscheidung sind hierbei Serien- und Massenfertigung voneinander abzugrenzen:

  - Wie aus dem Begriff zu erschließen ist, werden bei der **Serienfertigung** eine Reihe von Produkten hintereinander produziert, um dann – ggf. nach einer Produktionsumstellung – eine neue Serie von Erzeugnissen herzustellen. Mit Bezug auf die Endprodukte, deren Einsatzgüter und die erforderlichen Produktionswechsel lassen sich hierbei weitere Untergruppen bilden:

    * Im Rahmen einer **reinen Serienfertigung** werden in den einzelnen Produktionsgängen deutlich voneinander verschiedene Erzeugnisse hergestellt. Dies macht i.d.R. größere Produktionsumstellungen bei einem Wechsel der Serie erforderlich, und hierbei ist auch eine Variation bei den eingesetzten Betriebsmitteln möglich. Je nach den Produktanforderungen kann sich die reine Serienfertigung also auf die gleiche oder eine veränderte Maschinen- und Anlagenstruktur beziehen. Ihr Anwendungsgebiet umfasst vor allem technisch anspruchsvolle und damit differenzierte Produktionsprozesse erfordernde Gebrauchsgüter. Als typische Beispiele sind Möbel, Haushaltselektrogeräte (sog. „weiße Ware"), Geräte der Unterhaltungselektronik (sog. „braune Ware") oder Kraftfahrzeuge zu nennen. Nach der Auflagenhöhe kann zusätzlich in Klein-, Mittel- und Großserienfertigung unterschieden werden.
    * Auch bei der **Sortenfertigung** werden in einem Produktionsgang gleiche Erzeugnisse gefertigt. Von einer Sorte zur anderen gibt es hierbei allerdings nur geringe, lediglich auf einige Produktparameter bezogene Unterschiede. Die Herstellung erfolgt aus den gleichen oder verwandten Ausgangsstoffen; bei einem Sortenwechsel sind i.d.R. nur kleinere Umstellungen im Produktionsprozess nötig. Dieser ist also von vornherein darauf ausgerichtet, mehrere Erzeugnissorten im Wechsel produzieren zu können. Die Sortenfertigung ist charakteristisch für die Herstellung von Verbrauchsgütern; als Beispiele können die Herstellung von Zucker, Mehl oder Bier in der Nahrungsmittelindustrie sowie die Erzeugung verschiedener Blechsorten in der Stahlindustrie angeführt werden.
    * Die **Chargen- oder Partiefertigung** stellt insofern einen Sonderfall dar, weil die im Ergebnis leicht unterschiedlichen Produkte daraus resultieren, dass die Produktionsbedingungen nicht vollkommen konstant gehal-

ten werden können. Eine bestimmte, durch die Kapazität der Produktionsanlage begrenzte Menge an Einsatzfaktoren wird einem Fertigungsprozess unterzogen, wobei die als Charge oder Partie bezeichnete Erzeugnismenge gegenüber artgleichen früheren oder späteren Durchläufen anders ausfallen kann. Beispiele hierfür sind die Herstellung von Stahl, Arzneimitteln, Wolle oder Kaffee. Als mengenmäßige Begrenzung für einen in sich ergebnisgleichen Produktionsgang wirken dabei der Hochofen im Fall der Stahlerzeugung, die Produktionsanlage bei Arzneimitteln, die Größe der Tauchanlage für das Färben von Wolle bzw. der Röstkessel in der Kaffeeherstellung.

- Die ebenfalls aus der Bezeichnung zu erschließende **Massenfertigung** ist darauf angelegt, eines oder mehrere Produkte (einfache gegenüber mehrfache Massenfertigung) in sehr großen Stückzahlen kontinuierlich über einen langen Zeitraum herzustellen. Ein Wechsel im Produktionsprozess ist dabei mittelfristig nicht vorgesehen, bei ununterbrochenen Wiederholungen ist dessen Ende vorerst nicht absehbar. Massenproduktion ist beispielsweise typisch für die Strom- oder die Baustoffindustrie (Backsteine, Zement etc.) sowie für „Million Sellers" der Konsumgüterindustrie (Zigaretten, Papiertaschentücher, Getränkekartons etc.)
  In technischer Hinsicht einheitlich, können in Massenfertigung hergestellte Güter dennoch eine ökonomische Differenzierung erfahren. Diese erfolgt dann über den Preis. So kann beispielsweise Strom in Abhängigkeit vom Tageszeitraum des Verbrauchs zu unterschiedlichen Konditionen angeboten werden. Den Hintergrund hierfür bildet eine beabsichtigte Glättung von Auslastungsspitzen in den Kraftwerken und Leitungssystemen. Wenn in Folge einer solchen Preis- und Kapazitätspolitik also Tagstrom teurer ist als Nachtstrom, dann wird hierdurch ein homogenes Produkt in zwei ökonomisch verschiedene Arten aufgeteilt. Bei massengefertigten Erzeugnissen sind wegen der weitgehend fehlenden produktbezogenen Differenzierungsmöglichkeiten derartige Segmentierungen über die Verwendungszeiten und -situationen oder über die Abnehmermerkmale (im Strombeispiel industrielle Großkunden mit hohem Verbrauch gegenüber der mittelständischen Wirtschaft oder privaten Haushalten) häufiger anzutreffen als bei den anderen Fertigungstypen. Herstellungsbezogen ist beispielsweise eine Unterscheidung zwischen traditionell oder aus erneuerbaren Energien erzeugtem Strom (Ökostrom) möglich.

Zu den idealtypisch abgegrenzten Verfahren der Mehrfachfertigung können im konkreten Fall **Schwierigkeiten bei der Einordnung** vorliegen. So ist z.B. keine völlig trennscharfe Abgrenzung zwischen der Sorten- und der Serienfertigung gegeben. Hiermit wird die Auffassungsfrage angesprochen, bei welcher Produktähnlichkeit noch von Sorten und nicht bereits von Serien zu sprechen ist. Auch in der anderen Richtung, also von der Sorten- zur Massenfertigung, ist ein Unschärfebereich vorhanden. Mit den beispielhaft angeführten Grundstoffen für die Bauindustrie (unterschiedliche Backstein- oder Zementsorten), aber auch den Zigaretten (Full Flavour, Medium, Lights etc. respektive den mittlerweile nur noch erlaubten „unverfänglichen" Bezeichnungen Red, Silver, Blue usw.) wird deutlich, dass hier durchaus beide Bezeichnung zutreffen können. Soweit sich die Einordnung als Massenfertigung demnach nur an der einheiten- und produktionszeitbezogenen Festlegung ihrer Klassengrenzen festmacht, können diese allerdings nicht industrieweit einheitlich angegeben werden. Damit zeigt sich wiederum der Spielraum in der Bezeichnung von Verfahren der Mehrfachfertigung.

Auf der Basis der Produktionsprogrammplanung sind durch die Bereitstellungsplanung zunächst hierauf bezogene Umsetzungsvorbereitungen getroffen worden, welche es jetzt noch weiter zu detaillieren gilt. Dies bildet den Gegenstand der **Ablaufplanung** als zweiten Teilbereich der Produktionsdurchführungsplanung (siehe Abb. F-III-9). In deren Mittelpunkt steht die aus sachlicher und zeitlicher Sicht **konkrete Steuerung der Leistungserstellungsprozesse** im Unternehmen.

### Modelle der Produktionsanpassung

Die Darstellungen zur operativen und damit überwiegend kurzfristig ausgerichteten Ablaufplanung leiten wir mit einer eher grundsätzlichen Betrachtung ein, welche die **generelle Abstimmung von Produktion und Absatz** zum Inhalt hat. In der Literatur teilweise bei der Programmplanung behandelt, stellen wir diesen Punkt wegen seines Zeitbezuges im Zusammenhang mit der Ablaufplanung von Produktionsprozessen vor.

Die Notwendigkeit, Produktion und Absatz zeitlich aufeinander abzustimmen, stellt sich prinzipiell immer dann, wenn für den Absatzmarkt produziert wird, ohne dass die Abnehmerbeziehungen und damit die Absatzzahlen im Voraus genau festgelegt werden können. Davon sind also insbesondere in Mehrfachfertigung erstellte Marktleistungen betroffen, während sich bei der auftragsbezogenen Einzelfertigung das Problem etwas verlagert darstellt. An die Stelle der Frage, wie Produktion und Absatz bezogen auf ein bestimmtes Produktprogramm in Einklang gebracht werden können, tritt bei der Auftragsfertigung das Problem, wie zur Ausführung von speziellen Kundenaufträgen vorgehaltene Kapazitäten ausgelastet werden können.

Soweit es sich um die Erstellung von Leistungen für anonyme (Massen-)Märkte handelt, sind bei der allgemeinen Entscheidung über die Angleichung produzierter und abgesetzter Erzeugnismengen neben den verfügbaren Möglichkeiten der **Kapazitätsanpassung** vor allem die mit einer eventuellen Lagerung von Zwischen- oder Fertigprodukten verbundenen Kosten (Lager- und Zins-/ Kapitalbindungskosten; siehe hierzu F.III.3.) zu berücksichtigen. Für die zeitliche Abstimmung zwischen Produktion und Absatz können zwei Fallgruppen unterschieden werden (hierzu Abbildung F-III-12):

Die erste Konstellation bezieht sich auf einen **kontinuierlichen Verlauf von Absatz und Produktion**. Die Harmonisierung der beiden Prozessphasen stellt sich hierbei als einfach und unproblematisch dar. Sie brauchen lediglich parallel geführt zu werden, und das kann sich – wie mit den beiden Grafiken veranschaulicht – auf ein gleichbleibendes oder auch auf ein stetig ansteigendes Niveau beziehen.

Bei diesen synchronen und zeitstabilen Prozessabläufen von Absatz und Produktion kann die **Lagerhaltung** von Fertigwaren auf die **Sicherungsfunktion** und damit das Vorrätighalten eines eisernen Bestandes beschränkt werden. Im Bild ist dies dadurch angedeutet, dass die Produktion (durchgezogene Linie) und der Absatz (gestrichelte Linie) auf einem grundsätzlich gleichen Niveau liegen.

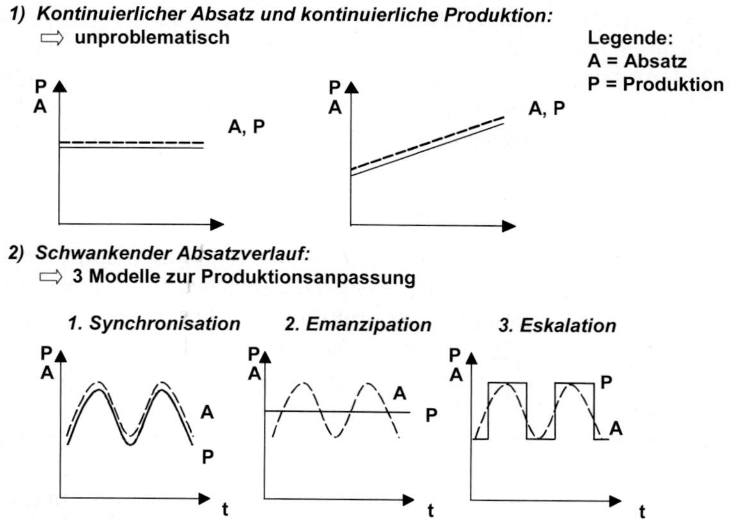


| | 1. Synchronisation | 2. Emanzipation | 3. Eskalation |
|---|---|---|---|
| *Kapazitätsauslastung (Maschinen):* | • Schwankt, Anpassungen der Intensitäten | • Konstante Nutzung | • Schwankt in Sprüngen, Anpassung der Quantitäten |
| *Beschäftigung (Personal):* | • Schwankt, flexible Anpassung erforderlich | • Konstant | • Schwankt in Sprüngen, periodischer Mehrbedarf |
| *Ausgangslager (Kosten):* | • Konstant/ gering | • Schwankend/ hoch | • Weniger schwankend/ mittlere Kosten |
| *Bewertung: Sinnvoll bei ...* | ... Hochpreisigen Rohstoffen und Gütern (Kap.bindung)<br>... Verderblichen Waren<br>... Modischen Produkten<br>... Hohem technologischen Fortschritt u./o. Preisverfall | ... Produkten mit weniger häufigen und kurzen Schwankungen | ... Produkten mit absehbaren und zyklischen Schwankungen<br>... der Vorbereitung von Verfahrensinnovationen |

**Abb. F-III-12:** Zeitliche Abstimmung zwischen Produktion und Absatz

Die gleichlaufenden Prozesse bieten auch gute Voraussetzungen dafür, weitgehend auf Zwischenläger in den einzelnen Wertschöpfungsabschnitten zu verzichten. Bei der großen Vorhersehbarkeit können die Produktionsprozesse gut aufeinander abgestimmt werden, so dass es im Idealfall keine Schnittstellen mit asynchronen Verläufen gibt. Damit ist das Ziel erreichbar, alle Produktkomponenten sukzessiv zu fertigen und kontinuierlich zu den Endprodukten zusammenzufügen.

Diese Situation ist in der Realität allerdings nur selten vorzufinden. Der **Idealzustand beständig paralleler Prozesse** ist, insbesondere von der externen und damit der absatzmarktbezogenen Seite her gesehen, **kaum zu erreichen**. Hier kommt es immer wieder zu saisonalen und/ oder zu konjunkturellen Schwankungen, aufgrund derer sich die Frage nach einer problemgerechten Anpassung der Produktion stellt.

Bezogen auf **schwankende Absatzverläufe** als die zweite in Abbildung F-III-12 dargestellte Konstellation ist zunächst kurz auf die Frage der Anpassungsrichtung einzugehen. Die Antwort hierzu liegt auf der Hand: Zeitraumbezogen unterschiedliche Absatzverläufe sind ein typisches Kennzeichen von Käufermärkten, bei denen die Abnehmer die Angebots- und Nachfragesituation dominieren. Ist eine solche Marktsituation erreicht, das vorhergehende Stadium der verkäufermarkttypischen Mangelwirtschaft also überwunden, dann stellt sich regelmäßig der Absatzsektor als Engpassfaktor einer unternehmerischen Betätigung dar (siehe dazu F.II.2.a.). Von dieser Richtung gehen jetzt die bestimmenden Einflüsse aus, denen sich die vorgelagerten Wertschöpfungsprozesse und -phasen unterzuordnen haben. Deshalb steht also der Absatzverlauf im Rang einer Vorgabe, zu der sich die Frage nach einer adäquaten Produktionsanpassung stellt.

Für einen zyklisch schwankenden Absatzverlauf können **drei grundsätzliche Modelle der Produktionsanpassung** unterschieden werden. In Abbildung F-III-12 sind diese grafisch visualisiert und durch Ausprägungen zu wesentlichen Merkmalen sowie eine knappe Bewertung ergänzt. Als Kurzkennzeichnung ist zunächst festzuhalten, dass es beim Synchronisationsmodell zu einer unmittelbaren Produktionsanpassung kommt, bei der Emanzipation die Produktion mit gleicher Auslastung gefahren wird und im Fall der Eskalation die Produktion in Sprüngen angepasst wird.

- Wenn beim **Modell der Synchronisation** eine direkte Angleichung der Produktion an den zyklisch schwankenden Absatzverlauf vorgenommen wird, dann ergibt sich – wie im Bild dargestellt – eine weitgehende Identität der mengenbezogenen Kurven von Produktion und Absatz. Als produktionsseitige Voraussetzung muss dem zunächst einmal die Möglichkeit einer schwankenden Auslastung der Betriebsmittel zu Grunde liegen. Hierzu ist weiter zu berücksichtigen, dass eine exakte Angleichung an den Absatzverlauf häufig die eingangs dieses Abschnittes erläuterte kostenintensive Art der intensitätsmäßigen Anpassung erfordert. In jedem Fall wird die zeitliche Nutzung der Maschinen und Anlagen zu variieren sein, die Beschäftigung in der Produktion ist also im Rahmen der Absatzzyklen variabel zu gestalten. Dies kann sich in der Praxis – zumindest auf kleine Intervalle bezogen – als durchaus schwierig erweisen, und so kann ein präziser Gleichlauf von Produktion und Absatz nur über die zusätz-

liche Intensitätsanpassung erreicht werden. Der Vorteil und damit der positive Aspekt einer absatzgerichteten Synchronisation der Leistungserstellung liegt in den geringen und dabei auch relativ konstanten Kosten der Lagerhaltung von Fertigwaren. Wie bei der eingangs skizzierten Konstellation ist lediglich ein geringer Sicherheitsbestand notwendig, so dass die Absatz- und die Produktionskurve annähernd deckungsgleich sind.
Bei welchen **Produktarten** ist die Anwendung des Synchronisationsmodells zweckmäßig bzw. erforderlich?

- Als Antwort auf diese Frage sind im unteren Teil der Abbildung F-III-12 zunächst **hochpreisige Rohstoffe und Güter** genannt. Die Begründung dafür, bei solchen Einsatzfaktoren und Produkten nach dem Synchronisationsmodell zu verfahren, liegt in der Vermeidung einer hohen, durch das Lagern von Fertigwaren bedingten Kapitalbindung.
- Des Weiteren kann sich die Notwendigkeit der Synchronisation aus dem produktbezogenen Grund einer nur geringen Lagerfähigkeit ergeben. So ist die unmittelbare Abstimmung von Produktion und Absatz vor allem bei schnell **verderblichen Waren** im Lebensmittelsektor (z.B. Frischmilch-, -fleisch- und -wurstprodukte) unumgänglich, da hier praktisch keine Lagerzeiten vorgesehen werden können.

Schließlich ist das Synchronisationsmodell auch dann zu wählen, wenn der **Absatzverlauf** nicht hinreichend genau prognostiziert werden kann:

- Dies gilt zum einen für **modische Produkte**. Die mit einer längeren Lagerhaltung verbundene Abkoppelung der Produktion vom Absatzzyklus kann nicht in Frage kommen, wenn die Produkte sehr schnell unmodern werden. Ihre Absatzmöglichkeiten gingen damit drastisch zurück, und dies hätte unmittelbar starke Wirkungen auf die noch realisierbaren Verkaufspreise.
  Eine enge Synchronisation von Produktion und Absatz wird im Modebereich beispielsweise von BENETTON durchgeführt. Der italienische Hersteller sportlich-trendiger Bekleidung beliefert seine weltweiten Verkaufsstätten (über 5.000 Shops in 120 Ländern) zu Beginn einer Saison zunächst mit jeweils relativ kleinen Stückzahlen eines Produktsortiments in unterschiedlichen, aktuell im Produktionsprogramm vorgesehenen Farben. Im Anschluss daran wird die weitere Produktion vorwiegend auf die besonders stark nachgefragten Modefarben ausgerichtet. Hierfür ist das Einfärben vorgefertigter Kleidungsstücke als letzter Produktionsschritt eingeplant. In Abhängigkeit von der spezifischen Kundennachfrage in den Filialen werden die einzelnen Modelle also erst dann in diesen gut laufenden Farben endgefertigt.
- Nicht eindeutig bestimmbare Absatzverläufe sind zum anderen für Produkte typisch, welche in hohem Maße dem **technologischen Fortschritt** und damit einem hierdurch bewirkten **Preisverfall** unterliegen. Dabei können die erzielbaren Verkaufspreise auch durch den Markteintritt von Konkurrenzprodukten abrutschen, die auf einer neuen Technologie beruhen und das eigene Produktprogramm weitgehend substituieren (Technologiesprung, z.B.

DVD-Player gegenüber Video-Recorder; siehe hierzu auch F.III.1.). In Abbildung F-III-12 ist in der Bewertungsspalte zum Synchronisationsmodell deshalb „Hoher technologischer Fortschritt und/ oder Preisverfall" eingetragen.

Einem fortlaufenden, durch ständige technologische Weiterentwicklungen induzierten Preisverfall sind beispielsweise **Personal Computer** ausgesetzt. Maßgeblich eingeleitet durch die amerikanische DELL COMPUTER CORPORATION, sind hier mittlerweile bei allen PC-Herstellern die bereits als Beispiel zur Modularisierung des Produktionsprogramms angeführten **Built-to-Order-Prozesse** üblich. Das Produkt wird hierbei erst in Abhängigkeit von der Bestellung und somit der kundenspezifischen Konfiguration eines PCs innerhalb von wenigen Tagen zusammengeschraubt und an den Kunden ausgeliefert. Diese enge Synchronisation von Produktion und Absatz wird dabei auch werblich herausgestellt: So hatte z.B. der taiwanesische PC-Hersteller ACER in seiner Printwerbung frische Forellen als Blickfang verwendet. Die Botschaft soll folglich sein, dass ein PC genauso „frisch" sein muss wie ein Fisch, also immer auf dem jeweils modernsten technologischen Stand.

Bei den Argumentationen zur Vornahme einer Synchronisation von Produktion und Absatz wegen Unsicherheiten zum Absatzverlauf wird eine Übertragung zum vorher genannten Anwendungsfall verderblicher Waren deutlich: So besteht sowohl bei modischen als auch bei technologisch überholten Produkten die Gefahr darin, dass ihre Nachfrage unvermittelt abnimmt und hierdurch zuviel oder auf Vorrat produzierte Güter zu Ladenhütern werden. Dabei kann der wegen einer fehlenden Nachfrage eintretende Preisverfall als Ausdruck ihrer „ökonomischen Verderblichkeit" angesehen werden.

- Den Gegensatz zum Synchronisationsmodell bildet die als **Emanzipation** bezeichnete Vorgehensweise. Dem schwankenden Absatzverlauf steht hierbei eine Produktion auf konstantem, gleichbleibendem Niveau gegenüber. Mit der Verwendung des Begriffs der Emanzipation wird ausgedrückt, dass Produktion und Absatz in diesem Modell vollständig voneinander entkoppelt bzw. losgelöst sind. Die Abstimmung ist in diesem Fall lediglich darauf bezogen, dass die Produktionskapazität an den längerfristigen Mittelwert des Produktabsatzes angepasst sein muss.

  Verglichen mit der Synchronisation stellt die gleichmäßige Auslastung der Fertigungsanlagen einen klaren Vorteil des Emanzipationsmodells dar; die Maschinen können im Bereich ihrer optimalen Intensität kontinuierlich produzieren. Entsprechendes gilt auch für den personalen Aspekt der Beschäftigung, die gleichbleibende Fertigung kann für den Planungszeitraum mit einem konstanten Mitarbeiterstamm durchgeführt werden. Da keine zeitlichen Anpassungsprozesse vorgesehen sind, stellt sich auch nicht die eventuelle Erfordernis des kurzfristigen Anlernens oder Umqualifizierens von (neuen) Beschäftigten.

  Diesen Vorteilen steht allerdings der Nachteil einer deutlich größeren und notwendigerweise variablen Lagerhaltung beim Emanzipationsmodell entgegen. Hierdurch ist die Differenz der Produktion zum schwankenden Absatzverlauf über die Zeit auszugleichen. Die damit verbundenen, temporär großen Lagerbestände führen zu hohen Lagerhaltungskosten (siehe hierzu F.III.3.), welche die bei der konstanten Auslastung günstigen Fertigungsstückkosten schnell überkompensieren können. Dem entsprechend ist die Emanzipation von Produktion und Absatz nur dann als zweckmäßig zu bewerten, wenn Häufigkeit und Dauer der Schwankungen im Absatzverlauf relativ begrenzt sind. Alles in allem ist – wie ausgeführt – darauf zu achten, dass die Produktionskapazität und die zwischenzeitlich erforderlichen Spitzen in der Lagerbildung möglichst gut aufeinander abgestimmt werden.

- Beim dritten Modell wird die Produktion in einzelnen auf- oder abwärtsgerichteten Sprüngen an die Schwankungen im Absatzverlauf angepasst. Wegen dieser stufenweise erfolgenden Angleichung wird hierfür der Begriff der **Eskalation** gebraucht. Zwischen zwei Produktionsanpassungen wird deren Kapazität konstant gehalten, und so stellt sich das Eskalationsmodell als eine Kombination aus den zuvor beschriebenen Verfahren der Synchronisation und der Emanzipation dar. Im Bild ergibt sich – wie in Abbildung F-III-12 dargestellt – ein „zinnenförmiger" Produktionsverlauf, welcher die zyklische Absatzkurve umhüllt.

  Für die Produktionskapazitäten und deren Auslastung ist beim Eskalationsmodell also von Schwankungen in Sprüngen auszugehen. Wenn demnach die in der Fertigung eingesetzten und arbeitenden Maschinen nach den jeweiligen Absatzzyklen in ihrer Anzahl variiert werden, dann liegt der zur Theorie der Anpassungsprozesse beschriebene Fall der quantitativen Anpassung vor. Deren kostenmäßige Effekte sind auf den Einzelfall bezogen zu ermitteln. Unter Beachtung eventueller Leerkosten sind dabei die Kostenwirkungen von Produktionsanpassungen insbesondere auch auf die Länge der Variationszeit zu beziehen, um die Abstimmungsentscheidung auf einer aussagefähigen Grundlage treffen zu können.

  Wenn die Anzahl der Fertigungsanlagen zeitweise vermehrt oder vermindert wird, dann sind ebenfalls entsprechend mehr oder weniger Mitarbeiter zu deren Bedienung erforderlich. Die Beschäftigung schwankt daher gleichermaßen in Sprüngen. Hierbei sind einerseits immer wieder periodische Mehrbedarfe zu decken, während die Rückführung der Produktionskapazität andererseits mit Personalfreisetzungen verbunden sein kann, wenn zwischenzeitlich keine anderen Tätigkeiten möglich sind. Sofern ein Unternehmen nicht über flexible Arbeitszeitmodelle oder zumindest ein Reservoir vorübergehend einsatzbereiter Teilzeitmitarbeiter/ qualifizierter Leiharbeiter verfügt, kann damit die Personalbereitstellung erheblichen Schwierigkeiten ausgesetzt sein.

  Während die kapazitätsmäßigen und die personalbezogenen Effekte im Eskalationsmodell situationsbezogen abzuschätzen sind, lassen sich dessen Auswirkungen auf die Ausgangslagerung eindeutiger beurteilen. Durch die zinnenförmige Anpassung der Produktion an zyklische Absatzverläufe können die **Schwankungen im Fertigwarenlager in Grenzen gehalten** werden. Im Vergleich zum Emanzipationsmodell fallen die Lagerhaltungskosten niedriger aus. Zwar wird die absolut günstige Position des Synchronisationsmodells nicht erreicht, im Gegensatz zur Emanzipation brauchen bei der Eskalation durch die

temporären Produktionsanpassungen allerdings die Nachfragespitzen nicht komplett über das Vorhalten von Lagerbeständen abgedeckt zu werden.
Aus den vorstehenden Charakterisierungen ist die Schlussfolgerung zu ziehen, dass die Gesamtbewertung für ein Vorgehen nach dem Eskalationsmodell davon abhängt, mit welcher zeitlichen Dauer Absatzschwankungen beim Produktprogramm auftreten und für welche Zeiträume dann jeweils Anpassungen der Produktion notwendig sind. Je größer diese Schwankungsintervalle und damit die Anpassungszeiträume sind, desto positiver ist die Situation zu werten. Für **Schwankungen über längere Zeiträume** können daher Anpassungsmaßnahmen nach dem Prinzip der Eskalation betriebswirtschaftlich zweckmäßig sein.
Dies gilt vor allem dann, wenn die Kapazitätsanpassungen zugleich so gestaltet werden, dass hiermit ein **technischer Fortschritt bei den Betriebsmitteln** realisiert werden kann. Damit verbunden ist, dass Maschinen und Anlagen über die Zeit einer geringeren Auslastung nicht nur stillgelegt werden, um zu einem späteren Zeitpunkt wieder in Betrieb zu gehen. Da eine Maschine dann technologisch bereits überholt sein kann, ist es vielmehr sinnvoll, dass der Maschinenpark in seiner Anzahl durch Verkäufe reduziert und im neuen Bedarfsfall durch Investitionen entsprechend aufgestockt wird. Auf diese Weise können die Fertigungsanlagen auf einem dauerhaft hohen Effizienzniveau gehalten werden, und zusätzlich wird das für quantitative Anpassungsprozesse typische Leerkostenproblem umgangen.

Bei der Vorstellung der drei Modelle einer Abstimmung der Produktion auf schwankende Absatzverläufe ist abschließend noch darauf hinzuweisen, dass die Entscheidung über das Vorgehen nach einem dieser Verfahren und somit über das Verändern oder Konstanthalten der Produktionskapazität stark **von der Qualität der Absatzprognosen** abhängt. Da derartige Abschätzungen immer mit einem Risiko des Irrtums behaftet sind, können Fehlprognosen auf der Absatzseite bewirken, dass die aufgestellten Planungsrechnungen für den Produktionsbereich auf einer unrealistischen Grundlage basieren und deswegen das anvisierte Ergebnis (Synchronisation, Emanzipation, Eskalation mit/ gegenüber dem Absatz) nicht bzw. nur unzureichend erreicht wird.

Mit den Entscheidungen zur grundsätzlichen Anpassung von Produktion und Absatz werden längerfristige Festlegungen zum Ablauf der Produktions- sowie der Lagerprozesse getroffen. Die weiteren, mit der Abbildung F-III-9 eingeführten Bereiche der Ablaufplanung haben dagegen die **kurzfristig-aktuelle Steuerung der Produktionsprozesse** zum Inhalt:

- Die **Auftragsgrößenplanung** bezieht sich auf die betriebswirtschaftliche Entscheidung, in welcher Auflagenhöhe und in welchem Wechsel unterschiedliche Serien oder Sorten eines Produktionsprogramms zu fertigen sind. Wie bei der zur Abbildung F-III-11 erfolgten Darstellung der Serien- und Sortenfertigung bereits deutlich wurde, sind Produktionswechsel bei diesen Fertigungsverfahren mit Umrüstungskosten verbunden. Hieraus kann aber nicht direkt gefolgert werden, dass deren weitgehende Vermeidung durch die Produktion großer Anteile oder auch der kompletten Absatzmenge pro Serie/ Sorte und Periode in einem Fertigungsgang kostengünstiger wäre. Denn bei einer geringeren Anzahl von Fertigungsumstellungen würden niedrigere Produktionsstückkosten höheren Lagerhaltungskosten für die Fertigwaren entgegenstehen. Wäre beispielsweise pro Produktserie oder -sorte nur ein Fertigungszeitraum vorgesehen, dann müsste hierbei die gesamte Planmenge produziert werden, während der Abverkauf dann erst nach und nach aus dem Fertigwarenlager stattfinden würde.

Damit zeigt sich, dass die Produktionswechsel bei Serien- und Sortenfertigung nicht allein als technische Entscheidungstatbestände qualifiziert werden können. Wegen der unterschiedlichen Dimensionen ihrer Kostenwirkungen (Produktions- und Rüstkosten versus Lager- und Zinskosten) ist hierüber vielmehr in erster Linie aus einer ökonomischen Perspektive zu befinden. In Umsetzung des betriebswirtschaftlichen Ergiebigkeitspostulats (siehe hierzu A.I.3. und A.II.1.) sind die einzelnen Auftragsgrößen so festzulegen, dass das vorgesehene Produktionsprogramm kostenminimal gefertigt werden kann. Auf das hiermit kurz umrissene Problem der Ermittlung Optimaler Losgrößen kommen wir bei den ausgewählten Entscheidungssituationen – der abschließenden Überblicksrubrik zur Produktion als direktem Wertschöpfungsprozess – noch zurück.

- Die nachfolgenden Schritte der Produktionsablaufplanung stehen mit der Auftragsgrößenplanung in einer engen und ggf. zu einem wiederholten Planungsdurchlauf führenden Verbindung. So ist es die Aufgabe der **Durchlaufterminierung**, für jeden Produktionsauftrag eine auf die einzelnen Arbeitsgänge und Fertigungsstellen bezogene Planung der Bearbeitungszeiten vorzunehmen. Dieser Planungsschritt wird mit dem generellen Anspruch einer Minimierung der Durchlaufzeiten durchgeführt, wobei in der kurzfristigen Sicht von gegebenen Betriebsmittel- und Personalkapazitäten auszugehen ist. In einer wechselseitigen Abstimmung sind die Anfangs- und Endtermine der verschiedenen Fertigungsaufträge – mithin auch der ggf. losgrößenbezogenen Produktion von Produktserien oder -sorten – abzuleiten. Die Ablaufplanung der Produktionsprozesse erfährt hierdurch eine erste, auf den groben Terminrahmen bezogene Konkretisierung.
- Während im Zuge der Durchlaufterminierung also die zeitliche Harmonisierung der Fertigungsaufträge im Vordergrund steht, wird mit der **Kapazitätsplanung** ein anderer Blickwinkel eingenommen: Beim Entscheidungsproblem der Produktionsdurchführung geht es jetzt um die gesonderte (Nach-)Prüfung, ob der gegebene Betriebsmittelbestand bei der vorgenommenen Durchlaufplanung annähernd gleichmäßig und seiner Normalleistung entsprechend ausgelastet wird. Andernfalls ist hierbei zu ermitteln, bei welchen Produktionsstufen es Unter- oder Überbeanspruchungen gibt.

  Hierzu ist für den jeweiligen Planungsabschnitt (Monat, Woche oder auch Tag) die **Inanspruchnahme der einzelnen Maschinen und Anlagen** in den unterschiedlichen Fertigungsstellen durch die verschiedenen Produktionsaufträge zu ermitteln. Wenn also bei der Durchlaufterminierung die Fertigungsaufträge nach ihrer Bearbeitungsdauer in Zeitbändern gestapelt werden, dann erfolgen mit der Kapazitätsplanung aggregatbezogene vertikale Schnitte durch diese vorgedachte Anordnung der Produktionsabfolge. Bei differenzierten Produktionsprogrammen und mehrstufigen Fertigungsprozessen wird sich in aller Regel als Ergebnis zeigen, dass einerseits partielle Kapazitätsengpässe auftreten, während andererseits Maschinen nur mäßig ausgelastet sind. Mit den im Rahmen der produktionsbezogenen Grundzusammenhänge vorgestellten Alternativen aus der Theorie betrieblicher Anpassungsprozesse (zeitliche, quantitative, selektive und intensitätsmäßige Anpassung) kann daraufhin das Ziel maschinenspezifischer Glättungen der Kapazitätsauslastung verfolgt werden. Gelingt dies in der kurzfristigen Betrachtung nicht, dann ist darüber zu entscheiden, ob zu einer Aufrechterhaltung der Produktionsprogrammplanung Fertigungsaufträge eventuell fremd – also an andere Unternehmen als so genannte „verlängerte Werkbänke“ – zu vergeben sind.

Mit der Notwendigkeit einer gegenseitigen Koordination von fertigungsstellenrespektive maschinenbezogener Durchlaufterminierung und Kapazitätsauslastung zeigt sich das so genannte **Dilemma der Ablaufplanung**. Dieses besteht darin, dass die auf eine weitgehende Vermeidung ablaufbedingter Stillstandszeiten und somit eine Reduzierung von Kosten der Zwischenlagerung ausgerichtete Terminierung der Fertigungsaufträge nicht notwendigerweise zu einer insgesamt optimalen Kapazitätsauslastung führt. Bei komplexen Fertigungsstrukturen werden sich hier immer wieder einzelne Fertigungsstellen oder Aggregate als Nadelöhre respektive begrenzende Faktoren herausstellen, so dass die Planungen – von dieser Engpass-Seite ausgehend – einer erneuten Modifikation bedürfen. Als Einordnung dieser mehrstufigen Abstimmung ist festzuhalten, dass hiermit dem allgemeinen betriebswirtschaftlichen „Ausgleichsgesetz der Planung“, welches eine Anpassung auf den Minimumsektor fordert (siehe hierzu F.II.2.a.), innerhalb des Produktionsbereichs Rechnung getragen wird.

- Im Anschluss respektive in einer detaillierenden Weiterführung der Koordination von Durchlaufzeiten und Fertigungskapazitäten kann die **Terminfeinplanung der Produktionsprozesse** vorgenommen werden. Als Reihenfolge-/ Maschinenbelegungsplanung bezeichnet, kommt es nun zur definitiven Zuordnung der jeweiligen Arbeitsschritte von Fertigungsaufträgen auf die einzelnen Produktionsanlagen. Dabei sind mit den verwendeten Begriffen zwei alternative Sichtweisen auf dieser abschließenden Stufe der Produktionsablaufplanung verbunden: Mit der **Reihenfolgeplanung** werden die Festlegungen dazu getroffen, in welcher zeitlichen Abfolge ein Produktionsauftrag unterschiedliche Aggregate durchläuft. Umgekehrt geht es bei der **Maschinenbelegungsplanung** darum, in welchen Zeitfolgen auf den einzelnen Fertigungsmaschinen unterschiedliche Aufträge bearbeitet werden.

  Wenn als Organisationstyp der Fertigung die Fließ(band-)fertigung gewählt wurde, dann ist dadurch bereits ein relativ enger Rahmen für die Reihenfolge-/ Maschinenbelegungsplanung vorgegeben. Diese ist dann vor allem auf eine zeit- und arbeitsplatzbezogene Optimierung ausgerichtet. In zeitlicher Hinsicht ist hierbei insbesondere die Taktzeit als Abstand zwischen zwei Fließbandbewegungen festzulegen; diese determiniert damit zugleich die Geschwindigkeit, mit der die Wertschöpfung in den einzelnen Fertigungsphasen zu erbringen ist. Es liegt auf der Hand, dass die Taktzeit so bestimmt werden muss, dass die geforderte hohe Qualität und Fehlerfreiheit der Produkte möglich ist. Dies gilt in Bezug auf die zu verarbeitenden Werkstoffe, aber auch im Hinblick auf die Bearbeitung der Produkte beispielsweise mit unterschiedlichen Werkzeugen in einer automatisierten Fertigung. Nicht zuletzt ist eine qualitätsgerechte Taktzeit auch bezogen auf die Wertschöpfungsaktivitäten der Mitarbeiter im Produktionsprozess von großer Wichtigkeit. Ein klassisch-filmisches Negativbeispiel zu diesen Anforderungen bieten die „Modernen Zeiten" von CHARLIE CHAPLIN („Modern Times", einer der letzten Stummfilme aus dem Jahre 1936): Hier wird ganz plakativ gezeigt, was passiert, wenn bei einer zu hohen Taktzeit Mitarbeiter in der Fließproduktion ihre Aktivitäten nicht mehr in der geforderten Weise und mit dem angestrebten Ergebnis durchführen können, so dass der gesamte Fertigungsprozess aus dem Ruder läuft.

Der zuletzt angesprochene Aspekt einer qualitätssichernden Produktion ist bei allen organisatorischen Gestaltungsvarianten der Fertigung – also der Werkstatt-, der Fließ(band)- und der Gruppenfertigung – als dominierende Anforderung zu berücksichtigen. Die Produktionsablaufplanung hat also generell auch die **Qualitätskontrolle durch die in der Fertigung tätigen Mitarbeiter** zu umfassen. Das in seinen zeitlichen Auswirkungen einzukalkulierende Ziel besteht in einer **Begrenzung der Endkontrolle** auf die Gesamt-Funktionsfähigkeit der Produkte, während Detailmängel möglichst bereits in frühen Fertigungsphasen – günstigstenfalls also zum Zeitpunkt ihrer Entstehung – erkannt und beseitigt werden sollen. Die Begründung für dieses Vorgehen (siehe hierzu auch F.IV.1.) liegt darin, dass die Kosten für eine späte Fehlerbeseitigung am fertigen Produkt – oder erst recht am bereits an den Kunden ausgelieferten Produkt – mit jeder Wertschöpfungsstufe durchschnittlich um den Faktor 10 steigen und damit um ein Vielfaches höher sind als bei einer umgehenden Fehlerkorrektur im jeweiligen Wertschöpfungsabschnitt.

### *c. Ermittlung der Optimalen Losgröße*

Zum Ende dieses Abschnittes gehen wir noch kurz auf einige, in der Überblicksabbildung F-III-9 benannte Entscheidungssituationen und hierfür gebräuchliche Lösungsansätze/ Instrumente ein:

- Mit der als Erstes aufzugreifenden Entscheidungssituation wird eine Verbindung von den vorstehend erläuterten Anpassungsmaßnahmen in der **Ablaufplanung** zur vorgelagerten **Produktionsprogrammplanung** gezogen. Wie zu letzterer ausgeführt, ist diese in der langfristigen Sicht auf Basis der entsprechenden Absatzerwartungen zu erstellen. Wenn sich bezogen auf die perspektivischen Absatzprognosen im Zeitverlauf Abweichungen ergeben, dann stellt sich die Frage, wie daraufhin die kurzfristige Programmplanung vor dem Hintergrund konstanter Produktionsfaktorkapazitäten zu verändern ist. Die für die aktuelle Planungsperiode als gegeben anzunehmende Ausstattung mit Betriebsmitteln und Arbeitskräften hat bei vermehrten oder verminderten Absatzmöglichkeiten Verschiebungen im konzipierten Auslastungsgefüge zur Folge,

mit denen veränderte oder neue Engpasssituationen bei den Maschinen und dem Personal auftreten werden.
Zur Lösung des beschriebenen Problems kann die mathematische Methode der **Linearen Programmierung** eingesetzt werden. Hiermit ist es möglich, beim Vorliegen von beispielsweise produktionstechnischen, finanziellen oder absatzmarktbedingten Beschränkungen ein darauf ausgerichtetes **Optimales Produktionsprogramm** zu ermitteln. Voraussetzung hierzu ist, dass die Zielfunktion des speziellen Optimierungsproblems lediglich Variablen in erster Potenz enthält (deshalb „Lineare" Programmierung), dass die Kapazitätsbeschränkungen als Nebenbedingungen ebenfalls als lineare Gleichungen oder Ungleichungen darstellbar sind, und dass die Modellvariablen keine negativen Werte annehmen dürfen (so genannte Nicht-Negativitätsbedingungen).
Bei einer derartigen periodenbezogenen Optimierung des Produktionsprogramms wird davon ausgegangen, dass mit dessen Fertigung und Absatz ein maximaler Rohgewinn zu erzielen ist. Hierzu sind die Deckungsbeiträge pro Produkt als Differenz zwischen den erzielbaren Verkaufserlösen und seinen variablen, also direkt mengenabhängigen Kosten zu berechnen. Über alle in die Programmplanung einzubeziehenden Produkte wird unter Ansatz dieser Deckungsbeiträge die zu maximierende Zielfunktion für das Entscheidungsproblem formuliert. Fixe Kosten der Betriebsbereitschaft (z.B. Abschreibungen oder Miet-/ Leasingzahlungen für Maschinen) bleiben bei der kurzfristigen Betrachtung außer Betracht. Durch die gesonderte Formulierung der zu beachtenden Kapazitätsrestriktionen – also beispielsweise welche Maschinenzeit jeweils ein Produkt benötigt und wie viel Stunden pro Aggregat insgesamt zur Verfügung stehen – kann dann ermittelt werden, in welchen Verhältnissen die vorgesehenen Güter herzustellen sind, so dass die Ausgangsforderung eines maximalen Rohgewinns erreicht wird.
Wenn die Programmoptimierung lediglich auf zwei Produkte bezogen wird, dann können die Zielfunktion (als alternativ mögliche Linien gleichen Rohgewinns, so genannte Isogewinnlinien) und die Nebenbedingungen in ein Diagramm eingezeichnet werden, um hieraus die **Lösung auf grafischem Weg** zu ermitteln. Für mehr als zwei Produkte wären entsprechend n-dimensionale und kaum zu überblickende Darstellungen nötig, so dass in diesen Fällen auf algebraische Lösungsverfahren und hierbei i.d.R. auf den **Simplex-Algorithmus** überzugehen ist. Zu dieser über mehrere Rechenschritte (Simplex-Tableaus) verlaufenden Optimierung können rechnergestützte Standard-Anwendungsprogramme eingesetzt werden.

- Als Nächstes wird auf eine für die Auftragsgrößenplanung typische Entscheidungssituation eingegangen. Speziell auf die Serien- und Sortenfertigung bezogen, geht es hierbei um die **Ermittlung der Optimalen Losgröße**. Dieser Begriff stellt die verkürzt gebräuchliche Form von „optimale Größe eines Fertigungsloses" dar. Dabei umfasst ein Fertigungslos diejenige Menge gleicher Produkte, welche in einem Produktionsgang – also ohne Umstellung oder Unterbrechung des Fertigungsprozesses – hergestellt wird (hierzu Abb. F-III-13).

***Der Begriff des Fertigungsloses ...***

**... kennzeichnet die *Fertigungsmenge einer Produktart,* welche bei Serien- oder Sortenfertigung ohne Umstellung des Fertigungsprozesses in *einem Produktionsgang/ einer Auflage* hergestellt wird**

***Die optimale Losgröße* (Größe eines Fertigungsloses) ...**

**... ist diejenige *Menge x*, bei der im Fall der Herstellung mehrerer Produktarten auf einer Anlage sowie bei deren kontinuierlichem Absatz die *gesamten Produktionskosten* einer Sorte pro Periode ihr *Minimum* erreichen**

***Relevante Bestimmungsgrößen für die Optimierung:***

**Dem Modell der Optimalen Bestellmenge [Abb. F-III-6-8] entsprechender *Ausgleich* von zwei gegenläufigen *Kostenentwicklungen*:**

- **→ Mit wachsender Losgröße x fallen pro Periode weniger *auflagenfixe Rüst- oder Sortenwechselkosten* an (weniger Prod.umstellungen)**
- **→ Mit wachsender Losgröße x steigen pro Periode die *Lager- und Zinskosten* im Fertigwaren-/ Ausgangslager (höherer Ø Lagerbestand)**

| ***Modellparameter, -symbole und -annahmen:*** | | | ***Beispiel:*** |
|---|---|---|---|
| M | = | Gesamter Produktionsbedarf einer Produktart in einer Periode (eine Anlage, kontinuierlicher Absatz) | 90.000 ME |
| $k_f$ | = | Auflagefixe Kosten pro Produktionswechsel | 3.000 EUR |
| LKS | = | Lagerkostensatz pro Periode u. Produkteinheit | 40 EUR |
| ZKS | = | Zinskostensatz pro Periode u. Produkteinheit | 20 EUR |
| K | = | Gesamte relevante Kosten der Losgrößenoptimierung (ohne die als konstant angenommenen variablen Herstellkosten) | |
| x | = | Losgröße; Produktionsmenge pro Auflage | |
| $x_{opt}$ | = | Optimale Losgröße (M / $x_{opt}$ × aufzulegen) | 3.000 ME |

***Grundformel:***

$$K(x) = \underbrace{\frac{M}{x} \bullet k_f}_{\text{Auflagenfixe Kosten}} + \underbrace{\frac{x}{2} \bullet (LKS + ZKS)}_{\text{Lagerhaltungskosten}}$$

***Differenzieren und 0-Setzen:***

$$\frac{dK}{dx} = -\frac{M}{x^2} \bullet k_f + \frac{LKS + ZKS}{2} \Rightarrow x_{opt} = \sqrt{\frac{2 \bullet M \bullet k_f}{LKS + ZKS}}$$

**Abb. F-III-13:** Ermittlung der Optimalen Losgröße

Wie bereits zur Auftragsgrößenplanung dargestellt, ist bei dieser Problematik ein Ausgleich zwischen zwei gegenläufigen Kostenentwicklungen zu finden: So fallen bei hohen Losgrößen zwar weniger Kosten für Produktionsumstellungen an, die entsprechend großen Bestände im Fertigwarenlager führen dann allerdings zu beträchtlichen Lager- und Kapitalbindungs-/ Zinskosten. Damit zeigt sich, dass die auf eine **Minimierung der gesamten Produktionskosten**

**pro Periode** ausgerichtete Optimierung der Losgröße auf die prinzipiell gleiche Weise wie die Bestellmengenoptimierung (siehe hierzu F.III.3.) durchgeführt werden kann. Als feste Kostenbestandteile sind für die einzelnen Produktionsumstellungen jetzt die **auflagenfixen Rüst- oder Sortenwechselkosten** anzusetzen, mit steigender Losgröße ergibt sich hierzu über die gesamte Planungsperiode gesehen ein degressiver Verlauf. Dem sind die **Lager- und Zinskosten als auflageproportionale, direkt produktabhängige Kosten** gegenüberzustellen.

Damit sind die für das Optimierungsproblem relevanten Kostenkategorien bestimmt; die variablen Fertigungskosten können für diesen Grundansatz einer Lösung der Serien- oder Sortenwechselfrage als konstant und damit nicht entscheidungsrelevant angenommen werden. Die Summe aus auflagenfixen und Lagerhaltungskosten ergibt die zu minimierende Gesamtkostenfunktion. Deren Differenzieren und 0-Setzen führt als Extremwertbestimmung zur Optimalen Losgröße, bei der minimale Produktions-Gesamtkosten erreicht werden. Zur Formel in der Abbildung F-III-13 ist noch darauf hinzuweisen, dass für die Lager- und Zinskosten hier (anders als beim Grundmodell zur Optimalen Bestellmenge in F.III.3.) Kostensätze in Geldeinheiten angesetzt sind. Die durchgeführte Beispielrechnung zeigt, dass sich bei einem Produktionsgesamtbedarf von 90.000 Einheiten unter den getroffenen Annahmen die Optimale Losgröße mit 3.000 Einheiten ergibt. Dementsprechend ist diese in der Periode 30 mal aufzulegen.

Die Losgrößenoptimierung unterliegt in der vorgestellten Form relativ engen Anwendungsvoraussetzungen: So wird hierbei von der Fertigung lediglich eines Produkts auf einer Anlage ausgegangen, es wird ein kontinuierlicher Absatz unterstellt, alle Kostenansätze gelten über die Planungsperiode als unveränderlich, Ausschuss oder Lagerschwund werden nicht berücksichtigt, und insbesondere sind **keine Kapazitätsbeschränkungen auf der Produktions- und Lagerseite** vorgesehen. Letzteres bedeutet, dass die zur Optimalen Losgröße ermittelte Produktanzahl in jedem Fall auch pro Fertigungsgang hergestellt und anschließend eingelagert werden kann. Hierzu sind in der Praxis also Anpassungen erforderlich, die den Realitäten komplexer Fertigungsprozesse besser entsprechen. In den heute gebräuchlichen Programmpaketen zu einer integrierten Produktionssteuerung (siehe hierzu F.IV.6.) sind diese i.d.R. enthalten. Sie bauen jedoch letztlich auf dem zur Losgrößenoptimierung vorgestellten Ansatz auf, so dass – wie auch bei der Bestellmengenoptimierung – ein Grundverständnis der Sachverhalte und damit dann auch weiterführender Adaptionen nur auf dieser Basis entwickelt werden kann.

- Wir geben nachfolgend einen kurzen Überblick zu drei generellen Vorgehensweisen, die als **Strategien zur Kostensenkung** bezeichnet werden und mit denen – ausgehend von einer definierten Standardleistung – Effizienz- sowie auch Effektivitätssteigerungen im betrieblichen Leistungserstellungsprozess erreicht werden können. In der Regel zwar häufig vom Produktionsbereich ausgehend, kommt den Effekten aber eine große Bedeutung für die gesamte Wertschöpfung in einem Unternehmen zu.

- Mit dem Begriff der **Economies of Scale** werden statische Skaleneffekte zusammengefasst, mit denen eine Kostensenkung aufgrund höherer produzierter Stückzahlen verbunden ist. Damit wird also die Fixkostendegression erreicht, welche bei größerer Produktionsmenge auf einer Fertigungsanlage – also einer besseren Auslastung – eintritt. Dies bedeutet, dass die Fertigungsstückkosten (Fixkostenanteil + variable, direkt produktabhängige Kosten) mit steigender Produktionsmenge niedriger werden.
- Als **Economies of Scope** werden Verbundeffekte bezeichnet; durch sie kann gegenüber den zuerst angesprochenen Degressionswirkungen eine weiter gehende Kostensenkung erreicht werden. Hier stehen nicht mehr nur die einzelnen Fixkostenblöcke im Mittelpunkt der Betrachtung; jetzt geht es zusätzlich darum, eine Absenkung der variablen Kostenbestandteile zu erreichen. Dies kann beispielsweise durch eine gemeinsame Nutzung von Anlagen für verschiedene Produkte und damit eine bessere Abstimmung der Produktionsprozesse geschehen. Darüber hinaus ist auch das Bemühen um bessere Konditionen auf der Beschaffungsseite (Rabatte, Lieferungs- und Zahlungsbedingungen) eine wichtige „Stellschraube" bei den direkten Produktkosten. An diesem Punkt zeigt sich dann auch bereits der Zusammenhang zwischen beiden Effekten: Über eine gute Auslastung kann die Fixkostendegression ihre Wirkungen entfalten, und bei hohen Stückzahlen werden sich zusätzlich leichter Rabatte aushandeln lassen.
- **Erfahrungskurveneffekte** können schließlich als dynamische Skaleneffekte gekennzeichnet werden. Ihre Wirkung besteht in einer Kosteneinsparung, die letztlich in einem besseren und schnelleren Lernen begründet ist; die Realisierung dieser Stufe ergibt Wissensvorteile durch bessere Prozessbeherrschung. Dabei können mehrere Einzeleffekte zusammenwirken: So gibt es bereits durch die wiederholte Arbeitsverrichtung einfache Lerneffekte bei den Mitarbeitern. Darüber hinaus werden bei der wiederholten Durchführung von Arbeitsgängen gehobene Lerneffekte eintreten, die zu einer zunehmenden Rationalisierung und Automatisierung führen. Und schließlich ist in dieser Folge dann auch die frühzeitige Nutzung des technischen Fortschritts zu nennen, mit der ein Unternehmen die Position des Effizienz-Vorreiters einnehmen kann.

Die Umsetzung dieser drei Kostensenkungseffekte erfordert vor allem eine informationstechnologie-bezogene Unterstützung und Ausgestaltung. Sie ist grundsätzlich erreichbar durch den Einsatz von betriebswirtschaftlich fundierten Produktionsplanungs- und -steuerungssystemen/ PPS-Systemen und deren Integration mit den mehr technisch orientierten CAx-Instrumenten („Computer Aided ... "-Programme). Hierauf wird bei dem unterstützenden Wertschöpfungsprozess Information und Kommunikation (F.IV.6.) abschließend eingegangen.

## 5. Absatz/ Vertrieb als Marketing im engeren Sinne

Wie ist das Verhältnis des direkten Wertschöpfungsprozesses Absatz/ Vertrieb zum übergeordneten Steuerungsprozess Marketing? Welche inhaltlichen Aktivitätsfelder lassen sich bei einer funktionalen Gliederung des Absatzbereiches unterscheiden? Was sind wesentliche sozialwissenschaftliche Grundlagen für das Gewinnen zuverlässiger Marktforschungsergebnisse? Welche verhaltenswissenschaftlichen Erkenntnisse sind beim Gestalten von Werbemitteln zu berücksichtigen? Wie ist über alternativ mögliche dezentrale Vertriebsschienen zu entscheiden?

Je schwieriger die Markt- und Wettbewerbsbedingungen sind, desto konsequenter ist ein Unternehmen insgesamt vom Markt her zu führen, und somit sind sämtliche extern gerichteten Wertschöpfungsaktivitäten auf ihre Absatzmöglichkeiten respektive -chancen auszurichten. Deshalb steht das Marketing als Marktorientierte Unternehmensführung in unserem Modell der Erweiterten Wertschöpfungskette im Rang eines übergeordneten Steuerungsprozesses. Hierüber ist die erforderliche Abnehmer- und Kundenorientierung in alle direkten sowie auch in die unterstützenden, indirekten Wertschöpfungsprozesse hineinzutragen. Gemeinsam mit den beiden anderen übergeordneten Steuerungsprozessen Strategie und CI/ Unternehmenskultur wird also ein umfassender Aktionsrahmen für die marktwirtschaftliche Betätigung eines Unternehmens aufgespannt, innerhalb dessen es seine spezifische Leistungserstellung und -verwertung betreibt.

Der direkte Wertschöpfungsprozess Absatz/ Vertrieb steht folglich in einem historisch gewachsenen Verhältnis zu dem Steuerungsprozess des Marketing/ der Marktorientierten Unternehmensführung. Dies wird mit der Eingangsrubrik der Abbildung F-III-14 illustriert; die dort verdichtet festgehaltenen **Grundzusammenhänge** beinhalten folgende Aussagen:

- Wenn ein Unternehmen bei den konkret gegebenen Markt-/ Wettbewerbserfordernissen die gesamte Leistungserstellung an den Kunden-/ Abnehmerbedürfnissen ausrichtet, dann kommt dem Absatz-/ Vertriebsprozess keine prinzipielle Sonderstellung mehr zu.
- Das im Wettbewerb der Anbieter mögliche Auftreten von unternehmensspezifischen Absatzengpässen ist bereits dadurch im Vorfeld aufzufangen, dass die Einstellungen/ Erwartungen sowie das Kaufverhalten der Abnehmer/ (Ziel)Kunden und damit die Möglichkeiten der Leistungsverwertung auf dem Absatzmarkt die oberste Richtschnur der Unternehmenspolitik bilden.
- Gleichwohl muss es sich bei der vorherrschenden Käufermarktsituation vor allem im Absatz-/ Vertriebsbereich als der elementaren Schnittstelle der unternehmerischen Wertschöpfungskette zum Absatzmarkt erweisen, ob die operative Umsetzung der strategischen Rahmenvorgaben letztlich auch zum Markt- und somit zum Unternehmenserfolg führt.

- Hiermit wird die bereits in F.I. bei der Vorstellung der Erweiterten Wertschöpfungskette (Abb. F-I-1) getroffene Unterscheidung zweier Marketingprozesse erneut deutlich:

  - Der übergeordnete Steuerungsprozess des **Marketing als Marktorientierte Unternehmensführung** ist stärker strategisch und damit in erster Linie potenzialorientiert ausgerichtet. Damit werden Vorgaben für alle weiteren Prozesse und Phasen der Wertschöpfung in einem Unternehmen entwickelt.

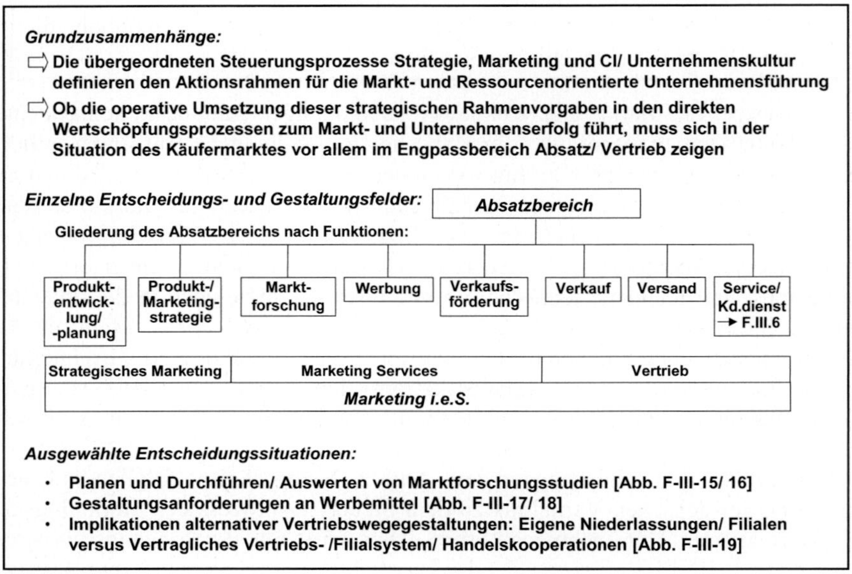


**Abb. F-III-14:** Überblick zu Absatz/ Vertrieb als Marketing im engeren Sinne (Direkter Prozess)

  - Durch den **Absatz-/ Vertriebsbereich** eines Unternehmens sind die Kontakte zu Interessenten, Abnehmern und (Stamm)Kunden seiner Marktleistungen aufzubauen, zu halten und zu pflegen. Damit trägt dieser Bereich die maßgebliche Verantwortung sowohl im Hinblick auf das **operative Umsetzen** der jeweils verfolgten **Marktstrategien** als auch in Bezug auf das Liefern relevanter Strategie-Inputs. Wegen dieses gegenüber der Marktorientierten Unternehmensführung als Philosophie und grundlegendem Steuerungskonzept anderen Zuschnitts kennzeichnen wir den Absatz-/ Vertriebsprozess als **Marketing im engeren Sinne**.

Diese beiden Sichtweisen können für die Erläuterungen einzelner Entscheidungs- und Gestaltungsfelder des Absatz-/ Vertriebsprozesses zusammengeführt werden:

- Im Mittelteil der Abbildung F-III-14 ist hierzu ein nach unterschiedlichen Funktionen/ Teilprozessen gegliederter beispielhafter **Aufbau des Absatzbereichs** in einem Unternehmen wiedergegeben. Mit diesem Organigramm einer funktionalen Abteilungsgliederung wird eine Darstellungsform gewählt, die zugleich unserem späteren Organisationskapitel G. vorgreift.
- Mit den Eintragungen auf den Grundlinien der Grafik wird hervorgehoben, dass die für das Marketing i.e.S. in der Mustergliederung gebildeten Stellen/ Unterabteilungen drei verschiedenen Aufgabenfeldern zugerechnet werden können:
  - Als Produktentwicklung/ -planung und als Produkt-/ Marketingstrategie bezeichnet, sind zunächst zwei Organisationseinheiten vorhanden, welchen – in Abstimmung mit den übrigen direkten Wertschöpfungsprozessen Forschung und Entwicklung, Beschaffung, Lagerhaltung, Produktion und Service/ Kundendienst – die „Vorsteuerung" des Absatz-/ Vertriebsprozesses übertragen ist. Deren Zuständigkeit liegt damit vorwiegend im Bereich des **strategischen Marketing**.
  - Die als Nächstes aufgeführten Untereinheiten des Absatzbereichs Marktforschung, Werbung und Verkaufsförderung üben Funktionen aus, welche die Leistungsverwertung eines Unternehmens im Ganzen unterstützen. Deswegen hat sich hierfür die Bezeichnung als **Marketing Services** durchgesetzt.
  - Mit den weiteren Unterabteilungen Verkauf, Versand und Kundendienst wird bei dem exemplarischen Aufbau sodann die **eigentliche Vertriebsaufgabe** eines Unternehmens inklusive der Nachkaufbetreuung erfüllt.
- Die vorgestellte Mustergliederung ist sachlogisch am Modell unserer Erweiterten Wertschöpfungskette orientiert. Der als Endglied der unternehmerischen Wertschöpfung rechts befindliche Vertrieb wird durch Serviceeinheiten unterstützt, und diese beiden eher operativ ausgerichteten Funktionen werden durch das strategische Marketing gesteuert.
  - In der Unternehmenspraxis hat sich die differenzierte Aufgliederung bei der organisatorischen Ausgestaltung des Absatzbereichs in Entsprechung zur Fortentwicklung des generellen Marketingverständnis niedergeschlagen. Bei noch unkritischen Marktverhältnissen war eine rein operative Wahrnehmung der Vertriebsfunktion ausreichend, so dass in früherer Zeit nur Unterabteilungen für Verkauf und Versand sowie – bei Gebrauchsgütern – für den notwendigen Technischen Kundendienst vorhanden sein mussten.
  - Zunehmende Absatzwiderstände machten dann eine Unterstützung der Leistungsverwertung durch zusätzliche Aktivitäten erforderlich. Demzufolge wurden die Marketing Services innerhalb der Aufbauorganisation des Absatzbereichs geschaffen.
  - Zur zielgerichteten Steuerung der Vertriebsfunktion von Unternehmen wurde es schließlich nötig, diese auf eine strategische Basis zu stellen. Für den Absatz-/ Vertriebsprozess – und damit für die gesamte Leistungserstellung und -verwertung – waren jetzt Ziel-Maßnahmen-Pfade zu entwerfen, entlang derer ein Unternehmen perspektivisch im Wettbewerb gesteuert werden kann. Dies verhindert wenig zielgerichteten Aktionismus.

- Das strategische Marketing innerhalb des Absatzbereichs im beispielhaft wiedergegebenen Organigramm hat vor allem die Aufgabe, die inhaltlichen Vernetzungen mit den eher operativ tätigen Einheiten im Bereich der Marketing Services und des Vertriebs auf einem hohen Ergebnisniveau sicherzustellen.
- Aus aufbauorganisatorischer Sicht sind für eine konsequent Marktorientierte Unternehmensführung noch weiter gehende Ansätze der Strukturgliederung zu wählen. Danach sind beispielsweise die übergeordneten Strategie- und Marketingprozesse unserer Erweiterten Wertschöpfungskette einer Steuerungseinheit zu übertragen, die unmittelbar bei der Unternehmensleitung als oberster Führungsebene angebunden ist. Hierauf gehen wir in G.II. ausführlich ein.
- Eine andere Möglichkeit für das effektive Abstimmen von strategischen Steuerungsaktivitäten und deren operativer Umsetzung besteht darin, Stellen einzurichten, die eine Querschnittskoordination über alle direkten Wertschöpfungsprozesse vornehmen. So können Aufgaben der Produktentwicklung/ -planung und der Produkt-/ Marketingstrategie sowie deren anschließender Vollzug Produkt-Managern übertragen werden, welche die Erstellung und Verwertung einzelner Marktleistungen in engen Abstimmungen mit anderen Funktionseinheiten (also bspw. F&E, Beschaffung, Produktion) steuern. Außer einem derartigen – eher innen- respektive ressourcenorientierten – Produkt-Management ist auch das weiterführende Installieren eines Kundengruppen-Managements möglich; hier bezieht sich die Koordinationsverantwortung der Stelleninhaber – stärker außen- bzw. marktorientiert – auf homogene Kundengruppen. Sind diese im Hinblick auf den Umsatz und den erwirtschafteten Deckungsbeitrag wichtigen Einzelkunden oder eng begrenzten Kundengruppen zugeordnet, dann wird von Key-Account-Managern gesprochen. Für besondere und zeitlich begrenzte Aufgabenstellungen (z.B. das Entwickeln und Einführen einer neuen Produktlinie am Markt) bietet sich schließlich noch die Organisationsform des Projekt-Managements an. Diese sekundärorganisatorischen Varianten zur Ergänzung der Aufbauorganisation eines Unternehmens werden in G.III. behandelt.

An ausgewählten Entscheidungssituationen im Absatz-/ Vertriebsprozess als Marketing im engeren Sinne (untere Rubrik in Abb. F-III-14) greifen wir im Folgenden einige wesentliche Aspekte heraus, die für die Marketing Services und die Realisierung der Vertriebsfunktion in einem Unternehmen von Bedeutung sind:

Als Erstes werden **Grundlagen der Marktforschung** erörtert. Dieser elementare Marketing Service-Bereich liefert die wesentlichen Basisinformationen für eine differenzierte Marktbearbeitung, aus denen sich gewissermaßen das Fundament einer Marktorientierten Unternehmensführung bildet. Die heutige Marktsituation erfordert ein **systematisches Erheben, Analysieren und Aufbereiten aller relevanten Daten/ Informationen zum Marktgeschehen** auf der Absatz- wie auch auf der Beschaffungsseite. Der Verzicht auf eine fundierte Marktforschung als faktenorientierte Basis käme – bildhaft gesprochen – einem „Blindflug durch die

Marktdaten" gleich. Die grundsätzliche Aufgabe der Marktforschung wie auch deren beide Grundformen des Erhebens ökoskopischer und demoskopischer Informationen haben wir schon in A.I.5. herausgearbeitet. Im ersten Fall geht es um objektive Marktgrößen, z.B. den Marktanteil oder die in technischen Maßeinheiten messbare Güterqualität. Im zweiten Fall werden Handlungsträger untersucht, beispielsweise im Hinblick auf ihre Einschätzung der Produktqualität oder ihre Einstellung gegenüber dem Produkt.

### a. Grundlagen der Marktforschung

Nachfolgend wird darauf eingegangen, was beim **Planen und Durchführen/ Auswerten von Marktforschungsstudien** zu beachten ist. Hierzu haben wir mit der Abbildung F-III-15 zunächst die Phasen des Marktforschungsprozesses zusammengestellt. Aus den dort jeweils aufgeführten Einzelaktivitäten ist die inhaltliche Abgrenzung der einzelnen Teilschritte eines Marktforschungsprojekts nachvollziehbar. Dabei ist ein Aspekt noch einmal gesondert hervorzuheben, auf den wir ebenfalls bereits in A.I.5. hingewiesen hatten.

Das Gewinnen begründeter Ergebnisse, die als Entscheidungsgrundlagen für marketingrelevante Fragestellungen (z.B. zum Käuferverhalten und daraus abgeleiteter ökonomischer Aggregate, wie Marktvolumen, -anteil und -potenzial) herangezogen werden können, setzt eine hohe Stringenz und Nachvollziehbarkeit des Marktforschungsprozesses voraus. Diese ist am ehesten gewährleistet, wenn bei der Marktforschung einem hypothetisch-deduktiven Grundansatz gefolgt wird. Auf der Grundlage vorhandenen Erfahrungswissens sind vermutete oder für bestimmte Entscheidungssituationen interessierende Wirkungsbeziehungen zu praktisch-konkreten Fragen abzuleiten. Das Herausarbeiten respektive das Überprüfen von Ursachen-Wirkungs-Zusammenhängen und damit von Erklärungsmustern für empirisch relevante Problemstellungen bildet also auch für die Marktforschung den forschungsstrategischen Grundansatz.

**Prozessphasen**

Im wiedergegebenen Prozessschema wird diese – aufgrund der Tragweite ermittelter Ergebnisse elementar wichtige – Vorgehensweise dadurch besonders berücksichtigt, dass explizit drei aufeinander aufbauende theoretische Designelemente vorgesehen sind: das Forschungs-, das Untersuchungs- und das Auswertungsdesign.

- Beim **Forschungsdesign** geht es um die theoriebasierte Rahmensetzung für ein konkretes Marktforschungsprojekt. Dabei können als generelle Richtungen in Frage kommen:
  - Sollen Basisinformationen für neue, bislang kaum durch wissenschaftliche Erklärungsansätze abgebildete Fragestellungen erhoben werden, dann ist von einem **explorativen Ansatz** zu sprechen.
  - Handelt es sich darum, für konkrete Unternehmens- und Marktsituationen bei gegebenen Erklärungsmustern, also z.B. die Analyse der Kundenzufriedenheit, die spezifischen Ausprägungen grundlegender Merkmale festzu-

stellen, ist ein **deskriptiver Ansatz** zu wählen. Hierbei bilden vorliegende modellmäßige Verknüpfungen von Variablen zum Kaufverhalten der Abnehmer und/ oder von ökonomischen Ergebnisgrößen die Basis. Das Erheben der Ausprägungen zentraler Merkmale (z.B. Kundennutzen, Kundenzufriedenheit und -erwartungen) kann dann zu Prognosen innerhalb solcher idealtheoretischer Modelle verwendet werden (z.B. Absatz-/ Markterfolg und Kundenbindung).

① ***Problemdefinition – Entwicklung des Forschungsdesigns***
- **Umsetzen marketingrelevanter Fragen in eine konkrete Problemstellung für die Marktforschung**
- **Problemstrukturierung/ Zieldefinition**
- **Designentwurf für die konkrete Marktforschung (explorativ, deskriptiv, kausalanalytisch)**

② ***Konzeptualisierung – Bestimmung des Untersuchungsdesigns***
- **Gegebener Informationsstand als Ausgangsbasis**
- **Theoriegeleitetes Gewinnen von Direktiven/ Hypothesen für die Marktforschungsstudie**
- **Auswahl der Erhebungsmethoden**
- **Organisatorischer Aufbau des Marktforschungsprojekts**
- **Festlegen des detaillierten Erhebungsplans**

③ ***Informationsgewinnung – Feldphase***
- **Organisation, Durchführung, Qualitätssicherung und Kontrolle der Datenerhebung**

④ ***Datenauswertung/ Info.analyse – Auswertungsdesign als Basis***
- **Vollständigkeits-/ Konsistenzprüfung der Datenaufnahme**
- **Computergerechte Datenübernahme/ -eingabe**
- **Durchführung der zuvor festgelegten Auswertungsläufe**
- **Interpretation der Befunde gemäß Auswertungs-, Untersuchungs- und Forschungsdesign**

⑤ ***Marktforschungsbericht – Ergebnispräsentation/ -kommunikation***
- **Verdichten der Untersuchungsresultate**
- **Erstellen des Ergebnisberichts (mit Kurzfassung/ Summary und ausführlichen Darstellungen/ Schlussfolgerungen)**
- **Ergebnispräsentation, gegebenenfalls auf mehreren Entscheider-/ Ausführungsebenen**
- **Eventuell Schlussfolgerungen für weitere/ neue Marktforschungsprojekte**

**Abb. F-III-15:** Phasen des Marktforschungsprozesses

* Dabei ist weiter zu differenzieren in zeitpunktbezogene Querschnittsanalysen und in zeitraumbezogene Längsschnittanalysen.
* Wenn sich die Untersuchungen auf einen gleichbleibenden Personenkreis beziehen, werden sie als **Panelanalysen** bezeichnet. Hierbei steht regelmäßig ein gleicher Untersuchungsgegenstand im Vordergrund, so

dass vor allem **Längsschnitte** vorgenommen werden. Exemplarisch zu nennen sind das monatliche Erheben des Kaufverhaltens statistischer Durchschnittshaushalte bei Gebrauchsgütern oder Gesundheitsprodukten. Zusätzlich ist es aber auch durchführbar, wechselnde und aktuelle Themenkomplexe im gegebenen Adressatenkreis zu untersuchen; dies führt dann wieder zu eigenständigen **Querschnitten**. Derart kombinierte Analysen werden beispielsweise von der GFK PANEL SERVICES CONSUMER RESEARCH GMBH, einem Unternehmen der GFK GRUPPE mit Sitz in Nürnberg, durchgeführt.

- Wenn das Aufdecken wesentlicher Ursachen-Wirkungs-Zusammenhänge im Vordergrund einer Marktforschungsstudie steht, dann kennzeichnet dies einen **kausalanalytischen Ansatz**. Auf der Grundlage theoriegeleitet gewonnener Hypothesen hat die Marktforschung jetzt das Überprüfen postulierter Erklärungsmuster zum Ziel.

  * Dies kann zum einen über experimentelle Versuchsanordnungen erfolgen. Hierbei gilt es, bei den ausgewählten Testobjekten/ -personen den Einfluss der Variation einer – oder ggf. mehrerer – unabhängiger (Experimentier)Variablen im Wirken auf die – eine oder mehrere – abhängigen (Ergebnis)Variablen zu isolieren. Dabei sind nicht in das aufgestellte Kausalmodell einbezogene, vom Unternehmen aber zu gestaltende Parameter als kontrollierte Variablen konstant zu halten. Des Weiteren ist beim gewählten Ursachen-Wirkungs-Modell zu berücksichtigen, dass von Störvariablen als weiteren nicht direkt zu steuernden Sachverhalten ebenfalls Einflüsse auf die Ergebnisgrößen ausgehen können. Auch diese gilt es in ihrer Art und Stärke abzuschätzen.
    Ein experimentelles Vorgehen wird i.d.R. gewählt, um den Einsatz bestimmter Maßnahmen des Marketing-Mix abzuprüfen. Beispielsweise können so einzelne Werbekampagnen, alternative Produkt- oder Verpackungsgestaltungen sowie auch verschiedene Regalstandplätze im Handel in ihrer kaufverhaltensbezogenen Wirkung auf unterschiedliche Ergebnisgrößen (Absatzzahlen, Einstellung zur Marktleistung, Image des Unternehmens etc.) nach den zuvor aufzustellenden Kausalmodellen getestet werden. Darüber hinaus haben sich für einzelne Themenbereiche/ Fragestellungen spezielle Testanordnungen herausgebildet. Als Produkttests, Akzeptanztests, Produkterprobungen und als Markttests haben wir solche schon in F.III.1. angesprochen.
  * Das Überprüfen postulierter Erklärungsmuster ist zum anderen auch unter Verzicht auf die kontrollierte Labor-Situation möglich. Sind alle vermuteten Ursachen-Wirkungs-Zusammenhänge modellmäßig erfasst, dann können die Auswertungen entsprechend angelegter **Primärerhebungen** (Beobachtungen, Befragungen und auch Inhaltsanalysen) ebenfalls dazu genutzt werden, Nachweise für das Verwerfen oder das Bestätigen der unterstellten Beziehungen zu erbringen. Wegen der nicht mehr direkt möglichen Kontrolle bzw. Variation einzelner Variablen sind diese Befunde einerseits etwas weicher als unmittelbare Experimentergeb-

nisse. Andererseits stellt sich aber bei den Experimenten die berechtigte Frage, ob nicht gerade auch Einflüsse von der besonderen Labor-Situation ausgehen. Dies würde bedeuten, dass bei deren Abwesenheit – also im Rahmen eines normalen/ natürlichen Verhaltens – mit anderen Ergebnissen bei den Relationen zu rechnen wäre.

- Das **Abtesten von Erklärungsmustern auf nicht-experimentellem Weg** zeigt Ähnlichkeiten mit dem zuvor angesprochenen deskriptiven Ansatz. Der Unterschied hierbei bezieht sich auf die Neuartigkeit in den zu Grunde gelegten Zusammenhängen und Kausalitäten. Deskriptive Ansätze bewegen sich auf bekanntem Terrain, während im anderen Fall eine neue Hypothesenstruktur zu entwerfen und zu prüfen ist. Wenn es sich bei der Strukturierung des Marktforschungsproblems zeigt, dass keine Möglichkeiten der Verwendung existierender Modellansätze gegeben sind, dann ist für die konkrete Problematik eine in Teilen oder insgesamt neue Konzeptualisierung vorzunehmen. Hierbei kann ein explorativer Ansatz zur Sondierung des Forschungsfeldes vorgeschaltet werden. Das anschließende Überprüfen eines neu entworfenen Erklärungsmusters ist dann allerdings wieder mit einer weiteren Marktforschungsstudie zu verfolgen. Ein „Heranarbeiten" an Kausalzusammenhänge und deren unmittelbare Prüfung am selben Datenmaterial wird keine raum- und zeitstabilen Erkenntnisse hervorbringen können. Als beispielsweise der ehemalige SONY-Chef AKIO MORITA vor Jahren die Akzeptanz des völlig neuartigen und damit bis dahin unbekannten Walkman im Vorfeld untersuchen ließ, musste er derartiges Neuland betreten.

- Die vorstehenden Erläuterungen zum Verhältnis explorativer, deskriptiver und kausalanalytischer Forschungsdesigns zeigen die Richtung auf, in welche diese Rahmenentwürfe zum Marktforschungsprozess weiter zu vervollständigen sind. Auf deren Grundlage hat nun die Formulierung eines umfassenden und alle Einzelaspekte berücksichtigenden **Untersuchungsdesigns** zu erfolgen. Hierbei sind auch organisatorische Festlegungen zu treffen; das Schwergewicht liegt allerdings darin, den kompletten Forschungsgegenstand inhaltlich zu durchdringen und in ein formales Abbild zu übersetzen.
  Jetzt gilt es also, aus der zu untersuchenden Wirklichkeit die interessierenden Dimensionen herauszukristallisieren und mit Begriffen zu belegen. Dabei muss zusätzlich häufig mit Indikatoren gearbeitet werden, wenn es um nicht unmittelbar zu beobachtende und damit direkt zu messende sowie beschreibbare Konstrukte geht (z.B. Einstellung, Image).
  Der Schritt des Herstellens einer Korrespondenz zwischen empirischen Sachverhalten und ihrem sprachlichen Ausdruck ist auch bei explorativen Studien notwendig. In solchen Ansätzen werden hieraus die Direktiven entwickelt, was am Forschungsgegenstand interessiert und auf welche Merkmale dabei besonders zu achten ist.
  Für deskriptive und kausalanalytische Forschungen kann i.d.R. bereits auf theoretische Begriffe zurückgegriffen werden. Dazu ist aber in einer gesonderten semantischen Analyse zu klären, ob sie jeweils zutreffend im konkreten Markt-

forschungsprojekt verwendet werden können. Hinzu kommt, dass alle gebrauchten Begriffe über ihre Bezeichnungen als Modellvariablen und deren angenommene Ausprägungen in eine geschlossene Systematik zu bringen sind. Dabei ist sicherzustellen, dass die bei einer Befragung verwendeten Begriffe für Merkmale in der Arbeits-/ Umgangssprache der Adressaten formuliert werden, um so eindeutig verständlich zu sein. Mit einem aussagefähigen Untersuchungsdesign sollte es also gelingen, das Marktforschungsproblem in eine „Landkarte“ (roadmap) zu übertragen, welche alle zu messenden sowie die daraus abgeleiteten Größen in den angenommenen Beziehungs- und Wirkungsverhältnissen aufzeigt. Hierzu gehört dann auch die Entscheidung, an welchen Merkmalsträgern die eigentliche Erhebung mit welchen Methoden durchzuführen ist.

- Das **Auswertungsdesign** stellt die logische Fortführung des Untersuchungsdesigns dar. Zu den häufig komplexen Variablenstrukturen des Untersuchungsdesigns ist jetzt eine nochmalige „Übersetzung“ auf das Niveau mathematisch-statistischer Auswertungsverfahren erforderlich. Hiermit ist im Detail festzulegen, welche Verfahren der **Datenauswertung** in welcher Abfolge einzusetzen sind, um das mit dem Untersuchungsdesign aufgespannte Raster problemadäquat überprüfen zu können. Diese letzte Form des Designs einer Marktforschungsstudie ist aus zweierlei Gründen unabdingbar:
  - In der Marktforschung ist die Qualität der Modellentwicklung immer direkt an den angestrebten Auswertungen und Ergebnisgrößen zu prüfen. Ein vor der Durchführung der Marktforschung entworfenes Auswertungsdesign verringert also das generelle Problem, erst hinterher genau zu wissen, was man eigentlich hätte fragen und untersuchen sollen, ganz wesentlich. Zusätzlich ist dann erreichbar, dass eine optimale Grundlage zum zeitgerechten und kostengünstigen Durchführen der Datenauswertung vorliegt. Das Erstellen eines Auswertungsdesigns sollte also keineswegs als trivial angesehen werden.
  - Die zweite Begründung hängt eng mit der ersten zusammen: Ein aussagefähiges Auswertungsdesign bietet zudem die Grundlage dafür, die Datenauswertung auch komplett fremd zu vergeben. So hat ein Marktforschungspartner alle erforderlichen Angaben zum Durchführen der verschiedenen Auswertungsläufe, ohne dass dieser am Entwurf des Untersuchungsdesigns beteiligt zu sein brauchte.
  - Wenn die gesamte Marktforschungsstudie an ein externes Marktforschungsinstitut vergeben wird, dann sind die genannten Punkte wesentliche Kriterien für die Beurteilung der Kompetenz des Dienstleisters.

### Methoden und Messkonzepte

Zur Vielfalt möglicher Verfahren der Auswertung erhobener Marktforschungsdaten geben wir nachfolgend noch einen Überblick. Vorab sind – als weitere Zusatzerläuterung zu den vorgestellten Phasen des Marktforschungsprozesses – noch einmal die **generellen Erhebungsmethoden der Marktforschung** zusammengestellt, und es werden einige wichtige **Grundlagen der Informationsgewinnung** kurz aufgezeigt (Abb. F-III-16).

Als generelle Marktforschungsmethoden sind neben den hier bereits thematisierten **Experimenten** die ebenfalls schon angesprochenen **Beobachtungen, Befragungen und Inhaltsanalysen** zu unterscheiden. Insbesondere demoskopische Marktforschungen mit ihrer Ausrichtung auf demographische, soziographische und kaufverhaltensbezogene Kriterien (äußere Merkmale) oder dem Bezug zu Wahrnehmungen, Motiven, Einstellungen, Werthaltungen und Wünschen von Wirtschaftssubjekten (innere, psychische Merkmale; siehe zu dieser Abgrenzung die Abb. A-I-14) stellen Anwendungsfälle der empirischen Sozialforschung dar. Zu den einzelnen Methoden einschließlich der beiden zu unterscheidenden Richtungen einer entweder mehr quantitativ oder eher qualitativ orientierten Forschung kann auf F.II.3.d. verwiesen werden. Die in Abbildung F-III-16 oben gegebene Darstellung hat damit einen in erster Linie zusammenfassenden Charakter. Mit Bezug auf die Marktforschung ist dabei noch die häufig verwendete Unterscheidung von Field Research und Desk Research aufgenommen worden. Werden originäre Erhebungen durchgeführt, dann bezeichnet man eine solche Primärmarktforschung sowohl in Feld- als auch in Labor-Situationen als **Field Research**. Das Auswerten vorhandener Informationen aus inner- oder außerbetrieblichen Quellen lässt sich praktisch „am Schreibtisch" durchführen, und deswegen wird die Sekundärmarktforschung auch **Desk Research** genannt.

Mit dem Bereitstellen von Informationen wird der Zweck verfolgt, einen Zuwachs an entscheidungsrelevantem Wissen zu generieren. Wie kann diese Aufgabe von der Marktforschung – vor allem innerhalb ihrer demoskopischen Richtung – bewerkstelligt werden? Wie also ist es möglich, soziale Tatbestände mittels eines Zeichenvorrats (syntaktische Ebene) in Daten als Aussagen über reale Sachverhalte (semantische Ebene) zu fassen und in einen spezifischen, empfängerorientierten Handlungs- oder Verwendungsbezug (pragmatische Ebene; zu diesen Begriffen siehe E.I.) zu stellen? Hiermit ist die grundsätzliche Frage angesprochen, auf welche Weise Daten respektive Informationen in den Sozialwissenschaften generiert werden. Wir kommen damit zu wesentlichen Grundlagen der Informationsgewinnung in der Marktforschung (mittlerer Teil der Abb. F-III-16):

- Worin besteht der **Vorgang des Messens**?
  - Etwas zu messen, bedeutet im Bereich der Naturwissenschaften, dass die Ausprägung eines speziellen Merkmals (einer speziellen Eigenschaft/ Merkmalsdimension) bei einem bestimmten Objekt (einem bestimmten Merkmalsträger) mit Hilfe eines Messgerätes oder -instrumentes festgestellt wird. Dies sei an einem einfachen Beispiel verdeutlicht: In der Ausprägung „Meter" kann das Merkmal „Körpergröße" eines Menschen als Merkmalsträger mit Hilfe eines traditionellen Zollstocks oder – technologisch fortschrittlich – eines Laserstrahls gemessen werden.
  - Hierbei finden unterschiedliche Normeinheiten als Maßstäbe Verwendung. Größen oder Längen sind wie im Beispiel durch Zollstöcke und Maßbänder in Metern zu ermitteln, Gewichte können durch den Einsatz von Waagen in Kilogramm angegeben werden, oder Raumgrößen/ Volumina lassen sich

durch das Verwenden von Messbechern in Litern ausdrücken. Im konkreten Untersuchungsfall wird die Merkmalsausprägung eines Objekts also mit genormten Einheiten („Urmeter“, Eichgewicht/ -liter) verglichen. Die sich dabei als Zahlenwert ergebende Relation stellt dann das Messergebnis dar (z.B. 1,85 Meter, 85 Kilogramm, 15 Liter). Das Merkmal ist in Normeinheiten übersetzt, womit i.d.R. auch die Ausprägungen bei unterschiedlichen Merkmalsträgern aufeinander bezogen werden können (z.B. Körpergrößen und -gewichte verschiedener Personen).

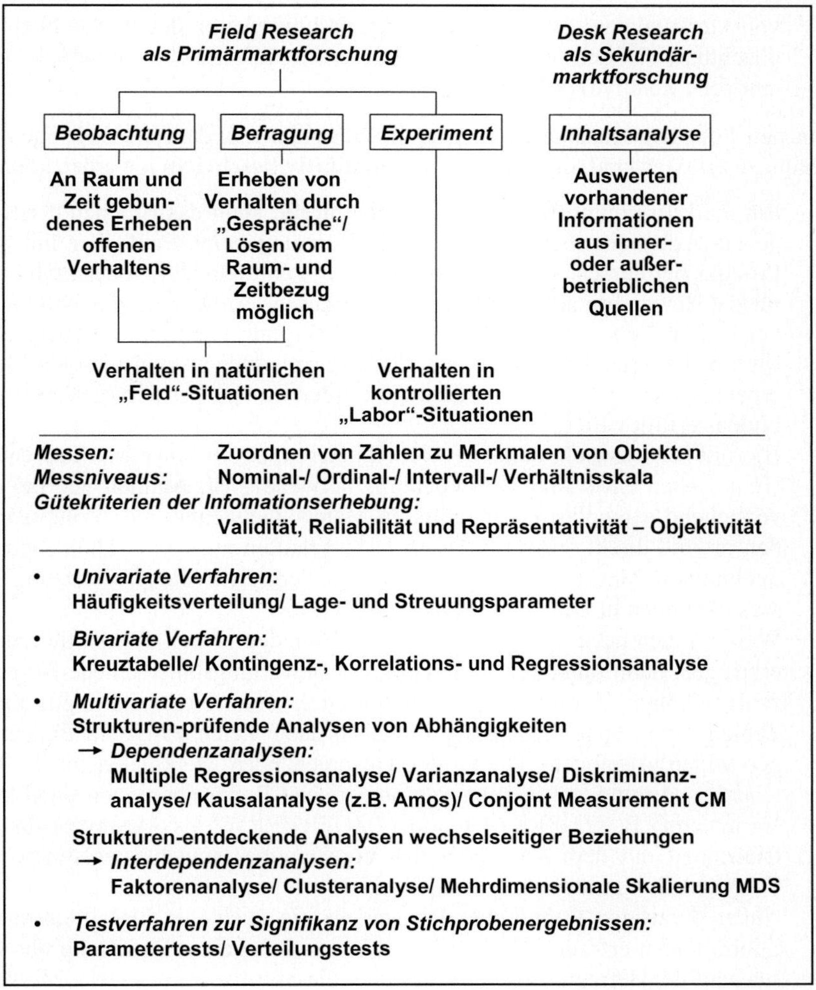


**Abb. F-III-16:** Marktforschung: Generelle Erhebungsmethoden – Grundlagen der Informationsgewinnung – Verfahren der Datenauswertung

- Als **allgemeine Beschreibung des Messens von Sachverhalten** kann – einer Definition von Norman R. CAMPBELL aus dem Jahr 1938 folgend – festgehalten werden, dass ein

  * Zuordnen von Zahlen zu Merkmalen (Eigenschaften) von Objekten (Merkmalsträgern) erfolgt,
  * wobei Relationen zwischen den zugeordneten Zahlen analoge Relationen zwischen den ursprünglichen Objekten/ Merkmalen wiedergeben sollen.

  Der Messvorgang ist damit als strukturgetreues (homomorphes) Abbilden von Merkmalen zu kennzeichnen; hierdurch werden in der Wirklichkeit beobachtbare Größen (empirische Relative) in zahlenmäßige Ausdrücke (numerische Relative) gefasst.

- In den Sozialwissenschaften besteht die Besonderheit, dass vielfach Sachverhalte zu erfassen sind, die zunächst nur **qualitativ beschrieben** werden können.

  - Ein marktforschungsbezogenes Beispiel hierfür stellt das Erheben der Kundenzufriedenheit im Hinblick auf die Beratung beim Kauf oder mit dem Produkt bei dessen Verwendung dar. „Gut", „mittelmäßig" oder „schlecht" für die Bewertung des Ergebnisses sind typische Antworten, die man bei einer – mündlichen oder schriftlichen – Befragung von Käufern zu solchen Merkmalen erhalten wird. Wie sind diese Äußerungen in Zahlen als Messergebnisse zu übersetzen, so dass die Forderung eines strukturgetreuen Abbildens erfüllt wird?
  - Hiermit zeigt es sich, dass bei solchen inneren, psychischen Merkmalen das Heranziehen eines Maßstabs ebenfalls notwendig ist. Ähnlich wie bei den vorstehend exemplarisch angeführten Meter-, Gewichts- oder Volumenmaßen im Fall direkt quantifizierbarer Eigenschaften müssen folglich auch bei qualitativen Merkmalen Regeln für den Vergleich/ die Übersetzung der Ausprägungen in Zahlen aufgestellt werden.
  - Wenn Fragen nach der Zufriedenheit von Kunden in sich abgestufte Urteile erbringen, dann müssen also genau diese Bewertungsunterschiede bei einer zahlenmäßigen Zuordnung der Antworten erhalten bleiben; die gewählten Zahlenwerte können respektive brauchen dabei keine absoluten Bedeutungen wider(zu)spiegeln. Die zu den entsprechenden Merkmalen für die Datenerfassung und -auswertung als numerische Repräsentationen gebildeten Variablen (z.B. „ZUFRKAUF" oder „ZUFRVERW" als Akronyme für Zufriedenheit mit dem Kauf oder der Verwendung) sind beispielsweise mit 1 = „gut", 2 = „mittelmäßig" und 3 = „schlecht" zu codieren.
  - Außer derartigen Rangordnungen sind häufig auch rein klassifikatorische Zuordnungen erforderlich. Wird beispielsweise in einer Befragung das Geschlecht der Befragten erhoben, um über dieses personenbezogene Merkmal anschließend Unterschiede im Antwortverhalten von Frauen und Männern herausarbeiten zu können, so findet beispielsweise mit „1 = weiblich" oder „2 = männlich" eine lediglich kategoriale Zuweisung von Ausprägungsziffern statt.

An den Beispielen ist deutlich geworden, dass es für das zahlenmäßige Abbilden von Merkmalen darauf ankommt, welche Relationen der Ausprägungen typischerweise gegeben sind respektive in welcher Weise diese dann auch im Vergleich bei unterschiedlichen Merkmalsträgern interpretiert werden können. Demnach lassen sich verschiedene Merkmale bestimmten Eigenschaftstypen zuordnen, wobei auch „unterhalb metrischer Maßeinheiten" sinnvolle Zahlenzuordnungen von Ausprägungen möglich sind. Die jeweilige Art, einen empirischen Sachverhalt als Merkmal/ Eigenschaft eines Objekts/ Merkmalsträgers in Zahlen auszudrücken respektive zu messen, wird als Skalierung bezeichnet; als Ergebnis dieses Vorgangs entsteht eine Skala, welche die zahlenmäßig übersetzten Ausprägungsergebnisse enthält.
Seit einem Vorschlag von STANLEY S. STEVENS aus dem Jahr 1946 sind die nachfolgend charakterisierten **vier Skalentypen** gebräuchlich. Mit deren Verwendung findet zugleich eine Festlegung der Rechenoperationen/ Auswertungsverfahren statt, die im Hinblick auf die „numerischen Relative" zulässig sind. Deswegen wird auch von unterschiedlichen **Messniveaus** gesprochen. Diese sind abwärtskompatibel; ein höheres Messniveau trägt jeweils auch die Informationsgehalte der vorgelagerten Skalentypen. Damit kann bei Datenerhebungen immer auf tiefere Messniveaus zurückgegangen werden; das Erreichen einer höheren Stufe setzt dagegen zusätzliche Informationen über die Ausprägungen der Merkmale und damit i.d.R. einen neuen Messvorgang voraus.

- Das niedrigste Messniveau ist bei **Nominalskalen** gegeben. Die Ausprägungen eines Merkmals werden hierbei lediglich nach ihrer Gleichartigkeit unterschieden. Gleiche Ausprägungen erhalten denselben Zahlenwert; für verschiedene Ausprägungen sind also unterschiedliche Codierungen vorzusehen. Auf dem Nominalniveau können lediglich Klassifikationen gebildet werden (Geschlecht, Autofarben, Freizeitaktivitäten als Merkmalsbeispiele); außer einfachen Häufigkeitsauswertungen sind bezogen auf solche Merkmale keine weiter gehenden Berechnungen mit den zugewiesenen Zahlenwerten möglich.
- Können klassifizierte Merkmale außerdem in eine Rangordnung gebracht werden, dann ist von einer **Ordinalskala** zu sprechen. Neben der Gleichartigkeit von Ausprägungen sind diese jetzt auch in Größer-/ Kleiner-Verhältnisse zu setzen (Benotungen oder höchster Bildungsabschluss als Merkmalsbeispiele). Zu den Ausprägungen solcher Merkmale lassen sich bestimmte Lageparameter errechnen (Welche mittlere Note steht als Median im Zentrum der geordneten Antworten einer Kundenzufriedenheitsanalyse (50%-Wert)? Wo liegen die Quartile als jeweilige 25%-Werte der Benotungsreihe, wo ein bestimmter Prozentrang? – z.B. 80% der Benotungen schlechter als „3" für „befriedigend").
- Haben zusätzlich auch die relativen Differenzen zwischen den Messwerten eine empirische Bedeutung (Kalendertage, Temperaturangaben in Celsiusgraden oder Messwerte standardisierter psychometrischer Tests, wie zur Intelligenz oder zu Einstellungen, als Beispiele), so liegt das Niveau der **In-**

**tervallskala** vor. Hiermit geht ein weiterer Informationsgewinn einher; nun können – wiederum zunächst lediglich auf die erhobenen Merkmale bezogen – arithmetische Mittelwerte berechnet werden, und zur Streuung der Ausprägungen lassen sich die Varianz und die Standardabweichung ermitteln.

- Wenn die Merkmalsausprägungen schließlich sinnvoll auf einen absoluten Nullpunkt bezogen werden können, dann müssen die kategorisierten Zahlen außer im Hinblick auf ihre Rangordnung und ihre Abstände auch in ihren Verhältnissen interpretierbar sein. Damit ist das höchste Messniveau der **Verhältnis- oder Ratioskala** erreicht. Bei dieser Art der Messung zugänglichen Merkmalen können die Ausprägungen mit der gesamten Breite von Lage- und Streuungsparametern charakterisiert werden. Beispielsweise für den mehrjährigen Durchschnitt von Indexwerten ist hier der geometrische Mittelwert zu berechnen, und verschiedene Ausprägungsreihen eines Merkmals können über das relative Streuungsmaß des Variationskoeffizienten verglichen werden. Bei den zuvor angeführten quantitativen Messungen über Meter-, Gewichts- oder Volumenmaße liegt sämtlich ein Abbilden auf Verhältnisskalen vor.
- Die vier Messniveaus können zu zwei Gruppen zusammengefasst werden:
  * Nominal- und Ordinalskalen werden als topologische (nicht-metrische, qualitative) Skalen bezeichnet.
  * Dem gegenüber stehen die Intervall- und die Verhältnis-/ Ratioskala als metrische (quantitative) Skalen.

Wie es die vorangegangenen Ausführungen bereits verdeutlicht haben, besteht der Messvorgang qualitativer Sachverhalte insbesondere bei Befragungen häufig darin, dass Fragen zu den Untersuchungsobjekten durch das Ankreuzen vorformulierter Aussagen zu beantworten sind. Diesen sind Zahlen zugeordnet, so dass aus den Antworten numerische Messwerte resultieren. Sie umfassen etwa die Bedeutungen von „sehr gut“ bis „sehr schlecht“, „sehr zufrieden“ bis „völlig unzufrieden“, „sehr wichtig“ bis „völlig unwichtig“ oder von „trifft voll zu“ bis „trifft überhaupt nicht zu“, wobei mit unterschiedlichen Abstufungen gearbeitet werden kann. Durch die Verwendung entsprechender Formulierungen lassen sich z.B. fünf Vorgaben verwenden (bspw. „sehr gut“ – „gut“ – „mittelmäßig“ im Sinne von teils gut/ teils schlecht – „schlecht“ – „sehr schlecht“). Solche Einschätzungs- oder Zuordnungsskalen werden **Rating-Skalen** genannt. Ihre Struktur entspricht der von Ordinalskalen, deren Rangplätze verbal differenziert sind. Wird zu den vorgegebenen semantischen Abständen die Annahme getroffen, dass diese einander gleich sind bzw. subjektiv so eingeschätzt und interpretiert werden können, dann lassen sich mit in gleichen Intervallen gebildeten Ausprägungszahlen (im obigen Beispiel also „1“ bis „5“ oder „+ 2“ bis „- 2“) auch höherwertige Berechnungen durchführen. Rating-Skalen nehmen damit die Eigenschaften von Intervallskalen an, und folglich sind die für dieses Messniveau möglichen statistischen Operationen durchführbar. Wenn sich die sprachlich exakten Abstufungen zusätzlich als geordnete Ausprägungen darstellen und als Verhältniszahlen interpretieren lassen (z.B. bei Analysen

der Kundenzufriedenheit als Werte von 0%, 25%, 50%, 75% und 100% für die allgemeine Bedeutung/ Wichtigkeit eines Merkmals bzw. seines Erfüllungsgrades in einer konkreten Kaufsituation), dann lässt dies auch statistische Operationen für Ratioskalen zu.
Zunächst kommt es also auf die semantisch eindeutige Abstufung der Ausprägungen im Sinne von gleich groß nachvollziehbaren Intervallen an. Dies ist bei der oben dargestellten 5er-Skala, der nach ihrem Urheber RENSIS LIKERT genannten LIKERT-Skala, eher gegeben als bei der nachfolgend wiedergegebenen 7er-Skala: „sehr gut" – „gut" – „weniger gut" – „mittelmäßig" – „eher schlecht" – „schlecht" – „sehr schlecht". Hier ist die Abstufung von „sehr gut" zu „gut" nicht eindeutig als gleich groß wie die zwischen „gut" und „weniger gut" interpretierbar. Diese Unschärfen der semantischen Besetzung in der Skalierung können dann zu Unsicherheiten bei den Befragten und so zu Fehlern in der empirischen Messung führen.
Die vorstehend beispielhaft wiedergegebenen Ausprägungslisten weisen mit einer ungeraden Anzahl von Positionen einen mittleren Einschätzungswert auf. Zum Vermeiden einer großen Anzahl solcher Durchschnittsantworten (Zentralitätseffekt) sind auch geradzahlige Rating-Skalen (ohne Mitte) gebräuchlich. Hierbei ist allerdings zu beachten, ob damit nicht unter Umständen wiederum eine Verletzung des Gebots der Gleichheit im semantischen Abstand der Antworten verbunden ist. Die Überlegenheit geradzahliger Rating-Skalen in der Messgenauigkeit ist nicht nachgewiesen. Wenn man davon ausgeht bzw. ausgehen kann, dass die befragten Personen eine klare Urteilsfähigkeit besitzen, dann ist das Vorhandensein einer geometrischen Mitte kein Nachteil. Diese wird nur dann gewählt, wenn sie der konkreten Einschätzung entspricht.

- Nach den Darstellungen zur Bandbreite des Messens auf unterschiedlichen Messniveaus/ Skalentypen kann der zentrale **Stellenwert von Messvorgängen** in der empirischen Sozialforschung/ Marktforschung wie folgt zusammengefasst werden:

  - Das Gewinnen von Informationen explorativer, deskriptiver oder kausalanalytischer Art setzt immer das Messen von Sachverhalten voraus.
  - Das Untersuchungsdesign einer Marktforschungsstudie (siehe hierzu die Erläuterungen zu Abb. F-III-15) muss also grundsätzlich durch Messungen als strukturgetreues Abbilden von Merkmalen operationalisiert werden.
  - Die in einem Untersuchungsdesign enthaltenen (theoretischen) Begriffe sind in folgenden Schritten mit realen Phänomenen zu verknüpfen:

    a) Definition der Dimensionen/ Teilaspekte eines Begriffs
    b) Festlegung von Eigenschaften/ Merkmalen (oder von Indikatoren) für die einzelnen Begriffsdimensionen
    c) Auswahl der für die konkrete Fragestellung relevanten Merkmale mit Ausprägungen
    d) Zuordnen von numerischen Werten (Zahlen als Merkmalsausprägungen) zu Merkmalen von Objekten (Merkmalsträgern).

- Diese Schritte sind prinzipiell methodenunabhängig, sie müssen also immer – und damit vor/ bei jeder Erhebungsmethode (Beobachtung/ Befragung/ Experiment/ Inhaltsanalyse) – durchlaufen werden.

Die Informationserhebung hat **Gütekriterien** zu genügen, mit welchen generelle Anforderungen an Messoperationen aufgestellt werden. Hierauf bezogen ist von einer Methodenabhängigkeit zu sprechen; mit einzelnen Erhebungsmethoden können Unterschiede im Erfüllungsgrad der Gütekriterien und damit im erzielbaren Informationsgehalt verbunden sein. Ohne darauf im Detail einzugehen, werden nachfolgend die mit den Gütekriterien der Validität, der Reliabilität und der Repräsentativität allgemein zu verbindenden Inhalte sowie der generelle Anspruch der Objektivität kurz vorgestellt:

- Unter der **Validität (Gültigkeit)** einer Messung wird verstanden, ob tatsächlich das **gemessen wird, was** dem theoretisch-begrifflichen Sachverhalt zufolge **gemessen werden soll**.

  * Gemäß dem obigen Schema geht es hierbei in erster Linie darum, ob die in b) und c) gewählten Merkmale zutreffend bestimmt wurden, so dass der Schluss von den bei d) empirisch festgestellten Merkmalsausprägungen auf den Begriff a) und dessen Dimensionen gerechtfertigt ist.
  * Hierfür muss zusätzlich sichergestellt sein, dass das richtige Messniveau zu Grunde gelegt wird, damit über die zugeordneten Messwerte die Unterschiede zwischen Merkmalsträgern adäquat abgebildet werden können.

- Als **Reliabilität (Zuverlässigkeit)** einer Messung wird die **Stabilität** erhaltener Messwerte über mehrere Messvorgänge und damit deren **Reproduzierbarkeit** verstanden. Mittels verschiedener Fragestellungen können hierbei drei unterschiedliche Arten charakterisiert werden:

  * Bringt ein Messinstrument bei wiederholter Messung desselben Phänomens die gleichen Ergebnisse hervor (intertemporale Stabilität)?
  * Erzielen verschiedene Personen bei der Messung desselben Phänomens die gleichen Ergebnisse (intersubjektive Stabilität)? Damit ist gleichzeitig auch die später noch ausgeführte Objektivität gegeben.
  * Erbringt die Messung desselben Phänomens mit unterschiedlichen Instrumenten gleiche Ergebnisse (interinstrumentelle Stabilität)?

- Die Forderung nach der **Repräsentativität** einer Messung ist den beiden bisher angesprochenen Gütekriterien um eine Ebene vorgelagert. Jetzt geht es darum, ob die in eine Erhebung als Merkmalsträger einbezogenen Untersuchungsobjekte so ausgewählt wurden, dass die **Messergebnisse auf** eine **größere Grundgesamtheit übertragbar** sind.

  * Das Gütekriterium der Repräsentativität ist also in den – für die Marktforschung häufig typischen – Fällen von Bedeutung, in denen aus wirtschaftlichen, zeitlichen oder organisatorisch-technischen Gründen keine Vollerhebung bei allen in Frage kommenden Untersuchungseinheiten

durchgeführt wird. So wird beispielsweise ein Konsumgüterhersteller im Rahmen einer Neuproduktentwicklung nicht sämtliche Kunden eines Absatzgebietes befragen (können), um dadurch Aufschlüsse zu deren Erwartungen an innovative Marktleistungen im entsprechenden Anwendungsfeld zu erhalten. Die Marktforschungsstudie wird sich dann als Teilerhebung auf eine Teilmenge aller potenziellen Verwender des Neuprodukts beziehen.

* Damit von den Messergebnissen bei einer Teilerhebung auf die Merkmalsausprägungen in der Grundgesamtheit geschlossen werden kann, ist es offensichtlich notwendig, dass die Verteilungen „strukturbildender Merkmale“ (z.B. also demographische, soziographische und kaufverhaltensbezogene äußere Merkmale) in der Teil- und in der Grundgesamtheit einander entsprechen. Ist dies gewährleistet, dann kann zu den eigentlichen Fragestellungen (bspw. zu inneren, psychischen Merkmalen) von den Ergebnissen der Teilgesamtheit auf das Antwortverhalten in der Grundgesamtheit hochgerechnet werden.
* Letzteres erfolgt mit den Mitteln der Wahrscheinlichkeitstheorie. Umgesetzt in entsprechende Testverfahren der analytischen, schließenden Statistik kann der in Teilerhebungen auftretende Zufallsfehler abgeschätzt werden, womit die zuverlässige Ermittlung eines für die Grundgesamtheit gültigen wahren Wertes bzw. eines wahren Wertebereichs möglich ist (siehe hierzu auch F.III.5.b.)
* Repräsentativität ist dann gegeben, wenn die untersuchte **Teilgesamtheit** als **Stichprobe** (Sample) ein verkleinertes Abbild der Grundgesamtheit darstellt. Mit diesem auf Teilerhebungen bezogenen Gütekriterium ist also die Forderung nach einem **strukturgetreuen Abbilden der Merkmalsträger einer Grundgesamtheit** verbunden.
* Der auch als Stichprobenfehler bezeichnete Zufallsfehler ist nur dann sinnvoll zu ermitteln, wenn die Merkmalsträger der Teilerhebung über eine Zufallsauswahl bestimmt wurden. Dies bedeutet, dass jedes Element der Grundgesamtheit die gleiche, angebbare Chance haben muss, auch Element der Stichprobe zu werden. Nur unter dieser Voraussetzung ist der Repräsentationsschluss von den Stichprobenergebnissen auf die Ergebnisse in der Grundgesamtheit zulässig.
* Sofern Grundgesamtheiten lediglich über ein Merkmal definiert werden können (z.B. Personen, Haushalte, Unternehmen) lassen sich Zufallsauswahlen relativ einfach treffen (bspw. nach dem Urnenmodell oder über Zufallszahlen als echten Zufallsauswahlen oder nach verschiedenen einstufigen Auswahlverfahren, wie dem Listenauswahlverfahren – z.B. jede 50. Position einer Kartei – oder dem Schlussziffernverfahren – z.B. jeweils die Endnummern 15 einer Kartei).
* Wenn – wie im Regelfall – Grundgesamtheiten über mehrere Merkmale gekennzeichnet werden, dann stellt sich das Realisieren einer Zufallsstichprobe ungleich schwieriger dar. Als **geschichtete Stichprobe** sind jetzt zunächst nach einzelnen, sich nicht überschneidenden Merkmalsausprägungen (z.B. Alters- oder Einkommensklassen, Geschlecht)

**Teilmengen der Grundgesamtheit** zu isolieren, um hieraus einfache zufallsgesteuerte Stichproben zu ziehen. Zusammen genommen ergeben diese Schichtungen dann die Untersuchungsstichprobe.

* Häufig wird nach dem so genannten **Quotenverfahren** (Quota-Sampling) vorgegangen. Die Kenntnis der Zusammensetzung einer Grundgesamtheit nach verschiedenen Merkmalen wird hierbei dazu verwendet, in den entsprechenden Quoten Personen beispielsweise in eine mündliche Befragung einzubeziehen. Dabei wird es dem Interviewer überlassen, die jeweiligen Anteile bei den befragten Personen zu erreichen (z.B. also 9 Männer und 15 Frauen, davon je ein Drittel in drei verschiedenen Alters- oder Bildungsklassen). Damit ist die eigentliche Auswahl der Befragten nicht mehr zufallsgesteuert. So erbringen die statistischen Fehlerabschätzungen keine exakten Ergebnisse mehr. Wie sich in der Praxis gezeigt hat, sind die Ergebnisse solcher Messungen trotzdem als noch befriedigend zu kennzeichnen.

- Der generelle Anspruch der **Objektivität** umfasst außer dem Messvorgang als der eigentlichen Erhebung von Daten/ Informationen auch deren Auswertung und Interpretation. Allgemein gesehen, ist hiermit die Forderung nach einer Unabhängigkeit des Untersuchungsgegenstands/ -objekts von – bewussten oder unbewussten – Einflüssen durch die mit einer Marktforschungsstudie betrauten Personen (den Untersuchungssubjekten) verbunden. Hierzu lassen sich folgende Teilkategorien unterscheiden:

  * Die **Durchführungsobjektivität** bezieht sich darauf, dass die Informationserhebung genau festgelegten Regeln folgt, so dass gleiche Messergebnisse durch verschiedene Beobachter, Interviewer oder Versuchsleiter gewonnen werden können. Dieser Punkt entspricht der zur Reliabilität geforderten intersubjektiven Stabilität von Messungen.
  * Bei der **Auswertungsobjektivität** steht die Standardisierung respektive Qualitätssicherung der Daten-/ Informationsanalyse im Vordergrund. In welchen Schritten hierbei vorgegangen wird, darf nicht dem Belieben der mit den eingesetzten Computerprogrammen vertrauten Fachkräfte überlassen bleiben. Hier zeigt sich noch einmal die Notwendigkeit der exakten Vorabfestlegung eines aus dem Forschungs- und Untersuchungsdesign entwickelten Auswertungsdesigns.
  * Die **Interpretationsobjektivität** umfasst schließlich noch das Bewerten der Erhebungsergebnisse sowie das eventuelle Ableiten von Schlussfolgerungen für weiter gehende Marktforschungsprojekte. Der mit der theoriegeleiteten Konzeptualisierung abgesteckte Rahmen eines Forschungsvorhabens darf auch in der Schlussphase der Ergebnispräsentation und -kommunikation nicht überschritten werden. Hier sollten also die Resultate der Hypothesentests sowie das eventuelle Generieren neuer Hypothesen den Schwerpunkt bilden; eine freie Interpretation der Untersuchungsergebnisse kann – auch bei explorativen Studien – zu keinen tragfähigen Entscheidungsgrundlagen führen. Bei Stichprobenergebnissen schließt die Anforderung der Interpretationsobjektivität insbesondere die

Angabe der Vertrauensbereiche für einzelne Befunde/ Parameter in den übergeordneten Grundgesamtheiten ein.

Aus den Teilkategorien der Objektivität lässt sich im Übrigen die – vor allem bei Vorhaben der Auftragsforschung relevante – prinzipielle Forderung ableiten und begründen, keine erwünschten Ergebnisse zu liefern. Solche theoretisch und empirisch nicht abgesicherten Resultate sind als Grundlage für Marketingentscheidungen wertlos; ihre Unbrauchbarkeit stellt sich zudem – über entsprechende Misserfolge am Markt – relativ schnell heraus, und so wird sich damit der Marktforschungs-Dienstleister in keinem Fall eine dauerhafte Reputation aufbauen können.

### b. Statistische Verfahren der Marktforschung

Mit welchen statistischen Verfahren lässt sich erhobenes Datenmaterial auswerten/ darstellen und auf vermutete Regelmäßigkeiten (Zusammenhänge zwischen Variablen/ Unterschiede zwischen Merkmalsträgern) untersuchen? Hierzu enthält die Abbildung F-III-16 im unteren Teil eine Zusammenstellung, die zunächst im Hinblick auf die verwendeten Einteilungskriterien zu erläutern ist. Hierbei werden die aufgeführten Verfahren zum Teil bereits angesprochenen, bevor dann anschließend in einem Überblick kurze Charakterisierungen erfolgen.

- Den Bezeichnungen entsprechend, kann sich die Auswertung einer **Datenmatrix**, die üblicherweise zeilenweise in Fälle (Untersuchungsobjekte/ Merkmalsträger) und spaltenweise in Variablen (Merkmale mit jeweiligen Ausprägungen) angeordnet wird, auf eine, zwei oder mehrere Variablen beziehen (uni-, bi- oder multivariate Verfahren).
- Die Verfahren der **beschreibenden (deskriptiven) Statistik** lassen sich weiterhin nach der bei ihrer Anwendung angelegten generellen Ausgangsfragestellung unterscheiden. In Entsprechung zu dem mit Abbildung F-III-15 erläuterten Designentwurf eines konkreten Marktforschungsprojekts hat sich hierzu die Einteilung in Dependenzanalysen und in Interdependenzanalysen eingebürgert.
  - Bei **kausalanalytischen und deskriptiven Forschungsdesigns** besteht eine hypothesengeleitete, modellmäßige Vorstellung über die Regelmäßigkeiten in den erhobenen Informationen. Auf diese vermuteten Abhängigkeiten (Dependenzen) zwischen Variablen und Fällen/ Fallgruppen ist also die Datenstruktur kausalanalytisch zu prüfen bzw. es sind die Ausprägungen einzelner Merkmale/ Indikatoren deskriptiv zu bestimmen respektive zu prognostizieren. **Dependenzanalysen** sind damit als **strukturen-prüfende Analysen von Abhängigkeiten** einzuordnen. Hierbei sind unabhängige Variablen (Prädiktorvariable; eine oder mehrere) in ihrer Wirkung auf abhängige Variablen (Kriteriumsvariable; eine oder mehrere) zu testen.
  - **Explorative Forschungsdesigns** sind dadurch gekennzeichnet, dass die gegenseitigen Abhängigkeiten (Interdependenzen) von Variablen und Fällen/ Fallgruppen und damit insbesondere auch die einzelnen Wirkungsrichtungen noch nicht genau bekannt sind. Damit steht bei den **Interdependenz-**

**analysen** das **strukturen-entdeckende Analysieren wechselseitiger Beziehungen** im Vordergrund. Den Analysen kann noch keine Unterscheidung in abhängige und unabhängige Variablen zu Grunde gelegt werden.

- Die Klassifikation von Dependenz- und Interdependenzanalysen wird – wie in unserer Abbildung F-III-16 – i.d.R. innerhalb der multivariaten Verfahren vorgenommen. Sie lässt sich aber auch auf die bivariaten Methoden ausdehnen. Demnach stellen Kreuztabellen sowie die Berechnung von Kontingenz- und Korrelationskoeffizienten normalerweise ungerichtete Interdependenzanalysen dar, während Regressionsanalysen als gerichtete Modellrechnungen das Niveau einer Dependenzanalyse erreichen. Werden hierbei mehrere unabhängige Variablen (als Ursachen) auf eine abhängige Variable (als Wirkung) bezogen, dann kommt eine multiple Regressionsanalyse zum Einsatz. Wegen der damit mehr als zwei Auswertungsmerkmalen ist diese Form bei den multivariaten Verfahren notiert.
- Schließlich ist es außerdem möglich, die Auswertungsformen generell danach einzuteilen, ob sie – wie eingangs angedeutet – auf die Analyse von Zusammenhängen zwischen Variablen oder von Unterschieden zwischen Merkmalsträgern/ Fallgruppen/ Stichproben ausgerichtet sind. Hierbei ist allerdings lediglich eine schwerpunktmäßige – also nicht erschöpfende – Zuordnung möglich. Danach steht bei Korrelations- und Regressionsanalysen sowie bei der Faktorenanalyse die Untersuchung von Zusammenhängen zwischen Variablen im Mittelpunkt, während insbesondere die Varianz-, die Cluster- und die Diskriminanzanalyse zum Herausarbeiten von Unterschieden zwischen Merkmalsträgern herangezogen werden.

• Die bislang eingeordneten Verfahren rechnen zur beschreibenden (deskriptiven) Statistik. Hiermit ist es möglich, die große Menge erhobener Daten gemäß den im Untersuchungsdesign getroffenen Annahmen zu reduzieren respektive – ohne größere Informationsverluste – zu verdichten. Die in Abbildung F-III-16 abschließend aufgeführten **Testverfahren zur Signifikanz von Stichprobenergebnissen** gehören dagegen zur **schließenden (analytischen) Statistik**. Wie zum Gütekriterium der Repräsentativität schon angesprochen, geht es hierbei um die Verallgemeinerung von deskriptiven Ergebnissen aus Stichproben auf übergeordnete Grundgesamtheiten mit Hilfe der Wahrscheinlichkeitstheorie. Dies kann Annahmen über die Merkmalsverteilung (Verteilungstests) oder das Schätzen von Parametern (Parametertests) betreffen. Die hierzu gebildeten Hypothesen sind auf eine vorab festgelegte – niedrige – Irrtumswahrscheinlichkeit (Signifikanz) zu prüfen, und deswegen bezeichnen wir diese Methoden insgesamt als signifikanz-testende Verfahren.

Nachdem die wesentlichen Einteilungskriterien für die Verfahren der statistischen Datenauswertung aufgezeigt wurden, werden im Folgenden die einzelnen Methoden kurz inhaltlich gekennzeichnet.

### Uni- und bivariate Verfahren

**Univariate Verfahren** werden regelmäßig zu Beginn einer Datenauswertung eingesetzt, um einen ersten Überblick zu den erhobenen Messwerten der einzelnen Merkmale/ Variablen zu erhalten.

- Eine **Häufigkeitsverteilung** zeigt, welche Anzahlen auf die einzelnen Ausprägungen eines Merkmals bei allen – bzw. den in eine Teilauswertung einbezogenen – Untersuchungsobjekten/ Merkmalsträgern entfallen. Eine Variable wird also über alle/ die einbezogenen Fälle, z.B. Personen, aggregiert, und dann erfolgt ein „Auszählen" der **absoluten Häufigkeiten** für jeden Ausprägungs-/ Messwert, also z.B. danach, von wie viel Personen ein Produkt ein-, zwei- oder dreimal bereits gekauft wurde. Werden die absoluten Häufigkeiten jeweils auf die Gesamtzahl der Fälle bezogen, erhält man **relative Häufigkeiten** als Prozentwerte des Vorkommens der Einzelausprägungen.
  An einem einfachen **Beispiel** verdeutlicht:
  - Im Rahmen einer repräsentativen Endkunden-/ Leseranalyse eines Fachbuchverlags werden Käufer von Lehrbüchern – unter anderem – nach den erworbenen Buchtiteln befragt. Die Antworten/ Messwerte hierzu können über das Ankreuzen der gekauften Bücher in einer Titelauflistung (geschlossene Frage) oder durch ein „ungestütztes" Eintragen in das Antwortfeld einer offenen Frage erhoben werden. Zu diesem nominal skalierten Merkmal sind dann die absoluten und relativen Häufigkeiten der einzelnen Fachbücher (Ausprägungen) in der Stichprobe befragter Personen festzustellen. Die Frage nach den erworbenen Buchtiteln lässt mehrere Antworten zu (Mehrfachantworten-Frage). Addiert man die von jedem Befragten als gekauft angegebenen Titel, so kann darüber in der Datenauswertung die neue und verhältnisskalierte Variable Anzahl erworbener Buchtitel kreiert werden.
  - Wird die Gesamtzahl der befragten Endkunden/ Leser beispielsweise nach den Angaben zum Geschlecht oder der Tätigkeit gruppiert, so können Teilauswertungen vorgenommen werden (wie viel/ welche Titel haben Frauen/ Männer bzw. in Schul-/ Hochschulausbildung befindliche/ berufstätige Endkunden erworben?).
  - Der Vergleich der Häufigkeitsauswertungen zum Merkmal erworbene Buchtitel mit der Verkaufsstatistik des Verlages liefert erste Hinweise auf die **strukturelle Repräsentativität der Befragtenauswahl**. Ein starkes Indiz hierfür wäre es, wenn die für die Stichprobe ermittelten Anteile der unterschiedlichen Bücher als relative Häufigkeiten denen der insgesamt vom Verlag in einer Bezugsperiode verkauften Titel entsprächen.

  Eine Häufigkeitsverteilung kann auf verschiedene Arten grafisch visualisiert werden (z.B. als Säulen-/ Balken- oder auch als Tortendiagramm). Über das Verbinden nebeneinander abgetragener Häufigkeiten zu einem Streckenzug (Häufigkeitspolygon/ Kurvendiagramm) ist ein erster Eindruck zu gewinnen, ob die Ausprägungen eines stetigen oder mehrstufigen Merkmals – als wichtige Voraussetzung für den Einsatz vieler gehobener Auswertungsverfahren – annä-

hernd einer Normalverteilung entsprechen (Bild als Glockenkurve interpretierbar).
Das standardmäßige Durchführen univariater Häufigkeitsverteilungen ist außerdem eine praktikable Vorgehensweise zum Aufdecken eventueller Fehler bei der Dateneingabe. Sind z.B. Merkmale mit den Werten 1 bis 5 codiert, so dürfen bei deren Häufigkeitsauswertungen nicht etwa einige Fälle mit anderen Werten (bspw. also 7 oder 8) ausgewiesen werden. Solche Resultate außerhalb des vorgesehenen Wertebereichs sind auf Eingabefehler zurückzuführen, die sich daraufhin korrigieren lassen.

- **Parameter** sind **Maßzahlen/ Kennwerte**, mit denen eine Datenmenge hinsichtlich bestimmter Eigenschaften charakterisiert werden kann. Für eine Kennzeichnung von Häufigkeitsverteilungen bietet sich insbesondere das Berechnen von Lage- und Streuungsparametern an.
Mit **Lageparametern** (Lokalisationsparametern) wird die allgemeine Niveaulage der Ausprägungen/ Messwerte, die zu einem Merkmal/ einer Variable erhobenen wurden, durch einen spezifischen Kennwert als typische Ausprägung beschrieben. In Abhängigkeit vom gegebenen Messniveau sind – wie bei den dazu erfolgten Erläuterungen bereits angesprochen – der **Modalwert** (häufigster Wert), der **Median** (mittlerer, eine geordnete Ausprägungsreihe halbierender Wert) und entsprechende Quartile/ Dezile/ Zentile (25%-/ 10%-/ 1%-Werte), das **arithmetische Mittel** (Schwerpunkt einer Verteilung als Summe aller Ausprägungen geteilt durch die Anzahl der Fälle n) sowie das **geometrische Mittel** (für Verhältniszahlen als n-te Wurzel aus dem Produkt aller Ausprägungen) zu berechnen.

  - Auf das obige **Beispiel** bezogen: Wie sind die Lageparameter für die Merkmale Lesehäufigkeit (wie oft wird ein Buch in einem bestimmten Kalenderzeitraum benutzt?) und die durchschnittliche Lesedauer (wie lange wird jeweils darin gelesen?) – im Gesamtrücklauf und pro unterschiedener Merkmalsträgergruppe?
  - Bei dem Erheben der Ausprägungen dieser Merkmale können die Befragten direkt mit der Angabe kardinaler Zahlen antworten (z.B. ein-, drei-, achtmal Buch zur Hand genommen; jeweils etwa 20, 45 oder 90 Minuten darin gelesen), womit das Messniveau der Verhältnis- oder Ratioskala vorliegt. Für die untersuchte Stichprobe können also arithmetrische Mittelwerte berechnet werden (z.B. 4,5mal Buch pro Periode verwendet; 75 Minuten mittlere Lesezeit). Über die dabei gegebene Nullpunkt-Bedeutung sind zusätzlich auch Ergebnisvergleiche mit anderen/ früheren Erhebungen möglich. Für eine Zeitreihenbetrachtung können folglich Indexwerte gebildet werden, und daraus sind geometrische Mittelwerte abzuleiten.
  - Zur tabellarischen oder grafischen Aufbereitung der unterschiedlichen Stichprobenmesswerte bietet es sich für die vorgenannten Merkmale an, diese zu verschiedenen Klassen zusammenzufassen. Hiermit geht zwar eine prinzipielle Reduzierung auf das ordinale Skalenniveau einher; die Lage- und Streuungsparameter können dabei aber weiterhin anhand der ursprünglichen Messwerte und folglich ohne Skalierungsverluste ermittelt werden.

Bei der vorzunehmenden Klassenbildung ist darauf zu achten, dass der gesamte Wertebereich eines Merkmals lückenlos und überschneidungsfrei aufgeteilt wird. Exemplarisch könnten zu beiden Merkmalen je vier Klassen (drei gleich breite und eine rechts-offene) gebildet werden: Für die Lesehäufigkeit pro erfragtem Zeitraum ein- bis unter dreimal, drei- bis unter sechsmal, sechs- bis unter neunmal, neunmal und öfter und für die durchschnittliche Lesedauer 1 bis unter 30 Min., 30 bis unter 60 Min., 60 bis unter 90 Min., 90 Min. und länger.

**Streuungsparameter** (Dispersionsparameter) sind Kennwerte für die Variabilität der Ausprägungen/ Messwerte eines Merkmals. Neben einfachen Maßzahlen für niedrige Messniveaus, wie der Spannweite (Differenz zwischen der größten und der kleinsten gemessenen Ausprägung) oder dem Zentils-/ Quartilsabstand (Differenz zwischen dem 90. und dem 10. Zentil bzw. dem 3. und dem 1. Quartil – auch als halber Quartilsabstand gebräuchlich), haben für metrisch skalierte Daten vor allem solche Parameter eine große Bedeutung, bei denen die Streuung der Merkmalsausprägungen auf den arithmetischen Mittelwert bezogen wird. Hier sind beispielsweise die **Varianz** als mittlere quadrierte Abweichung der Messwerte von ihrem arithmetischen Mittel sowie die **Standardabweichung** (positive Wurzel aus der Varianz, damit wieder dem Merkmal entsprechende Dimension) zu berechnen.

- In unserem **Beispiel** entspricht dies der Analyse der Abweichungen der einzelnen Messwerte zur Lesehäufigkeit und zur durchschnittlichen Lesedauer von ihrem jeweiligen Mittelwert. Diese kann wiederum für alle Befragten sowie für einzelne Teilgruppen durchgeführt werden.

Auf der Basis der vorstehend erläuterten Grundlagen können **bivariate Verfahren** der Datenauswertung allgemein dadurch beschrieben werden, dass die Häufigkeitsverteilungen zweier Merkmale aufeinander bezogen werden. Hierbei ist folglich von Interesse, wie die Ausprägungen zweier Merkmale im untersuchten Datensatz jeweils miteinander korrespondieren.

- Damit sind neue Häufigkeiten zu berechnen und in einer so genannten **Kreuztabelle** darzustellen, in der die beiden interessierenden Merkmale die Dimensionen der Kreuztabelle bzw. Matrix bilden. Deren Zeilen „i“ bestimmen sich über die Ausprägungen des ersten Merkmals, während die Spalten „j“ nach den Ausprägungen des zweiten Merkmals gebildet werden. Die Zeilensummen (rechte Randsummen) geben damit die Häufigkeitsverteilung des ersten Merkmals wieder, die Spaltensummen (untere Randsummen) die des zweiten Merkmals. In den „$i \times j$“ verschiedenen Tabellenzellen werden jetzt die Häufigkeiten des gemeinsamen Auftretens zweier Merkmalsausprägungen eingetragen.
  - Für die Fachverlagsstudie kann zum **Beispiel** von Interesse sein, wie die gemeinsame Verteilung der Merkmale Lesehäufigkeit und durchschnittliche Lesedauer aussieht.
  - Hierfür sind die in Klassen zusammengefassten Antworten der Befragten für beide Merkmale einander gegenüberzustellen. Bei beiden Merkmalen

waren jeweils vier Klassen gebildet worden. Mit diesen Einteilungen ergibt die Kombination der klassierten Merkmale eine Matrix von 16 Feldern (4 × 4 Ausprägungsklassen). Die einzelnen Tabellenzellen sind als Schnittmengen zweier Klassen zur Lesehäufigkeit und zur durchschnittlichen Lesedauer definiert, und folglich sind in jeder Zelle genau die Fälle/ Befragten zu vermerken/ zu zählen, deren Antworten den damit jeweils angesprochenen beiden Klassen zuzurechnen sind.

- Der generelle Sachverhalt bivariater Datenauswertungsverfahren sei noch einmal an einem weiteren **Beispiel** mit zwei Merkmalen in ordinal gemessenen Ausprägungen verdeutlicht:
  - In einer Marktforschungsstudie zur Ausstattung von Haushalten mit langlebigen Konsumgütern sind der Bildungsstand von Konsumenten (codiert mit „niedrig, mittel und hoch") und deren Ausstattung mit Telekommunikationsgeräten (codiert mit „keine, einige und mehrere Geräte vorhanden") erhoben worden.
  - Die neun inneren Felder der entsprechenden Kreuztabelle zeigen dann die Häufigkeiten, mit denen die Einzelausprägungen jeweils kombiniert auftreten. Zusätzlich kann so zeilenweise nachgesehen werden, wie die Personen eines bestimmten Bildungsstandes ihre Geräteausstattung angegeben haben, und spaltenweise ergibt die Kreuztabelle Aufschlüsse darüber, wie sich eine bestimmte Geräteausstattung über die verschiedenen Bildungsstände verteilt. Solche relativen Häufigkeiten werden von den einschlägigen Auswertungsprogrammen meist standardmäßig ausgegeben.

Das **gemeinsame Auswerten zweier Merkmale** geschieht i.d.R. vor dem Hintergrund folgender zentraler Fragen: Stehen die zu den beiden Variablen erhobenen Messwerte in irgendeinem Zusammenhang? Sind also bei den Antwortverteilungen zur Lesehäufigkeit und zur durchschnittlichen Lesedauer respektive zum Bildungsstand und zur Ausstattung mit Telekommunikationsgeräten Regelmäßigkeiten zu erkennen? Wenn ja, können diese Zusammenhänge in ihrer Art und Richtung näher beschrieben werden? Ist es darüber hinaus möglich, aus den Ausprägungen eines Merkmals direkt auf den Messwert der zweiten Variable zu schließen? Mit diesen Fragen sind die Einsatzzwecke dreier bivariater Analyseverfahren beschrieben, mit deren Anwendung jeweils unterschiedliche Anforderungen an das Messniveau der Daten verbunden sind.

- **Kontingenzanalysen** setzen lediglich ein **nominales Skalenniveau** voraus, weshalb sich ihr Einsatz auf den Nachweis einer irgendwie gearteten Regelmäßigkeit im Beantworten zweier Merkmale beschränkt.
  - Als **Beispiel** aus der Fachverlagsstudie ist das Überprüfen einer Zusammenhangshypothese zur Verteilung der nominalen Merkmale erworbene Buchtitel und Geschlecht zu nennen. Diese kann etwa zum Inhalt haben, dass Frauen andere Bücher als Männer kaufen.

Außer dem Aufstellen von Kreuztabellen können verschiedene nominale Zusammenhangsmaße berechnet werden. Diese nehmen Werte von 0 bis 1 an, wobei ein Ergebnis von annähernd 1 auf eine stark ausgeprägte Regelmäßigkeit im Verhältnis der beiden einbezogenen Häufigkeitsverteilungen hinweist. Sie ist damit allerdings nicht näher bestimmt, wobei das bei dem nominalen Datenniveau auch nicht erwartet werden kann.

- **Korrelationsanalysen** können Aufschlüsse über die **Art und Richtung von Zusammenhängen** erbringen; hierzu müssen die Messwerte aber mindestens auf dem **Ordinalniveau** liegen.

  - Für die Konsumgüterstudie ist zum **Beispiel** die Hypothese zu testen, ob Angehörige eines höheren Bildungsstands über eine umfangreichere Ausstattung mit Telekommunikationsgeräten verfügen.

  Über das Ermitteln von Korrelationskoeffizienten (Wertebereich von -1 bis +1) können Aussagen dazu getroffen werden, ob sich die Ausprägungen zweier Merkmale gleichläufig (Variationen beider Merkmale entsprechen einander, höhere Ausprägungen eines Merkmals gehen mit höheren Werten des anderen einher) oder gegenläufig (bei höheren Ausprägungen eines Merkmals sind niedrigere Werten des anderen zu verzeichnen) verhalten. Für metrisch skalierte Variablen würden Ergebnisse nahe +1 bedeuten, dass die beiden Merkmale in einem relativ eindeutigen und positiven Zusammenhang stehen (Minuswerte entsprechend für gegenläufige, negative Zusammenhänge).

- Mittels einer **Regressionsanalyse** können Zusammenhänge zwischen **metrischen Variablen** schließlich in eine bestimmte Form gebracht werden. Hierzu ist jetzt die Unterscheidung von abhängiger und unabhängiger Variable einzuführen.

  - Zur Fachverlagsstudie kann zum **Beispiel** die Annahme aufgestellt sein, dass von der unabhängigen Prädiktorvariable durchschnittliches Monatsnettoeinkommen auf die abhängige Kriteriumsvariable Anzahl erworbener Buchtitel geschlossen werden kann. Wenn dies zutrifft, dann lassen sich die Ausprägungen beider Merkmale in einem validen funktionalen Zusammenhang abbilden.

  Bei der linearen Regressionsanalyse wird in die Punktewolke der zweidimensionalen Verteilung beider Merkmalsausprägungen eine Schätzfunktion als Ausgleichsgerade der Form $\mathbf{y = b \bullet x + a}$ gelegt. Grundlage dieser Berechnung bildet die Forderung, dass die Abstände zwischen den Messwerten der abhängigen Variable und den hierfür über die Ausgleichsgerade geschätzten Werten minimiert werden. Im Ergebnis führt dies also zu einer Funktion, aufgrund derer von x-Werten auf y-Werte zu schließen ist.
  Werden diese Schätzwerte sowie die beobachteten Werte der abhängigen Variable y im Hinblick auf ihre Streuung um den arithmetischen Mittelwert analysiert, kann man daraus das **Bestimmtheitsmaß als ein Gütekriterium** der durchgeführten Regressionsrechnung ermitteln. Hiermit lässt sich die Aussage treffen, ein wie großer Anteil der Varianz der beobachteten y-Werte durch die Regressionsschätzung erklärt wird.

## Multiple und multivariate Verfahren

In **multivariate Verfahren** sind schließlich die Häufigkeitsverteilungen von mehr als zwei Variablen einbezogen. Wie bereits ausgeführt, wird mit solchen Auswertungen bezogen auf vermutete Regelmäßigkeiten entweder das Überprüfen von einseitigen Abhängigkeiten (Dependenzanalysen) oder das Herausarbeiten/ Aufdecken von wechselseitigen Beziehungen (Interdependenzanalysen) in den erhobenen Messwerten verfolgt. Dabei können die statistischen Routinen auf sämtliche Ausprägungen der einbegriffenen Merkmale und alle untersuchten Fälle – also auf ausgewählte Variablen der ursprünglichen Datenmatrix – gerichtet sein. Häufig wird mit den Rechenoperationen aber auf Teilgruppen von Merkmalsträgern, also z.B. Personen, abgehoben. Diese sind aus den Ausprägungen eines personenbezogenen Merkmals (wie etwa Geschlecht, Alter, ausgeübter Beruf) abgeleitet, oder sie können über das Verknüpfen der Merkmalsausprägungen mehrerer inhaltlicher Variablen erzeugt werden (z.B. Einkommen, Vermögen und Verbindlichkeiten als Basis von Kundenklassifikationen in Marktforschungsstudien im Bankenbereich). Bei solchen Fallgruppenselektionen stehen dann die durch die Gruppenbildung bedingten Regelmäßigkeiten der Verteilungen anderer Variablen im Vordergrund der statistischen Auswertung.

Die in Abbildung F-III-16 aufgeführten **dependenzanalytischen Verfahren** sind wie folgt zu kennzeichnen:

- Eine **multiple Regressionsanalyse** wird durchgeführt, um die Wirkungen von mehr als zwei unabhängigen Variablen auf eine abhängige Variable in einer linearen Funktion abzubilden, so dass Schätzwerte aus den Ausprägungen der Prädiktorvariablen abgeleitet werden können. In Erweiterung des entsprechenden bivariaten Verfahrens wird jetzt eine Mehrfachregression vorgenommen, mit welcher die kombinierten Einflüsse der unabhängigen Variablen auf die abhängige Kriteriumsvariable zu ermitteln sind.

  - Die multiple Regressionsanalyse bietet sich für zahlreiche Fragestellungen der Marktforschung an. Für unser Fachverlagsbeispiel können hiermit etwa unterschiedliche Ausgestaltungen des Marketing-Mix, z.B. also Variationen bei den geforderten Buchpreisen oder – über die entsprechenden Kosten gemessene – Modifikationen bei der Werbung und dem Kundenservice, in ihrem Einfluss auf die (zu erwartende) Nachfrage nach Verlagsprodukten untersucht werden.

  Insbesondere bei empirischen Feldstudien können Regressionsanalysen häufig nur eingeschränkt (oder lediglich zusätzlich) durchgeführt werden, wenn das für alle einbezogenen Variablen generell geforderte metrische Skalenniveau nicht erreicht wird.
  So müssen auch die unabhängigen Variablen – die Regressoren – in einer feinen, praktisch stetigen Abstufung messfehlerfrei intervall- oder verhältnisskaliert erhoben worden sein, um hieraus zuverlässig auf die abhängige Variable – den Regressand – schließen zu können.
  Mit dem Befragen von Konsumenten zu hypothetischen Abnahmemengen bei alternativen Preisen (Preisbereitschaft) kann dieser Anforderung eventuell noch

genügt werden. Will man für eine regressionsanalytische Bestimmung zu erwartender Nachfragemengen die entsprechende generelle Bereitschaft zur Werbeaufnahme oder Serviceinanspruchnahme ermitteln, dann stößt man jedoch auf erhebliche Messprobleme.

- In dem obigen **Beispiel** unserer Fachverlagsstudie lassen sich aus diesen Gründen Modifikationen bei der Werbung und dem Service nur über die damit verbundenen unterschiedlichen Ansätze der Gesamtkosten dieser Maßnahmenbereiche erfassen. Hier werden folglich interne Daten/ Ausprägungen des Rechnungswesens herangezogen, die von daher als ressourcenorientiert zu qualifizieren sind.
- Auf der Basis solcher ex-post-Analysen zu den Zusammenhängen in zurückliegenden Perioden können zwar auch gesonderte marktorientierte Modellrechnungen zu den zukünftigen Absatzchancen erstellt werden; wegen der aufgezeigten messtechnischen Voraussetzungen sind diese aber häufig keiner unmittelbaren Überprüfung durch eine Regressionsanalyse von Befragungsresultaten zugänglich.
  Hierfür bieten sich dann jedoch andere strukturen-prüfende multivariate Verfahren an, wie vor allem die als Nächstes zu erläuternden Varianzanalysen. Darüber hinaus zeigen kausalanalytische Methoden den Weg dazu auf, komplexere Konstrukte – wie die im Beispiel angesprochene Nachfrage-Reaktionsbereitschaft als Folge der Aufnahme von Werbebotschaften oder der Inanspruchnahme von Serviceleistungen – in untergeordnete und direkt messbare Variablen aufzugliedern.

- **Varianzanalysen** dienen ebenfalls dem Zweck, die Wirkung einer oder mehrerer unabhängiger Variablen auf eine abhängige Variable darzustellen. Dabei werden aber keine funktionalen Zusammenhänge und Abhängigkeiten untersucht, sondern Unterschiede in den Ausprägungen von Variablen analysiert. Es geht also darum, ob sich im Hinblick auf die nach den verschiedenen Ausprägungen (Faktorstufen) der unabhängigen Variablen (Faktoren) gebildeten – als einzelne Stichproben aufgefassten – Teilgruppen von Merkmalsträgern signifikante Unterschiede in den Verteilungen der abhängigen Variable (Testvariable) nachweisen lassen.
  Die unabhängigen Variablen fungieren hier folglich als Gruppierungsvariable; jede Stufe dieser Faktoren bildet eine Vergleichsgruppe zur Untersuchung der als davon abhängig aufgefassten Testvariable. Wie ersichtlich, richtet sich die Analyse also auf **Unterschiede** beim Testmerkmal **auf der Basis der vorgenommenen Gruppierung**; deren nähere Form steht hierbei nicht im Vordergrund.
  Dieses generelle Auswertungskonzept führt dazu, dass bei den einbezogenen Variablen mit unterschiedlichen Messniveaus gearbeitet werden kann. Lediglich die abhängige Testvariable braucht jetzt metrisch skaliert zu sein, während für die unabhängigen Gruppierungsvariablen bereits ein nominales Skalenniveau ausreicht. Danach gebildete Gruppen (z.B. Frauen und Männer, nach ihrer Tätigkeit oder ihrem Bildungsstand unterschiedene Beantworter einer Befragung) können so hinsichtlich ihrer Antworten auf metrische Fragen/ Merkmale

untersucht werden (z.B. Einkaufsvolumen und -frequenzen bei bestimmten Güterarten pro Monat).
Außer für das Untersuchen von Befragungsergebnissen sind Varianzanalysen vor allem auch als Auswertungsverfahren bei experimentellen Versuchsanordnungen einzusetzen.

- So ist der im zuletzt angeführten **Beispiel** unserer Fachverlagsstudie enthaltene Teilaspekt einer Auswirkung unterschiedlicher Werbekampagnen auf die zu erwartende Absatzmenge beispielsweise darüber zu testen, dass repräsentativ ausgewählten Probanden die jeweils vom Buchverlag geplanten verschiedenen Anzeigenmotive zu einer Begutachtung vorgelegt werden (Copytest). Derartige Experimente werden in erster Linie auf die jeweilige Anzeigenresonanz gerichtet sein, dabei können aber ebenfalls Einschätzungen zur Höhe des damit verbundenen Kaufanreizes erhoben werden. In der Auswertung bilden dann die unterschiedlichen Kampagnen respektive auch separate Motive die einzelnen Faktorstufen, so dass analysiert werden kann, ob sich in den hierzu geäußerten Kaufwahrscheinlichkeiten (Testmerkmal) regelmäßige Unterschiede zeigen.
- Als **weiteres Beispiel** für eine varianzanalytische Versuchsauswertung können Regalplatzoptimierungen im Handel genannt werden. Hierbei bilden die verschiedenen Platzierungsalternativen eines Produkts (in Blick- oder Griffhöhe, in den oberen oder den unteren – schlechter zu erreichenden – Regalen) die Faktorstufen, welche in ihrer Beziehung zu den dabei erzielten Absatzmengen (Testmerkmal) untersucht werden.

Die Rechentechnik bei Varianzanalysen beruht auf dem Prinzip der Streuungszerlegung. Wo immer Daten in Gruppen erhoben worden bzw. zerlegbar sind, lassen sich drei Schätzungen für die Varianzen der zugehörigen Grundgesamtheiten berechnen: Eine totale Varianzschätzung für alle Ausprägungen ohne Berücksichtigung der Gruppierung, eine Varianzschätzung innerhalb der gebildeten Gruppen sowie eine solche zwischen den einzelnen Fallgruppen. Zum Nachweis einer signifikanten Wirkung der vorgenommenen Gruppierung auf die abhängige Testvariable werden damit so genannte **Mittelwerttests für mehrere unabhängige Stichproben** durchgeführt.
Das insgesamt sehr flexible Verfahren der Varianzanalyse kann in unterschiedlichen Formen angewendet werden: Im Normalfall einer als Testmerkmal einbezogenen abhängigen Variable, deren Varianzen zu analysieren sind, richtet sich die Bezeichnung nach der Anzahl der unabhängigen Gruppierungsvariablen/ Faktoren, deren einzelne Stufen in ihrer Wirkung auf die Testvariable untersucht werden sollen. Wird eine Gruppierungsvariable verwendet, spricht man von einer einfaktoriellen Varianzanalyse, bei zweien von einer zweifaktoriellen Varianzanalyse und so weiter. Richtet sich die Analyse auf mindestens zwei oder mehr abhängige Testvariablen, dann wird dies als mehrdimensionale Varianzanalyse bezeichnet.

- Eine **Diskriminanzanalyse** bietet sich an, wenn entgegengesetzte Ausgangsfragestellungen als bei der zuvor in ihren Grundzügen beschriebenen Varianzanalyse vorliegen. Solche sind damit dann gegeben, wenn es gilt, aus mehreren

metrisch skalierten unabhängigen Variablen auf die Teilausprägungen einer abhängigen Gruppierungsvariable auf topologischem – also nominalem oder ordinalem – Niveau zu schließen.
Diskriminanzanalysen dienen demnach einem gegenüber Varianzanalysen umgekehrten Zweck: Bei den Varianzanalysen geht es darum, für unterschiedliche Ausprägungen der unabhängigen Gruppierungsvariablen signifikante Unterschiede zwischen den Verteilungen der abhängigen Kriteriumsvariablen zu ermitteln. Bei der Diskriminanzanalyse werden Teilgruppen der erhobenen Datenmatrix als Ausprägungsstufen der abhängigen Variable vorgegeben. Dann wird untersucht, ob sich über die jeweiligen Häufigkeitsverteilungen der in die Analyse einbegriffenen unabhängigen Prädiktorvariablen eine eindeutige Trennung der Fallgruppen erreichen lässt. Die Zugehörigkeit zu einer bestimmten Fallgruppe bei der jetzt als abhängig aufgefassten Gruppierungsvariable soll also über die berücksichtigten unabhängigen Merkmale – die so genannten Gruppenelemente – erklärt werden. Der dabei einzuschlagende Rechengang stellt eine Kombination des regressionsanalytischen Ausgleichsverfahrens und des varianzanalytischen Prinzips der Streuungszerlegung dar:
Am einfachen Zwei-Gruppen-/ Zwei-Variablen-Fall erläutert, bilden die bei den Mitgliedern jeder Gruppe erhobenen Messwerte/ Frageantworten im Koordinatensystem der beiden einbegriffenen Merkmale zwei Punktewolken. Hierzu wird jetzt die Trenngerade gesucht, welche diese zwei Gruppen von Mess-/ Beurteilungswerten optimal trennt. Da nun aber die Gruppenzugehörigkeit der jeweiligen Messwerte interessiert, ist – als dritte Dimension – die senkrecht zur Trenngerade und durch den Nullpunkt des Koordinatensystems verlaufende Diskriminanzachse für die Lösung des Diskriminanzproblems heranzuziehen.
Auf diese Diskriminanzfunktion können die eingetragenen Messungen über davon gefällte Lote als Diskriminanzwerte projiziert werden. Grafisch ergeben sich hierzu die meisten Werte einer Gruppe im zugehörigen, von der Trenngerade mit der Diskriminanzachse gebildeten Sektor. Im Überschneidungsbereich der zwei Punktewolken können allerdings gleiche oder ähnliche Werte für die beiden verschiedenen Gruppen auftreten.
Das Ausgangsproblem, aus den beiden unabhängigen Gruppenelementen eine optimale Zuordnung bei der abhängigen Gruppierungsvariable vorzunehmen, lässt sich damit über die Diskriminanzfunktion lösen. Dazu ist die folgende Linearkombination der unabhängigen Merkmalselemente zu finden $\mathbf{y = b_1 \bullet x_1 + b_2 \bullet x_2}$ (x-Werte als Messwerte der beiden Gruppenelemente; b-Werte als zu ermittelnde Diskriminanzkoeffizienten/ Trenngewichte; y-Werte als resultierende Diskriminanzwerte), bei welcher die Diskriminanzwerte eine **maximale Zwischengruppenstreuung** (durch die Diskriminanzfunktion erklärte Streuung der Diskriminanzwerte) und eine **minimale Innergruppenstreuung** (nicht durch die Diskriminanzfunktion erklärte Streuung der Diskriminanzwerte) aufweisen. Zur abschließenden Gruppenzuordnung kann hieraus ein kritischer Diskriminanzwert abgeleitet werden; bis zu dessen Erreichen wird eine Ausprägungskombination der unabhängigen Merkmale der einen Teilgruppe zugeordnet, danach dann der anderen.

- Als **Anwendungsbeispiel** zur Diskriminanzanalyse lässt sich die eingangs zu den multivariaten Verfahren schon angesprochene Kundenklassifikation im Bankenbereich heranziehen.
- Diese kann über eine diskriminanzanalytische Auswertung von Kundendaten oder Befragungsergebnissen erfolgen. Dazu sind aus allen vorliegenden Informationen (z.B. Überziehen des Kontokorrentlimits, dadurch bedingte Lastschriftrückgaben, Niveau der Besicherung von Krediten, dabei auftretende Rückzahlungsschwierigkeiten, Häufigkeit von Umschuldungsaktionen) zunächst Risikoklassen zu bilden (z.B. „niedrig", „mittel" und „hoch").
- Sodann ist zu überlegen, welche Merkmale für eine Diskriminanz (vom lateinischen „discriminare" für trennen, unterscheiden) dieser Fallgruppen herangezogen werden können (z.B. die bereits erwähnten Einkommen, Vermögen und Verbindlichkeiten der Kunden sowie ergänzende Merkmale, wie die Anzahl weiterer Kredite bei anderen Instituten und soziodemographische Kennzeichen, wie ausgeübter Beruf, Dauer der Berufstätigkeit, Anzahl der Kinder oder das Alter).

Die vorstehenden Erläuterungen lassen erkennen, dass Diskriminanzanalysen auf zwei unterschiedliche Weisen verwendet werden können. Dies geschieht in der Marktforschungspraxis z.B. dadurch, dass die erhobene Anzahl von Fällen als Untersuchungsobjekten im Verhältnis 60 zu 40 aufgeteilt wird: Zuerst wird mit den 60% der Fälle analysiert, ob mit den unabhängigen Merkmalen eindeutige Zuordnungen zu den untersuchten Merkmalsträgern/ Fallgruppen möglich sind und welche relativen Bedeutungen den einzelnen Gruppenelementen zukommen (Analysephase). Zusätzlich wird auf dieser Basis untersucht, inwieweit sich die restlichen 40% und dann später neue, nicht in die Analyse einbezogene Fälle zutreffend ihrer jeweiligen Fallgruppe – im Beispiel also der spezifischen Risikoklasse – zuordnen lassen (Prognosephase).

- Unter dem Begriff **Kausalanalyse** werden Verfahren zusammengefasst, mit denen das **Überprüfen komplexer Modellstrukturen/ Untersuchungsdesigns** möglich ist. Im Gegensatz zu den bisher aufgezeigten multivariaten Methoden können dabei insbesondere auch hypothetische Konstrukte, wie z.B. Einstellung, Motivation, Image oder Gruppen-, Abteilungs-, Unternehmenskultur, als so genannte latente Variablen enthalten sein.
  Für Kausalanalysen existieren **eigenständige Auswertungsprogramme**, unter denen vor allem **LISREL** (<u>Li</u>near <u>S</u>tructural <u>Rel</u>ationships) große Verbreitung gefunden hatte. Bei dessen Anwendung müssen vorab zwei Modelle spezifiziert werden: Im Messmodell sind geeignete Merkmale als Indikatoren zu bestimmen, über die sich die Konstrukte/ latenten Variablen indirekt erheben lassen. Durch das Strukturmodell hat zusätzlich ein Abbilden der zu überprüfenden Kausalbeziehungen zwischen den latenten sowie eventuell weiteren, direkt messbaren Variablen zu erfolgen.
  Diese Anwendungsvoraussetzungen entsprechen damit dem Aufstellen eines dezidierten Untersuchungsdesigns bei kausalanalytischen Forschungsansätzen. Sollte diese generelle Anforderung an eine hypothetisch-deduktive Marktforschung bei praktischen Erhebungen nicht umfassend erfüllt sein, dann wird der

Benutzer über das Vorhaben, ein Kausalmodell aufzustellen und zu testen, hierzu also gesondert angehalten.
Mit **Amos** (Analysis of Moment Structures) steht heute ein auf den gleichen Grundlagen basierendes Statistikprogramm zur Verfügung, welches sich vor allem durch eine einfache Handhabung auszeichnet. So kann das Kausalmodell direkt im Programm mit Hilfe integrierter Zeichenwerkzeuge erstellt, getestet und ggf. wieder modifiziert werden. Entwickelt von SMALLWATERS (Chicago) wird Amos mittlerweile exklusiv von SPSS – dem weltweit führenden Anbieter von Predictive Analytics Software und Lösungen, Hauptsitz ebenfalls in Chicago – vertrieben. Dabei hatte SPSS bereits Ende der 90er Jahre einen Wechsel von LISREL auf Amos vollzogen. Für das derzeit aktuelle deutschsprachige Statistikprogrammpaket SPSS 14.0 ist also nur noch Amos 6.0 als Zusatzprogramm erhältlich.
Die Überprüfung der aufgestellten und in Pfaddiagrammen abgebildeten Modell-/ Hypothesenstruktur basiert bei Amos wie bei LISREL auf dem Instrumentarium der multiplen Regressionsanalyse.

- Das hierzu von uns eingeführte einfache **Beispiel** einer Abhängigkeit der Produktnachfrage des Fachbuchverlags von unterschiedlichen Ausgestaltungen des Marketing-Mix wäre für eine Kausalanalyse wie folgt näher zu fassen.
- Die Absatzmenge als abhängige Variable sowie die alternativen Preishöhen als unabhängige Variablenausprägungen sind einer direkten, kombinierten Messung der Preisbereitschaft zugänglich.
- Die auf die erwartete Nachfrage bezogenen generellen Werbeaufnahme- oder Serviceinanspruchnahmebereitschaften sind jetzt als Konstrukte unabhängiger und latenter Variablen in sich und ihrer Wirkung auf die voraussichtliche Absatzmenge näher zu bestimmen. Hierzu müssen also jeweils geeignete Indikatoren für eine indirekte Messung festgelegt werden.
- Für das Konzeptualisieren der Werbeaufnahmebereitschaft ist hierbei unter anderem auf Erkenntnisse aus den zur Varianzanalyse angesprochenen Copytests zurückzugreifen, und mittels dem nachfolgend skizzierten Conjoint Measurement gewonnene Zusammenhänge können für die Struktur des Teilmodells der Servicebereitschaft genutzt werden. Des Weiteren sind hierbei die allgemeinen Modellansätze der Servicequalität zu berücksichtigen, auf die wir im folgenden Abschnitt F.III.6. noch gesondert eingehen.

• Wie die Kausalanalyse ist auch das **Conjoint Measurement (CM)** ein **kombiniertes Erhebungs- und Analyseverfahren**, bei welchem zumindest das Festlegen eines detaillierten Erhebungsplans explizit vorausgesetzt wird. Insgesamt ist es als psychometrisches Testverfahren zu klassifizieren, mit dem die Nutzenvorstellungen respektive die Präferenzen von Personen ermittelt und näher aufgeschlüsselt werden können.
Gegenüber den bislang vorgestellten dependenzanalytischen Verfahren sind beim Conjoint Measurement folgende Besonderheiten herauszustellen: Das CM ist eine Methode, bei der die empfundenen Gesamtnutzen/ -präferenzen, welche im Hinblick auf verschiedene Objekte (z.B. neue Produkte oder Dienstleistun-

gen) mit unterschiedlichen Ausstattungsmerkmalen/ Eigenschaftsausprägungen geäußert werden, die auf dem Ordinalniveau gemessene abhängige Variable repräsentieren.
Von diesen ordinalen Gesamtbeurteilungen wird dann auf **metrische Teilnutzenwerte/ -präferenzen** für die einzelnen Eigenschaftsausprägungen (für Neuprodukte also z.B. Technologie, Qualität, Design, Preis, Erhältlichkeit/ Vertriebsweg, Gewährleistung/ Garantie/ Service) als den unabhängigen Variablen geschlossen.
Damit ist von einem **dekompositionellen Ansatz** zu sprechen. Die Teilnutzeneinschätzungen werden also nicht separat für jedes einzelne Ausstattungsmerkmal erhoben; deren Ermittlung erfolgt vielmehr über ein Herausrechnen aus den zu allen möglichen Merkmalskombinationen festgestellten Gesamtpräferenzen.
Aus dieser generellen Anlage des Conjoint Measurement wird die Notwendigkeit ersichtlich, die Erhebung vorab genau zu planen. Zunächst sind die einzubeziehenden Eigenschaften und deren Ausprägungen festzulegen. Hieraus ist die Gesamtzahl aller Kombinationsmöglichkeiten zu errechnen. In Abhängigkeit davon ist das Modell für die Erhebung zu bestimmen (Bewerten jeweils zweier Eigenschaften in allen möglichen Kombinationen respektive aller insgesamt realisierbarer Eigenschaftskombinationen als so genannte Vollprofile). Schließlich ist für die eigentliche Datenauswertung unter mehreren Varianten zur Schätzung der Teilnutzenwerte zu wählen.

- Auf unser **Fachverlagsbeispiel** bezogen, könnten mit dem Conjoint Measurement grundlegende Informationen zur Positionierung neuer Verlagsprodukte/ Buchtitel erhoben werden.
- Als relevante Merkmale und Ausprägungen zur Ermittlung der Präferenzen von Buchkäufern könnten beispielshalber herangezogen werden: Die Preislage (25 bis unter 30, 30 bis unter 35, 35 bis unter 40 EUR), das Buchformat (Taschenbuch-, Lehrbuchformat), die Satzgestaltung (einfarbig/ mehrfarbig, Abbildungen/ Übersichten farblich abgesetzt) und der Verlagsservice (Neuerscheinungs-Newsletter für die Verlagskunden, Hotline zu inhaltlichen Fragen/ im Buch enthaltenen Übungsaufgaben).
- Die Kombination der Eigenschaftsausprägungen ergibt $3 \times 2 \times 2 \times 2 = 24$ unterschiedliche Varianten. Aus den hierzu von Testpersonen geäußerten Gesamtnutzen lassen sich die Teilnutzen/ Wertschätzungen der einzelnen Ausstattungsmerkmale ermitteln.

Die als **Interdependenzanalysen** einsetzbaren multivariaten Verfahren der Abbildung F-III-16 lassen sich folgendermaßen charakterisieren:

- Bei **Faktorenanalysen** steht das Aufdecken **wechselseitiger Beziehungen zwischen Variablen** im Vordergrund; sie sind damit meist auf ausgewählte Merkmale der ursprünglichen Datenmatrix bezogen. Mit dieser Methode lässt sich eine größere Anzahl von Variablen auf eine kleinere Anzahl von hypothetischen, hinter den Variablen stehenden Faktoren reduzieren, wobei sich der Faktorbegriff nicht mit dem der Varianzanalyse deckt.

Bei der Faktorenanalyse werden aus einer Vielzahl von Variablen vielmehr wechselseitig unabhängige Einflussfaktoren herauskristallisiert. Als Korrelationskoeffizienten zwischen den Faktoren und den Variablen geben die so genannten Faktorladungen an, wie viel ein Faktor mit den Ausgangsvariablen zu tun hat. Hierbei ist zu betonen, dass die wechselseitige Unabhängigkeit von Faktoren im mathematisch-statistischen Ansatz der Faktorenanalyse begründet ist. Sie darf also nicht als Ergebnis in dem Sinne interpretiert werden, man sei bei der Datenauswertung auf unabhängige Faktoren respektive – noch weniger richtig – auf unabhängige Variablen gestoßen.
Im Hinblick auf das Ziel statistischer Auswertungen einer maximalen Datenreduktion bei minimalem Informationsverlust ist die Leistungsfähigkeit der Faktorenanalyse kritisch zu beurteilen. Die Datenreduktion wird hierbei durch eine Variablenaggregation erkauft. Zwar ermöglicht es die Faktorenanalyse, eine größere Zahl von Variablen durch eine kleinere Zahl von Faktoren (Supervariablen) darzustellen; während die Ausgangsvariablen aber jeweils eine empirische Bedeutung haben, handelt es sich bei den Faktoren um synthetische Konstrukte, deren Bezug zur Empirie nur aus den zu Grunde liegenden Merkmalen erschlossen werden kann.

- In der Fachverlagsstudie könnten zum **Beispiel** zahlreiche Fragen (eine so genannte Itembatterie) enthalten sein, um die Motivlage der Befragten beim Kauf/ dem Lesen von Fachbüchern zu ergründen.
- Eine zu den Häufigkeitsverteilungen der Einzelmerkmale im Fragebogenrücklauf durchgeführte Faktorenanalyse erbringe das Ergebnis, dass diese rechentechnisch letztlich aus drei Faktoren herzuleiten sind. Über die ermittelten Verbindungen zwischen den Ausgangsvariablen und den Faktoren könnten die letzteren beispielsweise benannt sein mit: „schnelle", „gründliche/ intensive" und „kurzweilige/ spannende" Aufnahme von Informationen.

Faktorenanalysen können sich dann anbieten, wenn es darum geht, eine größere Variablenzahl zunächst in ihren Gesamtbeziehungen zu untersuchen. Die daraus abgeleitete Variablenstruktur ist häufig hilfreich zum Ableiten differenzierterer Hypothesen. Faktorenanalysen können als Interdependenzanalysen somit die Vorstufe für weitere Marktforschungserhebungen bilden, bei deren Auswertung dann strukturen-prüfende Dependenzanalysen einzusetzen sind.

- Während die vorstehend beschriebenen Faktorenanalysen in erster Linie alleine auf die einbezogenen Variablen gerichtet sind, wird mit **Clusteranalysen** ein weiter gehender – und informativerer – Ansatz verfolgt. Dieser stellt ebenfalls auf eine Reihe verschiedener Merkmale ab, dabei geht es jetzt aber um das Herausfinden in ihren Messwerten **homogener Gruppen von Merkmalsträgern/ Befragten** (Gruppe als wörtliche Übersetzung des englischen Begriffs „Cluster").
  Der angestrebten Fallgruppenbildung liegt die Forderung zu Grunde, dass sich die in einer Gruppe zusammengefassten Untersuchungseinheiten im Hinblick auf ihre Messwerte/ Frageantworten zu mehreren vorgegebenen Merkmalen (clusterdefinierende Variablen) möglichst ähnlich sind, während sich die insge-

samt gebildeten Fallgruppen hierauf bezogen möglichst stark unterscheiden sollen.
Damit sind mittels verschiedener Berechnungsmethoden und so genannter Distanzmaße Ähnlichkeiten in der Antwortstruktur zu den clusterdefinierenden Variablen in einer Gesamtheit von Untersuchungsobjekten aufzudecken und als **in sich homogene und untereinander heterogene Fallgruppen** gegeneinander abzugrenzen.
Der Rechenvorgang einer hierarchischen, schrittweisen Clusteranalyse kann in einem **Dendrogramm** grafisch abgebildet werden. Diesem Baumdiagramm ist zu entnehmen, welche Fälle auf welcher Integrationsebene zusammengefasst werden können. Die anfangs alle als einzelne Cluster angesehenen einzelnen Fälle werden in einem agglomerativen Verfahren zu größeren Clustern zusammengefasst und am Ende der Berechnung wieder zu einer einzigen Gruppe vereint. Auf einer niedrigen Integrationsebene mögliche Gruppenbildungen weisen eine größere Homogenität auf als Cluster, in denen die Fälle erst später – also kurz vor Abschluss der Auswertung – zusammengeführt werden können.

- Unter der Annahme, dass sich die Befragten in unserem Beispiel der Fachverlagsstudie hinsichtlich ihres Kauf-/ Leseverhaltens von Fachbüchern in verschiedene Gruppen einteilen lassen, können die Häufigkeitsverteilungen der zuvor angesprochenen Itembatterie nach diesen Kriterien einer Clusteranalyse unterzogen werden.
- Über die Kennwerte der verwendeten Berechnungsmethode lässt sich entscheiden, wie viele homogene Cluster/ Gruppen von Befragten sinnvoll gegeneinander abgegrenzt werden können. Im Ergebnis liefert die Clusteranalyse beispielsweise drei oder vier Käufer-/ Lesertypen, die bezogen auf die clusterdefinierenden Variablen innerhalb eines Clusters jeweils ähnliche Antwortmuster aufweisen, welche von Cluster zu Cluster dagegen deutlich voneinander abweichen.
- Zu deren Interpretation und Benennung bieten sich dann einfaktorielle Varianzanalysen an. Hierzu wird die als neue Variable im Datensatz erzeugte Gruppenzugehörigkeit (Cluster eins, zwei, drei und ggf. vier) als unabhängiger Faktor verwendet, nach dem die Verteilungen der clusterdefinierenden Variablen auf Mittelwertunterschiede analysiert werden können. Quergeschnitten über die einzelnen Cluster ist dabei zu ersehen, inwieweit sich die einzelnen Antwortverteilungen signifikant voneinander unterscheiden. Pro Cluster – und damit im Längsschnitt der Variablen jeder Gruppe – lässt sich aus diesen Befunden dann eine charakteristische Bezeichnung ableiten.
- Eine Drei-Gruppen-Lösung zum Kauf-/ Leseverhalten von Fachbüchern könnte z.B. folgende Cluster ergeben haben: „Vielkäufer“ mit lexikalischem Nachschlageinteresse; „Empfehlungskäufer“ mit Aus-/ Nacharbeitungsabsicht von Studien-/ Unterrichtsinhalten; „Gelegenheitskäufer“ mit einem aktuell geweckten Interesse zur Wissenserweiterung.
- Wie damit noch einmal deutlich geworden ist, führen Clusteranalysen zu einer Partitionierung der ursprünglichen Datenmatrix in homogene Antwort-/ Fallgruppen. Damit ist ein höherer Informationsgehalt als bei den nur vari-

ablengerichteten Faktorenanalysen verbunden. Letztere können allerdings vorgeschaltet werden, um von vornherein möglichst trennscharfe Variablen für die Definition von Clustern zu verwenden. So können mit explorativen Faktorenanalysen untereinander hoch korrelierte Merkmale erkannt werden.

- Auf der Basis der für unser Beispiel angesprochenen Clusteranalyse können die in sich homogenen Personen-/ Käufergruppen durch geeignete Marketingmaßnahmen gezielt umworben und bedient werden.

Clusteranalytische Gruppierungen sind bei Variablen aller Messniveaus möglich. In Abhängigkeit vom Skalenniveau hat allerdings die Wahl des jeweiligen Distanz- oder Ähnlichkeitsmaßes zu erfolgen. Schwierigkeiten treten dann auf, wenn das Messniveau der einbezogenen Variablen gemischt ist.

- Mit der **Mehrdimensionalen Skalierung (MDS)** können Objekte (z.B. Produkte, Marken, Unternehmen oder Einkaufsstätten) nach der hierzu gegebenen **Wahrnehmung von Personen** entlang mehrerer Dimensionen **räumlich abgebildet** werden. Ihr Hauptanwendungszweck liegt damit in der wettbewerbsbezogenen Positionierung von Marktleistungen/ Anbietern.

Obwohl als Mehr- oder auch Multidimensionale Skalierung bezeichnet, wird angestrebt, die Urteile im Wahrnehmungsraum der Probanden/ Befragten durch eine möglichst niedrige, noch visuell vermittelbare Anzahl von Dimensionen darzustellen, i.d.R. also durch zwei, eventuell drei Dimensionen. Über die grafischen Positionierungen der Objekteinschätzungen im entsprechenden Achsensystem werden dann die von den Untersuchungspersonen wahrgenommenen Ähnlichkeiten respektive Unterschiede wiedergegeben.

Die Mehrdimensionale Skalierung ist inhaltlich und methodisch eng verwandt mit dem Conjoint Measurement. In beiden Auswertungsverfahren werden Globaleinschätzungen erhoben. Dabei besteht die Besonderheit der MDS darin, dass zu den Objekten keinerlei Merkmale/ Eigenschaftsausprägungen vorgegeben werden. Die Probanden haben die einzelnen Objekte lediglich nach der subjektiv empfundenen Ähnlichkeit oder Unähnlichkeit zu beurteilen. Hieraus erfolgt dann die rechnerische Dimensionierung des Wahrnehmungsraums, so dass die Koordinaten einzelner Objekte den Einschätzungen der Befragten entsprechen. Als Ergebnis erhält man eine „Landkarte“, in welcher die untersuchten Produkte mit mehr oder weniger großen Abständen als Kombination zweier (oder dreier) Dimensionen abgetragen sind.

Die eigentliche Ähnlichkeitsmessung kann auf verschiedenen Wegen erfolgen. Sie kann über jeweils paarweise Ähnlichkeitsbeurteilungen der Objekte vorgenommen werden, oder für ein Objekt sind die Ähnlichkeiten zu den restlichen Objekten anzugeben (so genannte Ankerpunktmethode).

Die besondere Schwierigkeit bei der Mehrdimensionalen Skalierung liegt in der Interpretation der Dimensionen. Lediglich formal vorgegeben (Dimension I, II oder III bzw. X, Y oder Z), ist zur resultierenden Positionierung in Kenntnis objektiver Eigenschaften oder parallel erhobener subjektiver Charakteristika gewissermaßen eine Auslegung vorzunehmen. Die inhaltliche Bezeichnung der Achsen des Wahrnehmungsraums folgt damit letztlich Plausibilitätsüberlegungen.

- Die als **Beispiel** zur Erläuterung statistischer Auswertungsverfahren herangezogene Marktforschungsstudie unseres Fachbuchverlags könnte Informationen dazu liefern, wie dieser im Vergleich mit anderen renommierten Verlagen von den Buchkäufern/ -lesern eingeschätzt wird.
- Hierzu sind beispielsweise 5 Verlage einzubeziehen und die damit insgesamt möglichen 10 Beurteilungspaare ($5 \times 4 / 1 \times 2$; Kombination von 5 Elementen zur 2. Klasse ohne Wiederholung und ohne Berücksichtigung der Anordnung) über Ratingskalen („vollkommen ähnlich" bis „vollkommen unähnlich") in geeigneter 5er- oder 7er-Abstufung abzufragen.
- Die zweidimensionale Positionierung zeigt dann, wie respektive wo der Fachbuchverlag und seine in die Beurteilung einbezogenen Mitbewerber von den Befragten eingeordnet werden.
- In der anschließenden Interpretation könnte beispielsweise versucht werden, diese Ergebnisse auf die Modernität der Verlage sowie die Praxisbezogenheit ihrer Buchprogramme zurückzuführen. Damit wären die beiden Dimensionen benannt, und das hat – wie ausgeführt – über eine plausibilitätsgestützte Deutung der räumlichen Positionierungen zu geschehen.
- Die am Beispiel geschilderte Auslegung einer MDS macht noch einmal deutlich, dass es sich hierbei – wie in der Abbildung F-III-16 eingeordnet – um ein strukturen-entdeckendes Verfahren handelt. Wenn genügend Anhaltspunkte für die soeben angeführte Einschätzung vorliegen, die Verlagspositionierungen seien auf deren Modernität, ihre Praxisbezogenheit sowie – ggf. noch zusätzlich – auf ihr Image zurückzuführen, dann bietet sich hierzu eine weitere Untersuchung an, bei der diese Merkmalskomplexe über darauf abgestimmte Frage-/ Itembatterien zu jedem einbezogenen Verlag erhoben werden. Hiermit sind dann einfaktorielle Varianzanalysen (Verlag als Gruppierungsvariable) möglich, und daraus kann genauer abgeleitet werden, wie unser Beispielverlag im Vergleich zu seinen Wettbewerbern bewertet wird.

**Testverfahren für Stichprobenergebnisse**

Zum Ende der Darstellung von Auswertungsmethoden für Marktforschungserhebungen geben wir zu den in Abbildung F-III-16 gesondert aufgeführten **Testverfahren für Stichprobenergebnisse** noch einen kurzen Überblick zur grundsätzlichen Vorgehensweise bei einem Signifikanztest. Die Repräsentativität von Stichproben vorausgesetzt, können mit diesen Tests Schlüsse auf Grundgesamtheiten gezogen werden.

In der Gruppe der **Verteilungstests** liegt ein Anwendungsfall im Beurteilen dieser **Stichprobenrepräsentativität**. Dabei können die relativen Häufigkeiten eines strukturbildenden Merkmals gegen die entsprechenden und bekannten Anteile in der Grundgesamtheit getestet werden. So ist es beispielsweise in branchenübergreifenden Unternehmensbefragungen üblich, den Rücklauf im Rahmen der Stichprobe auf die Übereinstimmung mit den aktuellen Anteilswerten des Merkmals Industriegruppe/ Wirtschaftszweig nach der Einteilung des Statistischen Bundesamtes zu überprüfen. Damit werden hierbei zwei Häufigkeitsverteilungen für nominalskalierte Merkmale miteinander verglichen. Unter der Hinnahme kleinerer Abweichungen kann so entschieden werden, ob die Stichprobe als repräsentatives Abbild der in diesem Jahr gegebenen Unternehmensstruktur angesehen werden kann.

Weitere Verteilungstests sind auf den Nachweis bestimmter Typen von Häufigkeitsverteilungen bei den erhobenen Merkmalen (Normalverteilung, t- und F-Verteilung) gerichtet. In Abhängigkeit hiervon haben Parametertests dann das stichprobenbasierte Schätzen von Parametern für die Grundgesamtheit zum Inhalt.

Zum generellen Vorgehen bei Signifikanztests lassen sich – ohne näher auf mathematisch-statistische Details einzugehen – folgende Aussagen treffen:

- Mit einem **Signifikanztest** wird eine Prüfung der so genannten **Nullhypothese $H_0$** gegenüber der hierzu komplementären **Alternativhypothese $H_1$** bzw. **$H_A$** vorgenommen.
- Die **Alternativhypothese $H_1$** ist diejenige, in welcher der in der durchgeführten (Markt)Forschungsstudie vermutete Sachverhalt formuliert wird. Im obigen Repräsentativitätsbeispiel würde sie also lauten: Der Stichprobenrücklauf entspricht in seiner Struktur der Unternehmensverteilung über die verschiedenen Wirtschaftsgruppen im Jahr 2004. Oder bezogen auf die als Folgeuntersuchung aus einer MDS erwähnte Gruppierungsanalyse zum **Fachbuchverlags-Beispiel**: Verlag A ist im Hinblick auf Modernität, Praxisbezug und Image deutlich und damit statistisch signifikant besser positioniert, also von den befragten Personen nicht nur zufällig (überzufällig) günstiger eingeschätzt als alle anderen untersuchten Verlage.
- Die **Nullhypothese $H_0$** hat die hierzu gegenteilige Aussage zum Inhalt; sie besagt, dass der mit der Alternativhypothese $H_1$ formulierte Zusammenhang oder Unterschied nicht besteht, also die Stichprobe ist nicht repräsentativ bzw. Verlag A ist nicht besser positioniert. Gemäß der wissenschaftstheoretischen Methodenlehre des Kritischen Rationalismus (siehe hierzu A.I.) wird die Nullhypothese $H_0$ also gebildet, um falsifiziert/ verworfen zu werden.
- Nach dem Aufstellen der Nullhypothese $H_0$ kann die Wahrscheinlichkeit berechnet werden, die vorgefundenen Stichprobenergebnisse unter ihrer Gültigkeit erzielt zu haben. Hierbei handelt es sich um die mittels theoretischer Wahrscheinlichkeitsverteilungen vorgenommene Berechnung einer bedingten Wahrscheinlichkeit $P(D/H_0)$, wobei das Symbol D für die vorliegenden Daten – und P für „probability“ – steht.
- Solange die bedingte Wahrscheinlichkeit $P(D/H_0)$ hinreichend groß ist, widersprechen die vorgefundenen Daten der Nullhypothese $H_0$ offenbar nicht allzu stark. Für die Frage, ab welcher niedrigen Wahrscheinlichkeit $P(D/H_0)$ die Nullhypothese $H_0$ verworfen werden sollte, haben sich Konventionen herausgebildet. Als so genannte **Signifikanzniveaus**, welche damit zugleich bestimmte Irrtumswahrscheinlichkeiten bezeichnen, sind üblich:

  - 0,05 bzw. 5 % (signifikant)
  - 0,01 bzw. 1 % (sehr signifikant)
  - 0,001 bzw. 0,1 % (hoch signifikant).

- Hiermit sind Grenzen definiert, ab denen man nicht mehr an ein zufälliges Auftreten der vorgefundenen Ergebnisse in den erhobenen Daten glaubt. Wenn die bedingte Wahrscheinlichkeit $P(D/H_0)$ kleiner oder gleich dem – vor Beginn der Datenauswertung festzulegenden – Grenzwert ausfällt, wird die Nullhypothese $H_0$ als falsifiziert abgelehnt und somit die – vorläufige – Gültigkeit der Alternativhypothese $H_1$ angenommen. Entsprechend dem Kritischen Rationalismus wird diese $H_1$-Gültigkeit also lediglich als zunächst nicht widerlegte Bestätigung und nicht als endgültige Verifizierung interpretiert.

Die dabei **möglichen Fehlschlüsse** sind wie folgt zu beschreiben:

- Mit dem Annehmen der Alternativhypothese $H_1$ nimmt man in Kauf, dass man in Höhe eines der Wahrscheinlichkeit $P(D/H_0)$ entsprechenden, unter der gewählten Entscheidungsregel freilich niedrigen Prozentsatzes eine **richtige Nullhypothese $H_0$ irrtümlich ablehnt**. Diese wird deshalb – wie oben bereits angeführt – Irrtumswahrscheinlichkeit genannt. Die entsprechende Fehlentscheidung wird als **Fehler 1. Art** bezeichnet. Wie dargelegt, beträgt dessen Wahrscheinlichkeit genau $P(D/H_0)$; hierfür hat sich der griechische Kleinbuchstabe $\alpha$ (Alpha) als Abkürzung eingebürgert. Man spricht deshalb auch von einem **$\alpha$-Fehler**.
- Die im Vergleich hierzu folgenschwerere Fehlentscheidung der **fälschlichen Beibehaltung einer Nullhypothese** und somit der Nicht-Annahme der eigentlich für die Grundgesamtheit geltenden Alternativhypothese $H_1$ wird **Fehler 2. Art** oder **$\beta$-Fehler** genannt. Dessen Wahrscheinlichkeit $\beta$ (Beta) ist nicht das Komplement zur Irrtumswahrscheinlichkeit $\alpha$, da ja immer unter der Annahme der Richtigkeit der Nullhypothese $H_0$ getestet wird. Die exakte Berechnung des $\beta$-Fehlers setzt voraus, dass eine als Punkthypothese genau spezifizierte Alternativhypothese $H_1$ vorliegt (z.B. also: der Mittelwert eines Merkmals beträgt in der Grundgesamtheit genau 55) und die Teststärke (Power) des verwendeten statistischen Testverfahrens bekannt ist. Generell kann man aber festhalten, dass sich $\alpha$ und $\beta$ antagonistisch zueinander verhalten, das heißt $\beta$ wird umso größer, je kleiner $\alpha$ vorgegeben wird.

Bezogen auf die untersuchten inhaltlichen Phänomene ist abschließend auf den möglichst „sparsamen" Umgang mit statistischen Signifikanztests hinzuweisen, da bei einer großen Anzahl solcher Tests automatisch einige per Zufall eine Signifikanz der $H_0$-Abweichung und damit eine $H_1$-Gültigkeit ergeben werden. Erforderlich sind vorab also argumentativ hergeleitete und theoretisch begründete Aussagen zu den Zusammenhängen von Merkmalen und/ oder den Unterschieden zwischen Gruppen von Merkmalsträgern. Hieraus ist noch einmal zu folgern, dass das Aufstellen der zu überprüfenden Alternativhypothesen und der zugehörigen Nullhypothesen vor der eigentlichen statistischen Auswertung auf hypothetisch-deduktiver Grundlage zu geschehen hat; eine Hypothesenbildung „im Lichte der erzielten Daten" ist abzulehnen. Wird dennoch so verfahren, um in explorativer Weise nach Regelmäßigkeiten im Sinne von Zusammenhängen oder Unterschieden zu suchen, dann sind die dabei gewonnenen Hypothesen nicht mit dem gleichen Datenmaterial zu testen; hierfür sind wiederum neue Erhebungen erforderlich.

Die zuletzt getroffenen Aussagen können zu einer auf sämtliche Datenauswertungsverfahren bezogenen allgemeinen Anwendungsempfehlung erweitert werden. Die inhaltlichen Fragestellungen sollten beim Einsatz statistischer Methoden immer im Vordergrund stehen, ein routinemäßiges Durchrechnen sollte auch bei Standardverfahren unterbleiben.

Ein anschauliches, ganz einfaches **Beispiel** soll mit statistischen Auswertungen verbundene Probleme verdeutlichen: Im August 2002 wies die Elbe in Dresden wegen des „Jahrhunderthochwassers" einen Pegelstand von 9,70 Metern auf, bei dem keinerlei Schiffsverkehr möglich war. Genau ein Jahr später war extremes Niedrigwasser erreicht, bei einem Pegelstand von 0,80 Meter konnten ebenfalls keine Schiffe mehr fahren. Rechnet man den durchschnittlichen Wasserstand dieser beiden Werte aus, so kommt man auf 5,25 Meter, und das würde bedeuten, die Elbe wäre im Durchschnitt in beiden Jahren gut beschiffbar gewesen.

Schließlich ist noch das Problem von Schein- oder – besser ausgedrückt – von **Nonsens-Korrelationen** anzuführen. Wie bei dem schon in A.I.5. angesprochenen negativen Zusammenhang zwischen der Geburtenzahl und der Anzahl von Störchen besteht das Problem hierbei darin, dass weitere Einflussgrößen – wie bei diesem Beispiel etwa der Einfluss der Industrialisierung – missachtet und damit nicht berücksichtigt werden. Das in der Literatur vielfach zitierte Exempel dazu lautet: „Je mehr Feuerwehrleute einen Brand bekämpfen, desto größer wird der Brandschaden." Die dabei „vergessene" Ursachengröße ist die Größe eines Brandes; hiervon hängen sowohl die eingesetzten Feuerwehrleute als auch die zu erwartenden Brandschäden ab.

Bei den vorstehenden Erläuterungen verschiedener Datenauswertungsverfahren ging es uns darum, einen ersten Eindruck zu deren Anwendungsmöglichkeiten zu vermitteln. Zu ihrem konkreten Einsatz ist es erforderlich, sich im Detail auch das Wissen über die mathematisch-statistischen Hintergründe anzueignen.

Die bisherige Darstellung ausgewählter Entscheidungssituationen im direkten Wertschöpfungsprozess Absatz/ Vertrieb als Marketing im engeren Sinne war auf die grundlegende Marketing Service-Aktivität der Marktforschung bezogen. Jetzt gehen wir in der funktionalen Abteilungsgliederung der Eingangsabbildung F-III-14 „weiter nach rechts" und kommen damit auf ausgewählte Inhalte der beiden anderen Marketing Service-Einheiten Werbung und Verkaufsförderung zu sprechen.

Die Zusammenfassung von **Marktforschung, Werbung und Verkaufsförderung** zum Aktivitätsfeld der **Marketing Services** spiegelt deren inhaltlich enge Beziehung in der organisatorischen Strukturbetrachtung wider. Im Rahmen unserer Erweiterten Wertschöpfungskette als Prozessbetrachtung (siehe hierzu F.I.) stellt sich die Verbindung wie folgt dar:

- Der Marketing Service-Bereich der Marktforschung liefert mit dem Planen und Durchführen/ Auswerten von Marktforschungsstudien zentrale Eingangsinformationen für die übergeordneten und steuernden Wertschöpfungsprozesse Stra-

tegie, Marktorientierte Unternehmensführung und Corporate Identity/ Unternehmenskultur.
- Die hieraus für die künftige Unternehmensentwicklung als Ziel-Maßnahmen-Pfade abgeleiteten Strategien sind in ihrer auf die Interessen- und Anspruchsgruppen bezogenen Umsetzung in der Kommunikation eines Unternehmens zu vermitteln.
- Diese Aufgabe fällt zu großen Teilen wiederum dem direkten Wertschöpfungsprozess des Marketing i.e.S. zu. Hiermit sind insbesondere die beiden anderen Marketing Services Werbung und Verkaufsförderung befasst.
- Somit liefert die Marktforschung zugleich die notwendige Informationsbasis für die zielgruppenorientierte kommunikative Präsentation vor allem der Produkte/ Dienst- und Serviceleistungen eines Unternehmens, aber auch seiner spezifischen Art der Leistungserstellung sowie seines weiter gehenden gesellschaftlichen Leistungsbeitrags.

Die für eine integrierte Unternehmensdarstellung generell durchführbaren Kommunikationsaktivitäten haben wir in F.II.2.d. aufgezeigt, und zwar mit der im Marketing-Pentagon (Abb. F-II-12) zum Kommunikations-Mix getroffenen Dreiteilung zur indirekten (Massen)Kommunikation, zu den Formen der unmittelbaren Kommunikation im Direkt-/ Dialog-Marketing und zu Marken bzw. Markenfamilien sowie zu deren Reflexion in der Kunden-Wahrnehmung als dem Image von Marktleistungen respektive einem Unternehmen als Ganzem.

### *c. Gestaltungsanforderungen an Werbemittel*

Mit den verschiedenen Kommunikationsarten und -formen war die gesamte Bandbreite des Entscheidungsspektrums für die Gestaltung einer integrierten Unternehmenskommunikation im Steuerungsprozess des Marketing als Marktorientierte Unternehmensführung veranschaulicht worden. Jetzt gehen wir näher auf **wichtige Bedingungen der operativ-praktischen Kommunikationsgestaltung** ein. Wie in der unteren Rubrik der Abbildung F-III-14 zum direkten Wertschöpfungsprozess Absatz/ Vertrieb als Marketing im engeren Sinne vermerkt, haben die folgenden Ausführungen elementare Gestaltungsanforderungen an Werbemittel zum Gegenstand. Sie richten sich vor allem auf Anzeigen als die wesentlichen „Vehikel“ für Werbebotschaften in Printmedien. Zeitschriften und Zeitungen sind mit einem Anteil von 40% die wichtigsten Werbeträger in Deutschland (2004). Im Vergleich hierzu haben das Fernsehen (37%) eine fast gleich hohe, Radio und Plakate (18%) sowie Internet (3%) dagegen eine deutlich geringere Verbreitung als Werbeträger (2% Sonstige). Obwohl ihr Anteil in den letzten Jahren konstant gesunken ist, nehmen Printmedien also noch die Spitzenposition ein.

#### Grundlagen und Erfahrungswerte

In der Abbildung F-III-17 sind physiobiologisch-verhaltenswissenschaftliche Grundlagen und Erfahrungswerte zur Wahrnehmung von Anzeigen zusammengestellt. Mit dem oberen Abbildungsteil wird zuerst auf die **Selektion und Dauer der Wahrnehmung von Anzeigen** eingegangen.

- Hierbei liegt das in F.II.2.d. eingeführte Grundmuster der indirekten Kommunikation zu Grunde, der allgemeine informationstheoretische Kommunikationsprozess: Ein Unternehmen respektive dessen Marketingeinheit fasst z.B. Produktinformationen als Werbebotschaften in die Form von Anzeigen, bringt diese über einen geeigneten – in der Abbildung als Pfeil dargestellten – Kommunikationskanal in die Sphäre der Empfänger und will damit bei diesen Zielpersonen Impulse zum Kauf der beworbenen Marktleistungen (Pfeil in Gegenrichtung) auslösen. Die hierbei vordringliche Frage ist, inwieweit es dem Unternehmen überhaupt gelingt, mit seinen Werbebotschaften die Zielpersonen zu erreichen, zu ihnen „durchzudringen".
- Der letzte Halbsatz spricht das substanzielle Problem der Werbung an. Mit der heutigen Medienvielfalt in entwickelten Industrie- und Dienstleistungsgesellschaften geht das Phänomen einer **ausgeprägten Informationsüberlastung (Information Overload)** einher:

    - Das gesamte durch Massenmedien (insbesondere also Zeitungen/ Zeitschriften/ Bücher, Radio, Fernsehen, Schallplatten/ Audiokassetten/ CDs, Filme/ Videos, Internet) vermittelte Informationsangebot liegt um ein Vielfaches über der Informationsnachfrage/ -aufnahmekapazität auf Seiten der Empfänger. Nach empirischen Untersuchungen ist beispielsweise für Deutschland davon auszugehen, dass mehr als 98% der gesendeten Informationen nicht genutzt werden (in den USA mehr als 99,5%) und folglich als Informationsüberschuss zu kennzeichnen sind. Ähnlich hohe Werte ergeben sich bei einer gesonderten Betrachtung der **Nutzung von Werbeinformationen** durch die Nachfrager; hier beträgt die **Informationsüberflutung 95%**. Damit werden lediglich 5% aller Anzeigen/ Anzeigeninformationen von den Zielpersonen wahrgenommen, nur mit diesem niedrigen Prozentsatz erreichen die Inhalte dieser Werbemittel ihre Adressaten.
    - Der vorgetragene allgemein-gesellschaftliche Befund eines außerordentlich hohen Überschusses nicht genutzter (Werbe)Informationen lässt sich auch in der umgekehrten Richtung und damit ausgehend von der Wahrnehmung einzelner Anzeigen validieren.

      Die hierzu maßgeblichen Erkenntnisse liefert die **verhaltenswissenschaftlich orientierte Marketingforschung**. Als deren Wegbereiter in Deutschland ist der schon in A.I.3. zur betriebswirtschaftlichen Forschungsprogrammatik des Verhaltensorientierten Ansatzes genannte WERNER KROEBER-RIEL (1934 – 1995) hervorzuheben. Das von ihm in 1969 gegründete und seit 1996 von PETER WEINBERG geleitete Institut für Konsum- und Verhaltensforschung (IKV) an der Universität des Saarlandes in Saarbrücken hat mit seiner psychobiologischen und verhaltensbiologischen Ausrichtung entscheidend dazu beigetragen, dass das menschliche Entscheidungsverhalten in Wissenschaft und Praxis heute als ein Wechselspiel von Kognitionen und Emotionen begriffen wird.

      Zur Informationsüberlastung durch Werbung hat KROEBER-RIEL im Rahmen seiner Werbe(wirkungs)forschung in den 80er Jahren den **Informationsgehalt von Zeitschriftenanzeigen** und deren **zeitliche Nutzung** durch die Leser untersucht. Er kommt dabei zu folgendem – in anderen Veröffentlichungen zur Werbung/ Unternehmenskommunikation vielfach zitierten – allgemeinen Ergebnis:

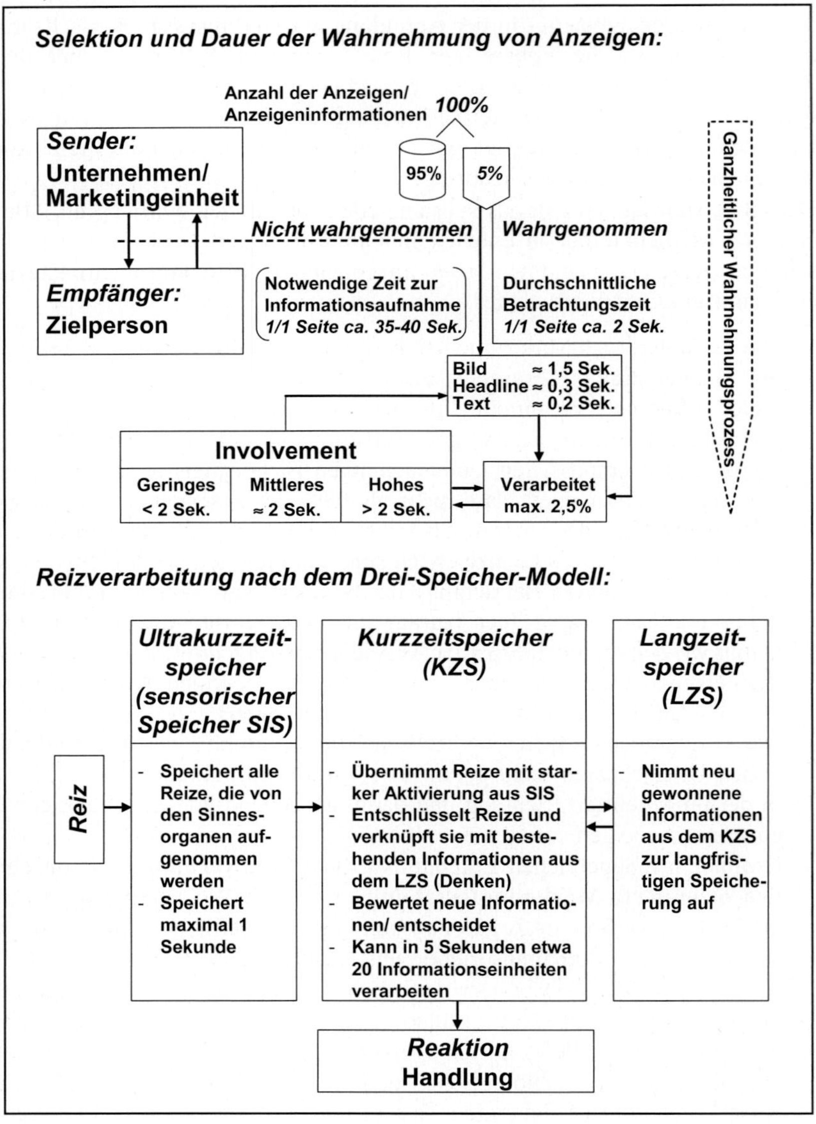


**Abb. F-III-17:** Grundlagen und Erfahrungswerte zur Wahrnehmung von Anzeigen

* Um die in einer – für Publikumszeitschriften (z.B. also STERN oder BUNTE) typischen ganzseitigen – Anzeige gewöhnlich enthaltenen In-

formationen aufzunehmen, müssten mittelmäßig interessierte Durchschnittsleser 35 bis 40 Sekunden aufwenden.

* Die tatsächliche Betrachtungszeit solcher Anzeigen liegt dagegen im Mittel bei knapp 2 Sekunden.
* Setzt man diese beiden Durchschnittsgrößen in Beziehung zueinander, ergibt sich als Resultat: Es werden höchstens 5% (2/40) der in Anzeigen angebotenen Werbeinformationen wahrgenommen, so dass der Informationsüberschuss regelmäßig mindestens 95% beträgt.

Die beiden Komponenten zur Wahrnehmung von Anzeigen mit 1/1 Seitengröße (Werbefachbegriff für ganzseitig, entsprechend dann auch 1/2- oder 1/4-seitig bzw. 2/1 für eine Doppelseite) sind im oberen Teil der Abbildung F-III-17 eingetragen. Damit kann die vorstehend beschriebene Ableitung der Informationsnutzung/ -überlastung von 5% respektive von 95% bei den Empfängern von Printwerbung nachvollzogen werden.

- Wie gelangt man zu Erfahrungswerten zur Betrachtungsdauer von Anzeigen? Als hauptsächlich eingesetztes Messverfahren zur visuellen Informationsaufnahme hat sich das – in seinen biologisch-medizinischen Grundlagen später noch näher erläuterte – apparativ gestützte Beobachtungsverfahren der **Blickaufzeichnung** durchgesetzt.

  - Mit heute handlichen und leistungsfähigen Kamerasystemen kann der Blickverlauf beim Durchblättern einer Zeitschrift oder auch generell beim „freien Sehen" nachverfolgt werden.
  - In einer Blickregistrierungsbrille (Größenordnung ähnlich einer Ski- oder Motorradbrille) ist ein Objektiv enthalten, welches fortlaufende Aufnahmen des direkten Blickbereichs der Testperson liefert.
  - Über die Reflexion eines gleichfalls vom Aufzeichnungsgerät ausgehenden, auf die Augen des Trägers gerichteten Infrarotstrahls werden in diesem Film zusätzlich jeweils genau die Stellen markiert, die momentan näher betrachtet werden.

Die Auswertung von Blickaufzeichnungsstudien liefert zunächst allgemeine Befunde zur **durchschnittlichen Beachtung bestimmter Teile von Anzeigen**. Die dazu in Abbildung F-III-17 eingetragenen Werte sind aus der Untersuchung von THOMAS B. ANDRESEN aus dem Jahr 1988 abgeleitet; im Vergleich mit anderen Studien ergeben sich ähnliche Größenordnungen.
In seiner ebenfalls auf die Leser einer Publikumszeitschrift (STERN-Leser) gerichteten Arbeit stellte auch ANDRESEN eine **mittlere Betrachtungszeit von zwei Sekunden** fest. Hiervon entfielen 76% auf das **Bild** (≈ 1,5 Sek.), 16% auf die **Überschrift/ Headline** (≈ 0,3 Sek.) und nur 8% auf den **Text** der Anzeige (≈ 0,2 Sek.).
Die Ergebnisse entsprechen den durchgängigen Erfahrungen, dass vor allem die Bilder in Anzeigen von den Zeitschriftenlesern einigermaßen gut wahrgenommen werden, während insbesondere für die Texte (die Copy in der Werbesprache) kaum Zeit aufgewendet wird.

Bezogen auf Anzeigen für unterschiedliche Werbeobjekte (Produkte oder Dienstleistungen) und Zielgruppen in verschiedenen Werbeträgern (Zeitschriften) ergeben sich im Vergleich mehrerer empirischer Forschungsarbeiten nach KROEBER-RIEL folgende Wertespannen:

- **Kontakte mit den Bildern** von Anzeigen haben **60% - 90%** der Leser einer Zeitschrift
- **Textkontakte** bei Anzeigen entstehen dagegen nur bei **10% - 20%** der Leser
- Von den Lesern mit Anzeigenkontakt wird zu **60% - 80% zuerst das Bild** betrachtet
- Die **Bildbetrachtung** macht **50% - 80% der gesamten Zeit** des Anzeigenkontakts aus.

- Ein **Anzeigenbild** mittlerer Komplexität kann vom Betrachter in ein bis zwei Sekunden aufgenommen werden. Wird eine Anzeige im Durchschnitt insgesamt knapp zwei Sekunden angesehen, dann kommen nach den geschilderten Betrachtungsgewohnheiten mehr als die Hälfte der Bildinformation an.
  Für die deutlich langsamer zu decodierenden **Anzeigentexte** ergeben sich dagegen wesentliche niedrigere Anteile: Beim Ausgangsbeispiel einer für die komplette Informationsaufnahme notwendigen Betrachtungszeit von 35 Sekunden entfallen – das Bild mit 2 Sek. abgerechnet – allein 32 Sekunden auf die Textteile. Wenn diese nur für 0,5 Sekunden (Headline 0,3 Sek. + restlicher Text 0,2 Sek.) überflogen werden, dann liegt die entsprechende Informationsausbeute des Lesers bei nur 1,5%.
  Nach dem Erreichen der Gesamtbetrachtungszeit wird der Kontakt mit einer Anzeige abrupt abgebrochen. Dabei ist es in hohem Maße fraglich, ob der Leser die Werbeaussagen zumindest ansatzweise verstanden hat. Die flüchtige Betrachtung einer Anzeige ist noch nicht mit einer tatsächlichen Verarbeitung der aufgenommenen Informationen gleichzusetzen, so dass mit einer auf das beworbene Produkt oder die entsprechende Werbebotschaft bezogenen Wirkung gerechnet werden kann.
  Von den im Durchschnitt aufgenommenen 5% der Inhalte einer Anzeige ist nach den vorgetragenen Ergebnissen – grob geschätzt – etwa nur die Hälfte als verarbeitet anzusehen (weite Teile der Bildinformation, geringe Teile der Textinformation). Bei der **Wahrnehmungsquote von 5%** wird also von einer nochmals um 50% niedrigeren **Verarbeitungsquote von 2,5%** ausgegangen. Dieser angenommene Verarbeitungswert ist ebenfalls im oberen Teil der Abbildung F-III-17 eingetragen. Darauf, wie Anzeigen so gestaltet werden können, dass ihre Kernaussagen überwiegend in den Wahrnehmungsausschnitten der Betrachter platziert sind, kommen wir noch zurück.
- Lassen sich die Zielpersonen der (Print)Werbung in Lesergruppen aufteilen, die sich einer Anzeige (Werbebotschaft) für längere oder kürzere Zeit als der Gesamtdurchschnitt widmen, und wie kann ein solches Betrachtungs-/ Wahrnehmungsverhalten erklärt werden?
  Diese Frage führt zum Involvement und damit zu einer Schlüsselgröße der modernen verhaltenswissenschaftlichen Marketingforschung.

> Das **Involvement** umfasst das gedankliche und emotionale Engagement, mit welchem sich eine Person einem Gegenstand oder einer Aktivität zuwendet. In Kommunikationsprozessen hängt es von dieser „Ich-Beteiligung“ bzw. **Ich-Bezogenheit** ab, wie sich der Adressat mit dem Informationsangebot auseinandersetzt.

- Als komplexes Konstrukt setzt sich das Involvement aus mehreren Komponenten zusammen. Der **Grad der inneren Beteiligung** eines Konsumenten bei einer Kaufentscheidung oder – im hier interessierenden Zusammenhang – beim Betrachten einer Anzeige hängt ab von

  * seiner Persönlichkeit (Wesenszüge, Werthaltung, Motive)
  * dem beworbenen Produkt (wahrgenommenes Preis-Leistungs-Verhältnis, Grund-, Zusatz- und Geltungsnutzen)
  * der momentanen Situation (Konsum-/ Kauf-/ Lesesituation – unter Zeitdruck, in Muße, zur Entspannung)
  * dem jeweiligen Medium als Werbeträger (Printmedien, elektronische Medien mit unterschiedlicher Zielgruppenausrichtung)
  * dem eigentlichen Werbemittel (z.B. also Anzeigen mit ihrem spezifischen Aktivierungspotenzial).

- Je höher das Involvement einer Person ist, desto höher sind auch seine Aufmerksamkeit für bestimmte Informationen und der **Anreiz**, sich damit zu beschäftigen sowie eventuell auch aktiv hiernach zu suchen. Um es an einem einfachen Beispiel zu verdeutlichen: Wenn jemand beabsichtigt, ein Haus zu bauen, dann interessiert er sich nach dieser Investitionsentscheidung – anders als vorher – für Angebote an Baustoffen, Fenster und Türen.
- Stark involvierte Adressaten haben i.d.R. also ein größeres Informationsbedürfnis gegenüber bestimmten Objekten und erwarten deshalb häufig tiefergehende Informationen. Hierbei ist aber die **Mehrschichtigkeit des Involvement** zu berücksichtigen. So kann eine grundsätzlich stark involvierte Person aufgrund von Zeitdruck einem Werbemittel durchaus nur geringe Aufmerksamkeit entgegenbringen. Oder ein generell schwach involvierter Konsument zeigt plötzlich eine hohe innere Beteiligung, weil er kurz vor oder nach dem Kauf/ der ersten Verwendung der beworbenen Marktleistung steht.
- Die bislang herausgestellte Durchschnittszeit beim Ansehen von Anzeigen (zwei Sek.) schwankt in Abhängigkeit von dem Involvement ihrer Betrachter. Hierbei ist allerdings die **Involvement-Komponente des Werbeträgermediums** zu beachten. Grundsätzlich hoch involvierte Konsumenten werden ihren allgemeinen Informationsbedarf meist über spezielle Zeitschriften decken (Special-Interest-Zeitschriften, wie bspw. Auto-, Computer- oder Sport-Magazine) und die dort enthaltenen Anzeigen dann auch länger als zwei Sekunden ansehen. In empirischen Untersuchungen konnte etwa eine im Mittel doppelt so lange Betrachtungszeit als in Publikumszeitschriften festgestellt werden.

Wie begründet wurde, zeigen sich solche Unterschiede lediglich im Vergleich verschiedener Werbeträger. Wenn auch die Betrachter einer speziellen Zeitschrift deren Anzeigen ein unterschiedliches Involvement entgegenbringen werden, dann sind dadurch nur marginale Abweichungen in der Betrachtungszeit zu erwarten. Im Hinblick auf die bei unseren bisherigen Befunden im Vordergrund stehenden Publikumszeitschriften ist dabei keine wesentlich veränderte Wahrnehmungs- oder Verarbeitungsquote zu erwarten. In der Abbildung F-III-17 wird also auf involvementbedingte Abweichungen der Betrachtungszeit hingewiesen, diese werden aber dennoch mit der maximalen Informationsverarbeitung von 2,5% eines Anzeigeninhaltes verbunden.

**Das Drei-Speicher-Modell**

Wenn die Printwerbekampagnen von Unternehmen einer sehr hohen Informationskonkurrenz ausgesetzt sind, dann stellt sich die Frage, wie zumindest relative Vorteile in diesem Werbungswettbewerb erzielt werden können. Eine wesentliche Grundlage hierzu bildet das Verständnis der grundlegenden Prinzipien menschlicher Informationsverarbeitung. Hiermit kommen wir zum unteren Teil der Abbildung F-III-17, in dem Erkenntnisse zur Reizverarbeitung nach dem von RICHARD C. ATKINSON und RICHARD M. SHIFFRIN in 1968 vorgestellten **Drei-Speicher-Modell** zusammengestellt sind.

- Danach werden die von den Sinnesorganen aufgenommenen Reize zunächst im **sensorischen Speicher (SIS)** gespeichert. Hier verbleiben die Reize nur eine sehr kurze Zeit (maximal eine Sekunde), weswegen auch die Bezeichnung als **Ultrakurzzeitspeicher** üblich ist.
  Sensorische Reize werden über das Sehen, Hören, Schmecken, Riechen und Tasten/ Fühlen aufgenommen. Hierbei können wir noch einmal auf die Blickaufzeichnung eingehen. Welche biologisch-medizinischen Erkenntnisse über das Sehen werden hierbei operationalisiert?

  - Visuelle Vorlagen, wie beispielsweise Zeitschriftenanzeigen oder Plakate der Außenwerbung, werden von den Betrachtern nicht auf einen Blick erfasst. Anders als eine (Film)Kamera produzieren die Augen „keine kompletten Schnappschüsse"; der Eindruck einer gesamthaft-bildlichen Wahrnehmung wird erst durch entsprechende Verarbeitungsprogramme im Gehirn hervorgerufen. Das eigentliche Sehen ist dagegen als ein in großen Teilen unbewusst erfolgender Abtastvorgang zu kennzeichnen.
  - Die gedankliche Aufnahme von (Teil)Informationen aus einer visuellen Vorlage setzt ein „Scharfsehen" der entsprechenden Gebiete voraus. Dies ist nur mit dem schmalen rückwärtigen Netzhautbereich der Fovea centralis als der Stelle des schärfsten Sehens respektive dem „gelben Fleck" möglich. Bei hierauf über die so genannte Sehachse gerichteten Projektionen entsprechend kleiner Ausschnitte des gesamten Blickfeldes (beim Lesen etwa eine Fläche von zwei Quadratzentimetern) werden die in dessen Umriss gesehenen Informationen zur weiteren Verarbeitung an das Gehirn geleitet. Ein

solcher Abtastpunkt, auf dem die Augen also für eine gewisse Zeit (200 bis 500 Millisekunden) verweilen, wird als **Fixation** bezeichnet.

- Bereits das oberflächliche, einen ersten Eindruck vermittelnde Wahrnehmen gesamter Seiten erfordert folglich mehrere Fixationen. Der Weg über die Vorlage verläuft in unregelmäßigen und ruckartigen Sprüngen. In Folge deren hoher Geschwindigkeit (pro Grad der Augenbewegung zwei bis zehn Meter pro Sekunde) können bei diesen **Saccaden** (Zeitdauer 30 bis 90 Millisekunden) kaum Informationen aufgenommen werden. Dies geschieht erst wieder beim Ruhepunkt der nächsten Fixation. Die weitgehend vorbewusste Steuerung des Blickverlaufs erfolgt über die außerhalb des fovealen Systems befindlichen Netzhautbereiche. Hier werden periphere Reize aufgenommen, und darüber ergibt sich letztlich die Abfolge von Fixationen und Saccaden.

Die Methode der Blickaufzeichnung erlaubt es, das zuvor in seinen Grundlagen zusammengefasste menschliche Sehverhalten in quasibiotischen Versuchsanordnungen nachzuvollziehen. Biotisch steht hierbei für dem realen biologischen Verhaltenszusammenhang entsprechend, das „quasi" weist auf die nicht ganz lebensnahe Laborsituation hin. Hierbei steht die Qualifizierung als biotisch allerdings im Vordergrund. In den Experimenten mit der Blickaufzeichnung sind zwar gewisse Verzerrungseffekte einzukalkulieren, wegen der heute gut zu handhabenden Blickregistrierungsbrillen werden diese aber die gesamte Methode nicht in Frage stellen können.
Die aus der Blickaufzeichnung resultierenden Gestaltungsmöglichkeiten liegen nach den vorstehenden Erläuterungen auf der Hand: Beispielsweise kann in Pretests zu einer Werbeanzeige festgestellt werden, wie potenzielle Betrachter „in diese hineingehen" (erste Fixation) und sie weiter abarbeiten (Saccaden und weitere Fixationen bis zum Weiterblättern – auf einfache Weise in der Vorlage durch einen Strecken-/ Kurvenzug darzustellen). Auf dieser Basis können dann Veränderungen vorgenommen werden, so dass bei der zu erwartenden kurzen Betrachtungszeit die wesentliche Werbeaussage mit einer angebbaren Wahrscheinlichkeit aufgenommen und möglichst auch erinnert wird. Auf hieraus abgeleitete generelle Gestaltungsanforderungen für eine ansprechende Aufmachung von Anzeigen kommen wir noch zurück.

- Vom sensorischen Speicher – den man für das Sehen noch im Bereich der Netzhaut vermutet – werden die eingehenden Reize an den **Kurzzeitspeicher (KZS)** weitergeleitet.
  In diesem Arbeitsspeicher oder Zentralprozessor findet die eigentliche Informationsverarbeitung statt, indem die sensorischen Reize entschlüsselt und mit anderen, bereits vorhandenen Informationen verknüpft werden. Erst durch das Dechiffrieren wird aus dem physischen Reiz eine gedanklich verfügbare Information. Die zum Abgleich herangezogenen Informationen stammen aus dem dritten, dem **Langzeitspeicher (LZS)**; von dort werden solche zur Interpretation der Sinnesreize abgerufen, wodurch wiederum weitere Informationen generiert werden. Aus eingehenden Daten werden also vor dem Hintergrund früherer Erfahrungen oder vorhandenen Wissens situations- oder zweckbezogene

neue Informationen erzeugt. Über diesen **computeranalogen Prozess der menschlichen Informationsverarbeitung** wird das konstitutive Element des Informationsbegriffs eines empfängerorientierten Handlungs- oder Verwendungsbezugs deutlich.
Das aufgezeigte Phänomen der Informationsüberlastung ergibt sich – abgesehen von der Menge kommunizierter Reize – aus der äußerst begrenzten Aufnahme- und Verarbeitungskapazität des Kurzzeitspeichers:

- Im auf die spezifische Aufmerksamkeit von Personen und die Geschwindigkeit ihrer Denkvorgänge bezogenen Durchschnitt wird angenommen, dass in **fünf Sekunden** jeweils **etwa 20 Informationseinheiten** im Kurzzeitspeicher bearbeitet werden können.
- Deren Übertragung in den Langzeitspeicher setzt ein Memorieren als mehrfaches innerliches Wiederholen voraus. Damit muss eine Information folglich für einige Verarbeitungszyklen im KZS gehalten werden, bis sie im LZS Aufnahme finden kann.
- Hierzu ist jedoch zu beachten, dass der menschliche Arbeitsspeicher darauf programmiert ist, eintreffende Reiz- oder herangezogene Gedächtnisinformationen beim Erreichen der Kapazitätsgrenze direkt wieder auszulesen, um den gelöschten und damit frei gewordenen Speicherplatz sofort anderweitig nutzen zu können.
- Für eine Weiterverarbeitung im KZS werden dabei insbesondere jene Informationsbausteine ausgewählt, die als wichtig und bedeutsam angesehen werden. Die Selektion der jeweiligen Inhalte beruht darauf, dass sie den momentanen Bedürfnissen, Interessen und Wünschen einer Person entsprechen oder deren Organismus aktuell am stärksten aktivieren. Die restlichen Speicherstellen werden dagegen unmittelbar mit neuen Daten überschrieben.

Wenn dem Kurzzeitspeicher die Funktion eines zentralen Prozessors zukommt, dann werden darüber – wie in Abbildung F-III-17 dargestellt – generell auch die Handlungen als konkrete Reaktionen auf eine bestimmte Reizkonstellation gesteuert. In diesem Zusammenhang ist der Hinweis anzubringen, dass es sich bei dem **Drei-Speicher-Modell** um einen **hypothetischen S-O-R-Ansatz** (siehe hierzu A.II.1.) handelt. Die Organismus-Komponente bezieht sich hier auf die kognitionswissenschaftlich erklärte menschliche Informationsverarbeitung, und darüber wird nachvollziehbar, welche Prozesse bei der Reaktion (dem Response) auf verschiedene Sinnesreize (als Stimuli) ablaufen.

- Während im Rechenwerk des Kurzzeitspeichers das Denken – und damit auch das Entscheiden – verortet werden kann, ist der **Langzeitspeicher** als reines Speicherwerk/ -medium mit dem menschlichen Gedächtnis gleichzusetzen.
  - Der Langzeitspeicher nimmt die sprachlichen oder bildlichen (Modell)Vorstellungen eines Menschen von Personen, Sachverhalten oder Ereignissen auf. Dies geschieht in einer zu Sinneinheiten (Information Chunks) verdichteten Form, wobei auch dazugehörige Emotionen als Gefühlsregungen einbegriffen sind.

- Der gedankliche Verarbeitungsvorgang, im Reiz- und Gedächtnisabgleich kognitiv verfügbare Informationen als Umweltinterpretationen zu bilden, wird Codierung genannt. Hiermit zeigt sich, dass der in F.II.2.d. vorgestellte allgemeine informationstheoretische Kommunikationsprozess auch als auf den menschlichen Mikrokosmos bezogenes Referenzmodell anzuwenden ist: Eintreffende Sinnesreize werden auf der Basis von Vorwissen und -erfahrungen decodiert (entschlüsselt), wobei es zugleich wieder zu einem Codieren (Verschlüsseln) von neuen Informationen als Wissens- und Erfahrungszuwächsen kommt. Als Übertragungskanäle in diesem inter-individuellen Kommunikationsprozess fungieren die Nervenbahnen des Menschen.
- Im Langzeitspeicher werden biochemische Strukturen als Gedächtnismoleküle aufgebaut, so dass von substanziellen Gedächtnisspuren zu sprechen ist. Im Gegensatz hierzu wird für den Kurzzeitspeicher von einer rein bioelektrischen und damit nur zeitaktuellen Funktionsweise ausgegangen.
- Die Organisation der Informationen im Langzeitspeicher erfolgt über so genannte Propositionen als kleinste mit Außenreizen in Verbindung gebrachte Bedeutungselemente. In der Form **propositionaler oder semantischer Netze** sind diese – ähnlich relationalen Datenbanken – zu komplexen Gedächtnis-/ Wissensstrukturen verknüpft. Dabei werden standardisierte Vorstellungsmuster zur typischen Gestalt von Phänomenen als Schemata bezeichnet. Dieser Begriff ist meist auf die stationäre Wahrnehmung/ Einordnung von Personen oder Sachverhalten begrenzt; für den dynamischen Fall des Ablaufs eines Ereignisses wird i.d.R. von einem Skript gesprochen.
- Die zur internen Repräsentation von Wissen erzeugten semantischen Netze respektive Schemata oder Skripts werden in sich als hierarchisch strukturiert aufgefasst:

  * Einer bestimmten Erfahrungsdimension (z.B. Auto) sind einzelne Merkmale (z.B. Fahrzeugart – PKW, LKW, Wohnmobil usw. – oder Markennamen) als Schemavariablen zugeordnet, welche sich dann wiederum in produktspezifische Unterkategorien (z.B. Fahrsicherheit, Sportlichkeit, Komfort, Aussehen) mit entsprechenden Ausprägungen sowie in weitere, allgemein wertbezogene Einschätzungen (z.B. jung, dynamisch, konservativ) aufgliedern lassen.
  * Die Summe aller gespeicherten Eigenschaften ergibt als **Einstellung** das **innere Bild**, welches eine Person als Kunde oder als potenzieller Käufer beispielsweise mit einem Markennamen verbindet. Aus der Sicht des Anbieterunternehmens formt sich auf diese Weise sein **Image** als **Fremdbild bei den Zielpersonen/ -gruppen** (siehe hierzu F.II.2.d. und F.II.3.).

Zur relationalen Ordnung der Wissensstrukturen im Langzeitspeicher kann angenommen werden, dass die einzelnen Begriffs- oder Ereignisgattungen (Dimensionen, Merkmale, Unterkategorien usw.) untereinander assoziativ verknüpft sind und so in Abhängigkeit vom aktuellen Phänomen jeweils als

Eingangs- oder Korrespondenzkategorien der Reizinterpretation/ Informationsverarbeitung herangezogen werden können.

- Anders als der Kurzzeitspeicher hat der Langzeitspeicher eine nahezu unbegrenzte Speicherkapazität bei prinzipiell lebenslanger Speicherdauer. Zu diesem, im Computervergleich als Festplatte zu kennzeichnenden Speicher wird vermutet, dass die hierauf geschriebenen Informationen nie wieder gelöscht werden.

  Das Vergessen von Informationen wird damit – neben der weit weniger verbreiteten Auffassung eines allmählichen Zerfalls der Gedächtnisspuren (Decay-Theorie) – in erster Linie als Zugriffsproblem respektive als Abruffehler (Retrieval Failure) bei der Reproduktion der Inhalte des Langzeitspeichers interpretiert.

  Bei der insgesamt riesigen Menge gespeicherter Informationen besteht folglich die eigentliche Schwierigkeit im Wiederauffinden. Diese wird – im Hinblick auf den bei der Informationsverarbeitung laufend stattfindenden Gedächtnisabgleich – vor allem auf Überlagerungseffekte und damit auf so genannte **Interferenzen** (physikalisch: Überlagerung von Wellensystemen) zurückgeführt. Hierdurch ist die Leistungsfähigkeit des menschlichen Gedächtnisses – wie beim Computer – als abhängig von den Zugriffsmöglichkeiten seines Schreib-Lese-Systems anzusehen. Zwei Arten von Interferenzen lassen sich unterscheiden:

  * Blockierende Interferenzen führen zu Gedächtnishemmungen. Solche Überlagerungserscheinungen finden sich bei aufeinander folgenden und inhaltsähnlichen Prozessen der Wissensspeicherung. Bei der Leseüberlagerung einer proaktiven Hemmung wird das Behalten oder Wiedergeben neuer Inhalte durch bereits gespeichertes Wissen gestört. Im umgekehrten Fall der retroaktiven Hemmung wird die Reproduktion früher abgelegter Inhalte als Schreibüberlagerung durch neu aufgenommene Informationen beeinträchtigt.
  * Offensichtlich können auch destruktive Interferenzen als reine Schreibstörungen gegeben sein. Hierzu kommt es, wenn bestimmte Gedächtnisspuren irrtümlich ersetzt bzw. überschrieben werden.

• Wie die vorangegangenen Ausführungen zum Drei-Speicher-Modell von ATKINSON und SHIFFRIN gezeigt haben, stehen insbesondere der Kurzzeit- und der Langzeitspeicher in einer engen und wechselseitigen Beziehung. Der Aufbau einer dauerhaften Gedächtnisspur benötigt als Konsolidierungsphase/ Festigungsperiode ein wiederholtes Memorieren im KZS, und hierfür spielt das bereits im LZS vorhandene Wissen die maßgebliche (Ent)Schlüsselrolle.

  Neben dem modalen, unterschiedliche Speicherstrukturen unterstellenden ATKINSON-SHIFFRIN-Modell sind weitere Erklärungsansätze zu den Gedächtnisprozessen beim Aufnehmen, Lernen, Behalten und Erinnern, Wiedergeben von Informationen/ Wissen entwickelt worden. Hier ist noch kurz auf den von FERGUS I.M. CRAIK und ROBERT S. LOCKHART 1972 veröffentlichten **Ansatz der Verarbeitungstiefe** (Levels of Processing) hinzuweisen.

Nach diesen Autoren ist die Gedächtnisleistung von der **Verarbeitungsqualität bei der Informationsaufnahme** abhängig; das Behalten und Erinnern funktioniert umso besser, je tiefer und intensiver die Beschäftigung mit dem Ausgangsmaterial erfolgt. Entscheidend ist also die Verarbeitungstiefe als Ausmaß der kognitiven Aktivitäten bei der Aufnahme von Informationen.
Anders als ATKINSON und SHIFFRIN unterscheiden CRAIK und LOCKHART nicht zwischen verschiedenen Speichern. Dennoch können beide Ansätze als einander ergänzend angesehen werden. Und zwar in der Weise, dass über die Modellvorstellung der Verarbeitungstiefe eine nähere Spezifikation des Memorierens gegeben wird. Je mehr Anstrengungen hierbei aufgewendet werden, umso mehr Verknüpfungen werden zwischen bereits vorhandenem und neuem Wissen hergestellt und umso besser kann dieses später wieder abgerufen werden.

Welche Schlussfolgerungen können aus den anhand der Abbildung F-III-17 bisher dargestellten Grundlagen und Erfahrungswerten zur Wahrnehmung von Anzeigen gezogen werden? Was sind die **Schlüsselfaktoren bei der Aufnahme und Verarbeitung von (Print)Werbebotschaften**, mit deren Beachtung sich in der Kommunikationsgestaltung relative Werbevorteile erzielen lassen?

**Involvement und Reize**

Zum Beantworten dieser umsetzungsbezogenen Fragen können wir die Erläuterungen des **generellen Bedürfnis-Verhaltens-Kontinuums** in A.II.1. (Abb. A-II-2) mit denen zum hier vorgestellten Drei-Speicher-Modell verbinden.

- In A.II.1. wurde auf die Bedeutung aktivierender Prozesse als energetischer Vorgänge hingewiesen, welche den menschlichen Organismus unter Spannung setzen und ihn so konkret handlungs- oder reaktionsbereit machen. Diese **Aktivierung** ist **reizgebunden**, wobei personen- oder situationsbezogene und damit innere (interne, endogene) oder äußere (externe, exogene) Anreize als Auslöser einer phasischen Aktivitätssteigerung in Frage kommen.
- Übertragen auf das Drei-Speicher-Modell bedeutet dies, dass zur Beurteilung der Kommunikationswirkung einer Werbeaktion zum einen direkt an der Eingangskategorie Reiz und zum anderen an dem Prozess ihrer Verarbeitung angesetzt werden kann.
  - Unmittelbar auf den Reiz bezogen, geht es folglich darum, wie **Werbeanzeigen** gestaltet werden sollten, so dass sich die Zielpersonen von ihnen **angesprochen fühlen** und ihnen – wenigstens in Teilen – ihre Aufmerksamkeit widmen.
  - Die nicht minder wichtige und im Wahrnehmungs-/ Verarbeitungsprozess selbst liegende Aktivierungskomponente bezieht sich gewissermaßen auf die generelle Informationsverarbeitungsbereitschaft einer Zielperson. Auf das hierzu maßgebliche Konstrukt sind wir ebenfalls schon eingegangen, es ist das **Involvement**. Hierüber definiert sich das kognitive Niveau, mit welchem eine Person einen in der ersten Interpretation für decodierenswert erachteten Reiz verarbeitet.

- Die herausgestellten zentralen Kategorien lassen sich wie folgt aufeinander beziehen:
  - Das Involvement bestimmt letztlich die zuvor angesprochene Verarbeitungstiefe und damit das Behalten und Erinnern von (Werbe)Informationen. Im Hinblick auf die dargebotenen Inhalte stark involvierte Personen werden sich von Vornherein damit intensiver beschäftigen als bei der gegenteiligen Konstellation eines nur schwachen Involvement.
  - Wegen dieser informationellen Prädispositionen lässt sich das Involvement auch als **Grad der möglichen und effektiven Aktivierung** auffassen, welche über den Außenreiz eines Werbemittels erreicht werden kann.

Im Folgenden gehen wir näher auf die nach ihrer Wirkungsherkunft zu unterscheidenden äußeren und inneren Komponenten der Werbewirkung ein. Zuerst wird ein Überblick zu wesentlichen Gestaltungsprinzipien gegeben, nach denen über die Werbemittel eine möglichst **hohe Aktivierungswirkung** entfaltet werden kann. Als inhaltliche Hilfestellung werden danach verschiedene involvementabhängige Werbewirkungsmuster aufgezeigt.

Um die beabsichtigte Aufmerksamkeit zu gewinnen, müssen von einem Werbemittel notwendigerweise Reize ausgehen, damit der Informationsverarbeitungsprozess beim Betrachter überhaupt in Gang gesetzt wird. Anzeigen, welche die nötige – und durch Pretests kalkulierbare – Reizwirkung nicht entfalten, werden bei der heute hohen Informations- und Werbekonkurrenz „komplett untergehen“; kaum jemand dürfte sich davon angesprochen fühlen, und so ist auch keine nennenswerte Reaktion auf einen solchen Werbeeinsatz zu erwarten. Eine starke Aktivierung des Organismus lässt sich durch physische und durch kognitive sowie vor allem durch emotionale Reize erreichen.

- Mittels **physischer Reize** ist eine unmittelbare Ansprache der Sinnesorgane eines Menschen möglich, so dass über die ausgelöste Aktivierung die entsprechenden Register des sensorischen Speichers erreicht werden können und damit ein Anstoßen des Reizverarbeitungsprozesses im Drei-Speicher-Modell erfolgt. Je bunter, lauter und/ oder größer ein Reiz präsentiert wird, umso stärker aktiviert er. Bereits zu Beginn des letzten Jahrhunderts erschienen die ersten Ergebnisse zur Reizwirkung der Farbe und Größe einer Darstellung.
  - Dabei wurde festgestellt, dass Rot und Orange als Signalfarben die stärkste Aktivierung auslösen. Gelb, Violett, Blau und Grün erregen zwar ebenfalls den menschlichen Organismus, aber weitaus schwächer.
  - Farben beeinflussen die Wahrnehmung nicht nur bezogen auf die Aufmerksamkeitswirkung, sondern auch in qualitativer Weise über die damit verbundene emotionale Gefühlsauslösung. So wird gemäß der Farbpsychologie in unserem Kulturkreis Schwarz mit Trauer und Leid assoziiert, während Dunkelblau Introvertiertheit, Ruhe und Dominanz ausdrückt.

  Auch für die Größe der Reizdarbietung durch Werbemittel konnten in empirischen Untersuchungen – insbesondere im Printbereich – funktionale Zusammenhänge mit der Aufmerksamkeitswirkung nachgewiesen werden.

- So liegt die durchschnittliche Betrachtungsdauer von doppelseitigen Anzeigen (2/1-Seiten) mit ca. drei bis vier Sekunden deutlich über dem zur Abbildung F-III-17 referierten Mittelwert von knapp zwei Sekunden für ganzseitige Anzeigen (1/1-Seite).
- In Entsprechung hierzu entfällt auf kleinere Anzeigenformate von 1/2-Seite und weniger eine niedrigere mittlere Betrachtungszeit von noch gut einer halben Sekunde.
- Dabei ist jedoch zu berücksichtigen, dass die zeitlich stärkere Aufmerksamkeit nicht allein der Größe einer Anzeige an sich zuzuschreiben ist. Mit der Anzeigengröße verändern sich i.d.R. auch andere Gestaltungsvariablen, wie beispielsweise die Größe der (Über)Schriften sowie die Fläche und Anzahl der Illustrationen/ Bilder, so dass große Anzeigen generell andere Möglichkeiten der Reizvermittlung bieten. Wird eine kleine Anzeige hingegen nur in ihren Maßen größer gestaltet, so dass die angesprochenen Variablen mehr oder minder unverändert bleiben, dann kann deren Aufmerksamkeitswirkung durchaus gleich bleiben oder gar – wegen der bei größerer Fläche schlechteren Anmutung – abnehmen.

• **Kognitive Reize** entstehen dadurch, dass mit der Werbemittelgestaltung gegen vorhandene Erwartungen verstoßen oder etwas Neues dargestellt und dadurch eine höhere Aufmerksamkeit erreicht wird. Dies war beispielsweise das Ziel einiger BENETTON-Anzeigen.

  - Es gilt jedoch zu beachten, dass ein Reiz nicht generell umso aktivierender sein muss, je verblüffender oder neuartiger er ist. Es geht vielmehr darum, dass an und für sich vertraute Dinge auf eine andere und überraschende Weise dargestellt werden.
  - Oft wird dies in der Praxis dadurch angestrebt, dass Personen oder Sachen/ Sachverhalte entstellt oder verfremdet in Szene gesetzt werden. Derartige Techniken sind jedoch einer doppelten Gefahr ausgesetzt:

    * Zum einen kann es dazu kommen, dass lediglich die besondere Inszenierung bei den Zielpersonen ankommt, während das beworbene Produkt oder Unternehmen kaum wahrgenommen und erinnert wird.
    * Zum anderen können bei den Adressaten eventuell auch negative Assoziationen ausgelöst werden, die der beabsichtigten Werbewirkung entgegenlaufen.

  - Eine Aktivierung durch gänzlich unerwartete kognitive Reize kann also durchaus eher schädlich als nützlich sein. Wenn die Entschlüsselung bzw. Enträtselung einer Anzeige die Zielpersonen überfordert und diese dabei zu falschen Schlussfolgerungen kommen, dann kann die angestrebte Werbewirkung sehr schnell konterkariert werden.

• Eine starke Aktivierung lässt sich insbesondere durch **emotional wirkende äußere Reize** erreichen. Als besonders zuverlässig werden hierbei so genannte Schlüsselreize angesehen, die über das Auslösen biologisch vorprogrammierter Reaktionen beim Empfänger zu einer willentlich kaum kontrollierten, automatischen Aktivierungssteigerung führen. Solche Effekte macht sich die Werbung vor allem durch den Einsatz erotischer Motive sowie durch dem Kindchenschema entsprechende Darstellungen zu Nutze.

- Bei Erwachsenen kann die Reizwirkung erotischer Motive als weitgehend unabhängig vom Geschlecht, Alter und soziodemographischen Merkmalen gelten. Allerdings ist wegen der Aktivierungs-Automatik hierbei ein Ablenkungsrisiko gegeben; eventuell wird nur der erotisierend dargebotene Reiz – und nicht die eigentliche Werbebotschaft – wahrgenommen.
- Das Kindchenschema als Darstellung von kleinen Kindern oder auch jungen Tieren mit großem runden Kopf und Kulleraugen bei kleinen Gliedmaßen wirkt auf Frauen stärker als auf Männer. Dies liegt vermutlich im bei Frauen stärker ausgeprägten „Aufzuchtinstinkt" begründet.

Zur wiedergegebenen Grundeinteilung von physischen, kognitiven und emotionalen Reizen ist jetzt noch einmal gesondert auf die mit dem oberen Teil der Abbildung F-III-17 schon angesprochene Verwendung von Bildern in Anzeigen sowie auf die Textgestaltung einzugehen.

- Die **Effektivität der Bildkommunikation** ist auf einen von der Textverarbeitung verschiedenen Verarbeitungsmodus bei der menschlichen Wahrnehmung zurückzuführen.

  - Bilder werden in der rechten Hirnhemisphäre – dem affektiven Zentrum (siehe hierzu Abb. A-II-4) – ohne wesentliche Anstrengung in größeren visuellen Einheiten ganzheitlich-analog verarbeitet. Sie können deshalb vom Adressaten besonders schnell aufgenommen sowie gut verstanden und erinnert/ wiedererkannt werden. Hierdurch kommt der bereits referierte Wert für die Aufnahme und Dechiffrierung eines Bildes mittlerer Komplexität von ein bis zwei Sekunden zu Stande.
  - Wie in A.II.1. ausgeführt, werden in der rechten Hirnhälfte verstärkt Emotionen erzeugt, so dass der Einsatz von Bildern auch als emotionale Kommunikation zu werten ist. Deren vergleichsweise starker Aktivierungswirkung ist es zuzuschreiben, dass die Bilder in Anzeigen – wie ausgeführt – in aller Regel zuerst betrachtet werden und von einem Kontaktabbruch mit dem Werbemittel am wenigsten betroffen sind.

  Die Dominanz des Bildes bei der Anzeigenbetrachtung macht zugleich deutlich, dass die dem Kommunikationsziel entsprechende Auswahl des Bildes äußerst wichtig ist.

  - Das Bild bestimmt den ersten Eindruck und ist deshalb daraufhin zu überprüfen, ob es die beabsichtigten Signale und Informationen an den (eiligen) Betrachter übermittelt. Gerade der als Anmutung bezeichnete erste spontane Eindruck kann positive oder negative emotionale Interpretationen und Assoziationen hervorrufen, bevor bestimmte Inhalte genauer erkannt und differenziert wahrgenommen werden.
  - Die Beurteilung eines Werbemittels erfolgt also häufig eher intuitiv und damit schon, bevor es dem Empfänger bewusst wird, was er eigentlich be-

wertet. Diese Erkenntnis ist für die Werbemittelgestaltung von außerordentlicher Bedeutung; ein negativer Ersteindruck kann zu einer raschen Abwendung des Betrachters von dem Werbemittel führen, noch bevor er sich damit wenigstens etwas näher befasst hat. Generell sollten deshalb nur Anzeigen-/ Reizelemente Verwendung finden, von denen positive Anmutungsqualitäten ausgehen. Dies ist insbesondere im Hinblick auf die regelmäßig als Erstes fixierten visuellen Reizdarbietungen wichtig.

- Außerdem gilt es, die eventuelle Wirkung besonderer Wahrnehmungseffekte zu berücksichtigen:
  Als so genannte **Irradiationen** können Ausstrahlungen einzelner Wahrnehmungsreize auf andere Wahrnehmungsgegenstände gegeben sein. Diese sind entweder positiv – und damit meist gewollt – oder aber negativ, was – häufig unbeabsichtigt bzw. bei der Anzeigengestaltung übersehen – zu kontraproduktiven Kommunikationswirkungen führt.

  * Irradiationen sind auch innerhalb bzw. zwischen den Elementen eines Bildes respektive verschiedener Bilder in einer Anzeige zu beachten. Und zwar in der Weise, dass sich neben dem Hauptmotiv abgebildete Gegenstände auf die Wahrnehmung des Hauptmotivs auswirken können.
  * Am Beispiel einer Unternehmenswerbung gezeigt: Wird dessen Stammhaus/ Verwaltungssitz abgebildet, so ist in Betracht zu ziehen, ob möglicherweise ebenfalls im Bild zu sehende Personen oder Fahrzeuge positiv oder negativ auf die Wahrnehmung des Gebäudes ausstrahlen.
  * Nach dem Grundgedanken der Gestaltpsychologie ist das Ganze mehr als die Summe seiner Teile. Das heißt, dass sich einzelne Wahrnehmungseindrücke eines Werbemittels nicht einfach addieren lassen, es handelt sich vielmehr um eine wahrnehmbare Ganzheit. Deshalb sollte die Anmutungsqualität einzelner Reizelemente eines Kommunikationsmittels nicht isoliert, sondern im Zusammenhang geprüft und getestet werden.

Des Weiteren ist der **Attributdominanz-Effekt** bei der Gestaltung von Werbemitteln einzukalkulieren.

* Ähnlich gelagert wie die Irradiation, handelt es sich hierbei darum, dass sich der subjektive Gesamteindruck eines Wahrnehmungs- oder Meinungsgegenstandes aus der induktiven Übertragung eines oder weniger Einzeleindrücke bildet. Diese werden also als Schlüsselinformationen für die Interpretation einer kompletten Werbeanzeige herangezogen.
* Der Effekt einer dominanten Wirkung einzelner Attribute liegt in der Vereinfachung der Realitätswahrnehmung und Informationsverarbeitung beim Adressaten begründet. Wie bei der Irradiation können damit aus Sicht des Werbung treibenden Unternehmens positive oder negative – das Erreichen des Kommunikationsziels fördernde oder behindernde – Wirkungen einhergehen.
* Im obigen Beispiel der Imagewerbung für ein Unternehmen könnten die Anzeigenbetrachter etwa die – durchaus gewünschte – intuitive Übertra-

gung herstellen, dass sie von dem architektonisch avantgardistischen Verwaltungsgebäude auf die Fortschrittlichkeit und Leistungsfähigkeit des Unternehmens schließen.

- Von gleich hoher Bedeutung wie die Auswahl der Bildmotive ist bei der Werbemittelgestaltung die **richtige Gestaltung von Sprachteilen und Texten**. Wörter können beim Empfänger ebenfalls positive oder negative Gefühle und Assoziationen auslösen. Deshalb sind auch die verwendeten sprachlichen Elemente auf ihren semantischen Inhalt und die damit verbundenen Interpretationen zu überprüfen, die bei verschiedenen Zielgruppen durchaus unterschiedlich ausfallen können.

  - Besonders bei Anzeigen ist die Textdarbietung sehr wichtig, um bei der kurzen Zeitspanne der Werbemittelbetrachtung effizient zu kommunizieren. Hierbei sind die zur sensorischen Wahrnehmung im Ultrakurzzeitspeicher erläuterten grundlegenden Erkenntnisse über die visuelle Reizverarbeitung zu beachten. Wenn Anzeigen von den Betrachtern über verschiedene Fixationen und dazwischen geschaltete Saccaden abgearbeitet werden, dann sind auch die wesentlichen Textelemente nach Möglichkeit im zu erwartenden – und über Copytests zu validierenden – Blickverlauf zu platzieren.
  - Damit es nicht zu falschen respektive nicht gewollten Interpretationen bei den Zielpersonen kommt, sollten Texte möglichst sachgerecht gestaltet werden, indem die zentralen Botschaften immer ein klares und leicht wahrzunehmendes Profil aufweisen.

    * Konkret bedeutet dies, dass für Fließtexte keine Großbuchstaben verwendet sollten. Dies gilt auch vor dem Hintergrund, dass in den letzten Jahren die Verwendung von Versalien in der Werbung zugenommen hat. SCHRIFT IN VERSALIEN WEIST KEINERLEI PROFIL MEHR AUF, SO DASS UNGLEICH MEHR FIXATIONEN BENÖTIGT WERDEN, UM EINEN TEXT ZU DECHIFFRIEREN. BEI DER DAMIT VERBUNDENEN ANSTRENGUNG IST DER ABBRUCH DER INFORMATIONSAUFNAHME UND DAMIT DES ANZEIGEN-KONTAKTS VORPROGRAMMIERT.
    * Deshalb sind Versalien lediglich für kurze und knappe Überschriften/ Headlines und ansonsten allenfalls für hervorzuhebende (Marken-/ Firmen-)Namen oder Slogans vorzusehen. Eine gegenüber reinen Großbuchstaben bessere Reizqualität lässt sich im Übrigen durch die in diesem Buch für Eigen- oder Firmennamen verwendete SCHREIBWEISE IN „KAPITÄLCHEN“ erreichen. Mit der etwas engeren und bei den eigentlichen Großbuchstaben leicht größeren Absetzung ist eine bessere Schrifterkennung verbunden.
    * Generell ist es sinnvoll, Texte aufzuspalten und hierarchisch darzubieten: Der wichtigste Teil einer Botschaft zuerst (beispielsweise in Form der Headline), dann der zweitwichtigste (z.B. als Subheadline) und jeweils weiter mit drittwichtigsten und so weiteren Teilen. Auf diese Wei-

se kann besser sichergestellt werden, dass auch bei einem kurzen Anzeigenkontakt die wichtigen Kernbotschaften vermittelt werden.

- Zur Entwicklung eines Anzeigen-Layouts mit hoher Anmutungsqualität, einer dadurch starken Aktivierung und insgesamt guter Wahrnehmungs-, Lern- sowie Erinnerungswirkung bieten sich – wie bereits angesprochen – **Blickverlaufsanalysen** mit verschiedenen Vorversionen einer Anzeige an. Diese apparativen Untersuchungen sind allerdings sehr kostenintensiv, und so kommen sie nicht immer und wenn, dann vor allem als Feinabstimmungen zum Einsatz. Als Grundlagen der Entwurfsgestaltung sind in jedem Fall Erkenntnisse zum allgemeinen und gewohnheitsmäßigen Betrachtungsverhalten von Anzeigen zu berücksichtigen:

  * Bei stark textorientierten Anzeigen ist davon auszugehen, dass der Betrachter im oberen linken Bereich mit der Anzeigenwahrnehmung beginnt (Eintrittsbereich) und im unteren rechten Bereich endet (Austrittsbereich). Dieses Blickverhalten resultiert aus unserem kulturell geprägten Schreib-/ Leseverhalten (zeilenweise angeordnete, rechtsläufige Schrift).
  * Zwischen dem Eintritts- und Austrittsbereich kann der Blickverlauf beispielsweise durch kleine Bilder, Unterstreichungen oder fett gesetzte Wörter beeinflusst werden. Sind die zur Blickführung eingesetzten Merkmale allerdings zu dominant, dann können sie das gewohnheitsmäßige Betrachtungsverhalten von links oben nach rechts unten völlig verändern. Von daher ist insbesondere mit Hervorhebungen jeglicher Art generell sparsam umzugehen.
  * Wegen ihrer starken Aktivierungswirkung bieten sich Bilder zum Transport wichtiger Botschaften besonders an. Wenn dies durch das Bildmotiv alleine nicht zweifelsfrei und eindeutig möglich ist, dann sollten die erläuternden Textdarstellungen räumlich nahe mit dem Bildelement verbunden sein. Andernfalls besteht die Gefahr eines Vampir- bzw. Kannibalisierungseffekts, bei dem die stärker aktivierenden Bildreize den Blick auf sich ziehen, während wichtige Textinformationen keine Beachtung finden.

Mit dem Einsatz von Werbemitteln verbindet ein Unternehmen die Absicht, Einfluss auf die Einstellungen der Zielpersonen zu nehmen. Es werden kognitiv zu verarbeitende Informationen transportiert, wobei der Empfänger zugleich affektiv-gefühlsmäßig angesprochen wird. Hierdurch sollen dessen konative, handlungsgerichteten Prädispositionen zu Gunsten des Unternehmens verschoben werden und er soll – im günstigsten Fall – die beworbene Marktleistung gleich im Rahmen einer aktiven Kaufhandlung erwerben.

• Die dabei angestrebte Wirkungskette lässt sich mit der schon im Jahr 1898 von ST. ELMO LEWIS aufgestellten **AIDA-Formel** zusammenfassen:

- Attract **A**ttention
- Maintain **I**nterest

- Create **D**esire
- Get **A**ction.

- LEWIS war Chef einer großen Druckerei im US-amerikanischen Delaware. Er hatte die einzelnen Bausteine als Handlungsanweisungen für das erfolgreiche Führen von Verkaufsgesprächen entwickelt, die ersten drei im Jahr 1898 und den letzten etwa 12 Jahre später noch angefügt.
- LEWIS hat damit die wegen ihrer Einprägsamkeit bis heute in der Praxis am meisten verwendete Werbewirkungsformel begründet. Mittlerweile sind auch andere, i.d.R. differenziertere Konzepte gebräuchlich; diese können allerdings sämtlich als Variationen der Ursprungsformel von Lewis angesehen werden.

Praxisbezogene Werbewirkungsmodelle wie die AIDA-Formel unterstellen eine hierarchische Stufenfolge von einzelnen Wirkungsphasen, zwischen denen jeweils ein mehr oder minder aktives Lernen der Kommunikationsbotschaft bzw. eine zunehmende Aktivierungssteigerung stattfindet. Dem heutigen Erkenntnisstand zur Reizverarbeitung kann damit nicht mehr adäquat entsprochen werden. Die für die Werbung neben einer aktivierenden Gestaltung von Werbemitteln als Außenreizen entscheidende Frage ist, auf welche informationellen Prädispositionen die Werbebotschaften bei den Empfängern stoßen, und mit welchen unterschiedlichen Verarbeitungsprozessen dabei zu rechnen ist.

- Mit dem **Involvement der Zielpersonen** sind – wie die vorangegangenen Ausführungen zur Reizwahrnehmung und -verarbeitung bei Werbemitteln gezeigt haben – Unterschiede im Niveau ihrer kognitiven und emotionalen Prozesse gegeben, in deren Abhängigkeit dasselbe Kommunikationsmittel verschiedenartige Reaktionen bei seinen Empfängern auslösen kann. Als überwiegend endogen wirkende Aktivierungskomponente geht folglich vom Involvement der Zielpersonen ein starker Einfluss auf die Wirkung der eingesetzten Werbemittel aus. Hierzu sollen die involvementbedingten Unterschiede in der Werbemittel-/ Anzeigenverarbeitung etwas näher herausgearbeitet werden, so dass auf dieser Grundlage detailliertere Einschätzungen zur Werbewirkung als mit den einfachen Stufenmodellen getroffen werden können.
  Mit Werbewirkungsmuster und Involvement überschrieben, geben wir hierzu eine Darstellung, die auf einem Ansatz von WERNER KROEBER-RIEL und PETER WEINBERG basiert (Abb. F-III-18). Das von diesen Autoren zur Erklärung von Werbewirkungen aufgestellte Modell der Wirkungspfade haben sie über eine zusammenfassende Auswertung verschiedener empirischer Forschungsarbeiten entwickelt.
- Wie Abbildung F-III-18 zeigt, wird ein **Grundmodell von Wirkungskomponenten** – die Kästchenstruktur – auf unterschiedliche Werbemittel- und Involvement-Konstellationen als Wirkungsdeterminanten bezogen, so dass sich – über die Pfeilverbindungen – die vier dargestellten Wirkungsverläufe ergeben.
  Das Grundmodell enthält die folgenden – gegenüber KROEBER-RIEL/ WEINBERG etwas verändert bezeichneten – Komponenten:

  - Den Werbemittelkontakt als Ausgangspunkt

- Die als Ausdruck der Aktivierung aufzufassende Aufmerksamkeit in den beiden Intensitäts-/ Qualitätsstufen

    * einer schwachen Aufmerksamkeit, die auf eine passive Informationsaufnahme hinweist, und
    * einer starken Aufmerksamkeit, die mit einer aktiven Informationsaufnahme verbunden ist

- Kognitive Vorgänge/ Prozesse der eher rationalen Aufnahme, Verarbeitung und Speicherung von Werbeinformationen
- Emotionale Vorgänge/ Prozesse der eher affektiven Werbeeinflüsse auf Emotion und Motivation der Empfänger
- Einstellung und Handlungs-/ Kaufabsicht als einschätzungs-/ meinungsbezogene „vor-entscheidende Resultanten" aus den kognitiven und emotionalen Prozessen
- Das konkret beobachtbare (Kauf)Verhalten als Endglied der betrachteten Ursachen-Wirkungs-Kette.

Die zu den vier Werbewirkungsmustern führenden **Wirkungsdeterminanten** werden durch die Art der Werbung und das bei den Empfängern gegebene Involvement gebildet:

- Die idealtypische Unterscheidung der beiden Werbearten trägt wesentlich zur Aussagefähigkeit des Wirkungspfad-Ansatzes bei. Ohne diese Differenzierung wären nur sehr allgemeine, kaum praktisch umsetzbare Erkenntnisse abzuleiten.

    * Unter informativer Werbung wird eine Werbemittelgestaltung verstanden, bei der die Vermittlung sachlicher Informationen im Vordergrund steht. Hiermit sollen dem Empfänger also faktenorientierte Kenntnisse beispielsweise zu den Marktleistungen (Produkteigenschaften, Preise, Erhältlichkeit etc.) oder zum Unternehmen (Angebotsspektrum, Leistungsfähigkeit, Ergebnisentwicklung etc.) näher gebracht werden.
    * Die Qualifizierung als emotionale Werbung macht sich an der Art der Reizdarbietung fest. Bei insgesamt nur wenig Text wird hier vor allem von stark aktivierenden, meist großflächigen und gefühlsbetonenden Bildern sowie von provokanten Aussagen/ Slogans Gebrauch gemacht.

- Beim Involvement als der zweiten und für das Gesamtmodell wesentlichen Wirkungsdeterminante geht es – wie bereits ausgeführt – um das als Grad der inneren Beteiligung umschriebene Aktivitätsniveau, mit dem die Werbebotschaft von einem Empfänger wahrgenommen und verarbeitet wird. Im hier gegebenen Zusammenhang wird vor allem auf das persönlichkeitsabhängige Involvement abgestellt, welches bei der Zielperson im Moment des Werbemittelkontakts vorliegt. Damit kommt es insbesondere auf die von uns als generelle Informationsverarbeitungsbereitschaft gekennzeichnete Befindlichkeit einer Person beim Betrachten von Werbeanzeigen an. Sie kann bereits längerfristig bestehen oder auch erst kurzfristig entstehen (Ad-hoc-Involvement).

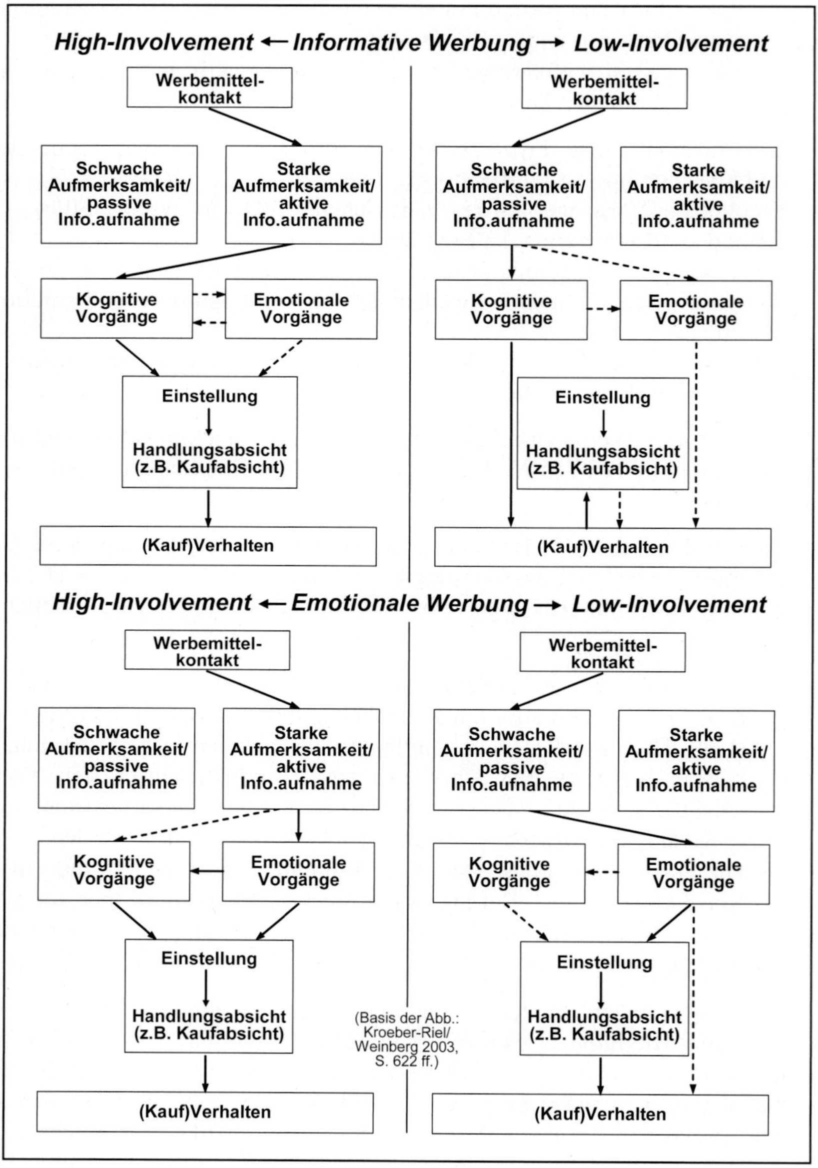


**Abb. F-III-18:** Werbewirkungsmuster und Involvement

Das mehrdimensionale Konstrukt des Involvement ist als Kontinuum aufzufassen, welches kontinuierliche Ausprägungen von sehr schwach bis sehr stark annehmen kann. Dieses wird für die Modellanalyse auf die beiden gegensätzlichen Konstellationen High-Involvement und Low-Involvement reduziert:

* Bei hohem Involvement entwickeln die Empfänger von Werbebotschaften eine starke Aufmerksamkeit und setzen sich relativ aktiv mit diesen auseinander.
* In der Situation eines niedrigen Involvement und damit einer generell schwachen Aufmerksamkeit werden die Werbeaussagen im Allgemeinen passiv und häufig absichtslos aufgenommen.

Damit sind zugleich die involvementabhängigen Eingangspfade bei den unterschiedenen Wirkungsverläufen definiert.

- Die nach dem Involvement gebildeten **Wirkungsmuster** der Abbildung F-III-18 für informative oder emotionale Werbung lassen sich kurz wie folgt kennzeichnen:
  - **Informative Werbung** mit großen und relativ ausführlichen Textanteilen hat im Allgemeinen nur dann eine gute Wirkungschance, wenn sie auf **stark involvierte Personen** trifft (obere linke Teildarstellung). Diese verarbeiten die aufmerksam wahrgenommenen Werbeinformationen überwiegend kognitiv-gedanklich. Dabei stellen sich auch emotionale Begleitreaktionen ein, was aber eher im Hintergrund – und deswegen über gestrichelte Pfeile dargestellt – erfolgt. Vor allem über die bewusste Informationsaufnahme und -verarbeitung kann sich die Einstellung zum Werbeobjekt auch in ihrer konativ-(kauf)handlungsgerichteten Komponente verändern, so dass es schließlich auch zu realen Kaufakten kommt.
  - Wenn in geringerem Umfang auch **schwach involvierte Personen** mit **informativen Kampagnen** beworbene Marktleistungen – erstmals – kaufen, dann ist von einem völlig anderen Wirkungsverlauf auszugehen (obere rechte Teildarstellung). Bei den eher unaufmerksamen und passiven Werbemittelkontakten wird sich kein fundiertes Produktwissen herausbilden, dem eine Einstellungsveränderung nachfolgen könnte. Ein kleiner Teil der Werbeinformationen – z.B. der Markenname oder die eine oder andere Produkteigenschaft – kann aber dennoch bei den Zielpersonen „hängen bleiben", wodurch sie sich in einer konkreten Kaufsituation über unspezifische Erinnerungseffekte zum Erwerb der Marktleistung veranlasst sehen können. Ihre Einstellungen prägend wirken dann also erst die Erfahrungen mit dem gekauften Produkt. Allenfalls peripher ist bei diesem Werbewirkungsmuster mit emotionalen/ motivationalen oder „vor-einstellungs-begründeten" Begleiterscheinungen zu rechnen (gestrichelte Pfeile).
  - Die auf die Gefühlslage der Zielpersonen abzielende **emotionale Werbung** mit hohen Bild- und geringen Textanteilen entfaltet bei **starkem Involvement** (untere linke Teildarstellung) ähnliche Wirkungen wie die informative Werbung. Über die Bild- und Textdarstellung wird der involvierte Konsu-

ment emotional angesprochen, was eine direkte Aktivitätssteigerung auslöst. Damit kommt es zugleich zu einer Erhöhung des kognitiven Reizverarbeitungsniveaus. Unter Umständen kann diese auch auf Grund der Informationen bewirkt werden, die in einer emotionalen Anzeige enthalten sind (gestrichelter Pfeil). Der weitere Wirkungsverlauf beruht wieder darauf, dass es über das Zusammenspiel kognitiver und emotionaler Prozesse zu Einstellungsveränderungen, Kaufabsichten und danach zu Kaufakten kommt. Emotionale Werbung läuft bei starkem Involvement der zu berücksichtigenden Gefahr, dass die Zielpersonen über ihre gedanklichen Aktivitäten diese Werbeform auch genauer analysieren und dabei schnell aus ihrer Sicht Widersprüche oder Ungereimtheiten entdecken können.

- Wiederum unter Umgehung des Konstruktes der Einstellung wirkt **emotionale Werbung** bei **schwachem Involvement** ihrer Empfänger (untere rechte Teildarstellung). Hier kommt das Prinzip der klassischen Konditionierung zum Tragen. Wie zu den unterschiedlichen Reizarten dargestellt, gehen bei der geringen Aufmerksamkeit von den Werbemitteln selbst bestimmte Schlüsselreize aus, die situationsbedingt auch zu einer – spontanen – Kaufhandlung führen können. Die bisher einbezogenen Wirkungskomponenten sind dabei nur am Rande beteiligt, was durch die zum Teil lediglich angedeuteten Pfeilverbindungen zum Ausdruck gebracht wird.

• Die vorgestellten Werbewirkungsmuster verhelfen zu einem tiefer gehenden Verständnis des bei den unterschiedenen Werbemittel- und Involvement-Konstellationen möglichen Erreichens der Kommunikationsziele. Es handelt sich hierbei notwendigerweise um Idealmodelle, welche in der Praxis kaum in dieser Reinform vorzufinden sind. Dies insbesondere deshalb, weil die eingesetzten Werbemittel häufig eine Mischung aus informativer und emotionaler Werbung darstellen. Dennoch wird das Verstehen der grundlegenden Ursachen-Wirkungs-Zusammenhänge durch die Werbewirkungsmuster gefördert. Deren zum Teil starke Unterschiede können beispielsweise dazu genutzt werden, dass eine Werbekampagne eindeutiger – und damit eher informativ oder emotional anstatt indifferent gemischt – angelegt wird.
  Eine weitere Konsequenz liegt nach den vorangegangenen Ausführungen auf der Hand: Wenn – wie bei vielen Werbeeinsätzen schon allein wegen der gegebenen Informationsüberlastung – damit zu rechnen ist, dass die Mitglieder der umworbenen Zielgruppe überwiegend wenig involviert sind, dann muss die entsprechende Werbung öfter wiederholt werden. Hier ist kaum mit echten Lernprozessen bei den Konsumenten zu rechnen, so dass das werbende Unternehmen eher auf eine Summe subtiler werblicher Einflussnahmen setzen muss.

### d. Implikationen alternativer Vertriebswegegestaltungen

Abschließend zu den Erläuterungen des direkten Wertschöpfungsprozesses Absatz/ Vertrieb wird auf die Implikationen alternativer Vertriebswegegestaltungen eingegangen. Mit dieser dritten, in der Eingangsabbildung F-III-14 ausgewählten Entscheidungssituation kommen wir in der dort wiedergegebenen funktionalen

Abteilungsgliederung zum Teilbereich der eigentlichen Vertriebsaufgabe eines Unternehmens. Der Vollständigkeit halber enthält dieses exemplarische Organigramm neben den Abteilungen für den Verkauf und für den Versand als der Physischen Distribution auch eine solche für die Wahrnehmung der vor- und nachkaufbetreuenden Dienstleistungen des Service/ Kundendienstes. Deren strategisches und operatives Aufgabenspektrum wurde – gemäß unserer Erweiterten Wertschöpfungskette (Abb. F-I-1) sowie unserem fünfteiligen Marketing-Pentagon (Abb. F-II-12) – in F.II.2.f. bereits behandelt und wird in F.III.6. spezifisch vertieft.

Die im Rahmen der Kombination des Vertriebssystems, der Vertriebsorgane sowie der Vertriebswege gegebenen Alternativen beim Gestalten der Distributionskanäle eines Unternehmens haben wir anhand der Abbildung F-II-16 bei den Darstellungen zum Distributions-Mix in F.II.2.e. aufgezeigt. Hieran knüpft die Abbildung F-III-19 an: Damit wird zusammengefasst, nach welchen Kriterien und mit welchen Konsequenzen über die generellen Vertriebswegealternativen eigener Niederlassungen/ Filialen bzw. einem vertraglichen Vertriebssystem respektive Handelskooperationen entschieden werden kann. Im Kern geht es dabei noch einmal um die **Abgrenzung von Direktabsatz und indirektem Absatz** (Laufziffern **(12)** und **(13)** in Abb. F-II-16). Hierauf bezogen sind jetzt **übergeordnete Potenziale und Erfolgsfaktoren** herauszuarbeiten, um auf diese Weise eine Hilfestellung zum Treffen der Basisfestlegungen zu den Distributionskanälen eines Unternehmens zu geben.

Die folgenden Ausführungen beruhen auf einer an unserem Lehrstuhl für Marktorientierte Unternehmensführung an der TU Dresden durchgeführten wissenschaftlichen Studie vom Frühjahr 2001. Diese hatte den Lebensmitteleinzelhandel zum Gegenstand und untersuchte Vertriebsebenen, wie sie z.B. bei EDEKA und REWE (siehe dazu F.II.2.e.) vorzufinden sind. Die in der Abbildung F-III-19 zusammengestellten und nachstehend näher ausgeführten generellen Befunde/ Schlussfolgerungen können jedoch für alle Wirtschaftszweige zu Grunde gelegt werden, so beispielsweise auch für den Vertrieb in der Automobilindustrie über Niederlassungen oder selbstständige Händler.

Zur Entscheidung der generellen Wahl zwischen einer direkten oder einer indirekten Vertriebsgestaltung lässt sich das auf RAYMOND E. MILES und CHARLES C. SNOW zurückgehende **Konzept der Unternehmensnetzwerke** heranziehen. So kann die Variante des mehrstufigen Vertriebs über vertraglich gebundene Partner oder über das Einschalten von Handelsunternehmen als strategisches Netzwerk aufgefasst werden. Derartige Kooperationen bilden eine Form der Organisation, die von einem fokalen Unternehmen – also einem in dessen Zentrum stehenden Kernunternehmen – geführt wird und sich durch relativ stabile Beziehungen mit den selbstständigen Partnerunternehmen auszeichnet. Wie in F.II.2.e. ausgeführt wurde, ist bei deren rechtlicher Selbstständigkeit dennoch i.d.R. von einer – mehr oder minder ausgeprägten – wirtschaftlichen Abhängigkeit vom Kernunternehmen auszugehen. Das Entstehen strategischer Netzwerke lässt sich über drei Erklärungs- und Gestaltungsebenen begründen, die zugleich den Referenzrahmen für die Alternative des direkten Vertriebs über eigene Niederlassungen/ Filialen bilden. Mit den dabei einbezogenen Theoriefeldern – insbesondere der Transaktionskosten- und der Agency-Theorie – basieren die vorgestellten Ursachen-Wirkungs-Zusammenhänge auf einer verhaltenswissenschaftlichen Programmatik, die im Wesentlichen der Neuen Institutionenökonomik respektive dem Neuen Institutionalismus (siehe hierzu A.I.3. und H.I. und II.) folgt.

*Eigene Niederlassungen/ Filialen* ← *versus* → *Vertragliches Vertriebssystem/ Handelskooperationen*

**(zur Vertriebswegegestaltung siehe auch Abb. F-II-14)**

| ***Integratives Wachstum*** | ⟺ | ***Kooperatives Wachstum*** |
|---|---|---|
| (+) **Direkte Steuerung; eindeutiges Markenbild** | | (+) **Hohe Kundenorientierung durch volle Ergebnisverantwortung der Absatzmittler; Risikoverteilung** |
| (-) **Hohe eigene Umsetzungskosten; volles Risiko bei Zentrale** | | (-) **Verwischung des Markenbildes; hohe Koordinationskosten durch Abstimmungsaufwand** |

***Generelle Schlussfolgerungen/ Prinzipien für die Vertriebswegegestaltung:***
**(relevante wirtschaftswissenschaftliche Theoriefelder in Klammern)**

1. **Ausgehend von klaren und schwerpunktsetzenden Vorgaben der Vertriebsstrategie minimieren bedarfsgerechte zentrale Funktionen sowie ein umfassendes und integriertes Steuerungskonzept mit dezentraler Ergebnisverantwortung die Transaktions- und Koordinationskosten (*Wettbewerbsstrategie* [siehe dazu Abb. F-II-9]/ *Transaktionskostentheorie/ Performance Measurement*)**
2. **Eine hierauf basierende Vertrauenskultur im Unternehmen bildet den Korridor für unternehmerisches eigenständiges Verhalten und verringert die Transaktionskosten (*Organisations-/ Unternehmenskultur*)**
3. **Eine vertrauensgeprägte Unternehmenskultur sowie Anreiz- und Informationssysteme verringern die Gefahr opportunistischen Verhaltens und fördern die Stabilität der Zusammenarbeit (*Principal-Agent-Theorie*)**
4. **Ein integriertes und umfassendes Wissensmanagement mit einer entsprechenden Anreizgestaltung ist ein Wettbewerbsvorteil von Unternehmensnetzwerken (*Knowledge-/ Wissensmanagement*)**
5. **Durch gemeinsame Wertvorstellungen und entsprechende Zielvereinbarungen für das Gesamtunternehmen können die Persönlichkeitsprofile in Richtung Strategisches Denken entwickelt werden (*Persönlichkeits-/ Gründungsforschung*)**

**Abb. F-III-19:** Implikationen alternativer Vertriebswegegestaltungen

- Für das Funktionieren der Aufgabenteilung in einem Unternehmensnetzwerk spielt zunächst die **Risikoverteilung auf die einzelnen Kooperationspartner** eine wichtige Rolle; hiervon gehen zentrale Einflüsse auf die wirtschaftliche Sicherheit der beteiligten Unternehmen aus.

- Für die Franchise-Nehmer in einem vertraglichen Vertriebssystem oder für mittelständische Einzelhändler bedeutet die Netzwerkbeteiligung, dass sie durch die Zusammenarbeit in einem leistungsfähigen Unternehmensverbund ihr unternehmerisches Risiko mindern können.
- Aus der Sicht des Kernunternehmens führt eine Kooperation mit selbstständigen Partnerunternehmen im Vertrieb dazu, dass im Vergleich zu einem – ggf. als Filialsystem konzipierten – selbst organisierten Direktabsatz ein Teil des unternehmerischen Risikos verlagert wird. Damit kann auch ein besserer Zugang zu den Absatzmärkten verbunden sein, aus dem heraus wiederum ein höheres Erlösniveau zu erreichen ist.

- Mit der Risikoverteilung eng verbunden, ergibt sich der zweite Beurteilungsaspekt aus kostentheoretischen Überlegungen. Es liegt auf der Hand, dass sich ein Unternehmen nur dann an einem Netzwerk beteiligen wird, wenn ihm das keine Kostennachteile einbringt. Aus der Sicht des gesamten strategischen Netzwerks sind hier auf der einen Seite interne sowie marktliche **Transaktionskosten** und auf der anderen Seite **Koordinationskosten** zu berücksichtigen.
Die Transaktionskostentheorie, die im Wesentlichen von OLIVER E. WILLLIAMSON begründet wurde, versteht unter Transaktion allgemein die Austauschbeziehungen auf vertraglicher Grundlage zwischen zwei organisatorischen Einheiten. Transaktionskosten sind nach WILLIAMSON die Ursache für die Art der gewählten Austauschbeziehung und damit hauptsächliches Kriterium der zwischen den beiden Polen „Markt“ und „Hierarchie“ vorgenommenen Organisationsgestaltung. Mit anderen Worten, die Höhe der Transaktionskosten bestimmt die Art der Vertragsbeziehung. Dabei wird in vor (ex ante) und nach (ex post) der Organisations-/ Vertragsentscheidung anfallende Kosten der spezifischen Transaktionsgestaltung unterschieden. Erstere sind Kosten der Anbahnung, Aushandlung und Sicherung einer zu treffenden bzw. geschlossenen Vereinbarung. Ex post-Transaktionskosten sind dagegen solche, die nach dem Vertragsabschluss anfallen, wie z.B. Kontrollkosten. Diese generelle Sichtweise kann aufgebrochen werden, indem die Transaktionskosten nach der Vertrags(anbahnungs)art, dem Vertragsinhalt und der Vertragskontrolle unterschieden werden. Für die kostenmäßige Beurteilung von strategischen Unternehmensnetzwerken ist die zusätzliche Differenzierung in interne und marktliche Transaktionskosten von Bedeutung:

  - **Interne Transaktionskosten** setzen sich aus Kosten der Organisation, Steuerung und Kontrolle der Wertschöpfungsprozesse in einem Unternehmen zusammen. Es ist zu erwarten, dass diese Kosten beim Direktabsatz über eigene Niederlassungen/ Filialen – und damit bei einem rein integrativen Unternehmenswachstum – höher als bei der Kooperation mit selbstständigen Vertriebspartnern ausfallen.
  - **Marktliche Transaktionskosten** beinhalten beispielsweise die Kosten für die den Vertragsverhandlungen vorangehende Informationsbeschaffung. Damit stehen hier vor allem die Kosten der Anbahnung von Verträgen sowie daraufhin auch der speziellen Vertragsgestaltung und des Vertragsabschlusses im Vordergrund. Hierzu ist anzunehmen, dass dieser Kostenblock

für das Kernunternehmen eines strategischen Netzwerks mit zunehmendem Selbstständigkeitsgrad der potenziellen Vertriebspartner eher ansteigen wird.

In Unternehmensnetzwerken und damit bei mehreren an einer Transaktion(skette) beteiligten Partnerunternehmen ergeben sich **zusätzliche Kosten**, die auf die **Koordination der einzelnen Kooperationspartner** zurückzuführen sind. In diesem Zusammenhang ist auf ein Grundproblem von Netzwerken einzugehen, welches sich mit dem **Principal-Agent-Ansatz** beschreiben lässt. Dieser geht auf die Mitte der 80er Jahre zurück; als Grundlagenbuch hierzu gilt der 1985 von JOHN W. PRATT und RICHARD J. ZECKHAUSER herausgegebene Sammelband „Principals and Agents: The Structure of Business".

- Betrachtet man die Beziehungen zwischen einem Unternehmen und seinen selbstständigen Vertriebspartnern, so besteht – gemäß der **Anreiz-Beitrags-Theorie** von JAMES G. MARCH, HERBERT A. SIMON und RICHARD M. CYERT in – der Anreiz des Kernunternehmens in diesem Netzwerk vor allem darin, dass die Kooperationspartner vor Ort die wirtschaftlichen und wirkungsvollen, also effizienten und effektiven Schnittstellen zu den Kunden darstellen. Das Kernunternehmen verbindet mit der Netzwerkführung folglich bestimmte eigene Zielsetzungen. Die selbstständigen Partnerunternehmen verfolgen entsprechend in erster Linie Zielsetzungen, die ihre Unternehmen betreffen (Gewinnerzielung, Wertsteigerung etc.). Derartige Interessenkonkurrenzen lassen sich als **Principal-Agent-Problem** auffassen.
- Charakteristisch für die in der Agency-Theorie untersuchten Austauschbeziehungen ist die Tatsache, dass der **Agent** (also der Vertriebspartner vor Ort) für den **Prinzipal** (also das Kernunternehmen) Entscheidungen trifft, welche den Nutzen des Prinzipals direkt beeinflussen. Wenn deren Interessenlagen nicht kongruent sind und darüber hinaus realistischerweise eine asymmetrische Informationsverteilung angenommen wird, ist **opportunistisches Verhalten** wahrscheinlich. Dies bedeutet, dass die Kooperationspartner ihre Ziele notfalls auch auf Kosten des Kernunternehmens verfolgen. Die hieraus resultierenden Probleme können in die folgenden beiden Typen unterschieden werden: die **Hidden Action** (verborgene Aktionen des Agenten, vom Prinzipal nicht umfassend zu beobachten und damit kaum zu steuern) und die **Hidden Information** (für den Prinzipal handlungs- und entscheidungsrelevante Informationen, welche vom Agenten zurückgehalten werden). Opportunistisches Verhalten der Kooperationspartner im Vertrieb wäre nur im Zustand vollkommener Information erkennbar und könnte dann entsprechend sanktioniert werden. Der Problematik kann allerdings dadurch begegnet werden, dass das Kernunternehmen Anreiz- und Informationssysteme implementiert, welche die Vertriebspartner dahin bewegen sollen, in seinem Sinne zu handeln.

Die vorgestellte Neigung der Partnerunternehmen zu opportunistischem Verhalten lässt die **Kontroll- und Koordinationskosten** in einem strategischen Netzwerk ansteigen. Allgemein kann daher festgehalten werden:

- Die Bildung eines Netzwerkes zur Lösung der Vertriebsaufgabe eines Unternehmens bietet sich an, wenn die Summe aus den internen und den marktlichen Transaktionskosten sowie den Koordinationskosten geringer ist als die Kostensumme bei einer rein eigenen Leistungsverwertung. Mit anderen Worten: Übersteigen die Kosten, die sich für ein Unternehmen aus dem Direktabsatz über Niederlassungen oder Filialen ergeben, die mit der Kooperation mit selbstständigen Franchise-Nehmern oder Einzelhändlern verbundenen Kosten, dann ist die Netzwerklösung des indirekten Absatzes vorzuziehen.
- Dies gilt umso mehr, wenn der Nutzen beider Alternativen nicht gleich ist, sondern die **Marktvorteile in der Kooperation mit selbstständigen Vertriebspartnern** höher eingeschätzt werden. Mit diesem – nur auf den ersten Blick trivial erscheinenden – Zusammenhang ist die Erkenntnis zu verbinden, dass die Wachstumsstrategie eines Unternehmens nicht allein aus der ressourcenorientierten Kostensicht abgeleitet werden darf. Vielmehr sind die in der marktorientierten Sicht zukünftig erreichbaren Wettbewerbsvorteile genau zu analysieren, um daraufhin einen Abgleich mit den intern gegebenen bzw. noch zu schaffenden organisatorischen Voraussetzungen herzustellen.

Die vorstehenden Argumentationen haben ebenfalls Gültigkeit für die selbstständigen Kooperationspartner. Eine Beteiligung an einem strategischen Netzwerk darf auch aus ihrer Sicht nicht zu insgesamt höheren Kosten im Vergleich zu einer vollkommen unabhängigen Unternehmenstätigkeit führen.

- Eine dritte Ebene zur Erklärung und Gestaltung von Unternehmensnetzwerken ist als persönlichkeitsorientiert zu kennzeichnen. Jetzt stehen die im Einzelnen beteiligten Akteure im Vordergrund der Betrachtung, und damit geht es nun um die **Voraussetzungen und Möglichkeiten einer normativen Koordination** zwischen dem Kernunternehmen und seinen selbstständigen Vertriebspartnern.

  - Für einen bisher selbstständigen Unternehmer bedeutet die Beteiligung an einem Netzwerk grundsätzlich eine Einschränkung seines Unabhängigkeits- und Autonomiestrebens. Eine erfolgreiche Kooperation setzt dabei ein relativ hohes Ausmaß an genereller Kommunikationsfähigkeit sowie an gegenseitigem Vertrauen und an Offenheit voraus. Dem können Ängste der Beteiligten in der Preisgabe respektive Weitergabe von Informationen gegenüberstehen. An einem Unternehmensnetzwerk können mehrere unterschiedliche Unternehmertypen beteiligt sein – nach MILES und SNOW beispielsweise Reagierer, Verteidiger, Risikostreuer oder Prospektoren; ähnliche Unterteilungen ergeben sich auch in der auf die Unternehmensgründung gerichteten Forschung. In der Verschiedenartigkeit beteiligter Charaktere liegt zugleich eine Chance für das Netzwerk, Lerneffekte durch den Austausch von Informationen und Erfahrungen im Rahmen eines gezielten Knowledge-/ Wissensmanagement zu generieren. Gerade dies kann einen gemeinsamen Wettbewerbsvorteil des strategischen Netzwerks begründen, wenn das integrierte Handling sämtlicher Informationen von gegenseitigem

Vertrauen und Commitment als wertebezogener Handlungsverpflichtung getragen wird.

- Damit kommt der Unternehmenskultur (siehe hierzu F.II.3.) eine entscheidende Bedeutung für den Aufbau und die Funktion von Netzwerken zu. Alles in allem gilt es, eine **Vertrauens- und Unternehmer-Kultur** aufzubauen, die den Korridor für selbstständiges unternehmerisches Handeln vorgibt und so die Notwendigkeit zahlreicher Einzelanweisungen vermindert. In Verbindung mit dem Anreiz- und Informationssystem wird damit zugleich die Gefahr opportunistischen Verhaltens verringert, und die Stabilität der Zusammenarbeit zwischen dem Kernunternehmen und den Vertriebspartnern wird gestärkt. Schließlich resultieren hieraus wiederum positive Effekte für das gemeinsame Wissensmanagement, indem die Gefahr eines „Free Rider-Verhaltens" – also etwa ein einseitiges Nutzen der Netzwerk-Datenbank, ohne dass Informationen von einem Teilnehmer eingestellt werden – über die geteilten Wertvorstellungen abnimmt. Einer solchen „Trittbrettfahrer-Mentalität" ist allerdings dennoch mit einer entsprechenden Zugriffsberechtigung vorzubeugen; beispielsweise dadurch, dass bei über längere Zeit nur einseitiger Nutzung vom Benutzer nur noch auf Basisinformationen zugegriffen werden kann.
- Erst wenn ein Netzwerk sowohl in seinem Kernunternehmen als auch bei den Kooperationspartnern auf der Basis ähnlicher Wertvorstellungen von einer Unternehmensvision und -philosophie getragen wird, bei der ein weitgehend selbstständiges und auf die gemeinsamen Ziele gerichtetes Handeln im Vordergrund steht, kann die normative Koordination ihre volle Wirkung entfalten, so dass ein hierarchisches Durchregieren immer weniger notwendig ist. Innerhalb der Werte, Normen und Verhaltensweisen der an einem Unternehmensnetzwerk beteiligten Führungspersonen ist dabei der Faktor eines Strategischen Denkens von besonderer Wichtigkeit.

In der Abbildung F-III-19 sind nach einer Kurzkennzeichnung der **Wachstumsstrategien eines Unternehmens**, welche sich bei den generellen Vertriebswegealternativen eigene Niederlassungen/ Filialen versus vertragliches Vertriebssystem/ Handelskooperationen ergeben (integratives/ kooperatives Wachstum), die vorstehend erläuterten Zusammenhänge als generelle Schlussfolgerungen verdichtet wiedergegeben. Deren Argumentation geht zwar grundsätzlich in die Richtung der Bildung und Gestaltung eines Netzwerks mit einem Kernunternehmen, welches seine Produkte und Dienstleistungen über selbstständige Kooperationspartner (Franchise-Nehmer/ Handelsunternehmen) indirekt vertreibt. Die herausgestellten Kernsätze können aber ebenfalls auf die Variante des direkten Absatzes über eigene Niederlassungen oder Filialen bezogen werden, und deshalb bezeichnen wir sie zugleich als **Prinzipien für die Vertriebswegegestaltung**. So kann unter 1. eine vor allem kostenbegründete Vorentscheidung zur Wahl des Vertriebssystems getroffen werden. Die Punkte 2. bis 5. sind dann zur näheren Ausgestaltung beider Vertriebswegealternativen relevant. Werden sie nicht zur Steuerung der Beziehungen innerhalb eines Unternehmensnetzwerkes herangezogen, dann kann auf dieser Basis ebenfalls das Verhältnis einer Unternehmenszentrale zu seinen Niederlassungen oder Filialen gestaltet und gesteuert werden.

## 6. Service/ Kundendienst

Worin liegt die entscheidende und erfolgskritische Bedeutung des vor- und nachkaufbezogenen direkten Wertschöpfungsprozesses Service/ Kundendienst begründet? Woran ist die Service-/ Kundendienst-Strategie eines Unternehmens auszurichten, und was sind wesentliche Eckpfeiler für Ihre Umsetzung? Welche Erkenntnisse sind dabei zum Erreichen des definierten Service-Niveaus und zum Erleben/ Bewerten der Servicequalität aus Sicht der Kunden zu Grunde zu legen?

Der abschließend näher zu erläuternde direkte Wertschöpfungsprozess Service/ Kundendienst steht nicht nur am Ende der direkten Wertschöpfungskette. Er hat außerdem eine übergreifende Funktion auf andere Prozesse primären Wertschöpfung. Dies hat unterschiedliche, für den Markterfolg wichtige Gründe:

- Bezogen auf die einzelnen Kernleistungen/ Produkte eines Unternehmens respektive in deren Zusammenfassung zu produkt- oder verwendungsbezogenen Gruppen/ Sortimenten stehen hierbei die **Begleitangebote und -leistungen eines Unternehmens** im Vordergrund, welche der Kunde im Wettbewerbsvergleich erwartet.
- Von deren (Über)Erfüllung wird es letztlich abhängen, dass sich der Kunde zum Erwerb der Marktleistungen eines bestimmten Anbieters entscheidet, dass er mit deren Gebrauch zurecht kommt, also zufrieden ist – und zwar auch mit der angebotenen Lösung bei einem Problem und damit im Fall einer Beschwerde. Nur dann wird er zum Wiederkauf bereit sein bzw. auch zum loyalen Stammkunden werden. Die Grundlagen hierfür werden bereits bei der Forschung und Entwicklung sowie bei der Produktion eines Produktes gelegt.
- Hieraus ergibt sich die mit der ersten formulierten Leitfrage angesprochene **hohe Bedeutung des Service/ Kundendienstes** für eine erfolgreiche Unternehmenstätigkeit und -entwicklung (siehe dazu schon A.I.1., C.I.3.d. und F.II.2.f.).
- Der gewandelte Ursachen-Wirkungs-Zusammenhang für eine erfolgreiche Unternehmenstätigkeit lässt sich wie folgt ausdrücken:
  - Ein guter Service/ Kundendienst bildete in Zeiten des Verkäufermarkts allenfalls eine hinreichende Bedingung für das Erzielen auskömmlicher Deckungsbeiträge und Gewinne.
  - In der heutigen Situation des Käufermarktes ist eine hohe Servicequalität dagegen zur ausschlaggebenden und somit zu der notwendigen Bedingung für Unternehmenserfolg, -fortbestand und -wachstum geworden. Deshalb ist der Service auch als gesonderter Baustein im Marketing-Pentagon (Abb. F-II-12) aufgenommen worden.

- Die **Unternehmenspraxis** formuliert diese Erkenntnis in zwei einfachen Aussagen, nämlich
  - „Nach dem Kauf ist vor dem Kauf" und
  - bezogen auf den Automobilhandel „Das erste Auto verkauft der Vertrieb, das zweite Auto der Kundendienst".

  Im ersten Fall wird ausgedrückt, dass ein Kaufprozess nicht linear, sondern zyklisch ist. Das Ziel besteht darin, auch durch einen besonders guten und dabei nicht kostentreibenden Service die Kunden sehr zufrieden zu stellen und an das Produkt respektive das Unternehmen zu binden. Im zweiten Fall wird genau diese Anforderung und Fähigkeit der dafür zuständigen Organisationseinheit zum Ausdruck gebracht.
- Der Handel und die Herstellerunternehmen vollziehen oftmals erst mit einer langen Verzögerung nach, dass sich die Anforderungen der Konsumenten über die Zeit zum Teil erheblich verändert haben. Hieraus resultieren eine Reihe von Irrtümern im Marketing, Vertrieb und Service der Produkte. Folgende **Tendenzen und Trends** sind dabei klar nachvollziehbar, die wir zum Teil an früherer Stelle bereits angesprochen haben. Auf weitere Aspekte der Servicequalität gehen wir im Folgenden ein:
  - Kunden wollen heute i.d.R. schnell und problemlos einkaufen, also mit dem Einkauf möglichst wenig Aufwand betreiben. Ein besonderer Erlebniskauf beschränkt sich nur auf klar definierte Situationen. Im Normalfall bevorzugt der Kunde eine Situation mit wenig bzw. überschaubarer Komplexität. Dies bedeutet, er will nicht alle Produkte, sondern die für seine Auswahlentscheidung wesentlichen sehen. Die Produkte müssen die für ihn wichtigen Funktionen besitzen und erfüllen, ohne dass sie aber zu kompliziert und – dabei unterstellt – zu teuer sind.
  - Angestrebt wird beim Einkaufen ein hohes Maß an Sicherheit. Deshalb bevorzugen die Konsumenten Produkte mit gleichbleibenden Eigenschaften und konstanter Qualität, die sie aber möglichst zu günstigen, dauerhaft niedrigen Preisen einkaufen wollen. Dies können Herstellermarken, aber auch qualifizierte Handelsmarken sein. Kurzfristige Sonderangebote/ Rabatte irritieren oftmals eher, da sie leicht den Eindruck vermitteln, bisher zum falschen Zeitpunkt gekauft zu haben.
  - Beim Einkauf dominiert heute die Anforderung an eine „Wohlfühl-Atmosphäre". Für die Kunden ist weniger ein luxuriöses Ambiente erforderlich. Es kommt vielmehr darauf an, dass auf den Kunden und seine Wünsche eingegangen wird, er prompt und zügig bedient sowie freundlich behandelt und gut beraten wird.

### a. Wirkungsmodell der Servicequalität

Die angesprochenen Grundzusammenhänge sind eingangs der Abbildung F-III-20 zum direkten Wertschöpfungsprozess Service/ Kundendienst festgehalten: Für das Abheben von Konkurrenzangeboten und damit das Aufbauen von Wettbewerbsvorteilen kommt auf gesättigten Märkten einem herausragenden Service/ Kundendienst eine große, manchmal sogar die entscheidende Bedeutung zu.

Mit umfassenden Aktivitäten im Service/ Kundendienst sind für das Unternehmen die in F.II.2.f. bereits dargestellten Differenzierungs-/ Akquisitions-, Kundenbindungs- und Marktforschungsfunktionen verbunden. Hiervon gehen Einflüsse auf seine gesamte Erweiterte Wertschöpfungskette aus. Insbesondere durch die unmittelbaren (End)Kundenkontakte ergeben sich Wechselwirkungen zwischen der Gestaltung des Service/ Kundendienstes und der Leistungserstellung/ -verwertung im Rahmen der direkten Wertschöpfung, den übergeordneten Steuerungsprozessen und damit mittelbar auch den flankierenden Unterstützungsprozessen:

- Beim **Technischen Kundendienst** – also beim Hauptleistungsbezug physischer Produkte und damit bei **sachleistungsbegleitenden Serviceleistungen** – liegt es auf der Hand, dass mit zunehmender Erklärungsbedürftigkeit zunächst entsprechende Informations- und Beratungsleistungen notwendig werden, um den Verkauf der Produkte zu unterstützen. Weiterhin ist es von Bedeutung, diese Gebrauchsgüter durch das Angebot von Wartungs-/ Inspektionsleistungen oder im Fall eventueller Störungen durch ein schnelles in Stand setzen/ Reparieren für die Kunden betriebsbereit zu halten.
  Mit solchen Kundendienstleistungen ist zusätzlich der für das Unternehmen wichtige Effekt verbunden, nähere Informationen zur Betriebsfestigkeit der eigenen Produkte respektive ihrer Komponenten zu erhalten, so dass deren Herstellung und Einsatz mit einer möglichst hohen Gebrauchstüchtigkeit erfolgen kann. Das hierbei aufgebaute Wissen wird dann auch der Entwicklung veränderter oder neuer Produkte zu Grunde gelegt, so dass Fehler zunehmend vermieden werden können. Dieser Aspekt ist in gleicher Weise auf die Prozesssteuerung in Beschaffung, Produktion und Absatz zu beziehen; hier ist mit der Zeit ebenfalls ein hohes und möglichst fehlerfreies Niveau zu erreichen.
  Eine „Ausputzer-Funktion" für schlecht abgestimmte Prozesse und dadurch verursachte Produktschwächen sollte der Technische Kundendienst also nur in Ausnahmefällen und vor allem nur zeitlich begrenzt übernehmen müssen. Treten diese dennoch ein, dann kann dessen gute und schnelle Abwicklung als „Rettungsanker" zum Erhalten der Kundenbeziehung genutzt werden.
- Die vorangegangene Argumentation lässt sich prinzipiell auch darauf übertragen, dass die **Kundendienste als dienstleistungsbegleitende Serviceleistungen** zu primären Dienstleistungen hinzutreten (siehe dazu auch F.II.2.f.). Exemplarisch können hierfür unterschiedlich weit reichende Pakete von Versicherungsleistungen genannt werden; z.B. also eine „Privat-Police", die unterschiedliche Einzelversicherungen mit zusätzlichen Informations- und Beratungsleistungen zu einer für den Kunden günstigeren Gesamtprämie kombiniert, gegenüber den Basisleistungen gängiger und gleichartiger Versicherungen (z.B. Autohaftpflicht, -kasko und -unfall). Hieran wird noch einmal deutlich, dass insbesondere bei Dienstleistungen der Service sehr eng mit der eigentlichen Produktleistung verbunden ist. Das anbietende Unternehmen hat nicht nur durch mehrere, in Kombination verkaufte Marktleistungen einen Vorteil, son-

dern auch durch die vereinfachte Verwaltung und Kommunikation bezogen auf jeweils einen Kunden.

- Hieran zeigt sich das **akquisitorische Potenzial**, welches von einem **umfassenden Systemangebot** ausgehen kann. Generell – also auch beim sachleistungsbegleitenden Service/ Kundendienst – geht es darum, die einzelnen Marktleistungen um hierauf abgestimmte Bestandteile zu ergänzen, so dass erweiterte Problemlösungsangebote unterbreitet werden können. Die hierfür erforderliche Systemkompetenz haben wir in F.II.2.f. als wertschöpfungsbezogene Grundfähigkeit eines Unternehmens eingeordnet, um unterschiedliche Kundenanforderungen mit maßgeschneiderten Produkt- und Service-/ Dienstleistungspaketen bedienen zu können. Je individueller diese bei zugleich günstigen Preis-Leistungs-Verhältnissen sind, desto weniger wird ein Kunde im entsprechenden Produkt-/ Dienstleistungsfeld nach alternativen Angeboten von Wettbewerbern suchen.
  Ein systematisch aufeinander abgestimmtes Angebot von primären Marktleistungen und haupt-/ kernleistungsbegleitenden Sekundärleistungen bildet folglich das Fundament zum Erreichen einer hohen Kundenzufriedenheit, -loyalität und -bindung. Darauf sind die einzelnen Pre-/ At-/ After-Sales-Services in der operativen Umsetzung auszurichten. Jetzt geht es darum, die notwendige **Service-/ Kundendienst-Kompetenz** aufzubauen bzw. sicherzustellen, so dass mit einem erstklassigen Service die übergeordneten Ziele hoher Umsätze, Erträge und Marktanteile bei respektive wegen einer ausgeprägten Kundenloyalität erreicht werden können.
- Ein markt- und kundenorientiert gestalteter Service-/ Kundendienst-Prozess wirkt auch auf das zukünftige Geschäftspotenzial des Unternehmens zurück. Über den direkten (End)Abnehmerkontakt ist es beispielsweise möglich, frühzeitig die **Ersatzbedarfe** für Neu-/ Wiederkäufe, eventuelle **Cross-Selling-Potenziale** sowie die **Neuproduktwünsche/ -anforderungen** der Kunden erkennen zu können und diese in die weitere Unternehmensausrichtung und -entwicklung einfließen zu lassen.

Vor dem Hintergrund dieser unmittelbaren Zusammenhänge mit anderen Wertschöpfungsprozessen ist die spezielle Service-/ Kundendienst-Strategie eines Unternehmens zu formulieren und in konkrete Maßnahmen umzusetzen. Dabei sind folgende Punkte wesentlich:

- Die Service-Ziele sind klar zu definieren, ihr – ggf. in mehreren Stufen vorgesehenes – Erreichen ist über eindeutige und messbare Service-Standards zu steuern.
- Der Erfolg des Spektrums an Aktivitäten im Service/ Kundendienst hängt auch davon ab, dass die Abnehmer/ Kunden ausführlich darüber informiert und aufgeklärt werden.
- Diese Kommunikation ist durchgängig auf einen zweiseitigen Informationsaustausch anzulegen. Der Rückkanal von den Kunden zum Unternehmen transportiert deren Anregungen, aber auch Beschwerden und Reklamationen. Wird hierfür ein Beschwerdemanagement aufgebaut, dann besteht die Chance, durch professionelles und zugleich einfühlsames Vorgehen und durch Kulanz diese Kun-

denprobleme zu lösen. Zugleich erhält das Unternehmen die Informationen, wo die Abläufe und Inhalte aus Kundensicht nicht in Ordnung sind.

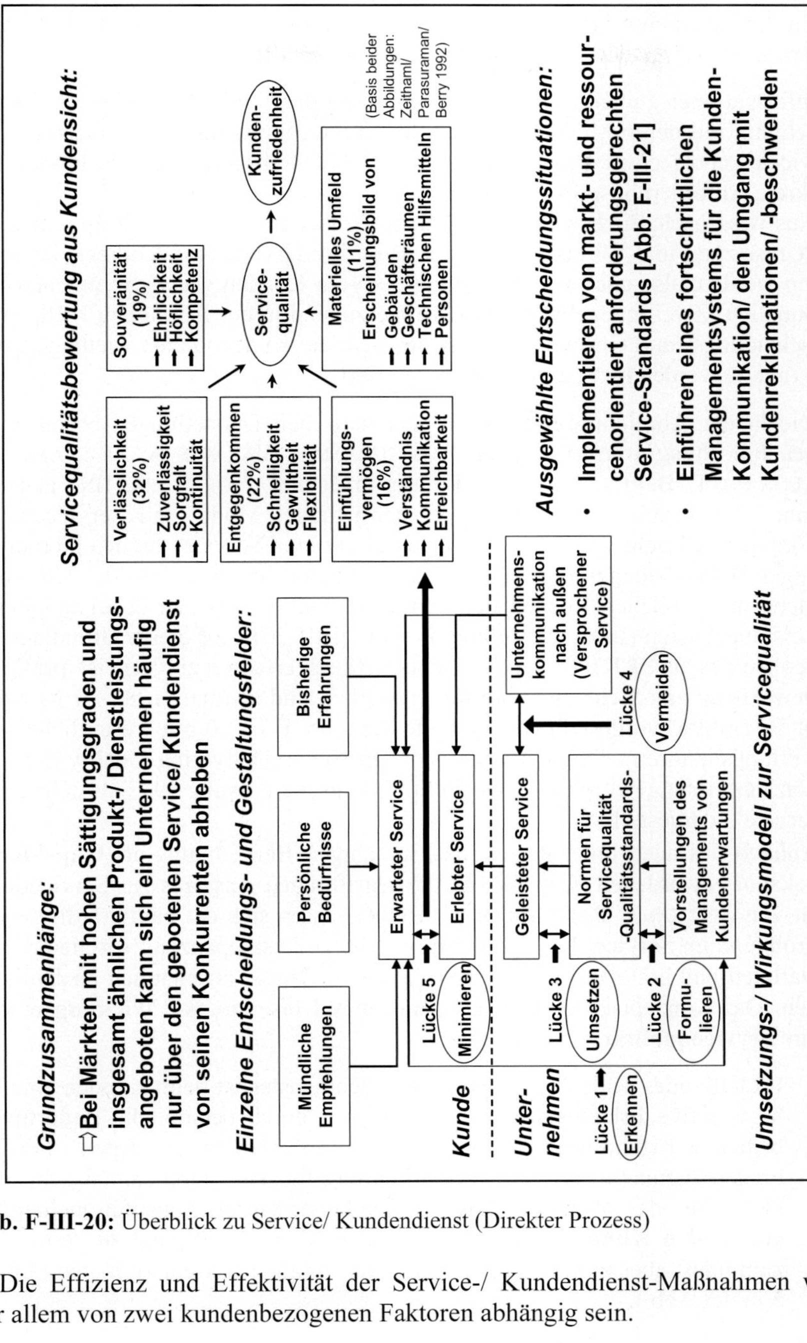


**Abb. F-III-20:** Überblick zu Service/ Kundendienst (Direkter Prozess)

Die Effizienz und Effektivität der Service-/ Kundendienst-Maßnahmen wird vor allem von zwei kundenbezogenen Faktoren abhängig sein.

- Die aus der Strategie abgeleiteten Aktivitäten müssen in ihrem Niveau so ausgestaltet sein, dass der Kunde sie auch „spürt“ – sie also von ihm überhaupt als Serviceangebote wahrgenommen und empfunden werden.
- Zusätzlich ist entscheidend, ob der Kunde mit den gebotenen Serviceleistungen zufrieden ist, ob diese also seine Erwartungen erfüllen.

Informationen zu beiden Sachverhalten liefert die in F.III.5. dargestellte Marktforschung; mit deren Methoden lassen sich die Kenntnis und die Beurteilung des Serviceangebots eines Unternehmens im Wettbewerbsvergleich abschätzen und konkrete Anforderungsprofile erheben.

Aus wissenschaftlichen Studien können darüber hinaus generelle Erkenntnisse zur Umsetzung und Wirkung von Aktivitäten im Service/ Kundendienst herangezogen werden, also auch zur Bewertung der vom Kunden wahrgenommenen Servicequalität. Zwei maßgebliche Ansätze hierzu sind in der Abbildung F-III-20 als Entscheidungs- und Gestaltungsfelder des Service/ Kundendienst wiedergegeben. Ihre Inhalte werden im Folgenden kurz referiert.

- Die in der Abbildung enthaltenen schematischen Darstellungen basieren auf den Forschungsarbeiten von A. PARASURAMAN, VALARIE A. ZEITHAML und LEONARD L. BERRY. Mit einem Beitrag im JOURNAL OF MARKETING aus dem Jahr 1985 haben diese Autoren ein begriffliches Modell zur Servicequalität vorgelegt. Es geht von Abweichungen des erlebten Service von den hierauf bezogenen Erwartungen der Kunden aus und zeigt die auf Seiten des Unternehmens maßgeblichen Ebenen der Serviceproduktion mit den dabei möglichen Leistungslücken (linke Darstellung in Abb. F-III-20). Auf dieser Grundlage haben sie das als **SERVQUAL** bezeichnete Messverfahren zur **Servicequalitätsbewertung aus Sicht der Kunden** entwickelt und erstmals 1988 im JOURNAL OF RETAILING vorgestellt (rechte Seite der Abb. F-III-20 mit wesentlichen Bewertungsfaktoren). Beide Ansätze sind im Buch „Delivering Quality Service“ von ZEITHAML/ PARASURAMAN/ BERRY (deutsche Fassung 1992 als „Qualitätsservice“) dargestellt.
- Anhand des auch unter der englischsprachigen Bezeichnung als **Gap-Modell** bekannt gewordenen (Gap für Lücke) begrifflichen Ansatzes zur Servicequalität von ZEITHAML/ PARASURAMAN/ BERRY lassen sich die häufig auftretenden Probleme im Service/ Kundendienst, welche zu Diskrepanzen zwischen der erwarteten und erlebten Leistung beim Kunden führen, anschaulich nachvollziehen. Das Konzept ist deshalb als **generelles Umsetzungs-/ Wirkungsmodell zur Servicequalität** zu verwenden.
  - Im Fall eines schlechten Service/ Kundendienstes ist beim Kunden eine hohe negative Erlebnisdifferenz zu seinen – durch persönliche Bedürfnisse, bisherige Erfahrungen und mündliche Empfehlungen geprägten – Erwartungen anzunehmen. Die Herausforderung für das Unternehmen geht folglich dahin, das Auftreten dieser für den Gesamtansatz konstitutionellen **Lücke in den Kundenempfindungen** nach Möglichkeit ganz zu vermeiden, zumindest aber zu minimieren und damit möglichst klein zu halten (**Lücke 5** in der Abb.).

Woraus resultiert eine mangelhafte Servicequalität? Auf welche schlecht gestalteten oder unzureichend abgestimmten Aktivitäten/ Prozesse im Unternehmen kann ein negatives Serviceerlebnis des Kunden zurückgeführt werden? ZEITHAML/ PARASURAMAN/ BERRY haben hierzu vier Leistungs-/ Umsetzungsprobleme herausgearbeitet, die der Serviceeinschätzung durch den Kunden vorgelagert sind und deshalb als Lücken 1 bis 4 bezeichnet werden. Hiervon gehen Einflüsse auf die Servicebewertung des Kunden aus, so dass diese im Modell als Lücke 5 vermerkt ist.

- Mit der Lücke 1 kann die erste Hürde einer umfassenden Servicequalität darin bestehen, dass es dem Management nicht im Einzelnen bewusst ist, was für Serviceleistungen von den Kunden in welchem Ausmaß/ Niveau erwartet werden. Dies kann den im Vergleich zu originären Sachleistungen schwieriger greifbaren Leistungsmerkmalen des Service als Dienstleistung (siehe hierzu B.I. und F.II.2.f.) geschuldet sein, ist aber durch eine gezielte Marktforschung sowie die zeitnahe Auswertung von Informationen der Mitarbeiter mit direktem Kundenkontakt vermeidbar. Bei der **Lücke 1** zählt folglich vor allem deren Erkennen, andernfalls sind negative Auswirkungen auf die anschließenden Schritte der Serviceproduktion vorprogrammiert, weil die **Erwartungshaltungen der Kunden vom Management** des Unternehmens unzutreffend oder **falsch eingeschätzt** wurden. Deren präzise Erfassung – und damit die entsprechende Formulierung der Ziele für den Service-/ Kundendienst-Prozess – ist die unabdingbare Grundlage für das Erreichen einer aus Sicht der Kunden hohen Servicequalität.
- Hierzu ist es im nächsten Schritt erforderlich, konkrete und messbare Spezifikationen bzw. Richtlinien für die Mitarbeiter des Unternehmens zu definieren, um den Kunden die angestrebte Servicequalität liefern zu können. Zwischen den auf der Basis erhobener Kundenerwartungen festgelegten Zielen und den zum Service/ Kundendienst aufgestellten Qualitätsstandards kann sich als Lücke 2 die nächste Umsetzungshürde einer hohen Servicequalität zeigen: Wenn das Management zu vage im Aufstellen und Einfordern der notwendigen Standards bleibt, beispielsweise infolge einer kurzfristigen Ergebnis-/ Gewinnorientierung und damit aus Sorge vor zusätzlichen Servicekosten oder in Vermeidung unbequemer Leistungsvorgaben für die Mitarbeiter, dann fehlt es den im Einzelnen zu ergreifenden Maßnahmen an einer klaren Ausrichtung auf die übergeordneten Service-/ Kundendienst-Ziele. Entsprechend haben die Mitarbeiter dann nur eine ungefähre Ahnung, was von ihnen in ihrem Dienst am Kunden verlangt wird. Mit einem **eindeutigen Formulieren der Service-Qualitätsstandards durch das Management** ist daher dem Auftreten der **Lücke 2** vorzubeugen.
- Die sich hieran anschließende **Lücke 3** bezieht sich darauf, dass die festgelegten Normen für die Servicequalität unzureichend erfüllt werden. Das jetzt angesprochene Problem hängt folglich mit dem **Umsetzen der definierten Standards** zusammen. Je besser dies gelingt, umso kleiner wird diese mögliche Leistungslücke ausfallen. Ausschlaggebend dafür sind die Leistungsfähigkeit und Motivation der mit Service-/ Kundendienst-Aufgaben betrauten Mitarbeiter. Hierbei ist es von zusätzlicher Wichtigkeit, dass auch der

Stand der technischen Hilfsmittel/ Infrastruktur laufend dem Niveau der geforderten Serviceproduktion angepasst wird. Eine adäquate Ausstattung – vor allem in den Technologiebereichen der Information und Kommunikation (IuK) und damit der Datenverarbeitung (DV) – erleichtert es den Mitarbeitern, die vorgegebenen Spezifikationen zu realisieren.

- Anders als die zuvor angesprochenen Gaps ist die mögliche **Lücke 4** gelagert. Sie kann dadurch entstehen, dass in der **an die Kunden gerichteten Kommunikation des Unternehmens** – also insbesondere in seiner Werbung, Verkaufsförderung und den Public Relations-Aktionen sowie in seinen Direkt-/ Dialog-Marketing-Aktivitäten (siehe hierzu F.II.2.d.) – ein Umfang und Niveau vermittelt werden, welches **den tatsächlichen Leistungen im Service/ Kundendienst nicht entspricht**. Es liegt auf der Hand, dass hierdurch die Erwartungen des Kunden an den Unternehmensservice steigen und so die Differenz zum effektiven Erleben höher ausfällt. Deshalb ist die Lücke 4 wenn möglich ganz zu vermeiden. Hierzu kommt es darauf an, einen ständigen Kontakt der Werbeabteilung/ -agentur mit den für den Service-/ Kundendienst-Prozess zuständigen Führungskräften sowie auch mit in direktem Kundenkontakt stehenden Mitarbeitern herzustellen, um falsche Werbeversprechungen gar nicht erst aufkommen zu lassen.

- Wie erfolgt die Kundenbewertung der Qualität im Service/ Kundendienst eines Unternehmens, welche Kriterien können dabei herangezogen werden? Hierzu haben ZEITHAML/ PARASURAMAN/ BERRY auf der Basis mehrerer hundert Interviews mit Dienstleistungs-/ Servicekunden einen Fragebogen entwickelt, mit dem **5 Qualitätsdimensionen/ -faktoren** über insgesamt 22 Items erhoben werden.

  - Die in der Abbildung F-III-20 rechts enthaltene Darstellung zeigt die einzelnen SERVQUAL-Dimensionen mit ihren jeweils wesentlichen Einzelkriterien. Die dazu angegebenen Gewichtungen wurden durch eine gesonderte Studie gewonnen, in die knapp 2.000 Kunden fünf verschiedener Unternehmen (je zwei Bank- und Versicherungsgesellschaften, ein Telekommunikationsanbieter) einbezogen waren; bezogen auf das jeweilige Unternehmen sollten hierbei die Befragten insgesamt 100 Wichtigkeits-Prozentpunkte auf die einzelnen Dimensionen verteilen. Die sich hieraus ergebenden Mittelwerte können folglich als unternehmensübergreifende Schätzwerte für die einzelnen Qualitätsdimensionen angesehen werden.
  - Damit liegen zugleich Anhaltspunkte für Verbesserungsmaßnahmen beim Service/ Kundendienst in der Unternehmenspraxis vor.

    * Wie anhand der Abbildung nachvollziehbar ist, kommt der **Verlässlichkeit** (Reliability) mit ihren Komponenten der Zuverlässigkeit, Sorgfalt und Kontinuität mit 32% der höchste Stellenwert zu.
    * Hieran schließt sich das **Entgegenkommen** (Responsiveness) und damit die Bedeutung einer schnellen und flexiblen Handlungsbereitschaft mit 22% an. Es kommt demnach für das Erreichen einer guten Servicequalität und damit einer hohen Kundenzufriedenheit entscheidend darauf an,

Vereinbarungen einzuhalten (Verlässlichkeit), dies schnell zu tun und dieses grundsätzliche Verhalten dem Kunden auch zu verdeutlichen (Entgegenkommen).

* Die **Souveränität** (Assurance) vereint mit 19% unterschiedliche Merkmale, wie Kompetenz (Fachliche Fähigkeiten), Höflichkeit (Sozialverhalten) und Ehrlichkeit (Moral).
* Hiermit verbunden zu sehen ist die mit 16% an vierter Stelle eingeordnete Dimension des **Einfühlungsvermögens** (Empathy). Damit wird umfasst, wie die Servicemitarbeiter auf die Kunden und ihre Probleme eingehen, also Verständnis zeigen, wie sie kommunizieren – das heißt aktiv zuhören – können und in welcher vom Kunden annehmbaren Zeitspanne sie erreichbar sind.
* Das **materielle Umfeld** (Tangibles) weist mit 11% den niedrigsten Stellenwert in den Anforderungen der Kunden an eine hohe Servicequalität auf. Die interessante Architektur eines Gebäudes, das schöne Interieur der Geschäftsräume, die gute Kleidung der Mitarbeiter und ihr technisches Equipment werden offensichtlich vorausgesetzt und sind deshalb im Vergleich mit den übrigen Dimensionen weniger entscheidend. Da hiervon aber i.d.R. der erste Eindruck beim Kunden ausgeht, darf diese Kriteriengruppe alles in allem vom Unternehmen nicht vernachlässigt werden.

- In der konkreten Anwendung zur Messung der Servicequalität eines bestimmten Unternehmens werden die 22 Items mit einer Doppelskala erhoben, so dass die erwartete Leistung (expectation) und die wahrgenommene Leistung (perception) erfasst werden. Die dabei resultierenden Differenzen werden zu einem Gesamteinstellungswert für jeden Befragten aggregiert und schließlich zu einem globalen Maß der Servicequalität des Unternehmens verdichtet. Hierauf – und auf die mit diesem Verfahren auch verbundenen Probleme – gehen wir nicht näher ein. Nur so viel sei gesagt, dass dieser Messansatz etwas kompliziert ist und heute durch einfachere sowie zugleich aussagefähigere Messkonzepte abgelöst wurde, wie dem auf einzelne Merkmale oder deren Aggregation bezogenen Kundenzufriedenheitsindex (KZI respektive CSI als Customer Satisfaction Index), der das Verhältnis von Zufriedenheit und Wichtigkeit zum Gegenstand hat. Dies schmälert aber in keiner Weise die generelle Forschungsleistung der drei SERVQUAL-Autoren.

### b. Standards für Servicequalität

Wie ist bei dem Einführen und Erfüllen der markt- und kunden- sowie ressourcenorientierten Service-Standards vorzugehen, so dass das Ziel einer exzellenten Servicequalität erreicht wird? Wir kommen damit zur ersten für den Service-/ Kundendienst-Prozess ausgewählten Entscheidungssituation, die rechts unten in Abbildung F-III-20 vermerkt ist.

Wie die vorstehenden Ausführungen deutlich gemacht haben, stellen das den Kundenanforderungen entsprechende **Formulieren der Service-Ziele** und deren **Umsetzen in dafür angemessene Standards** die aus der Unternehmenssicht entscheidenden Ansatzpunkte für eine hohe Qualität im Service/ Kundendienst dar. Hier ist also der Hebel anzusetzen, um nachhaltige Verbesserungen im Verhalten der Mitarbeiter gegenüber den Kunden zu bewirken, so dass letztere von den Leistungen „begeistert" sind und so zu treuen und loyalen Stammkunden werden.

Zum besseren Verständnis dafür, wie die damit wieder angesprochenen möglichen Lücken 1 bis 3 des generellen Servicequalitäts-Modells zu überwinden sind, werden die entsprechenden Ebenen in der nachfolgenden Abbildung F-III-21 noch einmal herausgeblendet. Hierdurch ist nachzuvollziehen, wie – basierend auf den Service-Zielen – die Service-Standards als „Treppenstufen" zum Erreichen umfassender Servicequalität fungieren.

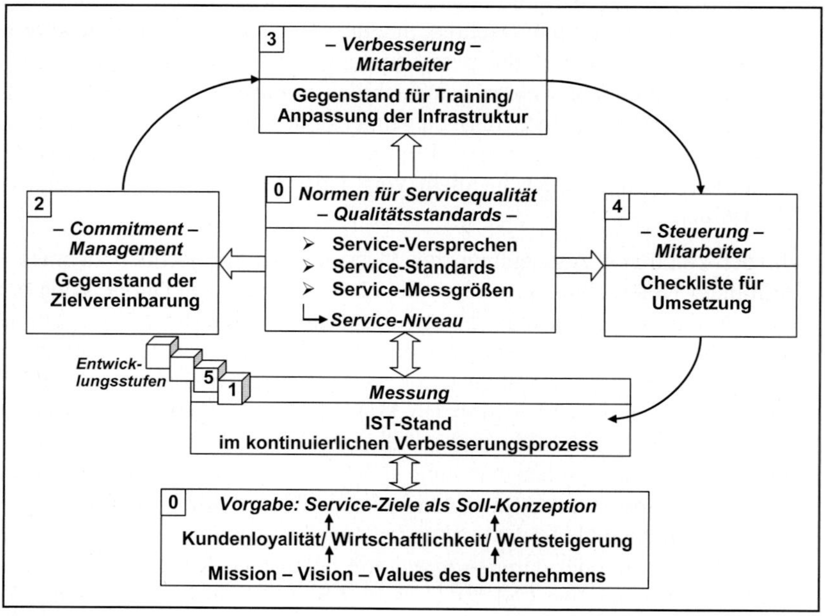


**Abb. F-III-21**: Service-Ziele und Service-Standards als „Treppenstufen" zum Erreichen umfassender Servicequalität

Das Zentrum dieser Abbildung enthält den Kasten zu den **Normen für Servicequalität/ Qualitätsstandards** aus dem generellen Servicequalitäts-Modell. Dazu sind drei unterschiedliche Gestaltungsbereiche aufgeführt, die zusammengenommen die Vorgaben für das nach Inhalt (Was?), Ausmaß (Wie gut?) und Zeit (Wann/ wie schnell?) **zu erreichende Service-Niveau** definieren. Dabei sind die drei Bereiche wie folgt gegeneinander abzugrenzen:

- Im generellen und in erster Linie marktorientierten **Service-Versprechen** ist die Frage zu beantworten, „Was wollen wir für den Kunden leisten?“. Am Beispiel einer vom Unternehmen eingerichteten Hotline zur Kundeninformation/ für Kundennachfragen und -probleme kann dessen Inhalt beispielsweise sein, dass die Service-Mitarbeiter für den Kunden jederzeit/ an Wochentagen/ von 8 bis 20 Uhr ohne eine längere Wartezeit zu erreichen sind.
- Mit den eigentlichen **Service-Standards** muss dieses Versprechen ressourcenorientiert näher operationalisiert werden; jetzt geht es also um Antworten auf die Frage, „Was müssen wir dafür tun?“. Bezogen auf das Beispiel könnte etwa festgelegt werden, dass jeder Anruf nach dem dritten Klingeln entgegenzunehmen ist.
- Die **Service-Messgrößen** dienen dazu, die Einhaltung der Service-Standards nachweisen und damit die geforderten Aktivitäten regeln/ kontrollieren zu können; sie geben also Antworten auf die Frage, „Wie können wir unsere Leistung steuern?“. Für unser Hotline-Exempel können beispielsweise die Aufzeichnungen des bis zum Abheben vorkommenden Anklingelns der Anrufer, die entsprechende Wartezeit in Sekunden oder die verlorenen Anrufe (Lost Calls), bei denen der Kunde schließlich wieder aufgehängt hat, herangezogen werden.

Wie ersichtlich ist, folgt die dreistufige Ableitung der Qualitätsstandards der Philosophie „Was nicht gemessen werden kann, kann nicht verbessert werden“. Erst die eindeutigen Festlegungen schaffen die Basis für eine Verpflichtung des Managements, das Training der Mitarbeiter und die Steuerung der Umsetzung im Kundenkontakt.

Dabei kann von folgender **Dynamik im Service-/ Kundendienst-Prozess** ausgegangen werden:

- Als Basis und deshalb mit **0** gekennzeichnet, bilden die aus der Unternehmensstrategie mit ihren Eckpunkten der Mission und Vision sowie den Values (siehe hierzu F.II.1.d.) im Wettbewerbsvergleich und orientiert an den Kundenanforderungen abgeleiteten **Service-Ziele** die **Soll-Konzeption** und damit die Vorgabe für die nachfolgenden Umsetzungsschritte. Als generelle Zielrichtung ist dabei vom Erreichen einer hohen Kundenloyalität bei gleichzeitiger Wirtschaftlichkeit und damit einer angestrebten Wertsteigerung auszugehen.
- Hierzu ist unter **1** zunächst eine **Messung des gegenwärtigen IST-Standes** erforderlich. Hat beispielsweise der Vergleich mit wichtigen Wettbewerbern im Rahmen einer Benchmarking-Analyse ergeben, dass das Service-Niveau der Hotline-Erreichbarkeit bei den Konkurrenten einen Gesamtwert von maximal 95% erreicht („Best-in-Class“-Ausprägung), das eigene Unternehmen hier aber nur 80% aufweist, dann ist der insgesamte Handlungsbedarf aufgezeigt.
  Wenn diese Differenz nicht in einem Zug – in einem so genannten „Single Loop“ – überwunden werden kann, dann sind mehrere Umsetzungsrunden – also „Double oder Triple Loops“ – nötig. Zum Beispiel kann zunächst eine 5%-Steigerung vom bisher erreichten Serviceniveau (80%) auf dann 84% angestrebt werden.

- Dazu sind die jeweiligen Service-Standards höher zu setzen, so dass – mit **2** bezeichnet – als Erstes das **Commitment der Führungskräfte** im Rahmen ihrer **Zielvereinbarungen** erreicht wird, sie sich also hierzu verpflichten.
- Unter **3** ist dann das **Mitarbeitertraining** dahingehend zu verbessern, und es sind die notwendigen **Anpassungen der Infrastruktur** vorzunehmen.
- Die erhöhten Qualitätsstandards übernehmen schließlich eine „Checklisten-Funktion", auf deren Basis ihre **Umsetzung 4** in der täglichen Praxis durch die betroffenen **Mitarbeiter** gesteuert werden kann.
- Nach dieser ersten Umsetzungsschleife sollte die **erneute IST-Messung** ein gegenüber der Ausgangslage höheres Service-Niveau ergeben, als Punktlandung wäre das Erreichen der für diese Runde vorgesehenen 84% wünschenswert. Damit ist – in der Abbildung mit der Zahl **5** versehen – im Ergebnis eine **höhere Entwicklungsstufe im Service/ Kundendienst** erreicht. Hiervon ausgehend, kann der kontinuierliche Verbesserungsprozess (KVP) weitergeführt werden, so dass das Unternehmen sich beispielsweise in der nächsten Periode eine Steigerung der Servicequalität auf 90% vornimmt und schließlich – bei im Zeitablauf parallel durchgeführten weiteren Wettbewerbsvergleichen – zum Serviceführer seiner Wettbewerbsgruppe aufsteigen kann.

### c. Beschwerdemanagement

Was ist zu tun, wenn das Unternehmen sein einzigartiges kundenwertorientiertes Leistungsversprechen/ -angebot (Unique Customer Value Proposition = UCVP; siehe hierzu F.II.2.a.) wegen Fehlern/ Mängeln im Produkt und/ oder beim haupt-/ kernleistungsbegleitenden Service/ Kundendienst in einzelnen Kundenbeziehungen nicht einlösen kann?

Hiervon enttäuscht, gerät der Kunde – gemäß dem Vier-Komponenten-Modell zur Einstellung (siehe hierzu A.II.1.) – in einen kognitiven (Warum ist das Produkt/ die Leistung von einer so unzureichenden Qualität?) und affektiven (Warum „trifft es mich", wieso werde ich so nachlässig behandelt?) Spannungszustand, aus dem heraus sich eine konative Handlungsbereitschaft bildet. Diese kann einerseits auf einen zukünftigen Anbieterwechsel hinauslaufen, andererseits kann als spannungsreduzierende Aktion vom Kunden aber auch eine **Beschwerde/ Reklamation** an das Unternehmen gerichtet werden.

Die zuletzt genannte Alternative wird relativ selten genutzt. Die bereits in F.II.2.f. angesprochene branchenübergreifende Beschwerdequote von lediglich 6% der mit einer Leistung unzufriedenen Kunden bedeutet, dass bei einer vorgebrachten Beschwerde 16 weitere enttäuschend abgelaufene Kundenkontakte vorliegen. Hierzu erhält das Unternehmen keine Rückmeldung, während die unzufriedenen Käufer ihre Misserfolgsstory „leidenschaftlich" an andere Personen weitergeben (9- bis 16-maliges Weitererzählen gegenüber 4- bis 8-mal bei zufriedenen Kunden).

Ein **aktives Beschwerdemanagement**, das darauf ausgerichtet ist, aus unzufriedenen Abnehmern zufriedene Kunden zu machen und auch im Fall von Ausreißern bei der vorgesehenen Leistungs- und Servicequalität Kundenbindung zu erzeugen, wird damit zum „operativen Schlussstein" einer markt- und kundenorientierten Unternehmensstrategie. Mit Erläuterungen zu beachtender Grundsätze bei der Implementierung eines fortschrittlichen Beschwerdemanagements und den damit für das Unternehmen verbundenen Effekten schließen wir unsere Ausführungen zum Service-/ Kundendienst-Prozess ab (zweite in Abb. F-III-20 rechts unten vermerkte ausgewählte Entscheidungssituation).

Erst die artikulierte Beschwerde/ Reklamation eröffnet dem Unternehmen die Möglichkeit, dem Kunden gegenüber zu zeigen, dass sein Problem ernst genommen wird, dass die angesprochenen und zuständigen Unternehmensmitarbeiter bestrebt sind, ihm schnell zu helfen und ihn auf diese Weise voll zufrieden zu stellen. Dabei geht die dem Beschwerdemanagement zu Grunde liegende Philosophie bei ausgeprägt kundenzufriedenheits-orientierten Unternehmen dahin, dass nicht in Frage gestellt wird, ob das akute Kundenproblem durch interne Fehler verursacht wurde oder ob es auf ein Versäumnis oder ein Fehlverhalten des Kunden zurückzuführen ist.

Vielmehr geht die Zielsetzung dahin, durch Verständnis, Schnelligkeit und Entgegenkommen – und damit die zuvor erläuterten zentralen Komponenten für eine hohe Servicequalität – den Kunden in dieser für ihn schwierigen Situation zu überzeugen und Abhilfe zu schaffen. Getreu dem Motto: Der Kunde hat immer Recht, vor allem hat er aber grundsätzlich das Recht auf einen guten Service.

Für eine effektive Behandlung von Problemen und Beschwerden kann **vier generellen Grundsätzen** gefolgt werden:

- Mit dem ersten Grundsatz ist davon auszugehen, dass **Probleme in allen Phasen des Kundenkontakts** bzw. des Produktkontakts mit Marktleistungen des Unternehmens entstehen können und somit Beschwerden grundsätzlich überall im Unternehmen eingehen können. Damit kommt es primär nicht auf das Entstehen, sondern auf die Art und Weise der Behandlung von Beschwerden an.
- Deshalb gilt als zweiter Grundsatz, dass **jeder Mitarbeiter Eigner und Verantwortlicher eines Problems** ist, das er erkannt/ gesehen hat bzw. das er durch eine Kundenbeschwerde entgegengenommen hat. Hierdurch wird sichergestellt, dass nicht nur eine bestimmte Stelle/ Organisationseinheit im Unternehmen für Beschwerden zuständig ist. Es geht vielmehr darum, dass möglichst viele Unternehmensangehörige eine umfassende Kundenorientierung praktizieren und dafür auch in der Beschwerdebehandlung und der Lösung von Kundenreklamationen trainiert/ eingesetzt werden.
- Mit dem dritten Grundsatz ist das gesamte Procedere der Beschwerdebehandlung so auszurichten, dass eine **möglichst schnelle und nachhaltige Lösung** erreicht werden kann. Dies setzt voraus, dass die Prozesse und Zuständigkeiten einfach und ohne viele Schnittstellen geregelt sind. Der Eigner des Kundenproblems (Complaint Owner) bleibt bis zu dessen Lösung Ansprechpartner des Kunden, auch wenn die interne Zuständigkeit die Beteiligung anderer Prozesseigner für die Beschwerdebehandlung und Lösungsfindung notwendig macht (Process Owner). Im Interesse einer effektiven Problemlösung kann hierbei ein – das Überstrapazieren des Kunden vermeidender – einmaliger Wechsel angezeigt sein, mit dem die Funktion des Complaint Owners mit dem fachlich zuständigen Process Owners zusammengelegt wird; die aufgestellten organisato-

rischen Regelungen sollten also nicht auf Biegen und Brechen durchgehalten werden.

- Dem vierten Grundsatz zu Folge ist die **erfolgreiche Problemlösung** in jedem Fall an den für die Beschwerde zuständigen Eigner **zurückzumelden**. Für nicht unmittelbar zu lösende Probleme ist ein **Eskalationsmodell** vorzusehen, um die aufgetretene Schwierigkeit unter Einschaltung der jeweils übergeordneten Führungsebene beseitigen zu können. Dies ist dann der Fall, wenn die formulierten Standards zur Beschwerdebehandlung auf der Eingangsebene in inhaltlicher und zeitlicher Hinsicht, vor allem auch unter Ressourcenaspekten, zur Problembehebung nicht ausreichend sind. Dabei muss dann allerdings der Grundsatz gelten, dass mit dem Einschalten einer höheren Eskalationsstufe eine nachhaltigere und weiter reichende Lösung für den Kunden und sein aufgetretenes Problem verbunden ist respektive eine deutlichere Verbesserung der hierfür ursächlichen Wertschöpfungsprozesse durchgeführt wird.

Alles in allem gesehen, kann die Einstellung und Philosophie im Unternehmen gegenüber Beschwerden/ Reklamationen der Kunden mit dem ineinander verlaufenden Bild des chinesischen Ying und Yang umschrieben werden:

- Jede Beschwerde ist aufgrund ihrer Folgewirkungen eine potenzielle Gefahr für das Unternehmen. Die entstandene Kundenunzufriedenheit kann zu Absatz- und Umsatzrückgängen sowie zur Kundenabwanderung führen. Durch eine insgesamt mangelnde Kundenorientierung wird demnach Wertvernichtung betrieben.
- Zugleich ist eine Kundenbeschwerde im Hinblick auf mögliche, positiv ausgerichtete Konsequenzen aber immer auch eine Chance für das Unternehmen, und zwar über die gebotene Wiedergutmachung und Kulanz hinaus. Dies kommt dadurch zu Stande, dass der Kunde dem Unternehmen mit seiner Beschwerde/ Reklamation Hinweise gibt, wo und wie Prozesse und Ergebnisse im Unternehmen Defizite aufweisen, deren Ursachen durch Verbesserungsmaßnahmen beseitigt werden können. Die Beschwerde wird also zur Hilfestellung durch den Kunden, um die Qualität in den Wertschöpfungsprozessen des Unternehmens zu steigern. Wichtig für das Erreichen dieser positiven Effekte ist es, dass aus der Sicht der Kunden die Zugangsschwellen zum Unternehmen relativ niedrig sind und damit die Beschwerdeartikulation und -annahme insgesamt einfach gestaltet sind.

# IV. Flankierende Wertschöpfungsprozesse

## 1. Logistik/ Qualitätssicherung/ Ökologieorientierung

| |
|---|
| Was ist das Ziel/ die Grundfunktion der Logistik, und welche Philosophien/ Ansatzpunkte/ Grundkonzeptionen können dabei verfolgt werden? In was für einem Zusammenhang steht der Steuerungsprozess des Marketing als Marktorientierte Unternehmensführung mit der flankierenden Qualitätssicherung respektive dem Total Quality Management (TQM)? Welche Konzepte und Instrumente stehen hierbei zur Verfügung, um den übergeordneten Zweck, ein Business Excellence-Niveau zu erreichen, unterstützen zu können? Wie lässt sich die Wertschöpfung in einem Unternehmen so gestalten, dass es seine weiter gehende ökologische Verantwortung erfüllt? |

Die erste Gruppe flankierender Wertschöpfungsprozesse ist unmittelbar auf die direkte Wertschöpfung gerichtet:

- Unter dem Aspekt der **Logistik** geht es zum einen um das auf die Materialwirtschaft und Transportprozesse bezogene reibungslose Funktionieren der Leistungserstellung und -verwertung und damit vor allem um das Erzielen von Zeit- und Kosteneffekten.
- Zum anderen sind mit der **Qualitätssicherung** und der **Ökologieorientierung** zwei generelle Ausrichtungen für die gesamte Leistungserstellung und -verwertung in einem Unternehmen zu beachten.
  - Der Qualitätsaspekt bezieht sich in erster Linie auf die für marktwirtschaftliche Unternehmen konstitutive Kunden- und Wettbewerbssicht. Mit dem Ziel der Business Excellence (siehe hierzu F.II.2.a.) ist es generell anzustreben, im jeweiligen Produkt-Markt-Segment qualitativ hochwertige Marktleistungen zu erstellen respektive zu vertreiben. Dabei besteht folgender, die Wertschöpfungsprozesse in einem Unternehmen übergreifender Zusammenhang:
    * Durch den Steuerungsprozess des Marketing als Marktorientierte Unternehmensführung werden in Verbindung mit der Marktforschung in der Phase Absatz/ Vertrieb (als Marketing i.e.S.) der direkten Wertschöpfung die Kundenanforderungen in ihrer jeweiligen Entwicklung/ Veränderung erhoben. Hieraus wird im Vergleich mit dem Wettbewerb bzw. im Abgleich mit den eigenen Ressourcenpotenzialen das Leistungsprogramm/ der Marktauftritt für die zukünftigen Perioden entworfen.
    * Das Einhalten der im Einzelnen für die Marktleistungen des Unternehmens festgelegten Kundenanforderungen im Rahmen der direkten Wertschöpfung ist anschließend durch die flankierende Qualitätssicherung zu steuern und zu regeln. Wichtig ist hierbei, dass die Qualitätsstandards

bei Produkten und Dienstleistungen auf der Basis der für den (Ver)Kauf besonders wichtigen Kundenanforderungen festgelegt werden.

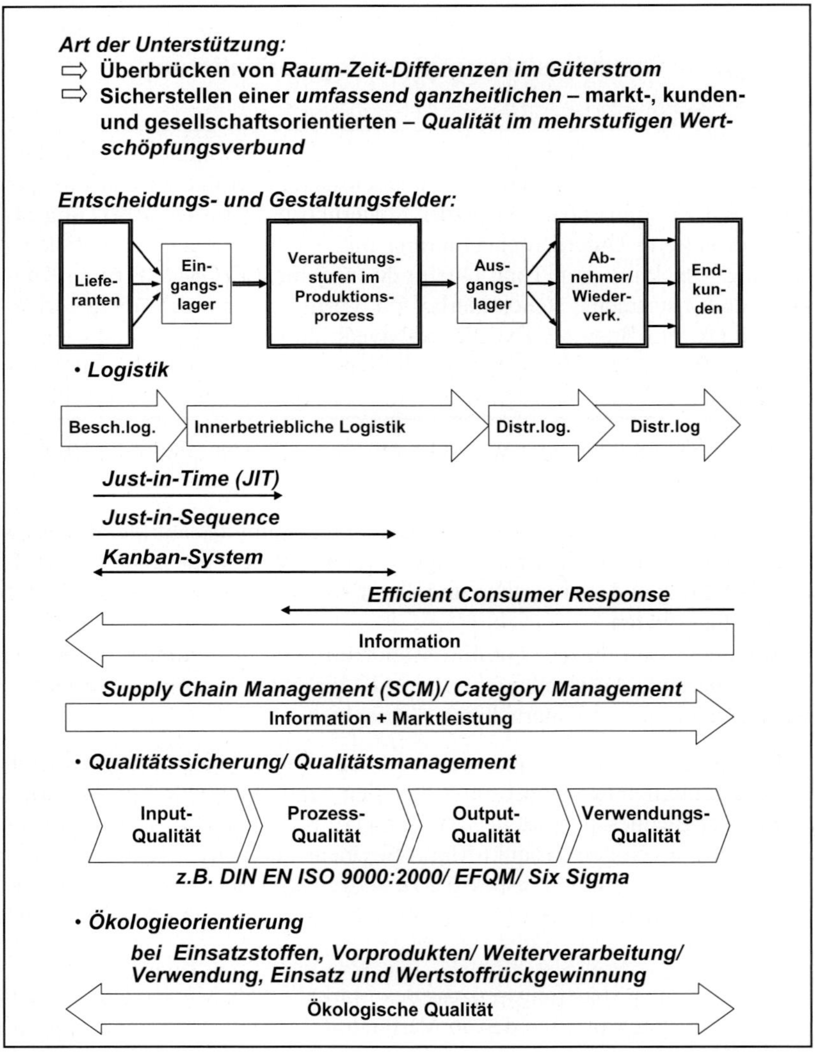


**Abb. F-IV-1:** Logistik/ Qualitätssicherung/ Ökologieorientierung (Flankierende Prozesse)

* Bei dieser Sichtweise ergibt sich folgende Aufgabenteilung: Über den Steuerungsprozess des Marketing/ der Marktorientierten Unternehmensführung wird das Unternehmen insgesamt auf die **Kundenorientierung von/ nach außen** ausgerichtet. Die Analyse und Berücksichtigung wesentlicher Kundenanforderungen ist zugleich auch die zentrale Ausgangsbasis für modernes Qualitätsmanagement. Die Umsetzung der

Kundenanforderungen ist durch den flankierenden Teilprozess der Qualitätssicherung zu unterstützen respektive zu gewährleisten. Damit besteht dessen Funktion darin, die **Kundenorientierung nach innen**, also in allen direkten, steuernden und indirekten Wertschöpfungsprozessen des Unternehmens, sicherzustellen.

Diese **umfassende Qualitätsorientierung** erfordert es, im mehrstufigen Wertschöpfungsverbund auch die **vor- und nachgelagerten Unternehmen** – also die Lieferanten und die Weiterverarbeiter/ Wiederverkäufer – auf das Einhalten vereinbarter (Mindest)Anforderungen bei deren Leistungsgestaltung zu verpflichten.

- Mit der **Ökologieorientierung/ Wertstoffrückgewinnung** ist bei allen Aktivitäten eines Unternehmens ein zusätzlicher Fokus darauf zu richten, wie die Belange der Gesellschaft im Ganzen und ihre weitere Entwicklung berücksichtigt, also beeinträchtigt oder nicht beeinträchtigt werden. Dem Leitmodell einer Kreislaufwirtschaft folgend, ist durch diese Lenkungsperspektive sicherzustellen, dass ein Unternehmen seiner weiter gehenden Verantwortung im Hinblick auf den **Schutz der natürlichen Lebensgrundlagen** – insbesondere gegenüber den zukünftigen Generationen – gerecht wird. Mit diesem Aspekt kommt es also zu einer generellen Verpflichtung der Leistungserstellung/ -verwertung eines Unternehmens auf wichtige öffentliche Interessen, die wir bereits in C.I.3.e. dargestellt haben.
  Über das Gewährleisten der geforderten **Nachhaltigkeit im Wirtschaften** wird mit der Ökologieorientierung/ Wertstoffrückgewinnung die **ganzheitliche und längerfristige Qualitätsorientierung** des Unternehmens umgesetzt. Diese ist ebenfalls von allen Vorlieferanten und Weiterverarbeitern zu fordern.

Alle genannten Gesichtspunkte sind in Abbildung F-IV-1 im Zusammenhang aufgelistet. Die Darstellung basiert auf den drei generellen Unternehmensprozessen/ Güterströmen der Abbildung E-I-1. In Abbildung F-IV-1 steht der Realgüterstrom im Vordergrund, wobei der Nominalgüterstrom über die grundsätzliche Zielsetzung einer hohen Effizienz/ Wirtschaftlichkeit eine implizite Beachtung findet. Darüber hinaus wird mit der Abbildung generell auf den Informationsgüterstrom abgehoben: Es sind die Entscheidungs- und Gestaltungsfelder/ -instrumente zusammengestellt, die für ein schnelles Beschaffen, Erstellen und Vertreiben von Gütern und Dienstleistungen einzusetzen und zu steuern sind. Dabei wird gleichzeitig angesprochen, wie die von den Abnehmern/ Kunden geforderte und im Markt-/ Wettbewerbsvergleich zum Realisieren der Ergebnisziele notwendige Qualität der Marktleistungen zu erreichen ist und wie der ökologischen Komponente bei der Produktion und der Verwendung der (End)Produkte Rechnung getragen werden kann.

### *a. Logistikkonzepte im Supply Chain Management*

Wenn Werkstoffe oder Vorprodukte an das Unternehmen geliefert werden, dann schließen sich hieran zunächst zwei alternative Aufgabenstellungen an:

- Die erste Aufgabenstellung liegt darin, diese Einsatzfaktoren möglichst schnell an die **weiterverarbeitenden Bereiche und Stellen** im Unternehmen zu **transportieren**.
- Die zweite Aufgabenstellung ergibt sich dann, wenn der innerbetriebliche Transport nicht unmittelbar durchgeführt werden kann bzw. wenn danach die Weiterverarbeitung nicht sofort möglich ist. In diesem Fall wird eine **Lagerhaltung** der gelieferten Materialien oder Komponenten erforderlich.

Als direkten Wertschöpfungsprozess haben wir die Lagerhaltung bereits in F.III.3. dargestellt. Hieran anknüpfend, ist jetzt auf die generellen Zielsetzungen und Ansatzpunkte der Logistik einzugehen.

**Abstimmung von Logistik und Produktion**

Nach den aufgezeigten Alternativen kann es als primäres Ziel der Logistik bezeichnet werden, die Lagerhaltung auf ein Mindestmaß zu reduzieren. Die logistische Grundfunktion hat zum Gegenstand, Raum- und Zeit-Differenzen im Güterstrom zu überbrücken. Insgesamt umfasst die Logistik damit die Teilfunktionen des Lagerns, des Sammelns/ Zusammenstellens, des Transportierens und des Verteilens von Gütern als Werkstoffe (Roh-, Hilfs- und Betriebsstoffe), Vorprodukte (Halbfabrikate/ Komponenten/ Teile) und Fertigfabrikate/ Endprodukte.

Logistik-Konzepte beziehen sich dabei immer auf den gesamten Leistungserstellungs- und -verarbeitungsprozess in einem Unternehmen sowie auf dessen Schnittstellen zu den Lieferanten und/ oder den Abnehmern. Im Folgenden wird auf sechs maßgebliche Ansatzpunkte hierfür eingegangen, das Just-in-Time und das Just-in-Sequence-Prinzip, das Kanban-System, den Ansatz des Efficient Consumer Response (ECR) und die übergeordneten Konzepte des Supply Chain Management (SCM) bzw. des Category Management (CM).

- Die **Just-in-Time-Logistik und -Produktion (JIT)** folgt der Philosophie, das Steuerungsprinzip der lagerlosen Sofortverwendung zu realisieren. In früheren Zeiten war dieses Konzept nur als theoretisch denkbare Möglichkeit in Erwägung gezogen und praktisch nicht realisiert worden. Eine Konsequenz hieraus war, große Läger zu schaffen, wie sie z.B. in der Form des Hochregallagers bekannt sind. Heute wird dagegen – auf der Basis der mittlerweile zur Verfügung stehenden Informations- und Kommunikationstechnologie – in stärkerem Maße mit Projekten der Rationalisierung und Prozessoptimierung das Ziel verfolgt, die **Potenziale für eine Kosteneinsparung und Effizienzsteigerung** auch in der Logistik und Lagerhaltung voll auszuschöpfen. Dies hat dazu geführt, dass im Produktionsprozess soweit wie möglich eine **sofortige** und damit **lagerlose Verwendung der benötigten Einsatzfaktoren** durchgeführt wird. Die Vorreiter einer derartigen Philosophie waren in den 80er Jahren japanische Automobilunternehmen und dabei insbesondere TOYOTA (siehe hierzu bereits A.I.2. und A.II.1.). Heute ist dieses Prinzip weltweit nicht nur in Automobilunternehmen, sondern generell in Unternehmen aller Branchen weitgehend umgesetzt.

  Fortschrittlichen Logistik-Konzepten liegen oftmals **einfache und plastische Steuerungs-/ Gestaltungsprinzipien** zu Grunde. Dies kann am Beispiel von

OPEL-EISENACH verdeutlicht werden: Das Werk ist – wie ebenfalls bereits schon in A.I.2. angesprochen – Anfang der 90er Jahre konzipiert und auf der „grünen Wiese“ völlig neu gebaut worden. Dabei konnte man alle Möglichkeiten realisieren, die Logistikprozesse möglichst einfach und damit wirtschaftlich zu gestalten. Dies führte beispielsweise dazu, dass die Gleisanschlüsse des Werkes so angelegt sind, dass gelieferte Vorprodukte nach dem Ausladen auf sehr kurzen Wegen direkt an die Montagebänder in den Fertigungshallen gebracht werden können. Damit ist die Koordination zwischen dem außerbetrieblichen Anliefern der Teile und derem innerbetrieblichen Transport durch die Logistik an die Produktion auf den Fließbändern auf eine sehr effektive Weise geregelt. Von einer Lagerzeit der angelieferten Komponenten ist kaum noch zu sprechen; sie werden innerhalb von acht Stunden im Produktionsprozess weiterverarbeitet. Als Konsequenz sind die vorstehend genannten Ziele realisiert worden, nämlich die Lagerhaltung und damit die physischen Lagerkosten stark zu reduzieren. Eine unproduktive Kapitalbindung – also „totes Kapital“ – ist kaum gegeben.

Bei OPEL-EISENACH und auch bei weiteren neuen Fertigungsstätten, wie z.B. dem im Jahr 1997 fertiggestellten SMART-Werk im lothringischen Hambach („smartville“), ist man darüber hinaus noch einen Schritt weitergegangen: **Wichtige Zulieferer** sind in unmittelbarer Nähe, also **im selben Areal** und damit um das Automobilwerk herum gruppiert, angesiedelt. Dies bedeutet, dass die Verfügbarkeit der geforderten Vorprodukte zusätzlich dadurch gesichert ist, dass diese Systemlieferanten ihre Steuerungsverantwortung am selben Ort wahrnehmen.

Wie wichtig eine insgesamt **reibungslose und zeitlich genau eingetaktete Anlieferung** bei nur ganz geringen Pufferzeiten und Pufferbeständen in der Weiterverarbeitung ist, zeigt das in F.III.3. angesprochene Beispiel der Firma KIEKERT, die als Komponentenlieferant das Automobilunternehmen FORD regelmäßig mit Türschlössern für die in Köln gefertigten Fahrzeuge belieferte. Wegen der im Jahr 1998 zeitweise nicht in vollem Umfang gegebenen Lieferfähigkeit von KIEKERT konnten die Türschlösser nicht unmittelbar – wie normalerweise üblich – am Fließband in die Fahrzeuge eingebaut werden, so dass es bei FORD zu einem Produktions- und Auslieferungsstopp kam.

In entsprechender Weise kann die Belieferung problematisch werden, wenn Vorprodukte über weite Entfernungen per LKW geliefert werden. Große Schwierigkeiten treten beispielsweise dann auf, wenn es Streiks in anderen Ländern Europas gibt oder wenn wichtige Straßen, wie der Brenner-Pass von Italien als eine der Alpentraversalen, durch größere Staus für geraume Zeit blockiert sind. Die Einsatzgüter erreichen das Unternehmen dann nicht mehr termingerecht, so dass die Produktionsprozesse dadurch nicht im vorgesehenen Maße aufrechterhalten werden können. Es liegt auf der Hand, dass sich das Anlegen von hohen Lagerbeständen als vorsorgender Ausgleich solcher eventueller Belieferungsprobleme aus Kostengründen nicht anbietet, ein Handlager zum Überbrücken einer kurzfristigen Lieferunterbrechung dagegen aber zweckmäßig ist.

Von ihrem Prinzip her gesehen, erfordert eine **Just-in-Time-Belieferung** also eine relativ **zeitpunktgenaue Anlieferung** der Vorprodukte an das Unternehmen, womit eine deutlich steigende Belieferungs-Frequenz verbunden ist. Da aufgrund von nicht steuerbaren Außeneinflüssen – wie den möglichen Straßenstaus – eine zeitpunktgenaue Anlieferung nicht generell garantiert werden kann, sind die Zulieferer und Spediteure dazu übergegangen, den Grad der sicheren Belieferung durch das Festlegen einer zeitraumgenauen Anlieferung zu erhöhen.

Dies bedeutet, dass für die Anlieferung ein bestimmtes **Zeitfenster** definiert wird, das mit einer gewissen Vorlaufzeit auf jeden Fall einzuhalten ist. In der Konsequenz dieses Vorgehens befindet sich ein steigender Anteil der Vorprodukte auf LKWs oder Eisenbahnwaggons. Insofern wird ein nicht unerheblicher Teil der Bevorratung von Unternehmen über solche „rollenden Läger" realisiert. Dies ist ein wesentlicher Grund für das in den vergangenen Jahren in Europa mit Zuwachsraten von bis zu 15% pro Jahr gestiegene Transportaufkommen.

Wenn beispielsweise die Anlieferung von Vorprodukten durch einen Lieferanten im Drei-Stunden-Takt vertraglich vereinbart ist, dann werden vom Lieferanten die LKWs so getaktet, dass diese Drei-Stunden-Belieferung immer eingehalten werden kann. Als Beispiel hierfür kann die zum amerikanischen Unternehmen MARS gehörige Firma MASTERFOODS in Verden genannt werden. Der in Deutschland führende Anbieter von Heimtiernahrung (Marken u.a. CHAPPI, PEDIGREE, FROLIC, WHISKAS, SHEBA, KITEKAT) benötigt zu deren Herstellung und Vertrieb kontinuierlich leere Dosen. Da diese Verpackungsprodukte im Wert gering, aber relativ voluminös sind, besteht das Ziel darin, eine große Lagerhaltung zu vermeiden. Deshalb werden die Dosen in regelmäßigen Abständen per LKW angeliefert. Wenn ein LKW zügig den Zielort erreicht und damit sein Zeitpolster nicht aufbraucht, dann kann er dennoch erst in dem definierten Zeitfenster seine Ladung beim Unternehmen anliefern. In diesem Fall überbrückt er die Wartezeit bis zu diesem Zeitpunkt mit einer auf einem Park-/ Rastplatz eingelegten Pause. Der Grund für die heute immense Anzahl von LKWs auf Autobahn-Parkplätzen liegt also nicht nur in den vorgeschriebenen Ruhezeiten der Fahrer; dieses Phänomen ist auch eine Folge des geschilderten Logistik-Konzepts einer zeitraumgenauen Anlieferung.

- Mit dem **Just-in-Sequence-Konzept (JIS)** wird eine noch weiter gehende Verzahnung mit dem Produktionsprozess im verarbeitenden Unternehmen erreicht. Es hat nicht nur einen zeitgerechten Zugang der Einsatzgüter zum Gegenstand, sondern zugleich auch die Belieferung in der richtigen Reihenfolge, wie sie für die (Fließband)Produktion benötigt wird. Das Just-in-Sequence-Konzept wird also dann realisiert, wenn die eindeutige Zuordnung von Produkt und Bauteil entscheidend ist.

  Dieses **Prinzip der korrekten Verarbeitungs-/ Lieferreihenfolge** kommt – vor allem in der Automobilindustrie – sowohl in der innerbetrieblichen Logistik als auch beim Fremdbezug/ der Anlieferung von vormontierten Komponenten/ Modulen respektive ganzen Baugruppen zur Anwendung:

- Bei der Fahrzeugherstellung ist es z.B. üblich, die Autotüren nach dem Lackiervorgang wieder von der Karosserie zu trennen. Hierdurch kann die Montage des Innenlebens eines Autos besser durchgeführt werden, und außerdem werden Beschädigungen der neuen Türen vermieden. Die Autotüren sind dann in einem innerbetrieblichen Logistikprozess parallel zur Fließfertigung so zu führen, dass sie am Ende der Innenmontage wiederum eins zu eins an das jeweilige Fahrzeug rückgeführt und montiert werden.
- Liefern Komponenten-/ Modul- oder Systemlieferanten (siehe dazu F.III.2.) beispielsweise Kraftstofftanks, Fahrzeugachsen oder komplette Cockpits Just-in-Sequence an, so setzt das eine genaue Koordination mit der Produktionsdurchführungsplanung im Automobilunternehmen respektive derem Teilbereich der Bereitstellungsplanung voraus.
  Das Unternehmen konkretisiert seine längerfristigen Lieferabrufe gegenüber dem Zulieferer über genaue Mengen- und Zeitangaben in vierzehntägigen Detailabrufen, für die dann schließlich wöchentlich die Sequenzordnungen der einzelnen Tageslieferungen festgelegt werden. Auf diese Weise wird der Lieferant mit den notwendigen Informationen versorgt, um die von ihm gefertigten Varianten entsprechend der beim Automobilwerk geplanten Montagefolge in den dort jeweils üblichen Beschickungssystemen (Gestelle, Gitter-/ Fächerboxen usw.) zum unmittelbaren Einbau anzuliefern.
  Die **direkte Synchronisation mit der Montage am Empfängerband** erspart dem Automobilhersteller nicht nur reine Lagerkosten; der Zulieferer übernimmt vielmehr einen – die Einhaltung der Qualitätsanforderungen einschließenden – Großteil des Handlings der Vorprodukte für eine fehlerfreie Produktion. Damit wird die innerbetriebliche Logistik des Fahrzeugherstellers entlastet, so dass dieser bei einer effizienten Prozessabstimmung größere Kostenvorteile erzielen kann.
  Werden diese Effekte durch die Kooperation von in ihren Kernkompetenzen jeweils starken Automobil- und Zulieferunternehmen realisiert, dann ist Just-in-Sequence dem zeitlich vorausgehenden Just-in-Time-Prinzip wegen der so gegebenen **wertschöpfungsbezogenen Erfolgspartnerschaft** (siehe hierzu F.II.2.g.) überlegen.

Als Beispiel für eine Fahrzeugproduktion, die ohne jedes innerbetriebliche Umsetzen von Materialien auskommt und damit im Fachjargon als komplett „Stapler-frei“ zu bezeichnen ist, kann das im August 2002 eingeweihte Montagewerk von PORSCHE in Leipzig angeführt werden. Dort wird mit dem Geländewagen CAYENNE (Sport Utility Vehicle – SUV) die dritte Modellreihe des Unternehmens endgefertigt. Gemeinsam mit VW (für dessen Modell TOUAREG) entwickelt, kommen die Karosserien per Eisenbahn aus dem slowakischen VW-Werk Bratislava; Motoren, Getriebe und Achsen werden vom PORSCHE-Stammwerk Zuffenhausen geliefert, während die Herstellung aller weiteren Teile an leistungsfähige Systemlieferanten vergeben ist. Sämtliche Komponenten erreichen das Montagewerk exakt in der Reihenfolge, die für die Produktion der Fahrzeuge nach den individuellen Bestellwünschen der Kunden festgelegt ist.

- Das **Kanban-System** ist – wie viele fortschrittliche Logistik-Konzepte – prinzipiell einfach, aber dennoch sehr wirkungsvoll. Hierbei handelt es sich um ein Verfahren zur Steuerung des Materialflusses in der Produktion, welches auf einer Verknüpfung von Fertigungs- und Beschaffungsvorgängen beruht. Es kommt vor allem an den einzelnen Verarbeitungsstationen einer Fließfertigung (siehe hierzu F.III.4.) zum Einsatz. Zunächst für das **innerbetriebliche Materialhandling** entwickelt, wird das Kanban-Verfahren heute auch bei der Anlieferung fremdbezogener (Klein)Teile realisiert.
  Das Grundmuster dieses zuerst im Jahr 1962 von TAIICHI OHNO beim japanischen Automobilunternehmen TOYOTA eingeführten Systems besteht in einer Umkehrung der – früher üblichen – Steuerungsrichtung bei der Bereitstellung von Werkstoffen:

  - Wenn die zur Fertigung der Produkte jeweils benötigten Teile rechtzeitig an die einzelnen Stationen gebracht werden, so dass sie dort in ausreichender Stückzahl auf ihre Weiterverarbeitung warten können, dann arbeiten die vorgelagerten Produktionsstufen – bzw. die innerbetriebliche Logistik oder die Zulieferer – nach dem Bringprinzip.
  - Diese Produktions-/ Anlieferfolge wird beim Kanban-System zum **Holprinzip** umgedreht. Jetzt geht die **Aufforderung zum Bereitstellen neuen Materials von der jeweiligen Bearbeitungsstufe** aus. Die einzelnen Fertigungs-/ Lieferstellen produzieren also nicht mehr danach, was im nachfolgenden Prozessschritt in der nächsten Zeiteinheit (Schicht/ Tag) voraussichtlich benötigt wird; sie decken vielmehr genau dessen Ersatzbedarf von in der vorhergehenden Zeiteinheit verbrauchten Materialien.

  Eine derart ausschließlich bedarfsorientierte Materialfluss-Steuerung setzt eine unkomplizierte und transparente Kommunikation im mehrstufigen Fertigungs-/ Logistikprozess voraus. Diese wird über Lauf-/ Steuerkarten sichergestellt, und daraus leitet sich auch die Bezeichnung des Verfahrens ab – das japanische Wort Kanban steht für Karte, Schild oder Zettel. Ohne näher auf Einzelheiten – und damit auf unterschiedliche Arten von Kanbans – einzugehen, lässt sich das **Kanban-Verfahren** wie folgt illustrieren:

  - Die in standardisierten Behältern enthaltenen Materialien einheitlicher Art, Menge und Qualität (z.B. Schrauben oder Muttern) bzw. auch einzelne Module/ Komponenten (z.B. Lichtmaschinen oder Wasserpumpen im Motorenbau) sind jeweils mit **Laufkarten/ Kanbans** versehen.
  - Wird ein Behälter angebrochen oder ein Modul zum Einbau entnommen, dann ist die entsprechende Laufkarte in die **Kanban-Box** der vorgelagerten Produktions-/ Lieferstufe zu legen. Damit sind die an der Fertigungsstation verwendeten Verbrauchsstoffe und die eingebauten Teile/ Halbfabrikate genau gekennzeichnet, so dass darüber die Steuerung der Bereitstellung/ Nachlieferung erfolgen kann.
  - Die bei der Produktion abgenommenen Kanbans dienen also zugleich als **Fertigungs-/ Lieferaufträge**. Sie werden zur Vorproduktion respektive zum Lieferanten zurückgeleitet, woraufhin exakt diese verbrauchten Materi-

alien wieder an die jeweilige Verarbeitungsstation verbracht werden. Auf diese Weise kann deren Lager in geringer Höhe ständig aufgefüllt werden und ist damit über einen geringen eisernen Bestand hinaus nur ein kleines Vorrats-/ Handlager.

- Bei **kleinteiligen Verbrauchsmaterialien** kann zweckmäßigerweise der (Schütt)Behälter selbst die Funktion des Kanbans übernehmen. In diesem Fall wandert dieses Transportmittel – nach der Entnahme des letzten Einzelstücks – in der Wertschöpfung eine Stufe rückwärts und kommt von dort wieder gefüllt an die Produktionsstelle.
- Als weiteres Beispiel einer Kanban-Logistik kann der **Medikamenten-Nachschub in Apotheken** angeführt werden. Wenn die Angestellten ein Heilmittel aus den Teleskopregalen greifen, dann ist zu beobachten, dass jeweils parallel auch eine Karte mit dem jeweiligen Lochcode des Medikaments – oder neuerdings einem Mikrochip – entnommen wird. Abgelegt in einen gesonderten Lieferkorb, wird hierüber die nächste Routine-Bestellung beim Pharma-Großhändler ausgelöst: Dessen Fahrdienst-Mitarbeiter nimmt den Inhalt dieser Kanban-Box bei seiner i.d.R. zweimal täglichen Auslieferungstour mit, so dass die heute verkauften Medikamente morgen wieder beim Apotheker vorrätig sind. Damit braucht dieser lediglich spezielle, nicht in seinem Grundsortiment befindliche Pharmaprodukte gesondert beim Großhändler zu bestellen; seine Grundversorgung verläuft dagegen Kanban-gesteuert.

Aus den vorstehenden Erläuterungen zum generellen Ablauf des Kanban-Verfahrens lassen sich zwei weitere Sachverhalte ableiten:

- Dem Kanban-System liegt ebenfalls eine **Just-in-Time-Philosophie** zu Grunde. Den einzelnen Verarbeitungsstufen wird genau die Menge an Einsatzmaterialien wieder zugeführt, die sie zu einem bestimmten Zeitpunkt respektive in einem definiert kurzen Zeitraum (Schicht/ Tag) verbraucht haben. Mit dem geschilderten Vorgehen über die Laufkarten/ Kanbans liegt zugleich ein praktikabler Ansatz für die Steuerung/ Regelung des bedarfsorientierten, zeitgenauen und damit kostengünstigen Bereitstellens/ Anlieferns von Werkstoffen/ Teilen vor, der vom Wertschöpfungsverlauf her gesehen als retrograd zu bezeichnen ist. Auf dessen mögliche, – aber nicht funktionsnotwendige – Einbindung in moderne informations- und kommunikations-/ datenverarbeitungsgestützte Systeme der Unternehmens-/ Betriebsplanung/ -steuerung kommen wir in F.IV.6. zurück.
- In seiner innerbetrieblichen Anwendung basiert das Kanban-Verfahren auf einer konsequenten Umsetzung des Prinzips der **internen Kunden-Lieferanten-Beziehungen** (siehe hierzu bereits A.I.2. sowie G.III.4.). Die einzelnen Fertigungsstationen lösen als Kunden je nach den aktuellen Materialverbräuchen entsprechende Bestellungen bei den vorgelagerten Produktionsstufen als ihren Lieferanten aus. Korrespondierend zu den Ausführungen eingangs dieses Abschnittes wird mit diesem Logistik-Konzept folglich eine produktionsinterne Kundenorientierung praktiziert.

Verglichen mit einer traditionellen, in der Wertschöpfung nach vorne gerichteten und jeweilige Lagerbestände vorsehenden Produktionsdurchführungsplanung können mit den herausgearbeiteten Ansatzpunkten einer modernen Logistik-/ Materialfluss-Steuerung erhebliche Kosteneinsparungen realisiert werden: In einer Erstanwendung 10% bis 30% des bisherigen Niveaus der Logistikkosten. Der Nachteil einer generell dem Just-in-Time-Prinzip folgenden Anlieferung von zu verarbeitenden respektive fremdbezogenen Teilen mit einer unmittelbaren Weiterverarbeitung könnte darin liegen, dass die direkte **Abhängigkeit vom Lieferanten** sehr groß ist.

- Dies gilt nicht nur – wie das Türschloss-Beispiel der Firmen FORD und KIEKERT gezeigt hat – bezogen auf die Verfügbarkeit der Produkte zum gewünschten Zeitpunkt.
- Vielmehr ist dies auch im Hinblick auf die geforderte Qualität der gelieferten Produkte von besonderer Bedeutung. So ist es durchaus möglich, dass die Vorprodukte zwar zeitgerecht geliefert werden, jedoch nicht das notwendige Qualitätsniveau für die Weiterverarbeitung oder den Einbau aufweisen.

**Qualitätsorientierte Steuerung**

Deshalb ist es besonders wichtig, dass Herstellerunternehmen die Qualität der Vorprodukte nicht erst bei der Anlieferung prüfen und sicherstellen, sondern bereits auf die **Qualität im Zulieferunternehmen** Einfluss nehmen. In einfachster Form könnte dies so der Fall sein, dass statt einer Wareneingangskontrolle im Herstellerunternehmen von diesem bereits eine – stichprobenartige – Warenausgangskontrolle als Endkontrolle im Zulieferunternehmen durchgeführt wird. Zweckmäßiger ist es heute jedoch, die Qualität der Leistungserstellung im Zulieferunternehmen insgesamt und frühzeitig zu überprüfen. Mit anderen Worten bedeutet dies, dass das gesamte System und alle Teilprozesse beim Zulieferer vom Abnehmerunternehmen periodischen Kontrollen unterzogen werden, um sicherzustellen, dass die Güter mit dem geforderten hohen Maß an Qualität hergestellt und ausgeliefert werden. Neben solchen Qualitätsaudits, bei deren Bestehen die Abnehmer ihren Zulieferern für die erfolgreiche Prüfung der Systemqualität oftmals unternehmensspezifische Zertifikate verleihen, können in umgekehrter Richtung auch die Lieferanten ihren Kunden ein hohes Qualitätsniveau signalisieren, indem sie ihre Prozesse durch unabhängige Institute/ Organisationen zertifizieren lassen. Mit diesen beiden Vorgehensweisen ergibt sich die Verbindung zum nachfolgend dargestellten Logistik-Aspekt der Qualitätssicherung. Zuvor sind noch der weiter reichende Ansatz der Logistik-Steuerung des Efficient Consumer Response (ECR) sowie die übergeordneten Konzepte des Supply Chain Management (SCM) und des Category Management (CM) zu erläutern:

- Wie in Abbildung F-IV-1 visualisiert, setzt **Efficient Consumer Response (ECR)** bei den Abnehmern/ Wiederverkäufern der Marktleistungen eines Unternehmens respektive im Handel bei den Abverkäufen an Endkunden/ -verbraucher an und erstreckt sich von dort bis in die Produktion des Herstellerunternehmens. Es stellt damit einen umfassenden **Informations- und Marktforschungsprozess** dar.

* Im **mehrstufigen Wertschöpfungsverbund** wird also der Ansatzpunkt in der Betrachtung der Logistikprozesses eines Unternehmens gegenüber den bisher erläuterten Konzepten auf den abschließenden Kauf der Produkte durch die Konsumenten vorverlegt. Damit werden die logistischen Prozesse nicht mehr nur auf die Lieferkette des Unternehmens bezogen. Jetzt ist in einer generellen Richtungsumkehr vielmehr – in Kombination mit den zuvor dargestellten Konzepten – die umfassende Steuerung sämtlicher Logistikprozesse beim Hersteller und seinen Produktionsabläufen/ Zulieferbeziehungen **ausgehend vom Abnehmer/ Endkunden** angestrebt.
* Dieser **Perspektivenwechsel** stellt das hauptsächliche Charakteristikum des vor allem in Kooperationen von Konsumgüter-/ Lebensmittel- und Handelsunternehmen praktizierten ECR-Konzepts dar. Es vereint die allgemein für die verarbeitende Industrie geltenden Prinzipien der Just-in-Time-, Just-in-Sequence- und Kanban-Logistik einer lagerlosen Sofortverwendung, korrekten Lieferreihenfolge und bedarfsorientierten Warenfluss-Steuerung und basiert auf einer **Rückwärtsintegration**, ausgehend von den einzelnen Kaufhandlungen der Konsumenten.
* Auf diese Weise werden die Logistikprozesse und damit die gesamte direkte Wertschöpfung im Unternehmen unmittelbar an die Kaufakte der Nachfrager zur Befriedigung ihrer Bedürfnisse gekoppelt: Der Kunde entnimmt ein Gut aus dem Regal und löst damit dessen Nachproduktion/ -lieferung aus. In dem jetzt geschlossenen Wertschöpfungskreislauf steht die Kaufhandlung des Abnehmers am Beginn einer neuen Runde; er bestimmt mit seinem Kauf, welche Waren morgen (wieder) verfügbar sein müssen.
* Über dieses Grundmuster des Efficient Consumer Response als **effiziente Reaktion auf die Kundennachfrage** lässt sich die Aussage bestätigen, dass die Vernetzung und Integration von direkten Wertschöpfungsprozessen mit flankierenden bzw. unterstützenden Wertschöpfungsprozessen (durch Supply Chain Management neben Efficient Consumer Response) und mit übergeordneten Wertschöpfungsprozessen (durch Category Management) zunimmt. ECR liefert die informationsbezogene Steuerungsbasis.
* Das Ziel ist, die gesamte Logistik in der Wertschöpfungskette eines Unternehmens so effizient und effektiv zu gestalten, dass die Anforderungen der Nachfrager – auch im Vergleich mit den Wettbewerbern – besser, schneller und vor allem kostengünstiger erfüllt werden können. Als direkte Abnehmer sind hierbei i.d.R. Handelsunternehmen einbezogen, die als Wiederverkäufer eine Dienstleistungsfunktion gegenüber den Verbrauchern übernehmen.
* Efficient Consumer Response hat insgesamt zum Gegenstand, die **Zusammenarbeit** zwischen **Handelsunternehmen** als nachgelagerten Abnehmern und **produzierenden Unternehmen** als Herstellern zu verbessern.

In Abbildung F-IV-2 ist ECR im Zusammenwirken mit Category Management und Supply Chain Management eingeordnet. Wie ersichtlich ist, beginnt der Informations- und zugleich Marktforschungsprozess des ECR beim Endkunden in dem Moment, wo an der Kasse im Lebensmittelgeschäft, also am **Point of Sale (POS)**, die Ware über den Scanner gezogen wird und so automatisch erfasst, als verkauft gemeldet und dem Kunden in Rechnung gestellt wird. Wenn der Kunde beim Bezahlen zugleich seine Kundenkarte vorlegt, um Bonuspunkte zu erhalten (z.B. PAYBACK-Karte), dann ist er mit den gekauften Waren namentlich erfasst und zuordenbar. Dies liefert weit reichende Marktforschungsinformationen, da z.B. der Erfolg von Werbeaktionen bei bestimmten Zielgruppen unmittelbar nachvollziehbar ist.

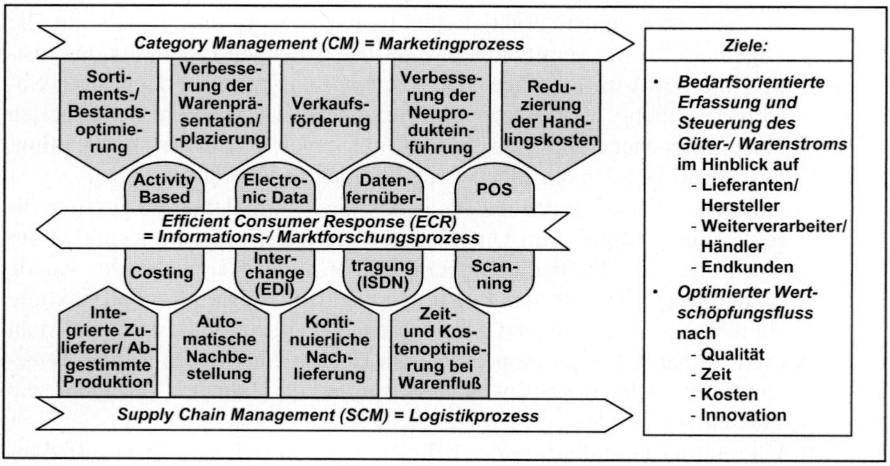


**Abb. F-IV-2:** Steuerungs- und Kooperationskonzepte im mehrstufigen Wertschöpfungsverbund

Um die Logistik-Kette einer reibungslosen Belieferung der Handelsunternehmen sicherzustellen, ist ein durchgängiger Informationsstrom von der Filiale bzw. Verkaufsstätte des Handelsunternehmens über die dezentrale EDV des Handelskonzerns bis zur EDV des Herstellerunternehmens notwendig. Auf diese Weise wird vermieden, dass Produkte „Out of Stock" gehen, also im Outlet des Handelsunternehmens nicht mehr im Regal verfügbar sind. Zugleich lassen sich hierdurch Ineffizienzen und Konflikte im Absatzkanal zwischen Herstellern und Händlern reduzieren, im besten Fall sogar vermeiden. Die produktbezogenen Daten werden mittels Datenfernübertragung (DFÜ) z.B. über ISDN an den Lieferanten übermittelt. Dieser **Electronic Date Interchange (EDI)** führt dazu, dass der Nachlieferungsbedarf in der oben beschriebenen Weise unmittelbar beim Hersteller vorliegt. Die damit verbundene **Prozesskostenrechnung (Activity Based Costing)** versucht, die in diesem Prozess anfallenden Kosten verursachungsgerecht aufzuschlüsseln.

- Das **Supply Chain Management (SCM)** basiert auf dem Informationsprozess des ECR und hat – in umgekehrter Richtung – den **physischen Logistikprozess** zum Gegenstand. Es strebt eine Integration der Zulieferer und eine bedarfsgerechte Abstimmung der Produktion an. Durch die automatische Nachbestellung und kontinuierliche Nachlieferung lassen sich die Zeit und die Kosten beim Warenfluss optimieren.

  * Unter diesem Blickwinkel ist das Supply Chain Management der insgesamt umfassendste der sechs Ansätze in Abbildung F-IV-1. Dieses Konzept bezieht sich auf alle Phasen und Akteure des Logistik- und Lagerhaltungsprozesses.
  * Das Ziel ist, die unternehmensübergreifende logistische Wertschöpfungskette zu optimieren. Hierzu sollen vor allem Zwischenläger abgebaut werden, um die Kapitalbindung zu reduzieren. Lagerhaltung ist nur dann wirtschaftlich und damit vertretbar, wenn sie auf das notwendige Mindestmaß reduziert wird, um die Belieferung der Produktion oder die Belieferung der Abnehmer kontinuierlich sicherzustellen.
  * Durch die erhöhte Transparenz ist zugleich eine bessere Abstimmung von Informations-, Produkt- und vor allem auch Finanzmittelflüssen erreichbar. Die Weitergabe unternehmenssensibler Informationen an Logistikpartner setzt ein bestimmtes Maß an Vertrauen und Sorgfalt im Datenumgang voraus. Dies gilt umso mehr, wenn die Anzahl der Schnittstellen zwischen den einzelnen Partnern relativ groß ist.

Das **Category Management (CM)** ist dem Supply Chain Management gleichgerichtet und legt auf der Basis der durch ECR gelieferten Informationen über die Abverkäufe fest, welche Produkte in das **Verkaufssortiment einer Warenkategorie** aufgenommen werden. Da ein nicht unerheblicher Teil dieser Produkte austauschbar ist, sind für die Entscheidung klare Kriterien festzulegen. Gegenstand ist ein durch das Zusammenwirken von Industrie und Handel optimierter Marketingprozess.

* Am konkreten **Beispiel** illustriert, wird also für die Warenkategorie Körperpflegemittel entschieden, welche Produkte in welcher Ausstattung von welchem Hersteller in diesen Warenkorb für den Kunden aufgenommen werden. Ausgangsbasis ist das bisherige Nachfrageverhalten der Zielgruppen. In die Warenkategorie kommen also beispielsweise höherwertige und damit teurere, aber auch sehr preisgünstige Körperpflege-Produkte. Zusätzlich würden in Abhängigkeit von den Verkaufszahlen auch alkoholfreie Körperpflegemittel „für die empfindlichere Haut" aufgenommen werden. Wenn die Zielgruppen unterschiedliches Alter aufweisen, dann würden neben Baby-Pflegemitteln auch Antiaging-Produkte geführt werden.
* Zuständig für die Ausgestaltung des Verkaufssortiments einer Warenkategorie ist der so genannte **Category Manager** oder **Category Captain**. Er kann dem Handelsunternehmen entstammen, er kann sich aber auch aus einem der Hersteller- und damit Lieferantenunternehmen rekrutie-

ren. Im ersteren Fall ist seine Auswahl interessenneutral an den Verkaufs- und Erlöszahlen ausgerichtet. Im zweiten Fall besteht die Anforderung darin, dass Produktsortiment der Wettbewerber bei der Auswahlentscheidung ebenfalls angemessen zu berücksichtigen. Er ist dann für die gesamte Warenwirtschaftskette dieser Produktkategorie verantwortlich. Dies schließt eine ganzheitliche Planung und Steuerung ein, um eine optimale Befriedigung der Konsumentenbedürfnisse auf der Ebene der Geschäftsstätten zu erreichen.

* Im Einzelnen bezieht sich die **Zusammenarbeit zwischen Industrie und Handel** auf die Sortimentsgestaltung, Verkaufsförderung und Produktentwicklung. Einzelziele sind die Bestandsoptimierung, also die Erhöhung des Abverkaufs pro Produkt und Regalmeter, die Verbesserung der Warenpräsentation und -platzierung sowie vor allem auch die Verbesserung von Neuprodukteinführungen. Gerade der letztere Aspekt ist vor dem Hintergrund wichtig, dass ein hoher Prozentsatz neuer Produkte im Handel die Einführungsphase nicht übersteht und aufgrund für den Konsumenten nicht nachvollziehbarer Nutzeninhalte sowie dadurch fehlender Nachfrage wieder aus dem Sortiment genommen wird. Ein weiteres Ziel besteht darin, die Handling-Kosten des Produktsortiments zu reduzieren.

Alle unterschiedlichen und kombiniert einsetzbaren **Konzepte des Logistikmanagements** erhöhen die Wirtschaftlichkeit des Unternehmens, dadurch dass sie Wertschöpfungsprozesse beschleunigen und die Markt- und Kundenorientierung des Unternehmens verbessern. Entscheidend sind jedoch zwei Fragen: Zum einen, welche Anforderungen hat der Kunde an die Marktleistungen, und wie werden sie in den Produkten und Dienstleistungen erfüllt? Zum anderen, wie wird sichergestellt, dass über alle Phasen des direkten Wertschöpfungsprozesses die Qualität in den einzelnen internen Leistungsabschnitten und die Qualität aller gelieferten externen Vorprodukte so ist, dass alle wesentlichen Kundenanforderungen erfüllt werden?

Um dies zu erreichen, ist die **Qualität prozessbezogen zu beherrschen**. Zusätzlich ist sie jedoch über die primäre Wertschöpfung hinaus auch in den und mit den unterstützenden/ flankierenden sowie den steuernden/ übergeordneten Wertschöpfungsprozessen sicherzustellen. Hierdurch werden die Anforderungen an eine ganzheitliche Qualität im Unternehmen definiert. Die Qualitätssicherung garantiert also das geforderte Qualitätsniveau, das ganzheitlich alle Prozesse im Unternehmen einbeziehen muss. Hierzu gehört dann auch die umweltbezogene Qualität als Ökologieorientierung des Unternehmens. Sie stellt sicher, dass alle Vorprodukte von Lieferanten sowie alle internen Prozesse der Leistungserstellung den Grundsätzen und gesetzlichen Vorschriften einer umweltverträglichen Produktion entsprechen.

### b. *Qualitätssicherung als Ergebnis des Qualitätsmanagements*

In diesem Unterabschnitt wird zunächst herausgearbeitet, wie der Begriff Qualität zu definieren ist. Danach werden die Probleme und Kosten unzureichender Qualität thematisiert. Hieraus leiten sich die Anforderungen an das Qualitätsmanagement ab, das – ganzheitlich in allen Prozessen des Unternehmens umgesetzt – zu einem Total Quality Management (TQM) im Unternehmen führt. TQM kennzeichnet das Konzept, Six Sigma, auf das abschließend eingegangen wird, präzisiert das angestrebte Null-Fehler-Niveau. Wir haben diesen Abschnitt bewusst Qualitätssicherung genannt, obwohl dieser Begriff in der Vergangenheit eher für ein traditionelles Qualitätsverständnis stand, dass nämlich alle quantitativen und qualitativen Mindestanforderungen an das Produkt erfüllt werden. Wir wollen ihn aber so verstanden wissen, dass das angestrebte Qualitätsniveau im Unternehmen sichergestellt wird. Dies kann gleichermaßen TQM oder auch Six Sigma sein.

Der **Begriff Qualität** hat im Zeitablauf unterschiedliche Definitionen erfahren. So wurde er Mitte der 90er Jahre – statisch und merkmalsorientiert – in der Weise definiert, dass die Gesamtheit von Merkmalen einer Einheit/ eines Produktes bezüglich ihrer Eignung festgelegte und vorausgesetzte Erfordernisse erfüllen (DIN EN ISO 8402:1995). Diese Definition lässt erhebliche Fehlsteuerungen zu, da Qualität relativ abstrakt eher aus einer internen Sicht der Produktion festgelegt wird. Mit dieser überwiegend ingenieurorientierten Sicht ist aber der marktwirtschaftliche Prozess des Angebots und Kaufs von qualitativ hochwertigen Produkten nicht erfasst. Dem trägt die neuere Definition aus dem Jahre 2000 Rechnung. Qualität ist „die Fähigkeit bzw. das Vermögen eines Produktes, Systems oder Prozesses, mit der Gesamtheit der darin enthaltenen Merkmale die Anforderungen der Kunden oder anderer Adressaten zu erfüllen“ (DIN EN ISO 9000:2000). Mit gleicher Bedeutung – aber allgemeiner formuliert – gilt nach einer ersten Überarbeitung der 9000er-Normenreihe jetzt: „Qualität ist der Grad, in dem ein Satz inhärenter Merkmale Anforderungen erfüllt“ (DIN EN ISO 9000:2005). **Qualität** ist damit **prozess- und kundenorientiert** definiert. Qualität liegt also dann vor, wenn der interne oder externe Adressat mit dem angebotenen Ergebnis einer Leistung zufrieden ist, weil sie alle seine wesentlichen Anforderungen erfüllt. In diesem Falle ist er bereit, sie zu akzeptieren und auch zu bezahlen.

#### Dimensionen der Qualität

Qualität ist dabei nach **mehreren Dimensionen** zu unterscheiden:

1. **Qualität ersten Grades**: Die Qualität des **physischen Produktes** oder der **Dienstleistung**, die der Kunde direkt beurteilen kann
2. **Qualität zweiten Grades**: Die Qualität des **Kontaktes** mit dem Kunden, also die Qualität der **Kommunikation**, des **Service** und der **Betreuung**, die er ebenfalls direkt bewerten kann
3. Die **Qualität der internen Fertigung**, die sich auf das Material, die Technologie und die direkte Wertschöpfung bezieht

4. Die **Qualität aller internen Prozesse** und dabei insbesondere auch aller indirekten unterstützenden Prozesse z.B. in der Verwaltung; Dies kennzeichnet die Qualität der gesamten Organisation in ihrer Kooperation und Koordination
5. Die **Qualität des Managements und der Mitarbeiter**.

Es liegt auf der Hand, dass den Kunden nur die Qualität ersten und zweiten Grades interessiert, da er diese unmittelbar erlebt und dann bereit ist, dafür zu bezahlen. Die anderen drei Qualitätsarten sind wesentliche Voraussetzungen für die kundenorientierte Qualität, sie interessieren ihn aber nicht unmittelbar. Für das Unternehmen ist dies anders: Es muss gemäß der Qualitätsdefinition von oben die Anforderungen des Kunden an die Produkt- und Kontaktqualität erfragen bzw. analysieren und dann entsprechend umsetzen. Hierzu ist es erforderlich, dass die Führungskräfte und Mitarbeiter ein ausgeprägtes Qualitätsbewusstsein, die benötigte Qualifikation sowie auch die Erfahrung und organisatorische Kompetenz zur Umsetzung besitzen. Dies schlägt sich vor allem in der Fertigungsqualität und der internen Prozessqualität nieder. Um eine umfassende Qualität der Produkte und Kontakte in der direkten Wertschöpfung für den Kunden zu erreichen, müssen also auch alle Prozesse der flankierenden Wertschöpfung die geforderte Qualität aufweisen. Aus Sicht des Kunden und aus Sicht des Unternehmens ist Qualität damit der **Grad der objektiven und/ oder subjektiven Erfüllung von Anforderungen**. Wenn Qualität vorliegt, ist also keine Soll-Ist-Abweichung gegeben. Dies führt dann entsprechend dem bereits in F.II.2.a. angesprochenen Confirmation/ Disconfirmation Paradigma zur Zufriedenheit des Kunden.

Auf dieser Basis wird nach DONABEDIAN insbesondere auch bei Dienstleistungen zweckmäßigerweise unterschieden zwischen

- **Struktur-/ Potenzialqualität**, die sich auf die Ressourcen und die Organisation bezieht,
- **Prozessqualität**, die sich auf die Abläufe und ihre Akteure bezieht, sowie
- **Ergebnisqualität**, die sich auf die fertige Leistung eines Prozessabschnittes oder der gesamten Wertschöpfung bezieht.

In der Praxis wird seit einiger Zeit so vorgegangen, dass zwischen einzelnen Prozessabschnitten von den jeweils Verantwortlichen die Anforderungen an die Qualität in inhaltlicher, zeitlicher und kostenmäßiger Hinsicht festgelegt und vereinbart werden. Man spricht dann von **Quality Gates** als definierte Übergabepunkte an der Schnittstelle zwischen zwei Verantwortungsbereichen. Dies gilt nicht nur innerhalb des Unternehmens, sondern in besonderem Maße auch bezogen auf die Zusammenarbeit mit Zulieferern.

Diese Grundlagen lassen einige weitere Begriffsbestimmungen zu: Unter **Qualitätssicherung** wollen wir das angestrebte Ziel und Ergebnis verstehen, nämlich alle qualitätsrelevanten Sachverhalte und Prozesse so zu gestalten und zu steuern, dass die Anforderungen der Adressaten und auch der Strategie des eigenen Unternehmens erfüllt werden. **Qualitätssteuerung** kennzeichnet die oben beschriebenen Aktivitäten, um ein hohes Qualitätsniveau ohne Soll-Ist-Abweichungen zu erreichen. **Qualitätsmanagement** umfasst Qualitätssteuerung, schließt aber zusätzlich auch die Zielfindung und -vereinbarung sowie die Potenzialentwicklung ein. **Total Quality Management (TQM)** ist die explizite ganzheitliche Steuerung und Gestaltung aller Aktivitäten, die alle Akteure, Prozesse und Bereiche des Unternehmens einbezieht, um nicht nur ein hohes Qualitätsniveau, sondern mittelfristig eine praktikable Null-Fehler-Qualität zu erreichen.

Qualität ist immer mit Kosten, aber auch einem mehr oder weniger direkt zurechenbaren Nutzen verbunden. Der **Nutzen hoher Qualität** schlägt sich in nicht notwendiger Nacharbeit zur Beseitigung von Fehlern und Qualitätsdefiziten, in einer höheren Kundenzufriedenheit und -bindung sowie damit in eingesparten Kosten und gestiegenen Erlösen bzw. Umsätzen nieder. Die Kosten der Qualität umfassen sowohl positive als auch negative Komponenten. **Qualitätskosten** schließen **Fehlerverhütungskosten** ein, um Qualitätsdefizite in Zukunft zu unterbinden; außerdem gehören **Prüfkosten** dazu, die aufzuwenden sind, um zu kontrollieren, dass die geforderte Qualität erreicht wurde. Der in der Wirkung negative Kostenblock sind **Fehlerkosten**. Sie lassen sich unterteilen in operative Fehlerbeseitigungskosten und strategische Fehlerfolgekosten. **Operative Fehlerbeseitigungskosten** treten auf durch den Ausschuss an Produkten sowie durch Gewährleistungskosten in Form von notwendiger Nacharbeit, Kulanz, Vertragsrücktritt oder auch Schadensersatz. **Strategische Fehlerfolgekosten** kommen dadurch zustande, dass Kunden aufgrund unzureichender Qualität unzufrieden sind und abwandern sowie ggf. durch Mund-zu-Mund-Kommunikation ihrer negativen Erlebnisse andere Interessenten vom Unternehmen fernhalten. Das Unternehmen verliert hierdurch Umsatz und Ertrag.

Da heute im nationalen und globalen Wettbewerb die Zielsetzung dahin geht, eine hohe Zufriedenheit und Bindung der Kunden zu erreichen, wird der „Kampf um den Kunden" immer mehr zum **Qualitätswettbewerb**. Wie erinnerlich, ist Qualität definiert als Erfüllung aller wichtigen Anforderungen des Kunden, die seine Zufriedenheit und Bindung erhöhen und für die er deshalb bereit ist zu bezahlen. Kundenbeziehungsmanagement als **Customer Relationship Management – CRM** ist darauf ausgerichtet, jede ernsthafte Beeinträchtigung der Beziehung zum Kunden zu vermeiden. Neben dieser operativ und strategisch wichtigen Minimierung des Risikos einer Kundenabwanderung hat CRM die Aufgabe, die Kundenbeziehung längerfristig zu intensivieren und vor allem auszubauen. Qualität und der Beseitigung möglicher Qualitätsdefizite kommt dabei eine herausragende Rolle zu.

Nachvollziehbare **Qualitätsdefizite** gibt es in der Automobilindustrie z.B. immer dann, wenn es zu Rückrufaktionen von Fahrzeugen kommt. Sie finden mit mehr oder weniger großer Regelmäßigkeit im Zeitablauf bei fast allen Herstellern statt. Im Jahr 2005 waren es in Deutschland 123 Rückrufaktionen. Diese sind immer mit Kosten in Form der operativen Fehlerbeseitigungskosten, manchmal auch mit Imageschäden in Form der strategischen Fehlerfolgekosten verbunden. Beispielhaft auch für andere Hersteller seien hier die entsprechenden Kosten des VW-Konzerns in der Vergangenheit kurz referiert: Weltweit entstehen pro Minute 16,5 Beanstandungen bezogen auf die Gewährleistung. Die Kosten dafür betragen pro Minute 3.600 EUR. Dies sind täglich 5,2 Mio. EUR Kosten und jährlich 1,9 Mrd. EUR Kosten. Auch wenn man den Milliardenumsatz von VW berücksichtigt, ist dieser Betrag erheblich. Dies umso mehr, da **vermiedene Gewährleistungskosten** unmittelbar ertrags- und gewinnsteigernd wirken.

Da Analysen zeigen, dass nicht eingehaltene Qualität dem Unternehmen hohe Kosten verursacht, wird heute auf Qualität und deren ganzheitliche Steuerung ein besonderes Schwergewicht gelegt. Dies vollzieht sich in den folgenden Arten:

- Je später Qualitätsdefizite im Wertschöpfungsprozess entdeckt werden, desto kostenintensiver wird ihre Beseitigung. Man spricht hierbei von einer **progressiven Fehlerauswirkung**. Ein Erfahrungswert belegt, dass jede weitere Wertschöpfungsstufe, bei der der Fehler nicht entdeckt wird, einen Kostenzuwachs von Fehlerbeseitigungskosten mit dem Faktor 10 bewirkt. Dies ist darin begründet, dass mit zunehmender Fertigstellung und Auslieferung des Produktes die Kosten der Fehlerbeseitigung aufgrund der Komplexität der bisherigen Aktivitäten umso höher werden. Am teuersten sind Fehler und die damit verbundenen Kosten, wenn das Qualitätsdefizit bzw. der Defekt des Produktes erst vom Kunden entdeckt werden. Neben direkten Kosten der Fehlerbeseitigung und Kulanz kommen dann noch Imageschäden des Unternehmens mit strategischen Fehlerfolgekosten durch Kundenabwanderung hinzu.
- Die **Fehlerkosten** im gesamten Unternehmen, also nicht nur in der Produktion, sondern beispielsweise auch in der Verwaltung, Kundenbetreuung oder Forschung und Entwicklung, belaufen sich bei Dienstleistungsunternehmen auf eine Höhe bis zu **30% der Gesamtkosten**. Bei produzierenden Unternehmen sind es bis zu **30% des Jahresumsatzes**. Viele Unternehmen haben jedoch keine Kenntnis über die konkrete Höhe ihrer Fehlerkosten. Dies hat zwei Gründe: Zum einen werden bestimmte Aktivitäten in den Wertschöpfungsprozessen nicht hinterfragt, ob und wie sie günstiger gestaltet und durchgeführt werden können. Zum anderen erlaubt das Rechnungswesen in vielen Unternehmen nicht, die Fehlerkosten auf der Basis einer Prozesskostenrechnung und damit verursachungsgerecht und vollständig zu ermitteln. Man spricht deshalb auch von einem **Eisbergeffekt** der Fehlerkosten. Nur etwa ein Drittel der existierenden Fehlerkosten an den Gesamtkosten wird analysiert und entsprechend durch Steuerung und Verbesserung reduziert. Über zwei Drittel der vorhandenen Fehlerkosten sind also „unterhalb der Wasseroberfläche" und werden nicht angegangen.

Immer mehr Unternehmen haben aus diesen Zahlen aber erkannt und die Schlussfolgerung gezogen, dass **Qualität** eine wichtige **Aufgabe des Top-Managements** ist, um die angesprochene Gefahr von Wertverlusten zu vermeiden. Durch eine hohe fehlerfreie Qualität lässt sich Werterhaltung nicht nur sichern, sondern Wertsteigerung erreichen. Qualitätsmanagement und Qualitätssicherung wird dann in der jeweiligen Funktion und Verantwortung eine Aufgabe für jede Führungskraft und ihre Mitarbeiter im Unternehmen.

In traditionellen Unternehmen wird Qualität nur als **Kostenblock** in der Weise gesehen, dass die Kosten für das angestrebte Qualitätsniveau über die referierten Kategorien der Fehler-, Fehlerverhütungs- und Prüfkosten definiert werden. In fortschrittlichen Unternehmen wird die geforderte Qualität hingegen als Ziel festgelegt, für das eine entsprechende **Investition** getätigt werden muss, und zwar vorwiegend in die Prozesse und Transaktionen. Dies entspricht in moderner Sicht jeder wichtigen anderen Investition im Unternehmen, z.B. in Technologie, neue Fabrikanlagen oder Vertriebsaktivitäten. Entscheidend ist dann nur, inwieweit die Zielsetzung erreicht und die Kosten eingehalten werden. Zu analysieren sind deshalb die **Kosten der Übereinstimmung** und die Kosten der Abweichung. **Kosten der Abweichung** mit negativen Auswirkungen liegen dann vor, wenn das tolerierte Fehlerniveau und das hierzu komplementäre Qualitätsniveau nicht erreicht werden.

**Konzepte des Qualitätsmanagements**

Bei einer Definition der Qualität als Investition fallen Kosten hierfür insbesondere durch die Entwicklung und Einführung von **Qualitätskonzeptionen**, wie ISO Qualitätsstandards und Total Quality Management Konzepten, an. Hierzu gehört dann auch die Maßnahmenumsetzung im Rahmen kontinuierlicher Verbesserungsprozesse (KVP), um das Qualitätsniveau zu erhöhen.

Die Zielsetzung geht heute allerdings immer mehr dahin, **Null-Fehler-Qualität auf einem praktikablen Niveau** zu erreichen. Dies hat zur Folge, dass alle oben angesprochenen negativ wirkenden Kostenblöcke vermieden werden. Das fortschrittliche Instrument hierzu sind **Six Sigma Initiativen**. Hierbei handelt es sich regelmäßig um Projekte mit einer Laufzeit von drei bis sechs Monaten, die auf einen bestimmten Abschnitt eines Wertschöpfungsprozesses ausgerichtet sind, bei dem ein zu geringes Qualitätsniveau mit hohen Fehlerkosten festgestellt wurde. In der Praxis kann dies bedeuten, dass bei 99% Qualität, also 1% Fehler, 15 bis 20% der Kosten als Fehlerkosten auflaufen können. Diese Relation muss zuerst einmal verstanden und nachvollzogen werden. Der Begriff Six Sigma basiert auf der Gaußschen Normalverteilung mit der Standardabweichung Sigma. Sechs Sigma bedeutet, dass Fehler nur noch sehr selten auftreten, nämlich bei einer Million Produkten oder Transaktionen nur noch 3,4 Fehler. Dies entspricht in Wertschöpfungsprozessen der realisierbaren Null-Fehler-Qualität.

Bei einem Six Sigma Projekt werden in einer **Projekt-Charter** im Vorfeld Details analysiert und vor allem der Betrag an realisierbaren Kosteneinsparungen und/ oder Umsatzsteigerungen abgeschätzt. Wichtig ist hierbei, dass lediglich die Wirkungen von zwölf Monaten nach Projektende in die Projekterfolgsrechnung einbezogen werden, und zwar ausschließlich liquiditätswirksame und somit direkt quantifizierbare Ergebnisgrößen. Die Nettoeinsparungen pro Six Sigma Projekt liegen zwischen 50.000 und 150.000 EUR. In einem ersten Schritt werden – entsprechend der Qualitätsdefinition zu Beginn dieses Abschnittes – die Vorstellungen der Kunden (Voice of the Customer – VOC) abgefragt, aus denen dann die wichtigsten Kundenanforderungen an die Qualität der angebotenen Marktleistung herausgefiltert werden. Man nennt sie **Critical to Quality Characteristics (CTQs)**, die der Kunde realisiert haben will und für die er mit dem Produktpreis bezahlt. Werden sie nicht erfüllt, wandert er zu einem anderen Anbieter ab. Die Ursachen der Qualitätsprobleme und gezielte Verbesserungen zu ihrer Beseitigung werden in einem mehrstufigen Zyklus mit bewährten und neuen Qualitätsmanagementmethoden erarbeitet und umgesetzt. Die Leitidee ist dabei, dass in einer retrograden, also rückwärts gerichteten Analyse ausgehend von den CTQs des Kunden in den Wertschöpfungsprozess des Unternehmens „hinein" analysiert wird. Dies geschieht in der Weise, dass zunächst der Prozessoutput mit Messgrößen untersucht wird, danach entsprechend alle Prozessaktivitäten und -teile sowie zum Schluss die Prozessinputs. Im Ergebnis können so die wesentlichen Kundenanforderungen über alle Bestandteile des Wertschöpfungsprozesses definiert, verfolgt und sichergestellt werden.

Abschließend wird noch auf zwei weitere in der Praxis eingesetzte Qualitätsmanagementkonzepte eingegangen, nämlich die **DIN EN ISO 9001:2000** und das Europäische Qualitätsmodell. Beide streben mit graduellen Unterschieden ganzheitliche Qualität auf dem Niveau des TQM an. In Abbildung F-IV-3 ist die Konzeption für die ISO-Zertifizierung 9001:2000 wiedergegeben, die Bestandteil der Normengruppe DIN EN ISO 9000ff:2000 ist. Im Vergleich zum Vorgängerkonzept von 1994 ist die jetzt gültige Version **kunden- und prozessorientiert**. Entsprechend der TQM-Philosophie werden also die Kundenanforderungen erfasst und durch alle qualitätsbezogenen Aktivitäten im Unternehmen so umgesetzt, dass mit den Produkten als Ergebnis eine hohe Kundenzufriedenheit erreicht wird. Sowohl die Anforderungen als auch die Zufriedenheit werden periodisch erhoben und gemessen.

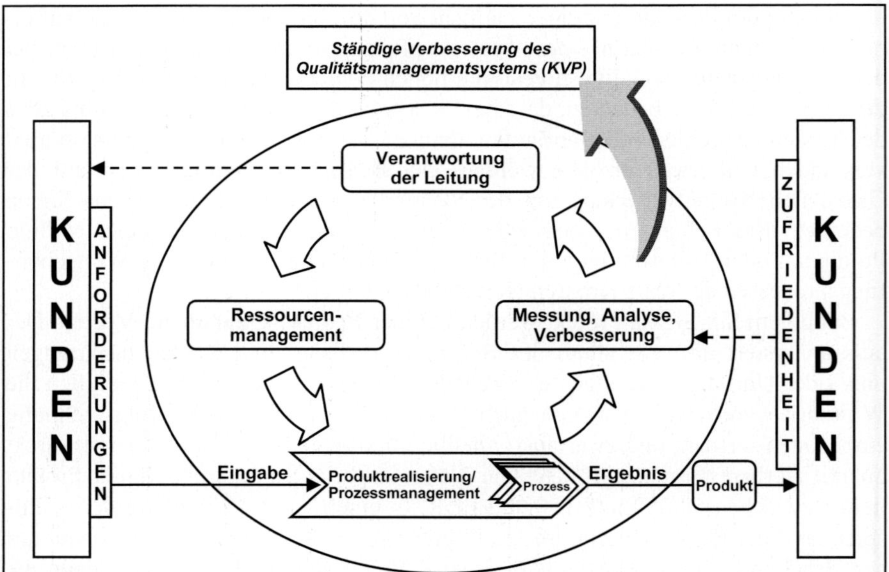


**Abb. F-IV-3:** Prozessmodell nach der DIN EN ISO 9001:2000

Die Innensteuerung des Unternehmens sieht vor, dass alle wesentlichen Wertschöpfungsprozesse analysiert und zu einer Prozesslandschaft integriert werden. In einem typischen Qualitätssteuerungsprozess werden unter der Verantwortung der Unternehmensleitung die Ressourcen so eingesetzt, dass das kundenorientierte

Ergebnis/ Produkt realisiert werden kann. Der Grad der Qualität und Kundenzufriedenheit wird gemessen, analysiert und verbessert. Dieser Zyklus entspricht einer einfachen Rückkopplungsschleife (Single Loop), um das Ergebnis zu verbessern. Zusätzlich sieht das Konzept im Sinne eines kontinuierlichen Verbesserungsprozesses auf der Basis der Mess- und Analyseergebnisse vor, das gesamte Qualitätsmanagementsystem einem Review und Verbesserungsprozess zu unterziehen (Double Loop). Dadurch wird das System dynamisch und evolutionär. Alle Unternehmen der Automobil- und Automobilzulieferindustrie mussten beispielsweise seit 1996 DIN EN ISO-zertifiziert sein. Seit 2004 gilt dort eine branchenspezifische Zertifizierung nach ISO TS 16949, welche die ISO 9001:2000 um die kundenspezifischen Anforderungen der Automobilindustrie ergänzt hatte.

Das **Europäische Qualitätsmodell der European Foundation for Quality Management (EFQM)** ist inhaltlich stärker ausdifferenziert und dient seit 1992 europäischen Unternehmen als Richtschnur für die Bewertung des erreichten ganzheitlichen Qualitätsniveaus. Das Konzept ist in Abbildung F-IV-4 veranschaulicht, vorstehend ergänzt durch das allgemeine Konzept der acht Gestaltungsfelder ganzheitlicher Qualität und unternehmensbezogener Exzellenz. Das Modell folgt dem einfachen, aber praxisbewährten Konzept,

- mit qualifizierten und engagierten Mitarbeitern
- in schlanken und effizienten Prozessen
- Marktleistungen von hoher Qualität zu erzeugen,
- die von den Kunden geschätzt und gekauft werden, so dass Kundenzufriedenheit entsteht, die zu steigenden Umsätzen und Marktanteilen führt und zugleich
- neben der Wirtschaftlichkeit und dem Markterfolg des Unternehmens auch seine Performance und Ertragssituation ständig verbessert.

Mit dem Basismodell der Business Excellence/ des TQM ist nachvollziehbar, wie der ganzheitliche Qualitätsmanagementprozess abläuft: Die Führung durch die Unternehmensleitung bewirkt eine klare strategische Ausrichtung und Entwicklung. Sie wird in Geschäftsprozesse sowie Prozessketten unter Einsatz der Ressourcen umgesetzt und berücksichtigt zugleich die gesellschaftliche Verantwortung des Unternehmens, die sich vor allem im ökologisch verantwortungsvollen Umgang mit Ressourcen niederschlägt. In den Prozessen erhalten die Mitarbeiter eine größere Eigenverantwortlichkeit und werden so stärker motiviert sowie zufriedenheitsorientiert geführt, um eine hohe Kundenorientierung und -zufriedenheit zu erreichen. In der Konsequenz werden durch die Wirtschaftlichkeit und Effektivität gute Unternehmensergebnisse und Gewinne erreicht.

Das EFQM-Modell differenziert die Kriterien gleichgewichtig nach **Befähigern**, die also die Leistungserstellung und Leistung bewirken, sowie nach **Ergebnissen**. Insgesamt sind, gemessen an dem zu Grunde gelegten Idealunternehmen, 1.000 Punkte erreichbar. In Selbstbewertungen oder Fremdbewertungen durch EFQM-Experten wird der erreichte Stand eines Unternehmens anhand einer ausführlichen Checkliste für jedes Kriterium ermittelt, bewertet und aufsummiert. Wie ersichtlich ist, kann die höchste Einzelpunktzahl bei Kundenbezogenen Ergebnissen (200 Punkte) erreicht werden, gefolgt von Mitarbeitern und Mitarbeiterbezogenen Ergebnissen (2 x 90 Punkte), Wichtigen Ergebnissen der Organisation bei Schlüsselleistungen (150 Punkte) und Prozessen (140 Punkte). Wesentlich ist bei diesem Modell auch, dass ein **innovativer Lernprozess** damit angestoßen werden soll, der so genannte RADAR-Prozess. Die Gewinner des EFQM Excellence Award (EEA), also die besten Unternehmen pro Jahr, haben bisher maximal 750 Punkte erreicht. Deutsche Unternehmen sind im Vergleich zu anderen Ländern bei den Gewinnern des EFQM-Awards bisher eher unterrepräsentiert.

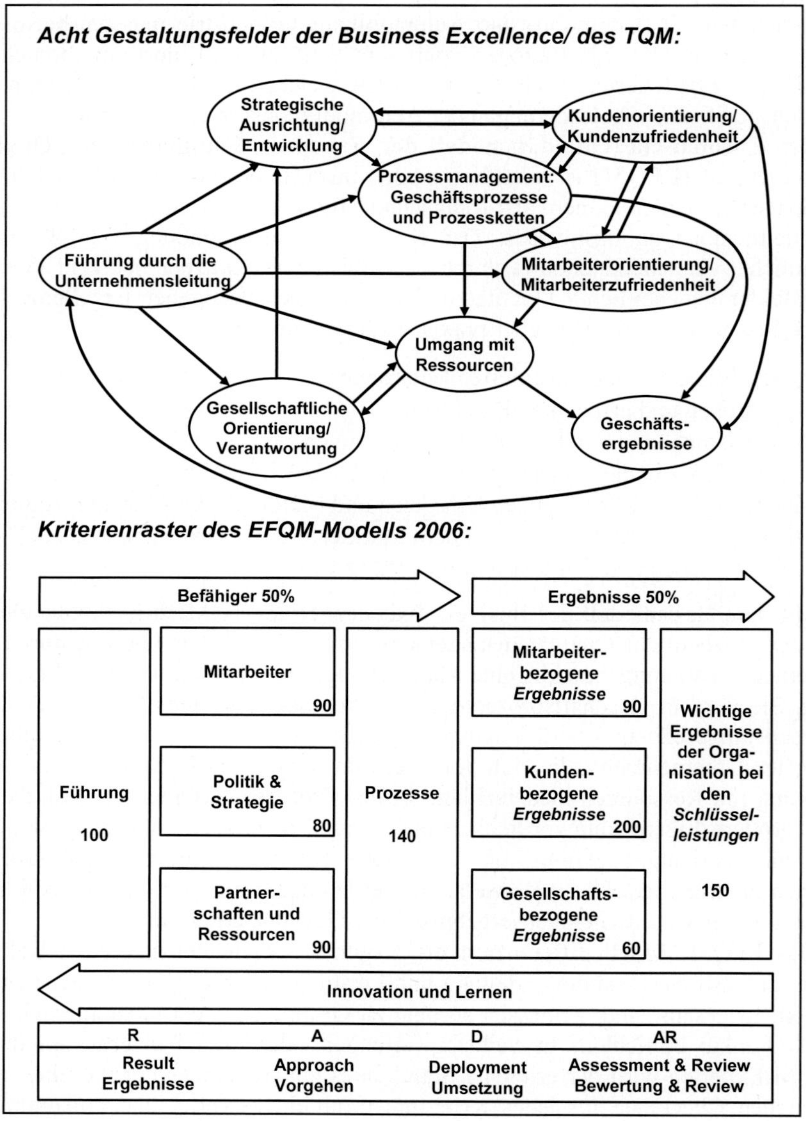


**Abb. F-IV-4:** Modelle des TQM und der Business Excellence

### c. Umweltmanagement als ökologieorientiertes Handeln

Ganzheitliche Qualität bezieht sich nicht nur – in einer internen Sicht – auf das Unternehmen und alle seine Prozesse und Teile, sondern ganzheitliche Qualität schließt auch – in einer externen Sicht – die Auswirkungen des Unternehmens auf seine gesamte Umwelt ein. **Ökologische Qualität** bedeutet damit, dass das Unternehmen seinen Beitrag leistet, um die natürliche Umwelt zu schonen und zu erhalten, und zwar sowohl die belebte Umwelt (Menschen, Tiere und Pflanzen) als auch die unbelebte Umwelt (Erde, Luft und Wasser). Diese Forderung ist, wie gezeigt wurde, auch im Europäischen Qualitätsmodell in dem Kriterium „Gesellschaftsbezogene Ergebnisse" enthalten. Es bleibt also festzuhalten, dass heutzutage ganzheitliche Qualität im Sinne eines Total Quality Management immer auch die durch das Unternehmen bewirkte **Umweltqualität** einschließt. Das Unternehmen muss demzufolge eine aktive Steuerung und Gestaltung aller Wertschöpfungsprozesse für eine möglichst geringe, noch besser für keine Beeinträchtigung der natürlichen Umwelt durchführen. Dies kennzeichnet erfolgreiches **Umweltmanagement** des Unternehmens.

**Stufen der Umweltqualität**

Umweltbelastungen entstehen zum Ersten durch einen hohen Abbau bzw. Verbrauch von begrenzten und damit nicht-erneuerbaren Ressourcen. Zum Zweiten treten sie aber auch auf, wenn erneuerbare Ressourcen zu schnell abgebaut bzw. verbraucht werden. Und zum Dritten kommt es zu erheblichen Umweltbelastungen durch Produktions- und Transportprozesse sowie die Produkte selbst, welche die unbelebte natürliche Umwelt in hohem Maße verunreinigen. Insgesamt führt dies zu negativen externen Effekten im Sinne volkswirtschaftlicher Kosten, die oftmals – zumindest in der Vergangenheit – nicht erfasst und verursachungsgerecht zugerechnet wurden. Die Sensibilität der Öffentlichkeit gegenüber **Umweltbelastungen** oder sogar Umweltschädigungen, wie der Tankerunfall der EXXON VALDEZ in Alaska oder die Verschmutzung anderer Küsten durch ähnliche Havarien, hat in den letzten Jahren deutlich zugenommen.

Die Zielsetzung ökologieorientierten Handelns von Wirtschaftssubjekten folgt dabei einer klaren **Stufenfolge**:

Die beste Alternative ist, eine Umweltbelastung prinzipiell zu **vermeiden**. Dies setzt bereits bei der Entwicklung und Konstruktion von Produkten entsprechende umweltschutzorientierte Konzepte und Maßnahmen für die Produktion, Logistik sowie den Einsatz und die Behandlung der Produkte nach der Nutzungsphase voraus. Ein plausibles, auf Energiegewinnung bezogenes Beispiel ist die Nutzung von Wind-, Wasser- oder Sonnenenergie. Die Umweltbelastung entsteht dabei lediglich durch die Produktion und nach dem Produktlebenszyklus vorgesehene Verwertung der technischen Anlagen.

Ist das Vermeiden nicht möglich, so können durch die zweitbeste Alternative, Umweltbelastungen zu **vermindern**, beispielsweise Abfälle und Emissionen nicht ganz vermieden, aber in ihrem Ausmaß erheblich reduziert werden.

Die drittbeste Alternative ist, die aus Transformationsprozessen resultierenden Stoffe zu **verwerten**. Konkret bedeutet dies z.B., dass Abfälle und Emissionen, wenn sie nicht ganz vermieden und nicht wesentlich vermindert werden können, einer erneuten Verwertung durch unternehmensinternes oder -externes Recycling zugeführt werden.

Die vierte und schlechteste Alternative hat zum Gegenstand, Emissionen und Abfälle gefahrlos und auf umweltschonende Weise zu **entsorgen**. Diese „end of the pipe“-Maßnahmen sind dann zulässig, wenn alle anderen Ansatzpunkte ausscheiden. Bei diesen Maßnahmen am Ende der Wertschöpfungs- und Nutzungskette sind nicht nur die kurzfristigen, sondern auch die mittel- und längerfristigen Folgewirkungen beispielsweise bei Deponien zu berücksichtigen.

Damit sind zwei generelle **Prinzipien** ökologieorientierten Handelns von Unternehmen und Privatpersonen umrissen: Da davon auszugehen ist, dass sich ein bestimmtes Maß an Umweltbeeinträchtigungen durch den Mensch als Wirtschaftssubjekt nicht vermeiden lässt, ist die **Einrichtung einer Kreislaufwirtschaft** statt bisheriger linearer Stoffströme eine Mindestforderung. Alle Wertstoffe des Produktes und der hierfür erforderlichen Transformationsprozesse werden durch Recycling zurückgewonnen. Dabei lassen sich nach HELMUT BAUMGARTEN vier **Formen des Recycling** unterscheiden; sie sind in Abbildung F-IV-5 wiedergegeben.

Wie leicht nachvollzogen werden kann, ist die beste Form die **Wiederverwendung**, gefolgt von der **Weiterverwendung** und **Wiederverwertung.** Eine **Weiterverwertung** geschieht immer auf geringerem Niveau, also wie in der Abbildung beschrieben oder beispielsweise beim Verarbeiten des Papiers von Zeitungen zu Recyclingpapier als Verpackungsmaterial. Lediglich bei der Wieder- und Weiterverwendung ist kein neuer, ggf. umweltbelastender Energieaufwand notwendig.

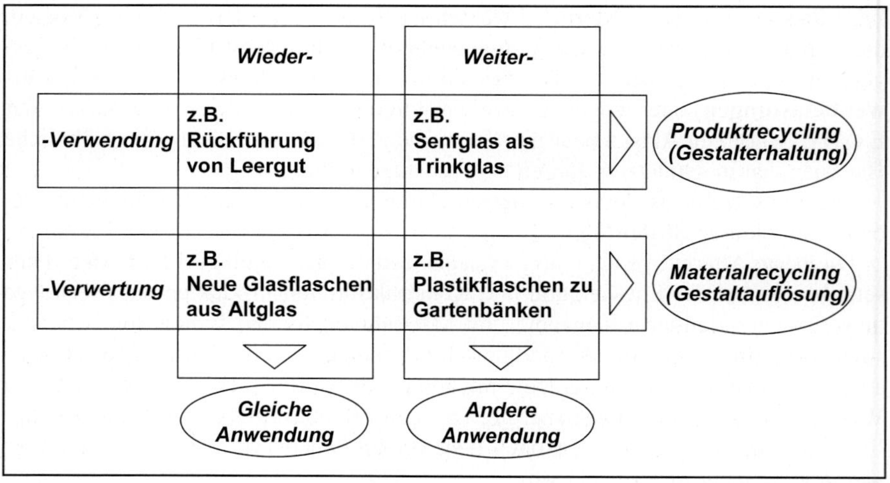


**Abb. F-IV-5:** Vier Formen des Recycling (nach BAUMGARTEN 1998)

Das zweite Prinzip bezieht sich auf die **Nachhaltigkeit** wirtschaftlichen Handelns. Dies schließt alle anderen obigen Alternativen ein. Es folgt dem Grundsatz, die natürliche Umwelt möglichst wenig zu belasten, um die eigene Zukunft sowie vor allem die Zukunft nachfolgender Generationen nicht zu beeinträchtigen. Dadurch dient es der „Gesunderhaltung des Ökosystems". Kreislaufwirtschaft als erstes generelles Prinzip ist hierbei ein praktikables Konzept für das Ziel der Nachhaltigkeit.

**Konzepte des Umweltmanagements**

Die Frage ist nun, wie sich in der Praxis überprüfen und nachvollziehen lässt, in welchem Maße Unternehmen/ Betriebe diese Konzepte umweltorientierten Handelns und Verhaltens umgesetzt haben. Hierzu gibt es mehrere Instrumente, auf die wir im Folgenden kursorisch eingehen. Wenn ein Unternehmen diese ökologischen Anforderungen akzeptiert hat, dann ist der erste Schritt, ein **Umweltmanagementsystem** aufzubauen. Es präzisiert die Ziele und Inhalte der Umweltpolitik eines Unternehmens. Ein Umweltmanagementsystem ist damit der Teil des gesamten Managementsystems, das die Prozesse, Strukturen und Verantwortlichkeiten für die Umsetzung einer Unternehmensführung mit hohem ökologischem Anspruch schafft. Um das erreichte Niveau des umweltbewussten Handelns im gesamten Unternehmen ermitteln zu können, sind **Umwelt-Audits** durchzuführen. Sie dienen der regelmäßigen und systematischen Überprüfung und Bewertung der auf die Umwelt bezogenen (negativen) Konsequenzen unternehmerischer Tätigkeit. Aufgabe der **Betriebsbeauftragten für Umweltschutz** ist es, Maßnahmen für verstärkten Umweltschutz in den Werken/ Betrieben umzusetzen, um die Einhaltung der gesetzlichen Anforderungen zu gewährleisten.

Für den Aufbau sowie die Darlegung und damit den Nachweis eines erfolgreich implementierten Umweltmanagementsystems sind heute vor allem zwei Regelwerke für die Unternehmenspraxis relevant: Die kürzlich überarbeitete internationale Norm deutscher Fassung DIN EN ISO 14001:2005 (internationale Fassung als 14001:2004) und – auf europäischer Ebene – die EMAS-Verordnung (VO) II von 2001.

Ein nach den Anforderungen der **DIN EN ISO 14001:2005** aufgebautes Umweltmanagementsystem sowie eine hieran orientierte Umweltpolitik, in der auch wesentliche Umweltauswirkungen der Tätigkeit eines Unternehmens systematisch abgeschätzt und kontinuierlich verringert werden, kann nach internen Audits durch akkreditierte Stellen zertifiziert werden. Dabei ist auch festgeschrieben, dass die relevanten Teile der Umweltpolitik veröffentlicht werden. Mit dem Zertifikat hat ein Unternehmen dann den rechtssicheren Nachweis darüber, dass sein Umweltmanagement den Vorgaben des internationalen, weltweit gültigen Standards entspricht. Ein solches Zertifizierungsprojekt kann gemäß dem in Abbildung F-IV-6 dargestellten Ablaufplan vorgenommen werden.

Umweltmanagement-Zertifizierungen nach DIN EN ISO 14001 sind weltweit stark verbreitet. Einschließlich der Vorgängerversion aus 1996 sind bis Ende 2005 insgesamt über 111.000 Zertifikate vergeben worden. Deutschland liegt dabei mit etwas über 4.400 Zertifikaten auf dem weltweit 8. und in Europa auf dem 4. Platz (nach Spanien, Italien und Großbritannien).

Ein prinzipieller Nachteil der DIN EN ISO-Zertifizierung nach 14001 ist, dass hiermit keine weitergehenden Vorgaben dafür verbunden sind, wie ein Unternehmen sein Umweltmanagementsystem in zukünftigen Perioden in praktisches Handeln umsetzt. Dies kann mit einer Validierung nach der **EMAS-Verordnung (VO) II** nachgewiesen werden. EMAS steht für **E**co-**M**anagement and **A**udit **S**cheme. Die EMAS-VO II von 2001 löst als Novelle die EG-Öko-Audit-Verordnung (EMAS VO-I) ab. Sie ist im Vergleich zur eben angesprochenen DIN EN ISO 14001 nicht mit einem Zertifizierungsprozess und einem Zertifikat gekoppelt, geht aber inhaltlich über die Forderungen der ISO Norm hinaus und bescheinigt EMAS-validierten Unternehmen ökologische Exzellenz mit der Chance, hierdurch einen strategischen Wettbewerbsvorteil zu erreichen.

**Abb. F-IV-6:** Vorgehensweise bei der DIN EN ISO 14001:2005 (nach VDE 2005)

Was sind die einzelnen Phasen des Validierungs-, Registrierungs- und Verifizierungsprozesses nach EMAS-II? Wie Abbildung F-IV-7 verdeutlicht, ist der Ablauf so, dass zunächst die Frage beantwortet wird „Was wollen wir erreichen?" (Umweltpolitik). Hierauf folgt die Bestandsaufnahme „Wo stehen wir?" (Umweltprüfung). Dies ermöglicht, die Frage zu beantworten „Wie wollen wir es erreichen?" (Umweltmanagementsystem). Hieran schließen sich unternehmensintern die Überprüfungen an, in welchem Maße einzelne Standorte und die gesamte Organisation die Umwelt belasten. Dies wiederum beantwortet die Frage „Welches Niveau an Umweltqualität haben wir erreicht?" (Umweltbetriebsprüfung). Auf dieser Basis lässt sich an die Öffentlichkeit und interessierte Kreise gerichtet die Umwelterklärung formulieren.

Dieser Prozess bildet die Grundlage für die Begutachtung durch externe Umweltgutachter. Eine positive Bewertung (Validierung) führt zur Registrierung der Organisation bzw. des Unternehmens und erlaubt, dass EMAS-Teilnahmelogo zu verwenden. Die Umwelterklärung ist jährlich in aktualisierter Form zu erstellen.

In der Regel ist alle drei Jahre das Umweltmanagmentsystem auf der Grundlage durchgeführter Umweltbetriebsprüfungen anzupassen (Verifizierung).

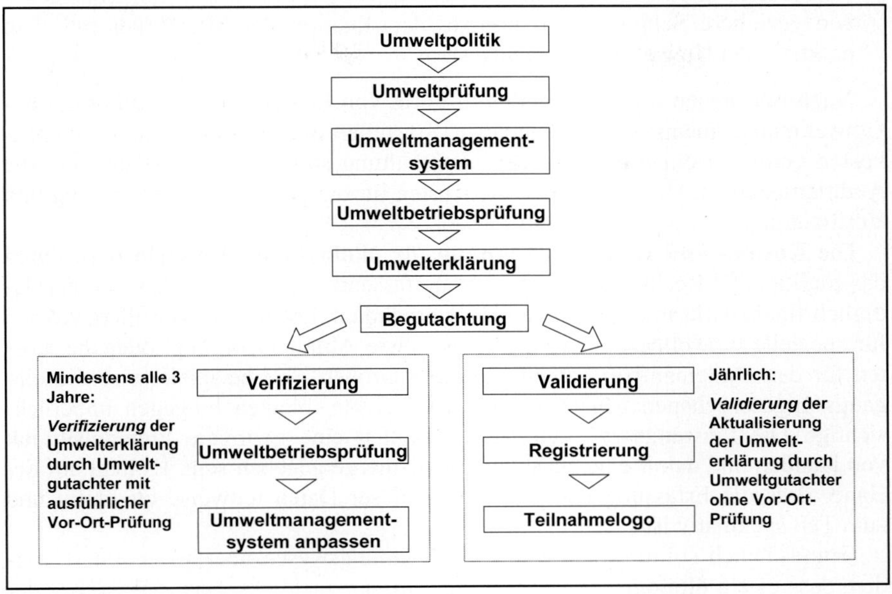


**Abb. F-IV-7:** Prozess der Validierung und Registrierung nach EMAS II (Basis: Bayerisches Staatsministerium für Landesentwicklung und Umweltfragen, 2004)

Die Anzahl der EMAS II-validierten Unternehmen ist in Deutschland – Stand September 2005 – mit weitem Abstand am höchsten. Über 1.500 Unternehmen können das EMAS-Teilnahmelogo verwenden, gefolgt von Spanien als nächstem Land mit gut 500 validierten Unternehmen. Die **Vorteile** eines in dieser Weise **systematisierten und nachgewiesenen Umweltschutzes** gehen in folgende Richtungen:

- Transparenz der Abläufe und Inhalte bezogen auf Wirkungszusammenhänge zwischen Input- und Outputfaktoren sowie hierdurch Verringerung von Unfallrisiken
- Erkennen von Kosteneinsparpotenzialen in Fertigungsprozessen beispielsweise durch Stoff- und Energieflussanalysen
- Vereinfachung beim Nachweis der Einhaltung anderer umweltrechtlicher Pflichten durch das dokumentierte Umweltmanagementsystem
- Verminderung von Haftungsrisiken durch die geprüfte Übereinstimmung mit Umweltgesetzen, ggf. mit Auswirkungen auf die Höhe von entsprechenden Versicherungsprämien
- Imagegewinn durch die Nutzung des Teilnahmelogos

- Erhöhung der Kundenzufriedenheit und -bindung von Kunden mit einem hohen Umweltschutz-Bewusstsein
- Verbesserte interne Kommunikation der Umweltpolitik des Unternehmens sowie gezieltere Schulung und höhere Identifikation der Mitarbeiter mit dem praktizierten Umweltmanagementsystem.

**Nachteile** stehen diesen Vorteilen in Form von Kosten für die Einführung des Umweltmanagementsystems gegenüber. Sie fallen als Personal- und Beratungskosten beim Systemaufbau und der -unterhaltung sowie für interne und externe Auditierungen an. Hinzu kommen die Kosten für die periodische Validierung und Verifizierung.

Die **Kosten- und Leistungsrechnung für ökologisches Handeln** wird durch das traditionelle Rechnungswesen nicht umfassend abgedeckt. Erfasst werden lediglich finanzwirksame Vorgänge im Unternehmen. Damit sind vor allem Kosten für spezielle umweltbezogene Maßnahmen, wie Abfallentsorgung, oder die Kosten für den Systemaufbau gemeint. Andere Größen, wie beispielsweise die eingangs angesprochenen negativen externen Effekte, bleiben hingegen unberücksichtigt. Die Leistungsseite betreffend, könnten eine geringere Preissensitivität von Kunden und damit eine zusätzliche Preismarge gegeben sein. Es liegt auf der Hand, dass die Erfassung und Bewertung dieser Daten teilweise qualitativ und zum Teil spekulativ ist.

Grundsätzlich sollte das vorhandene Rechnungswesen aber so erweitert werden, dass es ein **ökologisches Rechnungswesen** einschließt. Das Ziel ist, mit der erreichbaren Aussagefähigkeit die für das Umweltmanagementsystem erforderlichen Daten zu erheben und (relativ) aussagefähig aufzubereiten. Integriert in ein **Öko-Controlling** ist so eine besser datenbasierte Planung, Steuerung und Kontrolle der ökologischen Maßnahmen im Unternehmen möglich. Der zusätzliche Effekt liegt nicht in der Sammlung und Bewertung, sondern in der entscheidungsorientierten Aufbereitung aller Umweltinformationen, um so das Zusammenwirken von ökonomisch-ökologischer Effizienz zu optimieren. In der **Öko-Bilanz** als Teil der Jahresberichterstattung über das ökologische Handeln des Unternehmens erfolgt eine Zusammenstellung und Bewertung von Stoff- und Energieflüssen. Die Differenzierung in Produkt-, Prozess- und Unternehmens-Öko-Bilanzen gibt einen vertieften Einblick in die Input-Output-Ströme mit Umweltwirkungen. Die Öko-Bilanz ist Bestandteil der EMAS-II Umwelterklärung.

Die Bewertung dieser Vor- und Nachteile ist unternehmensindividuell vorzunehmen und hängt vor allem von der Einstellung der Unternehmensleitung in Bezug auf ökologisch verantwortungsvolles Handeln ab. Allerdings wird bei der Entscheidung über ein freiwillig einzuführendes Umweltmanagementsystem nach EMAS-II üblicherweise der größte Kostenblock nicht berücksichtigt, und zwar sind dies die **Opportunitätskosten von Umwelt-Risiken**, also die Kosten, die erst auftreten, wenn nicht erkannte oder nicht ausreichend berücksichtigte Umwelt-Risiken eintreten. Hierdurch können hohe Schäden für das Unternehmen und damit eine Krise in finanzieller sowie image- und kundenbezogener Hinsicht entstehen. Berücksichtigt man das Ausmaß und die Wahrscheinlichkeit dieser Risiken, dann kann eine Entscheidung für eine umweltorientierte Unternehmensführung hierdurch geprägt werden.

Zusammenfassend kann festgehalten werden, dass umweltorientiertes verantwortungsvolles Handeln immer auch Kennzeichen und Bestandteil der Unternehmensqualität ist. Qualitätsmanagement und Umweltmanagement sind damit unmittelbar verbunden. Nicht eingehaltene bzw. nicht erreichte Qualität von Produkten kann – wie gezeigt – durch erforderliche Rückrufaktionen zu hohen Fehlerbeseitigungs- und Folgekosten führen. Eingetretene Umweltrisiken mit einer hohen Schädigung der belebten und unbelebten Umwelt, also beispielsweise der Austritt von Schadstoffen in chemischen Werken, birgt ein mindestens vergleichbar hohes, in Kosten bewertetes Schadensniveau. Das Beispiel des Chemieunternehmens HOECHST, das nach einer Reihe von Havarien aufgespaltet und zum Teil geschlossen wurde, verdeutlicht dies. Aus diesem Grunde wird in fortschrittlichen Unternehmen **Qualitäts-, Umwelt- und Risikomanagement** (siehe hierzu C.I.4.) unter eine organisatorische Managementverantwortung gestellt. Dieser **Dreiklang** ermöglicht es in der Praxis, besser und früher Qualitätsdefizite in allen Wertschöpfungsprozessen mit Auswirkungen auf die Produkte und die Umwelt zu erkennen.

Zum Schluss noch **zwei Beispiele** von Unternehmen, die eine hohe ökologische Verantwortung praktizieren: Das Unternehmen WERNER & MERTZ, bekannt mit der Marke ERDAL ROTFROSCH, hatte ein Lederspray auf den Markt gebracht, das beim Gebrauch über die Atemwege zu Gesundheitsschäden führte. Die Geschäftsführer wurden nach einem Prozess im Jahre 1988 verurteilt. Im Jahre 1986 hatte das Unternehmen bereits ein spezielles ökologieorientiertes Produktprogramm GRÜNFROSCH eingeführt. Nach dem Schadensfall mit dem Lederspray hat die Unternehmensleitung ihre Strategie weitgehend geändert und ein Image für eine „Sanfte Haushaltschemie“ ohne Zusätze von Chlor und Phosphat aufgebaut. Über die Zeit erreichte das Unternehmen mit dem Produktprogramm FROSCH in einigen Segmenten die Marktführerschaft im Putz- und Reinigungsmittelmarkt. Seit 2001 ist das Unternehmen nach den DIN EN ISO Qualitätsstandards 9001:2000 zertifiziert, seit 2002 ebenfalls nach der DIN EN ISO Umweltnorm 14001. Seit dem gleichen Jahr ist das Unternehmen registriert nach EMAS-II. Der „Saulus“ ist also zum „Paulus“ geworden.

Das zweite Beispiel ist THE BODY SHOP. Das Unternehmen hat seit seiner Gründung im Jahre 1976 ein ökologisch ausgerichtetes Grundkonzept und verkauft ausschließlich natürliche Körperpflegemittel und Kosmetika. Um dies sicherzustellen, werden alle Wertschöpfungsprozesse entsprechend überprüft und gesteuert, z.B. ein ökologisch orientierter Vertrieb mit Mehrweggefäßen und der Auswahl wenig umweltbelastender Transportmittel, also etwa Schiff statt Flugzeug. In entsprechender Weise werden auch die Lieferanten nach ökologischen Gesichtspunkten ausgewählt. Sie dürfen nur natürliche Rohstoffe und Vorprodukte verwenden, und die Entwicklung der Produkte darf nicht mit Tierversuchen durchgeführt werden. Alle britischen Produktionsstätten sind nach EMAS-II geprüft, und es werden regelmäßig unternehmensinterne Öko-Audits durchgeführt. Die Mitarbeiter in den Filialen werden speziell über die ökologische Philosophie des Unternehmens informiert und im Detail geschult. Das Unternehmen mit einer großen Zahl von Franchise-Nehmern verfügt im Jahr 2005 in 50 Ländern über mehr als 1.900 Geschäfte. Die Zielgruppen, die umweltorientiertes Verhalten von Unternehmen honorieren, sind offensichtlich groß und international zu finden.

## 2. Personal/ Personalführung/ Organisationsentwicklung

> Wie ist der Stellenwert der Mitarbeiter als Erfolgsfaktor des Unternehmens? Was sind zukünftige Herausforderungen für das Personalmanagement? Was sind wesentliche Personalfunktionen? Welche Phasen umfasst der Prozess der Personalplanung? Was sind Schwerpunkte der operativen und der strategischen Personalpolitik? Welche Faktoren bestimmen die Arbeitsleistung? Was sind theoretisch basierte und in der Praxis bewährte Konzepte der Personalführung? Was ist Organisationsentwicklung? Welche sind die wesentlichen Elemente und Phasen des Prozesses der Organisationsentwicklung?

In nahezu allen Managementbüchern ist zu lesen, dass die Mitarbeiter eines Unternehmens einen wesentlichen Erfolgsfaktor darstellen. In einer Sichtweise von innen nach außen leisten sie einen wichtigen Beitrag beim Beherrschen der Prozesse und eingesetzten Technologien, bei einer ausgeprägten Kundenorientierung sowie hohen Wirtschaftlichkeit und starken Ergebnisorientierung (siehe hierzu das Excellence-Modell in F.IV.1.). Eigentlich müsste diese Aussage und Erkenntnis dazu führen, dass alle Unternehmen ein hohes Niveau der **Personalpolitik und Mitarbeiterführung** aufweisen. Dies ist allerdings auch heute noch nicht durchgängig der Fall. Gerade für Deutschland als einem Land mit wenig Rohstoffen ist das so genannte **Intellectual Capital**, also die immateriellen Vermögenswerte, zur Sicherung der Wettbewerbsfähigkeit der Wirtschaft im globalen Verbund besonders wichtig. Dies umfasst nicht nur beispielsweise den Stand der Ingenieurtechnik, die eingesetzten Technologien und die dokumentierten Patente, sondern auch das fachliche Know-how der Führungskräfte und Mitarbeiter sowie die Ausgestaltung und das Niveau der Managementsysteme. Hierzu gehört ebenfalls die Personalpolitik und -führung, aus der im Ergebnis der Mitarbeiterwert resultiert.

Die **Mitarbeiter als „weicher Erfolgsfaktor“** sind ein Wertschöpfungsfaktor, der primär qualitativ ausgerichtet ist und gesteuert wird. Dies schlägt sich z.B. in der Personalführung, -qualifikation und -motivation nieder. Im Vergleich zu „harten Erfolgsfaktoren“, wie beispielsweise technologisch fortschrittlichen Produktionsanlagen, sind sie in wirtschaftlich schwierigen Situationen allerdings in stärkerem Maße disponibel. Mit anderen Worten steht, wenn ein Unternehmen in die Krise kommt, sehr frühzeitig die Frage im Vordergrund, ob die bestehende Anzahl von Mitarbeitern noch benötigt wird respektive gehalten werden kann. Wird dann ein Restrukturierungsprozess eingeleitet, werden im gesetzlich und sozialverträglich möglichen Maße i.d.R. bereits relativ früh Mitarbeiter freigesetzt.

Ein Grund liegt darin, dass eine Produktionsanlage bereits bezahlt und zumindest zum Teil abgeschrieben worden ist. Für jede weitere Periode fällt ein gewinnmindernder Abschreibungsbetrag an. Ein angestrebter Verkauf setzt voraus, dass es einen Interessenten gibt, der dafür den geforderten Preis bezahlt. Die Maschine stellt also immer Sunk Costs im Sinne bereits unwiederbringlich verausgabter Finanzmittel und aufgelaufener Kosten dar. Bei Mitarbeitern ist dies anders: Sie werden monatlich für ihre erbrachten Leistungen bezahlt. Eine Kündigung reduziert diesen Ausgabenstrom bis auf das gesetzlich vorgeschriebene und ggf. vom Unternehmen zusätzlich freiwillig geleistete Maß an Abfindungen. Dies sind allerdings nur die direkt quantifizierbaren Kosten. **Qualifizierte Mitarbeiter** in Wertschöpfungsprozessen haben immer auch ein **erhebliches Wissen**, das dem Unternehmen bei ihrem Ausscheiden in dieser Form verloren geht. Dieser schwerer zu quantifizierende Wert, der sich auf fachliches Know-how, aber auch auf die Fähigkeit zur Zusammenarbeit in Prozessen und das Wissen über den Kunden sowie den Markt bezieht, ist in seiner Höhe beträchtlich. Dies zeigt sich immer dann, wenn nach derartigen personellen Einschnitten Probleme in der Kooperation auftreten und diese Strukturen mit erheblichem Aufwand wieder aufgebaut werden sollen.

Das Paradoxon liegt also darin: Das Unternehmen trennt sich in wirtschaftlich schwierigen Situationen von einem seiner wesentlichsten Erfolgsfaktoren am schnellsten. Bei börsennotierten Unternehmen wird dies oftmals zusätzlich durch einen Anstieg des Aktienkurses von den Analysten und Investoren honoriert. Der Grund hierfür liegt darin, dass – unabhängig von einem objektiv deutlich geringeren Personalbedarf – durch den **Abbau der Mitarbeiterzahl** ein hoher ausgabenwirksamer Kostenblock, abgesehen von dem dabei anfallenden Restrukturierungsaufwand, erheblich reduziert werden kann. Gleichzeitig werden die durch den immateriellen **Wissensabbau** – überwiegend zukünftig entstehenden – Kosten nicht einbezogen.

Vor diesem Hintergrund sind die Forderungen und Schlussfolgerungen in der Theorie sowie die konkrete Umsetzung und Handlung in der Praxis differenziert zu sehen. Wir gehen im Folgenden näher auf einige wesentliche Entwicklungen ein, aus denen sich spezifische Herausforderungen für die Personalpolitik ableiten lassen. Danach diskutieren wir die einzelnen Funktionen der Personalpolitik und bestimmen in diesen Zusammenhang die Inhalte grundlegender Begriffe. Schließlich werden die zentralen Bestandteile der Personalführung herausgearbeitet und in Bezug zu den Inhalten und Prozessen der Organisationsentwicklung gesetzt.

Nun zunächst zu den wesentlichen Herausforderungen für das Personalmanagement:

- Durch die zunehmende **Globalisierung** der Wirtschaft sind die Anforderungen an eine fortschrittliche Personalpolitik und -führung verstärkt worden und unter einem internationalen Blickwinkel zu betrachten und zu bewerten. Die Öffnung neuer Märkte in Asien und Osteuropa sowie der Wettbewerb mit dortigen Anbietern führen nicht nur dazu, mit deren Produkten und Marktleistungen konkurrieren zu müssen. Vielmehr hat dies auch zur Folge, dass die Unternehmen mit dem gesamten Managementsystem und damit speziell auch mit dem Personalmanagement wettbewerbsfähig bleiben müssen. Unter **Personalmanagement** verstehen wir die Führung, Steuerung und Förderung von Mitarbeitern in einer dynamischen Umwelt. Speziell bezogen auf Führungskräfte besteht das

Ziel darin, durch eine hohe Attraktivität des Unternehmens sicherzustellen, dass sich die besten Führungskräfte bewerben und beim Unternehmen bleiben. In Spitzenunternehmen ist dies das obere Drittel aller Bewerber. In ähnlicher Weise gilt dies auch für alle Fachkräfte und Mitarbeiter. Zum Produktwettbewerb ist also ein System- und Ressourcenwettbewerb hinzugekommen.

Folgende weitere Bereiche stellen nach CHRISTIAN SCHOLZ mit ihren Veränderungen durch die Globalisierung besondere Herausforderungen für das Personalmanagement dar:

- Die **Marktdynamik**, die eine hohe Kunden- und Serviceorientierung als kritischen Wettbewerbsfaktor fordert, stellt zugleich veränderte Anforderungen an Führungskräfte und Mitarbeiter. Kunden und Lieferanten werden immer häufiger in die Produktion integriert. Das Personal des Unternehmens muss in der Lage sein, mit diesen Gruppen von vornherein kooperativ im Team zu arbeiten.
- Häufig ist hiermit direkt eine **Technologiedynamik** verbunden, die nicht nur das Personal im Forschungs- und Entwicklungsbereich sowie in der Fertigung durch eine sinkende Halbwertszeit des Wissens und kürzere Produktionszyklen fordert. Neue Entwicklungen der Informationstechnologie bringen i.d.R. für nahezu alle Mitarbeiter einen permanenten Qualifizierungs- und Veränderungsbedarf mit sich.
- Die hieraus resultierende **Organisationsdynamik** ist heute ein generelles Kennzeichen der wirtschaftlichen Situation und Entwicklung. Derartige Change Management Prozesse, die von veränderten Märkten oder Technologien ausgehen, werden im Unternehmen nur dann erfolgreich bewältigt, wenn das Personalmanagement sich ebenfalls anpasst.
- Die allgemeinen Entwicklungen und Veränderungen in der Gesellschaft, die sich in einer **Wertedynamik** auswirken, tangieren auch die Unternehmen und das dort praktizierte Personalmanagement. Im Vergleich zu früher hat heute die Leistungsbereitschaft des Personals und dabei speziell auch der Hochschulabgänger zugenommen. Anspruchsvolle Aufgaben, eigenständiges Handeln, eine positive Arbeits- und Führungssituation sowie die Möglichkeit zur Karriere werden in stärkerem Maße eingefordert. Unter dem Motto „Erfolg macht Spaß" entspricht dies also weitgehend der an früherer Stelle angesprochenen Theorie Z von OUCHI (siehe hierzu F.II.3.c.) und weniger der Theorie X oder Y von MCGREGOR (F.IV.2.a.).

Die Personalpolitik hat hierauf mit klaren Konzepten und Systemen zu antworten. Um eine hohe Motivation der Mitarbeiter zu sichern und einen hochqualifizierten Personalstamm zu erhalten, kommt es auf die konkrete Ausgestaltung des Personalmanagement und die Art der Personalführung an. So ist die Selbstentfaltung durch Vergrößerung der Selbstständigkeit im Rahmen von Empowerment-Programmen zu fördern. Das allgemeine Demokratiestreben findet in einer höheren Entscheidungspartizipation auf dem Wege erweiterter Mitsprache- und Mitwirkungsmöglichkeiten seinen Ausdruck; die Umsetzungs- und Ergebnisorientierung wird durch Team- und Projektarbeit verstärkt.

Insgesamt hat die **Personalphilosophie und Personalarbeit** auf breiter Front diese Entwicklungen und die mit ihnen verbundenen Anforderungen in konkreten Gestaltungsmaßnahmen aufzugreifen. Der Mitarbeiter ist nicht nur Gegenstand der Personalverwaltung und „Produktionsfaktor". Vielmehr ist er in einer zeitgemäßen Sichtweise **„Kunde der Personalpolitik und -führung"**. Damit ist das **Marketing nach innen** eine wesentliche Aufgabe der Personalarbeit. Das Ziel besteht darin, durch eine gute Informations- und Kommunikationspolitik den Nutzen des fortschrittlichen Personalkonzeptes, der strategie- und potenzialorientierten Qualifikation und Förderung, der anreiz- und leistungsbezogenen Entgeltpolitik sowie einer individualisierten Personalbetreuung für den einzelnen Mitarbeiter, aber auch für das Unternehmen selbst herauszustellen.

Dieses umfassende Verständnis des Personalmanagements im Unternehmen entspricht der modernen Sichtweise von **Human Resource Management** (HRM). Es integriert alle Funktionen des Personalwesens und der Personalpolitik und betrachtet den Mitarbeiter ganzheitlich mit allen seinen Zielen, Potenzialen und Leistungen.

Der Nutzen für das Unternehmen kann dabei in verschiedenen Bereichen bzw. Wirkungen grundsätzlicher hypothetischer Art liegen: Die Identifikation der Mitarbeiter mit den übertragenen Aufgaben und den zu erreichenden Zielen steigt. Die Motivation und der Einsatz für überdurchschnittliche Leistungsergebnisse verbessern sich. Die Zufriedenheit, Loyalität und Bindung der (guten) Mitarbeiter an das Unternehmen nimmt zu. Der Einsatz für Kundenbelange mit dem Ziel, Kundenzufriedenheit und -bindung zu steigern, vergrößert sich. Die Bereitschaft wächst, das eigene Unternehmen anderen qualifizierten Personen als Arbeitgeber zu empfehlen, weil man selbst mit dem Unternehmen zufrieden ist. Nach einer Analyse von FREDERICK F. REICHHELD liegt genau in diesen Faktoren über mehrere Jahre gesehen der Wertzuwachs langjähriger Mitarbeiter eines Unternehmens. Auf dieser Basis lässt sich ein **Mitarbeiterproduktivitätsindex** berechnen, der die Wirtschaftlichkeit und Zielwirksamkeit der Mitarbeiter bei ihrem Handeln misst. Ergänzend hierzu lässt sich dann auch der **Mitarbeiterwert** umreißen, der durch die Qualifikation als Fähigkeit und Wissen, die Motivation und das Engagement sowie den Selbstständigkeitsgrad bestimmt wird.

Diese Aufzählung klingt positiv und generell überzeugend. Es muss jedoch Klarheit darüber bestehen, dass sich derartige theoretische Konzepte und Wirkungsmechanismen nicht automatisch in der Unternehmenspraxis einstellen. Zu Friktionen kann es erst recht dann kommen, wenn aus Rationalisierungsgründen Entlassungen von Mitarbeitern anstehen. Auch wenn dies „nur" einen Teil der Belegschaft betrifft, können die bisher kommunizierten Personalkonzepte schnell an Glaubwürdigkeit verlieren.

### a. Funktionen der Personalpolitik

Im Folgenden werden die in Abbildung F-IV-8 dargestellten Funktionen der Personalpolitik kurz erläutert. Die horizontalen Prozesse haben die direkten Personalfunktionen für den gesamten **Beschäftigungszyklus** eines Mitarbeiters im Unternehmen zum Gegenstand. Die vertikalen Prozesse setzen nach der Personalbedarfsplanung bereits bei der Personalbeschaffung ein und dauern über den Personaleinsatz hinaus – in unterschiedlichem Maße – auch bis zu einer eventuellen Personalfreisetzung an. Sie dienen als – bezogen auf den Beschäftigungszyklus – indirekte Personalfunktionen der Konkretisierung und Unterstützung. Wie leicht nachvollziehbar ist, entspricht diese Aufteilung vom Grundmuster her gesehen unserer Erweiterten Wertschöpfungskette. Die horizontalen Prozesse sind die direkten Wertschöpfungsprozesse der Personalpolitik bezogen auf den Beschäftigungszyklus eines Mitarbeiters. Die vertikalen Prozesse haben unterstützenden und ressourcenbildenden Charakter für die direkten personalpolitischen Wertschöpfungsprozesse.

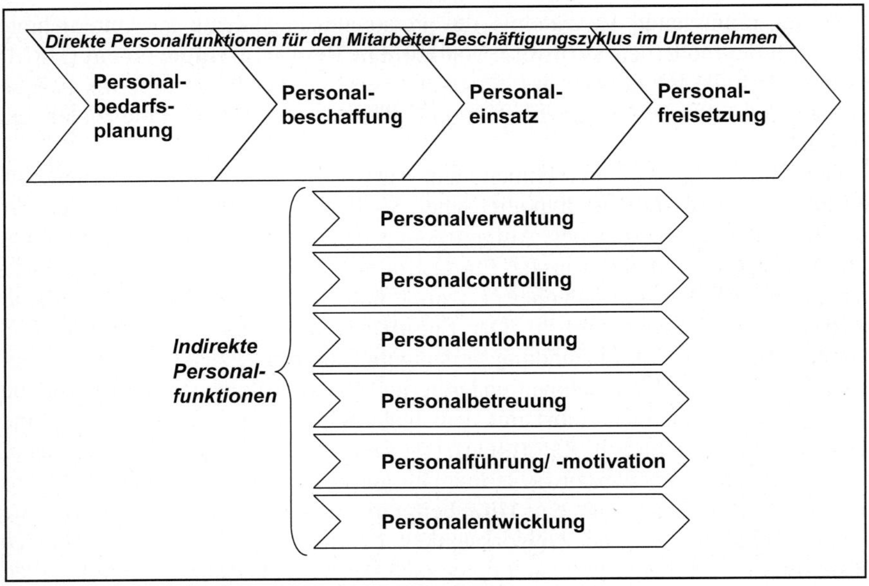


**Abb. F-IV-8:** Strategische und operative Funktionen der Personalpolitik

Die horizontalen und vertikalen Prozesse sind dadurch miteinander vernetzt und kennzeichnen zusammen ein umfassendes Human-Ressourcen-Management. Alle Prozesse sind quantitativ und qualitativ sowie immer operativ und zum Teil auch strategisch ausgerichtet. Eine Trennung lässt sich nicht immer leicht durchführen. Die Personalbedarfsplanung und -beschaffung sind z.B. sowohl quantitativ und qualitativ als auch operativ sowie strategisch angelegt. Dies gilt für die meisten anderen Bereiche der Personalpolitik ebenfalls. Dabei umfassen alle Bereiche jeweils die Planung und Umsetzung. Schwerpunkte lassen sich bei der Personalverwaltung und dem Personalcontrolling auf der operativen und quantitativen Seite erkennen. Qualitativ und vor allem auch strategisch ausgerichtet ist insbesondere die Personalentwicklung.

Unter **Personalpolitik** verstehen wir die konkrete unternehmensspezifische Umsetzung aller Bereiche des Personalmanagements, die sich, wie oben definiert, auf die Steuerung, Führung und Förderung der Mitarbeiter beziehen. Der Begriff Personalwesen ist im Vergleich hierzu stärker nur auf traditionelle Aufgaben der Personalverwaltung ausgerichtet. Nachstehend werden wesentliche Inhalte der einzelnen Funktionen der Personalpolitik umrissen.

**Direkte Prozesse der Personalpolitik**

- Der **Personalbedarf** ist anhand der Kriterien qualitativ, quantitativ, zeitlich und örtlich zu ermitteln. Konkret bedeutet dies, dass auf der Grundlage der Strategie des Unternehmens, die sich auf die Art und die Anzahl der Produkte für einzelne Märkte bezieht, der Bedarf an Mitarbeitern festgelegt wird. Hierbei erfolgt eine Gegenüberstellung von Ist-Bestand und Soll-Bedarf:
  - Welche **Qualifikationen** werden wie oft für einzelne Tätigkeiten und Bereiche **benötigt**? Die Grundlage hierfür liefern auf der einen Seite Stellenbeschreibungen bzw. Aufgaben- und Funktionenprofile (siehe hierzu G.IV.) und auf der anderen Seite die Arbeitsanalyse des Produktionsprozesses, die zeigt, wie viele Personen mit einer Qualifikation erforderlich sind. Damit lässt sich das Was und das Wie viel beantworten. Diesen ermittelten Soll-Werten werden die im Unternehmen verfügbaren Arbeitskräfte (Ist-Bestand) gegenübergestellt. Dabei kann die allgemeine Unterrichtung und Mitwirkung des Betriebsrates bei der Personalplanung, die sich aus den §§ 90 und 92 BetrVG ergibt, fallweise – z.B. bei der Speicherung von Personendaten nach § 94 BetrVG – um die Notwendigkeit der Zustimmung des Betriebsrat erweitert sein (siehe hierzu C.I.2.c.). Abgeleitet aus der Gegenüberstellung von Soll- und Ist-Werten ergibt sich dann der Personalbedarf.
  - In der Planung und Berechnung ist dabei zwischen dem Brutto- und Nettobedarf zu unterscheiden. Der **Nettobedarf** ermittelt sich aus der tatsächlichen Anzahl der zu besetzenden Stellen und Funktionen in den Wertschöpfungsprozessen des Unternehmens (Bruttobedarf) zuzüglich der Anzahl von Mitarbeitern, die das Unternehmen verlassen oder auf längere Zeit nicht zur Verfügung stehen. Gut abschätzbar ist hierbei die Anzahl der in Pension/ Rente gehenden Mitarbeiter. Schwieriger prognostizierbar sind die Fluktuation und auch die Höhe der Fehlzeiten von Mitarbeitern, die durch einen personellen Puffer unterlegt werden müssen. Das Problem, die Anzahl der Mitarbeiter zu bestimmen, die das Unternehmen verlassen oder über längere Zeit nicht zur Verfügung stehen, resultiert daraus, dass dies für einzelne Teile und Bereiche des Unternehmens sowie vor allem für Funktionen im Unternehmen so konkret wie möglich geschehen muss.
  - In **zeitlicher Hinsicht** ist dabei zu analysieren, ob es sich – längerfristig – um saisonale und damit relativ regelmäßige Schwankungen im Mitarbeiterbestand handelt oder ob es Veränderungen auf Grund von Erweiterungen oder Schließungen von Unternehmensteilen sind. Vergleichsweise schwieriger sind Veränderungen durch konjunkturelle Entwicklungen positiver und negativer Art vorherzusagen. Die Frage stellt sich dann immer, ob im Interesse einer frühzeitigen Erhöhung der Produktion oder einer Überbrückung eines Nachfrageeinbruchs ein bestimmter Stamm an qualifizierten Mitarbei-

tern vorgehalten werden soll. Kurzfristig geht es aber auch darum, in der Produktion und dem Service z.B. die konkrete Anzahl benötigter Mitarbeiter pro Schicht/ Einsatzbereitschaft zu ermitteln.

- Dies alles hat in einer nochmaligen Differenzierung unter **örtlichen Gesichtspunkten** zu erfolgen: So kann es sich um den Aufbau einer neuen Fabrik oder einen Auslandseinsatz handeln, welchem wiederum länger geplante Aktivitäten zu Grunde liegen. Schwieriger sind Defizite im operativen Einsatz zu überbrücken, wenn beispielsweise Mitarbeiter in einer bestimmten Anzahl und mit einer speziellen Qualifikation in Dresden benötigt werden, aber nur in München zur Verfügung stehen. Die Mobilität von Mitarbeitern ist erfahrungsgemäß begrenzt; kann sie als gegeben angenommen werden, dann ist sie häufig mit nicht unerheblichen Kosten verbunden.

• Auf der Basis der Personalbedarfsplanung ist die **Personalbeschaffung** durchzuführen. Dabei ist zunächst zu differenzieren und zu entscheiden, ob benötigte Mitarbeiter im Unternehmen oder über den Arbeitsmarkt beschafft werden sollen. Hierfür gibt es keine generelle Richtlinie, da beide Alternativen mit Vor- und Nachteilen verbunden sind.

- Eine **interne Personalausschreibung und -beschaffung** ist nicht nur kostengünstiger, sondern gibt Mitarbeitern mit entsprechendem Potenzial die Möglichkeit, sich in ihrer Qualifikation und Position zu verbessern. Hierdurch ist eine direkte Beziehung zur Personalentwicklung als wesentlicher indirekter Personalfunktion gegeben. Die hiervon ausgehende Motivationswirkung ist nicht zu unterschätzen. Zugleich bringen diese Mitarbeiter bereits Wissen über die Unternehmensstrukturen und die Unternehmenskultur mit, was für ihren schnellen Arbeitseinsatz und ihre eher konfliktfreie Einbindung förderlich ist. Da eine interne Versetzung i.d.R. mit einer Änderungskündigung verbunden ist, stehen in größeren Unternehmen nach den §§ 99 und 102 BetrVG dem Betriebsrat eine Reihe von Informations- und Mitwirkungsrechten zu. Der Nachteil einer internen Personalbeschaffung ist, dass hierdurch weniger neues Gedankengut und keine andere Sichtweise in das Unternehmen respektive durch den neuen Funktionsträger kommt als bei einer externen Rekrutierung.
- Allerdings ist bei der internen Besetzung einer Stelle aufgrund des beruflichen Werdegangs des Mitarbeiters im Unternehmen und des konkreten Kontaktes zu seinem bisherigen Tätigkeitsbereich für die Personalabteilung eine bessere Datenbasis bezogen auf das Leistungsniveau der Vergangenheit sowie die Potenzialabschätzung erreichbar als bei einer **externen Rekrutierung**. In diesem Fall liegen dem Unternehmen für eine erste Bewertung des Bewerbers nur Tätigkeitsnachweise und Zeugnisse vor (Auswahlrichtlinien für die Bewerberauswahl unterliegen nach § 95 Abs. 1 BetrVG der Zustimmung des Betriebsrates).
- Eine Ergänzung zu diesen Bewerbungsunterlagen ist die Anwendung **psychologischer Persönlichkeitstests**. Etwa die Hälfte der im DAX notierten Unternehmen wendet sie an. Der Einsatz der Tests bei den Probanden ist immer freiwillig. Der am häufigsten eingesetzte Test ist der MYERS-

BRIGGS-Typenindikator (MBTI), bei dem auf der Basis von 70 bis 90 von den Kandidaten ausgefüllten Fragen 16 Persönlichkeitstypen ausgewählt werden können. Das Ziel besteht darin, den spezifischen Persönlichkeitstyp des (zukünftigen) Mitarbeiters herauszufinden, ob jemand also z.B. stärker rational-analytisch oder emotional nach Gefühl entscheidet. Als Typ lassen sich beispielsweise der „penible Organisator" oder der „stille Denker" herausfiltern. Dieses Wissen soll ein „typengerechtes Führen" ermöglichen. Zusätzlich lassen sich durch die gezielte Auswahl der Mitarbeiter in der Zusammenstellung von Arbeitsgruppen und Teams destruktive Stressfaktoren vermeiden. Derartige Persönlichkeitstypen können allerdings nur eine Orientierungshilfe leisten. Die Wissenschaftlichkeit der Typenbildung und der daraus gezogenen Schlussfolgerungen ist begrenzt und damit umstritten.

- Derartige Tests sollen die Eindrücke aus dem persönlichen Bewerbergespräch ergänzen. Eine validere Grundlage, um den zukünftigen Erfolg eines Stellenbewerbers vorhersagen zu können, ist das von vielen Unternehmen durchgeführte Assessment Center. Ein **Assessment Center** bewertet das Potenzial eines Bewerbers anhand von – den zukünftigen Stellenanforderungen möglichst gut nachempfundenen – Aufgabenstellungen und Fallstudien, die entsprechend der konkreten Entscheidungssituationen und Handlungsbedarfe zu lösen sind. Es geht also darum, möglichst gut abschätzen zu können, ob ein Bewerber die Anforderungen der zukünftigen Stelle umfassend erfüllt. Die Bewertung der Ergebnisse in einem Assessment Center wird von direkt hierfür geschulten Personen durchgeführt, und zwar einerseits aus der Personalabteilung, andererseits aber auch aus der Abteilung der zukünftigen Tätigkeit des Bewerbers. Dabei ist die Bewertung vor allem aus der übergeordneten Sicht eines dortigen Vorgesetzten auf der übernächsten Ebene wichtig. Hierdurch wird die Genauigkeit der Potenzialprognose und damit die gesamte Validität des Assessment Center Konzeptes bestimmt.
  In fortschrittlichen Unternehmen werden auch interne Stellenbewerber einem Assessment Center unterzogen. Hierdurch soll generell das Risiko einer personellen Fehlentscheidung reduziert oder sogar vermieden werden. Insbesondere bei einer externen Rekrutierung belaufen sich die Kosten hierfür sowie für die erforderlich Einarbeitung bei qualifizierten Führungstätigkeiten auf 100.000 bis 200.000 EUR. Der eingangs angeführte Aspekt des aufzubauenden und zu vergrößernden Mitarbeiterwertes wird in seiner Bedeutung hierdurch klarer; denn zunächst geht es um eine Amortisation dieser Personalinvestition, bevor der **neue Mitarbeiter** für das Unternehmen einen Mehrwert erwirtschaftet. Dieser Mehrwert kommt zustande, wenn der neue Mitarbeiter die vereinbarten Ziele in finanzieller und nicht finanzieller Hinsicht erreicht bzw. übertrifft. Aus diesem Überschuss ergibt sich abzüglich der Gehaltskosten und Prämien des neuen Mitarbeiters der **Netto-Mitarbeiterkapitalwert**, also der über die Kosten für seine Person hinausgehende erwirtschaftete Ertrag. Dieser Added Value entspricht im übertragenen Sinne dem in C.I.2.a. bereits angesprochenen und in F.IV.5. noch auszuführenden Shareholder Value.

Anders sieht die Aufwands- und Ertragskalkulation für eine **neue Führungskraft** aus. Kommt es durch sie in ihrer neuen Tätigkeit bereits relativ früh zu Fehlentscheidungen, dann sind damit hohe Folgekosten verbunden. Unter diesem Blickwinkel rechnen sich die Kosten anspruchsvoller Personalauswahlinstrumente wie einem Assessment Center auf jeden Fall. Ein derartiges Verfahren kann den Tätigkeits- und Führungserfolg eines neuen Mitarbeiters jedoch auch nur mit einer zwar überdurchschnittlichen, aber dennoch begrenzten Wahrscheinlichkeit vorhersagen. Der Grund liegt darin, dass es sich bei den Tests anhand der Aufgaben und Fallstudien um eine Laborsituation handelt und konkretes späteres Verhalten nicht mit den Aussagen und der Darstellung in einem Bewerbergespräch/ -test übereinstimmen muss.

- Die **Planung und Durchführung des Personaleinsatzes** hat die konkrete Zuordnung von Personen zu Aufgaben und Tätigkeiten in einer kurzfristigen Sichtweise und die Personalanpassung in einer längerfristigen Perspektive zum Inhalt.
  - Die **kurzfristige Personaleinsatzplanung** bezweckt die zeitliche und kapazitätsmäßige Zuordnung der Mitarbeiter zu einzelnen Abschnitten eines Wertschöpfungsprozesses. Dabei geht es in qualitativer Hinsicht um die Art und das Niveau der durchzuführenden Tätigkeiten und Funktionen. In quantitativer Hinsicht steht die Anzahl der hierzu benötigten Personen im Mittelpunkt. Hierdurch soll ein möglichst guter Fit zwischen den Anforderungen eines Arbeitsplatzes sowie dem **Fähigkeits- und Leistungsprofil** eines Mitarbeiters erreicht werden. Die dazu notwendige Voraussetzung ist wiederum eine genaue Beschreibung der Erfordernisse des Arbeitsplatzes und eine Analyse des Mitarbeiterprofils. Neben dem Fähigkeitsprofil liefert die Personalbeurteilung der Mitarbeiterleistung eine Information über seine Leistungsbereitschaft und die konkreten Arbeitsergebnisse. In fortschrittlichen Unternehmen wird dies regelmäßig mit den Vorstellungen der Mitarbeiter abgeglichen, also in Form einer Befragung mit deren subjektiven **Bedürfnisprofil**. Inhaltlich bezieht es sich auf den Arbeitsplatz, die Arbeitsumstände sowie alle weiteren Umfeldfaktoren. Derartige Analysen sind Gegenstand der Personalbetreuung.
  - Um den Personaleinsatz planen zu können sind zusätzlich die Belastungs- und Beanspruchungsfaktoren in der konkreten Arbeitssituation zu ermitteln. Erst hieraus bestimmt sich endgültig die Einsatz-Ergebnis-Relation. Mit anderen Worten sind in einem derartigen **Belastungs-Beanspruchungs-Konzept** zunächst die objektiven Faktoren mittels naturwissenschaftlich-technischer Methoden quantitativ zu ermitteln, die mit der Durchführung einer Tätigkeit unmittelbar verbunden sind. Im Fall einer Fließbandproduktion können dies unter anderem das Gewicht des Einbauteils, die Schwierigkeit und Monotonie der Handgriffe, die Einbaulage (z.B. kniend) und die durch die Taktzeit des Fertigungsabschnitts vorbestimmte maximale Einbauzeit sein. Die Beanspruchung ist demgegenüber die subjektive Wirkung

der Belastung, also die personenabhängige Beeinträchtigung der Arbeitsleistung. Hieraus bestimmt sich das individuelle Leistungsprofil.

- Eine anzustrebende längerfristige **Anpassung der Arbeitsplätze und Arbeitsbedingungen** zielt darauf ab, die Belastungsfaktoren von Tätigkeiten zu reduzieren, um so das Beanspruchungsprofil zu verbessern. Konkret bedeutet dies, den einzelnen Arbeitsplatz durch ergonomische Erkenntnisse zu verbessern, also z.B. Bewegungsabläufe in Montageschritten ohne gesundheitliche Belastungen durchzuführen. Eine Analyse der technisch-wirtschaftlichen Rationalität muss also neben kurzfristigen Produktivitäts- und Wirtschaftlichkeitsberechnungen immer auch längerfristige Kosten-Nutzen-Analysen im Hinblick auf mögliche Spätschäden durch die Tätigkeit bei den Mitarbeitern erfassen. Wenn diese Belastung und Beanspruchung zu Dauerschäden führt, dann wird neben dem Unternehmen vor allem das bestehende Sozialsystem in Anspruch genommen.
- Belastungen beim Personaleinsatz sollen ferner durch die **Gestaltung der Arbeitsaufteilung** reduziert werden. Hierbei besteht ein Spannungsfeld zwischen einer möglichst hohen Spezialisierung im TAYLOR'schen Sinne (siehe hierzu C.I.2.c.) und der sozialen Angemessenheit der Arbeit **in überschaubaren Sinnzusammenhängen**. Im ersteren Fall führt die Monotonie zu einer Arbeitsentfremdung im Sinne eines fehlenden, da nicht nachvollziehbaren Bezugs der Arbeit und Leistung zur vollbrachten Wertschöpfung, also zum geschaffenen Produkt. Auf die zur Arbeitsaufteilung verwendeten Maßnahmen des Job Enlargement, Enrichment und Rotation sowie teilautonome Arbeitsgruppen wird auf Grund der mit ihnen verbundenen Wirkungen bei den Ausführungen zur Personalführung und -motivation eingegangen.
- Abschließend zum Personaleinsatz wird ein Überblick über den vielschichtigen Bereich der Arbeitszeit gegeben. Dabei steht hier nicht die generelle Länge z.B. der Wochenarbeitszeit im Vordergrund. Wie bereits in C.I.2.c. angesprochen, gibt es gegenwärtig eine Diskussion in Richtung der 40-Stunden-Woche, um die internationale Wettbewerbsfähigkeit aufrecht zu erhalten/ zu erhöhen. Vielmehr geht es jetzt um die **Art und Lage der (täglichen/ wöchentlichen/ monatlichen) Arbeitszeit**. Im Hinblick darauf lassen sich folgende wesentliche Kategorien und Modelle unterscheiden:

  * **Arbeitspausen** definieren den Anteil an Minuten und damit die Länge der Arbeitsunterbrechung in einer Stunde. Sie dienen dazu, dem Arbeitnehmer eine physische und auch geistig-mentale Erholung zu ermöglichen, um dadurch anschließend die Arbeitsqualität und -intensität auf hohem Niveau zu halten. Arbeitspausen sollten dabei auf jeden Fall auch dem Biorhythmus des Menschen Rechnung tragen.
  * **Schichtarbeit/ Nachtarbeit** ist dann gegeben, wenn die Arbeitszeit nicht nur über acht Stunden am Tag festgelegt wird, sondern auch in anschließenden Zeitintervallen. Bei einem 3-Schichten-Betrieb wird 24 Stunden durchgängig produziert. Abhängig ist dies von der Art der Produktionsanlagen. Meist ist die Unterbrechung des Fertigungsprozesses

mit hohen zusätzlichen Kosten verbunden, wie z.B. in der chemischen Industrie. Ein weiterer Bestimmungsgrund kann auch die Auftragslage des Unternehmens sein.

* **Gleitzeit** legt zwei Arten von Zeitintervallen fest; eine so genannte Kernarbeitszeit, in welcher Anwesenheitspflicht besteht, und die eigentliche Gleitzeit, die als Anreise- und Rüstzeit individuell ausschöpfbar ist. Über ein persönliches Zeitkonto kann so die zu erbringende Wochenarbeitszeit gesteuert werden.
* **Teilzeit** bedeutet, dass ein individueller Vertrag mit dem Arbeitnehmer abgeschlossen wird, der sich auf ein Zeitkontingent von weniger als 100% der tariflichen Wochen-/ Monatsarbeitszeit bezieht.
* **Job-sharing** hat zum Gegenstand, dass ein vollständiger Arbeitsplatz von zwei Mitarbeitern wahrgenommen wird, die diesen durch Teilzeitarbeit gemeinsam ausfüllen. Ein dabei entstehendes Problem kann die notwendige Abstimmung zwischen den beiden Personen und Zeiteinheiten sein. Eine Variante dieses Praxismodells ist **Job-pairing**; dabei wird mit den beiden Mitarbeitern ein Vertrag bezogen auf die zu leistende Tätigkeit in zwei zeitlichen Arbeitshälften abgeschlossen. Die Koordinationsaufgabe und der Koordinationsaufwand kann dabei in stärkerem Maße auf die Mitarbeiter verlagert werden.
* **Sabbatical** kennzeichnet einen Langzeiturlaub über mehrere Monate, der entweder teilweise vergütet wird, die angesparten Überstunden eines Jahresarbeitszeitkontos ausnutzt oder als Incentive des Unternehmens – auf vertraglicher Grundlage – eingesetzt wird. Ziel ist es, die Spezialisten nach dem Sabbatical noch für längere Zeit im Unternehmen zu halten. Typisch ist beispielsweise eine derartige Freistellung bei Wissenschaftlern im Forschungs- und Entwicklungsbereich eines Unternehmens für einen Forschungsaufenthalt im Ausland oder von jungen Beratern in größeren Beratungsunternehmen zum Zwecke der Promotion.
* **Saisonarbeit** wird durch eine Branche und Tätigkeit bestimmt, die diskontinuierlich nur in einen bestimmten Zeitraum anfällt. Dies ist z.B. in der Touristikbranche im Sommer- oder Wintergeschäft gegeben.
* **Jahresarbeitszeit** ist damit verbunden, dass der einzelne Arbeitnehmer ein Arbeitszeitkonto für das gesamte Jahr hat. Entsprechend unseren Ausführungen in C.I.2.c. sind dies beispielsweise etwa 1.650 Stunden im Jahr. Sie werden nach individuellen Präferenzen und unmittelbar abgestimmt mit den Kapazitätsanforderungen des Unternehmens sowie gesetzlichen Bestimmungen über die Wochen und Monate verteilt. Hierdurch kommt es i.d.R. zu teilweise deutlich unterschiedlichen Arbeits- und Nicht-Arbeitszeiträumen. Eng mit dieser Konzeption verbunden ist aus betrieblicher Sicht die so genannte „atmende Fabrik". Besteht ein hoher Auftragsbestand, wird deutlich länger gearbeitet als in anderen Zeitperioden. Dies entspricht dem klassischen und in der Vergangenheit umstrittenen Modell der KAPOVAZ, also der kapazitätsorientierten variablen Arbeitszeit. Die monatliche Normalarbeitszeit wird dabei je nach Arbeitsanfall variabel aufgeteilt. Für den Arbeitnehmer kann dies zu ei-

ner Arbeitszeit à la carte führen; die Verteilung der täglichen und wöchentlichen Arbeitszeit weicht demnach deutlich von der Normalarbeitszeit (z.B. 5 Tage 38 Stunden) ab.

* **Lebensarbeitszeit** entspricht vom Grundgedanken der Jahresarbeitszeit. Sie rechnet sich aber auf die Gesamtdauer der beruflichen Tätigkeit eines Arbeitnehmers hoch. Üblicherweise wird diese Berechnung im Vorfeld in Bezug auf einen anstehenden Übergang in den **Ruhestand** durchgeführt. Dabei soll oftmals ein **gleitender Übergang** erreicht werden, der dem Unternehmen sichert, dass Wissen und Erfahrung eines Stelleninhabers in diesem Zeitraum an einen sich einarbeitenden Nachfolger weitergegeben wird. Wie erkennbar ist, kommt dies vor allem bei Führungspositionen zum Tragen. Für den Arbeitnehmer wird durch das Modell der Altersteilzeit ein plötzlicher Übergang bzw. ein Abbruch von 100% Tätigkeit auf 0% vermieden. Es gibt aber auch das gegenteilige Modell in der Praxis. Die verringerte Arbeitszeit für ältere Arbeitnehmer wird über ein Arbeitszeitkonto in Vollzeittätigkeit geleistet, so dass der 100%ige Eintritt in den Ruhestand um die entsprechende Anzahl von Monaten bzw. Jahren vorgezogen werden kann. Der dabei erwartete Vorteil besteht darin, dass der ältere Arbeitnehmer und dann auch sein Nachfolger eine Stelle jeweils zu 100% zeitlich, engagementmäßig und damit auch inhaltlich ausfüllen.

• **Personalfreisetzung** ist eine Personalaktivität im Beschäftigungszyklus eines Mitarbeiters in einem Unternehmen, die im Vergleich zu allen anderen Tätigkeiten für den Mitarbeiter und auch für die Personalabteilung mit speziellen Anforderungen und besonderen Belastungen verbunden ist.
Eine Personalfreisetzung kann in der Folge zu einer **internen Veränderung** des Tätigkeitsbereiches führen oder auch eine **Kündigung und Entlassung** nach sich ziehen. Maßgeblich hierfür ist zunächst der Sachverhalt, dass die Stellenaufgabe weggefallen ist oder vom Stelleninhaber nicht mehr ausreichend wahrgenommen werden kann; ein Verbleib des Inhabers auf der Stelle ist dann nicht mehr möglich.
Eine Personalfreisetzung kann aus **drei Gründen** erfolgen:

- Zum einen **betriebsbedingt**, weil die Stelle des Mitarbeiters weggefallen ist. Dies kann i.d.R. die Folge einer veränderten strategischen Ausrichtung und/ oder erforderlicher Restrukturierungsmaßnahmen zur Steigerung der Effizienz und Effektivität des Unternehmens sein. Maßgeblich für eine veränderte Gestaltung der innerbetrieblichen Organisation sind Markt-, Wettbewerbs- und Technologieveränderungen.
- Der zweite Grund ist **personenbedingt**. Wenn z.B. ein Technologiewechsel von der Mechanik zur Elektronik erfolgt, dann werden Mitarbeiter mit ausschließlichen Kenntnissen in der Mechanik aufgrund ihres andersartigen bzw. zu geringen Fähigkeitsniveaus nicht mehr im Technikbereich weiterbeschäftigt werden können. Entsprechendes gilt, wenn ein Mitarbeiter nach einem Unfall nicht mehr das verlangte Anforderungsniveau erfüllen kann.

- Zum dritten können die Gründe **verhaltensbedingt** sein. Liegen gravierende Vorkommnisse vor, dann kann und wird dies oftmals zu einer außerordentlichen Kündigung, auf jeden Fall zu einer Beendigung des Arbeitsverhältnisses führen, und zwar unter aktiver Mitwirkung des Betriebsrates.

Die ersten beiden Gründe können auch zu einer innerbetrieblichen Veränderung des Arbeitsverhältnisses und der Arbeitsinhalte für den Mitarbeiter führen. Eine damit verbundene Versetzung ist oft mit geringerwertigen Tätigkeiten und dadurch auch mit Gehaltseinbußen verbunden. Im Vergleich zur Personalentlassung ist eine Personalversetzung innerhalb des Unternehmens allerdings weniger problematisch.
Eine Sonderform der Personalveränderung stellt die **Kurzarbeit** in der Art dar, dass hier i.d.R. aus betriebsbedingten Gründen keine Versetzung von Mitarbeitern stattfindet, sondern die normale Arbeitszeit verkürzt wird. Diese auf einem temporären Personalüberhang beruhende Veränderung der Arbeitszeit betrifft dabei häufig größere Gruppen von Beschäftigten. Durch das Instrument der Kurzarbeit kann das Unternehmen eine Abwanderung der eingearbeiteten Belegschaft verhindern und dennoch, durch von der BUNDESAGENTUR FÜR ARBEIT zu leistende Zulagen in Form des so genannten Kurzarbeitergeldes, seine laufenden Personalkosten senken. Voraussetzung für die Einführung von Kurzarbeit ist das Erfüllen verschiedener, im Sozialgesetzbuch – Drittes Buch (§§ 169 ff. SGB III) und im Kündigungsschutzgesetz (§ 19 KSchG) aufgeführter Bestimmungen.
Kommen wir nun zurück zur Beendigung eines Arbeitsverhältnisses. Wenn Rationalisierungsmaßnahmen mit Personalabbau anstehen, wie sie in den letzten Jahren in fast allen Branchen vorkamen, dann versuchen die Unternehmen diese Personalanpassung auf mehrere Arten zu erreichen: Zum Ersten wird der natürliche Personalabgang vor allem in Form von Pensionierungen genutzt. Zum Zweiten wurde zumindest in der Vergangenheit den Beschäftigten ein freiwilliges Ausscheiden durch Aufhebungsverträge mit erheblichen Abfindungen angeboten. Da der finanzielle Spielraum vieler Unternehmen inzwischen deutlich geringer ist, beschränkt sich die Zahlung von Abfindungen zum Dritten immer mehr auf Vereinbarungen mit dem Betriebsrat im Kündigungsfall (i.d.R. umgerechnet ein halbes Monatsgehalt pro Jahr der Beschäftigung im Unternehmen). Als Maßnahmen im Vorfeld von Entlassungen wird i.d.R. ein Einstellungsstop verfügt und ein Abbau von Leiharbeitern durchgeführt.
Bei einer **Kündigung** greifen gesetzliche und soziale Aspekte.

- **Gesetzliche Aspekte** beinhalten nach den sechs Monaten der üblichen Probezeit einen Kündigungsschutz. Eine Kündigung ist dann nach § 1 KSchG nur möglich, wenn sie sozial gerechtfertigt ist. Dies setzt voraus, dass die Gründe für die Kündigung personen- oder betriebsbedingt sind, nicht gegen eventuelle vereinbarte Auswahlrichtlinien nach § 95 BetrVG verstoßen wird und eine Weiterbeschäftigung des Arbeitnehmers auch nach zumutbaren Umschulungs- und Fortbildungsmaßnahmen oder nach Veränderungen der Arbeitsbedingungen nicht möglich ist. Generell ist eine

Anhörung des Betriebsrates entsprechend den §§ 99 und 102 BetrVG vorgeschrieben.
Für Kleinunternehmen mit maximal 10 Mitarbeitern besteht nach § 23 KSchG allerdings kein Kündigungsschutz entsprechend den vorstehenden Ausführungen.

- **Soziale Aspekte** wie das Alter oder die Länge der Betriebszugehörigkeit sind bei der Bestimmung der Mitarbeiter, denen eine Kündigung ausgesprochen wird, ebenfalls zu berücksichtigen. Der § 1 KSchG legt eine Abstimmung mit dem Betriebsrat nahe, um dessen Widerspruch im Vorfeld aufzufangen. Hierzu ist der im Gesetz formulierte Kriterienkatalog den Entlassungen mit dem Ziel der sozialen Angemessenheit zu Grunde zu legen.

Neben diesen für das Unternehmen und in noch stärkerem Maße für die Betroffenen schwierigen Aktivitäten im Rahmen einer Personalfreisetzung gibt es einen zweiten Bereich von Maßnahmen, der dazu dient, den freigesetzten Mitarbeitern und auch Führungskräften den Wechsel in eine andere Tätigkeit im eigenen Unternehmen oder den Wiedereinstieg in ein neues Aufgabenfeld in einem anderen Unternehmen zu erleichtern. Diese in fortschrittlichen Unternehmen eingesetzten Methoden werden Outplacement und Newplacement genannt und stellen zugleich Instrumente der Personalbetreuung in einer schwierigen Situation dar.

- **Outplacement** wird seit Ende der 60iger Jahre in den USA praktiziert und ist zu Anfang der 80er Jahre auch in Deutschland eingeführt worden. Das Ziel ist, freigesetzte Beschäftigte des Unternehmens auf Grund erheblicher interner Veränderungen des Unternehmens bei der Arbeitsplatzsuche zu unterstützen. Dies erfolgt zum einen durch eine Weiterentwicklung der Fähigkeiten über Trainingsmaßnahmen und zum anderen durch eine systematische Karierreplanung. Hierdurch sollen die mit der schwierigen Situation verbundenen psychisch-sozialen Spannungen bewältigt und die materiellen Lebensbedingungen möglichst abgesichert werden.
  Neben diesen Vorteilen für die Betroffenen liegen die Vorteile für das Unternehmen darin, dass eine einvernehmliche Trennung ohne Rechtsstreit möglich ist. Zugleich ist dies ein Zeichen für die Belegschaft, dass das Unternehmen auch in einer Restrukturierungsphase seine soziale Verantwortung ernst nimmt. Dies fördert zugleich das Vertrauen zum Unternehmen und das (relative) individuelle Sicherheitsgefühl in der Belegschaft. Die DEUTSCHE BAHN setzt das Instrument Outplacement beispielsweise auch für interne Stellenumbesetzungen ein.
- **Newplacement** wird in Deutschland in manchen Unternehmen – bewusst oder unbewusst – mit Outplacement gleichgesetzt und als Begriff aufgrund des positiveren Wortklangs ausschließlich verwendet. Beispiele hierfür sind BAYER, TELEKOM, HYPOVEREINSBANK und SIEMENS. Inhaltlich ist Newplacement ein Teil des Outplacement, allerdings mit der Schwerpunktsetzung, den entlassenen Mitarbeiter beim Finden einer neuen Beschäftigung aktiv zu unterstützen. Dies geschieht i.d.R. durch einen

internen oder externen Personalberater, aber auf Kosten des Unternehmens. Nicht selten erfolgt die Betreuung innerhalb einer firmeneigenen Beschäftigungsgesellschaft. So erhalten Angestellte von SIEMENS die Möglichkeit, für eine Übergangszeit in die konzerneigene Beschäftigungsgesellschaft „beE“ (betriebsorganisatorisch eigenständige Einheit nach § 216b SGB III) zu wechseln. Neben einer Lohnfortzahlung von 85 % erhalten die Beschäftigten hier z.B. Persönlichkeitstrainings und Bewerberseminare. Dadurch finden regelmäßig überdurchschnittlich viele betreute Arbeitnehmer schnell einen neuen Job.

**Indirekte Prozesse der Personalpolitik**

- Die **Personalverwaltung** – und damit der erste indirekte respektive unterstützende Personalprozess (siehe Abb. F-IV-8) – ist eine klassische Tätigkeit des Personalwesens. Innovativ ist sie in den letzten Jahren nur dadurch geworden, dass sich einerseits die Aufgabenfelder der Personalpolitik und des Human Resource Management teilweise verändert haben. So ist die Anforderung an zeitlich schnelle und inhaltlich optimierte Prozesse im Personalwesen gestiegen. Zugleich kamen in manchen Unternehmen durch die große Zahl freizusetzender Mitarbeiter Aufgaben einer anderen Art und eines neuen Ausmaßes hinzu. Andererseits hat nicht zuletzt durch die größerer Anzahl standardisierbarer Prozesse mit relativ einheitlichen Aktivitäten/ Transaktionen der Einsatz von Informationstechnologie (IT) in der Personalverwaltung stark zugenommen.
  - Die Personalverwaltung hat als interner Dienstleister die zentrale Aufgabe, die **Personalinformationen** zu bearbeiten. Dies sind die – heute überwiegend IT-gestützten – Personalstammdaten, also die unveränderlichen bzw. langfristig konstanten Daten zu den Beschäftigten, wie Personen- und Ausbildungsmerkmale. Hierzu gehören aber auch Verhaltensdaten, wie beispielsweise Fehlzeiten, Ausfallzeiten und auch Weiterbildungszertifikate. Immer wichtiger werden Daten zum Humanpotenzial, also zum individuellen Leistungspotenzial der Mitarbeiter. In Bezug darauf setzt das Bundesdatenschutzgesetz (BDSG) Grenzen in der Verfügbarkeit.
  - Die zweite Aufgabe ist die Vorbereitung und Abwicklung von **Personalbewegungen**, und zwar Einstellungen, Versetzungen und Entlassungen.
  - In Abhängigkeit von der Anzahl der Mitarbeiter wird als dritte wesentliche Aufgabe die **Lohn- und Gehaltsabrechnung** und -auszahlung durchgeführt. Ihre Abwicklung erfolgt heute standardmäßig über EDV.
  - Die zusätzliche Aufgabe der **Personalstatistik** erfüllt sowohl externe Auflagen des Gesetzgebers als auch interne Zwecke für die Personalsteuerung. Die Funktion Personalstatistik wird in manchen Unternehmen parallel zur Personalverwaltung wahrgenommen. Bei der internen Steuerung weist sie eine enge Verbindung zum Personalcontrolling auf.

Die frühere händische Personalakte mit Urbelegen, die für das Arbeitsverhältnis von Bedeutung sind, und die Personalkartei, welche wesentliche Daten der Personalakte in Kurzform enthält, sind heute in den meisten Unternehmen bereits in **elektronische Personalinformationssysteme** überführt worden. Diese

sind Bestandteil des generellen Managementinformationssystems (MIS) (siehe hierzu F.IV.6.). Ein derartiges Personalinformationssystem umfasst nach CHRISTIAN SCHOLZ folgende Bestandteile: Die Personaldatenbank enthält die Daten zum Mitarbeiterbestand. Die Methodendatenbank vereint Planungsansätze und statistische Auswertungsmethoden, um spezifische Informationen wie bestimmte Qualifikationsprofile extrahieren zu können. Auf diese Weise lassen sich Personalkennzahlen – soweit gesetzlich erlaubt – für das Personalcontrolling entwickeln. Die Stellendatenbank liefert Informationen über den Bedarf an Mitarbeitern, die dabei anstehenden Aufgaben sowie die zu erfüllenden Anforderungen. Die Unternehmensdatenbank hält relevante Informationen bereit, die sich auf das Unternehmen beziehen und der Mitarbeiterinformation dienen.
Personalinformationssysteme sind wie alle elektronischen Informationssysteme mit einigen **Problemen** behaftet. Da sie sich auf Belegschaftsdaten beziehen sind nicht nur die gesetzlichen Anforderungen besonders hoch, sondern auch emotionale Sensibilitäten gegeben. Softwareprogramme unterstützen beispielsweise bei Stellenausschreibungen bereits den Bewerbungsvorgang von Interessenten über das Internet. Sie erleichtern der Personalabteilung – gerade bei mehreren hundert Bewerbungen – den zeitnahen Selektier- und Auswahlvorgang auf Grund von Abfragen, ob definierte Anforderungen erfüllt sind, und beschleunigen so den Entscheidungsprozess. Andererseits werden in der Praxis auch Softwareprogramme verwendet, die bei Entlassungen die gesamte Abwicklung der erforderlichen Personalvorgänge übernehmen oder unterstützen und zugleich auch den „individuellen Brief" an den Mitarbeiter formulieren und ausdrucken. Bei der hohen Zahl von Personalfreisetzungen in großen Unternehmen ist der Einsatz dieser Anwendungen eine Frage der Wirtschaftlichkeit.
Im Vordergrund stehen bei den Problemen der Personalinformationssysteme drei Aspekte:

- **Psychologische Probleme** sind gekennzeichnet durch Misstrauen und eine Abwehrhaltung der Belegschaft. Denn es handelt sich bei Personaldaten um sensible Daten, die nur eine beschränkte Abbildbarkeit von persönlichen Verhältnissen erlauben und damit Interpretationsprobleme aufwerfen. Zusätzlich haben sie einen Zwangscharakter, da der Mitarbeiter über die Speicherung seiner Daten nicht umfassend selbst entscheiden kann. Hinzu kommt die Multifunktionalität der Daten aus Sicht der Mitarbeiter. Sie können als Informationen zur Personalentwicklung für vorteilhafte Zwecke eingesetzt werden oder als Grundlage für die Bewertung nach dem Kriterienkatalog bei Entlassungen auch in die gegenteilige Richtung genutzt werden.
- **Ökonomische Probleme** werfen die Frage der Wirtschaftlichkeit von Personalinformationssystemen aus Sicht des Unternehmens auf. Beim heutigen Stand der Hard- und Softwaretechnik und den erzielbaren Skaleneffekten in der Anwendung sind ökonomische Probleme aber eher nicht gegeben.
- **Rechtliche Restriktionen** sind also nur insofern Probleme, wenn sie nicht eingehalten werden oder die vom Unternehmen gewünschte Nutzung der Daten nicht erlaubt ist. Der Anforderungskatalog wird im Bundesdaten-

schutzgesetz (BDSG) definiert. Der Datenschutzbeauftragte des Unternehmens ist für die Einhaltung mit zuständig. Ferner werden auf der Basis des Betriebsverfassungsgesetz (BetrVG) in der Praxis häufig Betriebsvereinbarungen über die Anwendung von computergestützten Informationssystemen (Hard- und Software) geschlossen; und zwar entweder auf der Basis einer Positivliste, was an Daten gespeichert werden darf, oder einer Negativliste, welche Merkmale grundsätzlich nicht elektronisch gespeichert werden dürfen (z.B. Daten über religiöse Anschauungen oder die Zugehörigkeit zu Parteien).

- Das **Personalcontrolling** steht, wie bereits ausgeführt wurde, in enger Beziehung zur Personalstatistik und zu -informationssystemen im Rahmen der Personalverwaltung. Neben den dort vorhandenen quantitativen Steuerungsgrößen kann auch der Bereich Personalbetreuung eine Reihe ebenfalls wichtiger qualitativer Informationen liefern, die sich über Indikatoren im Rahmen einer Mitarbeiterbefragung erheben lassen. Dazu gehört z.B. die Mitarbeiterzufriedenheit mit speziellen Themen der Arbeits- und Führungssituation. Hiermit lassen sich die für eine erfolgreiche Personalpolitik wesentlichen weichen Faktoren erfassen.
  Angestrebt wird insgesamt die Datenerhebung, -auswertung und -interpretation für die Planung, Steuerung und Kontrolle von personalwirtschaftlichen Maßnahmen. Sie sollen in der aufgezeigten Weise mit aussagefähigen Personalkennzahlen den Wert des Intellectual Capitals steigern und damit zum Erfolg des Unternehmens beitragen. Typische Ziele und Aufgaben des Personalcontrolling liegen darin, die Transparenz und die Handlungsfähigkeit des Unternehmens beispielsweise in folgenden Bereichen zu erhöhen: Entwicklung und Struktur der Personalkosten in unterschiedlichen Unternehmensteilen und Mitarbeitergruppen, Ansatzpunkte zur Erhöhung der Arbeitsproduktivität, Bewertung der Qualität und Wirksamkeit von Weiterbildungs- und Personalentwicklungsmaßnahmen, Gründe der Fluktuation von Leistungsträgern, Defizite bei der Leistungsmotivation und nicht zuletzt Senkung der Kosten für die Personalarbeit.
  Unterscheiden lässt sich dabei operatives und strategisches Personalcontrolling: Das **operative Personalcontrolling** ist auf konkrete Soll-Ist-Vergleiche ausgerichtet und bezieht sich auf einzelne Bereiche des eigenen Unternehmens. An Aussagefähigkeit gewinnen diese Daten allerdings, wenn sie mit denen anderer Unternehmen mit ähnlichen Strukturen verglichen werden. Ein derartiger **Benchmarkingprozess** mit führenden Unternehmen der gleichen oder anderen Branchen liefert die Meßlatte für inhaltliche Verbesserungen in der Personalpolitik. Die Vergleiche beziehen sich insbesondere auf Kosten-, Wirtschaftlichkeits-/ Effizienz- und Erfolgsgrößen. Der direkte Vergleich der Personalkosten ist dabei weniger aussagefähig als die Relation und damit die **Kennzahl** aus Leistungsergebnis (Output) und dafür aufgewendeten Arbeitskosten (Input), die der **Arbeitsproduktivität** entspricht. Diese ist wiederum weniger aussagefähig als eine Kennzahl, die sich auf das konkrete Ergebnis der Arbeit und damit auf das Produkt im Sinne des Kostenträgers bezieht. Die Relation, wie hoch die

Arbeitskosten für eine produzierte Einheit sind, also die Lohnstückkosten, hat damit die höchste Aussagefähigkeit und kann unmittelbar im Vergleich zwischen Unternehmen zu Grunde gelegt werden.
**Strategisches Personalcontrolling** geht in noch stärkerem Maß auf qualitative Faktoren ein, die für die zukünftige Entwicklung des Unternehmens von Bedeutung sind. Hierzu gehören beispielsweise alle personalpolitischen Dimensionen der Unternehmensstrategie. Eine zentrale Bedeutung spielt dabei, inwieweit die vorhandenen bzw. im Aufbau befindlichen Kernfähigkeiten der Mitarbeiter, z.B. im technologischen oder im Servicebereich, die Anforderungen der Unternehmensstrategie erfüllen.
Mit den vorstehenden Ausführungen sind zugleich die Probleme des Personalcontrollings umrissen. Sie bestehen weniger in der Bereitschaft zum Datenvergleich innerhalb des Unternehmens und mit anderen Unternehmen. Die Schwierigkeit besteht in der **aussagefähigen Datenerhebung** der weichen bzw. qualitativen Größen. Von ihrer Qualität und Nachvollziehbarkeit hängt die Akzeptanz der Zahlen und damit auch der daraus abgeleiteten Maßnahmen ab. Hinzu kommt, dass die grundsätzliche Plausibilität des Ursachen-Wirkungs-Zusammenhang „qualifizierte und motivierte Mitarbeiter – zufriedene Kunden – erfolgreiches Unternehmen“ einsichtig ist. Dies haben wir in F.IV.1. anhand des Business Excellence Modells belegt. Das Problem besteht jedoch in der unzureichend geklärten Stärke der Ursachen-Wirkungs-Beziehungen einzelner Maßnahmen. Die Praxis erhofft sich hier Patentrezepte, welche die Wissenschaft nicht liefern kann.

- Die **Personalentlohnung** ist der Bereich der Personalpolitik, dem aus Sicht der Mitarbeiter, des Betriebsrates und auch der Gewerkschaften oftmals die höchste Bedeutung zukommt. Dies hat mehrere Gründe: So wirken sich alle Veränderungen in der Art und Höhe der Entlohnung quantitativ und unmittelbar nachvollziehbar bei den Mitarbeitern aus. Hierdurch lassen sich Forderungen und Maßnahmen für eine höhere Entlohnung leicht emotionalisieren. Es geht neben einer ausreichenden Höhe der Entlohnung zur Sicherung des erworbenen Lebensstandards vor allem um die – bezogen auf die erbrachte Leistung und den sozialen Vergleich mit Kollegen – als **gerecht empfundene Entlohnung**. Hierbei ist immer zu berücksichtigen, dass zu dem an den Mitarbeiter ausbezahlten Entgelt für seine Leistung für das Unternehmen noch zusätzliche Personalnebenkosten für soziale Sicherungsmaßnahmen entstehen. Wir sind hierauf ausführlich in C.I.2.c. eingegangen. Insbesondere im Ländervergleich zeigt sich, dass die unterschiedliche Höhe von **Personalnebenkosten** eine starke Wirkung auf die Gesamtkostenstruktur einer Industrienation hat und damit ihre Wettbewerbsfähigkeit nicht unwesentlich mitbestimmt.
  Neben der direkten Vergütung der Arbeitsleistung geht eine größere Anzahl von Unternehmen dazu über, die Mitarbeiter zusätzlich **am erwirtschafteten Unternehmenserfolg zu beteiligen**, und zwar bezogen auf das einzelne Profit-Center und/ oder auf das gesamte Unternehmen. Auch wenn dies eine anteilige Vergütung ist, die auf einem Verteilungsschlüssel basiert, kann hierdurch die Identifikation mit der Leistung erhöht werden, die in der Gruppe bzw. in einem Unternehmensteil oder dem gesamten Unternehmen erbracht wurde. Es

versteht sich von alleine, dass diese Beziehung nie so stark ist, wie bei der individuellen Leistung einer einzelnen Person. Allerdings sollen durch die Prämienzahlungen das Wir-Gefühl und der Stolz auf das Unternehmen gestärkt werden. Einige Unternehmen sind auch aus diesen Gründen dazu übergegangen, Prämienzahlungen an die Mitarbeiter auf der Grundlage einer monatlichen Erfolgsrechnung zu ermitteln und auszuzahlen. Gegenstand sind also Ertrags- oder Gewinnbeteiligungen. In der Regel überwiegt dabei eine Barauszahlung und keine Kapitalbeteiligung im Sinne von eingebrachtem Mitarbeiterkapital oder Belegschaftsaktien.
In der Wissenschaft besteht jedoch seit vielen Jahren Einigkeit darüber, dass der **Faktor Geld** zu den so genannten **extrinsischen Motivationsfaktoren** gehört und damit in seiner Motivationswirkung nach oben begrenzt ist (siehe hierzu weiter unten Personalführung/ -motivation).
Im Folgenden gehen wir auf einzelne Bestimmungsfaktoren und Konsequenzen der **Entgeltfindung** ein.

- Zunächst ist von Bedeutung, nach welchen **Kriterien** das Arbeitsentgelt festgesetzt wird. Hierbei können drei Teilaspekte berücksichtigt werden: Zum Ersten **inputorientiert**; dabei werden unterschiedliche Arbeitsanforderungen einzelner Tätigkeiten zu Grunde gelegt, die eine Arbeitsbewertung erfordern. Zum Zweiten ist die Höhe des Entgelts **outputorientiert** ermittelbar, also nach den erbrachten Arbeitsergebnissen. Dies entspricht einer Leistungsbewertung. Das Ziel beider Bewertungsgrundlagen ist, eine Lohngerechtigkeit zu erreichen, die durch Transparenz unmittelbar nachvollzogen werden kann. Der dritte Aspekt ist eine zusätzliche Sozialorientierung, durch die die soziale Bedürftigkeit ergänzend berücksichtigt wird. Dieses Kriterium ist bei der Bezahlung im öffentlichen Dienst ergänzend zu Grunde gelegt. Auf Unternehmensebene und damit im direkten marktwirtschaftlichen Wettbewerb ist dagegen die Entgeltfestsetzung i.d.R. nur im geringen Maße **sozialorientiert**. Im betrieblichen Einzelfall kann es neben den gesetzlichen Regelungen unterschiedliche unternehmensbezogene Vereinbarungen geben. Bei einer zu starken Ausrichtung an Sozialfaktoren würden die Lohnkosten in ihrer Struktur und Höhe durch die sozialen Gegebenheiten der Belegschaft determiniert werden. Im Preiswettbewerb am Markt ließen sich die daraus resultierenden höheren Personalkosten nicht über höhere Preise weitergeben, wodurch die Wettbewerbsfähigkeit eines Unternehmens empfindlich beeinträchtigt werden könnte. Dieser Nachteil im globalen Wettbewerb aufgrund überkommener Sozialleistungen in der Vergangenheit war ein maßgeblicher Grund für die Reduzierungen der Personalkosten bei SIEMENS und DAIMLERCHRYSLER im Jahre 2004. Im Gegenzug wurde in der Vereinbarung mit dem Betriebsrat ein Verbleib der Arbeitsplätze in Deutschland und damit eine Arbeitsplatzgarantie für mehrere Jahre gewährt.
- Die **Arbeitsbewertung** setzt sich z.B. aus Anforderungen wie Fachkenntnisse, Geschicklichkeit, körperliche und geistige Anstrengung und Verantwortung zusammen. Erfolgt diese Bewertung global unter gleichzeitiger Einbeziehung aller Anforderungsarten spricht man von einer Summarischen

Arbeitsbewertung. Als Ergebnis können daraus Anforderungsklassen gebildet werden, denen sich die einzelnen Arbeitsplätze zuordnen lassen. Ein solches Vorgehen entspricht dem in der Praxis weit verbreiteten **Lohngruppenverfahren**. Für die Standardlohngruppe wird in der Kombination ein Wert von 100% festgelegt. Bezogen hierauf bildet sich der Ecklohn. Je nach Arbeitsschwierigkeit ist dann eine Differenzierung der Lohngruppen mit Abschlägen oder Zuschlägen möglich. Diese Lohngruppen werden im Tarifvertrag vereinbart. Aufgrund einer immer vorhandenen Subjektivität der Arbeitsbewertung ist sie grundsätzlich Gegenstand von Betriebsvereinbarungen und unterliegt bestimmten Mitbestimmungsrechten (insbesondere § 87 BetrVG). Die Bezahlung nach der Einordnung in eine Lohngruppe bildet den Grundlohn für einen Arbeitnehmer als **Zeitlohn**.

- Zusätzlich kann auf der Basis einer Leistungsbewertung noch ein **Leistungslohn** bezahlt werden. Im Extremfall könnte auch nur ein Leistungslohn, beispielsweise als **Stück-(Geld-) oder Zeitakkordlohn** bezahlt werden. Diese Form der Bezahlung ist in der Praxis aber eher seltener anzutreffen. Üblicherweise wird anhand von quantitativ messbaren Größen, z.B. Stückzahlen oder Zeitverbräuchen, oder in Abhängigkeit vom **Erfüllungsgrad von Zielen**, also auf der Basis möglichst quantitativ formulierter Zielvereinbarungen (Management by Objectives), ein zusätzliches Leistungsentgelt bezahlt.

  Beim Stückakkord wird ein Geldsatz je produzierte Mengeneinheit vorgegeben. Beim Zeitakkord wird dagegen eine Zeitvorgabe für eine zu produzierende Einheit gemacht, die dann mit einem Geldfaktor je Zeiteinheit verrechnet wird. Im Ergebnis unterscheiden sich diese Formen des Akkordlohnes allerdings nicht. Denn im einen Fall kommt der Stundenverdienst über die Stückzahl produzierter Einheiten zustande, die mit einem Geldsatz bewertet/ multipliziert wird. Beläuft sich der Geldsatz pro Stück z.B. auf 5 EUR und werden im Normalfall pro Stunde 6 Stück produziert, dann beträgt bei einer Fertigungsmenge von 7 Stück die erreichte Höhe des **Stückakkordlohns pro Stunde** also 35 EUR statt nur 30 EUR. Im anderen Falle ergibt sich der Stundenverdienst ebenfalls über die Anzahl Stück pro Stunde, allerdings jetzt multipliziert mit der Vorgabezeit je Stück und dem Geldfaktor je Zeiteinheit. Bezogen auf das obige Beispiel bedeutet dies, dass die Vorgabezeit pro Stück 10 Minuten beträgt und beim Normalfall von 6 produzierten Einheiten über den Geldfaktor von 0,5 EUR pro Minute einen Stundenverdienst von 30 EUR ergibt. Wenn der Arbeitnehmer in einer Stunde 7 Stück produziert, dann ermittelt sich sein **Zeitakkord pro Stunde** rechnerisch aus 70 Minuten (7 Stück × 10 Minuten /Stück), multipliziert mit dem Geldfaktor von 0,5 EUR/ Minute, also 35 EUR.

  Beide Formen können als **Einzelakkord**, also für einen einzelnen Arbeitnehmer, oder als **Gruppenakkord**, also für eine Montagegruppe oder teilautonome Arbeitsgruppe, vergütet werden. Voraussetzung ist die Akkordfähigkeit der Tätigkeit, also eine manuelle und immer gleichartige Fertigungs- oder Montagearbeit, die der Arbeitnehmer im Ergebnis durch seine Leistung unmittelbar beeinflussen kann. Je größer der Automatisierungsgrad in der

Produktion ist und je stärker ein Arbeitnehmer von der Laufzeit und Taktzeit der Maschinen abhängt, desto weniger ist diese Anforderung erfüllt.
Beim Akkordlohn summieren sich die Zuschläge linear für den Arbeitnehmer auf. Anders ist dies beim **Prämienlohn**; dort wird eine quantitative Mehrleistung des Arbeitnehmers nicht in voller Höhe an ihn vergütet, sondern nach einem bestimmten Schlüssel zwischen ihm und dem Unternehmen aufgeteilt. Im Gegensatz zum Akkordlohn, bei dem die Lohnkosten pro Stück konstant bleiben, da die gesamte Mehrleistung dem Arbeitnehmer vergütet wird, sinken beim Prämienlohn die Lohnkosten pro Stück. Der Arbeitnehmer bekommt für jede Einheit **Mehrleistung** zwar eine Prämie, aber sie nimmt beim Erreichen bestimmter Eckwerte ab. Neben der abnehmenden direkten Beeinflussbarkeit des Produktionsprozesses und der Produktionsleistung durch den Arbeitnehmer in automatisierten Fertigungsprozessen liegt ein weiterer Grund für den Prämienlohn darin, dass qualitative Faktoren, welche die Arbeitsleistung bestimmen, in stärkerem Maße berücksichtigt werden können.
Neben dem Unterschreiten von quantitativen Zeitvorgaben können also **qualitative Leistungen**, wie beispielsweise eine geringere Ausschussquote und damit eine höhere Qualität oder die Verringerung von Leerlauf- oder Wartungszeiten, zu einer Prämienvergabe führen. Der Grund liegt damit in einer höheren Qualifikation oder zumindest einer besseren Steuerung der Arbeit durch den Mitarbeiter und ist somit qualitativ; das erwirtschaftete zusätzliche Ergebnis muss aber immer anhand definierter Kriterien quantitativ messbar sein, ggf. über Indikatoren, die eine erbrachte Mehrleistung anzeigen. Eine Prämie wird also auf den vereinbarten Grundlohn – mindestens in Höhe des Tariflohnes – bezahlt, wenn der Arbeitnehmer eine objektiv nachvollziehbare Mehrleistung erbracht hat.

- Die **betrieblichen Sozialleistungen** sind weitere Lohnelemente, welche Lohnnebenkosten auf der Grundlage gesetzlicher Regelungen oder auf freiwilliger betrieblicher Basis bewirken. Sie können Geld-, Dienst-, oder Sachleistungen sein, die den Arbeitnehmern eines Unternehmens zugute kommen. Zu den **gesetzlichen Regelungen** gehören z.B. die Vorgaben zur Arbeitslosen-, Kranken- und Rentenversicherung sowie Beiträge zur Berufsgenossenschaft als Träger der gesetzlichen Unfallversicherung. **Tarifliche Regelungen** erstrecken sich beispielsweise auf Weihnachts- und Urlaubsgeld, die das 13. Gehalt bilden. Auf Unternehmensebene können unter anderem **Betriebsvereinbarungen** zur betrieblichen Altersvorsorge, zu vermögenswirksamen Leistungen, zu Verpflegungszuschüssen, Werkswohnungen oder auch zur freien Nutzung von betrieblichen Sportanlagen bestehen. Die Motive für derartige **freiwillige betriebliche Sozialleistungen** sind zum einen Fürsorge für die Betriebsangehörigen und Verbesserung des Betriebsklimas, zum anderen aber auch mehr Motivation zur Leistung und Bindung an das Unternehmen. Zugleich sollen sie durch ein positives Außenbild des Unternehmens die Rekrutierung qualifizierter neuer Mitarbeiter erleichtern.

- Abschließend sind noch einmal die Komponenten eines ganzheitlichen Entgeltkonzepts zusammengefasst, die auf der Einteilung von JOACHIM HENTZE und DANIELA OLSCHINSKI basieren:

  * Den Grundstock bildet als festes Entgelt das Sockelentgelt, z.B. nach dem Lohngruppenverfahren. Hierzu gehören auch die gesetzlichen und freiwilligen betrieblichen Sozialleistungen.
  * Hierauf bauen variable Entgeltbestandteile auf, die leistungs- und ergebnisabhängig sind. Sie können sich zusammensetzen aus der individuellen Arbeitsleistung, also Akkord- oder Prämienlöhnen oder Prämien für die Zielerreichung.
  * Der nächste variable Gehaltsbestandteil kann eine zusätzliche Prämie in Abhängigkeit von der Ertragslage des Unternehmens sein. Hierin drückt sich nicht nur die Performance des Unternehmens im globalen Wettbewerb aus, sondern es spiegelt zugleich auch die gesamte Marktsituation wider.
  * Die Beeinflussbarkeit ist genau in umgekehrter Reihenfolge gegeben. Alle variablen Entgeltbestandteile unternehmens- oder personenbezogener Art fallen weg, wenn die sachlichen Gründe hierfür nicht gegeben sind. Bestehen bleibt dann die Basisvergütung mit den (gesetzlichen) Sozialleistungen.

• Die **Personalbetreuung** ist eine wichtige qualitative Aufgabenstellung der Personalabteilung. Sie lässt sich unterteilen in Maßnahmen der Personalbetreuung im engeren und im weiteren Sinn:

  - Die **Personalbetreuung im engeren Sinne** umfasst das betriebliche Sozialwesen. Dazu gehören alle Einrichtungen, Maßnahmen und Leistungen, die den Mitarbeitern über das vereinbarte Entgelt hinaus zukommen. Dies sind die oben bereits angesprochenen **gesetzlichen und tariflichen Sozialleistungen** sowie entsprechende Regelungen auf betrieblicher Ebene. Die **freiwilligen betrieblichen Sozialleistungen** eines Unternehmens werden häufig nach dem so genannten Cafeteria-System angeboten. Dies besagt, dass jeder Mitarbeiter aus den vorgegebenen Alternativen die von ihm präferierten freiwilligen Sozialleistungen entsprechend seinen persönlichen Bedürfnissen auswählen kann, allerdings nur bis zu einem festgelegten Budget. Hierbei können Abstufungen nach unterschiedlichen Kriterien, z.B. der Betriebszugehörigkeit oder der Familiengröße gemacht werden. Diese individuelle Wahlfreiheit vergrößert das subjektiv empfundene Nutzenniveau der freiwilligen betrieblichen Sozialleistungen. Zugleich erhöht es aber auch den jeweiligen Verwaltungsaufwand.
  - Durch eine **Personalbetreuung im weiteren Sinne** sollen vor allem qualitative Faktoren positiv beeinflusst werden. Hierzu gehören insbesondere die Zufriedenheit mit der Arbeits- und Führungssituation, eine ausreichende Information über betriebliche Belange sowie die aktive Mitwirkung bei/ an Veränderungen. Das Ziel besteht darin, durch ein **Marketing nach innen**

das Wohlbefinden der Mitarbeiter zu vergrößern, um so die Bindung von Leistungsträgern an das Unternehmen zu sichern.

Um die speziellen Anforderungen und Bedürfnisse einzelner Mitarbeitergruppen erkennen und befriedigen zu können, ist im Personalbereich häufig eine **zielgruppenorientierte Organisation** aufgebaut worden, wie sie auch das auf externe Kunden ausgerichtete externe Marketing favorisiert. Mit anderen Worten wurde ein **Personalreferentensystem** eingeführt, bei dem Spezialisten im Personalbereich für ausreichend große, nach definierten Kriterien homogene Mitarbeitergruppen im Unternehmen ausschließlich zuständig sind. Sie haben dann vertieftes Wissen über ihre Zielgruppe und pflegen nach Möglichkeit einen unmittelbaren Kontakt. In einem ausreichend großen Unternehmen oder Unternehmensteil ist dann ein Personalreferent respektive eine Personalreferentin zuständig für eine definierte Gruppe von Mitarbeitern, z.B. gewerbliche Arbeitnehmer, Auszubildende, den technischen Außendienst, den Führungskräftenachwuchs oder Führungskräfte einer Ebene.

Eine zweite Variante des Personalreferentensystems mit der Zuständigkeit für Unternehmensteile ist der vorstehend genannten direkten Zielgruppenorientierung unterlegen. In diesem Fall erfolgt die Betreuung durch das Personalwesen zwar für alle Mitarbeiter eines Unternehmensteils, z.B. die Gießerei oder ein Werk an einem Standort. Der/ die Personalreferent/ in ist dann aber zuständig für alle Beschäftigten dieses Standortes.

- Um das Ziel einer ausreichenden Informationsbasis zu den Anforderungen und Bedürfnissen aller Mitarbeiter und damit auch der jeweils betreuten Gruppe zu erreichen, sind **Mitarbeiterbefragungen** heute ein wichtiges Standardinstrument. Mit ihnen soll die jeweilige Zufriedenheit mit der spezifischen Arbeits- und Führungssituation ermittelt werden. Hierzu wird eine definierte Anzahl spezieller Fragen zu unterschiedlichen Themenbereichen gestellt. Es versteht sich von alleine, dass die Ergebnisse differenziert nach einzelnen Mitarbeitergruppen ausgewertet werden müssen. Auf ihrer Basis kann der Mitarbeiterzufriedenheitsindex (MZI) und der Mitarbeiterbindungsindex (MBI) sowohl für das ganze Unternehmen als auch für einzelne Mitarbeitergruppen errechnet werden. Mitarbeiterbefragungen sind dabei auch ein wichtiges Instrument der Personalführung.
- In fortschrittlichen Unternehmen wird neben einer allgemeinen Analyse der Arbeits- und Führungssituation auch eine so genannte **Vorgesetztenbewertung** in vollständig anonymisierter Form durchgeführt. Sie hat zum Gegenstand, dass ein Vorgesetzter direkt auf sich zurechenbar, aber in anonymer Form eine Bewertung seines Führungsverhaltens durch seine eigenen Mitarbeiter erhält. Eine allgemeine Mitarbeiterbefragung macht im Vergleich hierzu nur Aussagen über das Führungsverhalten von Führungskräften einer Ebene oder eines Bereiches. Neben diesem Fremdbild durch die Mitarbeiter wird bei einer Vorgesetztenbewertung üblicherweise auch ein Eigenbild der Führungskraft im Vorfeld erfragt. Ergänzend wird zur Bewertung der eigenen Mitarbeiter das Profil aller anderen Führungskräfte in anonymisierter

Form geliefert, so dass ein Vorgesetzter einen Abgleich mit dem Ergebnis anderer Führungskräfte durchführen kann.

- Die aussagefähigste Form einer derartigen Rückkopplung ist eine **360 Grad Beurteilung**. Sie setzt sich aus vier Bewertungen einer Führungskraft zusammen:

  * Vertikal von oben nach unten die übliche Bewertung durch den übergeordneten Vorgesetzten, und zwar die vergangenheitsbezogene Leistungsbewertung und die zukunftsbezogene Potenzialbewertung. Diese Bewertung ist die einzige, die aufgrund ihres Charakters im Gegensatz zu den folgenden drei Verfahren nicht anonym, bezogen auf die Ausfüller des Fragebogens, ist.
  * Vertikal von unten nach oben die Bewertung des Vorgesetzten durch eine Mitarbeiterbefragung oder eine spezielle Vorgesetztenbewertung.
  * Horizontal von der einen Richtung eine Bewertung durch die gleichgestellten Kollegen im selben Unternehmensbereich, welche die Qualität der Zusammenarbeit innerhalb der Organisationseinheit ausdrückt.
  * Horizontal von der anderen Richtung eine Bewertung der internen Kunden-Lieferanten-Beziehungen im Unternehmen. Die Qualität der Zusammenarbeit wird also von Kollegen anderer Bereiche beurteilt. Falls entsprechende direkte Kontakte bestehen, kann dies auch eine Bewertung durch externe Kunden sein.

- Eine Befragung schafft Klarheit darüber, wo aus Sicht der Mitarbeiter Probleme bestehen. Genauso wichtig wie das Wissen um ihre Probleme ist jedoch auch die Bereitschaft zu deren Beseitigung. Das macht zum einen eine **umfassende Information der Mitarbeiter** über die Befragungsergebnisse erforderlich. Zum anderen muss der Wille der Unternehmensleitung gegeben sein, die Mitarbeiter aktiv in den Verbesserungsprozess im Sinne einer Organisationsentwicklung einzubeziehen.
- **Typische Defizite**, die durch eine Mitarbeiterbefragung offengelegt werden, sind häufig eine subjektiv als nicht ausreichend empfundene Information, und zwar sowohl über stellen- und abteilungsbezogene Sachverhalte als auch über Hintergrundinformationen zum Unternehmen. Ferner werden beispielsweise die Weiterbildungsangebote und Beförderungsmöglichkeiten als nicht zufriedenstellend empfunden. Die Höhe der Entlohnung absolut und im sozialen Vergleich erfährt fast nie eine gute Bewertung. Kritik am Führungsverhalten des Vorgesetzten kann sich im Unternehmen je nach Abteilung/ Unternehmensteil stark unterscheiden.
- **Konkrete Verbesserungsmaßnahmen** müssen einer Mitarbeiterbefragung unbedingt folgen, um die entstandene Erwartungshaltung der Mitarbeiter in dieser Richtung zu erfüllen, die Glaubwürdigkeit der Unternehmensleitung beim Einsatz dieses fortschrittlichen Führungsinstrumentes zu erhalten und vor allem die aufgedeckten Probleme zu lösen. Gerade der Bereich Mitarbeiterinformation dient dazu, den negativen Wirkungskreis Unkenntnis – Unsicherheit – Misstrauen – Frustration – „innere Kündigung“ zu durchbrechen. Neben den klassischen Informationsmedien für Mitarbeiter wie

Schwarzes Brett, Rundschreiben und Hauszeitschrift werden immer häufiger elektronische Mitarbeiterportale im Intranet eingesetzt. Die Mitarbeiter erhalten hierüber schnell und konzentriert aktuelle Informationen. Sie können sich zugleich auch über verschiedene Unternehmensbereiche und Ergebnisse, wie z.B. Markterfolge, oder Anforderungen durch neue Technologien detaillierter informieren. Ein derartiges Mitarbeiterportal enthält damit Informationen in einem Cafeteria-System, in dem sich der Mitarbeiter nach Bedarf bedienen kann. Entscheidend ist jedoch ein anderes Faktum: Die Information der Mitarbeiter ist damit nicht länger Bringschuld, sondern sie wird zur Holschuld.

Auf Maßnahmen zur Weiterbildung gehen wir bei der Personalfunktion Personalentwicklung näher ein. Ansatzpunkte zur Verbesserung der Personalführung sowie zur stärkeren Mitwirkung am Arbeitsplatz werden an späterer Stelle ebenfalls ausgeführt. Von allen diesen Maßnahmenbereichen gehen gleichermaßen zusätzliche positive Wirkungen im Rahmen der Personalbetreuung aus.

- Ähnliche Ergebnisse, insbesondere auch auf das Image des Unternehmens, werden durch Maßnahmen angestrebt, die sich auf die besondere **Betreuung bestimmter Mitarbeitergruppen** konzentrieren. Dies sind z.B. neue Mitarbeiter, suchtgefährdete oder ernsthaft kranke Mitarbeiter, gekündigte Mitarbeiter (Out-/ Newplacement) und nicht zuletzt Mitarbeiter im Ruhestand. Ergänzend lassen sich im Rahmen der Personalbetreuung **außerbetriebliche Veranstaltungen** nutzen, um neben einer Imagewirkung eine Netzwerkbildung im Freizeitbereich zu fördern. Hierzu gehören typischerweise Sportgemeinschaften/ Hobbygruppen sowie „Tage der offenen Tür" für Familienangehörige oder Betriebsausflüge. Allerdings ist festzustellen, dass insgesamt im letzten Bereich das Interesse der Mitarbeiter in den vergangenen Jahren merklich abgenommen hat.

- Eine sehr wichtige Funktion der Personalpolitik ist die **Personalführung und -motivation**. Im Englischen wird der Begriff Führung differenziert, und zwar einerseits in „Leadership", das in stärkerem Maße die personenbezogenen „weichen" Führungsaufgaben kennzeichnet, wie sie im Folgenden im Vordergrund stehen. Der Vorgesetzte besitzt damit nicht nur eine Fachkompetenz und kann Führungsinstrumente einsetzen, sondern verfügt auch über eine soziale Kompetenz. In Abgrenzung hierzu kennzeichnet andererseits der Begriff „Management" als Führung eine stärkere Ausrichtung auf die „harten" Führungsaufgaben, wie sie für die Steuerung von Abteilungen und Unternehmensbereichen wahrzunehmen sind.

  **Führung** bedeutet grundsätzlich das **zielorientierte Steuern von menschlichem Verhalten**. Es geht also um eine Einflussnahme auf menschliches Verhalten, um (gemeinsame) Aufgaben zu erfüllen und (gemeinsame) Ziele zu erreichen. Die Erfordernis der Führung erwächst aus der Notwendigkeit oder dem Willen, Aufgaben auf andere Personen zu delegieren. Diese Übertragung ist immer mit einem bestimmten Führungsstil gekoppelt. Führung ist dann grundsätzlich erfolgreich, wenn dadurch andere dazu gebracht werde, dass sie die

Ziele, die im Sinne des Unternehmens und unter Berücksichtigung ihrer persönlichen Interessen mit ihnen vereinbart wurden, auch bewusst erreichen; und zwar möglichst so gut, wie wenn man es selbst gemacht hätte, oder sogar noch besser.
Wichtig ist dabei die Verbindung zwischen der **Erfüllung der Sachziele** des Unternehmens mit Leistungs- und Zeitvorgaben und der **Erreichung persönlicher Ziele** des Mitarbeiters. Im ersten Fall entsteht eine Produktivitätswirkung, im zweiten Fall eine Zufriedenheitswirkung. Beide Wirkungsarten sind jedoch durch Wechselwirkungen miteinander vernetzt. So kann das erreichte Stellenziel bei einer entsprechenden Anerkennung durch den Vorgesetzten die Zufriedenheitswirkung steigern. Und wenn durch die übertragenen Aufgaben auch persönliche Ziele z.B. im Hinblick auf Weiterbildung und Karriere gefördert werden, dann stärkt dies die Motivation zum Erreichen der Sachziele.
Unter diesem Blickwinkel hat Führung zwei Funktionen: Die **Lokomotionsfunktion** schafft für den einzelnen Mitarbeiter und die Gruppe/ das Team motivierende Arbeitsbedingungen. Die **Kohäsionsfunktion** fördert den Zusammenhalt und die Loyalität innerhalb der Gruppe.
Der Führungsstil und der **Führungserfolg** hängen von vier Einfluss- und Gestaltungsfeldern ab: Zum einen in sachbezogener Hinsicht von den übertragenen Aufgaben und den zu erledigenden Arbeitsinhalten (1) sowie von dem Arbeitsumfeld und den konkreten Arbeitsumständen (2). Zum anderen in personenbezogener Hinsicht von der Einstellung, den Fähigkeiten und dem Verhalten des Vorgesetzten (3) sowie in entsprechender Weise des Mitarbeiters (4). Die Anforderung an den Führungsstil eines Vorgesetzten ist dabei, durch zielführendes Verhalten und geeignete Instrumente zu erreichen, dass seine Mitarbeiter selbstständig arbeiten sowie erfolgreich und zufrieden sind. Unter einem **Führungsstil** wird die grundsätzliche Ausrichtung und Ausprägung des Verhaltens einer Führungskraft verstanden, die sich anhand weniger Variablen und Faktoren kennzeichnen lässt. Dadurch ist ein Führungsstil immer stereotyp, also allgemein gehalten und letztlich vergröbernd. Das **Führungsverhalten** eines Vorgesetzten kann i.d.R. schwerpunktmäßig einem Führungsstil zugeordnet werden. Es ist aber aufgrund seiner Situationsbezogenheit sehr viel differenzierter in seiner Ausprägung.
Die Unterteilung unterschiedlicher Führungsstile geht auf Ergebnisse von Laborexperimenten zurück, wie sie insbesondere von KURT LEWIN (1890 – 1947) in den Jahren 1938-1940 in den so genannten IOWA-Studien durchgeführt wurden. Hierauf wird im Folgenden teilweise zurückgegriffen. Zusätzlich wird das bipolare Führungskontinuum von ROBERT TANNENBAUM (1917 – 2003) und WARREN H. SCHMIDT zu Grunde gelegt, das – allein auf das Merkmal der Verteilung von Entscheidungsaufgaben beschränkt – auf der einen Seite eine autoritäre Führung durch den Vorgesetzten mit einer Entscheidungszentralisation und auf der anderen Seite eine kooperative Führung mit einer starken Entscheidungsdezentralisation auf die Mitarbeiter vorsieht. Für die folgende Klassifikation der drei Führungsstile „Autoritär", „Kooperativ/ partizipativ" und „Laisser-faire", wie sie in Abbildung F-IV-9 wiedergegeben sind, werden in einem Kontinuum die Kriterien Anweisung und **Vorgesetztenorientierung** auf der einen

Seite sowie Freiraum und **Mitarbeiterorientierung** auf der anderen Seite verwendet. Der autoritäre oder der Laisser-faire-Führungsstil sind danach die beiden Extreme, der kooperative/ partizipative Führungsstil kennzeichnet die Balance zwischen Anweisung und Freiraum.

- Ein **autoritärer Führungsstil** ist durch eine hohe Entscheidungszentralisation auf den Vorgesetzten gekennzeichnet. Dadurch haben die Mitarbeiter nur einen begrenzten Handlungsspielraum und kaum eigenständige Delegationsbereiche. Der Führungsstil folgt dem Menschenbild der **Theorie X** von DOUGLAS M. MCGREGOR (1906 – 1964), welches den Grundtyp eines Menschen postuliert, der eine angeborene Abneigung gegen Arbeit hat und diese daher ablehnt. In der Folge ist es aus dieser Sichtweise erforderlich, Mitarbeiter zur Arbeit zu zwingen, sie zu kontrollieren und für den Fall der Abweichung Strafen anzudrohen. Dies entspricht nach diesem Menschenbild auch dem Wunsch der Mitarbeiter. Sie ziehen es vor, geführt zu werden und sind nicht bereit Verantwortung zu übernehmen. In entsprechender Weise verläuft der Informationsfluss bei einem autoritären Führungsstil primär hierarchisch von oben nach unten. Ebenso erfolgt die Kontrolle durch den Vorgesetzten. Die Mitarbeiter haben kaum einen Spielraum für Eigeninitiative und -verantwortung. Von daher ist der Führungsstil und das ganze System eher statisch, also die Macht konservierend. Dies führt tendenziell zu einer Frustration der Mitarbeiter und ggf. zu Abwanderung.
- Die Gegenposition am anderen Ende des Kontinuums ist eine **Laisser-faire-Führung**. Sie ist durch einen großen, aber ungeklärten Handlungs- und Entscheidungsspielraum der Mitarbeiter gekennzeichnet. Der Führungsstil ist entsprechend dem Wortsinn dadurch geprägt, dass der Vorgesetzte „die Situation laufen lässt“, also keine klaren Aufgaben, Ziele sowie Delegations- und Verantwortungsbereiche überträgt. Der Erfolg hängt damit von den Mitarbeitern ab. In entsprechender Weise sind der Informationsfluss sowie die Kontrolle ungeklärt, da der Vorgesetzte die Führungssituation nicht aktiv ausfüllt. Damit verbunden sind dann auch eine unklare Eigenverantwortung und eine eher abnehmende Eigeninitiative. Zusammen mit einer relativ großen Freiheit, aber auch einem Gefühl des Unbehagens führt dies zu einer eher geringen Bindung der Mitarbeiter an die Institution.
- Die Mittellage zwischen diesen beiden extremen Führungsstilen nimmt der **kooperative/ partizipative Führungsstil** ein. Er führt zum „goldenen Schnitt“ zwischen Vorgesetztenorientierung/ Anweisungen einerseits und Mitarbeiterorientierung/ Freiraum andererseits. Vom Wortsinn her bedeutet ein kooperativer Führungsstil ein in starkem Maße auf Zusammenarbeit mit den Mitarbeitern ausgerichtetes Führen des Vorgesetzten. Ein partizipativer Führungsstil ist in stärkerem Maße darüber hinaus auf eine aktive Mitwirkung der Mitarbeiter durch Aufgaben-, Entscheidungs- und Verantwortungsdelegation. Er folgt damit dem Menschenbild der Theorie Y von MCGREGOR bzw. dem in F.II.3.c. aufgezeigten Typ Z von WILLIAM G. OUCHI.

***Vorgesetztenorientierung*** **Anweisung** — ***Mitarbeiterorientierung*** **Freiraum**

| ***Autoritär*** | ***Kooperativ/ partizipativ*** | ***Laisser-faire*** |
|---|---|---|
| o Erfolg abhängig vom Vorgesetzten | o Erfolg abhängig vom Vorgesetzten und den Mitarbeitern | o Erfolg abhängig von den Mitarbeitern |
| o Begrenzter Handlungsspielraum der Mitarbeiter ohne (Teil-) Entscheidungskompetenz/ keine Delegation | o Gemeinsam abgesprochener Handlungsspielraum mit (Teil-) Entscheidungskompetenz der Mitarbeiter/ Delegation | o Ungeklärter Handlungs- und Entscheidungsspielraum/ Abwälzen statt Delegieren |
| o Informationsfluss: Vorgaben von oben, Vollzugsmeldung von unten | o Informationsfluss wechselseitig | o Informationsfluss ungeklärt bzw. von unten nach oben |
| o Kaum Eigeninitiative und Eigenverantwortung | o Stärkere Eigeninitiative und Eigenverantwortung | o Abnehmende Eigeninitiative und unklare Eigenverantwortung |
| o Eher abnehmende Qualifikation der Mitarbeiter | o Förderung und Entwicklung der Mitarbeiter | o Geringe Bindung der Mitarbeiter an die Institution |
| o Nur Fremdkontrolle | o Eigenkontrolle neben Fremdkontrolle | o Ungeklärte Kontrolle |
| o Tendenz zur Frustration | o Möglichkeit zu Erfolgserlebnissen | o Gefühl der Freiheit, aber auch des Unbehagens |

**Abb. F-IV-9:** Wirkungen von Führungsstilen

Die **Theorie Y** geht dabei von einem Grundtyp Mensch aus, der das Arbeiten nicht prinzipiell ablehnt, da die dabei verrichteten physischen und psychischen Anstrengungen ebenso zum Wesen des Menschen gehören wie Essen und Schlafen. Somit sind nicht einzig Überwachung und Strafe, entsprechend Theorie X, Mittel um den Menschen zur Arbeit zu bewegen, sondern auch Eigeninitiative und Selbstkontrolle. Voraussetzung hierfür ist allerdings eine Identifikation der Individuen mit dem Arbeitsziel. Sie wird insbesondere durch die erreichbare Belohnung bewirkt, die nicht nur materieller Natur ist, sondern häufig aus der Befriedigung der Ich-Bedürfnisse und des Bedürfnisses nach Selbstverwirklichung besteht.

Durch die ausgewogene Balance von Anweisungen und Freiraum hängt der **Erfolg beim kooperativen/ partizipativen Führungsstil** somit vom Vorgesetzten und seinen Mitarbeitern gemeinsam ab. Eine Delegation von Handlungs- und Entscheidungsspielräumen, die ein Empowerment der Mitarbeiter kennzeichnet, wird im Dialog vereinbart. Der Informationsfluss ist wechselseitig, und die Kontrolle findet auf beiden Seiten statt. Die dabei insgesamt mögliche stärkere Eigeninitiative und Eigenverantwortung führt zu einer Förderung und Entwicklung der Mitarbeiter und schafft Raum für Erfolgserlebnisse. Die positiven Wirkungen sind entsprechend dieser Aufzählung nahezu idealtypisch. In der Unternehmenspraxis werden sie wegen unterschiedlichen Verhaltens von Vorgesetzten und Mitarbeitern sowie aufgrund von externen Einflussfaktoren nicht in dieser Reinform erreicht. Dennoch hat dieser Führungsstil eine hohe Bindungswirkung auf leistungsfähige Mitarbeiter und eine hohe Erfolgsquote im Erreichen quantitativer, aber auch qualitativer Ziele.

- In Ergänzung hierzu lassen sich praxisbezogen noch einige weitere Führungsstile unterscheiden, die sich an die Herrschaftsformen von MAX WEBER anlehnen und von EBERHARD WITTE klassifiziert wurden. Ein **patriarchalischer Führungsstil** beruht auf der Autorität der führenden Person und vermittelt eine Treue- und Versorgungspflicht gegenüber den Geführten. Von diesen werden aber in gleichem Maße Treue und Unterordnung erwartet. Ein **charismatischer Führungsstil** ist in gleicher Weise auf eine Person fixiert, in diesem Falle aber auf die Ausstrahlungskraft der Person. Der Führungsanspruch resultiert also nicht aus der Position und Legitimation, sondern aus der Persönlichkeit. Der **autokratische Führungsstil** ist wie der bürokratische Führungsstil auf einen institutionalisierten Instanzenapparat mit Hierarchie ausgerichtet und durch exakt geregelte Kompetenz-, Subordinations- und Kontrollbereiche gekennzeichnet. Beim **bürokratischen Führungsstil** dominiert das Dienstwegprinzip und dabei die Trennung zwischen Entscheidung und Ausführung. Die fachbezogenen Kompetenzen sind durch genaue Beschreibungen der Stellenbefugnisse und Verwaltungsabläufe eng begrenzt.

Generell gilt, dass es nicht „den einzig richtigen" Führungsstil gibt und auch kein individuell einheitlicher Führungsstil existiert. Erforderlich ist vielmehr ein **situationsbezogen differenziertes Führungsverhalten** des Vorgesetzten. Vor dem Hintergrund der eigenen Persönlichkeit und unter Berücksichtigung der drei weiteren Einflussfaktoren Arbeitsinhalte, Arbeitssituation und Persönlichkeit des Mitarbeiters wesentlich ist, dass ein einheitliches Grundmuster des Verhaltens entwickelt wird mit einem definierten „Korridor" für eine zulässige Verhaltensvariation. Auf diese Weise kann und wird Führung Sicherheit geben, nämlich über das vom Vorgesetzten zu erwartende Verhalten sowie über das vom Mitarbeiter erwartete Verhalten. Dann kann Führung sich auch in schwierigen Situationen bewähren, also z.B. im Fall eines starken Umsatzrückganges und dadurch erforderlicher Restrukturierungsmaßnahmen oder sogar Personalfreisetzungen.

Ein kooperativer/ partizipativer Führungsstil ist, wie gezeigt wurde, generell mit einer **aktiven Mitwirkung der Mitarbeiter in Verbesserungsprozessen** verbunden. Dieses Prinzip, das durch ein spezielles Empowerment gekennzeichnet ist, existiert seit längerer Zeit. In den letzten Jahren hat sich allerdings die inhaltliche Ausrichtung verändert. Standen früher das betriebliche Vorschlagswesen und Qualitätszirkel im Vordergrund, so hat sich dies in Richtung teilautonomer Arbeitsgruppen und Kontinuierlicher Verbesserungsprozesse (KVP) als konkrete Maßnahmen der Organisationsentwicklung verschoben.

- Das **Betriebliche Vorschlagswesen** existiert heute noch in vielen Unternehmen und hat auch weiterhin seine Daseinsberechtigung. Es hat jedoch keine große Durchschlagskraft. Auf der Basis von Betriebsvereinbarungen wird festgelegt, dass Mitarbeiter für Verbesserungsvorschläge, die sie eingereicht haben und die von einem Fachgremium geprüft wurden, eine Geldprämie erhalten, wenn dieser Vorschlag umgesetzt wird und zu Einsparungen führt. Der Prozess ist durch die festgelegten Organisationsregeln relativ bürokratisch und eher langwierig. In deutschen Unternehmen beteiligten sich im Jahr 2005 durchschnittlich 20,3% der Mitarbeiter am betrieblichen Vorschlagswesen. Dabei wurden etwa 64 Verbesserungsvorschläge je 100 Mitarbeiter eingereicht. Die dafür durchschnittlich ausgeschüttete Prämie lag bei 199 EUR. Allerdings bestehen zwischen den verschiedenen Branchen und Unternehmen erhebliche Unterschiede bei der Teilnahme am betrieblichen Vorschlagswesen. Das positive Beispiel OPEL EISENACH haben wir bereits in Abschnitt A.I.2. näher ausgeführt.
- **Qualitätszirkel** sind ein aus Japan stammendes Instrument zur Entwicklung und Umsetzung von Verbesserungsvorschlägen, das in den 70er Jahren Einzug in die deutschen Unternehmen fand. In diesen Arbeitsgruppen wurden mit einfachen Analyse- und Visualisierungsinstrumenten von gewerblichen Arbeitnehmern in der Produktion oder auch von Mitarbeitern im Verwaltungsbereich Verbesserungsmaßnahmen für ihren Arbeitsbereich ermittelt. Das Ziel war dabei eine schnelle und direkte Umsetzung. Der Nachteil lag vor allem darin, dass diesen Arbeitsgruppen eine direkte Anbindung an Managementebenen fehlte und dadurch auch keine Integration in einen ganzheitlichen, auf alle Teile des Unternehmens ausgerichteten Verbesserungsprozess gegeben war. Durch dieses Strategiedefizit waren sie weitgehend wirkungslos, auf jeden Fall „kopflos".
- Abgelöst wurden Qualitätszirkel durch Teams in **kontinuierlichen Verbesserungsprozessen** (KVP). Sie lehnen an dem japanischen Konzept des Kaizen an und haben zum Ziel, Verbesserungen in vielen kleinen Schritten zu realisieren. Erforderlich sind hierzu eine entsprechende strategische Ausrichtung des Unternehmens sowie eine praktizierte „Verbesserungskultur", die sich im Verhalten und im Einsatz von Instrumenten zeigt. Generell werden alle Mitarbeiter einbezogen, um die Wertschöpfungsprozesse, also Abläufe, Strukturen und auch Inhalte, an denen sie mitwirken, kontinuierlich durch Ausschöpfung von Rationalisierungspotenzialen und Umsetzung neuer Ideen oder Maßnahmen zur Ertragssteigerung zu verbessern. KVP-Teams lassen sich im Produktionsbereich beispielsweise gut mit teilautonomen Arbeitsgruppen kombinieren.

  Die Bewertung der Maßnahmen kann auf Grund der strategischen und operativen Vorgaben unmittelbar zwischen Vorgesetzten und Mitarbeitern eines Bereiches/ einer Abteilung erfolgen. Wenn sie umgesetzt werden, erhält die

Gruppe eine entsprechende Prämie. Allerdings haben sich im Einführungsprozess aufgrund der hohen Anforderungen an die Mitarbeiter, die Gruppenleiter sowie auch die Vorgesetzten und aufgrund der erforderlichen Vorgaben durch das Unternehmen eine Reihe von Problemen und damit Ineffizienzen eingestellt. KVP-Teams sind heute in den meisten Unternehmen dennoch ein bewährtes Instrument zur Einbeziehung der Mitarbeiter in Verbesserungsprozesse. Der direkte Bezug zur Organisationsentwicklung, auf die wir zum Ende dieses Abschnittes noch eingehen, wird hieran deutlich.

Von der Personalführung und -motivation gehen nicht unerhebliche Wirkungen auf die Unternehmenskultur aus. Wir haben dazu Details in F.II.3. dargestellt. Entsprechend der Klassifikation von EDGAR H. SCHEIN beeinflusst die Mitarbeiterführung die Grundannahmen durch das Menschenbild, die Werte durch die inhaltlichen Details eines kooperativen/ partizipativen Führungsstils sowie durch das Vorleben im Verhalten der Führungskräfte und nicht zuletzt auch die Artefakte durch bestimmte Führungsrituale.

Neben der Personalführung bezieht sich der zweite Teil dieser Funktion der Personalpolitik auf die **Personalmotivation**. Unter Motivation versteht man – als Prozess oder Ergebnis – das Erzeugen einer Verhaltensbereitschaft. Aus den vorstehenden Ausführungen wurde deutlich, dass von fortschrittlichen Instrumenten und Konzepten der Personalführung positive Motivationswirkungen beabsichtigt sind und auch ausgehen. Dies gilt vor allem auch für die Maßnahmen der Personalentwicklung. Motivation ist damit immer die Folge konkreter Maßnahmen der Planung, Organisation, Steuerung und Umsetzung. Ausführungen zu den einfachen Inhaltstheorien der Motivation von ABRAHAM H. MASLOW (1908 – 1970) und FREDERICK HERZBERG (1923 – 2000) haben wir bereits an früherer Stelle gemacht (siehe hierzu C.I.2.c.).

- Motivationswirkungen können extrinsisch oder intrinsisch begründet sein. Eine **extrinsische Motivation** bedeutet, dass sie durch die externen Faktoren der Arbeitsumstände, also außerhalb der Arbeitsinhalte liegende Faktoren bewirkt wird. Die Motivation erfolgt demnach durch die wahrgenommene Angemessenheit äußerer Belohnungen und Bestrafungen (Was mir die Umstände der Tätigkeit bringen). Dies können beispielsweise die Arbeitssituation in der Gruppe, das Arbeitsentgelt oder das Führungsverhalten des Vorgesetzten, z.B. Lob für eine erfolgreiche Arbeitserledigung, sein. Angesprochen werden damit die untersten vier Klassen der MASLOW-Pyramide und vorwiegend die Hygienefaktoren von HERZBERG.
- Eine **intrinsische Motivation** wird erzeugt durch die Arbeit selbst und damit durch die internen Faktoren der Arbeitsinhalte (Was mir der Inhalt der Tätigkeit bringt). Sie hängt also zusammen mit dem Gegenstand der Aufgaben, den damit verbundenen Kompetenzen und der hieraus ableitbaren Verantwortung sowie dem Empfinden, eine schwierige Aufgabe selbstständig und erfolgreich erledigt zu haben. Grundlage für diese Motivation ist also der Handlungs-, Entscheidungs- und Kontrollspielraum. Eine intrinsische Motivation wird demnach durch Einwirkungsmacht verstärkt. Intrinsische

Motive sprechen die oberste Bedürfnisklasse bei MASLOW, also die Selbstverwirklichung, und die Motivatoren von HERZBERG an.
Nach Analysen durch JOHN RICHARD HACKMAN und GREG R. OLDHAM geht eine intrinsische Motivationswirkung von folgenden Faktoren aus:

* Der Aufgabenvielfalt, also dem Tätigkeitsspektrum
* Der Autonomie des Handelns, also dem zugebilligten Entscheidungs- und Kontrollspielraum
* Dem Ganzheitscharakter der Tätigkeit, also der Eigenständigkeit und Abgeschlossenheit der Arbeitsergebnisse
* Dem Bedeutungsgehalt der Arbeit, der sich in dem wahrnehmbaren Nutzen zeigt
* Der Rückkopplung von Ergebnissen, also Informationen über die erreichten Wirkungen.

Einige dieser Motivationswirkungen werden durch Job Rotation, Job Enlargement und Job Enrichment bewirkt. Wir kommen hierauf noch zurück.

Die Sachverhalte der intrinsischen und extrinsischen Motivation sowie die Art der Arbeitsaufgabe und die Wahrscheinlichkeit eines Tätigkeitserfolges gehen in die **Prozesstheorien der Motivation** ein. Auf dieser Basis bewertet ein Mitarbeiter eine ihm übertragene Arbeitsaufgabe dann auch bezogen auf die zu erwartende Belohnung. Die bekannteste und dennoch einfache Prozesstheorie der Motivation ist das **Erwartungs-Valenz-Modell** von LYMAN W. PORTER und EDWARD E. LAWLER, das wir in Abbildung F-IV-10 visualisiert haben.
Die Übernahme einer neuen Aufgabe, die mit einer zusätzlichen Anstrengung **(1)** verbunden ist, wird vom Mitarbeiter an zwei Kriterien bewertet: Nämlich wie hoch aus persönlicher Sicht die Wertigkeit der Belohnung **(2)**, z.B. einer Prämie oder Beförderung, ist und wie die wahrgenommene Wahrscheinlichkeit der Belohnung **(3)** bei einer entsprechenden Anstrengung subjektiv eingeschätzt wird. Die Anstrengung kennzeichnet dabei die Effizienz des Handelns und Verhaltens, also das Niveau der Bemühungen, aber noch nicht die Effektivität als angestrebten Wirkungsgrad. Diese wird durch die Leistung **(4)** als Niveau der Arbeitserledigung im Sinne einer erfolgreichen Ausführung der Aufgabe bewirkt. Dies setzt zum anderen voraus, dass bestimmte Fähigkeiten und Persönlichkeitszüge **(5)** beim Mitarbeiter gegeben sind. Außerdem muss eine der Aufgabe entsprechende Rollenwahrnehmung **(6)** vorliegen; dies bedeutet, dass der Mitarbeiter in seiner Tätigkeit effektiv ist, also durch sein Verhalten und Handeln die über die Aufgabenwahrnehmung erwarteten Ergebnisse bewirkt. Als Vorgesetzter muss er dann z.B. Zielvereinbarungen mit seinen Mitarbeitern und periodische Gespräche sowie eine abschließende Leistungsbewertung durchführen. Nach der Aufgabendurchführung bewertet der Mitarbeiter selbst die Wahrscheinlichkeit der Belohnung **(3)** auf der Grundlage des erreichten Ergebnisses. Hieraus resultieren klare Erwartungen an die folgenden Phasen dieses Motivationsprozesses.

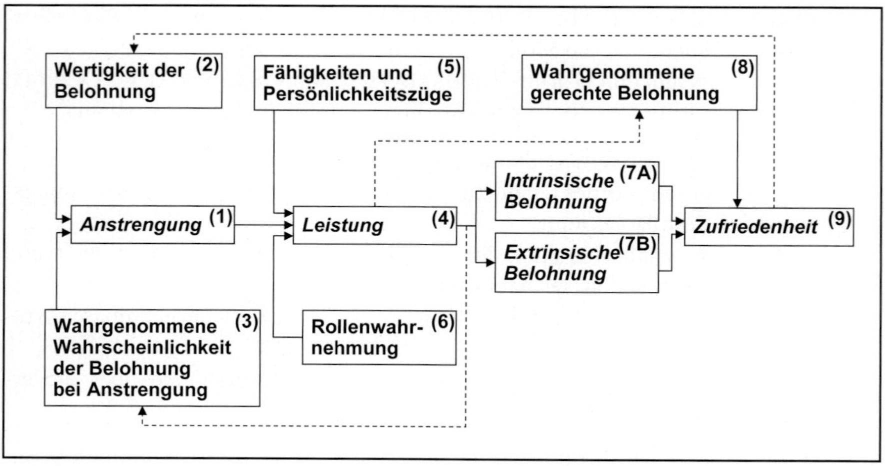


**Abb. F-IV-10:** Erwartungs-Valenz-Modell nach PORTER/ LAWLER

Die mit dem Ergebnis verbundene intrinsische Belohnung **(7A)** schöpft das Individuum aus dem Gefühl, eine schwierige Aufgabe gut gemeistert zu haben. Die extrinsische Belohnung **(7B)** entsteht durch mit der Aufgabendurchführung verbundene Faktoren. Dies kann eine Erfolgsprämie des Unternehmens und/ oder ein entsprechendes Lob des Vorgesetzten sein. Die abschließende Zufriedenheit **(9)** setzt voraus, dass die Belohnung vom Individuum als angemessen und damit gerecht empfunden wird **(8)**; das heißt, die intrinsische und extrinsische Belohnung entspricht den Erwartungen des Mitarbeiters aufgrund seiner eigenen Einschätzung der erbrachten Leistung **(4)** und aufgrund der hiermit im Zusammenhang bewerteten Wertigkeit der Belohnung **(2)**.
Bei einem erfolgreichen Abschluss dieses in einem Individuum ablaufenden Motivationsprozesses sind positive Verstärkereffekte bei der Übertragung einer erneuten Aufgabe zu erwarten. In entsprechender Weise würde ein Misserfolg eher zu einer Reduzierung der Bewertungen und Anstrengungen in der Zukunft führen. Das Modell hat unter diesen Aspekten eine relativ hohe Plausibilität. Es setzt aber bei den Mitarbeitern ein entsprechendes Bewusstsein und eine Fähigkeit zur Bewertung von Aufgaben und ihren Ergebnissen voraus.

- Die bereits mehrfach angesprochene **Personalentwicklung** hat eine wichtige zukunftsbezogene Funktion innerhalb der Personalpolitik. Im Detail geht es darum, die Führungskräfte und Mitarbeiter in ihren Kenntnissen und Fähigkeiten so weiterzuentwickeln, dass sie in ihren übertragenen Aufgabenbereichen die zukünftigen Anforderungen des Marktes, neuer Technologien und Produkte sowie veränderter Managementkonzepte erfolgreich bewältigen können. Der Gegenstand der Personalentwicklung ist also das „Wissen" und „Können". Um erfolgreich zum Einsatz zu kommen, muss es um zwei weitere Faktoren ergänzt werden, nämlich um das „Wollen", das die Motivation der Betroffenen kennzeichnet und um das „Dürfen", das die organisationsbezogenen Kompetenzen und damit das Empowerment zum Gegenstand hat.

Dabei sind mehrere Stufen der Qualifizierung unterscheidbar:

- **Ausbildung** kennzeichnet eine grundlegende Qualifizierung in einem Berufsfeld.
- **Fortbildung und berufliche Weiterbildung** umfasst alle darauf aufbauenden Qualifizierungsmaßnahmen zur Vertiefung oder Aktualisierung des Wissens, der Fertigkeiten und der Fähigkeiten in einem ausgeübten Beruf.
- **Umschulung** schließt Qualifizierungsmaßnahmen in einem anderen Bereich bzw. einem anderen Berufsfeld ein und soll zu einer anderen beruflichen Tätigkeit befähigen.
- **Personalentwicklung** umfasst Fort- und Weiterbildung als Vermittlung unternehmensspezifischer Kenntnisse und Fähigkeiten, fokussiert zusätzlich aber stärker auf eine ganzheitliche Qualifikationsverbesserung. Hierin eingeschlossen ist dann auch die soziale Kompetenz eines Individuums; es geht also um die Weiterentwicklung der gesamten Persönlichkeit. Eine umfassende Qualifizierung bezieht sich damit auf mehrere Fähigkeits- bzw. Kompetenzarten:
    * Die **Fachkompetenz** eines Individuums, also sein fachbezogenes Wissen und Können
    * Die **Methodenkompetenz**, also seine Fähigkeit, für Planung, Entscheidung und Problemlösung bestimmte Instrumente gezielt und systematisch einzusetzen
    * Die **soziale Kompetenz**, also seine Fähigkeit im Umgang und in der Zusammenarbeit mit Kollegen, Mitarbeitern und Vorgesetzten, welches zugleich die Mitwirkungskompetenz kennzeichnet.
    * In einer erweiterten Klassifikation lassen sich die drei aufgeführten Kompetenzarten einerseits zur **Problemlösungskompetenz** zusammenfassen. Hier stehen je nach Problem mehr die fachlichen und methodischen oder die sozialen Fähigkeiten im Vordergrund. Im letzteren Falle bezieht sich dies auf das Lösen von Konflikten und damit die Fähigkeit zum Konfliktmanagement. In Abhängigkeit davon, wie stark alle diese Kompetenzarten beim Individuum ausgeprägt sind, lassen sich unterschiedliche Arten der **Persönlichkeitskompetenz** unterscheiden. Eine wichtige Rolle spielt dabei die soziale Kompetenz. Alle diese Kompetenzarten müssen in der **Führungskompetenz** zusammenwirken und werden dort im Rahmen einer 360 Grad Beurteilung bewertet.

Die **Ziele** der beruflichen Fort-/ Weiterbildung und damit der Personalentwicklung sind – aus der Mitarbeitersicht formuliert – vor allem die Sicherung des eigenen Arbeitsplatzes, die Möglichkeit, einen erweiterten Tätigkeits-, Kompetenz- und Verantwortungsbereich übernehmen und ausfüllen zu können, sowie die Chance zum beruflichen Aufstieg und damit zur Karriere. Aufgrund schlanker Unternehmensstrukturen bedeutet dies heute nicht zwangsläufig einen Aufstieg vertikal in der Hierarchie. Üblich ist in zunehmendem Maße auch eine Zunahme des Verantwortungsbereiches horizontal oder diagonal; der eigene Verantwortungsbereich wird also vergrößert oder mit zusätzlichen Planungs-

und Entscheidungsfunktionen angereichert, und zwar in der bisherigen Tätigkeit oder unter Einschluss anderer Tätigkeiten. Dies schafft zugleich den Anreiz und die Motivation für entsprechende Anstrengungen der Mitarbeiter. Die Personalentwicklung hat den Anforderungen und Erwartungen der Mitarbeiter Rechnung zu tragen, um eine wichtige Rolle in der Anreiz- und Motivationspolitik des Unternehmens zu übernehmen. Inhalte und Prozesse der Personalentwicklung sind deshalb generell Bestandteile von Mitarbeiterbefragungen. Eine kontinuierliche Personalentwicklung erhöht außerdem die Veränderungsbereitschaft der Mitarbeiter und damit des gesamten Unternehmens und seiner Organisation.

Die **Arten der Personalentwicklung** sind berufsvorbereitend (Ausbildung), berufsbegleitend (Fortbildung) oder berufsverändernd (Weiterbildung oder Umschulung). Neuere statistische Untersuchungen belegen, dass heute bereits jeder dritte Arbeitnehmer im Laufe seines Berufslebens mindestens einmal den Beruf verändern bzw. wechseln muss.

Bei der Fortbildung differenziert man zusätzlich zwischen drei Arten: einer Anpassungsfortbildung, die das Wissen und Können der Mitarbeiter veränderten Anforderungen des Arbeitsplatzes anpasst, einer Aufstiegsfortbildung, die das erkannte Potenzial von Mitarbeitern für die zukünftige Wahrnehmung höherwertiger Aufgaben entwickeln will, sowie einer Ergänzungsfortbildung, die arbeitsplatzunabhängig zusätzliche Bildungsinhalte, wie z.B. Sprachen, vermittelt.

Wir gehen im Folgenden in Anlehnung an CHRISTIAN SCHOLZ auf die **Maßnahmen der Personalentwicklung** ein. Hierzu hat sich eine Klassifikation eingebürgert, welche die Nähe zur bisher durchgeführten Tätigkeit bzw. zum Arbeitsplatz kennzeichnet.

- **Into the job** kennzeichnet alle Qualifizierungsmaßnahmen, die für den Einstieg in eine Tätigkeit wichtig sind, also die Berufsausbildung, Traineeprogramme und Einarbeitungskonzepte.
- In unmittelbarem Bezug zur ausgeführten Tätigkeit stehen die folgenden Qualifizierungsmaßnahmen. Sie beziehen sich auf nachgeordnete Mitarbeiter, vor allem aber auf den Führungsnachwuchs, die so genannten High Potentials, sowie die Führungskräfte eines Unternehmens. Damit sind sie das Kernfeld der Personalentwicklung und entsprechen dem englischen Begriff Management Development.

  **Along the job** umfasst die Laufbahn- und Karriereplanung als traditionellen Gegenstand der Personalentwicklung. **On the job** kennzeichnet alle Qualifizierungsmaßnahmen, die in direktem Zusammenhang mit gegenwärtig oder zukünftig ausgeübten Tätigkeiten stehen. Neben speziellen Trainingsmaßnahmen, Projektarbeit und Anleitungen/ Beratungen durch den Vorgesetzten gehören hierzu vor allem die folgenden drei Arten:

  * **Job rotation** hat einen geplanten und systematischen Wechsel des Arbeitsplatzes zum Gegenstand, um das eigene Spektrum an Wissen und Können in konkreten Arbeits- und Führungssituationen zu erweitern. Diese Verbesserung der Qualifikationsbasis ist die typische Voraussetzung

zung, um beispielsweise als Führungsnachwuchskraft eine erste Führungsposition zu übernehmen. Generell kann Job rotation auch als Maßnahme eingesetzt werden, um neben einer Wissenserweiterung den Grad der Monotonie gleichförmiger Tätigkeiten zu reduzieren und damit eine zusätzliche Motivation zu schaffen. Dies gilt primär für Mitarbeiter ohne Führungsfunktion, für Mitarbeiter mit Führungsfunktion ist der Arbeitsplatzwechsel die Vorbereitung auf eine übergeordnete Führungsaufgabe.

* **Job enlargement** kennzeichnet eine qualitativ gleichwertige Erweiterung des bisherigen Tätigkeitsbereichs; ein Mitarbeiter übernimmt also zusätzlich eine weitere Aufgabe in einer Abteilung. Neben der Wareneingangskontrolle ist ein Mitarbeiter z.B. zukünftig auch für die Transportlogistik gelieferter Teile zuständig. In der Konsequenz kann eine Arbeitserweiterung auch eine Maßnahme aus einem Job rotation sein.
* **Job enrichment** bedeutet, dass ein Mitarbeiter eine höherwertige Funktion neben seinen bisherigen Aufgaben zusätzlich übernimmt. Dies sind typischerweise Planungs-, Steuerungs-, Entscheidungs- und/ oder Kontrollaufgaben, die zu seinen Ausführungsaufgaben hinzukommen. Eine solche Arbeitsanreicherung setzt also immer in vertikaler Sicht eine Delegation dieser Kompetenzen auf den Mitarbeiter voraus. Sie bedeutet eine vertikale Ausweitung der bisherigen Arbeitsinhalte und entspricht einer Höherqualifizierung durch Übernahme zusätzlicher Verantwortung.

Qualifizierungsmaßnahmen **near the job** stehen, wie der Ausdruck bereits sagt, in engem Bezug zur ausgeübten Tätigkeit und umfassen damit Trainingsinhalte, die das eigene Wissen sowie die eigenen Fähigkeiten abrunden und ergänzen, z.B. also auch Methoden, die im Rahmen von Lernstatt-Teams oder Qualitätszirkeln eingesetzt werden. Hierzu gehören ebenfalls Wissensaktualisierungen durch interne Trainer, Fallstudien oder Rollenspiele sowie zusätzlich auch mögliche Bildungsurlaube. Gerade diesen Bereich der Qualifizierung nahe an der ausgeübten Tätigkeit decken auch unternehmensspezifische Weiterbildungsinstitutionen als so genannte Corporate Universities ab.
Solche unternehmensinterne Trainingscenter sind in der Lage, deutlich stärker auf spezielle Anforderungen sowie konkrete Sachverhalte eines Unternehmens einzugehen. Dadurch werden der Transfergehalt und generell die Umsetzungsmöglichkeit von erlerntem Wissen gesteigert. Sie treten damit in direkte Konkurrenz zu **off the job** Trainings, wenn es sich um externe Weiterbildungsveranstaltungen handelt. Beispielsweise können dies Seminare, Konferenzen oder Planspiele sein. Hieraus kann das Problem entstehen, dass keine einheitliche Sichtweise im Unternehmen existiert, zumal wenn Mitarbeiter/ Führungskräfte Qualifizierungsveranstaltungen bei unterschiedlichen externen Bildungsträgern besucht haben. Aus diesem Grund bevorzugen viele Unternehmen stattdessen Inhouse-Schulungen. Dies besagt, dass externe Kompetenz eingekauft wird, also ein Trainer-Team die Mitarbeiter/ Führungskräfte des eigenen Unternehmens systematisch quali-

fiziert. Hierbei kann dann die konkrete Unternehmenssituation zu Grunde gelegt werden. In der Konsequenz ist eine einheitliche Sichtweise im Unternehmen erreichbar. Ergänzend ist der Einsatz von E-Learning-Schulungen als programmierten Unterweisungen in elektronischer Form mit unternehmensspezifischen Fällen und konkreten Lernerfolgskontrollen möglich.

- Personalentwicklungsmaßnahmen **out of the job** können einerseits dadurch entstehen, dass im Rahmen einer erforderlichen Personalfreisetzung Qualifizierungsmaßnahmen für die betroffenen Mitarbeiter als Outplacement/ Newplacement z.B. in Beschäftigungsgesellschaften angeboten werden. Andererseits besteht die Möglichkeit, dass erfahrene Mitarbeiter/ Führungskräfte am Ende ihrer beruflichen Tätigkeit als gleitenden Übergang in den Ruhestand eine Tätigkeit als Coach im Unternehmen ausüben. Dies ist zum Vorteil für die betroffene Person und das Unternehmen zugleich. Neben dem weniger abrupten Ende der Berufstätigkeit besteht so die Möglichkeit, dass in definierten Projekten konkretes Erfahrungswissen an jüngere Beschäftigte weitergegeben wird. Das ist damit zugleich eine Form des konsequenten Wissenstransfers und -managements im Unternehmen.

Der typische **Prozess der Personalentwicklung** läuft generell in folgenden Phasen ab: Zunächst ist die **Fähigkeitslücke** zu bestimmen. Auf der Grundlage der Anforderungen, die sich aus der Unternehmensstrategie, neuen Technologien und Produkten sowie veränderten Managementkonzepten ableiten lassen, wird auf der Basis des vorhandenen Fähigkeitsprofils einzelner Mitarbeiter/ Führungskräfte der **Qualifizierungsbedarf** festgelegt. Dem wird in der nächsten Phase das Entwicklungspotenzial der betroffenen Beschäftigten gegenübergestellt. Es ist gekennzeichnet durch die **individuellen Potenziale**, sich dieses neue Wissen bzw. diese neuen Fertigkeiten und Fähigkeiten aneignen zu können. Hieraus resultiert die Anzahl zu qualifizierender Personen. Gegebenenfalls wird dadurch auch bereits ein Rekrutierungsbedarf erkennbar. In der dritten Phase wird geplant und festgelegt, welche Adressaten in welchem Umfang bzw. in welcher Intensität mit welchen **Inhalten und Maßnahmen geschult** werden. Konsequenterweise schließt sich daran die Durchführung der Qualifizierungsmaßnahmen an. Von nicht zu unterschätzender Bedeutung ist die abschließende **Erfolgskontrolle**. Auf ihrer Basis lässt sich die Effizienz und Effektivität der Qualifizierungsmaßnahmen bewerten. Es empfiehlt sich dabei, nicht nur unmittelbar nach Abschluss der Qualifizierung die Akzeptanz und die Wirtschaftlichkeit bei den Betroffenen zu messen. Zusätzlich ist, i.d.R. nach sechs Monaten, zu untersuchen, in welchem Ausmaß die trainierten Inhalte am eigenen Arbeitsplatz umgesetzt werden konnten. Dies ermöglicht eine Feinjustierung der Qualifizierungsinhalte und zeigt letztlich erst den Erfolg der Qualifizierungsmaßnahme in Form der Wirkung bzw. des Outcome.

Abschließend zu den Funktionen der Personalpolitik fasst Abbildung F-IV-11 noch einmal zusammen, durch welche Faktoren die Arbeitsleistung eines Mitarbeiters bestimmt wird. Wie nachvollziehbar ist, sind dies auf der einen Seite die subjektiven personenbezogenen Einflüsse und auf der anderen Seite die objektiven unternehmensbezogenen Einflüsse. Die Leistungsfähigkeit einer Arbeitskraft ermittelt sich aus den körperlichen und geistigen Anlagen; die körperlichen Anlagen bestimmen die Ausdauer und Belastbarkeit, die geistigen Anlagen zusätzlich die intellektuelle Aufnahmefähigkeit, aber z.B. auch die emotionale Stressstabilität. Beide zusammen bewirken dann ein bestimmtes Niveau der Qualifikation. Werden geeignete Anreize eingesetzt und wirken diese auf die Leistungsbereitschaft, das „Wollen", dann lässt sich auf dieser Basis ein Qualifizierungs- und Leistungspotenzial aktivieren. Motivation entsteht, wie gezeigt wurde, vor allem durch einen hohen Mitwirkungsgrad und eine hohe Erfolgswahrscheinlichkeit der Tätigkeit. Mit anderen Worten sind die Mitarbeiter also bereit und fähig, ihre Kenntnisse und Fähigkeiten zu verbessern und sich so insgesamt weiterzuentwickeln. Die Leistungsfähigkeit als subjektive Leistungsbedingung ist damit durch das „Kennen" und „Können" einer Person gekennzeichnet.

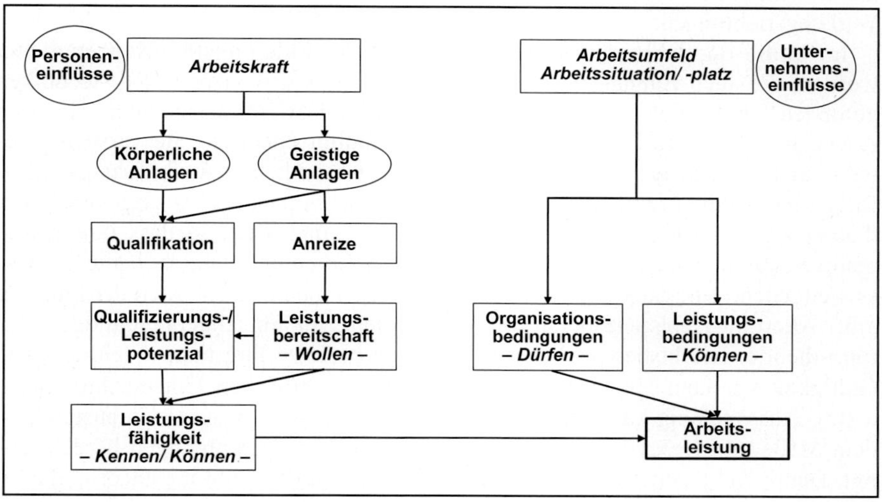


**Abb. F-IV-11:** Die Arbeitsleistung bestimmende Faktoren

Unternehmensbezogen beeinflussen das Arbeitsumfeld sowie die konkrete Arbeitssituation und der Arbeitsplatz die objektiven Bedingungen für die einzelne Arbeitskraft. Starke Einflüsse gehen insbesondere von der Organisationsform und der Infrastruktur, dem Niveau der eingesetzten Informationstechnologie sowie dem praktizierten Führungskonzept und -stil aus. Hierdurch werden einerseits die Organisationsbedingungen, also das „Dürfen" im Hinblick auf die delegierten Kompetenzen, bestimmt; andererseits werden auf diese Weise auch die objektiven Leistungsbedingungen im Unternehmen, also das unternehmensspezifische „Können", festgelegt. Dies zeigt sich beispielsweise darin, ob geeignete fortschrittliche Maschinen und die benötigten Materialien in der erforderlichen Qualität zur Verfügung stehen. Wie einsichtig ist, kann eine hohe Motivation und Qualifikation der Mitarbeiter Defizite in dieser Hinsicht nur in begrenztem Maße ausgleichen. Insgesamt resultiert bei einem vorhandenen „Wollen" aus den zuletzt genannten

Faktoren, also dem „Kennen", „Können" und „Dürfen", die Arbeitsleistung einer Person.

### b. Modelle und Instrumente der Personalführung

Wissenschaftliche Studien im Bereich Personalführung versuchten von Anfang an, der Praxis konkrete Hilfestellung zu geben, welche Dimensionen bzw. Faktoren im Rahmen der Mitarbeiterführung für einen hohen Führungserfolg besonders wichtig und deshalb zu beachten sind. Faktoren sind dabei wesentliche Dimensionen, die auf der Grundlage von Faktorenanalysen empirisch ermittelt wurden; und zwar dadurch, dass – wie in F.III.5.b. ausgeführt – einzelne untersuchte Variablen (Items) mit mathematisch-statistischen Verfahren zu unterschiedlichen Faktoren zusammengefasst werden. Diese kennzeichnen wesentliche Gestaltungsfelder und Wirkungsrichtungen.

Im Laufe der Jahre sind dazu unterschiedliche **Führungstheorien** erarbeitet worden, die auch Eingang in praxisorientierte Führungskonzepte und -techniken gefunden haben. Zu nennen sind hier die ein- und zweidimensionalen Theorien sowie die Eigenschafts-, Situations- und Attributionstheorien. Sie versuchen jeweils in Ursachen-Wirkungs-Beziehungen die wesentlichen Anforderungs-, Einfluss- und Ergebnisgrößen zu ermitteln. Mit zunehmendem Aussagegehalt der theoretischen Ansätze stieg i.d.R. auch deren Komplexität, so dass ihre Allgemeinverständlichkeit entsprechend abnahm. Der Erkenntnisstand ist heute so, dass es weitgehend Einigkeit über wesentliche Dimensionen und Faktoren der Führung gibt. Allerdings existiert noch keine im vollen Umfang allgemeingültige Führungstheorie. Die bisher publizierten Theorien besitzen ihre raum-/ zeitbezogene Gültigkeit vor dem Hintergrund des jeweiligen empirischen Untersuchungskontextes. Aussagefähig kann eine Führungstheorie nur sein, wenn sie in ausreichendem Maße alle wesentlichen situativen Faktoren und Ausprägungen berücksichtigt. Damit stellt sich die Frage, ob eine allgemeingültige Führungstheorie, die einen ausreichenden Grad an Praktikabilität aufweist, überhaupt möglich ist.

Zunächst einige begriffliche Abgrenzungen, wie wir sie vornehmen wollen. Unter einer **Führungsphilosophie** verstehen wir die werteorientierte Ausrichtung der Führung in einem Unternehmen auf der Basis klar definierter Dimensionen und Faktoren, z.B. also ergebnis- und mitarbeiterorientierte Führung. Eine praxisorientierte und damit leicht verständliche Ausformulierung einer Führungsphilosophie ergibt konkrete **Führungsgrundsätze**. Sie haben wichtige Basisaussagen über zentrale Werte, Inhalte und Instrumente der Führung zum Gegenstand. Die wesentlichen Gestaltungsparameter der Führung werden als **Führungsinstrumente** bezeichnet. Sie lassen sich unterschiedlich ausgeprägt einsetzen und kombinieren. Als **Führungssystem** bezeichnen wir die Gesamtheit aller formulierten Regelungen grundsätzlicher Art (Führungsgrundsätze) und aller Gestaltungsparameter (Führungsinstrumente), die miteinander in bestimmten Beziehungen stehen. Ein Beispiel: Der Führungsgrundsatz des Empowerment/ einer hohen Mitwirkung der Mitarbeiter macht als eingesetztes Instrument eine Delegation erforderlich, die wiederum in einem dynamischen Kontext mit dem Instrument der Personalentwicklung verbunden sein muss. Ein **Führungsmodell** ist die nach praxisorientierten Anforderungen reduzierte Ausformulierung eines Führungssystems, das aber noch generell einsetzbar und nicht unternehmensspezifisch ist. Im allgemeinen Sprachgebrauch entspricht eine **Führungstechnik** einem – i.d.R. nur auf bestimmte Einfluss- und Gestaltungsfelder ausgerichteten – Führungsmodell bzw. den darin vorherrschenden Führungsinstrumenten. Synonym wird ebenfalls der Begriff **Führungskonzept** verwendet. Die konkrete Berücksichtigung aller Einflussbereiche und Gestaltungsfaktoren in einem Unternehmen überführt ein Führungsmodell in ein unternehmensspezifisches Führungskonzept. In Fortführung des oben genannten Beispiels ist ein Führungsmodell bzw. Führungskonzept dann gegeben, wenn auf der Basis wesentlicher Führungsgrundsätze alle relevanten Führungsinstrumente in ihrem effizienten und effektiven Zusammenwirken gestaltet und eingesetzt werden.

Unter den verhaltensorientierten Führungstheorien haben die MICHIGAN-Studien und die OHIO-Studien eine historische Bedeutung. Bei den MICHIGAN-Studien sind die resultierenden Führungsstil-Varianten, Mitarbeiterorientierung und Leistungsorientierung, auf einem eindimensionalen Kontinuum als Extrempunkte aufgefasst worden. Im Gegensatz hierzu ist durch die nahezu zeitgleichen OHIO-Studien eine Unterteilung ähnlicher Faktoren (Beziehungs- und Aufgabenorientierung) auf zwei unterschiedliche Dimensionen vorgenommen worden. Weitergehende Fragen, wie die Unabhängigkeit, die Interdependenz oder die Abhängigkeit von dritten ursächlichen Größen, sind dabei nicht geklärt worden.

Ein konkretes Ergebnis der theoretischen OHIO-Studien war das **Verhaltensgitter** von ROBERT R. BLAKE und JANE S. MOUTON (siehe hierzu Abb. F-IV-12). Dieses besitzt eine grundsätzliche Bedeutung zur Klassifikation von Führungsstilen. Es ist ein einfaches Modell zur stereotypen Einordnung von Führungsstilen. Unter Zugrundelegung der beiden Dimensionen Aufgaben- und Personenorientierung kennzeichnet die Diagonale in ihren höheren Ausprägungen den angestrebten bzw. idealen Führungsstil, also den **9/9 Führungsstil**. Die Ausprägung **5/5** liegt hierauf bezogen auf einem niedrigeren Niveau; die Ausprägung **1/1** entspricht als geringstmögliche Einwirkung nach beiden Dimensionen dem an früherer Stelle ausgeführten Laisser-faire-Führungsstil. Die beiden Extreme auf den jeweiligen Dimensionen kennzeichnen einerseits als **9/1 Führungsstil** ein autoritäres, eher bürokratisches Verhalten, als **1/9 Führungsstil** andererseits ein fast ausschließlich kollegiales Führungsverhalten. Anhand der Klassifikation ist eine subjektive Einordnung von Führungsstilen möglich, welche aber zu keinen weitergehenden Erkenntnissen führt.

Interessant ist folgendes Ergebnis aus Feldversuchen: Die eigene Einordnung des Führungsstils wird im Allgemeinen ausgewogener in Richtung Diagonale vorgenommen als die Führungsstile des eigenen Vorgesetzten oder im gesamten Unternehmen, die stärker in Richtung Aufgabenorientierung tendieren. Dieses Ergebnis ist nicht überraschend, da im Vergleich zur eigenen Absicht und Kenntnis das wahrgenommene Verhalten von anderen Personen eher eingeschränkt ist. Dabei dominieren i.d.R. dann die Belange des Unternehmens.

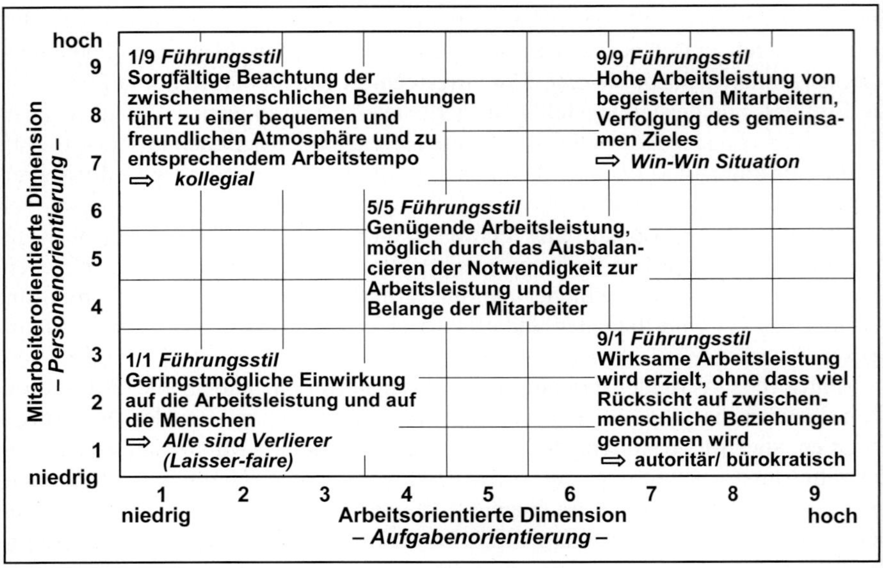


**Abb. F-IV-12:** Der Führungsstil von Vorgesetzten im Verhaltensgitter (Klassifikation nach BLAKE & MOUTON)

Das 3-D-Konzept von WILLIAM J. REDDIN, das als verhaltensorientierte Theorie in stärkerem Maße die Situationsbezogenheit des Führungsstils berücksichtigt, und die Kontingenz-Theorie von FRED E. FIEDLER, die ebenfalls eine situationstheoretische Basis aufweist, haben das zentrale Defizit der vorhergehenden theoretischen Ansätze erkannt und auf ihre Weise geschlossen. Auf diese Modelle wird nicht näher eingegangen.

Kommen wir nun zu den Führungsmodellen bzw. -konzepten und den hierin enthaltenen Führungsinstrumenten. In der Literatur werden sie als **Management-by-Konzepte** bezeichnet. Ihre Zahl ist groß, ihr Nutzen und Erkenntnisbeitrag in dieser Ausdifferenzierung allerdings nur gering. Deshalb beschränken sich die folgenden Ausführungen auf die drei wesentlichen Führungsmodelle, die in ihrer Reihenfolge eine zunehmende kooperativ-partizipative Ausprägung enthalten. Im Einzelnen sind dies das Management by Delegation, Exception und Objectives.

- Als einheitliches Bewertungsraster ihrer inhaltlichen Ausgestaltung dienen die darin enthaltenen **Führungsinstrumente**. Entsprechend den vorstehenden Ausführungen zur Personalführung/ -motivation als einer zentralen Funktion der Personalpolitik sind das die folgenden Bereiche:

  - Zielbildung/ Planung
  - Organisation/ Delegation
  - Information/ Kommunikation
  - Erfolgskontrolle
  - Leistungsbeurteilung/ Entgeltfindung
  - Personalentwicklung/ Mitarbeiterförderung

- Anreize/ Motivation.

Wie leicht nachvollziehbar ist, sind hiermit alle wesentlichen Phasen und Aktivitäten des personenbezogenen Führungsprozesses in chronologischer Reihenfolge abgebildet. Eine Besonderheit ist nur darin gegeben, dass das Instrument Anreize/ Motivation nicht die letzte Phase dieses Prozesses ist, sondern bei allen vorherigen Instrumenten/ Prozessphasen zum Einsatz kommt. Mit anderen Worten können Anreize bei der Zielbildung und Planung gesetzt und eine Motivation bei der Delegation geschaffen werden. Motivation ist damit nicht unmittelbarer Gegenstand der Führung, sondern über geschaffene Anreize das Ergebnis guter Führung.

Die Bewertung der drei genannten Führungsmodelle anhand der sieben Führungsinstrumente ist in Abbildung F-IV-13 wiedergegeben. Zunächst nehmen wir eine grundsätzliche Kennzeichnung vor. Das erste Konzept, die **Führung durch Aufgabendelegation** bzw. das **Management by Delegation (MbD)**, folgt der Leitlinie einer Delegation von Aufgaben, Kompetenzen und Verantwortung. Das vorherrschende Instrument ist also die Organisation/ Delegation. Das zweite Konzept, die **Führung durch Ausnahmeeingriff** bzw. das **Management by Exception (MbE)**, folgt in einem Stufenkonzept der Leitlinie, dass eine Delegation grundsätzlich dem Vorgesetzten die Möglichkeit zum Eingreifen offen lassen muss. Ein Eingriff ist gerechtfertigt, wenn vorher definierte Kriterien, wie Kosten oder Zeit, überschritten bzw. nicht eingehalten werden. Der Schwerpunkt der Instrumente liegt dann auf der Kontrolle und der hierfür erforderlichen Information. Die dritte Entwicklungsstufe der Konzepte, die **Führung durch Ziele** bzw. das **Management by Objectives (MbO)**, basiert unmittelbar auf den beiden vorherigen Stufen und konzentriert sich ergänzend auf einen entscheidenden Instrumentbereich, die Ziele. Dabei gibt es zwei Varianten, wie Ziele zustande kommen. Die erste – autoritäre – Variante ist eine **Zielvorgabe** durch den Vorgesetzten. Die hiervon ausgehende Motivationswirkung ist begrenzt; der Realisierungsgrad der Ziele liegt nicht generell höher als bei der zweiten Variante. Sie enthält eine **Zielvereinbarung** zwischen Vorgesetztem und Mitarbeiter; dies kennzeichnet einen kooperativ-partizipativen Führungsstil. Durch den zentralen Steuerungsinput der Ziele werden alle anderen Phasen/ Instrumente geprägt.

Die grundlegenden Ausprägungen der drei Führungsmodelle können wie folgt gekennzeichnet werden:

- Bei der **Führung durch Aufgabendelegation (MbD)** ist die Delegation als sinnvolles und einem kooperativen Führungsstil angemessenes Prinzip einer Einheit von Aufgaben, Kompetenzen und Verantwortung (AKV-Prinzip) grundsätzlich positiv zu bewerten. Das Fehlen von Zielen und damit Planungsergebnissen als Vorgaben bewirkt aber, dass die Delegation bei den anderen Instrumenten/ Phasen nicht konsequent ausgefüllt und umgesetzt werden kann. Es gibt zwar Mitarbeitergespräche, übergreifende, abgestimmte Informationen fehlen jedoch, wodurch eine ergebnisorientierte Erfolgskontrolle nicht möglich ist.

| Kriterien / Modelle | *Zielbildung/ Planung* | *Organisation/ Delegation* | *Information/ Kommunikation* | *Erfolgskontrolle* | *Leistungsbeurteilung/ Entgeltfindung* | *Personalentwicklung/ Mitarbeiterförderung* | *Anreize/ Motivation* |
|---|---|---|---|---|---|---|---|
| *Management by Delegation (MbD)* | • Nicht geregelt | • Delegation von Aufgaben, Kompetenz und Verantwortung (AKV-Prinzip) | • Mitarbeitergespräch<br>*Problem:*<br>• Querschnittsinformation zur Koordination | • Keine ergebnisorientierte Erfolgskontrolle | • Nicht geregelt | • Nicht geregelt<br>• Keine Potenzialorientierung | • Zu wenige positive Anreize und Motivation |
| *Management by Exception (MbE)* | • Vorausgesetzt, aber Zielbildung/ Planung nicht explizit geregelt | • Delegation<br>• Ausnahmeregeln | • Zusätzliche Rückinformation an Vorgesetzten<br>*Problem:*<br>• Vorinformation der Mitarbeiter | • Eigenkontrolle im Regelfall<br>• Fremdkontrolle im Ausnahmefall<br>• Keine ergebnisorientierte Erfolgskontrolle | • Nicht geregelt<br>• Ausnahmeeingriff als Bewertungsmaßstab | • Nicht geregelt<br>• Keine Potenzialorientierung | • Keine Erfolgskontrolle und kein Leistungsfeedback im Regelfall<br>• Frustration bei Ausnahmeeingriff |
| *Management by Objectives (MbO)* | • Gegenstromverfahren<br>• Ziele vor/ nach (Maßnahmen) Planung | • Delegation<br>• Management-Zyklus<br>• Ziel-Ergebnis-Analyse | • Ziel- und ergebnisorientierte Information<br>• Kenntnis von Zielen, Maßnahmen, Ergebnisstandards und Kontrolldaten<br>• Querschnittsinformationen | • Eigen- und Fremdkontrolle<br>• Ergebnisorientierte Erfolgskontrolle<br>• Abweichungsanalyse | • Zielerreichungsgrad<br>• Beurteilungsgespräche<br>• Objektivierte Basis für leistungsorientierte Entgeltfindung | • Förderungsgespräch auf Basis der Leistungsbeurteilung<br>• Fort- und Weiterbildungsprogramm<br>• Personalplanung | • Partizipation an Zielbildung, Planung und Kontrolle<br>• Innovationsziele<br>• Persönliche Entwicklungsziele<br>• Leistungsfeedback |

**Abb. F-IV-13:** Bewertungsübersicht praxisrelevanter Führungsmodelle

Aufgrund dessen fehlt die Basis für eine Leistungsbeurteilung/ Entgeltfindung sowie eine konsequente Personalentwicklung/ Mitarbeiterförderung. Die Delegation wirkt zwar als Anreiz, weitergehende Faktoren zur Motivation fehlen jedoch. Zur Führung durch Aufgabendelegation gibt es eine spezielle deutsche Variante, das Harzburger Modell. Es hatte historisch vor allem in den 60er Jahren eine wichtige Bedeutung, um die Führungstechnik der Delegation in die Unternehmenspraxis einzuführen. Das Modell ist jedoch nie in Richtung Zielvereinbarung konsequent weiterentwickelt worden und hat sich deshalb – sowie auch aus anderen Gründen – überlebt.

- Bei der **Führung durch Ausnahmeeingriff (MbE)** werden Ziele letztlich vorausgesetzt, aber eine Zielbildung/ Planung ist nicht explizit geregelt. Neben der funktionierenden Delegation mit Ausnahmeregeln und der Rückinformation an den Vorgesetzten ist aufgrund fehlender Ziele die Vorinformation der Mitarbeiter, also Kenntnisse über veränderte Rahmenbedingungen mit unmittelbarer Zielwirkung, nicht geregelt. Eigen- und Fremdkontrolle werden durchgeführt, wenn auch keine klare ergebnisorientierte Erfolgskontrolle. Leistungsbeurteilung und Personalentwicklung sind wiederum unterentwickelt. Lediglich die Häufigkeit der Ausnahmeeingriffe könnte als Bewertungsmaßstab herangezogen werden, ist aber aufgrund der auch externen Abhängigkeit von Abweichungen wenig geeignet. Insgesamt geht von diesem Führungsmodell eine eher negative Motivation aus. Denn im Normalfall, also ohne Abweichung, gibt es grundsätzlich kein Leistungsfeedback des Vorgesetzten. Wenn der Vorgesetzte eingreift, ist der Steuerungsprozess – aus welchen Gründen auch immer – aus dem Ruder gelaufen. Der Ausnahmeeingriff bewirkt also eher Frustration, zumal aufgrund der fehlenden Erfolgskontrolle keine systematische Personalentwicklung mit einer Potenzialorientierung durchgeführt wird.

- Im Vergleich hierzu ist die **Führung durch Zielvereinbarung (MbO)** die beste Variante der Führungsmodelle. Sie ist deshalb in der Unternehmenspraxis am stärksten verbreitet und enthält einen umfassenden Führungsprozess und Steuerungszyklus. Die Zielvereinbarung erfolgt im Gegenstromverfahren zwischen Vorgesetztem und Mitarbeiter (siehe hierzu bereits D.I.1.). Die übrigen Ausprägungen bei den einzelnen Instrumenten lassen sich leicht nachvollziehen und brauchen hier deshalb nicht im Detail erörtert zu werden. Bilden sie doch die Gegenposition zu den vorher aufgezeigten Defiziten und entsprechen in allen Details einem kooperativ-partizipativen Führungsstil. Deshalb hat dieses Führungsmodell in der Unternehmenspraxis auch die umfassendste Anwendung gefunden.

### *c. Anforderungen und Elemente der Organisationsentwicklung*

Die Ausführungen zur Organisationsentwicklung (OE) beinhalten in der Literatur nicht selten mehr Aussagen zur Überzeugung von diesem Konzept und weniger zur Instrumentierung und konkreten Umsetzung durch geeignete Maßnahmen. Dadurch sind Veröffentlichungen zu diesem Thema manchmal eher philosophisch als gestaltungs- und managementorientiert. Hierunter leidet dann die Praktikabilität der beschriebenen Ansätze.

Organisationsentwicklung knüpfte in ihrem individuell-sozialen bzw. gruppenbezogenen Aspekt explizit an der Kultur von Organisationen an – bevor diese zum eigenständigen Forschungsgegenstand avancierte. So wird Organisationsentwicklung von WENDELL L. FRENCH und CECIL H. BELL in ihrem 1973 erschienenen Klassiker „Organization Development“ als langfristiges Bemühen gekennzeichnet, die Problemlösungs- und Erneuerungsprozesse in einer Organisation zu verbessern. Dieses Bemühen richtet sich vor allem auf eine wirksamere und auf Zusammenarbeit gerichtete Steuerung der Organisationskultur.

Damit kommen wir zu der wichtigen Frage: Was ist Organisationsentwicklung? In der Literatur gibt es zahlreiche Definitionen. Wir beschränken uns hier auf folgende Kennzeichnung: **Organisationsentwicklung** bezweckt die **Steigerung** der Leistungsfähigkeit einer Organisation, also der **Effektivität**, und gleichzeitig eine

**Verbesserung** der Qualität des Arbeitslebens, also der **Humanität**. Eine Effektivitätssteigerung wird im Rahmen der Organisationsentwicklung dadurch erreicht, dass die Flexibilität, die Innovations- und die Lernbereitschaft des Systems Unternehmen erhöht wird. Die Humanität in einem Unternehmen nimmt dann zu, wenn die Organisationsmitglieder, also die Mitarbeiter, mehr Entfaltungs- und Entwicklungsmöglichkeiten, mehr Handlungs- und Entscheidungsspielräume, also mehr Mitwirkungsmöglichkeiten haben. Angestrebt wird damit eine höhere Mitarbeiterzufriedenheit. Die zu Grunde liegenden Werte sind Würde und Respekt vor dem Menschen sowie Vertrauen und Unterstützung. Eine partizipative Führung und flache Hierarchien sind die notwendigen Voraussetzungen.

Die Organisationsentwicklung ist damit eine spezielle Form des geplanten Wandels. Da sie an zwei Dimensionen ansetzt, verbindet sie den Top-down-Prozess der Unternehmensleitung mit dem Ziel der Effektivitätssteigerung und den Bottom-up-Prozess der Mitarbeiter und des Betriebsrates mit dem Ziel der Erhaltung oder möglichst Verbesserung der Humanität. Das unterscheidet einen OE-Prozess vom Prozess des geplanten Wandels einer Unternehmensorganisation, wie er in G.V. ausgeführt ist. Ein derartiger Prozess der Organisationsplanung ist i.d.R. vorwiegend Top-down von der Unternehmensleitung gesteuert. Allerdings sind auch Veränderungen im Detail mit OE-Prozessen kombinierbar.

Notwendig sind generell planmäßige mittel- bis längerfristig wirksame Veränderungen von individuellen Verhaltensmustern, Einstellungen und Fähigkeiten. Organisationsentwicklung erfordert damit nicht nur **Lernen**, sondern als notwendige Voraussetzung hierfür oftmals vorab „**Verlernen**". Dies bezieht sich in stärkerem Maße auf affektiv als auf kognitiv gesteuerte Verhaltensweisen. Hierdurch ist eine Veränderung der Organisationskultur und des -klimas ohne Friktionen angestrebt. Instrumentell werden Änderungen der Informations- und Kommunikationsstrukturen sowie struktureller Regelungen im Arbeitsbereich, z.B. Arbeitszeit und Lohnformen, durchgeführt.

Wichtig ist in OE-Projekten, dass nicht nur die Veränderungsbereitschaft der Mitarbeiter eingefordert wird, sondern auch die der Führungskräfte. Das mag auf den ersten Blick erstaunen, da die Veränderungsbereitschaft des Managements generell vorausgesetzt wird. Auf der Ebene des oberen Managements ist sie i.d.R. gegeben, da Veränderungsprojekte im Einzelfall von dort ausgehen. Auf der Ebene des mittleren Managements ist dies jedoch oftmals nicht der Fall. Man spricht hier dann häufig von einer so genannten „Lähmschicht" oder „Lehmschicht". Die Frage ist, warum die **Veränderungsbereitschaft des mittleren Managements** manchmal sogar geringer als die der Mitarbeiter ist. Der Grund liegt darin, dass das obere Management eine „automatische" Veränderungsbereitschaft der mittleren und unteren Führungskräfte voraussetzt und sie deshalb deutlich weniger in Informations-, Diskussions- und Betreuungsprogramme während des Veränderungsprozesses einbezieht. Grundsätzlich braucht aber gerade das mittlere Management in OE-Projekten eine mindestens gleich große Unterstützung. Denn in ihrer „Sandwich-Position" zwischen dem oberen Management und den Mitarbeitern haben sie nicht selten einen großen oder sogar den größten Anteil an Veränderungen zu tragen (siehe hierzu auch C.I.2.b.). Der Motivationsprozess mit einer Bewertung der Höhe und Wahrscheinlichkeit eines Erfolges bei Veränderungen, wie er in Abbildung F-IV-10 zum Erwartungs-Valenz-Modell erläutert wurde, erfährt hier seine unmittelbare Umsetzung.

Unabhängig davon stellt sich dennoch die grundsätzliche Frage nach der individuellen Veränderungsbereitschaft von Führungskräften. Dies betrifft in der Abbildung F-IV-10 die Kategorie **Persönlichkeitszüge**. In OE-Projekten sind die Führungskräfte nicht nur die Betroffenen von Veränderungen wie die Mitarbeiter. Vielmehr müssen sie auch die Impulsgeber und Verstärker im Veränderungsprozess sein, was eine deutlich anspruchsvollere und schwierigere Funktion darstellt, aber bis zu einem gewissen Grad erlernbar und trainierbar ist. Ein nicht unerheblicher Teil dieser Veränderungsbereitschaft ist jedoch eher anlage- und einstellungsbedingt. Damit kommt der Auswahl von Führungskräften mit einem hohen Maß an Veränderungsbereitschaft eine große Bedeutung zu. JACK WELCH, der ehemalige Chief Executive Officer (CEO) von GENERAL ELECTRIC, hat die Führungskräfte seines Unternehmens nach zwei Dimensionen ausgewählt und bewertet. Zum einen nach ihrer Leistung und damit nach ihren Ergebnissen. Zum anderen nach ihrer Veränderungsbereitschaft und damit einem speziellen zukunftsbezogenen Potenzial. Gefordert war eine jeweils hohe Ausprägung auf beiden Dimensionen in einer Balance. Im Bewertungsprozess konnte eine hohe Veränderungsbereitschaft eine unzureichende Leistung also nicht ausgleichen. Wenn beide Dimensionen ein ausreichend hohes Niveau aufwiesen, dann gab die Veränderungsbereitschaft für die Neubesetzung einer Führungsposition jedoch den Ausschlag. Der Grund lag in der Überzeugung, dass eher die Leistungsfähigkeit verbessert werden kann als die Veränderungsbereitschaft.

Abbildung F-IV-14 zeigt den grundsätzlich zweifachen Ansatz der Organisationsentwicklung, der versucht, Anforderungen der Effektivität und der Humanität zu vereinen. Ausgehend von den Erhebungen zur gegenwärtigen Ist-Situation, wird ein Veränderungsprozess eingeleitet, der gleichermaßen an der **rationalen Sachebene** und der **emotionalen Kulturebene** ansetzt. Bei den zu gestaltenden und zu steuernden Sachverhalten auf der ersten Ebene handelt es sich mehr um **Hard Facts**, während bei der zweiten Ebene **Soft Facts** im Vordergrund stehen. Im ganzheitlichen Zusammenwirken der auf einen verbesserten Zustand als Ziel ausgerichteten Maßnahmen wird das gemeinsame Ziel einer höheren Effizienz und Effektivität im Handeln und Verhalten aller Unternehmensmitglieder verfolgt.

- Unter dem Einbeziehen sowohl management- als auch verhaltensbezogener Erkenntnisse stellt die Organisationsentwicklung (OE – während der 50er Jahre als Organization Development – OD – in den USA entstanden) eine wissenschaftlich begründete Vorgehensweise für **grundlegende Veränderungsprozesse von Organisationen und ihren Mitgliedern** dar. Durch die Forderung nach direkter Mitwirkung der Betroffenen an den Veränderungsprozessen heißt die maßgebliche OE-Maxime „Betroffene zu Beteiligten machen".
- Waren in der Vergangenheit die beiden Ziele der Effektivität für das Unternehmen und der Humanität für die Mitarbeiter eher gleichgewichtig, dann hat sich dies in den letzten Jahren deutlich gewandelt. Eine Globalisierung der Märkte verbunden mit zunehmendem Wettbewerbsdruck hat dazu geführt, dass der Wirtschaftlichkeit und einer hohen Zielwirksamkeit im Handeln eines Un-

ternehmens die eindeutige Priorität eingeräumt wird. Auf dieser Basis ist dann ein Spielraum für Humanität gegeben. Je früher und besser sich ein Unternehmen an veränderte Wettbewerbsbedingungen anpasst, desto größer kann dieser Gestaltungsbereich für Humanität sein (siehe hierzu F.II.1. und F.II.3.). Zu geringe oder zu langsame Anpassungsfähigkeit des Unternehmens beeinträchtigt die Wertorientierung des Unternehmenshandels, vernichtet Arbeitsplätze und führt zu Personalfreisetzungen. Die Möglichkeiten zu mitarbeiterorientiertem Handeln sind dadurch sehr gering.

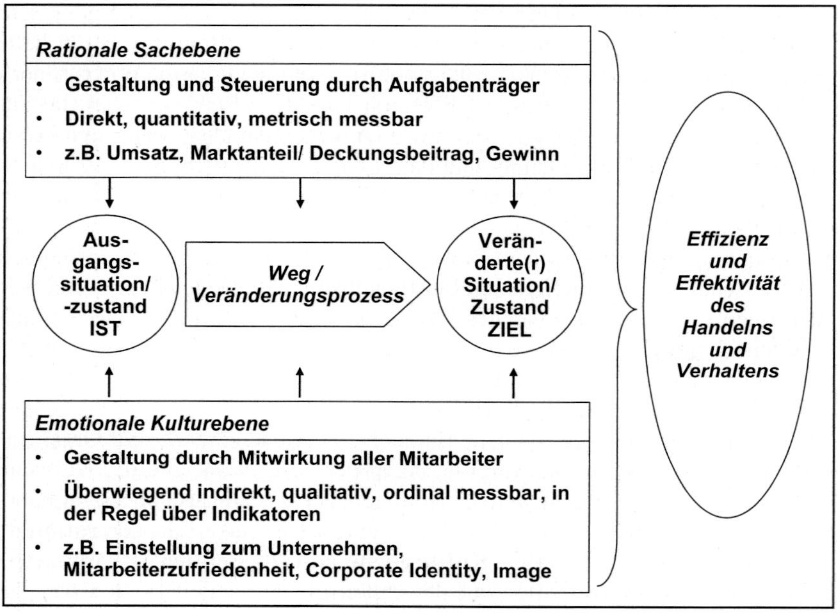


**Abb. F-IV-14:** Organisationsentwicklung als Gestaltung und Steuerung von Veränderungen auf zwei Ebenen

- Um die Veränderungsbereitschaft der Mitarbeiter in derartigen Projekten zu erreichen und zu sichern, sind heute i.d.R. **vertrauensbildende Maßnahmen** für die Mitarbeiter und den Betriebsrat unerlässlich. Sie bestehen in Betriebsvereinbarungen, die für einen bestimmten Zeitraum betriebsbedingte Kündigungen ausschließen und eine Beschäftigungsgarantie enthalten. Die Bereitschaft zur Erhöhung der Effektivität des Unternehmens bei einer in dieser Form zugesicherten Humanität kann dann auf einem deutlich höheren Niveau erwartet werden. Die Anstrengungen und Ergebnisse einer gestiegenen Wirtschaftlichkeit gehen in diesem Falle nicht zu Lasten der Mitarbeiter in Form von Rationalisierung durch Personalfreisetzung. Mit einem Bild ausgedrückt, erhalten die Mitarbeiter also die Gewissheit, dass „sie nicht auf dem Ast sitzen, den sie selbst absägen".

- Die Sachverhalte der rationalen Sachebene sind deutlich leichter zu messen und damit zu steuern und zu gestalten als die Phänomene auf der emotionalen Kulturebene. Dies kann dazu führen, dass die sehr wichtigen weichen Faktoren aufgrund ihrer schwierigeren Messbarkeit und Steuerbarkeit auf deutlich geringerem Niveau gestaltet werden als die harten Faktoren.
- Im Rahmen der **Identitäts- und Kulturgestaltung** – also im unteren Teil der Abbildung F-IV-14 – lassen sich Veränderungen bei den Werten, Normen, Einstellungen und Verhaltensweisen allenfalls als Zielkorridor anstreben. Eine Punktlandung im Entwicklungsprozess mit dem Ziel einer genau definierten Soll-Corporate Identity oder -Kultur ist eher unwahrscheinlich. Als weitere OE-Maxime leitet sich hieraus die – als Zitat MAHATMA GANDHI (1869 – 1948) zugeschriebene – Aussage „Der Weg ist das Ziel“ ab. Erfahrungsgemäß bringt sowohl die Analyse der Ausgangssituation, also des Ist-Zustandes, als auch die Formulierung von Zielgrößen und damit der erwarteten Ergebnisse von Veränderungen bereits einen Wissens- und Erkenntniszuwachs mit sich. Er kommt dem eigentlichen **Veränderungsprozess als Weg** im Sinne einer oftmals realistischeren Sichtweise zugute.
- Die bewirkten Veränderungen auf der rationalen Sachebene sind durch die direkt messbaren quantitativen Ergebnisgrößen leicht nachvollziehbar. Für die Messung der Veränderungen auf der emotionalen Kulturebene im Rahmen eines Organisationsentwicklungsprozesses ist der Einsatz folgender Maßnahmen empfehlenswert: Durch Mitarbeiterbefragungen lassen sich periodisch Einstellungen, Erwartungen, wahrgenommene Ergebnisse und erreichte Zufriedenheit der Mitarbeiter ermitteln. Artikel in der Unternehmens- oder Mitarbeiterzeitschrift sowie Informationen auf dem Mitarbeiterportal im Intranet sind wesentliche Ergänzungen und Unterstützungen in einem derartigen Prozess. Ihnen kommt, wie bereits angesprochen, eine wichtige Funktion der **Personalbetreuung** zu. Zusätzliche Betriebs- oder Bereichs-/ Abteilungsversammlungen eröffnen für die Mitarbeiter die Chance zur persönlichen Kommunikation mit der Unternehmensleitung.

Für einen erfolgreichen Verlauf des gesamten OE-Projektes ist es von großer Wichtigkeit, dass die Maßnahmen auf der rationalen Sachebene und der emotionalen Kulturebene einen **guten Fit** aufweisen. Genau dies ist in der Praxis oftmals das Problem. Wie oben angesprochen, gehen – zumindest in der ersten Phase – notwendige Veränderungen auf der Sachebene zu Lasten der Auswirkungen auf der Kulturebene. Entsprechend beeinträchtigen solche Sachverhalte oft die Glaubwürdigkeit und Wirksamkeit von Projekten der Organisationsentwicklung.

## 3. Technologie und Investition

Worin unterscheiden sich die Begriffe Technik und Technologie? In welche Kategorien können Technologien eingeteilt werden? Was sind die Aussagen des Technologie-Lebenszykluskonzeptes und wie lassen sich Technologien darin einordnen? Welche Arten von Investitionen gibt es und welche Kriterien müssen einer Investitionsentscheidung zu Grunde gelegt werden? Von welchen wesentlichen Faktoren wird die Wirtschaftlichkeit einer Investition beeinflusst und wie kann sie mittels der Investitionsrechenverfahren bestimmt werden?

Mit zunehmender Härte des Wettbewerbs versuchen die Unternehmen in Branchen mit Technologieprodukten oftmals, sich durch die schnelle Abfolge neuer Technologien in den Produkten und/ oder Wertschöpfungsprozessen einen Wettbewerbsvorsprung zu verschaffen. Dadurch entsteht auch für die anderen Unternehmen ein Marktdruck zum Wechsel auf diese neuen Technologien, um durch ihren Einsatz im Produkt und Produktionsprozess die eigene Wettbewerbsfähigkeit zu erhalten. So kommt es in einzelnen Branchen zeitweise nicht nur zu Technologieschüben, sondern auch zu den damit verbundenen Investitionsschüben. Hiermit sind **mehrere Fragen und Entscheidungen** in der Unternehmenspraxis verbunden:

- Die erste Frage und Entscheidung ist, wann der **geeignete Zeitpunkt für den Technologiewechsel** gegeben ist. Eine Voraussetzung und ein Kriterium sollte nach Möglichkeit erfüllt sein, nämlich dass die bisher eingesetzten Technologien durch den Umsatz der verkauften Produkte und durch die Amortisation der in der Produktion verwendeten Maschinen in Form von Abschreibungen bereits zurückverdient sind.
- Die zweite Frage und damit verbundene Entscheidung zum Umstieg auf die neue Technologie sind **Erwartungen an die neue Technologie**. Sie beziehen sich auf die Prognosen hinsichtlich neu akquirierter Kunden, Umsatzsteigerungen durch Mehrverkäufe sowie hierdurch bewirkte Erhöhungen der Deckungsbeiträge und Gewinne.
- Die dritte Frage stellt sich dann, wenn die Entscheidung für eine Investition in eine neue Technologie gefallen ist. Sie bezieht sich auf die **Finanzierbarkeit** und die **Finanzierungsart der technologischen Investition**.

In diesem Abschnitt werden die ersten beiden Fragen behandelt. In den zwei anschließenden Abschnitten erfolgen Ausführungen zu den damit verbundenen Sachverhalten der Finanzierung und der Kostenrechnung. Nachstehend gehen wir zunächst auf die Arten und Entwicklungsstufen von Technologien im Zeitablauf ein und behandeln besonders die kritische Phase des Übergangs von einer Technologie auf eine neue. Die darauf folgenden Inhalte beziehen sich auf die unterschiedlichen Arten von Investitionen sowie wesentliche Kriterien für Investitionsentscheidungen.

Bereits an dieser Stelle wird klar: Wirtschaftlich durchgeführte Investitionen in neue Technologien, die den Markterfolg des Unternehmens bewirken oder zumindest unterstützen, sind durch die erwirtschafteten Gewinne die notwendige Voraussetzung für die Finanzierung von zukünftigen neuen Investitionen. Wir haben diesen Sachverhalt bezogen auf das Produktspektrum eines Unternehmens bereits bei den Ausführungen zur Portfolioanalyse in F.II.1.e. thematisiert. Die zukünftigen neuen Investitionen in technologische Produkte bzw. Wertschöpfungsprozesse müssen ihre erfolgte Vor-Finanzierung wiederum über den Markt zurückverdienen. Unter diesem Blickwinkel gibt es also einen ständig wiederkehrenden Zyklus von „Neue Technologie – Finanzierung – Investition – Erwirtschaftete Erträge – Neue Technologie ... “.

### a. Entwicklungsstufen und Übergänge von Technologien

Unter **Technologie** versteht man naturwissenschaftliches Wissen über Lösungswege eines technischen Problems. **Technik** ist dann die konkrete Anwendung einer oder mehrerer Technologien zur Lösung von Problemen in Produkten oder Verfahren/ Wertschöpfungsprozessen. Beides ist Ergebnis der Forschung und Entwicklung, und zwar die Technologie eher der Grundlagenforschung und die Technik eher der Anwendungsforschung/ Entwicklung (siehe hierzu F.III.1.).

- Als **Technologiearten** lassen sich, wie zum Teil bereits angesprochen, unterscheiden:
  - Produkttechnologien, die in einer angebotenen Marktleistung eingesetzt werden und den kundenorientierten Nutzen sowie Wert erhöhen sollen
  - Produktionstechnologien, die in Wertschöpfungsprozessen zur Herstellung von Marktleistungen/ Produkten verwendet werden, um Wettbewerbsnachteile auszugleichen oder eigene Wettbewerbsvorteile zu gewinnen
  - Konkurrenztechnologien, welche als eine rein technische Alternative in der Lage sind, ähnliche technologische Funktionen zu erfüllen und/ oder dabei ökologische Vorteile zu realisieren. Eng damit verbunden sind
  - Substitutionstechnologien, die auch unter technisch-ökonomischen Gesichtspunkten eine alternative technische Problemlösung darstellen
  - Killertechnologien sind Substitutionstechnologien, die sich als Ersatz am Markt erfolgreich etabliert haben
  - Komplementärtechnologien, die eine andere, bereits vorhandene Technologie in Bezug auf ihre technischen Problemlösungen ergänzen.

Produkt- und Produktionstechnologien können alle anderen Arten von Technologien enthalten. In der Abfolge wird zunächst eine Konkurrenztechnologie als verändertes/ neues technologisches Prinzip entstehen. Wenn diese sich auch ökonomisch rechnet, wird sie zur Substitutionstechnologie, die bei einer erfolgreichen Verdrängung der bisherigen Technologien zur Killertechnologie wird. Im umgekehrten Fall kann beim Entstehen einer Komplementärtechnologie die bisherige Technologie ergänzt und damit in ihrem Fortbestand stabilisiert werden.

- Im Hinblick auf den Anstoß und damit die Richtung der Technologieweiterentwicklung lässt sich zwischen zwei unterschiedlichen Perspektiven differenzieren:
  - Bei einem **Technology push** werden neue technologische und technische Lösungen aufgrund autonom erzielter naturwissenschaftlich-technischer Erkenntnisse umgesetzt. Der Anstoß zur Weiterentwicklung von Produkten oder Verfahren erfolgt also durch eine neue Technologie. Ein Beispiel hierfür ist die Nanotechnologie.
  - Bei einem **Market pull** erfolgt der Anstoß für die Entwicklung einer neuen Technologie hingegen durch Bedürfnisse aktueller oder potenzieller Abnehmer. Die technische Lösung wird also konkret an den Anforderungen von Kunden oder neuen Zielgruppen ausgerichtet. Dies kann wiederum auf zweierlei Weise erfolgen: Wenn dies **Market driven** geschieht, dann handelt das Unternehmen reaktiv und reagiert auf bereits klar formulierte Bedürfnisse. Analysiert und erkennt das Unternehmen hingegen latent vorhandene Bedürfnisse und handelt proaktiv, dann hat es in größerem Maße die Chance, den entstehenden Markt zu beeinflussen. Dieses Vorgehen wird als **Market driving** bezeichnet.

**Phasen des Technologielebenszyklus**

- Eine Abfolge von Technologiestrategien über die Zeit liefert das **Technologie-Lebenszykluskonzept** der Unternehmensberatung ARTHUR D. LITTLE. Wir waren darauf bereits kurz in F.III.1. zur Forschung und Entwicklung eingegangen. Es lässt sich direkt zum Markt-Lebenszyklus und den Produkt-Lebenszyklen in Beziehung setzen (siehe Abb. F-II-6). Das Konzept hat Timingstrategien zum Gegenstand, also auf bestimmte Zeitphasen bezogene Strategien, die sich – in Abhängigkeit von der Entwicklungsstufe einer Technologie – nach damit verbundenen Potenzialen im Wettbewerb unterscheiden lassen. Differenziert werden dabei in der zeitlichen Abfolge Schrittmacher-, Schlüssel- und Basistechnologien. Der vierte Bereich, die **Zukunftstechnologien**, können vor der Schrittmacher- oder nach der Basistechnologie eingeordnet werden. Ihrem Wesen nach befinden sie sich noch im Forschungsstadium und haben ein undefiniertes Anwendungsfeld, dessen Potenziale gegenwärtig nur schwer einschätzbar sind. Von daher können hieraus Schrittmachertechnologien entstehen; oder aber die Forschungsbemühungen zielen nach einer Basistechnologie darauf ab, durch neue Zukunftstechnologien leistungsfähige Schrittmachertechnologien zu entwickeln. Hierdurch wäre dann der Beginn eines neuen Technologieniveaus und -zykluses gekennzeichnet. Führen die Forschungsanstrengungen im Rahmen der Zukunftstechnologien nicht zum Erfolg, so entstehen hierdurch Sunk Costs, also erhebliche Kosten als Werteverzehr, die keinen brauchbaren Gegenwert erzielt haben.

  Das Technologie-Lebenszykluskonzept ist in Abbildung F-IV-15 visualisiert. Darin enthalten sind die drei unterschiedlichen Technologiearten als Entwicklungsstufen sowie vor allem auch der Technologiewechsel von einem Technologie-Lebenszyklus auf einen anderen. Die **Dimensionen des Koordinatensys-**

**tems** sind zum einen die Zeit und zum anderen die Leistungsfähigkeit in Relation zu den Kosten der Technologie. Es handelt sich damit um einen Nutzen-Kosten-Index als Leistungsindex im Zeitverlauf. Die Bestimmung der einzelnen Positionen und Phasen ist nur anhand von Indikatoren möglich. Vier qualitative Indikatoren, nämlich die Technologiedynamik, das Differenzierungspotenzial vom Wettbewerb, der Investitionsbedarf und das mit der Technologie verbundene Risiko sind in der Abbildung tabellarisch wiedergegeben.

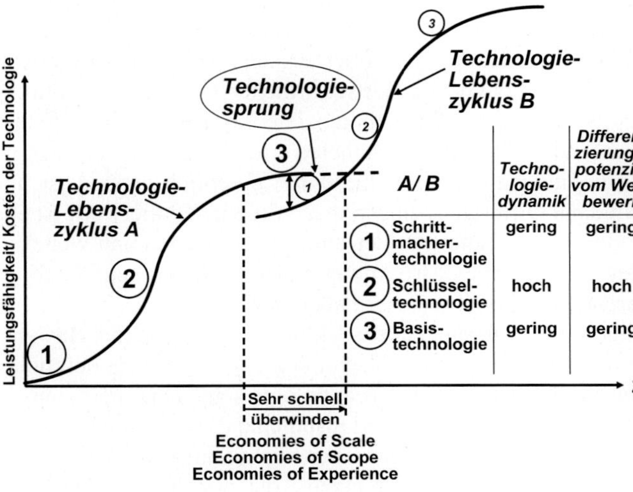


| A/ B | Techno-logie-dynamik | Differen-zierungs-potenzial vom Wett-bewerb | Inves-titions-bedarf | Risiko |
|---|---|---|---|---|
| 1 Schritt-macher-technologie | gering | gering | sehr hoch | sehr hoch |
| 2 Schlüssel-technologie | hoch | hoch | hoch bis sehr hoch | hoch |
| 3 Basis-technologie | gering | gering | mittel bis gering | gering |

**Abb. F-IV-15:** Technologiearten und Technologiewechsel

- Der **S-förmige Kurvenverlauf** verdeutlicht dabei idealtypisch die im Folgenden ausgeführten Sachverhalte. Vorab noch einige Ausführungen zu diesem Kurvenverlauf: Es gibt lediglich Plausibilitätsüberlegungen, aber keine inhaltlich-quantitative Begründung für das S-förmige Verlaufsmuster. Dadurch existiert auch keine Hilfestellung zur Bestimmung einer Kurvenverlaufsfunktion, die eine Prognose der Entwicklung erlaubt. Dennoch schließen wir uns den Plausibilitätsüberlegungen aufgrund der Beobachtungen in der Praxis an und argumentieren auf der Basis des S-förmigen Kurvenverlaufs.
- Bei einer **Schrittmachertechnologie (1)** ist die Technologieanwendung noch im Entwicklungsstadium. Es liegen erst einige wenige Marktanwendungen vor. Die Leistungsfähigkeit und Ausbeute der Technologie als Nutzen/ Kostenverhältnis ist dadurch ebenfalls noch gering; deshalb der relativ flache Kurvenverlauf. Es wird aber ein großes Potenzial erwartet. Zum gegenwärtigen Zeitpunkt ist also die Technologiedynamik im Sinne einer Weiterentwicklung durch den konkreten Einsatz in unterschiedlichen An-

wendungsfeldern noch gering und dem entsprechend auch das damit verbundene Differenzierungspotenzial im Wettbewerb. Um die Technologie in ihrer Einsatzfähigkeit in unterschiedlichen Anwendungsfeldern weiterzuentwickeln, besteht ein sehr hoher Investitionsbedarf. Aufgrund der Unsicherheit einer möglichen Übertragbarkeit auf unterschiedliche Anwendungsfelder ist das mit diesem Technologieniveau verbundene Risiko ebenfalls sehr hoch. Alle diese Faktoren sind mit ihren Ausprägungen ein typisches Anzeichen dafür, dass das Unternehmen eine Pionierstrategie realisiert.

- Der Übergang zu einer **Schlüsseltechnologie (2)** ist dadurch gekennzeichnet, dass die Kurve überproportional ansteigt. Mit anderen Worten hat sich das Nutzen-Kosten-Verhältnis als Leistungsniveau der Technologie deutlich verbessert. Jetzt ist das Stadium konkreter Produkt- und Prozessinnovationen erreicht, die von einer Gruppe fortschrittlicher Unternehmen durchgeführt werden. Erste Kostensenkungspotenziale können durch die unterschiedlichen Anwendungsfelder und höheren Stückzahlen ausgenutzt werden. Die Technologiedynamik steigt hierdurch erheblich an und ist hoch; das damit verbundene Differenzierungspotenzial vom Wettberwerb ist ebenfalls hoch. Um diese Anwendungsfelder nutzbar zu machen und weiter auszubauen, ist der Investitionsbedarf immer noch hoch bis sehr hoch. Das hieraus resultierende Risiko ist gleichermaßen hoch.
- Wenn die Technologie in ihrem Lebenszyklus in die Phase der **Basistechnologie (3)** kommt, dann flacht die Technologiekurve wieder deutlich ab. Dies liegt darin begründet, dass die Technologie jetzt eine allgemein verwendete Technologie ist, deren Innovationspotenzial in Form einer Weiterentwicklung der Technologie und einer Übertragung auf neue Anwendungsfelder weitgehend erschöpft ist. Die Nutzen-Kosten-Relation kann nur dadurch verbessert werden, dass alle sich bietenden Rationalisierungspotenziale ausgeschöpft werden. Die Technologiedynamik ist dadurch wieder gering. Eine strategisch relevante Differenzierung ist kaum möglich, so dass das Differenzierungspotenzial im Wettbewerb ebenfalls wieder gering ist. Von Vorteil ist, dass hierdurch der Investitionsbedarf wieder auf mittel bis gering sinkt und auch das Risiko der Technologieanwendung inzwischen wieder gering ist.

• Die entscheidende Frage ist jetzt, wann und wie ein Wechsel von einer „alten" Technologiekurve auf eine „neue" erfolgt. Die Unternehmensberatung McKINSEY hat ebenfalls eine Reihe von Analysen zum S-förmigen Kurvenverlauf durchgeführt und zusätzlich den **Technologiewechsel** bzw. -sprung untersucht. Statt der Zeit wird der kumulierte F&E-Aufwand dabei als Technologieentwicklungsdeterminante verwendet. Außerdem wird die Analyse explizit auf die Abfolge und den Wechsel von mehreren Technologien ausgeweitet. Das Konzept liefert keinen generell neuen Erkenntnisbeitrag, sondern es ergänzt die bisherigen Analysen und fokussiert auf mögliche diskontinuierliche Technologiesprünge. Wir gehen hierauf nicht gesondert ein, sondern integrieren die Argumente in die weitere Darstellung.
Die Situation ist in unserer Darstellung in Abbildung F-IV-15 die Folgende:

- Bei einem Wechsel der Technologiekurve besteht immer die Gefahr bzw. das Dilemma eines Trendbruchs. Die damit verbundenen Diskontinuitäten und dabei auftretenden Schwierigkeiten müssen also überwunden werden. Das **S-Kurvenkonzept** empfiehlt auf der einen Seite frühzeitig einen Wechsel der Technologiekurve, um den Anschluss an die neue Technologie zu erhalten.
- Das **Erfahrungskurvenkonzept** (siehe hierzu F.II.1.e. und F.III.4.c.) empfiehlt auf der anderen Seite, möglichst lange die bisherige Technologie auszunutzen, um hohe Kostensenkungspotenziale zu aktivieren. Dabei gilt: Nicht nur das Festhalten am Erfahrungskurvenkonzept verhindert den Wechsel auf eine neue Technologiekurve, sondern auch die entsprechend dem Konzept tatsächlich eingetretenen Kostendegressionen.

Dabei gibt es zwei mögliche Effekte: Der Wechsel auf eine neue Technologie begünstigt **Netzeffekte** im Sinne von so genannten Netzwerkexternalitäten. Die Unternehmen, die frühzeitig auf die neue Technologie umsteigen, haben die Chance, gemeinsam neue Standards herauszubilden. **Lock-in-Effekte** kennzeichnen dagegen die Situation, dass ein später Technologiewechsel nur mit hohen Wechselkosten möglich bzw. immer verbunden ist. Das Unternehmen ist gleichsam in der alten Technologie „eingeschlossen", während sich die Wettbewerber mit den neuen Technologien bereits weiterentwickeln und am Markt etablieren. Wenn praktisch alle Unternehmen spät umsteigen, dann kann sich eine weniger wichtige (inferiore) Technologie allerdings über längere Zeit noch am Markt gegen eine bessere Alternative behaupten.
Kommen wir zurück zu unserer Abbildung: Sowohl die bisherige **Basistechnologie (A3)** als auch die **neue Schrittmachertechnologie (B1)** weisen einen nur (noch) relativ flachen Kurvenverlauf auf. Die Leistungsfähigkeit der Technologie in Relation zu den Kosten ist also in beiden Fällen in dieser Phase gering. Bei der Basistechnologie sind allerdings in der Vergangenheit Skaleneffekte sowie Einsparungen durch die Mehrfachverwendbarkeit und Erfahrungskurveneffekte bereits realisiert worden. Sie ist deshalb noch auf einem höheren Niveau angesiedelt als die neue Schrittmachertechnologie. Bei ihr stehen alle diese Kostensenkungs- und Leistungssteigerungspotenziale noch bevor. Das Problem und die Aufgabenstellung bestehen also darin, möglichst schnell und nachhaltig die Situation zu erreichen, dass diese Effekte realisiert werden können.

- Wenn es um die **Bewertung des Nutzen-Kosten-Verhältnisses** einer alten und einer neuen Technologiekurve geht, dann ist dies nicht nur eine Entscheidung der Ingenieure im F&E-Bereich sowie der Produktion, ergänzt durch die Abschätzung des Marktpotenzials und der Vermarktungsmöglichkeiten der Marketing- und Vertriebsexperten. Die Entscheidung in der Unternehmensleitung für eine derartige kostenträchtige Investition wird vorwiegend nach kaufmännischen Gesichtspunkten üblicherweise von Controllern gefällt werden. Da die Ausbeute und Leistungsfähigkeit der neuen Technologie noch geringer als die der alten ist, fällt die Entscheidung über den Wechsel und die Investition oftmals negativ aus. Wenn die Unternehmensleitung sich die Entscheidung vorbehält, dann dominieren i.d.R. die vom Controlling aufbereiteten nicht positiven Bewertungen.

Ein konkretes Beispiel in dieser Richtung ist die negative Entscheidung der SCHWEIZER UHRENINDUSTRIE in den 80er Jahren gewesen, nicht von der Technologie mechanischer Uhren auf die **Quarztechnologie für Uhren** umzusteigen. Diese Situation wiegt umso schwerer, da die Quarztechnologie in den 60er Jahren in der Schweiz erfunden wurde. Die anfängliche Leistungsfähigkeit war dort auch geringer. Der japanische Uhrenhersteller CASIO hat die Quarztechnologie dagegen konsequent in seinen Uhren eingesetzt und damit unter Kosten- und Leistungsaspekten den Markt regelrecht aufgerollt. Der Markt für Schweizer Uhren ist in dieser Zeit eingebrochen und ein erheblicher Teil der vorwiegend mittelständischen Betriebe war nicht mehr überlebensfähig.

- Entscheidend für die Bewertung einer neuen Technologiekurve und damit für die Erfolgsträchtigkeit eines Wechsels sind also nicht nur die **gegenwärtige Kostenposition**, sondern vor allem das **zukünftig aktivierbare Marktpotenzial** und damit die **erzielbaren Kostensenkungseffekte**. Die Entscheidungsgrundlage darf demnach nicht statisch, sondern muss dynamisch angelegt sein. Zugegebenermaßen sind diese Prognosen im Stadium einer Schrittmachertechnologie unsicher und damit mit einem nicht unerheblichen Risiko verbunden. Dieses ist jedoch teilbar. Nur zu einem Teil beruht es auf der **ingenieurmäßigen Abschätzung**, eine Technologie auf bestimmte Anwendungsfelder übertragen zu können. Zum anderen Teil ist es eine Frage der **marketing- und vertriebsbezogenen Prognose**, ob und wie Zielgruppenbedarfe durch Marktleistungen mit hohem Kundennutzen aktiviert und befriedigt werden können. Wenn hierzu seriöse Prognoserechnungen vorgenommen werden, dann ist – bei allen vorhandenen Unwägbarkeiten – eine bessere zukunftsbezogene Abschätzung der realisierbaren Economies of Scale, Scope und Experience möglich. Dies erlaubt dann eher eine Aussage, in welchem Zeitraum die Phase einer „Underperformance“ durchlaufen und überwunden werden kann, um so möglichst rasch in den oberen Teil einer Schrittmachertechnologie zu gelangen. Im Leistungs-Kosten-Vergleich ist dann die neue Technologie überlegen. Die gesamte Entwicklung sieht allerdings dann noch anders aus, wenn die Daten und Fakten zwar gegen einen Wechsel sprechen, von anderen Unternehmen der Wechsel jedoch vollzogen wird. Damit ist für die Zukunft nicht der Technologie-Lebenszyklus allein maßgeblich, sondern auch die sehr schnell absterbenden Lebenszyklen für die eigenen Produkte bei einem durchaus steigenden Markt-Lebenszyklus. Das Beispiel der Schweizer Uhrenindustrie hat genau dies belegt.

Als **Quintessenz** bleibt festzuhalten: Ein Wechsel ist bei einer klar absehbaren fehlenden **Tragfähigkeit einer neuen Technologiekurve** und bei erheblichen Vorbehalten der anvisierten Zielgruppen, die neue Technologie einzusetzen, ökonomisch nicht sinnvoll. Dies war beispielsweise bei der Technologie der Mini-Discs der Fall sowie – im Hinblick auf die fehlende **Marktakzeptanz** –

bei dem von GRUNDIG eingeführten System Video 2000. Wir waren darauf bereits eingegangen. Sind diese beiden Probleme und Risiken nicht in dem Maße gegeben, dann ist für die Entscheidung zu einem Wechsel der Technologiekurve von zentraler Bedeutung, dass eine **klare Markt- und Vertriebsstrategie** zu Grunde gelegt wird. Bei den darauf basierenden Marktprognosen ist zu berücksichtigen, dass der Markt sich neuen Technologien nicht von alleine öffnet und dass die Mitbewerber am Markt ebenfalls Strategiekonzepte entwickeln und umsetzen.

**Beispiele fortschrittlicher Technologien**

- Zu den Technologiearten wollen wir abschließend noch **drei kurze Beispiele** anführen, und zwar die Nanotechnologie auf dem Weg von der Zukunfts- zur Schrittmachertechnologie sowie die UMTS-Technologie als Schlüsseltechnologie und zum Schluss die Reinraumtechnologie als Basistechnologie:
  - Die **Nanotechnologie** befindet sich im Übergang von einer Zukunftstechnologie zu einer Schrittmachertechnologie. Gegenwärtig sind bereits erste Produkte am Markt vorhanden, wie z.B. die schmutzabweisenden Fassadenfarben, welche auf dem oberflächenstrukturbedingten Selbstreinigungseffekt der Lotuspflanze beruhen. Die Nanotechnologie eröffnet die Chance, als „Querschnittstechnologie" Anwendungsfelder in vielen wissenschaftlichen und technischen Bereichen zu erschließen, die heute noch nicht vorstellbar sind. Besonders im Bereich von Elektrotechnik, Biotechnik und Materialforschung werden große Potenziale der Arbeit mit Materie in atomaren und molekularen Dimensionen gesehen. Die entstehenden Produkte sind dabei meist nicht nanoskopisch klein (Nano bezeichnet ein Milliardstel einer Messgröße), ihre Materialien sind aber durch den Einsatz nanotechnologischer Erkenntnisse von ihren Eigenschaften her optimiert oder völlig umgestaltet. So können Keramikbauteile elektrisch leitfähig oder andere Werkstoffe stahlhart und dabei federleicht werden. Das sich aus dieser Technologie ergebende Potenzial wird auf etwa 1.000 Mrd. Dollar bis zum Jahr 2013 geschätzt. Diese Perspektiven veranlassten viele Industriestaaten zu einer intensiven Forschungsförderung auf diesem Gebiet. So wollen die USA in dem Zeitraum von 2005 bis 2008 fast 4 Mrd. Dollar in diesen Forschungsbereich investieren. Allgemein wird die Nanotechnologie als die Schlüsseltechnologie des 21. Jahrhunderts angesehen.
  - Die **UMTS-Technologie** (Universal Mobile Telecommunications System) schafft als Schlüsseltechnologie die technische Grundlage für die Übermittlung großer Datenmengen via Mobilfunk. Während für die Übertragung eines Bildes von 72 Kilobyte mittels des bisherigen Mobilfunkstandards GSM etwa eine Minute benötigt wird, dauert dies im UMTS-Netz etwa 1,6 Sekunden. Ermöglicht wird dieser hohe Datendurchsatz zum einen durch die Nutzung eines anderen Frequenzbandes und zum anderen durch ein verändertes Übertragungsverfahren. Die Spezifikation, der die UMTS-Technologie dabei entsprechen muss, wurde bereits Mitte der 90er Jahre verabschiedet. Diese weltweit gültige IMT-2000-Spezifikation schreibt un-

ter anderem eine paketorientierte Datenübertragung vor, bei der die zu übertragenden Daten ähnlich wie beim Internetprotokoll (IP) in kleine Datenpakete aufgeteilt werden. Hierdurch wird es möglich, dass die UMTS-Endgeräte immer eingeloggt sind, also immer eine Verbindung zum Internet besteht. Bei der bisherigen Technologie erfolgte dagegen bei jeder Aktion eine erneute Einwahl.
Vor allem die hohe Datenübertragungsrate ermöglicht die Bereitstellung einer Reihe neuer Dienste (siehe hierzu auch F.II.2.d.). So können die konventionellen Dienste wie Sprach- und Kurzmitteilungen durch neue Funktionen, wie beispielsweise einen schnellen Internetzugang mittels Handy oder PC-Karte, die Veranstaltung von Videokonferenzen sowie Fernseh- oder Radioübertragungen, ergänzt werden. Ausgehend von diesen Möglichkeiten wurden im Jahr 2000 in einer nationalen Auktion von der Regulierungsbehörde für Telekommunikation und Post Frequenzen zum Einsatz der UMTS-Technologie für insgesamt ca. 50 Mrd. EUR an sechs Telekommunikationsunternehmen versteigert. Probleme beim Ausbau der für die Kommunikation benötigten Netze sowie bei der Bereitstellung entsprechender Endgeräte haben die anfängliche Euphorie allerdings schnell beendet. Erst zu Beginn des Jahres 2004 konnte in Deutschland das erste UMTS-Handy offiziell gekauft werden. Die zur Nutzung der neuen Funktionen nötigen UMTS-Netze waren Mitte 2004 allerdings erst in 200 deutschen Städten verfügbar. Für das Jahresende 2005 hatte die Regulierungsbehörde dann eine Netzabdeckung von 50% der deutschen Bevölkerung vorgeschrieben. Diese Marke ist inzwischen von allen UMTS-Anbietern auch erreicht worden, wobei aber immer noch Großstädte die Schwerpunkte bilden. Die Frage, ob sich die UMTS-Technologie durchsetzt und somit zu einer Killertechnologie für die bisherigen Mobilfunkstandards wird, bleibt zunächst weiter offen.

- Eine Basistechnologie stellen die bei Produktionsvorgängen in der Hochtechnologie der Chipproduktion verwendeten **Methoden des Reinraums** dar. Erst sie ermöglichen eine Herstellung mit relativ geringen Ausschussquoten, die zu einer wirtschaftlich vertretbaren Ausbeute führen. Denn bereits durch kleinste Partikel werden in dem, viele Bearbeitungsschritte umfassenden Herstellungsprozess große Schäden bewirkt. Die Aufgaben bestehen dabei darin, zum einen beispielsweise durch geeignete Luftzirkulation und Filtertechnik vorhandene Verunreinigungen zu entfernen und zum anderen durch Schleusentechnik und Spezialkleidung eine erneute Kontamination zu vermeiden. Wie hoch die Anforderungen dabei sind, zeigt der Vergleich folgender Zahlen: Während bei der Produktion von Mikrochips regelmäßig eine Reinraumklasse von 10 bis 100 gefordert wird – also nur 10 bis 100 Partikel von einer Größe geringer als ein tausendstel Millimeter pro Kubikmeter Luft – lösen sich beim Menschen bereits beim einfachen Umhergehen etwa fünf bis zehn Mio. Partikel pro Minute. Das Beherrschen dieser Technologie ist also Grundvoraussetzung für Unternehmen in dieser Branche, bietet aber dennoch nur geringe Differenzierungsmöglichkeiten, denn es ist der Standard der Technologieanwendung.

- Wie kann ein effizientes und effektives **Technologiemanagement** durchgeführt werden?
  - Das **Ziel** ist dabei, Technologiepotenziale optimal zu nutzen und eine gute Koordination mit anderen Potenzialfeldern, wie dem Human- und Finanzpotenzial, sicherzustellen. Dadurch wird erreicht, dass eine Planung, Bewertung, Gestaltung und Umsetzung von technischen Produkten und Prozessen nicht nur aus der Perspektive der Technologie, sondern auch aus der Perspektive der Menschen, der Organisation und der Umwelt durchgeführt werden. Im Blick sind dann also gleichzeitig die Mitarbeiter, die Kunden, die betroffenen Organisationseinheiten sowie ökologische Anforderungen und Konsequenzen. Dies ermöglicht es, einen koordinierten Beitrag zur Erhöhung der Produktivität und damit der Wettbewerbsfähigkeit sowie gleichzeitig zur Verbesserung der Arbeitswelt und damit der Unternehmens- und Lebensqualität zu leisten. Wir hatten diese Zielsetzung bereits bei der Organisationsentwicklung in F.IV.2.c. angesprochen.
  - Eine derartige **Technologiepolitik** ist mit klaren Technologieleitbildern im strategischen und operativen Technologiemanagement umzusetzen. Hier sind direkte Bezüge zur Unternehmensstrategie und zum Controlling gegeben. Dabei kann es eine klare Entscheidung im Rahmen des Technologiemanagements sein, neue Technologien unternehmensextern einzukaufen, um den eigenen F&E-Aufwand in diesem Bereich und dieser Phase gering zu halten. Im Anschluss hieran werden anwendungsbezogene Technologieweiterentwicklungen im Unternehmen durchgeführt. Je mehr sich hieraus Wettbewerbsvorteile erarbeiten und ableiten lassen, desto stärker werden Technologieteile und Technologien in die Kernkompetenzen des Unternehmens eingruppiert.
  - **Planungshilfen** beim Technologiemanagement können spezielle **Technologie-Portfolios** leisten, wie z.B. die Konzepte von ARTHUR D. LITTLE, WERNER PFEIFFER oder BOOZ, ALLEN & HAMILTON. Ohne hierauf näher einzugehen, bewerten sie in einer Matrix unterschiedliche Dimensionen, wie z.B. die Technologieattraktivität oder den Technologie-Lebenszyklus auf der einen Seite und die relative Technologieposition oder die Ressourcenstärke auf der anderen Seite. Sie ähneln damit den bereits vorgestellten Portfolios (siehe hierzu F.II.1.e.) und weisen nur eine spezielle inhaltliche Ausrichtung auf.
  - Wie gezeigt wurde, kommt der **Technologieprognose** eine entscheidende Bedeutung zu, und zwar generell im Technologiemangement sowie speziell beim Wechsel von einer Technologiekurve auf eine andere. Da hierbei Diskontinuitäten auftreten, haben Zeitreihenanalysen nur einen begrenzten Aussagewert. Zum Einsatz müssen also Instrumente kommen, die sich speziell bei Trendbrüchen und Entwicklungssprüngen anwenden lassen sowie einen Spielraum für Kreativität, Intuition, Voraussicht und Urteilskraft einräumen. Im ersten Fall sind Markt- und Umfeldgegebenheiten, im zweiten Fall subjektive Eindrücke und Bewertungen einzubeziehen. In Frage kommen die schon vorgestellte **Szenario-Technik** (F.II.1.e.) sowie die **Delphi-**

**Methode**. Letztere ist eine mehrstufige Expertenbefragung mit Rückkopplung, durch die plausible Zukunftstrends herausgearbeitet und bewertet werden sollen. In den bisherigen Anwendungen waren die Trefferquoten allerdings eher gering. Im Vergleich hierzu hat die Szenario-Technik einen deutlich höheren Analyse- und Planungswert.

### b. Investitionsarten und Kriterien für Investitionsentscheidungen

Vor der Darstellung einzelner Investitionsarten und Kriterien für Investitionsentscheidungen ist zunächst der **Investitionsbegriff** abgrenzen.

- Als Investition verstehen wir eine Ausgabe von Finanzmitteln, die eine Kapitalbindung bewirkt. Dabei gibt es zwei unterschiedliche Effekte: nämlich einen **Liquiditätseffekt**, der sich im Finanzmittelbestand bzw. der Cashposition des Unternehmens (pagatorisch) niederschlägt, und einen **Kosteneffekt**, der sich in der Kosten- und Leistungsrechnung, also in der Kalkulation des Unternehmens (kalkulatorisch) auswirkt.
  Wenn eine Investition beispielsweise in eine Produktionsmaschine getätigt und nicht über einen Kredit oder durch Leasing finanziert wird, dann hat das Unternehmen bei der Bezahlung durch die Ausgabe einen Liquiditätsabfluss in voller Höhe des Kaufpreises. Kostenmäßig teilt sich der Kaufpreis allerdings in mehrere Teilbeträge auf, und zwar in Höhe der jeweiligen jährlichen Abschreibung auf die Maschine. Dadurch wird sie ertragsmäßig erst in mehreren Schritten bzw. Perioden für das Unternehmen ergebniswirksam. Nur wenn die mit der Maschine produzierten Produkte auch zu Umsätzen am Markt führen, stehen den Abschreibungen als Kosten für die anteilige Abnutzung der Maschine (steuertechnisch: AfA = Absetzung für Abnutzung) Einnahmen/ Erlöse und Erträge gegenüber.
- Im Detail lassen sich **verschiedene Investitionsobjekte** unterscheiden, auf die wir – entsprechend einer Klassifikation von HENNER SCHIERENBECK – im Folgenden kurz eingehen. Wir beginnen dabei mit dem engsten Investitionsbegriff und erweitern ihn stufenweise:

  - Investitionen mit einer langfristigen Kapitalbindung (im engsten Sinn) in das **Sachanlagevermögen** (Grundstücke, Gebäude, Maschinen, Lizenzen usw.)
  - Investitionen mit einer langfristigen Kapitalbindung (im engen bilanzorientierten Sinn) in das **Finanzanlagevermögen** (Beteiligungen, Wertpapiere des Anlagevermögens, langfristige Ausleihungen)
  - Investitionen mit einer kurzfristigen Kapitalbindung (im weiten bilanzorientierten Sinn) in das **Umlaufvermögen** (Vorräte, Forderungen, Kassenreserven).

  Diese drei Investitionsobjekte sind **aktivierungspflichtige**/-fähige kapitalbindende Ausgaben.

- Investitionen mit einer langfristigen Kapitalbindung (im erweiterten bilanzorientierten Sinn) in **Ausgaben für Forschung und Entwicklung** sowie für **geringwertige, dauerhafte Wirtschaftsgüter**
- Investitionen mit einer kurzfristigen Kapitalbindung (im weitesten Sinn) in **laufende Produktions-, Vertriebs- und Verwaltungsaufgaben**.

Diese zwei Investitionsobjekte sind **nichtaktivierungsfähige**/-pflichtige kapitalbindende Ausgaben.

- Für die Investitionsobjekte im engsten Sinne, nämlich das Sachanlagevermögen, unterscheiden wir anschließend einzelne **Investitionsarten**, und zwar jetzt eingeschränkt auf Maschinen im Wertschöpfungsprozess. Sie sind jedoch zum Teil auch auf andere Investitionsobjekte übertragbar.
  Hinsichtlich der Wirkungen auf auf die Kapazität sowie die Produktionskosten lässt sich folgende Einteilung vornehmen:

- **Neuinvestition**: Eine neue Maschine für eine neue Leistungserstellung, zu der es bezogen auf die Kapazität und Produktionskosten keine direkte Vergleichsgrundlage im Unternehmen gibt.
- **Ersatzinvestition**: Eine neue Maschine mit gleicher Technologie für die bisherige Leistungserstellung. Die Kapazität sowie die stückbezogenen Produktionskosten bleiben konstant.
- **Erweiterungsinvestition**: Eine neue Maschine mit gleicher Technologie für die bisherige Leistungserstellung. Die Kapazität nimmt zu, die stückbezogenen Produktionskosten bleiben konstant.
- **Rationalisierungsinvestition**: Eine neue Maschine mit einer veränderten/ verbesserten Technologie für die bisherige Leistungserstellung. Die Kapazität bleibt dabei konstant, die Produktionskosten pro Stück sinken, z.B. durch kürzere Bearbeitungszeiten, weniger Material- oder Energieverbrauch oder geringeren Ausschuss. Häufig sind Qualitätsverbesserungen der Produkte damit verbunden.

Der Auflistung ist anzufügen, dass es in der Praxis wichtig und möglich ist, die **positiven Effekte unterschiedlicher Investitionsarten zu kombinieren**. So wird eine Ersatzinvestition i.d.R. erst nach einigen Jahren durchgeführt. Hierdurch besteht die Wahrscheinlichkeit, dass dies zugleich eine Rationalisierungsinvestition ist. Denn die Technologie der Maschine wird inzwischen weiterentwickelt worden sein, so dass bei gleicher Kapazität geringere Produktionskosten und oftmals eine bessere Qualität möglich sind. In entsprechender Weise wird auch eine Erweiterungsinvestition häufig mit einer Rationalisierungsinvestition verbunden sein. Bei der Neuanschaffung werden aufgrund einer besseren Produktionstechnologie mit der gleichen Maschinenkapazität höhere Stückzahlen gefertigt werden können. Neben diesem kapazitätssteigernden Effekt sind dann auch Kostensenkungseffekte zu verzeichnen, ggf. wiederum bei einer höheren Qualität.

- Die **Kriterien für Investitionsentscheidungen** sind bereits bei den einzelnen Investitionsarten angeklungen: Hier lassen sich quantitative und qualitative, also nicht quantifizierbare, Einflussfaktoren unterscheiden. Im Einzelnen sind dies technische, wirtschaftliche und soziale Aspekte.

- **Technische Aspekte** für Investitionsentscheidungen berücksichtigen insbesondere die mögliche Flexibilität einer Maschine, hiermit verbunden den unterschiedlich möglichen, fehlerfreien Mengenausstoß bei variierten Taktzeiten, die Mehrfachverwendbarkeit in unterschiedlichen Produktlinien, also für unterschiedliche Produktionszwecke und Produkte, sowie die damit verbundene leichte und schnelle Umrüstbarkeit. Ferner ist die leichte Integrierbarkeit in einen Fertigungsprozess wichtig, die nicht nur aufgrund technischer Anforderungen, sondern auch im Hinblick auf die notwendige Mitarbeiterqualifikation zu bewerten ist. Davon hängen die Steuerungsfähigkeit und das erreichbare Qualitätsniveau ab. Und ferner wird die technische Konzeption der Anlage bewertet; hierzu gehören zusätzlich die Stabilität der Nutzung im Sinn geringer Ausfallzeiten, das grundsätzlich mit der Maschine mögliche Qualitätsniveau sowie die Intervalle und Kosten für Wartung/ Instandhaltung.
- Der nächste Bereich sind die **wirtschaftlichen Aspekte** bei einer Investitionsentscheidung, zu welchen der damit korrespondierende Aufwand und Ertrag sowie die Lieferbereitschaft gehören. Dazu zählen der durch den Kaufpreis erforderliche Kapitalbedarf, die Abschätzung der mit dem Betrieb der Maschine verbundenen Kosten und Erlöse sowie die unter Wirtschaftlichkeitserwägungen vertretbare Nutzungsdauer. Die wirtschaftlichen Kriterien hängen zum Teil also unmittelbar von den technischen Aspekten ab und bewerten die anhand der technischen Parameter und Ergebnisse erzielbaren Vor- oder Nachteile in Erträgen oder Kosten. An Beispielen verdeutlicht bedeutet dies: Bei einer benötigten großen Stückzahl ist eine mögliche hohe Taktzeit mit fehlerfreien Produkten die Voraussetzung für hohe Erträge. Lange Umrüstzeiten ziehen lange Stillstandszeiten nach sich und bewirken Leerkosten. Große Ausfallzeiten und häufige Instandhaltungsmaßnahmen verursachen ebenfalls zusätzliche Kosten. Das zuletzt genannte Problem schränkt dann nämlich die Lieferbereitschaft des Unternehmens als weiteres wirtschaftliches Kriterium ein. Denn in dieser Zeit können keine Produkte auf der Maschine hergestellt und danach verkauft werden. Die insgesamt dadurch verursachten Kosten setzen sich also aus den Instandhaltungskosten und den Opportunitätskosten der fehlenden Lieferbereitschaft zusammen. Alle diese Kriterien fließen mehr oder weniger exakt in die Modelle der Investitionsrechnung ein, auf die wir noch ausführlicher eingehen.
- Zu den **sozialen Aspekten** gehören die Auswirkungen auf die Belastung der Mitarbeiter, auf die Arbeitsplatzgestaltung, den Umweltschutz und die Sicherheit im Betrieb. Die Belastung kann physische oder psychische Konsequenzen nach sich ziehen. Die Arbeitsplatzgestaltung kann bezogen auf ergonomische Sachverhalte und/ oder das Spektrum der übertragbaren Aufgaben auf den Maschinenbediener sowie den Grad der Selbststeuerung und Eigenverantwortlichkeit beeinflusst werden. Im Hinblick auf den Umweltschutz sind zusätzliche Aktivitäten bezogen auf die Umweltbelastung und

Entsorgung denkbar. Hinsichtlich der Sicherheit werden vor allem die Einfachheit und die Eindeutigkeit der Bedienung sowie die Unfallgefahr berücksichtigt. Technische Probleme können also beispielsweise aufgrund einer unzureichenden Ergonomie der Maschine zu Gesundheitsproblemen als sozialen Problemen führen, die sich bei Krankheit und Fehlzeiten dann auch auf die wirtschaftlichen Kriterien negativ auswirken (siehe hierzu schon A.I.2.).

- Für eine **Analyse und Berechnung der Wirtschaftlichkeit** von Investitionsvorhaben ist es, wie die vorstehenden Ausführungen verdeutlichen, unerlässlich, alle wesentlichen Kriterien im Hinblick auf ihre Kosten- und ggf. auch Ertragswirkungen zu berücksichtigen. Dies bedeutet, dass die Entscheidungssituation immer multifaktoriell und differenziert nach geplanten Fertigungstypen für die unterschiedlichen Investitionsobjekte anzulegen ist.
  In Abbildung F-IV-16 ist ein einfaches Beispiel für einen solchen Bewertungs- und Entscheidungsprozess wiedergegeben. Zur Auswahl stehen eine Universal- und eine Spezialmaschine, deren Eignung und damit leichte technische Integrierbarkeit in eine **Fließbandfertigung** oder eine **Werkstattfertigung** (siehe hierzu F.III.4.b.) zu bewerten ist. Es handelt sich hierbei um eine Entscheidungssituation, deren unterschiedliche Ausprägungen bei den vier möglichen Kombinationen (A-D) nach Plausibilitätsgesichtspunkten mit den dabei unvermeidlichen Vereinfachungen illustriert werden soll. Die Bewertung erfolgt also zum einen zwischen der Spezial- und der Universalmaschine sowie zum anderen zwischen der Fließband- und der Werkstattfertigung.
  - Eine **Spezialmaschine** ist dadurch gekennzeichnet, dass sie nur ein enges technisches Variationsfeld für unterschiedliche Einsatzzwecke hat, dafür aber in einem gleichförmigen Produktionsprozess eine hohe Ausbringungsmenge aufweist. Erforderliche Rüstzeiten und dadurch bewirkte Kosten sind demgemäß eher hoch, da eine Umrüstung weniger vorgesehen ist. Die Qualifikation der Maschinenbediener ist dadurch ebenfalls spezialisiert und eng begrenzt.
  - Eine **Universalmaschine** ist hingegen in unterschiedlichen Produktionsprozessen und für die Herstellung unterschiedlicher Produkte einsetzbar. Dabei werden verschiedene Werkzeuge als Bearbeitungsvorrichtungen (Fertigungsmittel) eingesetzt, um ein Werkstück, also das Produkt in seinem Entstehungsprozess, wertschöpfend zu bearbeiten. Die Universalmaschine kann also z.B. ein Werkstück der Reihe nach Fräsen, Bohren und Schleifen. Ein Kriterium ist dabei, wie oft die unterschiedlichen Werkzeuge im Produktionsprozess eingesetzt werden. Die Universalmaschine hat i.d.R. auch ein größeres Spektrum und eine leichtere Variierbarkeit der Vorrichtungen, um unterschiedliche Werkstücke (Produkte) in unterschiedlichen Halterungen effizient bearbeiten zu können.
    Die bei der Spezialmaschine genannten Ausprägungen fallen bei der Universalmaschine umgekehrt aus: Durch das große Variationsfeld können kleinere Stückzahlen spezifisch bearbeitet werden. Rüstzeiten fallen häufiger an, sind aber durch die angelegte technische Konzeption der Maschinen

möglichst kurz. Die Qualifikation der benötigten Mitarbeiter ist eher breiter, da sie zusätzlich auch Planungs- und Steuerungsprozesse beherrschen müssen. Kontrollprozesse fallen bei der Spezial- und Universalmaschine gleichermaßen an.

Generell gilt bezogen auf die Höhe der Investition: Bei beiden Maschinenarten wird der **Preis** durch den Automatisierungsgrad **der Maschine** beeinflusst. Eine Spezialmaschine wird als Einzelstück spezifisch auf den Produktionsprozess eines Unternehmens ausgerichtet und hergestellt. Eine Universalmaschine wird hingegen in einer größeren Stückzahl hergestellt und in dieser technischen Auslegung mit geringen Variationen an unterschiedliche Unternehmen verkauft; hierdurch sind Skaleneffekte gegeben. Der Preis für eine Spezialmaschine ist deshalb i.d.R. höher. Durch die größere Ausbringungsmenge gleicher Produkte sind allerdings die variablen Kosten der Produktion pro Stück geringer.

| | *Fließbandfertigung (Produkt- bzw. Objektorientierung)* | *Werkstattfertigung (Verrichtungsorientierung)* |
|---|---|---|
| *Spezial-maschine* | (A)<br>• Investitionshöhe/ Kapitalbedarf ↑<br>• Variable Kosten/Stück ↓<br>• Personalqualifikation ↓<br>• Flexibilität<br>- Anzahl der Rüstvorgänge ↓<br>- Rüstzeiten ↑<br>- Fertigungstechnische Elastizität ↓<br>- Reaktionsmöglichkeit bei Mehrbedarf<br>➢ Gleicher Produktart ⬆<br>➢ Unterschiedlicher Produktart ⬇<br>*Massenfertigung Großserien* | (B)<br>• Investitionshöhe/ Kapitalbedarf ↑<br>• Variable Kosten/Stück ↑<br>• Personalqualifikation ↑<br>• Flexibilität<br>- Anzahl der Rüstvorgänge *c*<br>- Rüstzeiten *c*<br>- Fertigungstechnische Elastizität ↑<br>- Reaktionsmöglichkeit bei Mehrbedarf<br>➢ Gleicher Produktart ↑<br>➢ Unterschiedlicher Produktart ↓<br>*Serien- und Sortenfertigung mit größerer Stückzahl* |
| *Universal-maschine* | (C)<br>• Investitionshöhe/ Kapitalbedarf ⬇<br>• Variable Kosten/Stück ↑<br>• Personalqualifikation ↑<br>• Flexibilität<br>- Anzahl der Rüstvorgänge ↑<br>- Rüstzeiten ↓<br>- Fertigungstechnische Elastizität ↑<br>- Reaktionsmöglichkeit bei Mehrbedarf<br>➢ Gleicher Produktart ↑<br>➢ Unterschiedlicher Produktart ↓<br>*Mass-Customization Serien- und Sortenfertigung* | (D)<br>• Investitionshöhe/ Kapitalbedarf ↓<br>• Variable Kosten/Stück ⬆<br>• Personalqualifikation ⬆<br>• Flexibilität<br>- Anzahl der Rüstvorgänge ⬆<br>- Rüstzeiten ↑<br>- Fertigungstechnische Elastizität ⬆<br>- Reaktionsmöglichkeit bei Mehrbedarf<br>➢ Gleicher Produktart ↑<br>➢ Unterschiedlicher Produktart ⬆<br>*Einzelfertigung Kleinserien* |

*Legende: ↑ = hoch/ höher ↓ = gering/ geringer ⬆/⬇ = viel höher/ viel geringer c = keine Auswirkung/ kein Unterschied*

**Abb. F-IV-16:** Typische multifaktorielle Bewertung bei Investitionsentscheidungen

- Im **Quadrant A** wird eine Spezialmaschine für den Einsatz bei einer Fließbandfertigung bewertet. Auf einen Mehrbedarf der gleichen Produktart kann sehr flexibel bis zum maximalen Ausnutzungsgrad der Maschine reagiert werden. Entsprechend geringer ist die Reaktionsmöglichkeit bei einem Mehrbedarf unterschiedlicher Produktarten, da hierfür Umrüstvorgänge erforderlich werden. Eine Entscheidung wird für eine Spezialmaschine in der Fließbandfertigung dann fallen, wenn eine Massenfertigung in Großserien vorliegt/ zu erwarten ist.

- Im **Quadrant B** werden in einer Werkstattfertigung die Spezialmaschinen jeweils für Fertigungsprozesse entsprechend der speziellen technischen Ausstattung der Maschinen genutzt, so dass Rüstvorgänge und Rüstzeiten nicht oder kaum anfallen. Dies ist allerdings begrenzt auf die Art der Produktvariationen, die diese Maschinen erlauben. Die variablen Kosten pro Stück sind aufgrund der begrenzten zeitlichen Nutzung der spezifisch ausgelegten Maschinen höher als im Quadrant A; Entsprechendes gilt für die nötige Personalqualifikation, da die Mitarbeiter unterschiedliche Bearbeitungsvorgänge an unterschiedlichen Maschinen beherrschen müssen. Die Konstellation käme für die Produktion unterschiedlicher Serien/ Sorten in einer größeren Stückzahl in Frage.
- Im **Quadrant C** kann die Investitionshöhe – im Vergleich zur Konstellation im Quadrant D – als geringer angenommen werden. Dies liegt daran, dass die Maschine in einer Fließbandfertigung nicht so viele Bearbeitungsmöglichkeiten (Werkzeuge) aufweisen muss wie bei einer Werkstattfertigung. Diese Konstellation bietet sich an, wenn eine Fertigung unterschiedlicher Serien ansteht, deren Variationsbreite allerdings begrenzt ist und nur in diesem Bereich eine Mass Customization zulässt.
- Die Investitionsalternative im **Quadrant D** weist höhere Kosten und Qualifikationsanforderungen auf, besitzt aber zugleich die höchste Variationsfähigkeit. Dadurch ist sie besonders gut geeignet für eine Einzelfertigung oder Kleinserien.

Die gesamte Analyse der Kostenstruktur und -höhe ist im Anschluss allerdings zu **spiegeln an** den jeweils möglichen **Einnahmen und Erträgen**. Hierzu sind die Prognosen für die unterschiedlichen Arten und Stückzahlen absetzbarer Produkte zu Grunde zu legen. Ist es möglich, eine große Anzahl gleicher Produkte abzusetzen, dann geht die Entscheidung in Richtung Quadrant A, sind die mengenmäßigen Absatzmöglichkeiten begrenzt und ist zusätzlich eine größere Variation der Produkte erforderlich, dann wird die Entscheidung zwischen B oder C fallen. Wenn die Anforderungen einzelner Kundensegmente stark unterschiedlich sind und hierfür jeweils nur kleine Zielgruppen in Frage kommen, dann kann es sein, dass in der Praxis eine Werkstattfertigung entsprechend Quadrant D die beste Investitionsalternative ist; dies gilt aber nur, wenn aufgrund der relativ ungünstigen, also hohen Kostensituation die zukünftigen Kunden bereit sind, für die Produkte auch deutlich höhere Preise zu bezahlen.

- Um zu einer fundierten Entscheidung zu gelangen, ab welcher Ausbringungsmenge an Produkten die Investition in eine neue Maschine zweckmäßig ist und ab welchem Standardisierungsgrad einer Spezialmaschine der Vorzug gegenüber einer Universalmaschine zu geben ist, muss eine **ganzheitliche Betrachtung** durchgeführt werden. Sie erfordert die Integration der verschiedenen Aspekte technischer, wirtschaftlicher und sozialer Art. Diese Integration hat in quantifizierter Form zu erfolgen, das heißt z.B., soziale Einflußgrößen müssen in wirtschaftliche Auswirkungen überführt werden. Im Folgenden werden Erläuterungen zur kritischen Ausbringungsmenge und zum kritischen Standardisierungsgrad gegeben, jeweils unter Berücksichtigung der drei Kategorien von Einflussgrößen sowie ihrer kostenmäßigen Auswirkungen.

- Für die rechnerische Ermittlung der **kritischen Ausbringungsmenge** ist maßgeblich, bei welchen Kostenverläufen ab einer bestimmten produzierten Menge die Herstellung mit der neuen Maschine kostengünstiger als mit der alten Maschine erfolgt. Dieser Übergang ist in Abbildung F-IV-17 skizziert. Dabei ist allerdings zu berücksichtigen, dass diese quantitative Analyse mehrere Unwägbarkeiten in den Daten aufweisen kann. In der Regel ist davon auszugehen, dass die aus den technischen Daten abgeleiteten **Kostenverläufe** zutreffen. Unternehmensspezifisch sind jedoch zum einen zusätzliche Kosten möglich. Sie können in notwendigen Qualifizierungs- und Einarbeitungsmaßnahmen begründet sein, und außerdem kann die neue Maschine durch die erhöhten Anforderungen und veränderten Abläufe bei den Mitarbeitern zu Stressfaktoren führen, die sich in Fehlzeiten und damit wiederum in erhöhten Kosten auswirken können. Dies würde eine Verschiebung der Kostenfunktion nach rechts oben für die neue Maschine bedeuten und eine höhere kritische Ausbringungsmenge nach sich ziehen.

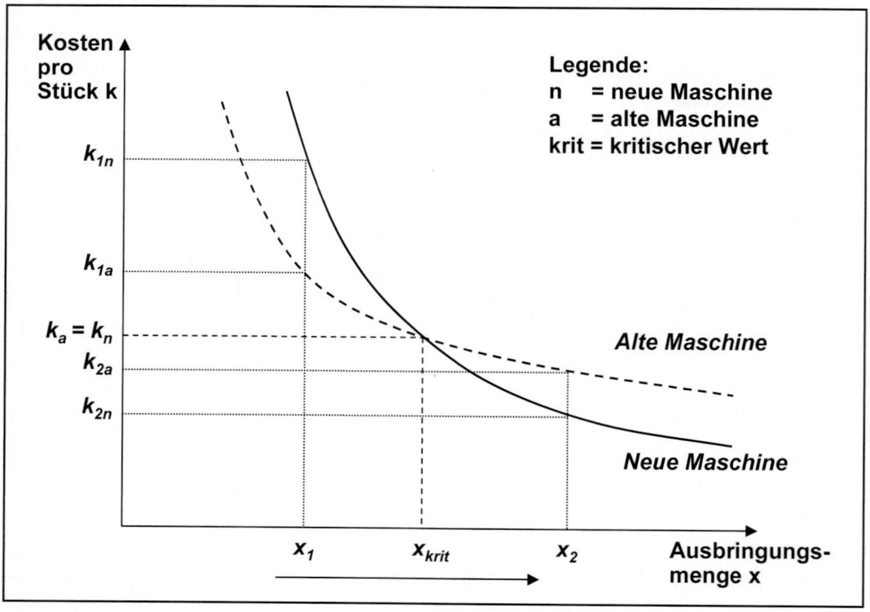


**Abb. F-IV-17:** Die kritische Ausbringungsmenge

Zum anderen beruht die Darstellung darauf, dass die prognostizierte Absatzmenge größer ist als die kritische Ausbringungsmenge (**$x_{krit}$**), bei der die Kosten pro Stück auf der alten und neuen Maschine gleich sind (**$k_a$=$k_n$**). Ist dies nicht oder zumindest nicht auf längere Zeit gegeben, so stimmt das gesamte berechnete Ergebnis nicht mehr mit der Realität überein. Kann man von einer Ausbringungsmenge $\mathbf{x_2}$ ausgehen, dann sind die Stückkosten auf der neuen Maschine $\mathbf{k_{2n}}$ geringer im Vergleich zu $\mathbf{k_{2a}}$ auf der alten Maschine. Geht allerdings der Absatz auf die Menge $\mathbf{x_1}$ zurück, dann ist eine Produktion auf der alten Maschine wiederum kostengünstiger ($\mathbf{k_{1a}}$) als auf der neuen Maschine ($\mathbf{k_{1n}}$). Die **Prognose der Absatzerwartung** hängt dabei nicht nur von einer Bewertung und Quantifizierung der eigenen Marketing- und Vertriebsaktivitäten ab. Zusätzlich wird sie auch, und manchmal besonders stark, von den Aktivitäten der Wettbewerber beeinflusst. So kann ein Konkurrent beispielsweise in der Weise reagieren, dass er seine Produktpreise reduziert und so die erhöhte Nachfrage und den erhöhten Absatz der eigenen Produkte verhindert. Wenn das Unternehmen dann ebenfalls mit einer Preissenkung reagiert, wird die Erlösfunktion sich verschlechtern und – bei gleicher Kostenstruktur – den erwirtschafteten Gewinn pro Stück reduzieren. Durch den Einsatz der neuen Maschine hat sich die Kostenfunktion zwar bereits verbessert, da sich der technologische Fortschritt in der neuen Maschine sowie Lern- und Größenvorteile in reduzierten Kosten niedergeschlagen haben. Weitergehende Kostensenkungsmöglichkeiten werden dabei aber nur schwer, und dann allenfalls in anderen Bereichen zu realisieren sein.

- Wir kommen nun zum zweiten umfassenden Kriterium für eine Investitionsentscheidung, dem **kritischen Standardisierungsgrad ($\boldsymbol{\eta_{krit}}$/ $\mathbf{k_u=k_s}$)**. Wie Abbildung F-IV-18 zeigt, gibt er an, ab welchem Punkt der Übergang von einer Universal- auf eine Spezialmaschine angezeigt ist, da bei einem höheren Standardisierungsgrad die Stückkosten auf der Spezialmaschine ($\boldsymbol{\eta_2}$/ $\mathbf{k_{2s}}$) deutlich geringer sind als auf der Universalmaschine.
  Die Frage, wie unterschiedlich oder wie gleich die Produkte sein dürfen, ist nur unter Berücksichtigung der Kundenanforderungen zu entscheiden. Wir haben an verschiedenen Stellen (z.B. in F.III.4.a.) Beispiele aus der Praxis gezeigt, die nicht immer erfolgreich waren. Die **Kundenakzeptanz** kann nicht von vornherein vorausgesetzt werden, auch wenn nicht generell die Losgröße 1, also ein völlig individuelles Produkt, gefordert wird.
  Die Anstrengungen des Unternehmens haben sich deshalb darauf zu richten, den durch den Kunden akzeptierten Standardisierungsgrad zu erhöhen, um die Kostenvorteile einer Produktion auf Spezialmaschinen zu realisieren. Wenn es gelingt, dann kann dies bedeuten, dass zugleich eine höhere Produktmenge absetzbar ist, so dass sich über Skaleneffekte die Kostenstruktur zusätzlich verbessert. Störgrößen können sich dadurch einstellen, dass die Belastung der Mitarbeiter bei der Produktion mit Spezialmaschinen durch die Gleichförmigkeit und damit verbundene Nachteile in der Arbeitsgestaltung zunimmt und sich negativ, z.B. wiederum in Fehlzeiten, auswirkt.
  Das Ziel geht dahin, eine Einzelfertigung mit hohen Kosten in eine begrenzte Anzahl von Varianten zu überführen, ohne jedoch einen zu großen Anteil an (potenziellen) Kunden zu verlieren. Eine wirtschaftlich sinnvolle Standardisierung lässt sich dadurch erreichen, dass der Anteil an verwendeten Gleichteilen erhöht wird. Dies entspricht einer Fertigung im Baukastensystem. Wichtig bei einem derartigen **Variantenmanagement** ist, dass die

standardisierten Bauteile die für die Kunden wahrnehmbaren unterschiedlichen Produktarten nicht verhindern. Mit anderen Worten müssen die markenspezifischen Attribute und Designfaktoren erhalten bleiben. Wir sind hierauf ebenfalls schon eingegangen. Eine Plattformstrategie, wie sie in der Automobilindustrie teilweise realisiert wird, bringt zwar Kostenvorteile durch den deutlich höheren Standardisierungsgrad, erhöht aber zugleich die Gefahr einer Kundenabwanderung und damit eines Nachfragerückgangs. Die theoretischen Kostenvorteile können hierdurch in der Praxis zunichtegemacht werden. Wenn hingegen eine Mass Customization (siehe hierzu auch E.II. und E.III) möglich ist, dann kann der Kunde durch die aktive Mitwirkung an der Konfiguration eines Produktes seine Gestaltungs- und Ausstattungsanforderungen besser realisieren.

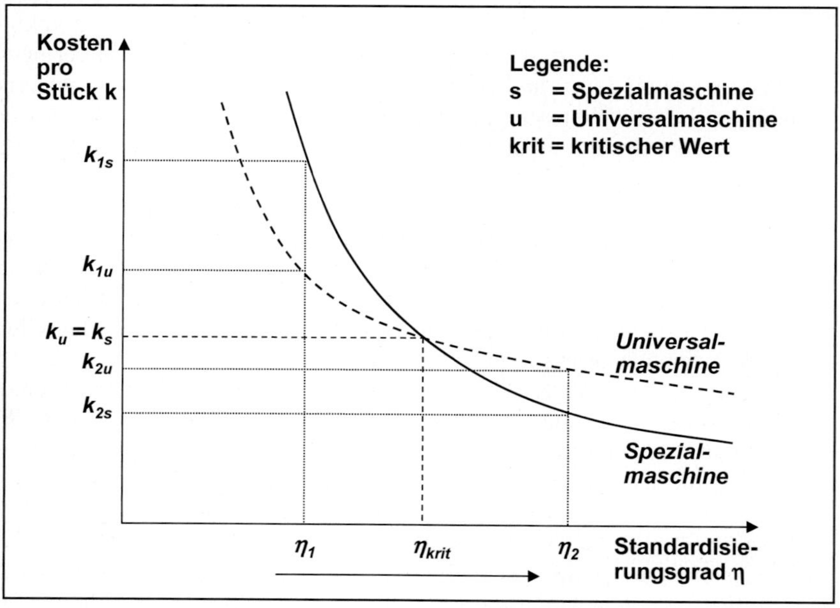


**Abb. F-IV-18:** Der kritische Standardisierungsgrad

## c. *Verfahren der Investitionsrechnung*

Mit den Verfahren der Investitionsrechnung wird auf der Basis der technischen und ggf. auch sozialen Parameter die Wirtschaftlichkeit einzelner Investitionsobjekte, also in unserem Falle Maschinen, berechnet. Abbildung F-IV-19 zeigt in einer Übersicht **wesentliche Verfahren der Investitionsrechnung**. Sie sind geordnet nach ihrer Praxisnähe und damit Einfachheit. Den statischen Verfahren und den klassischen dynamischen Ansätzen wird dabei in der Praxis häufiger der Vorzug gegeben als den modernen dynamischen Ansätzen sowie den Simultanansätzen und Modellen des Operations Research (OR). Der Grund liegt darin, dass die letzteren Verfahren deutlich größere Anforderungen an die Datenbasis stellen und zugleich eine höhere Komplexität aufweisen. Dafür sind sie aber auch umfassender. In der Abbildung sind diese unterschiedlichen Gruppen von Verfahren der Investitionsrechnung zugleich im Hinblick auf ihre generellen Vor- und Nachteile bewertet. Wir führen im Folgenden einige der Verfahren ausführlicher aus. Für weitergehende Verfahren wird auf die Spezialliteratur verwiesen.

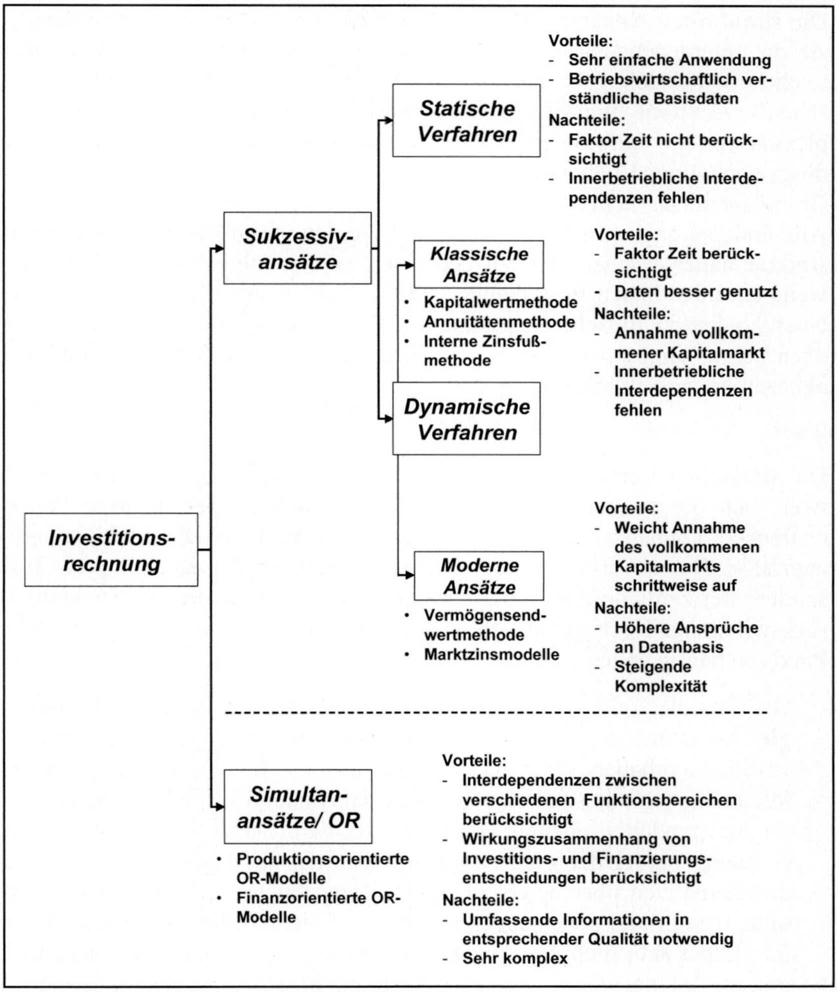


**Abb. F-IV-19:** Bewertung der Verfahren der Investitionsrechnung

- Generell lässt sich unterscheiden zwischen Sukzessivansätzen und Simultanansätzen. Bei den **Sukzessivansätzen** stellen die statischen Verfahren die einfachen, in der Praxis weit verbreiteten Investitionsrechnungsmethoden dar. Da

der Faktor Zeit sowie innerbetriebliche Interdependenzen nicht berücksichtigt werden, ist ihre Aussagefähigkeit begrenzt.
Die dynamischen Verfahren berücksichtigen, wie ihr Name ausdrückt, dagegen den Faktor Zeit. Die hierzu klassischen Ansätze haben ebenfalls breiten Eingang in die Praxis gefunden. Nachteilig ist dabei die Annahme eines vollkommenen Kapitalmarktes. Im Gegensatz hierzu weisen die modernen dynamischen Ansätze diesen Nachteil nicht mehr auf. Diese haben aber durch die gestiegene Komplexität einen höheren Anspruch an die Datenbasis.
Die **simultanen Ansätze/ OR** tragen der Realität insofern mehr Rechnung, als sie die Interdependenzen zwischen verschiedenen betrieblichen Funktionsbereichen berücksichtigen. Zugleich zeigen sie Wirkungszusammenhänge zwischen Investitions- und Finanzierungsentscheidungen auf. Der Grad der Komplexität und die Anforderungen an die Informationsqualität sind dadurch allerdings noch einmal höher. Auf diese simultanen Ansätze gehen wir in unserem Grundlagenbuch nicht näher ein.
Alle anderen angesprochenen Verfahren werden anschließend in ihrer Grundstruktur näher erläutert. Hierzu geben wir in den folgenden Abbildungen jeweils die inhaltlichen Bestandteile und die Vorgehensweise wieder, die wir an einer konkreten Entscheidungssituation für ein Investitionsvorhaben mit den oben bereits angesprochenen beiden Alternativen einer Universal- oder Spezialmaschine verdeutlichen.

**Statische Verfahren**

- Die **statischen Verfahren** kennzeichnen einperiodische Rechenverfahren. Obwohl sich die zu betrachtenden Investitionsprojekte über mehrere Perioden erstrecken können, liegt den Rechnungen i.d.R. eine Durchschnittsperiode zugrunde. Damit verlieren die Verfahren jedoch an Aussagefähigkeit. Insbesondere der zeitliche Anfall der Ein- und Auszahlungen findet hier keine Berücksichtigung. Doch gerade diese Vereinfachung sorgt dafür, dass sie in der Praxis so häufig angewendet werden.
  - Die Grundlage für alle weiteren statischen Verfahren bildet die **Kostenvergleichsrechnung**. Sie basiert auf einer Gegenüberstellung der durch ein Investitionsvorhaben verursachten Kosten. Diese können entweder auf eine Rechnungsperiode (typischerweise ein Jahr) oder als Stückkosten auf die zu produzierenden Einheiten verrechnet werden. Dabei ist die Stückkostenrechnung immer dann anzuwenden, wenn die zu vergleichenden Investitionsalternativen über unterschiedliche Kapazitäten verfügen und somit verschiedene Produktionsmengen pro Jahr realisiert werden. Unterscheidet sich ihr Output aber nicht nur quantitativ, sondern auch qualitativ, muss der Ertrag im Rahmen eines Gewinn- bzw. Rentabilitätsvergleichs mit einbezogen werden.
    Für den einfachen Fall einer Investitionsentscheidung zwischen zwei oder mehr Alternativen mit quantitativ und qualitativ gleicher Leistung genügt aber der Kostenvergleich. Dabei ist eindeutig die Alternative mit den **geringsten durchschnittlichen Kosten pro Periode** zu wählen.

Berücksichtigt werden zum einen die **Betriebskosten**, die z.B. durch den Einsatz von Personal und den Verbrauch an Material sowie durch Ausgaben für Instandhaltungen, Raumnutzung oder Energieverbrauch anfallen. Sie sind meist direkt von der Fertigungsmenge abhängig (variable Kosten). Verteilen sie sich bei mehrperiodischer Nutzung unterschiedlich auf die Perioden, werden jeweils Durchschnittskosten zu Grunde gelegt. Dies ist z.B. bei den in späteren Perioden verstärkt anfallenden Instandhaltungs- und Reparaturkosten der Fall.
Neben diesen durch den Betrieb einer Anlage entstehenden Kosten müssen zum anderen aber auch die weitgehend ausbringungsmengenunabhängigen (fixen) **Kapitalkosten** in die Berechnung einbezogen werden. Sie setzen sich regelmäßig aus den Kosten für die kalkulatorische Abschreibung und für kalkulatorische Zinsen zusammen. Erstere bilden den Werteverzehr an der Anlage ab und sollen sicherstellen, dass nach der Außerbetriebnahme der Maschine wieder genügend Mittel für eine Ersatzinvestition verfügbar sind. Letztere beziehen sich auf das durchschnittlich gebundene Kapital und entstehen dadurch, dass die Anlage entweder fremdfinanziert wird und so tatsächlich Zinsen auf das Kapital gezahlt werden oder Eigenkapital zur Finanzierung herangezogen wird, welches gewinnbringend am Kapitalmarkt angelegt werden könnte. Sie entsprechen damit dem Konzept der Opportunitätskosten. Berechnet werden die kalkulatorischen Zinsen in der Form, dass das durchschnittlich gebundene Kapital (= [Anschaffungswert + Restwert vor Beginn des letzten Nutzungsjahres] / 2) mit dem Zinssatz (i) multipliziert wird. Dies beruht auf der Annahme, dass die Tilgung bzw. Amortisation des eingesetzten Kapitals nicht kontinuierlich, sondern in jeweils zum Jahresende fälligen Raten erfolgt. Werden hingegen kontinuierliche Rückflüsse zur Tilgung des gebundenen Kapitals unterstellt, berechnen sich die kalkulatorischen Zinsen mittels der Formel: i × (Anschaffungswert + Restwert am Ende der Nutzungsdauer) / 2.
Zum besseren Verständnis ist das Vorgehen bei der Kostenvergleichsrechnung in Abbildung F-IV-20a anhand eines **Beispiels** vereinfacht dargestellt. Zunächst sind für die Investitionsalternativen Universal- oder Spezialmaschine die Betriebskosten pro Jahr (= Rechnungsperiode) zu ermitteln. Im Beispiel werden dabei nur die wesentlichen Kostenblöcke für Personal und Material angesetzt. Dabei zeigt sich, dass trotz der aus dem geringeren Automatisierungsgrad der Universalmaschine resultierenden höheren Personalkosten und einem höheren Verschnitt (höhere Materialkosten) – wegen ihrer geringeren Spezialisierung – die Universalmaschine niedrigere Betriebskosten **(1)** aufweist (2.175.000 EUR/Jahr statt 3.135.000 EUR/Jahr). Ihre niedrigere Abschreibungsrate resultiert aus der 3-jährigen Nutzungsdauer (Spezialmaschine 2 Jahre), dem durch Standardisierung vieler Maschinenteile erreichten niedrigeren Anschaffungswert (1.500.000 EUR statt 2.000.000 EUR) und dem höheren Liquidationserlös. Diese kalkulatorische Abschreibung **(2)** schlägt sich dann noch einmal bei der Ermittlung der kalkulatorischen Zinsen nieder. So ist der Restwert der Anlage am Ende des vorletzten Jahres ($RW_{n-1}$) bei der Universalmaschine geringer als bei der

Spezialmaschine. Dies sorgt zusammen mit den niedrigeren Anschaffungskosten dafür, dass die kalkulatorischen Zinsen **(3)** bei der Universalmaschine niedriger sind.

Im Ergebnis resultieren hieraus für die Universalmaschine **Gesamtkosten pro Jahr (4)** von 2.685.000 EUR und für die Spezialmaschine 4.237.500 EUR. Der Entscheidungsregel der Kostenvergleichsrechnung folgend, müsste die günstigere Alternative, also die Universalmaschine, gewählt werden. Sie kann aber keine Anwendung finden, da die Universalmaschine im Jahr wesentlich weniger Teile produziert und somit das quantitative Ergebnis der beiden Maschinen nicht übereinstimmt.

| *Werte/ Verfahren* | *Beispiel 1: Universalmaschine* | | *Beispiel 2: Spezialmaschine* |
|---|---|---|---|
| • *Werte* | | | |
| Anschaffungswert (AW) | 1.500.000 EUR | | 2.000.000 EUR |
| Maschinenlaufzeit (LZ) | 5.000 h/Jahr | | 6.600 h/Jahr |
| Personalkosten (PK) | 35 EUR/h | | 25 EUR/h |
| Materialkosten (MK) | 10 EUR/Teil | | 9 EUR/Teil |
| Produktivität (P) | 40 Teile/h | | 50 Teile/h |
| Restwert ($RW_n$) | 300.000 EUR | | 100.000 EUR |
| Nutzungsdauer (n) | 3 Jahre | | 2 Jahre |
| Verkaufserlös (E) | 14 EUR/Teil | | 14 EUR/Teil |
| Zinssatz (i) | 10 % | | 10 % |
| • *Kostenvergleichsrechnung* | | | |
| *Betriebskosten* | | | |
| PK • LZ | 35 EUR/h • 5.000 h/Jahr | | 25 EUR/h • 6.600 h/Jahr |
| + P • MK • LZ | + 40 Teile/h • 10 EUR/Teil • 5000 h/Jahr | | + 50 Teile/h • 9 EUR/Teil • 6.600 h/Jahr |
| | = 2.175.000 EUR/Jahr | (1) | = 3.135.000 EUR/Jahr |
| + *Kalkulat. Abschreibung* | | | |
| $\frac{(AW-RW_n)}{n}$ | $\frac{(1.500.000\ EUR - 300.000\ EUR)}{3\ Jahre}$ | | $\frac{(2.000.000\ EUR - 100.000\ EUR)}{2\ Jahre}$ |
| | = 400.000 EUR/Jahr | (2) | = 950.000 EUR/Jahr |
| + *Kalkulat. Zinsen* | | | |
| $\left(\frac{(AW+RW_{n-1})}{2}\right) \cdot i$ | $\left(\frac{(1.500.000\ EUR + 700.000\ EUR)}{2}\right) \cdot 10\ \%$ | | $\left(\frac{(2.000.000\ EUR + 1.050.000\ EUR)}{2}\right) \cdot 10\ \%$ |
| | = 110.000 EUR/Jahr | (3) | = 152.500 EUR/Jahr |
| = *Gesamtkosten pro Jahr* | 2.685.000 EUR/Jahr | (4) | 4.237.500 EUR/Jahr |
| *Stückkosten* | 13,43 EUR/Teil | (5) | 12,84 EUR/Teil |

**Abb. F-IV-20a:** Statische Verfahren der Investitionsrechnung am Beispiel

Um dies zu beheben, sind die Kosten pro Jahr auf die produzierten Einheiten zu verteilen. Dabei ergeben sich **Stückkosten (5)** von 13,43 EUR auf der Universal- und 12,84 EUR auf der Spezialmaschine. Wie nachvollziehbar ist, sollte auf dieser Basis in die Spezialmaschine investiert werden.

- Wie bereits angesprochen, sind die Ergebnisse der Kostenvergleichsrechnung bei Investitionsalternativen mit qualitativ unterschiedlichen Leistungen nicht aussagekräftig. Hier ist es erforderlich, die Erlösseite mit zu berücksichtigen. Dies geschieht bei der **Gewinnvergleichsrechnung** in der Weise, dass die durchschnittlichen Gewinne, welche die Investitionsprojekte innerhalb einer Periode erwirtschaften, ermittelt und verglichen werden. Es ist dann die Investition durchzuführen, die den höchsten Gewinn verspricht. Dieser ermittelt sich aus der Differenz von Erlösen und Kosten innerhalb einer Periode. Das Kriterium Gewinn ermöglicht es auch, ein einzelnes Investitionsvorhaben zu beurteilen. Es ist zu verwirklichen, wenn ein Gewinn zu erwarten ist.

Die Gewinnvergleichsrechnung kommt bezogen auf das vereinfachte Beispiel in Abbildung F-IV-20b zum gleichen Ergebnis wie die Kostenvergleichsrechnung. Basierend auf den jeweiligen Erlösen **(a)** und Gesamtkosten **(b)** pro Jahr ist die Spezialmaschine aufgrund ihres höheren Gewinns **(c)** von 382.500 EUR pro Jahr (statt 115.000 EUR/Jahr bei der Universalmaschine) zu bevorzugen. Dies ist nicht verwunderlich, da beide Maschinen qualitativ vergleichbare Teile herstellen, die zum gleichen Preis am Markt verkauft werden können.

| *Verfahren* | *Beispiel 1: Universalmaschine* | | *Beispiel 2: Spezialmaschine* |
|---|---|---|---|
| • ***Gewinnvergleichsrechnung*** | | | |
| *Erlöse pro Jahr* E • LZ • P | 14 EUR/Teil • 5.000 h/Jahr • 40 Teile/h = 2.800.000 EUR/Jahr | (a) | 14 EUR/Teil • 6.600 h/Jahr • 50 Teile/h = 4.620.000 EUR/Jahr |
| - *Gesamtkosten pro Jahr* | 2.685.000 EUR/Jahr | (b) | 4.237.500 EUR/Jahr |
| = *Gesamtgewinn (G) pro Jahr* | 115.000 EUR/Jahr | (c) | 382.500 EUR/Jahr |
| • ***Rentabilitätsvergleichsrechnung*** | | | |
| *Gewinn vor Steuern* G + Kalkulat. Zinsen | 115.000 EUR/Jahr + 110.000 EUR/Jahr = 225.000 EUR/Jahr | (d) | 382.500 EUR/Jahr + 152.500 EUR/Jahr = 535.000 EUR/Jahr |
| *Durchsch. Kapitalbindung* $\frac{(AW+RW_{n-1})}{2}$ | $\frac{(1.500.000\ EUR + 700.000\ EUR)}{2}$ = 1.100.000 EUR/Jahr | (e) | $\frac{(2.000.000\ EUR + 1.050.000\ EUR)}{2}$ = 1.525.000 EUR/Jahr |
| • *100* | | | |
| = *Rentabilität* | 20,5 % | (f) | 35,1 % |
| • ***Amortisationsrechnung*** | | | |
| *Anschaffungswert* | 1.500.000 EUR | (g) | 2.000.000 EUR |
| *Einnahmeüberschuss* | (115.000 EUR/Jahr + 400.000 EUR/Jahr) | (h) | (382.500 EUR/Jahr + 950.000 EUR/Jahr) |
| = *Amortisationsdauer* | 2,9 Jahre | (i) | 1,5 Jahre |

**Abb. F-IV-20b:** Statische Verfahren der Investitionsrechnung am Beispiel

- Die bisher aufgezeigten Investitionsrechenverfahren lassen die Tatsache außer Acht, dass Unternehmen nicht unbegrenzt Kapital zur Verfügung haben. Daher ist es für sie nötig, ihr vorhandenes Kapital möglichst rentabel zu investieren. Diesem Ziel folgt die **Rentabilitätsvergleichsrechnung (ROI)**. Sie bezieht den Periodengewinn eines Investitionsvorhabens auf das dafür eingesetzte Kapital. Das Verfahren kann somit sowohl Aussagen über die Vorteilhaftigkeit eines einzelnen Investitionsprojektes machen als auch mehrere vergleichend gegenüberstellen. Zu wählen ist dann das Projekt mit der höchsten erwarteten Rentabilität.

Im Gegensatz zur Gewinnvergleichsrechnung wird bei diesem Verfahren der **Gewinn vor Steuern** angesetzt, da anderenfalls kein einfacher Vergleich mit der von den Investoren geforderten Mindestverzinsung (entspricht den kalkulatorischen Zinsen) möglich wäre.

Diese einfache klassische Form der Rentabilitätsrechnung wird in der Praxis häufig entsprechend der betrieblichen Notwendigkeiten abgewandelt. So wird vielfach die **Umsatzrentabilität** (Periodengewinn/Erlöse pro Periode) oder der **Kapitalumschlag** (Erlöse pro Periode/durchschnittliche Kapitalbindung) ermittelt. Des Weiteren finden oft Differenzierungen nach der Art des eingesetzten Kapitals statt. Dabei entspricht die Gesamtkapitalrentabilität dem oben dargestellten Vorgehen, wohingegen bei der **Eigenkapitalrentabilität** der Periodengewinn nur mit dem zur Finanzierung des Investitionsprojektes verwendeten Eigenkapitalanteil ins Verhältnis gesetzt wird.

Wie in Abbildung F-IV-20b aufgezeigt ist, fällt die Entscheidung zwischen den beiden Maschinenarten unter Rentabilitätsgesichtspunkten einfach aus. Aufgrund des bedeutend höheren Gewinns vor Steuern **(d)** bei dem Einsatz der Spezialmaschine wird die stärkere durchschnittliche Kapitalbindung **(e)** überkompensiert. Im Ergebnis weist die Universalmaschine eine Rentabilität **(f)** von 20,5% und die Spezialmaschine eine Rentabilität von 35,1% auf.

- Die Frage, nach wie vielen Jahren sich eine Investition bezahlt macht, versucht die **Amortisationsrechnung** zu beantworten. Dafür knüpft sie nicht wie die bisher dargestellten Verfahren an Kosten und Erlösen, sondern direkt an den Zahlungen an. Die hierfür nötigen Größen lassen sich dennoch aus der Gewinn- bzw. Kostenvergleichsrechnung ableiten. So ergibt sich der Einnahmeüberschuss pro Periode aus der Summe von Gesamtgewinn pro Jahr **(c)** und kalkulatorischer Abschreibung **(2)**. Dieser Betrag ist am Periodenende verfügbar. Die **Amortisationsdauer** (Pay Off) **(i)** ermittelt sich nach der Durchschnittsmethode als Quotient aus Anschaffungswert (AW) **(g)** und Einnahmeüberschuss pro Periode **(h)**. Sie gibt an, **wie lange ein Investitionsprojekt benötigt, um die investierten Kosten wieder zu erwirtschaften**.

  Ein genaueres Ergebnis bewirkt die Kumulationsmethode, denn sie kann auch einen unregelmäßigen Gewinnverlauf berücksichtigen, indem sie statt Durchschnittswerten die tatsächlichen Einnahmeüberschüsse der Periode verrechnet. Sie werden so lange aufaddiert, bis ihre Summe gleich den Anschaffungskosten ist.

  Im Beispiel der Abbildung F-IV-20b ergibt sich nach der Durchschnittsmethode eine Amortisationsdauer von **2,9** Jahren für die Universalmaschine und **1,5** Jahren für die Spezialmaschine. Hier ist die Entscheidung wieder zu Gunsten der Spezialmaschine zu fällen.

  Obwohl die Amortisationsrechnung aufgrund ihrer Anschaulichkeit in der Praxis sehr beliebt ist, hat sie doch ein begrenztes Einsatzgebiet. Sie konzentriert sich ausschließlich auf den Zeitraum bis zur Rückgewinnung des eingesetzten Kapitals. Gewinne nach Ablauf der Amortisationsdauer werden

nicht berücksichtigt. Daher erlaubt dieses Rechenverfahren grundsätzlich **keine Aussage über den Erfolg eines Investitionsprojektes**. So kann es durchaus der Fall sein, dass ein Projekt mit kurzer Amortisationsdauer eine geringere Rentabilität aufweist, als ein Projekt mit längerer Amortisationsdauer. Aus diesem Grunde kann das Verfahren immer nur zusätzlich Anwendung finden; der Erfolg der einzelnen Investitionsalternativen ist mit einem anderen Verfahren zu bestimmen.
Dennoch schafft es die Amortisationsrechnung, einen zentralen Schwachpunkt der statischen Verfahren abzumildern, wenn auch nicht zu beheben. Durch die Angabe des Zeitpunktes, ab welchem die Investitionen wieder erwirtschaftet sind und die Gewinnzone beginnt, kann das Risiko einer Investition grob bestimmt werden. Dabei gilt: Je kürzer die Amortisationsdauer, desto geringer ist das Risiko der Investition.

Andere, zum Teil bereits in Abbildung F-IV-19 genannte **Nachteile der statischen Verfahren** werden aber nicht aufgefangen:

- Die Berechnung auf Grundlage einer durchschnittlichen Einzelperiode stellt eine grobe Vereinfachung der betrieblichen Realität dar und führt zu einem Verlust an Planungsgenauigkeit.
- Der zeitliche Unterschied zwischen Ein- und Auszahlungen wird weitgehend vernachlässigt. Dabei ist dieser Aspekt sowohl für die Planung der Liquidität als auch für die richtige Einschätzung der Rentabilität bedeutsam. Es gilt folgender Zusammenhang: Je weiter die Gewinnschwelle in der Zukunft liegt, desto geringer ist die Rentabilität des Projektes, da das Geld erst in einem späteren Zeitpunkt zur Reinvestition eingesetzt werden kann.
- Beziehungen zu anderen, bereits bestehenden oder noch zu realisierenden Projekten können nicht berücksichtigt werden. Auch die Auswirkungen auf andere, vom Investitionsvorhaben betroffene Abteilungen finden keine Beachtung.

### Dynamische Verfahren

- Insbesondere die beiden erstgenannten Kritikpunkte versuchen die **klassischen dynamischen Verfahren** zu berücksichtigen. Ihr Ziel ist es, die Auswirkungen einer Investitionsentscheidung auf die Finanzsituation des Unternehmens über den gesamten Investitionszeitraum zu erfassen und zu bewerten. Daher wird nicht mehr mit einer Durchschnittsperiode gerechnet, sondern mit dem genauen **Zahlungsstrom** des gesamten Investitionsvorhabens. Er charakterisiert nicht nur die Höhe der Ein- und Auszahlungen, sondern auch ihren zeitlichen Anfall. Allerdings kann ein solcher Zahlungsstrom für ein Investitionsprojekt nur dann ermittelt werden, wenn bereits zum Entscheidungszeitpunkt alle wesentlichen Informationen bezüglich der zukünftigen Entwicklung vorliegen. Diese Forderung ist Bestandteil des Konzeptes vom vollkommenen Kapitalmarkt, welches den klassischen dynamischen Investitionsrechenverfahren zu Grunde liegt. Weitere Forderungen dieses Konzeptes sind unter anderen, dass keine Steuern existieren, die am Markt erwartete Verzinsung konstant ist, es keinen Unterschied macht, ob zur Finanzierung Eigen- oder Fremdkapital eingesetzt wird und Investoren keine persönlichen oder sachlichen Präferenzen bezüglich der Investitionsalternativen besitzen. Unsicherheit wird im Modell des vollkommenen Kapitalmarkts also ausgeschlossen. Da diese idealtypischen Anforderungen in der Realität nicht zu erfüllen sind, müssen die Ergebnisse dieser Verfahren immer auf ihre Praxistauglichkeit hin untersucht werden.

- Trotz dieser Probleme erfreuen sich die klassischen dynamischen Verfahren der Investitionsrechnung großer Beliebtheit in der Praxis. Dies liegt im Wesentlichen in der Möglichkeit begründet, den unterschiedlichen zeitlichen Anfall von Ein- und Auszahlungen in die Investitionsentscheidung einfließen lassen zu können. Realisiert wird dies über den zentralen Begriff des **Kapitalwertes**. Seine Berechnung ist in Abbildung F-IV-21 dargestellt und soll im Folgenden erläutert werden.

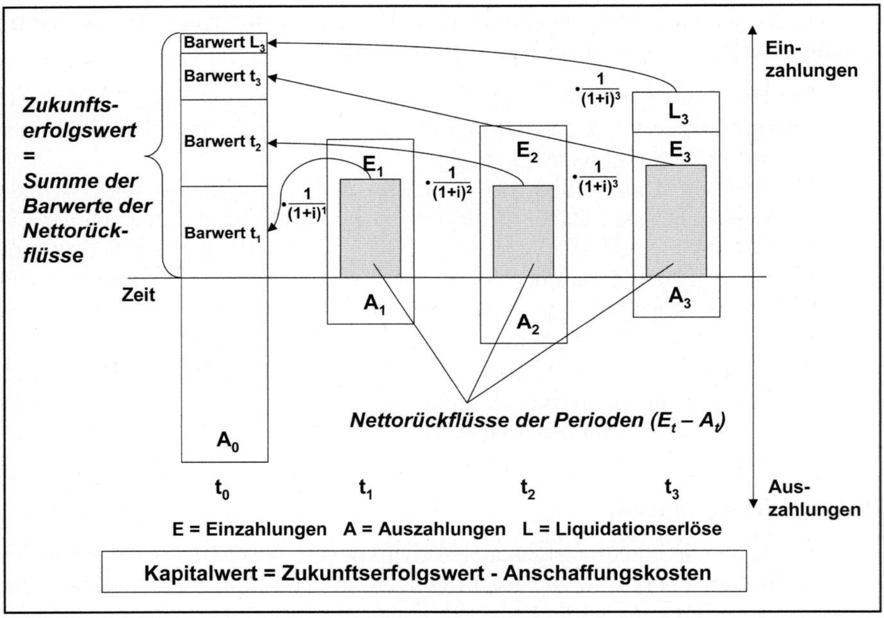


**Abb. F-IV-21:** Berechnung des Kapitalwerts

Voraussetzung für die Ermittlung des Kapitalwertes eines Investitionsvorhabens ist, wie bereits angesprochen, die Kenntnis seines Zahlungsstroms. In einer vereinfachten Form setzt er sich aus einer Anschaffungsauszahlung $\mathbf{A_0}$ zum Beginn des Investitionsvorhabens (in $t_0$), Einzahlungen ($\mathbf{E_t}$) und Auszahlungen ($\mathbf{A_t}$) in den Folgeperioden sowie dem Liquidationserlös ($\mathbf{L_n}$) am Ende des Planungszeitraums zusammen. Zur Vereinfachung der Rechnung wird für sämtliche Zahlungen, außer der Anschaffungsausgabe, angenommen, dass sie jeweils zum Periodenende (endfällig) anfallen. Aus der Differenz von Einzahlungen und Auszahlungen jeder Periode können nun die jeweiligen **Nettorückflüsse** der Periode ermittelt werden. Sie müssen in einem nächsten Schritt durch die Multiplikation mit einem Abzinsungsfaktor (Diskontierungsfaktor) auf den Beginn des Planungszeitraums, den Termin der Anschaffungsauszahlung, abgezinst werden. So gelangt man zu den **Barwerten** der Nettorückflüsse und des Liquidationserlöses.

Der als $1 / (1+i)^t$ bzw. $(1+i)^{-t}$ definierte **Abzinsungsfaktor** beinhaltet zwei Dinge: Zum einen die von den Investoren erwartete Mindestverzinsung eines Investitionsprojektes in Höhe der für die Investition anzusetzenden Kapitalkosten. Die wesentliche Größe **i** wird als **Kalkulationszinsfuß** bezeichnet. Er gibt die Höhe der Kapitalkosten an, die sich zum einen aus den Zinsen für die Inanspruchnahme von Fremdkapital und zum anderen durch die entgangene Verzinsung des Eigenkapitals bei alternativen Anlagen (Opportunitätskosten) ergeben.

Neben der Höhe von i bestimmt als zweiter Faktor die Zeit, ausgedrückt durch die Anzahl der berücksichtigten Perioden **t**, die Höhe des Abzinsfaktors. Dies geschieht in der Art, dass im Zeitverlauf (mit steigendem t) der Betrag des Abzinsfaktors immer weiter in Richtung null geht. Wenn er zur Ermittlung der Barwerte mit den Nettorückflüssen der Perioden multipliziert wird, sind die resultierenden Beträge für später anfallende Rückflüsse daher niedriger.

Dies entspricht der Logik, dass die zukünftige Einzahlung, also die liquiditätswirksame Einnahme, einer sehr späten Periode, auf die heutige Periode abdiskontiert, einen deutlich geringeren Wert hat, als die gleiche Einzahlung einer zeitnahen Periode. Dieser Wertverlust resultiert aus der Überlegung, dass Investoren bereits Zinserträge auf dieses Geld erhalten könnten, wenn die Rückflüsse früher erfolgt wären. Dieser entgangene Gewinn wird durch die Wertminderung „bezahlt". Auf entsprechende Weise sind später anfallende Ausgaben der Investoren für das Investitionsprojekt besser, da sie die Mittel bis dahin noch anderweitig gewinnbringend investieren können.

Der Kapitalwert einer Investition ergibt sich nun aus der Summe der Barwerte der Nettorückflüsse und des Liquidationserlöses – zusammen genommen dem Zukunftserfolgswert – abzüglich der Anschaffungskosten als Auszahlung in der Periode $t_0$. Dies wird in der Formel zur Berechnung des Kapitalwertes ($C_0$) deutlich:

$$C_0 = -A_0 + \sum_{t=1}^{n} (E_t - A_t) \bullet (1+i)^{-t} + L_n (1+i)^{-n}$$

Der Kapitalwert stellt den Wert dar, den ein Investitionsvorhaben zum Zeitpunkt der Anschaffungsauszahlung unter Berücksichtigung der Kapitalkosten aufweist. Ist er positiv, so ist der Barwert der Rückflüsse größer als die Anschaffungsinvestition; ist er negativ, macht ein Investor Verluste. Daraus kann die **Entscheidungsregel** der Kapitalwertmethode abgeleitet werden: Nur Projekte mit einem positiven Kapitalwert sind durchzuführen bzw. das Projekt mit dem höchsten Kapitalwert ist auszuwählen.

Das Vorgehen bei der Kapitalwertmethode kann in Abbildung F-IV-22 an unserem Beispiel noch einmal nachvollzogen werden. Zunächst werden die Nettozahlungen der einzelnen Perioden abgezinst, also ihr Barwert ermittelt. Für die erste Periode ergibt sich für die Universalmaschine bei einer Nettozahlung von 625.000 EUR und einem Abzinsfaktor von $(1+0,1)^{-1}$ ein Barwert **(2)** von 568.182 EUR. Die 10% (= 0,1) als Kalkulationszinsfuß i machen deutlich, dass Investoren für ein Investitionsvorhaben eine Mindestverzinsung von 10% erwarten. Wird diese nicht realisiert, erfolgt eine Wertvernichtung.

| *Verfahren* | *Beispiel 1: Universalmaschine* | | *Beispiel 2: Spezialmaschine* |
|---|---|---|---|
| • *Kapitalwertmethode*<br>*Anschaffungskosten*<br>Anschaffungswert | -1.500.000 EUR | (1) | -2.000.000 EUR |
| + *Barwert Periode 1*<br>$\frac{\text{(Einzahlungen-Auszahlungen)}}{\text{Abzinsfaktor}}$ | $\frac{(2.800.000\ EUR - 2.175.000\ EUR)}{(1+0,1)^1}$<br>= 568.182 EUR | (2) | $\frac{(4.620.000\ EUR - 3.135.000\ EUR)}{(1+0,1)^1}$<br>= 1.350.000 EUR |
| + *Barwert Periode 2*<br>$\frac{\text{(Einzahlungen-Auszahlungen)}}{\text{Abzinsfaktor}}$ | $\frac{(2.800.000\ EUR - 2.175.000\ EUR)}{(1+0,1)^2}$<br>= 516.529 EUR | (3) | $\frac{(4.620.000\ EUR - 3.135.000\ EUR)}{(1+0,1)^2}$<br>= 1.227.273 EUR |
| + *Barwert Periode 3*<br>$\frac{\text{(Einzahlungen-Auszahlungen)}}{\text{Abzinsfaktor}}$ | $\frac{(2.800.000\ EUR - 2.175.000\ EUR)}{(1+0,1)^3}$<br>= 469.572 EUR | (4) | |
| + *Liquidationserlös*<br>$\frac{\text{Restwert } (RW_n)}{\text{Abzinsfaktor}}$ | $\frac{300.000\ EUR}{(1+0,1)^3}$<br>= 225.394 EUR | (5) | $\frac{100.000\ EUR}{(1+0,1)^2}$<br>= 82.645 EUR |
| = *Kapitalwert* | 279.677 EUR | (6) | 659.918 EUR |

**Abb. F-IV-22:** Berechnung des Kapitalwerts am Beispiel

Die Berechnung der Barwerte der folgenden Perioden **(3)**/**(4)** erfolgt in entsprechender Weise. Der letzte Rückfluss fällt mit dem Ende des Investitionsprojektes und damit dem Verkauf der Maschine zusammen. Da dieser Verkaufserlös also zum selben Zeitpunkt wie die letzte Nettozahlung erfolgt, muss der Liquidationserlös **(5)** mit demselben Abzinsfaktor diskontiert werden (= 225.394 EUR). Die daraus resultierende Summe, gebildet aus allen Periodenbarwerten und dem abdiskontierten Liquidationserlös, stellt den Gegenwartswert des Investitionsobjektes dar, also dessen Zukunftserfolgswert. Er darf nicht niedriger als die Anschaffungskosten **(1)** sein, da ein Investor sonst einen Verlust macht. Nach dem Abzug der Anschaffungskosten (1.500.000 EUR) erhält man den Kapitalwert **(6)** des Investitionsvorhabens (279.677 EUR). Da er positiv ist, erwirtschaftet die Investition in die Universalmaschine einen Gewinn. Allerdings ist ihr Kapitalwert geringer als der bei der Spezialmaschine, so dass im Endeffekt die Investitionsalternative Spezialmaschine zu wählen ist.

- Durch die Transformation des Kapitalwertes in eine Reihe gleich großer, i.d.R. jährlicher Zahlungen erhält man die Annuität eines Investitionsprojektes. Diese Annuität stellt den Betrag dar, den ein Investor jährlich aus dem Investitionsprojekt entnehmen kann. Die **Annuitätenmethode** ist also einzusetzen, wenn die Höhe der ausschüttbaren Perioden-Überschüsse eines Investitionsvorhabens interessiert.
  Für die Berechnung der Annuität a wird der Rentenbarwertfaktor (RBF) eingesetzt. Er ist für häufig auftretende Zinssätze (i) und Laufzeiten (n) einer Reihe von Tafel-/ oder Nachschlagewerken zu entnehmen. Sein Kehrwert wird als Annuitätenfaktor (ANF) bezeichnet und findet bei der Berechnung der Annuität in folgender Form Berücksichtigung:

$$a = C_o \bullet \frac{1}{RBF} = C_o \bullet ANF = C_0 \bullet \frac{i(1+i)^n}{(1+i)^n - 1}$$

  Die mittels dieser Formel ermittelten Annuitäten stellen nachschüssige Zahlungen dar, sie erfolgen also zum Periodenende und berücksichtigen den Zinseszinseffekt.
  Um das Beispiel aus Abbildung F-IV-21 fortzuführen, muss also der Kapitalwert der beiden zur Auswahl stehenden Maschinen mit dem jeweiligen Annuitätenfaktor multipliziert werden. Er beträgt für Projekte mit einer Laufzeit von 3 Jahren bei einem Zinssatz von 10% 0,4021 und für eine Laufzeit von 2 Jahren 0,5762. Durch Multiplikation mit dem Kapitalwert der Projekte ergibt sich für das Investitionsvorhaben Universalmaschine eine Annuität von 112.458 EUR und für die Spezialmaschine eine Annuität von 380.245 EUR. Auch hier ist also die Spezialmaschine zu wählen.
- Eine weitere Variation der Kapitalwertmethode stellt die **Methode des Internen Zinsfußes** dar. Sie berechnet den Zinsfuß einer Investition, der sich bei einem Kapitalwert von Null ergibt, also im Gleichgewicht aller Einzahlungen und Auszahlungen in jeweils abgezinster Form. Diese interne Verzinsung eines Investitionsprojektes kann daher als Rentabilitätsmaß verwendet werden. Liegt sie über der geforderten Mindestverzinsung, sollte das Investitionsvorhaben realisiert werden. Allerdings geht die Methode des internen Zinsfußes von der Wiederanlageprämisse aus. Diese besagt, dass vor dem Ende des Investitionsprojektes stattfindende Kapitalrückflüsse zum internen Zinsfuß wieder angelegt und damit verzinst werden. In der Realität kann eine solche Verzinsung, insbesondere bei Sachinvestitionen, aber nur selten realisiert werden. Im Gegensatz hierzu geht die Kapitalwertmethode von der Anlageprämisse aus, dass Rückflüsse zum einheitlichen Kalkulationszinsfuß i zu verzinsen sind. Aufgrund dieser realistischeren Annahme ist der Kapitalwertmethode der Vorzug zu geben.
  Zur Ermittlung des internen Zinsfußes einer Investitionsalternative muss die Formel zur Berechnung des Kapitalwertes nach i aufgelöst werden, wobei

der Kapitalwert null gesetzt wird. Dieses Vorgehen bereitet für Laufzeiten über zwei Jahre erhebliche Schwierigkeiten. In der Regel ist es dann nicht möglich, eine exakte Lösung zu ermitteln. Daher finden verschiedene Näherungsverfahren Anwendung. So z.B. Iterationsverfahren oder die lineare Interpolation. Deren Methodik soll an dieser Stelle aber nicht näher ausgeführt werden.

- Die bisher aufgezeigten klassischen dynamischen Verfahren schaffen durch Berücksichtigung des Faktors Zeit bereits eine bessere Entscheidungsgrundlage als die statischen Investitionsrechenverfahren. Trotzdem liegen ihnen durch die Bedingung des vollkommenen Kapitalmarktes noch eine Reihe einschränkender Annahmen zugrunde. Diese sollen durch die modernen Investitionsrechenverfahren weiter aufgelöst werden. Dabei wird meist kein Totalmodell aufgestellt, das gleichzeitig alle Beschränkungen aufhebt, sondern verschiedene Partialmodelle versuchen jeweils, einen weiteren Faktor zu berücksichtigen. Um zu einer Investitionsentscheidung zu gelangen, sind dann die verschiedenen Ergebnisse der Verfahren zu berücksichtigen und zu bewerten.
  Zwei Verfahren der **modernen dynamischen Investitionsrechnung** werden Im Folgenden kurz umrissen.
  - Das erste hier aufzuzeigende Verfahren ist die **Vermögensendwertmethode**. Wie ihr Name bereits vermittelt, wird das Vermögen zum Ende des Planungszeitraums bestimmt. Die einzelnen Zahlungen werden also nicht wie bei der Kapitalwertmethode auf den Anschaffungszeitpunkt abgezinst, sondern auf den Endtermin aufgezinst. Das wesentliche Merkmal der Methode ist aber, dass kein einheitlicher Kalkulationszinssatz für aufgenommene Kredite (Sollzinssatz) und angelegtes Vermögen (Habenzinssatz) unterstellt wird. Dies entspricht den Beobachtungen in der Praxis, wo ein solcher gespaltener Kalkulationszinssatz regelmäßig vorzufinden ist.
    Um den Vermögensendwert eines Investitionsprojektes zu berechnen, werden getrennte Konten für positives und negatives Vermögen geführt. Diese Konten werden während des Planungszeitraums nicht miteinander verrechnet. Positive Nettozahlungen (Einnahmeüberschüsse) werden im Laufe des Projektes auf das positive Vermögenskonto verbucht, negative Nettozahlungen (Ausgabeüberschüsse) hingegen auf das negative Vermögenskonto. Die Verzinsung der Einnahmeüberschüsse erfolgt mit dem Habenzinssatz, die der Ausgabeüberschüsse mit dem Sollzinssatz. Zum Vermögensendwert gelangt man durch den Ausgleich dieser Konten am Ende des Planungszeitraums. Im Resultat entspricht der durch eine Investition bewirkte Vermögensendwert der Erhöhung und Verringerung des Geldvermögens (siehe hierzu F.IV.5.a.).
    Das Entscheidungsmodell der Vermögensendwertmethode besagt, dass ein Investitionsvorhaben bei einem positiven Vermögensendwert durchzuführen ist. Sollen mehrere Alternativen verglichen werden, müssen ihrer Endwerte auf den gleichen Zeitpunkt bezogen werden; als Endzeitpunkt der Investitionsvorhaben ist also der Abschlusstermin der längsten Investitionsalternative zu wählen.

Die Anwendung dieses Verfahren setzt voraus, dass die Ein- und Auszahlungen im Rahmen der Investitionsprojekte bekannt sind und isoliert werden können. Darüber hinaus muss es möglich sein, Mittel während des gesamten Planungszeitraumes zu bekannten und festen Zinssätzen aufzunehmen oder anzulegen. Diese Anforderungen legen es nahe, das Verfahren nur im Fall von erheblich auseinander fallenden Soll- und Habenzinssätzen anzuwenden.

- Wie angesprochen wurde, setzt die Vermögensendwertmethode die Existenz von festen Zinssätzen jeweils für Kapitalaufnahme und -anlage voraus. In der Realität ist aber häufig eine Veränderung der Zinssätze in der Art zu beobachten, dass für langfristigere Kapitalanlagen höhere Habenzinssätze bestehen als für kurzfristigere Kapitalanlagen. Analog sind langfristige Kapitalaufnahmen zu Finanzierungszwecken meist mit höheren Sollzinsen verbunden als kurzfristigere. Wenn eine solche Verteilung am Kapitalmarkt gegeben ist, spricht man von einer normalen Zinsstruktur. Sind die Zinsen im kurzfristigen jedoch höher als im langfristigen Bereich, liegt eine inverse Zinsstruktur vor.

  Die **Marktzinsmodelle** legen diese Erkenntnis der Investitionsbeurteilung zu Grunde. Indem sie für die verschiedenen Zahlungen innerhalb der Planungsperiode die entsprechenden laufzeitabhängigen Marktzinssätze ansetzen, besitzt der zu ermittelnde Kapitalwert eine höhere Aussagekraft als bei Anwendung des Vermögensendwertverfahrens. Allerdings setzt die Anwendung der Marktzinsmodelle die Kenntnis der Zinsstruktur am Kapitalmarkt voraus. In der Praxis kann zu deren Bestimmung das Konzept der Zero Bonds herangezogen werden, auf das wir in C.II.4.a. kurz eingegangen sind.

  Im Ergebnis ermöglichen die Marktzinsmodelle eine bessere Einschätzung der Investitionsrentabilität insbesondere vor dem Hintergrund, dass auch die Wirkung unterschiedlicher Finanzierungsinstrumente berücksichtigt werden kann. So kann eine Finanzierung über ausschließlich kurzfristige Titel die Rendite des Investitionsvorhabens erhöhen. Dies beinhaltet aber das Risiko einer mangelnden Anschlussfinanzierung oder einer Veränderung der Zinsstruktur am Markt. Anzuwenden sind die Verfahren im Ergebnis für langfristige und teure Investitionsvorhaben.

## 4. Finanzierung

Welche Aufgabe hat die Finanzierung? Wie erfolgt die Finanzplanung und welche Modelle liegen der Kassenhaltung zugrunde? Aus welchen Faktoren bestimmt sich das Innenfinanzierungsvolumen eines Unternehmens? Welche Möglichkeiten der Außenfinanzierung bestehen, um den Finanzierungsbedarf zu decken, und wie sind sie zu beurteilen? Welche Bestimmungen enthält die neue Baseler Eigenkapitalvereinbarung (Basel II), und welche Anforderungen ergeben sich daraus für das einzelne Unternehmen? Welche Auswirkungen hat die Kapitalstruktur auf die Kapitalrendite, und wie lässt sich diese bestimmen?

Ausgangspunkt für betriebswirtschaftliche Finanzierungsfragen ist der Kapitalbedarf im Wertschöpfungsprozess eines Unternehmens, und zwar insbesondere in den Teilprozessen Forschung und Entwicklung, Beschaffung, dabei insbesondere Investitionen in hochwertige Produktionsmittel, sowie Personal, Produktion und auch Marketing, z.B. in Form von Werbekampagnen.

Ein **Finanzierungsproblem** entsteht grundsätzlich dadurch, dass die parallelen **Nominalgüterströme nicht zeitlich synchron** verlaufen (siehe dazu B.II. und E.).

Das heißt mit anderen Worten, dass für die Realisierung betrieblicher Leistungsprozesse vorab Investitionen in Ressourcen getätigt und damit auch finanziert werden müssen, damit der eigentliche Wertschöpfungsprozess gestartet werden kann. Benötigtes Kapital muss also zu unterschiedlichen, nicht kontinuierlichen Zeitpunkten im betrieblichen Leistungsprozess bereitgestellt werden. Wenn der Wertschöpfungsprozess durchgeführt worden ist und im Ergebnis die Marktleistungen des Unternehmens verkauft worden sind, dann führt dies – außer bei Dienstleistungen – erst mit einer erheblichen zeitlichen Verzögerung zu Umsätzen bzw. Erlösen. Ausgaben, Aufwand und Kosten fallen also deutlich früher an als Einnahmen und Erträge aufgrund der betrieblichen Leistung. Um ein liquiditätsbezogenes Gleichgewicht und eine bilanzbezogene Abgrenzung zu erreichen, sind Ausgaben und Einnahmen zur Liquiditätssicherung aufeinander abzustimmen. In einer Abgrenzung der Rechnungsperioden sind in entsprechender Weise für die Ergebnisplanung in der Bilanz die Aufwände als periodisierte Ausgaben und die Erträge als periodisierte Einnahmen ebenfalls aufeinander abzustimmen (siehe zu den Begriffen F.IV.5.a.).

Da eine vollständige Synchronisation nicht gelingt, sind im Unternehmen Anlagevermögen mit einer längerfristigen Kapitalbindung sowie kurzfristig ausgerichtetes Umlaufvermögen als Working Capital erforderlich, die beide durch Eigen- und Fremdkapital finanziert werden können. Finanzierungserleichterungen/-unterstützungen sind, wie wir an früherer Stelle gezeigt haben, für den kurzfristigen Kapitalbedarf durch Lieferantenkredite oder Vorauszahlungen der Kunden möglich. Wenn es gelänge, im Rahmen des Supply Chain Management (siehe hierzu F.IV.1.a.) den Leistungsprozess parallel oder noch besser zeitlich nachlaufend zum Umsatz- und Erlösprozess zu finanzieren, dann könnten die Ausgaben als liquiditätswirksame Kosten über die Einnahmen als erwirtschaftete Erträge synchron finanziert werden. Dies entspräche dem Prinzip „Pay as you earn", wie es in einer speziellen Form des Leasing angeboten wird. Eine finanzierte Investition wird also durch die damit erwirtschafteten Einnahmen/ Erträge bedient.

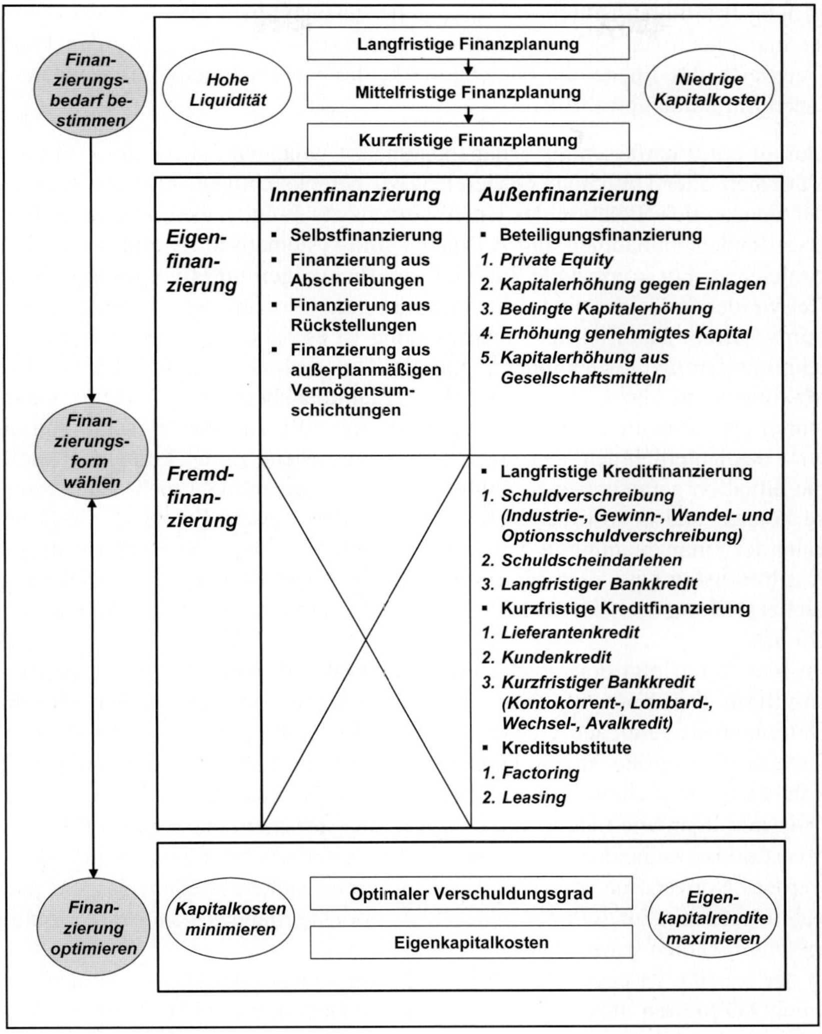


**Abb. F-IV-23:** Stufen der Finanzierungsentscheidungen

Vorab eine Basisdefinition: Unter **Finanzierung** wird die Beschaffung von Finanzmitteln zur Aufrechterhaltung des betrieblichen Leistungs- und Umsatzprozesses verstanden. Die Übersichtsabbildung F-IV-23 zeigt die wesentlichen Stufen der Finanzierungsentscheidungen.

### *a. Finanzplanung zur Abstimmung von Finanzierungsbedarf und Liquidität*

Die Finanzplanung eines Unternehmens hat das Ziel, alle Bedarfe an kurz- und langfristig benötigten Mitteln so aufeinander abzustimmen, dass die aus strategischer und operativer Sicht erforderlichen Investitionen getätigt werden können und zugleich das finanzielle Gleichgewicht des Unternehmens mit einer ausreichenden Liquidität gewahrt ist.

- Um zu einer umfassenden Finanzplanung zu gelangen, ist es nötig, sämtliche Vorhaben aller Unternehmensbereiche zu berücksichtigen, die eine Änderung der finanziellen Situation des Unternehmens zur Folge haben. Die gesamten zu erwartenden Einnahmen und Ausgaben sind systematisch zu erfassen und auszugleichen. Für kommende Zahlungsverpflichtungen muss vorgesorgt werden, frei werdende Gelder sind mit möglichst guter Verzinsung anzulegen oder zu reinvestieren. Das Ziel der Finanzplanung ist es dabei, durch eine Kapitalkostenminimierung die Gewinnerzielung des Unternehmens zu unterstützen. Diese Maxime führt dazu, dass unrentable Liquiditätsbestände abgebaut werden. Durch den Abbau der freien Mittel, im Extremfall auf einen Bestand von null, wird das Unternehmen aber durch unvorhergesehene Entwicklungen schnell in die Situation geraten, seinen Zahlungsverpflichtungen nicht mehr nachkommen zu können und in Insolvenzgefahr geraten. Aus diesem Grund ist die Zielsetzung der Finanzplanung in der Form zu erweitern, dass eine **Minimierung der Kapitalkosten** bzw. eine **Maximierung der Kapitalerträge** bei gleichzeitiger **Sicherstellung der Zahlungsfähigkeit** anzustreben ist (siehe hierzu schon D.I.3.).

  Im Idealfall erfolgt eine solche **Finanzplanung** für das gesamte Unternehmen **simultan**. Das bedeutet, dass alle Planungsentscheidungen in den einzelnen Unternehmensbereichen gleichzeitig optimiert werden müssen. Mit steigender Unternehmensgröße ist eine Umsetzung dieses Vorhabens aufgrund der großen Zahl zu berücksichtigender Entscheidungsalternativen allerdings immer unrealistischer, denn wie bereits unter F.IV.3. angesprochen, muss generell bei jeder Investitionsentscheidung auch die dafür erforderliche Finanzierung geplant werden. Notwendigerweise ist dabei insgesamt sicherzustellen, dass zu jedem Zahlungstermin im Rahmen eines Investitionsvorhabens genügend Liquidität im Unternehmen vorhanden ist.

  In der Realität ist eine solche Finanzplanung nur auf der Basis von aussagefähigen **Teilplänen** umsetzbar. Sie werden zu Beginn einer Planungsperiode von den einzelnen Unternehmensteilen erstellt und in mehreren Durchgängen sukzessiv aufeinander abgestimmt. Dabei ist nicht nur die Ausgabenseite im Rahmen der Produktions- und Investitionsplanung zu berücksichtigen, sondern auch die Einnahmenseite im Sinne einer Absatzplanung. Daraus ergeben sich mehrere Anforderungen an die zu Grunde liegenden Daten:

  - Zunächst müssen möglichst **alle Zahlungsströme** der betrachteten Planungsperiode **erfasst** werden. Hierfür sind die verschiedenen Teilpläne aus den unterschiedlichen Unternehmensbereichen heranzuziehen. Sind die dort gemachten Angaben unvollständig oder fehlerhaft, kann die künftige Liquiditätsentwicklung nicht zutreffend abgebildet werden.

- Das Wissen über die Existenz der einzelnen Zahlungsströme ist also noch keine ausreichende Bedingung für die Liquiditätsplanung. Ebenso wichtig ist es, sie auch in ihrem **Betrag** genau abschätzen zu können. Dies wird bei Investitionsprojekten und der Produktionsplanung meistens eher möglich sein als bei der Absatzplanung. Die hier getroffenen Annahmen über Absatzzahlen und zugehörige Verkaufspreise beruhen i.d.R. auf einer Vielzahl von geschätzten Parametern, die meist nicht vollständig der Kontrolle des Unternehmens unterliegen. Dabei sind die Aktivitäten der Wettbewerber im Voraus weniger bekannt als die Interessen und Anforderungen der Abnehmer.
- Für die Finanzplanung des Unternehmens ist es des Weiteren wichtig, Informationen zum **zeitlichen Anfall** der Zahlungen zu haben. Nur so können Ausgaben und Einnahmen optimal aufeinander abgestimmt werden.

Wie aus den dargestellten Anforderungen für eine aussagefähige Finanzplanung hervorgeht, ist die möglichst zutreffende Vorhersage aller Zahlungsvorgänge mit ihrem Betrag und dem Zeitpunkt ihrer Fälligkeit von großer Bedeutung. Die mögliche Genauigkeit der Planung hängt dabei insbesondere vom gewählten Planungshorizont ab. So ist es sicher möglich, für den nächsten Tag Aussagen über die Absatzzahlen zu machen; über einen Zeitraum von zwei Jahren fällt dies aber viel schwerer. Eine Vielzahl von Investitionsvorhaben besitzt jedoch eine Laufzeit von mehreren Jahren, so dass eine langfristige Planung unbedingt notwendig ist. In der Konsequenz führen Unternehmen die Finanzplanung für mehrere **Planungshorizonte** parallel durch. Die gängige Einteilung erfolgt dabei in eine langfristige Planung (über 5 Jahre), eine mittelfristige Planung (1 – 5 Jahre) und eine kurzfristige Planung (bis 12 Monate). Entsprechend der Zeiteinteilung nimmt der Detaillierungsgrad der Planung zu.

- Die auch als strategische Finanzplanung bezeichnete **langfristige Finanzplanung** soll zeigen, auf welche Weise die zukünftige Geschäftstätigkeit finanziert werden kann. Die zu treffenden Entscheidungen sind dabei meist von großer Bedeutung/ Tragweite für die Unternehmensentwicklung. Hier anstehende Fragen können sein, in welche Märkte das Unternehmen mit welchen Produkten vordringen will, welche Schrittmachertechnologien dafür weiterzuentwickeln sind oder mittels welcher strategischen Unternehmensbeteiligungen diese dem Unternehmen zugeführt werden können. Hier dreht sich also die Planungsrichtung um: Der Finanzplan entsteht nicht mehr aus den Teilplänen der Unternehmensbereiche, sondern er macht ihnen Vorgaben. Grund hierfür ist die Tatsache, dass die verfügbaren finanziellen Mittel hier den begrenzenden Faktor darstellen.

  Den Ausgangspunkt für eine solche langfristige Planung bildet die erwartete Dauer der Kapitalbindung. Sie wird mit Hilfe so genannter **Kapitalbindungspläne** untersucht. Diese geben Aufschluss darüber, ob ein Gleichgewicht zwischen Finanzmittelbeschaffung und -verwendung besteht. Der Aufbau eines Kapitalbindungsplans orientiert sich an dem einer Bewegungsbilanz (Kapitalflussrechnung). Ähnlich der in Kontenform erstellten Handelsbilanz im Rahmen des Jahresabschlusses (siehe hierzu F.IV.5.b.) zeigt sie auf der Aktivseite (links) die Mittelverwendung und auf der Passivseite (rechts) die Mittelherkunft auf. Dabei werden allerdings nicht die Bestände, sondern die Bestandsveränderungen erfasst. So finden sich auf der Aktivseite die Erhöhungen der Aktivposten, z.B. durch Zukauf neuer Grundstücke, Gebäude oder Maschinen, sowie die Verminderungen der Passivposten, beispielsweise durch den Abbau bestehender Verbindlichkeiten bei Banken und Lieferanten. Die Passivseite enthält dagegen die Erhöhungen der Passivposten, z.B. durch die Aufnahme neuer Verbindlichkeiten, und die Abnahme der Aktivposten, beispielsweise über Abschreibung von Maschinen oder den Verkauf von Immobilien. Die Gegenüberstellung dieser geplanten Finanzierungsvorgänge und Vermögensumschichtungen soll eine mögliche bestehende Deckungslücke aufzeigen. Ist sie ermittelt, kann dies in der strategischen Planung entsprechend berücksichtigt werden.

- Während die langfristige Finanzplanung vornehmlich der Planung von größeren Investitionsvorhaben dient, ist es Aufgabe der **mittelfristigen Planung**, deren Finanzierung abzusichern. Von Bedeutung ist dabei zum einen die generelle Möglichkeit der Finanzierung. So ist es möglich, dass ein Unternehmen selbst nicht mehr genügend Mittel für die Umsetzung der geplanten Vorhaben besitzt, aber aufgrund des hohen Verschuldungsgrades eine Finanzierung über externe Mittel, z.B. durch Banken, ausscheidet. Tritt eine solche, nicht schließbare Finanzierungslücke auf, müssen möglicherweise Investitionsprojekte gestoppt oder neue Partner gesucht werden. Wenn eine Finanzierung von innen, also aus eigenen Mitteln, und von außen über unternehmensexterne Quellen möglich sind, lassen sich deren Vor- und Nachteile abwägen und der Finanzierungsplan entsprechend optimieren.
  Ein wichtiges Instrument hierfür ist die **Cash-Flow-Prognose**. Sie zeigt die Zahlungsströme eines Unternehmens auf und betrachtet so nicht nur die Veränderungen an Bestandsgrößen, wie dies die Kapitalbindungspläne tun, sondern bezieht auch die Umsatzerlöse mit ein. Ausgehend von einer Entstehungsrechnung, welche den verfügbaren Cash-Flow aufzeigt, gibt sie durch die Verwendungsrechnung Aufschluss über dessen Nutzung für Investitionen, Tilgung von Schulden oder Gewinnausschüttung. Aufgrund von Unsicherheiten beinhalten ihre Ergebnisse aber immer Ungenauigkeiten. Um diese sichtbar zu machen, wird häufig die bei der Umsatzermittlung zu Grunde gelegte, geplante Kapazitätsauslastung variiert. Auf diese Weise lassen sich wahrscheinliche Grenzen der Entwicklung bei pessimistischer (worst case), optimistischer (best case) oder realistischer (most likely case) Zukunftserwartung bezüglich der Kapazitätsauslastung ermitteln. Ihre Differenz kann als grobes Maß für das Planungsrisiko herangezogen werden.
- Im Zentrum der **kurzfristigen Finanzplanung** steht die Sicherung der Zahlungsfähigkeit. Dabei soll neben der Unterliquidität auch die Überliquidität vermieden werden, da sie, wie gezeigt, zu Einbußen bei der Rentabilität des Unternehmens führt. Um dies zu erreichen, werden die Zahlungsein- und -ausgänge der kommenden 12 Monate genau betrachtet. Hierzu erfolgt die

Planung meist in nochmals differenzierten Teilplänen, die für die nahe Zukunft, z.B. die nächsten drei Monate, stark detaillierte Monatspläne enthält, während für die Restplanungszeit Quartalspläne aufgestellt werden. Ziel dieser Zerlegung in einzelne Teilperioden ist ein möglichst geringer Informationsverlust sowie eine hohe Informationspräzision und somit die Erfüllung der oben aufgezeigten Anforderungen an die Finanzplanung. Sinnvollerweise erfolgt diese **Planung rollierend**. So werden etwa zu einem Planungstermin für die ersten drei Monate detaillierte Monatspläne und für die weiteren neun Monate drei gröbere Quartalspläne erstellt. Nachdem ein Monat vergangen ist, wird die Planeinhaltung für diesen Monat kontrolliert und die noch bestehende Planung für die nächsten zwei Monate möglicherweise revidiert. Der darauf folgende Monat ist dann genauer zu planen und die längerfristigen Pläne sind jeweils im Halbjahres- oder Jahresturnus fortzuschreiben. Auf diese Weise bestehen zu einem Planungstermin immer genaue Teilpläne für drei Monate und entsprechend gröbere für die anschließenden drei Quartale.
Über einen sehr kurzfristigen Zeitraum, oft nur Wochen oder Tage, erfolgt das **Cash Management**. Aufgrund dieser kurzen Prognosefrist können die Zahlungen meist als sicher eingestuft werden. Daher besteht jetzt die Aufgabe darin, die durch die Umsetzung der Unternehmensplanung resultierenden Zahlungsströme aufeinander abzustimmen. Anstehende Ein- und Auszahlungen werden miteinander verrechnet, um Liquiditätsengpässe erkennen zu können. Bei international tätigen Unternehmen sind hier auch aus Währungskursschwankungen resultierende Veränderungen in den Zahlungsströmen zu berücksichtigen, so dass die Entwicklungen an den wichtigen Finanzplätzen der Welt permanent überwacht werden müssen. Hierzu werden dann spezielle Währungsabsicherungsgeschäfte getätigt. Als Reaktion auf prognostizierte Über- und Unterdeckungen sind ertragsgünstige Geldanlagen mit geeigneter Fristigkeit oder kostengünstige Möglichkeiten der Geldbeschaffung ausfindig zu machen. Darüber hinaus ist das Cash Management für die Ausnutzung von vereinbarten Zahlungszielen und für eine Beschleunigung der Zahlungsabwicklung zuständig.
Zusammenfassend besteht das Ziel des Cash Managements darin, einen **Kompromiss zwischen hoher Liquidität und großer Rentabilität** im betrieblichen Finanzprozess zu finden. Hierzu können verschiedene **Modelle der Kassenhaltung** herangezogen werden, von denen im Folgenden zwei näher dargestellt werden (siehe hierzu Abb. F-IV-24).

* Für die Kassenhaltung, also das Vorhalten von Liquidität, nennt JOHN MAYNARD KEYNES (1883 – 1946) drei Motive: Das Transaktionsmotiv, nach dem Kassenbestände zum Überbrücken von Lücken zwischen Ein- und Auszahlungen gehalten werden, das Vorsichtsmotiv, wonach Liquiditätslücken auch infolge von Unsicherheit entstehen können, und das Spekulationsmotiv, welches eine Kassenhaltung zum Zwecke der Ausnutzung rentabler Anlagemöglichkeiten in der Zukunft vorsieht.

Das **Baumol-Modell** (nach WILLIAM J. BAUMOL) versucht nun, einen Ausgleich zwischen den Motiven zu finden. Dabei betrachtet es als Alternative zur unverzinsten Kassenhaltung eine rentable Geldanlage, z.B. in Wertpapieren, mit der Verzinsung **i**. Bei einem Transfer zwischen diesen beiden Verwendungsmöglichkeiten fallen Transferkosten **b** an, beispielsweise als Verwaltungskosten oder für Bankprovisionen. Das Modell geht von einer festen periodischen Anfangseinzahlung **T** und gleichmäßig erfolgenden Auszahlungen aus. Wie im linken Bereich der Abbildung F-IV-24 dargestellt, wird zu Beginn der Periode die Anfangseinzahlung zu einem Teil angelegt **I** und zu einem Teil als Liquidität der Kasse zugeführt **L**. Sind diese freien Mittel erschöpft, wird ein weiterer Teil L aus der Geldanlage entnommen und der Kasse zugeführt. Dies wiederholt sich bis die angelegten Mittel I erschöpft sind und eine neue Anfangseinzahlung T erfolgt.

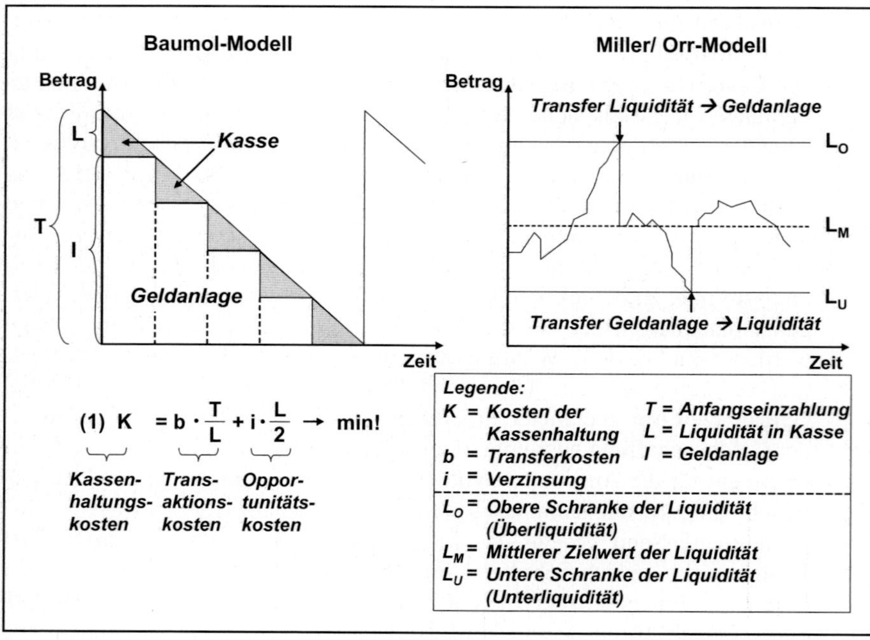


**Abb. F-IV-24:** Modelle der Kassenhaltung

Um zu einer optimalen Kassenhaltung zu gelangen, ist nun die Gesamtkostenfunktion **(1)** der Kassenhaltung **K**, wie sie in Abbildung F-IV-23 gekennzeichnet ist, zu minimieren. Es wird erkennbar, dass mit einem hohen Kassenbestand L durch eine geringe Transaktionsanzahl nur geringe Transaktionskosten anfallen, dafür aber die Opportunitätskosten durch hohe Zinseinbußen steigen. Umgekehrt fallen bei niedriger Durchschnittskasse hohe Transaktionskosten an, die aber durch große Zinszahlungen kompensiert werden können. Durch Ableiten der Gleichung (1), Null-Setzen und Auflösen nach L kann nun die optimale Größe der Kassenhaltung und damit die jeweilige Höhe von L bestimmt werden.

Kritisch an diesem Modell ist neben der Unterstellung von vollständig verfügbaren Informationen über die Zahlungsströme, den Zinssatz i und die Transferkosten b auch die Tatsache, dass es keine Einzahlungen im Laufe einer Periode gestattet.

* Dieses Problem versucht das im rechten Teil der Abbildung F-IV-24 illustrierte **Miller/ Orr-Modell** (nach MERTON H. MILLER, 1923 – 2000, und DANIEL ORR) dadurch zu umgehen, dass es nicht mehr determinierte, sondern zufällige Zahlungsströme unterstellt. Der Kassenhaltung werden zwei Schranken vorgegeben, wobei ein Überschreiten der oberen Schranke (**$L_O$**) zu einem Transfer liquider Mittel der Kassenhaltung in die Geldanlage führt und das Unterschreiten der unteren Grenze (**$L_U$**) eine Auflösung von Geldanlagen zur Folge hat. Der Bereich der Kassenhaltung ($L_U$ bis $L_O$) ergibt sich über die Transaktionskosten, welche eine Zuführung oder Auflösung der Geldanlagen erst jenseits der beiden Schranken rentabel macht. Zu ermitteln sind nun zum einen die Lage der Schranken und zum anderen das Niveau von **$L_M$**, dem Zielwert der Veränderungen. Auf ihn werden bei einer Überliquidität (Unterliquidität) die freien Finanzmittel abgesenkt (erhöht). Auf dafür geeignete Rechenerfahren soll hier nicht näher eingegangen werden.

Im Ergebnis der Finanzplanung besteht Klarheit über den **Finanzierungsbedarf** des Unternehmens im Zeitverlauf. Dabei nimmt das Wissen um die Höhe und den Zeitpunkt der Finanzierungsnotwendigkeiten mit zunehmender Fälligkeit – also einer kürzeren Fristigkeit – zu. Da als Ergebnis der langfristigen Planung nur ein grob umrissener Investitionsplan vorliegt und die mittelfristige Planung mögliche Finanzierungsalternativen betrachtet, hat die kurzfristige Planung den Bedarf an freien Mitteln zur Finanzierung der vorgesehenen Aktivitäten im Wertschöpfungsprozess genau zu bestimmen. In der Folge müssen die Möglichkeiten der Finanzierung überprüft und optimiert werden. Welche Quellen innerhalb und außerhalb des Unternehmens dafür in Frage kommen, wird anschließend näher erläutert.

### b. Kombination unterschiedlicher Finanzierungsarten

Für den Fall, dass sich im Rahmen der Finanzplanung ein Finanzierungsbedarf ergibt, also die nötigen Ausgaben nicht durch entsprechende laufende Einnahmen gedeckt werden können, stellt sich die Frage, wie dieser gedeckt werden kann. Hierfür steht dem Unternehmen eine Reihe von **Finanzierungsformen** zur Verfügung. Diese werden – entsprechend dem mittleren Teil der Abbildung F-IV-23 – i.d.R. nach der Mittelherkunft unterschieden.

Zum einen kann dem Unternehmen das benötigte Kapital über eine Außenfinanzierung zugeführt werden. Dazu erhält das Unternehmen Kapital als Fremdfinanzierung entweder von unternehmensexternen Gruppen bzw. Stakeholdern wie

Banken, Kunden oder Lieferanten; oder aber es wird ihm von den Eigentümern bei Einzelunternehmen, von Mitgesellschaftern bei Personengesellschaften oder durch Anteilseigner bei Kapitalgesellschaften zur Verfügung ge-stellt. Ist dies der Fall, spricht man von einer Beteiligungsfinanzierung.

Neben dieser Außenfinanzierung kann das Unternehmen zum anderen auch auf unternehmenseigene Finanzmittel zurückgreifen. Diese als Innenfinanzierung bezeichnete Finanzierungsform kann dabei über die Einbehaltung erzielter Gewinne (Selbstfinanzierung) oder über die Auflösung gebildeter Rückstellungen, über Rückflüsse aus Abschreibungen sowie durch die Umschichtung von Vermögenswerten erfolgen.

Da sowohl die Selbstfinanzierung als auch die Beteiligungsfinanzierung das Eigenkapital der Gesellschaft betrifft, werden sie als Eigenfinanzierung bezeichnet. Im Gegensatz dazu erfolgt die Fremdfinanzierung über dem Fremdkapital zurechenbare Kredite.

### Innenfinanzierung

Bei der **Innenfinanzierung** erhält das Unternehmen finanzielle Mittel aus Vorgängen, die ihren Ursprung im Unternehmen selbst haben. Dieser Zufluss kann zum einen Resultat des Umsatzprozesses sein oder aber Folge von Umschichtungen innerhalb des Vermögens. Nach Angaben der DEUTSCHEN BUNDESBANK lag die Innenfinanzierungsquote deutscher nichtfinanzieller Kapitalgesellschaften – Banken und Versicherungen also ausgenommen – im Jahr 2003 entsprechend der Mittelverwendung bei 82,2%. Im Jahr 2004 wurde der außergewöhnlich hohe Wert von 102,1% erreicht. Dies bedeutet, dass vom Unternehmenssektor insgesamt keine Außenfinanzierungsmittel nachgefragt wurden und zudem Altverbindlichkeiten in nennenswertem Umfang getilgt werden konnten. Für 2005 wird diese Quote mit dem weiterhin hohen Wert von 88,6% angegeben. Diese Zahlen spiegeln die Bedeutung dieser Finanzierungsart wider.

- Erfolgt eine Innenfinanzierung durch einbehaltene Gewinne, spricht man von einer **Selbstfinanzierung**. Diese Gewinnthesaurierung kann auf zwei Wegen erfolgen:
    - Zum einen können im Jahresabschluss ausgewiesene Gewinne teilweise einbehalten werden. Dies erfolgt bei Personengesellschaften durch eine Gutschrift auf das Kapitalkonto, bei Kapitalgesellschaften durch Einstellung in die offenen Rücklagen oder den Vortrag von Gewinnen in die nachfolgende Rechnungsperiode. Da diese Vorgänge für unternehmensexterne Personen über Veränderungen in der Bilanz leicht nachzuvollziehen sind, werden sie als **offene Selbstfinanzierung** bezeichnet.
    - Im Gegensatz dazu sind Maßnahmen der **stillen Selbstfinanzierung** für Außenstehende schwerer ersichtlich. Durch Ausnutzung von Möglichkeiten im Rahmen der Bilanzpolitik kann der ausgewiesene Gewinn durch stille Reserven verkürzt werden (siehe hierzu C.II.4.a. und F.IV.5.b.). Sie entstehen durch eine bewusste oder unbewusste, zum Teil auch gesetzlich vorgeschriebene Unterbewertung von Vermögenswerten oder eine Überbewertung von Schulden. Auf diese Weise verhindern sie für einen begrenzten

Zeitraum den Abfluss liquider Mittel. Da sie erst nach ihrem Auflösen, z.B. beim Verkauf unterbewerteter Vermögensgegenstände, als Gewinne Eingang in die Unternehmensrechnung finden, mindern sie bis dahin das ausgewiesene Ergebnis und verschieben so die Steuerlast auf nachfolgende Perioden. In diesem Sinne kann man von einem zinslosen Darlehen der Finanzverwaltung sprechen, da fällige Zahlungen aufgeschoben werden.

Für die Unternehmen hat die Selbstfinanzierung eine Reihe von Vorteilen. Sie verursacht nicht, wie es bei der Finanzierung mittels Krediten der Fall ist, Zins- und Tilgungszahlungen in der Zukunft. Durch die Erhöhung des Eigenkapitals der Gesellschaft steigt i.d.R. die Kreditwürdigkeit des Unternehmens. Darüber hinaus bleiben die Besitz- und damit Machtverhältnisse im Unternehmen unverändert. Außerdem können die Mittel auch für risikoreichere Projekte, z.B. im Rahmen der Forschungsbemühungen des Unternehmens, eingesetzt werden, für die sich keine externen Investoren finden lassen.
Allerdings ist zu beachten, dass eine Selbstfinanzierung nur möglich ist, wenn die Gesellschaft Gewinne erwirtschaftet. Insbesondere bei kleineren Neugründungen ist dies aber oft noch nicht der Fall. Des Weiteren führt die Verwendung von eigenen Mitteln häufig zu Fehlallokationen der Art, dass sie im Unternehmen für Projekte mit niedriger Rendite eingesetzt werden, wohingegen durch Ausschüttung und Anlage in lukrativere Investitionsalternativen außerhalb des Unternehmens höhere Renditen erzielt werden könnten. Um dies zu vermeiden, sind bei der Beurteilung der Selbstfinanzierung immer auch die Opportunitätskosten zu beachten.

- Eine weitere Form der Innenfinanzierung stellt die **Finanzierung aus Abschreibungen** dar. Planmäßig erfolgende Abschreibungen dienen der Substanzerhaltung des Unternehmens (siehe hierzu F.IV.5.b.). Sie verteilen die Anschaffungs- oder Herstellungskosten von abnutzbaren Wirtschaftsgütern über deren übliche betriebliche Nutzungsdauer und sind somit Bestandteil der Herstellungskosten der Erzeugnisse des Unternehmens. Die Kosten werden also über die entsprechenden Perioden des Wertschöpfungsprozesses verrechnet, obwohl die Ausgaben im Rahmen einer Selbstfinanzierung bereits beim Kauf der Maschine anfielen. Auf diese Weise stellen die Abschreibungen einen Bestandteil des erwirtschafteten Verkaufspreises dar. In der Folge erhält das Unternehmen über die gesamte Nutzungsdauer der Anlage – gebunden an den Verkauf der Erzeugnisse – Einzahlungen, die einer späteren Ersatzinvestition dienen sollen. Da es aber unwirtschaftlich ist, diese freien Mittel bis dahin als Kassenbestand anzusammeln, werden sie in der Zwischenzeit zu Finanzierungszwecken eingesetzt. Dies wird als **Kapitalfreisetzungseffekt** bezeichnet.
  Werden die durch den Kapitalfreisetzungsprozess verfügbaren Mittel sofort wieder in identische Maschinen investiert, ist es möglich, die Periodenproduktionskapazität des Unternehmens ohne die Inanspruchnahme externer Finanzierungsquellen zu erhöhen. Die Totalkapazität, also die Anzahl der Einheiten, die auf allen Maschinen im Laufe ihrer Nutzungsdauer insgesamt gefertigt werden können, bleibt dabei allerdings gleich. Dieser als **Kapazitätserweiterungseffekt** oder LOHMANN-RUCHTI-Effekt (nach MARTIN LOHMANN, 1901 – 1993,

und HANS RUCHTI, 1903 – 1988) bezeichnete Sonderfall des Kapitalfreisetzungseffekts ist in Abbildung F-IV-25 dargestellt.
In unserem Beispiel kauft ein Unternehmen zu Beginn des Jahres 1 insgesamt 500 identische Maschinen. Sie kosten je eine Geldeinheit (GE) und können pro Jahr je eine Mengeneinheit (ME) produzieren. Daraus ergeben sich Anschaffungskosten von 500 GE und eine Kapazität von 500 ME für das erste Jahr. Zum Ende des 1. Jahres werden die Maschinen abgeschrieben. Da dies linear über eine Nutzungsdauer von 5 Jahren geschieht, stehen 100 GE zur Verfügung, die sofort wieder in neue identische Maschinen investiert werden **(1)**. Somit ergibt sich für das zweite Jahr eine Periodenkapazität von 600 ME. Diese 100 neuen Maschinen werden, beginnend zum Ende des zweiten Jahres, ebenfalls über 5 Jahre abgeschrieben **(2)**. Zum Beginn des 3. Jahres stehen dem Unternehmen nun folglich die 500 Maschinen, die zu Beginn des ersten Jahres beschafft wurden, die 100 Maschinen, die am Anfang des 2. Jahres gekauft wurden, und weitere 120 Maschinen, die jetzt – zu Beginn des 3. Jahres – aus den Abschreibungen der im 1. und 2. Jahr beschafften Maschinen erworben werden, zur Verfügung. Die Periodenkapazität für das 3. Jahr beträgt demnach 720 ME.

| Jahr | Perioden-kapazität | Abschreibung und Investition am Ende des Jahres | | | | | | | | | | | | | |
|---|---|---|---|---|---|---|---|---|---|---|---|---|---|---|---|
| | | 1 | 2 | 3 | 4 | 5 | 6 | 7 | 8 | 9 | 10 | 11 | 12 | 13 | 14 |
| 1 | 500 | 100 | 100 | 100 | 100 | 100 | | | | | | | | | |
| 2 | 600 | | 20 | 20 | 20 | 20 | 20 | | | | | | | | |
| 3 | 720 | | | 24 | 24 | 24 | 24 | 24 | | | | | | | |
| 4 | 864 | | | | 29 | 29 | 29 | 29 | 29 | | | | | | |
| 5 | 1.037 | | | | | 35 | 35 | 35 | 35 | 35 | | | | | |
| 6 | 745 | | | | | | 42 | 42 | 42 | 42 | 42 | | | | |
| 7 | 795 | | | | | | | 30 | 30 | 30 | 30 | 30 | | | |
| 8 | 835 | | | | | | | | 32 | 32 | 32 | 32 | 32 | | |
| 9 | 859 | | | | | | | | | 34 | 34 | 34 | 34 | 34 | |
| 10 | 859 | | | | | | | | | | 35 | 35 | 35 | 35 | 35 |
| Summe Abschreibung und Investition | | 100 | 120 | 144 | 173 | 208 | 150 | 160 | 168 | 173 | 173 | 131 | 101 | 69 | 35 |

*(1) 100 neue Maschinen aus Abschreibung des ersten Jahres finanziert*

*(2) Diese 100 Maschinen werden über die nächsten 5 Jahre abgeschrieben → In den folgenden 5 Jahren können je Jahr 20 neue Maschinen beschafft werden*

*(3) Zum Ende des 5. Jahres gehen die ersten 500 Maschinen außer Betrieb und 208 neue werden beschafft*

*(4) Summe ca. 500 → Stehen, wenn nicht in neue Maschinen investiert, dem Unternehmen wieder zur Verfügung*

Ausgangswerte:
- Zu Beginn des 1. Jahres Beschaffung von 500 neuen identischen Maschinen
- Kapazität pro Maschine und Jahr: 1 ME
- Anschaffungskosten je Maschine 1 GE
- Nutzungsdauer der Maschinen 5 Jahre
- Lineare Abschreibung -> Abschreibung Jahr und Maschine 0,2 GE

**Abb. F-IV-25:** Kapazitätserweiterungseffekt

Auf diese Weise steigt die Periodenkapazität in den folgenden beiden Jahren weiter an. Sie fällt erst zu Beginn des 6. Jahres stark ab. Dies liegt darin begründet, dass zum Ende der 5. Periode die zu Beginn der 1. Periode angeschafften 500 Maschinen außer Dienst gestellt werden, da ihre Nutzungsdauer abge-

laufen ist. Dieser Verlust kann durch die 208 zu Beginn des 6. Jahres aus den Abschreibungen beschafften neuen Maschinen nicht kompensiert werden **(3)**. Dennoch liegt die Periodenkapazität über der Ausgangskapazität des 1. Jahres. Der Kapazitätserweiterungseffekt könnte nun auf ewig weiter genutzt werden. In unserem Beispiel gehen wir allerdings davon aus, dass ab dem Ende des 10. Jahres keine Investition in neue Maschinen mehr stattfindet. Das Unternehmen behält die Abschreibungsbeträge also ein. Am Ende des 14. Jahres werden dann die letzten Maschinen außer Betrieb genommen. In der Summe stehen dem Unternehmen nun wieder 500 Geldeinheiten zur Investition in neue Vorhaben zur Verfügung **(4)**.
Im Beispiel gelangt man bei der Addition der Abschreibungsbeträge der letzten 5. Jahre allerdings auf eine Summe von 509 GE. Die Differenz der Beträge liegt in nötigen Rundungen bei der Ermittlung der Abschreibungsbeträge der Perioden begründet. Da bei einer sich ergebenden Abschreibung von beispielsweise 37,8 GE eigentlich nur 37 Maschinen angeschafft werden könnten, wir aber nach den mathematischen Regeln auf 38 Maschinen aufgerundet haben, beinhaltet die Rechnung entsprechende Ungenauigkeiten. In der Realität müssten hier vom Unternehmen 0,2 GE zusätzlich bereitgestellt werden. Dieses Rundungsproblem umgeht die Theorie über den Kapazitätserweiterungseffekt allerdings dadurch, dass sie von den Maschinen eine entsprechend hohe Teilbarkeit verlangt, so dass immer genau 100% des Abschreibungsbetrages in neue Maschinen investiert werden kann. Für eine Verwirklichung des Kapazitätserweiterungseffektes verlangen LOHMANN/ RUCHTI darüber hinaus noch die Erfüllung weiterer Kriterien:

- Die Abschreibung der Maschinen muss linear erfolgen, wobei die der Abschreibung zu Grunde gelegte Nutzungsdauer der tatsächlichen Nutzungsdauer der Maschine zu entsprechen hat. Die Abschreibungsbeträge müssen am Markt durch den Verkauf der Produkte erwirtschaftet werden und am Ende der Periode in liquider Form vorliegen.
- Diese freien Mittel müssen sofort wieder in identische Maschinen investiert werden, wobei sich die Anschaffungspreise nicht ändern dürfen.

Der alles in allem erzielbare Kapazitätserweiterungseffekt ist bei Erfüllung dieser Voraussetzungen allein von der Länge und damit der über die Abschreibungsperioden verteilten Nutzungsdauer der Maschinen bei gleichzeitiger Reinvestition in eine weitere Maschine abhängig. Dies verdeutlicht die folgende, von KOSIOL aufgestellte Formel zur Ermittlung des Kapazitätsmultiplikators.

$$\textit{Kapazitätsmultiplikator} = \frac{2}{1 + \frac{1}{n}}$$

Wie diese Formel zeigt, ist der Kapazitätserweiterungseffekt ausschließlich von der einheitlichen **Nutzungsdauer n** der Anlagen abhängig. Steigt diese, erhöht sich auch der Kapazitätsmultiplikator. Mit entsprechend langer Nutzungsdauer

kann er insgesamt oder über alle Perioden gesehen näherungsweise 2 erreichen, was einer Verdoppelung der ursprünglichen Periodenkapazität entspricht.
In der Praxis ist der Kapazitätserweiterungeffekt in dieser Art allerdings nicht zu beobachten. Die Ursache hierfür liegt in den realitätsfernen Bedingungen, an die dieses Modell geknüpft ist. So kann nicht von einem gleichen Anschaffungspreis über längere Zeit und einer unveränderten Kapazität ausgegangen werden. Wie bereits in F.IV.3. gezeigt wurde, werden statt identischer Ersatzinvestitionen häufig Rationalisierungsinvestitionen in verbesserte Maschinen vorgenommen. Auch die Prämisse, dass die Anlagen so teilbar sein müssen, dass sämtliche Abschreibungsbeträge sofort wieder investiert werden können, ist praktisch nicht umsetzbar. Trotz dieser Kritik können insbesondere bei großen Unternehmen mit entsprechend vielen Maschinen Kapazitätserweiterungseffekte als Folge der Finanzierung aus Abschreibungen beobachtet werden.

- Bei den beiden bisher aufgezeigten Innenfinanzierungsarten kann das Management über die Mittelverwendung grundsätzlich frei entscheiden. Anders ist dies bei der **Finanzierung aus Rückstellungen**. Rückstellungen sind nach § 249 HGB für ungewisse Verbindlichkeiten sowie für drohende Verluste aus schwebenden Geschäften zu bilden. Darüber hinaus können sie für im Geschäftsjahr unterlassene Aufwendungen für Instandhaltung, die im folgenden Geschäftsjahr nachgeholt werden, und für ohne rechtliche Verpflichtung erbrachte Gewährleistungen gebildet werden. Sie sind somit ein Instrument, um die Vermögenslage des Unternehmens zum Bilanzstichtag den tatsächlichen Verhältnissen entsprechend darzustellen. Ihre Höhe soll nach § 253 I HGB auf Basis einer vernünftigen kaufmännischen Beurteilung bestimmt werden.
  Ihr Finanzierungseffekt entsteht analog der Finanzierung aus Abschreibungen dadurch, dass die zurückgestellten Mittel bis zu ihrer Verwendung für das Unternehmen disponibel sind. Notwendige Bedingung für die Finanzierungswirkung ist es also, dass die Rückstellungen in die Preiskalkulation Eingang gefunden haben und ihr Gegenwert somit in der aktuellen Periode verdient wurde. Durch die in F.IV.5.b. noch näher darzustellende mögliche steuerreduzierende Wirkung von Rückstellungen wird ebenfalls das Innenfinanzierungsvolumen erhöht.
  Der **Finanzierungseffekt** der Rückstellungen, der einerseits also durch die **Verminderung der Steuerlast** und andererseits durch die **spätere Gewinnausschüttung** zu Stande kommt, bleibt nur so lange bestehen, bis die zweckgebundenen, als Fremdkapitalpositionen ausgewiesenen Aufwendungen in Anspruch genommen werden. Dies soll im Folgenden noch einmal am Beispiel eines Herstellers für Computermonitore verdeutlicht werden:
  Dieser Hersteller bietet seinen Kunden, wie dies in der Praxis häufig der Fall ist, einen Vor-Ort-Austauschservice an. Da dieser Service über die gesetzlich vorgeschriebene Garantieleistung hinausgeht, bildet der Hersteller für jeden ausgelieferten Monitor eine Rückstellung im Wert der durchschnittlich pro Monitor anfallenden Kosten dieser Leistung. Diese Rückstellung wird für die Dauer von zwei Jahren, entsprechend der Garantielaufzeit, eingestellt. Da der Monitor aber bereits verkauft ist und dieser Betrag Bestandteil des Verkaufspreises ist, steht er dem Unternehmen bereits nach dem Verkauf des Monitors

zur Verfügung. Er kann also zur Finanzierung anderer Projekte genutzt werden. Das Geld wird erst dann wieder benötigt, wenn entweder ein Schadensfall und somit eine Inanspruchnahme der Serviceleistung auftritt oder wenn der Garantiezeitraum ohne Vorfall abgelaufen ist. Im ersten Fall erfolgt eine direkte Auszahlung, im zweiten Fall wird die Rückstellung aufgelöst und muss als Gewinn ausgewiesen sowie versteuert werden. In beiden Fällen endet der Finanzierungseffekt.
Es wird deutlich, dass das aus Rückstellungen resultierende **Finanzierungsvolumen** von zwei Faktoren abhängig ist: Zum Ersten von der **Höhe der Rückstellung** und zum Zweiten von der **Dauer der Kapitalbindung**. In der betrieblichen Praxis unterscheidet man daher in kurzfristige (z.B. für unterlassene Instandhaltungen oder Steuernachzahlungen), mittelfristige (für Garantieleistungen wie im Beispiel des Monitorherstellers) und langfristige Rückstellungen. Dabei ist der Finanzierungseffekt – bei gleicher Höhe – für langfristige Rückstellungen am größten.
Das bedeutendste Beispiel für einen solchen langfristigen Finanzierungseffekt mit großem Volumen bilden die **Rückstellungen für Pensionsverpflichtungen**. Sie stellen während der Anwartschaftszeit der Arbeitnehmer Lohn- und Gehaltsaufwendungen dar und mindern, wenn sie die Vorschriften des § 6a EStG erfüllen, den steuerlichen Gewinn des Unternehmens und damit die Steuerzahlung. Ihre Berechnung erfolgt auf Basis versicherungsmathematischer Grundsätze und berücksichtigt aktuelle Wahrscheinlichkeiten für den Todes- und Invaliditätsfall sowie Zinsen und Zinseszinsen. Das Innenfinanzierungsvolumen ergibt sich dabei aus Einsparungen bei dem Steueraufkommen und durch den zeitlichen Unterschied zwischen Einstellung der Rücklagen und ihrer Auflösung im Anspruchsfall.

- Die letzte Variante der Innenfinanzierung stellt die **Finanzierung aus außerplanmäßigen Vermögensumschichtungen** dar. Diese Kapitalfreisetzungen erfolgen außerhalb des betriebsgewöhnlichen Umsatzprozesses und können in folgende Gruppen unterschieden werden:

  - Die **Veräußerung von Gütern des Anlagevermögens** führt in der Bilanz zu einem Aktivtausch. Aus Sachvermögen wird Geldvermögen. Dabei kommen vor allem geldnahe Vermögensteile, wie Wertpapiere oder andere Beteiligungen, und/ oder nicht betriebsnotwendige Wirtschaftsgüter, wie beispielsweise im Firmenbesitz befindliche Mietwohnungen für Angestellte, in Betracht. Diese Wirtschaftsgüter können schnell und ohne große Auswirkungen auf den Geschäftsbetrieb veräußert werden. Daher werden diese Vermögenspositionen von Unternehmen in Geschäftsjahren mit hohen Jahresüberschüssen häufig als Liquiditätspolster angelegt.
    Ist der Finanzierungsbedarf, z.B. bei einer Liquiditätskrise, allerdings so hoch, dass auch betriebsnotwendiges Vermögen abgestoßen werden muss, treten regelmäßig Störungen im Leistungserstellungsprozess auf. Um diese zu reduzieren, wird häufig das **Sale-And-Lease-Back-Verfahren** angewendet, auf das wir später noch zurückkomen. Bei dieser Form der Vermögensumschichtung verkaufen Unternehmen betriebsnotwendige Vermö-

gensgegenstände an Leasinggesellschaften, um sie sofort wieder anzumieten. Auf diese Weise erhält das Unternehmen unmittelbar Einzahlungen ohne Probleme bei der Leistungserstellung. Es muss dabei aber Belastungen der zukünftigen Liquidität in Form der Leasingrate in Kauf nehmen.

- Die **Veräußerung von Gütern des Umlaufvermögens** birgt in den meisten Fällen kein so großes Finanzierungspotenzial. Der Grund hierfür ist, dass diese Vermögensgegenstände im normalen Geschäftsprozess des Unternehmens schnell wieder verbraucht bzw. veräußert werden. Daher ist die Dauer der Kapitalbindung relativ gering. Allerdings besitzt das Umlaufvermögen häufig ein großes Volumen, so dass durch den Abbau der Vorräte, Forderungen und freien Liquiditätsreserven ein hoher kurzfristiger Finanzierungseffekt bewirkt werden kann.
  Ein Beispiel für Aktivitäten in diesem Bereich ist das ebenfalls an anderer Stelle noch näher darzustellende **Factoring**, bei dem Forderungen vor ihrer Fälligkeit an entsprechende Gesellschaften abgegeben werden. Somit wird der Eingang der Zahlungen vorgezogen. Die mit diesem Verkauf verbundenen relativ hohen Kosten vermindern allerdings die aktuelle Forderungshöhe.
- Durch **Rationalisierungsmaßnahmen** wird die für den Leistungserstellungsprozess nötige Kapitalbindung betragsmäßig und zeitlich reduziert. Sie können sowohl das Anlagevermögen, z.B. bei der Investition in neue und rentablere Maschinen, als auch das Umlaufvermögen, beispielsweise bei der Optimierung der Lagerhaltung im Rahmen des Supply Chain Managements, betreffen. Einsparungen in diesem Bereich führen häufig zu Steigerungen beim Gewinn und bewirken so zusätzlich einen Finanzierungseffekt entsprechend der Selbstfinanzierung.

**Außenfinanzierung**

Im Gegensatz zur Innenfinanzierung befindet sich die Quelle des Mittelzuflusses bei der **Außenfinanzierung** – der Bezeichnung entsprechend – außerhalb des Unternehmens (siehe hierzu Abb. F-IV-23). Dabei können sich bei der Beteiligungsfinanzierung einerseits die Eigenkapitalpositionen, bei der Kreditfinanzierung andererseits die Fremdkapitalpositionen ändern. Aufgrund der guten Verfügbarkeit und der günstigen Konditionen finanzierten sich deutsche Unternehmen lange Zeit vorwiegend über Fremdkapital. Da unter diesen Bedingungen keine Notwendigkeit für eine Einbehaltung von Gewinnanteilen bestand und darüber hinaus eine Fremdkapitalfinanzierung lange Zeit steuerlich bevorzugt war, sank in den letzten Jahrzehnten die Eigenkapitalquote, also das Verhältnis von Eigen- zu Gesamtkapital, bei deutschen Unternehmen stetig. Erst die hohe Zahl der Unternehmensinsolvenzen Ende der 90er Jahre, in deren Folge viele Banken hohe Kreditausfälle verzeichneten, was zu einem Ansteigen der Fremdkapitalkosten führte, erzwang ein Umdenken bei den Unternehmen. Geprägt durch die Diskussion um Basel II, die wir später noch einmal aufgreifen, erfolgt mittlerweile ein tief greifender Wandel bei der deutschen Unternehmensfinanzierung. Die bisher dominierende Hausbankenfinanzierung verliert immer stärker an Gewicht und die Bedeutung der Eigenkapitalpositionen steigt.

- Bei der **Beteiligungsfinanzierung** wird einer Gesellschaft Eigenkapital von außen zugeführt. Dies kann einerseits durch die Erhöhung der Kapitaleinlagen bisheriger Anteilseigner und andererseits durch Einlagen neuer Anteilseigner erfolgen. Die Möglichkeiten hierfür sind dabei in starkem Maße von der Rechtsform des Unternehmens abhängig. Hierauf sind wir in C.II. bereits sehr detailliert eingegangen. In einer gröberen Sichtweise ist es von großer Bedeutung, ob es sich bei der Gesellschaft um ein emissionsfähiges Unternehmen mit Börsenzugang handelt oder nicht. Im Folgenden werden die Möglichkeiten der Beteiligungsfinanzierung entsprechend dieser Zweiteilung aufgezeigt.
  Unternehmen, die **nicht-emissionsfähig** sind, steht kein in hohem Maße organisierter Kapitalmarkt zur Beschaffung von Eigenkapital zur Verfügung. Insbesondere Einzelunternehmen und Personengesellschaften sowie GmbHs und kleine Aktiengesellschaften sind hiervon betroffen. Für die Kapitalanleger bedeutet dies, dass keine ausgeprägten Mechanismen für den Kauf und Verkauf von Anteilen bestehen. Über diese **mangelnde Fungibilität** hinaus besteht ein **hohes Anlagerisiko** darin, dass es i.d.R. keine weitergehenden Vorschriften bezüglich Pflichtveröffentlichungen und weiteren Unternehmensinformationen gibt.
  Daraus resultiert für Anleger das von GEORGE AKERLOF beschriebene **„Lemon"-Problem**. Danach werden potenzielle Käufer von Anteilen gegenüber den Verkäufern immer kritisch eingestellt sein, da letztgenannte das Unternehmen besser kennen und somit über einen deutlichen Informationsvorsprung verfügen. Dies entspricht dem klassischen Principal-Agent-Problem, hier bezogen auf einen Transaktionsprozess. In der Folge müssen mögliche Käufer immer auch davon ausgehen, dass ein Motiv der Verkäufer für die Abgabe ihrer Anteile eine mögliche Verschlechterung der Ertragslage des Unternehmens ist. Gleichzeitig wird also opportunistisches Verhalten entsprechend der Transaktionskostentheorie unterstellt. Aus diesem Grund sind Käufer dann nicht bereit, den maximalen Betrag für Anteile am Unternehmen zu zahlen, sondern verlangen einen Abschlag für die eventuell verschlechterte Ertragslage. Im Resultat sind Inhaber von „guten Anteilen" schließlich nicht mehr bereit, diese zu handeln, da nur ein Verkauf unter Wert möglich ist. Entsprechend den Ausführungen von AKERLOF werden dann mit der Zeit nur noch „schlechte Beteiligungen" gehandelt. Daher sind Beteiligungen an nicht-börsennotierten Gesellschaften i.d.R. nur für längerfristig orientierte Anleger geeignet.
  Um diese Probleme zu reduzieren, haben sich verschiedene Beteiligungsformen entwickelt, die unter dem Oberbegriff **Private Equity** zusammengefasst werden. Dieser Markt für privates Beteiligungskapital steht zwar grundsätzlich auch den emissionsfähigen Unternehmen offen, so wie sich Private Equity Gesellschaften beispielsweise bei GRUNDIG oder PREMIERE engagiert haben; sein Fokus liegt aber deutliche auf jungen oder mittelständischen nicht-emissionsfähigen Unternehmen. Drei wesentliche Formen von Beteiligungsgesellschaften sind:

  - **Kapitalbeteiligungsgesellschaften** stellen zumeist kleinen oder mittelständischen Unternehmen Eigenkapital im Rahmen von offenen oder stillen Beteiligungen zur Verfügung. Ihr Ziel ist es dabei nicht, die Unternehmen zu kontrollieren/ zu beherrschen, sondern eine gute Rendite durch laufende Gewinnausschüttungen zu erzielen. Diese häufig zu Banken gehörenden Gesellschaften sind eher risikoscheu und beteiligen sich an Unternehmen, die bereits langjährig am Markt erfolgreich sind.

- Im Gegensatz zu den **Kapitalbeteiligungsgesellschaften** bevorzugen Venture-Capital-Gesellschaften junge und innovative Unternehmen. Sie konzentrieren sich häufig auf die High-Tech-Branche und erzielen ihre Erträge vorrangig durch die Wertsteigerungen und den späteren Verkauf ihrer Beteiligungen. Über die Versorgung mit Eigenkapital hinaus unterstützen sie in vielen Fällen die Unternehmen auch mit Management-Know-how. Ihr Kapital erhalten die Venture-Capital-Gesellschaften durch eine Reihe verschiedener Gesellschafter. Dies können neben Banken auch Versicherungen, Großunternehmen oder private Investoren (meist im Rahmen von Fonds) sein. Nach dem jähen Ende des Höhenflugs der E-Business-Branche hat das Volumen von Venture-Capital-Beteiligungen aufgrund der hohen eingetretenen Verluste stark nachgelassen. In letzter Zeit sind die Grenzen zwischen Kapitalbeteiligungs- und Venture-Capital-Gesellschaften fließend, so dass diese Unterscheidung häufig nicht mehr gemacht wird.
- Aufgrund ihrer steuerrechtlichen Sonderstellung ist die **Unternehmensbeteiligungsgesellschaft** von den übrigen Beteiligungsgesellschaften abzugrenzen. Sie muss eine Reihe von gesetzlichen Anforderungen entsprechend dem Gesetz über Unternehmensbeteiligungsgesellschaften (UBGG) erfüllen. Deren Rechtsform ist auf AG, GmbH, KG und KGaA beschränkt, wobei nach Ablauf einer fünfjährigen Frist kein Anteilinhaber über mehr als 40% der Anteile bzw. Stimmrechte verfügen darf (§ 7 I UBGG). Weitere wesentliche Einschränkungen betreffen die zulässigen Geschäfte und Anlagemöglichkeiten der Gesellschaft (§§ 3-5 UBGG). Erfüllen Beteiligungsgesellschaften diese Bedingungen, können sie sich nach § 3 Nr. 23 Gewerbesteuergesetz (GewStG) von der Gewerbesteuer befreien lassen. So haben sich bereits eine ganze Reihe der Kapitalbeteiligungs- und Venture-Capital-Gesellschaften diesen schärferen gesetzlichen Anforderungen unterworfen.
- Neben einer Unterstützung durch eine Beteiligungsgesellschaft besteht entsprechend der Rechtsform eines Unternehmens auch die Möglichkeit, den Eigenkapitalbedarf durch die Aufnahme neuer Partner, Gesellschafter, Komplementäre oder Kommanditisten oder durch eine Erhöhung der Einlage bestehender Anteilseigner zu decken.

Unabhängig von der Form der Beteiligung ist eine Veränderung der Eigenkapitalanteile meist auch mit einer Verschiebung der Stimmrechte und mit Problemen bei der Aufteilung der stillen Reserven verbunden. Daher wird die Beteiligungsfinanzierung in dieser Hinsicht meist kritisch bewertet.

- Eine Reihe der bisher aufgezeigten Probleme bestehen bei **emissionsfähigen Gesellschaften** (AG und KGaA) nicht. Durch den Zugang zur Börse sind ihre Anteile hochgradig fungibel, das Haftungskapital ist in kleine Teilbeträge aufgeteilt, so dass für eine Beteiligung nur ein geringer Kapitalbedarf erforderlich

ist, und die Anteilseigner sind durch das strikte Aktiengesetz geschützt. In der Folge sind die Informationsasymmetrien zwischen den verschiedenen Gruppen von Anteilseignern begrenzt (außer bei Insiderinformationen), und die Transaktionskosten sind niedrig.
Von Bedeutung für die Möglichkeiten der Beteiligungsfinanzierung emissionsfähiger Gesellschaften sind zum einen die Art der ausgegebenen Aktien und zum anderen die Weise, wie die Kapitalerhöhung durchgeführt wird. Auf beide Aspekte sind wir bei den betreffenden Gesellschaftsformen in C.II.4.a. (AG) und C.II.4.c. (KGaA) bereits ausführlich eingegangen. Daher werden die relevanten Formen der Kapitalerhöhung hier nur kurz skizziert.

- Bei der **Kapitalerhöhung gegen Einlage** gemäß §§ 182-191 AktG, die auch als ordentliche Kapitalerhöhung bezeichnet wird, gibt die Gesellschaft neue Aktien gegen Barzahlung oder Sacheinlagen heraus. Der Bezugskurs dieser neuen Aktien muss dabei mindestens dem Nennwert der Papiere entsprechen. Übersteigt er den Nennwert, ist die als Agio bezeichnete Differenz den Kapitalrücklagen zuzuführen. In der Folge erhöht sich das Gezeichnete Kapital nur um den Nennwert der ausgegebenen Aktien.
  Da durch die Ausgabe neuer Aktien die Stimmrechtsanteile in der Gesellschaft verändert werden könnten, muss der Erhöhung des Grundkapitals von mindestens drei Viertel des bei der Beschlussfassung vertretenen Grundkapitals zugestimmt werden (§ 182 I AktG). Sind mehrere Gattungen von stimmberechtigten Aktien vorhanden, so bedarf der Beschluss der Hauptversammlung zu seiner Wirksamkeit der Zustimmung (drei Viertel Mehrheit) der Aktionäre jeder Gattung.
  Über dieses Mitbestimmungsrecht hinaus verfügen die bisherigen Aktionäre über ein **gesetzliches Bezugsrecht** für die neuen Aktien, falls dies nicht entsprechend § 186 AktG auf der Hauptversammlung ausgeschlossen wird. Dies soll eine „Verwässerung" der bestehenden Vermögens- und Mitwirkungsansprüche verhindern. Auf die Berechnung des Wertes eines Bezugsrechtes sind wir bereits an anderer Stelle eingegangen.
- Eine zweite Form der Kapitalerhöhung stellt die **bedingte Kapitalerhöhung** nach den §§ 192-201 AktG dar. Sie ist insbesondere durch ihre Zweckbindung gekennzeichnet. Entsprechend den Bestimmungen des § 192 AktG kann sie nur in den folgenden drei Fällen beschlossen werden: Zum Ersten ist sie gestattet, wenn sie der Gewährung von Umtausch- oder Bezugsrechten an Gläubiger von Wandelschuldverschreibungen dient. Zum Zweiten kann sie bei der Vorbereitung des Zusammenschlusses mehrerer Unternehmen eingesetzt werden, und zum Dritten ist ihr Einsatz für die Gewährung von Bezugsrechten an Arbeitnehmer und Mitglieder der Unternehmensleitung erlaubt. Dabei darf der Nennbetrag des bedingten Kapitals entsprechend § 192 III AktG die Hälfte des Grundkapitals nicht überschreiten.
  Da i.d.R. eine Ausgabe der Aktien an neue Aktionäre erfolgt, kann den Altaktionären kein Bezugsrecht gewährt werden. Daher ist ein entsprechender Beschluss einer drei Viertel Mehrheit des bei der Beschlussfassung vertre-

tenen Grundkapitals Voraussetzung für die Durchführung einer bedingten Kapitalerhöhung (§ 193 I AktG). Nach § 193 II AktG sind dabei auch der Zweck der Kapitalerhöhung, der Kreis der Bezugsberechtigten, der Ausgabebetrag und im Falle einer Gewährung von Bezugsrechten an Mitglieder des Unternehmens auch die Bedingungen für deren Ausübungen festzuschreiben.

- Die Erhöhung des Gezeichneten Kapitals entsprechend dem **genehmigten Kapital** (§§ 202-206 AktG) erfolgt wie bei der ordentlichen Kapitalerhöhung durch die Ausgabe neuer Aktien. Die Besonderheit ist darin zu sehen, dass der Vorstand durch Beschlüsse der Hauptversammlung für die Dauer von maximal fünf Jahren ermächtigt wird, diese durchzuführen. Dabei beschränkt § 202 AktG das höchstmögliche Volumen auf die Hälfte des bisher Gezeichneten Kapitals. Das Instrument des genehmigten Kapitals ermöglicht es dem Vorstand, neue Aktien zu einem günstigen Zeitpunkt an die Börse zu bringen, um so maximale Einnahmen zu erzielen, oder im Falle strategischer Beteiligungen eine Erhöhung des Anteilsbesitzes weitgehend unbemerkt vorzunehmen.
- Die entsprechend der §§ 207-220 AktG mögliche **Kapitalerhöhung aus Gesellschaftsmitteln** ist im Gegensatz zu den bisher aufgezeigten effektiven Kapitalerhöhungen als nominell zu bezeichnen. Dies bedeutet, dass die Gesellschaft hier keine zusätzlichen Finanzmittel bekommt, sondern lediglich eine Umwandlung von offenen Rücklagen in Gezeichnetes Kapital erfolgt. Die hieraus resultierenden zusätzlichen Aktien stehen den bisherigen Anteilseignern als so genannte Gratis-Aktien zu. Durch diese Art der Kapitalerhöhung werden somit die Vermögens- und Mitwirkungsansprüche der Anteilseigner nicht verändert. Eine solche Maßnahme kann der Erhöhung des Haftungskapitals, der Verringerung des Kurswerts der Aktien oder der Veränderung der Dividendenpolitik dienen.

### Kreditfinanzierung

Bei der bisher aufgezeigten Beteiligungsfinanzierung wurde dem Unternehmen Eigenkapital von außen zugeführt. Die Anteilseigner erwarben so Anteile an der Gesellschaft, wodurch sie Mitsprache-, Kontroll- und teilweise Entscheidungsbefugnisse erlangen. Im Gegensatz dazu erhalten Gläubiger durch die Bereitstellung von Fremdkapital keine Besitzrechte am Unternehmen, sondern sind diesem für eine vereinbarte Zeit schuldrechtlich verbunden. Eine Ausnahme bilden hier Kreditgeber, die dem Unternehmen ein sehr hohes Volumen an Fremdkapital zur Verfügung stellen. Sie können aufgrund der großen Abhängigkeit des Unternehmens durch entsprechende vertragliche Vereinbarung bestimmte Mitsprache- und Kontrollrechte erlangen.

Bei der **Kreditfinanzierung** besteht für die Gläubiger ein Rechtsanspruch auf Rückzahlung des gewährten Kredits in der Höhe der zur Verfügung gestellten Mittel. Die Beschränkung auf die nominelle Höhe des Kredits hat zur Folge, dass die Gläubiger nicht am Zuwachs des Vermögens oder der stillen Reserven des Unternehmens beteiligt sind. Daher erhalten sie als Vergütung für ihre Investition i.d.R. einen fest vereinbarten Zinssatz. Die Tilgung des Kredites erfolgt meist entsprechend eines Tilgungsplans.

Ausgehend von ihrer Fristigkeit lassen sich die verschiedenen Kreditformen in langfristige und kurzfristige Varianten unterteilen. Zunächst sind die **langfristigen Formen der Kreditfinanzierung** näher darzustellen, die häufig als Substitute für das Eigenkapital eingesetzt werden (siehe hierzu auch C.II.4.a.).

- Eine der wichtigsten langfristigen Formen der Kreditfinanzierung ist die **Schuldverschreibung**. Sie stellt ein langfristiges Darlehen in verbriefter Form dar, welches ein Unternehmen an einem Kapitalmarkt aufnimmt. Da das i.d.R. große Volumen einer solchen Transaktion selten von nur einem Anleihenkäufer getragen wird, erfolgt eine Aufteilung der Gesamtsumme in Teilschuldverschreibungen. Dieses meist festverzinsliche, auch als Anleihe oder Obligation bezeichnete Wertpapier kann rechtsformunabhängig an den Börsen begeben werden. Aufgrund der hohen Anforderungen an Bonität und Sicherheiten kommen dennoch meist nur Kapitalgesellschaften oder große Personen- und Einzelgesellschaften der Industrie oder des Handels als Emittenten in Frage. Daher resultiert auch ihre Benennung als **Industrieobligation**. Entsprechend dieser Nomenklatur lassen sich noch weitere klassische Schuldverschreibungen ergänzen: Dies sind im Wesentlichen die Anleihen des Bundes, der Länder und der Kommunen sowie verschiedene Pfandbriefe und Kassenobligationen großer Kreditinstitute.

  Die Zulassung von Wertpapieren zur amtlichen Notierung regelt in Deutschland die Verordnung über die Zulassung von Wertpapieren zum amtlichen Markt einer Wertpapierbörse (BörsZulV). Sie schreibt für Anleihen einen Mindestbetrag von 250.000 EUR vor (§2 II BörsZulV). Darüber hinaus wacht eine Zulassungsstelle, der ZENTRALE KAPITALMARKTAUSSCHUSS (ZKMA), über die Inanspruchnahme des deutschen Anleihenmarktes. Ist nach dessen Ermessen die Platzierung einer Anleihe unter den gegenwärtigen Marktumständen nicht möglich, kann er sich für eine Verschiebung der Transaktion aussprechen (nach dem „Gänsemarschprinzip“).

  Obwohl dieser Ausschuss auf freiwilliger Grundlage arbeitet, sind seine Empfehlungen i.d.R. bindend. Dies liegt daran, dass in diesem Gremium neben der Deutschen Bundesbank und der Bundesregierung auch Vertreter der wichtigsten **Emissionsbanken** organisiert sind. Diese Emissionsbanken sind für die Unterbringung der Anleihen meist unverzichtbar, da sie im Rahmen eines Bankenkonsortiums den kompletten (neu) aufgelegten Anleihenbestand übernehmen können und das Unternehmen auf diese Weise sofort den Gegenwert der Anleihen erhält. Die Vergütung des Engagements der Konsortialbanken, welche die Obligationen am Markt ausreichen, erfolgt dann über entsprechende Provisionen.

  Abhängig von den Anforderungen des Emittenten, seiner Bonität und der zur Verfügung stehenden Absicherung, die meist über die Eintragung eines Grundpfandrechtes erfolgt, kann die Anleihe unter Berücksichtigung der Marktlage über verschiedene Ausstattungsmerkmale verfügen:

- Die **Laufzeit** einer Industrieobligation liegt im Allgemeinen bei 10 bis 20 Jahren. Kürzere Laufzeiten werden dabei aufgrund der Inflation und höheren Unsicherheit bei größerem Zeithorizont bevorzugt.
- Der **Emissionskurs** kann dem Nennwert der Papiere entsprechen, diesen unterschreiten (unter Pari) oder ihn übersteigen (über Pari). Wenn die Emission z.B. unter Pari bei einem Emissionskurs von 97 EUR erfolgt statt den 100 EUR Nennwert des Papiers, dann entsteht aus der Differenz der Beträge ein Disagio (Abgeld). Dieses erhöht die Attraktivität der Papiere, da sich die Verzinsung immer auf den Nennwert, also 100 EUR, bezieht. Entsprechend sinkt die Attraktivität der Anleihe durch die Erhebung eines Agio (Aufgeldes). Aus der Perspektive des Unternehmens bedeutet eine Über-Pari-Emission dagegen einen Gewinn.
- Die Höhe des **Zinssatzes** wird i.d.R. bei der Ausgabe der Anleihe festgelegt. Er bezieht sich auf den Nennbetrag der Papiere. Daher wird er als Nominalzinssatz bezeichnet. Durch Abweichungen beim Emissions- und Rückzahlungskurs von diesem Nennbetrag, z.B. durch Agio oder Disagio, kann die effektive Verzinsung für den Anleihenkäufer allerdings von dem nominalen Zinssatz abweichen.
- Die **Rückzahlung** der Anleihe kann am Ende der Anleihenlaufzeit in einem Betrag erfolgen oder aber nach Ablauf einer vereinbarten tilgungsfreien Phase in Raten oder Annuitäten entsprechend einem Tilgungsplan. Die Besonderheit der Annuität besteht darin, dass die Summe der jährlichen Zahlung konstant bleibt. Dies bedeutet, dass im Zeitverlauf der Tilgungsanteil steigt und der Zinsanteil abnimmt. Die Reihenfolge der zu tilgenden Papiere kann entweder durch Auslosung bestimmt werden oder es erfolgt ein Rückkauf an der Börse.

Mit der Zeit ist die hier dargestellte klassische Form der Schuldverschreibung, die Industrieschuldverschreibung, in verschiedenen Punkten verändert worden. Die wesentlichen resultierenden Varianten sind.

- Die **Gewinnschuldverschreibung** beteiligt die Gläubiger zusätzlich zur Zahlung der vereinbarten Zinsen am Gewinn des Unternehmens. Somit werden die Rechte der Gläubiger mit den Gewinnanteilen von Aktionären in Verbindung gebracht (§ 221 I AktG). Aus diesem Grund bedürfen sie der Zustimmung der Hauptversammlung mit einer Dreiviertelmehrheit. Die Ausgestaltung in der Praxis erfolgt meist so, dass die Inhaber der Schuldverschreibung mittels einer Zusatzverzinsung am Unternehmensergebnis beteiligt werden, sobald das Unternehmen definierte Kenngrößen, wie z.B. einen festgelegten Dividendensatz überschreitet. Emittiert werden diese Schuldverschreibungen insbesondere bei schlechter Kapitalmarktsituation, um den Anleihenkäufern einen zusätzlichen Kaufanreiz zu bieten.
- Die **Wandelanleihe** als erste Form der **Wandelschuldverschreibung** verbindet ebenfalls Elemente der Beteiligungsfinanzierung mit der klassischen Industrieschuldverschreibung. Sie verbrieft dem Besitzer der Schuldverschreibung zusätzlich zu den typischen Rechten auch ein Umtauschrecht auf Aktien (§ 221 I AktG). Er kann die Wandelanleihe innerhalb eines festge-

legten Zeitraums zu einem definierten Umtauschverhältnis in Aktien eintauschen. Dabei kann auch eine Zuzahlung fällig werden. Nach Ablauf der Frist verfällt das Wandelrecht, und es bleibt eine normale Schuldverschreibung übrig. Auch die Emission dieser Papiere bedarf der qualifizierten Zustimmung der Hauptversammlung nach § 221 I AktG. Diese Form der Schuldverschreibung birgt für Anleihenkäufer und Unternehmen Vorteile. Die Anleger erzielen einen regelmäßigen Zins und tragen ein geringeres Risiko als die Aktionäre. Für das Unternehmen besteht der Vorteil darin, dass bei einem Umtausch der Wandelanleihe in Aktien das Eigenkapital der Gesellschaft steigt und eine Rückzahlung des Anleihebetrages nicht mehr nötig ist. Die Verzinsung von Wandelanleihen liegt aus diesem Grund regelmäßig unter denen vergleichbarer Industrieobligationen.

- Die **Optionsschuldverschreibung** als zweite Form der Wandelschuldverschreibung räumt dem Anleihenkäufer ein Bezugsrecht auf Aktien des Unternehmens ein. Das bedeutet, dass er innerhalb eines festgelegten Zeitraums in einem definierten Bezugsverhältnis Aktien des Unternehmens zu einem bestimmten Bezugskurs erwerben kann. Aus dieser Ausgestaltung resultieren demzufolge zwei Bestandteile einer Optionsschuldverschreibung, die i.d.R. auch getrennt an der Börse gehandelt werden können: Die **Schuldverschreibung**, welcher der Optionsschuldverschreibung zu Grunde liegt, läuft bis zum Ende der vereinbarten Laufzeit mit einer festgelegten Verzinsung und wird dann getilgt. Das Optionsrecht wird meist in einem separatem Wertpapier, dem **Optionsschein**, verbrieft und kann entsprechend dem Aktienkurs am Markt zum Bezugszeitpunkt eingelöst werden oder verfällt. In Abhängigkeit von der Entwicklung des Aktienkurses des Unternehmens ist die Optionsschuldverschreibung starken, bei getrenntem Handel der Optionsschein sehr starken Schwankungen unterworfen. Im letzteren Fall ist dies Folge des Risikos eines Totalverlusts, der eintritt, wenn der Aktienkurs am Markt zum Bezugszeitpunkt unterhalb des vereinbarten Bezugskurses liegt. Dann wird die Option nicht wahrgenommen, der Optionsschein verfällt und der Besitzer des Optionsscheins verbucht einen Verlust in Höhe des gesamten Kaufpreises des Optionsscheines. Für Informationen über die verschiedenen Formen der Absicherung des Optionsgeschäftes wird auf die Spezialliteratur verwiesen.
- Weitere Formen der Schuldverschreibung stellen beispielsweise die Nullkupon-Anleihen dar, bei denen während der Laufzeit keine Zahlung von Zinsen erfolgt, und die Floating Rate Notes, welche mit einer variablen Verzinsung arbeiten. Sie wurden bereits in C.II.4.a. beschrieben und sollen hier nicht näher dargestellt werden.

• Die bisher behandelte langfristige Finanzierung mittels Schuldverschreibungen ist, wie gezeigt, immer an die Börse/ den Börsenhandel gebunden. Daher ist sie nur unter bestimmten Bedingungen für die Unternehmen praktikabel. Neben dem Erreichen eines bestimmten Ausbringungsvolumens ist sie häufig mit hohen Emissionskosten verbunden und erfordert entsprechend den Vorschriften des Wertpapier-Verkaufsprospektgesetzes (VerkProspG) meist die Veröffentlichung eines Verkaufsprospektes. Diese Anforderungen entfallen bei einem **Schuldscheindarlehen**.

Ein Schuldschein ist kein Wertpapier, wie beispielsweise die Schuldverschreibung, sondern lediglich eine Beweisurkunde. Im Gegensatz zum Obligationär, dessen Ansprüche sich direkt aus dem Wertpapier ableiten, kann der Gläubiger eines Schuldscheindarlehens sein Recht bei Verlust des Schuldscheins auch durch andere Beweise geltend machen. Für das Schuldscheindarlehen gelten gemäß der §§ 488 ff. BGB keine besondere Formvorschriften, so dass eine individuelle Ausgestaltung der Vereinbarungen möglich ist. Dies schränkt allerdings die Fungibilität der Schuldscheine ein, weshalb die jeweilige Verzinsung meist über dem Anleihezins vergleichbarer börsennotierter Papiere liegt.

Die **Vergabe** von Schuldscheindarlehen erfolgt in einem Großteil der Fälle **durch Lebensversicherungen**. Da sie zur Deckung der aktuell bestehenden Sterberisiken nur einen Teil der Einzahlungen vorhalten müssen, kann der größere Sparbestandteil zur längerfristigen Vermögensanlage genutzt werden. Allerdings stellt das Bundesaufsichtsamt für das Versicherungswesen strenge Anforderungen an Schuldscheindarlehen, die Versicherungsunternehmen vergeben. Diese als **Deckungsstockfähigkeit** bezeichneten Bedingungen bestehen zum einen in einer ausreichenden Absicherung der Schuldscheine und zum anderen in einer, durch bestimmte Finanzierungskennziffern belegten, guten Bonität des Schuldners (§ 54 Versicherungsaufsichtsgesetz – VAG). Nur so ist es möglich, das Sicherungsvermögen, welches der Deckung der Ansprüche der Versicherten dient, ausreichend abzusichern.

- Die klassische Form der Kreditfinanzierung stellt die Inanspruchnahme von **langfristigen Bankkrediten** dar. Sie werden i.d.R. von Unternehmen genutzt, denen die anderen Wege der Fremdkapitalbeschaffung nicht offen stehen. Dies betrifft insbesondere die kleinen und mittelständischen Unternehmen. Als Voraussetzung für die Vergabe entsprechender Bankkredite gilt das Vorhandensein dinglicher Sicherheiten. Dies sind häufig die Grundpfandrechte Hypothek (§§ 1113 ff. BGB) und Grundschuld (§§ 1191 ff. BGB).

  - Wird ein Kredit durch eine **Hypothek** gesichert, besteht zwischen Kreditgeber und -nehmer eine akzessorische Verbindung. Die Hypothek ist also direkt vom Bestand bzw. der Höhe der Forderung abhängig. Die typische Form der Hypothek ist die Verkehrshypothek. Hier muss der Gläubiger bei der Geltendmachung seiner Forderung ihre Höhe nicht mehr nachweisen, da sie bereits durch den Hypothekenbrief belegt ist. Unterbleibt hingegen die Ausstellung dieses Dokuments, spricht man von einer Buchhypothek. Sie wird dann nur durch den Grundbucheintrag ersichtlich. Eine weitere Form der Hypothek ist die Sicherungshypothek. Bei ihr kann sich der Gläubiger nicht ausschließlich auf den Grundbucheintrag berufen, sondern muss die Forderungshöhe gesondert nachweisen. Allen Formen der Hypothek ist gemein, dass bei einer Tilgung der Forderung nach § 1163 BGB die Hypothek zu einer Eigentümerhypothek wird, sie dem Gläubiger also nicht mehr als Sicherheit zur Verfügung steht. Erst nach einer umständlichen und zum Teil teueren Umwandlung steht sie für die Absicherung neuer Kredite zur Verfügung.

- Im Gegensatz dazu besteht bei einer Kreditsicherung mittels **Grundschuld** zwischen dem Kredit und der Grundschuld nur ein rechtsgeschäftlich vereinbarter Zusammenhang. Die Grundschuld bleibt daher trotz einer Kredittilgung bestehen. Erst durch eine Abtretung, einen Verzicht oder die Löschung verfallen die Ansprüche aus der Grundschuld. Daher eignet sich dieses Sicherungsinstrument eher für die typische Hausbankenfinanzierung, bei der ein Kreditnehmer häufig Fremdkapital in variabler Höhe von einer bestimmten Bank bekommt.

Über die Eintragung von Grundpfandrechten hinaus bestehen noch weitere Möglichkeiten der Kreditbesicherung, von denen einige im Folgenden kurz dargestellt werden.

- Nach den §§ 1204 ff. BGB können bewegliche Sachen zur Sicherung einer Forderung in der Weise belastet werden, dass der Gläubiger berechtigt ist, Befriedigung aus der Sache zu suchen. Dabei erfolgt zur Besicherung der Übergang des Vermögensgegenstands an den Gläubiger. Man spricht von einer **Verpfändung**.
- Durch eine **Sicherheitsabtretung** können je nach der Vereinbarung Rechte, aber auch Forderungen des Kreditnehmers auf den Gläubiger übergehen. Insbesondere die Abtretung von Forderungen aus Lieferung und Leistung hat in der Praxis eine hohe Relevanz. Dieser im Rahmen eines Zessionsvertrages vereinbarte Übergang von Forderungen vom Altgläubiger (Zedent), der gleichzeitig der Kreditnehmer ist, auf den Neugläubiger (Zessionar), also den Kreditgeber, bedarf dabei nicht der Benachrichtigung des Schuldners der Forderung. Daher wird in eine stille und in eine offene Zession unterschieden. Bei letzterer besteht für den Neugläubiger der Vorteil, dass sämtliche Zahlungen des Schuldners der Forderung direkt an ihn, also nicht über den Altgläubiger laufen.
- Erfolgt die Besicherung eines Kredites durch die Hinterlegung eines Wechsels, spricht man von einer **Wechselsicherung**. Ein Wechsel stellt dabei ein Dokument dar, das ausdrücklich die Bezeichnung Wechsel trägt und den Bezogenen, also hier den Kreditnehmer, zur unbedingten Zahlung einer Geldsumme verpflichtet. Darüber hinaus müssen auf dem Wechsel Angaben über den Wechselaussteller, den Zahlungsort und die Laufzeit des Wechsels gemacht werden, die durch die Unterzeichnung des Bezogenen das Dokument zu einem anerkannten Zahlungsmittel machen (§ 1 Wechselgesetz – WG). Diese verpflichten den Bezogenen nach Ablauf der Laufzeit zur Zahlung des Wechselbetrages an den Wechselinhaber. Wie später gezeigt wird, ist der Wechsel ein wesentliches Element im Warenverkehr.
  Erfolgt die Wechselausstellung allerdings nicht zahlungshalber, sondern nur zur Absicherung eines Kredites, spricht man von einem Depotwechsel. Er wird bei der Bank hinterlegt und bei der Tilgung des Kredites zurückgegeben. Nur im Falle der Nicht-Zahlung wird er verpfändet.

- Bei einer **Bürgschaft** verpflichtet sich ein Dritter gegenüber dem Gläubiger für die Verbindlichkeiten des Kreditnehmers einzustehen (§§ 765 ff. BGB). Im Falle der Inanspruchnahme der Bürgschaft gehen die Forderungen des Gläubigers gegenüber dem Kreditnehmer auf den Bürgen über.
- Die **Garantie** ist nicht gesetzlich geregelt. Durch sie verpflichtet sich der Garantiegeber gegenüber dem Garantienehmer zur einer bestimmten Leistung bei Eintreten des Sicherheitsfalles. In der Regel handelt es sich dabei um eine Zahlungsgarantie, welche die Zahlung einer vereinbarten Summe bei der Erfüllung bestimmter Voraussetzungen garantiert.

Da die Geschäftsbanken nur über ein begrenztes Refinanzierungsvolumen verfügen und die Vergabe insbesondere von langfristigen Krediten für die Banken mit erheblichen Risiken verbunden ist, stellt sich die Frage, an wen die Banken Kredite vergeben sollen, welche Sicherheiten sie verlangen müssen und welche Konditionen zu vereinbaren sind. Einen Rahmen für die Beantwortung dieser Fragen soll **Die neue Baseler Eigenkapitalvereinbarung (Basel II)** liefern.
Diese Rahmenvereinbarung ist vom unabhängigen Baseler Ausschuss erarbeitet worden, der mit der BANK FÜR INTERNATIONALEN ZAHLUNGSAUSGLEICH verbunden ist. Er besteht aus Vertretern der Zentralbanken und Bankenaufsichtsbehörden der großen Industriestaaten. Die verabschiedeten Regelungen besitzen keine direkte Gesetzeskraft, bilden aber die Grundlage für die Ausgestaltung der bankenaufsichtsrechtlichen Regelungen zu den Eigenkapitalanforderungen an Banken in den Mitgliedsnationen. Ziel ist eine allmähliche Annäherung der Bestimmungen auf internationaler Ebene und damit eine erhöhte Sicherheit und Solidarität im internationalen Finanzsystem.
Die Implementierung der beschlossenen Rahmenvereinbarungen soll zum Jahresende 2006 beginnen. Die wesentlichen Bestimmungen lassen sich dabei entsprechend der Darstellung in Abbildung F-IV-26 in drei Kernbestandteile, die Säulen von Basel II, unterteilen.

- Als erstes wird von den Banken gefordert, dass sie ihre vergebenen **Kredite entsprechend dem beinhalteten Risiko mit Eigenkapital hinterlegen** (Mindesteinlage, aufsichtsrechtlich benötigtes Kapital). Die bisherigen Regelungen, entsprechend Basel I aus dem Jahre 1988, sehen hier eine standardisierte Berechnung der Kreditrisiken vor, welche die ökonomischen Risiken der Kreditinstitute nur sehr grob und ungenau abbildete. Die Basis bildet ein Kapitalkoeffizient von 8%, mit dessen Hilfe unter Verwendung der folgenden Formel das erforderliche Eigenkapital (EK) der Bank bestimmt werden kann:

$$\text{EK} = \text{Kreditvolumen} \times \text{Risikogewichtung} \times \text{Kapitalkoeffizient}$$

  Die bisher bestehende starre Risikogewichtung für vorgegebene Arten von Kreditnehmern hat zur Folge, dass Unternehmenskredite (Risikogewichtung einheitlich 100%) immer mit 8% Eigenkapital der Bank zu hinterlegen sind. Dies soll eine Gefährdung der Einlagen und der Existenz der Bank durch Kreditausfälle verhindern.

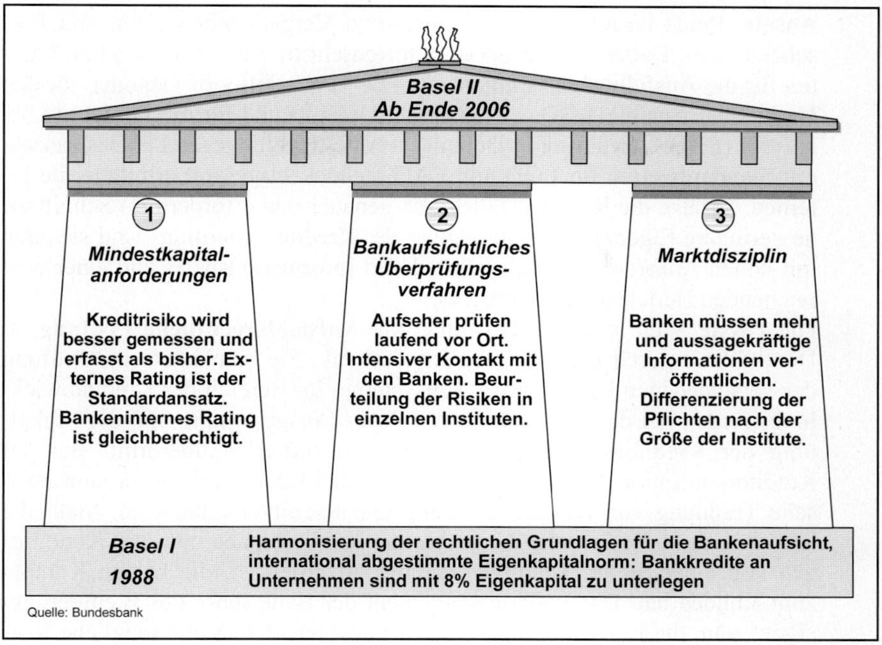


**Abb. F-IV-26:** Die drei Säulen von Basel II

Allerdings weisen nicht alle Unternehmen das gleiche Kreditausfallrisiko auf. Insbesondere ihre Bonität und die Verwertbarkeit der von ihnen gestellten Sicherheiten sind für das individuelle Risiko verantwortlich. Daher sollen in Zukunft als sicher eingestufte Kredite eine niedrigere Eigenkapitalhinterlegung der Bank erfordern als unsichere Kredite. Da diese risikoadäquate Eigenkapitalhinterlegung mit Kosten für die Bank verbunden ist (Opportunitätskosten), werden die Kreditinstitute Unternehmen mit einem geringeren Kreditausfallrisiko somit günstigere Kreditkonditionen anbieten können als Unternehmen mit einem höheren Risiko.
Grundlage für die Bestimmung der Kreditrisiken im Einzelfall ist das Erstellen eines Ratings für das Unternehmen. Dies kann entweder extern über Ratingagenturen wie MOODY'S oder STANDARD & POOR'S erfolgen oder aber bankenintern.
Erfolgt die **Beurteilung extern**, findet der Standardansatz zur Bonitätsbeurteilung Verwendung. Dabei wird den einzelnen Risikogewichtungsklassen (z.B. AAA oder BB+) der externen Institute eine Risikogewichtung zugeordnet (z.B. 30% oder 110%), die dann Eingang in die Berechnung der Eigenkapitalunterlegung findet (z.B. 100.000 EUR × 30% × 8% = 2.400 EUR).
Die **bankeninterne Bestimmung** des Kreditausfallrisikos kann auf zwei verschiedenen Wegen erfolgen. Zum einen über den International-Rating-Based (IRB)-Basisansatz oder zum anderen über den fortgeschrittenen IRB-

Ansatz. Beide basieren auf bankeninternen Vergangenheitsdaten und Einschätzungen. Dabei werden bei dem fortgeschrittenen Ansatz explizit Quoten für die Ausfallwahrscheinlichkeit (PD – Probability of Default), für den Verlust bei Ausfall (LGD – Loss Given Default) und für die Forderung bei Ausfall (EAD – Exposure at Default) ermittelt, wohingegen der Basisansatz mit Standardwerten für LGD und EAD rechnet. Insgesamt ermitteln die internen Ansätze die Kreditausfallrisiken genauer und erfordern im Schnitt eine geringere Eigenkapitalhinterlegung der Kredite. Allerdings sind sie auch mit hohen Anforderungen hinsichtlich der Informationsbasis und einer weit reichenden Berichtspflicht verbunden.

- Die zweite Säule von Basel II bildet die **Aufsichtsrechtliche Prüfung**, in Deutschland durch die Deutsche Bundesbank. Sie beinhaltet eine Prüfung der verschiedenen bankinternen Teilsysteme. Im Bereich der Kreditabwicklung werden bei den Geldinstituten z.B. die Ausgestaltung und die Einhaltung der Kreditbewilligungsrichtlinien und -kriterien überprüft. Bei der Kreditorganisation kommt es hingegen entscheidend auf die organisatorische Trennung von Kundenbetreuung und Kreditverwaltung an. Maßgabe ist dabei, dass die Entscheidung über die Kreditvergabe und ihre Konditionen von einer Stelle (Kreditverwaltung) zu fällen ist, die keinen Kontakt zum Kunden hat. Das Risikomanagement der Bank muss des Weiteren geeignet sein, die Einzelrisiken permanent zu überwachen und mögliche Korrelationen aufzuzeigen. Voraussetzung dafür ist ein ebenfalls zu prüfendes funktionierendes Früherkennungssystem.
- Die dritte Säule beschreibt die **Stärkung der Marktdisziplin durch Eigenkontrolle**. Insbesondere erweiterte Informationspflichten bezüglich der Bewertungsmethoden, der Eigenkapitalstruktur und der Risiken für die Kreditinstitute sollen dafür sorgen, dass die Transparenz im Finanzsektor steigt. Durch differenzierte, der Größe der Institute entsprechende Vorschriften zur Veröffentlichung von Informationen zur Risikolage der Gesellschaft sollen die Institute zu einer Verbesserung ihrer Risiko- und Managementsysteme bewegt werden.

Im Ergebnis führt die stärkere Berücksichtigung der unternehmensspezifischen Schuldnerbonitäten bei der Bestimmung des zu hinterlegenden Eigenkapitals der Banken zu einer **Veränderung der Refinanzierungsmöglichkeiten** der Unternehmen. Wie gezeigt, werden sich die Kreditkonditionen für gute Kreditnehmer eher verbessern und für Kreditnehmer mit niedriger Bonität eher verschlechtern. Dabei werden aufgrund verschiedener Sonderregelungen entsprechend des aktuellen Standes der Rahmenverordnung kleinere mittelständische Unternehmen stärker von Basel II betroffen sein. Umso wichtiger wird es für diese Unternehmen, durch eine offene Informationspolitik gegenüber den Banken und eine positive Außendarstellung ihre Risikoeinstufung aktiv zu beeinflussen. Dabei kommt insbesondere der Darstellung der Unternehmenszukunft mit all ihren Risiken und den gewählten Strategien zur Risikominimierung eine große Bedeutung zu. Auf diese Weise kann eine realistischere Einschätzung der

Unternehmenslage erzielt werden, wodurch Banken nicht zum Aufschlag von Sicherheitsprämien gezwungen sind.

Obwohl die Grenzen zwischen den Formen der langfristigen und der **kurzfristigen Kreditfinanzierung** eher fließend sind, beschränken sich die kurzfristigen typischerweise auf eine Laufzeit von weniger als 4 Jahren. Dies entspricht der Sichtweise der Bundesbank, die Kredite über 4 Jahre Laufzeit regelmäßig als langfristig ausweist. Die Unterteilung der Kreditformen mit einer Laufzeit unter 4 Jahren in mittel- und kurzfristige Varianten erscheint an dieser Stelle nicht zweckmäßig, da eine Zuordnung des Fremdkapitals auf diese Kategorien schwer fällt. Daher fassen wir sie zum kurzfristigen Fremdkapital zusammen. Entsprechend der Mittelherkunft können drei verschiedene Arten kurzfristiger Kredite unterschieden werden. Dies sind zum Ersten die durch Lieferanten eingeräumten Kredite, zum Zweiten die von den Kunden geleisteten Anzahlungen und zum Dritten die von Kreditinstituten zur Verfügung gestellten kurzfristigen Bankkredite.

- Der **Lieferantenkredit** resultiert daraus, dass der Lieferant dem Abnehmer ein Zahlungsziel einräumt. Dieses liegt meist zwischen 30 und 90 Tagen. Im Gegensatz zu anderen Kreditformen wird hier vom Kreditnehmer i.d.R. keine besondere Absicherung verlangt. Es erfolgt nur ein Eigentumsvorbehalt (gemäß § 449 BGB) bis zur endgültigen Bezahlung der Ware. Daher ist der Lieferantenkredit insbesondere für Unternehmen mit geringer Liquidität und unzureichenden Sicherheiten interessant.
  In der Praxis wird aber häufig übersehen, dass diese Kreditform dennoch mit erheblichen Kosten verbunden ist. So wird dem Abnehmer in den meisten Fällen bei einer kurzfristigen Zahlung (z.B. innerhalb von 14 Tagen) der Abzug eines **Skontos** auf den Rechnungsbetrag erlaubt. Um für den Anbieter zusätzliche Kosten zu vermeiden, ist dieser Skontosatz bereits in die Preiskalkulation einbezogen worden. In der Folge bezahlt der Abnehmer bei Nicht-Inanspruchnahme des Skontos, also bei Inanspruchnahme des Lieferantenkredits, einen Aufschlag. Wir haben dies in C.I.3.c. ausführlich an einem Beispiel dargestellt. Gewährt ein Lieferant seinem Kunden beispielsweise ein Zahlungsziel von 60 Tagen oder alternativ bei einer Zahlung innerhalb einer Skontofrist von 14 Tagen einen Skonto von 3% (Skontosatz), dann beträgt der effektive Zinssatz für den Lieferantenkredit im Ergebnis etwa 24%. Für den Kunden des Unternehmens wäre es also wirtschaftlicher, für die Zahlung des Rechnungsbetrages innerhalb der Skontofrist einen Bankkredit beispielsweise zu 10% aufzunehmen.
  In Abhängigkeit von der Marktmacht des Abnehmers kann es allerdings auch zu einem erzwungenen Lieferantenkredit kommen. Hier besteht für den Lieferanten häufig nicht die Möglichkeit, die entstehenden Kosten auf den Verkaufspreis umzulegen. Im Idealfall – für den Abnehmer – kann der Lieferantenkredit so genutzt werden, dass eine Begleichung des Rechnungsbetrages erst erfolgt, nachdem die Ware bereits an den Endkunden verkauft wurde. Entsprechende Marktkonstellationen finden sich teilweise im Bereich der Discountanbieter in Deutschland.

- Bei Auftragsfertigung, vor allem im Baugewerbe und im Großanlagenbau, ist es üblich, dass der Kunde bereits bei der Bestellung und/ oder zu vereinbarten Terminen Anzahlungen leistet (siehe hierzu auch E.III.). Dieser **Kundenkredit** steht dem Lieferanten oft zinslos für begrenzte Zeit zur Verfügung. Entsprechend der Länge und des kostenmäßigen Volumens der Auftragsfertigung wäre es den Herstellern in verschiedenen Branchen nicht möglich, den Auftrag ohne die Kundenanzahlung zu finanzieren. Neben dieser Finanzierungsfunktion hat der Kundenkredit häufig aber auch noch eine Sicherungsfunktion. Durch bereits getätigte Investitionen, die anderenfalls verloren wären, zwingt er den Auftraggeber zur Abnahme der Leistung nach deren Fertigstellung. Allerdings verlangen die Kunden dabei nicht selten eine Absicherung ihrer Anzahlung mittels Bankgarantien. Inwieweit sie entsprechende Forderungen durchsetzen können, hängt von der Stärke ihrer Marktstellung ab.
- Die einfachste Form des **kurzfristigen Bankkredites** stellt der **Kontokorrentkredit** dar. Er entsteht bei der Abwicklung des Zahlungsverkehrs über eine Bank, sobald das Konto des Kreditnehmers überzogen ist. Obwohl die Bank dazu nicht verpflichtet ist, räumt sie ihren Kunden i.d.R. das Recht ein, ihr Konto bis zu einem definierten Betrag zu belasten (Kreditlinie). Entsprechend der Inanspruchnahme dieses Rechts erhebt die Bank dann Sollzinsen. Zahlt die Bank für Guthaben auch Habenzinsen, erfolgt in regelmäßigen Zeitabschnitten eine Verrechnung der Ansprüche und ein Ausgleich der sich ergebenden Überschüsse (§ 355 HGB).
  Obwohl der Kontokorrentkredit meist relativ hohe Kosten aufweist, wird er doch sehr häufig in Anspruch genommen. Dies liegt zum einen in der relativ leichten Verfügbarkeit und zum anderen im regelmäßigen Verzicht der Bank auf eine explizite Absicherung begründet. Daher wird diese Kreditform zur Aufrechterhaltung der Zahlungsbereitschaft und dabei vor allem zur Finanzierung von Spitzenbelastungen herangezogen. Für die Bank bietet sich auf diese Weise über die einzelnen Kontobewegungen die Möglichkeit, Einblick in die finanzielle Lage des Unternehmens zu erlangen und so Informationen für spätere Kreditwürdigkeitsprüfungen zu sammeln.
- Der **Lombardkredit** stellt einen Bankkredit dar, zu dessen Sicherung der Kreditnehmer bewegliche und marktfähige Vermögensgegenstände verpfändet. Dafür kommen insbesondere Wertpapiere, Wechsel oder Waren in Frage. Allerdings geben die Banken nicht den gesamten Gegenwert des Vermögensgegenstandes als Kredit heraus, sondern nur einen Teilbetrag. Diese **Beleihungsgrenze** ist von der möglichen Wertschwankung und der Verwertbarkeit der Sicherheit abhängig. So können Wechsel häufig mit annähernd dem gesamten Nennbetrag belastet werden, wohingegen die Beleihungsgrenze für Wertpapiere oft bei 60% liegt.
  Obwohl die Verpfändung mit dem Übergang der beliehenen Gegenstände in den Besitz und das Eigentum der Bank verbunden ist, reicht es beim Lombardkredit auf Basis von Waren (Warenlombard) häufig aus, der Bank den Lager- oder Ladeschein auszuhändigen. Sie wird somit zwar Eigentümer, aber nur mittelbarer Besitzer der Waren. Eine weitere Variante der Besicherung ist die **Sicherheitsübereignung**, bei der die Bank ebenfalls nur mittelbarer Besitzer der

Vermögensgegenstände wird. Somit kann der Kreditnehmer als unmittelbarer Besitzer weiterhin mit den Gegenständen, z.B. Maschinen, arbeiten, was häufig die Kreditrückzahlung erst ermöglicht.

- Die Gewährung eines **Wechselkredits** kann auf zwei verschiedenen Wegen erfolgen. Beim Diskontkredit kauft die Bank dem Kreditnehmer Kundenwechsel ab, beim Akzeptkredit zieht der Kreditnehmer dagegen einen Wechsel auf seine eigene Bank. Die Grundlage bildet dabei aber immer der Wechsel. Er stellt ein Zahlungsversprechen eines Schuldners an den Inhaber des Wechsels dar und muss den bereits oben aufgezeigten formalen Anforderungen genügen. Zu unterscheiden sind dabei zwei verschiedene Wechselarten. Der **gezogene Wechsel** (Tratte) wird vom Gläubiger (Trassant) ausgestellt und verpflichtet den Wechselschuldner (Bezogener oder Trassat) zur Zahlung eines Betrages an einen Dritten (Wechselinhaber oder Remittent). Dabei kann dieser Dritte auch der Gläubiger bzw. Trassant selbst sein. Beim **eigenen Wechsel** (Solawechsel) hingegen verpflichtet sich der Aussteller des Wechsels selbst zu einer Zahlung.

  - Ein **Diskontkredit** entsteht dadurch, dass eine Bank noch nicht fällige Forderungen aus Lieferung und Leistung in Form eines Wechsels aufkauft und den Nennbetrag unter Abzug eines risikoadäquaten Zinses an den Wechselinhaber ausreicht. Dies erlaubt es dem Wechselinhaber, also dem Lieferanten, seine Forderungen bereits vor ihrer Fälligkeit in liquide Mittel umzuwandeln. Für den Fall, dass der Schuldner (Bezogener) nicht zahlt, kann die Bank auf den vorherigen Wechselinhaber als Eventualschuldner zurückgreifen.
    Erfüllt der Wechsel die von der EUROPÄISCHEN ZENTRALBANK (EZB) gestellten Bedingungen, hat die Bank ihrerseits die Möglichkeit, im Rahmen ihrer Refinanzierung den Wechsel diskontieren zu lassen. Die Kosten hierfür sind vom Diskontsatz der DEUTSCHEN BUNDESBANK abhängig, deren Landeszentralbanken den Wechsel ankaufen.
  - Bei einem **Akzeptkredit** akzeptiert eine Bank einen von einem Kunden auf sie gezogenen Wechsel. Die Bank als Wechselschuldner ist demnach verpflichtet, dem Inhaber des Wechsels den Nennbetrag zum vereinbarten Termin zu zahlen. Dabei erhält der Wechsel durch das Akzept der Bank eine hohe Qualität und kann vom Kunden als Zahlungsmittel verwendet werden. Dies entspricht einer Kreditleihe und weniger einer Geldleihe. Der Kunde hat also die Möglichkeit, für diesen Wechsel einen Kredit (Kreditleihe) bei einer anderen Bank aufzunehmen, erhält im ersten Schritt von seiner Bank aber kein Geld (Geldleihe). Zum Fälligkeitstermin ist der Kunde verpflichtet, der Bank den Gegenwert des Wechsels bereitzustellen. Bei einer Abwicklung der Transaktion über das Kontokorrentkonto des Kunden fallen als Kosten neben den Zinsen auch Provisionszahlungen für die Gewährung des Akzepts an.

- Der **Avalkredit** ist ebenfalls eine Art der Kreditleihe, bei der die Bank eine Bürgschaft für den Kreditnehmer übernimmt. Ist dieser nicht in der Lage, einer eingegangenen Verpflichtung nachzukommen, wird die Bank als Eventualschuldner für die Zahlung herangezogen. Das mit einem Avalkredit verbundene

Risiko für die Bank lässt diese sich durch eine Avalprovision vom Kreditnehmer vergüten. Darüber hinausgehende Zinsen fallen allerdings nicht an, da die Bank dem Kreditnehmer kein Geld zur Verfügung stellt.

In den vergangenen Jahrzehnten hat sich eine Reihe von Außenfinanzierungsinstrumenten entwickelt, die nicht ohne Weiteres der Kreditfinanzierung zugerechnet werden können. Sie sind eher geeignet, die kurz- und langfristigen Bankkredite zu ersetzen, und werden daher als **Kreditsubstitute** bezeichnet. Die beiden wichtigsten Formen sind dabei das Factoring und das Leasing.

- Das **Factoring** stellt ein Finanzierungsgeschäft dar, bei dem ein als Factor bezeichnetes spezialisiertes Finanzierungs- oder Kreditinstitut Forderungen aus Lieferung und Leistung vor ihrer Fälligkeit ankauft. Damit übernimmt der Factor nicht nur das Ausfallrisiko (Delkredererisiko) sondern häufig auch noch weitere Zusatzleistungen. Das Factoring wird somit durch drei mehr oder weniger stark beanspruchte Funktionen gekennzeichnet:
    - Durch die **Finanzierungsfunktion** erhält der Verkäufer meist kurz nach der Rechnungsstellung an den Käufer den Gegenwert der Forderung vom Factor gutgeschrieben. Dieser behält dabei einen Kürzungsbetrag ein, der zum späteren Ausgleich von etwaigen Beanstandungen oder Zahlungsausfällen dient. Da der Verkäufer auf diese Weise den größten Teil des Rechnungsbetrages direkt nach Rechnungsstellung vom Factor erhält, wird es ihm möglich, seine Ware auf Ziel – also unter Gewährung eines Lieferantenkredites – an den Käufer abzugeben, ohne große liquiditätsmäßige Belastungen zu erleiden.
    - Die **Delkrederefunktion** stellt eine Art Versicherung dar, bei welcher der Factor das Risiko einer Zahlungsunfähigkeit des Kunden auf sich zieht. Ist diese Funktion Bestandteil des Factoring-Vertrages, werden die Forderungen des Verkäufers nicht nur in Zahlung genommen, sondern endgültig erworben.
    - Neben den bisher genannten vorwiegend finanzorientierten Aufgaben übernimmt der Factor oft noch weitere **Dienstleistungsfunktionen**. Er kann beispielsweise für den Verkäufer die Debitorenbuchhaltung und sein Mahnwesen führen oder aber allgemeine Beratungsleistungen erbringen.

  Die Ausgestaltung des Factoring kann offen (notifiziert) oder still (nicht notifiziert) erfolgen. Dabei erhält der Käufer bei einem **offenen System** eine Benachrichtigung über die Abtretung der Forderung und wird gebeten, seine Zahlungen direkt an den Factor zu leisten. Im Gegensatz dazu leistet der Käufer seine Zahlungen in einem **stillen System** weiterhin an den Verkäufer, der diese dann an den Factor abführt. Auch darüber hinaus wird dem Käufer die Forderungsabtretung nicht angezeigt, so dass z.B. bei der Übernahme des Mahnwesens durch den Factor weiterhin Anschreiben und Mahnungen im Namen des Verkäufers erfolgen oder sogar über diesen versendet werden.
  Allerdings ist das Factoring nicht immer möglich, z.B. durch den Ausschluss der Forderungsabtretung gemäß § 399 BGB durch die Geschäftsbedingungen des Kunden oder aufgrund eines Eigentumsvorbehalts des Lieferanten, der eine

wirksame Abtretung verhindert. Darüber hinaus können die Kosten entsprechend des vereinbarten Funktions- und Serviceumfangs im Rahmen von Kreditzinsen für die Forderungsfinanzierung, Delkrederegebühren für die Risikoübernahme und Factoringebühren für die Zusatzleistungen eine beachtliche Höhe erreichen. Als Vorteile stehen diesen Kostenfaktoren neben der Sicherung der Zahlungsfähigkeit und dem Ausschluss von Risiken die Einsparpotenziale durch die Nutzung der Serviceleistungen entgegen. Eine Entscheidung über den Einsatz dieses Finanzierungsinstrumentes kann daher nur unter Beachtung der unternehmensspezifischen Situation erfolgen.

- Die Überlassung eines Anlagegegenstands auf Zeit durch ein Finanzierungsinstitut gegen ein entsprechendes Entgelt wird als **Leasing** bezeichnet. Diese Finanzierungsform ist in den USA bereits seit über 100 Jahren bekannt und erlangte innerhalb der letzten Jahrzehnte auch eine große Bedeutung in Deutschland. Entsprechend des Verpflichtungscharakters lassen sich zwei Formen des Leasings unterscheiden:

  - Das **Operate-Leasing** entspricht den Mietverträgen im Sinne des BGB, bei denen die Mieter über ein kurzfristiges, meist sogar jederzeitiges Kündigungsrecht verfügen. Daher liegt ein erhebliches Risiko beim Leasinggeber, da dieser das Leasingobjekt während der Grundmietzeit häufig nicht amortisieren kann und so auf Nachmieter angewiesen ist. Auch im Falle eines zufälligen Untergangs sowie bei einer Entwertung des Leasingobjektes durch technischen Fortschritt hat der Leasinggeber die Kosten zu tragen. Der Mieter hat hingegen nur ein geringes Risiko bezüglich einer falschen Investitonsentscheidung, da eine schnelle Kündigung des Vertrages meist möglich ist.
  - Im Gegensatz dazu übernimmt der Mieter beim **Financial-Leasing** das Leasingobjekt für einen längeren Zeitraum, in dem meist keine Kündigung möglich ist. Daher trägt der Mieter in diesem Fall das Investitionsrisiko fast ausschließlich. Die Mietverträge sind i.d.R. so angelegt, dass der Leasinggeber innerhalb der unkündbaren Grundmietzeit seine Kosten amortisiert und noch zusätzlich einen Gewinn erwirtschaftet (Vollamortisation). Die vereinbarte Grundmietzeit ist dabei meist kürzer als die betriebsgewöhnliche Nutzungsdauer des Leasingobjektes. Ist diese Differenz sehr groß (Grundmietzeit 40% bis 90% der betriebsgewöhnlichen Nutzungsdauer) erfolgt meist keine komplette Amortisation der Kosten während der Grundmietzeit. Hierbei spricht man von Teilamortisationsverträgen.
    Einen Sonderfall des Financial-Leasings stellt, wie bereits angesprochen, das **Sale-and-Lease-Back-Verfahren** dar, bei dem ein Unternehmen eine Anlage selbst kauft und anschließend an eine Leasinggesellschaft veräußert, die diese dann im Rahmen eines Leasingvertrages wieder an den Betrieb vermietet. Somit wird die Liquidität des Unternehmens nur kurzzeitig angegriffen; eine große einmalige Anschaffungszahlung kann auf diesem Weg in viele zukünftige Mietzahlungen zerlegt werden. Dies ist immer dann für ein Unternehmen vorteilhaft, wenn die Erträge aus dem Leasingobjekt auch erst über die Zeit anfallen. Es entspricht dem Grundsatz „Pay as you earn".

Von **Spezial-Leasing** spricht man, wenn ein Leasingobjekt für die speziellen Anforderungen in einem Unternehmen angefertigt wird und nach Ablauf der vereinbarten Grundmietzeit nur in diesem Unternehmen wirtschaftlich zu nutzen ist.

Entsprechend der Ausgestaltung des Leasingvertrages lassen sich bei einem Financial-Leasing mit Vollamortisation noch weitere Typen unterscheiden:

- Beziehen sich die Vertragsvereinbarungen nur auf die Grundmietzeit, nach der das Leasingobjekt an den Leasinggeber zurückgegeben wird, ist dies ein **Leasingvertrag ohne Option**.
- Wird dem Leasingnehmer hingegen das Recht eingeräumt, das Leasingobjekt nach Ablauf der Grundmietzeit zu erwerben, stellt dies einen **Leasingvertrag mit Kaufoption** dar.
- **Leasingverträge mit** einer **Mietverlängerungsoption** zeichnen sich dadurch aus, dass sie dem Leasingnehmer das Recht auf eine Vertragsverlängerung nach Ablauf der Grundmietzeit einräumen.

In Abhängigkeit von den vertraglich vereinbarten Bedingungen ist der Leasinggegenstand entweder dem Leasingnehmer oder dem Leasinggeber zuzurechnen. Ausschlaggebend dafür sind die als Leasing-Erlass bezeichnete Stellungnahme des Bundesministeriums der Finanzen vom 19.04.1971 (IV B/2-S 2170-31/71) und das Urteil des Bundesfinanzhofs über die steuerliche Behandlung des Financial-Leasing vom 26.01.1970 (BFH Urteil IV R 144/66). Die Ergebnisse dieser Verlautbarungen sind entsprechend einer Systematisierung von JOACHIM SÜCHTING (1933 – 2004) in Abbildung F-IV-27 dargestellt.

- Erfolgt eine **Zurechnung zum Leasinggeber**, so hat er das Leasingobjekt mit seinen Anschaffungs- oder Herstellkosten in seiner Bilanz zu aktivieren. Dies bedeutet, dass der Gegenstand als Vermögen des Leasinggebers geführt wird. Daher muss er ihn auch über die betriebsgewöhnliche Nutzungsdauer abschreiben (siehe hierzu F.IV.5.b.). Die vereinbarte Leasingrate hat für den Leasinggeber den Charakter einer Betriebseinnahme und entspricht für den Leasingnehmer einer Betriebsausgabe.
- Erfolgt dagegen eine **Zurechnung zum Leasingnehmer**, so hat dieser das Leasingobjekt mit den Anschaffungs- und Herstellkosten des Leasinggebers zuzüglich möglicher weiterer Anschaffungs- und Herstellkosten, die im Leasingvertrag nicht berücksichtigt wurden und nicht Bestandteil der Leasingrate sind, zu aktivieren. Der Leasinggegenstand ist vom Leasingnehmer abzuschreiben. In der Höhe der im Vertrag genannten Anschaffungs- und Herstellkosten muss der Leasingnehmer eine Verbindlichkeit gegenüber dem Leasinggeber in seiner Bilanz auf der Passivseite einstellen. Die Leasingrate ist in einen Kosten- und Zinsanteil sowie einen Tilgungsanteil aufzuteilen. Letzterer wird mit der gebildeten Verbindlichkeit verrechnet. Nur der Kosten- und Zinsanteil und die Abschreibungen stellen für den Leasingnehmer steuerlich abzugsfähige Betriebsausgaben dar.

**Abb. F-IV-27:** Zurechnung des Leasinggegenstandes (nach J. SÜCHTING)

Für den Leasingnehmer ist somit eine **Veranlagung des Leasinggegenstandes beim Leasinggeber vorteilhaft**, da er in diesem Fall in Form der Leasingrate die Anschaffungs- und Herstellkosten des Leasingobjektes über eine kürzere Periode (Grundmietzeit) als Betriebsausgaben steuerlich geltend machen kann, als wenn er sie selbst abschreibt (betriebsgewöhnliche Nutzungsdauer). Durch diese Verschiebung wirkt die in der Leasingrate enthaltene höhere Abschreibung des Leasinggebers stärker gewinnmindernd als die steuerrechtlich zulässige eigene Periodenabschreibung (AfA).

Neben diesem steuerlichen Vorteil führten auch die unkomplizierte Abwicklung des Leasings und die geringeren Anforderungen an die Kreditwürdigkeit zum Durchbruch dieser Finanzierungsart. Darüber hinaus ist es oft möglich, Wartungs- und Reparaturarbeiten gegen eine Pauschalgebühr vom Leasinggeber übernehmen zu lassen (Maintenance-Leasing). Wenn der steuerliche Aspekt nicht berücksichtigt wird, sind die Kosten des Leasings allerdings höher als bei einer Kreditfinanzierung des Leasinggegenstands, da sich der Leasinggeber dabei ebenfalls über Kredite refinanzieren muss.

Idealtypischer Weise erfolgt die Finanzierung über Leasingverträge in der Art, dass die Leasingrate erst dann fällig wird, wenn der entsprechende Gegenwert bereits durch den Einsatz des Leasingobjektes erwirtschaftet ist. Somit ist die Liquiditätsbelastung für das Unternehmen gering. Dies entspricht wiederum dem bereits angesprochenen Prinzip „Pay as you earn".

### c. Auswirkungen der Kapitalstruktur auf die Kapitalrentabilität

Nach der Darstellung der wesentlichen Finanzierungsinstrumente eines Unternehmens stellt sich die Frage, unter welchen Umständen welche Finanzierung am besten ist. Dies hängt natürlich zum Teil von der Kapitalverfügbarkeit ab. So haben viele Unternehmen keinen Zugang zur Börse und können daher ihre Eigenkapitalposition nicht auf diesem Weg wesentlich erhöhen. Andere Unternehmen verfügen nicht über genügend Sicherheiten und eine ausreichende Bonität, um ihre Fremdkapitalbestände auszubauen.

Darüber hinaus sind aber noch weitere Faktoren zu berücksichtigen, um als Ziel der Finanzplanung minimierte Kapitalkosten bei gleichzeitig sichergestellter Zahlungsfähigkeit des Unternehmens zu erreichen. Dabei sind insbesondere zwei Aspekte zu berücksichtigen: Zum einen muss die **Fristigkeit der Finanzierung** betrachtet werden, da hiervon die langfristige Liquidität des Unternehmens abhängt. In der Praxis haben sich hierfür verschiedene Finanzierungsregeln etabliert. Zum anderen ist der Tatsache Rechnung zu tragen, dass die **Kosten für Eigenkapital** regelmäßig **höher** sind als die Kosten für Fremdkapital. Denn aufgrund des Gläubigerschutzes werden im Insolvenzfall die Ansprüche der Fremdkapitalgeber vor denen der Eigenkapitalgeber befriedigt. In der Folge tragen die Anteilseigner ein höheres Risiko als die Gläubiger. Diesen Faktoren versuchen die Finanzierungsmodelle Rechnung zu tragen. Insgesamt müssen die Unternehmen also ihre **Kapitalstruktur optimieren,** wobei aber Zielkonflikte zwischen Liquidität und Rentabilität auftreten.

- Eine Grundvoraussetzung für das Fortbestehen eines Unternehmens ist es, seinen laufenden Zahlungsverpflichtungen uneingeschränkt nachkommen zu können. Nur durch eine angemessene Liquidität kann so ein reibungsloser Leistungs- und Güterprozess erfolgen. Dennoch treten in der unternehmerischen Praxis häufig Liquiditätsengpässe auf, wenn z.B. notwendige Anschlussfinanzierungen nicht beschafft werden können, das Unternehmen keinen Erfolg am Markt hat und somit keine Überschüsse erwirtschaftet oder wenn bei der Finanzplanung falsche Daten und Annahmen verwendet wurden, so dass die Einzahlungen und Auszahlungen nicht zu den geplanten Terminen und/ oder in der falschen Höhe erfolgen.

  Umso wichtiger ist es für das Unternehmen daher, über ausreichende Reserven für den Fall eines Liquiditätsproblems zu verfügen. Neben der im Unternehmen **effektiv vorhandenen Liquidität** sind hierbei auch die **potenziell zur Verfügung stehenden Mittel** zu beachten. Bei hoher Kreditwürdigkeit ist es dem Unternehmen so möglich, kurzfristige Liquiditätsschwierigkeiten durch die Aufnahme eines Bankkredites, z.B. in Form einer erhöhten Kreditlinie beim Kontokorrentkredit, zu decken.

  Auf die Kreditwürdigkeit und damit die Sicherheit der Fremdkapitalgeber zielen die **Finanzierungsregeln** ab. Sie werden in die vertikalen Kapitalstrukturregeln, welche das Verhältnis von Fremd- zu Eigenkapital betrachten, und in die horizontalen Finanzierungsregeln, die das Verhältnis von Vermögen und Kapital untersuchen, unterschieden.

- Die **vertikalen Kapitalstrukturregeln** treffen Aussagen zum Verhältnis von Fremd- und Eigenkapital. In der strengsten Form schreiben sie vor, dass das gesamte Fremdkapital durch Eigenkapital hinterlegt bzw. gesichert ist (EK : FK = 1 : 1). In diesem Fall gehen Fremdkapitalgeber kein Risiko ein, da im Insolvenzfall ihre Forderungen zu 100% aus dem Eigenkapital befriedigt werden können. In einer abgeschwächten Variante wird für das Verhältnis von Eigenkapital zu Fremdkapital eine Kapitalstruktur von 1 : 2 gefordert. Da solche Finanzierungsregeln allerdings nur einen groben Richtwert vorgeben, der für verschiedene Branchen entsprechend des branchentypischen Kreditausfallrisikos unterschiedlich ist, können die ermittelten Werte allenfalls als Anhaltspunkte genutzt werden. Außerdem entsprechen solche Forderungen nicht der wirtschaftlichen Realität in Deutschland, wo die durchschnittliche Eigenkapitalquote aller Unternehmen im Jahr 2004 bei 23% lag. Darüber hinaus lassen sie außer Acht, dass es unter Rentabilitätsgesichtspunkten durchaus vorteilhaft sein kann, den Eigenkapitalanteil zu senken.
- Die **horizontalen Finanzierungsregeln** fordern eine Fristenkongruenz der Mittelverwendung auf der Aktivseite und der Mittelherkunft auf der Passivseite. Die **goldene Finanzierungsregel** (auch goldene Bankregel) verlangt, dass die Dauer der Bindung des Vermögens nicht länger ist, als die Dauer, in der das zur Finanzierung eingesetzte Kapital zur Verfügung steht. Auf den Bankensektor angewendet, bedeutet dies, dass kurzfristige Einlagen von Kunden auch nur kurzfristig verliehen werden dürfen. Wird die Regel nicht beachtet, steht die Bank nach Ablauf der kurzfristigen Einlage vor einem Anschlussfinanzierungsproblem für einen längerfristig gewährten Kredit. Kann sie keine neue Kapitalquelle erschließen, würde es so zur Zahlungsunfähigkeit kommen.

  In anderen Wirtschaftsbereichen ist eine solche Zuordnung des aufgenommenen Kapitals zu den entsprechenden Vermögenswerten i.d.R. aber nicht möglich, so dass diese Finanzierungsregel hier selten Anwendung findet.

  Zur Lösung dieses Problems wird die **goldene Bilanzregel** eingesetzt. Sie fordert keine Fristenkongruenz zwischen den einzelnen Vermögens- und Kapitalpositionen mehr, sondern fasst diese zu Oberkategorien zusammen. Im Ergebnis spricht man von einer pauschalisierten Fristenkongruenz, bei der allgemein das langfristige Vermögen langfristig und das kurzfristige Vermögen kurzfristig zu finanzieren ist. In der engsten Fassung besagt die goldene Bilanzregel, dass das Anlagevermögen mit Eigenkapital zu finanzieren ist, wohingegen die weitere Fassung die Finanzierung des Anlagevermögens mit Eigenkapital und langfristigem Fremdkapital verlangt.

Für die Finanzierungsregeln gilt allgemein, dass sie theoretisch nicht abgesichert sind. Ihre Bedeutung erlangen sie vielmehr dadurch, dass Kreditgeber sie im Rahmen ihrer Kreditwürdigkeitsprüfung einsetzen, um sich ein Bild über die Solvenz, also Zahlungsfähigkeit, des Unternehmens zu machen. Es lässt sich festhalten, dass die Berücksichtigung dieser Regeln für die Unternehmen durchaus eine Relevanz hat, obwohl ihre Einhaltung kein unbedingtes Zeichen für die Zahlungsfähigkeit ist und ihre Missachtung nicht zwangsläufig zur Insolvenz führt. Ihre ungefähre Beachtung ist notwendig, um die potenziellen Gläubiger von der Zahlungsfähigkeit des Unternehmens zu überzeugen.

- Im Gegensatz zu den Finanzierungsregeln sind die **Finanzierungsmodelle** theoretisch begründet. Sie beruhen auf der eingangs dargestellten Tatsache, dass Eigenkapitalgeber ein höheres Risiko als die Fremdkapitalgeber tragen, da ihre Ansprüche im Insolvenzfall erst nach denen der Fremdkapitalgeber befriedigt werden. Aus diesem Grund erwarten die Eigenkapitalgeber regelmäßig eine höhere Mindestverzinsung ihres Kapitals. Erst wenn der Verschuldungsgrad **V** das zur Verfügung stehende Eigenkapital als Sicherheit übersteigt, gehen die Fremdkapitalgeber ein Forderungsausfallrisiko ein. Bis zu diesem Punkt ist ihre Investition quasi risikolos.

  - Aus diesen Überlegungen lässt sich die als **Leverage-Effekt** bezeichnete Hebelwirkung des Verschuldungsgrades auf die Eigenkapitalrentabilität ableiten. Er setzt an der Verzinsung des Eigenkapitals an, die maximiert werden soll. Dies entspricht dem Grundgedanken des Shareholder Value, wie wir ihn in C.I.2.a. dargestellt haben. Somit ist es das Ziel des Unternehmens, das Vermögen der Anteilseigner zu maximieren. Der Leverage-Effekt zeigt nun auf, wie sich die Erhöhung des Verschuldungsgrades auf die Rentabilität des Eigenkapitals auswirkt. Dieser Zusammenhang wird in Abbildung F-IV-28 an einem Beispiel illustriert.

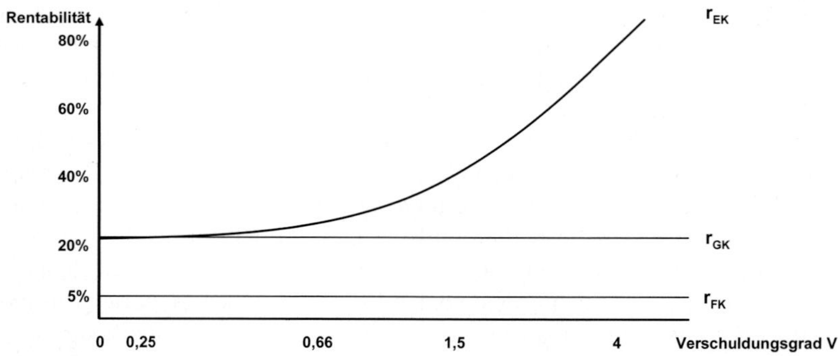


| | V = 0 | V = 0,25 | V = 0,66 | V = 1,5 | V = 4 | V = unendl. |
|---|---|---|---|---|---|---|
| Gesamtkapital (GK) | 1.000 | 1.000 | 1.000 | 1.000 | 1.000 | 1.000 |
| Eigenkapital (EK) | 1.000 | 800 | 600 | 400 | 200 | 0 |
| Fremdkapital (FK) | 0 | 200 | 400 | 600 | 800 | 1.000 |
| Kapitalertrag | 200 | 200 | 200 | 200 | 200 | 200 |
| Fremdkapitalzinsen ($r_{FK}$ = 5%) | 0 | 10 | 20 | 30 | 40 | 50 |
| Eigenkapitalrentabilität ($r_{EK}$) | 20% | 23,75% | 30% | 42,5% | 80% | unendl. |
| Gesamtkapitalrentabilität ($r_{GK}$) | 20% | 20% | 20% | 20% | 20% | 20% |

**Abb. F-IV-28:** Der Leverage-Effekt an einem Beispiel

Dargestellt ist hier ein Unternehmen, das die Möglichkeit hat, bei einer Investition in Höhe von 1.000 EUR nach einer bestimmten Laufzeit eine sichere Auszahlung von 1.200 EUR zu erhalten. Somit beträgt die Gesamtkapitalrendite $\mathbf{r_{GK}}$ des Investitionsvorhabens 20%. Wird zur Finanzierung ausschließlich Eigenkapital **EK** eingesetzt, entspricht die Gesamtkapitalrendite der Eigenkapitalrendite $\mathbf{r_{EK}}$. Wird nun allerdings schrittweise das Eigenkapital durch Fremdkapital **FK** ersetzt, verändert sich die Eigenkapitalrendite. Da in diesem einfachen Beispiel das Fremdkapital unabhängig vom Verschuldungsgrad zu einem festen Fremdkapitalzins $\mathbf{r_{FK}}$ von 5% verfügbar ist, entstehen bei der Aufnahme von 200 EUR Fremdkapital Zinskosten in Höhe von 10 EUR. Diese schmälern den erzielten Gewinn der Investition, so dass nur noch 190 EUR an die Anteilseigner ausgeschüttet werden können. Bezogen auf das eingesetzte Eigenkapital von 800 EUR ergibt dies aber eine Eigenkapitalrendite von 23,75% (190 EUR / 800 EUR). Durch eine weitere Substitution des Eigenkapitals durch Fremdkapital steigt diese Eigenkapitalrendite weiter an, bis sie bei einer vollständigen Fremdkapitalfinanzierung gegen unendlich geht.

Dieser Zusammenhang kann auch auf mathematischem Weg hergeleitet werden:

$$(1)\quad r_{GK} \bullet GK = r_{EK} \bullet EK + r_{FK} \bullet FK$$

$$(2)\quad r_{EK} \bullet EK = r_{GK} \bullet GK - r_{FK} \bullet FK$$

$$(3)\quad r_{EK} = \frac{r_{GK} \bullet GK - r_{FK} \bullet FK}{EK} = \frac{r_{GK} \bullet (EK + FK) - r_{FK} \bullet FK}{EK}$$

$$(4)\quad r_{EK} = r_{GK} \bullet \frac{EK}{EK} + \frac{r_{GK} \bullet FK - r_{FK} \bullet FK}{EK}$$

$$(5)\quad r_{EK} = r_{GK} + \frac{FK}{EK}(r_{GK} - r_{FK})$$

Ausgehend von der Grundformel (1), nach der sich die Gesamtkapitalkosten aus den Eigen- und den Fremdkapitalkosten zusammensetzen, ergibt sich nach Umformung die Formel zur Bestimmung der Eigenkapitalrentabilität (5). Wenn sowohl – wie im Beispiel – die Gesamtkapitalrentabilität $r_{GK}$ als auch die Fremdkapitalzinsen $r_{FK}$ konstant sind, ist die Eigenkapitalrentabilität nur vom Verschuldungsgrad (FK / EK) abhängig. Es wird ersichtlich, dass die Eigenkapitalrendite durch den Einsatz zusätzlichen Fremdkapitals angehoben werden kann.

Einer solchen Verschuldungsstrategie sind in der Realität Grenzen gesetzt. So setzt das Modell eine uneingeschränkte Verfügbarkeit von Fremdkapital voraus. In der Praxis wird es aber mit zunehmendem Verschuldungsgrad immer schwieriger, einen Gläubiger zu finden, da dessen Kreditausfallrisiko

steigt. Außerdem wird er entsprechend diesem Risiko auch eine Risikoprämie verlangen, was einen mit dem Verschuldungsgrad steigenden Fremdkapitalzinssatz zur Folge hat. Übersteigt der Fremdkapitalzinssatz die Gesamtrentabilität des Projektes, so kehrt sich der positive Leverage-Effekt schnell in einen negativen Leverage-Effekt um, aus dem fallende Eigenkapitalrentabilitäten resultieren.
Es kann also festgestellt werden, dass sich die Aufnahme zusätzlichen Fremdkapitals nur so lange lohnt, wie die Fremdkapitalkosten unter der Gesamtrentabilität des Investitionsvorhabens liegen.

- Diese Erkenntnis wird im **traditionellen Modell des optimalen Verschuldungsgrads** umgesetzt. Hier wird ein Unternehmen mit einem definierten Gesamtkapitalbedarf und einem feststehenden Bruttogewinn angenommen. Bei der sukzessiven Substitution von Eigenkapital durch Fremdkapital ändern sich bei diesem Modell allerdings die Mindestverzinsungsansprüche der Eigen- und Fremdkapitalgeber. Wie in Abbildung F-IV-29 dargestellt, lassen sich **drei wesentliche Punkte** kennzeichnen:

  * Ausgehend von einem **Verschuldungsgrad von 0**, bei dem das gesamte Unternehmen über Eigenkapital finanziert ist, wird der Verschuldungsgrad schrittweise erhöht. In dieser Phase ändern sich weder die Mindestverzinsungsansprüche der Eigenkapitalgeber noch die der Fremdkapitalgeber. Somit entspricht die Entwicklung der Kapitalkosten dem Leverage-Effekt, in dessen Folge die Gesamtkapitalkosten durch die Inanspruchnahme von billigem Fremdkapital schrittweise fallen.
  * An einem **Punkt A** überschreitet der Verschuldungsgrad eine kritische Schwelle, ab der die Eigenkapitalgeber einen Verlust ihres investierten Kapitals fürchten und eine verschuldungsgradabhängige Risikoprämie verlangen. Somit wirkt die ansteigende Renditeforderung der Eigenkapitalgeber dem Leverage-Effekt entgegen.
  * Bis zu einem **Punkt B** sind die Forderungen der Fremdkapitalgeber durch das Eigenkapital gedeckt. Da somit kein Risiko für sie besteht, verlangen sie nur den risikolosen Basiszinssatz. Übersteigt der Verschuldungsgrad allerdings B, fordern auch die Fremdkapitalgeber eine angemessene Risikoprämie, so dass sich nun sowohl die Eigen- als auch die Fremdkapitalkosten verschuldungsgradabhängig erhöhen.

  Entsprechend des traditionellen Modells liegt der **optimale Verschuldungsgrad** an der Stelle, an der die **durchschnittlichen Gesamtkapitalkosten am geringsten** sind. Dies entspricht dem Punkt, an dem die steigenden Renditeforderungen der Eigenkapitalgeber und ggf. auch der Fremdkapitalgeber den positiven Leverage-Effekt genau kompensieren.

- Die Gültigkeit des traditionellen Modells eines optimalen Verschuldungsgrads ist in der Literatur nicht unumstritten. Bereits Ende der 50er Jahre haben FRANCO MODIGLIANI (1918 – 2003) und MERTON H. MILLER (1923 – 2000) die Existenz eines optimalen Verschuldungsgrads in Frage gestellt. Aufbauend auf dieser Überzeugung geht das **MODIGLIANI/ MILLER (MM)-Modell** (siehe hierzu Abb. F-IV-30) davon aus, dass die **durchschnittli-**

**chen Kapitalkosten** eines Unternehmens **unabhängig von** seinem **Verschuldungsgrad** sind. Um diese These zu beweisen, müssen allerdings eine Reihe von Prämissen erfüllt werden:

* Potenzielle Investoren können entweder als Anteilseigner (Eigenkapitalgeber) oder als Gläubiger (Fremdkapitalgeber) am Markt auftreten.

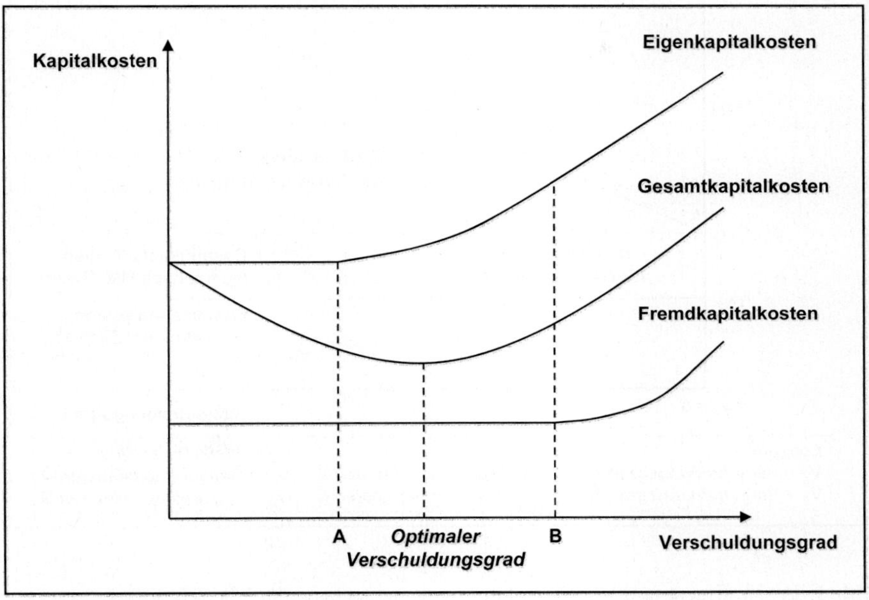


**Abb. F-IV-29:** Der optimale Verschuldungsgrad der traditionellen Theorie

* Es besteht ein vollkommener Kapitalmarkt, so dass Unternehmen und Privatanleger beliebig viel Kapital zu einem einheitlichen, festen Zinssatz aufnehmen können. Die Fremdkapitalkosten sind also insbesondere auch unabhängig vom Verschuldungsgrad des Unternehmens.
* Der Bruttogewinn der Unternehmen unterliegt dem Geschäftsrisiko, welches sich in Schwankungen der Gewinne im Zeitverlauf äußert. Unternehmen mit gleichem Geschäftsrisiko lassen sich in homogene Risikoklassen einteilen.
* Anteilseigner sind risikoscheu und verlangen eine dem Risiko entsprechende Prämie.

Der Beweis für die MODIGLIANI/ MILLER (MM)-These lässt sich am besten an einem Beispiel führen: Entsprechend den Prämissen gibt es am Kapitalmarkt in diesem Beispiel die Möglichkeit, Fremdkapital zu einem risikofreien Zins $\mathbf{r_{FK}}$ aufzunehmen. Darüber hinaus existieren zwei Unternehmen A und B, deren erwarteter Bruttogewinn übereinstimmt und die zu der gleichen Risikoklasse gehören, deren Geschäftsrisiko sich also nicht unterscheidet:

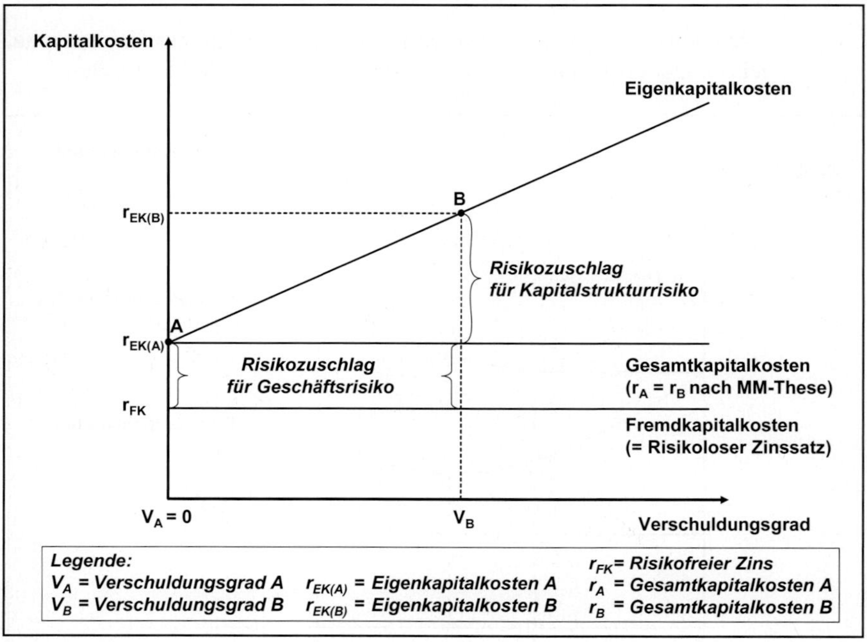


**Abb. F-IV-30:** Eigen- und Fremdkapitalkosten entsprechend der MM-These

**Unternehmen A** ist **unverschuldet** ($V_A = 0$, nur EK). Seine durchschnittlichen Kapitalkosten $\mathbf{r_A}$ entsprechen daher, wie in Abbildung F-IV-30 dargestellt, den Eigenkapitalkosten $\mathbf{r_{EK(A)}}$. Der Kapitalanleger ist somit am Geschäftsrisiko des Unternehmens beteiligt und verlangt dafür einen Risikozuschlag auf den risikolosen Zinssatz $\mathbf{(r_A\text{-}r_{FK})}$. Die Höhe des Geschäftsrisikos hängt von der Risikoklasse des Unternehmens ab.

Ein **zweites Unternehmen B** derselben Risikoklasse ist **nicht unverschuldet** ($V_B$, z.B. FK = 30%). Bei einer Investition in dieses Unternehmen muss der Anteilseigner daher neben dem Geschäftsrisiko $\mathbf{(r_B\text{-}r_{FK})}$ noch ein zusätzliches **Kapitalstrukturrisiko** $\mathbf{(r_{EK(B)}\text{-}r_B)}$ übernehmen. In der Folge steigt die in den Eigenkapitalkosten einkalkulierte Risikoprämie $\mathbf{((r_{EK(B)}\text{-}r_{FK}) > (r_{EK(A)}\text{-}r_{FK}))}$.

Der Marktwert der beiden Unternehmen kann nun unter Annahme einer unendlichen Lebensdauer ermittelt werden. Hierfür müssen der Marktwert des Eigenkapitals und der des Fremdkapitals bestimmt werden (siehe hierzu auch F.IV.5.e.):

$$Marktwert\ EK = \frac{Bruttogewinn - Fremdkapitalzinsen}{r_{EK}}$$

$$Marktwert\ FK = \frac{Fremdkapitalzinsen}{r_{FK}}$$

$$Marktwert\ GK = Marktwert\ EK + Marktwert\ FK = \frac{Bruttogewinn}{r}$$

Der Marktwert des Gesamtunternehmens – und somit des Gesamtkapitals – ergibt sich dann durch die Addition der Marktwerte für Eigen- und Fremdkapital bzw. aus der Division des Bruttogewinns durch den durchschnittlichen **Gesamtkapitalzins r**. Da sich Unternehmen A und B weder im Geschäftsrisiko noch im Bruttogewinn unterscheiden, sondern nur im Kapitalstrukturrisiko, müssten gemäß der MODIGLIANI/ MILLER-These, nach der die durchschnittlichen Kapitalkosten unabhängig vom Verschuldungsgrad sind, die Marktwerte der Unternehmen gleich sein:

$$Marktwert\ A = Marktwert\ B = \frac{Bruttogewinn}{r_A} = \frac{Bruttogewinn}{r_B}$$

Wie bei den getroffenen Annahmen aus dieser Formel unmittelbar ersichtlich wird, gilt demnach auch:

$$r_A = r_B$$

Diese Behauptung belegen MODIGLIANI/ MILLER nun mit Hilfe des **Arbitragebeweises**. Hierfür wird ausgehend vom traditionellen Modell angenommen, dass das verschuldete Unternehmen B aufgrund des Leverage-Effektes einen höheren Marktwert aufweist. Daher ist es für Anteilseigner des Unternehmens B lohnend, ihre Aktien an der Gesellschaft B zu verkaufen, Fremdkapital am Markt aufzunehmen und sich mit diesen Mitteln am Unternehmen A zu beteiligen. Die persönliche Verschuldung der Anteilseigner entspricht dabei dem Verschuldungsgrad des Unternehmens B. Ein Beispiel für einen solchen Arbitrageprozess ist in Abbildung F-IV-31 ausgeführt.

In der Folge solcher **Arbitrageprozesse** sinkt durch den Verkauf der Anteile an B der Unternehmenswert von B bzw. steigt durch den Kauf der Anteile von A der Unternehmenswert von A. Somit steigen die Eigenkapitalkosten der Gesellschaft B an, und die der Gesellschaft A fallen. Diese Transaktionen und die damit verbundene Kursbewegung dauern nun solange an, **bis die beiden Unternehmen den gleichen Marktwert besitzen**. Erst dann sind die Arbitrageprozesse nicht mehr lukrativ. Ist dies eingetreten, sind entsprechend der oben aufgezeigten Formeln auch die durchschnittlichen Kapitalkosten der beiden Unternehmen gleich und die MODIGLIANI/ MILLER-These ist bewiesen.

***Situation entsprechend dem traditionellen Modell des optimalen Verschuldungsgrads vor Arbitrageprozessen:***

| | Unternehmen A | Unternehmen B |
|---|---|---|
| Gesamtkapital | 10.000 | 10.000 |
| Eigenkapital | 10.000 | 7.000 |
| Fremdkapital | 0 | 3.000 |
| Gewinn vor Fremdkapitalzinsen (r) | 1.000 | 1.000 |
| ./. Fremdkapitalzinsen ($r_{FK}$ =5%) | 0 | 150 |
| Gewinn nach Fremdkapitalzinsen | 1.000 | 850 |
| Eigenkapitalrentabilität | 10% | 12,14% |
| Eigenkapitalkosten ($r_{EK}$) | 10% | 10% |
| Marktwert EK | 10.000 | 8.500 |
| Marktwert FK | 0 | 3.000 |
| Marktwert Unternehmen | 10.000 | 11.500 |

***Möglicher Arbitrageprozess:***

| | | |
|---|---|---|
| (1) | Verkauf 10% Unternehmen B | + 850 |
| (2) | Aufnehmen Kredit zu 5% | + 300 |
| (3) | Kauf 10% Unternehmen A | -1.000 |
| (4) | Arbitrageprozess | |
| | Erwarteter Gewinn aus Unternehmen A | +1.000 |
| | ./. Aufgegebener Gewinn aus Unternehmen B | - 850 |
| | ./. Zinsen für Kredit (5% von 300) | - 15 |
| (5) | Arbitrageerfolg | + 285 |

**Abb. F-IV-31:** Arbitrageprozess im MODIGLIANI/ MILLER-Modell

Im Unterschied zum traditionellen Modell des optimalen Verschuldungsgrades gehen Modigliani/ Miller also davon aus, dass durch Arbitrageprozesse die Eigenkapitalkosten für Unternehmen am Markt immer genau so hoch sind, wie der Leverage-Effekt Rentabilitätsvorteile bringt. Im Ergebnis heben sich die Wirkungen der beiden Effekte auf die Eigenkapitalrendite und somit den Unternehmenswert auf. Insgesamt bleiben die durchschnittlichen Kapitalkosten eines Unternehmens über die Zeit also unabhängig von dessen Verschuldung konstant.

Durch die **restriktiven Annahmen** ist dieses Modell allerdings **starker Kritik** ausgesetzt. So ist die Unterstellung eines konstanten Fremdkapitalzinssatzes am Markt nicht mit den Beobachtungen in der Praxis identisch, da etwaige Risikoprämien entsprechend der Bonität der Schuldner vernachlässigt werden. Außerdem entsprechen auch die Annahmen des vollkommenen Kapitalmarkts nicht der Wirklichkeit, wonach der Anleger beispielsweise immer risikoscheu ist und keine persönlichen Präferenzen gegenüber den verschiedenen Unternehmen aufweist.

Im Gegensatz dazu scheint das klassische Modell des optimalen Verschuldungsgrads mit seinen Annahmen realitätsnäher zu sein, obwohl hier die theoretische Untermauerung geringer ist. Durch die Einbeziehung unterschiedlicher Risikoarten und einer marktabhängigen Unternehmensbewertung hat das Modell nach MODIGLIANI/ MILLER allerdings den Weg für eine Reihe neuer Finanzierungstheorien bereitet, von denen im Folgenden eine näher beschrieben wird.

- Die bisher aufgezeigten Modelle hatten eine Optimierung der Unternehmensfinanzierung zum Ziel und haben aufgezeigt, wie sich die von den Eigenkapitalgebern geforderte Rendite bei einer Veränderung des Verschuldungsgrades verhält. Eine genauere Quantifizierung dieser Renditeforderung ermöglichen sie aber nicht. Hierzu sind in der Finanzwissenschaft eine Reihe von Instrumenten und Verfahren entwickelt worden, von denen zum Abschluss das Capital Asset Pricing Model (CAPM) kurz dargestellt werden soll.

  Es basiert auf der von HARRY M. MARKOWITZ entwickelten **Portfoliotheorie**, nach der ein Anleger seine Anlageentscheidung unter Beachtung des Erwartungswerts der **Rendite der Wertpapiere μ** und der **Standardabweichung der Rendite σ** als Maß für das Risiko optimieren kann. Grundlage bildet dabei die Überlegung, dass das Risiko verschiedener Wertpapiere zum Teil vom selben Umweltzustand, besser gesagt von dessen Entwicklung, abhängt. Ein Beispiel soll dies illustrieren:

  In den vergangenen Jahren konnte in Deutschland ein Anstieg der Benzinpreise beobachtet werden, der in erheblichem Maße auf eine Verteuerung des Rohöls an den Weltmärkten zurückzuführen war. In der Folge haben sich viele Bundesbürger bei der Entscheidung über die Neuanschaffung eines Autos für kleinere und im Verbrauch günstigere Wagen entschieden. Zum Teil haben sie sogar auf den Kauf eines neuen Autos verzichtet und stattdessen verstärkt die öffentlichen Verkehrsmittel genutzt. Dieser Trend zu kleineren Autos führte teilweise zu Umsatzverlusten bei einzelnen Automobilherstellern, so dass hieraus ein Wertverlust der Aktien resultieren kann. Ein solcher Kursverlust ist aber auch bei den Mineralölgesellschaften zu erwarten, da sie durch die steigende Anzahl kleiner, treibstoffsparender Fahrzeuge weniger Kraftstoffe an ihren Tankstellen umsetzen. Es zeigt sich also, dass die Tendenz der fallenden Wertpapierkurse sowohl bei Automobilherstellern als auch bei Mineralölkonzernen ursächlich zum Teil auf die Preisentwicklung bei Rohöl zurückzuführen ist.

  Die Aktien dieser beiden Branchen sind daher positiv korreliert, das heißt, ihre Kursentwicklung verläuft mehr oder weniger gleichförmig, entsprechend ihrem **Korrelationskoeffizient ρ**. Bei einer vollständigen gleichförmigen Entwicklung kann er einen Maximalwert von +1 annehmen. Entwickeln sich zwei Wertpapiere hingegen vollständig unabhängig ist $\rho = 0$. Aber auch der gegenteilige Fall ist vorstellbar. Zwei Wertpapiere reagieren auf die Veränderung einer Umweltsituation gegenläufig. Der Wert der einen Aktie A steigt also, während der Wert der anderen Aktie B fällt. Findet diese Veränderung vollständig gegenläufig statt beträgt $\rho = -1$. Entwickeln sich die Kurse der Wertpapiere hingegen nur mehr oder weniger gegenläufig, so liegt der Korrelationskoeffizient zwischen -1 und 0.

Diese Erkenntnis kann nun dazu herangezogen werden, das Risiko eines Portfolios (bestehend aus den beiden Aktien) zu senken. Dabei gilt, dass diese **Diversifikation des Risikos** umso besser möglich ist, je weiter der Korrelationskoeffizient der Wertpapiere unterhalb von +1 liegt.
Wird der Kapitalmarkt, der bisher aus Wertpapieren der beiden Unternehmen A und B bestand, um weitere Aktien erweitert, steigen die Möglichkeiten der Portfoliogestaltung stark an. Es lässt sich mathematisch zeigen, dass die optimalen Wertpapierportfolios, also die optimale Mischung der Aktien am Markt, unter Berücksichtigung der verschiedenen Werte für Rendite, Risiko und Korrelation in einem Risiko-Ertragsdiagramm auf einer Linie liegen. Auf diesen Sachverhalt soll hier allerdings nicht näher eingegangen werden.
Im nachstehend aufgezeigten Kontext ist hingegen wichtig, dass auch das **Marktportfolio M** auf dieser Effizienzlinie liegt. Es umfasst alle risikobehafteten Wertpapiere des Marktes in den Anteilen, wie sie in Relation zu dem Gesamtwert aller Wertpapiere vorhanden sind. Die erwartete Rendite des Marktportfolios ist durch $\boldsymbol{\mu(r_m)}$ und sein Risiko durch $\boldsymbol{\sigma_m}$ gekennzeichnet.
Aufbauend auf diesen Erkenntnissen kann nun das **Capital Asset Pricing Model (CAPM)** in kurzer Form aufgezeigt werden. Dieses auf WILLIAM F. SHARPE, JOHN LINTNER und JAN MOSSIN (1936 – 1987) zurückgehende Modell unterliegt **drei wesentlichen Prämissen**: Zum Ersten sind alle Marktteilnehmer risikoavers und kaufen ausschließlich Portfolios, die auf der Effizienzlinie liegen. Darüber hinaus haben sie zum Zweiten alle die gleichen Erwartungen über die am Markt gehandelten Wertpapiere und die erzielbare Rendite. Zum Dritten existiert am Kapitalmarkt auch die Möglichkeit, zu einem festen Zinssatz risikolos Geld anzulegen oder auszuleihen.
Sind diese Bedingungen erfüllt, kann die Renditeforderung der Eigenkapitalgeber $(\mathbf{r_{EK}})$ für ein einzelnes Wertpapier **i** entsprechend folgender Formel bestimmt werden:

$$\boldsymbol{r_{EK(i)} = r_f + \left[ \mu(r_m) - r_f \right] \cdot \beta_i}$$

Die Renditeerwartung setzt sich im Marktgleichgewicht, bei dem alle Wertpapiere gehalten werden, aus dem risikolosen Zinssatz $(\mathbf{r_f})$ und einer Risikoprämie für das **systematische Risiko** des Marktes zusammen. Ein solches systematisches Risiko wird dadurch charakterisiert, dass es durch eine gezielte Diversifikation nicht eliminiert werden kann. Ein Beispiel für ein solches Risiko ist das Konjunkturrisiko. Es trifft alle am Markt gehandelten Wertpapiere und kann nicht durch eine geeignete Portfoliogestaltung ausgeschlossen werden. Im Gegensatz zu diesem systematischen Risiko existiert auch ein **unsystematisches Risiko**. Es kann durch eine bewusste Gestaltung des gehaltenen Portfolios allerdings ausgeschlossen werden. Da es in der

Hand jedes einzelnen Marktteilnehmers liegt, in wie weit er dieses unsystematische Risiko eingeht, wird es am Markt nicht extra vergütet.
In der Folge bezieht sich die **Risikoprämie** in der dargestellten Formel **nur auf das systematische Risiko**. Es gleicht dem Risiko des Marktportfolios, da dieses alle gehandelten Wertpapiere einschließt. Der Zuschlag für das Risiko, das man beim Halten des Marktportfolios eingeht, ermittelt sich nun aus der Differenz der erwarteten Marktrendite **($\mu(r_m)$)** und des risikolosen Zinssatzes **($r_f$)**. Diese Differenz stellt damit eine Risikoprämie für das systematische Risiko des Marktes dar.
Der Tatsache, dass sich nicht alle am Markt notierten Wertpapiere ebenso wie das Marktportfolio entwickeln, trägt der standardisierte Korrelationsfaktor **$\beta_i$** Rechnung. Er gibt für jedes am Markt gehandelte Wertpapier an, wie stark die Rendite des Papiers auf eine Schwankung der Rendite des Marktportfolios reagiert. Da das Marktportfolio definitionsgemäß einen Korrelationsfaktor von 1 besitzt, gibt bei anderen Wertpapieren ein entsprechender Faktor unter 1 an, dass die Rendite des Papiers weniger stark schwankt als die des Marktportfolios. Umgekehrt kennzeichnet ein Korrelationsfaktor über 1 ein Wertpapier, dessen Rendite aufgrund des systematischen Risikos stärker schwankt als die des Marktportfolios. Ein **Korrelationsfaktor von 0** signalisiert ein **risikoloses Papier**, bei dem die Risikoprämie entfällt.
Dass dieses Verfahren zur Ermittlung der Kapitalkosten in der Praxis eine hohe Relevanz hat, zeigt sich z.B. darin, dass die Korrelationskoeffizienten insbesondere für US-amerikanische Unternehmen regelmäßig bestimmt und veröffentlicht werden. Häufig ist dabei eine Aufteilung des systematischen Risikos in das allgemeine Geschäftsrisiko der Branche und das spezifische Geschäftsrisiko eines einzelnen Unternehmens anzutreffen. Einer der wichtigsten Einflussfaktoren auf dieses unternehmensspezifische Geschäftsrisiko ist der Verschuldungsgrad des Unternehmens. Somit findet auch hier das Kapitalstrukturrisiko Beachtung. Wie gezeigt, ist das Modell darüber hinaus aber auch in der Lage, die leistungswirtschaftlichen Geschäftsrisiken der Unternehmen mit einzubeziehen.
Die Kritik am CAPM bezieht sich vornehmlich auf die eingangs dargestellten Prämissen. So ist die Annahme, dass für die Aufnahmen von risikolosem Kapital die gleichen Zinsen anfallen wie für die Anlage des Kapitals, nicht realistisch. Tatsächlich liegt die Guthabenverzinsung regelmäßig unter dem für Kredite verlangten Zinssatz. Auch die Voraussetzung, nach der alle Marktteilnehmer die gleichen Zukunftserwartungen haben, ist in der Praxis nicht haltbar. Trotz dieser Kritik stellt das CAPM eines der fortschrittlichsten Modelle zur Ermittlung eines risikoadäquaten Rentabilitätsanspruches für Investitionsvorhaben dar und wird bei entsprechenden Berechnungen regelmäßig verwendet.

## 5. Rechnungswesen/ Controlling

> Welche Funktionen haben das Rechnungswesen und das Controlling? Wie werden die Grundbegriffe des Rechnungswesens voneinander abgegrenzt? Auf welche Weise werden die Geschäftsvorfälle in der Finanzbuchhaltung erfasst? Wie ist das externe Rechnungswesen auszugestalten, um seiner Informationspflicht gerecht zu werden und den bestehenden externen Normen zu entsprechen? Aus welchen wesentlichen Bestandteilen ist der Jahresabschluss nach dem HGB aufgebaut und welche Besonderheiten bestehen für Konzerne? Worin unterscheiden sich die deutschen Regelungen von den Bestimmungen der internationalen Rechnungslegungsstandards? Welche Informationen können aus dem Rechnungswesen für die interne Unternehmenssteuerung gewonnen werden? Welche wichtigen Verfahren stehen dem internen Rechnungswesen hierfür zur Verfügung? Wie hat sich das Controlling entwickelt und welche Konzepte sind heute von Bedeutung? Über welche Instrumente verfügt ein modernes Controlling? Wie werden Kennzahlen gebildet und welche Aussagen können durch sie getroffen werden? Wie erfolgt die Ermittlung des Shareholder Value und wie kann das Controlling die Unternehmensführung bei der Umsetzung des Shareholder Value Konzepts unterstützen?

In Kapitel E. haben wir gezeigt, wie der materielle und immaterielle Realgüterstrom sowie der Nominalgüterstrom durch den Informationsgüterstrom überlagert werden. Hierzu ist es erforderlich, einzelne Aktivitäten auf dem Real- und Nominalgüterstrom, also z.B. Einkauf und Bezahlung von Material oder Beschäftigung und Entlohnung von Mitarbeitern, in Dimensionen und Messgrößen für die Erfassung von Leistungen und Kosten abzubilden und zu steuern. Dadurch werden dann alle Sachverhalte auf dem Real- und Nominalgüterstrom nachvollziehbar und damit auch beeinflussbar. Diese Aufgabe kommt in der Betriebswirtschaftslehre dem Rechnungswesen und Controlling zu.

Das **Rechnungswesen** stellt allgemein ein System dar, welches der quantitativen, vorwiegend mengen- und wertmäßigen Erfassung, Speicherung, Aufbereitung und Auswertung der einzelnen wirtschaftlich relevanten Vorgänge in einem definierten Zeitraum dient. Drei wesentliche Aufgaben lassen sich dabei unterscheiden: Die **Dokumentationsfunktion** stellt die erste bedeutende Aufgabe des Rechnungswesens dar. Hier werden alle durch den Geschäftsbetrieb bewirkten Geld- und Leistungsströme mengen- und wertmäßig erfasst. Dies bildet die Grundlage für die **Rechenschaftslegungs- und Informationsfunktion**, welche die wesentlichen Sachverhalte für die Share- und Stakeholder des Unternehmens in einer möglichst übersichtlichen Art und Weise zusammenfasst und so die Grundlage für die Bemessung der Steuer und die Entlastung des Managements beispielsweise auf der Hauptversammlung einer AG liefert. Neben dieser nach außen orientierten Auswertung muss das Rechnungswesen auch eine nach innen gerichtete **Unterstützungsfunktion** für unternehmerische Entscheidungen leisten.

Im Kern soll die Planung, Steuerung und Kontrolle der betrieblichen Abläufe durch die Bereitstellung von aussagefähigem Zahlenmaterial unterstützt werden.

Um diese Aufgaben zu bewältigen, haben sich mit der Zeit zwei unterschiedliche Rechnungslegungssysteme herausgebildet. Wie in Abbildung F-IV-32 dargestellt, bilden sie einen wichtigen Bestandteil des betrieblichen Informationsversorgungssystems. Das als **Finanz- oder Geschäftsbuchhaltung** bezeichnete **externe Rechnungswesen** erfasst die Geschäftsvorfälle zwischen dem Unternehmen und seiner Umwelt. Jeweils zum Ende einer Rechnungsperiode, die meist dem Kalenderjahr entspricht, ist ein gesetzlich normierter Jahresabschluss zu erstellen – unter Beachtung von Vorschriften aus dem Handelsrecht (HGB), dem Steuerrecht (z.B. KStG, EStG) und verschiedenen Rechnungslegungsstandards (z.B. IFRS oder US-GAAP) – der insbesondere für alle externen Unternehmensträger-Gruppen eine wesentliche Informationsquelle darstellt.

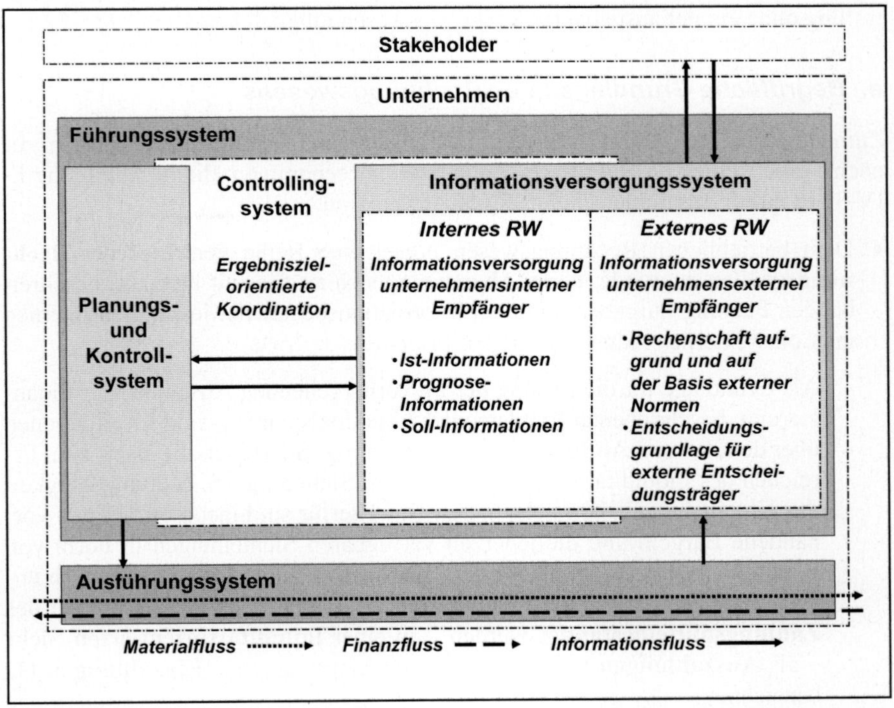


**Abb. F-IV-32:** Funktionen von Rechnungswesen und Controlling (Basis: HORVÁTH)

Die **Betriebsbuchhaltung** oder **Kosten- und Leistungsrechnung** als wesentlicher Baustein des **internen Rechnungswesens** ist hingegen weitgehend betriebsspezifisch ausgestaltet und legt ihre Abschlüsse in wesentlich kürzeren Perioden (Wochen oder Monate) vor. Sie ist auf den unternehmensinternen mengen- und wertmäßigen Güterverzehr (Kosten) und die durch den Einsatz der Produktionsfaktoren erstellten Leistungen konzentriert. Damit dient sie der eigentlichen betrieblichen Leistungserstellung in der Art, dass sie diese durch – den Erfordernissen der Unternehmensleitung angepasste – Informationen beim Treffen von Entscheidungen und bei der anschließenden Kontrolle der Ergebnisse unterstützt. Durch die Einführung einer **Planungsrechnung**, welche die zukünftigen Erwartungen in Form von Prognose- bzw. Planwerten mit tatsächlich realisierten Ergebnissen abgleicht, kann der Aussagegehalt noch gesteigert werden.

Vom Rechnungswesen als System zur Erfassung und Auswertung von Leistungen und Kosten ist der Begriff des **Controlling** abzugrenzen. Nach PÉTER HORVÁTH hat es die ergebniszielorientierte Koordination des Führungssystems und damit der Subsysteme Planung und Kontrolle sowie Informationsversorgung zum Gegenstand. Die verschiedenen existierenden Controlling-Konzeptionen unterscheiden sich teilweise erheblich voneinander, so dass an dieser Stelle noch keine nähere Abgrenzung erfolgen kann. Im Hinblick auf den Zusammenhang zwischen Rechnungswesen und Controlling gilt dabei aber immer, dass kein Controlling ohne ein gut ausgebautes Rechnungswesen möglich ist.

### a. Begriffliche Grundlagen des Rechnungswesens

Zum besseren Verständnis der Zusammenhänge und Vernetzungen werden zunächst eine Reihe von Begriffsbestimmungen vorgenommen, die in Abbildung F-IV-33 in ihrem Zusammenspiel nachvollziehbar sind.

- Dem betrieblichen Rechnungswesen liegen eine Reihe verschiedener **Rechnungsgrößen** zugrunde, deren Abgrenzung sich an den mit ihnen zu beschreibenden Planungsaufgaben und dem Informationsbedarf der jeweiligen internen und/ oder externen Adressatengruppe orientiert.
  - Als Grundlage für die Lösung der im vorhergehenden Abschnitt, der Finanzierung, beschriebenen Probleme der Liquiditätsplanung sind Informationen über den Zu- und Abfluss liquider Mittel nötig. Sie stellen die Basis zum Erreichen des Liquiditätszieles und damit zur Sicherung der Zahlungsfähigkeit des Unternehmens dar (siehe hierzu D.). Hierfür sind insbesondere das vorhandene Bargeld und die jederzeit verfügbaren Sichteinlagen in Form von Bankguthaben geeignet. Diese kurzfristig verfügbaren Mittel lassen sich unter der Bestandsgröße **Zahlungsmittel** zusammenfassen. Minderungen des **Zahlungsmittelbestandes** werden – in einer **liquiditätsorientierten Sicht** – als **Auszahlungen (A)**, entsprechende Mehrungen als **Einzahlungen (1)** bezeichnet.

Dies reicht für eine investitionsorientierte **Sicht** jedoch nicht aus. Wie anhand der Abbildung nachvollziehbar ist, entsprechen die Auszahlungen dem **Zahlungsmittelabfluss (A)** und die Einzahlungen dem **Zahlungsmittelzufluss (1)**. Beide sind damit jeweils ein Teil der Ausgaben (D) und der Einnahmen (4). Ihr Saldo (4 - D) bildet insgesamt die Bestandsgröße des **Geldvermögens**.

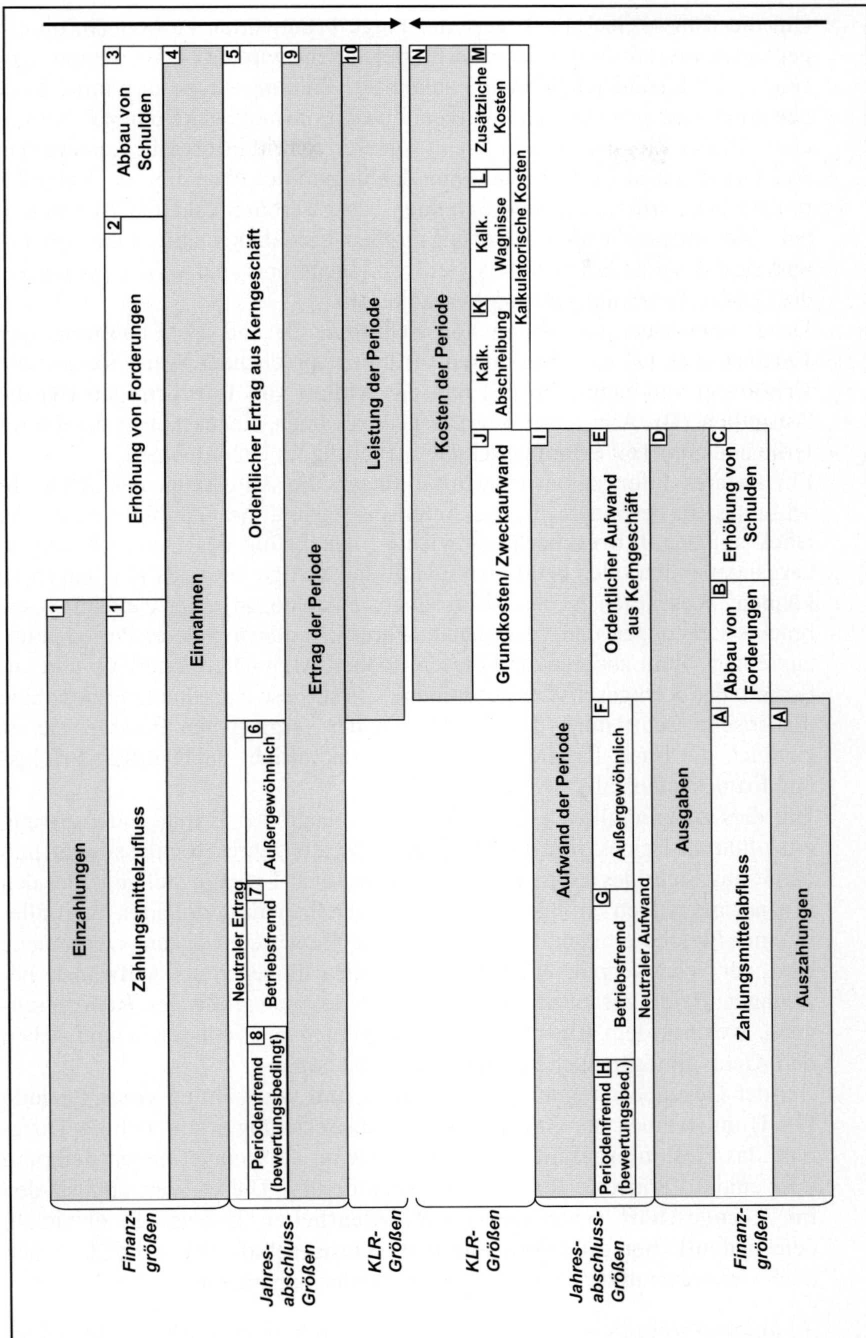


**Abb. F-IV-33:** Grundbegriffe des Rechnungswesens

- Um die frühere, in F.IV.3. gestellte Frage beantworten zu können, ob ein geplantes Investitionsvorhaben erfolgreich sein wird, ist – wie bereits gezeigt – der hieraus resultierende zukünftige Zahlungsstrom zu ermitteln, zu bewerten und ggf. mit alternativen Investitionsmöglichkeiten zu vergleichen. Dieses Ziel macht es in einem weiteren Schritt erforderlich, neben den Auswirkungen auf den Bestand an Zahlungsmittel ebenfalls die Veränderungen bei Forderungen und Schulden bzw. Verbindlichkeiten zu betrachten. Die entsprechenden Strömungsgrößen Einnahmen und Ausgaben bewirken die Veränderungen des Geldvermögens und sind weiter gefasst als die Größen Einzahlungen und Auszahlungen.
  Dabei vergrößert der **Abbau von Schulden (3)** und die **Erhöhung von Forderungen (2)** die **Einnahmen (4)**. In entsprechender Weise steigert die **Erhöhung von Schulden (C)** und der **Abbau von Forderungen (B)** die **Ausgaben (D)**. Alle diese Begriffe kennzeichnen Finanzgrößen für die interne und zum Teil extern gerichtete Steuerung im Unternehmen.
- Ein anderes Informationsbedürfnis besitzen die Adressaten des Jahresabschlusses. Insbesondere für die Anteilseigner und die Gläubiger ist es mit Blick auf den **Jahresabschluss** wichtig, den Erfolg des Unternehmens in vergangenen Perioden beurteilen und für zukünftige Perioden abschätzen zu können. Wesentlich ist also zum einen, einzelne, in einer Zeiteinheit erbrachte Leistungen und verbrauchte Werte von denen anderer Perioden abzugrenzen. Zum anderen sind diesen Größen Aktivitäten innerhalb und außerhalb des Kerngeschäftes zuzurechnen. Erst diese Zuordnung erlaubt eine realistische Beurteilung des Erfolges in der vergangenen Periode; sie ist zugleich die Basis für die Einschätzung zukünftiger nachhaltiger Erfolgs- und Ertragspotenziale.
  Um dies zu ermöglichen, sind die Rechnungsgrößen Ertrag und Aufwand einzuführen. Beides sind Steuerungsgrößen aus Jahresabschluss-Sicht und damit aus Sicht des externen Rechnungswesens. **Erträge** stellen dabei den in einer monetären Größe (z.B. EUR oder Dollar) ausgedrückten Wert aller in einer Periode erbrachten Leistungen dar. Bewertete Leistungsverbräuche bzw. der Werteverzehr einer Periode werden hingegen als **Aufwände** bezeichnet. Beide zusammen verändern die Bestandsgröße des **Reinvermögens**, welches dem Eigenkapital des Unternehmens entspricht und neben dem Geldvermögen auch das Sachvermögen umfasst.
  Bei der Gegenüberstellung von **Erträgen und Aufwänden einer Periode (9 / I)** im Rahmen der Gewinn- und Verlustrechnung ergibt sich als Differenz das **Gesamtergebnis**, mit einem Gewinn als Reinvermögensmehrung oder einem Verlust als Reinvermögensminderung. Dieser Wert umfasst den **im Kerngeschäft erwirtschafteten ordentlichen Ertrag (5)** abzüglich dem **ordentlichen Aufwand aus dem Kerngeschäft (E)**; hinzu kommen noch weitere neutrale Ertrags-/ Aufwandsgrößen, nämlich

  * **außergewöhnliche Erträge (6)** (z.B. durch Verkäufe von Maschinen über dem Buchwert oder durch Schuldenerlass) und **außergewöhnliche Aufwände (F)** (z.B. durch Naturkatastrophen),

* **betriebsfremde Erträge (7)** (z.B. aufgrund von nicht zum Kerngeschäft gehörenden Immobilienverkäufen) und **betriebsfremde Aufwände (G)** (z.B. durch Spekulationsverluste bei zusätzlichen Finanzanlagen),
* **periodenfremde Erträge (8)** (z.B. durch Steuerrückzahlungen) und **periodenfremde Aufwände (H)** (z.B. durch Steuernachzahlungen).

Ein Unternehmen kann also zum Ende einer Periode Verluste aus dem Kerngeschäft durch außergewöhnliche oder betriebsfremde Erträge ausgleichen. Es weist dann einen Jahresüberschuss aus, obwohl das Kerngeschäft verlustreich ist. Für die externen Anspruchsgruppen mit Interesse am Jahresabschluss ist es daher nur schwer möglich, die Ertragslage aus dem Kerngeschäft der abgelaufenen Periode präzise einzuschätzen. Aus diesem Grunde wird das Gesamtergebnis im nächsten Schritt um die neutralen Erträge/ Aufwände der Periode gemindert, um so zu einem aussagefähigeren Erfolgsmaß, dem **ordentlichen Ergebnis** des abgelaufenen Geschäftsjahres, zu gelangen.

Die bisher in Abbildung F-IV-33 aufgezeigten Rechnungsgrößen, im stärksten Maße die letztgenannten Erträge und Aufwendungen, konzentrieren sich auf die Interaktion des Unternehmens mit seiner Umwelt. So werden Einnahmen/ Erträge durch den Verkauf von Waren auf den Absatzmärkten des Unternehmens erwirtschaftet, die dann als Ausgaben/ Aufwände zur Rückzahlung von Krediten an den Kapitalmärkten genutzt werden können. Aufgrund der externen Orientierung der Größen Aufwand und Ertrag und damit zum Schutz der externen Interessengruppen ist die Ermittlung und Abgrenzung der Werte zum Teil stark durch gesetzliche Regelungen vor allem im HGB vorgegeben. Als Folge dieser Reglementierung ist ihre Aussagekraft für die betriebsinterne Planung, Steuerung und Kontrolle des Wertschöpfungsprozesses unzureichend. Denn sie vernachlässigen betriebsindividuelle, zweckorientierte Erfordernisse.

Diesen Mangel versucht die Kosten- und Leistungsrechnung (KLR) zu beheben. Ihr liegen die Rechnungsgrößen Leistung und Kosten zugrunde. **Leistungen der Periode (10)** stellen dabei alle im Rahmen der normalen betrieblichen Tätigkeit erbrachten Werte als Leistungen in einem Geschäftsjahr dar. Dies entspricht den ordentlichen Erträgen aus dem Kerngeschäft (5). Dem gegenüber bildet der durch die betriebliche Leistungserstellung bewirkte Verzehr von Werten, also den eingesetzten Gütern und Dienstleistungen, die **Kosten der Periode (N)**. Das wesentliche Unterscheidungskriterium zwischen Leistungen/ Kosten auf der einen Seite und Erträgen/ Aufwänden auf der anderen Seite ist also, dass die Größen der Kosten- und Leistungsrechnung immer betriebszweckbezogen sind, die Jahresabschluss-Größen hingegen jeden Wertzuwachs bzw. jede Wertminderung einer Periode umfassen, auch wenn das nicht in direktem Zusammenhang mit dem Betriebszweck steht.

In Abbildung F-IV-33 ist dies in der Weise nachvollziehbar, dass die Jahresabschluss-Größen der Erträge und Aufwände aus dem Kerngeschäft auf der linken Seite durch neutrale Größen ergänzt sind. Die KLR-Größen Leistungen und Kosten der Periode enthalten diese Bestandteile nicht. Die **ordentlichen Erträge (5)** aus dem Kerngeschäft bilden hingegen die Leistungen einer Periode. In der Entsprechung bildet der **Zweckaufwand als Grundkosten (J)** einen Bestandteil der Kosten. Die Leistungen sind ohne zusätzliche Ergänzungen. Bei den Kosten der Periode kommen betriebszweckbezogene weitere Kategorien als kalkulatorische Kosten hinzu. Diese umfassen folgende Kategorien:

* Die **Kalkulatorischen Abschreibungen (K)** bilden idealtypisch den tatsächlichen Werteverzehr und damit die tatsächlich stattgefundene Abnutzung einer Anlage ab. Dieser muss dabei nicht den im Rahmen von bilanzrechtlichen Abschreibungsmöglichkeiten zulässigen Wertminderungen entsprechen, sondern kann erheblich höher liegen. Der bewertungsbedingte Aufwand durch die angesetzten Wertminderungen entspricht also nicht generell den tatsächlichen Kosten. So kann ein Unternehmen, das aus bilanzpolitischen Überlegungen an einem hohen Gewinnausweis interessiert ist, für die Bilanz ein Abschreibungsverfahren wählen, welches einen zu niedrigen Abschreibungsaufwand ansetzt. Der noch nicht erfasste Kostenteil bildet dann die kalkulatorische Mehrabschreibung, also den Betrag, der über der bereits als Aufwand verbuchten Abschreibung liegt und für das Unternehmen ebenfalls tatsächliche Kosten darstellt.
* Das **kalkulatorische Wagnis (L)** dient der geglätteten Verrechnung von zufallsbedingtem Werteverzehr. Es setzt für sporadisch auftretende Belastungen Durchschnittskosten an. So würde für eine Fabrik im flutgefährdeten Gebiet jedes Jahr, unabhängig vom Eintreten der Gefahr, ein Durchschnittswert als kalkulatorisches Wagnis angesetzt. In der Gewinn- und Verlustrechnung würde hingegen nur im Fall eines Flutschadens für die betreffende Periode ein außerordentlicher Aufwand verbucht.
* Den **Zusatzkosten (M)** stehen dagegen in der Gewinn- und Verlustrechnung keine Aufwände gegenüber. Sie werden nicht durch Auszahlungen verursacht, sondern sind die Folge von entgangenen Erträgen, den Opportunitätskosten. So ist eine kalkulatorische Miete für zur Kernwertschöpfung genutzte Räume anzusetzen, wenn für diese keine Mietzahlungen/ Aufwände getätigt werden. Zu begründen ist dies damit, dass diese Räume vom Eigentümer auch gegen ein entsprechendes Entgelt vermietet werden könnten, ihm also Erträge entgehen. Diesem Gedanken folgend, werden unter anderem auch ein kalkulatorischer Unternehmerlohn und kalkulatorische Eigenkapitalzinsen berechnet. Denn auch in diesen beiden Fällen könnte eine Person anderweitig gegen Entgelt tätig sein und Eigenkapital anderweitig gewinnbringend angelegt werden. Um die Gesamtkosten zutreffend in ihrer Höhe abzubilden, werden also alle Teile und Aktivitäten im Wertschöpfungsprozess mit Kosten für den Werteverzehr bewertet.

Es wird deutlich, dass kalkulatorischen Kosten entweder keine Aufwände gegenüberstehen (Zusatzkosten) oder Aufwände in anderer Höhe (kalkulatorische Abschreibungen/ Wagnisse). Im letzten Fall werden sie als Anderskosten bezeichnet.
Wie bereits ausgeführt, stellt die Kosten- und Leistungsrechnung ein Abrechnungssystem des Innenbereichs eines Unternehmens dar, das unternehmensspezifisch auszugestalten ist. Dem entsprechend wird im Einzelfall von den oben gezeigten Klassifikationen abgewichen. In der Folge sind die ermittelten Werte für unterschiedliche Unternehmen nicht immer in jeder Weise vergleichbar. Dies gilt ebenfalls für das **Betriebsergebnis**, welches der Differenz von Leistungen und Kosten entspricht. In der Unternehmenspraxis besteht das Ziel des Wirtschaftens darin, einen Überschuss zu erzielen.

### b. Bestandteile und Gestaltungsspielräume des externen Rechnungswesens

Sowohl das externe als auch das interne Rechnungswesen sind auf eine umfassende und aussagefähige **Datenbasis** angewiesen, ohne die sie ihre Informationsziele nicht verfolgen können. Sie machen daher eine Dokumentation sämtlicher Nominal- und Realgüterströme erforderlich. Dies ist Aufgabe der Buchführung.

**Buchführung und Bilanz**

- Die **Buchführung** verzeichnet lückenlos, chronologisch, systematisch und ordnungsgemäß alle in Zahlenwerten festgehaltenen wirtschaftlich bedeutenden Vorgänge (Geschäftsvorfälle) eines Unternehmens. Da sie als Basis des Jahresabschlusses Rechenschaftszwecken dient, ist sie nach § 238 HGB für jeden Kaufmann vorgeschrieben. Dabei werden alle Geschäftsvorfälle mit Tag, Buchungssatz, Belegangabe und Betrag in zeitlicher Reihenfolge in einem Buch, dem **Grundbuch** verzeichnet. Um darüber hinaus auch die sachliche Zusammengehörigkeit abzubilden, wird ein zweites Buch, das **Hauptbuch**, geführt. Hier erfolgt eine zweite Erfassung der Geschäftsvorfälle nach ihrer sachlichen Zusammengehörigkeit. So werden beispielsweise alle Lohnbuchungen auf dem Lohnkonto und alle Wareneingänge auf dem Warenkonto verbucht.
  Zur Systematisierung des Hauptbuches werden in der Praxis vorwiegend zwei Verfahren verwendet, die einfache und die doppelte Buchhaltung:
  - Die **einfache Buchhaltung** stellt die Mindestanforderung an eine kaufmännische Buchführung dar und ist beispielsweise in kleineren Einzelhandels- oder Handwerksbetrieben dar. Sie erfasst alle Geschäftsvorfälle auf Bestandskonten. Diese lassen sich entsprechend ihrer Inhalte in Vermögens-, Schulden- und (Eigen-)Kapitalkonten unterscheiden. Sie enthalten die Anfangsbestände an Vermögensgegenständen und Kapitalwerten sowie die während der laufenden Periode anfallenden Zu- und Abgänge. Zum Periodenende kann der Reingewinn dann durch einen einfachen Vermögensver-

gleich ermittelt werden: So wird nach einer Saldierung der Konten das alte Reinvermögen, also die Eigenkapitalausstattung des Unternehmens zu Beginn der Abrechnungsperiode, vom neuen Reinvermögen zum Periodenende abgezogen. Dieses Ergebnis wird in der Folge noch um die nicht geschäftsbedingten Veränderungen des Eigenkapitals, nämlich Kapitalentnahmen und -einlagen, bereinigt. Der resultierende Reingewinn bildet dann die Grundlage für die Unternehmensbesteuerung.

- Mittels der einfachen Buchführung lässt sich der Umsatzprozess bereits vollständig nachbilden. Ihr Nachteil liegt allerdings darin begründet, dass der wichtige Indikator Gewinn bzw. Verlust nicht direkt aus den Bestandskonten abgeleitet werden kann. So beinhaltet das Eigenkapitalkonto, wie eben ausgeführt, neben den eigentlichen erfolgswirksamen Geschäftsvorfällen auch die erfolgsneutralen Privateinlagen und -entnahmen. Um diesen Mangel zu beheben, werden bei der **doppelten Buchführung** (Doppik, Doppelte Buchführung in Konten) zwei Unterkonten eingeführt. Das Erfolgskonto (Gewinn- und Verlustkonto) und das Privatkonto. Dabei verbucht das Erfolgskonto sämtliche in der Periode angefallenen erfolgswirksamen Erträge und Aufwendungen, das Privatkonto hingegen die erfolgsneutralen Eigenkapitalveränderungen.

  Als Folge dieser zusätzlichen Unterteilung werden sämtliche Geschäftsvorfälle auf mindestens zwei Konten erfasst. Um dies zu vereinfachen, werden die Konten in der doppelten Buchführung in der Form eines „T" (Kontenkreuz) geführt. Dabei ergeben sich zwei Kontenseiten. Sie tragen die Überschriften „Soll" (linke Seite) und „Haben" (rechte Seite). Auf einer Kontoseite erfolgt jeweils die Erfassung der Anfangsbestände zu Beginn der Periode sowie der Bestandsmehrungen; auf der anderen Seite werden die Bestandminderungen und der Endbestand zum Periodenende eingetragen. Dieser Kontenformalismus führt dazu, dass für jedes Konto die Summe der Sollseite der Summe der Habenseite entspricht. Dem Gedanken der doppelten Verbuchung eines Geschäftsvorfalles folgend, wird nun bei jeder Buchung mindestens ein Konto auf der Soll- und ein Konto auf der Habenseite belastet. So ergibt sich der allgemeingültige formale Buchungssatz **„Soll an Haben"**.

  Offen bleibt vorerst hingegen, auf welcher Seite die Buchung der Anfangsbestände respektive der Endbestände erfolgt. Dies ergibt sich aus einer weiteren Bestimmung der doppelten Buchführung. Sie legt fest, dass bestimmte Konten als **Aktiv-Konten** (Anfangsbestand im Soll) und andere als **Passiv-Konten** (Anfangsbestand im Haben) zu führen sind. Neben einigen grundlegenden Bestimmungen, die hier nicht näher ausgeführt werden sollen, ergibt sich diese Zuordnung aus dem unternehmensspezifischen **Kontenplan**. Er bestimmt den Inhalt der zu führenden Konten und fasst die verschiedenen Konten systematisch zu Klassen und Gruppen zusammen.

  Allerdings stellt der Aufbau eines solchen umfassenden Kontenplans für das einzelne Unternehmen einen hohen Aufwand dar. Um diesen zu reduzieren, werden i.d.R. branchenspezifische **Kontenrahmen** als Grundlage für den Kontenplan herangezogen. So entspricht der 1971 vom Bundesverband der

Deutschen Industrie (BDI) erarbeitete Industriekontenrahmen (IKR) im Wesentlichen den Anforderungen großer Industrieunternehmen, die ihn ihren firmenspezifischen Bedürfnissen entsprechend erweitern können. Darüber hinaus schafft er die Grundlage für einen nationalen oder internationalen Betriebsvergleich. Eine weite Verbreitung hat ebenfalls der EDV-orientierte DATEV-Kontenrahmen gefunden, der ausschließlich von Steuerberatern eingesetzt wird.
Unabhängig von der spezifischen Ausgestaltung des jeweiligen Kontenplans gilt aber für die doppelte Buchführung die als Bilanzgleichung bezeichnete Formel: **Aktiva = Passiva**.

- Ein wesentliches Instrument, um Informationen über die Vermögenslage des Unternehmens in einer aussagefähigen Form zusammenzustellen, ist die **Bilanz**. Sie bildet eine kompakte Darstellung der Art, Größe und Zusammensetzung des Vermögens (Aktiva) und des Fremd- und Eigenkapitals (Passiva) eines Unternehmens zu einem Stichtag. Nach § 242 HGB muss sie von jedem Kaufmann zu Beginn seines Handelsgewerbes und zu jedem weiteren Bilanzstichtag, i.d.R. im jährlichen Rhythmus, erstellt werden. Das entsprechende Vorgehen regelt insbesondere der § 240 HGB:

  - Im ersten Schritt ist ein Verzeichnis aller Vermögensgegenstände und Schulden eines Unternehmens anzulegen (§ 240 I HGB). Diese, als **Inventar** bezeichnete Zusammenstellung erfolgt in Staffelform; es werden also fortlaufend zuerst alle Positionen angeführt, die dem Vermögen zuzurechnen sind, und dem folgen die einzelnen Schuldenpositionen. Sie sind alle Ergebnis einer mengen-, art- und wertmäßigen Erfassung im Zuge der Inventur. Die Differenz aus Vermögen und Schulden stellt das Reinvermögen dar.
  - Um auf Grundlage des Inventars zu einer **Eröffnungsbilanz** zu gelangen, werden die einzelnen Positionen systematisch zu aussagefähigen Gruppen zusammengefasst. Dabei werden keine mengenmäßigen, sondern nur wertmäßige Angaben gemacht. Hierbei ist zu berücksichtigen, dass im Inventar die einzelnen Vermögensgegenstände häufig mit ihren Bruttowerten (beispielsweise mit Herstellungs- oder Anschaffungskosten) aufgezeichnet sind. Wenn entweder bilanzielle Ansetzungsvorschriften oder handels- oder steuerpolitische Überlegungen für die Bilanz eine andere Bewertung erfordern, sind die Werte entsprechend anzupassen. Auf diesen Sachverhalt wird noch detaillierter eingegangen.
    Abschließend erfolgt eine Gegenüberstellung der verschiedenen Vermögensgegenstände (Mittelverwendung) und des dafür eingesetzten Eigen- und Fremdkapitals (Mittelherkunft) entsprechend des in Abbildung F-IV-34 dargestellten Bilanzgliederungsschemas. Dieser Aufbau ist für große und mittelgroße Kapitalgesellschaften vorgeschrieben (§ 266 HGB), für Nichtkapitalgesellschaften und kleinere Kapitalgesellschaften gelten hingegen verschiedene Vereinfachungen (§§ 247 bzw. 266 HGB).

| Mittelverwendung | Mittelherkunft |
|---|---|
| **Aktiva** | **Passiva** |

**Bilanz**

**Aktiva** (Geldnähe ↓)

*A. Anlagevermögen*
- I. Immaterielle Vermögensgegenstände
  1. Konzessionen, gewerbliche Schutzrechte und ähnliche Rechte und Werte sowie Lizenzen an solchen Rechten und Werten
  2. Geschäfts- oder Firmenwert
  3. Geleistete Anzahlungen
- II. Sachanlagen
  1. Grundstücke, grundstücksgleiche Rechte und Bauten einschließlich der Bauten auf fremden Grundstücken
  2. Technische Anlagen und Maschinen
  3. Andere Anlagen, Betriebs- und Geschäftsausstattung
  4. Geleistete Anzahlungen und Anlagen im Bau
- III. Finanzanlagen
  1. Anteile an verbundenen Unternehmen
  2. Ausleihungen an verbundene Unternehmen
  3. Beteiligungen
  4. Ausleihungen an Unternehmen, mit denen ein Beteiligungsverhältnis besteht
  5. Wertpapiere des Anlagevermögens
  6. Sonstige Ausleihungen

*B. Umlaufvermögen*
- I. Vorräte
  1. Roh-, Hilfs- und Betriebsstoffe
  2. Unfertige Erzeugnisse, unfertige Leistungen
  3. Fertige Erzeugnisse und Waren
  4. Geleistete Anzahlungen
- II. Forderungen und sonstige Vermögensgegenstände
  1. Forderungen aus Lieferungen und Leistungen
  2. Forderungen gegen verbundene Unternehmen
  3. Forderungen gegen Unternehmen, mit denen ein Beteiligungsverhältnis besteht
  4. Sonstige Vermögensgegenstände
- III. Wertpapiere
  1. Anteile an verbundenen Unternehmen
  2. Eigene Anteile
  3. Sonstige Wertpapiere
- IV. Kassenbestand, Bundesbankguthaben, Guthaben bei Kreditinstituten und Schecks

*C. Rechnungsabgrenzungsposten*

**Passiva** (Fälligkeit ↓)

*A. Eigenkapital*
- I. Gezeichnetes Kapital
- II. Kapitalrücklage
- III. Gewinnrücklagen
  1. Gesetzliche Rücklage
  2. Rücklage für eigene Anteile
  3. Satzungsmäßige Rücklagen
  4. Andere Gewinnrücklagen
- IV. Gewinnvortrag/ Verlustvortrag
- V. Jahresüberschuss/ Jahresfehlbetrag

*B. Rückstellungen*
1. Rückstellungen für Pensionen und ähnliche Verpflichtungen
2. Steuerrückstellungen
3. Sonstige Rückstellungen

*C. Verbindlichkeiten*
1. Anleihen, davon konvertibel
2. Verbindlichkeiten gegenüber Kreditinstituten
3. Erhaltene Anzahlungen auf Bestellungen
4. Verbindlichkeiten aus Lieferungen und Leistungen
5. Verbindlichkeiten aus der Annahme gezogener Wechsel und der Ausstellung eigener Wechsel
6. Verbindlichkeiten gegenüber verbundenen Unternehmen
7. Verbindlichkeiten gegenüber Unternehmen, mit denen ein Beteiligungsverhältnis besteht
8. Sonstige Verbindlichkeiten, davon aus Steuern, davon im Rahmen der sozialen Sicherheit

*D. Rechnungsabgrenzungsposten*

**Abb. F-IV-34:** Bilanzgliederungsschema nach § 266 HGB

- Während des laufenden Geschäftsjahres erfolgt eine **Erfassung der anfallenden Geschäftsvorfälle** im Rahmen der Buchhaltung. Diese werden zum

Ende des Geschäftsjahres verrechnet und zu einem vorläufigen Bücherabschluss zusammengefasst.

- Im Anschluss wird entsprechend den oben erfolgten Darstellungen eine Inventur durchgeführt, und somit die Erstellung eines Inventars. Die hier ermittelten Werte werden dann mit denen des vorläufigen Bücherabschlusses verglichen, mögliche Differenzen (z.B. durch Diebstähle) werden in den Büchern, also in der Buchhaltung, berichtigt. Als Abschluss des Geschäftsjahres wird entsprechend dem Vorgehen bei der Eröffnungsbilanz eine **Schlussbilanz** erstellt.

- Die aufgezeigten Gliederungsvorschriften entsprechen denen der ordentlichen Bilanzen, welche aufgrund gesetzlicher Vorschriften oder vertraglicher Vereinbarungen/ Satzungen in festgelegten Zeitabständen (typischerweise monatlich, quartalsweise oder jährlich) erstellt werden. Darüber hinaus lassen sich entsprechend ihres Erstellungsgrundes noch weitere **Bilanzarten** unterscheiden:
  - Die **Handelsbilanz** bildet eine Grundform der ordentlichen Bilanz. Sie wird im Rahmen des handelsrechtlichen Jahresabschlusses erstellt (entsprechend der §§ 242 und 264 HGB) und dient der Information und der Rechenschaftslegung gegenüber den Share- und Stakeholdern der Gesellschaft (z.B. den Gesellschaftern, Gläubigern und der Belegschaft).
  - Die **Steuerbilanz** als zweite Form der ordentlichen Bilanz wird mit dem Ziel erstellt, den zu versteuernden Ertrag einer Gesellschaft innerhalb einer Periode zu ermitteln. Somit bildet sie die Steuerbemessungsgrundlage.
  - Die **Konzernbilanz** stellt die Handelsbilanzen einzelner Unternehmensteile in zusammengefasster Form dar. Sie beruht ebenfalls auf gesetzlichen Vorschriften (§§ 290 ff. HGB) und soll externen Stakeholdern einen Einblick in die Vermögens-, Finanz- und Ertragslage eines Konzerns bieten.
  - Verschiedene **Sonderbilanzen** werden beim Erreichen unterschiedlicher Punkte im Entwicklungszyklus eines Unternehmens nötig. Dies sind z.B. die Gründungs-, die Fusions-, die Sanierungs- und die Liquidationsbilanz. Dabei unterscheiden sich deren Aufgaben und Schwerpunkte. So bildet die Gründungsbilanz die Ausgangsbilanz für die folgenden Jahre und dient der Rechenschaftslegung über den Gründungsvorgang. Die Liquidationsbilanz hingegen ermittelt bei der Auflösung eines Unternehmens den Liquidationserlös nach Leistung des Schuldendienstes.

- Die Beziehung zwischen der Handels- und der Steuerbilanz als den beiden bedeutendsten Bilanzarten ergibt sich aus verschiedenen gesetzlichen Bestimmungen. Die wesentlichsten sind das Maßgeblichkeitsprinzip und das umgekehrte Maßgeblichkeitsprinzip.
  - Die auf § 5 EStG zurückzuführende **Maßgeblichkeit der Handelsbilanz für die Steuerbilanz** sagt aus, dass die handelsrechtlichen Grundsätze der ordnungsgemäßen Buchführung ebenfalls für die Steuerbilanz gelten. Des Weiteren sind auch die in der Handelsbilanz gewählten Wertansätze für die Steuerbilanz heranzuziehen, wenn dem keine steuerrechtlichen Normen entgegenstehen (insbesondere §§ 4 ff. EStG). Als Ergebnis ist es – im Idealfall

– dem Unternehmen möglich, mit einer einzigen Bilanz (Einheitsbilanz) sowohl die steuerrechtlichen als auch die handelsrechtlichen Vorschriften zu erfüllen.

- Dem entgegen steht das Prinzip der **umgekehrten Maßgeblichkeit** (§ 5 EStG und § 254 HGB). Es beinhaltet, dass im Steuerrecht festgelegte Wahlrechte nur dann bei der steuerlichen Gewinnermittlung Anwendung finden dürfen, wenn diese in der Handelsbilanz ebenfalls angewandt werden. In der Folge können steuerrechtliche Wertansätze, die regelmäßig unter den handelsrechtlich möglichen Werten liegen, Einzug in die Handelsbilanz finden. Als Resultat weist die Handelsbilanz dann zu niedrige Werte auf, die der gewünschten Klarheit der Handelsbilanz entgegenstehen und einen Einblick in die Finanz- und Ertragslage des Unternehmens erschweren.

**Jahresabschluss**

- Für eine ausführliche und umfassende Information der Anspruchs- und Interessengruppen eines Unternehmens bildet die Handelsbilanz nur einen Baustein. Sie ermöglicht zwar einen Einblick in die Vermögenslage und -struktur des Unternehmens, ist aber weniger aussagekräftig in Bezug auf die Gründe des bisherigen Geschäftserfolges sowie zukünftige Erfolgspotenziale und Risiken. Daher verpflichtet der Gesetzgeber die Unternehmen zum Ende jedes Geschäftsjahres zur Erstellung eines umfassenderen **Jahresabschlusses**. In Abhängigkeit von der Gesellschaftsform müssen Einzelfirmen und Personengesellschaften einen **einfachen** Jahresabschluss vorlegen (§ 242 HGB). Dieser enthält neben der Handelsbilanz noch zusätzlich eine Gewinn- und Verlustrechnung (GuV). Kapitalgesellschaften hingegen sind durch § 264 HGB zum Erstellen eines **erweiterten** Jahresabschlusses verpflichtet. Er beinhaltet zusätzlich zu Handelsbilanz und GuV noch einen erläuternden Anhang und einen Lagebericht (nach § 267 HGB kleine Kapitalgesellschaften sind von der Verpflichtung zur Erstellung eines Lageberichtes ausgenommen). Darüber hinaus steht es allen Unternehmen grundsätzlich frei, noch zusätzliche Angaben, z.B. in Form einer Segmentberichterstattung oder Kapitalflussrechnung beizufügen, wie sie gesetzlich nur von großen Kapitalgesellschaften und bei Konzernabschlüssen gefordert werden (§ 285 HGB i.V. mit § 288 HGB, § 297 HGB).

  Das Ziel der differenzierten Berichterstattung besteht darin, die Aussagekraft des Jahresabschlusses zu erhöhen. Dabei haben die einzelnen Unternehmensträger-Gruppen sehr unterschiedliche Interessen: Die Eigenkapitalgeber möchten über die Verwendung der von ihnen bereitgestellten Mittel informiert werden und rechtzeitig bestehende Risiken für ihre geleistete Kapitaleinlage erkennen. Die Gläubiger sind ebenfalls an der momentanen und zukünftigen Liquidität des Unternehmens interessiert, möchten darüber hinaus aber auch die im Unternehmen enthaltenen Vermögenswerte, damit ihre Kreditsicherheiten, sowie den Verschuldungsgrad des Unternehmens kennen. Die Mitarbeiter sind besonders an der wirtschaftlichen Lage ihres Unternehmens interessiert, um so Lohnerhöhungspotenziale aufdecken und die Sicherheit ihrer Arbeitsplätze einschätzen zu können.

Die aufgezeigten Interessen verschiedener Gruppen von Unternehmensträgern stellen nur eine Auswahl an möglichen Anforderungen dar (siehe hierzu C.I.). Allgemeiner lassen sich folgende **Funktionen des Jahresabschlusses** unterscheiden:

- Durch die **Dokumentationsfunktion** soll sichergestellt werden, dass die wirtschaftlichen Aktivitäten der Unternehmensleitung auch nachträglich noch überprüfbar sind. Dies stellt somit die Grundlage für die Entlastung des Vorstandes im Rahmen der Hauptversammlung einer Aktiengesellschaft durch die Aktionäre nach § 120 AktG dar.
- Die **Informationsfunktion** fasst die dargestellten Interessen der Bilanzadressaten zusammen und soll ein den tatsächlichen Verhältnissen entsprechendes Bild der Vermögens-, Finanz- und Ertragslage des Unternehmens sicherstellen (§ 264 HGB).
- Die **Zahlungsbemessungsfunktion** stellt sich in der Weise dar, dass verschiedene Zahlungsansprüche externer und interner Gruppen in ihrer Höhe vom ausgewiesen Gewinn abhängen. So bemessen sich beispielsweise Dividendenzahlungen an die Aktionäre oder häufig auch Teile der Erfolgsbeteiligungen von Vorständen oder anderen Führungskräften an dieser Ergebnisgröße.

• Insbesondere für die letztgenannte Zahlungsbemessungsfunktion ist somit die Höhe des ausgewiesenen Gewinns entscheidend. Daher ist eine wirklichkeitsgetreue Abbildung des Periodenerfolgs nötig. Dies stellt die Unternehmen allerdings regelmäßig vor Probleme. Zum einen besteht immer eine **Unsicherheit** bezüglich der zukünftigen Entwicklung. So kann z.B. nur schwer die Ausfallwahrscheinlichkeit für gewährte Lieferantenkredite eingeschätzt werden. Zum anderen bereitet die richtige **Periodisierung** von Aufwänden und Erträgen Schwierigkeiten. Es ist beispielsweise nur eingeschränkt möglich, den richtigen Wert für den Verschleiß an einer Maschine in einer Periode zu bestimmen.
Neben diesen Ermittlungsschwierigkeiten aufgrund von Unsicherheiten und Schätzproblemen treffen bei der Erstellung des Jahresabschlusses auch verschiedene Interessen aufeinander.

- So haben die **Gläubiger** ein Interesse an einer möglichst **pessimistischen Darstellung**, also der Verkürzung des Eigenkapitalausweises und der Bildung von Stillen Rücklagen. Dies sichert für sie die Erhaltung der Haftungssubstanz, da geringere ausgewiesene liquide Mittel des Unternehmens zu niedrigeren Ausschüttungen an Anteilseigner und Steuerzahlungen an Finanzbehörden führen.
- Im Gegensatz dazu sind insbesondere **Kleinaktionäre** an einer hohen Dividende und somit an einer **optimistischen Darstellung** (also dem Abbau von Stillen Reserven = Verlängerung des Eigenkapitalausweises) der Unternehmensentwicklung in der Bilanz interessiert.
- Längerfristiger orientierte **Großaktionäre** verlangen hingegen eine **realistische Darstellung**, da sie nur so die zukünftigen Potenziale eines Unterneh-

mens und damit die Möglichkeiten für Kurssteigerung ihrer Beteiligungen zutreffend einschätzen können.
- Dies entspricht dem Interesse der **Finanzverwaltung**, deren Ziel es ist, die richtige Steuerbemessungsgrundlage für das Unternehmen zu ermitteln.

Zum Schutz der verschiedenen Gruppen hat der Gesetzgeber eine Reihe von Maßnahmen/ Verordnungen erlassen, die den Gestaltungsspielraum der Unternehmen einschränken sollen.

- Dies sind insbesondere die **Grundsätze der ordnungsgemäßen Buchführung** (GoB). Als teilweise gesetzlich kodifizierte (insbesondere in den §§ 243, 246, 252 und 253 HGB) und teilweise nicht gesetzlich geregelte allgemeingültige Vorschriften sollen sie den Spielraum beim Aufstellen des Jahresabschlusses reduzieren. Nach § 238 I Satz 1 HGB sind sie zwingend von jedem Kaufmann zu beachten.
  Allgemein entspricht jede Buchführung den GoBs, wenn sie einem sachverständigen Dritten innerhalb angemessener Zeit einen Überblick über die Geschäftsvorfälle und über die Lage des Unternehmens vermittelt, wobei sich die Geschäftsvorfälle in ihrer Entstehung und Abwicklung verfolgen lassen müssen (§ 238 I Satz 2 und 3 HGB). Diese Formulierung wird durch eine Vielzahl von Einzelregeln ergänzt und spezifiziert. Einer Systematisierung von ULRICH LEFFSON folgend, werden die obersten Grundsätze ordnungsgemäßer Buchführung, welche sich aus dem Bilanzierungszweck ableiten lassen, anschließend kurz dargestellt.

  * **Richtigkeit und Willkürfreiheit**: Die dem Jahresabschluss zu Grunde liegenden Aufzeichnungen sollen die betrieblichen Vorgänge entsprechend den Buchführungsvorschriften zutreffend wiedergeben. Die einzelnen Positionen sollen richtig wiedergegeben werden, nötige Schätzungen sollen innerhalb objektiv bestimmbarer Grenzen erfolgen.
  * **Klarheit und Übersichtlichkeit**: Bestimmte formale Gliederungs- und Gestaltungsprinzipien sind bei der Erstellung des Jahresabschlusses zu berücksichtigen (§ 243 II HGB).
  * **Vollständigkeit**: Alle buchungspflichtigen Geschäftsvorfälle müssen erfasst werden (§ 246 I HGB); auch bestehende Risiken sollen durch Bildung **entsprechender** Rücklagen Eingang in den Jahresabschluss finden. Werden Informationen erst nach dem Bilanzstichtag, aber vor der Aufstellung des Jahresabschlusses bekannt, sind diese zu berücksichtigen.
  * **Abgrenzungsgrundsätze**: Nach dem **Realisationsprinzip** sind Gewinne erst zu berücksichtigen, wenn sie realisiert sind, also als Erlöse vorliegen (§ 252 I Nr. 4 HGB). Noch nicht realisierte Erzeugnisse und Leistungen sind mit ihren Anschaffungskosten anzusetzen.
    Der Grundsatz der sachlichen Abgrenzung verlangt dabei beispielsweise, dass durch die Leistungserstellung verursachte Wertminderungen erst in der Periode als Aufwände im Jahresabschluss berücksichtigt werden,

wenn die Leistungen verkauft worden sind, und damit den Aufwänden Erträge gegenüberstehen.

Der Grundsatz der zeitlichen Abgrenzung hingegen regelt, in welcher Periode Zahlungen, die mehrere Geschäftsjahre berühren, in welcher Höhe angesetzt werden (§ 252 I Nr. 5 HGB).

Als zweiter genereller Abgrenzungsgrundsatz bestimmt das **Imparitätsprinzip**, dass Vermögensgegenstände des Umlaufvermögens zum Bilanzstichtag in ihrem Wert gemindert werden müssen, wenn ihr tatsächlicher Wert am Markt niedriger ist als ihr Buchwert (strenges Niederstwertprinzip nach § 253 III HGB). Für das Anlagevermögen gilt im Fall einer vorübergehenden Wertminderung eine Kann-Regelung (gemildertes Niederstwertprinzip nach § 253 II HGB). Im Gegensatz dazu sind Verbindlichkeiten und Rückstellungen mit ihrem höheren Wert anzusetzen (Höchstwertprinzip). Nicht realisierte Gewinne und Verluste werden somit unterschiedlich behandelt; Verluste werden bereits berücksichtigt, Gewinne nicht.

* **Grundsatz der Stetigkeit**: Zum einen müssen die Wertansätze der Schlussbilanz denen der folgenden Eröffnungsbilanz entsprechen (§ 252 I Nr. 1 HGB), zum anderen müssen stets die gleichen Gliederungsbegriffe und Bewertungsmethoden verwendet werden (§ 252 I Nr. 6 HGB). Ist dies nicht möglich, sind nötige Änderungen zu dokumentieren und deren Auswirkungen auszuführen.
* **Grundsatz der Vorsicht**: Um keinen zu optimistischen Eindruck über die Lage des Unternehmens zu vermitteln, sind das Realisations- und das Imparitätsprinzip zu befolgen. Darüber hinaus sind bei der Behandlung zukunftsbezogener Werte unterschiedliche Bewertungen anzuwenden: Sicher eintreffende Tatsachen müssen mit dem vorgesehenen Betrag in den Abschluss eingehen, häufig auftretende Ereignisse mit ihrem statistischen Durchschnittswert; bei subjektiven Erwartungen ist der höchste erfolgsmindernde, aber noch realistische Schätzwert anzusetzen.

- Zusätzlich begrenzen Vorschriften, die sich auf die Abschreibungsmöglichkeiten beziehen, den Gestaltungsspielraum. **Abschreibungen** werden durch den im Zeitverlauf erfolgenden Wertverzehr bei Vermögensgegenständen nötig. Sie sollen die Anschaffungs- oder Herstellkosten möglichst plausibel über die Nutzungsdauer verteilen. Dabei ergibt sich die Nutzungsdauer zum einen aus betriebsindividuellen Erfahrungen darüber, wie lange z.B. eine Maschine wirtschaftlich sinnvoll genutzt werden kann; wann sich also die zu erwartenden Wartungs- und Reparaturkosten nicht mehr rechnen. Zum anderen schreibt die Finanzverwaltung für einzelne Anlagegegenstände in so genannten **AfA-Tabellen** (AfA = Absetzung für Abnutzung) die betriebsgewöhnliche Nutzungsdauer vor. Obwohl diese nur für die steuerliche Abschreibung bindend sind, werden sie häufig auch auf die handelsrechtliche Abschreibung übertragen.

  Die Notwendigkeit der Abschreibung ergibt sich zum einen, wie aufgezeigt, aus der Forderung nach einer zutreffenden Darstellung der Vermögens- und

Ertragslage des Unternehmens, also der Erfordernis nach Wertangleichung der Werte im Anlagevermögen (statische Interpretation). Zum anderen kann die Abschreibung als Mittel zur periodengerechten Erfolgsermittlung verstanden werden, demzufolge Investitionen entsprechend ihrem periodischen Beitrag zum Unternehmenserfolg den einzelnen Rechnungsperioden als Aufwand zuzuschreiben sind (dynamische Interpretation).
Um dies zu erreichen, sind die Anschaffungs- bzw. Herstellkosten (gemindert um den beim Verkauf der Anlage erzielbaren Restverkaufswert) mittels eines geeigneten Verfahrens auf die Jahre der Nutzungsdauer zu verteilen. Dafür eingesetzte wesentliche Abschreibungsverfahren sind:

* Ein erstes Verfahren stellt die steuer- und handelsrechtlich zulässige **Leistungsabschreibung** dar. Sie verteilt den Werteverzehr (beispielsweise 420.000 EUR Anschaffungskosten für eine Maschine) in der Weise auf die Nutzungsdauer, dass sie für die Anlage eine mögliche Gesamtleistung ermittelt (z.B. 1.200 Stück) und so entsprechend der erbrachten Periodenleistung (beispielsweise 200 Stück pro Jahr) den Werteverzehr auf die Abrechnungsperioden verteilt (Abschreibung von 70.000 EUR pro Jahr). Der Einfachheit halber haben wir hier eine Gleichverteilung der Leistung über die Perioden angenommen, die in der Realität oftmals nicht gegeben ist. Die Abnutzung entsteht nicht nur zeitunabhängig durch die Inanspruchnahme, sondern auch über die Zeit z.B. durch das Veralten der Maschine.
* In der unternehmerischen Praxis wird dennoch meist von einem ein Zeitbezug ausgegangen, so dass sich die gängigen Verfahren an der Nutzungszeit statt der Gesamtleistung orientieren. Im einfachsten Fall erfolgt eine Abschreibung durch eine gleichmäßige Aufteilung der Anschaffungs- oder Herstellungskosten auf die Nutzungsperioden. Diese **lineare Abschreibung** ist sowohl steuerrechtlich als auch handelsrechtlich erlaubt und würde im obigen Beispiel bei 6-jähriger Nutzung ebenfalls eine Abschreibung von 70.000 EUR pro Periode ergeben.
* Das häufig zu beobachtende Phänomen, dass der Zeitwert direkt nach der Anschaffung drastisch sinkt, findet im steuer- und handelsrechtlichen Verfahren der **geometrisch-degressiven Abschreibung** seinen Niederschlag. Hier werden die Kosten mittels sinkender Abschreibungsbeträge verteilt, so dass in der Folge der Buchwert in den ersten Jahren der Nutzung stärker abnimmt als gegen Ende der Nutzungsdauer. Realisiert wird diese Abschreibung mittels eines Abschreibungsprozentsatzes der steuerrechtlich gegenwärtig nicht höher als 20% sein darf und den linearen Abschreibungssatz nicht um mehr als das Doppelte übertreffen darf.

  Im Detail wird der Restbuchwert so lange um diesen Abschreibungsprozentsatz (20%) gemindert, bis sich nach einer Aufteilung des Restbuchwertes nach der linearen Methode größere Periodenabschreibungen ergeben als bei der Fortführung der geometrisch-degressiven Abschreibung. In diesem Fall muss dann auf die lineare Abschreibung übergegangen werden. Auf diese Weise wird eine unendliche Abschreibung vermieden. In unserem Beispiel ergibt sich bei einem Abschreibungssatz von 20% folgende Reihe: 84.000 EUR, 67.200 EUR, 67.200 EUR, 67.200 EUR, 67.200 EUR, 67.200 EUR. Es zeigt sich, dass bereits im zweiten Jahr die Raten nach geometrisch-degressivem und linear auf den aktuellen Buchwert bezogenem Vorgehen den gleichen Betrag annehmen (67.200 EUR). Im dritten Jahr würde die geometrisch degressive Abschreibung nur noch 53.760 EUR betragen, so dass der bei den obigen Abschreibungssätzen berücksichtigte Wechsel des Verfahrens vorzunehmen ist.

* Die **arithmetisch-degressive Abschreibung** (digitale Abschreibung) zeichnet sich ebenfalls durch eine hohe Aufwandsverrechnung zum Beginn der Nutzungsdauer aus. Hier fallen die Abschreibungsbeträge pro Periode jeweils um denselben Betrag. Dieser gleich bleibende Degressionsbetrag ermittelt sich aus dem Quotienten aus Anschaffungswert und der Summe der Nutzungsjahre. In unserem Beispiel ergibt sich ein Degressionsbetrag von 20.000 EUR (420.000 / 1+2+3+4+5+6). Die Anzahl der Nutzungsjahre werden also in dieser **arithmetische Reihe** aufsummiert (21). Aufgrund der beabsichtigten degressiven Abschreibung wird im ersten Jahr die größte Ziffer, also die 6, zu Grunde gelegt. Somit ergibt sich eine Abschreibungsreihe von 120.000 EUR (20.000 EUR×6), 100.000 EUR (20.000 EUR×5), 80.000 EUR, 60.000 EUR, 40.000 EUR und 20.000 EUR. Dieses Verfahren ist allerdings nur im Handelsrecht zulässig.
* Die entgegengesetzte Wirkung hat die **progressive Abschreibung**. Bei ihr steigen die Periodenbeträge in arithmetischen oder geometrischen Folgen an. Da dieses Verfahren die Realität meist nur unzureichend abbildet, ist es steuerrechtlich nicht und handelsrechtlich nur in engen Grenzen einsetzbar. Handelsrechtlich zulässig wäre die Anwendung des Verfahrens beispielsweise für Weinplantagen, die bis zu ihrer Nutzung eine längere Anlaufzeit benötigen.

Die bisher aufgezeigten Verfahren können allerdings nur eingesetzt werden, wenn der Werteverzehr auf der Grundlage der Abschreibungsursache planmäßig erfolgt, z.B. durch technischen Verschleiß oder Substanzverringerung über die Zeit, wenn es sich also um abnutzbare Wirtschaftsgüter handelt. Nur wenn dies der Fall ist, kann ein entsprechender Abschreibungsplan erstellt werden.

Hingegen kann eine **außerplanmäßige Abschreibung** auch bei nicht abnutzbaren Vermögensgegenständen erforderlich sein, um eine Überbewertung des Umlauf- oder Anlagevermögens zu verhindern. Zum Beispiel Katastrophen, wie Überschwemmungen oder Feuer, sinkende Wiederbeschaffungskosten, Forderungsausfälle oder ein Nachfragerückgang und damit die mangelnde Verkäuflichkeit am Markt, können dies nötig machen. Entsprechend dem oben aufgezeigten Niederstwertprinzip sind in diesem Fall Abschreibungen auf das Umlaufvermögen zwingend erforderlich. Bei nicht dauerhaften Wertminderungen besteht für das Anlagevermögen ein Wahlrecht, welches nur bei Kapitalgesellschaften auf das Sachanlagevermögen eingeschränkt ist (siehe hierzu auch C.II.4.a.).

**Gewinn- und Verlustrechnung**

Wir kommen jetzt zum zweiten Bestandteil des Jahresabschlusses, der Gewinn- und Verlustrechnung.

- Die auch als Erfolgsrechnung bezeichnete **Gewinn- und Verlustrechnung** (GuV) ist ein weiterer fester Bestandteil des Jahresabschlusses. Sie entsteht durch die Saldierung sämtlicher Erträge und Aufwendungen einer Periode. In der Folge ermittelt sie nicht nur den Erfolg einer Periode, wie dies auch in der Bilanz durch Gegenüberstellung der Vermögens- und Kapitalpositionen geschieht, sondern sie zeigt zusätzlich dessen Quellen auf. Der wesentliche Unterschied besteht darin, dass die Bilanz den Stand des Vermögens zu einem bestimmten Stichtag darstellt (Zeitpunktrechnung), während die Gewinn- und Verlustrechnung die gesamte Periode abbildet (Zeitraumrechnung).
  Somit ist es von entscheidender Bedeutung für die Richtigkeit der GuV, dass der **Erfolg verschiedener Perioden voneinander abgegrenzt** werden kann, also die Aufwände und Erträge den entsprechenden Perioden zugeordnet werden. Sind z.B. bereits Mietzahlungen für die folgende Periode geleistet und als Aufwand verbucht worden, wird eine Rechnungsabgrenzung erforderlich, um zu verhindern, dass diese Zahlungen bereits in der aktuellen Periode erfolgswirksam, also gewinnmindernd, werden. Für sie wird dann auf der Vermögensseite der Bilanz ein Rechnungsabgrenzungsposten gebildet, also quasi eine Gutschrift für die kommende Periode vorgenommen. In entsprechender Weise muss dann in der nächsten Periode dieser Rechnungsabgrenzungsposten aufgelöst und als erfolgswirksam verbucht werden. Auf diesem Wege wird also erreicht, dass die Einzahlungen/ Auszahlungen in der richtigen Periode als Erträge/ Aufwände den Periodenerfolg beeinflussen.
  Die Aufstellung der Gewinn- und Verlustrechnung erfolgt nach der in § 275 HGB vorgegebenen Mindestgliederung in **Staffelform** (siehe Abb. F-IV-35). Dabei wird eine Unterscheidung nach der Anwendung des Gesamt- oder des Umsatzkostenverfahrens durchgeführt.

  - Bei Anwendung des **Gesamtkostenverfahrens** werden sämtliche Erträge und Aufwände einer Periode in die Gewinn- und Verlustrechnung aufgenommen. Dies schließt die Bestandsmehrungen an Halb- und Fertigerzeugnissen mit den dafür nötigen Aufwänden und ihren Erträgen mit ein, wobei in diesem Fall die Erträge den Aufwänden entsprechen, da die noch nicht realisierten Gewinne nicht angesetzt werden dürfen. Gleichermaßen werden auch die Bestandsminderungen einbezogen.
  - Das **Umsatzkostenverfahren** beinhaltet hingegen nur die Umsatzerlöse, schließt also Erträge durch Bestandsmehrungen aus. Auf der Aufwandsseite werden in der Folge ebenfalls nur die für den Umsatz nötigen Aufwände angesetzt. Die Lagerbestandsveränderungen bleiben dabei also unberücksichtigt. Im Ergebnis bewirkt das Gesamtkostenverfahren bei einer Be-

standsmehrung (-minderung) eine Verlängerung (Verkürzung) der Gewinn- und Verlustrechnung. Das Gesamtergebnis bleibt hingegen gleich.

**1. Umsatzerlöse**
**2. Erhöhung oder Verminderung des Bestands an fertigen und unfertigen Erzeugnissen**
**3. Andere aktivierte Eigenleistungen**
**4. Sonstige betriebliche Erträge**
**5. Materialaufwand:**
   *a) Aufwendungen für Roh-, Hilfs- und Betriebsstoffe und für bezogene Waren*
   *b) Aufwendungen für bezogene Leistungen*
**6. Personalaufwand:**
   *a) Löhne und Gehälter*
   *b) Soziale Abgaben und Aufwendungen für Altersversorgung und für Unterstützung, davon für Altersversorgung*
**7. Abschreibungen:**
   *a) Auf immaterielle Vermögensgegenstände des Anlagevermögens und Sachanlagen sowie auf aktivierte Aufwendungen für die Ingangsetzung und Erweiterung des Geschäftsbetriebs*
   *b) Auf Vermögensgegenstände des Umlaufvermögens, soweit diese die in der Kapitalgesellschaft üblichen Abschreibungen überschreiten*
**8. Sonstige betriebliche Aufwendungen**
**9. Erträge aus Beteiligungen,**
   *davon aus verbundenen Unternehmen*
**10. Erträge aus anderen Wertpapieren und Ausleihungen des Finanzanlagevermögens,**
   *davon aus verbundenen Unternehmen*
**11. Sonstige Zinsen und ähnliche Erträge,**
   *davon aus verbundenen Unternehmen*
**12. Abschreibungen auf Finanzanlagen und auf Wertpapiere des Umlaufvermögens**
**13. Zinsen und ähnliche Aufwendungen,**
   *davon an verbundenen Unternehmen*
**14. Ergebnis der gewöhnlichen Geschäftstätigkeit**
**15. Außerordentliche Erträge**
**16. Außerordentliche Aufwendungen**
**17. Außerordentliches Ergebnis**
**18. Steuern vom Einkommen und vom Ertrag**
**19. Sonstige Steuern**
**20. Jahresüberschuss/ Jahresfehlbetrag**

**Abb. F-IV-35:** Gliederung einer Gewinn- und Verlustrechnung nach dem Gesamtkostenverfahren gemäß § 275 II HGB

## Anhang und Lagebericht

Neben diesen ausschließlich zahlenorientierten Teilen des Jahresabschlusses werden im dritten Teil, dem Anhang und dem Lagebericht, einerseits Detaillierungen für einzelne Unternehmensteile und andererseits textliche Ergänzungen vorgenommen.

- Die beiden bisher beschriebenen Elemente des Jahresabschlusses, die Bilanz und die Gewinn- und Verlustrechnung, enthalten bereits die wesentlichen Rechengrößen des Unternehmens und treffen Aussagen zum Ertrag einer Periode. Allerdings sind sie aufgrund gesetzlicher Gestaltungsvorschriften stark komprimiert und unterliegen durch die Grundsätze der ordnungsgemäßen Buchführung einer Reihe von Restriktionen. Insbesondere das Vorsichtsprinzip kann hier die ausgewiesenen Werte in großem Maße beeinflussen. In der Folge können diese Elemente allein nur selten das Ziel des Jahresabschlusses erfüllen, nämlich ein den tatsächlichen Verhältnissen entsprechendes detailliertes Bild der Vermögens-, Finanz- und Ertragslage des Unternehmens zu zeichnen.
  Daher muss der Jahresabschluss durch weitere Elemente ergänzt werden. Inwieweit dies gesetzlich vorgeschrieben ist, hängt von der Rechtsform und der Größe eines Unternehmens ab. Bei Kapitalgesellschaften sind größenabhängig ein Anhang und Lagebericht vorgeschrieben; bei großen diversifizierten Unternehmen (Konzernen) werden zusätzlich eine Kapitalflussrechnung und ein Eigenkapitalspiegel gefordert. Darüber hinaus ergänzen viele Unternehmen ihren Jahresabschluss um Teile, die einer gezielten Öffentlichkeitsarbeit im Rahmen der Investor Relations dienen.

  - Der für Kapitalgesellschaften vorgeschriebene **Anhang** stellt ein Berichtsinstrument innerhalb des Jahresabschlusses dar, dessen Inhalt weitgehend gesetzlich vorgegeben ist (§§ 284-288 HGB), darüber hinaus aber um freiwillige Angaben erweitert werden kann. Sein Ziel besteht darin, die Zahlenangaben aus Bilanz und GuV zu erläutern, zu ergänzen und ggf. aktuellen und zukünftigen Realitätsentwicklung entsprechend darzustellen.
    So ist für ein besseres Verständnis der aufgezeigten Zahlen eine **Erläuterung** der einzelnen Beträge und Positionen hinsichtlich ihres Inhaltes und ihrer Entstehung unerlässlich. Erforderlich ist es dabei, neben einer Aufschlüsselung der komprimierten Daten aus der Bilanz und der GuV, auch die Wahl der verschiedenen Bewertungsansätze zu begründen, Änderungen der Ansätze zum Vorjahr aufzuzeigen und den Einfluss steuerrechtlicher Abschreibungen auf das handelsrechtliche Ergebnis zu quantifizieren.
    Beispielsweise ist mit der **Segmentberichterstattung** als Teil des Anhangs ein Überblick darüber zu gewähren, wo die Gewinne des Unternehmens erwirtschaftet wurden. In der Regel erfolgt dabei eine Untergliederung des Unternehmens nach Arbeitsgebieten (Sektoren) und Absatzgebieten (Regionen). Für die resultierenden Segmente werden dann weitere Angaben gemacht.
    Daneben ist es ebenfalls Aufgabe des Anhangs, eine **Korrektur** des Jahresabschlusses vorzunehmen, sollte dieser aufgrund besonderer Umstände kein den Tatsachen entsprechendes Bild des Unternehmens vermitteln. Insbesondere wenn die wirtschaftliche Lage des Unternehmens von externen Adressaten des Jahresabschlusses falsch interpretiert werden könnte, sind hier entsprechende aufhellende Angaben zu machen.
    Die **Ergänzung** des Anhangs betrifft meist Informationen, die sich nicht auf das zu Grunde liegende Rechenwerk der Bilanz und GuV beziehen, die aber

dennoch für die Beurteilung des Unternehmens unerlässlich sind. So werden hier häufig Aussagen zu den für die zukünftige Entwicklung des Unternehmens relevanten Punkten, wie beispielsweise zukünftigen finanziellen Verpflichtungen, getroffen.

- Im **Lagebericht** sollen nach § 289 HGB der Geschäftsverlauf und die wirtschaftliche Lage der Gesellschaft dargestellt werden. Von besonderer Bedeutung sind hierbei die Risiken für die zukünftige Entwicklung. Diese Risiken sind aufgrund des Gesetzes zur Kontrolle und Transparenz im Unternehmensbereich (KonTraG) zu einem Risikobericht zusammenzufassen, der Bestandteil des Lageberichtes ist. Darüber hinaus sollen Fortschritte im Bereich der Forschung und Entwicklung dargestellt werden, und es ist auf Vorgänge einzugehen, die sich nach Ende des Geschäftsjahres ereignet haben.
- Die außer bei Konzernabschlüssen freiwillige **Kapitalflussrechnung** (Bilanz Cash Flow) will die mangelnde Liquiditätsorientierung des Jahresabschlusses ausgleichen, in dem sie die Zahlungsströme eines Unternehmens transparent macht. So können drohende Zahlungsengpässe frühzeitig erkannt und die Fähigkeit des Unternehmens zur Gewinnerzielung aus dem operativen Geschäft eingeschätzt werden.

**Konzernberichterstattung**

- Die bisherigen Ausführungen zum Jahresabschluss bezogen sich auf einzelne Unternehmen, deren Jahresabschluss auch als Einzelabschluss bezeichnet wird. In der Realität entstehen viele Gesellschaften aber durch den Zusammenschluss rechtlich selbstständiger Unternehmen zu einer wirtschaftlichen Einheit, einem Konzern. Die Einzelabschlüsse der enthaltenen Unternehmen haben in diesem Fall nur einen geringen Aussagewert, da sie die Vermögens-, Finanz- und Ertragslage des Konzerns nicht den insgesamt tatsächlichen Verhältnissen entsprechend darstellen.
  Diese Aufgabe fällt dem **Konzernabschluss** als Jahresabschluss einer wirtschaftlich geschlossenen Einheit rechtlich selbstständiger Unternehmen zu. Er dient der **Information der Share- und Stakeholder**, hat darüber hinaus aber keine Zahlungsbemessungsfunktion. Die Grundlage für die Gewinnausschüttungen und die Ermittlung der Ertragssteuerlasten bilden weiterhin die Einzelabschlüsse.

  - Kapitalgesellschaften sind als **Mutterunternehmen zur Erstellung eines Konzernabschlusses verpflichtet**, wenn sie an anderen Unternehmen, den Tochterunternehmen, im Sinne von § 271 HGB beteiligt sind und entsprechend § 290 I HGB eine einheitliche Leitung ausüben. Als Beteiligungen in diesem Sinne werden solche Unternehmensanteile verstanden, die bestimmt sind, dem eigenen Geschäftsbetrieb durch Herstellung einer dauerhaften Verbindung zu diesen Unternehmen zu dienen. Also nicht die Höhe der Beteiligung gibt den Ausschlag über die Zurechnung eines Unternehmens zu einem Konzern, sondern der Zweck der Beteiligung. Allerdings schränkt § 271 I Satz 3 HGB ein, dass im Zweifel Anteile an Gesellschaften, die über

20% des Nennkapitals liegen, als Beteiligungen anzusehen sind (Beteiligungsvermutung).
Unabhängig von der Erfüllung des Beteiligungskriteriums sind Mutterunternehmen nach § 290 II HGB zum Aufstellen eines Konzernabschlusses und eines Konzernlageberichtes verpflichtet,

* wenn ihnen die Mehrheit der Stimmrechte bei einem Tochterunternehmen zusteht,
* wenn sie das Recht haben, die Mehrheit der Mitglieder des Verwaltungs-, Leitungs- oder Aufsichtsorgans eines Tochterunternehmens zu bestellen oder abzuberufen und die Muttergesellschaft gleichzeitig Gesellschafterin ist,
* oder wenn ihnen das Recht zusteht, einen beherrschenden Einfluss auf eine Tochtergesellschaft aufgrund eines geschlossenen Beherrschungsvertrages oder einer Satzungsbestimmung dieses Unternehmens auszuüben.

Die in den Konzernabschluss einzubeziehenden Unternehmen bilden den Konsolidierungskreis. Gemäß § 294 I HGB ist dabei der Sitz der Tochterunternehmen unerheblich (Weltabschlussprinzip). Tochterunternehmen brauchen dann nicht in den Konzernabschluss einbezogen werden, wenn sie – gemessen an der Pflicht zur Erstellung eines den tatsächlichen Verhältnissen entsprechenden Bildes – von untergeordneter Bedeutung sind (§ 296 III HGB).

- Für die **Erstellung** der **Konzernbilanz** ist es nicht ausreichend, die Posten der Einzelbilanzen der beteiligten Unternehmen zu addieren. Dieses Vorgehen würde z.B. viele Posten doppelt erfassen oder Werte einbeziehen, die dem Konzern nicht zurechenbar sind.
Zur Lösung dieses Problems sind eine Reihe von Konsolidierungsmethoden entwickelt worden, deren Einsatz vom Grad der Beteiligung abhängig ist. Die Grundlage bilden jedoch immer die Handelsbilanzen der einzelnen Unternehmen. Diese müssen in gleicher Währung erstellt werden, den gleichen Abrechnungszeitraum umfassen und die gleichen Bilanzierungs- und Bewertungsmethoden anwenden. Die durch diese Anpassungen entstehenden Handelsbilanzen II der einzelnen Unternehmen bilden die Basis für die Konsolidierungsmethoden:

* Die **Vollkonsolidierung** (§§ 300 ff. HGB) ist anzuwenden, wenn die Muttergesellschaft einen beherrschenden Einfluss ausübt, wovon analog zu § 290 II HGB bei einem Stimmrechtsanteil von über 50% regelmäßig ausgegangen wird. Dabei werden alle Posten aus der Bilanz und der GuV des Tochterunternehmens konsolidiert und in den Konzernabschluss einbezogen (§ 300 HGB). Anteile möglicher Minderheitsgesellschafter bei den einbezogenen Tochterunternehmen sind als Ausgleichsposten zu erfassen und im Konzernabschluss gesondert auszuweisen.
* Die **Quotenkonsolidierung** ist bei Gemeinschaftsunternehmen (Beteiligung zwischen 20% und 50%; Joint Ventures) anzuwenden. Hier erfolgt

eine Übernahme der einzelnen konsolidierten Posten gemäß dem Grad der Beteiligung der einzelnen Unternehmen (§ 310 HGB).

* Die **Equity Methode** kann ebenfalls bei Joint Ventures zum Einsatz kommen, sie ist aber in jedem Falle bei assoziierten Unternehmen vorgeschrieben. Ein nicht zum Konzern gehörendes Unternehmen wird dabei dann als assoziiert angesehen, wenn von einem Unternehmen des Konzerns ein maßgeblicher Einfluss auf dessen Geschäfts- und Bilanzpolitik ausgeübt wird (§ 311 HGB) und eine Beteiligung nach § 271 I HGB vorliegt. Der in die Konzernbilanz zu übernehmende Beteiligungsbuchwert wird bei dieser Methode durch Fortschreibung des eingesetzten Eigenkapitals entsprechend der Entwicklung des assoziierten Unternehmens ermittelt.

- Neben der Konzernbilanz sind für den Konzernabschluss nach § 297 I HGB noch weitere **Bestandteile** vorgeschrieben, die ihre Entsprechung bei den gleichnamigen Elementen des Einzelabschlusses finden. So ist das Mutterunternehmen verpflichtet, zusätzlich eine Konzern-Gewinn- und Verlustrechnung sowie einen Konzernanhang zu veröffentlichen. Darüber hinaus sind eine Kapitalflussrechnung und ein Eigenkapitalspiegel vorzulegen, eine Segmentberichterstattung kann erfolgen.

Wenn die Bestandteile des Jahresabschlusses erstellt werden, dann ist es insbesondere für die externen Anspruchsgruppen des Unternehmens unerlässlich, dass die dargestellten Sachverhalte entsprechend der Corporate Governance Regeln in vollem Umfang der tatsächlichen Situation und damit der wirtschaftlichen Lage des Unternehmens entsprechen.

- Wie gezeigt, stellt der **Jahresabschluss eine bedeutende Informationsquelle** für alle Stakeholder des Unternehmens dar. Die richtige Bewertung des Vermögens, die korrekte Wiedergabe der Schuldenpositionen und ein zutreffender Überblick über die Ertragslage sowie mögliche zukünftige Entwicklungen bilden für sie die Grundlage für eine Vielzahl unterschiedlicher Entscheidungen. Die Richtigkeit und Glaubwürdigkeit des Jahresabschlusses sind insbesondere bei Kapitalgesellschaften entscheidend, da hier zum einen die Gesellschafter nicht persönlich vollhaftend sind und zum anderen der Jahresabschluss als Basis für die Ausschüttungen herangezogen wird. So besteht für die Anteilseigner ein Principal-Agent-Problem in der Form, dass die Geschäftsführung als Agent deutlich mehr Informationen besitzt als die Inhaber des Unternehmens, also die Aktionäre als Principals. Die Anteilseigner können dabei die Handlungen der Geschäftsführung nur begrenzt nachvollziehen, so dass immer die Gefahr der Manipulation besteht. So könnte die Geschäftsleitung durch eine möglichst positive Darstellung z.B. versuchen, den Aktienkurs zu beeinflussen, um so ihr daran geknüpftes Gehalt zu erhöhen. Andererseits kann auch ein Interesse dahingehend bestehen, durch einen niedrigen Ertragsausweis die Ausschüttungen zu reduzieren und so den Gewinn im Unternehmen zu behalten.
  Aufgrund dieser Gefahren schreibt der Gesetzgeber nach § 316 HGB mittelgroßen und großen Kapitalgesellschaften sowie Konzernen eine eigenverant-

wortliche **Prüfung von (Konzern-)Jahresabschluss** und ergänzendem **(Konzern-)Lagebericht** vor. Nach § 319 HGB kommen dafür nur Wirtschaftsprüfer und zum Teil Buchprüfer in Frage, die von der zu prüfenden Gesellschaft unabhängig und unbefangen sind. Sie werden von den Gesellschaftern der Gesellschaft bestimmt und haben den Abschluss auf seine **Gesetz- und Ordnungsmäßigkeit** hin zu prüfen (§ 317 HGB). Um dies zu erreichen, wird allgemein wie folgt vorgegangen:

- Im ersten Schritt erfolgt eine Überprüfung der Buchführung der Kapitalgesellschaft. Da hierbei eine Einzelprüfung aller Buchungen der Geschäftsvorfälle in der Periode nicht möglich ist, erfolgt i.d.R. eine Systemprüfung. Ihr Schwerpunkt liegt auf dem System der unternehmensinternen Kontrolle. Wenn die Soll-Konzeption und deren praktische Umsetzung im Unternehmen den Anforderungen entsprechen, kann der Abschlussprüfer von der Ordnungsmäßigkeit und damit Richtigkeit der im Weiteren verwendeten Daten ausgehen.
- Für die Bilanzprüfung sieht das INSTITUT DER WIRTSCHAFTSPRÜFER (IDW) die Hauptaufgabe darin, festzustellen,
  * ob alle Vermögens- und Schuldenpositionen den tatsächlichen Verhältnissen entsprechend erfasst sind,
  * ob die Bilanz unter Beachtung der gesetzlichen Gliederungsvorschriften erstellt ist und
  * ob die Bewertung der einzelnen Posten entsprechend den gesetzlichen Vorgaben und unter Beachtung der Grundlagen der ordnungsgemäßen Buchführung erfolgte.
- Da die Frage der richtigen Bewertung des Vermögens und der Schulden bereits durch die Bilanzprüfung geklärt wurde, beschränkt sich die Prüfung der Gewinn- und Verlustrechnung auf die periodengerechte und vollständige Berücksichtigung aller Aufwände und Erträge und deren richtige Darstellung entsprechend den gesetzlichen Gliederungsanforderungen.
- Zum Abschluss erfolgt noch die Prüfung verschiedener Einzelpunkte des Anhangs und des Lageberichtes. Nach § 317 II HGB liegt dabei ein Schwerpunkt auf der zutreffenden Darstellung der zukünftigen Risiken im Lagebericht. Voraussetzung dafür ist – bei börsennotierten Aktiengesellschaften – die Überprüfung des unternehmensinternen Risikomanagements gemäß § 317 IV HGB.

Nach erfolgter Prüfung des Jahresabschlusses erstellt der Abschlussprüfer einen **Prüfbericht**, in dem er Angaben zu Art und Umfang sowie über das Ergebnis der Prüfung mit der gebotenen Klarheit macht (§ 321 I HGB). Dieser nicht zur Veröffentlichung bestimmte Bericht ist dann den gesetzlichen Vertretern bzw. dem Aufsichtsrat der Kapitalgesellschaft zu übergeben (§ 321 V HGB). Somit wird der Aufsichtsrat bei seiner Überwachungsfunktion unterstützt.
Den übrigen Stakeholdern der Gesellschaft wird der **Bestätigungsvermerk** des Abschlussprüfers im Jahresabschluss bekannt gemacht (§ 322 HGB). Dieser

kann uneingeschränkt erteilt werden, wenn keine Einwände des Abschlussprüfers vorliegen. Bei festgestellten Mängeln, die aber nicht die Vermittlung eines den tatsächlichen Verhältnissen entsprechenden Bildes der Vermögens-, Finanz- und Ertragslage des Unternehmens gefährden, ist der Vermerk eingeschränkt zu erteilen. Hingegen führen gravierende Mängel zur Erteilung eines Versagungsvermerkes.

**Bilanzpolitik**

Die bisher erörterten Bestandteile des Jahresabschlusses bilden die Grundlage für eine im Rahmen der gesetzlichen Bestimmungen mögliche Ausgestaltung. In dieser Hinsicht kann ein Unternehmen allerdings eine aktive Bilanzpolitik durchführen.

- Wie bereits aufgezeigt, bestehen auf Grund von Unsicherheiten und einer notwendigen Periodisierung bei der Erstellung des Jahresabschlusses Gestaltungsspielräume für das Unternehmen. Werden diese systematisch und planvoll ausgenutzt, spricht man von **Bilanzpolitik**. Sie kann verschiedene Wirkungen zum Ziel haben:
  - Durch die Bildung offener oder stiller Reserven kann das Unternehmen seine **Eigenkapitalbasis stärken** (siehe hierzu F.IV.4.). Dies dient nicht allein der Risikovorsorge, z.B. für nötige Reparaturzahlungen bei einem Fabrikbrand, sondern unterstützt auch die Substanzerhaltung. Aufgrund einer bestehenden Inflation liegen die Wiederbeschaffungskosten regelmäßig auf einem höheren Niveau als die Anschaffungskosten. Da dieser Mehraufwand bei der Ermittlung des handels- und steuerrechtlichen Gewinns (als nomineller Eigenkapitalzuwachs) aber nicht berücksichtigt wird, würde eine Ausschüttung des gesamten Gewinns einer Periode zu einer Substanzverringerung des Unternehmens führen. In der Folge wäre dieses nicht mehr in der Lage, nötige Anschaffungen zur Kapazitätserhaltung vorzunehmen. Ziel der Bilanzpolitik ist es hier also, den Ausschüttungsbetrag soweit zu senken, dass der als Scheingewinn bezeichnete Differenzbetrag zwischen Wiederbeschaffungs- und Anschaffungskosten dem Unternehmen erhalten bleibt, also thesauriert wird.
    Zusätzlich zur Substanzerhaltung kann durch die Stärkung der Eigenkapitalbasis auch eine höhere Unabhängigkeit von den Kapitalmärkten erreicht werden, in dem Fremdkapital durch einbehaltenes Eigenkapital des Unternehmens ersetzt wird. Somit entgeht das Unternehmen dem Wettbewerbsdruck am Kapitalmarkt und ist keinen externen Gläubigern Rechenschaft schuldig.
  - Ein weiteres Ziel der Bilanzpolitik kann die Sicherung einer **Gewinn- und Dividendenkontinuität** darstellen. So werden zyklische Gewinnschwankungen über die Auflösung bzw. Bildung stiller Reserven ausgeglichen. Diese „Gewinnlenkung" wird im besonderen Maße von Kleinaktionären, die eine regelmäßige Dividendenzahlung erwarten, honoriert. Sie hat aber auch eine insgesamt positive Ausstrahlwirkung auf die Kapitalmärkte, was dem Unternehmen die Möglichkeit bietet, auch in wirtschaftlich schwieri-

gen Zeiten neue Aktien am Markt unterzubringen und so über entsprechend angemessene Konditionen den nötigen Finanzbedarf zu sättigen.

- Aber auch die **Reduzierung der Steuerlast** kann ein Motiv für die Bilanzpolitik sein. So ist es bei Steuern mit einem progressiven Tarif, also mit in Abhängigkeit vom Gewinn überproportional steigenden Steuersätzen, möglich, Steuern einzusparen. Hier kann beispielsweise bei der Einkommensteuer (ESt) – im Rahmen der zulässigen Grenzen – durch die Verlagerung von Gewinnbestandteilen in ertragsschwache Jahre die Grenzbelastung gesenkt werden. Diese werden dann mit einem niedrigeren prozentualen Tarif belastet als in ertragsstarken Perioden mit hohem Gewinnausweis. Bei Steuerarten mit proportionalem Tarif (z.B. bei der Gewerbe- und Körperschaftsteuer) kann hingegen keine Steuerminderung erreicht werden, da bei einer Verschiebung in die Folgeperioden der gesamte Gewinn im Betrag gleich bleibt. Hier ist es nur möglich, die Steuerzahlung durch Gewinnverschiebungen mittels der Bildung und Auflösung stiller Reserven in die Zukunft zu transferieren. Dies entspricht der Gewährung eines zinslosen Kredits durch die Finanzverwaltung.
- Der letzte wesentliche Grund für die Bilanzpolitik ergibt sich aus der Möglichkeit, die **Außendarstellung** des Unternehmens zu verändern. Wie bereits angesprochen, ist die Einstellung der Kapitalmärkte gegenüber dem Unternehmen von nicht unwesentlicher Bedeutung. Durch eine aktive Publizität, mit einer weitestgehenden Offenheit und einer Vielzahl an freiwilligen Zusatzinformationen im Jahresabschluss, kann das Unternehmen entsprechende positive Veränderungen bewirken. Den Gegensatz hierzu bildet die passive Publizität, die durch eine Beschränkung auf die gesetzlichen Mindestveröffentlichungen gekennzeichnet wird.

Zur Umsetzung dieser bilanzpolitischen Ziele stehen dem Unternehmen verschiedene **Instrumente** zur Verfügung. Sie lassen sich in Instrumente einteilen, die vor oder nach dem Bilanzstichtag Anwendung finden.

- Bereits die **Wahl des Bilanzstichtages** kann unter bilanzpolitischen Gesichtspunkten erfolgen. So können insbesondere Unternehmen mit starken saisonalen Umsatzschwankungen durch die Wahl eines Termins zum Saisonende hin einen hohen Liquiditätsausweis im Jahresabschluss erreichen. Allerdings ist zu beachten, dass ein einmal festgelegter Bilanzstichtag i.d.R. nicht mehr verändert werden kann.
- Auch **Transaktionen vor dem Bilanzstichtag** können einem bilanzpolitischen Zweck dienen. So kann beispielsweise die Aufnahme eines Kredites in das neue Geschäftsjahr verschoben werden, um so den Verschuldungsgrad des Unternehmens im Jahresabschluss gering zu halten. Über solche zeitlichen Verschiebungen hinaus, sind auch reine bilanzpolitische Transaktionen zu beobachten. Im Beispiel können durch den Verkauf von Immobilien stille Reserven des Unternehmens aufgedeckt werden, in dessen Folge der ausgewiesene Unternehmenserfolg steigt. Eine ähnliche Wirkung kann auch die Anwendung des in F.IV.4. erläuterten Sale-and-Lease-Back-Verfahrens erzeugen.

- Nach dem Bilanzstichtag können, wie bereits an anderer Stelle ausgeführt, durch die bilanzpolitische **Nutzung von Bilanzierungs- und Bewertungswahlrechten** stille Reserven gebildet oder aufgelöst werden. Im Resultat sinkt oder steigt der auszuweisende Jahresgewinn.
- Die Beachtung des nach § 252 I Nr. 4 HGB vorgeschriebenen Vorsichtsprinzips führt dazu, dass sich bei der Bewertung von Vermögensgegenständen und Schulden **Ermessensspielräume** eröffnen. So kann in Abhängigkeit von einer positiven (negativen) Einschätzung der zukünftigen Entwicklung die Bewertung der Vermögensgegenstände höher (niedriger) ausfallen. In der Folge kann, durch Anwendung unterschiedlicher Methoden der planmäßigen oder außerplanmäßigen Abschreibung, die ausgewiesene Höhe der Vermögenswerte in nicht unerheblichem Maße gesteuert werden. Auch die Bildung und Bewertung von Rückstellungen unterliegt zumindest zum Teil der persönlichen Einschätzung von zukünftigen Risiken und drohenden Verlusten. Entsprechend entstehen auch hier Ermessensspielräume durch unvollständige Informationen.
- Die bisher aufgezeigten Maßnahmen zielen auf eine Veränderung des auszuweisenden Gewinns ab. Zusätzlich eröffnet auch die **Verwendung des Gewinns** bilanzpolitische Spielräume. Grundsätzlich kann er entweder ausgeschüttet oder einbehalten, also thesauriert werden (siehe hierzu C.II.4.a.). Diese Gewinnthesaurierung entspricht bei Kapitalgesellschaften der Bildung von Rücklagen. Sie erfolgt entweder offen, durch Bildung von Gewinnrücklagen, oder still, durch Unterbewertung von Aktiva oder Überbewertung von Passiva. Der Unterschied liegt in der Tatsache, dass die Bildung stiller Reserven – wie der Name bereits vermittelt – weitgehend unbemerkt für Außenstehende erfolgen kann. Allerdings führt die Bildung stiller Reserven i.d.R., nämlich bei einer positiven Geschäftsentwicklung, nicht zu einer Steuerersparnis, da sie bei ihrer Auflösung einen höheren Erfolgsausweis, und damit eine höhere Steuerlast, bewirken. Sie dienen demzufolge nur der Steuerverschiebung in die Zukunft.

  Unter welchen Bedingungen die Bildung stiller Rücklagen erlaubt oder verboten ist, soll hier nicht näher vertieft werden. Von Interesse ist im hier aufgezeigten Zusammenhang nur das Faktum, dass durch eine Entscheidung für oder gegen die Einbehaltung der Gewinne die Höhe der Dividendenzahlung festgelegt und die Verteilung der Steuerlast beeinflusst werden kann.
- Die Entscheidung bezogen auf die über das gesetzliche Ausmaß hinausgehende **inhaltliche Gestaltung**, also z.B. in welchem Maße **Ergänzungsangaben** (beispielsweise Kapitalflussrechnung oder Segmentberichterstattung) gemacht werden, liegt nicht immer beim Unternehmen. So schreiben verschiedene Börsen den gelisteten Aktiengesellschaften die Veröffentlichung entsprechender Daten vor, oder aber die angewendeten internationalen Rechnungslegungsstandards beinhalten entsprechende Gebote (siehe hierzu F.IV.5.c.).
- Ein letztes, nicht zu unterschätzendes Instrument stellt die **äußere Gestaltung des Jahresabschlusses** dar, also das grafische Design des gesamten Geschäftsberichtes. Entsprechend dem Ziel einer aktiven oder passiven Pub-

lizität kann sie in Gestaltung, Umfang und Übersichtlichkeit stark variieren. Üblicher Standard ist heute, dass nicht mehr nur zahlenlastige Ergebnisdarstellungen veröffentlicht werden. Vielmehr wird die Gestaltung in der Weise aufgelockert, dass die Text- und Zahlenteile mit Fotos aus dem Unternehmen, also von Produkten, Mitarbeitergruppen oder z.B. Kunden, sowie leicht verständlichen Diagrammen und Beispielrechnungen angereichert werden. Hierdurch wird nicht nur eine größere Verständlichkeit für die Kapitaleigner erreicht; zugleich wird der Jahresabschluss auch für externe Stakeholder, die keine betriebswirtschaftlichen Spezialisten sind, eher interessant. Das hohe öffentliche Interesse an gut gestalteten Geschäftsberichten wird an den hierzu regelmäßig durchgeführten Awards deutlich. Werden hier eine Auszeichnung oder einer der vorderen Plätze erreicht, dann bringt das einem Unternehmen einen Wettbewerbsvorteil in seinen Investor Relations.

**Bilanzanalyse**

Auch eine optisch gut aufgemachte Darstellung des Jahresabschlusses eines Unternehmens muss uneingeschränkt die Möglichkeit bieten, eine inhaltliche Analyse aufgrund der Übersichtlichkeit der dargestellten Daten und Ergebnisse durchführen zu können.

- Durch die Nutzung bilanzpolitischer Gestaltungsspielräume durch das Unternehmen kann die Aussagekraft des Jahresabschlusses teilweise eingeschränkt werden. Da aber insbesondere für die Anteilseigner, Börsenanalysten und Gläubiger der Jahresabschluss eine wesentliche Informationsquelle ist, verwenden diese die Daten des Jahresabschlusses für weitergehende Analysen und als Entscheidungsgrundlage. Kleinaktionäre stützen sich dabei i.d.R. auf die detaillierten Berichte von Analysten. Diese bereiten die Informationen des Jahresabschlusses im Rahmen der **Bilanzanalyse** auf und versuchen, die Wirkungen bestimmter, oben angesprochener bilanzpolitischer Eingriffe zu begrenzen und durch Kennzahlenbildung wesentliche Sachverhalte transparent zu machen. Diese umfangreiche Arbeit wird deshalb i.d.R. nur von großen Instituten, z.B. Banken und Investmenthäusern, geleistet.
  - Die Basis einer Bilanzanalyse bildet die **Aufbereitung der Daten** des Jahresabschlusses.
    * Regelmäßig wird eine Reduzierung der **bilanzierten Positionen** auf wesentliche Grundbegriffe der Bilanz vorgenommen. Diese aggregierten Positionen können nun beispielsweise das Umlaufvermögen oder das Eigenkapital sein. Darüber hinaus kann eine Umgliederung verschiedener Bilanzpositionen erfolgen, so dass z.B. einzelne ausgewiesene Rücklagen entsprechend ihres Einstellungsgrunds dem Eigen- oder Fremdkapital zugeordnet werden. Wenn es für die Bilanzanalyse erforderlich ist, kann zusätzlich eine Umbewertung einzelner Bilanzpositionen mit dem Ziel vorgenommen werden, Unter- und Überbewertungen zu reduzieren.

Als Ergebnis dieser Maßnahmen wird eine **Strukturbilanz** erstellt, die auf der Aktivseite das Anlage- und Umlaufvermögen unterscheidet und auf der Passivseite Eigen- und Fremdkapital trennt. Dabei erfolgt eine Untergliederung des Fremdkapitals entsprechend seiner Fristigkeit in langfristiges (mehr als 5 Jahre), mittelfristiges (1 bis 5 Jahre) und kurzfristiges (unter 1 Jahr) Fremdkapital. Diese Einteilung stellt eine wesentliche Voraussetzung für eine Reihe noch aufzuzeigender Kennzahlen dar.

* Da die bilanziellen Größen nur Informationen über die Höhe des Erfolgs/ Gewinns geben, aber keine wesentliche Aussage zur Wirtschaftlichkeit der Betriebsprozesse und zur Rentabilität des eingesetzten Kapitals treffen, sind in die Analyse des Jahresabschlusses auch die **Größen der Gewinn- und Verlustrechnung** einzubeziehen. Dies erfolgt typischerweise durch die **Erfolgsspaltung**. Hier soll durch Beseitigung von außergewöhnlichen Ergebniskomponenten, wie z.B. selten auftretende Anlagenverkäufe aufgrund von Restrukturierungsmaßnahmen, der nachhaltig erzielte Erlös aus dem Kerngeschäft ermittelt werden.
  Um dies zu erreichen, wird der in der GuV ausgewiesene Jahresüberschuss (-fehlbetrag) in einem abgestuften Prozess in drei Bestandteile zerlegt: Zum Ersten in das Finanzergebnis, welches die Erträge aus Beteiligungen und Finanzanlagen enthält (z.B. Zinsen oder Gewinn durch Aktienverkäufe); zum Zweiten in das außerordentliche Ergebnis, welches Erträge und Aufwände aus Aktivitäten enthält, die nicht zur Kernwertschöpfung gehören; und zum Dritten in das – am meisten interessierende – ordentliche Betriebsergebnis, welches durch die Kernwertschöpfung erzielt wird. Das letzte Ergebnis stellt den nachhaltig erzielten Erlös dar und ermöglicht einen Ausblick auf die zukünftige Entwicklung.
  Da dieses Verfahren die GuV nach den Vorschriften des § 275 HGB zu Grunde legt und teilweise die dort aufgeführten Positionen übernimmt, existiert eine Reihe von Kritikpunkten bezüglich der Aussagekraft der ermittelten Ergebnisse. Sie beziehen sich insbesondere auf die eventuell unsachgemäße Zuordnung verschiedener Aufwände und Erträge zu einzelnen Positionen.

- Nachdem die Informationen des Jahresabschlusses entsprechend den Bedürfnissen der Bilanzanalyse qualitativ und quantitativ aufbereitet wurden, müssen im nächsten Schritt **aussagekräftige Kennzahlen** gebildet werden. Sie stellen Daten des Jahresabschlusses in Relation zueinander, bilden also beispielsweise die Beziehung zwischen erwirtschaftetem Gewinn und Umsatz ab. Hierdurch verdichten sie Informationen z.B. des bereinigten Jahresabschlusses und erlauben Aussagen über die zukünftige Zahlungsfähigkeit auf der Basis finanzwirtschaftlicher Kennzahlen oder über die zu erwartende Ertragslage des Unternehmens auf der Basis ertragswirtschaft-licher Kennzahlen. In D.I.3. waren wir hierauf bereits ansatzweise eingegangen. Eine Auswahl möglicher Kennzahlen ist in Abbildung F-IV-36 dargestellt.

Die **finanzwirtschaftlichen Kennzahlen** lassen sich in drei Kategorien einteilen:

* **Kennzahlen zur Vermögensstruktur** sollen Aussagen darüber treffen, wie zahlungsfähig das Unternehmen ist. Sie beruhen auf der Tatsache, dass nicht alle Vermögensgegenstände die gleiche Selbstliquidationszeit aufweisen. Sie unterscheiden sich also in dem Zeitraum, der benötigt wird, um sie bei normalem Geschäftsverlauf wieder zu Geld zu machen. Der Reihung der entsprechenden Kennzahlen in Abbildung F-IV-36 liegt zu Grunde, dass Vermögensgegenstände des Anlagevermögens i.d.R. wesentlich langfristiger gebunden sind als die des Vorratsvermögens oder als Warenforderungen. Je höher die Anlagenintensität ist, also je weiter der erwartete Mittelrückfluss in der Zukunft liegt, desto kritischer wird die Finanzlage des Unternehmens von Kreditgebern beurteilt, da dies ein Anzeichen für Liquiditätsengpässe in der nahen Zukunft sein kann.
* **Kennzahlen zur Kapitalstruktur** dienen ebenfalls zur Abschätzung von Finanzierungsrisiken. Je stärker das Unternehmen über kurzfristiges Fremdkapital (z.B. Darlehen) finanziert ist, desto höher ist die Gefahr, dass nötige Anschlussfinanzierungen fehlen. Dieses Risiko sinkt bei steigender Finanzierung über langfristige Finanztitel oder Eigenkapital. Letzteres hat darüber hinaus noch den Vorteil, dass es im Insolvenzfall mit zur Befriedigung der Gläubiger heranzuziehen ist. Auf diesen Sachverhalt sind wir bereits in F.IV.4. eingegangen. Die dort angesprochenen Finanzierungsregeln lassen sich daher ebenfalls den Kennzahlen zur Kapitalstruktur zuordnen.
* **Kennzahlen zur Liquidität** geben Aufschluss, wie groß das Risiko der Anschlussfinanzierung ist. Sie zeigen auf, inwieweit die verfügbare Liquidität ausreicht, um vorhandenen Zahlungsforderungen nachzukommen. Hier kommt allerdings ein genereller Mangel der Datenbasis besonders zum Tragen. So sind die Adressaten des Jahresabschlusses nicht an vergangenheitsbezogenen Aussagen interessiert, wie dies die auf dem Abschluss der letzten Periode bezogenen statischen Kennzahlen der Liquidität 1. bis 3. Grades darstellen. Vielmehr wollen sie die künftige Zahlungsfähigkeit einschätzen. Daher müssen statt den Bestandsgrößen des letzten Stichtages Strömungsgrößen (Einzahlungen/ Auszahlungen) eingesetzt werden. Hierzu wird der Cash Flow verwendet.
  In einfacher Form wird er ermittelt, indem der Jahresüberschuss aus der GuV um die Abschreibungen und die Zuführungen zu den langfristigen Rückstellungen erweitert wird. Die Aufwände und Erträge der vergangenen Periode werden also um die nicht zahlungswirksamen Vorgänge bereinigt. Die resultierende Größe des Cash Flow stellt das Innenfinanzierungsvolumen dar. Es kann, abgesehen von der Ausschüttung an die Anteilseigner, zur Reduzierung der Verbindlichkeiten und zur Finanzierung von Investitionen verwendet werden. Obwohl der Cash Flow nur eine grobe Näherung an die tatsächlichen Größen im Unternehmen dar-

stellt, sind Kennzahlen wie der dynamische Verschuldungsgrad, der die Möglichkeit zur Schuldentilgung ausdrückt, aussagefähiger als die statischen Kennzahlen.

Eine Einteilung der auf den Daten der GuV basierenden **erfolgswirtschaftlichen Kennzahlen** kann wie folgt vorgenommen werden:

* **Kennzahlen zur Aufwands- und Ertragsstruktur** verdeutlichen, welcher Beitrag von einzelnen Aufwands- und Ertragskomponenten zur Erzielung des Gesamtergebnisses geleistet wird. Die Gesamtleistung ergibt sich dabei im Rahmen der Erfolgsspaltung als Summe der Umsatzerlöse, aktivierten Eigenleistungen und Bestandsveränderungen an Halb- und Fertigerzeugnissen.
* **Kennzahlen zur Rentabilität** dienen der Beurteilung der Ertragskraft des Unternehmens. Sie beziehen sich auf Ergebnisgrößen des Unternehmens (Gewinn, Jahresüberschuss, ordentliches Betriebsergebnis etc.) und setzen diese ins Verhältnis zu Vermögens- oder Kapitalgrößen (Eigenkapital, Gesamtkapital etc.). Die ermittelten Werte sind allerdings ohne einen Vergleich mit der branchenüblichen Rentabilität oder der marktüblichen Verzinsung entsprechender langfristiger Kapitalanlagen wenig aussagefähig. So haben sich einige wenige Kennzahlen in der Praxis etabliert, die mittlerweile für eine Vielzahl von Unternehmen vorliegen. Als Beispiel hierfür sei der Return of Investment (ROI), also die Verzinsung des eingesetzten Kapitals, genannt. Er setzt den Gewinn vor Steuern (um eine unterschiedliche Steuerbelastung der Unternehmen in verschiedenen Ländern auszugleichen) mit dem dafür notwendigen Gesamtkapital in Beziehung. Aufbauend auf dieser Kennzahl sind eine Reihe von Steuerungssystemen aufgebaut worden, die an späterer Stelle ausführlicher dargestellt werden.

- Wie bereits angeklungen, sind die ermittelten Kennzahlen nur insoweit aussagefähig, wie sie bei ihrer **Auswertung** mit anderen Resultaten verglichen werden können. Dies kann auf Basis von Branchenanalysen erfolgen, bei denen Kennzahlen ähnlicher Unternehmen im Rahmen eines Benchmarking herangezogen werden. Es lässt sich aber auch ein Vergleich mit den Kennzahlen des gleichen Unternehmens aus vergangenen Perioden durchführen. Dieser Zeitreihenvergleich bietet die Möglichkeit, die Entwicklung des Unternehmens zu verfolgen und Tendenzen aufzuzeigen. Die zusätzlich mögliche Vorgabe von Soll-Werten und der Abgleich mit den realisierten Ist-Werten ist ein in der Praxis häufig zu beobachtender weiterer Vergleich. So werden meist in der Berichterstattung von Seiten der Unternehmen Angaben zu der erwarteten Entwicklung gemacht. Ihre Einhaltung wird dann von den Marktbeobachtern durch eben diese Vergleiche kontrolliert.

### *A. Finanzwirtschaftliche Kennzahlen*

Allgemein gilt: Ein hoher Wert bedeutet

*(1) Vermögensstruktur*

$$\text{Anlageintensität} = \frac{\text{Anlagevermögen}}{\text{Gesamtvermögen}} \cdot 100$$

$$\text{Vorratsintensität} = \frac{\text{Vorratsvermögen}}{\text{Gesamtvermögen}} \cdot 100$$

$$\text{Forderungsintensität} = \frac{\text{Warenforderungen}}{\text{Gesamtvermögen}} \cdot 100$$

$$\text{Anteil der liquiden Mittel} = \frac{\text{Liquide Mittel}}{\text{Gesamtvermögen}} \cdot 100$$

Geldnähe (zunehmend von Anlageintensität bis Anteil der liquiden Mittel): niedrige Flexibilität → hohe Flexibilität

*(2) Kapitalstruktur*

$$\text{Statischer Verschuldungsgrad} = \frac{\text{Fremdkapital (FK)}}{\text{Eigenkapital (EK)}} \cdot 100$$

Je höher, desto höheres Finanzierungsrisiko

$$\text{Intensität langfristigen Kapitals} = \frac{\text{EK + langfristiges FK}}{\text{Gesamtkapital}} \cdot 100$$

Je höher, desto niedrigeres Kapitalentzugsrisiko

$$\text{Anlagendeckungsgrad I} = \frac{\text{EK}}{\text{Anlagevermögen}} \cdot 100$$

$$\text{Anlagendeckungsgrad II} = \frac{\text{EK + langfristiges FK}}{\text{Anlagevermögen}} \cdot 100$$

Je höher, desto höhere finanzielle Sicherheit

*(3) Liquidität*

$$\text{Liquidität 1. Grades} = \frac{\text{Zahlungsmittel (ZM)}}{\text{Kurzfristige Verbindlichkeiten}} \cdot 100$$

$$\text{Liquidität 2. Grades} = \frac{\text{ZM + kurzfristige Forderungen (KF)}}{\text{Kurzfristige Verbindlichkeiten}} \cdot 100$$

$$\text{Liquidität 3. Grades} = \frac{\text{ZM + KF + Vorräte}}{\text{Kurzfristige Verbindlichkeiten}} \cdot 100$$

Je höher, desto bessere Zahlungsfähigkeit

$$\text{Dynamischer Verschuldungsgrad} = \frac{\text{Fremdkapital}}{\text{Cash Flow}}$$

### *B. Erfolgswirtschaftliche Kennzahlen*

*(1) Aufwands- und Ertragsstruktur*

$$\text{Personalaufwandsquote} = \frac{\text{Personalaufwand}}{\text{Gesamtleistung}} \cdot 100$$

Je höher, desto höhere Personalintensität

$$\text{Materialaufwandsquote} = \frac{\text{Materialaufwand}}{\text{Gesamtleistung}} \cdot 100$$

Je höher, desto höhere Materialintensität

*(2) Rentabilitätskennzahlen*

$$\text{EK-Rentabilität} = \frac{\text{Gewinn}}{\text{EK}} \cdot 100$$

Je höher, desto höhere Unternehmensrentabilität

$$\text{Return on Investment (RoI)} = \frac{\text{Gewinn}}{\text{Gesamtkapital}} \cdot 100$$

Je höher, desto höhere Verzinsung des eingesetzten Kapitals

$$\text{Price-Earning-Ratio (Kurs-Gewinn-Verhältnis)} = \frac{\text{Preis je Aktie}}{\text{Gewinn je Aktie}}$$

Je höher, desto höhere (erwartete) Kapitalverzinsung

**Abb. F-IV-36:** Auswahl bilanzanalytischer Kennzahlen

Die **Aussagefähigkeit einer Bilanzanalyse** weist jedoch – trotz der Vielzahl an verfügbaren Instrumenten und Kennzahlen – **enge Grenzen** auf. Ihr Ziel, zukünftige Erfolgspotenziale aufzuzeigen und die Liquiditätsrisiken zu bewerten, kann die Bilanzanalyse nur eingeschränkt erreichen, da ihr die dafür letztendlich notwendigen Informationen meist nicht zur Verfügung stehen. Den Daten des Jahresabschlusses mangelt es dabei an der nötigen Vollständigkeit, da insbesondere qualitative Informationen fehlen, z.B. über aktuelle Forschungsprojekte, deren Stand und zukünftige Ertragspotenziale. Darüber hinaus fehlt die Zukunftsbezogenheit der Daten, so dass beispielsweise Informationen über geplante Investitionen und damit Ausgaben nicht vorhanden sind, welche aber eine realistische Einschätzung der Liquiditätslage erst ermöglichen. Zusätzlich mangelt es den Daten häufig an der nötigen Objektivität, da das Vermögen aufgrund unterschiedlicher Bewertungsmethoden und des Vorsichtsprinzips in Abhängigkeit von den eigenen Erwartungen bewertet wird. Dennoch ist die Bilanzanalyse in der Unternehmenspraxis ein häufig eingesetztes Instrument, das einen ersten tiefergehenden Einblick in die Vermögens-, Aufwands- und Ertrags- sowie Gewinnsituation des Unternehmens erlaubt.

### *c. Konzepte der Rechnungslegung*

Die bisherigen Darstellungen zum (Konzern-)Jahresabschluss wurden entsprechend den deutschen handels- und steuerrechtlichen Vorschriften vorgenommen. Allerdings sind immer mehr deutsche Unternehmen auch in anderen Ländern tätig und unterliegen so teilweise auch deren nationalen Rechtsvorschriften. Dies ist insbesondere dann gegeben, wenn Kapitalanteile an Konzernen an Börsen in anderen Ländern gehandelt werden. In diesem Fall müssen neben den landesspezifischen Regelungen auch die Anforderungen der einzelnen Börsenplätze erfüllt werden. In der Folge haben die Konzerne häufig mehrere Abschlüsse auf Basis verschiedener, häufig unvereinbarer Vorschriften zu erstellen. Dies bedeutet für sie nicht nur einen sehr hohen Aufwand, sondern stellt auch hohe Ansprüche an die Finanzbuchhaltung.

Aus diesen Gründen wird sowohl von Seiten der Unternehmen als auch durch große Kapitalanleger eine weltweite Vereinheitlichung dieser Standards und Vorschriften für die Rechnungslegung gefordert. Den Unternehmen würde es so erleichtert, Eigenkapital an ausländischen Börsen aufzunehmen, die bisher eine Listung von der Anwendung spezifischer Rechnungslegungsvorschriften abhängig machen. Die weltweit heute wichtigste Börse, die NEW YORK STOCK EXCHANGE (NYSE), verlangt z.B. einen Abschluss entsprechend dem amerikanischen Rechnungslegungsstandard US-GAAP.

Aus der Perspektive der Anleger würde die Angleichung der Rechnungslegungsstandards bedeuten, dass die Auswahl unter weltweit existierenden Anlagealternativen möglich wird, da gleiche Rechnungslegungsstandards die Transparenz erhöhen und die Aufwände für die „Umrechnung" der Abschlüsse entfallen. Die Abschlüsse würden so also international verständlicher und vergleichbarer. Insbesondere die Verwendung gleicher Bewertungsvorschriften und übereinstimmende Bestimmungen hinsichtlich der Einstellung von Rückstellungen/ Rücklagen würden dazu führen, dass Investoren die wirtschaftliche Lage des Unternehmens besser einschätzen können.

- Insbesondere zwei internationale Rechnungslegungsstandards scheinen aufgrund ihrer großen Verbreitung geeignet, diese Aufgabe eines Weltstandards zu erfüllen.
  - **International Financial Reporting Standards (IFRS)**. Sie werden seit 2001 von dem in London ansässigen privatrechtlichen International Accounting Standards Board (IASB) veröffentlicht. Er stellt die Nachfolgeorganisation des 1973 gegründeten International Accounting Standards Committee (IASC) dar, dessen **International Accounting Standards (IAS)** auch weiterhin Gültigkeit besitzen. Daher erfolgt die Angabe dieser Rechnungslegungsvorschriften im Folgenden als IFRS/ IAS. Das Ziel dieses Standards ist die Formulierung und Harmonisierung von weltweit gültigen Rechnungslegungsvorschriften.
  - **US-GAAP** – mit GAAP für „Generally Accepted Accounting Principles" – wird zum größten Teil vom Financial Accounting Standards Board (FASB) verfasst, welches in dieser Form seit 1973 besteht. Dieses privatrechtliche Rechnungslegungsgremium wurde von der amerikanischen Börsenaufsichtsbehörde (Securities and Exchange Commission, SEC) mit der Erstellung eines einheitlichen Rechnungslegungsstandards zum Schutz des Wertpapierhandels in den USA beauftragt. Seit die von ihnen erstellten Standards (Statements of Financial Accounting Standards, SFAS) von der SEC genehmigt sind, stellen sie für alle in den in den USA börsennotierten Unternehmen verbindliche Regelungen dar. Ihre Einhaltung bildet so die Voraussetzung für eine Aktiennotierung an einer amerikanischen Börse.
- Zwischen diesen internationalen Standards und den deutschen Vorschriften gibt es eine Reihe von **Unterschieden**:
  - Beide internationalen Standards entsprechen den Gepflogenheiten der **angelsächsischen** Kapitalmärkte. Ihr Hauptaugenmerk liegt auf dem **Schutz der Anteilseigner**. Dies entspricht der vorherrschenden Finanzierung der Unternehmen über den Kapitalmarkt. Im Gegensatz hierzu entstanden die **kontinentaleuropäischen** Rechnungslegungssysteme, wie das deutsche System entsprechend dem HGB, vor dem Hintergrund einer vorwiegenden Bankenfinanzierung. Diese Dominanz des Fremdkapitals bei der Unternehmensfinanzierung fand ihren Niederschlag in einem stark ausgeprägten **Gläubigerschutz**. Insofern ist es verständlich, dass die kontinentaleuropäischen Standards dem Vorsichtsprinzip folgen, wohingegen die angelsächsisch geprägten Vorschriften eher eine realistische Einschätzung der Lage verlangen („True and fair view").
  - Wie bereits angedeutet, bestehen darüber hinaus noch weitere Unterschiede. So erfolgt bei kontinentaleuropäischen Systemen die **Normenfestsetzung durch den Gesetzgeber** in Form eines **code law**. Er versucht, durch umfassende, aber allgemeingültig formulierte Regelungen einen systematischen Ordnungsrahmen für die externe Rechnungslegung der Unternehmen vorzugeben. Da in solchen gesetzlichen Regelungen nicht alle Eventualitäten berücksichtigt werden können, bilden abstrakte Grundsätze, wie die deut-

schen Grundsätze der ordnungsgemäßen Buchführung, darüber hinaus ein „Netz", an dem sich die Unternehmen im Falle des Auftretens einer Gesetzeslücke orientieren sollen.
Die angelsächsischen Rechnungslegungsstandards beruhen hingegen auf einem so genannten **case law**. Es wird dabei der Versuch unternommen, **für jeden spezifischen Einzelfall eine Regelung** zu treffen. In der Folge werden die durch Gesetzeslücken im kontinentaleuropäischen System entstehenden Auslegungsfragen/ -spielräume deutlich reduziert. Der Nachteil ist allerdings ein hoher Grad an Unübersichtlichkeit und eine systembedingte Ungeschlossenheit dieser Vorgaben. Aus diesem Grund wurde bei den IFRS/ IAS der Versuch unternommen, innerhalb des Framework als Bestandteil der nachfolgenden Regelungen eine gewisse Systematik aufzuzeigen und für Fälle, für die noch kein explizites case law existiert, durch grundsätzliche Ausführungen den Bewertungsspielraum der Unternehmen bei der Erstellung ihrer Abschlüsse einzugrenzen.
- Ein letztes Unterscheidungsmerkmal zwischen der deutschen und der internationalen Rechnungslegung betrifft das **Verhältnis von Steuer- und Handelsbilanz**. Die in Deutschland existierende Maßgeblichkeit (und umgekehrte Maßgeblichkeit) zwischen diesen beiden Bilanzansätzen ist in den angelsächsischen Normen nicht vorgesehen. Hier erfolgt eine strikte Trennung von steuerrechtlichen und handelsrechtlichen Ansätzen. So erlassen die Staaten, die entsprechende internationale Regelungen für die Pflichtveröffentlichungen vorschreiben, z.B. steuerrechtliche Bewertungsvorschriften, die aber in den Abschlüssen nach US-GAAP oder IFRS/ IAS keine Anwendung finden dürfen.

- Die vorstehend angesprochenen Unterschiede zwischen den Rechnungslegungssystemen basierend auf HGB, IFRS/ IAS und US-GAAP sind in Abbildung F-IV-37 noch einmal systematisch gegenübergestellt. Dabei werden zunächst Ziel und Zweck sowie die einzelnen Instrumente der Jahresabschlüsse und Zusatzinformationen aufgelistet; anschließend werden kurz Wahlrechte, steuerliche Einflüsse und die steuerliche Aussagefähigkeit der Abschlüsse erläutert.

  - Das Ziel der Rechnungslegung nach **HGB** ist es, die Vermögens-, Finanz- und Ertragslage des Unternehmens den tatsächlichen Verhältnissen entsprechend darzustellen. So soll zum einen der Periodenerfolg bestimmt werden und zum anderen Rechenschaft gegenüber den Anteilseignern auf der Hauptversammlung abgelegt werden. Instrumente hierfür sind bei großen Kapitalgesellschaften die Bilanz, die Gewinn- und Verlustrechnung, der Anhang und als dessen Teil die Segmentberichterstattung, der Lagebericht sowie bei Konzernabschlüssen zusätzlich die Kapitalflussrechnung und der Eigenkapitalspiegel. Eine Segmentberichterstattung kann im letzteren Fall fakultativ erfolgen. Die Angaben müssen entsprechend der Vorschriften im HGB und auf der Basis der Grundsätze der ordnungsgemäßen Buchführung erstellt werden; sie beinhalten daher bedeutsame Wahlrechte und große Gestaltungsspielräume. Der Abschluss bildet durch das Prinzip der Maßgeblichkeit zwischen Handels- und Steuerbilanz die Grundlage für die Steuerermittlung.

| | HGB | IFRS/ IAS | US-GAAP |
|---|---|---|---|
| *Ziel* | Darstellung der Vermöges-, Finanz- und Ertragslage | Informationsgrundlage für wirtschaftliche Entscheidungen | Informationsgrundlage für wirtschaftliche Entscheidungen |
| *Zweck* | Bestimmung des Periodenerfolgs unter Beachtung des Gläubigerschutzes;<br>Rechenschaftslegung und Sicherstellung des Unternehmensfortbestandes | Information der Investoren;<br>Verdeutlichung der wirtschaftlichen Lage des Unternehmens auch für andere Stakeholder | Bestimmung des Periodenerfolgs unter Beachtung des Investorenschutzes;<br>Darstellung der wirtschaftlichen Lage für andere Stakeholder |
| *Instrumente* | • Bilanz<br>• GuV<br>• Anhang*<br>• Lagebericht*<br>• Segmentberichterstattung*<br>• Kapitalflussrechnung**<br>• Eigenkapitalspiegel **<br><br>Legende:<br>* *Größenabhängig für Kapitalgesellschaften vorgeschrieben*<br>***Für Konzernabschlüsse vorgeschrieben* | • Bilanz<br>• GuV (mit Ergebnis je Aktie)<br>• Notes (Anhang und Lagebericht)<br>• Kapitalflussrechnung<br>• Segmentberichterstattung<br>• Eigenkapitaländerungsrechnung<br>• Freiwilliger Financial Review | • Bilanz<br>• GuV (mit Ergebnis je Aktie und Segmentberichterstattung)<br>• Notes (entspricht hier Anhang)<br>• Lagebericht<br>• Kapitalflussrechnung<br>• Eigenkapitaländerungsrechnung<br>• Bericht der Abschlussprüfer<br>• Wichtige Finanzdaten der vergangenen 5 Jahre<br>• ... |
| *Rechnungslegungsvorschriften* | Vorschriften des HGB und GoB | Framework<br>IAS und IFRS | Conceptual Framework<br>House of US-GAAP |
| *Wahlrechte* | Viele Wahlrechte und großer Gestaltungsspielraum | Wenige Wahlrechte und geringer Gestaltungsspielraum | Keine Wahlrechte angegeben, keine Gestaltungsspielräume |
| *Steuerliche Einflüsse* | Maßgeblichkeit und umgekehrte Maßgeblichkeit | Keine steuerlichen Einflüsse | Keine steuerlichen Einflüsse |
| *Aussagefähigkeit* | Nutzung der Gestaltungsspielräume im Anhang nur begrenzt gekennzeichnet | Trotz hoher Regelungsdichte überschaubar;<br>Nutzung von Ermessensspielräumen durch umfangreiche Angabepflicht nachvollziehbar | Komplex mit sehr hoher Regelungsdichte;<br>Nutzung von Ermessensspielräumen durch umfangreiche Angabepflicht nachvollziehbar |

**Abb. F-IV-37:** Gegenüberstellung von HGB – IFRS/ IAS – US-GAAP

Umgekehrt haben aber auch steuerliche Entscheidungen mittels der umgekehrten Maßgeblichkeit Einfluss auf den Abschluss nach HGB. Im Ergebnis ist die **Aussagefähigkeit** des Abschlusses für Share- und Stakeholder **geringer** einzuschätzen, da die Ausnutzung der Gestaltungsspielräume meist nur unzureichend im Anhang aufgezeigt und erläutert wird.

- Obwohl auch der Abschluss nach **IFRS/ IAS** die wirtschaftliche Lage des Unternehmens darstellen soll, ist es aber zunächst dessen primäres Ziel, Investoren bei ihrer Anlageentscheidung zu unterstützen (Decision Usefulness). Dabei entsprechen die verwendeten Instrumente weitgehend denen des HGB. Allerdings stellen sie für die Berichterstattung nach IFRS/ IAS Pflichtangaben dar. Nur auf die Vorlage einer Segmentberichterstattung kann unter bestimmten Bedingungen verzichtet werden. Zusätzlich sind von allen Unternehmen die erfolgwirksamen und erfolgsneutralen Veränderungen an Positionen des Eigenkapitals durch das Aufstellen einer Eigenkapitalentwicklung zu dokumentieren.

  Grundlage für die Erstellung des Abschlusses ist zunächst das Framework, welches durch Grundsätze und Leitlinien den Rahmen für die Arbeit von Bilanzierenden und Abschlussprüfern vorgibt und Bilanzlesern Hilfestellung bietet. Darüber hinaus ist es die Basis für die Neu- und Weiterentwicklung konsistenter Standards. Diese Standards (IFRS/ IAS) stellen die eigentlichen Bilanzierungs- und Bewertungsvorschriften dar. Sie lassen teilweise unterschiedliche Wahlrechte zu, die häufig durch Kompromisse oder durch politischen Einfluss begründet sind. Insgesamt ist der Gestaltungsspielraum aber geringer als bei Abschlüssen nach HGB. Die Vorschriften dieses vorwiegend europäischen Rechnungslegungsstandards sind trotz ihrer hohen Regelungsdichte überschaubar. Durch die umfangreiche **Angabepflicht** bei der **Ausnutzung von Wahlmöglichkeiten** ist der Abschluss meist sehr **aussagekräftig**.

- Entsprechend dem Ziel der Rechnungslegung nach IFRS/ IAS soll auch der Abschluss nach **US-GAAP** die Informationsgrundlage für wirtschaftliche Entscheidungen bilden. Dabei ist, im Kontrast zum HGB, vom Investorenschutzprinzip auszugehen. Dem folgend ist eine umfangreiche Berichterstattung verpflichtend, so dass zusätzlich zu den Bestandteilen des Abschlusses nach IFRS/ IAS noch weitere Instrumente eingesetzt werden. So ist die Veröffentlichung des Berichts der Abschlussprüfer ebenso wie die Angabe wichtiger Finanzdaten der letzten Jahre vorgeschrieben. Weitere unter dem Oberbegriff Financial Reporting zusammengefasste Informationen haben einen hohen Stellenwert innerhalb der Berichterstattung, unterliegen aber nicht spezifischen Regelungen des US-GAAP.

  Auch die amerikanische Rechnungslegung besitzt ein grundlegendes Rahmenwerk, welches zur Erarbeitung neuer Standards und zur Klärung von noch nicht geregelten Bilanzierungsfragen dient, das Conceptual Framework. Darauf aufbauend bilden die Standards des FASB (ab 1973) und die zuvor vom Accounting Principles Board (APB, 1959-1973) erlassenen Vorschriften (APB Opinions) in Verbindung mit einer Reihe von der Vereinigung amerikanischer Wirtschaftsprüfer (AICPA) beschlossenen Bestimmungen den Kern der US-GAAP. Diese primäre Ebene der US-GAAP wird

um weitere, in ihrer Bindungswirkung abgestufte Regelungen ergänzt. In ihrer Gesamtheit bilden sie das House of US-GAAP.
Sie enthalten keine expliziten Wahlrechte und grenzen so den Gestaltungsspielraum maximal ein. Falls im Rahmen der Bewertung und Bilanzierung Ermessenspielräume auftreten, sind sie zu kennzeichnen und nachvollziehbar zu machen. Die **Aussagefähigkeit** der Abschlüsse ist daher **hoch**.

- Wie diese Ausführungen gezeigt haben, bestehen nicht nur zwischen den deutschen Regelungen gemäß HGB und den internationalen Rechnungslegungsvorschriften Unterschiede, sondern auch zwischen IFRS/ IAS und US-GAAP. Daher stellt sich die Frage, welcher Standard sich – unter der Maßgabe einer weltweiten Vereinheitlichung – in Zukunft weltweit durchsetzen wird. Dies lässt sich gegenwärtig noch nicht beantworten. Dennoch sollen abschließend einige Entwicklungen, insbesondere in Deutschland, aufgezeigt werden, um mögliche Tendenzen abzuleiten.
  - Das **Kapitalaufnahmeerleichterungsgesetz** (KapAEG) aus dem Jahr 1998 hat die handelsrechtlichen Vorgaben (§ 292a HGB) in Deutschland dahingehend abgeändert, dass es deutschen Konzernen nun möglich ist, ihren Konzernabschluss nach international akzeptierten Standards zu erstellen. So ist es beispielsweise den an der NYSE geführten deutschen Unternehmen DAIMLERCHRYSLER, DEUTSCHE BANK oder SIEMENS erlaubt, in Deutschland einen befreienden, also anerkannten, Konzernabschluss nach US-GAAP zu veröffentlichen. Für Einzelabschlüsse sind allerdings weiterhin noch Abschlüsse nach Handels- und Steuerrecht vorgeschrieben.
  - Einen weiteren Schritt in die Richtung eines einheitlichen Rechnungslegungsstandards stellt eine im Juni 2002 verabschiedete **Verordnung der Europäischen Union** dar. Sie schreibt für kapitalmarktorientierte Konzernabschlüsse innerhalb der Mitgliedsstaaten der Europäischen Union ab 01. Januar 2005 zwingend die Nutzung der IFRS/ IAS vor (Ausnahme: Frist für an amerikanischen Börsen notierte Unternehmen auf Beginn 2007 verlängert). In der Folge ist es für deutsche Unternehmen, die an amerikanischen Börsen gelistet sind, ab 2007 erforderlich, einen Konzernabschluss nach IFRS/ IAS und US-GAAP sowie ggf. aus steuerrechtlichen Gründen auch Einzelabschlüsse nach EStG bzw. HGB zu erstellen. Da dies für die Unternehmen einen extrem hohen Aufwand darstellt, bestehen verschieden Bemühungen, eine weltweite Vereinheitlichung, zumindest aber eine gegenseitige Anerkennung von US-GAAP und IFRS/ IAS zu erreichen.
  - Als Beispiel hierfür sei eine **Verlautbarung der International Organization of Securities Commissions** (IOSCO) aus dem Jahre 2000 genannt, die allen ihren Mitgliedern, also den weltweiten Börsenaufsichtsbehörden, die Anerkennung der IFRS/ IAS empfiehlt. Allerdings sind bis heute nicht alle diese Behörden, insbesondere nicht die amerikanische SEC, dieser Empfehlung nachgekommen. Für die Zukunft zeichnen sich aber entsprechende Verbesserungen in dieser Richtung ab.
  - Über diese weltweite Vereinheitlichung hinaus, ist innerhalb Europas eine weitere Tendenz festzustellen. Immer mehr Länder gehen dazu über, einen

**Konzernabschluss nach IFRS/ IAS** nicht nur für börsennotierte Unternehmen zu fordern, sondern auch **für nicht börsennotierte Konzerne** zu ermöglichen. Dies entspricht einer Empfehlung der EU-Kommission, die vorschlägt, entsprechende Abschlüsse in den Mitgliedsstaaten zuzulassen. Auch die Bundesregierung hat den deutschen Konzernen im Zuge des Bilanzrechtsreformgesetzes vom 04.12.2004 ein solches Wahlrecht eingeräumt (§ 315a HGB, insbes. III).

- Anders gestaltete sich die Lage bei den **Einzelabschlüssen** der nicht zu einem Konzern gehörenden Unternehmen. Das Problem liegt darin, dass diese Abschlüsse nicht nur der Information externer Adressaten dienen, sondern auch die Grundlage für die Unternehmensbesteuerung bilden. Es ist verständlich, dass insbesondere börsennotierte Unternehmen auch hier für einen Abschluss nach IFRS/ IAS eintreten, um so Doppelarbeiten zu vermeiden. Andererseits ist aber auch die Position der Bundesregierung nachzuvollziehen, die lediglich plante, im Rahmen der Offenlegungspflicht nach § 325 HGB handelsrechtliche Einzelabschlüsse entsprechend internationaler Rechnungsstandards zuzulassen. Über den neuen § 325 IIa HGB ist diese Möglichkeit mittlerweile gegeben. In der Folge müssen die Unternehmen dennoch auch weiterhin Einzelabschlüsse nach HGB erstellen, da dies die Voraussetzung für einen Abschluss entsprechend dem deutschen Steuerrecht darstellt.
- Es ist allerdings **langfristig** damit zu rechnen, dass **innerhalb der Europäischen Union** in allen Ländern **Einzelabschlüsse nach IFRS/ IAS** für alle Unternehmen möglich werden. Erste Beispiele für diese Entwicklung sind Großbritannien, wo ab 2005 alle Unternehmen Einzelabschlüsse nach IFRS/ IAS statt den britischen Rechnungslegungsstandards vorlegen können, und Dänemark, das ebenfalls ein entsprechendes Wahlrecht plant.

### *d. Bestandteile und Verfahren des internen Rechnungswesens*

Nachdem wir in den ersten Teilen dieses Abschnitts verstärkt auf das externe Rechnungswesen eingegangen sind, zeigen wir im Folgenden die wesentlichen Grundzüge des internen Rechnungswesens auf. Wir hatten in Abbildung F-IV-33 bereits die Zuordnung der Grundbegriffe und Rechnungsgrößen des externen und internen Rechnungswesens vorgenommen. Bei den amerikanischen Rechnungslegungsvorschriften nach US-GAAP wird die Unterscheidung zwischen internem und externem Rechnungswesen, wie sie in Deutschland besteht, nicht praktiziert.

#### Kosten- und Leistungsrechnung

Das Interne Rechnungswesen beinhaltet im Kern die **Kosten- und Leistungsrechnung**. Ihre Aufgabe ist die systematische Erfassung, Verteilung und Zurechnung der im Rahmen des betrieblichen Leistungserstellungs- und -verwertungsprozesses für den anfallenden Werteverzehr der Produktionsfaktoren resultierenden Kosten. Wie eingangs ausgeführt, stellen die Kosten also den bewerteten Verbrauch an Gütern und Dienstleistungen im Zusammenhang mit der Herstellung und dem Absatz der betrieblichen Leistung dar. Dieser von EUGEN SCHMALEN-

BACH (1873 – 1955) geprägte **wertmäßige Kostenbegriff** unterscheidet sich insofern vom ausgabenorientierten, **pagatorischen Kostenbegriff**, als nicht jeder Verbrauch an Ausgaben gebunden ist (kalkulatorische Kosten) und nicht jede Ausgabe in der Periode des Verbrauchs anfällt.

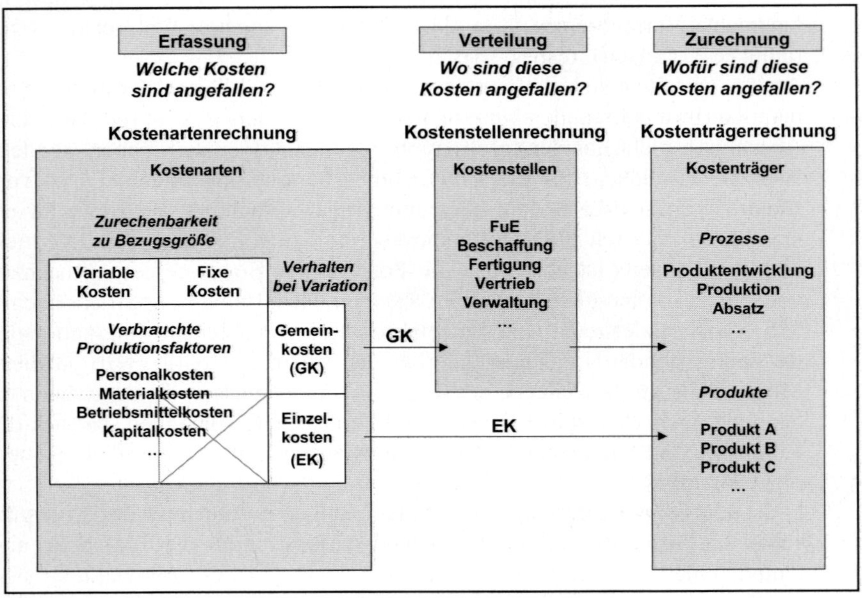


**Abb. F-IV-38:** Vorgehen der Kosten- und Leistungsrechnung

Das Ziel der Kostenerfassung wird, wie in Abbildung F-IV-38 dargestellt, mit der Kostenartenrechnung erreicht. Hier werden die Kosten des gesamten Unternehmens erfasst. Die Verteilung der Kosten einer Abrechnungsperiode auf den Ort der jeweiligen Kostenentstehung, die Kostenstellen, ermöglicht die Kostenstellenrechnung. Darauf aufbauend wird der jeweilige Werteverzehr dann durch die Kostenträgerrechnung der einzelnen betrieblichen Leistung zugerechnet, die ihn als Kostenträger verursacht hat. Das oberste Ziel stellt dabei immer eine möglichst **verursachungsgerechte Kostenzurechnung** dar, um sicherzustellen, dass nur die Einheit (Stelle, Prozessabschnitt oder Produkt) mit Kosten belastet wird, bei der auch der Werteverzehr für die Leistungserstellung stattgefunden hat.

Eine verursachungsgerechte Kostenzurechnung ist also immer dann möglich, wenn die Beziehung zwischen dem Leistungserstellungsprozess und dem Ergebnis der Leistungserstellung unmittelbar herzustellen ist. Falls dies nicht möglich ist, bleibt als zweitbeste Lösung nur eine Umlage im Sinne einer Schlüsselung von Kostenblöcken auf Kostenstellen und Kostenträger übrig.

Auch wenn eine Kostenumlage einen Kostenblock nie vollständig verursachungsgerecht aufteilt, ist diese näherungsweise Kostenzurechnung in der betrieblichen Praxis dennoch wichtig. Dieses Wissen wird beispielsweise in der Preiskalkulation der Produkte ihren Eingang finden. Hierdurch soll sichergestellt werden, dass der geforderte Produktpreis alle für die Herstellung und Vermarktung des Produktes erforderlichen Kosten abdeckt und möglichst noch eine Gewinnmarge enthält.

Ähnliche Entscheidungsprobleme, wie diese im Absatzbereich, erfordern auch in anderen betrieblichen Teilbereichen eine situationsbezogene Rechnung. So muss beispielsweise in der Beschaffung analysiert werden, welcher Lieferant das preiswerteste Angebot unterbreitet und auf welchem Weg die erworbenen Materialien kostengünstig in das Unternehmen gelangen können. Im Bereich der Produktion stellt sich die Frage nach der optimalen Lösgröße und dem besten Produktionsverfahren. Bei einer Integration der Wertschöpfungsphasen ist zu bestimmen, ob verschiedene Leistungen selbst erstellt oder fremdbezogen werden (make or buy) oder welches Produktionsprogramm gewinnoptimal ist. Bei all diesen Analysen ist eine genaue Kenntnis der entstehenden Kosten für spezifizierte Leistungen von elementarer Bedeutung.

Neben dieser **entscheidungsunterstützenden Funktion** dient die Kosten- und Leistungsrechnung aber auch zur **Wirtschaftlichkeits- und Erfolgskontrolle**. Durch den Vergleich von geplanten und tatsächlich realisierten Kosten im Rahmen der Plankostenrechnung können Abweichungen in ihrer Höhe bestimmt und die Suche nach den Ursachen für diese Fehlentwicklung erleichtert werden. Durch eine Erfolgsermittlung in kürzeren Perioden, als sie das externe Rechnungswesen bereitstellt, kann der betriebliche Erfolg in beliebig kleinen Zeitabständen und damit nahezu permanent kontrolliert werden. Hierdurch können erforderlichenfalls operative oder strategische Maßnahmen schnell ergriffen werden.

- Wie aufgezeigt, dient die **Kostenartenrechnung** der systematischen Erfassung aller Kosten des Leistungs- und Finanzprozesses. Die ihr zu Grunde liegende Frage lautet demnach: Welche Kosten sind angefallen? Ihre Daten bezieht die Kostenartenrechnung aus der Finanzbuchhaltung des externen Rechnungswesens. Um sie für die Kosten- und Leistungsrechnung nutzbar zu machen, sind sie möglichst vollständig, eindeutig und überschneidungsfrei zu erfassen. Dies erfolgt i.d.R. auf Basis eines aus dem Kontenrahmen der Finanzbuchhaltung abgeleiteten **Kostenartenplans**. Dabei lassen sich eine Vielzahl an Kostenarten unterscheiden:

    - Nach der **Art der verbrauchten Produktionsfaktoren** kann z.B. eine inhaltliche Trennung in Personal-, Material-, Betriebsmittel- und Kapitalkosten erfolgen. Für ihre Unterteilung werden in der Literatur verschiedene Vorschläge diskutiert. Bezeichnend ist dabei aber immer, dass diese sich an den Vorgaben der Finanzbuchhaltung, also der dortigen Unterteilung, orientieren.
    - Nach der **Art ihrer verursachungsgerechten Zurechnung** kann weiterhin in Einzelkosten und Gemeinkosten unterschieden werden. **Einzelkosten** sind dabei solche Kosten, die den jeweiligen Kostenträgern direkt für einen Werteverzehr zugerechnet werden können. Für sie besteht also keine Notwendigkeit einer Aufteilung über den Umweg der Kostenstellenrechnung; dadurch entsprechen sie in hohem Maße dem Verursachungsprinzip. Im Gegensatz dazu können die **Gemeinkosten** den Kostenträgern nicht direkt

zugerechnet werden. Sie fallen als Kostenblock i.d.R. für die Erstellung mehrerer unterschiedlicher Leistungen an. Für ihre Aufteilung auf die Kostenträger sind Verteilungsschlüssel oder Zuschläge zu bilden. Diese Aufgabe übernimmt die Kostenstellenrechnung.

- Kosten können auch entsprechend ihres Verhaltens bei einer Änderung der Beschäftigung bzw. der Kapazitätsausnutzung, also ihrer **Dispositionsabhängigkeit**, unterschieden werden. So existieren auf der einen Seite **fixe (feste) Kosten**, die unabhängig von der Höhe der Ausbringungsmenge anfallen. Sie stellen meist Kosten für die Aufrechterhaltung der Betriebsbereitschaft dar und sind i.d.R. den Gemeinkosten zurechenbar. Auf der anderen Seite gibt es die **variablen Kosten**, die sich mit der Veränderung der Ausbringungsmenge ändern. Dies kann proportional, also im gleichen Verhältnis, schneller (progressiv) oder langsamer (degressiv) erfolgen. Auf Grund dieser Charakteristika stellen variable Kosten häufig Einzelkosten dar. Die Bestimmung, ob Kosten fix oder variabel sind, bereitet insofern Probleme, als dass jegliche Kosten über einen entsprechend langen Zeitraum als variabel anzusehen sind. So sind über kurze Zeit beispielsweise die Kosten für die Nutzung einer Lagerhalle zur Lagerung von Zwischenprodukten unvermeidlich. Über einen längeren Zeitraum können aber diese Kosten dadurch vermieden werden, dass der Produktionsprozess so optimiert wird, dass eine Zwischenlagerung und damit die Nutzung der Lagerhalle nicht mehr erforderlich ist. Es ist also immer die Frage zu stellen, in welchem Zeitraum Kosten fix oder variabel sind.
- Eine letzte, hier aufzuführende Unterscheidung ergibt sich aus der im Unterabschnitt F.IV.5.a. vorgenommenen Abgrenzung der Rechnungslegungsgrößen. So sind, nach der **Art ihrer Kostenerfassung**, aufwandsgleiche Kosten, die direkt aus der Finanzbuchhaltung zu entnehmen sind, von kalkulatorischen Kosten zu trennen. Die kalkulatorischen Kosten, wie der kalkulatorische Unternehmerlohn für die eingesetzte Arbeitskraft oder die kalkulatorischen Zinsen für das überlassene Eigenkapital, sind nicht oder in einer anderen Höhe in der Finanzbuchhaltung ausgewiesen.

Zur Aufstellung des Kontenplans sind die verschiedenen Kostenarten zu kombinieren. Dies erfolgt unternehmensspezifisch und beinhaltet meist nicht alle aufgeführten Unterscheidungskriterien oder bezieht noch weitere ein. Grundsätzlich lässt sich aber feststellen, dass die Art der verbrauchten Produktionsfaktoren den obersten Gliederungsgesichtspunkt bildet. Von ihnen ausgehend erfolgt dann eine Unterteilung nach weiteren Merkmalen der Kosten.

• Wie bereits angesprochen, stellt die Zurechnung angefallener Einzelkosten auf die jeweiligen Kostenträger kein Problem dar. Im Gegensatz hierzu sind die Gemeinkosten nicht unmittelbar der sie verursachenden betrieblichen Leistung zurechenbar, da sie in unterschiedlichem Maße von den einzelnen Kostenstellen verursacht werden. In der Folge ist es die Aufgabe der **Kostenstellenrechnung**, sie möglichst genau nach dem Ort ihrer Entstehung aufzuteilen. Würden die Gemeinkosten nicht über diesen Zwischenschritt verteilt, sondern mittels eines globalen prozentualen Zuschlages auf die Einzelkosten umgelegt, würde

eine i.d.R. nicht gegebene Proportionalität von Einzel- und Gemeinkosten unterstellt. Dies entspräche in keiner Weise dem Verursachungsprinzip. Somit kann die Kostenstellenrechnung als Bindeglied zwischen Kostenarten- und Kostenträgerrechnung verstanden werden, welches das Ziel verfolgt, **Gemeinkosten möglichst verursachungsgerecht auf die Kostenträger umzulegen**.
Die Voraussetzung für die Kostenstellenrechnung bildet die Untergliederung des gesamten Unternehmens in geeignete Abrechnungseinheiten, also die Kostenstellen. Für sie werden die Kosten jeweils gesondert geplant, erfasst und kontrolliert. Dadurch werden die gesamten Kosten eines Unternehmens auf Aufgabenträger und ihre Tätigkeiten aufgeteilt. Da dies i.d.R. der organisatorischen Struktur des Unternehmens entspricht, resultieren hieraus die Strukturkosten. Sie unterscheiden sich von den den betrieblichen Leistungsprozessen unmittelbar zugeordneten Prozesskosten, auf die wir an späterer Stelle noch eingehen. Für einzelne Kostenstellen lässt sich also, unabhängig von der primären Verteilungsaufgabe der Kostenstellenrechnung auf die Kostenträger, anhand eines Vergleichs der entstandenen Periodenkosten mit Vergangenheits- oder Planwerten eine **Wirtschaftlichkeitskontrolle** aller Organisationseinheiten durchführen.
Die **Aufgliederung der Kostenstellen** kann sich an verschiedenen Gesichtspunkten orientieren. So kann eine Unterteilung nach betrieblichen Funktionen, wie der Beschaffung, der Fertigung und dem Vertrieb oder nach räumlichen Gesichtspunkten, wie etwa Eingangslager, Werkstatt, Fertigteilelager, erfolgen. Des Weiteren ist eine Einordnung nach Verantwortlichkeitsbereichen oder nach produktionstechnischen Gegebenheiten, wie Hauptkostenstellen, Nebenkostenstellen oder Hilfskostenstellen, möglich. Je besser und detaillierter die einzelnen Teilbereiche voneinander abgegrenzt sind, desto leichter und genauer kann die Kostenverrechnung erfolgen.
Nachdem mittels der Bildung geeigneter Kostenstellen die Voraussetzung für die Verrechnung der Kostenarten auf den Ort ihrer Entstehung geschaffen wurde, kann nun die Verteilung der Gemeinkosten erfolgen. Hierzu wird in der betrieblichen Praxis meist der tabellarisch strukturierte **Betriebsabrechnungsbogen** (BAB) herangezogen (siehe hierzu Abb. F-IV-39). Seine Aufgabe besteht darin, die zeilenweise eingetragenen Kostenarten auf die spaltenweise verzeichneten Kostenstellen aufzuteilen. Das dafür nötige Vorgehen lässt sich in drei Schritte unterteilen:

- Im Rahmen der **Primärkostenverrechnung** werden die Gemeinkosten aus der Kostenartenrechnung auf die Kostenstellen verteilt. Dabei sind nicht alle Gemeinkosten der Kostenartenrechnung auch Gemeinkosten auf der Ebene der Kostenstellenrechnung. Dies liegt darin begründet, dass die Unterteilung in Einzel- und Gemeinkosten hier nicht mehr unter dem Blickwinkel der Zurechnung auf einzelne Produkteinheiten geschieht, sondern unter Maßgabe der Zuordenbarkeit zu einzelnen Kostenstellen. So lassen sich Personalkosten beispielsweise meist nicht direkt einem Kostenträger zurechnen, sehr wohl aber über Gehaltslisten auf Kostenstellen. Diese Kostenstelleneinzelkosten werden den Kostenstellen direkt zugeschrieben.

Im Gegensatz dazu existieren auch Kostenstellengemeinkosten, bei denen eine Zurechnung auf eine einzelne Kostenstelle nicht sinnvoll möglich ist. Sie müssen über geeignete Schlüssel auf die verschiedenen Kostenstellen verteilt werden. Als Resultat ergeben sich durch die jeweils spaltenweise Addition die Primärkosten der verschiedenen Kostenstellen.

| Kostenarten | | Kostenstellen | | | | | | | |
|---|---|---|---|---|---|---|---|---|---|
| | | Hilfskostenstellen | | | Hauptkostenstellen | | | | |
| | Summe | Gebäude | Fuhrpark | Reparaturleistungen | Montage | Fertigung I | Fertigung II | Verwaltung | Vertrieb |
| *Gemeinkosten* | | | | | | | | | |
| Personalkosten | 7.000 | 400 | 300 | 300 | 200 | 1.800 | 2.000 | 1.200 | 800 |
| Miete | 3.000 | 1.200 | 200 | 0 | 200 | 600 | 600 | 150 | 50 |
| Abschreibungen | 6.000 | 300 | 1.600 | 200 | 0 | 1.200 | 2.400 | 150 | 150 |
| Zinsen | 2.000 | 200 | 300 | 50 | 350 | 450 | 500 | 50 | 100 |
| Sonst. Gemeinkosten | 4.000 | 400 | 250 | 200 | 450 | 1.200 | 900 | 200 | 400 |
| Summe Primäre GK | 22.000 | 2.500 | 2.650 | 750 | 1.200 | 5.250 | 6.400 | 1.750 | 1.500 |
| *Umlagen* | | | | | | | | | |
| Gebäude | | | 200<br>2.850 | 100 | 700 | 450 | 650 | 150 | 250 |
| Fuhrpark | | | | 200<br>1.050 | 600 | 50 | 100 | 400 | 1.500 |
| Reparaturleistungen | | | | | 50 | 350 | 650 | 0 | 0 |
| Summe primäre und sekundäre GK | | | | | 2.550 | 6.100 | 7.800 | 2.300 | 3.250 |
| *Bezugsgrößen* | | | | | | | | | |
| Materialeinzelkosten | | | | | 18.000 | | | | |
| Fertigungseinzelkosten I | | | | | | 12.000 | | | |
| Fertigungseinzelkosten II | | | | | | | 14.000 | | |
| Herstellungskosten | | | | | | | | 60.450 | 60.450 |
| Kalkulationssatz | | | | | 14,2% | 50,8% | 55,7% | 3,8% | 5,4% |

**Abb. F-IV-39:** Betriebsabrechnungsbogen

- In einem zweiten Schritt hat nun die **Sekundärkostenverrechnung** die Aufgabe, die Kosten der innerbetrieblichen Leistung zu verteilen. Es sind also die selbst erstellten und innerbetrieblichen materiellen und immateriellen Güter der Hilfskostenstellen auf die Hauptkostenstellen umzulegen. Der Grund liegt darin, dass Hilfskostenstellen, wie beispielsweise Gebäude oder Reparaturleistungen, nur die Hauptkostenstellen bei dem Fertigungsprozess unterstützen und sich ihre Kosten daher nicht direkt auf die Kostenträger verteilen lassen. Zu berücksichtigen ist zusätzlich, dass die Hilfskostenstellen auch untereinander Verflechtungen aufweisen können. Daher existiert eine Reihe von Verrechnungsverfahren, wie das Anbauverfahren, das bei fehlenden Verflechtungen eine unmittelbare Kostenumlage vornimmt, oder das in der Abbildung dargestellte Stufenleiterverfahren, welches bei den allgemeinen Kostenstellen beginnend die Kosten schrittweise überträgt. Im Resultat sind alle Gemeinkosten auf die Hauptkostenstellen umgelegt.

- Auf dieser Basis lassen sich in einem letzten Schritt **Gemeinkostenzuschlagssätze** ermitteln, die der Weiterverrechnung auf die Kostenträger dienen. Dabei geht man davon aus, dass für jede Kostenstelle Bezugsgrößen vorhanden sind, welche die Intensität ihrer Nutzung anzeigen. Dies können einerseits Mengenschlüssel, wie die Produktionsmenge oder die Maschinenstunden, sein. Andererseits sind auch Wertschlüssel, wie der Umsatz oder die Herstellkosten, möglich. Die Ermittlung eines Zuschlagssatzes für die Hauptkostenstelle Montage kann also in der Form geschehen, dass die ermittelten Gesamtgemeinkosten der Fertigungsstelle auf die Anzahl der benötigten Mitarbeiter bezogen wird (Mengenschlüssel) oder auf die eingesetzten Materialeinzelkosten (Wertschlüssel). Die letztere Rechnung ergibt einen Kalkulationssatz für den Gemeinkostenzuschlag Montage in Höhe von gerundet 14,2%; die weiteren Zuschlagssätze und ihre im Beispiel gewählten Bezugsgrößen sind der Abbildung zu entnehmen.

- Wie bereits angesprochen, handelt es sich bei der **Kostenträgerrechnung** um die dritte und letzte Stufe der Kosten- und Leistungsrechnung. Sie geht der Frage nach, wofür die Kosten angefallen sind. Um dies aufzuzeigen, werden die in der Kostenartenrechnung ermittelten Einzelkosten den Kostenträgern direkt zugeschrieben, die Gemeinkosten hingegen über die in der Kostenstellenrechnung berechneten Gemeinkostenzuschlagssätze.
  Zwei Varianten der Kostenträgerrechnung lassen sich unterscheiden:

  - Die **Kostenträgerstückrechnung** bezieht die bestimmten Kosten auf die Anzahl gefertigter Einheiten. Ihre Aufgabe ist somit die Kalkulation der Herstell- und der Selbstkosten. Diese Daten bilden die Grundlage für preispolitische Entscheidungen, ermöglichen eine Bewertung der Bestände an Halb- und Fertigprodukten und dienen sowohl der Planungs- als auch der Kontrollfunktion.
    Zur Kostenumlage werden im Rahmen der Kostenträgerstückrechnung verschiedene Kalkulationsverfahren angewendet. Diese werden maßgeblich von dem zu Grunde liegenden Fertigungsverfahren bestimmt.

    * Die **Divisionskalkulation** wird bei der einheitlichen Massenproduktion, also in einem Ein-Produkt-Unternehmen eingesetzt. Sie verteilt die Gesamtkosten (Einzelkosten aus Kostenartenrechnung und Gemeinkosten aus Kostenstellenrechnung) gleichmäßig auf die Fertigungsmenge (Stückkosten = Gesamtkosten / Einheitenzahl). In dieser einfachen Form werden keine Bestandsveränderungen im Lager berücksichtigt, da dies eine separate Umlage der Vertriebskosten (nur auf die verkauften Einheiten) erfordert. Ebenso bedarf es zusätzlicher Berechnungen, wenn die Produktion nicht in einem Schritt, sondern in mehreren Stufen erfolgt, da hier auch Bestände an unfertigen Erzeugnissen zu beachten sind.
    * Die **Äquivalenzziffernkalkulation** findet sowohl bei Sorten- als auch bei Serienfertigung Verwendung. Sie ist für Unternehmen geeignet, die artgleiche Produkte mit vergleichbaren Verfahren herstellen, wobei sich aber die Kosten der Produktion unterscheiden. Im Vorgehen ist zunächst

ein so genanntes Einheitsprodukt zu bestimmen, dessen Produktionskosten im Folgenden als Berechnungsgrundlage benutzt werden (Äquivalenzziffer 1). Mittels Äquivalenzziffern ist nun festzulegen, um wie viel die Produktion eines anderen Produktes billiger (Äquivalenzziffer < 1) oder teurer (Äquivalenzziffer > 1) ist. Anschließend ist es möglich, durch die Multiplikation der jeweils hergestellten Produktmengen mit den ihnen entsprechenden Äquivalenzziffern die Menge an rechnerisch produzierbaren Einheitsprodukten zu ermitteln. Diese Größe kann nun als Grundlage für eine Divisionskalkulation eingesetzt werden, so dass sich die Kosten je Einheitsprodukt bestimmen lassen. Unter Verwendung der Äquivalenzziffern kann dieser Kostensatz nun auf die verschiedenen Produktvarianten verteilt werden.

* Die **Zuschlagskalkulation** wird üblicherweise für die Serien- und Einzelfertigung eingesetzt, bei der unterschiedliche Produkte durch mehrstufige Fertigungsprozesse unterschiedliche Kosten mit regelmäßig auftretenden Bestandsveränderungen verursachen. Sie verteilt die in der Kostenartenrechnung bestimmten Einzelkosten direkt auf die produzierten Einheiten, zur Umlage der Gemeinkosten verwendet sie hingegen die in der Kostenstellenrechnung ermittelten Zuschlagssätze. Sie bildet das am universellsten einsetzbare Kalkulationsverfahren.

- Im Gegensatz zur Kostenträgerstückrechnung stellt die **Kostenträgerzeitrechnung** (auch kurzfristige Erfolgsrechnung genannt) nicht auf die Kosten je produzierter Einheit, sondern auf die Kosten der Abrechnungsperiode ab. Ihr Ziel ist es zwar ebenfalls, die Quellen des Erfolgs aufzuzeigen, sie dient aber nicht der Kontrolle der Profitabilität einzelner Kostenträger, sondern der laufenden Überprüfung der Wirtschaftlichkeit des gesamten Unternehmens. Dies erfordert allerdings – neben der bisher aufgezeigten Betrachtung der Kosten – auch eine Behandlung der Leistungsseite und damit der durch den Verkauf erzielten Erlöse.

  Durch die Verbindung der beiden Perspektiven entsteht eine **kurzfristige Erfolgsrechnung**, welche als unternehmensinternes Steuerungs- und Kontrollinstrument herangezogen wird. Dabei geht diese in ihrer Aussagekraft weit über die nach handels- und steuerrechtlichen Gesichtspunkten erstellte Gewinn- und Verlustrechnung hinaus. So ist sie nicht auf die gesetzlich vorgeschriebenen pagatorischen Rechnungsgrößen Aufwand und Ertrag beschränkt, sondern verwendet die zum Teil erheblich differenzierteren Größen Kosten und Leistung. In der Folge können beispielsweise Bestandsveränderungen besser berücksichtigt werden. Sie bietet darüber hinaus die Möglichkeit, neben vergangenheitsorientierten Werten auch zukunftsbezogene Plangrößen einzusetzen. Schließlich wird sie i.d.R. monatlich erstellt, wohingegen die GuV entsprechend der Rechnungslegungsperiode nur seltener angelegt wird. In Anlehnung an das Vorgehen bei der Erstellung der GuV besteht auch bei der Kostenträgerzeitrechnung die Möglichkeit, entweder das Gesamtkostenverfahren oder das Umsatzkostenverfahren einzusetzen.

* Dabei stellt das **Gesamtkostenverfahren** eine **Produktionserfolgsrechnung** dar, welche die Bestandsveränderungen mit berücksichtigt. Bei gefallenem Bestand innerhalb einer Periode sind die sämtliche Herstellkosten dem gesamten Periodenerlös gegenüberzustellen. Bei einer Bestandserhöhung wird die Erlösseite um die Herstellkosten (und die hierfür aktivierten Eigenleistungen) erweitert. In diesem Fall wird also rechnerisch davon ausgegangen, dass diese Produkte bereits am Markt zu den Herstellkosten verkauft wurden. Dieses Verfahren erlaubt eine unkomplizierte Kostenstrukturanalyse und ermöglicht es, aus der Veränderung einzelner Kostenarten resultierende Auswirkungen auf das Gesamtergebnis abzuschätzen.
* Das **Umsatzkostenverfahren** stellt hingegen nur die Kosten und Leistungen für die innerhalb einer Periode abgesetzten Produkte gegenüber, zuzüglich der nicht zu den Herstellkosten zählenden Gemeinkosten, beispielsweise für den Vertrieb. Lagerbestandserhöhungen und die hierfür aufgewandten Kosten werden also nicht berücksichtigt. Der hieraus ermittelte Betriebsgewinn stellt ein Maß für den Absatzerfolg dar. Obwohl dieser Betriebsgewinn in der Summe bei beiden Verfahren übereinstimmt, weist doch das Umsatzkostenverfahren Vorteile auf. Zum einen besteht hier – durch eine ausschließliche Konzentration auf die abgesetzten Produkte – nicht die Notwendigkeit, durch regelmäßige Inventuren Bestandsveränderungen zu erfassen. Zum anderen legt es wichtige Informationen bezüglich des Erfolgsbeitrages einzelner Kostenträger offen. In der Praxis fällt die Entscheidung für eines der beiden Verfahren aber häufig vor dem Hintergrund, die interne und externe Rechnungslegung zu vereinheitlichen.

**Verfahren der Kostenrechnung**

Bei den bisherigen Betrachtungen und Berechnungen sind alle angefallenen Kosten auf die Kostenträger umgelegt worden. Dieses **Verfahren der Vollkostenrechnung** hat eine Ermittlung der Herstell- bzw. Selbstkosten zum Ziel. Sie dürfen langfristig nicht durch den Verkaufspreis unterschritten werden, da damit unweigerlich eine Substanzverringerung verbunden wäre. Auch die in der Bilanz auszuweisenden Größen für den Bestand an Halb- und Fertigerzeugnissen beruhen auf dieser Ermittlungsmethode und entsprechen somit dem Vorsichtsprinzip.

Allerdings vermittelt dieses Vorgehen unter bestimmten Umständen ein falsches Bild und stellt somit eine unzureichende Entscheidungsgrundlage dar. Dies ist der Fall, wenn in einem Unternehmen, das mehrere Produkte fertigt, einzelne Produkte ein negatives Ergebnis aufweisen, aber dennoch einen Anteil zur Deckung der Fixkosten leisten. Ein solches Produkt kann also insgesamt höhere Kosten verursachen (z.B. 700 EUR an variablen und 900 EUR an fixen Kosten), als es Umsätze erwirtschaftet (1.400 EUR Umsatzerlös). Würde die Produktion eingestellt, müsste das Unternehmen zwar die variablen Kosten nicht mehr bezahlen, die Fixkosten würden aber, zumindest für eine gewisse Zeit, weiterhin anfallen (z.B. weil die Fabrikhalle nicht verkauft werden kann oder eine betriebsbedingte Kündigung des Personals durch gegebene Beschäftigungsgarantien nicht erfolgen kann). In unserem Beispiel müsste das Unternehmen also nicht nur 200 EUR Verlust bei fortlaufender Produktion, sondern 900 EUR Verlust bei Streichung des Produkts verkraften.

Um diese Tatsache zu berücksichtigen, wurde das Konzept der **Teilkostenrechnung** (auch Grenzkostenrechnung genannt) entwickelt. Bereits bei der Kostenartenrechnung werden die variablen Kosten ermittelt, und nur diese sind in den folgenden Stufen zu betrachten. Im Ergebnis liegen im Rahmen der Kostenträgerrechnung Angaben über die von den Kostenträgern verursachten variablen Kosten vor. Sie können für die Kalkulation von kurzfristigen Preisuntergrenzen, die Optimierung des Produktionsprogramms oder die Betriebsanpassung bei Beschäftigungsschwankungen verwendet werden. Im letzten Fall würde – im System der Vollkostenrechnung – ein fallender Beschäftigungsgrad einer Kostenstelle zu höheren Gemeinkostenzuschlägen führen. Schlagen diese sich dann in entsprechenden Preiserhöhungen nieder, kann ein Absatzrückgang die Folge sein. Dieses Beispiel zeigt die große Schwäche der Vollkostenrechnung deutlich auf: Bei einem hohen Grad an Gemeinkosten erfolgt die Kostenverteilung weitgehend willkürlich und verstößt so gegen das Verursachungsprinzip. Die ermittelten Größen sind also stark verzerrt und können nicht für Planungs-, Kalkulations- oder Kontrollzwecke herangezogen werden.

Allerdings können die Verfahren der Teilkostenrechnung die Vollkostenrechnung nicht ersetzen, da diese die langfristigen Preisuntergrenzen aufzeigt und, wie bereits angesprochen, für die bilanzielle Ermittlung der Herstellkosten notwendig ist.

Im Folgenden soll eine Anwendung der Teilkostenrechnung im Rahmen der Kostenträgerrechnung näher dargestellt werden, die **Deckungsbeitragsrechnung**.

- Bei einem einstufigen Vorgehen, welches als **Direct costing** bezeichnet wird, ist der Deckungsbeitrag (DB) in der Form zu ermitteln, dass von den Umsatzerlösen die variablen Kosten abgezogen werden. In dem Beispiel von oben ergäbe sich also ein DB von 1.400 EUR - 700 EUR = 700 EUR. Dieser als **Deckungsbeitrag I** bezeichnete Betrag steht zur Verfügung, um die fixen Kosten des Unternehmens auszugleichen und möglichst noch eine Gewinnmarge zu beinhalten. Allerdings ist in der Praxis häufig zu beobachten, dass bei der Einstellung der Produktion eines Erzeugnisses nicht alle fixen Kosten bestehen bleiben. So können die durch Abschreibung verursachten Kosten für eine Maschine durch deren Verkauf gesenkt werden. Die Fabrikhalle, in der die Fertigung stattfand, wird hingegen noch durch weitere Maschinen belegt, und kann so nicht veräußert werden. Nach diesem Prinzip haben KLAUS AGTHE und KONRAD MELLEROWICZ (1891 – 1984) weitere fixe Kostenblöcke aufgezeigt und diese in eine **stufenweise Deckungsbeitragsrechnung** integriert. Sie werden im Folgenden aufgezeigt; ihre Berechnung kann anhand des Beispiels in Abbildung F-IV-40 nachvollzogen werden.

* **Fixkosten der Produktart** fallen nur für ein Produkt an, sie sind aber von dessen Ausbringungsmenge unabhängig. Zu nennen sind hier beispielsweise die oben aufgezeigten Maschinenkosten, Kosten für Spezialwerkzeuge oder für Lizenzen, welche bei der Produktion des Produktes benötigt werden. Durch Abzug dieser Kosten vom Deckungsbeitrag I erhält man den **Deckungsbeitrag II**.

| **Unternehmen** | **XYZ** | | | | | |
|---|---|---|---|---|---|---|
| **Unternehmensbereich** | **I** | | | **II** | | |
| **Produktgruppe** | **I.1** | | **I.2** | **II.1** | | |
| **Produkt** | **A** | **B** | **C** | **D** | **E** | **Summe** |
| Umsatzerlöse | 900 | 1.300 | 500 | 700 | 1.100 | 4.500 |
| ./. var. Kosten Produkt (z.B. Materialkosten) | 600 | 400 | 300 | 400 | 600 | 2.300 |
| = **Deckungsbeitrag I** | **300** | **900** | **200** | **300** | **500** | **2.200** |
| ./. fixe Kosten Produkt (z.B. Maschinenkosten) | 100 | 250 | 0 | 150 | 200 | 700 |
| = **Deckungsbeitrag II** | **200** | **650** | **200** | **150** | **300** | **1.500** |
| ./. fixe Kosten Produktgruppe (z.B. Kosten für Fertigungshalle) | 400 | | 50 | 200 | | 650 |
| = **Deckungsbeitrag III** | **450** | | **150** | **250** | | **850** |
| ./. fixe Kosten Unt.-bereich (z.B. Entwicklungskosten) | 250 | | | 100 | | 350 |
| = **Deckungsbeitrag IV** | **350** | | | **150** | | **500** |
| ./. fixe Kosten Unternehmen (z.B. Kosten Personalverwaltung) | 300 | | | | | 300 |
| = Periodenergebnis (**Deckungsbeitrag V**) | **200** | | | | | |

**Abb. F-IV-40:** Beispiel einer mehrstufigen Deckungsbeitragsrechnung

* **Fixkosten der Produktgruppe** werden dementsprechend von den Produkten einer Produktgruppe gemeinsam verursacht, lassen sich aber bei der Einstellung der Produktion dieser Produktgruppe auf Null senken. Hier kann z.B. die oben genannte Fertigungshalle angeführt werden, falls in ihr nur diese Produktgruppe gefertigt wird. Aber auch gemeinsam genutztes Personal ist hier zu nennen. Nach Reduzierung des Deckungsbeitrags II um diese Kosten verbleibt der **Deckungsbeitrag III**.
* **Fixkosten des Unternehmensbereiches** entstehen in Entsprechung zu den oben genannten Fixkostenarten. Beispiele sind gemeinsame Entwicklungs-, Verwaltungs- oder Vertriebskosten eines Unternehmensbereiches. Die Subtraktion dieser Kosten vom Deckungsbeitrag III führt zum **Deckungsbeitrag IV**.

* **Fixkosten des Unternehmens** bilden diejenigen Fixkosten, die den übrigen Fixkostengruppen nicht zuordenbar sind, so z.B. die Kosten für die Unternehmensleitung. Wenn der Deckungsbeitrag IV um diese Kosten gemindert wird, ergibt sich der **Deckungsbeitrag V**. Da nun alle Kosten, sowohl variable als auch fixe, von den Umsatzerlösen der Periode abgezogen worden sind, entspricht der Deckungsbeitrag V dem Periodenergebnis.

- Durch die zunehmende Automatisierung der Fertigung und dem Bedeutungszuwachs der indirekten bzw. unterstützenden Wertschöpfungsbereiche, wie beispielsweise der Forschung oder der Logistik, sind in den letzten Jahrzehnten die Fix- und Gemeinkosten stark angestiegen. Nur noch wenige Kosten fallen in der Form von Einzelkosten an und sind somit problemlos ihren Kostenträgern zuzuordnen. Die Folge dieser Entwicklungen ist eine wachsende Ungenauigkeit bei der Zurechnung der Fix- und Gemeinkosten mittels der in der Kostenstellenrechnung ermittelten Zuschlagssätze.
  Als Ausweg aus diesem Dilemma bietet sich die **Prozesskostenrechnung** an. Sie bezweckt eine Neustrukturierung des Gemeinkostenbereichs in sachlich zusammengehörende, die einzelnen Kostenstellen übergreifende Prozessketten. Somit stellen die Prozesse im Rahmen der Kostenrechnung einen zusätzlichen Kostenträger dar. Die Möglichkeit, einzelnen Prozessen die von ihnen verursachten Kosten zurechnen zu können, bildet dabei die Grundlage für Prozessoptimierungen.
  Darüber hinaus trägt dieser Ansatz aber auch der zunehmenden Prozessorientierung innerhalb und zwischen Unternehmen Rechnung. Durch die Betrachtung der Wertschöpfungskette von den Lieferanten/ Ressourcen über die Unternehmensprozesse/ -produkte zu den Abnehmern/ Kunden können strategische Impulse von der Prozesskostenrechnung ausgehen. Wirkungszusammenhänge zwischen markt- und produktbezogenen Entscheidungen und den dadurch verursachten Kapazitätsveränderungen werden transparenter.
  Den Ausgangspunkt für die Prozesskostenrechnung, wie sie in Abbildung F-IV-41 dargestellt ist, bildet eine, i.d.R. kostenstellenbezogene Untersuchung und Strukturierung der betrieblichen Teilprozesse in Form einer Tätigkeitsanalyse. Die identifizierten **Teilprozesse** stellen in sich homogene Aktivitäten einer Kostenstelle dar. Entsprechende Tätigkeiten können z.B. das Versenden von Anschreiben an Firmenkunden in der Vertriebsabteilung oder die Bestellung von Materialien in der Beschaffungsabteilung sein. Wenn Prozesse abteilungsübergreifende Vorgänge bilden, sprechen wir von **Hauptprozessen**. Sie lassen sich dabei als Summe von Teilprozessen verstehen. So gehört der Vorgang „Anschreiben an Firmenkunden verschicken“ zum Prozess „Produkt X bewerben“. Im Rahmen dieses Hauptprozesses kann die Tätigkeit „Adressen der Firmenkunden zusammenstellen“ der vorausgehende Teilprozess sein, wohingegen die „Entgegennahme von Bestellungen“ dem „Verschicken von Anschreiben“ folgt.
  Auf der Basis einer solchen Prozessbetrachtung lassen sich für jeden Hauptprozess Kosteneinflussfaktoren (Cost Driver) als Messgrößen für die Kostenverur-

sachung identifizieren. In unserem Beispiel könnte dies die Anzahl der anzuschreibenden Unternehmen sein.

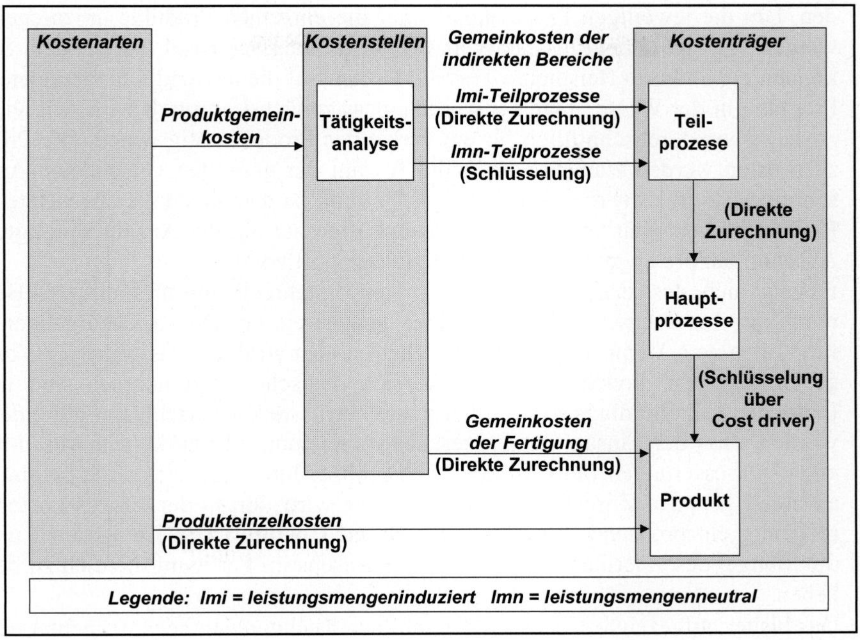


**Abb. F-IV-41:** Vorgehen bei der Prozesskostenrechnung

Zur Ermittlung der Prozesskosten wird nun wie folgt vorgegangen. In einem ersten Schritt werden die in der Kostenstellenrechung ermittelten Gemeinkosten je Kostenstelle auf die Teilprozesse der Kostenstelle umgelegt. Dabei lassen sich grundsätzlich zwei Arten von Teilprozessen unterscheiden:

- Bei **leistungsmengeninduzierten (lmi) Teilprozessen** fallen die Kosten mengenproportional zum erbrachten Output an. Es ist also möglich, die Relation Kosten pro Output zu bilden. Über diesen Verrechnungssatz erfolgt dann auch die Weiterverrechnung dieser Kosten auf die Hauptprozesse entsprechend ihrer Inanspruchnahme.
- Die Kosten von **leistungsmengenneutralen (lmn) Teilprozessen** entstehen dagegen unabhängig vom genutzten Leistungsvolumen. Sie sind als Grundlast der Kostenstelle zu verstehen. Sie werden proportional auf die lmi-Prozesse umgelegt, womit eine Abweichung vom Verursachungsprinzip in Kauf genommen wird. Allerdings ist die hier auftretende Verzerrung regelmäßig geringer als bei dem klassischen Vorgehen einer ausschließlich über Kostenstellen erfolgenden Gemeinkostenverrechnung.

Nach der Zurechnung der Kosten zu einzelnen Teilprozessen werden diese Kosten entsprechend ihrer Inanspruchnahme den Hauptprozessen zugeordnet.

Auf diesem Wege lassen sich die **Prozesskosten** ermitteln. Sie bilden die oben angesprochene Basis für entsprechende Optimierungsvorhaben, da auf diese Weise sowohl eine Planung als auch eine Kontrolle der Kosten ermöglicht werden. Um die jeweiligen Prozesskosten auf die einzelnen Produkte umzulegen, werden die Kosteneinflussfaktoren als Verteilungsschlüssel verwendet. So können bei unserem Beispielprozess die Kosten auf die letztendlich abgesetzten Produkte in der Weise umgelegt werden, dass zunächst ermittelt wird, wie viel Anschreiben durchschnittlich für ein verkauftes Produkt nötig waren. Die Prozesskosten werden zunächst durch die Anzahl der gesamten versendeten Anschreiben dividiert (Prozesskostensatz). Um nun zu den Kosten je abgesetztem Produkt zu gelangen, muss dieser Prozesskostensatz mit der Anzahl benötigter Anschreiben pro abgesetztem Produkt multipliziert werden.
Es zeigt sich, dass das Verfahren der Prozesskostenrechnung im indirekten Bereich der Leistungserstellung zu einer genaueren Gemeinkostenzurechnung führt, also dem Verursachungsprinzip eher gerecht wird, als das bisherige Vorgehen. Für den direkten Fertigungsbereich deutscher Unternehmen sind im Laufe der Zeit allerdings so detaillierte und bewährte Kostenschlüssel gefunden worden, dass der Einsatz der Prozesskostenrechnung hier zu keinen wesentlichen Verbesserungen führt. In den USA fehlt es hingegen, historisch bedingt, an solch genauen Zurechnungssätzen. Daher wird dort – der Prozesskostenrechnung entsprechend – das **Activity Based Costing (ABC)** eingesetzt, um die Mängel des amerikanischen Rechnungswesens im Fertigungsbereich zu beheben.

- Das bisher aufgezeigte Vorgehen des internen Rechnungswesens betrachtet nur die am Ende einer Periode angefallenen Kosten und Leistungen. Durch diesen Vergangenheitsbezug ist es für eine zukunftsorientierte Planung der betrieblichen Entwicklung, wie dies zu Beginn des Unterabschnitts von einem internen Rechnungswesen gefordert wurde, allerdings nicht geeignet. Daher sind die bisher aufgezeigten Kostenkategorien (Ist-Kosten) um weitere, zukunftsbezogen Größen zu erweitern. Dies geschieht im Rahmen der **Plankostenrechnung**. Ihr Ziel ist es, im Rahmen einer **Vorkalkulation** die für eine kommende Periode erwarteten Kosten auf die geplante Anzahl an Kostenträgern zu verteilen. Neben dieser **Planungsfunktion**, die z.B. geeignet ist, um Preise für eine Auftragsfertigung ex ante zu bestimmen, erfüllt die Plankostenrechnung auch eine **Kontrollfunktion**, da durch sie die Abweichung von bestimmten Zielsetzungen und damit deren Zielerreichungsgrad bestimmbar wird. So kann sie für die Wirtschaftlichkeitskontrolle herangezogen werden.
  Als Grundlage der Plankostenrechnung dient der Ursachen-Wirkungs-Zusammenhang, dass die Höhe der für zukünftige Perioden erwarteten Plankosten von drei Faktoren abhängig ist: Zum ersten ist dies der geplante Verbrauch an Produktionsfaktoren, also z.B. an Materialien oder der Einsatz von Spezialmaschinen. Zum zweiten sind es die für diese Produktionsfaktoren geplanten Preise. Und zum dritten kommt ein als Indikator zu verwendender Plankostenbestimmungsfaktor hinzu. Dieser wird als Planbeschäftigung definiert, die entweder der geplanten Produktionsmenge oder anderen ausbringungsmengenabhängigen Größen, wie z.B. der Maschinenlaufzeit entspricht.

Auf der Basis dieser Abhängigkeiten lassen sich folgende Kostengrößen bestimmen:

- Die **Plankosten** ergeben sich aus der Multiplikation der Planmenge mit den Planpreisen und der Planbeschäftigung. Hierbei handelt es sich also um eine ex ante Kostenplanung für zukünftige Perioden auf Basis der verschiedenen Erwartungswerte:
  Plankosten = Planmenge × Planpreis × Planbeschäftigung
- Die **Sollkosten** beziehen die Planmenge und die Plankosten auf die tatsächliche Beschäftigung (Istbeschäftigung). Sie bringen also zum Ausdruck, welche Kosten bei der bisher erreichten Auslastung entsprechend der Planung anfallen dürfen:
  Sollkosten = Planmenge × Planpreis × Istbeschäftigung
- Ihnen stehen die **Istkosten** gegenüber, welche auf Grundlage der tatsächlich realisierten Werte ermittelt werden. Sie stellen also die Werte dar, die das bisher aufgezeigte interne Rechnungswesen ebenfalls bereitstellt:
  Istkosten = Istmenge × Istpreis × Istbeschäftigung

Je nachdem, ob die Plankostenrechnung zwischen fixen und variablen Kosten unterscheidet oder nicht, lassen sich die flexible und die starre Plankostenrechnung unterscheiden.

- Die **starre Plankostenrechnung** arbeitet regelmäßig nur mit einem Beschäftigungsgrad, für welchen die Plankosten bestimmt werden. Teilt man die Plankosten durch den Planbeschäftigungsgrad, ergibt sich der Plankostenverrechnungssatz. Er enthält sowohl fixe als auch variable Kostenbestandteile. Die Erfolgskontrolle am Planperiodenende vollzieht sich dann in der Weise, dass die erreichte Auslastung (Istbeschäftigung) mit dem Plankostenverrechnungssatz multipliziert und den tatsächlich angefallenen Istkosten gegenübergestellt werden. Wie ersichtlich wird, verzichtet die starre Plankostenrechnung auf die Ermittlung von Sollkosten. Ihr Nachteil besteht darin, dass sie nicht in der Lage ist, zwischen verschiedenen Ursachen der Kostenabweichung zu unterscheiden. Ihre leichte Handhabung führt dennoch zu einer häufigeren Anwendung in der Praxis.
- Die **flexible Plankostenrechnung** unterscheidet hingegen zwischen fixen und variablen Kosten. So kann sie als Vollkostenrechnung beide Kostenblöcke beinhalten oder sich als Teilkostenrechnung nur auf die variablen Kosten beschränken. Entsprechend den Ausführungen im Rahmen der Kostenstellenrechnung eignen sich Systeme auf Basis von Vollkosten eher für eine langfristige (Vor-)Kalkulation, Teilkostensysteme hingegen eher für eine kurzfristige (Vor-)Kalkulation. Das in Abbildung F-IV-42 kurz skizzierte Vorgehen entspricht dem einer flexiblen Plankostenrechnung auf Vollkostenbasis.

  Wie ausgeführt, unterscheidet **die flexible Plankostenrechnung auf Vollkostenbasis** zwischen fixen und variablen Kosten. Hierzu werden zunächst die Plankosten bei einer Planbeschäftigung festgelegt. Diese enthalten beide Kostenblöcke. Im Gegensatz dazu werden die Sollkosten getrennt nach fixen und variablen Kosten ermittelt. Wie aus der Abbildung ersichtlich ist, entstehen bereits bei einer Auslastung von 0 Sollkosten in Höhe der fixen Plankosten. Für die Berechnung des weiteren Sollkostenverlaufs wird eine proportionale Entwicklung der variablen Kosten zur Auslastung unterstellt. Der zweite dargestellte Kostenverlauf entspricht dem der verrechneten Plankosten. Sie beinhalten sowohl anteilig fixe als auch variable Kosten. Berechnet werden sie mit Hilfe des Plankostenverrechnungssatzes, welcher die Gesamtkosten je Einheit der Auslastung widerspiegelt (Plankosten / Planauslastung). Als Resultat der Plankostenrechnung kann nun zum Ende der Periode für eine bestimmte erreichte Auslastung (Istbeschäftigung) die Kostenabweichung untersucht werden. Hierbei lassen sich zwei Effekte, die Beschäftigungs- und die Verbrauchsabweichung, unterscheiden.

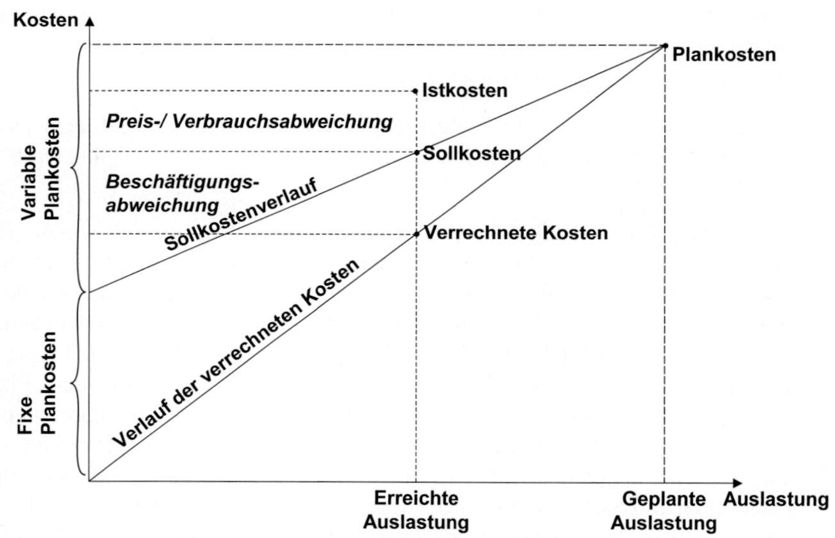


$$\text{Plankostenverrechnungssatz} = \frac{\text{Plankosten}}{\text{Planauslastung}}$$

Verrechnete Plankosten = Plankostenverrechnungssatz • Erreichte Auslastung

**Abb. F-IV-42:** Flexible Plankostenrechnung auf Vollkostenbasis

Die **Beschäftigungsabweichung** (Sollkosten – verrechnete Kosten) entsteht dadurch, dass nicht der geplante Beschäftigungsgrad erreicht wurde. Diese Unterbeschäftigung hat zur Folge, dass nicht alle Fixkosten gedeckt werden können; die Beschäftigungsabweichung stellt also die durch Nichtnutzung der vollen Leistungskapazität entstandenen Leerkosten dar. Da diese hierdurch sichtbar gemacht wurden, besteht die Möglichkeit, sie für zukünftige Perioden, z.B. durch Versetzung von Personal, zu verringern. Dabei muss allerdings berücksichtigt werden, dass durch einen Nachfrageanstieg zukünf-

tig auch ein höherer Beschäftigungsgrad erreicht werden könnte. Ein Leerkostenabbau, der bereits in dieser Periode ausgelöst wird, kann dann bereits zum Verlust wichtiger Kapazitäten/ Personen geführt haben.
Die **Preis-/ Verbrauchsabweichung** (Istkosten – Sollkosten) bildet den Teil der Abweichung, der durch eine fehlerhafte Kostenschätzung entsteht. Er kann zum einen intern durch einen unwirtschaftlichen Umgang mit Produktionsfaktoren (z.B. Material) entstehen, oder er deutet in einer nach außen gerichteten Sicht auf eine Verteuerung der zugekauften Roh-, Hilfs- und Betriebsstoffe hin. Entsprechend ist als Ergebnis der Kostenkontrolle entweder auf einen sorgsameren Einsatz der Verbrauchsgüter zu achten, oder die Planpreise müssen – falls die Preise für eingekaufte Verbrauchsgüter nicht durch Maßnahmen wie einen Anbieterwechsel gesenkt werden können – für zukünftige Perioden korrigiert werden.

### *e. Ziele, Konzeptionen und Instrumente des Controlling*

**Controllingziele und -entwicklung**

Im Folgenden wird näher auf das integrierende System des Controlling eingegangen. Nach der Vorstellung der Ziele, Konzeptionen und Instrumente des Controlling werden im nächsten Unterabschnitt wesentliche, zur Ausgestaltung der Controllingfunktion notwendige Kennzahlen und Steuerungsgrößen erläutert. In diesem Teil steht zunächst die Beantwortung der folgenden fünf Fragen im Vordergrund stehen: Was ist Controlling und was ist ein Controller? Wie ist das Controlling im Unternehmen organisiert? Welche Aufgaben/ Funktionen hat das Controlling? Was sind die konzeptionellen Grundlagen? Welche spezifischen Instrumente und Methoden beinhaltet das Controlling?

- Das Verständnis und die Vorstellungen von dem, was Controlling ist – und nicht ist – und von dem, was ein Controller macht – und nicht macht, sind sowohl in der Betriebswirtschaftslehre als auch in der Unternehmenspraxis recht heterogen. Dies liegt vor allem darin begründet, dass die beiden Begriffe häufig intuitiv ins Deutsche übersetzt und gebraucht werden. Um Missverständnisse in dieser Hinsicht zu vermeiden, möchten wir zunächst kurz auf die Semantik der beiden englischsprachigen Begriffe Controlling und Controller eingehen: In der angloamerikanischen Managementliteratur versteht man unter **to control** das Beherrschen, Lenken, Steuern und Regeln von Prozessen. Die daraus abgeleiteten Begriffe Control und Controlling werden dabei synonym verwendet. Control ist folglich in der englischsprachigen Managementlehre und -praxis deutlich weiter gefasst als der Begriff der Kontrolle, wie er in der deutschsprachigen Betriebswirtschaftslehre verwendet wird. Grundsätzlich gilt: **to control** darf **nicht** mit **kontrollieren** übersetzt werden, denn letzteres steht im Deutschen lediglich für die Durchführung eines Vergleichs zwischen einem geplanten Ziel und einem realisierten Ergebnis. In Analogie dazu darf auch der englischsprachige Begriff für den Akteur Controller nicht einfach mit dem deutschen Kontrolleur gleichgesetzt werden. Der Controller kontrolliert nicht, sondern controlt, er steuert also.

- Wie deutlich wurde, können die unterschiedlichen Vorstellungen, die sich im Zusammenhang mit dem (intuitiven) Gebrauch der Wörter Controlling als Funktion und Controller als Funktionsträger ergeben, zu einer Reihe von Missverständnissen führen. Dies betrifft sowohl die betriebswirtschaftliche Forschung als auch die unternehmerische Praxis. So findet sich auch in der deutschen Literatur eine Vielzahl von Definitionen zur Funktion des Controlling und zur Aufgabe des Controllers. Je nach Sichtweise und Standpunkt der Autoren stehen z.B. die Motivationsfunktion der Mitarbeiter, die Unterstützungsfunktion des Managements/ der Führung, die Bereitstellungsfunktion von Instrumenten und Methoden, die Koordinationsfunktion von Subsystemen und/ oder die Steuerungsfunktion des gesamten Unternehmens im Mittelpunkt. Wir folgen der Definition von PÉTER HORVÁTH beschreiben die Funktion des **Controlling** als ergebniszielorientierte **Unterstützung der Unternehmensführung** bzw. des Managements bei der Planung, Steuerung und Kontrolle der direkten und indirekten Wertschöpfungsprozesse.

  Neben dieser funktionalen Definition des Controlling kann der Begriff auch aus einer institutionellen Perspektive heraus – also im Hinblick auf die organisatorische Verankerung im Unternehmen – spezifiziert werden. In diesem Zusammenhang verstehen wir Controlling als ein informationsversorgendes, rechnungswesengestütztes und koordinationsunterstützendes **Subsystem der Unternehmensführung** bzw. des Managements. Wie im Zusammenhang mit der Entwicklung des Controlling noch zu zeigen ist, gilt: Der funktionale Controllingbegriff bestimmt den institutionellen Controllingbegriff – und nicht umgekehrt.

- Analog zur Definition von Controlling besteht auch bei der Definition der Aufgabe und **Rolle des Controllers** in Wissenschaft und Praxis eine hohe Bandbreite. Sie reicht – bildlich gesprochen – vom Controller als strengem Kontrolleur der Unternehmenstätigkeit über den Controller als betriebswirtschaftlichem Fluglotsen bis zum Controller als schlechtem Gewissen und Sparringspartner des Managements. Das letzte Bild kommt der Aufgabe und Rolle des Controllers den Unternehmen heutiger Zeit am nächsten. Nach fortschrittlicher Auffassung ist also der Controller ein **Coach des Managers**. Als Lotse zum Erfolg unterstützt er ihn sowohl bei der Zielfindung und -erreichung als auch bei der Zielkontrolle. Unter diesem Gesichtspunkt stehen Manager und Controller in einer wechselseitigen Abhängigkeit: Kann der Controller seiner Service- und Unterstützungsfunktion nicht ausreichend nachkommen – z.B. aufgrund von Kenntnis- und Fähigkeitsdefiziten, wird auch der Manager seiner Funktion als ergebnisverantwortlicher Projekt- und/ oder Abteilungsleiter nicht gerecht werden können und mittelfristig in Erklärungsnöte gegenüber Vorgesetzten und Mitarbeitern geraten. Beide sind aneinander gekoppelt und – pointiert formuliert – gemeinsam zum Erfolg/ Misserfolg verdammt.

  Empirische Untersuchungen zu den Aufgabenstellungen von Controllern haben ergeben, dass

- Controller insbesondere in Unternehmen zu finden sind, in denen die Koordination durch Pläne dominiert,
- In Unternehmen, in denen ein institutionalisiertes Controlling vorliegt, regelmäßig eine Aufteilung der Führungsarbeit durch Controller und Manager erfolgt, und
- Controller in der Funktion als „Contre Rôle" (Gegenprobe/ Gegenpart) versuchen, die Folgen, die sich aus opportunistischem und begrenzt rationalem Verhalten der Manager ergeben, einzudämmen.

- Nach der Spezifikation der Funktionen des Controlling als Schnittmenge zwischen Manager und Controller kommen wir nun zur Frage der organisatorischen Einbettung des Controlling in die Unternehmensstruktur. Wie im Hinblick auf die Definition und das Begriffsverständnis gibt es auch hier eine Vielzahl von Gestaltungsmöglichkeiten, die in der Praxis realisiert werden. Dies liegt zum einen im individuellen Verständnis der Controllingfunktion begründet, welches in den Extremversionen von „Controlling ist Soll-Ist-Vergleich (Kontrolle)" bis zu „Controlling ist Unternehmensführung" reicht. Zum anderen ist die Einordnung des Controlling in die Unternehmensstruktur aber auch historisch begründet sowie auf kulturelle Einflüsse zurückzuführen. So unterscheidet sich z.B. die **Entwicklung des Controlling** als institutionalisierte betriebliche Aufgabe zwischen den USA und Deutschland zum Teil erheblich. Während in US-amerikanischen Unternehmen die Funktion des Controlling durch die Verknüpfung von „Schatzmeister- und Schriftführerfunktion" bereits am Beginn des 19. Jahrhunderts realisiert wurde, begann die Herausbildung von Controlling-Stellen in deutschen Unternehmen – meist in amerikanischen Tochtergesellschaften – erst Mitte der 50er Jahre. In den USA fand die Funktion des Controlling spätestens mit Beginn der Weltwirtschaftskrise, Ende der 20er Jahre, allgemeine Anerkennung und Verbreitung. Denn unter den Bedingungen einer mehrjährigen wirtschaftlichen Depression verstärkten sich die Anstrengungen vor allem in Großunternehmen, die Effizienz und Effektivität der Leistungserstellung durch eine bessere Planung und Kontrolle zu erhöhen. Ähnliche Gründe sprechen auch für den Durchbruch des Controlling als anerkannter Organisationseinheit in deutschen Unternehmen Anfang der 70er Jahre.
- Die inhaltliche Ausgestaltung des Controlling reicht – sowohl in US-amerikanischen als auch in deutschen Unternehmen – vom betrieblichen Rechnungswesen (Minimalversion) bis zur strategischen Unternehmensplanung und -entwicklung einschließlich aller Nebenfunktionen des Rechnungs-/ Finanzwesens. Seine **Einordnung in die Unternehmenshierarchie** kann zum einen in Form einer Linienstelle und zum anderen in Form einer Stabsstelle (siehe hierzu auch G.) erfolgen:

  - Bei der Etablierung des **Controlling als Linienstelle** stellt sich die Frage, ob das Controlling auf der ersten Leitungsebene, also der Vorstands-/ Geschäftsleitungsebene, oder auf der zweiten Leitungsebene, i.d.R. unterhalb des Vorstandsbereichs Finanzen, eingebunden wird. Beide Varianten haben Vor- und Nachteile und sind unternehmensspezifisch zu analysieren und zu bewerten: Der Vorteil einer Einbindung auf der Vorstands-/ Geschäftsleitungsebene liegt in einer direkten/ ungefilterten Informationsversorgung der obersten Unternehmensführung; als Nachteil ist zu verzeichnen, dass der oberste Controller gleichzeitig Entscheidungsträger für das gesamte Unternehmen ist und damit die Trennung von Entscheidungsunterstützung und Ergebnisverantwortung hinfällig wird. Bei knapp der Hälfte aller deutschen Unternehmen wird das Controlling in dieser Position auf erster Leitungsebene wahrgenommen. Die Vor- und Nachteile der Einbindung des Controlling auf der zweiten Leitungsebene stellen sich in gewisser Weise spiegelbildlich dar: Der Controller ist hier Beratungs- und Informationsdienstleister des Vorstandsbereichs Finanzen. Die Unterstützungsfunktion kann damit deutlich besser ausgefüllt werden. Der Nachteil ist aber die zum Teil einseitige Informationsverarbeitung, die sich aufgrund der Dominanz des finanziellen Aspekts ergibt. Hier laufen Unternehmen unter Umständen der Gefahr einer selektiven Wahrnehmung bei der Ausrichtung ihrer Geschäftstätigkeit.

- Die Entscheidung für eine Etablierung des **Controlling als Stabsstelle** in Unternehmen liegt vor allem in der damit verbundenen klaren Kompetenzaufteilung begründet. Während das Controlling in Linienfunktion sowohl Verantwortung für die Zielplanung als auch die Zielerreichung besitzt, trägt die Stabsstelle Controlling i.d.R. keine Verantwortung für die Effizienz/ Effektivität der Maßnahmendurchführung. Statt Weisungskompetenz besitzt sie Richtlinienkompetenz. Wie Studien belegen, herrscht in deutschen Unternehmen nach wie vor eine solche Richtlinienkompetenz vor. Neben dem Controlling als reinem Führungsstab des Sprechers der Geschäftsleitung bzw. des Vorstandsvorsitzenden kommt es in der Praxis häufig auch zu einer Aufteilung der Kompetenzen in Form eines Promotorenmodells: Die Controllingfunktion wird hier auf einen Machtpromotor und einen Fachpromotor verteilt. Wie die Bezeichnungen ausdrücken, besitzt der Machtpromotor unter anderem Weisungs- und Sanktionsbefugnisse sowie beschränkte Entscheidungsgewalt über Sach- und Finanzressourcen. Der Fachpromotor als Gegenpart des Machtpromotors ist zuständig für die fachliche Betreuung/ Förderung sowie die operative Detailarbeit in Projekten.
- Bei der organisatorischen Umsetzung gilt i.d.R. das Dotted-Line-Prinzip (siehe hierzu G.I.2.), bei dem zwischen fachlichem und disziplinarischem Weisungsrecht getrennt wird. So unterliegt beispielsweise ein Bereichs-Controller (als Fachpromotor) einer zweigeteilten Anordnungsbefugnis: Während er dem Unternehmens-Controller (als Machtpromotor) mit fachlicher Weisungsbefugnis untersteht, besitzt der Bereichsleiter ihm gegenüber ein disziplinarisches Anordnungsrecht.
- Trotz dieser Kompetenzaufteilungen überwiegen aber bei dem Organisationsprinzip Stabsstelle die Nachteile: Neben der häufig anzutreffenden Marktferne ergeben sich Probleme bei der Durchsetzung von Entscheidungen gegenüber der Linie sowie mögliche Interessenkollisionen mit dem Vorstand und auch anderen, operativen Ressorts. Als Vorteil ist zu nennen, dass sich das Controlling voll auf Planungsaufgaben konzentrieren kann.

Neben der grundsätzlichen Anbindung des Controlling im Unternehmen ist im Weiteren zu klären, welche **Binnenstruktur die Controllingorganisation** besitzen soll. Hierbei existieren wiederum zwei Alternativen: Einerseits kommt eine zentrale Gliederung in Frage, bei der das Controlling als geschlossene Einheit nahe der Unternehmensleitung als Linien- oder Stabsstelle eingerichtet wird. Andererseits besteht die Möglichkeit einer dezentralen Gliederung, bei der das Controlling zwar zentral koordiniert wird, aber in vielen kleinen Einheiten vor Ort arbeitet. Dies entspricht einem funktionalen Controllingkonzept, da hier zwischen unterschiedlichen Aufgaben und Rollen im Unternehmen getrennt wird; so gibt es z.B. die Funktion eines Projekt-, Produkt- und Vertriebscontrollers. Wie leicht nachvollziehbar ist, bestehen bei dieser Aufgliederung nicht nur Vorteile. Insbesondere kann es bei einer solchen Matrixgliederung schnell zu Problemen durch Überschneidungen von Kompetenzen und dabei vor allem von Weisungsbefugnissen kommen.

Noch einmal zurückkommend auf die abweichende Entwicklung des Controlling in Deutschland und den USA lassen sich aus organisatorischer Sicht für beide Länder jeweils zwei Systeme identifizieren: Als **Kern-Controlling-Konzept** wird in Deutschland Controlling mit integriertem internen Rechnungswesen bezeichnet. Nach einer Studie des CONTROLLER VEREIN E.V. waren Mitte der 90er Jahre noch bei ca. zwei Dritteln aller deutschen Unternehmen Rechnungswesen und Controlling organisatorisch getrennt. In den USA umfasst das Controlling im Kern sowohl internes als auch externes Rechnungswesen mit getrennten Zuständigkeiten für Liquidität und Erfolg. Als **Standard-Controlling-Konzept** gilt in Deutschland das Controlling zusammen mit internem Rechnungswesen und Nebenfunktionen (z.B. Steuern und Revision). Während in Deutschland adressatenbezogen zwischen internem und externem Rechnungswesen unterschieden wird, trennt das US-amerikanische Controlling zielbezogen zwischen liquiditäts- und ergebnis- bzw. genauer erfolgsorientierten Funktionen. Deshalb beinhaltet das US-amerikanische Standard-Controlling-Konzept sowohl das interne als auch das externe Rechnungswesen sowie alle Nebenfunktionen. Die Definition der Rolle des Controllers ergibt sich entsprechend. Sie unterscheidet sich zwischen Deutschland und den USA vor allem im Hinblick auf die Finanz- und Außenorientierung des Controllers.

### Controllingkonzeptionen und -ansätze

Wie deutlich wurde, sind die Vorstellungen über die konzeptionelle Basis des Controlling sowohl in der Wissenschaft als auch in der Praxis insgesamt noch uneinheitlich. Dabei lassen sich mehrere Typologien bilden, von denen sich vor allem die folgenden vier Controllingkonzeptionen/ -ansätze in der Unternehmenspraxis wiederfinden:

- Bei den **rechnungswesenorientierten Ansätzen** für das Controlling stehen gewinn- bzw. liquiditätszielbezogene Informationsversorgungsaufgaben im Vordergrund, wobei die Daten zum überwiegenden Teil aus dem System des Rechnungswesens gewonnen werden. Die Ansätze bleiben damit vor allem an die monetäre Quantifizierbarkeit der unternehmensbezogenen Sachverhalte gebunden. Die Auswertung rein qualitativer Informationen ist dabei nicht Gegenstand des Controlling. Dadurch ist der Übergang vom rechnungswesenorientierten Controlling zum Konzept des entscheidungsorientierten Rechnungswesens fließend. Dies ist insofern bedenklich, da das Controlling mit dieser Ausrichtung nur begrenzt eine Unterstützung der Planungs- und Steuerungsfunktion im Unternehmen wahrnehmen kann.

- Die **informationsorientierten Controllingkonzeptionen** erweitern nicht nur die für das Controlling relevante Informationsbasis, sondern auch den Umfang der Informationsziele. Controlling übernimmt hier die umfassende Aufgabe der betrieblichen Informationsbeschaffung, -verarbeitung und -weitergabe. Im Hinblick auf das gesamte unternehmerische Zielsystem sorgt das Controlling für eine Gesamtkoordination von Informationsangebot und -nachfrage. Bei sehr weiten informationsorientierten Varianten gehört auch die EDV-Technologie zum Gegenstandsbereich des Controlling. Obwohl damit ein zentraler Bestandteil einer tragfähigen Controllingkonzeption angesprochen ist, bleiben weitere wichtige Aspekte (z.B. Informationsbedarfe, für die das Controlling zuständig ist) ausgeblendet bzw. unspezifiziert.
- Als Reaktion auf eine zunehmende Differenzierung des Führungssystems in Teilsysteme gewinnen die **koordinationsorientierten Ansätze** des Controlling stärker an Bedeutung. Sie haben heute in der Betriebswirtschaftslehre die mit Abstand weiteste Verbreitung gefunden Mit der Aufgabe betraut, andere Führungsteilsysteme zu koordinieren, ist das Controlling hier selbst ein Teilsystem der Unternehmensführung. Nach der Menge der zu koordinierenden Führungsteilsysteme können zwei Varianten der koordinationsorientierten Controllingkonzeptionen unterschieden werden:
  - Im Rahmen von **planungs- und kontrollorientierten Varianten** wird als primäre Aufgabe des Controlling die Koordination der Subsysteme Planung, Kontrolle und Informationsversorgung hervorgehoben. Als Voraussetzung hierfür wird die Koordination der Informationserzeugung und -bereitstellung mit dem tatsächlichen Informationsbedarf angegeben.
  - Die **führungsgesamtsystembezogenen Konzeptionen** übertragen hingegen die Koordinationsaufgabe des Controlling auf alle Führungsteilsysteme, also z.B. auch auf die Personalführung, die Organisation und das Ziel-/ Wertesystem des Unternehmens. Dieses Verständnis der Koordinationskonzeption von Controlling ist allerdings in der Praxis nur selten anzutreffen; sie geht auch vielen Wissenschaftlern zu weit.

Die Kritik an den planungs-/ kontrollorientierten wie auch der führungsgesamtsystembezogenen Konzeptionen geht dahin, dass die Koordinationsaufgabe des Controlling i.d.R. nicht dazu ausreicht, um ein spezifisches Teilsystem der Unternehmensführung zu bilden. Dieser Aspekt muss vielmehr von jedem Teilsystem selbst wahrgenommen und umgesetzt werden. Darüber hinaus ist es in jedem Fall notwendig, neben dem Ausmaß der Koordinationsfunktion auch den konkreten Inhalt und Umfang der Unternehmensziele zu spezifizieren, die vom Führungsteilsystem Controlling wahrgenommen werden (sollen). Dies betrifft insbesondere die Frage nach der **Koordinationsausrichtung auf Erfolgs- und**

**Sachziele** des Unternehmens. In der Praxis ist diese Fokussierung für die effektive Wahrnehmung der Controllingfunktion von entscheidender Bedeutung. Denn während – gerade in größeren Unternehmen – die verschiedenen funktionalen, regionalen und/ oder produktbezogenen Subsysteme der Führung primär auf die Erfüllung von Sachzielen ausgerichtet sind, erfolgt erst durch die ergebniszielorientierte Koordinationsfunktion des Controlling die Orientierung aller Subsysteme auf die übergeordneten Erfolgsziele des Unternehmens (z.B. Gewinnerzielung und Unternehmenswertsteigerung).

- Die vorstehenden drei Konzeptionen/ Ansätze entsprechen den eher traditionellen Vorstellungen von Controlling. Trotz der beschriebenen Schwächen beinhalten sie die wesentlichen Gesichtspunkte für die konzeptionelle Fundierung des Controlling. Auf ihrer Basis entwickelten sich in der jüngeren Vergangenheit neuere, stärker **führungsorientierte Konzeptionen**, die vor allem im Hinblick auf die Abgrenzung und den Einsatz von Controllinginstrumenten relevant sind. Als wegweisend gelten in diesem Zusammenhang vor allem die folgenden beiden Ansätze:

  - Controlling als **Sicherstellung von Führungsrationalität** bezeichnet eine integrative Sichtweise der traditionellen Controllingkonzeptionen, und zwar in der Weise, dass jeweils auf die Aufgabe der Rationalitätssicherung als kleinstem gemeinsamen Nenner abgestellt wird. Konkret bedeutet dies: Die traditionellen Konzeptionen ergeben sich jeweils als kontextspezifische Ausprägungen der übergeordneten Sicht einer rationalen Unternehmensführung. Je nach dem, welcher Rationalitätsengpass gerade in einem Unternehmen vorherrscht, ist die (traditionelle) Controllingkonzeption stärker rechnungswesen-, informations- oder koordinationsorientiert auszurichten. Liegt z.B. der zentrale Rationalitätsengpass in Abstimmungsdefiziten zwischen Planung, Kontrolle und Informationsversorgung begründet, dann ist auf ein koordinationsorientiertes Controlling abzustellen.
  - Controlling als **Führungs- und Führungsunterstützungsfunktion** stellt vor allem die funktionale Perspektive des Controlling wieder in den Vordergrund. Gegenüber der integrierenden Sichtweise führt sie zu einem relativ engen Controllingverständnis, bei dem vom Handlungsfeld Unternehmen abstrahiert wird. Ein Unternehmen ist immer durch die Notwendigkeit der Bewältigung seiner eigenen sowie der umweltbezogenen Dynamik und Komplexität gekennzeichnet, wobei es gleichzeitig durch die Informationsverarbeitungskapazität des Menschen beschränkt wird. Im Gegensatz zum klassischen Führungsverständnis werden die drei funktionalen Ebenen Führung, Führungsunterstützung und Ausführung unterschieden. Dem Controlling kommt in diesem Zusammenhang sowohl eine Führungs- als auch Führungsunterstützungsfunktion (z.B. Informationsbereitstellung) zu.

Trotz der unterschiedlichen Schwerpunktsetzung gelangen die neueren Konzeptionen des Controlling in wesentlichen Bereichen zu ähnlichen Ergebnissen: Zum einen lösen sich beide Ansätze von einer einseitig instrumentendominierten Controllingforschung, bei dem der zentrale Aspekt auf der „richtigen“ Anwendung von Methoden und Instrumenten liegt. Zum anderen richten

sie ihren Fokus auf die Weiterentwicklung der konzeptionellen Grundlagen des Controlling, bei denen neben den Problemen der Controlling-Organisation auch die Beziehungen zwischen Manager und Controller analysiert werden.
Auch die beiden führungsorientierten Ansätze folgen der Tradition der bisherigen Controllingforschung: Sie unterscheiden bei ihrer Analyse zwischen einer funktionalen und einer institutionellen Sichtweise. Während bei der **funktionalen Perspektive** eine gedanklich-analytische Betrachtung von Aufgaben, Handlungen und Tätigkeiten des Controlling erfolgt, konzentriert sich die **institutionelle Perspektive** auf die Handlungsträger, ihre Motive sowie die unternehmensspezifischen Regeln und Routinen. Eine wichtige Frage ist z.B., was relativ stabile Verhaltensregelmäßigkeiten bei der Realisierung des Controlling im Unternehmen auszeichnet. Diese und weiterführende Fragen sollen aber hier nicht im Vordergrund stehen, da sich das Controlling bereits hinreichend über die funktionale Perspektive eingrenzen lässt.

Unter Bezug auf PÉTER HORVÁTH gehen wir noch kurz auf einen konkreten Ansatz ein, der auch unsere Auffassung von Controlling im Unternehmen widerspiegelt: **Controlling ist ein flankierender Prozess über die gesamte Wertschöpfungskette**, welcher der Sicherung und Erhaltung der Koordinations-, Reaktions- und Anpassungsfähigkeit der Unternehmensführung bzw. des Managements dient. Im engeren Sinne stellt sich Controlling damit als ein ergebniszielorientiertes Koordinationssubsystem der Führung dar. Dabei soll diese nicht ersetzt werden, sondern vielmehr durch eine ergebniszielorientierte Koordination von Planung und Kontrolle sowie Informationsversorgung bei der Spezifikation und Umsetzung der Unternehmensziele unterstützt werden. Hierfür ist die Implementierung eines Controllingsystems notwendig, welches die beiden Subsysteme „Planung und Kontrolle“ sowie „Informationsversorgung“ – systembildend und systemkoppelnd – koordiniert, und zwar im Hinblick auf die gesetzten Ziele und Ergebnisse des Unternehmens. In diesem Zusammenhang ist darauf hinzuweisen, dass die Anforderung auf der einen Seite in der Systembildung besteht, bei der bereits vorhandene Subsysteme im Unternehmen optimal aufeinander abgestimmt und koordiniert werden. Auf der anderen Seite ist die wirkungsvolle Koppelung bereits vorhandener und/ oder neu zu implementierender Subsysteme erforderlich.

**Controllinginstrumente und -methoden**

Entsprechend der Konzeptionierung des Controlling als Sicherstellung der Führungsrationalität oder als Führungs- und Führungsunterstützungsfunktion ergibt sich eine differenzierte Einschätzung darüber, welche Instrumente/ Methoden dem Controlling zugeordnet werden können und welche nicht:

- Die integrative Sicht des Controlling beim Ansatz der Sicherstellung der Führungsrationalität führt zu einer **eher weiten Abgrenzung von Controllinginstrumenten/ -methoden**. Typischerweise werden hier Planungs- und Kontrollinstrumente gleichermaßen einbezogen, wie z.B. die Stärken-Schwächen-Analyse, die GAP-Analyse, das Erfahrungskurvenmodell, aber auch Benchmarking, Target Costing, Investitionsrechenverfahren, Abweichungsanalysen sowie Kennzahlen(-systeme) und unterschiedliche Kostenrechnungssysteme.

Darüber hinaus kommt dem Controlling die Gestaltung von Anreizsystemen (z.B. durch Entgeltsysteme, Personalentwicklung) und/ oder die Prozessgestaltung zur Verbesserung organisatorischer Problemlösungen zu.

- Im Gegensatz hierzu wird beim Ansatz der Führungs- und Führungsunterstützungsfunktion die Anzahl der **Controllinginstrumente/ -methoden eher eng eingegrenzt**. Typische Controllinginstrumente konzentrieren sich auf die Kontroll-/ Reflexionsaufgabe, also den kritischen (Soll-Ist-)Vergleich. Zu nennen sind hierbei vor allem die Abweichungsanalysen, das Target Costing, die Mitarbeiter- oder Vorgesetztenbeurteilung, das Benchmarking sowie die Bereitstellung von Kennzahlen (z.B. CFROI – Cash Flow Return on Investment).
  Der kritische Vergleich kann aber auch weiter gefasst werden: So beinhaltet das Controlling zusätzlich dynamische Verfahren der Investitionsrechnung und darauf aufbauende Methoden der Unternehmensbewertung (Ertragswertverfahren, DCF-Methoden – Discounted Cash Flow). Auch die andere Richtung einer engeren Abgrenzung ist möglich: Instrumente, die keinen kritischen Vergleich implizieren (z.B. typische Planungsinstrumente wie die Budgetierung, die Lebenszyklusanalyse oder das Erfahrungskurvenkonzept) finden keine Berücksichtigung im Controlling, da ihnen der notwendige Kontrollaspekt ganz oder teilweise fehlt. Sie können nur in einem sehr weiten Sinne als Controlling-spezifische Instrumente/ Methoden bezeichnet werden.

Wir schließen uns bei den weiteren Betrachtungen der ersten Sichtweise an und sehen die Funktion des Controlling vor allem in der Sicherstellung der Führungsrationalität. Der Einsatz und die Zuordnung von Controllinginstrumenten erfolgt deshalb in einem eher weiten, aber gleichzeitig **integrativen Ansatz**. Dazu nehmen wir neben der aufgabenbezogenen Differenzierung von Kontroll- und Planungsinstrumenten auch eine zeitbezogene Unterscheidung vor, und zwar hinsichtlich strategischer und operativer Controllinginstrumente. In die drei Felder der Matrix von Abbildung F-IV-43 sind – ohne Anspruch auf Vollständigkeit – aus unserer Sicht wesentliche Controllinginstrumente eingeordnet. Es ist darauf hinzuweisen, dass einige Instrumente/ Methoden nicht überschneidungsfrei zuordenbar sind, das heißt sie spielen sowohl in strategischer als auch in operativer Hinsicht eine Rolle (z.B. Kennzahlen).

Wie aus der Abbildung ersichtlich, sollen die Instrumente und Methoden des **operativen Controlling** vor allem das Erreichen der Oberziele Gewinn und Liquidität unterstützen. Zum überwiegenden Teil dienen sie dabei zur Steuerung der Wirtschaftlichkeit auf Bereichsebene. Im Gegensatz dazu befasst sich das **strategische Controlling** vor allem mit der Schaffung und Steuerung profitabler Unternehmensprozesse und -strukturen. Zum Erkennen von Erfolgspotenzialen kommen Instrumente/ Methoden zum Einsatz, die neben der internen Unternehmenssituation auch eine Bewertung der gegenwärtigen und zukünftigen Umweltsituation erlauben. Ziel ist es, die aus der Umwelt resultierenden Chancen und Risiken mit den Stärken und Schwächen des Unternehmens bestmöglich in Einklang zu bringen. Dazu sind Controllinginstrumente notwendig, welche eine Integration von strategischer Planung/ Kontrolle und operativer Umsetzung herbeiführen.

| *Operative Controlling-instrumente/ -methoden* | *Strategische Controlling-instrumente/ -methoden* |
|---|---|
| • ABC-Analyse (K)<br>• Abweichungsanalyse (K)<br>• Sensitivitätsanalyse (P)<br>• Kostenmanagement (P+K):<br>- Break-Even-Analyse<br>- Fixkostenmanagement<br>- Deckungsbeitragsrechnung<br>- Gemeinkostenwertanalyse<br>- Wertschöpfungsanalyse<br>- Prozesskostenrechnung<br>- Kosten-/ Leistungsanalyse | • Kostenmanagement (P+K):<br>- Target Costing<br>- Lebenszykluskosten<br>- Erfahrungskurve<br>• GAP-Analyse (P+K)<br>• SWOT-Analyse (P)<br>• Benchmarking (P+K)<br>• Portfolio-Analyse (P)<br>• Wettbewerbsmatrizen (P)<br>• Verfahren zur Unternehmens-bewertung (P+K) |

| *Integrative Controllinginstrumente auf strategischer/ operativer Ebene* |
|---|
| • Budgetierung (P+K)<br>• Balanced Score Card (P+K)<br>• Kennzahlensysteme (P+K) |

P = Planungsschwerpunkt K = Kontrollschwerpunkt

**Abb. F-IV-43:** Wesentliche Controllinginstrumente mit Planungs- und/ oder Kontrollfunktion unterteilt nach strategischem, operativem und integrativem Charakter

Neben der funktionalen Unterscheidung zwischen operativem und strategischem Controlling kann in einer eher prozessorientierten Sichtweise das Controlling als kybernetischer (selbstregulierender) Prozess, bestehend aus den drei Komponenten Planung, Realisation und Kontrolle aufgefasst werden (siehe hierzu A.II.1. und E.IV.). Das Erreichen der vom Unternehmen definierten Ziele wird dabei – im Idealfall – durch einen sich selbst steuernden Regelkreis sichergestellt. In Abhängigkeit von der Strategievorgabe (z.B. Unternehmenswertsteigerung) kommen auf operativer und strategischer Ebene entsprechende Planungs- und Kontrollinstrumente zum Einsatz (siehe Abb. F-IV-43). Während in der Phase der **Planung (P)** die Strategievorgaben in einzelne, konkret definierte Bereichs- und Mitarbeiterziele heruntergebrochen werden, übernimmt die Phase der **Kontrolle (K)** eine Rückkopplungs- bzw. Feedback-Funktion. Konkret bedeutet dies, dass die geplanten Größen hinsichtlich eventuell aufgetretener Soll-Ist-Abweichungen untersucht werden, um Verantwortlichkeiten festzustellen, die Zielerreichung noch zu ermöglichen und den zukünftigen Planungsprozess zu verbessern. Gleichzeitig übernimmt damit die Kontrollphase eine Feedforward-Funktion, in der Maßnahmen zur Verbesserung der Prozesse wie auch der Zielsetzungen auf operativer und strategischer Ebene eingeleitet werden. Einige der nachfolgend kurz vorgestellten Instrumente, vor allem solche mit strategischem Planungsbezug, sind an anderer Stelle bereits angesprochen worden.

**Operative Controllinginstrumente**

- Die **ABC-Analyse (K)** dient primär zur Kontrolle von Prozessen und Produkten, um deren Wichtigkeit für das Unternehmen festzustellen. Ziel ist es, die Daten komplexer Sachverhalte so zu selektieren und zu verdichten, dass die Vielzahl von Entwicklungen (z.B. Materialverbrauch) mit einem entsprechenden Prioritätsgrad versehen werden können. Der Grundgedanke geht dahin, dass nur wenige Faktoren eine übergeordnete Bedeutung besitzen. Entsprechend ihrer Wichtigkeit werden i.d.R. drei Klassen von Prozessen und/ oder Produkten differenziert: A (sehr wichtig), B (wichtig) und C (weniger wichtig). Ein typischer Anwendungsfall der ABC-Analyse im Einkauf ist die Einteilung benötigter Materialen nach ihrem Wert- und Mengenanteil (siehe hierzu F.III.2.): Zuerst wird der Periodenbedarf in Geldeinheiten erfasst (= Menge × Preis). Danach werden Rangziffern vergeben und die Materialien entsprechend ihren Rangziffern absteigend geordnet. Anschließend werden die prozentualen Anteile am Gesamtwert berechnet und aufsummiert. Die ABC-Einteilung ergibt sich durch die Festlegung von zwei kumulierten Prozentanteilen (z.B. 75% und 90%) als Schwellenwerte der Zuordnung für A-, B- und C-Güter. Auf dieser Basis sind dann beispielsweise folgende Aussagen für den Beschaffungsbereich ableitbar: Die A-Teile machen 75% des Einkaufswertes aus, aber nur 10% der Gesamtbestellmenge; 40% der benötigten Teile sind B-Teile, ihre Kosten belaufen sich insgesamt auf 15% des Einkaufswertes.
- Die **Abweichungsanalyse (K)** ist in erster Linie ein operatives Controllinginstrument, welches folgende generelle Fragestellung zum Gegenstand hat: Warum konnten definierte Zielwerte nicht erreicht werden bzw. wurden (deutlich) überschritten? In Form eines Soll-Ist-Vergleichs stellt sie das Bindeglied zwischen Planung und Kontrolle dar, indem realisierte Ist-Werte vorgegebene Planwerten gegenübergestellt werden. Neben dem frühzeitigen Erkennen von Planabweichungen zur rechtzeitigen Einleitung von Korrekturmaßnahmen besteht ihre Funktion im Aufdecken von Schwächen des Planungsprozesses sowie in der Unterstützung des Führungsprozesses, wodurch eine insgesamt bessere Koordination, Motivation und Beurteilung der Mitarbeiter möglich wird. Der Ansatz für die Durchführung einer Abweichungsanalyse ist immer dann gegeben, wenn ein zuvor festgelegter Toleranzwert über- bzw. unterschritten wird. Im Ergebnis sollte der Soll-Ist-Vergleich zu konkreten Handlungsempfehlungen führen, die der Controller dem Manager geben kann, um nicht erwünschte (erfolgverschlechternde) Abweichungen zu beseitigen bzw. erwünschte (erfolgverbessernde) Abweichungen zu verstärken.

  Als Abweichungsanalyse auf der strategischen Ebene kommt häufig die **Gap-Analyse (P + K)** zum Einsatz (siehe hierzu auch F.II.1.e.). Im Kern ist sie ein Instrument zur Überprüfung der Verwirklichbarkeit einer Vision durch die aktuell verfolgte Unternehmensstrategie. Dazu wird die gewünschte/ erhoffte Entwicklung einer Zielgröße (z.B. Umsatz, Gewinn oder Marktanteil) der aus strategischer Sicht wahrscheinlichen/ erwartbaren Entwicklung gegenübergestellt. Von einer strategischen Lücke (Gap = Lücke) kann dann gesprochen werden, wenn beide Entwicklungen über die Zeit zu einem deutlichen Auseinanderdriften, also zu einer signifikanten Plan-Ist-Abweichung führen. Dies ist i.d.R. ein klares Indiz für die Notwendigkeit einer Strategieänderung/-anpassung (z.B. Entwicklung neuer Produkte, Bearbeitung neuer Märkte). Zu der strategischen Lücke kann eine weitere operative Soll-Ist-Abweichung hinzukommen, wenn die vergangenheitsbezogene Fortschreibung der aktuellen Entwicklung deutlich unterhalb der strategisch geplanten Entwicklungslinie verläuft.

- Die auch als Gewinnschwellen-Analyse bezeichnete **Break-Even-Analyse (BEA) (P)** zählt zu den bekanntesten Erfolgsprognose-Methoden im operativen Bereich. Ziel ist es, auf grafischem und/ oder analytischem Weg den Break-Even-Point (BEP) respektive Gewinnschwellen-Punkt zu ermitteln, der bei einem bestimmten Produkt oder einer Produktgruppe die Gewinn- von der Verlustzone trennt. Anders ausgedrückt: Es ist die Beschäftigungs-/ Ausbringungsmenge zu ermitteln, ab der mit einer Gewinnerzielung zu rechnen ist. Ansatzpunkt der Analyse ist der Zusammenhang zwischen der Beschäftigungs-/ Ausbringungsmenge (x), den variablen ($K_{var}$) und fixen Kosten ($K_{fix}$) sowie dem Gewinn (G). Eine wesentliche Voraussetzung ist demnach, dass variable und fixe Kosten getrennt erfasst werden (z.B. im Zuge einer Deckungsbeitragsrechnung). Der BEP ist genau dann erreicht, wenn die variablen (= beschäftigungsproportionalen) und die fixen Kosten durch gleich hohe Erlöse (E) gedeckt sind. In diesem Fall entspricht der Deckungsbeitrag (DB) genau den Fixkosten: $DB = E - K_{var} = (p \times x) - (k_{var} \times x) = K_{fix}$, wobei p für den Absatzpreis und $k_{var}$ für die variablen Kosten pro Stück stehen.

  In Abbildung F-IV-44 ist die Break-Even-Analyse für den Fall eines Ein-Produkt-Unternehmens mit linearen Kosten- und Erlösfunktionen grafisch veranschaulicht. Auf der Abszisse des Diagramms werden die Verkaufsmenge (x) abgetragen, auf der Ordinate die Umsatzerlöse (E) bzw. Kosten (K) in Euro. Der Schnittpunkt von Kosten- und Erlösfunktion kennzeichnet den BEP, bei dem der Gewinn Null ist; das heißt, ab dieser Verkaufsmenge erwirtschaftet das Unternehmen mit dem Produkt einen Gewinn. Wie aus diesen Ausführungen deutlich wird, bildet die BEA eine gute Basis für die Simulation von veränderten Produktions- und Absatzbedingungen: Welche Auswirkungen haben z.B. Variationen von fixen/ variablen Kosten und/ oder Preisen auf die Gewinnschwelle des Unternehmens? Darüber hinaus dient die BEA auch als Grundlage für die Bestimmung des leistungswirtschaftlichen Risikos (Operating Leverage Risk, siehe hierzu F.IV.5.f.).

  In diesem Zusammenhang wird häufig auch von der Durchführung einer **Sensitivitätsanalyse (P)** gesprochen, die in vielen Fällen als ergänzendes Instrument zum Einsatz kommt. Mit ihr wird untersucht, wie stabil eine gefundene optimale Lösung (z.B. der ermittelte Break-Even-Point) bei Veränderungen zunächst als gegeben betrachteter Parameter (z.B. die veranschlagten Materialkosten) ist. Dadurch ist es möglich, real bestehende Unsicherheiten – ggf. auch nachträglich – zu berücksichtigen. In der Regel wird das Verfahren so angewendet, dass in Bezug auf ein bestimmtes Wirtschaftlichkeitskriterium (z.B. Gewinn $\geq 0$) die kritischen Werte/ Wertepaare gesucht werden, bei denen sich die optimale Lösung durch marginale Veränderungen der Einflussgrößen maximal verschlechtert/ verbessert. Weiterhin können auf der Grundlage der Sensitivitätsanalyse Wertebereiche für bestimmte Parameter/ Einflussgrößen festgelegt werden, in denen die Lösung relativ stabil bleibt. Bezug nehmend auf die Break-Even-Analyse lässt sich so z.B. die Frage beantworten, bis zu welcher Höhe – bei ansonsten konstanten Werten – die ursprünglich angenommenen variablen Kosten ($K_{var}$) maximal ansteigen dürfen, damit zumindest die theoretische Chance gewahrt bleibt, den Break-Even-Point innerhalb des vorgesehenen Zeitrahmens zu erreichen.

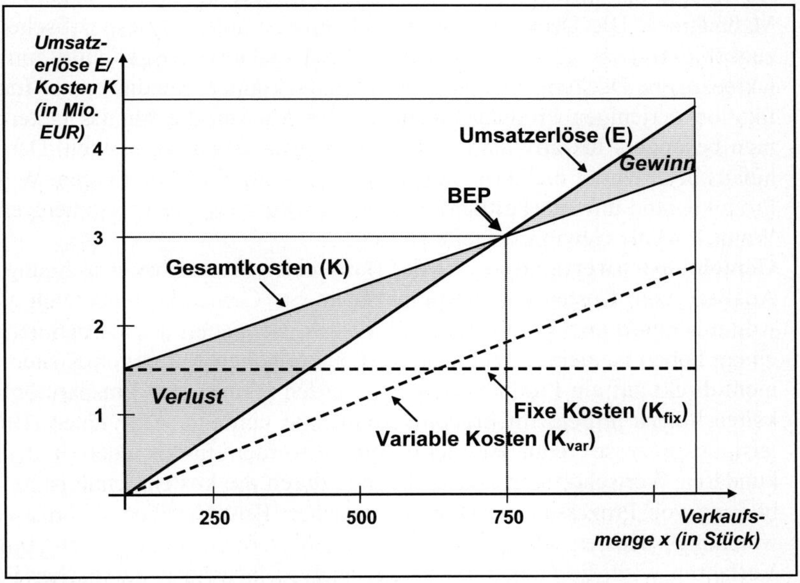


**Abb. F-IV-44:** Grafische Ermittlung des Break-Even-Point (BEP)

- Ein wesentlicher Aufgabenbereich des Controllers ist das **Kostenmanagement (P+K)**, welches sowohl die operative als auch strategische Planungs- und Kontrollebene betrifft. Die Zielsetzung geht dabei dahin, die Wirtschaftlichkeit eines Unternehmens durch die bewusste Beeinflussung/ Steuerung der Kosten signifikant zu erhöhen. Die Grundlage des Kostenmanagements ist die Kosten- und Leistungsrechnung bzw. das interne Rechnungswesen. Vom letztgenannten werden die im Rahmen der Leistungserstellung anfallenden Kosten erfasst und auf die Kostenstellen sowie Kostenträger verrechnet (siehe hierzu F.IV.5.d.). Als Grundlage für das Fällen kostenorientierter Entscheidungen im Unternehmen kommen auf operativer Ebene unter anderem die folgenden vier Methoden/ Ansätze in Betracht:

  - **Fixkostenmanagement** mit integrierter stufenweiser Fixkostendeckungsrechnung zur Planung, Gestaltung und Zurechnung von Veränderungen der Fixkosten in Abhängigkeit von den erwarteten Beschäftigungsschwankungen. Das Ziel besteht darin, durch eine differenzierte Fixkostenbehandlung (z.B. nach Unternehmensbereichen, Produktgruppen und/ oder Produkten) die Kosten verursachungsgerecht, das heißt möglichst „weit unten in der Unternehmenshierarchie" zuzuordnen. Ein weiterer Ansatz zur objektiven Kostenverrechnung ist das RIEBEL'sche Identitätsprinzip (nach PAUL RIEBEL, 1918 – 2001), welches besagt, das für jede Entscheidung des Managements die relevanten Kosten – unabhängig, ob fix oder variabel – und Erlöse auszuweisen sind.

- **Deckungsbeitragsrechnung** mit getrenntem Ausweis von fixen und variablen Kosten zur Entwicklung/ Ableitung von produkt- und preispolitischen Maßnahmen. Die Deckungsbeitragsrechnung ist auf analysespezifische Bezugsobjekte (z.B. Produkte, Kunden, Absatzgebiete) ausgerichtet, um objektbezogene Deckungsbeiträge ausweisen zu können. Sie dienen zur Identifikation derjenigen Produkte, Kunden oder Märkte, die für das Unternehmen besonders lukrativ sind und deshalb gestärkt werden sollten. Darüber hinaus beantwortet die Deckungsbeitragsrechnung folgende Fragen: Welche Produkte sind unwirtschaftlich? Was ist die (kurzfristige) Preisuntergrenze? Wann wird die Gewinnschwelle erreicht?
- **Gemeinkostenwertanalyse** auf der Basis einer Prozesskostenrechnung zur Analyse von Kostensenkungspotenzialen im Gemeinkostenbereich (z.B. Administration und Verwaltung). Ziel ist es, Bereiche im Unternehmen mit einem hohen Gemeinkostenblock, also einem hohen Anteil von Kosten, die nicht direkt auf ein Produkt umgelegt werden können, auf Einsparmöglichkeiten hin zu prüfen. Im Ergebnis können so unnötige Aktivitäten (Blindleistungsprozesse) reduziert oder eliminiert werden. Insbesondere in den sekundären Wertschöpfungsphasen können durch die kostenrechnerische Abbildung von Prozessen die Hauptverursacher/ Kostentreiber für hohe (Abweichungs-)Kosten identifiziert werden. Als so genanntes Cost-Cutting-Verfahren wird die Gemeinkostenwertanalyse in nahezu identischer Form von unterschiedlichen Beratungsunternehmen auch unter den Bezeichnungen „Strukturkosten-Wertanalyse" oder „Funktionsanalyse" angewandt.
- **Wertschöpfungsanalyse** auf der Basis einer Wertzuwachskurve, welche den Zuwachs an Produktwert über die einzelnen Wertschöpfungsstufen/ Prozessschritte widerspiegelt. Im Kern geht es hierbei um die Aufdeckung von Nutz-, Stütz-, Blind- und Fehlleistungen innerhalb von Teil- und Hauptprozessen der direkten und indirekten Wertschöpfungsphasen bzw. -ketten. Dazu werden die anfallenden Kosten für Nutz- und Stützleistungsprozesse über den gesamten Leistungserstellungsprozess kumuliert. Die Differenz zwischen den sich ergebenden Kosten für direkt wertschöpfende und wertschöpfungsneutrale bzw. nur indirekt wertschöpfende Prozesse und den tatsächlich anfallenden Ist-Kosten entspricht den Kosten für Blind- und Fehlleistung (z.B. Ausschuss). Um Abweichungskosten dieser Art zu reduzieren, hat die Wertschöpfungsanalyse zum einen das Ziel, nicht-wertschöpfende Prozesse zu identifizieren und zu eliminieren. Zum anderen sollen der Herstellungsprozess verkürzt und Durchlaufzeiten reduziert werden, um dadurch hohe Kapitalbindungskosten zu vermeiden. Die grafische Darstellung

erfolgt i.d.R. in einem Diagramm, bei dem die Wertzuwächse für jeden Prozessschritt ausgewiesen sind.

Weitere Planungs- und Kontrollinstrumente des operativen Kostenmanagements sind die bereits dargestellte Break-Even-Analyse für Produkte/ Produktgruppen, die Prozesskostenrechnung für die Ermittlung von direkten Produktrentabilitäten (z.B. im Lebensmitteleinzelhandel) sowie die integrierte Kosten- und Leistungsanalyse für die Steuerung und Kontrolle von Projekten. Kostenorientierte Entscheidungen auf strategischer Ebene basieren in der Praxis häufig auf den folgenden drei Methoden/ Ansätzen:

- **Target Costing** (Zielkostenplanung) als ein marktorientiertes Kostenmanagement-Instrument, welches

  * eine marktorientierte Zielkostenplanung erlaubt,
  * Maßnahmen für eine frühzeitige Kostenbeeinflussung festlegt und
  * die kostenorientierte Koordination von verschiedenen Unternehmensbereichen bereits im F&E-Prozess unterstützt.

  Im Mittelpunkt steht nicht die Frage „Was kostet die Herstellung des Produktes?“ (Technology-Driven-Cost-Management), sondern die Frage „Was darf die Herstellung des Produktes maximal kosten?“ (Market-Driven-Cost-Management). Die erste Anwendung von Target Costing fand 1965 bei TOYOTA statt; als erstes Target Costing Produkt kann aber bereits der „VW Käfer“ mit seinem Zielpreis von 999 Deutsche Reichsmark bezeichnet werden. Wie ersichtlich wird, geht die Zielsetzung dahin, die Markteinflüsse, insbesondere die Zahlungsbereitschaften der potenziellen Kunden, bereits in der Planungs- und Entwicklungsphase eines Produktes zu berücksichtigen und dadurch ein Over-Engineering, also die Ausstattung mit zu vielen kostenträchtigen technologischen Details, zu vermeiden. Gegenüber klassischen Kalkulations-/ Kostenrechnungsinstrumenten zeichnet sich das Target Costing durch eine retrograde Vorgehensweise – von oben nach unten – aus: Ausgehend von der geplanten Absatzmenge und dem am Markt realisierbaren Preis wird zunächst das Umsatzvolumen bestimmt. Anschließend werden durch Abzug der Zielrendite vom Umsatz bzw. der anvisierten Gewinnspanne vom Zielpreis (Target Price) die maximalen Herstellkosten (Allowable Costs) – insgesamt und pro Stück – ermittelt und dann durch geeignete Maßnahmen zur Kostensenkung über einen bestimmten Zeitraum realisiert.
- **Lebenszykluskostenrechnung** mit integrierter Produktlebenszyklusanalyse. Hier findet eine Analyse der Kosten und des Nutzens eines Produktes über seinen gesamten Lebenszyklus statt, also von der Produktidee über die Entwicklung, die Herstellung und den Vertrieb bis zur Nutzung beim Kunden und der späteren Entsorgung durch das Unternehmen. Bei der Lebenszykluskostenanalyse handelt es sich demnach um eine integrierte Sichtweise, wobei die Herstellersicht die Nutzersicht mit einschließt. Dadurch soll eine pro-aktive Gestaltung von Kosten und Erlösen bezogen auf den gesam-

ten Produktlebenszyklus erreicht werden. Voraussetzung hierfür ist ein lebenszyklusorientiertes Berichtswesen, welches allgemeine, technische und wirtschaftliche Projektdaten zur Verfügung stellt. Im Zusammenhang mit den wirtschaftlichen Projektdaten sind z.B. Kosten- und Erlösprognosen zu den klassischen fünf Produktlebenszyklusphasen (Einführung, Wachstum, Reife, Sättigung, Degeneration) notwendig. Die monetäre Analyse der Lebenszykluskosten und -erlöse erfolgt typischerweise unter Verwendung dynamischer Investitionsrechenverfahren (z.B. Kapitalwertmethode; siehe hierzu F.IV.3.c.). Dazu werden die Kosten und Erlöse wie Quasi-Ein- und Auszahlungen behandelt und verrechnet. Eine nicht-monetäre Lebenszyklusanalyse für die Bestimmung der Kosten und des Nutzens eines Produktes ist z.B. die Nutzwertanalyse, bei der auch qualitative Merkmale (z.B. Image) berücksichtigt und bewertet werden können.

- **Erfahrungskurve** zur Prognose der stückbezogenen Kosten in Abhängigkeit von der kumulierten Ausbringungsmenge (siehe hierzu F.II.1.e.). Das Konzept der Erfahrungskurve beruht auf dem Prinzip des Learning by Doing. Seine betriebswirtschaftliche Bedeutung wurde bereits in den 20er Jahren im Flugzeugbau erkannt. Hier wurde festgestellt, dass die Fertigungskosten (pro Stück) aufgrund unternehmensinterner Lerneffekte abnehmen, wenn die kumulierte Produktion des Unternehmens zunimmt. Die Boston Consulting Group (BCG) übertrug diese Erkenntnis in den 60er Jahren auf alle betrieblichen Funktionsbereiche, also auch auf Absatz, Beschaffung, Forschung und Entwicklung, und begründete damit das Erfahrungskurvenkonzept. Dieses besagt, wie bereits an früherer Stelle ausgeführt, dass mit jeder Verdopplung des kumulierten Output die wertschöpfungsbezogenen Stückkosten (in EUR) potenziell um ca. 20 bis 30% für alle Branchen und alle Kostenarten sinken. Das heißt, die Kostensenkungen beziehen sich auf alle fixen und variablen Kostenbestandteile der Wertschöpfung. Der entscheidende Parameter zur Bestimmung des Verlaufs der Erfahrungskurve ist – neben den stückbezogenen Kosten und dem Anfangswert für die produzierte Gütermenge – die Lernrate. Eine Lernrate von 80% besagt z.B., dass pro Verdopplung des Outputs die Stückkosten um 20% sinken bzw. auf 80% des ursprünglichen Kostenniveaus fallen. Die Darstellung der Erfahrungskurve erfolgt in einem Kosten-Mengen-Diagramm, wobei auf der x-Achse die kumulierte Ausbringungsmenge und auf der y-Achse die Stückkosten abgetragen werden. In empirischen Studien für verschiedene Branchen ließen sich neben dem idealtypischen Verlauf einer konvexen Kurve auch linear abfallende, geknickt linear abfallende sowie s-förmig abfallende Kurvenverläufe feststellen. Für die strategische Planung eines Unternehmens besitzt die Erfahrungskurve insofern Bedeutung, als dass auf ihrer Basis Normstrategien abgeleitetet und Wachstumsprognosen erstellt werden können.

Als weitere Verfahren eines taktischen und strategischen Kostenmanagements im Controllingbereich sind zu nennen: Kostenorientierte Produktionsprogrammplanung mit Opportunitätskostenbetrachtung, Bestimmung von Preisober-/ Preisuntergrenzen sowie Verrechnungspreisen zur Steuerung dezentraler Einheiten. Diese Methoden und Instrumente werden hier nicht weiter vertieft.

**Strategische Controllinginstrumente**

Nachdem bereits im Rahmen des strategischen Kostenmanagements einige Controllinginstrumente kurz vorgestellt wurden, wird nachfolgend noch auf vier weitere zentrale Strategieinstrumente eingegangen. Deren Fokus liegt weniger auf der Analyse und Planung der Kostenstruktur des Unternehmens, sondern vielmehr auf der Bereitstellung von relevanten Informationen für die entscheidungsorientierte Unternehmensplanung und -entwicklung. Dabei versucht das strategische Controlling die folgenden beiden Fragen zu beantworten: Was sind die intern gerichteten Werttreiber und was die extern gerichteten strategischen Erfolgsfaktoren des Unternehmens? Wie lassen sie sich gezielt steuern und entwickeln?

Eine der Wurzeln des Strategischen Controllings ist das **PIMS-Modell** (Profit Impact of Market Strategies), welches auf einer breit angelegten, viele Branchen umfassenden empirischen Studie aufbaut. Entsprechend dem traditionellen Controllingverständnis werden hier allgemeingültige Aussagen zum Zusammenhang einzelner Variablen gesucht und getroffen, um dadurch die „Laws of the market place" besser zu erkennen. Dazu stellen die beteiligten Unternehmen neben den Erfolgsgrößen Return on Investment (ROI) und Cash Flow (CF) Informationen zu den vorherrschenden Marktcharakteristika, der eingenommenen Wettbewerbsposition und den bestehenden Kapital- und Produktionsstrukturen zur Verfügung. Durch die Auswertung der gewonnenen Daten soll dann die Frage beantwortet werden, welche Determinanten sich besonders positiv/ negativ auf den ROI und CF auswirken. Ein Ergebnis dieser Studie ist z.B., dass der relative Marktanteil eines Unternehmens einen stark positiven Einfluss auf den ROI hat. Auf dieser Basis wird dann weiterhin untersucht, wie sich die Ergebnisgrößen (ROI und CF) bei einer Strategieänderung verhalten, also wie hoch die Elastizität ist.

Die empirischen Ergebnisse dieser Studie dienen als Ansatz für eine Vielzahl von Erklärungskonzepten im Rahmen des strategischen Controlling. Im Kern geht es dabei um die Führungsunterstützung durch den ergebnisorientierten Einsatz von Instrumenten und Methoden in einem mehrstufigen Planungsprozess mit den Phasen Strategische Analyse, Strategiefindung und -bewertung:

- Die **Strategische Analyse** hat zum Ziel, die aktuelle und zukünftige Unternehmenssituation im Hinblick auf die aktuelle und zukünftige Umfeldsituation zu überprüfen. Wie hoch ist der System-Umfeld-Fit bzw. der Strategic Fit? Zur umfassenden Beantwortung dieser Frage wird i.d.R. eine **SWOT-Analyse (P)** durchgeführt, bei der die Stärken (Strengths) und Schwächen (Weaknesses) des Unternehmens sowie die in seiner Umwelt liegenden Chancen (Opportunities) und Bedrohungen (Threats) in einer Matrix gegenübergestellt werden. Entsprechend dem Aggregationsniveau unterteilt sich die **Umfeldanalyse** in die drei Bereiche
  - Globales Umfeld (insb. Analyse von technologischen, rechtlichen, ökonomischen, gesellschaftlichen und ökologischen Rahmenbedingungen),

- Erweitertes aufgabenspezifisches Umfeld (insb. Analyse der Interessen und Ansprüche interner/ externer Stakeholdergruppen) und
- Aufgabenspezifisches Umfeld (insb. Analyse der fünf Wettbewerbskräfte nach MICHAEL E. PORTER; siehe hierzu F.II.1.a.).

Mit diesen Strukturierungshilfen wird versucht, die situativen Einflussgrößen messbar und im Hinblick auf Chancen und Risiken beschreibbar zu machen. Bei der **Unternehmensanalyse** verhält es sich ähnlich: Hier wird vorzugsweise eine wert-/ wertschöpfungsbezogene Sicht, also eine Betrachtung des Unternehmens aus der Sicht des Kunden (Outside-in-Perspektive), eingenommen. Denn die Stärken und Schwächen des Unternehmens resultieren in erster Linie aus der Gestaltung der wertschöpfungsbezogenen Aktivitäten/ Prozesse und nicht aus der funktionsbezogenen Aufbau- und Ablauforganisation. Die Unternehmensanalyse unterteilt sich wie die Umfeldanalyse ebenfalls in drei Bereiche bzw. Schritte:

- Strukturierung des Unternehmens zur Ermittlung strategischer Potenziale,
- Ermittlung der Stärken und Schwächen zur Bewertung der strategischen Potenziale und
- Visualisierung der strategischen Potenziale in einem Stärken-Schwächen-Profil zum Erkennen von (Kern-)Kompetenzen

Durch die gemeinsame Analyse und Darstellung von Unternehmen und Umwelt in einer Matrix gibt die SWOT-Analyse erste Hinweise auf die grundsätzlichen Strategiemöglichkeiten des Unternehmens (z.B. Wachstums- oder Defensivstrategie).
Zur Festlegung der strategischen Stoßrichtungen für das gesamte Unternehmen und/ oder einzelner Geschäftsbereiche bietet sich – ergänzend zur SWOT-Analyse – das **Benchmarking (P+K)** als weiteres strategisches Planungs- und Kontrollinstrument an. Das Benchmarking ist ein Vergleichsverfahren, mit dessen Hilfe insbesondere interne und externe Leistungsunterschiede erkannt werden können. Neben dieser Kontrollfunktion besitzt das Benchmarking aber auch eine Planungsfunktion, indem es Ursachen der Leistungslücken offen legt und Möglichkeiten zu deren Schließung aufzeigt. Anhand eines Benchmarking lässt sich also nicht nur ableiten, was dem Unternehmen derzeit fehlt, sondern auch was zu tun ist, um in Zukunft bessere Leistungen zu erzielen. Je nach den Vergleichsobjekten unterscheidet man zwischen internem Benchmarking (z.B. Vergleich zwischen Filialen/ Geschäftsbereichen), branchenbezogenem Benchmarking (z.B. direkter Vergleich mit Wettbewerbern) und funktionalem Benchmarking (z.B. Vergleich mit Unternehmen aus anderen Branchen). Dabei soll das Unternehmen jeweils von solchen Unternehmen/ Unternehmensteilen lernen, die in ihrem Umfeld Bestleistungen erbringen und deshalb als so genannte Best Practice (Beste Praxis) gelten. Im Hinblick auf die branchenübergreifend beste Realisierung ist dann das Business Excellence Niveau erkennbar. Die vordergründige Frage lautet also: Wo liegt der Benchmark bzw. die Messlatte? Der Vorteil einer direkten Orientierung am realen Vergleichsobjekt liegt vor allem darin, dass zwar anspruchsvolle, aber in Bezug auf die bestehende

Wettbewerbssituation realistische Unternehmensziele in Angriff genommen werden. Denn andere Unternehmen haben dieses Niveau bereits erreicht. Das Prinzip „Von den Besten lernen" wurde erstmalig in den frühen 80er Jahren von dem amerikanischen Elektronikunternehmen XEROX mit Erfolg eingesetzt. Durch ein funktionales Benchmarking mit einem (damals) erfolgreichen Versandhaus konnten die Prozesse in der Wertschöpfungskette des Unternehmens – insbesondere im Hinblick auf Durchlaufzeiten, Kosten und Qualität – deutlich verbessert werden. XEROX wurde daraufhin bald selbst ein begehrtes (branchenbezogenes) Benchmarking-Objekt. Trotz dieser und anderer Erfolgsstorys ist aber auch das Benchmarking kein „Allheilmittel": Die Nachteile dieser Methode liegen unter anderem in der Bestimmung zweckmäßiger Vergleichsunternehmen und der Auswahl aussagekräftiger Vergleichskriterien begründet.

- Auf die Strategische Umfeld- und Unternehmensanalyse folgen die beiden Phasen **Strategiefindung und Strategiebewertung**. Während die Inhalte und Probleme des Strategiefindungsprozesses im Spannungsfeld zwischen ressourcen- und marktorientierter Unternehmensführung bereits an anderer Stelle ausführlich behandelt wurden (siehe hierzu F.II.1.e.), möchten wir hier kurz auf einige Details bei zwei zentralen Methoden der Strategiebewertung abheben. Diese beziehen sich sowohl auf die Analyse von strategischen Geschäftseinheiten (SGE) als Teilsysteme des Unternehmens als auch auf die Betrachtung des Unternehmens als Gesamtsystem. Mit der **Portfolio-Analyse (P)** als „klassischer" Methode des Strategischen Managements wird das Ziel verfolgt, die heute und in Zukunft vorhandenen Ressourcen in solche Geschäftsfelder zu lenken, in denen die Marktaussichten positiv sind und das Unternehmen relative Wettbewerbsvorteile besitzt. Dazu werden die SGEs des Unternehmens zunächst einzeln analysiert und bewertet, um sie anschließend nach zuvor festgelegten Kriterien in einem Portfolio darzustellen. Auf dieser Basis können dann für jede SGE so genannte Normstrategien entwickelt werden. Unter Normstrategien verstehen wir standardsituationsadäquate Handlungsempfehlungen für betriebswirtschaftliche Aktivitäten eines Unternehmens. Bei der Konzeption der Portfolio-Analyse sind insgesamt drei Schritte zu beachten:

  - Abgrenzung verschiedener strategischer Geschäftsfelder/ -einheiten,
  - Reduzierung der Anzahl von relevanten Werttreibern/ Erfolgsfaktoren pro SGE (Komplexitätsreduktion) und
  - Positionierung der SGEs in einem zwei- oder dreidimensionalen Portfolio.

  Der Vorteil dieser Vorgehensweise und Methode besteht darin, dass ein relativ komplizierter Sachverhalt auf die wesentlichen Komponenten/ Einflussgrößen reduziert wird; dadurch ist es möglich, komplexe Zusammenhänge einfach und verständlich zu präsentieren. In ihrer Darstellung baut die zweidimensionale Portfolio-Matrix direkt auf der oben beschriebenen SWOT-Analyse auf, und zwar in der Weise, dass die Chancen und Risken des Umfelds (z.B. ausgedrückt in Form des relativen Marktwachstums), die nicht vom Unternehmen beeinflussbar sind, den Stärken und Schwächen des Unternehmens (z.B. ausgedrückt in Form des relativen Marktanteils), die vom Unternehmen beeinflussbar sind, gegenübergestellt werden. Die Positionierung in der Matrix erfolgt, indem die

Achsenwerte für die Umfeld- und Unternehmensentwicklung (Marktwachstum und Marktanteil in der BCG-Matrix) für jede SGE einzeln bestimmt und abgetragen werden. Sind alle SGEs in dieser Weise in der Matrix positioniert, lassen sich zum einen das strategische Potenzial und die zukünftige Weiterentwicklung des Unternehmens abschätzen. Zum anderen können für die einzelnen SGEs Normstrategien abgeleitet und im Hinblick auf ihren Beitrag zur Unterstützung der Unternehmensstrategie überprüft werden.

- Die klassische Portfolio-Analyse als Matrix-Analyse geht implizit von folgenden Annahmen aus: Vollkommener Markt, und damit homogene Güter, völlige Transparenz und unendliche Reaktionsgeschwindigkeit. Dies führt dazu, dass der Preis im Grunde genommen als einziges kurzfristiges Wettbewerbsinstrument verbleibt und der Kostenwettbewerb eindeutig im Vordergrund steht. Basierend auf den generischen Wettbewerbsstrategien von MICHAEL PORTER (Kostenführerschaft, Differenzierung und Spezialisierung), hat sich mit den **Wettbewerbsmatrizen (P)** eine weitere Gruppe von Matrix-Analysen im Strategischen Controlling fest etabliert. Gegenüber der Portfolio-Analyse unterstellt die strategische Analyse auf der Basis von Wettbewerbsmatrizen heterogene Güter und heterogenen Wettbewerb. Im Automobilsektor sind beispielsweise unterschiedlich heterogene Zielgruppen und Zielmärkte zu verzeichnen; hier steht z.B. der PORSCHE CAYENNE aufgrund der Produktdiversifikation in direkter Konkurrenz zur MERCEDES M-KLASSE, aber nicht zur SLK-KLASSE. Weiterhin spielt der Ausgleichsgedanke zwischen Chancen und Risiken sowie Stärken und Schwächen, wie er beim Portfolio zu Grunde liegt, eine untergeordnete Rolle. Vielmehr wird davon ausgegangen, dass Unternehmen nicht um niedrigere Preise, sondern um so genannte akquisitorische Potenziale (Markterschließungspotenziale) konkurrieren, um den Kostenwettbewerb zu umgehen. Im Kern geht es dabei also um die Frage nach einer stärkeren Differenzierungs- und/ oder Spezialisierungsstrategie, z.B. mit dem Ziel, die Qualitätsführerschaft in einer bestimmten Marktnische zu erlangen. Die Analyse solcher und ähnlicher Fragen erfolgt in der Unternehmenspraxis häufig auf der Basis der Wettbewerbsvorteils-Matrix des Beratungsunternehmens BOSTON CONSULTING GROUP (BCG), auch bekannt als BCG-II-Matrix (BCG-I-Matrix = Marktanteils-/ Marktwachstumsportfolio). Dabei wird die Anzahl der relativen Wettbewerbsvorteile (z.B. Qualitätsniveau) der Nachhaltigkeit dieser Wettbewerbsvorteile (z.B. Patentschutz) in einer Vier-Felder-Matrix gegenübergestellt, auf deren Basis dann Normstrategien (Fragmentierung, Spezialisierung, Volumenstrategie und/ oder Pattsituation) abgeleitet werden. Weiterführende Wettbewerbsmatrizen sind das Technologieportfolio zur funktionalen Betrachtung von Prozess-/ Produkttechnologien und die Kernkompetenzenanalyse mit dem Fokus auf Kernprozesse/ -produkte.

Die angesprochenen Methoden vermitteln einen ersten Eindruck zu den Inhalten und der Konzeption des Strategischen Controlling in fortschrittlichen Unternehmen. Darüber hinaus gibt es noch weitere Methoden und Instrumente, die zur Entscheidungsunterstützung sowohl in der Strategischen Analysephase als auch in der Strategiefindungs- und Strategiebewertungsphase zum Einsatz kommen. Zu diesen zählen insbesondere Strategische Frühaufklärungsinstrumente; sie sollen hier nur stichpunktartig aufgeführt werden:

- Statistische Zeitreihen-/ Regressionsanalysen zur Hochrechnung zukünftiger Unternehmensentwicklungen (z.B. Marktanteils-/ Umsatzwachstumsprognose)
- Indikatorsysteme mit einer mittel-/ langfristiger Vorlauffunktion zum Erkennen von schwachen Signalen/ weak signals (z.B. IFO-Geschäftsklimaindex als Indikator)
- Simulationsrechnungen zur Abschätzung von Chancen/ Risiken verschiedener Unternehmensaktivitäten (z.B. Chancenprofil nach Monte-Carlo-Simulation)
- Szenariotechnik zum Verdeutlichen von Unsicherheitsstrukturen und zum Aufzeigen möglicher zukünftiger Ereignisabfolgen (z.B. Trendprojektionen).

**Integrative Controllinginstrumente**

Integrative Controllinginstrumente zielen insbesondere darauf ab, einzelne Teilaufgaben/Teilbereiche besser zu koordinieren und auf das Gesamtziel des Unternehmens optimal auszurichten. Die wegen der starken Arbeitsteilung und hohen Spezialisierung in den Unternehmen große Bedeutung der Koordinationsfunktion wurde bereits an anderer Stelle verdeutlicht. Das Controlling unterstützt diese Funktion durch Bereitstellung eines geeigneten Planungs- und Kontrollinstrumentariums. In diesem Zusammenhang können folgende Koordinationsaufgaben/ -richtungen besonders relevant sein:

- Koordination in vertikaler Hinsicht zur Abstimmung der Pläne von über- und untergeordneten Abteilungen/ Stellen
- Koordination in horizontaler Hinsicht zur Abstimmung der Pläne von benachbarten Abteilungen/ Stellen auf der gleichen Hierarchieebene
- Koordination in zeitlicher Hinsicht zur Abstimmung von verschiedenen Planungsschritten untereinander und über die Zeit
- Koordination in verwendungsmäßiger Hinsicht zur Abstimmung von Ressourcen für die Perioden- und Projektplanung.

Im Folgenden werden mit der Budgetierung und der Balanced Score Card zwei wesentliche Methoden zur Koordination von unternehmerischen Aktivitäten aufgezeigt. Dabei steht vor allem die Koordination in vertikaler und zeitlicher Hinsicht im Vordergrund. Ein weiterer wichtiger Aspekt ist der wirtschaftliche Umgang mit knappen Ressourcen im gesamten Unternehmen:

- Unsere Darstellung zur **Budgetierung (P+K)** ist auf die folgenden Fragen ausgerichtet: Was ist ein Budget und welche Aufgaben hat es? Wie verläuft der Budgetierungsprozess im Unternehmen? Welche Besonderheiten und Probleme ergeben sich bei der praktischen Umsetzung?
  In einem **Budget** werden von der Unternehmensleitung (= Prinzipal) Soll-/ Wertgrößen verbindlich vorgegeben, die von den Bereichs-/ Abteilungsleitern als Budgetverantwortliche (= Agents) innerhalb eines bestimmten Zeitraums bei der Planumsetzung und Zielerreichung einzuhalten sind. Das Budget fungiert demnach als formaler zielorientierter Plan, ausgedrückt in wertmäßigen

Größen (z.B. Gewinn) und fixiert für einen Unternehmensbereich (z.B. Produktsparte X) und eine Periode (z.B. Jahr). Für den Budgetverantwortlichen gibt das Budget den Spielraum für seine Entscheidungen und Handlungen vor. Im Gegenzug setzt die Unternehmensleitung darauf, dass durch diese Vorgabe bestimmte Ergebnisse im Einklang mit der verfolgten Unternehmensstrategie erreicht werden. Neben dieser Planungs- und Koordinationsfunktion beinhaltet ein Budget in vielen Unternehmen auch noch eine Motivationsfunktion, indem die Einhaltung der Zielvorgaben mit einem entsprechenden Anreizsystem gekoppelt wird, sowie eine Kontrollfunktion, indem Budgetabweichungen als Ausgangspunkte für Soll-Ist-Vergleiche dienen.

Die Festlegung der (optimalen) Höhe des Budgets ist in einem **Budgetierungsprozess** – i.d.R. einmal pro Jahr – systematisch zu erarbeiten und mit der langfristigen Planung abzustimmen. Dabei darf die Budgetierung nicht als regelmäßiges Ritual im Unternehmen empfunden werden, wodurch sie unter anderem ihren verbindlichen Vorgabecharakter verlieren würde. Der Budgetierungsprozess an sich umfasst sämtliche Aktivitäten bei der Erstellung, Genehmigung, Durchsetzung und Anpassung der Budgets. Hierbei wird zwischen operativer Budgetierung mit einem Planungshorizont von einem Jahr und strategischer Budgetierung, die alle Pläne zur Existenzsicherung bis zu zehn Jahren enthält, unterschieden. Die Abstimmung der Budgets als Zielvorgaben für das Unternehmen erfolgt idealerweise in einem Gegenstromverfahren (siehe hierzu D.I.1.), bei dem einerseits die Unternehmensleitung die Bereichsbudgets entsprechend ihres Erfolgs-/ Wertbeitrags (top-down) festlegt und anderseits die aus der vorgesehenen Planumsetzung abgeleiteten Budgetansprüche der Verantwortlichen von der untersten bis zur obersten Hierarchieebene (bottom-up) aggregiert werden. Eine weitere Möglichkeit, um die Effizienz und Effektivität von Budgets zu erhöhen, besteht in einem dynamischen Budgetierungsprozess. Anstatt starrer, periodenbezogener Budgets werden hier flexible Budgets zwischen den Beteiligten ausgehandelt. Dadurch soll erreicht werden, dass die zur Verfügung gestellten Ressourcen bereits unterjährig entsprechend der Unternehmensentwicklung und der veränderten Umfeldsituation angepasst werden können.

**Probleme** im Zusammenhang mit der Budgetierung ergeben sich vor allem aufgrund ihrer verhaltensbeeinflussenden Wirkung bei den Akteuren:

- Durch die vergangenheits- sowie ausschöpfungsbezogene Festlegung von Budgets kommt es zur Ressourcenverschwendung (Stichwort „Budget wasting" bzw. „Dezemberfieber" beim Budgetverbrauch vor allem in der öffentlichen Verwaltung wegen fehlenden Übertragungsmöglichkeiten auf das Folgejahr).
- Durch einen ausgeprägten Ressortegoismus im Unternehmen werden vorhandene Sach- und Finanzmittel nicht effizient auf die einzelnen Bereiche verteilt.
- Durch die kurzfristige Abstimmung von Budgets (i.d.R. bezogen auf ein Jahr) geraten langfristige Unternehmensziele schnell aus dem Blickfeld der Beteiligten.

Trotz der aufgezeigten Probleme sind Budgets in vielen Unternehmen unerlässlich geworden und für eine ergebnisorientierte Planung und Kontrolle nicht mehr wegzudenken. Hierbei haben sich in der betriebswirtschaftlichen Praxis weiterführende Budgetierungsansätze etabliert, zu denen beispielsweise die folgenden beiden rechnen:
Das **Zero-Base-Budgeting (ZBB)** ist ein Ansatz zur Kostensenkung und/ oder Re-Allokation von Ressourcen, insbesondere im Gemeinkostenbereich eines Unternehmens. ZBB bedeutet Null-Basis-Planung und stellt damit einen radikalen Bruch mit der in Unternehmen häufig anzutreffenden Praxis dar, dass Budgets der vergangenen Periode einfach fortgeschrieben werden (z.B. Erhöhung des Budgets um jeweils 5% pro Jahr). Entsprechend dem Motto „Alles auf Null!“ (at base zero) werden alle Gemeinkostenbereiche auf ihre Notwendigkeit und auf die Wirtschaftlichkeit ihrer Leistungserstellung hin analysiert. Auf der Basis einer Prioritätenliste mit Entscheidungspaketen werden dann sämtliche Budgets vollkommen neu ausgehandelt.
Gegenüber dieser Vorstellung, man könne einzelne Aktivitäten eines Unternehmens „am grünen Tisch“ neu planen, zielt der Ansatz des **Beyond Budgeting (BB)** auf eine kontinuierliche Veränderung der gesamten Unternehmensorganisation ab. Dabei geht es im Kern um eine Förderung der marktorientierten Ausrichtung des Unternehmens sowie der Erhöhung des unternehmerischen Denkens und Handelns über alle Hierarchieebenen hinweg (z.B. durch die Festlegung der Ergebnisverantwortlichkeit auf Teamebene). Vor diesem Hintergrund geht das BB zum Teil weit über die traditionellen Budgetierungsansätze in Unternehmen hinaus. Konkrete Beispiele hierfür sind die Etablierung unternehmensinterner Marktmechanismen (z.B. marktorientierte Verrechnungspreise zwischen Geschäftseinheiten), ein hohes Maß an Delegation von Verantwortung und Entscheidungskompetenzen sowie die Festlegung eigenständiger Entscheidungsspielräume innerhalb bestimmter Grenzen. Für eine effektive Unternehmensplanung und -steuerung greift das BB dabei auch auf andere Instrumente wie das Benchmarking oder die Balanced Score Card zurück.

- Die **Balanced Score Card (BSC) (P+K)** ist ein Managementinstrument für eine ganzheitliche Unternehmensführung (siehe hierzu auch F.II.1.d.). Ihr Ziel ist es, aus der Unternehmensvision und der Unternehmensstrategie konkrete, operationale Ziele und Kennzahlen abzuleiten, um so ein ausgewogenes Gleichgewicht zwischen strategischen Zielen und operativen Ergebnissen zu erreichen. **„Balanced“** steht in diesem Zusammenhang also für den Anspruch, die Leistungsfähigkeit und das Entwicklungspotenzial eines Unternehmens/ eines Unternehmensbereichs aus mehreren Perspektiven umfassend zu beurteilen. Dies bedeutet konkret, dass sowohl Anforderungen von externen Interessengruppen (z.B. Kunden) als auch Anforderungen von internen Anspruchsgruppen (z.B. Mitarbeiter) in definierten Perspektiven berücksichtigt werden. Weiterhin wird auch ein Gleichgewicht zwischen finanziellen und nichtfinanziellen Kennzahlen als Steuerungsgrößen möglich, und zwar in der Weise, dass neben den kurzfristig orientierten finanziellen Steuerungsgrößen (z.B. Cash Flow) auch längerfristig ausgerichtete nichtfinanzielle Steuerungsgrößen (z.B. CSI – Customer Satisfaction Index) ermittelt und gestaltet werden. Anhand einer **„Scorecard“**

(Punktetafel) werden die unterschiedlichen Blickwinkel auf die Leistungsentwicklung des Unternehmens visualisiert und verfolgt. Dabei sollen nach Möglichkeit alle relevanten – nach außen gerichteten – Erfolgsfaktoren (z.B. Kundenzufriedenheit) und – nach innen gerichteten – Werttreiber (z.B. Mitarbeiterqualifikation) einbezogen werden. In diesem Sinne ist die Balanced Scorecard ein „ausgewogener Berichtsbogen".
In Abbildung F-IV-45 ist die Balanced Scorecard nach ROBERT S. KAPLAN und DAVID P. NORTON (1997) mit den vier Perspektiven „Lernen und Entwicklung", „Interne Geschäftsprozesse", „Kunden" sowie „Finanzielle Ergebnisse" dargestellt. Das Ziel ist, Ursachen-Wirkungs-Zusammenhänge zwischen diesen Perspektiven zu ermitteln, wobei zu jeder Perspektive Ziele, Kennzahlen und Messgrößen, Zeitvorgaben sowie Maßnahmen zur Zielerreichung entwickelt und festgelegt werden sollen.

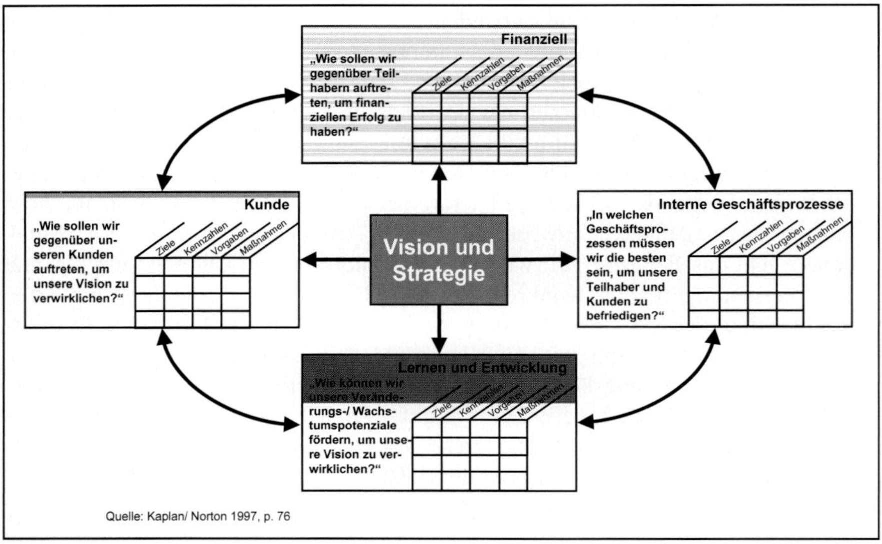


**Abb. F-IV-45:** Die Balanced Scorecard nach KAPLAN/ NORTON (1997)

Die unternehmensspezifische Ausgestaltung der einzelnen Perspektiven der BSC kann zum Teil erheblich variieren. Allgemein lassen sich die vier Perspektiven wie folgt erläutern:
(1) Die **finanzbezogene Perspektive** soll – auf oberster Ebene und damit abschließend – erkennen lassen, ob die Strategien des Unternehmens aus betriebswirtschaftlicher Sicht greifen und die Verbesserungen in den Geschäftsbereichen tatsächlich zum Unternehmenserfolg (z.B. Kostensenkung) beitragen. Mit dem Ziel der Unternehmenswertsteigerung beziehen sich die Steuerungsgrößen dieser Perspektive auf finanz- und erfolgswirtschaftliche Kennzahlen (z.B. Cash Flow und Return on Investment).

(2) Die **kundenbezogene Perspektive** soll insbesondere Aufschluss darüber geben, wie das Unternehmen aus Sicht der Kunden eingeschätzt wird (Outside-in-Analyse). Zur Bewertung fließen sowohl monetäre als auch nicht monetäre Kennzahlen ein (z.B. Wiederkaufvolumen in EUR und Reklamationsquote in %).

(3) Die **prozessbezogene Perspektive** ist nach innen gerichtet und untersucht die einzelnen Geschäftsprozesse z.B. im Hinblick auf Zuverlässigkeit/ Qualität, Durchlaufzeit, Prozesskosten und Wertschöpfungsbeitrag. Diese Perspektive fördert zum einen die unternehmensinterne Transparenz und durchleuchtet die Unternehmensbereiche auf Synergiepotenziale (Inside-out-Analyse).

(4) Die **entwicklungsbezogene Perspektive** – auf unterster Ebene und damit die ursächliche Ausgangsbasis – hinterfragt, wie sich das Unternehmen verbessern und zudem Innovationen fördern kann. In diesem Zusammenhang steht insbesondere die Einbindung der Mitarbeiter in Innovations- und Entwicklungsprozesse des Unternehmens im Vordergrund (z.B. Messung der Anzahl von Verbesserungsvorschlägen pro Mitarbeiter und Jahr).

Der **Vorteil** einer mehrstufigen, inhaltlich vernetzten Analyse mit der BSC liegt darin, dass alle wesentlichen ursächlichen Gründe und Voraussetzungen für den markt- und finanzbezogenen Unternehmenserfolg frühzeitig erkennbar, gestaltbar und im Hinblick auf die formulierten Ziele steuerbar werden. Hierzu dienen, als kennzeichnendes Element der BSC, die so genannten **Vorsteuerungsgrößen** (z.B. Mitarbeiterfluktuation), die frühzeitig einen Gegensteuerungsbedarf offen legen. Die Bedeutung dieser Größen lässt sich anschaulich am Bild der Flugzeug-Steuerung zeigen: Dem Piloten reicht die Angabe des Bestimmungsortes, den man als anstrebenswertes Ziel eines Fluges annehmen kann, nicht aus. Er benötigt weitere Angaben, z.B. über die Flughöhe und die Geschwindigkeit, da diese einen entscheidenden Einfluss auf den Zeitpunkt des Erreichens des Zielortes haben. Darüber hinaus sind aber auch die richtungweisenden Angaben des Kompasses und Informationen zur Topografie der Landschaft (Berge, Seen, Meere) sowie nicht zuletzt die vorhandene Menge an Treibstoff dringend notwendig, damit der Flug auch am gewünschten Ziel ankommt. Den Instrumenten des Cockpits kommt gerade bei schlechten Wetterbedingungen eine überlebenswichtige Funktion zu. Übertragen auf die Unternehmenswelt entspricht schlechte Sicht einer hohen Unsicherheit, Turbulenzen und Stürme symbolisieren den steigenden Wettbewerbsdruck und die erhöhte Veränderungsdynamik des Unternehmensumfeldes.

Die Einfachheit und Logik des Steuerungsinstrumentariums der BSC nach KAPLAN/ NORTON ist unbestritten, da sie zum einen auf die spezifischen Gegebenheiten eines Unternehmens flexibel angepasst werden kann und zum anderen dazu beiträgt, die formulierte Strategie in reale Maßnahmen zu überführen. Die **Nachteile** sind aber darin zu sehen, dass Verbesserungen im Rahmen des Lernens nur auf der ersten Handlungsebene gegeben sind und lediglich eine Ausstrahlung auf die zweite Ebene der internen Prozesse und die nachfolgenden Ebenen besitzen. In der Unternehmenspraxis wird es aber darauf ankommen, das Denken und Handeln in kontinuierlichen Verbesserungsprozessen (KVP) auf allen Ebenen der unternehmerischen Aktivitäten zu verankern. Hinzu kommt, dass im Schema von KAPLAN/ NORTON auf der ersten Gestaltungsebene „Lernen und Entwicklung" die Mitarbeiter nur indirekt und implizit enthalten sind. Unter Maßgabe einer mitarbeiterorientierten Führung wird dies dem Stellenwert der Mitarbeiter als interner Anspruchsgruppe nicht gerecht. Gerade bei Dienstleistungsunternehmen und damit auch beim Handel kommt der Service- und Kundenorientierung der Mitarbeiter eine entscheidende Rolle für den Unternehmenserfolg zu. Wir verwenden deshalb – auf der Basis des Modells von KAPLAN/ NORTON – die folgende Unterteilung der vier Perspektiven/ **Gestaltungsfelder der BSC**: „Lernen und Entwickeln (Unternehmerische Mitarbeiter/ Mitarbeiterzufriedenheit)", „Leistungsfähigkeit (Prozesse/ Qualität)/ Marktleistungen", „Kundenzufriedenheit/ Marktausschöpfung" mit gemeinsamer Wirkung auf „Wirtschaftlichkeit/ Finanzergebnisse (Rentabilität)".

### *f. Kennzahlen und Steuerungsgrößen des Controlling*

**Kennzahlen und Steuerungsgrößen für die Unternehmensanalyse**

Im vorangegangenen Unterabschnitt wurde ein Überblick über die wesentlichen Controllinginstrumente und -methoden, die im Rahmen des operativen und strategischen Controlling zum Einsatz kommen, gegeben. Als übergreifendes Steuerungsinstrument konnte dabei die Balanced Score Card (BSC) mit ihren vier Perspektiven herausgestellt werden. Auf die Ausgestaltung der finanzwirtschaftlichen Perspektive durch das Controlling und die Bereitstellung von Kennzahlen zur wertorientierten Steuerung des Unternehmens wird im Folgenden näher eingegangen. Dabei steht zunächst die primär intern gerichtete **Unternehmensanalyse** im Vordergrund. Ihr Ziel ist es, die gegenwärtige und zukünftige Unternehmenssituation auf der Basis aussagekräftiger Kennzahlen adäquat zu beurteilen, um so die Planungs-, Steuerungs- und Kontrollfunktion des Managements wirkungsvoll/ nachhaltig zu unterstützen.

Als Grundlage für die Beurteilung der Leistungsfähigkeit des Unternehmens dient zum einen die **Betriebsanalyse** in Form einer Inside-out-Analyse. Sie stellt auf unternehmensintern gewonnene Kennzahlen ab. Wesentliche Quellen für die Bildung/ Ableitung der Kennzahlen sind die Kosten- und Leistungsrechnung (KLR) bzw. das interne Rechnungswesen sowie die Investitions- und Finanzplanung (siehe hierzu F.IV.5.d. und F.IV.3.c. sowie F.IV.4.a.). Zum anderen besteht die Möglichkeit, eine **Bilanzanalyse** durchzuführen. Die Analyse von Bilanz, Gewinn- und Verlustrechnung (GuV) und ggf. Lagebericht spiegelt die unternehmensexterne Sicht wider. Als Outside-in-Analyse ermöglicht sie eine „marktnahe" Einschätzung der aktuellen Situation und zukünftigen Entwicklung des Unternehmens. Zudem ist sie die Basis für eine entscheidungsorientierte/ zahlengestützte Unternehmensbewertung, wie sie unter anderem von (potenziellen) Investoren und Anteilseignern/ Shareholdern durchgeführt wird.

Extern wie intern zählt das **Berichtswesen** zu den zentralen Aufgaben des Controllers. Es stellt in gewisser Weise eine Ergänzung des Rechnungswesens dar und umfasst alle Informationen, die den Entscheidungsträgern/ Managern in bestimmten Intervallen – unaufgefordert oder im Bedarfsfall – zur Verfügung gestellt werden. Um der Informations- und Unterstützungsfunktion umfassend gerecht zu werden, müssen die vom Controller bereitgestellten Daten objektiv, nachvollziehbar, benutzeradäquat und problem(lösungs)adäquat sein.

Im Hinblick auf die Festlegung von Steuerungsgrößen im Rahmen der finanziellen Perspektive der Balanced Score Card spielen sowohl finanzwirtschaftliche als auch erfolgswirtschaftliche Kennzahlen eine Rolle. Während die **finanzwirtschaftlichen Kennzahlen** Rückschlüsse auf die Vermögens-/ Finanzlage und damit die Liquidität des Unternehmens erlauben, geben die **erfolgswirtschaftlichen Kennzahlen** Auskunft über die Ertragslage und das Ertragspotenzial des Unternehmens. Bevor wir im Detail auf die finanz- und erfolgswirtschaftlichen Kennzahlen zu sprechen kommen, werden zunächst noch einige grundsätzliche Fragen beantwortet: Was sind Kennzahlen und welche Funktion besitzen sie für die Unternehmenssteuerung? Wie werden Kennzahlen analysiert/ ausgewertet? Welche Möglichkeiten gibt es für die Kennzahlenbildung? Was sind relevante Vergleichsmaßstäbe zur Kennzahlenanalyse?

- **Kennzahlen** sind hochverdichtete Maßgrößen, die als absolute oder relative Zahlen einen quantitativ erfassbaren Sachverhalt in konzentrierter Form wiedergeben. Es handelt sich dabei um numerische Informationen, welche die Ablauf- und Aufbaustruktur eines Unternehmens bzw. eines Unternehmensteils ex post beschreiben oder ex ante bestimmen sollen. Sie beziehen sich also auf Wertschöpfungsprozesse oder Prozessabschnitte sowie auf Abteilungen und Stellen als Verantwortliche für Prozessergebnisse. Kennzahlen besitzen eine hohe Bedeutung für die interne Planung, Steuerung und Kontrolle von Wertschöpfungsprozessen durch das Management; sie bilden aber auch für weitere Interessengruppen, insbesondere Eigen- und Fremdkapitalgeber, eine wichtige Entscheidungsgrundlage für ihre Einstellung und ihr Verhalten gegenüber dem Unternehmen. Nach HANS-ULRICH KÜPPER ist die **Funktion von Kennzahlen** in Unternehmen grundsätzlich zweigeteilt: Zum einen haben sie eine Informationsfunktion, indem sie Daten verdichten und dem Management Informationen zur Fundierung betrieblicher Entscheidungen bereitstellen. Da die bereitgestellten Daten nicht nur einen Informationswert, sondern auch Vorgabecharakter besitzen (z.B. im Rahmen von Zielvereinbarungen für einzelne Unternehmensbereiche), übernehmen sie zum anderen eine Steuerungsfunktion. Der Einsatz von Kennzahlen als Steuerungsgrößen findet vor allem bei der Bildung von Kennzahlensystemen seinen Niederschlag.
- Für den Controller im Unternehmen hat die **Analyse von Kennzahlen** in zweierlei Hinsicht Bedeutung: Einerseits ist es ihm möglich, durch die Ermittlung von Kennzahlen die Frage nach der Verhältnismäßigkeit des Mitteleinsatzes, also dem wirtschaftlichen Umgang mit knappen Ressourcen, zu beantworten. Andererseits kann er auf ihrer Basis fundierte Ursachenforschung betreiben und die eventuell aufgetretenen Abweichungen auf bestimmte Einflussgrößen zurückführen. Durch die Bereitstellung dieser Informationen kann das Management seiner Steuerungsfunktion im Unternehmen gerecht werden, indem es Handlungsweisen operationalisieren, das heißt in quantitative Größen fassen, sowie Zielerreichungsgrade besser überprüfen kann. Vor diesem Hintergrund

bewirken die Kennzahlen neben einer Leistungskontrolle (Soll-Ist-Vergleich) zum einen auch eine Motivation der Mitarbeiter, indem sie Anreize zum eindeutigen Erreichen oder sogar Übertreffen der Vorgaben schaffen, sowie zum anderen eine Koordination der Bereiche, indem bereichsspezifische Kennzahlen mit dem Zielsystem des Unternehmens verknüpft werden. Dazu sind Kennzahlensysteme zu installieren, wie sie beispielhaft am Ende dieses Unterabschnittes wiedergegeben werden.

- Bei der **Bildung von Kennzahlen** wird unter statistischen Gesichtspunkten zwischen absoluten und relativen Kennzahlen differenziert. Die erste Kennzahlenart (Absolutzahlen) gibt dabei an, aus wie vielen Elementen eine definierte Menge besteht. In diesem Zusammenhang werden unterschieden:

  - Einzel-/ Grundzahlen (z.B. Umsatzerlöse)
  - Summen (z.B. Bilanzsumme)
  - Differenzen (z.B. Gewinn = Erlöse - Kosten)
  - Mittelwerte (z.B. durchschnittlicher Lagerbestand).

  Die zweite Kennzahlenart (Relativzahlen) entsteht durch Quotientenbildung, indem quantitative Sachverhalte in ein Verhältnis gesetzt werden. Hierbei werden unterschieden:

  - Gliederungszahlen, bei denen eine Teilgröße im Verhältnis zur Gesamtgröße angeben wird (z.B. Eigenkapital am Gesamtkapital)
  - Beziehungszahlen, bei denen ungleichartige Zahlen verschiedener Grundgesamtheiten auf der Basis sachlogischer Zusammenhänge verknüpft werden (z.B. Rentabilität = Ergebnis / Kapitaleinsatz)
  - Indexzahlen, bei denen eine Zeitreihe bzw. die zeitliche Veränderung von Daten übersichtlich dargestellt wird (z.B. Preisindex)
  - Statistische Zahlen, bei denen die Anwendung eines bestimmten statistischen Verfahrens zugrunde liegt (z.B. Diskriminanzwert).

- Bezogen auf die Aussagefähigkeit von Kennzahlen spielen schließlich die möglichen und gewählten **Vergleichsmaßstäbe** eine zentrale Rolle. Grundsätzlich bestehen hier die folgenden drei Alternativen, die je nach Fragestellung ein unterschiedliches Bezugs-/ Interpretationsschema bieten:

  - **Zeitanalyse/ -vergleich** als Längsschnittbetrachtung von Kennzahlen, bei der über die Zeit – in regelmäßigen oder unregelmäßigen Abständen – Daten zur Kennzahlenbildung erhoben werden. In der Praxis werden üblicherweise Zeitreihen auf Jahres-, Quartals-, Monats-, Wochen- und/ oder Tagesbasis erstellt und analysiert. Im Zusammenhang mit der Analyse von Bilanzen können hierdurch z.B. (langfristig) Bilanzmanipulationen aufgedeckt werden. Bei ausschließlichem Zeitvergleich tritt jedoch das generelle Problem auf, dass aufgrund der Nichtbeachtung von Wettbewerbern/ Vergleichsunternehmen als Benchmark die tatsächliche Entwicklung nicht richtig bzw. unzutreffend erkannt wird. Im schlimmsten Fall vergleicht sich hier – umgangssprachlich ausgedrückt – „Schlendrian mit Schlendrian".

- **Branchenanalyse/ -vergleich** als Querschnittbetrachtung von Kennzahlen, bei der zu einem bestimmten Zeitpunkt Beobachtungswerte für das Unternehmen und die relevanten Wettbewerber erhoben und in Form von Kennzahlen verdichtet und ausgewertet werden. Während bei Längsschnittanalysen die Abfolge der Werte eine entscheidende Rolle spielt, können Querschnittsdaten für die Auswertung beliebig angeordnet werden. Der Vorteil dieser Analyseform liegt auf der Hand: Durch den direkten Vergleich mit Wettbewerbern aus der gleichen/ angrenzenden Branche lässt sich die augenblickliche Leistungsfähigkeit objektiv beurteilen. Als Nachteil ist zu nennen, dass bei ausschließlicher Querschnittbetrachtung eine Aussage über den Zielerreichungsgrad/ die Effektivität nicht möglich ist.
- **Soll-Ist-Analyse/ -Vergleich** als interne Profilbetrachtung von einer oder mehreren Kennzahlen im Quer- oder Längsschnitt. Bezug nehmend auf unterschiedliche Unternehmensbereiche wird dabei sowohl ein statischer Vergleich zum Zeitpunkt x als auch eine dynamische Analyse der Entwicklung über die Zeit angestrebt. Wie bereits erwähnt, ist der Soll-Ist-Vergleich einerseits der Ausgangspunkt von ex post Abweichungsanalysen, bei der der Frage nachgegangen wird, warum definierte Zielwerte nicht erreicht worden sind. Im Hinblick auf die Kontrollarten werden hierbei unterschieden: Zielkontrolle, Planfortschrittskontrolle, Ergebniskontrolle, Prognosekontrolle und Prämissenkontrolle. Andererseits bildet sie die Grundlage bzw. das „Herzstück" für die Ampelsteuerung im Rahmen der Balanced Score Card. Aus kostenorientierter Sicht ist hierfür jedoch die Implementierung einer flexiblen Plankostenrechnung notwendig, wie sie in F.IV.5.d. vorgestellt wurde.

Nach den einführenden Bemerkungen zur Funktion, Bildung und Abgrenzung von betriebswirtschaftlichen Kennzahlen kommen wir nun auf die beiden grundsätzlichen Arten von Kennzahlenanalysen zurück. Wie eingangs erläutert, bezieht sich dabei die erste Gruppe auf die finanzwirtschaftlichen Aspekte des Unternehmens, während die zweite Gruppe die Grundlage für die erfolgswirtschaftliche Analyse des Unternehmens bildet. Für beide Analysearten werden jeweils die folgenden drei Fragen behandelt: Warum ist die Kennzahlenanalyse notwendig? Was sind die steuerungsrelevanten Kennzahlen? Welche Aussagen lassen sich aus ihnen ableiten?

- Die **finanzwirtschaftliche Kennzahlenanalyse** umfasst die drei Teilaspekte Investition, Finanzierung und Liquidität. Während im Rahmen der Investitionsanalyse die Frage nach der Kapitalverwendung im Vordergrund steht, beurteilt die Finanzierungsanalyse die Kapitalherkunft, das heißt welche finanziellen Mittel stehen zur Verfügung und wie wurden sie investiert/ verwendet. Die Liquiditätsanalyse geht schließlich der Frage nach, welchen Zahlungsverpflichtungen das Unternehmen heute und in Zukunft nachkommen muss (siehe hierzu auch Abb. F-IV-36):

  - Die Kennzahlen, die im Rahmen der **Investitionsanalyse** verwendet werden, sind im Wesentlichen Gliederungs- und Beziehungszahlen. Ihre Informationsfunktion liegt für den Controller darin, die Art und Zusammensetzung sowie die Dauer und Bindung des Unternehmensvermögens offen zu legen. Unterschieden werden hierbei Intensitäts-, Umsatzrelations-, Umschlags- und Abschreibungskennzahlen:

* **Intensitätskennzahlen**, wie z.B. die Anlagenintensität (= Anlagevermögen/ Umlaufvermögen) geben Auskunft über die Produktionsflexibilität und die Kapazitätsauslastung eines Unternehmens bzw. eines Unternehmensbereichs. So deutet z.B. eine Verringerung der Anlagenintensität über die Zeit auf eine Erhöhung der Produktionsflexibilität, da offensichtlich weniger Kapital in Gebäuden und Maschinen gebunden ist. Dadurch steigen sowohl die Dispositionselastizität (d.h. auf sich verändernde Marktbedingungen kann schneller reagiert werden) als auch die Erfolgselastizität (d.h. weniger Fixkosten in Form von Abschreibungen bedeuten ein geringeres leistungswirtschaftliches Risiko). Gleichzeitig kann die Verringerung der Anlagenintensität ein Indiz dafür sein, dass sich die Kapazitätsauslastung erhöht hat. Genau wie bei anderen Kennzahlen ist die Interpretation der Ergebnisse aber mit äußerster Sorgfalt vorzunehmen. Insbesondere gestalten sich bei einem Branchenvergleich Aussagen zum Benchmarking hier schwierig, da die resultierenden Kennzahlen oftmals durch eine unterschiedliche Investitions- und Abschreibungspolitik bedingt und damit gewissermaßen „verwischt" sind.
* Bei **Umsatzrelations-Kennzahlen** steht im Nenner jeweils der (Jahres-) Umsatz; im Zähler befindet sich entweder das (Sach-)Anlagevermögen oder das am Lager befindliche Vorratsvermögen. Bei letzterem handelt es sich dann um eine Kennzahl des Umlaufvermögens, die z.B. Rückschlüsse auf die Effizienz der Lagerhaltung zulässt. Wird hingegen das (Sach-)Anlagevermögen in Beziehung zum (Jahres-)Umsatz gesetzt, dann ermöglicht dies – im Rahmen einer Zeitreihenanalyse – Aussagen zum Wachstum der Geschäftstätigkeit einzelner Unternehmensbereiche, das heißt ein sinkender Wert indiziert hier eine rückläufige Geschäftsentwicklung. Bei der Durchführung einer Branchenanalyse bedeutet ein geringer Kennzahlenwert hingegen eine (relativ) geringe Kapazitätsauslastung gegenüber Mitwettbewerbern. Um dabei aber die Verzerrung aufgrund unterschiedlicher Wertschöpfungstiefen von Unternehmen/ Geschäftsbereichen zu vermeiden, steht im Nenner häufig anstatt des Umsatzes die Produktionsleistung des eigenen Unternehmens abzüglich der Produktionsvorleistungen anderer Unternehmen.
* **Umschlagskoeffizienten** sind Kennzahlen, die Aussagen über die Kapitalbindung und Liquidierbarkeit von Sach- und Umlaufvermögen des Unternehmens erlauben. Im Hinblick auf die Feststellung der Umschlagshäufigkeit des Umlaufvermögens wird z.B. eine Beziehungszahl mit dem Periodenumsatz im Zähler und dem durchschnittlichen Bestand an Umlaufvermögen im Nenner gebildet. Die Kennzahl beantwortet die Frage: Wie oft habe ich mein Vorratslager pro Periode liquidiert, also umgeschlagen/ verkauft? Analog dazu werden Umschlagshäufigkeiten

auch für das durchschnittlich gebundene Sachanlagevermögen sowie das durchschnittlich gebundene (Gesamt-)Kapital ausgewiesen. Im übertragenen Sinne wird bei der Relation von Umsatz zu Kapital die Frage beantwortet: Wie stark ist mein Kapital im Unternehmen gebunden? Neben der Umschlagshäufigkeit (wie oft) beziehen sich Umschlagskoeffizienten aber auch auf die Umschlagsdauer (wie lange). In diesem Zusammenhang ist vor allem die Umschlagsdauer der Forderungen von Interesse. Der durchschnittliche Bestand an Forderungen bezogen auf den Jahresumsatz (und multipliziert mit 365 Tagen) gibt z.B. das ausgeschöpfte Kundenziel an, das heißt, in wie viel Tagen bezahlt ein Kunde im Durchschnitt seine Rechnung.

* Um detaillierte Aussagen zum Wachstum des Unternehmens/ eines Unternehmensbereichs treffen zu können, wird insbesondere auf eine Analyse der **Investitions- und Abschreibungspolitik** zurückgegriffen. Aus den Geschäftsberichten bzw. Unternehmenszahlen lässt sich über die Ermittlung von Abschreibungsquoten unter anderem der Abnutzungsgrad von Sachanlagen (z.B. Gebäude und Maschinen) im Nachhinein feststellen. Darüber hinaus geben die Investitionsquote, also das Erweiterungs- und Ersatzinvestitionsvolumen bezogen auf den Bestand an Sachanlagevermögen in t-1, und die Investitionsdeckung, also die Abschreibung des Sachanlagevermögens in t bezogen auf das Erweiterungs- und Ersatzinvestitionsvolumen, Auskunft über „echtes" und nachhaltiges Wachstum eines Unternehmensbereichs. Sind z.B. die Abschreibungen pro Periode höher als die Nettoinvestitionen, dann handelt es sich um ein wachsendes Geschäft, ist der Koeffizient kleiner eins, deutet dies auf ein schrumpfendes Geschäft.

- Auch die Kennzahlen, die im Rahmen der **Finanzierungsanalyse** angewendet werden, sind im Wesentlichen Gliederungs- und Beziehungszahlen. Ihre Informationsfunktion liegt darin, die Herkunft und Zusammensetzung des Kapitals offen zu legen sowie Finanzierungsrisiken und ggf. -chancen objektiv einzuschätzen. Die Analyse erfolgt getrennt nach der Zusammensetzung des Gesamt-, Einzel- und Fremdkapitals:

  * Die zentrale Kennzahl zur Bewertung der Zusammensetzung des Gesamtkapitals ist die **Eigenkapitalquote**. Indem sie das Eigen- zum Gesamtkapital ins Verhältnis setzt, dient sie zur Beurteilung der finanziellen Stabilität und Unabhängigkeit eines Unternehmens. Die zu Grunde liegende Logik ist die, dass bei einem größeren Eigenkapitalanteil die finanzielle Stabilität und Unabhängigkeit eines Unternehmens höher einzustufen sind. Um einerseits dem Sicherheitsaspekt gerecht zu werden, folgt daraus, dass bei einem höheren Ertragsrisiko auch der Eigenkapitalanteil höher sein sollte. Um andererseits weitgehend unabhängig von Gläubigern zu sein, besteht das Ziel eines Unternehmens darin, die Eigenkapitalquote unter Berücksichtigung des Sicherheits- und Rentabilitätsaspektes zu optimieren. Das Optimierungsproblem gestaltet sich wie folgt: Durch eine höhere Eigenkapitalquote wird die Kreditwürdigkeit

verbessert und damit die Möglichkeit, zusätzliches Fremdkapital aufzunehmen. Während aber mit einer höheren Eigenkapitalquote die Sicherheit, mögliche Verluste in Zukunft besser aufzufangen, steigt, fällt gleichzeitig die Eigenkapitalrentabilität, also die Verzinsung des eingesetzten Eigenkapitals, aufgrund des vorhandenen operativen und finanziellen Leverage-Effektes (siehe hierzu F.IV.4.b.) bei der Fremdkapitalfinanzierung (Rentabilitätsaspekt).

* Im Hinblick auf die Zusammensetzung des Eigenkapitals kann zum einen der **Selbstfinanzierungsgrad** eines Unternehmens bestimmt werden. Er ergibt sich als Gliederungszahl mit den Gewinnrücklagen im Zähler und dem vorhandenen Eigenkapital im Nenner. Seine Interpretation im Zusammenhang mit der Finanzierung des Unternehmens läuft darauf hinaus, in welcher Höhe die zukünftige Entwicklung aus den bisher erwirtschafteten Mitteln finanziert werden kann. Zum anderen kann durch die Ermittlung des Bilanzkurses (als Quotient aus Eigenkapital und Anzahl von Aktien) der Buchwert des Eigenkapitals von börsennotierten Unternehmen bestimmt werden. Durch eine Gegenüberstellung mit dem Marktwert in Form des Aktienkurses ergibt sich ein wichtiger Anhaltspunkt für die aktuelle Über- und Unterbewertung des Unternehmens. Sowohl bei der Eigenkapitalzusammensetzung als auch bei der Eigenkapitalquote existieren zum Teil starke branchen- und strukturbedingte Unterschiede. So besitzen Unternehmen von Branchen mit einem hohen leistungswirtschaftlichen Risiko i.d.R. eine hohe Eigenkapitalquote und einen von der jeweiligen Wettbewerbssituation abhängigen unterschiedlich hohen Selbstfinanzierungsgrad.
* Bei der Zusammensetzung des Fremdkapitals interessiert zunächst die so genannte Obligobelastung. Sie ergibt sich als Beziehungszahl aus der Höhe der besonderen Haftungsverhältnisse nach § 251 HGB (z.B. Wechsel, Bürgschaften und Gewährleistung) und dem zur Verfügung stehenden Gesamtkapital. Eine weitere wichtige Kennzahl ist das ausgeschöpfte **Lieferantenziel**, welches sich analog zur Ermittlung des Kundenziels im Rahmen der Investitionsanalyse ergibt. Die Umschlagsdauer bestimmt sich hier aus dem Verhältnis von durchschnittlichem Bestand an Warenschulden/ -verbindlichkeiten pro Periode und den Aufwendungen für bezogene Waren (einschließlich RHB-Stoffe) multipliziert mit 365 Tagen. Ist das Kundenziel höher als die durchschnittliche Dauer für die Begleichung von Rechnungen bei den Lieferanten (Lieferantenziel), dann besteht die Notwendigkeit einer permanenten Zwischenfinanzierung. Im anderen Fall kann mit dem Geld der Kunden effektiv gearbeitet werden. Um einen solchen Vorfinanzierungseffekt zu erzielen, sind entsprechende Anreize zu schaffen, wie z.B. die Gewährung von Skonto bei kurzfristiger Bezahlung innerhalb von 10 Tagen (siehe hierzu C.I.3.c.).

- Für eine harmonische Abstimmung der Investitions- und Finanzierungsaktivitäten des Unternehmens stellt sich im dritten Teil der finanzwirtschaftlichen Kennzahlenanalyse die Frage nach der Liquidität, also ob das Unternehmen in

der Lage ist, seinen Zahlungsverpflichtungen umfassend und jederzeit nachzukommen. Für die Beantwortung dieser Frage gibt es grundsätzlich zwei Perspektiven: Mit der Zerschlagungssicht wird eine eher pessimistische Perspektive gegenüber der Unternehmenstätigkeit eingenommen. Die zu Grunde liegende Frage lautet hier, welcher Saldo würde sich aus den Ein- und Auszahlungen ergeben, wenn das Unternehmen heute zerschlagen/ liquidiert würde?
Diese Fragestellungen wollen wir im Folgenden nicht näher verfolgen. Vielmehr gehen wir von dem eher optimistischen Standpunkt der Unternehmensfortführung aus. Diese Perspektive entspricht unter anderem der Philosophie des bestehenden Insolvenzrechts in Deutschland seit 1999, bei dem gilt: Unternehmensfortführung steht vor Unternehmenszerschlagung. Unter diesen Voraussetzungen ist auch die Aufteilung der **Liquiditätsanalyse** in zwei eigenständige Teile/ Bereiche zu sehen (zum Liquiditätsziel als generelle Zielkategorie siehe D.I.3.); im ersten Teil erfolgt eine statische Betrachtung von Bestandsgrößen, während im zweiten Teil die dynamische Betrachtung von Stromgrößen im Vordergrund steht:

- Bei der **statischen Liquiditätsanalyse** liegt das Hauptaugenmerk auf der Fristenkongruenz von Vermögen und Kapital, welche die zukünftigen Einzahlungen in Form von Forderungen und die zukünftigen Auszahlungen in Form von Verbindlichkeiten widerspiegeln. Für die Erfüllung des Liquiditätsziels gilt dann, dass das kurzfristig vorhandene Vermögen das kurzfristig gebundene Kapital übersteigt, um im Bedarfsfall liquide zu sein bzw. kurzfristig liquide zu werden. Für das langfristige Vermögen und das langfristige Kapital gilt die umgekehrte Relation, da hier davon ausgegangen wird, dass Vermögensgegenstände (z.B. Maschinen) über den buchhalterischen Abschreibungszeitraum hinaus zum Umsatzüberschuss (Cash Flow) des Unternehmens beitragen. Entsprechend dem Aufbau der Bilanz und der unterschiedlichen Fristigkeit von Forderungen und Verbindlichkeiten wird bei der statischen Liquiditätsanalyse zwischen kurz-, mittel- und langfristigen Kennzahlen unterschieden (siehe hierzu auch Abb. F-IV-36):

    * **Kurzfristige Kennzahlen** sind mit der Liquidität 1. bis 3. Grades gegeben. Sie erteilen Auskunft über das kurzfristig liquidierbare Vermögen im Verhältnis zum kurzfristig aufgenommenen Fremdkapital. Dabei wird – vor allem für die Liquidität 3. Grades – ein Kennzahlenwert von größer als eins angestrebt.
    * **Mittel- und langfristige Kennzahlen** sind mit den Deckungsgraden A bis C für das Anlagevermögen sowie der Effektiverschuldung des Unternehmens gegeben. Die Effektivverschuldung gibt an, wie hoch der verbleibende Fremdkapitalstock (ohne langfristige Rückstellungen) nach Abzug des gesamten monetären Umlaufvermögens ist.

- Gegenüber der statischen Liquiditätsanalyse konzentriert sich die **dynamische Liquiditätsanalyse** – wie bereits eingangs erwähnt – auf die Betrachtung von Stromgrößen. Die entscheidende Zielgröße ist hierbei der erwirtschaftete Umsatzüberschuss (= Cash Flow) pro Periode. Im Folgenden wird auf drei Fragen eingegangen: Was ist ein Cash Flow? Wie wird er ermittelt? Und welche Bedeutung hat er?

* Allgemein gesprochen, gibt der **Cash Flow (CF)** die im Umsatzprozess erwirtschafteten Zahlungsmittel an, die für die weitere Investitionstätigkeit, die Fremdkapitaltilgung sowie die Dividendenzahlung zur Verfügung stehen. Er verdeutlicht also, in welchem Umfang die laufende Unternehmenstätigkeit zu Einnahmeüberschüssen im betrachteten Zeitraum geführt hat. Als finanzwirtschaftliche Kennzahl zeigt er an, in welcher Höhe ein Unternehmen bzw. ein Unternehmensbereich aus eigener Kraft finanzielle Mittel erwirtschaften kann. Für die Ermittlung des CF stehen grundsätzlich zwei Wege offen:

  # Bei der **direkten Ermittlung** ergibt sich der CF-Betrag als Differenz aus den liquiditätswirksamen Erträgen und den liquiditätswirksamen Aufwänden einer Periode, bereinigt um die nicht erfolgswirksamen Ein- und Auszahlungen aus der laufenden Geschäftstätigkeit.
  # Der gleiche CF-Betrag ergibt sich bei der **indirekten Ermittlung** aus der Gewinn- und Verlustrechnung (GuV) und der Bilanz. Hierbei werden vom ausgewiesenen Jahresüberschuss die nicht liquiditätswirksamen Erträge (z.B. Zuschreibungen) abgezogen und die nicht liquiditätswirksamen Aufwände (z.B. Abschreibungen) hinzuaddiert. Darüber hinaus wird der Jahresüberschuss um die nicht erfolgswirksamen Ein- und Auszahlungen (z.B. Δ langfristige Rückstellungen) bereinigt.

* In der Unternehmenspraxis hat sich aufgrund der einfacheren Handhabung die indirekte Ermittlungsmethode weitgehend durchgesetzt. Jedoch ist hierbei anzumerken, dass nicht selten unternehmensspezifische Modifikationen bei den berücksichtigten Positionen vorgenommen werden. Mehr Aufschluss über die tatsächliche finanzielle Situation eines Unternehmens gibt daher eine umfassende **Kapitalflussrechnung**. Als übergeordnetes Instrument dient sie zur Erfassung aller Zahlungsströme in einem Unternehmen und informiert darüber, wie das Unternehmen finanzielle Mittel aus Eigen- und Fremdkapital erwirtschaftet hat und welche Investitions- und Finanzierungsmaßnahmen durchgeführt wurden. In diesem Sinne stellt sie eine Ergänzung zu Bilanz, GuV und Anhang dar und macht ergänzende Angaben zur Liquiditätssituation und finanziellen Entwicklung des Unternehmens. Die Kapitalflussrechnung gehört mittlerweile zur internationalen Rechnungslegungspraxis. Ihre Grundform ist die Bewegungsbilanz, in der die Veränderungen von Bilanzpositionen zwischen zwei Bilanzstichtagen dargestellt werden, und zwar geordnet nach Mittelverwendung (Mehrung der Aktiva/ Minderung der Passiva) und Mittelherkunft (Mehrung der Passiva/ Minderung der Aktiva). Im Allgemeinen unterteilt sich eine Bewegungsbilanz in die folgenden drei Bereiche:

# **(1) Umsatzbereich:** Ermittlung des Umsatzüberschusses/ -defizites (= Cash Flow) als Saldo aus Zahlungsmittelzufluss/ -abfluss der laufenden Geschäftstätigkeit (siehe oben).

# **(2) Investitionsbereich:** Ermittlung der Nettoanlageinvestition als Saldo aus Zahlungsmittelzufluss und -abfluss der laufenden Investitionstätigkeit. Der Saldo aus Geschäfts- und Investitionstätigkeit (= Saldo aus Umsatz- und Investitionsbereich) ergibt den Finanzüberschuss respektive das Finanzdefizit (= Free Cash Flow). Der **Free Cash Flow (FCF)** wird hier bezogen auf das Gesamtkapital, also das Eigen- und Fremdkapital, berechnet; in der Literatur ist dies der $FCF_{Entity}$ im Vergleich zu dem $FCF_{Equity}$, der sich nur auf das Eigenkapital bezieht. Der $FCF_{Entity}$ zeigt den entnahmefähigen Zahlungsmittelüberschuss an, der vom Unternehmen an Fremd- und Eigenkapitalgeber ausgezahlt bzw. ausgeschüttet werden kann. Dazu wird der Cash Flow aus (1) um Zugänge/ Abgänge an immateriellem Anlagevermögen, Sach- und Finanzanlagevermögen erhöht/ erniedrigt. Im übertragenen Sinne kann der $FCF_{Equity}$ als (absoluter) Innenfinanzierungsspielraum des Unternehmens interpretiert werden.

# **(3) Kapitalbereich:** Ermittlung der Höhe der Außenfinanzierung (Eigen- und Fremdfinanzierung) als Saldo aus Zahlungsmittelzufluss und -abfluss der laufenden Finanzierungstätigkeit. Bei der Bestimmung der Änderung der Eigenfinanzierungsbasis werden die Zunahme/ Abnahme des Gezeichneten Kapitals, der Kapitalrücklage sowie die Dividendenzahlungen berücksichtigt; die Änderung der Fremdfinanzierungsbasis betreffen dabei die Zunahme/ Abnahme von Finanzschulden. Der Saldo über die Bereiche (1), (2) und (3) ergibt die Änderungen an liquiden Mitteln in der Periode.

* Im Rahmen der dynamischen Liquiditätsanalyse werden insbesondere auf der Grundlage der Absolutgröße (Free) Cash Flow eine Reihe von **relativen Kennzahlen** gebildet. So wird z.B. der (relative) Innenfinanzierungsspielraum des Unternehmens über das Verhältnis von Cash Flow (1) zu Nettoanlageinvestition (2) bestimmt. Weiterhin können über die Beziehungskennzahl Effektivverschuldung zu Cash Flow Rückschlüsse auf den dynamischen Verschuldungsgrad gezogen werden. Dadurch lässt sich unter anderem die Frage beantworten, in welchem Zeitraum sich ein Unternehmen – mit eigenen Finanzmitteln – entschulden kann. Schließlich gibt die Beziehungskennzahl Abschreibungen von Sachanlagevermögen zu Cash Flow Aufschluss darüber, wie groß der Anteil des CF ist, der im Rahmen der laufenden Geschäftstätigkeit für Ersatzinvestitionen eingesetzt werden muss.

- Neben dem Einsatz in der finanzwirtschaftlichen Unternehmensanalyse wird der (Free) Cash Flow aber auch als Kenngröße zur Beurteilung des Unternehmenserfolges und des Unternehmenswertes herangezogen. Im Gegensatz zum Jahresüberschuss (Gewinn) bietet er den Vorteil, dass er in geringerem Maße von Bewertungsmanipulationen abhängt und damit eine objektivere Bewertung der Ertragskraft des Unternehmens erlaubt. Als Einschränkung ist jedoch zu vermerken, dass durch den Rückgriff auf die Zahlungswirksamkeit von der periodenbezogenen Erfolgsmessung grundsätzlich abgegangen wird.

- Nach dem Überblick zu finanzwirtschaftlichen Kennzahlen, auf deren Basis insbesondere die Investitions- und Finanzierungstätigkeit sowie die Liquiditätssituation des Unternehmens analysierbar ist, werden im Folgenden Kennzahlen dargestellt, die eine Beurteilung der jetzigen und zukünftigen Ertragskraft des Unternehmens erlauben. Damit gehen wir zur **erfolgswirtschaftlichen Kennzahlenanalyse** über, welche die Fähigkeit/ das Potenzial des Unternehmens zur Erwirtschaftung zukünftiger Erfolge herausstellt. Die Analyse umfasst zwei Teilaspekte: Zum einen soll im Rahmen einer **Ergebnisanalyse** festgestellt werden, wie hoch das Erfolgspotenzial des Unternehmens ist und welche Einflussfaktoren dabei eine Rolle spielen. Zum anderen ist mit Hilfe einer **Rentabilitätsanalyse** zu untersuchen, wie sich das eingesetzte Eigen-/ Fremdkapital verzinst und welcher wirtschaftliche Erfolg aus der Umsatztätigkeit folgt:

  - In der **betragsmäßigen Ergebnisanalyse** geht es zunächst um die Frage, an welcher Größe der Unternehmenserfolg vorzugsweise festzumachen ist. Dazu gibt es eine Reihe von Ansätzen, deren Vor- und Nachteile in der betriebswirtschaftlichen Literatur vorgestellt und diskutiert werden. Auch in der Unternehmenspraxis haben sich verschiedene Bewertungsmaßstäbe/ -grundsätze etabliert. Wesentliche Fragen, die sich im Zusammenhang mit der Erfolgsbewertung von Unternehmen ergeben, sind z.B.: Wie lassen sich steuerlich bedingte Verzerrungen und bilanzpolitische Maßnahmen eliminieren (z.B. unterlassene Zuschreibungen)? Wie sind außerordentliche Aktivitäten/ Geschäftsergebnisse und die Höhe der stillen Reserven zu bewerten (z.B. Gewinnvorträge)? Welche finanzwirtschaftliche Ebene wird bei der Ermittlung des Unternehmenserfolgs zu Grunde gelegt (z.B. Bestandsgrößen)? Welche Anforderungen bestehen im Hinblick auf die Vergleichbarkeit von Erfolgsmessgrößen (z.B. Marktwertorientierung)?
  - Wie aus den Fragen deutlich wird, sind bei der Bewertung des Unternehmenserfolgs ganz unterschiedliche Einflussgrößen zu berücksichtigen und zu bewerten. An welcher Kenngröße die Ertragskraft des Unternehmens letztendlich festgemacht wird, unterliegt nicht selten unternehmensspezifischen Gegebenheiten/ Besonderheiten. Für ein unternehmensübergreifendes Benchmarking sind deshalb i.d.R. bilanztechnische Korrekturen vorzunehmen, um eine vergleichbare Bewertungsbasis zu erhalten. Im Hinblick auf die betragsmäßige Ergebnisanalyse lassen sich mit Bestands-, Strom- und Wertgrößen drei Arten von Kennzahlen unterscheiden:

    * Zu den **Bestandsgrößen** zählt in erster Linie der Jahresüberschuss, EBIT und EBITDA; weitere Kenngrößen sind OP und NOPAT. Die (standardmäßige) Ermittlung und der Zusammenhang zwischen den einzelnen Kennzahlen/ -größen gestaltet sich wie folgt:

# Der **Jahresüberschuss** kann direkt aus der Gewinn- und Verlustrechnung (GuV) abgelesen werden. Er ergibt sich als die Differenz aus allen Erträgen und Aufwendungen des abgelaufenen Geschäftsjahres; er enthält somit auch außerordentliche Aufwendungen und Erträge sowie das Finanzergebnis.
# Der **NOPAT** (Net Operating Profit After Taxes) berechnet sich als Jahresüberschuss nach Steuern und vor Finanzierungskosten. Letztere werden eliminiert, um alle Kapitalgeber gleich zu behandeln. Der Steuervorteil des Fremdkapitals (steuerliche Abzugsfähigkeit von Zinsen) entfällt ebenfalls, so dass von einem rein eigenfinanzierten Unternehmen ausgegangen wird.
# Der **EBIT** (Earnings before Interest and Taxes) folgt der Logik des NOPAT, wird allerdings vor Steuern berechnet. Er stellt das Ergebnis der gewöhnlichen Unternehmenstätigkeit dar, wobei unterschiedliche Steuersätze/ steuerpolitische Entscheidungen (z.B. Gewinnvorträge) bei der Beurteilung der operativen Performance ausgeblendet werden. Unabhängig von der zu Grunde liegenden Finanzierung und bereinigt um außerordentliche Einflüsse gibt er Aufschluss über den Erfolg/ das Ergebnis der operativen Unternehmenstätigkeit (= **Operating Profit** OP).
# Der **EBITDA** (Earnings before Interest, Taxes, Depreciation and Amortization) ist eine so genannte Roherfolgsgröße von Unternehmen. Die Ermittlung des EBITDA erfolgt entsprechend der handelsrechtlichen GuV-Gliederung:

| |
|---|
| Jahresüberschuss |
| ± Außerordentliches Ergebnis |
| ± Ertragsteuern |
| = Ergebnis der gewöhnlichen Geschäftstätigkeit |
| + Zinsaufwand |
| = EBIT (ordentliches Ergebnis vor Zinsen und Steuern) |
| + Abschreibungen auf Anlagevermögen |
| + Abschreibungen auf aus Konsolidierung entstandenem Goodwill |
| = EBITDA |

Auf seiner Basis können insbesondere Unternehmen verglichen werden, die sich in ihren Abschreibungspolitiken signifikant unterscheiden. Er stellt im übertragenen Sinne eine ertragsorientierte Cash Flow-Kenngröße dar, die vor allem bei der Analyse börsennotierter Unternehmen angewandt wird. Neben den normalen Abschreibungen auf das Anlagevermögen entstehen Abschreibungen auf den Goodwill bzw. Firmenwert z.B. nach der Akquisition eines anderen Unternehmens, wenn der Kaufpreis überhöht war.

* Gegenüber der statischen Analyse von Bestandsgrößen hat die dynamische Analyse von **Stromgrößen** zur betragsmäßigen Erfassung des Unternehmenserfolges gleich mehrere Vorteile:

# Der Fokus liegt beim **(Free) Cash Flow** auf der Beurteilung finanzwirtschaftlicher Zahlungsströme über die Zeit, wodurch Verzerrungen aufgrund bilanzpolitischer Maßnahmen weitestgehend eliminiert werden (z.B. Abschreibungs- und Rückstellungspolitik). Da auch Sondereinflüsse bei der Bilanzierung herausgerechnet werden, eignen sich Stromgrößen gut für die Durchführung von Quer- und Längsschnittanalysen, also zeitpunkt- und zeitraumbezogene Vergleiche zwischen einzelnen Unternehmen/ Unternehmensbereichen. Der (operative) Free Cash Flow lässt sich indirekt auf der Basis des bereinigten Ergebnisses nach Steuern und vor Zinsen (NOPAT) wie folgt berechnen:

| |
|---|
| NOPAT |
| – Abschreibungen auf Anlagevermögen |
| ± Veränderung der langfristigen Rückstellungen |
| = Brutto Cash Flow (BCF) |
| – Investitionen ins Anlagevermögen |
| ± Veränderung des Umlaufvermögens (Working Capital) |
| = Free Cash Flow (FCF) |

# Durch die Betrachtung von Stromgrößen als Ergebnisgrößen werden die Interessenlagen der Eigen- und Fremdkapitalgeber besser berücksichtigt. So repräsentiert der FCF diejenigen ausschüttungsfähigen Zahlungsmittelüberschüsse (CF) der Umsatztätigkeit, die nicht wieder in das laufende Geschäft mittels Ersatz- und/ oder Erweiterungsinvestitionen in das Analagevermögen oder das Nettoumlaufvermögen (Net Working Capital) reinvestiert werden müssen.

# Über die Bildung von so genannten Finanzmittelfonds im Rahmen der Kapitalflussrechnung lässt sich die Geschäfts-, Investitions- und Finanzierungstätigkeit des Unternehmens differenziert beurteilen. Dazu werden sowohl für das gesamte Unternehmen als auch die einzelnen Bereiche die jeweiligen Zahlungsmittelsalden in der Periode ermittelt und in einem Benchmarking verglichen.

In Abbildung F-IV-46 sind wesentliche Kennzahlen, die zur Beurteilung des Gestaltungsfeldes „Wirtschaftlichkeit/ Finanzergebnisse (Rentabilität)" im Rahmen der Balanced Score Card herangezogen werden, im Überblick dargestellt. Auf die Verknüpfung der einzelnen finanz- und erfolgswirtschaftlichen Kennzahlen wird im Folgenden noch näher eingegangen. Im Text wird an entsprechender Stelle auf die einzelnen Gleichungen und Teile der Abbildung verwiesen.

* **Wertgrößen** zur betragsmäßigen Erfassung des Unternehmensergebnisses/ -erfolges basieren vor allem auf dem Grundgedanken der Unternehmenswertsteigerung und damit des Shareholder Value Ansatzes (siehe hierzu auch C.I.2.a.). Dieser besteht darin, durch eine gezielte Wertsteuerung eine Werterhaltung zu sichern und möglichst eine Wert-

steigerung zu erreichen. Die Hauptanforderung liegt dabei darin, dass neben den traditionellen Kennzahlen (z.B. Jahres- und Umsatzüberschuss) wertorientierte Kennzahlen zur Aufbereitung des Jahresabschlusses und als Informationsbasis für die Eigenkapitalgeber (Shareholder) zur Verfügung zu stellen sind. Insbesondere sollen sie eine objektivere Bewertung des Unternehmens im Hinblick auf die heutige und zukünftige Vermögens-, Finanz- und Ertragslage ermöglichen. Im Sinne der Kapitalgeber wird davon ausgegangen, dass ein Unternehmen genau dann erfolgreich ist, wenn die erzielte Vermögensrendite die Kapitalkosten übersteigt. Dazu wird der so genannte **Residual-/ Übergewinn** pro Periode bzw. Wertbeitrag eines Unternehmens/ Unternehmensbereiches ermittelt. Er stellt denjenigen absoluten Betrag dar, der auf folgende Weise zu Stande kommt: Von der tatsächlich erwirtschaften Verzinsung des eingesetzten Gesamtkapitals (in %) wird der geforderte durchschnittliche Gesamtkapitalkostensatz (WACC in %) abgezogen. Der verbleibende Zinssatz (in %) wird (durch 100 geteilt und) mit dem Absolutbetrag des investierten betriebsnotwendigen Kapitals multipliziert. Damit gibt er den Betrag an, der mit dem investierten Kapital über die erforderliche Gesamtverzinsung hinaus verdient wurde, also den Value Added.

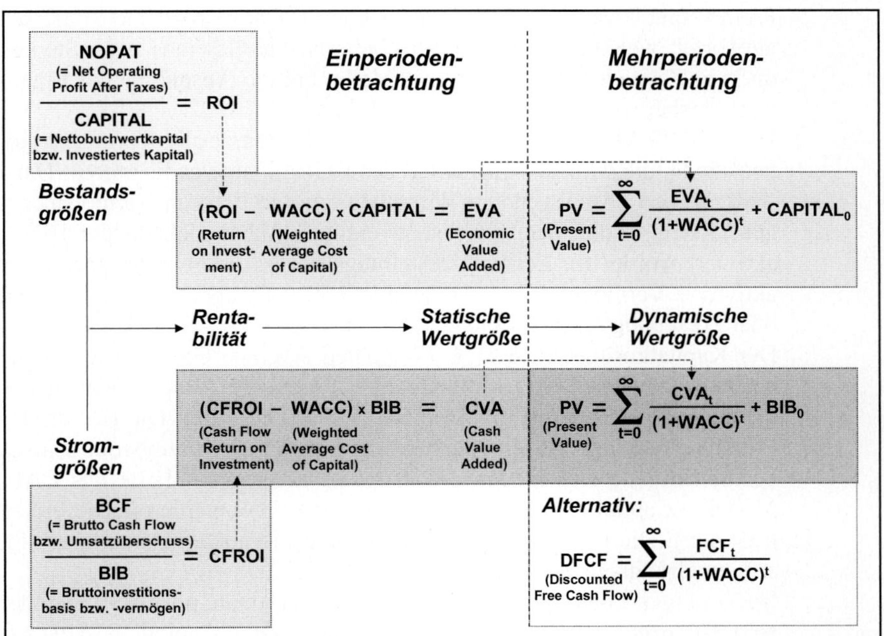


**Abb. F-IV-46:** Kennzahlen zur Beurteilung der „Wirtschaftlichkeit/ Finanzergebnisse (Rentabilität)" im Rahmen der BSC

* Als Basis für die Berechnung des absoluten Wertbeitrages/ Value Added können grundsätzlich Bestands- oder Stromgrößen dienen. Außerdem kann die Ermittlung auf direktem oder indirektem Wege erfolgen, wobei beide Wege jeweils zum gleichen Ergebnis führen. Im Folgenden wird auf zwei Value Added-Konzepte näher eingegangen, die sich in der Unternehmenspraxis fest etabliert haben:
* Der **Economic Value Added (EVA)** ist ein bestandsgrößenorientiertes Übergewinnkonzept, das – absolut gesehen – den Gewinn pro Periode nach Eigen- und Fremdkapitalkosten ausweist. Relativ gesehen gibt der EVA die Rendite an, die über die gewichteten Kosten für das Eigen- und das verzinsliche Fremdkapital hinaus erwirtschaftet worden ist. Bei der direkten Ermittlung werden von der absoluten Ergebnisgröße NOPAT (siehe oben) die absoluten Kapitalkosten abgezogen, die sich durch Multiplikation des notwendigen Kapitals (CAPITAL) mit dem gewichteten Kapitalkostensatz nach der WACC-Methode ergeben:

$$EVA = NOPAT - (CAPITAL \times WACC).$$

Aufgrund des Einsatzes von **NOPAT** ist EVA ein Übergewinnkonzept, bei dem als relevanter Erfolgsmaßstab der Gewinn nach Eigen- und Fremdkapitalkosten zu Grunde gelegt wird. Damit wird die Frage beantwortet, welcher Anteil des buchhalterischen Gewinns nach Steuern und vor Finanzierungskosten übrig bleibt, um die Ansprüche der Eigenkapitalgeber nach Wertzuwachs zu erfüllen.

Das **CAPITAL** bzw. Nettobuchwertkapital umfasst alle Vermögensgegenstände, die zum Erwirtschaften des NOPAT notwendig waren. Dazu wird das betriebsnotwendige Vermögen um den Wert an Vermögensgegenständen erhöht, der betriebsnotwendig ist, aber nicht in der Bilanz aktiviert wurde. Im Leistungserstellungsprozess involvierte, aber nicht aktivierte Vermögensgegenstände sind z.B. Aufwendungen für Leasing oder Forschung & Entwicklung.

Der Kapitalkostensatz **WACC** (Weighted Average Cost of Capital) ist ein durchschnittlicher Gesamtkapitalkostensatz, der sich als gewogenes Mittel des Eigen- und Fremdkapitalkostensatzes ergibt. Die Kosten des Fremdkapitals lassen sich aufgrund der vertraglich vereinbarten Zinsen bestimmen; die Kosten des Eigenkapitals können mit Hilfe des CAP-Modells (Capital Asset Pricing Models) berechnet werden (siehe hierzu F.IV.4.c.). Die Gewichtung der Eigen- und Fremdkapitalanteile erfolgt auf der Grundlage von Marktwerten.

Nach obiger Gleichung ist der EVA immer dann positiv, wenn der NOPAT größer ist als die Kosten des eingesetzten Kapitals (CAPITAL × WACC). Oder anders ausgedrückt: Der EVA ist immer dann positiv, wenn das eingesetzte Kapital mehr verdient, als es gekostet hat. Der EVA erfreut sich als Übergewinnkonzept in der Praxis einer hohen Beliebtheit. Dies hat mehrere Gründe: Zum einen ist er als Kenngröße relativ einfach berechenbar und im jeweiligen Kontext interpretierbar. Zum anderen eignet er sich recht gut zur ex post Beurteilung von Investitionen sowie der Performance von operativen Einheiten. Viele große Unternehmen (z.B. SIEMENS, COCA COLA und PROCTER & GAMBLE) wenden deshalb das EVA-Konzept, das ursprünglich von der amerikanischen Unternehmensberatung STERN STEWART entwickelt wurde, zur Umsetzung ihrer Shareholder Value-Orientierung an.

* Der **Cash Value Added (CVA)** ist ein stromgrößenorientiertes Übergewinnkonzept, welches sich am Umsatzüberschuss bzw. Cash Flow des Unternehmens orientiert. Analog zum EVA-Konzept erfolgt die direkte Ermittlung des (absoluten) CVA durch Abzug der absoluten Kapitalkosten vom Brutto-CF (BCF) als Ergebnisgröße:

$$CVA = BCF - (BIB \times WACC).$$

Der **Brutto Cash Flow (BCF)** ist der (nachhaltige) Cash Flow der operativen Geschäftstätigkeit und stellt den Einnahmeüberschuss dar, der für Investitionen aller Art, Fremdkapitalrückzahlungen sowie Befriedigung der Eigen- und Fremdkapitalansprüche zur Verfügung steht. Er wird nach indirekter Methode vor Abschreibungen, vor Zinsen und nach Steuern berechnet. Für die Ermittlung des CVA werden jedoch i.d.R. die ökonomischen Abschreibungen vorher abgezogen. Sie stellen den Abschreibungsbetrag dar, den die Kapitalgeber/ Investoren nicht „konsumieren" dürfen, wenn sie das anfängliche, in das abschreibbare Vermögen/ Aktiva investierte Kapital am Ende der Nutzungsdauer wieder verfügbar haben möchten.

Die absoluten Kapitalkosten berechnen sich aus der **Bruttoinvestitionsbasis (BIB)** bzw. dem Bruttobetriebsvermögen multipliziert mit dem durchschnittlich gewichteten Gesamtkapitalkostensatz nach WACC-Methode als Relativwert. Die BIB entspricht den historischen Anschaffungs- und Herstellungskosten der aktivierten Vermögensgegenstände zu Jahresbeginn. Der CVA ist damit frei von einigen wesentlichen buchhalterischen Verzerrungen, insbesondere Abschreibungen und Altersstruktur des Vermögens. Als ausgewiesener Übergewinnbetrag stellt er den echten Mehrwert für die Investoren dar, da in die Berechnung des CVA nicht nur Renditeziele/ -überlegungen, sondern auch Kapitalkosten- und Wachstumsüberlegungen mit einbezogen werden. Nach aktuellem Forschungsstand stellt das CVA-Konzept das für die periodenbezogene Erfolgs- und Wertbeitragsmessung am besten geeignete Verfahren dar.

* Wie bereits erwähnt, können sowohl CVA als auch EVA indirekt ermittelt werden. Die Ergebnisse sind dabei jeweils gleich. Der CVA wird indirekt durch die Multiplikation des Bruttobetriebsvermögens (BIB) mit der Differenz aus dem Cash Flow Return on Investment (CFROI) und dem Kapitalkostensatz (WACC) (siehe hierzu den mittleren unteren Teil der Abb. F-IV-46):

$$CVA = BIB \times (CFROI - WACC).$$

* Der EVA ergibt sich bei indirekter Ermittlung durch die Multiplikation des investierten Kapitals (CAPITAL) mit der Differenz aus der Gesamtkapitalrentabilität (ROI) und dem Kapitalkostensatz (WACC) (siehe hierzu den mittleren oberen Teil der Abb. F-IV-46):

$$EVA = CAPITAL \times (ROI - WACC).$$

Zur Verdeutlichung der Verwendung obiger EVA-Gleichung folgendes einfache Berechnungsbeispiel: Dazu gehen wir von einem ROI von 14% bzw. 0,14, einem WACC von 8% bzw. 0,08 und einem CAPITAL von 1.000 EUR aus. Aus der Multiplikation des eingesetzten CAPITALs mit der Rentabilitätsdifferenz von ROI und WACC ergibt sich der Economic Value Added der Periode in Höhe von 60 EUR. Bei Angabe von ROI und WACC in % ist zuvor die ermittelte Zinsdifferenz durch 100 zu dividieren.

* Neben EVA und CVA gibt es eine Reihe von weiteren Konzepten zur Bestimmung von Residual- bzw. Übergewinnen der Unternehmenstätigkeit. Als Beispiel für ein stärker marktorientiertes Bewertungskonzept kann der Market Value Added (MVA) angeführt werden. Der MVA ergibt sich als (absoluter) Differenzbetrag zwischen dem vorhandenen Gesamtkapital und dem investierten Kapital zu Marktwerten. Er kann als Kapitalwert des Unternehmens interpretiert werden.

- Während es in der betragsmäßigen Ergebnisanalyse vor allem darum geht, die Höhe des Unternehmenserfolgs zu bestimmen, zielt die **strukturelle Ergebnisanalyse** darauf ab, die Ursachen für den Unternehmenserfolg herauszufiltern. Dabei geht es zum einen um die Aufspaltung des Erfolgs in wesentliche Komponenten, um auf dieser Basis nachhaltige und prognosefähige Ergebnisse zu gewinnen. So sind im Rahmen einer **Erfolgsspaltung** vor allem die folgenden zwei Fragen zu beantworten: Welcher Ergebnisteil ist betriebszugehörig und betrifft die unmittelbare Unternehmenstätigkeit? Welcher Ergebnisteil ist regelmäßig und betrifft die gewöhnliche Unternehmenstätigkeit? Zur deren Beantwortung ist im Allgemeinen der Jahresüberschuss (vor Steuern) von den außergewöhnlichen und periodenfremden Ergebnissen zu befreien.
- Zum anderen beinhaltet die strukturelle Ergebnisanalyse eine detaillierte **Analyse der Aufwands- und Ertragsstruktur** des Unternehmens (siehe hierzu F.IV.5.b.). Ziel ist es, die Einflussgrößen auf das Ergebnis (Jahresüberschuss = Ertrag - Aufwand) separat zu analysieren. Bei der Ertragsstruktur stehen sowohl das Umsatz- als auch das Finanzergebnis im Mittelpunkt des Interesses, und zwar bezogen auf das gesamte Unternehmen und die einzelnen Unternehmensbereiche. Bei der Analyse der Aufwandsstruktur gilt es vor allem, auf der Basis des Umsatz- oder Gesamtkostenverfahrens verschiedene Intensitäten zu bestimmen (z.B. Ermittlung von Perso-

nal-, Kapital- und Materialintensitäten, wobei die jeweilige Kostenart im Zähler und der Umsatz im Nenner stehen).

- Der zweite Bereich der erfolgswirtschaftlichen Kennzahlenanalyse bezieht sich auf die **Untersuchung der Rentabilität** der Unternehmensaktivitäten. Die Rentabilität steht dabei allgemein für das bilanziell gemessene Verhältnis zwischen einer Erfolgs-/ Ergebnisgröße und einer dieser Größe zu Grunde liegenden Einflussgröße, insbesondere eingesetztes Kapital und realisierter Umsatz (siehe hierzu auch D.I.3.). Die Voraussetzung für die Durchführung einer Rentabilitätsanalyse ist die grundsätzliche Vergleichbarkeit der im Rahmen einer Ergebnisanalyse ermittelten absoluten Größen (z.B. Jahresüberschuss und Umsatz). Im Hinblick auf die jeweils gewählte Einflussgröße im Nenner unterscheidet man zwischen der Kapitalrentabilitätsanalyse und der Umsatzrentabilitätsanalyse:

    - Die in der Praxis geläufigsten **Kapitalrentabilitätskennzahlen** sind die Eigenkapitalrentabilität und die Gesamtkapitalrentabilität. Die Rentabilität dient hier zur Beurteilung der Verzinsung/ Rendite des eingesetzten Kapitals in einer Periode. Eigen- und Gesamtkapitalrentabilität sind damit ein wichtiger Maßstab zur Erfolgsmessung und -analyse sowie Planung und Kontrolle von Unternehmensbereichen:

        * Zur genaueren Bestimmung der **Eigenkapitalrentabilität (ROE – Return on Equity)** wird eine bestandsgrößenorientierte Ergebnisgröße (z.B. Jahresüberschuss, NOPAT oder EBIT) in Beziehung zum durchschnittlich vorhandenen Eigenkapital gesetzt. Der ROE gibt die tatsächliche Rendite der Eigenkapitalgeber wieder und ist deshalb vor allem für (potenzielle) Anleger von Risikokapital eine entscheidende Kennzahl. Im Hinblick auf die (Eigen-)Kapitalbeschaffung von Unternehmen und die Beurteilung der Gewinnaussichten ist die Entwicklung der Eigenkapitalrentabilität von grundlegender Bedeutung. Bei einem Vergleich mit anderen Unternehmen ist aufgrund des möglichen Leverage-Effektes (siehe hierzu F.IV.4.c.) jedoch die jeweilige Kapitalstruktur zu beachten.
        * Auch bei der Ermittlung der **Gesamtkapitalrentabilität (ROI – Return on Investment)** gibt es verschiedene Möglichkeiten bei der Ausgestaltung von Zähler und Nenner. Im Allgemeinen versteht man unter der Gesamtkapitalrentabilität das Verhältnis von Jahresüberschuss plus Zinsaufwand (= NOPAT) zu eingesetztem/ investiertem Gesamtkapital (= Investment) (siehe hierzu den linken oberen Teil der Abb. F-IV-46). Als Beziehungszahl sagt sie etwas über die Erfolgskraft eines Unternehmens – unabhängig von der Kapitalstruktur – aus. Welche Rendite wurde also für die Eigen- und Fremdkapitalgeber insgesamt erzielt? Dabei ist wie bei der Eigenkapitalrentabilität die Vergleichbarkeit der ROIs zwischen verschiedenen Unternehmen zum Teil stark eingeschränkt. Dies ist vor allem auf die Verwendung unterschiedlicher Begriffe und Ausprägungen in der Praxis zurückzuführen, die zudem häufig nicht (sehr) trennscharf verwendet werden. Daher sehen wir den ROI als einen

Oberbegriff für die verschiedenen Berechnungsweisen in der Praxis an (siehe hierzu Abb. F-IV-47). In Bezug auf die Interpretation des ROI stellen wir vor allem die Frage nach der „Verzinsung des verzinslichen Kapitals" in den Vordergrund. Damit bietet der ROI – neben dem ROE – eine gute Entscheidungsgrundlage für das Management im Hinblick auf die Unternehmensplanung und -entwicklung.

| Bezeichnung | Zähler | Nenner | Bemerkung |
|---|---|---|---|
| ROA (Return on Assets) | NOPAT (Vereinfacht: Jahresüberschuss plus Zinsaufwand) | Gesamte Aktiva | Bilanzsumme als investiertes Kapital |
| RONA* (Return on Net Assets) | | Gesamte Aktiva – nicht-verzinsliche Verbindlichkeiten | Aktivische Berechnung mit passivischer Bereinigung |
| ROCE* Return on Capital Employed | | Eigenkapital + verzinsliches Fremdkapital | Passivische Berechnung |

*RONA und ROCE sind trotz unterschiedlicher Berechnung im Ergebnis identisch

Quelle: Plaschke 2003, S. 139

**Abb. F-IV-47:** Berechnungsweisen des ROI

* Ein wesentlicher Nachteil des ROI als Spitzenkennzahl für die Bewertung der Rentabilität eines Unternehmens ist vor allem in seiner statischen Betrachtungsweise zu sehen. Dies führt unter anderem dazu, dass

  # keine ausreichende Berücksichtigung der tatsächlichen ökonomischen Nutzungsdauer der gebundenen finanziellen Mittel erfolgt,
  # bilanzielle und buchhalterische Verzerrungen (z.B. Abschreibungs- und Rückstellungspolitik) nicht hinreichend eliminiert werden und
  # die Vergleichbarkeit von unterschiedlichen Geschäftseinheiten aufgrund unterschiedlichem Anlagevermögen und -alter stark eingeschränkt ist.

* Aus diesem Grund hat sich in der Unternehmenspraxis neben dem „klassischen" ROI der CFROI als stromgrößenorientierte Rentabilitätskennzahl etabliert. **CFROI** steht für **Cash Flow Return on Investment** und gibt – im übertragenen Sinne – die Rendite des Cash Flow in einer Periode an. Als interne Wertkennzahl ist sie also nicht der Cash Flow multipliziert mit dem ROI, sondern vielmehr der nachhaltige Cash Flow (= BCF abzgl. Ökonomische Abschreibung) im Verhältnis zur Bruttoinvestitionsbasis (BIB) des Unternehmens (siehe hierzu den linken unteren Teil der Abb. F-IV-46). Neben dieser algebraischen Ermittlungsmethode kann der CFROI auch nach dem Grundmodell des Kapital-/ Ertragswer-

tes berechnet werden (siehe hierzu F.IV.3.c.). In diesem Zusammenhang ergibt er sich als interner Zinsfuß (engl. IRR – Internal Rate of Return) einer mehrperiodischen BCF-Zahlungsreihe, also dem operativen Cash Flow, der jeweils allen Kapitalgebern des Unternehmens über mehrere Perioden aus einer fiktiven Auszahlung der (Brutto-) Investition (= historisches Investment zum Zeitpunkt t = 0) zur Verfügung steht.
Wird der **CFROI als algebraischer Bruch** ausgedrückt, dann besteht das Zielkriterium wiederum darin, dass die Rendite des Cash Flow in der laufenden Periode höher ist als die von Eigen- und Fremdkapitalgebern geforderte durchschnittliche Kapitalverzinsung nach der WACC-Methode (d.h. CFROI > WACC). In diesem Fall wird nämlich durch das Unternehmen/ die betreffende Geschäftseinheit zusätzlicher Wert geschaffen, was dem Ziel des Shareholder Value Ansatzes entspricht; im anderen Fall wird durch die Unternehmensaktivität Wert vernichtet.
Wird hingegen der **CFROI als interner Zinsfuß** betrachtet, der sich auf der Basis einer mehrperiodischen BCF-Zahlungsreihe mit einer zum Zeitpunkt Null erfolgten Anfangsinvestition berechnet, dann ist der Kapitalwert eines Unternehmens/ eines Unternehmensbereiches immer dann positiv, wenn der interne Zinsfuß, also der CFROI, den als externen Vergleichsmaßstab herangezogenen WACC übersteigt. Formal gesehen, entspricht damit der CFROI – als Mindestgröße – dem Zins, bei dem der (Brutto-)Kapitalwert einer (Neu-)Investition gleich ihren (abdiskontierten) Auszahlungen über die Zeitdauer der ökonomischen Nutzungsdauer ist. Liegt der Wert darüber, dann erwirtschaftet die Investition einen Value Added. Im Gegensatz hierzu stellt der ROI implizit einen internen Zinsfuß aus konstantem NOPAT (in alle Ewigkeit) und einer Liquidation zum Restbuchwertkapital dar.

- Genau wie bei der Kapitalrentabilität gibt es auch bei der **Umsatzrentabilität (ROS – Return on Sales)** unterschiedliche Definitionen und Messansätze. Insbesondere ist die Zählergröße, die zu den Umsatzerlösen ins Verhältnis gesetzt wird, nicht einheitlich definiert. Nach dem Entsprechungsprinzip müsste hier eigentlich der Betriebserfolg im Sinne des ordentlichen Betriebsergebnisses verwendet werden. Aus Vereinfachungsgründen wird aber in der Praxis häufig auch auf den Jahresüberschuss/-fehlbetrag zurückgegriffen. Die Verwendung des Betriebsergebnisses ist als Zählergröße grundsätzlich vorzuziehen, da Umsatzerlöse aus der Leistungserstellung nicht durch betriebsfremde/ außerordentliche Aktivitäten bedingt sind. Ein weiteres Maß für die Umsatzrentabilität ist die so genannte Betriebliche Umsatzrendite; sie ergibt sich als Verhältnis von NOPAT zu Umsatz.

### Kennzahlen und Steuerungsgrößen für die Unternehmensbewertung

In den vorangegangenen Ausführungen haben wir zwei Gruppen von Kennzahlen vorgestellt, die zur Analyse des Unternehmens vorzugsweise herangezogen werden. Dabei legt die Gruppe der finanzwirtschaftlichen Kennzahlen vor allem die Vermögens- und Finanzlage des Unternehmens offen. Die Gruppe der erfolgswirtschaftlichen Kennzahlen macht hingegen Aussagen zur Ertragslage des Unternehmens. Bei beiden Kennzahlengruppen besteht das Ziel darin, quantitativ erfassbare und betriebswirtschaftliche relevante Sachverhalten so weit wie möglich zu verdichten. Im Ergebnis entstehen so hochkonzentrierte, relative Kennzahlen wie ROI oder CFROI, die eine Beziehung zwischen Erfolg und erfolgsverursachenden Einflussgrößen herstellen. Die Frage, die sich hier unmittelbar anschließt, ist: Für welche Zielgruppen in und außerhalb des Unternehmens sind welche Kennzahlen besonders relevant? Dabei geht es um die objektive Beurteilung der gegenwärtigen und zukünftigen Unternehmenssituation entsprechend der zielgruppenspezifischen Interessens-/ Anspruchslagen.

In einem ersten Schritt thematisieren wir deshalb aus einer eher innenorientierten Sichtweise heraus die Frage: Wie bewertet das Management den Unternehmenserfolg? In diesem Zusammenhang geht es insbesondere um die Ausgestaltung der finanzbezogenen Perspektive der Balanced Score Card (BSC) durch die Implementierung von Kennzahlensystemen. In einem zweiten Schritt gehen wir anschließend aus einer eher außenorientierten Sichtweise heraus der Frage nach: Wie wird der Unternehmenserfolg von den Shareholdern bewertet? Dabei stellen wir vor allem auf das Shareholder Value Konzept zur wertorientierten Steuerung von Unternehmen aus Anteilseignersicht ab.

- Wie bereits ausgeführt, besitzen **Kennzahlensysteme**, die auf einzelnen finanz- und erfolgswirtschaftlichen Kennzahlen aufbauen, eine hohe Bedeutung für die inhaltliche Ausgestaltung der BSC und die Festlegung von finanzbezogenen Steuerungsgrößen auf verschiedenen Hierarchieebenen. Mit unterschiedlichen Leitfragen gehen wir hierauf jetzt noch etwas detaillierter ein.

  - **Was ist ein Kennzahlensystem?** Ein Kennzahlensystem ist eine geordnete Gesamtheit von Einzelkennzahlen, die untereinander in Beziehung stehen und betriebswirtschaftliche Aussagen über ein Unternehmen und/ oder einen Unternehmensteil treffen. Es wird also versucht, Einzelkennzahlen, die beziehungslos nebeneinander stehen und i.d.R. eine sehr begrenzte Aussagefähigkeit besitzen, in einem System von gegenseitig abhängigen und einander sich ergänzenden Kennzahlen zusammenzufassen. Der Zusammenhang zwischen den einzelnen Kennzahlen kann dabei formallogisch (definitorisch oder mathematisch), empirisch (Kombination aus deterministischen und stochastischen Werten) oder sachlogisch (objektiv, subjektiv) sein. Der Aufbau von Kennzahlensystemen unterliegt im Allgemeinen einer Zielhierarchie, bei der ausgehend von einem Oberziel über die Unternehmenshierarchie hinweg Unterziele schrittweise abgeleitet werden (siehe hierzu D.I.1.). Dazu ist auf der obersten Ebene eine so genannte Spitzenkennzahl festzulegen, welche die betriebswirtschaftlich wichtigste Aussage des Kennzahlensystems manifestiert (z.B. ROI als Ergebniskennzahl). Aus dem betriebswirtschaftlichen Oberziel (z.B. Steigerung des ROI) wird dann in einem Top-down-Prozess die (sachlogische) Kennzahlenpyramide deduktiv abgeleitet. Bei einem solchen Rechensystem werden hierzu also die Ursachen-Wirkungs-Beziehungen offen gelegt.

- **Welche Bedeutung haben Kennzahlensysteme?** Einzelne Kennzahlen reichen oftmals nicht aus, um Sachverhalte in Unternehmen vollständig beurteilen und Ergebnisgrößen über Ursachengrößen (= Vorsteuerungsgrößen) steuern zu können. Aus diesem Grund ist es sinnvoll, mehrere (finanz- und erfolgswirtschaftliche) Kennzahlen zu benutzen; die Frage ist nur: Welche? Wie leicht nachvollziehbar ist, kommt es nicht so sehr auf die Quantität der Kennzahlen an, sondern vielmehr auf ihre Qualität und das Zusammenspiel. Denn für eine zielgerichtete Unternehmensanalyse und -bewertung ist eine zu große Anzahl von Kennzahlen eher hinderlich. Außerdem besteht in den Unternehmen die Gefahr, dass ohne eine Systematisierung vom zuständigen Controller und/ oder Manager jeweils die Kennzahlen ausgesucht und interpretiert werden, die den Zielvorstellungen einzelner Bereiche am besten entsprechen. Durch Kennzahlensysteme lassen sich Probleme dieser Art weitestgehend vermeiden, da durch eine zieladäquate Strukturierung auf jeder Unternehmensebene und für jeden Bereich ein Bündel aussagekräftiger Kennzahlen zur Verfügung steht. Damit ist die Bedeutung von Kennzahlensystemen vor allem darin zu sehen, dass sie die Entscheidungsprozesse im Unternehmen bottom-up unterstützen.
- **Wie erfolgt die Bildung von Kennzahlensystemen?** Hier gibt es zum einen Unterschiede bei den Arten von Kennzahlen, die bei der Konstruktion des Kennzahlensystems einbezogen werden. So wird grundsätzlich zwischen eindimensionalen, mehrdimensionalen und partiellen Ansätzen unterschieden. Unter eindimensionalen Ansätzen werden typischerweise Kennzahlenpyramiden verstanden, die rein monetär ausgerichtet sind und sich in einem sach- und formallogischen Zusammenhang i.d.R. durch eine Spitzenkennzahl auszeichnen (z.B. DuPont-Kennzahlensystem). Mehrdimensionale Ansätze beinhalten demgegenüber verschiedenartige Einzelkennzahlen sowie mehrere Spitzenkennzahlen, die sowohl monetärer als auch nicht-monetärer Natur sein und in einem prozess- oder organisationsbezogenen Zusammenhang stehen können (z.B. Balanced Score Card). Mit Hilfe von partiellen Ansätzen soll schließlich die Leistung eines Unternehmens/ Unternehmensteils unter einem bestimmten Blickwinkel, also in einem eingeschränkten Sinne, beurteilt werden (z.B. Benchmarking).

  Neben den einbezogenen Kennzahlenarten gibt es – wie oben angesprochen – zum anderen Unterschiede hinsichtlich des inneren Zusammenhangs, der zwischen den einzelnen Kennzahlen besteht. In diesem Zusammenhang wird zwischen Rechen-, Ordnungs- und Mischsystemen unterschieden. Bei Rechensystemen können die Kennzahlen rechnerisch zerlegt werden; sie stehen in einem formallogischen Zusammenhang (z.B. DuPont-Kennzahlensystem). In Ordnungssystemen sind die einzelnen Kennzahlen nicht durch Rechenoperationen, sondern nur sachlogisch miteinander verknüpft; nach einem hierarchischen Aufbau können sie bestimmten betriebswirtschaftlichen Sachverhalten zugeordnet werden (z.B. RL-Kennzahlensystem). Mischsysteme stellen schließlich, wie der Name schon sagt, eine Mischung aus Rechen- und Ordnungssystem dar. Bei ihnen gibt es keine definierten

Zusammenhänge zwischen den einzelnen Kennzahlen (z.B. ZVEI-Kennzahlensystem).

- **Welche Arten sind in der Praxis verbreitet?** Das älteste und in der betriebswirtschaftlichen Literatur am häufigsten zitierte Kennzahlensystem ist das **DuPont-Kennzahlensystem**. Es wurde von E.I. DUPONT DE NEMOURS AND COMPANY entwickelt und ist in diesem Unternehmen schon seit 1919 im Einsatz. Als Rechensystem konzipiert, hat es die Gestalt einer Kennzahlen-Pyramide mit dem Return on Investment (ROI) als Spitzenkennzahl. In der Praxis bildet es häufig die Grundlage für ein umfassendes Controlling-System. Nach dem Unternehmensziel Gesamtkapitalrentabilität folgen auf der zweiten Ebene die Unterziele Umsatzrentabilität und Kapitalumschlag. Wie in Abbildung F-IV-48 ersichtlich ist, sind die drei eigenständigen Kennzahlen – Gesamtkapital- und Umsatzrentabilität sowie Kapitalumschlag – rechnerisch miteinander verbunden; der ROI ergibt sich durch die Multiplikation von ROS und Kapitalumschlag. Letztere werden dann auf den folgenden Ebenen des Kennzahlensystems weiter (formal- und auch sachlogisch) aufgespaltet. So gibt die Auflösung des Kapitalumschlags Aufschluss über das Anlage- und Umlaufvermögen (= finanzwirtschaftliche Perspektive). Die Aufspaltung der Umsatzrentabilität erlaubt eine systematische Analyse des Gewinns, da hier die verschiedenen Kosteneinflussfaktoren offen gelegt werden (= erfolgswirtschaftliche Perspektive). Die Ableitung von konkreten Handlungsempfehlungen im Unternehmen bleibt jedoch weitestgehend auf monetär abbildbare Bereiche und Einflussgrößen beschränkt.

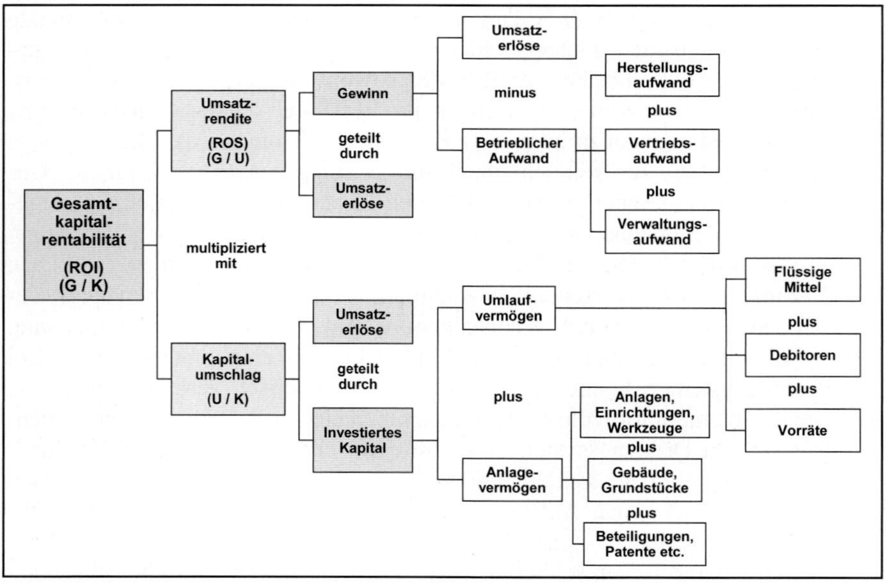


**Abb. F-IV-48:** Das DuPont-Kennzahlensystem

Das Rentabilitäts-Liquiditäts-Kennzahlensystem (**RL-Kennzahlensystem**) ist ein in der Praxis verbreitetes Ordnungssystem. Es setzt sich sowohl aus Verhältniszahlen als auch aus absoluten Zahlen des externen und internen Rechnungswesens zusammen. Das 1976 von THOMAS REICHMANN und LAURENZ LACHNIT entwickelte System setzt voraus, dass die Ursachen-Wirkungs-Beziehungen zwischen den einzelnen Kennzahlen (z.B. aufgrund empirischer Ergebnisse) im Unternehmen bekannt sind, das heißt die einzelnen Kennzahlen sind nicht rechentechnisch miteinander verbunden. Als direkt für den Controllingbereich entwickeltes System umfasst es einen allgemeinen Teil und einen Sonderteil. Die Spitzenkennzahlen des allgemeinen Teils sind zum einen das ordentliche Ergebnis (= Rentabilitätsperspektive) sowie zum anderen die liquiden Mittel (= Liquiditätsperspektive). Unter den liquiden Mitteln erfolgen auf der zweiten Ebene der finanzwirtschaftlichen Seite eine Cash Flow- und Working Capital-Betrachtung. Auf der zweiten Ebene der erfolgswirtschaftlichen Seite folgen unter dem ordentlichen Ergebnis unter anderem eine Umsatz-, Finanz- und Investitionsanalyse. Nach dem allgemeinen Teil, der unternehmensübergreifend aufgebaut ist, werden in einem Sonderteil unternehmensspezifische Besonderheiten zur vertiefenden Analyse berücksichtigt (z.B. Umsatzanteile von Produktsparten).

Das auf den ZENTRALVERBAND DER ELEKTROTECHNISCHEN INDUSTRIE E.V. zurückgehende **ZVEI-Kennzahlensystem** ist ein Mischsystem aus Rechen- und Ordnungssystem. Es wurde 1989 entwickelt und ist mit 88 Haupt- und 122 Hilfskennzahlen branchenneutral einsetzbar. Zwischen den einzelnen Kennzahlen existieren keine durchweg definierten Zusammenhänge. Die Hauptfunktionen des Systems liegen in einer Analyse- und Steuerungsfunktion. In Anlehnung an das RL-Kennzahlensystem umfasst es zwei Analyseperspektiven, und zwar Wachstums- und Strukturanalyse. Im Rahmen der Wachstumsanalyse werden insbesondere Geschäftsvolumen, Personal und Erfolg beurteilt; die dabei verwendeten Kennzahlen orientieren sich an Jahresabschlussgrößen. Die Strukturanalyse ist periodenbezogen mit der Eigenkapitalrentabilität (ROE) als Spitzkennzahl; das heißt ausgehend vom ROE wird – analog zum DuPont-System – ein hierarchisch gegliedertes, rechnerisch verknüpftes Kennzahlensystem entwickelt. Ziel ist es hierbei, die Ursachen-Wirkungs-Zusammenhänge im Hinblick auf die Erhöhung der Eigenkapitalrentabilität transparent zu machen. Dabei werden sowohl Rentabilitäts- als auch Liquiditätsgrößen berücksichtigt.

Im Rückbezug zu den Teilabschnitten finanz- und erfolgswirtschaftliche Kennzahlenanalyse haben wir mit dem Überblick und der Einführung zu den Kennzahlensystemen vor allem die Frage beantworten können, wie sich die finanz- und erfolgswirtschaftlichen Kennzahlen wirkungsvoll verbinden lassen, um die gegenwärtige und zukünftige Unternehmenssituation umfassend bewerten zu können. Dies entspricht im übertragenen Sinne der internen Sichtweise des Managements, welches sich die Frage stellt: Welche Kennzahlen sind als Steuerungsgrößen für einzelne Unternehmensebenen und -bereiche gut geeignet?

In Abhängigkeit von der gewählten Perspektive kann aber auch die folgende Frage gestellt werden: Welche Kennzahlen sind als Bewertungsgrößen für die Beurteilung des gegenwärtigen und zukünftigen Unternehmenserfolgs geeignet? Dies entspricht einer eher externen Sichtweise auf das Unternehmen und spiegelt insbesondere die Interessenlage der Anteilseigner (Shareholder) wider. Im letzten Teilabschnitt zur Unternehmensbewertung als wesentlicher Aufgabe des Controlling untersuchen wir deshalb, wie sich die finanz- und erfolgswirtschaftlichen Kennzahlen sinnvoll nutzen respektive verbinden lassen, damit sie dem Informationsanspruch der Shareholder gerecht werden und als Entscheidungsgrundlage für deren (De-)Investitionsstrategie dienen können:

- Die Auffassung von modernem Management hat sich spätestens seit Mitte der 80er Jahre durch das Aufkommen des **Shareholder Value Ansatzes** in den USA grundlegend verändert (siehe dazu auch C.I.2.a.). Um erfolgreich zu sein, so die Philosophie, hat sich die gesamte Unternehmenspolitik auf die Interessen der Shareholder auszurichten. Wie bereits an anderer Stelle dargelegt, bedeutet dies in erster Linie, dass alle Unternehmensaktivitäten und -bereiche auf Unternehmenswertsteigerung „zu trimmen" sind. In der Praxis stellt der Shareholder Value Ansatz heute ein zentrales Konzept zur Unternehmensführung dar. Viele große, vor allem börsennotierte Unternehmen verfolgen deshalb das Ziel einer wertorientierten Unternehmenssteuerung bzw. eines wertorientierten Managements. Wie aus den kurzen Ausführungen bereits deutlich wurde, ist der zentrale Begriff des Shareholder Value Ansatzes der „Unternehmenswert". Im Folgenden wollen wir deshalb klären, was der Unternehmenswert – aus Sicht der Anteilseigner – ist, wie er sich grundsätzlich bestimmen lässt und welche Verfahren in diesem Zusammenhang in der Praxis häufig angewendet werden.

  - **Was ist der Unternehmenswert?** Das Hauptziel des Shareholder Value Ansatzes besteht darin, die Unternehmensführung/ das Management anzuhalten, durch unternehmerische Aktivitäten das Vermögen der Anteilseigner (i.d.R. als Aktionäre) zu maximieren. In der Konsequenz sind alle unternehmerischen Entscheidungen an diesem Ziel auszurichten und nur noch solche Aktivitäten durchzuführen, die den Anteilswert des Aktionärs bzw. das Aktionärsvermögen (= Shareholder Value) erhöhen. Das Vermögen der Aktionäre ermittelt sich dabei aus dem Börsenkurs der Aktie(n) beim Kauf, den ausgeschütteten Dividenden und realisierten Kurssteigerungen über den Besitzzeitraum. Die beiden letztgenannten Faktoren, also Dividenden und Kurssteigerungen, spiegeln die Unternehmenswertsteigerung aus Sicht des Aktionärs wider. Da der Aktionärssicht im Rahmen der wertorientierten Unternehmensführung eine zentrale Bedeutung zukommt, stellt der Unternehmenswert die entscheidende Bewertungs- und Steuerungsgröße für das Unternehmen dar. Dadurch besitzt der Unternehmenswert eine Bindegliedfunktion zwischen Aktionärs- und Unternehmenssicht. Betrachtet man nicht die Vermögens-, sondern die Kapitalseite der Bilanz, dann ermittelt sich der Unternehmenswert wie folgt:

| |
|---|
| Unternehmenswert (UW) = Marktwert des Eigenkapitals (= Shareholder Value) + Marktwert des Fremdkapitals |

Aus obiger Gleichung wird deutlich, dass bei konstantem Marktwert des Fremdkapitals der Shareholder Value dann steigt, wenn der Unternehmenswert steigt. Daraus folgt, dass zur Bestimmung (der Steigerung) des Shareholder Value die Controllingaufgabe in erster Linie darin besteht, den Wert des Unternehmens/ Unternehmensbereiches möglichst objektiv zu bestimmen. Denn der Marktwert des Fremdkapitals lässt sich relativ einfach ermitteln, und zwar aus der Summe der abgezinsten Nettozahlungen an die Fremdkapitalgeber (insb. Zinsen und Tilgung) über die Zeit. Als Näherungsgröße kann auch der Buchwert des Fremdkapitalanteils aus der Bilanz angesetzt werden.

- **Wie wird der Unternehmenswert bestimmt?** Bevor wir zur eigentlichen Bestimmung des Unternehmenswertes kommen, ist an dieser Stelle zunächst eine eher wissenschaftstheoretische Frage anzusprechen: Hat das Unternehmen einen Wert an sich? Zur Beantwortung dieser Frage nehmen wir Bezug auf die Ausführungen in A.I., in dem wir die Betriebswirtschaftslehre als Erfahrungswissenschaft klassifiziert haben. Nach dem Wissenschaftsverständnis von KARL R. POPPER gehen wir dabei davon aus, dass die betriebswirtschaftlich erfahrbaren Sachverhalte real existieren und intersubjektiv nachprüfbar sind. Beim Unternehmenswert haben wir es aber mit einem Phänomen zu tun, das nicht unabhängig von unserem persönlichen Wertesystem erfahrbar ist, das heißt der Wert eines Unternehmens ist nicht objektiv gegeben, sondern allenfalls in Form von Kennzahlen objektivierbar und mit Hilfe von verschiedenen Bewertungsansätzen und Ermittlungsmethoden intersubjektiv vergleichbar. Nach der Theorie der funktionalen Unternehmensbewertung sind je nach der betrieblichen Funktion des Unternehmenswertes (z.B. Unternehmenssteuerungsfunktion) so genannte Entscheidungswerte (z.B. Zukunftserfolgswert) zu bestimmen, welche die subjektiven Annahmen und Erwartungen der Beteiligten (z.B. Käufer und Verkäufer von Unternehmensanteilen) bestmöglich widerspiegeln. Wir wollen deshalb im Weiteren von einer entscheidungsorientierten Unternehmensbewertung ausgehen, die sich vor allem an den Interessen der (potenziellen) Anteilseigner orientiert. Entsprechend den Handlungsmöglichkeiten von Käufern und Verkäufern von Unternehmen/ Unternehmensanteilen lassen sich folgende Situationen und damit entsprechende Entscheidungswerte zu Grunde legen:

  * Markt-/ Börsenwert als realer Wert beim Kauf/ Verkauf von Unternehmen/ Unternehmensanteilen,
  * Liquidations-/ Substanzwert als realer und/ oder künstlicher Wert bei Liquidation/ Neuerwerb von Unternehmen/ Unternehmensanteilen und
  * Zukunftserfolgswert als künstlicher Wert bei Fortführung/ Vergleich von Unternehmen/ Unternehmensanteilen.

Da wir bei unseren bisherigen Betrachtungen immer von der Unternehmensfortführung ausgegangen sind, stellen wir im Folgenden insbesondere auf die Methoden zur Bestimmung des **Zukunftserfolgswertes** als Basis für die Unternehmensbewertung ab.

- **Welche Ermittlungsverfahren gibt es?** Die verschiedenen Ermittlungsmethoden zur Bestimmung des Zukunftserfolgswertes als Entscheidungswert für die Unternehmensbewertung stützen sich ausnahmslos auf die klassischen Verfahren der dynamischen Investitions- und Wirtschaftlichkeitsrechnung. Besonders hervorzuheben ist hierbei die **Kapitalwertmethode** (siehe hierzu F.IV.3.c.). Danach ergibt sich der aktuelle Wert des Unternehmens aus der Summe aller zukünftigen, auf den heutigen Zeitpunkt abdiskontierten finanziellen Erträge bzw. erwarteten Entnahmeüberschüsse des Unternehmens, die als Übergewinne an die Shareholder ausgezahlt werden können. Nach dem investitionstheoretischen Modell des Kapitalwerts ist das zu bewertende Unternehmen/ der zu bewertende Unternehmensbereich vergleichbar mit einer Investitionsalternative für den (potenziellen) Shareholder, der über den wirtschaftlich sinnvollen Einsatz seiner begrenzten finanziellen Mittel zu entscheiden hat. Vor diesem Hintergrund stellt sich das Entscheidungsproblem aus **Sicht des Aktionärs** wie folgt dar: Nach einer Anfangsauszahlung zum Zeitpunkt Null (= Erwerb von Unternehmensanteilen) erhält er in den darauf folgenden Perioden (= Jahre) Einzahlungsüberschüsse aus seiner Anlageinvestition (= Entnahmeüberschüsse des Unternehmens); am Ende der Laufzeit, also bei Verkauf seiner Unternehmensanteile, bekommt er einen entsprechenden Restwert zurück. Unter dieser Voraussetzung ist ein Erwerb von Unternehmensanteilen für ihn dann wirtschaftlich sinnvoll, wenn die abgezinsten Einzahlungsüberschüsse zusammen mit der Restwertauszahlung durch das Unternehmen höher sind als die Anschaffungsauszahlung für diese Investition im Zeitpunkt Null. In diesem Fall ist der ermittelte Kapitalwert positiv.
- Aus **Sicht des Unternehmens** stellen die Anfangseinzahlungen der Anteilseigner das gebundene Eigenkapital zu Beginn dar, das sich in den Folgeperioden entsprechend verzinst und zu entnahmefähigen Erträgen führt. Aufgrund der Annahme des „Going-concern-Prinzips“, das den Unternehmensfortbestand bis in alle Ewigkeit zum Gegenstand hat, stellt sich die Frage nach einem Restwert auf der Unternehmensebene nicht (d.h. Restwerte werden auf Anteilseignerebene beim Kauf/ Verkauf von Aktien abgegolten). Damit ergibt sich der Unternehmenswert – aus Sicht des Unternehmens – als Barwert der erwarteten Entnahmeüberschüsse über einen unendlichen Planungszeitraum bzw. – aus Sicht eines (ideellen) Anteilseigners – als Barwert der erwarteten Auszahlungsüberschüsse über einen unendlichen Anlagezeitraum. Der Zusammenhang kann in folgender UW-Gleichung ausgedrückt werden:

$$UW_0 = \sum_{t=0}^{\infty} \frac{E_t}{(1+i)^t}$$

mit:
UW = Unternehmenswert zum Zeitpunkt 0
$E_t$ = Erwarteter Entnahmeüberschuss zum Zeitpunkt t
i = Kalkulationszinsfuß

* Der nach obiger Gleichung berechnete Barwert oder **Present Value (PV)** spiegelt den auf investitionstheoretischer Basis ermittelten Wert eines Unternehmens bzw. Unternehmensteils wider (siehe hierzu und zum Folgenden den rechten Teil der Abb. F-IV-46). Er gibt Auskunft darüber, welcher Betrag zum jetzigen Zeitpunkt alternativ am Kapitalmarkt anzulegen wäre, um den gleichen Nettozahlungsstrom (= Summe der Entnahmeüberschüsse über die Zeit) bei gleichem Risiko in Zukunft zu erhalten. Beim Vergleich über mehrere Perioden kann so die Wertschaffung des gesamten Unternehmens bzw. der Wertbeitrag einzelner Unternehmensteile beurteilt werden. Ist der PV in der Periode t größer als in der Periode t-1, dann wurde Wert geschaffen bzw. zum Wert beigetragen; im entgegengesetzten Fall wurde Wert vernichtet bzw. nicht zum Wert beigetragen.
* Zur Bewertung der Vorteilhaftigkeit von Investitionen/ Akquisitionen von Unternehmen/ Unternehmensteilen wird der Nettobarwert oder **Net Present Value (NPV)** berechnet. Hier wird der Barwert der potenziellen zukünftigen Entnahmeüberschüsse mit den dafür heute notwendigen Investitionsauszahlungen verglichen. Ist der NPV größer als Null, dann ist die Investition/ Akquisition als wirtschaftlich vorteilhaft einzustufen; es kommt zur Vermögensvermehrung des eingesetzten Kapitals; im entgegengesetzten Fall ist mit einer Vermögensverminderung zu rechnen. Ist der NPV gleich Null, dann entspricht der veranschlagte Investitionsbetrag dem PV des Akquisitionsobjekts. Bei einem Unternehmenserwerb stellt dieser Betrag den maximal zu zahlenden Preis des Käufers bzw. den mindestens zu verlangenden Preis des Verkäufers dar. Während der NPV also die Wirtschaftlichkeit einer neuen Geschäftsaktivität beurteilt, gibt der PV Aufschluss über die Wirtschaftlichkeit bestehender Geschäfte.
* Die Interpretation der Ergebnisse nach obiger Gleichung gestaltet sich demnach relativ einfach und einleuchtend; die Bestimmung der wesentlichen Einflussgrößen, also die erwarteten Entnahmeüberschüsse pro Periode ($E_t$) und der Kalkulationszinsfuß/ Diskontierungssatzes über die Zeit (i), jedoch nicht. Kommen wir zunächst zur **Ermittlung der Entnahmeüberschüsse (E)**. Hier werden in der betriebswirtschaftlichen Theorie und Praxis vor allem die so genannten **Discounted Cash Flow-Ansätze (DCF)** favorisiert. Sie stellen, wie der Name schon sagt, Cash

Flow Größen und dabei insbesondere den Free Cash Flow eines Unternehmens/ einer Geschäftseinheit als zu kapitalisierende Größe in den Zähler der UW-Gleichung.

Im Hinblick auf die Behandlung des Fremdkapitals bei der Unternehmenswertbestimmung wird grundsätzlich zwischen den eigenkapital- und gesamtkapitalorientierten Ansätzen unterschieden. Bei den DCF-Verfahren nach dem **Brutto-Ansatz (Entity-Ansatz)** werden im ersten Schritt die prognostizierten FCFs mit dem durchschnittlichen Gesamtkapitalkostensatz (z.B. nach WACC-Methode) auf den Gegenwartswert abgezinst. Das (Zwischen-)Ergebnis entspricht dem Unternehmenswert sowohl für die Eigen- als auch Fremdkapitalgeber. Um zum Unternehmenswert für die Eigenkapitalgeber (Shareholder Value) zu gelangen, muss in einem zweiten Schritt hiervon der Barwert der Nettozahlungen an die Fremdkapitalgeber (= Marktwert des Fremdkapitals) abgezogen werden. Der Brutto-Ansatz entspricht damit der indirekten Vorgehensweise zur Bestimmung des Shareholder Value (= Marktwert des Eigenkapitals), wie er eingangs bereits vorgestellt wurde. Die direkte Vorgehensweise in Form des **Netto-Ansatzes (Equity-Ansatz)** zeichnet sich demgegenüber dadurch aus, dass nur die (jeweils verbleibenden) FCFs an die Eigenkapitalgeber mit dem Eigenkapitalkostensatz diskontiert werden. Dies entspricht dann dem Barwert des zukünftig voraussichtlich erwirtschafteten Übergewinns.

Der FCF wird vorzugsweise zur Diskontierung gewählt, da er den entnahmefähigen Zahlungsmittelüberschuss pro Periode an die Eigen- und Fremdkapitalgeber angibt (siehe die Ausführungen zum Cash Flow sowie den rechten unteren Teil der Abb. F-IV-46). Da generell der Gesamtwert eines Unternehmens bzw. einer Geschäftseinheit bestimmt werden soll, und da für die Abdiskontierung der durchschnittliche Zinssatz für die Gesamtkapitalkosten (WACC) verwendet wird, findet hier der $FCF_{Entity}$ Eingang. Für die Bestimmung des Unternehmenswertes für die Shareholder wird nur der $FCF_{Equity}$ ausgewiesen, der dann nur mit dem Eigenkapitalzinssatz diskontiert wird.

Neben der Verwendung von Stromgrößen im Zähler besteht aber auch die Möglichkeit, Bestands- bzw. Wertgrößen als Indikator für die erwarteten Entnahmeüberschüsse eines Unternehmens heranzuziehen. Hierbei handelt es sich um so genannte **Ertragswert-Ansätze**, die i.d.R. auf dem oben beschriebenen Übergewinnkonzept des Economic Value Added (EVA) basieren (siehe hierzu den rechten oberen Teil der Abb. F-IV-46). Um die zukünftige Wertschaffung eines Unternehmens/ den Wertbeitrag eines Unternehmensbereichs zu messen, wird im Zähler der UW-Gleichung keine Finanzgröße (z.B. FCF), sondern eine Erfolgsgröße (z.B. NOPAT) zu Grunde gelegt. Der Unternehmenswert berechnet sich hier als Barwert der zukünftigen EVAs zuzüglich des zu Beginn des Planungszeitraums gebundenen Kapitals. Nach dem LÜCKE-Theorem können die EVA- und FCF-Ansätze unter bestimmten Voraussetzungen ineinander überführt werden, insbesondere dann, wenn bei der Berech-

nung die Erfolgsgröße um die Zinsen auf das am Ende der Vorperiode gebundene Kapital vermindert wird. Die gleiche **Barwertkompatibilität** gilt im übrigen auch für das Übergewinnkonzept des Cash Value Added (CVA), wobei die Bruttoinvestitionsbasis (BIB) zu Beginn mit der Summe der abdiskontierten zukünftigen CVAs aufaddiert wird (siehe hierzu den rechten mittleren Teil der Abb. F-IV-46).
Zur Prognose der Höhe der zukünftigen FCFs wird i.d.R. folgender vereinfachter Ansatz gewählt:

# Prognose der FCFs in naher Zukunft aufgrund von Plandaten und
# Prognose der FCFs in weiterer Zukunft aufgrund von Trendfortschreibung; im Allgemeinen wird hierzu von einem konstanten FCF-Betrag ausgegangen, der ab einem bestimmten Zeitpunkt über eine unbegrenzte Laufzeit fortzuschreiben ist. In der Investitionstheorie wird dieser Sachverhalt durch die Formel für die „ewige Rente" berücksichtigt; dazu wird der als konstant angenommene Entnahmeüberschuss pro Periode in der Zukunft durch den langfristigen Kalkulationszinssatz geteilt.
# Erfassung der Unsicherheit durch die Bestimmung von Erwartungswerten, welche die wahrscheinliche Höhe der FCFs wiedergeben; hierfür werden i.d.R. Simulations- und/ oder Szenario-Techniken verwendet.

* Neben der Bestimmung und Prognose der FCFs sind für die Ermittlung des Shareholder Value die Kapitalkosten bzw. der **Kalkulationszinsfuß (i)** im Nenner der oben aufgeführten UW-Gleichung zu spezifizieren. Als Opportunitätskosten bzw. Alternativzins repräsentieren sie die möglichen entgangenen Dividenden- und/ oder Zinsansprüche der Eigen- und Fremdkapitalgeber des Unternehmens. Bei den DCF-Verfahren nach dem Entity-Ansatz wird, wie bereits oben angedeutet, der kapitalgewichtete Zinssatz für das Gesamtkapital nach der WACC-Methode zu Grunde gelegt. Der bei der Anwendung dieses Verfahrens einerseits anzugebende Fremdkapitalzinsfuß orientiert sich an den jährlich zu leistenden Zinszahlungen des Unternehmens; er spiegelt die Renditeforderungen der Fremdkapitalgeber wider. Die Renditeforderung der Eigenkapitalgeber wird andererseits durch die Angabe des Eigenkapitalzinsfußes berücksichtigt. Unter Verwendung des CAP-Modells wird dabei versucht, einen systematischen Zusammenhang zwischen der erwarteten Rendite der Shareholder und dem Risiko eines Wertpapiers/ einer Unternehmensaktie herzustellen. Dies bedeutet konkret, dass sich die Eigenkapitalkosten eines Unternehmens aus dem Zinssatz für risikofreie Anlagen zuzüglich einer Risikoprämie für die Übernahme des Marktrisikos zusammensetzen. Für die Bestimmung des Unternehmenswertes nach dem Equity-Ansatz ist ausschließlich die Bestimmung des Eigenkapitalzinsfußes nach dem CAP-Modell notwendig.

Abschließend zu diesem Unterabschnitt sind noch die folgenden beiden Fragen zu erörtern: Welche Konsequenzen ergeben sich aus dem Shareholder Value Ansatz für ein wertorientiertes Management/ Controlling? Welcher grundsätzliche Zusammenhang besteht zwischen der Wirtschaftlichkeit und der Wertsteigerung von Unternehmen? Zur ersten Frage lassen sich die folgenden Punkte anführen:

- Das Ziel des Managements im Rahmen des Shareholder Value Konzepts muss insbesondere darin bestehen, den Barwert der zukünftigen EVAs zu maximieren. Wie ausgeführt wurde und im rechten Teil der Abbildung F-IV-46 zu sehen ist, ist diese Forderung gleichbedeutend mit dem Ziel, den Barwert der zukünftigen FCFs bzw. CVAs zu maximieren. Dies bedeutet: Für ein wertorientiertes Management/ Controlling ist die Ausrichtung an bestands- und/ oder stromgrößenorientierten Erfolgskennzahlen gleichermaßen zielführend. Jedoch sollte dabei eine Beziehung zwischen dem (investierten) Kapital und dem damit (realisierten) Ergebnis hergestellt werden.
- Als wertorientierte Kennzahlen für die Unternehmenssteuerung kommen deshalb insbesondere Kapitalrentabilitäts-Kennzahlen in Frage. Zu nennen sind hier vor allem die beiden erfolgswirtschaftlichen Rentabilitätskennzahlen ROI und CFROI, die wir im mittleren Teil der Abbildung F-IV-46 vorgestellt haben. Beide bilden eine Vergleichsgröße zur Mindestverzinsung des durchschnittlich gebundenen Kapitals. Sie sind damit der Ausgangspunkt für die Ermittlung von so genannten Residual-/ Übergewinnen, die im Rahmen der ordentlichen Geschäftstätigkeit erzielt werden. Der ROI ist die Grundlage des EVA-Ansatzes; der CFROI ist die Basis des CVA-Übergewinnkonzepts.

Bezogen auf die zweite Frage zum Zusammenhang zwischen Wirtschaftlichkeit und Wertsteigerung ist Folgendes auszuführen:

- Da der Shareholder Value Ansatz zentral auf der investitionstheoretischen Kapitalwertmethode beruht, schafft ein Unternehmen/ Unternehmensbereich immer dann zusätzlichen Wert für die Aktionäre, wenn die abdiskontierten FCFs größer als Null bzw. die abdiskontierten CFs größer als die gebunden finanziellen Mittel sind. Oder anders ausgedrückt: Shareholder Value wird immer dann geschaffen, wenn sich das investierte Kapital höher verzinst als die am Kapitalmarkt geforderte durchschnittliche Verzinsung.
- Wie bereits eingangs angedeutet, geht die Intention des Shareholder Value Ansatzes vor allem dahin, Unternehmensstrategien – unter expliziter Berücksichtigung der Interessen der Eigentümer (z.B. Maximierung der Entnahmeüberschüsse) – monetär bewerten zu können. Dadurch sollen strategische Entscheidungen des Managements durch wirtschaftliche Argumente untermauert werden können. Im Rahmen eines so genannten **Value Based Planning** wird das originäre Ziel des strategischen Managements, Erfolgspotenziale zu erkennen und zu schaffen, „übersetzt" in den Zukunftserfolgswert des Unternehmens als monetäre Zielgröße der Shareholder.
- Der Zusammenhang zwischen Wirtschaftlichkeit und Wertsteigerung ist in Abbildung F-IV-49 zusammenfassend dargestellt. Dabei wird deutlich, dass sich unter der Maßgabe der Zielgrößen Gesamtkapitalrentabilität (**ROI**) und Inves-

tiertes/ notwendiges Kapital (**CAPITAL**) die Wertsteigerung des Vermögens von Unternehmen (**EVA**) und damit der Anteilseigner aus insgesamt drei Effekten zusammensetzt; zur Verdeutlichung führen wir eine komparativ-statische Betrachtung durch, die sich auf den idealtypischen Vergleich der Gewinnsituation zweier aufeinander folgender Perioden bezieht.

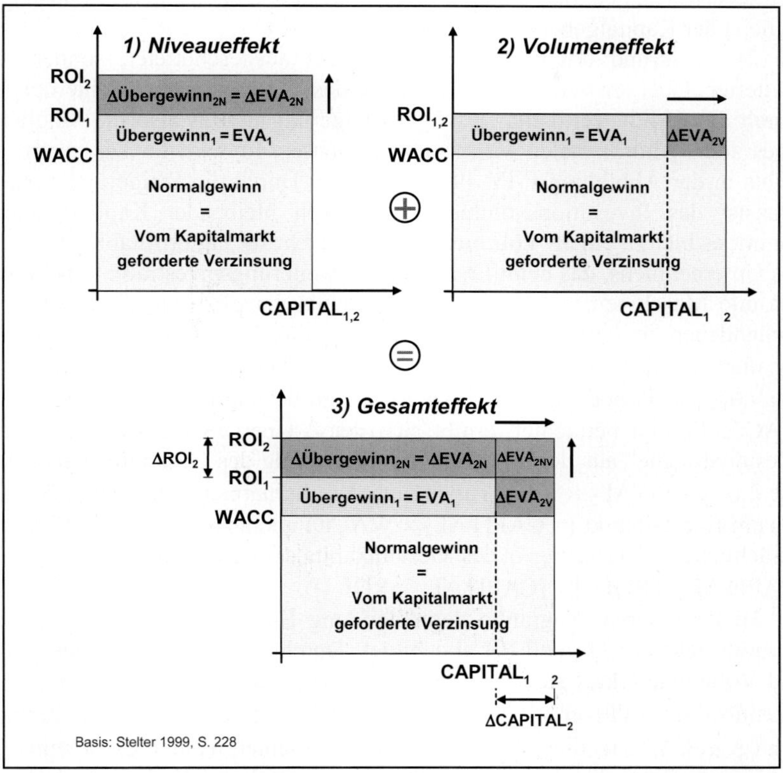


**Abb. F-IV-49:** Zusammenhang zwischen Wirtschaftlichkeit und Wertsteigerung im Rahmen des Shareholder Value Ansatzes

**Zu 1):** Im Diagramm oben links der Abbildung F-IV-49 ist zunächst der **Niveaueffekt** dargestellt. Er ergibt sich durch die Steigerung der Rentabilität/ Effizienz des bisher investierten Kapitals über die Zeit. Der erzielte ROI ist in der Periode 2 ($ROI_2$) also größer als in Periode 1 ($ROI_1$), wobei das investierte Gesamtkapital konstant bleibt. Durch die Multiplikation der Achsenabstände ergeben sich die jeweiligen „Gewinnflächen“: (a) Die unterste Fläche kennzeichnet die vom Kapitalmarkt geforderte Verzinsung bzw. den Gewinn pro Periode, den eine Alternativanlage eingebracht hätte. (b) Die mittlere Fläche ergibt sich aus der Subtraktion der Produkte $ROI_1 \times CAPITAL_{1,2}$ und $WACC \times CAPITAL_{1,2}$. Sie verdeutlicht den Übergewinn ($EVA_1$), der in Periode 1 erzielt wurde; er fließt i.d.R. in das Erwartungsbild der Shareholder für die folgende(n) Periode(n) ein. (c) Die oberste Fläche zeigt den Delta- bzw. Δ-Übergewinn ($\Delta EVA_{2N}$) an, der in Periode 2 aufgrund eines gestiegenen ROI´s realisiert werden konnte. Im übertragenen Sinne steht der Δ-Übergewinn für den zusätzlichen Wert, der in einem Jahr durch das Unternehmen generiert werden konnte. Je größer die Fläche/ der Betrag ist, desto stärker wurden die Renditeerwartungen der Anteilseigner bzw. die Opportunitätsverzinsungsansprüche der Kapitalgeber übertroffen.

**Zu 2):** Aufgrund erwirtschafteter und nicht ausgeschütteter, sondern reinvestierter Übergewinne vergrößert sich das Vermögen des Unternehmens. Durch die additiv-vertikale Vermögenssteigerung gibt es also die Möglichkeit eines additiv-horizontalen Vermögenszuwachses. Er wird im Diagramm oben rechts in der Abbildung F-IV-49 verdeutlicht. Durch die Steigerung der Kapitalbasis/ des Investitionsvolumens bei gleich bleibender Kapitalrentabilität kommt es hier zu einem **Volumeneffekt**. Er steht für ein profitables Wachstum des Unternehmens, das heißt Ersatz- und Erweiterungsinvestition in neue Anlagen und Maschinen in Periode 2 sind genauso rentabel wie die alten, bereits vorhandenen in Periode 1; durch sie kann das Übergewinnniveau konstant gehalten werden. Wie ersichtlich ist, führt dies zu einem Δ-Übergewinn ($\Delta EVA_{2V}$) in Periode 2, sofern der $ROI_{1,2}$ größer ist als die Verzinsung nach WACC. Formal betrachtet, ergibt sich der Δ-Übergewinn im Diagramm als „Residualfläche" aus der tatsächlichen Verzinsung des Gesamtkapitals in Periode 2 (= $CAPITAL_2 \times ROI_{1,2}$) abzüglich der alternativen Verzinsung des Kapitals am Kapitalmarkt (= $CAPITAL_2 \times WACC$) und abzüglich der Differenz der tatsächlichen Verzinsungen des Gesamtkapitals in den Perioden 1 und 2 (= $[CAPITAL_2 \times ROI_{1,2}] - [CAPITAL_1 \times ROI_{1,2}]$).

**Zu 3):** Im unteren Diagramm der Abbildung F-IV-49 ist der sich ergebende Gesamteffekt aus (1) und (2) abgebildet. Durch die Verbindung des Niveau- und Volumeneffektes stellt sich hier ein zusätzlicher **Synergieeffekt** ein. Wie erkennbar ist, führt er zu einer weiteren Δ-Übergewinn-Fläche in Periode 2 ($\Delta EVA_{2NV}$). Wie ist dies möglich? Formal betrachtet, handelt es sich um einen Kopplungseffekt zwischen den Einflussgrößen ROI und CAPITAL. Unter Berücksichtigung der Rentabilitäts- und Vermögenssteigerung in Periode 2 mit $\Delta ROI_2$ und $\Delta CAPITAL_2$ ergibt sich die Gesamtveränderung $\Delta EVA_2$ wie folgt:

$$\Delta EVA_2 = \Delta EVA_{2N} + \Delta EVA_{2V} + \Delta EVA_{2NV}$$
$$= [CAPITAL_1 \times \Delta ROI_2] + [\Delta CAPITAL_2 \times (ROI_1 - WACC)] + [\Delta CAPITAL_2 \times \Delta ROI_2]$$

Der letzte Term $\Delta CAPITAL_2 \times \Delta ROI_2$ steht dabei für den Synergieeffekt, der sich – bildlich gesprochen – als additiv-diagonaler Vermögenszuwachs beschreiben lässt. In der Unternehmenspraxis stellt sich dieser Effekt genau dann ein, wenn die Wirtschaftlichkeit parallel zum (Brutto-)Betriebsvermögen gesteigert und dadurch – über die Zeit – eine überdurchschnittliche Wertsteigerung des Vermögens der Aktionäre erzielt werden kann. Dies ist dann möglich, wenn die zusätzliche Investition sehr gut eingepasst und sehr schnell auf das Renditeniveau der bisherigen Investitionen gebracht werden kann.

## 6. Information und Kommunikation

Welche Bedeutung haben Informationen für die Unternehmen? Welche Arten von Informationen lassen sich unterscheiden, mittels welcher Kriterien können sie beurteilt werden? Welche typischen Merkmale weisen interne und externe Kommunikationsprozesse auf, und wo liegen häufig Defizite? Wie kann die betriebliche Informations- und Kommunikationspolitik durch die Informationstechnologie unterstützt werden? Welche betrieblichen Informationssysteme gibt es, und wie sind sie zu beurteilen? Wie können sie in einem ganzheitlichen Informationssystem zum Einsatz kommen?

Informationen entstehen auf jeder Stufe und in jeder Phase des Wertschöpfungsprozesses eines Unternehmens (siehe hierzu F.I.). Beispielhaft liefert bei der Entwicklung, Produktion und Einführung eines neuen Produktes die Forschung und Entwicklung Informationen über die Spezifikationen des neuen Produktes, die Beschaffung kennt die Lieferanten und die Einkaufspreise für die benötigten Teile, die Lagerhaltung kann die zur Verfügung stehenden Lagerflächen für Zwischenprodukte beziffern, die Produktion hat Kenntnisse über die notwendigen Maschinen und die wahrscheinliche Fehlerquote, das Marketing ermittelt die geeignete Einführungsstrategie für das neue Produkt, die Finanzierung und das Controlling können Aussagen über die benötigten und zur Verfügung stehenden Budgets machen, der Absatz hat Listen mit den Händleradressen und der Service kennt die Anzahl der Kundenbeschwerden. Diese Informationen werden aber nicht nur in der jeweiligen Abteilung benötigt, sondern sie sind auch für die Arbeit anderer Unternehmensteile unerlässlich. So kann die Forschung und Entwicklung die Produkteigenschaften, welche die Abnehmer stören, nur dann abändern, wenn sie Marktforschungsergebnisse über Kundenanforderungen vom Marketing und spezifische Informationen über die Kundenbeschwerden vom Service erhält. Die einzelnen Unternehmensbereiche sind somit nicht nur Produzenten, sondern auch Empfänger von Informationen. Deshalb ist eine Kommunikation zwischen den Unternehmensbereichen, also der Austausch von Informationen, von entscheidender Bedeutung.

Insbesondere die Unternehmensführung ist dabei permanent auf aktuelle und zutreffende **Informationen über unternehmensinterne Sachverhalte**, wie das betriebliche Leistungspotenzial, angewiesen. Darüber hinaus benötigt sie aber auch ausreichende **Informationen über unternehmensexterne Gegebenheiten**, wie z.B. die Wünsche der Kunden und das Verhalten der Wettbewerber. Wie FRIEDRICH AUGUST VON HAYEK (1899 – 1992) bereits 1945 feststellte, ist das eigentliche Problem beim Treffen von Entscheidungen die Informationsbeschaffung. Liegen sämtliche relevanten Informationen vor, kann die Problemstellung der Entscheidung mit reiner Logik und Sachverstand gelöst werden. In der Praxis und speziell in Unternehmen ist dies jedoch nie der Fall. Das würde sonst beispielsweise bedeuten, alle relevanten Informationen über die Strategien und das Marktverhalten der Wettbewerber zu besitzen. Auf dieser Basis könnte das Handeln und das Verhalten des eigenen Unternehmens leicht festgelegt werden. Es ist also von großer Bedeutung, dass die Entscheidungsträger zum Zeitpunkt der Entscheidung möglichst über alle wichtigen Informationen verfügen. Dies stellt das Ziel des an späterer Stelle noch näher auszuführenden Informationsmanagements dar.

Trotz dieser bereits Mitte der 40er Jahre erfolgten Feststellung ist erst in jüngerer Vergangenheit ein Bedeutungszuwachs für Informationen feststellbar. Dabei erhält insbesondere der Informationsbedarf für strategische Entscheidungen eine hohe Beachtung.

- Die Gründe hierfür liegen zum einen in der steigenden Komplexität und Dynamik der Prozesse und Faktoren innerhalb und außerhalb des Unternehmens. So hat sich die Anzahl der Einflussfaktoren auf unternehmerische Entscheidungen deutlich erweitert. In ihrem Zusammenspiel vergrößern sie die Komplexität. Zugleich hat die Veränderungsgeschwindigkeit zugenommen. Die gestiegene Dynamik äußert sich dann auch häufig in einer größeren Volatilität der Entwicklungen, also in erheblichen positiven und negativen Ausschlägen im Zeitablauf. Andauernde Veränderungen der Marktgegebenheiten, wie z.B. der Anzahl und Größe der Wettbewerber, die Bildung eines weltweiten Marktes durch zunehmende Globalisierung und die wachsende Bedeutung ökologischer Aspekte führen dadurch ebenso zu einem steigenden Informationsbedarf wie der ständigen Weiterentwicklungen unterworfene Produktionsprozess.
- Zum anderen bildet aber auch die Entwicklung der Informations- und Kommunikations(IuK)-Technologie einen Erklärungsansatz für die steigende Bedeutung der Informationen. Denn in vielen Fällen stellt ihr Einsatz erst den Ausgangspunkt des hohen Informationsaufkommens dar. So ist es beispielsweise durch die Einführung von Kundenkartensystemen möglich geworden, das Einkaufsverhalten der Kunden zu beobachten. Hieraus entsteht dann aber auch der Wunsch und Bedarf, die existierenden Daten mit speziellen (Software-)Instrumenten und Methoden auszuwerten, um weitergehende Informationen zu generieren. Auf der Grundlage dieser Informationen sind die Unternehmen nun besser in der Lage, ihr Angebot an die Bedürfnisse der Kunden anzupassen.

In diesem Kontext stellen ARNOLD PICOT und MATTHIAS MAIER zusammenfassend fest, dass heutzutage Wettbewerbsvorteile weniger auf finanziellen oder technologischen Potenzialen der Unternehmen beruhen, sondern vielmehr auf den Wissens- und Informationsasymmetrien zwischen den Wettbewerbern. Für die Unternehmen muss es folglich das Ziel sein, einen Informationsvorsprung gegenüber ihren Konkurrenten zu erlangen und diesen wirtschaftlich auszunutzen. Auf diese Weise entwickeln sich **Informationen** zu dem bedeutendsten **strategischen Erfolgsfaktor** vieler Unternehmen.

### a. Arten und Beurteilungskriterien der Information

Der Begriff Information wird im allgemeinen Sprachgebrauch in vielfältiger Weise verwendet. Insbesondere die Abgrenzung zu Begriffen wie Daten und Wissen bereitet dabei häufig Probleme. Aus diesem Grund soll hier zunächst eine kurze Unterscheidung erfolgen. **Daten** bestehen aus einer Menge an Zeichen, wie z.B.

Zahlen oder Buchstaben, und besitzen einen Bedeutungsgehalt. Sie treffen häufig Aussagen über reale Sachverhalte und sind somit potenzielle Träger von **Informationen**. Aus diesem engen Zusammenhang der Begriffe resultiert ihr oft synonymer Gebrauch. So spricht man häufig von Daten- statt Informationsverarbeitung. Allerdings darf dies nicht darüber hinwegtäuschen, dass es dennoch einen großen Unterschied zwischen den Begriffen gibt. So werden Daten aus Sicht der Betriebswirtschaft erst dann zu Informationen, wenn sie einen Wissenszuwachs beim Empfänger bewirken können, also einen für ihn spezifischen Informationsgehalt aufweisen. Wie wir bereits in E.I. gezeigt haben, bezeichnet **Wissen** darauf aufbauend die Gesamtheit aller theoretisch und praktisch vermittelten oder erfahrungsmäßig erworbenen Kenntnisse und Fähigkeiten, die der individuellen Problemlösung dienen. Informationen sind also das Mittel, um den Zweck, nämlich Wissen, zu bewirken.

- In E.IV. haben wir bereits den gesamten Führungsprozess unter dem Gesichtspunkt der Informationsverarbeitung betrachtet und analysiert. Dabei wurden entsprechend ihrer inhaltlichen Aussage verschiedene Informationsarten unterschieden:
  - **Normative Informationen** enthalten Angaben über gewünschte Zielzustände. Sie bestehen daher aus SOLL-Angaben, die im Rahmen des Führungsprozesses vorgegeben oder vereinbart werden. Eine solche normative Information kann beispielsweise lauten: „Erhöhen Sie bis zum Ende des 2. Quartals den Umsatz um 8% bei gleich bleibenden Preisen.“
  - **Prognostische Informationen** machen ebenfalls Angaben über zukünftige Sachverhalte, beinhalten aber keine Handlungsanweisungen. Sie werden in Form von WIRD-Aussagen gemacht und dienen der Lage- oder der Wirkungsprognose. Eine prognostische Information stellt beispielsweise die Aussage dar, dass der Umsatz bis zum Ende des 1. Quartals um 5% steigen wird.
  - **Faktische Informationen** kennzeichnen den IST-Zustand. Sie haben also Aussagen zur gegenwärtigen Situation zum Gegenstand. Ein Beispiel hierfür wäre die Aussage: „Der Umsatzanstieg liegt gegenwärtig bei 2,8%.“
  - **Konjunktive Informationen** beschreiben eine bestehende Möglichkeit. Daher sind sie in Form von KANN-Aussagen zu machen. Beispiel: „Wir können zur 8%igen Umsatzerhöhung eine Direct-Mailing-Kampagne durchführen oder den Service verbessern.“ Wenn die Entscheidung hierüber gefallen ist, dann lassen sich wiederum prognostische Informationen formulieren.

Für die Unternehmenssteuerung ist es von großer Bedeutung, die beschriebenen Informationen abzugleichen, um so zu neuen Informationen zu gelangen. Ein typischer Fall ist ein SOLL-IST-Vergleich, bei dem normative und faktische Informationen gegenübergestellt werden. Dies ist insbesondere bei Kontrollprozessen von Bedeutung. Bereits vor Eintritt einer Situation können mittels eines SOLL-WIRD-Vergleichs Probleme erkannt und somit Handlungsbedarf aufgezeigt werden. In unserem Beispiel könnte ein solcher Vergleich beispielsweise so aussehen: „Der Umsatz sollte bis zum Ende des 2. Quartals durch die Direct-Mailing-Kampagne um 8% steigen; wir haben aufgrund aggressiver Konkurrenzaktivitäten im 1. Quartal nur einen Anstieg um 3,1% geschafft und werden im 2. Quartal nur 2,7% Umsatzanstieg erreichen. Das Ziel wird deshalb um 2,2%-Punkte verfehlt werden.“ In der Folge sind vom Management neue normative Informationen zu kommunizieren, z.B.: „Wir wollen die Preise ab sofort um 5% reduzieren.“

Derartige Abweichungen der realisierten Ergebnisse von den angestrebten Zielen treten in der Praxis häufig auf. Der Grund liegt darin, dass zu bestimmten Sachverhalten keine Informationen existieren sowie bestimmte Entwicklungen und Wirkungen qualitativ nicht gut genug vorher bestimmbar sind. Damit liegt in der Realität immer ein **unvollkommener Informationsstand** vor statt der idealtypischen vollkommenen Information. Der Informationsbedarf ist also immer größer als die tatsächlich verfügbare Information. Dies lässt sich in dem erreichbaren **Informationsgrad** ausdrücken, der immer kleiner 1 ist.

$$Informationsgrad = \frac{Verfügbare\ Information}{Informationsbedarf} = \frac{Vorhandene\ Information}{Benötigte\ Information}$$

Diese Relation kommt dadurch zustande, dass die Informationen sowohl unvollständig als auch in ihrem zukünftigen Eintreten nur wahrscheinlich sind. Die Höhe des Informationsgrades hängt somit immer von der **Quantität** (Menge) und **Qualität** (Wahrscheinlichkeit) der verfügbaren Informationen ab. Beide determinieren den Aussagegehalt. **Unvollständig** können faktische und prognostische Informationen sein. Im schlechtesten Fall liegen sie überhaupt nicht vor und fehlen damit vollständig. Ein Beispiel sind die konkreten Marktaktivitäten des Hauptwettbewerbers im nächsten Jahr. In der Praxis gibt es häufig zumindest Anhaltspunkte, damit aber weniger gehaltvolle Informationen. Dies wird durch die **Bestimmtheit** der Informationen ausgedrückt: Sie setzt sich aus der Präzision und Detailliertheit der Informationen zusammen. Mit der **Präzision** wird festgelegt, wie genau der Ergebniswert in seiner Höhe vorliegt bzw. vermittelt werden kann. Ist die Aussage also beispielsweise, „Wir haben den Umsatz um 8,1% gesteigert“ oder „Wir haben den Umsatz zwischen 5 bis 11% gesteigert“. Die **Detailliertheit** macht eine Aussage darüber, ob ein Wert nur als globale Größe vorhanden ist oder ob er inhaltlich, räumlich und/ oder zeitlich differenziert für einzelne Aggregate im Sinne von Teilmengen (einzelne Bereiche, Vertriebsgebiete oder Zeiteinheiten) vorliegt. Für unser Beispiel würde dies bedeuten: „Wir haben den Umsatz des gesamten Unternehmens innerhalb von einem Jahr um 7% erhöht“ oder „Wir haben den Umsatz im Vertriebsgebiet Sachsen für Produkt A im letzten Monat um 7% erhöht“. Dies bestimmt im weiteren Sinne auch die Qualität der Information.

Die **Wahrscheinlichkeit** der Information bezieht sich nur auf prognostische Informationen. Sie machen eine Aussage darüber, wie wahrscheinlich der Eintritt eines bestimmten Ereignisses respektive Wertes oder Ergebnisses zu einem bestimmten Zeitpunkt ist. Dies determiniert die Qualität einer Information im engeren Sinne. Eine Wahrscheinlichkeit von 100% würde vollständige Sicherheit bedeuten; der zukünftige Wert wäre in seinem Eintreten dann nicht mehr probabilistisch, sondern deterministisch. Dies ist in der betrieblichen Realität jedoch fast nie gegeben. Wie leicht nachvollziehbar ist, stehen die Wahrscheinlichkeit und die Bestimmtheit in einem reziproken Verhältnis. Dies bedeutet mit anderen Worten: Je höher die Präzision und die Detailliertheit sind, desto geringer ist die Wahrscheinlichkeit, wenn eine Zeitraumprognose für einen zukünftigen Ereigniswert aufgestellt wird. Die Aussage „Die Umsatzsteigerung im Vertriebsgebiet Sachsen wird im Mai des nächsten Jahres 6,4% betragen" hat grundsätzlich eine geringere Wahrscheinlichkeit als die Aussage „Der Umsatz des gesamten Unternehmens wird in den nächsten 6 Monaten um 4 bis 8% steigen."

Die vorstehenden Ausführungen kennzeichnen die in der Unternehmenspraxis bestehenden Informationsprobleme aus grundsätzlicher Sicht. Es kommt also darauf an, die mengenmäßige Verfügbarkeit und die inhaltliche Qualität der Informationen zu verbessern oder zumindest zu bestimmen, um die Verlässlichkeit der Informationen sowie damit auch die Qualität der getroffenen betrieblichen Entscheidungen ermitteln zu können.

- Die **Informationsverfügbarkeit** wird durch mehrere Faktoren beeinflusst:
  - Zunächst muss für die benötigten Informationen grundsätzlich eine **Generierbarkeit** bestehen, sie müssen also vorhanden und ermittelbar sein. Wollen wir in unserem Beispiel nicht nur den Umsatz eines Unternehmens bestimmen, sondern darüber hinaus auch noch den aktuellen Marktanteil, so werden zusätzliche Angaben zu den Umsätzen der anderen Mitbewerber in diesem Markt benötigt. Diese Daten sind grundsätzlich jedem Wettbewerber für sein eigenes Unternehmen bekannt; die Schwierigkeit besteht jedoch darin, dass ein Unternehmen in den Besitz aller übrigen Umsatzwerte gelangt, diese also ermitteln kann. Somit ist es dem einzelnen Unternehmen vielleicht nicht möglich, die Daten zu generieren, da sie zwar vorhanden, aber nicht ermittelbar sind.
  - Auf den zweiten Faktor, die **Messbarkeit**, sind wir bereits in F.III.5.a. im Zusammenhang mit dem Thema Marktforschung näher eingegangen. Er besagt, dass es für den Umgang insbesondere mit Steuerungsinformationen erforderlich ist, sie nach Möglichkeit mittels zahlenmäßiger Ausdrücke, also quantitativ, abzubilden. Weitere Abbildungsmöglichkeiten, beispielsweise in Form von Rangreihungen, haben wir ebenfalls in F.III.5.a. schon verdeutlicht. Für unser Beispiel besteht bei diesem Kriterium kein Problem, da die Umsätze der Unternehmen jeweils als EUR-Werte angegeben werden können.
  - Liegen die Informationen in geeigneter Form vor, besteht ein weiterer Anspruch darin, dass die einzelnen Werte eine **Struktur** aufweisen. Dies bedeutet, dass die Daten möglichst inhaltlich standardisiert sein sollten und darüber hinaus steuerungsbezogen differenziert und aggregiert werden können. Die Standardisierung bedeutet für unser Beispiel, dass jeder Wettbewerber den Umsatz auf die gleiche Art und Weise ermitteln muss, um eine

Vergleichbarkeit der Daten zu gewährleisten. Diese ist möglicherweise nicht gegeben, wenn einige Unternehmen zu ihrem Umsatz auch den Eigenumsatz innerhalb des Unternehmens, also mit Tochtergesellschaften/ Business Units, zählen. In diesem Fall sind die Daten nicht unmittelbar vergleichbar. Die Aggregierbarkeit und Differenzierbarkeit bedeutet in unserm Beispiel, dass die Umsatzzahlen des Unternehmens zum einen in aggregierter Form für Deutschland ausgewiesen werden können, zum anderen aber auch in differenzierter Form für die einzelnen Region, wie Sachsen oder Rheinland-Pfalz. Voraussetzung dafür ist ein logischer Zusammenhang der einzelnen Werte, wie er hier gegeben ist.

- Wenn die einzelnen Daten im Unternehmen vorliegen, bedeutet dies aber nicht, dass auch jeder Mitarbeiter darauf **Zugriff** hat. Zum einen können diese Einschränkungen der Informationsverfügbarkeit aufgrund von technischen oder organisatorischen Gegebenheiten vorliegen, z.B. wenn nur die Unternehmensführung Informationen über die Umsatzentwicklung erhält. Zum anderen kann aber auch eine bewusste Gestaltung der Zugriffsrechte erfolgen, so dass bestimmte Benutzergruppen aus Gründen der Vertraulichkeit keine Einsicht in sensible Unternehmensdaten, wie einzelne Personalakten oder neue Forschungsergebnisse, erlangen können. Hier besteht also eine aufgaben- und verantwortungsbezogene Zugriffsbeschränkung.

- Wie zu Beginn dieses Unterabschnittes gezeigt, müssen Unternehmen heutzutage mit einem hohen Volumen an Informationen umgehen. Häufig spricht man in diesem Zusammenhang von einer Informationsflut an allgemeinen und unspezifischen Informationen bei einem gleichzeitigen Mangel an spezifischen entscheidungsrelevanten Informationen. Die Entscheidungsträger sind daher nicht mehr in der Lage, sämtliche verfügbaren Informationen aufzunehmen und in den Entscheidungsprozess einfließen zu lassen. In der Folge ist es erforderlich, Informationen entsprechend ihrer Wichtigkeit und ihrer Qualität zu selektieren und zu verdichten. Um dies zu ermöglichen, sind Beurteilungskriterien für die Informationsauswahl festzulegen. Einige wesentliche Anforderungen an Informationen, wie sie in der betrieblichen Praxis gestellt werden, sind im Folgenden aufgeführt:

  - Zunächst wird die **Richtigkeit** (Validität) der Informationen verlangt. Es ist also notwendig, dass sie die Realität bzw. die Tatsachen so abbilden, wie sie wirklich sind. Für ein Unternehmen, das eine Kundenbefragung durchgeführt hat, stellt sich z.B. die Frage, ob die aufgenommenen Zufriedenheitsdaten wirklich den gemachten Angaben entsprechen oder ob Fehler bei der Dateneingabe oder -auswertung gemacht wurden. Ein noch größeres Problem besteht, wenn die Befragung nicht die tatsächliche Einstellung und Bewertung der befragten Kunden abgebildet hat, da das Marktforschungsinstrument fehlerhaft angewendet wurde.
  - Eng damit verbunden ist als weiteres wichtiges Beurteilungskriterium für die Qualität einer Information ihre **Zuverlässigkeit** (Reliabilität). Hier muss die Höhe des in einer Information enthaltenen Zufallsfehlers bestimmt werden. Die Forderung geht dahin, dass eine Wiederholung der Informationsbe-

schaffung also unmittelbar genau zum gleichen Wert führt. Wenn in unserem Beispiel im Rahmen der Kundenbefragung ein Kunde also unmittelbar zum zweiten Mal befragt würde, müssten seine Angaben exakt mit den Angaben der ersten Befragung übereinstimmen.

- Für die Qualität von Informationen ist zusätzlich ihre **Vollständigkeit** wichtig. Durch die Angaben sind also alle Aspekte des Entscheidungsproblems abgedeckt. Auch hier müssen – wie bereits angesprochen – in der Realität Abstriche gemacht werden. Aus der Kundenbefragung kann so z.B. hervorgehen, dass Unzufriedenheit mit dem Produktservice besteht. Worin diese aber genau begründet ist, bleibt unklar, obwohl dies die Voraussetzung für eine Verbesserung wäre.
- Ferner ist die **Aktualität** der Information zu ihrer Beurteilung heranzuziehen, da Informationen im betrieblichen Kontext i.d.R. im Zeitverlauf an Wert verlieren. Ist die Kundenbefragung z.B. schon drei Jahre alt, kann sie nicht mehr als Entscheidungsgrundlage für Veränderungen herangezogen werden, da eine Reihe von Sachverhalten nicht mehr zutreffend ist. So hat das Unternehmen vielleicht schon neue Produkte auf den Markt gebracht oder es hat seine Serviceleistungen bereits umstrukturiert.
- Die **Aufgabenadäquanz** verlangt, dass die Informationen den Anforderungen der zu lösenden betrieblichen Aufgabe entsprechen. Hierdurch sollen sie zugleich die Anforderungen des für die Aufgabe zuständigen Prozesseigners erfüllen. Es müssen also die für den Entscheidungsprozess passenden Informationen vorliegen. In unserem Beispiel wäre dies nicht gegeben, wenn die Aussagen der Kundenbefragung zum Produktservice nur pauschal für das ganze Unternehmen vorliegen, der Prozesseigner aber die Zufriedenheitswerte in Sachsen bräuchte. Informationen besitzen also immer einen Kontext- bzw. Situationsbezug. Sie können für einen Adressaten zu einem bestimmten Zeitpunkt wenig brauchbar sein, für einen anderen sind sie aber von höchster Bedeutung.

Insbesondere bei der Anwendung der Kriterien Richtigkeit und Zuverlässigkeit besteht das Problem darin, dass zur Beurteilung der Einhaltung dieser Anforderungen bereits umfangreiches Wissen nötig ist. Liegt dieses Wissen im Unternehmen schon vor, dann haben die bewerteten Informationen aber bereits an Wert verloren. Es besteht also ein **Bewertungsparadoxon** der Art, dass zur Bewertung einer Information eigentlich ihre vorherige Kenntnis und somit auch ihre Aneignung erforderlich ist. Da dies in den Unternehmen i.d.R. nicht gegeben ist, können Informationen auf diese Weise nicht bewertet werden. Zur Lösung dieses Dilemmas werden in der Praxis häufig nicht die Information selbst, sondern ihre Quelle beurteilt. So können z.B. verschiedene Informationsmedien oder Marktforschungsinstitute als verlässlicher eingestuft werden als andere.

Da Informationen als immaterielle Wirtschaftsgüter grundsätzlich handelbar sind, kommt der Beurteilung ihres Wertes eine hohe Bedeutung zu. Schwierigkeiten bei der Bewertung ergeben sich dabei aus den **spezifischen Eigenschaften von Informationen**. Im Vergleich zu materiellen Wirtschaftsgütern sind

Informationen leicht kopier- und transportierbar, wobei die Grenzkosten für eine weitere Vervielfältigung bei annähernd Null liegen. Darüber hinaus können sie sich im Besitz vieler Wirtschaftssubjekte befinden. Ihr Schutz bereitet große Probleme und ihr Wert ist, wie bereits beschrieben, erst nach ihrer Kenntnis bestimmbar. Obwohl Informationen durch die Nutzung von Trägermedien lagerfähig sind, verlieren sie i.d.R. im Zeitverlauf an Wert. Darüber hinaus haben insbesondere zwei Faktoren Einfluss auf den Wert der Informationen:

- Informationen besitzen, wie gezeigt, nur dann einen Wert, wenn sie einen bestimmten **Grad an Neuigkeit** aufweisen. Zu unterscheiden sind hier objektiv und subjektiv neue Informationen. Objektiv neue Informationen zeichnen sich dadurch aus, dass sie noch keinem anderen Wirtschaftssubjekt zur Verfügung stehen. Dies ist z.B. im Rahmen der Grundlagenforschung oft der Fall. Im Gegensatz dazu sind Informationen subjektiv neu, wenn sie nur einem Teil der Wirtschaftssubjekte vorliegen, also Informationsasymmetrien bestehen.
- In Folge der **Weitergabe von Informationen** an andere Wirtschaftssubjekte, beispielsweise durch ihren Verkauf oder ihre Anwendung, verändert sich i.d.R. ebenfalls der Wert der Informationen. Unmittelbar ersichtlich ist, dass z.B. im Falle der Grundlagenforschung eine Zunahme der Informationsbesitzer zur Abnahme ihres jeweiligen individuellen, aus der Information ziehbaren Nutzens führt. An dieser Stelle spielt eine Reihe von vertraglichen oder rechtlichen Sicherungsmöglichkeiten, wie beispielsweise das Patentrecht (siehe dazu F.III.1.), eine Rolle, auf die wir hier nicht näher eingehen. Doch nicht alle Informationen müssen geschützt werden. So gewinnen verschiedene Informationen erst durch ihre Verbreitung an Wert. Dies ist im betriebswirtschaftlichen Bereich insbesondere bei Informationen des Marketing und Vertriebs der Fall, wenn es um Werbung und Produktinformationen für Kunden geht.

### b. Externe und interne Kommunikationsprozesse

Wie bereits in E.I. erläutert, können Informationen im Produktionsprozess zwei wesentliche Rollen übernehmen. Zum einen stellen sie, z.B. im Beratungs- und Forschungsbereich, den originären Gegenstand der wirtschaftlichen Betätigung dar. Da Informationen die vier Wesensmerkmale von Wirtschaftsgütern erfüllen (also Vorhandensein, Zweckeignung, Ökonomische Eignung, Übertragbarkeit; siehe hierzu B.I.), können sie das Objekt, also das Produkt, im Produktionsprozess sein. Zum anderen sind Informationen aber auch bei der Erstellung von Produkten und Dienstleistungen und damit zum Durchführen der Wertschöpfung unabdingbar; in dieser Funktion sind sie ein Steuerungsinstrument.

Hierbei gehen **Informationen als Produktionsfaktor** in die betriebliche Leistungserstellung ein. Nach JÜRGEN BODE können sie dabei zum Ersten die Rolle eines **dispositiven Faktors** einnehmen, wobei sie in einem dem Produktionsprozess vorgelagerten Planungsprozess die zentrale Ressource für die Unternehmensführung darstellen. So sind für die erfolgreiche Planung einer Neuprodukteinführung umfassende Kenntnisse über die Kundenpräferenzen, die Marktgegebenheiten, die Aktivitäten der Konkurrenz, aber auch über den Produktionsprozess und den Beschaffungsmarkt nötig. Zum Zweiten können Informationen die Rolle von **Objektfaktoren** einnehmen, bei der sie den Produktionsprozess mit durchlaufen und in bearbeiteter Form in das Endprodukt eingehen. Das ist z.B. bei einer Bedienungsanleitung der Fall. Bildet die Information als Objektfaktor den Kern der betrieblichen Leistungserstellung, dann entspricht dies der oben dargestellten Sicht der Information als originärem Gegenstand des Produktionsprozesses. Ein klassisches Beispiel hierfür ist die von einem Beratungsunternehmen erbrachte Beratungsleistung, bei der kein physisches Produkt, sondern ausschließlich Informationen produziert werden. Darüber hinaus können Informationen zum Dritten in der Rolle eines **Betriebsmittels** Eingang in den Produktionsprozess finden. Dabei werden sie bei der Erstellung von Produkten oder Dienstleistungen verbraucht, gehen aber nicht in das Endprodukt selbst ein. Ein Beispiel hierfür sind die Schichtpläne für die Arbeiter oder die den Produkten zu Grunde liegenden Rezepturen einer Bäckerei.

Der Erkenntnis folgend, dass Informationen als Produktionsfaktor betrachtet werden können, ist es die Aufgabe des Unternehmens, sie ebenso effizient einzusetzen, wie dies bei anderen knappen Ressourcen der Fall ist. Hieraus leitet sich direkt die Aufgabe des Informationsmanagement ab, den Handlungs- und Entscheidungsträgern im Unternehmen zielgerichtet eine strategiegerechte Informationsbasis auf effektive und effiziente Weise bereitzustellen. Hierauf kommen wir an späterer Stelle noch einmal zurück.

Für die Unternehmensführung stellen Informationen die Grundlage der Planung, Steuerung und Kontrolle der betrieblichen Abläufe dar. Sie müssen den Leistungsprozess umfassend abbilden und schaffen so den Rahmen für die Entscheidungsfindung. Im Folgenden werden die bereits in E.II. angesprochenen **Phasen des betrieblichen Informationsprozesses** in verschiedener Hinsicht vertieft.

- Informationen dienen im innerbetrieblichen Kontext der Entscheidungsunterstützung. Dabei gilt, dass Entscheidungen umso sicherer getroffen werden können, je mehr aussagekräftige Informationen vorliegen. Unter wirtschaftlichen Gesichtspunkten ist es aber nicht immer sinnvoll, sämtliche Informationen zu beschaffen. Dies liegt in der Tatsache begründet, dass hierfür zum Teil hohe Informationskosten, z.B. für Marktforschungs- oder Beratungsunternehmen, aufgewendet werden müssen. Bei diesem Kosten-Nutzen-Verhältnis ist i.d.R. ein sinkender Grenznutzen jeder weiteren zusätzlichen Informationseinheit gegeben. Daher ist die Planungsgenauigkeit nur so lange mit zusätzlichen Informationen zu verbessern, wie die dafür nötigen Kosten durch zusätzliche Erträge erwirtschaftet werden können. Auf dieser Grundlage ist der nötige **Informationsbedarf** zu ermitteln. Da eine Bestimmung der diesem Konzept zu Grunde liegenden Grenzkosten und Grenzerträge, die zusätzliche Informationen bei der Entscheidungsfindung verursachen, in der Realität mit großen Schwierigkeiten verbunden ist, bleibt es häufig dem betroffenen Entscheidungsträger überlas-

sen, festzustellen, ob die gegebene Informationsbasis zur Entscheidungsfindung ausreichend ist oder ob zusätzliche Informationen nötig sind.
Für den Fall, dass weitere Informationen benötigt werden, stehen dem Unternehmen verschiedene Informationsquellen zur Verfügung. Diese Quellen der **Informationsbeschaffung** können sich zum einen innerhalb des Unternehmens befinden. Hier sind vor allem die parallel zum Wertschöpfungsprozess verlaufende Betriebsdatenerfassung, das betriebliche Rechnungswesen sowie die verschiedenen Datenbanken, z.B. für Kunden, Lieferanten und Wettbewerber, zu nennen; aber auch das Wissen der Mitarbeiter bildet eine bedeutende Informationsquelle. Zum anderen kann sich die Informationsquelle außerhalb des Unternehmens befinden. Beispielhaft können hier die verschiedenen Fachpublikationen, amtliche Statistiken, Medienberichte oder auch die Veröffentlichungen konkurrierender Unternehmen aufgeführt werden. Bei spezifischen Fragestellungen können zusätzlich unternehmensexterne Dienstleister, wie beispielsweise Marktforschungs-, Beratungs- oder Internetunternehmen, beauftragt werden.
Für welche Quellen sich das Unternehmen bei der Beschaffung der Informationen entscheidet, ist i.d.R. von mehreren Faktoren abhängig. Insbesondere die Verfügbarkeit und die Kosten der Informationen sind hier von Bedeutung. Darüber hinaus wird aber häufig auch die vermutete Qualität der Informationsquelle mit in das Entscheidungskalkül einbezogen.
Werden die beschafften Informationen nicht sofort benötigt oder später wieder gebraucht, ist eine **Informationsspeicherung** erforderlich. Im einfachsten Fall erfolgt sie durch den Einsatz eines natürlichen Speichers, also des menschlichen Gedächtnisses. Zusätzlich wird i.d.R. auch eine künstliche Speicherungsform genutzt werden. Neben der handschriftlichen Dokumentation sind hier insbesondere elektronische Speicherungsformen zu nennen. Dabei stehen verschiedene Datenträger, wie Festplatten oder CD-RWs, und verschiedene Speicherverfahren, wie z.B. die Datenerfassung in einfachen Listen oder komplexen Datenbanken, zur Auswahl. Die Entscheidung für oder gegen ein Speicherverfahren ist von einer Vielzahl von Kriterien abhängig. Der Umfang und die Dauer der Speicherung, die voraussichtliche Anzahl der Zugriffe, die Handhabung bei Änderungen und die Möglichkeit, die Informationen vor unbefugtem Zugriff zu schützen, sind nur einige davon.
Bevor die beschafften Informationen zur Entscheidungsunterstützung herangezogen werden können, ist es oftmals erforderlich, sie entsprechend den Bedürfnissen der Entscheidungssituation respektive der Entscheider umzuwandeln. Bei dieser **Informationsverarbeitung** werden meist verschiedene Daten so kombiniert und analysiert, dass neue, entscheidungsrelevante Informationen gewonnen werden. So benötigt die Gehaltsabrechung z.B. neben den Informationen aus den Arbeitsverträgen der einzelnen Mitarbeiter auch Angaben über Fehlzeiten, Überstunden und die Erfüllung der Voraussetzungen für weitere leistungs- oder erfolgsbezogene Zuschläge.

- Im tatsächlichen Ablauf werden die eben vorgestellten verschiedenen Stufen des innerbetrieblichen Informationsprozesses meist nicht von einer Person bzw. von einer Anlage geleistet. Aufgrund der starken Arbeitsteilung sind vielmehr eine Vielzahl von Personen und/ oder Maschinen beteiligt. Daher ist eine **in-**

**terne** (innerbetriebliche) **Kommunikation** zwischen den verschiedenen Einheiten erforderlich. Sie lässt sich entsprechend ihrer Richtung in eine horizontale und vertikale Kommunikation unterteilen:

- Im **horizontalen** Verlauf entspricht der Informationsstrom dem in E.I. mit Abbildung E-I-1 dargestelltem Informationsgüterprozess. Er begleitet die Real- und Nominalgüterprozesse über den gesamten Wertschöpfungsprozess des Unternehmens hinweg. Somit findet eine Kommunikation zwischen den verschiedenen beteiligten Organisationseinheiten, also den Abteilungen und Stellen, des Unternehmens statt. Wie eingangs des Abschnittes angeführt, stellen die einzelnen Einheiten dabei jeweils Informationssender und -empfänger dar. Die Schwierigkeit bei der horizontalen internen Kommunikation besteht zum einen darin, jedem Entscheidungsträger die betriebsintern verfügbaren und von ihm gebrauchten Informationen zugänglich zu machen, und zum anderen, diese unverfälscht wiederzugeben. Bei der Analyse des Informationsflusses innerhalb eines Unternehmens lassen sich eine Reihe von Barrieren identifizieren, die beseitigt oder zumindest abgebaut werden müssen:
  * **Technische Defizite** sind häufig durch die historische Entwicklung des unternehmensinternen Informationssystems gegeben. So wurden in der Vergangenheit häufig Teilssystem installiert, die miteinander nicht kompatibel sind. Werden z.B. im Vertrieb und dem Beschwerdemanagement zwei unterschiedliche Datenbanken geführt und erfolgt hierbei keine ausreichende Kommunikation untereinander, ist es möglich, dass ein Kunde Werbung für ein Produkt bzw. eine Dienstleistung erhält, mit dem er hochgradig unzufrieden ist und über das er sich gerade beschwert hat. In der Folge kann es zur Verärgerung beim Kunden und dessen Abwanderung kommen.
  * **Intrapersonelle Defizite** treten häufig im Rahmen der interdisziplinären Zusammenarbeit auf. So verwenden die Mitglieder verschiedener Abteilungen teilweise fachspezifische Begriffe, die für andere Mitarbeiter des Unternehmens unverständlich sind. Außerdem verfügen die einzelnen Mitarbeiter auch über unterschiedliche Erfahrungshintergründe, so dass Informationen unterschiedlich verstanden und interpretiert werden können. Bei einem international tätigen Unternehmen kann es darüber hinaus auch durch die verschiedenen im Unternehmen anzutreffenden Sprachen zu Problemen bei der Kommunikation kommen. Dies kann zum einen im unterschiedlichen Sinngehalt eines Wortes in einer anderen Sprache begründet sein oder zum anderen auch in erheblichen Mentalitätsunterschieden bezogen auf die Art und Weise der Kommunikation liegen.
  * **Interpersonelle Defizite** resultieren aus Mängeln in der Beziehung der Unternehmensmitarbeiter untereinander. Durch das Fehlen von internen Netzwerken können Informationen nicht auf dem „kurzen Weg“ ausgetauscht werden, schnelle persönliche, telefonische oder elektronische Nachfragen sind dann nicht die Regel. Eine Möglichkeit diese Probleme

zu beheben, besteht beispielsweise darin, den persönlichen Kontakt der verschiedenen Personen durch gemeinsame Veranstaltungen, beispielsweise Führungskräfte-Treffen oder Fortbildungsmaßnahmen, zu verbessern.

- Im **vertikalen** Verlauf, also über die einzelnen Hierarchiestufen des Unternehmens hinweg, können die gleichen Arten von Defiziten auftreten wie bei der horizontalen Kommunikation. Informationen dienen vertikal vorrangig der Planung, Steuerung und Kontrolle. Dabei sind die aus dem Leistungsprozess resultierenden Informationen ständig abzubilden und in verdichteter Form an die übergeordnete Ebene bis zur Unternehmensleitung weiterzugeben. Dies entspricht dem Vorgehen **bottom-up**. Hierbei verfügen die ausführenden Einheiten als Informationssender über das größte Detailwissen. Doch nur durch eine Aggregation, Selektion und Konzentration der im betrieblichen Ablauf entstehenden Daten ist es den übergeordneten Einheiten möglich, einen umfassenden Überblick über das betriebliche Geschehen im Rahmen der Wertschöpfungsprozesse zu erhalten. Anderenfalls, ohne Zusammenfassung der Daten im Rahmen der Datenverarbeitung, werden die übergeordneten Stellen schnell durch eine große Datenflut überlastet und verlieren den „Blick für das Wesentliche". Bei der Ausgestaltung entsprechender Bottom-up-Informationsmechanismen ist es von entscheidender Bedeutung, dass die Unternehmensleitung trotz der Aggregation der Daten noch alle für ihre Entscheidungen bedeutsamen Informationen in einer aussagefähigen und richtigen Darstellung erhält.
  Nur auf einer solchen umfassenden Informationsbasis ist es der Unternehmensleitung möglich, das Unternehmen zielgerichtet zu lenken. Hierbei werden die Produkt-, Erfolgs- und Liquiditätsziele des Unternehmens **top-down** heruntergebrochen. Sie müssen also in konkrete Teilziele und Ausführungsinformationen für die Mitarbeiter transformiert werden, damit diese die Leistungserstellung zielgerichtet vornehmen können. Auf dieser Grundlage können dann mit den Mitarbeitern Zielvereinbarungen abgeschlossen werden, die zur Leistungsbeurteilung und damit zur Ermittlung der Höhe des Entgeltes herangezogen werden.

In einer weiteren Sichtweise entspricht die interne Kommunikation dem Konzept des Ressourcenorientierten Ansatzes (Resourced Based View, siehe hierzu A.I.3. und F.II.1.b.), da hier auf der Grundlage der unternehmensinternen Informationspotenziale strategierelevante Entscheidungen auf der Ebene der Unternehmensleitung getroffen werden. Dies entspricht einer Inside-out-Perspektive.

- Aber erst wenn durch eine **externe Kommunikation** auch die Outside-in-Perspektive in die Strategieentscheidungen Eingang findet, kann von einem umfassenden Kommunikationskonzept gesprochen werden. Bei der externen Kommunikation lassen sich ebenfalls zwei Richtungen unterscheiden. Das Unternehmen kann dabei entweder als Empfänger von Informationen oder als Sender auftreten.

- Agiert das **Unternehmen** im Kommunikationsprozess **als Empfänger**, entspricht dies der Outside-in-Perspektive und damit dem Marktorientierten Ansatz (Market Based View). Eine bedeutende Aufgabe ist hierbei die Bereitstellung von Marktinformationen. Die damit beauftragte Marktforschung muss sowohl den Beschaffungs- als auch den Absatzmarkt beobachten, um Marktpotenziale und Entwicklungstendenzen möglichst frühzeitig zu erkennen (siehe hierzu F.III.5.). Absatzseitig sind dabei insbesondere Informationen über die aktuellen und potenziellen Zielgruppen von Bedeutung, aber auch Informationen über die Aktivitäten von Wettbewerbern oder die Weiterentwicklung der Märkte. Darüber hinaus kann das Verhalten der Käufer untersucht werden, um so weiterführende Informationen über mögliche Absatzpotenziale zu erhalten. In diesem Zusammenhang ist es insbesondere wichtig, die Wünsche und Kritikpunkte zu beachten, welche die Abnehmer z.B. gegenüber den Mitarbeitern in Vertrieb und Service oder im Rahmen von Beschwerden gegenüber dem Unternehmen hervorbringen (siehe hierzu F.III.6.c.).
- Tritt das **Unternehmen** auf der anderen Seite **als Sender** von Informationen auf, geschieht dies häufig im Rahmen von Marketingbemühungen. Hierauf sind wir bereits in F.II.2. ausführlich eingegangen. Dabei besteht häufig ein weiter gehender Informationsbedarf bei unterschiedlichen Stakeholder-Gruppen. So ist es für die Kunden z.B. wichtig, begleitend zu einem erworbenen Produkt noch zusätzliche Informationen durch Bedienungsanleitungen oder Beipackzettel zu erhalten. Zum Teil besteht hier auch eine gesetzliche Informationspflicht des Unternehmens, wie dies beispielsweise bei Medikamenten der Fall ist.

  Neben dieser Kommunikation auf Produktebene wird auch die Kommunikation auf der Unternehmensebene immer bedeutender. So muss das Unternehmen im Rahmen der in C.I.4. beschriebenen Corporate Governance regelmäßig Rechenschaft über die verschiedenen Unternehmensaktivitäten und bedeutsame Entwicklungen ablegen. Ziel ist es hier, die Transparenz über die Ausübung der Unternehmensleitung insbesondere gegenüber den Shareholdern zu erhöhen. Das Teilgebiet der **Investor Relations** umfasst dabei entsprechend der Definition von JÜRGEN ROLF HANSEN alle kommunikativen Maßnahmen, die auf tatsächliche und potenzielle Investoren ausgerichtet sind und direkt oder indirekt das Image, die Einschätzung oder die Bewertung eines Unternehmens beeinflussen sollen. Dabei sind, unter Ausnutzung der weltweiten Vernetzung der Nachrichten- und Datenströme, möglichst allen Investoren zeitgleich identische Informationen zur Verfügung zu stellen, um so Informationsvorsprünge einzelner Investoren(-gruppen) zu vermeiden. Aber auch andere Interessengruppen sind Adressaten der Unternehmenskommunikation. Der Staat verlangt z.B. Informationen über die Unternehmensergebnisse, welche die Grundlage für die Besteuerung bilden, die Lieferanten erwarten Angaben über den zukünftigen Bedarf an zu liefernden Waren und Leistungen, und für im Umweltschutz engagierte Gruppen sind vom Unternehmen umgesetzte Maßnahmen zur Erfüllung gesetzlicher Pflichten und zur Erhaltung der Umwelt interessant.

Obwohl diese beispielhafte Darstellung der externen Unternehmenskommunikation eine Vielzahl an weiteren Adressaten und Informationsbedürfnissen außer Acht lässt, zeigt sie doch deutlich, wie anspruchsvoll dieser Teilbereich der Unternehmensführung ist. Daher ist es leicht nachvollziehbar, dass viele Unternehmen versuchen, die entsprechenden nötigen Kompetenzen zu bündeln. Diese Aufgabe fällt oft der Abteilung für Öffentlichkeitsarbeit oder **Public Relations** zu, die definierte Teile der Kommunikation zwischen einer Organisation und ihren Stakeholdern übernimmt.

- Neben der Einteilung in die interne und externe Kommunikation sind noch weitere Kategorisierungen von Kommunikationsbeziehungen möglich. So kann beispielsweise zwischen einer verbalen und einer nichtverbalen Kommunikation unterschieden werden. Letztere beinhaltet die Körpersprache und andere paralinguistische Aspekte wie Tonfall, Tonhöhe oder Sprachtempo. Zusätzlich lassen sich entsprechend der gewählten Kommunikationsstruktur für Gruppen aber auch verschiedene **Arten von Kommunikationsnetzwerken** unterscheiden:

  - Die **Kette** bildet in einem hierarchisch aufgebauten Unternehmen die typische formale Kommunikationsstruktur. Sie erfolgt entlang der Weisungsstruktur und kann verschiedene Kommunikationskanäle einbinden.
  - Der **Kreis** verbindet alle Kommunikationsteilnehmer durch eine geschlossene Kette, so dass ihnen zwar alle Informationen, möglicherweise aber mit erheblichem Zeitverzug und/ oder Verlusten bei Quantität und Qualität, zugänglich sind.
  - Der **Stern** (auch als Rad bezeichnet) beschreibt eine hoch zentralisierte Struktur, bei der ein Gruppenleiter als zentrale Vermittlungsstelle dient. Die gesamte Kommunikation der Gruppe läuft über ihn. Fällt er aus, bricht in der Folge die gesamte Kommunikationsstruktur zusammen.
  - Die **Vollstruktur** ermöglicht es allen Gruppenmitgliedern, miteinander zu kommunizieren. Somit weist sie eine sehr niedrige Zentralisation auf und kann sehr viele Kommunikationskanäle umfassen.

  Jede dieser Netzwerkstrukturen ist mit Vor- und Nachteilen verbunden. So ist die Kommunikationsgeschwindigkeit bei Ketten niedriger als bei der Sternform oder der Vollstruktur. Dagegen fördert die Kettenstruktur das Herausbilden einer Führungsrolle. Die beobachtete Zufriedenheit der Gruppenmitglieder ist bei der Sternstruktur am niedrigsten, wohingegen die Vollstruktur zu einer hohen Zufriedenheit führt. Somit sind bei der Ausgestaltung des Kommunikationsnetzwerkes die situationsabhängigen Umweltvariablen zu berücksichtigen.

  Diese Erkenntnisse aus der Analyse des Kommunikationsnetzwerkes innerhalb von Gruppen können auch für größerer Organisationseinheiten, z.B. eine Fertigungsstätte oder ein gesamtes Unternehmen, herangezogen werden. Entsprechend der von CHRISTOPHER A. BARTLETT und SUMANTRA GHOSHAL entworfenen Einteilung der Organisationsstrukturen innerhalb von internationalen Organisationen, wie international agierenden Konzernen, lassen sich beispielsweise vier Grundformen unterscheiden, die auch unter dem Aspekt der Kommunikation Besonderheiten aufweisen:

- Bei der Organisationsform der **Koordinierten Förderation** erfolgt eine Dezentralisierung vieler Werte, Ressourcen, Verantwortlichkeiten und Entscheidungen, dabei wird aber eine Kontrolle durch die Zentrale (im Stammland) durchgeführt. Entsprechend ist hier eine Sternform bei der Kommunikation vorzufinden. Die Quantität der übermittelten Informationen ist relativ gering, da viele Probleme „vor Ort" gelöst werden, also zu keiner Information an die Zentrale führen.
- Ein noch geringerer Informationsaufwand besteht bei der **Dezentralisierten Föderation**, denn hier ist ein noch größerer Grad an Werten, Verantwortlichkeiten und Entscheidungen dezentralisiert. Die Auslandsniederlassungen werden vom Management der Mutterfirma als Portfolio unabhängiger Unternehmen angesehen. Somit beschränkt sich die Kommunikation auf wenige substanzielle Informationen, wie beispielsweise finanzielle Eckdaten.
- Bei einer **Zentralisierten Knotenpunktstruktur** erfolgt dagegen ein hoher Grad an Zentralisation. Da hier die meisten strategischen Werte, Ressourcen, Verantwortlichkeiten und Entscheidungen von der Zentrale vorgegeben sind, entsteht ein hoher Kommunikationsbedarf. Auch hier ist ein sternförmiges Kommunikationsnetzwerk identifizierbar, wobei die Kommunikationsquantität allerdings ungleich höher ist als bei den bisher aufgezeigten Typen.
- Bei einem **Netzwerk interdependenter Einheiten** erfolgt ein reger Austausch von Technologie, Kapital, Mitarbeitern und Materialien untereinander. Die strategischen Entscheidungen werden hier nicht allein von der Zentrale getroffen. Dies entspricht der Kommunikation in einer Vollstruktur. Jede Einheit kommuniziert also mit jeder anderen.

### c. IT-gestützte Informations- und Kommunikationspolitik

Bereits im einfachen Fall einer telefonischen Kundenbeschwerde kommt es zu einer Interaktion zwischen Unternehmen bzw. seinen Mitarbeitern und Stakeholdern, hier dem Kunden. Um auf die Kundenbeschwerde optimal reagieren zu können, müssen im Call-Center des Unternehmens umfangreiche Daten über den Kunden, insbesondere seine Kauf- und Beschwerdehistorie, vorliegen. Erst auf dieser Grundlage kann er kompetent beraten und können die in F.III.6.c. aufgezeigten Potenziale einer Beschwerde genutzt werden. Was in diesem Beispiel so einfach klingt, ist in der Praxis nur mit erheblichem Aufwand umzusetzen, nämlich die optimale Informationsversorgung der Handlungs- und Entscheidungsträger eines Unternehmens.

- Um diesem Ziel näher zu kommen, können entsprechend der Position des Informationsempfängers und der Art des Entscheidungsproblems verschiedene **Formen der Informationsversorgung** zum Einsatz kommen. Erhält der Informationsnutzer nur eine bestimmte, begrenzte Menge an Informationen, spricht man vom Prinzip der **Informations-Rationierung**. Erhält er hingegen alle verfügbaren Informationen, entspricht dies dem Prinzip des **Informations-Überschuss**. Wenn der Nutzer in einem dritten Fall nur die Informationen erhält, die er nachfragt, wird das Prinzip der **Informations-Nachfrage** verwandt. Hier besteht also nicht nur eine informationsbezogene „Bringschuld" des Unternehmens, sondern auch eine „Holschuld" jedes einzelnen Mitarbeiters. Der Tendenz zur Informations-Nachfrage folgend, stellen heutzutage viele Unternehmen allgemeine Nachrichten oder personenbezogene Informationen mittels Intranet-Lösungen zur Verfügung. Dabei liegt es in der Verantwortung jedes einzelnen, sich auf Basis dieser Informationsressource ausreichend zu informieren.

In unserem Beispiel, der Kundenbeschwerde bei einem Mitarbeiter des Unternehmens-Call-Centers, finden verschiedene Verfahren der Informationsversorgung Anwendung. Zunächst erhält der Mitarbeiter, beispielsweise durch Eingabe der Kundennummer in das Informationssystem, einen definierten Informationsumfang bereitgestellt. Das können z.B. die Kundendaten und die Kundenhistorie in Kurzform sein. Dieses Vorgehen entspricht dem Prinzip der Informations-Rationierung. Sollte sich im Verlauf des Gespräches eine zusätzlicher Bedarf an Informationen ergeben, sind also z.B. detaillierte Informationen über einen in der Vergangenheit liegenden Beschwerdefall nötig, kann der Mitarbeiter die Informationen schnell über das Informationssystem abrufen. Ist dies der Fall, kommt es zur Informations-Nachfrage.

- Dass eine solche schnelle und umfassende Informationsversorgung i.d.R. nicht mittels eines Karteikartensystems geleistet werden kann, ist leicht verständlich. Zur Lösung dieses Problems werden daher die Prinzipien, Methoden und Mittel der **Informationstechnologie (IT)** eingesetzt, die nach ERICH ZAHN der Bereitstellung, Verarbeitung, Übermittlung und Verwendung von Informationen sowie der Gestaltung und Nutzung von Informationssystemen dienen. Ein **Informationssystem (IS)** entsteht dabei aus dem Zusammenwirken von personellen, technischen sowie organisatorischen Elementen und dient der Versorgung von Handlungs- und Entscheidungsträgern mit auf die jeweilige Aufgabe ausgerichteten und damit spezifischen Informationen. Zu beachten ist hier, dass im allgemeinen Sprachgebrauch der Begriff Informationstechnologie zum einen Informations- und Kommunikationstechnologien (IuK-Technologien) umfasst und zum anderen keine Trennung zwischen Technologie und Technik gemacht wird, wie wir sie in F.IV.3.a. ausgeführt haben. Dies ist insbesondere Folge der Tatsache, dass im angelsächsischen Sprachraum keine Abgrenzung zwischen den Begriffen Technologie und Technik erfolgt. In diesem Sinne wollen auch wir den Terminus Informationstechnologie als umfassenden Oberbegriff der genannten Aspekte verwenden.

  Aufbauend auf der Hardware und der für deren Betrieb nötigen Systemsoftware, wie beispielsweise dem Betriebssystem oder der Kommunikationssoftware, besteht der technische Teil des Informationssystems aus den verschiedenen betriebswirtschaftlichen Anwendungsprogrammen. Sie bieten spezifische Problemlösungen für die verschiedenen betrieblichen Funktionsbereiche und bilden in ihrer Summe das **Anwendungssystem**. Entsprechend dem jeweiligen Verwendungszweck lassen sich verschiedene Teilsysteme unterscheiden:

- Das **Administrationssystem** dient der Erfassung, Speicherung und Verarbeitung der verschiedenen im Rahmen der Geschäftstätigkeit anfallenden Massendaten. Ihr Ziel besteht darin, diese routinemäßigen Vorgangsbearbeitungen, wie sie z.B. im Rahmen der Buchführung oder der Lohn- und Gehaltsabrechnung regelmäßig anfallen, zu rationalisieren und somit das Personal in diesem Bereich zu entlasten. Da die hier zu leistenden Aufgaben meist gut strukturiert sind, besteht die Schwierigkeit darin, die große Zahl an Daten und Einflussfaktoren zu berücksichtigen und umfangreiche Berechnungen durchzuführen.
- Die Ziele und Schwierigkeiten des **Dispositionssystems** sind mit denen des Administrationssystems vergleichbar, die Aufgabe besteht hier allerdings darin, die menschliche Entscheidungsfindung vorzubereiten oder zu automatisieren. Bei einer Reihe der hier zu bewältigenden Funktionen bietet sich der Einsatz von Operations Research-Modellen an, um zu einer optimalen Problemlösung zu gelangen. Solche vom Dispositionssystem zu bearbeitenden Aufgaben sind beispielsweise die Bestellabwicklung, die Tourenplanung im Vertrieb oder das Mahnwesen.
- Das **Informationssystem im engeren Sinne** soll die Entscheidungsträger innerhalb des Unternehmens mit entscheidungsrelevanten vergangenheits-, gegenwarts- und zukunftsbezogenen Informationen versorgen. Ihre Aufgabe besteht darin, die umfangreichen Datenbestände des Administrations- und des Dispositionssystems bedarfsgerecht, z.B. in Kennzahlen, zu verdichten und in geeigneter Form darzustellen. Nach ihrer Funktionsweise können dabei passive Informationssysteme, die nur die Informationen weitergeben, und aktive Informationssysteme, die auch Anregungen für Entscheidungen liefern, unterschieden werden. So kann ein passives System z.B. lediglich die Beschwerdehistorie wiedergeben, wohingegen ein aktives System auf Basis definierter Kriterien zum Einsatz verschiedener Kundenbindungsmaßnahmen raten kann, um eine Abwanderung des Kunden zu verhindern.
- Das **Planungssystem** unterstützt die Entscheidungsträger insbesondere bei schlecht strukturierten und häufig langfristigen Entscheidungssachverhalten. Im Gegensatz zum Dispositionssystem werden hier keine Massen- und Routineprobleme gelöst, sondern es wird eine einzelfallorientierte Entscheidungsvorbereitung geleistet. Daher ist beim Planungssystem keine Vollautomation möglich, vielmehr werden die Benutzer mittels interaktiver Dialogsysteme aktiv in die Lösungsfindung eingebunden. Entsprechende Systeme finden beispielsweise bei der Bewertung von Investitionsalternativen oder der Entwicklung neuer Geschäftsstrategien Anwendung.
- Das **Kontrollsystem** bietet abschließend die Möglichkeit, die Planerfüllung zu überwachen und ggf. korrigierend einzugreifen. Diese Aufgabe macht bereits deutlich, dass ein Kontrollsystem unbedingt eines Planungssystems bedarf. Die Kontrolle der Planeinhaltung kann teilweise automatisiert sein, die Lösung von erkannten Problemen obliegt allerdings regelmäßig dem Systemnutzer.

Die eben aufgezeigte Klassifikation der Teilsysteme eines Anwendungssystems ist in der Realität selten so detailliert vorzufinden. In der Regel ist ein Verschmelzen der einzelnen Teilsysteme zu beobachten, was zu einer Reduktion von Bruchstellen und damit von wesentlichen Fehlerquellen führt. Diese **Integration** ist nach AUGUST-WILHELM SCHEER auch bei Informationssystemen der Industriebetriebe vorzufinden. Hier werden funktionsbezogene Informationssysteme für die Bereiche Beschaffung, Produktion, Technik, Absatz, Personal, Rechnungswesen und Verwaltung durch die Gestaltung geeigneter Schnittstellen zu unternehmensbezogenen integrierten Gesamtsystemen weiterentwickelt.
Eine solche koordinierte unternehmensweite Ausgestaltung der Informationssysteme unter den Gesichtspunkten der Effizienz und Effektivität ist Aufgabe des **Informationsmanagements**. Eine genaue Abgrenzung des Begriffes fällt allerdings schwer, da sich im Laufe der Zeit eine große Vielzahl an Konzepten des Informationsmanagements entwickelt hat. Einen Überblick über die verschiedenen Ansätze bietet HELMUT KRCMAR, der mit einem eigenen Konzept versucht, die Ideen und Schwachstellen der anderen zu berücksichtigen. Er geht in seinem Modell des Informationsmanagements von auf drei Ebenen verteilten Managementaufgaben aus:

- Auf der als **Informationswirtschaft** bezeichneten obersten Ebene bildet die Ressource Information selbst das Handlungsobjekt. Es geht hier um den Informationseinsatz im Unternehmen und damit um Entscheidungen bezüglich des Informationsbedarfs und des Informationsangebots. Auf welche Weise der Bedarf an Informationen zu decken ist, muss für die verschiedenen Unternehmensteilbereiche und Verwendungszwecke der Informationen geplant, organisiert und schließlich kontrolliert werden. Hieraus ergeben sich die spezifischen Anforderungen für die nächste Ebene des Informationssystems.
- Das **Informationssystem** bezeichnet, wie bereits ausgeführt, aufeinander abgestimmte technische, personelle und organisatorische Elemente, die der Deckung des Informationsbedarfs dienen. Die Handlungsobjekte auf dieser Ebene sind damit insbesondere die Daten, Prozesse und Anwendungen.
- Auf der Ebene der **Informationstechnologie** steht nun die praktische Umsetzung der Anforderungen des Informationssystems mittels der Speicher-, Verarbeitungs- und Kommunikationstechnologie im Vordergrund. Dieses Technologiemanagement muss den Einsatz der Technologieinfrastruktur koordinieren und kontrollieren sowie zusätzlich die bereits eingesetzten Systeme der Unternehmensbereiche anpassen, modernisieren und integrieren.
- Ebenenübergreifende Aufgaben werden in diesem Modell der **Führungsaufgabe des Informationsmanagements** zugerechnet. Zu nennen sind hier insbesondere die Entwicklung der unternehmensspezifischen Informationsstrategie, die aufbauorganisatorische Gestaltung des Informationsmanagements, das Management des eingesetzten Personals und das Controlling der Informationsverarbeitung.

- Betrachtet man die **historische Entwicklung der betrieblichen Informationssysteme**, so ist eine klare Verlagerung des Schwerpunktes zu beobachten. Konzentrierten sich die ersten Systeme noch auf die operative Unternehmensebene, unterstützen die später entstandenen Systeme auch das mittlere Management in den Fachbereichen oder das Top-Management. Eine Übersicht über wesentliche Arten von Informationssystemen gibt Abbildung F-IV-50.

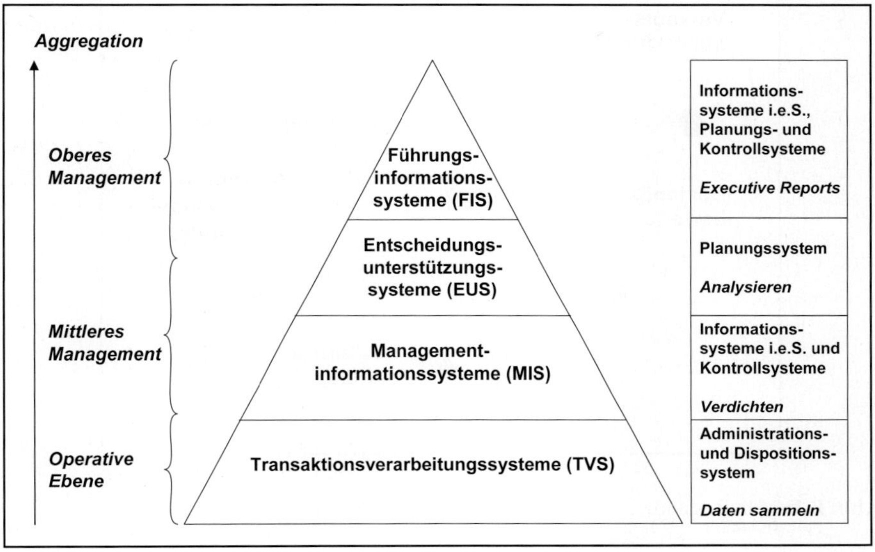


**Abb. F-IV-50:** Ebenen der Informationssysteme

- Die in den 50er Jahren eingeführten ersten IT-Systeme konzentrierten sich auf die Unterstützung operativer Abläufe im Geschäftsbetrieb. Sie umfassten so genannte **Transaktionsverarbeitungssysteme (TVS** – englisch: Transaction Processing Systems, TPS), die der Rationalisierung der Verarbeitung von Massendaten in operativen, häufig durchgeführten Geschäftsvorgängen dienen. Sie entsprechen somit administrativen und dispositiven Anwendungssystemen und stellen die Datenbasis für weitere Anwendungen bereit. Als Folge einer kontinuierlichen Weiterentwicklung steht den Unternehmen heute eine Vielzahl an anwendungs-, branchen- und unternehmensspezifischen Systemen zur Verfügung. So bieten die branchenspezifischen **Warenwirtschaftssysteme** den Handelsunternehmen z.B. Unterstützung in den drei betrieblichen Arbeitsgebieten Beschaffung, Lagerung und Verkauf (siehe hierzu F.IV.1.a.). Umfassen sie dabei alle wesentlichen Prozessschritte von der Bestellabwicklung bis zur Bedarfsermittlung (siehe Abb. F-IV-51), spricht man von computergestützten geschlossenen Warenwirtschaftssystemen.

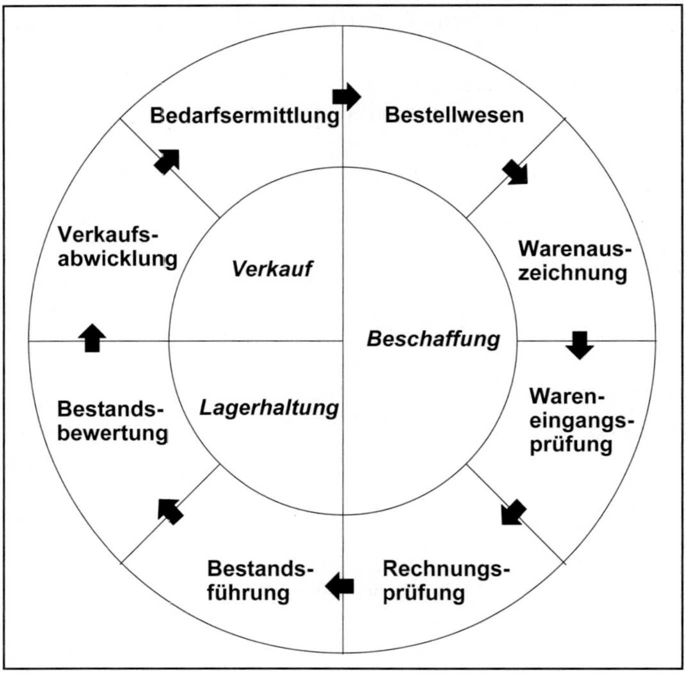


**Abb. F-IV-51:** Bestandteile eines geschlossenen Warenwirtschaftssystems

Zu ihrem Einsatzgebiet zählen hauptsächlich Filialunternehmen, Kaufhäuser oder Supermärkte. Auf Basis von maschinenlesbaren Barcodes, die europaweit genormt sind und als Europäische Artikelnummern (EAN) bezeichnet werden, kann mit diesen Systemen der physische Warenfluss, der monetäre Finanzmittelfluss und der begleitende steuernde und kontrollierende Informationsfluss erfasst werden. Die Vorteile von Warenwirtschaftssystemen liegen unter anderem in einer Rationalisierung der Bestell- und Verkaufsvorgänge, der Senkung von Lagerbeständen, der Reduzierung von Fehlern beim Kassiervorgang und der Möglichkeit zur weiterführenden Prozessverbesserung z.B. durch eine Optimierung des Sortiments und der Regalbelegung.

Für die verarbeitende Industrie branchenspezifisch entworfene Anwendungssysteme können unter dem Schlagwort **Computer Integrated Manufacturing (CIM)** zusammengefasst werden. Ihr Ziel besteht darin, alle fertigungstechnischen Arbeits- und Prozessschritte zusammen mit den zugehörigen betriebswirtschaftlichen Administrations- und Dispositionsaufgaben in einem geschlossenen Gesamtsystem zu integrieren. Dies soll eine rationellere Fertigung mit kurzen Durchlaufzeiten und einer hohen Termintreue sowie eine Steigerung der Prozess- und Produktqualität bewirken. Darüber hinaus sollen sowohl die Kapazitätsauslastung als auch die Flexibilität erhöht und

die Kapitalbindung gesenkt werden, um auf diese Weise einen Wettbewerbsvorteil zu erlangen.
Den Kern dieser Anwendungssysteme bilden **Produktionsplanungs- und -Steuerungssysteme (PPS)**, die bei der Planung, Steuerung und Überwachung der Produktionsabläufe zum Einsatz kommen. Sie umfassen dabei nicht nur die reine Fertigung, sondern integrieren die gesamte logistische Kette beginnend mit dem Auftragseingang bis zum Versand des hergestellten Produkts. Ihre Aufgabe liegt dabei schwerpunktmäßig bei der Festlegung des mengen- und zeitmäßigen Produktionsablaufs unter Beachtung kapazitätsmäßiger Beschränkungen. Dies geschieht auf der Basis der vorliegenden oder erwarteten Kundenaufträge und beinhaltet auch die Überwachung des Produktionsprozesses sowie eine möglichst schnelle Reaktion im Falle von Abweichungen.
Die **traditionellen PPS-Systeme** versuchen, auf der Grundlage einer unternehmenseinheitlichen und abteilungsübergreifenden Datenbasis, durch eine sukzessive Planung zu einem optimalen Ergebnis zu kommen. Dabei erfolgt eine Zerlegung der Aufgabe des PPS-Systems in unterschiedliche Teilprobleme, die dann nacheinander gelöst werden. Die Lösung eines Teilproblems bildet damit die Vorgabe für das darauf folgende.

* Im Rahmen der **Produktionsplanung** wird hierbei zunächst der mengenmäßige Primärbedarf an Endprodukten für eine definierte Periode, meist 3 bis 12 Monate, festgelegt.
* Darauf aufbauend wird der Bedarf an Komponenten und Materialien bestimmt, wobei entsprechende Lagerbestände zu berücksichtigen sind.
* Im Anschluss daran erfolgt eine grobe Terminplanung, bei der – häufig unter Einsatz der Netzplantechnik – die zu bearbeitenden Fertigungsaufträge zeitlich eingeplant werden.
* Um diese zu detaillieren, erfolgt in der letzten Stufe der Produktionsplanung ein Kapazitätsabgleich, bei dem eine Abstimmung zwischen Kapazitätsangebot und -nachfrage vorgenommen wird. In der Folge werden die ermittelten Grobtermine ggf. nochmals verschoben, um Maschinenüberbelegungen zu verhindern.
* Die sich an die Produktionsplanung anschließende **Produktionssteuerung** ist dazu bestimmt, die einzelnen Fertigungsaufträge freizugeben und im Falle von Planabweichungen oder sonstigen Störungen geeignete Maßnahmen zu veranlassen. Diese Aufgabe wird auf der Ebene einzelner Werkstätten durch die Werkstattsteuerung übernommen. Sie wird durch eine Auftragsüberwachung unterstützt, die durch Gegenüberstellung von geplanten und realisierten Ergebnissen und Verbräuchen, z.B. an Fertigungsmitteln, aber auch an Maschinenstunden und Mitarbeiterstunden, den Fortgang der Fertigung laufend überwacht.

Obwohl die traditionellen PPS-Systeme durch den Einsatz einer einheitlichen und konsistenten Datenbasis bereits die Planungsgenauigkeit erheblich steigern können, weisen sie doch einige Mängel auf. Durch das schrittweise Vorgehen bei der Produktionsplanung bleiben die Interdependenzen zwi-

schen den einzelnen Stufen unberücksichtigt, so dass meist kein optimales Ergebnis ermittelt werden kann. Außerdem ist in der Praxis zu beobachten, dass die der Grobterminplanung zu Grunde gelegten durchschnittlichen Durchlaufzeiten häufig nicht der Realität entsprechen. In der Folge kommt es aus Sicherheitsgründen zu einer zeitigeren Auftragsfreigabe durch die Werkstattsteuerung, was wiederum zu größeren Warteschlangen bei den einzelnen Fertigungsstellen führt und somit die tatsächliche Durchlaufzeit erhöht. Hierdurch werden die Aufträge noch eher freigegeben, so dass es zu einem, in der Literatur als Durchlaufzeit-Syndrom beschriebenen, sich selbst verstärkenden Prozess kommt.
Um diese Probleme zu umgehen, lassen sich heute verschiedene alternative oder auf den PPS-Systemen aufbauende Planungsansätze nutzen. Ihr Ziel besteht vorrangig darin, die Engpässe im Planungsprozess aufzuzeigen und durch eine entsprechende engpassorientierte Fokussierung die Planungsgenauigkeit zu erhöhen. Der Ansatz der Sukzessivplanung wird dabei aber beibehalten, da eine simultane Planung aller Stufen aufgrund der großen Zahl von zu berücksichtigenden Faktoren nicht möglich ist. Beispiele für solche neueren PPS-Systeme sind das Manufacturing Resource Planning II (MRP II) und das System der belastungsorientierten Freigabe, worauf wir aber nicht näher eingehen. Auch die Verfahren der Just-in-time-Fertigung und der Kanban-Fertigungssteuerung, wie wir sie in F.IV.1.a. aufgezeigt haben, lassen sich den modernen PPS-Systemen zuordnen.
Der Schwerpunkt der eben aufgezeigten PPS-Systeme wird im Rahmen der CIM-Konzeption bei der betriebswirtschaftlichen Planung der Fertigung gesehen. Die Ausgestaltung der technischen Komponenten der Produktion bleibt dabei weitgehend unberücksichtigt. An dieser Stelle setzen die in Unterabschnitt F.III.4.c. bereits erwähnten **Computer Aided (CA) Techniken** an:

* Unter **Computer Aided Design (CAD)** werden alle computergestützten Informationssysteme zusammengefasst, die der Entwicklung und Konzeption von Produkten und Maschinen dienen. CAD-Arbeitsplätze ersetzen die klassischen Zeichentische und Reißbretter, in dem sie durch den Einsatz moderner Anwendungen eine optimale Entwicklungsumgebung bieten. In Abhängigkeit von der zu Grunde liegenden Darstellungsweise lassen sich zweidimensionale zeichnungsorientierte und dreidimensionale modellorientierte Systeme unterscheiden.
* **Computer Aided Planning (CAP)** hat hingegen die computergestützte Arbeitsplanung zum Gegenstand. Hier werden detaillierte Arbeitspläne aufgestellt, die – z.B. anhand von Zeichnungen und Prozessbeschreibungen – den technischen Transformationsprozess eines Werkstückes vom Roh- zum Endzustand beschreiben. Sie bauen auf den im Rahmen der CAD-Planung entwickelten Zeichnungen und Modellen, also den dort entworfenen Arbeitsergebnissen, auf.
* Das **Computer Aided Manufacturing (CAM)** umfasst alle computergestützten Prozesse der Fertigung und der innerbetrieblichen Logistik.

Es ermöglicht erst die teilweise oder vollständige Automatisierung der Produktion, wie sie heute in einer Vielzahl von Unternehmen vorzufinden ist. Ihren Ursprung hat das CAM in der seit Mitte der 60er Jahre bestehenden Technik der numerisch gesteuerten Werkzeugmaschinen (NC-Maschinen). Durch maschinenlesbare Datenträger, wie z.B. Lochstreifen, können NC-Maschinen Weg- und Schaltbefehle in Form von Zahlencodes vorgegeben werden, so dass die Steuerung der Arbeitsgänge, wie Bohren, Drehen und Fräsen, nicht manuell durch den Menschen, sondern durch Programme erfolgt. Die nötige Programmierung dieser Bearbeitungsschritte erfolgt in einer eigenen Maschinensprache extern über Programmiersysteme. Erst die computergestützten numerisch gesteuerten Maschinen (CNC-Maschinen) gestatten es dem Bediener, die Arbeitsschritte der Maschine direkt an der Anlage in einer universelleren und einfacheren Makrosprache zu programmieren. Möglich wurde dies durch die Integration einer Recheneinheit in die Maschine. Werden mehrere solche CNC-Maschinen zentral durch einen übergeordneten Leitrechner gesteuert, spricht man von direkt numerisch gesteuerten Maschinen (DNC-Maschinen).

Erst der Einsatz dieser modernen Werkzeugmaschinen ermöglicht fortschrittliche Fertigungskonzepte, wie das der Flexiblen Fertigungszelle. Hier bilden verschiedene Werkzeugmaschinen ein computergestütztes Gesamtfertigungssystem, das mehrere aufeinander folgende Arbeitsschritte, die in der Maximalausprägung den gesamten innerbetrieblichen Fertigungsprozess eines Produktes umfassen, an verschiedenen Bearbeitungsstationen autonom durchführen kann. Notwendigerweise sind die einzelnen Maschinen dabei durch eine automatisierte Transporteinrichtung verbunden, die einen automatischen Wechsel des Werkstücks ermöglicht.

- In den 60er Jahren wurden die ersten **Management-Informationssysteme (MIS)** entwickelt. Sie stellen in Abbildung F-IV-50 die zweite Ebene von unten dar. Ihre Aufgabe besteht darin, den Managern führungsrelevante Informationen zur richtigen Zeit in geeigneter Form zu liefern. Hierfür beziehen sie neben unternehmensinternen auch unternehmensexterne Datenquellen mit ein. Der sich ergebende umfangreiche Datenbestand stellte anfänglich jedoch ein großes Problem dar. Da sowohl die damalige Speicher- und Verarbeitungskapazität der Hardware als auch die zu dieser Zeit verfügbaren Programmiersprachen nicht in der Lage waren, mit solchen Datenmengen umzugehen, beschränkte sich die Funktionalität der Systeme zunächst auf eine reine Datenverdichtung. In der Folge wurden die hohen Erwartungen an sie nicht erfüllt, so dass sie sich zunächst nicht durchsetzen konnten.
  Erst im Laufe des informationstechnischen Fortschritts konnten geeignete Systeme entwickelt werden, die nun auch über zahlreiche Reporting-Funktionen verfügen (Management Reporting Systeme, MRS). So können neben zahlreichen periodischen Standardberichten auch entscheidungsfallbezogene Bedarfsberichte erstellt werden, die durch einen geführten Dialog

an die Erfordernisse des Entscheiders angepasst werden. Sie ermöglichen somit den Managern das Abrufen von Informationen aus der (bereichsspezifischen) operativen Datenbasis, ohne dass diese große Kenntnisse über Programmiersprachen oder logisch-algorithmische Datenbearbeitung besitzen müssen.

Allerdings ist auch heute noch zu beobachten, dass die Integration aller betrieblichen Datenquellen problematisch ist (Total System Approach), so dass häufig jeweils bereichsspezifische Datenbanken als Grundlage dienen. Sie werden als Data Marts bezeichnet. So wird das Human Resource Management z.B. häufig durch ein bereichsspezifisches Personal-Informationssystem und das Marketing durch ein Marketing-Informationssystem unterstützt. In beiden Fällen können Manager zu Berichten zusammengefasste bereichsbezogene Kennzahlen abrufen, was dem oben bereits vorgestellten Konzept des bottom-up entspricht.

Der Wunsch, für sämtliche Informationssysteme eines Unternehmens eine einheitliche und adäquate Datenbasis zu schaffen, besteht aber weiterhin. Aufgrund neuer Entwicklungen im Bereich der Informationstechnologie kann diese Idee im Rahmen von so genannten **Data Warehouse Konzepten** heute auch teilweise verwirklicht werden. Das isoliert gehaltene Data Warehouse bezieht dabei in regelmäßigen Abständen Informationen aus den operativen Transaktionsverarbeitungssystemen, welche dort in redundanter Form vorliegen. Im Gegensatz zu dem Ziel der operativen Systeme, immer über Daten auf dem aktuellsten Stand zu verfügen, ist es Aufgabe des Data Warehouse, auch die verlaufsbezogenen Änderungen zu erfassen. Erst dadurch werden z.B. Verlaufsstudien und Trendanalysen möglich.

Der Datenzugriff erfolgt beim Data Warehouse über verschiedene interaktive Anwendungen, die als Online Analytical Processing (OLAP) bezeichnet werden. Sie stellen vorgefertigte Softwarelösungen dar, die mittels eines schnellen und dialogorientierten Zugriffs die Einsicht in die relevanten Daten ermöglichen. Die darüber hinaus existierenden Verfahren des Data Mining haben hingegen das Ziel, selbstständig bisher unentdeckte Muster, Trends und Zusammenhänge innerhalb der Datenbasis des Data Warehouse zu erkennen.

Die Umsetzung des Data Warehouse-Konzepts erfolgt heute in vielen Fällen in der Form, dass die einzelnen, subjekt- oder abteilungsspezifischen Data Marts über die Schaffung geeigneter Schnittstellen verbunden werden, so dass ein gleichzeitiger Zugriff auf die Informationsbestände der einzelnen Datenbanken möglich wird. Die Vorteile einer Integration der verschiedenen Datenbestände liegen dabei auf der Hand: Den Informationssystemen des Unternehmens steht eine einheitliche und umfassende Datenbasis zur Verfügung. Erst auf dieser Grundlage kann ein umfassendes Enterprise Resource Planning (ERP) System, wie wir es an späterer Stelle noch aufzeigen, realisiert werden. Allerdings stellt das Data Warehouse sehr hohe Anforderungen an die Qualität der einbezogenen Daten. So müssen beispielsweise Überschneidungen und Doppelungen erkannt und beseitigt werden.

- Im Verlauf der 70er Jahre führte der Durchbruch der Methoden des Operations Research zur Entwicklung von **Entscheidungsunterstützungssystemen (EUS),** im Englischen als Decision Support Systems (DSS) bezeichnet. Sie gehen über die reine Datenversorgung, wie sie die MIS-Systeme leisten, hinaus und wollen die Entscheidungsträger durch den Einsatz verschiedener Modelle und Methoden der Datenauswertung während des gesamten Planungs- und Entscheidungsprozesses unterstützen. Allerdings waren auch bei diesen Systemen zunächst verschiedene technische Mängel festzustellen. Darüber hinaus fiel es schwer, Manager davon zu überzeugen, dass der Einsatz von Informationssystemen sie auch bei kreativen Managementaufgaben unterstützen und entlasten kann.
  Heute haben sich entsprechende Systeme, teilweise unter anderen Namen, bei den Unternehmen durchgesetzt. Sie leisten insbesondere bei schlecht strukturierten Entscheidungssituationen Unterstützung in Form von Assistenz-Funktionen. So können, ausgehend von der operativen Datenbasis, Sensitivitäts- und Trendanalysen oder komplexere Simulationen durchgeführt werden. Allerdings stellen EUS-Systeme auch heute noch relativ hohe Anforderungen im Hinblick auf methodische und datenverarbeitungstechnische Kenntnisse, so dass sie i.d.R. nicht vom Top-Management, sondern eher auf der Ebene des mittleren Managements eingesetzt werden.
- Auf das Top-Management zielen die sich seit Beginn der 90er Jahre verbreitenden **Führungs-Informationssysteme** (**FIS**; englisch: Executive Information Systems, EIS) ab. Sie dienen der bedarfsorientierten überblicksartigen Informationsbeschaffung und sind einfach zu bedienen. Da sie sowohl harte als auch weiche, unternehmensinterne und -externe Informationen für das Management aufbereiten müssen, sind die entsprechenden Anforderungen an die Informationstechnologie besonders hoch. Darüber hinaus sind FIS regelmäßig an die unternehmensspezifischen Gegebenheiten anzupassen, so dass nur bedingt Standardlösungen zum Einsatz kommen können. In der Praxis ist allerdings auch das umgekehrte Vorgehen zu beobachten, nach dem sich das betriebliche Führungssystem, z.B. in seinen Organisationsstrukturen oder Prozessabläufen, an das genutzte FIS anpasst. So implementiert ein FIS häufig neue Kommunikationswege und erschließt neue Informationskanäle, die auch vom Management auf niedrigeren Ebenen genutzt werden können (Enterprise Information System).
  Da Führungs-Informationssysteme dennoch die oberste Führungsebene als Zielgruppe besitzen, verfügen sie über ausgeprägte Kommunikationselemente, sind dialogorientiert und besitzen eine intuitiv nutzbare und individuell anpassbare Benutzeroberfläche. Die Darstellung der Unternehmenssituation und des Unternehmensumfeldes erfolgt über Indikatoren, welche die kritischen Erfolgsfaktoren des Unternehmens wiedergeben. Stellt das System Abweichungen zu den gemachten Sollvorgaben fest, muss es den Benutzer alarmieren. Es führt also eine permanente latente Überwachung der Kennzahlen durch und informiert rechtzeitig über Risiken, aber auch Chancen (Frühwarnsystem).

In dieser Situation kommt es darauf an, dass das System über ausreichende **Drill Down Funktionalitäten** verfügt. Sie ermöglichen es dem Manager, durch eine schrittweise Detaillierung der Daten Ursachenforschung zu betreiben. Dies entspricht dem Vorgehen top-down, bei welchem dem Entscheidungsträger im Bedarfsfall die Möglichkeit gegeben wird, auf weniger aggregierte Kennzahlen oder sogar die Rohdaten zuzugreifen. Stellt ein FIS beispielsweise einen sinkenden Monatsgesamtumsatz in einem internationalen Unternehmen fest, kann sich der Manager zunächst die nach Weltmarktregionen gegliederten Umsatzzahlen zeigen lassen. In der nächsten Ebene kann er dann auf die Umsatzzahlen je Land zugreifen. Reicht ihm diese Information noch nicht aus, kann er sich auf der untersten Ebene die Verkaufszahlen je Standort ausgeben lassen. Zu beachten ist bei einer solchen Funktion allerdings, dass sie definierte logische Abhängigkeiten zwischen den einzelnen Informationsobjekten benötigt.

Zur Darstellung der Situation einzelner Indikatoren werden häufig die Farben der Ampel verwendet, so dass eine Einhaltung der Vorgaben mit grün, eine tolerierbare Abweichung mit gelb und eine gravierende Abweichung (Chancen und Risiken) mit rot gekennzeichnet ist. Eine solche intuitive und übersichtliche Aufbereitung der Informationen ermöglicht dem Manager eine Führung nach dem Ansatz des Management by Exception, bei dem er nur im Falle von Abweichungen bzw. Ausnahmen aktiv wird (siehe hierzu F.IV.2.b.).

Für die erfolgreiche **Einführung eines FIS** lassen sich vier wesentliche **Erfolgsfaktoren** identifizieren. Zum Ersten müssen die Systeme strategisch ausgerichtet sein, also sowohl aus betriebswirtschaftlicher als auch aus informationstechnischer Sicht den Anforderungen des Top-Management genügen und in die Unternehmensstrategie eingebunden sein. Zum Zweiten ist der Faktor Kommunikation von großer Bedeutung. Er bezieht sich dabei nicht nur auf eine Mensch-Maschine-, sondern auch auf eine Mensch-Mensch- und Maschine-Maschine-Kommunikation. Ziel ist es, durch eine möglichst große Vernetzung ein leistungs- und ausbaufähiges Gesamtsystem zu entwickeln. Darauf aufbauend ergibt sich der dritte Erfolgsfaktor, die Integration. Sie muss zum einen innerhalb der Informationssysteme erfolgen, so dass beispielsweise methodisch geschulte Assistenten durch Nutzung des Entscheidungsunterstützungssystems Auswertungen durchführen, deren Ergebnisse dann dem obersten Management im Führungs-Informationssystem zugänglich gemacht werden. So sind die in Abbildung F-IV-50 gekennzeichneten Informationssysteme aufeinander abzustimmen und zu vernetzen. Zum anderen muss aber auch eine Integration in die bestehenden Abläufe und Organisationsstrukturen erfolgen. Der vierte Erfolgsfaktor hat eine hohe Flexibilität zum Gegenstand, so dass die Systeme einerseits an die Anforderungen der Benutzer anpassbar sein müssen und andererseits auch die sich meist schnell verändernde Unternehmensumwelt berücksichtigen.

Diese Anforderungen können zurzeit aber nur teilweise erfüllt werden, so dass die Verbreitung entsprechender Systeme innerhalb des oberen Managements heute noch gering ist. Aufgrund der sich immer kurzfristiger wandelnden ökonomischen Rahmenbedingungen und der steigenden Komplexität der unternehmensinternen Strukturen und Abläufe wächst jedoch das Bedürfnis nach einer zielorientierten Entscheidungsunterstützung. Für die Zukunft ist deshalb mit einer forcierten Weiterentwicklung und einem verstärkten Einsatz von FIS zu rechnen.

- Die bisher aufgezeigten betrieblichen Informationssysteme konzentrieren sich auf die Bereitstellung von entscheidungsrelevanten Informationen für Mitarbeiter und Manager. Vernachlässigt haben wir hingegen Informationssysteme, die auf betriebsexterne Adressaten abzielen. Insbesondere durch die Entwicklung des World Wide Web stehen heute Kunden, Lieferanten und sonstigen Interessenten eine Vielzahl an Informationsmöglichkeiten zur Verfügung. Sie können sich über die Homepage aktuelle Informationen zu Produkten oder der Geschäftsentwicklung holen, werden durch automatisierte E-Mail-Dienste über neue Angebote informiert oder werden von elektronischen Assistenten bei der Kaufentscheidung beraten. Diese elektronisch unterstützten Prozesse und Beziehungen zwischen den verschiedenen Geschäftspartnern, Mitarbeitern und/ oder Kunden werden heute als **Electronic(E)-Business** bezeichnet. Sie lassen sich entsprechend den beteiligten Kommunikationspartnern in neun Kategorien unterteilen, die in Abbildung F-IV-52 dargestellt sind.
  Von besonderem Interesse sind dabei die Kategorien Business to Business (B2B) und Business to Consumer (B2C). Sie entsprechen den Schnittstellen innerhalb einer mehrstufigen Wertschöpfungskette. Im Zeitverlauf haben sich hier zwei spezialisierte Informationssysteme herausgebildet, die im Folgenden kurz charakterisiert werden:

  - An der Schnittstelle B2B werden längerfristige Beziehungen zwischen Geschäftspartnern betrachtet, die entlang der Wertschöpfungskette bestehen. Ein großer Anteil der hier anfallenden Kommunikation dient der Abwicklung von Beschaffungsvorgängen. Sie wird in steigendem Maße über einen elektronischen Kanal durchgeführt und von **Electronic(E)-Procurement-Systemen** unterstützt. Hierbei werden insbesondere die Phasen der Information und Anbahnung sowie die darauf folgende Abwicklung in entsprechende Systeme integriert. Die langfristig ausgerichtete strategische Beschaffungsplanung sowie die Verhandlungen über die zukünftige Mengen- und Konditionenpolitik werden hingegen meist nicht über diese Systeme durchgeführt. Daher eignen sich E-Procurement-Lösungen insbesondere für die Beschaffung von regelmäßig zu beziehenden Einsatzgütern. Durch die Anbindung an andere operative Informationssysteme, wie beispielsweise Warenwirtschafts- und ERP-Systeme, kann die Effizienz und Transparenz des Beschaffungsprozesses gesteigert werden, wodurch sich neue Kontroll- und Steuerungsmöglichkeiten bieten.
  - An der Schnittstelle zwischen dem Unternehmen und seinen Kunden (B2C) kommt das Konzept des **Customer Relationship Managements (CRM)**, wie wir es in F.II.2.a. vorgestellt haben, zur Anwendung. Die hier eingesetzten Informationssysteme sollen den gesamten Kundenbeziehungsprozess

abbilden und die Umsetzung dieses kundenorientierten Managementansatzes unterstützen. Betrachtet man den Aufbau entsprechender Systeme, lassen sich drei Komponenten unterscheiden:

| *Nachfrager* / *Anbieter* | *Consumer* | *Business* | *Administration* |
|---|---|---|---|
| *Consumer* | **C2C** z.B. Flohmarkt, Community mit Kleinanzeigen | **C2B** z.B. Jobbörse mit Angeboten von Arbeitnehmern | **C2A** z.B. elektronische Abgabe der privaten Steuererklärung |
| *Business* | **B2C** z.B. E-Shop, E-Mail | **B2B** z.B. E-Procurement zur Ausschreibung von Aufträgen | **B2A** z.B. elektronische Abgabe der Steuererklärung des Unternehmens |
| *Administration* | **A2C** z.B. Abwicklung von Unterstützungsleistungen | **A2B** z.B. öffentliche Ausschreibungen online | **A2A** z.B. interne Behördenabwicklungen |

**Abb. F-IV-52:** Kategorien des E-Business (Quelle: SCHWARZER/ KRCMAR 2004)

* Das analytische CRM befasst sich mit der Zusammenführung aller vorhandenen Kundeninformationen und bietet durch verschiedene Analysemethoden die Möglichkeit, Aufschluss über das Kundenverhalten und deren Motive zu erhalten. Die Basis für solche Auswertungen stellt die Implementierung eines unternehmensweiten Data Warehouses dar.
* Im Rahmen des operativen CRM erfolg dann aufbauend auf den Erkenntnissen des analytischen CRM eine kundenorientierte Anpassung der Unternehmensprozesse. Hier kommen IT-Systeme zum Einsatz, um beispielsweise die Antwortzeiten für die Beantwortung von Kundenanfragen zu senken.
* Das kollaborative CRM hat neben der Steuerung und Unterstützung auch die Synchronisation der Kontaktkanäle zum Kunden zum Inhalt. Sein Ziel ist ein individueller Kundendialog, bei dem ein einheitliches Bild des Unternehmens vermittelt wird (One Face to the Customer).

Gelingt es, im Rahmen des Informationsmanagements diese Systeme in die Informationsarchitektur des Unternehmens zu integrieren, kann die gesamte Prozesskette über das einzelne Unternehmen hinaus vom Lieferanten bis zum

Kunden betrachtet und optimiert werden. Unter Einsatz moderner Modellierungsmethoden kann so die gesamte Lieferkette, entsprechend dem in F.IV.1.a. ausführlicher dargestellten Konzept des **Supply Chain Management (SCM)**, analysiert, geplant und gesteuert werden.
In Folge einer solchen **horizontalen Integration**, bei der die einzelnen Anwendungssysteme zu einem Gesamtsystem verbunden werden, wird es möglich, alle Leistungs-, Finanz- und Informationsprozesse eines Unternehmens, wie wir sie in Abbildung F-IV-53 für ein Produktionsunternehmen mit mehrstufiger Fertigung skizziert haben, für das Management transparent zu machen. So können alle Ressourcen des Unternehmens abgebildet und die Grundlage für eine ganzheitliche Steuerung geschaffen werden.
Bei dem in Abbildung F-IV-53 aufgezeigten Prozess gewinnen die Unternehmen zunächst im Rahmen des **Marketing** bzw. der **Produktplanung (1)** Informationen über die Wünsche und Bedürfnisse ihrer Kunden. Diese finden dann Eingang in weitere Aktivitäten des Unternehmens. Auf dieser Basis kann die **Entwicklung (2)** neuer oder die Anpassung bestehender Produkte erfolgen. Erhält die **Fertigungsplanung (3)** anschließend nähere Informationen bezüglich der Spezifikationen der Produkte sowie der Anforderungen der Produktion, kann sie die benötigten Arbeitsplätze bestimmen und die erforderlichen Materialien/ Vorprodukte/ Anlagen an den **Einkauf (4)** zur Beschaffung weitergeben. Sind diese Grundlagen geschaffen, besteht die Aufgabe der **Fertigungsorganisation (5)** darin, alle für die Produktion wesentlichen Faktoren zu planen, zu steuern und zu überwachen. Wie die Abbildung zeigt, ist die Fertigungsorganisation dabei auf umfangreiche Informationen aller beteiligten Stellen angewiesen. So muss sie von der Entwicklung durch Daten und Spezifikationen einzelner Teile und Stücklisten, welche eine Aufstellung der nach Fertigungsstufen gegliederten Einzelteile eines Produktes enthalten, informiert werden. Darüber hinaus müssen ihr durch den **Verkauf (6)** aber auch Informationen über die Anzahl der vorliegenden und zu erwartenden Kundenaufträge sowie deren Fristigkeit – als Grundlage für die Planung der Produktionsmengen und -reihenfolge – mitgeteilt werden. Basierend auf diesen Angaben können dann der Produktionsablauf geplant und die benötigten Teile durch den Einkauf bestellt werden.
Der bisher dargestellte umfassende Informationsfluss bildet nun den Ausgangspunkt für den Materialfluss, wie er in der Mitte der Abbildung gekennzeichnet ist. Durch den Bereich Materialwirtschaft/ Logistik erfolgt nach Eingang der bestellten Waren vom Beschaffungsmarkt und deren Transport zu den entsprechenden **Lägern (7)** eine Information an die Fertigungsorganisation. Auf Grundlage der Zu- und Abgangsmeldungen der einzelnen Läger wird hier der Materialbestand überwacht und gesteuert, so dass bei Fehlmengen eine erneute Bestellung erfolgen kann. Sind hingegen alle für die Produktion benötigten Waren vorrätig, erhält die **Produktion (8)** die Fertigungsunterlagen, so dass der Materialfluss wieder in den Mittelpunkt rückt. Hier werden jetzt aus den Rohstoffen die benötigten Teile gefertigt, bevor im Zuge der Montage das Enderzeugnis entstehen kann. Dies wird in das **Enderzeugnislager** bzw. den **Versand (9)** gebracht, von wo aus wieder Informationen über die Zu- und Abgänge

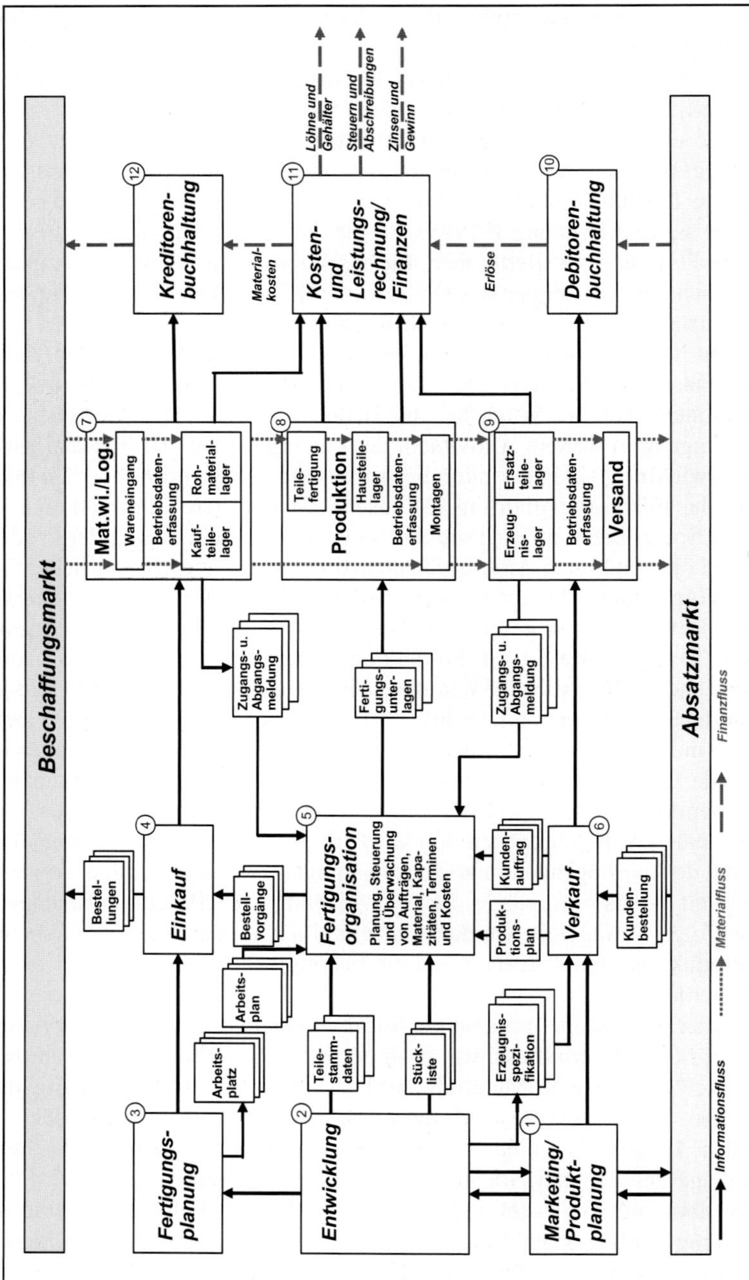


**Abb. F-IV-53:** Informations-, Material- und Finanzflüsse in einem Produktionsunternehmen

an die Fertigungsorganisation erfolgen. Abgänge treten hier durch den Versand der Produkte an den Kunden auf dem Absatzmarkt auf.
Der Produktversand markiert das Ende des Materialflusses und ist gleichzeitig ein wichtiger Bestandteil des Finanzflusses. Im Rahmen der **Debitorenbuchhaltung (10)** werden die Forderungen gegenüber den Kunden nach dem Produktversand sowie die eingehenden Kundenzahlungen erfasst; letztere werden mit den Daten aus Bestellung und Versand abgeglichen. Die erzielten Erlöse finden dann Eingang in die **Kosten- und Leistungsrechnung** respektive den Bereich **Finanzen (11)**, die/ der darüber hinaus auch Informationen über entstandene Kosten und Leistungen aus den anderen Fertigungsbereichen bezieht. Die Kosten für Rohstoffe, Materialien und Vorprodukte werden durch die **Kreditorenbuchhaltung (12)** mittels Informationen über den Wareneingang geprüft. Mit den Erlösen aus der Debitorenbuchhaltung durch die Produktverkäufe werden die offenen Rechnungen der Lieferanten auf dem Beschaffungsmarkt bezahlt. Zusätzlich zu den Materialkosten leistet die Kosten- und Leistungsrechnung bzw. der Bereich Finanzen noch weitere Zahlungen, wie beispielsweise für Löhne, Gehälter und Steuern. Durch die Kosten- und Leistungsrechnung wird – wie an früherer Stelle ausgeführt (F.IV.5.a.) – der Erfolg der unternehmerischen Tätigkeit respektive der Deckungsbeitrag und Gewinn ermittelt. Durch den Bereich Finanzen wird die Liquidität gesteuert (F.IV.4.a.). Teile dieses Prozessschemas mit den drei Arten von Güterströmen/ -flüssen bzw. Stromgrößen hatten wir in vereinfachter Form bereits in Kapitel E. ausgeführt.
Wie bereits aufgezeigt, werden diese Informations-, Material- und Finanzflüsse bereits innerhalb der einzelnen Organisationseinheiten oder Aufgabengebiete durch Informationssysteme unterstützt. So dienen die CA-Techniken der Produktentwicklung und Automatisierung der Produktion, die PPS-Systeme der Produktionsplanung und der Fertigungsorganisation, die Systeme der Materialwirtschaft dem Erfassen und Steuern des Materialflusses und die CRM-Systeme der Unterstützung des Verkaufs. Die Aufgaben des Einkaufs werden durch E-Procurement-Lösungen erleichtert, und die Kosten- und Leistungsrechnung wird meist durch Informationssysteme des Finanz- und Rechnungswesens unterlegt.
Das Ziel der horizontalen Integration ist es nun, diese **partiellen Anwendungssysteme** in der Art zu **verbinden**, dass eine einheitliche Steuerung der Prozesse und Ressourcen erfolgen kann. Somit sollen nicht, wie es bisher der Fall war, nur die einzelnen abteilungs- bzw. bereichsspezifischen Anwendungen optimiert werden, sondern es erfolgt eine integrierte Betrachtung und Gestaltung aller Informationssysteme. Das Hauptaugenmerk liegt dabei auf der Schaffung einer einheitlichen Datenbasis, da so zum einen Mehraufwände und erhöhte Fehlerraten durch eine mehrfache Erfassung der Daten vermieden bzw. verringert werden. Zum anderen ist dies die Voraussetzung für eine umfassende Information des Managements im Allgemeinen und der Unternehmensleitung im Besonderen. Erst durch die Integration dieser eher mengenorientierten operativen Teilsysteme (TVS) können die verschiedenen ebenenspezifischen Anwendungssysteme, wie das MIS, das EUS und das FIS (Abb. F-IV-50), ihre jeweiligen Benutzer effektiv und effizient mit den von ihnen benötigten Informatio-

nen versorgen. Erfolgt eine solche durchgängige Gestaltung der Anwendungssysteme entlang der Unternehmenshierarchie, spricht man von einer **vertikalen Integration.**

Das Konzept eines alle wesentlichen Aufgabenbereiche und Prozesse umfassenden Anwendungssystems wird als **Enterprise Resource Planning (ERP)** bezeichnet. An diese Anforderungen angepasste Standardsoftwarepakete werden mittlerweile von einer Vielzahl von Softwaredienstleistern angeboten. Die einzelnen Lösungen können dabei auf die speziellen Bedürfnisse einzelner Branchen angepasst sein, wie beispielsweise die ERP-Software C/S-Uhren der Firma C/S-Solutions GmbH, welche die Besonderheiten bei der Uhrenherstellung und dem Uhrenvertrieb berücksichtigt. Oder sie sind branchenneutral ausgestaltet, wie es bei der Enterprise Service Architecture von SAP oder bei der Microsoft Business Solution – NAVISION der Fall ist.

Einen etwas anderen Ansatz als die ERP-Systeme verfolgen die **Workflow-Management-Systeme (WMS)**. Bei ihnen steht der konkrete Aufbau der Geschäftsprozesse, wie wir sie bereits oben beschrieben haben, im Vordergrund. Er wird unter Einbezug der jeweiligen beteiligten Stellen und Personen im Unternehmen definiert und anschließend weitgehend durch das System gesteuert. Somit liegt diesen Anwendungssystemen meist neben einer Beschreibung der genauen Abläufe auch ein genaues Modell der betrieblichen Organisationsstruktur zu Grunde. Das häufigste Einsatzgebiet entsprechender Lösungen stellt das Dokumentenmanagement dar. Hier übernimmt das System die Weiterleitung und Speicherung z.B. von digitalisierten Anträgen in einer Behörde. Entsprechend den vorgegebenen Arbeitsabläufen präsentiert das System die Anträge den verantwortlichen Mitarbeitern in der richtigen Reihenfolge. Auf diesem Wege ersetzt es die Aktenstapel auf den Schreibtischen der Mitarbeiter.

Obwohl die Optimierungs- und Einsparungspotenziale entsprechender ganzheitlicher ERP- oder WM-Systeme sehr groß sind, treten in der Realität allerdings häufig große Probleme bei deren Einführung auf. So sind bei einer nicht kleinen Anzahl von Unternehmen entsprechende Integrationsbemühungen in der Vergangenheit gescheitert, was in der Praxis zu einer starken Zurückhaltung gegenüber solchen Vorhaben geführt hat. Neben den verschiedenen technischen Problemen besteht das größte Hindernis darin, dass Entwicklung, Implementierung und Betrieb solcher umfassender Informationssysteme meist mit hohen Kosten verbunden sind, die zu Beginn der Projekte nur unzureichend geschätzt werden können. Durch den Einsatz betrieblicher Standardsoftware, die entweder als einzelne Programme bestimmte Anwendungen beinhalten, z.B. jeweils nur die Finanzbuchhaltung oder nur die Fakturierung, oder als Programmpakete mehrere betriebliche Anwendungsgebiete abdecken, kann das mit einer unternehmenseigenen Entwicklung verbundene Risiko vermieden werden. Allerdings ist auch mit dieser von IT-Dienstleistern wie SAP oder IBM angebotenen Standardsoftware noch ein Implementierungsrisiko verbunden. Daher gehen mittlerweile viele Unternehmen und IT-Dienstleiter zu **modular aufgebauten Softwarelösungen** über. Hier können, aufbauend auf einer einheitlichen Datenbank, verschiedene Funktionalitäten entsprechend den momentanen Bedürfnissen des Unternehmens implementiert werden. Falls zu einem späteren

Zeitpunkt weitere Bausteine benötigt werden, lassen sich diese nachträglich ergänzen (Baukastensystem). Somit können Unternehmen mit einer „kleinen Lösung" starten und diese Schritt für Schritt erweitern.
Einen Schritt weiter geht hier das in Walldorf ansässige Softwareunternehmen SAP. Der Weltmarktführer bei integrierter betriebswirtschaftlicher Standardsoftware bietet mit seinem SAP R/3 System bereits seit 1992 ein modular gestaltetes Anwendungspaket an. Es unterteilt sich in die drei Funktionsgruppen Personal, Logistik und Rechnungswesen, die durch zusätzliche anwendungsübergreifende Funktionen, wie Textverarbeitung, Datenarchivierung und E-Mail, ergänzt werden. Im Bedarfsfall können weitere Komponenten, wie CRM- oder SCM-Lösungen, integriert werden. Soweit entspricht das Angebot dem oben beschriebenen Baukastensystem. Eine Neuheit stellt die weiterentwickelte Technologieplattform NetWeaver dar, die im Rahmen der Verwirklichung der neuen Enterprise Service Architecture eingeführt wird. Sie bildet einen tragfähigen Unterbau für ein unternehmensweites Anwendungssystem, indem es bestehende Systeme über geeignete Schnittstellen einbindet. Somit ist ein Unternehmen – im Hinblick auf eine Integration der Anwendungssysteme – nicht mehr gezwungen, alle Komponenten von einem Anbieter zu beziehen und damit bisher bestehende Lösungen zu ersetzen, sondern kann diese kostengünstig in ein Komplettsystem einfügen. Auf diese Weise ist es möglich, die bei den Unternehmen bestehenden Ängste vor zu großer Abhängigkeit von einem Anbieter abzubauen. Darüber hinaus sichert die Nutzung von Internet-Standards wie HTTP und XML auch für die Zukunft Offenheit und Erweiterbarkeit der Lösung. Das Ziel für das Jahr 2004, 1.000 Referenzkunden für NetWeaver zu gewinnen, hatte SAP bereits im August 2004 erreicht. Auf dieser Basis lassen sich z.B. Anwenderberichte erstellen, die dann für Verbesserungen oder zur Akquisition neuer Kunden eingesetzt werden können. Für das Jahr 2006 kann festgestellt werden, dass die neue Architektur vom Markt gut angenommen wird, zur Jahresmitte beläuft sich die Anzahl installierter NetWeaver-Komponenten bereits auf 31.000. Durch eine beständig gute Auftragslage konnte SAP im ersten Halbjahr 2006 1.800 Einstellungen – gerechnet in Vollzeitbeschäftigten – vornehmen. Hinzukommen steigende Lizenzumsätze, so dass SAP seine Position als Weltmarktführer im Core Enterprise Application Softwaremarkt weiter ausbauen konnte.

## V. Literaturhinweise zum Kapitel F

### *Zu F.I. Die Prozesse und Phasen der Wertschöpfungskette:*

Becker (2006); Eisele (2005b); Kotler/Bliemel (2001); Krüger (2005); Nieschlag/Dichtl/Hörschgen (2002); Porter (1980/2003); Porter (1985/2000); Porter/Millar (1985); Schierenbeck (2003); Seidel/Temmen (2003); Stabell/Fjeldstad (1998);

Staehle (1999); Töpfer/Heymann (2000); Töpfer/Mehdorn (1995); Ulrich/Fluri (1995); Wild (1973a); Woll (2003)

## *Zu F.II. Übergeordnete Wertschöpfungsprozesse:*

Becker (2006); Böcker/Helm (2003); Helm (2006); Korndörfer (2003); Kotler/Bliemel (2001); Meffert (2000); Nieschlag/Dichtl/Hörschgen (2002); Raffée/Wiedmann (1989); Schierenbeck (2003); Thommen/Achleitner (2006); Wieselhuber/Töpfer (1986); Wöhe/Döring (2005); Zentes (1984)

### F.II.1. Strategie: Unternehmensentwicklung und Unternehmensplanung

3satBörse online (2002); Ansoff (1957); Ansoff (1965/1966); Arthur D. Little International (1986); Bamberger/Wrona (1996); Becker (2006); Bleicher (2004); Boston Consulting Group (BCG) (1968); BCG (2004); Camp (1989/1994); Chandler (1962); Collis/Montgomery (1995/1996); Crawford (1983/1992); Dörler/Rufer/Wüthrich (1994); Dunst (1983); Eschenbach/Eschenbach/Kunesch (2003); Gälweiler (1987); Gälweiler (1990); Geschka/Reibnitz, von (1987); Gilbert/Strebel (1987); Hahn/Taylor (2006); Hax/Majluf (1984/1991); Helm (2006); Henderson (1984); Hinterhuber (1990); Hinterhuber (2004); Hofer/Schendel (1978); Kaplan/Norton (1992/1992); Kaplan/Norton (1996/1997); Kleinaltenkamp (1987); Kotler/Bliemel (2001); Kreikebaum (1997); Leidecker/Bruno (1984); Macharzina (2005); Markowitz (1952); Markowitz (1959); Mehdorn/Töpfer (1996); Moltke, von (1900); Montgomery/Porter (2001); Nieschlag/Dichtl/Hörschgen (2002); Ohmae (1982/1986); Peters/Waterman (1982/2004); Pfeiffer u.a. (1991); Porter (1980/ 2003); Porter (1985/2000); Prahalad/Hamel (1990); Rappaport (1986/1995-1998/1999); Reibnitz, von (1992); Remmerbach (1988); Servatius (1986); Simon (1988); Staehle (1999); Steinle/Schmidt/Lawa (1995); Steinmüller (1997); Töpfer (1986a); Töpfer (1986b); Töpfer (1986c); Töpfer (1992b); Töpfer (1994); Töpfer (1995a); Töpfer (1996a); Töpfer (1996c); Töpfer (1996d); Töpfer (1997); Töpfer (2000c); Töpfer (2000d); Töpfer (2000e); Töpfer (2001a); Töpfer (2002b); Töpfer/Afheldt (1987a); Töpfer/Afheldt (1987b); Töpfer/Frost (2002); Töpfer/Heymann (2000); Töpfer/Mann (1996); Töpfer/Mehdorn (1995); TUI AG (2006); Ulrich/Fluri (1995); Wild (1982)

### F.II.2. Marketing als Marktorientierte Unternehmensführung

A.C. Nielsen GmbH (2005); Ahlert (1996); Alpmann (2005); Alpmann-Pieper (2006); Bankgesellschaft Berlin AG (2000); Bartels (1988); Bea (2004b); Beck (1997); Berners-Lee (1999/1999); Beukert (2002); Borden (1964); Brandes (2003); Bundesministerium für Wirtschaft und Arbeit (BMWA) (2001); Burghardt (2002); Bürlimann (2004); Butscher (1998); Cleveland/Mayben/Greff (2002); Conrady/Jaspersen/Pepels (2001); Conrady/Jaspersen/Pepels (2002); Cramer (2000); Dell Inc. (2006); Deutsches Patent- und Markenamt (2002a); Dichtl (1997); Dichtl/Schneider (1994); Diller (1977); Diller (2000); Diller/Hermann

(2003); Dörner/Staudinger (2002); Edeka-Gruppe (2004); Eggert (2001); Emmerich (2001); Engelhardt/Kleinaltenkamp/Reckenfelder-bäumer (1993); Esser (2002); Europäische Gemeinschaften (2002); Falk (1998); Freyer (2004); Fuchs (2003); Galbraith (1958/1959); GMA Gesellschaft für Markt- und Absatzforschung mbH (2005); Greff (2000); Greff (2001); Greff/Fojut (2003); Greff/Töpfer (1993); Große-Oetringhaus (1990); Große-Oetringhaus (1994); Große-Oetringhaus (1996a); Große-Oetringhaus (1996b); Gutenberg (1983); Gutenberg (1984); Hafner/Lyon (1996/2000); Harms (2001); Hartmann/Kreutzer/Kuhfuß (2003); Hildebrand (1997); Homburg (2006); Homburg/Rudolph (1997); Hopfenbeck (2002); Huber/Faust (2002); IBM Deutschland GmbH (2006); International Business Machines Corporation (IBM) (2005); IVG Immobilien AG (2005); Jäckel/Scholderer (2000); Jüttner-Kramny, (2005); JUNG von MATT (2003); Kapell (2002); Klunzinger (2006b); Köhler (2004); Kopp (2004); Kotler (1986/1986); KPMG Deutsche Treuhand-Gesellschaft (2004); KPMG Deutsche Treuhand-Gesellschaft (2006); Lancaster (1966); LANDS' END GmbH (2004); Lebensmittelzeitung LZ|Net (2005); Lausberg (2002); Lindner (1998); Maetsch (2001); Maier (2001); Mann (1998); McCarthy (1960); McNair (1931); Meffert (1980); Meffert (1994); Meffert (1999); Meffert/Bruhn (2005); Meffert/Burmann/Koers (2005); Methner (2002); METRO Group (2004); Mett (2003); Müller-Hagedorn (1985); Nieschlag (1954); Nieschlag/Kuhn (1980); Oberhuber (2000); Ott (1991); Pellinghausen (1998); Peppers/Rogers (1993/1994); Ploss/ Berger (2003); Plum & Partner (2005); Pottschmidt/Rohr (2003); Reeves (1961/1963); REWE-Handelsgruppe (2002); Rohde/Martens (2001); Ruoff (2003); Schmidt (2005); Schmitt (2003); Schneider (1983); Scholtys (2000); Schuhler (2003); Schweitzer (2003); Seidel/Menn (1988); Seidel/ Temmen (2003); Shannon/Weaver (1949/1976); Siegle/Thielmann (2003); Stadt Metzingen (2006); Stauss (1999); TCHIBO Holding AG (2004); Töpfer (1985b); Töpfer (1986c); Töpfer (1986d); Töpfer (1987); Töpfer (1990a); Töpfer (1992a); Töpfer (1992c); Töpfer (1993); Töpfer (1996e); Töpfer (1996f); Töpfer (1996g); Töpfer (1996h); Töpfer (1998b); Töpfer (1998c); Töpfer (1999d); Töpfer (1999f); Töpfer (1999g); Töpfer (2002c); Töpfer (2002d); Töpfer (2004a); Töpfer/Beck (1997); Töpfer/Duchmann (2000); Töpfer/Effenberger (1996); Töpfer/Greff (2000); Töpfer/Mann (1994); Töpfer/Mann (1995); Töpfer/Mann (1999); Töpfer/Mehdorn (2003a); Ullrich (2006); Varesi (2004); Wenzel (2004); Westermann (2002); Wiedmann (1993); Woll (2003); Zentes (1996); Zentes (2000)

## F.II.3. Corporate Identity/ Unternehmenskultur

Antonoff (1987); Atteslander (2006); Backhaus u.a. (2005); Beyer (1993); Beyer/Fehr/Nutzinger (1995); Birkigt/Stadler/Funck (2002); BMW AG (2004); Bruhn (2006); Bruhn (2003); Deal/Kennedy (1982/1987); Dierkes/Rosenstiel, von/Steger (1993); Dill (1986); Dill/Hügler (1997); Dormayer/Kettern (1997); Dülfer (1991); Dülfer (2001); Erikson (1959/2003); French/Bell (1973/1994); Friedrichs (1990); Greff/Töpfer (1993); Hammann/Erichson (2000); Heinen (1997); Heinen/ Fank (1997); Herbst (2003); Herbst (2006); Hofstede (1980/2001); Hofstede

(1991/1993); Hofstede/Bond (1988); Kroeber-Riel/Weinberg (2003); Kromrey (2006); Lay (1997); Lippincott Mercer (2004); Margulies (1977/1982); McGregor (1960/1970/1986); Oeckl (1964); Oeckl (1976); Ouchi (1981); Pascale/Athos (1981/1982); Peters/Waterman (1982/2004); Schein (1985/1995); Schreyögg (1993); Schultz (1995); Smircich (1983); Steinmann/Schreyögg (2005); Tomczak (1992); Töpfer (1990a); Töpfer (1996g); Töpfer (1999a); Töpfer (1999d); Töpfer (1999e); Töpfer (2000c); Töpfer (2000d); Töpfer (2000e); Töpfer (2001a); Töpfer (2002a); Töpfer (2002b); Töpfer (2002c); Töpfer/Frost (2000); Töpfer/Knierim (1993); Töpfer/Mann (1995); Töpfer/Zander (1985); Ulrich (1984); Waterman/Peters/Phillips (1980); Williamson (1975); Williamson (1985/1990); Wintershall AG (2004)

## *Zu F.III. Direkte Wertschöpfungsprozesse:*

Becker (2006); Helm (2006); Korndörfer (2003); Kotler/Bliemel (2001); Meffert (2000); Nieschlag/Dichtl/Hörschgen (2002); Schierenbeck (2003); Thommen/ Achleitner (2006); Wöhe/Döring (2005)

### F.III.1. Forschung und Entwicklung

Ansoff (1976/1981); Arnaout (2001); Arthur D. Little International (1988); Automobil-Forum GRAZ (2006); Bass (1999); Bauer (2002); Brockhoff (1984); Brockhoff (1999); Bullinger (1994); Bullinger/Warschat (1997); Bundesministerium für Bildung und Forschung (BMBF) (2000); BMBF (2002); BMBF (2003); BMBF (2004a); BMBF (2004b); BMBF (2004c); BMBF (2005a); BMBF (2005b); Bürgel (2000); Cohausz (2002); Creese/Moore (1990); DaimlerChrysler AG (2004a); DaimlerChrysler AG (2004b); DaimlerChrysler AG (2005); Deutsches Patent- und Markenamt (2002b); Deutsches Patent- und Markenamt (2004a); Deutsches Patent- und Markenamt (2004b); Deutsches Patent- und Markenamt (2005); Gemünden (1993); Gerybadze (2004); Hartmann (2003); Hauschildt (2004); Hauser/Clausing (1988/ 1988); In-Stat/MDR (2004); Koesters (1984); Krystek/Müller-Stewens (1993); L-B-Systemtechnik GmbH (2004); Leendertse (1999); Malorny u.a. (2001); Meyer (2003); Michel (1990); Müller-Böling/Seibt/Winand (1991); Oelsnitz, von der (2000); Organisation for Economic Co-operation and Development (OECD) (1994a), (1994b), (1997), (2002); Pleschak/Sabisch (1996); Prasad (1996); Rankers (2002); Remmerbach (1988); SANYO Electric Co., Ltd. (2001); Schlicksupp (1999); Scholz/Andres (1991); Schuhmacher (2002a); Schuhmacher (2002b); Schumpeter (1997); Schweitzer/ Schweitzer (2006); Semiconductor Industry Association (SAI) (2006): Sommerlatte/Töpfer (1991); Specht/Beckmann/Amelingmeyer (2002); Töpfer (1986a); Töpfer (1986b); Töpfer (1990b); Töpfer (1991a); Töpfer (1991b); Töpfer (1992d); Töpfer (1992e); Töpfer (1992f); Töpfer (1994); Töpfer (1995b); Töpfer (1995c); Töpfer (1996i); Töpfer (1996j); Töpfer (1996k); Töpfer/Effenberger (1996); Töpfer/Mehdorn (1995); Töpfer/Sommerlatte (1991); Töpfer/Vetter (1991); Töpfer/Zimmer (1996); WIKIPEDIA Enzyklopädie (2004a); WIKIPEDIA Enzyklopädie (2004b); Wildemann (2001a); Zangemeister (1976); Zeller (2003)

**F.III.2. Beschaffung**

Arnold (1997); Arnold (1998); Buchholz (1999); Covisint (2002); Droege & Comp. (1998); Eßig (1999); Heinen (1992); Kluck (2002); Küpper (1984); Töpfer (1996b); Töpfer (2002d); Troßmann (2006)

**F.III.3. Lagerhaltung**

Bloech u.a. (2004); Gertz (1998); Kosiol (1968); Kosiol (1972); o.V. (1998b); Zwehl, von/Kramer (1997)

**F.III.4. Produktion**

Berschens (1998); Bloech/Lücke (2006); Diefenthal (2001); Dudenhöffer (1998); Dudenhöffer (1999); Frühbrodt (2002); Gräßler (2004); Gutenberg (1983); Henderson (1984); Kistner/Steven (2002); Kloock (1984); Lamparter (2002); Lingnau (1994); o.V. (1997); o.V. (2000d); o.V. (2003); Ott (1991); Petri (2004); Piller/Stotko (2003); Staehle (1999); Stratmann (2000); Töpfer (2007a); Weitbrecht (2004); Wilgen (2004); Winkler/Vauth (2002); Zäpfel (2001)

**F.III.5. Absatz/ Vertrieb als Marketing im engeren Sinne**

Andresen (1988); Atkinson/Shiffrin (1968); Atkinson/Shiffrin (1971); Atteslander (2006); Backhaus u.a. (2005); Baddeley (2002); Bamberg/Baur (2002); Barry (1987); Baumgarth/Bernecker (1999); Bühl (2006); Campbell (1938); Corsten/Corsten (2000); Craik/Lockhart (1972); Cyert/March (1963); Erichson/Hammann (2005); Fahrmeir/Hamerle/Tutz (1996); Friedrichs (1990); Green/ Tull (1966/1982); Hammann/Erichson (2000); Jensen (2001); Jensen (2004); Klöppner (1997); Koschnick (2003); Kriz (1983); Kroeber-Riel (1983); Kroeber-Riel (1986); Kroeber-Riel (1987); Kroeber-Riel (1991); Kroeber-Riel (1993 und 1996); Kroeber-Riel/Esch (2004); Kroeber-Riel/Weinberg (2003); Kromrey (2006); Leven (1983); Leven (1991); March/Simon (1958/1976); Meffert (1992); Meyer-Hentschel-Management-Consulting & Partner (1993); Miles/Snow (1978/ 1986); Pepels (2006); Pratt/ Zeckhauser (1985); Reichardt/ Reichardt (2002); Sachs (2004); Stevens (1946); Töpfer/Förster (2001); Töpfer/Mann (1995); Wild (1973a); Williamson (1975); Williamson (1985/1990); Zwerenz (2006)

**F.III.6. Service/ Kundendienst**

Bruhn (2002); Mann (1998); Meffert/Bruhn (2005); Parasuraman/Zeithaml/Berry (1985); Parasuraman/Zeithaml/Berry (1988); Stauss/Seidel (2002); Töpfer (1992a); Töpfer (1992c); Töpfer (1996h); Töpfer (1998a); Töpfer (1998c); Töpfer (1999f); Töpfer (1999h); Töpfer (1999i); Töpfer (2004a); Töpfer/Mann (1994);

Töpfer/Mann (1999); Töpfer/Mehdorn (1995); Zeithaml/Parasuraman/Berry (1990/ 1992)

## *Zu F.IV. Flankierende Wertschöpfungsprozesse:*

### F.IV.1. Logistik/ Qualitätssicherung/ Ökologieorientierung

Baumgarten (1998); Bayerisches Staatsministerium für Landesentwicklung und Umweltfragen (2004); Becker (2006); Boekhoff (2003); Bogaschewsky/Rollberg (1998); Bösenberg/ Metzen (1995); Bruhn (2002); European Commission (2005);: Gertz (1998); Gienke (2000); Gottschalk (2004); Hahn (1999); Homburg/Krohmer (2006); Hucht (2001); Hummel/Malorny (2002); ISO Central Secretariat (2006); Kamiske (2000); Korndörfer (2003); Kraftfahrt-Bundesamt (2006); Kramer/ Brauweiler/Helling (2003); Meffert (2000); Mehdorn/Töpfer (1996); Nieschlag/ Dichtl/Hörschgen (2002); Nutzinger/Radke (1995); o.V. (1998b); Ohno (1993); Pfeifer (2001); Porsche AG (2004); Richarz/Kaiser (2003); Scheckenbach/Zeier (2003); Schierenbeck (2003); Schmidt-Räntsch (2005); Sciullo/Smihily (2005); Seghezzi (1996); smart gmbh (2004); Thommen/Achleitner (2006); Töpfer (1993); Töpfer (1995d); Töpfer (1996l); Töpfer (1999b); Töpfer (1999j); Töpfer (2002c); Töpfer (2007b); Töpfer/Mehdorn (1995); Troßmann (2006); Umweltgutachterausschuss beim Bundesministerium für Umwelt, Naturschutz und Reaktorsicherheit (2003); Vahrenkamp (1998); Verband der Elektrotechnik Elektronik Informationstechnik e.V. (VDE) (2006); Werner & Mertz GmbH (2006); Wildemann (1986); Wildemann (2001b); Wöhe/Döring (2005); Womack/Jones/Roos (1994); Zollondz (2002)

### F.IV.2. Personal/ Personalführung/ Organisationsentwicklung

Berthel (2004); Berthel/Becker(2003); Bisani (1995); Blake/Mouton (1984/1986); Deutsches Institut für Betriebswirtschaft (DIB) (2004); (DIB) (2006); Domsch/ Schneble (1992); Doppler/Lauterburg (2002); Fiedler (1967); French/Bell (1973/1994); Grosse Halbuer (2003); Hackman/Oldham (1980); Hentze/Olschinski (2003); Herzberg (1966); Herzberg/Mausner/Snyderman (1959); Hilb (2004); Jansen (2002); Jung (2006b); Kling (2000); Lewin (1947); Linnenkohl (2001); Maslow (1954/1977); McGregor (1960/1970/1986); Ouchi (1981); Porter/Lawler (1968); Reddin (1970/1977); Reichheld (1997); Rosenstiel, von (2003); Schäfer (2004); Scholz (2000); Schuler (1992); Staehle (1999); Tannenbaum/Schmidt (1958); Thommen/ Achleitner (2006); Töpfer (1981a); Töpfer (1981b); Töpfer (1984a); Töpfer (1992g); Töpfer (1999b); Töpfer (2000e); Töpfer/Zander (1982); Töpfer/Zander (1985); Weinert (2004); Welch (2002); White/Lippitt (1960); Wild (1973b); Witte (1969); Wunderer (2003)

### F.IV.3. Technologie und Investition

Blohm/Lüder/Schaefer (2006); Bullinger (1996); Bundesnetzagentur für Elektrizität, Gas, Telekommunikation, Post und Eisenbahnen (2006); Forster (1986); Franke/Hax (2004); Gausemeier/Ebbesmeyer/Kallmeyer (2001); Gerpott (1998); Gerpott (1999); Hauschildt/Staudt (1996); Hopfenbeck (2002); Informationszentrum Mobilfunk (2004); Jenner (2004); Jopp (2003); Krubasik (1982); Kruschwitz (1996); Kruschwitz (2004); Rolfes (2003); Saad/Roussel/Tiby (1991); Schierenbeck (2003); Schneider (2002); Töpfer (1991a); Wöhe/Döring (2005)

**F.IV.4. Finanzierung**

Akerlof (1970); Baseler Ausschuss für Bankenaufsicht (2004); Baumol (1952); Bestmann (2001); Bundesministerium der Finanzen (BMF) (2004d); Busse (2003); Deutsche Bundesbank (2004b); Deutsche Bundesbank (2006a); Deutscher Industrie und Handelskammertag (DIHK) (2004); Eilenberger (2003); Franke/Hax (2004); Grunert u.a. (2002); Hertz-Eichenrode (2004); Jung (2006a); Keynes (1936); Kosiol (1955); Kruschwitz (2004); Markowitz (1952); Markowitz (1959); Miller/Orr (1966); Modigliani/Miller (1958); Olfert/ Reichel (2005); Perridon/Steiner (2004); Schierenbeck (2003); Seicht (2001); Spremann (1996); Süchting (1995); Thommen/Achleitner (2006); Wöhe/Bilstein (2002); Wöhe/Döring (2005)

**F.IV.5. Rechnungwesen/ Controlling**

Agthe (1963); Baetge (2002); Baetge/Kirsch/Thiele (2004); Baum/Coenenberg/ Günther (2004); Böcking (2002a); Böcking (2002b); Coenenberg (2003a); Coenenberg (2003b); Deimel (2002a); Deimel (2002b); Eisele (2002a); Eisele (2002b); Gabele/Mayer (2003); Geib/Gelhausen/Gelhausen (2000); Gelhausen/ Burkhard/Klein (2002); Gesellschaft für Internationale Rechnungslegung (2004); Günther (1997); Handelskammer Hamburg (2004); Horváth (2006); Kaplan/Norton (1996/1997); Klingebiel (2003); Klooch/Sieben/ Schildbach (1999); Krawitz (2001); Krosse (2004); Kümpel (2002); Küpper (2005); Leffson (1987); Mayer (2002); Mellerowicz (1974); Pietsch/Schern (2001); Plaschke (2003); Scheffler (2002); Schierenbeck (2003); Schmalenbach (1963); Stelter (1999); Schweickart/Töpfer (2006); Thommen/Achleitner (2006); Töpfer (2000e); Weber (2004); Wöhe/Döring (2005)

**F.IV.6. Information und Kommunikation**

Bartlett/Ghoshal (1990); Bode (1993); Erichson/Hammann (2005); Godow/Grimm (2003); Hannig (2002a); Hansen (2000); Hansen/Neumann (2001); Hayek (1945); Heinrich (2005); Heinrich/Heinzl/Roithmayr (2004); Krcmar (2005); Mauerer/Töpfer (2000); Ottomeier (2004); Ottomeier/Clark (2004); Picot/Maier (1993); Reichwald (1993); Robbins (2001); SAP AG (2006); Scheer (1988); Schwarzer/Krcmar (2004); Spath/Weck/Seliger (1996); Staehle (1999); Stahlknecht/ Hasenkamp (2002); Stickel (1997); Töpfer (1976a); Töpfer (2004b); Töpfer/Mehdorn (2003a); Unger/Fuchs (1999); Wild (1982); Zahn (2005)

# Kapitel G
# Strukturen von Unternehmen

**– Welche Alternativen der aufbauorganisatorischen Strukturierung gibt es, und wie stehen diese in Beziehung zu wesentlichen Unternehmensprozessen? –**

## I. Organisation als zielorientierte und ganzheitliche Strukturierung

| |
|---|
| Nach welchen Aspekten kann der Begriff der Organisation unterschieden werden? Wie lässt sich hieraus das Spektrum der betriebswirtschaftlichen Organisationslehre entwickeln? Wie unterscheiden sich Aufbau- und Ablauforganisation? Welchen Grundsätzen und Konzepten folgt die organisatorische Gestaltung? Was sind wesentliche Organisationsprinzipien zur Strukturierung von Verteilungsbeziehungen? |

### 1. Organisatorische Aspekte und Zusammenhänge

Der Begriff Organisation weist umgangs- wie fachsprachlich eine große Vielfalt auf. Mit der Abbildung G-I-1 wird das betriebswirtschaftlich relevante Bedeutungs- und Inhaltsspektrum des Organisationsbegriffes verdeutlicht.

Beim Gebrauch der Organisationsvokabel sind die im oberen Teil der Abbildung G-I-1 aufgeführten **drei semantischen Aspekte** zu unterscheiden:

- Mit dem Substantiv Organisation kann ein Unternehmen zunächst im Ganzen bezeichnet werden. In der entsprechenden Aussage „Ein Unternehmen ist eine Organisation" wird der Begriff also im Nominativ verwendet. Bei diesem **institutionalen Blickwinkel** wird auf die bei Unternehmen als sozio-ökonomisch-technisch-ökologischen Gebilden grundsätzlich notwendige Ordnung ihrer Teilglieder abgehoben. Hierbei geht es um den generellen Phänomenbereich der Organisation, und so umgreift dieser begriffliche Aspekt letztlich das Erfahrungsobjekt (siehe hierzu A.I.2.) der betriebswirtschaftlichen Organisationslehre.

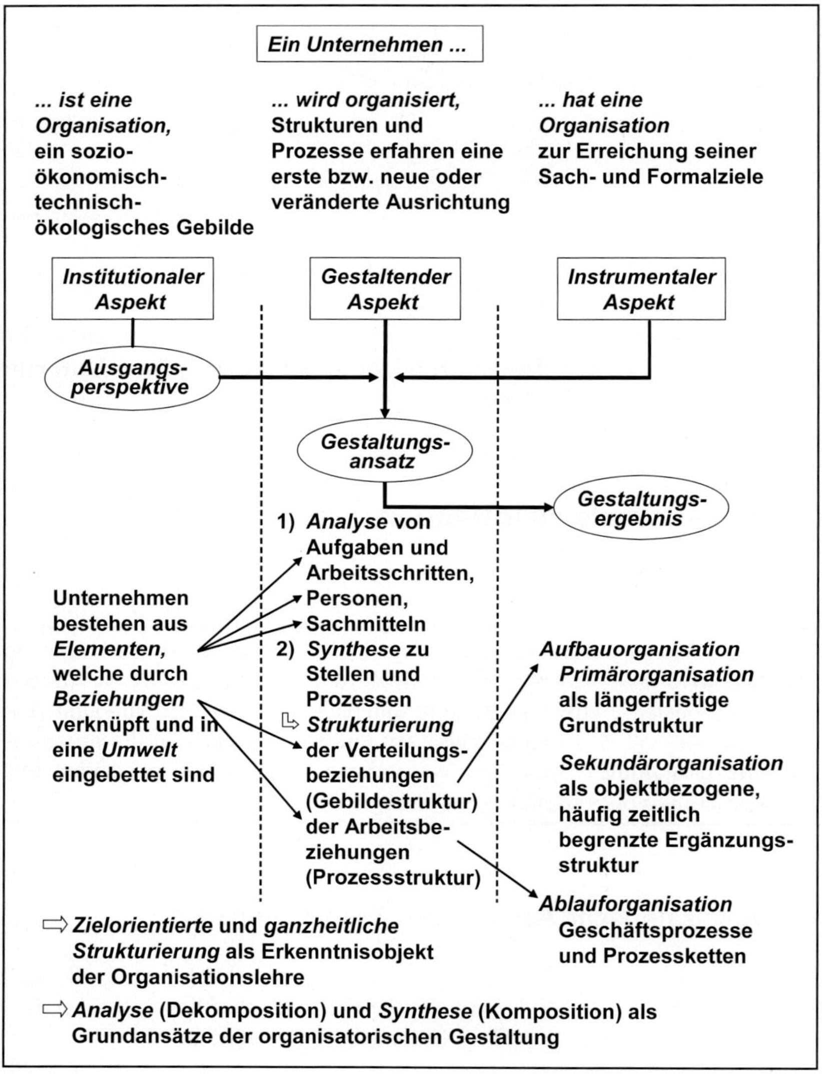


**Abb. G-I-1:** Organisatorische Aspekte und Zusammenhänge

- Mit der Aussage „Ein Unternehmen wird organisiert" und damit dem Einsatz des Organisationsterminus als Verb steht der **Aspekt der Gestaltung** von unternehmerischen Strukturen und Prozessen im Vordergrund. Der Gegenstand dieser Tätigkeit besteht darin, diese so auszurichten, dass eine effiziente und effektive Erfüllung der Zielsetzungen eines Unternehmens prinzipiell sichergestellt sind.

- Demgegenüber wird mit der Aussage „Ein Unternehmen hat eine Organisation" ein übergeordneter Verwendungskontext angesprochen. Im Fall der Organisation besteht dieser allgemeine Mittel-Zweck-Zusammenhang darin, dass sie als tragendes Gerüst die strukturelle und prozessbezogene Basis zur Erreichung der Sach- und Formalziele (siehe hierzu D.I.3.) eines Unternehmens bildet. Diese Begriffsverwendung erfolgt damit aus einem **instrumentalen Standpunkt**. Die Organisation wird hierbei in einen übergreifenden Bezug eingeordnet, und damit ist die Basis für das organisationsbezogene Erkenntnisobjekt (siehe hierzu A.I.3.) der Betriebswirtschaftslehre gelegt.

**Ebenen der betriebswirtschaftlichen Organisationslehre**

Die vorstehend herausgearbeiteten begrifflichen Abgrenzungen lassen sich durch die Zuordnung von Inhalten und das Aufzeigen ihrer Zusammenhänge zu einem grundlegenden Überblick zu den verschiedenen **Ebenen der betriebswirtschaftlichen Organisationslehre** erweitern. Dieser wird mit den unteren Teilen der Abbildung G-I-1 vermittelt:

- In der ersten Rubrik ist die Ausgangsperspektive, ein Unternehmen insgesamt als Organisation zu betrachten, mit einer inhaltlichen Kennzeichnung unterlegt worden. Unter Verwendung der bereits im Kapitel A. vorgestellten systemtheoretischen Terminologie lässt sich festhalten, dass Unternehmen aus einzelnen Elementen bestehen, welche durch Beziehungen miteinander verknüpft sind. Über eine Fortführung solcher Relationen in das Umsystem eines Unternehmens sind dabei auch dessen jeweilige Umweltbezüge zu berücksichtigen.
- Diese Begriffsbestimmung weist drei wesentliche Bestandteile auf, aus denen heraus die Thematik der Organisation von Unternehmen in wissenschaftlicher und praktischer Sicht erschlossen werden kann. Wie in der mittleren Rubrik der Abbildung G-I-1 dargestellt, ist hierfür zunächst eine Aufgliederung der **Elemente** und ihrer **Beziehungen** aus organisatorischer Sicht vorzunehmen. Die **Umwelt** fungiert schließlich deshalb als Schlüsselbegriff, weil im Hinblick auf deren Einbeziehung verschiedenartige Ansätze der Organisationstheorie gegeneinander abgegrenzt werden können. Hierauf kommen wir am Ende dieser Einführung zu organisatorischen Aspekten und Zusammenhängen noch einmal zurück.

Von dem in der linken Rubrik der Abbildung G-I-1 enthaltenen Elementbegriff gehen folgende Ableitungen aus:

- Als sozio-ökonomisch-technisch-ökologische Systeme können Unternehmen auf die **Organisationselemente Aufgaben, Personen und Sachmittel** zurückgeführt werden. Zu dieser generellen Differenzierung werden in Teilen der Literatur noch Erweiterungen vorgenommen, so etwa um **Informationen** und um den Faktor **Macht**, z.B. durch WILFRIED KRÜGER oder durch WOLFGANG H. STAEHLE (1938 – 1992). Damit werden letztlich Einzelaspekte der dreigliedrigen Basisklassifikation gesondert herausgehoben.
- Unter den Organisationselementen kommt den **Aufgaben** die **zentrale Stellung** zu. Hiermit erfährt die Organisation eines Unternehmens ihre unter dem in-

strumentalen Aspekt kennzeichnende Verknüpfung mit den sachlichen sowie den diesen vorgelagerten formalen Zielsetzungen eines Unternehmens. Mit ERICH KOSIOL (1899 – 1990) können Aufgaben als Zielsetzungen für zweckbezogene menschliche Handlungen definiert werden. Die hierin enthaltene doppelte Intentionalität bringt das Vorhandensein eines Mehrfach-Bezuges zum Ausdruck: Als organisatorische Elemente sind die Aufgaben letzten Endes aus den generellen Zielen eines Unternehmens abzuleiten, und die dabei „herausdestillierten“, an einzelne Personen gerichteten Soll-Ansprüche stellen die Zwecksetzungen für deren Handlungen zur Aufgabenerfüllung dar.
Prinzipiell lassen sich Aufgaben dadurch charakterisieren, dass an Real- oder Nominalgütern als Objekten durch Verrichtungen Zustands- oder Lageveränderungen vorzunehmen sind. Aus dem Spektrum betrieblicher Aufgaben können als einfache Beispiele hierzu angeführt werden: Blech ist zu einem Karosserieteil zu verformen, Fertigwaren sind zu versenden, freie Geldmittel sind rentabel anzulegen, oder es sind Informationen aufzubereiten.
Außer nach diesen sachlichen Merkmalen können Aufgaben zusätzlich nach ihren formalen Bezügen gruppiert werden. Ebenfalls zurückgehend auf KOSIOL ist hierbei zu unterscheiden, welcher **Rang** (Anordnung oder Ausführung), welche **Phase** (Planung, Realisation oder Kontrolle) oder auch welcher unmittelbare **Zweckbezug** (primäre oder sekundäre Wertschöpfung) einer Aufgabe zukommt.
Mit den beiden anderen Organisationselementen stehen die vorstehend allgemein erläuterten Aufgaben in folgender, leicht nachzuvollziehender Verbindung:

- Ihre Erledigung erfolgt durch **Personen**. Diese sind aufgrund ihrer mentalen Fähigkeiten als einzige Elementgruppe eines Organisationssystems zu einem zielintendierten respektive zielorientierten Verhalten (siehe hierzu A.II.1.) im Sinne der Aufgabenstellung in der Lage. Zu deren ergebnisorientierter Umsetzung sind Führungskräfte wie Mitarbeiter als Träger jeweiliger Aufgaben mit den entsprechenden Kompetenzen auszustatten. Dies bedeutet, dass sie über die spezielle Einwirkungsmacht verfügen müssen, um die geforderte objektbezogene Verrichtung auch durchführen zu können. Im Gegenzug kann ihnen dann auch die Verantwortung für die übertragenen Handlungen auferlegt werden. Damit ist bereits die grundsätzliche Notwendigkeit einer **Kongruenz von Aufgaben, Kompetenzen und Verantwortung** ausgedrückt, auf die wir bei der Behandlung wesentlicher Organisationsprinzipien in G.I.3. noch einmal zurückkommen.
- Die personifizierten Träger von Aufgaben setzen bei deren Durchführung i.d.R. **unterschiedliche Sachmittel** ein. Hierauf bezogen können die obigen Beispiele sachlicher Aufgabenmerkmale fortgeführt werden: Mitarbeiter in der Karosserieproduktion eines Automobilwerks benötigen Presswerkzeuge, für einen Werksversand von Fertigwaren werden firmeneigene Lastkraftwagen gebraucht, den Angestellten in einer Finanzabteilung müssen zur Geldanlage die Ausstattungsmerkmale alternativer Investitionsmöglichkeiten vorliegen, und zur allgemeinen Verarbeitung von Informationen sind leis-

tungsfähige Computer-Systeme unabdingbar. Von daher bilden auch die zur Aufgabenunterstützung erforderlichen Sachmittel eine wichtige Gruppe von Organisationselementen.

- Wie im mittleren Teil der Abbildung G-I-1 eingetragen, geht die Tätigkeit des Organisierens von den Organisationselementen aus und ist auf die **geordnete Regelung ihrer Beziehungen** gerichtet. Dabei sind zwei verschiedenartige Abstraktionsvorgänge (Analyse und Synthese) notwendig, und zusätzlich stehen bei den damit verbundenen Aktivitäten unterschiedlich weit reichende Inhalte (Aufgaben und Arbeitsschritte) im Blickpunkt:

  - In einer ersten Abstraktion ist es erforderlich, einen Überblick über die Summe aller Aufgaben zu gewinnen. Hierfür wird von der Gesamtaufgabe eines Unternehmens und damit von seiner sachlichen Zielsetzung (Produktziel) sowie den für deren Erreichung maßgeblichen formalen Bedingungen (Erfolgs-, Liquiditätsziel; siehe zu diesen generellen Zielkategorien D.I.3.) ausgegangen. Durch diesen Startpunkt erfährt das Organisieren seine generelle Zielbezogenheit; die globale Unternehmensaufgabe ist über mehrere Schritte in Teilaufgaben herunterzubrechen, welche einzelnen Personen zu ihrer Ausführung zugeordnet werden können.
    Diese eigentlich noch vororganisatorische Tätigkeit wird nach KOSIOL als **Analyse** bezeichnet. Von STAEHLE wurde hierzu der Begriff der Differenzierung eingeführt. Wir verwenden neben dem Analyse-Begriff zusätzlich die stärker prozessbezogene Bezeichnung der **Dekomposition**.
  - Über die Reichweite der organisatorischen Aufgliederung von Unternehmen erschließen sich die Grundlagen zweier parallel vorzunehmender Strukturierungen: Hiermit sind zum einen deren **Gebildestruktur** und zum anderen deren **Prozessstruktur** angesprochen. Diese beiden Begriffe sind gemeint, wenn in der Kurzform in diesem Buch von Strukturen und Prozessen gesprochen wird.
    Die **Aufgabenanalyse** endet im Normalfall bei einzelnen Personen zuordenbaren Teilaufgaben. Hierfür ist auch die Bezeichnung der Elementaraufgabe üblich. Als Residualgrößen des bisherigen Dekompositionsvorgangs, also der Aufteilung in kleinste Teilaufgaben, sind diese weiterhin vor allem durch ihre jeweilige Zwecksetzung ausgezeichnet (z.B. Warenverkauf an Telefonkunden); eine Auflistung aller hierbei notwendigen Einzeltätigkeiten ist damit noch nicht verbunden.
    Hierzu ist als zweite Zergliederungsstufe die **Arbeitsanalyse** nachzuschalten. Ausgehend von den Elementaraufgaben sind jetzt die einzelnen, auch als Arbeitsteile bezeichneten Schritte zu ihrer Erledigung möglichst genau zu bestimmen. Der Zeitverlauf ist dabei durch eine Ordnung der Teilarbeiten zum Ausdruck zu bringen. So bildet im angeführten Beispiel des Telefonverkaufs (Arbeitsgang = Arbeitsteil höchster Ordnung) die Entgegennahme des Auftrags einen von mehreren Hauptarbeitsschritten (Gangstufen = Arbeitsteile mittlerer Ordnung). Und dieser lässt sich beispielsweise weiter aufgliedern in „Auftrag mit PC-Formblatt notieren" und „Auftragsbestä-

tigung versenden"; damit sind Gangelemente als Arbeitsteile niedrigster Ordnung festgelegt.

- Mit der **Dekomposition unternehmensbezogener Aufgaben** und der zu ihrer Erledigung notwendigen Einzelverrichtungen ist eine der beiden Seiten der organisatorischen Gestaltung beschrieben. Auf der Basis dieser analytischen Vorarbeiten dreht es sich in der zweiten Abstraktionsebene dann darum, die **Beziehungen zwischen den Organisationselementen** so zu konfigurieren, dass sämtliche Elementaraufgaben über ein aufeinander abgestimmtes Ineinandergreifen aller Arbeitsschritte auch zielgerecht erfüllt werden können. Wie geschildert, ist schon die Aufgaben- und die Arbeitsanalyse durch einen grundsätzlichen Zielbezug gekennzeichnet; dabei wird allerdings auf dem Weg der gedanklichen Isolierung und damit in einem mehr oder weniger „luftleeren Raum" vorgegangen. Bei der Gestaltung der konkreten Beziehungen zwischen den Organisationselementen kommt es jetzt darauf an, eventuelle Reibungsverluste bei deren Zusammenwirken so gering wie möglich zu halten.

  Die Ausformung der Relationen zwischen den Elementen eines Organisationssystems verläuft in umgekehrter Richtung zu deren aufgaben- und arbeitsbezogener Aufgliederung. Als Bezeichnung hierfür hat sich der – in Korrespondenz zur Analyse – von KOSIOL geprägte Begriff der **Synthese** eingebürgert. Mit STAEHLE kann – als Gegenbegriff zur Differenzierung – auch von Integration gesprochen werden. Wir gebrauchen neben dem Synthese-Begriff zugleich den der **Komposition** als plastische Charakterisierung gegenüber dem vorangehenden Prozess der Dekomposition.

  Die Gegenläufigkeit von Analyse und Synthese entspricht im Grundsatz dem bereits zur Zielableitung und Zielerreichung erläuterten Vorgehen (siehe hierzu D.I.1.): Unter dem organisatorischen Blickwinkel geht es nach der top-down verlaufenden Analyse bei der bottom-up erfolgenden Synthese um das Herausbilden der Leitungsstruktur. Gleichzeitig ist hierbei zu regeln, wie der technisch-physische Ablauf der Gütererzeugung innerhalb dieses Unternehmensaufbaus erfolgt.

- Die **Resultate der Aufgaben- und der Arbeitsanalyse** sind im Rahmen der entsprechenden Synthesen zunächst wieder zu einzelnen Einheiten zusammenzufassen; aus deren weiterer Aggregation zu größeren Teilgefügen oder -zusammenhängen ergeben sich dann schließlich die Geflechte der aufgabenbezogenen Verteilungsbeziehungen (Gebildestruktur) und der leistungsbezogenen Arbeitsbeziehungen (Prozessstruktur).

  Bei der **Synthese von Aufgaben** wird die untere Grenze der organisatorischen Zuordnung durch die zu ihrer Ausführung notwendigen Personen gebildet. Letztere sind prinzipiell nicht teilbar, und damit ist zunächst eine Zusammenfassung von abstrahierten Aufgaben auf Personen sowie deren Ausstattung mit den zu ihrer Erfüllung notwendigen Sachmitteln erforderlich. Diese Mehrfach-Zuordnung von Aufgaben, Personen und Sachmitteln führt als Integration zu den **Stellen eines Unternehmens**. Damit werden dessen kleinste leistungsbereite Organisationseinheiten gegeneinander abgegrenzt. Unter Berücksichtigung des Zweckbezugs, der Phase und insbesondere des

Rangs von Aufgaben sind zu diesen Basissystemen **übergeordnete Leitungs-, Koordinations- und Unterstützungsebenen** herauszubilden, so dass sich schließlich eine hierarchische Gesamtstruktur ausformt.
Die in Fortführung der Aufgabenanalyse im Verlauf der Arbeitsanalyse ermittelten Arbeitsteile verschiedener Ordnung sind bei der Arbeitssynthese unter personalen, räumlichen und zeitlichen Gesichtspunkten zu **Einzelprozessen** als inhaltlich abgeschlossenen Vorgängen mit logischem inneren Kontext zusammenzufügen. Unter dieser, bereits in A.II.1. und E.I. angeführten Prozessdefinition gilt es hier zuerst, **betriebliche Teilabläufe** als Verbindungen verschiedener Arbeitsschritte zu identifizieren und diese dann in umfassenderen Prozesskettenanalysen aufeinander abzustimmen.

- Nach dem Aufgaben- respektive dem Leistungsbezug sind als Ergebnisse der organisatorischen Gestaltung die Aufbau- und die Ablauforganisation zu unterscheiden (rechte Rubrik der Abb. G-I-1). Deren Verhältnis kann bildlich mit den zwei Seiten einer Medaille beschrieben werden. Den Gegenstand der Betrachtung bildet in beiden Fällen die elementbezogene Strukturierung eines Organisationssystems. Der dabei bestehende Unterschied liegt in der angelegten Perspektive und damit in der spezifischen Betrachtungsweise:

  - Mit der **Aufbauorganisation** wird das für einen gewissen Zeithorizont aufgabenbezogen errichtete **Gefüge von Stellen, Abteilungen und Bereichen** eines Unternehmens in seinen Über- und Unterordnungsverhältnissen beschrieben, innerhalb dessen die Leistungserstellung und -verwertung realisiert wird.
  - Wenn die organisatorische Betrachtung auf den konkreten Vollzug dieser Prozesse innerhalb der Leitungsstruktur eines Unternehmens gerichtet ist, dann ist damit die Thematik der **Ablauforganisation** umschrieben. Hierbei stehen die in Raum und Zeit fortschreitenden Arbeitsabläufe als **Geschäftsprozesse und Prozessketten** im Vordergrund, während demgegenüber die abstrahierten Aufgabenkomplexe in den Hintergrund gerückt sind. Letztere befinden sich jetzt „auf der anderen Medaillenseite".
  - Mit Bezug auf die Aufbauorganisation kann noch eine weitere begriffliche Abgrenzung getroffen werden:

    * Die gesamtunternehmensbezogene, nach einer oder auch mehreren Grundausrichtungen (Verrichtungen, Objekte, Regionen – ggf. in Kombination) entwickelte längerfristige Grundstruktur wird als **Primärorganisation** bezeichnet. Hiermit stellt ein Unternehmen die laufende Bewältigung seiner Kerngeschäfte sicher.
    * In Überlagerung dieser Struktur erster Ordnung können zusätzliche Verteilungsbeziehungen eingezogen sein, die – oft in einer zeitlichen Befristung – gesondert auf einzelne Organisationsobjekte gerichtet sind. Dies kann einzelne Marktleistungen oder Abnehmerkreise betreffen, oder hierbei steht ein spezieller Vorhaben- oder Ergebnisbezug im Vordergrund. Die Summe aller solcher Regelungen zweiter Ordnung bildet eine Ergänzungsstruktur, die zusammenfassend als **Sekundärorganisation**

gekennzeichnet werden kann. Beispiele hierfür sind das Produkt- und das Projektmanagement.

Auf die organisatorischen Grundausrichtungen, die damit in Zusammenhang stehenden primärorganisatorischen Modelle sowie auf die alternativen Formen der Sekundärorganisation gehen wir zunächst mit der Abbildung G-I-2 und dann in G.II. und G.III. näher ein.
Zum Verhältnis von Aufbau- und Ablauforganisation ist darauf hinzuweisen, dass diese beiden organisatorischen Perspektiven der Koordination unternehmerischer Leistungserstellung und -verwertung eine im Ergebnis deckungsgleiche Berücksichtigung finden sollten. Die Organisation eines Unternehmens hat dessen formalen wie inhaltlichen Zielsetzungen und damit seiner strategischen Ausrichtung (siehe hierzu D.I.1. und F.II.1.) zu folgen. Dabei darf gerade bei schnell wechselnden Marktsituationen, welche eine hohe Anpassungsgeschwindigkeit erfordern, die Gebildestruktur und damit die Hierarchiegliederung nicht überbetont werden. Hiervon gehen wiederum Einflüsse auf die künftige Strategieableitung aus, so dass dadurch ein der weiteren Unternehmensentwicklung schädliches Beharrungspotenzial geschaffen werden kann. Bei der heute von den Absatzmärkten geforderten kurzen Entwicklungs- und Vermarktungszeit sind demgegenüber die Strukturen sehr viel unmittelbarer an den Prozessen auszurichten. An Stelle der früher als gültig angesehenen und auf ALFRED D. CHANDLER zurückgehenden Hypothese **„Structure follows Strategy“** stellt sich der notwendige Zusammenhang aus heutiger Sicht mit **„Structure follows Process follows Strategy“** dar. Hierauf hatten wir bereits in A.I.3. bei der kurzen Vorstellung der Prozessorientierung als neuerem betriebswirtschaftlichen Forschungsprogramm hingewiesen.

- Mit den Schlussfolgerungen im unteren Bereich der Abbildung G-I-1 wird der Überblick zu organisatorischen Aspekten und Zusammenhängen auf **zwei Kernaussagen** verdichtet:

  - Mit dem ersten Fazit erfolgt zu dem bereits bei den semantischen Differenzierungen des Organisationsbegriffs eingegrenzten Erkenntnisobjekt der betriebswirtschaftlichen Organisationslehre eine inhaltliche Spezifizierung: **Zielorientierte** (auf die Sach- und Formalziele eines Unternehmens bezogene) und **ganzheitliche** (alle Aspekte eines Organisationssystems einschließende) **Strukturierung** bilden das theoretische Erkenntnis- und das technologische Gestaltungsziel der betriebswirtschaftlichen Organisationslehre.
    Dieser Teildisziplin der Betriebswirtschaftslehre geht es also darum, Erkenntnisse darüber zu gewinnen und zu vermitteln,

    * wie die Gesamtaufgabe von Unternehmen (Zielbezug),
    * die von Menschen mit Hilfe sachlicher Mittel arbeitsteilig zu erfüllen ist, in Einzelaufgaben und Arbeitsschritte aufgegliedert werden kann (Elementbezug),

* und wie diese Elementareinheiten in Beziehung zu setzen sind, damit eine vollständige Zielerreichung gewährleistet wird (Struktur- und Zielbezug).

- Zu dem vorstehend noch einmal zusammenfassend eingeordneten Gestaltungsansatz können als dessen wesentliche Mittel im zweiten Fazit festgehalten werden:

  * **Analyse** (Dekomposition) und **Synthese** (Komposition) sind die beiden maßgeblichen Grundansätze der organisatorischen Gestaltung.
  * Zur Erreichung der Effizienz- und Effektivitätsziele sind diese beiden Abstraktionsebenen immer zu durchlaufen, auch bei Reorganisationsvorhaben (z.B. Erweiterungs- oder Auslagerungsentscheidung). Mit vorschnellen Organisationsveränderungen ohne Beachtung dieser elementbezogenen Verschränkungen können gegenläufige Wirkungen verbunden sein, welche die angestrebte Steigerung der Gesamtzielsetzung nach Inhalt, Ausmaß und Zeit völlig vereiteln können.

Zum Abschluss der mit der Abbildung G-I-1 vermittelten Gesamtübersicht zur betriebswirtschaftlichen Organisationslehre ist noch auf **ausgewählte theoretische Ansätze** einzugehen. Einer Aufteilung von KNUT BLEICHER folgend lassen sich hierzu elementbezogene Einzelansätze und integrative Gesamtansätze unterscheiden.

- Die **elementbezogenen Einzelansätze** zeichnen sich durch eine Fokussierung auf eine der drei Gruppen von Organisationselementen aus. Derart selektive Orientierungen sind kennzeichnend für die ältere Organisationstheorie.

  - Als **aufgabenbezogene Einzelansätze** sind in einer Negativabgrenzung solche Forschungsbemühungen einzuordnen, die nicht vorrangig auf die ausführenden Menschen oder die unterstützenden Sachmittel gerichtet sind. Damit sind in diese Untergruppe auch die beiden Pioniere der Organisationslehre, FREDERICK W. TAYLOR (1856 – 1915) und HENRY FAYOL (1841 – 1925), einzuordnen.
    Auf TAYLOR und den von ihm im Rahmen der Organisationslehre erstmals eingenommenen ingenieurwissenschaftlichen Standpunkt ist die schon in C.I.2.c. thematisierte Erkenntnis zurückzuführen, dass vor allem **Arbeitsteilung** und **Spezialisierung** wesentliche Grundlagen für betriebliche Produktivitätssteigerungen bilden (Die Grundsätze wissenschaftlicher Betriebsführung, München 1913 – engl. Original New York 1911). Sein Ansatz war also vorrangig auf eine Effizienzsteigerung in den Betrieben gerichtet.
    FAYOL ging es demgegenüber um die „optimale“ – und nicht nur unternehmensbezogene – Organisation (Allgemeine und industrielle Verwaltung, München/ Berlin 1929 – franz. Original Paris 1916). Hierfür war aus seiner Sicht eine übersichtliche und eindeutige Gestaltung der Verteilungsbeziehungen maßgeblich. Seine Arbeiten bildeten die Basis der noch heute gängigen **Stellenbildungskonzepte**. Gegenüber TAYLOR kann die Ausrichtung von FAYOL als stärker effektivitätsbezogen qualifiziert werden.

Die zuvor anhand der Veranschaulichung in Abbildung G-I-1 dargestellte Analyse von Aufgaben und Arbeitsschritten und deren Synthese zu Strukturen und Prozessen geht außer auf ERICH KOSIOL auf FRITZ NORDSIECK (1906 – 1984) zurück. Mit der gleichzeitigen Behandlung von Problemen der Aufbau- und der Ablauforganisation wurde die zweidimensionale Ausrichtung der deutschsprachigen Organisationslehre geprägt. Bei anglo-amerikanischen Autoren standen seinerzeit aufbauorganisatorische Fragen im Vordergrund. KOSIOL wie NORDSIECK wird häufig die Verfolgung eines aufgabenbezogenen Einzelansatzes attestiert. Deren insgesamt breites Werk erfährt damit allerdings eine starke Verkürzung. Gerade im Rahmen des integrativen Gesamtansatzes der Prozessorientierung zeigt sich, dass beide Autoren hierauf bezogen schon die wesentlichen Grundlagen gelegt hatten.

- Die Herausbildung **personenbezogener Ansätze** in der Organisationstheorie gründet sich vor allem auf die Untersuchungen von ELTON MAYO (1880 – 1949), FRITZ J. ROETHLISBERGER (1898 – 1974) und WILLIAM J. DICKSON. Über deren zwischen 1924 und 1932 in den Hawthorne-Werken der WESTERN ELECTRIC COMPANY (damals Endgeräteunternehmen von AT&T, heute eine Handelsmarke von LUCENT TECHNOLOGIES) durchgeführte Forschungsarbeiten gewann die Erkenntnis Raum, dass das Ergebnis der Erfüllung von Aufgaben (die Mitarbeiterproduktivität) nicht allein an die – im Taylor'schen Sinne – physikalischen Arbeitsbedingungen geknüpft ist.

  Aus den – anfangs nicht erwarteten – Befunden, dass hierfür individuelle Persönlichkeitsmerkmale sowie die Qualität der Vorgesetzten-Mitarbeiter-Beziehungen und der sozialen Gruppenkontakte von gleich großer Wichtigkeit sind, entwickelte sich eine regelrechte Offensive, mehr auf die Bedürfnisse der arbeitenden Menschen einzugehen (Human-Relations-Bewegung). Hierbei flossen auch **(sozial)psychologisch orientierte Ansätze** ein, wie z.B. von ABRAHAM H. MASLOW (1908 – 1970) und FREDERICK H. HERZBERG (1923 – 2000). Die für die damalige Zeit neuen Einsichten gehören heute zum organisationstheoretischen Standard-Repertoire, aus einem solchen Blickwinkel hatten wir bereits unsere Eingangsbeispiele zum Erfahrungsobjekt der Betriebswirtschaftslehre entwickelt (siehe hierzu A.I.2.).
- Zu einer Ausformung **sachmittelorientierter Ansätze** der Organisationstheorie ist es insbesondere im Zusammenhang mit der rasanten Entwicklung der elektronischen Datenverarbeitung (EDV) gekommen. Diese neuartige Aufgabenunterstützung – KONRAD ZUSE (1910 – 1995) baute 1941 mit seiner Z3 den weltweit ersten programmgesteuerten Rechner – führte zu einer völligen Veränderung aller betrieblichen Abläufe. Den organisationstheoretischen Konsequenzen dieser informationstechnologischen Revolution widmete sich schon zu einer relativ frühen Zeit ERWIN GROCHLA (1921 – 1986).

**Kontingenztheoretische Ansätze**

- Wenn sich die Kennzeichnung organisationstheoretischer Differenzierungen an verschiedenartigen **integrativen Gesamtansätzen** festmacht, dann sind die damit angesprochenen Erkenntnisperspektiven i.d.R. nicht allein für die Organisationslehre relevant. Hierbei wird einerseits auf die in A.I.3. erläuterten traditionellen und neueren Forschungsprogramme der Betriebswirtschaftslehre und deren graduelle Unterschiede in der organisationsbezogenen Erklärung und Gestaltung abgestellt. Andererseits sind dabei **situative** respektive **kontingenztheoretische Ansätze** anzuführen.

- So wird im Rahmen **entscheidungsorientierter Forschungen** den struktur- und prozessbezogenen Regeln bei der Verfolgung gesetzter Ziele ein großes Gewicht beigemessen. Dies kennzeichnet vor allem deren entscheidungslogische Richtung, welche auf eine umfassende Formalisierung organisationstheoretischer Themen abzielt. Als früher Wegbereiter dieser Strömung kann JAKOB MARSCHAK (1898 – 1977) genannt werden. Bei dem realtheoretischen Zweig der betriebswirtschaftlichen Entscheidungstheorie standen dagegen tatsächliche Entscheidungsverläufe in ihrem Verhältnis mit den jeweiligen – selbstdefinierten oder vorgegebenen – Zielsetzungen im Mittelpunkt des Erkenntnisinteresses (EBERHARD WITTE und WERNER KIRSCH als wichtige Vertreter).
- **Systemtheoretische Ansätze** liefern mit ihren biologischen (LUDWIG VON BERTALANFFY, 1901 – 1972), kybernetischen (NORBERT WIENER, 1894 – 1964) und informationstheoretischen (CLAUDE E. SHANNON, 1916 – 2001; WARREN WEAVER, 1898 – 1978) Wurzeln einen gedanklichen Bezugsrahmen, der insbesondere auch zur Erfassung, Erklärung und Gestaltung von organisatorischen Zusammenhängen Anwendung gefunden hat. Dessen zentrale Kategorien, wie beispielsweise Elementeigenschaften, Strukturmuster und Formen ihrer Veränderung, können unmittelbar auf Organisationsphänomene und -probleme angewendet werden. (HANS ULRICH als Schrittmacher; FREDMUND MALIK als einer seiner zahlreichen Schüler).
- Die **verhaltensorientierte Forschungsprogrammatik** konzipiert eine sozialwissenschaftlich integrierte Betriebswirtschaftslehre, die auf allgemeinen Hypothesen zum menschlichen Handeln und Verhalten – und weniger auf speziell ökonomischen Auswahlprinzipien – aufbaut. Über die Einsicht der kognitiven und affektiven Vielfalt von Handlungsweisen (siehe hierzu A.II.1.) sowie die damit verbundene Ablösung eines überkommenen, eher eindimensionalen Menschen- und Mitarbeiterbildes wird die Basis für die Gestaltung differenzierter Struktur- und Prozessgliederungen gelegt. Mit leistungs- und bedürfnisgerechten Arbeitssituationen wird zugleich ein höheres Effizienz- und Effektivitätsniveau in den Unternehmen möglich (WOLFGANG H. STAEHLE und GÜNTHER SCHANZ im deutschen Sprachraum; RICHARD M. CYERT und JAMES G. MARCH sowie HERBERT A. SIMON als wichtige amerikanische Protagonisten).
- Wenn betriebswirtschaftliche Erklärungen und Gestaltungen aus einer **prozessorientierten Betrachtungsweise** vorgenommen werden, dann sind die organisationstheoretischen Aspekte integraler Bestandteil einer solchen Erkenntnisperspektive. Im Mittelpunkt steht die Schwerpunktverlagerung von

dem Gefüge der Verteilungsbeziehungen (hierarchische Gebildestruktur) auf die unmittelbaren Arbeitsbeziehungen (betriebliche Prozessstruktur). Von dieser organisationsbezogenen Fokussierung hat sich die Prozessorientierung auf die verschiedenen betrieblichen Handlungs- und Gestaltungsfelder erweitert: Eines der ersten Bücher hierzu wurde von MICHAEL GAITANIDES in 1983 unter dem Titel „Prozessorganisation" veröffentlicht. Mittlerweile ist unter diesem Stichwort kaum noch ein Titel zu finden. Jetzt geht es, unter dem erweiterten Horizont, mehrheitlich um prozessorientiertes Management – so beispielsweise bei RONALD BOGASCHEWSKY und ROLAND ROLLBERG in ihrem 1998 veröffentlichten Buch.

- Die Sichtweise der **Qualitätsorientierung** ist gekennzeichnet durch eine nachhaltige Ausrichtung aller Prozesse und Strukturen auf eine anforderungs- und ergebnisbezogen optimale Wertschöpfung. Wenn hierzu eine hohe Identifikation der Mitarbeiter als Aufgabenträger respektive als Prozesseigner aufgebaut wird, dann kann ein Unternehmen mit einem solchen Total Quality Management die von den Wettbewerbern abhebende Stufe der Business Excellence erreichen (siehe hierzu F.IV.1.).
  Der Ansatz, das eigene Unternehmen im Vergleich zum Wettbewerb besser, schneller und schlanker zu gestalten, ist direkt auf dessen betriebliche Abläufe und damit auch auf seine Strukturen und Potenziale gerichtet. Mit der notwendigen Formulierung und Umsetzung von Prinzipien und Standards zeigt sich der zentrale Stellenwert, welcher der organisatorischen Gestaltung bei diesem Qualitätsorientierten Ansatz zukommt. Mit mehreren, seit Beginn der 90er Jahre hierzu vorgelegten Monografien und Sammelbänden haben der Autor dieses Buches und HARTMUT MEHDORN Anteil an der Herausbildung und Verbreitung dieser management- und organisationsbezogenen Perspektive.

Werden erfahrungswissenschaftliche Ansätze – was ebenfalls nicht allein auf Anwendungen im Organisationsbereich beschränkt ist – als **situativ** respektive **kontingenztheoretisch** bezeichnet, dann kann deren erkenntnisbezogener Ausgangspunkt bereits aus den gewählten Begriffen erschlossen werden:

- Mit der Übertragung des anglo-amerikanischen Terminus **Contingency Approach** kommt zum Ausdruck, dass Ergebnisse und Wirkungen immer „kontingent" sind, also von jeweiligen Ursachen und Rahmenbedingungen abhängen. Dies entspricht der Annahme situationsbezogener Bedingtheiten bei der Herausarbeitung von Ursachen-Wirkungs-Zusammenhängen.
  Situative Ansätze knüpfen an der in A.I.4. diskutierten erfahrungswissenschaftlichen Grundproblematik an, für sozio-ökonomisch-technische Relationen generell gültige, nomologische Gesetzesaussagen herzuleiten. Diese wird mit der Suche nach raum- und zeitbezogenen Erklärungssystemen umgangen. Solche Forschungsansätze setzen damit ein empirisches Vorgehen voraus, also das Ermitteln von merkmalsbezogenen Häufigkeiten in signifikanter Höhe zum Nachweis von bestimmten Ausprägungen und Zusammenhängen. Dadurch handelt es sich bei den erzielten Ergebnissen in aller Regel auch um statistisch fundierte Abhängigkeiten.

Die situationsbezogene Relativierung in der Managementlehre geht auf die Arbeiten englischer (JOAN WOODWARD, 1916 – 1971; TOM R. BURNS und GEORGE M. STALKER) und amerikanischer Wissenschaftler (PAUL R. LAWRENCE und JAY W. LORSCH) zwischen 1960 und 1970 zurück. Als frühe Rezipienten im deutschen Sprachraum können WOLFGANG H. STAEHLE sowie ALFRED KIESER und HERBERT KUBICEK genannt werden.
Ein situatives und damit kontext- respektive umfeldbezogenes Vorgehen wird mittlerweile den Forschungsbemühungen in vielen betriebswirtschaftlichen Bereichen zu Grunde gelegt. In der Organisationslehre als ihrem Ausgangsgebiet waren die Forschungen zunächst darauf gerichtet, Unterschiede zwischen den formalen Strukturen von Organisationen durch Verschiedenheiten in ihren jeweiligen Situationen zu erklären und daraus Hilfestellungen für die praktische Organisationsgestaltung abzuleiten. Im Ergebnis wird eine organisatorische Strukturierung angestrebt, bei welcher vor dem Hintergrund der Organisationsziele eine **möglichst optimale Abstimmung auf die Umfeld-Situation eines Unternehmens** erreicht wird. Damit gilt es also, einen guten „Fit" zwischen der Organisationsstruktur und den jeweiligen situativen Bedingungen herzustellen. Ohne näher auf verschiedene kontingenztheoretische Richtungen einzugehen, ist deren insgesamte Leistung darin zu sehen, dass es zu einer Abkehr von früheren „one best way-Ansätzen" kam. Der mit kontingenztheoretischen Ansätzen verbundene Fortschritt ist vor allem in der grundsätzlichen Denkweise zu sehen, mit der auf Seiten der Theorie wie der Technologie eine Systematisierung und Differenzierung von Ursachen-Wirkungs-Zusammenhängen angestrebt wurde.
Im Rahmen dieser Entwicklung war dann auch eine neuerliche Verschiebung der Erkenntnisperspektive zu verzeichnen:

* Bei der kontingenztheoretischen Grundhypothese wird mit der Leitvorstellung des „Fit" das Ziel verfolgt, die organisatorische Strukturierung möglichst deckungsgleich auf sämtliche Situationsanforderungen abzustimmen, was als **Kongruenz-Effizienz-Hypothese** zusammengefasst werden kann. Hier steht also die externe Deckungsgleichheit mit allen wichtigen Umfeldfaktoren im Vordergrund.
* Hierzu bildete sich die neue Grundannahme heraus, dass dem inneren Gesamtzusammenhang der Gestaltungsparameter und deren globaler Situationsanpassung gegenüber der kontextorientierten Gestaltung einzelner Relationen die größere Bedeutung zukommt, und dies wird als **Konsistenz-Effizienz-Hypothese** gekennzeichnet. Hierbei geht es also um die interne Widerspruchsfreiheit aller organisatorischen Gestaltungselemente, und auf dieser Basis ist die extern geforderte Flexibilität und Anpassungsfähigkeit zu gewährleisten.
* Die Herausbildung konsistenzorientierter Ansätze geht auf PRADIP N. KHANDWALLA zurück, HENRY MINTZBERG ist dieser Richtung zuzurechnen, und auch das stärker praxisbezogene 7-S-Modell (RICHARD T. PASCALE und ANTHONY G. ATHOS; THOMAS J. PETERS und ROBERT H. WATERMAN; siehe hierzu F.II.3.c.) setzt auf eine konsistente Strukturie-

rung der sieben unterschiedenen Gestaltungsbereiche (Structure, Strategy, Systems und Skills, Style, Staff in ihren Beziehungen zu den Shared values bzw. in der Pascale/ Athos-Version den Superordinate goals).

## 2. Grundsätze und Konzepte der organisatorischen Gestaltung

Die vorstehend vermittelte Übersicht zu unterschiedlichen organisationstheoretischen Ansätzen lässt sich dahingehend zusammenfassen, dass die auf wirtschaftliche Ziele bezogenen Interaktionen von Menschen und technischen Mitteln bislang noch nicht mit eindeutigen und zeitstabilen Ursachen-Wirkungs-Zusammenhängen abgebildet werden konnten. Angesichts der insgesamt sehr komplexen Forschungsthematik sind hierzu allenfalls quasigesetzliche Beziehungen ermittelt worden, deren Aufdeckung zudem eine Abhängigkeit vom jeweiligen wissenschaftlichen Zeitstil aufweist.

Für die praktische Gestaltung von Organisationen bedeutet dies, dass anwendungsorientierten Empfehlungen im Sinne von Regeln weiterhin eine hohe Bedeutung zukommt. Ein Überblick zu solchen organisatorischen Grundsätzen und Prinzipien wird in diesem und dem folgenden Abschnitt gegeben, bevor dann in G.II. und G.III. einzelne Organisationsformen der Primär- und Sekundärorganisation vorgestellt werden.

**Anforderungen und Grundsätze**

Der anwendungsorientierte Überblick zur organisatorischen Gestaltung beginnt mit einer **Klassifikation allgemeiner Anforderungen und Ansatzpunkte** (hierzu Abb. G-I-2). Im oberen Teil dieser Darstellung sind generelle Vorgehensweisen und Verfahrensschritte als organisatorische Grundsätze zusammengefasst. Hiermit wird zugleich eine Verdichtung bisher bereits ausgeführter Inhalte vorgenommen. Mit den danach in der Abbildung G-I-2 enthaltenen organisatorischen Konzepten erfolgt eine Einführung in die unterschiedlichen Dimensionen der Organisationsgestaltung sowie die dabei jeweils als Wahlmöglichkeiten gegebenen Freiheitsgrade. Zu diesen dimensionalen Konzepten und auch zu den generellen Grundsätzen der Organisationsgestaltung werden in der rechten Spalte von Abbildung G-I-2 die Ansatzpunkte respektive wesentlichen Inhalte wiedergegeben. Damit kann diese Systematik als kurzgefasste Übersicht zur praktischen Gestaltung von Unternehmensorganisationen verwendet werden.

Von **Grundsätzen der organisatorischen Gestaltung** ist deshalb zu sprechen, weil diesen eine umfassende Relevanz für sämtliche Teilschritte zukommt. Auf einem hohen Abstraktionsniveau werden hiermit Leitlinien formuliert, die bei allen Einzelmaßnahmen zu berücksichtigen sind. Wegen dieser geforderten Immanenz stellen die Organisationsgrundsätze also den größten gemeinsamen Nenner aller Gestaltungsaktivitäten dar. So sind die in der Abbildung G-I-2 unterschiedenen beiden Grundsatz-Gruppen auch als „Destillat“ der vorangegangenen Ausführungen zu organisatorischen Aspekten und Zusammenhängen (Abb. G-I-1) anzusehen:

Allgemeine und von daher fundamentale Grundsätze betreffen die **Zielsetzungen der organisatorischen Gestaltung**. Mit ERICH KOSIOL können hierzu die folgenden generellen Varianten festgehalten werden:

- Nach dem **Zweckmäßigkeitsgrundsatz** hat die Organisation eines Unternehmens – ausgehend von seinen formalen und sachlichen Zielsetzungen sowie seiner Markt- und Umweltsituation – eine **gleichgewichtige Koordination** sicherzustellen:
  Mit der Orientierung auf die Koordination als Endeffekt der Organisationsgestaltung wird darauf abgestellt, dass alle Glieder der Gebilde- wie der Prozessstruktur auf die ineinander greifende Erfüllung der obersten Unternehmensziele auszurichten sind. Somit wird als grundsätzliche Richtlinie vorgegeben, dass Reibungsverluste im Zusammenspiel der Organisationselemente möglichst zu vermeiden und hierbei stattdessen vielmehr synergetische Wirkungen anzustreben sind.
  Wenn dieses unternehmenszielbezogene Austarieren außerdem als gleichgewichtig qualifiziert wird, dann findet darüber eine Einbeziehung der Umfeldsituation eines Unternehmens statt. Als zusätzliche Balance ist sicherzustellen, dass Organisationen zum einen in die Lage zu versetzen sind, den verschiedenen Umwelteinflüssen eine gewisse Festigkeit entgegenzusetzen. Ihr Gleichgewicht darf demnach nicht allzu labil sein. Zum anderen ist aber dafür Sorge zu tragen, dass Anpassungen und Wandlungen bei absehbar deutlichen Veränderungen in ihren Bedingungskonstellationen vorgenommen werden können. Letzteres ist auch bereits für solche Situationen zu gewährleisten, in denen neue Entwicklungen anfangs lediglich mit dem von H. IGOR ANSOFF geprägten Begriff der schwachen Signale belegt werden können.
- Wenn der Zweckmäßigkeitsgrundsatz unter Bezugnahme auf die Unternehmensziele eine Ausrichtung und Abstimmung aller Organisationsaktivitäten zu einem ausgewogenen Gesamtgefüge fordert, dann liefert der **Ergiebigkeitsgrundsatz** den hierzu notwendigen Beurteilungsmaßstab.
  Damit wird der ergänzende Anspruch formuliert, die Entscheidungen über organisatorische Maßnahmen in einer **Abwägung von Zielbeiträgen und jeweiligen Kosten** zu treffen. Mit der Formulierung des Ergiebigkeitsgrundsatzes wird für die Organisationsgestaltung festgelegt, dass es auch in diesem betriebswirtschaftlichen Bereich um die generelle Optimierung von Input-Output-Relationen geht (siehe hierzu die Ausführungen zur Ergiebigkeit als betriebswirtschaftlichem Identitätsprinzip in A.I.3.).
  Eine nähere Operationalisierung dieser Forderung ist durch das Bestreben nach einer entsprechend hohen Effizienz und Effektivität möglich (siehe hierzu A.II.1.). So sind diejenigen organisatorischen Maßnahmen zu ergreifen, welche in technischer wie in wertmäßiger Hinsicht die vergleichsweise besten Ergebnis-Einsatz- und Ergebnis-Ziel-Verhältnisse aufweisen.

Während über die Ziel-Grundsätze eine Kursbestimmung der organisatorischen Gestaltung erfolgt, enthalten **Prozess-Grundsätze** nähere Vorgaben dazu, wie bei der Tätigkeit des Organisierens zu verfahren ist. In Abhängigkeit vom angelegten Detaillierungsgrad können hierbei zahlreiche Regeln formuliert werden, deren

Grundsatzcharakter dann allerdings in Frage steht. Wir beschränken uns deshalb auf die folgenden drei wesentlichen Prozess-Grundsätze.

| *Grundsätze/ Konzepte* | *Ansatzpunkte/ Inhalte* |
|---|---|
| *Ziel-Grundsätze der organisatorischen Gestaltung:* | |
| • Zweckmäßigkeitsgrundsatz | – Gleichgewichtige Koordination auf der Basis der Formal- und Sachziele eines Unternehmens und seiner Markt-/ Umweltsituation |
| • Ergiebigkeitsgrundsatz | – Effiziente und effektive Gestaltung aller technischen und wertmäßigen Relationen |
| *Prozess-Grundsätze der organisatorischen Gestaltung:* | |
| • Analysegrundsatz | – Auflösung der Gesamtaufgabe/ von Aufgabenzusammenhängen in Elementaraufgaben (Aufgabenanalyse) und deren einzelne Arbeitsteile (Arbeitsanalyse) |
| • Synthesegrundsatz | – Zusammenfügung der Einzelelemente zu Stellen, Abteilungen und Prozessen |
| • Substitutionsgrundsatz | – Generelle Regelungen betrieblicher Prozesse sind umso eher möglich, je homogener diese ablaufen |
| *Dimensionale Konzepte der organisatorischen Gestaltung:* | |
| • Arbeitsteilung/ -strukturierung (Spezialisierung) | – Horizontale/ Vertikale Arbeitsteilung; SOS-Konzept zur Aufgabenstrukturierung |
| • Org. Grundausrichtungen (Fokussierung) | – Verrichtungs-/ Objekt-/ Regionen-Orientierung – Prozessorientierung |
| • Stellen-/ Abteilungsbildung (Konfiguration) | – Einlinien-/ Mehrlinien-System, Stab-Linien-System |
| • Kompetenzverteilung (Koordination) | – Entscheidungszentralisierung versus -dezentralisierung |
| ⇨ Primärorg. Modelle | – Funktionale/ Divisionale/ Matrix-Organisation |
| ⇨ Sekundärorg. Modelle | – Produkt-/ Kundengruppen-Management; Projekt-Management |
| ⇨ Prozessorganisation | – Analyse und Optimierung von Geschäftsprozessen |

**Abb. G-I-2:** Grundsätze und Konzepte der organisatorischen Gestaltung

- Mit dem **Analysegrundsatz** wird das zur Abbildung G-I-1 erläuterte Vorgehen zusammengefasst, in einer vororganisatorischen Untersuchung zunächst die unternehmerische Gesamtaufgabe gedanklich zu zergliedern, um auf diese Weise zu den insgesamt notwendigen Organisationselementen zu gelangen. Im Rahmen der Aufgabenanalyse sind dabei die Elementaraufgaben gegeneinander abzugrenzen, und deren weitere Zergliederung in Arbeitsteile liefert als Arbeitsanalyse die Einzelschritte von Arbeitsprozessen.

- Über die zielorientierte Verbindung von Aufgaben und Prozessschritten mit Personen und Sachmitteln ist nach dem gesondert formulierten **Synthesegrundsatz** daraufhin die eigentliche Strukturierung der Verteilungs- und Arbeitsbeziehungen zu leisten. Durch die Abgrenzung von Stellen und die Herausbildung von Abteilungen ist also jetzt zum einen als Aufbauorganisation die Gebildestruktur zu gestalten. Zum anderen ist als Ablauforganisation die Prozessstruktur mit den verschiedenen Geschäftsprozessen und Prozessketten zu entwerfen. Bezogen auf diese beiden Sichtweisen einer Unternehmensorganisation ist als Ergebnis der organisatorischen Gestaltung eine hohe Kongruenz anzustreben. Wird diese nicht oder nur teilweise erreicht, sind die Gestaltungskriterien der Effizienz und Effektivität kaum zu erfüllen.
- Die zielorientierte und ganzheitliche Strukturierung von Verteilungs- und Arbeitsbeziehungen ist darauf ausgerichtet, für gleichförmige und wiederholt anfallende Vorgänge ein Gerüst genereller Regelungen zu schaffen. Auf diese Weise erfahren weite Teile der Tätigkeit einer Organisation eine vorgedachte Standardisierung. Hiermit gewinnt ein Unternehmen den notwendigen Grad an innerer Stabilität, und darin liegen wichtige Quellen für die angestrebte Leistungsfähigkeit und somit für die Realisierung von Vorteilen im Wettbewerb. Dabei können allerdings nicht alle Entscheidungen und Handlungen innerhalb dieser Kanalisierung verlaufen. Über die präsituativen Mechanismen hinaus werden immer auch fallweise Abstimmungen notwendig sein, hierdurch kennzeichnet sich letztlich die ebenso erfolgsnotwendige Flexibilität eines Unternehmens.

  Die duale Natur organisatorischer Regelungen wird mit dem auf ERICH GUTENBERG zurückgehenden **Substitutionsgrundsatz** erfasst. Dieser besagt, dass spezielle und einzelfallbezogene Anordnungen umso eher durch generelle Regelungen substituiert werden können, je gleichartiger, regelmäßiger und wiederholbarer betriebliche Prozesse sind. Die Formalisierungsmöglichkeiten von betrieblichen Abläufen steigen also mit ihrem Homogenitätsgrad.

**Gestaltungskonzepte**

Nach den vorstehend angesprochenen Grundsätzen kommen wir jetzt zu einzelnen Richtungen, entlang derer im Rahmen der Organisationsgestaltung vorzugehen ist. Diese Richtungen können als Dimensionen eines mehrfachen Koordinatensystems angesehen werden. Hierzu stellen wir jeweils mögliche Ausprägungen in einem kurzgefassten Querschnitt vor und sprechen dabei von **dimensionalen Konzepten der organisatorischen Gestaltung** (unterer Teil der Abb. G-I-2).

Das Netz der Organisationsgestaltung wird bei diesem anwendungsorientierten Überblick mit den **vier Dimensionen** Spezialisierung, Fokussierung, Konfiguration und Koordination aufgespannt. Gegenüber anderen Darstellungen in der Literatur wird damit ein etwas knapper gefasster und anders geschnittener Ansatz gewählt. Auf dieser Basis kann eine Einführung in die wesentlichen organisatorischen Gestaltungsfelder erfolgen, und darauf wird bei den weiteren Erläuterungen in diesem Kapitel noch aufgebaut.

- Als zentraler und traditioneller Organisationskomplex ist als Erstes die **Arbeitsteilung/ -strukturierung** anzusprechen. Hier sind Entscheidungen über den Grad der **Spezialisierung** in einem Unternehmen zu treffen. Wie können durch eine Zusammenarbeit mehrerer Personen Aufgaben besser erledigt werden respektive Prozesse optimal ablaufen? In welchem Umfang ist dabei auf breite und mehrfache Qualifikationen der Mitarbeiter zu setzen, oder erfordern verschiedene Arbeitsschritte jeweils ganz spezielle Fertigkeiten und Fähigkeiten? Solche Fragestellungen sind in diesem Zusammenhang aufgaben- und prozessbezogen zu klären. Dabei ist grundsätzlich entlang der folgenden drei Ausprägungsarten zu verfahren:

  - Die **horizontale Arbeitsteilung** betrifft einzelne Organisations- oder Ausführungsebenen. Mit darauf bezogenen Aufgliederungen werden in erster Linie Produktivitätsvorteile angestrebt. Eine plastische Veranschaulichung hierfür bietet das klassische Stecknadelbeispiel von ADAM SMITH. Dieses findet sich gleich zu Anfang seiner 1776 in erster Auflage veröffentlichten Wealth of Nations (kompletter Titel: An Inquiry into the Nature and Causes of the Wealth of Nations; deutsche Fassungen als: Der Wohlstand der Nationen – Eine Untersuchung seiner Natur und seiner Ursachen).
    Das erste Kapitel dieses nationalökonomischen Standardwerks hat die Arbeitsteilung zum Inhalt. Hier steht im dritten Absatz die anschauliche Darstellung darüber, wie die Herstellung von Stecknadeln durch eine Aufteilung der Draht- und der Kopfbearbeitung in etwa 18 verschiedene Arbeitsgänge aufgegliedert werden kann. SMITH berichtet dann von einer kleinen Manufaktur mit zehn Beschäftigten, bei der also einige Mitarbeiter mehrere dieser Arbeitsschritte ausführen mussten. Gegenüber einer Kompletttherstellung einzelner Stecknadeln durch einzelne Arbeiter konnte durch die praktizierte Arbeitsteilung täglich die 240fache Menge an Nadeln gefertigt werden.
  - Die **vertikale Arbeitsteilung** beinhaltet die Unterscheidung von Leitungs- und Ausführungsfunktionen. Diese zusätzliche Differenzierung geht auf FREDERICK W. Taylor und das von ihm entwickelte Funktionsmeistersystem zurück (siehe hierzu auch C.I.2.c.). Die Devise, planende und vorbereitende Tätigkeiten von deren praktischer Erledigung zu trennen, wurde in diesem, Anfang des letzten Jahrhunderts aktuellen Konzept erstmals und dabei gleich in Reinkultur umgesetzt. Auch die Funktionsmeister waren – wie die speziell auf einzelne Abläufe trainierten Arbeiter – Spezialisten (für Vorrichtung, für Arbeitsverteilung, für Geschwindigkeit, Zeit und Kosten etc.), und so stand jeder Mitarbeiter in mehrfachen Weisungsverhältnissen. Gegenüber der zuvor kaum üblichen Formalisierung und Standardisierung waren mit diesem System wiederum erhebliche Produktivitätssteigerungen möglich.
  - Im Interesse einer **ganzheitlichen Arbeitsprozessgestaltung** werden Planung und Durchführung zumindest auf den unteren Arbeitsebenen heute

nicht mehr so streng voneinander separiert. Als Grundansatz ist die vertikale Arbeitsteilung aber nach wie vor von entscheidender Bedeutung; bereits ab einer relativ kleinen Mitarbeiterzahl ist nur auf diese Weise eine sinnvolle Strukturierung der Gesamttätigkeit eines Unternehmens möglich. Deren Dekomposition führt zu dem zeitbezogenen Zyklus aus Planung, Realisation und Kontrolle (siehe hierzu D.), in dessen stellenbezogener Umsetzung sich die Hierarchie eines Unternehmens herausbildet.
Mit dem auf JÜRGEN WILD zurückgehenden **SOS-Konzept** kann eine Aufgabenstrukturierung vorgenommen werden, bei welcher die beiden vorgenannten Teildimensionen einfließen und mit der zugleich eine Vorbereitung der organisatorischen Konfigurierung erfolgt.
Hierbei sind die aus der Aufgabenanalyse resultierenden Einzeltätigkeiten einer Dreiteilung zu unterziehen. Dieses kann analog auch bezogen auf die Arbeitsschritte geschehen, und damit ist das SOS-Konzept sowohl zur Gebilde- als auch zur Prozessstrukturierung zu verwenden. Die drei, am Beispiel der Aufgaben erläuterten Gruppen sind:

* **Steuerungsaufgaben** mit zentraler Bedeutung für die Führung eines Gesamtunternehmens bzw. seiner Teilsysteme.
  Hierzu zählen vor allem die Tätigkeiten im Zusammenhang der unternehmensweiten Willensbildung sowie -durchsetzung und damit solche im Bereich der Unternehmensentwicklung und -planung, des Marketing als Marktorientierter Unternehmensführung sowie der Corporate Identity/ Unternehmenskultur. Diese Bereiche haben wir in entsprechender Weise bereits im Kapitel F.II. als übergeordnete Steuerungsprozesse der Wertschöpfung gegeneinander abgegrenzt.
* **Operative Aufgaben** mit unmittelbarem Bezug zur Leistungserstellung und -verwertung eines Unternehmens.
  Entsprechend der Phasengliederung des direkten Wertschöpfungsprozesses (siehe dazu grundlegend E.II., nähere Ausführungen dann in F.III.) können hierzu tiefere Untergliederungen vorgenommen werden, beispielsweise grob differenziert in Beschaffungs-, Produktions- und Absatzaufgaben.
* **Serviceaufgaben** mit dem Zweck, die Erfüllung von Steuerungs- und operativen Aufgaben zu unterstützen.
  Hiermit sind die in F.IV. behandelten flankierenden Wertschöpfungsprozesse angesprochen. Als Beispiel kann die mit dem Rechnungswesen erfolgende Abbildung der Realgüterbewegungen genannt werden, und in diese Aufgabenrubrik sind auch Tätigkeiten einzuordnen, mit denen die technische Produktion aufrechterhalten und weiterentwickelt wird (Bereiche Technologie und Investition, Finanzierung).

Das SOS-Konzept stellt eine zeitgemäße Variante zu den formalen Aufgabenmerkmalen nach KOSIOL (Rang, Phase und Zweckbezug) dar. Innerhalb der drei Aufgabenbereiche sind i.d.R. noch weitergehende Differenzierungen in horizontaler und vertikaler Hinsicht notwendig. Die vorzunehmende Dreiteilung liefert allerdings bereits einen Ansatz für die **Strukturierung**

**des organisatorischen Gesamtzusammenhangs** eines Unternehmens: So ist die Ausführung der operativen Aufgaben gegenüber der Wahrnehmung von Steuerungsaufgaben in ein Unterordnungsverhältnis zu stellen. Und für die generelle Frage, inwieweit einzelne Tätigkeitskomplexe durch Unterstützungsstellen ohne eigene Entscheidungs- und Weisungskompetenz (Stabsstellen) erledigt werden können, dürfte vor allem der Bereich der Serviceaufgaben Ansatzpunkte bieten. Die Gestalt des endgültigen Stellen- und Prozessgefüges hängt von den einzelfallbezogenen Ausprägungen aller Organisationsdimensionen ab; mit dem SOS-Konzept wird hierzu jedoch eine gute Grundlage gelegt.

- Wenn auf der Grundlage strukturierter Aufgaben die Verteilungsbeziehungen zwischen den zu ihrer Erledigung eingerichteten Stellen zu gestalten sind, dann ist hierzu zunächst eine Basisentscheidung zu treffen. Diese betrifft die Auswahl eines wesentlichen Kriteriums, welches die Aufbauorganisation eines Unternehmens maßgeblich prägt. Damit wird ein Gliederungsprinzip für die längerfristige Erfüllung seiner Gesamtaufgabe vorgegeben; auf dieses Grundmuster sind die verschiedenen Leitungs- und Ausführungsebenen abgestimmt.
  Unter dem Stichwort der **Fokussierung** geht es bei diesem zweiten, im unteren Teil der Abbildung G-I-2 aufgeführten dimensionalen Konzept um die organisatorische Grundausrichtung eines Unternehmens. Als dessen wesentliche Ausprägungen sind zu unterscheiden:
  - Die **Verrichtungs- respektive Funktionsorientierung**, bei welcher die Stadien des Realgüterprozesses der Strukturierung eines Unternehmens zu Grunde gelegt werden (z.B. Forschung und Entwicklung, Beschaffung, Fertigung, Absatz und Verwaltung als direkt nach der Unternehmensleitung gebildete Organisationsbereiche).
  - Die **Objektorientierung**, bei der das primäre Gliederungskriterium aus dem Leistungsprogramm eines Unternehmens abgeleitet wird. Der organisatorische Aufbau eines Unternehmens erfährt hierbei eine produkt- oder produktgruppenbezogene Aufteilung, bei welcher allerdings auf tieferen Ebenen zusätzlich eine funktionsbezogene Aufgliederung vorgenommen wird. Als Beispiel für eine Objektorientierung als oberstes Strukturprinzip kann ein Elektrogerätehersteller angenommen werden, dessen Gesamtorganisation in die drei Bereiche Kochgeräte, Waschmaschinen und Kühlgeräte aufgeteilt ist.
  - Die **Regionenorientierung**, welche sich bei starken Unterschieden im räumlichen Leistungsbezug anbietet. Dabei stellen nicht Funktionen oder Objekte, sondern geografische Gegebenheiten den unmittelbaren Ansatzpunkt zur Bildung der Aufbauorganisation dar. Hierzu lassen sich beispielsweise (Welt-)Marktregionen mit stark voneinander abweichenden Produktanforderungen anführen, aufgrund derer eine generelle Differenzierung in die Absatzgebiete A, B und C, also z.B. Europa, Nordamerika und Asien, vorgenommen werden kann.

Wird lediglich eine dieser Grundorientierungen verfolgt, dann führt dies zu einer eindimensionalen Organisation. Durch die Kombination zweier oder mehrerer Fokussierungen entsteht eine mehrdimensionale Organisation.
Gegenüber den vorstehend wiedergegebenen Ausprägungen ist bei der in Abbildung G-I-2 ebenfalls als organisatorischer Grundausrichtung eingetragenen **Prozessorientierung** ein systematischer Unterschied zu beachten:

- Bei der Funktions-, der Objekt- und der Regionenorientierung bilden zu erfüllende Aufgaben die Grundlage für die Gliederung von Unternehmen. Auf der Basis einer Prozessorientierung wird die aufbauorganisatorische Strukturierung dagegen unmittelbar aus den Prozessen und damit aus den ablauforganisatorisch zusammenhängenden Arbeitsschritten/ -gängen entwickelt.
- Von daher ist schon an dieser Stelle festzuhalten, dass die drei zunächst aufgezeigten Orientierungen die Grundlage für die traditionellen primären und sekundären Organisationsformen bilden (siehe hierzu G.II.1. bis G.III.3.), während die Prozessorientierung zu dem neueren und vom Ansatz her diametralen Modell der Prozessorganisation führt (siehe hierzu G.III.4.).

• Beim dritten organisatorischen Dimensionskonzept stehen Grundlagen der **Stellen-/ Abteilungsbildung** und damit der Herausbildung des Leitungssystems eines Unternehmens im Mittelpunkt. Im Zusammenhang mit dieser grundlegenden Konfigurationsaufgabe können zunächst die folgenden Begriffe geklärt werden:

- Eine **Stelle** ist – wie bereits erwähnt – eine der kleinsten Organisationseinheiten eines Unternehmens. Stellen entstehen durch die Zuordnung von Aufgaben auf Personen und deren Ausstattung mit den erledigungsnotwendigen Sachmitteln.
- **Abteilungen** entstehen dadurch, dass mehrere Stellen verbunden und einer leitenden Stelle untergeordnet werden. Die leitende Stelle wird üblicherweise als Instanz bezeichnet.
- **Linienabteilungen** sind in das hierarchische Gesamtgefüge eines Unternehmens eingepasst und damit in Über- und Unterordnungsverhältnisse eingebunden.
- **Stabsabteilungen** dienen der Unterstützung von Linieninstanzen; sie sind vorbereitend, beratend und unterstützend tätig. Stabsabteilungen sind gegenüber anderen Abteilungen generell nicht entscheidungs- oder weisungsbefugt.

Der unmittelbare Anordnungs- bzw. Ausführungs- oder Berichtszusammenhang der vorgenannten Organisationseinheiten erfährt bei neueren Arbeits- und Führungsformen eine teilweise Lockerung. Hierzu ist vor allem auf zwei Ausprägungen hinzuweisen:

- Bei den auch als teilautonom bezeichneten **Arbeitsgruppen** erfüllen mehrere Mitarbeiter auf der Ausführungsebene zusammenhängende Arbeitsschritte. Für die Erledigung solcher komplexer Aufgaben sind sie mit einigen selbstverantworteten Entscheidungs- und Kontrollkompetenzen ausgestattet,

die bei einer reinen Stellengliederung von der übergeordneten Führungsinstanz wahrzunehmen wären.
- Ebenfalls als kooperative Personenmehrheiten sind **Teams** verfasst. Dieser nicht allein auf operative Tätigkeiten bezogene Begriff wird verwendet, wenn eine i.d.R. innovative Aufgabenstellung durch eine – ggf. auch abteilungsübergreifend gebildete – Gruppe von Mitarbeitern unter einer zeitlichen Befristung bearbeitet wird.
- Teams sind – wie Arbeitsgruppen – **hierarchiefrei** konzipiert. Den Team- oder Gruppenleitern kommt im Innenverhältnis eine Moderatorenrolle zu, und gegenüber den anderen Organisationseinheiten fungieren sie als Sprecher ihres Teams/ ihrer Arbeitsgruppe.

Zusammen mit der zuletzt erläuterten Festlegung der organisatorischen Grundausrichtung (Fokussierung) erfolgen über die **Konfiguration des Leitungssystems** nähere Konkretisierungen zur organisatorischen Basisdimension der Arbeitsteilung/ -strukturierung (Spezialisierung):

- Wenn mit der Grundausrichtung einer Organisation ein oder mehrere Basiskriterien festgelegt werden, nach denen die grundsätzliche Aufgabengliederung auf den verschiedenen Unternehmensebenen vorgenommen wird, dann stellt dies eine strukturbezogene Präzisierung der horizontalen Arbeitsteilung dar.
- Wenn auf dieser Grundlage die einzelnen Stellen und Abteilungen bzw. – in einer noch weiter reichenden Zusammenfassung – Bereiche gebildet werden, dann erfährt so die vertikale Arbeitsteilung ihre konkrete Ausgestaltung.

Bevor wir auf die Kompetenzverteilung und die hierdurch induzierte Koordination eingehen, werden noch **drei Basismodelle** für die **Stellen- und Abteilungsbildung** und damit für die Gebildestruktur vorgestellt. Sie verdeutlichen bereits die Anforderungen und Probleme bei der Kompetenzverteilung.
Die generelle Effizienz- und Effektivitätsorientierung der organisatorischen Gestaltung erfordert eine klare und übersichtliche Anordnung aller einzelnen Glieder mit möglichst eindeutigen Weisungs- und Berichtsbeziehungen. Für die Konstruktion dieser Gebildestruktur – also der Aufbauorganisation eines Unternehmens – ergibt sich damit die Notwendigkeit eines systematischen Vorgehens: Sämtliche Verteilungsbeziehungen sind nach einem einheitlichen Grundraster zu gestalten. Als grundsätzliche Alternativen stehen dafür im Wesentlichen drei Systeme zur Verfügung. Diese sind in der Abbildung G-I-3 zusammengestellt. Ausgehend von der Gesamtleitung beschränken sich die Veranschaulichungen hierzu aus Vereinfachungsgründen auf lediglich eine weitere Leitungsebene und eine Ausführungsebene. Dabei sind auch die jeweiligen Vor- und Nachteile bezeichnet, so dass die Erläuterungen hierzu knapp gefasst werden können:

- Im **Einlinien-System** untersteht jede Stelle (in den Skizzen als Kreise dargestellt) nur einer Instanz als Leitungsstelle (Rechtecke in den Skizzen). Die betreffenden Mitarbeiter erhalten ihre Weisungen also nur von einem

Vorgesetzten, dem sie zugleich berichtsverpflichtet sind. Aus der Sicht der einzelnen Stelleninhaber ist diese klar geregelte, auf HENRY FAYOL zurückgehende Einheit der Auftragserteilung und des Auftragsempfangs durchaus von Vorteil.

***Einlinien-System***

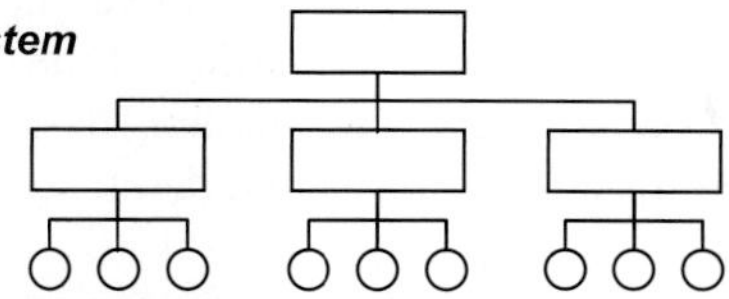

***Vorteile:*** **Klare Regelungen, keine Kompetenzkonflikte, Durchsichtigkeit, Festigung der Hierarchie**
***Nachteile:*** **Überlastung oberer Hierarchieebenen, lange und umständliche Instanzenwege, Schwerfälligkeit**

***Mehrlinien-System***

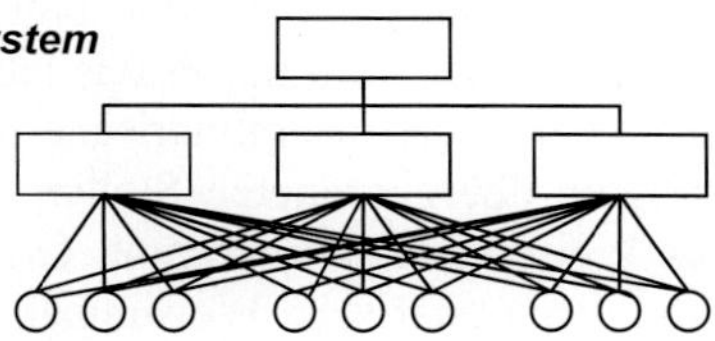

***Vorteile:*** **Flexible Problemlösung, kurze Kommunikationswege, fachlich kompetente Anweisungen**
***Nachteile:*** **Potenzielle Kompetenzkonflikte und Widersprüche, problematische Verantwortungszuordnung**

***Stab-Linien-System***

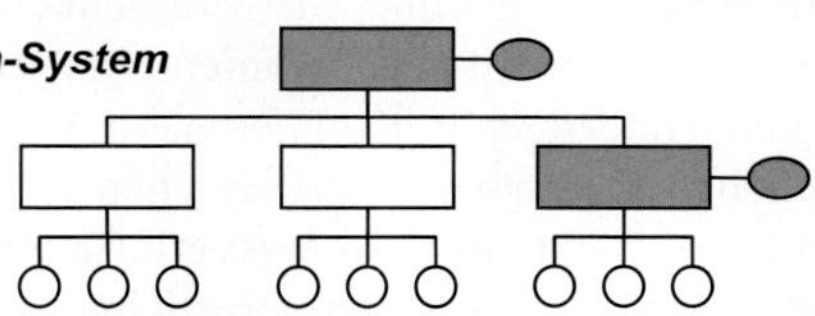

***Vorteile:*** **Entlastung der Linienabteilung durch Stabsstelle, Verbesserung der Entscheidungsqualität, flexible Gestaltungsmöglichkeit**
***Nachteile:*** **Kompetenzkonflikte zwischen Linie und Stab, Isolierung der Stabsstellen**

**Diese Stellenbildungssysteme können jeweils auf eine organisatorische Grundausrichtung angewendet werden (→ *eindimensionale Organisation*). Durch deren Kombination bzw. Überlagerung können mehrere Grundausrichtungen verfolgt werden; damit entstehen Matrix- oder Tensor-Organisationen (→ *mehrdimensionale Organisation*)**

**Abb. G-I-3:** Drei Systeme der Stellen-/ Abteilungsbildung zur Strukturierung von Verteilungsbeziehungen

Sobald allerdings Probleme auf einer Ausführungsebene auftreten, welche eine Mitwirkung anderer Instanzenzüge oder generelle Plananpassungen erforderlich machen, erweisen sich die grundsätzlich vertikal ausgerichteten Kommunikationswege als nachteilig. Jetzt muss der zur Entscheidung anstehende Sachverhalt im betreffenden Organisationsstrang zunächst nach oben durchgereicht werden (Kamineffekt), um eventuell von dort wieder in eine andere Linie hineingegeben zu werden. Eine Abmilderung dieser Schwierigkeiten kann dadurch erreicht werden, dass man die horizontale Abstimmung zwischen Instanzen zulässt und damit so genannte „Fayol'sche Brücken“ einzieht.

- Wie im mittleren Bild der Abbildung G-I-3 deutlich wird, zeichnet sich das **Mehrlinien-System** durch Mehrfachunterstellungen aus. An die Stelle der einheitlichen Auftragserteilung durch einen Vorgesetzten respektive eine Instanz tritt jetzt eine aufgabenspezifische Regelung der Weisungsbefugnis. Hierbei sind jeweils mehrere Instanzen gemäß ihren fachlichen Zuständigkeitsspektren dazu berechtigt, den Stellen der untergeordneten Ausführungsebene Anordnungen zu erteilen. In der Praxis läuft dies darauf hinaus, dass eine übergeordnete Stelle das disziplinarische Weisungsrecht besitzt und den anderen beteiligten übergeordneten Stellen ein auf ihre Funktion beschränktes fachliches Weisungsrecht zukommt. Graphisch ist dies oft so gekennzeichnet, dass die disziplinarische Weisungslinie mit einer durchgezogenen Linie ausgedrückt und die fachliche Weisungslinie durch eine gestrichelte Linie symbolisiert wird. Man nennt dies deshalb auch das „Dotted-Line-Prinzip“.

  Mit einer auf das Taylor'sche Funktionsmeistersystem zurückgehenden Mehrlinien-Konfiguration lässt sich über die Möglichkeit flexibler Problemlösungen zwar die Schwerfälligkeit des Einlinien-Systems überwinden. Wegen der Gefahr instanzenbezogener Kompetenzkonflikte bei Überschneidungen in den fachlichen Verantwortungsbereichen ist hierfür aber häufig ein „hoher Preis“ in Form ständiger Reibungsverluste zu zahlen. Die Mitarbeiter sind zudem mehreren Vorgesetzten verpflichtet, und somit sind Ineffizienzen beim Mehrlinien-System mehr oder weniger vorprogrammiert.

- Wenn zur Unterstützung von Linieninstanzen Stabsstellen oder -abteilungen eingerichtet werden, dann ist wegen der Unterschiede zwischen diesen Organisationseinheiten von einem **Stab-Linien-System** zu sprechen. Stabsstellen sind leitungsbefugten Linienstellen angegliedert und entlasten diese in quantitativer (z.B. Assistenz der Geschäftsleitung) oder qualitativer Hinsicht (z.B. Marktforschungsstab der Marketingleitung). Bei einem mehrere Ebenen umfassenden Organisationsaufbau können Stabsstellen grundsätzlich auf jeder Leitungsebene gebildet werden, ihre Einrichtung ist nicht nur auf den obersten Führungsebenen zu finden, aber dort deutlich häufiger. Im Zuge eines Lean Management sind Stabsabteilungen auf nachgeordneten Ebenen generell eher abgeschafft worden.

  Zwischen einer Stabsstelle oder -abteilung und der jeweiligen Linieninstanz bestehen lediglich informatorische Beziehungen. Im Auftrag der Linie wird der Stab bezogen auf aktuelle Entscheidungen bzw. auf die Umsetzung von

Maßnahmen vorbereitend, kontrollierend oder allgemein unterstützend tätig. Die Entscheidungs- sowie die Weisungskompetenz gegenüber nachgeordneten Stellen verbleibt bei der Leitung der Linienabteilung. Im Strukturbild eines Unternehmens – seinem Organigramm – wird dies dadurch verdeutlicht, dass Stäbe horizontal neben den Instanzen eingetragen werden. Während letztere in weiteren Vertikalverbindungen stehen, weisen Stäbe nur den waagerechten Anschluss zu ihrer Führungsstelle auf. Dieser Zusammenhang ist im unteren Teil der Abbildung G-I-3 durch eine zusätzliche Schraffur der beiden Instanzen mit angeschlossenen Stabsstellen (Ovale in der Skizze) gesondert hervorgehoben worden.

Durch die teilweise Auslagerung der Aufgaben von Linien- auf Stabsstellen kann der tendenziellen Überlastung oberer Hierarchieebenen in einem reinen Einlinien-System entgegengewirkt werden. Hierdurch werden fundiertere und auch schnellere Entscheidungen möglich. Gerade bei fachlich hoch qualifizierten Stabsstelleninhabern oder -abteilungsleitern kommt es erfahrungsgemäß allerdings häufig zur Aushöhlung der Entscheidungsmacht einer Linieninstanz respektive zu Kompetenzkonflikten mit der Linien-Führungskraft: Der Stab prägt und determiniert die Entscheidungen durch seine Entscheidungsvorbereitung, trägt aber keine Verantwortung dafür wie die Linienstelle. Oder der Stab fühlt sich fachkompetenter und versucht, der Linie ihre Machtkompetenz streitig zu machen. Dies kann soweit gehen, dass der Stab – obwohl dazu nicht befugt – in die Linie hineinregiert.

Wenn solches – wie im Normalfall vorgesehen – nicht eintritt, kann dennoch eine anders gelagerte Problemsituation eintreten: Aufgrund ihrer rein unterstützenden Funktion ist eine zunehmende Isolation der Stäbe von der Umsetzung der Entscheidungen durch Maßnahmen möglich. Sie sind dann nur noch ungenügend in den gesamten organisatorischen Ablauf eingebunden, und damit besteht die Gefahr, dass sie – in den sprichwörtlichen „Elfenbeintürmen" – ein Eigenleben führen.

Bei der Einrichtung von Stabsstellen ist aus den vorgenannten Gründen immer die Prüfung vorzunehmen, ob es sich bei den zu übertragenden Aufgaben tatsächlich um ausschließliche und unmittelbare Unterstützungstätigkeiten für die korrespondierenden Linienabteilungen handelt. Zusätzlich ist dann für eine enge und ergebnisorientierte Führung durch die Linieninstanz Sorge zu tragen. Geht es dagegen eher um Sonderaufgaben, bei denen insbesondere auch Abstimmungen notwendig sind, die quer zu den etablierten Linienzügen liegen, dann sind hierzu die speziellen Formen der Sekundärorganisation besser geeignet. Darauf gehen wir in G.III. ein.

Die veranschaulichten Stellenbildungssysteme stehen mit der organisatorischen Grundausrichtung in folgender Beziehung (Schlussfolgerungen in Abb. G-I-3):

- Mit der **organisatorischen Grundausrichtung** wird das oberste Gliederungskriterium für das primärorganisatorische Leitungssystem eines Unternehmens festgelegt. Auf der Basis dieser Grobgliederung kann dann mit einem der dargestellten Stellenbildungssysteme die detaillierte Konfiguration der Aufbauorganisation vorgenommen werden.

- Soweit lediglich eine Grundausrichtung bestimmt ist – also beispielsweise nach Verrichtungen, Objekten oder Regionen, sind alle Leitungszüge hierauf auszurichten; im Ergebnis der mit der Konfigurierung erfolgenden Feingliederung entsteht eine **eindimensionale Organisation**. Anders als bei den auf die Richtungen der organisatorischen Gestaltung bezogenen dimensionalen Konzepten wird mit dem Dimensionsbegriff hier lediglich auf die Anzahl der primären Gliederungskriterien abgestellt (eine Grundausrichtung = eindimensionale Organisation).
- Wenn eine gleichzeitige und gleichgewichtige Verfolgung zweier oder mehrerer Grundausrichtungen vorgesehen ist, dann müssen diese auch eine durchgängige Berücksichtigung im Leitungssystem eines Unternehmens finden. Der Konfigurationsansatz besteht in solchen Fällen darin, dass unter Zugrundelegung eines Stellenbildungssystems die Stellen- und Abteilungsbildung zunächst für jede Grundausrichtung stattfindet. Durch deren Kombination bzw. Überlagerung ist dann der Gesamtaufbau eines Unternehmens zu entwickeln. Damit kommt es zu **mehrdimensionalen Organisationen**, und zwar bei zwei Grundausrichtungen zu Matrix-Organisationen (siehe hierzu G.II.3.) oder – bei mindestens drei kombinierten Grundausrichtungen – zu Tensor-Organisationen. Letztere sind wegen ihrer hohen Komplexität allerdings nur sehr schwer zu handhaben; wir gehen deswegen darauf auch nicht näher ein.

• Wir kommen zurück zur Abbildung G-I-2 und gehen abschließend noch auf das vierte organisatorische Dimensionskonzept, nämlich die **Kompetenzverteilung** ein. Eine Kompetenz im organisatorischen Sinne bedeutet grundsätzlich eine unterschiedlich weit reichende Befugnis als Einwirkungsmacht. Durch die Kompetenzverteilung in einem Unternehmen wird zugleich die Art und Intensität der möglichen sowie erforderlichen **Koordination** festgelegt. An den Ausführungen zum Einlinien-/ Mehrlinien- und Stab-Linien-System ist dies bereits deutlich geworden.

Durch die mit den vorherigen Dimensionen vollzogenen Regelungen, also durch die Arbeitsteilung/ -strukturierung (Spezialisierung), die organisatorische Grundausrichtung des Unternehmens (Fokussierung) sowie die Stellen-/ Abteilungsbildung (Konfiguration) werden die Kompetenzverteilung und die dadurch induzierte Koordination bereits in bestimmten Grundmustern und Bahnen festgelegt. In einer groben Unterteilung lassen sich drei generelle Kompetenzarten unterscheiden:

- **Vorbereitende und unterstützende Kompetenzen**, wie Informationssammlungs-/ -aufbereitungs-, Beratungs- und Planungskompetenzen
- **Entscheidungskompetenzen**, denen immer ein – unterschiedlich weit gefasstes – eigenständiges Recht zur Beschlussfassung und -umsetzung zu Grunde liegt. Im Rahmen einer Führungsfunktion ist dies zugleich mit einer Weisungsbefugnis verknüpft
- **Kontrollkompetenzen**, die immer mit dem Recht auf den Zugriff bestimmter Informationen und Ergebnisse verbunden sind.

Die Kompetenzverteilung im Unternehmen macht die gesamte Organisation erst funktions- und arbeitsfähig. Ist sie ungünstig und damit nicht leistungsfähig ausgestaltet, dann führt dies zu zahlreichen Konflikten und lähmt das Unternehmen eher. Aus ressourcenorientierter Sicht ermöglichen klare organisatorische Kompetenzregelungen erst die volle Entfaltung der Werttreiber. Das Formulieren von Kompetenzregelungen ist damit eine der zentralen Aufgaben der Organisationsgestaltung.

- Bei diesem als Letztes abgegrenzten Dimensionskonzept zur Koordination wird jetzt noch kurz auf die **Entscheidungsabläufe** innerhalb der formalen Aufbaustruktur eingegangen. Die durch das Leitungssystem definierte Struktur der Weisungsbefugnisse erfährt hierdurch eine inhaltliche Untersetzung. Der gewährte Umfang an Entscheidungsbefugnissen determiniert letztlich das Kompetenzspektrum einer Stelle, und dadurch wird – wie ausgeführt – auch der organisatorische Gesamtaufbau eines Unternehmens beeinflusst.

Die große Bedeutung dieser Beziehung kann an folgendem **Beispiel aus der Automobilindustrie** erschlossen werden: Im Rahmen der Fließbandfertigung waren früher abschnittsweise Qualitätskontrollen üblich, bei denen fehlerhafte Teil- oder Endprodukte durch Mitarbeiter der Fertigungskontrolle/ Qualitätssicherung zur Nacharbeit ausgesondert wurden. Die Monteure konnten dagegen auch beim Bemerken von Teile- oder Einbaufehlern aufgrund der Taktzeit kaum einen unmittelbaren Einfluss hierauf nehmen. Heute ist den Beschäftigten an den Fließbändern dagegen vielfach die Befugnis eingeräumt, bei Problemen die Fertigung auf dem Band komplett anzuhalten (mit einer „Reißleine" oder ähnlichem) und zuerst eine Beseitigung der Fehlerquelle durchzuführen bzw. diese zu veranlassen. Die Wahrscheinlichkeit für eine größere Anzahl fehlerhaft produzierter Teile ist hierbei sehr viel niedriger als in der zunächst beschriebenen Ausgangssituation. Der wichtige Unterschied der modernen Vorgehensweise liegt dabei in der übertragenen Befugnis des Mitarbeiters, einen Stillstand des Bandes herbeiführen zu können. Der Qualität der Fertigung und des Produktes wird also eine höhere Bedeutung eingeräumt als der Taktzeit. Damit sind die Mitarbeiter in der Fertigung für die Qualität ihrer Arbeitsschritte unmittelbar zuständig und verantwortlich, während es zuvor nur die mittelbare Zuständigkeit der Qualitätskontrolleure gab. Die Entscheidungen zur Fertigungsqualität sind dadurch auf „alle Schultern" verteilt. Die Konsequenz ist eine starke Dezentralisation von Entscheidungen.

Eine **Entscheidungsdezentralisation** kennzeichnet einen kooperativen und partizipativen Führungsstil (siehe hierzu F.IV.2.) im Unternehmen, und sie ist zugleich ein wesentliches Merkmal für den Unternehmenserfolg. Die Dezentralisation von Entscheidungen führt dazu, dass bestimmte (übergeordnete) Stellen im Unternehmen entlastet, ggf. sogar überflüssig werden. Dies kann Konsequenzen in der Richtung haben, dass Stellen oder sogar Hierarchieebenen im Unternehmen eingespart werden. Das Unternehmen wird hierdurch schlanker und schneller. Lean Organisation und Lean Management beschreiben diese positiven Effekte.

Bei der umgekehrten Richtung, der **Entscheidungszentralisation**, werden das Wissen und die Fähigkeiten der Mitarbeiter nicht genutzt und vor allem nicht weiterentwickelt. Bei einer Zentralisation von Entscheidungen besteht generell die Gefahr, dass zu viele Entscheidungsbefugnisse auf höheren Ebenen bis zur Geschäftsleitung als der obersten Instanz in einem Unternehmen verbleiben. Dies birgt die Gefahr einer Überlastung bei gleichzeitigen Informationsdefiziten in sich. Sämtliche nachgeordneten Stellen wären hingegen nur noch „Befehlsempfänger", die wegen fehlender Befugnisse über keinerlei Entscheidungsspielräume verfügen.

Bei einer Entscheidungsdezentralisation ist ein Grundsatz zu beachten: **Dezentralisation** und damit Delegation **setzt Qualifikation voraus**. Mit anderen Worten muss das Fähigkeitsprofil eines Mitarbeiters die Delegation organisatorischer Kompetenzen rechtfertigen. Aus einer Delegation erwächst zugleich immer auch die Übernahme der entsprechenden (Ergebnis-)Verantwortung. Hierauf gehen wir im folgenden Abschnitt bei den Organisationsprinzipien noch näher ein.

Die Auflistung der dimensionalen Organisationskonzepte im unteren Teil der Abbildung G-I-2 schließt mit einem Verweis auf wichtige primär- und sekundärorganisatorische Modelle sowie auf den hierzu „rivalisierenden Ansatz" der Prozessorganisation. Damit wird die Verbindung zu den in der rechten Spalte benannten architektonischen Grundmustern gezogen. Hiermit stehen alternative Formen für die längerfristige Grundstruktur sowie für darauf bezogene Ergänzungsstrukturen zur Verfügung, in welchen die erläuterten Dimensionskonzepte Berücksichtigung finden. Diese Grundformen stellen wir in G.II. und G.III. vor.

Generell kann bezogen auf die Ausgestaltung und Kombination der Grundsätze und Konzepte für die organisatorische Gestaltung festgehalten werden: Es gibt keine organisatorische Strukturierung eines Unternehmens, die nur Vorteile vereint. Dies liegt darin begründet, dass die Ausgestaltung der organisatorischen Regelungen auf einer und zwischen zwei Ebenen von einander abhängt. Dies trifft z.B. insbesondere für die Fokussierung und die Koordination/ Kompetenzverteilung zu. Dabei gilt, dass die Zentralisation nach einem Kriterium die Dezentralisation nach dem anderen Kriterium nach sich zieht. Dies bedeutet zugleich, dass Vorteile der einen Art durch Nachteile der anderen Art ergänzt werden. So führt die Zentralisation nach Objekten auf einer Ebene i.d.R. zu einer Dezentralisation nach Verrichtungen auf der nächsten Ebene und umgekehrt. Und eine Dezentralisation von Entscheidungsbefugnissen auf eine nachgelagerte Ebene verhindert die Zentralisation der Entscheidungsbefugnisse auf der darüber liegenden Ebene und umgekehrt im übertragenen Sinne.

Im Ergebnis ist jede organisatorische Strukturierung also ein Abwägen und Ausbalancieren der kombinierten Ausgestaltung von mehreren Organisationskriterien bzw. -grundsätzen. Vor diesem Hintergrund kann es also nie die einzig richtige organisatorische Gestaltung geben. Erreichbar ist immer nur eine auf der Basis definierter Ziele optimale Organisationsform, die Vorteile und Nachteile vereint.

## 3. Prinzipien der organisatorischen Strukturierung

Im Folgenden gehen wir auf wesentliche Prinzipien zur Regelung organisatorischer Beziehungen ein. Die Bezeichnung als Prinzipien wird gewählt, um den stärkeren Verbindlichkeitscharakter dieser Richtlinien zu betonen. Aus der Fülle präskriptiver Handlungsempfehlungen für die Organisationsgestaltung sind diese im Hinblick auf ihre Bedeutung zur Erreichung der Unternehmens- und damit der Organisationsziele ausgewählt bzw. zusammengefasst worden. Dieses Vorgehen bedeutet im Umkehrschluss, dass mit der Nichteinhaltung dieser struktur- und prozessbezogenen Organisationsprinzipien Ursachen für eine reduzierte Effizienz und Effektivität der Organisation geschaffen werden.

In den beiden Abbildungen G-I-4a und -4b sind die sechs wesentlichen Organisationsprinzipien zur Regelung von Verteilungs- und Arbeitsbeziehungen zusammengestellt.

Bezogen auf die vorangegangenen Grundsätze und Konzepte erfolgen damit Präzisierungen, und über ihre Reihenfolge stehen die Prinzipien zusätzlich untereinander in einer inhaltlichen Verbindung. Der Gegenstand des jeweiligen Prinzips wird kurz bezeichnet, und es wird eine Visualisierung hierzu vorgenommen sowie eine Quintessenz gezogen. Damit sind nur wenige weitergehende Erläuterungen dazu erforderlich:

① Mit dem **Subsidiaritätsprinzip** wird die qualifikationsabhängige Aufgabendelegation auf nachgelagerte Ebenen zur Richtlinie erhoben. Bezogen auf das im vorangegangenen Abschnitt erläuterte Dimensionskonzept der Koordination beinhaltet dieses Eingangsprinzip also die Empfehlung, bei der organisatorischen Gestaltung den Weg der Entscheidungsdezentralisation einzuschlagen. Über zwei Hierarchieebenen gesehen, sind sachliche Kompetenzen demnach so weit wie möglich auf die untere und damit ausführungsnähere Ebene zu verlagern.

In der Unternehmenspraxis geht man dabei zweckmäßigerweise nicht retrograd, sondern progressiv vor: Es wird also nicht begründet, was auf eine nachgeordnete Ebene/ Stelle delegiert werden kann. Vielmehr werden zunächst alle delegierbaren Aufgaben auf nachgelagerte Ebenen übertragen. Danach wird im umgekehrten Sinne gefragt bzw. analysiert, was auf der nächsthöheren Organisationsebene entschieden, gesteuert und umgesetzt werden muss. Auf diese Weise wird also zugleich auch die „Beweislast" in der organisatorischen Gestaltung umgekehrt.

Die delegierten Aufgabeninhalte entwickeln so eine identifikationsstiftende Wirkung, und auf der vorgesetzten Stufe können wichtige Sach- und Führungsaufgaben besser wahrgenommen und erfüllt werden. Die Gesamtorganisation kommt dabei – wie bereits in G.I.2. erläutert – mit weniger Ebenen aus, die Hierarchie kann flacher gehalten werden, und damit sind wesentliche Voraussetzungen für ein schlagkräftiges Lean Management gegeben.

Über das Subsidiaritätsprinzp gehen also auch Wirkungen auf die Ausgestaltung der horizontalen und vertikalen Arbeitsteilung (Dimensionskonzept der

Spezialisierung) aus. Seinem Kerninhalt nach, wird die organisatorische Strukturierung dahingehend ausgerichtet, „dass“ eine Delegation stattfindet.

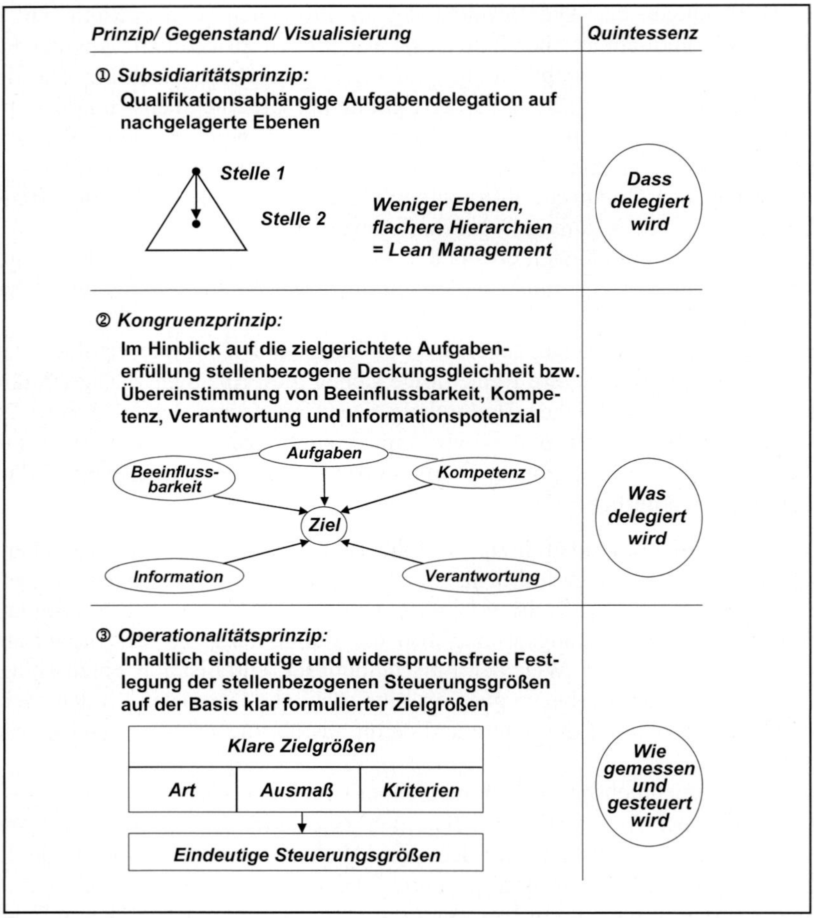


**Abb. G-I-4a:** Sechs wesentliche Organisationsprinzipien zur Regelung von Verteilungs- und Arbeitsbeziehungen (Teil 1)

② Das **Kongruenzprinzip** basiert ebenfalls auf dem dimensionalen Konzept der Koordination. Als umsetzungsbezogene Konkretisierung des Subsidiaritätsprinzips liefert es eine Richtlinie zur Gestaltung einzelner Parameter, welche für eine funktionierende Delegation notwendig sind. Im Kern geht es um die Deckungsgleichheit (Kongruenz) von Aufgaben, darauf bezogenen Kompetenzen und dann zu tragender Verantwortung (AKV-Prinzip).

Wie das Bild in der Mitte von Abbildung G-I-4a zeigt, ist hierbei eine mehrfache Deckungsgleichheit gefordert:

- Ausgerichtet auf das Ziel als zu erreichendes Soll-Ergebnis betrifft diese zunächst die entsprechend klare Formulierung der Aufgabe.
- Darüber hinaus muss der Stelleninhaber, der mit dieser Aufgabe betraut wird, über die Kompetenz verfügen, Entscheidungen im Hinblick auf die Zielerreichung zu fällen.
- Dies wiederum setzt voraus, dass bezogen auf die zur Aufgabenerledigung erforderlichen Zustands- oder Lageveränderungen eine Beeinflussbarkeit durch den Aufgabenträger gegeben ist, er also über die notwendigen generellen Einwirkungsmöglichkeiten verfügt.
- Des Weiteren ist ein uneingeschränkter Zugang zu allen, in Verbindung mit der Aufgabenerfüllung relevanten Informationen sicherzustellen.
- Die Erfüllung der vorgenannten Punkte bildet die Grundlage für die auf die übertragene Aufgabe bezogene Prozess- und Ergebnisverantwortung. Zu den im Rahmen der Delegation verliehenen Rechten wird hiermit die Pflicht des Aufgabenträgers definiert, über die zielgerichtete Aufgabenerfüllung persönlich Rechenschaft abzulegen.

Die kurze Auflistung macht deutlich, dass mit einer Delegation von Aufgaben eine Reihe weiterer Befugnisse verbunden sind. Demgemäß ist das Kongruenzprinzip darauf zu verdichten, „was" delegiert wird.

③ Über das **Operationalitätsprinzip** erfahren die vorhergehenden Richtlinien eine weitere Spezifizierung. Jetzt geht es darum, dass für die zuvor genannten Ziel- und Steuerungsgrößen eindeutige und widerspruchsfreie Festlegungen zu treffen sind. Damit fließt der allgemeine Grundsatz, dass Steuerungen oder Regelungen das Vorliegen geeigneter Messgrößen erfordern, in die organisatorische Gestaltung ein.

Hierzu sind die mit einer Aufgabenübertragung verbundenen Zielgrößen nach Art, Ausmaß und weiteren detaillierenden Kriterien, wie z.B. dem räumlichen und zeitlichen Bezug sowie der Ziel-/ Aufgabenpriorität, klar zu operationalisieren (siehe hierzu D.I.2.). Auf dieser Grundlage sind dann auch für die übrigen Parameterbereiche des Kongruenzprinzips eindeutige und aufeinander abgestimmte Steuerungsgrößen zu entwickeln.

Soweit die einzelnen Stell- und Regelungsgrößen nicht quantitativ messbar sind, kann auch die Formulierung qualitativer Ausprägungen für Ziel- oder Steuerungsgrößen in Betracht kommen. Dabei ist aber auf eine ausreichende Operationalität zu achten. Anweisungen, wie z.B. „Optimieren Sie die Materialwirtschaft", genügen dieser Anforderung nicht. Hierzu ist eine präzisere Fassung der ziel- und dann auch der steuerungsbezogenen Größen erforderlich. Bezogen auf die Materialwirtschaft bedeutet dies z.B.: „Entwickeln Sie innerhalb von vier Wochen veränderte/ neue Arbeitsprozesse auf der Basis unseres Informationssystems zur Lagerwirtschaft. Beziehen Sie hierzu alle im Lager Beschäftigten in ausreichendem Maße mit dem Ziel ein, die durchschnittliche Verweildauer der Teile um mindestens drei Tage zu senken. Nach der Vorstellung ihrer Ergebnisse vor der Abteilungsleitung und dem Beschluss zur Durch-

führung der Prozess- und Systemänderungen werden Sie in verantwortlicher Leitung die Veränderungen mit Ihrem Team innerhalb von drei Monaten vollständig umsetzen."
Das Operationalitätsprinzip zeigt also die Richtung dafür auf, „wie" bei der Aufgabenverteilung innerhalb einer Organisation die Umsetzung und Zielerreichung gemessen und gesteuert wird.

④ Mit dem in der Abbildung G-I-4b aufgeführten **Minimalebenenprinzip** wird die bereits beim Subsidiaritätsprinzip formulierte und damit vorbereitete Anforderung möglichst flacher Hierarchien umgesetzt. Da die Anzahl der Instanzenebenen durch die zu praktizierende Delegation nicht automatisch abnimmt, wird hierdurch eine Vorgabe zur Reorganisation gegeben. Dabei ist offensichtlich, dass ein derartiges strukturreduzierendes Organisationsprinzip i.d.R. schwierig zu realisieren ist.
Das Ziel ist, dass möglichst wenige Führungsebenen für die Steuerung und Umsetzung erforderlich sind. Die Anforderung geht dahin, im Interesse einer effektiven Ziel-/ Aufgabenkoordination und deren Erfüllung eine minimale Größenordnung zu schaffen. Im Ergebnis wird ein Lean Management mit umfangreicher Delegation auf die Ausführungsebene erreicht. Vorraussetzung hierfür ist eine ausreichende Befähigung der Mitarbeiter und eine Befugnisübertragung als Empowerment mit einem Job-Enlargement und -Enrichment (siehe hierzu C.I.2.c. und F.IV.2.).
Das Minimalebenenprinzip ist alles in allem also auf die Beantwortung der Frage gerichtet, „wer" in die Organisation und Steuerung aktiv einbezogen wird.

⑤ In der Konsequenz regelt das **Leitungs- und Kontrollspannenprinzip**, dass die Anzahl zu führender Einheiten nicht zu groß ist. Wenn dies dennoch der Fall ist, wird keine neue Zwischenebene/ -instanz eingezogen, sondern vielmehr geht die Anforderung dahin, dann den Grad der Delegation zu erhöhen.
Für die Größe der Leistungs- und Kontrollspanne in Unternehmen gibt es keine allgemein gültigen Richtwerte. Vielmehr hängt sie von mehreren Situationsfaktoren (bspw. der Aufgabenart, der Qualifikation der Mitarbeiter, dem Führungsstil des Vorgesetzten) ab. Bezogen auf die Art der Aufgabe kann der Leiter einer Buchhaltungsabteilung beispielsweise mehr Mitarbeiter gleichzeitig führen als der Leiter einer Werbeabteilung. Die Spanne ist bei repetitiven (Routine)Tätigkeiten also größer als bei überwiegend kreativen Aufgaben. Hinzu kommt, dass sich die mögliche Leitungs-/ Kontrollspanne mit zunehmender Delegation verbreitern lässt. Dies ist darin begründet, dass eine Führungsinstanz mehr Stellen mit durch Ziele fixierten selbstständigen Aufgabenerledigungen führen und steuern kann, die vor allem Ergebnisfortschritte an sie berichten, anstatt ständig unmittelbare Arbeitsanweisungen zu geben.
Die Quintessenz des Leitungs-/ Kontrollspannenprinzips liegt demnach darin, „wer von wem wie direkt geführt wird".

⑥ Das **Doppelkontrollprinzip** ist die konsequente Weiterführung des Leitungs-/ Kontrollspannenprinzips. Hierdurch wird festgelegt, wie die Kontrolle der Zielerreichung bei einer weit reichenden Delegation auszugestalten ist.

Der Grundansatz des Doppelkontrollprinzips besteht in der Kombination einer ständigen Eigenkontrolle durch die Mitarbeiter mit einer periodischen Fremdkontrolle durch den Vorgesetzten. Der Kerninhalt dieses Prinzips bezweckt damit die Festlegung, „wer wen/ was und wie oft kontrolliert".

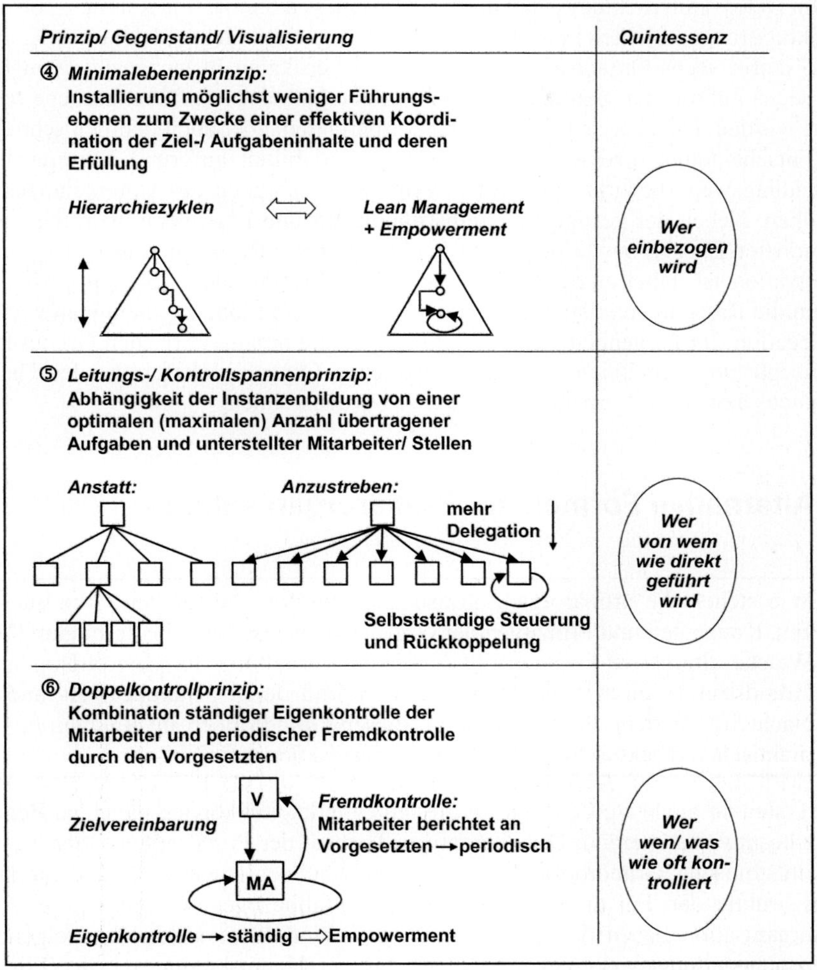


**Abb. G-I-4b:** Sechs wesentliche Organisationsprinzipien zur Regelung von Verteilungs- und Arbeitsbeziehungen (Teil 2)

Durch die Zielvereinbarung, die befähigende Qualifikation und das Empowerment ist der Mitarbeiter in der Lage und verpflichtet, seine erreichten Ergebnisse und damit den Zielerreichungsgrad ständig selbst zu kontrollieren. Für den Vorgesetzten sind dadurch periodische Kontrollen z.B. im Wochen- oder Monatsrhythmus ausreichend. Grundlage hierfür sind die Berichte der Mitarbeiter im Rahmen von Besprechungen. Bei gravierenden Abweichungen ist als Führungsprinzip festzulegen, dass die Rückmeldung an den Vorgesetzten sofort erfolgt. Insgesamt machen die vorstehenden Ausführungen deutlich, dass die veränderte Organisation nur bei einer gleichzeitig veränderten Personalführung funktioniert (siehe hierzu F.IV.2.).

In vielen Unternehmen sind in den vergangenen Jahren im Rahmen von Restrukturierungsprojekten in Richtung Lean Management nicht zuletzt unter Einhaltung dieser sechs Organisationsprinzipien die vertikalen Instanzenzüge von fünf bis sechs Führungsebenen auf zwei bis drei oberhalb der Ausführungsebene reduziert worden. Dies hat deutliche Kosteneinsparungen, aber auch deutlich schnellere Entscheidungsprozesse und eine höhere Flexibilität aufgrund kürzerer Entscheidungswege bewirkt, um so die Wettbewerbsfähigkeit des Unternehmens zu erhöhen. Neben der gestiegenen Selbstständigkeit und Eigenverantwortung nachgeordneter Ebenen sowie der damit beabsichtigten Selbststeuerung und höheren Motivation ist dabei zugleich aber auch die Belastung dieser Stellen gestiegen. Denn die Ressourcenausstattung hat nicht in gleichem Maße zugenommen wie die Delegation. Im Folgenden wird ausgeführt, wie die organisatorischen Grundsätze, Konzepte und Prinzipien bei unterschiedlichen Organisationsformen des Unternehmens bzw. im Unternehmen umgesetzt werden können.

## II. Alternative Formen der Primärorganisation

> Wie stehen die primärorganisatorischen Grundformen mit den Grundsätzen, Konzepten und Prinzipien der Organisationsgestaltung in Verbindung? Welche alternative Formen gibt es für die Gestaltung der längerfristigen Grundstruktur eines Unternehmens? Was sind deren generelle Vor- und Nachteile? Welche Funktion kommt diesen Grundformen im Rahmen der praktischen Strukturierung von Aufbauorganisationen zu?

Die erste und die letzte Leitfrage zu diesem Unterkapitel können gleich zu Beginn kurz beantwortet werden: Die alternativen Formen der Primärorganisation stellen architektonische Grundmuster für die Gestaltung der längerfristigen Unternehmensstruktur dar. Für die praktische und einzelfallbezogene Gestaltung der Aufbauorganisation haben die Grundformen also **Modellcharakter**. Die folgenden Prinzipdarstellungen erstrecken sich nur bis zur Hauptabteilungsebene (Linien- und Stabsabteilungen). Abteilungen und Stellen auf den nachfolgenden Ebenen werden nicht aufgeführt.

### 1. Funktionale Organisation

Als Funktionale Organisation wird eine Gebildestruktur bezeichnet, die der Grundausrichtung der **Verrichtungsorientierung** (siehe hierzu G.I.2.) folgt. Diese Grundform kann als Einlinien- respektive als Stab-Linien-System konfiguriert werden, und damit liegt hier eine Tendenz zur Entscheidungszentralisation vor.

Abbildung G-II-1 zeigt den **Prototyp einer Funktionalen Organisation**, bei welchem zugleich das **SOS-Konzept** der Abteilungsbildung (siehe hierzu G.I.2. sowie F.I.) zu Grunde gelegt wird:

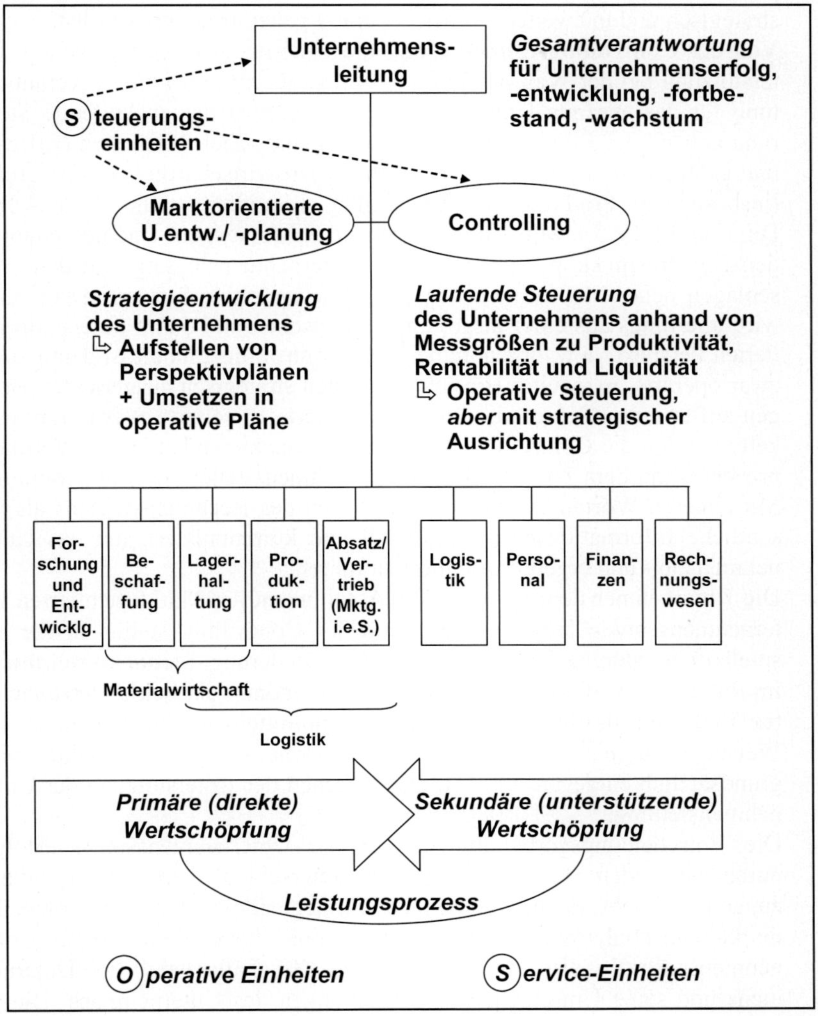


**Abb. G-II-1:** Funktionale Organisation nach dem SOS-Konzept

- Dies findet seinen Niederschlag zunächst darin, dass der **Unternehmensleitung** – und damit dem dispositiven Faktor in der GUTENBERG'schen Terminologie zu den betriebswirtschaftlichen Produktionsfaktoren – **unterstützende Stabsabteilungen** zugeordnet sind:

- Die **Einheit Marktorientierte Unternehmensentwicklung/ -planung** arbeitet der Unternehmensspitze bei der Steuerung der beiden übergeordneten Wertschöpfungsprozesse Strategie und Marketing zu. Zur Strategieentwicklung – also zur Aufstellung von Perspektivplänen und deren Umsetzung in operative Pläne – steht damit eine gesonderte Expertengruppe als „Brainpool" zur Verfügung. Die Ausrichtung dieser Einheit kann in erster Linie als strategisch und in zweiter Linie als operativ gekennzeichnet werden.
- Von der **Controlling-Einheit** erhält die Unternehmensleitung weitere Unterstützung bei der Wahrnehmung ihrer übergeordneten Leitungsverantwortung für das gesamte Unternehmen. Diese betrifft dessen laufende Steuerung anhand der Ergebnis-Einsatz- und Ergebnis-Ziel-Relationen (Effizienz und Effektivität) zu den verschiedenen betriebswirtschaftlichen Kenngrößen (insbesondere Produktivität, Rentabilität, Liquidität; siehe dazu A.II.1., D.I.3. und F.IV.5.). Mit den entsprechenden Messungen/ Datenerhebungen, den Ergebnisrückkoppelungen an die Unternehmensleitung und dem Vorschlagen neuer Maßnahmen liegt hier eine operative Steuerung vor; diese wird allerdings aus einer insgesamt strategischen und damit potenzialorientierten Perspektive wahrgenommen. Die Controlling-Einheit ist damit zuerst zwar operativ, in zweiter Hinsicht aber auch strategisch ausgerichtet. Bezogen auf unsere in F. entwickelte und erläuterte Erweiterte Wertschöpfungskette werden die Controlling-Aufgaben des flankierenden Wertschöpfungsprozesses mit dem Ziel der Gesamtunternehmenssteuerung wahrgenommen. Mit anderen Worten werden also die Daten des Rechnungswesens als wesentliche Informationsbasis verwendet und kommuniziert, um das Unternehmen ziel- und ergebnisorientiert zu führen.
- Die Unternehmensleitung sowie die Abteilungen der Marktorientierten Unternehmensentwicklung/ -planung und des Controlling stellen in der beispielhaft wiedergegebenen funktionalen Gliederung **Steuerungseinheiten** im Rahmen des SOS-Konzepts dar. Die Anbindung der beiden letztgenannten Einheiten als Stabsabteilungen ohne unmittelbare Entscheidungs- und Weisungsbefugnis steht dem Charakter von Steuerungseinheiten nicht grundsätzlich entgegen. Ihre Aufgaben dienen der Unterstützung der Unternehmensleitung.
- Die Entscheidungsvorbereitungen für die Unternehmensspitze erfolgen durch die beiden Stabsabteilungen mit unterschiedlichen Schwerpunktsetzungen. So geht es im Rahmen der Strategieentwicklung um potenzial-, markt- und konkurrenzbezogene Konzeptionen für den zukünftigen Unternehmensauftritt – also um das zukünftige Geschäftsmodell des Unternehmens und seine Umsetzung in den Planungen des Unternehmens. Die gegenwarts- und zukunftsorientierte laufende Steuerung wird durch die Controllingabteilung sichergestellt.

• Auf der zweiten Leitungsebene findet folgende Abteilungsbildung nach dem SOS-Konzept statt:

- Unterschiedliche Typen von Linienabteilungen für den Prozess der betrieblichen Leistungserstellung werden bei der Funktionalen Organisation zunächst nach den Teilprozessen der primären respektive direkten Wertschöpfung gebildet, welche dem Fluss des Realgüterstroms folgt (die fünf linken Abteilungen in Abb. G-II-1). Mit einem Real-, Nominal- und/ oder Informationsgüterbezug sind die Aufgaben der anderen Gruppe auf eine Unterstützung der originären Leistungserstellung gerichtet. Ihre Tätigkeiten rechnen zur sekundären respektive unterstützenden Wertschöpfung des Unternehmens (die vier rechten Abteilungen in Abb. G-II-1).

- Der Terminologie des SOS-Konzepts folgend, sind die zur primären Wertschöpfung eingerichteten Abteilungen operative Einheiten, während diejenigen im Bereich der sekundären Wertschöpfung Service-Einheiten sind. Folgende Linienabteilungen sind in die vorgestellte Mustergliederung aufgenommen worden:

  * Bei den **operativen Einheiten** ist im Beispiel als Erstes eine Abteilung für Forschung und Entwicklung enthalten. In Abstimmung mit den Steuerungseinheiten besteht deren Aufgabe in der technologie- und produktbezogenen Weiterentwicklung des Leistungsprogramms und der Fertigungsprozesse.
  * Als nächste operative Einheiten sind die Beschaffungs- und eine Lagerabteilung aufgeführt. Damit teilen sich zwei Abteilungen die Zuständigkeiten für das Gebiet der Materialwirtschaft. Die Tätigkeiten der Beschaffung sind dabei außengerichtet; diese Abteilung ist für den Einkauf sämtlicher Gebrauchs- und Verbrauchsgüter (siehe hierzu B.I., C.I.3.c. sowie F.III.2.) zuständig. Die Lagerabteilung nimmt dagegen überwiegend innengerichtete Aufgaben wahr. Hier geht es um die Vorratshaltung von Roh-, Hilfs- und Betriebsstoffen, um die eventuell erforderliche Zwischenlagerung von Halb- und Fertigfabrikaten sowie um deren Transport zu den jeweils nachfolgenden Produktions- oder Auslieferungsstationen. Diese logistische Aufgabe umgreift also die drei Abteilungen Lager, Produktion und Absatz/ Vertrieb (Marketing im engeren Sinne); dies wird mit der darunter gesetzten Klammer verdeutlicht. In Entsprechung zu unserem Grundansatz der Erweiterten Wertschöpfungskette wird der Logistikprozess durch eine dafür zuständige Service-Einheit (erste rechte Abteilung in Abb. G-II-1) gesteuert.
  * Mit der Bildung weiterer **Service-Einheiten** wird der in traditionell-funktionalen Strukturgliederungen enthaltene Verwaltungsbereich in mehrere gleichberechtigte Linienabteilungen aufgeteilt. Im Beispiel sind zu diesem sekundär-unterstützenden Wertschöpfungsbereich insgesamt vier Abteilungen gebildet worden, und zwar für die Zuständigkeitsgebiete Logistik, Personal, Finanzen und Rechnungswesen.

• Die Vor- und Nachteile respektive **Stärken** und **Schwächen** der Funktionalen Organisation leiten sich aus ihren grundlegenden Konstruktionsmerkmalen ab:

- Eine rein verrichtungsorientierte Abteilungsgliederung bietet sich bei geringen oder keinen Unterschieden im Erzeugnisprogramm eines Unternehmens an. Die Funktionale Organisation ist also für so genannte Einproduktunter-

nehmen, z.B. in der Grundstoffindustrie, die geeignete Form der Aufbauorganisation.
Die Bezeichnungen der drei primärorganisatorischen Grundformen werden aus dem auf der zweiten Leitungsebene verwendeten Gliederungsprinzip abgeleitet, hier also den Teilprozessen der Leistungserstellung bzw. Wertschöpfung. Sind beispielsweise bei einem funktional strukturierten Unternehmen größere Unterschiede im Erzeugnisprogramm vorhanden, so kann dem dadurch Rechnung getragen werden, dass ab der dritten Leitungsebene eine zusätzliche Differenzierung nach Erzeugnisgruppen vorgenommen wird.

- Eine primär verrichtungsorientierte Unternehmensgliederung weist bei wettbewerbsintensiven Marktsituationen eine insgesamt ungenügende Markt- und Kundenorientierung auf. In der Beispielgliederung trägt lediglich die Absatz-/ Vertriebsabteilung (Marketing i.e.S.) eine direkte Marktverantwortung, während die anderen Instanzen eher innenorientiert ausgerichtet sind.
- Die zur primären und sekundären Wertschöpfung gebildeten Abteilungen liegen alle auf einer Ebene. Dabei sind allerdings teilweise deutliche Unterschiede/ Schwerpunktsetzungen zu erkennen; z.B. zwischen der Forschung und Entwicklung, der Produktion und der Finanzierung. Aufgrund der gleichen hierarchischen Einordnung kann sich aber keine Abteilung gegenüber einer anderen emanzipieren. Damit sind Interessenkonflikte vorprogrammiert; im schlimmsten Fall kann es dazu kommen, dass diese über ein gegenseitiges Abschotten ausgetragen werden.
- Eine weitere Folge der Parallelität aller operativen und Service-Einheiten besteht darin, dass sämtliche offenen und strittigen Entscheidungen bei der Unternehmensleitung als der einzigen übergeordneten Instanz landen. Auf diesen „Kamineffekt“ hatten wir bereits bei der Vorstellung des Einlinien-Systems (Abb. G-I-3) hingewiesen. Mit dem Musterbeispiel zur Funktionalen Organisation nach dem SOS-Konzept und der dabei vorgesehenen Einrichtung von Stabsstellen ist es möglich, diese Problematik etwas zu entschärfen. Der Unternehmensleitung steht eine fachkundige Unterstützung in Fragen der strategischen und operativen Steuerung zur Seite, auf deren Grundlage sie ein relativ großes Entscheidungsvolumen bewältigen kann.

## 2. Divisionale Organisation

Die Divisionale Organisation ist als Primärorganisation die direkte Gliederungsalternative zur Funktionalen Organisation. Der Unterschied im Strukturierungsansatz besteht hierbei in der organisatorischen Grundausrichtung und damit im dominierenden Gliederungskriterium für die Abteilungs-/ Bereichsbildung auf der zweiten Leitungsebene: Während die Funktionale Organisation einer Verrichtungsorientierung folgt, wird mit der – ebenfalls als Einlinien- respektive als Stab-Linien-System konfigurierten – Divisionalen Organisation eine **Objektorientierung** bzw. eine **Regionenorientierung** (siehe hierzu G.I.2.) umgesetzt.

Organisatorische Subsysteme unterhalb der Unternehmensleitung werden also nach Produkten respektive Produktgruppen bzw. – vor allem in Dienstleistungsbetrieben – nach Kundengruppen (Objektmodell) oder nach geografisch unterschiedlichen Absatzmärkten (Regionalmodell) gebildet. Durch diese sachlich oder räumlich begründete Hauptgliederung entstehen **weitgehend selbstständige Unternehmenseinheiten**. Hierauf ist die Bezeichnung dieser aufbauorganisatorischen Grundform bezogen: Der Begriff der Divisionalen Organisation ist in Übertragung des lateinischen Verbs „dividere“ für „teilen“ bzw. des daraus abgeleiteten französischen Substantivs „Division“ für „Abteilung“ entstanden. Mit der gleichen Wortherkunft werden objekt- oder regionenbezogen voneinander abgegrenzte Unternehmensteile im anglo-amerikanischen Sprachraum als „divisions“ bezeichnet. In der deutschen Wirtschaftsfachsprache sind hierfür die Bezeichnungen als Sparten oder als Geschäftsbereiche üblich. Unter deren Verwendung ergibt sich die weitere Kennzeichnung der Divisionalen Organisation als **Sparten-Organisation**; weniger häufig wird auch von **Geschäftsbereichs-Organisation** gesprochen.

Divisionale Organisationen zeichnen sich i.d.R. durch einen **mehrschichtigen Aufbau** aus. Dabei werden Objekt- und Regionalmodelle auf den tieferen Leitungsebenen häufig verrichtungsorientiert gegliedert. Hierbei kann aber ebenfalls eine Regionen- respektive eine Objektausrichtung zum Tragen kommen. Die letztgenannten Untergliederungen sind dabei nicht nur alternativ zum obersten Kriterium der Divisionsbildung möglich. Vielmehr könnten beispielsweise auch objektbezogen gebildete Sparten in ebensolche Untereinheiten aufgegliedert werden. So wäre bei dem in G.I.2. gegebenen Beispiel des Elektrogeräteunternehmens mit den drei Sparten Kochgeräte, Waschmaschinen und Kühlgeräte eine tiefere Aufteilung der letztgenannten Einheit nach Kühl- und Gefrierschränken/ -truhen möglich. Wenn sich die hierzu notwendige Produkt- und Fertigungstechnologie aber nicht wesentlich unterscheidet, wird auf der nächsten Gliederungsstufe der Kühlgeräte-Sparte allerdings eher eine abnehmerbezogene Differenzierung in Frage kommen, beispielsweise also in Haushalts- oder gewerbliche/ industrielle Kunden.

Mit der Abbildung G-II-2 wird die prinzipielle Struktur einer Divisionalen Organisation veranschaulicht. Diese ist – wie schon die im vorangegangenen Abschnitt anhand der Abbildung G-II-1 vorgestellte Mustergliederung einer Funktionalen Organisation – ebenfalls nach dem SOS-Konzept aufgebaut. Bei dem Beispiel zur Sparten-Organisation wird von einer anschließend funktionalen Gliederung der dezentralen Einheiten ausgegangen.

- Im Hinblick auf die erste Hierarchieebene, die Unternehmensleitung und die hier zugeordneten Stabsstellen **Marktorientierte Unternehmensentwicklung/ -planung** und **Controlling**, kann auf die Ausführungen in G.II.1. verwiesen werden. Die dort getroffenen Aussagen zu den entscheidungsvorbereitenden und allgemein unterstützenden Funktionen der Stabsstellen sowie zur Zusammenarbeit der drei Steuerungseinheiten einschließlich der Unternehmensspitze gelten grundsätzlich auch bei der Realisierung einer Spartengliederung:

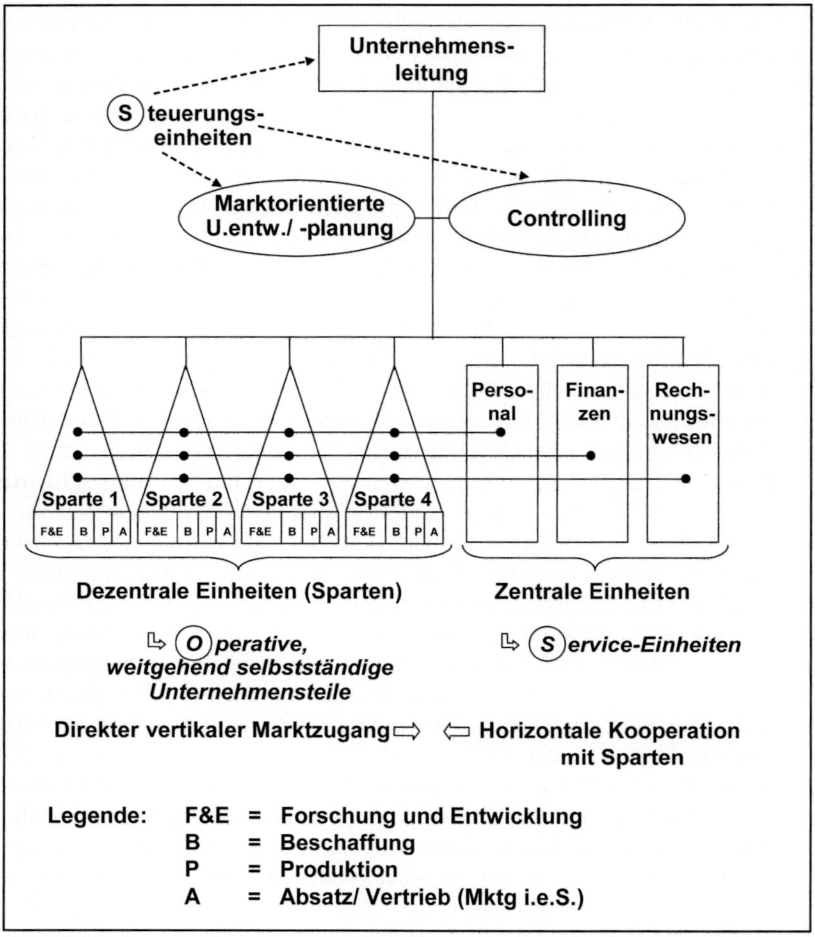


**Abb. G-II-2:** Divisionale/ Sparten-Organisation nach dem SOS-Konzept

- Die formale Begründung hierfür liegt darin, dass sich unterschiedliche organisatorische Grundausrichtungen erst ab der zweiten Leitungsebene in den strukturellen Unternehmensgliederungen niederschlagen. Von daher ist es also zunächst aus konstruktiven Gesichtspunkten möglich, für die beiden Musterbeispiele zur Funktionalen und zur Divisionalen Organisation den „gleichen Kopf" aus Steuerungseinheiten zu verwenden.
- Aus einer inhaltlichen Perspektive ist allerdings auf aufgabenbezogene Unterschiede bei den Steuerungseinheiten einer Divisionalen Organisation hinzuweisen. Im Gegensatz zur Funktionalen Organisation kommt es hier zur **Aufteilung eines Unternehmens** in mehrere, überwiegend selbstständig operierende Einheiten. Bei einem hohen – noch zu erläuternden – Selbstständigkeitsgrad der Sparten können diese auch als „Unternehmen im Unternehmen" bezeichnet werden. Im Rahmen einer Hauptgliederung in Spar-

ten stehen mehrere funktional organisierte Subsysteme nebeneinander, und damit wird ersichtlich, dass die Führung eines solchen „Spartenverbunds" andere Anforderungen an die übergeordneten Steuerungseinheiten stellt.

- Im Vergleich zu einer Funktionalen Organisation erfolgt die **Gesamtsteuerung** der weitgehend eigenständigen Sparten bei der Divisionalen Organisation auf einem höheren Niveau. Die Marktorientierte Unternehmensentwicklung/ -planung und das auf die Steuerung des hierzu notwendigen Unternehmenspotenzials ausgerichtete Controlling sind hier nicht mehr nur auf ein einziges Geschäft ausgerichtet: Bei der durch die Stabsstellen unterstützten Geschäftsführung bezieht sich die Gesamtverantwortung der Steuerungseinheiten einer Divisionalen Organisation vielmehr darauf, wie **mehrere Geschäftsbereiche** im Hinblick auf die Erfolgsentstehungs- und -verwendungsziele eines Gesamtunternehmens **synergetisch zu koordinieren** sind. Die mit dem Begriff des höheren Gesamtsteuerungsniveaus belegten abweichenden Anforderungen gegenüber einer Funktionalen Organisation sind insbesondere dann gegeben, wenn völlig oder weitgehend unterschiedliche Geschäftsbereiche zu planen und zu steuern sind.
- Bezogen auf die im Spartenverbund festzulegenden **Zielvorgaben** für die einzelnen Geschäftsbereiche und damit auf die von der Unternehmensleitung zu verwendenden **Mess- und Steuerungsgrößen** hat dies zur Folge, dass hier neben absoluten vor allem **relative Kennzahlen** einzusetzen sind. Für die strategische Steuerung mehrerer „Unter-Unternehmen" sind eindimensionale Vorgaben zu Erfolg oder Liquidität alleine nicht mehr ausreichend, hier sind zusätzlich **mehrdimensionale Größen** zumindest in Form von Rentabilitäten notwendig.
- Wegen des systematischen Vergangenheitsbezugs von Rentabilitätskennziffern sind bei Verwendung dieser Werte als Zielgrößen allerdings Fehlsteuerungen möglich. Von daher bietet sich der Einsatz eines zukunftsbezogenen Gestaltungs- und Steuerungsinstrumentariums an, wie es beispielsweise mit dem **Shareholder Value-Konzept** und der hierin enthaltenen Ermittlung des zukünftigen Mittelflusssaldos, also des Cash-Flow respektive genauer des Discounted Cash-Flow, vorliegt. Darauf sind wir bereits in C.I.2.a. eingegangen, und nähere Erläuterungen hierzu erfolgten in F.IV.5..

• Die mit der Abbildung G-II-2 wiedergegebene Beispielgliederung einer nach dem SOS-Konzept gebildeten Sparten-Organisation zeigt auf der zweiten Leitungsebene die Aufteilung in Operative und Service-Einheiten:

- Als „kleine Unternehmenshäuser" sind in der linken Bildhälfte die **Sparten** als dezentrale und weitgehend selbstständig agierende Einheiten eingezeichnet. Wie ersichtlich, weisen diese in sich eine funktionale Untergliederung auf. Bezogen auf die Gesamtorganisation ist damit in vertikaler Richtung bei den einzelnen Sparten ein jeweils direkter Beschaffungs- und Absatzmarktzugang gegeben:

  * Wenn man von einer Funktionalen Organisation ausgeht, die ab der zweiten Leitungsebene nach Produkten oder Produktgruppen unterglie-

dert ist, dann stellt sich eine Divisionale Organisation als **90°-Drehung** dieser Ausgangskonfiguration dar: Jetzt bilden die Objekte das übergeordnete Gliederungskriterium, und innerhalb der auf diese Weise voneinander abgegrenzten Sparten erfolgt eine Differenzierung nach Verrichtungen. Damit ist also eine solche Konfiguration durch eine **Objektzentralisation** mit nachgeschalteter **Verrichtungsdezentralisation** gekennzeichnet.

* Die geschilderte Verselbstständigung von Sparten bietet sich insbesondere dann an, wenn von einem Unternehmen verschiedene Märkte/ Marktsegmente bearbeitet werden und sich die hierfür angebotenen Problemlösungen auch nach der Produkt- und/ oder der Fertigungstechnologie unterscheiden. Eine ausreichende **Heterogenität des Leistungsprogramms** ist also die Grundbedingung dafür, über eine Divisionale Organisation Effizienz- und Effektivitätsvorteile erzielen zu können.
* Die in Abbildung G-II-2 eingetragenen vier Sparten könnten exemplarisch die folgenden Geschäftsbereiche eines industriellen Mischkonzerns darstellen: Personenkraftfahrzeuge (Sparte 1), Nutzfahrzeuge (Sparte 2), Luft- und Raumfahrt (Sparte 3) sowie Dienstleistungen (Sparte 4). In ähnlicher Weise war z.B. die Spartengliederung der DAIMLER-BENZ AG bzw. der DAIMLERCHRYSLER AG angelegt, bevor der Bereich Luft- und Raumfahrt in die EADS mit der AIRBUS S.A.S. ausgegliedert wurde. In der neuen Struktur ist der Konzern ausschließlich auf den Automobilbereich und damit zusammenhängende Dienstleistungen konzentriert.

- Wenn mit der Spartenbildung mehrere operative Einheiten errichtet werden, die auf jeweils spezifische Produkt-Markt-Kombinationen ausgerichtet sind, dann bezieht sich deren Eigenständigkeit vor allem auf die primäre Wertschöpfung.

* Im Bereich der sekundären Wertschöpfung können dagegen **zentrale Service-Einheiten** gebildet werden, welche die Sparten bei generell in allen dezentralen Einheiten wahrzunehmenden Aufgaben unterstützen. Dies wird mit der Abbildung G-II-2 verdeutlicht.
* Die Mustergliederung zur Divisionalen Organisation enthält drei zentrale Einheiten, und zwar für den Personalbereich, das Rechnungs- und das Finanzwesen. Diese Zentralabteilungen stellen ihr Know-how den jeweils korrespondierenden Stellen in den vier Sparten zur Verfügung bzw. übernehmen ggf. auch bestimmte Tätigkeiten, wie beispielsweise die Lohn-/ Betriebsbuchhaltung, in deren Auftrag. Auf jeden Fall sorgen sie in ihrem Fachgebiet für konzerneinheitliche Standards, auch wenn spartenspezifische Besonderheiten gelten. Wegen der weitgehenden Selbstständigkeit der Sparten ist für den Beispielaufbau zur Divisionalen Organisation – anders als bei dem zur Funktionalen Organisation – keine zentrale Service-Einheit Logistik vorgesehen.
* Diese horizontale Kooperation mit den Sparten wird im Bild durch die Verbindungen zu den als Punkten eingezeichneten Spartenstellen ver-

deutlicht. Dabei ist von einer Beschränkung auf den jeweiligen Zuständigkeits- respektive Unterstützungsbereich der Zentralabteilung auszugehen. Bei der dargestellten Beispielkonfiguration handelt es sich um eine einzügige Stab-Linien-Gliederung. Damit sind eventuelle Unklarheiten in der Zusammenarbeit zwischen den Sparten und den Service-Einheiten weiterhin durch die Unternehmensleitung zu klären.

* Wegen der Gleichordnung von operativen Sparten und zentralen Service-Einheiten wird die beschriebene Mustergliederung als **dezentralistische Spartenorganisation** bezeichnet. Bei der zentralistischen Variante sind die Unterstützungseinheiten dagegen direkt bei der Unternehmensleitung angebunden und wären damit parallel zu den Steuerungseinheiten Marktorientierte Unternehmensentwicklung/ -planung und Controlling einzuordnen. Hierdurch ist deren Stellung aus hierarchischen Gesichtspunkten zum einen stärker als bei der dezentralistischen Einordnung. Wegen ihrer stabsstellenähnlichen Funktion können zum anderen allerdings auch die hierzu in G.I.2. beschriebenen Probleme unklarer Kompetenzen und Verantwortungen auftreten. Aus diesen Gründen erfolgt in der Unternehmenspraxis oft die Entscheidung für die hier mit dem Beispiel vorgestellte dezentralistische Anbindung der Zentraleinheiten. Sie sind damit dezentral arbeitende Zentraleinheiten mit funktionalen Aufgaben.
* In Abhängigkeit von der Heterogenität der Sparten kann es auch zu einer Zentralisierung operativer Funktionen kommen. Wenn sich z.B. die gebildeten Sparten vor allem im Hinblick auf die Abnehmerkreise und auch auf die Produkte unterscheiden, dabei aber die Fertigungstechnologie weitgehend identisch ist, dann könnte auch eine zentrale Technologieentwicklungs- oder Fertigungsabteilung eingerichtet werden.

Grundsätzlich sind alle dezentralen und zentralen Einheiten (Sparten und Service-Einheiten) auf der zweiten Leitungsebene **Wertschöpfungs-Center** für die spezifische, ihnen übertragene Aufgabenstellung.

- Den Erläuterungen zur Abbildung G-II-2 ist noch anzufügen, welche Abstufungen im Hinblick auf den Selbstständigkeitsgrad von Sparten vorgenommen werden können. Hierzu werden verschiedene finanzielle Zielgrößen verwendet, womit dann auch ein unterschiedlicher Verantwortungs- und Entscheidungsumfang verbunden ist:

  - Die niedrigste Selbstständigkeit von Sparten ist mit einer Einordnung als Cost- und als Sales-Center verbunden. Hier liegt lediglich die auf ein vorgegebenes Budget bezogene **Kosten- und/ oder Umsatzverantwortung** vor. Der Handlungsspielraum einer Sparte beschränkt sich dabei neben der Budgeteinhaltung bzw. der Erreichung der Umsatzziele auf eine Kostenreduzierung respektive auf eine Umsatzausweitung. Gerade im letzteren Fall sind jedoch die Budgetrestriktionen einzuhalten. Das Cost- und Sales-Center-Konzept ist für Sparten-Organisationen nur die Eingangsstufe der Selbststeuerung und Eigenverantwortung.

Generell gilt, dass alle mit einem eigenständigen Budget relativ selbstständig arbeitenden Einheiten in einem Unternehmen **Cost Center** sind. Dies trifft dann auch bei den Funktionsbereichen verrichtungsorientierter Organisationen, also der Funktionalen Organisation, zu. **Sales-Center** können alle die Bereiche zusätzlich sein, die einen direkten Marktzugang haben. Werden im Rahmen definierter interner Kunden-Lieferanten-Beziehungen zwischen unterschiedlichen Bereichen **Verrechnungspreise** vorgegeben oder ermittelt, dann lässt sich das – intern ausgerichtete – Sales-Center-Konzept auch auf alle diese Unternehmenseinheiten mit Lieferantenfunktion übertragen. Die Steuerungsanforderungen, aber auch die Steuerungsqualität nehmen hierdurch zu. Als Beispiel lässt sich anführen, dass der Entwicklungsbereich oder der Produktionsbereich die dort jeweils geschaffene Wertschöpfung zu internen Verrechnungspreisen an nachgeordnete Vermarktungseinheiten „verkauft".

- Bei einer **Profit-Center-Konzeption** tragen die einzelnen Sparten zusätzlich die **Gewinnentstehungsverantwortung**. Sie setzt immer auf einem Cost- und Sales-Center-Konzept auf. Eine wichtige Voraussetzung für leistungsfähige und funktionierende Profit-Center ist, dass die dezentralen Einheiten auch beschaffungs- und absatzverantwortlich sind – diese also doppelte Marktbeziehungen aufweisen. Andernfalls sind diese wichtigen Funktionen und Teilprozesse ihrer Wertschöpfungskette ihrer Steuerungsmöglichkeit entzogen. Bei einer Vorlieferung von Materialien oder Teilprodukten durch andere Sparten zu Verrechnungspreisen bzw. einem ebensolchen Absatz an andere Einheiten sind verhältnismäßig viele Parameter der Gewinnentstehung nur begrenzt von der Spartenleitung zu beeinflussen. Die Gewinnentstehungsverantwortung und die hierüber von der Unternehmensleitung vorgenommene Mittelzuteilung für Investitionsvorhaben würde in Abhängigkeit von der Höhe der Verrechnungspreise die Leistungsfähigkeit der Sparten nur unzureichend widerspiegeln. Dementsprechend sind im Falle interner Liefer- und Abnahmebeziehungen zwischen verschiedenen Sparten eines Unternehmens die Selbstständigkeit und unternehmerische Entscheidungsfähigkeit dieser Sparten relativ stark eingeschränkt.
- Die größte Selbstständigkeit von Sparten ist mit ihrer Einordnung als **Investment-Center** verbunden. Hierbei kommt der Spartenleitung – wiederum zusätzlich – auch die **Gewinnverwendungsverantwortung** zu. Während beim Profit-Center-Konzept die erwirtschafteten Überschüsse an die zentrale Unternehmensleitung abzuführen sind, können Investment-Center ihre Gewinne – zumindest teilweise – direkt selbst reinvestieren. Bei dieser größtmöglichen Autonomie können Sparten also beispielsweise neue Aktivitäten in ihren Geschäftsfeldern selbst finanzieren und brauchen hierzu nicht den Umweg über eine Genehmigung durch die oberste Unternehmensspitze zu gehen.

- Wie für die Funktionale Organisation gilt auch für die divisionale Unternehmensgliederung, dass sich deren **Vor- und Nachteile** aus ihren grundlegenden Konstruktionsmerkmalen ableiten:

- Soweit mehrere, ausreichend heterogene Absatzobjekte (Produkte, Produktgruppen bzw. Kundengruppen) oder Regionen unterschieden werden können, bietet sich eine Divisionale Organisation nach dem Objekt- oder dem Regionalmodell an.
- Die Begründung hierfür liegt darin, dass die einzelnen als Sparten abgegrenzten Produkt-Markt-Felder jeweils unmittelbar markt- und wettbewerbsorientiert geführt werden können. Bildlich gesprochen können große und schwerfällige „Unternehmens-Tanker" durch mehrere wendige „Schnellboote" im Verbund ersetzt werden. Sie müssen allerdings einen „einheitlichen Kurs" fahren, also eine generell gleiche Strategie realisieren. Im hier gegebenen Zusammenhang wird dieser Austausch bereits durch die Wahl der Sparten-Organisation möglich: Soweit keine juristischen Aspekte für eine Aufspaltung in rechtlich selbstständige Unternehmenseinheiten sprechen, ist die geforderte Flexibilität also auch über eine divisionale Gestaltung der Primärorganisation erreichbar.
- Wenn letztlich mehrere operativ selbstständige Unternehmensteile ein Gesamtunternehmen als Spartenverbund bilden, dann liegt auf der Hand, dass damit auch Nachteile verbunden sein können: Bezogen auf die einzelnen Sparten und deren verrichtungsorientierte Untergliederung ist hier zunächst auf den vorangegangenen Abschnitt zu verweisen. Wenn die verschiedenen dezentralen Einheiten also „Miniaturen" der funktionalen Beispielgliederung darstellen, dann kommen – neben in Kauf zu nehmenden Doppelfunktionen und ggf. Doppelarbeiten – innerhalb dieser Subsysteme auch die systematischen Nachteile dieser primärorganisatorischen Grundform zum Tragen.
- Im Hinblick auf eine gesamte Divisionale Organisation ist es darüber hinaus möglich, dass sich die einzelnen Sparten gegeneinander zu profilieren suchen. Der bei einer Divisionalen Organisation insgesamt relativ niedrige Aufwand an übergeordneter Gesamtkoordination kann durch solche Spartenegoismen wieder überproportional ansteigen. Als zusätzliche Folge droht hierbei die Gefahr, dass Synergieeffekte zwischen den Sparten wegen gegenseitiger Abschottungen nicht genutzt werden können.
- Unabhängig vom Auftreten der beschriebenen Tendenzen ist abschließend noch einmal auf die Erfordernis ausreichend heterogener Sparten hinzuweisen. Aus dem Fehlen doppelseitiger Marktbeziehungen und der damit verbundenen Verwendung von spartenübergreifenden Verrechnungspreisen, denen Managemententscheidungen und keine Marktmechanismen zu Grunde liegen, erwächst ein Potenzial an Konflikten über die Höhe der Verrechnungspreise. Da über die Verrechnungspreise der Ort der Gewinnentstehung bis zu einem bestimmten Maße gesteuert werden kann und so auch Quersubventionierungen möglich sind, wird dieses Thema in einer dementsprechend gebildeten Sparten-Organisation immer wieder auf der Tagesordnung stehen. Denn hierdurch wird entschieden, in welchen Sparten Gewinne in welchem Ausmaß entstehen.

## 3. Matrix-Organisation

Aus mathematischer Sicht stellt eine Matrix ein System von Zahlen oder Rechengrößen dar, die in einer rechteckigen Anordnung in Spalten und Zeilen zusammengestellt sind.

Dieses Bild zweier sich überlagernder Ebenen wird von der Organisationslehre – vor allem aus darstellungstechnischen Gründen – zur Kennzeichnung einer Aufbauorganisation übernommen, bei der zwei unterschiedliche Grundausrichtungen parallel verfolgt werden. Während die Konfigurierung von Stellen, Abteilungen oder Bereichen auf der Leitungsebene unterhalb der Unternehmensleitung bei der Funktionalen und der Divisionalen Organisation einem einheitlichen Kriterium folgt (Verrichtungen versus Objekte, also Produkte, Zielgruppen oder Regionen), werden bei Matrix-Organisationen **zwei Gliederungsprinzipien gleichgewichtig kombiniert**.

Die Abbildung G-II-3 veranschaulicht das Grundschema einer Verrichtungs-Objekt-Matrix. Hier führt die Unternehmensleitung einerseits einen Instanzenzug, der auf die **wesentlichen Unternehmensfunktionen** ausgerichtet ist, während ihr andererseits die Leiter unterschiedlicher **Sparten/ Geschäftsbereiche** direkt unterstellt sind. Grundsätzlich kann mit allen zweifachen Kombinationen aus Verrichtungs-, Objekt- oder Regionenorientierung eine Matrix-Organisation konfiguriert werden; selbst eine reine Verrichtungsmatrix (bspw. F&E, Beschaffung, Produktion, Absatz gegenüber Personal, Rechnungswesen, Finanzen) ist möglich.

Bei der folgenden Darstellung genereller Möglichkeiten und Probleme einer Verknüpfung unterschiedlicher Grundausrichtungen in der Primärorganisation von Unternehmen wird von der Verrichtungs-Objekt-Matrix ausgegangen. Damit erfolgt zudem eine Beschränkung auf Zweifachkombinationen; die für **Tensor-Organisationen** typische Mehrfach-Berücksichtigung von mindestens drei Gliederungskriterien stellen wir hier nicht im Einzelnen dar. Solche hoch komplexen Konfigurierungsmodelle sind für die primärorganisatorische Strukturierung weniger geeignet, die zusätzliche Einbeziehung weiterer Strukturierungsmerkmale ist allerdings kennzeichnend für die – i.d.R. temporären – sekundärorganisatorischen Ergänzungsstrukturen (siehe hierzu G.III.). Betrachtet man diese zusammen mit der jeweiligen primärorganisatorischen Grundstruktur, dann sind Tensor-Konfigurationen in der Unternehmenspraxis also durchaus von Bedeutung.

Die parallele Verfolgung unterschiedlicher Grundausrichtungen bei einer Matrix-Organisation hat die schon in G.I.2. erläuterte **Herausbildung eines Mehrlinien-Systems** zur Folge; von daher weist dieses duale aufbauorganisatorische Modell eine **Tendenz zur Entscheidungsdezentralisation** auf:

- Im Unterschied zur einzügigen Funktionalen oder Divisionalen Organisation stehen sich bei der Matrix-Organisation ab der Unternehmensleitung zwei Leitungszüge gegenüber:
  - Wie das mit der Abbildung G-II-3 wiedergegebene Grundschema zeigt, wird ein derartiges Zweilinien-System im Organigramm von Unternehmen durch getrennte Ableitungen aus der obersten Leitungsinstanz visualisiert. Im Beispiel der Verrichtungs-Objekt-Matrix wird so die **Gleichberechti-**

**gung der funktions- und spartenbezogenen Instanzenzüge** zum Ausdruck gebracht.

- Bei der Etablierung einer Matrix-Organisation kann die Gestaltung der Verteilungsbeziehungen und damit der Gebildestruktur (siehe hierzu G.I.1.) insbesondere in kleinen Unternehmen bereits mit der Schaffung unterschiedlicher Stellen auf der zweiten Ebene abgeschlossen sein, welche jeweils für einzelne Verrichtungen oder Organisationsobjekte verantwortlich sind. Deren Zusammenarbeit ist dann unmittelbar auf ablauforganisatorische Fragen der Arbeitsbeziehungen, also auf prozessstrukturelle Themen gerichtet. Dies bedeutet, dass im Schnittpunkt der Matrix-Linien hier keine weiteren Organisationseinheiten, also Stellen, sondern gemeinsam zu lösende Organisationsprobleme stehen.
- In der Regel werden entlang der Matrix-Dimensionen auf der zweiten Leitungsebene allerdings Bereiche oder Abteilungen etabliert, so dass innerhalb der gesamten zweidimensionalen Gebildestruktur weitere Organisationseinheiten vorhanden sind. Zur durchgängigen Umsetzung der doppelten Grundausrichtung weisen die organisatorischen Einheiten auf der dritten Ebene, also die eigentlichen Matrixelemente, dabei eine **Mehrfach-Anbindung** auf. In diesen **Schnitt-Stellen** kommt es zu einem Zusammentreffen der beiden konstitutiven Verteilungs- respektive Weisungslinien. Über deren grafische Umsetzung im Organigramm ergibt sich die für ein solches aufbauorganisatorisches Modell namensgebende Matrix.
- Diese Kreuzungspunkte der funktions- und spartenbezogenen Instanzenzüge sind im Grundschema der Abbildung G-II-3 mit Achtungspfeilen hervorgehoben. Vor der näheren, die Bildung von Unterabteilungen einschließenden Darstellung einer Matrix-Organisation nach dem SOS-Konzept (siehe Abb. G-II-4) wird hiermit auf das vergleichsweise **hohe Konfliktpotenzial bei Matrix-Organisationen** hingewiesen. Dieses liegt in möglichen Interessen- und Prioritätenkonflikten zwischen den beiden Regelungsdimensionen im strategischen und operativen Steuerungsprozess begründet.
- Die **Überlagerung von zwei Kompetenzsystemen** ist ein konstitutives und durchaus beabsichtigtes Merkmal von Matrix-Organisationen. Seit deren früher Anwendung – beispielsweise durch den amerikanischen Chemiekonzern DOW CHEMICAL ab etwa 1960 – wurde auf die **innovativen Wirkungen produktiver Konflikte** gesetzt. Diese sah man darin, dass die Institutionalisierung problemorientierter Auseinandersetzungen ein argumentatives Ringen um effiziente und effektive Lösungen aus unterschiedlichen Perspektiven und damit ein hohes Integrationspotenzial mit sich bringen.
- Die Erzielung derartiger **Synergieeffekte** stellt allerdings eher den **Idealfal**l dar und ist an zahlreiche Voraussetzungen gebunden:

  * Bei den in Matrix-Organisationen gegebenen Mehrfach-Unterstellungen ist zum Ersten das **Praktizieren eines kooperativen Führungssystems** im Sinne des Management by Objectives (siehe hierzu C.I.2.c. sowie D.I.1. und F.IV.2.) unabdingbar. Ohne die ergebnisorientierte Vereinbarung von Zielen respektive Zielkorridoren und hieran geknüpfte Mög-

lichkeiten der Personalentwicklung sind wirksame Regelungen der komplexen Vorgesetzten-Mitarbeiter-Beziehungen über die verschiedenen Ebenen kaum möglich. Die Bedeutung einer qualifikationsabhängigen Aufgabendelegation ist also bei zweidimensionalen Organisationsformen besonders hoch, weshalb einer Einhaltung der in G.I.3. erläuterten Organisationsprinzipien hier eine entsprechend große Bedeutung zukommt.

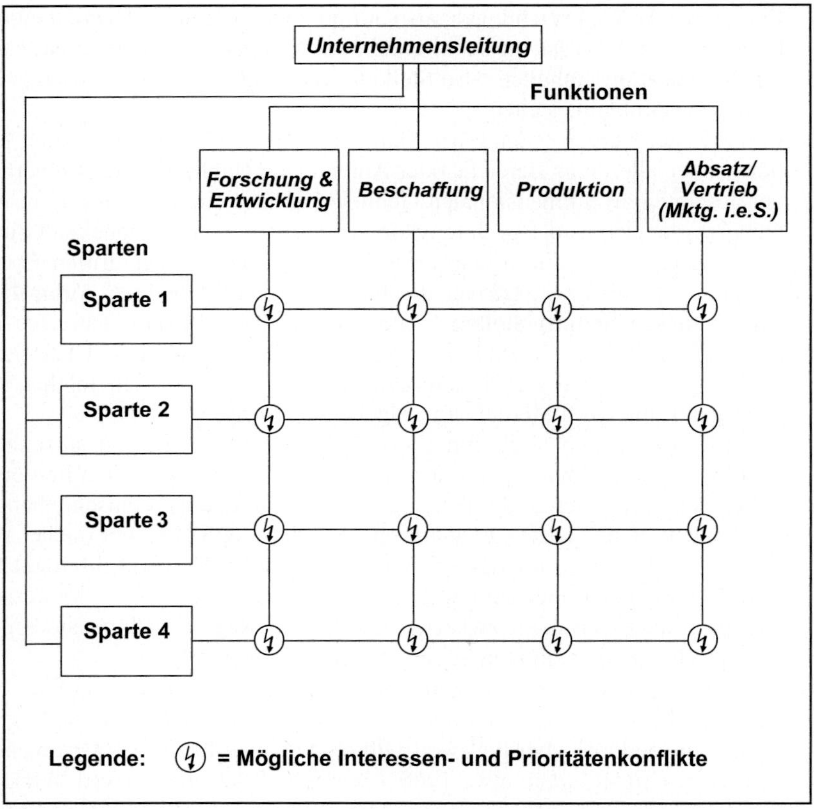


**Abb. G-II-3:** Matrix-Organisation (Grundschema)

* Dabei erfordert die Kompetenzaufteilung und -abgrenzung zwischen den Matrix-Dimensionen gegenüber einem Einlinien-System zum Zweiten eine grundsätzlich **größere Anzahl vorab festgelegter Regelungen**. Diese beziehen sich vor allem auf die **stellenbezogenen Organisationsinstrumente** zur Feinabstimmung von Strukturen und Prozessen (siehe hierzu G.IV.); die entsprechenden Regelwerke fallen bei Mehrlinien-Systemen im Allgemeinen umfangreicher aus.

* Zum Dritten stellt die permanente Notwendigkeit, für Konflikte in den Verteilungs- und Arbeitsbeziehungen produktive Lösungen im Ausgleich mit dem jeweils anderen Instanzenzug zu finden, **hohe persönliche Anforderungen** an die Führungskräfte sowie auch an die Mitarbeiter in einer Matrix-Organisation.

- In Verbindung mit den angesprochenen grundlegenden Erfolgsbedingungen für Matrix-Organisationen kann bereits an dieser Stelle ein Zwischenfazit gezogen werden: Die beim Aufkommen erster Matrix-Konfigurationen aufgestellte **Prognose**, hierbei handele es sich um „das" **aufbauorganisatorische Modell der Zukunft**, hat sich **nicht bestätigt**.

  * Die durchgängige Gestaltung primärer Strukturen als so genannte reine Matrix-Organisation ist in der Unternehmenspraxis heute eher selten. Zweidimensionale Lösungen sind vielmehr des Öfteren nur **innerhalb von Teilbereichen verwirklicht** (partielle Matrix-Organisationen) und damit insgesamt in Einlinien-Systeme eingebunden.
  * Ein weiterer, in der Organisationspraxis beschrittener Weg besteht darin, die **Kompetenzspektren der beiden Instanzenzüge möglichst eindeutig voneinander abzugrenzen**. In diesem Zusammenhang lässt sich eine zusätzliche Reduzierung des Konfliktpotenzials erreichen, indem einer der beiden Regelungsdimensionen eine etwas umfangreichere Ausstattung an Kompetenzen und Anweisungsbefugnissen zuerkannt wird.

    Eine eher klassische und dabei stärker dem ressourcenorientierten als dem marktorientierten Ansatz folgende Variante kann dabei so aussehen: Die objektorientierte Linie kann auf ein fachliches Weisungsrecht (Fragen des „Was" und „Wann") konzentriert werden, während die Funktionsbereichsleiter im Hinblick auf die eigentliche Leistungserstellung anordnungsbefugt sind (Fragen des „Wie"). Hiermit ist i.d.R. auch das disziplinarische Weisungsrecht gegenüber den Mitarbeitern unterer Ebenen verbunden (Fragen des „Wer").

    Bei der fortschrittlichen und damit eher dem marktorientierten Ansatz folgenden Variante gilt dabei generell folgende Regelung: Entsprechend der Erweiterten Wertschöpfungskette hat der Instanzenzug, der für das Erwirtschaften und Erreichen der Marktergebnisse bzw. -erfolge (outside-in) direkt verantwortlich ist, eine höhere Priorität und damit auch umfassendere Kompetenz und Anweisungsbefugnisse. Die unterstützenden Funktionen der flankierenden Wertschöpfungsprozesse (inside-out) rangieren damit hinter den Funktionen und Prozessen der direkten Wertschöpfungskette. Dies gilt unter der Voraussetzung und umso mehr, wenn die direkte Wertschöpfung auf der obersten organisatorischen Gliederungsebene produkt-, produktgruppen-, kundengruppen- oder regionenorientiert ausgerichtet und zusammengefasst ist.

    Die Entscheidung, ob und wann die Funktions- oder die Objektebene eine Priorisierung erfahren soll, kann – basierend auf dem soeben dargestellten Grundmuster – in bestimmten Bandbreiten spezifisch in Abhängigkeit von der jeweiligen Unternehmenssituation erfolgen. Maßgeblich

können hierfür z.B. sein: Spezielle Marktprobleme/ Wettbewerbsanforderungen bei Produktgruppen/ Geschäftsfeldern oder notwendige Restrukturierungsmaßnahmen in der weltweiten Produktion/ Qualität, im Vertrieb oder auch im Finanz- und Rechnungswesen zur Einführung eines wertorientierten Führungskonzepts.
Das Ergebnis ist in allen Fällen, dass ein starres Gleichgewicht beider organisatorischen Regelungsdimensionen nicht gegeben ist. Mit solchen **reduzierten Matrix-Organisationen** ist ein deutliches Abrücken von den Grundintentionen einer Mehrlinien-Konfiguration zu verzeichnen. Die dabei auf der Ebene der Schnitt-Stellen weiterhin bestehende, konstruktionsbedingte Problematik erforderlicher Abstimmungen und Einigungen kann hiermit aber dennoch nicht aufgehoben werden.

* Der häufiger vorkommende Anwendungsfall zweidimensionaler Matrix-Strukturen – wie auch mehrdimensionaler Tensor-Strukturen – ist demgegenüber im Bereich der Sekundärorganisation gegeben (siehe hierzu G.III.).

Mit der Abbildung G-II-3 wurde bislang lediglich das Grundschema einer Matrix-Organisation veranschaulicht. Da durchgängig zweidimensionale Aufbauorganisationen in der Unternehmenspraxis heute eher die Ausnahme als die Regel bilden, wird nachfolgend eine **dem SOS-Konzept folgende Matrix-Organisation** exemplarisch dargestellt (siehe Abb. G-II-4):

- Entsprechend dem SOS-Konzept sind als Steuerungseinheiten die Unternehmensleitung sowie zwei unterstützende Stabsabteilungen/ -bereiche (Marktorientierte Unternehmensentwicklung/ -planung und Controlling) vorhanden.
  Hierzu ist in Fortführung der Argumentation zur Divisionalen Organisation für Matrix-Konfigurationen zunächst folgende Feststellung zu treffen: Die Tätigkeiten der Steuerungseinheiten werden bei Matrix-Organisationen wegen der nachfolgend etablierten zwei Instanzenzügen und dem damit verbundenen generell größeren Ausmaß an Entscheidungsdezentralisation – sowie im Beispiel angenommenen relativ heterogenen Sparten – auf einer abstrakteren Integrationsebene, also aus einer abermals höheren Warte, wahrgenommen.
  Bei der Unternehmensleitung und deren Unterstützungsstellen steht mit den differenzierteren Strukturkonzepten von der Funktionalen über die Divisionale bis hin zur Matrix-Organisation also immer mehr die **Gesamtverantwortung** für die Unternehmensentwicklung **im Vordergrund**, während die auf spezielle Verrichtungen oder Objekte bezogene **Einzelverantwortung** abnimmt respektive **delegiert** wird.
- Über den Knotenpunkt unterhalb der Steuerungseinheiten verzweigen sich die beiden gleichberechtigten oder mit teilweise unterschiedlichen Kompetenzen versehenen Linienzüge der zweiten Leitungsebene: Ein Strang ist auf die betrieblichen Leistungserstellungsfunktionen gerichtet, bei dem zusätzlich eine Unterscheidung in operative und in Service-Einheiten erfolgt. Im anderen Instanzenzug wird nach Absatzobjekten differenziert.

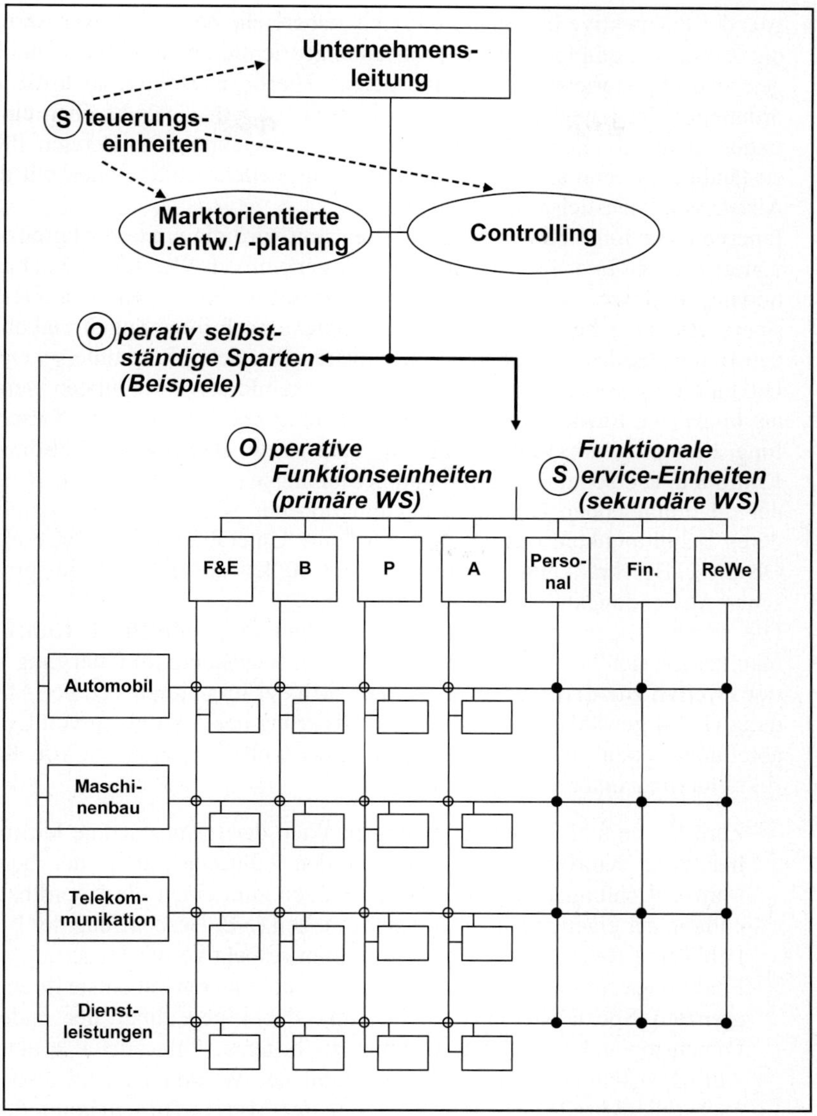


**Abb. G-II-4:** Matrix-Organisation nach dem SOS-Konzept

- Die Beispielkonfiguration der Matrix-Dimensionen stellt eine Kombination der exemplarischen Abteilungs-/ Bereichsgliederungen zur Funktionalen und zur Divisionalen Organisation dar. Dabei werden die „senkrechten Funktionssäulen" einer klassischen Einlinien-Organisation (Matrix-Spalten) von den operativ selbstständigen Sparten/ Geschäftsbereichen horizontal überlagert (Matrix-Zeilen).

- Aus der Perspektive der Sparten/ Geschäftsbereiche betrachtet, werden über die Aufgabenkomplexe in den verrichtungsorientierten Funktionsabteilungen also objektorientierte Schnitte gelegt. Hierüber erfolgen auch die Zuordnungen der jeweiligen Untereinheiten. So ist z.B. die links oben eingetragene Unterabteilung für Forschung und Entwicklung im Bereich PKW zuständig, während sich die rechts unten angesiedelte Untereinheit mit dem Absatz von Dienstleistungen befasst.
- Innerhalb der funktionalen Matrix-Dimension wird die weitere Abgrenzung von operativen und Service-Einheiten vorgenommen. Wie schon zur Funktionalen und auch zur Divisionalen Organisation herausgearbeitet, lassen sich verrichtungsbezogene Aufgabenkomplexe nach ihrer Zugehörigkeit zu den Bereichen der primären oder sekundären Wertschöpfung unterscheiden. Die hierzu im vorgestellten Matrix-Beispiel gebildeten Abteilungen werden als **operative Funktionseinheiten** (Forschung und Entwicklung, Beschaffung, Fertigung, Absatz als Marketing i.e.S.) bzw. als **funktionale Service-Einheiten** (Personal-, Finanz- und Rechnungswesen) bezeichnet. Wegen der oft umfassenden Unterstützungsfunktion der Service-Einheiten sind in deren Schnittpunkten mit den Sparten keine Unterabteilungen vorgesehen. Ob diese Beschränkung auf reine Schnitt-Stellen ausreicht, ist im praktischen Anwendungsfall gesondert zu prüfen.
- Die bereits angesprochene **Institutionalisierung produktiver Konflikte** manifestiert sich bei Matrix-Organisationen insbesondere im **Übergang von der zweiten zur dritten Leitungsebene**. Mit der im unteren Teil der Abbildung G-II-4 gewählten grafischen Visualisierung der Anbindung von Unterabteilungen kann verdeutlicht werden, dass hierbei zwei Arten von Konfliktfeldern zu unterscheiden sind:

  * Zum Ersten sind in den Kreuzungspunkten der Instanzenzüge **leitungsbezogene Konfliktfelder** zwischen den Führungskräften der beiden Matrix-Richtungen gegeben. Diese müssen zum einen die Koordination entlang der eigenen Dimension sicherstellen (z.B. Beschaffung der Roh-, Hilfs- und Betriebsstoffe für alle Sparten respektive die Steuerung aller Funktionen für eine bestimmte Sparte). Zum anderen haben sie ihren begrenzten Spezialisierungsgesichtspunkt dabei gegenüber der anderen Dimension gebührend zur Geltung zu bringen. Ungeachtet konkreter Aufgabenstellungen und damit verbundener Weisungen sind also zunächst die **Abteilungs-/ Bereichsleiter der Matrix-Dimensionen** („The Matrix-Bosses") zu einem **ständigen Interessenausgleich** angehalten.
  * Der Leiter einer Untereinheit auf der dritten Ebene ist zwei Matrix-Abteilungen unterstellt. Damit liegen hier zum Zweiten **(unter-)abteilungsbezogene Konfliktfelder** inhaltlicher Art vor. Hier ist die eigentliche Konflikt-Institutionalisierung angesiedelt. Der Unterabteilungsleiter muss als **Two-Boss-Manager** zusammen mit den Matrix-Bosses die endgültigen Zielvorgaben für seine Einheit erarbeiten respektive aushandeln. Spätestens an dieser Stelle müssen also eventuelle leitungsbezogene Konflikte zum Ausgleich gebracht werden.

- Als **Vor- und Nachteile** einer – reinen – Matrix-Konfigurierung können abschließend folgende Punkte herausgestellt werden:
  - Mit der simultanen und gleichberechtigten Berücksichtigung einer Objekt- und einer Verrichtungsorientierung kann eine hohe Markt-, Kunden und Ergebnisorientierung in den Sparten mit einer guten Ressourceneffektivität in den Funktionsbereichen verbunden werden. Beide Matrix-Dimensionen weisen eine eigene Spezialisierung und Fokussierung (siehe hierzu G.I.2.) auf, und durch ihre Kombination kann die bei Funktionalen und Divisionalen Organisationen bestehende Lücke (Innen- versus Außenorientierung) – zumindest idealtypisch – geschlossen werden.
  - Die für Einlinien-Systeme kennzeichnende Einheit der Auftragserteilung und des Auftragsempfangs wird bei der Matrix-Organisation als Mehrlinien-System aufgegeben. Ein Funktionieren der Abstimmungsprozesse vorausgesetzt, kann damit für die Unternehmensleitung eine Entlastung verbunden sein. Strittige Fragen sind zunächst von bzw. unter den Führungskräften der Matrix-Dimensionen zu lösen, sie landen also nicht mehr unmittelbar bei der Unternehmensspitze.
  - Matrix-Organisationen erfordern moderne, kooperative Führungssysteme, und gleichzeitig fördern sie deren Umsetzung und Weiterentwicklung. Die größeren Kompetenzrahmen und die Notwendigkeit eines fortwährenden Interessenausgleichs können eine positive Wirkung auf die Motivation und damit die Leistungsbereitschaft sowie auch auf die Leistungsfähigkeit von Vorgesetzten und Mitarbeitern haben.
  - Bei der Umsetzung des konstruktiven Grundmerkmals reiner Matrix-Organisationen, der Gleichberechtigung zweier Instanzenzüge, zeigen sich in der Unternehmenspraxis jedoch häufig große Schwierigkeiten: Diese sind entweder im Fehlen notwendiger Abstimmungs- und Konfliktlösungsmechanismen begründet, oder sie haben ihre Ursache in ungenügenden Fähigkeiten von Führungskräften, mit einer solchen komplexen Organisationsform umzugehen. Dabei kann es vorkommen, dass manche Matrix-Abteilungen eine hervorgehobene Stellung einnehmen, womit andere dementsprechend in das zweite Glied rücken. Hierauf bezogen ist dann von Effizienz- und Effektivitätsverlusten in der Gesamtkoordination auszugehen. Die zusätzliche Gefahr besteht darin, dass in solchen Situationen regelrechte „Grabenkämpfe" ausgetragen werden, wodurch die Erfüllung der Organisationsziele weiter leidet. Dies kann im Extremfall zu einer weitgehenden **Lähmung der gesamten Organisation** führen. Die negativen Folgen für die Aufgabenebene besteht in beiden Fällen in einer verlangsamten Entscheidungsfindung mit eventuell „faulen Kompromissen". Alles in allem ist festzuhalten, dass ab einem gewissen Grad eine Schieflage in der Zusammenarbeit zweier Matrix-Dimensionen ein solches Organisationsmodell relativ schnell zum Scheitern bringen kann.
  - Wegen der kurz umrissenen Probleme sind durchgängige Matrix-Organisationen – wie bereits angesprochen – in der Unternehmenspraxis nicht sehr häufig etabliert, und selbst dieses niedrige Niveau ist eher im Ab-

nehmen begriffen. Als zukunftsweisende Gliederungsform wird in der betriebswirtschaftlichen Theorie und Praxis heute stärker auf die Prozessorientierte Organisation gesetzt, mit der eine unmittelbare Ankoppelung unternehmerischer Strukturen an die betrieblichen Prozesse verfolgt wird. Hierauf kommen wir in G.III.4. zurück.

## III. Innovations- und prozessorientierte Formen der (Sekundär-)Organisation

> In welcher generellen Beziehung stehen die primär- und sekundärorganisatorischen Formen der Unternehmensstrukturierung? Welche weitere Bezeichnung ist für sekundäre Organisationskonzepte gebräuchlich? Was sind wesentliche Modelle für eine sekundäre Unternehmensgliederung, und in welchen Situationen bietet sich deren Einsatz an? Auf welche Weise lassen sich diese Ergänzungs-/ Sonderstrukturen mit der Primärorganisation verbinden? Wie ist eine Prozessorientierte Organisation zu kennzeichnen?

### 1. Zum Verhältnis von Primär- und Sekundärorganisation

Die mit der Gestaltung der Primärorganisation entworfene Gebilde- und Prozessstruktur eines Unternehmens wird nur dann dauerhaft leistungsfähig sein, wenn keinerlei Änderungen an ihrem Betätigungsfeld/ Leistungsprogramm und damit an ihrem Aufgabenspektrum eintreten. Angesichts der in der Praxis zu verzeichnenden Marktdynamik dürfte dieser Fall aber eher selten sein. Es wird zum einen vielmehr darum gehen, wie die Ziel- und Ergebnisorientierung bei bestimmten Organisationsobjekten durch eine bessere Steuerung der hierauf bezogenen Unternehmensprozesse optimiert werden kann. Und zum anderen sind oft völlig neue Marktleistungen/ Problemlösungskonzepte zu entwickeln, wofür der etablierte Unternehmensaufbau ebenfalls i.d.R. nicht vorgesehen ist.

Bei solchen Verschiebungen innerhalb der Sach- und Formalziele eines Unternehmens bieten sich Strukturierungsformen der Sekundärorganisation an: In einer **Überlagerung** bzw. **Ergänzung der Primärorganisation** können hiermit **partielle** und/ oder **temporäre Verteilungsbeziehungen** zusätzlich eingerichtet werden, mit welchen den veränderten respektive neuen Aufgabenschwerpunkten Rechnung getragen werden kann. Bezogen auf die von Unternehmen im Rahmen ihrer Primärstruktur verfolgten organisatorischen Grundausrichtungen führt die Schaffung sekundärer Organisationsstrukturen also zur ergänzenden Berücksichtigung wenigstens einer weiteren Perspektive der Aufgabengliederung/ -erfüllung. Damit ergibt sich – bei eindimensionalen Primärgliederungen – ein mindestens als zweite Dimension angelegtes **sekundärorganisatorisches Konzept**; bei Matrix-

Grundstrukturen sind nach einer sekundären organisatorischen Überlagerung insgesamt wenigstens drei Dimensionen einbezogen.

Mit den vorangegangenen Erläuterungen kann die Verwendung eines weiteren Begriffspaares für die primär- und sekundärorganisatorischen Strukturierungsformen nachvollzogen werden: Hierbei wird häufig auch von allgemeinen und von speziellen Formen der Aufbauorganisation gesprochen. Die Übergänge zwischen diesen beiden Ebenen sind fließend. So kann die Etablierung einer speziellen Organisationsform zum einen mittelfristig zu einem Wechsel der Grundausrichtung in der allgemeinen Aufbauorganisation führen. Und zum anderen ist es möglich, dass die sekundäre Temporärstruktur zu einer unternehmensweit generellen Organisationsdimension ausgebaut wird, so dass die Primärorganisation dann einer Matrix- oder Tensor-Strukturierung folgt.

Die Bezeichnungen der in den folgenden Abschnitten vorgestellten zwei Gruppen sekundärer Organisationsformen weisen unmittelbar auf die weiteren Perspektiven hin, unter welchen hiermit eine Überlagerung der Primärorganisation vorgenommen werden kann. Allgemein gesehen kommt dabei eine ergänzende Objektorientierung zum Tragen. Bei der ersten Gruppe werden besondere organisatorische Regelungen für bestimmte Marktleistungen (Produkte/ Produktgruppen) oder Adressaten (Abnehmer/ -gruppen respektive Kunden/ -gruppen) geschaffen. Bei einem solchen **Produkt-** oder **Kundengruppenmanagement** erfährt der regulär ablaufende betriebliche Wertschöpfungsprozess eine jeweils zusätzliche Schichtung, und darauf bezogen werden eigenständige Zuständigkeiten/ Verantwortlichkeiten definiert. Damit ist in diesen Fällen von der Errichtung einer **organisatorischen Ergänzungsstruktur** zu sprechen.

Im Unterschied hierzu führt die zweite Gruppe eines speziellen Vorhaben- und Ergebnis- respektive Projektbezugs zu einer **parallelen Sonderstruktur**, mit welcher einzelne – bestehende oder neu einzuführende – Teilprozesse bzw. Teilaufgaben der betrieblichen Wertschöpfung für eine befristet separate Koordination als **Projekt-Management** herausgeblendet werden.

Im letzten Abschnitt dieses Unterkapitels wird die Grundkonzeption einer **Prozessorientierten Organisation** vorgestellt. Mit deren konstitutivem Merkmal einer durchgängig an den Geschäftsprozessen ausgerichteten Organisationsgestaltung ist letztlich der Anspruch einer zeit- und anforderungsgemäßen Variante für die gesamte Unternehmensorganisation verbunden. Bei der hiermit eingenommenen Sichtweise eines Primats der betrieblichen Abläufe ist die Prozessorganisation nicht nur als sekundäre Organisationsform zu bezeichnen. Aus diesem Grund wurde in der Überschrift dieses Unterkapitels – Innovations- und prozessorientierte Formen der (Sekundär-)Organisation – die Einklammerung verwendet.

## 2. Marktleistungs- oder adressatenbezogene Sekundärorganisationsformen: Produkt- oder Kundengruppen-Management

Unter der Abgrenzung des **Marktleistungs- oder Adressatenbezugs** sind nachfolgend zwei Formen der Sekundärorganisation kurz vorzustellen, für die sich in der Organisationslehre und der Unternehmenspraxis die Bezeichnungen als Produkt-Management und als Kundengruppen-Management eingebürgert haben. Hiermit wird die Reichweite dieser sekundärorganisatorischen Konzepte allerdings nur verkürzt zum Ausdruck gebracht: So braucht zum einen die Bildung einer organisatorischen Ergänzungsstruktur nicht nur auf Produkte ausgerichtet zu sein; hier kommen vielmehr insbesondere auch Produktgruppen sowie (Gruppen von) Dienstleistungen in Frage. Und zum anderen gilt bezogen auf die Kundengruppen, dass hier beispielsweise auch einzelne und bedeutende Großkunden eine eigene Gruppe bilden können.

Wegen dieser begrifflichen Schwächen werden von uns die weiter greifenden Kennzeichnungen als marktleistungs- oder adressatenbezogene Sekundärorganisationsformen eingeführt. Die üblichen Termini Produkt- und Kundengruppen-Management finden bei der folgenden Darstellung dieser organisationsbezogenen Managementkonzepte zweiter Ordnung dennoch Verwendung. Mit deren genereller Einordnung sollte aber zuvor auf die Breite ihres Anwendungsspektrums hingewiesen werden.

Bei einer Sekundärorganisation nach dem Prinzip des **Produkt-Managements** besteht der Strukturierungsansatz darin, alle für den Markterfolg einzelner Produkte/ Produktgruppen relevanten Aktivitäten durch dafür speziell verantwortliche Organisationseinheiten koordinieren zu lassen. In den hierzu gebildeten Stellen oder Abteilungen sind die Produkt-Manager dafür zuständig, ihre Marktleistungen von der Entstehung/ Erstellung bis zur Vermarktung über den gesamten Wertschöpfungsverlauf erfolgsorientiert zu steuern. Als Bild ergibt sich damit die zum Ende des vorangegangenen Abschnitts eingeführte zusätzliche Schichtung des betrieblichen Wertschöpfungsprozesses durch das Produkt-Management.

- Die Einführung eines Produkt-Managements bietet sich insbesondere bei einer funktionalen Ausrichtung der Primärorganisation an (siehe hierzu G.II.1.). Durch die Verrichtungsgliederung herrscht hierbei i.d.R. eine ausgeprägte **Innenorientierung** vor, zu der mit den gesondert definierten Verantwortungen für die verschiedenen Produkte/ Produktgruppen das Gegengewicht der in gleicher Weise erforderlichen **Außenorientierung** hergestellt werden kann:
  - Über die Tätigkeiten der Produkt-Manager werden die **Markt- und Absatzanforderungen** in ein funktional gegliedertes Unternehmen hineingetragen und in konkrete betriebliche Aufgaben umgesetzt. Bezogen auf die in der Primärorganisation verankerte Spezialisierung nach Funktionen kommt es durch das Produkt-Management zu einer ergänzenden Fokussierung auf einzelne (Gruppen von) Marktleistungen.
  - Hiermit wird die generell zweidimensionale Anlage des Produkt-Managements als sekundärer Organisationsform deutlich. Nach dessen Errichtung sind in einem Unternehmen zwei organisatorische Regelkreise vorhanden: Der primärorganisatorische und funktionsbezogene Instanzenzug wird von einer marktleistungsbezogenen zweiten Regelungsebene überlagert. Dieser ist auf die produkt-/ produktgruppenbezogene Steuerung aller Wertschöpfungsaktivitäten ausgerichtet. Den hierfür eingesetzten **Produkt-Managern** kommt in den Schnittpunkten der funktions- und objektorientierten Vertei-

lung organisatorischer Aufgaben damit die Funktion von **Querschnittsreglern** zu.

- Das Produkt-Management kann eine ständige Ergänzung der primärorganisatorischen Grundstruktur eines Unternehmens bilden. Entsprechend der i.d.R. begrenzten Lebensdauer einer Marktleistung(sgruppe) wird diese Sekundärstruktur im Zeitablauf aber auf unterschiedliche Produkte/ Produktgruppen in wechselnden Absatzprogrammen ausgerichtet sein.

• Die vorstehend allgemein eingeordneten **Aufgaben von Produkt-Managern** lassen sich näher aufgliedern in folgende Funktionskomplexe:

- **Informationsfunktion:** Beobachtung, Analyse und Prognose aller für die betreuten Marktleistungen erfolgsrelevanten externen und internen Faktoren; Aufbereitung, Speicherung und Weiterleitung dieser Informationen
- **Planungsfunktion:** Ausgestaltung und Abstimmung der Marketing-Konzeptionen im produkt- und marktbezogenen Verantwortungsbereich; hierauf bezogene Mitwirkung an der strategischen und operativen Unternehmensplanung (siehe hierzu D.I.1. und F.II.1.)
- **Koordinationsfunktion:** Koordinierung aller betrieblichen Aktivitäten zur Erstellung/ Vermarktung der betreuten Absatzobjekte über den gesamten Verlauf des primären Wertschöpfungsprozesses
- **Kontrollfunktion:** Überwachung der Verwirklichung aller produkt(gruppen)bezogenen Planansätze; Ursachenanalyse und Einleitung von Anpassungsmaßnahmen bei markt- und/ oder betriebsbedingten Abweichungen
- **Innovationsfunktion:** Produkt- und prozessbezogene Verbesserungen/ Weiterentwicklungen in der verantworteten Produktlinie; Suche nach und Analyse von neuen Markt-/ Absatzchancen, Konzeptionierung/ Entwicklung von neuen Problemlösungsangeboten.

Über das sekundärorganisatorische Konzept des Produkt-Managements soll – wie dargelegt – in **Überlagerung der Primärorganisation** eine ergänzende und marktleistungsbezogene Koordination der Wertschöpfungsaktivitäten erreicht werden. Die Eingliederung der dazu eingerichteten Abteilung respektive der Stellen für die einzelnen Produkt-Manager in die bestehende Aufbauorganisation eines Unternehmens ist dabei allerdings gleichwohl erforderlich. Hierüber verläuft die Koordination aller Aufgaben innerhalb einer Organisation, und so sind auch die im Rahmen zusätzlich verfolgter Strukturierungskonzepte geschaffenen Stellen/ Abteilungen mit dieser längerfristig gültigen Primärgliederung zu verbinden.

• Wenn der Grundansatz des **Produkt-Managements** darin besteht, eine zweite, objektorientierte Koordinationsdimension zu eröffnen, dann tritt bei seiner Einbindung in eine eindimensionale Primärorganisation ein grundsätzliches Konfigurationsproblem im Hinblick auf das Unterstellungsverhältnis und damit auf die **Verteilung der Weisungsbefugnisse** zu Tage:

- Eindimensionale Aufbauorganisationen folgen einer Grundausrichtung und sind als Einlinien-Systeme auf den Grundsatz der Einheit von Auftragserteilung und -empfang aufgebaut. Wenn also beispielsweise eine Funktionale

Organisation um ein marktleistungsbezogenes Produkt-Management ergänzt werden soll, dann stellt sich unmittelbar die Frage nach den Kompetenzregelungen für diese Querschnittskoordination.

- Alleine durch die bei einer funktionalen Primärorganisation gegebenen strukturellen Eingliederungsmöglichkeiten ist die für das Funktionieren und den Erfolg des Produkt-Managements notwendige Einwirkungsmacht aus konstruktionsbedingten Gründen kaum sicherzustellen:

  * Aus einer Einordnung des Produkt-Managements als **Stabsabteilung** folgt, dass hiermit bezogen auf den hierarchischen Gesamtaufbau lediglich vorbereitende, kontrollierende oder die entsprechende Linienabteilung allgemein unterstützende Funktionen (siehe hierzu G.I.2.) wahrgenommen werden können. Die Befugnis, Entscheidungen zu treffen und nachgeordneten Abteilungen/ Stellen Weisungen zu erteilen, verbleibt bei der federführenden Linieninstanz.
    Wird das Produkt-Management abteilungsübergreifend als direkte Stabsabteilung der Unternehmensleitung eingeordnet, dann ist damit zumindest ein formal hoher Status verbunden. Als weitere, häufig vorgenommene Anbindung eines Stabsstellen-Produkt-Managements ist dessen Ansiedelung im Marketingbereich zu nennen. Hier wird dem Marketingleiter zugearbeitet, wobei die Aufgabe der Koordination mit den anderen Abteilungen bei diesem – und in Streitfällen wieder bei der Unternehmensleitung – verbleibt.
  * Außer als Stabsstelle kann das Produkt-Management in einer Funktionalen Organisation auch als **Linieninstanz** auf der zweiten Leitungsebene angebunden werden. Neben den operativen, für die primäre Wertschöpfung zuständigen Einheiten kann im Bereich der Service-Einheiten (sekundäre Wertschöpfung) eine eigenständige Linienabteilung für das Produkt-Management eingerichtet sein. Durch die hiermit verbundene organisatorische Gleichstellung wird die Zusammenarbeit mit den Leitern der anderen Funktionsabteilungen erleichtert. Bei dieser Linieneingliederung des Produkt-Managements ist die Frage nach der für seine Hauptaufgabe, nämlich die marktleistungsbezogene Querschnittskoordination, notwendigen Kompetenzausstattung aber weiterhin offen; die Aufbaustruktur stellt sich noch immer als eine nach dem Verrichtungsprinzip gegliederte eindimensionale Stab-Linien-Organisation dar.
    Die Abstimmungsprozesse verlaufen innerhalb der „Funktionssäulen" von unten nach oben; wenn auch bei Routineaufgaben eventuell Klärungen zwischen den Leitern der Instanzenzüge zugelassen sind, so wird doch die meiste Führungsarbeit auf der Unternehmensleitung als der obersten Instanz lasten.

- Für die Ausstattung mit der erforderlichen Einwirkungsmacht, welche zur effizienten und effektiven Etablierung einer zweiten Koordinationsdimension geboten ist, sind bei einer eindimensionalen Aufbauorganisation demnach über die reine Eingliederung in den hierarchischen Gesamtaufbau hinaus weitergehende Ansätze zu wählen:

* Hier ist zum einen darauf hinzuweisen, dass ein Fehlen von Anordnungskompetenzen durch fundiertere Informationen, spezielle Produkt-Markt-Kenntnisse und insgesamt bessere Argumente teilweise ausgeglichen werden kann. Wenn der Produkt-Manager nicht in der Funktion eines Machtpromotors ist, so kann er die von ihm betreute Marktleistung doch als **Fachpromotor** voranbringen. Er wird hierzu versuchen, ein „Management by Persuasion" (Führung durch Überzeugen) zu praktizieren, womit allerdings hohe persönliche Anforderungen verbunden sind (Verhandlungsgeschick, diplomatische Fähigkeiten, Überzeugungskraft).
* Zum anderen wird es unerlässlich sein, für das prozessbezogene Zusammenwirken des Produkt-Managements mit den anderen Unternehmensabteilungen/ -stellen konkrete aufbau- und ablaufbezogene Richtlinien zu erarbeiten. Damit sind die **stellenbezogenen Organisationsinstrumente** angesprochen, auf die wir in G.IV. noch gesondert eingehen werden. Mit exakten Stellenbeschreibungen, Kompetenzbildern und insbesondere mit Funktionendiagrammen können hiermit die **objektbezogenen Zuständigkeiten und Verantwortlichkeiten** des Produkt-Managements definiert und gegenüber den funktionsbezogenen Abteilungen abgegrenzt werden. Somit ist festzuhalten, dass die mit der hierarchischen Eingliederung alleine nicht zu erreichende Koordination zweiter Ordnung durch das Produkt-Management über die Konzeption und Umsetzung geeigneter Organisationsinstrumente verwirklicht werden kann.

- Die bisherigen Ausführungen waren hauptsächlich auf das Produkt-Management bei einer ansonsten Funktionalen Organisation bezogen. Zum **Verhältnis mit** der ebenfalls **objektorientierten Divisionalen Organisation** (siehe hierzu G.II.2.) ist zunächst mit JÜRGEN WILD festzuhalten: Auf der Ausgangsbasis einer verrichtungsorientierten Unternehmensgliederung ist das Produkt-Management als „kleine Lösung" anzusehen, während der weiter gehende Schritt der Divisionalisierung dagegen als „große Lösung" bezeichnet werden kann.
  Hierbei ist darauf hinzuweisen, dass das Produkt-Management bei einer Divisionalen Organisation ebenfalls zum Einsatz kommen kann: Wenn die in einem Geschäftsbereich zusammengefassten Marktleistungen als unterschiedliche Produkt-Markt-Kombinationen gegeneinander abzugrenzen sind, dann liegt die Anwendung des Produkt-Managements auch innerhalb der operativ selbstständigen „Unternehmenshäuser" (siehe hierzu die Abb. G-II-2) einer Spartenorganisation nahe.
  Bei der Grundintention des Produkt-Managements, eine marktleistungsbezogene Querschnittskoordination vorzunehmen, bietet sich die Etablierung einer Matrix-Organisation als nahe liegende aufbauorganisatorische Lösung an. Weil aber für die ergänzende produkt-/ produktgruppenbezogene Steuerung vor allem eine leistungsprozessbezogene Schichtung im Bereich der primären Wertschöpfung notwendig ist, kommt es in der Unternehmenspraxis meist zu keinen durchgängigen – sämtliche Abteilungen umfassenden – Matrix-Gliederungen.

Stattdessen wird über das Schaffen geeigneter Organisationsinstrumente dafür Sorge getragen, dass die Ziele des Produkt-Managements auch innerhalb einer eindimensionalen Organisation erreicht werden. In Abgrenzung von der aufbauorganisatorischen Realisierung als reine Matrix-Organisation hat JÜRGEN WILD für diese „partiell zweidimensionale Koordinierung“ den Begriff des Matrix-Managements geprägt.

- Als spezielle Organisationsform weist das Produkt-Management eine bereits lang währende Tradition auf: Seine nachweislich erste Anwendung geht auf das Jahr 1927 und den amerikanischen Markenartikelkonzern PROCTER & GAMBLE zurück. Die seinerzeit neu eingeführte Seife Camay verkaufte sich nicht besonders gut, weshalb ein Mitarbeiter (NEIL H. MCELROY, später Präsident von P&G) damit beauftragt wurde, sich ausschließlich der Entwicklung und Förderung dieses Produktes zu widmen. Nachdem dies gelang, wurden bald darauf zusätzliche Produkt-Manager ernannt.

  Mit der Nachkriegszeit setzte eine breite Anwendung dieses Konzepts in der amerikanischen Konsumgüterindustrie ein (Verbreitungsgrad 1970 etwa 80%), und ab etwa 1960 fand das Produkt-Management auch in der deutschen Wirtschaft Verbreitung. Ende der 70er Jahre hatten gut 60% der deutschen Unternehmen mit über 1.000 Beschäftigten Stellen für Produkt-Manager eingerichtet; bei späteren Erhebungen war aber – wie in den USA – ein rückläufiger Einsatz des Produkt-Managements festzustellen.

- Der ab den 80er Jahren zu verzeichnende **Rückgang des Produkt-Managements** steht im Zusammenhang mit einer seinerzeit aufgekommenen, grundsätzlichen Diskussion um diese sekundärorganisatorische Konzeption: Der Vorteil des Produkt-Managements, über eine zweite, marktleistungsbezogene Koordinationsebene die Innenorientierung insbesondere funktionaler Aufbauorganisationen zu überwinden, kann nicht in allen Marktsituationen ausgespielt werden.

  Bei einer Absatzplanung und Maßnahmenkoordination, die sich auf relativ eng begrenzte Sortimentsteile konzentriert, besteht die Gefahr, dass zusammenhängende Bedarfskomplexe einzelner Abnehmergruppen unberücksichtigt bleiben. Wenn solche Verbundbeziehungen auf der Nachfrageseite bestehen, dann schlagen die konzeptionellen Vorteile einer produkt(gruppen)bezogenen Sekundärorganisation in gravierende Nachteile um. Die Chance einer umfassenden, auf zielgruppenspezifische Leistungsbündel gerichteten Gesamtangebotspolitik kann auf diese Weise nicht wahrgenommen werden.

  Zugleich ist bei einer auf einzelne Marktleistungen abgestellten speziellen Organisationsform dem durch den Nachfrageverbund bedeutender Großabnehmer erzeugten Machtpotenzial nur ungenügend entgegenzutreten.

Die zuletzt herausgestellte Kritik an der generellen Leistungsfähigkeit des Produkt-Managements hatte das Aufkommen einer weiteren Form der Sekundärorganisation zur Folge. An Stelle des Marktleistungsbezugs bildet jetzt der Adressatenbezug das maßgebliche Gliederungskriterium für den ergänzend installierten organisatorischen Regelkreis.

- Mit dem auch als Marktmanagement bezeichneten **Kundengruppen-Management** wird die Zielsetzung verfolgt, die Bedürfnisstruktur der Kunden bzw. der Abnehmer auf den einzelnen Handelsstufen in den Mittelpunkt der Sekundärkoordination zu stellen. Wenn also – ggf. durch geeignete statistische Analysemethoden – **verschiedene, in sich homogene Abnehmergruppen** identifiziert werden können, dann ist so der Ansatzpunkt zu einer **zielgruppenspezifischen Marktbearbeitung** und damit für den Einsatz des Kundengruppen-Managements gegeben. Einzelne und bedeutende Kunden/ Abnehmer können dabei einzelne Gruppen bilden, hierauf bezogen spricht man dann von einem **Key-Account-Management**.
- Mit einem Kundengruppen-Management kann – beim Vorliegen entsprechend unterscheidbarer Abnehmergruppen – der Markt- und Absatzorientierung eines Unternehmens aufbauorganisatorisch besser Rechnung getragen werden als mit dem Produkt-Management. Letzteres folgt einem Inside-Out-Ansatz; die Marktleistungen bilden die Basis der zusätzlichen Schichtung innerhalb der Koordination aller Wertschöpfungsaktivitäten, und damit verläuft diese prinzipiell von innen nach außen. Beim Kundengruppen-Management wird der umgekehrte Weg beschritten: Mit einer Outside-In-Perspektive erfolgt die Schaffung der sekundärorganisatorischen Zuständigkeiten und Verantwortlichkeiten auf der Grundlage der Nachfragegegebenheiten im Absatzmarkt. Die zusätzliche Schichtung der Wertschöpfungsprozesse wird hier also **von außen nach innen** vorgenommen.
- Bezogen auf die grundsätzlichen Aufgaben und auch auf die Möglichkeiten der organisatorischen Eingliederung liegt eine weitgehende Entsprechung zwischen Produkt- und Kundengruppen-Management vor. Mit beiden Sekundärorganisationsformen wird eine **ergänzende Objektorientierung** bezweckt, welche zum einen auf den Marktleistungs- und zum anderen auf den Adressatenbezug gerichtet ist. Die Ausführungen zu den generellen Funktionskomplexen von Produkt-Managern sowie zur Verbindung des Produkt-Managements mit der Primärorganisation eines Unternehmens können also grundsätzlich auf das Kundengruppen-Management übertragen werden.
- Die speziellen Organisationsformen des Kundengruppen-Managements und des Key-Account-Managements finden sich – wie auch das Produkt-Management – insbesondere in der Konsumgüterindustrie, sie sind aber auch für die Investitionsgüterindustrie geeignet. Die zielgruppenspezifische Gestaltung der Sekundärorganisation kann auch in diesem Industriezweig eine wirkungsvollere strategische Ausrichtung sichern.
- Ein Kundengruppen-Management kann zum einen mit Funktionalen Organisationen verbunden sein. Zum anderen lässt es sich auch mit Divisionalen Organisationen koppeln. Dies bietet sich bei Abweichungen zwischen den Produkt- und den Kundengruppen innerhalb der Sparten an. Darüber hinaus kann hier ein übergreifendes Kundengruppen-Management installiert werden, wenn Kundengruppen Marktleistungen aus unterschiedlichen Sparten beziehen.

## 3. Vorhaben- und ergebnisbezogene Sekundärorganisationsformen: Projekt-Management

Die vorangegangenen Ausführungen haben gezeigt, dass mit den marktleistungs- und adressatenbezogenen Sekundärorganisationsformen des Produkt- respektive Kundengruppen-Managements eine ergänzende Koordination des regulären Wertschöpfungsprozesses vorgenommen wird. Mit Bezug auf Produkte/ Produktgruppen oder (Groß-)Abnehmer/ Abnehmergruppen kommt es dabei zu einer Überlagerung der bestehenden Primärgliederung; und nach dem Einziehen der organisatorischen Ergänzungsstruktur ist die Aufbauorganisation zumindest partiell – und zwar im Bereich der primären Wertschöpfung – in zwei Dimensionen/ Grundausrichtungen angelegt. Die mit der Etablierung eines Produkt- oder Kundengruppen-Managements verfolgte Querschnittskoordination aus objektorientierter Perspektive stellt eine auf Dauer angelegte zusätzliche Organisationsaufgabe dar, ein im Voraus festgelegtes Ende weisen diese Sekundärorganisationsformen also nicht auf.

Im Unterschied hierzu begründet sich die nachfolgend vorzustellende Form einer sekundären Unternehmensgliederung vor allem über das Vorliegen einer anderen Art der Aufgabenstellung: Mit dem dafür gewählten Begriff eines speziellen Vorhaben- und Ergebnisbezugs wird deutlich, dass es jetzt um **mehr oder weniger einmalige, neuartige oder außergewöhnliche Aufgaben** geht, für die gesonderte aufbauorganisatorische Regelungen geschaffen werden. Als organisationsbezogenes Managementkonzept hat sich hierfür das Projekt-Management herausgebildet. Im Vergleich zu den im letzten Abschnitt vorgestellten Ansätzen ist an dieser Stelle noch festzuhalten, dass sich für marktleistungs- und adressatenbezogene Aufgabenstellungen zwei sekundärorganisatorische Konzepte (Produkt- und Kundengruppen-Management) entwickelt haben, während bei einem besonderen Vorhaben- und Ergebnisbezug alleine das Projekt-Management zur Anwendung kommt.

- Das Wort Projekt lässt sich formal auf das lateinische „projectus“ zurückführen, und dieses bedeutet soviel wie „herausragend, vorstehend oder außerordentlich“. Vor diesem Hintergrund kann sein organisationsbezogener Einsatz im Zusammenhang mit besonderen Aufgabenstellungen, die aus dem Rahmen der regulären Koordinationsprozesse zu Routinetätigkeiten herausfallen, eingeordnet werden.

  Spezielle und nicht ständig gegebene Aufgabenstellungen können innerhalb von Unternehmen bzw. im Verlauf ihrer zeitlichen Entwicklung zahlreich auftreten. Beispielhaft können folgende Vorhaben angeführt werden:

  - Komplexe **Forschungs- und Entwicklungsvorhaben** innerhalb des F&E-Bereichs zur Produkt-/ Verfahrensinnovation
  - **Neuproduktplanung, -entwicklung und -einführung** in Abstimmung mit allen Funktionsbereichen
  - Unternehmensweite Einführung einer **neuen Informations- oder Kommunikationstechnologie**
  - Errichtung einer **neuen Produktionsstätte**

- Planung und Umsetzung **übergreifender Reorganisationsmaßnahmen.**

Zum Projektbegriff lassen sich – hinausgehend über die wiedergegebenen Herkunftsbestandteile – folgende **Merkmale** angeben: Projekte weisen eine **definierte Zielsetzung** auf, sie sind durch den **außergewöhnlichen Charakter** ihrer grundlegenden Aufgabenstellung gekennzeichnet, mit festgelegtem Anfang und Ende erstrecken sie sich über einen **bestimmten Zeitraum**, und sie haben einen im Vergleich zur normalen Unternehmenstätigkeit zusätzlichen Finanzbedarf, unterliegen aber immer einer **finanziellen und personellen Ressourcenbegrenzung**.

- Die Notwendigkeit zur Schaffung einer eigenständigen Sekundärkoordination resultiert bei den als Projekten geführten Sondervorhaben direkt aus den Besonderheiten der Aufgabenstellung. Wie die vorstehenden Beispiele gezeigt haben, sind solche Vorhaben nicht durch eine einzelne Stelle alleine zu bewältigen. Hierzu sind vielmehr Abstimmungen zwischen Abteilungen einiger oder auch aller Unternehmensbereiche notwendig. Bereits ab einer relativ niedrigen Projektkomplexität können diese durch die beteiligten Abteilungen/ Bereiche selbst – also ausschließlich parallel zu ihren regulären Aufgaben – i.d.R. nicht mehr effizient wahrgenommen werden. Steigende Abstimmungszeiten, höhere Kosten und qualitativ schlechtere Ergebnisse der zusätzlich aufgelegten Programme wären die unmittelbaren Folgen dieser Sonderbelastung.

  - Mit der Einrichtung einer gesonderten Organisationseinheit, die ein bestimmtes Projekt ständig verfolgt sowie alle Projektarbeiten plant, überwacht und steuert, kann dieser Gefahr wirksam begegnet werden. Als Leiter dieser Stelle fungiert ein für das spezielle Vorhaben verantwortlicher **Projekt-Manager**, und bei großen Projekten können diesem weitere Mitarbeiter unterstellt sein.
  - Beim **Projekt-Management** handelt es sich um eine Führungs-, Steuerungs- und Koordinationsmethodik zur zielorientierten Bewältigung von zeit- und ressourcenbezogen begrenzten, komplexen – einmaligen oder ungewöhnlichen – Aufgabenstellungen. Anhand dieser knappen, zusammenfassenden Definition kann der Unterschied zu den Ansätzen des Produkt- und Kundengruppen-Managements noch einmal deutlich herausgestellt werden:

    * Bei den marktleistungs- und adressatenbezogenen Formen der Sekundärorganisation (Produkt-/ Kundengruppen-Management) wird über die zusätzlich eingenommene objektorientierte Perspektive eine auf Dauer angelegte organisatorische Ergänzungsstruktur geschaffen.
    * Auch beim Projekt-Management kommt eine ergänzende Objektorientierung zum Tragen. Der Objektbezug ist hierbei aber nicht auf eine Elementgruppe im regelmäßigen Wertschöpfungsprozess gerichtet; er stellt sich vielmehr über eine spezielle – in sich abgeschlossene – Aufgabe dar. Damit kann die Sekundärorganisationsform des Projekt-Managements mit dem bereits in G.III.1. verwendeten Bild als **parallele und temporäre Sonderstruktur** charakterisiert werden.

- Mit dem Management von Projekten werden also einzelne Organisationsaufgaben durchgeführt, die quer zu den mit der Aufbauorganisation vorgesehenen Verteilungsbeziehungen liegen. Seine Einbindung in die bestehende Primärgliederung kann dabei grundsätzlich auf die gleiche Weise erfolgen wie bei den bislang schon vorgestellten Sekundärorganisationsformen. Auch für ein Projekt-Management sind als Alternativen die Stabs- und die Linienlösung sowie die Etablierung als Matrixdimension möglich.
  - Außer diesen Formen der Institutionalisierung des Projekt-Managements innerhalb der Gebildestruktur eines Unternehmens besteht noch die – allenfalls für Projekte geringer Größe und Komplexität geeignete – Möglichkeit einer **Selbststeuerung durch die betroffenen Stellen/ Abteilungen**. Deren Vertreter können einen Ausschuss bilden, der als Steuerungs- oder Leitungseinheit (steering committee) in bestimmten Zeitabständen zusammentritt und die Planung, Umsetzung und Kontrolle der anstehenden Projektarbeiten regelt.
  - Wenn aus den zuvor angeführten Gründen eine eigenständige Stelle/ Abteilung zur Koordination eines Projekts geschaffen wird, dann stellt deren **Anbindung als Stab** die hierarchisch schwächste Form dar. Der Projekt-Manager besitzt hier als Stabsabteilungsleiter – wie im Verlauf dieses Kapitels schon mehrfach dargelegt – **keine direkten Entscheidungs- und Weisungsbefugnisse**; bei seinen projektbezogenen Planungen und Abstimmungen ist er gegenüber der leitenden Linienabteilung vor allem **informierend und beratend** tätig. Die Angliederung des Projekt-Managements als Stabsstelle kann bei einer Funktionsabteilung (z.B. im F&E-Bereich) oder bei der Unternehmensleitung erfolgen.

    Mit der Einordnung auf höherer Ebene hat ein Projekt zwar einen bedeutenderen Rang; die direkten Steuerungsmöglichkeiten des Projekt-Managers sind aber auch in diesem Fall insgesamt schwach ausgeprägt. Für die organisatorische Lösung des Stabs-Projekt-Managements ist deshalb auch die Bezeichnung als **Einfluss-Projekt-Management** üblich. Hiermit wird zum Ausdruck gebracht, dass ein Vorhaben hauptsächlich nur durch Einflussnahmen auf andere Instanzen vorangebracht werden kann.
  - Bei der Eingliederung des Projekt-Managements als **Linienabteilung auf der zweiten Leitungsebene** wird dieses selbst in den Rang einer entscheidungs- und anordnungsberechtigten Instanz erhoben. Mit dieser sekundärorganisatorischen Alternative wird die Bewältigung der Projektaufgabe weitgehend von der bestehenden Primärorganisation getrennt. Es kommt zu einer zeitweisen **Versetzung respektive Abordnung von Mitarbeitern** aus den betroffenen Funktionsabteilungen oder Sparten in die **temporär gebildete Projektabteilung**. Damit hat der verantwortliche Projekt-Manager weniger Koordinationsarbeit zwischen den übrigen Linienabteilungen zu leisten; die aus den anderen Instanzenzügen beteiligten Mitarbeiter sind ihm fachlich und disziplinarisch voll unterstellt.

    Mit dieser auch als **reines oder isoliertes Projekt-Management** bezeichneten Variante wird also eine **Parallellinie** aufgebaut. Diese abgetrennte eigenständige Organisationseinheit ist nur zu rechtfertigen, wenn es sich um Projekte mit einem relativ eigenständigen Inhalt, also wenig Querbeziehungen zur Primärorganisation sowie mit einer längeren Laufzeit und einer für die Gesamtentwicklung des Unternehmens großen Bedeutung handelt. Ihrem **theoretischen Vorteil**, Experten aus allen Unternehmensteilen zu einer konzentrierten Projektarbeit zusammenziehen zu können, stehen allerdings eine **Reihe gravierender Nachteile** gegenüber:

* Die Frage ist zunächst, ob in ausreichendem Maße Führungskräfte und Mitarbeiter mit einer hohen Analysefähigkeit, Akzeptanz und Durchsetzungsfähigkeit im Unternehmen für diese projektbezogene Organisationsform gewonnen bzw. aus ihren bisherigen Aufgaben herausgelöst werden können.
* Außer eventuellen Schwierigkeiten im Hinblick auf die notwendigen Freistellungen und die nach einem erfolgreichen Projektende erforderlichen Wiedereingliederungen in andere Aufgaben können sich insbesondere **Informations- und Kommunikationsprobleme** gegenüber den regulären Linienabteilungen durch den entstandenen parallelen Instanzenzug ergeben.
* Werden diese nicht zufriedenstellend gelöst, dann führt dies zu weitergehenden Erschwernissen bei der unternehmensweiten **Umsetzung der erarbeiteten Lösungen**. Dies kann so weit gehen, dass sich ein Linien-Projekt-Management so stark isoliert, dass es keine ausreichende Anbindung an die bestehende Primärorganisation mehr hat.

- Wegen des zusätzlichen, auf eine spezielle Aufgabenstellung gerichteten Objektbezugs, unter dem eine temporäre Sonderkoordination vorgenommen werden soll, liegt die Lösung als Matrix-Organisation ebenfalls nahe. Bei einem solchen **Matrix-Projekt-Management** bewirken unterschiedliche Projekte eine zweite Regelungs- und Koordinationsebene. Mit dem Projekt – eventuell auch nur in Teilen ihrer Arbeitszeit – beschäftigte **Mitarbeiter verbleiben in ihren Stammabteilungen**. Deren Leiter fungieren weiterhin als Personalvorgesetzte, während der Projekt-Manager für die Dauer des Projekts die Stellung als Fachvorgesetzter einnimmt.
  Als feste Installierung zweier unterschiedlicher Entscheidungssysteme (funktions- respektive spartenbezogenes System als Primärorganisation gegenüber projektbezogenem System als Sekundärorganisation) kann ein Matrix-Projekt-Management sinnvoll nur dann eingerichtet werden, wenn zu den grundlegenden Projektmerkmalen noch weitere Kriterien erfüllt werden. So setzt die Etablierung einer durchgängigen Matrixstruktur zunächst voraus, dass es sich um **unternehmensübergreifende Vorhaben** handelt, die vor allem auch eine starke inhaltliche Vernetzung mit der Primärorganisation benötigen. Sie müssen zudem eine **sehr große Bedeutung** und eine **absehbar längere Laufzeit** aufweisen, um die Errichtung einer zweiten, projektbezogenen Unternehmensdimension zu rechtfertigen. Eine Anwendung des Matrix-Projekt-Managements bietet sich darüber hinaus vor allem bei solchen Unternehmen an, deren Leistungserstellung insgesamt einen starken

Bezug zu wechselnden, mittelfristigen Einzelaufgaben aufweist. Dies trifft beispielsweise für Firmen zu, die im industriellen Großanlagenbau tätig sind. Hier können verschiedene Projekte parallel zu den grundlegenden Funktionsbereichen oder Geschäftsbereichen gesteuert werden.

- Ähnlich wie das im letzten Abschnitt behandelte Produkt-Management weist auch das Projekt-Management eine bereits lange Tradition auf. Es geht zurück auf die Abwicklung hochkomplexer Vorhaben im Bereich der Luft- und Raumfahrt bzw. der Rüstungstechnik in den USA (Manhattan-Projekt, Entwicklung der ersten Atombombe; Atlas-, Polaris-, Minuteman-Raketen; erste Mondlandung/ Gemini- und Apollo-Raumfahrtprogramme). In den beteiligten Firmen/ Organisationen wurden hierbei mit der Einsetzung von speziellen Managern erstmals Projektverantwortungen geschaffen, die von den bestehenden Organisationsstrukturen abgehoben waren.

Die schon für das Produkt- und Kundengruppen-Management herausgestellte Erkenntnis, dass sich aus der strukturellen Eingliederung dieser sekundären Organisationsformen deren Erfolg nicht automatisch einstellt, gilt auch für das Projekt-Management. Den stellenbezogenen Organisationsinstrumenten, welche die hierarchische Anbindung der Projekteinheiten ergänzen und unterstützen, kommt zur Koordination der sekundären und primären Aufgabenstellungen generell eine erhebliche Bedeutung zu. Und bei der Komplexität von Projekten sind hierzu noch eine Reihe weiterer, eher technischer Hilfsmittel entwickelt worden. Auch hierauf gehen wir in G.IV. kurz ein.

## 4. Prozessorientierte Organisation

Die aktuelle Marktsituation erfordert heute von der Mehrzahl aller Unternehmen bei der Erfüllung der Kunden-/ Abnehmerbedürfnisse eine hohe Zeit-, Kosten- und Qualitätseffizienz, um im Preiswettbewerb zu bestehen. Dies bedingt eine konsequente Ausrichtung der gesamten unternehmerischen Betätigung an den wertschöpfenden – also mehrwertschaffenden – Prozessen der Leistungserstellung und -verwertung. Auf die hiermit für die organisatorische Gestaltung unmittelbar verbundene Konsequenz einer **Prozesspriorität** sind wir bereits mehrfach eingegangen.

Vor diesem Hintergrund wird abschließend zu den Darstellungen alternativer Grundformen/ -modelle für die organisatorische Gliederung von Unternehmen auf die Grundkonzeption der Prozessorientierten Organisation eingegangen (hierzu Abb. G-III-1). Mit einfachen Symbolskizzen werden dabei zunächst die charakteristischen Stufen des Wechsels von der Strukturdominanz zur Prozesspriorität aufgezeigt. Dann erfolgt ein Überblick zu den wichtigen Ansätzen/ Instrumenten, mit denen eine solche Neuausrichtung vorgenommen werden kann. Und schließlich ist kurz auf wesentliche strukturbezogene Konsequenzen hinzuweisen, die mit der Etablierung einer Prozessorganisation verbunden sind.

Dieser Abschnitt führt damit zum forschungsleitenden Grundansatz unseres einführenden Lehrbuchs zurück: Nach den zu einer Gesamtübersicht notwendigen

Erläuterungen traditioneller Basismodelle der Unternehmensorganisation ist jetzt der konzeptionell anders fokussierte Ansatz der Prozessorganisation aufzuzeigen. Und hiermit rückt wieder ein maßgeblicher Kern der von uns verfolgten Forschungsprogrammatik in den Mittelpunkt der Darstellungen – die wissenschaftliche Betrachtungsweise der Prozessorientierung (siehe hierzu A.I.3. und G.I.1.).

Der Funktionalen Organisation (verrichtungsorientierte Stab-Linien-Organisation mit zentralisiertem Entscheidungsverlauf) kommt die Stellung als Standardmodell zu. Ausgehend hiervon vollzog sich die Entwicklung der weiteren primär- und sekundärorganisatorischen Grundformen in dem Bestreben, die konstruktionsbedingten Nachteile reiner Funktionsgliederungen zu überwinden. In Abbildung G-III-1 wird bildhaft verdeutlicht, wie sich im Zuge dieser Umorientierung die **Grundkonzeption einer Prozessorientierten Organisation** herausgebildet hat:

- Die obere Grafik zeigt zunächst den gegenüber der Funktionalen Organisation generell unterschiedlichen Ansatz der Prozessorganisation. Hierbei kommt es zu einer Verlagerung des Schwerpunktes der organisatorischen Gestaltung. Diese kann durch die folgenden beiden Metaphern beschrieben werden:

  - Bei der Funktionalen Organisation stehen verrichtungsorientiert abgegrenzte „Säulen“ nebeneinander. Einen unmittelbaren Markt-/ Kunden- und Wettbewerbsbezug gibt es nur im Absatz-/ Vertriebsbereich. Vor allem aber ist die Koordination funktionsübergreifender Aufgaben äußerst umständlich. Die – im Bild „gemauerten“ – „Säulen“ sind im prototypischen Entwurf des Einlinien- oder auch des Stab-Linien-Systems gegeneinander weitgehend undurchlässig. Hieraus resultieren alternierende Entscheidungsverläufe und damit schwerfällige Entscheidungsprozesse: In einem Bereich auftretende Probleme der Abstimmung mit anderen Funktionen müssen zu den – in der Skizze nicht dargestellten – Steuerungseinheiten hochgereicht werden, und von dort ist die dazu vorgesehene Maßnahme wieder in die anderen betroffenen Abteilungen herunterzugeben.
  - An diesem elementaren Konstruktionsdefizit setzt die Prozessorientierte Organisation an: Bei der organisatorischen Gestaltung wird nicht mehr den „Säulen“ der Funktionen, sondern den „Röhren“ der (Geschäfts-)Prozesse gefolgt. Diese liegen, wie im Bild gezeigt, quer zu den „Funktionssäulen“, und sie verlaufen damit entsprechend der organischen Wertschöpfung im Unternehmen. Aus einer generellen Sicht sind wir hierauf in Kapitel E. schon ausführlich eingegangen.

  Mit der Prozessorientierung erfolgt die **Strukturierung von Organisationen** also **auf der Basis inhaltlich zusammenhängender Vorgänge**, womit jeweils i.d.R. eine ganze Reihe von Einzel- respektive Teilaufgaben umgriffen werden. Dies macht den Hauptunterschied zu allen bislang vorgestellten allgemeinen und speziellen organisatorischen Grundformen/ -modellen aus:

  - Wenn bei den traditionellen Organisationsformen regelmäßig Aufgaben den Ansatzpunkt für die Gliederung von Unternehmen bilden, dann wird hierzu bei der Prozessorientierten Organisation von **Prozessergebnissen** und den zu ihrer Erreichung notwendigen **Arbeits- oder Prozessschritten** ausgegangen. Damit erklärt sich auch der verwendete Begriff der Schwerpunktverlagerung.

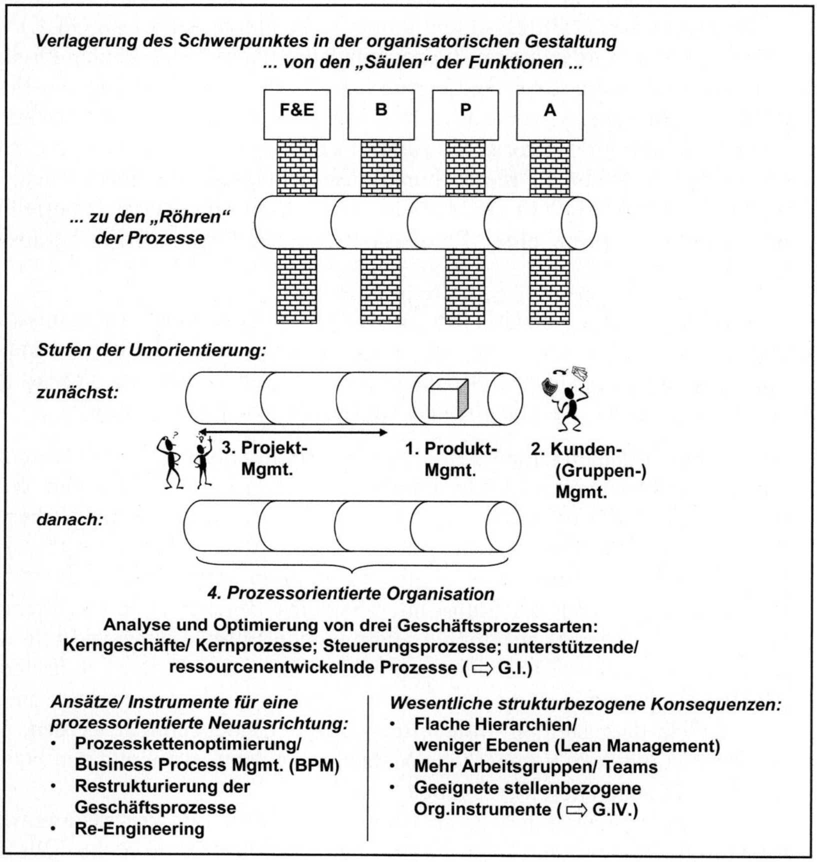


**Abb. G-III-1:** Grundkonzeption der Prozessorientierten Organisation

- Bezogen auf das im Hinblick auf eine **kongruente Gestaltung von Aufbau- und Ablauforganisation** prinzipiell immer bestehende „Henne-Ei-Problem" tritt jetzt die **Prozessstrukturierung** an die Stelle der traditionell als Ausgangspunkt angesehenen bzw. gewählten Gebildestrukturierung.

• Im mittleren Teil der Abbildung G-III-1 wird gezeigt, dass die bisher im Verlauf von G.III. dargestellten Formen der Sekundärorganisation als Stufen der Umorientierung in Richtung auf eine Prozessorientierte Organisation eingeordnet werden können. Mit diesen wird bereits der Zweck einer **objektorientierten Querschnittskoordination** in verrichtungsorientierten Gliederungen in unterschiedlichem Ausmaß verfolgt und erreicht, dabei entstehen allerdings noch keine durchgängigen Prozesse als Ergebnis solcher speziellen Koordinationsformen:

- So ist das **Produkt-Management** auf einzelne oder mehrere gleichartige Absatzleistungen, nicht aber durchgehend auf die zu ihrer Erstellung notwendigen Wertschöpfungsprozesse ausgerichtet. Den Fokus der sekundären Organisationsgestaltung bilden hierbei also nicht die „Röhren" der Prozesse selbst, sondern die „Päckchen", welche diese „Röhren" als herzustellende Marktleistungen durchlaufen.
- Ein ähnlicher Ansatz liegt auch dem **Kundengruppen-Management** zu Grunde: Ausgehend von der Absatzmarktseite eines Unternehmens wird hier die zweite Organisationsebene bezogen auf die Bedürfnisse klar unterscheidbarer Abnehmer-/ Kundengruppen gebildet. Die sekundäre Strukturierung hat damit die aufeinander abgestimmte Erstellung zielgruppenspezifischer Warenkörbe zum Inhalt. Dies geschieht – wie beim Produkt-Management – in einer Überlagerung der funktionsbezogenen Primärgliederung, und damit kann das Grundproblem schwerfälliger Entscheidungsfindungen und -durchsetzungen keine Auflösung, sondern allenfalls eine Abmilderung erfahren.
- Die relativ größte Nähe zum Grundprinzip der Prozessorientierung ist beim **Projekt-Management** gegeben: Die Prozessorientierung ist jedoch inhaltlich und zeitlich begrenzt; denn hiermit werden außergewöhnliche und komplexe Aufgabenstellungen in zeitlicher Befristung und unter eigener Ressourcenausstattung im Rahmen einer gesonderten Strukturform bearbeitet. Bezogen auf unser Bild von Prozessen als „Röhren" bedeutet dies, dass auf diese Weise „neue Röhren" oder zumindest Teilstücke der betrieblichen „Rohrpost" eingezogen werden. Als sekundäre Organisationsform wird diese Ausrichtung an inhaltlich zusammenhängenden Vorgängen allerdings nur neben der primären Gliederung eingesetzt. Außerhalb der allgemeinen Unternehmensstrukturierung in „Funktionssäulen" wird also lediglich bedeutenden Sonderaufgaben eine spezielle Prozesspriorität zugestanden. Dies belegt jedoch bereits die Zweckmäßigkeit dieser Strukturierungskonzeption.

Die aufgezeigten Zusammenhänge zur Umorientierung in Richtung einer Prozessorientierten Organisation gelten analog auch beim Vorliegen einer Divisionalen oder einer durchgängigen Matrix-Organisation als primärorganisatorischer Grundgliederung. Bei diesen aufbauorganisatorischen Basismodellen sind weiterhin Elemente der Funktionalen Organisation – und damit ebenfalls die relativ starren „Funktionssäulen" – mit hoher Bedeutung oder sogar Priorität vorhanden:
So weisen die selbstständigen Sparten Divisionaler Organisationen i.d.R. funktionale Einzelgliederungen auf. Und mit der objektorientierten Bildung einer zweiten Ebene in durchgängigen, reinen Matrix-Organisationen ist der Zweck verbunden, ein dauerhaftes, in der Primärorganisation verankertes Gegengewicht zu den Funktionsbereichen der ersten Weisungslinie zu schaffen. Bei einer regelmäßigen Ausrichtung auf Produkt- oder Kunden(gruppen) sowie auch auf Projekte werden damit die gleichen Grundintentionen verfolgt wie bei den

vorstehend thematisierten sekundären Organisationsformen des Produkt-/ Kundengruppen- und des Projekt-Managements.
Die bislang veranschaulichten Bemühungen, über das **Etablieren sekundärer Koordinationsformen** generelle Nachteile funktionaler Unternehmensgliederungen auszugleichen, sind als ein Kurieren an Symptomen zu qualifizieren. Deren Grundursache, nämlich eine vorrangig verrichtungsorientierte Gliederung von Aufgaben in einem streng hierarchischen und einzügigen (Stab-)Linien-System, wird damit nicht aufgehoben.

Aus diesen Gründen ist die **Prozessorganisation** die logische und konsequente Weiterentwicklung dieser Organisationskonzepte, um die beschriebenen Nachteile und Probleme zu beseitigen. Die organisatorische Strukturierung erfolgt bei der Prozessorganisation auf einer grundsätzlich anderen Basis:

Jetzt nimmt die Organisationsgestaltung ihren **Ausgang bei den betrieblichen Abläufen** und dem dabei angestrebten Wertschöpfungsergebnis. Damit wird nun also direkt bei den einzelnen „Prozessröhren" angesetzt. Die bei schnell wechselnden Markt- und Wettbewerbsbedingungen geltende sequentielle Ableitung von der Strategie über die Prozesse hin zu den Strukturen (siehe hierzu G.I.1.) kann mit der Prozessorientierten Organisation unmittelbarer umgesetzt werden als über den Umweg einer organisatorischen Gliederung nach gleichartigen Aufgaben bzw. zu bearbeitenden Organisationsobjekten.

Das zuletzt genannte Vorgehen kennzeichnet die herkömmlichen Organisationsformen mit den Grundausrichtungen einer Verrichtungs-, Objekt- oder Regionenorientierung. Wegen der hiermit verbundenen Spezialisierungsvorteile können derartige Organisationslösungen in relativ ruhigen und konstanten Marktsituationen eine durchaus hohe Effizienz und Effektivität erreichen. Die bei zunehmend **turbulenten Märkten** für Unternehmen erfolgsnotwenigen **kurzen Aktions- und Reaktionszeiten** sind aber umso eher zu erreichen, je enger die Organisationseinheiten an den Fluss der Leistungserstellung und -verwertung angepasst sind. Dies bedeutet auch, dass sich eine prozessorientierte Organisation grundsätzlich in eine Funktionale, Divisionale oder Matrixorganisation des Unternehmens – als generelle Primärorganisation – integrieren lässt; hierdurch werden die Effizienz und Flexibilität der Organisation dann erheblich gesteigert.

Im Hinblick auf den Ablauf und die Vernetzung von Unternehmensprozessen ist zu berücksichtigen, dass sich einfache und stringente Lösungen hierzu nicht automatisch einstellen. Prozesse sind damit das Ergebnis einer menschlichen Gestaltungsleistung.

Zwar folgen Prozesse in Unternehmen durch die Abfolge zusammengehöriger Einzeltätigkeiten einem zeitlichen Grundmuster. Dabei sind sie jedoch immer durch Entscheidungsträger und ausführende Mitarbeiter geformt. Vor allem bei dem Wechsel von einer traditionellen, strukturdominanten Unternehmensgliederung zu einer Prozessorientierten Organisation wird in aller Regel noch nicht von einer hohen respektive optimalen Prozesseffizienz auszugehen sein. Erforderlich ist also eine Veränderung der gegebenen betrieblichen Abläufe, welche dann die Grundlage für eine Neugestaltung der Unternehmensorganisation bilden.

Wegen dieses Zusammenhangs sind für die **Ausformung einer Prozessorganisation** regelmäßig mindestens zwei Schritte zu absolvieren. Hierzu hat sich die begriffliche Kennzeichnung der **Analyse und Optimierung von Geschäftsprozessen** herausgebildet:

- Die Bezeichnung als **Geschäftsprozess** (Business Process) bringt zum Ausdruck, dass der allgemeine Prozessbegriff (abgeschlossene inhaltliche Erfüllungsvorgänge mit sachlogischem inneren Zusammenhang; siehe hierzu auch A.II.1.) auf die Abläufe in Betrieben/ Unternehmen bzw. in (markt-)wirtschaftlichen Organisationen angewendet wird. Hiermit ist gleichzeitig eine Festlegung zum Umfang bzw. Ausmaß der Geschäftsprozesse verbunden: So umfassen diese ineinander greifender Abläufe, an deren Enden jeweils eine **Marktbeziehung** zu externen oder auch internen Lieferanten oder Kunden gegeben ist. Als Übergabepunkte werden dabei auch die Schnittstellen zwischen **weitgehend selbstständigen Teilen eines Unternehmens** – sowie ggf. zwischen einzelnen Bereichen oder Abteilungen – angesehen. In der Abfolge einzelner Prozessstufen/ -schritte sind somit also ebenfalls die **internen Kunden-Lieferanten-Beziehungen** (siehe hierzu A.I.2.) einbegriffen.
  Aufbauend auf die in B.I. dargestellte Klassifikation von Wirtschaftsgütern sind in E.I. der Real-, der Nominal- und der Informationsgüterstrom als die **drei generellen Unternehmensprozesse** abgegrenzt worden. Mit dieser allgemeinen Klassifikation kann zwar eine erschöpfende Aufgliederung sowie eine idealtypische Veranschaulichung betrieblicher Abläufe erfolgen, für konkrete Prozessanalysen und -steuerungen sind allerdings weitere Differenzierungen vorzunehmen.
  Als Ansatz hierzu fand das in G.I.2. vorgestellte SOS-Konzept Verwendung. Wie dort schon ausgeführt, kann diese Heuristik nicht nur zur Aufgabengliederung, sondern auch zur Prozessstrukturierung eingesetzt werden. Bezogen auf die Erstellung und den Absatz von Marktleistungen als den originär wertschöpfenden Abläufen in Unternehmen sind auf dieser Basis **drei Arten von Geschäftsprozessen** unterschieden worden (zu näheren Charakterisierungen siehe auch F.I.):
  - Durch **übergeordnete Steuerungsprozesse** sind die zusammenhängenden Vorgänge der Leistungserstellung und -verwertung konzeptionell zu planen und zu lenken. In den Prozessen Strategie, Marketing i.w.S. und Corporate Identity ist also die dort jeweils erfolgende Ausrichtung, Koordination und Ausgestaltung die jeweilige Wertschöpfung dieser Bereiche.
  - Als **Kerngeschäfte** bilden die im Einzelnen angebotenen Marktleistungen die Dreh- und Angelpunkte aller Abläufe in einem Unternehmen. Hierauf bezogen werden die jeweiligen **Kernprozesse** definiert, durch welche auf der Grundlage erforderlicher Kernkompetenzen mit den angestrebten Kernwertschöpfungen die definierten Beiträge zur Erfüllung der auf die Kundenzufriedenheit und den Unternehmenserfolg gerichteten Oberziele erreicht werden können.
    Zu den Kernprozessen industrieller Unternehmen können folgende Beispiele gegeben werden:

* Der vom Auftragseingang bis zur Produktauslieferung reichende **Auftragsabwicklungsprozess**
* Der **Prozess der Neuproduktentwicklung**, das heißt von der Idee bzw. vom Erkennen einer Marktchance bis zur Produkteinführung am Markt
* Der **Prozess des Beschwerdemanagements**, also vom Eingang einer Kundenbeschwerde bis zu einer für den Kunden zufrieden stellenden Lösung. Dabei handelt es sich bei diesem Prozess um „Wertschöpfung" in einem erweiterten Sinne. Denn durch eine professionelle Beschwerdebehandlung wird Wertvernichtung aufgrund der Abwanderung unzufriedener Kunden vermieden.

Kernprozesse vereinen demnach Wertschöpfungsphasen zu ganzheitlichen Leistungsabschnitten. Die bei aufbauorganisatorischen Strukturierungskonzepten gegebene Aufspaltung auf einzelne Stellen und Abteilungen wird dadurch überwunden und vermieden. Auf diese Weise ermöglichen die Abläufe zusammenhängende Leistungsergebnisse und Verantwortlichkeiten. Aufbauorganisatorische Zuständigkeiten sind also die Folge und nicht die Ausgangsbasis. Diese Kernprozesse erstrecken sich damit entsprechend dem SOS-Konzept auf **O̲perative Prozesse**, in die die operativen Einheiten eingebunden sind.

- Dem **dritten Prozesstyp** sind als **flankierende Abläufe** solche Geschäftsprozesse zuzurechnen, die **unterstützenden und ressourcenentwickelnden Charakter** haben. Diese **S̲upport-Prozesse** beziehen sich auf die beiden ersten Prozesstypen; sie haben beispielsweise deren Ausstattung mit Personal-, Sach- oder Finanzmitteln sowie ihre Untersetzung mit Informationen und Kennzahlen (Controlling) zum Gegenstand. Die informationstechnologische Fundierung (IT-Prozess) kann in einem Produktionsbetrieb, z.B. einem Maschinenbau-Unternehmen, als Unterstützungsprozess eingeordnet werden, während sie z.B. in einem Finanzdienstleistungsunternehmen wegen der zentralen Bedeutung für die Kundenzufriedenheit und den Unternehmenserfolg zu den Kernprozessen gehört.

• Mit der vorstehend im Überblick erläuterten Klassifikation von Geschäftsprozessen liegt zunächst ein **makroskopisches Grobraster** für deren Analyse vor. Ausgehend hiervon ist eine **mikroskopische Detaillierung** in Teilprozesse, Prozesssegmente/ -elemente und schließlich in Einzelaktivitäten vorzunehmen. Im Unterschied zur verrichtungsbezogenen Aufgaben- und Arbeitsgliederung respektive -synthese bei einer aufbauorganisatorischen Strukturierung werden bei einer **prozessorientierten (De-)Komposition** Vorgänge mit sachlogischem innerem Zusammenhang also nicht aufgeteilt.
Mit der zuvor beschriebenen Dreiteilung von Geschäftsprozessen ist für deren Analyse und Synthese die wichtige Frage verbunden, inwieweit einzelne Wertschöpfungsabläufe tatsächlich maßgeblich für das Ziel zufriedener Kunden und damit für den zukünftigen Unternehmenserfolg sind. Hierbei geht es also insbesondere um die Definition der Kerngeschäfte/ Kernprozesse eines Unternehmens. Bei der Geschäftsprozessanalyse ist zusätzlich in Abhängigkeit von der strategischen Bedeutung einzelner Prozesse zu entscheiden, ob sie auf andere,

spezialisierte Unternehmen ausgelagert werden können. Das maßgebliche Kriterium ist ihre Wettbewerbssensibilität, also ihre strategische Bedeutung für die Kundenzufriedenheit und den Unternehmenserfolg. Damit ist zugleich die Frage verbunden, inwieweit sie Kernkompetenzen als wesentliches Know-how des Unternehmens enthalten, dessen Abfluss aus dem Unternehmen vermieden werden soll. Ein **Outsourcing** ist deshalb bei Kernprozessen und bei Steuerungsprozessen ausgeschlossen, bei unterstützenden Prozessen aber eher möglich. In unserem vorstehenden Beispiel kann also der IT-Prozess in einem Maschinenbau-Unternehmen eher ausgelagert werden, in einem Finanzdienstleistungsunternehmen als Kernprozess nicht. Denn im letzten Fall sind die Kundenstammdaten und die Kundenhistorie für eine dezentrale Betreuung und Beratung der Kunden in den Filialen und für das Cross-Selling von maßgeblicher Bedeutung. Als Grundsatz gilt demnach, dass nur die strategisch nicht relevanten und Know-how-unkritischen (Teil-)Prozesse bei einem kostengünstigeren Fremdbezug für Auslagerungen in Frage kommen.

Für die **prozessorientierte Neuausrichtung** von Unternehmen gibt es in ihrer Tragweite und Konsequenz **unterschiedlich weit gehende Ansätze respektive Instrumente**. Diese sind in der Abbildung G-III-1 im linken unteren Teil zusammengefasst worden. Die unterschiedlich weit reichenden Ansatzpunkte bestimmen das Ausmaß möglicher Veränderungen im Unternehmen:

- Als **Prozesskettenoptimierung** weist das Konzept des **Business Process Management** (BPM) bezogen auf die prozessorientierte Umgestaltung bestehender Organisationsstrukturen die niedrigste Eingriffs- und Veränderungsintensität auf. Dies wird bereits durch die Kennzeichnung einer Optimierung von Prozessketten deutlich: Auf der Basis der vorhandenen und i.d.R. funktionalen Strukturen kommt es hierbei normalerweise zu keinen größeren Veränderungen über eine generelle Verbesserung der einzelnen betrieblichen Abläufe hinaus.
  Da der Optimierungsvorgang **auf der Grundlage des gegebenen Organisationsaufbaus** erfolgt, ist hiermit lediglich eine sehr begrenzte Neuausrichtung des Unternehmens in die Richtung einer ganzheitlichen prozessorientierten Organisation möglich.
- Dem gegenüber greift die **Restrukturierung von Geschäftsprozessen** weiter: Hier steht eine Neuordnung im Mittelpunkt, und diese bezieht sich explizit auf die verschiedenen Geschäftsprozessarten. Entsprechend der Unterscheidung in primäre, auf die Kerngeschäfte bezogene Wertschöpfungsprozesse sowie der hierzu notwendigen steuernden und unterstützenden Abläufe werden die Prozesse in einem Unternehmen insgesamt neu zugeschnitten. Damit zeichnet sich das Vorgehen durch die zu Beginn dieses Abschnitts angesprochene Prozesspriorität aus; bei dieser Perspektive sind dann auch entsprechende **Veränderungen in den Unternehmensstrukturen** vorzunehmen.
  Mit dem Ansatz einer Restrukturierung der Geschäftsprozesse ist die Zielsetzung einer im Ganzen besseren Erfüllung der Marktaufgabe eines Unternehmens verbunden. Über die erforderliche Analyse und (Neu-)Gestaltung der Geschäftsprozesse weist dieses Konzept eine ausgeprägte Marktorientierung auf. Seine Anwendung ermöglicht ein nicht nur unternehmensstrategisches, sondern

auch direkt organisationsbezogenes Nachvollziehen geänderter Kundenanforderungen und -erwartungen. Im Ergebnis sind größere Effizienz- und Effektivitätssteigerungen möglich.
Hierbei wird allerdings weiterhin von dem bestehenden Geschäftsmodell eines Unternehmens ausgegangen. Ein grundsätzliches Hinterfragen der bisher verfolgten strategischen Ausrichtung und somit der gegebenen Produkt-Markt-Konzeption ist bei der Geschäftsprozess-Restrukturierung nicht vorgesehen. Gegenüber der Prozesskettenoptimierung kann damit zwar ein größeres Ausmaß an prozess- und strukturbezogenen Anpassungen respektive Veränderungen erreicht werden, wegen der Festschreibung der obersten Unternehmensziele beziehen sich diese aber nur auf eine **neue Prioritätensetzung**.

- Bei der umfassenden Konzeption des **Re-Engineering** wird auch die zuletzt angesprochene Beschränkung aufgegeben. Jetzt geht es nicht mehr nur um eine Optimierung bzw. um eine Neuordnung von Prozessen mit dem Ziel einer Effizienz- und Effektivitätsverbesserung betrieblicher Abläufe und Strukturen. Auf einen kurzen Nenner gebracht, ist bei einem Re-Engineering das **Unternehmen „neu zu erfinden"**: Unabhängig von seiner bisherigen Aufstellung sind die Anforderungen und Erwartungen aktueller – sowie auch potenzieller – Kunden/ Abnehmer zu analysieren, und darauf ausgerichtet sind alle Geschäftsprozesse neu zu definieren. Losgelöst von der bisherigen strategischen Ausgestaltung und ihrer operativen Umsetzung werden also Prozessprioritäten in der Analyse von Bedürfnissen/ Bedarfen und der hierauf bezogenen Konzipierung von Produkten/ Dienstleistungen beim Re-Engineering neu festgelegt.
  Das weit reichende, mit allem Vorhandenen brechende Konzept des Re-Engineering geht maßgeblich zurück auf das von MICHAEL HAMMER und JAMES CHAMPY in 1993 veröffentlichte Buch „Reengineering the Corporation" (deutsche Übersetzung als „Business Reengineering" in 1994). Mit ihren anschaulichen Beispielen dafür, dass die konsequente Ausrichtung auf den Kundenwert einem Unternehmen zu „Quantensprüngen" in den zentralen Erfolgsfaktoren Zeit, Kosten und Qualität verhilft, hatten die Autoren eine regelrechte Re-Engineering-Welle ausgelöst.
  Hierbei war in der Praxis aber bald festzustellen, dass solche Projekte **nicht selten völlig fehlschlugen**. Ein wesentlicher Grund für derart leidvolle Erfahrungen ist in einer **zu mechanistischen Anwendung** dieses Konzepts zu sehen. Das **Beharrungsvermögen organisatorischer Strukturen** liegt zu einem großen Teil auch in den Verhaltensweisen ihrer Mitglieder begründet. Auf tradierte Beziehungen bedacht, ist sowohl deren umweltbezogene Wahrnehmung als auch ihre Fähigkeit, abrupte Wandlungen aktiv mitzugestalten, nur begrenzt gegeben. „Organisatorische Revolutionen" können sich dadurch – ihre Umsetzung und auch ihre Begründung betreffend – als undurchführbar bzw. als letztlich doch nicht zielführend erweisen.

Welche **Konsequenzen** hat eine **prozessorientierte Neuausrichtung für die aufbauorganisatorische Strukturierung eines Unternehmens**? Die Abbildung G-III-1 schließt rechts unten mit einer knappen Auflistung wesentlicher Punkte hierzu, die im Folgenden noch kurz zu erläutern sind:

- Bei einer Prozessorientierten Organisation werden Unternehmen konsequent entlang der für ihre aktuelle Marktaufgabe notwendigen Abläufe strukturiert. Gegenüber gewachsenen und dabei häufig bürokratischen, verrichtungsorientierten Organisationen weisen Prozessorganisationen generell flachere Hierarchien auf. Die bei der Organisationsgestaltung vorgenommene Abkehr von der Strukturdominanz und die Hinwendung zur Prozesspriorität führen unmittelbar zu einer **geringeren Anzahl von Leitungs- und Ausführungsebenen**:
  - Über das Ausmerzen von Zeittreibern in den Bearbeitungsvorgängen, also von nicht notwendigen und demnach nicht zur Wertschöpfung beitragenden Liegezeiten, werden **Prozessverkürzungen** bewirkt. Durch die ganzheitliche Ablaufgestaltung und -abstimmung kommt es hierbei auch zu einer **teilweisen Rücknahme in der horizontalen Arbeitsteilung**, indem unnötige und historisch gewachsene Zergliederungen bei den Vorgängen der Leistungserstellung wieder aufgehoben werden.
  - Bei dieser Reintegration zusammenhängender Arbeitspakete in den Abläufen und dem von der Kernwertschöpfung ausgehenden Neuzuschnitt aller Geschäftsprozesse wird gleichzeitig die bislang praktizierte vertikale Arbeitsteilung und damit das bestehende Leitungssystem in Frage gestellt: Zum einen werden direkt prozessbezogene Planungs-, Steuerungs- und Kontrollaktivitäten bei der Neugestaltung von Abläufen zum großen Teil auf die Ausführungsebene zurückverlegt, so dass die bisher für solche Tätigkeiten eingerichteten übergeordnete **Instanzen nicht mehr voll ausgelastet** sind. Und zum anderen werden **einige Leitungsstellen** bei den redesignten und aufeinander abgestimmten Unternehmensprozessen **schlichtweg überflüssig**.
  - Die konsequente Anwendung der Prozessbetrachtung auf die unternehmerische Erstellung von Marktleistungen führt also zunächst in horizontaler, ebenenbezogener und dann auch in vertikaler, ebenenübergreifender Richtung zu einer **Verschlankung organisatorischer Strukturen**. Im Ergebnis wird damit ein Lean Management erreicht. Dieser Begriff ist prinzipiell deckungsgleich mit dem seit der bahnbrechenden MIT-Studie von 1990 (siehe hierzu auch A.I.2. und A.II.1.) bekannt gewordenen Konzept der Lean Production. Wenn bei dessen breitem Gestaltungsansatz einer Gesamtoptimierung der Wertschöpfung in und zwischen Unternehmen die umfassende Managementrelevanz herausgestellt werden soll, wird von Lean Management gesprochen. Als Lean Production bezeichnet, kommt dagegen die von der primären Wertschöpfung ausgehende Neugestaltung der Herstellungsprozesse stärker zum Ausdruck.

- Mit einer prozessorientierten Neuausrichtung sind über die Reduktion der insgesamt notwendigen Anzahl von Organisationseinheiten hinaus weitere strukturbezogene Auswirkungen verbunden. Durch die generell geänderte Grundlage der **Zusammenarbeit im Wertschöpfungsprozess** ist für die organisatorischen Basis- und Zwischensysteme zugleich häufig ein grundsätzlicher Typenwechsel erforderlich, bei dem es zu einem **vermehrten Einsatz von Gruppen- und Teamarbeitsformen** kommt:

- Die in ihrem sachlogischen Zusammenhang **ganzheitlich definierten Geschäftsprozesse** sind nach der stringenten Abfolge von Anordnung und Ausführung, welche die klassischen aufgaben- oder objektbezogenen Leitungssysteme kennzeichnet, nicht zu steuern. Das im Verlauf dieses Kapitels mehrfach angesprochene Hochreichen auftretender Probleme zur übergeordneten Instanz soll und kann durch eine prozessorientierte Organisation eher vermieden werden.
- Die restrukturierten und dabei nicht selten mehrere traditionelle Funktionsbereiche umfassenden Prozesse und Prozessketten sind also nur dann effizient zu steuern, wenn die hiermit betrauten Mitarbeiter auch über die entsprechenden **Steuerungs- und Regelungskompetenzen auf der Basis vereinbarter Ziele** verfügen.
- Im Gegenzug kann von diesen dann auch die **Verantwortung** für ihren Prozess respektive Prozessabschnitt eingefordert werden. Hierbei ist für jeden (Teil-)Prozess ein zuständiger (Teil-)Prozesseigner (Process Owner) zu bestimmen. Wenn für die einzelnen Prozesse/ Prozessabschnitte jeweils mehrere Mitarbeiter notwendig sind, dann bietet sich hierfür unter der Moderation des (Teil-)Prozesseigners die intern hierarchiefreie Form der Arbeitsgruppe oder des Teams an. Bei komplexen, mehrere Teilabläufe umfassenden Prozessen wird der zu ihrer Steuerung sowie zur Abstimmung mit den anderen Geschäftsprozessen eingesetzte Prozesseigner als Prozess-Manager bezeichnet.
- Mit den bislang aufgezeigten, von der Einführung einer Prozessorganisation ausgehenden strukturellen Auswirkungen wird noch einmal deutlich, dass der **Aufbauorganisation** hierbei eine **ganz andere Funktion** zukommt als bei den herkömmlichen Grundausrichtungen: Wenn dabei die Strukturen bereits im Vorhinein ein „verhältnismäßig starres Korsett“ für die betrieblichen Abläufe bilden, dann sind letztere jetzt gewissermaßen hieraus befreit, und mit der Gebildestruktur wird nun nachträglich noch ein „einfaches Gerüst“ für die Abläufe der Prozesse bereitgestellt. Wegen dessen „lockerer Konstruktion“ kann dieses auch einfacher und schneller an geänderte Markt- und Wettbewerbsbedingungen angepasst werden; es ist also **deutlich flexibler**.
- Der **Wechsel** von einer verrichtungs- oder objektorientierten Organisation **zu einer Prozessorganisation** ist oftmals nicht in einem Guss zu bewältigen. Als Zwischenschritte sind hierbei zum einen sekundäre Überlagerungen möglich, in der Geschäftsprozesse als Projekte geführt werden. Zum anderen können Matrix-Organisationen etabliert werden, bei denen die Prozess-Manager den Funktions- oder Bereichsleitern gleichberechtigt gegenüberstehen.

  * Insbesondere in diesem Übergangsstadium einer Prozess-Matrix-Organisation kann zur Stellenbildung das 1999 veröffentlichte **Enterprise Model** von KENNETH J. HATTEN und STEPHEN R. ROSENTHAL herangezogen werden. Diese Autoren erweitern die in den Matrix-Darstellungen üblichen schematischen Kennzeichnungen der Schnittstel-

len um notwendige Performance-Maße, welche sowohl zur Analyse als auch zur Neugestaltung von Organisationseinheiten in einer Matrixstruktur herangezogen werden können.

* Entsprechend dem Enterprise Model sind im Hinblick auf die Prozesse zunächst die **angestrebten Ergebnisse festzulegen**, und zwar in der weiten, zielgruppen- und umfeldbezogenen Fassung als verlangter Outcome (siehe hierzu A.II.1.), was der Unique Customer Value Proposition entspricht, also einem auf einen hohen Kundenwert ausgerichteten Leistungsversprechen. Gemeint ist damit beispielsweise der Beratungs- und Betreuungsprozess von Kunden. Unter der Bezeichnung Fähigkeiten (Capabilities) sind dann nähere qualifikations-, steuerungs- und qualitätsgerichtete Unterziele abzuleiten, welche das Erreichen der geforderten Prozessergebnisse sicherstellen sollen.
* Unter dieser Vorgabe kann daraufhin eine **Analyse der beteiligten Funktionsstellen/ -bereiche** erfolgen. Diese ist auf die prozessnotwendigen funktionalen Kompetenzen (Competencies) gerichtet, und hierbei sind inhaltliche, potenzialorientierte sowie beschaffungs- und absatzmarktbezogene Detaillierungen vorzunehmen. Festgelegt wird dann beispielsweise der notwendige Beitrag der Marketing-, Vertriebs- und Kundendienstabteilung für eine hervorragende Beratung und Betreuung der Kunden.
* Die Leistungsfähigkeit dieses Ansatzes besteht vor allem darin, dass über die abgestufte – zuerst prozess- und dann funktionsbezogene – Analyse **organisatorische Schwachstellen** als **Fähigkeits-Gaps** der Prozesseigner oder als **Kompetenz-Gaps** der beteiligten Funktionsbereiche **aufgedeckt** werden können. Dabei ist einerseits ein genauerer Stellenzuschnitt möglich, und andererseits können auch weiter gehende Überlegungen zur Gliederung der beiden prozess- und verrichtungsorientierten Matrix-Ebenen angestellt werden.

Prozessorientierte Organisationen sind konstruktionsbedingt wesentlich **weniger komplex** als die traditionellen, zuerst aufbau- und dann ablaufbezogen Unternehmensgliederungen. Durch ihre generell schlanke Konfiguration können sie zudem **relativ schnell geänderten Bedingungen angepasst** werden.

- Abschließend zu den strukturbezogenen Konsequenzen einer prozessorientierten Neuausrichtung ist – über die vorstehenden Erläuterungen zum Enterprise Model hinausgehend – noch einmal allgemein auf die einzelnen Stellen in einem Prozessablauf einzugehen. Wenn – wie gezeigt – bei Prozessgliederungen verstärkt auf selbstabstimmende Arbeitsgruppen oder Teams gesetzt wird, dann kommt einer vorherigen (Rahmen-)Festlegung der jeweiligen Kompetenz- und Verantwortungsspektren eine große Bedeutung zu. Dies gilt gerade auch dann, wenn bei Prozessteams eine Veränderung der Aufgaben oder der Zusammensetzung vorgenommen wird.

Geeignete stellenbezogene Organisationsinstrumente sind für Prozessorientierte Organisationen damit von großer Wichtigkeit. Wegen den tendenziell geringeren Halbwertzeiten erstmals eingerichteter Prozessgliederungen sind diese sogar höher anzusetzen als bei den längerfristig stabilen Funktions- oder Objektgliederungen. Wie für die Struktur einer Prozessorganisation gilt für die Organisationsinstrumente dabei ebenfalls die generelle Anforderung nach **großer Einfachheit und Übersichtlichkeit**. In der Unternehmenspraxis wird diese mit dem KISS-Prinzip umschrieben – und dieses steht für **„Keep It Short and Simple"**.

## IV. Stellenbezogene Organisationsinstrumente

> Inwieweit können Organisationsinstrumente die Aufgabenerfüllung und Zielerreichung von Stelleninhabern unterstützen? Welche Organisationsinstrumente konzentrieren sich stärker auf Strukturen und welche auf Prozesse? Wie kann durch sie die Koordination zwischen Prozessen und Strukturen verbessert werden?

In den beiden vorangegangenen Unterkapiteln sind die möglichen Organisationsformen/ -modelle aufgezeigt worden, nach denen die primäre sowie ggf. eine sekundäre Unternehmensgliederung vorgenommen werden kann. Jetzt ist darauf einzugehen, wie die geschaffenen Organisationsgebäude mit Leben gefüllt werden können. Hierfür sind die Rahmenregelungen zur Gebilde- und zur Prozessstruktur näher zu konkretisieren, damit die **arbeitsteilige Zusammenarbeit der Personen** als den zentralen Organisationselementen möglichst **reibungslos** und **konfliktfrei** funktioniert.

Im Folgenden ist im Zusammenhang mit den Organisationsmodellen eine erneute Verlagerung der Perspektive vorzunehmen, indem nun anstatt der Struktur- und Prozessebene die **Personenebene** stärker in den Vordergrund der Betrachtungen gerückt wird. Wir setzen hierbei an den Stellen als den kleinsten leistungsbereiten Organisationseinheiten an. Wie in G.I.2. ausgeführt, sind für sie mindestens die zuständige Person, ihre Aufgabe sowie die zu deren Erledigung notwendigen Sachmittel zu bestimmen. Auf diese Zuordnung sowie die dabei vorzunehmenden Abstimmungen mit anderen Stellen respektive Abteilungen oder Bereichen als größeren Aggregaten kommen wir jetzt zurück und stellen einige praktikable Hilfsmittel für die Koordination der Arbeitszusammenhänge vor. Mit der Bezeichnung als **stellenbezogene Organisationsinstrumente** wird die damit bezweckte Feinabstimmung von Strukturen und Prozessen zum Ausdruck gebracht.

Dabei kann eine Zweiteilung vorgenommen werden: Eine Gruppe von Instrumenten ist mehr auf den Strukturzusammenhang einer Stelle im Unternehmensaufbau gerichtet. Hierzu stellen wir nachfolgend das Organigramm, das Aufgaben- und Funktionenprofil sowie das Funktionendiagramm vor. Letzteres ist zugleich auch auf das ablaufbezogene Zusammenwirken einzelner Stellen ausgerichtet. In der anderen Instrumentgruppe liegt das Schwergewicht auf dem Ablauf-/ Prozesszusammenhang. Dazu sprechen wir kurz das Balkendiagramm und den Netzplan an.

Die Organisationsinstrumente, mit denen eine **Einordnung einzelner Stellen in den Gesamtzusammenhang der Leistungserstellung** erfolgen kann, lassen sich wie folgt kennzeichnen:

- Mit dem bereits in G.I.2. als **Strukturbild eines Unternehmens** angesprochenen **Organigramm** wird dessen Stellengliederung grafisch visualisiert. Dies kann auf der in Abbildung G-I-3 für unterschiedliche Organisationskonzepte dargestellten Weise geschehen. Dabei sind ausführende Stellen (Kreise), Abteilungen/ Instanzen (Rechtecke) und Stabsstellen (horizontal angebundene Ovale) mit verschiedenen geometrischen Formen gekennzeichnet. Die unterschiedlichen Organisationseinheiten können so in ihrer ebenenbezogenen Präsenz und in ihrem mehrstufigen Zusammenwirken visuell schnell erfasst werden. Außer der üblichen vertikalen, von der Unternehmensspitze nach unten verlaufenden Anordnung sind für Organigramme auch konzentrische Darstellungen möglich, wenn auch wenig gebräuchlich. Die Unternehmensleitung bildet dann das Zentrum, gleichsam die Nabe des Gebildes. Die einzelnen Ebenen sind absteigend mit ihren Stellen als konzentrische Kreise darum herum angeordnet.
  Ein Organigramm gibt regelmäßig folgende Grundinformationen zur Stellenstruktur eines Unternehmens wieder:

  - **Gliederungsprinzip** (Funktionale, Divisionale, Matrix- oder Prozessorganisation)
  - **Gliederung** in Bereiche, Abteilungen, Gruppen, Stellen
  - **Strukturtyp der Gliederung/ Art der Weisungsverhältnisse** (Einlinien-/ Stab-Linien-/ Mehrlinien-System)
  - **Unter- und Überstellungsverhältnisse** (Dienstweg).

  In einer weiter gehenden Differenzierung können Organigramme zusätzlich die personelle Besetzung der einzelnen Leitungsstellen sowie – bei kleineren Unternehmen – eventuell auch der Stellen auf der Ausführungsebene enthalten. Eine solche Personifizierung hat den Vorteil, dass die Mitarbeiter ihre Position im Zusammenhang eingeordnet sehen. Dies kann das gesamte Unternehmen umfassen, oder – vor allem bei großen Unternehmen – auch lediglich einzelne relevante Teile hiervon abbilden (z.B. Sparte oder Abteilung).
  Durch diese Einordnung einer Stelle in die Gesamtstruktur eines Unternehmens ist auch eine erste und allgemeine Information zur jeweils wahrzunehmenden Aufgabe möglich. Sie bezieht sich jedoch nur auf den Bereich und die hierarchische Einordnung. Spezifischen Aufgabeninhalte, die dazu erforderlichen Kompetenzen sowie die hiermit verbundene Verantwortung sind mit diesem Organisationsinstrument nicht kommunizierbar. Diese Zwecke können mit dem als Nächstes beschriebenen Instrument des Aufgaben- und Funktionenprofils erfüllt werden.

- Das **Aufgaben- und Funktionenprofil** stellt eine zeitgemäße Variante der klassischen Stellenbeschreibung dar. Letztere geht historisch auf die Dienstanweisung im preußischen Staatsdienst zurück und ist i.d.R. unabhängig von der Person des Stelleninhabers formuliert. Sie macht grundsätzlich differenzierte Aussagen zu den mit dem organisatorischen Kongruenzprinzip (siehe hierzu

G.I.3) vorgestellten Kriterien Aufgaben, Kompetenzen und Verantwortung. Ferner präzisiert sie auch die Stellenausstattung, die hierarchische Einordnung, die Stellenvertretung sowie häufig auch den Entscheidungsrahmen über (finanzielle) Ressourcen. Derart statische Einordnungen in eine Gebildestruktur sind auch heute noch von grundlegender Bedeutung; aber unter den gegenwärtigen, auf eine generell stärkere Zielorientierung sowie eine höhere Flexibilität von Organisationen gerichteten Anforderungen sind sie zu einer **klaren Definition des Beitrags einer Stelle** – und damit des jeweiligen Stelleninhabers – **im Wertschöpfungsprozess** weiterzuentwickeln. Damit ist vor allem auch die Funktion der Stelle/ des Stelleninhabers zur Erreichung der Unternehmensziele umrissen bzw. besser nachvollziehbar.
Mit einem aussagefähigen Detaillierungsgrad werden die in der Abbildung G-IV-1 aufgeführten Regelungsbereiche eines Aufgaben- und Funktionenprofils festgelegt. Dabei gilt jedoch gerade auch hier nach dem KISS-Prinzip der Grundsatz, dass ein Aufgaben- und Funktionenprofil möglichst kurz und prägnant sein soll, also nur wenige Seiten umfassen darf.

① Über die eindeutige **Stellenbezeichnung** (z.B. Vertriebsleiter, Kernprozess-Manager A; ggf. auch Abkürzungen oder Zahlenschlüssel) wird eine unternehmensweit zu verwendende Kurzbezeichnung geschaffen, über die auch der Abgleich mit anderen Aufgaben- und Funktionenprofilen sowie den weiteren Organisationsinstrumenten erfolgt.

② Die Formulierung von **Zielen** als gewollten Ergebnissen stellt das Herzstück eines Aufgaben- und Funktionenprofils dar. Dabei ist die zunächst aufgeführte Beschreibung von Tätigkeits- oder Prozessergebnissen alleine nicht ausreichend. Zusätzlich sind zwei weitere Dinge wichtig. Zum einen eine klare Information über die inhaltliche Ableitung der stellenbezogenen Ziele aus den strategischen Unternehmenszielen. Hieraus wird der Beitrag der Stelle zur Wertschöpfung und Wertsteigerung im Unternehmen deutlich. Zum anderen ist von entscheidender Bedeutung, dass eindeutig **messbare Kenngrößen** festgelegt werden, um auf dieser Grundlage den jeweiligen Grad der Zielerreichung bestimmen zu können.
Um dies zu erreichen, bietet sich die Anfang der 90er Jahre entwickelte **Ziel-Ergebnis-Karte** an. Das Managementinstrument der **Balanced Score Card** (BSC; siehe hierzu auch F.II.1.d. und F.IV.5.e.) kann bis zur Ebene der untersten ergebnisverantwortlichen Organisationseinheiten für strategisch basierte operative Handlungsvorgaben eingesetzt werden. Die Grundintention dieses, auf ROBERT S. KAPLAN und DAVID P. NORTON zurückgehenden Ansatzes des „ausgewogenen Berichtsbogens“ besteht darin, die Umsetzung der Unternehmensstrategie insbesondere über die ebenenbezogene Ableitung und Differenzierung klar formulierter, mess- und kontrollierbarer Steuerungsgrößen vorzunehmen.
Bei der darin enthaltenen Kombination aus **finanziellen** und **nichtfinanziellen Größen** sind im Aufgaben- und Funktionenprofil dann Aussagen zu den darauf bezogenen Zielen zu machen. In einem erweiterten Modellansatz

sind dies vier Gestaltungsfelder in aufsteigenden Ursachen-Wirkungs-Beziehungen:

* Lernen und Entwickeln: Unternehmerisch denkende und handelnde Mitarbeiter/ Mitarbeiterzufriedenheit
* Prozesse: Leistungsfähigkeit/ Marktleistungen
* Kunden: Kundenzufriedenheit/ Marktausschöpfung
* Ergebnisse: Wirtschaftlichkeit/ Finanzergebnisse.

① ***Stellen-/ Aufgabenbezeichnung***
**Bezeichnung der Position oder der Tätigkeit**

② ***Ziele***
**Beschreibung der Tätigkeitsergebnisse; hierzu Festlegung messbarer Kenngrößen in gesonderter Ziel-Ergebnis-Karte (BSC)**

③ ***Ausstattung der Position***
**Benennung außenwirksamer Vollmachten**

④ ***Berichtslinie***
**Einordnung in hierarchischen Gesamtaufbau mit Regelung der Informations- und Kommunikationsbeziehungen**

⑤ ***Aufgabenstruktur***
**Definition der Führungs- und Sachaufgaben einschließlich der Festlegung des jeweiligen Aktivitätsniveaus (Entscheidung, Mitwirkung, Beratung, Durchführung)**

⑥ ***Kompetenzen und Verantwortung***
**Klärung des Mitwirkungs- und Entscheidungs- sowie Verantwortungsrahmens einschließlich der finanzwirksamen Budgetbefugnis**

⑦ ***Mitarbeiter in der Berichtslinie***
**Auflistung der nachgeordneten, in Personalverantwortung zu führenden Stellen**

⑧ ***Vertretung***
**Regelung der aktiven und passiven Stellvertretung**

⑨ ***Vergütung***
**Festsetzung der fixen, variablen und prämienbezogenen Gehaltsbestandteile auf der Basis der unternehmensspezifischen Bandbreiten**

**Abb. G-IV-1:** Aufgaben- und Funktionenprofil: Grobgliederung der Regelungsbereiche mit Kennzeichnung wichtiger Regelungsinhalte

Vom Management bzw. den Führungskräften, den Mitarbeitern und auch dem Betriebsrat ist hierzu ein ausbalanciertes System von Steuerungskriterien (Werttreibern), Kennzahlen und Messgrößen zu entwickeln. Bezogen

z.B. auf eine Abteilung ist auf dieser Basis dann eine Vereinbarung zu den einzelnen Ebenen bzw. Gestaltungsfeldern der Ziel-Ergebnis-Karte zu treffen. Diese Ausführungen zeigen, dass die BSC deutlich über ein Organisationsinstrument hinausgeht und ein ganzheitliches Kommunikations- und Führungsinstrument ist.
Für eine Abteilung ist also beispielsweise zu erarbeiten, zu vereinbaren und in der Umsetzung für eine hohe Zielerreichung konsequent zu steuern:

* Welche Qualifizierungs- und Motivationsmaßnahmen mit den Mitarbeitern durchgeführt werden
* Wie die Wertschöpfungsprozesse der Abteilung und die Leistungsergebnisse in ihrer Qualität verbessert werden
* Wie die Kundenanforderungen besser erfasst und erfüllt werden, um die Kundenzufriedenheit zu steigern und sich am Markt bzw. bei internen Kunden im Unternehmen besser positionieren zu können
* Wie sichergestellt wird, dass die Ziele bezogen auf die Wirtschaftlichkeit und die finanziellen Ergebnisse der Abteilung erreicht oder sogar übertroffen werden.

③ Als **Ausstattung der Position** sind nach außen im Rechtsverkehr wirksame Vollmachten, wie Prokura (siehe hierzu C.II.2.) oder Generalvollmacht, in einem Aufgaben- und Funktionenprofil zu benennen.
④ Zur **Berichtslinie** ist anzugeben, wie eine Stelle in den hierarchischen Gesamtaufbau eines Unternehmens eingeordnet ist. Dieser Punkt erfasst die nach oben bestehenden Beziehungen zum Empfang von Weisungen und zur hierauf bezogenen Berichtspflicht. In der Unternehmenspraxis spricht man heute weniger von „Unterstellung" oder „Unterordnung", da dies direkt mit dem Begriff des „Untergebenen" und einem autoritären Führungsstil assoziiert wird. Gebräuchlich ist vielmehr, „wer an wen berichtet". Dies kennzeichnet formal-sprachlich stärker einen „Mitarbeiter" und einen kooperativen Führungsstil. Zusätzlich sind bei diesem Unterpunkt des Aufgaben- und Funktionenprofils die relevanten Informations- und Kommunikationsbeziehungen aufzunehmen.
⑤ Mit der **Aufgabenstruktur** erfolgt eine Unterscheidung und Konkretisierung in Führungs- und Sachaufgaben der Stelle. Die jeweiligen Tätigkeiten sind im Hinblick auf das geforderte Aktivitätsniveau näher zu qualifizieren, also ob es sich um beratende, entscheidende oder durchführende Aufgaben handelt. Dies leitet direkt über zu den Kompetenzen.
⑥ Im Hinblick auf die **Kompetenzen** und die dazu spiegelbildliche **Verantwortung** ist der mit einer Position verbundene Mitwirkungs- und Entscheidungsrahmen genau zu klären und vor allem gegen benachbarte Stellen abzugrenzen. Ein exaktes Vorgehen hierbei ist die Voraussetzung für eine weitgehende Minimierung von Konflikten bzw. eine produktive Gestaltung von Kompetenzüberschneidungen. Dieser Unterpunkt eines Aufgaben- und Funktionenprofils schließt die Festlegung der finanzwirksamen Budgetbefugnis ein. Damit ist anzugeben, bis zu welchem Geldbetrag ein Stellenin-

haber alleine entscheiden kann und in welchem Finanzrahmen weitere Mitunterschriften notwendig sind.

⑦ Als **Mitarbeiter** in der Berichtslinie sind die von einem Stelleninhaber in Personalverantwortung zu führenden nachgeordneten Einheiten anzugeben. Hiermit wird also die zuvor aufgezeigte Berichtslinie von den Mitarbeitern aus zum Stelleninhaber gesehen und präzisiert sowie zugleich die disziplinarische Anweisungskompetenz als Vorgesetzter festgeschrieben.

⑧ Die **Vertretung** ist in einem Aufgaben- und Funktionenprofil ebenfalls zweiseitig zu regeln. Es ist anzugeben, gegenüber wem der Stelleninhaber eine – aktive – Vertretungspflicht hat und wer ihn im Fall seiner Verhinderung – also passiv – vertritt.

⑨ Im abschließenden Punkt der **Vergütung** sind insbesondere die speziellen Regelungen bei einer außertariflichen Entlohnung aufzunehmen. Dieser Bereich basiert auf generell im Unternehmen festgelegten Korridoren, also inhaltlich präzisierbaren Bandbreiten für das spezielle Niveau der einzelnen Gehaltsbestandteile. Der über ein Fixum hinausgehende variable Anteil ist direkt an den Zielerreichungsgrad zu knüpfen. Gleiches gilt für die – i.d.R. jährlich gesondert zu vereinbarende – Prämienzahlung bei Übertreffen definierter regulärer Jahresziele.

Das vorgestellte Aufgaben- und Funktionenprofil ist primär für Führungspositionen zweckmäßig. Es lässt sich in reduzierter Form aber auch für ausführende Stellen einsetzen. Bei seiner Anwendung auf Mitarbeiter ohne Führungsverantwortung fallen lediglich die Unterpunkte ③ und ⑦ weg. Die Aufgabenstruktur beschränkt sich dann auf Sachaufgaben: Prämien für das Übertreffen von regulären Jahreszielsetzungen können hierbei ebenfalls vereinbart werden.

- Während mit einem Aufgaben- und Funktionenprofil die nähere Festlegung der Leistungsstandards für den durch eine einzelne Organisationseinheit zu erreichenden Wertschöpfungsbeitrag erfolgt, wird das anschließend erörterte **Funktionendiagramm** zur Visualisierung der Zusammenarbeit verschiedener Stellen eingesetzt. In einer matrixförmigen Darstellung werden hierbei zum einen die zu bewältigenden **Aufgabeninhalte** und zum anderen die daran beteiligten bzw. hierfür zuständigen **Stellen** mit ihren differenzierten Einzelfunktionen eingetragen.

  Als Praxisbeispiel hierzu wird ein Ausschnitt aus dem Funktionendiagramm für den Marketing-Bereich einer Unternehmenssparte wiedergegeben (Abb. G-IV-2). Hierbei ist als sekundäre Koordination ein Produkt-Management vorhanden, und dieses nimmt unter den aufgeführten Stellen die erste Position ein. Soweit eine Stelle an der Bearbeitung, Entscheidung und Maßnahmenumsetzung einer (Teil-)Aufgabe beteiligt ist, was also nicht in allen Matrixfeldern gegeben zu sein braucht, wird für die Art der Stellenzuständigkeit und -verantwortung ein Symbolkürzel eingetragen.

  Ein Funktionendiagramm kann grundsätzlich auf zwei unterschiedliche Weisen gelesen werden:

- In **waagerechter Richtung** wird ersichtlich, wie **verschiedene Stellen** zur Bewältigung eines bestimmten Aufgabeninhaltes **zusammenarbeiten**. Dabei wird der Beitrag jeder einzelnen Stelle nachvollziehbar.
- Die andere, **senkrechte Lesart** kennzeichnet die Art der Mitwirkung einer Stelle bei den einzelnen wesentlichen Aufgabeninhalten in einem Wertschöpfungsprozess in weitgehend chronologischer Reihenfolge. Die Information besteht demnach darin, dass **pro zuständiger Stelle** bezogen auf Prozessteilschritte ein Überblick über die **Aufgabenbeteiligung** und die dabei bestehenden **Kompetenzen** gewonnen werden kann. So kann im wiedergegebenen Beispiel der Produkt-Manager nachsehen, mit welchen Stellen er sich bei seinen Aufgaben in welcher Art abzustimmen hat.

Ein Blick auf die verwendeten, relativ stark ausdifferenzierten Symbolkürzel zeigt, dass die damit verbundenen Inhalte größtenteils bereits Bestandteile der Aufgaben- und Funktionenprofile sind. Mit jeder Stellenspalte wird auch eine überblicksartige und damit abkürzende Darstellung hierzu vorgenommen. Vom Prinzip her gesehen, entsteht ein Funktionendiagramm also durch das Hintereinanderschalten inhaltlich verbundener Aufgaben- und Funktionenprofile.
Wie die Abbildung zeigt, gibt dieses Organisationsinstrument einen schnellen und guten Überblick über die Funktions- und Kompetenzverteilung in einzelnen Prozessschritten. Auf diese Weise kombiniert es also die ablauforganisatorische Prozesssicht mit der aufbauorganisatorischen Zuständigkeitsstruktur. Bezogen auf unterschiedliche (Einzel-)Aufgaben wird hiermit eine **Abbildung von sich ergänzenden Zuständigkeiten** möglich. Dies kann die Grundlage für eine effiziente Ablauf- und Prozesssteuerung bilden. In der Unternehmenspraxis ist im Einzelfall zu entscheiden, wie stark die Einzelfunktionen begrifflich aufgegliedert oder eher gebündelt werden. Zugleich zeigt das Funktionendiagramm aber auch sehr plastisch bestehende Schwächen auf. So können beispielsweise nach der Erstellung eines die gegenwärtige Zusammenarbeit wiedergebenden Ist-Diagramms Restrukturierungsmaßnahmen eingeleitet werden mit dem Ziel, eine zu starke Funktions- und Kompetenzaufsplittung abzubauen, in stärkerem Maße Teilaufgaben ergebnisverantwortlich auf die nachgeordneten Ebenen zu übertragen und/ oder eine generelle Ablaufbeschleunigung und Ergebnisverbesserung zu erreichen.

Die zweite Gruppe von Organisationsinstrumenten, bei welcher der **Ablauf- bzw. Prozesszusammenhang** stärker im Vordergrund steht, lässt sich zunächst wie folgt kennzeichnen: Die entscheidenden Kriterien, die hier gesteuert und überwacht werden sollen, sind der Zeitverbrauch definierter Teilschritte sowie die bei der Durchführung der Aktivität aufzuwendenden Ressourcen respektive Kosten.

Für die Aufgliederung und Strukturierung von Prozessen und Prozessketten steht eine Reihe von Basisinstrumenten zur Verfügung. So können zur Systematisierung einer solchen Organisationsaufgabe Standard-Phasengliederungen, -Strukturpläne oder -Planungstabellen Verwendung finden. Die grundlegenden Analyse- und Synthesevorgänge sind vor allem durch **Dokumentations- und Darstellungstechniken** zu unterstützen, wie beispielsweise Flussdiagramme oder computergestützte Flow Charts sowie Balkendiagramme oder Netzpläne. Zu den beiden letztgenannten Instrumenten geben wir im Folgenden noch eine kurze Einordnung.

| *Aufgabeninhalte in Prozessteilschritten* \ *Zuständige Stellen* | Produkt-Management | Geschäftsbereichsleitung | Marketingleitung | Controller | Marktforschung | Werbeabteilung | Verkauf | Verkaufsförderung | Public Relations |
|---|---|---|---|---|---|---|---|---|---|
| Durchführung von Marktanalysen | N/ P/ A/ B | | | | P/ E/ I/ D | | | | |
| Planung und Entwicklung neuer Produkte | N/ P/ D | V | E | | I/ B | | I | | |
| Erstellung eines Produkt(-gruppen)-individuellen Marketingplans | N/ P/ D | V | E | I/ B | I/ O | I/ O | I/ O | I/ O | I |
| Ermittlung der Budgets pro Produkt(-gruppe) | P/ D/ K | V | E | B/ K/ O/ V | I | I | I | I | I |
| Einzelmaßnahmen für die Marketing-Mix-Gestaltung | N/ P/ A/ B | | E/ V | | I | D | D | D | |
| Werbekonzeption, Werbemitteleinsatz | N/ B/ O | | E/ V | | | D | | | |
| Vertrieb einschließl. besonderer Verkaufsmaßnahmen | N/ B/ V | | E | | | | | | |

***Symbole für die Art der Zusammenarbeit (Funktionale Zuständigkeit und Verantwortung):***

| | |
|---|---|
| A = Auftragserteilung | K = Kontrolle |
| B = Beratung, Mitsprache | N = Initiative, Anregung, Vorschlag |
| D = Durchführung | O = Koordination, Abstimmung |
| E = Entscheidung | P = Planung |
| I = Informationslieferung | V = Vetorecht (Einspruchs-, Genehmigungsrecht) |

**Abb. G-IV-2:** Funktionendiagramm: Praxisbeispiel aus dem Marketing-Bereich einer Unternehmenssparte (Divisionale Organisation) mit Produkt-Management – Ausschnitt

- Mit einem **Balkendiagramm** können die verschiedenen Einzelaktivitäten eines Vorgangs oder die unterschiedlichen Teilabschnitte eines Prozesses mit ihrer jeweiligen Bearbeitungsdauer in einer grafischen Übersicht zusammengefasst werden.

  Auf der Basis einer Zeiteinteilung in Tagen, (Kalender-)Wochen oder Monaten (x-Achse) werden alle einzelnen chronologischen Teilschritte mit Balken eingetragen, die in ihrer Länge der jeweiligen Vorgangsdauer entsprechen (y-Achse). Damit entsteht eine vertikale Anordnung der unterschiedenen Arbeits-/ Prozessteilschritte, die horizontal – aufgrund der unterschiedlich langen Dauer der einzelnen Aktivitäten – teilweise versetzte „Zeitbänder“ darstellt. Bezogen auf deren Abfolge können sich dabei auch Pufferzeiten als Zeitreserven ergeben, bzw. es können solche einkalkuliert werden. Durch die Einbeziehung aller Teilschritte enthält ein Balkendiagramm den Beginn und das Ende eines kompletten Vorgangs/ Prozesses. Bei bestehenden Gestaltungsspielräumen, also je nachdem ob alle Aktivitäten nur konsekutiv oder auch parallel ablaufen können, kann dieser zeitliche Gesamtverlauf in einer zweiten Planungsrunde auch verändert werden.

Bei abgeschlossener Ablaufstrukturierung kann das Balkendiagramm in einer **Plan/ Ist-Version** auf einfache Weise ebenfalls zur Überwachung von Vorgangsbearbeitungen verwendet werden. Zu den die geplanten Einzeldauern verdeutlichenden Balken sind hierbei – in einer anderen Schraffur – solche für die tatsächlich benötigten Zeiten aufzunehmen. Durch das Vermerken wichtiger Meilensteine und über Schätzungen der noch notwendigen Restzeiten kann frühzeitig festgestellt werden, ob einzelne Schritte zeitlich „aus dem Ruder laufen“ respektive ob ein gesamter Vorgang den definierten Endzeitpunkt verfehlt. Die den einzelnen Bearbeitungszeiten entsprechende Aufreihung unterschiedlicher Vorgangsteilschritte im Balkendiagramm setzt einen weitgehend sequenziellen Gesamtablauf voraus. Für die Darstellung logischer Abhängigkeiten zwischen den einzelnen Zeitbändern ist dieses Instrument nicht verwendbar; deshalb sind komplizierte und mehrfach vernetzte Abläufe/ Prozesse hiermit nicht darzustellen respektive zu strukturieren.

- Für derart komplexe Vorhaben mit zahlreichen Beziehungen und Verflechtungen steht als leistungsfähiges Instrumentarium die **Netzplantechnik** zur Verfügung. Hierbei handelt es sich um ein 1957/58 entwickeltes graphentheoretisches Verfahren, zu dem sich vor allem drei Anwendungen in der Unternehmenspraxis durchgesetzt haben: CPM (Critical Path Method), PERT (Program Evaluation and Review Technique) und MPM (Metra Potential Method).

  Das Grundprinzip besteht bei allen diesen Verfahren darin, dass die Einzelarbeitsgänge/ Prozessschritte mit ihrem jeweiligen Beginn- und Endzeitpunkt und ihrem logischen Zusammenhang in ein **grafisches Modell** überführt werden, welches dann auch als Netzplan abgebildet werden kann. Damit bildet die Strukturanalyse der Einzelvorgänge und deren personal- sowie kostenbezogene Kapazitätsplanung auch bei diesem Organisationsinstrument die wesentliche Grundlage. Für die Netzplantechnik liegen heute zahlreiche Software-Anwendungen vor. Bei einer computerunterstützten Durchführung können so leicht **Variationsrechnungen** bezogen auf unterschiedliche Start- und Endzeitpunkte sowie unterschiedliche Zeitverbräuche einzelner beeinflussbarer Aktivitäten vorgenommen werden, die mit einfacheren Werkzeugen nicht möglich wären.

  In einem Netzplan lassen sich über Vorwärtsrechnungen die frühestens möglichen und über Rückwärtsrechnungen die spätestens zulässigen Termine für die verschiedenen Teilschritte ermitteln; auf dieser Basis können Pufferzeiten als Zeitreserven bei der Durchführung einer Aktivität im Gesamtprozess sowie der so genannte **kritische Weg** bestimmt werden. Mit dem letztgenannten Ausdruck wird diejenige, vom Beginn bis zum Ende eines komplexen Gesamtprozesses verlaufende **Abfolge von Aktivitäten/ Teilprozessen ohne jegliche**

**Pufferzeiten** bezeichnet. Diese ohne Zeitreserve kalkulierten Vorgangszeiten ergeben zusammengenommen also einerseits die minimale Dauer eines Gesamtablaufs/ -prozesses. Andererseits wirken sich Verzögerungen bei diesen, auf dem kritischen Weg liegenden Einzelaktivitäten unmittelbar auf den insgesamt festgesetzten Endtermin ebenfalls in Form einer Verzögerung aus. Nur durch eine Konzentration von Ressourcen oder eine Umstrukturierung des Prozesses kann eine derartige Verzögerung aufgefangen werden. Über die Grundstruktur und bei diesen Variationen lassen sich dann die Auswirkungen auf die Kosten einzelner Aktivitäten und des Gesamtprozesses ermitteln.
Mit dem Organisationsinstrument der Netzplantechnik sind Vorteile sowohl im Hinblick auf die Strukturierung als auch bezogen auf die Durchführung mehrschichtiger Vorhaben verbunden. Durch die vorbereitende Analyse und Planung kann der gesamte Ablauf mit allen Vernetzungskonstellationen bei der praktischen Durchführung einzelner Aktivitäten bzw. hierbei auftretenden Abweichungen ziel- und ergebnisorientiert bewertet und gesteuert werden.

# V. Organisationsplanung: Steuerung organisatorischer Veränderungen

| |
|---|
| Was sind wesentliche Gründe für organisatorische Veränderungen? Welche Sachverhalte sind bei organisatorischen Veränderungen zu berücksichtigen? Welche Phasen umfasst der Prozess der Organisationsplanung? Wie ist das Verhältnis von organisatorischer Stabilität und Flexibilität? Was kennzeichnet eine proaktive oder reaktive Anpassung des Unternehmens? |

Wie in den vorangegangenen Unterkapiteln herausgearbeitet wurde, sind die Strukturen von Unternehmen auf deren generelle Zielsetzungen und Strategien auszurichten. Gleichzeitig sind die jeweiligen Markt- und Umfeldbedingungen für die Gestaltung der Prozesse und Strukturen direkt zu Grunde zu legen. Und nicht zuletzt sind die Interessen der Organisationsteilnehmer in ausreichendem Maße zu berücksichtigen.

Ein **geplanter Wandel** wird bewusst eingeleitet, und er setzt i.d.R. gründliche Vorbereitungen voraus. Mit Bezug auf Unternehmen – oder auf wesentliche Teile hiervon – geht es in dieser Kategorie im Allgemeinen um eine gewollte Änderung von Strukturen und Prozessen, um auf diese Weise eine höhere Effizienz und Effektivität zu erreichen. Ausschließlich auf diesen geplanten Wandel beziehen sich die nachfolgenden Erläuterungen.

Maßgeblich als **Auslöser für einen organisatorischen Anpassungsprozess** des Unternehmens sind folgende Sachverhalte, die zunächst kontextbedingt und dann entwicklungsbedingt wirken:

- Die Markt- und Umfeldsituation sowie dadurch häufig auch die Wettbewerbsstruktur ändern sich bzw. haben sich geändert. Die Entwicklung neuer Technologien sowie daraus abgeleiteter veränderter Anforderungen, Produkte und

Einsatzfaktoren geben nicht selten den Anstoß hierfür. Organisatorisch kann dies dazu führen, dass nicht mehr nur Komponenten verkauft werden können, sondern komplette Systeme am Markt mit dem notwendigen Service zu vertreiben und zu betreuen sind. Wenn sich aufgrund erfolgreicher Wettbewerberaktivitäten in dieser Richtung die Ertragssituation des eigenen Unternehmens drastisch verschlechtert, dann ist dies der stärkste – **operative** – Auslöser für organisatorische Veränderungen.

- Damit zusammenhängen kann, dass sich die Anforderungen der Kunden und Zielgruppen verändert haben oder völlig neue, bisher nicht bediente Zielgruppen/ Marktsegmente hinzugekommen sind. Die Unternehmensstruktur ist hierauf dann z.B. in Form einer zielgruppenorientierten Organisation frühzeitig – **strategisch** – anzupassen.
- Eine typische entwicklungsbedingte Ursache für den geplanten organisatorischen Wandel eines Unternehmens ist das **Erreichen bzw. Überschreiten typischer Wachstumsschwellen** im Lebenszyklus eines Unternehmens. Dies ist z.B. gegeben, wenn ein Unternehmen nach der Gründung einige Jahre eine funktionale Organisation besaß und relativ einheitliche Produkte herstellte und vertrieb. Verlangt der Markterfolg eine Differenzierung in verschiedene Produktkategorien für unterschiedliche Kunden-/ Zielgruppensegmente, dann kann dies der Anstoß für die Umstellung auf eine objektorientierte Organisation sein. Sie kann strategische Geschäftsfelder als Profit Center oder Business Units umfassen.

Wie können solche **Vorhaben der Organisationsplanung und -entwicklung** durchgeführt werden? Hierzu wird ein Prozessschema wiedergegeben (Abb. G-V-1), das auf dem allgemeinen Planungs- und Kontrollprozess respektive dem Zielsetzungs- und -realisierungsprozess (siehe hierzu A.II.1. und D.I.1.) basiert. Die Ausführungen hierzu können kurz gehalten werden. Ziele, Beurteilungskriterien, Schwachstellenanalyse und Problemfeldanalyse bilden die Grundlage, um alternative Organisationsformen zu entwickeln und zu bewerten.

- Die Ziele für die neue Organisationsform werden unmittelbar aus den strategischen Unternehmenszielen sowie der Markt- und Positionierungsstrategie des Unternehmens abgeleitet.
- Diese Ziele sind zugleich die Grundlage für die **Beurteilungskriterien** (2. Phase). In die Beurteilungskriterien gehen aber beispielsweise auch die Grundsätze und dimensionalen Konzepte der organisatorischen Gestaltung sowie die Organisationsprinzipien ein (siehe hierzu G.I.2.und G.I.3.).
- In der Schwachstellenanalyse wird die gegenwärtige Organisationsform an den Zielen und Beurteilungskriterien gemessen und bewertet.
- In der Problemfeldanalyse wird die gegenwärtige Organisationsform bezogen auf Symptome/ Auswirkungen und vor allem Ursachen der Defizite mit dem angestrebten Zielniveau verglichen.
- Auf dieser Basis lassen sich die **Organisationsalternativen** präziser ausformulieren und anhand der Ziele/ Beurteilungskriterien bewerten. Die in Frage kommenden Organisationsalternativen beziehen sich auf die Modelle der Pri-

mär- und Sekundärorganisation sowie auf die Prozessorganisation (siehe hierzu G.II. und G.III.).

1. ***Zielkatalog***
   - **Analyse der angestrebten Unternehmens- und Organisationsziele (erstmalig oder nach festgestelltem Veränderungsbedarf)**
   - **SOLL-Konzeption**
2. ***Beurteilungskriterien***
   - **Analyse und Auswahl der Kriterien zur Beurteilung von Organisationsalternativen**
   - **Gewichtung der Beurteilungskriterien**
3. ***Schwachstellenanalyse***
   - **IST-Analyse: Stärken und Schwächen der gegenwärtigen Organisation**
4. ***Problemfeldanalyse***
   - **Szenario der gegenwärtigen und zukünftig angestrebten Strukturen und Prozesse**
   - **Ursachenanalyse für organisatorische Defizite**
   - **Abweichungsanalyse: Distanz zwischen jetziger Situation und angestrebtem Niveau**
5. ***Organisationsalternativen***
   - **Suche nach alternativen Organisationsformen**
   - **Analyse, Ordnung und ggf. Kombination der Organisationsalternativen (primär/ sekundär)**
6. ***Alternativen-Beurteilung/ Entscheidung***
   - **Beitrag/ Grad der Zielerreichung pro Alternative**
   - **Auswahl der optimalen Alternative/ -nkombination**

---

7. ***Einbindung der Organisationsteilnehmer***
   - **Information der direkt betroffenen Mitarbeiter**
   - **Schaffung eines positiven Umfelds**
   - **Motivation/ Mitwirkung der Mitarbeiter**
8. ***Einführung***
   - **Organisation des Implementierungsprozesses (Maßnahmen – Teilschritte, Zeiträume, Ressourcen, Zuständigkeiten/ Verantwortlichkeiten)**
   - **Anpassung der Organisationsinstrumente**
9. ***Kontrolle***
   - **Überprüfung der Einführung, der Ergebnisse und der Zielerreichung**
   - **Analyse von Ergebnisabweichungen bei der Umsetzung**
   - **Anpassungsmaßnahmen, ggf. neuer Zyklus**

**Abb. G-V-1:** Allgemeines Prozessschema der Organisationsplanung

- Die in die Abbildung eingetragene **gestrichelte Trennlinie** kennzeichnet den Zeitpunkt, ab welchem spätestens der Implementierungsprozess beginnt und die Führungskräfte sowie Mitarbeiter an dem Vorhaben einer organisatorischen (Neu-)Entwicklung zu beteiligen sind. In dieser Phase wird der Prozess der Organisationsplanung ergänzt durch eine Organisationsentwicklung (OE – siehe hierzu F.IV.2.c.). Wie dargestellt, beinhaltet dies Aktivitäten zur Steigerung

von Effizienz und Effektivität in Organisationen, bei denen gleichzeitig eine Erhöhung der Mitarbeiterzufriedenheit und eine verbesserte Arbeitsqualität angestrebt werden. Dabei wird relativ frühzeitig in einem Veränderungszyklus eine Mitwirkung der Mitarbeiter gefordert. Entsprechend lautet der Slogan des OE-Ansatzes „Betroffene zu Beteiligten machen".
Dem ist prinzipiell zuzustimmen; bei Prozessen der Organisationsplanung sowie insbesondere auch in größeren Unternehmen ist eine derart frühe Beteiligung allerdings nicht zweckmäßig. Mit der gestrichelten Linie in Abbildung G-V-1 ist die Phase erreicht, ab dem die Einbindung der betroffenen Mitarbeiter zielführend ist. Denn jetzt sind die strategischen Entscheidungen der Unternehmensleitung bezogen auf die generelle Strukturierung getroffen worden, und es geht anschließend um die operative Umsetzung und Ausgestaltung. Die Bestimmungen des Betriebsverfassungsgesetzes (§ 90 BetrVG) bezüglich der Unterrichtung/ Einbeziehung des Betriebsrates sind hierbei einzuhalten.
Die Bedeutung einer rechtzeitigen Einbindung der Mitarbeiter und ihrer aktiven Mitwirkung für das Gelingen organisatorischer Veränderungsprozesse kann über die **(Kräfte-)Feldtheorie** von KURT LEWIN (1890 – 1947) erschlossen werden:

- Nach diesem 1935 erstmals veröffentlichten Erklärungsansatz stehen Individuen und Gruppen in psychologischen Kräftefeldern; im Hinblick auf ihr aktuelles Verhalten können hierbei in jeder Situation **wandlungsfördernde** (driving forces) und **wandlungsbehindernde Kräfte** (restraining forces) unterschieden werden. Bezogen auf die Notwendigkeit einer zielorientierten und zeitstabilen Koordination der Leistungserstellung in Unternehmen ist demnach ein Gleichgewicht zwischen diesen akzelerierenden und retardierenden Kräften anzustreben.
- Bei fortwährenden Veränderungsaktivitäten kommt eine Organisation nicht zur Ruhe, so dass die ständig geänderten Strukturen und Prozesse nicht optimiert werden können. Ist dagegen das Beharrungsvermögen des Management und/ oder der Mitarbeiter zu ausgeprägt, werden überhaupt keine Wandlungsprozesse in Gang gesetzt werden können.
- Diese plausiblen Abhängigkeiten können für geplante Vorhaben der Organisationsplanung und -entwicklung in der Form genutzt werden, dass **phasenweise** eine **Verschiebung des Kräftegleichgewichts** zugelassen bzw. herbeigeführt wird. Für einen erfolgreichen, die Effizienz und Effektivität einer Organisation erhöhenden Veränderungsprozess sind hierbei nach LEWIN die Abschnitte des Auftauens (unfreezing), des Bewegens (moving) und des (Wieder-)Einfrierens (freezing) zu durchlaufen.

  * In der **Auftauphase** wird der gegenwärtige Gleichgewichtszustand „enteist". Über entsprechende Informationen und Aktionen wird den wandlungsfördernden Kräften ein größerer Raum zugestanden, während die wandlungsbehindernden Kräfte eher zurückgedrängt werden. Mit diesen Maßnahmen wird der Zweck verfolgt, die generelle Wandlungsbereitschaft aller Organisationsteilnehmer zu erhöhen. Es ist zu versuchen, ei-

ne allgemeine Aufbruchstimmung in der Art „auf zu neuen Ufern“ zu erzeugen.

* In der **Bewegungs-/ Änderungsphase** sind die mit der anstehenden Organisationsveränderung verbundenen Maßnahmen im Detail zu planen, umzusetzen und einer ersten Wirkungskontrolle zu unterziehen. Dies hat in einem direkten Erfahrungsaustausch aller Beteiligten zu geschehen. Die einzelnen Veränderungsschritte werden hierbei zum Teil noch ergebnisoffen durchgeführt, und zwar in der Weise, dass das angestrebte Zielniveau noch nicht exakt erreicht ist respektive erreicht sein kann. Am Ende dieser Phase ist aber ein bereits relativ konsolidierter Maßnahmenstand zu erreichen.
* Damit beginnt die dritte Phase des **(Wieder-)Einfrierens**: Die in der Bewegungsphase erfolgreich getesteten Veränderungen von Strukturen und Prozessen werden weiter optimiert und zu Regelungen ausgebaut, mit denen ein Unternehmen seine Wertschöpfung in der nächsten Periode wieder stabil erbringen kann. Der Einfluss progressiver Kräfte wird – in idealtypischer Sicht – etwas eingeschränkt; damit können jetzt die regressiven Kräfte wieder mehr Raum gewinnen. Dadurch wird auf einem insgesamt höheren Produktivitätsniveau ein neuer Gleichgewichtszustand angestrebt und erreicht. Hiervon ausgehend, kann nach einer Zeit relativer Ruhe und Beständigkeit bei gegebenen Anlässen wieder ein neuer Veränderungszyklus eingeleitet werden.

Von grundsätzlicher Bedeutung ist vor diesem Hintergrund die Zeitdauer und damit die Gültigkeit und **zeitliche Stabilität von Organisationsstrukturen** eines Unternehmens. Hieraus leitet sich direkt die Frage nach der **zeitlichen Dynamik der Strukturgestaltung** von Unternehmen ab. Grundsätzlich gibt es hierfür keine starren Regeln.

Als Erfahrungswert lässt sich folgendes festhalten: Generell sollte die Organisationsstruktur eines Unternehmens eine **Zeitstabilität von mindestens vier bis fünf Jahren** aufweisen. Vorausgesetzt es gibt keine Entwicklungs- und Strukturbrüche am Markt und im Umfeld, dann ist ein möglicher längerer Zeitraum umso günstiger. Denn alle Organisationseinheiten und -mitglieder eines Unternehmens brauchen nach der grundlegenden Strukturveränderung einen bestimmten Zeitraum, um in die neue Organisationsform sowie in die veränderten Strukturen der Berichtslinien und Zusammenarbeit „hineinzuwachsen“. Nur so können die geforderten Veränderungen stabilisiert und die angestrebte höhere Effizienz und Effektivität erreicht werden. Eine ausreichende Stabilität ist vor allem auch für die Zielgruppen und Kunden als Adressaten der Marktleistung des Unternehmens wichtig. Dies gilt insbesondere dann, wenn die neue Organisation für sie zu veränderten Verfahrensweisen z.B. beim Bestellvorgang oder zu neuen Ansprechpartnern führt. Ein Wechsel in zu kurzen Zeitabständen führt bei den Adressaten schnell zu Verunsicherung und Abwanderung.

**Schnell aufeinander folgende organisatorische Veränderungen** sind nicht nur ein Zeichen einer hohen Markt- und Umweltdynamik sowie Anpassungsfähigkeit des Unternehmens. Sie können auch ein Indiz für eine unzureichende Strategie des Unternehmens sein. Entweder sind die Ausrichtung und Positionierung im Markt sowie die hieraus resultierende organisatorische Anpassung nicht von vornherein klar und werden erst stufenweise realisiert. Oder – im noch schlimmeren Fall – die fehlende Klarheit und Wirksamkeit der Strategie wird bei i.d.R. dann zu verzeichnenden Umsatz- und Ertragseinbrüchen durch eine häufigere organisatorische Umstrukturierung und damit Hektik ersetzt.

Um eine veränderte Unternehmensorganisation in Form einer größeren Kundennähe, einer besseren Ergebnissteuerung sowie einer nachhaltigen Gewinn- und Wertsteigerung in vollem Maße zur Wirkung zu bringen, ist also immer eine bestimmte Zeitspanne erforderlich. Das Ziel ist, eine **Balance zwischen angestrebter Stabilität und notwendiger Flexibilität** zu erreichen. Die Frage ist dabei, wann der richtige Eingriffszeitpunkt für eine grundlegende organisatorische Veränderung gekommen ist. Ein genereller Grundsatz besagt: Die organisatorische Anpassungsfähigkeit des Unternehmens muss größer sein als die Veränderungsgeschwindigkeit der wesentlichen Markt- und Umfeldfaktoren, mindestens aber gleich groß. Gelingt dies, dann handelt das Unternehmen **proaktiv**, also bereits im Vorfeld der Anpassungsnotwendigkeit. Gelingt dies nicht, dann handelt das Unternehmen nur reaktiv, versucht also aufgrund eines hohen Handlungsdrucks sich im Nachhinein noch in ausreichendem Maße zu verändern und anzupassen.

Typische **Probleme und Widerstände** gegen diesen von der Sachlogik her klaren Verlauf von Anpassungsprozessen sind – entsprechend den im LEWIN'schen Modell akzelerierenden und retardierenden Kräften – vornehmlich in der folgenden Weise gegeben: Gehen wir davon aus, die Unternehmensleitung erkennt den für eine proaktive Anpassung wesentlichen Eingriffsbedarf und damit auch den jetzt gegebenen Eingriffszeitpunkt. Ferner nehmen wir an, dass Kriterien und Messgrößen bereits definiert sind, die eine organisatorische Veränderungsnotwendigkeit aus strategischer Sicht erkennbar machen. Damit werden notwendige Anpassungsmaßnahmen zum gegenwärtigen Zeitpunkt nicht erst auf der Grundlage von Erfolgs-/ Ertrags- und Liquiditätsproblemen definiert. Wenn das erste Problem einer **„strategischen Blindheit"** der Unternehmensleitung also nicht gegeben ist, dann besteht immer noch ein zweites Problem, das aus dieser strategischen Fähigkeit des Top-Managements erwachsen kann. Es ist darin begründet, ob die Unternehmensleitung in der Lage ist, diese organisatorische Veränderungsnotwendigkeit aus strategischer Sicht ebenfalls den Führungskräften und Mitarbeitern, aber vor allem auch dem Betriebsrat in ausreichendem Maße zu vermitteln.

Eine Veränderung der Organisationsstruktur gegen den Willen bzw. ohne **Überzeugung der Organisationsmitglieder** wird zu hohen Reibungsverlusten und damit ineffizienten Ergebnissen führen. Das „Problem" in der gegenwärtigen Situation des Unternehmens liegt in unserem Beispiel darin, dass es im operativen Geschäft Gewinne und keine Verluste erwirtschaftet. Es weist also „nur" ein strategisches Defizit auf. Die Eingriffs- und Anpassungsnotwendigkeit ist damit für die Organisationsmitglieder nicht greifbar und dadurch nicht leicht nachvollziehbar.

Es versteht sich von selbst, dass die Alternative ausscheidet, so lange mit der organisatorischen Veränderung zu warten, bis das Unternehmen in eine Krise gekommen ist und der Handlungsdruck für alle erkennbar zugenommen hat. Es wird in dieser Situation also darauf ankommen, dass die Unternehmensleitung in der

Lage ist, entsprechend dem LEWIN'schen Modell durch klare Information sowie das Aufzeigen von Beispielen und Konsequenzen bei Nichthandeln die Führungskräfte und Mitarbeiter von der Veränderungsnotwendigkeit zu überzeugen. In der Nomenklatur von WERNER KIRSCH, WERNER-MICHAEL ESSER und EDUARD GABELE (1941 – 1992) erfordert dies eine **„Strategie des internen Marketing“** statt einer „Strategie des Bombenwurfs“. Das Ziel ist also, statt eines harten organisatorischen Strukturbruchs – im Extremfall aufgrund des Ergebnisdrucks von bereits eingetretenen Verlusten – in der frühzeitigen Situation einen „sanften Wandel“ des Unternehmens einzuleiten. Auf diese Weise ist dann auch ein Organisationsentwicklungsprozess unter aktiver Mitwirkung der Mitarbeiter möglich. Gelingt es, dann kennzeichnet dies professionelles Management.

## VI. Literaturhinweise zum Kapitel G

### *Zu G.I. Organisation als zielorientierte und ganzheitliche Strukturierung:*

Ansoff (1976/1981); Bleicher (1993); Block (1987/1992); Bogaschewsky/ Rollberg (1998); Bösenberg/Metzen (1995); Burns/Stalker (1961); Chandler (1962); Child (1972); Cyert/March (1963); Fayol (1916/1929); Gaitanides (1983); Grochla (1966); Grochla/Lehmann (1980); Gutenberg (1983); Herzberg/ Maussner/ Snyderman (1959); Hoffmann (1980); Khandwalla (1977); Kieser (2006); Kieser/ Walgenbach (2003); Kirsch (1977); Korndörfer (2003); Kosiol (1968); Kosiol (1976); Krüger (2005); Lawrence/Lorsch (1967); Malik (2002); March/Simon (1958/1976); Marschak/Radner (1972); Maslow (1954/1977); Mayo (1933/1949); Mehdorn/Töpfer (1996); Mintzberg (1983/1992); Nordsieck (1961/1972); Pascale/Athos (1981/1982); Peters/Waterman (1982/2004); Picot (1984); Picot/Dietl/ Franck (2005); Roethlisberger/Dickson (1939); Schanz (1977); Schierenbeck (2003); Smith (1993); Staehle (1999); Staehle/Grabatin (1979); Taylor (1911/ 1913/2004); Thommen/Achleitner (2006); Töpfer (1976b); Töpfer (1976c); Töpfer (1982c); Töpfer (1984b); Töpfer (1985b); Töpfer (2002c); Töpfer/Mehdorn (1995); Ulrich (1970); Ulrich/Fluri (1995); Welge/Fessmann (1980); Wild (1973a); Witte (1972); Wöhe/Döring (2005); Wollnik (1980); Woodward (1958)

### *Zu G.II. Alternative Formen der Primärorganisation:*

Bleicher (1993); Kieser/Walgenbach (2003); Korndörfer (2003); Kosiol (1968); Kosiol (1976); Krüger (2005); Odiorne (1965/1967); Picot (1984); Picot/Dietl/ Franck (2005); Rappaport (1986/1995-1998/1999); Reber/Strehl (1988); Schierenbeck (2003); Staehle (1999); Thommen/Achleitner (2006); Töpfer (1976b); Töpfer (1976c); Töpfer (1982c); Töpfer (1984b); Töpfer (1985b); Töpfer (1999c); Ulrich/Fluri (1995); Wild (1973a); Wöhe/Döring (2005)

### *Zu G.III. Innovations- und prozessorientierte Formen der (Sekundär-) Organisation:*

Becker (2006); Bleicher (1993); Bogaschewsky/Rollberg (1998); Bösenberg/ Metzen (1995); Corsten/Corsten (2000); Gaitanides (1983); Hammer/Champy (1993/1996); Hatten/Rosenthal (1999); Jensen (2004); Kieser/Walgenbach (2003); Kotler/Bliemel (2001); Krüger (2005); Madauss (2000); Meffert (2000); Nieschlag/Dichtl/Hörschgen (2002); Pepels (2006); Picot/Dietl/Franck (2005); Rinza (1998); Schierenbeck (2003); Staehle (1999); Thommen/Achleitner (2006); Töpfer (1976b); Töpfer (1976c); Töpfer (1982c); Töpfer (1984b); Töpfer (1985b); Töpfer (1996a); Töpfer (1996c); Töpfer (1996d); Töpfer (1996i); Töpfer (1999b); Töpfer (2007a); Ulrich/Fluri (1995); Wild (1973a); Womack/Jones/Roos (1994)

### *Zu G.IV. Stellenbezogene Organisationsinstrumente:*

Bleicher (1993); Kaplan/Norton (1996/1997); Kieser/Walgenbach (2003); Krüger (2005); Odiorne (1965/1967); Schierenbeck (2003); Staehle (1999); Thommen/ Achleitner (2006); Töpfer (1976c); Töpfer (1984b); Töpfer (1985b); Töpfer (2000e); Ulrich/Fluri (1995); Wild (1973a); Wöhe/Döring (2005); Zimmermann/ Stache (2001)

### *Zu G.V. Organisationsplanung: Steuerung organisatorischer Veränderungen:*

French/Bell (1973/1994); Kieser/Walgenbach (2003); Kirsch/Esser/Gabele (1979); Krüger (2005); Lewin (1935); Lewin (1951/1963); Staehle (1999); Thommen/Achleitner (2006); Töpfer (1984a); Töpfer (1985b); Töpfer (1990c); Ulrich/Fluri (1995)

# Kapitel H
# Unternehmenskooperationen für Wertschöpfungsnetzwerke

**– Welche Kernkompetenzen bringt ein Unternehmen in Netzwerke mit Partnern für eine erfolgreiche Zusammenarbeit ein? –**

## I. Leistungsverbünde durch Kernkompetenzen und Outsourcing

| |
|---|
| Welche Arten von Wertschöpfungsnetzwerken lassen sich unterscheiden? Welcher Stellenwert kommt in Zukunft Unternehmenskooperationen und -verbindungen im Wettbewerb zu? Was sind wesentliche Erfolgsfaktoren für die Standortwahl als strategische unternehmerische Entscheidung? Wie beeinflusst der Standortwettbewerb von Regionen/ Ländern die Standortentscheidungen von Unternehmen? Was sind wesentliche Gründe und Dimensionen für Standortentscheidungen? Wie verläuft die Wertschöpfung in Netzwerken, welche Bedeutung haben dabei die Kernkompetenzen und das Qualitätsniveau eines Unternehmens, und wie lassen sich Outsourcing, Kooperation und Integration in die Netzwerkbetrachtung einordnen? |

### 1. Arten und Ziele von Wertschöpfungsnetzwerken

Um im nationalen und internationalen Wettbewerb erfolgreich bestehen zu können, müssen immer mehr Unternehmen Marktleistungen anbieten, die sie aufgrund fokussierter und damit begrenzter Kernkompetenzen nicht mehr alleine, sondern nur noch in **Kooperation mit Partnern** realisieren können. Diese Partnerunternehmen können auf der einen Seite hochgradig spezialisierte Produktbestandteile beisteuern oder auf der anderen Seite Leistungen zu deutlich günstigeren Faktorkosten und damit zu geringeren Einstandspreisen für das mit der Gesamtleistung am Markt aktive Unternehmen liefern. Je nach globaler Arbeitsteilung, spezifischer Marktsituation und gegebenen Rahmenbedingungen können diese Kooperationen als Netzwerke im Hinblick auf den Grad der inhaltlichen und organisatorischen Vernetzung und damit Integration der Wertschöpfungsprozesse unterschiedlich gestaltet sein. Sie reichen von einer regionalen Wertschöpfungsdifferenzierung im eigenen Unternehmen oder einer externen Kunden-Lieferanten-Beziehung zur gemeinsamen Erstellung einer integrierten Wertschöpfung über Strategische Allianzen und Joint Ventures bis zu Akquisitionen und Fusionen. Abbildung H-I-1 zeigt diese graduellen Abstufungen.

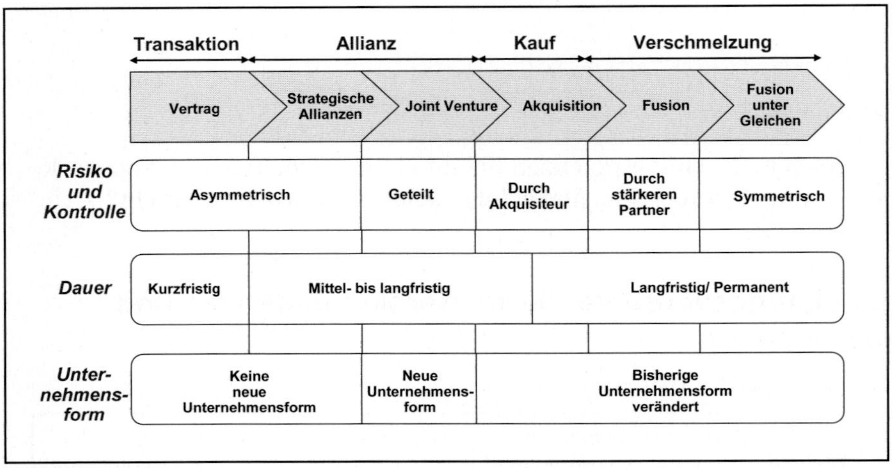


**Abb. H-I-1:** Arten von Kooperationen für Wertschöpfungsnetzwerke (Basis: COOLS/ ROOS, SCHLOSSER, DEMTSCHÜCK, JANSEN)

Die Beurteilung der unterschiedlichen Kooperationsarten erfolgt an den drei Kriterien Risiko und Kontrolle, Dauer und Unternehmensform, bei denen, wie aus der Abbildung H-I-1 ersichtlich, unterschiedliche Ausprägungen bestehen.

- Bei einer **Zusammenarbeit auf vertraglicher Basis** liegen, wie auch bei **Strategischen Allianzen**, Risiko und Kontrolle bei jedem Partner, die Kooperation ist häufig nicht langfristig und jedes Unternehmen führt seine Unternehmensform und damit sein Geschäftsmodell weiter. Letzteres gilt auch bei einer Strategischen Allianz. Da dies eine Zusammenarbeit von zwei Unternehmen auf einem Geschäftsfeld ist, in anderen Geschäftsfeldern aber durchaus eine Wettbewerbsbeziehung bestehen kann, ist diese Kooperation eher längerfristig angelegt.
- Ein **Joint Venture** als Gemeinschaftsunternehmen mit gleichen oder unterschiedlichen Kapitalanteilen der Partner bringt eine Aufteilung von Risiko und Kontrolle mit sich, ist längerfristig angelegt und mündet in eine neue Rechtsform.
- Beim **Kauf oder** einer **Fusion** als Verschmelzung ist i.d.R. eine längerfristige Ausrichtung gegeben und die bisherige Unternehmensform wird verändert, weil sich das Geschäftsfeld beispielsweise erweitert sowie ggf. auch die Marke bzw. der Firmenname. Dabei kann die Rechtsform z.B. AG beibehalten werden. Bei

einer Akquisition als Unternehmenskauf gehen Risiko und Kontrolle auf das akquirierende Unternehmen über. Eine Fusion als Zusammenschluss von zwei Unternehmen kann, aber muss nicht unbedingt gleich starke Partner als Ergebnis haben. Je nach Situation gibt es deshalb entweder eine symmetrische Form von Risiko und Kontrolle oder der stärkere Partner überwiegt.

Auf die einzelnen Kooperationsformen wird an späterer Stelle noch einmal ausführlicher mit einigen weiteren Ergänzungen eingegangen. Hier soll zunächst noch die unterschiedliche **Richtung von Kooperationen** angesprochen werden. Dabei lassen sich drei Alternativen unterscheiden:

- Eine horizontale Kooperation zielt darauf ab, die Kernkompetenzen jedes Partners stärker zum Einsatz zu bringen und damit die Marktposition des geschaffenen Verbundes zu verbessern.
- Eine vertikale Kooperation erweitert die Kernkompetenzen des Unternehmens in vor- oder nachgelagerte Wertschöpfungsstufen, was i.d.R. auf eine Systemleistung hinausläuft.
- Eine laterale Kooperation ist zweckmäßig, wenn durch die Produkte unterschiedlicher Branchen die gleiche(n) Zielgruppe(n) angesprochen werden oder wenn zwei Branchen immer stärker zusammenwachsen, so dass Unternehmen ihre Wettbewerbsposition in der neuen Branche ausbauen können.

Generell lassen sich für Kooperationen folgende **Ziele** unterscheiden:

Wenn von international agierenden Unternehmen aufgrund einer strategischen Unternehmensentscheidung Vorteile bei den Faktorkosten genutzt werden sollen, werden sie ihre Produktion ganz oder in Teilen in andere Länder verlagern. Dies macht aufeinander abgestimmte Netzwerke über die gesamte Wertschöpfungskette im eigenen Unternehmen erforderlich und ist nur sinnvoll, wenn die Transport- und Logistikkosten geringer sind als die eingesparten Faktorkosten. Bei den gegenwärtig bestehenden Unterschieden der Faktorkosten zwischen den Industrieländern und den Schwellenländern ist dies i.d.R. der Fall. Das Ziel sind hier also deutliche **Kosteneinsparungen**.

Aus Sicht eines Abnehmerunternehmens für eine extern vorteilhafte Marktleistung entsteht der Zwang zu Netzwerken von und mit Lieferanten dadurch, dass der Kunde des Abnehmerunternehmens eine **komplette und integrierte Gesamtleistung** erhalten möchte. Der gesamte Aufwand für die inhaltliche Abstimmung und organisatorische Koordination der Teilleistungen muss deshalb von allen Unternehmen des Netzwerkes getragen werden. Dies eröffnet für die Netzwerkunternehmen die Chance, dem Abnehmer eine Leistung mit einem herausragenden Kundenwert, also einem einzigartigen kundenwertorientierten Leistungsversprechen (UCVP = Unique Customer Value Proposition; siehe hierzu F.II.2.a.) zu offerieren. Das Ziel ist demnach eine gute Beherrschung der Komplexität in der Wertschöpfungskette bei einem attraktiven Preisniveau.

Hinzu kommt eine weitere Marktanforderung für die Netzwerkbildung, nämlich die **schnelle Beherrschung und Umsetzung neuer Technologien in Produkte**. Vor allem von externen Lieferantennetzwerken wird erwartet, dass sie ein hohes Innovationsniveau aufweisen und durch dieses dem Kundenunternehmen Wettbewerbsvorteile verschaffen. Dies setzt voraus, dass Innovationen mit den drei Erfolgskriterien einer hohen Qualität, eines geringen Zeitbedarfs und einer vorteilhaften Kostenstruktur realisiert werden. Das Ziel ist also die wettbewerbsfähige Beherrschung von Technologie.

Wenn diese Erfolgskriterien für Business Excellence nicht ausreichend gegeben sind, dann ist eine Entscheidung für die Auslagerung von Teilen der Wertschöpfungskette nicht sinnvoll. Im Gegenteil: Bei derartigen Voraussetzungen ist nicht selten die Rückverlagerung von Wertschöpfungsteilen zweckmäßig.

Aus den dargestellten Sachverhalten resultiert ein erheblicher Teil der Unternehmenskooperationen und -verbindungen, dies gilt gerade auch für mittelständische Unternehmen. Insgesamt führt dies dazu, dass der **eigene Wertschöpfungsanteil** am Angebot für Kunden/ Abnehmer – also die eigene Fertigungstiefe – durch die Bildung von Unternehmensnetzwerken weiter **abnimmt**.

Weitere Gründe für derartige Unternehmenskooperationen und -verbindungen sind nach PORTER/ FULLER und MORSCHETT die **Erzielung von Skaleneffekten** bei den Fixkosten (Economies of Scale), aber auch bei den variablen Kosten, also zugleich Economies of Scope (siehe hierzu F.III.4.c.). Angestrebt werden außerdem Lernkurveneffekte und eine **Verringerung von** unternehmerischen **Risiken** durch Teilung der Kosten; z.B. bei der Exploration von Ölfeldern, sowie eine **Einflussnahme auf den Wettbewerb**, z.B. durch die gemeinsame Durchsetzung von Standards, die zu einer Erhöhung der Marktmacht führt.

Als Beispiel für die Problematik der industrieweiten Durchsetzung von Standards sei hier auf den „Kampf" um das Nachfolge-Format für DVDs verwiesen. Während sich die Anbieter-Unternehmen bei der DVD noch auf einen gemeinsamen Standard einigen konnten, existieren für das Nachfolge-System zwei konkurrierende – von der Anzahl der sie unterstützenden Unternehmen – etwa gleich starke Standards. Das Blu-Ray-System bietet den Vorteil einer höheren Speicherkapazität (50 Gigabyte) im Vergleich zum HD-DVD-Standard (30 Gigabyte). Dafür entstehen bei der Produktion der HD-DVD geringere Kosten, und es ist möglich, günstigere Player anzubieten. Anfang 2007 hat der südkoreanische Konzern LG ELECTRONICS das bislang erste Gerät auf den Markt gebracht, das beide konkurrierenden Formate für hochauflösende DVDs abspielen kann. Es ist davon auszugehen, dass viele Hersteller diesem Vorgehen folgen. Die Durchsetzung eines der Standards wird nicht nur von der hardwaretechnischen Unterstützung durch möglichst viele Unternehmen abhängig sein, sondern vor allem von der Wahl der Inhalteanbieter, wie z.B. WALT DISNEY, WARNER BROS. oder TWENTIETH CENTURY FOX.

Weitere Gründe für Unternehmenskooperationen können das **Umgehen von Handelshemmnissen** durch die Zusammenarbeit mit einem Partner im Gastland als Reaktion auf staatlichen Druck sowie das **Gewinnen von Zeitvorteilen** beim internationalen Markteintritt oder durch eine gemeinsame F&E sein. Durch diese Formen der Kooperation oder eines Zusammenschlusses mit anderen Unternehmen sollen Synergiepotenziale vor allem durch Kostensenkungen gehoben werden. Häufig lassen sich mehrere der aufgeführten Zielsetzungen gleichzeitig erreichen, so dass eine Kooperation im Wertschöpfungsverbund zu einem Bündel von Vorteilen führt. Beabsichtigt wird damit insgesamt ein **schnelleres Wachstum**, als es organisch aus den eigenen Kräften des Unternehmens heraus möglich wäre, um so eine bessere Wettbewerbsposition zu erreichen.

Diese Gründe gelten heute für viele Märkte. Als Haupttreiber für Kooperationen und Zusammenschlüsse lassen sich deshalb die in Abbildung H-I-2 dargestellten fünf Entwicklungen identifizieren. Der zunehmende Preiswettbewerb, der durch die Globalisierung verschärft wird, zwingt die Unternehmen auf der einen Seite sich auf ihre Kernkompetenzen zu konzentrieren und auf der anderen Seite neue Technologien gezielt zu nutzen. Durch den globalen Wettbewerb, den starken Leistungsdruck und Technologieschübe wachsen unterschiedliche, aber in einem Wirkungsverbund stehende Branchen, wie z.B. die Telekommunikations- und Computerindustrie, zusammen.

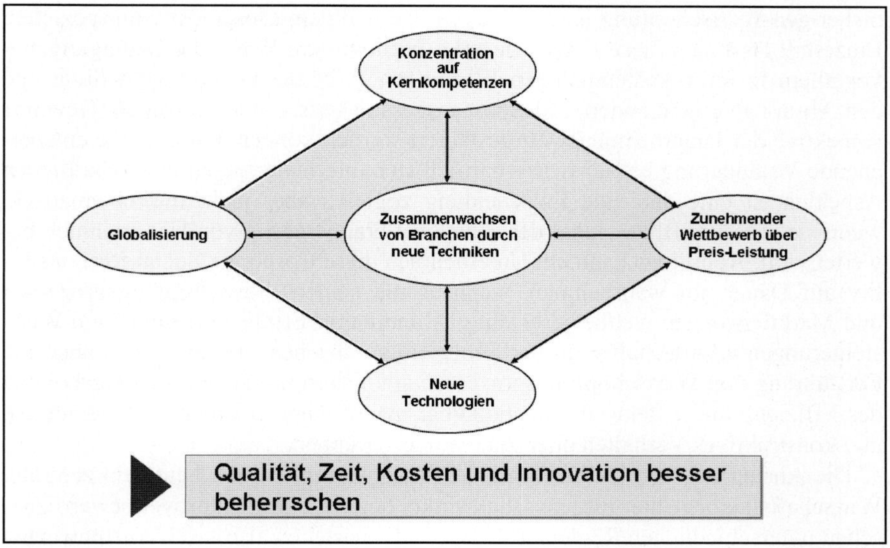


**Abb. H-I-2:** Gründe für Kooperationen und Fusionen als Netzwerke

## 2. Steigende Bedeutung von Standortentscheidungen

Maßgeblich für die Ansiedlung des eigenen Unternehmens bzw. von Unternehmensteilen an einem Standort und für die Auswahl als Lieferant für Abnehmerunternehmen ist die Ausprägung wesentlicher **Standortfaktoren**. Derart komplexe und weit reichende Entscheidungen setzen viele der in den vorstehenden Kapiteln dieses Buches behandelten Inhalte voraus. Die Ausführungen zur Wertschöpfungs- und Prozessorientierung bilden hierfür die unmittelbare Basis. Entscheidungen zu Unternehmensstandorten haben nicht nur betriebswirtschaftliche Auswirkungen. Mit ihnen sind nicht selten aufgrund der Produktionsverlagerungen auch Werksschließungen verbunden, so dass diese Ereignisse häufig im Mittelpunkt der öffentlichen Diskussion stehen. Denn davon sind mehrere interne und externe Unternehmensträger-Gruppen (Stakeholder) unmittelbar betroffen. Hiervon gehen dann zugleich gesamtwirtschaftliche und soziale Wirkungen aus. Die Stufenfolge läuft üblicherweise folgendermaßen ab: Auf den Export von Produkten folgt aus den genannten Gründen der Export von Produktionsteilen und damit auch von Arbeitsplätzen. Wenn dies zu einer steigenden Arbeitslosigkeit im Inland führt, wandern in zunehmendem Maße auch qualifizierte Arbeitskräfte ins Ausland ab, was in der Konsequenz zusätzlich einem ungewollten Export von Kompetenzen und Know-how entspricht.

**Unternehmen werben um Kunden – Regionen/ Länder um Unternehmen**

Aus welchen Gründen nehmen Unternehmen geografische Verlagerungen in ihrer bisherigen Wertschöpfung vor? Ganz generell und damit losgelöst vom speziellen Einzelfall lässt sich diese Frage wie folgt beantworten: Wenn die Bedingungen – vor allem in ihren kostenmäßigen Wirkungen – für die Leistungserstellung und den Absatz an einem anderen Standort insgesamt besser sind und so die Gewinne respektive der Unternehmenswert gesteigert werden können, dann ist die entsprechende Veränderung betriebswirtschaftlich sinnvoll. Unter gesamtwirtschaftlichen Aspekten ist eine derartige Entscheidung zugleich aber nicht unproblematisch, wenn sie mit dem Blickwinkel der sozialen Verantwortung von Unternehmen bewertet wird. Allerdings kann ein Unternehmen diese Corporate Social Responsibility auf Dauer nur wahrnehmen, wenn es mit seinen Wertschöpfungsprozessen und Marktleistungen wettbewerbsfähig ist und damit Erträge, Gewinne und Wertsteigerungen erwirtschaftet. In der Schlussfolgerung bedeutet dies, dass auch die Fortführung von Wertschöpfungsprozessen am bisherigen Standort eine Erhöhung der Effizienz und Effektivität unabdingbar macht. Dies erfordert Zugeständnisse und konstruktives Verhalten aller Stakeholder-Gruppen.

Die Ansiedlung von Unternehmen ist für Regionen/ Länder heute ein zentraler Wirtschaftsfaktor. Unter diesem Blickwinkel besteht ein Standortwettbewerb zwischen unterschiedlichen Regionen/ Ländern. Es bestehen also **zwei Wettbewerbsebenen** in den Volkswirtschaften respektive der Weltwirtschaft: Zum einen der Wettbewerb zwischen Regionen/ Ländern und zum anderen der zwischen Unternehmen. Der Wettbewerb zwischen Regionen/ Ländern soll den Unternehmen Vorteile in ihrer Wettbewerbssituation liefern. Dies kann durch unterschiedliche Maßnahmen erfolgen:

- Auf regionaler oder nationaler Ebene werden Wirtschaftsregionen definiert, in denen eine finanzielle und häufig infrastrukturelle Förderung den ansiedlungswilligen Unternehmen angeboten wird. Angestrebt wird – in der Nomenklatur von MICHAEL E. PORTER – eine **Cluster-Bildung** von Unternehmen einer gleichen Schrittmachertechnologie, wie dies beispielsweise Schwerpunkte bei Silicon Valley in den USA für Computertechnologie, Bangalore in Indien für IT-Leistungen/ Software-Outsourcing, bei München/ Martinsried für die Biotechnologie und in Dresden für die Chip-Technologie sind. Hierdurch entstehen **technologische Gravitationszentren** mit einem hohen Niveau an Kernkompetenzen. In der Folge werden Zulieferunternehmen dieser Technologieführer angezogen, die sich ebenfalls in dieser Region niederlassen, um – ressourcenorientiert – von dem vorhandenen Beschäftigtenpotenzial mit einer hohen Qualifikation zu profitieren und zugleich – marktorientiert – relativ nahe bei ihren Abnehmerunternehmen als Kunden zu sein.

- Um Wettbewerbsvorteile auf regionaler oder nationaler Ebene zu erreichen, hat PORTER in seinem **Diamant-Modell** vier Faktoren unterschieden (siehe Abbildung H-I-3). Im einzelnen sind dies:
  - Die Strategie, die Struktur und der Wettbewerb der Unternehmen, die Steigerungen der Produktivität und der Innovationsrate erforderlich machen
  - Die Faktorbedingungen, die neben der Kostenstruktur vor allem durch Fachkräfte, Kapital und Infrastruktur geprägt werden

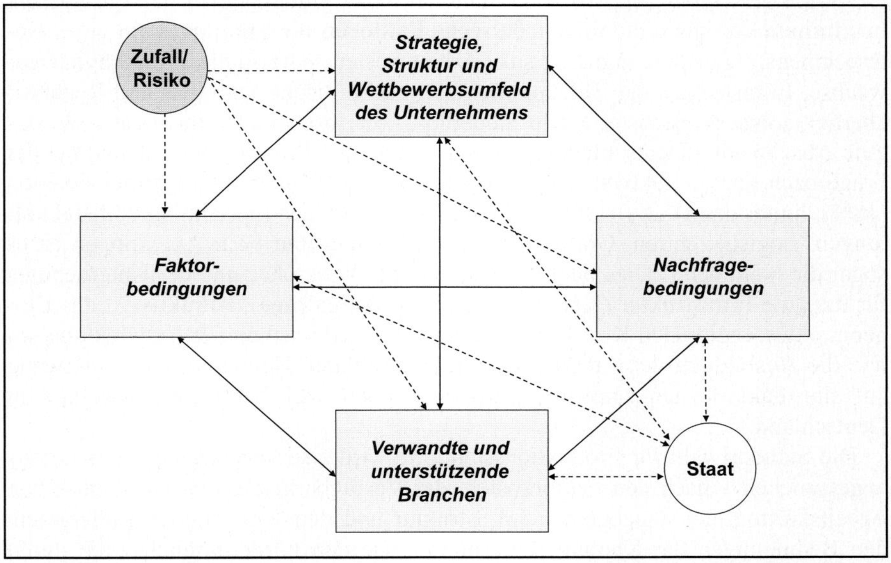


**Abb. H-I-3:** Das Diamant-Modell in Anlehnung an PORTER

  - Die Nachfragebedingungen, also die Präsenz und Struktur der Kunden, die als Erfolgsvoraussetzung eine ständige Verbesserung der Produkte und der Qualität erfordern
  - Verwandte und unterstützende Branchen im Sinne der angesprochenen vor- und nachgelagerten Wertschöpfungsbereiche, deren räumliche Nähe die Kommunikation und den Austausch von Ideen und Innovationen erleichtert.

Um nachhaltige nationale bzw. regionale Wettbewerbsvorteile entstehen zu lassen, kommt dem Staat eine aktive Rolle zu, und zwar als Motor sowie Katalysator neuer (technologischer) Entwicklungen beispielsweise durch seine Förder- und Steuerpolitik.

Der Einflussfaktor „Zufall" aus PORTERS Modell umfasst auch eine Reihe von externen Risiken für das Unternehmen. Gemeint sind damit schwer vorhersehbare, also kaum kalkulierbare und wenig vom Unternehmen bestimmbare Einflüsse positiver und negativer Art, wie beispielsweise größere technologische Entdeckungen oder Kriege. Auf sie wird an späterer Stelle noch einmal kurz eingegangen.

**Standortfaktoren als Grundlage für Standortentscheidungen**

Der Standort eines Unternehmens ist der geografische Ort seiner Leistungserstellung. Dies können zum einen der Hauptsitz der Konzern- bzw. Unternehmenszentrale und zum anderen die Produktionsstandorte der direkten Wertschöpfung sein.

Entsprechend der Studie „Kennzeichen D: Standortanalyse 2006" von ERNST&YOUNG, bei der 1.019 international tätige Unternehmen befragt wurden, **bestimmen** vor allem die folgenden **sechs Faktoren die Standortwahl** eines Unternehmens: Transport und Logistik, Arbeitskosten, potenzielle Produktivitätszuwächse, Infrastruktur der Telekommunikation, Politische Stabilität und Rechtssicherheit sowie an sechster Stelle Steuerlast. Überraschend ist für viele wohl das gute Abschneiden Deutschlands in dieser Befragung. So liegt Deutschland bei der Frage nach den „attraktivsten Investitionsstandorten" weltweit an dritter Position (18%), hinter den USA (41%) und China (41%). Bei der Einrichtung von Verwaltungen, Logistikzentren, Grafik-/ Designwerkstätten und F&E-Abteilungen ist es sogar die Nummer 1. Dies liegt vor allem an der Wertschätzung der Unternehmen für die gute Infrastruktur (Kommunikation, Verkehrswege), Attraktivität des Binnenmarktes, regionalen Kompetenzen, Qualität der Forschung & Entwicklung sowie die Ausbildung der Arbeitskräfte in Deutschland. Dennoch gibt es in Bezug auf die Faktorkosten und die Bürokratie noch viel Verbesserungsbedarf in Deutschland.

Die Standortwahl für Produktionsstandorte wird also vorwiegend – wie bereits angesprochen – nach den Faktorkosten, der Verfügbarkeit und Qualifikation von Arbeitskräften, der angebotenen Infrastruktur und den vorhandenen Lieferanten, den Bedingungen der Kapitalbeschaffung sowie den Fördermöglichkeiten durch staatliche Institutionen entschieden. Grundsätzlich ist dies jedoch immer unter dem Blickwinkel der jeweiligen Branche zu bewerten. Entscheidend kann dabei deshalb auch der direkte Zugang zu Rohstoffen sein, z.B. bei der Aluminiumproduktion aus Bauxit, oder der Zugang und die Nähe zu den maßgeblichen Abnehmergruppen, beispielsweise durch die Ansiedlung von deutschen Automobilunternehmen in China. Diese Standortentscheidung hat zugleich einen weiteren positiven Effekt. Die dorthin verlagerte Wertschöpfung – nicht selten in Form eines Joint-Venture mit einem lokalen Unternehmen als Markteintrittsvoraussetzung – führt zu einer stärkeren Verlagerung von Wertschöpfungsteilen auf ansässige Lieferanten. Dies schafft zugleich ein positives Umfeld vor allem auch im Hinblick auf Aufträge von staatlichen Institutionen. Diese Entwicklung ist ebenfalls in China zu beobachten.

Zwei **weitere Gründe** können für die Standortentscheidung ebenso maßgeblich sein: Zum einen ist dies die **politische Stabilität** und die **Rechtssicherheit** des Nationalstaates sowie damit auch die Sicherheit des jeweiligen Eigentums; dies stellt beispielsweise bezogen auf den Iran ein Problem dar. Zum anderen ist für Unternehmen, die ihre Produkte global und damit vor allem auch im Dollar-Raum verkaufen, die **Sicherheit vor Währungskursschwankungen** von Bedeutung. Dies führt dazu, dass Wertschöpfungsteile in den Dollar-Raum verlegt werden, um den Kauf von Vorprodukten und den Verkauf der Endprodukte im gleichen Währungsraum abwickeln zu können und damit von Dollarkursschwankungen unabhängig zu sein. Ein derartiges strategisches Verhalten ist z.B. bei AIRBUS nachzuvollziehen.

Der **Entscheidungsprozess** läuft i.d.R. so ab, dass in einem ersten Schritt aus strategischer und operativer Sicht des Unternehmens die maßgeblichen Dimensionen für Standortentscheidungen ausgewählt und daraus abgeleitet die wichtigsten Kriterien und Ausprägungen bestimmt werden. Auf der Basis dieses Scoring-Modells werden dann die in Frage kommenden nationalen Standorte bewertet. In einem Ranking lässt sich so eine Prioritätenliste erstellen. Zusätzlich empfiehlt es sich, auf der Grundlage einer Risikoanalyse anhand der nachvollziehbaren Schwankungsintervalle von Kriterienausprägungen die Stabilität der vorgesehenen Entscheidung zu überprüfen. Konkret bedeutet dies, dass beispielsweise für das Kriterium „Politische Stabilität und Rechtssicherheit“ Wahrscheinlichkeiten für bestimmte Zustände ermittelt werden. Der schlechteste Fall des Szenarios eines möglichen politischen Umsturzes (Worst Case Analyse) bewirkt einen so niederen Punktwert (Score), dass die bisherige optimale Standortentscheidung „kippt“ und einem Standort mit weniger Risiko der Vorzug zu geben ist.

## 3. Anforderungen und Gestaltungsansätze der Wertschöpfung in Netzwerken

Da Kunden zusätzlich zu Produkten vermehrt auch zugehörige Dienstleistungen nachfragen, entstehen immer häufiger kleinere, auf derartige spezielle Fähigkeiten ausgerichtete, effizientere sowie auch flexiblere Einheiten. Insgesamt werden funktionierende Systemlösungen verlangt, welche die Bedürfnisse der Kunden bzw. Abnehmer leistungs- und artgerecht erfüllen können. Dadurch steigen die Anforderungen deutlich und werden dabei vor allem komplexer.

Der Trend geht also zur Spezialisierung und dem gleichzeitigen Einbinden von externen Partnern. Die resultierende Systemleistung setzt sich so aus einer Summe von Einzel- und Teilleistungen zusammen. Kooperationen als Wertschöpfungsnetzwerke integrieren auf diese Weise jeweils ausgeprägte Kernkompetenzen der einzelnen Partner. Eine wesentliche Voraussetzung für die Leistungsfähigkeit des gesamten Systems ist dabei, dass die geforderte **Qualität jedes einzelnen Partners** garantiert ist. Entsprechend dem Bild des „schwächsten Glieds einer Kette“ kann die unzureichende Qualität eines einzigen Partners die gesamte Qualität eines Leistungsverbundes reduzieren oder sogar zum Scheitern bringen. Aus diesem Grunde ist es unbedingt erforderlich, für jede Einzelleistung klare und eindeutige Qualitätsstandards aufzustellen und einzuhalten. Sie gehen heute in immer mehr Unternehmen in Richtung Null-Fehler-Qualität unter Einsatz der Six Sigma Methodik.

Eine weitere Anforderung besteht darin, die **Kommunikation zwischen den Partnern** effizient zu gestalten. Wesentlich unterstützt wird diese Aufgabe durch die Entwicklungen in der IuK-Technologie, die das Beherrschen vernetzter Prozesse in mehrstufigen Wertschöpfungsketten und damit die Dezentralisierung von nicht unmittelbar „objektgebundenen" Tätigkeiten ermöglichen. Wenn objektgebundene, also unmittelbar mit der Marktleistung verbundene Tätigkeiten und Kompetenzen wettbewerbsdifferenzierendes Potenzial besitzen, dann werden sie „captive" Leistungen genannt, weil sie Dritten, z.B. in Kooperationen, nicht zugänglich gemacht werden sollen.

**Kernkompetenzen** als bereits angesprochene Anforderung sind Fähigkeiten eines Unternehmens, in bestimmten Teilen der Wertschöpfungskette gegenüber seinen Konkurrenten Wettbewerbsvorteile aufzubauen. Sie dienen der Integration/ Harmonisierung von Technologieströmen und der Koordination verschiedener Produktionsfähigkeiten. Eine wesentliche Voraussetzung für Kernkompetenzen ist, dass sie sich bei der Verwendung nicht abschwächen, sondern verbessern, wenn man sie nutzt und in das Netzwerk einbringt.

Nach PRAHALAD und HAMEL existieren **drei Testmöglichkeiten**, um zu bestimmen, ob eine Kompetenz eine Kernkompetenz darstellt. Erstens hat eine Kernkompetenz den Zugang zu mehreren Märkten zu gewährleisten, sie lässt sich also auf unterschiedlichen Märkten einsetzen. Zweitens sollte sie einen signifikanten Beitrag zum Kundennutzen des Endprodukts leisten und drittens schwierig zu imitieren sein. Nach SNOW/ MILES/ COLEMAN kann ein Unternehmen auf relevanten Märkten nur noch dann eine Führungsposition erringen, wenn es sich auf genau diese Kompetenzen konzentriert und alle anderen Aktionen an wiederum spezialisierte Partner in Netzwerken abgibt. Dies führt dazu, dass sich Unternehmen z.B. auf die Forschung und Entwicklung konzentrieren, andere Unternehmen im Netzwerk auf die Produktion und wieder andere auf die Distribution. So haben beispielsweise NIKE, ADIDAS und auch DELL die Produktion an Partnerunternehmen vergeben.

Die **Kooperation** kann generell in den folgenden **drei Formen** gestaltet sein:

- Der Kunde hat im ersten Fall als Auftraggeber die Rolle des Principals, der den Wertschöpfungsprozess und sein Ergebnis definiert und steuert. Das Lieferantenunternehmen nimmt die Funktion des Agents ein, der die Leistung nach diesen Vorgaben erstellt.
- In einem Netzwerk als Leistungserbringer können im zweiten Fall alle Unternehmen – ohne internen Principal – als Agents gleichgeordnet sein, so dass ein erheblicher Teil der Koordination beim Auftraggeber liegt.
- Im dritten Fall hat der Auftraggeber einen einzigen Ansprechpartner in dem Lieferantennetzwerk, der – wie in der Automobilindustrie z.B. für den Antriebsstrang – die Rolle eines „Systemkopfs" übernimmt und damit als interner Principal auch die gesamte interne Koordination der Einzelleistungen durch die einzelnen Netzwerkunternehmen als interne Agents verantwortet. In diesem

Fall besteht also nicht nur nach außen eine Principal-Agent-Beziehung, sondern auch innerhalb des Wertschöpfungsnetzwerks.

Um die geforderte und vereinbarte Teilleistung eines Partners zu garantieren, lassen sich die **Erkenntnisse der neuen Institutionenökonomik** heranziehen (siehe hiezu F.III.5.d.). Sie sollen eine Koordination bei der Leistungserstellung zwischen den beiden idealtypisch extremen Formen „Markt“ als reinem Zukauf von Einsatzfaktoren über den Beschaffungsmarkt und „Hierarchie“ als ausschließlich eigenem Organisieren und Erstellen von absatzreifen Leistungen sicherstellen. In der Kooperation zwischen den einzelnen Partnern sind dabei folgende Analysen auf der Basis der **Principal-Agent-Theorie** wichtig:

- Es existiert keine unbekannte Eigenschaft (Hidden Characteristic) eines Partners, die für die Erstellung der Einzelleistung im Systemverbund wesentlich ist. Andernfalls würde dies im nachhinein bestätigen, dass der falsche Partner ausgewählt wurde, weil er nicht dazu in der Lage ist, die geforderte Qualität zu erstellen (Adverse Selection).
- Der Partner verschweigt keine im Leistungsverbund wichtige Information (Hidden Information) oder wesentliche Aktivität (Hidden Action), so dass also kein opportunistisches Verhalten (Moral Hazard) vorliegt.
- Der Partner lässt die anderen Unternehmen des Netzwerkes nicht über seine wahren Absichten im Unklaren (Hidden Intention), was dazu führen kann, dass er seine Leistung in der Zukunft reduziert, so dass die gesamte Systemleistung in ihrer Qualität gefährdet ist (Hold-up).

Die Zusammenarbeit zwischen dem Principal und den Agents ist also dadurch gekennzeichnet, dass eine erhebliche Informationsasymmetrie zu Ungunsten des Principal besteht. Obwohl er steuert und der Agent ausführt, hat der Agent über seine Leistungsfähigkeit und sein Verhalten einen Informationsvorsprung. Hinzu kommt, dass der Agent in seinem Verhalten möglichst alle Risiken ausschließt, also risikoavers ist.

Trotz dieser nicht zu übersehenden Risiken und Probleme einer Zusammenarbeit mit externen Partnern konzentrieren sich immer mehr Unternehmen auf ihre Kernkompetenzen sowie damit Kernwertschöpfung und lagern andere Wertschöpfungsteile auf Partner aus. Wenn es nicht gelingt, durch eine längerfristige erfolgreiche Zusammenarbeit eine gemeinsame Vertrauensbasis aufzubauen, dann wollen sie zumindest durch Vorgaben, Kontrollen und Anreize die Partner zu einem kooperativen Verhalten bewegen.

## 4. Outsourcing als Basis-Ansatz für Wertschöpfungsnetze

> Unter **Outsourcing** ist die Bereitschaft und gängige Praxis von Unternehmen zu verstehen, Teile der eigenen Wertschöpfung auf andere Unternehmen zu übertragen. Der Begriff stellt ein Akronym dar, das auf „Outside Resource Using“ zurückgeht.

Unterscheidbar ist neben einem Outsourcing von Teilen der direkten Wertschöpfungsprozesse auf Zulieferer die Auslagerung von unterstützenden Prozessteilen auf Dienstleister. Zusätzlich ist als weitere Form auch eine strategische Entscheidung bei wettbewerbssensiblen Wertschöpfungsteilen in der Weise möglich, dass das Unternehmen eine selbstständige Einheit als Tochterunternehmen gründet, um so einen Teil der eigenen Wertschöpfung auszulagern. Ein Hauptgrund kann darin liegen, dass diese Wertschöpfung dann bezogen auf die Kosten- und Leistungsrechnung besser abgrenzbar ist. Außerdem kann hierfür maßgeblich sein, dass die Nähe zum jeweiligen Kunden am Markt vergrößert wird und dadurch die Reaktionsgeschwindigkeit dieses Unternehmensteils zunimmt. Diese Variante einer unternehmenseigenen Auslagerung wird – insbesondere beim IT-Outsourcing – als **Captive Outsourcing** bezeichnet.

Die Auslagerung einzelner Wertschöpfungsteile aus einem Unternehmen ist i.d.R. wirtschaftlich begründet. Sie erfolgt aus Know-how-Gründen sowie auch – einzel oder kombiniert – aus Zeit-, Kosten- und/ oder Qualitätsüberlegungen. Maßgeblich kann der Aspekt sein, dass andere Unternehmen stärker auf einen bestimmten Wertschöpfungsteil, also beispielsweise die Produktion von Einzelteilen, wie Scheinwerfern für Automobile, spezialisiert sind. Das bedeutet, dass ein solches Unternehmen dann zum einen das bessere Know-how besitzt. Zum anderen führt dieser **Know-how-Vorsprung** oftmals dazu, dass die **Qualität** der gelieferten Teile **höher** ist und dass deren **Kosten geringer** sind. Da ein auf bestimmte Teile, Komponenten oder Systeme konzentriertes Unternehmen i.d.R. für mehrere Abnehmer produziert und damit eine höhere Stückzahl auf sich vereint, wird eine Fixkostendegression erreicht (siehe hierzu F.III.4.c.) und es reduzieren sich die Kosten pro Stück durch die Skaleneffekte. Ein weiterer Grund für eine Auslagerung kann darin liegen, dass die zeitliche **Flexibilität erhöht** wird. Dies ist insbesondere dann der Fall, wenn sich das Unternehmen bei hoher Nachfrage auf die Wertschöpfungsphase mit Kernkompetenzen konzentrieren und darin alle seine Ressourcen bündeln muss.

Outsourcing-Entscheidungen laufen häufig mehrstufig ab: Zunächst werden zur Nutzung von Unterschieden der Faktorkosten, also insbesondere der Lohnkosten, Teile des direkten Wertschöpfungsprozesses der Produktion an kostengünstigere Standorte verlagert. Wenn die wirtschaftlichen und politischen Umfeldbedingungen positiv sind, dann folgen oftmals weitere direkte Wertschöpfungsprozesse wie Forschung und Entwicklung. Dies setzt vor allem hoch qualifizierte Fachkräfte voraus; um sie zu erhalten, ist ein paralleler Schritt eine Verlagerung der Personalentwicklung als Teil des flankierenden Wertschöpfungsprozesses Personal/ Human Ressourcen. Damit ist in der Konsequenz die Verlagerung ganzer Unternehmensteile mit direkten, flankierenden und übergeordneten Wertschöpfungsprozessen vorgezeichnet (siehe F.I.).

Mit einem vermehrten Outsourcing sind jedoch auch **Nachteile** verbunden, z.B. die Gefahr, in ein Abhängigkeitsverhältnis gegenüber Zulieferern zu gelangen. Dadurch kann sich das Beschaffungsrisiko erhöhen, da die Möglichkeit besteht, dass Lieferanten nicht rechtzeitig in der Lage sind, die zur Produktion notwendigen Teile bzw. Komponenten anzuliefern. Auch kann es zu unerwarteten Preiserhöhungen kommen. Zudem ist es möglich, dass die bereits oben angeführten Skaleneffekte zwar von dem Unternehmen realisiert werden, auf das die Leistungen ausgelagert wurden, jedoch nicht ausreichend im eigenen Unternehmen zum Tragen kommen. Das bedeutet, die Kostenreduzierungseffekte bleiben aus und es wird nicht gelingen, die Fixkosten pro Stück entsprechend zu reduzieren.

Es liegt auf der Hand, dass Teile der Wertschöpfungskette, die Kernkompetenzen zum Gegenstand haben, nicht outgesourct und damit nicht auf andere Unternehmen verlagert werden. Anderenfalls wäre ein Abfluss von Wissen, also ein nicht gewollter Know-how-Transfer, die Konsequenz. Im vorstehend angesprochenen Fall der Gründung eines selbstständigen Tochterunternehmens würde dieses Wissen noch im Unternehmen bleiben, auch wenn es in einer selbstständigen Unternehmenseinheit gebündelt eingesetzt wird.

Wie bereits deutlich wurde, nehmen die **Anforderungen** an die Steuerung der Wertschöpfungskette bei einem Outsourcing zu. Dessen Kernwirkungen – und damit die Steuerungsnotwendigkeiten – lassen sich wie folgt zusammenfassen: Das logistische Transportvolumen steigt. Dies bedeutet, dass ein gut funktionierendes Supply Chain Management (siehe hierzu F.IV.1.a.) existieren muss, das die physische Verfügbarkeit von Produkten/ Leistungen sicherstellt und frühzeitige Informationen über die Einhaltung der geforderten Qualität/ Qualitätsstandards garantiert, um so eine pünktliche und mängelfreie Lieferung zu erreichen und unnötige Vorräte/ Bestände zu vermeiden. Hiermit sind erhöhte Anforderungen an die Qualitätsmanagement-Konzepte der Zulieferer verbunden (siehe hierzu F.IV.1.b.).

**Onshoring, Nearshoring, Offshoring als geografische Outsourcing-Varianten**

Bei der Standortwahl, insbesondere aber bei Standortverlagerungen sowie bei Wertschöpfungsauslagerungen stehen häufig die Faktorkosten – und dabei die Arbeitskosten – im Mittelpunkt der Entscheidung. So kommt es beispielsweise häufig zu Auslagerungen in den (südost)asiatischen Raum nach Indien oder auch nach China. Dabei stellt sich das Entscheidungsspektrum insgesamt wie folgt dar:

- **Onshoring** bedeutet eine Auslagerung zu Wertschöpfungspartnern im eigenen Land.
- **Nearshoring** hat eine Auslagerung zu Produzenten/ Dienstleistern in nahe gelegenen Ländern mit Vorteilen bei den Arbeitskosten, z.B. in osteuropäische Länder, zum Gegenstand.
- **Offshoring** ist die Auslagerung zu Wertschöpfungspartnern in entfernten Ländern mit deutlichen Arbeitskostenvorteilen, also vorwiegend in asiatische Länder.

Der Begriff Offshoring wurde dabei übertragen aus dem früheren Sprachgebrauch von Offshore-Finanzplätzen; die weiteren Bezeichnungen sind dann aus dem Offshoring entwickelt worden.

Wenn ein Near- oder Offshoring bereits in einem Leistungsverbund geschieht, beispielsweise also ein Automobilhersteller als OEM (Original Equipment Manufacturer) seine Zulieferer „mitnimmt“, dann besteht die generelle Zielsetzung darin, neue Märkte zu erschließen. Im Zielland entstehen neue Arbeitsplätze, was mit einem Wissenszuwachs, also einer Know-how-Steigerung der Arbeitskräfte verbunden ist. Insbesondere kommt es aber dort zu einer positiven Einkommensentwicklung, welche den Absatz weiterer Produkte und Dienstleistungen möglich macht. Mit dem Ziel, über solche Nachfrageausweitungen einen allgemeinen Wirtschaftsaufschwung zu erreichen, fördern die Regierungen in den Zielländern regelmäßig den Transfer bzw. die Ansiedlung ganzer Netzwerke von Unternehmen respektive wichtiger Teile solcher Verbünde.

## II. Vertragliche Zusammenarbeit und Strategische Allianzen als Netzwerk-Organisation

Warum kooperieren Unternehmen miteinander? Welche Vorteile bieten Netzwerk-Organisationen und welche Risiken können entstehen? Wie können Netzwerke organisiert werden? Was ist unter der „grenzenlosen Organisation" zu verstehen? Sind Kartelle in Deutschland erlaubt? Was ist ein Konsortium, eine Interessengemeinschaft, eine Arbeitsgemeinschaft, eine Strategische Allianz oder ein Joint Venture?

Im Folgenden wird auf die einzelnen Formen und Stufen von Kooperationen ausführlicher eingegangen. Dabei werden zunächst noch einmal die generellen Zielsetzungen beleuchtet und dann die Vor- und Nachteile der einzelnen Ausprägungsformen diskutiert.

**Kooperationen** als partnerschaftliche Zusammenarbeit zwischen zwei oder mehr Unternehmen sind Forschungsgegenstand verschiedener Disziplinen, z.B. weil die Zusammenarbeit zwischen Unternehmen auf einem kooperativen Verhalten basiert. Sie sind niemals vollständig planbar und immer ein Stück weit unberechenbar, wie die Darstellung der Principal-Agent-Theorie gezeigt hat.

Die Kernmotivation einer Unternehmenskooperation liegt zumeist in dem Streben nach einer stärkeren Marktstellung, die alleine nur mit einem zu großen Aufwand zu erreichen wäre. Im Zusammenschluss mit anderen Unternehmen werden Synergieeffekte erwartet, die allerdings nicht immer zu realisieren sind. In Abhängigkeit von der Branche versprechen sich Unternehmen dabei unterschiedliche Vorteile. Die Motive bei traditionellen Industrien, wie dem Stahlbau, liegen vor allem in der Nutzung von Kosteneinsparungen im Herstellungsprozess (Economies of Scale). In der Automobilindustrie und bei Luftfahrtunternehmen wird durch die Bildung von Vertriebsallianzen im Rahmen der Globalisierung die internationale Marktausweitung vorangetrieben. Und in Bereichen mit unterschiedlich langen Innovationszyklen wie der Elektronik oder Chemie/ Pharmazie ist das dominante Motiv die Bildung von Forschungskooperationen zum Austausch von technologischen, finanziellen und Humanressourcen. Die **Vorteile von Kooperationen** werden demnach generell in mehreren Feldern gesehen:

- **Zeit- und Kostenvorteile**: Insbesondere Kooperationen in der Forschung- und Entwicklung bergen zeitliche und finanzielle Vorteile, bei einer gleichzeitigen Streuung von Risiken, die in ihrer Höhe von einem einzelnen Unternehmen kaum getragen werden können.
- **Neue Märkte**: Die Erschließung neuer Absatzregionen wird durch Verbünde erleichtert, trägt im Rahmen der Globalisierung der verstärkten internationalen Arbeitsteilung Rechnung und ermöglicht den Spagat zwischen globaler Präsenz einerseits und lokaler Differenzierung andererseits.
- **Kompetenzgewinne**: Durch die Konzentration der Kooperationspartner auf ihre Kernkompetenzen können Wertschöpfungsketten sinnvoll zerlegt werden, so dass Wissensvorsprünge, Erfahrungskurveneffekte und gegenseitiges Lernen optimal ausgenutzt werden.
- **Systemkompetenz**: Aus den Kompetenzgewinnen resultierend ist hierunter das ganzheitliche Verständnis der Kundenprobleme zu verstehen, die durch eine bestmögliche Kombination von Teilleistungen aller Partner gelöst werden und einen Zuwachs an Kundenzufriedenheit und -loyalität bewirken.

Hervorzuheben ist die Möglichkeit, durch das Eingehen einer Kooperation die Komplexität des eigenen Unternehmens zu reduzieren, um sich ganz auf die Kernkompetenzen fokussieren zu können. Diese Chance ist insbesondere für die Firmen interessant, die mit ihren Kapazitäten bereits an Grenzen stoßen und sich durch eine Unternehmenskooperation neue Wettbewerbsvorteile und Kundenwerte erschließen können.

Dem Gewinn an Marktbedeutung stehen in der Praxis jedoch stets Probleme in der Konsensfindung der kooperierenden Akteure gegenüber, die mit **Risiken** für die einzelnen Partner verbunden sind. Deshalb führen Kooperationen nicht zwangsläufig zu Synergien in den oben beschriebenen Ausprägungen. Sowohl bei einer Kooperation durch wechselseitige Ergänzung als auch bei einer bewussten Gleichrichtung der Aktivitäten treten immer wieder Konfliktsituationen auf.

### Grundtypen einer Netzwerk-Organisation

> Eine **Netzwerk-Organisation** ist nach SYDOW eine Beziehungsform zwischen rechtlich selbstständigen, wirtschaftlich aber überwiegend abhängigen Unternehmen zur Realisierung von Wettbewerbsvorteilen. Die Beziehungen innerhalb der Netzwerke sind dabei eher kooperativ als kompetitiv und dadurch relativ stabil.

Netzwerk-Organisationen stellen damit eine Alternative zur Integration von Unternehmen dar. Die beteiligten Unternehmen können sich auf ihre Kernkompetenzen konzentrieren und begrenzen ihre Investitionsrisiken. Dies wird als Strategie der Ent-Diversifizierung bezeichnet. Obwohl die Unternehmen nicht in ein Gesamtunternehmen integriert werden, ist die Kontrolle über Produkte und/ oder Dienstleistungen innerhalb des Netzwerkes möglich. Nach SNOW/ MILES/ COLEMAN lassen sich drei verschiedene Formen von Netzwerk-Organisationen unterscheiden.

Ein **internes Netzwerk** verfügt über alle notwendigen Voraussetzungen um einen Markt zu bearbeiten. Interne Business Units sind spezialisiert auf bestimmte Teilaufgaben und bieten diese zu Marktpreisen an. In dieser Form des Netzwerk-Unternehmens können unternehmerische Verhaltensweisen und Marktchancen ohne größere Outsourcing-Aktivitäten erreicht werden.

Bei einem **stabilen Netzwerk**, wie es von BMW beispielsweise mit MAGNA STEYR in Graz praktiziert wird, sind die Produktionsmittel auf mehrere Partner verteilt, werden aber für einen bestimmten Zweck genutzt. Häufig gibt es hierbei ein größeres Kernunternehmen mit einer Reihe kleinerer Lieferanten.

Die dritte Form des **dynamischen Netzwerks** hat den höchsten Anteil an outgesourcten Wertschöpfungsaktivitäten. Es entsteht häufig in einem zeitkritischen oder unstetigen Wettbewerbsumfeld. Das führende Unternehmen im dynamischen Netzwerk konzentriert sich auf seine Kernkompetenzen, identifiziert und organisiert weitere benötigte Ressourcen, welche bei anderen Unternehmen verfügbar sind, und bindet diese dann in das Netzwerk ein. Dynamische Netzwerke können Flexibilität und Spezialisierung schaffen. Aber es besteht das Risiko, dass die Qualität der Produkte innerhalb des Netzwerks variiert, erforderliches Wissen und benötigte Teile nicht zum richtigen Zeitpunkt verfügbar sind oder geheimes Wissen ausgenutzt wird. Für die Netzwerkpartner bringt dies insbesondere dann zusätzliche Gefahren mit sich, wenn eine gesamtschuldnerische und damit solidarische Haftung besteht.

Netzwerke sind oft als **virtuelle Unternehmen** organisiert. Auf einzelne Bereiche eines solchen Unternehmens kann nicht direkt zugegriffen werden, da keine gemeinsame Organisation existiert. Typische Anwendungsbeispiele sind in der Filmindustrie durch den Zusammenschluss zahlreicher Spezialisten bei der Realisierung eines Filmprojektes gegeben. Anweisungen können nicht über eine Linienorganisation weitergegeben werden, da nur auf Basis eines Vertrages miteinander kooperiert wird. So sind hohe Anforderungen an die Zusammenarbeit gestellt, was die Einführung von einheitlichen Kontrollsystemen insbesondere für die inhaltliche Qualität und die termingerechte Verfügbarkeit der Netzwerkleistungen notwendig macht.

Wenn diese Zusammenarbeit in der Praxis funktioniert, dann werden Unternehmen in Netzwerken zu einer **grenzenlosen Organisation**. Dieser Begriff wurde von JACK WELCH, dem ehemaligen CEO von GENERAL ELECTRIC geprägt. Ermöglicht wird ein derartig grenzenloses Verbund-Unternehmen durch funktionsfähige IT-Systeme, die in Wertschöpfungs-Netzwerken zwischen den verschiedenen Partnerunternehmen unmittelbar vernetzt werden können. Neben dieser starken Abhängigkeit von der Informationstechnologie resultieren hieraus auch Konsequenzen in die Unternehmen hinein: Abteilungen werden eher durch hierarchieübergreifende eigenverantwortliche Teams ersetzt, was zur Abschaffung der vertikalen Weisungshierarchie und zu deutlich größeren Leitungsspannen führen kann. Insgesamt erfordern diese flachen Hierarchien partizipative Methoden der Führung und Entscheidungsfindung. Eine prozessbezogene Arbeitsorganisation führt zur Abschaffung horizontaler (Abteilungs-)Grenzen. Der Kreis schließt sich dadurch, dass Kunden, Lieferanten und andere externe Partner in die Produktentwicklung und -erstellung aktiv einbezogen werden.

### Traditionelle Kooperationsformen

Im Folgenden wird ein Überblick über die wichtigsten Formen der seit längerem realisierten Kooperationen gegeben.

> Unter einem **Kartell** sind Absprachen oder Vereinbarungen zwischen unabhängigen Unternehmen zu verstehen, wenn diese dem Ziel dienen, den Wettbewerb zu beschränken, den Markt zu regeln oder negative Wirkungen des Wettbewerbs auszugleichen.

Die Unternehmen eines Kartells bleiben mit Ausnahme der vereinbarten Verhaltensregeln autonom. Das heißt, die Mitglieder versuchen ohne Aufgabe ihrer rechtlichen Selbstständigkeit, die Vorteile einer Monopolstellung zu erreichen. Neben der Festlegung von Preisen und Konditionen kann dies auch durch Absprachen über die Produktionsmenge, Aufteilung von Marktanteilen/ Einkaufsgebieten oder Kunden geschehen. Mitglied eines Kartells können – im Gegensatz zu den anderen Kooperationsformen – nur Unternehmen einer Wertschöpfungsstufe sein.

In Frankreich und Belgien werden Kartelle als Syndikate bezeichnet. Syndikate sind im deutschsprachigen Raum aber die Absatzmittler von Kartellen bzw. Kartelle mit zentralisiertem Absatz. In Deutschland sind Kartelle entsprechend den Regelungen des Gesetzes gegen Wettbewerbsbeschränkungen verboten (§1 GWB in der Fassung der 7. Novelle 2005) (siehe hierzu Kapitel F.II.2.e.).

Ausnahmen vom Kartellverbot sind in § 2 GWB festgeschrieben für „Vereinbarungen zwischen Unternehmen, Beschlüsse von Unternehmensvereinigungen oder aufeinander abgestimmte Verhaltensweisen, die unter angemessener Beteiligung der Verbraucher an dem entstehenden Gewinn zur Verbesserung der Warenerzeugung oder -verteilung oder zur Förderung des technischen oder wirtschaftlichen Fortschritts beitragen, ohne dass den beteiligten Unternehmen

1. Beschränkungen auferlegt werden, die für die Verwirklichung dieser Ziele nicht unerlässlich sind, oder
2. Möglichkeiten eröffnet werden, für einen wesentlichen Teil der betreffenden Waren den Wettbewerb auszuschalten".

§ 3 GWB regelt entsprechend die Aufhebung des Kartellverbots für kleine und mittlere Unternehmen, wenn dadurch der Wettbewerb auf dem Markt nicht wesentlich beeinträchtigt wird und die Vereinbarungen dazu dienen, die Wettbewerbsfähigkeit dieser Unternehmen zu verbessern (Mittelstandskartell).

Ein eklatantes Beispiel für ein in Deutschland aufgedecktes Kartell war das Zementkartell. Es hatte verbotene Preis- und Gebietsabsprachen zwischen Zementherstellern zum Gegenstand. Das Verfahren des Bundeskartellamtes wurde im Jahre 2004 abgeschlossen und das Kartell aufgelöst. Als Strafe wurden Bußgelder in Höhe von 661 Mio. EUR verhängt. Neben den sechs größten Zementherstellern Deutschlands, wie z.B. HEIDELBERGCEMENT, DYCKERHOFF, SCHWENK ZEMENT gehörten auch mittelständische Unternehmen zu diesem Kartell. Allein HEIDELBERGCEMENT musste eine Zahlung von 252 Mio. EUR Bußgeld leisten.

**Konsortien** stellen im Gegensatz dazu Kooperationen von Unternehmen dar, die auf ein oder mehrere genau abgegrenzte Projekte beschränkt und damit von begrenzter Dauer sind. Die beteiligen Unternehmen bleiben wirtschaftlich und rechtlich selbstständig.

In Deutschland wird häufig für diesen Zweck eine Gesellschaft bürgerlichen Rechts gebildet. Die Ziele liegen in der Verwirklichung ressourcenbedingter Synergievorteile sowie in der Verringerung von Risiken bei Großprojekten. Typische Beispiele sind im Bankbereich Emmissionskonsortien oder Kredit-/ Finanzierungskonsortien, in der Bauwirtschaft Arbeitsgemeinschaften für große Bauprojekte (ARGE) oder Standardisierungsbemühungen zwischen führenden Unternehmen im Bereich der Informations- und Kommunikationstechnologie mit dem Ziel, Industriestandards zusetzen.

Unter **Interessengemeinschaften** sind – meist horizontale – Zusammenschlüsse von Unternehmen auf vertraglicher Basis, mit dem Ziel der Förderung und der Wahrung gemeinsamer Interessen zu verstehen. Die beteiligten Unternehmen bleiben rechtlich und wirtschaftlich ebenfalls selbstständig. Eine typische Form der Interessengemeinschaft ist die Gewinngemeinschaft, bei der ein Unternehmen seinen Gewinn oder Teile davon mit dem Gewinn/ den Gewinnteilen anderer Unternehmen zusammenlegt.

Die bereits erwähnten **Arbeitgemeinschaften** sind den Interessengemeinschaften sehr ähnlich. Sie bezeichnen horizontale Zusammenschlüsse rechtlich und wirtschaftlich selbstständiger Unternehmen mit dem Zweck der Erfüllung eines bestimmten Werkvertrages, Werklieferungsvertrages oder einer begrenzten Anzahl derartiger Verträge. Solche Arbeitsgemeinschaften sind vorrangig im Bau- und Bankgewerbe zu finden.

### Moderne Formen der Kooperation in Netzwerken

Unter dieser Überschrift werden Ausführungen zu Strategischen Allianzen und Joint Ventures gemacht.

**Strategische Allianzen** beziehen sich im Gegensatz zu Kartellen nur auf einen Teil des Unternehmens. Hierbei kooperieren häufig direkt miteinander im Wettbewerb stehende Unternehmen der gleichen Branche. Auf diese Weise wollen die Unternehmen in genau fixierten Gebieten bedeutende Wettbewerbsvorteile erreichen, welche sonst nicht oder nur mit unverhältnismäßig großem Aufwand realisiert werden könnten.

Die Partner bleiben dabei selbstständig und stehen trotz ihrer Zusammenarbeit in einem Geschäftsfeld weiterhin im Wettbewerb zueinander. Ein Beispiel hierfür ist die STAR ALLIANCe der Luftfahrtgesellschaften. In der Automobilbranche kooperierten die Hersteller beim E-Commerce, und zwar im B2B-Bereich. Auf gemeinsamen virtuellen Marktplätzen sollten Verträge mit Lieferanten ausgehandelt werden, wodurch Transaktionskosten gespart werden und Preisdruck ausgeübt wird. Die bestehende gesamte Wettbewerbssituation zwischen den Automobilherstellern hat hier jedoch praktikable Lösungen eher verhindert und deshalb beispielsweise zum Verkauf der Plattform COVISINT an die IT-Dienstleister FREEMARKETS und COMPUWARE geführt.

> Das **Joint Venture** ist eine Form der Kooperation, bei der ein vollkommen neues gemeinsames Unternehmen gegründet wird, um bestimmte Anforderungen der Technologie bzw. der Forschung und Entwicklung oder des Marktes bzw. einzelner Weltmarktregionen besser erfüllen zu können.

Ein Beispiel aus der unternehmerischen Praxis ist hier das Joint Venture zwischen dem Telekommunikationsunternehmen O2 und dem Handelsunternehmen TCHIBO. Es wurde im Herbst 2004 gegründet mit je 50% Beteiligung. Das Ziel ist die Entwicklung von günstigen, transparenten und flexiblen Mobilfunkangeboten für den deutschen Markt. Der Nutzen dieses Gemeinschaftsunternehmens ist die Kombination der Vertriebswege der TCHIBO GMBH mit ihren Filialen, ausgewählten Depot Partnern sowie der Hotline und dem Internet auf der einen Seite und der Mobilfunkinfrastruktur von O2 GERMANY auf der anderen Seite. Auf dem Markt der Prepaid-Karten wurde ein Einheitstarif für TCHIBO Kunden (Rund um die Uhr kosten Gespräche in alle deutschen Netze das Gleiche) angeboten. Seit 2005 ist das Gemeinschaftsunternehmen auch im Vertragskundenbereich aktiv. Bis zum 1. Halbjahr 2006 konnten ca. 750.000 Kunden gewonnen werden.

## III. Fusionen und Akquisitionen (Mergers and Acquisitions)

> Welche Bedeutung haben Fusionen und Akquisitionen (M&A)? Wodurch unterscheiden sie sich? Welche Richtungen von M&A lassen sich unterscheiden? Welche Teilprozesse durchlaufen Unternehmen bei M&A-Aktivitäten? Wie sollte der Integrationsprozess ausgestaltet werden? Warum scheitern so viele M&A-Aktivitäten?

Die zunehmende Globalisierung der Wirtschaft hat dazu geführt, dass Fusionen und Akquisitionen auf nationaler und internationaler Ebene durch schnelles anorganisches Wachstum die Wettbewerbsposition eines Unternehmens deutlich verbessern können. Im Zeitablauf gab und gibt es immer wieder unterschiedlich intensive **M&A-Wellen** in Abhängigkeit vom globalen und nationalen Wirtschaftswachstum, den Marktentwicklungen und Wettbewerberaktivitäten. Dies ist beispielsweise im Bankensektor, der Telekommunikations- und der Automobilbranche sowie im Energiesektor zu beobachten.

In der einführenden Abbildung H-I-1 waren diese beiden intensivsten Kooperationsformen in umgekehrter Reihenfolge aufgeführt, da die Akquisition den Kauf eines fremden Unternehmens mit einer vollständigen Integration in das Käuferunternehmen zum Gegenstand hat. Eine Fusion kann im weitestgehenden Fall auch den Zusammenschluss von zwei gleichberechtigten Partnern bedeuten.

Bereits in den ersten beiden Quartalen des Jahres 2006 wurden Akquisitionen/ Übernahmen (engl. Acquisitions) und Fusionen (engl. Mergers) im Wert von 368 Mrd. US $ angekündigt. Damit bestätigt sich der Trend bei Mergers & Acquisitions (M&A) aus dem Jahr 2005, als weltweit mehr als 24.800 Transaktionen im Wert von über 2.000 Mrd. US $ abgeschlossen wurden. Dabei stellten die Telekommunikations-, Finanzdienstleistungs- und Immobilienbranche die Top-3 der aktivsten Branchen nach dem Transaktionsvolumen dar. Insbesondere Transaktionen mit europäischer Beteiligung verzeichneten zu Beginn des Jahres 2006 nach dem Transaktionsvolumen einen großen Anstieg (37%) gegenüber dem Vorjahr. Aus der Presse sind hier beispielsweise die Akquisition von REEBOK durch ADIDAS-SALOMON, die Übernahme von SCHERING durch BAYER und die angekündigte Übernahme von ENDESA durch E.ON bekannt.

Unter einer **Akquisition/ Übernahme** wird der Kauf bzw. Teilerwerb und die anschließende Integration eines Unternehmens verstanden, beispielsweise um über dessen Ressourcen zu verfügen oder um sich auf diesem Weg einen neuen Markt zu erschließen.

Bei dieser Art der Kooperation verliert ein Unternehmen seine wirtschaftliche Selbstständigkeit, auch wenn es ggf. seine rechtliche Selbstständigkeit behält. Im Resultat führt dies häufig zum Verlust der Identität des akquirierten Unternehmens, da es in das neue Mutterunternehmen, z. B. auch bezogen auf den Firmennamen, integriert wird. Als Beispiel kann hier die Akquisition des führenden Internet-Videoportals YOUTUBE durch den Suchmaschinenbetreiber GOOGLE angeführt werden. Durch die Übernahme werden die Angebote von zwei der meistgenutzten Internetangebote gebündelt und die Marktstellung von GOOGLE bei Online-Videoportalen gestärkt.

Bei einer **Fusion** schließen sich zwei oder mehrere Unternehmen unter Aufgabe ihrer bisherigen rechtlichen und wirtschaftlichen Selbstständigkeit sowie ihrer ursprünglichen Identität zu einem neuen Unternehmen zusammen.

Als Beispiel kann hier die Fusion zwischen der deutschen DASA (DaimlerChrysler Aerospace), der französischen AÉROSPATIALE-MATRA und der spanischen CASA (Construcciones Aeronáuticas S.A.) zur EUROPEAN AERONAUTIC DEFENSE AND SPACE COMPANY (EADS) genannt werden. Ein aktuelles Beispiel aus dem Jahr 2006 ist die Fusion des weltgrößten Stahlkonzerns MITTAL STEEL mit dem Branchenzweiten ARCELOR. Die beiden Unternehmen vereinigen damit eine Produktionskapazität von 109,7 Mio. t Rohstahl auf sich, also knapp das Vierfache der Kapazität des nächst kleineren Konkurrenten NIPPON STEEL.

**Richtungen von Mergers & Acquisitions**

Im Folgenden wird der Begriff Zusammenschluss sowohl für die Akquisition, also Übernahme eines Unternehmens durch das andere, als auch die Fusion, also das Zusammengehen von mehr oder weniger gleichberechtigten Unternehmen, verwendet. M&A-Aktivitäten werden häufig nach der Wertschöpfungsstufe und demzufolge nach dem Grad der Verbundenheit bei der Leistungserstellung unterschieden. Gemeint ist hiermit, ob der Zusammenschluss horizontal auf ein Unternehmen der gleichen Branche ausgerichtet ist, sich vertikal auf eine vor- oder nachgelagerte Wertschöpfungsstufe bezieht oder ob er lateral angelegt ist, also das hinzugekommene Unternehmen zu einer anderen Branche gehört.

Der **horizontale Zusammenschluss** verfolgt das Ziel, die Kernkompetenzen des Unternehmens zu stärken und die Präsenz bzw. Marktmacht in den Kernmärkten zu erhöhen. Beispiele sind der Kauf des amerikanischen Sportartikelherstellers REEBOK durch ADIDAS-SALOMON oder die Integration von HEXAL und EON LABS – beides Generikaproduzenten – in NOVARTIS.

Durch einen **vertikalen Zusammenschluss** werden die Kernkompetenzen des Unternehmens erweitert, was i.d.R. auf eine starke Kompetenz für Systemleistungen hinausläuft. Ein Problem dieses positiven strategischen Ansatzes kann dadurch entstehen, dass das Unternehmen mit einem Teil der bisherigen Kunden in Konkurrenz tritt. Beispiele für eine vertikale Integration von Wertschöpfungsstufen sind der Zusammenschluss des Unterhaltungskonzerns WALT DISNEY und der PIXAR ANIMATION STUDIOS oder von IBM und LOTUS als Verstärkung der Systemkompetenz von IBM im Bereich Groupware, also der Zusammenarbeit in PC-Netzwerken. Entsprechendes gilt für die Verbindung zwischen AOL als Internet-Portal-Provider und TIME WARNER als inhaltlicher Informationslieferant (Content-Provider).

**Laterale Zusammenschlüsse** können unterschiedliche Gründe haben. Zum einen kann ein lateraler Zusammenschluss zweckmäßig sein, wenn durch die Produkte unterschiedlicher Branchen die gleiche(n) Zielgruppe(n) angesprochen werden und durch den Zusammenschluss die stärkere Präsenz bei der Zielgruppe zu Cross-Selling führt. Beispiele hierfür sind die Übernahme von ATI – als Spezialist für Graphikchips und Chipsätze – durch den Chiphersteller AMD oder die Übernahme von LOUIS VUITTON durch MOËT HENNESSY (LVMH) sowie von EBEL durch TAG HEUER.

Wenn ersichtlich ist, dass zwei Branchen in der Zukunft zusammenwachsen werden, kann dies zum anderen gleichfalls laterale Zusammenschlüsse hervorrufen. Hier versuchen die Unternehmen, durch M&A ihre Wettbewerbsposition in der neuen Branche zu verbessern oder in Reaktion auf bereits erfolgte Zusammenschlüsse von Konkurrenten ihre alte Position wiederzuerlangen.

### Drei idealtypische Teilprozesse einer Akquisition oder Fusion

Um sich durch anorganisches Wachstum einen Zeitvorteil zu verschaffen, kommt es darauf an, die neuen Unternehmensteile gut und zügig zu integrieren. Für das Erreichen dieser Ziele ist eine schnelle und zielgerichtete Steuerung der einzelnen Prozessphasen mit dem Schwerpunkt auf den jeweiligen Erfolgsfaktoren durchzuführen.

Abbildung H-III-1 zeigt in Anlehnung an JANSEN vereinfacht die **Teilprozesse** einer Akquisition oder Fusion. Jeder dieser drei Teilprozesse birgt die Gefahr eines direkten Scheiterns in sich. Die größten finanziellen Risiken drohen durch Versäumnisse in den Anfangsphasen, die allerdings häufig erst zu einem Scheitern in den späteren Phasen des Integrationsprozesses führen.

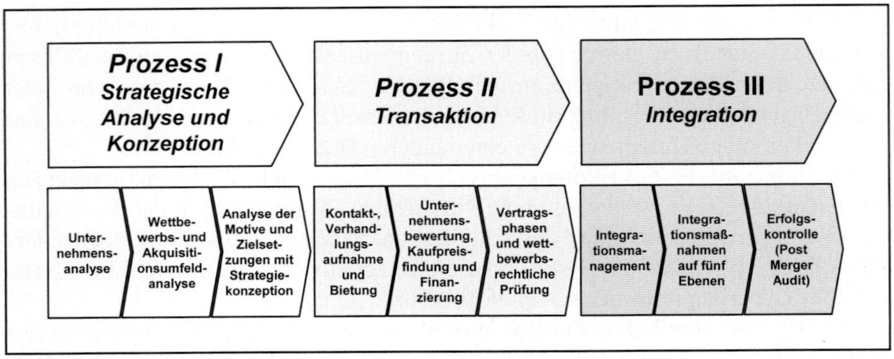


**Abb. H-III-1:** Teilprozesse einer Akquisition oder Fusion in Anlehnung an JANSEN

Der erste Teilprozess, die **Strategische Analyse und Konzeption**, basiert auf einer ausführlichen Analyse des eigenen Unternehmens und der Auseinandersetzung mit seiner Umwelt. Auf der Basis der Unternehmensziele sowie der strategischen Potenziale und Lücken erfolgt die Erstellung einer strategischen Bilanz, die unter Zugrundelegung des Wettbewerbs- und Akquiseumfeldes die Basis für die Bestimmung des M&A-Bedarfs und der M&A-Strategie ist.

Im zweiten Teilprozess, der **Transaktion**, beginnt die Suche und Vorauswahl eines potenziellen Partners. Werden Daten vom Zielunternehmen zur Verfügung gestellt, so erfolgt hier die Unterzeichnung der Geheimhaltungs-/ Vertraulichkeitserklärung (Confidential Aggreement) bezogen auf die Unternehmensdaten des M&A-Objektes, die dessen realistische Bewertung erlauben.

Den Abschluss der Transaktion bildet die Vertragsphase. Sie erstreckt sich auf die Absichtserklärung (Letter of Intent) für dieses Vorhaben. Danach schließen sich die intensive Prüfung des Zielobjektes (Due Diligence), die kartellrechtliche Prüfung sowie das Signing, als Unterzeichnung der Verträge, und das Closing, also der eigentliche Gefahren- und Haftungsübergang, an.

Der Schwerpunkt des dritten Teilprozesses, der **Integration**, liegt im eigentlichen Prozess des Zusammenwachsens, der **Post Merger Integration (PMI)**. Er umfasst neben der Planung des Integrationsprozesses die Durchführung einer Integrationspotenzial-Analyse, also eine Auflistung von den Bereichen, die zur Ausschöpfung von Synergien in das neue Gesamtunternehmen mit gezielten Maßnahmen zu integrieren sind. Die zentrale Grundlage hierfür ist eine fokussierte Strategie für die angestrebte Marktpositionierung mit dem neu entstehenden Unternehmen sowie daraus abgeleitet eine klare Integrationsstrategie. Die Integration ist dabei auf der organisatorischen, strategischen, administrativen, operativen und kulturellen Ebene durchzuführen.

In der Praxis erweist sich eine Fusion unter gleichberechtigten Partnern (Merger of Equals) häufig als kaum zu erreichendes Ideal. Der Grund liegt darin, dass bei einer Fusion von zwei Unternehmen die Kernkompetenzen der Partner nicht gleich stark und vor allem nicht gleich verteilt sind. Eines der beiden Unternehmen hat also – zumindest in einigen Teilbereichen der Wertschöpfungsprozesse –

eine stärkere Position. Die Schwerpunktsetzung in dem fusionierten Unternehmen hat im Interesse des zukünftigen Markterfolges danach zu erfolgen und nicht nach einem starren Balance-Schema. Anderenfalls wäre das erreichte Ergebnis eindeutig suboptimal und im Hinblick auf die Fusionskosten und den Restrukturierungsaufwand nicht zu rechtfertigen. Und wenn die beiden neuen Partner wirklich gleich stark sind, dann entsteht hierdurch ein nicht zu unterschätzendes Konfliktpotenzial. Denn jeder der beiden gleichberechtigten Partner wird sich zu Recht fragen, warum gerade er bewährte Praktiken aufgeben soll, um die des anderen zu übernehmen.

Problematisch ist häufig eine vollständige **Integration der unterschiedlichen Unternehmenskulturen und des Managements**. Unterschätzt wird dabei der deutlich höhere Zeitbedarf für das Zusammenwachsen von Unternehmenskulturen im Vergleich zur Integration von Wertschöpfungsprozessen, Produkten und Technologien. Dies gilt vor allem dann, wenn die beiden Unternehmenskulturen so unterschiedlich sind, dass sie sich nur schwer oder überhaupt nicht kombinieren lassen.

Insbesondere wenn die Entscheidungen über neue Strukturen und die damit verbundene Neubesetzung von Stellen relativ spät getroffen werden, verursacht die bestehende Unklarheit ein hohes Maß an Unsicherheit und Befürchtungen. Die Veränderungsprozesse führen zu Konfliktängsten, die das Unbehagen vor unbekannten und bisher ungewohnten Auseinandersetzungen kennzeichnen, zu Versagensängsten als Unbehagen vor dem eigenen, aber auch fremden Unvermögen sowie vor allem auch zu Verlustängsten, also dem Unbehagen vor dem Verlust von erworbenen Besitzständen und potenziellen Entwicklungsmöglichkeiten. Dies kann dazu führen, dass sich Führungskräfte und Mitarbeiter gegenüber der veränderten Situation mental und emotional immunisieren und Veränderungen möglichst lange hinauszögern. Deshalb sind konkrete Anreize für aktive Integrationsbeiträge im eigenen Arbeitsbereich und in Projekten unerlässlich. Sie wirken zugleich als vertrauensbildende Maßnahmen, durch die wichtige Leistungsträger im Unternehmen gehalten werden sollen.

Dem Integrationsprozess schließt sich ein Post Merger Audit als Erfolgskontrolle an. Anhand von Wirtschaftlichkeitsrechnungen und der Analyse realisierter Synergien werden so der Integrationsgrad und der Akquisitions- bzw. Fusionserfolg mess- und prüfbar.

Nach der Studie von ERNST&YOUNG im Jahre 2006 konnte ein großer Teil der Unternehmen nach einer Fusion oder Akquisition die **angestrebten Ziele nicht verwirklichen** oder stieß die akquirierten Unternehmensteile aufgrund des mangelhaften Integrationsmanagements auf lange Sicht sogar wieder ab. Nur jede zweite Unternehmenstransaktion ist erfolgreich. Daraus folgt, dass jede zweite Transaktion wertvernichtend ist. Nur jede dritte Transaktion führt zu einem deutlichen Wertzuwachs.

Die bisherigen Ausführungen sind in ihren Kernaussagen noch einmal in Abbildung H-III-2 zusammengefasst.

***Wertschöpfung in Netzwerken:***

- **Entwicklung, Erstellung oder Vermarktung von Leistungen, bei welcher relevante Teile der übergeordneten, direkten oder unterstützenden Wertschöpfung *im Verbund mehrerer Unternehmen/ Betriebe* erbracht werden**
- **Prozess- oder produktbezogene *Kernkompetenzen* als wesentliche Voraussetzungen für die Teilnehme an einem Unternehmensnetzwerk**
- **Synergetische Ergänzung der Kern-/ Komplementärkompetenzen im Netzwerk im Rahmen einer *Koordination zwischen „Markt und Hierarchie"***
- **Kooperation – Grundansatz für Unternehmensnetzwerke – in horizontaler, vertikaler oder lateraler Richtung möglich**
- **Kooperationsformen zwischen Vertrag (kurzfristigste Unternehmensbeziehung) und Fusion unter Gleichen (permanente Unternehmensbeziehung)**

***Standortwahl:***

- ***Abhängig von Ausprägung der Standortfaktoren***
- ***2 Wettbewerbsebenen: Einerseits zwischen Regionen/ Ländern und andererseits zwischen Unternehmen***

***Outsourcing:***

- ***Übertragen* von bisher selbst durchgeführten Teilprozessen/ selbst erstellten Teilkomponenten der Wertschöpfung – die keine Kernkompetenzen darstellen – *auf andere, meist externe Unternehmen(steile)***
  - **Vergabe an einen (neuen) weitgehend selbständigen Teil der *eigenen* Unternehmensorganisation (Captive Outsourcing)**
  - **Vergabe an *andere* Unternehmen im Rahmen einer Wertschöpfungspartnerschaft**
  - **Geografische Unterscheidungen: On-/ Near-/ Offshoring**

***Kooperation:***

- ***Wirtschaftliche Zusammenarbeit* von zwei oder mehreren Unternehmen**
- **Traditionelle und moderne Formen, bei denen die Unternehmen rechtlich selbständig bleiben:**
  **Kartelle, Konsortien, Interessengemeinschaften, Arbeitsgemeinschaften *Strategische Allianzen, Joint Ventures***

***Fusionen und Akquisitionen:***

- **Besondere Form der Kooperation mit *Aufgabe der wirtschaftlichen und rechtlichen Selbständigkeit***
- **Vorgehen in 3 Teilprozessen: Strategische Analyse und Konzeption ➔ Transaktion ➔ Integration**
- **Schwerpunkt der Integration auf Zusammenführung der Wertschöpfungsprozesse und Unternehmenskulturen**

**Abb. H-III-2:** Wertschöpfung in Netzwerken: Grundlagen – Arten – Formen

## IV. Literaturhinweise zum Kapitel H

### *Zu H.I. Leistungsverbünde durch Kernkompetenzen und Outsourcing:*

Bea/Göbel (2006); Cools/Roos (2005); Demtschück (2004); Ernst&Young (2006a); Grube/Töpfer (2002); Jansen (2001); Morschett (2005); Porter (1993); Porter/Fuller (1989); Prahalad/Hamel (1990); Schlosser (2001); Snow/Miles/Coleman (1992); Töpfer/Mehdorn (2006)

### *Zu H.II. Vertragliche Zusammenarbeit und Strategische Allianzen als Netzwerk-Organisation:*

Achrol/Kotler (1999); Bea/Göbel (2006); Bleicher (1992); Demtschück (2004); Gammel (2005); Grube/Töpfer (2002); Heck (1999); Hirschmann (1998); Hofmann (1999); Iyer (2002); Jansen (2001); Kummer (2005); Morschett (2005); O2 (2006); Picot/Reichwald/Wigand (2003); Prahalad/Hamel (1990); Robbins (2001); Snow/Miles/Coleman (1992); Sydow (2006); Töpfer (2001b); Wurche (1994)

### *Zu H.III. Fusionen und Akquisitionen (Mergers and Acquisitions):*

Cartwright/Cooper (1996); Deal/Kennedy (1982); Ernst&Young (2006b); Gerds (2000); Grube/Töpfer (2002); Haspeslagh/Jemison (1991); Jansen (2001); Müller-Stewens (2000); Müller-Stewens/Hillig (1992); Müller-Stewens/Spickers/Deiss (1999); Picot (2005); Pribilla (2000); Rumpf/Neumann (1998); Steinweg (2005); Thomson Financial (2006); Töpfer/Ullrich (im Druck); Töpfer/Ullrich (2004); Weinreich (1999)

# Kapitel I
# Unternehmensgründung, Gründerpersönlichkeit und Business-Plan

**– Wie sind Chancen und Risiken beim Aufbau eines neuen Unternehmens verteilt? –**
**– Was sind wesentliche Anforderungen an eine Gründerpersönlichkeit (Gründertest)? –**
**– Welche Aktivitätsfelder im Business-Plan und welche Teilprozesse sind für eine Unternehmensgründung erfolgsentscheidend? –**

## I. Unternehmensneugründungen: Formen, Verlauf und Risiken

Was ist der Unterschied zwischen Existenz- und Unternehmensgründungen? Was sind wesentliche Motive der Gründer? Wie sind Gründungen aus der Arbeitslosigkeit zu beurteilen? Wer ist ein Entrepreneur? Wie läuft der Prozess einer Unternehmensneugründung ab, und welche Wirkungen gehen davon aus?

### 1. Anlässe und Arten von Unternehmensneugründungen

Für eine tragfähige Wirtschaftsstruktur ist es in allen Volkswirtschaften notwendig, dass regelmäßig neue Unternehmen gegründet werden. Neu gegründete Unternehmen versuchen, sich mit einer Erfolg versprechenden Konzeption in die Wertschöpfungsprozesse einer Branche einzubringen und sich so gegenüber bereits vorhandenen Mitbewerbern zu behaupten. Wenn es dabei gelingt, ein einzigartiges Leistungsversprechen (Unique Customer Value Proposition) für den Kunden im Produkt und/ oder der Dienstleistung zu realisieren, dann steigen die Erfolgs- und damit Überlebenschancen eines neu gegründeten Unternehmens beträchtlich.

Generell lassen sich Existenz- und Unternehmensgründungen unterscheiden. **Existenzgründungen** schaffen durch eine selbstständige unternehmerische Tätigkeit eine neue wirtschaftliche Existenz für eine Person oder Familie, während bei **Unternehmensgründungen** unmittelbar größere einzelwirtschaftliche Einheiten zum Erstellen und Absetzen von Marktleistungen, wie z.B. bei einem Joint Venture, entstehen. Wenn ein derartig neu gegründetes Unternehmen sein Kapital und Know-how von bereits am Markt etablierten „Muttergesellschaften" erhält, dann ist die Erfolgswahrscheinlichkeit dieser unternehmerischen Tätigkeit deutlich höher als bei einer Existenzgründung oder der Neugründung eines Unternehmens durch eine oder mehrere Privatpersonen. Eine Existenzgründung wird häufiger in Form einer Personengesellschaft erfolgen als eine Unternehmensgründung. Erfolgt eine Gründung aus einem bestehenden Unternehmen heraus, so wird dies als Spin-off, also als Ausgründung, bezeichnet.

Der Übergang zwischen diesen Formen ist insofern fließend, als erfolgreiche Existenzgründungen mit einer zunehmenden Anzahl von Angestellten auch einer Unternehmensgründung entsprechen. In Deutschland hat sich gleichermaßen die Verwendung des englischen Begriffs Start-up eingebürgert. Generell sind alle diese Varianten gemeint, wenn wir im Folgenden von **Unternehmensneugründungen** sprechen.

Der Begriff **Start-up** kennzeichnet die Gründung eines Unternehmens und vor allem dessen Entwicklung in den ersten Jahren nach seiner Gründung. In dieser Zeit unternimmt es nur begrenzte Marktaktivitäten, besitzt nur eingeschränkte Erfahrungen und verfügt vor allem auch nur über begrenzte Finanzmittel. Häufig erfolgt der Anstoß zur Unternehmensneugründung dadurch, dass eine neue Technologie entwickelt wurde, von der sich die Gründer Marktchancen versprechen. Die treibende Kraft zu einer Unternehmensneugründung kann dabei in spezifischen **Motiven der Gründerinnen oder Gründer** liegen, weil sie

- die Eigenverantwortung und Unabhängigkeit schätzen,
- sich ein höheres Einkommen versprechen,
- sich einen höheren gesellschaftlichen Status erhoffen oder
- einen Betrieb aufgrund drohender Arbeitslosigkeit gründen.

**Existenzgründungen aus der Arbeitslosigkeit** heraus sind grundsätzlich nicht unproblematisch, da der Anstoß zur Gründung i.d.R. nicht aus den oben genannten Chancen und Motiven erfolgt, sondern aufgrund dieser persönlichen Notlage und fehlender Alternativen. Der Treiber für die Gründung sind also nicht Chancenpotenziale. Die Gründung aus der Arbeitslosigkeit heraus führt nicht selten dazu, dass die Anforderungsschwelle an die Erfüllung der personenbezogenen Voraussetzungen und an die Tragfähigkeit der Gründungsidee eher heruntergesetzt wird. Die kritische Schwelle für eine Negativentscheidung zur Unternehmensgründung wird also häufig reduziert. Dadurch entsteht bzw. vergrößert sich die Gefahr, dass der Gründer bei einem negativen Verlauf der Unternehmensentwicklung aufgrund der eingegangenen Haftungsübernahme persönlich in eine finanziell schwierige Situation gerät.

## 2. Historische und aktuelle Unternehmerbegriffe

Für eine erfolgreiche Produkteinführung am Markt ist es nicht ausreichend, nur die entsprechende Idee mit guten Marktchancen zu haben, sondern die Produktidee muss auf die Märkte mit hohem Zielgruppenpotenzial möglichst gut angepasst werden. Wie dies realisiert werden kann, wie Forschungs- und Entwicklungskosten amortisiert und später neue Geschäftsfelder aufgebaut werden können, ist Forschungsgegenstand der **Entrepreneurship-Theorie**.

Ausgehend von der Prämisse, dass – gerade in dieser Phase des Unternehmens – der Erfolg eines Produktes am Markt stärker von der Person des Gründers/ Unternehmers sowie seinen Eigenschaften und Verhaltensweisen abhängt als vom Produkt selbst, beschäftigt sie sich vor allem mit der Person des Gründers als **Entrepreneur** (Unternehmer). Weder in der deutschsprachigen Literatur noch in der deutschen Gesetzgebung existiert bisher ein einheitliches Verständnis des Entrepreneurs und seiner Funktion. Das BGB definiert in §14 Absatz 1: „Unternehmer ist eine natürliche oder juristische Person oder eine rechtsfähige Personengesellschaft, die bei Abschluss eines Rechtsgeschäfts in Ausübung ihrer gewerblichen oder selbstständigen beruflichen Tätigkeit handelt."

Von wissenschaftlicher Seite lassen sich die Wurzeln des Unternehmerbegriffs auf die dynamische Unternehmertheorie nach RICHARD CANTILLON (1697 – 1734) und JEAN-BAPTISTE SAY (1767 – 1832) zurückführen. Dabei stellte CANTILLON insbesondere den Risikoaspekt des Unternehmers – also sichere Ausgaben bei unsicheren Einnahmen und unsicherer Umfeldsituation – in den Mittelpunkt. SAY betrachtete dagegen vorrangig den Kapitalaspekt – der Unternehmer trägt das Risiko, aber verfügt nicht selbst über Kapital, dieses erhält er von Investoren. Der Unternehmer ist folglich vor allem vom Vertrauen der Investoren abhängig.

Auf diesen grundlegenden Überlegungen der dynamischen Unternehmertheorie – insbesondere von CANTILLON – basieren die drei Schulen der dynamischen Unternehmerfunktion in Abbildung I-I-1. Diese zielen jeweils auf eines der drei zentralen Merkmale der Unternehmersituation ab, nämlich Ungewissheit, Innovation/ Wandel und Ungleichgewichte am Markt.

Die **Deutsche Schule** stellt die Durchsetzung neuer Kombinationen von Produkten und Ideen am Markt in den Mittelpunkt ihrer Betrachtungen. Ihr bekanntester Vertreter ist JOSEPH SCHUMPETER (1883 – 1950). Sein Ansatz geht von bestehenden Marktgleichgewichten aus, die durch schöpferische Aktivitäten zerstört werden (siehe C.I.3.g.). Durch immer wieder neue Kombinationen von Innovationen, die insbesondere von einem „dynamischen Unternehmer" geschaffen werden, wird der Markt weiterentwickelt. Denn durch die neuen Kombinationen werden alte Kombinationen verdrängt und das Marktgleichgewicht wird aufgehoben. Dadurch entsteht Wettbewerb, der zu einer effizienteren Ressourcenallokation führt. Die Innovation stellt also – als unternehmerisches Handeln, bei dem eine neue Kombination sich am Markt durchsetzt – die Antriebskraft für Wettbewerb, eine steigende Effizienz am Markt und Wachstum dar.

SCHUMPETER unterscheidet in seinen Betrachtungen zwei Unternehmerarten: Zum einen den „Arbitrage-Unternehmer", der Bewertungsunterschiede (Arbitagen) zwischen (regional oder zeitlich) auseinander fallenden Märkten entdeckt und diese Unterschiede durch Arbitrage-Handel oder bei zeitlich auseinander fallenden Märkten durch Spekulation eliminiert. Zum anderen den „dynamischen Unternehmer", der nicht Kapitalgeber ist und somit nicht das Risiko des Unternehmens trägt. Als die zentrale Aufgabe des dynamischen Unternehmers sieht er die Schaffung neuer Märkte. Entsprechend seinem Ansatz wird der Unternehmer als solcher geboren. Er kann sich die notwendigen Talente auch nicht später, z.B. durch Lernen, aneignen. Nur ein kleiner Teil der Bevölkerung besitzt diese Talente. Unternehmer verhalten sich rational, sind motiviert und durchsetzungsstark sowie nicht unbedingt an Reichtum interessiert.

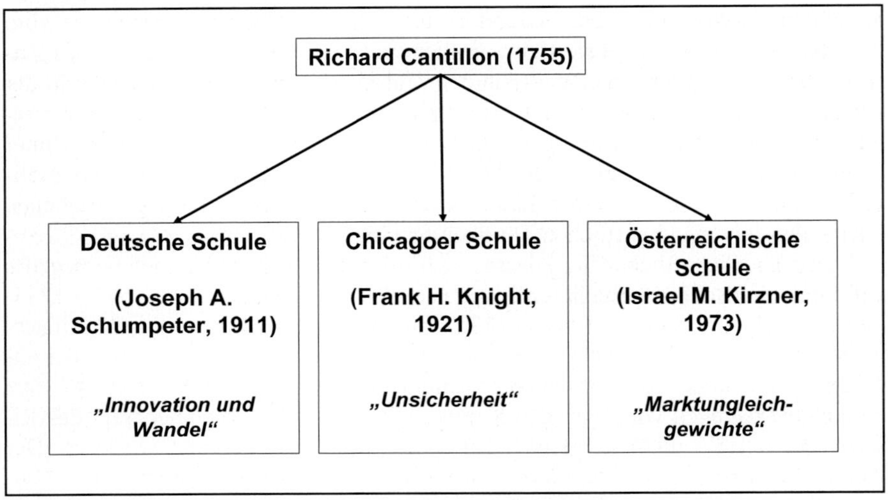


**Abb. I-I-1:** Drei Schulen der dynamischen Unternehmerfunktion (Quelle: OSSADNIK/ BARKLAGE/ LEISTERT)

KNIGHT aus der **Chicagoer Schule** führte die bis heute gültige Unterscheidung zwischen Risiko und Unsicherheit in die Wirtschaftstheorie ein. Unsicherheit bedeutet hier, dass die Wahrscheinlichkeit eines Ereignisses nicht angegeben werden kann. Für Risiken lässt sich dagegen ein Erwartungswert berechnen, der die Wahrscheinlichkeit des Eintretens eines Ereignisses wiedergibt. Die Funktion des Unternehmers liegt darin, nicht berechenbare Unsicherheiten einzugehen und diese in kalkulierbare Risiken umzuwandeln. Der Unternehmer ist sowohl der Eigentümer des Unternehmens als auch der Entscheidungsträger für zukünftige Entwicklungen z.B. bezogen auf das Produktangebot.

KIRZNER als Vertreter der **Österreichischen Schule** verfolgt das Ziel, den Marktprozess und damit den Veränderungsprozess der Preise zu erklären. Als unternehmerisches Handeln wird hier jedes menschliche Handeln, das dazu dient, Unbequemlichkeiten zu beseitigen und sich selbst besser zu stellen, angesehen. Der Unternehmer beobachtet lediglich die Marktpreise für ein bestimmtes Gut, um durch Arbitrage und Spekulation Informationsvorsprünge auszunutzen. Nach

KIRZNER verfolgt ein erfolgreicher Unternehmer bestimmte Ziele effizient und ist fähig, kreativ und aktiv zu handeln. Außerdem besitzt er den Willen und die Fähigkeit zum Herausfinden und Festlegen von Zielen und Mitteln.

Festzuhalten bleibt, dass sich gegen alle vorgestellten historischen Unternehmerbegriffe einwenden lässt, dass sie die Betrachtung der Transaktionskosten vernachlässigen. Diese Problemstellung wurde in den 1980er Jahren von CASSON untersucht, welcher die Koordination der Ressourcen als zentrale Unternehmerfunktion erkannte.

Die heutige Sicht des Unternehmers wird häufig durch pragmatischere Überlegungen bestimmt. So definiert beispielsweise KLANDT den Unternehmer schlicht als tätigen Eigentümer einer unabhängigen und von ihm geschaffenen Wirtschaftseinheit. LÜCK und BÖHMER bezeichnen Entrepreneurship als die Zusammenfassung aller Planungsüberlegungen und Maßnahmen – in Form eines kreativen Prozesses zur Errichtung eines Unternehmens – mit dem Gründer als Promotor.

In der englischsprachigen Literatur findet die wissenschaftliche Diskussion stärker in Bezug auf die **Erfolgsfaktoren** von Unternehmern statt. Als entscheidender Faktor wird hier die **Gründerpersönlichkeit** näher betrachtet. Die Literatur unterscheidet unter dem Begriff „**The Big Five**" die folgenden wichtigen Merkmale bei Unternehmern:

- Conscientiousness (Leistungsorientierung)
- Extraversion (extrovertierte Eigenschaften, wie z.B. gesprächig, bestimmt, aktiv, energisch, dominant, enthusiastisch, oberflächlich und abenteuerlustig)
- Openness (Kreativität, Neugier)
- Agreeableness (Gutmütigkeit, Freundlichkeit im Umgang mit Anderen)
- Negative Emotion (Labilität, Ängstlichkeit).

Erfolgreiche Unternehmer weisen starke Ausprägungen der ersten drei Merkmale auf, während die letzten beiden Merkmale kaum ausgeprägt sind.

## 3. Verlauf von Unternehmensneugründungen

Mit der Abbildung I-I-2 stellen wir unseren weiteren Ausführungen einen Referenzrahmen voran, der Existenz- und Unternehmensgründungen sowohl in ihrem Verlauf als auch ihren Auswirkungen wiedergibt. In der Grafik werden die drei Phasen einer Gründung dargestellt:

- **Orientierungsphase als Gründungsvorphase:** Zu einer latent vorhandenen Absicht oder Neigung des potenziellen Gründers muss das Erkennen einer Marktchance hinzutreten, damit eine nähere Orientierung und Fokussierung im Gründungsprozess erfolgen kann.

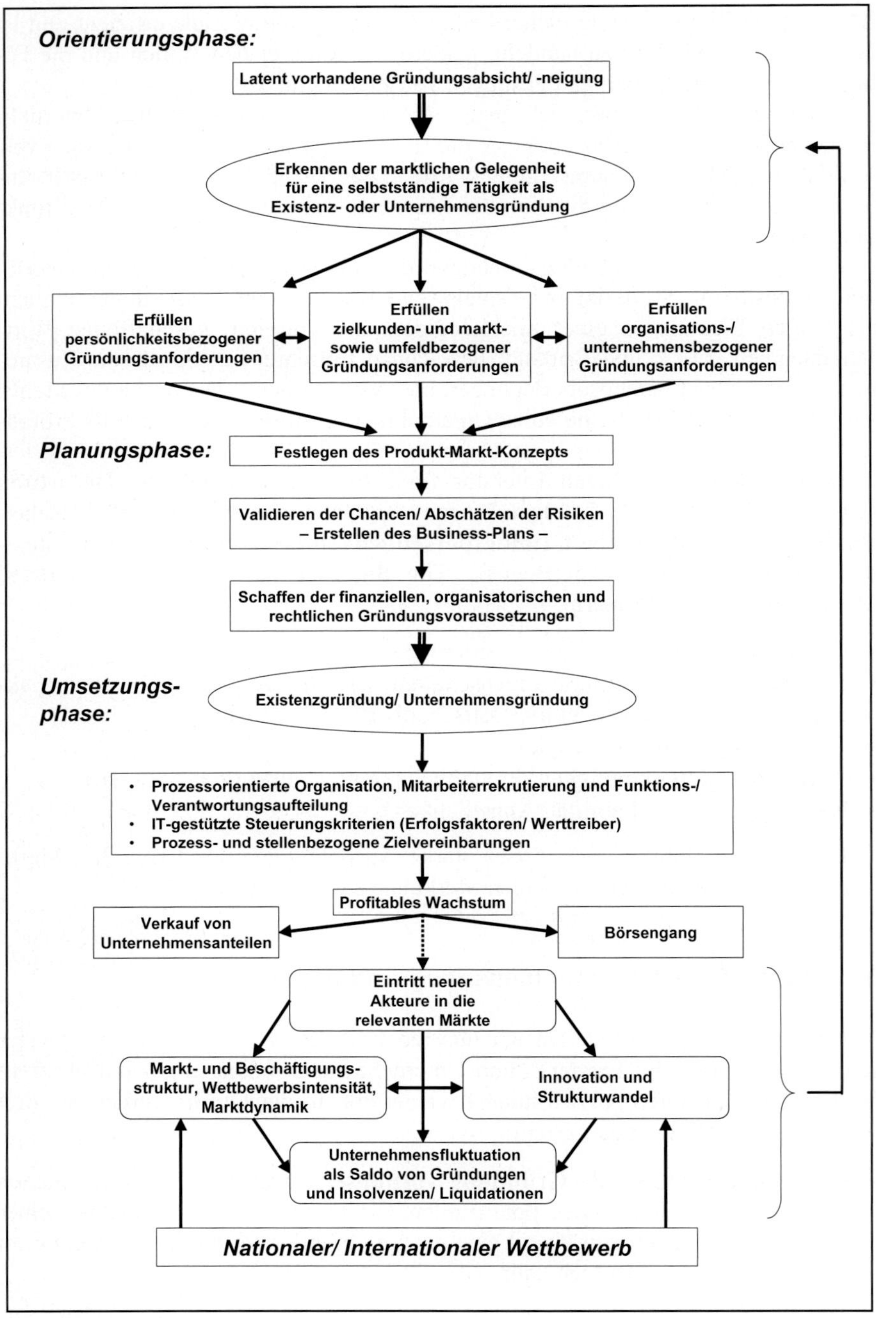


**Abb. I-I-2:** Unternehmensneugründungen – Verlauf und Wirkungen

Als wesentliche Anforderungs-/ Gestaltungsbereiche lassen sich hierbei hervorheben:

- Die Person des oder der Gründer als Basisvoraussetzung (personenbezogene Betrachtung)
- Die Zielkunden als anvisierte Zielgruppen, der darauf bezogene Markt und Wettbewerb, die Umwelt und das Umfeld als Betätigungsfeld und Rahmenbedingungen (zielkunden-/ markt-/ umfeldbezogene Betrachtung)
- Das neue Unternehmen mit seinen Prozessen und Strukturen als Konsequenz (organisations-/ unternehmensbezogene Betrachtung).

Wenn diese differenzierten Gründungsanforderungen grundsätzlich erfüllt werden, dann ist der Eintritt in die eigentliche Gründungsphase möglich.

- **Planungsphase als Gründungsphase:** Das in seinen Grundzügen schon herangereifte Produkt-Markt-Konzept ist jetzt detailliert zu konkretisieren und über einen Business-Plan mit den bestehenden Chancen und Risiken in allen Einzelheiten zu planen und insgesamt zu bewerten. Im Anschluss erfolgt die Suche nach Investoren. Hierfür ist auch die Wahl der Rechtsform wichtig.
- **Umsetzungsphase als Phase der Gründungsdurchführung und -auswirkungen:** Nachdem diese Grundlagen für das neue Unternehmen geschaffen wurden, kommt es jetzt darauf an, die prozess- und organisationsbezogenen Abläufe und Strukturen zu gestalten, geeignete Mitarbeiter zu gewinnen und eine ergebnisorientierte Steuerung schnell und wirkungsvoll umzusetzen. Wenn das neue Unternehmen so erfolgreich in den Markt eingetreten und gewachsen ist, bedeutet dies nicht selten, dass der Zeitpunkt für die Aufnahme neuer bzw. weiterer Gesellschafter durch Anteilsverkäufe, Kapitalerhöhungen oder einen Börsengang gekommen ist. Wenn an einer Unternehmensneugründung Venture Capital Gesellschaften beteiligt sind, dann verkaufen sie ihre Anteile i.d.R. nach einigen Jahren, um die Investition mit einem möglichst hohen Gewinn als Verzinsung für das eingegangene Risiko zurückzuerhalten. Wenn sich durch Neugründungen von Unternehmen – jeweils branchenbezogen – die Marktstrukturen verändern, dann gehen hiervon Auswirkungen auf die Attraktivität einer Unternehmensneugründung für zukünftige Gründer aus. Diese Signalwirkung kann sowohl positiv im Hinblick auf die realisierbaren Chancen und Erfolge als auch negativ im Hinblick auf den gestiegenen Wettbewerb und die gebundene Nachfrage sein.

Das Vorgehen und die wichtigsten inhaltlichen Schritte dieser Gründungsphasen werden in den folgenden Teilen II. bis IV. dieses Kapitels näher beleuchtet.

## 4. Risiken von Unternehmensneugründungen

Das **Risiko des Scheiterns** einer Unternehmensneugründung ist in den ersten sieben Jahren ihrer Existenz überdurchschnittlich hoch. Rund 70% dieser, nach Angaben der KFW-BANK in den ersten sieben Jahren nicht erfolgreichen Unternehmensneugründungen scheiterten aufgrund von Finanzierungsmängeln, wie z.B. einer zu geringen Eigenkapitaldecke, keiner rechtzeitigen Verhandlung mit Kreditgebern und/ oder einer unzureichenden Planung des Kapitalbedarfs.

Die Insolvenzwahrscheinlichkeit ist bei der Gründung von Gaststätten, Kiosken und Videotheken mit über 60% am höchsten, bei Immobilienverwaltungen mit unter 40% eher gering. Konkret scheitern Unternehmensneugründungen vor allem aufgrund von unzureichender Finanzierung (86%), unbezahlten Kundenrechnungen (68%), Planungsmängeln (49%), Qualifikationsmängeln (49%) und der Überschätzung der Betriebsleitung (33%).

Die Frage ist dabei, ob diese Finanzierungsmängel die Ursache oder nur das Symptom des Scheiterns sind. Denn wenn die neuen Produkte am Markt nicht erfolgreich etabliert werden können, der Aufbau des neuen Unternehmens wenig prozessorientiert und damit auch nicht kundenorientiert ist, dadurch aufgrund fehlender Nachfrage kaum Erlöse generiert werden, lassen sich die auflaufenden Kosten schwerlich decken. Dies ist der deutlich häufigere Grund für das Scheitern als ein zu schnelles Wachstum sehr erfolgreicher Neugründungen, das aus dem laufenden Cash Flow als erwirtschaftetem Finanzmittelüberfluss und dem zur Verfügung stehenden Finanzierungsrahmen nicht abgedeckt werden kann.

Die Folge ist dann, dass – um ein Finanzierungsdefizit zu vermeiden – neue Kapitalgeber, z.B. Venture Capital Gesellschaften als Risikokapitalgeber, in das junge Unternehmen aufgenommen werden. Die Strategie dieser Kapitalgeber sieht vor, dass mindestens drei von fünf Kapitalbeteiligungen an Start-ups erfolgreich verlaufen, also eine Erfolgsquote von 60% erreicht wird. Im Hinblick auf die an das junge Unternehmen gestellten und zu erfüllenden Anforderungen kann der Einstieg derartiger Kapitalgeber positiv für die weitere Entwicklung sein. Allerdings kann dies auch dazu führen, dass der oder die Gründer die Kapital-Mehrheit an ihrem Unternehmen verlieren.

Generell und abschließend bedeutet dies: Jede unternehmerische Tätigkeit ist aufgrund der Unsicherheit zukünftiger Entwicklungen immer mit einem Risiko verbunden. Unternehmerisches Talent und gutes Management zeichnen sich dadurch aus, dass sie in der Lage sind, dieses Risiko zu erkennen, möglichst genau beziffern und vor allem ausreichend Vorsorge treffen zu können. Dies erfordert also, dass Risiken soweit wie möglich reduziert und abgesichert werden. Aber dennoch bleibt beim unternehmerischen Handeln immer noch ein nicht unerhebliches Maß an Risiko übrig, das es zu tragen gilt.

Vermeidbar wäre es nur, wenn wichtige Entscheidungen und Aktivitäten unterlassen würden. Dadurch werden zwar Risiken vermieden, zugleich aber auch Chancen nicht genutzt. Dies würde der Erkenntnis entsprechen: „Nichts tun kostet nichts, außer die Zukunft.“ Wer handelt, macht möglicherweise Fehler, aber wer nicht handelt, um Fehler zu vermeiden, macht insgesamt den größten Fehler.

# II. Orientierungsphase: Der Gründertest zur Bewertung erfolgsnotwendiger Persönlichkeits- und Umfeldanforderungen

| |
|---|
| Wie werden aus persönlicher Sicht die erfolgsnotwendigen Persönlichkeits- und Umfeldanforderungen eingeschätzt? Sind die zentralen Voraussetzungen für eine erfolgreiche Unternehmensgründung gegeben? Ist die Geschäftsidee tragfähig? |

## 1. Der Gründertest

Bevor im Folgenden Ausführungen zu wichtigen Erfolgsfaktoren der Unternehmensgründung gemacht werden, kann der geneigte Leser anhand des nachstehenden Tests überprüfen, inwieweit er respektive sie zentrale Voraussetzungen bezogen auf die Person des Gründers und das soziale Umfeld erfüllt. Um die eigene Einschätzung nicht zu beeinflussen und sie unvoreingenommen vornehmen zu können, werden also vorab keine weiteren inhaltlichen Aussagen gemacht.

Die Basis für diesen Gründertest sind eigene empirische Studien. Befragt wurden in einer ersten Stufe rund 300 gründungswillige Teilnehmer an Existenzgründungsseminaren einer Handwerkskammer und einer Industrie- und Handelskammer, von denen rund 200 bereits ein Unternehmen gegründet haben. In einer zweiten Stufe haben über 70 dieser Jungunternehmer/innen einen weiteren detaillierteren Fragebogen ausgefüllt.

Erfragt wurde dabei neben der Ist-Einschätzung der eigenen Person auch das **Soll-Profil einer erfolgreichen Gründerpersönlichkeit**. Auf der Grundlage statistischer Analysen wurden dann die Inhalte des nachfolgenden Tests herausgearbeitet, so dass er also empirisch abgesichert ist und eine größere Allgemeingültigkeit besitzt. Der 40 Kriterien umfassende Gründertest ist in Abbildung I-II-1a bis c wiedergegeben und gliedert sich in die Motive, das Unternehmertalent und die Persönlichkeit.

Bei der Einschätzung dieser Kriterien durch den Leser ist es empfehlenswert, eine eher kritische Sicht und Haltung einzunehmen, um zu verhindern, dass für den Gründungserfolg erforderliche Anforderungen an die eigene Persönlichkeit und an wichtige Umfeldfaktoren zu positiv und damit zu optimistisch eingeschätzt werden.

Die Bewertungen lassen sich in Punktzahlen überführen. Die Punkte sowie die hierauf bezogene Wertung der Eignung als Unternehmensgründer finden sich am Ende des Kapitels I.

Zunächst werden jetzt einige Ausführungen zur Gründungsforschung und dabei speziell zur Gründerpersönlichkeit gemacht.

**Sind Sie zum Unternehmer geeignet? (1/ 3)**
**Ihre Motive**
*Bitte kreuzen Sie die fünf Aussagen an, die für Sie am ehesten zutreffen.*

1. Ich möchte meine Fähigkeiten und Kenntnisse besser nutzen ☐
2. Ich möchte etwas für mein Image tun ☐
3. Ich möchte mein eigener Herr sein ☐
4. Ich möchte Verantwortung übernehmen ☐
5. Ich möchte eine Familientradition fortsetzen ☐
6. Ich möchte mehr Geld verdienen ☐
7. Ich möchte Neues gestalten ☐
8. Ich möchte mehr für Gesellschaft und Umwelt tun ☐
9. Ich möchte gleichziehen mit selbstständigen Freunden ☐
10. Ich möchte eine gute Idee umsetzen ☐



**Abb. I-II-1a:** 40 Punkte Gründertest (1/ 3): Ihre Motive

**Sind Sie zum Unternehmer geeignet? (2/ 3)**
**Ihr Unternehmertalent**
*Bitte kreuzen Sie die fünf Fähigkeiten an, die für Sie am ehesten zutreffen.*

11. Marktchancen und Marktrisiken analysieren ☐
12. Geeignete Rechtsformen austüfteln ☐
13. Kundenzielgruppe bestimmen und optimal ansprechen ☐
14. Qualifizierte und engagierte Mitarbeiter auswählen ☐
15. Finanzierungsalternativen prüfen und Reserven bilden ☐
16. Beschaffung organisieren und Lieferanten auswählen ☐
17. Voraussichtliche Kosten kalkulieren und reduzieren ☐
18. Abläufe und Wertschöpfungsprozesse planen und organisieren ☐
19. Umsatz und Gewinnentwicklung planen ☐
20. Versicherungen prüfen und abschließen ☐



**Abb. I-II-1b:** 40 Punkte Gründertest (2/ 3): Ihr Unternehmertalent

**Sind Sie zum Unternehmer geeignet?(3/ 3)**
**Ihre Persönlichkeit**
***Bitte kreuzen Sie die zehn Aussagen an, die für Sie am ehesten zutreffen.***

| | | |
|---|---|---|
| 21. | Ich weiß genau, was ich will und wie ich es erreichen kann | ☐ |
| 22. | Ich kann auf eine reiche Lebenserfahrung zurückgreifen | ☐ |
| 23. | Ich sehe zu, dass ich bei allem, was ich tue, selbst profitiere | ☐ |
| 24. | Ich bin bei Entscheidungen sehr auf Sicherheit bedacht | ☐ |
| 25. | Ich engagiere mich auch gern zum Wohle anderer | ☐ |
| 26. | Ich setze alle meine guten Ideen in die Tat um | ☐ |
| 27. | Ich versuche, aus jeder Situation das Beste zu machen | ☐ |
| 28. | Ich misstraue einer Person oder einem Angebot relativ lange | ☐ |
| 29. | Ich nehme mir regelmäßig Zeit, um meine Kenntnisse und Fähigkeiten zu verbessern | ☐ |
| 30. | Ich lege Wert darauf, dass Dinge den gewohnten Gang nehmen | ☐ |
| 31. | Ich meistere gern schwierige Gesprächssituationen | ☐ |
| 32. | Ich frage bei allem gleich, wie es sich konkret auswirkt | ☐ |
| 33. | Ich halte die Bereitschaft, Neues zu lernen und umzusetzen, für genauso wichtig wie gute Leistungen | ☐ |
| 34. | Ich arbeite gern mit anderen zusammen | ☐ |
| 35. | Ich kann andere für meine Ideen begeistern | ☐ |
| 36. | Ich teile für mich und mein Team Aufgaben und Zeit stets ziel- und ergebnisorientiert ein | ☐ |
| 37. | Ich wäge vor einer Entscheidung immer sorgfältig ab | ☐ |
| 38. | Ich lasse mich – wenn es sein muss – auch auf Konflikte ein | ☐ |
| 39. | Ich konzentriere mich auf das Wesentliche, auch wenn dann keine perfekte Lösung erreichbar ist | ☐ |
| 40. | Ich bleibe auch bei extremer Belastung ruhig und gelassen | ☐ |



**Abb. I-II-1c:** 40 Punkte Gründertest (3/ 3): Ihre Persönlichkeit

## 2. Erfolgsfaktoren in der Orientierungsphase als Gründungsvorphase

Eine gute Geschäftsidee und eventuell vorhandenes Verkaufstalent reichen für eine erfolgreiche Gründung allein nicht aus. In der Gründungsforschung sind zahlreiche Einflussfaktoren auf den Erfolg einer Unternehmensneugründung untersucht worden. GARTNER hat diese strukturiert und in einem Framework aus den vier Haupterfolgsfaktoren Individuum, Umfeld, Prozess und Organisation zusammengefasst. Abbildung I-II-2 zeigt die Grundstruktur des Frameworks von GARTNER, wie sie von VAN GELDEREN/ THURIK/ BOSMA weiterentwickelt wurde.

Der Faktor **Individuum** lässt sich in die zwei Kriterien Humankapital und individuelle psychologische Unterschiede unterteilen. Das **Humankapital** besteht aus dem Wissen, der Bildung, der Erfahrung und den Fähigkeiten sowie Fertigkeiten des Gründers. Dies beeinflusst insbesondere die Entwicklung der Geschäftsidee und die Organisation von für die Gründung benötigten Ressourcen. Beispielsweise sind Gründer, die – unabhängig davon, ob erfolgreich oder nicht – bereits Erfahrungen mit der Gründung eines Unternehmens gesammelt haben, bei einem weiteren Gründungsversuch erfolgreicher. Die **psychologischen Unterschiede** zwischen Gründern betreffen Unterschiede in den Persönlichkeitsmerkmalen, den kognitiven Variablen und der Motivation des Gründers. Unter dem Begriff Persönlichkeitsmerkmale werden Wesenszüge, wie beispielsweise die Risikobereitschaft und die Kontrollüberzeugung – der Glaube des Gründers, die Umstände kontrollieren zu können – verstanden. Die **Persönlichkeitsmerkmale** des Gründers haben, nach RAUCH/ FRESE/ SONNENTAG, vor allem Einfluss auf die Chancen eines Gründungsvorhabens, nicht so sehr auf den Erfolg der Gründungstätigkeit an sich. Bei den kognitiven Variablen steht die Informationsverarbeitung im Mittelpunkt. Hier werden insbesondere Unterschiede in der individuellen Zuordnung und Wahrnehmung als Einflussfaktoren auf den Gründungserfolg diskutiert. Beispiele sind:

- Die Problembeschreibung: Die Art, in welcher der Gründer Ereignisse und deren Ausgang beschreibt.
- Selbstwirksamkeit: Diese drückt sich in einem Vertrauen in eigene Fähigkeiten aus, bestimmte Verhaltensweisen, die zur Erreichung eines Ziels notwendig sind, ausführen zu können bzw. sie kennzeichnet die Überzeugung einer Person, die Fähigkeit zu haben, ein bestimmtes Verhalten ausüben zu können.
- Denkweise: Die Art der Wahrnehmung im Sinne von „Was könnte sein, wenn".

Bezüglich der **Motivation eines Gründers** lassen sich zwei Ansätze unterscheiden: Es können Push-Motive für die Gründung maßgeblich sein. Dies trifft beispielsweise auf das Fehlen von Alternativen zu im Zusammenspiel mit staatlicher Förderung bei einer Gründung aus der Arbeitslosigkeit heraus. Dagegen kennzeichnen Pull-Motive Gründe, die Personen einen Anreiz geben, wie z.B. Autonomiestreben oder die Suche nach Herausforderungen. Von Bedeutung ist hier immer, inwieweit der erwartete Nutzen aus der Selbstständigkeit den Nutzen aus einem – erreichbaren – Arbeitsverhältnis übersteigt. GATEWOOD und Koautoren haben außerdem in einer empirischen Analyse festgestellt, dass Frauen, die aus intern orientierten Gründen (z.B. Bedürfnis nach Unabhängigkeit) gründen, und Männer, die aus extern orientierten Gründen (z.B. Erkennen einer Lücke im Markt) Gründer werden, in der Gründungsvorphase größere Erfolgschancen haben.

Der Faktor **Umfeld** lässt sich in drei wichtige Bereiche unterteilen: Im Bereich **Netzwerke** liegt der Fokus auf den Beziehungen zwischen dem Gründer und anderen Personen. Es haben dabei sowohl die Vielfalt – der Gründer kennt wenig/ viele Personen, die sich nicht untereinander kennen – als auch die Stärke der Beziehungen einen Einfluss. Da die Gründer typischerweise Unterstützung, in Form von Informationen und/ oder Ressourcen, aus ihrem persönlichen Umfeld erhalten, sind starke und vielfältige Beziehungen von Vorteil für ein Gründungsvorhaben. Ein weiterer, bei jedem Gründungsvorhaben wichtiger Punkt sind die **Finanzen**. Hier spielen sowohl die Anzahl und Art der möglichen Geldquellen als auch die Höhe des verfügbaren Kapitals eine Rolle. Der dritte Bereich umfasst die **Ökologie** als Umfeldbedingungen bei der Unternehmensneugründung, wie z.B. Anzahl der verfügbaren Ressourcen, die politische Situation, Medien und Industriecharakteristika.

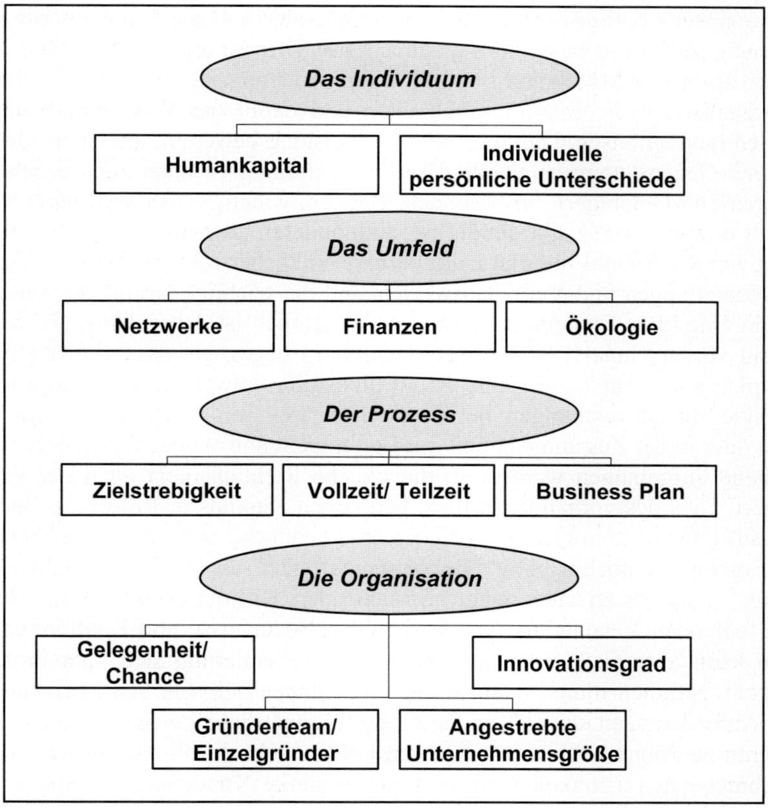


**Abb. I-II-2:** Haupterfolgsfaktoren der Unternehmensgründung (Basis VAN GELDEREN/ THURIK/BOSMA)

Einen Einfluss haben auch **Fragen des Prozesses**, wie beispielsweise: Wie aggressiv verfolgt der Gründer sein **Ziel**? Erfolgt die Gründung in **Teilzeit** oder **Vollzeit**? Startet der Gründer mit einem oder ohne einen **Business-Plan**? In Bezug auf die geplante **Organisation** der Gründung spielt insbesondere die Art der **Marktchance** eine Rolle, z.B. im Hinblick auf den **Innovationsgrad**. Als weitere

Einflussgrößen können hier die Art der Gründung, im **Gründerteam** oder als **Einzelgründer**, und die angestrebte **Unternehmensgröße** unterschieden werden.

Wie man diesen Erläuterungen entnehmen kann, hat die Gründungsforschung zahlreiche Einflussfaktoren auf den Gründungserfolg identifiziert. Bei jedem Gründungsvorhaben ist es eine Kombination dieser Faktoren in unterschiedlicher Gewichtung, die den Erfolg bestimmt. Ebenso kann ein Faktor, der sich in der Gründungsvorphase noch negativ auf das Gründungsvorhaben ausgewirkt hat, in der Umsetzungsphase ein wichtiger Erfolgsfaktor werden.

Wie eigene empirische Studien belegen, muss ein Unternehmensgründer – bildlich gesprochen – einen **„Januskopf"** haben. Dies bedeutet mit anderen Worten, dass er einerseits optimistisch an seine Geschäftsidee und die Fähigkeit zur Verwirklichung seines Business-Plans glauben muss. Dies ist dann auch die Basis für die Motivation von Mitarbeitern und Partnern. Andererseits muss er kritisch und eher pessimistisch die Marktgegebenheiten und damit das Wettbewerbsumfeld sowie den Innovationsgrad der eigenen Marktleistung bewerten, um einen Misserfolg durch Gegensteuern zu vermeiden. Diese Haltung ist dann auch gegenüber Investoren und Gläubigern, insbesondere Banken, wichtig. Dies läuft darauf hinaus, dass er zum einen risikofreudig ist, zum anderen aber nach dem Prinzip des vorsichtigen Kaufmanns nur klar kalkulierbare und beherrschbare Risiken eingeht. Beide Einstellungen und Verhaltensweisen sind die wichtige Grundlage, um eine Vision in eine klare Strategie umzusetzen. Wesentlich ist dabei, Unwägbarkeiten und nicht vorhersehbaren Ereignissen dadurch zu begegnen, dass immer ein Alternativplan als „Plan B" für eine Rückfallposition entwickelt wird. So können auftretende Planabweichungen bei Marktaktivitäten mit Vertriebspartnern und Kunden oder in der Zusammenarbeit mit Lieferanten und Wertschöpfungspartnern weitgehend aufgefangen werden. In die gleiche Richtung geht auch der Erfahrungswert, 25% des vorhandenen bzw. benötigten Kapitals in Reserve zu halten, um bei auftretenden Schwierigkeiten noch über genügend Substanz zu verfügen.

Ein Ergebnis ist noch wichtig: Die meisten Gründer scheitern i.d.R. nicht an der „Technik", sondern an einer nicht ausreichenden **Kundenorientierung**. Neben diesem fehlenden Verständnis für die zentralen Bedürfnisse und Kaufmotive der Kunden kann aber auch eine zu starke Kundenorientierung sich zum Problem entwickeln. Nämlich immer dann, wenn der Gründer sich sehr stark auf die speziellen Anforderungen seiner Kunden einstellt, ohne diese Leistungen dann auch fakturieren zu können. Ab einer gewissen Grenze geht die Wirtschaftlichkeit der unternehmerischen Tätigkeit verloren und die starke Kundenorientierung entwickelt sich dabei zur Kostenfalle.

Derartige Fehleinschätzungen und Fehler können auch durch eine hohe Belastbarkeit, ein ausgeprägtes Beharrungsvermögen und ein sehr großes Engagement mit einer wöchentlichen Arbeitsbelastung von 60 bis 80 Stunden nicht aufgefangen und ausgeglichen werden.

Die **Analyse der Anforderungen an Unternehmensgründer** erbrachte bei der Befragung von 299 Gründern und Gründungswilligen folgende signifikante Ergebnisse: Im Soll-Profil von 28 untersuchten Persönlichkeitskriterien kristallisierten sich drei wesentliche Faktoren heraus, nämlich die Umsetzungs- und Ergebnisorientierung, die Innovations- und Partnerorientierung sowie die Risikominimierung. Dabei lassen sich einige klare Unterschiede zwischen erfolgreichen und erfolglosen Gründern herausarbeiten. Hinsichtlich der Umsetzungs- und Ergebnisorientierung sind erfolgreiche Gründer in höherem Maße durchsetzungs- und entschlussfähig sowie verhandlungssicherer. Bezogen auf die Innovations- und Partnerorientierung zeichnen sich erfolgreiche Gründer dadurch aus, dass sie eher clever, kontaktfähig, kooperativ und optimistisch sind. Nach ihrer Risikominimierung unterscheiden sich erfolgreiche und erfolglose Gründer lediglich dadurch, dass die erfolglosen Gründer deutlich weniger anpassungsfähig sind. Interessant sind noch folgende Unterschiede: Erfolglose Gründer verfügen tendenziell über ein höheres Startkapital und haben einen geringeren Kapitalzuwachs zu verzeichnen. Zugleich verfügen Sie aber über eine signifikant bessere Einkommenssicherung durch weitere Einnahmequellen. Die Frage ist, ob sie dadurch im Vergleich zu erfolgreichen Gründern mit weniger Nachdruck und „Biss“ agieren.

VAN GELDEREN/ THURIK/ BOSMA untersuchten in einer Studie von 517 angehenden Unternehmensgründern im Jahre 2005 den in Abbildung I-II-2 wiedergegebenen direkten **Einfluss der Erfolgsfaktoren auf den Erfolg von Gründern** bei der Realisierung ihres Gründungsvorhabens. Sie untersuchten also, welche Faktoren vor und während des Starts einer Unternehmensneugründung dafür verantwortlich sind, ob das Unternehmen gegründet wird oder nicht und wie erfolgreich es in den ersten drei Jahren ist. Dabei fanden sie heraus, dass drei Faktoren sowohl bezogen auf den Starterfolg als auch bezogen auf die Entwicklung nach drei Jahren den größten Einfluss auf den Erfolg haben. Der erste Haupterfolgsfaktor – das empfundene relativ niedrige **Risiko** auf dem angestrebten Markt – steht in engem Zusammenhang mit dem zweiten Haupterfolgsfaktor, dem **Vollzeit-Engagement** des Gründers. Personen, die das Risiko auf dem angestrebten Markt als niedrig empfinden, verwirklichen den Start des Unternehmens eher, unabhängig davon, ob ihr Empfinden der Realität entspricht oder nicht. Das gleiche trifft auf die Entscheidung zu, in Vollzeit oder in Teilzeit in das neu zu gründende Unternehmen zu starten. Das Bestreben, in Vollzeit zu starten, mag davon abhängen, dass der Gründer stärker vom Erfolg seines Vorhabens überzeugt ist und damit auch das Risiko des Scheiterns niedriger eingeschätzt hat. Die Studie ergab auch, dass Gründer, welche mehr **Start-up Kapital** für ihre Gründung benötigen, eine niedrigere Erfolgswahrscheinlichkeit für das Zustandekommen der Gründung haben als die Gründer, welche ihren Bedarf an Start-up Kapital senkten. Gründer im Bereich Produktion haben ebenfalls eine höhere Erfolgswahrscheinlichkeit als Gründer in anderen Gebieten.

Risikoempfinden, Zeitinvestition und Kapitalnotwendigkeit als die drei identifizierten Haupterfolgsfaktoren vor dem Start einer Unternehmensneugründung verändern sich im Zeitablauf. Für den Gründer ist aber insbesondere die Abschätzung seiner Chancen zu Beginn der Gründung wichtig. Hier zeigen besonders zwei weitere Faktoren einen positiven Einfluss auf das Gründungsvorhaben: So sind sowohl Gründer mit Erfahrungen in der angestrebten Industrierichtung erfolgreicher als auch Gründungen mit Unterstützung durch Berater. Von Vorteil sind auch bereits vorhandene Erfahrungen bei der Gründung eines Unternehmens, beispielsweise wenn der erste Versuch gescheitert ist.

Nun stellt sich die Frage, ob das Alter des Gründers einen Einfluss auf das geplante Gründungsvorhaben aufweist. Differenziert man zwischen ambitionierten Gründern und weniger ambitionierten Gründern, zeigt sich, dass ältere nicht so ambitionierte Gründer ihr Vorhaben eher nicht realisieren. Dies mag unter anderem in dem höheren persönlichen Risiko – im Alter nicht genügend finanziell abgesichert zu sein – begründet liegen. Bei ambitionierten Gründern hat das Alter keinen signifikanten Einfluss auf den Erfolg des Gründungsvorhabens.

Zum Schluss soll noch kurz darauf eingegangen werden, wie viele der befragten Gründer überhaupt ihr Vorhaben verwirklichten und wie viele innerhalb der drei Jahre aufgaben: Nach diesem Zeitraum hatten sich 187 der 307 gestarteten und nachvollziehbaren Unternehmen, also gut 60%, erfolgreich am Markt etabliert; 105 Gründer gaben ihr Unternehmen/ Gründungsvorhaben innerhalb der ersten drei Jahre auf. 109 Gründer befanden sich nach eigenen Angaben nach drei Jahren immer noch im Prozess der Gründungsvorbereitung.

## 3. Vorgehen in der Gründungsvorphase: Die Geschäftsidee

Nach diesen Hinweisen und Anforderungen für eine erfolgreiche Gründung gehen wir nun wieder zurück zum Gründungsprozess. Um die Absicht, ein Unternehmen zu gründen, verwirklichen zu können, muss die Erfolgswahrscheinlichkeit der Geschäftsidee bewertet werden. Am Beginn steht die **grobe Abschätzung der Geschäftsidee** bezüglich der Höhe des generierten Kundennutzens und damit der Anzahl und Kaufbereitschaft potenzieller Kunden. Hierzu förderlich sind in einer frühen Phase Gespräche mit Experten und potenziellen Kunden. Dabei ist ein Kompromiss zwischen der Geheimhaltung der Idee und der Prüfung ihrer Tragfähigkeit zu finden.

Dieses „Sparring" schärft i.d.R. die Geschäftsidee und die Argumentationsfähigkeit für das eigene Vorhaben. Beides sind wichtige Voraussetzungen für die spätere Erstellung des Business-Plans und die Gewinnung von Investoren. Denn ein Kreditgeber oder Investor beurteilt nicht nur die technische Ausgereiftheit des Konzeptes, z.B. für ein neues Produkt, sondern vor allem auch die Marketing- und Vertriebskompetenz des Gründers und seines Konzeptes. Wie beispielsweise ARNDT es ausdrückt: Es ist wichtiger zu wissen, dass unser Produkt dem Kunden 25% Zeit und damit 20% Kosten spart, als dass es 200 Aktionen in der Minute ausführen kann.

Weiterhin ist zu prüfen, ob in Deutschland oder in einem anderen Land schon ein Patent für das Produkt angemeldet wurde und/ oder ob die Geschäftsidee bereits von anderen Unternehmen so oder ähnlich umgesetzt wurde. Je geringer die Einzigartigkeit und Innovationsstärke der Geschäftsidee desto geringer ist auch deren Erfolgspotenzial. Hiermit in Zusammenhang steht auch die Schutzfähigkeit der Geschäftsidee, die bestenfalls durch eine Patentanmeldung des Produktes oder Verfahrens gegeben ist, welches nicht leicht abgewandelt oder weiterentwickelt werden kann. Gerade in der Gründungsphase ist es wichtig, seine Geschäftsidee durch die Unterzeichnung von Vertraulichkeitserklärungen durch Berater, Bankangestellte und andere Experten zu schützen.

Auf dieser Basis ist die Geschäftsidee einer kritischen Grobanalyse auf ihre Realisierbarkeit zu unterziehen. Hierbei kommt es neben der Abklärung von rechtlichen Vorschriften und Standards auch auf eine grobe Abschätzung der Kosten-Nutzen-Relationen an, was die zumindest längerfristige Profitabilität des Vorhabens determiniert.

Ist diese Prüfung im Ergebnis positiv, dann kann der Gründer in dieser frühen Phase bereits ein Gründerteam zusammenstellen. Es ist vor allem danach zu bilden, dass der Gründer in den wichtigen Bereichen, die er durch seine eigene Kompetenz nicht abdeckt, fachmännische Unterstützung erhält. Eine gute Kombination für ein Gründerteam ist beispielsweise das Zusammenwirken eines versierten Ingenieurs, eines Controllers und eines Marketingspezialisten.

## III. Planungsphase: Der Business-Plan – Zehn vernetzte Aktivitätsfelder für eine tragfähige Existenzgründung und -sicherung

Was ist ein Business-Plan, und wie ist er zu erstellen? Welche Aktivitätsfelder sind darin gegeneinander abzugrenzen, aber dennoch inhaltlich vernetzt zu entwickeln? Welche Arten von Fördermitteln gibt es für Existenz-/ Unternehmensgründer?

### 1. Vorgehen in der Gründungsphase und Förderungs-/ Unterstützungsmöglichkeiten

Basierend auf den in der Orientierungsphase erkannten Anforderungen wird in der Planungsphase das Produkt-Markt-Konzept erarbeitet. Hierin wird konkret festgelegt, welches Marktsegment mit welchen Leistungen bedient werden soll. Ist der Business-Plan überzeugend, dann können auf dieser Basis Kapitalgeber leichter gewonnen werden. Insbesondere für die Erlangung öffentlicher Fördermittel ist die Erarbeitung eines Business-Plans und dessen Prüfung durch eine fachkundige Stelle häufig eine zwingende Voraussetzung. Ist die finanzielle Grundlage gesichert, müssen noch die organisatorischen und rechtlichen Gründungsvoraussetzungen geschaffen werden, bevor die Gründung des neuen Unternehmens in der Umsetzungsphase realisiert werden kann.

Wie sich in verschiedenen Untersuchungen gezeigt hat, verbessern sich die Erfolgschancen einer Unternehmensneugründung, wenn die Gründer sich beraten lassen. Hierzu stehen dem Gründer in Deutschland z.B. folgende Möglichkeiten offen:

- Business Angels
- Gründerlotsen

- Technologie- und Gründerzentren
- Gründerberatung an Hochschulen (Exists-Programm).

Auf die wohl bekannteste Variante der **Beratungsleistungen**, die Business Angels, wird kurz näher eingegangen. Sie kennzeichnet die Unterstützung durch einen erfahrenen Unternehmer oder leitenden Angestellten. Zu diesem frühen Zeitpunkt sind meistens noch keine Venture Capital Geber zu gewinnen. Der Gründer kann vom Know-how, den Kontakten und ggf. dem Kapital des Business Angels profitieren.

Aufgrund des hohen Risikos, das der Business Angel bei einem Kapital-Engagement eingeht, muss das Geschäftskonzept des Gründers eine schnelle Wertsteigerung des Unternehmens versprechen und so die Aussicht auf entsprechende Renditen erkennen lassen. Daher sind Business Angels meist in Wachstumsbranchen, wie IT, Multimedia und Life Sciences, aktiv. Wesentlich für die Unterstützung durch einen Business Angel sind weiterhin die geografische Nähe und ein Vertrauensverhältnis zwischen Business Angel und Gründer. Kontakt zu Business Angels kann der Gründer in Deutschland über die ca. 40 – häufig regional ausgerichteten – Netzwerke von Business Angels erhalten. Ein Business-Plan oder zumindest eine fundierte Präsentation der Geschäftsidee sind jedoch häufig Grundvoraussetzung für den Erstkontakt.

Hier sollen zusätzlich noch kurz die wichtigsten Arten von zum Teil auch finanziellen Fördermaßnahmen/ -programmen angesprochen werden, die ein potenzieller Gründer beim Erfüllen der jeweils notwendigen Kriterien in Anspruch nehmen kann. Zunächst ist dabei zu beachten, dass Fördermittel sowohl vom Bund als auch von Ländern und Regionen/ Gemeinden vergeben werden. Auch nahezu alle anderen Länder der EU fördern Gründungen.

Nach DENNIS A. DE lassen sich grundsätzlich **drei Arten von Förderungen** unterscheiden:

- So genannte „Transfers in kind“ bezeichnen die Unterstützung der Gründer in Form von Informationen und Entscheidungsunterstützung. Diese erhält der Gründer außer in den bereits genannten Anlaufstellen für die Gründerberatung auch über Hotlines z.B. des Arbeitsamtes oder der Industrie- und Handelskammern sowie bei Beratungen und Schulungen. Auch die Wirtschaftsministerien der Länder bieten diese Unterstützung an. Ein Beispiel ist Bayern: Hier können unter der Adresse www.stmwivt.bayern.de unterschiedliche und für den Gründer interessante Informationen abgerufen werden.
- Die „Transfers in cash“ stellen finanzielle Zuwendungen dar. Im Folgenden werden die bedeutendsten Formen aufgeführt.
    - Darlehen: Sie stellen die am häufigsten genutzte Form dar. Darlehen werden sowohl von staatlicher Seite – im Rahmen des Eigenkapitalhilfeprogramms – als auch von Banken vergeben. Das Eigenkapitalhilfeprogramm bildet insofern eine Besonderheit, da es dem Gründer als persönliches Darlehen zur Verfügung gestellt wird und damit die Funktion haftenden Eigenkapitals übernimmt. Neben dem ERP Eigenkapitalhilfeprogramm sind für Gründer insbesondere das ERP Existenzgründungsprogramm sowie Kreditprogram-

me der Länder interessant. Das ERP Existenzgründungsprogramm dient vorrangig der Finanzierung der Gebäude und Betriebsmittel für ein neues Unternehmen. Über dieses Programm können, unter bestimmten Voraussetzungen, bis zu 42% – in den neuen Bundesländern auch mehr – des Kapitalbedarfs gedeckt werden.

- Beteiligungskapital: Venture Capital Gesellschaften investieren direkt in das Eigenkapital des Unternehmens, bleiben aber i.d.R. Minderheitsgesellschafter (Anteil unter 50%). Das investierte Kapital wird meist zinslos überlassen, der Gewinn des Kapitalgebers entsteht durch Partizipation am ggf. gestiegenen Wert des Unternehmens und am erwirtschafteten Überschuss.
- Bürgschaften: Mit Hilfe der Bürgschaft können durch staatliche Hilfe fehlende Sicherheiten ergänzt werden. In diesem Fall verbürgt sich der Staat dafür, dass im Falle des Scheiterns der Unternehmensneugründung der verbürgte Betrag zurückgezahlt wird. Diese Bürgschaften werden im allgemeinen nicht kostenlos zur Verfügung gestellt, sondern mit Zinszahlungen belastet. Voraussetzung sind eventuell auch weitere Sicherheiten, welche aber zum Teil aus Werten bestehen können, die eine Bank nicht als Sicherheit akzeptieren würde.
- Zuschüsse: Vorrangig für Unternehmensneugründungen mit technologisch fortschrittlichen Produkten und/ oder Produktionsverfahren vergeben viele Länder Zuschüsse, zum Teil sogar bereits in der Orientierungs-/ Planungsphase. Häufig sind diese Zuschüsse dann aber auch an die Gründung in dem jeweiligen Bundesland gebunden.
- Steuervergünstigungen und Zinssubventionen: Zinssubventionen bieten bereits in der Anfangsphase der Gründung eine Hilfe für den Gründer. Steuervergünstigungen helfen dagegen erst, wenn bereits eine Steuerschuld entstanden ist.
- Weitere Förderhilfen: Hier sind beispielsweise das Förderprogramm der Fraunhofer-Patentstelle für die Deutsche Forschung oder das Exists-Programm zur Existenzförderung an deutschen Hochschulen zu nennen.

• Schließlich besteht noch die Möglichkeit der Kombination von Transfers in kind und Transfers in cash, wie sie z.B. von den oben bereits angesprochenen Business Angels zur Verfügung gestellt wird.

Im Internet findet der interessierte Leser eine Vielzahl konkreter Ausführungen zu den einzelnen Fördermöglichkeiten. Weiterführende Angebote gibt es z.B. unter

• www.existenzgruender-netzwerk.de,
• www.gruenderforum.de oder
• www.kfw-mittelstandsbank.de.

Eine Besonderheit stellen die Fördermöglichkeiten aus der Arbeitslosigkeit heraus dar. Hierfür muss zunächst als Voraussetzung die Zahlung von Arbeitslosengeld I oder Arbeitslosengeld II (Hartz IV) vorliegen. Besondere Fördermöglichkeiten existieren auch für Behinderte.

Unter der Bezeichnung „Ich-AG“ förderte die Agentur für Arbeit Existenzgründungen aus der Arbeitslosigkeit mit 600 EUR/Monat im ersten Jahr, 360 EUR/Monat im zweiten Jahr und 240 EUR/Monat im dritten Jahr. Die Bundesregierung lässt dieses Programm auslaufen, und zwar unter anderem auch deshalb, weil zahlreiche Gründungsversuche von Ich-AGs scheiterten – nicht einmal ein Business-Plan musste anfangs für die Gewährung der Mittel existieren. Im Nachfolgeprogramm erfolgt die aktuelle Förderung im Rahmen eines zwei Phasen umfassenden Gründungszuschusses. Dieser wird Existenzgründern, die arbeitslos sind und die noch einen Restanspruch auf die Gewährung von Arbeitslosengeld I von mindestens 90 Tagen haben, gewährt. Erforderlich für die Genehmigung ist die Stellungnahme einer fachkundigen Stelle über die Tragfähigkeit des Vorhabens. Außerdem werden Kenntnisse und Fähigkeiten zur Ausübung der Tätigkeit überprüft, und nur Gründungen, die dem Haupterwerb dienen, werden gefördert. Die Bemessungsgrundlage entspricht in der ersten Phase – von neun Monaten – dem Arbeitslosengeld I. Hinzu kommen 300 EUR zur pauschalen Abdeckung der Sozialversicherungsbeiträge. In der zweiten Phase erhält der Gründer für sechs weitere Monate 300 EUR/Monat.

## 2. Zehn Aktivitätsfelder des Business-Plans

Bei Unternehmensneugründungen ist das Aufstellen eines Business-Plans gängige Praxis. Ein maßgeblicher Grund ist die Tatsache, dass von Förderinstitutionen generell eine solche Ausarbeitung verlangt wird. Genau dies darf aber nicht die einzige Begründung sein, da sonst ein Business-Plan als lästige Pflicht verstanden wird. Er wird dann nicht selten – basierend auf vorgegebenen Rastern bzw. Checklisten – oberflächlich sowie mit wenig Gehalt und Stringenz aufgestellt. Dadurch genügt er den betriebswirtschaftlichen Anforderungen im Hinblick auf die strategische Ausrichtung und die operative Umsetzung der Geschäftsidee nicht. Das Hauptmanko liegt neben unspezifischen Aussagen zur Zielrichtung, Ist-Situation, zukünftigen Entwicklungstendenzen und zur vorgesehenen konkreten Umsetzung in Maßnahmen darin, dass die inhaltlichen Aktivitätsfelder nicht in ausreichendem Maße miteinander vernetzt, sondern zu linear erstellt und abgearbeitet werden. Mit anderen Worten werden im **Business-Plan** Wechselwirkungen positiver, aber auch negativer Art zwischen den einzelnen Gestaltungsbereichen in einem Gründungsprozess und der Start-up-Phase nicht erkannt, zumindest aber nicht klar genug herausgearbeitet. Die Fähigkeit hierzu kennzeichnet eine der wichtigsten Eigenschaften erfolgreicher Manager, nämlich das vernetzte Denken in **Ursachen-Wirkungs-Beziehungen**. Diese Fähigkeit ist auch und gerade bei Unternehmensgründern wichtig.

Dieser Anforderung wird im Folgenden dadurch Rechnung getragen, dass die aus unserer Sicht 10 wichtigsten Aktivitätsfelder eines Business-Plans in ihren inhaltlichen **Vernetzungen** ausgeführt und dargestellt werden. In Abbildung I-III-1 sind – um die Übersichtlichkeit zu wahren - nur die wesentlichsten Vernetzungen der Aktivitätsfelder dargestellt, obwohl nahezu alle Felder miteinander vernetzt sind. Die Abfolge kennzeichnet zugleich die zweckmäßige Vorgehensweise einer

Outside-in-Analyse. Begonnen wird also – unter Zugrundelegung der Geschäftsidee – mit den potenziellen Kunden und dem möglichen Markterfolg, der auf Kernkompetenzen sowie Erfolgsfaktoren und Werttreibern basiert. Abschließend ist dieses Chancenmanagement immer durch ein fundiertes Risikomanagement zu ergänzen.

Insgesamt werden in einem Business-Plan wesentliche Inhalte dieses Buches in den vorausgegangenen Kapiteln auf die erfolgreiche Umsetzung und Vermarktung einer Geschäftsidee fokussiert. Angesprochen werden hierbei wichtige Stakeholder-Gruppen sowie die meisten Wertschöpfungsprozesse, ohne dass auf sie jeweils gesondert verwiesen wird.

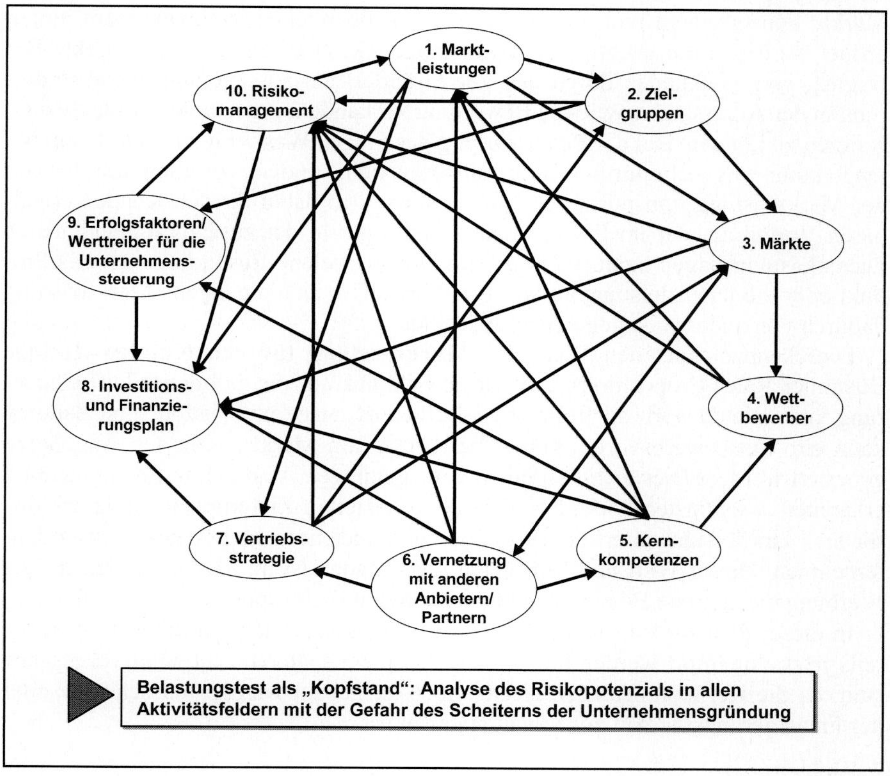


**Abb. I-III-1:** Vernetzung der 10 Aktivitätsfelder des Business-Plans

Im Folgenden gehen wir auf die einzelnen Aktivitätsfelder des Business-Plans ein und machen inhaltliche Ausführungen zu den wesentlichen Vernetzungen. Dabei werden zugleich wichtige Inhalte jedes Aktivitätsfeldes angesprochen, wie sie in den Abbildungen I-III-2a und 2b aufgeführt sind. Die Aktivitätsfelder 1. bis 6. beziehen sich vor allem auf strategische Analysen. Die Aktivitätsfelder 1. bis 4. sind extern auf den Markt ausgerichtet; sie haben strategische Marketinganalysen zum Gegenstand. Das Aktivitätsfeld 5. ist intern ausgerichtet und hat ebenfalls einen strategischen Ansatz. Das Aktivitätsfeld 6. ergänzt die eigenen Kernkompetenzen durch die von externen Partnern. Im Aktivitätsfeld 7. wird die Vertriebsstrategie festgeschrieben und operativ für die Umsetzung geplant. Der Investitions- und Finanzierungsplan (8.), die Analyse der Erfolgsfaktoren und Werttreiber (9.) sowie des Risikopotenzials (10.) runden den Business-Plan ab.

### 1. Marktleistungen

Ausgangsbasis sind bei einem zu gründenden bzw. Start-up-Unternehmen die auf der Geschäftsidee basierenden Leistungen, mit denen es am Markt auftreten will. Sie können im Hinblick auf ihre Erfolgsträchtigkeit erst bewertet werden, wenn sie zielgruppenspezifisch ausgerichtet sind, sich auf möglichst genau umrissene Märkte konzentrieren und im Vergleich zu maßgeblichen Wettbewerbern eingeordnet werden. Eine wichtige und frühzeitige Aktivität hierzu ist die direkte Befragung von Zielkunden durch den/ die Gründer, um aussagefähig die Anforderungen der Adressaten sowie die Bewertung vorhandener/ geplanter Produkte analysieren zu können. Bei der Beantwortung der Frage „Was wird am Markt angeboten?" kommt es nicht nur auf die Leistung an sich, sondern vor allem auf den mit der Marktleistung transportierten Nutzen sowie den dabei für den Kunden erzielbaren Vorteil an, der im Produkt selbst und/ oder in der zusätzlich angebotenen Dienstleistung liegen kann. Es ist zu begründen, welche Besonderheiten das Produkt oder die Dienstleistung aufweist und inwiefern sich die eigene Marktleistung dadurch von anderen Angeboten unterscheidet.

Dies kennzeichnet den **Wert der Marktleistung für den Kunden** (Unique Customer Value Proposition), den wir im Hinblick auf die geforderte Differenzierung vom Wettbewerb an früherer Stelle bereits ausgeführt hatten. Erst dadurch kann ein Wettbewerbsvorteil gegenüber bereits am Markt etablierten Angeboten generiert werden. Dies erfordert einen aussagefähigen Abgleich mit den eindeutig erkannten, wichtigsten Anforderungen der anvisierten Zielgruppen sowie mit den für die Marktleistungen erforderlichen Kernkompetenzen im neu gegründeten Unternehmen. Dieser Wert und Vorteil für den Kunden ist im Marketingplan für die Werbung die zentrale Botschaft an die anvisierten Zielgruppen.

In dieser Phase ist vor allem auch zu entscheiden, welche Marktleistungen bereits jetzt eingeführt werden und welche zu einem späteren Zeitpunkt vorgesehen sind, da die Kernkompetenzen hierfür noch ausgebaut werden müssen und/ oder der Finanzierungsrahmen noch nicht gegeben ist.

### 2. Zielgruppen

Im zweiten Aktivitätsfeld des strategischen Marketing wird detailliert und präzisiert, an wen sich das Unternehmen mit seinen Marktleistungen richtet, d.h. welche Marktsegmente bearbeitet werden sollen. Bei der Bestimmung der Zielkunden als anvisierte Zielgruppen kommt es darauf an, sie nicht nur nach sozio-demografischen Kriterien, also z.B. Alter, Geschlecht und Einkommen, zu definieren, sondern vor allem nach ihren Einstellungen, Motiven und Verhaltensweisen sowie den damit zu erwartenden Reaktionen gegenüber der vorgesehenen Marktleistung. Dies kennzeichnet eine psychografische Differenzierung.

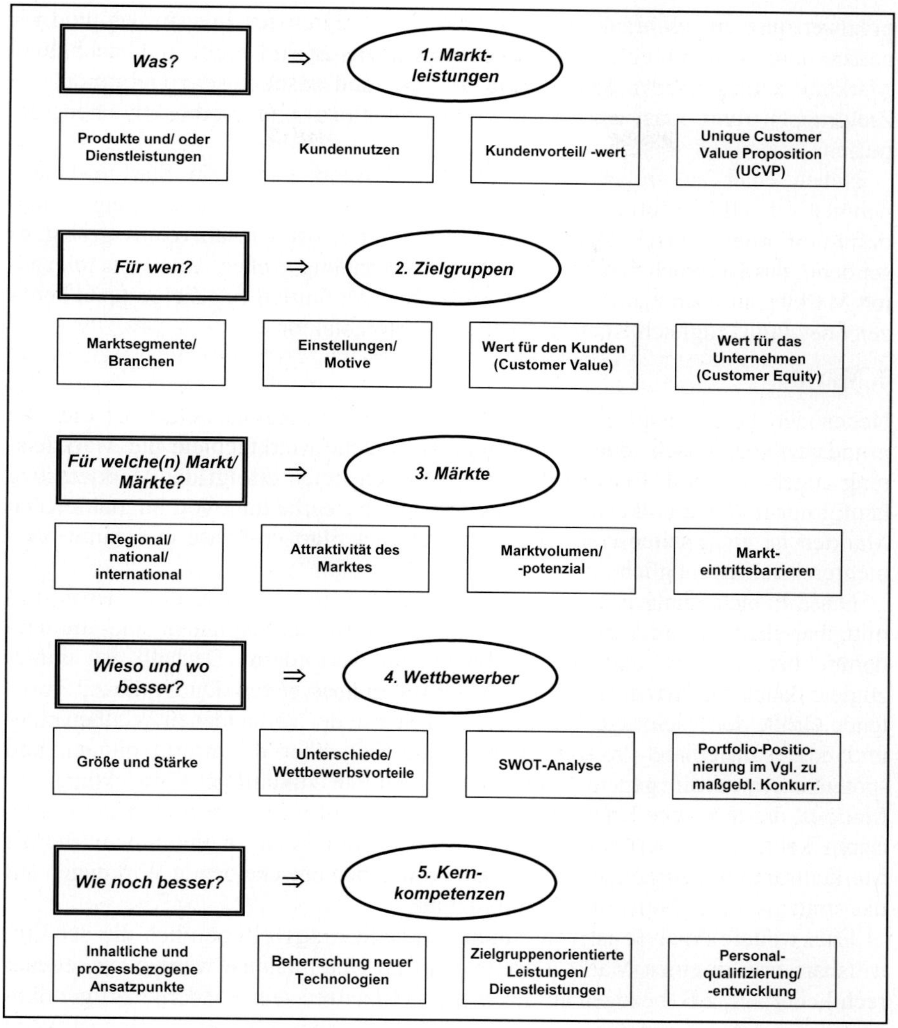


**Abb. I-III-2a:** Business-Plan: 1. bis 5. Aktivitätsfeld

Zusätzlich ist neben dem Wert der Marktleistung für die Zielgruppen bzw. Kunden (Customer Value) auch der **Wert dieser Zielgruppen für das Unternehmen** zu berücksichtigen, weil das Unternehmen durch die Produktverkäufe an sie seine Kapitalbasis verbessert (Customer Equity). Neben den Bedürfnissen der Zielgruppen interessiert also auch deren Zahlungsfähigkeit und -bereitschaft als Voraussetzung für den Kauf der Marktleistung und damit für den Umsatz des Unternehmens. Durch eine möglichst genaue Beschreibung und Abgrenzung der Zielgruppen ist eine bessere Aussage möglich, welche Teilmärkte mit den Marktleistungen erreicht und abgedeckt werden sollen. Dies ist insofern wichtig, da hierdurch zugleich die Vertriebsaktivitäten bezogen auf Zielgruppen und Märkte präzisiert und eingeschränkt werden. Durch den begrenzten Investitions- und Finanzierungsspielraum eines Start-up-Unternehmens ist eine breite und nachhaltige Marktabdeckung nicht möglich. Eine zu weite und unspezifische Definition von Zielgruppen führt sonst dazu, dass Kommunikations- und Werbeaktivitäten verpuffen.

Neben einer zu großen Definition der Zielgruppe, die ein Start-up-Unternehmen schnell überfordern kann, ist allerdings auch eine zu kleine Zielgruppendefinition problematisch. Denn dann ist der generierbare Umsatz relativ gering, es sei denn, das Unternehmen kann einen verhältnismäßig großen Anteil des relevanten Marktes auf sich ziehen. Eine aussagefähige Definition der Zielgruppen kennzeichnet damit zugleich einen wesentlichen Erfolgsfaktor.

### 3. Märkte

Neben den bereits angesprochenen Inhalten dieses Aktivitätsfeldes ist hier die grundsätzliche Entscheidung zu treffen, für welche Marktgebiete die Marktleistung angeboten wird. Bei einem Start-up-Unternehmen erfolgt der Markteinstieg häufig nur regional und erst später national. Eine Bearbeitung von internationalen Märkten ist nicht selten erst nach dem Ende der Start-up-Phase und damit nach mehreren Jahren möglich.

Diese Entscheidung ist insofern in einer frühen Phase wichtig, da hiermit unmittelbar auch Anforderungen der Vertriebsorganisation verbunden sind, die wiederum Investitionen und deren Finanzierung erfordern. Deshalb ist immer zugleich auch die **Attraktivität des Marktes** zu analysieren. Durch die zu erwartende Größe der Nachfrage, die Größe und Stärke der vorhandenen Wettbewerber und das realisierbare Preisniveau bestimmt sich über das Marktvolumen und -potenzial, also die gegenwärtige Größe und die zukünftige Entwicklung des Marktes, das mögliche Umsatzvolumen, das ein Start-up-Unternehmen dann generieren kann. Diese Kriterien sind in der Portfolio-Analyse unter dem Begriff Marktattraktivität zusammengefasst. Hiervon gehen entscheidende Wirkungen auf das strategische und operative Marketing aus.

Eine weitere Analyse ist von Anfang an bedeutungsvoll, nämlich die der Eintrittsbarrieren in einen Markt. Für ein Start-up-Unternehmen werden sie seltener rechtlicher Art, z.B. bezogen auf Patente und Lizenzen sein, sondern häufiger ökonomischer Art, etwa in der Weise, dass das Investitionsvolumen zu hoch ist. Wird dieses Problem unterschätzt, dann führt ein Scheitern im Markt zu Sunk costs, da der Investition keine geschaffenen Vermögenswerte gegenüber stehen.

Bei einer Reihe von Neugründungen sind behördliche Genehmigungen erforderlich, und zwar v.a. im Handwerk, dem produzierenden Gewerbe und in der Gastronomie, um die geforderten gesetzlichen Mindeststandards zu erfüllen. Der Grund liegt darin, das geforderte Qualitätsniveau abzusichern und zugleich Gefährdungen für Menschen oder die Umwelt zu vermeiden.

### 4. Wettbewerber

Im Aktivitätsfeld, das sich auf die Mitbewerber am Markt bezieht, erfolgen eine aussagefähige Bewertung und ein unmittelbarer Vergleich mit den Marktleistungen von Wettbewerbern. Ausgangsbasis ist die Analyse der Struktur, also der Anzahl, Größe und Stärke von wesentlichen Konkurrenten, sowie vor allem auch der Versuch, ihre Strategie und mögliche Reaktion auf den eigenen Markteintritt zu erkennen. Die Ergebnisse der letzteren Analyse sind spekulativ, für das Risikomanagement aber dennoch von essenzieller Bedeutung. Denn junge, aufstrebende Unternehmen scheitern nicht selten an übermächtigen Konkurrenten.

Wichtig ist deshalb in dieser Phase des Business-Plans, dass die Unterschiede zu den Marktleistungen der Wettbewerber herausgearbeitet werden und vor allem daraufhin analysiert werden, ob das Start-up-Unternehmen Wettbewerbsvorteile für sich ausmachen kann. In einer umfassenden **SWOT-Analyse** (Strengths – Weaknesses – Opportunities – Threats) werden die eigenen Stärken und Schwächen sowie die erkennbaren Chancen und Risiken des Marktes sowie des eigenen Handelns ermittelt und bewertet. Die Ergebnisse werden dann gegeneinander abgewogen und sind eine wichtige Grundlage für die Strategie des Start-up-Unternehmens. Sie fokussiert sich in der angestrebten eigenen Positionierung im Markt-Portfolio im Vergleich zu maßgeblichen Konkurrenten und ist damit ein wesentlicher Bestandteil des strategischen Marketing.

Dieses Aktivitätsfeld des Business-Plans ist also insofern entscheidend, weil es den Unternehmensgründer zu einer klaren Aussage zwingt, woraus er seine Chance und „Existenzberechtigung" am Markt ableitet und in welchen Bereichen er besser ist als seine Mitbewerber am Markt. Sind übermächtige Wettbewerber vorhanden und sind die Markteintrittsbarrieren sehr hoch, dann steigt das Risiko des Scheiterns ohne eine Marktleistung mit klaren Wettbewerbsvorteilen nicht unerheblich.

### 5. Kernkompetenzen

Die Analyse und Einordnung im Wettbewerberumfeld erfordert klare Aussagen zu den Kernkompetenzen des Start-up-Unternehmens. Sie werden im 5. Aktivitätsfeld erarbeitet und vertieft, da bei einer Unternehmensneugründung i.d.R. nur Ansatzpunkte von Kernkompetenzen gegeben sind. Sie können **in Inhalten oder in einer besonderen Prozesskompetenz** begründet sein und liegen häufig in der Beherrschung neuer Technologien und damit einer innovativen Technologieanwendung. Alternativ oder ergänzend können sie auch in speziellen zielgruppenorientierten Leistungen, also auch Dienstleistungen liegen. Üblicherweise verfügen der oder die Gründer über derartige Kompetenzen. Zusätzlich geht es darum, wie bereits vorhandene Ressourcen und Fähigkeiten weiterentwickelt sowie weitere erworben werden können. Beim Aufbau eines Unternehmens sind die Auswahl und vor allem die Entwicklung des Personals in diese Richtung eine wesentliche Grundlage für einen zukünftigen Markterfolg.

Die Definition der Kernkompetenzen ist damit für die Bestimmung der Erfolgschancen der Marktleistungen wichtig und nötig. Voraussetzung für diese extern gerichteten Marktfaktoren sind die intern gerichteten Werttreiber, also die Inhalte und Aktivitäten der Wertschöpfungsprozesse in einem Start-up-Unternehmen, die den Ansatz zu Kernkompetenzen in sich tragen und deshalb wiederum geeignet sind, Wettbewerbsvorteile am Markt zu schaffen. Es liegt auf der Hand, dass der Aufbau oder Ausbau von Kernkompetenzen nicht unerhebliche Investitionen erfordert und damit einer fundierten Finanzierung bedarf. Gerade in

Start-up-Unternehmen erfolgen diese Investitionen und Finanzierungen nicht über Vermögenswerte und den vorhandenen Cash Flow, sondern über zukünftige Umsätze und Deckungsbeiträge. Damit ist dies ein neuralgischer Bereich in einem jungen Unternehmen, der mit einem nicht zu übersehenden Risiko verbunden ist, zumal wenn ein junges Unternehmen das Volumen und Niveau eigener Kernkompetenzen sehr optimistisch definiert, sich also überschätzt.

Zugleich wird bei dieser Analyse deutlich, welche Bereiche der Leistungserstellung keine Kernkompetenzen darstellen und beispielsweise durch Partnerunternehmen besser und kostengünstiger erbracht werden können.

### 6. Vernetzung mit anderen Anbietern/ Partnern

Eine Zusammenarbeit mit anderen Anbietern bzw. Wertschöpfungspartnern kann bei der Erstellung der Marktleistungen, also z.B. bezogen auf Lieferanten, und/ oder den Vertrieb der Produkte auf unterschiedlichen Märkten erforderlich sein (siehe Abb. I-III-2b).

Zwei Aspekte sind dabei wichtig: Ein Start-up-Unternehmen muss zum einen bereit und fähig sein, mit Partnern zusammenzuarbeiten. Im ersten Falle ist es eine Frage der Einstellung. Im zweiten Falle ist es eine Frage der Managementqualität. Da kleine Unternehmen erst recht in der Startphase die Zusammenarbeit und Vernetzung mit anderen Anbietern z.B. zu komplementären Systemangeboten am Markt brauchen, ist die Frage der Managementfähigkeit hierzu entscheidend. Nicht selten fehlen Gründern entsprechendes Know-how und vor allem Erfahrungen, so dass sie hier schnell überfordert sind und dann auch übervorteilt werden. Dies belegen auch die Forschungen zur Gründerpersönlichkeit im Hinblick auf Verhandlungssicherheit. Die Ausführungen zum opportunistischen Verhalten als **Principal-Agent-Problem bei Kooperationen und Netzwerken** im vorausgegangenen Kapitel treffen hier in vollem Maße zu.

Zum anderen kommt es damit auf die konkrete Umsetzung derartiger Kooperationen an. Dies kristallisiert sich in der Gestaltung von Kooperationsverträgen in Netzwerken heraus und ist deshalb auch eine Frage oder ein Problem der Transaktionskosten, die durch die Vertragsverhandlung, den Vertragsabschluss sowie vor allem die Überwachung seiner Einhaltung entstehen. Insbesondere bezogen auf die Qualität der Leistungen von Lieferanten ist dies von Bedeutung, da bei einer hohen Fehlerrate der Nutzen und Wert der Marktleistung für den Kunden entscheidend beeinträchtigt wird. Dies wirkt sich negativ auf das junge Unternehmen aus.

Outsourcing ist eigentlich bei einem Start-up-Unternehmen kein zentrales Thema. Allerdings sprechen eine Reihe von Punkten dafür, dass ein junges Unternehmen sich in den Bereichen, die nicht zu seinen Kernkompetenzen gehören, Unterstützung sucht. Der Hauptgrund liegt in der begrenzten Personalkapazität, die einer Spezialisierung am Anfang eher entgegensteht. Was dagegen spricht, können die entstehenden zusätzlichen Kosten sein. Auch hier gilt: Entscheidend ist, wie gut verhandelt wurde und damit das Preis-Leistungs-Verhältnis aussieht. Geht man davon aus, dass eine gute Leistung zu einem fairen Preis geboten wird, dann ist **Outsourcing** gerade für junge Unternehmen attraktiv z.B. bei Produktionsvorleistungen sowie in den unterstützenden Bereichen Buchhaltung/ Rechnungswesen, Steuerberatung oder in der Personalverwaltung. Den entstehenden Kosten muss dabei immer unter Opportunitätsgesichtspunkten gegenüber gestellt werden, welche Erträge mit den Ressourcen im Bereich der Kernkompetenzen des Start-up-Unternehmens erwirtschaftet werden können. Üblicherweise müssten sie größer sein, so dass die Finanzierung des Outsourcing möglich ist und Verluste vermieden werden.

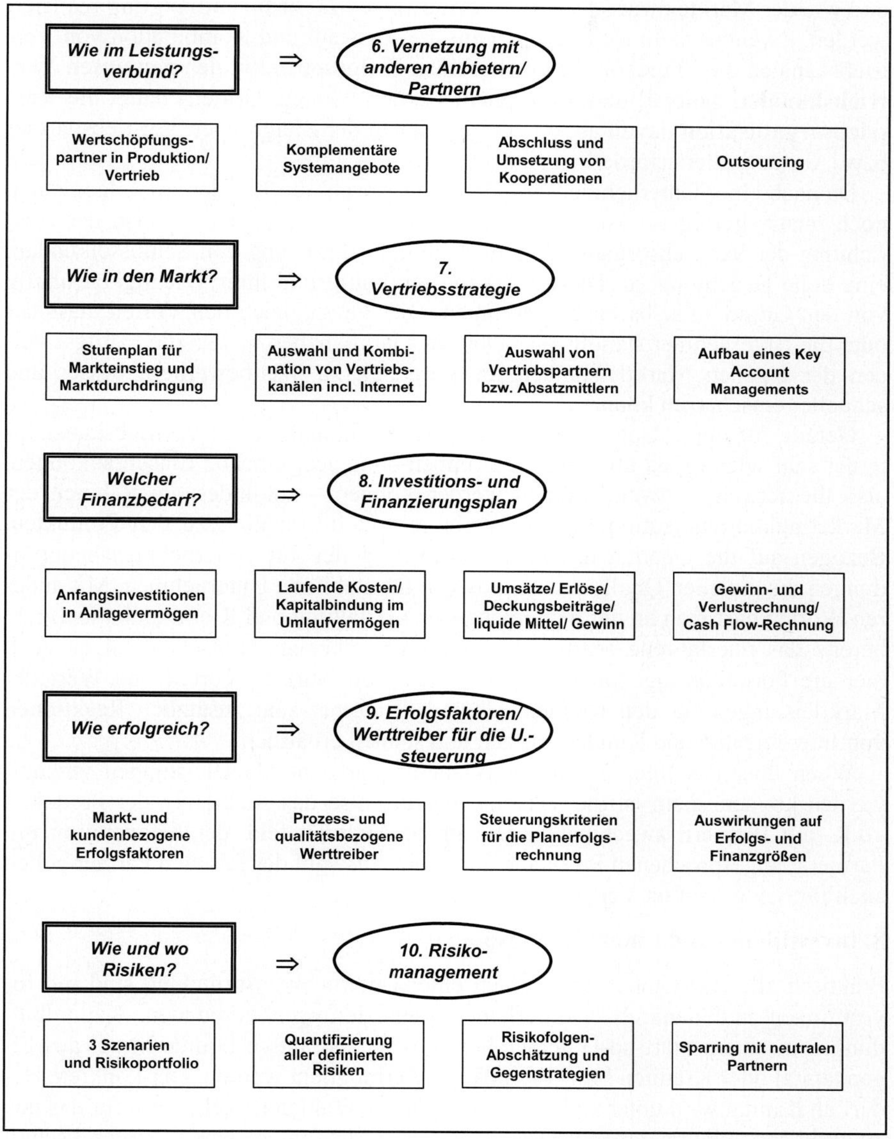


**Abb. I-III-2b:** Business-Plan: 6. bis 10. Aktivitätsfeld

## 7. Vertriebsstrategie

Inhalte dieses Aktivitätsfeldes sind bereits mehrfach angesprochen worden. Im Kern geht es darum, die Marketingstrategie durch das Erschließen und erfolgreiche Bedienen von zielgruppenbezogenen und geografischen Märkten umzusetzen, also die einzelnen Bausteine des Marketing-Mix in sich geschlossen zu gestalten und zu realisieren. Im Fokus steht erstens unter zeitlichen Gesichtspunkten, wann und wie der Markteintritt sowie eine **stufenweise Marktdurchdringung** realisiert werden. Zweitens stellt sich bezogen auf die Auswahl und Kombination von Vertriebskanälen die Frage, ob die gewünschten Zielgruppen mit den **geplanten Vertriebskanälen** generell und gut erreicht werden können. Drittens hängt die **Vertriebsorganisation** davon ab, ob zum Erreichen der Zielgruppen Vertriebspartner bzw. Absatzmittler erforderlich sind.

Da nach einer Unternehmensgründung die Anzahl der Kunden im Allgemeinen noch relativ gering ist, kommt einem Key Account Management, also der Ausrichtung der Vertriebsorganisation auf eine gute Betreuung von Schlüsselkunden, eine hohe Bedeutung zu. Diese Funktion wird aufgrund ihrer Wichtigkeit häufig von den Gründern selbst wahrgenommen. Dies hat zugleich den Vorteil, dass der oder die Unternehmer ständig „das Ohr am Markt“ haben und so die Erfolgschancen der eigenen Marktleistungen im Vergleich zu Wettbewerbern besser und schneller einschätzen können.

Gerade für junge Unternehmen ist in der Kombination der Vertriebskanal Internet sehr wichtig, da über ihn Zielgruppen ohne geografische Einschränkungen, also theoretisch weltweit, erreicht werden können – zumindest im Rahmen der Marketingkommunikation für die Werbung und Information zu den Produkten. Bezogen auf die Qualität des Internetauftritts gelten für Unternehmensneugründungen die gleichen Qualitätsstandards wie für etablierte Unternehmen. Mit anderen Worten darf man an der unzureichenden Gestaltung und Kommunikation nicht bereits das unerfahrene Start-up-Unternehmen erkennen. Entscheidend ist auch hier die Formulierung von Kernbotschaften zum Nutzen, Vorteil und Wert der Marktleistungen für den Kunden. Über das Internet sind zusätzlich Reaktionen von Interessenten und Kunden einfach und schnell erhältlich.

Wenn über das Internet im Mehrkanalmanagement Marktleistungen verkauft werden können, dann ist die Vertriebslogistik, also das Ausliefern der Produkte, i.d.R. mit Partnern zweckmäßig. Die im 6. Aktivitätsfeld, der Kooperation mit Partnern, angesprochenen Probleme durch die Auswahl der falschen Partner gelten auch für den gesamten Vertriebsbereich.

## 8. Investitions- und Finanzierungsplan

Praktisch alle Aktivitäten im Rahmen einer Unternehmensgründung sind mit Investitionen und dadurch erforderlichen Finanzierungen verbunden. Kapitalbindungen in einem Start-up-Unternehmen müssen also durch liquide Mittel aus Eigenkapital oder Krediten bzw. Fremdkapital ermöglicht werden. Der konkrete Bedarf an Kapital wird unter anderem auch von der Wahl der Rechtsform für das neu zu gründende Unternehmen bestimmt. Bei der Gründung einer Kapitalgesellschaft fallen dabei grundsätzlich höhere Kapitalbedarfe und auch höhere Kosten an als bei die Gründung einer Personengesellschaft; dies gilt auch, wenn es sich um eine Personengesellschaft mit kombinierter Rechtsform, also z.B. eine GmbH&Co KG, handelt. Die Gesellschaftsformen nach deutschem Recht stehen dabei immer mehr in Konkurrenz zu ausländischen europäischen Rechtsformen, vor allem der britischen Private Limited Company (siehe hierzu ausführlich C.II.).

Liquide Mittel werden bei einer Neugründung insbesondere für die zielgruppenspezifische Entwicklung von Marktleistungen, die Analyse und Aufschlüsselung von Märkten, die Verbesserung/ Erweiterung von Kernkompetenzen, den Aufbau und das Inganghalten von Kooperationen mit Partnern sowie nicht zuletzt auch für die Umsetzung der Vertriebsstrategie über Vertriebskanäle, die Vertriebsorganisation und die inhaltliche Ansprache der Zielgruppen benötigt. Hierzu sind im Business-Plan unter dem Blickwinkel des erforderlichen Kapitals für die Investitionen und unter dem Blickwinkel der Art und Beschaffung der Finanzmittel konkrete Aussagen zu machen.

In diesem Aktivitätsfeld werden also **das kalkulatorische Rechnungswesen** im Hinblick auf Erfolgsplanungen sowie **das pagatorische Rechnungswesen** im Hinblick auf Finanzplanungen und Zahlungsströme für die ersten Jahre ab der Unternehmensgründung präzisiert. Neben den einmaligen Investitionen für das Anlagevermögen, wie z.B. Maschinen, Gebäude oder Lizenzen, werden im Umlaufvermögen auch die laufenden Aufwendungen für die Aufrechterhaltung der Geschäftstätigkeit, also z.B. Kosten für Personal sowie Roh-, Hilfs- und Betriebsstoffe, detailliert mit dem Zeitpunkt ihrer Entstehung bzw. der Kostenentwicklung im Zeitverlauf aufgeführt (siehe hierzu F.IV.4. und F.IV.5.).

Das Problem besteht darin, dass erforderliche Investitionen und die damit verbundenen Ausgaben viel besser ermittelt werden können als sich die Umsatzprognosen durch Produktverkäufe und damit verbundene Einnahmen bestimmen lassen. Zu optimistische Schätzungen führen dann schnell zu einer Kapitalunterdeckung und zu Liquiditätsengpässen, die den Fortbestand des Start-up-Unternehmens ernsthaft gefährden können. Auch und gerade in dieser Lebenszyklusphase eines Unternehmens empfiehlt es sich deshalb, drei unterschiedliche Entwicklungsszenarien aufzustellen, und zwar ein optimistisches, ein pessimistisches sowie ein realistisches als eine zwischen den beiden anderen liegende und inhaltlich begründete Entwicklungslinie. Dabei muss nicht zwingendermaßen eine Kapitalunterdeckung vorliegen. Das neu gegründete Unternehmen kann auch dadurch bereits in Schwierigkeiten kommen, dass aufgrund einer längeren Kapitalbindung Liquiditätsengpässe durch hohe vorzufinanzierende Kosten der Leistungserstellung bei verzögerten Einzahlungen durch lange Zahlungsziele der eigenen Kunden entstehen. Eine Fremdfinanzierung durch Lieferantenkredite wird gerade in der Start-up-Phase nur begrenzt als Lösung in Frage kommen, da diese Kreditlinie sehr eng gezogen ist.

Mittels einer möglichst realistischen Schätzung der zu erwartenden Umsatz- und Gewinnentwicklung können eine **Gewinn- und Verlustrechnung** sowie eine **Cash Flow-Rechnung** durchgeführt werden. Die Grundlage für die Gewinn- und Verlustrechnung sind die erwirtschafteten Deckungsbeiträge, die zur Abdeckung der Fixkosten zur Verfügung stehen. Die Cash Flow-Rechnung zum Finanzmittelüberschuss ist für mögliche Kapitalgeber von besonderer Bedeutung, da sie das

Selbstfinanzierungspotenzial des Unternehmens aufzeigt, also dessen Fähigkeit zur Durchführung von Investitionen und zur Tilgung von Schulden. Durch die Darstellung sowohl der Kosten als auch der Erlöse im Zeitverlauf werden demnach nicht nur der Finanzierungsbedarf des Unternehmens zu den verschiedenen Zeitpunkten, sondern auch mögliche Finanzierungslücken und somit finanzielle Risiken (Aktivitätsfeld 10) deutlich.

Die substanzielle Grundlage für diese Analysen und Prognosen wird durch das folgende 9. Aktivitätsfeld der Erfolgsfaktoren und Werttreiber zur Unternehmenssteuerung erarbeitet. Die methodische Basis der Analyse und Ermittlung von inhaltlichen Problemen und Gefahren wird im anschließenden 10. Aktivitätsfeld im Rahmen des Risikomanagements gelegt.

Insbesondere diese drei letzten Aktivitätsfelder der Planungen, Erfolgsanalyse und Risikoabschätzung werden von möglichen Kapitalgebern wie Banken und Venture Capital oder Private Equity Gesellschaften genau in Augenschein genommen und inhaltlich auf ihre Aussagefähigkeit analysiert. Die Ergebnisse vermitteln ihnen einen Eindruck über die unternehmerische Managementkompetenz des oder der Gründer und sichern damit zugleich eine mögliche Kapitalinvestition ab.

## 9. Erfolgsfaktoren/ Werttreiber für die Unternehmenssteuerung

Die in diesem Aktivitätsfeld durchgeführten Analysen ermitteln, wie Erfolgsfaktoren, also wesentliche Kriterien aus Sicht der Zielgruppen/ Kunden, durch gezieltes Management der Werttreiber realisiert und verbessert werden. Zu untersuchen ist insbesondere, wie stabil und leistungsfähig in einem Start-up-Unternehmen die externen, auf den Markt bezogenen Erfolgsfaktoren und die internen, auf die Leistungserstellung und -vermarktung bezogenen Werttreiber sind. Die Ergebnisse dieser Untersuchungen sind – wie angesprochen – eine wichtige Grundlage für die Erfolgs- und Finanzrechnungen und ermöglichen als **Planerfolgsrechnungen** eine über die Zeit immer bessere Unternehmenssteuerung, um die **Wirtschaftlichkeit, Rentabilität und Liquidität** zu steigern.

Unmittelbar nach einer Unternehmensgründung sind diese Analysen naturgemäß noch relativ grob. Sie können erst im Laufe der Zeit in ihrer Aussagefähigkeit verfeinert und verbessert werden. So können die Erfolgsfaktoren einer termingenauen Auslieferung und fehlerfreien Qualität des Produktes, die zusammen eine hohe Kundenzufriedenheit bewirken, im Zeitablauf besser abgeschätzt werden, da sie auf den Werttreibern einer kurzen Durchlaufzeit, effizienter Leistungserstellungsprozesse und einer fehlerfreien Fertigungsqualität basieren. Zahlungen der Kunden werden dann eher auch termingerecht erfolgen, als dies der Fall ist, wenn aufgrund von Produkt- und Liefermängeln Kundenreklamationen auftreten und die Kundenzufriedenheit sehr gering ist.

Die Steuerung des jungen Unternehmens wird also nicht nur nach Erfolgs- und Finanzgrößen erfolgen, sondern im Vorfeld auch unter Management- und Prozessgesichtspunkten bezogen auf Erfolgsfaktoren und Werttreiber, welche die Wertgeneratoren Umsatz, Gewinn und Investitionen fördern oder behindern. Da junge Unternehmen über wenig oder keine Rücklagen verfügen, sind die Analysen in diesem Aktivitätsfeld mit dem Ziel einer hohen kundenorientierten Qualität wesentlich für den Fortbestand des Unternehmens. Im Zeitablauf sind in einem Start-up-Unternehmen hierfür geeignete Steuerungskriterien zu entwickeln, anhand derer die Messung der Unternehmensleistung und des Grades der Zielerreichung durchgeführt wird.

Für eine ausgewogene Steuerung und das frühzeitige Erkennen von Risiken sind **neben harten Kriterien**, insbesondere aus dem Rechnungswesen, auch **weiche Faktoren**, wie z.B. Kunden- und Mitarbeiterzufriedenheit, Mitarbeiterengagement sowie Kunden- und Mitarbeiterbindung, zu berücksichtigen. Dies erscheint auf den ersten Blick für ein Start-up-Unternehmen zu anspruchsvoll. Aufgrund der überschaubaren Anzahl eigener Mitarbeiter und aufgrund der begrenzten Kundenzahl sind diese Analysen mit relativ geringem zeitlichen Aufwand durchzuführen. Die methodischen Anforderungen an eine aussagefähige Messung sind ebenfalls bewältigbar.

## 10. Risikomanagement

Noch stärker als bei den Investitions- und Finanzgrößen sind alle Aktivitätsfelder bei einer Unternehmensneugründung einer aussagefähigen Risikoanalyse zu unterziehen. Wie sich aus Abbildung I-III-1 nachvollziehen lässt, ist hier eine vollständige Vernetzung gegeben. Zu analysieren ist dabei, welchen Risiken das Unternehmen ausgesetzt ist und wie diese beseitigt, reduziert oder abgesichert werden können. Typische Risiken sind ein zu geringer Kundennutzen und damit eine zu leichte Ersetzbarkeit der eigenen Marktleistung, eine Unterschätzung der Wettbewerber und ihrer Aktivitäten sowie eine Überschätzung der eigenen Kernkompetenzen und des Vertriebserfolgs. Dies gipfelt i.d.R. in einer falschen Einschätzung der erwirtschafteten Finanzströme und Erfolgsgrößen wie Umsatz und Rendite. Im Ergebnis resultiert hieraus ein mehr oder weniger vollständiges **Risikoportfolio**, das eine wesentliche Grundlage für die notwendigen Gespräche mit Banken und staatlichen Förderinstitutionen bildet.

Für Unternehmensgründer, die von ihrer Geschäftsidee vollständig überzeugt und deshalb überhaupt gründungswillig sind, ist gerade diese Analyse der Risiken mit der erforderlichen Distanz relativ schwierig. Bildlich gesprochen, ist hierzu ein „Kopfstand" notwendig. Die Akteure analysieren und bewerten also alles unter einem anderen, nämlich deutlich kritischeren Blickwinkel. Durch die Annahme des jeweils schlechtesten Falles müssen hierbei dann vor allem die Bereiche festgestellt werden, in denen bislang eher „schöngerechnet" wurde. Insbesondere für die Unternehmensgründer persönlich ist dieser Kopfstand von Bedeutung, da sie in Abhängigkeit von der Rechtsform einen nicht unerheblichen Betrag als Gründungskapital investieren und ggf. sogar mit ihrem Privatvermögen in der Haftung stehen (siehe hierzu C.II.).

Sie stellen sich bei dieser kritischen Analyse die Fragen „Was kann alles schief gehen?" sowie „Was für Folgen hat dies für die Unternehmensgründung?" und beantworten die Frage „Was können und müssen wir dann tun?". Dies läuft auf das bereits angesprochene Worst Case-Szenario, die **Risikofolgen-Abschätzung** und geeignete **Gegenstrategien** hinaus. Wichtig ist hierbei, dass eine – oftmals schwierige – Quantifizierung der Risiken in Sachkriterien (Kundenverlust) und in darauf basierten Wertgrößen (EUR) durchgeführt sowie eine Definition der Rückfallposition bzw. Erarbeitung von Alternativplänen vorgenommen wird.

Um alle wesentlichen Risikopotenziale für das Scheitern der Unternehmensgründung in den einzelnen Aktivitätsfeldern des Business-Plans erkennen und zutreffend bewerten zu können, empfiehlt es sich aus Erfahrung, diese Analysen auf der Basis der Geschäftsidee mit einem oder mehreren neutralen Partnern als „Sparringspartner" durchzusprechen. Hierdurch kommt ein Ausgleich und Gegengewicht zur eigenen Sicht zustande und falsche Entscheidungen sowie Probleme in späteren Phasen lassen sich eher vermeiden.

Ein nach dieser Maßgabe erarbeiteter Business-Plan hat bei einer tragfähigen Geschäftsidee eher die Chance, nicht nur von den Gründern, sondern vor allem auch von den Finanzierungspartnern akzeptiert zu werden. Die Gründung des Unternehmens wird dann vollzogen und der formal-juristische Akt der Eintragung ins Handelsregister oder der Gewerbeanmeldung erfolgt.

Wenn der Business-Plan in die Realität umgesetzt wird und die prozess- und strukturbezogenen Voraussetzungen für einen geregelten Geschäftsbetrieb geschaffen werden, dann ist zu hoffen, dass alle wesentlichen positiven und negativen Entwicklungen möglichst gut prognostiziert werden konnten und können. Das Unternehmen kommt danach in seine Expansions- und Wachstumsphase, die Teil der Umsetzungsphase in Abbildung I-I-2 ist.

## IV. Umsetzungsphase: Konzentration auf Teilprozesse

> Was sind wesentliche prozess- und strukturbezogene Gestaltungsmaßnahmen sowie inhaltliche und steuerungsbezogene Kriterien und Aktivitäten beim Aufbau eines geregelten Geschäftsbetriebs? Wie entwickelt sich ein junges Unternehmen typischerweise nach der Gründung weiter?

Nachdem der Business-Plan sorgfältig und mit allen Details erstellt wurde sowie die rechtlichen Schritte zur Gründung durchgeführt wurden, wird er schrittweise umgesetzt. Sämtliche Verträge sind zu erstellen und die Materialbestellungen sind vorzubereiten. Der Unternehmensstart erfolgt quasi auf „Knopfdruck", sobald die Finanzmittel zur Verfügung stehen.

Das neue Unternehmen muss sich nun im Markt beweisen. Erst in dieser Umsetzungsphase wird sich zeigen, ob die Geschäftsidee ausreichend tragfähig ist und zum Erfolg des Unternehmens führt. Hierfür sind eine Reihe wichtiger Voraussetzungen zu schaffen: Bei der inhaltlichen Umsetzung der Gestaltungsbereiche sollte nicht lehrbuchhaft vorgegangen werden, sondern mit Augenmaß nach dem Inhalt der Geschäftsidee, der Komplexität und Schwierigkeit der Prozesse sowie den Anforderungen der Kunden und des Marktes.

Zunächst ist – entsprechend der Philosophie unseres Grundlagenbuches – die **Architektur aller wichtigen Wertschöpfungsprozesse** zu gestalten. Grundsätzlich sollte bereits bei der Gründung des Unternehmens die externe Sicht, also die uneingeschränkte Kundenorientierung, die interne Sicht, also die eigene Definition und Strukturierung von Marktleistungen und Wertschöpfungsprozessen, dominieren. Maßgeblich aus interner Sicht ist allerdings das Kriterium der Wirtschaftlichkeit, um überhaupt in der Lage zu sein, Überschüsse zu erwirtschaften und zu überleben. Zu beantworten sind dabei folgende Fragen:

- Welche Wertschöpfungsprozesse umfasst die gesamte Prozesslandschaft des neu gegründeten Unternehmens?
- In welche Teilprozesse sind sie untergliedert?

Dies bedeutet, dass die **Ablauforganisation** der direkten Wertschöpfungsprozesse, also die Erstellung der Marktleistungen in den Teilprozessen Forschung & Entwicklung, Beschaffung, Arbeitsvorbereitung und Produktion sowie Vertrieb und Service, festzulegen ist. Ergänzend sind die in dieser frühen Phase des Unternehmens wesentlichen flankierenden Prozesse zur Unterstützung als indirekte Wertschöpfungsprozesse auszuwählen und zu strukturieren. Hierzu gehören insbesondere die Angebotserstellung, der Vertragsabschluss mit Kunden sowie die Rechnungsstellung nach erfolgter Lieferung – über die direkten Prozesse – und die Überwachung des Geldeingangs. Eine frühzeitige Rechnungsstellung und ein konsequentes Mahnwesen sind wichtig, um den Cash Flow und damit die Liquidität des jungen Unternehmens zu sichern. Eine durch die Gewinnmarge abgesicherte Skontierungsmöglichkeit für Kunden dient zur Beschleunigung des Geldeingangs. Unter diesem Aspekt ist auch die Bonität der Kunden zu überprüfen.

Wesentlich für diese Steuerung sind ein leistungsfähiges Rechnungswesen und Controlling, die auf der Finanzbuchhaltung und dem kalkulatorischen Rechnungswesen mit einer Vor- und Nachkalkulation basieren, um eine Kostendeckung und Gewinnerzielung überhaupt nachvollziehen zu können. Bereits von Anfang an ist dafür Sorge zu tragen, dass eine einfache und kostengünstige, aber aussagefähige Software für die IT-gestützte Steuerung der direkten und indirekten Wertschöpfungsprozesse zur Verfügung steht. Da eine Unternehmensneugründung am Anfang i.d.R. mit Verlust arbeitet, ist die kontinuierliche Steuerung der Umsätze, Erlöse und Kosten mit einer Break-Even-Analyse hilfreich (siehe F.IV.5.e.). Weitere wichtige unterstützende Prozesse beziehen sich auf die Logistik, das Qualitätsmanagement und das Personalwesen.

Die übergeordneten Prozesse der Steuerung sind in dieser Phase des Unternehmens noch relativ rudimentär und werden inhaltlich im Business Plan umrissen. Durch die Gründer selbst werden die Strategie, das Marketing als Marktorientierte Unternehmensführung sowie die Selbstdarstellung der Unternehmensneugründung (Corporate Identity) festgelegt und umgesetzt.

Ein Ergebnis kann sich ein junges Unternehmen nicht leisten, nämlich einen für das zukünftige Wachstum wichtigen Kunden zu verlieren, weil Fehler aufgetreten und Reklamationen unzureichend, also für den Kunden nicht zufriedenstellend, bearbeitet und abgewickelt wurden. Ein von Anfang an wichtiger Prozess im Unternehmen ist deshalb der Prozess der Problemerkennung und -lösung, also das Beschwerdemanagement. Hierbei werden alle anderen Prozesse tangiert und damit einbezogen, und zwar als mögliche Ursachenbereiche.

Auf den ersten Blick mag diese **prozessorientierte Vorgehensweise** für ein neu gegründetes Unternehmen eher überdimensioniert erscheinen. Dies ist jedoch keineswegs der Fall, wenn die oben aufgeführten Gestaltungsbereiche und Aktivitäten sich auf wichtige Aspekte der Marktleistungen, der anvisierten Zielgruppen und der erforderlichen internen Steuerung beschränken. Der Vorteil liegt bei dieser Vorgehensweise darin, dass von vornherein in dem jungen Unternehmen prozessorientiert gedacht, gestaltet und umgesetzt wird. Da die Akteure – zumindest in der konkreten Zusammenarbeit in dem neuen Unternehmen – wenig bzw. keine Vorerfahrung haben, ist das Denken in Prozessen und in Kundennutzen als Leitidee die Ausgangsbasis, um organisatorische Überschneidungen und inhaltliche Steuerungsdefizite zu vermeiden. Genau dies ist in Unternehmensneugründungen nicht selten ein gravierendes Problem.

Hieran schließt sich die Frage an, wie die **organisatorische Funktionsteilung** entsprechend den Wertschöpfungsprozessen vorgenommen wird, also die festgelegten Prozesse und Inhalte von den Gründern und weiteren Mitarbeitern durchgeführt und gesteuert werden. Hierfür ist basierend auf der Ablauforganisation die **Aufbauorganisation** festzulegen. Beantwortet werden dabei die Fragen:

- Welche Aufgaben/ Funktionen sind in diesen Teilprozessen wahrzunehmen?
- Welche Teilprozesse/ Funktionen werden zu Stellen zusammengefasst?

Die gesamte Organisation wird so nach Geschäftsabläufen durchgespielt, gegliedert und strukturiert sowie in Verantwortungsbereiche für zu erzielende Ergebnisse abgegrenzt. Die Aufbauorganisation ist dann also die Konsequenz aus den Wertschöpfungsprozessen der Ablauforganisation. Die Antwort auf die Frage, welche Funktionen von dem oder den Gründern selbst durchgeführt werden, bestimmt den hieraus ableitbaren **Personalbedarf**. Aus dem Inhalt der Funktionen einer Stelle lässt sich das **Anforderungsprofil** an den Stelleninhaber hinsichtlich seiner inhaltlichen Kenntnisse und Fähigkeiten sowie seinem Qualifikationsniveau bestimmen. Beantwortet werden also die Fragen:

- Welcher Personalbedarf resultiert aus den zu Stellen zusammengefassten Funktionen in Teilprozessen?
- Welche Qualifikationen müssen die Stelleninhaber besitzen?

Im nächsten Schritt ist die erforderliche **Personalbeschaffung** durchzuführen, die bei einer Neugründung eher durch eine persönliche Ansprache als durch allgemeine Insertionen zum Erfolg führen kann. Wichtig ist dabei ein Abgleich des Soll-Profils für die Prozessfunktionen mit der Ist-Qualifikation eines möglichen Mitarbeiters.

Für Start-ups ist es oftmals nicht leicht, Mitarbeiter mit der geforderten Qualifikation und Motivation zu finden. Benötigt wird meistens eine relativ umfassende und nicht zu sehr spezialisierte Qualifikation. Die nicht zu übersehende Unsicherheit des Arbeitsplatzes in einem jungen Unternehmen mag manchen geeigneten Kandidaten eher abschrecken. Hervorzuheben sind in dieser Phase der relativ große Gestaltungsspielraum für neue Mitarbeiter und die Möglichkeit, kreative Ideen einzubringen. Hierdurch wird i.d.R. ein bestimmter Typus von Mitarbeitern angesprochen, der diese Zielsetzung und Selbstverwirklichung anstrebt. Um derartige Mitarbeiter zu gewinnen, ist die folgende Frage fundiert zu beantworten:

- Welche Anreize werden geschaffen, um für das Start-up-Unternehmen qualifizierte und engagierte Mitarbeiter zu bekommen?

Typische **Anreize**, die glaubwürdig vermittelt werden können, sind bei einem erfolgreichen Wirken der Person und bei einem Wachstum des Unternehmens eine mögliche Funktions- und Verantwortungszunahme sowie damit ein Aufstieg. Gerade in jungen Unternehmen ist eine Erfolgsbeteiligung auf der Basis erreichter Ziele und Ergebnisse oftmals ein weiterer wichtiger Anreiz. Kapitalbeteiligungen sind z.B. in Form von stillen Gesellschaftern an einer GmbH möglich, ohne dass das Kapital zu sehr zersplittert wird und dennoch klare Entscheidungsprozesse für die Strategieformulierung und -umsetzung bestehen.

Sind diese ersten organisatorischen Gestaltungsmaßnahmen abgeschlossen und die wesentlichen Funktionen besetzt, dann empfiehlt es sich, mit den maßgeblichen Mitarbeitern, die eine Prozessverantwortung in wichtigen Abläufen haben, die geschaffene Ablauforganisation und die daraus abgeleitete Aufbauorganisation auf ihre Stimmigkeit hinsichtlich der Kundenorientierung, der überschneidungsfreien Gestaltung und der Übereinstimmung mit den Qualifikationsprofilen der Stelleninhaber zu überprüfen sowie ggf. einen **zusätzlichen Qualifizierungsbedarf** abzuleiten. Beantwortet werden damit die Fragen:

- Sind die Ablauf- und Aufbauorganisation aus Sicht der Kunden und damit des Marktes sowie unter Berücksichtigung der Qualifikationsprofile der Akteure gut zugeschnitten?
- Sind wesentliche Qualifikationserweiterungen der Stelleninhaber erforderlich?

Auf der Grundlage der bisherigen Schritte sind jetzt **Stellvertretungen** in einzelnen Funktionsbereichen festzulegen. Dies ist gerade in Start-up-Unternehmen mit wenigen Mitarbeitern und Allround-Funktionen von Bedeutung. Beantwortet werden damit die Fragen:

- Wer vertritt wen in seinen Funktionen?
- Haben die Stellvertreter ausreichende Informationen und Qualifikationen?

Dies ist zugleich die Ausgangsbasis, um in dem jungen Unternehmen die **Informationsbeziehungen** zwischen einzelnen Funktionen bzw. Stelleninhabern zu klären und festzuschreiben. Beantwortet werden damit die Fragen:

- Welche Informationsströme sind zwischen Teilprozessen und Stelleninhabern sicherzustellen und zu gestalten?
- Wer ist bei den einzelnen Teilprozessen wie an der Planung und Entscheidung beteiligt?

Ein einfaches und auch in Start-up-Unternehmen vom Aufwand und der Aussagefähigkeit her geeignetes Instrument ist das Funktionendiagramm (siehe hierzu G.IV.). Hierdurch lassen sich auf einer Seite die prozessbezogenen Aktivitäten und Funktionen einfach und übersichtlich festschreiben.

Zugleich lässt sich auf dieser Basis mit den Stelleninhabern durchsprechen und festlegen, welches in den einzelnen Geschäftsprozessen die wesentlichen extern gerichteten **Erfolgsfaktoren** und intern gerichteten **Werttreiber** sind. Die Werttreiber beziehen sich z.B. auf die Durchlaufzeit und Fehlerfreiheit eines Auftrags zum Erreichen der externen Erfolgsfaktoren termintreue Lieferung und Qualität als Ausfallsicherheit des Produktes für den Kunden. Hierdurch werden die Kundenzufriedenheit und -bindung entscheidend geprägt, was gerade für Start-up-Unternehmen mit wenigen Schlüsselkunden ein wesentliches Kapital darstellt. Diese Umsätze und Ergebnisse sind mit vertretbaren Kosten, also einer Wirtschaftlichkeit und Gewinnmarge, zu erreichen, so dass also auch die auf das Start-up-Unternehmen gerichteten Erfolgsfaktoren realisiert werden. Beantwortet werden also die Fragen:

- Auf welche Erfolgsfaktoren aus Sicht der Kunden und des Marktes konzentrieren wir uns?
- Welche internen Werttreiber sind hierfür wichtig und werden von uns gesteuert und gestaltet?

Hieraus lassen sich unmittelbar die **Steuerungskriterien** für die Teilprozesse und damit die Funktionsträger bzw. die Stelleninhaber ableiten, die dann auch in die individuellen Zielvereinbarungen für Kundenzufriedenheit, Leistung und Qualität sowie Wirtschaftlichkeit und Gewinnmarge eingehen. Beschrieben und festgelegt werden können so das jeweils geforderte Leistungsniveau und damit die Standards. Sie werden in den Teilprozessen anhand von definierten Messgrößen an festgelegten Messorten nachvollziehbar gemacht. Dies lässt sich auch in Start-up-Unternehmen mit vertretbarem Aufwand IT-gestützt realisieren. Der Vorteil definierter **Standards** ist vor allem darin zu sehen, dass aufwendige und damit kostentreibende Ad-hoc-Maßnahmen vermieden werden. Dies beantwortet die folgenden Fragen:

- Auf welchem Niveau und mit welchem Ergebnis müssen die Erfolgsfaktoren und Werttreiber erfüllt werden?
- Wie und wo messen wir die Erfüllung der Werttreiber und Erfolgsfaktoren?

Diese konsequente Steuerung mit dem Fokus des Kundennutzens ist eine gute Basis für die Einführung der Balanced Score Card in einer späteren Phase des Unternehmenslebenszyklus (siehe hierzu F.IV.5.e.).

Abschließend bleibt festzuhalten: Die vorstehend skizzierte Analyse und Vorgehensweise nimmt auch in einem gerade neu gegründeten Unternehmen einige Zeit in Anspruch. Aber der damit erzielbare Erfolg rechtfertigt den Aufwand, denn hierdurch wird in dem Start-up-Unternehmen von vornherein der Gedanke der kundenorientierten Prozessgestaltung umgesetzt. Alle Führungskräfte und Mitarbeiter haben von Anfang an Klarheit über ihre Funktionen und Wertbeiträge in den Leistungsprozessen. Und insgesamt erfolgt eine Konzentration auf die Faktoren, welche die Kundenzufriedenheit und den Markterfolg sichern sowie die Wertschöpfung und die Kosten-Ertrags-Relation im Unternehmen optimieren.

Gerade hieraus kann ein junges Unternehmen **Wettbewerbsvorteile** gegenüber etablierten großen und finanzstarken Unternehmen ableiten, weil so die überschaubare Unternehmensgröße über die Prozesssteuerung in eine erhöhte Reaktions- und Anpassungsfähigkeit an Markterfordernisse umgesetzt wird. Bei Start-up-Unternehmen, die über keine umfangreichen Erfahrungen und Prozessroutinen verfügen, ist eine derartige strukturierte und zielführende Vorgehensweise wichtig, um von Anfang an mögliche Fehler und Reibungsverluste zu vermeiden und nach einigen Jahren mit ihrer erfolgsträchtigen Geschäftsidee nicht zu den Verlierern, sondern zu den Gewinnern zu gehören.

Die Gestaltungs- und Steuerungsschwierigkeiten bei Start-up-Unternehmen liegen in den begrenzten sachlichen, personellen und finanziellen Ressourcen sowie in z.T. fehlendem Vorwissen. Dies macht kostenbewusste Entscheidungen bezüglich aller Investitionen in das organisatorische Steuerungsinstrumentarium umso wichtiger. Es gibt aber keine Begründung und Rechtfertigung für ein schlechtes Management in jungen Unternehmen.

Wenn es dem Start-up-Unternehmen gelingt, sich nicht nur im Wettbewerb zu behaupten, sondern bereits relativ früh die **Phase des profitablen Wachstums** aufgrund einer Marktdurchdringung und Expansion zu erreichen, dann ist es eine interessante Kapitalanlage für weitere Investoren.

Entwickelt sich das Unternehmen positiv und wächst, so werden bei einer Finanzierung durch Venture Capital oder Private Equity Gesellschaften diese anfänglichen Investoren nach einiger Zeit ihre Anteile verkaufen. Denn sie sind nicht wie die Gründer emotional mit dem jungen Unternehmen verbunden, sondern ihre betriebswirtschaftliche Investition macht sich nun in einem gestiegenen Unternehmenswert bezahlt. Typischerweise erreicht ein Unternehmen diesen Zeitpunkt etwa fünf bis acht Jahre nach der Gründung. Der **Ausstieg von Investoren** kann dabei ganz unterschiedliche Formen annehmen:

- Bei institutionellen Investoren erfolgt der Ausstieg meist durch den direkten Verkauf von Anteilen an Dritte oder bisherige Gesellschafter oder aber durch einen Börsengang als sogenanntes Initial Public Offering (IPO).
- Häufig wird das Unternehmen auch an Konkurrenten, Kunden oder Lieferanten verkauft. Gerade Großunternehmen wie z.B. SIEMENS kaufen gerne kleine Innovationsschmieden, wenn diese mehr Unternehmergeist aufweisen oder „als Brutkästen" (Inkubatoren) für Ideen fungieren und damit erfolgreicher Innovationen entwickeln.
- Wollen nur einige Investoren aussteigen, werden diese üblicherweise von den anderen Partnern ausbezahlt.

Von der erfolgreichen Gründung gehen sowohl direkte als auch indirekte Effekte auf das Umfeld des Unternehmens aus. Der **direkte Effekt** zeigt sich im Aufbau von Kapazitäten und damit dem Schaffen von Arbeitsplätzen. FRITSCH/MÜLLER unterscheiden bei den **indirekten Effekten** zwei Ausprägungen, die schließlich zu Veränderungen in der Wettbewerbsfähigkeit einer Region, Branche oder Volkswirtschaft und damit auch zu einer neuen Situation für weitere Unternehmensneugründungen führen. Einerseits können dies Verdrängungseffekte, also Kapazitätsabbau und Marktaustritte von etablierten Firmen, sein. Andererseits treten Angebotseffekte durch die Intensivierung des Wettbewerbs, die Beschleunigung des Strukturwandels, die Durchsetzung von Innovationen und die gesteigerte Vielfalt der Marktleistungen auf.

Wie bereits angesprochen, sind nicht alle Unternehmensgründungen erfolgreich. Aus diesem Grunde kommt es auch bei jungen Unternehmen zu Insolvenzen und Liquidationen. Zusammen mit der Liquidation von seit längerer Zeit existierenden Unternehmen, z.B. aufgrund von Problemen in der Unternehmernachfolge oder gravierenden Marktveränderungen, entsteht mit der Summe der Gründungen als Saldo eine **Unternehmensfluktuation**.

Die **Einflüsse des derzeitigen Wettbewerbsniveaus** werden mit den Pfeilen aus dem unteren Kasten in Abbildung I-I-2 gekennzeichnet. Neben dem nationalen ist hierbei der internationale Wettbewerb heute von besonderer Bedeutung: Bei zunehmend liberalisierten und damit globalen Wirtschaftsräumen marktwirtschaftlicher Prägung greift eine alleinige Berücksichtigung der nationalen Wettbewerbssituation zu kurz. Die grundsätzliche Betrachtung ist jetzt prinzipiell auf den relevanten Weltmarkt auszurichten, womit dem internationalen Wettbewerb eine Schlüsselrolle bei der Analyse und Gestaltung unternehmerischer Aktivitäten zukommt. Für ein Start-up-Unternehmen hat dies i.d.R. zwar keine Konsequenzen hinsichtlich des eigenen Angebots auf internationalen Märkten. Aber diese globale Marktsituation kann in der Weise bereits Auswirkungen haben, dass sich das junge Unternehmen sofort gegenüber einer internationalen Konkurrenz behaupten muss und auf der Basis der aufgezeigten prozessorientierten Gestaltung und Steuerung auch behaupten kann.

An dieser Stelle finden Sie die Auswertung des Gründertests. Ihre Punktzahl ermitteln Sie, indem Sie aus den von Ihnen angekreuzten Statements im 40 Punkte Gründertest die Punkte addieren.

*Hier finden Sie die Punktzahlen zu den einzelnen Fragen/ Aussagen des Gründertests. Bitte addieren Sie die Punktzahlen der Fragen/ Aussagen, die Sie angekreuzt haben. Die Gesamtsumme ist Ihr persönliches Ergebnis des Gründertests.*

| Aussagen | 1. | 2. | 3. | 4. | 5. | 6. | 7. | 8. | 9. | 10. | 11. | 12. | 13. | 14. | 15. | 16. | 17. | 18. | 19. | 20. |
|---|---|---|---|---|---|---|---|---|---|---|---|---|---|---|---|---|---|---|---|---|
| Punktzahl | 7 | 2 | 5 | 10 | 0 | 10 | 10 | 7 | 1 | 10 | 10 | 5 | 8 | 6 | 9 | 2 | 8 | 7 | 7 | 5 |

| Aussagen | 21. | 22. | 23. | 24. | 25. | 26. | 27. | 28. | 29. | 30. | 31. | 32. | 33. | 34. | 35. | 36. | 37. | 38. | 39. | 40. |
|---|---|---|---|---|---|---|---|---|---|---|---|---|---|---|---|---|---|---|---|---|
| Punktzahl | 7 | 5 | 9 | 4 | 4 | 8 | 8 | 2 | 7 | 3 | 8 | 5 | 8 | 9 | 7 | 6 | 5 | 7 | 7 | 5 |

*Meine persönliche Gesamtsumme im Gründertest:* ☐

**Abb. I-IV-1:** Auswertung des Gründertests

Die Bewertung Ihrer Punktzahl finden Sie nach der folgenden Literatur zu diesem Kapitel.

# V. Literaturhinweise zum Kapitel I

### *Zu I.I. Unternehmensneugründungen: Formen, Verlauf und Risiken:*

Cantillon (1755); Casson (1982); Collrepp (1999); Friebe (2005); Industrie- und Handelskammer Cottbus (2006); KfW (2006a); Kirzner (1978); Klandt (1980); Knight (1921); Lück/Böhmer (1994); Möckel (2005); Moorhead/Griffith/ Irving/Coleman (2000); Ossadnik/Barklage/Leistert (2002); o.V. (2005d); Ripsas (1997); Say (1830); Schumpeter (1997); Schoppe (1995); Wesch (2004); Wieandt (1994)

### *Zu I.II. Orientierungsphase: Der Gründertest zur Bewertung erfolgsnotwendiger Persönlichkeits- und Umfeldanforderungen:*

Arndt (2006); Bayerisches Staatsministerium für Wirtschaft, Infrastruktur, Verkehr und Technologie (2004); Cooper (1993); Dowling/Drumm (2002); Gartner (1985); Gatewood/Shaver/Gartner (1995); Gelderen/Thurik/Bosma (2005); Rauch/Frese/Sonnentag (2000); Schick/ Marxen/Freimann (2002); Töpfer (2002e)

### *Zu I.III. Planungsphase: Der Business-Plan – Zehn vernetzte Aktivitätsfelder für eine tragfähige Existenzgründung und -sicherung:*

De (2005); Dowling/Drumm (2002); KfW (2006b); Lutz (2005); Manz/Hering (2000); Nädelin (1999); Schwetje/Vaseghi (2006); Späth/Simm (1996)

### *Zu I.IV. Umsetzungsphase: Konzentration auf Teilprozesse*

Arndt (2006); Bayerisches Staatsministerium für Wirtschaft, Infrastruktur, Verkehr und Technologie (2004); Fritsch/Müller (2004); Hagenkort (2002); IfM (2006); KfW (2005)

| |
|---|
| ***Hier finden Sie die Erläuterungen und Bewertungen für drei unterschiedliche Reifegrade von Unternehmensgründern. Entsprechend der von Ihnen erreichten Punktzahl erhalten Sie so Ihr persönliches Profil, inwieweit Sie auf dem heutigen Stand zum Unternehmer geeignet sind.*** |
| ***Bis 106 Punkte:*** **Mit dem Schritt in die Selbstständigkeit haben Sie sich viel vorgenommen. Allerdings neigen Sie dazu, den organisatorischen, finanziellen und persönlichen Aufwand zu unterschätzen. Deshalb sollten Sie Ihre Ziele und Pläne noch einmal überprüfen. Beginnen Sie mit den Motiven, vor allem wenn Sie die Aussagen 2, 5 oder 9 ausgewählt haben. Im Testteil „Ihre Persönlichkeit" geben Ihnen Kreuze bei 24, 25, 28 und 30 Hinweise auf persönliche Eigenschaften, die mit Ihrem Unternehmerziel schwer vereinbar sind. Zu den im Teil „Ihr Unternehmertalent" angesprochenen Planungen finden Sie Beratung bei Kammern und Branchenverbänden.** |
| ***107 bis 146 Punkte:*** **Sie haben eine solide Basis, um ein Unternehmen erfolgreich zu führen. Vor allem verfügen Sie über den nötigen Ehrgeiz – der Sie hin und wieder auch zu voreiligem und unvorbereitetem Handeln verleitet. Insgesamt lassen sich Ihre Zukunftschancen noch verbessern, indem Sie Ihre Stärken weiter ausbauen und noch vorhandene Schwächen ausgleichen. Anhaltspunkte geben Ihnen im Test die Aussagen mit einer hohen Punktzahl, die Sie nicht angekreuzt haben.** |
| ***Ab 147 Punkte:*** **Falls sie sich noch nicht selbstständig gemacht haben, sollten sie es schleunigst tun. Denn Sie haben das Zeug zum Unternehmer: Im Vergleich mit dem Persönlichkeitsprofil erfolgreicher Gründer schneiden Sie am besten ab. Neben einem starken Antrieb zum selbstständigen Handeln verfügen Sie auch über die notwendige Umsicht und das Engagement für anspruchsvolle Vorhaben. Sie sind beweglich genug, um auch in schwierigen Situationen sachgerechte Entscheidungen zu treffen und kalkulierbare Risiken einzugehen.** |

**Abb. I-IV-2:** Bewertung des Reifegrades von Unternehmensgründern

# Kurzbiographie des Autors

Univ.-Prof. Dr. Armin Töpfer leitet den Lehrstuhl für Marktorientierte Unternehmensführung an der Technischen Universität Dresden sowie die Forschungsgruppe Management + Marketing in Kassel. Zusätzlich ist er stellvertretender Vorsitzender des Vorstandes der Wissenschaftlichen Gesellschaft für Marktorientierte Unternehmensführung e.V. an der TU Dresden sowie wissenschaftlicher Leiter des MBA-Studiengangs Health Care Management an der Dresden International University.

Vorherige Stationen waren an der Universität Freiburg, an der EAP Europäische Wirtschaftshochschule in Düsseldorf, mit weiteren Standorten in Paris, Oxford, Madrid und jetzt Berlin, sowie der Schwerpunkt Management an der Universität Kassel. Einen Ruf auf einen internationalen Lehrstuhl für Management und Marketing an der Universität Twente/ Enschede in Holland hat er nicht angenommen.

Die inhaltlichen Schwerpunkte seiner Lehre und Forschung sind Wertorientierte Unternehmensführung/ Balanced Score Card, Strategisches Marketing/ Customer Relationship Management/ Dienstleistungsmanagement, Total Quality Management/ Business Excellence, Geschäftsprozessoptimierung/ Six Sigma, Mergers & Acquisitions, Krankenhausmanagement und Human-Ressourcen-Management.

Wesentliche empirische Forschungsprojekte sind: Planungs- und Kontrollsysteme industrieller Unternehmen, Strategische Marketingkonzepte in der deutschen Industrie, Zukünftige Ausrichtung des betrieblichen Personalwesens, Die Umsetzung der Balanced Score Card in der Unternehmenspraxis, Analyse der Post Merger Integration bei DaimlerChrysler, Erfolgsfaktoren und Wirkungen von E-Learning, Unternehmertum im Handel, Benchmarking-Studie Mitarbeiterbefragung. Für seine Forschungsarbeiten erhielt er wissenschaftliche Preise im In- und Ausland.

Wesentliche Projekte in Kooperation mit der Praxis sind: Die Restrukturierung des Daimler-Benz Konzerns (1995-1997), Plötzliche Unternehmenskrisen/ Die Krise der A-Klasse, Die Neuorganisation der Airbus Industrie, Der gesamt- und betriebswirtschaftliche Nutzen der Normung (DIN), Branchenanalyse Augenoptische Betriebe: Markt-, Kundenanforderungen, Handlungsempfehlungen.

Er ist Mitglied in nationalen und internationalen Vereinigungen/ Jury zu Business Excellence und Co-Herausgeber der Schriftenreihe Forum Marketing. Außerdem ist er Vorsitzender und Mitglied in Beiräten von Industrie- und Dienstleistungsunternehmen.

http://www.tu-dresden.de/wwbwlmuf

# Abbildungsverzeichnis

# Gesamtliteraturverzeichnis


Abel, B. (1979): Kritischer Rationalismus und das Wertfreiheitsprinzip, in: Raffée, H./Abel, B. (Hrsg.): Wissenschaftstheoretische Grundfragen der Wirtschaftswissenschaft, München 1979, S. 215-234.

A.C. Nielsen GmbH (2005): UNIVERSEN 2005 – Handel und Verbraucher in Deutschland, Frankfurt/Main 2005, in: http://de.acnielsen.com/site/documents/Universen2005_1MB_.pdf, 05.07.2006.

Achleitner, A.-K./Bassen, A./Pietzsch, L. (2001): Kapitalmarktkommunikation von Wachstumsunternehmen – Kriterien zur effizienten Ansprache von Finanzanalysten, Stuttgart 2001.

Achrol, R. S./ Kotler, P. (1999): Marketing in the network economy, in: Journal of Marketing, Vol. 63 1999, pp. 146-163.

Adrian, R./Heidorn, T. (Hrsg.) (2000): Der Bankbetrieb – Lehrbuch und Aufgaben, 15. Aufl., Wiesbaden 2000.

Agthe, K. (1963): Kostenplanung und Kostenkontrolle im Industriebetrieb, Baden-Baden 1963.

Ahlert, D. (1996): Distributionspolitik – Das Management des Absatzkanals, 3. Aufl., Stuttgart/Jena 1996.

Akerlof, G.A. (1970): The Market for „Lemons" – Quality Uncertainty and the Market Mechanism, in: Quarterly Journal of Economics, Vol. 84, 1970, P. 488-500.

Albin, W. (2004): Gründung von britischer Billig-GmbH birgt Risiken : Private Limited verursacht ungeahnte Kosten – Kenntnis von zwei Rechtsordnungen erforderlich, in: Handelsblatt, Nr. 154/2004 vom 11.08.2004, S. 34.

Alemann, U. von (1989): Organisierte Interessen in der Bundesrepublik, 2. Aufl., Opladen 1989.

Alpmann, J.A. (2005): Handelsrecht, 11. Aufl., Münster 2005.

Alpmann-Pieper, A. (2006): Schuldrecht BT: Kaufrecht 14. Aufl., Münster 2006.

Amonn, A. (1927): Objekt und Grundbegriffe der theoretischen Nationalökonomie, 2. Aufl., Wien 1927 – Neudruck Wien/Köln/Weimar 1996.

Andresen, T.B. (1988): Anzeigenkontakt und Informationsüberschuss – Eine empirische Untersuchung über die Determinanten des Anzeigenkontakts in Publikumszeitschriften mit Hilfe der Blickaufzeichnung, Saarbrücken 1988.

Ansoff, H.I. (1957): Strategies for Diversification, in: Harvard Business Review, Vol. 35, 1957, No. 5, P. 113-124.

Ansoff, H.I. (1965/1966): Corporate Strategy – An Analytical Approach to Business Policy for Growth and Expansion, New York et al. 1965, deutsch: Management-Strategie, München 1966.

Ansoff, H.I. (1976/1981): Managing Surprise and Discontinuity – Strategic Response to Weak Signals, in: Schmalenbachs Zeitschrift für betriebswirtschaftliche Forschung, 28. Jg., 1976, S. 129-152, deutsche Fassung: Die Bewältigung von Überraschungen und

Diskontinuitäten durch die Unternehmensführung – Strategische Reaktionen auf schwache Signale, in: Steinmann, H. (Hrsg.) (1981): Planung und Kontrolle, München 1981, S. 233-264.

Antoni, C.H./Eyer, E./Kutscher, J. (Hrsg.) (o.J.): Das flexible Unternehmen – Arbeitszeit, Gruppenarbeit, Entgeltsysteme, Digitale Fachbibliothek auf CD-ROM, Düsseldorf o.J., im Internet verfügbar unter: http://www.flexible-unternehmen.de.

Antonoff, R. (1987): Die Identität des Unternehmens – Ein Wegbegleiter zur Corporate I-dentity, Frankfurt/Main 1987.

Arnaout, A. (2001): Target Costing in der deutschen Unternehmenspraxis - Eine empirische Untersuchung, Stuttgart 2001.

Arndt, W. (2006): Der optimale Businessplan, in: http://www.mbpw.de, 19.12.2006.

Arnold, A. (2001): Die GmbH & Co. KGaA, Köln 2001.

Arnold, U. (1997): Beschaffungsmanagement, 2. Aufl., Stuttgart 1997.

Arnold, U. (Hrsg.) (1998): Erfolg durch Einkaufskooperationen – Chancen, Risiken, Lösungsmöglichkeiten, Wiesbaden 1998.

Arthur D. Little International (Hrsg.) (1986): Management im Zeitalter der strategischen Führung, 2. Aufl., Wiesbaden 1986.

Arthur D. Little International (Hrsg.) (1988): Innovation als Führungsaufgabe, Frankfurt-Main/New York 1988.

Atkinson, R.C./Shiffrin, R.M. (1968): Human Memory: A Proposed System and Its Control Processes, in: Spence, K.W./Spence, J.T. (Hrsg.): The Psychology of Learning and Motivation: Advances in Research and Theory, Bd. 2, New York et al. 1968, S. 89-195.

Atkinson, R.C./Shiffrin, R.M. (1971): The Control of Short-term Memory, in: Scientific American, Vol. 225, No. 2, August 1971, P. 82-90.

Atteslander, P. (1981): Corporate Social Responsibility, in: Die Betriebswirtschaft, 41. Jg., 1981, S. 661.

Atteslander, P. (2006): Methoden der empirischen Sozialforschung, 11. Aufl., Berlin 2006.

Automobil-Forum GRAZ (2006): 8. Internationales Automobil-Forum Graz – 27. bis 29. September 2006, in: http://www.automobilforum-graz.de/mic/afGraz2006/deutsch/index.php, 03.09.2006.

Backhaus, K. u.a. (2005): Multivariate Analysemethoden – Eine anwendungsorientierte Einführung, 11. Aufl., Berlin et al. 2005.

Baddeley, A.D. (2002): Human Memory – Theory and Practice, veränd. Ausg., Nachdruck, Hove/East Sussex 2002.

Badura, B./Münch, E./Ritter, W. (1997): Partnerschaftliche Unternehmenskultur und betriebliche Gesundheitspolitik – Fehlzeiten durch Motivationsverlust?, Gütersloh 1997.

Badura, P. (2003): Staatsrecht – Systematische Erläuterung des Grundgesetzes für die Bundesrepublik Deutschland, 3. Aufl., München 2003.

Badura, P./Deutsch, E./Roxin, C. (Hrsg.) (1987): Das Fischer-Lexikon – Recht, Neuausgabe, Frankfurt/Main 1987.

Baetge, J. (2002): Grundsätze ordnungsmäßiger Buchführung, in: Küpper, H.-U./Wagenhofer, A. (Hrsg.): Handwörterbuch Unternehmensrechnung und Controlling, 4. Aufl., Stuttgart 2002, Sp. 635-647.

Baetge, J. u.a. (1984): Vahlens Kompendium der Betriebswirtschaftslehre, 2 Bde., München 1984.

Baetge, J./Kirsch, H.-J./Thiele, S. (2004): Konzernbilanzen, 7. Aufl., Düsseldorf 2004.

Bährle, R.J. (1997): Arbeitsrecht, Stuttgart 1997.

Bamberg, G./Baur, F. (2002): Statistik, 12. Aufl., München/Wien 2002.

Bamberger, I./Wrona, T. (1996): Der Ressourcenansatz und seine Bedeutung für die strategische Unternehmensführung, in: Schmalenbachs Zeitschrift für betriebswirtschaftliche Forschung, 48. Jg., 1996, S. 130-153.

Bankgesellschaft Berlin AG (2000): Einzelhandel in Deutschland, Immobilienmarkt-Research, Marktbericht 6, Berlin 2000.

Bareis, P. (2000): Das Halbeinkünfteverfahren im Systemvergleich, in: Steuer und Wirtschaft, 77. Jg., 2000, Heft 2, S. 133-143.

Barnard, C.I. (1938/1970): The Functions of the Executive, Cambridge/Mass. 1938, deutsch: Die Führung großer Organisationen, Essen 1970.

Barry, T.E. (1987): The Development of the Hierarchy of Effects: An Historical Perspective, in: Current Issues and Research in Advertising, Vol. 10, 1987, No. 2, P. 251-295.

Bartels, R. (1988): The History of Marketing Thought, 3. Aufl., Columbus/Ohio 1988.

Bartlett, C.A./Ghoshal, S. (1990): Internationale Unternehmensführung – Innovation, globale Effizienz, differenziertes Marketing, Frankfurt-Main/New York 1990.

Baseler Ausschuss für Bankenaufsicht (2004): Internationale Konvergenz der Kapitalmessung und Eigenkapitalanforderungen, in: http://www.bundesbank.de/download/bankenaufsicht/pdf/eigenkapitalempfehlung_de.pdf, 08.09.2004.

Bass, H.H. (1999): Joseph A. Schumpeter (1833-1950) – Innovation und schöpferische Zerstörung: Der Unternehmer als Motor der Entwicklung, in: E+Z Entwicklung und Zusammenarbeit, Nr. 7/8, Juli/August 1999, S. 215-218, im Internet verfügbar unter: http://www.inwent.org/E+Z/1997-2002/zeitschr.htm.

Bauer, P. (2002): Halbleitermärkte: Erschließung immer neuer Anwendungsfelder, in: IKB Deutsche Industriebank AG (Hrsg.): Zukunftstrends für den Mittelstand – Miniaturisierung und Elektronik auf dem Vormarsch, Unternehmerforum vom 17. Januar 2002, Düsseldorf 2002, S. 10-11, im Internet verfügbar unter: http://www.ikb.de/frames/Services/bp_analysen.html (Unternehmerthemen).

Baum, H.-G./Coenenberg, A.G./Günther, T. (2004): Strategisches Controlling, 3. Aufl., Stuttgart 2004.

Baumgarten, H. (1998): Qualitäts- und Umweltmanagementsysteme logistischer Prozeßketten, Bern et al. 1998.

Baumgarth, C./Bernecker, M. (1999): Marketingforschung, München/Wien 1999.

Baumol, W.J. (1952): The Transactions Demand for Cash: An Inventory Theoretic Approach, in: Quarterly Journal of Economics, Vol. 66, 1952, P. 545-556.

Baums, T. (2004): Corporate Governance – Aktuelle Entwicklungen, in: http://www. irp.uni-trier. de/ 12_Baums.pdf, 30.05.2004.

Bayerischer Notarverein (2000): „GbR mbH“ am Ende? Zur Haftungsbeschränkung bei Gesellschaften bürgerlichen Rechts, Pressemitteilung vom 03.01.2000 zum BGH-Urteil vom 27.09.1999 (II ZR 371/98), in: http://www.bnotk.de/Informationen _Presse/Pressemitteilungen/pm_bayern_000103_3.html, 17.07.2004.

Bayerisches Staatsministerium für Landesentwicklung und Umweltfragen (2004): EMAS – Das neue EG-Öko-Audit in der Praxis, in: http://www.stmugv.bayern.de/de/wirtschaft/u_manage/emas.pdf, 15.05.2004.

Bayerisches Staatsministerium für Wirtschaft, Infrastruktur, Verkehr und Technologie (2004): Wegweiser zu Fördermöglichkeiten für Existenzgründer und Mittelstand in Bayern, 2. Aufl., 2004, in: http://www.stmwivt.bayern.de, 16.12.2006.

Bea, F.X. (2004a): Wirtschaftsordnung, in: Bea, F.X./Friedl, B./Schweitzer, M. (Hrsg.): Allgemeine Betriebswirtschaftslehre, Band 1: Grundfragen, 9. Aufl., Stuttgart 2004, S. 165-179.

Bea, F.X. (2004b): Entscheidungen des Unternehmens, in: Bea, F.X./Friedl, B./Schweitzer (Hrsg.): Allgemeine Betriebswirtschaftslehre, Band 1: Grundfragen, 9. Aufl., Stuttgart 2004, S. 311-420.

Bea, F.X./Friedl, B./Schweitzer, M. (2006): Einleitung: Leistungsprozess, in: Bea, F.X./Friedl, B./Schweitzer, M. (Hrsg.): Allgemeine Betriebswirtschaftslehre, Band 3: Leistungsprozess, 9. Aufl., Stuttgart 2006, S. 1-7.

Bea, F.X./Friedl, B./Schweitzer, M. (Hrsg.) (2004): Allgemeine Betriebswirtschaftslehre, Band 1: Grundfragen, 9. Aufl., Stuttgart 2004.

Bea, F.X./Friedl, B./Schweitzer, M. (Hrsg.) (2005): Allgemeine Betriebswirtschaftslehre, Band 2: Führung, 9. Aufl., Stuttgart 2005.

Bea, F.X./Friedl, B./Schweitzer, M. (Hrsg.) (2006): Allgemeine Betriebswirtschaftslehre, Band 3: Leistungsprozess, 9. Aufl., Stuttgart 2006.

Bea, F. X./Göbel, E. (2006): Organisation. Theorie und Gestaltung, 3. Auflage, Stuttgart 2006, S. 143-173.

Beck, P. (1997): Qualitätsmanagement und Transaktionskostenansatz – Instrumente zur Optimierung Vertraglicher Vertriebssysteme, Wiesbaden 1997.

Becker, J. (2006): Marketing-Konzeption – Grundlagen des ziel-strategischen und operativen Marketing-Managements, 8. Aufl., München 2006.

Belz, C./Schögel, M./Kramer, M. (Hrsg.) (1994): Lean Management und Lean Marketing, St. Gallen 1994.

Berners-Lee, T. (1999/1999): Weaving the Web – The Original Design and Ultimate Destiny of the World Wide Web by its Inventor, San Francisco 1999, deutsch: Der Web-Report – Der Schöpfer des World Wide Web über das grenzenlose Potential des Internets, München 1999.

Berschens, R. (1998): Gruppenarbeit – Große Lücke, in: Wirtschaftswoche, Nr. 13/1998 vom 19.03.1998, S. 188-190.

Bertelsmann Stiftung (2003): Handbuch Stiftungen – Ziele, Projekte, Management, Rechtliche Gestaltung, 2. Aufl., Wiesbaden 2003.

Bertelsmann Stiftung/Hans-Böckler-Stiftung (Hrsg.) (1998): Mitbestimmung und neue Unternehmenskulturen – Bilanz und Perspektiven: Bericht der Kommission Mitbestimmung, Gütersloh 1998.

Berthel, J. (2004): Personalcontrolling, in: Gaugler, E./Oechsler, W.A./Weber, W. (Hrsg.): Handwörterbuch des Personalwesens, 3. Aufl., Stuttgart 2004, Sp. 1441-1455.

Berthel, J./Becker, F.G. (2003): Personal-Management – Grundzüge für Konzeptionen betrieblicher Personalarbeit, 7. Aufl., Stuttgart 2003.

Bestmann, U. (2001): Kompendium der Betriebswirtschaftslehre, 10. Aufl., München 2001.

Bettermann et al. (Hrsg.) (1981): Mitarbeiter erfolgreicher führen, informieren und beurteilen, München 1981.

Beukert, L. (2002): Schnäppchenjäger pirschen durch den Tchibo-Club, in: Handelsblatt, Nr. 246/2002 vom 20./21.12.2002, S. 13.

Beyer, H. (1993): Interne Koordination und Partizipatives Management, Marburg 1993.

Beyer, H./Fehr, U. (1995): Umweltschutz, innerbetriebliche Kooperation und Unternehmenskultur – Beziehungen, Anforderungen und Gestaltungsmöglichkeiten, in: UmweltWirtschaftsForum, 3. Jg., 1995, Nr. 4, S. 34-43.

Beyer, H./Fehr, U./Nutzinger, H.G. (1995): Unternehmenskultur und innerbetriebliche Kooperation – Anforderungen und praktische Erfahrungen, Wiesbaden 1995.

Binz, M.K./Sorg, M.H. (2005): Die GmbH & Co. KG im Gesellschafts- und Steuerrecht, 10. Aufl., München 2005.

Birkigt, K./Stadler, M.M./Funck, H.J. (2002): Corporate Identity – Grundlagen, Funktionen, Fallbeispiele, 11. Aufl., München 2002.

Bisani, F. (1995): Personalwesen und Personalführung, 4. Aufl., Wiesbaden 1995.

Bispinck, R./Schulten, T. (1999): Tarifpolitik und Bündnis für Arbeit, in: WSI Mitteilungen, 52. Jg., 1999, S. 870-884.

Bispinck, R./WSI-Tarifarchiv (2000): Abschied von falscher Bescheidenheit – Eine Bilanz des Tarifjahres 1999, in: WSI Mitteilungen, 53. Jg., 2000, S. 81-94.

Bitz, M. u.a. (Hrsg.) (1998): Vahlens Kompendium der Betriebswirtschaftslehre, Bd. 1, 4. Aufl., München 1998.

Blake, R.R./Mouton, J.S. (1984/1986): The Managerial Grid III – The Key to Leadership Excellence, Houston/Texas 1984, deutsch: Verhaltenspsychologie im Betrieb – Der Schlüssel zur Spitzenleistung, Neuaufl., Düsseldorf/Wien 1986.

Blaurock, U. (2003): Handbuch der stillen Gesellschaft – Gesellschaftsrecht, Steuerrecht, 6. Aufl., Köln 2003.

Bleicher, K. (1992): Der Strategie-, Struktur- und Kulturfit Strategischer Allianzen als Erfolgsfaktor, in: Bronder, C./Pritzl, R. (Hrsg.): Wegweiser für Strategische Allianzen: Meilen- und Stolpersteine bei Kooperationen, Frankfurt/Wiesbaden 1992, S. 267-292.

Bleicher, K. (1993): Organisation, in: Bea, F.X./Dichtl, E./Schweitzer, M. (Hrsg.): Allgemeine Betriebswirtschaftslehre, Band 2: Führung, 6. Aufl., Stuttgart/Jena 1993, S. 103-186.

Bleicher, K. (2004): Das Konzept integriertes Management – Visionen - Missionen - Programme, 7. Aufl., Frankfurt-Main/New York 2004.

Block, P. (1987/1992): The Empowered Manager – Positive Political Skills at Work, San Francisco 1987, deutsch: Der autonome Manager – Macht und Einfluss am Arbeitsplatz, Frankfurt-Main/New York 1992.

Bloech, J./Ihde, G.B. (Hrsg.) (1997): Vahlens großes Logistiklexikon, München 1997.

Bloech, J./Lücke, W. (2006): Produktionswirtschaft, in: Bea, F.X./Friedl, B./Schweitzer, M. (Hrsg.): Allgemeine Betriebswirtschaftslehre, Band 3: Leistungsprozess, 9. Aufl., Stuttgart 2006, S. 183-252.

Bloech, J. u.a. (2004): Einführung in die Produktion, 5. Aufl., Berlin et al. 2004.

Blohm, H./Lüder, K./Schaefer, C. (2006): Investition – Schwachstellenanalyse des Investitionsbereichs und Investitionsrechnung, 9. Aufl., München 2006.

BMW AG (2004): BMW Golfsport, in: http://bmw-golfsport.com, 11.08.2004.

Böckenförde, B. (1996): Unternehmenssanierung, 2. Aufl., Stuttgart 1996.

Böcker, F./Helm, R. (2003): Marketing, 7. Aufl., Stuttgart 2003.

Böcking, H.-J. (2002a): IAS/IFRS und Corporate Governance, in: Küting, K./Weber, C.-P. (Hrsg.): Vom Financial Accounting zum Business Reporting – Kapitalmarktorientierte Rechnungslegung und integrierte Unternehmenssteuerung, Stuttgart 2002, S. 423-443.

Böcking, H.-J. (2002b): Rechnungslegungsstandards, in: Küpper, H.-U./Wagenhofer, A. (Hrsg.): Handwörterbuch Unternehmensrechnung und Controlling, 4. Aufl., Stuttgart 2002, Sp. 1775-1786.

Bode, J. (1993): Betriebliche Produktion von Information, Wiesbaden 1993.

Bode, J. (1997): Der Informationsbegriff in der Betriebswirtschaftslehre, in: Schmalenbachs Zeitschrift für betriebswirtschaftliche Forschung, 49. Jg., 1997, S. 449-468.

Boekhoff, H. (2003): Kältetod, premium, in: Süddeutsche Zeitung, Nr. 32/2003 vom 08./09.02.2003, S. M23.

Bogaschewsky, R./Rollberg, R. (1998): Prozeßorientiertes Management, Berlin/Heidelberg/New York 1998.

Borden, N.H. (1964): The Concept of the Marketing Mix, in: Journal of Advertising Research, Vol 4, 1964, June, S. 2-7.

Borowsky, P. (1998): Sozialliberale Koalition und innere Reformen, in: Bundeszentrale für politische Bildung (BpB) (Hrsg.): Zeiten des Wandels – Deutschland 1961-1974, Informationen zur politischen Bildung, Nr. 258, 1. Quartal 1998, München 1998, S. 31-40.

Bösenberg, D./Metzen, H. (1995): Lean Management – Vorsprung durch schlanke Konzepte, 5. Aufl., Landsberg am Lech 1995.

Boston Consulting Group (BCG) (1968): Perspectives on Experience, Boston/Mass. 1968.

Boston Consulting Group (BCG) (2004): BCG History, in: http://www.bcg.com/ this_is_bcg/bcg_history/history2003.pdf, 03.08.2004.

Brandes, D. (2003): Die 11 Geheimnisse des ALDI-Erfolgs, Frankfurt-Main/New York 2003.

Bresser, R.K.F. (1998): Strategische Managementtheorie, Berlin/New York 1998.

Brinkmann, G. (1997): Analytische Wissenschaftstheorie – Einführung sowie Anwendung auf einige Stücke der Volkswirtschaftslehre, 3. Aufl., München 1997.

Bröckermann, R. (2003): Personalwirtschaft – Lehr- und Übungsbuch für Human-Resource-Management, 3. Aufl., Stuttgart 2003.

Brockhoff, K. (1984): Forschung und Entwicklung, in: Baetge, J. u.a. (Hrsg.): Vahlens Kompendium der Betriebswirtschaftslehre, Bd. 1, München 1984, S. 159-186.

Brockhoff, K. (1999): Forschung und Entwicklung – Planung und Kontrolle, 5. Aufl., München/Wien 1999.

Brösel, G./Kasperzak, R. (Hrsg.): Internationale Rechnungslegung – Prüfung und Analyse, München 2004.

Brück, T./Uhlendorff, A./Woweries, M. (2004): Wochenbericht des DIW Berlin 14/04 – Lohnkosten im internationalen Vergleich, in: http://www.diw.de/deutsch/produkte/publikationen/wochenberichte/docs/04-14-1.html, 03.06.2004.

Brugger, W. (Hrsg.) (1996): Philosophisches Wörterbuch, 22. Aufl., Freiburg im Breisgau 1996.

Bruhn, M. (Hrsg.) (1999): Internes Marketing – Integration der Kunden- und Mitarbeiterorientierung – Grundlagen - Implementierung - Praxisbeispiele, 2. Aufl., Wiesbaden 1999.

Bruhn, M. (2003): Sponsoring – Systematische Planung und integrativer Einsatz, 4. Aufl., Wiesbaden/Frankfurt-Main 2003.

Bruhn, M. (2004): Marketing – Grundlagen für Studium und Praxis, 7. Aufl., Wiesbaden 2004.

Bruhn, M. (2006): Integrierte Unternehmens- und Markenkommunikation, 4. Aufl., Stuttgart 2006.

Brune, W. (2003): Risikomanagement auf der Basis von Basel II - Auswirkungen für mittelständige Unternehmen, in: Töpfer, A./Mehdorn, H. (Hrsg.): Risikomanagement – Vom reaktiven zum präventiven Management von Risiken, Dresden 2003, S. 23-32.

Brunke, B./Derks, K. (2003): Restrukturierung als Chance – Der Weg aus der Unternehmenskrise, in: Zeitschrift für Führung + Organisation, 72. Jg., 2003, Nr. 3, S. 145-149.

Buchholz, W. (1999): Outsourcing der Beschaffung - Strategische Ausrichtung und organisatorische Umsetzung, in: Zeitschrift Führung + Organisation, 68. Jg., 1999, Nr. 5, S. 271-277.

Bühl, A. (2006): SPSS 14 – Einführung in die moderne Datenanalyse, 10. Aufl., München et al. 2006.

Budäus, D. (2003): Neue Kooperationsformen zur Erfüllung öffentlicher Aufgaben – Charakterisierung, Funktionsweise und Systematisierung von Public Private Partnership, in: Harms, J. /Reichard, C. (Hrsg.): Die Ökonomisierung des öffentlichen Sektors – Instrumente und Trends, Baden-Baden 2003, S. 213-233.

Bühler, W./Siegert, T. (Hrsg.) (1999): Unternehmenssteuerung und Anreizsysteme, Stuttgart 1999.

Bullinger, H.-J. (1994): Einführung in das Technologiemanagement – Modelle, Methoden, Praxisbeispiele, Stuttgart 1994.

Bullinger, H.-J. (1996): Technologiemanagement, in: Eversheim, W./Schuh, G. (Hrsg.): Produktion und Management, Bd. 1, 7. Aufl., Berlin et al. 1996, S. 4-26 bis 4-54.

Bullinger, H.-J./Warschat, J. (Hrsg.) (1997): Forschungs- und Entwicklungsmanagement – Simultaneous Engineering, Projektmanagement, Produktplanung, Rapid Product Development, Stuttgart 1997.

Bundesgerichtshof (1997): Rechtsform der GmbH & Co. KGaA ist zulässig, Mitteilung der Pressestelle Nr. 33/1997 vom 20. Mai 1997 zum Urteil vom 24. Februar 1997 (II ZB 11/96), in: http://www.jura.uni-sb.de/Entscheidungen/pressem97/BGH/zivil/rechtsf.html, 22.07.2004.

Bundesgerichtshof (1999): Haftung von Mitgliedern einer Personengesellschaft „mbH", Mitteilung der Pressestelle Nr. 78/1999 zum Urteil vom 27. September 1999 (II ZR 371/98), in: http://www.jura.uni-sb.de/Entscheidungen/pressem99/BGH/zivil/bgh92711.html, 17.07.2004.

Bundesgerichtshof (2001): Die Gesellschaft bürgerlichen Rechts ist rechtsfähig und parteifähig, Mitteilung der Pressestelle Nr. 04/2001 zum Urteil vom 29. Januar 2001 (II ZR 331/00), in: http://juris.bundesgerichtshof.de/cgi-bin/rechtsprechung/document.py?Gericht=bgh&Art=en&Datum=2001-1&Seite=1&client=2&nr=13416&linked=pm&Blank=1, 17.07.2004.

Bundesministerium der Finanzen (BMF) (2000a): Arbeitsplätze schaffen – Zukunftsfähigkeit gewinnen – Jahreswirtschaftsbericht 2000 der Bundesregierung, Berlin 2000.

Bundesministerium der Finanzen (BMF) (2000b): Deutschland erneuern – Ein Weg, der sich für alle lohnt: Das Zukunftsprogramm der Bundesregierung, Berlin 2000.

Bundesministerium der Finanzen (BMF) (2000c): Inkongruente Gewinnausschüttungen; Anwendung des BFH-Urteils vom 19. August 1999 - I R 77/96, Schreiben IV A 2 - S 2810 - 4/00 vom 7. Dezember 2000, wiedergegeben in: Der Betrieb, 53. Jg., 2000, S. 2501.

Bundesministerium der Finanzen (BMF) (2001): Anwendungsschreiben IV A 5 - S 2118b - 40/01 vom 22. August 2001, in: http://www.bundesfinanzministerium.de/Anlage7557/Anwendungsschreiben-zu-2b-EStG-vom-22.08.2001.pdf, 22.07.2001.

Bundesministerium der Finanzen (BMF) (2003a): Bundeshaushalt 2004 – Tabellen und Übersichten, Berlin 2003, in: http://www.bundesfinanzministerium.de/Anlage20147/Tabellen-und-Uebersichten-zum-Bundeshaushalt-2004_-Stand-September-2003.pdf, 12.07.2004.

Bundesministerium der Finanzen (BMF) (2003b): Steueroptimale Rechtsformwahl: Personengesellschaften besser als Kapitalgesellschaften, in: Monatsbericht 09.2003, S. 57-62.

Bundesministerium der Finanzen (BMF) (2004a): Ergebnis der 123. Sitzung des Arbeitskreises „Steuerschätzung“ vom 11. bis 13. Mai 2004 in Gotha, in: http://www.bundesfinanzministerium.de/Anlage24312/Ergebnisse-der-123.-Sitzung-des-Arbeitskreises-Steuerschaetzung-vom-11.-bis-13.-Mai-2004.pdf, 25.07.2004.

Bundesministerium der Finanzen (BMF) (2004b): Die Steuerpolitik der Bundesregierung – Grafische Darstellungen, Internationale Vergleiche (akt. im Mai 2004), in: http://www.bundesfinanzministerium.de/Anlage24285/Grafische-Uebersichten.pdf, 15.07.2004.

Bundesministerium der Finanzen (BMF) (2004c): Die Steuerpolitik der Bundesregierung ist gezielte Mittelstandsförderung (Datierung: im Februar 2004), in: http://www.bundesfinanzministerium.de/Anlage23071/Die%20Steuerpolitik%20 der %20Bundesregierung%20ist%20gezielte%20Mittelstandsförderung.pdf, 15.07.2004.

Bundesministerium der Finanzen (BMF) (2004d): Steuern runter. Deutschland rauf. Ihre Steuern 2004: Zahlen, Daten, Fakten (Stand: Januar 2004), in: http://www.bundesfinanzministerium.de/Anlage22496/Broschuere-Steuern-runter.-Deutschland-rauf..pdf, 15.07.2004.

Bundesministerium der Finanzen (BMF) (2004e): Steuerpolitik für den Mittelstand – Bilanz der Steuerreformpolitik der Bundesregierung, in: Monatsbericht 06.2004, S. 53-58.

Bundesministerium der Finanzen (BMF) (2004f): Steuerreform 2000 im Überblick (Datierung: im Dezember 2003), in: http://www.bundesfinanzministerium.de/Anlage22231/Die-Steuerreform-2000-im-Ueberblick-Adobe-Acrobat-3.x-4.x.pdf, 15.07.2004.

Bundesministerium der Finanzen (BMF) (2004g): Eigenkapitalquoten deutscher Unternehmen, in: http://www.bundesfinanzministerium.de/Anlage26009/Eigen kapitalquoten-deutscher-Unternehmen.pdf, 09.08.2004.

Bundesministerium der Finanzen (BMF) (2006a): Datensammlung zur Steuerpolitik – Ausgabe 2006, Berlin 2006.

Bundesministerium der Finanzen (BMF) (2006b): Die Steuereinnahmen von Bund, Ländern und Gemeinden im Haushaltsjahr 2005, in: Monatsbericht des BMF, Juli 2006, S. 47-56.

Bundesministerium der Finanzen (BMF) (2006c): Kassenmäßige Steuereinnahmen nach Steuerarten in den Kalenderjahren 2002 - 2005, in: http://www.bundesfinanzministerium.de/lang_de/DE/Service/Downloads/Abt__I/0602221a6002,templateId=raw,property=publicationFile.pdf, 02.12.2006.

Bundesministerium der Justiz (BMJ) (2004): Neues Wettbewerbsrecht verkündet, Pressemitteilung vom 7. Juli 2004, in: http://www.bmj.bund.de/enid/0,0/58.html?druck=1&presseartikel_id=1508.

Bundesministerium für Bildung und Forschung (BMBF) (Hrsg.) (2000): Bundesbericht Forschung 2000, o.O. 2000, im Internet verfügbar unter: http://www.bmbf.de.

Bundesministerium für Bildung und Forschung (BMBF) (Hrsg.) (2002): Faktenbericht Forschung 2002, Bonn 2002. im Internet verfügbar unter: http://www.bmbf.de.

Bundesministerium für Bildung und Forschung (BMBF) (Hrsg.) (2003): Zur technologischen Leistungsfähigkeit Deutschlands 2002, Bonn 2003, im Internet verfügbar unter: http://www.bmbf.de.

Bundesministerium für Bildung und Forschung (BMBF) (Hrsg.) (2004a): Bundesbericht Forschung 2004, Bonn/Berlin 2004, im Internet verfügbar unter: http://www.bmbf.de.

Bundesministerium für Bildung und Forschung (BMBF) (Hrsg.) (2004b): Entwicklung des internationalen Patentaufkommens (R. Frietsch, Fraunhofer Institut für Systemtechnik und Innovationsforschung) – Studien zum deutschen Innovationssystem Nr. 12-2004, Berlin 2004, in: http://www.bmbf.de/pub/sdi_12-04_internationale_patente.pdf.

Bundesministerium für Bildung und Forschung (BMBF) (2004c): Studie: Deutschland baut Position bei internationalen Patenten aus, Pressemitteilung 63/2004 vom 25. März 2004, in: http://www.bmbf.de/_media/press/akt_20040325-063.pdf, 23.07.2004.

Bundesministerium für Bildung und Forschung (BMBF) (Hrsg.) (2005a): Patente in Europa und der Triade – Strukturen und deren Veränderung, Studien zum deutschen Innovationssystem Nr. 9-2005, Berlin 2005, in: http://www.isi.fhg.de/publ/down-loads/isi04b70/TLF2005-Patente.pdf, 06.02.2006.

Bundesministerium für Bildung und Forschung (BMBF) (Hrsg.) (2005b): Zur technologischen Leistungsfähigkeit Deutschlands 2005, Bonn/Berlin 2005, im Internet verfügbar unter: http://www.bmbf.de.

Bundesministerium für Umwelt, Naturschutz und Reaktorsicherheit (BMU) (2004a): Info zum Thema Umweltgesetzbuch, in: http://www.bmu.de/de/1024/nj/sachthemen/gesetz/umweltgesetz/main.htm, 12.07.2004.

Bundesministerium für Umwelt, Naturschutz und Reaktorsicherheit (BMU) (2004b): Umweltbewusstsein in Deutschland 2004 – Ergebnisse einer repräsentativen Bevölkerungsbefragung, Berlin 2004.

Bundesministerium für Umwelt, Naturschutz und Reaktorsicherheit (BMU) (2004c): Umweltgesetzbuch, in: http://www.bmu.de/de/1024/js/sachthemen/gesetz/umweltgesetz/main.htm, 14.06.2004.

Bundesministerium für Umwelt, Naturschutz und Reaktorsicherheit (BMU)/Umweltbundesamt (UBA) (2002): Umweltbewusstsein in Deutschland – Ergebnisse einer repräsentativen Bevölkerungsbefragung, Berlin 2002.

Bundesministerium für Wirtschaft und Arbeit (BMWA) (2001): Aufhebung von Rabattgesetz und Zugabeverordnung, Pressemitteilung vom 24.07.2001, in: http://www.bmwi.de/Navigation/Presse/pressemitteilungen,did=5822.html, 06.08.2004.

Bundesministerium für Wirtschaft und Arbeit (BMWA) (2005): Mitbestimmung – Ein gutes Unternehmen: Alles über die Mitbestimmung und die wesentlichen Gesetzestexte, akt. Aufl. Juni 2005, Berlin 2005.

Bundesministerium für Wirtschaft und Arbeit (BMWA) (2004): Verzeichnis der für allgemeinverbindlich erklärten Tarifverträge, Stand: 1. Juli 2004, in: http://www.bmwa.bund.de/Redaktion/Inhalte/Downloads/allgemeinverbindlich-erklaerte-tarifvertraege,property=pdf.pdf, 02.07.2004.

Bundesministerium für Wirtschaft und Technologie (BMW) (2000): Wirtschaftsbericht 2000, Berlin 2000.

Bundesnetzagentur für Elektrizität, Gas, Telekommunikation, Post und Eisenbahnen (2006): Jahresbericht 2005, Bonn 2006, in: http://www.bundesnetzagentur.de/media/archive/5278.pdf, 03.10.2006.

Bundesnotarkammer (BNotK) (2004): Kosten der Notare, in: http://www.bnotk.de/ Notartaetigkeiten/kosten_der_notare, 22.07.2004.

Bundesverfassungsgericht (1999): Neuregelung der „Montan-Mitbestimmung" ist nur zum Teil mit dem GG vereinbar, Pressemitteilung Nr. 24 vom 02.03.1999, in: http://www.bundesverfassungsgericht.de/cgi-bin/link.pl?presse (1999, März), 20.07.2004.

Bundeszentrale für politische Bildung (BpB) (Hrsg.) (1996): Interessenverbände, Informationen zur politischen Bildung, Nr. 253, 4. Quartal 1996, München 1996, gekürzte Fassung (Alemann, U. von, Interessenverbände in Deutschland) im Internet verfügbar unter: http://www.verbaende.com/files/pdfs/Was_sind_Verbaende.pdf.

Bürgel, H.D. (Hrsg.) (2000): Forschungs- und Entwicklungsmanagement 2000plus – Konzepte und Herausforderungen für die Zukunft, Berlin et al. 2000.

Burghardt, M. (2002): Das neue Schuldrecht – Eine Darstellung der wichtigsten Änderungen, in: http://www.bayrv.de (Neues Recht/Schuldrecht), 04.06.2003.

Bürlimann, M. (2004): Web Promotion – Professionelle Werbung im Internet, 3. Aufl., Zürich 2004.

Burns, T./Stalker, G.M. (1961): The Management of Innovation, London 1961.

Busse von Colbe, W./Laßmann, G. (1991): Betriebswirtschaftstheorie, Bd. 1: Grundlagen, Produktions- und Kostentheorie, 5. Aufl., Berlin et al. 1991.

Busse, F.-J. (2003): Grundlagen der betrieblichen Finanzwirtschaft, 5. Aufl., München/Wien 2003.

Butscher, S. (1998): Handbuch Kundenbindungsprogramme & Kundenclubs, Ettlingen 1998.

Camp, R.C. (1989/1994): Benchmarking – The Search for Industry Best Practices that Lead to Superior Performance, Milwaukee/Wisc. 1989, deutsch: Benchmarking, München/Wien 1994.

Campbell, N.R. (1938): Symposium: Measurement and Its Importance for Philosophy, in: Proceedings of the Aristotalien Society, Supplement Vol. 17, London 1938, P. 121-142.

Cantillon, R. (1755): Essai sur la Nature du Commerce en Général, London, auszugsweise in: Casson, M. (Ed.): Entrepreneurship, Aldershot/Hants/Brookfield 1990, pp. 5-10.

Cartwright, S./Cooper, C. L. (1996): Managing Mergers, acquisitions and strategic alliances: Integrating people and cultures, 2. Aufl., Oxford 1996.

Casson, M. (1982): The Entrepreneur, Oxford 1982.

Chandler, A.D. (1962): Strategy and Structure – Chapters in the History of the Industrial Enterprise, Cambridge/Mass. 1962.

Child, J. (1972): Organizational structure, environment, and performance: The role of strategic choice, in: Sociology, Vol. 6, 1972, No. 1, P. 1-22.

Chmielewicz, K. (1973): Betriebliches Rechnungswesen, Band 1: Finanzrechnung und Bilanz, Reinbek bei Hamburg 1973.

Chmielewicz, K. (1994): Forschungskonzeptionen der Wirtschaftswissenschaft, 3. Aufl., Stuttgart 1994.

Claas KGaA mbH (2005): Geschäftsbericht 2005, Harsewinkel 2005.

Cleveland, B./Mayben, J./Greff, G. (2002): Call-Center-Management – Leitfaden für Aufbau, Organisation und Führung von Teleservicecentern, Wiesbaden 1998, Nachdruck 2002.

Coenenberg, A.G. (2003a): Jahresabschluß und Jahresabschlussanalyse – Betriebswirtschaftliche, handelsrechtliche, steuerrechtliche und internationale Grundlagen, 19. Aufl., Stuttgart 2003.

Coenenberg, A.G. (2003b): Kostenrechnung und Kostenanalyse, 5. Aufl., Stuttgart 2003.

Cohausz, H.B. (2002): Bedeutende Erfindungen, in: http://www.legamedia.net/dy/articles/article_15118.php, 15.08.2004.

Collis, D.J./Montgomery, C.A. (1995/1996): Competing on Resources: Strategy in the 1990s, in: Harvard Business Review, Vol. 73, 1995, No. 4, P. 118-128, deutsch: Wettbewerbsstärke durch hervorragende Ressourcen, in: Harvard Business Manager, Nr. 02/1996, S. 47-57.

Collrepp, F. von (1999): Handbuch Existenzgründung, 2. Aufl., Stuttgart 1999.

Conrady, R./Jaspersen, T./Pepels, W. (Hrsg.) (2001): Online Marketing Instrumente – Angebot, Kommunikation, Distribution, Neuwied/Kriftel 2001.

Conrady, R./Jaspersen, T./Pepels, W. (Hrsg.) (2002): Online Marketing Strategien – Konzeption, Prozesse, Technologien, Recht, Neuwied/Kriftel 2002.

Cools, K./Roos, A. (The Boston Consulting Group) (2005): The Role of Alliances in Corporate Strategy, BCG Report, in: http://www.strategic-alliances.org/membership /memberresources/bpb-public-articles/alliances _nov05_rpt.pdf/download, 08.07.2006.

Cooper, A.C. (1993): Challenges in Predicting New Firm Performance, in: Journal of Business Venturing, Vol. 8, 1993, No. 3, pp. 241-253.

Corsten, H./Corsten, H. (2000): Projektmanagement – Einführung, München/Wien 2000.

Corsten, H./Schneider H. (Hrsg.) (1999): Wettbewerbsfaktor Dienstleistung – Produktion von Dienstleistungen, Produktion als Dienstleistung, München 1999.

Covisint (2002): Accelerating the Pace of Business, Southfield/Mi. 2002.

Craik, F.I.M./Lockhart, R.S. (1972): Levels of Processing: A Framework for Memory Research, in: Journal of Verbal Learning an Verbal Behaviour, Vol. 11., 1972, No. 6, P.. 671-684.

Cramer, F. (2000): Der Begriff „Imago", in: http://userpage.fu-berlin.de/~cantsin/home page/writings/theory/imago/imago.pdf, 11.02.2003.

Crawford, C.M. (1983/1992): New Products Management, Burr Ridge/Ill. 1983, deutsch: Neuprodukt-Management, Frankfurt-Main/New York 1992.

Creese, R.C./Moore, L.T. (1990): Cost Modelling for Concurrent Engineering, in: Cost Engineering, Vol. 32, 1990, No. 6, P. 23-27.

Cyert, R.M./March, J.G. (1963): A Behavioral Theory of the Firm, Englewood Cliffs/NJ. 1963.

DaimlerChrysler AG (1999): Zusammenschluß des Wachstums: Geschäftsbericht 1998 – Analyse der wirtschaftlichen Situation, Finanzierungsaktivitäten geprägt von Schütt-aus-hol-zurück-Aktion bei Daimler-Benz, Stuttgart 1999, S. 63.

DaimlerChrysler AG (2000): Geschäftsbericht 1999 – Erläuterungen zur Konzernbilanz, 21. Aktienorientierte Vergütung, Stuttgart 2000, S. 92-95.

DaimlerChrysler AG (2004a): Brennstoffzelle, in: http://www.mercedes-benz.com/com/d/ home/innovation/laboratory/fuelcell/index.html, 16.08.2004.

DaimlerChrysler AG (2004b): DaimlerChrysler liefert die ersten Brennstoffzellen-Pkw an Kunden in Berlin aus, Meldung vom 18. Juni 2004, im Internet verfügbar unter: http://www.daimlerchrysler.com (Top Stories), 16.08.2004.

DaimlerChrysler AG (2005): DaimlerChrysler AG übergibt Mercedes-Benz Citaro Brennstoffzellen-Busse in Peking, Meldung vom 23. November 2005, in: http:// www.daimlerchrysler.com/dccom/0-5-7153-49-564535-1-0-0-0-0-0-8-7145-0-0-0-0-0-0-1.html, 21.12.2005.

DaimlerChrysler AG (2006): Geschäftsbericht 2005, Stuttgart 2006.

DBB Beamtenbund und Tarifunion, Bundesleitung (Hrsg.) (2006): Zahlen Daten Fakten 2006, Berlin 2006.

De, A.D. (2005): Entrepreneurship – Gründung und Wachstum von kleinen und mittleren Unternehmen, München 2005.

Deal, T.E./Kennedy, A.A. (1982/1987): Corporate Cultures – The Rites and Rituals of Corporate Life, Reading/Mass. et al. 1982, deutsch: Unternehmenserfolg durch Unternehmenskultur, Bonn 1987.

Dell Inc. (2006): Dell Worldwide, in: http://www1.euro.dell.com/content/topics/global.aspx/corp/background/en/facts?c=de&l=de&s=corp&~section=003, 01.09.2006.

Deimel, K. (2002a): Shareholder Value-Kennzahlen und wertorientierte Unternehmenssteuerung, in: WISU, Nr. 04/2002, S. 506-510.

Deimel, K. (2002b): Shareholder Value-Konzept, Capital Asset Pricing Model und Kapitalwertmethode, in: WISU, Nr. 01/2002, S. 77-82.

Deming, W.E. (1982): Quality, Productivity and Competitive Position, Cambridge/Mass. 1982.

Deming, W.E. (1986): Out of the Crisis, Cambridge/Mass. 1986.

Demtschück, E. (2004): Strategische Allianzen zwischen Wirtschaft und Entwicklungszusammenarbeit, in: http://www.die-gdi.de/die_homepage.nsf/0/7ba2ebede5eef2fcc1256f81003054da/$FILE/Studie5-%20Demtsch%C3%BCck-Strat. Allianz.pdf, 22.05.2006.

Deutsche Börse AG/Bundesaufsichtsamt für den Wertpapierhandel (Hrsg.) (1998): Insiderhandelsverbote und Ad-hoc-Publizität nach dem Wertpapierhandelsgesetz, 2. Aufl., Frankfurt/Main 1998.

Deutsche Bundesbank (2004a): Bankenstatistik Juni 2004 – Statistisches Beiheft zum Monatsbericht 1, Frankfurt/Main, in: http://www.bundesbank.de/download/ volkswirtschaft/stat_beihefte/bankenstatistik062004.pdf.

Deutsche Bundesbank (2004b): Die gesamtwirtschaftlichen Finanzierungsströme im Jahr 2003, in: http://www.bundesbank.de/download/volkswirtschaft/mba/2004/ 200406mba_bbk_finanzierungsstroeme2003.pdf, 09.08.2004.

Deutsche Bundesbank (2006a): Monatsbericht Juni 2006, 58. Jg., Nr. 6., in: http://www.bundesbank.de/download/volkswirtschaft/monatsberichte/2006/200606mb_bbk.pdf, 04.10.2006.

Deutsche Bundesbank (2006b): Kapitalverflechtung mit dem Ausland – Statistische Sonderveröffentlichung 10, Frankfurt/Main 2006, in: http://www.bundesbank.de/download/statistik/stat_sonder/statso10.pdf, 02.12.2006.

Deutsche Bundesbank (2006c): Zeitreihe av3712: Durchschnittl. Kapitalmarktzins im Euro-Raum (BIP-gewichtete Rendite zehnjähriger Staatsanleihen); EURO12 Ab Januar 2001, in: http://www.bundesbank.de/statistik/statistik_zeitreihen.php?func=row&tr=av3712, 23.09.2006.

Deutsche Rentenversicherung Bund (Hrsg.) (2005): Informationen zur Organisationsreform, Berlin 2005, in: http://fdz.deutscherentenversicherung.de/downloads/Flyer%20Infos%20zur%20Organisationsreform.pdf, 02.12.2006.

Deutscher Bundestag (2004a): Verfassungsstaatliche Grundlagen – Das Grundgesetz und seine Prinzipien (Blickpunkt Extra August 2000), in: http://www.bundestag.de/bp/2000/bpextra/bextr006.html, 10.07.2004.

Deutscher Bundestag (2004b): Verfassungsstaatliche Grundlagen – Organe und am Verfassungsleben Beteiligte (Blickpunkt Extra August 2000), in: http://www.bundestag.de/bp/2000/bpextra/bextr009.html, 10.07.2004.

Deutscher Genossenschafts- und Raiffeisenverband (DGRV) (2004): Historie Genossenschaft, in: http://www.dgrv.de/de/genossenschaftswesen/historiegenossenschaft_1.html, 22.07.2004.

Deutscher Gewerkschaftsbund (DGB) (2005): Fakten zur Mitbestimmung, Meldung des DGB-Bundesvorstands vom Juni 2005,

in: ttp://www.dgb.de/themen/themen_a_z/abiszdb/abisz_search?kwd=Mitbestimmung & showsingle=1, 11.12.2005.
Deutscher Gewerkschaftsbund (DGB) (2006): Mitglieder in den DGB-Gewerkschaften 2005, in: http://www.dgb.de/dgb/mitgliederzahlen/popit?dok=gesamt2005.htm&append=auswahlformular, 02.12.2006.
Deutscher Industrie- und Handelskammertag (DIHK) (2004): Unternehmensfinanzierung – Basel II, in: http://www.dihk.de/inhalt/informationen/news/schwerpunkte/rating/basel.html, 08.09.2004.
Deutscher Industrie- und Handelskammertag (DIHK) (2006): Realsteuer-Hebesätze deutscher Städte über 50.000 Einwohner, in: http://www.dihk.de/index.html?/inhalt/themen/rechtundfairplay/steuerrecht/gewerbesteuer/index.html, 02.12.2006.
Deutsches Aktieninstitut (DAI) (2004a): Stabilisierung der Aktionärszahlen setzt sich fort – DAI-Kurzstudie 1/2004, in: http://www.dai.de/internet/dai/dai-2-0.nsf/LookupDL/DAEBE38B33E1A37AC1256E150031656A/$File/Stu_1_2004_Aktionaerszahlen_2003.pdf, 15.06.2004.
Deutsches Aktieninstitut (DAI) (2004b): Aktien richtig einschätzen, Frankfurt/Main 2004, in: http://www.dai.de/internet/dai/dai-2-0.nsf/dai_publikationen.htm (Broschüren/2004), 19.07.2004.
Deutsches Aktieninstitut (DAI) (2004c): Alles über Aktien, Frankfurt/Main 2004, in: http://www.dai.de/internet/dai/dai-2-0.nsf/dai_publikationen.htm (Broschüren/2004), 19.07.2004.
Deutsches Aktieninstitut (DAI) (2005): DAI-Factbook 2005, Frankfurt/Main 2005.
Deutsches Aktieninstitut (DAI) (2006a): Vertrauen in die Aktie stabilisiert sich – DAI-Kurzstudie 1/2006, in: http://www.dai.de/internet/dai/dai-2-0.nsf/dai_publikationen.htm (Kurzstudien/2006), 02.12.2006.
Deutsches Aktieninstitut (DAI) (2006b): Aktionärszahlen rückläufig – Steuerpolitik verunsichert Anleger – DAI-Kurzstudie 2/2006, in: http://www.dai.de/internet/dai/dai-2-0.nsf/dai_publikationen.htm (Kurzstudien/2006), 02.12.2006.
Deutsches Institut für Betriebswirtschaft (DIB) (2003): DIB-Report 2002 – Ideenmanagement/BVW in Deutschland, Frankfurt/Main 2003.
Deutsches Institut für Betriebswirtschaft (DIB) (2004): Dib Report 2003 – Ideenmanagement/BVW in Deutschland, Frankfurt/Main 2004, in: http://www.dib.de/download/dib-report2003.pdf, 17.07.2004.
Deutsches Institut für Betriebswirtschaft (DIB) (2006): Dib Report 2005 – Ideenmanagement/BVW in Deutschland, Frankfurt/Main 2006, in: http://dibhp. h963199.serverkompetenz.net/pdf/dib-Report2005.pdf, 03.10.2006.
Deutsches Patent- und Markenamt (2002a): Marken – Eine Informationsbroschüre des Deutschen Patent- und Markenamts, 4. Aufl., München 2002, im Internet verfügbar unter: http://www.dpma.de.
Deutsches Patent- und Markenamt (2002b): Patente – Eine Informationsbroschüre des Deutschen Patent- und Markenamts, 4. Aufl., München 2002, im Internet verfügbar unter: http://www.dpma.de.
Deutsches Patent- und Markenamt (2004a): Informationen, in: http://www.dpma.de/infos/informationen.html, 15.08.2004.
Deutsches Patent- und Markenamt (2004b): Messbare Innovationen – zahlreiche Patent- und Markenanmeldungen beim Deutschen Patent- und Markenamt, Pressemitteilung vom 12.03.2004,in: http://www.dpma.de/infos/pressedienst/pm040312.html, 23.07.2004.

Deutsches Patent- und Markenamt (2005): Jahresbericht 2004, München 2005, im Internet verfügbar unter: http://www.dpma.de.

Dichtl, E. (Hrsg.) (1997): Electronic Shopping - Handel ohne Handel? Ergebnisse 5. CPC TrendForum, Mainz 1997.

Dichtl, E./Schneider, W. (1994): Kundenzufriedenheit im Zeitalter des Beziehungsmanagement, in: Belz, C./Schögel, M./Kramer, M. (Hrsg.): Lean Management und Lean Marketing, St. Gallen 1994, S. 6-12.

Diefenthal, A. (2001): Pischetsrieder enthüllt Strategie für VW, Meldung in der Netzeitung.de vom 23.11.2002, http://www.netzeitung.de/wirtschaft/168986.html.

Dierkes, M./Rosenstiel, L. von/Steger, U. (Hrsg.) (1993): Unternehmenskultur in Theorie und Praxis – Konzepte aus Ökonomie, Psychologie und Ethnologie, Frankfurt-Main/New York 1993.

Dill, P. (1986): Unternehmenskultur – Grundlagen und Anknüpfungspunkte für ein Kulturmanagement, Bonn 1986.

Dill, P./Hügler, G. (1997): Unternehmenskultur und Führung betriebswirtschaftlicher Organisationen – Ansatzpunkte für ein kulturbewußtes Management, in: Heinen, E./Fank, M. (Hrsg.): Unternehmenskultur – Perspektiven für Wissenschaft und Praxis, 2. Aufl., München/Wien 1997, S. 141-209.

Diller, H. (1977): Der Preis als Qualitätsindikator, in: Die Betriebswirtschaft, 37. Jg., 1977, S. 219-234.

Diller, H. (2000): Preispolitik, 3. Aufl., Stuttgart/Berlin/Köln 2000.

Diller, H. u.a. (Hrsg.) (2001): Vahlens Großes Marketinglexikon, 2. Aufl., München 2001.

Diller, H./Hermann, H. (Hrsg.) (2003): Handbuch Preispolitik – Strategien, Planung, Organisation, Wiesbaden 2003.

Domsch, M. (1984): Personal, in: Baetge, J. u.a. (Hrsg.): Vahlens Kompendium der Betriebswirtschaftslehre, Bd. 1, München 1984, S. 483-539.

Domsch, M./Schneble, A. (Hrsg.) (1992): Mitarbeiterbefragungen, 2. Aufl., Heidelberg 1992.

Doppler, K./Lauterburg, C. (2002): Change-Management – Den Unternehmenswandel gestalten, 10. Aufl., Frankfurt-Main/New York 2002.

Dörler, H./Rufer, D./Wüthrich, H.A. (1994): Von der Produkt-/Marktplanung zur dynamischen Unternehmensarchitektur, in: Riekhof, H.-C. (Hrsg.): Praxis der Strategieentwicklung: Konzepte - Erfahrungen - Fallstudien, 2. Aufl., Stuttgart 1994, S. 21-43.

Dormayer, H.-J./Kettern, T. (1997): Kulturkonzepte in der allgemeinen Kulturforschung – Grundlage konzeptioneller Überlegungen zur Unternehmenskultur, in: Heinen, E./Fank, M. (Hrsg.): Unternehmenskultur – Perspektiven für Wissenschaft und Praxis, 2. Aufl., München/Wien 1997, S. 49-66.

Dörner, D. (2003): Entwicklung der Corporate Governance in Deutschland unter Berücksichtigung der Auswirkungen des Sabanes-Oxley-Act, 3. Aufl., o.O. 2003.

Dörner, D./Horváth, P./Kagermann, H. (Hrsg.) (2000): Praxis des Risikomanagements – Grundlagen, Kategorien, branchenspezifische und strukturelle Aspekte, Stuttgart 2000.

Dörner, H./Staudinger, A. (2002): Schuldrechtsmodernisierung – Systematische Einführung und synoptische Gesamtdarstellung, Baden-Baden 2002.

Dowling, M./Drumm, H.J. (2002): Gründungsmanagement, Berlin/Heidelberg 2002.

Dreisat/3satBörse online (2002): Preussag wird TUI, in: http://www.3sat.de/boerse/hinter grund/ 34073, 30.09.2002.

Droege & Comp. (1998): Gewinne einkaufen – best practices im Beschaffungsmanagement, Wiesbaden 1998.

Drucker, P.F. (1995): Die ideale Führungskraft – Die hohe Schule des Managers, Düsseldorf 1995.

Drukarczyk, J. (2006): Finanzierung, in: Bea, F.X./Friedl, B./Schweitzer, M. (Hrsg.): Allgemeine Betriebswirtschaftslehre, Band 3: Leistungsprozess, 9. Aufl., Stuttgart 2006, S. 401-516.

Dudenhöffer, F. (1998): Abschied vom Massenmarketing – Systemmarken und Beziehungen erobern Märkte, Düsseldorf/München 1998.

Dudenhöffer, F. (1999): Merger-Puzzle in der Autowelt, in: Science-Factory, Ausg. 1/1999, http://www.absatzwirtschaft.de/pdf/sf/merger.pdf.

Dülfer, E. (Hrsg.) (1991): Organisationskultur – Phänomen - Philosophie - Technologie, 2. Aufl., Stuttgart 1991.

Dülfer, E. (2001): Internationales Management in unterschiedlichen Kulturbereichen, 6. Aufl., München/Wien 2001.

Dunst, K.H. (1983): Portfolio-Management – Konzeption für die strategische Unternehmensplanung, 2. Aufl., Berlin/New York 1983.

DWS-Gruppe (2004): DWS-Analyse der internationalen Fondsmärkte für das Jahr 2003, in: http://info.dws.de/dws/nav_info.nsf/frameset/ALUT-58VFEH?OpenDocument, 15.06.2004.

DWS Investments (2006): Internationale Fondsmärkte: Jahr 2005, Frankfurt/Main 2006, in: http://info.dws.de/dws/news.nsf/doc/RHAE-6R2C6H/$file/ChartsAnalyse122005DE.pdf?OpenElement, 02.12.2006.

Dyllick, T. (1986): Die Beziehungen zwischen Unternehmung und gesellschaftlicher Umwelt, in: Die Betriebswirtschaft, 46. Jg., 1986, S. 373-392.

Eckardt, B./Zwoll, C. van (2004): Der Geschäftsführer der GmbH, Stuttgart 2004.

Edeka-Gruppe (2004): Die Edeka-Geschichte, in: http://www.edeka.de/EDEKA/Content/EdekaGruppe/Geschichte/index.jsp?area=2&akt=Geschichte, 09.08.2004.

Edeling, T. u.a. (Hrsg.) (2001): Öffentliche Unternehmen - Entstaatlichung und Privatisierung? Opladen 2001.

Eggert, U. (2001): Der Handel im 21. Jahrhundert – Neue Kernzielgruppen, Relaunch der Cities, strategische Allianzen, Franchise-Modelle, netzgeführte Marken, Düsseldorf/Berlin 2001.

Eilenberger, G. (2003): Betriebliche Finanzwirtschaft, 7. Aufl., München/Wien 2003.

Eisele, W. (2002a): Buchhaltung, in: Küpper, H.-U./Wagenhofer, A. (Hrsg.): Handwörterbuch Unternehmensrechnung und Controlling, 4. Aufl., Stuttgart 2002, Sp. 219-231.

Eisele, W. (2002b): Technik des betrieblichen Rechnungswesens – Buchführung und Bilanzierung – Kosten- und Leistungsrechnung – Sonderbilanzen, 7. Aufl., München 2002.

Eisele, W. (2005a): Bilanzen, in: Bea, F.X./Friedl, B./Schweitzer, M. (Hrsg.): Allgemeine Betriebswirtschaftslehre, Band 2: Führung, 9. Aufl., Stuttgart 2005, S. 459-667.

Eisele, W. (2005b): Rechnungswesen als Informationssystem, in: Bea, F.X./Friedl, B./Schweitzer, M. (Hrsg.): Allgemeine Betriebswirtschaftslehre, Band 2: Führung, 9. Aufl., Stuttgart 2005, S. 450-459.

Eisenmenger, S. (2004): Neuregelung des öffentlichen Unternehmensrechts? Köln/Berlin/München 2004.

Emmerich, V. (2001): Kartellrecht, 9. Aufl., München 2001.

Engelhardt, W.H./Kleinaltenkamp, M./Reckenfelderbäumer, M. (1993): Leistungsbündel als Absatzobjekte – Ein Ansatz zur Überwindung der Dichotomie von Sach- und

Dienstleistungen, in: Schmalenbachs Zeitschrift für betriebswirtschaftliche Forschung, 45. Jg., 1993, S. 395-426.

Erichson, B./Hammann, P. (2005): Beschaffung und Aufbereitung von Informationen, in: Bea, F.X./Friedl, B./Schweitzer, M. (Hrsg.): Allgemeine Betriebswirtschaftslehre, Bd. 2: Führung, 9. Aufl., Stuttgart 2005, S. 337-393.

Erikson, E.H. (1959/2003): Identity and the Life Cycle – Selected Papers, New York 1959, deutsch: Identität und Lebenszyklus – Drei Aufsätze, Sonderausg., Frankfurt/Main 2003.

Ernst&Young (2006a): Kennzeichen D: Standortanalyse 2006, in: http://www.ey.com, 20.11.2006.

Ernst&Young (2006b): Handeln wider besseres Wissen – Warum viele Transaktionen scheitern, ohne es zu müssen, in: http://www.ey.com, 24.10.2006.

Eschenbach, R./Eschenbach, S./Kunesch, H. (2003): Strategische Konzepte – Management-Ansätze von Ansoff bis Ulrich, 4. Aufl., Stuttgart 2003.

Esser, B. (2002): Smart Shopping – Eine theoretische und empirische Analyse des preisleistungsorientierten Einkaufsverhaltens von Konsumenten, Köln 2002.

Eßig, M. (1999): Cooperative sourcing – Erklärung und Gestaltung horizontaler Beschaffungskooperatioen in der Industrie, Frankfurt/Main et al. 1999.

Eucken, W. (2004): Grundsätze der Wirtschaftspolitik, 7. Aufl., Tübingen 2004.

Europäische Gemeinschaften (2002): Verordnung (EG) Nr. 1400/2002 der Kommission vom 31. Juli 2002 über die Anwendung von Artikel 81 Absatz 3 des Vertrags auf Gruppen von vertikalen Vereinbarungen und aufeinander abgestimmten Verhaltensweisen im Kraftfahrzeugsektor – Leitfaden (Europäische Kommission – Generaldirektion Wettbewerb), o.O. 2002, im Internet verfügbar unter: http://europa.eu.int/comm/competition/car_sector/, 20.05.2003.

European Commission (2005): EMAS Organisations and Sites – As of 09/12/2005, in: http://ec.europa.eu/environment/emas/pdf/5_5articles_en.pdf, 22.12.2005.

Eversheim, W./Schuh, G. (Hrsg.) (1996a): Produktion und Management, Bd. 1, 7. Aufl., Berlin et al. 1996.

Eversheim, W./Schuh, G. (Hrsg.) (1996b): Produktion und Management, Bd. 2, 7. Aufl., Berlin et al. 1996.

Eyer, E. (Hrsg.) (2002a): Report Erfolgs- und Kapitalbeteiligung im Unternehmen – Modelle, Praxisberichte, Standpunkte, Düsseldorf 2002.

Eyer, E. (Hrsg.) (2002b): Report Vergütung – Entgeltgestaltung für Mitarbeiter und Manager, 2. Aufl., Düsseldorf 2002.

Eyer, E./Haussmann, T. (2003): Zielvereinbarung und variable Vergütung: Ein praktischer Leitfaden – nicht nur für Führungskräfte, Wiesbaden 2003.

Fa. Anton Schlecker (2004): SCHLECKER – über 13.300 mal in Europa – Marktführer in Europa, in: http://www.schlecker.com/infos/marktfuehrer.html, 05.07.2004.

Fahrmeir, L./Hamerle, A./Tutz, G. (Hrsg.) (1996): Multivariate statistische Verfahren, 2. Aufl., Berlin/New York 1996.

Falk, B. (Hrsg.) (1998): Das große Handbuch Shopping-Center – Einkaufspassagen, Factory-Outlet-Malls, Urban Entertainment Center, Landsberg am Lech 1998.

Fayol, H. (1916/1929): Administration industrielle et générale, Paris 1916, deutsch: Allgemeine und industrielle Verwaltung, München/Berlin 1929.

Festinger, L. (1978): Theorie der kognitiven Dissonanz, Bern/Stuttgart 1978.

Fiedler, F.E. (1967): A Theory of Leadership Effectiveness, McGraw Hill/New York 1967.

Fischer, M. (1994): Die Theorie der Transaktionskosten, in: Wirtschaftswissenschaftliches Studium, 23. Jg., 1994, S. 582-584.

Forster, R.N. (1986): Innovation – Die technologische Offensive, Wiesbaden 1986.

Franke, G./Hax, H. (2004): Finanzwirtschaft des Unternehmens und Kapitalmarkts, 5. Aufl., Berlin et al. 2004.

Freeman, R.E. (1984): Strategic Management – A Stakeholder Approach, Boston et al. 1984.

French, W.L./Bell, C.H. (1973/1994): Organization Development – Behavioral Science Interventions for Organization Improvement, Englewood Cliffs/NJ. 1973, deutsch: Organisationsentwicklung – Sozialwissenschaftliche Strategien zur Organisationsveränderung, 4. Aufl., Bern/Stuttgart/Wien 1994.

Frentz, C. von (2003): Enron – Chronik einer Rekord-Pleite, in: http://www.manager-magazin.de/unternehmen/artikel/0,2828,178836,00.html, 23.12.2003.

Freyer, U. (2004): Digitales Radio und Fernsehen verstehen und nutzen, Berlin 2004.

Frick, B. (Hrsg.) (1999): Die wirtschaftlichen Folgen der Mitbestimmung: Expertenberichte für die Kommission Mitbestimmung, Frankfurt-Main/New York 1999.

Friebe, J. (2005): Merkmale unternehmensbezogener Lernkulturen und ihr Einfluss auf die Kompetenzen der Mitarbeiter, Univ. Diss., Heidelberg 2005.

Friedrichs, J. (1990): Methoden empirischer Sozialforschung, 14. Aufl., Opladen 1990.

Fries, H.-P. (1998): Reformbestrebungen zum Kaufmanns – und Firmenrecht, in: WISU, Nr. 05/1998, S. 569-572.

Fritsch, M./Müller, P. (2004): Effects of New Business Formation on Regional Development over Time, in: Regional Studies, Vol. 38, 2004, No. 8, pp. 961-975.

Frühbrodt, L. (2002): Schrempp hält trotz Krise an Strategie fest, in: DIE WELT online vom 21.02.2002, in: http://www.welt-am-sonntag.de/daten/2002/02/21/0221un315746.htx, 17.08.2004.

Fuchs, O. (2003): Wunder der Werbung – Geiz ist geil, in: http://www.sueddeutsche.de/wirtschaft/artikel/148/21127/, 01.12.2003.

Gabele, E./Kretschmer, H. (1983): Unternehmensgrundsätze als Instrument der Unternehmensführung, in: Schmalenbachs Zeitschrift für betriebswirtschaftliche Forschung, 35. Jg., 1983, S. 716-726.

Gabele, E./Mayer, H. (2003): Buchführung – Einführung in die Buchhaltung und Jahresabschlusserstellung, 8. Aufl., München/Wien 2003.

Gail, W. (1995): Steuerliche Überlegungen zur Gesellschaftsform für Freiberufler – Partnerschaftsgesellschaft oder GmbH, in: Betriebswirtschaftliche Forschung und Praxis, 47. Jg., 1995, S. 481-496.

Gaitanides, M. (1983): Prozeßorganisation, München 1983.

Galbraith, J.K. (1958/1959): The Affluent Society, Boston/Mass. 1958, deutsch: Gesellschaft im Überfluss, München/Zürich 1959.

Gälweiler, A. (1987): Zur Abstimmung zwischen Unternehmensstrategie und Finanzierungspotential, in: Töpfer, A./Afheldt, H. (Hrsg.): Praxis der strategischen Unternehmensplanung, 2. Aufl., Stuttgart und Landsberg am Lech 1987, S. 246-297.

Gälweiler, A. (1990): Strategische Unternehmensführung, 2. Aufl., Frankfurt/Main 1990.

Gammel, R. (2005): Covisint-CEO erwartet Wachstum, 30.06.2005, in: http://www.computerwoche.de, 30.11.2006.

Gartner, W.B. (1985): A Conceptual Framework for Describing the Phenomenon of New Venture Creation, in: Academy of Management Review, Vol. 10, 1985, No. 4, pp. 696-706.

Gatewood, E.J./Shaver, K.G./ Gartner, W.B. (1995): A longitudinal Study of Cognitive Factors Influencing Start-up Behaviours and Success at Venture Creation, in: Journal of Business Venturing, Vol. 10, 1995, No. 5, pp. 371-391.

Gaugler, E./Oechsler, W.A./Weber, W. (Hrsg.) (2004): Handwörterbuch des Personalwesens, 3. Aufl., Stuttgart 2004.

Gausemeier, J./Ebbesmeyer, P./Kallmeyer, F. (2001): Produktinnovation – Strategische Planung und Entwicklung der Produkte von morgen, München/Wien 2001.

Geib, G./Gelhausen, H.F./Gelhausen, W.D. (2000): Wirtschaftsprüfer-Handbuch, Bd. 1, Düsseldorf 2000.

Geisenberger, S. (1999): Verbraucherinnen und Verbraucher im Wirtschaftslehreunterricht der Sekundarstufe I, Norderstedt 1999.

Gelderen, M.v./Thurik, R./Bosma, N. (2005): Success and Risk Factors in the Pre-Startup Phase, in: Small Business Economics, Vol. 24, 2005, No. 4, pp. 365-380.

Gelhausen, H.F./Burkhard, H./Klein, K.-G. (2002): Wirtschaftsprüfer-Handbuch, Bd. 2, Düsseldorf 2002.

Gemünden, H.G. (1993): Zeit – Strategischer Erfolgsfaktor in Innovationsprozessen, in: Domsch, M./Sabisch, H./Siemers, S.H.A. (Hrsg.): F&E-Management, Stuttgart 1993, S. 67-118.

Gerds, J. (2000): Post Merger Integration, Wiesbaden 2000.

Gerpott, T.J. (1998): Innovations- und Technologiemanagement, in: Bitz, M. u.a. (Hrsg.): Vahlens Kompendium der Betriebswirtschaftslehre, Bd. 1, 4. Aufl., München 1998, S. 289-338.

Gerpott, T.J. (1999): Strategisches Technologie- und Innovationsmanagement – eine konzentrierte Einführung, Stuttgart 1999.

Gertz, W. (1998): Mit Trouble-Shooting gegen die Jahr-2000-Katastrophe, in: Computerwoche, Nr. 44/1998 vom 30.10.1998, S. 66.

Gerum, E. (1979): Prinzipien des Konstruktivismus, in: Raffée, H./Abel, B. (Hrsg.): Wissenschaftstheoretische Grundfragen der Wirtschaftswissenschaft, München 1979, S. 205-208.

Gerum, E. (2004): Unternehmensordnung, in: Bea, F.X./Friedl, B./Schweitzer, M. (Hrsg.): Allgemeine Betriebswirtschaftslehre, Band 1: Grundfragen, 9. Aufl., Stuttgart 2004, S. 224-309.

Gerybadze, A. (2004): Technologie- und Innovationsmanagement – Strategie, Organisation und Implementierung, München 2004.

Geschka, H./Reibnitz, U. von (1987): Die Szenario-Technik – ein Instrument der Zukunftsanalyse und der strategischen Planung, in: Töpfer, A./Afheldt, H. (Hrsg.): Praxis der strategischen Unternehmensplanung, 2. Aufl., Stuttgart und Landsberg am Lech 1987, S. 125-170.

Gesellschaft für Internationale Rechnungslegung (2004): Europäisches Rechnungswesen befindet sich in tiefgreifendem Umbruch, in: http://www.gfir.de, 27.07.2004.

Gfk Gruppe (2003): Arbeitslosigkeit ist Thema Nr. 1 in Europa – Gfk-Studie zu den Sorgen der Bürger in zehn Ländern Europas, Pressemitteilung vom 06.08.2003, in: http://www.gfk.de, 17.06.2004.

Gfk Gruppe (2004): Das vereinte Europa drückt der Schuh an mehreren Stellen – Ergebnisse der GfK-Studie Challenges of Europe, Pressemitteilung vom 22.06.2004, in: http://www.gfk.com/group/press_information/press_releases/00589/index.de.print.html, 22.04.2005.

Gienke, H. (2000): KANBAN, in: http://www.ebz-beratungszentrum.de/pps_seiten/KANBAN/KANBAN.htm, 20.08.2004.

Gilbert, X./Strebel, P. (1987): Strategies to outpace the competition, in: Journal of Business Strategy, Vol. 8, 1987, No. 1, P. 28-36.

Glauber, H./Pfriem, R. (Hrsg.) (1992): Ökologisch wirtschaften – Erfahrungen, Strategien, Modelle, Frankfurt/Main 1992.

Gleeson, J. (1999): Das weiße Gold von Meißen, München/Zürich 1999.

GMA Gesellschaft für Markt- und Absatzforschung mbH (2005): Factory Outlet Center in Europa, in: http://www.gma.biz/publikat/download/foc-liste.pdf, 19.12.2005.

Godow, O./Grimm, R. (2003): Informationsdarstellung als Werkzeug der Unternehmenskommunikation, in: Gora, W./Schulz-Wolfgramm, C. (Hrsg.), Informations Management – Handbuch für die Praxis, Berlin et al. 2003, S. 75-88.

Götting, H.-P. (2005): Wettbewerbsrecht – Das neue UWG, München 2005.

Goleman, D. (2000): EQ 2. Der Erfolgsquotient, München 2000.

Goleman, D. (2001): Emotionale Intelligenz, München 2001.

Gomez, P. (1993): Wertmanagement – Vernetzte Strategien für Unternehmen im Wandel, Düsseldorf 1993.

Gora, W./Schulz-Wolfgramm, C. (Hrsg.) (2003): Informations Management – Handbuch für die Praxis, Berlin et al. 2003.

Gottschalk, B. (2004): Aktuelle Entwicklung des globalen Nutzfahrzeugmarkts, in: Internationaler Presse-Workshop „Nutzfahrzeuge – Mobile Zukunft", Frankfurt/Main 09.07.2004, im Internet verfügbar unter: http://www.iaa.de/archiv/2004/www/Deutsch/medien/presse_workshop.html, 21.12.2005.

Grass, S. (2004): Die Rosinen-Theorie funktioniert nicht: Viele verlockende Angebote – Gründung einer Private Limited Company in England ist nicht für jeden von Vorteil, in: Handelsblatt, Nr. 149/2004 vom 04.08.2004, S. 35.

Gräßler, I. (2004): Kundenindividuelle Massenproduktion – Entwicklung, Vorbereitung der Herstellung, Veränderungsmanagement, Berlin et al. 2004.

Green, P.E./Tull, D.S. (1966/1982): Research for Marketing Decisions, Englewodd Cliffs/NJ. 1966, deutsch: Methoden und Techniken der Marketingforschung, Stuttgart 1982.

Greff, G. (2000): Das 1 x 1 des Telefonmarketing – Tele- und Internetservices professionell einsetzen, 2. Aufl., Wiesbaden 2000.

Greff, G. (2001): Telefonverkauf mit noch mehr Power – Kunden gewinnen, betreuen und halten, 3. Aufl., Wiesbaden 2001.

Greff, G./Fojut, S. (2003): Das ABC des Call-Center-Management – Die wichtigsten Fachbegriffe rund um Call Center und Kundenservice, 2. Aufl., Wiesbaden 2003.

Greff, G./Töpfer, A. (Hrsg.) (1993): Direktmarketing mit neuen Medien, 3. Aufl., Landsberg am Lech 1993.

Grochla, E. (1966): Automation und Organisation – Die technische Entwicklung und ihre betriebswirtschaftlich-organisatorischen Konsequenzen, Wiesbaden 1966.

Grochla, E. (Hrsg.) (1969): Handwörterbuch der Organisation, Stuttgart 1969.

Grochla, E. (1993): Betrieb, Betriebswirtschaft und Unternehmung, in: Wittmann, W. u.a. (Hrsg.) (1993): Handwörterbuch der Betriebswirtschaft, Bd. 1, 5. Aufl., Stuttgart 1993, Sp. 374-390.

Grochla, E./Lehmann, H. (1980): Systemtheorie und Organisation, in: Grochla, E. (Hrsg.): Handwörterbuch der Organisation, 2. Aufl., Stuttgart 1980, Sp. 2204-2216.

Grochla, E./Wittmann, W. (Hrsg.) (1974-1976): Handwörterbuch der Betriebswirtschaftslehre, 3 Bde., 4. Aufl., Stuttgart 1974-1976.

Groh, M. (2004): Verluste in der stillen Gesellschaft, in: Der Betrieb, Nr. 13/2004 vom 26.03.2004, S.668-673.

Grosse Halbuer, A. (2003): Notausgang – Jobvermittlung, in: Wirtschaftswoche, Nr. 34/2003 vom 14.08.2003, S.80-82.

Grossekathöfer, M. (1998): Wir sind um unser Leben gerannt – Zwei deutsche Urlauberinnen berichten, wie die einheimische Belegschaft des „Club Méditerranée" auf der Karibikinsel Martinique revoltierte, in: Stern, Nr. 48/1998, S. 262.

Große-Oetringhaus, W.F. (1990): Das Geheimnis strategischen Verkaufens, in: Harvard Manager, 1990, Nr. 3, S. 93-101.

Große-Oetringhaus, W.F. (1994): Value Marketing – Steigerung des Geschäftserfolgs durch Erhöhung von Kundenwerten, in: Tomczak, T./Belz, C. (Hrsg.): Kundennähe realisieren – Ideen, Konzepte, Methoden, Erfahrungen, St. Gallen 1994, S. 55-79.

Große-Oetringhaus, W.F. (1996a): Strategische Identität – Orientierung im Wandel, Ganzheitliche Transformation zu Spitzenleistungen, Berlin et al. 1996.

Große-Oetringhaus, W.F. (1996b): Value Marketing – Den Kundengewinn gestalten, in: absatzwirtschaft, 39. Jg., 1996, Nr. 2, S. 56-61.

Grube, R./Töpfer, A. (2002): Post Merger Integration – Erfolgsfaktoren für das Zusammenwachsen von Unternehmen, Stuttgart 2002.

Grunert, J. u.a. (2002): Mittelstand und Basel II – Der Einfluss der neuen Eigenkapitalvereinbarung für Banken auf die Kalkulation von Kreditzinsen, in: Zeitschrift für Betriebswirtschaft, 72. Jg., Nr. 10/2002, S. 1045-1064.

Gumin, H./Meier, H. (Hrsg.) (2000): Einführung in den Konstruktivismus, 5. Aufl., München/Zürich 2000.

Günther, T. (1997): Unternehmenswertorientiertes Controlling, München 1997.

Gutenberg, E. (1958): Einführung in die Betriebswirtschaftslehre, Wiesbaden 1958.

Gutenberg, E. (1983/1984/1980): Grundlagen der Betriebswirtschaftslehre, Bd. 1: Die Produktion, 24. Aufl., Berlin/Heidelberg/New York 1983, Bd. 2: Der Absatz, 17. Aufl. 1984, Bd. 3: Die Finanzen, 8. Aufl. 1980.

Gutowski, K. (1999): Im virtuellen Bücherregal, in: Wirtschaftswoche, Nr. 28/1999 vom 08.07.1999, S. 75.

Habel, M./Strieder, T. (1998): Die Kommanditgesellschaft auf Aktien – ein Überblick, in: Mitteilungen des Bayerischen Notarvereins, der Notarkammer und der Landesnotarkammer Bayern (MittBayNot), Heft 2, 1998, S. 65-71.

Hackman, J.R./Oldham, G.R. (1980): Work Redesign, Reading/Mass. 1980.

Hafner, K./Lyon, M. (1996/2000): Where Wizards Stay up Late – The Origins of the Internet, New York 1996, deutsch: Arpa Kadabra oder die Geschichte des Internet, 2. korr. Aufl., Heidelberg 2000.

Hagen, H. von der (2006): Konjunkturbericht MOE 2006 – Ergebnisse einer Umfrage unter deutschen Unternehmen zur Konjunktur und zum Investitionsklima in 14 Ländern Mittel- und Südosteuropas, Budapest 2006, im Internet verfügbar unter: http://www.dsihk.sk/cm/153/Konjunkturbericht%202006.pdf, 02.12.2006.

Hagenkort, S. (2002): Weiterentwicklungen in der amtlichen Statistik – Das Unternehmensregister, in: Statistisches Bundesamt (Hrsg.): Forum der Bundesstatistik, Bd. 39/2002, S. 51-62.

Hahn, D. (1999): Moderne Managementkonzepte unter besonderer Berücksichtigung des Produktionsbereichs – mit Praxisbeispielen: Opel Eisenach GmbH, Veritas Gummiwerke AG, Gießen 1999.

Hahn, D./Krystek, U. (2000): Früherkennungssysteme und KontraG, in: Dörner, D./Horváth, P./Kagermann, H. (Hrsg.): Praxis des Risikomanagements – Grundlagen, Kategorien, branchenspezifische und strukturelle Aspekte, Stuttgart 2000, S. 73-97.

Hahn, D./Taylor, B. (Hrsg.) (2006): Strategische Unternehmungsplanung – Strategische Unternehmungsführung: Stand und Entwicklungstendenzen, 9. Aufl., Berlin et al. 2006.

Hamel, W. (2000): Die „unbegrenzte" Haftung des Aktionärs in ökonomisch-dynamischer Perspektive (I), in: WISU, Nr. 05/2000, S. 694-699.

Hammann, P./Erichson, B. (2000): Marktforschung, 4. Aufl., Stuttgart 2000.

Hammer, M./Champy, J. (1993/1996): Reengineering the Corporation – A Manifesto for Business Revolution, New York 1993, deutsch: Business Reenginering – Die Radikalkur für das Unternehmen, 6. Aufl., Frankfurt-Main/New York 1996.

Handelskammer Hamburg (2004): Rechnungslegung vor dem Umbruch, in: http://www.hk24.de, 02.07.2004.

Hannig, U. (2002a): Knowledge Management + Business Intelligence = Decision Intelligence, in: Hannig, U. (Hrsg.): Knowledge Management und Business Intelligence, Berlin et al. 2002, S. 3-25.

Hannig, U. (Hrsg.) (2002b): Knowledge Management und Business Intelligence, Berlin et al. 2002.

Hans-Böckler-Stiftung (1997): WSI-Studie zum Ertrag der Arbeitszeitverkürzungen zwischen 1985 und 1996: „Eine Million Arbeitsverhältnisse gesichert oder geschaffen", in: PresseDienst 19/97 vom 28.04.1997.

Hans-Böckler-Stiftung (2004a): So funktioniert das Tarifsystem, Teil 1: Tarifpolitik im System industrieller Beziehungen, Teil 2: Rechtliche Grundlagen und inhaltliche Strukturen, Teil 3: Tarifrunden: Von der Forderung bis zum Abschluss, Teil 4: Weiterführende Literatur, in: WSI-Tarifarchiv, Tarifsystem, Details, in: http://www.boeckler.de/cps/rde/xchg/SID-3D0AB75D-2A9E26CC/hbs/hs.xsl/564_21315.html bis .../564_21317.html und .../564_21336.html, 02.07.2004.

Hans-Böckler-Stiftung (2004b): Zur aktuellen Kritik der Mitbestimmung im Aufsichtsrat, Düsseldorf 2004, in: http://www.boeckler.de/pdf/mitbestimmung_2004.pdf, 05.07.2004.

Hansen, H.R./Neumann, G. (2001): Wirtschaftsinformatik I – Grundlagen betrieblicher Informationsverarbeitung, 8. Aufl., Stuttgart 2001.

Hansen, J.R. (2000): Professionelles Investor-Relations-Management, Landsberg am Lech 2000.

Harms, C. (2001): Änderungen im Kauf- und Werkvertragsrecht, in: BRAK-Mitteilungen, Nr. 06/2001, S. 278-284.

Harms, J. /Reichard, C. (Hrsg.) (2003): Die Ökonomisierung des öffentlichen Sektors – Instrumente und Trends, Baden-Baden 2003.

Hartmann, A. (2003): Wenn es Nacht wird – Die verborgene Welt des Schlafes, in: http://www.zdf.de/ZDFde/inhalt/5/0,1872,2034853,00.html, 15.08.2004.

Hartmann, W./Kreutzer, R.T./Kuhfuß, H. (Hrsg.) (2003): Handbuch Couponing, Wiesbaden 2003.

Haspeslagh, P./Jemison, D. (1991): Managing Acquisitions – Creating Value through corporate renewal, New York et al. 1991.

Hatten, K.J./Rosenthal, S.R. (1999): Managing the Process-centred Enterprise, in: Long Range Planning, Vol. 32, 1999, No. 3, P. 293-310.

Hauschildt, J. (1977): Entscheidungsziele: Zielbildung in innovativen Entscheidungsprozessen – theoretische Ansätze und empirische Prüfung, Tübingen 1977.

Hauschildt, J. (1981): „Ziel-Klarheit" oder „kontrollierte Ziel-Unklarheit" in Entscheidungen? in: Witte, E. (Hrsg.): Der praktische Nutzen empirischer Forschung, Tübingen 1981, S. 305-322.

Hauschildt, J. (2004): Innovationsmanagement, 3. Aufl., München 2004.

Hauschildt, J./Staudt, E. (1996): Innovationsmanagement, in: Eversheim, W./Schuh, G. (Hrsg.): Produktion und Management, Bd. 1, 7. Aufl., Berlin et al. 1996, S. 4-1 bis 4-25.

Hauser, J.R./Clausing, D. (1988/1988): The House of Quality, in: Harvard Business Review, Vol. 66, 1988, No. 3, P. 63-73, deutsch: Wenn die Stimme des Kunden bis in die Produktion vordringen soll, in: Harvard Manager, 1988, Nr. 4, S. 57-70.

Hax, A.C./Majluf, N.S. (1984/1991): Strategic Management – An Integrative Perspective, Englewood Cliffs/NJ. 1984, deutsch: Strategisches Management – Ein integratives Konzept aus dem MIT, überarb. Studienausg., Frankfurt-Main/New York 1991.

Hax, H. (1984): Finanzierung, in: Baetge, J. u.a.: Vahlens Kompendium der Betriebswirtschaftslehre, Bd. 1, München 1984, S. 367-422.

Hayek, F.A. (1945): The use of knowledge in society, in: The American Economic Review, Vol. 35, 1945, No. 4, P. 519-530.

Heck, A. (1999): Strategische Allianzen, Berlin/Heidelberg 1999, S. 15.

Heinen, E. (1976): Grundlagen betriebswirtschaftlicher Entscheidungen – Das Zielsystem der Unternehmung, 3. Aufl., Wiesbaden 1976.

Heinen, E. (1992): Einführung in die Betriebswirtschaftslehre, Nachdruck der 9. Aufl., Wiesbaden 1992.

Heinen, E. (1997): Unternehmenskultur als Gegenstand der Betriebswirtschaftslehre, in: Heinen, E./Fank, M. (Hrsg.): Unternehmenskultur – Perspektiven für Wissenschaft und Praxis, 2. Aufl., München/Wien 1997, S. 1-48.

Heinen, E./Fank, M. (Hrsg.) (1997): Unternehmenskultur – Perspektiven für Wissenschaft und Praxis, 2. Aufl., München/Wien 1997.

Heinrich, L.J. (2005): Informationsmanagement – Planung, Überwachung und Steuerung der Informationsinfrastruktur, 8. Aufl., München/Wien 2005.

Heinrich, L.J./Heinzl, A./Roithmayr, F. (2004): Wirtschaftsinformatik-Lexikon, München 2004.

Heinz, V.G. (2006): Die englische Limited – Eine Darstellung des Gesellschafts- und Steuerrechts mit Gesetzesauszügen und Mustern, 2. Aufl., Baden-Baden 2006.

Helm, R. (2006): Marketing, in: Bea, F.X./Friedl, B./Schweitzer, M. (Hrsg.): Allgemeine Betriebswirtschaftslehre, Band 3: Leistungsprozess, 9. Aufl., Stuttgart 2006, S. 253-336.

Henderson, B.D. (1984): Die Erfahrungskurve in der Unternehmensstrategie, 2. Aufl., Frankfurt-Main/New York 1984.

Henn, G. (2002): Handbuch des Aktienrechts, 7. Aufl., Heidelberg 2002.

Hentze, J./Olschinski, D. (2003): Neue Technologien erfordern neue Lohnformen, in: Wisu, Nr. 06/2003, S. 765-771.

Herbst, D. (2006): Corporate Identity, 3. Aufl., Berlin 2006.

Herbst, D. (2003): Public Relations, 2. Aufl., Berlin 2003.

Hertz-Eichenrode, A. (Hrsg.) (2004): Süßes Kreditgift – Die Geschichte der Unternehmensfinanzierung in Deutschland, Frankfurt-Main 2004.

Herzberg, F. (1966):Work and Nature of Man, London 1966.

Herzberg, F. (1968/2003): One More Time: How Do You Motivate Employees?, in: Harvard Business Review, Vol. 46, 1968, No. 1, P. 53-62, wieder abgedruckt in Vol. 81, 2003, No. 1, P. 87-96.

Herzberg, F. (1982): The Managerial Choice: To Be Efficient and to Be Human, 2. Aufl., Salt Lake City/Utah 1982.

Herzberg, F./Maussner, B./Snyderman, B.B. (1959): The Motivation to Work, New York et al. 1959.

Heydt, A. von der (Hrsg.) (1999): Handbuch Efficient Consumer Response, München 1999.

Hilb, M. (2004): Integriertes Personal-Management – Ziele, Strategien, Instrumente, 12. Aufl., München/Unterschleißheim 2004.

Hildebrand, V.G. (1997): Individualisierung als strategische Option der Marktbearbeitung – Determinanten und Erfolgswirkungen kundenindividueller Marketingkonzepte, Wiesbaden 1997.

Hinterhuber, H.H. (1990): Wettbewerbsstrategie, 2. Aufl., Berlin/New York 1990.

Hinterhuber, H.H. (2004): Strategische Unternehmungsführung, Band 1: Strategisches Denken, Band 2: Strategisches Handeln, 7. Aufl., Berlin/New York 2004.

Hippner, H./Wilde, K.D. (Hrsg.) (2004): Management von CRM-Projekten, Wiesbaden 2004.

Hirschmann, P. (1998): Kooperative Gestaltung unternehmensübergreifender Geschäftsprozesse, Schriften zur EDV-orientierten Betriebswirtschaft, Univ. Diss., Wiesbaden 1998.

Hofer, C.W./Schendel, D.E. (1978): Strategy Formulation – Analytical Concepts, St. Paul/Minn. et al. 1978.

Hoffbauer, A. (2004): Berliner Friseur mit Firmensitz in London – Immer mehr deutsche Kleinbetriebe wählen eine britische Rechtsform für ihre Firma, in: Handelsblatt, Nr. 146/2004 vom 30./31.07./01.08.2004, S. 3.

Hoffmann, F. (1980): Organisation, Begriff der, in: Grochla, E. (Hrsg.): Handwörterbuch der Organisation, 2. Aufl., Stuttgart 1980, Sp. 1425-1431.

Hofmann, A. (1999): Interorganisationale Unternehmenskooperation – Das Problemfeld Unternehmenskultur aus Sicht des Schnittstellen-Managements bei einer Fusion, in: http://w3.ub.unikonstanz.de/v13/volltexte/1999/93//pdf/93_1.pdf, 13.08.2006.

Hofstede, G. (1980/2001): Culture's Consequences – International Differences in Work-Related Values, Beverly Hills/Cal. 1980, deutsch: Lokales Denken, globales Handeln – Interkulturelle Zusammenarbeit und globales Management, 2. Aufl., München 2001.

Hofstede, G. (1991/1993): Cultures and Organizations – Software of the Mind, London et al. 1991, deutsch: Interkulturelle Zusammenarbeit – Kulturen - Organisationen - Management, Wiesbaden 1993.

Hofstede, G./Bond, M.H. (1988): The Confucius connection: From cultural roots to economic growth, in: Organizational Dynamics, Vol. 16, 1988, No. 4, P. 5-21.

Homann, K./Blome-Drees, F. (1992): Wirtschafts- und Unternehmensethik, Göttingen 1992.

Homburg, C. (Hrsg.) (2006): Kundenzufriedenheit – Konzepte, Methoden, Erfahrungen, 6. Aufl., Wiesbaden 2006.

Homburg, C./Krohmer, H. (2006): Marketingmanagement – Strategien, Instrumente, Umsetzung, Unternehmensführung, 2. Aufl., Wiesbaden 2006.

Homburg, C./Rudolph, B. (1997): Theoretische Perspektiven zur Kundenzufriedenheit, in: Simon, H./Homburg, C. (Hrsg.): Kundenzufriedenheit, 2. Aufl., Wiesbaden 1997, S. 31-51.

Hommelhoff, P./Goette, W./Kleindieck, D. (2003): Eigenkapitalersatzrecht in der Praxis, 3. Aufl., Köln 2003.

Hopfenbeck, W. (1994): Umweltorientiertes Management und Marketing – Konzepte, Instrumente, Praxisbeispiele, 3. Aufl., Landsberg am Lech 1994.

Hopfenbeck, W. (2002): Allgemeine Betriebswirtschafts- und Managementlehre – Das Unternehmen im Spannungsfeld zwischen ökonomischen, sozialen und ökologischen Interessen, 14. Aufl., München 2002.

Höpner, M. (2004): Mitbestimmungskritik hält Prüfung nicht stand, in: Die Mitbestimmung, 50. Jg., Heft 6/2004, S. 54-57.

Horváth, P. (2006): Controlling, 10. Aufl., München 2006.

Huber, P./Faust, F. (2002): Schuldrechtsmodernisierung – Einführung in das neue Recht, München 2002.

Hübl, L./Meyer, W./Rebeggiani, L. (2003): Grundkurs in Volkswirtschaftslehre, 5. Aufl., Berlin 2003.

Hucht, A. (2001): Wenn der Sonderwunsch keine Ausnahme mehr ist – Just-in-Sequence-Logistik für die Automobilindustrie stellt höchste Anforderungen, in: DVZ Deutsche Verkehrs-Zeitung, Nr. 142/2001 vom 27.11.2001, S. 12.

Hummel, T./Malorny, C. (2002): Total Quality Management – Tipps für die Einführung, 3. Aufl., München/Wien 2002.

Hünerberg, R./Heise, G./Hoffmeister, M. (Hrsg.) (1995): Internationales Automobilmarketing – Wettbewerbsvorteile durch marktorientierte Unternehmensführung, Wiesbaden 1995.

IBM Deutschland GmbH (2006): Vertriebswege, in: http://www-5.ibm.com/de/ibm/ produkte/vertriebswege.html, 01.09.2006

IfM Bonn – Institut für Mittelstandsforschung Bonn (2006): Arbeitsbericht 2005, Bonn 2006.

Impulson Media (2004): Börsengeschichte, in: http://www.boersenschule24.de/bs24/boerse/boersengeschichte.htm, 19.07.2004.

Industrie- und Handelskammer Cottbus (2006): Gründerlehrgang, in: http://www.kei-online.de, 13.12.06.

Industrie- und Handelskammer Frankfurt am Main (2004a): Eigentumsvorbehalt (EBV), in: http://www.frankfurt-main.ihk.de/recht/themen/vertragsrecht/eigentumsvorbehalt/, 07.07.2004.

Industrie- und Handelskammer Frankfurt am Main (2004b): Firmenrecht, in: http://www.frankfurt-main.ihk.de/recht/themen/unternehmensrecht/firmenrecht/ index. html, 16.07.2004.

Industrie- und Handelskammer Frankfurt am Main (2004c): Handelsregistereintragung, in: http://www.frankfurt-main.ihk.de/recht/themen/unternehmensrecht/handelsregister/ index.html, 16.07.2004.

Industrie- und Handelskammer Frankfurt am Main (2004d): Wahl der Rechtsform und Registrierungspflichten, in: http://www.frankfurt-main.ihk.de/recht/themen/unternehmens recht/rechtsformen/index.html, 16.07.2004.

Industrie- und Handelskammer zu Düsseldorf (2004): Der Eigentumsvorbehalt, in: http://fast.ihk-duesseldorf.de/Publikationen/M4_Eigentumsvorbehalt.pdf, 07.07.2004.

Infineon Technologies AG (2003): Jahresabschluss und Lagebericht 2003, München 2003.

Informationszentrum Mobilfunk (2004): Was versteht man unter dem neuen Mobilfunkstandard UMTS?, in: http://www.izmf.de/html/de/274.html, 25.08.2004.

Initiative D21 (2000): Information Bilanz der Arbeit des ersten Jahres – „Regierung und Wirtschaft wachgeküsst“, Presseinformation vom 18. September 2000.

Initiative D21 (2006): INITI@TIVE D21 – Europas größte Partnerschaft zwischen Politik und Wirtschaft für die Informationsgesellschaft, in: http://www.initiatived21.de/ueber/fakten/D21_Praesentation_2006.pdf, 02.12.2006.

In-Stat/MDR (2004): Semiconductor Market to Outshine 2003 with 29% Growth in 2004, Scottsdale/Ariz., April 21, 2004, in: http://www.instat.com/press.asp?ID=945&sku=IN0401550SI, 23.07.2004.

International Business Machines Corporation (IBM) (2005): IBM Annual Report 2004, Armonk/New York 2005.

International Institute for Management Development (IMD) (2005): World Competitiveness Yearbook 2005, Lausanne 2005.

ISO Central Secretariat (2006): The ISO Survey – 2005, Genf 2006, in: http://www.iso.org/iso/en/iso9000-14000/pdf/survey2005.pdf, 16.10.2006.

IVG Immobilien AG (Hrsg.) (2005): AIRRAIL FRANKFURT – Die mobilste Immobilie der Welt, in Plan – Das Investmentmagazin der IVG Immobilien AG, Sonderausgabe 2005, in: http://www.airrail.de/download/plan_spez_dt_2005.pdf, 02.12.2006.

Iyer, K. (2002): Learning in Strategic Alliances: An Evolutionary Perspective, in: Academy of Marketing Science Review, o. Jg., H. 10, in: http://www.amsreview.org/articles/iyer-10-2002.pdf, 08.07.2006.

Jäckel, N./Scholderer, R. (2000): Web-Advertising – Website-Vermarktung mit Bannern, Bonn 2000.

Jacobs, O.H./Scheffler, W. (2002): Unternehmensbesteuerung und Rechtsform - Handbuch zur Besteuerung deutscher Unternehmen, 3. Aufl., München 2002.

Jacobs, O.H. u.a. (2003): Steueroptimale Rechtsformwahl: Personengesellschaften besser als Kapitalgesellschaften, Zentrum für Europäische Wirtschaftsforschung (ZEW), Discussion Paper No. 03-30, in: ftp://ftp.zew.de/pub/zew-docs/dp/dp0330.pdf, 09.06.2004.

Jähnig, M. (2002): Aktienoptionen, in: Eyer, E. (Hrsg.): Report Vergütung – Entgeltgestaltung für Mitarbeiter und Manager, 2. Aufl., Düsseldorf 2002, S. 145-148.

Jäncke, L. (2006): Funktionelle Links-rechts-Asymmetrien, in: Karnath, H.-O./Thier, P. (Hrsg.): Neuropsychologie, 2. Aufl., Berlin 2006, S. 595-604.

Jann, W. (1994): Politikfeldanalyse, in: Kriz, J./Nohlen, D./Schultze, R.-O. (Hrsg.) (1994): Politikwissenschaftliche Methoden – Lexikon der Politik Band 2, München 1994, S. 308-314.

Janov, J. (1994): The Inventive Organization - Hope and Daring at Work, San Francisco 1994.

Jansen, R. (Hrsg.) (2002): Die Arbeitswelt im Wandel – Weitere Ergebnisse aus der BIBB/IAB-Erhebung 1998/99 zu Qualifikation und Erwerbssituation in Deutschland, Bielefeld 2002, S. 7-31.

Jansen, S. A. (2001): Mergers & Acquisitions, 4. Auflage, Wiesbaden 2001.

Jenner, T. (2004): Kundenorientierung bei Innovationen: Market Driven vs. Market Driving, in: WISU, Nr. 04/2004, S. 486-492.

Jensen, C.J. (2001): Kundenorientierung in vertikalen Absatzsystemen – Bedeutung der Hersteller-Händler-Zusammenarbeit am Beispiel der Automobilwirtschaft, Wiesbaden 2001.

Jensen, O. (2004): Key-Account-Management – Gestaltung - Determinaten - Erfolgsauswirkungen, 2. Aufl., Wiesbaden 2004.

Jopp, K. (2003): Nanotechnologie – Aufbruch ins Reich der Zwerge, Wiesbaden 2003.

Jüttner-Kramny, L. (2005): Gesetz gegen Wettbewerbsbeschränkungen GWB – In der Fassung der 7. GWB-Novelle, Düsseldorf 2005.

JUNG von MATT (2003): Geiz bleibt geil! Pressemeldung vom 24.10.2003, in: http://www.jvm.de (Presse), 03.12.2003.

Jung, H. (2006a): Allgemeine Betriebswirtschaftslehre, 10. Aufl., München/Wien 2006.

Jung, H. (2006b): Personalwirtschaft, 7. Aufl., München/Wien 2006.

Juran, J.M. (1990): Handbuch der Qualitätsplanung, 2. Aufl., Landsberg am Lech 1990.

Kaestner, J./Biermann, C. (2002): Werbung und Wettbewerbsrecht – Einführung in die Grundlagen des Unlauterkeitsrechts, Bad Homburg 2002.

Kamiske, G.F. (Hrsg.) (1994): Die Hohe Schule des Total Quality Management, Berlin et al. 1994.

Kamiske, G.F. (2000): Unternehmenserfolg durch Excellence, München 2000.

Kapell, E. (2002): Tchibo mit neuem Shop Management-System, in: http://www.lz-net.de, 07.01.2003.

Kaplan, R.S./Norton, D.P. (1992/1992): The balanced scorecard – Measures that drive performance, in: Harvard Business Review, Vol. 70, 1992, No. 1, P. 71-79, deutsch: In Search of Excellence – Der Maßstab muß neu definiert werden, in: Harvard Business Manager, Nr. 04/1992, S. 37-46.

Kaplan, R.S./Norton, D.P. (1996/1997): The Balanced Scorecard – Translating Strategy into Action, Boston/Mass. 1996, deutsch: Balanced Scorecard – Strategien erfolgreich umsetzen, Stuttgart 1997.

Katz, A. (2004): Kommunale Wirtschaft – Öffentliche Unternehmen zwischen Gemeinwohl und Wettbewerb, Stuttgart 2004.

Kern, M. (2003): Risikomanagement auf der Basis von Corporate Governance und KonTraG, in: Töpfer, A./Mehdorn, H. (Hrsg.): Risikomanagement – Vom reaktiven zum präventiven Management von Risiken, Dresden 2003, S. 33-51.

Kern, W. (Hrsg.) (1996): Handbuch der Produktionswirtschaft, 2. Aufl., Stuttgart 1996.

Keynes, J.M. (1936): The General Theory of Employment, Interest and Money, London 1936.

KfW (2005): KfW-Gründungsmonitor 2005 – Zahl der Vollerwerbsgründungen stabil – Kleinstgründungen weiter auf dem Vormarsch, Frankfurt/Main 2005.

KfW (2006a) zitiert nach O.V. (2006): Woran scheitern Existenzgründer, in: http://www.gruenderportal.de, 18.12.2006 und IHK Cottbus (2006): Gründerlehrgang – Chancen und Risiken, in: http://www.kei-online.de, 13.12.06.

KfW (2006b): Fördermöglichkeiten, in: http://www.kfw-mittelstandsbank.de, 13.12.2006.

Khandwalla, P.N. (1977): The Design of Organizations, New York et al. 1977.

Kieser, A. (Hrsg.) (2006): Organisationstheorien, 6. Aufl., Stuttgart 2006.

Kieser, A./Walgenbach, P. (2003): Organisation, 4. Aufl., Stuttgart 2003.

Kirchgeorg, M. (1990): Ökologieorientiertes Unternehmensverhalten, Wiesbaden 1990.

Kirchhoff, K.R./Piwinger, M. (Hrsg.) (2001): Die Praxis der Investor Relations - Effiziente Kapitalmarktkommunikation zwischen Unternehmen und Kapitalmarkt, 2. Aufl. Neuwied/Kriftel 2001.

Kirckhoff, M. (2004): Mind Mapping – Einführung in eine kreative Arbeitsmethode, 12. Aufl., Offenbach 2004.

Kirsch, W. (1977): Einführung in die Theorie der Entscheidungsprozesse, 3 Bände, 2. Aufl., Wiesbaden 1977.

Kirsch, W. (1983): Fingerspitzengefühl und Hemdsärmeligkeit bei der Planung im Mittelstand, in: Gabele, E. (Hrsg.): Märkte, Mitarbeiter, Management, Bamberg 1983, S. 150-176.

Kirsch, W./Esser, W.-M./Gabele, E. (1979): Das Management des geplanten Wandels von Organisationen, Stuttgart 1979.

Kirzner, I. (1978): Wettbewerb und Unternehmertum, Tübingen 1978.

Kistner, K.-P./Steven, M. (2001): Produktionsplanung, 3. Aufl., Heidelberg 2001.

Klandt, H. (1980): Die Person des Unternehmungsgründers als Determinante des Gründungserfolges, in: Betriebswirtschaftliche Forschung und Praxis, 32. Jg., 1980, Nr. 4, S. 321-335.

Kleinaltenkamp, M. (1987): Die Dynamisierung strategischer Marketing-Konzepte – Eine kritische Würdigung des „Outpacing Strategy"-Ansatzes von Gilbert und Strebel, in: Schmalenbachs Zeitschrift für betriebswirtschaftliche Forschung, 39. Jg., 1987, S. 31-52.

Kling, J. (2000): Geschäftsorientierte Personalentwicklung, Wiesbaden 2000.

Klingebiel, N. (2003): WISU-Lexikon Controlling, in: WISU, Nr. 09/2003, Beihefter.

Klitzke, U./Betz, H./Möreke, M. (Hrsg.) (2000): Vom Klassenkampf zum Co-Management? Perspektiven gewerkschaftlicher Betriebspolitik, Hamburg 2000.

Kloock, J. (1984): Produktion, in: Baetge, J. u.a. (Hrsg.): Vahlens Kompendium der Betriebswirtschaftslehre, Bd. 1, München 1984, S. 241-298.

Kloock, J./Sieben, G./Schildbach, T. (1999): Kosten- und Leistungsrechnung, 8. Aufl., Düsseldorf 1999.

Klöppner, V. (1997): Kommunikation zwischen Hersteller und Vertragshändler – Eine kontingenztheoretische Untersuchung zur Erhöhung des Leistungsgrades vertraglicher Vertriebssysteme, Wiesbaden 1997.

Kluck, D. (2002): Materialwirtschaft und Logistik – Lehrbuch mit Beispielen und Kontrollfragen, 2. Aufl., Stuttgart 2002.

Klunzinger, E. (2004): Einführung in das bürgerliche Recht – Grundkurs für Studierende der Rechts- und Wirtschaftswissenschaften, 12. Aufl., München 2004.

Klunzinger, E. (2006a): Grundzüge des Gesellschaftsrechts, 14. Aufl., München 2006.

Klunzinger, E. (2006b): Grundzüge des Handelsrechts, 13. Aufl., München 2006.

Knight, F.H. (1921): Risk, Uncertainty and Profit, Boston 1921.

Knyphausen, D. zu (1993): „Why are Firms different?" – Der „Ressourcenorientierte Ansatz" im Mittelpunkt einer aktuellen Kontroverse im Strategischen Management, in: Die Betriebswirtschaft, 53. Jg., 1993, S. 771-791.

Knyphausen-Aufseß, D. zu (2000): Auf dem Weg zu einem ressourcenorientierten Paradigma?, in: Ortmann, G./Sydow, J./ Türk, K. (Hrsg.): Theorien der Organisation, 2. Aufl., Wiesbaden 2000, S. 452-480.

Köhler, H. (2004): Das neue UWG, in: Neue Juristische Wochenschrift – NJW, Heft 30, 2004, S. 2121-2127.

Koerber, E. von (1996): Ansätze zur Überwindung der Strukturkrise in der Wirtschaft: Das Erfolgsbeispiel ABB, in: Mehdorn, H./Töpfer, A. (Hrsg.): Besser - Schneller - Schlanker – TQM-Konzepte in der Unternehmenspraxis, 2. Aufl., Neuwied/Kriftel/Berlin 1996, S. 53-64.

Koesters, P.-H. (1984): Ökonomen verändern die Welt – Lehren die unser Leben bestimmen, 4. Aufl., Hamburg 1984.

Kohl, H. (Hrsg.) (1998): Kanzleimanagement-Handbuch – Die Anwaltskanzlei als Unternehmen, Kissing 1998.

Konitzer, U. u.a. (Hrsg.) (2000): Zukunft der Mitbestimmung – Für eine gewerkschaftspolitische Offensive, Hamburg 2000.

Kopp, G. (2004): Audiovisuelle Fernkommunikation – Grundlagen der Analyse und Anwendung von Videokonferenzen, Wiesbaden 2004.

Korndörfer, W. (2003): Allgemeine Betriebswirtschaftslehre – Aufbau, Ablauf, Führung, Leitung, 13. Aufl., Wiesbaden 2003.

Koschnick, W.J. (2003): FOCUS-Lexikon Werbeplanung, Mediaplanung, Marktforschung, Kommunikationsforschung, Mediaforschung, 3 Bände, 3. Aufl., München 2003.

Kosiol, E. (1955): Anlagenrechnung – Theorie und Praxis der Abschreibung, 2. Aufl., Wiesbaden 1955.

Kosiol, E. (1961): Erkenntnisgegenstand und methodologischer Standort der Betriebswirtschaftslehre, in: Zeitschrift für Betriebswirtschaft, 31. Jg., 1961, S. 129-136.

Kosiol, E. (1962/1976): Organisation der Unternehmung, 1./2. Aufl., Wiesbaden 1962/1976.

Kosiol, E. (1967): Zur Problematik der Planung in der Unternehmung, in: Zeitschrift für Betriebswirtschaft, 37. Jg., 1967, S. 77-96.

Kosiol, E. (1968): Einführung in die Betriebswirtschaftslehre – Die Unternehmung als wirtschaftliches Aktionszentrum, Wiesbaden 1968.

Kosiol, E. (1972): Die Unternehmung als wirtschaftliches Aktionszentrum – Einführung in die Betriebswirtschaftslehre, Reinbek bei Hamburg 1972, neubearb. und erw. Ausgabe der Erstauflage von 1966.

Koslowski, P. (1988): Prinzipien der Ethischen Ökonomie, Tübingen 1988.

Kossbiel, H. (2006): Personalwirtschaft, in: Bea, F.X./Friedl, B./Schweitzer, M. (Hrsg.): Allgemeine Betriebswirtschaftslehre, Band 3: Leistungsprozess, 9. Aufl., Stuttgart 2006, S. 517-621.

Kotler, P. (1986/1986): Megamarketing, in: Harvard Business Review, Vol. 64, 1986, No. 2, P. 117-124, deutsch: Megamarketing, in: Harvard Business Manager, Nr. 03/1986, S. 32-39.

Kotler, P./Bliemel, F. (2001): Marketing-Management – Analyse, Planung, Umsetzung und Steuerung, 10. Aufl., Stuttgart 2001.

KPMG Deutsche Treuhand-Gesellschaft (Hrsg.) (2004): Status quo und Perspektiven im deutschen Lebensmitteleinzelhandel 2004 – Eine Marktanalyse von KPMG und EHI, Köln 2004.

KPMG Deutsche Treuhand-Gesellschaft (Hrsg.) (2006): Trends im Handel 2010, Köln 2006.

Krafka, A. (2005): Gesellschaftsrechtliche Auswirkungen des Justizkommunikationsgesetzes, in: Mitteilungen des Bayerischen Notarvereins, der Notarkammer und der Landesnotarkammer Bayern (MittBayNot), Heft 4, 2005, S. 293-295.

Kraftfahrt-Bundesamt (2006): Produktsicherheit – Rückrufe, in: Wir stellen uns vor – Jahresbericht 2005, Flensburg 2006.

Kramer, M./Brauweiler, J./Helling, K. (Hrsg.) (2003): Internationales Umweltmanagement, Bd. 2: Umweltmanagementinstrumente und -systeme, Wiesbaden 2003.

Krawitz, N. (2001): Die Rechnungslegungsvorschriften nach HGB, IAS und US-GAAP im kritischen Vergleich – Teil A: Konzeptionelle Unterschiede, in: Steuer- und Bilanzpraxis, Nr. 13/2001, S. 629-633.

Krcmar, H. (2005): Informationsmanagement, 4. Aufl., Berlin et al. 2005.

Kreikebaum, H. (1996): Grundlagen der Unternehmensethik, Stuttgart 1996.

Kreikebaum, H. (1997): Strategische Unternehmensplanung, 6. Aufl., Stuttgart/Berlin/Köln 1997.

Kriz, J. (1983): Statistik in den Sozialwissenschaften – Einführung und kritische Diskussion, 4. Aufl., Opladen 1983.

Kroeber-Riel, W. (1983): Wirkung von Bildern auf das Konsumentenverhalten – Neue Wege der Marketingforschung, in: Marketing ZFP, 5. Jg., 1983, S. 153-160.

Kroeber-Riel, W. (1986): Die inneren Bilder der Konsumenten – Messung - Verhaltenswirkung - Konsequenzen für das Marketing, in: Marketing ZFP, 8. Jg., 1986, S. 81-96.

Kroeber-Riel, W. (1987): Weniger Informationsüberlastung durch Bildkommunikation – zur Verwendung von Bildern in kommerziellen Kommunikationssystemen, in: Wirtschaftswissenschaftliches Studium, 16. Jg., 1987, S. 485-489.

Kroeber-Riel, W. (1991): Kommunikationspolitik – Forschungsgegenstand und Forschungsperspektive, in: Marketing ZFP, 13. Jg., 1991, S. 164-171.

Kroeber-Riel, W. (1993 und 1996): Bildkommunikation – Imagerystrategien für die Werbung, München 1993 und 1996.

Kroeber-Riel, W./Esch, F.-R. (2004): Strategie und Technik der Werbung – Verhaltenswissenschaftliche Ansätze, 6. Aufl., Stuttgart/Berlin/Köln 2004.

Kroeber-Riel, W./Weinberg, P. (2003): Konsumentenverhalten, 8. Aufl., München 2003.

Kromrey, H. (2006): Empirische Sozialforschung – Modelle und Methoden der standardisierten Datenerhebung und Datenauswertung, 11. Aufl., Opladen 2006.

Krosse, M. (2004): Ziel und Zweck der Rechnungslegung – HGB, IFRS und US-GAAP im Vergleich, in: Brösel, G./Kasperzak, R. (Hrsg.): Internationale Rechnungslegung – Prüfung und Analyse, München 2004, S. 3-8.

Krubasik, E.G. (1982): Technologie – Strategische Waffe, in: Wirtschaftswoche, 36. Jg., Nr. 25/1982, S. 28-33.

Krüger, W. (2005): Organisation, in: Bea, F.X./Friedl, B./Schweitzer, M. (Hrsg.): Allgemeine Betriebswirtschaftslehre, Band 2: Führung, 9. Aufl., Stuttgart 2005, S. 140-234.

Krumnow, J. u.a. (Hrsg.) (2002): Gabler Bank-Lexikon – Bank, Börse, Finanzierung, 13. Aufl., Wiesbaden 2002.

Kruschwitz, L. (1996): Investitionsrechnung, in: Kern, W. (Hrsg.): Handbuch der Produktionswirtschaft, 2. Aufl., Stuttgart 1996, Sp. 804-816.

Kruschwitz, L. (2004): Finanzierung und Investition, 4. Aufl., München/Wien 2004.

Krystek, U./Müller-Stewens, G. (1993): Frühaufklärung für Unternehmen – Identifikation und Handhabung zukünfter Chancen und Bedrohungen, Stuttgart 1993.

Kübler, F. (1999): Gesellschaftsrecht – Die privatrechtlichen Ordnungsstrukturen und Regelungsprobleme von Verbänden und Unternehmen, 5. Aufl., Stuttgart 1999.

Kummer, C. (2005): Internationale Fusions- und Akquisitionsaktivität, Univ. Diss., Wiesbaden, 2005.

Kümpel, T. (2002): Systeme der Teilkostenrechnung, in: WISU, Nr. 07/2002, S. 911-915.

Küpper, H.-U. (1984): Beschaffung, in: Baetge, J. u.a. (Hrsg.): Vahlens Kompendium der Betriebswirtschaftslehre, Bd. 1, München 1984, S. 187-240.

Küpper, H.-U. (2005): Controlling, 4. Aufl., Stuttgart 2005.

Küpper, H.-U./Wagenhofer, A. (Hrsg.) (2002): Handwörterbuch Unternehmensrechnung und Controlling, 4. Aufl., Stuttgart 2002.

Kupsch, P. (2004): Steuersystem, in: Bea, F.X./Friedl, B./Schweitzer, M. (Hrsg.): Allgemeine Betriebswirtschaftslehre, Band 1: Grundfragen, 9. Aufl., Stuttgart 2004, S. 180-223.

Kürten, T. (2000): Mitarbeiter als Mitunternehmer: Wege zur Leistungssteigerung durch Beteiligung, in: Antoni, C.H./Eyer, E./Kutscher, J. (Hrsg.): Das flexible Unternehmen – Arbeitszeit, Gruppenarbeit, Entgeltsysteme, Digitale Fachbibliothek auf CD-ROM, Düsseldorf o.J., in: http://www.flexible-unternehmen.de/kv0611.htm, 25.06.2000.

Küting, K./Weber, C.-P. (Hrsg.) (2002): Vom Financial Accounting zum Business Reporting – Kapitalmarktorientierte Rechnungslegung und integrierte Unternehmenssteuerung, Stuttgart 2002.

Lakatos, I. (1982): Die Methodologie der wissenschaftlichen Forschungsprogramme, Braunschweig 1982.

Lakatos, I./Musgrave, A. (Hrsg.) (1974): Kritik und Erkenntnisfortschritt, Braunschweig 1974.

Lamparter, D.H. (2002): Ein schönes, schweres Erbe – Bernd Pischetsrieder muss die vielen Marken im VW-Konzern neu sortieren, in: DIE ZEIT, Nr. 12/2002, in: http://www.zeit.de/2002/12/200212_vw_neu_xml, 17.08.2004.

Lancaster, K.J. (1966): A New Approach to Consumer Theory, in: Journal of Political Economy, Vol. 74, 1966, No. 2, P. 132-157.

LANDS' END GmbH (2004): Willkommen bei Lands' End, in: http://www.landsend. de (Über uns), 10.08.2004.

Lang, J./Tipke, K. (2005): Steuerrecht, 18. Aufl., Köln 2005.

Lattmann, C. (Hrsg.) (1988): Ethik und Unternehmensführung, Heidelberg 1988.

Lausberg, I. (2002): Kundenpräferenzen für neue Angebotsformen im Einzelhandel – Eine Analyse am Beispiel von Factory Outlet Centern, Essen 2002.

Lawrence, P.R./Lorsch, J.W. (1967): Organization and Environment – Managing Differentiation and Integration, Boston/Mass. 1967.

Lay, R. (1997): Über die Kultur des Unternehmens, Düsseldorf/München 1997.

L-B-Systemtechnik GmbH (2004): HyWeb – Wasserstoff und Brennzellen Informations-System, in: http://www.hydrogen.org, 16.08.2004.

Lebensmittelzeitung LZ|Net (2005): Handel Deutschland – Rankings, in: http://www.lz-net.de/rankings/handeldeutschland/pages/, 01.09.2006.

Leendertse, J. (1999): Wie im Supermarkt – Statt selber zu erfinden, kaufen deutsche Unternehmen Innovationen immer häufiger ein, in: Wirtschaftswoche, Nr. 25/1999 vom 17.06.1999, S. 90-93.

Leffson, U. (1987): Die Grundsätze ordnungsmäßiger Buchführung, 7. Aufl., Düsseldorf 1987.

Leidecker, J.K./Bruno, A.V. (1984): Identifying and Using Critical Success Factors, in: Long Range Planning, Vol. 17, 1984, No. 1, P. 23-32.

Lettl, T. (2004): Das neue UWG, München 2004.

Leven, W. (1983): Der Zusammenhang zwischen Informationsaufnahme und Informationsspeicherung beim Betrachten von Werbeanzeigen, in: Marketing ZFP, 5. Jg., 1983, S. 13-28.

Leven, W. (1991): Blickverhalten von Konsumenten – Grundlagen, Messung und Anwendung in der Werbeforschung, Heidelberg 1991.

Lewin, K. (1935): A Dynamic Theory of Personality – Selected Papers, New York 1935.

Lewin, K. (1947): Frontiers in Group Dynamics I – Concept, Method and Reality in Social Science, Social Equilibria and Social Change, in Human Relations, Vol. 1, 1947, No. 1, P. 5-41.

Lewin, K. (1951/1963): Field Theory in Social Sciences – Selected Theoretical Papers, New York 1951, deutsch: Feldtheorie in den Sozialwissenschaften – Ausgewählte theoretische Schriften, Bern/Stuttgart 1963.

Lewis, T.G./Stelter, D. (1995): Steigerung des Unternehmenswertes – Total Value Management, 2. Aufl., Landsberg am Lech 1995.

Lindner, H. (1998): Factory Outlet Center – Der Wolf im Schafspelz? Baden bei Wien 1998, im Internet verfügbar unter: http://www.standort-markt.at (Infocenter), 17.05.2003.

Lingnau, V. (1994): Variantenmanagement – Produktionsplanung im Rahmen einer Produktdifferenzierungsstrategie, Berlin 1994.

Linnenkohl, K. u.a. (2001): Arbeitszeitflexibilisierung – 140 Unternehmen und ihre Modelle, 4. Aufl., Heidelberg 2001.

Lippincott Mercer (2004): Timeline, in: http://www.lippincottmercer.com/about/timeline.shtml, 11.08.2004.

Lück, W./Böhmer, A. (1994): Entrepreneurship als wissenschaftliche Disziplin in den USA, in: ZfbF, 46. Jg., 1994, H. 5, S. 403–420.

Lutter, M. (1994): Das neue „Gesetz für kleine Aktiengesellschaften und zur Deregulierung des Aktienrechts", in: Die Aktiengesellschaft, 39. Jg., 1994, S. 429-447.

Lutz, A. (2005): Businessplan für Ich-AG-, Überbrückungsgeld- und andere Existenzgründer, Wien 2005.

Macharzina, K. (2005): Unternehmensführung – Das internationale Managementwissen: Konzepte - Methoden - Praxis, 5. Aufl., Wiesbaden 2005.

Madauss, B. (2000): Handbuch Projektmanagement – Mit Handlungsanleitungen für Industriebetriebe, Unternehmensberater und Behörden, 6. Aufl., Stuttgart 2000.

Maetsch, M. (2001): Telekom stellt den Verkauf des Bildtelefons T-View 100 ein, in: http://www.teltarif.de/arch/2001/kw01/s3986.html, 22.01.2003.

Mai, C. (2004): Microsoft wehrt sich gegen Brüsseler Rekordbuße, in: http://www.ftd.de/tm/it/1086416568613.html, 16.06.2004.

Maier, H. (2001): Factory-outlet-Center – eine für Deutschland neue Vertriebsform, Hamburg 2001.

Malik, F. (2002): Strategie des Managements komplexer Systeme – Ein Beitrag zur Management-Kybernetik evolutionärer Systeme, 7. Aufl., Bern/Stuttgart/Wien 2002.

Malorny, C. (1999): TQM umsetzen – Weltklasse neu definieren, Leistungsoffensive einleiten, Business Excellence erreichen, 2. Aufl., Stuttgart 1999.

Malorny, C. u.a. (2001): Automobil: Auf dem Weg zu einer neuen Rollenverteilung, ersch. im Rahmen eines Gemeinschaftsprojekts von McKinsey & Company mit n-tv, Okt.-Dez. 2001, im Internet verfügbar unter: http://www.digitaltransformation.de.

manager-magazin.de (2001): Deutsche Telekom – Anzeige auch gegen den Chefkontrolleur, in: http://www.manager-magazin.de/unternehmen/artikel/0,2828,121965,00.html, 13.05.2001.

Mann, A. (1998): Erfolgsfaktor Service – Strategisches Servicemanagement im nationalen und internationalen Marketing, Wiesbaden 1998.

Manz, N./Hering, E. (2000): Existengründung und Existenzsicherung, Heidelberg 2000.

March, J.G./Simon, H.A. (1958/1976): Organizations, New York et al. 1958, deutsch: Organisation und Individuum – Menschliches Verhalten in Organisationen, Wiesbaden 1976.

Margulies, W.P. (1977/1982): Make the Most of Your Corporate Identity, in: Harvard Business Review, Vol. 55, 1977, No. 4, P. 66-74, deutsch: Verbesserung der Corporate Identity, in: Harvard Manager, 1982, Nr. 3, S. 97-102.

Markowitz, H.M. (1952): Portfolio Selection, in: Journal of Finance, Vol. 7, 1952, No. 1, P. 77-91.

Markowitz, H.M. (1959): Portfolio Selection – Efficient Diversification of Investments, New York 1959.

Marschak, J./Radner, R. (1972): Economic Theory of Teams, New Haven/Conn. et al. 1972.

Martens, K./Zimmer, F.T. (2003): Societas Europaea (SE), in: WISU, Nr. 08-09/2003, S. 1024-1027.

Maslow, A.H. (1954/1977): Motivation and Personality, New York et al. 1954, deutsch: Motivation und Persönlichkeit, Olten/Freiburg im Breisgau 1977.

Mauerer, F./Töpfer, A. (2000): Einsatz von Informationstechnologie zur Steigerung des Erfolgs der Balanced Score Card: Anforderungen, Möglichkeiten, Probleme und Empfehlungen, in: Töpfer, A. (Hrsg.): Das Mangement der Werttreiber – Die Balanced Score Card für die Wertorientierte Unternehmenssteuerung, Frankfurt/Main 2000, S. 349-381.

Maurer, H. (2002): Allgemeines Verwaltungsrecht, 14. Aufl., München 2002.

Mayer, R. (2002): Prozesskostenrechnung, in: Küpper, H.-U./Wagenhofer, A. (Hrsg.): Handwörterbuch Unternehmensrechnung und Controlling, 4. Aufl., Stuttgart 2002, Sp. 1622-1630.

Mayo, E. (1933/1949): The Human Problems of an Industrial Civilization, New York 1933, deutsch: Probleme industrieller Arbeitsbedingungen, Frankfurt/Main 1949.

McCarthy, E.J. (1960): Basic Marketing – A Managerial Approach, Homewood/Ill. 1960.

McGregor, D. (1960/1970/1986): The Human Side of Enterprise, New York et al. 1960, deutsch: Der Mensch im Unternehmen, Düsseldorf 1970, Hamburg et al. 1986.

McLuhan, M./Powers, B.R. (1989/1995): The Global Village – Transformations in World Life and Media in the 21st Century, New York et al. 1989, deutsch: The Global Village – Der Weg der Mediengesellschaft in das 21. Jahrhundert, Paderborn 1995.

McNair, M.P. (1931): Trends in large-scale retailing, in: Harvard Business Review, Vol. 10, 1931-32, No. 1/1931, P. 30-39.

Meadows, D.H./Meadows, D.L./Randers, J. (1993): Die neuen Grenzen des Wachstums – Die Lage der Menschheit – Bedrohung und Zukunftschancen, 7. Aufl., Stuttgart 1993.

Meffert, H. (Hrsg.) (1980): Marketing im Wandel – Anforderungen an das Marketing-Management der 80er Jahre, Wiesbaden 1980.

Meffert, H. (1992): Marketingforschung und Käuferverhalten, 2. Aufl., Wiesbaden 1992.

Meffert, H. (1994): Marketing-Management: Analyse - Strategie - Implementierung, Wiesbaden 1994.

Meffert, H. (1999): Marktorientierte Unternehmensführung im Wandel – Retroperspektive und Perspektiven des Marketing, Wiesbaden 1999.

Meffert, H. (2000): Marketing – Grundlagen marktorientierter Unternehmensführung – Konzepte – Instrumente – Praxisbeispiele, 9. Aufl., Wiesbaden 2000.

Meffert, H./Bruhn, M. (2005): Dienstleistungsmarketing – Grundlagen, Konzepte, Methoden, 5. Aufl., Wiesbaden 2005.

Meffert, H./Kirchgeorg, M. (1998): Marktorientiertes Umweltmanagement, 3. Aufl., Stuttgart 1998.

Meffert, H./Burmann, C./Koers, M. (Hrsg.) (2005): Markenmanagement – Identitätsorientierte Markenführung und praktische Umsetzung, 2. Aufl., Wiesbaden 1995.

Mehdorn, H./Töpfer, A. (Hrsg.) (1996): Besser – Schneller – Schlanker – TQM-Konzepte in der Unternehmenspraxis, 2. Aufl., Neuwied/Kriftel/Berlin 1996.

Mellerowicz, K. (1974): Kosten und Kostenrechnung, Bd. 2: Verfahren, 5. Aufl., Berlin 1974.

Menzel, M. (2000): Neue Rechtsformen für kommunale Betriebe? in: Die Gemeinde (BWGZ), Ausgabe 6/2000.

Methner, M. (2002): Vertriebssysteme im Automobilhandel – Strategische Möglichkeiten von Hersteller und Importeur zur Gestaltung des Kontakts zum Endkunden, Wiesbaden 2002.

METRO Group (2004): Metro-Geschichte, in: http://www.metrogroup.de/servlet/PB/menu/1000082_l1/index.html, 09.08.2004.

Mett, U. (2003): Preiswettbewerb: „Die Geister, die man rief...", in: Handelsjournal 11/2003, S. 20-24.

Meyer, A. (Hrsg.) (1998): Handbuch Dienstleistungs-Marketing, Bd. 1, Stuttgart 1998.

Meyer, J.W. (2003): Produktinnovationserfolg und Target Costing, Wiesbaden 2003.

Meyer-Hentschel-Management-Consulting & Partner (1993): Erfolgreiche Anzeigen – Kriterien und Beispiele zur Beurteilung und Gestaltung, 2. Aufl., Wiesbaden 1993.

Meyke, R. (2004): Die Haftung des GmbH-Geschäftsführers, 4. Aufl., Köln 2004.

Michel, K. (1990): Technologie im strategischen Management – Ein Portfolio-Ansatz zur integrierten Technologie- und Marktplanung, 2. Aufl., Berlin 1990.

Miles, R.E./Snow, C.C. (1978/1986): Organizational Strategy, Structure, and Process, New York et al. 1978, deutsch: Unternehmensstrategien, Hamburg et al. 1986.

Miller, M.H./Orr, D. (1966): A Model for the Demand for Money by Firms, in: Quarterly Journal of Economics, Vol. 80, 1966, P. 413-435.

Mintzberg, H. (1983/1992): Structure in Fives – Designing Effective Organizations, Englewood Cliffs/NJ. 1983, deutsch: Die Mintzberg-Struktur – Organisationen effektiver gestalten, Landsberg am Lech 1992.

Möckel, C. (2005): Existenzgründungen als Weg aus der Beschäftigungskrise, Dresden 2005.

Modigliani, F./ Miller, M.H. (1958): The Cost of Capital, Corporation Finance and the Theory of Invetment, in: American Economic Review, Vol. 48, 1958, P. 261-297.

Moltke, H.C.B. von (1900): Über Strategie, in: Großer Generalstab (Hrsg.): Moltkes militärische Werke, Band 2: Die Thätigkeit als Chef des Generalstabs im Frieden, Teil 2: Taktisch-strategische Aufsätze aus den Jahren 1857-1891 – Zur 100jährigen Gedenkfeier der Geburt des General-Feldmarschalls, Berlin 1900, S. 291-293.

Montgomery, C.A./Porter, M.E. (Hrsg.) (2001): Strategie – Die brillanten Beiträge der weltbesten Strategie-Experten, Wien/Frankfurt-Main 2001.

Moorhead, G./Griffith, R./Irving, P.G./Coleman, D.F. (2000): Organizational Behaviour: Managing People and Organizations (Canadian Edition), Scarborough, ON 2000.

Morschett, D. (2005): Formen von Kooperationen, Allianzen und Netzwerken, in: Zentes, J./Swoboda, B./Morschett, D. (Hrsg.; 2005): Kooperationen, Allianzen und Netzwerke, Wiesbaden 2005, S. 377-404.

Müller-Armack, A. (1976): Wirtschaftsordnung und Wirtschaftspolitik – Studien und Konzepte zur sozialen Marktwirtschaft und zur europäischen Integration, 2. Aufl., Bern/Stuttgart 1976.

Müller-Böling, D./Seibt, D./Winand, U. (Hrsg.) (1991): Innovations- und Technologiemanagement, Stuttgart 1991.

Müller-Hagedorn, L. (1985): Die Dynamik der Betriebsformen – Zum 80. Geburtstag von Prof. Dr. Robert Nieschlag, in: Marketing ZFP, 7. Jg., 1985, S. 21-26.

Müller-Stewens, G. (2000): Akquisitionen und der Markt für Unternehmenskontrolle: Entwicklungstendenzen und Erfolgsfaktoren, in: Picot, A./Nordmeyer, A./Pribilla, P. (Hrsg.; 2000): Management von Akquisitionen, Stuttgart 2000, S. 41-61.

Müller-Stewens, G./Hillig, A. (1992): Motive zur Bildung Strategischer Allianzen: Die aktivsten Branchen im Vergleich, in: Bronder, C./Pritzl, R. (Hrsg.; 1992): Wegweiser für Strategische Allianzen: Meilen und Stolpersteine bei Kooperationen, Frankfurt/Wiesbaden 1992, S. 65-101.

Müller-Stewens, G./Spickers, J./Deiss, C. (1999): Mergers & Acquisitions – Markttendenzen und Beraterprofile, Stuttgart 1999.

Münster, T.C. (1997): Kleine Aktiengesellschaft – Passender Rahmen, in: Wirtschaftswoche, Nr. 25/1997 vom 12.06.1997, S. 86-88.

Murphy, M./Kleinort, P. (2001): Deutsche Telekom: Aktionärsschützer nehmen Ron Sommer aufs Korn, in: http://ftd.de/tm/tk/FTDOHXSEIJC.html, 03.06.2001.

Nädelin, U. (1999): Typische Fehler im Konzept, in: Handelsblatt, Nr. 20 vom 29./30.01.1999, S. K10.

Nicklisch, H. (1932): Die Betriebswirtschaft, 7. Aufl., Stuttgart 1932.

Nieschlag, R. (1954): Die Dynamik der Betriebsformen im Handel, Essen 1954.

Nieschlag, R./Kuhn, G. (1980): Binnenhandel und Binnenhandelspolitik, 3. Aufl., Berlin 1980.

Nieschlag, R./Dichtl, E./Hörschgen, H. (2002): Marketing, 19. Aufl., Berlin 2002.

Nölting, A. (1998): Shareholder Value – Unter Wert verkauft, in: Manager Magazin, Nr. 04/1998, S. 172-181.

Nordsieck, F. (1932/1962): Die schaubildliche Erfassung und Untersuchung der Betriebsorganisation, 1./6. Aufl., Stuttgart 1932/1962.

Nordsieck, F. (1961/1972): Betriebsorganisation – Betriebsaufbau und Betriebsablauf, 1./4. Aufl., Stuttgart 1961/1972.

Nutzinger, H.G. (Hrsg.) (1995): Nachhaltige Wirtschaftsweise und Energieversorgung – Konzepte, Bedingungen, Ansatzpunkte, Marburg 1995.

Nutzinger, H.G./Radke, V. (1995): Das Konzept der nachhaltigen Wirtschaftsweise – Historische, theoretische und politische Aspekte, in: Nutzinger, H.G. (Hrsg.): Nachhaltige Wirtschaftsweise und Energieversorgung, Marburg 1995, S. 13-49.

o.V. (1996): Greenpeace: Little Spender – Die berühmteste Umweltorganisation der Welt kämpft mit Geldproblemen, in: Manager Magazin, Nr. 08/1996, S. 24-29.

o.V. (1997): Die Schweizer Uhr tickt nach SMH, in: Neue Zürcher Zeitung vom 10. April 1997.

o.V. (1998a): Daimler-Benz belohnt Aktionäre mit 20 Mark Sonderausschüttung je Aktie, in: Berliner Zeitung vom 12.03.1998, in: http://www.berlinonline.de/wissen/berliner_zeitung/archiv/1998/0312/wirtschaft/0031/, 13.06.2001.

o.V. (1998b): Autoindustrie – Zulieferer legen Porsche und Ford lahm, in: DER SPIEGEL, Nr. 26/1998 vom 22.06.1998, S. 84-85.

o.V. (1999): Unternehmensaufspaltung schützt nicht vor den Gläubigern, in: Handelsblatt, Nr. 94/1999 vom 18.05.1999, S. 29.

o.V. (2000a): Lob für Kartellamtsrüge zu Dumpingpreisen, in: DIE WELT online vom 09.09.2000, in: http://welt.de/daten/2000/09/09/0909wi189961.htx, 10.09.2000.

o.V. (2000b): Länderfinanzausgleich – Reform für mehr Leistungsgerechtigkeit, in: iwd Informationsdienst des Instituts der deutschen Wirtschaft Köln, 26. Jg., Nr. 19 vom 11. Mai 2000, in: http://www.iw-koeln.de/default.aspx?p=contenthigh&i=2308, 12.07.2004.

o.V. (2000c): „Alle Bankengruppen stehen unter einem dramatischen Kostendruck", in: DIE WELT online vom 8. Februar 2000, in: http://www.welt.de/daten/ 2000/02/08/0208wi150902.htx, 22.07.2004.

o.V. (2000d): Piëchs Sündenbock, in: Wirtschaftswoche, Nr. 23/2000 vom 01.06.2000, S. 12-13.

o.V. (2000e): Lob für Kartellamtsrüge zu Dumpingpreisen, in: DIE WELT online vom 09.09.2000, in: http://welt.de/daten/2000/09/09/0909wi189961.htx, 10.09.2000.

o.V. (2003): Großer Smart rollt auf die Straße, Meldung in RP Online vom 26.06.2003, http://www.rp-online.de/public/article/nachrichten/auto/12135.

o.V. (2004a): Daimler schafft Aktienoptionen ab, in: Frankfurter Allgemeine Zeitung, Nr. 84 vom 08.04.2004, S. 15.

o.V. (2004b): Dauertiefpreise – Entscheidung aus Karlsruhe, in: http://www.br-online.de, 25.05.2004.

o.V. (2004c): TOP500 – Die größten Unternehmen in Deutschland, in: http://www.welt.de/ extra/service/112713.html, 16.07.2004.

o.V. (2005a): Limited Companies – Fangstricke für Fahnenflüchtige, in: iwd Informationsdienst des Instituts der deutschen Wirtschaft Köln, 31. Jg., Nr. 24 vom 16. Juni 2005, S. 6-7.

o.V. (2005b): Top-Konzerne drehen auf, in: DIE WELT vom 07.07.2005, in: http://www.welt.de/data/2005/07/04/737745.html, 16.08.2006.

o.V. (2005c): Toyota-Chef ist besorgt um US-Konkurrenz, in: Handelsblatt, Nr. 81 vom 27.04.2005, S. 18.

o.V. (2005d): Wieviel Kapital benötigen Sie zur Unternehmensgründung?, in: http://www.mein-ziel.de, 2005, 19.12.2006.

o.V. (2006): Statistik – Kein Volk von Aktionären, in: http://www.manager-magazin.de/geld/geldanlage/0,2828,411131,00.html, 12.04.2006.

O2 (2006): Tchibo joint-venture, in: http://www.o2.com, 21.11.2006.

Oberhuber, N. (2000): E-Commerce-Spezial – Dreiste Rabattjäger, in: http://www.zeit.de/ archiv/ 2000/46/200046_a-coshopping.xml, 06.08.2004.

Oberlander, W. (1995): Vor- und Nachteile der Rechtsformen für Freiberufler – eine kurze Gegenüberstellung, in: Betriebswirtschaftliche Forschung und Praxis, 47. Jg., 1995, S. 497-507.

Odiorne, G.S. (1965/1967): Management by Objectives – A System of Managerial Leadership, New York 1965, deutsch: Management by Objectives – Führung durch Vorgabe von Zielen, München 1967.

Odiorne, G.S. (1979/1980): Management by Objectives – A System of Managerial Leadership for the 80s, Belmont/Calif. 1979, deutsch: Management by Objectives – Führungssysteme für die achtziger Jahre, München 1980.

Oebbeke, A. (2000): Microsoft, in: http://www.glossar.de/glossar/z_microsoft.htm, 08.09.2000.

Oeckl, A. (1964): Handbuch der Public Relations – Theorie und Praxis der Öffentlichkeitsarbeit in Deutschland und der Welt, München 1964.

Oeckl, A. (1976): PR-Praxis – Der Schlüssel zur Öffentlichkeitsarbeit, Düsseldorf/Wien 1976.

Oelsnitz, D. von der (Hrsg.) (2000): Markteintritts-Management – Probleme, Strategien, Erfahrungen, Stuttgart 2000.

Ohmae, K. (1982/1986): The Mind of the Strategist – The Art of Japanese Business, New York et al. 1982, deutsch: Japanische Strategien, Hamburg et al. 1986.

Ohno, T. (1993): Das Toyota-Produktionssystem, Frankfurt-Main/New York 1993.

Olfert, K./Reichel, C. (2005): Finanzierung, 13. Aufl., Ludwigshafen 2005.

Organisation for Economic Co-operation and Development (OECD) (1994a): The Measurement of Scientific and Technological Activities – Proposed Standard Practice for Surveys of Research and Experimental Development – Frascati Manual 1993, 5. Ausg., Paris 1994.

Organisation for Economic Co-operation and Development (OECD) (1994b): Main Definitions and Conventions for the Measurement of Research and Experimental Development (R&D) – A Summary of the Frascati Manual 1993, Paris 1994.

Organisation for Economic Co-operation and Development (OECD) (1997): Oslo Manual – Proposed Guidelines for Collecting and Interpreting Technological Innovation Data, 2. Ausg., Paris 1997.

Organisation for Economic Co-operation and Development (OECD) (2002): Frascati Manual 2002 – Proposed Standard Practice for Surveys of Research and Experimental Development, 6. Ausg., Paris 2002.

Ortmann, G./Sydow, J./ Türk, K. (Hrsg.) (2000): Theorien der Organisation, 2. Aufl., Wiesbaden 2000.

Ossadnik, W./Barklage, D./Leistert, O. (2002): Unterstützung von Entrepreneurentscheidungen mittels Analytischen Hierarchie Prozesses, in: http://elib.ub.uni-osnabrueck.de/publications/ELibD46_pio_ bei_2002_02.pdf, 17.11.2006, S. 1-21.

Ost-Ausschuss der Deutschen Wirtschaft (2006): Deutsche Unternehmen liegen in Mittel- und Osteuropa an der Spitze – Pressemitteilung vom 11.07.2006, in: http://www.ost-ausschuss.de/pdfs/11_07_2006_pm_deutsche_unternehmen_spitze.pdf.

Ott, A.E. (1991): Grundzüge der Preistheorie, 2. Neudr. der 3. Aufl., Göttingen 1991.

Ottomeier, M. (2004): Walldorfer Enthüllungen, in: Handelsblatt, Nr. 8 vom 13.01.2004, S. 25.

Ottomeier, M./Clark, T. (2004): SAP sieht optimistisch in die Zukunft, in: FTD, Nr. 142/2004 vom 23.07.2004, S. 4.

Ouchi, W.G. (1981): Theory Z – How American Business Meet the Japanese Challenge, Reading/Mass. 1981.

Parasuraman, A./Zeithaml, V.A./Berry, L.L. (1985): A Conceptual Model of Service Quality and Its Implications for Future Research, in: Jornal of Marketing, Vol. 49, 1985, No. 3, P. 41-50.

Parasuraman, A./Zeithaml, V.A./Berry, L.L. (1988): SERVQUAL – A Multiple-Item Scale for Measuring Consumer Perceptions of Service Quality, in: Journal of Retailing, Vol. 64, 1988, No. 1, P. 12-40.

Parker, G.M. (1994): Cross-Functional Teams - Working with Allies, Enemies, and Other Strangers, San Francisco 1994.

Parkinson, C.N. (1958): Parkinsons Gesetz und andere Untersuchungen über die Verwaltung, Stuttgart 1958.

Pascale, R.T./Athos, A.G. (1981/1982): The Art of Japanese Management – Applications for American Executives, New York 1981, deutsch: Geheimnis und Kunst des japanischen Managements, München 1982.

Passarge, M.T. (2003): Die Aktiengesellschaft als neue Rechtsform für anwaltliche Zusammenschlüsse – Zulässigkeit und Ausgestaltung, Bonn 2003.

Pellens, B. (Hrsg.) (1998): Unternehmenswertorientierte Entlohnungssysteme, Stuttgart 1998.

Pellens, B./Crasselt, N./Rockholtz, C. (1998): Wertorientierte Entlohnungssysteme für Führungskräfte – Anforderungen und empirische Evidenz, in: Pellens, B. (Hrsg.): Unternehmenswertorientierte Entlohnungssysteme, Stuttgart 1998, S. 1-28.

Pellinghausen, W. (1998): Ist was weg, muß was hin – Wie funktioniert Aldi? Ein langjähriger Topmanager des Handelskonzerns packt aus, in: Wirtschaftswoche, Nr. 12/1998 vom 12.03.1998, S. 92-97.

Pepels, W. (2006): Produktmanagement – Produktinnovation, Markenpolitik, Programmplanung, Prozessorganisation, 5. Aufl., München/Wien 2006.

Peppers, D./Rogers, M. (1993/1994): The One to One Future – Building Relationships One Customer at a Time, New York et al. 1993, deutsch: Die 1:1-Zukunft – Strategien für ein individuelles Kundenmarketing, Freiburg im Breisgau 1994.

Perridon, L./Steiner, M. (2004): Finanzwirtschaft der Unternehmung, 13. Aufl, München 2004.

Peters, T.J./Waterman, R.H. (1982/2004): In Search of Excellence – Lessons from America's Best-run Companies, New York et al. 1982, deutsch: Auf der Suche nach Spitzenleistungen – Was man von den bestgeführten US-Unternehmen lernen kann, 10. Aufl., Frankfurt/Main 2004.

Petri, H. (2004): Herausforderungen und Chancen für die Automobilproduktion am Standort Deutschland - Gastvorlesung an der TU Karlsruhe am 24. Juni 2004, in: http://www.presse.uni-karlsruhe.de/img/presse/Gastprof_Vorlesung2.pdf, 06.02.2006.

Pfeifer, T. (2001): Qualitätsmanagement – Strategien, Methoden, Techniken, 3. Aufl., München/Wien 2001.

Pfeiffer, W. u.a. (1991): Technologie-Portfolio zum Management strategischer Zukunftsgeschäftsfelder, 6. Aufl., Göttingen 1991.

Pfitzer, N. u.a. (2006): Reform des Aktien-, Bilanz- und Aufsichtsrechts – AnSVG, APAG, BilKoG, BilReG, KapMuG, UMAG, VorstOG, WpPG sowie weitere Reformgesetze, 2. Aufl., Stuttgart 2006.

Picot, A. (1984): Organisation, in: Baetge, J. u.a. (Hrsg.): Vahlens Kompendium der Betriebswirtschaftslehre, Bd. 2, München 1984, S. 95-158.

Picot, A./Franck, E. (1988): Die Planung der Unternehmensressource „Information", Teile I und II, in: Das Wirtschaftsstudium, 17. Jg., 1988, S. 544-549.

Picot, A./Maier, M. (1993):Information als Wettbewerbsfaktor, in: Preßmar, D. B. (Hrsg.): Informationsmanagement, Wiesbaden 1993, S. 31-53.

Picot, A./Dietl, H./Franck, E. (2005): Organisation – Eine ökonomische Perspektive, 4. Aufl., Stuttgart 2005.

Picot, A./Reichwald, R./ Wigand, R. T. (2003): Die grenzenlose Unternehmung, 5. Aufl., Wiesbaden 2003.

Picot, G. (2005): Handbuch Mergers & Acquisitions, 3. Auf., Stuttgart 2005.

Picot, G. /Edelkötter, F. (1999): Unternehmenswertorientierte Vergütungsmodelle, in: Handelsblatt vom 25./26.06.1999, S. K 3.

Pieper, N. (2002): Die rechtliche Struktur bargeldloser Verrechnungssysteme unter besonderer Berücksichtigung von Barter-Clubs und LET-Systemen, Berlin 2002.

Pietsch, G./Schern, E. (2001): Neue Controlling-Konzeptionen, in: WISU, Nr. 02/2001, S. 206-213.

Piller, F.T./Stotko, C.M. (Hrsg.) (2003): Mass Customization und Kundenintegration – Neue Wege zum innovativen Produkt, Düsseldorf 2003.

Plaschke, F.J. (2003): Wertorientierte Management-Incentivesysteme auf Basis interner Wertkennzahlen, Wiesbaden 2003.

Pleschak, F./Sabisch, H. (1996): Innovationsmanagement, Stuttgart 1996.

Ploss, D./Berger, A. (2003): Intelligentes Couponing – Planung, Umsetzung, Erfolgskontrolle, Bonn 2003.

Plum & Partner (2005): TOP 10 Foodhändler/ Einzelhändler 2005, in: http://www.plum-partner.de/Inhalte/sie/downloads/09_2005.pdf, 17.12.2005.

Pohl, H. (Hrsg.) (1992): Deutsche Börsengeschichte, Frankfurt/Main 1992.

Pöhler, W. (Hrsg.) (1979): Damit die Arbeit menschlicher wird – 5 Jahre Aktionsprogramm Humanisierung des Arbeitslebens (HdA), Bonn 1979.

Popper, K.R. (1984): Objektive Erkenntnis – Ein evolutionärer Entwurf, 4. Aufl., Hamburg 1984.

Popper, K.R. (1994): Logik der Forschung, 10. Aufl., Tübingen 1994.

Popper, K.R. (1994/1997): Vermutungen und Widerlegungen – Das Wachstum der wissenschaftlichen Erkenntnis, Teilband I: Vermutungen, Tübingen 1994, Teilband II: Widerlegungen, Tübingen 1997,

Popper, K.R. (1995): Alles Leben ist Problemlösen – Über Erkenntnis, Geschichte und Politik, 4. Aufl., München 1995.

Porsche AG (2004): Porsche Leipzig, in: http://www.porsche-leipzig.com/de, 20.08.2004.

Porter, L.W./Lawler, E.E. (1968): Managerial Attitudes and Performance, Homewood/Ill. 1968.

Porter, M.E. (1980/2003): Competitive Strategy – Techniques for Analyzing Industries and Competitors, New York 1980, deutsch: Wettbewerbsstrategie – Methoden zur Analyse von Branchen und Konkurrenten, 10. Aufl., Frankfurt-Main/New York 2003.

Porter, M.E. (1985/2000): Competitive Advantage – Creating and Sustaining Superior Performance, New York 1985, deutsch: Wettbewerbsvorteile – Spitzenleistungen erreichen und behaupten, 6. Aufl., Frankfurt-Main/New York 2000.

Porter, M.E. (1993): Nationale Wettbewerbsvorteile, Wien 1993.

Porter, M.E./Fuller, M.B. (1989): Koalitionen und globale Strategien, in: Porter, E.M. (Hrsg.): Globaler Wettbewerb, Wiesbaden 1989, S. 363-400.

Porter, M.E./Millar, V.E. (1985): How information gives you competitive advantage, in: Harvard Business Review, Vol. 63, 1985, No. 4, P. 149-160.

Poth, L. (Hrsg.) (1993): Marketing Loseblattsammlung, Neuwied 1993.

Pottschmidt, G./Rohr, U. (2003): Wirtschaftsprivatrecht für Unternehmer – Allgemeines Handelsrecht, Vertragliche Leistungspflichten, Allgemeine Geschäftsbedingungen, Kaufrecht, Produkthaftung, Wettbewerbsrecht, 12. Aufl., München 2003.

Prahalad, C.K./Hamel, G. (1990): The Core Competence of the Corporation, in: Harvard Business Review, Vol. 68, 1990, No. 3, P. 79-91.

Prasad, B. (1996): Concurrent Engineering Fundamentals, Vol. I: Integrated Product and Process Organization, Upper Saddle River/NJ. 1996.

Pratt, J.W./Zeckhauser, R.J. (Hrsg.) (1985): Principals and Agents – The Structure of Business, Boston/Mass. 1985.

Preßmar, D. B. (Hrsg.) (1993): Informationsmanagement, Wiesbaden 1993.

Preuß, O. (2004): Airbus feilt an Logistik für Riesenjet A380, in: http://www.ftd.de/ub/in/1086416576935.html, 14.06.2004.

Pribilla, P. (2000): Personelle und kulturelle Integration, in: Picot, G. (Hrsg.): Handbuch Mergers & Acquisitions, Stuttgart 2000, S. 377-418.

Probst, G.J.B./Raub, S./Romhardt, K. (2003): Wissen managen – Wie Unternehmen ihre wertvollste Ressource optimal nutzen, 4. Aufl., Wiesbaden 2003.

Projektgruppe im WSI (Wirtschafts- und Sozialwissenschaftliches Institut des Deutschen Gewerkschaftsbundes) (1974): Grundelemente einer Arbeitsorientierten Einzelwirtschaftslehre, Köln 1974.

Raffée, H. (1979): Marketing und Umwelt, Stuttgart 1979.

Raffée, H. (1984): Gegenstand, Methoden und Konzepte der Betriebswirtschaftslehre, in: Baetge, J. u.a. (1984): Vahlens Kompendium der Betriebswirtschaftslehre, Bd. 1, München 1984, S. 1-46.

Raffée, H. (1995): Grundprobleme der Betriebswirtschaftslehre, 9. Aufl., Göttingen 1995.

Raffée, H./Abel, B. (Hrsg.) (1979): Wissenschaftstheoretische Grundfragen der Wirtschaftswissenschaft, München 1979.

Raffée, H./Wiedmann, K.-P. (Hrsg.) (1989): Strategisches Marketing, 2. Aufl., Stuttgart 1989.

Raffée, H./Sauter, B./Silberer, G. (1973): Theorie der kognitiven Dissonanz und Konsumgüter-Marketing, Wiesbaden 1973.

Rankers, R. (2002): Die DVD, in: http://www.tonaufzeichnung.de (Medien/Die DVD), 15.08.2002.

Rappaport, A. (1986/1995-1998/1999): Creating Shareholder Value – The New Standard for Business Performance, New York et al. 1986, deutsch: Shareholder Value – Wertsteigerung als Maßstab für die Unternehmensführung, Stuttgart 1995, 2. Aufl. als Creating Shareholder Value – A Guide for Managers and Investors, New York 1998, deutsch: Shareholder Value – Ein Handbuch für Manager und Investoren, Stuttgart 1999.

Rasche, C. (1994): Wettbewerbsvorteile durch Kernkompetenzen – Ein ressourcenorientierter Ansatz, Wiesbaden 1994.

Rasche, C./Wolfrum, B. (1994): Ressourcenorientierte Unternehmensführung, in: Die Betriebswirtschaft, 54. Jg., 1994, Nr. 4, S. 501-517.

Rauch, A./Frese, M./ Sonnentag, S. (2000): Cultural Differences in Planning/ Success Relationships: A Comparison of Small Enterprises in Ireland, West Germany, and East Germany, Journal of Small Business Management, Vol. 38, 2000, No. 4, pp. 28-41.

Reber, G./Strehl, F. (Hrsg.) (1988): Matrix-Organisation – Klassische Beiträge zu mehrdimensionalen Organisationsstrukturen, Stuttgart 1988.

Reddin, W.J. (1970/1977): Managerial Effectiveness, New York 1970, deutsch: Das Drei-D-Programm zur Leistungssteigerung des Managements, München 1977.

Reeves, R. (1961/1963): Reality in Advertising, New York 1961, deutsch: Werbung ohne Mythos, München 1963.

Regierungskommission Deutscher Corporate Governance Kodex (2004): Deutscher Corporate Governance Kodex – in der Fassung vom 21.05.2003, in: http://www.corporate-governance-code.de/ger/dpwnload/DCG_K_D200305.pdf, 05.06.2004.

Reibnitz, U. von (1992): Szenario-Technik – Instrumente für die unternehmerische und persönliche Erfolgsplanung, 2.Aufl., Wiesbaden 1992.

Reichardt, H./Reichardt, Á. (2002): Statistische Methodenlehre für Wirtschaftswissenschaftler, 11. Aufl., Wiesbaden 2002.

Reichheld, F.F. (1997): Der Loyalitätseffekt – Die verborgene Kraft hinter Wachstum, Gewinnen und Unternehmenswert, Frankfurt/Main 1997.

Reichwald, R. (1993): Kommunikation und Kommunikationsmodelle, in: Wittmann, W. (Hrsg.): Handwörterbuch der Betriebswirtschaftslehre, Bd. 2, 5. Aufl., Stuttgart 1993, Sp. 2174-2188.

Reinecke, S./Tomczak, T./Geis, G. (Hrsg.) (2001): Handbuch Marketingcontrolling – Marketing als Motor von Wachstum und Erfolg, Frankfurt-Main/Wien 2001.

Reinicke, D./Tiedtke, K. (2000): Kreditsicherung, 4. Aufl., Neuwied/Kriftel 2000.

Remmerbach, K.-U. (1988): Markteintrittsentscheidungen – Eine Untersuchung im Rahmen der strategischen Marketingplanung unter besonderer Berücksichtigung des Zeitaspektes, Wiesbaden 1988.

REWE-Handelsgruppe (2002): 75 Jahre REWE, in: http://www.rewe.de/standards/sonstiges.asp?lang=DE, 09.08.2004.

Richarz, H.-R./Kaiser, H. (2003): Gipfel der Güteklasse, in: Stern, Nr. 52/2003, S. 196-198.

Richter, F.-J. (1995): Erfolg durch Kooperation: Dynamik von Allianznetzwerken als Herausforderung der 90er Jahre, in: Betriebswirtschaftliche Forschung und Praxis, 47. Jg., 1995, S. 540-558.

Rieger, W. (1928): Einführung in die Privatwirtschaftslehre, Erlangen 1928 – 3. Aufl., 1964.

Riekhof, H.-C. (Hrsg.) (1994): Praxis der Strategieentwicklung: Konzepte - Erfahrungen - Fallstudien, 2. Aufl., Stuttgart 1994.

Rinza, P. (1998): Projektmanagement – Planung, Überwachung und Steuerung von technischen und nichttechnischen Vorhaben, 4. Aufl., Berlin et al. 1998.

Ripsas, S. (1997): Entrepreneurship als ökonomischer Prozess, Wiesbaden 1997.

Robbins, S.P. (2001): Organisation der Unternehmung, 9. Aufl., München 2001.

Roethlisberger, F.J./Dickson, W.J. (1939): Management and the Worker, Cambridge/Mass. 1939.

Rohde, S./Martens, A. (2001): Basar Deutschland, in: Stern, Nr. 05/2001, S. 40-50.

Rolfes, B. (2003): Moderne Investitionsrechnung – Einführung in die klassische Investitionstheorie und Grundlagen marktorientierter Investitionsentscheidungen, München/Wien 2003.

Rosen, R. von (1999): Die Entwicklung der Aktie - Spiegel des Jahrhunderts, Artikel des Deutschen Aktieninstituts Frankfurt/Main (DAI) vom 15.10.1999, in: http://www.dai.de/internet/dai/dai-2-0.nsf/dai_publikationen.htm (Artikel/1999), 19.07.2004.

Rosen, R. von/Seifert, W.G. (2000): Die Namensaktie, Frankfurt/Main 2000.

Rosenstiel, L. von (2003): Grundlagen der Führung, in: Rosenstiel, L. von/Regnet, E./Domsch, M.E. (Hrsg.): Führung von Mitarbeitern – Handbuch für erfolgreiches Personalmanagement, 5. Aufl., Stuttgart 2003, S. 3-25.

Rosenstiel, L. von/Regnet, E./Domsch, M.E. (Hrsg.) (2003): Führung von Mitarbeitern – Handbuch für erfolgreiches Personalmanagement, 5. Aufl., Stuttgart 2003.

Roth, G.H. (2001): Handels- und Gesellschaftsrecht – mit Grundzügen des Wertpapierrechts, 6. Aufl., München 2001.

Rumpf, B./Neumann, P. (1998): Kritische Erfolgsfaktoren von Post-Merger Integrationen, in: M&A Review, 2/1998, S. 57-61.

Ruoff, M. (2003): Die Aufhebung des Rabattgesetzes und der Zugabeverordnung und ihre Auswirkungen auf das Wettbewerbsrecht, München 2003.

Saad, K.N./Roussel, P.A./Tiby, C. (1991): Management der F&E-Strategie, Wiesbaden 1991.

Sachs, L. (2004): Angewandte Statistik – Anwendung statistischer Methoden, 11. Aufl., Berlin et al. 2004.

SANYO Electric Co., Ltd. (2001): SANYO Introduces the Worlds First Zero-Detergent Electrolyzed Water Cleaning Powered Washing-Machine, Pressemitteilung vom 22. Juni 2001, in: http://www.sanyo.co.jp/koho/hypertext4-eng/0106news-e/0622-e.html, 16.08.2004.

SAP AG (2004): Geschichte der SAP, in: http://www.sap.com/germany/aboutsap/profil/geschichte.asp, 29.07.2004.

SAP AG (2006): H1 2006 Aktualisierung – Henning Kagermann, Vorstandssprecher SAP AG, in: http://www.sap.com/germany/company/investor/pdf/q2_2006_kagermann.pdf, 07.10.2006.

Say, J.-B. (1830): A Traitise on Political Economy, Philadelphia 1830.

Schäfer, A. (2004): Sag mir, wie du tickst, in: Financial Times Deutschland, Nr. 152/2004 vom 06./07./08.08.2004, S. 36.

Schanz, G. (1977): Grundlagen der verhaltenstheoretischen Betriebswirtschaftslehre, Tübingen 1977.

Schanz, G. (1988a): Erkennen und Gestalten – Betriebswirtschaftslehre in kritisch-rationaler Absicht, Stuttgart 1988.

Schanz, G. (1988b): Methodologie für Betriebswirte, 2. Aufl., Stuttgart 1988.

Schanz, G. (2004): Wissenschaftsprogramme der Betriebswirtschaftslehre, in: Bea, F.X./Friedl, B./Schweitzer, M. (Hrsg.): Allgemeine Betriebswirtschaftslehre, Band 1: Grundfragen, 9. Aufl., Stuttgart 2004, S. 83-161.

Schär, J.F. (1923): Allgemeine Handelsbetriebslehre, 5. Aufl., Leipzig 1923.

Scheckenbach, R./Zeier, A. (2003): Collaborative SCM in Branchen, Bonn 2003.

Scheer, A.-W. (1988): Wirtschaftsinformatik – Informationssysteme im Industriebetrieb, 2. Aufl., Berlin et al. 1988.

Scheffler, W. (2002): Bilanzplanung und -politik, in: Küpper, H.-U./Wagenhofer, A. (Hrsg.): Handwörterbuch Unternehmensrechnung und Controlling, 4. Aufl., Stuttgart 2002, Sp. 186-194.

Schein, E.H. (1985/1995): Organizational Culture and Leadership – A Dynamic View, San Francisco et al. 1985, deutsch: Unternehmenskultur – Ein Handbuch für Führungskräfte, Frankfurt-Main/New York 1995.

Scherrer, G. (2005): Kostenrechnung, in: Bea, F.X./Friedl, B./Schweitzer, M. (Hrsg.): Allgemeine Betriebswirtschaftslehre, Band 2: Führung, 9. Aufl., Stuttgart 2005, S. 668-758.

Schick, H./Marxen, S./ Freimann, J. (2002): Sustainability Issues for Start-up Entrepreneurs, in: Greener Management International, Issue 38, 2002, pp. 59-70.

Schierenbeck, H. (2003): Grundzüge der Betriebswirtschaftslehre, 16. Aufl., München 2003.

Schlicksupp, H. (1999): Ideenfindung – Innovation, Kreativität und Ideenfindung, 5. Aufl., Würzburg 1999.

Schlosser, A. (2001): Unternehmenswertsteigerung durch Strategische Allianzen – Ein Ansatz zum wertorientierten Kooperationsmanagement, Univ. Diss., Bamberg 2001, S. 49-59.

Schmalenbach, E. (1911/12): Die Privatwirtschaftslehre als Kunstlehre, in: Zeitschrift für handelswissenschaftliche Forschung, 6. Jg., 1911/12, S. 304-316 – wiederabgedruckt in: Zeitschrift für betriebswirtschaftliche Forschung, 22. Jg., 1970, S. 490-498 sowie in

Schweitzer, M. (Hrsg.) (1978), Auffassungen und Wissenschaftsziele der Betriebswirtschaftslehre – Wege der Forschung, Darmstadt 1978, S. 33-47.

Schmalenbach, E. (1947): Pretiale Wirtschaftslenkung, Band 1: Die optimale Geltungszahl, Bremen 1947.

Schmalenbach, E. (1948): Pretiale Wirtschaftslenkung, Band 2: Pretiale Lenkung des Betriebes, Bremen 1948.

Schmalenbach, E. (1962): Dynamische Bilanz, 13. Aufl., Köln/Opladen 1962 – Nachdruck 1988.

Schmalenbach, E. (1963): Kostenrechnung und Preispolitik, 8. Aufl., Köln/Opladen 1963.

Schmid, U. (1997): Das Anspruchsgruppen-Konzept, in: Das Wirtschaftsstudium, 26. Jg., 1997, S. 633-635.

Schmidt, F. (1929): Die organische Tageswertbilanz, 3. Aufl., Leipzig 1929.

Schmidt, I. (2005): Wettbewerbspolitik und Kartellrecht – Eine interdisziplinäre Einführung, 8. Aufl., Stuttgart 2005.

Schmidt, K. (2002): Gesellschaftsrecht, 4. Aufl., Köln et al. 2002.

Schmidt, R. (2006): Allgemeines Verwaltungsrecht, 10. Aufl., Grasberg bei Bremen 2006.

Schmidt, R.-B. (1967): Die Instrumentalfunktion der Unternehmung – Methodische Perspektiven zur betriebswirtschaftlichen Forschung, in: Schmalenbachs Zeitschrift für betriebswirtschaftliche Forschung, 19. Jg., 1967, S. 233-245.

Schmidt, R.-B. (1977): Wirtschaftslehre der Unternehmung, Band 1: Grundlagen und Zielsetzungen, 2. Aufl., Stuttgart 1977.

Schmidt, R.-B. (1985): Werte und Wertungen in der Unternehmung – Skizzen zur Unternehmungsphilosophie, in: Die Betriebswirtschaft, 45. Jg., 1985, S. 395-404.

Schmidt, S.J. (Hrsg.) (2000): Der Diskurs des Radikalen Konstruktivismus, 8. Aufl., Frankfurt/Main 2000.

Schmidt-Räntsch, A. (2005): Weltweites Umweltmanagement – Novelle der ISO 14001 in Kraft getreten, in: Umwelt, Nr. 3, 2005, S. 135-137, im Internet verfügbar unter: http://www.bmu.de/files/pdfs/allgemein/application/pdf/umwelt32005_emas.pdf, 16. 10. 2006.

Schmitt, J. (2003): Designer – Die Retter des Automobils, in: http://www.manager-magazin.de/life/auto/0,2828,265247,00.html, 05.08.2004.

Schneider, D. (1981): Geschichte betriebswirtschaftlicher Theorie – Allgemeine Betriebswirtschaftslehre für das Hauptstudium, München/Wien 1981.

Schneider, D. (1983): Marketing als Wirtschaftswissenschaft oder Geburt einer Marketingwissenschaft aus dem Geiste des Unternehmerversagens? in: Schmalenbachs Zeitschrift für betriebswirtschaftliche Forschung, 35. Jg., 1983, S. 197-223.

Schneider, D.J.G. (2002): Einführung in das Technologie-Marketing, München/Wien 2002.

Schobeß, E.K. (1996): Barter- und Gegengeschäftsverträge im deutsch-russischen Handels- und Rechtsverkehr – Anwendbares Recht und streitentscheidende Instanzen, Berlin 1996.

Scholtys, F. (2000): Ford – Irrfahrt der Amerikaner, in: Manager Magazin, Nr. 10/2000, S. 64-71.

Scholz, C. (Hrsg.) (1999): Innovative Personal-Organisation – Center-Modelle für Wertschöpfung, Strategie, Intelligenz und Virtualisierung, Neuwied/Kriftel/Berlin 1999.

Scholz, C. (2000): Personalmanagement – Informationsorientierte und verhaltenstheoretische Grundlagen, 5. Aufl., München 2000.

Scholz, C./Andres, F. (1991): Produktstrategieplanung – Vorgehensweise, Methoden, Tools, München (Siemens) 1991.

Schoppe, S.G. (1995): Moderne Theorie der Unternehmung, München-Wien 1995.

Schreyögg, G. (1993): Organisationskultur, in: Wirtschaftswissenschaftliches Studium, 22. Jg., 1993, S. 313-322.

Schröder, C. (2006a): Industrielle Arbeitskosten im internationalen Vergleich, in: IW-Trends, 33. Jg., 2006, Nr. 3, in: http://www.iwkoeln.de/data/pdf/content/trends 03_06_3.pdf, 02.12.2006.

Schröder, C. (2006b): Produktivität und Lohnstückkosten im Internationalen Vergleich, in: IW-Trends, 33. Jg., 2006, Nr. 3, in: http://www.iwkoeln.de/data/pdf/content/trends 03_06_4.pdf, 02.12.2006.

Schuhler, S. (2003): Auswirkungen der Aufhebung von ZugabeVO und RabattG auf die Auslegung der §§ 1 und 3 UWG – Zugaben und Rabatte nach neuem Recht, Frankfurt/Main et al. 2003.

Schuhmacher, U. (2002a): 50 Jahre Computerchip, in: DIE WELT online vom 04.04.2002, in: http://www.welt.de/daten/2002/04/04/0404wi323995.htx, 14.08.2002.

Schuhmacher, U. (2002b): 50 Jahre Halbleiterproduktion in Deutschland – eine Bestandsaufnahme, in: http://www.changex.de/d_a00591.html, 14.08.2004.

Schuler, H. (Hrsg.) (1992): Assessment-Center als Methode der Personalentwicklung, 2. Aufl., Göttingen 1992.

Schultz, M. (1995): On Studying Organizational Cultures – Diagnosis and Understanding, Berlin/New York 1995.

Schulz, M.-P. (1982): Gleichbehandlung von Arbeitern und Angestellten, in: Zander, E./Töpfer, A. (Hrsg.): Personalführung in einer Unternehmensgruppe, Frankfurt/Main 1982, S. 69-92.

Schumpeter, J.A. (1997): Theorie der wirtschaftlichen Entwicklung – Eine Untersuchung über Unternehmergewinn, Kapital, Kredit, Zins und den Konjunkturzyklus, 9. Aufl., Berlin 1997, unveränd. Nachdr. der 1934 ersch. 4. Aufl., 1. Aufl. 1912.

Schünemann, W.B. (2006): Wirtschaftsprivatrecht – Juristisches Basiswissen für Wirtschaftswissenschaftler, 5. Aufl., Stuttgart 2006.

Schwarzer, B./Krcmar, H. (2004): Wirtschaftsinformatik – Grundzüge der betrieblichen Datenverarbeitung, 3. Aufl., Stuttgart 2004.

Schweickart, N./Töpfer, A. (2006): Wertorientiertes Management – Werterhaltung, Wertsteuerung, Wertsteigerung ganzheitlich gestalten, Berlin/Heidelberg 2006.

Schweitzer, M. (Hrsg.) (1978): Auffassungen und Wissenschaftsziele der Betriebswirtschaftslehre – Wege der Forschung, Darmstadt 1978.

Schweitzer, M. (2004a): Gegenstand und Methoden der Betriebswirtschaftslehre, in: Bea, F.X./Friedl, B./Schweitzer, M. (Hrsg.): Allgemeine Betriebswirtschaftslehre, Band 1: Grundfragen, 9. Aufl., Stuttgart 2004, S. 23-82.

Schweitzer, M. (2004b): Einleitung: Grundfragen, in: Bea, F.X./Friedl, B./Schweitzer, M. (Hrsg.): Allgemeine Betriebswirtschaftslehre, Band 1: Grundfragen, 9. Aufl., Stuttgart 2004, S. 1-22.

Schweitzer, M. (2005): Planung und Steuerung, in: Bea, F.X./Friedl, B./Schweitzer, M. (Hrsg.): Allgemeine Betriebswirtschaftslehre, Band 2: Führung, 9. Aufl., Stuttgart 2005, S. 16-139.

Schweitzer, M./Schweitzer, M. (2006): Erfolgsorientiertes Innovationsmanagement, in: Bea, F.X./Friedl, B./Schweitzer, M. (Hrsg.): Allgemeine Betriebswirtschaftslehre, Band 3: Leistungsprozess, 9. Aufl., Stuttgart 2006, S. 9-112.

Schweitzer, S. (2003): Kundenkarten und Kundenclubs – Grundlagen, Konzepte, Praxis, Düsseldorf 2003.

Schwetje, G./Vaseghi, S. (2006): Der Businessplan, 2. Aufl., Berlin/Heidelberg 2006.

Sciullo, C./Smihily, M. (2005): Entwicklung des Güterkraftverkehrs bis 2003, in: Statistik kurz gefasst, Nr. 7, 2005, in: http://www.eds-destatis.de/de/downloads/sif/nz_05_07.pdf, 21.12.2005.

Seghezzi, H.D. (1996): Integriertes Qualitätsmanagement – Das St. Galler Konzept, München 1996.

Semiconductor Industry Association (SAI) (2006): Total Semiconductor World Market Sales & Shares (in Millions/$), in: https://www.sia-online.org/downloads/shares.pdf, 03.09.2006.

Seibert, U. (1995): Die Partnerschaftsgesellschaft als neue Rechtsformalternative für Freie Berufe – Ein Überblick, in: Betriebswirtschaftliche Forschung und Praxis, 47. Jg., 1995, S. 473-480.

Seicht, G. (2001): Investition und Finanzierung, 10. Aufl., Wien 2001.

Seidel, E./Menn, H. (1988): Ökologisch orientierte Betriebswirtschaft, Stuttgart et al. 1988.

Seidel, H./Temmen, R. (2003): Grundlagen der Volkswirtschaftslehre, 21. Aufl., Troisdorf 2003.

Seidlitz, F./Zschäpitz, H. (2003): Cromme-Kommission verschärft Kodex, in: Die Welt, Nr. 118 vom 22.05.2003, S. 17.

Servatius, H.-G. (1986): Methodik des strategischen Technologie-Managements – Grundlage für erfolgreiche Innovationen, 2. Aufl., Berlin 1986.

Shannon, C.E./Weaver, W. (1949/1976): The Mathematical Theory of Communication, Urbana/Ill. 1949, deutsch: Mathematische Grundlagen in der Informationstheorie, München/Wien 1976.

Siegle, G./Thielmann, H. (Hrsg.) (2003): Mobil mit digitalen Diensten, Bonn 2003.

Siemens AG (2000): top$^{+}$ – Das Plus für den Erfolg, in: http://www.siemens.de/de/the_company/daten_und_fakten/future/top/ziele.html, 26.03.2000.

Siemens AG (2004a): Unser Leitbild, in: http://www.siemens.com/Daten/siecom/HQ/CC/Internet/Job_Careers/WORKAREA/eyekoned/templatedata/Deutsch/file/binary/Kapitel_Unser_Leitbild_1136446.pdf, 24.07.2004.

Siemens AG (2004b): Business Excellence Programm, in: http://www.siemens.com/index.jsp?sdc_p=pfs6n1033139d1033276cmut15o1033139l0, 27.07.2004.

Simon, H. (1988): Management strategischer Wettbewerbsvorteile, in: Zeitschrift für Betriebswirtschaft, 58. Jg., 1988, S. 461-480.

Simon, H./Homburg, C. (Hrsg.) (1997): Kundenzufriedenheit, 2. Aufl., Wiesbaden 1997.

smart gmbh (2004): Die smart gmbh, in: http://www.smart.com (Germany/smart im Detail), 20.08.2004.

Smircich, L. (1983): Concepts of Culture and Organizational Analysis, in Administrative Science Quarterly, Vol. 28, 1983, P. 339-358.

Smith, A. (1993): Der Wohlstand der Nationen – Eine Untersuchung seiner Natur und seiner Ursachen (vollst. Ausg. nach der 5. Aufl., letzter Hand, London 1789), 6. Aufl., München 1993.

Snow, C.C./Miles, R.E./Coleman Jr., H.J. (1992): Managing 21st Century Network Organizations, in: Snow, C.C.: Organizational Dynamics, Vol. 20, Issue 3, 1992, pp. 5-20.

Söffing, G. (2001): Die Betriebsaufspaltung – Formen, Voraussetzungen, Rechtsfolgen, 2. Aufl., Herne 2001.

Sommerlatte, T./Töpfer, A. (1991): Die Integration von Technologie und Marketing als strategischer Erfolgsfaktor: Überblick und Einordnung der Beiträge, in: Töpfer,

A./Sommerlatte, T. (Hrsg.): Technologie-Marketing – Die Integration von Technologie und Marketing als strategischer Erfolgsfaktor, Landsberg am Lech 1991, S. 11-33.

Sosalla, U./Liebert, N./Bögler, D. (2002): Worldcom lässt Weltbörsen beben, in: Financial Times Deutschland, Nr. 122 vom 27.06.2002, S. 1.

Spahlinger, A. (1999): Wieviel darf eine Eintragung in das Handelsregister kosten?, in: http://www.legamedia.net/dy/articles/article_15019.php, 22.07.2004.

Spath, D./Weck, M./Seliger, G. (1996): Produktionssysteme, in: Eversheim, W./Schuh, G. (Hrsg.): Produktion und Management, Bd. 2, 7. Aufl., Berlin et al. 1996, S. 10-1 bis 10-35.

Späth, W./Simm, A. (1996): Start-up zu neuen Märkten, Neuwied/Kriftel/Berlin 1996.

Specht, G./Beckmann, C./Amelingmeyer, J. (2002): F&E-Management – Kompetenz im Innovationsmanagement, 2. Aufl., Stuttgart 2002.

Spiller, R. (2004): Atlas zur EU-Erweiterung, in: Handelsblatt, Nr. 84/2004 vom 30.04/01./02.05.2004, S. 6-7.

Spremann, K. (1996): Wirtschaft, Investition und Finanzierung, 5. Aufl., München/Wien 1996.

Stabell, C.B./Fjeldstad, Ø.D. (1998): Configuring value for competitive advantage: on chains, shops and networks, in: Strategic Management Journal, Vol. 19, 1998, P. 413-437.

Stadler, M.C. (1997): Die Beratung des Vorstandes der Aktiengesellschaft durch den Aufsichtsrat, Augsburg 1997.

Stadt Metzingen (2006): Fabrikverkäufe, in: http://www.metzingen.de/ceasy/modules/core/resources/usage.main.php5?id=890, 02.12.2006.

Staehle, W.H. (1999): Management – Eine verhaltenswissenschaftliche Perspektive, 8. Aufl., München 1999.

Staehle, W.H./Grabatin, G. (1979): Effizienz von Organisationen, in: Die Betriebswirtschaft, 39. Jg., 1979, S. 215-225.

Stahlknecht, P./Hasenkamp, U. (2002): Einführung in die Wirtschaftsinformatik, 10. Aufl., Berlin et al. 2002.

Statistisches Bundesamt (1998): Statement von Präsident Johann Hahlen zum Pressegespräch „Arbeitskosten in Deutschland“, in: http://www.destatis.de/presse/deutsch/pm/arbkstat.htm, 29.06.2004.

Statistisches Bundesamt (2003): Personalnebenkosten im Jahr 2000 um 3,6% höher als 1996 – Pressemitteilung vom 24. Februar 2003, in: http://www.destatis.de/presse/deutsch/pm2003/p0710043.htm, 29.06.2004.

Statistisches Bundesamt (2004): Pressekonferenz „Bruttoinlandsprodukt 2003 für Deutschland” am 15. Januar 2004 in Wiesbaden, in: http://www.destatis.de/presse/deutsch/pk/2004/bip_stat_hahlen.htm, 18.06.2004.

Statistisches Bundesamt (Hrsg.) (2006): Statistisches Jahrbuch 2006 für die Bundesrepublik Deutschland, Wiesbaden 2006.

Statistisches Bundesamt (2006b): Steuerpflichtige und deren Lieferungen und Leistungen 2004 nach Rechtsformen und Größenklassen, in: http://www.destatis.de/download/d/fist/fistdow3.xls

Stauss, B. (1999): Kundenzufriedenheit, in: Marketing – Zeitschrift für Forschung und Praxis, 21. Jg., 1999, Nr. 1, S. 5-24.

Stauss, B./Seidel, W. (2002): Beschwerdemanagement – Kundenbeziehungen erfolgreich managen durch Customer Care, 3. Aufl., München/Wien 2002.

Stebut, D. von (1995): Arbeitsrecht – Basiswissen, 2. Aufl., Freiburg im Breisgau 1995.

Steger, U. (Hrsg.) (1992): Unternehmensethik, Frankfurt-Main/New York 1992.

Stehle, H./Stehle, A. (2001): Die rechtlichen und steuerlichen Wesensmerkmale der verschiedenen Gesellschaftsformen – Vergleichende Tabellen, 18. Aufl., Stuttgart et al. 2001.

Steiner, M. (1984): Konstituierende Entscheidungen, in: Baetge, J. u.a. (Hrsg.): Vahlens Kompendium der Betriebswirtschaftslehre, Bd. 1, München 1984, S. 111-157.

Steinle, C./Schmidt, C./Lawa, D. (1995): Erfolgsfaktorenkonzepte und ihre Relevanz für Planungssysteme, in: Das Wirtschaftsstudium, 24. Jg., 1995, S. 311-323.

Steinmann, H./Braun, W. (1979): Zum Prinzip der Wertfreiheit in der Betriebswirtschaftslehre, in: Raffée, H./Abel, B. (Hrsg.): Wissenschaftstheoretische Grundfragen der Wirtschaftswissenschaft, München 1979, S. 191-204.

Steinmann, H./Löhr, A. (Hrsg.) (1991): Unternehmensethik, 2. Aufl., Stuttgart 1991.

Steinmann, H./Löhr, A. (1994): Grundlagen der Unternehmensethik, 2. Aufl., Stuttgart 1994.

Steinmann, H./Schreyögg, G. (2005): Management – Grundlagen der Unternehmensführung – Konzepte - Funktionen - Fallstudien, 6. Aufl., Wiesbaden 2005.

Steinmüller, K. (1997): Grundlagen und Methoden der Zukunftsforschung – Szenarien, Delphi, Technikvorschau, Sekretariat für Zukunftsforschung (SFZ), WerkstattBericht 21, Gelsenkirchen 1997.

Steinweg, S.A. (2005): Personale und situative Determinanten kooperativen Verhaltens - Über die Zusammenarbeit geisteswissenschaftlicher Professoren mit Organisationen und Unternehmen, Univ. Diss., in: http://deposit.ddb.de/cgibin/dokserv?idn=9798 3239x &dok_var= d1&dok_ext=pdf&filename=97983239x.pdf, 13.08.2006.

Stelter, D. (1999): Wertorientierte Anreizsysteme, in: Bühler, W./Siegert, T. (Hrsg.): Unternehmenssteuerung und Anreizsysteme, Stuttgart 1999, S. 207-241.

Stevens, S.S. (1946): On the Theory of Scales of Measurement, in: Science, Vol. 103, 1946, P. 677-680.

Stickel, E. (Hrsg.) (1997): Gabler-Wirtschaftsinformatik-Lexikon, Wiesbaden 1997.

Stiftung Haus der Geschichte der Bundesrepublik Deutschland (2004): Stiftung Haus der Geschichte, in: http://www.hdg.de/Final/deu/page1554.htm, 15.07.2004.

Stiftung Warentest (2004): Die Aufgaben der Stiftung Warentest, in: http://www.warentest.de/pls/sw/sw.main?p_knr=50040215334452200407151427 47 &p_E0=60&p_info=p_datei:stiwa/aufgaben.htm, 15.07.2004.

Stobbe, A. (1972): Wirtschaftskreislauf und Sozialprodukt, in: Ehrlicher, W. u.a. (Hrsg.): Kompendium der Volkswirtschaftslehre, 3. Aufl., Göttingen 1972, S. 16-56.

Strasmann, J./Schüller, A. (Hrsg.) (1996): Kernkompetenzen – Was ein Unternehmen wirklich erfolgreich macht, Stuttgart 1996.

Stratmann, J.G. (2000): Drei auf einer Plattform, in: ADAC motorwelt, Nr. 04/2000, S. 16-22.

Strauch, D. (2001): Jura übersichtlich, in: WISU, Nr. 12/2001, S. 1626-1627.

Strebel, H. (1980): Umwelt und Betriebswirtschaft – Die natürliche Umwelt als Gegenstand der Unternehmenspolitik, Berlin 1980.

Streeck, W. (Hrsg.) (1999): Mitbestimmung in Deutschland – Tradition und Effizienz: Expertenberichte für die Kommission Mitbestimmung, Frankfurt-Main/New York 1999.

Strenger, C. (2002): Corporate Governance – Entwicklungen in Deutschland und internationale Konvergenz, in: Küting, K./Weber, C.-P. (Hrsg.): Vom Financial Accounting zum Business Reporting, Stuttgart 2002, S. 445-460.

Strunk, G. (2003): TransPuG und Corporate-Governance-Kodex – Neue gesellschafts-, bilanz- und steuerrechtliche Anforderungen für die Unternehmenspraxis, Berlin 2003.

Stüdemann, K. (1993): Allgemeine Betriebswirtschaftslehre, 3. Aufl., München/Wien 1993.

Süchting, J. (1995): Finanzmanagement – Theorie und Politik der Unternehmensfinanzierung, 6. Aufl., Wiesbaden 1995.

Sydow, J. (Hrsg.) (2006): Management von Netzwerkorganisationen, 4. Aufl., Wiesbaden 2006, S. 1-6.

Tagesschau (2004a): Chronologie – Die wichtigsten Stationen des Microsoft-Kartellstreits, in: http://www.tagesschau.de/aktuell/meldungen/0,1185,OID1248956_TYP1_NAVSPM4~2783590_REF1,00.html, 16.06.2004.

Tagesschau (2004b): Chronologie des Finanzskandals bei Parmalat, in: http://www.tagesschau.de/aktuell/meldungen/0,1185,OID2790296_TYP4,00.html, 03.05.2004.

Tannenbaum, R./Schmidt, W.H. (1958): How to Choose a Leadership Pattern, in: Harvard Business Review, Vol. 36, 1958, No. 2, P. 95-101.

Taylor, F.W. (1911/1913/2004): The Principles of Scientific Management, New York 1911, deutsch: Die Grundsätze wissenschaftlicher Betriebsführung, München 1913, Neudruck Düsseldorf 2004.

TCHIBO Holding AG (2004): Konzepte & Produkte, in: http://company.tchibo.de/concepts/tccom_300.jsp, 07.08.2004.

Thaler, K. (2003): Supply Chain Management – Prozessoptimierung in der logistischen Kette, 4. Aufl., Köln 2003.

Thiele, M. (1994): Neue Institutionenökonomik, in: Das Wirtschaftsstudium, 23. Jg., 1994, S. 993-997.

Thommen, J.-P./Achleitner, A.-K. (2006): Allgemeine Betriebswirtschaftslehre – Umfassende Einführung aus managementorientierter Sicht, 5. Aufl., Wiesbaden 2006.

Thomson Financial (2006): Global M&A Mid-Market Review 2Q2006, in: http://www.thomson.com, 24.10.2006.

Tomczak, T. (1992): Forschungsmethoden in der Marketingwissenschaft – Ein Plädoyer für den qualitativen Forschungsansatz, in: Marketing ZFP, 14. Jg., 1992, S. 77-87.

Töpfer, A. (1976a): Planungs- und Kontrollsysteme industrieller Unternehmungen – Eine theoretische, technologische und empirische Analyse, Berlin 1976.

Töpfer, A. (1976b): Organisationsstrukturen in der öffentlichen Verwaltung, in: Bierfelder, W. (Hrsg.): Handwörterbuch des öffentlichen Dienstes (HÖD) – Das Personalwesen, Stuttgart 1976, Sp. 115-1124.

Töpfer, A. (1976c): Führungsorganisation in der öffentlichen Verwaltung, in: Kehr, W./Neubauer, K.W./Stoltzenburg, J. (Hrsg.): Zur Theorie und Praxis des modernen Bibliothekswesens, Band 3, Betriebswirtschaftliche Aspekte, München 1976, S. 136-172.

Töpfer, A. (1981a): Mitarbeiter-Befragungen als Führungsinstrument, in: Personalwirtschaft, 8. Jg., 1981, Heft 1, S. 15-21.

Töpfer, A. (1981b): Der Führungsstil von Vorgesetzten, in: Bettermann et al. (Hrsg.): Mitarbeiter erfolgreicher führen, informieren und beurteilen, München 1981, S.52-78.

Töpfer, A. (1982): Organisationsprinzipien und Führungsgrundsätze in der öffentlichen Verwaltung, in: Remer, A. (Hrsg.) (1982): Verwaltungsführung – Beiträge zu Organisation, Kooperationsstil und Personalarbeit in der öffentlichen Verwaltung, Berlin/New York 1982, S. 109-139.

Töpfer, A. (1984a): Mitarbeiterbefragungen, in: Management-Enzyklopädie, Bd. 6, 2. Aufl., Landsberg am Lech 1984, S. 892-911.

Töpfer, A. (1984b): Strukturen und Planung der Organisation, in: Management-Enzyklopädie, Bd. 8, 2. Aufl., Landsberg am Lech 1984, S. 873-892.

Töpfer, A. (1985a): Umwelt- und Benutzerfreundlichkeit von Produkten als strategische Unternehmensziele, in: Marketing ZFP, 7. Jg., 1985, S. 242-252.

Töpfer, A. (1985b): Die Gestaltung komplexer Organisationsstrukturen, in: Haberland, G. (Hrsg.): Der kaufmännische Geschäftsführer (Losebl.-Ausg.), 16. Nachlieferung, Nr. 3.21, Landsberg am Lech 1985, S. 1-27.

Töpfer, A. (1986a): Innovationsmanagement, in: Wieselhuber, N./Töpfer, A. (Hrsg.): Handbuch Strategisches Marketing, 2. Aufl., Landsberg am Lech 1986, S. 391-407.

Töpfer, A. (1986b): Innovationsmarketing, in: Staudt, E. (Hrsg.): Das Management von Innovationen, Frankfurt/Main 1986, S. 544-560.

Töpfer, A. (1986c): Marketing-Audit als strategische Bilanz marktorientierter Unternehmungsführung, in: Belz, C. (Hrsg.): Realisierung des Marketing – Marketing in unterschiedlichen Situationen von Märkten und Unternehmen, Band 1, Savosa/St. Gallen 1986, S. 253-274.

Töpfer, A. (1986d): Marketing - generalstabsmäßig auf deutschen Märkten, in: Ries, A./Trout, J.: Marketing generalstabsmäßig, Hamburg 1986, S. 249-281.

Töpfer, A. (1987): Marketing-Management – Krieg der Köpfe, in: absatzwirtschaft, 30. Jg., 1987, Nr. 1, S. 60-66.

Töpfer, A. (1990a): Direktmarketing, in: Poth, L. (Hrsg.): Marketing (Losebl.-Ausg.), 14. Erg.-Lfg., Kapitel 57, Düsseldorf 1990, S. 1-64.

Töpfer, A. (1990b): Marketing für die Entwicklung und Vermarktung von Technologieprodukten, in: Personalwirtschaft, 17. Jg., 1990, Nr. 6, S. 17-21.

Töpfer, A. (1990c): Insolvenzursachen – Turn-around – Erfolgsfaktoren: Teil 1: Über existenzbedrohende Stolpersteine zum Unternehmenserfolg, Teil 2: Zehn Grundsätze für erfolgreiche Unternehmensführung, in: Zeitschrift Führung + Organisation, 59. Jg., 1990, S. 323-329 und S. 407-414.

Töpfer, A. (1991a): Marketing für Start-up-Geschäfte mit Technologieprodukten, in: Töpfer, A./Sommerlatte, T. (Hrsg.): Technologie-Marketing – Die Integration von Technologie und Marketing als strategischer Erfolgsfaktor, Landsberg am Lech 1991, S. 163-200.

Töpfer, A. (1991b): Erfolgreiche Entwicklung und Vermarktung von Technologieprodukten durch Marketing als Schnittstellen-Management, in: Späth, W./Grube, R. (Hrsg.): Marketing-Qualifizierung von Ingenieuren, Wiesbaden 1991, S. 20-52.

Töpfer, A. (1992a): Service als strategischer Erfolgsfaktor, in: Weber, R. (Hrsg.): Service-Management (Losebl.-Ausg.), Teil I. Nr. 1.2, 3. Nachlieferung 3/1992, Landsberg am Lech 1992, S. 1-25.

Töpfer, A. (1992b): Marktdynamik, in: Diller, H. (Hrsg.): Vahlens Großes Marketing Lexikon, München 1992, S. 716f.

Töpfer, A. (1992c): Service strategisch nutzen: Vom Add-on zum Wettbewerbsvorteil, in: Weber, R. (Hrsg.): Service-Management (Losebl.-Ausg.), Teil I. Nr. 6.3, 5. Nachlieferung 9/1992, Landsberg am Lech 1992, S. 1-26.

Töpfer, A. (1992d): Markteintritt, in: Diller, H. (Hrsg.): Vahlens Großes Marketing Lexikon, München 1992, S. 717f.

Töpfer, A. (1992e): Markteintrittsbarrieren, in: Diller, H. (Hrsg.): Vahlens Großes Marketing Lexikon, München 1992, S. 717.

Töpfer, A. (1992f): Management und Marketing von Innovationen – Anforderungen an Unternehmen in den neuen Bundesländern, in: Hoppe, K.-H./Hoffmann, F.J. (Hrsg.): Marketingorientierte Unternehmensführung – Konzepte und Perspektiven für die neuen Bundesländer, Wiesbaden 1992, S. 98-123.

Töpfer, A. (1992g): Die Relevanz verschiedener Führungssysteme für das Marketing, in: Fischer, G. (Hrsg.): Marketing Loseblattsammlung, Bd. 3, Teil F: Führung, Organisation und Instrumente, Landsberg am Lech 06/1992, S. 1-33.

Töpfer, A. (1993): Öko-Marketing, in: Poth, L. (Hrsg.): Marketing Loseblattsammlung, Neuwied 1993, 20. Erg.-Lfr., Kapitel 63.

Töpfer, A. (1994): Zeit-, Kosten- und Qualitätswettbewerb: Ein Paradigmenwechsel in der marktorientierten Unternehmensführung?, in: Blum, U. u.a. (Hrsg.): Wettbewerb und Unternehmensführung – 1. Dresdner Kolloquium und Antrittsvorlesungen an der Fakultät Wirtschaftswissenschaften der Technischen Universität Dresden, Stuttgart 1994, S. 223-261.

Töpfer, A. (1995a): Marketing-Audit, in: Tietz,B./Köhler, R./Zentes, J. (Hrsg.): Handwörterbuch des Marketing, 2. Aufl., Stuttgart 1995, Sp. 1533-1541.

Töpfer, A. (1995b): New Products – Cutting the Time to Market, in: Long Range Planning, Vol. 28, 1995, No. 2, P. 61-78.

Töpfer, A. (1995c): Total Quality Management in der Automobilindustrie, in: Hünerberg, R./Heise, G./Hoffmeister, M. (Hrsg.): Internationales Automobilmarketing – Wettbewerbsvorteile durch marktorientierte Unternehmensführung, Wiesbaden 1995, S. 547-588.

Töpfer, A. (1995d): Efficient Consumer Response – Bessere Zusammenarbeit zwischen Handel und Herstellern, in: Trommsdorff, V. (Hrsg.): Handelsforschung 1995/96 – Informationsmanagement im Handel – Jahrbuch der Forschungsstelle für den Handel (FfH) e.V., Wiesbaden 1995, S. 187-200.

Töpfer, A. (1996a): Das neue Denken in Geschäftsprozessen, in: Töpfer, A. (Hrsg.): Geschäftsprozesse: analysiert & optimiert, Neuwied/Kriftel/Berlin 1996, S. 1-22.

Töpfer, A. (Hrsg.) (1996b): Geschäftsprozesse: analysiert & optimiert, Neuwied/Kriftel/Berlin 1996.

Töpfer, A. (1996c): Business Units auf der Grundlage von Geschäftsprozessen, in: Töpfer, A. (Hrsg.): Geschäftsprozesse: analysiert & optimiert, Neuwied/Kriftel/Berlin 1996, S. 239-266.

Töpfer, A. (1996d): Die Neustrukturierung des Unternehmens: Die 10 Schritte des Business Process Management (BPM), in: Töpfer, A. (Hrsg.): Geschäftsprozesse: analysiert & optimiert, Neuwied/Kriftel/Berlin 1996, S. 221-238.

Töpfer, A. (1996e): Umweltorientierte Unternehmensführung, in: Fiedler, H.J. u.a. (Hrsg.): Umweltschutz – Grundlagen, Planung, Technologien, Management, Jena/Stuttgart 1996, S. 562-571.

Töpfer, A. (1996f): Total Quality Management in einem Dienstleistungsunternehmen: Von der Konzeption bis zur Umsetzung, in: Weber, R. (Hrsg.): Service-Management (Losebl.-Ausg.), Teil VIII. Nr. 7.2, 20. Nachlieferung 6/1996, Landsberg am Lech 1996, S. 1-61.

Töpfer, A. (1996g): Marketingkultur, in: Poth, L. (Hrsg.): Marketing (Losebl.-Ausg.), 27. Erg.-Lfg., Kapitel 4, Neuwied/Kriftel/Berlin 1996, S. 1-56.

Töpfer, A. (1996h): Die Zukunft des Technischen Service, in: Weber, R. (Hrsg.): Service-Management (Losebl.-Ausg.), Teil I. Nr. 1.6, 25. Nachlieferung 9/1997, Landsberg am Lech 1997, S. 1-36.

Töpfer, A. (1996i): Prozeßkettenanalyse und -optimierung: State of the Art, Ansatzpunkte und Anforderungen, in: Töpfer, A. (Hrsg.): Geschäftsprozesse: analysiert & optimiert, Neuwied/Kriftel/Berlin 1996, S. 23-51.

Töpfer, A. (1996j): Schnittstellenmanagement in Projekten, in: Streich, R.K./Marquardt, M./Sanden, H. (Hrsg.): Projektmanagement – Prozesse und Praxisfelder, Stuttgart 1996, S. 119-136.

Töpfer, A. (1996k): Innovationsmanagement in Textilunternehmen: Anforderungen - Umsetzung - Probleme, in: Melliand Textilberichte, 77. Jg., 1996, S. 879-882.

Töpfer, A. (1996l): Efficient Consumer Response – Wie realistisch sind die versprochenen Vorteile? Ergebnisse 1. CPC TrendForum, Mainz 1996.

Töpfer, A. (Hrsg.) (1997): Benchmarking – Der Weg zu Best Practice, Berlin et al. 1997.

Töpfer, A. (1998a): Qualitätscontrolling und -management von Dienstleistungs-Anbietern, in: Meyer, A. (Hrsg.): Handbuch Dienstleistungs-Marketing, Bd. 1, Stuttgart 1998, S. 419-443.

Töpfer, A. (1998b): Kundennähe als kritischer Erfolgsfaktor für die deutsche Textilindustrie, in: Loy, W. (Hrsg.): Taschenbuch für die Textilindustrie 1998, Berlin 1998, S. 86-92.

Töpfer, A. (1998c): Instrumente zur Verbesserung der Kundenzufriedenheit, in: Fischer, G. (Hrsg.): Marketing (Losebl.-Ausg.), Bd. 1, 25. und 26. Erg.-Lfg., Kapitel A.II.3.4, Landsberg am Lech 1998.

Töpfer, A. (1999a): Die A-Klasse – Elchtest, Krisenmanagement, Kommunikationsstrategie, Neuwied/Kriftel 1999.

Töpfer, A. (1999b): Anforderungen des Total Quality Management an Konzeption und Umsetzung des Internen Marketing, in: Bruhn, M. (Hrsg.): Internes Marketing – Integration der Kunden- und Mitarbeiterorientierung – Grundlagen - Implementierung - Praxisbeispiele, 2. Aufl., Wiesbaden 1999, S. 409-437.

Töpfer, A. (1999c): Die Restrukturierung des Daimler-Benz Konzerns 1995-1997 – Portfolio-Bereinigung, Prozeßoptimierung, Profitables Wachstum, 2. Aufl., Neuwied/Kriftel, 1999.

Töpfer, A. (1999d): Ansätze und Instrumente innovativer Personalorganisation und -führung in Handelsunternehmen, in: Scholz, C. (Hrsg.): Innovative Personal-Organisation – Center-Modelle für Wertschöpfung, Strategie, Intelligenz und Virtualisierung, Neuwied 1999, S. 321-336.

Töpfer, A. (1999e): Plötzliche Unternehmenskrisen – Gefahr oder Chance? Grundlagen des Krisenmanagement, Praxisfälle, Grundsätze zur Krisenvorsorge, Neuwied/Kriftel 1999.

Töpfer, A. (1999f): Qualitätsmanagement von Dienstleistungen, in: Corsten, H./Schneider H. (Hrsg.): Wettbewerbsfaktor Dienstleistung – Produktion von Dienstleistungen, Produktion als Dienstleistung, München 1999, S. 189-211.

Töpfer, A. (Hrsg.) (1999g): Kundenzufriedenheit messen und steigern, 2. Aufl., Neuwied/Kriftel 1999.

Töpfer, A. (1999h): Die Analyseverfahren zur Messung der Kundenzufriedenheit und Kundenbindung, in: Töpfer, A. (Hrsg.): Kundenzufriedenheit messen und steigern, 2. Aufl., Neuwied/Kriftel 1999, S. 299-370.

Töpfer, A. (1999i): Konzepte und Instrumente des Beschwerdemanagement, in: Töpfer, A. (Hrsg.): Kundenzufriedenheit messen und steigern, 2. Aufl., Neuwied/Kriftel 1999, S. 459-490.

Töpfer, A. (1999j): Das ECR-Konzept als Anforderung an Theorie und Praxis, in: Heydt, A. von der (Hrsg.): Handbuch Efficient Consumer Response – Konzepte, Erfahrungen, Herausforderungen, München 1999, S. 362-375.

Töpfer, A. (2000a): Zielvereinbarung, Leistungsbewertung und Erfolgsbeteiligung beim Einsatz der Balanced Score Card, in: Töpfer, A. (Hrsg.): Das Management der Werttreiber – Die Balanced Score Card für die Wertorientierte Unternehmenssteuerung, Frankfurt/Main 2000, S. 281-310.

Töpfer, A. (Hrsg.) (2000b): Die erfolgreiche Steuerung öffentlicher Verwaltungen, Wiesbaden 2000.

Töpfer, A. (2000c): Die Fokussierung auf Werttreiber, in: Töpfer, A. (Hrsg.): Das Management der Werttreiber – Die Balanced Score Card für die Wertorientierte Unternehmenssteuerung, Frankfurt/Main 2000, S. 31-49.

Töpfer, A. (2000d): Balanced Score Card als ganzheitliches Managementkonzept – Gestaltungsfelder, Einführungsprozess und Stolpersteine, in: Töpfer, A. (Hrsg.): Das Mangement der Werttreiber – Die Balanced Score Card für die Wertorientierte Unternehmenssteuerung, Frankfurt/Main 2000, S. 69-106.

Töpfer, A. (Hrsg.) (2000e): Das Management der Werttreiber – Die Balanced Score Card für die Wertorientierte Unternehmenssteuerung, Frankfurt/Main 2000.

Töpfer, A. (2001a): Audit von Business Excellence: Ganzheitliche strategische und operative Steuerung in der marktorientierten Unternehmensführung, in: Reinecke, S./Tomczak, T./Geis, G. (Hrsg.): Handbuch Marketingcontrolling – Marketing als Motor von Wachstum und Erfolg, Frankfurt-Main/Wien 2001, S. 50-75.

Töpfer, A. (2001b): Strategische Allianzen, Outsourcing, Netzwerke und Fusionen - Erfolgsvoraussetzungen und Praxisbeispiele, in: Theurl, T. (Hrsg.): Kooperationen, Fusionen, Netzwerke: Neue Formen der Arbeitsteilung von Genossenschaften, Münster 2001, S. 53-67.

Töpfer, A. (2002a): Entwicklungsstufen, Ergebnisse und Erfolge umgesetzter Business Excellence, in: Töpfer, A. (Hrsg.): Business Excellence – Wie Sie Wettbewerbsvorteile und Wertsteigerung erzielen, Frankfurt/Main 2002, S. 27-65.

Töpfer, A. (2002b): Der Beitrag der Balanced Scorecard zur Business Excellence, in: Töpfer, A. (Hrsg.): Business Excellence – Wie Sie Wettbewerbsvorteile und Wertsteigerung erzielen, Frankfurt/Main 2002, S. 137-149.

Töpfer, A. (Hrsg.) (2002c): Business Excellence – Wie Sie Wettbewerbsvorteile und Wertsteigerung erzielen, Frankfurt/Main 2002.

Töpfer, A. (Hrsg.) (2002d): B2B Marktplätze – Wo liegt der strategische und operative Nutzen? Ergebnisse 12. Unilever Bestfoods TrendForum, Wiesbaden 2002.

Töpfer, A. (2002e): Taugen Sie als Unternehmer?, in: Impulse, Heft 5, 2002, S. 79/ 83.

Töpfer, A. (2003): Risikomanagement – Eine wichtige Aufgabe in jedem Unternehmen, in: Töpfer, A./Mehdorn, H. (Hrsg.): Risikomanagement – Vom reaktiven zum präventiven Management von Risiken, Dresden 2003, S. 7-21.

Töpfer, A. (2004a): Beschwerdemanagement, in: Hippner, H./Wilde, K.D. (Hrsg.): Grundlagen des Customer Relationship Management, Wiesbaden 2004, S. 223-243.

Töpfer, A. (2004b): Vision und Realität von CRM-Projekten, in: Hippner, H./Wilde, K.D. (Hrsg.): Management von CRM-Projekten, Wiesbaden 2004, S. 223-243.

Töpfer, A. (2007a): Six Sigma als Projektmanagement für höhere Kundenzufriedenheit und bessere Unternehmensergebnisse, in: Töpfer, A. (Hrsg.): Six Sigma – Konzeption und Erfolgsbeispiele für praktizierte Null-Fehler-Qualität, 4. Aufl., Berlin et al. 2007, S. 45-99.

Töpfer, A. (Hrsg.) (2007b): Six Sigma – Konzeption und Erfolgsbeispiele für praktizierte Null-Fehler-Qualität, 4. Aufl., Berlin et al. 2007.

Töpfer, A./Afheldt, H. (Hrsg.) (1987a): Praxis der strategischen Unternehmensplanung, 2. Aufl., Stuttgart und Landsberg am Lech 1987.

Töpfer, A./Afheldt, H. (1987b): Überblick und Einordnung der Beiträge, in: Töpfer, A./Afheldt, H. (Hrsg.): Praxis der strategischen Unternehmensplanung, 2. Aufl., Stuttgart und Landsberg am Lech 1987, S. 1-54.

Töpfer, A./Beck, P. (1997): Die Umsetzung einer Customer-Focus-Strategie in vertraglichen Vertriebssystemen, in: Trommsdorff, V. (Hrsg.): Handelsforschung 1997/98 – Kundenorientierung im Handel – Jahrbuch der Forschungsstelle für den Handel (FfH) e.V., Wiesbaden 1997, S. 179-206.

Töpfer, A./Duchmann, C. (2000): Markteintrittsprobleme bei Dienstleistungen, in: Oelsnitz, D. von der (Hrsg.): Markteintritts-Management – Probleme, Strategien, Erfahrungen, Stuttgart 2000, S. 203-221.

Töpfer, A./Effenberger, C. (1996): Verfahren des Gemeinkostenmanagement als Informationsbasis für die Geschäftsprozessoptimierung, in: Töpfer, A. (Hrsg.): Geschäftsprozesse: analysiert & optimiert, Neuwied/Kriftel/Berlin 1996, S. 179-219.

Töpfer, A./Förster, K. (2001): Unternehmertum im Handel: Potenziale - Erfolgsfaktoren - Herausforderungen, in: Meyer, A. (Hrsg.): Unternehmertum im Handel – Die neue Selbständigkeit als Treiber für mehr Innovation und Marktausschöpfung? Ergebnisse 11. Unilever Bestfoods TrendForum, Wiesbaden 2001.

Töpfer, A./Frost, C. (2002): Von der Qualitätssicherung über TQM zu Business Excellence – Überblick und Einordnung der Beiträge, in: Töpfer, A. (Hrsg.): Business Excellence – Wie Sie Wettbewerbsvorteile und Wertsteigerung erzielen, Frankfurt/Main 2002, S. 11-26.

Töpfer, A./Greff, G. (2000): Servicequalität am Telefon – Corporate Identity im Kundendialog, 2. Aufl., Neuwied/Kriftel 2000.

Töpfer, A./Heymann, A. (2000): Marktrisiken, in: Dörner, D./Horváth, P./Kagermann, H. (Hrsg.): Praxis des Risikomanagements – Grundlagen, Kategorien, branchenspezifische und strukturelle Aspekte, Stuttgart 2000, S. 225-251.

Töpfer, A./John, D.L. (1996): Motorolas TQM-Werkzeuge und -Weiterbildungskonzept zur Erreichung höchster Kundenzufriedenheit, in: Mehdorn, H./Töpfer, A. (Hrsg.): Besser – Schneller – Schlanker – TQM-Konzepte in der Unternehmenspraxis, 2. Aufl., Neuwied/Kriftel/Berlin 1996, S. 165-181.

Töpfer, A./Knierim, A. (1993): Corporate Identity als Grundlage für erfolgreiches Direktmarketing, in: Greff, G./Töpfer, A. (Hrsg.): Direktmarketing mit neuen Medien, 3. Aufl., Landsberg am Lech 1993, S. 59-69.

Töpfer, A./Mann, A. (1994): Service und Total Quality Management (TQM), in: Weber, R. (Hrsg.): Service-Management (Losebl.-Ausg.), Teil VIII. Nr. 7.1, 14. Nachlieferung 12/1994, Landsberg am Lech 1994, S. 1-37.

Töpfer, A./Mann, A. (1995): Kommunikation als Erfolgsfaktor im Marketing für Städte und Regionen, SPIEGEL-Verlagsreihe Fach & Wissen, Band 11, Hamburg 1995.

Töpfer, A./Mann, A. (1996): Benchmarking, in: Poth, L. (Hrsg.): Marketing (Losebl.-Ausg.), 27. Erg.-Lfg., Kapitel 11, Neuwied/Kriftel/Berlin 1996, S. 1-63.

Töpfer, A./Mann, A. (1999): Kundenzufriedenheit als Meßlatte für den Erfolg, in: Töpfer, A. (Hrsg.): Kundenzufriedenheit messen und steigern, 2. Aufl., Neuwied/Kriftel 1999, S. 59-110.

Töpfer, A./Mehdorn, H. (1995): Total Quality Management – Anforderungen und Umsetzung im Unternehmen, 4. Aufl., Neuwied/Kriftel/Berlin 1995.

Töpfer, A./Mehdorn, H. (Hrsg.) (1996a): Industrielle Dienstleistungen – Servicestrategie oder Outsourcing? Neuwied/Kriftel/Berlin 1996.

Töpfer, A./Mehdorn, H. (1996b): TQM - Lean - Kaizen: Dr Weg zum Unternehmenserfolg, in: Mehdorn, H./Töpfer, A. (Hrsg.): Besser - Schneller - Schlanker – TQM-Konzepte in der Unternehmenspraxis, 2. Aufl., Neuwied/Kriftel/Berlin 1996, S. 3-29.

Töpfer, A./Mehdorn, H. (Hrsg.) (1999): Transrapid – Deutsche Bahntechnik auf der Überholspur? Dresden 1999.

Töpfer, A./Mehdorn, H. (Hrsg.) (2003a): E-Business – Vom Hype zur Werthaltigkeit, Dresden 2003.

Töpfer, A./Mehdorn, H. (Hrsg.) (2003b): Risikomanagement – Vom reaktiven zum präventiven Management von Risiken, Dresden 2003.

Töpfer, A./Mehdorn, H. (Hrsg.) (2006): EU-Osterweiterung und Osteuropa – Chance oder Risiko für die deutsche Wirtschaft?, Dresden 2006.

Töpfer, A./Sommerlatte, T. (Hrsg.) (1991): Technologie-Marketing – Die Integration von Technologie und Marketing als strategischer Erfolgsfaktor, Landsberg am Lech 1991.

Töpfer, A./Ullrich, R. (2004): Personalwirtschaftliche Aspekte bei Mergers & Acquisitions, in: Gaugler, E./Oechsler, W.A./Weber, W. (Hrsg.): Handwörterbuch des Personalwesens, Stuttgart 2004, S. 1162-1178.

Töpfer, A./Ullrich, R. (im Druck): Mergers & Acquisitions, in: Häberle, S.G. (Hrsg.): Lexikon der Betriebswirtschaftslehre, im Druck.

Töpfer, A./Vetter, H. (1991): Anforderungen an das Technologie-Marketing in mittelständischen Unternehmen, in: Töpfer, A./Sommerlatte, T. (Hrsg.): Technologie-Marketing – Die Integration von Technologie und Marketing als strategischer Erfolgsfaktor, Landsberg am Lech 1991, S. 273-293.

Töpfer, A./Zander, E. (Hrsg.) (1982): Führungsgrundsätze und Führungsinstrumente – kooperative Führungskonzepte in der Unternehmenspraxis, Frankfurt/Main 1982.

Töpfer, A./Zander, E. (Hrsg.) (1985): Mitarbeiter-Befragungen – Ein Handbuch, Frankfurt-Main/New York 1985.

Töpfer, A./Zimmer, W. (1996): Integrierte Entwicklung von der Designentscheidung bis zum Serienteil: Wie Simultaneous Engineering wirklich funktioniert, in: Töpfer, A. (Hrsg.): Geschäftsprozesse: analysiert & optimiert, Neuwied/Kriftel/Berlin 1996, S. 153-177.

Triesch, G./Ockenfels, W. (1995): Interessenverbände in Deutschland: ihr Einfluss in Politik, Wirtschaft und Gesellschaft, München/Landsberg am Lech 1995.

Troßmann, E. (2006): Beschaffung und Logistik, in: Bea, F.X./Friedl, B./Schweitzer, M. (Hrsg.): Allgemeine Betriebswirtschaftslehre, Band 3: Leistungsprozess, 9. Aufl., Stuttgart 2006, S. 113-182.

TUI AG (2006): Porträt der TUI AG – Der innovative Touristik- und Schifffahrtskonzern, in: http://www.tui-group.com/de/pressemedien/tui_profil/portraet/index.html, 02.12. 2006

Ullrich, N. (2006): Wirtschaftsrecht für Betriebswirte – Grundzüge des BGB – Grundzüge des Handels- und Gesellschaftsrechts – Mit Fällen und Lösungen, 5. Aufl., Herne 2006.

Ulrich, H. (1970): Die Unternehmung als produktives soziales System, 2. Aufl., Bern/ Stuttgart 1970.

Ulrich, P. (1977): Die Grossunternehmung als quasi-öffentliche Institution – Eine politische Theorie der Unternehmung, Stuttgart 1977.

Ulrich, P. (1984): Systemsteuerung und Kulturentwicklung, in: Die Unternehmung, 38. Jg., 1984, S. 303-325.

Ulrich, P. (Hrsg.) (1990): Auf der Suche nach einer modernen Wirtschaftsethik – Lernschritte zu einer reflexiven Ökonomie, Bern/Stuttgart 1990.

Ulrich, P. (1993): Transformation der ökonomischen Vernunft, 3. Aufl., Bern/Stuttgart/Wien 1993.

Ulrich, P./Fluri, E. (1995): Management – Eine konzentrierte Einführung, 7. Aufl., Bern/Stuttgart/Wien 1995.

Ulrich, P./Hill, W. (1979): Wissenschaftstheoretische Grundlagen der Betriebswirtschaftslehre, in: Raffée, H./Abel, B. (Hrsg.): Wissenschaftstheoretische Grundfragen der Wirtschaftswissenschaft, München 1979, S. 161-190.

Umweltgutachterausschuss beim Bundesministerium für Umwelt, Naturschutz und Reaktorsicherheit (2003): Die EMAS-Umwelterklärung fundiert und anschaulich gestalten, Berlin 2003, in: http://www.uga.de/downloads/UGA-UE-Monitor.pdf, 16.10.2006.

Unger, F./Fuchs, W. (1999): Management der Marktkommunikation, Heidelberg 1999.

Vahrenkamp, R. (1998): Supply Chain Management, in: Weber, J./Baumgarten, H. (Hrsg.): Handbuch Logistik – Management von Material- und Warenflussprozessen, Stuttgart 1998, S. 308-321.

Varesi, A. (2004): Was UMTS wirklich kann – Neue Anwendungen und Geschäftsmöglichkeiten, Erlangen 2004.

Verband der Elektrotechnik Elektronik Informationstechnik e.V. (VDE) (2006): UMS: Umweltmanagementsystem – DIN EN ISO 14001:2005, in: http://www.vde.com/NR/rdonlyres/99BF50A7-01AD-403B-89CC-5CD65E795E69/0/Folder_UMS_D.pdf, 02.12.2006.

Verband der Vereine Creditreform e.V. (2004): Frauen wollen das sparsame Auto, in: http://www.creditreform.de/dpa.php?art=dtl&newsid=73992, 05.06.2004.

Vershofen, W. (1959): Die Marktentnahme als Kernstück der Wirtschaftsforschung, Berlin/Köln 1959.

Vesper, D. (2000): Quo vadis, Länderfinanzausgleich? in: Deutsches Institut für Wirtschaftsforschung, DIW-Wochenbericht 26/00, in: http://www.diw.de/deutsch/produkte/publikationen/wochenberichte/docs/00-26-1.html, 12.07.2004.

Volk, G. [Gerrit] (1988): Bei Software handelt es sich um ein immaterielles Wirtschaftsgut, in: Computerwoche, Nr. 12/1988 vom 18.03.1988.

Vries, J. de (1992): Gegenstand, in: Brugger, W. (Hrsg.): Philosophisches Wörterbuch, 21. Aufl., Freiburg im Breisgau 1992, S. 122-123.

Waterman, R.H./Peters, T.J./Phillips, J.R. (1980): Structure is Not Organization, in: Business Horizons, Vol. 23, 1980, No. 4, P. 14-26.

Watzlawick, P. (Hrsg.) (1995): Die erfundene Wirklichkeit – Wie wissen wir, was wir zu wissen glauben? Beiträge zum Konstruktivismus, 9. Aufl., München/Zürich 1995.

Weber, J. (2004): Einführung in das Controlling, 10. Aufl., Stuttgart 2004.

Weber, J./Baumgarten, H. (Hrsg.) (1998): Handbuch Logistik – Management von Material- und Warenflussprozessen, Stuttgart 1998.

Webster, F.E./Wind, Y. (1972): Organizational Buying Behaviour, Englewood Cliffs/NJ. 1972.

Weiblen, W. (2000): Novellierung des Gemeindewirtschaftsrechts 1999 / 2. Teil – Das neue kommunale Unternehmensrecht: Freibrief für neue Märkte oder Interessenausgleich? in: Die Gemeinde (BWGZ), Ausgabe 6/2000.

Weinert, A.B. (2004): Organisations- und Personalpsychologie, 5. Aufl., Weinheim 2004.

Weinreich, H. (1999): Wo Angst herrscht, können keine Innovationen entstehen (Change-Management anders betrachtet), in: eco, 5/1999, in: http://www.zfu.ch/fachartikel/fartikel_weinr.htm, 25.04.2001.

Weitbrecht, G.K. (2004): Plattform senkt Kosten, in: http://freenet.meome.de/app/fn/artcont_portal_news_article.jsp?catId=80932, 17.08.2004.

Welch, J. (2002): Was zählt – Die Autobiographie des besten Managers der Welt, 4. Aufl., München 2002.

Welge, M.K./Fessmann, K.-D. (1980): Effizienz, organisatorische, in: Grochla, E. (Hrsg.): Handwörterbuch der Organisation, 2. Aufl., Stuttgart 1980, Sp. 577-592.

Wenzel, H. (2004): Rabatte in sinnvollem Maße, in: http://www.handelsblatt.de/pshb/fn/relhbi/sfn/buildhbi/cn/GoArt!200012,203993,759053/SH/0/depot/0/index.html, 06.08.2004.

Werner & Mertz GmbH (2006): Umwelterklärung 2006, in: http://www.werner-mertz.de/wm/files/umwelt2006.pdf, 02.12.2006.

Wesch, E. (2004): Wirtschaftspsychologie, in: http://www.uni-koeln.de, 2004, 19.12.2006.

Westermann, H.P. (Hrsg.) (2002): Das Schuldrecht 2002 – Systematische Darstellung der Schuldrechtsreform, Stuttgart et al. 2002.

Westermann, H.P. (2005): BGB – Sachenrecht, 11. Aufl., Heidelberg 2005.

White, R.K./Lippitt, R. (1960): Autocracy and Democracy – An Experimental Inquiry, New York 1960.

Wieandt, A. (1994): Die Theorie der dynamischen Entwicklung, in: Wirtschaftswissenschaftliches Studium, 23. Jg., 1994, Heft 1, S. 20-24.

Wiedemann, U. (2004a): Charles-Louis de Secondat Montesquieu (1689-1755), in: http://www.philosophenlexikon.de/montesqu.htm, 10.07.2004.

Wiedemann, U. (2004b): John Locke (1632-1704), in: http://www.philosophenlexikon.de/locke.htm, 10.07.2004.

Wiedmann, K.-P. (1993): Rekonstruktion des Marketingansatzes und Grundlagen einer erweiterten Marketingkonzeption, Stuttgart 1993.

Wieland, J. (1993a): Formen der Institutionalisierung von Moral in amerikanischen Unternehmen, Bern/Stuttgart/Wien 1993.

Wieland, J. (Hrsg.) (1993b): Wirtschaftsethik und Theorie der Gesellschaft, Frankfurt/Main 1993.

Wieselhuber, N./Töpfer, A. (Hrsg.) (1986): Handbuch Strategisches Marketing, 2. Aufl., Landsberg am Lech 1986.

WIKIPEDIA Enzyklopädie (2004a): Video 2000, in: http://de.wikipedia.org/wiki/Video_2000, 16.08.2004.

WIKIPEDIA Enzyklopädie (2004b): Videotechnik, in: http://de.wikipedia.org/wiki/Videotechnik, 16.08.2004.

Wild, J. (1973a): Product Management – Ziele, Kompetenzen und Arbeitstechniken des Produktmanagers, 2. Aufl., München 1973.

Wild, J. (1973b): MbO als Führungsmodell für die öffentliche Verwaltung, in: Die Verwaltung, 6. Jg., 1973, S. 283-316.

Wild, J. (1975): Methodenprobleme in der Betriebswirtschaftslehre, in: Grochla, E./ Wittmann, W. (Hrsg.): Handwörterbuch der Betriebswirtschaftslehre, Bd. 2, 4. Aufl., Stuttgart 1975, Sp. 2654-2677.

Wild, J. (1976): Theorienbildung, betriebswirtschaftliche, in: Grochla, E./ Wittmann, W. (Hrsg.): Handwörterbuch der Betriebswirtschaftslehre, Bd. 3, 4. Aufl., Stuttgart 1975, Sp. 3889-3910.

Wild, J. (1982): Grundlagen der Unternehmensplanung, 4. Aufl., Opladen 1982.

Wildemann, H. (1986): Just-in-Time-Lösungskonzepte in Deutschland, in: Harvard Manager, 1986, Nr. 1, S. 36-48.

Wildemann, H. (1993): Die Luft wird rauher – Wie Zulieferer überleben können, in: Harvard Business Manager, Nr. 03/1993, S. 34-44.

Wildemann, H. (2001a): Kundenorientierung und Effizienz in der Automobilindustrie – Ansätze in der Logistik zur nachhaltigen Wertsteigerung, Präsentation im Rahmen des Symposiums „Einsatz von eBusiness-Lösungen in der Automobilindustrie – E-Maturity" in Frankfurt/Main vom 13.09.2001, im Internet verfügbar unter: http://www.ema turity.de.

Wildemann, H. (2001b): Das Just-In-Time-Konzept – Produktion und Zulieferung auf Abruf, 5. Aufl., München 2001.

Wilgen, H.G. (2004): Die Henry Ford Chronik, in: http://www.fordmuseum.de/html/ford_chronik.html, 17.08.2004.

Wilkhahn Wilkening + Hahne GmbH + Co (1995): Wilkhahn Grün – Ein Unternehmen im ökologischen Wandel, Bad Münder 1995.

Williamson, O.E. (1975): Markets and Hierarchies – Analysis and Antitrust Implications – A Study in the Economics of Internal Organization, New York et al. 1975.

Williamson, O.E. (1985/1990): The Economic Institutions of Capitalism – Firms, Markets, Relational Contracting, New York 1985, deutsch: Die ökonomischen Institutionen des Kapitalismus – Unternehmen, Märkte, Kooperationen, Tübingen 1990.

Winkler, H./Vauth, J. (2002): Airbus – eine Firma, ein europäisches Produkt, in: VDI Magazin Mensch & Technik IV 2002, in: http://www.vdi.de/vdi/vvo/b_vereine/hamburg/magazin/07997/index.php, 17.08.2004.

Wintershall AG (2004): Kultursponsoring,
in: http://wintershall.de (Engagement), 11.08.2004.

Witt, P. (2000): Corporate Governance im Wandel – Auswirkungen des Systemwettbewerbs auf deutsche Aktiengesellschaften, in: Zeitschrift für Führung + Organisation, 69. Jg., 03/2000, S. 159-163.

Witt, P. (2003): Corporate Governance-Systeme im Wettbewerb, Wiesbaden 2003.

Witte, E. (1969): Führungsstile, in: Grochla, E. (Hrsg.): Handwörterbuch der Organisation, Stuttgart 1969, Sp. 595-602.

Witte, E. (Hrsg.) (1972): Das Informationsverhalten in Entscheidungsprozessen, Tübingen 1972.

Witte, E. (Hrsg.) (1981): Der praktische Nutzen empirischer Forschung, Tübingen 1981.

Wittmann, W. (1959): Unternehmung und unvollkommene Information – Unternehmerische Voraussicht, Ungewissheit und Planung, Köln 1959.

Wittmann, W. (Hrsg.) (1993): Handwörterbuch der Betriebswirtschaftslehre, Bd. 2, 5. Aufl., Stuttgart 1993.

Wöhe, G. (1974): Betriebswirtschaftslehre – Entwicklungstendenzen der Gegenwart, in: Grochla, E./ Wittmann, W. (Hrsg.): Handwörterbuch der Betriebswirtschaftslehre, Bd. 1, 4. Aufl., Stuttgart 1974, Sp. 710-747.

Wöhe, G./Bilstein, J. (2002): Grundzüge der Unternehmensfinanzierung, 9. Aufl., München 2002.

Wöhe, G./Döring, U. (2005): Einführung in die Allgemeine Betriebswirtschaftslehre, 22. Aufl., München 2005.

Wolff, S. (1998): Ein toller Haufen – Nur wenige Unternehmen haben klare Konzepte, um ihren Krankenstand dauerhaft zu reduzieren, in: Wirtschaftswoche, Nr. 12/1998 vom 12.03.1998, S. 210-213.

Woll, A. (2003): Allgemeine Volkswirtschaftslehre, 14. Aufl., München 2003.

Wollnik, M. (1980): Einflußgrößen der Organisation, in: Grochla, E. (Hrsg.): Handwörterbuch der Organisation, 2. Aufl., Stuttgart 1980, Sp. 592-613.

Womack, J.P./Jones, D.T./Roos, D. (1994): Die zweite Revolution in der Automobilindustrie – Konsequenzen aus der weltweiten Studie aus dem Massachusetts Institute of Technology, 8. Aufl., Frankfurt/Main 1994.

Woodward, J. (1958): Management and Technology, London 1958.

World Economic Forum (WEF) (2004a): Executive Summary, in: http://www.weforum.org/pdf/Gcr/GCR_2003_2004/Executive_Summary.pdf, 18.06.2004.

World Economic Forum (WEF) (2004b): World Economic Forum Knowledge Navigator - Germany, in: http://www.weforum.org/site/knowledgenavigator.nsf/Content/Germany+KN+sessions, 18.06.2004.

Wunderer, R. (2003): Führung und Zusammenarbeit – Eine unternehmerische Führungslehre, 5. Aufl., München 2003.

Wurche, S. (1994): Strategische Kooperationen für mittelständische Unternehmen: Entscheidungshilfen zur Auswahl und Gestaltung zwischenbetrieblicher Kooperationen, Köln 1994.

Zacharias, E./Hebig, M./Rinnewitz, J. (2000): Die atypisch stille Gesellschaft – Recht, Steuer, Betriebswirtschaft, 2. Aufl., Bielefeld 2000.

Zahn, E. (2005): Informationstechnologie und Informationsmanagement, in: Bea, F.X./Friedl, B./Schweitzer, M. (Hrsg.): Allgemeine Betriebswirtschaftslehre, Band 2: Führung, 9. Aufl., Stuttgart 2005, S. 394-449.

Zangemeister, C. (1976): Nutzwertanalyse in der Systemtechnik – Eine Methodik zur multidimensionalen Bewertung und Auswahl von Projektalternativen, 4. Aufl., München 1976.

Zäpfel, G. (2001): Grundzüge des Produktions- und Logistikmanagement, 2. Aufl., München/Wien 2001.

Zeithaml, V.A./Parasuraman, A./Berry, L.L. (1990/1992): Delivering Quality Service – Balancing Customer Perceptions and Expectations, New York 1990, deutsch: Qualitätsservice – Was Ihre Kunden erwarten, was Sie leisten müssen, Frankfurt-Main/New York 1992.

Zeller, A. (2003): Technologiefrühaufklärung mit Data Mining – Informationsprozessorientierter Ansatz zur Identifikation schwacher Signale, Wiesbaden 2003.

Zentes, J. (1984): Marketing, in: Baetge, J. u.a. (Hrsg.): Vahlens Kompendium der Betriebswirtschaftslehre, Bd. 1, München 1984, S. 299-365.

Zentes, J. (Hrsg.) (1996): Convenience Shopping – Bedrohung oder Chance für den LEH? Ergebnisse 3. CPC TrendForum, Mainz 1996.

Zentes, J. (Hrsg.) (2000): One to One Marketing – Sinnvoll und umsetzbar? Ergebnisse 9. Bestfoods TrendForum, Wiesbaden 2000.

Zimmermann, W./Stache, U. (2001): Operations Research – Quantitative Methoden zur Entscheidungsvorbereitung, 10. Aufl., München/Wien 2001.

Zollondz, H.-D. (2002): Grundlagen Qualitätsmanagement – Einführung in Geschichte, Begriffe, Systeme und Konzepte, München et al. 2002.

Zwehl, W. von/Kramer, D. (1997): Lagerhaltungsmodelle, erweiterte, in: Bloech, J./Ihde, G.B. (Hrsg.): Vahlens großes Logistiklexikon, München 1997, S. 492-496.

Zwerenz, K. (2006): Statistik – Datenanalyse mit EXCEL und SPSS, München/Wien 2006.

# Stichwortverzeichnis